Michael Dvorak, Alfred Grüll, Andreas Ranner,
Johannes Laber, Hans-Martin Berg, Attila Pellinger,
Tibor Hadarics & Bernhard Kohler

Die Vogelwelt des Neusiedler See-Gebietes

BirdLife ÖSTERREICH

Mit einem Geleitwort von Antal Festetics

und Beiträgen von Nikolaus Filek & Leander Khil

sowie

Arno Cimadom, Erwin Nemeth, Eva Karner-Ranner, Benjamin Knes,
Georg Bieringer, Gilbert Hafner, Beate Wendelin, Daniel Leopoldsberger,
Flora Bittermann, Thomas Starkmann, Barbara Kofler, Wolfgang Vogl,
Alois Lang, Sándor Mogyorósi, Mariann Komlós, Előd Győrig, Miklós Váczi,
Csilla Kiss, Ferenc Jánoska, Andor Pitó, Sándor Kalmár, Dániel Winkler,
Gyula Kovács, Péter Villányi, Ákos Németh und Sándor Tatai

Redaktionelle Bearbeitung (Österreich): Claudia Schütz
Redaktionelle Bearbeitung (Ungarn): Csilla Dorogman

in Zusammenarbeit mit:

BS Biologische Station Neusiedler See

– NATIONALPARK – NEUSIEDLER SEE SEEWINKEL

MME

AOC Austrian Ornithological Centre Österreichische Vogelwarte

Impressum

Verlag Naturhistorisches Museum Wien, 1. Auflage 2024

ISBN 978-3-903096-65-3

Eigentümer und Verleger:
Naturhistorisches Museum Wien, w. A. ö. R.
Burgring 7, 1010 Wien, Österreich; E-Mail: verlag@nhm.at

Herausgeber:
BirdLife Österreich – Gesellschaft für Vogelkunde

Redaktion:
Andreas Kroh & Andrea Krapf

Lektorat:
Ursula Pirker & Anton Kroh

Layout & Satz:
Gerhard Withalm, Baden

Grafiken:
Erwin Nemeth

Kartografie:
Michael Dvorak

Druck:
Print Alliance HAV Produktions GmbH, Bad Vöslau

Erscheinungsdatum:
15. April 2024

Fotos:
Die Urheber sind bei den jeweiligen Abbildungen genannt; alle Fotorechte liegen bei den Bildautorinnen und Bildautoren.

Fotos (Artkapitel):
Michael Dvorak (195), Leander Khil (71), Hans-Martin Berg (16), Peter Frießer (14), Tibor Hadarics (14), Klemens Wessely (13), Johannes Laber (10), Sándor Mogyorósi (10), Gerhard Loidolt (8), Wolfgang Trimmel (8), Samuel Schnierer (7), Bernhard Zens (6), Attila Pellinger (5), Andreas Ranner (5), Christoph Roland (4), Otto Samwald (3), János Soproni (3), Flora Bittermann (2), Richard Katzinger (2), Michael Ortner (2), Norbert Ramsauer (2), Bernd Tobler (2), Doris Walter (2), Ernst Albegger (1), Franz Eibl (1), Peter Erlemann (1), Jakob Hauzinger (1), Johannes Hohenegger (1), Uli Lindinger (1), Roman Matz (1), László Novák (1), Jürgen Prohaska-Hotze (1), Jakob Reif (1), Gerlinde Taurer (1), Andreas Tiefenbach (1), Jakob Vratny (1) und Günther Wöss (1)

Umschlagmotiv: Kraniche, Warmblutkoppel, Illmitz. Foto: Peter Frießer

naturhistorisches museum wien

BirdLife Österreich

produziert nach den Richtlinien des Österreichischen Umweltzeichens, UW-Nr. 715

Klimaneutral Druckprodukt
ClimatePartner.com/18005-2111-1001

202324004
PRINTED IN AUSTRIA

Inhaltsverzeichnis

Vorwort

Vorwort

Wenige Forschungsfelder hängen so stark an ehrenamtlichem Engagement wie die Avifaunistik: Viele Beobachtungen, Bestimmungen und Fotos von Vögeln sind ehrenamtliche Leistungen. Sie tragen gemeinsam mit den Expertinnen und Experten der Universitäten, Museen, Vereinen und Stiftungen zum wissenschaftlichen Verständnis bei und unterstützen politische Zielsetzungen, wie sie auch für den Neusiedler See formuliert wurden. Dazu gehört insbesondere die Erhaltung der biologischen Vielfalt. Dies ist über Natura 2000 und die Ramsar Konvention zu Feuchtgebieten, die bereits 1971 verabschiedet wurde, verankert und operationalisiert. Das Fertő-Hanság-Neusiedler See-Gebiet ist darüber hinaus auch Teil des länderübergreifenden UNESCO Welterbes und Ausdruck einer langen Besiedlungsgeschichte durch finno-ugrische, slawische und germanische Volksgruppen.

Als Teil der pannonischen Steppenlandschaft weist der Neusiedler See noch weitere Besonderheiten auf: Er ist der größte See Österreichs, extrem flach und hat riesige Schilfgürtel an seinen Rändern. Das prägt auch die Vogelwelt. Neben vielen Brutvögeln gibt es viele Besuche auf Zeit: Der Neusiedler See liegt am Kreuzungspunkt wichtiger Zugrouten in den Süden. Viele Zugvögel nutzen daher den Neusiedler See zum Rasten und um Kraft zu tanken. Das erklärt auch seine Bedeutung weit über Österreich und Ungarn hinaus.

Mit dem anthropogenen Klimawandel werden die wechselnden Wasserstände dieses ursprünglich abflusslosen Binnensees aufmerksamer betrachtet. Die Sorgen vor einer Verlandung steigen, zumal im Jahr 2022 der niedrigste Wasserstand seit über 50 Jahren beobachtet wurde. Ein Teil der Schwankungen ist normal und sogar für die Regeneration des Sees und des Schilfgürtels nötig. In der zweiten Hälfte des 19ten Jahrhunderts war er praktisch wasserfrei. Diese Dürreperioden treten etwa ein bis zweimal in hundert Jahren auf und sind ein wichtiges Merkmal dieses Lebensraumes. Das leicht salzige Wasser des Neusiedler Sees ist wegen der schwebenden Partikel – aufgrund des Bakterienbelags ein wichtiger Teil des Nahrungsnetzes – praktisch graubraun und undurchsichtig Eine Zuleitung von Donauwasser zur ständigen Erhöhung des Wasserspiegels wäre nach Meinung vieler Ökolog*innen sehr problematisch und würde das eingespielte ökologische System wahrscheinlich zum Kippen bringen. Für den Naturschutz und eine nachhaltige Entwicklung zielführender wäre eine Unterstützung des natürlichen Wasserhaushaltes durch mehr Rückhalt bei natürlichen Regenereignissen und eine nachhaltigere Nutzung der Grundwasserressourcen der angrenzenden Gebiete.

Was schon im Rahmen des Abkommens zur Biologischen Vielfalt als naturbasierte Anpassung, *nature based adaption,* an den Klimawandel formuliert wurde, findet sich heute auf der europäischen Ebene im Rahmen des New Green Deal als *nature based solutions*, naturbasierte Lösungen wieder. Naturbasierte Lösungen bedürfen meistens Fläche und müssen entsprechend politisch gewollt werden. Hier leistet das vorliegende Buch wertvolle Arbeit, weil es eben nicht um teilweise abstrakt zu fassende Ziele wie die „Biodiversität" geht, sondern um sehr konkrete Vogelarten wie die hier brütende Löffelente, die Großtrappe oder das Tüpfelsumpfhuhn sowie Durchzügler wie den Kranich, den Kampfläufer und den Wiesenpieper handelt. Mit der Verbreitung der entsprechenden Kenntnisse steigt hoffentlich auch das Bewusstsein der lokalen Bevölkerung und der Entscheidungsträger*innen.

In diesem Buch werden alle im Neusiedler See-Gebiet nachgewiesenen Vogelarten dokumentiert, ihre Beobachtungsdaten analysiert, Informationen zu ihrem Lebensraum, ihrer Lebensweise und ihrem Schutzstatus gegeben sowie durch wunderschöne Fotos und Informationsgraphiken ergänzt. Zudem erlaubt das Buch einen Einblick in die Wissenschafts- und Naturschutzgeschichte. Ein großes Werk, in enger und bewährter Kooperation zwischen BirdLife Österreich und dem Naturhistorischen Museum Wien herausgeben. Ich hoffe, dass all diese in mühevoller Arbeit zusammengetragenen Information helfen, dem gemeinsamen Ziel näher zu kommen: Der Bewahrung dieses einzigartigen Natur- und Kulturraums in Einklang mit landwirtschaftlichen, touristischen und naturschutzfachlichen Interessen.

Dr. Katrin Vohland

Generaldirektorin und wissenschaftliche Geschäftsführerin des Naturhistorisches Museums Wien

Geleitwort und Einleitung

Ein Naturjuwel zwischen Alpen und Puszta aus der Vogelperspektive

von Univ-Prof. DDr. Antal Festetics

Stellen Sie sich vor, liebe Leserin, lieber Leser, Sie sitzen neben mir im Flugzeug und wir überfliegen das Karpatenbecken. Ich zeige Ihnen die wichtigsten Vogelbiotope des Pannonikums aus der Vogelperspektive. Der Reihe nach, von Ost nach West, vom Rande der Karpaten bis zum Rande der Alpen. Wir sehen unter uns an der Grenze zwischen Rumänien und Ungarn zunächst Niedermoore und Bruchwälder. Danach auf der Großen Ungarischen Tiefebene fette Schwarzerdeböden, die Hutweiden der Puszta, Sumpfwiesen und Salzflächen, die weiß leuchten wie Schnee. Wir überqueren den großen Tieflandfluss, die Theiß. Es folgen Sodalacken, Sanddünen und Federgrassteppen, bevor wir den Donaustrom mit seinen Auwäldern und Schotterterrassen überfliegen. Bald danach ist unter uns der Plattensee sichtbar, mit seinen Schilfröhrichten und Verlandungszonen. Wir überfliegen das Ungarische Mittelgebirge, die Laubmischwälder und Trockenrasen von Transdanubien und die Lößplatten der Kleinen Ungarischen Tiefebene. An der Grenze von Ungarn zu Österreich leuchtet schließlich der Neusiedler See auf, umrahmt von Leithagebirge, Ruster Höhenzug, Parndorfer Platte, Seewinkel und Hanság. Dadurch wiederholt sich an dieser Stelle die große Biotopvielfalt des Karpartenbeckens im Kleinen. Ein kleinräumiges Mosaik sämtlicher von uns bereits überflogener pannonischer Landschaftstypen! Gleichsam die Zusammenfassung einer Publikation über das gesamte Pannonikum als krönendes Schlusskapitel. Ein Naturjuwel der Sonderklasse, wo sich Alpen und Puszta begegnen. Oder Cisleithanien und Transleithanien, wie zu Zeiten der Donaumonarchie die beiden Reichshälften des „Doppeladlers" diesseits und jenseits der Leitha genannt wurden.

Jedes Mal, wenn ich diese Route geflogen bin, bin ich ins Schwärmen geraten. Auch jene, die in der Forschung tätig sind, sollten sich ihrer Emotionen nicht schämen. Das pannonische Landschaftswunder aus der Vogelperspektive! Vier Großreservate auf der Strecke von Ost nach West. Die Nationalparke Körös – Maros (nach den gleichnamigen Flüssen so benannt), die Puszta Hortobágy, die Puszta Kiskunság, der Plattensee und schließlich der fünfte, der Nationalpark Neusiedler See! Da kommen mir automatisch die Worte des österreichischen Nationaldichters **Franz Grillparzer** in den Sinn: *„... Wo habt Ihr dessengleichen schon gesehn? Schaut rings umher, wohin der Blick sich wendet, lacht's wie dem Bräutigam die Braut entgegen! ... Ein voller Blumenstrauß soweit es reicht, vom Silberband der Donau rings umwunden! ...".*

Schließlich aber, auch passend zu unserer Flugroute über das Karpatenbecken, die Worte des ungarischen Nationaldichters **Sándor Petőfi**:

„... Dort unten das Tiefland, das ist meine Schwäche, Die meerglatte Ebene, die mich gebahr; Und sieht meine Seele die endlose Fläche, Dann wird sie zum kerkerentflogenen Aar. Dann trägt mich die Schwinge hinauf zu den Lüften, Wo ich in Gedanken die Wolken umkreis', Der weiten Gefilde zwischen Donau und Theiß ...".

Die kleine Alpenrepublik im Herzen Europas, wie uns das Ausland gerne bezeichnet, wird vornehmlich mit Bergsteigen und Skifahren assoziiert. Das benachbarte Ungarn dagegen wird als Pusztaland wahrgenommen. Dass aber mit dem Neusiedler See ein Stück davon ins Österreichische „hinüberragt", ist vielen kaum bewusst. Dieser westlichste Steppensee gehört großteils zum Burgenland, dem jüngsten Bundesland Österreichs. Vor 1922 hieß der Landstrich Deutsch-Westungarn, ab 1939 war er, nach der 1938 erfolgten Annektierung durch das Deutsche Reich, Teil des Gau Niederdonau und ab 1945 wieder Burgenland. Von 1947 bis 1989 war der ungarische Teil des Neusiedler Sees schließlich durch den berüchtigten Eisernen Vorhang gewaltsam vom österreichischen Anteil getrennt.

Kein zweiter Landstrich hat eine so turbulente politische Geschichte über sich ergehen lassen müssen und das spiegelt sich auch in seiner Naturgeschichte wider. Während westlich die Alpen und östlich die Puszta hinsichtlich ihrer Tierwelt kontinuierlich erforscht werden konnten, hatte die Berührungszone, das Land rund um den Neusiedler See, diesbezüglich erheblichen Nachholbedarf. Wie dies von idealistischen, engagierten Wissenschaftlern trotzdem gemeistert wurde, kann ich zum Teil aus eigener Anschauung berichten. Denn es sind jetzt mehr als 60 Jahre her, dass ich dieses großartige Vogelparadies kennenlernen durfte. Es war für mich Liebe auf den ersten Blick.

Die **erste Forschungsperiode** ist untrennbar mit dem Namen **Stefan Chernel von Chernelháza** (1865–1922) verbunden (Abb. 3). Weil seine Mutter Marie Festetics meine Großtante war, steht er mir auch familienhistorisch nahe. Chernel war seinerzeit die Leitgestalt der Vogelforschung rund um den Neusiedler See. Wir verdanken ihm nicht nur eine Reihe von ornithologischen Pionierarbeiten vor Ort, sondern darüber hinaus auch das erste große Werk über „Die Vögel Ungarns" mit zahlreichen Bezügen zum Neusiedler See und zum Hanság. Stefan Chernel war, seiner Zeit entsprechend, ein klassischer „Flintenornithologe". Da es damals noch keine Kameras mit Teleobjektiven gab, hatte er Belegexemplare von den Gefiederten durch Abschüsse erzielt. Heute wäre das zu Recht ein Frevel. In unserer Zeit schießen nicht Avifaunisten aus Forschungsinteresse auf Vögel, sondern Weidmänner, die aus Tötungslust als „Flugwild" bezeichnete „Hochbrutflugenten" und „Kastlfasane" vom Himmel ballern. Zwei weitere Pioniere der Vogelforschung in unserem Gebiet waren katholische Kirchenmänner: **Anton Jukovits** (1810–1873), Pfarrer in Apetlon und später Kanonikus in Ödenburg (Sopron) am Ostufer des Neusiedler Sees (Abb. 2) sowie **Stefan Fászl** (1838–1900), Benediktinermönch und Gymnasiallehrer in Ödenburg, den Süduferbereich und den Waasen (Hanság) erforschend (Abb. 1).

Führende Feldornithologen der zweiten Forschergeneration kannte ich bereits persönlich: **Georg Breuer** (1887–1955) war Leiter der Vogelwarte der „Ungarischen Gesellschaft für Vogelkunde" bei Mekszikópuszta von 1930 bis 1948 und organisierte vor Ort die Synchronzählungen von Wasservögeln. Er forschte aber auch an Fischen und Vogelparasiten. **Iván Király** (1894–1987) war Direktor am Gymnasium in Csorna, Leiter der Esterházy-Vogelwarte bei Kapuvár und beobachtete als Biologielehrer mit seinen Schulklassen die Vogelwelt des Hanság. Er musste allerdings zwangsweise auch an der Vernichtung dieses zauberhaften Niedermoores teilnehmen. Die Schulkinder hatten für jede erschlagene Wiesenotter ein Taschengeld bekommen, bevor die Bulldozer deren Lebensraum zerstört haben. Als ich Iván Király das letzte Mal begegnet bin, war dieser ein gebrochener Mann, von Schuldgefühlen geplagt. Damit seien hier exemplarisch nur einige markante Persönlichkeiten der Vogelforschung von damals genannt.

Unmittelbaren Bezug zum Neusiedler See hatte in dieser Zeit aber auch ein damals schon ganz großes Kaliber der Wissenschaften, **Konrad Lorenz** (1903–1989). Er war bekanntlich Begründer der Vergleichenden Verhaltensforschung sowie der Evolutionären Erkenntnislehre und wurde für sein bahnbrechendes Lebenswerk mit dem Nobelpreis für Medizin und Physiologie ausgezeichnet. Zwei Geschöpfe des Neusiedler Sees spielten dabei eine Schlüsselrolle: Die Graugans und die Wasser-

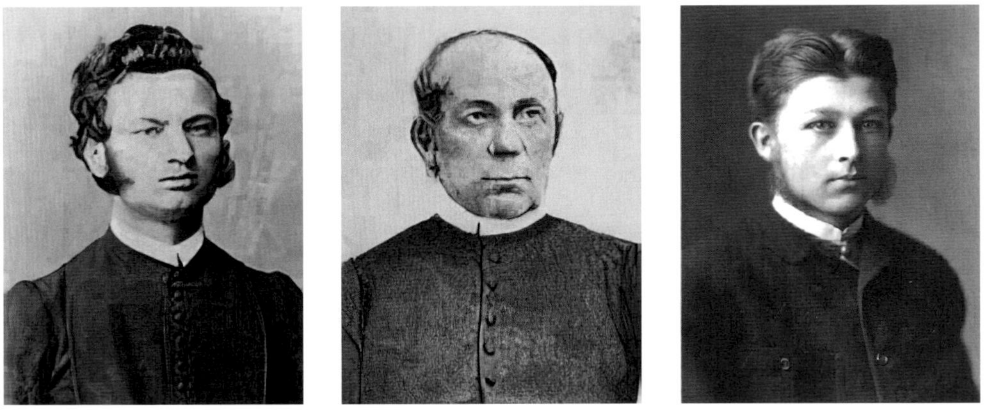

Abb. 1–3: Drei Pioniere der Vogelkunde am Neusiedler See im 19. Jahrhundert waren Stefan Fászl (links), Anton Jukovits (mitte) und Stefan Chernel von Chernelháza (rechts).

Abb. 4: Unterwegs zum Graugans-Gelege aus dem „Martina" geschlüpft war (von links): Franz Gräser, Konrad Lorenz, Lajos Varga, Iván Király und der Berufsfischer Stephan Leschitz

Abb. 5–7: Drei bedeutende Feldforscher am Neusiedler See im 20. Jahrhundert waren Rudolf Zimmermann (links), Hugo Bernatzik (Mitte) und Otto Koenig (rechts).

spitzmaus. Konrad Lorenz fuhr am 29. März 1936 mit seinem Doktoranden **Alfred Seitz** (1905–1982) sowie dem Limnologen Prof. Dr. **Lajos Varga** (1890–1963) und **Iván Király** nach einem Vortrag über Verhaltensforschung in Ödenburg mit dem Boot in den Rohrwald des Neusiedler Sees (Abb. 4). Lorenz holte sich von dort ein Graugans-Gelege in sein Wohnhaus in Altenberg an der Donau. Aus einem dieser Eier schlüpfte das berühmte Gänsekind „Martina". So getauft, weil das Geschlecht bei der Geburt noch nicht erkennbar war. Sollte es ein Ganter werden würde es „Martin" ohne „a" heißen, hat Lorenz vorsorglich entschieden. Er entdeckte am Beispiel von Martina den lernpsychologischen Vorgang der Prägung, beschrieb das gestaltpsychologische Phänomen des Kindchen-Schemas und wurde schließlich selbst weltweit als „Gänsevater" bekannt.

Zwei Jahre später, am Pfingstsonntag 1938, holte sich Lorenz, ebenfalls aus dem Schilfgürtel des Neusiedler Sees fünf junge Wasserspitzmäuse für sein Zimmeraquarium. Anlass dafür war eine vogelkundliche Exkursion mit dem Tierpsychologen Prof. Dr. **Otto Koehler** (1889–1974), der ihn mit Studenten aus dem damaligen ostpreußischen Königsberg (heute Kaliningrad) besuchte. Eine Wasserspitzmaus-Mutter hatte ihre Kinderstube ausgerechnet in Otto Koenigs Tarnzelt errichtet, aus dem der später fernsehbekannte Kulturethologe damals in der Wulka-Mündung das Verhalten der Reiher und Löffler studiert hat. Ein schmaler Steg führte zu Koenigs Versteck, der dort die prominenten Besucher aus Königsberg und Altenberg empfangen hat. Konrad Lorenz verlor das Gleichgewicht und versank bis zur Hüfte im Schlamm. Als er von den Studenten auf den Steg zurückgehievt wurde, war sein Kommentar zu der unfreiwilligen Suhle im Schlamm: *„Hier zeigt es sich, wer eine wirkliche Sau ist, und wer nur so tut"*. Lorenz fuhr danach mit den noch blinden haselnussgroßen Spitzmausbabies heim nach Altenberg an der Donau und zog diese auf. Die Beobachtungen über die Raumorientierung dieser wasserlebenden Kleinsäuger, ihre kinästhetische Raumeinsicht, veranlassten Lorenz, Überlegungen zur Frage Umwelt und Kausalität zu stellen. Diese wiederum bildeten die Grundlage für seinen Epistemologischen Relativismus. An seinen Wasserspitzmäusen erkannte der spätere Nobelpreisträger „Die angeborenen Formen möglicher Erfahrung" wie seine darauffolgend publizierte hochkarätige Abhandlung hieß. So führte der Weg von der Wasserspitzmaus aus dem Schilf des Neusiedler Sees zu einer neuen Erkenntnistheorie in der Philosophie.

Ich selber hatte das unverschämte Glück, ab Mitte der fünfziger Jahre Konrad Lorenz in verschiedenen Funktionen dienen zu können. Als sein Fahrer etwa, Gänsefutter-Besorger oder Aquarienreiniger. Allen voran aber hatte ich rund 20 Jahre lang das Privileg, seinen zahllosen, meistens spontan improvisierten Vorträgen lauschen zu dürfen. Am Donaustrand bei Altenberg, im Moortümpel seines Max-Planck-Instituts für Verhaltensphysiologie im bayerischen Seewiesen oder in Hörsälen deutscher und österreichischer Universitäten. Im Jahr 1976 wollte Konrad Lorenz den „Ganslstrich" an der Langen Lacke im Seewinkel erleben, und er bat mich dazu als Reiseführer. Um nicht immer nur seine halbwild lebenden Graugänse im „Kreuzschnabelbiotop" des Almtals in Grünau vor sich zu haben, wie er es pointiert formuliert hatte, sondern auch deren (über „Martina" zurückführbaren) Vorfahren bzw. deren Nachfahren am Neusiedler See, also echt wilde Graugänse erleben zu können. Wir hatten großes Glück, es war ein unvergesslicher Sonnenuntergang. Vor dem feuerroten Ball am Himmel landeten Hundertschaften von Wildgänsen an der Langen Lacke; ich hatte mich allerdings maßlos geärgert, kein Tonbandgerät mitgehabt zu haben. Sein begeisterter und begeisternder Kommentar zum „Ganslstrich" war eine grandiose akademische Freilandvorlesung vor einem einzigen Hörer, der aber mangels Papier und Schreibzeug leider nicht mitschreiben konnte.

Nun aber zurück zur Bootsfahrt von Konrad Lorenz genau 40 Jahre vor dieser Exkursion, als er damals das erste Mal und jetzt nun das letzte Mal den Neusiedler See besucht hat. Seine damaligen Begleiter zum Gelege, aus dem „Martina" geschlüpft war, gehörten ebenfalls zur **zweiten Forschergeneration** des Neusiedler Sees, wie sein Schüler Dr. Alfred Seitz. Dieser hatte die Brutvögel des Neusiedler Sees und des Seewinkels erforscht, wurde später Zoodirektor in Nürnberg und hatte dort die „Zwei-Ahnenthese" seines Lehrers Konrad Lorenz widerlegt, was die Wildtiervorfahren der Hunde betrifft: Alle Hunderassen stammen vom Wolf ab, und keine vom Schakal.

Was nun die wahrhaft turbulente Geschichte des Landes betrifft, war durch den Anschluss Deutsch-Westungarns an Österreich nach Ende des 1. Weltkrieges nun das Burgenland geboren. Aber kaum war es da, folgte bereits 1938 der sogenannte „Anschluss" Österreichs an Nazi-Deutschland. Die Nordhälfte des Burgenlandes erhielt gemeinsam mit Niederösterreich die Bezeichnung „Gau Niederdonau", während die Südhälfte zum „Gau Steiermark" geschlagen wurde. Österreich war nun als „Ostmark" Teil des von den Nationalsozialisten proklamierten Großdeutschen Reiches und wurde, auch was die Vogelforschung betrifft, großgermanisch „gesäubert", soll heißen, mit Nazi-Wissenschaftlern aus dem „Altreich" besetzt. Dem Naturhistorischen Museum in Wien wurde als Direktor der Ornithologe Dr. **Hans Kumerloeve** (1903–1995) aufgedrückt, ein sich bis zu seinem Lebensende offen bekennender Nazi. Als Leiter der Vogelsammlung ebendort wurde Prof. Dr. **Günther Niethammer** (1908–1974) bestellt; er gehörte zur KZ-Wachmannschaft des Vernichtungslagers Ausschwitz. Die vogelkundliche Erforschung des Neusiedler Sees bekam schließlich Aufwind durch die Berufung von Dr. **Rudolf Zimmermann** (1878–1943) aus Sachsen (Abb. 5), der allerdings kein bekennender Nazi war. Seine wissenschaftliche Arbeit am Neusiedler See in den Jahren 1940–1942 beschloss markant die zweite Forschungsphase, zu der noch zwei weitere, allerdings wesentlich vielseitigere Feldforscher gehörten: Der Völkerkundler **Hugo Bernatzik** (1897–1953) als Vogelkundler (Abb. 6) und der Vogelkundler **Otto Koenig** (1914–1992) mit volkskundlichen Ambitionen (Abb. 7). Beide fotografierten die Reiher- und Löfflerkolonien aus dem Versteck und aus der Luft: Bernatzik in den 1930er Jahren noch aus einem Propellerflugzeug, Koenig Anfang der 1960er Jahre bereits aus dem Hubschrauber. Otto Koenigs verhaltensökologische Studien an den Vögeln des Schilfgürtels waren seinerzeit genauso eine Pionierleistung, wie die später von ihm begründete Kulturethologie [1].

Was nun in zeitlicher Folge die **dritte Biologengeneration** betrifft, seien hier drei markante Persönlichkeiten hervorgehoben: Der Vogel- und Säugetierforscher Dr. **Kurt Bauer** (1926–2016, Abb. 9), der Limnologe und Salzlacken-Experte Univ.-Prof. Dr. **Heinz Löffler** (1927–2006) und der Meister der Bioakustik und Vogelstimmenimitator Dr. **Hans Franke** (1897–1990, Abb. 8). Der zweite Weltkrieg war zu Ende, aber die sowjetische Besatzungsmacht war erst 1955 aus dem Burgenland abgezogen. Da begann auch der Fremdenverkehr aufzublühen und Hand in Hand damit auch die forcierte Umwandlung von Naturwiesen in Ackerland und Weingärten. Die damalige „Österreichische Vogelwarte" errichtete eine Biologische Station als Pfahlbau im Schilfgürtel bei Neusiedl am See. Kurt Bauer schrieb dort seine avifaunistischen Arbeiten und seine Doktorarbeit über die Säugetiere des Neusiedler See-Gebietes. Er lehrte mich das Fangen und Präparieren von Kleinsäugern. Als Ko-Autor seines schweizer Kollegen Prof. Dr. **Urs Glutz von Blotzheim** des Jahrhundertwerks „Handbuch der Vögel Mitteleuropas" hat Kurt Bauer Ornithologie-Geschichte geschrieben.

Ein Wiener Original, der Eisenbahngewerkschafter **Theodor Samwald** (1908–1967) kam jeweils am Wochenende auf die Station. Er hat im Schilf zwischen 1954 und 1964 mit Spiegelnetzen Tausende von Kleinvögeln gefangen und beringt, davon allein 22.657 Bartmeisen. Das waren damals rund 46 % aller von ihm markierten Piepmätze im Umfeld der Station. Ihm dabei zu helfen war für mich eine wichtige Lehre. Als ich später an der Zoologie der Wiener Universität zum Assistenten bestellt wurde, war dort

Abb. 8–11: In der Nachkriegszeit hat sich Hans Franke (oben links) am Neusiedler See mit Bioakustik und Kurt Bauer (oben rechts) mit Faunistik der Vögel und Säugetiere beschäftigt. Antal Festetics (unten links) hat das Beobachten aus dem Sattel als mobiler, geländegängiger Hochstand zur Methode der Feldforschung gemacht.

Univ-.Prof. Dr. **Heinz Löffler** mein älterer Kollege, dem wir die ökologische Klassifikation der Seewinkel-Lacken als wichtige Nahrungsfelder der Wasser- und Watvögel verdanken. Die damals noch rund 80 existierenden „Weißen" und „Schwarzen" Salzlacken waren geradezu ein Lehrbuchbeispiel für maximale Biodiversität auf relativ engem Raum! Der Seewinkel war wie ein großes Freilichtmuseum, was die limnologischen und ornithologischen Eigenheiten dieser Gewässervielfalt betrifft. In dieser Konzentration verschiedener Lackentypen gab es kein vergleichbares Beispiel im ganzen Karpatenbecken. Seitdem ist mehr als die Hälfte der Salzlacken vernichtet und der Rest durch Kanalverbindungen buchstäblich „verwässert" worden.

Ein Sonderfall dieser dritten Generation von Feldforschern war Dr. **Hans Franke**, ehemals Biologie-Lehrer und danach jahrzehntelang Freiberufler. Jeweils im Sommerhalbjahr hat er Vögel fotografiert und ihre Stimmen auf Band aufgenommen, um im Winterhalbjahr quer durch alle deutschsprachigen Landen reisend, Vorträge zu halten. Durch seine Farbdias über die Vogelwelt der Alpen, der Donauauen und des Neusiedler Sees wurden deutsche und schweizer Vogelliebhaber auf unser Land aufmerksam. Franke war ein Wanderprediger in Sachen Vogelkunde und Naturschutz. Höhepunkte seiner Ausführungen vor stets vollen Hörsälen waren Vogelstimmen, die er entweder vom Band abgespielt oder selbst in unnachahmlicher Weise nachgezwitschert hat. Der „Vogelhansi", wie wir ihn nannten, war ein begnadeter Tierstimmenimitator und seinerzeit die wichtigste Werbeinstanz des Neusiedler Sees und seiner Vogelwelt im In- und Ausland.

Die **vierte Generation**, zu der ich selbst gehöre, kam aus der Wiener Universität. Dr. **Bernd Leisler**, Dr. **Wolfgang Scherzinger** und Prof. Dr. **Hans Winkler** waren damals Doktoranden an den beiden Zoologischen Instituten. Ich selbst erhielt dort bereits 1963 noch als Doktorand den Lehrauftrag „Biologie einheimischer Wirbeltiere". Es war damals landesweit die erste Vorlesung dieser Art an einer Hochschule. Die Hundertschaft meiner Hörer, die meisten waren

[1] *Otto Koenig war wohl der genialste aber auch umstrittenste Lorenz-Schüler. Ein notorischer „Streithansl" (um es wienerisch zu formulieren) und zuerst Verehrer, dann aber „Verräter" seines großen Vorbildes Konrad Lorenz. Gegen die geplante vierspurige Autobahn quer über den Neusiedler See kämpften wir 1970 noch gemeinsam, Schulter an Schulter und wir hatten Erfolg (siehe Text). Dem späteren Nationalpark Neusiedler See blieb das Monster einer „Seebrücke" erspart. Als Jahre später, 1984, es nun um das Wasserkraftwerk Hainburg ging, welches an der Stelle des heutigen Nationalparks Donau-Auen hätte errichtet werden sollen, ist Otto Koenig uns und Konrad Lorenz in den Rücken gefallen: die Heimatlandschaft des Nobelpreisträgers, die Donau bei Altenberg wurde durch das Wasserkraftwerk Greifenstein schon vorher verbaut. Das aber sollte sich bei Hainburg nicht wiederholen, auf der letzten freien Fließstrecke des Stromes, der sonst bereits schon komplett aus einer Kette von Kraftwerken und deren Stauräumen bestand. Otto Koenig war gerade pensioniert worden, hatte kein Institut mehr und keine Mitarbeiter. Das alles wiederzubekommen war das unmoralische Angebot der DOKW (Donaukraftwerke) und Koenig nahm dieses an. Er propagierte nun sein Konzept „Paradiese aus zweiter Hand", soll heißen: die Auwildnis zuerst zerstören und nach der Zubetonierung des Stromes dort, wo noch Platz neben dem Kraftwerk geblieben ist, sie wieder zu renaturieren versuchen. Der Bruch zwischen Konrad Lorenz und seinem ehemaligen Schüler war damit nicht mehr zu kitten. Otto Koenig hat schließlich auch Faunenverfälschungen propagiert. In den Donauauen hat er statt der europäischen Art kanadische Biber ausgesetzt und im Schilfgürtel des Neusiedler Sees wollte er südamerikanische Nutrias auswildern. Durch Otto Koenigs Vorgehen gab es erstmals in der Geschichte des Naturschutzes in Österreich eine tiefe Spaltung. Es ist ein Jammer, dass Koenig, der ideenreiche, hochbegabte Biologe und Begründer der Kulturethologie so dialogunfähig und selbstherrlich war. Es hätte nicht so weit kommen müssen und hoffentlich wird der Naturschutz hierzulande nie nochmals von einem solchen Spaltpilz befallen!*

Lehramtskandidaten, haben bei den dazugehörigen Exkursionen den Seewinkel in der Regel erstmals kennengelernt. Manche haben dann für ihre Diplom- oder Doktorarbeit ein Thema gewählt aus den zahllosen Fragen, die sich bezüglich der Tierwelt Pannoniens angeboten haben. In zeitlicher Folge nach Bernatzik und Koenig als dritter „Überflieger" des Neusiedler Sees habe ich Anfang der 1970er Jahre die Zählungen der Reiher- und Löfflerbestände aus dem Hubschrauber fortgesetzt und auf den Seewinkel erweitert. Auf der ungarischen Seite hat mein Kollege Prof. Dr. **László Kárpáti** (1948 – 2021) am Waldbau-Institut der Forst-Universität Sopron (Ödenburg) die Vogelwelt des Schilfgürtels erforscht und er wurde schließlich zum Gründungsdirektor des Nationalparks im ungarischen Teil des Neusiedler Sees berufen.

Als **fünfte Generation** von Vogelforschern ist schließlich die Kollegenschaft hervorzuheben, die dieses nun vorliegende prächtige Werk „Die Vögel des Neusiedler-See-Gebietes" gemeinsam mit den ungarischen Kollegen als Kollektivleistung geschaffen haben. Seit Jahrzehnten haben wir auf diesen großen Wurf gewartet! Die vier „Zentren" der neuzeitlichen Forschung dazu waren bzw. sind in Wien „BirdLife Österreich" und die Vogelsammlung des Naturhistorischen Museum sowie vor Ort die Biologische Station Illmitz auf der österreichischen und die Nationalparkdirektion Sarród auf der ungarischen Seite. Dem Herausgeber Dr. **Michael Dvorak** und allen Mitautoren und -autorinnen dieses Werkes gebührt unser aller Dank!

Soviel zur Forschungsgeschichte und nun auch ein kurzer Rückblick, was den Naturschutz rund um den Neusiedler See betrifft. Unsere oben exemplarisch vorgestellten „Wegbereiter" waren allesamt nicht nur Feldornithologen. Sie waren seit Anbeginn auch um die Erhaltung dieser einmaligen Natur rund um den Neusiedler See bemüht. Jeder auf seine Art und sein bevorzugtes Beobachtungsgebiet betreffend. Schlagkräftig ist der Naturschutz allerdings erst nach dem 2. Weltkrieg geworden und es war höchste Zeit! Der große See drohte zum Versuchsfeld von Verkehrsplanern zu werden. Der Seewinkel sollte aus Westen schnurstracks erreichbar sein, ohne den See im Norden umfahren zu müssen. Die abenteuerlichsten Projekte standen zur politischen Diskussion. Zwischen Mörbisch am Westufer und Illmitz am Ostufer etwa sollte ein fünf Kilometer langer Damm errichtet und damit der See zweigeteilt werden. Allein die hydrologischen und zoologischen Folgen dieser Schnapsidee brauchen hier gar nicht erläutert werden. Ein zweiter Vorschlag war, ebendort einen Tunnel unter dem Seegrund zu errichten. Aktuell sei hier nur an den kürzlich von uns verhinderten Lobau-Tunnel erinnert. Dieser sollte unter dem bereits bestehenden Nationalpark Donauauen verlaufen! Als dritter Anschlag auf den Neusiedler See war eine vierspurige Autobahnbrücke zwischen Mörbisch und Illmitz geplant, nur einige hundert Meter entfernt von der damals größten Reiher- und Löfflerkolonie im Sandeck-Neudegg. Um dieses Baumonster zu verhindern, formte sich das Lager der Naturfreunde erstmals zu einer naturschutzpolitisch ernstzunehmenden Kraft. Es war das Schicksalsjahr 1970 für den Neusiedler See: Großkundgebung im Auditorium Maximum der Universität Wien und 200.000 Unterschriften gegen das Brückenprojekt. Meine Studierenden und ich demonstrierten mit Transparenten vor dem Bautenministerium in Wien und vor dem Landhaus in Eisenstadt. Das Brückenprojekt wurde schlussendlich „schubladisiert", wie es in der Beamtensprache so schön heißt.

Dem Seewinkel drohte die schleichende Naturzerstörung durch den seit Mitte der 1960er Jahre forcierten Weinbau. Die Lange Lacke war zwar Naturschutzgebiet, nicht aber die angrenzenden letzten 400 ha Pusztaflächen. Ich selbst war ab 1958 dort von der Landesregierung in den Semesterferien als reitender Naturschutzwart angestellt (Abb. 10). Im Jahre 1963 gründeten wir den „World Wildlife Fund/Austria" zunächst nur, um diese Hutweiden pachten zu können und dadurch vor dem Umackern zu bewahren. Wir drei, das waren der schweizer Biologe Dr. **Lukas Hoffmann** (1923 – 2016), der Wiener Handelskammer-Beamte Dr. **Hans Freundl** (1911 – 2000) und ich, der damals Assistent der Zoologie an der Universität Wien war. Hoffmann besorgte die finanziellen Mittel auf internationaler Ebene, Freundl bei den heimischen Förderern und meine Aufgabe war die Werbung für den WWF bei Politikern und im Fernsehen, aber auch die Leitung des Wissenschaftlichen Beirates. Als ich aus Wien an die Universität Göttingen berufen wurde, ist als mein Nachfolger der Insektenforscher am Naturhistorischen Museum Dr. **Fritz Kasy** (1920 – 1990) bestellt worden. Sein selbstloser Einsatz für den Naturschutz im Seewinkel war und ist bis heute eine singuläre Großtat: allein in die Rettung der Zitzmannsdorfer Wiesen bei Podersdorf hat Fritz Kasy aus Eigenmitteln zehn Monatsgehälter gesteckt, ohne dabei über Nebeneinkünfte zu verfügen!

Der Österreichische Naturschutzbund (ÖNB), welcher bereits 1936 durch das Anpachten von Salzlacken im Seewinkel Pionierarbeit geleistet hat, forderte zu recht immer lauter die Errichtung eines Nationalparks. Besonders bei seiner Tagung 1978 in Mattersburg, an der erstmals offiziell auch die Kollegen von der ungarischen Seite teilgenommen haben. Die damalige Umweltministerin Dr. **Marilies Flemming** hat mich daraufhin beauftragt, gemeinsam mit den oben genannten aus Budapest den Plan eines „Zweistaaten-Nationalparks Neusiedler See" zu erarbeiten. Dieser wurde dort vom Umweltminister Dr. **László Maróthy** und in Wien vom Bundeskanzler Dr. **Franz Vranitzky** „abgesegnet" – als politische Alternative zur geplanten, dann aber abgesagten gemeinsamen Weltausstellung Wien-Budapest 1995. Unser Plan war ein Trias-Modell der Partnerschaft von „Schützer", „Nützer" und „Partner" (Abb. 11). Das heißt erstens Forschung und Erhaltung, zweitens Nutzung und Erholung sowie drittens Aufklärung und Fortbildung. Der ungarische Nationalpark-Teil wurde bereits 1991 realisiert, der österreichische Teil schließlich im Jahre 1993 aus der Taufe gehoben. Eine Vielzahl von Idealisten haben dabei wichtige Basisarbeit geleistet, von denen hier exemplarisch nur drei Persönlichkeiten genannt werden können: Schuldirektor **Stephan Aumüller** (1903 – 1988) in Rust und legendärer „Storchenvater" des Burgenlandes, Staatssekretär **Zoltán Rakonczay** (1929 – 2018) in Budapest und Hofrat Dr. **Wilfried Hicke** (1944 – 2003) in Eisenstadt. Um schließlich die „Jüngeren" nicht unerwähnt zu lassen, seien hier der langjährige Obmann des ÖNB-Burgenland, Mag. **Hermann Frühstück** und sein Stellvertreter **Alois Lang**, Fachreferent des Nationalparks Neusiedler See dankbar erwähnt.

Es ist ein Nationalpark geworden, welcher der Vogelkunde oder *scientia amabilis*, der „liebenswürdigen Wissenschaft" die Kulisse bietet, wie es diese sonst nirgendwo gibt. Ich wünsche den Leserinnen und Lesern mit diesem Buch neue Erkenntnisse zu gewinnen und draußen, in dieser herrlichen pannonischen Landschaft neue Erlebnisse dazu!

Einleitung

von **Michael Dvorak**

Das Neusiedler See-Gebiet ist eines der bedeutendsten Gebiete für die Vogelwelt in Mitteleuropa. Wir haben es hier in vielerlei Hinsicht mit einem Grenzraum zu tun. Historisch, weil es in der früheren und auch jüngeren Geschichte immer wieder, ob friedlich oder mit Gewalt, eines der Einfallstore aus dem Osten war. Politisch, weil es auf österreichischer Seite während des zwischenzeitlich weitgehend vergessenen „Kalten Kriegs" einer der Außenposten der „westlichen" Welt war. Das Gebiet war damals in zwei Teile zerschnitten, und gleich hinter den damals landschaftsbestimmenden Wachtürmen entlang der Grenze zwischen Österreich und Ungarn begann der auch für die meisten ungarischen Staatsbürger unzugängliche Grenzstreifen. Schließlich auch biologisch, weil hier am Rand der pannonischen Region Pflanzen- und Tierarten aus der asiatischen, mediterranen und nordischen Region zusammenkommen und eine hohe Artenvielfalt auf engem Raum bewirken.

Dieser Reichtum wäre nicht möglich, wenn im Neusiedler See-Gebiet nicht eine entsprechende Vielfalt an noch natürlichen und zumindest naturnahen Lebensräumen erhalten geblieben wäre: Wir finden hier auf verhältnismäßig kleiner Fläche nebeneinander Niedermoore, Trockenrasen, Wälder verschiedenster Ausprägung, Sanddünen, Weideflächen, Wiesengebiete und Salzstandorte. All dies ist allerdings umgeben und teils auch durchdrungen von einer intensiv genutzten Agrarlandschaft. Das Neusiedler See-Gebiet ist aber jedenfalls hinsichtlich der Biodiversität ein für Österreich einmaliger und auch für Mitteleuropa überaus bedeutender Naturraum.

Die große Bedeutung des Neusiedler See-Gebiets für die Vogelwelt wurde bereits sehr früh erkannt: schon im 19. Jahrhundert wurde die Region immer wieder von vogelkundlich interessierten Jägern, im Auftrag von Museen und reichen Privatleuten tätigen Sammlern und vereinzelt auch von an der Vogelwelt interessierten Einwohnern durchforscht. Leider zeugen heute viel zu wenige Text- und Bilddokumente von der damaligen, aus heutiger Sicht „ursprünglichen" Situation. Glücklicherweise haben einige der damals an der Vogelwelt Interessierten Personen ihre Eindrücke und Erkenntnisse niedergeschrieben und sie so der Nachwelt erhalten; wir haben es unter anderem dem Pfarrer Anton Jukovits aus Apetlon, dem Lehrer Stefan Fászl aus Ödenburg, aber auch dem Jäger Ludwig von Fischer aus Wien zu verdanken, dass wir heute zumindest einen kleinen Einblick in die damaligen (ornithologischen) Verhältnisse haben.

Die politischen Verhältnisse waren dann im angehenden 20. Jahrhundert und seinen ersten vier Jahrzehnten einerseits zwar einer kontinuierlichen vogelkundlichen Erforschung abträglich, andererseits brachten sie aber auch Besucher ins Gebiet, die es ansonsten vielleicht nicht hierher verschlagen hätte. Immerhin entstanden in dieser Zeit die ersten längeren Abhandlungen zur Vogelwelt des Neusiedler See-Gebiets: In den letzten Jahren der österreichisch-ungarischen Monarchie verfasste Jakob Schenk im Jahr 1917 eine detaillierte Zusammenfassung seiner eigenen Beobachtungen, zweieinhalb Jahrzehnte später war es Alfred Seitz, der sich erstmals mit der Vogelwelt der Lacken im Seewinkel im Detail auseinander setzte und dann ist natürlich Rudolf Zimmermann zu nennen, dem wir das erste Buchs über die Vogelwelt der gesamten Region um den Neusiedler See verdanken. Nicht vergessen dürfen wir aber auch die Werke zweier Fotografen und Naturforscher, nämlich Hugo Bernatzik und Otto Koenig, die bereits in den 1930er Jahren die Vogelwelt des Schilfgürtels des Sees erforschten und fotografisch dokumentierten – der Wert ihrer Beiträge kann heute gar nicht hoch genug geschätzt werden.

Ab den frühen 1950er Jahren erfuhr das Neusiedler See-Gebiet dann seitens der naturbegeisterten Öffentlichkeit, aber auch seitens der Wissenschaft den Aufschwung an Interesse und Aufmerksamkeit, den es damals wahrlich verdient hatte. Während eine Darstellung der Geschichte der wissenschaftlichen ornithologischen Erforschung einem eigenen Kapitel vorbehalten ist, soll hier besonders die Rolle derjenigen herausgestrichen werden, die bereits vor rund 60 Jahren Vogelbeobachtung als Freizeitgestaltung betrieben.

Schon in den 1950er, verstärkt aber in den 1960er und 1970er Jahren stand das Neusiedler See-Gebiet an vorderster Front derjenigen Reiseziele, die von Vogelbeobachtern aus West- und Mitteleuropa angesteuert wurden. Obwohl in sehr viel kleinerem Rahmen als heutzutage, reisten damals Vogelbegeisterte sowohl aus den zwei deutschsprachigen Nachbarländern als auch aus weiter entfernten Staaten wie den Niederlanden, Belgien und vor allem aus Großbritannien an, um ihre Urlaube mit der Vogel- und Naturbeobachtung im Neusiedler See-Gebiet zu verbringen. Einige regelmäßige und damit besonders kundige Besucher schrieben schon damals speziell vogelkundliche aber auch allgemein naturkundliche Reiseführer[1,2] und eine erste Generation der heute für fast die gesamte Welt verfügbaren, zumeist englischsprachigen „Birdwatching Guides" beschäftigte sich auch mit dem Osten Österreichs[3,4] (Abb. 1–4).

Das Neusiedler See-Gebiet war damals vor allem auch deshalb so beliebt, weil es eben sowohl im weltpolitischen als auch im biogeographischen Grenzraum lag und eine Vogelwelt beherbergte, die man ansonsten nur im weitgehend unzugänglichen kommunistischen „Osten" erleben konnte. Für Gäste aus England und den Niederlanden mag die relative Nähe zu den Alpen und damit einer für sie völlig neuartigen Vogelwelt eine zusätzliche Anziehungskraft ausgeübt haben. Dieser „Ornitho-Tourismus" durch auswärtige Besucher erfuhr in den 1960er bis 1980er Jahren im Neusiedler See-Gebiet seine erste Blüte.

Auch wenn es heute überwiegend (aber nicht ausschließlich) Vogelinteressierte und -begeisterte aus Österreich sind, die das Gebiet besuchen, spielt also die Vogelkunde und damit auch das heute neugeistig angliziert als „birden" (dementsprechend werden Vogelbeobachter*innen zu „Birdern" oder auch zu „Birdwatchern") bezeichnete Hobby der Vogelbeobachtung nach einer Periode etwas geringeren Interesses in den 1980er und 1990er Jahren wiederum eine große Rolle in der Wahrnehmung sowohl innerhalb als auch außerhalb der Region Neusiedler See.

Internationale Auszeichnungen und Prädikate wie „Ramsar-Gebiet", „UNESCO-Welterbe" oder „Biosphären-Reservat" (ehemals), „Europäisches Biogenetisches Reservat" sowie „Natura 2000-Gebiet" und nicht zuletzt auch die Ausweisung des „Nationalpark Neusiedler See – Seewinkel" leiten ihre Begründung ganz wesentlich von

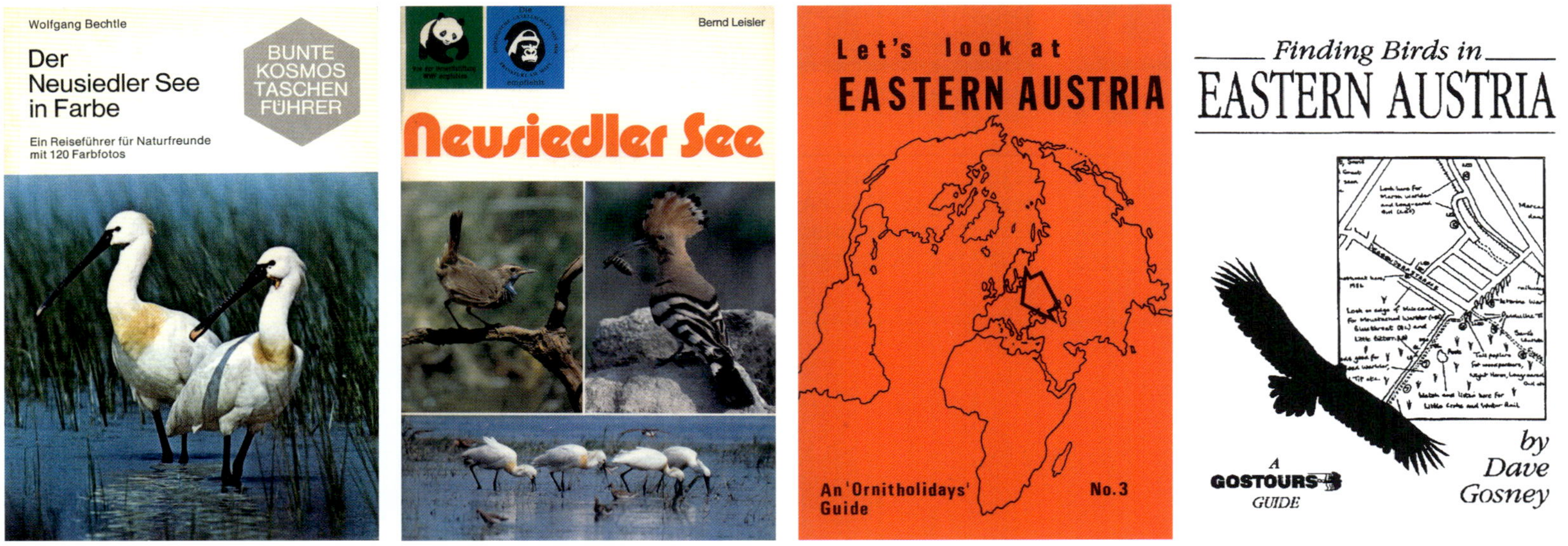

Abb. 1–4: Vier ausgewählte Naturführer und „Birdwatching Guides" über das Neusiedler See-Gebiet und den Osten Österreichs

der Bedeutung des Gebiets für den Schutz der Vogelwelt ab. Mit diesen Begriffen und wiederum mit der Vogelwelt wird auch im Tourismus-Marketing vorrangig operiert und sicherlich zieht das Neusiedler See-Gebiet auch alljährlich tausende Besucher an, die in der Erwartung kommen, hier auch einer anderswo schon verschwundenen reichhaltigen Natur inklusive „seltener" Vögel zu begegnen.

Der Nationalpark und in den letzten Jahren stark vermehrt auch die Seewinkel-Therme tragen diesem Interesse insofern Rechnung, als sie ein professionelles Bildungsprogramm mit zahlreichen Veranstaltungen und Exkursionen anbieten, das wiederum stark auf die Vogelwelt abzielt.

Ganz besondere Erwähnung verdient in Zusammenhang mit der Vogelwelt im Neusiedler See-Gebiet die seit 2010 vom Nationalpark Neusiedler See durchgeführte Pannonian Bird Experience. Es handelt sich dabei sowohl um eine Messe rund um Zubehör für die Vogelbeobachtung als auch um eine Informationsveranstaltung zu Wissenswertem über das Gebiet und aus allen Sparten der Vogelkunde; zahlreiche Exkursionen runden das Programm ab. Besonderen Wert gewinnt die Veranstaltung einerseits durch das alljährlich große Publikumsinteresse mit mehreren Tausend Besuchern als auch durch die internationale Beteiligung sowohl beim Publikum als auch von Messeausstellern und Vortragenden.

Die Bedeutung der Vogelwelt für das Neusiedler See-Gebiet spiegelte sich in den letzten Jahren auch in einer zunehmenden Zahl an populären Publikationen wider. Schon lange überfällig und höchst nützlich für Birdwatcher sind die beiden in den letzten Jahren erschienenen vogelkundlichen Gebietsführer von L. Khil[5] und vor allem von C. Roland[6]. Sie erschließen den Seewinkel bzw. das gesamte Neusiedler See-Gebiet inklusive dem ungarischen Teil für die breite Masse der Vogelbeobachter*innen (Abb. 5 & 6).

Als weitere wichtige Informationsquelle für alle näher interessierten Besucher*innen wird seit dem Jahr 2011 von den beiden Nationalparken eine detaillierte, laufend aktualisierte und erweiterte Artenliste herausgegeben. Die aktuellste dreisprachige (deutsch, ungarisch, englisch) Auflage wurde stark erweitert, umfasst nunmehr auch die ungarische Seite des Gebiets und enthält für jede Art auch Kurztexte zum aktuellen Vorkommen und zahlenmäßige Angaben zu den Beständen[7].

Das wahrscheinlich wichtigste, bis dato ausständige „Desideratum" im Angebot der sowohl von Birdwatchern als auch Fachornitholog*innen erwarteten (oder erhofften) Publikationen ist ein vollständiger zeitlicher, räumlicher und zahlenmäßiger Überblick über alle jemals im Gebiet nachgewiesenen Vogelarten. Eine solche „Avifauna" wurde bereits einmal am Wissenstand zu Anfang der 1940er Jahre und mit den Mitteln der damaligen Zeit geschrieben[8]. Den allerwenigsten heutigen Birdern ist der „Zimmermann" heute noch ein Begriff, zu lange liegt sein Erscheinen zurück und zu sehr haben sich die Verhältnisse geändert, als dass es für die Bedürfnisse heutiger Beobachter*innen noch relevant wäre.

Der wesentliche Wert des „Zimmermann" und aller ähnlichen Werke für einzelne Gebiete und Regionen liegt darin, dass sie „Meilensteine" darstellen, in denen das gesamte bis dahin vorliegende Wissen an einer Stelle zusammengetragen wurde und damit für spätere Vergleiche zur Verfügung steht. Wichtig ist dabei, dass eine Avifauna immer nur eine Momentaufnahme sein kann, nie aber das Ende der ornithologischen Bearbeitung. In der Regel wird es ein Zwischenstopp sein, auf dem zukünftige Arbeiten aufbauen und der im besten Fall viele neue Fragen aufwirft und den Beginn einer neuen, noch intensiveren Phase der Auseinandersetzung mit der Vogelwelt eines Gebiets markiert. Für Birdwatcher mit weiter gehendem Interesse ist eine Avifauna aber jedenfalls ein Hilfsmittel, mit dem die eigenen Beobachtungen eingeordnet werden können.

In der Natur der Sache liegt jedoch, dass jede gedruckte Avifauna bereits am Tag ihres Erscheinens nicht mehr aktuell ist. Diesbezüglich werden von der regionalen Avifaunistik zukünftig neue Wege zu beschreiten sein. In welche Richtung es im Neusiedler See-Gebiet gehen wird, ist noch nicht entschieden, zukünftige Aktualisierungen werden aber wohl mit Sicherheit nicht mehr in Form gedruckter Bücher erscheinen. Auch für die Avifauna des Neusiedler See-Gebiets bieten sich für die Fortschreibung zukünftig die zahlreichen Formen digitaler Aufbereitung und Darstellung an. Entsprechende Projekte sind angedacht und in Planung und werden hoffentlich innerhalb der kommenden Jahre realisiert werden.

Abb. 5, 6: Die vogelkundlichen Gebietsführer von L. Khil (links) und von C. Roland (rechts)

Quellen: *[1] Bechtle (1976), [2] Leisler (1979), [3] Gosney (1994), [4] Shepherd (1985), [5] Khil (2016), [6] Roland (2019), [7] Dvorak et al. (2020), [8] Zimmermann (1943)*

Danksagungen

Umfangreiche Projekte wie dieses Buch über die Avifauna des Neusiedler See-Gebietes können nicht ohne die Unterstützung einer Vielzahl von Personen durchgeführt werden. Allen hier namentlich genannten aber auch allen, die hier aus Platzgründen ungenannt bleiben müssen, sprechen wir unseren herzlichen Dank aus.

Zahlreiche Vogelbeobachter*innen haben im Verlauf der letzten Jahrzehnte ihre Beobachtungen aus dem österreichischen Gebietsteil in Form von Meldekarten, Reiseberichten, Excel-Beobachtungslisten und seit 2013 auch online über www.ornitho.at verfügbar gemacht. In Ungarn danken wir den Mitgliedern der MME (BirdLife Hungary), deren zahlreiche Beobachtungsmeldungen eine weitere wesentliche Grundlage bilden. Sie alle haben mit ihren Beiträgen erst die Basis für das vorliegende Werk geschaffen und die ornithologische Forschung damit einen wesentlichen Schritt vorwärts gebracht.

Die Grundlage für das vorliegende Werk bildete das von der Biologischen Station Illmitz unter **Thomas Zechmeister** getragene Interreg-Projekt „Vogelwarte Madárvárta 2" (Teilprojekt „Avifauna").

Der Verlag des Naturhistorischen Museums nahm sich der Veröffentlichung des Werks an und begleitete dessen Publikation von Beginn weg fach- und sachkundig. Die Lektorin **Ursula Pirker** hat sich in die ungewohnte Materie rasch eingelesen und steuerte zahlreiche wertvolle Vorschläge zur Verbesserung des Manuskripts bei.

Gábor Wichmann, Geschäftsführer von BirdLife Österreich, unterstützte diese Avifauna und insbesondere den Erstautor in allen Phasen ihrer Entstehung.

Wolfgang Vogl von der österreichischen Vogelwarte (AOC/Austrian Ornithological Center) bereitete für das Projekt die Ergebnisse aus 70 Jahren Vogelberingung im österreichischen Neusiedler See-Gebiet auf. Zusätzliche ältere Beringungs- und Wiederfunddaten wurden von der Vogelwarte Radolfzell unter **Wolfgang Fiedler** zur Verfügung gestellt. Auf ungarischer Seite stellte uns die Ungarische Beringungszentrale Daten zur Verfügung, insbesondere gilt unser Dank deren Leiter, **Zsolt Karcza**. Die Beringung auf der Biologischen Station Illmitz wurde durch deren Leiter **Alois Herzig** und **Thomas Zechmeister** ermöglicht. **Hans Winkler** engagierte sich sowohl fachlich als auch durch die Einwerbung von Geldmitteln in der ersten Phase dieser Aktivitäten.

Antal Festetics kann mit Fug und Recht als Urgestein der vogelkundlichen Erforschung des Gebiets bezeichnet werden, und wir sind ihm sehr dankbar für die Zeit, die er in die Erstellung seines sehr persönlich gehaltenen Geleitworts investiert hat, das einen Bogen vom Beginn der Forschung im 19. Jahrhundert bis in die Jetztzeit zieht.

Die **Biologische Station Illmitz** beauftragte und finanzierte ab 1981 bis Ende der 1990er Jahre zahlreiche ornithologische Studien.

Der **Nationalpark Neusiedler See – Seewinkel** förderte unter den Direktoren **Kurt Kirchberger** und **Johannes Ehrenfeldner** die vogelkundliche Forschung ab seiner Gründung über verschiedene Projekte maßgeblich. Das seit 2001 bis heute durchgehend durchgeführte ornithologische Monitoring ist zu einem Vorzeigeprojekt des ökologischen Langzeit-Monitorings geworden. **Alois Herzig**, dem wissenschaftlichen Leiter des Nationalparks und **Harald Grabenhofer**, Leiter der Wissenschafts-Abteilung gebührt unser besonderer Dank für die jahrzehntelange Unterstützung.

An den systematischen Bestandserhebungen, die im Laufe der Jahrzehnte ab 1981 durchgeführt wurden, hat sich eine sehr große Zahl an Vogelkundler*innen beteiligt, von denen hier nur einige wenige (die nicht auch unter den Autor*innen des Buches sind) herausgegriffen werden können.

Die Gänsezählungen wurden in den Tagen vor der Existenz des Nationalparks in den 1980er und 1990er Jahren von **Gerald Dick** organisiert: Besonders aktive und lang gediente Zähler waren z. B. **Martin Riesing**, **Helmut Jaklitsch**, **Stefan Wegleitner**, **Harald Grabenhofer** und viele andere.

Zu besonderem Dank sind wir auch den zahlreichen Mitarbeiter*innen der seit den 1990er Jahren laufenden Wiesenlimikolen-Zählungen verpflichtet, hier insbesondere **Georg Rauer**, der diese Erhebungen über viele Jahre hinweg mit **Bernhard Kohler** organisierte und als besonders langjährigen Mitarbeiter*innen und stellvertretend für zahlreiche weitere **Harald Grabenhofer**, **Sabine Zelz**, **Michael Bierbaumer** und **Christoph Roland**.

Auch die seit mehr als 20 Jahren laufenden Wiedehopf-Erhebungen waren nur mit einem großen Stab an Mitarbeiter*innen möglich, von denen u. a., neben einigen Mitgliedern des Autor*innen-Teams, auch **Regina Riegler**, **Jakob Pöhacker**, **Benjamin Seaman**, **Heinrich Frötscher**, **Harald Grabenhofer**, **Günther Wöss**, **Sebastian Sperl**, **Maria Schindler**, **Christoph Roland** und **Björn Beckmann** zu nennen sind.

Flora Bittermann, seit 2017 Leiterin der Beringungsstation an der Biologischen Station Illmitz, stellte für die Avifauna die Beringungsdaten aus den Jahren 2017–2021 zusammen.

Ernst Albegger unterstützte das Projekt bereits ganz zu Beginn der Arbeiten an der Avifauna, indem er einerseits seine Erfahrungen, die er bei der Konzeption und Umsetzung der „Avifauna Steiermark" gewinnen konnte, einbrachte und andererseits auch im weiteren Verlauf wichtige Hinweise gab.

Josef Feldner sind wir für seinen Hinweis auf das Wirken von Wilhelm Kramer dankbar.

Thomas Zuna-Kratky stellte Beobachtungs- und Kartierungsdaten seiner Erhebungsprojekte am Westufer des Neusiedler Sees zur Verfügung.

Martin Suanjak versorgte uns mit Neuigkeiten über die Flugrouten und Überwinterungsgebiete der von ihm für seine Masterarbeit besenderten Rohrweihen.

Ingo Korner besorgte die Durchsicht des Kapitels „Gehölze" und stellte zusätzlich den UVE-Fachbeitrag zur Errichtung eines Ferienzentrums in der „Vila Vita" zur Verfügung.

Vinzenz Waba stellte Daten zum Vorkommen der Schleiereule (Nistkastenkontrollen) bereit und half bei der Erstellung des Artkapitels, **Andreas Duscher** (in seiner damaligen Funktion beim Burgenländischen Landesjagdverband) stellte Daten zu den Abschüssen von Rebhuhn und Fasan zur Verfügung.

Martha Fingernagel-Grüll und **Andreas Fingernagel** halfen bei der Beschaffung historischer Fotos und den abschließenden Textkorrekturen. **Walter Salzl** stellte uns aus seinem Fundus eine alte Aufnahme aus Illmitz zur Verfügung.

Swen Renner ermöglichte großzügig Recherchen für die Avifauna an der Vogelsammlung des Naturhistorischen Museums Wien und **Alice Schumacher** (NHMW) fertige Aufnahmen historischer Belege an.

Alois Lang verdanken wir wertvolle Hinweise zu unklaren Flurnamen und **Martin Brader** übermittelte ein wertvolles Fotodokument zur Lasurmeise.

Markus Craig und **Michael Tiefenbach** halfen mit faunistischen bzw. fachlichen Informationen, **Barbara Hodits** unterstütze uns bei der Recherche in den Sammlungsbeständen des Burgenländischen Landesmuseums.

Die Avifaunistische Kommission von BirdLife Österreich besorgte die Beurteilung älterer Nachweise, die für die Avifauna relevant waren.

Hermann Frühstück übermittelte ältere Daten und Auswertungen zum Weißstorch. Die Erhebung des Weißstorchs im Avifauna-Gebiet basiert maßgeblich auf Beobachtungen, die dankenswerter Weise jährlich von den Gemeinden bzw. von **Harald Grabenhofer** für den Illmitzer Verein für Vogel- und Landschaftsschutz übermittelt werden, sowie auf Erhebungen einiger Mitautor*innen.

Dank gebührt auch dem verstorbenen **László Kárpáti**, der Anfang der 1970er Jahre die lokale Gruppe der MME in Leben gerufen, deren Arbeit organisiert hat und später die Hauptrolle im Zustandekommen des heutigen Nationalparks Fertő-Hanság spielte.

Der emeritierte Universitätsrektor **Sándor Faragó** hat die ersten Wasservogelzählungen auf ungarischer Seite organisiert.

Von der Monitoringzentrale der MME unter Mitwirkung von **Károly Nagy** wurde eine große Zahl von Daten für die Avifauna zusammengestellt und übermittelt. Daten zum Vorkommen seltener Vogelarten haben wir über www.birding.hu erhalten, und wir danken allen, die ihre Beobachtungen über diese Seite der Öffentlichkeit zur Verfügung gestellt haben; **Ádám Selmeczi Kovács** hat diese Beobachtungen für die Avifauna zusammengestellt.

Gábor Takács, Mitarbeiter des Nationalparks Fertő-Hanság hat die Verbreitungsdaten für die Brutvögel des ungarischen Teils des Nationalparks zusammengestellt.

Ein wesentlicher Bestandteil des Buches ist die fotografische Dokumentation. **Peter Frießer**, **Gerhard Loidolt**, **Klemens Wessely** und **Wolfgang Trimmel** stellten für das Buch eine größere Auswahl ihrer exzellenten Fotos bereit. **Samuel Schnierer** und **Bernhard Zens** haben uns eine größere Zahl an ergänzenden Fotos überlassen, öfters auch sehr kurzfristig.

Eine große Zahl an weiteren Vogelbeobachter*innen haben uns auf gezielte Anfragen hin ihre wertvollen Fotos für die Avifauna überlassen: **Andreas Tiefenbach**, **Bernd Tobler**, **Christoph Roland**, **Doris Walter**, **Franz Fischer**, **Franz Eibl**, **Gerlinde Taurer**, **Roman Matz**, **Günther Wöss**, **Jakob Hauzinger**, **Florian Packmor**, **László Novák**, **János Soproni**, **Jakob Reif**, **Jakob**

Vratny, **Jürgen Prohaska-Hotze**, **Martin Suanjak**, **Michael Ortner**, **Norbert Ramsauer**, **Otto Samwald**, **Peter Erlemann**, **Richard Katzinger** und **Ulrich Lindinger**.

Winnie Wendelin leistete in der Endphase des Projektes einen wesentlichen Beitrag bei den Korrekturarbeiten.

Ein ganz besonderes Dankeschön an diejenigen beiden Damen, die die umfangreiche redaktionelle Bearbeitung der Texte auf sich genommen haben.

Claudia Schütz nahm sich die österreichischen Arttexte im Detail vor – ihren scharfen Augen ist so gut wie keine Unstimmigkeit und schon gar kein Rechtschreibfehler entgangen.

Csilla Dorogman vom Nationalpark Fertő-Hanság hat die ungarischen Beiträge in mühevoller und monatelanger Kleinarbeit auf Deutsch übersetzt und war auch darüber hinaus eine der Seelen des Projektes; sie spielte bei der Zusammenarbeit der Kolleginnen und Kollegen beiderseits der Grenze eine zentrale Rolle.

Last but not least danken wir **Andreas Kroh** und **Andrea Krapf** vom Verlag des NHMW für die gute Zusammenarbeit und die Geduld bei verspäteten Textlieferungen und nachträglichen Korrekturen, aber auch für die Kompromissbereitschaft, wenn es darum ging, die Wünsche der Autoren mit denen des Verlages abzustimmen.

Schließlich möchten wir auch unseren Partnerinnen und Partnern für die Bereitschaft danken, über mehrere Jahre hinweg auf viele Stunden gemeinsamer Freizeit zu verzichten.

Bearbeitungsgebiet und Klima

Bearbeitungsgebiet

von Michael Dvorak (Österreich) & Attila Pellinger (Ungarn)

Abgrenzung

Für das Neusiedler See-Gebiet existieren in den zahlreichen vorliegenden Monographien verschiedenste Abgrenzungen. Für das in der Avifauna behandelte Gebiet (in der Folge oft auch Avifauna-Gebiet genannt) wählten wir eine parzellenscharfe Abgrenzung anhand von Verkehrswegen und der Staatsgrenzen. Das Avifauna-Gebiet umfasst eine Fläche von 856,43 km²; auf die österreichische Seite entfallen davon 703,70 km², auf die ungarische Seite 152,73 km².

Im Osten folgt die Grenze der Staatsgrenze nach Süden von dem Punkt an, wo die Grenze beim Ort Albertkázmérpuszta die ungarische Straße 8505 und die Landesstraße 211 kreuzt. Nach Süden hin folgt sie der Staatsgrenze bis zum Einserkanal, verläuft am südlichen Ufer des Einserkanals bis zu dem Punkt, an dem die ungarische Straße 8531 den Kanal kreuzt. Von hier folgt die Grenze der Straße 8531 nach Süden bis zur Einmündung in die Straße 8518, dann folgt sie dieser Richtung Westen am Südufer des Sees entlang bis zur Einmündung der Straße 8526. Ab hier bildet die Straße 8526 die Grenze nach Norden hin bis in die Ortschaft Fertőrákos. Im Norden

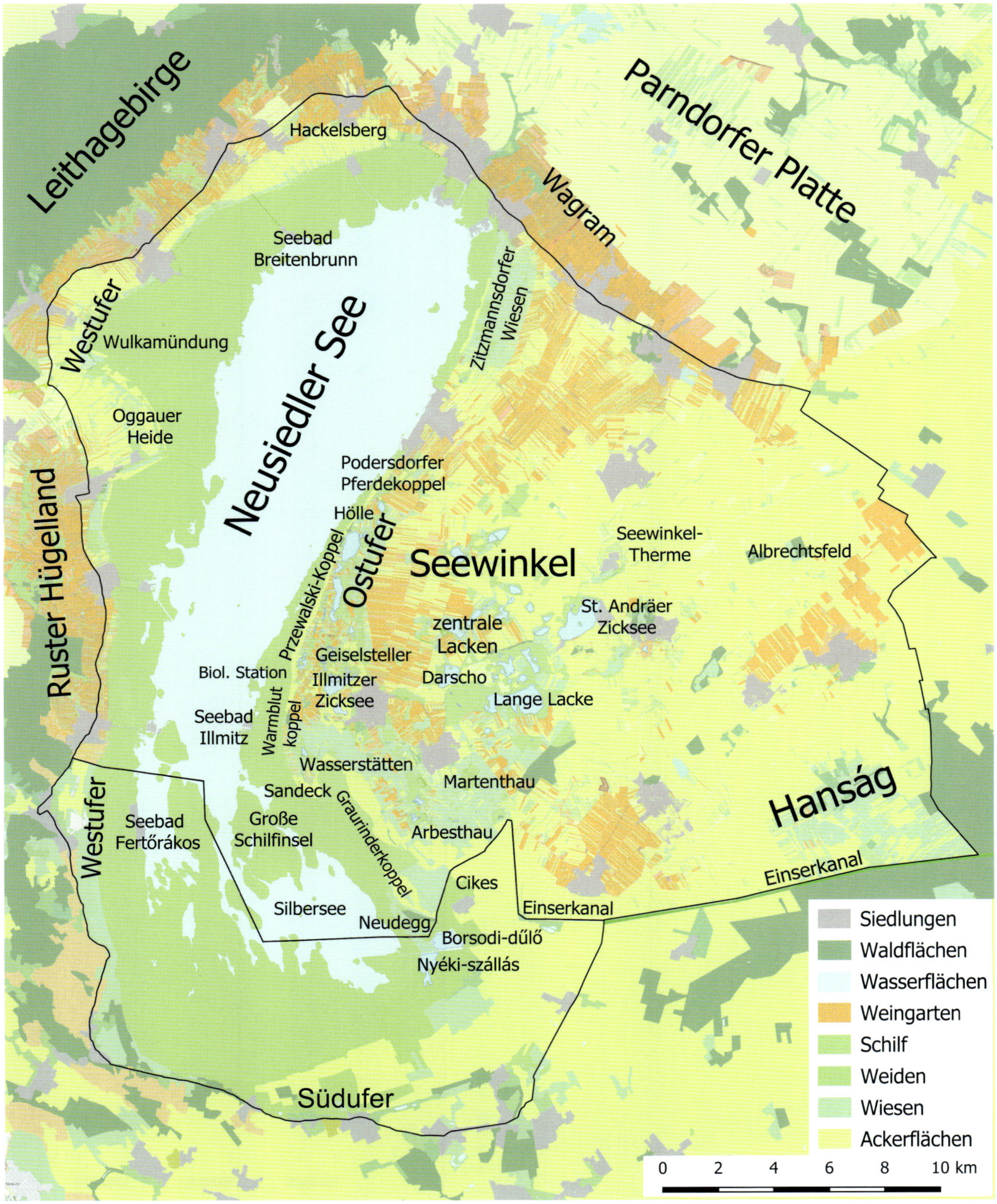

Abb. 1: Übersicht der Landschaftsräume sowie im Text häufig erwähnter Lokalitäten (Details Landnutzung siehe Karte S. 36)

der Ortschaft ist der Steinbruch Fertőrákosi kőfejtő Teil des Gebiets, von hier folgt die Grenze dann der Meggyesi utca bis zur Staatsgrenze. Von dort verläuft die Grenze entlang der Ödenburger Straße, folgt in Mörbisch der Hauptstraße und danach der Ruster Straße ehe diese zur B52 wird. Danach verläuft die Grenze entlang des ersten Teils der B52, geht in Rust in die L209 über und folgt dieser bis zur Einmündung in die B50. Die B50 bildet dann die nordwestliche Grenze bis zur „Mauth", an der Kreuzung zur L257 (Eisenstädter Straße) folgt sie dieser nach Südosten bis zur Einmündung der B51, diese bildet dann die Grenze bis in die Ortschaft Mönchhof, geht dort in die L211 über und folgt dieser bis zur Staatsgrenze bei Albertkázmérpuszta.

Kurzcharakteristik der Teilgebiete

Im Zentrum des Avifauna-Gebiets liegt der Seewinkel. Er geht im Westen in die landseitige Verlandungszone des Sees über, stößt im Norden an den südlichen Abfall der Schotterterrasse der Parndorfer Platte und läuft im Osten in die Kleine Ungarische Tiefebene (ungarisch Kisalföld) aus. In Bezug auf die Landnutzung und damit auch in Hinblick auf das Angebot an Lebensräumen lässt sich der Seewinkel in einen südlichen, nördlichen und östlichen Teil gliedern. Ein kleiner Teil des Seewinkels im Süden liegt daher in ungarischem Territorium. Es handelt sich um eine flache, im Schnitt rund 120 m hoch gelegene Ebene die keine wesentlichen Niveauunterschiede aufweist. In Bezug auf die Bodenverhältnisse, damit auch der Landnutzung und in Hinblick auf das Angebot an Lebensräumen können zwei Teile unterschieden werden.

In den nördlichen und östlichen Bereichen herrschen Steppenschwarzerden (Tschernoseme) vor, die bereits seit dem 19. Jahrhundert zum Großteil für den Ackerbau genutzt wur-

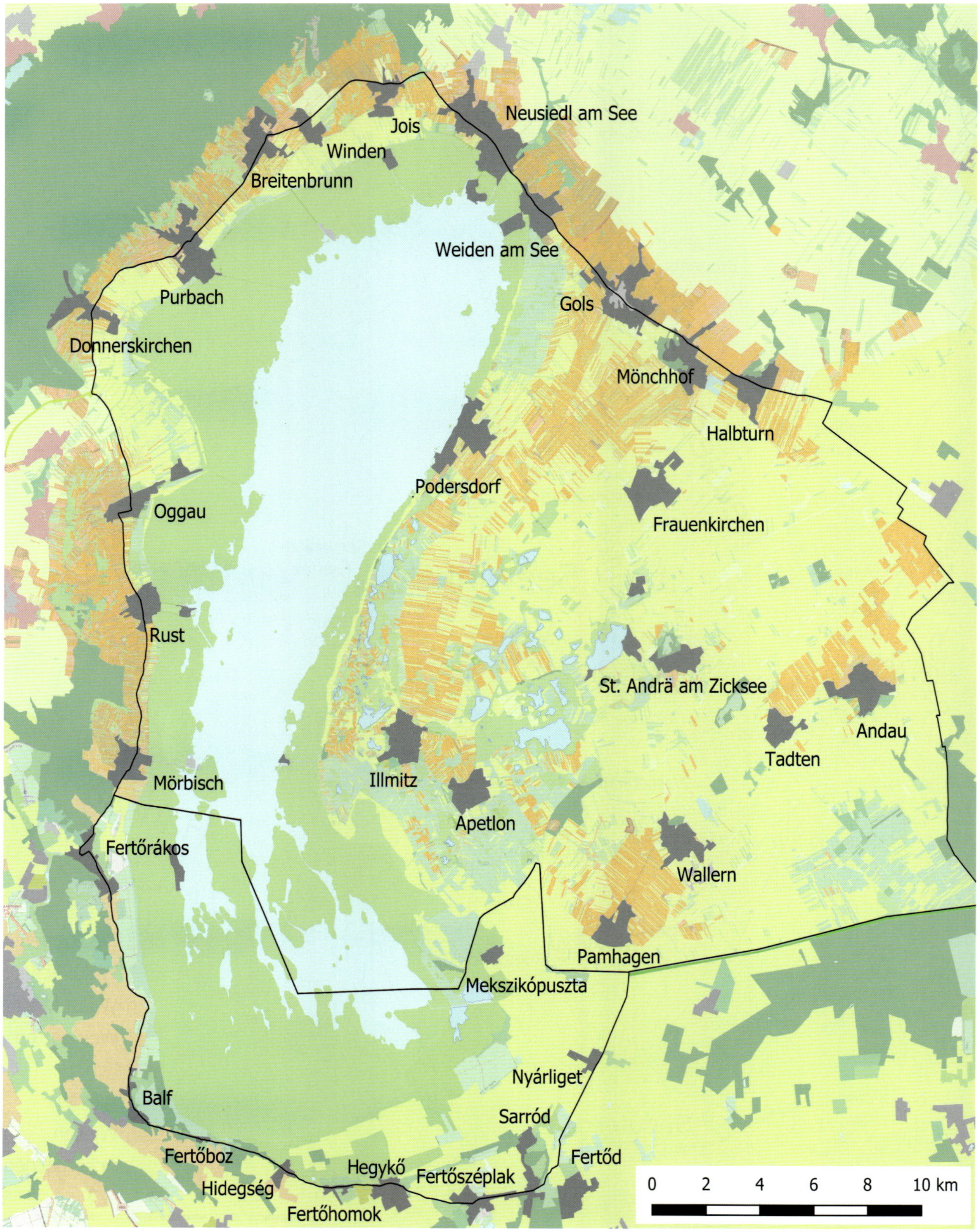

Abb. 2: Übersicht der Siedlungen des Menschen im Avifauna-Gebiet (Details Landnutzung siehe Karte S. 36)

den. Naturnahe Flächen sind hier praktisch nicht mehr vorhanden. Der nördliche Seewinkel lässt sich wiederum grob in zwei Teilbereiche gliedern: Ein vorwiegend für den Weinbau genutztes und überwiegend in den Gemeinden Gols und Mönchhof gelegenes Gebiet ist im Westen durch die Straße Weiden–Podersdorf, im Süden durch die Straße Podersdorf–Frauenkirchen und im Osten durch die Straße Frauenkirchen–Mönchhof begrenzt.

Im Osten daran angrenzend liegt ein bis zur ungarischen Staatsgrenze reichendes Gebiet, das überwiegend ackerbaulich genutzt wird und im Wesentlichen das Gemeindegebiet von Halbturn sowie Teile der Gemeinden Frauenkirchen, Sankt Andrä, Tadten und Andau umfasst. Dieser östliche Teil des Seewinkels wird auch als eigener Landschaftsraum (der „Heideboden") bezeichnet. In den Arttexten wird teilweise auch der Begriff „Albrechtsfeld" synonym für den Heideboden verwendet, wobei sich dieses Albrechtsfeld im eigentlichen Sinn nur auf den 12 km² großen Gutsbesitz der „Dömäne Albrechtsfeld" bezieht.

Ein deutlich unterschiedliches Teilgebiet sind die Zitzmannsdorfer Wiesen im äußersten nordwestlichen Seewinkel. Hier sind (abseits von Illmitz und Apetlon) die einzigen großflächigen Mähwiesenflächen erhalten geblieben. Durch Anpachtung und umfangreiche Stilllegungen ist es hier gelungen, zusätzlich zu den ca. 3,9 km² älterer Wiesenflächen weitere 3,0 km² an Fläche aus der Nutzung zu nehmen, die seither als extensiv genutzte Wiesenflächen bewirtschaftet werden.

Der südliche Teil des Seewinkels, das „Lackengebiet", ist im Norden durch die Straße Podersdorf – Frauenkirchen, im Osten durch die Straße Sankt Andrä – Wallern – Pamhagen abgegrenzt. Hier findet sich eine Vielzahl verschiedenster Bodentypen mosaikartig ineinander verzahnt, unter anderem aus kalkfreiem Lockermaterial entstandene rotbraune Paratschernoseme, die besonders gute Weingartenstandorte hergeben, sandige Böden am Seedamm des Ostufers und die größten Salzbodenflächen Österreichs mit einer Ausdehnung von rund 25 km². Besonders charakteristisch und namensgebend für den Seewinkel sind die Lacken, periodische Salzseen die in dieser Form nur an sehr wenigen Stellen der Welt existieren. Während das Gebiet im 19. Jahrhundert entweder als Hutweide oder zur Heuproduktion genutzt wurde veränderte es sich im Zuge des 20. Jahrhunderts tiefgreifend hin zu einer überwiegend intensiv landwirtschaftlich genutzten Landschaft, in der die verblieben Lacken, Mäh- und Feuchtwiesenreste inselartig verteilt sind.

Südlich des Heidebodens (bei Albrechtsfeld) grenzt der österreichische Teil des Hanság (zu deutsch Waasen) an. Dieses großflächige, heute fast vollständig entwässerte und weitgehend in Agrarland umgewandelte Niedermoor umfasst jeweils den Südteil der Gemeinden Andau, Tadten und Wallern sowie einen sehr kleinen Teil von Pamhagen. Im Norden wird dieser Gebietsteil vom Straßenzug Jánossomorja – Andau – Tadten – Wallern – Pamhagen – Grenzübergang Pamhagen/Pomogy abgegrenzt.

Das Becken des Neusiedler Sees hat eine Gesamtfläche von 322 km², davon entfallen 234 km² auf Österreich und 88 km² auf Ungarn. Er ist der westlichste Steppensee Europas und liegt an der tiefsten Stelle der Kleinen Ungarischen Tiefebene in einer abflusslosen Wanne. Seine Wassertiefe liegt durchschnittlich bei 1,17 m, in der Nord-Südausdehnung erstreckt sich der See über ca. 36 Kilometer, in der Ost-Westausdehnung zwischen sechs und 14 Kilometer[2]. Mit einer Seehöhe von 113 m ü. A. bildet der Seeboden auch die tiefste Stelle Österreichs. Die Gesamtfläche des Schilfgürtels beträgt auf österreichischer Seite 118,7 km². Davon entfallen 104,9 km² auf das eigentliche Schilfgebiet, dazu kommen 12,5 km² offene, innerhalb des Schilfgürtels gelegene Wasserflächen und 1,3 km² Seebäder und Ferienhäuser[3].

Das österreichische Avifauna-Gebiet liegt im nördlichen Burgenland im Bereich zweier politischer Bezirke: Den größeren Anteil nimmt der Bezirk Neusiedl am See ein, einen kleineren der Bezirk Eisenstadt Umgebung. Rust ist der kleinste Verwaltungsbezirk und auch die kleinste Statutarstadt Österreichs.

Das ungarische Avifauna-Gebiet ist politisch Teil des Komitats Győr-Moson-Sopron.

Siedlungen

Im Avifauna-Gebiet liegen 55 Siedlungen mit einer Einwohnerzahl von insgesamt ca. 65.000 Menschen. Davon entfallen 22 Siedlungen mit 53.000 Einwohner*innen auf die österreichische Seite, 11 Ortschaften mit ca. 12.000 Personen auf Ungarn.

Gemeinde	Einwohner	Fläche (km²)
Andau	2.280	47,3
Apetlon	1.760	82,22
Frauenkirchen	2.856	31,95
Gols*	3.910	42,23
Halbturn*	1.930	55,21
Illmitz	2.395	91,85
Jois*	1.644	25,91
Mönchhof*	2.238	33,56
Neusiedl am See*	8.585	57,03
Pamhagen	1.567	33,04
Podersdorf am See	2.132	41,73
Sankt Andrä am Zicksee	1.369	31,73
Tadten	1.186	36,06
Wallern im Burgenland	1.678	33,91
Weiden am See*	2.480	32,51
Winden am See*	1.326	13,51
Breitenbrunn*	1.871	25,75
Donnerskirchen*	1.843	33,87
Mörbisch am See*	3.486	4,29
Oggau am Neusiedler See*	1.753	52,19
Purbach am Neusiedler See*	2.885	45,84
Rust*	1.980	20,01
Fertőrákos	2.260	5,6*
Balf**	998	41,9*
Fertőboz	325	10,7*
Hidegség	449	9,8*
Fertőhomok	696	8,4*
Hegykő	1.588	17,3*
Fertőszéplak	1.312	15,1*
Fertőd	3.369	0,02*
Sarród***	650	6,2*
Fertőújlak***	160	21,4*
Nyárliget***	220	7,9*

Tab. 1: Die im Avifauna-Gebiet gelegenen Siedlungen, deren Einwohnerzahl und Fläche. Quelle: www.wikipedia.org, Stand 1.1.2020. Keine dieser Siedlungen liegt zur Gänze im Avifaunagebiet. ** Balf verfügt über keine eigene Verwaltung, ist ein Teil von Sopron. *** Fertőújlak (Mekszikópuszta) und Nyárliget verfügen gegenwärtig über keine eigene Verwaltung, sind in diesen Sinne Teile von Sarród. Die Aufteilung zwischen den drei Siedlungen hat keine Rechtsgrundlage.*

Größere, abseits von Ortschaften liegende Freizeit- und Gartenanlagen sind in Österreich die Reihersiedlung am Sankt Andräer Zicksee, Seebad und Camping Sankt Andrä und das angrenzende Rehabilitationszentrum, die Ferienwohnhausanlage Vila Vita und die Sankt Martins Therme südlich von Frauenkirchen.

In Ungarn stagnierte die Bevölkerung der Siedlungen am Ufer des Neusiedler Sees während der Jahrzehnte des Kommunismus infolge der Unpassierbarkeit der Grenze und aufgrund ihrer verhältnismäßigen Isolation vom Rest des Landes. Seit 1990 hat sich die Lage allmählich verändert, da die früheren Nachteile eher eine Möglichkeit für die Bevölkerung darbieten.

Quellen: [1] *Fally et al. (2015)*, [2] *Herzig & Dokulil (2001)*, [3] *Csaplovics & Schmidt (2011)*, [4] *Wolfram et al. (2014)*

Klima und Klimawandel

von Erwin Nemeth

Das Neusiedler See-Gebiet zählt mit einer durchschnittlichen Niederschlagmenge von 564 mm (Mittel von 1961–2022 [1]) zu den trockensten und mit einer durchschnittlichen Jahrestemperatur von 12,0 °C (Mittel von 2001–2020 [1]) zu den wärmsten Gebieten Österreichs. Die meisten Niederschläge fallen in den Monaten Mai bis einschließlich September, während die ersten zwei Monate im Jahr die trockensten sind. Das Gebiet ist sehr windreich, wobei die Winde vor allem aus Nordwest und Südost wehen.

Der immer schneller voranschreitende Klimawandel, der ja bereits nachhaltig die Avifauna des Gebietes verändert, zeigt sich vor allem seit den 1980er Jahren des letzten Jahrhunderts durch einen Temperaturanstieg von mehr als 2 °C. Bei der Niederschlagsmenge lassen sich hingegen weder Zunahme noch Abnahme erkennen.

Klimaszenarien prognostizieren für den Nordosten Österreichs bis 2050 eine leichte Zunahme der gesamten Jahresniederschläge [4]. Die Niederschläge werden mit dem Klimawandel im Winter mehr und im Sommer wird es eher zu trockenen Perioden kommen. Da aber lokale Niederschlags-Prognosen immer mit großen Unsicherheiten behaftet sind, ist hier derzeit kein endgültiges Urteil möglich und lokale Auswirkungen des Klimawandels auf die Hydrologie sind nicht genau vorherzusehen.

Es ist zu erwarten, dass die höheren Temperaturen zur vermehrten Austrocknung der Lacken und zu niedrigeren Wasserpegeln im See führen werden. So sagen Modelle bei gleichbleibenden Niederschlägen ein wesentlich höheres Risiko des Rückgangs des Wasserpegels des Neusiedler Sees voraus, konkret sollte dann im Zeitraum 2010–2030 alle siebzehn Jahre der Wasserpegel unter 115,00 m ü. A. sinken [5]. Genau das ist im Herbst 2022 mit einem Minimalen Pegelstand von 114,88 Ende September eingetreten [6]. Erhöhen sich die Niederschläge hingegen im Vergleich zum Zeitraum 1977 bis 2008 um 10 % so würde diese Marke nur alle 79 Jahre unterschritten.

Die Situation der Sodalacken im Seewinkel wird vor allem durch die derzeit sehr niedrigen Grundwasserpegel prekär, hier dürfte aber der hohe Bewässerungsbedarf der Landwirtschaft eine wichtige Rolle spielen. Leider fehlen genaue Daten zur Wasserentnahme im Seewinkel und damit ist es nicht möglich, die Situation quantitativ zu bewerten. Der Klimawandel schafft hier

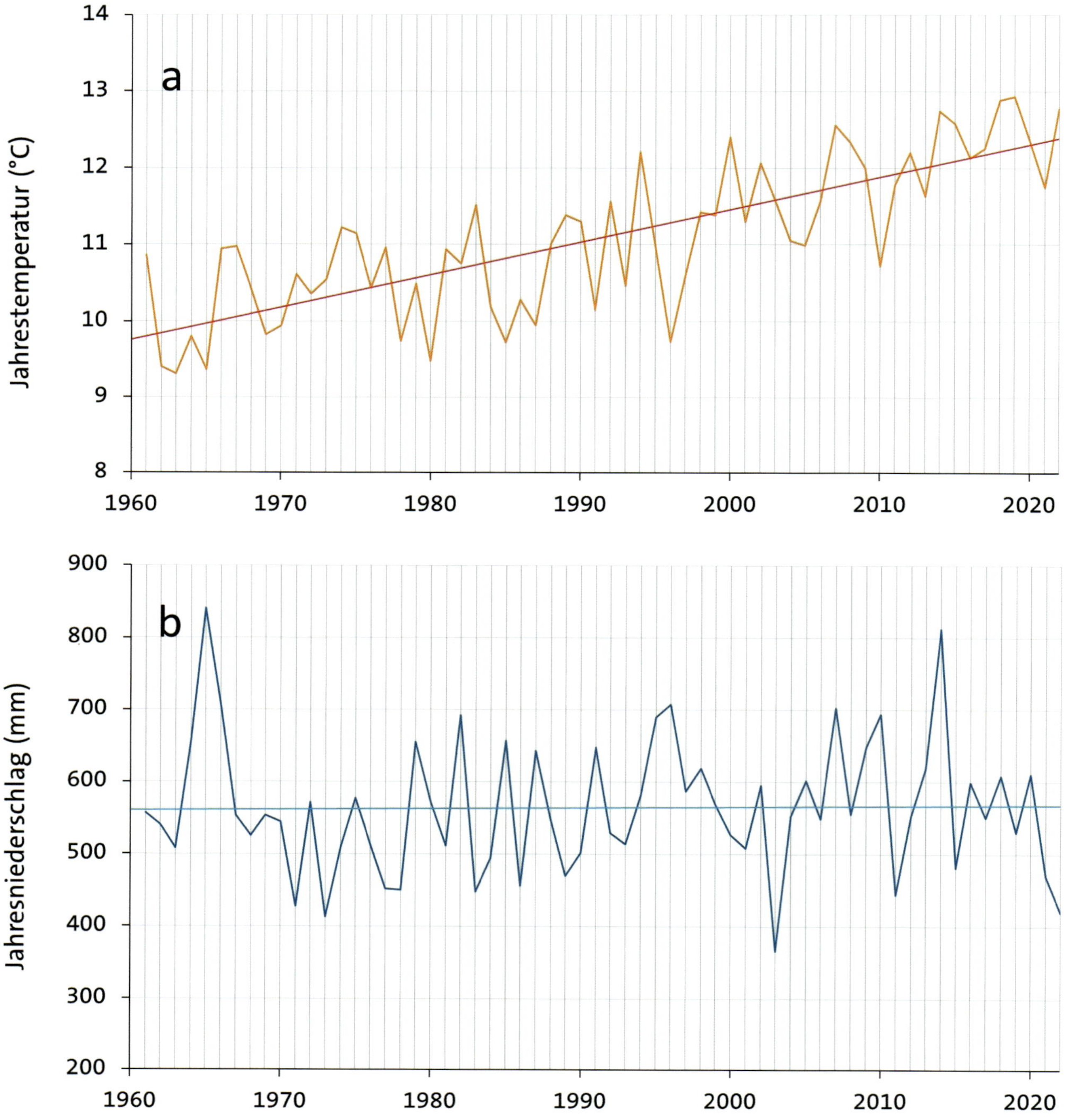

Abb. 1: Mittlere Jahrestemperatur und Summe des Jahresniederschlags und lineare Trends dieser Werte im Seewinkel von 1961–2022. Daten vom SPARTACUS-Datensatz der Zentralanstalt für Meteorologie [1]

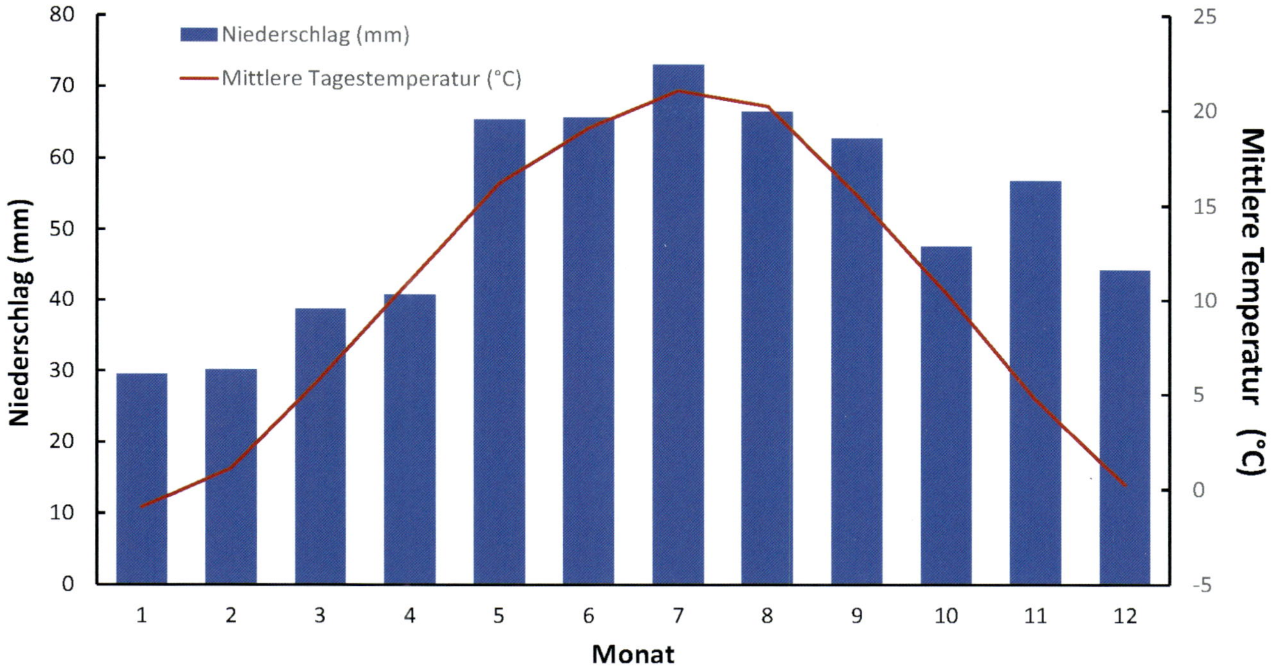

Abb. 2: Mittlere Niederschläge und mittlere Tagestemperatur im zentralen Seewinkel (Lat. = 47,75, Long = 16,83) im Zeitraum 1981–2010. Daten aus der der 5 x 5 Minuten HISTALP-Datenreihe der Zentralanstalt für Meteorologie und Geodynamik[2, 3]

neue Herausforderungen für den Naturschutz: Die letzten Jahrzehnte zeigten neben dem deutlichen Temperaturanstieg auch eine Zunahme von Extremereignissen, und es wird angenommen, dass Starkregenfälle zunehmen werden[7].

Sowohl für Mensch als auch Natur wird es wichtig werden, dass sich die Wasserwirtschaft an die neuen Klimabedingungen anpasst. Das heißt erstens sparsam mit dem vorhandenen Wasser umgehen und zweitens Wasser nach Niederschlägen möglichst lange im Gebiet zu halten, um so besser für trockene Zeiten gerüstet zu sein. Die derzeitige Praxis, Wasserüberschüsse sofort abzuleiten, sei es zur Risikovermeidung von Hochwässern im See oder zur Vermeidung von Produktionsverlusten im Seewinkel und im Hanság sollte überdacht und geändert werden.

Außer Frage steht, dass die Temperaturerhöhung schon jetzt das Gebiet in eine wärmere Klimazone befördert hat. Das sieht man an der verlängerten Vegetationsperiode und auch an der Anpassung der Landwirtschaft; Oliven, Reis und Artischocken, finden mittlerweile im pannonischen Raum geeignete Wuchsbedingungen. Nicht zuletzt reagieren Vögel sensibel auf Klimaänderungen und in vielen der folgenden Artkapiteln werden klimabedingte Auswirkungen auf die Vogelfauna diskutiert.

Quellen: [1] *https://dataset.api.hub.zamg.ac.at/app/front-end/raster/historical/spartacus-v1-1m-1km,* [2] *https://www.zamg.ac.at/histalp/dataset/grid/five_min.php,* [3] *Auer et al. (2007),* [4] *Gobiet et al. (2014),* [5] *Eitzinger et al. (2009),* [6] *https://wasser.bgld.gv.at/hydrographie,* [7] *APCC (2014)*

Lebensräume und ihre Entwicklung

Einführung

von Alfred Grüll

Ziel dieses Abschnittes ist es, das Habitatangebot für Vögel in Raum und Zeit als Grundlage für das Verständnis der Artkapitel darzustellen. Dabei gliedern wir das breite Spektrum an Lebensräumen in die folgenden Untereinheiten: Neusiedler See mit Schilfgürtel, Salzlacken und andere Stillgewässer, Acker- und Weinbauflächen, Gehölze und Siedlungen. Auf die flächenmäßige Entwicklung der Grünlandflächen (v.a. Wiesen, Hutweiden, Alkalisteppen) wird zusammenfassend im Agrar-Kapitel eingegangen, ausführlicher behandelt werden diese sehr wichtigen Vogelhabitate im nachfolgenden Kapitel 6, das die Entwicklungen in den einzelnen Lebensräumen zusammenführt und den Wandel der gesamten Landschaft zum Thema hat.

Im vorliegenden Kapitel werden hingegen die einzelnen Lebensräume in erster Linie aus der „Vogelperspektive" betrachtet. Das heißt, es werden vor allem jene Faktoren beschrieben, die für die Besiedlung durch Vögel ausschlaggebend sind, aber nicht die ökologischen Voraussetzungen und Funktionen, die diese Habitatqualitäten gewährleisten (z.B. das komplexe, hydrologisch-chemische Funktionsgefüge in den Salzlacken). Für diese weiterführenden Informationen verweisen wir auf das Kapitel 6 (Landschaftswandel) sowie die Übersichtswerke in der einschlägigen Literatur (v.a. von Löffler[1–3], Wolkinger[4, 5], Dick et al.[6], Krachler et al.[7]). Als Basis für das Verständnis der Bestandsentwicklungen präsentieren wir wo immer möglich quantitative Flächenangaben und gehen auf signifikante Veränderungen bzw. die Dynamik im Habitatangebot ein. In vielen Fällen sind dabei den Möglichkeiten durch das Fehlen entsprechender Erhebungen enge Grenzen gesetzt (Beispiel Wasserfläche der Lacken). Für die international bedeutenden Feuchtgebiete wird das Flächenangebot auch in Relation zur gesamteuropäischen Situation dargestellt. Den Abschluss der Gewässer-Kapitel bildet die einzige großflächige „Biotoprekonstruktion" (Renaturierung) durch Wiederbeflutung des ehemaligen Seebeckens auf der ungarischen Seite des Gebietes.

Die Besiedlung bzw. Nutzung der Habitate durch die einzelnen Vogelarten wird in den Artkapiteln ausführlich behandelt. Bei der nachfolgenden Beschreibung der Lebensräume sind wir auf diesen Aspekt nur dann eingegangen, wenn es im Bearbeitungszeitraum seit dem Zweiten Weltkrieg nicht nur zu Bestandsveränderungen, sondern zu einem tiefgreifenden Wandel in der Artenzusammensetzung der jeweiligen Vogelgemeinschaften gekommen ist. Herausragend ist dabei die Entwicklung der Gehölze und Siedlungen, die zur großflächigen Besiedlung durch neue, zu Beginn des Bearbeitungszeitraumes im Gebiet noch nicht vorkommende Arten führte, aber auch die der Acker- und Weinbauflächen. Für diese Lebensräume werden daher parallel zum Biotopwandel auch die avifaunistischen Veränderungen ausführlich dargestellt. In geringerem Umfang gilt das für den Schilfgürtel, für den die Einnischung einzelner Arten und die quantitativen Veränderungen in der Artenzusammensetzung in Abhängigkeit von Alter und Struktur der Röhrichtbestände behandelt werden.

Quellen: [1] *Löffler (1974)*, [2] *Löffler (1979)*, [3] *Löffler (1982)*, [4] *Wolkinger (1978)*, [5] *Wolkinger (1979)*, [6] *Dick et al. (1994)*, [7] *Krachler et al. (2000)*

Viehstall und Hutweide bei der Westlichen Wörthenlacke/Apetlon, 24.4.2014 (Michael Dvorak)

Der Neusiedler See und sein Schilfgürtel

von Erwin Nemeth (Österreich) & Attila Pellinger (Ungarn)

Österreich

Der leicht salzige Neusiedler See ist mit ca. 322 km² (bei Pegelstand 116,0 m über Adria) nach dem Plattensee der zweitgrößte Steppensee Europas. Seinen Salzgehalt bezieht er vor allem aus Natriumhydrogenkarbonat und er kann als Sodasee mit starken Wasserstandsschwankungen beschrieben werden[1]. Mehr als die Hälfte, ca. 180 km², ist mit Schilf bedeckt; neben dem Donaudelta ist es das zweitgrößte zusammenhängende Schilfgebiet in Europa. Der seichte, auch bei sehr hohem Pegelstand (116,0 m. ü. A.) maximal nur ca. 2,5 m tiefe See entstand wahrscheinlich vor ca. 13.000 Jahren durch tektonische Senkungen. Aufgrund der geringen Höhenunterschiede in seinem Umfeld änderten sich die Uferlinien und Wasserflächen in seiner Geschichte zum Teil beträchtlich, Überschwemmungen wechselten mit trockeneren Perioden ab und es kam mehrmals zur völligen Austrocknung. Seit 1600 sind vier extreme Trockenphasen belegt, am längsten und zum letzten Mal geschah dies 1865–1871[2].

Seit 1911 kann das Wasser des Sees über den Einserkanal künstlich abgeleitet werden. Den ursprünglichen Zweck der Entwässerung des Sees erfüllte dieser Kanal nicht, er legte aber zusammen mit einem Netzwerk weiterer Kanäle das riesige Sumpfgebiet des Hansag's trocken und verhinderte große Überschwemmungen, indem er überschüssiges Wasser in die Raab und Donau ableitete. Durch den Einserkanal wurde der durchschnittliche Wasserpegel des Sees in der ersten Hälfte des 20 Jahrhunderts stark abgesenkt. 1965 wurde eine bilaterale Schleusenregelung mit Ungarn umgesetzt, die den Wasserpegel in der Folge um 40 cm erhöhte und 2011 wurde die Schleusenregelung noch ein weiteres Mal angepasst, um höhere Wasserstände im See zu ermöglichen.

Betrachtet man den Pegelverlauf seit 1932, so fallen die großen Wasserschwankungen vor 1965 auf, dann eine weniger dynamische Phase zwischen 1965 bis 1990 und seit damals wieder stärkere Pegelschwankungen. Nach dem letzten Tiefstand von Herbst 2003 (115,03 ü. A.) sank der Pegel im Herbst 2022 erstmals seit dem Dezember 1964 wieder auf Werte unter 115,00 m (114,87 ü. A. am 23.10.2022).

Dieser Wert ist zwar bei weitem nicht so niedrig wie Pegel-Tiefststände aus den Jahren 1932, 1933 und 1949 (114,50–114,75), aber angesichts der Klimaerwärmung nähren sie die Sorge, dass der See bald wieder austrocknen könnte[3]. Während es vor mehr als 100 Jahren der agrarökonomisch motivierte Wunsch war, den See trockenzulegen, sind es jetzt vor allem die Interessen des Tourismus, die den Seepegel nicht zu tief sinken lassen wollen. Es wird damit argumentiert, dass eine von der Wasserwirtschaft angedachte künstliche Zuleitung mit Donauwasser ein Austrocknen verhindern könnte[4]. Sie trägt aber das Risiko in sich, die Wasserchemie des Sees nachteilig zu verändern und durch Eutrophierung die Existenz des Sees in seiner bisherigen Form zu gefährden[5]. Der derzeitige Nährstoffhaushalt des Sees kann als zufriedenstellend eingestuft werden[6]. Zwar kam es in den 1970er Jahren zu einer kritischen Eutrophierung mit regelmäßigen Algenblüten, durch effiziente Abwasserentsorgung konnte der Nährstoffeintrag aber wieder deutlich gesenkt werden[1].

Trotz aller anthropogener Eingriffe hat der See noch immer einen relativ ursprünglichen „Steppensee"-Charakter behalten: Das Wasser kommt zu ca. 80 % direkt aus dem Niederschlag und nur zu ca. 20 % aus direkten Zuflüssen und unterirdischen Quellen. Durchschnittlich 90 % verschwindet wieder durch Verdunstung, in trockenen Jahren wird kein Wasser abgeleitet, in nassen Jahren wie im Extremjahr 1996 kann der Einserkanal fast genauso viel Wasser abführen wie durch Verdunstung verloren geht[7].

Wird Wasser öfters abgelassen, kommt es zu einer Reduktion des Salzgehalts des leicht salzigen Sees, ein Effekt der durch die neue Schleusenregelung von 2011 verringert wurde[6]. Aus ökologischer Sicht wäre es daher sicher am vorteilhaftesten, den endorheischen, d. h. abflusslosen Ursprungszustand so weit wie möglich wiederherzustellen. Dazu bräuchte es ausgewiesene große Überschwemmungsflächen und die politische Bereitschaft, Überschwemmungen zuzulassen, bzw. zugleich Vorkehrungen zur Schadensminderung oder -verhinderung solcher potentiellen Hochwässer zu treffen. Letztlich würde sich diese Forderung auch mit den Interessen des Tourismus und anderer Wirtschaftszweige decken, da jeder nicht abgelassene Liter Wasser das Risiko der Austrocknung vermindern würde.

Der Schilfgürtel bedeckt derzeit mehr als die Hälfte des Sees, vielleicht ist das mehr als je zuvor. Historische Beschreibungen des Schilfvorkommens sind spärlich und in frühen Karten des Sees ist Schilf nicht ausgewiesen[2]. Dennoch dürfte das Schilf ein stetiger Begleiter des Sees gewesen sein; erstmals erwähnt wird es im 15. Jahrhundert[2]. Lage und Größe der Schilfbestände haben sich im Laufe der Jahrhunderte aber abhängig von Höhe und Schwankungen der Wasserstände vermutlich immer wieder drastisch verändert. Die Ausbreitung der nur einjährigen Schilfpflanze wird aber letztendlich landseitig durch die zunehmende Trockenheit der Standorte und seeseitig durch zu große Wassertiefen begrenzt.

Nach der letzten Austrocknung von 1865–1871 und nach der Errichtung des Einserkanals und der damit verbundenen (relativen) Stabilisierung der Pegelstände Anfang des 20. Jahrhunderts kam es zu einer massiven Zunah-

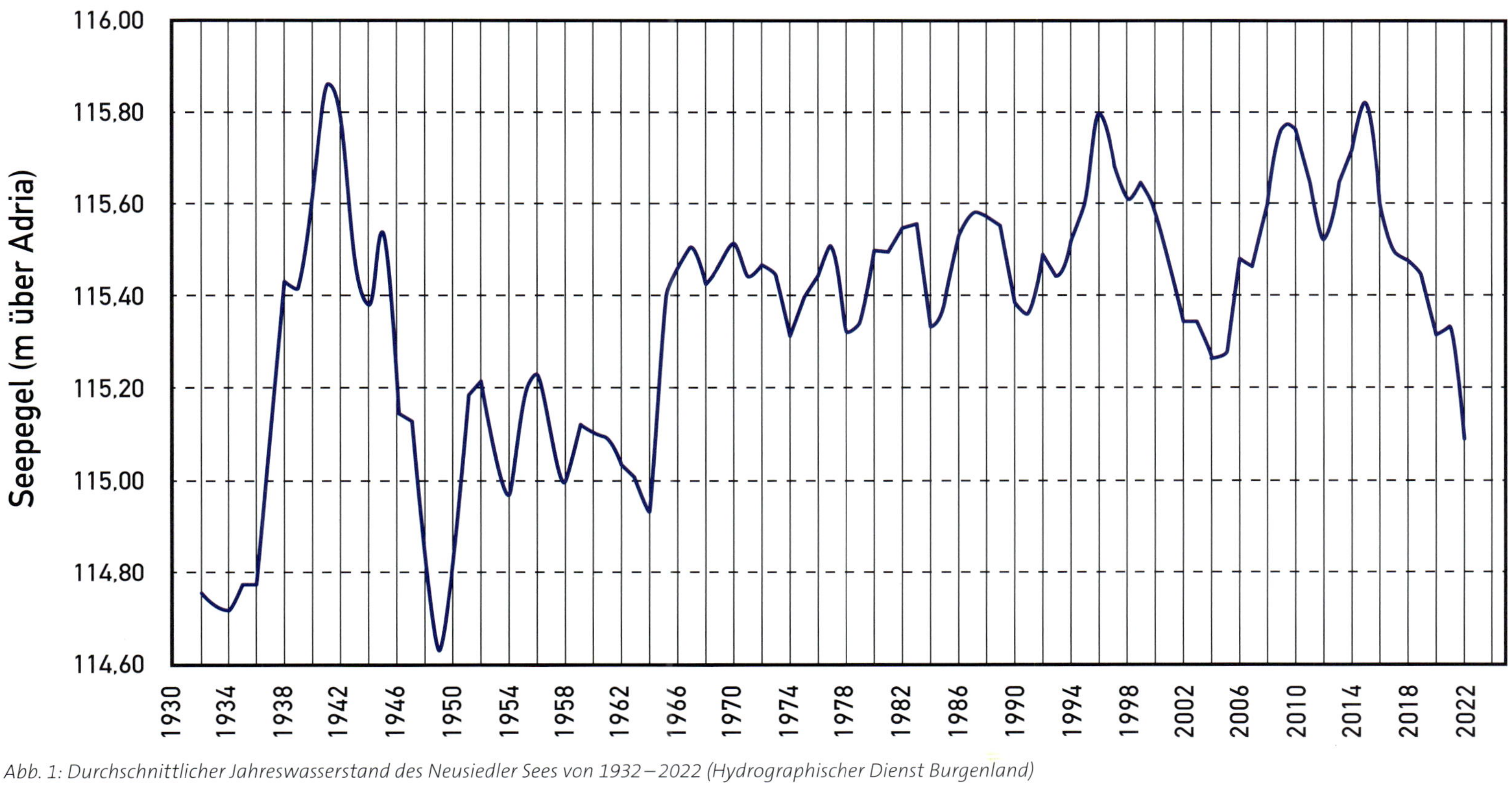

Abb. 1: Durchschnittlicher Jahreswasserstand des Neusiedler Sees von 1932–2022 (Hydrographischer Dienst Burgenland)

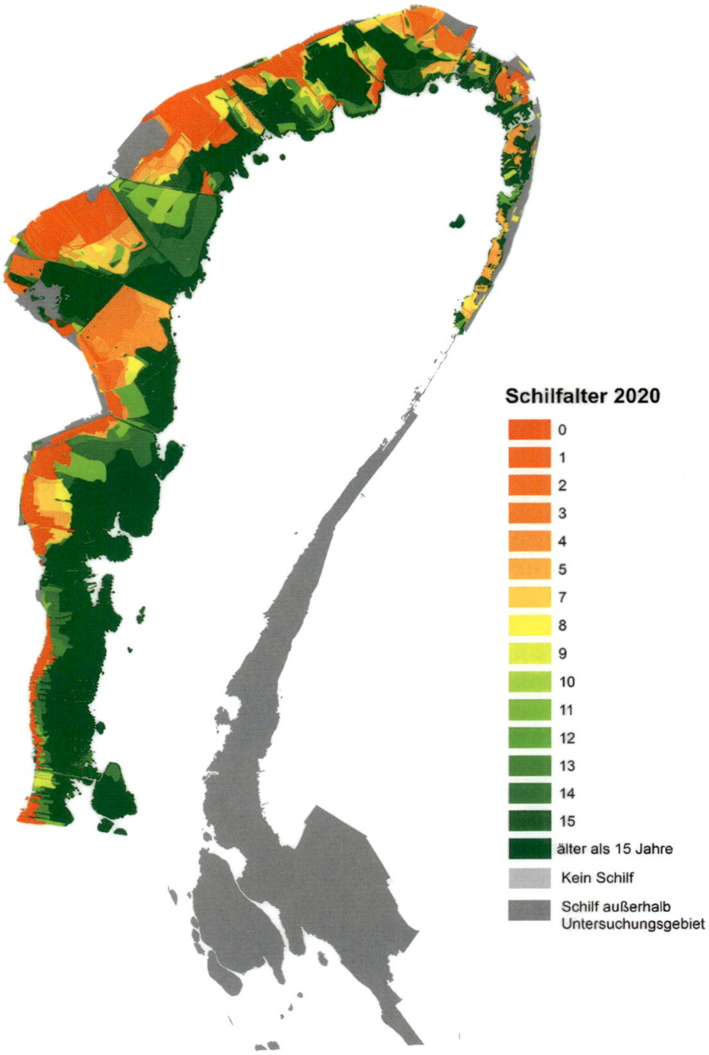

Abb. 2: Altersstruktur des Schilfgürtels außerhalb des Nationalparks[11]

me der Schilfflächen. Über Jahrzehnte wuchs das Schilf aufgrund der überwiegend niedrigen Wasserstände seewärts, was in den frühen 1960er Jahren Befürchtungen nährte, dass der Neusiedler See bis 2120 komplett verschilfen könnte[8]. Nach der Anhebung des Seepegels um ca. 40 cm im Jahr 1965 breitete sich der Schilfgürtel vor allem landseitig weiter aus. Mittlerweile wurde das Wachstum landwärts in erster Linie durch das Vorrücken der Grenzen landwirtschaftlicher Bewirtschaftung gestoppt und war in den letzten Jahrzehnten auch seewärts nur mehr sehr gering. Es bleibt abzuwarten, ob die aktuell seit 2019 niedrigen Wasserstände wieder ein stärkeres seewärtiges Schilfwachstum auslösen werden.

Nachgewiesen und auch quantifiziert ist hingegen das lokal großflächige Absterben von Schilf im Inneren des Schilfgürtels; durch die damit verbundene Bildung offener Wasserflächen schrumpft die Gesamtfläche des Schilfgürtels sogar[9]. Der Prozess dieses Absterbens ist bislang nicht vollständig geklärt. Im Inneren des Schilfgürtels akkumuliert das jährlich absterbende alte Schilfmaterial, es kommt zu anoxischen Bedingungen im Sediment und damit verbunden zu schlechterem Wachstum und letztlich zum Absterben von Schilfbülten auf größerer Fläche. Diese Bedingungen wirken sich wahrscheinlich bei konstant hohen Wasserständen besonders negativ aus[10] und führen zu einer Auflockerung und danach auch zu einem Zusammenbruch der Schilfbestände.

Neben diesen hydrologischen Ursachen hat auch der Schilfschnitt einen entscheidenden Einfluss auf die Ausprägung des Schilfgürtels. Einerseits führte die Schädigung von Rhizomen durch unsachgemäße Ernte zum dauerhaften Absterben von Schilfbeständen und zur Bildung größerer offener Wasserflächen wie z.B. bereits Anfang der 1970er Jahre am Westufer zwischen Mörbisch und Rust. Andererseits bestimmte der Schilfschnitt zusammen mit einem bis 1990 durchgeführten „Brandmanagement" das Alter und die Vitalität der Schilfbestände. Die Schilfernte am Neusiedler See erlebte Anfang bis Mitte des vorigen Jahrhunderts ihren Höhepunkt, als vor allem Stuckaturschilf (Matten und Platten) und Schilf zum Dachdecken hergestellt wurde. In den letzten Jahrzehnten sank die Ausdehnung der Ernteflächen. So wurden im Winter 2019/2020 nur mehr ca. 11 % der Fläche des außerhalb des Nationalparks liegenden Schilfgürtels geerntet. Die jetzigen Erntegebiete liegen vor allem landseitig und werden oft jährlich geerntet. Betrachtet man die derzeitige Altersstruktur (Stand 2020) so sind ca. 60 % des österreichischen Schilfgürtels älter als 15 Jahre.

Die Altersstruktur und Vitalität des Schilfes ist ein bestimmender Faktor für das Vorkommen von einzelnen Schilfvogelarten und daher von herausragender Bedeutung für den Artenschutz[12–14]. Abb. 3 zeigt die vereinfacht die räumliche Verteilung der einzelnen Arten entlang eines Querschnitts durch den Schilfgürtel von der Landseite zum seeseitigen Rand: Es zeigt sich, dass sich bestimmte Arten auf den landseitigen und/oder seeseitigen Rand des Schilfgürtels konzentrieren, andere auf die dazwischen liegenden Zonen. So sind Mariskensänger und Kleines Sumpfhuhn Bewohner von altem Röhricht mit offenen Wasserflächen. Das Kleine Sumpfhuhn kommt daher vor allem im Zentrum des Schilfgürtels vor (Abb. 4). Der Drosselrohrsänger bevorzugt dagegen besonders starkhalmiges Schilf, das vor allem am seeseitigen Rand und landseitig wächst.

Eine aktuelle Untersuchung zeigte allerdings, dass auch Altschilfflächen für die als „Altschilfspezialisten" bekannten Arten Mariskensänger und Kleines Sumpfhuhn zu alt werden können und große Bereiche des Schilfgürtels daher für alle Schilfvögel zunehmend unbewohnbar werden können (Abb. 5). In diesen Röhrichtbeständen kommt es zu einem flächigen Zusammenbrechen des Schilfbestandes, der dann für praktisch alle Vogelarten zu schlechteren Bedingungen führt. Diese abgestorbenen Flächen mit kaum oder wenig Schilfwachstum nehmen aktuell rasch zu, derzeit fallen ungefähr 25–50 % des Schilfgürtels in diese für schilfbewohnende Vögel weniger geeignete Kategorie fallen[14,17]. Da diese Flächen meist seeseitig in tieferem Wasser liegen und ein schonender Schilfschnitt dort nicht möglich ist, erscheint hier das kontrollierte Abbrennen als die einzig mögliche Managementmaßnahme.

Das zusammenbrechende Altschilf wirkt sich sehr wahrscheinlich auch negativ auf den in Kolonien brütenden Silberreiher aus. Im Jahr 2022 konnten im Inneren des Schilfgürtels keine Bruten der Art mehr festgestellt werden; in der Naturzone des österreichischen Nationalparks gab es damit erstmals keine Silberreiherbruten. Die verbliebenen Brutkolonien fanden sich nur mehr in vitaleren Schilfbereichen am Rand zur offenen Seefläche.

Der Silberreiher gehört zur ökologischen Gruppe der fischfressenden und in Kolonien brütenden Wasservögel. Zusammen mit Löffler, Purpur-, Grau-, Seiden- und Nachtreiher sowie Zwergscharbe und Kormoran finden sich derzeit acht verschiedene Arten, die zumindest zum Teil vom Fischangebot des Sees und des Schilfgürtels abhängig sind. Sie nutzen den Schilfgürtel

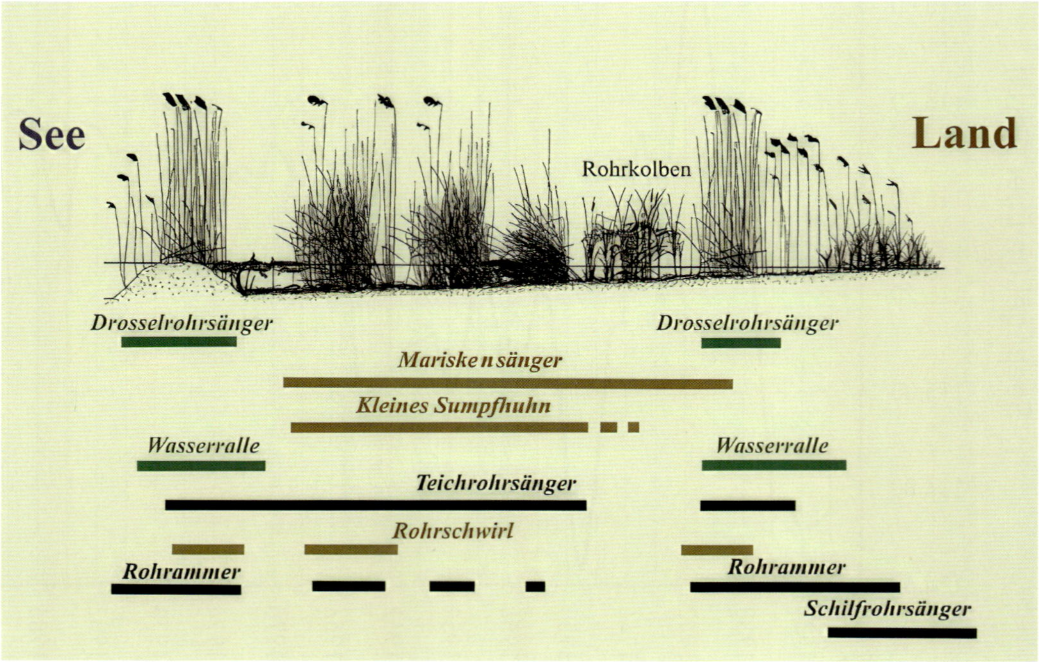

Abb. 3: Verteilung kleiner Schilfvogelarten entlang eines Transekts vom offenen See zum Land[15] *(verändert)*

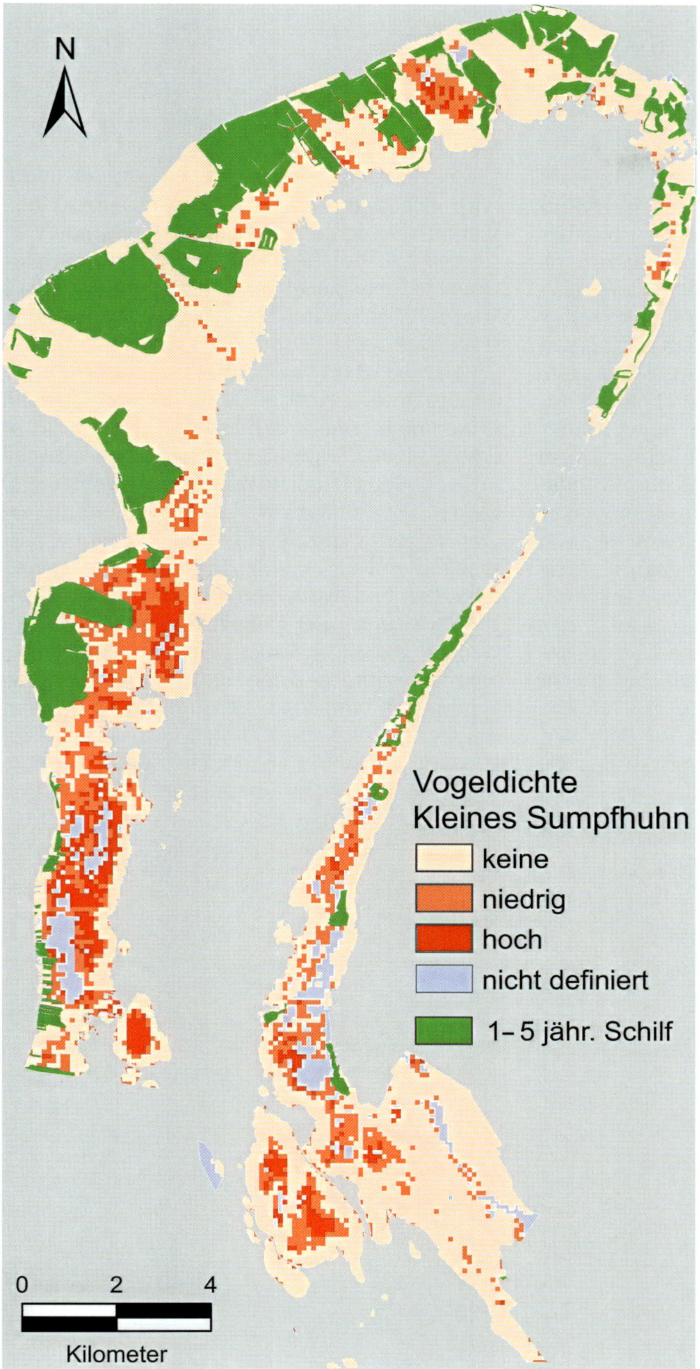

Abb. 4: Die vorhergesagte Verteilung des Kleinen Sumpfhuhns für den gesamten Schilfgürtel, basierend auf Punkttaxierungsdaten aus den Jahren 2005/06 und Fernerkundungsdaten, analysiert mit einem Generalisierten Linearen Modell (GLM). Die Berechnungen basieren auf einer Rastergröße von einem Hektar. Die nichtdefinierten Bereiche sind Flächen mit mehr als 70 % Anteil an offenen Wasserflächen; sie sind außerhalb des Vorhersagebereichs der Daten. Ebenso wurden sehr junge (1–2-jährige) Schilfgebiete nicht berücksichtigt, da hier keine Vogeldaten erfasst wurden[16].

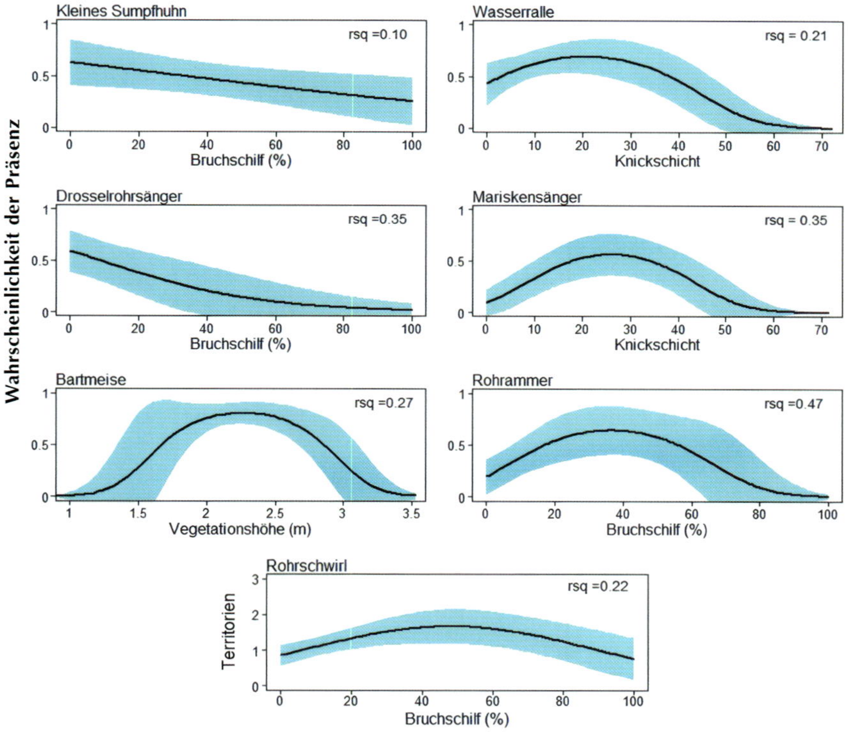

Abb. 5: Signifikante Beziehungen (± 95 % Konfidenzintervalle) der Anzahl an Territorien (Rohrschwirl) and Anwesenheit (andere Arten) zu Habitat-Variablen, die absterbende Schilfgebiete kennzeichnen, an 93 Zählpunkten im Jahr 2019. Alle Abbildungen basieren auf den besten GLMs für die jeweilige Art[14] (verändert).

als Nistplatz und teilweise als Nahrungsgebiet[18]. Da die Fischbiomasse vom verfügbaren Wasser abhängt, gibt es erwartungsgemäß einen positiven statistischen Zusammenhang zwischen der Anzahl der Koloniebrüter und der Höhe des Wasserstandes im Frühjahr[11].

Ungarn

Im ungarischen Teil des Neusiedler Sees ist der Anteil der Schilfflächen mit 84,8 % deutlich höher. Dies hängt mit der stärkeren Verlandung des Südufers zusammen, da die Wellenbewegung den Schlamm hier aufhäuft. Mit dem Vordringen des Schilfs haben sich einige Teile des Seebettes abgeschnürt und bildeten, nachdem sie vom Schilf umwachsen worden sind, die sogenannten „inneren Seen". Im immer breiter wachsenden Schilfgürtel wurden zuerst für die Fischerei, später die Grenzwache und die Schilfmahd radiale Hauptkanäle und quer dazu verlaufende Nebenkanäle errichtet. Die winterliche Schilfmahd war für Jahrzehnte typisch, die geschnittene Menge variierte zwischen 670.000 und 2.500.000 Garben. 1954 begann die Mechanisierung der Schilfmahd, ab 1983 wurden bereits ausschließlich Seiga-Mähmaschinen benutzt. Ab 1996 begann, teils wegen der Naturschutzbeschränkungen, aber viel eher infolge eines Rückgangs der Nachfrage eine Abnahme der Schilfmahd für Wirtschaftszwecke, bis sie praktisch nicht mehr existierte. Die Abnahme an Störung durch die Schilfmahd sowie die größere Fläche an ungemähten Schilfflächen wirkte sich auf ungarischer Seite auf die Brutbestände von zahlreichen Vogelarten positiv aus, dies sticht besonders im Fall der Reiherarten und der Graugans hervor.

Mit dem Verstreichen der Jahrzehnte gelangte immer weniger frisches Seewasser zu den inneren Teilen des Schilfgürtels und verursachte eine Ausdünnung des Schilfs, zusätzlich verstärkt durch von den Schneidemaschinen verursachte Schäden an den Rhizomen. Der Nationalpark Fertő-Hanság und die Wasserdirektion Transdanubien begannen 2013 ein gemeinsames Projekt um die Wasserzufuhr zu verbessern, dies verursachte aber nur eine vorübergehende Verbesserung[19]. Wegen des infolge der zunehmenden Trockenheit abnehmenden Wasserstandes lag zu Ende des letzten Jahrzehnts der Großteil des ungarischen Schilfgürtels Teile des Jahres trocken.

Quellen: *[1] Herzig (2014), [2] Csaplovics (2019), [3] Soja et al. (2013), [4] Sailer & Maracek (2019), [5] Krachler (2006), [6] Wolfram & Herzig (2013), [7] Kubu & Kramer (2014), [8] Kopf (1967), [9] Csaplovics & Schmidt (2011), [10] Tóth (2016), [11] Erwin Nemeth, unpubl. Daten, [12] Dvorak et al. (1997), [13] Nemeth et al. (2001), [14] Nemeth & Dvorak (2022), [15] Grüll (1994), [16] Nemeth et al. (2014), [17] Perlinger (2023), [18] Nemeth et al. (2003), [19] Kovács & Pellinger (2018)*

Die Lacken des Seewinkels

von Michael Dvorak (Österreich) & Attila Pellinger (Ungarn)

Österreich

Die Lacken des Seewinkels sind von herausragender Bedeutung für die Wasservogelwelt und damit das zentrale Schutzgut des Gebiets. Diese flachen Sodaseen und die sie umgebenden ausgedehnten Salzsümpfe sind aus globaler Sicht ein extrem seltener und lokalisierter Lebensraumtyp – sie sind weltweit nur an wenigen Stellen zu finden; in Mitteleuropa gibt es im Karpatenbecken in Ungarn, Österreich und im Norden Serbiens die größten Vorkommen.

Die aktuellste Bestandserhebung im Karpatenbecken wurde vor ca. 15 Jahren im Rahmen eines EU-Life-Naturschutzprojektes zur Erhaltung und Renaturierung von Sodalacken in Ostungarn durchgeführt[1]: Demnach gab es um das Jahr 2010 in Ungarn noch 105 Lacken mit einer Gesamtausdehnung von 9.705 ha, in Österreich waren es 34 mit zusammen 942 ha und in Serbien, genauer gesagt in der nördlichen Provinz, sind es noch neun mit einer Gesamtfläche von 1.616 ha[1]. Von den 148 inventarisierten Sodalacken wurden 77 als „natürlich" eingestuft, während 66 als „anthropogen gestört" und fünf als „renaturiert" galten. Aus österreichischer Perspektive interessant und überraschend war, dass von den gestörten Lacken 61 in Ungarn lagen, drei in Serbien und lediglich zwei in Österreich[1]. Das heißt im Umkehrschluss, dass von den ungarischen Kollegen von den 34 in Österreich kartierten Lacken 32 als „natürlich" eingestuft wurden. Das mag teilweise daran gelegen haben, dass für dieses Inventar nur noch existierende Sodalacken erfasst wurden und auch daran, dass die Erhebungsjahre 2009 und 2010 in eine Periode höherer Wasserstände fiel, was eine deutlich günstigere Situation vorgespiegelt haben mag.

Detaillierte, von österreichischen Ortskenner*innen durchgeführte Untersuchungen[2] listeten in einem weitgehend zeitgleich erschienenen Inventar hingegen insgesamt 69 Lacken- bzw. Lackenbecken des Seewinkels mit einer Gesamtfläche von 2.540 ha auf (und damit doppelt so viele wie das ungarische Inventar). Allerdings wurde hier keine einzige Lacke als völlig intakt eingestuft. Lediglich fünf Lacken (knapp 5,6 % der Fläche) waren in einem guten Zustand, 16 (24,3 %) in einem mäßigen und 19 (27,8 %) in einem schlechten Zustand. Die übrigen 29 Lacken (42,4 %) wurden als stark degradiert bis zerstört eingestuft[2]. Bei der Zustandsanalyse des österreichischen Forscherteams wurden neben chemischen, physikalischen und biozönotischen Parametern auch die dramatischen historischen Veränderungen der Gewässer mitberücksichtigt.

Die Funktionsweise intakter Lacken und die Eingriffe, die zu ihrer weitgehenden Zerstörung geführt haben, werden ebenso wie der Ablauf dieses „Lackensterbens" im Abschnitt Landschaftswandel detailliert behandelt. Diese kurze Übersicht kann sich daher auf die Namensgebung und Lage der einzelnen Lacken sowie auf die aktuelle Entwicklung ab 2012 und den aktuellen Zustand der einzelnen Gewässer beschränken.

In der nebenstehenden Abbildung und in der Tabelle auf der folgenden Seite und sind alle Lacken angeführt bzw. deren Lage dargestellt, die in den Arttexten erwähnt werden.

Die Namensgebung der einzelnen Gewässer wurde in den letzten Jahren und Jahrzehnten teils leidenschaftlich und oft kontroversiell, aber in den seltensten Fällen rein sachlich diskutiert. Daher fehlt trotz verschiedener Versuche nach wie vor eine allseits akzeptierte Nomenklatur der Lackennamen. Für eine Fachpublikation wie diese Avifauna muss aber sichergestellt sein, dass Ortsnamen eindeutig sind, unabhängig davon welcher Namensgebung sie folgen. Daher musste für jede in den Texten erwähnte Lacke ein eindeutiger Name gewählt und durchgängig benutzt werden. Hingegen sehen wir es nicht als Aufgabe des Buches, einen weiteren Versuch zu unternehmen, eine umfassend dokumentierte und begründete Nomenklatur der Lackennamen zu erarbeiten.

Auch heute noch gebräuchliche Namen finden sich für viele Lacken erstmals bereits im Franziszeischen Kataster, dessen Kartenblätter für das Neusiedler See-Gebiet aus dem Jahr 1856 stammen[3]. Die Karten der Franzisco-Josephinischen Landesaufnahme aus den Jahren 1869–1887 enthalten dann ebenfalls viele heute noch geläufige Lackennamen[4]. Die ersten Übersichten der Lackennamen im 20. Jahrhundert erstellten Karl Gerabek[5] und der Limnologe Heinz Löffler[6,7]. Einen wichtigen Beitrag lieferte auch G. Supper[8]. Die bis dahin und auch nach wie vor vollständigste Aufarbeitung der Nomenklatur der Sodalacken ist im Ramsar-Bericht 3 des Umweltbundesamtes enthalten[9]. Die 2012 erschienene Lackenmonographie des Österreichischen Naturschutzbundes[2] enthielt hingegen keine kritische Auseinandersetzung mit der Namensgebung der Lacken. Speziell mit der Namensgebung der Lacken setzten sich zuletzt Löffler[10] sowie Triebl & Wegleitner[11] auseinander: Vor allem in der zweiten Arbeit findet sich eine Fülle an Informationen zur Herleitung vieler gängiger und mancher auch weniger geläufiger Namen. Ein paar wenige Problemfälle wurden jedoch entweder unbefriedigend gelöst oder sogar ganz umschifft. So wird das (in diesem Buch) „Östliche Hutweidenlacke" genannte Gewässer als „Pfütze im Gebiet Lange Lacke/Wörthenlacken" bezeichnet, wobei es sich

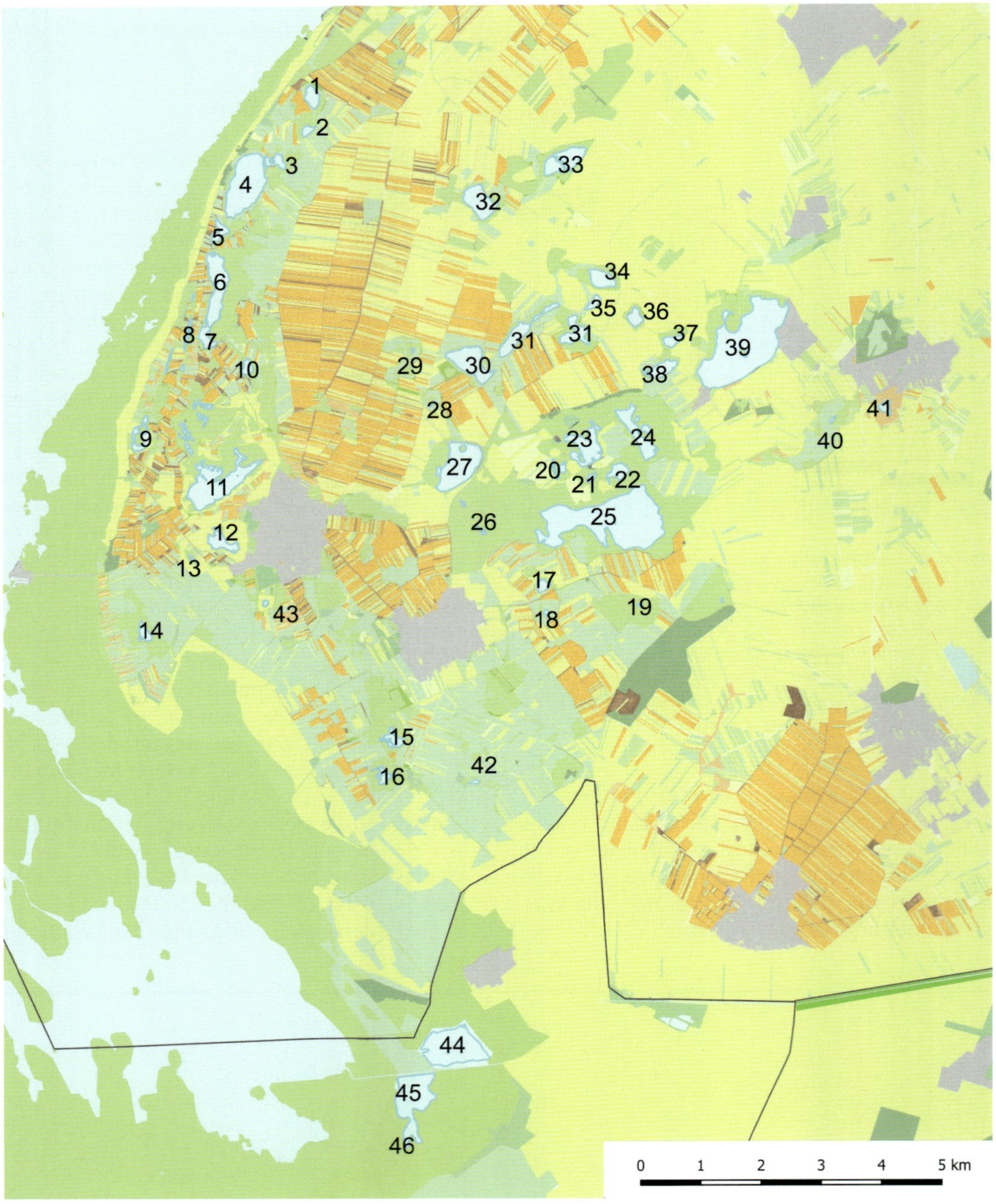

Abb. 1: Die Lage der im Text erwähnten Sodalacken. Die Nummern entsprechen den Zahlen in der Tabelle.

um eine Lacke handelt, die auf sämtlichen seit 1856 zur Verfügung stehenden Karten als eigenständiges Gewässer ausgewiesen ist und aktuell als eine der ökologisch intaktesten Sodalacken des Seewinkel zu gelten hat.

Zur Anzahl der Sodalacken sowie zu deren zahlen- und flächenmäßigen Entwicklung existieren zahlreiche unterschiedliche Angaben. Die ursprüngliche Zahl wird z. B. mit ca. 150[10] oder auch genauer mit 139[12] angegeben. Für das Jahr 1957 wird die Zahl der noch vorhandenen Sodalacken mit 79, für das Jahr 1986 mit 63 angegeben[12]. Die unverschilften Wasserflächen sind in diesem Zeitraum von 1.361 auf nur mehr 805 ha geschrumpft[12]. Im Jahr 2006 gab es in der Region noch 48 Gewässer mit einer Gesamtfläche von 656 ha[13].

Für den Zeitraum ab 2006 kursieren zahlreiche, teils sehr unterschiedliche Zahlenangaben, eine systematische, unter nachvollziehbaren Kriterien durchgeführte, aktuelle Erhebung liegt jedoch nicht vor. Sie wird durch mehrere Faktoren erschwert, wie z. B. die bei unterschiedlichen Wasserständen notorisch schwierige Abgrenzung von Wasser-, Strand- und Landflächen auf Luftbildern. Ein Übriges trägt die in den letzten 20 Jahren stark beschleunigte Verlandung vieler Sodalacken bei: So wären für zukünftige Zahlen- und Flächenbilanzen zuerst geeignete Kriterien zu entwickeln, ab wann eine Lacke als endgültig „verlandet" anzusehen ist. Dass dies keine triviale, sondern sogar die zentrale Frage solcher Bilanzierungen ist, zeigt sich in Jahren sehr hoher Wasserstände wie 1996 und 2015, als sich zahlreiche Mulden von (ehemaligen?) Lacken mit Wasser gefüllt hatten; teilweise auch in Bereichen, die schon lange landwirtschaftlich genutzt werden.

Vorläufige Analysen gehen für das Jahr 2012 von nur mehr 40 Lacken mit einer Gesamtfläche von maximal 650 ha aus[13]. Seither hat sich die Bilanz seit Beginn der mehrjährigen Trockenphase noch deutlich und rasch verschlechtert: Mit Stand Mai 2021 sind nur noch bei 24–30 Lacken freie Wasserflächen über einen Zeitraum von mehr als zwei Monaten vorhanden – die Spanne rührt daher, ob Lackenteile, die nunmehr fast durchgehend von der „Mutterlacke" getrennt sind und eigene Wasserkörper bilden bereits als eigenständige Gewässer gewertet werden oder nicht[13]. Eine genauere Bilanz wird erst dann möglich sein, wenn es für solche „Neubildungen" (die in früheren Jahrzehnten und Jahrhunderten regelmäßig vorkamen) nachvollziehbare Kriterien bezüglich ihrer Eigenständigkeit gibt. Zehn Lacken sind seit 2006 völlig verlandet, d. h. sie weisen keine offenen Wasserflächen (mehr) auf bzw. führen sie nur über kurze Zeiträume hinweg (< 2 Monate) Wasser[13].

Der langfristige Trend ist aber trotz aller methodischen Unschärfen eindeutig: seit der Mitte des 19. Jahrhunderts hat die Zahl der Lacken um 79–84 % abgenommen, die Ausdehnung offener Wasserflächen ist um mindestens 90 % gesunken. Die Verluste an kurzfristig überschwemmten Salzstandorten sind niemals quantifiziert worden, dürften aber sogar noch wesentlich umfangreicher sein.

Nummer	Name	Referenz	Anmerkung
1	Obere Hölllacke	1, 2, 3, 4	Wasserfläche intakt
2	Thomaslacke	4	fast vollständig verschilft
3	Lettengrube		abgetrennter Teil des Oberen Stinkersees
4	Oberer Stinkersee	1, 2, 3, 4	Wasserfläche intakt
5	Mittlerer Stinkersee	3	Südteil des Oberen Stinkersees
6	Unterer Stinkersee	1, 2, 3, 4	Wasserfläche intakt
7	Südlicher Stinkersee	3	Südteil des Unteren Stinkersees
8	Silbersee	1, 2, 3, 4	Wasserfläche intakt
9	Albersee	1, 2, 3, 4	nur mehr kurzzeitige Wasserführung
10	Runde Lacke	1, 2, 3, 4	Wasserfläche intakt
11	Illmitzer Zicksee	1, 2, 3, 4	gesamter Nordteil verlandet
12	Kirchsee	1, 2, 3, 4	nur mehr kurzzeitige Wasserführung
14	Herrensee (Herrnsee)	1, 2, 3, 4	Wasserfläche intakt
13	Krautingsee	1, 2, 3, 4	Wasserfläche intakt
15	Weißsee	4	Wasserfläche intakt; wird künstlich dotiert
16	Apetloner Meierhoflacke (Meierhoflacke)	2, 3, 4	Wasserfläche intakt
17	Martinhoflacke	2, 3, 4	Wasserfläche intakt
18	Moschadolacke (Mosadolacke)	1, 2, 3, 4	verlandet
19	Götschlacke	1, 2, 3, 4	verlandet
20	Neufeldlacke	3	verlandet
21	(Westliche) Hutweidenlacke	1, 2, 3	Wasserfläche intakt
22	Östliche Hutweidenlacke*	1, 2, 3	Wasserfläche intakt
23	Westliche Wörthenlacke	1, 2, 3, 4	Wasserfläche intakt
24	Östliche Wörthenlacke	1, 2, 3, 4	Wasserfläche intakt
25	Lange Lacke	1, 2, 3, 4	Westteil verlandet
27	Darscho	1, 2, 3, 4	Wasserfläche intakt
26	Xixsee	1, 2, 3, 4	fast vollständig verschilft
28	Hottergrube	3, 4	verlandet
29	Haidlacke (Heidlacke)	1, 2, 3, 4	verlandet
30	Obere Halbjochlacke**	1, 3	Wasserfläche intakt
31	Fuchslochlacke	1, 2, 3, 4	mittlerer Teil verlandet
32	Ochsenbrunnlacke	1, 2, 3, 4	Wasserfläche intakt
33	Birnbaumlacke	1, 2, 3, 4	Wasserfläche intakt, durch Damm in zwei Hälften geteilt
34	Stundlacke (Standlacke)	1, 2, 3, 4	verlandet
35	Südlich Stundlacke	2, 3	Wasserfläche intakt
36	Kühbrunnlacke (Kuhbrunnlacke)	1, 2, 3, 4	Wasserfläche intakt
37	Auerlacke	2, 3	Wasserfläche intakt
38	Sechsmahdlacke	4	Wasserfläche intakt
39	Sankt Andräer Zicksee	1, 2, 3, 4	seit Juli 2022 keine Wasserführung
40	Huldenlacke	1, 2, 3, 4	verlandet
41	Baderlacke	3, 4	verlandet
42	Dorflacke	4	Wasserfläche intakt
43	Unterer Schrändlsee	1, 2, 3, 4	verlandet
44	Borsodi-dűlő		wird künstlich dotiert
45	Nyéki-szállás		wird künstlich dotiert
46	Paprét		wird künstlich dotiert

*Tab. 1: Die in den Arttexten verwendeten Namen der Lacken (in Klammern geringfügig abweichende Schreibweisen). Die Nummerierung bezieht sich auf die Karte auf der vorhergehenden Seite. In der Anmerkung findet sich ein kurzer Kommentar zum ökologischen Zustand des jeweiligen Gebiets. Referenzen: [1] Löffler (1959), [2] Löffler (1982), [3] Dick et al. (1994), [4] Triebl & Wegleitner (2016). *in manchen Karten des 19. Jahrhunderts[3] als Katschitz(l)lacke bezeichnet, ** ab den 1970er Jahren auch als Neubruchlacke bezeichnet.*

Ungarn

Der südlichste Teil des Seewinkels (Fertőzug) reicht nur zu einem kleinen Anteil nach Ungarn hinüber. Im nördlich von Fertőújlak (Mekszikópuszta) gelegenen, durch die Staatsgrenze geteilten Gebiet, dem Cikes (deutsch „Zwikisch"), gab es einen kleineren, sehr seichten See, der zuletzt 1889 erwähnt wurde[14]. Wegen der Eingriffe zur Entwässerung von Hanság und Neusiedler See verschwand das Wasser aus dem südöstlichen Teil des einst zusammenhängenden Seebeckens. Der 1910 errichtete Runddamm (Körgát) verhinderte nunmehr auch die windbedingte Überschwemmung durch Wasserverlagerung. Seither konnten die Flächen außerhalb des Schilfgürtels als Weidegebiete genutzt werden[15]. Das Becken wurde durch die außergewöhnlich starken Niederschläge im Frühjahr 1983 wieder geflutet und aufgefüllt[16]. Diese Überschwemmungsfläche wurde sehr stark von Wasservögeln genutzt, woraus sich der Plan einer ökologischen Verbesserung durch permanenten Aufstau entwickelte.

Pläne dazu wurden 1989 fertig; unter Beibehaltung des Runddamms konnte Wasser aus dem Einserkanal zur Flutung der Fläche genutzt werden. 1990 kam es zur ersten Flutung und ganz den Erwartungen entsprechend entstand eine artenreiche Brutvogelgemeinschaft. Als Nahrungs- und Rastplatz erlangte das Gebiet ebenfalls eine hohe Bedeutung, hier traten in den darauffolgenden drei Jahrzehnten fast alle aus dem Karpatenbecken bekannte Wasservogelarten auf. In trockenen Jahren mit frühzeitiger Austrocknung der Sodalacken des Seewinkels erwiesen sich diese Wasserflächen als besonders wichtig. Mit der teilweisen Adaptierung der Schleusen wurde ab 1998 eine alternative Überschwemmung der Flächen am nördlichen Ufer des Einserkanals (Borsodi-dűlő, Cikes) zu den Flächen am südlichen Ufer (Nyéki szállás, Paprét) ermöglicht. So konnten Feuchtlebensräume für Wasservögel dauerhaft gesichert werden[17, 18].

Ergänzt wurde die Renaturierung mit dem Ankauf der umliegenden Ackerflächen, die eben-

Abb. 2: Die Obere Halbjochlacke nördlich von Apetlon (Nr. 30) zählt zu den wenigen intakt gebliebenen Sodalacken. 15.8.2006 (Michael Dvorak)

Abb. 3: Die Ochsenbrunnlacke (Nr. 32) weist den besten ökologischen Zustand aller Lacken auf. 12.5.2007 (Michael Dvorak)

Abb. 4: Die Fuchslochlacke (Nr. 31) war bis vor wenigen Jahren eine der intaktesten Lacken; Verschilfung und Verlandung bringen derzeit den nordwestlichen und östlichen Teil der Lacke zum Verschwinden. 30.4.2007 (Michael Dvorak)

Abb. 5: Die Bundelacke (keine Nr.) südlich des St. Andräer Zicksees ist in den 1970er Jahren verlandet; durch einen von Jagdseite gebaggerten Teich wurde das Gewässer dann völlig zerstört. 10.7.2007 (Michael Dvorak)

Abb. 6: Die (Kleine) Neubruchlacke (keine Nr.) verlandete in der Trockenphase 2002–2006. Danach erinnerte nur mehr ein verfallender Jagdstand daran, dass hier ehemals Wasservögel in größerer Zahl rasteten. 12.5.2007 (Michael Dvorak)

Abb. 7: Die Lange Lacke (Nr. 25) ist der wohl schmerzlichste Verlust im Zuge der aktuellen, ab 2018 andauernden Phase des Lackensterbens. Der Westteil der Lacke ist bereits völlig verlandet. 28.3.2023 (Arno Cimadom)

falls in Grünland umgewandelt wurden; mögliche Konflikte mit der Landwirtschaft konnten so schon im Vorfeld vermieden werden. Die Gesamtfläche des so entstandenen Feuchtgebietskomplexes beträgt beinahe 1.200 ha, wobei Ausdehnung und Dauer der Wasserbedeckung von Jahr zu Jahr verschieden sind. Die periodischen Überschwemmungen gleichen den natürlichen Prozessen früherer Zeiten, denn im Gegensatz zu den Lacken im Seewinkel sind hier die periodisch überschwemmten Sodaböden der typische Lebensraum. Um einer Verschilfung vorzubeugen, wurde von Anfang an nach der Brutzeit im Spätsommer eine Beweidung durchgeführt. Abnehmende Wasserpegel wegen des immer trockener werdenden Klimas könnten allerdings in Zukunft zu Problemen mit der Wasserversorgung führen.

Quellen: [1] *Boros et al. (2013),* [2] *Krachler et al. (2012),* [3] *https://maps.arcanum.com/de/map/cadastral,* [4] *https://maps.arcanum.com/de/map/thirdsurvey25000,* [5] *Gerabek (1950),* [6] *Löffler (1959),* [7] *Löffler (1982),* [8] *Supper (1990),* [9] *Dick et al. (1994),* [10] *Löffler (2000),* [11] *Triebl & Wegleitner (2016),* [12] *Kohler et al. (1994),* [13] *M. Dvorak, unpubl. Daten,* [14] *Chernel (1889),* [15] *Traser (1983),* [16] *Kárpáti (1986),* [17] *Kárpáti (1991),* [18] *Pellinger (2013)*

Acker- und Weinbaugebiete

von Michael Dvorak (Österreich) & Attila Pellinger (Ungarn)

Österreich

Im ausgehenden 18. Jahrhundert bot sich im heutigen Avifauna-Gebiet ein im Vergleich zu heute gänzlich anderes Landschaftsbild: Eine deutlich größere Wasserfläche am vegetationsarmen Neusiedler See, ein riesiges, versumpftes Binnenlanddelta im Hanság und in den trockenen, ebenen Bereichen endlos scheinende, weitgehend baumlose Weideflächen, die sich buchstäblich von Horizont zu Horizont zu erstrecken schienen. Gebiete, die für den Ackerbau genutzt wurden, nahmen demgegenüber einen deutlich geringeren Anteil der Fläche ein[1], vor allem wenn man bedenkt, dass im Zuge der damals praktizierten Dreifelderwirtschaft immer ein Teil der Äcker brach lag und auch diese vermutlich eher den Eindruck von Grasland vermittelten.

Diese Form der Landnutzung hat sich erst ab Mitte des 19. Jahrhunderts nach einer grundlegenden Bodenreform, der „Grundentlastung“ geändert; erst seit damals gibt es einen eigenständig wirtschaftenden Bauernstand, so wie wir ihn heute kennen. Diese Umwälzungen waren ihrerseits mit einem landwirtschaftlichen Intensivierungsschub verbunden, in dessen Zuge große Teile der Grünlandflächen in ackerbauliche Nutzung überführt wurden. Dies bedeutete, dass im Seewinkel überall dort, wo auf relativ fruchtbaren Böden der Anbau von Feldfrüchten profitabler war, eine rasche Kulturumwandlung stattfand. In großen Teilen des damaligen Komitats Wieselburg wurden die trockenen Hutweiden in Ackerland umgewandelt. Eine aus dem Jahr 1886 stammende Landnutzungskarte[2] zeigt, dass die dunkelgelbe Signatur für „Szántó“ (Ackerland) weite Teile des Komitats einnimmt und flächenmäßig bereits sehr deutlich die Ausdehnung des Grünlands übertrifft. Die noch 100 Jahre zuvor landschaftsprägenden Weideflächen sind auf deutlich kleinere Einheiten zusammengeschmolzen, obwohl diese Blöcke, mit heutigen Maßstäben betrachtet, immer noch bedeutende Flächen einnahmen.

Über die Vogelwelt der Äcker und Weingärten in den Ebenen des Seewinkels im 19. Jahrhundert liegen so gut wie keine Angaben vor. Lediglich Dombrowski[3] schrieb dazu einen kurzen Absatz: *„Die Felder, die durchschnittlich vorzüglichen Boden besitzen und die relativ wenig mit Cerealien, vielmehr vorzugsweise mit Mais, Rüben und Rabs bebaut sind, werden von* Starna

Abb. 1: Die Haubenlerche war im 19. Jahrhundert „sehr gemeiner Standvogel“. Heute ist sie ein typischer Brutvogel an Kreisverkehren, Park- und Lagerplätzen. Mönchhof, 16.10.2011 (Michael Dvorak)

Abb. 2: Die Feldlerche war im 19. Jahrhundert ein „überaus gemeiner Brutvogel“[3]. Wie überall in Österreich nimmt ihr Bestand auch im Avifauna-Gebiet stark ab. Apetlon, 19.5.2014 (Michael Dvorak)

Abb. 3: Die Grauammer war im 19. Jahrhundert ein „Ueberaus häufiger Brutvogel“[3], ist aber auch im Avifauna-Gebiet, wie in ganz Österreich, in den letzten zwei Jahrzehnten um mehr als 80 % im Bestand zurückgegangen. Haidlacke, Illmitz, 21.6.2008 (Michael Dvorak)

Abb. 4: Großtrappen waren im späten 19. Jh. „massenhaft auftretende Bewohner“[3]. Heute brütet die Art im Avifauna-Gebiet nur mehr im Hanság. Andau, 18.2.2021 (Michael Dvorak)

cinerea, Coturnis dactylisonans, Alauda arvensis *und* Galerida cristata *in einer Menge bewohnt, die namentlich in Bezug auf das Rebhuhn [...] in Erstaunen setzt*". Rebhuhn, Wachtel, Feld- und Haubenlerchen waren also nach seinen Angaben damals sehr häufig anzutreffen, obwohl er für die Wachtel vermerkte: „*Brutvogel in grosser Menge, doch nicht alle Jahre gleich häufig und stetig abnehmend*". Die Grauammer stufte Dombrowski als „*Ueberaus häufigen, zu den charakteristischen Typen des Gebietes zählenden Brutvogel*" ein, die Feldlerche war ein „*überaus gemeiner Brutvogel*" und die Haubenlerche ein „*sehr gemeiner Standvogel*". In den Pusztten (also den Weidegebieten) war die Großtrappe ein „*massenhaft auftretender Bewohner*", im Jänner sah er „*bis zu 300 Stück in einer Schaar*".

Weitere Berichte zur Vogelwelt der Äcker und Weingärten des Neusiedler See-Gebiets sind bestenfalls fragmentarisch. Schenk[4] beschrieb Anfang des 20. Jahrhunderts über „*endlose Ackerfelder*", auf denen die Großtrappe der Charaktervogel ist „*welche hier noch in ziemlicher Anzahl brütet und zur Winterzeit manchmal in Herden von Hunderten aufzutreten pflegt*". Die Feldlerche war „*auf den Saatfeldern, aber auch auf den trockenen Viehweiden überall häufig*", die Wachtel „*ziemlich häufiger Brutvogel auf den Saatfeldern des Ostufers*" und das Rebhuhn „*häufig auf den bebauten Feldern am Ostufer, ebenso am Südufer*". Insgesamt hinterlassen diese Angaben den Eindruck einer intakten, an Individuen reichen Agrarvogelgemeinschaft.

Ähnlich äußerte sich Zimmermann[5] etwas mehr als 30 Jahre später: „*Den Brutvogelbestand der Ackerbaugebiete allerdings bestreiten nur wenige Arten; neben der Feldlerche sind es im Wesentlichen nur das Rebhuhn und die Wachtel , die letztere dabei eine besondere Vorliebe für die Brachäcker bekundend*". Über heute nicht mehr vorhandene Vogelarten schrieb er „*stellenweise mögen auch Triel und Brachpieper Brachäcker und kümmernde Kartoffelfelder besiedeln, den Ruf des ersteren hörte ich wiederholt in ausgesprochenen Feldlandschaften*". Dann hielt er jedoch fest: „*Charaktervogel für die Feldbaugebiete ist ferner die Großtrappe, deren Bestände in jüngerer Zeit allerdings stark zurückgegangen sind*".

Zimmermann[5] beschrieb auch den in der ersten Hälfte des 20. Jahrhunderts noch massiver betriebenen Umbruch von Grünland und dessen Umwandlung in Ackerland: „*Die Podersdorfer Heide beispielsweise ist [...] im Wesentlichen erst nach 1920, das zwischen der Straße Podersdorf/Illmitz und dem See gelegene Gelände sogar erst nach 1930 unter den Pflug genommen worden*". An anderer Stelle steht „*Auch die Neusiedler Wiesen* [heute unter dem Namen „Zitzmannsdorfer Wiesen" bekannt] *sind „ebenfalls schon weitestgehend in Äcker umgewandelt*". Ähnliches galt für die Wiesen am Nordwestufer zwischen Neusiedl und Donnerskirchen, die damals „*auf weite Erstreckungen bereits in Äcker umgewandelt*" waren.

Systematische quantitative Untersuchungen zur Vogelwelt von Ackerflächen wurden im Neusiedler See-Gebiet erst in jüngster Zeit durchgeführt, daher fehlen auch Grundlagen für langfristige Vergleiche. Die extrem artenarme Vogelgemeinschaft hat sich gegenüber den historischen Angaben doch deutlich verändert: Die Großtrappe ist im Seewinkel als Brutvogel aus dem Ackerland verschwunden: In den 1960er Jahren wurde der Bestand für den nordöstlichen Seewinkel im Raum Frauenkirchen – Sankt Andrä – Tadten – Andau mit noch 50 Exemplaren angegeben[6], dieses auf Ackerflächen beschränkte Vorkommen ist aber dann im Verlauf der nächsten beiden Jahrzehnte erloschen, ohne dass Rückgang und Verschwinden dokumentiert wurden.

Als weit verbreiteter Brutvogel auf Ackerflächen ist im Vergleich zu den 1940er Jahren der Fasan hinzugekommen, der noch um 1940 als „*spärlicher Brutvogel der kleinen Remisen am Ostufer des Sees*" eingestuft wurde[5] und heute ein häufiger Brutvogel ist.

Abb. 5: Die Schafstelze wurde im letzten Jahrzehnt zum verbreiteten Brutvogel in Hackfruchtkulturen und bevorzugt dabei besonders Kartoffeläcker. Apetlon, 6.6.2021 (Michael Dvorak)

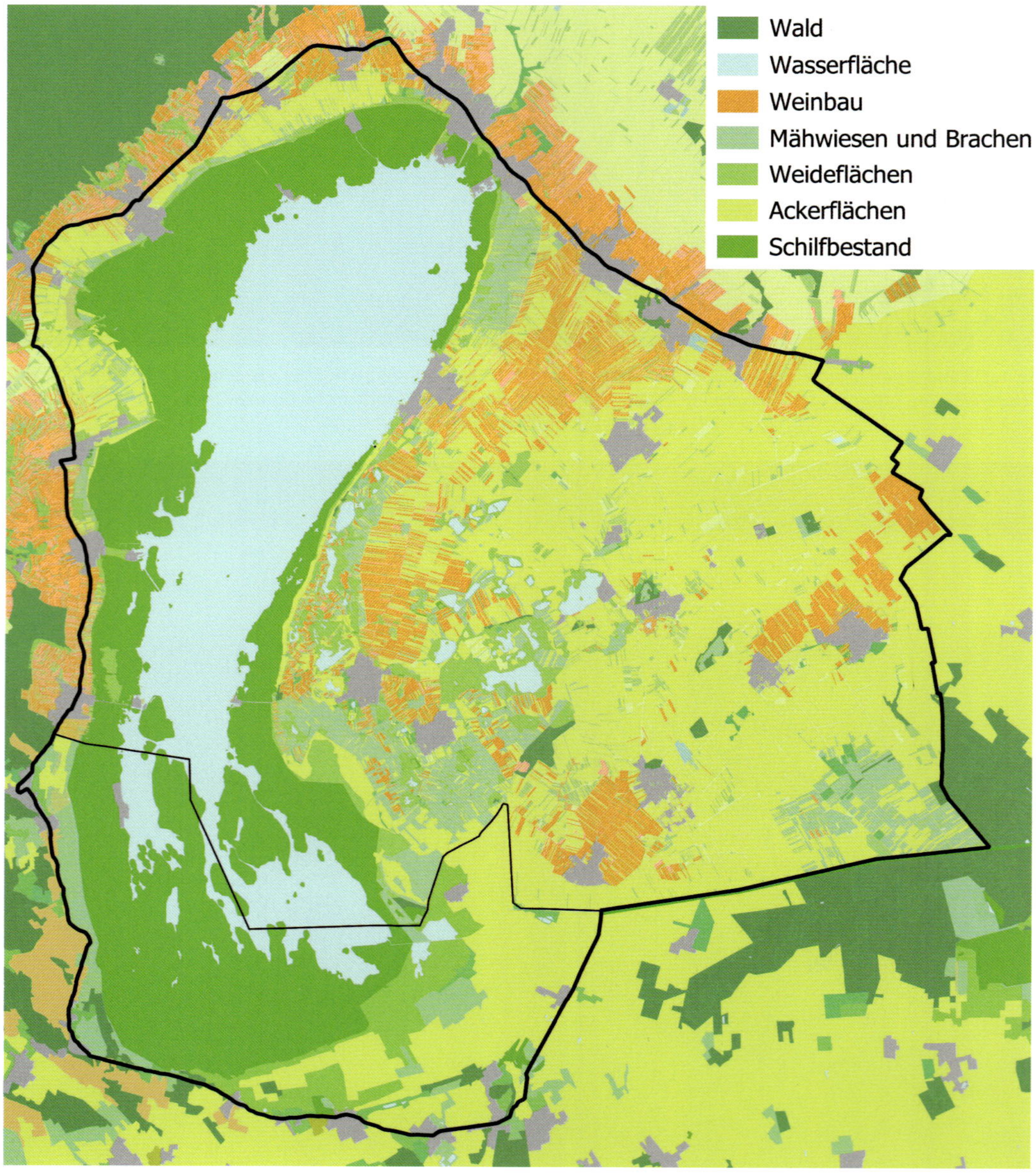

Abb. 6: Verteilung der sieben wichtigsten Landnutzungs- und Bodenbedeckungskategorien im Avifauna-Gebiet

Abb. 7: Die „traditionelle" Weingartenbewirtschaftung im Seewinkel lässt größtenteils keinen Bodenbewuchs zu. Östlich Biologische Station Illmitz, 6.6.2006 (Michael Dvorak)

Abb. 8: Teilweise wird aber auch im Seewinkel in den letzten Jahren ein gewisses Maß an Bodenbegrünung zugelassen. Weißsee, Apetlon, 12.5.2007 (Michael Dvorak)

Die Feldlerche war im 19. und in den ersten Jahrzehnten des 20. Jahrhunderts unzweifelhaft ein häufiger Brutvogel, wenngleich Zahlenangaben völlig fehlen, gleiches gilt für Rebhuhn und Wachtel[3,5]. Erste Angaben zur Siedlungsdichte der Feldlerche stammen aus dem Jahr 1998 mit damals noch 139 Brutrevieren auf einer Fläche von 11,2 km^2; bei einer Wiederholung der Bestandsaufnahme im Jahr 2020 waren es dann nur mehr 56 Reviere[7], was einem Rückgang von 60 % entspricht.

Als Zugang ist hingegen die Schafstelze zu werten, die sich im Verlauf der letzten 2–3 Jahrzehnte von einem Wiesenvogel zu einer im Ackerland verbreiteten Vogelart entwickelt hat. Sie besiedelt hier vor allem die (regelmäßig bewässerten!) Kartoffel- und Sojaäcker sowie in geringerer Zahl auch verschiedene Gemüsekulturen wie z. B. Zwiebel und Karotte. Gezielte Bestandsaufnahmen in den Jahren 2018–2021 im Ackerland des zentralen, südlichen und östlichen Seewinkels zeigten auf zumindest 90 Ackerflächen das Vorkommen von jeweils 1–12 Revieren; in der überwiegenden Zahl handelte es sich dabei um Kartoffeläcker. Kleinräumig kann es dabei auch zur Bildung kleiner „Brutkolonien" kommen, in zwei Kartoffelschlägen nördlich von Apetlon wurden Mitte Juni 2020 12 singende Männchen auf 4,7 und neun singende Männchen auf sieben Hektar Acker gezählt werden[8].

	2015	2016	2017	2018	2019	2020	2021	% Änderung
GRÜNLAND	77,4	77,0	75,8	76,3	77,5	78,0	76,2	**-1,6**
Brache	15,5	16,4	16,3	15,6	15,2	14,9	15,0	**-2,7**
Extensivwiese	16,5	17,2	17,9	18,6	20,0	20,3	20,2	**22,4**
Mähwiese	29,7	27,7	27,0	27,7	28,0	27,6	28,0	**-5,6**
Weide	15,7	15,7	14,6	14,3	14,4	15,3	12,9	**-18,0**
ACKERLAND	254,2	255,3	255,9	256,2	257,7	259,3	258,4	**1,6**
Bewässertes Ackerland	117,1	115,0	117,8	121,8	124,7	122,6	135,2	**15,5**
Feldgemüse	14,8	16,2	11,1	11,9	11,4	12,2	16,4	**10,7**
Grünfutter	20,6	21,1	19,5	19,9	20,3	20,3	21,0	**1,9**
Kartoffel	8,7	8,9	10,7	11,5	12,0	13,1	11,6	**33,1**
Kürbis	3,5	7,8	5,1	5,6	2,3	3,0	5,3	**49,1**
Mais	48,4	48,8	53,4	57,4	60,1	60,1	58,3	**20,4**
Sonnenblume	12,7	11,6	12,6	10,1	12,4	16,1	17,6	**38,5**
Raps	5,8	3,4	3,1	3,2	2,9	2,4	1,9	**-66,7**
Soja	9,3	8,2	12,1	14,6	18,5	11,5	19,0	**103,1**
Sommergetreide	31,3	22,7	30,2	25,9	28,2	24,4	21,9	**-30,1**
Wintergetreide	83,1	94,4	86,2	86,3	81,2	87,3	78,5	**-5,6**
Zuckerrübe	13,7	10,1	9,8	7,6	5,0	4,1	5,2	**-62,4**
WEIN	52,7	53,9	54,9	55,3	54,8	56,1	56,7	**7,6**
GESAMT	384	386	387	388	390	393	391	

Tab. 1: Flächenmäßige Ausdehnung der wichtigsten Typen landwirtschaftlicher Nutzflächen im österreichischen Teil des Avifauna-Gebiets in den Jahren 2015–2021[11]

Abb. 9: Getreidefelder nehmen im Avifauna-Gebiet knapp 100 km^2 an Fläche ein. Südöstlich Wallern, 29.6.2017 (Michael Dvorak)

Abb. 10: Die Zitzmannsdorfer Wiesen sind das größte im Nordburgenland verbliebene, zusammenhängende Wiesengebiet, 15.5.2012 (Michael Dvorak)

Abb. 11: Mais ist im Gebiet mit ca. 60 km² Anbaufläche die zweithäufigste Ackerkultur. Sankt Andrä am Zicksee, 10.7.2006 (Michael Dvorak)

Abb. 12: Die Sonnenblume ist die vierthäufigste Feldkultur. Sankt Andrä am Zicksee, 10.7.2006 (Michael Dvorak)

Im Gegensatz zum Ackerland spielten Weingärten im Avifauna-Gebiet im 19. Jahrhundert flächenmäßig eine untergeordnete Rolle, über ihre Vogelwelt liegen aus früheren Tagen nur wenige Angaben vor. Fischer[9] bemerkte um 1880 über die Vogelwelt der Weingärten, dass sie *„mit ihrem Laubwerk und den zahlreichen Obstbäumen gewissermaßen Remisen darstellen, die, wenn auch nicht reich an Brutvögeln, so doch häufig von Zugvögeln aufgesucht werden"*, ohne (abgesehen von jagdlich interessanten Arten) näher auf die vorkommenden Arten einzugehen. Relativ detaillierte Angaben zum Artenbestand zu Beginn der 1940er Jahre verdanken wir hingegen Zimmermann[5]: Er betonte, dass die älteren Weingärten am West- und Nordufer des Neusiedler Sees eine im Vergleich zum Seewinkel sehr viel weniger artenreiche Brutvogelwelt aufweisen: *„Gegenüber 20 Brutvogelarten der Wein- und Obstgärten des West- und Nordufers beträgt die Zahl der von mir beobachteten Brutvögel der Gärten des Ostufers* [...] *die reichliche Hälfte; der geringeren Brutvogelzahl entspricht* [...] *zugleich auch eine erheblich geringere Siedlungsdichte, die nur in den älteren Apetloner Gärten, die auch sonst denen des Westufers am nächsten kommen, eine etwas größere wird"*. An Brutvögeln traf Zimmermann damals in den Weingärten an häufigen Arten Bluthänfling (*„überall"*), Turteltaube (*„überall, Charaktervogel"*), Pirol (*„regelmäßig, Charaktervogel"*), Neuntöter (*„häufiger Charaktervogel"*), Stieglitz (*„lokal nicht selten"*), Bachstelze (*„stellenweise"*), Wendehals (*„nicht selten"*) und Feldsperling (*„in den Schutzmauern brütend"*) an. Nur vereinzelt kamen Elster, Schwarzstirnwürger, Dorn- und Sperbergrasmücke, Gelbspötter, Garten- und Hausrotschwanz sowie Steinschmätzer vor. Nur lokal brüteten auch Gold- und Grauammer sowie zwischen Neusiedl und Jois auch der Ortolan in der Weingartenlandschaft.

Im Zuge der systematischen Bearbeitung der Vogelwelt des Neusiedler See-Gebiets ab den 1980er Jahren wurden im Jahr 1991 auch Revierkartierungen in sechs 57,3–70,3 ha großen Weingartenflächen durchgeführt[10]. Dabei wurden auf einer Gesamtfläche von 390 ha insgesamt 37 Vogelarten festgestellt. Davon kamen jedoch nur acht Arten in zumindest 2/3 der Flächen vor und konnten daher als typische „Weingartenvögel" bezeichnet werden. In abnehmender Häufigkeit waren dies Bluthänfling, Girlitz, Grünling, Feldsperling und Fasan (diese fünf Arten machten die Hälfte der ganzen Brutvogelgemeinschaft aus) sowie Neuntöter, Schwarzkehlchen und Amsel. Im Vergleich zu den 1940er Jahren hat sich die Vogelwelt der Weingärten demnach in den 50 dazwischen liegenden Jahren fundamental verändert. Girlitz, Grünling, Fasan, Schwarzkehlchen und Amsel wurden von Zimmermann nicht als Weingartenbewohner angeführt, die Turteltaube ist hingegen weitgehend verschwunden. Gleich geblieben war nur die Dominanz des Bluthänflings.

Wiederum 30 Jahre später hat sich das Bild erneut drastisch geändert, diesmal ist jedoch ein ausschließlich negativer Trend festzustellen: Die noch in den 1990er Jahren von den drei Finkenarten Bluthänfling, Girlitz und Grünling dominierte Vogelgemeinschaft hat sich sowohl hinsichtlich Artenzusammensetzung als auch Abundanz fundamental verändert. Girlitz, Bluthänfling und Grünling sind aus den Weingärten fast völlig bzw. weitgehend verschwunden: Vergleichende Erhebungen in den Jahren 1998 und 2020 auf drei von Weingärten dominierten Untersuchungsflächen von zusammen 14,4 km² ergaben Rückgänge von 95, 76 bzw. 75 %. Auch andere Arten wie Schwarzkehlchen (- 85 %), Turteltaube (- 68 %) und Rebhuhn (- 47 %) sind von solchen dramatischen Rückgängen betroffen[7].

Praktisch alle abseits des Neusiedler Sees (inklusive des Schilfgürtels) und der Siedlungsgebiete gelegenen Teile des Untersuchungsgebietes unterliegen einer landwirtschaftlichen Nutzung. Diese dient abseits der beiden Nationalparks ausschließlich kommerziellen Zielen, innerhalb der Schutzgebiete ist die Bewirtschaftung des Landes jedoch zum größten Teil auf die Schutzziele und deren Management ausgerichtet. Auf österreichische Seite steht im Invekos (Integriertes Verwaltung- und Kontrollsystem) eine umfassende statistische Erhebung und Verortung der Nutzung derjenigen landwirtschaftlichen Flächen zur Verfügung, die über die AMA landwirtschaftliche Fördergelder erhalten[11]. Insgesamt waren so im Invekos in Österreich in den Jahren 2015–2021 zwischen 384 und 393 km² an agrarisch genutzter Fläche erfasst.

Ackerland dominiert in weiten Bereichen des zentralen, südlichen und östlichen Teils des Seewinkels sowie in den an den landseitigen Seerand angrenzenden Bereichen am Westufer. Weingärten dominieren den Bereich des nordwestlichen Seewinkels zwischen Gols, Mönchhof und Podersdorf, weitere „Weinbauinseln" unterschiedlicher Größe finden sich nördlich von Illmitz, zwischen Illmitz und Apetlon, Pamhagen und Wallern,

Abb. 13: Die Fläche bewässerter landwirtschaftlicher Kulturen hat in den letzten 10 Jahren sehr stark zugenommen. „Austriebsgießen" eines Kartoffelackers mit einer Bewässerungsmaschine vom Typ „Rainstar" im Hanság südlich Andau, 26.3.2021 (Michael Dvorak)

Tadten und Andau sowie nordöstlich von Andau und östlich von Halbturn. Am Westufer reicht das flächige Weinbaugebiet zwischen Purbach und Neusiedl am See stellenweise ins Avifauna-Gebiet hinein. Große Grünlandblöcke finden sich in Österreich im Gebiet der Zitzmannsdorfer Wiesen zwischen Weiden und Podersdorf, am Ostufer des Sees zwischen Podersdorf und Illmitz, im gesamten südwestlichen Seewinkel in den Gemeinden Illmitz und Apetlon sowie im Lange Lacken-Gebiet. Davon isoliert bestehen ca. 20 km² an Wiesen- und Weiden im Hanság.

Ackerland nimmt mit einer Fläche von ca. 250 km² den größten Anteil an der landwirtschaftlichen Nutzfläche im österreichischen Teil ein. Der Weinbau bleibt hingegen flächenmäßig mit nur ca. 55 km² deutlich zurück und wird vom Grünland mit ca. 77 km² deutlich übertroffen. Unter den Feldfrüchten dominieren zwar verschiedene Getreidesorten mit einer Gesamtfläche von knapp 100 km², darauf folgt aber bereits der Anbau von Mais mit einem Umfang von ca. 60 km², sieben weitere Kulturtypen nehmen jeweils über 5 km² Fläche in Anspruch. Mit Ausnahme der Zuckerrübe (Rückgang um knapp mehr als 60 %) hat die Anbaufläche aller dieser Kulturen (in abnehmender Bedeutung u. a. Mais, Soja, Sonnenblume, Kartoffel) stark zugenommen: Insgesamt sind zwischen 2015 und 2021 zumindest 12,6 km² an bewässerten Kulturen hinzugekommen, was einem Zuwachs von nicht weniger als 15,5 % entspricht!

Hohe Steigerungsraten wiesen in den hier betrachteten sechs Jahren Kartoffel, Kürbis, Sonnenblume und Mais auf, allen voran lag aber Soja, dessen Anbaufläche sich 2015–2021 mehr als verdoppelte. Demgegenüber stehen starke bis sehr starke Rückgänge bei Raps, Zuckerrübe und Sommergetreide. Auffällig und von größter ökologischer Relevanz in Hinblick auf den Grundwasserverbrauch ist der starke Anstieg von Kulturen, die im Seewinkel zwecks Ertragssteigerung künstlich bewässert werden.

Ungarn

In Ungarn dominieren abseits des Nationalparks großflächige, von Windschutzstreifen eingefasste Äcker das Gebiet zwischen Mekszikópuszta, Nyárliget und Sarród. Am Südwestufer zwischen Fertőrákos und Balf schließt an den Schilfgürtel ein zum Nationalpark gehörender Streifen aus Mähwiesen, verbuschten Röhrichten und Buschwald an. Seewärts am Südostufer zwischen Mekszikópuszta und Sarród befindet sich ein im Bereich des Nationalparks liegender größerer Wiesen- und Weideblock.

Die landwirtschaftlichen Nutzflächen auf ungarischer Seite ähneln zwar in vielerlei Hinsicht denjenigen in Österreich [12], ein wesentlicher Unterschied liegt aber in der Größe der Parzellen, die in Ungarn um ein Mehrfaches größer sind. Nach dem Zweiten Weltkrieg wurden durch die nach sowjetischem Modell durch Zwang ins Leben gerufenen Kollektivwirtschaften große zusammenhängende Ackerflächen angelegt. Diese blieben auch nach dem Fall des Kommunismus und nach der Privatisierung Ende der 1980er Jahre bestehen. Auf den Ackerflächen werden hauptsächlich Getreide, Mais, Sonnenblumen und Raps angebaut. Die früher weit verbreitete Zuckerrübe verschwand als Ackerfrucht mit der Schließung der Zuckerfabriken in Ungarn. Aufgrund des Rückgangs der Zahl der Nutztiere wurde der Anbau von Futterleguminosen reduziert. Die Anbaufläche für Sojabohnen und Kürbisse nimmt in letzter Zeit zu, weitere Änderungen sind aber wegen der zunehmenden Trockenheit zu erwarten.

Der Anteil von Weingärten ist hingegen im ungarischen Teil des Avifauna-Gebiets gering, zwischen Fertőrákos und Balf im Südwesten finden sich jedoch großflächige Weingärten knapp außerhalb der Avifauna-Grenzen. Selbiges gilt für die Forstwirtschaft. Aufgrund des wirtschaftsbedingten Rückgangs der Beweidung und des Futterpflanzenanbaus wurden die meisten Grünlandflächen außerhalb der Schutzgebiete in den letzten 40 Jahren umgepflügt.

Die Nationalparkflächen sind hingegen durch Landkäufe fast ausnahmslos in staatlichem Eigentum und konnten so erhalten werden. Ihre Fläche konnte durch Stilllegungen sogar vergrößert werden [13].

Quellen: [1] *https://maps.arcanum.com/de/map/firstsurvey-hungary,* [2] *Remekháty (1886),* [3] *Dombrowski (1889),* [4] *Schenk (1917a),* [5] *Zimmermann (1943),* [6] *Lukschanderl (1971),* [7] *BirdLife Österreich, unpubl. Daten,* [8] *M. Dvorak, unpubl. Daten,* [9] *Fischer (1883a),* [10] *Dvorak et al. (1992),* [11] *https://www.data.gv.at/suche/?tagFilter%5B0%5D=INVEKOS,* [12] *Király & Takács (2020),* [13] *Kárpáti (2012)*

Schilfgedeckte Scheunen im Seewinkel (Lothar Machura, Archiv Alois Lang)

Schilfgürtel des Neusiedler Sees im Morgenlicht, Seedamm Illmitz, 9.5.2014 (Michael Dvorak)

Schilfgürtel des Neusiedler Sees bei Illmitz im Winter, 27.2.2012 (Hans-Martin Berg)

Gehölze

von Alfred Grüll (Österreich) & Attila Pellinger (Ungarn)

Österreich

In diesem Kapitel werden die Entwicklung der Gehölzbestände in den 170 Jahren von 1850 bis 2020 und die Veränderungen in der Zusammensetzung ihrer Brutvogelgemeinschaften außerhalb der Ortschaften skizziert. Der tiefgreifende Wandel in der Gehölzausstattung der Dörfer wird im Abschnitt zur Siedlungsentwicklung behandelt. Zu berücksichtigen sind jene 65 Brutvogelarten des Gebietes, die an Gehölze als Brut-, Nahrungs- und/oder Rückzugsraum gebunden sind. Der Seewinkel war bis in die zweite Hälfte des 19. Jahrhunderts eine extrem baumarme und fast völlig waldfreie Steppenlandschaft. Erst danach begannen Gehölze langsam eine größere Rolle zu spielen. Aber auch fast 100 Jahre später, um 1960, fehlten noch immer sonst weit verbreitete Waldarten wie Amsel, Kohlmeise oder Buchfink als Brutvögel, was von Zimmermann auf den geringen Flächenanteil und die isolierte Lage der Gehölze zurückgeführt wurde[1]. Diese für das österreichische Staatsgebiet nach 1921 einzigartige Geschichte der Vegetationsentwicklung soll zunächst gesondert betrachtet werden.

Seewinkel

Über die ursprüngliche Waldausstattung des Seewinkels herrscht mangels lokaler vegetationsgeschichtlicher Untersuchungen noch Unklarheit. Der aktuelle Wissensstand zu diesem Thema wird im Kapitel zur Landschaftsentwicklung zusammengefasst. Einen Hinweis auf Baumbestände am Ostufer des Sees im 6. Jahrhundert gibt der Ortsname „Illmitz", der sich aus dem Altslawischen ableitet und dort „Ulmengegend" bedeutet[2]. Sicher ist hingegen, dass der weitgehend baumfreie Zustand um die Mitte des 19. Jahrhunderts sekundärer Natur war und auf die ur- oder frühgeschichtlichen Rodungen zurückzuführen ist. Nach den Worten von Anton Jukovits[3] waren Waldvögel zu dieser Zeit *„in unserer baumlosen Gegend nur als Durchzügler, in den mit Akazien bepflanzten Gärten, und meistens nur auf kurze Zeit zu beobachten"*. Ausnahmen waren einige wenige, maximal 6 ha große und zum Teil auch heute noch vorhandene „Reliktwäldchen" westlich von Frauenkirchen, die sich hauptsächlich aus Feldulme, Feldahorn, Quirl-Esche und Zerreiche zusammensetzten und nach Wendelberger[4] letzte Reste der autochthonen Wälder darstellen (Gesellschaft des „Feuchten Ulmen-Ahorn-Mischwaldes"). Da in diesen Gehölzen auch die Strauchschicht gut ausgebildet war, gehörten sie damals schon zu den wenigen Brutplätzen der Sperbergrasmücke und wahrscheinlich auch der Nachtigall. Ansonsten dürften in den spärlichen, meist siedlungsnahen Baumbeständen nur Wiedehopf, Schwarzstirnwürger und von den Finken zumindest der Stieglitz in sehr geringer Dichte gebrütet haben, während Buschgruppen in der Agrarlandschaft offenbar schon viel weiter verbreitet waren und Turteltaube, Neuntöter und Bluthänfling daher deutlich häufiger vorkamen.

In den 1880er Jahren waren um Frauenkirchen und entlang der umliegenden Landstraßen schon umfangreiche Pflanzungen mit Robinien entstanden und südwestlich der Ortschaft wurden zunächst mit Schwarzföhren die ersten kleinen Wäldchen („Remisen") aufgeforstet. Als weitere, neue Brutvögel kamen in diesem Jahrzehnt Turmfalke, Elster und Pirol hinzu[1, 5, 6]. Ebenfalls noch in der ungarischen Zeit, Ende des 19. Jahrhunderts, wurden an den grundwassernahen Standorten am sandigen Seedamm entlang des Ostufers zur Dünenstabilisierung das Illmitzer Wäldchen an der heutigen Seestraße und der Illmitzer Gemeindewald beim Unteren Stinkersee als Schwarzföhren-Aufforstungen angelegt. Gleichzeitig entstanden die ersten Pappelwäldchen beim Oberen Stinkersee[7]. Wie bei den anderen, ohne forstliche Maßnahmen aufkommenden Pappelbeständen im Gebiet, dürfte dabei in erster Linie die heimische Graupappel (*Populus* × *canéscens*) beteiligt gewesen sein, eine natürliche Hybridform aus Silber- und Zitterpappel.

Anfang des 20. Jahrhunderts waren auch Kuckuck und Nebelkrähe Brutvögel[8]. Ende der 1920er Jahre säumten bereits kilometerlange, von Kirschbäumen unterbrochene Robinien- und Nussbaumreihen sowie als Basis der Seidenraupenzucht lange Maulbeer-Alleen die Straßen (Abb. 1) und im Albrechtsfeld wurde vorwiegend aus Schwarzföhren das dichte Netz an Windschutzstreifen angelegt. Größere Baumbestände fanden sich außerdem als Schutzwall gegen die stürmischen Winde an den Rändern der Dörfer und auf den Meierhöfen[1, 9]. Hauptsächlich um die Siedlungen waren Obstgärten entstanden, in größerem Umfang z. B. bei Apetlon und südlich von Illmitz. An Feldwegen in tiefer gelegenen Bereichen wie im südöstlichen Seewinkel oder entlang des Seedammes zwischen Illmitz und Podersdorf wurden hauptsächlich Weiden, aber auch schon Pyramidenpappeln gepflanzt. Mit Ausnahme des Gemeindewaldes, in dem noch immer die Schwarzföhre dominierte, hatte sich auf den Waldflächen am Ostufer zu dieser Zeit die Robinie als häufigste Baumart durchgesetzt, durchmischt mit Graupappeln, Feldulmen und Blumen-Eschen. Eine Strauchschicht hat damals wohl auf Grund der intensiven Beweidung noch weitgehend gefehlt. Für 1931 erwähnt Bojko überdies die ersten Ölweiden, *Elaeagnus angustifolia*, *„hier und da am Rande der Weingärten"*[1, 7, 10].

In den Jahren 1940–42 waren die lockeren Baum- und Buschreihen im westlichen Seewinkel noch immer auf einen schmalen Streifen entlang des Ostufers konzentriert, in dem der Gemeindewald mit 7 ha die größte Fläche einnahm[1]. Der südliche Seewinkel mit dem Neudegg und dem Gebiet des heutigen Feriendorfes „Vila Vita" war hingegen – abgesehen von einer Maulbeer-Allee östlich von Apetlon – damals noch weitgehend baumfrei[11]. Die inselartig bzw. in lockeren Alleen verteilten Baumbestände ermöglichten bei den Baumbrütern wie Turmfalke, Ringeltaube, Pirol, Nebelkrähe oder Stieglitz nur deutlich geringere Siedlungsdichten als heute und für die Waldohreule gelang ein Brutnachweis erst 1941. Für den Schwarzstirnwürger war die weithin offene „Waldsteppe" mit den Alleen hingegen optimal. Von den Höhlenbrütern konnten sich auf Grund der geringen Flächenausdehnung und des geringen Alters der „Stangenhölzer" durch die Niederwaldbewirtschaftung[12] erst Buntspecht, Blutspecht sowie Feldsperling etablieren und im immer noch spärlichen Unterholz der meisten Wäldchen siedelten sich die ersten Mönchsgrasmücken an. Erstaunlich hohe Bestände erreichten hingegen im Offenland schon Turteltaube, Sperber- und Dorngrasmücke, ganz besonders aber Neuntöter und Bluthänfling, die damals zu den häufigsten Landvögeln zählten[1, 13]. Von 1943 bis 1954 wurden im Zuge der „Wohlfahrtsaufforstungen" zur ökologischen Aufwertung der Agrarflächen auf mindestens 315 ha Bäume gepflanzt (die Randgemeinden zur Parndorfer Platte nicht mitgerechnet), am häufigsten Pappeln, Eschenahorn und Eschen, während Ulmen, Eichen, Robinien und Götterbaum wesentlich seltener zum Einsatz kamen[14]. Bei den Pappelaufforstungen wurden ab dieser

Abb. 1: Bereits in den 1920er Jahren säumten im Seewinkel kilometerlange Alleen die Landstraßen. St. Andrä – Frauenkirchen, 1932 (R. Spiegel, Österr. Nationalbibliothek, Objekt FO19368)

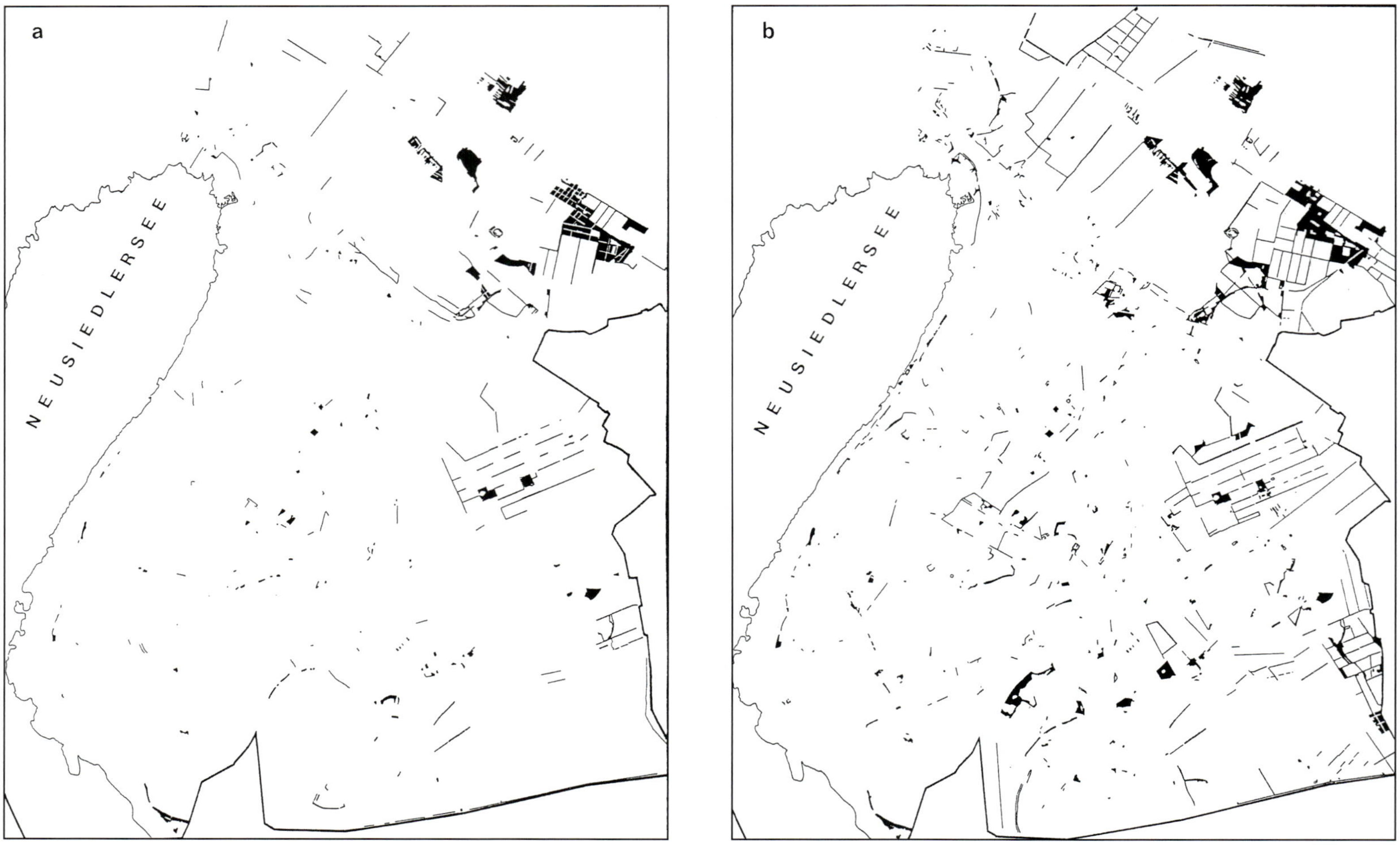

Abb. 2: Gehölzbestände im Seewinkel und Hanság 1957 (a) im Vergleich zu 1986 (b). Aus Hoi-Leitner[15]

Zeit überwiegend Hybrid-Pappeln (Kanada-Pappeln *Populus × canadensis*) verwendet. Neben dem Wind- und Erosionsschutz war wahrscheinlich auch die grundwasserabsenkende Wirkung als Begleitmaßnahme bei den Entwässerungsvorhaben eine Motivation für ihre Auspflanzung. Zusätzlich erfolgten die Anlage von Hecken entlang von Wegen und Straßen und die flächige Ausbreitung bestehender Bestände, sodass bis Ende der 1950er Jahre, vor allem im zentralen und südöstlichen Seewinkel, viele neue Gehölzreihen und -gruppen hinzukamen (Abb. 2).

Die beginnende Verbuschung und Alterung der Baumbestände führten neben Bestandszunahmen bei einigen Arten (z.B. Wiedehopf) in den 1950er und 1960er Jahren zur Ansiedlung von Amsel, Gelbspötter und Klappergrasmücke und aus der Gilde der Höhlenbrüter von Wendehals und wahrscheinlich Kohlmeise. Bei den Aufforstungen auf den alkalischen Salzböden ehemaliger Lacken kam zu dieser Zeit in zunehmendem Maße die Ölweide hinzu[15]. Die am Westufer weiter verbreiteten Aschweidengebüsche am landseitigen Rand des Schilfgürtels reichten mit geringerer Ausdehnung bis in das Gebiet der Zitzmannsdorfer Wiesen[16] und am Südwestrand von Mönchhof bestand bereits die Waldfläche vom Typus einer Harten Au[17].

In den 1970er Jahren erreichte der jährliche Zuwachs an Aufforstungsflächen sein Maximum[15]. Typische Waldarten, wie Ringeltaube oder Pirol, waren bereits ähnlich häufig wie heute, weitere Baum- und Buschbrüter, wie Buchfink und Schwanzmeise, kamen neu hinzu. Das zunehmende Altholz- und Höhlenangebot in den nach dem Zweiten Weltkrieg immer weniger genutzten Waldbeständen ermöglichte die Ausbreitung des Buntspechtes sowie die Ansiedlung von Grauschnäpper, Blaumeise, Star und als seltene Ausnahme sogar Waldkauz.

In den 1980er Jahren entsprachen die Artenzusammensetzung der Gehölze und die Ausdehnung der Waldflächen bereits weitgehend den heutigen Verhältnissen (Abb. 2). In den meisten Wäldchen und zahlreichen Windschutzgürteln war eine dichte Strauchschicht entstanden und die Hecken hatten sich zu dicht geschlossenen Gebüschen entwickelt. Die Busch- und Baumbestände auf den naturnahen Restflächen außerhalb der Wäldchen nahmen aber auch nach den 1980er Jahren flächenmäßig weiter zu, sodass sich vor allem im westlichen Seewinkel die früher weithin offene „Puszta-Landschaft" in eine fast parkartige „Baumlandschaft" verwandelte. Ein gut dokumentiertes Beispiel sind die Zitzmannsdorfer Wiesen, wo sich entlang des Seedammes im Nordteil auf einem 1,5 km langen Abschnitt von 1991 bis 2011 ein 10–15 m breiter, dicht bestockter Gebüschstreifen mit kleinen Baumgruppen entwickelt hat und sich weiter südlich Schlehdorn-Gebüsche ausgebreitet haben[18]. Auch zwischen Neusiedl und Weiden hat sich in den letzten Jahrzehnten in der Verlandungszone entlang der Bahn ein auwaldähnlicher Pappel-Weiden-Bestand mit sehr alten Bäumen und reichlich Totholz entwickelt.

Zusätzlich entstanden vor allem entlang des Ostufer-Seedammes im Seevorgelände, in den nicht mehr genutzten Randzonen der Lacken sowie auf Weingarten- und Ackerbrachen Sukzessionsflächen mit Pappelanflug, Robinien, Rosenbüschen und der invasiven Ölweide, die seit dieser Zeit zunehmend zum Naturschutzproblem wur-

Abb. 3: Die invasive Ölweide dringt in Salzwiesen und verlandete Salzlacken vor und bildet hier ausgedehnte, undurchdringliche Dickichte. Ehemalige Karmaziklacke südlich von Podersdorf, 14.1.2023 (Irene Ammerer)

de. Von gezielten Pflanzungen ausgehend, erobert sie Salzwiesen, Lackenufer und verlandete Lacken mit undurchdringlichen Dickichten (Abb. 3)[15,19–21]. Umgekehrt waren innerhalb der Weingartenflächen auch Verluste in der Gehölzausstattung zu verzeichnen. So nahm z. B. die Anzahl der Bäume (v. a. Walnuss) entlang eines 6 km langen Güterweges in Illmitz zwischen 1998 und 2021 von etwa 100 auf 58 ab[22]. Ergänzend ist noch anzuführen, dass 1988 vorwiegend im nördlichen und östlichen Seewinkel acht, meist 1–2 ha große Schottergruben einen auwaldähnlichen Bewuchs aufwiesen, der zumindest 26 gehölzbewohnende Arten beherbergte[23]. Die Anzahl der Gruben mit Gehölzbewuchs hat sich bis 2020 noch deutlich erhöht.

Die zunehmende Ausdehnung und Dichte der Gebüschzonen sowie die Reifung der Baumbestände führten in den 1980er Jahren zur Ansiedlung der Singdrossel, zur weiteren Ausbreitung der Nachtigall und in den 1990er Jahren zur Ansiedlung von Fitis, Kleiber und Kernbeißer.

Nach 2000 gelangen dann Erstnachweise einzelner Brut- bzw. Brutzeitvorkommen von Hohltaube, Grün-, Schwarz-, Mittel- und Kleinspecht sowie Gartenbaumläufer, die in erster Linie auf die weitere Zunahme alter und abgestorbener Bäume zurückzuführen sind. In den Aufforstungen der Nachkriegszeit spielen dabei die Hybrid-Pappeln eine Schlüsselrolle, die ihre physiologische Altersgrenze erreicht haben und großflächig zusammenbrechen. Da sie sich ohne forstliche Maßnahmen nicht ausbreiten können, fehlt auf diesen Flächen allerdings der natürliche Nachwuchs, sodass zukünftig wieder mit einem Rückgang des derzeitigen Totholzangebotes zu rechnen ist. Als typische Waldarten kamen in dieser Endphase mit vereinzelten Brutnachweisen noch Rotkehlchen, Misteldrossel und Eichelhäher hinzu. Für die Brutansiedlungen von Seeadler, Kaiseradler und Kolkrabe waren hingegen überregionale Bestandszunahmen ausschlaggebend.

Auch heute sind die Gehölze im Seewinkel ungleichmäßig verteilt. Schwerpunkt ist nach wie vor das Ostufer des Sees, wo in einem Streifen von Podersdorf bis Illmitz mit einer nach Süden hin zunehmenden Breite von 1–2,5 km die höchsten Dichten an Baumbeständen, Gebüschen und kleinen Wäldchen erreicht werden (Abb. 4). Nördlich von Podersdorf setzt sich diese Gehölzreihe auf den Zitzmannsdorfer Wiesen fort. Vor allem die alten Waldflächen auf Illmitzer Gebiet weisen ein besonders reichhaltiges Höhlenangebot auf, das z. B. vom Wiedehopf, aber auch von Fledermäusen genutzt wird. Südlich und östlich von Illmitz und Apetlon erstreckt sich bis Wallern eine mehrere Kilometer breite Zone, in der die Kulisse aus Einzelbäumen und Baumgruppen stärker aufgelockert ist. In dieser Zone liegen außerdem sechs größere Waldflächen, im Norden hingegen nur die beiden Reliktwäldchen westlich von Frauenkirchen. Im westlichen Seewinkel und von der Linie Podersdorf – Frauenkirchen nordwärts dehnen sich große Weinbaugebiete aus, in denen Gehölze hauptsächlich in Form von Einzelbäumen vorhanden sind, deren Dichte mit dem Anteil an Weingartenflächen korreliert. Vor allem südlich von Gols und Mönchhof werden dabei Dichtewerte von >60 Walnussbäumen/km² erreicht, von denen viele sehr alt sind und hier z. B. für den Steinkauz ein wertvolles Höhlenangebot bilden.

Im zentralen Seewinkel um das Gebiet Lange Lacke sowie von den Meierhöfen südwestlich von Frauenkirchen bis Halbturn dominieren hingegen weite, gehölzfreie Flächen, die nur von einzel-

*Abb. 4: Im Seewinkel am dichtesten mit Bäumen, Gebüschen und kleinen Wäldchen bestockt ist das Ostufer des Sees. In den alten und totholzreichen, oft einer Harten Au ähnlichen Beständen fallen die weißlichen Stämme der Graupappel (*Populus × canescens*) auf, eine natürliche Hybridform aus Silber- und Zitterpappel. Illmitzer Gemeindewald, 14.1.2023 (Irene Ammerer)*

*Abb. 5a, b: Am Sandboden der ehemaligen Düne am Ostufer des Sees verbreitet der Blütenduft der Blumenesche (*Fraxinus ornus*) an warmen Frühsommertagen ein mediterranes Flair. Illmitzer Gemeindewald, a: 3.3.2023 (Alfred Grüll), b: 12.5.2003 (Ingo Korner)*

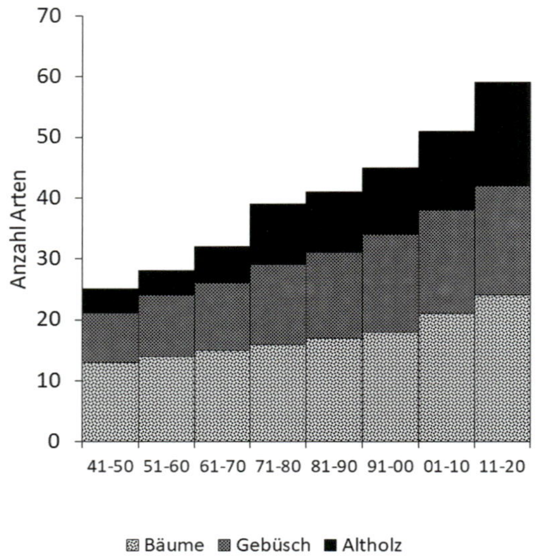

Abb. 6: An Gehölze gebundene Brutvögel des Seewinkels: Entwicklung des Artenbestandes in den Jahrzehnten von 1941 bis 2020 getrennt nach unterschiedlichen Habitatansprüchen

nen Windschutzstreifen und wenigen größeren Baum- und Buschbeständen unterbrochen sind. Viele Straßen, Güter- und Feldwege begleiten sehr locker bestockte und zum Teil alte Alleen. Die kleinflächige und regelmäßige Gliederung der Agrarflächen durch ein Netz aus Windschutzstreifen in Abständen von 500 m im östlich gelegenen Albrechtsfeld weicht in der Struktur vom restlichen Seewinkel deutlich ab.

Eine quantitative Untersuchung der Artenzusammensetzung in den rezenten Waldflächen des Seewinkels liegt nur für den größten Gehölzkomplex um das Feriendorf „Vila Vita" vor (ca. 80 ha)[24]. Auf Basis der Studie lassen sich für dieses Waldgebiet für die Gewöhnliche Esche ein Flächenanteil von etwa 40 % abschätzen und für Bergahorn, Eichen (Stiel- und Zerreiche), Robinie, Ölweide und Spitzahorn Größenordnungen von je 10 %. Die anderen Arten liegen zum Teil weit darunter. In der nur stellenweise vorhandenen Strauchschicht dominiert mit fast 70 % der Liguster, gefolgt vom Weißdorn mit ca. 15 %. Auf den gesamten Seewinkel bezogen, bilden in den alten, oft einer Harten Au ähnlichen Wäldchen und größeren Baumgruppen auf frischen und feuchten Standorten die Esche, Robinie und in geringerem Umfang Pappeln (häufig Graupappel) mehr als die Hälfte der Bestände, gefolgt von Eschenahorn und Ulmen, während die anderen Arten insgesamt gesehen nur eine geringe Rolle spielen. Zwischen den einzelnen Waldflächen kann die Artenzusammensetzung aber sehr stark variieren. Ein extremes Beispiel ist der Illmitzer Gemeindewald, in dem neben der Robinie als Hauptbaumart die Blumenesche etwa ein Drittel des Bestandes ausmacht (Abb. 5). Das Illmitzer Wäldchen weist hingegen, neben einer relativ hohen Dichte an Graupappeln, einen Ulmenanteil von > 20 % auf, wobei neben der Feldulme wahrscheinlich auch die forstlich eingebrachte Sibirien-Ulme (*Ulmus pumila*) vertreten ist. Die alten Baumreihen und -gruppen entlang des Ostufers zwischen Podersdorf und Illmitz bestehen hauptsächlich aus Graupappeln und nur stellenweise aus Robinien. Während das Reliktwäldchen südlich des Serbenfriedhofes noch relativ gut erhalten ist, dominieren in den Beständen um den Althof heute ebenfalls Eschen und Robinien mit dichtem Holunder-Unterwuchs.

Noch vielfältiger zusammengesetzt sind die Windschutzstreifen und neueren Aufforstungen,

Art	1940er	1950er	1960er	1970er	1980er	1990er	2000er	2010er
Seeadler							hellgrün	hellgrün
Sperber								hellgrün
Mäusebussard			hellgrün	hellgrün	hellgrün	hellgrün	hellgrün	hellgrün
Kaiseradler								hellgrün
Turmfalke	hellgrün	hellgrün	hellgrün	hellgrün	hellgrün	hellgrün	hellgrün	hellgrün
Rotfußfalke	hellgrün	hellgrün	hellgrün	hellgrün	hellgrün	hellgrün	hellgrün	hellgrün
Baumfalke	hellgrün	hellgrün	hellgrün	hellgrün	hellgrün	hellgrün	hellgrün	hellgrün
Hohltaube							braun	braun
Ringeltaube	hellgrün	hellgrün	hellgrün	hellgrün	hellgrün	hellgrün	hellgrün	hellgrün
Turteltaube	dunkelgrün	dunkelgrün	dunkelgrün	dunkelgrün	dunkelgrün	dunkelgrün	dunkelgrün	dunkelgrün
Kuckuck	hellgrün	hellgrün	hellgrün	hellgrün	hellgrün	hellgrün	hellgrün	hellgrün
Waldkauz				braun	braun	braun	braun	braun
Waldohreule	hellgrün	hellgrün	hellgrün	hellgrün	hellgrün	hellgrün	hellgrün	hellgrün
Wiedehopf	braun	braun	braun	braun	braun	braun	braun	braun
Wendehals			braun	braun	braun	braun	braun	braun
Grünspecht								braun
Schwarzspecht								braun
Buntspecht	braun	braun	braun	braun	braun	braun	braun	braun
Blutspecht	braun	braun	braun	braun	braun	braun	braun	braun
Mittelspecht								braun
Kleinspecht								braun
Heckenbraunelle								dunkelgrün
Rotkehlchen							dunkelgrün	dunkelgrün
Nachtigall	dunkelgrün	dunkelgrün	dunkelgrün	dunkelgrün	dunkelgrün	dunkelgrün	dunkelgrün	dunkelgrün
Amsel			dunkelgrün	dunkelgrün	dunkelgrün	dunkelgrün	dunkelgrün	dunkelgrün
Wacholderdrossel					hellgrün	hellgrün	hellgrün	hellgrün
Singdrossel					dunkelgrün	dunkelgrün	dunkelgrün	dunkelgrün
Misteldrossel							hellgrün	hellgrün
Gelbspötter		dunkelgrün	dunkelgrün	dunkelgrün	dunkelgrün	dunkelgrün	dunkelgrün	dunkelgrün
Sperbergrasmücke	dunkelgrün	dunkelgrün	dunkelgrün	dunkelgrün	dunkelgrün	dunkelgrün	dunkelgrün	dunkelgrün
Klappergrasmücke		dunkelgrün	dunkelgrün	dunkelgrün	dunkelgrün	dunkelgrün	dunkelgrün	dunkelgrün
Dorngrasmücke	dunkelgrün	dunkelgrün	dunkelgrün	dunkelgrün	dunkelgrün	dunkelgrün	dunkelgrün	dunkelgrün
Mönchsgrasmücke	dunkelgrün	dunkelgrün	dunkelgrün	dunkelgrün	dunkelgrün	dunkelgrün	dunkelgrün	dunkelgrün
Zilpzalp				dunkelgrün	dunkelgrün	dunkelgrün	dunkelgrün	dunkelgrün
Fitis						dunkelgrün	dunkelgrün	dunkelgrün
Grauschnäpper				braun	braun	braun	braun	braun
Schwanzmeise				dunkelgrün	dunkelgrün	dunkelgrün	dunkelgrün	dunkelgrün
Blaumeise				braun	braun	braun	braun	braun
Kohlmeise			braun	braun	braun	braun	braun	braun
Kleiber						braun	braun	braun
Gartenbaumläufer							braun	braun
Beutelmeise	hellgrün	hellgrün	hellgrün	hellgrün	hellgrün	hellgrün	hellgrün	hellgrün
Pirol	hellgrün	hellgrün	hellgrün	hellgrün	hellgrün	hellgrün	hellgrün	hellgrün
Neuntöter	dunkelgrün	dunkelgrün	dunkelgrün	dunkelgrün	dunkelgrün	dunkelgrün	dunkelgrün	dunkelgrün
Schwarzstirnwürger	hellgrün	hellgrün	hellgrün	hellgrün	hellgrün	hellgrün	hellgrün	hellgrün
Eichelhäher								hellgrün
Elster	hellgrün	hellgrün	hellgrün	hellgrün	hellgrün	hellgrün	hellgrün	hellgrün
Saatkrähe		hellgrün	hellgrün	hellgrün	hellgrün	hellgrün	hellgrün	hellgrün
Aaskrähe	hellgrün	hellgrün	hellgrün	hellgrün	hellgrün	hellgrün	hellgrün	hellgrün
Kolkrabe							hellgrün	hellgrün
Star				braun	braun	braun	braun	braun
Feldsperling	braun	braun	braun	braun	braun	braun	braun	braun
Buchfink				hellgrün	hellgrün	hellgrün	hellgrün	hellgrün
Girlitz	hellgrün	hellgrün	hellgrün	hellgrün	hellgrün	hellgrün	hellgrün	hellgrün
Grünling	dunkelgrün	dunkelgrün	dunkelgrün	dunkelgrün	dunkelgrün	dunkelgrün	dunkelgrün	dunkelgrün
Stieglitz	hellgrün	hellgrün	hellgrün	hellgrün	hellgrün	hellgrün	hellgrün	hellgrün
Bluthänfling	dunkelgrün	dunkelgrün	dunkelgrün	dunkelgrün	dunkelgrün	dunkelgrün	dunkelgrün	dunkelgrün
Kernbeißer						hellgrün	hellgrün	hellgrün
Goldammer						dunkelgrün	dunkelgrün	dunkelgrün

Tab. 1: Besiedlung des Seewinkels durch an Gehölze gebundene Vogelarten von den 1940er bis zu den 2010er Jahren. Färbige Felder: Nachweise von Brut- oder Brutzeitvorkommen im jeweiligen Jahrzehnt. Die Farben stehen für die Bindung an unterschiedliche Habitatstrukturen: Baumbestände (hellgrün), Gebüsche/Unterholz (dunkelgrün), Alt-/Totholz und/oder Höhlen (braun).

Abb. 7: In den 1960er Jahren setzte in den Seewinkelwäldchen die Anreicherung mit Alt- und Totholz ein und ermöglichte die Ansiedlung von „Altholzspezialisten". Illmitzer Wäldchen, 15.1.2023 (Alfred Grüll)

in denen zwar die Robinie und im Lackengebiet Hybrid-Pappeln die größten Anteile ausmachen, stellenweise aber auch Eschen, Ulmen, Feldahorn und Eichen sowie die Neophyten Eschenahorn, Götterbaum und Ölweide dominieren. Von den ehemaligen Schwarzföhren-Alleen im Albrechtsfeld sind hingegen nur noch kleinste Reste vorhanden. Die Strauchschicht unter den Baumbeständen wird neben dem Jungwuchs der jeweiligen Baumarten häufig von Liguster, Holunder, Weißdorn oder Rotem Hartriegel gebildet, in freistehenden Gebüschen auch von Hundsrose, Schlehdorn und (v.a. am Nordrand von Illmitz) Aschweide.

Ausgedehnte Ölweiden-Bestände konzentrieren sich entlang des Seedammes am gesamten Ostufer sowie im Verlandungsbereich von Lacken des nördlichen und zentralen Seewinkels, besonders großflächig z.B. auf der ehemaligen Karmaziklacke südlich von Podersdorf oder um Grund-, Birnbaum- und Kühbrunnlacke, stellenweise aber auch im östlichen Seewinkel (z.B. ehemalige Ganslacke). Ein weiterer, invasiver Neophyt ist der Scheinindigo (*Amorpha fruticosa*), der zwar hauptsächlich im Hanság verbreitet ist, lokal aber auch schon an Lacken des zentralen Seewinkels vorkommt.

Relativ breit ist auch das Artenspektrum in den Alleen an den Straßen. Abschnittsweise dominieren vor allem Robinie, Kirsche, Walnuss, Spitzahorn, Maulbeere, Ölweide und im westlichen Seewinkel Pappeln (inkl. der landschaftsprägenden Pyramidenpappel). Entlang der Güterwege sowie zwischen den Weingärten stehen hauptsächlich Walnussbäume und nur vereinzelt Kirschen. Obstplantagen (v.a. Äpfel, Kirschen, Walnuss) kommen nur sehr kleinflächig vor.

Abbildung 6 und Tabelle 1 zeigen die Zunahme der Artenzahl bei den an Gehölze gebundenen Brutvögeln des Seewinkels von 1941–2020 getrennt nach drei ökologischen Gilden im Überblick: Arten mit Bindung an Bäume, an Büsche und alte Baumbestände bzw. ein Höhlenangebot. Das Muster spiegelt die Gehölzentwicklung wider: Zunächst waren Baumbestände vorhanden, in denen sich jedoch erst nach Einstellung der intensiven Nutzung nach dem Zweiten Weltkrieg eine Strauchschicht entwickeln konnte. Noch später setzte die Anreicherung mit Alt- und Totholz ein (Abb. 7). Dementsprechend nahm die Artenzahl bei den „Baumvögeln" seit 1940 um 46%, bei den Buschbrütern um 61% und bei den „Altholzspezialisten" um 78% der aktuellen Werte zu. Bei der letzten Gruppe lassen sich zwei Phasen unterscheiden: Bis 1960 gibt es in den relativ jungen Gehölzbeständen noch keine Veränderung des Artenbestandes und nach 1960 leicht schwankend Zuwächse von bis zu vier Arten pro Jahrzehnt.

Westufer von Mörbisch bis Neusiedl am See

Die ältesten, besonders charakteristischen und ornithologisch wichtigsten Gehölze am Westufer des Sees sind der Auwald an der Wulkamündung und der Bruchwald im Quellgebiet der „Purbacher Bründeln", beide am landseitigen Rand des Schilfgürtels gelegen. Entlang der Wulka sind schon auf der Österreichischen Karte aus dem Jahr 1923 Baumreihen vor dem Eintritt in den Schilfgürtel eingetragen. Anfang der 1940er Jahre erstreckte sich in diesem Abschnitt an den Dämmen des bereits regulierten Baches ein 3 km langes Weidendickicht mit einzelnen alten, über 8 m hohen Silberweiden und einer „dschungelartigen" Krautschicht. Ähnliche Gehölzstrukturen befanden sich vor dem Eintritt des Donnerskirchner Baches in den Schilfgürtel und in geringerem Umfang an anderen Dämmen entlang künstlicher Schilfkanäle[12, 25]. Um die Grundwasseraustritte der „Bründeln" vor Purbach dehnten sich zu dieser Zeit bereits Aschweidengebüsche mit einer aufgelockerten Krautschicht aus, kleinere Bestände dieser Ausprägung waren auch am landseitigen Schilfrand des Nordufers bis Weiden eingestreut[26]. Ihre Entstehung war eine Folge der Seespiegelabsenkung zu Beginn des 20. Jahrhunderts[16].

Ansonsten waren im Vorgelände des Sees – abgesehen von den, das Gebiet nur randlich berührenden Obstbaumkulturen – entlang von Wassergräben, Wegen, Feldrainen und des Schilfrandes nur einzelne kleine Gruppen oder Reihen von Gebüschen und Bäumen vorhanden (meist Weiden, Holunder und Pappeln) und die Straßen zwischen den Ortschaften säumten Alleen, die laut Österreichischer Karte etwa in den 1920er Jahre entstanden sein dürften (u.a. Maulbeeren)[1, 11, 27]. Einen zusätzlichen Sonderstandort bildete am steilen Ostabfall des Hackelsberges bei Jois bereits der trockene Flaumeichen-Buschwald (5 ha)[13, 28].

Spätestens in den 1950er Jahren war die Besiedlung durch Waldvögel trotz spärlicher Gehölzausstattung, aber im direkten Anschluss an das große Waldgebiet des Leithagebirges wesentlich weiter fortgeschritten als im Seewinkel. Auf der Grundlage der für das Westufer wenig präzisen Angaben in Zimmermann[1], Bauer et al.[13] und Koenig[29] können wir annehmen, dass von den Arten, die den Seewinkel erst nach 1960 eroberten, damals bereits Mäusebussard, Waldkauz, Wendehals, Star, Amsel, Grauschnäpper, Blaumeise, Kohlmeise, Buchfink und Goldammer brüteten sowie Grün- und Mittelspecht als regelmäßige Gäste vorkamen.

In den 1960er Jahren war die Sukzession in den „Purbacher Bründeln" weiter fortgeschritten und die Pioniergebüsche der Aschweide teilweise von ersten Baumgruppen der Schwarzerle abgelöst[16]. Diese Entwicklung setzte sich mit der flächigen Ausbreitung der Weidengebüsche und ruderalen Hochstaudenfluren sowie dem Aufkommen von Erlen- und Pappelbeständen in der Verlandungszone bis in die 1980er Jahre weiter fort[15]. Die einzigen größeren Aufforstungen (26 ha) mit Hybrid-Pappeln und Erlen liegen zwischen Rust und Oggau. Auch in den Jahrzehnten nach 2000 haben die Gehölzflächen weiter zugenommen. Besonders gilt dies für die Seerandzonen zwischen Oggau und Winden, die mittlerweile an vielen Stellen einen dichten Gebüschmantel aufweisen, oder das stark verbuschte Seevorgelände der Oggauer Heide. Der etwa 50 ha große Bruchwaldkomplex vor Purbach setzt sich heute aus dichten, von einzelnen Silberweiden und Pappeln überragten Aschweidengebüschen, älteren Pappel- und zwei größeren Schwarzerlenbeständen sowie einem breiten Gebüschsaum zusammen. Entlang der Wulkamündung hat sich auf 36 ha eine totholzreiche Weiche Au entwickelt, während bachaufwärts Eschen die Ufer säumen. Den Donnerskirchner Bach begleiten im Seevorgelände aufgelockerte Pappel-Weiden-Bestände mit einem Unterwuchs aus Holunder. Kleine Gruppen von Pappeln und Robinien dringen auch an anderen Stellen in die Seerandzone vor, z.B. südlich von Rust. Das (abgesehen vom Hackelsberg) einzige, etwas höher gelegene Wäldchen östlich von Jois besteht überwiegend aus Robinien und Eschen.

Die Ackerflächen im Norden sind weitgehend gehölzfrei. Erst in Donnerskirchen und Oggau finden sich zwischen den Feldern stellenweise alte Kirschbaumreihen. In den Weingärten südlich von Oggau nehmen dann Einzelbäume (v.a. Walnuss, viel seltener Kirsche) sowie einzelne Robiniengruppen und breite Hecken zu und erreichen zwischen Rust und Mörbisch sehr hohe Dichten. Auf größeren Brachen hat hier vor allem mit Ölweide und Hundsrose auch eine Sukzession eingesetzt. Mit einem großflächigen Netz aus Feldhecken und -gehölzen ausgestattet sind außerdem die Agrarflächen östlich des Seehofes an der Wulka. Obstplantagen (u.a. Mandel) sind, wie im Seewinkel, nur ganz kleinflächig vorhanden. In den Alleen an Straßen und Feldwegen dominieren alte Bestände an Hybrid- und Pyramidenpappeln, zum Teil auch Robinien, Kirschen oder Eschenahorn, oft mit einem Unterwuchs aus Holunder oder Ölweide. Seewärts gehen diese Gehölzreihen auf den Dämmen im Schilfgürtel in dichte, von Pappeln oder Espen überragte Weiden- und Holundergebüsche über (Abb. 8). Die nordwestliche Begrenzung des Bearbeitungsgebietes bilden entlang der Straße zwischen Donnerskirchen und Breitenbrunn lange Maulbeer- und Lindenalleen.

Hanság

Der österreichische Teil des Hanság liegt am äußersten Rand des großen, ungarischen Kapuvárer Erlenwaldes. Bei der Grenzziehung 1921 blieben auf österreichischer Seite nur einzelne Schwarzerlen und eine kleine Moorbirkengruppe[7] über. Die auwaldähnlichen Gehölze am Ostrand des Gebietes (v.a. das „Figuren-Wäldchen") sowie das Netz an Windschutzstreifen sind erst nach 1960 entstanden[15, 17]. Im Unterschied zum Seewinkel und Westufer liegen aus der Zeit nach dem Zweiten Weltkrieg bis in die 1960er Jahre wegen der damals schweren Erreichbarkeit kaum ornithologische Daten vor und in den Jahren danach galt das Interesse in erster Linie den Großtrappen und Greifvögeln. Über die frühere Besiedlung durch Waldvögel sind wir daher nicht informiert. Die wenigen Ausnahmen werden in den Arttexten angeführt. Auf Grund der Lage am unmittelbaren Rand der großen ungarischen Waldgebiete kann jedoch als sicher gelten, dass sich die meisten der heute vorkommenden Arten im Unterschied zu den isolierten Gehölzinseln im Seewinkel sofort nach Aufkommen entsprechender Habitate ansiedelten.

Erhebungen nach 2000 ergaben in einigen Teilen hohe Dichten hochwüchsiger, unterholzreicher Windschutzstreifen und Alleen aus Hybrid-Pappeln, Eschen, Ulmen und Weiden sowie Hecken und Gebüschgruppen (insgesamt ca. 50 ha), die den offenen Landschaftscharakter stark einschränken. Das (mittlerweile gerodete) „Figuren-Wäldchen" (30 ha) an der Ostgrenze entsprach einer altholzreichen, zeitweise überschwemmten Weichen Au. Nördlich schließen entlang der Grenze zum Teil ebenfalls alte und breite, au- oder bruchwaldartige Gehölzstreifen mit einem hohen Anteil an Weiden an. Hinzu kommen Aufforstungsflächen im Umfang von etwa 18 ha. Eine neue Entwicklung setzte mit der Verbuschung durch Weiden- und Pappelanflug auf feuchten Brachen ein[22, 30].

Größe und Anteil der Waldflächen

Trotz erheblicher Ausbreitung der Gehölze in den letzten 150 Jahren ist das Untersuchungsgebiet noch immer extrem waldarm. Etwa 90 Baumbestände erreichen eine Fläche von mindestens 1 ha. Insgesamt bedecken diese Gehölze eine Fläche in der Größenordnung von 9 km². Sie verteilen sich wie folgt auf die einzelnen Größenklassen (Anteile an der Gesamtzahl der Gehölze >1 ha): 1–5 ha: 41%, >5–10 ha: 25%, >10–20 ha: 22%, >20 ha: 12%. Nicht berücksichtigt sind dabei die linear angelegten Windschutzstreifen, Gehölze <1 ha und Gebüschflächen ohne Baumbewuchs. Ihre flächenmäßige Erfassung würde den Rahmen dieses Grundlagenkapitels bei weitem sprengen und die Aussagen zur Habitatsituation aus ornithologischer Sicht nur unwesentlich ergänzen.

Die größten zusammenhängenden Waldkomplexe sind die Aufforstungen um das Feriendorf „Vila Vita" (ca. 80 ha), der Bruchwald vor Purbach (ca. 50 ha), der Waldstreifen im Neudegg (38 ha), der Auwald an der Wulkamündung (ca. 36 ha), die Waldfläche nordöstlich von Wallern (30,3 ha) und das (mittlerweile gerodete) „Figuren-Wäldchen" im Hanság (30 ha). Bezieht man die ermittelte Flächensumme aller Gehölze von >1 ha auf das gesamte Bearbeitungsgebiet ohne den See mit dem Schilfgürtel und ohne den Lacken des Seewinkels, so ergibt sich eine Waldbedeckung von 1,7%. Dieser Wert stimmt gut mit den auf genauerer Basis errechneten Werten für die überdurchschnittlich mit Gehölzen ausgestatteten Teilgebiete Zitzmannsdorfer Wiesen (1,8%) und Hanság (1,9%) überein[18, 30]. Kleinräumig können bei Berücksichtigung aller Baumgruppen deutlich höhere Werte erreicht werden. So lag der Flächenanteil der Gehölze auf sechs 0,4 km² großen Transekten entlang des besonders baumreichen Ostufers bei durchschnittlich 4,7% (3–7,5%)[21].

Abb. 8: Auf den künstlich geschütteten Dämmen im Schilfgürtel haben sich im Laufe der Jahrzehnte dichte Gebüsche und lockere Baumreihen ausgebreitet, die vor allem für durchziehende Vögel wichtige Rasthabitate darstellen. Biologische Station Illmitz, 3.3.2023 (Alfred Grüll)

Ungarn

Wie im Seewinkel waren auch am Südufer des Sees Baumbestände im 19. Jahrhundert auf die unmittelbare Umgebung der Siedlungen und Straßenränder beschränkt. Erst Mitte des 20. Jahrhunderts setzten umfangreiche Pflanzungen von Windschutzstreifen ein, bei denen neben Ahorn-, Eschen- und Ulmenarten mehrere gebietsfremde Gehölze wie Hybrid-Pappeln, Platanen oder der Milchorangenbaum (*Maclura pomifera*) verwendet wurden, aber auch invasive Arten wie Ölweide, Robinie oder die Rot-Esche (*Fraxinus pennsylvanica*), die sich landseitig des Schilfgürtels nach Aufgabe der Mahd gemeinsam mit verschiedenen Sträuchern über weite Flächen ausbreiteten. Am seeseitigen Schilfrand entstand hinter dem Freizeitzentrum Fertőrákos ab den 1980er Jahren auf anthropogenen Schlammablagerungen ein breiter Gehölzsaum. Einen ähnlichen Prozess lösten die Kanalertüchtigungen in den 1980er Jahren in der Bucht von Fertőrákos aus, als die Westseite der Bucht aufgeschüttet und begonnen wurde, sie als Erholungsgebiet zu nutzen. Auch die gegenüberliegende Schilfinsel (Püspök-sziget) wurde aufgeschüttet, blieb aber bestehen. Auf diesen Deponien breiteten sich ebenfalls viele Neophyten aus (z.B. Goldrute *Solidago gigantea*, Eschenahorn *Acer negundo*). Diese unterholzreichen Bestände bildeten die Voraussetzung für die Ansiedlung baum- und buschbewohnender Arten wie z.B. Turmfalke, Nebelkrähe, Elster, Neuntöter, Laubsänger und Grasmücken. Die weitere Ausbreitung, die in erster Linie zu Lasten der Wiesenflächen geht, wird seit den 1990er Jahren vom Nationalpark durch Rodungsmaßnahmen eingeschränkt.

Neben den spontan aufkommenden Baum- und Buschbeständen, die im südwestlichen Teil zwischen Balf und Fertőboz ihre maximale Dichte erreichen (in der Strauchschicht v.a. Roter Hartriegel, Hundsrose und Schlehdorn), sind vor allem in der Nähe von Siedlungen in kleinerem Umfang auch forstlich genutzte Wälder vorhanden (z.B. Schwarzerlenbestände bei Fertőboz, Hybrid-Pappeln bei Sarród). Ornithologisch nicht unbedeutend ist die unmittelbare Nähe der an das Avifauna-Gebiet angrenzenden Zerreichenwälder des Hügellandes, die ein regelmäßiges Auftreten von ausgesprochenen Waldvögeln wie z.B. Spechten zur Folge hat[31].

Quellen: *[1] Zimmermann (1943), [2] Kroiss (2017), [3] Jukovits (1864/65), [4] Wendelberger (1967), [5] Fournes (1886), [6] Homeyer (1892), [7] Bojko (1934), [8] Schenk (1917a), [9] Österr. Karte/Stand 1935, [10] Wettstein-Westersheim (1924), [11] Goethe (1941), [12] Seitz (1942), [13] Bauer et al. (1955), [14] Wendelberger (1955), [15] Hoi-Leitner (1989), [16] Weisser (1970), [17] Wolkinger (1979), [18] Dvorak et al. (2011), [19] Gaitzenauer (1991), [20] Kohler et al. (1994), [21] Karner-Ranner et al. (2008), [22] A. Grüll, unpubl. Daten, [23] Dvorak & Berg (1991), [24] Korner et al. (2013), [25] Koenig (1952), [26] Seitz (1943), [27] Steinfatt (1936), [28] Wolkinger (1978), [29] Koenig (1960), [30] Dvorak et al. (2010), [31] Faragó (2012)*

Siedlungen

von Alfred Grüll, Alois Lang (Österreich) & Attila Pellinger (Ungarn)

Österreich

Wie für die Gehölzbestände liegen auch für die Siedlungen am Westufer des Sees aus der Vergangenheit wesentlich weniger vogelkundliche Angaben vor als für die Ortschaften im Seewinkel, der mit seiner außergewöhnlichen Avifauna bei den damaligen Ornithologen im Fokus der Interessen stand. Aber auch die einfachen Steppendörfer östlich des Sees waren von einer für Österreich einzigartigen, extremeren Charakteristik geprägt, während die Winzersiedlungen im Kulturland an den Abhängen des Leithagebirges mit ihren vielfältigeren Bauformen viel mehr dem vertrauten Ortsbild in Ostösterreich entsprachen. Auf Grund der älteren und reichhaltigeren Gehölzausstattung und der unmittelbaren Nähe zu den Wäldern des Leithagebirges waren diese Ortschaften viel früher von einer artenreichen Vogelgemeinschaft besiedelt als die gehölzarmen Seewinkeldörfer, die sich in dieser Hinsicht von allen anderen Gebieten Österreichs unterschieden. Um dieses besondere Charakteristikum zu verdeutlichen, soll nachfolgend das Hauptaugenmerk auf die Entwicklung im Seewinkel gelegt werden.

Das typische Bild der dörflichen Siedlungen um den Neusiedler See im ehemaligen Deutschwestungarn des 19. Jahrhunderts blieb bis nach dem Zweiten Weltkrieg weitgehend unverändert. Wichtigste Standbeine waren der Ackerbau (inkl. Hanf und Tabak), die Zucht von Arbeitspferden sowie eine extensiv betriebene Viehwirtschaft, die in der Zwischenkriegszeit ihren Höhepunkt erreichte. Am Westufer kamen zusätzlich der Obst- und Weinbau hinzu. In den eng geschlossenen Angerdörfern des Seewinkels waren entlang einer unbefestigten Hauptstraße mit Dorfanger bis zu mehrere 100 ebenerdige, mitunter nur 10 m breite Streckhöfe aneinandergereiht (Abb. 1), in denen sich hinter dem Wohnbereich ein schmaler, weitgehend vegetationsloser Innenhof mit dem Misthaufen befand (Abb. 2). An ihn grenzten die Stallungen und am hinteren Ende eine Scheune, die sich an der Hinterseite am Dorfrand in das „Hintaus" öffnete, eine Lager- und Manipulationsfläche, die von Ruderalfluren gesäumt war und auf den angrenzenden Wirtschaftsweg führte (Abb. 3). Streusiedlungen kommen im Gebiet nicht vor. Im straßenseitigen Giebelfeld waren Giebelluken zur Lüftung des Dachbodens eingefügt.

Abb. 1: In den Dörfern des Seewinkels waren entlang einer unbefestigten Hauptstraße mit dem Dorfanger eng geschlossen die schmalen Streckhöfe aneinandergereiht. Der Anger diente – oft mit einem Angerteich – als Viehtränke, Rossschwemme oder Weidefläche. Illmitz, vor 1938 (Urheber unbekannt, Burgenländisches Landesarchiv, Fotosammlung, Sign. 24370 LA)

Eine Besonderheit des Seewinkels waren bis in die 1960er Jahre die zusätzlichen, oft riesigen Scheunen mit weit herabgezogenen Schilfdächern, die aus Brandschutzgründen von den Höfen getrennt außerhalb des Wirtschaftsweges am Dorfrand standen. Der Anger war zumindest 30 m, in Einzelfällen aber bis 160 m breit und diente – oft mit einem Angerteich – als Viehtränke, Rossschwemme oder Weidefläche[1]. Baumaterial waren noch bis zum Ersten Weltkrieg in erster Linie Stroh und Lehm (für „gesatzte" Mauern) bzw. ungebrannte Lehmziegel und für die Dachdeckung ursprünglich Schilf. Wegen der häufigen Brände, die periodisch ganze Ortsteile zerstörten (in Illmitz zuletzt 1955), begann man jedoch schon um 1900 alle neuen Gebäude mit Ziegeln zu decken, sodass in den 1950er Jahren kaum mehr Schilfdächer vorhanden waren[1, 2]. In den Ortschaften am Westufer von Jois südwärts stand hingegen in zahlreichen Steinbrüchen der Leitha-Kalksandstein zur Verfügung.

Die Häuserzeilen, der Anger und das „Hintaus" waren im Seewinkel teilweise von lückigen Reihen oft nur kleiner Bäume beschattet, meist von Robinien, aber auch Rosskastanien, Götterbäumen oder Sommerlinden. Ansonsten waren in den Höfen oder am Anger nur vereinzelt kleine Bestände an Ziergehölzen vorhanden. Erst hinter den Höfen schlossen sich am Dorfrand die Obst- und Hausgärten an, in denen Gemüse gezogen wurde, aber auch schon die eine oder andere Thuje stand[3]. Die Fütterung des Geflügels erfolgte auf der Freifläche innerhalb der Höfe. Vieh wurde täglich auf die Hutweiden getrieben und Haupttransportmittel waren Pferdefuhrwerke, sodass überall im Dorf Rinder- und Pferdemist stets reichlich vorhanden war (Abb. 4).

Zur Produktionssteigerung und um die weiten Transport- und Arbeitswege bei der Bewirtschaftung der Agrarflächen zu verkürzen, errichteten die Großgrundbesitzer (v.a. die Familien Esterházy und Széchenyi) ab etwa 1870 in der freien Landschaft des Seewinkels und im Hanság 24 Meierhöfe, die mit jeweils mehreren Stall- und Wohngebäuden, Scheunen, unbefes-

Abb. 2: An einer Seite des schmalen, weitgehend vegetationslosen Innenhofes mit dem Misthaufen befanden sich die Stallungen. Unter den Dachvorsprüngen auf Höhe des Rauchfanges sind die Taubenkobel zu erkennen. Illmitz, Ende 1960er Jahre (Urheber unbekannt, Archiv Walter Salzl)

Abb. 3: Am hinteren Ende der Höfe befanden sich die Scheunen, die sich an der Hinterseite in das „Hintaus" öffneten, eine Lager- und Manipulationsfläche, die von Ruderalfluren gesäumt war und auf den angrenzenden Wirtschaftsweg führte. Apetlon, 1931 (H. Slanar, Archiv Alois Lang)

tigten Freiflächen und größeren Baumbeständen ebenfalls dörflichen Charakter annahmen. In den 1920er Jahren begann dann am seeseitigen Schilfrand zunächst in Neusiedl und Rust und zwischen 1930 und 1965 in den anderen Seegemeinden der Ausbau der Strandbäder mit den dazugehörigen Gebäudekomplexen und Freizeitsiedlungen. Bis in die 1970er Jahre folgten weitere Bauprojekte wie die Reihersiedlung und das Rehabilitationszentrum am St. Andräer Zicksee, der Seepark Weiden oder das Feriendorf „Vila Vita" und als letztes Großprojekt ab 2006 die St. Martins Therme. Alle diese „Inseln" im Schilfgürtel oder in der Kulturlandschaft bieten für die Vogelarten der Siedlungen zusätzliche Ansiedlungsmöglichkeiten.

Wenn ein heutiger Ornithologe zur Zeit des Zweiten Weltkrieges an einem Frühlingstag durch Illmitz gewandert wäre, hätte er über die Häufigkeit einiger Arten gestaunt, aber auch über den geringen Artenreichtum: Das Dorf war erfüllt vom Schilpen der Haussperlinge, die in großen Schwärmen überall auf den Dächern saßen, und unter den Schilfdächern der Scheunen reihte sich Nest an Nest. Rauch- und Mehlschwalben kreisten in heute unvorstellbarer Dichte über den Höfen und am Dorfanger scharten sich einige Haubenlerchen um den Pferdemist, während in der Nähe das Klappern eines Storches ertönte. Graue, zum Teil weiß gescheckte Haustauben („Feldflüchter") gurrten auf den Dachfirsten oder zogen ihre Kreise. Erst auf der Rückseite der Häuserzeile hätte unser Ornithologe im Krautgarten einen singenden Bluthänfling oder einen kleinen Stieglitztrupp entdeckt und mit Einbruch der Dunkelheit wäre aus einer Dachbodenluke das Schnarchen einer Schleiereule zu hören gewesen. Um weitere Arten zu sehen, etwa einen Hausrotschwanz, Girlitz oder Grünling, die vereinzelt ebenfalls brüteten, müsste er viel länger unterwegs gewesen sein. Eine Amsel, eine Mönchsgrasmücke oder eine Kohlmeise hätte er hingegen zur Brutzeit vergeblich gesucht, während diese Arten in den Ortschaften des Westufers zu dieser Zeit schon verbreitet waren. Nur wenige Jahre später siedelten sich mit Türkentaube und Blutspecht zusätzlich zwei südöstliche Einwanderer an, denen die spärlichen Baumbestände bereits genügten.

Ab 1945, besonders aber nach Abzug der Besatzungsmacht 1955, setzte in der Landwirtschaft des Seewinkels ein Strukturwandel ein. Auslöser waren die Ausdehnung des Weinbaus auf die Sandböden der Ostufergemeinden, der rasch zunehmende Anbau von Feldgemüse, Zuckerrübe, Mais und Gewürzen sowie die Mechanisierung der Landwirtschaft mit zusätzlichem Platzbedarf für den Maschinenpark. So hat sich zum Beispiel die Weinbaufläche in Illmitz zwischen 1953 und 1967 fast vervierfacht[4]. Die extensive Viehwirtschaft (v. a. die Milchkühe), die Pferdezucht, aber auch der Getreideanbau verloren dadurch ab Ende der 1940er Jahre an Bedeutung, was sich für die Dorfvögel sehr bald als Verlust zugänglicher Nahrungsquellen in Scheunen und Maisspeichern („Tschardaken"), an Futterstellen und auf den Dorfstraßen auswirkte. Das Aufkommen des Nächtigungstourismus nach 1955 beschleunigte diese Entwicklung, sodass Anfang der 1960er Jahre nur noch in Apetlon Rinder auf die Weide getrieben wurden und die Milchwirtschaft nur bis in die 1980er Jahre überlebte. Von 1951 bis 1971 nahm daher der Anteil der Häuser mit landwirtschaftlichen Betrieben (Bauernhöfe) im Bezirk Neusiedl am See von 61 % auf 26 % ab[1].

Hand in Hand mit diesem wirtschaftlichen Wandel kam es ab den 1950er Jahren auch zu einer grundlegenden Veränderung der Siedlungsstruktur und „Modernisierung" der Baukultur. Viele Streckhöfe wurden aufgestockt oder durch größere und höhere Wohn- und Wirtschaftsgebäude in offener Bauweise ersetzt. Allein 1951–1961 entstanden in Illmitz 90 neue Häuser[2]. In den 1960er und 1970er Jahren folgten dann die Erneuerung der gesamten historischen Bausubstanz sowie die Zersiedelung der Ortsränder und bäuerlichen Dorfkerne, sodass die einheitlichen, typischen Ortsbilder seit den 1980er Jahren endgültig der Vergangenheit angehören. Um die Neubauten auf den Flächen der ehemaligen Bauern- und Obstgärten entstanden Ziergärten und die Hauptstraßen sowie überdimensionierten Parkplätze wurden spätestens in den 1960er Jahren asphaltiert. Der Dorfanger fiel in vielen Fällen der Verbauung zum Opfer oder wurde als sterile Grünfläche gestaltet. Eingebettet in die neuen Wohnsiedlungen blieben die Reste der historischen Ortskerne, wobei in den reicheren Weinbaugemeinden am Westufer wesentlich höhere Anteile der historischen Bausubstanz erhalten sind, da die Verfügbarkeit von Sandstein im Vergleich zu den feuchten Lehmbauten schon früh die Errichtung von viel stabileren, komfortableren und zum Teil mehrstöckigen Winzerhäusern ermöglichte.

Ab den frühen 1960er Jahren entstanden auch die ersten Silobauten an den Bahnhöfen und in manchen Ortschaften entlang der Haupteinfahrt Gewerbegebiete, die wie die neuen Wohnsiedlungen zur großflächigen Ausdehnung der Dörfer führten. Dazu zwei Beispiele: Frauenkirchen gehörte als religiöses und wirtschaftliches Zentrum schon in den 1930er Jahren mit 68 ha verbauter Fläche zu den größten Ortschaften des Seewinkels. Bis heute dehnte sich die Siedlung auf die fast dreifache Fläche aus (191 ha), wobei 17 ha (9 %) auf das Gewerbegebiet entfallen. Illmitz war hingegen ein einfaches

Abb. 4: Noch bis in die 1950er Jahre wurden im Sommerhalbjahr täglich große Viehherden durch die Dörfer getrieben. St. Andrä am Zicksee, um 1945/50 (L. Eschenauer, Burgenländisches Landesarchiv, Fotosammlung, Sign. 996 LA)

Art	Ansiedlung
Weißstorch	vor 1940
Straßentaube	vor 1940
Ringeltaube	**nach 1980**
Türkentaube	**nach 1940**
Schleiereule	vor 1940
Mauersegler	**nach 1950**
Blutspecht	**nach 1940**
Haubenlerche	vor 1940
Rauchschwalbe	vor 1940
Mehlschwalbe	vor 1940
Bachstelze	vor 1940
Hausrotschwanz	vor 1940
Amsel	**nach 1960**
Singdrossel	**nach 1980**
Klappergrasmücke	**nach 1950**
Mönchsgrasmücke	**nach 1960**
Kohlmeise	**nach 1960**
Star	**nach 1980**
Dohle	**nach 2000**
Haussperling	vor 1940
Feldsperling	vor 1940
Girlitz	vor 1940
Grünling	vor 1940
Stieglitz	vor 1940
Bluthänfling	vor 1940

Tab. 1: Typische Brutvögel in den Siedlungen des Seewinkels und Zeitraum ihrer Ansiedlung: häufige Arten bzw. Arten mit enger Bindung an Siedlungsgebiete. Ansiedlungen nach 1940 hervorgehoben

Abb. 5: Nach Einstellung der Viehhaltung wurden ab den 1960er Jahren in vielen alten Innenhöfen Rasenflächen angelegt und Gehölze gepflanzt, Voraussetzungen für die Ansiedlung von Amsel, Singdrossel oder Kohlmeise. Die alten Scheunen blieben in vielen Fällen erhalten. Illmitz, 3.3.2023 (Alfred Grüll)

Bauerndorf mit nur 25 ha Siedlungsfläche. Der wirtschaftliche Aufschwung nach dem Zweiten Weltkrieg und der Ausbau zur Fremdenverkehrsgemeinde hatte eine Erweiterung auf 171 ha zur Folge, das ist fast das Siebenfache der ursprünglichen Fläche, obwohl dem Dorf kein Gewerbegebiet angeschlossen ist. Im Durchschnitt decken die verbauten Flächen der neun Ortschaften des Seewinkels südlich des Wagrams heute 137 ha ab[5]. Um dem ausufernden Flächenverbrauch zu begegnen, setzte in den 1990er Jahren das „verdichtete Bauen“ unter weitgehender Einsparung privater Grünflächen ein, das für die Brutvögel des Siedlungsraumes das Habitatangebot kaum mehr erweitert.

Das Ende der extensiven Viehwirtschaft und Pferdezucht, der Rückgang im Getreidebau, die Versiegelung der Bodenflächen und Modernisierung der alten Bauernhöfe führten im Seewinkel vor allem bei der Haubenlerche, der Rauchschwalbe und dem Haussperling ab Mitte der 1960er Jahre zu empfindlichen Bestandseinbußen. Bei der Haubenlerche ermöglichte erst der Trend zur Errichtung von Pferdekoppeln an den Ortsrändern in Kombination mit den neuen Habitatflächen in den Gewerbegebieten ab den 1990er Jahren eine Wiederausbreitung. Mit der Einstellung der bäuerlichen Betriebe wurden auch die „Feldtauben“ heimatlos und dürften sich als freilebende Form der „Straßentaube“ vor allem in den Stallgebäuden der freien Landschaft angesiedelt haben.

Andererseits begann mit den aufgezeigten Entwicklungen in den 1960er Jahren eine kontinuierliche Zunahme in der Dichte und Vielfalt der Gehölzbestände, die heute in geschlossenen Reihen die Dorfstraßen säumen. Während Robinie und Götterbaum aus den Ortsbildern weitgehend verschwunden sind, haben sich mit > 50 % des Gesamtbestandes in erster Linie Linden und der Spitzahorn durchgesetzt. Viel seltener sind Walnüsse, Platanen, Hainbuchen oder Rosskastanien. In den Seebädern bilden hingegen oft Pappeln und Weiden die Hauptbaumarten. Mit dem Alter der Bäume erweiterte sich überdies das Struktur- und Höhlenangebot. Aber auch in den Innenhöfen der alten Dorfkerne war nach dem Wegfall des landwirtschaftlichen Flächenbedarfs nun Platz für Bäume, Hecken und Rasenflächen (Abb. 5). Noch viel bedeutender war die Zunahme der Gehölzbestände in den neu angelegten Gärten der Wohnsiedlungen. Ornithologisch relevant war dabei der Umstand, dass sehr bald eine Orientierung an urbanen Schönheitsidealen aus der Gartenwerbung erfolgte und neben der traditionellen Bepflanzung eine Unzahl standortsfremder, zum Teil exotischer Arten Einzug hielt. Hervorzuheben sind diverse Koniferen oder immergrüne Laubsträucher, die über stark beschattetem Boden extrem dichte Deckung sowie Nistplätze bieten (z. B. Thuje, Buchsbaum, Liguster, verschiedene Bodendecker), oder beerentragende Sträucher als neue Nahrungsquelle. Dazu kommen ständig gemähte (Mähroboter!), gedüngte und bewässerte Rasenflächen mit einem leicht zugänglichen, kontinuierlichen Angebot an Regenwürmern. Begleitet wird diese „Urbanisierung“ allerdings auch von einem Wandel in der Einstellung gegenüber synanthropen Vogelarten wie Tauben, Schwalben oder Haussperling, der zu immer extremeren Ansprüchen an die Sauberkeit der Fassaden und äußeren Wohnbereiche führt und daher Bruten an Gebäuden unterbindet. Vor allem bei den Schwalben könnte dieser Faktor bestandslimitierend wirken.

Die Veränderungen in der Gehölzdichte und -struktur, im Mikroklima und im Nahrungsangebot eröffneten ab den 1960er Jahren neue Ansiedlungsmöglichkeiten: Erstmals konnten auch Buschbrüter wie Amsel, Klapper- und Mönchsgrasmücke Fuß fassen, die Erweiterung und Alterung des Baumbestandes ermöglichte die

Abb. 6: Für die ungarischen Siedlungen ist eine Mischung der noch immer landwirtschaftlich genutzten, traditionellen Bauernhöfe mit den neueren Baugebieten charakteristisch, die fast ausschließlich dem Wohnen von Angestellten dienen. Sarród, 22.8.2019 (Attila Pellinger)

Einwanderung von Buntspecht, Grauschnäpper und Kohlmeise sowie Bestandszunahmen beim Blutspecht und bei den Finkenvögeln. Auch der Hausrotschwanz dürfte von der neuen Grünraumgestaltung als Nahrungsbasis profitiert haben. Als letzte Neuzugänge mit den höchsten Ansprüchen an reifere Gehölzbestände kamen erst ab den 1980er Jahren Ringeltaube, Singdrossel, Kleiber, Star und Buchfink hinzu. Die rezente Brutvogelfauna der Siedlungen im Seewinkel umfasst mehr als 30 Arten, von denen aber nur 25 als typische Siedlungsbrüter zu werten sind (Tab. 1). Fast alle diese Arten können in Abhängigkeit vom jeweiligen Nistplatz- und Nahrungsangebot auch auf den verbauten Flächen außerhalb der Ortschaften brüten. Zu den spezifischen Habitat- und Besiedlungsverhältnissen in diesen „Inselbiotopen" nur einige Beispiele: In mehreren Seebädern nisten Ringeltauben auf den Bäumen der Liegewiesen und suchen zwischen den Badegästen nach Nahrung. Seebäder mit älteren Gebäudekomplexen, dichten Hecken und ausgedehnten Freiflächen können große Haus- und Feldsperlingskolonien beherbergen (z. B. Breitenbrunn) und die seenahen Gebäude sind begehrte Nistplätze der Bachstelze. Noch bewirtschaftete Meierhöfe sind vor allem für die Schleiereule, Haubenlerche und Sperlinge von besonderer Bedeutung. Die kleinflächig parzellierten und mit einem engmaschigen Netz aus Hecken durchsetzten Freizeitsiedlungen weisen gute Bestände an Buschbrütern wie Amsel, Klapper- und Mönchsgrasmücke auf. Auf verbauten Flächen außerhalb der Siedlungen weit verbreitet sind auch Türkentaube, Hausrotschwanz, Grünling, Stieglitz und Bluthänfling.

Abb. 7: Für die zweite Hälfte des 20. Jahrhunderts typisches Straßenbild in Ungarn: Die Gebäude dienen meist nur noch dem Wohnzweck, in den Gärten wurden die Obstbäume durch Zierpflanzen ersetzt. Fertőszéplak. 13.2.2023 (Tibor Hadarics)

Ungarn

Ähnlich wie auf der österreichischen Seite blieben der Zustand der dörflichen Siedlungen sowie die Landwirtschaft am Südufer des Neusiedler Sees zwischen dem 19. Jahrhundert und dem Zweiten Weltkrieg weitgehend unverändert. Das ungarische Teilgebiet ist dem österreichischen in vieler Hinsicht ähnlich[6]. In den Jahrzehnten des Kommunismus verringerte sich in den Siedlungen am Ufer des Neusiedler Sees die Einwohnerzahl infolge der Unpassierbarkeit der Grenze und ihrer verhältnismäßigen Isolation vom Rest des Landes, was auch für die Arbeitsmöglichkeiten ungünstig war. Die Wandlungen der nach den kommunistischen Prinzipien umstrukturierten Gesellschaft spiegelten sich immer mehr in der Siedlungsstruktur und der Gestaltung von Wohn- und Wirtschaftsgebäuden wider. Die Ställe wurden vielerorts abgerissen, da sie nicht mehr benötigt wurden, die nunmehr industrielle Tierhaltung erfolgte innerhalb von Kollektivwirtschaften. Die alten Streckhöfe wurden dadurch funktionslos und bei Siedlungserweiterungen nach und nach durch einheitliche, strukturarme Einfamilienhäuser in Kleingärten ersetzt (Abb. 6). Im Unterschied zu den sehr bald versiegelten, burgenländischen Dorfstraßen blieben jedoch vielerorts breite Grünstreifen entlang offener Gerinne vor den Häuserzeilen zum Teil bis in die Gegenwart erhalten. Dieser tiefgreifende Strukturwandel wirkte sich vor allem für Vogelarten, die von der dörflichen Tierhaltung abhängig sind, nachteilig aus (v. a. Haubenlerche, Rauchschwalbe, Haussperling).

Wegen der Entwässerungen ließ die Bedeutung der Fischerei nach, was hauptsächlich Fertőrákos, Hegykő und Sarród betraf. Nach dem Zweiten Weltkrieg kamen durch die Ausbürgerungen an Stelle der deutschsprachigen Bevölkerung hauptsächlich Ungarn aus der Region Rábaköz in die Siedlungen Fertőrákos, Balf und Fertőboz, die alle für ihren Weinanbau bekannt sind. Die neuen Einwohner hatten keine diesbezüglichen Kenntnisse, daher nahm die Weinproduktion ab. Ein wesentlicher Teil der Einwohner des hauptsächlich von Kroaten bewohnten Hidegség und des ungarischen Hegykő verdienten ihr Brot traditionell durch Gemüseanbau, was einen relativen Wohlstand ermöglichte. In Fertőd, entstanden durch die Zusammenlegung von Eszterháza und Süttör, und in Fertőszéplak war der Obstanbau verbreitet. In den 1960er und 1970er Jahren zählten die Bewohner von Sarród zu den Ärmsten in der Region und beschäftigten sich neben dem Ackerbau mit der Heimindustrie (Mattenweberei). Fertőújlak, das bis 1976 Mekszikópuszta genannt wurde, entstand erst in den 1910er Jahren. Früher gab es hier ein Hirtenquartier, das nur über einen Wasserweg zugänglich war. In der Periode des Kalten Krieges geriet die ganze Ortschaft in die Grenzzone. Das Leben verlief hier unter Einschränkung der grundlegenden Rechte, eine allmähliche Überalterung und Entvölkerung waren die Folge. Die Abnahme der Einwohnerzahl betraf in gewissem Maß alle Siedlungen[7].

Dies begann sich erst ab 1989 zu verändern, da ein Teil der früheren Nachteile, wie vor allem die grenznahe Lage zu Österreich, für die Bevölkerung nun eher zum Vorteil wurde[8]. Die Einwohnerschaft begann zu wachsen und dieses Wachstum hält bis heute an. Die Zunahme war auf Ankömmlinge aus ostungarischen Siedlungen zurückzuführen. Diese Bewegung wurde durch die Möglichkeit einer Arbeit in Österreich und den erheblichen Unterschied zwischen den Arbeitslöhnen ausgelöst. Einen wesentlichen Teil der neuen Einwohner bilden aber auch österreichische Staatsbürger, die vor allem für Erholungszwecke Liegenschaften in Ungarn gekauft haben. Hervorzuheben ist dabei eine Niederlassung von österreichischen Pensionisten, die auf Grund der relativ hohen Renten nach einem österreichischen Arbeitsverhältnis entstanden ist. Pendler halten sich gewöhnlich wenig an ihrem Wohnort auf, was einen Rückgang des Gartenbaus und der Haustierhaltung mit sich brachte. Zugleich erfolgten in den letzten 30 Jahren eine Neugestaltung der Gärten mit Zierpflanzen, zahlreichen Exoten und Nadelgehölzen sowie eine Zunahme des Anteils getrimmter Rasenflächen (Abb. 7).
Die Rückgänge im Gartenbau und in der Nutztierhaltung sowie die moderne Gartengestaltung führten zu einer weiteren Bestandsabnahme ehemals typischer Dorfvögel, bei gleichzeitiger Ausbreitung mehrerer Waldvogelarten. Im Unterschied zu Österreich ist in Ungarn gesetzlich festgelegt, dass Flüsse und größere Seen Staatseigentum bleiben. Dies erleichterte die Umsetzung des Naturschutzes im Gebiet des Sees und später die Gründung des Nationalparks wesentlich. Innerhalb des Schilfgürtels ist der Anteil der offenen Wasserfläche minimal. Wegen der großen Entfernung des offenen Wassers zum Ufer und der Grenzsperre wurde nur in der Bucht von Fertőrákos ein Wassersportzentrum und Erholungsort errichtet. Diese Beschränkung war aus der Sicht des Naturschutzes günstig. Die Planung der ursprünglich nur für eine begrenzte Gruppe erreichbaren Segelbasis begann 1967. Die typischen Pfahlbauten, der Strand, die Dienstleistungsgebäude usw. wurden dann in mehreren Schritten errichtet. Ein Teil des Gebietes wurde bis zum Ende der 1980er Jahre aufgefüllt. Der Schlamm, der aus dem Seebett ausgehoben und am Ufer deponiert wurde, führte zur Verlandung und wuchs spontan mit Gehölzen zu. Die Investitionen stammten aus den Geldmitteln der Stadt Sopron, daher wurde das Gebiet 1972 auch verwaltungsmäßig Sopron unterstellt[9]. Die Besucherzahlen des Erholungsortes sind seit dem politischen Wandel kontinuierlich gestiegen, nahmen dann aber wegen der größeren Reisefreiheit der Bevölkerung plötzlich ab. 2021 wurden sämtliche Gebäude zugunsten eines Großprojektes abgerissen.

Quellen: *[1] Liebhart-Ulm (2012), [2] Egermann (1974), [3] Bojko (1934), [4] Tschida (1967), [5] Dvorak et al. (2014), [6] Király & Takács (2020), [7] Hegedűs (1971), [8] Wolfram et al. (2014), [9] Zádor (1975)*

Landschaftswandel

Sodalacke bei Sankt Andrä am Zicksee, vor 1938 (W. Gruber, Burgenländisches Landesarchiv, Fotosammlung, Sign. 20913 LM)

Gansllacke bei Sankt Andrä am Zicksee, Blick nach Südosten, 18.2.2024 (Hans-Martin Berg)

Warum ein Blick in die Landschaftsgeschichte?

von Bernhard Kohler

Der aktuelle Zustand und die längerfristige Entwicklung der Vogelwelt des Neusiedler See-Gebiets sind nur verständlich, wenn man auch die historischen Veränderungen in der Landschaft in Betracht zieht. Das liegt einerseits an der ausgeprägten natürlichen Dynamik der Feuchtgebiets- und Steppenlebensräume, die das Gebiet kennzeichnen, aber andererseits auch an der weit zurückreichenden Landnutzungstradition und dem dadurch induzierten, fast permanenten Wandel. Verständnis für die Veränderungen in der Landschaft und die Kenntnis der dahinter stehenden Faktoren gehören zu den Grundanforderungen eines erfolgreichen Naturschutzes. Dabei stellt sich immer auch die Frage nach der Referenz, anhand derer Entwicklungen definiert, beobachtet und beurteilt werden – nicht nur rückwirkend, sondern auch in Hinblick auf die Zukunft. Wenn es darum geht, Entwicklungs-, Management- und Renaturierungsziele zu formulieren, tauchen bald Fragen zu den Bezugsgrößen auf, sowohl in zeitlicher, als auch in räumlicher Hinsicht. Gerade in sehr dynamischen und veränderlichen Lebensräumen macht es keinen Sinn, nach mehr oder weniger statischen Referenz-Zuständen suchen zu wollen. Stattdessen ist es ratsamer, sich mit der „historical range of variability“ [1] des betrachteten Gebiets und seiner Ökosysteme zu befassen, also mit dem gebietstypischen Spektrum an Zuständen und ihrer dynamischen Veränderung im Lauf der Zeit. Die Kenntnis der Extrembereiche des Spektrums ist dabei besonders wichtig. Im Neusiedler See-Gebiet wären dies einerseits Phasen extrem hoher Wasserstände und andererseits langanhaltende Trockenperioden.

Historische Bezugspunkte sind aber auch wesentlich, um angesichts problematischer Entwicklungen nicht vom „shifting baseline syndrome“ [2], also den sich unmerklich verändernden Bezugsgrößen, in die Irre geführt zu werden: jede Generation von Gebietskennern beurteilt die Landschaft unbewusst auf Grundlage ihrer eigenen Erfahrungen mit dem Gebiet und nimmt daran Maß. Unterliegt das Gebiet einer langsamen, sich über lange Zeiträume erstreckenden Degradation, dann kann es beim Übergang von einer Generation zur nächsten dazu kommen, dass Entwicklungen und Zustände als „normal“ oder harmlos beurteilt werden, die es in Wirklichkeit nicht sind. Für das Neusiedler See-Gebiet kann das „shifting baseline syndrome“ am besten anhand der Wasserstandsentwicklung in den Seewinkellacken illustriert werden. Die meisten Seewinkellacken sind geländemorphologisch klar durch einen Beckenrand, bzw. Uferwall von ihrer Umgebung abgegrenzt. Durch die fortschreitende Entwässerung des Gebiets kam es in den letzten 60 Jahren nur mehr in einzelnen Hochwasserjahren dazu, dass die Lackenbecken bis zu ihren Rändern gefüllt waren. Derart „randvolle“ Lacken wurden dann weithin als Besonderheit und als Ausdruck eines außergewöhnlich guten Wasserstandes wahrgenommen. In Wirklichkeit markieren die Uferwälle aber die durchschnittliche Höhe des Wasserstandes zu den Zeiten, als der Wasserhaushalt noch intakt war. „Hochwasser“ war damals durch ein Überschreiten der Uferwälle gekennzeichnet. Jüngere Beobachter*innen, die wegen der weiter fortgeschrittenen Austrocknung des Seewinkels in den letzten 20 Jahren, keine Situation mehr erleben konnten, in denen der Wasserspiegel den Lackenrand erreicht hat, sind heutzutage geneigt, Wasserstände schon als „gut“ zu bezeichnen, die von der vorangegangenen Generation noch als eher mäßig wahrgenommen wurden. Durch die unterschiedlichen Bezugszeiträume und Referenzzustände wird die Entwicklung nicht in ihrer ganzen Dramatik wahrgenommen. Es besteht dadurch die Gefahr, dass in der naturschutzfachlichen Zielformulierung zu konservativ agiert wird. Die Kenntnis des vollen Potenzials eines Gebiets, das irgendwann in der Vergangenheit realisiert war, ist entscheidend dafür, dass im Naturschutz die Ziele nicht zu niedrig angesetzt werden, bzw. die Bereitschaft nicht zu groß wird, einen weit fortgeschrittenen Degradationszustand als Normalzustand zu interpretieren. Das muss nicht heißen, dass es immer darum geht, den Referenzzustand wieder herzustellen – was wegen drastisch veränderter Rahmenbedingungen oft gar nicht mehr möglich wäre. Vielmehr dient eine derartige Referenz dazu, sich ambitionierte Ziele zu setzen und Erreichtes konsequent zu verteidigen.

Als historische Referenz werden im Naturschutz für gewöhnlich Zeiten und Landschaftszustände herangezogen, in denen wesentliche anthropogene Beeinträchtigungen noch nicht wirksam waren. Für das Neusiedler See-Gebiet, in dem der Wasserhaushalt eine Schlüsselrolle spielt, kommt damit als möglicher Bezugszeitraum das 18. Jahrhundert in Betracht, also die Zeit vor Beginn der landschaftsverändernden Eingriffe in die Hydrologie.

Im 19. und 20. Jahrhundert war das Gebiet Schauplatz großer anthropogener Veränderungen, die bis heute nachwirken und das Erscheinungsbild der Landschaft und ihrer Ökosysteme prägen. In diese Zeit fielen die immer umfangreicher werdenden wasserbaulichen Eingriffe in die Region, die den Übergang von einer überwiegend von natürlichen Prozessen geprägten Landschaft zu einem vorwiegend vom Menschen gestalteten und beeinflussten Raum bewirkt haben. Das bedeutet natürlich weder, dass das Gebiet vor diesen Eingriffen eine unberührte Naturlandschaft war, noch, dass es nachher als durchwegs künstlich und naturfern einzustufen wäre. Die Region blickt insgesamt auf eine mehrtausendjährige landwirtschaftliche Nutzungsgeschichte zurück, welche die ursprüngliche Vegetation stark verändert hat und die etwa die trockeneren Landschaftsteile schon sehr früh in eine von Ackerbau und großflächiger Weidewirtschaft geprägte Kulturlandschaft verwandelt hat. Die anthropogene Baumlosigkeit dieser Landschaft, der hohe Anteil an extensiven Weideflächen und die enge Verzahnung mit den ausgedehnten Feuchtgebieten haben der Region eine – durchaus nicht nur oberflächliche – Ähnlichkeit mit den „echten“ osteuropäischen Steppengebieten verliehen. Die menschliche Landnutzung hat dabei selbstverständlich auch nicht vor den bedeutenden Feuchtgebietsanteilen des Landschaftsmosaiks Halt gemacht: durch Beweidung, Wiesen- und Schilfmahd (zur Gewinnung von Futter, Stalleinstreu, Baumaterial und Werkstoffen) sowie durch den gelegentlichen Einsatz von Feuer, der mit Beweidung und Schilfbewirtschaftung verbunden war, wurde die Vegetation der Niedermoore und Röhrichte ebenso beeinflusst, wie die der Alkalisteppen, Sodalacken und Brackwassersümpfe. Dennoch setzten die natürlichen Wasserstandsschwankungen und die extremen Bodenverhältnisse dem Grad der Erschließung und der erreichbaren Intensität der Landnutzung deutliche, wenn auch fluktuierende Grenzen – die Kernbereiche großer Feuchtgebietskomplexe dürften sich zumindest während der Hochwasserphasen jeglicher Nutzung entzogen haben. Solange es keine Möglichkeit zu großtechnischen Eingriffen in den Wasserhaushalt der Region gab, hat sich an der Dominanz des landschaftsgestaltenden Faktors Wasser nur wenig geändert.

Quellen: [1] *Keane et al. (2009)*, [2] *Jones et al. (2020)*

Der Landschaftszustand im späten 18. Jahrhundert

von Bernhard Kohler

Erste, relativ groß angelegte Eingriffe fanden im Neusiedler See-Gebiet zwar schon im 16. Jahrhundert, unter der Herrschaft der Familie Nádasdy im Süden des Sees statt, wie die Umleitung des Flusses Rabnitz/Répce vom südöstlichen Seeufer in den Hanság sowie die Errichtung eines Vorläufers der Dammstraße zwischen Sarród/Schrollen und Pamhagen/Pomogy. Aufwendigere Projekte folgten aber erst am Ende des 18. Jahrhunderts, unter den Fürsten Esterházy: dazu gehören der Ausbau der erwähnten Dammstraße in den Jahren 1777–1780 und die Errichtung eines händisch gegrabenen Entwässerungskanals quer durch den Hanság[1]. Wegen der immer noch beschränkten technischen Möglichkeiten und aufgrund der extremen Wasserstandsschwankungen, die die Funktionstüchtigkeit des Kanals stark beeinträchtigten, blieben diese Maßnahmen allerdings von begrenzter Wirkung. Im 18. Jahrhundert befanden sich also weite Teile des Gebiets – zumindest aus hydrologischer Sicht – noch in einem sehr naturnahen Zustand.

Es lohnt sich deshalb, einen näheren Blick auf die damalige Landschaft zu werfen. Die Möglichkeit hierzu bieten die Karten der Josephinischen Landesaufnahme (Abb. 1), die in den Jahren 1782–85 entstanden sind und die auch aussagekräftige Informationen zur Landnutzung enthalten. Die im Folgenden gemachten Flächenangaben wurden in der georeferenzierten online-Ausgabe des Kartenwerks mit dem darin angebotenen Flächenvermessungs-Tool gemessen[2]. Die so gewonnenen Werte sind sicherlich nicht auf den Hektar genau zu nehmen, sondern sollen lediglich Größenordnungen veranschaulichen. Bei den Seewinkellacken wurde bewusst auf eine Quantifizierung verzichtet, da die Lacken offenbar nicht vollständig aufgenommen worden sind und die Gewässerumrisse z. T. stark von der Realität abweichen, auch wenn die individuellen Lacken dennoch gut zu erkennen sind. Das Vermessungstool wurde nur für im Gelände einigermaßen gut abgrenzbare Landschaftselemente (Hutweiden und Wiesen, Seefläche, Sumpfsignaturen, Wälder etc.) verwendet. Die Zusammenschau der Kartenblätter sowie die Flächenangaben liefern grundlegende landschaftsökologische Informationen, die es ermöglichen, das ganze Ausmaß der Landschaftsveränderung in den letzten 240 Jahren abzuschätzen.

Der Neusiedler See

Eindrucksvolle Hochwassersituation

Ein weiterer Grund dafür, sich näher mit der Josephinischen Landesaufnahme zu befassen, ist die spezielle Wasserstandssituation, die sich in den Karten widerspiegelt. Die Landesaufnahme ist

Abb. 1: Josephinische Landesaufnahme 1782–85. Überblick über den historischen Feuchtgebietskomplex Neusiedler See-Hanság-Seewinkel-Haideboden. © Österreichisches Staatsarchiv, Josephinische Landesaufnahme, Königreich Ungarn (1782–1785), Signatur AT-OeStA/KA KPS/BIXa 527.Digitale Kopie: Arcanum Adatbázis Kft., Budapest

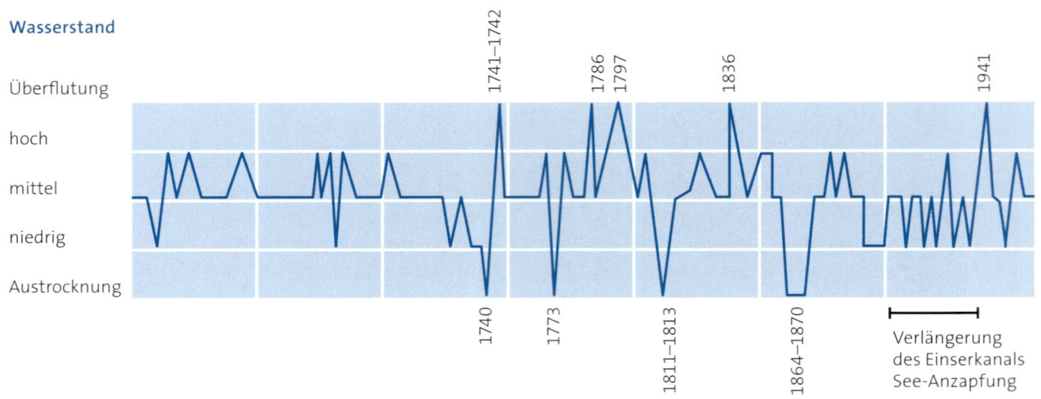

Abb. 2: Schematische Darstellung der Wasserstände des Neusiedler Sees im Zeitraum von 1600 bis 1960. Aus Kubu et al. (2014) [1]

in den Jahren unmittelbar vor 1786 entstanden, also kurz vor einem der fünf ganz großen Hochwasser-Ereignisse, die es am Neusiedler See in den letzten 400 Jahren gegeben hat (Abb 2).

Es ist sehr wahrscheinlich, dass dieses Ereignis (das übrigens nur 13 Jahre nach einer völligen Austrocknung des Sees im Jahr 1773 stattgefunden hat!) in Zusammenhang mit den europaweiten Wetteranomalien der Jahre 1783 und 1784 stand. Im Sommer 1783 fanden vor allem in Island, auf Sizilien und in Japan schwere Vulkanausbrüche statt, die derart große Mengen an Asche und Aerosolen in die Atmosphäre verfrachteten, dass die Sonneneinstrahlung in den Folgejahren stark reduziert war und es infolgedessen zu einer Reihe von Extremwetterereignissen kam [4]. Zu diesen Extremereignissen gehörte auch die von einem ungewöhnlich schneereichen Winter und plötzlich einsetzendem Tauwetter verursachte Hochwasserkatastrophe von 1784, die weite Teile Mitteleuropas heimgesucht hat und die in vielen Flusseinzugsgebieten als eines der schlimmsten Hochwasserereignisse der Neuzeit gilt [4]. An der Donau kam es zwischen 1768 und 1789 zum Auftreten von insgesamt 36 Hochwasser-Ereignissen, darunter sieben Katastrophenhochwässer. Fünf dieser Großereignisse fallen in die Zeit zwischen 1784 und 1789, das schlimmste davon war die „Allerheiligengieß" 1787 [5]. Auch wenn die Wasserstandsverhältnisse an der Donau höchstens indirekt auf den Neusiedler See einwirken (indem sie zu Rückstauhochwässern im Raab-Rabnitz-System führen), so illustrieren die Donaudaten doch, wie ungewöhnlich die meteorologische Situation in Mitteleuropa damals war.

Innerhalb der „historical range of variability" welche das Neusiedler See-Gebiet kennzeichnet, repräsentieren die besonderen Wasserstandsverhältnisse, die in der Karte dargestellt sind, das wasserreiche Ende des Spektrums. Am anderen Ende stünde ein Zustand, der durch die in der Geschichte immer wiederkehrenden Austrocknungsepisoden des Sees und der Lacken gekennzeichnet ist. Es muss als besonderer Glücksfall gelten, dass in der ersten Landesaufnahme eine ungewöhnlich wasserreiche Periode dokumentiert ist, in der das volle Potenzial des Neusiedler See-Raumes als spektakulärer Feuchtgebietskomplex anschaulich wird.

Ein weit über seine Ufer getretener See

Die Karte der Josephinischen Landesaufnahme zeigt tatsächlich einen ungewöhnlich ausgedehnten Neusiedler See (Abb. 3). Die Seefläche und die den See unmittelbar umgebenden Sumpfsignaturen (höchstwahrscheinlich Schilf, Binsen- und Seggenbestände, s. u.; Abgrenzung gegen den Hanság entlang der Dammstraße Pamhagen – Eszterháza) erstreckt sich über 44.200 ha, das sind um rund 12.200 ha mehr, als der randvolle See misst (32.000 ha bei einem Pegelstand von 116,5 m. ü. A. [6]) Der See war demnach um fast 40 % größer, als bei den höchsten gemessenen Wasserständen im 20. Jahrhundert. Besonders deutlich ist die Transgression im Bereich des Ostufers: die lagunenartige Lackenkette, die sich hier landseitig des „Seedamms" – also hinter der natürlichen, das Ostufer begleitenden Sanddüne – erstreckt, steht an mehreren Stellen mit dem See in Verbindung: Illmitzer Zicksee, Kirchsee und Krautingsee bilden eine riesige Einheit, die als offene Bucht des Neusiedler Sees erscheint, Oberer und Unterer Schrändlsee sind miteinander verschmolzen und gehen so wie der benachbarte Feldsee fast nahtlos in die sumpfige Seebucht über, die den heutigen Wasserstätten entspricht. Auch der Albersee zeigt eine Verbindung zum See, während der Herrnsee allenfalls als schmale Zunge zu erkennen ist, die durch die (wasserstandbedingt offenbar stark verkleinerte) Halbinsel des Sandecks vom offenen See getrennt wird. Die beiden Ortschaften Illmitz/Illmicz und Apetlon/Bánfalva liegen unmittelbar am Seeufer, wobei Apetlon bis auf die offenen Wasserflächen,

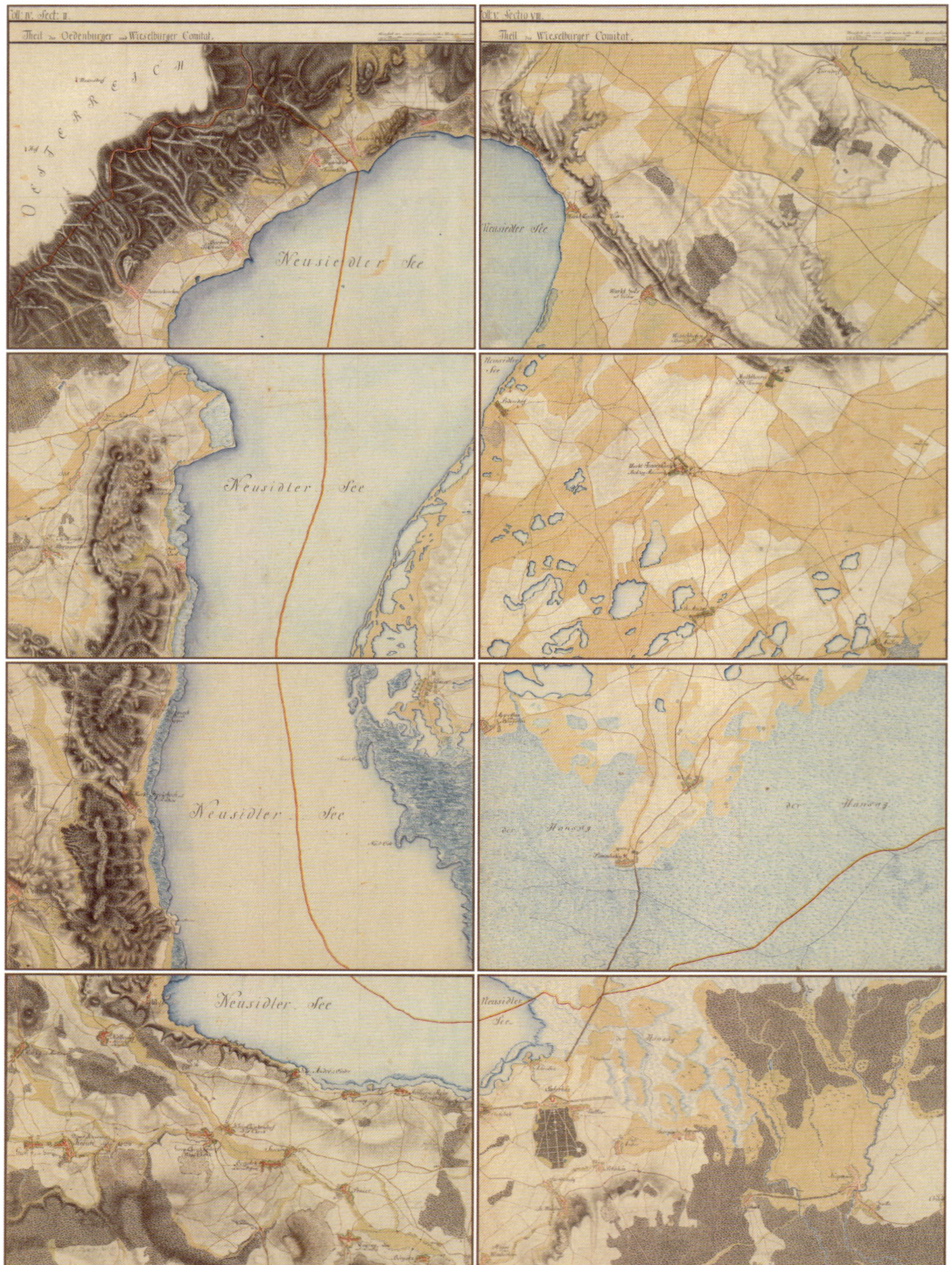

Abb. 3: Josephinische Landesaufnahme 1782–85. Kartenausschnitt Neusiedler See. © Österreichisches Staatsarchiv, Josephinische Landesaufnahme, Königreich Ungarn (1782–1785), Signatur AT-OeStA/KA KPS/BIXa 527. Digitale Kopie: Arcanum Adatbázis Kft., Budapest

die von der stark vergrößerten Finkenlacke sowie dem Oberen Weißsee gebildet werden, eigentlich nicht am offenen See, sondern am Rand eines weitläufigen Sumpfgebiets liegt, welches die gesamte Seerandzone südlich und südöstlich der Ortschaft bedeckt. In der Kartenbeschriftung wird der Raum zwischen Apetlon und dem Sporn von Pamhagen/Pomogy unrichtigerweise schon zum Hanság gerechnet, der in Wirklichkeit erst ab der Landenge Pamhagen – Eszterháza (Fertőd) beginnt. Heutzutage beträgt die Breite der von Wiesen und Feldern eingenommenen Seerandzone südlich von Apetlon zwischen 2 und 5 km, sie ist auf der Karte als einheitliches Sumpfgebiet dargestellt, in dem die Umrisse der dort liegenden Lacken (Mitterweißsee, Apetloner Meierhoflacke, Dorflacke, Arbesthaulacke, Tiglatlacke) nicht zu erkennen sind – wohl, weil eine Begehung und Vermessung des Areals wasserstandsbedingt unmöglich war. Auch das höher gelegene Sanddünengelände des Neudegg, das heute als südlichster Ausläufer des Seedamms die Apetloner Seerandzone vom Seeufer trennt, scheint in der Karte unter der Bezeichnung „Naid Eck" nur als Name eines kleinen, in den See hinausragenden Halbinselsporns auf – vermutlich, weil dieses Gebiet trotz seiner Großflächigkeit den Kartographen der Landesaufnahme unzugänglich blieb. Auf späteren Karten, die bei etwas niedrigeren Wasserständen aufgenommen wurden, ist das Neudegg oft als große Insel im See dargestellt. Bemerkenswert ist auch, dass der schon in der Muldenzone der Seewinkler Schotterflur – also außerhalb des Transgressionsbereichs des Sees gelegene – Lackenkomplex aus Langer Lacke und Xixsee eine Verbindung zum See hatte, und zwar über das Senkensystem, in dem heutzutage der Seewinkler Hauptkanal verläuft.

Nördlich von Illmitz blieben die in der Seerandzone gelegenen Lacken trotz des hohen Wasserstandes vom See durch den Dünenwall des Seedamms getrennt, der allerdings extrem schmal und dadurch wie eine Nehrung erscheint. Das heutige Seevorgelände, also die Fläche zwischen dem Dünenwall und dem heutigen Schilfgürtel, muss demnach völlig überschwemmt gewesen sein.

Nr.	Röhrichtbestände (Sumpfsignatur)	Fläche (ha)	
		heute in AT	heute in HU
1	Großer Röhrichtbestand in der Südostbucht des Sees zwischen Sarród/Schrollen, der Dammstraße Eszterháza-Pamhagen, Pamhagen, Apetlon und Illmitz	4 164	3 102
2	Inselkette vor Sarród/Schrollen	0	66
3	Diffuser Röhrichtsaum von Homok/Amhagen bis Sarród/Schrollen	0	78
4	Röhrichtbestand nördlich Balf/Wolfs	0	76
5	Röhrichtbestand bei Fertörákos/Kroisbach (Fischerhäuser bis heutige Staatsgrenze)	0	294
6	Röhrichtbestand zwischen Staatsgrenze und Rust/Ruszt	259	0
7	Röhrichtbestand zwischen Rust/Ruszt und Oggau/Oka	160	0
8	Röhrichtbestand Leeweideck bis Wulkamündung	258	0
	Summe Röhrichtflächen	**4.841**	**3.616**
	Röhrichtfläche AT-HU	**8.457**	

Tab. 1: Größe der Röhrichtbestände (Sumpfsignatur) im Becken des Neusiedler Sees in der Josephinischen Landesaufnahme 1782–1785

Großteils röhrichtfreies Seeufer

In den Karten der Josephinischen Landesaufnahme gibt es zwei Sumpfsignaturen, die in der deutschsprachigen Version der Kartenlegende die gemeinsame Bezeichnung „Morast" tragen, und die nur in der ungarischen Version weiter differenziert werden in „Mocsár, náddal" und „Mocsár, nád nélkül", also Sumpf mit und ohne Schilf. Allerdings wechselt die Verwendung der beiden Signaturen oft abrupt zwischen benachbarten Aufnahmeblättern, sodass die Unterscheidung nicht immer zuverlässig sein dürfte. Da sich die Sumpfsignatur sowohl auf Schilf-, Binsen- und Seggenbestände beziehen dürfte, ist es wohl am besten, sie vereinfachend unter dem Oberbegriff „Röhricht" zusammenzufassen.

Sehr auffällig ist, dass das Neusiedler See Ostufer, ab etwa der Höhe des Illmitzer Zicksees nach Norden zu, völlig frei von jeglichem Röhrichtbestand war. Auch entlang des gesamten Nordufers und über weite Teile des Westufers fehlt die entsprechende Signatur. Die Orte Weiden/Védeny, Neusiedl/Nezsider, Jois/Nyulas und Winden/Sásony lagen unmittelbar am offenen See, an dem nicht die geringste Spur eines Röhrichtbestands zu erkennen ist. Der hohe Wasserstand zeigt sich besonders eindrucksvoll in den Joiser Seewiesen, zwischen Jois und Winden. Dieses ebene Gebiet, das sich heutzutage über eine Strecke von knapp zwei Kilometern zwischen dem Fuß des Hackelsbergs und dem landseitigen Rand des Schilfgürtels erstreckt, und das aktuell fast nur aus Ackerflächen besteht, ist auf der Karte vollständig mit Wasser bedeckt und gehört zum völlig röhrichtfreien Nordteil des Sees. Noch auffälliger ist der Umstand, dass auch der weiter südlich anschließende Seeuferabschnitt zwischen Winden und der Wulkamündung vollkommen schilffrei war. Es handelt sich hier um jenen Teil des Sees, in dem der Schilfgürtel heutzutage eine Breite von bis zu 7 km erreicht. Auf der Karte ist erst im Bereich der Wulkamündung wieder ein schmaler Röhrichtgürtel dargestellt, der sich erst weiter nach Süden zu, nach dem Steinriegel (d. h. im Bereich der offenbar überschwemmten Oggauer Heide) zu einem etwas größeren Röhrichtgebiet erweitert (in Summe 258 ha). Es folgt ein weiterer, offener Uferabschnitt vom Leeweideck bis Oggau/Oka. Südlich von Oggau erstreckte sich dann ein schmaler, maximal wenige hundert Meter breiter, nur im Bereich der Stadt Rust/Ruszt unterbrochener Röhrichtstreifen bis nach Balf/Wolfs am Südwestufer des Sees (in Summe 798 ha). Das gesamte Südufer des Sees zwischen Balf/Wolfs und Sarród/Schrollen war wiederum weitgehend schilffrei (wenn man die diffuse, bandförmige und dem Ufer vorgelagerte Sumpfsignatur außer Acht lässt, die sich über rund 78 ha erstreckt). Nördlich von Sarród sind ein paar kleine Schilfinseln mit einem Gesamtausmaß von 66 ha als Ausläufer des großen Sumpfgebiets im Südosten des Sees eingetragen. Fast alle Orte des Südufers lagen dicht am Wasser, auch das heutzutage mehrere Kilometer breite Seevorgelände nördlich von Sarród war offenbar zur Gänze überflutet. Nordöstlich von Sarród begann ein großes zusammenhängendes Röhrichtgebiet, das die gesamte Südostbucht des Sees ausfüllte. Im Osten reichte es bis zur Dammstraße Eszterháza – Pamhagen, im Nordwesten und Norden bis Illmitz und Apetlon und im Nordosten bis in das Gebiet der Schwarzseelacke (letzteres entspricht dem heutigen Gelände des Feriendorfes Vila Vita, nördlich von Pamhagen). Die Gesamtausdehnung dieses Röhrichtgebiets beträgt auf der Karte 7.226 ha, an seiner breitesten Stelle (zwischen dem „Naid Eck" und dem Gebiet der Schwarzseelacke) ist es an die 9,5 km breit. Auch wenn die seenäheren Teile des Sumpfes mit Sicherheit aus Schilf bestanden haben dürften, ist doch anzunehmen, dass es auf der Landseite eine mehr oder weniger breite Zone gegeben hat, die von Seggen und Binsen dominiert war, weil diese Gebiete durchwegs an ausgewiesene Weideflächen grenzen und wahrscheinlich auch zur Futterohrgewinnung gemäht wurden. Summiert man die Fläche aller Röhrichtbestände entlang des Seeufers (Tabelle 1), so kommt man auf 8.457 ha, das sind 19,1 % der damaligen Seefläche – ein enormer Kontrast zur heutigen Situation, in der 52 % des Seebeckens von Röhricht bedeckt sind. Der damalige Röhrichtbestand entspricht weniger als der Hälfte (47 %) der heutzutage vorhandenen Schilfflächen.

Sumpfwildnis Hanság/Waasen

Obwohl der Hanság/Waasen nur teilweise zum Bearbeitungsgebiet dieser Avifauna gehört, muss er aus landschaftsgeschichtlicher Perspektive unbedingt berücksichtigt werden, da er als verlandeter, früherer Seeteil untrennbar zum Gesamtgebiet gehört. Auch haben die tiefgreifenden Veränderungen, die den Neusiedler See und den Seewinkel im 19. Jahrhundert erfasst haben, ihren Ausgang von den Regulierungseingriffen in den Hanság und den Rábaköz/die Raab-Au genommen. Bis heute bestimmt das wasserwirtschaftliche Management dieses Raums das hydrologische Geschehen im Neusiedler See und im Seewinkel mit. Auch beherbergte der Hanság Lebensraumtypen, die es heutzutage in dieser Ausdehnung und Qualität im Gebiet nicht mehr gibt.

Räumliche Gliederung des Hanság-Gebietes

Der Hanság besteht aus zwei Teilbecken, dem Kapuvárer Hanság und dem Lébényer Hánsag, die heutzutage oft als Dél-Hanság (= Süd-Hanság) und Észak-Hanság (Nord-Hanság) bezeichnet werden. Der Kapuvárer Hanság steht im Westen mit dem Becken des Neusiedler Sees über eine Engstelle in Verbindung, die durch die Landzunge von Pamhagen gebildet wird. Die Dammstraße zwischen Pamhagen und Eszterháza markiert seit 1780 die (künstliche) Grenze zwischen dem Seebecken und dem Becken des Kapuvárer Hanság. Im Osten wird die Grenze des Kapuvárer Hanság ebenfalls von einer Engstelle gebildet, die sich zwischen Mosonszentjános/St. Johann in der Haide und Bősárkány/Ober-Scharken erstreckt und die das nordöstlich anschließende Becken des Lébényer Hanság abtrennt. Das „Ufer" des Kapuvárer Hanság erstreckt sich im Norden von Pamhagen/Pomogy, über Wallern/Valla, Tadten/Tétény, Andau/Tarcsa bis Mosonszentjános und Mosonszentpéter/St. Peter, biegt dann nach Südosten Richtung Bősárkány ab und zieht von hier nach Südwesten Richtung Acsalag und Veszkény, dann weiter nach Osli und Kapuvár, um schließlich über Szergény, Agyagos, Süttör und Eszterháza wieder die Dammstraße zu erreichen. Der Lébényer Hanság wird im Süden durch den Unterlauf der Répce/Rabnitz zwischen Bősárkány und Lébény/Leyden begrenzt, während die Ostgrenze sich über Baromház (Bormászpuszta) fast bis zur Mosoni-Duna erstreckt. Die Nordgrenze des Gebiets verläuft bis knapp vor Mosonmagyaróvár/Ungarisch Altenburg immer unweit des Donauarms, um dann scharf nach Südwesten Richtung Mosonszentpéter umzubiegen. Die Südwestgrenze des Lébényer Hanság wird von der Landenge zwischen Mosonszentjános und Bősárkány gebildet.

Ein Sumpfgebiet von beeindruckendem Ausmaß

Die damalige Größe des Hanság wird in der Literatur mit 56.400 ha beziffert[1]. Auf der Karte der Josephinischen Landesaufnahme (Abb. 4) ergibt eine Vermessung der naturnahen Flächen (Sumpfsignaturen, Wasserläufe, offene Wasserflächen, Bruch- und Auwälder sowie die umgebenden Wiesen und Weiden) eine Gesamtfläche von 57.372 ha, wovon 42.113 ha auf den Kapuvárer Hanság und 15.259 ha auf den Lébenyér Hanság entfallen. Die Literaturangaben und die Messergebnisse stimmen recht gut überein, wenn man bedenkt, dass die Grenzen der umgebenden Wiesen und Weideflächen nicht mit den morphologischen Beckenrändern des Sumpfgebiets ident sind und die Abgrenzung nach Südosten Richtung Tóköz und nach Nordosten Richtung Mosoni Duna ohnedies eher willkürlich erfolgen muss, und daher einigen Interpretationsspielraum lässt. Der heute österreichische Anteil des Gebiets entspricht auf der Karte der Landesaufnahme einer Fläche von insgesamt 10.156 ha (davon 6.462 ha Sumpfsignatur, der Rest ist vorgelagertes Weide/Wiesenland).

Auf jeden Fall gehörte der Hanság in seinen damaligen Dimensionen zu den ausgedehntesten Niedermoorgebieten Ungarns[8], er war größer als der berühmte Ecsedi Láp in Nordostungarn (36.250 ha) oder das Hosszú Rét (28.000 ha) im nordungarischen Bodrogköz-Gebiet; übertroffen wurde er lediglich vom Nagy Sárrét (150.000 ha) und dem Kis Sárrét (72.300 ha) in Ostungarn. Dabei war das Niedermoor keineswegs isoliert. Die Karte in Abb. 5 veranschaulicht, wie reich das Karpatenbecken insgesamt mit Gewässern und Feuchtgebieten ausgestattet war, bevor der Großteil davon durch Entwässerungs- und Hochwasserschutzmaßnahmen des 19. und 20. Jahrhunderts zerstört worden ist. In der Kleinen Ungarischen Tiefebene bildeten Neusiedler See, Seewinkel und Hanság, einen riesigen Feuchtgebiets-Komplex, der in unmittelbarem Zusammenhang mit den im Norden und Osten angrenzenden Leitha-Auen sowie den Donau-Auen der Großen und Kleinen Schüttinsel/Csallóköz und Szigetköz stand, während sich die Feuchtgebietslandschaft über Tóköz und Rábköz ungebrochen weiter nach Süden fortsetzte.

Komplexe Hydrologie des Hanság

Hydrologisch bildeten das Neusiedler See Becken, das Becken des Kapuvárer Hanság und der Lébényer Hanság eine lose zusammenhängende Einheit, wobei betont wird, dass die Fließrichtung des Wassers zwischen den drei Becken stark den von nicht immer gleichsinnig schwankenden Wasserständen in den Teilbecken sowie in der benachbarten Donau bestimmt wurde[1,7]. Unter den drei Becken dürfte vor allem der Kapuvárer Hanság durch externe Zuflüsse bestimmt gewesen sein. Hier münden von Süden drei kleine Flüsse ein: die Ikva/der Spittelbach, die Répce/Rabnitz und die Kis Rába/Kleine Raab. Sie kommen aus relativ niederschlagsreichen Regionen des östlichen Alpenrandes (Ödenburger Gebirge, Bucklige Welt und Günser Gebirge, die Kleine Raab als Ableger der Raab auch aus dem Steirischen Randgebirge) und zeichnen sich durch stark schwankende Pegelstände aus. Ins Neusiedler See Becken münden hingegen nur die Wulka und ein paar unbedeutende Bäche aus dem Leithagebirge, bzw. dem Ruster Höhenzug. Zumindest für den Neusiedler See dürften schon damals die Niederschläge über dem Seebecken selbst den wichtigsten Teil der Wasserbilanz gebildet haben, in allen drei Becken dürfte die intensive Verdunstung der dominierende negative Faktor gewesen sein. Im Norden des Lébényer Hanság scheint auch der Grundwasserkörper der Donau einen gewissen Einfluss auf die Versumpfung des Gebiets ausgeübt zu haben. Die Donau hatte ansonsten nur indirekte Wirkung, indem sie über Rückstauhochwässer die Ab-

Abb. 4: Josephinische Landesaufnahme 1782–85. Kartenausschnitt Hanság. © Österreichisches Staatsarchiv, Josephinische Landesaufnahme, Königreich Ungarn (1782–1785), Signatur AT-OeStA/KA KPS/BIXa 527. Digitale Kopie: Arcanum Adatbázis Kft., Budapest

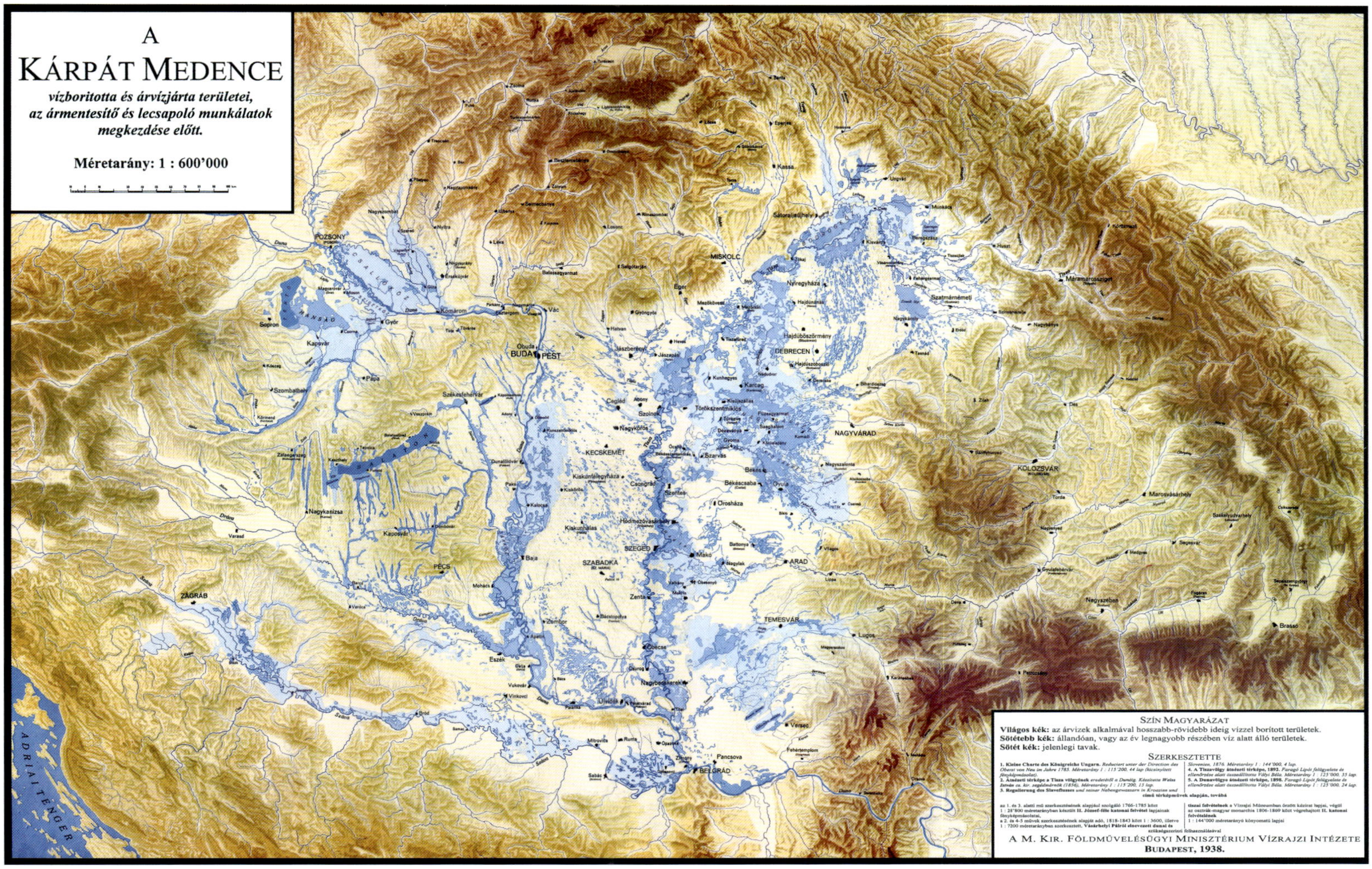

Abb. 5: Wasserbedeckte und hochwassergefährdete Gebiete des Karpatenbeckens, vor Beginn der Regulierungs- und Entwässerungsarbeiten im 19. Jahrhundert. Hellblaue Flächen: Bereiche, die bei Überschwemmungen länger oder kürzer von Wasser bedeckt waren. Mittelblaue Flächen: Bereiche, die die ganze Zeit oder fast das ganze Jahr über unter Wasser standen. Dunkelblaue Flächen: Aktuelle Gewässer. Quelle: A Magyar Királyi Földművelésügyi Minisztérium Vízrajzi Intézete, 1938. Archiv des MBFSZ, Budapest. Druckerlaubnis durch die Supervisory Authority for Regulatory Affairs (SARA), Budapest/Szabályózott Tevekénységek Felügyeleti Hatósága (SZTFH) Budapest

flussverhältnisse im Unterlauf der Rabnitz mitbestimmte. Die Rabnitz erreichte das Becken des Kapuvárer Hanság im Bereich des Großen Erlenwaldes, vereinigte sich mit der Kleinen Raab und verschwand dann in den weitläufigen Sümpfen des Beckens. An dessen Ostrand trat sie bei Bősárkány wieder in Erscheinung und strebte als träger, stark mäandrierender Tieflandfluss der Mosoni Duna bei Győr zu. Bei Hochwasser in der Donau war dieser Abfluss unterbrochen, mit Rückwirkungen bis in das Becken des Neusiedler Sees. Donauhochwässer haben den Wasserstand aber nicht nur durch den Rückstau im Unterlauf der Rabnitz beeinflusst, sondern indirekt auch über die Große Raab. Rund 80 Flusskilometer vor der Mündung der Großen Raab in die Donau zweigte bei den Ortschaften Vámoscsalád und Nick die Kleine Raab mit der seltenen flussmorphologischen Erscheinung einer Bifurkation vom Hauptfluss ab, und floss nach Norden, dem hier in ca. 25 km Entfernung liegenden Hanság zu. Schon nach rund 8 km Flusslauf kam es allerdings auch an der Kleinen Raab zu einer Bifurkation, die eine Verbindung zur Rabnitz herstellte, welche sich hier der Kleinen Raab bis auf wenige Kilometer nähert, bevor die beiden Flüsse mehr oder weniger nebeneinander Richtung Hanság flossen. Bei Hochwässern in der Raab und gleichzeitigem Rückstau von der Donau dürfte über die beiden Bifurkationen vermehrt Wasser von der Großen Raab über die Kleine Raab und die Rabnitz in den Hanság geflossen sein, auch eine zeitweise Umkehr der Fließrichtung soll bei hohen Wasserständen im Hanság und unbehindertem Abfluss in der Raab vorgekommen sein. Wenn die Wasserstände in den drei Teilbecken verdunstungsbedingt unter der Höhenlage der Bodenschwellen bei Pamhagen – Eszterháza und Bősárkány – Mosonszentjános blieben, fand allerdings überhaupt kein Abfluss zur Donau statt. Die offensichtliche Salzanreicherung im Neusiedler See-Becken muss wohl darauf beruhen, dass der natürliche Abfluss hier historisch nur eine geringe Rolle gespielt hat, während umgekehrt die weitgehende Verlandung und Vermoorung der beiden Hanság Becken dem stärkeren Süßwasserzufluss zuzuschreiben sein dürfte.

Wie schon erwähnt, waren zum Zeitpunkt der Josephinischen Landesaufnahme die hydrologischen Eingriffe in die weiträumige Sumpflandschaft des Hanságs noch überschaubar. Sie beschränkten sich auf den „7.000-Klafter Weg“, die mit 20 Durchlässen versehene und bei Hochwasser zeitweilig überströmte Dammstraße zwischen Pamhagen und Eszterháza sowie einen – ungefähr zur Aufnahmezeit der Karte errichteten – Kanal, der an der Dammstraße beginnt, den Nordrand des großen Erlenwaldes streift, den Király-tó/Königssee berührt und das gesamte Becken des Kapuvárer Hanság quert. Am Ostrand des Gebiets geht der Kanal in den Unterlauf der Répce/Rabnitz über, welche von hier aus der Mosoni Duna zustrebt. Dieser Kanal soll im Vergleich zu späteren Bauten noch relativ wenig wirksam gewesen sein[1]. Die Karte zeigt also ein „last minute“-Bild der Landschaft, wie sie vor den großen wasserbaulichen Eingriffen, bzw. am Beginn derselben ausgesehen hat.

Die Wälder des Hanság

Was die Landschaftsausstattung betrifft, so fällt als erstes das bewaldete Binnendelta der Rabnitz und Kleinen Raab im Südwesten des Kapuvárer Hanság auf. Die beiden Flüsse haben hier mit ihren durchwegs silikatischen Sedimenten ein fächerförmiges Gebiet aufgeschüttet, in dem sie sich in mehrere Arme verzweigen, bevor sie im weiten Sumpfland des Beckens verschwinden. Im Delta vollzog sich ein allmählicher Übergang von mineralischen Böden (Flusssand und -kies) zu den Torfböden des Niedermoors und dementsprechend gestaltete sich die Veränderung in der Waldvegetation. Landseitig soll der Wald im Delta noch den Charakter eines Auwalds gehabt haben, mit Stieleichen (*Quercus robur*), Eschen (*Fraxinus* sp.), Flatterulmen (*Ulmus laevis*) Schwarzerlen (*Alnus glutinosa*), Bruchweiden (*Salix fragilis*), Pappeln (*Populus* sp.) und sogar Grauerlen (*Alnus incana*), während in den zunehmend torfigen Teilen zur Mündung hin die Schwarzerle zur Vorherrschaft gelangte, oft begleitet von Grau- und Bruchweiden (*Salix cinerea* und *S. fragilis*)[9]. Die landseitigen Teile auf festem, nicht ständig überschwemmten Grund waren besser zugänglich als die seeseitig anschließenden Bruchwälder, ebenso die natürlichen, flussbegleitenden Uferwälle. In solchen Bereichen wurde der Wald intensiver genutzt und zum Teil auch zurückgedrängt, wobei einzelne mächtige „Zeugenbäume“ stehen blieben. Wälder auf mineralischem Untergrund waren schon frühzeitig gerodet worden, um Platz für Wiesen,

Weiden und Äcker zu schaffen, während die Schwarzerlen-Bruchwälder aufgrund ihrer langanhaltenden Überflutung einer Rodung besser widerstanden hatten. Dennoch blieben sie trotz der erschwerten Zugänglichkeit keineswegs ungenutzt: Balsay beschreibt in seiner „Geschichte der Wälder im Hanság" wie die Erlenwälder im Winter bei Eis und gefrorenem Boden geschlägert wurden und das Holz mit Schlitten oder notfalls auch Booten in die umliegenden Dörfer gebracht wurde[9]. Die ausschlagfreudigen Erlen ermöglichten eine vorwiegend auf Brennholzgewinnung ausgerichtete Niederwaldwirtschaft. Besonders abgelegene Bruchwaldteile dürften insgesamt weniger intensiv ausgebeutet worden sein. Der Wald im Rabnitz-Raabdelta (der „Große Erlenwald") bedeckt auf der Karte in Summe 3.180 ha, er besteht allerdings aus mehreren Teilen, die von Flussläufen und den flussbegleitenden Wiesen getrennt sind. Abgesehen davon gab es aber auch weiter sumpfeinwärts Waldflächen, die zumeist auf Erhebungen stockten, den sogenannten Büheln (ungarisch dombok – Hügel, bzw. szigetek – Inseln). Diese über das Sumpfgebiet weit verstreuten und angeblich gar nicht seltenen Bühel bestehen ebenfalls aus mineralischen Sedimenten, die wenige Dezimeter oder Meter über die das Becken ausfüllende Torfschicht herausragten. Wo sie flach und zeitweise überschwemmt waren, trugen diese Hügel Erlen- und Weidenwälder, auf stärkeren Erhebungen fanden sich, ebenso wie im Delta, Hartholz-Waldgesellschaften, auf sandigen Rücken eventuell auch Silberpappeln (*Populus alba*) und Zitter-, bzw. Graupappeln (*P. tremula, P.* x *canescens*). Auf der Karte scheinen vor allem bewaldete Bühel auf. Da einige der höher über den Sumpf hinausragenden Inseln längst gerodet und als Wiese und Weide genutzt worden waren, dürften diese Bühel den Kartierern der Landesaufnahme nicht aufgefallen sein. Hochwasserbedingt waren sie wohl unzugänglich und ohne Baumbestand aus der Ferne nicht sichtbar. Die scheinbare Gleichförmigkeit des Sumpfgebiets auf der Karte entspricht also nicht ganz der Realität. In der Nähe des Király-tó/Königsees (und seines östlichen Nachbarn, des Kleinen Königsees) gab es jedenfalls drei ansehnliche Waldinseln mit jeweils 482, 119 und 234 ha Größe. Weitere Wälder im Bereich des Kapuvárer Becken liegen an dessen Südrand bei Osli (Tízrendes erdő) und bei Acsalag, beide Waldstücke waren damals etwa 90 ha groß. Ein größerer Waldbestand mit in Summe 130 ha befand sich am Ostrand des Beckens, auf den Erhebungen der Landenge von Bősárkány. Im Vergleich zum Kapuvárer Becken erscheint der Lébényer Hanság deutlich waldärmer. Hier gab es nur ein 22 ha großes Wäldchen unweit der eben erwähnten Landenge und ganz im Norden den rund 270 ha großen Zanegger/Mosonszolnoker Wald (den Vorläufer des heutigen Vesszős erdő). Letzterer stockt, wie die nördlichen Teile des Lébényer Beckens generell, auf kalkigem Alluvium der Donau und soll stärker Auwald-artigen Charakter gehabt haben, mit einem bedeutenden Pappelanteil. Welche Rolle Moorbirken (*Betula pubescens*) in der damaligen Landschaft gespielt haben ist strittig, auf einigen Karten sind Flurnamen im östlichen Teil des Kapuvárer Hanság verzeichnet, die auf Birkenbestände hindeuten, ohne dass in den Karten Wäldchen oder Einzelbaumsignaturen abgebildet wären[9]. Die Vermessung aller auf der Karte dargestellten Waldflächen im Hanság ergibt 4.600 ha, das sind 8 % seiner Gesamtfläche.

Röhrichtbestände und Wiesen im Hanság

Eine spannende Frage ist, welche Vegetation sich hinter der Sumpfsignatur in der Karte verbirgt, die im Kapuvárer Becken immerhin eine Fläche von 27.382 ha einnimmt und sich auch im trockeneren Lébényer Hanság noch über 2.543 ha erstreckt. Hat es sich dabei um Schilfbestände gehandelt, die für die an Röhrichte gebundene Vogelwelt die gleiche Rolle gespielt haben wie der heutige Schilfgürtel des Neusiedler Sees? Wie oben ausgeführt, waren große Teile des See-Ufers Ende des 18. Jahrhunderts noch frei von Röhricht, sodass sich aus ornithologischer Sicht die Frage nach der langfristigen Kontinuität und Habitat-Tradition der Schilflebensräume stellt. Aus der Zeit der Josephinischen Landesaufnahme liegen leider keine Landschaftsbeschreibungen vor, die hier weiterhelfen würden. Die frühesten aussagekräftigen Texte entstanden 50 bis 100 Jahre später, als der Hanság aufgrund massiver hydrologischer Eingriffe, die jeweils auch eine land- und forstwirtschaftliche Nutzungsintensivierung mit sich brachten, bereits in starker Veränderung begriffen war. In seiner breit angelegten Darstellung von „Wiens Umgebungen auf zwanzig Stunden im Umkreis" aus dem Jahr 1838 berichtet Schmidl über erste große Veränderungen durch die in den vorangegangenen Jahrzehnten begonnenen Trockenlegungsarbeiten, schreibt aber auch, dass abseits der Erlenwälder „auf dem eigentlichen Hanság-Boden nichts wächst als Schilf und Rohr"[10]. Weiters führt er aus, dass *„in den trockeneren Teilen des südlichen, noch nicht gesicherten Sumpflandes die Anwohner saures Heu gewinnen, aus dem Sumpf Schilf- und Rohr als Deck- und Brennmaterial"*. Was das Heu betrifft, so wurden seiner Beschreibung nach jährlich viele tausend Fuhren davon nach Wien geliefert. Das einträgliche Geschäft mit dem Heu soll die lokalen Bauern zu einer Vernachlässigung des Feldbaus und zu einem recht ungebundenen, halbwilden Leben verführt haben: zur Heuernte *„liegen sie ganze Wochen wie Wilde unter Rohrhütten"*. Hohe Wasserstände und zu milde Winter sollen die Hanság-Anrainer aber immer wieder auch in Not gebracht haben, wenn wegen der Überschwemmungen keine Mahd möglich war, oder das aufgeschoberte Heu mangels einer tragfähigen Eisdecke nicht aus dem Sumpf abtransportiert werden konnte. Zumindest in den Randbereichen des Hanság müssen also schon zu Schmidls Zeiten reichlich Seggensümpfe und nasse Heuwiesen vorhanden gewesen sein. Andererseits schreibt er über die Schwierigkeiten des Kanalbaus im Inneren des Sumpfes: *„Von einem genauen Nivellement konnte in dieser undurchdringlichen Wildniß von mannshohem Schilf keine Rede sein* [...]"[10]. Demnach dürften die tiefer gelegenen Teile des Gebiets damals doch mit Schilf bedeckt gewesen sein. Zugleich machte vor allem im Nordosten des Gebiets, auf den Flächen des Erzherzoglichen Gutes, die Umwandlung des Sumpfes in Wiesen-, Weide- und sogar Ackerland rasche Fortschritte. Schmidl schreibt: „[...] *stinkendes Moor hat sich in Wiesen und üppige Weiden verwandelt, statt der Sumpffische und Blutegel, der Rohrdommeln und schnatternden Rohrspatzen, sammeln sich jetzt Heerden von Rindern und Schafen, und Singvögel aller Art"*. Dieser Trend dürfte sich in den folgenden Jahren noch verstärkt und auf andere Teile des Gebiets ausgeweitet haben. Denn in den ersten genauen botanischen Beschreibungen des Hanságs ist erstaunlich wenig vom Schilf die Rede. Der Botaniker Pokorny[8] berichtet im Zuge seiner Erkundungen der Torflager des Hanságs (die er im Jahr 1859, bei der sich bereits anbahnenden Austrocknung des Sees mühelos zu Fuß durchführen konnte) von ausgedehnten Schilfbeständen nur für das Gebiet westlich der Dammstraße Pamhagen – Eszterháza, in der Südostbucht des Neusiedler Sees. Er merkt an, dass diese Bestände nicht auf Torf stocken, sondern auf *„Tegelgrund"*. Im Hanság-Becken selbst, das nach seinen Schätzungen abseits der schon erwähnten Bühel mit einer durchschnittlich einen (maximal zwei) Meter dicken Torfschicht erfüllt ist, traf Pokorny Schilf offenbar nur mehr an den nassesten Stellen, im Umkreis von Wasserläufen, Torfseen und Entwässerungsgräben an. Er schreibt: *„Durch die seit 30 Jahren ausgeführten Entwässerungsanstalten hat die Oberfläche des Sumpfgebietes sich so bedeutend geändert, dass sie nur wenig den Schilderungen aus früheren Zeiten entspricht. Eigentlich unzugängliche Stellen gibt es, wenigstens bei niedrigem Wasserstande, fast gar nicht mehr und infolge dieser leichteren Zugänglichkeit und der eingetretenen größeren Trockenheit hat sich auch die Benützbarkeit des Bodens allenthalben gesteigert. Während am Nordrande der Ackerbau immer weiter um sich greift, hat das Röhricht, welches ehedem die einzige Nutzung im Sumpf bot, allenthalben besserem Graswuchs weichen müssen, wie dies die weit ausgedehnten Wiesen im Leydener, Wieselburger, St. Johanner Hotter und überhaupt im ganzen nördlichen Theile des Hanság bestätigen. Die fruchtbarsten Wiesen liegen hier überall auf Torfgrund, welcher gegenwärtig eben nur mehr so viel Feuchtigkeit besitzt, um üppigen Graswuchs zu befördern"*[8]. Welcher Art dieser Graswuchs in der zweiten Hälfte des 19. Jahrhunderts war, zeigen die detaillierten Beschreibungen des Botanikers Kornhuber[11], der im Juni 1884 in Begleitung seiner Studenten drei ausgedehnte Exkursionen in den Hanság unternahm. Die erste Wanderung führte ihn von Tadten bis fast zum Königssee, quer durch jenen Teil des Hanságs, der heutzutage auf österreichischem Staatsgebiet liegt. Die Exkursion fand in einem sehr trockenen Frühjahr statt, aber insgesamt nach einer Periode höherer Wasserstände – zwischen Pokornys und Kornhubers Besuch liegen die vollständige Austrocknung des Sees 1865 – 1868, aber auch die nachfolgende Hochwasserphase, die 1879 mit Wassertiefen von 2 – 3 Meter kulminierte. Nachdem die Gruppe am Nordrand des Gebiets Weideflächen durchquert hatte, die sich mit ihren vielen Salzzeigern als Ausläufer der Salzstandorte des Seewinkels präsentierten, wurde die Sumpflandschaft betreten: *„Vor allem merkwürdig ist hier, wie allenthalben im eigentlichen Sumpfterrain des Wasen, die weitaus vorherrschende Massenvegetation von* Glyceria spectabilis *[...] sie nimmt fast alle Flächen außerhalb der kleinen Weiden- und Erlengebüsche und des Königsseewaldes ein"*. Laut Kornhuber erreichten die dicht stehenden Blätter dieses Grases, das heute unter *Glyceria maxima* (Groß-Schwaden) geführt wird, eine Höhe von eineinhalb Meter, die noch von den Blütenrispen um ca. 30 cm überragt wurden. Er spricht deshalb von *„wahren Graswäldern"*. Diesen endlos wirkenden Grasfluren war nur eine geringe Zahl anderer Sumpfpflanzen beigemischt. Auch bei den beiden anderen Exkursionen (im Westen des Kapuvárer Hanság im Bereich der Dammstraße und im Osten in der Nähe von Acsalag) trafen Kornhuber und seine Begleiter abseits der Wälder und Gebüsche vor allem auf großflächige *Glyceria*-Bestände. Über Schilf wird nur im Umkreis von (offenbar sehr nassen)

Grauweidengebüschen, auf Lichtungen im Erlenwald und für tiefgelegene Flächen zwischen der regulierten und neu trassierten Rabnitz und den Resten ihres ehemaligen Flussbetts berichtet. Außerdem beklagt Kornhuber den trockenheitsbedingten Rückgang der sogenannten Zsombék-Formationen, also der mit großen, kopfigen Seggenbülten (zumeist *Carex elata*) bedeckten Sumpfflächen. Sie sollen östlich der Dammstraße besonders schön ausgeprägt gewesen sein, waren aber bei seinem Besuch hier gerade im Absterben. Die charakteristischen Zsombék-Moore Ungarns gehen laut Kerner[12] durch Verlandung aus Schilfröhrichten hervor. Ihr Verschwinden aus dem Hanság deutet wohl auf die noch weiter fortgeschrittene Verlandung hin und damit möglicherweise auf eine Begünstigung von *Glyceria*-Beständen und anderen Naßwiesen-Typen. Übrigens äußert sich Kornhuber auch kurz zur Vogelwelt der „Graswälder": man gewahre hier „[...] *nur wenige Vögel. So an der Peripherie des Sumpflandes Lerchen, namentlich die Schopflerche, Kibitze, man vernimmt auch zuweilen den Ruf des Kukuks, dann der Wiesenralle; weiter einwärts macht sich, obwohl selten, ein Rohrsänger bemerkbar, und eine Weihe, ein Bussard oder ein verwandter Räuber durchfurcht, auf Beute lauernd, in langsamem Fluge die Luft.*"

In der zweiten Hälfte des 19. Jahrhunderts scheinen Schilfbestände im Hanság also offensichtlich nicht mehr landschaftsprägend gewesen zu sein. Ob sie es zu Zeiten der Josephinischen Landesaufnahme waren, ist nicht ganz sicher, auch wenn Schmidl, Pokorny und Kornhuber übereinstimmend feststellen, dass das Schilf (bzw. unspezifischer „Rohr") früher häufiger gewesen sein soll. In einem Artikel über die Flora des ungarischen Tieflands[13] beschreibt Pokorny allgemein den Rückgang von *Phragmites* als charakteristisches Element ungarischer Sumpf- und Moorgebiete. Um die Resilienz der Pflanze gegenüber Veränderungen zu illustrieren, zitiert er eine Beobachtung aus dem Hanság: „*Ja selbst an Orten, wo es längst alle Schwindstadien durchgemacht hat, behalten die tiefbegrabenen Wurzelstöcke ihre Lebensfähigkeit und ich kann hier als merkwürdiges Beispiel einen 3 Fuß im Torf begrabenen Wurzelstock vorzeigen, der in einer Wiese des Andauer Hotters im Hanság, wo schon lange alles Rohr an der Oberfläche verschwunden ist, zu treiben anfing, als zur Abgrenzung der Wiese ein tiefer Graben gezogen wurde.*"

Neben der rasch fortschreitenden Trockenlegung des Gebiets könnte bei der Zurückdrängung des Schilfs im Hanság auch die intensive Heunutzung ein Faktor gewesen sein. *Glyceria maxima* ist ein ausgezeichnetes Futtergras, verträgt im Unterschied zu Schilf regelmäßige sommerliche Mahd und ist besser an starke Wasserstandsschwankungen angepasst. Kornhuber schreibt, dass zwischen Juni und September der Sumpf von Mähdern bevölkert war, die hier wochenlang lebten und arbeiteten und nur am Sonntag kurz in die Dörfer zurückkehrten. Die Heulieferung nach Wien erfolgte weiterhin auf Wägen, zum Teil aber schon auf der Raaber Bahn. Der Hanság spielte damals eine wichtige Rolle in der Versorgung der umfangreichen Pferdebestände in der Hauptstadt, er war sozusagen „Treibstofflieferant" für die Arbeitstiere. Dementsprechend intensiv und flächendeckend scheint die Heunutzung gewesen zu sein, mit entsprechenden Folgen für die Schilfbestände.

Moorseen im Hanság

Ein weiteres Landschaftselement im Hanság, das in der Landesaufnahme auffällt, sind die Moorseen. Auf der Karte sind im Kapuvárer Becken nur zwei davon, der Große und der Kleine Königsee abgebildet; andere, die damals sicher noch vorhanden waren, wie der Dorfsee und der Loblersee bei Wallern sowie der Gareissee/Kárász-tó und der Tadamasch See/Dadumás-tó bei Tadten, sind nicht dargestellt – wohl, weil die Kartierer das Innere des Sumpflandes nicht betreten haben. Die Moorseen des Hanságs werden als durch Huminstoffe tief dunkelbraun gefärbte und relativ tiefe Gewässer geschildert[11]. Sollten die beiden Königsseen wirklich flächentreu wiedergegeben sein, so hätte ihre offene Wasserfläche damals beeindruckende Ausmaße gehabt, nämlich 188 bzw. 76 ha. Zu Zeiten Pokornys und Kornhubers waren beide Seen bereits erheblich geschrumpft, bzw. großteils mit Schwingrasen bedeckt.

Seewinkel und Heideboden – eine schier unendliche Weidelandschaft

Neben der besonderen Wasserstandssituation und der reichen Ausstattung des Seewinkels mit einer großen Zahl von Sodalacken fällt auf den Kartenblättern der Josephinischen Landesaufnahme vor allem der – aus heutiger Perspektive – geradezu unglaubliche Anteil von Weide- und Wiesenflächen an der Landschaft ins Auge (Abb. 6). Das Gebiet zwischen dem Neusiedler See-Ostufer, dem Fuß der Parndorfer Platte, dem Unterlauf der Leitha, der Mosoni Duna und dem Sumpfgebiet des Hanságs hat eine Gesamtausdehnung von 46.500 ha. Den Kartensignaturen zufolge bestand es zu 47 % (= 21.955 ha) aus Weide- und Wiesenflächen, im heute österreichischen Gebietsteil beträgt der Anteil sogar 54 % (16.565 ha Weiden und Wiesen, gegenüber 30.370 ha Gesamtfläche). Da die vorwiegend innerhalb der Weideflächen gelegenen Lacken hier nicht mitgerechnet wurden, handelt es sich bei diesen Zahlen um ein Mindestausmaß an Weidefläche, dürften doch die im Kartierungszeitraum höchstwahrscheinlich überfluteten Salzsteppen rings um die Lacken bei niedrigeren Wasserständen ein regulärer Teil der Weiden gewesen sein. Die Tabelle 2 gibt einen Überblick über die Ausmaße der einzelnen Teilflächen, wo-

Nr.	Gebiet	Fläche (ha)	
		heute in AT	heute in HU
1	Wiesen/Hutweideblock Zitzmannsdorfer Wiesen	1 526	0
2	Hutweide/Wiesengebiet zwischen Gols und Mönchhof	1 201	0
3	Podersdorfer Heide – Weidegebiet zwischen Podersdorf, Ochsenbrunnlacke, Grundlacke, St.Andräer Zicksee, Sechsmahdlacke und Fuchslochlacke	1 717	0
4	Hutweiden Lange Lacke – Weidegebiet zwischen Apetlon, Darscho, Wörthenlacken, Sechsmahdlacke, St. Andräer Zicksee, den Vorläufern des Güterwegs Reihersiedlung und des Güterwegs St. Andrä-Apetlon sowie der heutigen Landestraße Apetlon-Wallern	815	0
5	Hutweiden St. Andrä-Frauenkirchen – Weidegebiet zwischen Güterweg Reihersiedlung, Huldenlacke, Gansllacke, St. Andräer Zicksee, Pimezlacke und Frauenkirchen (Grenze zu zur Großen Haide entlang der heutigen Landesstraße Frauenkirchen-St. Andrä)	1 526	0
6	Große Haide (Hutweideblock zwischen der Straße St. Andrä-Frauenkirchen, Halbturn, dem Ostrand der Parndorfer Platte, Mosonszolnok und Andau)	3 824	4 096
7	Weide am Sós-tó	208	0
8	Weiden nördlich Wallern	363	0
9	Weiden nördlich Pamhagen	293	0
10	Wiesen und Weiden am Nordrand des Hanság von Pamhagen bis Mosonszentjános	3 607	1 294
11	Wiesen und Weiden in der Apetloner Seerandzone von Apetlon bis Pamhagen	438	0
12	Wiesen und Weiden in der Seerandzone zwischen Illmitz und Apetlon	192	0
13	Wiesen und Weiden in der Seerandzone von Illmitz bis Podersdorf	855	0
	Summe Weideflächen	**16 565**	**5 390**
	Weide und Wiesenflächen AT-HU	**21 955**	

Tab. 2: Hutweide und Wiesengebiete im Seewinkel, am Heideboden und am Nordrand des Hanság zur Zeit der Josephinischen Landesaufnahme 1782 – 1785

bei die Abgrenzung zwischen den Gebieten oft willkürlich entlang von Wegen erfolgte, die in modernen Straßenzügen fortleben. Tatsächlich gehen einige der Flächen nahtlos ineinander über und fast alle Teilflächen waren über Triftverbindungen und Korridore miteinander verbunden.

Das hohe Ausmaß an Konnektivität ist aus ökologischer Sicht überaus bemerkenswert, weil damit eine ideale Biotopvernetzung gegeben war, die für die Ausbreitung von Pflanzen und weniger flugtüchtigen Insekten sowie für Reptilien und Kleinsäuger von Bedeutung gewesen sein muss. Den größten und sicherlich eindrucksvollsten Hutweideblock bildete die 7.920 ha Große Haide im nordöstlichen Teil des Gebiets, die maßgeblich für die Bezeichnung dieser Gegend als Haideboden gewesen ist. Sie dürfte ihren literarischen Niederschlag auch in den „Heidegedichten" des Ungarndeutschen Dichters Nikolaus Lenau gefunden haben, der 1822/23 in Ungarisch Altenburg/Mosonmagyaróvár lebte und auf Anregung seines Freund Fritz Kleyle vom neu gegründeten Kleylehof aus weit ausholende Reitausflüge in die Große Haide unternommen hat, um seinen Kummer über eine unglücklich verlaufene Liebesbeziehung zu bekämpfen[14]. Sofern Lenaus Schilderungen der weiträumigen Steppenlandschaft, ihrer Gewitterstimmungen und Luftspiegelungen tatsächlich von der Großen Haide inspiriert waren (und nicht durch die von ihm später ebenfalls besuchten Puszta-Landschaften Ostungarns[15]) lebt das heutzutage gänzlich in Ackerland umgewandelte Gebiet wenigstens im romantischen Ungarnbild fort, das Lenau maßgeblich mitgestaltet hat. Der Anblick dieser völlig baumlosen Weideflächen, die in botanischer Hinsicht wohl überwiegend aus Halbtrocken- und Trockenrasen bestanden haben, muss wahrhaft überwältigend gewesen sein. Durch den Zusammenhang der Teilgebiete wäre es theoretisch möglich gewesen, der mehr als 27 km langen Luftlinie zwischen Apetlon und Mosonszolnok zu folgen, ohne ein einziges Mal Ackerland zu betreten. Zur Ausdehnung der Wiesen und Weideflächen kommt hinzu, dass im Zuge der damals noch üblichen Dreifelderwirtschaft jeweils rund ein Drittel der Ackerfläche brach lag, wie aus einer Anfang des 19. Jahrhunderts entstandenen Beschreibung der Wirtschaftsverhältnisse des Mosoner Komitats hervorgeht[16]. Dies muss den Eindruck einer weiträumigen Steppenlandschaft noch weiter verstärkt haben.

Hervorzuheben ist auch, dass die Weideflächen im Seewinkel und Haideboden in unmittelbarer Nachbarschaft zu ähnlich großen Weideflächen auf der Parndorfer Platte lagen, und im Nordosten auch bis knapp an die ausgedehnten Wiesen- und Weidegebiete in der Leithaniederung heranreichten. Die Weiden auf der Parndorfer Platte erstrecken sich auf der Karte als zusammenhängender Block von über 6.000 ha zwischen Parndorf und dem Ostrand des Plateaus, während in der Leithaniederung ein rund 10.000 ha umfassendes, geschlossenes Wiesen- und Weidegebiet von Pama bis Mosonmagyaróvár reichte.

Wesentlich bescheidener nehmen sich demgegenüber die Weideflächen am Westufer des Neusiedler Sees aus. Zwar verfügte auch hier jedes Dorf über seine Hutweiden, sowohl am Abhang des Leithagebirges bzw. des Ruster Höhenzuges, als auch im Vorgelände des Neusiedler Sees (hier dürften allerdings die Flächen durch den ungewöhnlich hohen Wasserstand im Kartierungszeitraum stark eingeschränkt gewesen sein), aber der Stellenwert der Beweidung reichte am Westufer nirgendwo an die Verhältnisse östlich und nördlich des Sees heran. Sowohl die bäuerlichen als auch die grundherrlichen Wirtschaften waren hier ganz auf den Weinbau ausgerichtet, der umgekehrt östlich des Sees keinerlei Rolle spielte. In Summe dürfte es am Westufer maximal einige tausend Hektar Weideflächen gegeben haben – eine genauere Angabe ist schwierig, weil auf der Karte die Unterscheidung zwischen Acker und Weide wegen der Hangschraffuren im hügeligen Gelände schwierig ist.

Die Sodalacken des Seewinkels

Die Auswertung der Josephinischen Landesaufnahme hinsichtlich des Lackenbestandes ist problematisch, da diese Gewässer offenbar nur unvollständig und mit geringer Genauigkeit erfasst worden sind. Im Vergleich zu den in einer früheren Publikation[17] ausgewerteten, sehr genauen riedweisen Hotterplänen, die als Vorarbeiten zum Franziszeischen Kataster zwischen 1855–1858 entstanden sind, fehlen in der Karte der Josephinischen Landesaufnahme zahlreiche Lacken. Auf den Karten von 1782–1785 sind rund 80 Lacken dargestellt (Abb. 6), während es in jenen von 1855–58 mindestens 139 sind. Das liegt einerseits am hohen Wasserstand des Neusiedler Sees, der speziell in der Seerandzone einige Lacken „verschlungen" und andere miteinander verschmolzen hat, andererseits offenbar aber auch an der unterschiedlichen Sorgfalt der einzelnen Kartierer in den 1780er Jahren. So sind in dem Kartenblatt, das die Seerandzone zwischen Illmitz und Podersdorf zeigt, fast alle Gewässer zu finden, die auch 1855–1858 hier registriert wurden, darunter auch einige sehr kleine. Trotz der wasserstandsbedingten Verschmelzung vieler Lacken sind die Umrisse der Lackenbecken auf diesem Kartenblatt gut zu

Abb. 6: Josephinische Landesaufnahme 1782–85. Kartenausschnitt Seewinkel-Haideboden. © Österreichisches Staatsarchiv, Josephinische Landesaufnahme, Königreich Ungarn (1782–1785), Signatur AT-OeStA/KA KPS/BIXa 527. Digitale Kopie: Arcanum Adatbázis Kft., Budapest

erkennen und zuzuordnen. Gleich in den östlich anschließenden Blättern ist die Lackenform hingegen oft mehr als nur schematisch – etwa beim eigentlich sehr charakteristisch geformten Darscho, der auf der Karte als kreisrundes und relativ kleines Gewässer erscheint, oder bei der Oberen Halbjochlacke, die im Gegensatz zur unmittelbar benachbarten Fuchslochlacke an ihrer Form und Größe kaum zu erkennen ist. Einige Lacken fehlen überhaupt, darunter selbst große Gewässer wie die Hollabernlacke zwischen Illmitz und Apetlon, die Illmitzer Haidlacke oder die Baderlacke bei St. Andrä, um nur einige Beispiele zu nennen. Um die Ausdehnung der Weideflächen für die vorliegende Auswertung einigermaßen korrekt zu quantifizieren, wurden die Lackenflächen zwar vermessen, ihre summierte Fläche von rund 3.100 ha ist aber mit großem Vorbehalt zu sehen, zumal sich im ungleich trockeneren Zeitraum 1855–1858 die summierte Fläche der damals vorhandenen 139 Lacken auf 3.614 ha belaufen hat[17]. Man wird davon ausgehen müssen, dass die Zahl der Lacken Ende des 18. Jahrhunderts mindestens genauso groß war wie 70 Jahre später, und dass die Lackenfläche wegen des hohen Wasserstandes noch weit größer war. Sofern die Kartendarstellung diesbezüglich korrekt ist, muss auch hervorgehoben werden, dass an den Lacken meist keine Röhrichtbestände ausgewiesen sind. Die Sodalacken dürften sich damals als weitgehend schilffreie, bzw. vegetationsarme Gewässer präsentiert haben, was sowohl ihrem intakten Salzgehalt und Wasserhaushalt zuzuschreiben sein dürfte, als auch der Beweidung aller Uferflächen. Lediglich bei einigen Lackenmulden am Übergang zwischen der Seewinkler Schotterflur und der Seerandzone wird öfters die Sumpfsignatur verwendet, etwa bei der Martinhof-, Krainer-, Moschado-, Götsch-, Szerdahelyer- und Schwarzseelacke. Es dürften also zumindest einige Kartierer eine Unterscheidung zwischen röhrichtbestandenen und offenen Lacken gemacht zu haben. Nicht zuletzt ist festzuhalten, dass auf der Karte im gesamten Lackengebiet kein einziger Entwässerungsgraben dargestellt ist.

Die Landschaft Ende des 18. Jahrhunderts in der Zusammenschau

Das Neusiedler See-Gebiet stellt sich auf den Karten der Josephinischen Landesaufnahme als ein riesiger Komplex aus naturnahen Feuchtgebieten sowie extensiv genutzten Hutweide- und Mähwiesengebieten dar. Der Mensch war in dieser Landschaft zwar präsent und mit seiner Landnutzung durchaus landschaftsprägend, gemessen an heutigen Verhältnissen allerdings in einem unvergleichlich geringeren Ausmaß. Die erste Landeskonskription (d. h. die genaue statistische Erfassung der Einwohnerzahlen, Siedlungen und Haushalte), die 1787 stattfand, weist für das Komitat Wieselburg/Moson 53.818 Einwohner aus[18], was einer Einwohnerdichte von 28,3 Einwohner/km^2 entspricht. Auf derselben Fläche wohnten im Jahr 1910 bereits 94.479 Einwohner (= 47,5 EW/km^2) – Vergleiche mit späteren Zeiten sind wegen der veränderten Grenzziehung schwierig. Allein im Bezirk Neusiedl, der etwas mehr als die Hälfte der einstigen Komitatsfläche einnimmt, leben heutzutage 60.397 Einwohner[19], das entspricht 58,1 EW/km^2. Nach Deák[18] war das dünn besiedelte Komitat Moson noch über das gesamte 18. Jahrhundert hinweg Siedlungsland, das sich bevölkerungsmäßig erst langsam von den kriegerischen Wirren der Türkenzeit und der Kuruzenkriege erholte. Die Bevölkerungsverluste in der frühen Neuzeit haben sich auch in der Landnutzung niedergeschlagen, sie sind neben natürlichen Faktoren entscheidend für die Entstehung und den Erhalt der riesigen Hutweiden gewesen. Auch dürfte die spärliche Besiedlung die Trockenlegung von Sümpfen und andere einschneidenden Landschaftsveränderungen erheblich verzögert haben, denn zur selben Zeit waren in anderen Teilen Europas großangelegte Entwässerungsprojekte bereits in vollem Gang oder sogar schon abgeschlossen. Ein oft übersehener Faktor, der sich begrenzend auf die Präsenz des Menschen in der Landschaft auswirkte, war die eingeschränkte Mobilität und die geringe Reisegeschwindigkeit. Die 30 km lange Strecke von Pamhagen nach Neusiedl am See, die heute in einer halben Stunde zurückgelegt werden kann, entsprach damals einer Tagesreise. Auch wenn die meisten Menschen im 18. Jahrhundert einen Großteil ihrer Tage im Freien, als Bauern auf den Feldern, Wiesen und Weiden, bzw. als Fischer auf dem See verbracht haben, muss die Kombination aus geringer Siedlungsdichte, weit verstreuten Dörfern und langsamer Fortbewegung dazu geführt haben, dass Teile der Landschaft nur sehr spärlich besucht waren (siehe dazu auch den Flurnamen „Hölle" für einen besonders abgelegenen Teil des Illmitzer Gemeindegebiets).

Da es aus dem 18. Jahrhundert so gut wie keine ornithologischen Daten gibt, kann lediglich darüber spekuliert werden, wie sich die geringe menschliche Präsenz und die reiche Ausstattung mit den vielfältigen, naturnahen und allenfalls extensiv bewirtschafteten Lebensräumen auf die Vogelwelt ausgewirkt haben mögen. Die ausgedehnten steppenartigen Hutweideflächen müssen nicht nur den heute noch im Gebiet vertretenen Arten des trockenen Offenlandes wie Rebhuhn, Haubenlerche, Feldlerche und Grauammer überaus günstige Bedingungen geboten haben, sondern auch anspruchsvolleren Steppenbewohnern, wie Kaiseradler, Sakerfalke, Großtrappe, Triel, Teichwasserläufer, Lachseeschwalbe und Brachpieper. Es ist gut vorstellbar, dass sich die Populationen dieser heute als Brutvögel selten gewordenen, ausgestorbenen, oder erst in jüngster Zeit wiederkehrenden Arten damals auf dem Höhepunkt ihrer Entfaltung befunden haben. Die ab Mitte des 19. Jahrhunderts im Gebiet tätigen Ornithologen konnten bei etlichen dieser Arten gerade noch vereinzelte Bruten bestätigen, oder – wie bei der Großtrappe – den Rückzug in Ersatzlebensräume dokumentieren. In dieser Interpretation wären diese Brutvorkommen dann keine Ausnahmeerscheinungen, sondern der letzte Nachklang einer früheren Blütezeit gewesen. In manchen Teillebensräumen, wie den Erlenbruchwäldern des Hanság, blieb die spezifische und sehr reiche Vogelwelt trotz gravierender Landschaftsveränderungen hingegen lange genug erhalten, um von den am Ende des 19. Jahrhunderts zahlreicher ins Gebiet strömenden Vogelkundlern beobachtet, rücksichtslos bejagt und publizistisch gefeiert zu werden. Hier sei etwa an die Berichte des Baron Ludwig v. Fischer erinnert, der 1886 zu einem Jagdausflug in eine von ihm alljährlich aufgesuchte Reiherkolonie an der Nordwestspitze des Kapuvárer Erlenwald bemerkt: „[...] *der Vollständigkeit halber will ich das Raubzeug hier aufzählen, das ich bei dieser Kolonie schon gesehen und theilweise erbeutet habe.; See-, Kaiser-, Schlangen- und Schreiadler, Blaufuß-, Baum- und Thurmfalke, Habicht, Sperber, Roter und Schwarzer Milan, alle Weihen, Nebelkrähen und Elstern* [...]"[20]. Im selben Artikel berichtet v. Fischer von einem Jagdausflug in ein mit Weidenbüschen durchsetztes Schilfgebiet bei Csorna, das mehrere gemischte Schreitvogelkolonien beherbergte. Im Mai 1886 beobachtete und erlegte v. Fischer beim Besuch dieser Brutkolonien Graureiher, Purpurreiher, Nachtreiher, Silberreiher, Seidenreiher, Rallenreiher, Braune Sichler und Löffler. Auch diese fast vollständige Liste heimischer Reiher- und Ibis-Arten zeigt, wie groß das Potenzial des Gebiets noch bei weit fortgeschrittener Zerstörung des Hanság-Sumpfes war. Fast alle Exkursions- und Jagdberichte vom Ende des 19. Jahrhunderts[21,22] deuten in dieselbe Richtung: bei günstigen Wasserstandsverhältnissen bildeten der Hanság, der damals rasch wachsende Röhrichtgürtel des Sees und die ihm vorgelagerten Sumpfgebiete ein ornithologisches Eldorado. In abgewandelter Form gilt dasselbe wohl auch für die Sodalacken und Alkalisteppen des Seewinkels und die Sumpfwiesen im Umfeld der Lacken. Allerdings kommen sie in den ornithologischen Berichten des 19. Jahrhunderts deutlich weniger prominent vor, als die Niedermoor-, Röhricht- und Bruchwaldgebiete der Region. Dies könnte daran liegen, dass die Vögel dieser extrem offenen, deckungsarmen Lebensräume außerhalb der Brutzeit weniger leicht zu erbeuten waren, als die der vegetationsreichen Landschaftsteile, wodurch die damals übliche Form des wissenschaftlichen Nachweises durch Abschuss entfiel („If you hit the bird, it´s history, if you miss the bird, it´s mystery", wie der englische Ornithologe Henry Seebohm zur Rechtfertigung seines Jagdeifers bemerkte[23]). Es ist aber auch denkbar, dass die Vogelwelt der vergleichsweise gut zugänglichen und begehbaren Lackenufer einem wesentlich höheren Verfolgungsdruck ausgesetzt war, als die der vegetationsreicheren Sumpfgebiete und dass die Bestände hier durch die anhaltenden Verluste weit unter der ökologischen Tragfähigkeit der Lebensräume gehalten wurden. Auf ortsnahen Lacken und in angrenzenden Feuchtwiesen war das Eiersammeln zur Brutzeit fester Bestandteil des Nahrungserwerbs der lokalen Bevölkerung, worunter speziell koloniebrütende Limikolen, Seeschwalben und Möwen zu leiden hatten. Außerdem müssen beispielsweise jungeführende Säbelschnäbler, Stelzenläufer, Rotschenkel, Uferschnepfen und Kiebitze durch ihre geringe Scheu, bzw. ihr Warn- und Verleit-Verhalten eine einfache Beute selbst für leicht bewaffnete Jäger gewesen sein. 1877 schreibt der Wiener Ornithologe Julius Finger zum Thema unregulierte Jagd im Neusiedler See-Gebiet: „*Bei dem großen Geflügelreichtume des Sees und Morastes ist es nicht zu wundern, wenn der größte Teil der männlichen Anrainer sein Geschäft auf den Nagel hängt und zur Flinte greift. Es gibt daher ein beständiges Puffen und Knallen zu allen Tages- und Nachtzeiten und selbst zu allen Jahreszeiten. Von einer Schonzeit ist natürlich keine Rede. Während der Brutzeit werden die Eier aus den Nestern geholt, teils selbst verzehrt, teils körbeweise nach den Märkten zu Ödenburg, Raab, Wien geschleppt; während der Mauser werden Enten, Wasserhühner etc. zu Tausenden mit den Ruderstangen erschlagen. Alles ist Wildschütze – jeder jagt auf eigene Faust und Rechnung, wie und wo es ihm beliebt. Es ist unbegreiflich, daß die Jagdherren ein solch´ wüstes Treiben dulden und die Behörden keinen Versuch machen, dasselbe zu unterbinden.*"[24]

Abgesehen von der möglichen Begrenzung mancher Vogelpopulationen durch direkte Verfolgung und Jagd, darf aufgrund der Daten und Berichte aus dem 19. Jahrhundert vermutet werden, dass das Neusiedler See-Gebiet am Ende des 18. Jahrhunderts, bei noch wesentlich reicherer Ausstattung mit Steppen- und Feuchtlebensräumen über eine besonders arten- und individuenreiche Vogelwelt verfügte. Als Referenz zur Beurteilung der weiteren Landschaftsentwicklung und als mögliche Inspirationsquelle und Richtschnur für Renaturierungs-Bemühungen dürfte die Periode der Josephinischen Landesaufnahme aber allemal geeignet sein.

Quellen: [1] *Kovács (2012),* [2] *Arcanum Adatbázis (2022),* [3] *Kubu et al. (2014),* [4] *Glaser (2001),* [5] *Hohensinner (2015),* [6] *Herzig & Dokulil (2001),* [7] *Bidló (2012),* [8] *Pokorny (1861),* [9] *Balsay (2012),* [10] *Schmidl (1838),* [11] *Kornhuber (1886),* [12] *Kerner v. Marilaun (1858),* [13] *Pokorny (1860),* [14] *Pflagner (1966),* [15] *Békési (2017),* [16] *Grailich (1820),* [17] *Kohler et al. 1994,* [18] *Deák (2006),* [19] *https://www.burgenland.at/verwaltung/land-burgenland/bezirke-gemeinden/bezirk-neusiedl-am-see/ (konsultiert am 3. Juli 2022),* [20] *Fischer v. (1887),* [21] *Schaeff (1892),* [22] *Homeyer, v. (1892b),* [23] *Seebohm (1901),* [24] *Finger (1877)*

Verzeichnis der 20 verwendeten Teilblätter der Josephinischen Landesaufnahme

© Österreichisches Staatsarchiv, Josephinische Landesaufnahme, Königreich Ungarn (1782-1785), Signatur AT-OeStA/KA KPS/BIXa 527. Digitale Kopie: Arcanum Adatbázis Kft., Budapest:

Coll: IV. Sectio I. Theil des Wieselburger Comitat. Kayser-Steinbruch, Königshofen.

Coll: V. Sectio VII. Theil des Wieselburger Comitat. Badendorf, Baum, Edelsthal, Gattendorf, Neudorf, Potzneusiedl.

Coll: VI. Sectio IX. Theil des Wieselburger Comitat. Carlburg, Guttern, Jandorf Croat., Jandorf Deutsch, Kittsee, Mischdorf, Ragendorf, Sandorf, Schildern, Seméth, Tatschendorf, Walthersdorf. Unt..

Coll: VII. Sectio VIII. Theil des Presburger Comitat. Austern, Bacsfalva, Bénke Patony, Béke, Bö-Vatta, Búcsuhász, Csecse Patony, Csefa, Csenka, Csentéfa, Diósch Patony, Éllö Pattony, Völgye Pattony, Gancshász, Gellye, Gomba, Kledern, Királyfia, Kis-Fálu, Kis-Légh, Kis-Paká, Léger-Pattony, Loypersdorf, Milichdorf, Nagy Légh, Nagy Paká, Németsuk m. h., Oldhja, Szarva, Schároschfalva, Sommerein, St. Antoni, St. Mihalyfa, Tarnok, Vajas Vatta, Matzház.

Coll: IV. Sectio II. Theil des Oedenburger und Wieselburger Comitat. Breytenbrunn, Burbach, Donnerskirchen, Joysz, Winden.

Coll: V: Sectio VIII. Theil des Wieselburger Comitat. Gols, Minichhofen, Neusidl, Wayden, Zurndorf.

Coll: VI Sectio X. Theil des Wieselburger Comitat. Altenburger M.H., Kaltenstein, Niklsdorf, Palischdorf, Schwarzwald, Straß-Somerein.

Coll: VII. Sectio IX. Theil des Wieselburger und Presburger Comitat. Al Baka, Baar, Beketfa, Bischki, Dercsika, Doborgasz, Fö Baka, Halászi, Kis Botok, Kis Budafa, Kis Lucse, Közezöusch, Nádaschd, Nagy Botok, Nagy Budafa, Nagy Lucse, Ógelle, Poschfa, Schyll, Sele Falu, Vaika.

Coll: IV. Sectio III. Theil des Oedenburger und Wieselburger Comitat. Gsis, Occau, Rust, St. Margarethen.

Coll: V. Sectio IX. Theil des Wieselburger Comitat. St. Andre, Andau, Frauenkirch, Halbthurn, Podersdorf.

Coll: VI. Sectio XI. Theil des Wieselburger Comitats. Altenburg. Ungar., St. Johann, St. Péter, Wüst-Sommerein, Wieselburg, Zaning.

Coll: VII. Sectio X. Theil des Presburger, Wieselburger und Raaber Comitat. Arak, Asván, Dárno, Gahling, Hedervár, Kemling Croat.. Kemling Ungar., Lipold, Metsérj, Püski, Ráró, Remethe, Zellj.

Coll: IV. Sectio IV. Theil des Oedenburger und Wieselburger Comitat. Kroisbach, Mervisch, Oedenburg, Illmicz.

Coll: V. Sectio X. Theil des Wieselburger und Odenburger Comitat. Appetlan, Pammhaken, Tatten, Walla.

Coll: VI. Sectio XII. Theil des Wieselburger, Odenburger und Raaber Comitat. Acsalag, Bödöge, Bösárkány, Czakoház, Kapi, Markota, Riti.

Coll: VII. Sectio XI. Theil des Wieselburger und Raaber Comitat. Bezi, Börts, Bormhaz, Dunazek, Fehirtó, Hochstraß, Hochstraß-Siget, Leyden, Sövenyhaz, Szent Miklós, Szent Paul.

Coll: IV. Sectio V. Theil des Oedenburger und Wieselburger Comitat. Berestek, Börgötz, Girm, HeilgenStein, Holling, Homog, Horka, Kis Andre, Kolbenhof, Kreutz, Losing, Penier, Rüdök, Széplak, Szeczény, Wolffs, Czinkendorf Groß, Czinkendorf Klein.

Coll: V. Sectio XI. Theil des Oedenburger und Wieselburger Comitat. Andre Szt., Eszterház, Garta, Kapuwár, Miclos Szt., Mondschein, Ordót, Osly, Petöház, Schüttör, Schrollen, Szerdahely, Szerginy, Széplak, Vittnyéd, Agyagos.

Coll: VI. Sectio XIII. Theil des Oedenburger und Raaber Comitat. Baboth, Barbacs, Bogyoszlo, Csorna, Dör, Farát, Fölsö Pasztori, Jobahász, Maglocza, Ordót, Osli, Szarföld, Tomás, Veszkin.

Coll: VII. Sectio XII. Theil des Oedenburger und Raaber Comitat. Bagjok, Bodonhely, Csécsén, Enesze, Ikrény, Kóny, Korontzoi, Mérges, Pordány, Rába Potona, Szawát, Szent Mihály.

Landschaftsverändernde Eingriffe im 19. und 20. Jahrhundert und deren Konsequenzen

von Bernhard Kohler

Das gesamte Neusiedler See-Gebiet war im 19. und 20. Jahrhundert Schauplatz von tiefgreifenden anthropogenen Veränderungen, die von der Landschaft, wie sie in den voran gegangenen Abschnitten beschrieben wurde, nur wenig übriggelassen haben. Es würde den Rahmen dieses Beitrags bei weitem sprengen, wenn auf alle Veränderungsprozesse und deren Ursachen und Folgen im Detail eingegangen werden würde. Für die Zwecke der Avifauna muss es genügen, die für die Vogelwelt und die Ökologie des Gebiets wichtigsten Entwicklungen in Umrissen zu skizzieren und deren vielfach fortwirkenden Folgen zu beschreiben. Wie bei der Beschreibung des Landschaftszustands im 18. Jahrhunderts geht es auch hier darum, bei den Leser*innen die Perspektive auf das Gebiet zu verändern und das Bewusstsein dafür zu schärfen, was einst vorhanden war, was verloren gegangen ist, was gerettet und zum Teil wiederhergestellt werden konnte und – vor allem – vor welchen Herausforderungen der Vogel- und Naturschutz im Gebiet immer noch steht.

Das vorliegende Kapitel gliedert sich in sechs Abschnitte: der erste gibt einen Überblick über die hydrologischen Eingriffe in den Hanság und den Neusiedler See, der zweite beschreibt die ökologischen Folgen speziell für den Hanság und der dritte jene für den See; ein eigener Abschnitt ist dem Schilfgürtel des Sees gewidmet, der – wenigstens zum Teil – als Produkt der Eingriffe zu werten ist. Der fünfte Abschnitt befasst sich mit der Zerstörung der Sodalacken des Seewinkels und der sechste mit dem Verlust an extensiv genutztem Grünland. Im anschließenden Kapitel wird gewürdigt, was durch den Naturschutz und insbesondere durch die Einrichtung des Nationalparks erreicht und gerettet werden konnte. Diese Darstellung leitet dann über zum Schlusskapitel, in dem die aktuellen Herausforderungen und Probleme beschrieben werden.

Die Trockenlegung des Hanság und die versuchte Zerstörung des Neusiedler Sees

Dass es den Neusiedler See und eine Auswahl der Lacken des Seewinkels heutzutage überhaupt noch gibt, ist alles andere als selbstverständlich und vielfach nur historischen Zufällen, bzw. ab dem 20. Jahrhundert zunehmend auch den Anstrengungen des Naturschutzes zu verdanken. Durch mehr als 150 Jahre hindurch war es das erklärte Ziel von Grundbesitzern und Landnutzern, Agrar- und Wirtschaftspolitikern, Planern, Regierungen und Behörden, den See und die angrenzenden Feuchtgebietslandschaften trocken zu legen und in Acker- und Siedlungsland zu verwandeln, bzw. die gewonnenen Flächen anderen Nutzungen zuzuführen. Diese Pläne, die erstmals Ende des 18., Anfang des 19. Jahrhunderts ventiliert wurden, waren allerdings niemals wirklich unumstritten. Gegen eine Seetrockenlegung wurde von Anfang der Verlust von Erträgen aus traditionellen Nutzungen (Fischerei, Jagd, Schilfernte, Weide- und Heuwirtschaft) ins Treffen geführt, wenn auch meist mit relativ leiser Stimme. Wesentlich wichtiger war die Frage des Verhältnisses zwischen dem nötigen Aufwand und den zu erwartenden Gewinnen: sie hat viele Beteiligte an der Sinnhaftigkeit des Vorhabens zweifeln lassen. Ein besonderer Streitpunkt waren die weit in die Zukunft verschobenen Vorteile einer Entwässerung, denen unmittelbar anfallende Belastungen und Kosten gegenüberstanden. Ein großer Interessensgegensatz bestand vor allem zwischen jenen Grundbesitzern, deren Grundstücke nahe am Ausgangspunkt der Entwässerungsmaßnahmen lagen und anderen, deren Besitz weiter abgelegen war. Erstere konnten sich Gewinne in relativ absehbarer Zeit versprechen, während zweitere erst in fernerer Zukunft mit einem Erfolg rechnen durften, aber sogleich zahlen sollten. Die sich daraus ergebenden Streitigkeiten haben definitive Beschlüsse über die Trockenlegung lange Zeit verhindert, die wiederholten Pattsituationen konnten bisweilen nur durch staatliches Eingreifen überwunden werden[1]. Seltsamerweise scheinen Zweifel an der Nutzbarkeit des zu gewinnenden Landes niemals großes Gewicht gehabt zu haben, obwohl spätestens seit der letzten natürlichen Austrocknung des Sees in den Jahren 1865–1868 klar sein hätte müssen, dass das Seebecken wegen des Salzgehalts seines Untergrunds nur minderwertiges Ackerland ergeben würde. 1865 wurde der trockene See im Rahmen von fünf ausgedehnten Exkursionen von Wissenschaftlern der Höheren Landwirtschaftlichen Lehranstalt Ungarisch-Altenburg/Mosonmagyaróvár) begangen. Als königlich-ungarische Kommission hatten sie die ackerbauliche Nutzbarkeit des ausgetrockneten Seebeckens zu beurteilen und kamen dabei zu ernüchternden Ergebnissen. Nur auf einem schmalen Streifen ufernahen Landes, auf dem vor der Austrocknung Schilf gestanden hatte, konnte sich nach den Worten der Kommission *„kümmerliches Grasland und ein problematischer Feldbau“* etablieren[2–4]. Zur Seemitte hin schloss sich eine mehrere hundert Meter breite Zone an, die mit ausgeprägten Halophyten wie *Puccinellia peisonis*, *Suaeda pannonica*, *Crypsis aculeata*, *Cyperus pannonicus*, *Chenopodium glaucum* und *Tripolium pannocicum* bewachsen war (Abb. 1; Pflanzennamen entsprechend der aktuellen Nomenklatur), während der innere und weitaus größte Teil des Seebeckens vollkommen vegetationsfrei und so dicht mit Salzausblühungen überzogen war, *„daß der Boden, so weit das Auge reichte, wie mit frisch gefallenem Schnee bedeckt schien, und die Täuschung durch das Knirschen unter den Fußsohlen, sowie durch die Krystalle, einer Eisdecke ähnlichst, vollendet wurde“*. Die Kommission kam jedenfalls zu dem Schluss, dass nur die *„torfigen Schichten“* auf denen vordem Schilf gestanden hatte, unmittelbar kulturfähig wären. Auf größerer Fläche gab es solche Gebiete damals nur in der Südostbucht des Sees, wie schon bei der Besprechung der Josephinischen Landesaufnahme gezeigt wurde. Überall sonst wurde die Nutzbarkeit als Ackerland höchstens nach einer unbestimmt langen Periode der Auslaugung durch Niederschläge für möglich gehalten – unmittelbar erfolgversprechender erschien den Wissenschaftlern die Gewinnung von Salzen vom trockenen Seegrund[2,3,4]. Trotz dieses eigentlich eindeutigen Befundes hielt sich in weiten Kreisen bis in die erste Hälfte des 20. Jahrhunderts (!) hinein die Erwartung, anstelle des Sees *„Lachende Fluren, blühende Kulturen um beneidenswerte Kolonien am Seebett herum“* zu sehen, womit schließlich *„das glorreiche Ende des Neusiedlersees“*[1] besiegelt wäre. In Wahrheit wäre dieses Ende wohl gar nicht glorreich gewesen, sondern hätte eine devastierte Landschaft von geringem Nutzwert hervorgebracht. Zum Glück ist es nicht soweit gekommen – allerdings nur um Haaresbreite, wie im Folgenden zu zeigen sein wird.

*Abb. 1: Groß-Strandsode (*Suaeda pannonica*). Eine obligate Salzpflanze mit pannonisch-pontischer Verbreitung; gilt heutzutage als Qualitätszeiger für (einigermaßen) intakte Sodalacken, kam 1865 offenbar auch im ausgetrockneten, damals noch stark salzhaltigen Becken des Neusiedler Sees vor. 24.7.2010 (Bernhard Kohler)*

Frühe Trockenlegungsversuche

Am Anfang der Entwässerungsbemühungen um den Neusiedler See und den Hanság standen die bis in das 17. Jahrhundert zurückreichenden Bestrebungen, der Überschwemmungen in den Raab-Auen, dem Rábaköz-Gebiet Herr zu werden[1,5]. Diese frühen Regulierungspläne betrafen vor allem die den Hanság speisenden Zuflüsse, im Gebiet selbst fanden zunächst nur lokale und wenig wirksame Eingriffe statt. Die komplexe, langwierige, facettenreiche und sich über mehr als 100 Jahre erstreckende Entwässerungsgeschichte des Hanság – die von Kovács[6] umfassend dargestellt worden ist und hier nur in groben Zügen wiedergegeben werden kann – beginnt im letzten Jahrzehnt des 18. Jahrhunderts: von 1795 bis 1799 fand eine teilweise Begradigung und Eintiefung des trägen und stark mäandrierenden Rabnitz-Unterlaufs zwischen Győr und Bősárkány statt. Ausgehend davon wurde ab 1799 der nach seinem Erbauer benannte Hegedüs-Kanal von Bősárkány – also vom Ostrand des Kapuvárer Hanság her – bis zum Königssee/Király-to gegraben. 1811 wurde dann vom südwestlichen Ende des Kapuvárer Hanság, von Eszterháza aus, der sogenannte Hauptkanal (Főkanális) in Richtung Nordosten, zum Hegedüs-Kanal hin vorangetrieben. Damit wurde die Ikva, die zwischen Szergény und Süttor ihren bis dahin nordöstlichen Verlauf nach Nordwesten, und damit zum Neusiedler See genommen hatte, vom See weggeleitet. Eingriffe fanden auch nördlich des Großen Erlenwaldes, im Bereich des Zusammenflusses von Rabnitz und Kleiner Raab statt. Der Ausbau des Hauptkanals in diesem Bereich wird von Kovács mit 1800–1813 datiert, die Regulierungs-Eingriffe in die Kleine Raab mit 1810–1813. Weitere Binnenkanäle sind um diese Zeit auch andernorts im Bereich der Esterházy´schen Domäne, aber auch in den ausgedehnten Habsburgischen Besitzungen im Lébényer Hanság gegraben worden. Laut einer Tabelle von Kovács[6] zu den Ausbaustufen des Kanalnetzes im Hanság hatte die Gesamtlänge der Kanäle im Jahr 1813 39,8 km erreicht.

1830–1835 wurde der sogenannte Neusiedler See-Kanal (Fertőcsatorna) errichtet, der von seinem Verlauf her als Vorgänger des Einser-Kanals betrachtet werden kann. Er querte den gesamten Kapuvárer Hanság, um an dessen Ostrand in den Hegedüs-Kanal bzw. die regulierte Rabnitz zu münden. Im Unterscheid zu anderen Kanalbauten, die bis dahin die Dammstraße von Eszterháza nach Pamhagen nicht nach Westen überschritten hatten, reichte der Hauptkanal zwei Kilometer über die Straße hinaus, ohne allerdings das damalige Neusiedler See-Ufer zu erreichen. 1834 wurde mit dem Szegedi csatorna im Bereich des Erlenwaldes eine diagonal verlaufende Verbindung zwischen der Kleinen Raab und dem Hegedűs-Kanal geschaffen. Die Ikva wurde 1840 vom Hauptkanal/Főkanális über den neu errichteten Ikva csatorna in den Neusiedler See-Kanal/Fertőcsatorna geleitet, ein weiterer Abschnitt der Rabnitz wurde reguliert und der Komitatskanal (Vármegye árka, heute Kapuvári-Bősárkányi csatorna) wurde zur Entwässerung des südlichen Hanság-Randes gegraben. Für 1834 wird eine Kanallänge von 55,8 km angegeben, 1840 waren es bereits 105,4 km[6].

Der mühselige Weg zum Einserkanal

Die frühen Kanalbauten und Ableitungen haben ihren Zweck allerdings nur teilweise erfüllt, starke Hochwässer im Neusiedler See und an den Zubringern Ikva, Répce und Kis-Rába verursachten weiterhin großflächige Überschwemmungen im Gebiet. Aus diesem Grund wurden noch ambitionierte Regulierungs- und Entwässerungsmaßnahmen entworfen. Erste, noch relativ unausgereifte Konzepte, die aber bereits auf die Entwässerung auch des Neusiedler Sees abzielten, wurden schon 1826 von J. David und 1838 von Károlyi Keczkés vorgelegt, gefolgt von den solideren Plänen von János Újházi 1873 und den umfassenden Projekten des Wasserbauingenieurs Ernő Meiszner 1878. Dessen Vorschläge sollten als Arbeitsgrundlage der 1873 gegründeten Raab-Regulierungs Gesellschaft dienen; ihre erklärte Aufgabe war es, die Regulierung der Raab und ihrer sämtlichen Nebenflüsse sowie die Trockenlegung von Neusiedler See und Hanság durchzuführen, um die Hochwässer im gesamten Raum unter Kontrolle zu bringen und großflächig landwirtschaftlich produktives Land zu gewinnen. Wegen zu hoher Kosten und technischer Schwierigkeiten kam allerdings nur ein Teil der Meiszner'schen Pläne zur Ausführung. Außerdem verzögerte sich die Umsetzung wegen der heftigen Diskussionen innerhalb der Raab-Regulierungs Gesellschaft, die durch die oben erwähnten Interessensgegensätze ausgelöst wurden. Die ungarische Regierung musste 1885 einen kommissarischen Verwalter einsetzen und ein Gesetz erlassen, um die völlig zerstrittene Gesellschaft zur Weiterarbeit und zur Einhaltung von Zielen und Fristen zu zwingen[1,6]. 1886 wurde mit der Umsetzung der abgeänderten Meiszner'schen Pläne begonnen und zunächst der Unterlauf der Rabnitz zwischen Bősárkányi und Győr vollständig reguliert und mit aufwendigen Begleitdämmen ausgestattet, außerdem wurden Dämme zur Mosoni Duna hin errichtet, um den Hochwassereinfluss von der Donau her zu verringern. 1892 musste die Regierung erneut hart durchgreifen, um die Aufbringung der bei diesen Arbeiten angefallenen Mehrkosten zu erzwingen und die Weiterführung des im gleichen Jahr begonnenen Baus des Einserkanals/Hansági Főcsatorna vorzuschreiben. Dieser Kanal, der heutzutage die Hauptachse des Entwässerungssystems der Region bildet, wurde unter enormen Schwierigkeiten quer durch die wassergesättigten Torfböden des Kapuvárer-Hanság gegraben. Dabei wurde sowohl mit Schwimm- als auch mit Trockenbaggern gearbeitet, aber auch händisch gegraben, wofür aus ganz Ungarn Arbeitskräfte zusammengezogen werden mussten. Im Vergleich zu früheren Kanalbauten führte die weiter fortgeschrittene Planungs- und Vermessungstechnik, vor allem aber der Einsatz schwerer, dampfbetriebener Maschinen zu höchst wirksamen Anlagen, die die Entwässerung des riesigen Hanság-Niedermoores enorm beschleunigt haben. 1895 war der Kanal fertiggestellt, er erstreckte sich von der Dammstraße am Westrand des Gebiets bis zum Beginn des regulierten Rabnitz-Unterlaufs im Osten auf eine Länge von rund 27 km (Abb. 2) Während des Baus des Einserkanals wurden auch zahlreiche weitere Entwässerungsgräben innerhalb des Sumpfgebiets gebaut, im Jahr 1900 betrug die Gesamtlänge des Kanalnetzes[6] 346,9 km. Interessanter Weise wurden bereits um diese Zeit in manche Kanäle Wehre eingebaut, um den unerwarteten Folgen entgegenzuwirken, welche die Trockenlegung für die Land- und Forstwirtschaft schon damals hatte – darauf wird später zurückzukommen sein.

Anfang des 20. Jahrhunderts wurden weitere starke Eingriffe in den Wasserhaushalt des Gebiets vorgenommen. Um Wasser auch aus den tiefst gelegenen Beckenteilen des Hanság ableiten zu können, wurden 1905–1907 am östlichen Ende des Gebiets dampfbetriebene Pumpwerke errichtet. Zudem wurden im Jahr 1908 weit südlich des Hanság, im Bereich der bereits erwähnten natürlichen Verbindungen zwischen Raab, Kleiner Raab und Rabnitz, aufwendige wasserbauliche Maßnahmen gesetzt, um die Wassermenge, die das Sumpfgebiet erreicht, drastisch zu reduzieren. Seither fließen die Hochwässer der Rabnitz, die für die plötzlichen Schwankungen des Wasserstandes maßgeblich waren, nicht mehr in den Hanság, sondern direkt in die Raab ab. Bis 1914 wurde auch im Lébényer Hanság das Netzwerk an Entwässerungskanälen weiter ausgebaut, zu Beginn des Ersten Weltkriegs war die Länge der Kanäle im gesamten Gebiet des Hanság auf 600 km angewachsen[6].

Abb. 2: Einserkanal bei der Brücke von Andau. Der 1886 – 1910 errichtete, insgesamt 61 km lange Kanal bildet die Haupt-Entwässerungsachse im Hanság und verbindet den Neusiedler See mit der Donau. 7.6.2006 (Bernhard Kohler)

Die gescheiterte Trockenlegung des Neusiedler Sees

Was den See betrifft, so war geplant, den 1895 fertiggestellten Einserkanal zunächst westlich der Dammstraße Esterháza-Pamhagen bis zum Seeufer, und dann bis zur tiefsten Stelle im Südteil des Sees weiterzuführen. Später wurden die Pläne dahingehend verändert, dass der Einserkanal bis zur Wulkamündung reichen sollte und dort in die ebenfalls kanalartig umzugestaltende Wulka übergehen sollte [1]. Bis 1910 wurde der Einserkanal tatsächlich bis zum Seeufer vorangetrieben, der weitere Bau im offenen Seebecken gestaltete sich aber in dem ständig windbewegten Wasser so schwierig und kostspielig, dass das ungarische Ackerbauministerium nach einem Sturm, der die völlige Verschlammung der im See gegrabenen Kanalstrecke bewirkt hatte, die Arbeiten umgehend einstellen ließ. Dies kam auch den Interessen der Raab-Regulierungs Gesellschaft entgegen, in welcher der Unmut über die unerwartet hohen Baukosten für den Einserkanal einen neuen Höhepunkt erreicht hatte. Die Gesellschaft betrachtete fortan ihre Aufgabe mit der Fertigstellung des Einserkanals als erledigt. Der Ausgleich zwischen den nunmehr gänzlich unterschiedlich bedienten Interessen der Mitglieder zog sich allerdings noch bis 1915 hin, als die Regierung die weitere Beitragsverpflichtung für jene Grundbesitzer aufhob, die nur von einer Trockenlegung des Sees profitiert hätten (Winkler 1921). 1912 wurde bei Mekszikópuszta ein erstes Wehr errichtet, mit dem der Abfluss von Seewasser aus dem Einserkanal reguliert werden konnte [6].

Mit dem vorläufigen Verzicht auf den Weiterbau des Einserkanals waren die Pläne zur Zerstörung des Sees aber noch lange nicht ad acta gelegt. Zunächst verhinderte der Erste Weltkrieg eine weitere Verfolgung jeglicher Vorhaben, aber bereits 1918 wurde seitens der Domäne Esterházy eine neue Initiative gestartet. Sie hätte vorgesehen, den See durch die Errichtung von Dämmen in mehrere Abschnitte zu teilen und die landwirtschaftlich nutzbaren Teile (die vor allem entlang des schilfbestandenen Westufers erhofft wurden) trocken zu legen, während Flächen mit Salz- oder Sandböden geflutet bleiben sollten, um als Wasserspeicher für die landwirtschaftliche Bewässerung, zur Schilfwirtschaft und zur Fischzucht zu dienen. Fischteiche waren vor allem im Bereich des Ostufers zwischen Podersdorf und Illmitz vorgesehen, wobei man die endgültige Lage der trocken zu legenden und der weiterhin wasserbedeckten Teile von näheren Bodenuntersuchungen und von den Interessen der beteiligten Grundbesitzer (sic!) abhängig machen wollte. Die Ausführung dieser Pläne wurde durch den Friedensvertrag von Trianon und die 1921 besiegelte Aufteilung des Neusiedler See-Gebiets zwischen Österreich und Ungarn zunichte gemacht [1].

Allerdings bedeutete auch diese schwerwiegende politische Veränderung noch kein Ende der hochfliegenden Pläne zur Trockenlegung des Sees. Vor allem auf österreichischer Seite wurden in der Zwischenkriegszeit weiterhin visionäre Konzepte ausgearbeitet. Als ein besonders haarsträubendes Beispiel sei der Vorschlag zweier Wasserbau-Ingenieure aus dem Jahr 1929 genannt [7]. Sie stellten in einer Fachzeitschrift einen ambitionierten Plan vor, der den Neusiedler See – den die beiden ohne nähere Begründung *„unnötig groß"* fanden – zunächst durch einen quer durch den See verlaufenden Damm in zwei Teile geteilt hätte. Der südliche Seeteil hätte sodann mittels Pumpwerken trockengelegt und einer landwirtschaftlichen Nutzung zugeführt werden sollen, während der nördliche Teil als Auffangbecken für ein großräumiges Ausleitungskraftwerk an der Donau konzipiert war. Die Ausleitung von Donauwasser hätte beim Praterspitz am unteren Ende des Wiener Donaukanals erfolgen sollen. Sie hätte einen rund 8 km^2 großen Speichersee gespeist, der abseits des Hauptstroms im Bereich der südufrigen Donau-Auen angelegt worden wäre. Bei Fischamend hätte ein erstes Kraftwerksgebäude errichtet werden sollen, an dessen Auslauf das Wasser zum Teil in die Donau zurückgeleitet, zum Teil aber in einen Kanal Richtung Bruck an der Leitha geschickt worden wäre. Dieser Kanal hätte unterwegs Wasser von der Leitha und eventuell auch von der Fischa aufnehmen und das Leithagebirge in einem Stollen durchqueren sollen, um einen Hochspeicher in der mit hohen Dämmen abgegrenzten Talmulde oberhalb von Jois zu füllen. Aus diesem Hochspeicher wäre das Wasser zum Fuß des Leithagebirges in ein weiteres Kraftwerk geleitet worden, bevor es in den zum Auffangbecken umfunktionierten Nordteil des Neusiedler Sees geflossen wäre. Über den nach Norden verlängerten Einserkanal wäre dann das Wasser aus diesem Becken nach Győr, und zurück in die Donau geleitet worden. Der Sinn des gleichmäßig wasserführenden Neusiedler Auffangbeckens, für das eine konstante Wassertiefe von mindestens zwei Meter vorgesehen war, wurde in der Ermöglichung des „Sportbetriebs" und einer sicheren Schifffahrt sowie in der Vorratsbildung für die als bewässerungsbedürftig eingestufte Landwirtschaft der Region gesehen. Als Mitnahmeeffekt sollte nämlich die *„teilweise versumpfte Gegend"* östlich des Sees entwässert werden, um sie im Dienste der Landwirtschaft bei Trockenheit aus dem Speichersee jederzeit wieder bewässern zu können. Auch die trocken gelegten Seeteile im Süden hätten zu ihrer Melioration (d. h. zur Ausschwemmung von Salzen) wohl reichlich Wasser aus dem Speichersee benötigt, worüber sich beiden Visionäre allerdings keine Gedanken machten. Stattdessen spekulierten sie über mögliche Nutzungen des Kanalsystems als Wasserstraße: über zusätzliche Kanalbauten wurde sogar eine Anbindung von Sopron/Ödenburg an die Donauschifffahrt erwogen. Ob dieses megalomane Projekt jemals Aussicht auf Verwirklichung gehabt hätte, muss angesichts der damit verbundenen Kosten und der wahrscheinlich geringen Energieausbeute bezweifelt werden. Der Hinweis auf dieses Vorhaben erscheint aber deshalb wichtig, weil es zeigt, dass großangelegte Wasserwirtschaftskonzepte, welche die Donau und den Neusiedler See in problematischer Weise miteinander verknüpfen wollen, durchaus keine neue Erscheinung sind. Wie immer es um die Realisierbarkeit solcher Großvorhaben damals auch bestellt gewesen sein mag, selbst bescheidenere Trockenlegungspläne, darunter ein ungarischer Plan von 1931, der die Verkleinerung des Sees auf ein Drittel seiner Fläche vorgesehen hätte [6], kamen wegen der Weltwirtschaftskrise, der politischen Verwerfungen der 1930er Jahre und vor allem wegen des Ausbruchs des Zweiten Weltkriegs nicht zustande.

Abb. 3: Wehranlage bei Mekszikópuszta am Einserkanal. Die Wehranlage dient der Wasserstandsregulierung am Neusiedler See. 12.10.2005 (Bernhard Kohler)

Entscheidung für die Erhaltung des Sees

In der unmittelbaren Nachkriegszeit wurde zunächst weiter über eine mögliche Trockenlegung des Sees diskutiert, zugleich wurden aber auch jene Stimmen lauter, die seine Erhaltung forderten. Ausschlaggebend dafür waren zum Teil Naturschutzgründe, mehr aber noch touristische Erwägungen, denn ab den 1950er Jahren war der Neusiedler See zum vielzitierten „Meer der Wiener" avanciert [8]. Die neue Wertschätzung für den See führte letztlich dazu, dass man die Trockenlegungspläne endgültig aufgab und stattdessen um eine Wiederanhebung des Wasserstandes bemüht war. Dieser war ja seit der Fertigstellung des Einserkanals und der weitgehend ungeregelten Ableitung des Seewassers sowie aufgrund einer Anfang der 1930er Jahre herrschenden Trockenheit über lange Zeit extrem niedrig gewesen. Eine Unterbrechung dieser langen Niedrigwasser-Phase hatte es nur aufgrund eines massiven Hochwasser-Ereignisses Anfang der 1940er Jahre gegeben, welches als das stärkste im 20. Jahrhundert in die Geschichte der Region eingegangen ist. 1956 wurde zwischen Österreich und Ungarn ein Abkommen über das künftige Wassermanagement im Neusiedler See abgeschlossen und eine gemeinsame Grenzgewässerkommission eingerichtet. Das Abkommen trat 1959 in Kraft[5]. Um den Abfluss des Seewassers über den Einserkanal besser regulieren zu können, wurde für das Wehr bei Mekszikópuszta (Abb. 3) eine gemeinsame Bedienungsvorschrift ausgearbeitet, die einerseits Hochwässer verhindern und andererseits die touristische, fischereiliche und schilfwirtschaftliche Nutzung des Sees sicherstellen sollte. Diese Bedienungsvorschrift, die den Seespiegel um durchschnittlich 50 cm angehoben und die bisherige Amplitude der Wasserstandsschwankungen verringert hat, blieb bis zum Jahr 2001 gültig[9]. Auf ungarischer Seite spielte in den 1950er und -60er Jahren, wegen der damals bereits weit fortgeschrittenen Verschilfung des südlichen Seeteils, die Schilfnutzung eine wichtige Rolle. Einen weiteren Erwerbszweig bildete hier die Fischerei. Für das neu entstandene kommunistische Regime Ungarns wurde allerdings die Grenzsicherung immer mehr zur zentralen Funktion des Sumpfgebiets, an dessen Unwegsamkeit und Erhaltung nach Entstehung des Eisernen Vorhangs, und ganz besonders aber nach dem gescheiterten Ungarischen Aufstand von 1956 größtes sicherheitspolitisches und militärisches Interesse bestand. Im österreichischen Teil des Gebiets war die Schilfindustrie in den 1950er und 1960er Jahren ebenfalls von Bedeutung, in geringerem Umfang auch die Fischerei – beide wurden vom aufkeimenden Tourismus aber bald übertroffen. Obwohl der Aufschwung der touristischen Nutzung in Österreich maßgeblich zum Verzicht auf die Trockenlegungspläne beigetragen hat, hatte er aus Naturschutzsicht durchaus seine problematischen Seiten. In den 1960er Jahren kam es in zahlreichen Seeufergemeinden zum Ausbau von Seezugängen, Seebädern und Segelhäfen. Dass dieser Ausbau gewisse Grenzen nicht überschritten hat, ist zum Teil den damals erlassenen Naturschutzbestimmungen zu verdanken, war aber auch eine Folge der zurückhaltenden Einstellung des größten Grundbesitzers am See, des Fürsten Paul V. Esterházy, der im Gegensatz zu seinem Vater (der 1918 die See-Trockenlegung noch mit großer Energie betrieben hatte) von allzu einschneidenden Veränderungen in der Landschaft des Neusiedler Sees nichts wissen wollte. In Seeufergemeinden mit anderen Besitzverhältnissen kam es hingegen zu dramatischen Eingriffen, etwa in Podersdorf, dessen mehrere Kilometer langes und naturschutzfachlich höchst bedeutendes offenes Seeufer fast zur Gänze unter Wochenendhäusern und Zweitwohnsitzen, einem ausgedehnten Campingplatz sowie einem Strandbad verschwunden ist. Ein anderes negatives Beispiel sind die als Wochenend- und Badehütten angelegten „Pfahlbausiedlungen" am seeseitigen Schilfgürtelrand von Rust und Mörbisch. Der wachsende Tourismus und die rapide steigenden Nächtigungszahlen führten auch zu einer starken Abwasserbelastung des Sees, die erst in den 1980er Jahren durch den Ausbau einer Ringkanalisation und von Großkläranlagen in Donnerskirchen, Pamhagen und Bruck an der Leitha behoben werden konnte[10]. Ein vorwiegend touristisch motiviertes Großprojekt, das den See beinahe doch noch schwer geschädigt hätte – der Bau einer autobahnartigen Panorama-Brücke quer über den See – konnte in den frühen 1970er Jahren von der noch jungen, aber erstarkenden österreichischen Naturschutzbewegung verhindert werden. Trotz aller bereits erfolgten Eingriffe in den Neusiedler See (auf deren Auswirkungen weiter unten eingegangen wird) ist der See von allen drei Teilen des Feuchtgebietskomplexes Neusiedler See – Hanság – Seewinkel der bis heute am besten erhaltene und am wenigsten beeinträchtigte Teil.

Die einstige Sumpf-Wildnis unter menschlicher Kontrolle

Anders als beim See liefen im Hanság die Trockenlegungs- und Regulierungsbemühungen nach der Fertigstellung des Einserkanals ungebremst weiter. In der Zwischenkriegszeit wurden weitere Regulierungsarbeiten und Ableitungsmaßnahmen an den Zuflüssen des Hanság vorgenommen, am Ostrand des Kapuvárer Hanság wurden mehrere leistungsstarke, dieselbetriebene Pumpwerke errichtet und das Kanalnetz im gesamten Gebiet weiter ausgebaut – seine Länge war bis zum Beginn des Zweiten Weltkriegs auf 1.300 km angewachsen. Zu den Entwässerungsmaßnahmen gesellten sich nun auch zunehmend Bewässerungsvorhaben, die in der heißen Jahreszeit auf den für die land- und forstwirtschaftliche Nutzung „gewonnenen" Flächen ein ausreichendes Wasserangebot sicherstellen sollten[6]. Entwässerte Torfböden und die daraus hervorgehenden Feuchtschwarzerden verfügen im trockenen Zustand über eine sehr geringe Wasserhaltekraft und nehmen eine bröselige, aschenartige Konsistenz an, die sie für Winderosion höchst anfällig macht. Erst nach länger anhaltenden Niederschlägen saugen sie sich mit Wasser voll, sind dann aber mechanisch schwer zu bearbeiten und für den Ackerbau vielfach zu nass. Auf trockengelegten Niedermoorflächen pendelt die Wasserversorgung für Kulturpflanzen also in schwer kontrollierbarer Weise zwischen zu großer Trockenheit und zu großer Nässe[11]. Der sommerlichen Austrocknung versuchte man durch Wasserrückhalt, bzw. Bewässerung und Beregnung Herr zu werden, wodurch das hydrologische Management des Gebiets immer komplexer wurde und zwischen gegensätzlichen Erfordernissen hin- und hergerissen wurde.

Während des Zweiten Weltkriegs kam der Ausbau der wasserwirtschaftlichen Anlagen im Hanság vorübergehend zum Erliegen, die bestehenden Einrichtungen blieben ohne Wartung und begannen zu verfallen. Die 1950er Jahre waren deshalb zunächst von Instandsetzungsarbeiten geprägt. Sehr bald wurde die Entwässerung aber weiter vorangetrieben, um die land- und vor allem forstwirtschaftliche Inanspruchnahme der tiefer gelegenen Teile des Gebiets zu unterstützen[6] und insbesondere die damals beginnende Umstellung der Forstwirtschaft von der bisherigen Erlen- und Weidennutzung auf großflächige Hybridpappelkulturen zu ermöglichen[12]. Ein weiteres Motiv für den Ausbau des Kanalsystems mag auch in der Grenzsicherung gelegen haben. Es ist kein Zufall, dass nach der Niederschlagung des Ungarischen Aufstandes 1956 die große Fluchtwelle ungarischer Bürger*innen über das dünn besiedelte und schwer zu überwachende, im Vergleich zum Südteil des Neusiedler Sees aber einigermaßen begehbare Terrain des entwässerten Hanság-Sumpfes führte. Nach 1956 wurde die militärische Kontrolle über das Gebiet verschärft: dem kamen die Entwässerungskanäle als zusätzliche Annäherungshindernisse an die Grenze durchaus entgegen. Die Gesamtlänge des Kanalnetzes, an dem nun auch der Kommunistische Jugendverband im Rahmen von sogenannten „Aufbaulagern" mitarbeitete, hatte zu dieser Zeit eine Länge von mehr als 1.700 km erreicht[6]. Für die weitere Entwicklung im Hanság war das extreme Hochwasserjahr 1965 bestimmend, das in großen Teilen Mitteleuropas erhebliche Schäden verursachte und das in der Folge zu einer noch nicht dagewesenen Welle von Hochwassersicherungsmaßnahmen und Flussregulierungs-Aktivitäten führte. Auch die harte Regulierung der meisten burgenländischen Fließgewässer fand nach den Hochwasserjahren 1965/66 statt. In Ungarn wurde intensiv in das Raab-Rabnitzsystem eingegriffen, da nach einem Dammbruch die Répce/Rabnitz ihre gesamte

Abb. 4a, b: a) Pumpwerk an der Mündung des Tadtner Hauptkanals in den Einserkanal, 7.6.2005 (Bernhard Kohler); b) Das mit hohem Energieaufwand in den Einserkanal gepumpte und letztlich zur Donau abgeleitete Grund- und Oberflächenwasser stammt nicht nur aus dem Hanság, sondern auch aus dem Seewinkel. 16.4.2013 (Michael Dvorak)

Wasserfracht, wie im Ursprungszustand, wieder in den Kapuvárer Hanság ergossen und dort für großflächige Überschwemmungen gesorgt hatte. Zugleich hatte ein Rückstauhochwasser von der Donau 1965 weite Teile des Lébényer Hanság geflutet, nachdem die im Unterlauf der Rabnitz bestehenden Hochwasserschutzbauten gleichfalls versagt hatten. Das in den Hanság eingedrungene Wasser wurde letztlich mit fixen und mobilen Pumpen abgeleitet. In den Folgejahren wurden die Hochwasserschutzeinrichtungen an den zuführenden Flüssen und Bächen erneuert und ausgebaut, die Binnenkanäle ertüchtigt. Sobald der angestrebte Zustand wiederhergestellt war, wurde am Ent- aber auch am Bewässerungssystem weitergearbeitet, letzteres insbesondere für den mittlerweile relativ trockenen Lébényer Hanság. Die 1965 in Kraft getretene Wehrbetriebsordnung zielte übrigens nicht nur auf eine Regelung des Seewasserstandes, sondern auch auf die Vermeidung von Überschwemmungen im Hanság ab. In den 1980er Jahren wurden am Westrand des Kapuvárer Beckens zusätzliche Pumpstationen errichtet. Im selben Jahrzehnt erfolgte auch ein weiterer, folgenschwerer Eingriff in die Hydrologie des Gebiets, indem durch den Bau des Hochwassertors von Abda sowie von begleitenden Dämmen und Retentionsbecken im Bereich der Rábca-Mündung in die Mosoni Duna den Rückstauhochwässern ein dauerhafter Riegel vorgeschoben wurde[6]. Ab den 1990er Jahren kam schließlich der Naturschutz bzw. der Nationalpark als neuer Anspruchsberechtigter ins Spiel.

Insgesamt blickt der Hanság heutzutage auf eine mehr als 200-jährige Eingriffsgeschichte zurück, an deren Ende ein extrem aufwendiges System von Ent- und Bewässerungskanälen, von Wehren, Pumpwerken und Dämmen steht (Abb. 4a und b). Die Hauptachse dieses Systems wird vom 61 km langen Einserkanal gebildet, es umfasst mehr als 100 wasserbauliche Einrichtungen sowie ein Kanalnetz von mehr als 2000 km Gesamtlänge[6]. Der Betrieb all dieser Anlagen ist darauf ausgerichtet, einen Landschaftsraum, der von Natur aus anders will, im Dienste einer extraktiven land- und forstwirtschaftlichen Nutzung trocken zu halten, bzw. zu verhindern, dass die prinzipiell angestrebte Trockenheit für diese Nutzung doch nicht zu groß wird. Im Unterschied zum Neusiedler See und sogar zum Seewinkel, in denen ein gewisses Maß an Naturnähe erhalten geblieben ist, erscheint das einstige Niedermoor, das noch im 18. Jahrhundert als eines der letzten großen Tiefland-Wildnisgebiete Europas gelten konnte, heutzutage als eine hochgradig künstliche und weitgehend vom Menschen gestaltete und gelenkte Landschaft.

In den folgenden Abschnitten wird näher auf die weitreichenden ökologischen Folgen eingegangen, die sich aus den hydrologischen Eingriffen in den Feuchtgebietskomplex Neusiedler See – Hanság ergeben haben.

Die ökologischen Folgen für den Hanság

Ein radikal verändertes und degradiertes Niedermoor

Die im Vergleich zur Ausgangssituation ziemlich weitgehende, aber doch nie vollkommen abgeschlossene Trockenlegung des Hanság hat eine Kaskade von negativen ökologischen Entwicklungen im ehemaligen Niedermoorgebiet ausgelöst, die hier nur in Umrissen beschrieben werden können. Auf die paradoxe Tatsache, dass schon in einem relativ frühen Stadium der Entwässerung, ab den 1860er Jahren, parallel zur fortschreitenden Trockenlegung auch an der Bewässerung des neu gewonnenen Landes gearbeitet werden musste[6], wurde bereits hingewiesen. Dies hatte einerseits mit der ebenfalls schon erwähnten schlechten Wasserhaltekapazität ausgetrockneter Torfböden und Feuchtschwarzerden zu tun, die in Trockenzeiten eine ackerbauliche Nutzung erschweren, anderseits waren die Bewässerungsbemühungen auch durch den Wunsch motiviert, die beiden Nutzungsformen, die sich für den veränderten Hanság als einigermaßen einträglich erwiesen hatten – die Heuwirtschaft und die auf der Nutzung von feuchtigkeitsliebenden Weichholzarten beruhende Forstwirtschaft – zu optimieren, bzw. sie vor den Folgen einer allzu weitgehenden Trockenlegung zu bewahren. Dabei mussten sich sowohl die Heuwirtschaft, mehr aber noch die Forstwirtschaft laufend an die sich rasch ändernden Standortsbedingungen anpassen.

Abb. 5: Wälder mit dem Charakter einer Hartholz-Au waren in den südlichen Randbereichen des Hanságs und entlang der Hanság-Zuflüsse Rabnitz/Répce, Kleine Raab/Kis Rába und Ikva verbreitet, wurden aber z.T. frühzeitig gerodet. Das Bild stammt aus dem Tőzikéserdő bei Csáfordjánosfa an der Répce. 28.3.2005 (Bernhard Kohler)

Intensivierung der Forstwirtschaft im Hanság

Die Trockenlegung hatte zunächst eine starke Ausweitung der Nutzung der Erlenwälder ermöglicht, die Ende des 19. Jahrhunderts, insbesondere auf den Kapuvárer Besitzungen der Esterházy, durch einen aus Deutschland stammenden Pächter, den Unternehmer Baron Gustav Berg, systematisch vorangetrieben wurde[12]. Es wurde dabei nicht einfach nur die bisherige Niederwaldnutzung der ursprünglichen Erlenwaldflächen fortgeführt, sondern die Waldfläche wurde durch Aufforstungen mit Erlen und zum Teil auch Weiden maßgeblich vergrößert, während in den trockeneren Randbereichen des Hanság die dort noch vorhandenen, an Hartholzauwälder erinnernden Waldgebiete gerodet wurden, um Platz für neues Weide- und Ackerland zu schaffen (Abb. 5). Auf dem Höhepunkt der Erlenwaldwirtschaft bedeckten allein Erlenbestände der Berg'schen Pachtgebiete an die 3.400 ha. Die sinkenden Wasserstände innerhalb des Niedermoors führten allerdings zu einer fortschreitenden Zersetzung der trockenliegenden Torfschichten. Die Folge waren einerseits Setzungsvorgänge im Torfboden, die zu einer neuerlichen, sekundären Vernässung tiefer gelegener Waldteile führten und neu begründete Erlen- und Silberweiden-Aufforstungen zum Absterben brachten – was mitunter erneute Entwässerungsarbeiten auslöste, die die Situation noch weiter verschärften. Andererseits trockneten viele Erlenwaldbestände soweit aus, dass Bewässerungsversuche unternommen werden mussten, um den forstlichen Ertrag zu sichern. Sichtbares Zeugnis der Torfzersetzung in den ehemaligen Bruchwäldern, bzw. deren aufforstungsbedingten Erweiterungen, war die Ausbildung von Stelzwurzeln bei den Erlen. Diese zwar pittoresk aussehenden, und an tropische Mangrovenbestände erinnernden Baumgestalten sind freilich kein Merkmal naturnaher Erlenbestände, sondern vielmehr ein deutliches Anzeichen für die Degradation von Bruchwaldstandorten. Mit der Zeit wurde die Fortführung der auf Erlen und Weiden beruhenden Forstwirtschaft immer schwieriger und in der Zwischenkriegszeit wurde die Erlenwaldwirtschaft im Hanság schließlich als gescheitert betrachtet[12]. Es wurde begonnen, nach geeigneten Alternativen für die Erle zu suchen, wobei ein breite Palette von Arten ausprobiert wurde, die von Fichten (*Picea abies*) über Stieleichen (*Quercus robur*) und Eschen (*Fraxinus excelsior*) bis hin zu exotischen Arten wie Robinien (*Robinia pseudacacia*) und Schwarznüssen (*Juglans nigra*) reichte. Schließlich kristallisierte sich aus forstlicher Sicht der Anbau von Pappeln als gangbarer Weg heraus. Beginnend noch in der Zwischenkriegszeit, vor allem aber nach dem Zweiten Weltkrieg, setzte sich dabei die Verwendung von euroamerikanischen Hybridpappeln durch. Da Hybridpappeln feuchte Standortsbedingungen verlangen, jedoch im Gegensatz zu den Erlen keine lang anhaltenden Überschwemmungen mit stehendem Wasser vertragen, wurde der nunmehr in großem Stil betriebene Pappelanbau zum Motor für weitere Entwässerungsmaßnahmen. Im Kapuvárer Hanság bedecken heutzutage Hybridpappelwälder außerhalb der bestehenden Schutzgebiete beinahe 2.500 ha – etwas mehr als die Hälfte der Wirtschaftswaldfläche. Der Weidenbestand beläuft sich auf rund 400 ha, Erlenwälder stocken auf nur mehr

Abb. 6: Die heute noch erhaltenen Erlenbruchwälder im Hanság sind großteils sekundärer Natur. Osli, 4.10.2015 (Michael Dvorak)

50 ha. Im ursprünglich fast waldfreien Lébényer Hanság erstreckt sich der Wirtschaftswald heutzutage über 6.000 ha, auch hier dominieren mit 2.500 ha die Hybridpappelbestände. Weiden bedecken rund 700 ha, Erlen immerhin fast 1.000 ha[12]. Dass hier Erlen eine größere Rolle spielen, hat sowohl mit dem im Lébényer Hanság früher intensiv betriebenen Torfabbau zu tun, dessen ausgebeutete Flächen z. T. mit Erlen aufgeforstet wurden, mehr aber noch mit den großflächigen Torfbränden, die das Gebiet nach dem zweiten Weltkrieg heimgesucht haben. Da Teile der damals brachliegenden Moorwiesen von der sowjetischen Besatzungsmacht als Schießplatz verwendet wurden, kam es in den späten 1940er Jahren zu riesigen Torfbränden, die unterirdisch über Monate weiterschwelten und im Lébényer Hanság, aber auch im Kapuvárer Becken und sogar im österreichischen Anteil riesige Torfflächen endgültig zerstört haben. Auch später noch kam es durch Unachtsamkeit immer wieder zu Bränden im Hanság, die kaum zu löschen waren, weil sich das Feuer in der trockenen Torfschicht unter der Bodenoberfläche weiterfraß und schwer einzugrenzen war. Auf den ausgebrannten Flächen entstanden spontan Pionierwälder aus heimischen Pappeln, Birken, Weiden und Erlen, von denen ein Teil später in die wiederaufgenommene Forstwirtschaft integriert, ein anderer Teil unter Schutz gestellt wurde[12]. Parallel zum Niedergang der ursprünglichen Erlenwälder gab es ab dem frühen 20. Jahrhundert Bemühungen, naturnahe Altbestände, bzw. Reste der ursprünglichen Bruchwälder unter Schutz zu stellen. Diese hatten allerdings nur wenig Erfolg. Die meisten der heute im ungarischen Nationalparkteil unter Schutz stehenden Erlen- und Weidenbestände sind aus den Aufforstungen Ende des 19., Anfang des 20. Jahrhunderts hervorgegangen, bzw. gehen auf die nach den Torfbränden entstandenen Sekundärwälder zurück[12] (Abb. 6).

Niedergang der Heuwirtschaft im Hanság

Was die Heuwirtschaft betrifft, so bildete sie bis in die Zeit nach dem Zweiten Weltkrieg einen einträglichen Erwerbszweig (Abb. 7), der – ähnlich wie die auf autochthonen Waldbeständen und Baumarten beruhende Forstwirtschaft – von der fortschreitenden Entwässerung zunächst gefördert, dann aber immer mehr in Bedrängnis gebracht wurde. Ausschlaggebend für das weitere Schicksal der Heuwiesen des Hanság waren allerdings die landwirtschaftlichen und technologischen Veränderungen nach dem Zweiten Weltkrieg. Die weitgehende Einstellung der Viehwirtschaft, die umfassende Motorisierung der Gesellschaft und der Wegfall von Pferden als Zugtieren machten die einst ertragreiche Heuproduktion im Hanság vollkommen unrentabel (Abb. 8). Die nicht mehr benötigten Wiesenflächen wurden entweder aufgeforstet oder umgebrochen. Ersteres ist vor allem in Ungarn geschehen, letzteres beiderseits der Grenze. Allein im heute österreichischen Anteil des Gebiets ging die Wiesenfläche von einigen tausend Hektar zu Anfang des 20. Jahrhunderts auf einen Tiefststand von etwas über 200 ha in den 1980er Jahren zurück. Im ungarischen Grenzsperrgebiet ist zudem ein beträchtlicher Anteil ehemaliger Feuchtwiesen brach gefallen und von konkurrenzkräftigeren Neophyten, wie der Goldrute (*Solidago canadensis*), erobert worden. Industriell bewirtschaftete Pappelforste und Landwirtschaftsflächen wurden im Verlauf des 20. Jahrhunderts zur landschaftsprägenden Nutzungsform in der ehemaligen Sumpfwildnis. Naturschutzflächen begannen erst mit der Einrichtung des Nationalparks eine nennenswerte Rolle zu spielen.

Torfabbau im Hanság

Ein weiterer, landschaftsverändernder Faktor, der vor allem in Ungarn wirksam wurde und nicht unerwähnt bleiben darf, ist der Torfabbau. Obwohl die Torflager des Hanság weder besonders mächtig waren, noch besonders hochwertigen Torf zu liefern vermochten (etwa im Vergleich mit Hochmoortorf), so bot die schiere Flächenausdehnung der Torfvorräte doch genügend Anreiz für ambitionierte Abbauvorhaben. Ein besonders umfangreiches Abbauprojekt fand im Lébényer Hanság in der zweiten Hälfte des 19. Jahrhunderts statt. Hier pachtete ein Unternehmer ausgedehnte Moorwiesenflächen von der Erzherzoglichen Güterverwaltung, um im großen Stil Torf abzubauen und damit den Brennstoffbedarf einer Spiritusfabrik und einer Zuckerfabrik in Mosonszentmiklós zu decken. Nach vier Jahrzehnten des Abbaus wurde die Torfgewinnung allerdings wieder eingestellt. Auf den Besitzungen der Esterházy im Kapuvárer Hanság wurde ebenfalls Torf abgebaut, eine Torffabrik entstand am Nordwestrand des Gebiets, südlich von Pamhagen. Einen beträchtlichen Aufschwung erlebte die Torfnutzung im Hanság allerdings erst nach dem Zweiten Weltkrieg, unter dem kommunistischen Regime. Durch die Gründung eines eigenen staatlichen Torfabbau-Unternehmens, den Bau von Feldbahnen und den massiven Einsatz von Arbeitskräften sowie mit Hilfe von hochwirksamen Abbaumaschinen wurden große Torflager erschlossen und durch Abbau fast restlos zerstört. Zunächst konzentrierte sich der Abbau auf die Umgebung der Moorseen im Tóköz, am südöstlichen Rand des Kapuvárer Hanság. Später wurden parallel zur fortschreitenden Trockenlegung des Gebiets auch Flächen im Kernbereich des Hanság, rings um den Király-tó /Königssee in

Abb. 7: Heuernte im Hanság bei Wallern, 1954 (A. J. Ohrenberger, Bgld. Landesarchiv-Fotosammlung_Sign. 26210LM)

Angriff genommen[13]. Ironischerweise hat dieser Abbau unter anderem zur Schaffung einer neuen, offenen Wasserfläche im Bereich des zu diesem Zeitpunkt bereits gänzlich verlandeten Moorsees geführt. Dieses sekundäre Gewässer liegt heute im Nationalpark und vermittelt eine Vorstellung davon, wie der ursprüngliche, sagenumwobene See mit seinem dunklen Wasser und den umgebenden düsteren Erlenbeständen ausgesehen haben mag (Abb. 9). Außerhalb des Nationalparks läuft der Torfabbau im ungarischen Hanság auch heute noch weiter, wenn auch in verringertem Umfang. Dennoch trägt er zur weiteren Degradation der einstigen Moorlandschaft bei und schränkt die Chancen auf eine umfassende Renaturierung weiter ein.

*Abb. 9: Der Király-tó/Königssee im Hanság lebt nur in einem aufgelassenen und allmählich verlandenden Torfstich fort. Im Vordergrund der mit Rohrkolben (*Typha sp.*) zuwachsende Torfstich, dahinter Grauweidengebüsch (*Salix cinerea*), am Horizont die im Hanság heutzutage landschaftsprägenden Hybrid-Pappelwälder. 1.7.2014 (Bernhard Kohler)*

Die ökologischen Folgen für den Neusiedler See

Wasserstandsabsenkung und Kappung der Hochwasserspitzen des Sees

Im Bereich des Neusiedler Sees hat der Bau des Einserkanals vor allem zu einer dramatischen Reduktion der Amplitude der Wasserstandsschwankungen geführt. Hochwasserspitzen mit Wassertiefen von bis zu drei Metern und einer massiven Ausuferung des Sees in sein Umland, wie sie die Karte der Josephinischen Landesaufnahme zeigt, können heutzutage wegen des Einserkanals, aber auch wegen der Regulierung und Umleitung der Hanság-Zuflüsse sowie wegen der Abschottung des Systems gegen Rückstauhochwässer von der Donau nicht mehr vorkommen. Damit fehlt ein wichtiges, prägendes und im natürlichen Zustand des Sees immer wiederkehrendes Element seines Wasserhaushalts. Hingegen sind die für den See ebenso natürlichen episodischen Niedrigwasserstände, die bis zu einer völligen Austrocknung reichen können, bis heute immer noch möglich. Allerdings hat die zweite Hälfte des 20. Jahrhundert bezüglich extremer Niedrigwassersituationen eine Ausnahme gebildet, ganz zu schweigen von einer völligen Austrocknung. Während in den vorangegangenen Jahrhunderten (und wahrscheinlich auch in vielen Jahrtausenden davor) ein bis zwei Austrocknungsereignisse pro Jahrhundert normal waren, und sich oft binnen kürzester Zeit mit Höchstwasserständen abgewechselt haben, gab es in der zweiten Hälfte des 20. Jahrhunderts zwar ausgeprägte Hochwasserereignisse, aber kaum dramatische Tiefstände. Die Spitzen wurden möglichst rasch abgeleitet und haben nur aufgrund der beschränkten Kapazitäten des Einserkanals kurzzeitig anhaltende und relativ überschaubare Überschwemmungen im Umland verursacht. Wegen der relativ günstigen Niederschlagssituation und dank der geltenden Bedienungsvorschriften für das Wehr am Einserkanal ist es in der zweiten Hälfte des 20. Jahrhunderts zwar zu merklichen Schwankungen des Wasserstandes am Neusiedler See gekommen, aber zu keiner Situation wie in den Jahrzehnten nach dem Bau des Einserkanals. Damals blieb der Wasserstand sowohl wegen klimatischer Einflüsse, vor allem aber wegen des ungeregelten Abflusses über den Kanal über lange Zeiträume hinweg sehr niedrig, mit Ausnahme des schon erwähnten, sehr heftigen Hochwassers Anfang der 1940er Jahre (Abb. 10).

Der durchschnittliche Wasserstand hat zwischen dem Beginn der Aufzeichnungen 1930 und der neuen Betriebsvorschrift für die Wehranlage von Mekszikópuszta 1965 bei nur 114,98 m ü. A. gelegen, während der Durchschnittswasserstand 1965–2019 sich auf 115,50 m ü. A. belaufen hat[9]. Für die meisten der heute lebenden Menschen, die das Geschehen am See verfolgen, bilden die relativ gleichmäßigen Wasserstände der zweiten Hälfte des 20. Jahrhunderts den einzigen, persönlich überschaubaren Erfahrungshorizont, weswegen die breite Öffentlichkeit sich aktuell eine Trockenphase des Sees weder vorstellen kann, noch möchte. Jedenfalls war der Neusiedler See von 1965 bis zum massiven Spürbarwerden der Klimaerwärmung in den 2000er Jahren durch eine deutlich verringerte Amplitude der Wasserstandsschwankungen gekennzeichnet – nicht nur, wenn man den Zustand seit dem Beginn der Pegel-Aufzeichnungen betrachtet (der ja bereits von Eingriffen gekennzeichnet war), sondern vor allem, wenn man sich auf den Zustand vor Fertigstellung des Einserkanals bezieht. Da die ausgeprägten Wasserstandsschwankungen ein wesentlicher Faktor des Steppensee-Ökosystems sind, an das die hier vorkommenden Organismen bestens angepasst und von dem einige sogar abhängig sind, bedeutet eine Reduktion der Schwankungen auch einen Verlust an biodiversitätsfördernder Dynamik.

Verringerung des Salzgehalts im See

Eine bislang oft unterschätzte negative Folge, die der Bau des Einserkanals hatte, ist der Verlust der weitgehenden Abflusslosigkeit des Neusiedler Sees und die damit einhergehende Aussüßung. Wie im Kapitel 12 über den Landschaftszustand im 18. Jahrhundert ausgeführt, verfügten die drei Teilbecken des Neusiedler See-Hanság-Komplexes zwar mit dem Unterlauf der Répce/Rabnitz über einen gemeinsamen Vorfluter zur Donau. Die relative Höhenlage der drei Becken zueinander, bzw. die Höhenlage der sie trennenden Geländeschwellen, sowie die von den drei

Abb. 8: Die Sumpfwiesen des Hanság lieferten wertvolles Pferdefutter, vor allem als Heu, aber auch in frischem Zustand. Pferdehirt bei Tadten (Bgld. Landesarchiv-Fotosammlung_Sign. 21343LA).

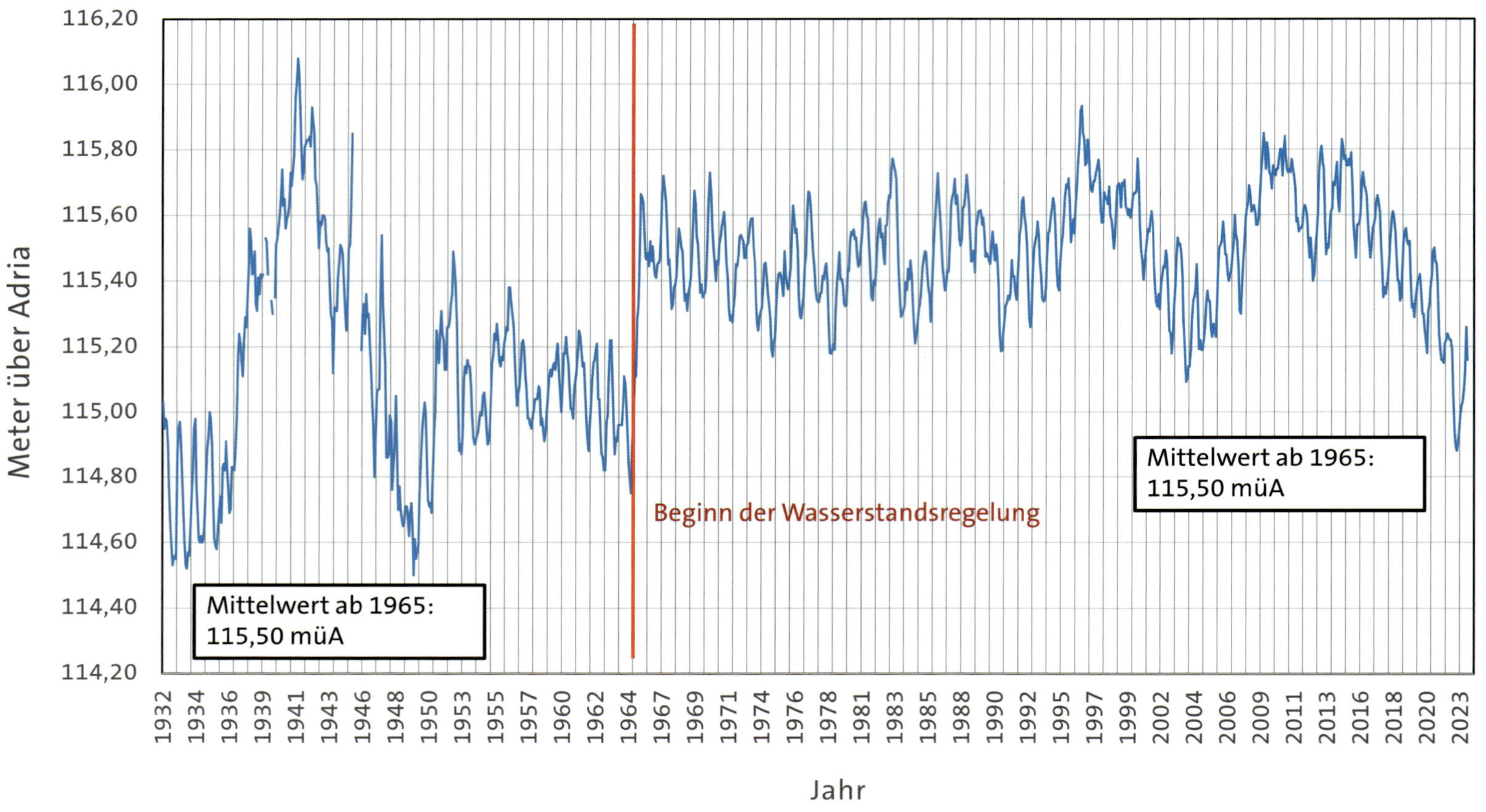

Abb. 10: Ganglinie des Wasserstands im Neusiedler See, Zeitraum 1930 bis Mitte August 2023. Aus: Sailer & Maracek [9], ergänzt

Flüssen im Mittelteil des Beckensystems verursachte Wasserstandsdynamik scheinen aber dazu geführt zu haben, dass aus dem Neusiedler See Becken selbst nur in Ausnahmesituationen Wasser zur Donau abgeflossen ist. Dadurch ist es über die Jahrtausende seines Bestehens zu einer deutlichen Salzanreicherung im westlichen Becken gekommen. Das Becken des Neusiedler Sees erhielt zwar Wasser aus seinen eigenen Zuflüssen und bei Hochwasser aus jenen des Kapuvárer Hanság, die Abflüsse scheinen aber immer nur kurzzeitig bestanden zu haben und wurden von der Rolle der Verdunstung in der Wasserbilanz bei weitem übertroffen. Zu Recht wird der See also in seinem ursprünglichen Zustand als endorheischer Steppensee eingestuft[10,14]. Mit dem Bau des Einserkanals entstand eine direkte und bei fast allen Wasserständen wirksame Ableitung zur Donau, die nicht nur Wasser aus dem See abgeführt hat, sondern auch enorme Mengen an Salz. Tatsächlich haben die frühesten Messungen des Salzgehalts im See aus den Jahren 1902/1903 (also noch vor der Fertigstellung des Einserkanals) Werte von bis zu 16 g/Liter ergeben[15,16], das entspricht – bei anderer chemischer Zusammensetzung – annähernd der Hälfte der Salzkonzentration von Meerwasser. In der zweiten Hälfte des 20. Jahrhunderts lagen die entsprechenden Messergebnisse meist im Bereich von 1–2 g/l[10]. Auch wenn man in Rechnung stellt, dass die Messungen am Beginn des 20. Jahrhunderts während einer natürlichen Niedrigwasserphase durchgeführt worden sind, in der erhöhte Salzgehalte zu erwarten waren, ist der Unterscheid doch beträchtlich und dürfte großteils auf die Ableitung von Wasser und Salz aus dem See zurückzuführen sein. Welche Salzmengen schon während zeitlich begrenzter Ableitungsepisoden verloren gehen, haben Studien gezeigt, die Mitte der 2000er Jahre anlässlich der Diskussionen um eine mögliche Dotierung des Sees mit Fremdwasser durchgeführt worden sind: sie haben ergeben, dass durch die nur sechs Monate andauernde Öffnung des Wehrs am Einserkanal, die der Ableitung des Hochwassers 1996 gedient hat, der Chloridgehalt des Sees von 70.000 Tonnen auf 40.000 Tonnen gesunken ist[17] (Chlorid wurde als Indikator für den Salzgehalt gewählt, stellt aber nur eine der Komponenten des Gesamt-Salzgehalts dar). Angesichts dieser Werte wird vorstellbar, welche Salzmengen dem See verloren gegangen sein müssen, als zwischen 1910 und 1965 die Ableitung weitgehend ungeregelt war und die seit 1912 bestehende Wehranlage dergestalt betrieben wurde, dass die Wasserstände im See die meiste Zeit über extrem niedrig blieben. Aber auch noch nach Einführung einer Wehrbetriebsordnung 1965 muss der See große Salzmengen verloren haben, weil die geltende und offenbar sehr flexibel gehandhabte[9] Regelung bewirkte, dass das Wehr bei Mekszikópuszta häufig und für längere Zeiträume offen blieb. Dies dürfte dem See große Mengen an Salz gekostet haben, wenn auch weniger als die ungeregelte Ableitung in den 50 Jahren davor. Erst die Anhebung des Regelungswasserstandes im Jahr 2001 und die neuerliche substanzielle Anhebung 2010 (auf die im Kapitel über die Auswirkungen des Nationalparks zurückzukommen sein wird) haben hier zu einer Verbesserung der Situation, sprich zu selteneren und kürzeren Ableitungsphasen geführt – auch wenn dadurch keine Wiederherstellung, sondern nur eine Annäherung an die ursprünglichen Verhältnisse erzielt wurde. Der Verlust des Salzgehalts hat schwerwiegende Folgen für die Ökologie des Sees. Er führt zu Verschiebungen in der Zusammensetzung der charakteristischen Fauna und Flora, weg von seltenen salzliebenden und salztoleranten Organismen hin zu weit verbreiteten „Allerweltsarten" des Süßwassers. Es sind aber gerade die an den erhöhten Salzgehalt gebundenen Arten und Lebensgemeinschaften, die aus Naturschutzsicht das unverwechselbare, wertgebende Element des Neusiedler See-Gebiets bilden und die deshalb Hauptgegenstand der Naturschutzbemühungen (und Grundlage des Naturtourismus in der Region) sind. Noch schlimmer aber ist, dass der Salzverlust auch Prozesse beeinträchtigt, die für den langfristigen Erhalt des Sees entscheidend sind. Denn der Sodagehalt des Sees sorgt einerseits für die Stabilität der charakteristischen anorganischen Wassertrübe des Sees und andererseits für das Vorkommen von alkaliphilen Bakterien-Arten, die bei der Zersetzung von anfallendem organischen Material besonders effizient sind[18]. Die starke Trübung des Seewassers wirkt begrenzend auf die Algen- und Zooplankton-Produktion im offenen Seewasser und reduziert damit den Anfall von totem organischen Material, das zur Schlammbildung und zur Verlandung des Sees beiträgt. Die Trübepartikel bilden aber auch das Substrat, auf dem die genannten Bakterien sitzen und solcherart im Freiwasser schwebend einen Teil der absterbenden Algen und Zooplankter zersetzen, bevor sie zum Seegrund absinken und dort zur Schlammbildung beitragen können. Wird der Sodagehalt des Sees zu sehr reduziert, dann kann es zum Ausfallen der Trübe und zum Verlust der alkaliphilen Bakterien kommen. Stark erhöhte Biomasse- und Schlammproduktion und letztlich eine beschleunigte Verlandung des Sees wären die Folgen. Auch ist zu betonen, dass der Salzgehalt des Sees das Ergebnis eines sich über Jahrtausende erstreckenden Anreicherungsprozesses ist, in dem Stoffeinträge aus den einmündenden Flüssen, unterirdische Zutritte von salzhaltigem Wasser[19,20] das weitgehende Fehlen eines Abflusses und die hohen Verdunstungsraten in der Region zusammengewirkt haben. Das bedeutet, dass verloren gegangenes Salz in menschlich überschaubaren Zeiträumen nicht ersetzt werden kann. Entsprechende Zurückhaltung ist bei allen Eingriffen geboten, die eine Reduktion des Salzgehalt bewirken könnten – sei es die übermäßige Ableitung von Wasser aus dem

See oder die Zuleitung von Fremdwasser aus der Donau (siehe Kapitel Herausforderungen im 21. Jahrhundert).

Verlust von Überschwemmungsräumen rings um den See

Das durch den Einserkanal ermöglichte Kappen von Hochwasserspitzen hat das Ausmaß der Flächen dramatisch reduziert, die im Umland des Sees bei hohen Wasserständen überschwemmt sind. Dies hat zu einem erheblichen Zuwachs an Flächen geführt, die landwirtschaftlich nutzbar sind, auch wenn sich ihre Produktivität aufgrund des Salzgehalts und der Bodentextur in Grenzen hält. Die größten Zugewinne an geringwertigem Ackerland und Grünlandflächen wurden im Südosten des Sees realisiert, in der sehr breiten Seerandzone zwischen Illmitz und Pamhagen einerseits sowie zwischen Pamhagen und Sarród andererseits. Schon in der zweiten Hälfte des 19. Jahrhunderts wurden hier weit in das Sumpfland vorgeschobene Meierhöfe der Domäne Esterházy angelegt – der Apetloner Meierhof/Bánfalu puszta und der Piringer major auf heute österreichischem Gebiet sowie Mekszikópuszta (das heutige Fertőújlak), der Ürményi major und der Nyárosi major im ungarischen Teil des südöstlichen Seevorgeländes. Ausgehend von diesen – zunächst ganz auf Weidewirtschaft ausgerichteten – Meierhöfen erfolgte bei fortschreitender Trockenlegung durch den Einserkanal und mittels lokaler Entwässerungsgräben die ackerbauliche Erschließung des ehemaligen Inundationsgebiets. Spätestens nach dem Zweiten Weltkrieg gab es hier beiderseits der Grenze auf etwas höher gelegenen Geländepartien ausgedehnte Ackerbaugebiete, in den tiefer gelegenen, nasseren und salzigeren Bereichen hielten sich Mähwiesen und Weideflächen (Abb. 11). In Österreich wurden allerdings ab den 1980er Jahren, besonders aber nach der Gründung des Nationalparks, viele Ackerflächen in der Seerandzone mit Hilfe von Agrar-Umweltprogrammen wieder stillgelegt. Sie bilden gemeinsam mit den noch verbliebenen, nunmehr vom Nationalpark gepachteten Wiesenflächen einen großen zusammenhängenden Feuchtwiesenblock. Im ungarischen Seevorgelände kam es zu ähnlichen Entwicklungen, hier wurde eine großflächige landwirtschaftliche Erschließung auch durch den in der Zwischenkriegszeit errichteten Ringdamm Apetlon-Sarród gefördert, der ein mehrere tausend Hektar großes Gebiet von Überschwemmungen durch den See freihält. Zu diesen Überschwemmungen kam es nicht nur in ausgeprägten Hochwasserjahren, sondern auch bei durchschnittlicheren Pegelständen aufgrund von windinduzierten Seespiegelschwankungen. Bei starkem Nordweststurm verlagerte der langgestreckte und flache Neusiedler See seinen Wasserkörper in den Südosten des Beckens und überflutete dort oft binnen kurzer Zeit einen Raum, der sich zwischen dem heutigen Seeufer und dem morphologischen Beckenrand bei Sarród erstreckt. Durch den ungefähr am landseitigen Rand des heutigen Schilfgürtels verlaufenden Ringdamm wurden diese Überschwemmungen unterbunden und eine landwirtschaftliche Nutzung der hinter dem Damm gelegenen Flächen ermöglicht. Heutzutage wird mehr als die Hälfte des Gebiets ackerbaulich genutzt, der Rest ist in den Nationalpark integriert und dient als Mähwiese und extensive Weidefläche für Graurinder und Zackelschafe, sowie als Standort der „Lebensraumrekonstruktionen", d. h. der vom ungarischen Nationalpark in ehemaligen Flutmulden angelegten, künstlichen Sodalacken. Auch im Nordwesten des Sees, im Bereich der Joiser Haide, die während der Seetransgression in den 1780er Jahren vollkommen unter Wasser stand, wurden durch die mit dem Bau des Einserkanals verbundene Seespiegelabsenkung große Flächen ackerbaulich nutzbar, welche vordem – wenn überhaupt – nur als Weide- und Mähwiesengebiete dienen konnten. In kleinerem Maßstab rückte die ackerbauliche Nutzung überall dort näher an den See heran, wo es die Geländemorphologie, die Breite des ehemaligen Inundationsgebiets und die Bodenverhältnisse zuließen. An den extremen Salzstandorten entlang des mittleren Ostufers blieb das Vorrücken der Intensivlandwirtschaft allerdings auf die eingestreuten sandigen Rücken des Seedamm-Dünengeländes beschränkt, auf denen vorwiegend nach dem Zweiten Weltkrieg die berühmten Sandweingärten von Illmitz und Podersdorf entstanden sind (Abb. 12a und b).

Abb. 11: Salzsumpfwiesen in der südlichen Seerandzone. Arbesthaugebiet bei Apetlon, 11.5.2006 (Bernhard Kohler)

Die durch den Einserkanal verursachte Seespiegelabsenkung hat aber nicht nur die Ausdehnung von Ackerbauflächen und Grünlandgebieten in ehemalige Überschwemmungsräume begünstigt, sondern auch Siedlungserweiterungen und den Infrastrukturausbau in den Seeufergemeinden. Die schon erwähnten Seebäder und Bootshäfen mit ihren Zufahrten sind großteils noch in der Zeit vor der Seespiegelanhebung 1965 angelegt und später ausgebaut worden. Vor allem am Nordufer des Sees, in den Gemeinden Neusiedl am See, Weiden und z. T. auch Jois, kam es mit Hilfe einer sehr großzügigen Flächenwidmungspolitik dazu, dass ausgedehnte naturnahe Flächen im Seevorgelände und im Schilfgürtel nach und nach dem Siedlungsausbau, der Erweiterung von Badeanlagen sowie dem Bau von anderen Einrichtungen (Schulzentrum Neusiedl am See, Golfplatz Neusiedl, Seepark Weiden, Segelhafen und Siedlungsgebiet Jois etc.) geopfert wurden. Trotz der bis in die 1960er Jahre zurückreichende Bemühungen des Naturschutzes um einen umfassenden Schutz des Schilfgürtels und der ihm vorgelagerten Feuchtwiesen kam es durch entsprechende Flächenwidmungen, manchmal aber auch durch illegale Flächeninanspruchnahme und nachträgliche Genehmigung zu bedeutenden Flächenverlusten. Erst die Novellierung des Burgenländischen Naturschutzgesetzes in den 1990er Jahren und die seither konsequente Ahndung von Verstößen seitens der Behörden hat zur Eindämmung des Flächenverlusts geführt. Weil die in den 1960er bis 1980er Jahren durchgeführten Widmungen aber aufrecht blieben, werden auch heute noch, z. B. in Neusiedl am See, Feuchtgebietsflächen zugeschüttet und überbaut. In Ungarn ist die Entwicklung anders verlaufen, da die Seeufergemeinden durch den Verlauf des Eisernen Vorhangs, bzw. durch die Lage des Kilometer breiten Grenzschutzstreifens an einer Inanspruchnahme von Überschwemmungsräumen und Feuchtgebieten im Bereich des südlichen Seebeckens gehindert waren. Die einzige Ausnahme bildete das Seebad von Fertőrákos/Kroisbach, dessen Ausdehnung und Nutzung durch die militärisch sensible Grenzlage aber ebenfalls stark eingeschränkt war. Kurz vor dem Fall des Eisernen Vorhangs verhinderte die vorausschauende Planung des Nationalparks und seine spätere, rasche Einrichtung größere Flächeninanspruchnahmen innerhalb des Seebeckens. Eine Ausnahme bilden nur das Seebad Fertőrákos und die Ackerbau-Flächen im sehr breiten südöstlichen Seevorgelände sowie westlich der ehemaligen Dammstraße Pamhagen – Fertőd.

Grundsätzlich ist zu betonen, dass der bislang rings um den See erfolgte Siedlungs- und Infrastrukturausbau allen hydrologischen Renaturierungs-Vorhaben scharfe Grenzen setzt. So wäre aus Naturschutzgründen das Zulassen von noch höheren Wasserständen im See, als sie die derzeitige Wehrbetriebsordnung vorsieht, durchaus wünschenswert. Die Möglichkeiten zu einer Anhebung des Ableitungswasserstandes wurden allerdings bei der letzten Überarbeitung der Wehrbetriebsordnung für das Wehr bei Mekszikópuszta im Jahr 2010 weitgehend ausgereizt[21]. Ohne eine Veränderung des status quo wird es keine Chance auf stärkeren Wasserrückhalt im See geben. Am aussichtsreichsten wäre wohl die Wiederanbindung der abgedämmten, aber siedlungsfrei gebliebenen ehemaligen Überschwemmungsräume im südöstlichen Seevorgelände, in Verbindung mit Hochwassersicherungsmaßnahmen im Bereich der Seebäder (Anhebung der Anlagen und Zufahrten) – diese Option wurde bislang aber noch nicht ernsthaft geprüft.

Abb. 12a: Sanddünengelände am Neusiedler See-Ostufer bei Illmitz, März 1960 (Johannes Zachs, Bgld. Landesarchiv-Fotosammlung_Sign. 9921LA)

Abb. 12b: Auf Weingarten-Stilllegungsflächen regeneriert sich aktuell ein kleiner Teil der Seewinkler Sandstandorte, nachdem die meisten Sandflächen seit mindestens 50 Jahren der Qualitätswein-Produktion dienen. Sandweingarten-Brachen beim Albersee, Illmitz (Bernhard Kohler)

Der Schilfgürtel des Sees und die Eingriffe in den Wasserhaushalt

Die natürliche Dynamik von Schilfbeständen an Steppenseen

An vielen Steppenseen Eurasiens sind ausgedehnte Schilfbestände ein kennzeichnendes Landschaftselement [22]. Allerdings scheint die natürliche Langzeit-Dynamik dieser Schilfbestände wenig erforscht zu sein. Es ist wahrscheinlich, dass ihre Entwicklung nicht dem klassischen Lehrbuch-Verlauf einer Verlandungssukzession an „herkömmlichen" Stillgewässern folgt [23]. Dort stellt sich der Verlandungsprozess als eine lineare Entwicklung dar, die vom offenen See über submerse Wasserpflanzengesellschaften zu ausgedehnten Röhricht und Großseggen-Beständen führt, um schließlich in einem Strauchweiden- und Erlenbruchwald seinen Abschluss zu finden. Bei Steppengewässern dürfte dieser Ablauf immer wieder durch großflächige Störungsereignisse unterbrochen und auf frühere Stadien zurückgeworfen worden sein. Zu diesen natürlichen Störungen können länger dauernde Austrocknungsperioden ebenso gehören, wie plötzliche Hochwasserereignisse mit anhaltender tiefer Überflutung. Schon Rodewald-Rudescu [24] hat darauf hingewiesen, dass der Fortbestand von Schilfbeständen einerseits von einer dauernden Durchnässung des Substrats abhängt, in dem die Rhizome wachsen, dass aber andererseits Wassertiefen über 2 m über längere Zeiträume hinweg schlecht ertragen werden. Als weitere Faktoren kommen natürliche Brände und der Weidedruck von großen Herbivoren ins Spiel (Abb. 13, Abb. 14) – beides sind wichtige landschaftsgestaltende ökologische Prozesse in natürlichen Steppen, die aus dem rein terrestrischen Bereich auch auf die Ufervegetation von Seen und Sümpfen in der Steppe übergreifen. Dies kann man auch heute noch am Neusiedler See beobachten, selbst wenn Feuer und Beweidung hier seit langem überwiegend anthropogenen Ursprungs sind, und sich in ihrer Häufigkeit und Intensität von den Verhältnissen in der Naturlandschaft unterscheiden. Ein weiterer Faktor, der am Neusiedler See (und anderen Steppenseen im kontinentalen Klima) die Verteilung der Schilfbestände bestimmt, sind Eisstoßereignisse, bei denen nach dem winterlichen Aufbrechen der Eisdecke mächtige Eisschollen von Stürmen an die windexponierten Ufer getrieben werden und hier die Schilfbestände abrasieren [25] (Abb. 15). Durch das Zusammenwirken all dieser Faktoren ist es wahrscheinlich, dass Schilfbestände auch an naturbelassenen Steppengewässern kein permanent vorhandenes, sondern ein in zeitlicher und räumlicher Hinsicht fluktuierendes Landschaftselement sind, das sich abwechselnd entwickelt und ausbreitet, um dann wieder zusammenzubrechen und zeitweise ganz zu verschwinden. Zwischen den Störungsereignissen, in den ruhigeren Phasen dieses Zyklus würde der „normale" Verlandungsprozess weiterlaufen, der durch fortschreitende Biomasse-Akkumulation gekennzeichnet und getrieben ist, bis er neuerlich unterbrochen, oder gar abgebrochen und auf ein früheres Stadium zurückgeworfen wird. Über welche Zeiträume sich diese Entwicklungen vollziehen, ist schwer zu sagen: es dürfte sich zumindest um Jahrzehnte handeln, in Abhängigkeit von der Auftretens-Wahrscheinlichkeit, Intensität und Reichweite der genannten Störungsereignisse [23]. Dass der Verlandung in langfristiger Perspektive mächtige Faktoren entgegen wirken müssen, lässt sich beim Neusiedler See allein aus dem Umstand ableiten, dass das extrem seichte Seebecken (das auch in der Vergangenheit niemals tiefer war, als heutzutage) seit 13.000 Jahren besteht – ein Zeitraum, der ausgereicht hat, um bei wesentlich tieferen Seen des Alpenvorlands eine vollständige Verlandung zu bewirken.

Abb. 13: Feuer dürfte ein wichtiger natürlicher Faktor in den Schilfbeständen an Steppenseen sein. Abgebrannte Schilffläche bei Breitenbrunn am Neusiedler See, Frühjahr 2023 (Arno Cimadom)

Der Neusiedler See Schilfgürtel und die anthropogene Beeinflussung des Wasserhaushalts

Selbstverständlich sind die oben genannten, natürlichen Faktoren und Prozesse auch in der Kulturlandschaft wirksam, sie werden hier aber von menschlichen Einflüssen überlagert. Beweidung mit Haustieren, Grünschnitt zur Gewinnung von Viehfutter und Stalleinstreu, winterliche Schilfernte und das wiederholte, gezielte oder versehentliche Abbrennen von Schilfbeständen haben seit langer Zeit die Entwicklung der Schilfbestände am Neusiedler See beeinflusst und die weiterhin ablaufenden, natürlichen Prozesse modifiziert. Allerdings reichen die Informationen über den Schilfgürtel nicht weit genug zurück, um damit wiederholte Durchgänge der Entstehung, der Ausbreitung und des Zerfalls von Röhricht-Beständen belegen zu können, gleich welchen Anteil natürliche und anthropogene Faktoren daran hatten. Einigermaßen gut dokumentiert ist nur der Verlauf der Entwicklung im 19. Jahrhundert und hier eigentlich auch nur die Situation ab der letzten Austrocknung des Sees 1865–1868 – also lediglich ein natürlicher Zyklus der Austrocknung und Wiederbefüllung des Sees, bevor sich die Verhältnisse durch die Errichtung des Einserkanals tiefgreifend geändert haben. Aus der Zeit vor 1865 gibt es nur die bereits ausführlich dargestellten Informationen, welche die Josephinische Landesaufnahme bietet sowie die 1856–1860 entstandenen, leider nicht ganz vollständigen Karten des Franziszeischen Katasters, die hinsichtlich der Ausdehnung des Schilfgürtels ein ganz ähnliches Bild zeigen, wie die erste Landesaufnahme. Zwischen den beiden Aufnahmen liegt die Hochwasserspitze 1797, eine vollständige Austrocknungsphase 1811–1813 und die neuerliche Hochwasserphase um 1836 (Abb.6.2.2). Welche Auswirkungen dieser rasche Wechsel auf den Zustand und die Ausdehnung des Schilfgürtels hatte, ist nicht dokumentiert, sicher ist nur, dass die Röhrichtbestände Mitte des 19. Jahrhunderts bei weitem nicht den Umfang hatten, den sie heute erreichen. Die Wissenschaftler der Höheren Landwirtschaftlichen Lehranstalt Ungarisch-Altenburg/Mosonmagyaróvár, die anlässlich der Seeaustrocknung 1865 die landwirtschaftliche Nutzbarkeit des Seebeckens zu beurteilen hatten, erwähnen beiläufig, dass es vor der Austrocknung einen schmalen Schilfsaum nur am Westufer des Sees und ein großes zusammenhängendes Schilfgebiet in der Südostbucht, am Übergang zum Hanság gegeben hat. Zum Zeitpunkt ihrer Begehung fanden sie keine Schilfbestände mehr vor, lediglich da und dort wenig erfolgreiche Anbauversuche auf dem torfigen und einigermaßen salzfreien Untergrund ehemaliger Schilfstandorte. In der sich über Jahre hinweg anbahnenden Austrocknungsphase scheint der Schilfgürtel durch Wassermangel, aber auch unter dem Druck von Beweidung, Mahd sowie den lokalen Versuchen ackerbaulicher Nutzung zusammengebrochen zu sein. Unmittelbar auf die letzte Austrocknung folgte ab 1872 ein Wasserstands-Anstieg, der 1879/80 in einem neuerlichen Hochstand kulminierte, für den maximale Wassertiefen von 2–3 m angegeben werden [1]. Damit lag die Wassertiefe wiederum in einem für das Schilfwachstum ungünstigen Bereich, diesmal aber am anderen Ende des Tiefenspektrums. Die weitere Entwicklung des Schilfgürtels illustriert eine Serie von Vergleichskarten, die Csaplovics et al. [26] (Abb. 16) auf Grundlage früherer Zusammenstellungen publiziert haben.

Die erste Karte in Abb. 16 zeigt den Schilfgürtel am Beginn des Hochstandes nach der letzten Austrocknung, die zweite während einer Phase mit niedrigen Wasserständen zu Beginn des 20. Jahrhunderts, aber noch vor der Errichtung des Einserkanals. Sehr auffällig ist in der Karte von 1872 die Kette von Schilfinseln, sowohl vor dem West- als auch vor dem Ostufer, die (sofern sie lagerichtig eingezeichnet sind) dem heutigen Ufer weit vorgelagert gewesen sein müssen. Es handelt sich hier offenbar um Schilfbestände, die bei Rückkehr des Wassers nach 1868 (möglicherweise aus Samenanflug) aufgewachsen sind, als die Uferlinie und damit die für das Schilfwachstum günstigen Flachwasser-Zonen noch weit zur Seemitte hin verschoben waren. Die Hochwasserphase bis 1880 scheint diesen Beständen nicht gut bekommen zu sein, denn auf der Karte von 1901 sind sie großteils verschwunden, nur einige wenige davon könnten mit dem zwischenzeitlich von der Landseite her vorgerückten Schilfsaum verschmolzen sein. In der letzten, von hydrologischen Eingriffen unbeeinflussten Niedrigwasserphase Ende des 19./Anfang des 20. Jahrhunderts scheint dann die Entwicklung des Schilfgürtels in den heutigen Vorkommens-Schwerpunkten begonnen zu haben. Stark beschleunigt hat sich die Ausbreitung des Röhrichts aber erst nach der Fertigstellung des Einserkanals im Jahr 1910. Mit der durch den Kanal bewirkten Wasserstands-Absenkung und der nachfolgenden, ungewöhnlich langen Niedrigwasserphase sind für das Schilf nämlich besonders günstige Wachstums- und Ausbreitungsbedingungen entstanden.

Abb. 14: Wildlebende Großherbivoren waren ein integraler Bestandteil von Steppenökosystemen – auch im landseitigen Randbereich schilfbestandener Steppenseen. Przewalski-Pferde im Illmitzer Seevorgelände, 6.6.2009 (Michael Dvorak)

Abb. 15: Eisstoß am Neusiedler See. Wenn das Eis im Spätwinter aufbricht und von Stürmen ans Ufer getrieben wird, dann rasiert es dort die Schilfbestände ab – einer der Gründe, warum der Schilfgürtel am Ostufer des Neusiedler Sees nur vergleichsweise schwach entwickelt ist und stellenweise sogar fehlt. 31.1.2006 (Bernhard Kohler)

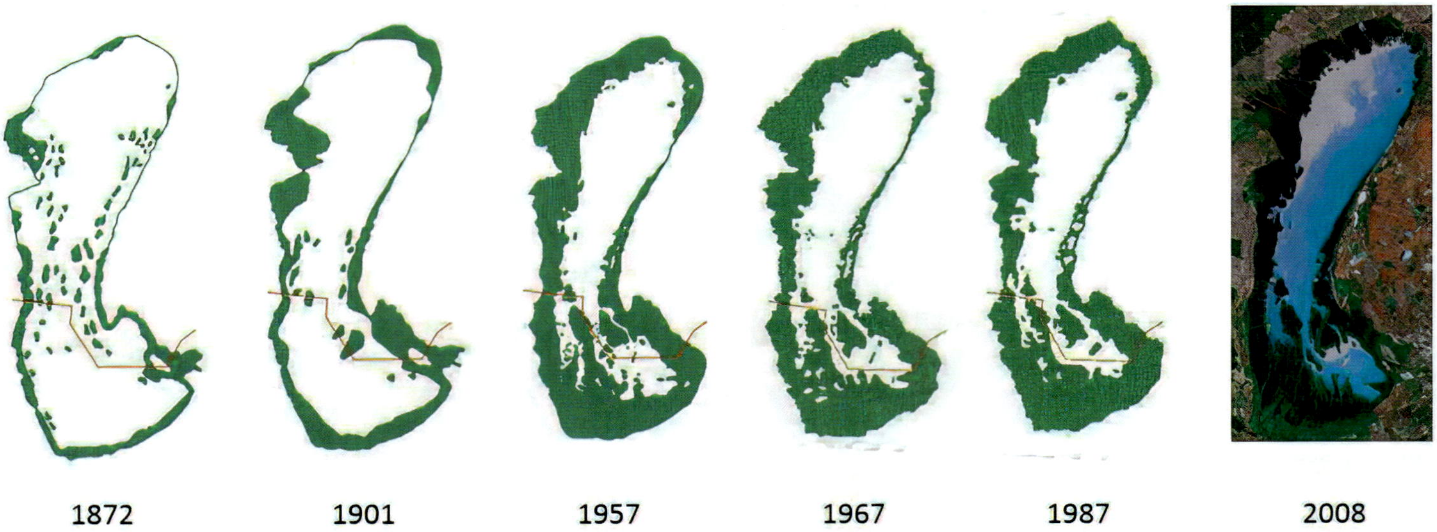

Abb. 16: Ausbreitung des Schilfgürtels im Zeitraum 1872 bis 2008 (aus Csaplovics et al.[26])

Niedrige Wasserstände als Schlüsselfaktor bei der Schilf-Ausbreitung

Schilf kann sich grundsätzlich auf generativem Weg, über das Keimen der reichlich produzierten Samen, oder auf vegetativem Weg, über die Bildung von oberirdischen Ausläufern, oder das unterirdische Wachstum der Rhizomsympodien vermehren. Die generative Vermehrung von Schilf ist trotz der großen Zahl an alljährlich hervorgebrachten Samen ein eher seltenes, an besondere Umstände gebundenes Ereignis: die Samen benötigen zur Keimung vollen Lichtgenuss, hohe Temperaturen sowie ein ausreichendes Angebot an unbewachsenen und dauerhaft nassen Schlammflächen. Auch das weitere Überleben der Keimlinge ist von sehr geringen Wassertiefen abhängig, die einige wenige Zentimeter nicht überschreiten dürfen und über längere Zeiträume Bestand haben müssen[24, 27]. Am Neusiedler See sind günstige Bedingungen für das Keimen und Heranwachsen von Schilfsämlingen somit wahrscheinlich nur während länger anhaltender Niedrigwasserphasen sowie im Anschluss an die Austrocknungsepisoden, bei langsamer Rückkehr des Wassers gegeben. Die Wiederbesiedlung des Sees durch das Schilf nach der letzten Austrocknung muss großteils auf generativem Weg erfolgt sein, die weitere Ausbreitung dürfte hingegen auf vegetativer Vermehrung beruhen, die unter einem breiteren Spektrum an Wasserstandsbedingungen stattfinden kann, und die deshalb ganz allgemein die vorherrschende Vermehrungsweise von Schilf darstellt.

Allerdings wird auch die vegetative Ausbreitung von niedrigen Wasserständen begünstigt: Schilf reagiert dann bei gleichzeitig guter Durchlüftung des Substrats mit der Bildung von vorwiegend seitlichen Ausläufern, es breitet sich dadurch flächig aus und baut dichte, mehr oder weniger geschlossene Bestände auf. Bei relativ hohen Wasserständen und schlechter Bodendurchlüftung ist hingegen die Sauerstoffversorgung der Rhizome erschwert. Die Knospen auf den horizontalen Rhizomen, die das seitliche Wachstum ermöglichen, sterben ab. Stattdessen werden die sekundären Knospen auf den vertikalen Rhizomen aktiviert, es kommt zum typischen geklumpten Wuchs des Schilfs[28, 29]. Mit der Zeit zerfallen die flächigen Schilfbestände dadurch in einzelne, dichte Horste und dazwischen liegende, offene Wasserflächen. Im ungünstigsten Fall können sie sich schließlich ganz auflösen[29, 30]. Am Balaton-See konnte gezeigt werden, dass historische Phasen der Schilfausbreitung mit schwankenden und zeitweise niedrigen Wasserständen einhergingen, während höhere, durch hydrologische Eingriffe stabilisierte Wasserstände längerfristig zum Absterben und Zurückweichen der Bestände geführt haben[29, 31]. Es ist sehr wahrscheinlich, dass dasselbe auch für den Neusiedler See gilt. Die ausgeprägte Niedrigwasserphase in der ersten Hälfte des 20. Jahrhunderts hat die Ausbreitung und Verdichtung des Schilfgürtels massiv gefördert, binnen weniger Jahrzehnte ist der Schilfgürtel auf seine heutigen Dimensionen angewachsen[26]. Entgegen von Prognosen, die angesichts der raschen Ausbreitung ein völliges Zuwachsen des Sees im Jahr 1985 bzw. 2120 (ungarischer vs. österreichischer Seeteil) vorausgesagt haben[25, 32] ist es aber nach der deutlichen Pegelstands-Anhebung durch die Wehrbetriebsordnung 1965 zu einer Stagnation der Schilfausbreitung zur Seemitte hin gekommen[26]. Bis heute bewegt sich die seeseitige Schilffront kaum weiter, höchstens lokal ist ein zeitweises Vorrücken zu beobachten, das aber bald durch ein baldiges Zurückweichen wieder kompensiert wird[33]. Offenbar ist das Schilf seeseitig an seiner physiologischen Toleranzgrenze angelangt, was die Wassertiefe anlangt. Durch die relativ stabilen Wasserstandsverhältnisse in der zweiten Hälfte des 20. und am Beginn des 21. Jahrhunderts ist es hier kaum zu einer Veränderung gekommen.

Die durch den Einserkanal bewirkte Absenkung des Wasserstands hat eine weitere Entwicklung im Bereich des Schilfgürtels ausgelöst. An seiner Landseite konnte sich unter dem Einfluss von Beweidung, Futterrohrschnitt und Streugewinnung eine relativ breite und stabile Seggenzone etablieren. Schilfbestände am landseitigen Rand von Röhrichtgürteln sind durch die hier länger anhaltenden Trockenphasen ohnedies geschwächt und werden durch die von einer Rinder- und Pferdebeweidung ausgehenden Verbiss- und Trittwirkungen weiter beeinträchtigt. Auch wiederholtes Mähen zum Zeitpunkt des stärksten Zuwachses im Frühsommer schwächt das Schilf, und drängt es zugunsten von Großseggen und Gräsern zurück. Die langfristig niedrigen Wasserstände in der ersten Hälfte des 20. Jahrhunderts haben daher in Verbindung mit der anthropogenen Nutzung des landseitigen Schilfgürtelrandes eine breite, von Großseggen geprägte Übergangszone zu terrestrischen Habitaten geschaffen, die für Vögel[34], Kleinsäuger[35] und Amphibien[36] besondere Bedeutung hatte und charakteristische Arten wie Tüpfelsumpfhuhn

Abb. 17: Kleinflächige Reste der einst ausgedehnten Großseggenzone am landseitigen Schilfrand des Neusiedler See-Westufers bei Donnerskirchen, 1.4.2010 (Bernhard Kohler)

(*Porzana porzana*), Bekassine (*Gallinago gallinago*), Seggenrohrsänger (*Acrocephalus paludicola*) und Nordische Wühlmaus (*Microtus oeconnomus meheyli*) beherbergte. In Bereichen mit lokalen Grundwasseraustritten waren in die Großseggenbestände auch Gebüsche aus Grauweiden (*Salix cinerea*) eingestreut. Zwar ist anzunehmen, dass es auch früher eine derartige Zone am Neusiedler See gegeben hat, sie muss sich aufgrund der häufig wechselnden Wasserstände aber immer wieder großflächig verlagert haben und dürfte jedenfalls nicht so breit gewesen sein, wie nach der künstlichen Absenkung des Wasserstandes und dessen Stabilisierung auf niedrigem Niveau. Auf dem Höhepunkt der Futterrohrnutzung ernteten die Bauern das grüne Schilf auf streifenförmigen „Lusten" (= Losen), die bis zu 300 m weit in den Schilfgürtel hineinreichten[37]. Im österreichischen Anteil des Gebiets war die Seggenzone jedenfalls am Nord- und am Westufer des Sees am deutlichsten ausgeprägt (Abb. 17). Nach der Wiederanhebung des Wasserstandes 1965, die zeitlich mit der fortschreitenden Einstellung der extensiven Viehwirtschaft in der Region zusammenfällt, kam es zu einer markanten Ausbreitung des Schilfgürtels um knapp 13 km^2 zur Landseite hin[26,38,39]. Heutzutage ist die Seggenzone großteils verschwunden, die Schilfbestände reichen vielerorts bis an den Rand von Ackerbauflächen, die sich wiederum in ehemalige Überschwemmungsräume vorgeschoben haben[23].

Aufstieg und Niedergang der Schilfnutzung

Die lokale, bäuerliche Schilfnutzung hat am Neusiedler See eine vermutlich sehr weit zurückreichende Tradition, Abb. 18. Trockenes, im Winter geerntetes Schilf wurde seit jeher als Baumaterial zum Dachdecken, zur Herstellung von Zäunen und Matten und in Zeiten des Holzmangels sogar als Heizmaterial verwendet. Im grünen Zustand diente es als Viehfutter und als Stalleinstreu[40]. Eine Schilfnutzung im industriellen Maßstab wurde allerdings erst durch die großflächige Ausbreitung des Schilfgürtels ab Ende des 19., Anfang des 20. Jahrhunderts möglich. Eine weitere, wichtige Voraussetzung bildete die Verfügbarkeit von Verkehrsmitteln für den kostengünstigen Massentransport von raumbedürftigen Gütern, bzw. halbverarbeiteten Produkten auf der Eisenbahn, bzw. mittels Lastkraftwagen. Die Besonderheiten und die facettenreiche Geschichte der Schilfwirtschaft am Neusiedler See können hier nicht im Detail aufgerollt werden, sie wurden erst jüngst sowohl für Österreich[40], als auch für Ungarn[41,42] ausführlich dargestellt. Hier soll nur auf die groben Züge in der Entwicklung der Schilfnutzung und die damit verbundenen ökologischen Konsequenzen eingegangen werden.

Industrielle Nutzung auf Handarbeits-Basis

Da der Großteil des Schilfgürtels Großgrundbesitz war (bzw. in Österreich immer noch ist) waren die Landwirtschaftsbetriebe der großen Grundeigentümer Vorreiter bei der Entstehung der industriellen Schilfwirtschaft, allen voran die Domäne Esterházy. Begonnen wurde hier mit der Schilfernte schon im 19. Jahrhundert, der erste Export von Neusiedler See-Schilf kann bis in die 1930er Jahre zurückverfolgt werden[41]. Einen steilen Aufschwung nahm die Schilfernte beiderseits der Grenze aber erst in den 1950er Jahren. Auf ungarischer Seite war damals ein neu gegründeter Staatsbetrieb alleiniger Träger aller Ernte- und Weiterverarbeitungs-Aktivitäten, in Österreich waren es entweder die Wirtschaftsbetriebe der Großgrundbesitzer selbst, oder kleinere private Unternehmen, die auf Teilflächen das Recht zur Schilfernte von den Großgrundbesitzern gepachtet hatten. Gemeinsam war den Ernteaktivitäten auf beiden Seiten der Grenze, dass sie zunächst rein manuell und unter enormem Personalaufwand stattfanden. Für den ungarischen Staatsbetrieb wird in den 1950er Jahren ein Personalstand zwischen 450–500 Arbeitskräften angegeben, der bei Bedarf um weitere 350–400 Arbeitskräfte aufgestockt wurde[41]. Für Österreich gibt es Zahlen der Esterházy'schen Güterverwaltung, die ebenfalls einen Personalstand von rund 400 Erntearbeiter*innen belegen[40]. Für die lokale Bevölkerung beiderseits der Grenze war die winterliche Schilfernte eine willkommene Arbeitsmöglichkeit in der Zeit, in der die meisten Feldarbeiten ruhten. Ökologisch relevant ist an der manuellen Bearbeitung und am hohen Arbeitskräfteeinsatz, dass die nur mit leichten Erntewerkzeugen ausgestatteten Erntearbeiter*innen entweder zu Fuß auf dem Eis, oder in Booten praktisch in alle Teile des Schilfgürtels vordringen konnten (Abb. 19a–f). Da zugleich die Nachfrage wegen der in der Region damals bestehenden Schilfverarbeitungsbetriebe hoch war, ergab sich eine intensive Nutzung weiter Teile des Schilfgürtels, weitgehend unabhängig von der Wassertiefe. Schätzungen der damals beernteten Fläche bewegen sich in einem weiten Rahmen, reichen aber bis zu einem Maximum von 70 % der Gesamtfläche des Schilfgürtels[40]. Dies bedeutet, dass damals kräftig nachwachsendes, einjähriges Jungschilf die dominierende Altersklasse gebildet haben muss, mit entsprechenden Konsequenzen für die Schilfvogelwelt, in der Altschilfspezialis-

Abb. 18: Schilfschneider bei der Rast vor Schilfbündeln, Freistadt Rust (F. Swoboda, Bgld. Landesarchiv-Fotosammlung_Sign. 957 LM)

Abb. 19: Schilfernte in der ersten Hälfte des 20. Jahrhunderts – Handarbeit in industriellem Maßstab. a) Schilfbringung mit dem Schlitten (Bgld. Landesarchiv-Fotosammlung_Sign. 9192LM; b) Schilftransport auf Zillen, Rust 1931 (F. Swoboda, Bgld. Landesarchiv-Fotosammlung_Sign. 958LM); c) Schilfbringung mit dem Pferdewagen (Bgld. Landesarchiv-Fotosammlung_Sign. 9190LM); d) Abladen der Schilfbünde (Bgld. Landesarchiv-Fotosammlung_Sign. 9195LM); e) Schilfbünde werden gelagert (Bgld. Landesarchiv-Fotosammlung_Sign. 9191LM); f) Schilflagerplatz (Bgld. Landesarchiv-Fotosammlung_Sign. 9193LM)

ten, wie Mariskensänger (*Acrocephalus melanopogon*), Rohrschwirl (*Locustella luscinoides*) und Kleines Sumpfhuhn (*Porzana parva*), wohl nur eine geringe Rolle gespielt haben, während die erstaunlich hohen Fangzahlen von Drosselrohrsänger (*Acrocephalus arundinaceus*) und Teichrohrsänger (*A. scirpaceus*) an der Beringungsstation der damaligen Biologischen Station in Neusiedl am See den hohen Anteil sehr vitaler bzw. junger Schilfbestände belegen. Die großflächige und intensive Schilfnutzung hat auch zu einem erheblichen Entzug von Biomasse aus dem Schilfgürtel geführt und damit die für eine fortschreitende Verlandung kennzeichnende Anreicherung von totem organischen Material im Bestand gebremst. Verstärkt wurde das reichliche Angebot an Jungschilfflächen sowie der ständige Entzug von Biomasse noch durch die mit der Schilfbewirtschaftung verbundene Praxis des Abbrennens von künftigen Ernteflächen[37, 40, 43]. Die erfolgreiche kommerzielle Nutzung von Schilf ist auf ein- bis maximal zweijährige Schilfbestände angewiesen, die möglichst frei von umgebrochenen Altschilfhalmen und unerwünschten Begleitpflanzen sein müssen (am Neusiedler See treten als quantitativ relevante Beimengungen vor allem Schmalblättriger Rohkolben (*Typha angustifolia*) als Störungszeiger und Knollenbinse (*Bolboschoenus maritimus*) in stärker salzbeeinflussten Bereich auf). Soll ein mehrjähriger Schilfbestand oder gar eine an verfilztem Altschilf reiche Fläche für die Nutzung erschlossen werden, so ist es das einfachste, diese Fläche im Jahr vor der Ernte abzubrennen, weil auf den abgebrannten Flächen dichtstehendes und vitales Jungschilf ohne störenden Altschilfanteil nachwächst. Der Feuereinsatz gehörte deshalb untrennbar zur Schilfbewirtschaftung und hat sich am Höhepunkt der Schilfnutzung auf große Teile des Schilfgürtels erstreckt (nach Expertenschätzungen auf jährlich bis zu 30 % der Fläche[40]). Weil von vorneherein nicht abzuschätzen war, welche Gebietsteile aufgrund von Wasserstandsschwankungen und unterschiedlich tragfähiger Eisdecke im Folgejahr beerntet werden können, erfolgte das Abbrennen vorsorglich oft auf einer größeren Fläche, als jener, die dann effektiv genutzt wurde. Bis in die frühen 1960er Jahre hatte das Abbrennen naturschutzfachlich extrem problematische Seiten, weil es nach der winterlichen Schilfernte, am Beginn der Brutzeit durchgeführt wurde und erhebliche Verluste in der Vogelwelt bewirkte (Abb. 20). Ab 1962 wurde das vorbereitende Abbrennen von Schilfflächen per Gesetz auf die Wintermonate beschränkt[40]. Danach überwogen die Vorteile der Brandwirtschaft, in dem sich der Feuereinsatz fördernd auf das Schilfwachstum und die Schilfverjüngung auswirkte und die Verlandung gebremst wurde. Nachteilig blieb aus Naturschutzsicht freilich die durch die großflächigen Brände stark eingeschränkte Ausdehnung von Altschilfbeständen.

Abb. 20: Löfflerkolonie bei Purbach, vor 1938. Bis in die frühen 1960er Jahre hatten die großen Schreitvogelkolonien im Schilfgürtel des Neusiedler Sees unter Bränden zu leiden, die auch im Frühjahr, zur Brutzeit gelegt wurden. Erst die gesetzliche Beschränkung des Feuereinsatzes auf die Wintermonate brachte hier Abhilfe. (Bgld. Landesarchiv-Fotosammlung_Sign. 20795 LM)

Übergang zur maschinellen Ernte

Ab den späten 1950er, bzw. frühen 1960er Jahren erfolgte dann beiderseits der Grenze der Umstieg von der manuellen auf die mechanisierte Schilfernte, wobei es eine Zeit lang dauerte, bis geeignete Maschinen gefunden waren[41]. Herkömmliche Landmaschinen waren für den Schilfernteeinsatz nicht tauglich – wo dennoch in größeren Umfang versucht wurde, mit den gängigen Traktormodellen zu arbeiten, wie etwa auf den schmalen Parzellen privater Grundbesitzer in Mörbisch, entstanden schwere Schäden am Schilfbestand, die bis heute sichtbar sind[33]. Die luftgefüllten unterirdischen Rhizome der Schilfpflanzen sind nämlich gegen mechanische Beschädigung überaus empfindlich. Werden sie durch Befahren mit schweren Maschinen oder durch Tritt von Weidetieren zerquetscht (Abb. 21), dann dringt Wasser in das für die Schilfpflanze lebensnotwendige, innere Belüftungssystem ein, der betroffene Schilfklon stirbt ab und die abgestorbenen Sprosse beginnen in dem sauerstoffarmen Milieu zu faulen. Sie setzen dabei Giftstoffe frei[28, 31], die eine Wiederbesiedlung der nunmehr schilffreien Fläche von benachbarten vitalen Beständen aus verhindern können –unter Umständen sogar für Jahrzehnte, wie das Mörbischer Beispiel zeigt. Aus diesem Grund wird Schilf bis heute bevorzugt bei vollständiger Vereisung des Sees geerntet, wodurch ein schonendes Befahren der Flächen selbst mit schwerem Gerät möglich ist. Da aber nicht immer und überall mit einer ausreichend tragfähigen Eisdecke gerechnet werden kann, bzw. eine solche Eisdecke nur selten über den gesamten Erntezeitraum (November bis März) vorhanden ist, war es wichtig, Maschinen zu entwickeln, die notfalls auch im seichten Wasser fahren können, ohne allzu viel Schaden anzurichten. Gebräuchlich sind bis heute zwei Fahrzeugtypen: Raupenfahrzeuge (meist umgebaute Pistenraupen) und Erntefahrzeuge mit Ballonreifen (Abb. 22 a–c). Beide üben einen relativ geringen Bodendruck aus und eigenen sich zum vorsichtigen Befahren schilfbestandener Flächen, wobei die österreichischen Schilferntebetriebe derzeit eher auf die Raupenfahrzeuge setzen[23]. Schilfbestände entlang häufig befahrener Zu- und Anfahrtswege zu den Ernteflächen, an Wendepunkten, Verladestellen und im engeren Umkreis von Schilflagerplätzen werden durch diese Fahrzeuge trotzdem so stark belastet, dass sie schilffrei werden (und oft auch dauerhaft bleiben) (Abb. 23). Die Kunst einer umsichtigen Schilfnutzung besteht darin, die beeinträchtigten Flächen im Verhältnis zu den Erntegebieten klein zu halten, bzw. sie räumlich so weit als möglich zu bündeln. Aktuelle, ebenso wie künftige Ernteflächen dürfen nur wenig befahren werden, am besten nur einmal jährlich im Zuge des Schilfschnitts[23, 40]. Obwohl die Mechanisierung der Schilfernte durch die weitaus höhere Effizienz zu höheren Ernteerträgen geführt hat und dadurch die Blütezeit der Schilfnutzung in den 1960er Jahren mit ermöglicht hat, setzte zumindest auf österreichischer Seite schon damals ein Trend zur Verlagerung, und damit letztlich zu einer Verringerung der Ernteflächen ein: bevorzugt wurden zunehmend Gebiete, die leicht zu erreichen waren und auf denen keine Gefahr bestand, durch Befahren tiefer überschwemmter Flächen schwere Ernteschäden zu verursachen, neigen doch alle in Verwendung stehenden Maschinentypen dazu, die Schilfrhizome in tieferem Wasser zu zerdrücken, bzw. den Rhizomhorizont im Boden aufzuwühlen und zu zerstören.

Zu schwerwiegenden Ernteschäden konnte und kann es allerdings auch unabhängig vom Maschineneinsatz kommen. Wird das Schilf im Winter zu knapp über der Eisdecke, bzw. der Bodenoberfläche geschnitten, dann führt ein markanter Wasserstandsanstieg im Frühjahr dazu, dass Wasser über die Schnittstoppel in das Rhizomsystem eindringt (Abb. 24). Dies bewirkt, genauso wie das Zerquetschen der Rhizome, das Absterben der betroffenen Klone und über die nachfolgende, unvollständige anaerobe Zersetzung des Rhizomgeflechts und die Freisetzung

Abb. 21: Zerquetschte Schilfrhizome, 30.3.2005 (Bernhard Kohler)

Abb. 22a, b, c: Maschinelle Schilfernte am Neusiedler See: a) Raupenfahrzeug als Erntemaschine, 17.2.2018 (Marlon Schwienbacher); b) Erntemaschinen mit Ballonreifen, 21.3.2018 (Marlon Schwienbacher); c) Schilferntemaschine in Aktion, 18.2.2019 (Marlon Schwienbacher)

von Giftstoffen eine flächenhafte Auflösung von Schilfbeständen. Die solcherart geschädigten Bestände regenerieren sich auch nicht wieder, solange die Fläche dauernd wasserbedeckt bleibt und die anaeroben Verhältnisse bestehen bleiben. Die Schilferntebetriebe sind zwar bestrebt, solche Situationen, die wertvolle Ernteflächen vernichten können, tunlichst zu vermeiden [23], die Unvorhersagbarkeit der saisonalen und der windinduzierten Wasserstandsschwankungen führt aber trotzdem immer wieder zu bedeutenden Flächenverlusten.

In ungarischen Teil des Gebiets wurde bei der Rationalisierung der Schilfernte ein Weg eingeschlagen, der sich langfristig als extrem problematisch für die Vitalität der Schilfbestände erweisen sollte. Es wurde ein dichtes Kanalnetz angelegt, das die Zugänglichkeit der Ernteflächen mit plättenartigen Booten gewährleisten sollte, die – zu richtiggehenden Schiffszügen verbunden – für einen effizienten Abtransport des Ernteguts sorgen sollten. Die Kanäle wurden in einem Abstand von nur 200 m voneinander angelegt [41], das ausgebaggerte Material wurde entlang der Kanalufer deponiert und bewirkte eine Unterbrechung der Wasserzirkulation und damit eine verringerte Durchlüftung des Schilfgürtels. Die Folge waren zunehmend sauerstofffreie Bedingungen, eine rapide Anreicherung von unzersetztem organischen Material, die Freisetzung von Giftstoffen im Substrat und eine stark verminderte Vitalität der Schilfpflanzen. Da zudem auch auf den ungarischen Ernteflächen dieselben Risiken wie in Österreich bestehen, was das Befahren bei eisfreien Bedingungen bzw. die plötzlichen Überflutung von abgeernteten Flächen betrifft, so ist der ungarische Teil des Schilfgürtels bereits früher als der österreichische in einen ungünstigen Zustand geraten [26,42,44,45]. Verstärkt wurde die Entwicklung noch durch den starken Schlammeintrag in den Schilfgürtel, zu dem es wegen der vorherrschenden Windrichtungen im südlichen Seeteil kommt. Dadurch wurde der Wasseraustausch mit dem See weiter eingeschränkt [45].

Auf österreichischer Seite wurde zwar kein vergleichbares Kanalnetz angelegt, dennoch entstanden auch hier durch die maschinelle Instandhaltung von bestehenden Gräben und Kanälen (etwa entlang der kilometerlangen Zufahrten zu den Seebädern, oder den Verbindungen zwischen landseitig angelegten Bootshäfen und dem offenen See) Durchströmungshindernisse im Schilfgürtel, die – zumindest auf der windabgewandten Seite der Dämme – zu einer sichtlich verminderten Vitalität der Schilfbestände geführt haben [33].

Zunehmende ökologische Veränderungen im Schilfgürtel

Als folgenschwer für weite Teile des Schilfgürtels sollte sich auch die sukzessive Entwicklung eines natürlichen Sedimentwalls am seeseitigen Rand des Röhrichts erweisen. Wenn sedimentbeladenes Wasser mit windinduzierten Strömungen in den Schilfgürtel eindringt, so verlangsamt sich schon nach den ersten Metern im dichten Schilfbestand die Strömungsgeschwindigkeit und damit die Schleppkraft des Wassers. Die mitgeführten Partikel setzen sich ab und es bildet sich ein Wall, der langsam bis zur Wasseroberfläche wächst [45]. Dies ist an und für sich ein natürlicher Prozess, der im Uferbereich von röhrichtbestandenen, träge fließenden Fließgewässern ebenso auftritt, wie an sedimentreichen, windbewegten Flachseen mit ausgeprägtem Schilfgürtel. Am Neusiedler See haben die durch die Wasserstands-Regulierung stabilisierten Pegelstände aber zu einem mehr oder weniger gleichbleibenden Verlauf der Außengrenze des Schilfgürtels geführt, sodass der Wall im Lauf von Jahrzehnten heranwachsen konnte, ohne dass dieser Prozess

Abb. 23: Auf vielbefahrenen Bringungswegen zu den Schilfernteflächen verschwinden die Schilfbestände dauerhaft, 9.4.2015 (Bernhard Kohler)

Abb. 24: Schilfernteflläche nach plötzlichem Anstieg des Wasserstands. Hier kann Wasser über die Schilfstoppel ins innere Belüftungssystem der Schilfpflanzen eindringen und sie zum Absterben bringen. 1.4.2010 (Bernhard Kohler)

Abb. 25: Seeseitige Randzone des Schilfgürtels. Auf dem Sedimentwall gleich hinter dem Schilfrand ist das Schilf besonders vital und hochwüchsig, davor liegt eine Kampfzone mit niedrigwüchsigerem Schilf, das unter Wellenschlag, Eisschur und zu großer Wassertiefe leidet. 11.10.2019 (Bernhard Kohler)

durch dramatische Wasserstandsschwankungen, das Zurückweichen des Schilfgürtelrandes und den dann möglichen, neuerlichen Angriff der Strömung gestört worden wäre. Im Bereich des Walls selbst gedeiht das Schilf wegen der lokal verringerten Wassertiefe und wegen der guten Durchlüftung des Substrats besonders gut, hier finden sich bis zu vier Meter hohe und besonders kräftige Schilfhalme (Abb. 25). Hinter dem Wall beginnt hingegen eine Zone, in der die verminderte Zufuhr von sauerstoffreichem Wasser zu deutlich verringertem Schilfwachstum führt. Je weiter landeinwärts man sich bewegt, desto ungünstiger werden die Wuchsbedingungen für das Schilf. Wegen der außerordentlichen Breite des Neusiedler See-Schilfgürtels kann die Zone mit sauerstoffarmem Substrat, gebremster Zersetzung des anfallenden pflanzlichen Materials und beeinträchtigter Vitalität des Schilfgürtels viele Kilometer breit sein – vor allem in Bereichen, in denen der Schilfgürtel nicht mehr beerntet oder abgebrannt wird. Erst in den landseitigen Teilen des Röhrichts, die seichter überschwemmt sind und häufiger trockenfallen, nimmt die Vitalität der Schilfbestände wieder etwas zu, um dann in den landnächsten Teilen trockenheitsbedingt erneut stark abzunehmen [33] (Abb. 26).

Die Sorge um die verringerte Durchlüftung des Schilfgürtels hat in der zweiten Hälfte des 20. Jahrhunderts dazu geführt, dass vermehrt Stichkanäle angelegt wurden, die den seeseitigen Sedimentwall durchbrechen und sauerstoffreiches Wasser in den Schilfgürtel leiten sollen. Allerdings konnte dabei keine wirklich befriedigende Lösung für die Deponierung der beim Kanalbau anfallenden Schlamm-Mengen gefunden werden, sodass die unweigerlich entstehenden, seitlichen Begleitdämme neue Durchströmungshindernisse geschaffen haben. Auch der Versuch, den Aushub nur einseitig, mit Unterbrechungen und möglichst flach abzulagern, hat die entstehenden Probleme nur gemildert, nicht aber beseitigen können. Langjährige Gebietskenner betonen, dass der seit Jahrzehnten übliche, maschinelle Kanalbau sich durch das Aushubproblem ganz anders auswirkt, als die seinerzeitige Instandhaltung von traditionellen Kanälen, die Fischer, Jäger und bäuerliche Schilfschneider durch mühsames, händisches Abschneiden von Schilf unter Wasser besorgt hatten. Beim händischen Freischneiden mit der Rohrsense fiel kein Aushubmaterial an und es entstanden keine Begleitdämme. Die seichten, durch das lokale Absterben des abgeschnittenen

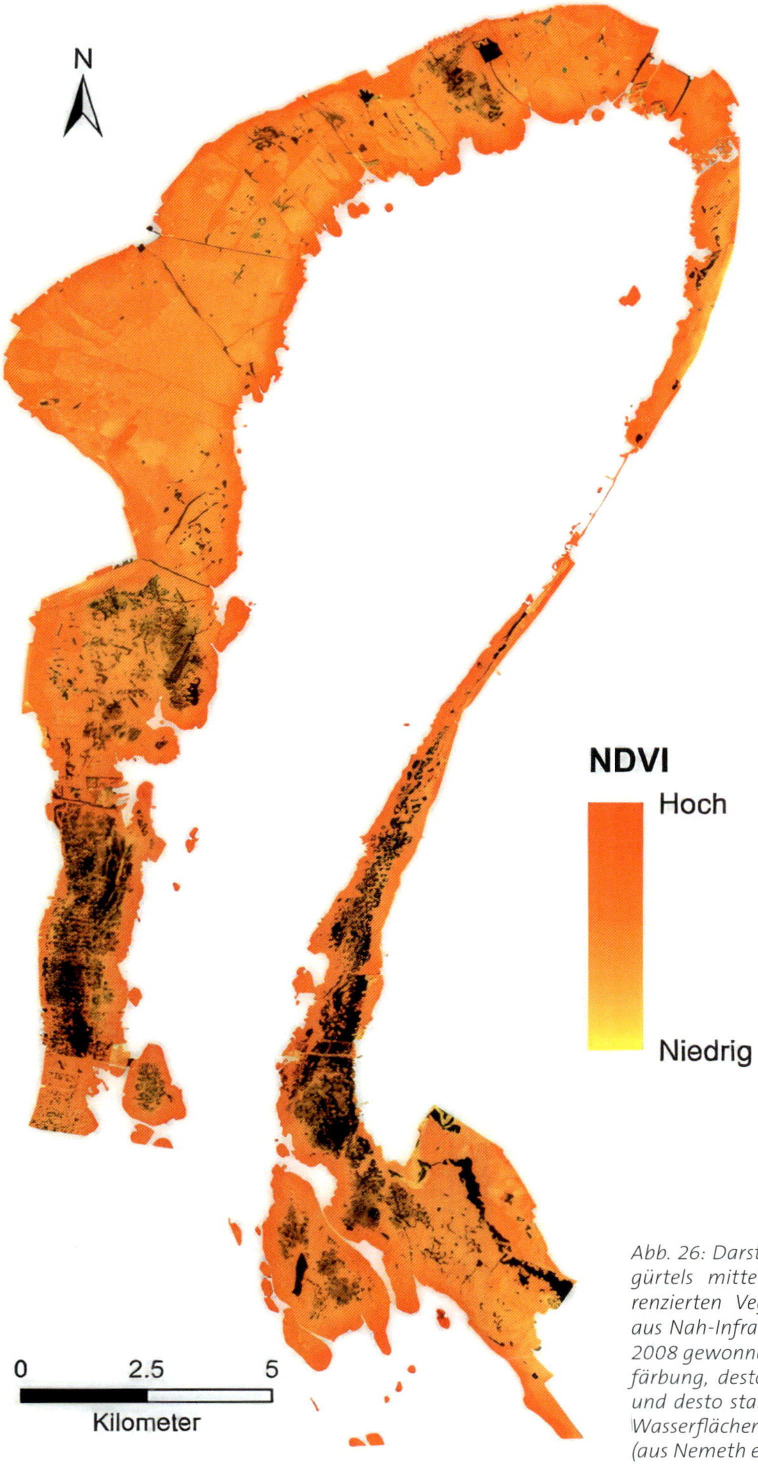

Abb. 26: Darstellung der Vitalität des Schilfgürtels mittels des „normalisierten differenzierten Vegetationsindexes" (NDVI) der aus Nah-Infrarot-Luftbildern vom 8. August 2008 gewonnen wurde. Je intensiver die Rotfärbung, desto höher der Chlorophyllanteil und desto starkwüchsiger das Schilf. Offene Wasserflächen im Schilf erscheinen schwarz. (aus Nemeth et al. (2022) [33])

Abb. 27: Qualitativ hochwertiges Neusiedler See-Schilf wird vor allem nach Holland, England und Norddeutschland exportiert. 1.4.2021 (Marlon Schwienbacher)

Schilfs lange Zeit offen bleibenden Wasserstraßen – die sogenannten „Schluichten" – waren für die flachen Zillen der Fischer, Jäger und traditionellen Schilfschneider problemlos nutzbar. Für moderne Boote mit größerem Tiefgang ist die traditionelle, schonende Methode der Kanalpflege allerdings kein gangbarer Weg.

Solange weite Teile des Schilfgürtels bewirtschaftet und regelmäßig abgebrannt wurden, waren die natürlichen Alterungs- und Veränderungsprozesse im Röhricht, wie die Anreicherung abgestorbener Biomasse, die zunehmende Sauerstoffarmut im Substrat und in der darüber stehenden Wasserschicht sowie die dadurch ausgelösten Veränderungen in der Schilfstruktur und der Vitalität der Schilfbestände verlangsamt. Auf frisch geschnittenen Schilfflächen hat der Wind bessere Angriffsmöglichkeiten und sorgt für eine bessere Durchlüftung des stehenden Wasserkörpers. Auch die Schilfrhizome werden durch die offenen Schilfstoppeln, über die der Wind streicht, besser mit Sauerstoff versorgt. Über die Abgabe von Luft über die Schilfwurzeln kommt es zu einem gewissen Sauerstoffeintrag ins Substrat. Weiters setzen im Winter geschnittene oder abgebrannte Schilfflächen eine viel größere Zahl von unterirdischen Knospen an, die Dank der fehlenden Lichtkonkurrenz zu einem dichten, relativ einförmigen Bestand heranwachsen. Und schließlich ist die Assimilat-Speicherung im unterirdischen Rhizomgeflecht, die den Vorrat für den Austrieb und das rasche Wachstum der Schilfpflanzen im nächsten Frühjahr bildet, auf gesunden, schonend geschnittenen Schilfflächen höher, als auf unbehandelten oder kränkelnden [42]. Das Resultat sind dichte, strukturarme und relativ vitale Schilfbestände. Wie schon erwähnt, sind derartige Flächen für die Schilfvogelwelt jedoch nur mäßig interessant, alljährlich geschnittene Schilfbestände bleiben sogar weitgehend unbesiedelt [23, 46]. Erst mit zunehmender Anreicherung von Altschilf und der Ausbildung einer Knickschicht aus umgebrochenen Halmen, zu der es ungefähr ab dem 5. Jahr nach dem letzten Schnitt kommt und die im 10.–15. Jahr kulminiert, besiedeln Altschilfspezialisten zunehmend die Röhrichtbestände.

Nachdem in den 1970er Jahren die Nachfrage nach Schilf als Baumaterial stark zurückgegangen ist, kam es am Neusiedler See zu einem allmählichen, aber stetigen Rückgang der Schilfnutzung [40], verbunden mit einer Umstrukturierung der Schilfwirtschaft. Die kleinen Industriebetriebe, die vor Ort Schilfprodukte hergestellt haben, mussten zusperren und die Schilfnutzung wurde zu einer rein auf Export ausgerichteten Rohstoffgewinnung. Spätestens ab den 1980er Jahren wurde die Schilfernte nur mehr von privaten Kleinbetrieben durchgeführt, die Ernteflächen jahresweise von den Großgrundbesitzern pachten, das Schilf ernten und für den Export aufbereiten (Abb. 27). Nur ganz vereinzelt gibt es noch Unternehmen, die als Dachdecker die lokale Nachfrage nach schilfgedeckten Dächern befriedigen und das dazu benötigte Rohr selber ernten.

Der Rückgang der Schilfwirtschaft, der sich ab den 1990er Jahren weiter verstärkt hat [23,33,40] hat zunächst zu einer Diversifizierung der im Schilfgürtel vertretenen Altersstadien des Schilfs geführt und – in Verbindung mit günstigen Wasserstandsverhältnissen – zwischen den 1980er und 2010er Jahren bemerkenswert hohe und international absolut herausragende Schilfvogelbestände [23,33,47–51] ermöglicht. Die Zunahme an Altschilfbeständen hat dabei eine zentrale Rolle gespielt, in Verbindung mit der weiterhin erfolgenden Bereitstellung von Jungschilfflächen durch Ernte, regelmäßige Verlagerung von Ernteflächen sowie durch kontrollierte, aber auch außer Kontrolle geratene Brände. Trotz zurückgehender Schilfwirtschaft waren offenbar die 1980er, die 1990er und teilweise auch noch die 2000er Jahre durch eine ideale Mischung an Alt- und Jungschilfflächen gekennzeichnet.

Allerdings waren die naturschutzfachlich bedeutenden Altschilfbestände latent gefährdet, weil schon ab den 1980er Jahren parallel zum Rückgang der bisherigen Schilfnutzung immer neue Pläne zu einer Intensivierung der Schilfnutzung geschmiedet wurden. Diese Pläne standen zunächst in Zusammenhang mit der Bekämpfung der Eutrophierung des Sees, dann mit der laufenden Sicherung der Wasserqualität und schließlich mit der Möglichkeit einer energetischen Nutzung der Schilfbiomasse. Aus Naturschutzsicht wurde deshalb immer wieder auf die Bedeutung von Altschilfflächen und die Notwendigkeit ihres Schutzes hingewiesen [33,46,52]. Dabei war seit jeher unbestritten, dass es zur Sicherung eines ausgewogenen Angebots an Altersstadien und Strukturzuständen im Schilf eines gezielten Managements bedürfen würde, das auch die rechtzeitige Verjüngung von Altschilfbeständen im Auge behält [40]. Allerdings wurden diese Forderungen niemals umgesetzt, da die Chancen für eine Realisierung eines naturschutzorientierten Schilfmanagements jeweils nur in Verbindung mit einer Wiederbelebung der Schilfnutzung gesehen wurden. Weil es trotz der verschiedenen diesbezüglichen Initiativen (und den wechselnden Motiven dahinter) nie zu einer Ausweitung, sondern vielmehr zu einem weiteren Rückgang der Schilfnutzung gekommen ist, haben externe anthropogene Faktoren und die laufenden natürlichen Prozesse im Schilf die weitere Entwicklung bestimmt.

Das Verbot des Abbrennens von Schilfflächen

Unter den externen Faktoren hat das aus Luftreinhaltungs- und Klimaschutzgründen in den frühen 1990er Jahren erlassene Verbot des

Abb. 28: Brandfläche im Schilfgürtel bei Mörbisch, Spätwinter 2023 (Arno Cimadom)

Schilfabbrennens wohl die weitreichendsten Folgen gehabt. Denn mit dem Ende des gezielten Feuereinsatzes zur Vorbereitung von künftigen Ernteflächen ist nicht nur die Zahl der kontrollierten Schilfbrände auf null gesunken, sondern auch die der unbeabsichtigten, bzw. außer Kontrolle geratenen Feuer zurückgegangen. Zwar kommt es nach wie vor zu Bränden von sehr unterschiedlicher Ausdehnung, sie spielen aber insgesamt eine geringere Rolle als früher (Abb. 28).

Zusammenbruch der Schilfbestände und ausbleibende Verjüngung

Mit der Einstellung der Brandbewirtschaftung und dem Rückgang der Schilfernte auf aktuell nur mehr 10 % der außerhalb der Nationalparkkernzone gelegenen Schilfflächen konnten die natürlichen Alterungsprozesse im Schilf und die Anreicherung von Biomasse rasche Fortschritte machen. In der Folge machten sich ab den 2010er Jahren zunehmend Zusammenbruchs-Tendenzen bemerkbar, die gegenwärtig fast 50 % des Schilfgürtels betreffen und hinter dem jüngst dokumentierten, dramatischen Rückgang vieler Schilfvogelarten stehen dürften[23]. Dabei brechen Schilfbestände flächenhaft um und bleiben als dichte, jeglichen Nachwuchs unterdrückende Matten im Wasser liegen (Abb. 29). Solche Flächen sind weder für Altschilfspezialisten unter den Vögeln, noch für Bewohner jüngerer Bestände besiedelbar. An und für sich wäre ein derartiger natürlicher Prozess unproblematisch, wenn er in eine zyklische Erneuerung der Schilfbestände münden würde, analog der Aufeinanderfolge der Waldentwicklungsphasen in einem unbewirtschafteten Wald. Allerdings zeichnet sich derzeit nirgends ab, dass es nach dem endgültigen Zusammenbruch von Altschilfbeständen tatsächlich zu einer Verjüngung kommt. Eine Schlüsselrolle dürfte dabei der Wasserstand spielen. Dauernde Wasserbedeckung konserviert offenbar das angesammelte organische Material, die bei der langsamen und unvollständigen anaeroben Zersetzung freiwerdenden Giftstoffe unterbinden eine vegetative Wiederbesiedlung der abgestorbenen Flächen von benachbarten Beständen aus. Eine Erneuerung des Schilfbestandes auf generativen Weg scheitert wiederum an der ständigen Wasserbedeckung. Es besteht der Verdacht, dass die Einschränkung der Wasserstandsschwankungen und die relativ gleichmäßigen Wasserstände, die seit der Einführung der Wehrbetriebsordnung 1965 geherrscht haben, das Ökosystem Schilfgürtel auf einen Entwicklungspfad gebracht haben, der letztlich zu seiner Auflösung führen wird. Verschärft wird die Situation wahrscheinlich noch dadurch, dass die großflächige intensive Nutzung des Schilfgürtels in den 1950er und 1960er Jahren und die nachfolgende, relativ rasche und ebenfalls großflächige Einstellung der Nutzung bzw. die Reduktion der Brandhäufigkeit eine Synchronisierung der Entwicklung in weiten Teilen des Gebiets bewirkt haben. Viele Schilfbestände treten offenbar zur gleichen Zeit in das Zusammenbruchs-Stadium ein, von einem aus Naturschutzsicht wünschenswerten, mosaikartigen Nebeneinander verschiedener Altersstadien und Entwicklungsphasen ist man derzeit weit entfernt. Es bleibt abzuwarten, ob die sehr niedrigen Wasserstände, die seit 2020 auftreten und die zu einem großflächigen Trockenfallen praktisch des gesamten Schilfgürtels geführt haben, am Ausbleiben der Verjüngung etwas ändern werden. Die offene Frage ist hier, wie lange diese Austrocknungsphasen dauern

Abb. 29: Zusammenbrechende Schilfbestände am Neusiedler See, 4.5.2021 (Erwin Nemeth)

müssten, damit sich das verjüngungshemmende organische Material, das sich über Jahrzehnte angesammelt hat, an der Luft zersetzen kann, und ob es dann zu einer Wiederbesiedlung der schilffreien Flächen kommt – sei es auf generativem Weg über Samenanflug oder auf vegetativem Weg, von intakt gebliebenen Restbeständen aus.

Perspektiven für das Schilfmanagement

Externe Faktoren sind es auch, die eine Steuerung der Entwicklung über die immer noch bestehende, allerdings stark geschrumpfte kommerzielle Schilfbewirtschaftung erschweren, wenn nicht sogar ganz verunmöglichen. Die Schilfwirtschaft tut sich in ökonomischer Hinsicht zunehmend schwer wegen ihres Nischendaseins, ihrer Kleinstrukturiertheit, des hohen Personalbedarfs bei Ernte und Aufbereitung des Ernteguts sowie aufgrund fehlender Innovationen in der Erntemaschinen-Technologie. Die Zahl der aktiven Betriebe ist in den 2010er Jahren auf unter 10 geschrumpft – für einen derart kleinen Abnehmerkreis lohnen sich keine maschinentechnischen Neuerungen, die einzelnen Unternehmen arbeiten großteils mit Geräten, die sie durch den Umbau von Pistenraupen selbst herstellen. Hinderlich für die weitere Entwicklung sind auch die Abwesenheit von lokalen Weiterverarbeitungs-Betrieben, Schwierigkeiten bei der Vermarktung und vor allem die Konkurrenz von Schilfproduzenten in Billiglohnländern[40]. Die Betriebe müssen sich in der ökonomisch angespannten Situation darauf konzentrieren, qualitativ hochwertiges, gut verkaufbares bzw. gut verwertbares Schilf zu ernten, wobei ihnen zeitliche Engpässe und hohe Personalkosten nur wenig Handlungsspielraum für allfällige Landschaftspflegeaufgaben lassen. Der Klimawandel stellt ein weiteres beträchtliches Hindernis für eine großflächige Ausweitung der Schilfnutzung im Dienste eines naturschutzorientierten Managements dar. Durch die Klimaerwärmung kommt es in neuerer Zeit immer seltener dazu, dass sich am Neusiedler See eine geschlossene, tragfähige und länger anhaltende Eisdecke bildet[53]. Um das für eine Ernte zur Verfügung stehende Zeitfenster zu nutzen, müssen die Schilferntebetriebe ihre Fahrzeuge immer häufiger im Wasser einsetzen. Da die Maschinen in tiefer überschwemmten Gebieten nur schwer fahren können und hier die zerstörerische Wirkung besonders groß sein kann, konzentriert sich die Schilfnutzung aktuell immer mehr auf die landseitigen, häufiger trocken liegenden oder nur flach überschwemmten Teile des Schilfgürtels – die 10 % der aktuell immer noch beernteten Schilfgürtelfläche liegen fast ausschließlich am landseitigen Rand des Röhrichts und reichen höchstens einige hundert Meter bis maximal etwa 2 km in den Schilfgürtel hinein. Da speziell am Westufer des Sees der Schilfgürtel bis zu 7 km breit ist, bleiben große Flächen unberührt. Einen weiteren Grund für die Verlagerung der Schilfernte in die landseitigen Bereiche bildet der Umstand, dass hier die Bringungswege (d. h. die Strecken zwischen den Ernteflächen und den Schilflagerplätzen) kürzer sind. Weil die Erntemaschinen eine recht begrenzte Ladekapazität haben, wird die Beerntung abgelegener Flächen aufgrund des Zeit- und Treibstoffaufwandes rasch unwirtschaftlich. Und schließlich ergibt sich daraus, auch durch das Verbot des Abbrennens von Altschilfbeständen, die Konzentration auf immer dieselben, landseitig gelegenen Ernteflächen. Nur ein- bis maximal zweijährige Schilfflächen liefern Rohr in der vom Handel gewünschten Qualität, weshalb die Betriebe auf die wiederholte Nutzung derselben Flächen angewiesen sind. Müssen dennoch neue Flächen erschlossen werden, so greifen die Unternehmen in jüngster Zeit zu einem problematischen Verfahren, dem Niederwalzen von Altschilfbeständen. Auf der gewalzten Fläche kommt es im darauffolgenden Jahr zu einem zwar etwas spärlicheren Nachwuchs an Jungschilf, der aber immer noch dicht genug ist, um wirtschaftlich interessant zu sein. Allerdings wird durch den Vorgang des Niederwalzens ein zusätzliches Befahren der Flächen nötig und das ins Wasser gedrückte Altschilf beschleunigt die ohnedies schon kritische Anreicherung von unzersetztem organischen Material noch weiter, mit allen bereits beschriebenen Folgen. Jüngste Untersuchungen haben gezeigt, dass gewalzte Flächen von Vögeln und Amphibien kaum besiedelt werden[23]. Solange sich die ökonomischen Rahmenbedingungen für die Schilfwirtschaft nicht ändern, solange es keine Innovationen in der Erntemaschinentechnologie gibt, die ein problemloses Befahren auch tiefer überfluteter Bereiche ermöglichen, und solange ein Brandmanagement von Schilfflächen verboten bleibt, besteht wenig Aussicht, die vielbeschworenen Synergien zwischen Schilfernte und naturschutzorientierter Pflege des Schilfgürtels nutzen zu können. Am vielversprechendsten wäre aus heutiger Sicht die Einführung eines wohlüberlegten Brandmanagements im Schilfgürtel – sowohl, um die noch bestehenden Ernteaktivitäten nachhaltiger zu gestalten, als auch um die Alterungsprozesse zu bremsen, bestehende Schilfflächen zu verjüngen, die Biomasseanreicherung zu verlangsamen und das angestrebte Mosaik an Altersstadien zu realisieren. Dieses Brandmanagement könnte unabhängig von der Ausdehnung der bewirtschafteten Flächen eine naturschutzorientierte Pflege großer Teile des Schilfgürtels ermöglichen. Auf den weiterhin bewirtschafteten Flächen könnte mit der Wiederzulassung eines an die Erfordernisse der Schilfwirtschaft angepassten Feuereinsatzes die schädliche Praxis des Niederwalzens von Altbeständen aufgegeben werden. Die Notwendigkeit zur Ausweitung der kommerziellen Schilfnutzung bestünde nicht mehr, die Schilferntebetrieb würden nicht mit zusätzlichen Landschaftspflegeaufgaben belastet werden. Derzeit gibt es jedoch aus klimapolitischen Gründen noch große Widerstände gegen die Wiedereinführung von Feuer als gestaltendem Ökosystemfaktor.

Die Entwässerung des Seewinkels und die Zerstörung der Seewinkellacken

Die Lacken des Seewinkels und die sie umgebenden Alkalisteppen sind nicht nur einmalige geomorphologisch-hydrologische Erscheinungen, sondern auch für die Wasservogelwelt des Gebiets von herausragender Bedeutung. Ihr Schicksal verdient deshalb besondere Beachtung. Bevor allerdings auf die dramatische Geschichte dieser besonderen Lebensraumtypeneingegangen werden kann, ist zunächst ein Blick auf die Ökologie und Funktionsweise intakter Sodalacken und Salzböden notwendig; anschließend müssen die Abläufe und Mechanismen beleuchtet werden, die eine Degradation der Salzlebensräume bewirken. Erst auf dieser Grundlage ist der historische Ablauf der Lackenzerstörung im Seewinkel zu verstehen.

Funktionsweise intakter Lacken und Salzböden

Die Lacken und Salzböden des Seewinkels sind an ganz bestimmte hydrologische, geologische und klimatische Bedingungen gebunden. Sie treten in überwiegend ebenem Gelände auf, das mit seichten Mulden durchsetzt ist und sich durch hoch anstehendes, salzhaltiges und saisonal schwankendes Grundwasser auszeichnet. Der Untergrund besteht aus Lockersedimenten (Schotter, Kies, Sand und Ton) von kleinräumig wechselnder Wasserdurchlässigkeit. In klimatischer Hinsicht sind die Pannonischen Salzlebensräume an jahreszeitlich ungleich verteilte, nicht zu große Niederschlagsmengen und an hohe Sommertemperaturen sowie hohe Windgeschwindigkeiten gebunden, die zu starker Verdunstung und zeitweiliger Dürre führen. Die Niederschläge müssen groß genug sein, um einen hohen Grundwasserspiegel und eine saisonale Überflutung flacher Geländemulden zu ermöglichen, sie dürfen aber ein gewisses Maß auch nicht übersteigen, damit es nicht zur Entstehung permanenter Fließgewässer kommt, die die Mulden entwässern und entsalzen würden. Die Grundwasserstandschwankungen sollten sich in einem relativ engen Bereich bewegen und gemeinsam mit den Niederschlägen zu einem periodischen Wechsel zwischen Überflutung und völliger Austrocknung der Geländesenken führen. Dieser Wechsel ist für die Salzlebensräume nicht nur kennzeichnend, sondern überlebenswichtig.

Die sommerlichen Trockenphasen sind für die Erneuerung der Salzvorräte im Oberboden entscheidend [54]. Sobald der Grundwasserspiegel ein wenig abgesunken ist, aber nicht tiefer liegt, als nur einige wenige Dezimeter unter Flur, führen Sonneneinstrahlung und Windeinwirkung zu hohen Verdunstungsraten an der Bodenoberfläche, die in der nicht wassergesättigten Bodenzone einen aufwärtsgerichteten Strom von kapillarem Wasser bewirken. Mit dem Wasser werden auch Salze und eine mineralische Feinfraktion an die Bodenoberfläche transportiert, die sich hier zunehmend anreichern (Abb. 30). Chemisch-physikalische Interaktionen zwischen den Salzen und der mineralischen Feinfraktion führen dazu, dass der Oberboden wasserundurchlässig wird, sobald am Ende der Dürreperiode wieder Niederschläge fallen. Dies bildet die Grundlage für die Überschwemmung der Geländemulden im Winter und Frühjahr. Dort wo diese Überschwemmungen bis in den Sommer hinein anhalten, entstehen durch den Kontakt zwischen Niederschlagswasser und Sediment salzhaltige Flachseen, die Lacken. Umgeben sind die Lacken von gürtelförmig angeordneten Zonen salzhaltigen Bodens, die sich soweit ins Umfeld der Lacken erstrecken, als hochanstehendes Grundwasser eine Salzanreicherung im Oberboden zulässt.

Während der Überschwemmungsphasen kommt es im Wasserkörper der Lacken ebenfalls zu chemisch-physikalischen Interaktionen zwischen den Salzen und dem vom Wind aufgewirbelten Sediment. Ein bestimmter Salzgehalt führt zur Ausbildung einer stabilen, anorganischen Trübung des Wassers, welche intakten Lacken ihre silbrig-trübweiße Färbung verleiht (sogenannte „Weiße Lacken") (Abb. 31). Die anorganischen Trübepartikel dienen als Substrat für Bakterien-Rasen, welche in der nur wenige Dezimeter tiefen Wassersäule für einen raschen und fast vollständigen Abbau von organischen Stoffen sorgen. Dadurch können sich in „Weißen Lacken" trotz hohem Nährstoffgehalt und intensiver Primärproduktion nur geringe Mengen organischen Materials auf dem Gewässergrund ansammeln. Das dennoch anfallende Material wird während der Trockenphasen mineralisiert bzw. vom Wind aus dem Lackenbecken geblasen. Intakte Lacken sind deshalb kaum von Verlandungsprozessen betroffen und können trotz ihrer geringen Tiefe über Jahrtausende erhalten bleiben [55]. Für viele Seewinkellacken wird ein mehr oder weniger unverändertes Bestehen seit 20.000 Jahren angenommen [56].

Im Frühsommer kommt es mit steigenden Temperaturen zu rasch sinkenden Wasserständen und zu steigenden Salzkonzentrationen im Lackenwasser. Diese führen kurz vor dem Austrocknen der Lacken zu einer Fällung der anorganischen Trübe und zu einem vorübergehenden Undichtwerden des Lackenbodens. Das Restwasser versickert und vereinigt sich mit dem anstehenden Grundwasser – die Trockenphase hat begonnen. Sobald das Grundwasser ebenfalls zu sinken beginnt, setzen die oben beschriebenen Salzanreicherungsprozesse ein und bereiten eine neue Überschwemmungsphase vor [54, 55].

Ein wichtiger Faktor in der Ökologie von pannonischen Salzsteppen, Salzsümpfen und Sodalacken ist auch die Beweidung. Sie begünstigt die Erhaltung von Salzlebensräumen, in dem sie eine offene, sonnen- und windexponierte Landschaft schafft, die Vegetation kurz und schütter hält und für zertrampelten Boden sorgt (Abb. 32). Dadurch werden Verdunstung und Salzanreicherung an der Bodenoberfläche angekurbelt, die Ansammlung von totem Pflanzenmaterial wird vermieden und konkurrenzkräftige Feuchtgebietspflanzen wie das Schilf können nicht überhand nehmen [57, 58].

Gefährdung und Zerstörung von Salzlebensräumen

Salzböden und Salzlacken sind trotz ihrer jahrtausendelangen Beständigkeit leicht zu zerstören.

Abb. 30: In Jahren mit hohem Grundwasserstand kommt es am Beginn der sommerlichen Trockenphase zu starken Salzausblühungen; hier im Hochwasserjahr 2015 an einer Zickstelle am Geiselsteller bei Illmitz, 14.4.2015 (Bernhard Kohler)

Abb. 31: *Vollkommen intakte, stark salzhaltige Lacken zeichnen sich durch eine ausgeprägte anorganische Trübung aus, die ihnen das Aussehen verschütteter Milch verleiht. Die namenlose Lacke Nr. 89 Nord, östlich der Östlichen Wörthenlacke, Apetlon, 22.3.2013 (Bernhard Kohler)*

Abb. 32: *Abendstimmung am Illmitzer Zicksee, vom Weidevieh zerstrampeltes Lackenufer in den 1930er Jahren. Bemerkenswert im Hintergrund auch die damals noch gänzlich baum- und weingartenfreie, hügelartige Erhebung der Zicksee-Halbinsel (H. Brühlmeyer, Bgld. Landesarchiv-Fotosammlung_Sign. 20850LM)*

Abb. 33: *Der Seewinkler Hauptkanal/Zweierkanal bildet die wichtigste Entwässerungsachse des zentralen Seewinkels. Das Bild zeigt die Einmündung des Kanals in die Östliche Wörthenlacke. 20.4.2005 (Bernhard Kohler)*

Dazu genügt die Anlage von Entwässerungsgräben (Abb. 33), die den Grundwasserspiegel im Bereich der Salzstandorte dauerhaft absenken und/oder Salze aus den natürlicherweise abflusslosen Lackenbecken ableiten. Fällt der Grundwasserspiegel im Bereich eines Salzstandorts tiefer als einige wenige Dezimeter unter Flur, dann wird der kapillare Salztransport zur Bodenoberfläche unterbunden. Bleibt diese Unterbrechung über längere Zeit aufrecht, so bewirkt der fehlende Salznachschub ein allmähliches Nachlassen der Quellfähigkeit der Bodenpartikel. Niederschläge führen nicht mehr zu oberflächlichen Überschwemmungen, sondern zum sofortigen Versickern des Wassers und zur Auswaschung der Salze in tiefere Bodenschichten. Die fortschreitende Aussüßung der Bodenoberfläche und das Ausbleiben lange anhaltender Überflutungen begünstigen die Entwicklung einer geschlossenen Vegetationsdecke im Lackenbecken, in dem zunehmend nicht halophile Pflanzenarten dominieren. Die sauren Wurzelausscheidungen dieser Pflanzen beschleunigen den Aussüßungsprozess, die geschlossene Vegetationsdecke unterbindet jegliche Salzanreicherung an der Bodenoberfläche[55]. Schon 10–15 Jahre nach einer massiven Grundwasserspiegelabsenkung können an derart degradierten Standorten alle Salzpflanzen verschwunden sein. Dem beschriebenen Mechanismus sind im Seewinkel zahlreiche Sodalacken und Salzböden zum Opfer gefallen, oft in beträchtlicher Entfernung von Entwässerungsgräben. Die Wirkung dieser Gräben kann sich in der sehr flachen Landschaft über viele Kilometer erstrecken.

Dort wo Sodalacken und Salzböden direkten Anschluss an einen Entwässerungskanal haben, führt auch die unmittelbare Ausschwemmung von Salzen zu Zerstörung der Salzstandorte. Mit dem abgeleiteten Wasser geht den betroffenen Lacken Salz rascher verloren, als selbst bei hoch anstehenden Grundwasser aus tieferen Bodenschichten nachgeliefert werden kann. Unterhalb eines bestimmten, kritischen Schwellenwerts führt der Verlust von Salzen im freien Wasser zum Ausfallen der anorganischen Trübe. Ehemals intakte „Weiße Lacken“ verwandeln sich so in „Schwarze Lacken“, deren Wasser vollkommen klar, aber durch Huminsäuren tief dunkelbraun gefärbt ist (Abb. 34). Wegen der fehlenden Trübepartikel zeichnen sich schwarze Lacken durch extrem hohe

Abb. 34: Der Erhaltungszustand der Sodalacken ist aus der Luft auch an ihrer Färbung zu erkennen. Im Bild links zwei weitgehend intakte Lacken mit milchweißer Trübung. Diagonal durchs Bild verlaufend die durch den Anschluss an den Hauptkanal ausgesüßte Östliche Wörtenlacke, mit schwacher Trübe (graue Farbe). In der rechten oberen Bild-Ecke die einigermaßen gut erhaltene Östliche Hutweidenlacke, noch weiß, aber nicht mehr so strahlend wie die beiden intakten Lacken. Bei den blaugrau schimmernden Gewässern in der Hutweide handelt es sich um relative salzarme Grundwasseraustritte. Ihre Färbung entspricht der von Schwarzwasserlacken. 13.3.2013 (Flora Hejjas, Archiv WWF Österreich)

pflanzliche Produktion und beschleunigte Verlandungsprozesse aus. Die bakterielle Zersetzung von organischem Material ist durch das fehlende Substrat und – im Fall der besonders effizienten halophilen Bakterien auch durch das veränderte chemische Milieu – drastisch verringert. Begleitet wird der Umwandlungsprozess meist von einer raschen Ausbreitung des Schilfs (*Phragmites communis*). Dichte Schilfbestände beschleunigen den Verlandungsvorgang, in dem sie den Verlust der Trübepartikel auf mechanischem Weg vorantreiben (verringerte Windeinwirkung, Filterwirkung der Halme) und indem sie zur raschen Ansammlung von organischem Material beitragen. Die Lebensdauer schwarzer Lacken ist in starkem Gegensatz zu der von intakten weißen Lacken auf wenige Jahrzehnte verkürzt[54, 55, 59].

Bei der Zerstörung der meisten Salzstandorte im Neusiedler See-Gebiet haben sowohl die Grundwasserstandsabsenkung, als auch die direkte Ausschwemmung von Salzen eine Rolle gespielt. Beschleunigt wurde der Prozess meist noch durch die Einstellung der Beweidung. Nicht beweidete Salzlebensräume verlieren ihre Eigenart besonders schnell.

Geschichte der Lackenzerstörung im Seewinkel

Im Unterschied zu den Niedermooren des Hanság blieben die Salzstandorte des Seewinkels bis zum Beginn des 20. Jahrhunderts nahezu unangetastet, weil es mangels natürlicher Vorfluter in der extrem flachen Landschaft östlich des Neusiedler Sees keine Möglichkeit gab, Oberflächenwasser abzuleiten oder das hier überall hochanstehende Grundwasser abzusenken, welches die Grundlage für die Existenz der Lacken und Salzböden bildet. Auch stellte der hohe Salzgehalt der Gewässer und Böden ein wesentliches Hemmnis für alle Versuche dar, die Salzsteppen einer anderen Nutzung zuzuführen, als der extensiven Viehwirtschaft, die hier seit Jahrhunderten, wenn nicht sogar Jahrtausenden betrieben wurde. Die Lacken selbst waren aus Sicht der lokalen Bevölkerung zwar nicht ganz nutzlos, aber insgesamt wohl eher eine marginale Erscheinung: lediglich dorfnahe Gewässer dienten als Viehschwemme, als Gänse- und Schweineweiden (Abb. 35a und b) sowie als Orte, an denen Hanf und Leinstengel geröstet, d. h. zur Fasergewinnung in Wasser eingelegt und mazeriert wurden; Kinder und Jugendliche dürften die Lacken wohl auch als Spiel- und Badeplatz genutzt haben. Im Alltag wichtiger war aber wohl die Eignung des Lackenwassers zum Wäschewaschen. Der hohe natürliche Sodagehalt ermöglichte ein wirksames Einweichen und Säubern verschmutzter Wäschestücke, wodurch die lokalen Hausfrauen weitgehend auf käufliche Waschmittel verzichten konnten. Rund um die Nutzbarkeit der Lackensalze als Waschsoda, aber auch als Wundsalz hat sich in Illmitz ab Ende des 18. Jahrhunderts eine beinahe industriell anmutende Rohstoffgewinnung entwickelt: dabei wurde das während der sommerlichen Trockenphasen auf den Lackenböden auskristallisierende Soda mit Reisigbesen aufgekehrt, und auf dem Höhepunkt der Sodanutzung im 19. Jahrhundert in zwei kleinen Illmitzer Fabriken für den Handel aufbereitet[60]. Darüber hinaus wurde an den Lacken natürlich auch Wasserwild gejagt und der karge Speisezettel im Frühjahr durch das Sammeln von Eiern koloniebrütender Vögel aufgebessert (Abb. 36). Nicht zuletzt dienten die ebenen, bei sommerlicher Austrocknung betonharten Ufer der Sodalacken als zeitweise bequem nutzbare Verkehrswege. Die Mehrzahl der im Seewinkel weit verstreuten Lacken dürfte aber kaum beachtet und nur als selbstverständlicher Bestandteil der weitläufigen Weideflächen wahrgenommen worden sein, die die Landschaft bis ins frühe 20. Jahrhundert geprägt haben (Abb. 37).

Durch den Bau des Einserkanals hat sich diese Situation grundlegend verändert: die bis dahin nur marginal nutzbaren Salzstandorte wurden einer intensiveren Nutzung zugänglich. Erstmals konnten Lacken mit Hilfe von Entwässerungsgräben trockengelegt, oder zumindest in ihrer Flächenausdehnung stark eingeschränkt werden; Salzböden konnten durch ständige Wasser- und Salzableitung mit Hilfe der Niederschläge nach und nach ausgelaugt und wenigstens teilweise entsalzt werden (Abb. 38). Vor diesem Hintergrund setzte im Seewinkel schon während des Zweiten Weltkriegs, besonders aber in der Nachkriegszeit ein großflächiges Entwässerungs- und Landgewinnungsprogramm ein, das weite Teile der Region mit einem dichten Netz von Kanälen und Gräben überzogen hat. Besonders intensiv wurde an dem Kanalsystem jeweils nach großen Hochwasserereignissen gebaut, so zum Beispiel in 1940er und 1960er Jahren. Maßgeblich befeu-

Abb. 35a, b: Nutzung dorfnah gelegener Lacken: a) Hausgänse auf einer Lacke bei St. Andrä, um 1955 (A. Sedlacek, Bgld. Landesarchiv-Fotosammlung_Sign. 20867LM); b) Schweineherde an einer Lacke (bei St. Andrä oder Pamhagen?), vor 1938 (R. Forstner, Bgld. Landesarchiv-Fotosammlung_Sign. 20931LM)

Abb. 36: Säbelschnäbler-Nest mit Jungen und Eiern an einer Zicklacke zwischen Podersdorf und Illmitz, 1934 (Alfred Seitz, Bgld. Landesarchiv-Fotosammlung_Sign. 9447LM)

Abb. 37: „Heidelandschaft mit Lacke bei Illmitz", vor 1938 (H. Brühlmeyer, Bgld. Landesarchiv-Fotosammlung_Sign. 9443LM)

ert wurde das Trockenlegungsprogramm auch durch die Umwälzungen in der Landwirtschaft, insbesondere durch die fast vollständige Aufgabe der extensiven Viehwirtschaft Ende der 1950er, Anfang der 1960er Jahre. Die trockenen, salzfreien Teile der dörflichen Gemeinschaftsweiden wurden damals aufgeteilt und in Äcker und Weingärten umgewandelt, während die inselartig in die Hutweiden eingestreuten Lackenmulden und Alkalisteppen als nunmehr vollends isoliertes und unbrauchbares Ödland zurückblieben, das nicht einmal mehr für eine reduzierte Weidenutzung getaugt hätte, da der großräumige Zusammenhang mit anderen Weideflächen zerrissen war und die verbindenden Triften nicht mehr existierten. Nach und nach wurde das Kanal- und Grabensystem auf seine heutige Gesamtlänge von mindestens 224 km vergrößert[61], wobei diese Zahl inoffizielle, d. h. wasserbaulich nicht registrierte Gräben noch gar nicht enthält. Im zentralen Seewinkel entwickelte sich der in den 1940er Jahren begonnene und in den 1950er Jahren vollendete Seewinkler Haupt- oder Zweier-Kanal zur wichtigsten und wirksamsten Entwässerungsachse[62], von dem aus ein Netzwerk von Seitenkanälen ausstrahlt. Der Hauptkanal beginnt im Norden bei Frauenkirchen und mündet bei Pamhagen in den Einserkanal, er hat mindestens 17 von ihm angeschnittene Lacken zerstört oder tiefgreifend verändert; er durchquert acht noch bestehende Gewässer (darunter die größten Lacken des Seewinkels wie Lange Lacke, Östliche Wörthenlacke und St. Andräer Zicksee) und schädigt sie durch Wasser- und Salzableitung. Weiters dürfte die von ihm bewirkte Grundwasserstands-Absenkung so gut wie alle übrigen Lacken im Zentrum des Seewinkels beeinflusst haben, bzw. sie nach wie vor beeinflussen. Die einzigen größeren Lacken, die in diesem Raum nicht direkt von Entwässerungsgräben angezapft (oder durch deren unmittelbare Nachbarschaft sichtbar beeinflusst) wurden, waren die Gewässer des Birnbaum – Ochsenbrunn-Lackenkomplexes, die Lacken des Paulhofgebiets sowie die südwestlich davon gelegene Lackenkette Obere Halbjochlacke – Fuchslochlacke. Im südlichen Teil der Apetloner Seerandzone, im Arbesthaugebiet, wurde ein eigenes Netzwerk von flachen Kanälen zur Trockenlegung der dortigen Lacken, Salzsteppen Salzsümpfe angelegt, das teils direkt in den Einserkanal, teils in den Neusiedler See entwässert. Im südwestlichen Teil des Seewinkels, auf Illmitzer Gemeindegebiet, haben das in den 1940er angelegte Pfarrergrabensystem, der Feldseegraben und der (erst in den 1980er Jahren errichtete) Schrändlgraben zur Zerstörung von mindestens sechs Lacken (Abb. 39) und zu einer dramatischen Flächenreduktion beim Illmitzer Zicksee geführt. Kleinere, aber durchaus wirksame Gräben am Unteren und Oberen Stinkersee haben auch diese ursprünglich sehr großen Lacken stark verkleinert sowie benachbarten kleine Lacken zum Verschwinden gebracht; in Podersdorf spielte der Schrammelgraben eine Schlüsselrolle bei der Trockenlegung des westlichen Teils der Podersdorfer Heide sowie der Karmaziklacke, insgesamt wurden hier an die zehn Gewässer zerstört. In Pamhagen bildete das in den 1950er Jahren angelegte, weitverzweigte System des Leissergrabens die Grundlage für die Zerstörung der elf ursprünglich im Gemeindegebiet vorhandenen Lacken. Im östlichen Teil des Seewinkels waren es wahrscheinlich die großen, ab den 1970er Jahren durch Pumpanlagen verstärkten Entwässerungsgräben im österreichischen Teil des Hanság, die das völlige Verschwinden der rund 20 Lacken von Wallern, Tadten, Andau und St. Andrä bewirkt haben. Die Aufzählung der zerstörten Gewässer ist keineswegs vollständig, weil der konkrete Beitrag zum Lackensterben, den bestimmte Kanäle geleistet haben, nicht leicht zu bestimmen ist. Auch sind detailierte Analysen dessen, was sich auf der Fläche konkret abgespielt hat selten, mit Ausnahme eines gut dokumentieren Beispiels: der zwischen 1960 und 1964 durchgeführten Kommassierung im Gemeindegebiet von Podersdorf[63]. Dabei wurden auf rund 350 ha Land mehr als 35 km Drainagerohre verlegt, das in diesen Rohren gesammelte Wasser wurde in offene Kanäle mit einer Gesamtlänge von 8,2 km geleitet und zum Neusiedler See abgeführt, die entwässerten Flächen wurden umgebrochen und mit Mineraldünger behandelt[63]. Gewonnen wurden dadurch angeblich 200 ha Kulturland; ein heute noch sichtbares Relikt dieser Anstrengungen sind die salzigen Pferdeweiden des Georgshofs, die sich auf dem Gelände der ehemaligen, mehr als 58 ha großen Karmaziklacke erstrecken.

Da die quer durch den Seewinkel errichteten Kanäle, Gräben und Pumpwerke auf die Bewältigung von extremen Hochwasserereignissen ausgerichtet und entsprechend leistungsfähig waren, hatten sie überproportionale Auswirkungen auf den sensiblen Wasserhaushalt der Region. Die durch die Entwässerungsmaßnahmen bewirkten Verluste an Feuchtgebietsflächen lassen sich am besten anhand von Zeitvergleichen des Lackenbestandes veranschaulichen – der Rückgang von temporär überschwemmten Salzsteppen hat sich bislang nicht abschätzen lassen, weil Katasterkar-

Abb. 38: Umgeackerter Salzstandort nördlich von Apetlon, 9.1.2020 (Bernhard Kohler)

Fall ist, bzw. war (Abb. 41 und 42). Dem Flächenfraß und der Bodenversiegelung im wuchernden „Speckgürtel" der Seewinkler Ortschaften sind bedeutende Anteile des Lackenbestandes ganz oder teilweise zum Opfer gefallen, während tragischerweise zur gleichen Zeit – wie es bei klassischen Urbanisierungsprozessen häufig der Fall ist – auch im Seewinkel die alten Ortskerne unter Leerständen und Abwanderung an die Ortsränder zu leiden haben. Allerdings hatte es mit der Entwässerung, dem Zuschütten und Überbauen von Salzstandorten noch nicht sein bewenden. Im Zuge des Ausbaus der Ortskanalisationen in den 1980er Jahren wurden in den Ortsgebieten Absenkbrunnen und Pumpwerke in Betrieb genommen, die in manchen Dörfern, wie z. B. in Apetlon, nach Abschluss der Bauarbeiten weiter genutzt wurden, was sich äußerst negativ auf den Wasserhaushalt ortsnah gelegener Lacken ausgewirkt hat. Ein weiterer Effekt des rapiden Siedlungswachstums bestand und besteht in der lokalen Unterbrechung des Grundwasserstroms. Durch den Ausbau von Kellern, Kanalisationsanlagen und Drainagen dürften manche an den Ortsrändern gelegene Lacken effektiv vom ständigen Zustrom des Grundwassers abgeschnitten worden sein. So scheint etwa der südwestlich von Illmitz gelegene Kirchsee nach und nach in den „Strömungsschatten" des wuchernden Ortsgebiets geraten sein, das ihn von dem aus Nordosten nachströmenden Grundwasser abgeriegelt haben dürfte. Anders ist nicht zu erklären, warum diese seit den 1960er Jahren als Vollnaturschutzgebiet streng geschützte Lacke ab den späten 1980er Jahren in einen rapiden Degradationsprozess geschlittert ist, obwohl im Schutzgebiet selbst keine Eingriffe mehr stattgefunden haben. Ein Indiz für die Richtigkeit dieser Vermutung ist, dass der in Schüben erfolgende Niedergang des Kirchsees in ganz auffälliger Weise mit dem ebenso schubweisen Ausbau der Siedlungen synchron lief. Heute lebt der Kirchsee nur mehr als Name für eine schwach salzhaltige Feuchtwiese fort, die auf drei Seiten von Häusern umgeben ist. Gegenwärtig droht eine ähnliche Entwicklung dem Illmitzer Zicksee, da sich am Nordrand von Illmitz, in der Umgebung des Nationalpark-Informationszentrums ein Riegel von Siedlungsflächen zwischen die Lacke und die Zuströmrichtung des Grundwassers von Nordosten schiebt.

Abb. 39: Der Obere Schrändlsee, der sich auf diesem – leider nicht datierten – Bild noch als stark salzhaltige Lacke in der Trockenphase präsentiert (mit Suaeda pannonica *als Qualitätszeiger für intakte Salzstandorte!) ist heutzutage nur mehr eine schwach salzhaltige, wechselfeuchte Wiese am südwestlichen Ortsrand von Illmitz. (Bgld. Landesarchiv-Fotosammlung_Sign. 30089LA)*

ten und frühe Luftbilder keine Unterscheidung zwischen salzfreien und versalzten Steppenflächen erlauben (Abb. 40). Von den in den Jahren 1856–1858 vorhandenen 139 Sodalacken des Seewinkels, die in Summe eine Fläche von 3.614 ha bedeckt hatten, waren 100 Jahre später, im Jahr 1957, nur mehr 79 übrig, ihre gemeinsame Fläche war auf 1.361 ha geschrumpft. Bis 1986 sank die Zahl der Lacken weiter auf 63, die offene Lackenfläche ging auf 805 ha zurück [37].

Siedlungen dringen in Überschwemmungsräume vor

Ab den 1970er Jahren wurde neben der Gewinnung von Agrarland auch der radikale Wandel der Siedlungsstrukturen im Seewinkel zu einem Treiber der Lackenzerstörung. Ortsnahe Gewässer und Salzsteppen wurden trockengelegt, zu Bauland umgewidmet und dann sukzessive zugeschüttet bzw. überbaut. Ähnlich wie beim Schilfgürtel des Neusiedler Sees hat die großzügige, niemals revidierte Flächenwidmungspolitik der 1960er und 1970er Jahre dazu geführt, dass im Nahbereich der Seewinkler Ortschaften auf z. T. hochwertigen Salzstandorten umfangreiche Baulandreserven entstanden sind, die von den Gemeinden nach und nach verbaut wurden, bzw. noch bis heute weiter verbaut werden. Besonders betroffen ist davon die Umgebung jener Seewinkler Orte, deren alte Kerne auf flachen Erhebungen stehen, die einst inmitten eines Kranzes von umgebenden Lacken und Sümpfen lagen – wie es etwa in Illmitz, Apetlon, St. Andrä, Tadten und Andau der

Anschüttungen, Schottergruben und Teichanlagen

Zugeschüttet wurden Lackenflächen nicht nur im Siedlungsbereich, sondern auch in der freien Landschaft, etwa um Weingärten in den Sandgebieten des Neusiedler See-Ostufers zu erweitern, in denen das Planieren von Dünenresten praktischerweise mit der Schaffung von zusätzlichen Weingartenflächen Hand in Hand ging – meist auf Kosten der in den früheren Dünentälern gelegenen Salzsteppen, Lacken und Sümpfe.

Eine weitere, zerstörerische „Nachnutzung" von Lacken- und Alkalisteppen, die ehemals Bestandteil weitläufiger Weideflächen waren, stellt die Anlage von Schottergruben dar. Speziell in den nördlichen und östlichen Teilen des Seewinkel, in denen die quartäre Schotterauflage abbauwürdige Mächtigkeiten erreicht, wurden auf Kosten von Lacken große Schotter- und Kiesgruben angelegt – Paradebeispiele sind die ehemalige Grundlacke in der ehemaligen Podersdorfer Heide sowie die Pinetzlacke südlich von Frauenkirchen, die in den 1960er Jahren in ein weitläufiges Abbaugelände umgewandelt worden ist, das heute den Standort der Seewinkeltherme bildet. Nicht zuletzt muss auch die Anlage von Freizeiteinrichtungen und Feriensiedlungen als Ursache der Lackenzerstörung erwähnt werden. Klassische Beispiel sind das „Feriendorf Vogelparadies" am Oberen Weißsee und die weitläufige Feriendorfanlage „Pannonia" auf dem Gebiet der einstigen Pamhagener Hutweide und der dort befindlichen Lacken. Ebenfalls in diese Kategorie gehören der Campingplatz, die Badeanlagen und die Zweitwohnsitz-, bzw. Schrebergarten-Siedlungen am St. Andräer Zicksee. Einen Sonderfall der Lackenzerstörung stellt die Umwandlung der Huldenlacke in einen Vorfluter der Kläranlage von St. Andrä dar. Auch der Illmitzer Zicksee musste trotz seines hohen Schutzstatus über lange Zeit Ortsabwässer aufnehmen; auch nach dem Ende der Abwassereinleitung wurde er weiter zur Regenwasserentlastung der Ortskanalisation genutzt.

Abb. 40: Diese vor 1938 entstandene Fotografie aus Illmitz wird im Landesarchiv unter dem Titel "Salzwüste beim Neusiedler See" geführt und steht für die großflächig verloren gegangenen Alkalisteppen der Region. (F. Swoboda, Bgld. Landesarchiv-Fotosammlung_Sign. 9446LM)

Vertragsnaturschutz beendet Flächenumwandlung

Bis weit in die 1980er Jahre hinein vermochte der Naturschutz den rapiden Flächenschwund bei Lacken und Salzböden kaum zu bremsen. Zwar konnten schon in den 1960er Jahren einige Aushängeschilder unter den Lacken, wie der Obere und der Untere Stinkersee, der Illmitzer Zicksee und der Kirchsee, die Lange Lacke und die Wörthenlacken sowie die Obere Halbjochlacke und die Fuchslochlacke unter Vollnaturschutz gestellt werden, an den Rändern dieser Gebiete wurden aber trotz des Schutzstatus und wegen der mangelnden Ahndung von Übergriffen weiterhin wertvolle Standorte vernichtet. Ungeschützte Flächen, bzw. Flächen mit einem schwächeren Teilnaturschutzstatus wurden oft zerstört, ohne dass dies für die Ausführenden Konsequenzen gehabt hätte. Und selbst bei den strengen Schutzgebieten waren die Auswirkungen randlicher Eingriffe kein Thema, das die Behörden sonderlich beschäftigt hätte.

Erst die Einführung des Vertragsnaturschutzes in den späten 1980er Jahren, die eine gerechte finanzielle Entschädigung der Grundbesitzer ermöglicht hat, brachte das Ende der bewussten und gezielten Zerstörung von Salzlebensräumen. Die letztlich auch durch die konsequente Um-

Abb. 41: Historische Flugaufnahme von Illmitz, vor 1938. Die Ortschaft ist allseits von Lacken und Salzsteppen umgeben. Im Vordergrund der Feldsee und die ihn umgebenden Salzböden, links hinter der Ortschaft der Kirchsee, der sich im Mühlwasser fortsetzt, das den westlichen Ortsrand begleitet. Rechts oben der Illmitzer Zicksee, dahinter der Albersee und nördlich daran anschließend die Illmitzer Fuchslochlacke. Am Horizont der Neusiedler See (Bgld. Landesarchiv-Fotosammlung_Sign. 31430LA)

setzung des Vertragsnaturschutzmodells ermöglichte Einrichtung des Nationalparks Neusiedler See–Seewinkel hat ab 1993 über der Mehrzahl der noch existierenden Lacken und Salzstandorte einen dauerhaften Schutzschirm ausgespannt, der seither Flächenverluste durch Nutzungsumwandlung (abseits der bestehenden dörflichen Widmungsgebiete) wirksam verhindert.

Eingriffe in den Wasserhaushalt wirken fort

Leider konnte der drastisch verbesserte Schutzstatus die gravierenden hydrologischen Probleme nicht lösen, die sich aus dem Umfang des Entwässerungssystem ergeben, das ja vielerorts weit über die Nationalparkgrenzen hinausreicht und das im Interesse der dort betriebenen Landwirtschaft und anderer Nutzungen weiterhin funktionsfähig gehalten werden muss. Deshalb ist die Zahl der Lacken auch noch nach der Nationalparkgründung weiter zurückgegangen. Im Jahr 2006 gab es in der Region noch 50 Gewässer mit einer Gesamtfläche von 674 ha[64], aktuell (2020) liegt die Zahl bei 46 und die Flächensumme bei 641 ha[65]. Nach Krachler et al.[59] waren allerdings bereits 2010/2011 nur mehr 40 Lacken mit einer Gesamtfläche von 650 ha im Seewinkel vorhanden. Die Diskrepanzen zwischen den jüngsten Zahlen dürften einerseits auf die notorisch schwierige Abgrenzung von Wasser- und Strandflächen auf Luftbildern zurückgehen, andererseits ist es in der jüngsten Zeit schwieriger geworden, zu entscheiden, was noch als Lacke zu werten ist, und was nicht. Seit Anfang der 2010er Jahre (mit Ausnahme des Hochwasserjahrs 2015 und der beiden darauf folgenden Jahre) ist es im Seewinkel immer wieder zu lange anhaltenden Trockenperioden gekommen, in denen so gut wie alle Lacken schon im April und Mai trocken lagen – also zu jenem Zeitpunkt, an dem die jährlichen Höchstwasserstände in den Lacken auftreten sollten. Wie sich diese Situation auf den Lackenbestand auswirken wird, ist noch unklar, da nicht abzusehen ist, welche Lacken nach einer allfälligen Rückkehr des Wassers wieder aufleben werden, und welche nicht (Abb. 43).

Trotz aller Unsicherheiten und methodischen Unschärfen ist der langfristige Trend aber eindeutig: seit der Mitte des 19. Jahrhunderts hat die Zahl der Lacken um mindestens 67% abgenommen, die Ausdehnung offener Wasserflächen ist um 82 % gesunken. Wie schon erwähnt, sind die Verluste an kurzfristig überschwemmten Salzstandorten niemals quantifiziert worden, sie dürften aber noch wesentlich umfangreicher sein.

Zu betonen ist, dass nicht nur die Zahl und die Gesamtfläche der Lacken abgenommen hat, sondern dass sich auch der Erhaltungszustand der noch bestehenden Lacken zusehends verschlechtert hat. Dies belegen die Untersuchungen von Krachler et al.[59], die an insgesamt 69 Lacken- bzw. Lackenresten des Seewinkels (mit einer summierten Beckenfläche von 2.540 ha) durchgeführt wurden. Sie haben gezeigt, dass aktuell keine einzige Seewinkler Lacke als ökologisch völlig intakt anzusehen ist, lediglich fünf Lacken (deren summierte Beckenfläche nur knapp 5,6 % der untersuchten Gesamtfläche ausmacht!) sind in einem gutem Zustand, 16 (= 4,3 % der Gesamtfläche) in einem mäßigen und 19 (= 27,8 % der Gesamtfläche) in einem schlechten Zustand. Die übrigen 29 Lacken (= 42,4 % der Gesamtfläche sind als stark degradiert bis zerstört anzusehen.

Es kann heutzutage kein Zweifel mehr daran bestehen, dass die Hauptursache des „Lackensterbens", das von Dick et al.[66] erstmals als solches apostrophiert worden ist, die Grundwasserstands-Absenkung ist. Hinter dieser Absenkung stehen allerdings drei verschiedene Faktoren, die allesamt anthropogenen Ursprungs sind. Der erste und – was die Wirkungsdauer und den Umfang betrifft – sicherlich wichtigste Faktor sind die Entwässerungsmaßnahmen im Dienste der Landwirtschaft und der Siedlungsentwicklung; der zweite sind Änderungen in der regionalen Wasserbilanz, die durch den menschengemachten Klimawandel verursacht werden; der dritte und jüngste Faktor schließlich sind die massiven Grundwasserentnahmen zu landwirtschaftlichen Bewässerungszwecken, die mit dem Spürbarwerden des Klimawandels in den 1990er Jahren begonnen haben und sich seither immer mehr ausgeweitet haben. Derzeit sind es vor allem diese Entnahmen, die eine Erholung des Grundwasserspiegels auch in niederschlagsreicheren Jahren bremsen, bzw. unterbinden.

Was die Entwässerungsmaßnahmen betrifft, so hat eine Untersuchung aus den späten 1980er Jahren gezeigt[67], dass das Ausmaß der Ableitung mit jährlich 15 Millionen Kubikmeter schon damals bedenklich hoch war und in vielen Jahren über jeglicher Nachhaltigkeitsgrenze lag. Den Berechnungen der Studie zufolge belief

Abb. 42: Flugaufnahme von St. Andrä am Zicksee, 1934/36. Am linken Bildrand ist ein Stück von der Baderlacke zu erkennen, rechts oben die Gansllacke, dahinter der St. Andräer Zicksee. Knapp unter dem oberen Bildrand liegen die Freiflecklacke, die Auerlacke und eine namenlose, zwischen Zicksee und Auerlacke situierte Lacke. (Bgld. Landesarchiv-Fotosammlung_Sign. 9492LM)

Abb. 43: Die jüngste, seit 2019/2020 anhaltende Trockenperiode und die stark gestiegenen landwirtschaftlichen Grundwasserentnahmen haben dazu geführt, dass die Lange Lacke in weiten Teilen kein Wasser mehr führt. In den dauerhaft trocken liegenden Teilen laufen besorgniserregende Veränderungsprozesse ab. Unter anderem kommt es zur Ausbreitung eines schwach salzliebenden, invasiven Neophyten, der nordamerikanisch-ostsibirisch verbreiteten Mähnen-Gerste (Hordeum jubatum)*, die als problematisches Weideunkraut gilt. Folgenschwerer dürfte aber die fortschreitende Entwicklung einer geschlossenen Pflanzendecke auf dem Lackenboden sein, die zur weiteren Entsalzung des Lackenbeckens beitragen könnte. 24.7.2020 (Bernhard Kohler)*

sich nämlich die im Seewinkel jährlich neu gebildete Grundwassermenge auf nur 15–40 Millionen Kubikmeter – die große Schwankungsbreite dieses Werts hat mit den gebietstypischen, beträchtlichen Unterschieden im Jahresniederschlag zu tun. Dies bedeutet, dass schon damals zwischen 40 und 100 % des jährlich neugebildeten Grundwassers in den Entwässerungsanlagen abgeflossen sind. Dieser enorme Verlust hat bereits in den 1980er Jahren in weiten Teilen des Seewinkels zu einer Grundwasserstands-Absenkung von mehr als einem Meter geführt. Obwohl die Studie als Fazit die seither oft zitierte Maxime ausgegeben hat „Jeden Tropfen Wasser so langsam als möglich aus dem Gebiet abfließen" zu lassen, ist in den letzten 30 Jahren diesebzüglich nur wenig geschehen.

Der lange Weg zum Rückstau

Nach der Gründung des Nationalparks 1993 wurden aufgrund der Studienergebnisse und als Reaktion auf die Forderungen, die im Ramsar-Bericht Neusiedler See–Seewinkel[66] erhoben worden waren, zwar erstmals provisorische Rückstaumaßnahmen entlang der Hauptentwässerungskanäle gesetzt, die aber rechtlich überhaupt nicht verankert waren und deren Stauziel weitgehend nach freiem Ermessen festgelegt wurde. Parallel dazu wurde das Entwässerungssystem im Seewinkel erstmals kartographisch und flächendeckend dokumentiert[68]. Die provisorischen Rückstaumaßnahmen beruhten durchwegs auf freiwilligen Übereinkommen mit Grundbesitzern und Wassergenossenschaften, waren als Übergangslösung gedacht und standen unter der Prämisse, dass die in den Kanälen errichteten Holz- und Erde-Dammkonstruktionen im Hochwasserfall sofort weggerissen werden dürften. Letzteres ist den Hochwasserjahren 1996–2000 dann auch prompt geschehen, nur vereinzelt hatten die in der Gründungszeit des Nationalparks errichteten Stauhaltungen bis in die späten 2000er Jahre Bestand, bzw. wurden nach dem Hochwasser wiederhergestellt. Die Funktionsfähigkeit der verbliebenen Stauhaltungen wurde allerdings regelmäßig durch „Nacht und Nebel-Aktionen" untergraben, indem von unbekannter Hand Ziegel zwischen die untersten Wehrbretter der ungesicherten Stauhaltungen geklemmt wurden, um trotz scheinbar aufrechtem Rückstau einen unauffälligen, aber starken Abfluss zu erzeugen. Während die nach dem Hochwasser durch mehrere Jahre hindurch herrschenden günstigen Wasserstansdverhältnisse die Bemühungen um einen vermehrten Wasserrückhalt nicht unbedingt befeuert haben, wurde zur gleichen Zeit die per Bescheid vorgeschriebenen Routine-Instandhaltungsmaßnahmen der Gräben (Entlandung, Beseitigung abflusshemmender Vegetation, Ertüchtigung) ordnungsgemäß und pünktlich durchgeführt und damit die Ableitung aufrechterhalten. Aus der geplanten, raschen rechtlichen Verankerung der Stauhaltungen wurde vorerst nichts, denn die Heftigkeit des Hochwassers 1996 dürfte die Behörden zu größerer Vorsicht bewogen haben. Es entstand die an und für sich begrüßenswerte Idee, die geplanten Rückstauvorhaben nur auf der Grundlage von Geländemodellen, detaillierten hydrologischen Berechnungen und Simulationsmodellen durchzuführen um eine tragfähige Basis für eine rechtlich verbindliche, haltbare und gegenüber Schadenersatzforderungen abgesicherte Regelung des Wasserrückhalts zu schaffen. Allerdings nahm die Erarbeitung der notwendigen Grundlage wiederum Jahre in Anspruch. Ein auf Laserscan-Daten basierendes Geländemodell des Seewinkels und des Hanság war ab 2006 verfügbar[69], eine umfassende hydrologische Modellierung der Grundwasserströme im Seewinkel durch die TU Wien[70] ab 2011. In der Zwischenzeit hatte ein Forschungsprojekt des Naturschutzbunds Burgenland die Schlüsselrolle eines hohen Grundwassersstandes für die Erhaltung der pannonischen Salzlebensräume aufgezeigt[55]. Bereits 2008 und 2010 wurden unter der Führung des WWF Österreich zwei Anläufe unternommen, mit Hilfe eines LIFE-Projekts Rückstaumaßnahmen entlang des gesamten Hauptkanals zu setzen, begleitet von umfassenden Renaturierungsmaßnahmen an insgesamt elf Lacken und einem großen Salzsumpfgebiet. Leider erhielt der erste Projektantrag 2008 keine Genehmigung seitens der EU. Der zweite Versuch einer Einreichung musste nach einem Wechsel im Vorstand der Apetloner Wassergenossenschaften abgebrochen werden, da in diesem Gremium die Gegner des Vorhabens nunmehr die Oberhand gewonnen hatten. In Teilen der lokalen Bevölkerung herrschte große Skepsis gegenüber der Möglichkeit, den Wasserstand anzuheben, ohne Siedlungsflächen und Ackerland zu gefährden. Zwar war schon in den späten 2000er Jahren auf Initiative der Biologischen Station Illmitz am Unteren Stinkersee eine rechtlich abgesicherte Stauhaltung auf Grundlage der

Abb. 44: Neu errichtete Wehranlage im Hochwasserjahr 2015 am Seewinkler Hauptkanal unterhalb des Xixsees. 20.4.2015 (Bernhard Kohler)

Abb. 45: Bewässerung eines Rübenackers im Seewinkel, 28.6.2006 (Bernhard Kohler)

Abb. 46: Bewässerung eines Kartoffelackers im Seewinkel, 18.5.2022 (Bernhard Kohler)

damals noch in Ausarbeitung befindlichen hydrologischen Modelle realisiert worden. Dieses siedlungsferne und an einem relativ kleinen Graben durchgeführte Projekt hatte aber noch zu wenig Überzeugungskraft, zumal es in der Öffentlichkeit auch kaum bekannt gemacht worden war. Die Bedenken gegenüber größeren Rückstauvorhaben konnten erst durch ein Demonstrationsprojekt ausgeräumt werden, das der WWF 2013–2016 in Zusammenarbeit mit der Wasserbau-Abteilung des Landes und der TU Wien sowie mit Unterstützung eines privaten Sponsors, der Coca-Cola Foundation, umsetzen konnte [71] (Abb. 44).

Dabei wurden im Lange Lacken-Gebiet entlang des Hauptkanals vier rechtlich verankerte Wehranlagen errichtet, deren Stauziele anhand von hydrologischen Modellierungen so festgelegt wurden, dass Schäden an Siedlungsobjekten und landwirtschaftlich genutzten Flächen ausgeschlossen sind. Diese vier Stauhaltungen (die im Hochwasserjahr 2015 ihre volle Wirkung entfalten konnten, ohne irgendeinen Schaden zu verursachen) und die vom Sponsor ermöglichte, intensive Öffentlichkeitsarbeit haben mitgeholfen, in Apetlon eine etwas aufgeschlossenere Haltung gegenüber Renaturierungsmaßnahmen in der Bevölkerung zu erzeugen. Auf dieser Grundlage konnten Nationalpark, Wasserbau, Biologische Station und WWF neuerlich ein umfassendes LIFE-Projekt ausarbeiten, das sich aber auf EU-Ebene weder bei der ersten Einreichung 2020, noch beim zweiten Versuch 2021 gegenüber der Konkurrenz anderer Projektvorhaben durchsetzen konnte. Da das Projekt, wie schon jenes von 2008, durch die EU aber grundsätzlich gutgeheißen worden war, wurde 2022 ein dritter Versuch gestartet, der 2023 endlich Erfolg hatte. Im LIFE-Projekt „Pannonic Salt", das von 2023 bis 2028 laufen wird, sollen unter anderem zehn Rückstaumaßnahmen am Seewinkler Hauptkanal umgesetzt werden.

Klimawandel und landwirtschaftliche Grundwasserentnahmen

Der zweite Faktor, der zum Absinken des Grundwasserspiegels beiträgt, ist die aufgrund des Klimawandels veränderte Wasserbilanz. Da seit Anfang der 1990er Jahre im Neusiedler See-Gebiet ein merklicher Anstieg der Temperaturen und damit ein Anstieg der Verdunstung zu verzeichnen ist [72], hat die negative Seite der Wasserbilanz an Gewicht gewonnen, auch wenn die Niederschläge im gleichen Zeitraum nicht zurückgegangen sind, sondern sogar leicht zugenommen haben. Auf jeden Fall besteht im Gebiet durch die erhöhten Temperaturen eine angespanntere hydrologische Situation, die sich als maßgeblicher Treiber für den dritten Faktor hinter dem Absinken der Grundwasserstände erwiesen hat.

Dieser dritte Faktor ist die vermehrte Grundwasserentnahme seitens der Landwirtschaft. (Abb. 45, Abb. 46) Die Landwirte reagieren auf die Versorgungsdefizite, die durch die erhöhten Verdunstungsraten während der Vegetationsperiode entstehen, mit der künstlichen Beregnung ihrer Kulturen. Das dafür benötigte Wasser stammt ausschließlich aus Grundwasservorräten der Region. Laut dem Rechnungshofbericht 2020 über den Nationalpark Neusiedler See–Seewinkel [73] beträgt die zu Beregnungszwecken behördlich bewilligte Entnahmemenge 20,84 Millionen Kubikmeter. Sie kann (theoretisch) aus den 5.083 im Seewinkel bestehenden Feldbrunnen entnommen werden (Abb. 47), um eine Fläche von insgesamt 15.700 ha zu beregnen. Wieviel Wasser aber tatsächlich zur Beregnung verwendet wird, konnte bisher mangels Überwachung nicht festgestellt werden. Im Nationalen Gewässerbewirtschaftungsplan 2015 wurde die entnommene Menge (ohne tatsächliche Messung) auf 11,21 Millionen m^3/Jahr geschätzt [74], im Gewässerbewirtschaftungsplan 2021 [75] wird (wiederum ohne tatsächliche Messung) von 16,03 Millionen m^3/Jahr ausgegangen. Berechnungen der Gruppe Wasser zeigen [76], dass der Wasserbedarf der Seewinkler Landwirtschaft tatsächlich sehr hoch ist. In Jahren mit mittleren Temperaturverhältnissen und mittleren Niederschlägen liegt der durch Beregnung zu deckende Pflanzenwasserbedarf bei 10,6 Millionen m^3 (Summe für den Zeitraum von Mai bis September). Bei hohen Temperaturen und mittleren Niederschlägen sind es 17,6 Millionen m^3. In extremen Trockenjahren wie 2011, in dem die Niederschläge im Gebietsdurchschnitt nur 440 mm erreicht haben, würde der Beregnungsbedarf sogar auf 41,4 Millionen m^3 hochschnellen. Angesichts einer geschätzten Grundwasserneubildungsrate von nur 15–40 Millionen m^3/Jahr und einem Abfluss von 15 Millionen m^3 über die Entwässerungskanäle [67] wird deutlich, dass die Grundwasserressourcen im Seewinkel in den meisten Jahren bis an ihre Grenzen genutzt, ja vielfach sogar übernutzt werden.

Grundsätzlich problematisch ist, dass die Festlegung der zulässigen Entnahmemengen bislang nur nach Kriterien der mengenmäßigen Nachhaltigkeit für die Landwirtschaft erfolgt ist. Der Grundwasserpegelstand, der zur Erhaltung der pannonischen Salzlebensräume notwendig wäre, liegt aber wesentlich höher, als das Niveau, das sich aus landwirtschaftlich gerade noch tolerierbaren Entnahmen ergibt. Entgegen den Be-

Abb. 47: Brunnenbau zur landwirtschaftlichen Bewässerung, 18.5.2022 (Bernhard Kohler)

stimmungen der EU-Wasserrahmenrichtlinie sind also die in hohem Maß grundwasserabhängigen pannonischen Salzlebensräume bei der Festlegung der zulässigen Entnahmemengen unberücksichtigt geblieben. Damit wurde zugleich gegen die strengen Erhaltungsverpflichtungen verstoßen, die nach den EU-Naturschutzrichtlinen für den prioritären Lebensraumtyp der Fauna-Flora-Habitat-Richtlinie (FFH code: *1530 „Pannonische Salzsteppen und Salzsümpfe") bestehen. Da die Salzlebensräume ein wesentliches Schutzgut des Nationalparks Neusiedler See–Seewinkel bilden, ist eine aus Naturschutzsicht völlig unhaltbare Situation entstanden, die sehr rasche und wirksame Gegenmaßnahmen erfordert. In jüngster Zeit haben geringe Niederschläge und ein fataler Trend zu sehr wasserbedürftigen Kulturpflanzenarten die Situation noch weiter verschärft. Vor allem durch den vermehrten Anbau von Kartoffeln, Mais und Soja ist der Wasserbrauch in den letzten Jahren weiter stark gestiegen – trotz des gleichzeitigen, starken Rückgangs des Zuckerrüben-Anbaus im Gebiet. Aktuell wäre ein Rückstau in den Entwässerungskanälen vielfach gar nicht mehr möglich, weil der Grundwasserstand durch die ständige Übernutzung weit unter die Sohle selbst der tiefsten Entwässerungskanäle gefallen ist.

Abb. 48: Ziegenherde und Pferde in Sankt Andrä, vor 1938 (R. Forstner Bgld. Landesarchiv-Fotosammlung_Sign. 20927LM)

Im schon erwähnten LIFE-Projekt „Pannonic Salt" sollen nun auf Testflächen wassersparende Alternativen zu den bisherigen bewässerungsintensiven landwirtschaftlichen Kulturen und Anbauformen erprobt werden. Ziel dabei ist es, Grundlagen für eine klimawandelangepasste und wassersparende Neuausrichtung der Seewinkler Landwirtschaft zu erarbeiten, die auch ökonomisch tragbar ist.

Eine Neuausrichtung der Seewinkler Landwirtschaft wäre in Verbindung mit einem konsequenten Wasserrückhalt – der unter anderem auch die Wiederherstellung von Überschwemmungsräumen zur Voraussetzung hätte – eine mögliche Alternative zu den aktuell sehr kontrovers diskutierten Plänen einer künstlichen Wasserzufuhr von der Donau, wie sie die Machbarkeitsstudie der Gruppe Wasser[76] vorschlägt. Die Machbarkeitsstudie strebt zwar umfangreiche Rückstaumaßnahmen an, sieht aber die weitgehende Aufrechterhaltung des landwirtschaftlichen Status quo vor – das heißt, sie geht von keinen Änderungen in der landwirtschaftlichen Beregnungspraxis und der Kulturpflanzenauswahl aus und schlägt auch keine großzügige Renaturierung von Überschwemmungsräumen vor. Das unter diesen Voraussetzungen weiter bestehende Wasserdefizit soll nach dem Konzept der Gruppe Wasser durch die Zuleitung und Versickerung von Donauwasser ausgeglichen werden. Die Umsetzung des Vorhabens wäre allerdings mit der Neuerrichtung von zahlreichen zusätzlichen Kanälen und Pumpwerken im Seewinkel verbunden, mit denen das Wasser an seine Versickerungsorte, bzw. zu den Entnahmestellen für die landwirtschaftliche Beregnung geleitet würde. Da die bereits bestehenden Entwässerungskanäle zwar rückgestaut werden sollen, aber für den Hochwasserfall funktionstüchtig gehalten werden müssen, würde die Umsetzung dieser Pläne neben massiven baulichen Eingriffen in die Seewinkellandschaft zu einem hohen Maß an Künstlichkeit im Wasserhaushalt führen, das nur schwer mit den Zielen eines Nationalparks in Einklang zu bringen wäre.

Abb. 49: Bauer mit Graurinder-Ochsengespann beim Pflügen, Tadten um 1930/35. Graurinder wurden im Seewinkel vor allem auf den herrschaftlichen Meierhöfen gehalten. (Bgld. Landesarchiv-Fotosammlung_Sign. 21219LA)

Von der großräumigen Weidelandschaft zum kleinteiligen Weidemosaik

Eine dramatische Veränderung im Erscheinungsbild der Landschaft des Neusiedler See-Gebiets hat sich auch im Bereich der extensiven Weideflächen vollzogen. Im Kapitel über die Weidelandschaft war davon die Rede, dass damals riesige Flächen im Komitat Wieselburg/Moson extensiv genutztes Weide- und Wiesenland waren – die Vermessung der Flächen auf den digitaliserten Karten der Josephinischen Landesaufnahme hat für das Berichtsgebiet der Avifauna eine Gesamtsumme von mindestens 21.955 ha ergeben, zu denen bei Betrachtung des gesamten Komitats noch die rund 6.000 ha Weideland auf der Parndorfer Platte sowie die ca. 10.000 ha Wiesen in der Leithaniederung zu rechnen sind, in Summe also eine Weide- und Wiesenfläche von mindestens 37.955 ha (nicht enthalten sind in dieser Zahl verstreuten Wiesen und Weiden in den Mäandern der Mosoni Duna, die sich ebenfalls auf dem Territorium des Komitats Moson befinden, aber nur auf einige hundert Hektar belaufen haben).

Es muss neuerlich als Glücksfall bezeichnet werden, dass die Josephinische Landesaufnahme in den 1780er Jahren stattgefunden hat, weil dieser Zeitraum mit dem Beginn einer intensiveren Nutzung der herrschaftlichen Weideflächen zusammenfällt, die aber die Gebietskulisse noch weitgehend unverändert beließ. Ende des 18. Jahrhunderts begannen einige große Grundherrschaften ihre Weidegebiete (deren Nutzung sie mit den Untertanen zu teilen hatten) auf die Schafzucht auszurichten[78]. Zu diesem Zweck wurden einfache „Schaflerhöfe" errichtet, also Wohn- und Wirtschaftsgebäude für die Schäfer sowie Nachtkoppeln und Unterstände für die Herden. Diese Höfe sollten später die Keimzelle für die großen Meierhöfe bilden, deren Blütezeit in die zweite Hälfte des 19. Jahrhunderts fällt. Was die Flächenausdehnung betrifft, so dürfte der herrschaftliche Fokus auf die Schafhaltung keine negativen Auswirkungen gehabt haben, allenfalls müsste man von einer intensiveren Ausnutzung der Weideflächen ausgehen und – sofern es zu einer Übernutzung der Weiden gekommen ist – einer verstärkten Konkurrenz mit den Herden der Bauernschaft. Zu einer Flächenreduktion gab die neue Nutzungsform noch keinen Anlass.

Die Folgen der 1848er Revolution

Dies hat sich grundlegend erst Mitte des 19. Jahrhunderts geändert, als während der Revolution von 1848 von den revolutionären Parlamenten in Ungarn und Österreich die Grundentlastung für die Bauern beschlossen wurde[78, 79, 80], das heißt die Auflösung des Untertanenverbandes, die Aufhebung der zahlreichen wechselseitigen Verpflichtungen zwischen Untertanen und Grundherrschaft, die Einführung von bäuerlichem Eigenbesitz und damit die Trennung von herrschaftlichem und bäuerlichem Land sowie – für die Weideflächen relevant – die Schaffung von Urbarialgemeinden. Letztere hatten jenen Teil des ehemals herrschaftlichen und nunmehr bäuerlichen Landes zu verwalten und zu betreuen, der von den Bauern eines Dorfes nicht individuell, sondern nur als Gruppe genutzt werden konnte. Im Wesentlichen handelte es sich bei diesem Gemeinschaftsbesitz um Weideflächen (Abb. 48) und Wald. Die ideellen Weide-Anteile der einzelnen Mitglieder der Urbarialgemeinde richteten sich nach dem Status der Hofbesitzer (Voll-, Halb-, Viertel- und Achtellehner). Die Grundentlastung erwies sich trotz der raschen Niederschlagung der Revolution als eines ihrer großen und bleibenden Erfolge, da die neoabsolutistischen Regierungen, die nunmehr die Macht übernommen hatten, an der Grundentlastung und den damit verbundenen Reformen festhielten – nicht aus Begeisterung für deren demokratischen und gleichheitsfördernden Inhalt, sondern aus wirtschaftspolitischen Überlegungen[78,79]. Schon vor der Revolution war deutlich geworden, dass das im Mittelalter wurzelnde System der Grundherrschaft dringend reformbedürftig war, weil es sich längst zu einem hartnäckigen Hemmschuh für die Weiterentwicklung der Landwirtschaft und für die Steigerung der landwirtschaftlichen Produktivität entwickelt hatte. Die Umsetzung der Grundentlastung ab 1853 führte tatsächlich zu einem beträchtlichen landwirtschaftlichen Aufschwung, weil beide Seiten – der neuentstandene, besitzstolze Bauernstand, besonders aber die von Verwaltungsaufgaben befreiten und durch großzügige Ablösen entschädigten Grundherren – von den Reformen profitiert haben. Die nunmehr eigenständigen Großbetriebe der ehemaligen Grundherren konnten das Geld, das sie vom Staat, bzw. von den Bauern für die Überlassung von Eigentumsrechten bekommen hatten, in Modernisierungs- und Intensivierungsmaßnahmen investieren. Viele ehemalige Grundherrschaften wetteiferten in der zweiten Hälfte des 19. Jahrhunderts geradezu darin, ihre Landwirtschaften zu Musterbetrieben zu machen, die an der Spitze der agrarischen Entwicklung und Technologie standen. Im gegenständlichen Gebiet gilt das vor allem für die Habsburgischen Besitzungen im Nordosten des Komitats, aber auch für die umfangreichen Ländereien der Fürsten Esterházy. Für die Weideflächen hatte dies in mehrerlei Hinsicht Konsequenzen: zum einen wurde auf den bäuerlichen Urbarialgründen die bisherige, eher subsistenz- als marktorientierte extensive Viehwirtschaft weitergeführt; zum anderen entstanden auf den Besitzungen der früheren Grundherrschaften marktorientierte Großbetriebe, deren sichtbarer Ausdruck die Schaffung von großen Meierhöfen war[77]. Wo es die Bodenverhältnisse nicht anders zuließen, wurde rings um die Meierhöfe weiterhin in großem Stil Viehwirtschaft betrieben, mit einem Fokus auf Milchproduktion zur Versorgung der relativ nahe gelegenen Großstadt Wien, was in der zweiten Hälfte des 19. Jahrhunderts auch durch den Bau von Eisenbahnlinien wesentlich gefördert und erleichtert wurde; wo aber die Melioration und der Umbruch von Weideflächen und der Anbau von Feldfrüchten profitabler erschien, erfolgte eine radikale Kulturumwandlung (Abb. 49). Konkret bedeutet dies, dass in weiten Teil des Komitats trockene Hutweiden auf relativ fruchtbaren Böden in Ackerland umgewandelt wurden, während salzige und sumpfige Flächen, die vorerst nicht entwässert werden konnten, weiterhin als Weideland genutzt wurden. Die

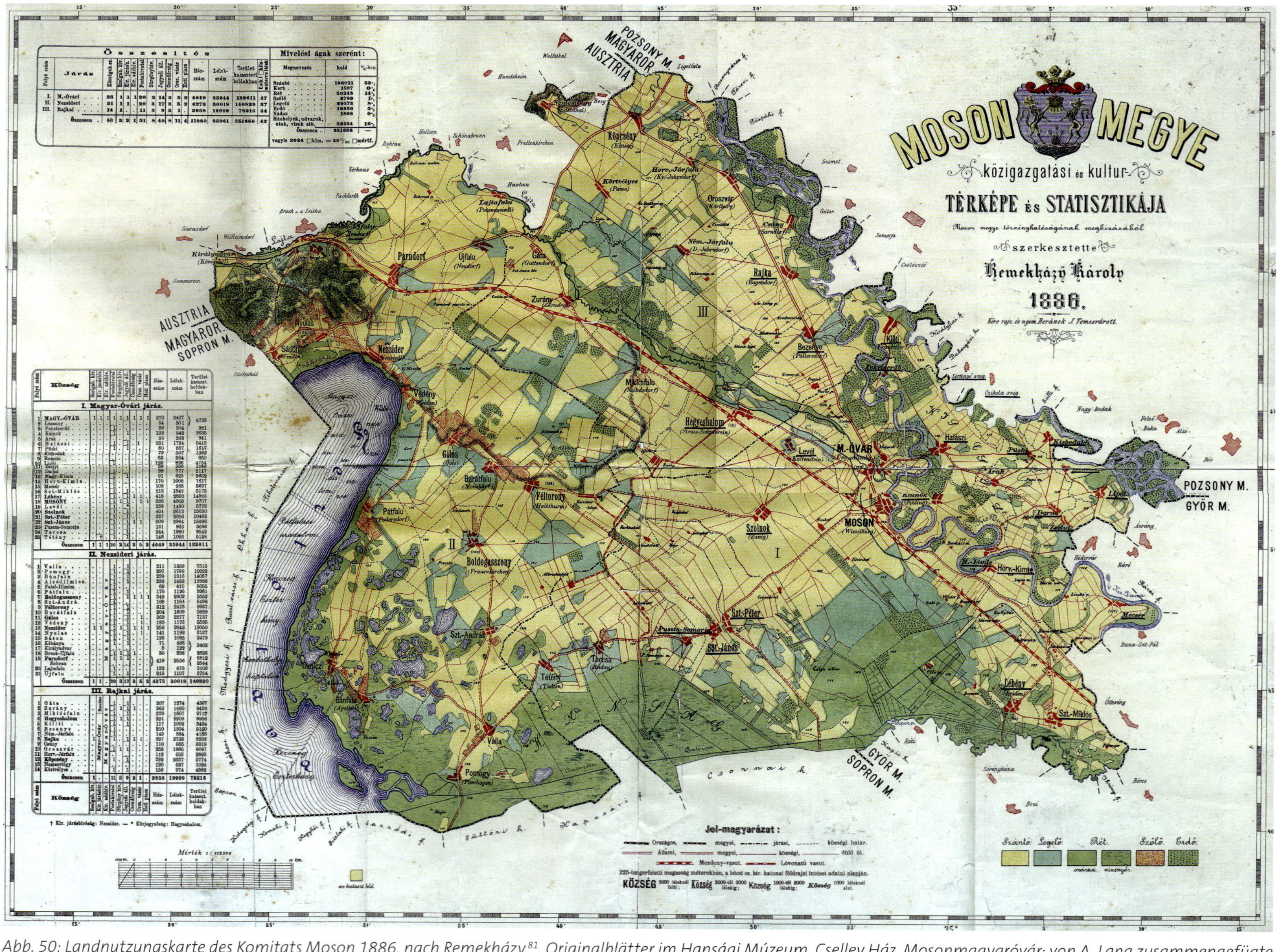

Abb. 50: Landnutzungskarte des Komitats Moson 1886, nach Remekházy[81]. Originalblätter im Hansági Múzeum, Cselley Ház, Mosonmagyaróvár; von A. Lang zusammengefügte Karte im Archiv des Nationalparks Neusiedler See – Seewinkel

Abb. 51: Ziehbrunnen mit Rinderherde bei St. Andrä, vor 1937 (R. Forstner, Bgld. Landesarchiv-Fotosammlung_Sign. 20910LM)

insgesamt 43 (nicht alle immer gleichzeitig bestehenden) Meierhöfe des Bezirks waren eigenständige Siedlungen mit einer mehrhundertköpfigen Einwohnerschaft und eigener Infrastruktur. Die Arbeiter*innen auf diesen Höfen rekrutierten sich aus den bäuerlichen Unterschichten (Söllner und Inwohner) und den weichenden Nachkommen bäuerlicher Höfe, die in Ermangelung von Finanzmitteln im Rahmen der Grundentlastung keinen eigenen Besitz erwerben, bzw. halten hatten können[77].

Die Folgen der besitzrechtlichen Veränderungen

Die Auswirkungen der agrarischen Umwälzungen lassen sich mit Hilfe der Karte von Remekházy[81] aus dem Jahr 1886 veranschaulichen (Abb. 50) Sie stellt nicht nur die verschiedenen Landnutzungskategorien im Komitat Wieselburg/Moson farbig dar, sondern gibt auch einen Zahlenüberblick über die Flächenanteile dieser Kategorien (in der Tabelle, die in Karte oben links zu finden ist, werden die Zahlen in österreichischen Katastraljoch angegeben; ein Katastraljoch entspricht 0,575464 Hektar). Hinsichtlich des Grünlandes wird in der Kartenlegende (unten links) zwischen „legelő", d.h. Weide (türkisgrüne Signatur), „száraz rét", d.h. trockene Wiese (grüne Signatur) und „vízenyös rét", d.h. nasse Wiese (grüne Signatur mit Stricheln) differenziert. Allerdings erscheint die Zuordnung zu diesen Kategorien recht willkürlich: große Flächen, die auch damals mit Sicherheit als Hutweide genutzt wurden (etwa die heute noch bestehenden Hutweiden an der Langen Lacke, oder die Illmitzer Weideflächen zwischen Kirchsee und Oberem Stinkersee (die sogenannte Ober- und die Unterörtler Weide) sind in der Karte als Wiesen dargestellt. Zwar werden die beiden Wiesenkategorien in der Zahlentabelle ohnedies nicht getrennt; wirklich problematisch für einen quantitativen Vergleich mit der Josephinischen Landesaufnahme ist aber der Umstand, dass im Mosoner Anteil des Kapuvárer und des Lébényer Hanság alles, was in in der Josephinischen Landesaufnahme noch als Sumpfsignatur geführt wird, bei Remekházy als „rét" (Wiese) aufscheint. Selbst wenn dies für den Hanság angesichts der 1886 bereits weit fortgeschrittenen Entwässerung und des damit zusammenhängenden Rückgangs von Röhrichtflächen zugunsten von Heuwiesen weitgehend richtig sein mag, ist die Zuordnung des großen Röhrichtgebiets in der Südostbucht des Neusiedler Sees zur Kategorie „rét" sicherlich falsch. Die Karte von Remekházy kennt zwar auch die Kategorie „nádas" (Schilffläche), mit nur 868 ha erscheint aber der Schilfbestand des Komitats Moson selbst für das Jahr 1886 unrealistisch niedrig.

Um eine einheitliche Vergleichsbasis zu schaffen und den Rückgang der Wiesen und Weideflächen zwischen 1782–1785 und 1886 korrekt berechnen zu können, müssen also zu den Grünland-Flächenangaben der Josephinische Landesaufnahme (37.955 ha) noch die damaligen Flächen mit Sumpfsignatur in den zum Mosoner Komitat gehörigen Teilen des Hanság dazu gerechnet werden (15.988 ha), ebenso wie die Sumpfflächen in der Südostbucht zwischen Illmitz, Pamhagen und Sarród (4.164 ha). Dies ergibt für 1782–1785 als Vergleichsbasis eine theoretische „Wiesen-und Weidelandfläche" von 58.107 ha. Nicht enthalten sind in diesen Zahlen die verstreuten Wiesen und Weideflächen in den Mäandern der Mosoni Duna, die aber höchsten einige hundert Hektar ausgemacht haben; auch ist anzumerken, dass sich der Verlauf der Komitatsgrenze gerade im Bereich des Hanság zwischen den beiden Karten unterscheidet.

Die Wiesen-und Weideflächen bei Remekházy[81] belaufen sich demgegenüber in Summe auf 45.934 ha (bestehend aus 28.916 ha Wiese („rét") und 17.018 ha Weide („legelő"). Gegenüber dem korrigierten Flächenbestand in der Josephinischen Landesaufnahme entspricht dies einem Rückgang um 12.173 ha, das ist ein Minus von 21%. Wie aus der Karte sofort zu ersehen ist, hat dieser Rückgang nicht im von Salz- und Sumpfböden geprägten Südwesten, Süden und Südosten des Gebiets stattgefunden, sondern im zentralen und nördlichen Teil des Seewinkels sowie im Heideboden. Die Ausdehnung der einstmals riesigen Hutweideflächen in diesem Raum erscheint bei Remekházy stark reduziert, die Flächen sind fragmentiert bzw. auf die Umgebung von Sodalacken und anderen Sonderstandorten zurückgedrängt. In Wirklichkeit ist es zwischen den beiden Erhebungszeiträumen zu erheblichen Flächenverlusten vor allem bei Weidegebieten gekommen, die durch die großzügige Grünlandbilanz von Remekházy verschleiert, bzw. durch reale Zugewinne an Mähwiesen im Hanság z. T. ausgeglichen wurden.

Dramatische Flächenverluste in der zweiten Hälfte des 20. Jahrhunderts

Angesichts des hohen Stellenwerts der Viehwirtschaft sowohl für die Bauern, als auch für die herrschaftlichen Gutsbetriebe dürfte sich die Flächenkulisse der Wiesen und Weidegebiete bis in die Zeit nach dem Ersten Weltkrieg nur wenig verändert haben (Abb. 51). Mit der beginnenden Mechanisierung und Rationalisierung der Landwirtschaft in der Zwischenkriegszeit dürfte es aber dann zu bedeutenderen Flächenverlusten gekommen sein, wie das anekdotische Beispiel der hochgelegenen, trockenen Teile der Zitzmannsdorfer Wiesen zeigt, die schon in den 1930er Jahren großflächig umgebrochen wurden. Die Zerstörung der trockenen Teile dieser Wiesen bildete zwar den Anlass für die Einrichtung des ersten burgenländischen Naturschutzgebiets, des „Banngebiets Zitzmannsdorfer Wiesen", mit dem die Zoologisch-Botanische Gesellschaft Wien wenigstens ein kleines Stück „Ursteppe" retten wollte[82], das Verhältnis zwischen den damals umgebrochenen und den unter Schutz gestellten Flächen (mehr als 100 ha vs. einige wenige Hektar) war aber symptomatisch für die weitere

Abb. 52: Blühende Hutweide an der Langen Lacke, 21.5.2013. Auch wenn die einstigen Hutweiden wesentlich intensiver beweidet und darum weniger blütenreich waren, veranschaulicht das Bild doch das hohe Biodiversitäts-Potenzial der früheren Weidelandschaft im Seewinkel. (Bernhard Kohler)

Entwicklung in der Region. Nach dem Zweiten Weltkrieg und der Wiedererlangung der staatlichen Selbständigkeit Österreichs im Jahr 1955 kam es im gesamten Neusiedler See-Gebiet zu einschneidenden Flächenverlusten bei Weiden und Wiesen. Die herrschaftlichen Meierhöfe waren durch den Krieg, die anschließende russische Zwangsverwaltung und die Abwanderung ihrer Bewohner*innen (die schon in der Zwischenkriegszeit begonnen hatte) entvölkert und großteils ruiniert, die extensive Viehhaltung musste aus Mangel an Personal und Vieh eingestellt werden. Die „Grüne Revolution" der späten 1950er und frühen 1960er Jahre führte allgemein zu einer weitgehenden Aufgabe der Freilandviehhaltung in ganz Ostösterreich und zu der bis heute gültigen geographischen Trennung von viehhaltenden Betrieben in den Gebirgsregionen und ackerbautreibenden Landwirten im Tiefland; die zugleich voll anlaufende Mechanisierung der Landwirtschaft machte auch Futterflächen und Mähwiesen zur Versorgung von Arbeitstieren überflüssig. Die Urbarialgemeinden des Seewinkels nahmen diese Entwicklung zum Anlass, die nicht mehr benötigten Hutweiden unter ihren Mitgliedern aufzuteilen und umzubrechen. Binnen nicht einmal eines Jahrzehnts verschwanden so gut wie alle dörflichen Hutweiden der Region, bis auf wenige, nicht meliorierbare (weil zumeist extrem salzige) Reste rings um die Sodalacken, die aber nicht länger beweidet wurden. Die einzige Ausnahme bildeten die um die Lange Lacke gelegenen Hutweiden von Apetlon, die 1965 vom eigens zu diesem Zweck gegründeten WWF Österreich mit internationalen Spendengeldern gepachtet wurden, um sie vor der unmittelbar drohenden Zerstörung zu bewahren. Trotz ihrer vergleichsweise geringen Ausdehnung von rund 400 ha vermitteln die Apetloner Hutweiden bis heute einen Eindruck davon, wie weite Teile des Seewinkels früher ausgesehen haben mögen (Abb. 52).

Durch einen langjährigen Pachtvertrag konnte der Fortbestand der Apetloner Hutweiden bis zu ihrer letztendlichen Eingliederung in den Nationalpark gesichert werden, in dem sie eines der absoluten Biodiversitäts-Highlights darstellen. In allen übrigen Teilen des Seewinkels schmolzen im Lauf der 1960er und 1970er Jahren zunächst die Weide- und dann (mit der allmählichen Aufgabe der Stallhaltung) auch die Wiesenflächen dahin, sodass Mitte der 1980er Jahre der absolute Tiefpunkt erreicht wurde. Vergleicht man die Grünlandnutzung im Bezirk Neusiedl/See anhand der Zahlen der Bodennutzungerhebung des statistischen Zentralamts für die Jahre 1950 und 1990, so zeigt sich (bei aller Problematik der amtlichen Flächenzuordnung im Einzelnen) ein Rückgang der Grünlandfläche um mindestens zwei Drittel, von 9.950 ha auf 3.508 ha (davon jeweils 4.141 und 657 ha Hutweide) [37]. Für das Jahr 1993 ergaben eigene Erhebungen [37] eine Mähwiesenflächen von 1.506 ha im Seewinkel und 199 ha im österreichischen Teil des Hanság; 722 ha wurden als „Grünland unbestimmter Nutzung" eingestuft, 815 ha als Hutweide; in Summe waren demnach Anfang der 1990er Jahre noch 3.296 ha Grünland vorhanden. Gegenüber der Flächenausstattung der Josefinischen Landesaufnahme (21.955 ha Wie-

Kategorie	Invekos-Schläge (ha)
Dauerweide	131,8
Hutweide	1.100,6
Naturschutzfachlich wertvolle Flächen	0,0
Mähwiese/Weide 2 Nutzungen	153,1
Mähwiese/Weide 3 Nutzungen	0,0
Wechselwiese-Egart, Ackerweide	2.232,4
Grünlandbrache	8,2
1-mähdige Wiese	1.691,1
Streuwiese	0,7
Summe	**5.318,0**

Tab. 1: Grünland-Daten [83] Invekos-Schläge im Bezirk Neusiedl am See 2020

Kategorie	Invekos-Schläge (ha)
Dauerweide	1,7
Hutweide	16,5
Naturschutzfachlich wertvolle Flächen	104,0
Mähwiese/Weide 2 Nutzungen	81,7
Mähwiese/Weide 3 Nutzungen	0,3
Wechselwiese-Egart, Ackerweide	135,4
Grünlandbrache	5,0
1-mähdige Wiese	185,1
Streuwiese	0,8
Summe Wiese & Weide i.w.S.	**530,5**

Tab. 2: Grünland Daten[83] Invekos-Schläge am Westufer des Neusiedler Sees 2020

se und Weide im Seewinkel und am Nordrand des Hanság) ist dies ein Rückgang um 18.659 ha, bzw. um 85 %!

Trendwende durch den Nationalpark

Die Einrichtung und das Flächenmanagement des Nationalparks haben zu einer spürbaren Verbesserung der Situation geführt. Heute gibt es Dank Flächenstilllegungs-Maßnahmen sowie der Ausweitung von Beweidung und Wiesenmahd im Bezirk Neusiedl wieder eine Grünlandkulisse von 5.318 ha[83] (Tab. 1). Der Rückgang gegenüber der Flächenausstattung Ende des 18. Jahrhunderts beträgt demnach nur mehr 76 %, es wurden also fast 10 % zurückgewonnen. Beweidet werden von den 5.318 ha nach einer Einschätzung des Nationalparks rund 2.000 ha.

Am Westufer des Neusiedler Sees bestehen im Berichtsgebiet der Avifauna laut Invekos-Daten aktuell weitere 530 ha Grünland, das meiste davon Wiesen, siehe Tab. 2. Damit dürfte das Neusiedler See-Gebiet heutzutage trotz des seinerzeitigen Flächenschwundes das mit Abstand größte Wiesen- und Weideflächen-Vorkommen in ganz Ostösterreich beherbergen.

Quellen: *[1] Winkler (1921),[2] Moser (1866),[3] Masche et al. (1888),[4] Kopf (1966),[5] Pannonhalmi & Rojacz (2012),[6] Kovács (2012),[7] Hoffmann & Deperis (1929),[8] Békési (2007),[9] Sailer & Maracek (2019),[10] Herzig & Dokulil (2001), [11] Schopp-Guth (1999),[12] Balsay (2012),[13] Fullajtár (2012),[14] Löffler (1979),[15] Berger & Neuhuber (1979), [16] Wolfram et al. (2014),[17] Wolfram et al. (2006),[18] Eiler et al. (2003),[19] Krachler et al. (2005),[20] Krachler et al. (2018), [21] Kubu et al. (2014), [22] Baybagissov et al. (2020), [23] Nemeth et al. (2022), [24] Rodewald-Rudescu (1974), [25] Weisser (1977), [26] Csaplovics et al. (2014), [27] Engloner (2009), [28] Armstrong et al. (1996), [29] Zlinszky (2013), [30] Weisner & Strand (1996), [31] Tóth (2016), [32] Kopf (1968), [33] Nemeth et al. (2014), [34] Zimmermann (1943), [35] Bauer (1960), [36] Grillitsch & Grillitsch (1984), [37] Kohler et al. (1994), [38] Csaplovics (1982), [39] Márkus (1986), [40] Führer (2010), [41] Pirger (2012), [42] Dinka & Ágoston-Szabó (2012), [43] Knoll (1986), [44] Márkus (1999), [45] Márkus & Király 2012, [46] Grüll (1994), [47] Dvorak et al. (1993), [48] Dvorak et al. (2008), [49] Dvorak (2009c), [50] Dvorak et al. (2016), [51] Nemeth et al. (2001), [52] Suske et al. (2015), [53] Soja et al. (2013), [54] Krachler et al. (2000), [55] Kirschner et al. 2007, [56] Löffler (1982), [57] Korner et al. (2000), [58] Korner 2006), [59] Krachler et al. (2012) [60] Lang (2000), [61] Herzig (1994), [62] Supper (1990), [63] Fuchs (1968), [64] M. Dvorak, B. Wendelin, unpubl. Daten, [65] M. Dvorak, unpubl. Daten, [66] Dick et al. (1994), [67] Haas et al. (1992),[68] Lang (1998), [69] Attwenger & Chlaupek (2006), [70] Blaschke & Gschöpf (2011), [71] Kohler & Werba (2015), [72] Eitzinger et al. 2005, [73] Rechnungshof Österreich (2020), [74] Bundesministerium für Land- und Forstwirtschaft, Umwelt und Wasserwirtschaft (2017), [75] Bundesministerium für Landwirtschaft, Regionen und Tourismus (2022),[76] Gruppe Wasser (2021), [77] Brettl (2009), [78] Sandgruber (1995), [79] Rumpler (1997), [80] Floiger (2015), [81] Remekházy (1886), [82] Köllner (1983), [83] www.https://www.data.gv.at/suche/?tagFilter%5B0%5D=INVEKOS*

Verbesserungen durch Naturschutzmaßnahmen

von Bernhard Kohler

Abb. 1: Graurinder und Wasserbüffel der Nationalparkherde im Sandeck bei Illmitz, 6.7.2010 (Bernhard Kohler)

Die Leser*innen der bisherigen Abschnitte dieses landschaftsgeschichtlichen Überblicks werden sich vermutlich schon längst gefragt haben, was der Naturschutz und insbesondere der Nationalpark Neusiedler See – Seewinkel den beschriebenen dramatischen Entwicklungen entgegenzusetzen hatten und weiterhin entgegensetzen? Die Antwort kann kurz und bündig ausfallen: sehr viel, wie ein Blick in die jüngste erschienene Geschichte des Naturschutzes im Burgenland zeigt[1], die diesbezüglich keine Zweifel zulässt und hier nicht neuerlich referiert werden muss. Es kann ohne Übertreibung behauptet werden, dass die im Burgenländischen Naturschutz tätigen Institutionen und Personen, deren Spektrum von beamteten Naturschützer*innen, über Politiker*innen, NGO-Mitarbeiter*innen bis hin zu einer großen Zahl von engagierten Bürger*innen reicht, in den vergangenen Jahrzehnten Enormes geleistet haben. Speziell in Bezug auf das Neusiedler See-Gebiet haben ihre Bemühungen entscheidend dazu beigetragen, das meiste von dem zu erhalten, was trotz aller Veränderungen hier noch vorhanden ist. Dass das Neusiedler See-Gebiet, der Seewinkel und der Hanság immer noch Biodiversitäts-Hotspots von herausragendem internationalen Rang sind, ist neben den schon erwähnten historischen Zufällen in allererster Linie den gemeinsamen Anstrengungen und Erfolgen der Naturschutzszene zu verdanken, die sich hier, wie kaum anderswo in Österreich, seit mehr als 100 Jahren größten Herausforderungen stellt und sie immer wieder bravourös gemeistert hat. Dass sich zwischen dem, was erreicht wurde und erhalten werden konnte und dem, was zerstört worden ist, dennoch ein weiter Raum auftut, kann am wenigsten den Naturschützer*innen angelastet werden. Deshalb will dieser kritische geschichtliche Rückblick auch nicht die bisherigen Erfolge des Naturschutzes schmälern, sondern vielmehr Bewusstsein dafür schaffen, was noch zu tun und – vor allem – was noch zu erreichen ist. Stellvertretend für die zahlreichen Ebenen, auf denen heutzutage Naturschutz stattfindet und die alle am Zustandekommen des hochrangigen Schutzgebiets mitgewirkt haben, soll in diesem Abschnitt kurz auf die wichtigsten Errungenschaften des Nationalparks eingegangen werden, wohl wissend, dass der Nationalpark keineswegs der einzige Akteur ist, der die Herausforderungen der Gegenwart und der Zukunft zu meistern haben wird. Er wird dabei allerdings eine Schlüsselrolle spielen und sich zusammen mit anderen Institutionen verstärkt der wirksamen internationalen Instrumente bedienen müssen, die zur Verfügung stehen – wie die beiden EU-Naturschutzrichtlinien, die EU-Wasserrahmenrichtlinie, die EU-Biodiversitätsstrategie und die gerade in Vorbereitung befindliche EU-Renaturierungs-Verordnung. Der Blick auf die bisherigen Errungenschaften des Nationalparks soll dazu ermutigen, nicht beim Erreichten stehen zu bleiben, sondern weiter zu gehen, um den enormen Herausforderungen erfolgreich zu begegnen, die im Biodiversitäts- und Klimaschutz vor uns liegen.

Vertragsnaturschutz als Erfolgsmodell

Die komplexe, bis in die 1930er Jahre zurückreichende Vorgeschichte des Nationalparks soll hier nicht nacherzählt werden, sie wurde in zahlreichen Beiträgen erst kürzlich dargestellt und gewürdigt[1]. Hier soll nur auf die Kernpunkte eingegangen werden, die das Zustandekommen des Nationalparks in den Jahren 1992/93 schließlich ermöglicht haben. Entscheidend war zunächst eine grundsätzliche Änderung im hoheitlichen burgenländischen Naturschutz, die geholfen hat, eine jahrzehntelange Pattsituation bzw. die permanenten Rückzugsgefechte im Gebietsschutz hinter sich zu lassen: die Einführung eines konsequenten Vertragsnaturschutzmodells bei der Unterschutzstellung von naturschutzfachlich bedeutenden Flächen.

Bis zur Einführung dieses Modells hatten Grundbesitzer*innen meist nur per Bescheid von der Unterschutzstellung eines ihnen gehörenden Gebiets erfahren. Da in den Naturschutzverfahren weder Beteiligungsprozesse noch Entschädigungsmaßnahmen vorgesehen waren, reagierten viele Betroffene mit der Nichtbeachtung bzw. mit der Umgehung solcher Bescheide. Weil die daraufhin verhängten Strafen sehr oft nur schleppend oder gar nicht exekutiert wurden, entwickelte sich auf Seiten der Grundbesitzer*innen eine Praxis der konsequenten Mißachtung von Naturschutz-Maßnahmen. Bis in den 1980er Jahre waren dadurch die meisten Initiativen des hoheitlichen Naturschutzes von vorne herein zum Scheitern verurteilt. Erst in den 1990er Jahren erfolgte von Landesseite eine radikaler Schwenk in der Naturschutzpolitik: Unterschutzstellungen fanden ab sofort nur mehr auf Grundlage ausgehandelter Verträge statt,

Abb. 2: Weiße Esel im Sandeck, 27.6.2011 (Michael Dvorak)

Abb. 3: Przewalski-Pferde im Seevorgelände bei Illmitz, 7.1.2010 (Bernhard Kohler)

die eine gerechte finanzielle Entschädigung für jeglichen Nutzungsentgang und alle erlassenen Einschränkungen sicherstellen. Dieses zwar teure, aber wirksame Modell hatte sich aus der langjährigen Praxis privater Naturschutzorganisationen entwickelt, wertvolle Flächen entweder anzukaufen oder zu pachten, wie es etwa auf den Zitzmannsdorfer Wiesen und den Hutweiden rings um die Lange Lacke der Fall war. Eine wichtige Begleiterscheinung dabei war, dass auf diesem Weg – wenn auch zunächst mühsam und mit vielen Rückschlägen – Vertrauen und „normale" Geschäftsbeziehungen zwischen NGOs, wie dem WWF und dem Naturschutzbund einerseits und Grundbesitzer*innen andererseits entstanden sind, und dass sich dabei Strukturen herausgebildet haben, die eine effiziente und erfolgreiche Verhandlungsführung selbst in Situationen mit komplexen und vielschichtigen Besitzverhältnissen ermöglichten. Bei Einführung des Vertragsnaturschutzmodells im Zuge der Novellierung des Naturschutzgesetztes im Jahr 1990 konnte das Amt der Burgenländischen Landesregierung auf den langjährigen Erfahrungen der NGOs und ihres Gegenübers, den Grundbesitzer*innen aufbauen und an erste, eigene Pilotversuche anknüpfen, wie etwa die Fortführung des Pachtvertrags für die Hutweide durch das Land nach dem Auslaufen des 20-jährigen Vertrags zwischen der Apetloner Urbarialgemeinde mit dem WWF im Jahr 1985.

Im Zuge der Nationalpark-Werdung wurde das Vertragsnaturschutzmodell dann konsequent und großflächig angewandt, so dass sich die zunächst bestehende Ablehnung der Bevölkerung gegenüber den Schutzgebietsplänen binnen erstaunlich kurzer Zeit in eine zuvor nicht gekannte, sehr hohe Akzeptanz verwandelte. Die Verpachtung von ökonomisch ohnedies marginalen Flächen an den Nationalpark wurde zu einem wichtigen Faktor in der Regionalwirtschaft und zu einem Standbein vieler Landwirt*innen in einer damals extrem krisenhaften Situation der Landwirtschaft und anderer Erwerbszweige in der Region. Seitens der Politik stand hinter der Einführung des Vertragsnaturschutzes die erklärte Absicht, eine Regionalökonomie zu stärken, die durch die Folgen des Weinskandals, den immer stärker spürbar werdenden Globalisierungsdruck im Bereich der Landwirtschaft und der allzu einseitig auf Bade- und Bootstourismus ausgerichteten Fremdenverkehrswirtschaft in Bedrängnis geraten war. Das Konzept erwies sich als höchst erfolgreich und hat der lokalen Wirtschaft nicht nur zusätzliches Einkommen verschafft, sondern auch die Grundlage für einen qualitätsvollen Natur-Tourismus gelegt, der sich rund um den Nationalpark entwickeln konnte – mit allen damit verbundenen positiven regionalpolitischen Folgen.

Inhaltlich hat das Vertragsnaturschutzmodell einen Quantensprung in der Flächensicherung ermöglicht und die Mehrzahl der verbliebenen Reste naturschutzfachlich bedeutender Gebietsteile unter dauerhaften und verlässlichen Schutz gebracht. Es hat auch die Umsetzung einer ambitionierten Zonierung des Nationalparks ermöglicht, entsprechend den internationalen Managementrichtlinien für die Schutzgebietskategorien der IUCN[2]. Dass der Nationalpark Neusiedler See – Seewinkel in Österreich zum ersten „echten" Nationalpark der IUCN-Kategorie II wurde (und damit für alle andere, später gegründeten Nationalparks Österreichs die Latte hoch gelegt hat) ist ein nicht zu unterschätzendes Ergebnis des Vertragsnaturschutzmodells sowie der Bereitschaft aller an der Nationalparkentwicklung beteiligten Institutionen, neue und innovative Wege zu beschreiten. Zu nennen sind in diesem Zusammenhang vor allem die Naturschutzabteilung der Landesregierung, die Arbeitsgemeinschaft Gesamtkonzept Neusiedler See – AGN (die als Planungsgesellschaft fungiert hat), die Biologische Station Illmitz, aber auch die im Gebiet tätigen NGOs. Die Einrichtung einer Naturzone, die von menschlichen Eingriffen freigestellt und auf Dauer der speziellen Naturschutzstrategie des Prozessschutzes verpflichtet ist, war für das von flächendeckender Landnutzung geprägte ostösterreichische Tiefland ein absolutes Novum und ein mutiger Schritt, dessen positive Langzeitfolgen immer noch zu wenig gewürdigt werden. Dass zumindest die österreichische Seite des Nationalparks über ein rund 4.330 Hektar großes Prozessschutzgebiet verfügt, ist eine besondere Stärke des Nationalparks, aber auch eine große Herausforderung für konventionelles (Naturschutz)Denken, das Entwicklungen immer gelenkt sehen und unter Kontrolle haben will. Es ist alles andere als eine Selbstverständlichkeit, dass das Prinzip „Natur Natur sein lassen" auch in einem Tieflandschutzgebiet zur Anwendung kommen konnte. Umgekehrt ist es aber auch eine Stärke das Nationalparks, dass in seinen Bewahrungszonen (auf österreichsicher Seite in Summe 4.735 ha) entsprechend den Prinzipien eines auf gezielten Arten- und Lebensraumschutz ausgerichteten Schutzgebietsteils wohl durchdachte, naturschutzorientierte Pflegemaßnahmen gesetzt werden können. Auch dies ist keineswegs selbstverständlich, da bis zur Naturschutzgebietsnovelle 1990 die schädlichen Folgen herkömmlicher Landnutzung in den burgenländischen Vollnaturschutzgebieten wegen bestehender Ausnahmeparagraphen fast uneingeschränkt wirksam blieben, während eigenartigerweise naturschutzorientierte Pflegemaßnahmen verboten waren, zum großen Nachteil pflegeabhängiger Schutzgüter. Im Vorfeld der Nationalparkentstehung und der Naturschutz-

Abb. 4: Traditionelle Fleckvieh-Rinderherde an der Langen Lacke, Apetlon, 4.5.2006 (Bernhard Kohler)

novelle hatte ein von der Biologischen Station Illmitz in den 1980er Jahren initiiertes und begleitetes Beweidungsprojekt im Vollnaturschutzgebiet Illmitzer Zicksee die Grundlage für eine neue Herangehensweise geschaffen, die in den Nationalpark-Bewahrungszonen dann zur großflächigen Praxis wurde. Heutzutage bilden extensive Beweidung und Wiesenmahd wichtige und unverzichtbare Schutzinstrumente in den Bewahrungszonen.

Erfolgreiches Flächenmanagement

Das schrittweise ausgebaute Flächenmanagement in den Bewahrungszonen ist die zweite, große Errungenschaft des Nationalparks. Die Wiedereinführung der extensiven Weidenutzung im Nationalpark, der Aufbau von neuen Herden, die Errichtung der dazugehörigen Infrastruktur und die Bereitstellung der entsprechenden Finanz- und Personalressourcen hat den Erhaltungszustand der meisten Schutzgüter, die an die Trocken- und Halbtrockenrasen, die Alkalisteppen und die Lackenufer der Bewahrungszonen gebunden sind, grundlegend verbessert. Viele dieser Schutzgüter waren in den Jahrzehnten, die zwischen der Einstellung der traditionellen Beweidung und der Gründung des Nationalparks liegen, durch Verbrachung, Verschilfung, Verbuschung und Eutrophierung massiv zurückgegangen, einige davon waren sogar an den Rand des Aussterbens geraten. Die Wiederaufnahme der Beweidung, bei der durch begleitende Forschung sichergestellt wurde, dass sie in einer für die Schutzgüter verträglichen Form durchgeführt werden kann, markiert einen echten Wendepunkt im aktiven Arten- und Lebensraumschutz in der Region. Eine naturschutzfachlich erfolgreiche Beweidung auf rund 2.000 ha aufzubauen und langfristig abzusichern, ist eine außerordentliche Leistung, auf die der Nationalpark zu Recht stolz sein kann (Abb. 1–5). Die parallel zur Beweidung ausgeweitete Mähwirtschaft, die nicht nur das Winterfutter für die Viehbestände des Nationalparks liefert, sondern auch als eine praktikable Alternative zur Pflege jener Flächen dient, die für eine Beweidung entweder zu klein oder zu ungünstig geformt sind, ist aus dem Flächenmanagement ebenfalls nicht mehr wegzudenken (Abb. 6). Sie hat allerdings seitens der Begleitforschung bislang weniger Aufmerksamkeit erhalten und deshalb nicht nur positive Effekte erzeugt. Eine weitere wichtige Flächenmanagement-Maßnahme, die vom Nationalpark mit Erfolg praktiziert wird, ist die Bekämpfung von invasiven Neophyten, wie der Ölweide (*Eleagnus angustifolia*, Abb. 7). Sie trägt zur Offenhaltung der von Natur aus gehölzfreien Salzstandorte bei,

Abb. 5: Zackelschafe im ungarischen Seevorgelände bei Mekszikópuszta, 18.10.2008 (Michael Dvorak)

Abb. 6: Wiesenmahd in der Seerandzone südlich von Apetlon, 19.6.2008 (Bernhard Kohler)

die von dem aus Südwestasien eingeschleppten, salztoleranten Strauch bedroht werden.

Monitoring, Forschung und Umweltbildung

Ein großes Plus des Nationalparks ist das relativ umfangreiche Monitoring- und Forschungsprogramm, das unser Wissen über das Gebiet enorm erweitert hat. Gerade über die in diesem Buch vorrangig behandelten ornithologischen Schutzgüter des Nationalparks konnten sehr viele Erkenntnisse gewonnen werden, die auch laufend in praktische Management-Empfehlungen und -Maßnahmen einfließen. Die Forschungsvorhaben des Nationalparks haben maßgeblich dazu beigetragen, dass das Neusiedler See-Gebiet zu den in ökologischer Hinsicht am besten erforschten Regionen Österreichs gehört, auch wenn es sich aufgrund des besonderen biologischen Reichtums schon seit jeher großer Aufmerksamkeit seitens der Wissenschaft erfreut hat. Durch den Nationalpark wurden die Forschungsaktivitäten jedenfalls auf ein neues Intensitätsniveau angehoben.

Dass mit dem Nationalpark eine Institution vorhanden ist, die sich aktiv und mit dem nötigen fachlichen und rechtlichen Hintergrund, aber auch mit der entsprechenden finanziellen und personellen Ausstattung um die Erhaltung eines außerordentlichen Gebiets kümmern kann, ist ebenfalls ein großer Gewinn. Abseits der Nationalparks gibt es in Österreich kaum Schutzgebiete, die dieses Niveau an Betreuung und Aufmerksamkeit genießen. Und nicht zuletzt ist auch die Rolle des Nationalparks als Kommunikations-, Informations- und Bildungseinrichtung hervorzuheben. Durch seine Öffentlichkeitsarbeit, seine Informationseinrichtungen, seine Exkursionsangebote und seine Bildungsveranstaltungen hat der Nationalpark bei einem breiten Spektrum an Zielgruppen ein Ausmaß an Bewusstsein für die Naturwerte der Region geschaffen, das in der regionalen Geschichte einzigartig ist.

Die genannten Leistungen und Errungenschaften gelten weitgehend auch für den ungarischen Teil des Nationalparks, mit Ausnahme des IUCN-Kategorie II-Status, der in Ungarn nicht wirklich erreicht wird; auch spielt der Vertragsnaturschutz in Ungarn keine Rolle, weil sich dort alle unter Schutz gestellten Flächen in Staatsbesitz befinden. Ansonsten können aber beide Teile des grenzüberschreitenden Schutzgebiets für sich in Anspruch nehmen, eine fundamentale Trendwende im Umgang mit den Biodiversitätswerten des Neusiedler See-Gebiets herbeigeführt zu haben. Allerdings stößt der Park in Hinblick auf manche Probleme buchstäblich an seine leider sehr eng gezogenen Grenzen. Das gilt vor allem für den österreichischen Teil und für alle Fragen, die mit dem Wasserhaushalt zu tun haben. In seinen Anfangsjahren war der Nationalpark diesbezüglich sehr aktiv, er hat dabei aber langfristig nur begrenzten Erfolg gehabt, da es bislang nicht möglich war, Wasserwirtschaft und Naturschutz im erforderlichen Ausmaß aufeinander abzustimmen.

Herausforderung Wasserhaushalt

Was in puncto Wasserhaushalt zunächst positiv hervorzuheben ist, sind die im Zuge der Nationalpark-Entstehung initiierten Bestrebungen, die Amplitude der Wasserstandsschwankungen im Neusiedler See etwas nach oben zu vergrößern und sich damit wieder etwas den natürlichen Verhältnissen anzunähern. Als 1992/1993 die Naturzone des Nationalparks im südlichen Seeteil eingerichtet wurde, war klar, dass die damals geltenden Regeln für das Wasserstands-Management im See, also die Wehrbetriebsordnung von 1965, sich nicht wirklich mit den Bestimmungen für eine Naturzone vertragen würden, die eigentlich auf weitgehende Eingriffsfreiheit abzielen sollten. Dazu waren die durch die niedrigen Regelungswasserstände verursachten Ableitungsereignisse viel zu häufig und zu intensiv. Da eine vollständig nationalparkkonforme Optimallösung – die vollkommene Einstellung der Ableitungen – keine realistische Option war, wurde eine Anhebung des Regelungswasserstands, verbunden mit einer Renovierung der Wehranlage in Mekszikópuszta und einer Ertüchtigung des Einserkanals vereinbart. Letzteres, um mehr Wasser im See halten zu können, es aber bei plötzlich auftretendem Hochwasser auch rascher ableiten zu können, anstatt wie vorher, wegen der beschränkten Ableitungskapazitäten des Kanals, den Wasserstand im See vorsorglich niedrig halten zu müssen. Die Umsetzung dieser Neuregelung dauerte allerdings bis zum Jahr 2001, da sich beim Hochwasser 1996/97 herausgestellt hatte, dass die Begleitdämme des Einserkanals, die auf weite Strecken aus torfreichem Aushubmaterial bestehen und niemals als echte Dammanlagen konzipiert waren, nicht ausreichend dicht waren, um die größeren Wassermengen, die nun im See gehalten werden sollten, im Hochwasserfall auch rasch und sicher abzuführen zu können. Erst nach der Sanierung der Begleitdämme konnte 2001 eine eher vorsichtige Anhebung des Regelungswasserstandes realisiert werden. 2010/2011 wurde dann eine weitere, diesmal deutlich mutigere und auf umfangreichen hydrologischen Studien beruhende Anhebung durchgeführt, die die bestehenden Retentionskapazitäten im Seebecken weitgehend ausreizt[3,4]. Diese Anhebung hat sich bis zum Einsetzen der jüngsten Dürreperiode im Jahr 2019/20 sehr positiv auf den Wasserstand im See ausgewirkt, weil damit über längere Zeit hohe Wasserstände zugelassen werden konnten, die auch zu bedeutenden Überflutungen im Seevorgelände geführt haben. Diese temporär hohen Wasserstände, die sich mit natürlichen sommerlichen Niedrigwasserständen abgewechselt haben, konnten dem See ein wenig von seiner ursprünglichen Wasserstandsdynamik zurückbringen. Sie haben außerdem der Wasservogelwelt des Gebiets für einige Jahre über die schon länger kritische Wasserstandssituation an den Seewinkellacken hinweggeholfen. Entscheidend dafür war auch das positive Zusammenwirken der Wasserstandsschwankungen mit der Beweidung im Seevorgelände, die binnen weniger Jahre große offene Flächen geschaffen hat, wo sich vor der Nationalparkgründung nur vollkommen verschilfte Flächen befunden hatten. Die Schritte und Entscheidungen der Wasserwirtschaft, die zu einer Wiederannäherung an die ursprüngliche Wasserstandsdynamik geführt haben, waren aus ökologischer Sicht genau die richtigen und haben sich mit der Nationalpark-Idee absolut im Einklang befunden. In jüngster Zeit hat sich dieser begrüßenswerte Fokus auf die Renaturierung eines stark veränderten hydrologischen Systems leider in eine Debatte über eine künstliche Wasserzufuhr von der Donau her verwandelt, und damit hin zu Maßnahmen verlagert, die ein höheres Maß an Künstlichkeit, anstatt ein Mehr an Natürlichkeit versprechen. Auf dieses Thema wird im abschließenden Kapitel zurückgekommen.

Ein Sonderform der hydrologischen Renaturierung stellen die sogenannten „Biotoprekonstruktionen" der ungarischen Nationalparkverwaltung im Bereich von Mekszikópuszta (Nyéki szállás, Borsodi dűlő und Paprét) und im Hanság bei Bősárkány (Nyirkai Hany) und Osli (Osli Hany) dar. Sie haben sicherlich dazu beigetragen, die Population gefährdeter Arten, die sich etwa im Hanság bis zur Nationalparkgründung im Wesentlichen nur in den Entwässerungsgräben halten konnten, zu sichern. Es handelt sich bei diesen Anlagen aber weniger um die Wiederherstellung autonom funktionierender Feuchtgebiete, sondern mehr um vom Menschen gesteuerte Sekundärhabitate und Ersatzlebensräume, die dem Gedankengut des klassischen Arten- und Biotopschutzes britischer und niederländischer Prägung verpflichtet sind. Diese Projekte werden im Kapitel über die Lacken des Seewinkels vorgestellt.

Dringender Handlungsbedarf im Seewinkel und Hanság

So positiv die schrittweise Anhebung des Regelungswasserstandes im Seebereich war, so wenig konnte der Nationalpark bislang in Bezug auf die fortschreitende, anthropogene Austrocknung des Seewinkels und des Hanság erreichen. Die hier bestehende Problematik wurde bereits ausführlich im Kapitel über die Entwässerung des Seewinkels geschildert. Auf einer übergeordneten Ebene besteht das Hauptproblem darin, dass die Zuständigkeit des Nationalparks und seine Möglichkeiten, auf Entscheidungen Einfluss zu nehmen, mehr oder weniger genau an den Nationalparkgrenzen enden. Das strikte Vertragsnaturschutzmodell, das aus der Flächensicherungs-Perspektive so positive Folgen gezeitigt hat, wird hier zum Problem, da die Nationalparkgrenzen sehr scharf und eng gezogen sind und die Schutzgebietsflächen allseitig und meist ohne ausreichenden Puffer in eine intensiv genutzte Agrarlandschaft eingebettet sind, deren Management bislang gar nicht auf die Erfordernisse des Naturschutzes abgestimmt ist. Weil tatsächlich nur Flächen geschützt sind, für die es vertragliche Abmachungen mit den Grundbesitzern gibt, ist die Verzahnung von naturnahen, naturschutzfachlich hochwertigen Flächen mit intensiv bewirtschaftetem Agrarland extrem hoch. Daran ändern auch die mancherorts zwischengeschalteten, aus landwirtschaftlichen Stilllegungsprogrammen finanzierten, aber nicht zum Schutzgebiet gehörenden Pufferflächen nur wenig. Das Management von Entwässerungsanlagen, die sich über alle Flächentypen erstrecken und die im Interesse der Landwirtschaft funktionsfähig bleiben sollten, während sie aus Naturschutzsicht besser heute als morgen stillgelegt werden müssten, wird so zur fast unlösbaren Aufgabe. Auch das bloße Größenverhältnis der Flächen führt zu Schwierigkeiten. Die relativ kleinen und verstreuten Flächen der Bewahrungszone sind in eine riesige Matrix aus intensiv genutztem Agrarland eingebettet, dessen wasserwirtschaftliche Interessen schon allein wegen des flächenmäßigen Übergewichts den Ton angeben. Sowohl die Agrar- als auch die Nationalparkflächen sind jeweils auf ihre Weise vom selben, einheitlichen Grundwasserkörper abhängig. Wird seitens der Landwirtschaft in großen Mengen Wasser zu Beregnungszwecken aus dem Grundwasser entnommen, dann senkt dies den Grundwasserspiegel im Bereich der Schutzgebietsflächen unweigerlich soweit ab, dass die von hochanstehendem Grundwasser abhängigen Schutzgüter in Bedrängnis kommen, lange bevor die Landwirtschaft selbst Wasserknappheit oder -mangel verspürt. Weiter verkompliziert wird das Thema durch die Ausbreitung der Siedlungsflächen in ehemalige Überschwemmungsräume – auch dieses Thema wurde im Kapitel über die Entwässerung des Seewinkels bereits ausführlich dargestellt. Die komplexe Problemlage und die limitierten rechtlichen und politischen Einflussmöglichkeiten des Nationalparks haben bislang die nötigen großflächigen Lösungen verhindert. Hoffnung besteht hier nur aufgrund der bereits erwähnten, bislang in der lokalen Praxis aber viel zu wenig eingesetzten EU-Richtlinien und Vorgaben, die sich wegen des Natura 2000-Status des gesamten Gebiets weit über die Nationalparkgrenzen hinaus erstrecken und die aufgrund der strikten Erhaltungsverpflichtungen auch die notwendige rechtliche Handhabe für wirksame Maßnahmen bieten. Dies gehört aber bereits zum Themenkreis Herausforderungen, die im anschließenden Kapitel behandelt werden.

Quellen: [1] *Frühstück (2021),* [2] *Dudley (2008),* [3] *Kubu (2011),* [4] *Kubu et al. (2014)*

Abb. 7: Ölweidenrodung an der Langen Lacke, 27.8.2008 (Bernhard Kohler)

Herausforderungen im 21. Jahrhundert

von Bernhard Kohler

Die gegenwärtige ökologische Situation im Neusiedler See-Gebiet, wie sie sich am Beginn der 2020er Jahre darstellt, kann nur als kritisch bezeichnet werden. Die meisten Lacken des Seewinkels führen seit Monaten, einige sogar seit Jahren kein Wasser mehr, die Grundwasserstände haben ein Rekordtief erreicht, der Pegel des Neusiedler Sees sinkt laufend und große Teile des Schilfgürtels brechen zusammen, ohne dass sich eine Verjüngung der Schilfbestände abzeichnet. Hinter diesen aktuellen Entwicklungen stehen nicht nur die gebietstypischen natürlichen Schwankungen des regionalen Klimas und der Niederschläge, sondern eine Reihe von anthropogenen Faktoren und Veränderungen. Sie haben weitgehend neue Rahmenbedingungen geschaffen, mit zum Teil unabsehbaren Konsequenzen.

In den vorangegangen Kapiteln wurden diese Veränderungen bereits mehrfach angesprochen: der immer deutlich spürbar werdende anthropogene Klimawandel, die Spätfolgen eines jahrzehntelangen wasserwirtschaftlichen Managements, das keine Rücksicht auf Naturschutzerfordernisse genommen hat und eine landwirtschaftliche Entwicklung, die den oft gepredigten Nachhaltigkeitsgedanken gänzlich aus den Augen verloren hat, immer noch der alten Philosophie einer einseitigen Ertragsmaximierung anhängt, selbst wenn die zugrundeliegenden (Wasser)-Ressourcen längst übernutzt sind. Dazu kommt ein nach wie vor sektorales Denken, das Wasserwirtschaft, Naturschutz, Landwirtschaft, Raumplanung und Regionalentwicklung so behandelt, als ob es unzusammenhängende Dinge wären. Förderungen für Bewässerungsanlagen und wasserverschwendende Kulturen werden nach wie vor gewährt und ausbezahlt, Grundwasserentnahme-Mengen sind zwar geregelt, die Einhaltung der Regeln und Vorgaben kann aber nicht kontrolliert werden, weil es an personellen und finanziellen Kapazitäten fehlt, um die Entnahme aus mehreren Tausend Bewässerungsbrunnen zu überwachen. Behördlich genehmigte Grundwasser-Entnahmen sind nicht auf bestehende Naturschutz-Ziele und -Verpflichtungen abgestimmt und eine Bewirtschaftung von Wasserressourcen, die etwa auf eine Vorratsbildung in niederschlagsreichen Zeiten für die unweigerlich nachfolgenden Trockenzeiten abzielen würde, ist nicht existent. Rückstaumaßnahmen an Entwässerungsgräben bleiben weiterhin auf einzelne Pilotprojekte beschränkt und die Hochwassersicherung für Siedlungen besteht in der Aufrechterhaltung Grundwasserstands-absenkender Maßnahmen und Eingriffe. Ein im österreichweiten Vergleich überdurchschnittliches Maß an Bodenversiegelung und wuchernde Siedlungsränder sind weiterhin normal und bleiben unhinterfragt. Es gibt Strategiestudien und wasserwirtschaftliche Gesamtkonzepte für die Region, geplante LIFE-Projekte und politische Absichtserklärungen, die Grundwasserentnahmen fundamental neu zu regeln. Die Umsetzung dieser Vorhaben geht jedoch nur schleppend voran, während die Uhr unerbittlich tickt und – etwa bei den pannonischen Salzlebensräumen – bald abzulaufen droht.

Problematische Dotierungspläne für den See

In Bezug auf den Neusiedler See geht die Entwicklung aktuell in eine vollkommen verkehrte Richtung. Hier wird das Ziel einer künstlichen Dotierung des Sees mit Donauwasser verfolgt, „um den See als Landschaftselement zu erhalten" und den Anschein zu erwecken, dass von einer kolportierten maximal möglichen Anhebung des Seepegels um 10 cm der Bade- und Bootstourismus profitieren würde. Dabei werden jene umfangreichen Untersuchungen weitgehend ignoriert, die im Zuge der ersten Dotierungsdebatte in den Jahren 2004–2008 stattgefunden haben und die gezeigt haben, dass die ökologischen Risiken, die mit einer künstlichen Zufuhr von Fremdwasser verbunden wären, unvertretbar groß sind [1,2,3]. Diesen Untersuchungen zufolge würde eine ständige Wasserführung des Sees langfristig den Fortbestand des seichten Seebeckens gefährden, weil sie die für den See vitalen Trockenperioden unterbinden würde, in denen sich angesammeltes organisches Material an der Luft zersetzen und anorganisches Material vom Wind aus der Seewanne geweht werden kann. Weiters würde durch eine massive Donauwasserzufuhr der Chemismus des Sees soweit verändert, dass die charakteristische Trübe des Seewassers ausflocken würde. Mit dem Absinken der Trübepartikel würden sowohl die Lichtlimitierung des Algenwachstums im freien See aufgehoben, als auch die für den Sodasee charakteristischen alkaliphilen Bakterien ihres Trägersubstrats beraubt, von dem aus sie anfallendes organisches Material rasch und effizient zersetzen, bevor es den Boden erreichen und zur Schlammbildung und Verlandung beitragen kann. Der vermehrte Anfall von totem organischen Material würde im Verein mit den unterbundenen Trockenphasen die Verlandung und damit letztlich das Verschwinden des Sees beschleunigen. Kurzfristig würden die verbesserten Wachstumsbedingungen für das Phytoplankton in dem warmen und nährstoffreichen See zu spektakulären Algenblüten führen, die seine Eignung als Badegewässer wenn schon nicht in hygienischer, so doch in ästhetischer Hinsicht schmälern würde. Nicht zuletzt käme es bei größeren Dotationsmengen auch häufiger zu der Notwendigkeit, das Wehr am Einserkanal zu öffnen, um plötzlichen Wasserstands-Anstiegen nach Starkniederschlägen zu begegnen. Dadurch würde die ohnedies bereits kritische Ausschwemmung von Salzen aus dem See verstärkt, mit langfristig katastrophalen Folgen für die an den Sodagehalt gebundene, charakteristische und aus naturschutzfachlicher Sicht wertgebende Fauna und Flora. Durch eine ständige Wasserführung würde auch die Anreicherung von unzersetztem organischen Material im Schilfgürtel weiter gefördert, wodurch die aktuellen Sukzessions- und Absterbeprozesse beschleunigt würden. Zugleich würde durch das sich ansammelnde organische Material und dessen anaerobe Zersetzung die Regeneration abgestorbener Schilfbestände mittels vegetativer Ausbreitung weiter behindert, während eine dauernde Wasserbedeckung auch keine generative Verjüngung des Schilfs zuließe [4]. Schließlich bestünde durch eine Donauwasserzufuhr auch die massive Gefahr der Einschleppung von zusätzlichen invasiven Neobiota aus der Donau, ebenso wie die Gefahr einer erheblichen Verschmutzung des Sees durch den Eintrag von Stoffen, die durch Kläranlagen nicht, oder nur unzureichend aus dem Flusswasser entfernt werden. Immerhin würde das Donauwasser stromabwärts der Großstädte Wien und Bratislava entnommen, die, bei allen Bemühungen zur Gewässerreinhaltung, immer noch beträchtliche Mengen an problematischen Substanzen (Mikroplastik, hormonaktive Substanzen, Medikamente, Desinfektionsmittel, Schwermetalle etc.) in die Donau entlassen.

Zum Management des Sees wurde zwar erst jüngst eine eigene Institution gegründet, die sich aber gegenwärtig neben der Vorbereitung des Dotierungsprojekts auf das Absaugen von Schlamm aus dem Bereich einiger Seebäder sowie die Bekämpfung von Schilf im einzigen vitalen Teil des Schilfgürtels, am seeseitigen Rand der Röhrichtbestände beschränkt. Letzteres geschieht, um das Zuwachsen von touristisch genutzten Pfahlbauhütten am Schilfrand zu verhindern, ist aber aus ökologischer Sicht weder nötig, noch sinnvoll bzw. angesichts der zusammenbrechenden Schilfbestände naturschutzfachlich sogar problematisch. Es ist zu hoffen, dass stattdessen bald die dringend erforderlichen, großflächigen Managementeingriffe zur Sicherung bzw. Wiederherstellung eines günstigen Erhaltungszustandes des Schilfgürtels von der Seemanagement-Gesellschaft thematisiert werden. Dazu würde auch eine offene Diskussion über ein ökologisch orientiertes Brandmanagement für den Schilfgürtel gehören. Sowohl auf Bundes- als auch auf Landesebene argumentieren Kritiker*innen eines Brandmanagements derzeit immer noch einseitig mit der Einhaltung von Klimaschutzzielen, mit Luftreinhaltungsvorgaben und der Gefahr einer unerwünschten Präzedenzwirkung in Hinblick auf den Einsatz von Feuer in der Landwirtschaft, etwa zur Beseitigung von Ernteresten. Die bestehenden, guten ökologischen Gründe für ein wohlüberlegtes Brandmanagement im Schilfgürtel werden dabei noch viel zu wenig in Betracht gezogen. Es wäre wichtig, dass eine Institution wie die Seemanagementgesellschaft hier die Themenführerschaft übernimmt, die komplexe Diskussion in diesem Bereich anleitet und moderiert, und versucht, zu einer allseits akzeptierten Lösung zu gelangen.

Energiewende und Landschaftsverbrauch

In der offenen Landschaft rings um den See wächst der Druck, in Hinblick auf die Bewältigung der Herausforderungen der Energiewende den Weg für einen großzügigeren Ausbau erneuerbarer Energien freizumachen. Zwar hat das Burgenland in Hinblick auf die Windkraftnutzung bisher einen vorbildlichen Weg zur Abstimmung mit Naturschutzinteressen beschritten, ständig neue Ausbauwünsche und ein laufendes Repowering stellen die mühselig gefundenen Kompromiss- und Zonierungslösungen allerdings immer wieder in Frage. Auch ist der Ausbau in den sensiblen Teilen des Nordburgenlands bereits an die Grenzen des aus ornithologischer Sicht Vertretbaren gelangt, die bestehenden Zonierungsmöglichkeiten sind weitgehend ausgereizt. Beim gerade voll anlaufenden, Flächenverbrauchs-intensiven Ausbau der Freilandphotovoltaik wird versucht, ein ähnliches Abstimmungsprozedere wie im Bereich der Windkraft zu etablieren, einzelne großflächige Projekte berühren aber dennoch die Integrität des Neusiedler See-Gebiets und stellen speziell die nötigen großflächigen Feuchtgebietsrenaturierungs-Vorhaben vor neue Herausforderungen.

Visionäre Feuchtgebiets-Renaturierung nötig

Diesem aktuell relativ düsteren Szenario kann nur durch eine fundamentale Neuorientierung der Burgenländischen und der Westungarischen Naturschutz-, Wasserwirtschafts-, Landwirtschafts- und Raumordnungspolitik begegnet werden. Es wird notwendig sein, die Erhaltung und Wiederherstellung vollständiger, funktionsfähiger Feuchtgebietsökosysteme zur absoluten Priorität zu machen, um die vielfältigen Ökosystemleistungen zu erhalten, bzw. wiederherzustellen, von denen letztlich alle anderen Nutzungsmöglichkeiten abhängen. Ertragsmaximierung in der Land- und Forstwirtschaft kann in sensiblen Gebietsteilen nicht länger das vorrangige Kriterium für das Management des Gesamtgebiets sein. Die Wasserbewirtschaftung und die Wassernutzung müssen sich an umfassenden Nachhaltigkeitszielen orientieren, die auf der Erhaltung und Wiederherstellung der charakteristischen und lebensspendenden Feuchtgebiete der Region beruhen.

Die geradezu verzweifelt wirkenden Bemühungen um eine Trockenhaltung der tiefst gelegenen Gebietsteile im Hanság stehen fast ausschließlich im Dienst einer nur mäßig produktiven Landwirtschaft und einer intensiven, industriellen Forstwirtschaft. Es kann nicht länger sein, dass diesen lokalen Nutzungen absoluter Vorrang eingeräumt wird, während überregionale Ziele des Wasserrückhalts, des Naturschutzes und des Klimaschutzes (CO_2-Speicherung in Torfböden) auf der Strecke bleiben. Der Hanság muss auf beiden Seiten der Grenze endlich als ein Gebiet mit großen Renaturierungschancen, ja – Verpflichtungen wahrgenommen, und als integraler Teil einer Lösung der Probleme der gesamten Region begriffen werden. Es geht weder hier, noch im Seewinkel, noch am Neusiedler See darum, alle divergierenden Interessen gleichermaßen zu bedienen; vielmehr muss die Integrität und die Funktionsfähigkeit der natürlichen, dem Landschaftswasserhaushalt zugrunde liegenden Ökosysteme die Richtschnur dafür sein, welche Maßnahmen gesetzt werden und welche Eingriffe und Nutzungsformen zulässig sind. Das Ziel ist dabei nicht die vollständige Wiederherstellung der früheren Verhältnisse, sondern eine möglichst weitgehende Wiederannäherung an das, was sich in Jahrtausenden bewährt hat und die eigentliche Charakteristik des Gebiets ausmacht. Die Wiederherstellung der gebietstypischen natürlichen Prozesse, der kennzeichnenden Ökosystem-Komponenten und -Funktionen müsste dabei das Leitmotiv aller Handlungen bilden. Im Hanság würde dies eine großflächige Wiedervernässung zur Renaturierung von torfbildenden Niedermooren, die Wiederherstellung von Erlen- und Weidenbruchwäldern und eine umfassende Renaturierung der zuführenden Fließgewässer bedeuten, in Verbindung mit einer stark eingeschränkten Wasserableitung aus dem Gebiet. Naturnahe Beweidung, Wiesenmahd und Neophyten-Management wären die nötigen Begleitmaßnahmen, die den Erfolg der Renaturierung sicherzustellen hätten. Diese Maßnahmen müssten deutlich über das Ausmaß der aktuellen, eher technisch/wasserwirtschaftlichen „Biotoprekonstruktionen" hinausreichen und sich wesentlich stärker als diese an historischen Leitbildern orientieren.

Im Seewinkel müsste eine massive Wiederanhebung des Grundwasserspiegels stattfinden und eine drastische Reduktion der Wasser und Salzableitung aus dem Gebiet erreicht werden, verbunden mit dem weitgehenden Verzicht auf Grundwasserentnahmen zu landwirtschaftlichen Beregnungszwecken. Idealerweise sollte der Grundwasserkörper des Seewinkels und seine Schwankungen wieder ausschließlich von Niederschlägen und der Verdunstung sowie der ursprünglich bestehenden Abflusslosigkeit Richtung Hanság und Neusiedler See bestimmt sein. Auf den noch vorhandenen und den wiederherzustellenden Salzstandorten würde eine extensive Beweidung den Erhaltungszustand der Salzlebensräume positiv beeinflussen, sie könnte lokal durch kontrollierte Mahd und ein gut durchdachtes Brandmanagement unterstützt werden. Ausreichend breite Pufferzonen um alle Schutzgebietsflächen und ein Netzwerk von Verbindungskorridoren würden die Außeneinflüsse auf wertvolle Flächen minimieren, das Zulassen von größeren Wasserstandsschwankungen ermöglichen und die Konnektivität zwischen den Gebieten wiederherstellen. In der Agrarlandschaft ringsum müsste eine Umstellung auf möglichst wenig wasserbedürftige Kulturen, bzw. auf wasserschonende und Humusaufbau fördernde Anbau- und Bewirtschaftungsweisen erfolgen. Eine gründliche Revision der Raumordnungs- und Widmungspolitik sowie der Bauordnung im Siedlungsbereich, in Verbindung mit wasserwirtschaftlichen Maßnahmen zur lokalen Sicherung der Hochwasserfreiheit (bei gleichzeitiger Vermeidung von Ableitungen und Entwässerungsmaßnahmen in der freien Landschaft) wäre die unverzichtbare Voraussetzung für die hydrologischen Probleme, die von den Seewinkler Siedlungen ihren Ausgang nehmen. Um all diese Ziele zu erreichen, wäre eine Vergrößerung des Nationalparks um mehrere tausend Hektar anzustreben und eine völlige Neuordnung des Mitspracherechts und der Zuständigkeiten des Naturschutzes im Bereich Landnutzung und Wasserwirtschaft durchzuführen sowie rechtlich und institutionell zu verankern.

Für den Neusiedler See ist ein vollkommener Verzicht auf die aktuell ventilierten Wasserzufuhrpläne zu fordern, ebenso wie eine möglichst weitgehende Einschränkung der Wasser- und Salzableitung über den Einserkanal. Die Möglichkeit zur Wiederherstellung von sehr hohen Wasserständen im See durch Verzicht auf Ableitung von niederschlagsbedingten Hochwasser-Ereignissen und durch die Wiederanbindung von verloren gegangenen Überschwemmungsräumen im südöstlichen Seevorgelände und im Hanság sollte mittels hydrologischer Modellierungen geprüft werden und in geeigneter Form realisiert werden. Das Wassermanagement ist auf die Erfordernisse und Charakteristika eines Steppensees auszurichten: temporäre Tiefstände und gelegentliche Austrocknungsepisoden sind einzukalkulieren und zuzulassen, um nicht in eine Eingriffsspirale zu geraten, die letztlich zur Denaturierung des Sees führt. Für den Schilfgürtel außerhalb der Nationalpark-Naturzone ist ein wirksames, naturschutzorientiertes Flächenmanagement einzurichten, welches Naturschutzziele und die natürliche Dynamik von Schilfbeständen integriert. Kommerzielle Schilfnutzung kann, aber muss nicht ein Teil dieses Managements sein – sie sollte sich jedenfalls auch an Mindesterfordernisse des Naturschutzes halten. Ein durchdachtes und kontrolliertes Brandmanagement wäre aller Voraussicht nach das Mittel der Wahl für ein effizientes Management der Schilfbestände. Die Naturzone des Nationalparks sollte allerdings als weitgehend eingriffsfreies Prozessschutzgebiet erhalten bleiben, das als unentbehrliches Referenz- und Forschungsgebiet sowie als anthropogen möglichst wenig beeinflusster Evolutionsraum dient. Das Management der Fischbestände des Neusiedler Sees sollte die Chancen nutzen, die vorübergehende Trockenperiode bieten, um das natürliche Artenspektrum wiederherzustellen und invasive Neozoen zu beseitigen.

Die weitere Erschließung der Landschaft des Neusiedler See-Gebiets und ihrer Umgebung im Dienste der Energiegewinnung, des Siedlungsausbaus und des Verkehrs, ist gezielt zu begrenzen und in eine großräumigere Perspektive zu stellen. Insbesondere wäre darauf zu achten, dass der Zusammenhang mit einem anzustrebenden größeren, westpannonischen Feuchtgebiets-Verbund erhalten bleibt und großflächige Renaturierungs- und Korridorvorhaben in diesem Raum nicht durch unüberlegte Planungs- und Entwicklungsschritte behindert oder verunmöglicht werden. Dieser Verbund würde aus Kis-Balaton, Rába- und Toköz, Hanság, Neusiedler See-Gebiet und Seewinkel, Szigetköz, Leithaniederung, den niederösterreichischen und slowakischen Donau-Auen, dem trilateralen March-Thaya-Auen, den Feuchtgebieten der Záhorská nižina sowie den südmährischen Teichgebieten bestehen.

Ohne derartig visionäre Ansätze und Herangehensweisen dürfte es um die Zukunft eines der wichtigsten Feuchtgebiete Mitteleuropas und seiner einzigartig reichhaltigen Vogelwelt schlecht bestellt sein.

Quellen: [1] *Donabaum & Wolfram (2004)*, [2] *Krachler et al. (2005)*, [3] *Krachler (2006)*, [4] *Nemeth et al. (2022).*

Allgemeine Übersicht

Geschichte der Ornithologie

von Michael Dvorak & Attila Pellinger (Avifaunistik), Wolfgang Vogl (Beringung)

Avifaunistik und ökologische Grundlagenforschung

Der Anspruch dieses Kapitels ist nicht, eine umfassende Chronik der Vogelkunde im Neusiedler See-Gebiet zu erstellen und jeden noch so kleinen literarischen Beitrag anzuführen. Vielmehr sollen in erster Linie das zeitliche und räumliche Wirken aller Personen sowie der Inhalt von Projekten dargestellt werden, die vor allem in Form von Veröffentlichungen zur ornithologischen Erforschung des Gebiets beigetragen haben.

Vor 1945

Erwähnungen einzelner, besonders auffälliger oder häufiger Vogelarten wie Silberreiher und Star sind bereits in Werken aus dem 17. und 18. Jahrhundert enthalten[1,2]. Besonders herauszustreichen, da in der früheren Literatur unerwähnt geblieben, ist das 1756 erschienene Werk *„Elenchus vegetabilium et animalium per Austriam inferiorem observatum"* von **Wilhelm Heinrich Franz Xaver Kramer**. Kramer war Arzt und wohnte in Bruck an der Leitha. Dieser „Katalog" seiner Beobachtungen aus der Mitte des 18. Jahrhunderts bezog sich auf die weitere Umgebung seines Wohnorts, daher finden sich in diesem Werk auch einige Bezüge zum Neusiedler See-Gebiet: Konkret wurde für den Neusiedler See das Vorkommen von Singschwan, Schellente, Zwergsäger, Seidenreiher, Schwarzstorch, Säbelschnäbler, Sichler, Rotschenkel, Großtrappe und der „Brachschwalbe" erwähnt[3].

Die systematische Erforschung der Vogelwelt speziell des Neusiedler See-Gebietes setzte mit den Besuchen von **Josef** und **Johann Natterer** ab 1804 ein. Über die Ergebnisse ihrer Exkursionen ist leider außer den wenigen erhaltenen Präparaten kaum etwas überliefert worden, da Notizen und Tagebücher bei einem Brand des Naturhistorischen Museums Wien im Jahr 1848 vernichtet wurden[2]; lediglich einige Aufzeichnungen Johann Natterers aus den Jahren 1807–1816 wurden 60 Jahre später veröffentlicht[4]. In den folgenden Jahrzehnten bis 1850 waren dann nur hin und wieder Sammler des Naturhistorischen Museums in Wien am Neusiedler See tätig. Einige der damals in die Sammlungen des Museums gelangten Belege sind auch heute noch vorhanden, wie etwa eine Sichelente vom September 1839, die den bis heute einzigen Nachweis der Art für Österreich darstellt[5].

1857 verfasste **Anton Jukovits**, seines Zeichens seit dem Jahr 1852 in Apetlon ansässiger Pfarrer, ein erstes *„Verzeichniss der am Neusiedler-See häufiger vorkommenden Vogelarten"*[6]. Es umfasste 110 in seiner Sammlung befindliche Arten. Nur sieben Jahre später veröffentlichte er ein *„Verzeichniss der am Neusiedlersee vorkommenden Vögel"*, das bereits nicht weniger als 182 Arten enthielt, die er *„an dem östlichen Ufer, Sümpfen und Landlachen des Neusiedler See's theils beobachtet, theils seiner Sammlung einverleibt"* hatte[7]. Den Reichtum seines damaligen Tätigkeitsbereichs beschrieb er wie folgt: *„So lange das Wasser im Neusiedler See hoch stand, war das Gebiet meines Wohnortes Apetlon an Wasser-, Sumpf- und Strand-Vögel überreich; in den grossen Rohrwäldern fanden die Wasser- und Sumpf-Vögel, auf den Haiden und an den grossen vielfältigen Land-Lachen die Lauf- und Strand-Vögel die geeignetesten Plätze und ich konnte alljährig manches seltene Exemplar beobachten oder für meine Sammlung acquiriren"*. Mit dem Jahr der Publikation 1865 sah er aber auch eine Ära zu Ende gehen, denn angesichts der damals beginnenden (bislang letzten) Austrocknung des Neusiedler Sees klagte er *„jetzt, wo seit Jahren alle Sümpfe trocken sind, das Wasser im See ganz verschwindet, werden die schönen Zeiten für die Ornis vorüber sein; unsere einstens durch zahlloses Wasser- und Strand-Geflügel belebte Gegend ist eine trostlose Wüste"*.

Zur selben Zeit wie Jukovits begann der Wiener Bankbeamte **Julius Finger** Vogelbälge zu sammeln. Seine Sammlung enthielt auch viele Belege vom Neusiedler See-Gebiet, die er 1874 dem Naturhistorischen Museum in Wien überließ[8]. Finger war nur in beschränktem Ausmaß literarisch tätig, beschrieb aber seine Eindrücke von einer Exkursion im September 1876, als sich der See nach der mehrjährigen Austrocknung wieder vollständig mit Wasser gefüllt hatte wie folgt[7]: *„Der status quo ante amelioré ist wieder hergestellt; Wasser in Menge, Rohr in Menge und demnach auch Geflügel in Menge. Der See selbst aber hat einige Veränderungen erlitten, und zwar zu Gunsten des Vogelwildes, während er nämlich früher von Neusiedl abwärts bis hinunter gegen Apathfalva und Pomoggen, also in seiner ganzen Länge freies und offenes Wasser hatte, ist er jetzt beinahe ganz mit Rohr bewachsen und es ist unglaublich, welche Massen von Wassergeflügel dieser Rohrwald beherbergt"*. Leider sind seine Schilderungen wenig konkret, was das Vorkommen einzelner Arten betrifft, über den Stelzenläufer schrieb er jedoch: *„Von Wasserschnepfen ist der Strandreiter (*Himantopus rufipes*) außerordentlich häufig vertreten. Er heißt dort Storchschnepf und hält sich immer in großen Schaaren zusammen"*.

In den 1880er Jahren setzte dann eine intensive Phase ornithologischer Beschäftigung ein, die mit den Namen Stephan Fászl, Ludwig Baron Fischer, Hermann Fournes, Othmar Reiser und Ernst v. Dombrowski verknüpft ist. Alle fünf haben uns über ihre Beobachtungen am Neusiedler See auch literarisch einiges hinterlassen. Eigens herauszustreichen ist jedoch die 1882 als Anhang zum Buch „Ornis Vindobonensis" erschienene

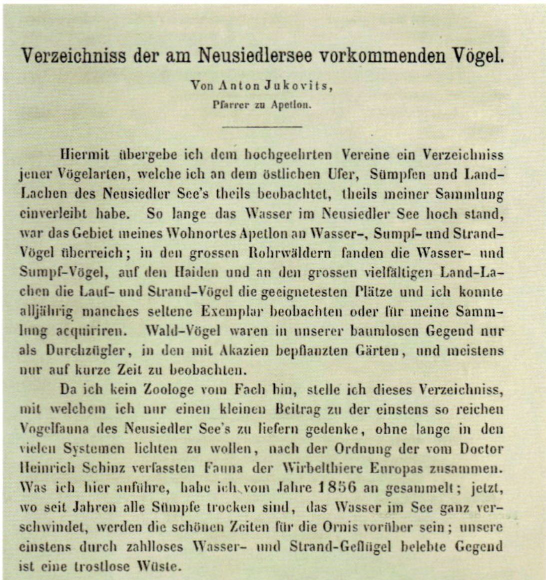

Verzeichniss der am Neusiedlersee vorkommenden Vögel.

Von Anton Jukovits,
Pfarrer zu Apetlon.

Hiermit übergebe ich dem hochgeehrten Vereine ein Verzeichniss jener Vögelarten, welche ich an dem östlichen Ufer, Sümpfen und Land-Lachen des Neusiedler See's theils beobachtet, theils meiner Sammlung einverleibt habe. So lange das Wasser im Neusiedler See hoch stand, war das Gebiet meines Wohnortes Apetlon an Wasser-, Sumpf- und Strand-Vögel überreich; in den grossen Rohrwäldern fanden die Wasser- und Sumpf-Vögel, auf den Haiden und an den grossen vielfältigen Land-Lachen die Lauf- und Strand-Vögel die geeignetesten Plätze und ich konnte alljährig manches seltene Exemplar beobachten oder für meine Sammlung acquiriren. Wald-Vögel waren in unserer baumlosen Gegend nur als Durchzügler, in den mit Akazien bepflanzten Gärten, und meistens nur auf kurze Zeit zu beobachten.

Da ich kein Zoologe vom Fach bin, stelle ich dieses Verzeichniss, mit welchem ich nur einen kleinen Beitrag zu der einstens so reichen Vogelfauna des Neusiedler See's zu liefern gedenke, ohne lange in den vielen Systemen lichten zu wollen, nach der Ordnung der vom Doctor Heinrich Schinz verfassten Fauna der Wirbelthiere Europas zusammen. Was ich hier anführe, habe ich vom Jahre 1856 an gesammelt; jetzt, wo seit Jahren alle Sümpfe trocken sind, das Wasser im See ganz verschwindet, werden die schönen Zeiten für die Ornis vorüber sein; unsere einstens durch zahlloses Wasser- und Strand-Geflügel belebte Gegend ist eine trostlose Wüste.

I. ORDNUNG. RAPACES DIURNAE.

Vultur fulvus kommt hier vor, ich selbst habe ihn einmal beobachtet.

Falco gyrofalco und *peregrinus* sind mir noch nicht vorgekommen.

4

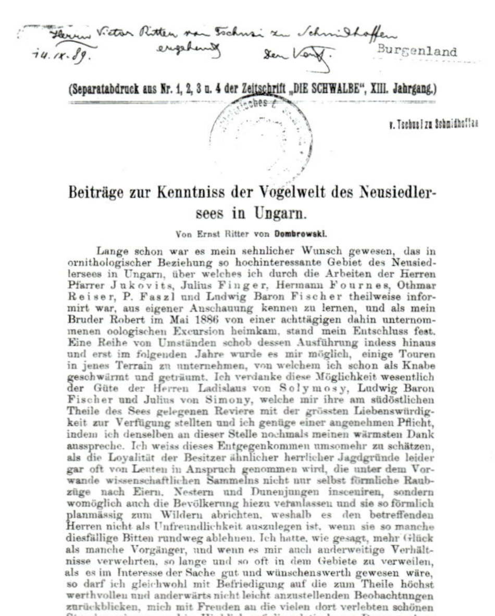

Burgenland

(Separatabdruck aus Nr. 1, 2, 3 u. 4 der Zeitschrift „DIE SCHWALBE", XIII. Jahrgang.)

v. Tschusi zu Schmidhoffen

Beiträge zur Kenntniss der Vogelwelt des Neusiedlersees in Ungarn.

Von Ernst Ritter von Dombrowski.

Lange schon war es mein sehnlicher Wunsch gewesen, das in ornithologischer Beziehung so hochinteressante Gebiet des Neusiedlersees in Ungarn, über welches ich durch die Arbeiten der Herren Pfarrer Jukovits, Julius Finger, Hermann Fournes, Othmar Reiser, P. Faszl und Ludwig Baron Fischer theilweise informirt war, aus eigener Anschauung kennen zu lernen, und als mein Bruder Robert im Mai 1886 von einer achttägigen dahin unternommenen oologischen Excursion heimkam, stand mein Entschluss fest. Eine Reihe von Umständen schob dessen Ausführung indess hinaus und erst im folgenden Jahre wurde es mir möglich, einige Touren in jenes Terrain zu unternehmen, von welchem ich schon als Knabe geschwärmt und geträumt. Ich verdanke diese Möglichkeit wesentlich der Güte der Herren Ladislaus von Solymosy, Ludwig Baron Fischer und Julius von Simony, welche mir ihre am südöstlichen Theile des Sees gelegenen Reviere mit der grössten Liebenswürdigkeit zur Verfügung stellten und ich genüge einer angenehmen Pflicht, indem ich denselben an dieser Stelle nochmals meinen wärmsten Dank ausspreche. Ich weiss dieses Entgegenkommen umsomehr zu schätzen, als die Loyalität der Besitzer ähnlicher herrlicher Jagdgründe leider gar oft von Leuten in Anspruch genommen wird, die unter dem Vorwande wissenschaftlichen Sammelns nicht nur selbst förmliche Raubzüge nach Eiern, Nestern und Dunenjungen insceniren, sondern womöglich auch die Bevölkerung hiezu veranlassen und sie so förmlich planmässig zum Wildern abrichten, weshalb es den betreffenden Herren nicht als Unfreundlichkeit auszulegen ist, wenn sie so manche diesfällige Bitten rundweg ablehnen. Ich hatte, wie gesagt, mehr Glück als manche Vorgänger, und wenn es mir auch anderweitige Verhältnisse verwehrten, so lange und so oft in dem Gebiete zu verweilen, als es im Interesse der Sache gut und wünschenswerth gewesen wäre, so darf ich gleichwohl mit Befriedigung auf die zum Theile höchst werthvollen und anderwärts nicht leicht anzustellenden Beobachtungen zurückblicken, mich mit Freuden an die vielen dort verlebten schönen Stunden erinnern und im Hinblick auf die relativ kurze Dauer meiner Excursionen das Gesammtergebniss derselben getrost der Fachwelt vorlegen. — Ich hätte das längst gethan, wenn ich mich nicht gescheut, den Schleier zu lüften, weil damit alles, was ich dort gesehen und gehört, alles, was ich mir oft mit schwerer Mühe und unsäglichen

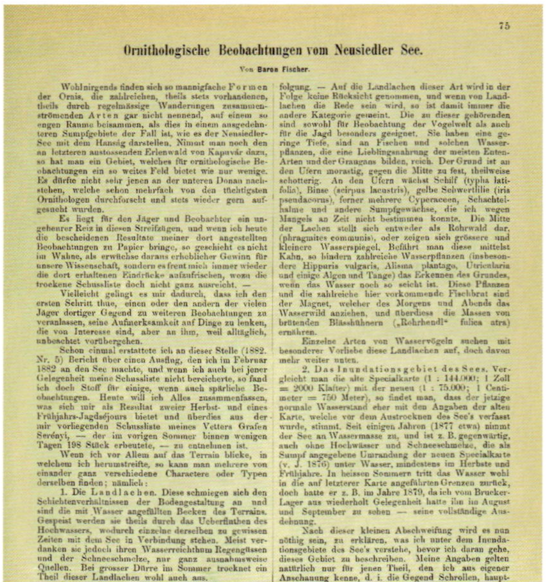

75

Ornithologische Beobachtungen vom Neusiedler See.

Von Baron Fischer.

Wohlnirgends finden sich so mannigfache Formen der Ornis, die zahlreichen, theils stets vorhandenen, theils durch regelmässige Wanderungen zusammenströmenden Arten gar nicht nennend, auf einem so engen Raume beisammen, als dies in einem ausgedehnteren Sumpfgebiete der Fall ist, wie es der Neusiedler-See mit dem Hanság darstellen. Nimmt man noch den an letzteren anstossenden Erlenwald von Kapuvár dazu, so hat man ein Gebiet, welches für ornithologische Beobachtungen ein so weites Feld bietet wie nur wenige. Es dürfte nicht sehr jenen an der unteren Donau nachstehen, welche schon mehrfach von den tüchtigsten Ornithologen durchforscht und stets wieder gern aufgesucht wurden.

Es liegt für den Jäger und Beobachter ein ungeheurer Reiz in diesen Streifzügen, und wenn ich heute die bescheidenen Resultate meiner dort angestellten Beobachtungen zu Papier bringe, so geschieht es nicht im Wahne, als erwüchse daraus erheblicher Gewinn für unsere Wissenschaft, sondern es freut mich immer wieder die dort erhaltenen Eindrücke aufzufrischen, wozu die trockene Schussliste doch nicht ganz ausreicht. —

Vielleicht gelingt es mir dadurch, dass ich den ersten Schritt thue, einen oder den andern der vielen Jäger dortiger Gegend zu weiteren Beobachtungen zu veranlassen, seine Aufmerksamkeit auf Dinge zu lenken, die von Interesse sind, aber an ihm, weil alltäglich, unbeachtet vorübergehen.

Schon einmal erstattete ich an dieser Stelle (1882. Nr. 5) Bericht über einen Ausflug, den ich im Februar 1882 an den See machte, und wenn ich auch bei jener Gelegenheit meine Schussliste nicht bereicherte, so fand ich doch Stoff für einige, wenn auch spärliche Beobachtungen. Heute will ich Alles zusammenfassen, was sich mir als Resultat zweier Herbst- und eines Frühjahrs-Jagdséjours bietet und überdies aus der mir vorliegenden Schussliste meines Vetters Grafen Serényi, — der im vorigen Sommer binnen wenigen Tagen 198 Stück erbeutete, — zu entnehmen ist.

Wenn ich vor Allem auf das Terrain blicke, in welchem ich herumstreifte, so kann man mehrere von einander ganz verschiedene Charactere oder Typen derselben finden; nämlich:

1. Die Landlachen. Diese schmiegen sich den Schichtenverhältnissen der Bodengestaltung an und sind die mit Wasser angefüllten Becken des Terrains. Gespeist werden sie theils durch das Ueberfluthen des Hochwassers, wodurch einzelne derselben zu gewissen Zeiten mit dem See in Verbindung stehen. Meist verdanken sie jedoch ihren Wasserreichthum Regengüssen und der Schneeschmelze, nur ganz ausnahmsweise Quellen. Bei grosser Dürre im Sommer trocknet ein Theil dieser Landlachen wohl auch aus.

Dem Aussehen nach sind sie verschieden, indem einzelne eben nur das in den Becken zusammengeströmte Wasser zeigen, ohne Rohr, ohne Verbindung mit dem See, daher auch ohne Fische. In Folge dieses Umstandes und wegen Mangels an Deckungen sind sie für den Jagdbetrieb nicht geeignet, sondern erschweren diesen nur. Sobald man nämlich Enten auf einem anderen Orte aufgetrieben hat, streichen sie auf diese, mitunter sehr ausgedehnte Wasserspiegel zu, fallen in der Mitte ein, und entziehen sich jeder weiteren Verfolgung. — Auf die Landlachen dieser Art wird in der Folge keine Rücksicht genommen, und wenn von Landlachen die Rede sein wird, so ist damit immer die andere Kategorie gemeint. Die zu dieser gehörenden sind sowohl für Beobachtung der Vogelwelt als auch für die Jagd besonders geeignet. Sie haben eine geringe Tiefe, sind an Fischen und solchen Wasserpflanzen, die eine Lieblingsnahrung der meisten Enten-Arten und der Graugans bilden, reich. Der Grund ist an den Ufern morastig, gegen die Mitte zu fest, theilweise schotterig. An den Ufern wächst Schilf (typha latifolia), Binse (scirpus lacustris), gelbe Schwertlilie (iris pseudacorus), ferner mehrere Cyperaceen, Schachtelhalme und andere Sumpfgewächse, die ich wegen Mangels an Zeit nicht bestimmen konnte. Die Mitte der Lachen stellt sich entweder als Rohrwald dar, (phragmites communis), oder zeigen sich grössere und kleinere Wasserspiegel. Befährt man diese mittelst Kahn, so hindern zahlreiche Wasserpflanzen (insbesondere Hippuris vulgaris, Alisma plantago, Utricularia und einige Algen und Tange) das Erkennen des Grundes, wenn das Wasser noch so seicht ist. Diese Pflanzen und die zahlreiche hier vorkommende Fischbrut sind der Magnet, welcher des Morgens und Abends das Wasserwild anziehen, und überdiess die Massen von brütenden Blässhühnern („Rohrhendl" fulica atra) ernähren.

Einzelne Arten von Wasservögeln suchen mit besonderer Vorliebe diese Landlachen auf, doch davon mehr weiter unten.

2. Das Inundationsgebiet des Sees. Vergleicht man die alte Specialkarte (1 : 144.000; 1 Zoll = 2000 Klafter) mit der neuen (1 : 75.000; 1 Centimeter = 750 Meter), so findet man, dass der jetzige normale Wasserstand eher mit den Angaben der alten Karte, welche vor dem Austrocknen des See's verfasst wurde, stimmt. Seit einigen Jahren (1877 etwa) nimmt der See an Wassermasse zu, und ist z. B. gegenwärtig, auch ohne Hochwässer und Schneeschmelze, die als Sumpf angegebene Umrandung der neuen Specialkarte (v. J. 1876) unter Wasser, mindestens im Herbste und Frühjahre. In heissen Sommern tritt das Wasser wohl in die auf letzterer Karte angeführten Grenzen zurück, doch hatte er z. B. im Jahre 1879, da ich vom Brucker-Lager aus wiederholt Gelegenheit hatte ihn im August und September zu sehen — seine vollständige Ausdehnung.

Nach dieser kleinen Abschweifung wird es nun nöthig sein, zu erklären, was ich unter dem Inundationsgebiete des See's verstehe, bevor ich daran gehe, dieses Gebiet zu beschreiben. Meine Angaben gelten natürlich nur für jenen Theil, den ich aus eigener Anschauung kenne, d. i. die Gegend Schrollen, hauptsächlich Pomogy bis etwa gegen Apetblon hin.

Auf der neuen Specialkarte ist längs des östlichen Seerandes eine Sandbank angegeben. Dies ist eine Anschwellung des Bodens, auf welcher zur Zeit, da der See fast trocken war, mehrere Maierhöfe erbaut wurden, um das neu gewonnene Ackerland leichter in Betrieb zu nehmen. Es wurden damals auch mehrere Brunnen dort angelegt und eine Strasse knapp längs des See's gebaut. Jetzt, wenigstens im Frühjahre und Herbst gelangt man nur per Wasser zu diesen Höfen, deren

Abb. 1: 1864/65 erschien mit Jukovits (1864/65) die erste, speziell der Vogelwelt des Neusiedler See-Gebiets gewidmete Abhandlung (links). Dombrowski publizierte seine wichtige Zusammenstellung 1889 (Mitte) und Baron von Fischer schrieb seine Beobachtungen 1883 nieder (rechts).

Liste *„Die Vögel des Neusiedler See's"* von **August F. Graf Marschall** und **August von Pelzeln**. Letzterer war damals der Kurator der Vogelsammlung am Naturhistorischen Museum in Wien. Diese Übersicht fasste das damalige Wissen über die im Gebiet vorkommenden Vögel anhand von Balgbelegen zusammen und enthielt auch Originalzitate, die vorwiegend den Publikationen von Jukovits entnommen wurden[10].

Stephan Fászl arbeitete von 1868 bis 1895 als Lehrer in Sopron und legte eine umfangreiche Vogelsammlung an, die ca. 1.000 größtenteils selbst gesammelte und präparierte Bälge enthielt. Sein Beobachtungsgebiet umfasste auch den Neusiedler See (vor allem den nahe seines Wohnorts gelegenen Südwesten), weshalb sich in seiner 1883 erschienenen Lokalavifauna „Sopron madarei" auch viele Angaben zum Untersuchungsgebiet finden[11].

Ludwig Baron Fischer, ein passionierter Wiener Jäger und Naturbeobachter, beschrieb die Ergebnisse einer Reihe von Jagdausflügen in den Seewinkel in den Jahren 1882 und 1883[12,13] sowie im April 1883 in den Kapuvarer Erlenwald[14]. Weitere Veröffentlichungen enthalten Schilderungen seiner Ausbeuten und Jagden im Winterhalbjahr 1884/85 im Hanság[15,16]. Seiner Interessenslage entsprechend beziehen sich seine Angaben allerdings weitgehend auf jagdlich interessante Vogelarten. Nichtsdestotrotz verdanken wir ihm viele grundlegende, überwiegend auf eigenen Beobachtungen basierende Aussagen über das Vorkommen dieser Arten zur damaligen Zeit.

Als ornithologischen Reisebericht (einen „trip report") würde man hingegen heute einen Artikel von **Hermann Fournes** bezeichnen, in dem dieser einen von 12.–18. Mai 1885 gemeinsam mit **Othmar Reiser** unternommenen Ausflug an den See und in den Seewinkel beschrieb. Dennoch enthält dieser Aufsatz einige wertvolle Angaben zur Vogelwelt des Gebiets[17].

Ernst von Dombrowski war Jäger und Schriftsteller. Er besuchte das Neusiedler See-Gebiet im Laufe des Jahres 1887 viermal im März, September, Oktober und November und verbrachte hier insgesamt knapp sieben Wochen. Sein jüngerer Bruder **Robert von Dombrowski** hielt sich im Mai 1886 acht Tage im Gebiet auf, um *„oologische Studien"* zu betreiben[18]. Dombrowski verfasste, basierend auf seinen Beobachtungen und den Mitteilungen Dritter, eine kommentierte Liste mit 193 Vogelarten[18]. Da keiner seiner Aufenthalte in die Brutzeit fiel, kamen jedoch viele seiner Aussagen zum Brutvorkommen bestimmter Arten aus zweiter Hand. Dombrowski schrieb dazu: *„dass ich lediglich jene anführe, die ich selbst beobachtet, oder über die ich ganz positive, noch nicht veröffentlichte Daten erfahren habe. Die Literatur, mit Hilfe welcher sich leicht noch weitere 50 sicher nachgewiesene Arten zusammenbringen liessen, habe ich gar nicht in Betracht gezogen, da ich ja nur Beiträge zu einer Ornis des Neusiedlersees, nicht eine solche selbst zu liefern gedenke"*. So manche Aussage Dombrowskis wich vom bis dahin Bekannten ab und konnte von späteren Beobachtern nicht bestätigt werden. So bezeichnete er z. B. den Wiesenpieper als *„gemeinen Brutvogel"* und der Bruchwasserläufer wäre seiner Aussage nach ein *„nicht allzu häufiger Brutvogel"*. Beides sind Angaben, die wohl mit größter Wahrscheinlichkeit nicht zutreffen. Andererseits bezeichnet er als Erster den Teichwasserläufer als *„spärlichen Brutvogel"*, eine Angabe, die, isoliert für sich betrachtet, als unglaubwürdig einzustufen wäre, wenn nicht 27 Jahre später an der Grundlacke mehrere Paare beobachtet und sogar ein Gelege gefunden worden wäre[19]. Vor allem auch die Angaben zum Vorkommen der Seeschwalben (insbesondere zum häufigen Vorkommen der Lachseeschwalbe) schienen 55 Jahre später Rudolf Zimmermann wenig plausibel, was er freundlich mit *„so wird man angesichts der sonstigen vorliegenden Angaben die Behauptung Dombrowskis* [bezüglich der Lachseeschwalbe] *als mehr „gefühlsmäßig" niedergeschrieben empfinden"* kommentierte[2].

Auf diese kurze Phase etwas intensiverer Beschäftigung durch Wiener Vogelkundler und Jäger folgten drei Jahrzehnte, in denen fast ausschließlich ungarische Ornithologen am Neusiedler See tätig waren, deren Wirken Rudolf Zimmermann zusammenfassend beschrieb[2]. Aus den 90er Jahren des 19. Jahrhunderts gibt es nur vereinzelte Veröffentlichungen, die sich speziell auf den Neusiedler See beziehen, wenngleich **Julius von Madarász** und **Stephan von Chernel** in ihre Werke zur Vogelwelt Ungarns auch Daten aus dem Neusiedler See-Gebiet einfließen ließen[2]. Anlässlich des 2. Internationalen Ornithologen-Kongresses in Budapest wurde im Mai 1891 auch eine Exkursion an den Neusiedler See durchgeführt, über die im Tagungsband berichtet wurde[20]. Im Mai 1892 führte **Alexander von Homeyer** eine Forschungs- und Sammelreise nach Ungarn durch, die ihn auch an den Neusiedler See und in den Hanság führte. Seine darüber erschienenen Artikel enthalten eine sehr aufschlussreiche Darstellung der damaligen (ornitho-)ökologischen Verhältnisse in diesen Gebieten[21,22].

In den Jahren 1906, 1907 und 1909 stattete **Jakob Schenk** dem Neusiedler See-Gebiet drei jeweils mehrwöchige Besuche ab und legte über diese Exkursionen einen ausführlichen Bericht vor[1]. Er hielt sich dabei einerseits im Seewinkel im Bereich der Dörfer Illmitz und Apetlon, andererseits am Südufer zwischen Fertöboz und Hegykö auf. Zwei seiner Besuche fielen in die Brutzeit (April und Mai), einer in die Zeit des Wegzugs (September, Oktober). Seine einige Jahre später verfasste Publikation enthielt dann nicht nur eine ausführlich kommentierte Liste der von ihm beobachteten 147 Vogelarten, sondern auch eine erste Zusammenfassung der bis dahin durchgeführten ornithologischen Erforschung sowie eine detaillierte Darstellung der damaligen ökologischen Situation des gesamten Naturraums[1].

Nach dem Ende des Ersten Weltkriegs verlief die Grenze zwischen den Nachfolgestaaten der österreichisch-ungarischen Monarchie durch das Neusiedler See-Gebiet.

Aus Ungarn sind vor allem **György (Georg) Breuer** und **Ivan Király** zu nennen, die in den

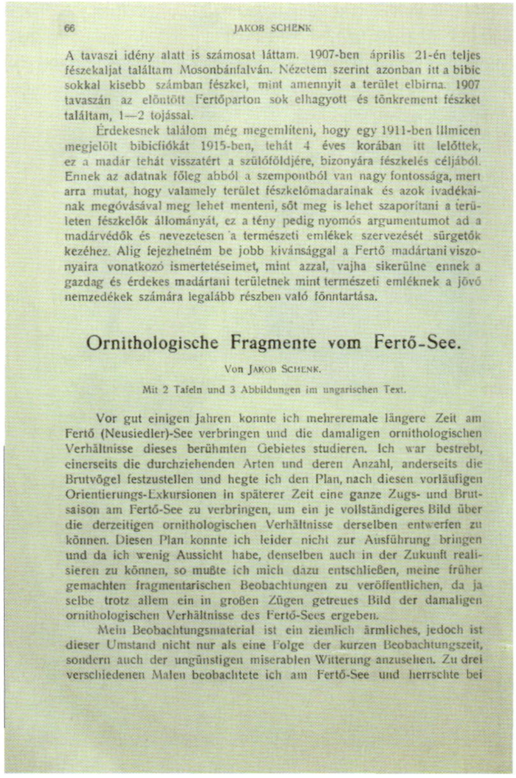
66 JAKOB SCHENK

A tavaszi idény alatt is számosat láttam. 1907-ben április 21-én teljes fészekaljat találtam Mosonbánfalván. Nézetem szerint azonban itt a bibic sokkal kisebb számban fészkel, mint amennyit a terület elbirna. 1907 tavaszán az elöntött Fertőparton sok elhagyott és tönkrement fészket találtam, 1—2 tojással.

Érdekesnek találom még megemliteni, hogy egy 1911-ben Illmicen megjelölt bibicfiókát 1915-ben, tehát 4 éves korában itt lelőttek, ez a madár tehát visszatért a szülőföldjére, bizonyára fészkelés céljából. Ennek az adatnak főleg abból a szempontból van nagy fontossága, mert arra mutat, hogy valamely terület fészkelőmadarainak és azok ivadékainak megóvásával meg lehet menteni, sőt meg is lehet szaporítani a területen fészkelők állományát, ez a tény pedig nyomós argumentumot ad a madárvédők és nevezetesen a természeti emlékek szervezését sürgetők kezéhez. Alig fejezhetném be jobb kivánsággal a Fertő madártani viszonyaira vonatkozó ismertetéseimet, mint azzal, vajha sikerülne ennek a gazdag és érdekes madártani területnek mint természeti emléknek a jövő nemzedékek számára legalább részben való fönntartása.

Ornithologische Fragmente vom Fertő-See.

Von JAKOB SCHENK.

Mit 2 Tafeln und 3 Abbildungen im ungarischen Text.

Vor gut einigen Jahren konnte ich mehreremale längere Zeit am Fertő (Neusiedler)-See verbringen und die damaligen ornithologischen Verhältnisse dieses berühmten Gebietes studieren. Ich war bestrebt, einerseits die durchziehenden Arten und deren Anzahl, anderseits die Brutvögel festzustellen und hegte ich den Plan, nach diesen vorläufigen Orientierungs-Exkursionen in späterer Zeit eine ganze Zugs- und Brutsaison am Fertő-See zu verbringen, um ein je vollständigeres Bild über die derzeitigen ornithologischen Verhältnisse derselben entwerfen zu können. Diesen Plan konnte ich leider nicht zur Ausführung bringen und da ich wenig Aussicht habe, denselben auch in der Zukunft realisieren zu können, so mußte ich mich dazu entschließen, meine früher gemachten fragmentarischen Beobachtungen zu veröffentlichen, da ja selbe trotz allem ein in großen Zügen getreues Bild der damaligen ornithologischen Verhältnisse des Fertő-Sees ergeben.

Mein Beobachtungsmaterial ist ein ziemlich ärmliches, jedoch ist dieser Umstand nicht nur als eine Folge der kurzen Beobachtungszeit, sondern auch der ungünstigen miserablen Witterung anzusehen. Zu drei verschiedenen Malen beobachtete ich am Fertő-See und herrschte bei

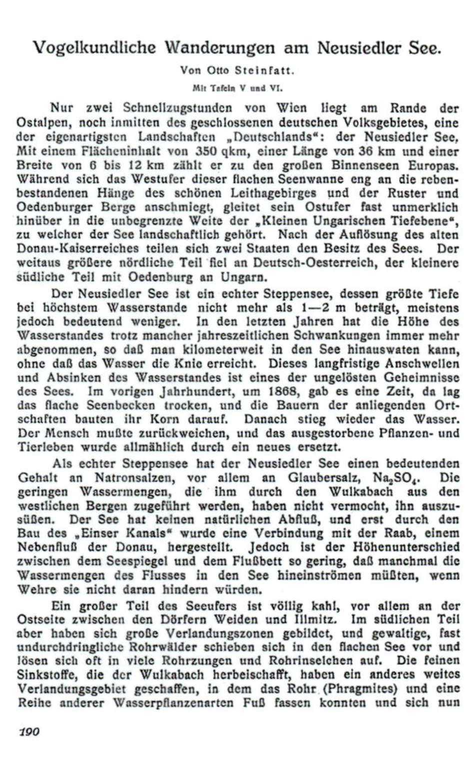
Vogelkundliche Wanderungen am Neusiedler See.

Von Otto Steinfatt.

Mit Tafeln V und VI.

Nur zwei Schnellzugstunden von Wien liegt am Rande der Ostalpen, noch inmitten des geschlossenen deutschen Volksgebietes, eine der eigenartigsten Landschaften „Deutschlands": der Neusiedler See, Mit einem Flächeninhalt von 350 qkm, einer Länge von 36 km und einer Breite von 6 bis 12 km zählt er zu den großen Binnenseen Europas. Während sich das Westufer dieser flachen Seenwanne eng an die rebenbestandenen Hänge des schönen Leithagebirges und der Ruster und Oedenburger Berge anschmiegt, gleitet sein Ostufer fast unmerklich hinüber in die unbegrenzte Weite der „Kleinen Ungarischen Tiefebene", zu welcher der See landschaftlich gehört. Nach der Auflösung des alten Donau-Kaiserreiches teilen sich zwei Staaten den Besitz des Sees. Der weitaus größere nördliche Teil fiel an Deutsch-Oesterreich, der kleinere südliche Teil mit Oedenburg an Ungarn.

Der Neusiedler See ist ein echter Steppensee, dessen größte Tiefe bei höchstem Wasserstande nicht mehr als 1—2 m beträgt, meistens jedoch bedeutend weniger. In den letzten Jahren hat die Höhe des Wasserstandes trotz mancher jahreszeitlichen Schwankungen immer mehr abgenommen, so daß man kilometerweit in den See hinauswaten kann, ohne daß das Wasser die Knie erreicht. Dieses langfristige Anschwellen und Absinken des Wasserstandes ist eines der ungelösten Geheimnisse des Sees. Im vorigen Jahrhundert, um 1868, gab es eine Zeit, da lag das flache Seenbecken trocken, und die Bauern der anliegenden Ortschaften bauten ihr Korn darauf. Danach stieg wieder das Wasser. Der Mensch mußte zurückweichen, und das ausgestorbene Pflanzen- und Tierleben wurde allmählich durch ein neues ersetzt.

Als echter Steppensee hat der Neusiedler See einen bedeutenden Gehalt an Natronsalzen, vor allem an Glaubersalz, Na_2SO_4. Die geringen Wassermengen, die ihm durch den Wulkabach aus den westlichen Bergen zugeführt werden, haben nicht vermocht, ihn auszusüßen. Der See hat keinen natürlichen Abfluß, und erst durch den Bau des „Einser Kanals" wurde eine Verbindung mit der Raab, einem Nebenfluß der Donau, hergestellt. Jedoch ist der Höhenunterschied zwischen dem Seespiegel und dem Flußbett so gering, daß manchmal die Wassermengen des Flusses in den See hineinströmen müßten, wenn Wehre sie nicht daran hindern würden.

Ein großer Teil des Seeufers ist völlig kahl, vor allem an der Ostseite zwischen den Dörfern Weiden und Illmitz. Im südlichen Teil aber haben sich große Verlandungszonen gebildet, und gewaltige, fast undurchdringliche Rohrwälder schieben sich in den flachen See vor und lösen sich oft in viele Rohrzungen und Rohrinselchen auf. Die feinen Sinkstoffe, die der Wulkabach herbeischafft, haben ein anderes weites Verlandungsgebiet geschaffen, in dem das Rohr (Phragmites) und eine Reihe anderer Wasserpflanzenarten Fuß fassen konnten und sich nun

190

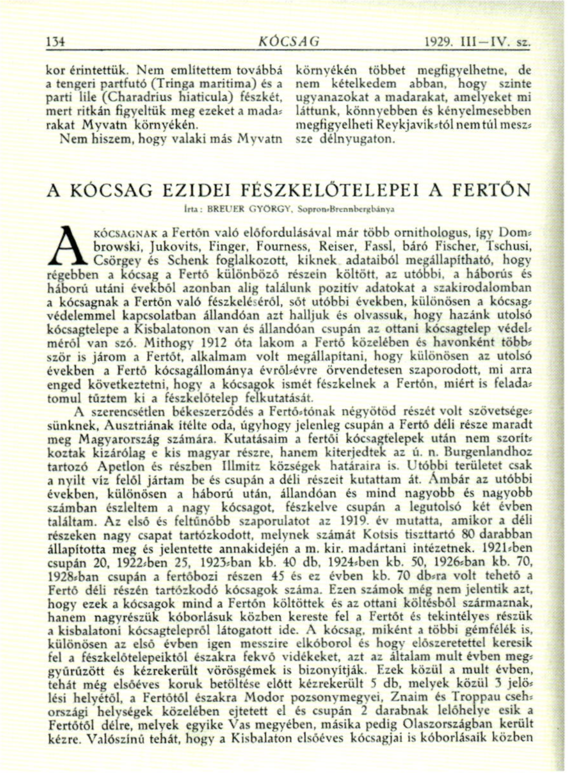
134 KÓCSAG 1929. III–IV. sz.

kor érintettük. Nem említettem továbbá a tengeri partfutó (Tringa maritima) és a parti lile (Charadrius hiaticula) fészkét, mert ritkán figyeltük meg ezeket a madarakat Myvatn környékén.

Nem hiszem, hogy valaki más Myvatn környékén többet megfigyelhetne, de nem kételkedem abban, hogy szinte ugyanazokat a madarakat, amelyeket mi láttunk, könnyebben és kényelmesebben megfigyelheti Reykjavik-tól nem túl messze délnyugaton.

A KÓCSAG EZIDEI FÉSZKELŐTELEPEI A FERTŐN

Írta: BREUER GYÖRGY, Sopron-Brennbergbánya

A KÓCSAGNAK a Fertőn való előfordulásával már több ornithologus, így Dombrowski, Jukovits, Finger, Fourness, Reiser, Fassl, báró Fischer, Tschusi, Csörgey és Schenk foglalkozott, kiknek adataiból megállapítható, hogy régebben a kócsag a Fertő különböző részein költött, az utóbbi, a háborús és háború utáni évekből azonban alig találunk pozitív adatokat a szakirodalomban a kócsagnak a Fertőn való fészkeléséről, sőt utóbbi években, különösen a kócsagvédelemmel kapcsolatban állandóan azt halljuk és olvassuk, hogy hazánk utolsó kócsagtelepe a Kisbalatonon van és állandóan csupán az ottani kócsagtelep védelméről van szó. Mithogy 1912 óta lakom a Fertő közelében és havonként többször is járom a Fertőt, alkalmam volt megállapitani, hogy különösen az utolsó években a Fertő kócsagállománya évről-évre örvendetesen szaporodott, mi arra enged következtetni, hogy a kócsagok ismét fészkelnek a Fertőn, miért is feladatomul tűztem ki a fészkelőtelep felkutatását.

A szerencsétlen békeszerződés a Fertő-tónak négyötöd részét volt szövetségesünknek, Ausztriának ítélte oda, úgyhogy jelenleg csupán a Fertő déli része maradt meg Magyarország számára. Kutatásaim a fertői kócsagtelepek után nem szorítkoztak kizárólag e kis magyar részre, hanem kiterjedtek az ú. n. Burgenlandhoz tartozó Apetlon és részben Illmitz községek határaira is. Utóbbi területet csak a nyilt víz felől jártam be és csupán a déli részeit kutattam át. Ámbár az utóbbi években, különösen a háború után, állandóan és mind nagyobb és nagyobb számban észleltem a nagy kócsagot, fészkelve csupán a legutolsó két évben találtam. Az első és feltűnőbb szaporulatot az 1919. év mutatta, amikor a déli részeken nagy csapat tartózkodott, melynek számát Kotsis tiszttartó 80 darabban állapította meg és jelentette annakidején a m. kir. madártani intézetnek. 1921-ben csupán 20, 1922-ben 25, 1923-ban kb. 40 db, 1924-ben kb. 50, 1926-ban kb. 70, 1928-ban csupán a fertőbozi részen 45 és ez évben kb. 70 db-ra volt tehető a Fertő déli részén tartózkodó kócsagok száma. Ezen számok még nem jelentik azt, hogy ezek a kócsagok mind a Fertőn költöttek és az ottani költésből származnak, hanem nagyrészük kóborlásuk közben kereste fel a Fertőt és tekintélyes részük a kisbalatoni kócsagtelepről látogatott ide. A kócsag, miként a többi gémfélék is, különösen az első évben igen messzire elkóborol és hogy előszeretettel keresik fel a fészkelőtelepeiktől északra fekvő vidékeket, azt az általam mult évben meggyűrűzött és kézrekerült vörösgémek is bizonyítják. Ezek közül a mult évben, tehát még elsőéves koruk betöltése előtt kézrekerült 5 db, melyek közül 3 jelölési helyétől, a Fertőtől északra Modor pozsonymegyei, Znaim és Troppau csehországi helységek közelében ejtetett el és csupán 2 darabnak lelőhelye esik a Fertőtől délre, melyek egyike Vas megyében, másika pedig Olaszországban került kézre. Valószínű tehát, hogy a Kisbalaton elsőéves kócsagjai is kóborlásaik közben

Abb. 2: Anfang des 20. Jahrhunderts publizierte zuerst Jakob Schenk 1917 seine „Ornithologischen Fragmente" (links), danach veröffentlichte György Breuer 1929 die Ergebnisse seiner Erhebungen zum Silberreiher (rechts) und 1936 hinterließ uns Otto Steinfatt den spannenden Bericht seiner ornithologischen Exkursionen (Mitte).

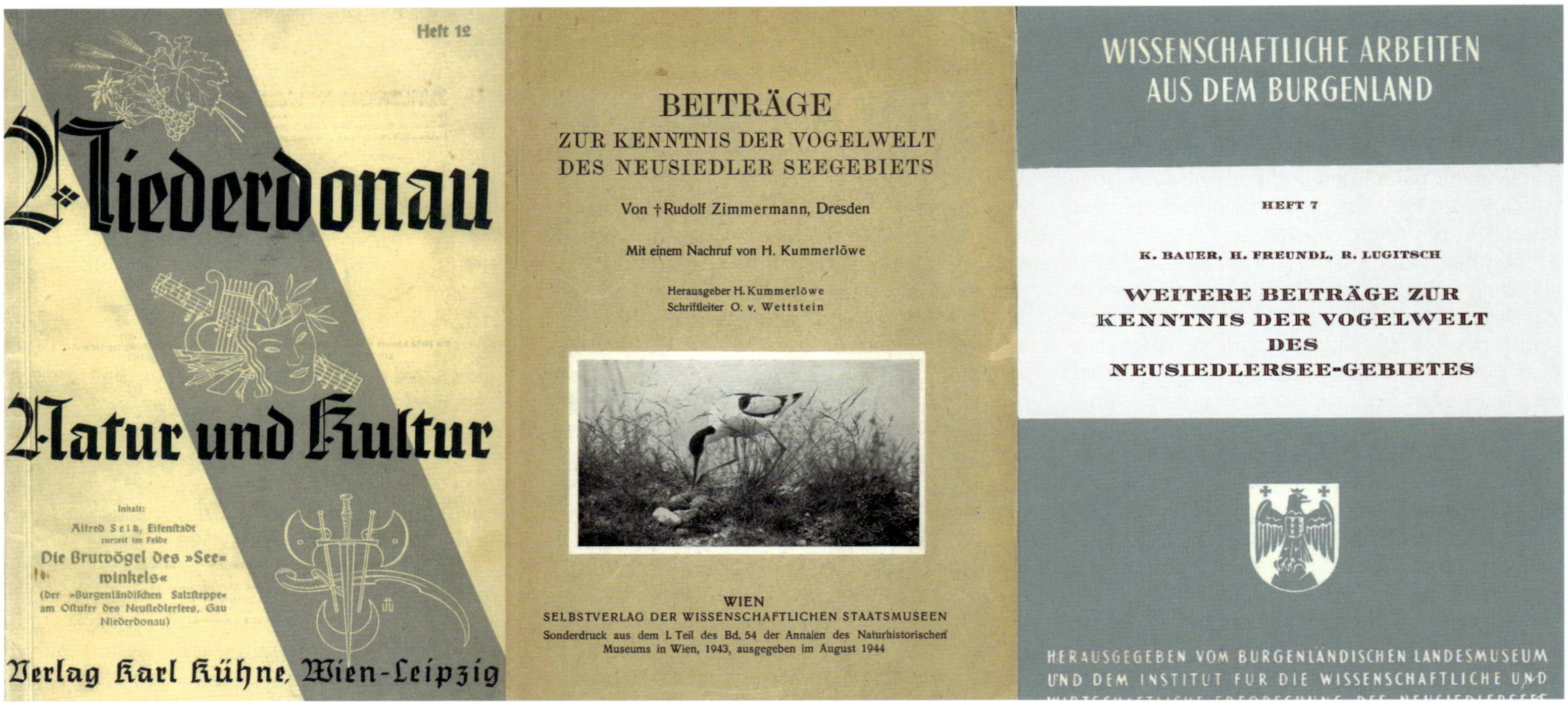

Abb. 3: Die drei Mitte des 20. Jahrhunderts erschienenen, grundlegenden ornithologischen Werke zur Vogelwelt des Gebiets: Seitz 1942 (links), Zimmermann 1943 (Mitte), Bauer, Freundl & Lugitsch 1955 (rechts).

1920er und 1930er Jahren im Südteil des Neusiedler Sees und im Hanság tätig waren. Ihr Interesse reichte von den Reiher-Brutkolonien über die Wasservögel bis hin zur Vogelberingung [23–28].

In Österreich besuchten in den 1920er und vor allem in den 1930er Jahren in zunehmender Zahl Vogelkundler aus Wien, aber auch aus Deutschland das Gebiet, manche nur kurzfristig, einige davon kamen jedoch fast alljährlich und führten systematische Beobachtungen durch. Zimmermann [2] erwähnte die Namen vieler der damals tätigen Personen, von denen er unveröffentlichte Beobachtungen und Berichte erhielt, die er in seiner Avifauna verwertete. Nur sehr wenige veröffentlichten allerdings ihre Beobachtungen auch in einer ausführlicheren Form:

Otto Steinfatt war damals Student der Biologie an der Universität Wien. Er besuchte in der Brutzeit der Jahre 1931 und 1932 des Öfteren das Neusiedler See-Gebiet, um hier Vögel zu beobachten und fasste seine Beobachtungen in einem ausführlichen, mehrteiligen Artikel zusammen. Diese Arbeit beschrieb sehr anschaulich auch die Lebensräume der damaligen Kulturlandschaft und enthielt in vielen Fällen auch quantitative Angaben zum Vorkommen der Vogelarten, womit Steinfatt seiner Zeit voraus war [29].

Hugo Bernatzik war Völkerkundler mit einem starken Interesse an der Fotografie und der Ornithologie und besuchte den Neusiedler See schon in den frühen 1920er Jahren bis Mitte der 1930er Jahre. Er war der erste, der die Brutkolonien der Reiher und Löffler vom Kleinflugzeug aus fotografierte. Wir verdanken ihm z. B. die einzigen, um 1930 entstandenen Bildbelege der Brutkolonien des Sichlers, die in eines seiner Bücher Eingang fanden [30].

Otto Koenig erforschte, bevor er 1946 die Biologische Station am Wilhelminenberg in Wien gründete, fast zehn Jahre lang das Neusiedler See-Gebiet und hier vor allem den Schilfgürtel am Westufer des Sees, widmete sich aber auch den Lacken und Hutweiden des Seewinkels. Seine Beobachtungen und Fotografien veröffentlichte er in mehreren Büchern [31–33] und als Artikel für wissenschaftliche Zeitschriften [34, 35].

Alfred Seitz war ein Wiener Biologe, der in den 1930er Jahren einerseits an den ethologischen Studien von Konrad Lorenz beteiligt war, andererseits aber seit den frühen 1930er Jahren auch ornithologische Freilandarbeiten am Neusiedler See und im Seewinkel durchführte. In den Jahren 1939/40 war er dann auch Kurator am Burgenländischen Landesmuseum. Er hat große Teile seines Beobachtungsmaterials in Fachpublikationen verwertet. So hat Seitz die Weißstorch-Erhebungen im Burgenland begonnen und erste Veröffentlichungen zum Brutbestand des „Hausstorchs" in den 1930er Jahren vorgelegt [36–37], sich intensiv mit den Kolonien der Reiher und Löffler beschäftigt [38–40], seine Beobachtungen an den Singvögeln des Schilfgürtels des Neusiedler Sees zusammengefasst [41] und last, but not least eine heute überaus wertvolle zusammenfassende Arbeit über die Brutvögel des Seewinkels (leider auf die Nicht-Singvögel beschränkt) vorgelegt [42].

Zur gleichen Zeit erhielt **Rudolf Zimmermann** (ein damals weithin bekannter und angesehener deutscher Ornithologe und Vogelfotograf) den Auftrag, die Vogelwelt des Neusiedler See-Gebiets zu untersuchen. Er hielt sich dafür in den Jahren 1940–1942 insgesamt 13 Monate jeweils von April bis Juli (in allen drei Jahren) sowie im September und Oktober (in zwei Jahren) im Gebiet auf. Das auf seinen eigenen Feldarbeiten, den Beobachtungen Dritter und einer weitgehend vollständigen Auswertung der bis dahin vorliegenden Literatur basierende Werk nannte sich bescheiden *„Beiträge zur Kenntnis der Vogelwelt des Neusiedler Seegebiets"*, war aber de facto die erste in Buchform erschienene Avifauna des Gebiets [2]. Ein geplanter zweiter Beitrag über die ökologischen und hydrologischen Verhältnisse im Gebiet konnte leider durch den Tod des damals 65-jährigen Zimmermann nicht Gestalt annehmen, ein aus heutiger Sicht großer Verlust. Das 1943 datierte (aber erst im August 1944 tatsächlich erschienene) Buch behandelte alle bis dahin im Gebiet nachgewiesenen Vogelarten in teils umfangreichen Artkapiteln. Darüber hinaus enthält es aber auch einen allgemeinen Teil mit einer detaillierten Gebietsbeschreibung und einer ornithologischen Charakterisierung einzelner Sodalacken und der angrenzenden Großlebensräume. Eine *„Geschichte der ornithologischen Erforschung"* findet sich genauso im Buch wie eine weitgehend vollständige Bibliografie der bis dahin erschienenen Literatur und eine Fotodokumentation von Arten und Lebensräumen. Diese erste Avifauna versetzt uns in die Lage, die heutige Vogelwelt im Detail mit der Situation vor 80 Jahren vergleichen zu können.

Österreich (nach 1945)

In den Jahren nach Ende des Zweiten Weltkriegs wurde die ornithologische Freilandforschung nur in sehr geringem Umfang durchgeführt. **Otto Koenig** konnte allerdings in den Jahren 1946–1948 die Bestandsüberwachung in den Brutkolonien der Reiher und Löffler wieder aufnehmen [43]. Er setzte auch seine in den 1930er

Abb. 4: Der damals 24-jährige Otto Koenig kämpfte sich im Jahr 1938 durch den Schilfgürtel (aus „Otto Koenig (Verhaltensforscher)" – Wikipedia).

Abb. 5: Rudolf Zimmermann, Autor der ersten Avifauna des Neusiedler See-Gebiets (Archiv Verein Sächsischer Ornithologen, web.de)

Jahren begonnenen Untersuchungen zu Ökologie und Verhalten der Schilfvögel fort[44] und veröffentlichte eine Monographie über die Bartmeise[45]. 1959 und 1960 führte er mittels Hubschrauber die ersten Zählungen der Brutbestände der Reiher und Löffler aus der Luft durch[46].

Stephan Aumüller begann im Jahr 1948 (nach einer ersten Zählung 1938) von der „Storchenstadt“ Rust aus mit jährlichen Erhebungen von Bestand und Bruterfolg des Weißstorchs sowie mit dessen Beringung und schuf so eine Datenbasis, auf die der Storchenschutz bis in die Gegenwart aufbauen kann[47–52].

Mit der Gründung der Biologischen Seestation in Neusiedl am See durch den Österreichischen Naturschutzbund erhielt auch die ornithologische Freilandarbeit ab 1950 erstmals einen Stützpunkt im Gebiet. Einer der ersten Wissenschaftler an dieser Station war **Kurt Bauer**, der besonders in den Jahren 1951 bis 1953 sehr viel Zeit im Neusiedler See-Gebiet verbrachte und in diesen Jahren zahlreiche Beobachtungsdaten sammelte. Bauer publizierte über die Ergebnisse seiner ornithologischen Feldarbeit zahlreiche Fachartikel, und 1955 veröffentlichte er seine Beobachtungsdaten (und die Daten anderer Beobachter*innen seit 1946) in einer zusammenfassenden Arbeit, die, wie schon der Titel verrät, als Fortführung der Avifauna Zimmermanns gedacht war[53].

Mit Ausnahme einer ergänzenden Veröffentlichung über bemerkenswerte Beobachtungen für die Jahre 1954–1956[54] beschränkte sich die Publikationstätigkeit in den folgenden Jahren weitgehend auf zahlreiche kleine Mitteilungen in der „Egretta“, dem 1958 erstmals erschienenen Publikationsorgan der damaligen Österreichischen Gesellschaft für Vogelkunde (ÖGV), aber auch in „Natur und Land“, der Zeitschrift des Österreichischen Naturschutzbundes. Einzelne Veröffentlichungen erschienen auch in anderen deutschsprachigen Zeitschriften.

Ab 1965 führte die Pannonische Arbeitsgemeinschaft des „International Wildfowl Research Bureau“, koordiniert von **Antal Festetics** und unter Mitarbeit vor allem von **Bernd Leisler** Untersuchungen zur Ökologie der Wasservögel im Neusiedler See-Gebiet durch, die viele neue Erkenntnisse über das Auftreten von Gänsen und Enten im Gebiet erbrachte[55–57]. Dieselben Autoren setzten 1970–1974 außerdem die Zählungen der Schreitvogelkolonien aus der Luft mittels Hubschrauber fort[58].

In den 1970er Jahren blieb die ornithologische Publikationstätigkeit auf niedrigem Niveau. In der „Egretta“ erschienen wenige, durchwegs kürzere Beiträge. Hervorzuheben ist aber die seit Otto Koenig erste ökologische Charakterisierung der Vogelwelt des Neusiedler Sees durch **Friedrich Böck**[59]. **Peter Prokop** und **Manfred Staudinger** führten in den frühen 1970er Jahren von Wien aus zahlreiche ornithologische Exkursionen durch, deren Ergebnisse in das „Handbuch der Vögel Mitteleuropas“ Eingang fanden. Der damals gehegte Plan, eine Avifauna zu verfassen, wurde leider nie umgesetzt.

In der 1971 eröffneten Biologischen Station Illmitz spielten ornithologische Untersuchungen anfänglich nur eine untergeordnete Rolle. Erst nach der Anstellung des Ornithologen **Alfred Grüll** im Jahr 1981 konnten neben der „Wiederbelebung“ der Avifaunistik erstmals auch langfristige Monitoring-Programme für naturschutzrelevante und ökologisch wichtige Vogelarten gestartet werden. Die fortwährende Unterstützung durch diese Institution des Landes Burgenland hat die Durchführung ornithologischer Untersuchungen in den 1980er und 1990er Jahren wesentlich gefördert: Damals wurden die bis heute jährliche Erfassung der Reiher und Löffler[60, 61] und die Gänsezählungen begonnen[62] und es starteten Untersuchungen an Säbelschnäbler[63], Wiesenlimikolen[64], Seeregenpfeifer[65], Flussseeschwalbe[66], Blaukehlchen[67] sowie an schilfbewohnenden Arten[68–71], die allesamt in langfristige, bis heute andauernde Monitoring-Programme mündeten. Auch die Avifaunistik nahm einen Aufschwung mit regelmäßigen Jahresberichten in den 1980er Jahren[72–74] und ersten systematischen Bestandsaufnahmen in Teilgebieten[75,76]. Die regelmäßigen Wasservogelzählungen nahmen in den frühen 1980er Jahren ihren Anfang, zuerst mit den Schwimmvögeln[77], etwas später mit den Limikolen[78]. Wesentliche Beiträge zum Verständnis der ökologischen Ansprüche gefährdeter Arten lieferten schon ab den 1970er Jahren auch universitäre Abschlussarbeiten z.B. für Mariskenrohrsänger[79], Turteltaube[80], Steinkauz[81] und Weißstorch[82].

Mit der Errichtung des Nationalparks in Österreich im Jahr 1994 konnte die Erforschung der

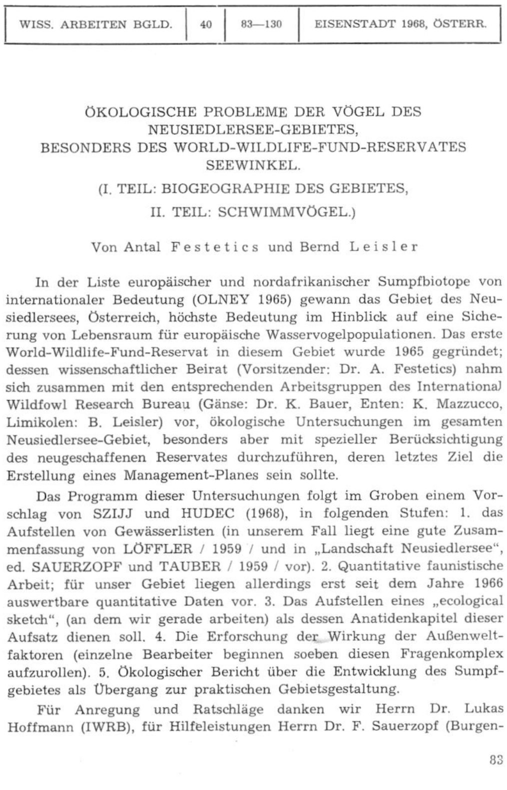

WISS. ARBEITEN BGLD.	40	83—130	EISENSTADT 1968, ÖSTERR.

ÖKOLOGISCHE PROBLEME DER VÖGEL DES NEUSIEDLERSEE-GEBIETES, BESONDERS DES WORLD-WILDLIFE-FUND-RESERVATES SEEWINKEL.

(I. TEIL: BIOGEOGRAPHIE DES GEBIETES,

II. TEIL: SCHWIMMVÖGEL.)

Von Antal Festetics und Bernd Leisler

In der Liste europäischer und nordafrikanischer Sumpfbiotope von internationaler Bedeutung (OLNEY 1965) gewann das Gebiet des Neusiedlersees, Österreich, höchste Bedeutung im Hinblick auf eine Sicherung von Lebensraum für europäische Wasservogelpopulationen. Das erste World-Wildlife-Fund-Reservat in diesem Gebiet wurde 1965 gegründet; dessen wissenschaftlicher Beirat (Vorsitzender: Dr. A. Festetics) nahm sich zusammen mit den entsprechenden Arbeitsgruppen des International Wildfowl Research Bureau (Gänse: Dr. K. Bauer, Enten: K. Mazzucco, Limikolen: B. Leisler) vor, ökologische Untersuchungen im gesamten Neusiedlersee-Gebiet, besonders aber mit spezieller Berücksichtigung des neugeschaffenen Reservates durchzuführen, deren letztes Ziel die Erstellung eines Management-Planes sein sollte.

Das Programm dieser Untersuchungen folgt im Groben einem Vorschlag von SZIJJ und HUDEC (1968), in folgenden Stufen: 1. das Aufstellen von Gewässerlisten (in unserem Fall liegt eine gute Zusammenfassung von LÖFFLER / 1959 / und in „Landschaft Neusiedlersee“, ed. SAUERZOPF und TAUBER / 1959 / vor). 2. Quantitative faunistische Arbeit; für unser Gebiet liegen allerdings erst seit dem Jahre 1966 auswertbare quantitative Daten vor. 3. Das Aufstellen eines „ecological sketch“, (an dem wir gerade arbeiten) als dessen Anatidenkapitel dieser Aufsatz dienen soll. 4. Die Erforschung der Wirkung der Außenweltfaktoren (einzelne Bearbeiter beginnen soeben diesen Fragenkomplex aufzurollen). 5. Ökologischer Bericht über die Entwicklung des Sumpfgebietes als Übergang zur praktischen Gebietsgestaltung.

Für Anregung und Ratschläge danken wir Herrn Dr. Lukas Hoffmann (IWRB), für Hilfeleistungen Herrn Dr. F. Sauerzopf (Burgen-

83

BIOLOGISCHE STATION NEUSIEDLERSEE
BFB-Bericht 60 Illmitz 1987
ISSN 0257-3105

DVORAK , M., GRÜLL, A., KOHLER, B.+

VERBREITUNG UND BESTAND GEFÄHRDETER ODER ÖKOLOGISCH WICHTIGER VOGELARTEN IM NEUSIEDLERSEEGEBIET 1985

mit Beiträgen von Hans-Martin BERG (Rotfußfalke), Andreas RANNER (Rotfußfalke, Haubenlerche) und Gabriele SAGEDER (Steinkauz).

+ Michael Dvorak, Anschützgasse 30/3, 1150 Wien
Alfred Grüll, Biologische Station, 7142 Illmitz
Bernhard Kohler, Engertstraße 230/19/16, 1020 Wien

EGRETTA

VOGELKUNDLICHE NACHRICHTEN AUS ÖSTERREICH

Herausgegeben von BirdLife Österreich, Gesellschaft für Vogelkunde

46. JAHRGANG 2003 HEFT 1

Egretta 46: 1-91 (2003)

Die Limikolen des österreichisch/ungarischen Seewinkels

Johannes Laber

Laber, J. (2003): The waders of the Austrian/Hungarian Seewinkel. Egretta 46: 1-91.

The article presents the results of seven years (1995-2001) of wader counts in the Seewinkel area. 15-18 counts per year were performed in the Austrian and Hungarian part of the Seewinkel. All relevant habitats (not only the lakes but also meadows and agricultural fields) were surveyed. Attention was also given to the age structure of those wader species where differentiation between adult and young birds is possible in the field. Furthermore a special counting method (flushing) was used for the first time in the area to count the snipe species (Gallinaginae) in the wet meadows during migration peaks. The results are presented by species and the accounts include not only phenology and age structure, but also origin and winter distribution of the relevant sub-population. For the breeding species of the Seewinkel, the number of breeding pairs and its historical development is also given. The Seewinkel is part of the Black Sea/Mediterranean Flyway and is an important inland stopover site within this flyway. Beside the international important breeding population of Avocets, the significant roosting numbers of Temminck`s Stint, Ruff, Common Snipe, Black-Tailed Godwit, Spotted Redshank and Wood Sandpiper are of special importance. For an inland stopover site, also the numbers of Little Stint, Curlew Sandpiper and Dunlin are also significant. The importance of the Seewinkel as a stopover site is due to the diversity of habitats available for waders (salt lakes of different salt content and turbidity, wet meadows, grazed meadows, etc.). This diversity allows many different species to find niches for feeding and therefore makes the area into an important inland roosting site for most of the Black Sea/Mediterranean Flyway species.

Keywords: Waders, wader counts, migration, Burgenland, Austria, Seewinkel, Black Sea/Mediterranean Flyway.

Abb. 6: Ab Ende der 1960er Jahre nahm die ornithologische Erforschung rasch Fahrt auf: Festetics & Leisler 1968 (links), Dvorak, Grüll & Kohler 1987 (Mitte), Laber 2003 (rechts).

Vogelwelt nochmals verstärkt vorangetrieben werden. Von Beginn an wurden seitens des Nationalparks größere ornithologische Forschungsvorhaben in Angriff genommen, wie z.B. ökologische Untersuchungen zur Vogelwelt des Schilfgürtels am Neusiedler See[83], zu den in Kolonien brütenden Reihern und Löfflern[84] sowie zu durchziehenden[85, 86] und ausgewählten brütenden Limikolen[87, 88].

Während in der ersten Phase der Nationalpark-Forschung Projekte nur über einen Zeitraum von jeweils wenigen Jahren durchgeführt wurden, begann in den späten 1990er Jahren die Konzeption eines Programms für ein langfristig ausgelegtes Vogelmonitoring-Projekt. Seit 2001 führt BirdLife Österreich im Auftrag des Nationalparks alljährlich Monitoring-Programme durch, die für eine größere Zahl an Arten Daten zur langfristigen Bestandsentwicklung liefern[89].

Aktuell laufen ganzjährige Zählungen von Schwimmvögeln und durchziehenden Limikolen im Seewinkel (Wasservögel seit 2001, beide Artengruppen seit 2011), Zählungen der überwinternden Gänse (seit 2001)[90, 91], Brutbestandserfassungen der Graugans (seit 2011)[92], der brütenden Reiher, Löffler und Kormorane vom Flugzeug aus (seit 2001)[93–95], ebenso von Stelzenläufer (seit 2011)[96], Säbelschnäbler (seit 2001)[97], Seeregenpfeifer (seit 2001), Kiebitz, Rotschenkel und Uferschnepfe (seit 2001), Flussseeschwalbe (ab 2001)[98], Wiedehopf (seit 2006)[99] sowie Rohrdommel und Drosselrohrsänger (seit 2001). Kurzfristigere Programme gab es zur Bestandsüberwachung von Lachmöwe (2011–2015), Weißbart-Seeschwalbe (2011–2016), Kulturlandvögeln (2001–2005, 2016–2021)[100] und Großem Brachvogel (ab 2017).

Neben diesen artspezifischen Programmen wurden in den letzten zwei Jahrzehnten auch verschiedene systematische, teils mehrmalige ornithologische Erhebungen unter anderem im Schilfgürtel[101], in Siedlungen[102], in Waldgebieten[103], und im gesamten Europaschutzgebiet[104] durchgeführt. Im österreichische Hanság läuft seit dem Jahr 2009 fortlaufend ein intensives ornithologisches Monitoring-Programm[105–108].

Zusammen genommen resultieren alle diese in den letzten 4–5 Jahrzehnten durchgeführten Programme und neu eingerichteten Datensammlungen wie ornitho.at in einem sehr guten Kenntnisstand der Vogelwelt der Region, den nur wenige Gebiete vergleichbarer Größe in Europa aufweisen.

Abb. 7: László Kárpáti, erster Direktor des Nationalparks Fertő – Hanság in Ungarn

Ungarn (nach 1945)

Der Eiserne Vorhang, der nach dem Ende des Zweiten Weltkriegs errichtet wurde, teilte den früher frei befahr- und passierbaren Neusiedler See in zwei Teile. Die sowjetische Paranoia hat die ungarische Seite für mehr als ein Vierteljahrhundert auch für die Vogelkunde hermetisch abgeschlossen. Vereinzelte Daten sind zwar aus dieser Zeit bekannt, aber erst in der zweiten Hälfte der 1970er Jahre boten sich für ausgewählte Ornithologen erstmals Möglichkeiten, in den Schilfgürtel und die ufernahen Gebiete zu gelangen. **László Kárpáti**, damals junger Assistent an der Universität Sopron, hatte mit den Grenzbehörden so gute Beziehungen aufgebaut, dass in der Sperrzone eine einigermaßen regelmäßige Feldarbeit mit Studenten möglich wurde. 1978 konnte dann in Mekszikópuszta ein erstes einwöchiges Beringungslager organisiert werden. Das markierte einen bedeutenden Durchbruch, denn bereits wenige Jahre später wurde hier die Vogelberingung auf eine regelmäßige Basis gestellt.

Anfang der 1980er Jahre erschien auch die seit Zimmermann erste umfangreiche ornithologische Publikation über die südlichen Teile des Sees[109]. 1983 begannen unter der Leitung von **Sándor Faragó** die bis heute fortgeführten monatlichen Gänsezählungen. Als erstes und lange Zeit einziges grenzüberschreitendes Vorhaben wurden sie synchron mit den Zählungen auf österreichischer Seite durchgeführt. In den 1980er Jahren gab es auch erste Kontaktaufnahmen mit Vogelkundlern aus Österreich (Antal Festetics, Rudolf Triebl, Alfred Grüll u.a.). Diese waren zwar zumeist informell, trugen aber neben anderen Geschehnissen ebenfalls zur späteren Errichtung des Nationalparks bei. Im Herbst 1985 wurden erstmals über mehrere Wochen hinweg Vögel in der Bucht von Fertőrákos beringt, ab 1988 wurden diese Beringungsaktionen dann jährlich durchgeführt.

Im Februar 1975 bildete sich in Sopron eine Lokalgruppe des im Vorjahr gegründeten Vereins Magyar Madártani és Természetvédelmi Egyesület (heute Birdlife Hungary/MME). Die Aktivitäten der Gruppe wurden aber erst nach einem Jahrzehnt zunehmend unabhängig von der Universität Sopron durchgeführt. Zu dieser Zeit konnte man in Ungarn auch bereits bessere optische Ausrüstung wie z.B. Spektive erwerben. Damit wurde auch abseits der universitären Lehre die Durchführung von Monitoring-Programmen und Vogelberingung möglich, ein Feld, in dem u.a. **Attila Pellinger**, **Sándor Mogyorósi** und **Tibor Hadarics** seit damals aktiv sind.

Nachdem im Gebiet von Mekszikópuszta Anfang der 1990er Jahre erstmals großflächige Überflutungsflächen entstanden waren, konzentrierte sich die Arbeit der Vogelkundler auf dieses Gebiet. Ab 1992 rückte hier dann anstatt der Singvögel die Beringung von Wasservögeln in den Vordergrund. Diese und besonders die bei allmählich immer mehr Arten angewandte Markierung mit Farbringen brachten sehr viele neue Erkenntnisse. Der anfänglich im Fokus stehenden Schwarzkopfmöwe folgten schon wenig später Silberreiher, Graugans, Höckerschwan und immer mehr die Limikolen.

Mehrere Vogelkundler, die in den frühen Jahren der MME Sopron vogelkundliche Erfahrung sammeln konnten, wurden später Mitarbeiter des 1991 gegründeten Nationalparks Fertő-tó (später Fertő-Hanság). So entstand eine enge Zusammenarbeit zwischen dem Nationalpark und der privaten Vogelschutzorganisation, die bis heute andauert. Zusammen mit **László Kárpáti** als Begründer und erstem Direktor begannen **Sándor Mogyorósi** und **Ferenc Udvardy** als Ranger des Nationalparks zu arbeiten, **Attila Pellinger** wurde Leiter der Naturschutzabteilung. **Miklós Váczi**, bekannt als Vorreiter des Greifvogel-Monitorings und des Greifvogelschutzes in der Kleinen Ungarischen Tiefebene, wirkt im Nationalpark als Koordinator des Teilgebiets Fertő.

1998 wurde einerseits in den Überschwemmungsgebieten von Mekszikópuszta ein Wasservogel-Monitoring mit wöchentlichen Zählungen vom Ufer aus begonnen[110], andererseits wurden die Wasservögel der größeren Wasserflächen innerhalb des Schilfgürtels des Neusiedler Sees monatlich vom Motorboot aus gezählt[111].

Infolge der Zunahme an ungemähten Schilfflächen brüteten bereits 1999 Purpurreiher auf der Schilfinsel im Südteil der Bucht von Fertőrákos und nach österreichischem Muster wurde auch in Ungarn mit der Erhebung der Reiherkolonien vom Flugzeug aus begonnen. Heute wird diese Methode bereits durch Flüge von Gyrocoptern und Drohnen ergänzt.

2012 wurde dann der Verbreitungsatlas der Brutvögel Westungarns fertiggestellt[112]. Dieser deckt auch das Avifauna-Gebiet ab, allerdings ist die Auflösung der Verbreitungskarten wegen des größeren Untersuchungsgebiets deutlich gröber.

Zuletzt brachten die im Rahmen des Interreg-Programms der EU durchgeführten Projekte Vogelwarte Madárvárta I und II in den 2010er Jahren großen Schwung in die ornithologische Forschung in Ungarn (und auch in Österreich). Die sich rasant entwickelnde GPS/GSM-Technologie ermöglichte die Satelliten-telemetrische Verfolgung von Graugans und Höckerschwan. Bei der nach wie vor laufenden Farbberingung durchziehender Limikolen wurden vor allem Bruchwasserläufer und Alpenstrandläufer in großer Zahl gefangen. Mittels der in Ungarn nur hier angewandten Technologie der Satelliten-Telemetrie wurden in den letzten Jahren auch die Wanderungen von Stockente, Knäkente, Brandgans, Stelzenläufer, Kampfläufer und Kiebitz untersucht.

Quellen:

[1] Schenk (1917a), [2] Zimmermann (1943), [3] Kramer (1756) zit in Feldner (2012), [4] Pelzeln (1874), [5]Albegger (2022c), [6] Jukovits (1857), [7] Jukovits (1864/65), [8] Pelzeln (1876), [9] Finger (1877), [10] Marschall & Pelzeln (1876), [11] Fászl (1883), [12] v. Fischer (1882), [13] v. Fischer (1883a), [14] v. Fischer (1883b), [15] v. Fischer (1885), [16] v. Fischer (1886), [17] Fournes (1886), [18] v. Dombrowski (1889), [19] Schenk (1931/34), [20] Schaeff (1892), [21] v. Homeyer (1892a), [22] v. Homeyer (1892b), [23] Breuer (1925/26), [24] Breuer (1929b), [25] Breuer (1930), [26] Breuer (1934), [27] Király (1923/24), [28] Király (1933), [29] Steinfatt (1936), [30] Bernatzik (1947), [31] Koenig (1939), [32] Koenig (1943), [33] Koenig (1961), [34] Koenig (1952a), [35] Koenig (1952b), [36] Seitz (1935b), [37] Seitz (1940), [38] Seitz (1934), [39] Seitz (1935a), [40] Seitz (1937), [41] Seitz (1943), [42] Seitz (1942), [43] Koenig (1949), [44] Koenig (1952a), [45] Koenig (1952b), [46] Koenig (1960), [47] Aumüller (1949), [48] Aumüller (1950), [49] Aumüller (1951), [50] Aumüller (1952), [51] Aumüller (1954), [52] Aumüller (1961), [53] Bauer et al. (1955), [54] Bauer (1956a), [55] Festetics & Leisler (1968), [56] Festetics & Leisler (1970), [57] Leisler (1969b), [58] Festetics & Leisler (1999), [59] Böck (1979), [60] Grüll (1994), [61] Grüll

& Ranner (1998), [62] Dick (1994), [63] Kohler (1997), [64] Kohler & Rauer (1994b), [65] Braun (1996), [66] Steiner (1995), [67] Grüll (1988), [68] Zwicker & Grüll (1985), [69] Dvorak (1985), [70] Sezemsky & Ripfel (1985), [71] Grüll & Zwicker (1993), [72] Dvorak & Grüll (1984), [73] Dvorak et al. (1986), [74] Dvorak et al. (1987), [75] Dvorak & Nemeth (1992), [76] Karner et al. (1992), [77] Dvorak 1994a, [78] Kohler & Rauer (1994a), [79] Leisler (1970), [80] Gaitzenauer (1991), [81] Sageder (1990), [82] Ranner (1995), [83] Dvorak et al. (1997), [84] Nemeth et al. (2004), [85] Laber (2003), [86] Kohler & Rauer (2009), [87] Braun & Lederer (1997), [88] Kohler (1999), [89] Dvorak et al. (2016), [90] Laber & Pellinger (2008), [91] Laber & Pellinger (2012), [92] Wendelin (2020), [93] Nemeth & Grubbauer (2005), [94] Nemeth (2008), [95] Nemeth & Dvorak (2012), [96] Laber & Pellinger (2014), [97] Kohler & Bieringer (2015), [98] Wendelin (2010), [99] Grüll et al. (2008), [100] Karner-Ranner et al. (2008), [101] Nemeth & Dvorak (2022), [102] Dvorak et al. (2014), [103] M. Dvorak, unveröff. Daten, [104] Dvorak et al. (2008), [105] Dvorak et al. (2010), [106] Berg & Dvorak (2017), [107] Berg & Dvorak (2019), [108] Berg & Dvorak (2023), [109] Kárpáti (1983a), [110] Pellinger & Hadarics (2020a), [111] Mogyorósi (2006), [112] Faragó (2012)

Die wissenschaftliche Vogelberingung im Neusiedler See-Gebiet

Die wissenschaftliche Vogelberingung ist eine international anerkannte Arbeitsmethode, die der Erforschung der Lebensweise freilebender Vögel dient. Sie ist seit mehr als 110 Jahren ein wichtiger Bestandteil der ornithologischen Feldforschung und in den EU-Richtlinien über die Erhaltung der wildlebenden Vogelarten (Richtlinie 2009/147/EG/ Artikel 10, Anhang V) als Methode für die Bestandsüberwachung empfohlen. Bei der Beringung werden Vögel gefangen und danach mit an die entsprechende Größe der jeweiligen Art angepassten Metall- bzw. Kunststoffringen versehen. Durch einen international registrierten Code und eine Kennzahl sind die Vögel dann individuell markiert und können bei einem späteren Wiederfund oder einer Sichtung über diese „Registrierungsnummer" identifiziert werden. Sie gibt Aufschluss über den „persönlichen" Lebensverlauf des gekennzeichneten Vogels. Voraussetzung für die Erstellung dieses Lebenslaufes ist die Zugänglichkeit entsprechender Daten. Die Beringungsdaten werden in den Datenbanken aller nationalen Beringungszentralen verwaltet und zwischen den Zentralen ausgetauscht. Die Beringung schuf hervorragende Datengrundlagen zur Erforschung von Wanderungen von Vögeln und liefert nach wie vor, wie auch in diesem Werk, wesentliche Beiträge zu Phänologie, Demographie und Populationsökologie heimischer Wildvogelarten.

Anfänge und die Zeit bis 1970

Aus keinem anderen Gebiet im heutigen Österreich gibt es so viele Beringungs- und Wiederfunddaten wie aus dem Gebiet Neusiedler See/Seewinkel. Genaue Zahlen zu allen bisherigen Beringungen lagen jedoch bis in die 2000er Jahre hinein (bei Erstellung dieses Manuskripts) nur in Papierform im Archiv der bis 2015 für Österreich zuständigen „Vogelwarte Radolfzell" (bis 1945: „Vogelwarte Rossitten", jetzt: Max-Planck-Institut für Verhaltensbiologie) auf. Sofern eine Beringung damals nicht eine Fundmeldung erbrachte (diese Quelle steht aber in Form einer gemeinsamen Datenbank von Deutschland und Österreich zur Verfügung), wurden diese Daten bisher weder durch die „Vogelwarte Radolfzell" noch durch die neue Österreichische Vogelwarte/Austrian Ornithological Centre digitalisiert.

Bereits in den Jahren 1928 bis 1941 beringte **Alfred Seitz** Gänse, Störche, Reiher und Limikolen als Nestlinge vor allem an den Salzlacken im Seewinkel [1]. Nach dem zweiten Weltkrieg ab 1948 beringte **Stephan Aumüller** vor allem Nestlinge des Weißstorchs unter anderem am Westufer des Neusiedler Sees [1]. Die Weißstorch-Beringungen wurden ab 1962 von **Rudolf Triebl** übernommen und auf das gesamte Burgenland ausgedehnt, und bis 1974 (sowie 1976 und 1977) erfolgreich durchgeführt. Seine Aktivitäten führten zu 1.600 Beringungen sowie zu 124 Fundmeldungen von Weißstörchen [2], wobei er im genannten Zeitraum auch Rallen Limikolen und Flussseeschwalben sowohl am See als auch an den Salzlacken beringt hat [1].

1952 begann **Kurt Bauer** für die damalige „Österreichische Vogelwarte" zuerst Nestlinge (vor allem von Lachmöwen) und ab 1954 in den Sommermonaten mittels sogenannter „Spiegelnetze" im Schilf bei Neusiedl/See (an der ersten Biologischen Station Neusiedler See) regelmäßig Singvögel zu fangen und zu beringen [1]. Bereits im ersten Jahr beringte er mehr als 1.000 Vögel [1]. Die Arbeiten wurden 1954 parallel zu Kurt Bauer und ab 1955 von **Theodor Samwald** alleine auf ehrenamtlicher Basis weitergeführt und erbrachten von 1954 bis 1966 mehr als 83.000 Beringungen vor allem von schilfbewohnenden Singvögeln [3]. Aufgrund der ornithologischen Bedeutung des Gebiets war auch **Otto Koenig** bereits seit den 1930er Jahren immer wieder vor Ort und gründete 1946 die Biologische Station Wilhelminenberg (ab 1989 das Konrad-Lorenz-Institut für vergleichende Verhaltensforschung, kurz KLIVV).

Abb. 8: Die „alte" Biologische Station Neusiedler See im Schilfgürtel bei Neusiedl (Archiv Biologische Station Illmitz)

In den Netzwänden entlang der schmalen Stege, die durch das Schilf führen, fangen sich die Vögel. Samwald (im Vordergrund) hat alle Hände voll zu tun, um die gefiederten Gesellen möglichst schnell wieder aus ihrer mißlichen Lage zu befreien.

Ein Ring mit der Adresse der Vogelwarte Radolfzell und einer Nummer wird über den kleinen Vogelfuß gestreift — schon geht es wieder hinauf in den blauen Himmel. (Photos: Inge Santner)

Abb. 9: Theodor Samwald beim Beringen (Zeitungsartikel aus dem Archiv der Österreichischen Vogelwarte)

Am Neusiedler See unterhielt die Station in den 1960er Jahren Außenstellen zuerst in Donnerskirchen und später auch in Rust. Neben der Bearbeitung anderer biologischer Themen wurden von dort aus durch das Ehepaar **Bärbel** und **Gernot Gräfe** am Westufer des Neusiedler Sees auch Reiher und Löffler beringt[1].

Das „MRI-Programm“ und die Folgejahre

Nach dem (letzten) Brand der Biologischen Station Neusiedler See im Jahr 1968 wurde diese nicht wiederaufgebaut und die Beringung von schilfbewohnenden Singvögeln im Gebiet vorerst eingestellt. Mit der Fertigstellung der Biologischen Station Illmitz (BSI) ergab sich jedoch ab 1971 die Möglichkeit wieder zu beringen. Erste Pilotfänge dazu wurden bereits ab diesem Jahr durch **Alfred Grüll** durchgeführt. Der Erfolg dieser ermöglichte unter anderem ab 1974 die Eingliederung der Beringung in Illmitz in das international bekannte Mettnau-Reit-Illmitz (MRI)-Programm der Vogelwarte Radolfzell, bei dem das erste Mal im Gebiet standardisiertes Zugvogel-Monitoring durch Fänge mit Japannetzen und Beringung durchgeführt wurde. Seit dieser Zeit war die Beringung im Vergleich zur alten Biologischen Station Neusiedler See vor Ort nur mehr „Gast“. Ungeachtet dessen war das in den Jahren 1974–1983 sowie 1989–1993 laufende MRI-Programm mit über 114.000 beringten Vögeln und mehr als 2.500 Auslandsfunden sehr erfolgreich[1]. Datenauswertungen zeigten erstmals großräumige, negative Bestandstrends bei zumindest von 20 der 35 damals ausgewählten Vogelarten[4].

In den 1980er Jahren, teilweise parallel zum MRI-Programm, wurden im Gebiet zuerst von **Rudolf Triebl**, und danach von **Gerald Dick** das erste Mal Graugänse nicht nur beringt, sondern auch mittels Zusatzmarkierungen, nämlich codierten Halsmanschetten, versehen. Leider sind auch hier die genauen Beringungsdaten nicht digital vorhanden, es gibt dazu jedoch in der Datenbank der Vogelwarte Radolfzell rund 200 Fundmeldungen vor allem aus den Nachbarstaaten Österreichs, aber auch Skandinavien und Nordafrika[5], wobei 70 % durch Ablesungen der Halsmanschetten, also ohne die Tiere wiederfangen zu müssen erzielt wurden.

Das „Klimaprojekt“ und die ersten 2000er Jahre

Das MRI-Programm schuf eine Datengrundlage für die langfristige Beurteilung von Bestandstrends und phänologischen Änderungen sowohl von Brut- als auch Zugvögeln. Auch aus diesem Grund wurde die Beringung auf der Biologischen Station Illmitz zehn Jahre nach Ende des MRI-Programms wiederbelebt. Auf Initiative von **Hans Winkler** und **Wolfgang Vogl** (KLIVV) wurde die Herbstzugberingung von Kleinvögeln ab 2004 wieder aufgenommen. Nach ersten Pilotfängen bis 2007 wurde 2008 und 2009 ein Projekt mit den Untersuchungsschwerpunkten „Klimawandel“ und „Barcoding“ durch das BMLFUW gefördert. Die Jahre 2008–2010 erbrachten einen dem zeitlichen und fangtechnischen Aufwand des MRI-Programmes vergleichbaren Datensatz und wurden auch 2011 und 2012 fortgesetzt. Von 2004 bis 2012 konnten insgesamt 34.900 Vögel gefangen und 31.523 beringt werden[5].

Abb. 10: Teil der Netzanlage im Juli 2008 am Damm der Biologischen Station Illmitz mit einem seit dem MRI-Programm für die Netzkontrollen obligatorischem Fahrrad am rechten Fahrstreifen (Wolfgang Vogl)

Das „Interregg-Projekt“ „Vogelwarte Madárvárta 2“ und die letzten Jahre

Das in den Jahren 2017-2019 im Rahmen des Interreg Österreich-Ungarn-durchgeführte Projekt „Vogelwarte Madárvárta 2“ bot die Gelegenheit, die Beringung an der Biologischen Station im Jahr 2017 wieder aufzunehmen. In der dreijährigen Laufzeit wurden 19.208 Vögel beringt, 2.447 Vögel wurden innerhalb einer Saison vor Ort wieder gefangen, 114 Fänge stammten von Beringungen aus dem Vorjahr und 55 Vögel trugen einen Ring einer anderen Beringungszentrale[6]. Der Beginn des Projektes fiel mit der Gründungsphase der neuen Österreichischen Vogelwarte/Austrian Ornithological Centre (AOC) am KLIVV zusammen, deren Beringungszentrale seit 2016 eigene Ringe für Österreich ausgibt. Die Österreichische Vogelwarte unterstützte das Projekt von Beginn an in der Planung, Organisation und Durchführung. Auch nach Ende des Interreg-Progamms wurde die Planberingung an der Biologischen Station unter der Leitung der Österreichische Vogelwarte seit dem Jahr 2020 fortgesetzt.

Resümee und Ausblick

Die wissenschaftliche Vogelberingung im Neusiedler See-Gebiet hat in den letzten 90 Jahren wesentliche Beiträge zur Kenntnis von Vorkommen, Phänologie und Ökologie heimischer Wildvögel geliefert. Der vorsichtig geschätzte Umfang von rund 200.000 Beringungen und 30.000 Fundmeldungen aus dem Gebiet[1, 2] schufen ein Datenmaterial, das die Grundlagen für die Beantwortung einer Vielzahl von Fragen ermöglicht. Erste Auswertungen, die in den Artkapiteln dieses Buches dargestellt werden, zeigen zum Beispiel einen teilweise alarmierenden Rückgang der Fangzahlen von in den ersten Jahrzehnten der Beringung noch häufiger gefangenen schilfbewohnenden Kleinvögeln.

Quellen: [1] *Daten der Vogelwarte Radolfzell (Max-Planck-Institut für Verhaltensbiologie),* [2] *Triebl & Frühstück (1979),* [3] *Samwald (1965),* [4] *Berthold et al. (1999),* [5] *Daten der Österreichischen Vogelwarte/Austrian Ornithological Centre (AOC),* [6] *Kofler & Bittermann (2020)*

Datenmaterial

von Michael Dvorak (Österreich), Attila Pellinger & Tibor Hadarics (Ungarn)

Österreich

Kein anderes Gebiet in Österreich ist in Bezug auf seine Vogelwelt auch nur annähernd so gut bekannt wie das Neusiedler See-Gebiet: Bis Ende des Jahres 2021 wurden ca. 1.300 wissenschaftliche und populärwissenschaftliche Artikel über das Avifauna-Gebiet veröffentlicht. Diese reichen von umfassenden Bearbeitungen in Buchform über wissenschaftliche Artikel in deutschsprachigen (und sehr selten auch nicht-deutschsprachigen) Zeitschriften, über populärwissenschaftliche Beiträge in ornithologischen Magazinen, universitäre Abschlussarbeiten (Doktor-, Magister-, Master- und Hausarbeiten) und Projektberichten bis hin zu reinen ornithologischen Reiseberichten. Alle diese Quellen bilden zusammen ein umfangreiches publiziertes Datenmaterial, das nahezu jede im Gebiet vorkommende Vogelart umfassend abdeckt.

Die zweite wesentliche Datenquelle sind bisher unveröffentlichte, systematisch oder unsystematisch gesammelte Einzelbeobachtungen, die im Laufe der letzten sechs Jahrzehnte in diversen Archiven abgelegt wurden. Ein solches Datenarchiv wurde erstmals bei der damaligen Österreichischen Gesellschaft für Vogelkunde (ÖGV) eingerichtet. Es handelte sich um auf sogenannten ID-Zetteln festgehaltene, nach Arten getrennte Meldungen von beobachteten Vögeln, die von den Mitgliedern des Vereins gesammelt und dem Archiv zur Verfügung gestellt wurden (Abb. 1). Diese Datensammlung wurde im Jahr 1966 begonnen und umfasst nur wenige ältere Nachweise aus der ersten Hälfte der 1960er Jahre. Die Beobachtungsdaten wurden bis Anfang der 1980er Jahre in jährlich unterschiedlichem Ausmaß in einem „Ornithologische Informationsdienst" zusammengefasst und an die Mitglieder des Vereins verschickt. Die reine Datensammlung wurde bis ins Jahr 2012 weitergeführt, wobei die Zahl der analog auf Karteikarten abgegebenen Meldungen ab dem Jahr 2001 kontinuierlich bis fast gegen null gesunken ist. Ein ähnliches Archiv wurde zu Beginn der 1970er Jahre auch an der Biologischen Station Illmitz begonnen, zuerst von Christa Frank ab 1973, ab 1981 fortgeführt und erweitert von Alfred Grüll. Neben diesen Einzelmeldungen auf Karteikarten wurden parallel von beiden Institutionen auch Exkursionsberichte gesammelt, die ganz überwiegend von deutschen, seltener auch schweizerischen und österreichischen Beobachter*innen stammten. In den 1960er und 1970er landeten diese „Exkursionsprotokolle" vorwiegend bei der ÖGV, ab 1981 aber in zunehmender Zahl auch bei der Biologischen Station Illmitz. Nachweise mit Bezug zu Brutvorkommen aus den Jahren 1981–1989 wurden im Rahmen der Arbeiten zum ersten Österreichischen Brutvogelatlas digital erfasst und gingen in eine Datenbank ein, die damals noch in einem Großrechner im Rechenzentrum der Universität Wien gespeichert wurden. Ab 1990 bis ins Jahr 1999 wurden Beobachtungen wiederum in analoger Form gesammelt, ab dem Jahr 2000 erfassten die MelderInnen ihre Daten zunehmend mit MS-Excel und stellten sie BirdLife Österreich digital zur Verfügung.

Bereits ab den frühen 1990er Jahren wurden auch ursprünglich in Papierform eingesandte ältere und aktuelle Meldungen (sowohl ID-Zettel als auch Exkursionsprotokolle) im Rahmen verschiedenster Vorhaben digitalisiert. In den frühen 1990er Jahren erfolgt dies noch mit dem Programm Dbase im Format *.dbf, ab ca. 1995 dann mit Microsoft Excel in den Formaten *.xls und *.xlsx. Im Zuge der Arbeiten zur Avifauna wurde die Digitalisierung dieser analog vorliegenden Beobachtungsmeldungen stark intensiviert, wobei aber aufgrund der sehr großen Datenmenge eine Auswahl getroffen werden

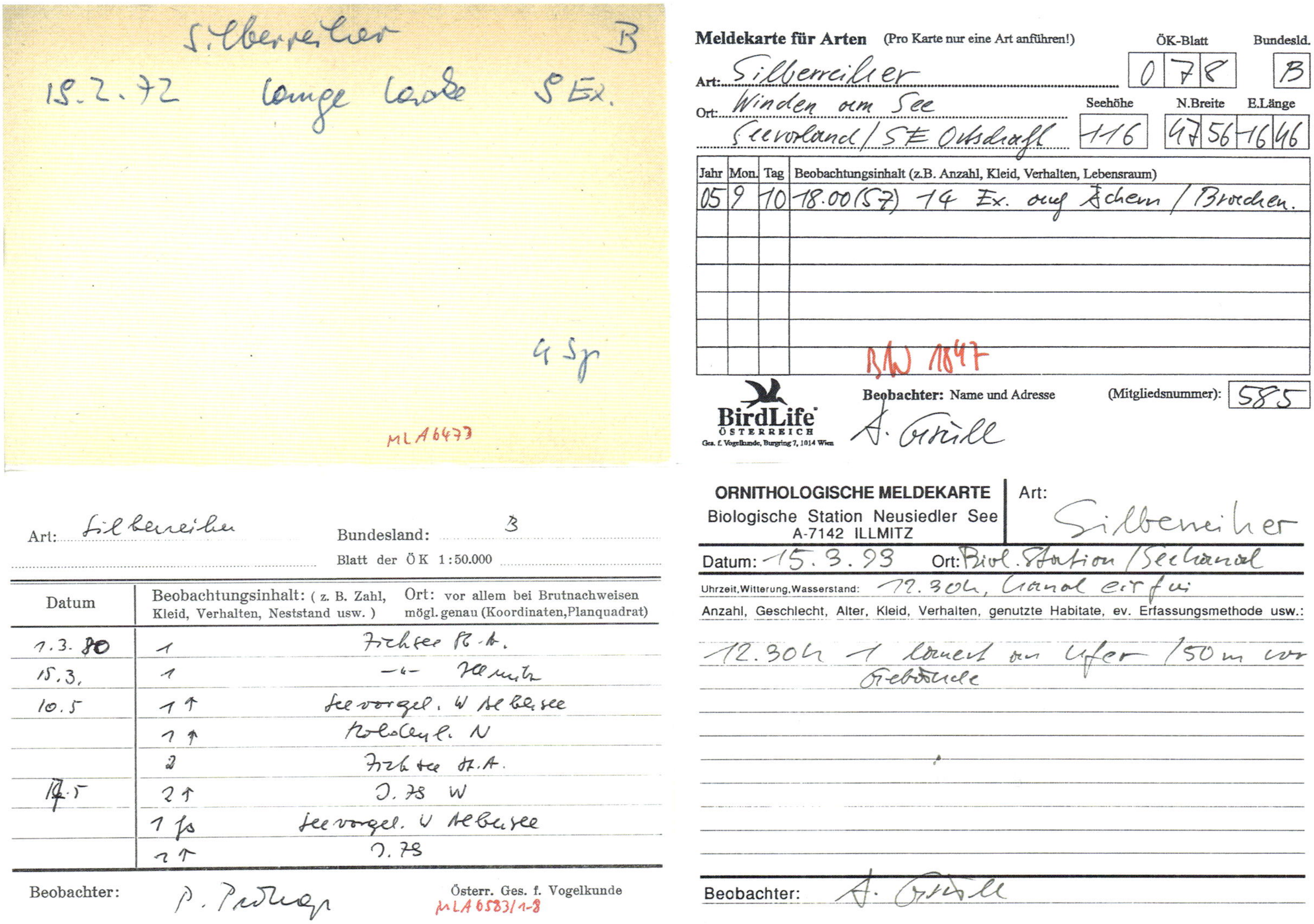

Abb. 1: Die Entwicklung der Karteikarten zur Protokollierung von Vogelbeobachtungen im Neusiedler See-Gebiet: links oben 1966–1972, links unten 1973–1980, rechts oben 1981–2012, rechts unten Biologische Station ab 1990

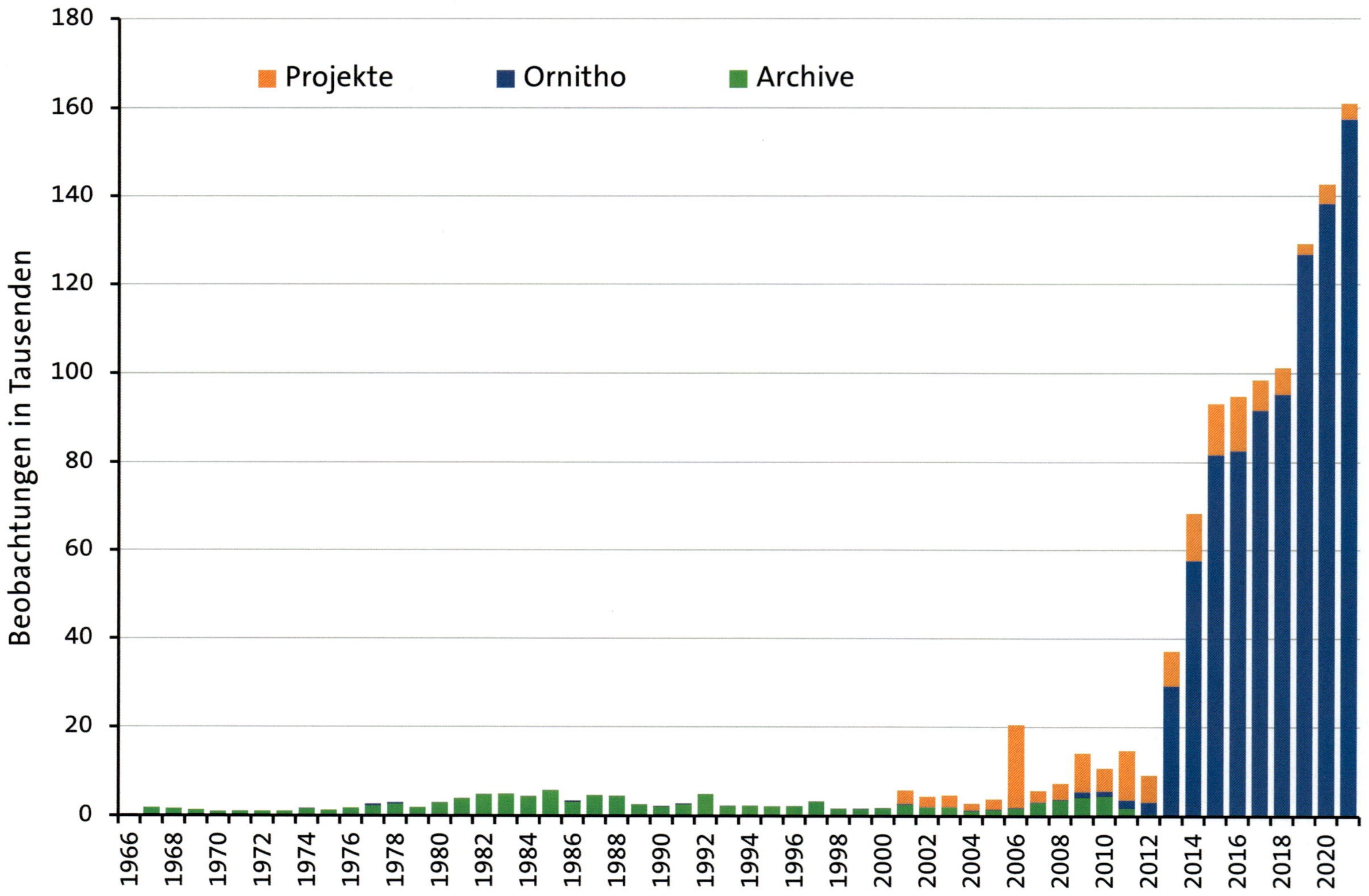

Abb. 2: Die Entwicklung der Anzahl an jährlichen Beobachtungsmeldungen in den Jahren 1957–2021

musste und nicht das gesamte analoge Material digital erfasst werden konnte.

Bis zum 31.12.2021 wurden insgesamt 121.408 auf Karteikarten oder in schriftlichen Exkursionsprotokollen festgehaltene Vogelbeobachtungen digital im Format *.xlsx erfasst und standen damit für die Archivierung in Datenbanken und die darauf basierenden Auswertungen zur Verfügung.

Im März 2013 wurde von BirdLife Österreich die ornithologische Internet-Meldeplattform www.ornitho.at eingeführt. Diese online-Datenbank steht seither der interessierten Öffentlichkeit zur digitalen Erfassung ihrer Vogel-Beobachtungen zur Verfügung. Neben den Beobachtungsmeldungen ist auch die Speicherung von Medien wie Fotos und Tonaufnahmen möglich.

Ornitho.at hat die Sammlung vogelkundlicher Beobachtungsdaten in Österreich revolutioniert und zu einer Vervielfachung des Dateneinganges geführt (Abb. 2). Seit März 2013 bis zum 31. Dezember 2021 wurden für das Avifauna-Gebiet insgesamt 866.589 Beobachtungsdaten gemeldet. Diese Zahl verdeutlicht auch in Bezug auf die Meldeaktivität die herausragende Stellung, die das Neusiedler See-Gebiet innehat. Auf einer Fläche von 704,5 km² (entspricht 0,8 % des Fläche Österreichs von 83.879 km²) wurden (Stand Mitte 2020) 9,7 % aller ca. 6.900.000 Meldungen aus Österreich abgegeben, also zehnmal so viele als aufgrund der Fläche zu erwarten gewesen wäre.

Als drittes Standbein standen für die Avifauna alle ornithologischen Daten zur Verfügung, die bei systematischen Erhebungen im Rahmen gezielter Projekte gesammelt wurden. Vor dem Jahr 2019 wurden die Beobachtungsdaten dieser Projekte zumeist Notizbücher und/oder in Karten erfasst und nachträglich digitalisiert. Zähldaten, vor allem von Wasservogelzählungen, wurden in Excel erfasst. Die Digitalisierung von im Rahmen von Flächenkartierungen auf Karten festgehaltenen Kartierungsdaten wurde mittels diverser GIS-Programme (ArcView, ArcGis, QGis) durchgeführt; diese Daten standen als shape-Dateien (*.shp) zur Verfügung. Sie umfassen mit Stand 31.12.2021 insgesamt 136.823 Datensätze. Diese Projekt-Datenbank enthält alle Beobachtungen, die im Rahmen des vom Nationalpark Neusiedler See–Seewinkel seit 2001 durchgeführten Vogel-Monitorings gesammelt wurden, weiters Daten die aus Monitoring- und Schutzprojekten des Landes Burgenland stammen sowie zum kleineren Teil auch solche die in Privatinitiative gesammelt wurden.

Aus den drei wesentlichen digitalen Datenquellen standen somit mit Datenstand 31.12.2021 insgesamt 1.124.820 Datensätze für das vorliegende Buchprojekt zur Verfügung.

Die zeitliche Entwicklung des Dateneingangs zeigt Abbildung 2: Während in den Jahren 1957 bis 1965 nur einzelne Meldungen im Archiv der ÖGV landeten (Ø 66/Jahr) waren es in den Jahren 1967–1976 immerhin schon im Mittel 1.442. Von 1977–1985 kamen dann im Jahresschnitt 3.881 Daten zusammen, von 1986–1995 gleichbleibend 3,275, danach in den Jahren 1996–2005 in gleicher Größenordnung 3.311 und am Ende der „analogen" Periode von 2006–2012 waren es im Mittel nur mehr 2.805 pro Jahr.

Ab 2013, mit der Einführung von ornitho.at vervielfachten sich die jährlichen Meldungen aus dem Avifauna-Gebiet: 2013 waren es noch 29.233, 2014 dann bereits 57.617 und von 2015–2019 wurden im Mittel erstaunliche 95.748 Datensätze erfasst! Bei den Projektdaten gab es hingegen einen jährlich recht unterschiedlichen Eingang, der alleine von Anzahl und Umfang der jeweiligen Projekte abhing. Der Spitzenwert wurde 2006 erreicht, mit 18.568 Beobachtungen, die im Rahmen einer großflächigen Natura 2000-Kartierung gesammelt wurden. Im Hanság wurden im Rahmen des Begleitmonitorings im Vogelschutzgebiet in den 13 Untersuchungsjahren 2009–2021 insgesamt 36.004 Daten gesammelt. Die Wasservogelzählungen erbrachten in den Jahren 2001–2021 zusammengenommen 60.918 Datensätze.

Ungarn

Bei den Publikationen des späten 19. und frühen 20. Jahrhunderts ist es vielfach problematisch die Beobachtungsdaten auf das heutige Ungarn oder das heutige Österreich zu beziehen; oft begnügten sich die Autoren mit dem Namen „Fertő" (Neusiedler See). Im Fall von Anton Jukovits – da er Pfarrer in Apetlon war – ist es fast sicher, dass sich die von ihm bereitgestellten Daten auf den südöstlichen Teil des Neusiedler Sees, das Gebiet um Apetlon und möglicherweise auch das Umfeld von Mekszikópuszta beziehen. Die Beobachtungen des in Sopron ansässigen Benediktinerlehrers István

Fászl stammen sehr wahrscheinlich aus der Gegend um Fertőrákos und Balf, die noch immer zu Ungarn gehören.

Nach dem Zweiten Weltkrieg entwickelte sich in Ungarn im Vergleich zu Österreich eine entgegengesetzte Situation hinsichtlich der ornithologischen und zoologischen Forschungsmöglichkeiten am Neusiedler See. Nach Ende des Zweiten Weltkriegs machte dann zwischen 1949 und 1990 der „Eiserne Vorhang" in der Grenzzone zu Österreich ornithologische Beobachtungen im ungarischen Teil des Neusiedler Sees nahezu unmöglich, er wurde damit eines der ornithologisch am wenigsten bekannten Gebiete des Landes. Bis zum Ende der 1970er Jahre blieb die Beobachtungstätigkeit sehr gering und von seriösen Veröffentlichungen kann nicht die Rede sein. Eine Wende vollzog sich, als László Kárpáti Assistenzprofessor an der Universität für Forst- und Holzindustrie in Sopron wurde. Er und seine Begleitpersonen (in der Regel Universitätsstudenten) konnten sich aufgrund guter persönlicher Beziehungen relativ frei in der Gegend bewegen. Von einer regelmäßigen Präsenz kann zwar noch nicht gesprochen werden, die gesammelten Daten bildeten aber die Grundlage für Kárpáti's Doktorarbeit aus dem Jahr 1982. Diese ein Jahr später veröffentlichte Arbeit markierte auch den Beginn einer etwas intensivierten Bearbeitung des ungarischen Neusiedler Sees.

Die Lokalgruppe Sopron des 1974 in Budapest gegründeten MME BirdLife Hungary bildete sich bereits 1975. Zu Beginn der 1980er Jahre gab es bereits begrenzte Möglichkeiten, ornithologische Beobachtungen im Bereich des damals im Bau befindlichen Seebads Fertőrákos durchzuführen. Der Schwerpunkt lag dabei jedoch aufgrund der flächenmäßig sehr begrenzt zugänglichen Fläche nicht auf der Erhebung von Brut- und Zugvögeln sondern auf der Vogelberingung. Solche Beringungsaktionen kleinerer Gruppen nahmen damals langsam zu: 1985 und erneut zwischen 1988 und 1990 wurden von der MME in Fertőrákos mehrere Wochen andauernde Beringungslager unter Beteiligung von Universitätsstudenten und Mittelschülern abgehalten.

Auch das 1977 ausgewiesene Landschaftsschutzgebiet Neusiedler See führte nicht zu einer aktiven ornithologischen Datensammlung. Das änderte sich erst als das politische System zusammenbrach, die Sperre der Grenzzone fallen gelassen wurde und das Gebiet daher zugänglich wurde. Bereits 1983 begannen (in zeitlicher Abstimmung mit Österreich) Zählungen der durchziehenden und überwinternden Gänse, organisiert durch Sándor Faragó von der heutigen Universität Sopron.

Der Nationalpark Fertő-tavi und seine Infrastruktur sind 1991 als Nachfolger des Landschaftsschutzgebiets entstanden. Das Personal setzte sich größtenteils aus Ornithologen und Menschen mit Vorerfahrung im Naturschutz zusammen, dies schuf die Basis für eine kontinuierliche Datenerhebung im ungarischen Neusiedler See-Gebiet: In den Rekonstruktionsflächen bei Mekszikópuszta begannen 1998 wöchentliche Wasservogelzählungen, in den Buchten und inneren Seen erfolgen monatliche Zählungen im Winterhalbjahr. Seit 1994 werden die Reiherkolonien erhoben; vor diesem Zeitpunkt war aufgrund der intensiven Schilfernte nur mit gelegentlichen Bruten zu rechnen.

Innerhalb von BirdLife Hungary wurde 1975 die Faunistische Abteilung gegründet, die von Beobachtern per Post übermittelte avifaunistische Daten sammelte, organisierte und regelmäßig im Vereinsblatt Magyar Madártani Tájékoztató veröffentlichte. Diese Datenbank sammelte in erster Linie Daten zu seltenen und sporadisch vorkommenden Vogelarten, die Abteilung organisierte aber auch eine landesweite Punktkartierung. Zu Beginn enthielt die Datenbank aufgrund der Sperre der Grenzregion nur wenige Daten über den Neusiedler See. Magyar Madártani Tájékoztató und damit die zentrale Sammlung und Veröffentlichung avifaunistischer Daten wurde 1995 eingestellt. Der Nachfolger, Túzok, dessen Redakteure weiterhin Daten zu seltenen und sporadisch vorkommenden Vogelarten sammelten, erschien zwischen 1996 und 2001. Tibor Hadarics trug die Daten in die Datenbank ein, eine Zusammenfassung wurde regelmäßig veröffentlicht. Im Zeitraum 1995–2001 enthielt die 35.121 Datensätze umfassende Datenbank des Túzok bereits eine beträchtliche Anzahl (3.194) an ornithologischen Daten vom nunmehr frei zugänglichen Neusiedler See. 2004 wurde die Website www.birding.hu gestartet, die der Sammlung von Daten der ungarischen Vogelbeobachter dient. Registrierte Benutzer können ihre Daten selbst auf die Website hochladen, mit einem Datenimport wurden hier jedoch auch die früheren Daten aus der Túzok-Datenbank einbezogen. Von den 255.287 Daten, die bis zum 31. Dezember 2019 auf die Website Birding.hu hochgeladen wurden, stammen 19.616 (7,7 %) aus dem Komitat Győr-Moson-Sopron; mit 9.949 Daten stammt ziemlich genau die Hälfte vom Neusiedler See und dessen Umgebung.

Die Überführung von lokalen, analogen avifaunistischen Beobachtungsdaten in eine digitale Datenbank wurde 1991 von János Soproni begonnen und wird derzeit von den Mitarbeitern des Nationalparks Fertő-Hanság durchgeführt. Die regulären Datenlieferanten senden ihre Beobachtungen jedes Jahr digital an diese Datenbank, aber auch die Daten der wöchentlichen Wasservogelzählungen sind hier enthalten. Die in der Website Birding.hu eingegangenen Beobachtungen des Komitats Győr-Moson-Sopron werden ebenfalls in diese Datensammlung integriert. Die Anzahl der Datensätze betrug zum Ende des Datenerfassungszeitraums dieses Buches 99.908.

Bei der Erstellung von Verbreitungskarten stellt sich das Problem, dass in Ungarn und Österreich unterschiedliche Gitternetze verwendet werden. In Ungarn ist das 10 × 10 km große UTM-Netz und die durch seine weitere Unterteilung entstehenden 2,5 × 2,5 km großen Quadrate in Verwendung, in Österreich bis 2012 das geographische Minutennetz und seit der Einführung von www.ornitho.at die sogenannten „Sextanten", d. h. eine Unterteilung der Gradminuten in sechs etwa gleich große Felder. Außerdem werden in Ungarn nicht in jedem Fall einzelne Brutzeitdaten mit Koordinaten versehen, sondern in den meisten Fällen „nur" eine Artenliste erfasst. Da sich die beiden Netze ohne Vorhandensein genauer Koordinaten bei den Einzeldaten nicht abgleichen lassen, haben wir in der Brutperiode 2019 auf der ungarischen Seite in 411 Sextanten eine ergänzende Erhebung durchgeführt. Es konnte dabei aus zeitlichen und logistischen Gründen nicht die gesamte Fläche des großen und unzugänglichen Schilfgürtels abdeckt werden, dennoch wurden in der kurzen Zeit 3.912 Einzelbeobachtungen gesammelt; für jeden Sextanten wurde dabei nur die Angabe mit der höchsten Brutwahrscheinlichkeit berücksichtigt.

Weiters wurden bei der Erstellung des ungarischen Teils der Verbreitungskarten auch die genau verorteten Beobachtungen (2.382 Daten) für den Raum Neusiedler See des Vogelatlas-Programms (MAP) aus der Datenbank des MME aus dem Zeitraum 2010–2019 verwenden. Schließlich flossen auch 646 Beobachtungsdaten ein, die Péter Villányi 2019 während des Projekts Vogelwarte Madárvárta 2 zu den im Schilf lebenden Singvögel erhoben hat. Insgesamt konnten daher 6.940 Datensätze für die Erstellung der Verbreitung ausgewählter Brutvögel des ungarischen Teils verwendet werden. Da für die Datensammlung die oben genannten zeitlichen Einschränkungen galten zeigen die fertigen Karten bei einigen häufiger vorkommenden Vogelarten eine im Vergleich zu Österreich weniger flächendeckende Verbreitung auf ungarischer Seite; darin spiegelt sich der in Österreich wesentlich längere Erhebungszeitraum wieder.

Die Vogelzugforschung mittels Beringung ist nach wie vor eine der Prioritäten der ornithologischen Arbeit auf ungarischer Seite. Die Beringung von Singvögeln, die in Fertőrákos begann, wurde später an mehreren Orten fortgesetzt. Planmäßiger Fang mit Japannetzen und Beringung wird jedoch erst seit 2004 im Rahmen des CES-Programms in Mekszikópuszta durchgeführt. Bereits ab 1991 wurde die Beringung von Wasservögeln begonnen, seit 2003 ergänzt durch die Markierung mit Farbringen für immer mehr Arten und ab den 2010er Jahren durch den Einsatz von GPS/GSM-Sendern. Die im Buch präsentierten Erkenntnisse über den Vogelzug basieren größtenteils auf den Ergebnissen dieser Projekte. Von den bis Ende 2019 auf ungarischer Seite markierten Vögeln haben 5.200 Exemplare insgesamt 17.443 Ringfunde erbracht, darunter tot oder erschossen aufgefundene Vögel (345 Exemplare), Wiederfänge (4.680 Daten) und Farbringablesungen (12.418 Daten). Von den Ringfunden sind 12.032 lokal, also näher als 5 km, und 5.411 Fernfunde, also mehr als 5 km entfernt. 21,6 % (3.773) aller Ringfunde stammen aus dem Ausland, die beringten Vögel erreichten 43 Länder. Bis Ende 2019 gab es auf der ungarischen Seite 4.886 Ringfunde von 1.645 verschiedenen Vögeln, von denen 86 tote oder erschossene Vögel, 357 Wiederfänge und 4.443 Farbringablesungen betrafen. Die im Gebiet getätigten Ringfunde betrafen Vögel aus 26 Ländern.

Der Artenbestand und seine zeitlichen Veränderungen

von Michael Dvorak

Die taxonomische Grundlage bezüglich Namensgebung und Artabgrenzung in den Artkapiteln bildet die World Bird List des Internationalen Ornithologischen Komitees in der Version 13.1 aus dem Jahr 2022 [1].

Mit Stand 31.12.2021 wurden im Avifauna-Gebiet bislang insgesamt 370 wildlebende Vogelarten nachgewiesen. In dieser Zahl sind 365 Vogelarten enthalten, die einer der drei Kategorien A-C der Artenliste der Vögel Österreichs (www.birdlife-afk.at) zugeordnet sind. Zusätzlich sind auch fünf Arten der Kategorie D enthalten.

Während die Kategorien A und B autochthone wildlebende Vogelarten enthalten (Kat. A sind Arten, die ab 1950 nachgewiesen wurden, Kategorie B-Arten, die nur vor 1950 nachgewiesen wurden) enthält die Kategorie C-Arten, die durch den Menschen absichtlich oder unabsichtlich in Österreich oder benachbarten Ländern als Brutvogel eingebürgert wurden und deren Brutpopulationen selbsterhaltend sind oder in der Vergangenheit waren. Die Kategorie D betrifft Arten, die keiner der Kategorien A–C sicher zugeordnet werden können. Eingebürgerte Arten, deren Population nicht selbsterhaltend ist oder die sonstwie ins Freiland gelangt sind, werden in der Kategorie E zusammengefasst. Diese Arten werden nicht zum Artenbestand des Avifauna-Gebiets gezählt. Eine Liste der bisher nachgewiesenen Arten dieser Kategorie findet sich in einem eigenen Kurzkapitel.

Brutvögel

Im Avifauna-Gebiet wurden bisher mit Stichtag 31.12.2021 171 Vogelarten als Brutvögel nachgewiesen. 142 davon brüten regelmäßig, d.h. in Anlehnung an die Kriterien der aktuellen österreichischen Artenliste [2] gab es innerhalb der letzten 10 Jahre in zumindest acht Jahren einen Brutnachweis oder begründeten Brutverdacht. Acht Arten sind als unregelmäßige Brutvögel einzustufen, d.h. es gelang ein Brutnachweis oder es bestand begründeter Brutverdacht in mindestens zwei und nicht mehr als sieben Jahren innerhalb der letzten 10 Jahre. Als Betrachtungszeitraum gilt in beiden Fällen die Periode 2012–2021: Das sind Rabenkrähe und Brachpieper sowie die Feuchtgebietsarten Spießente, Krickente, Schwarzhalstaucher, Bekassine, Schwarzkopfmöwe und Weißbart-Seeschwalbe. Die letzten vier Arten waren zuletzt bei hohen Wasserständen in den Jahren 2015 und 2016 im Gebiet als Brutvögel vertreten.

Für die nächste Brutvogel-Kategorie wurde, um der hohen ökologischen Dynamik der Feuchtgebiete im Neusiedler See-Gebiet Rechung zu tragen, vom Kriterium der österreichischen Artenliste [2] abgewichen: Bei ehemaligen Brutvögeln ist das ehemals regelmäßige oder unregelmäßigen Brutvorkommen erloschen, wenn es in den letzten 20 Jahren keinen Brutnachweis oder begründeten Brutverdacht mehr gab. Ob allerdings ehemalige Brutvögel des Gebiets regelmäßig oder nur unregelmäßig entsprechend den obigen Kriterien vorkamen, läßt sich heute in einigen Fällen nicht mehr mit Sicherheit klären.

Immerhin 10 Arten entsprechen diesem Kriterium, ihr früheres Vorkommen ist erloschen (in Klammern das Jahr oder der Zeitraum des letzten Brutnachweises oder des vermutlichen Erlöschens des Vorkommens: Kranich (1880er Jahre), Triel (1972), Kampfläufer (1955), Lachseeschwalbe (1942), Zwergseeschwalbe (2001), Trauerseeschwalbe (1952/1965), Sichler (1934), Rötelfalke (1978), Seggenrohrsänger (1950er Jahre) und Ortolan (1950er Jahre). Bei keiner dieser Arten außer dem Triel kann heute mit Sicherheit entschieden werden ob es sich um ein sporadisches oder um ein (nach aktuellen Kriterien zumindet zeitweise) regelmäßig besetztes Brutvorkommen gehandelt hat.

Bei 11 weiteren Vogelarten wurde ein Brüten bisher nur in Einzelfällen bekannt. Das sind Arten, die seit Mitte des 19. Jahrhunderts nur maximal drei Mal gebrütet haben, wobei die Brut in diesen Fällen nachgewiesen sein muss. Im letzten Jahrzehnt (2012–2021, im Klammer Jahr des letzten Auftretens) waren das Mandarinente (2015), Reiherente (2015), Waldbaumläufer (2019), Wacholderdrossel (2017) und Gebirgsstelze (2014); bei der Sturmmöwe ist der letzte Brutnachweis (2006) ein paar Jahre länger her. Mehrere Jahrzehnte bis mehr als ein Jahrhundert zurück liegen einzelne Brutnachweise von Weißflügel-Seeschwalbe (1892), Teichwasserläufer (1914), Sperber (1975), Rotmilan (1930er Jahre) und Kurzzehenlerche (1966).

Unter den 142 regelmäßigen Brutvögeln sind neun sehr häufig und haben einen Brutbestand von mehr als 3.000 Paaren. Die acht häufigsten Brutvögel besiedeln alle den Schilfgürtel des Neusiedler Sees, womit der sehr hohe Wert dieses Teilgebiets eindrucksvoll dokumentiert wird. Die mit weitem Abstand häufigste Art ist dabei der Teichrohrsänger, mit großem Abstand gefolgt von Wasserralle, Rohrschwirl, Mariskenrohrsänger, Schilfrohrsänger, Kleinem Sumpfhuhn, Bartmeise und Rohrammer. Der einzige Nicht-Schilfvogel dieser Gruppe ist der Haussperling

Weitere 41 Vogelarten sind häufig, 13 davon haben Bestände von mehr als 1.000 aber weniger als 3.000 Brutpaaren: das sind sind unten den Nicht-Singvögeln Türkentaube, Fasan, Graugans, Lachmöwe und Ringeltaube, unter den Singvögeln Feldlerche, Drosselrohrsänger, Mönchsgrasmücke, Hausrotschwanz, Feldsperling, Schafstelze, Buchfink und Bluthänfling.

Umgekehrt machen seltene und sehr seltene Arten einen großen Teil des Artenbestandes aus. 48 Arten sind selten bis sehr selten mit überwiegend sehr kleinen Beständen: Darunter befinden sich die 21 seltensten Brutvögel mit jeweils um die zehn oder weniger Paaren:

Großtrappe, Hohltaube, Seidenreiher, Kaiseradler, Wiesenweihe, Seeadler, Schleiereule, Uhu, Waldkauz, Mittelspecht, Kleinspecht, Grauspecht, Rotfußfalke, Baumfalke, Sakerfalke, Schwarzstirnwürger, Kolkrabe, Sumpfmeise, Heidelerche, Zaunkönig und Halsbandschnäpper.

Durchzügler und Wintergäste

Unter den 228 Arten, die nicht regelmäßig im Gebiet brüten, sind 91 als regelmäßige Durchzügler, Gäste und/oder Wintergäste einzustufen, dazu kommen noch 27 weitere Arten, die nur unregelmäßig durchziehen oder überwintern. Dazu kommen viele weitere Arten, die im Gebiet brüten, zusätzlich aber auch am Durchzug in größerer Zahl auftreten.

Die fünf häufigsten Arten mit Maxima von jeweils ca. 10.000 oder auch deutlich mehr Exemplaren sind Graugans, Blässgans, Krickente, Lachmöwe und Mittelmeermöwe, Spitzenwerte von derzeit 5.000–10.000 Individuen erreichen mit Stockente, Löffelente, Kiebitz und Kampfläufer vier weitere Arten.

Immerhin 16 Arten können als häufige Durchzügler und/oder Wintergäste gelten mit (gleichzeitig anwesenden) 300–3.000 Individuen: Brandgans, Pfeifente, Schnatterente, Kolbenente, Kranich, Säbelschnäbler, Stelzenläufer, Alpenstrandläufer, Bekassine, Bruchwasserläufer, Dunkler Wasserläufer, Sturmmöwe, Waldlaubsänger, Trauerschnäpper, Wacholderdrossel und Wiesenpieper.

Weitere 20 Arten sind mäßig häufige Durchzügler/Wintergäste mit (gleichzeitig anwesenden) 30–300 Individuen: Spießente, Goldregenpfeifer, Kiebitzregenpfeifer, Sandregenpfeifer, Sichelstrandläufer, Temminckstrandläufer, Zwergstrandläufer, Flussuferläufer, Zwergmöwe, Steppenmöwe, Trauerseeschwalbe, Kornweihe, Eisvogel, Raubwürger, Wintergoldhähnchen, Rotdrossel, Heckenbraunelle, Rotkehlpieper, Bergfink und Berghänfling.

Damit können 45 Arten als im Avifauna-Gebiet einigermaßen häufig bis sehr häufig rastend oder überwinternd eingestuft werden; sie sollten bei jedem Aufenthalt zur phänologisch passenden Zeitperiode anzutreffen sein.

Bei 23 Vogelarten werden im Mittel 10–30 Exemplare gemeldet und diese Arten daher als seltene Durchzügler/Wintergäste eingestuft, bei nicht weniger als 39 weiteren sind es weniger als 10 Individuen pro Jahr.

Bereits sehr große Raritäten sind diejenigen 27 Arten, die nur unregelmäßig, also nicht alljährlich im Avifauna-Gebiet angetroffen werden.

Damit verbleiben nicht weniger als 83 Vogelarten, die als Ausnahmeerscheinungen einzustufen sind, das heißt es existieren weniger als 15 Nachweise. Dies ist neben dem Rheindelta in Vorarlberg die wohl höchste Zahl für ein Vogelbeobachtungsgebiet Österreichs und spiegelt sehr gut die sehr hohe Frequenz wieder, mit der VogelbeobachterInnen das Gebiet besuchen.

Gesamtartenzahl

Nichts ist stetiger als der Wandel, diese Feststellung trifft für die Landschaft rund um den Neusiedler See und insbesondere auch für seine Vogelwelt voll und ganz zu. Das Neusiedler See-Gebiet zählt zu den wenigen Großlandschaften Mitteleuropas, deren Avifauna langfristig dokumentiert wurde und für die sich daher dieser Wandel im Artenbestand auch über einen längeren Zeitraum verfolgen lässt.

Die erste Artenliste der Vogelwelt des Neusiedler See-Gebiets ist das 1865 erschienene *„Verzeichniss der am Neusiedlersee vorkommenden Vögel“* vom in Apetlon tätigen Pfarrer Anton Jukovits [3]. Er begann seine Tätigkeit im Jahr 1856, beobachtete und sammelte *„an dem östlichen Ufer, Sümpfen und Land-Lachen des Neusiedler*

Deutsch	Ungarisch	Wissenschaftlicher Name	Brutvögel	Durchzügler und Gäste	Anzahl Nachweise
Ringelgans	Örvös lúd	*Branta bernicla*		1	
Rothalsgans	Vörösnyakú lúd	*Branta ruficollis*		1–3	
Kanadagans	Kanadai lúd	*Branta canadensis*		u (1)	
Weißwangengans	Apácalúd	*Branta leucopsis*		1–2	
Streifengans	Indiai lúd	*Anser indicus*		D	
Schneegans	Sarki lúd	*Anser caerulescens*		D	6
Graugans	Nyári lúd	*Anser anser*	6–7	8–9	
Waldsaatgans	Vetési lúd	*Anser fabalis*		A	10
Kurzschnabelgans	Rövidcsőrű lúd	*Anser brachyrhynchus*		u (1)	
Tundrasaatgans	Tundralúd	*Anser serrirostris*		4–5	
Blässgans	Nagy lilik	*Anser albifrons*		8–9	
Zwerggans	Kis lilik	*Anser erythropus*		1–2	
Trauerschwan	Fekete hattyú	*Cygnus atratus*		u	
Höckerschwan	Bütykös hattyú	*Cygnus olor*	3–4	4–6	
Zwergschwan	Kis hattyú	*Cygnus columbianus*		A	6
Singschwan	Énekes hattyú	*Cygnus cygnus*		u (1–2)	
Nilgans	Nílusi lúd	*Alopochen aegyptiaca*		1	
Brandgans	Bütykös ásólúd	*Tadorna tadorna*	3	5	
Rostgans	Vörös ásólúd	*Tadorna ferruginea*		u (1)	
Mandarinente	Mandarinréce	*Aix galericulata*	a	u (1)	
Knäkente	Böjti réce	*Spatula querquedula*	3–4	5–6	
Blauflügelente	Kékszárnyú réce	*Spatula discors*		A	1
Löffelente	Kanalas réce	*Spatula clypeata*	2–5	7–8	
Schnatterente	Kendermagos réce	*Mareca strepera*	3–4	6–7	
Sichelente	Sarlós réce	*Mareca falcata*		A	1
Pfeifente	Fütyülő réce	*Mareca penelope*		6–7	
Stockente	Tőkés réce	*Anas platyrhynchos*	4–5	7–8	
Spießente	Nyílfarkú réce	*Anas acuta*	u (0–2)	4–5	
Krickente	Csörgő réce	*Anas crecca*	u (0–1)	8–9	
Nordamerikanische Krickente	Zöldszárnyú réce	*Anas carolinensis*		A	1
Kolbenente	Üstökösréce	*Netta rufina*	3–5	6–7	
Tafelente	Barátréce	*Aythya ferina*	2–3	4–6	
Moorente	Cigányréce	*Aythya nyroca*	3–4	3–4	
Reiherente	Kontyos réce	*Aythya fuligula*	a	3–4	
Bergente	Hegyi réce	*Aythya marila*		u (1)	
Eiderente	Pehelyréce	*Somateria mollissima*		A	6
Samtente	Füstös réce	*Melanitta fusca*		A	10
Trauerente	Fekete réce	*Melanitta nigra*		A	13
Eisente	Jegesréce	*Clangula hyemalis*		u (1)	
Schellente	Kercéréce	*Bucephala clangula*		2–3	
Zwergsäger	Kis bukó	*Mergellus albellus*		1–2	
Gänsesäger	Nagy bukó	*Mergus merganser*		2–4	
Mittelsäger	Örvös bukó	*Mergus serrator*		1–2	
Schwarzkopf-Ruderente	Halcsontfarkú réce	*Oxyura jamaicensis*		A	1
Weißkopf-Ruderente	Kékcsőrű réce	*Oxyura leucocephala*		A	3
Rebhuhn	Fogoly	*Perdix perdix*	5–6	6–7	
Fasan	Fácán	*Phasianus colchicus*	6–7	7–8	
Wachtel	Fürj	*Coturnix coturnix*	4–6	5–6	
Ziegenmelker	Lappantyú	*Caprimulgus europaeus*		1–2	
Mauersegler	Sarlósfecske	*Apus apus*	3–4	6–8	
Großtrappe	Túzok	*Otis tarda*	3	4	
Zwergtrappe	Reznek	*Tetrax tetrax*		A	9
Häherkuckuck	Pettyes kakukk	*Clamator glandarius*		A	2
Kuckuck	Kakukk	*Cuculus canorus*	5–6	5–6	
Steppenflughuhn	Talpastyúk	*Syrrhaptes paradoxus*		eu	1
Straßentaube	Parlagi galamb	*Columba livia f. domestica*	6	6	
Hohltaube	Kék galamb	*Columba oenas*	1	5–6	
Ringeltaube	Örvös galamb	*Columba palumbus*	6	5	
Turteltaube	Vadgerle	*Streptopelia turtur*	5	5	
Orientturteltaube	Keleti gerle	*Streptopelia orientalis*		A	1
Türkentaube	Balkáni gerle	*Streptopelia decaocto*	7–8	7–8	
Wasserralle	Guvat	*Rallus aquaticus*	8–9	6–7	
Wachtelkönig	Haris	*Crex crex*	1–3	2–4	

Deutsch	Ungarisch	Wissenschaftlicher Name	Brutvögel	Durchzügler und Gäste	Anzahl Nachweise
Kleines Sumpfhuhn	Kis vízicsibe	*Zapornia parva*	7–8	7–8	
Zwergsumpfhuhn	Törpevízicsibe	*Zapornia pusilla*		u	
Tüpfelsumpfhuhn	Pettyes vízicsibe	*Porzana porzana*	1–4	5–6	
Teichhuhn	Vízityúk	*Gallinula chloropus*	5	5	
Blässhuhn	Szárcsa	*Fulica atra*	5–6	6–8	
Jungfernkranich	Pártás daru	*Grus virgo*		A	3
Kranich	Daru	*Grus grus*	e	7–8	
Zwergtaucher	Kis vöcsök	*Tachybaptus ruficollis*	4–5	4–5	
Rothalstaucher	Vörösnyakú vöcsök	*Podiceps grisegena*	u (0–1)	1	
Haubentaucher	Búbos vöcsök	*Podiceps cristatus*	4	4–5	
Ohrentaucher	Füles vöcsök	*Podiceps auritus*		u (1–2)	
Schwarzhalstaucher	Feketenyakú vöcsök	*Podiceps nigricollis*	u (0–3)	1–2	
Rosaflamingo	Rózsás flamingó	*Phoenicopterus roseus*		A	8
Triel	Ugartyúk	*Burhinus oedicnemus*	e	u	
Austernfischer	Csigaforgató	*Haematopus ostralegus*		u (1)	
Stelzenläufer	Gólyatöcs	*Himantopus himantopus*	4–5	5–6	
Säbelschnäbler	Gulipán	*Recurvirostra avosetta*	4–5	5–6	
Kiebitz	Bíbic	*Vanellus vanellus*	5–6	7	
Steppenkiebitz	Lilebíbic	*Vanellus gregarius*		A	8
Weißschwanzkiebitz	Fehérfarkú lilebíbic	*Vanellus leucurus*		A	2
Goldregenpfeifer	Aranylile	*Pluvialis apricaria*		3–5	
Pazifischer Goldregenpfeifer	Ázsiai pettyeslile	*Pluvialis fulva*		A	7
Kiebitzregenpfeifer	Ezüstlile	*Pluvialis squatarola*		3–4	
Sandregenpfeifer	Parti lile	*Charadrius hiaticula*		3–4	
Flussregenpfeifer	Kis lile	*Charadrius dubius*	3–4	4	
Seeregenpfeifer	Széki lile	*Charadrius alexandrinus*	3	3	
Wüstenregenpfeifer	Sivatagi lile	*Charadrius leschenaultii*		A	4
Mornellregenpfeifer	Havasi lile	*Charadrius morinellus*		u	
Regenbrachvogel	Kis póling	*Numenius phaeopus*		3–4	
Dünnschnabel-Brachvogel	Vékonycsőrű póling	*Numenius tenuirostris*		A	4
Großer Brachvogel	Nagy póling	*Numenius arquata*	3–4	5	
Pfuhlschnepfe	Kis goda	*Limosa lapponica*		1–2	
Uferschnepfe	Nagy goda	*Limosa limosa*	3–4	5–6	
Steinwälzer	Kőforgató	*Arenaria interpres*		1–2	
Knutt	Sarki partfutó	*Calidris canutus*		1–2	
Kampfläufer	Pajzsoscankó	*Calidris pugnax*	e	7–8	
Sumpfläufer	Sárjáró	*Calidris falcinellus*		1–3	
Sichelstrandläufer	Sarlós partfutó	*Calidris ferruginea*		2–4	
Temminckstrandläufer	Temminck-partfutó	*Calidris temminckii*		2–4	
Sanderling	Fenyérfutó	*Calidris alba*		1–3	
Alpenstrandläufer	Havasi partfutó	*Calidris alpina*		4–6	
Meerstrandläufer	Tengeri partfutó	*Calidris maritima*		A	2
Bairdstrandläufer	Baird-partfutó	*Calidris bairdii*		A	7
Zwergstrandläufer	Apró partfutó	*Calidris minuta*		3–4	
Weißbürzel-Strandläufer	Bonaparte-partfutó	*Calidris fuscicollis*		A	8
Grasläufer	Cankópartfutó	*Calidris subruficollis*		A	9
Graubrust-Strandläufer	Vándorpartfutó	*Calidris melanotos*		1	
Sandstrandläufer	Kis partfutó	*Calidris pusilla*		A	1
Waldschnepfe	Erdei szalonka	*Scolopax rusticola*		1	
Zwergschnepfe	Kis sárszalonka	*Lymnocryptes minimus*		2–3	
Doppelschnepfe	Nagy sárszalonka	*Gallinago media*		1–2	
Bekassine	Sárszalonka	*Gallinago gallinago*	u (0–3)	5–6	
Terekwasserläufer	Terekcankó	*Xenus cinereus*		1	
Odinshühnchen	Vékonycsőrű víztaposó	*Phalaropus lobatus*		1–2	
Thorshühnchen	Laposcsőrű víztaposó	*Phalaropus fulicarius*		u	
Flussuferläufer	Billegetőcankó	*Actitis hypoleucos*		3–4	
Waldwasserläufer	Erdei cankó	*Tringa ochropus*		1–2	
Kleiner Gelbschenkel	Sárgalábú cankó	*Tringa flavipes*		A	1
Rotschenkel	Piroslábú cankó	*Tringa totanus*	4–5	4–5	
Teichwasserläufer	Tavi cankó	*Tringa stagnatilis*	a	1–2	
Bruchwasserläufer	Réti cankó	*Tringa glareola*		5–6	
Dunkler Wasserläufer	Füstös cankó	*Tringa erythropus*		5–6	
Grünschenkel	Szürke cankó	*Tringa nebularia*		2–3	

Deutsch	Ungarisch	Wissenschaftlicher Name	Brutvögel	Durchzügler und Gäste	Anzahl Nachweise
Rotflügel-Brachschwalbe	Székicsér	*Glareola pratincola*		u (1)	
Schwarzflügel-Brachschwalbe	Feketeszárnyú székicsér	*Glareola nordmanni*		A	7
Dreizehenmöwe	Csüllő	*Rissa tridactyla*		u (1)	
Schwalbenmöwe	Fecskesirály	*Xema sabini*		A	2
Dünnschnabelmöwe	Vékonycsőrű sirály	*Chroicocephalus genei*		A	8
Lachmöwe	Dankasirály	*Chroicocephalus ridibundus*	6–7	8–9	
Zwergmöwe	Kis sirály	*Hydrocoloeus minutus*		4–6	
Schwarzkopfmöwe	Szerecsensirály	*Ichthyaetus melanocephalus*	u (0–4)	2–4	
Fischmöwe	Halászsirály	*Ichthyaetus ichthyaetus*		A	4
Sturmmöwe	Viharsirály	*Larus canus*	a	3–5	
Mantelmöwe	Dolmányos sirály	*Larus marinus*		u	
Silbermöwe	Ezüstsirály	*Larus argentatus*		1	
Steppenmöwe	Sztyeppi sirály	*Larus cachinnans*		4–6	
Mittelmeermöwe	Sárgalábú sirály	*Larus michahellis*	3	7–9	
Heringsmöwe	Heringsirály	*Larus fuscus*		1–2	
Lachseeschwalbe	Kacagócsér	*Gelochelidon nilotica*	e	u (1–2)	
Raubseeschwalbe	Lócsér	*Hydroprogne caspia*		1–2	
Brandseeschwalbe	Kenti csér	*Thalasseus sandvicensis*		1–2	
Zwergseeschwalbe	Kis csér	*Sternula albifrons*	e	1	
Rosenseeschwalbe	Rózsás csér	*Sterna dougallii*		A	1
Flussseeschwalbe	Küszvágó csér	*Sterna hirundo*	4–5	4–5	
Küstenseeschwalbe	Sarki csér	*Sterna paradisaea*		u (1)	
Weißbart-Seeschwalbe	Fattyúszerkő	*Chlidonias hybrida*	u (0–5)	2–4	
Weißflügel-Seeschwalbe	Fehérszárnyú szerkő	*Chlidonias leucopterus*	a	2–3	
Trauerseeschwalbe	Kormos szerkő	*Chlidonias niger*	e	4–5	
Skua	Nagy halfarkas	*Stercorarius skua*		A	5
Spatelraubmöwe	Szélesfarkú halfarkas	*Stercorarius pomarinus*		u (1)	
Schmarotzerraubmöwe	Ékfarkú halfarkas	*Stercorarius parasiticus*		u (1)	
Falkenraubmöwe	Nyílfarkú halfarkas	*Stercorarius longicaudus*		A	12
Trottellumme	Lumma	*Uria aalge*		A	1
Papageitaucher	Lunda	*Fratercula arctica*		A	1
Sterntaucher	Északi búvár	*Gavia stellata*		u (1)	
Prachttaucher	Sarki búvár	*Gavia arctica*		u (1)	
Schwarzstorch	Fekete gólya	*Ciconia nigra*		1–2	
Weißstorch	Fehér gólya	*Ciconia ciconia*	4	5	
Zwergscharbe	Kis kárókatona	*Microcarbo pygmaeus*	5	5–6	
Kormoran	Nagy kárókatona	*Phalacrocorax carbo*	3–4	4–5	
Heiliger Ibis	Szent íbisz	*Threskiornis aethiopicus*		A	1
Sichler	Batla	*Plegadis falcinellus*	e	u (1)	
Löffler	Kanalasgém	*Platalea leucorodia*	4	4–5	
Rohrdommel	Bölömbika	*Botaurus stellaris*	4–5	3–4	
Zwergdommel	Törpegém	*Ixobrychus minutus*	4–5	4–5	
Nachtreiher	Bakcsó	*Nycticorax nycticorax*	3–4	4–5	
Rallenreiher	Üstökösgém	*Ardeola ralloides*		1–2	
Kuhreiher	Pásztorgém	*Bubulcus ibis*		1–2	
Graureiher	Szürke gém	*Ardea cinerea*	4–5	5–6	
Purpurreiher	Vörös gém	*Ardea purpurea*	5	5	
Silberreiher	Nagy kócsag	*Ardea alba*	5–6	6	
Seidenreiher	Kis kócsag	*Egretta garzetta*	1–2	3–4	
Rosapelikan	Rózsás gödény	*Pelecanus onocrotalus*		A	
Rötelpelikan	Vörhenyes gödény	*Pelecanus rufescens*		D	
Krauskopfpelikan	Borzas gödény	*Pelecanus crispus*		A	3
Fischadler	Halászsas	*Pandion haliaetus*		1	
Gleitaar	Kuhi	*Elanus caeruleus*		A	1
Schmutzgeier	Dögkeselyű	*Neophron percnopterus*		A	3
Wespenbussard	Darázsölyv	*Pernis apivorus*		1–2	
Gänsegeier	Fakó keselyű	*Gyps fulvus*		A	6
Schlangenadler	Kígyászölyv	*Circaetus gallicus*		u (1)	
Schreiadler	Békászó sas	*Clanga pomarina*		u (1)	
Schelladler	Fekete sas	*Clanga clanga*		u (1)	
Zwergadler	Törpesas	*Hieraaetus pennatus*		A	6
Steppenadler	Pusztai sas	*Aquila nipalensis*		A	1
Kaiseradler	Parlagi sas	*Aquila heliaca*	1	2	

Deutsch	Ungarisch	Wissenschaftlicher Name	Brutvögel	Durchzügler und Gäste	Anzahl Nachweise
Steinadler	Szirti sas	*Aquila chrysaetos*		u	
Kurzfangsperber	Kis héja	*Accipiter brevipes*		A	1
Sperber	Karvaly	*Accipiter nisus*	a	2	
Habicht	Héja	*Accipiter gentilis*		1–2	
Rohrweihe	Barna rétihéja	*Circus aeruginosus*	5	5	
Kornweihe	Kékes rétihéja	*Circus cyaneus*		2–3	
Steppenweihe	Fakó rétihéja	*Circus macrourus*		1	
Wiesenweihe	Hamvas rétihéja	*Circus pygargus*	1–2	2	
Rotmilan	Vörös kánya	*Milvus milvus*	a	1–2	
Schwarzmilan	Barna kánya	*Milvus migrans*		1–2	
Seeadler	Rétisas	*Haliaeetus albicilla*	1	2–3	
Raufußbussard	Gatyás ölyv	*Buteo lagopus*		1–2	
Adlerbussard	Pusztai ölyv	*Buteo rufinus*		1	
Mäusebussard	Egerészölyv	*Buteo buteo*	3–4	4	
Schleiereule	Gyöngybagoly	*Tyto alba*	2	2–3	
Steinkauz	Kuvik	*Athene noctua*	3	3	
Sperbereule	Karvalybagoly	*Surnia ulula*		A	1
Sperlingskauz	Törpekuvik	*Glaucidium passerinum*		A	1
Zwergohreule	Füleskuvik	*Otus scops*		1	
Waldohreule	Erdei fülesbagoly	*Asio otus*	3	4	
Sumpfohreule	Réti fülesbagoly	*Asio flammeus*	1–3	1–3	
Uhu	Uhu	*Bubo bubo*	1	1–2	
Waldkauz	Macskabagoly	*Strix aluco*	1	1	
Habichtskauz	Uráli bagoly	*Strix uralensis*		A	2
Wiedehopf	Búbosbanka	*Upupa epops*	3–4	4–5	
Blauracke	Szalakóta	*Coracias garrulus*		u	
Eisvogel	Jégmadár	*Alcedo atthis*		4–5	
Blauwangenspint	Zöld gyurgyalag	*Merops persicus*		A	1
Bienenfresser	Gyurgyalag	*Merops apiaster*	3–4	5–6	
Wendehals	Nyaktekercs	*Jynx torquilla*	2–3	4–5	
Mittelspecht	Közép fakopáncs	*Dendrocoptes medius*	1	2	
Kleinspecht	Kis fakopáncs	*Dryobates minor*	2	2	
Blutspecht	Balkáni fakopáncs	*Dendrocopos syriacus*	5	5	
Buntspecht	Nagy fakopáncs	*Dendrocopos major*	4–5	5–6	
Schwarzspecht	Fekete harkály	*Dryocopus martius*	2–3	3–4	
Grünspecht	Zöld küllő	*Picus viridis*	2–3	3–4	
Grauspecht	Hamvas küllő	*Picus canus*	1	1–2	
Rötelfalke	Fehérkarmú vércse	*Falco naumanni*	e	A	5
Turmfalke	Vörös vércse	*Falco tinnunculus*	4	4–5	
Rotfußfalke	Kék vércse	*Falco vespertinus*	1–2	2–3	
Merlin	Kis sólyom	*Falco columbarius*		1–2	
Baumfalke	Kabasólyom	*Falco subbuteo*	2	2–3	
Lannerfalke	Feldegg-sólyom	*Falco biarmicus*		D	1
Sakerfalke	Kerecsensólyom	*Falco cherrug*	1	1	
Gerfalke	Északi sólyom	*Falco rusticolus*		A	1
Wanderfalke	Vándorsólyom	*Falco peregrinus*		1–2	
Neuntöter	Tövisszúró gébics	*Lanius collurio*	6	6–7	
Schwarzstirnwürger	Kis őrgébics	*Lanius minor*	1	1	
Raubwürger	Nagy őrgébics	*Lanius excubitor*		2–3	
Rotkopfwürger	Vörösfejű gébics	*Lanius senator*		u	
Pirol	Sárgarigó	*Oriolus oriolus*	5	5–6	
Eichelhäher	Szajkó	*Garrulus glandarius*	2–3	3–4	
Elster	Szarka	*Pica pica*	3–4	4–5	
Tannenhäher	Fenyőszajkó	*Nucifraga caryocatactes*		A	9
Alpendohle	Havasi csóka	*Pyrrhocorax graculus*		A	1
Dohle	Csóka	*Coloeus monedula*	3–4	5–6	
Saatkrähe	Vetési varjú	*Corvus frugilegus*	6	6–8	
Rabenkrähe	Kormos varjú	*Corvus corone*	u (0–1)	1–2	
Nebelkrähe	Dolmányos varjú	*Corvus cornix*	5	7	
Kolkrabe	Holló	*Corvus corax*	1	3–4	
Seidenschwanz	Csonttollú	*Bombycilla garrulus*		u (3–4)	
Tannenmeise	Fenyvescinege	*Periparus ater*		2–4	
Haubenmeise	Búbos cinege	*Lophophanes cristatus*		A	2

Deutsch	Ungarisch	Wissenschaftlicher Name	Brutvögel	Durchzügler und Gäste	Anzahl Nachweise
Sumpfmeise	Barátcinege	*Poecile palustris*	1	2–3	
Blaumeise	Kék cinege	*Cyanistes caeruleus*	4–5	6–8	
Lasurmeise	Lazúrcinege	*Cyanistes cyanus*		A	2
Kohlmeise	Széncinege	*Parus major*	5–6	6–7	
Beutelmeise	Függőcinege	*Remiz pendulinus*	4	5–6	
Bartmeise	Barkóscinege	*Panurus biarmicus*	8	8–9	
Heidelerche	Erdei pacsirta	*Lullula arborea*	2	3–4	
Feldlerche	Mezei pacsirta	*Alauda arvensis*	7	7–8	
Haubenlerche	Búbospacsirta	*Galerida cristata*	5	5	
Ohrenlerche	Havasi fülespacsirta	*Eremophila alpestris*		A	9
Kurzzehenlerche	Szikipacsirta	*Calandrella brachydactyla*	a	A	13
Kalanderlerche	Kalandrapacsirta	*Melanocorypha calandra*		A	4
Uferschwalbe	Partifecske	*Riparia riparia*	5–6	8–9	
Rauchschwalbe	Füsti fecske	*Hirundo rustica*	6	7–8	
Mehlschwalbe	Molnárfecske	*Delichon urbicum*	6	6–7	
Rötelschwalbe	Vörhenyes fecske	*Cecropis daurica*		A	5
Schwanzmeise	Őszapó	*Aegithalos caudatus*	3	3–4	
Waldlaubsänger	Sisegő füzike	*Phylloscopus sibilatrix*		6–7	
Berglaubsänger	Bonelli-füzike	*Phylloscopus bonelli*		u	
Gelbbrauen-Laubsänger	Vándorfüzike	*Phylloscopus inornatus*		A	6
Dunkellaubsänger	Barna füzike	*Phylloscopus fuscatus*		A	2
Fitis	Fitiszfüzike	*Phylloscopus trochilus*	4	6–7	
Zilpzalp	Csilpcsalpfüzike	*Phylloscopus collybita*	4	6–7	
Grünlaubsänger	Sárga füzike	*Phylloscopus trochiloides*		A	1
Drosselrohrsänger	Nádirigó	*Acrocephalus arundinaceus*	7	8	
Mariskenrohrsänger	Fülemülesitke	*Acrocephalus melanopogon*	8	8	
Seggenrohrsänger	Csíkosfejű nádiposzáta	*Acrocephalus paludicola*	e	A	10
Schilfrohrsänger	Foltos nádiposzáta	*Acrocephalus schoenobaenus*	7–8	8	
Feldrohrsänger	Rozsdás nádiposzáta	*Acrocephalus agricola*		A	3
Teichrohrsänger	Cserregő nádiposzáta	*Acrocephalus scirpaceus*	10	10	
Sumpfrohrsänger	Énekes nádiposzáta	*Acrocephalus palustris*	6	6–8	
Blassspötter	Halvány geze	*Iduna pallida*		A	2
Orpheusspötter	Déli geze	*Hippolais polyglotta*		A	1
Gelbspötter	Kerti geze	*Hippolais icterina*	6	6	
Schlagschwirl	Berki tücsökmadár	*Locustella fluviatilis*	3	3–4	
Rohrschwirl	Nádi tücsökmadár	*Locustella luscinioides*	9	9	
Feldschwirl	Réti tücsökmadár	*Locustella naevia*	5	5–6	
Cistensänger	Szuharbújó	*Cisticola juncidis*		A	1
Mönchsgrasmücke	Barátposzáta	*Sylvia atricapilla*	7	7--8	
Gartengrasmücke	Kerti poszáta	*Sylvia borin*	3	4–5	
Sperbergrasmücke	Karvalyposzáta	*Curruca nisoria*	5	5	
Klappergrasmücke	Kis poszáta	*Curruca curruca*	5–6	6–7	
Wüstengrasmücke	Sivatagi poszáta	*Curruca nana*		A	1
Balkan-Bartgrasmücke	Bajszos poszáta	*Curruca cantillans*		A	1
Dorngrasmücke	Mezei poszáta	*Curruca communis*	6	6–7	
Sommergoldhähnchen	Tüzesfejű királyka	*Regulus ignicapilla*		3–4	
Wintergoldhähnchen	Sárgafejű királyka	*Regulus regulus*		4–5	
Zaunkönig	Ökörszem	*Troglodytes troglodytes*	1–2	5–7	
Kleiber	Csuszka	*Sitta europaea*	4–5	5–6	
Mauerläufer	Hajnalmadár	*Tichodroma muraria*		A	1
Waldbaumläufer	Hegyi fakusz	*Certhia familiaris*	a	2–3	
Gartenbaumläufer	Rövidkarmú fakusz	*Certhia brachydactyla*	3	3–4	
Rosenstar	Pásztormadár	*Pastor roseus*		u (1–3)	
Star	Seregély	*Sturnus vulgaris*	6	10	
Singdrossel	Énekes rigó	*Turdus philomelos*	6	6	
Misteldrossel	Léprigó	*Turdus viscivorus*		2–3	
Rotdrossel	Szőlőrigó	*Turdus iliacus*		3–4	
Amsel	Fekete rigó	*Turdus merula*	6	6–7	
Wacholderdrossel	Fenyőrigó	*Turdus pilaris*	a	7–8	
Ringdrossel	Örvös rigó	*Turdus torquatus*		u (1)	
Grauschnäpper	Szürke légykapó	*Muscicapa striata*	4–5	5–6	
Rotkehlchen	Vörösbegy	*Erithacus rubecula*	3–4	5–6	
Blaukehlchen	Kékbegy	*Luscinia svecica*	3–5	4–5	

Deutsch	Ungarisch	Wissenschaftlicher Name	Brutvögel	Durchzügler und Gäste	Anzahl Nachweise
Sprosser	Nagy fülemüle	*Luscinia luscinia*		u (1)	
Nachtigall	Fülemüle	*Luscinia megarhynchos*	6	6	
Zwergschnäpper	Kis légykapó	*Ficedula parva*		u (1)	
Trauerschnäpper	Kormos légykapó	*Ficedula hypoleuca*		4–5	
Halsbandschnäpper	Örvös légykapó	*Ficedula albicollis*	1	3–4	
Hausrotschwanz	Házi rozdafarkú	*Phoenicurus ochruros*	7	7	
Gartenrotschwanz	Kerti rozsdafarkú	*Phoenicurus phoenicurus*		4–5	
Steinrötel	Kövirigó	*Monticola saxatilis*		A	2
Braunkehlchen	Rozsdás csuk	*Saxicola rubetra*	3	4–5	
Europäisches Schwarzkehlchen	Cigánycsuk	*Saxicola rubicola*	5–6	5–6	
Steinschmätzer	Hantmadár	*Oenanthe oenanthe*	3	4–5	
Isabellsteinschmätzer	Pusztai hantmadár	*Oenanthe isabellina*		A	2
„Mittelmeer-Steinschmätzer“	Déli hantmadár	*Oenanthe hispanica/melanoleuca*		A	2
Nonnensteinschmätzer	Apácahantmadár	*Oenanthe pleschanka*		A	1
Wasseramsel	Vízirigó	*Cinclus cinclus*		A	1
Feldsperling	Mezei veréb	*Passer montanus*	7	8	
Haussperling	Házi veréb	*Passer domesticus*	8	8	
Heckenbraunelle	Erdei szürkebegy	*Prunella modularis*		5–6	
Schafstelze	Sárga billegető	*Motacilla flava*	6–7	7	
Zitronenstelze	Citrombillegető	*Motacilla citreola*		u (1)	
Gebirgsstelze	Hegyi billegető	*Motacilla cinerea*	a	1–2	
Bachstelze	Barázdabillegető	*Motacilla alba*	6	6–7	
Spornpieper	Sarkantyús pityer	*Anthus richardi*		A	4
Brachpieper	Parlagi pityer	*Anthus campestris*	u (1)	1–2	
Wiesenpieper	Réti pityer	*Anthus pratensis*		6–7	
Baumpieper	Erdei pityer	*Anthus trivialis*	3	4–5	
Rotkehlpieper	Rozsdástorkú pityer	*Anthus cervinus*		4–5	
Bergpieper	Havasi pityer	*Anthus spinoletta*		2–4	
Strandpieper	Parti pityer	*Anthus petrosus*		A	1
Buchfink	Erdei pinty	*Fringilla coelebs*	7	7–8	
Bergfink	Fenyőpinty	*Fringilla montifringilla*		4–6	
Kernbeißer	Meggyvágó	*Coccothraustes coccothraustes*	2–3	2–3	
Gimpel	Süvöltő	*Pyrrhula pyrrhula*		2–3	
Karmingimpel	Karmazsinpirók	*Carpodacus erythrinus*		u (0–1)	
Grünling	Zöldike	*Chloris chloris*	6	7	
Berghänfling	Sárgacsőrű kenderike	*Linaria flavirostris*		3–4	
Bluthänfling	Kenderike	*Linaria cannabina*	7	7–8	
Taigabirkenzeisig	Zsezse	*Acanthis flammea*		1–5	
Alpenbirkenzeisig	Barna zsezse	*Acanthis cabaret*		A	2
Polarbirkenzeisig	Szürke zsezse	*Acanthis hornemanni*		A	1
Fichtenkreuzschnabel	Keresztcsőrű	*Loxia curvirostra*		u (1–4)	
Stieglitz	Tengelic	*Carduelis carduelis*	6	7–8	
Girlitz	Csicsörke	*Serinus serinus*	6	6	
Erlenzeisig	Csíz	*Spinus spinus*		4–5	
Spornammer	Sarkantyús sármány	*Calcarius lapponicus*		A	8
Schneeammer	Hósármány	*Plectrophenax nivalis*		3–4	
Grauammer	Sordély	*Emberiza calandra*	4	4–5	
Goldammer	Citromsármány	*Emberiza citrinella*	5	6–7	
Zippammer	Bajszos sármány	*Emberiza cia*		A	1
Ortolan	Kerti sármány	*Emberiza hortulana*	e	u (0–1)	
Zaunammer	Sövénysármány	*Emberiza cirlus*		A	1
Zwergammer	Törpesármány	*Emberiza pusilla*		A	2
Waldammer	Erdei sármány	*Emberiza rustica*		A	1
Kappenammer	Kucsmás sármány	*Emberiza melanocephala*		A	2
Rohrammer	Nádi sármány	*Emberiza schoeniclus*	7–8	6–7	

Tab. 1: Übersicht der bis 31.12.2021 im Avifauna-Gebiet nachgewiesenen Vogelarten. Angegeben sind der deutsche, ungarische und wissenschaftliche Artname. In der Spalte „Brutvögel" sind die folgenden Häufigkeitsklassen angegeben (jeweils Brutpaare): 1 = 1–3, 2 = 4–10, 3 = 11–30, 4 = 31–100, 5 = 101–300, 6 = 301–1.000, 7 = 1.001–3.000, 8 = 3.001–10.000, 9 = 10.001–30.000, 10 = < 30.000. a = ausnahmsweiser Brutvogel, e = ehemaliger Brutvogel, u = unregelmäßiger Brutvogel (in Klammer Bestandsgröße, wenn Bruten erfolgen). In der Spalte „Durchzügler und Gäste" gelten die Häufigkeitsklassen für Individuen, zusätzlich sind die Bezeichnungen A = Ausnahmeerscheinung, D = Status als Wildvogel nicht gesichert, u = unregelmäßiger Gast, ue = ehemaliger unregelmäßiger Gast angeführt. In Spalte sechs ist bei Ausnahmeerscheinungen die Anzahl der Nachweise angegeben.

See's", das heißt, das von ihm bearbeitete Gebiet beschränkte sich im Wesentlichen auf den südlichen Seewinkel. Er führte in seinem „Verzeichniss" bereits insgesamt 181 Vogelarten an, eine Zahl, die später nach einer Prüfung auf Plausibilität und einem Abgleich mit dem ersten Verzeichnis auf 185 korrigiert wurde[4]. Einige seiner Angaben erscheinen aus heutiger Sicht sehr exotisch und zeugen von völlig anderen Verhältnissen zur damaligen Zeit: Zur Großtrappe schrieb er etwa *„Otis tarda sind immer in grossen Schaaren zu sehen"*. Interessant auch, dass der Kranich vor 160 Jahren, im Gegensatz zum 20. Jahrhundert, offenbar in größerer Zahl Durchzügler war: *„Grus cinerea immer in grossen Schaaren"* vermerkte Jukovits über die Art, was keinen Zweifel am damaligen Status der Art aufkommen lässt. Am bemerkenswertesten ist wohl der Satz zum Vorkommen des Rosapelikans: *„Pelicanus onocrotalus erschien so lange der See Wasser und Fische hatte jedes Frühjahr, die Leute hier nannten ihn Nimmersatt"*. Der vielleicht aus heutiger Sicht am exotischsten anmutende (Brut)vogel Mitte des 19. Jahrhunderts war aber das Steppenflughuhn: *„Im Jahr 1863 Monat Mai, erhielt ich das erste Exemplar von Syrrhaptes paradoxus ein Männchen, das zweite Exemplar, ein Weibchen, erhielt ich im Monat Juni; in diesem Jahr waren sie zahlreich vertreten und haben auch hier gebrütet; ein drittes Exemplar erhielt ich im Monat Jänner 1864; im Februar und März dieses Jahres sind sie hier noch beobachtet worden, später aber nicht mehr"*.

Die Landschaft, in der Jukovits vor 160 Jahren herumstreifte, dürfte Ähnlichkeiten zu einer baumlosen westasiatischen Steppenlandschaft aufgewiesen haben: *„So lange das Wasser im Neusiedler See hoch stand, war das Gebiet meines Wohnortes Apetlon an Wasser-, Sumpf- und Strand- Vögel überreich; in den grossen Rohrwäldern fanden die Wasser- und Sumpf-Vögel, auf den Haiden und an den grossen vielfälligen Land-Lachen die Lauf- und Strand-Vögel die geeignetesten Plätze und ich konnte alljährig manches seltene Exemplar beobachten oder für meine Sammlung acquiriren. Wald-Vögel waren in unserer baumlosen Gegend nur als Durchzügler, in den mit Akazien bepflanzten Gärten, und meistens nur auf kurze Zeit zu beobachten"*.

Die nächste, im Jahr 1882 erschienene Artenliste des Gebiets umfasste bereits 196 Arten[5]. Sie basierte überwiegend auf den Publikationen von Jukovits, mit einigen Ergänzungen von aus früheren und späteren Jahren vorliegenden Sammlungsstücken.

Ein wesentlicher Schritt vorwärts gelang dann wenig später Stefan Fászl[6], der 1883 seinen Beitrag „Sopron madarei" (Die Vögel Ödenburgs) veröffentlichte, eine kommentierte Liste von 255 Vogelarten, die einerseits auf den Beobachtungen in seinem Forschungsgebiet am Südwestufer des Neusiedler Sees, andererseits auf einer Zusammenfassung der bis dahin vorliegenden Literatur basierte. Bei den in den „Sopron madarei" aufgelistetet Vogelarten ist jedoch davon auszugehen, dass manche der angeführten Arten nicht im eigentlichen Neusiedler See-Gebiet beobachtet oder gesammelt wurden.

Die erste „richtige" Avifauna des Neusiedler See-Gebiets wurde jedoch erst 60 Jahre nach dem Fászl'schen Werk im Jahr 1943 vom sächsischen Ornithologen Rudolf Zimmermann posthum veröffentlicht[4]. Er besprach in seinem Werk 260 Vogelarten, für die er Nachweise aus seinem Untersuchungsgebiet selber erbringen konnte oder diese der Literatur entnahm.

Im nächsten Standardwerk zur Avifauna des Neusiedler See-Gebiets aus dem Jahr 1955 fanden sich dann bereits 278 Arten, verarbeitet wurden unter Einschluss der Erkenntnisse Zimmermann's vor allem die mehrjährigen Untersuchungen der drei Autoren[7].

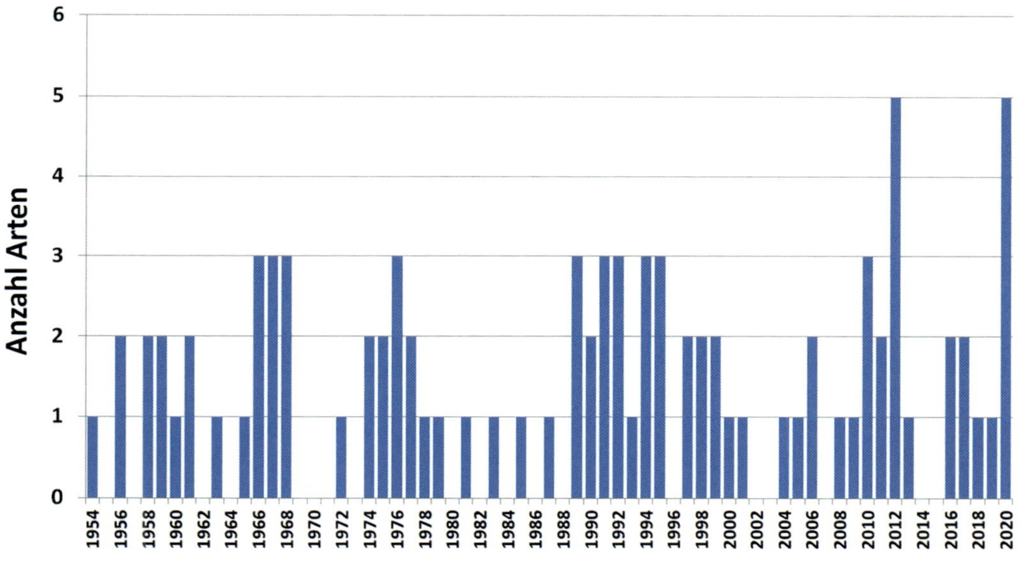

Abb. 1: Anzahl der zwischen 1954 und 2020 im Neusiedler See-Gebiet pro Jahr neu nachgewiesenen Vogelarten

Im Vergleich zum Werk von Zimmermann konnten in den zehn dazwischen liegenden Jahren bis 1953 sieben neue Brutvögel nachgewiesen werden: Sowohl Türkentaube (1941/42) als auch Blutspecht (1951) waren bereits bei oder unmittelbar nach ihrer Entdeckung als regelmäßige Brutvögel etabliert. Erste Bruten von fünf weiteren Arten, die Zimmermann Anfang der 1940er Jahre noch nicht als Brutvögel kannte bzw. nur als solche vermutete, wurden erstmals nachgewiesen: Großer Brachvogel (1944), Bienenfresser (1947), Rotfußfalke (1949), Rötelfalke (1951) und Mauersegler (1952).

Und für nicht weniger als 18 weitere Arten konnten K. Bauer und seine zwei Mitautoren Erstnachweise (teilweise aber nur für den österreichischen Gebietsteil) entweder neu ausfindig machen und in einigen Fällen aber auch selbst erbringen: In chronologischer Reihenfolge waren das Meerstrandläufer (1874), Alpendohle (1886), Mantelmöwe (1926), Wespenbussard (1926), Trottellumme (1930er Jahre), Kleinspecht (1930er Jahre), Gebirgsstelze (1939), Dreizehenmöwe (1941), Weißwangengans (1949), Eiderente (1951), Kaiseradler (1951), Kernbeißer (1951), Schelladler (1952), Rotkopfwürger (1952), Zwergammer (1952), Schlangenadler (1953), Ringdrossel (1953) und Schwarzspecht (1954).

In den folgenden sieben Jahrzehnten wuchs dann unsere Kenntnis der Vogelfauna des Gebiets stark an. Nicht weniger als 91 weitere Vogelarten wurden von 1954 bis 2021 für das ornithologisch bereits vergleichsweise gut bekannte Neusiedler See-Gebiet neu nachgewiesen (Abb. 1, Tab. 2). Der erste Nachweis der Lasurmeise aus dem Jahr 1928 wurde erst 1963 publiziert[8] und war weder Zimmermann noch Bauer und Mitautoren bekannt geworden.

Die Gesamtzahl der im Gebiet insgesamt nachgewiesenen Vogelarten wuchs dementsprechend kontinuierlich. 1960 waren es 286 Arten, 1970 schon 299, 1980 bereits 311 und 1990 dann 320. In den 1990er Jahren vergrößerte sich die Zahl der Vogelkundler, die das Gebiet besuchten noch einmal deutlich und auch die Bestimmungstechnik und -literatur sowie die optische Ausrüstung verbesserten sich laufend.

Damit einher ging auch ein im Vergleich zu den vier vorhergehenden Jahrzehnten noch schnellerer Zuwachs an neu nachgewiesenen Arten: Bis zum Jahr 2000 stieg die Artenzahl auf 340, bis 2010 auf 350 und das letzte Jahrzehnt sah mit 19 Arten bis zum Ende des Jahres 2021 schließlich den bislang bei weitem höchsten Anstieg auf die derzeitigen 370 Arten.

Während die Veränderungen im Artenbestand in den letzten 30 Jahren zum Teil auch auf die fortwährend steigende Beliebtheit des Neusiedler See-Gebiets bei Vogelbeobachter*innen zurückgeht, spiegeln Veränderungen im Artenspektrum der Brutvögel entweder den Wandel des Gebiets durch die Landnutzung und die damit verbundenen Umweltveränderungen wider oder aber großräumig wirkende Faktoren wie den seit einigen Jahrzehnten auch in Österreich spürbaren Klimawandel.

So sind seit Mitte der 1960er Jahre mit dem nur unregelmäßig brütenden Rötelfalken (1978) und zuletzt dem Ortolan, der bis 1994 noch ein Brutvorkommen knapp außerhalb des Avifauna-Gebiets aufwies, nur zwei Brutvogelarten aus dem Gebiet verschwunden, während sich zwei weitere, in den 1980er und 1990er Jahren verschwundene Arten (Rotfußfalke und Schwarzstirnwürger) im letzten Jahrzehnt wieder angesiedelt haben.

Diesen relativ wenigen rezenten Verlusten steht eine große Anzahl an Arten gegenüber, die sich in den letzten fünf Jahrzehnten neu im Gebiet als Brutvögel angesiedelt haben.

Von 1953 bis 1980 waren dies mit Tafelente, Mäusebussard, Eichelhäher, Dohle, Saatkrähe, Rabenkrähe, Schwanzmeise, Fitis, Zilpzalp, Kleiber und Grauschnäpper 11 Arten.

Einen mit 20 Arten noch viel größeren Zugewinn an Brutvögeln gab es allerdings in den drei Jahrzehnten von 1981–2010 mit Brandgans, Kolbenente, Stelzenläufer, Schwarzkopfmöwe, Mittelmeermöwe, Weißbart-Seeschwalbe, Zwergscharbe, Seidenreiher, Seeadler, Uhu, Mittelspecht, Kleinspecht, Schwarzspecht, Grünspecht , Kolkrabe, Zaunkönig, Gartenbaumläufer, Wacholderdrossel, Singdrossel und Kernbeißer.

Seit 2010 sind demgegenüber mit Kormoran (2012) und Kaiseradler (2012) nur noch zwei neue Brutvögel hinzugekommen.

Quellen: [1] *Gill et al. (2022),* [2] *Berg et al. (2021),* [3] *Jukovits (1864/65),* [4] *Zimmermann (1943),* [5] *Marschall & Pelzeln (1882),* [6] *Fászl (1883),* [7] *Bauer et al. (1955),* [8] *Bauer & Rokitansky (1963)*

Jahr	Deutscher Name	Wissenschaftlicher Name
1954	Rosenseeschwalbe	*Sterna dougallii*
1956	Zwerggans	*Anser erythropus*
1956	Spornammer	*Calcarius lapponicus*
1958	Ohrenlerche	*Eremophila alpestris*
1958	Kurzzehenlerche	*Calandrella brachydactyla*
1959	Weißbürzel-Strandläufer	*Calidris fuscicollis*
1959	Berghänfling	*Linaria flavirostris*
1960	Falkenraubmöwe	*Stercorarius longicaudus*
1961	Rostgans	*Tadorna ferruginea*
1961	Papageitaucher	*Fratercula arctica*
1963	Schneegans	*Anser caerulescens*
1965	Balkan-Bartgrasmücke	*Curruca cantillans*
1966	Kurzschnabelgans	*Anser brachyrhynchus*
1966	Terekwasserläufer	*Xenus cinereus*
1966	Kalanderlerche	*Melanocorypha calandra*
1967	Brandgans	*Tadorna tadorna*
1967	Graubrust-Strandläufer	*Calidris melanotos*
1967	Gartenbaumläufer	*Certhia brachydactyla*
1968	Kanadagans	*Branta canadensis*
1968	Trauerschwan	*Cygnus atratus*
1968	Kuhreiher	*Bubulcus ibis*
1972	Kolkrabe	*Corvus corax*
1974	Streifengans	*Anser indicus*
1974	Häherkuckuck	*Clamator glandarius*
1975	Weißschwanzkiebitz	*Vanellus leucurus*
1975	Gelbbrauen-Laubsänger	*Phylloscopus inornatus*
1976	Skua	*Stercorarius skua*
1976	Grauspecht	*Picus canus*
1976	Berglaubsänger	*Phylloscopus bonelli*
1977	Schwarzflügel-Brachschwalbe	*Glareola nordmanni*
1977	Brandseeschwalbe	*Thalasseus sandvicensis*
1978	„Mittelmeer-Steinschmätzer"	*Oe. hispanica/melanoleuca*
1979	Wüstenregenpfeifer	*Charadrius leschenaultii*
1981	Thorshühnchen	*Phalaropus fulicarius*
1983	Zitronenstelze	*Motacilla citreola*
1985	Dünnschnabelmöwe	*Chroicocephalus genei*
1987	Mauerläufer	*Tichodroma muraria*
1989	Mandarinente	*Aix galericulata*
1989	Rötelpelikan	*Pelecanus rufescens*
1989	Karmingimpel	*Carpodacus erythrinus*
1990	Zwergschwan	*Cygnus columbianus*
1990	Sperbereule	*Surnia ulula*
1991	Nordamerikanische Krickente	*Anas carolinensis*
1991	Silbermöwe	*Larus argentatus*
1991	Zippammer	*Emberiza cia*
1992	Rosaflamingo	*Phoenicopterus roseus*
1992	Feldrohrsänger	*Acrocephalus agricola*
1992	Kappenammer	*Emberiza melanocephala*
1993	Küstenseeschwalbe	*Sterna paradisaea*
1994	Nilgans	*Alopochen aegyptiaca*
1994	Gerfalke	*Falco rusticolus*
1994	Cistensänger	*Cisticola juncidis*
1995	Schmutzgeier	*Neophron percnopterus*
1995	Orpheusspötter	*Hippolais polyglotta*
1995	Spornpieper	*Anthus richardi*
1997	Kleiner Gelbschenkel	*Tringa flavipes*
1997	Kurzfangsperber	*Accipiter brevipes*
1998	Steppenmöwe	*Larus cachinnans*
1998	Blassspötter	*Iduna pallida*
1999	Bairdstrandläufer	*Calidris bairdii*
1999	Fischmöwe	*Ichthyaetus ichthyaetus*
2000	Pazifischer Goldregenpfeifer	*Pluvialis fulva*
2001	Steppenkiebitz	*Vanellus gregarius*
2004	Steppenadler	*Aquila nipalensis*
2005	Lannerfalke	*Falco biarmicus*
2006	Blauflügelente	*Spatula discors*
2006	Rötelschwalbe	*Cecropis daurica*
2008	Grasläufer	*Calidris subruficollis*
2009	Zaunammer	*Emberiza cirlus*
2010	Orientturteltaube	*Streptopelia orientalis*
2010	Heiliger Ibis	*Threskiornis aethiopicus*
2010	Krauskopfpelikan	*Pelecanus crispus*
2011	Haubenmeise	*Lophophanes cristatus*
2011	Steinrötel	*Monticola saxatilis*
2012	Schwarzkopf-Ruderente	*Oxyura jamaicensis*
2012	Schwalbenmöwe	*Xema sabini*
2012	Habichtskauz	*Strix uralensis*
2012	Sperlingskauz	*Glaucidium passerinum*
2012	Waldammer	*Emberiza rustica*
2013	Sandstrandläufer	*Calidris pusilla*
2016	Blauwangenspint	*Merops persicus*
2016	Strandpieper	*Anthus petrosus*
2017	Dunkellaubsänger	*Phylloscopus fuscatus*
2017	Isabellsteinschmätzer	*Oenanthe isabellina*
2018	Polarbirkenzeisig	*Acanthis hornemanni*
2019	Gleitaar	*Elanus caeruleus*
2020	Jungfernkranich	*Grus virgo*
2020	Nonnensteinschmätzer	*Oenanthe pleschanka*
2020	Grünlaubsänger	*Phylloscopus trochiloides*
2020	Wüstengrasmücke	*Curruca nana*
2020	Wasseramsel	*Cinclus cinclus*

Tab. 2: Die in den Jahren 1954 bis 2021 erstmals im Avifauna-Gebiet nachgewiesenen Vogelarten in chronologischer Reihenfolge

Artkapitel

Erläuterungen zu den Artbeschreibungen

von Michael Dvorak

Die systematische Reihung der Arten erfolgt nach der IOC World Bird List, in der Version 13.1 aus dem Jahr 2022 (www.worldbirdnames.org).

In der Titelzeile jedes Kapitels stehen deutscher und wissenschaftlicher Artname gefolgt vom Namen des Beschreibers und dem Jahr der Veröffentlichung der Erstbeschreibung. Autor und Datum werden in Klammern gesetzt, wenn die Art aktuell einer anderen Gattung als derjenigen der Erstbeschreibung zugeordnet wird.

In der zweiten Zeile stehen der ungarische sowie der englische Name, wobei letzterer wiederum der IOC World Bird List folgt.

In der dritten Zeile folgt kursiv eine sehr kurze Zusammenfassung des Status der jeweiligen Art (Brutvogel, Durchzügler, Wintergast, Häufigkeit, Lebensraum und Verbreitung).

Das nachfolgende Foto der jeweils behandelten Art stammt immer aus dem Avifauna-Gebiet, in zwei Fällen (Mauersegler, Haubenmeise) auch von ganz knapp außerhalb. Auf außerhalb des Avifauna-Gebiets aufgenommene Fotos wurde gänzlich verzichtet. Daher sind Vogelarten, von denen kein Foto aus dem Neusiedler See-Gebiet existiert oder keines aufgefunden werden konnte auch nicht abgebildet. Die Bebilderung der Avifauna wird damit ausdrücklich als Teil der Dokumentation betrachtet.

Die Texte sind danach in der Regel in vier, in wenigen Fällen auch in fünf Unterkapitel gegliedert. Bei Ausnahmeerscheinungen, unregelmäßig vorkommenden, seltenen und sehr seltenen Arten wird von dieser Gliederung jedoch abgewichen, indem je nach Relevanz Unterkapitel zusammengezogen oder ganz ausgelassen werden.

Im Fall von Ausnahmeerscheinungen (Arten mit weniger als 15 Nachweisen) oder unregelmäßigen Gästen/Durchzüglern mit 25 oder weniger Nachweisen besteht das Artkapitel zumeist nur aus dem Unterkapitel „Vorkommen", das eine detaillierte Auflistung aller bekannt gewordenen Beobachtungen enthält.

Nachdem erste Texte bereits im Jahr 2017 erstellt wurden, entstand der Großteil der österreichischen Artkapitel in den Jahren 2018 und 2019. In den Jahren 2020 und 2021 durchliefen die Texte dann eine umfangreiche redaktionelle Bearbeitung. Die ungarischen Textteile wurden überwiegend 2021 und 2022 verfasst und nachträglich in die österreichischen Texte eingearbeitet. Auch manche bereits vorher erstellte Grafiken wurden mit ungarischen Beobachtungsdaten ergänzt. Die Endfassungen der Artkapitel wurden im Februar 2023 an den Verlag übermittelt.

Verbreitung und Lebensraum

Hier erfolgen nach einer kurzen allgemeinen Charakterisierung der Lebensraumansprüche der behandelten Art eine Darstellung der Verbreitung im Avifauna-Gebiet und eine spezielle Beschreibung der hier genutzten Lebensräume. Wenn vorhanden werden auch quantitative Angaben gemacht, vor allem bei Gewässer bewohnenden Arten.

Bestand und Bestandsentwicklung

Die Entwicklung des Vorkommens wird anhand der historischen Literatur, beginnend in der zweiten Hälfte des 19. Jahrhunderts dargestellt. Danach werden die aktuellen Befunde im Detail beschrieben. Sofern vorhanden, werden Bestandsangaben aus der Literatur verwendet, in vielen Fällen standen auch bisher unveröffentlichte Daten zur Verfügung. Danach wird eine Bestandsschätzung oder, sofern vorhanden, eine genaue Bestandszahl angegeben. Der als „aktuell" bezeichnete Zeitabschnitt bezieht sich in der Regel auf den Zeitraum von 2011–2021. Bei manchen Arten wird davon, zumeist aus Gründen der Datenverfügbarkeit, abgewichen. In solchen Fällen ist immer die genaue Periode angeführt, auf die sich die Aussagen beziehen. Die Bestandsentwicklung von 47 Arten, für die jährliche Bestandsangaben über längere Zeiträume vorliegen, wird in Balkendiagrammen dargestellt.

Jahreszeitliches Auftreten

Das jahreszeitliche Auftreten von regelmäßig vorkommenden Vogelarten wird im Text im Detail beschrieben und in einer Grafik dargestellt. Für manche ganzjährig vorhandene Arten, deren Auftreten im Gebiet keinem erkennbaren Muster folgt, wurde auf eine grafische Darstellung verzichtet. Insgesamt wird das jahreszeitliche Auftreten von 222 Vogelarten in Diagrammen dargestellt.

Die in den Grafiken verwendeten Zeitabschnitte orientierten sich an der Häufigkeit der jeweiligen Art, und ob sie einzeln oder in größeren Trupps auftritt. Für Arten, die in größerer Zahl auftreten, wurden Tagesmaxima angegeben. Dabei handelt es sich um die maximale Anzahl an Individuen, die für den jeweiligen Tag im jeweils angegebenen Zeitraum aus dem Avifauna-Gebiet gemeldet wurde, wobei Doppelangaben bei der Datenbearbeitung eliminiert wurden. Bei Wasservögeln, die im Rahmen systematischer Zählungen sowohl auf österreichischer als auch auf ungarischer Seite erfasst wurden, sind die Summen der Ergebnisse aus beiden Ländern für einzelne Tage angegeben und in den Grafiken durch zwei Farben separat dargestellt. So bleibt erkennbar, ob eine Art zu gewissen Jahreszeiten eine Präferenz für den österreichischen Seewinkel oder die ungarischen Gewässer aufweist. Bei den meisten Limikolenarten wurden die Ergebnisse von systematischen Erfassungen mit Zufallsdaten kombiniert. Auch hier ist durch unterschiedliche Farbgebung die Herkunft der Daten nachvollziehbar. Bei den wenigen weiteren Arten, deren Auftreten ebenfalls in Tagesdiagrammen (Tagesmaxima) dargestellt wird (v.a. Möwen und Seeschwalben) basieren die Grafiken überwiegend auf Zufallsdaten.

Der entscheidende Vorteil der Darstellung von Tagesmaxima liegt darin, dass die tatsächliche Häufigkeit der jeweiligen Art im Diagramm erkennbar bleibt. Im Gegensatz dazu mussten bei allen Arten, die zumeist einzeln oder in kleinen Gruppen auftreten und bei seltenen und sehr seltenen Arten Summen für längere Zeiträume gebildet werden. Für 100 Arten wurde dabei Pentaden (der Zeitraum von fünf Tagen), für 64 Arten Dekaden (der Zeitraum von zehn Tagen) und für den Steinkauz ein Monatsdiagramm gewählt. Für 13 Arten wurden die Fangdaten der Biologischen Station Illmitz für den Zeitraum Juli bis Oktober entweder in Tagesdiagrammen (10 x) oder Pentaden (3 x) dargestellt.

Die für die Diagramme verwendeten Zeiträume unterscheiden sich je nach Struktur und Umfang der vorliegenden Datensätze, hingen zum Teil aber auch vom Datum der Textbearbeitung ab. Da die Erstfassung fast aller Arttexte und Grafiken aus den Jahren 2018 und 2019 stammt enden bei vielen Arten auch die Angaben zum jahreszeitlichen Auftreten in einem dieser beiden Jahre. Bei selteneren Arten wurden auch Beobachtungen aus den älteren analogen Archiven miteinbezogen, in diesen Fällen beginnt der berücksichtigte Zeitraum für das österreichische Teilgebiet im Jahr 1966. In viele Fällen, vor allem bei Arten mit einem weniger umfangreichen Datenmaterial wurden die Grafiken im Zuge der Endredaktion auf den Stand 31.12.2021 aktualisiert. In jedem Fall finden sich aber in der Legende aller Grafiken Angaben zum erfassten Zeitraum, zur Quelle des Datenmaterials (systematische Erfassung oder Zufallsdaten aus den diversen analogen und digitalen Archiven oder ornitho.at) und ob sich die Daten nur auf den österreichischen Gebietsteil beziehen oder ob auch ungarische Daten einbezogen wurden.

Zugverhalten und Ringfunde

Nach einer kurzen allgemeinen Charakterisierung des Wanderungs- und Zugverhaltens wird speziell auf die Zugverhältnisse bei der Population des Avifauna-Gebiets eingegangen, insbesondere in Bezug auf die Lage der Brut-, Rast- und Überwinterungsgebiete. Bei Vorhandensein werden Ringfunde oder Ablesungen markierter Individuen angeführt und bei fünf Arten mit besonders zahlreichen Funden (Lachmöwe, Schwarzkopfmöwe, Weißstorch, Silberreiher, Löffler) auch in Karten dargestellt.

Seltene Unterarten

Bei denjenigen Arten, bei denen feldornithologisch unterscheidbare Unterarten im Gebiet auftreten oder deren Auftreten sehr wahrscheinlich ist werden diese angeführt, kurz charakterisiert und ihr Vorkommen dargestellt. Bei sehr selten auftretenden, eindeutig bestimmbaren Unterarten mit 25 oder weniger Einzelmeldungen werden die einzelnen Nachweise aufgelistet.

Verbreitungskarte

Bei allen weiter im Gebiet verbreiteten Brutvögel ist den Artkapiteln eine Verbreitungskarte beigefügt, in der sämtliche Beobachtungen, die in die Brutzeit der jeweiligen Art fallen und die aus geeigneten Bruthabitaten stammen, dargestellt sind. Für diese Karten wurden Beobachtungsdaten aus den Jahren 2011–2021 herangezogen. Die Verbreitungsdaten werden in Gitterfeldern dargestellt, die auf sogenannte Sextanten zurück gehen. Diese Sextanten basieren auf der Teilung eines geografischen Minutenfeldes in sechs gleiche Vierecke. Die Größe dieser Gitterfelder variiert in Abhängigkeit von deren Lage im geografischen Netz geringfügig. Im Avifauna-Gebiet handelt es sich annähernd um Quadrate mit einer Seitenlänge von ca. 625 Metern, deren Fläche geringfügig zwischen 37,43 und 38,64 Hektar schwankt.

Da nicht jede einzelne Meldung des oft sehr umfangreichen Datenmaterials geprüft werden konnte, wurden die in den Verbreitungskarten dargestellten Beobachtungsdaten nach gewissen Kriterien gefiltert bzw. eingeschränkt um sicher zu stellen, dass sie sich überwiegend auf Individuen des Brutbestandes beziehen. Bei Arten, für die mit einem starken Durchzug von Vögeln auswärtiger Vorkommen zu rechnen war wurde der Zeitraum stärker eingeschränkt: So wurden z. B. beim Fitis nur Beobachtungen von 15.5. bis 14.7., beim Zilpzalp nur solche vom 21.5. bis 19.7. verwendet. Bei anderen Arten erfolgte die Einschränkung durch den Ausschluss bestimmter Brutcodes, die auf europaweit vereinheitlichten Konventionen beruhen (Keller et al. 2020): So wurden z. B. bei Türken- und Turteltaube Meldungen mit dem Brutcode „P" ausgefiltert, da sie oft Nachweise von Nichtbrüter-Trupps betrafen. Verwendete Brutcodes sind „H" für „zur Brutzeit in einem geeigneten Lebensraum festgestellt", „P" für ein Paar das „zur Brutzeit in einem geeigneten Lebensraum festgestellt wurde" und „N" für „Aufsuchen eines wahrscheinlichen Nistplatzes". Sieben weitere Codes beschreiben verschiedene Möglichkeiten für nachgewiesenes Brüten wie Nestfunde (NE, NY), Fütterung von Jungvögeln (FY), Nachweise flügger Jungvögel (FL) oder gebrauchte Nester aus der aktuellen Brutsaison (UN).

Zeitraum der berücksichtigten Daten

Für alle Arttexte wurden nur Beobachtungsdaten bis zum 31.12.2021 berücksichtigt. In nur 15 Einzelfällen flossen ergänzend Meldungen aus dem Jahr 2022 ein.

Quellen

Jede inhaltliche Aussage wird mit einer Quelle belegt, die im Fließtext mit einer hochgestellten Nummer markiert ist. Am Ende des jeweiligen Arttextes sind diesen Hochzahlen Quellenangaben in abgekürzter Form (Autorennamen, Jahreszahl) zugeordnet. Wenn die Quelle eine Publikation oder graue (unveröffentlichte) Literaturstellen betreffen wird das dazugehörige vollständige Zitat im Literaturverzeichnis wiedergegeben und ist mittels dieser Abkürzung auffindbar.

Unveröffentlichte, aber systematisch gesammelte Daten und darauf basierende Aussagen inklusive mündlicher Angaben werden in der Form „Name(n)/Organisation, unpubl. Daten" referenziert. Generalisierte Aussagen, die auf die Angaben von (in der Regel) mehr als fünf Melder*innen beruhen werden pauschal als „Archiv BirdLife Österreich" oder „www.ornitho.at angeführt.

In vielen Fällen werden in den Arttexten Einzeldaten angeführt, die verschiedenen Quellen entstammen. Der Großteil dieser Meldungen wurde ab 2013 der Internetplattform www.ornitho.at entnommen und wird mit „Name/ornitho.at" zitiert. Ältere Meldungen aus Österreich und alle Meldungen aus Ungarn sind in verschiedenen analogen Beobachtungsarchiven und digitalen Datensammlungen abgelegt. Diese sind in den Arttexten wie folgt referenziert: Meldungen, die aus dem Archiv von BirdLife Österreich stammen, werden mit dem Zusatz „Name/ABÖ" (= Archiv BirdLife Österreich) zitiert. In Ungarn gibt es zwei relevante Datenquellen: „Name/MME Sopron" bezieht sich auf Daten, die von der Zweigstelle Sopron der MME (= Magyar Madártani és Természetvédelmi Egyesület/Birdlife Hungary) archiviert werden, „Name/FHNP" bezieht sich auf den „Fertő-Hanság Nemzeti Park" und damit auf Daten, die vom ungarischen Nationalpark gesammelt wurden.

Am Ende jedes Artkapitels sind Autor(en) oder Autorin(nen) angeführt. An erster Stelle stehen dabei die Mitarbeiter*innen aus Österreich, an zweiter Stelle die jeweiligen Kolleg*innen aus Ungarn.

Ringelgans *Branta bernicla* (Linnaeus, 1758)

Örvös lúd – Brant Goose

Podersdorfer Pferdekoppel, 20.4.2014 (Michael Dvorak)

Sehr seltener Durchzügler und Wintergast, tritt zumeist mit Blässgänsen vergesellschaftet auf

Vorkommen

Ringelgänse treten im Seewinkel meist in großen Trupps anderer Gänse auf, in den letzten Jahren meist vergesellschaftet mit Blässgänsen. Dementsprechend trifft man sie auf Äckern, v.a. auf abgeernteten Maisäckern und auf Wintersaat, auf Hutweiden in Lackennähe sowie an den Lacken selbst an. Der Schwerpunkt des Auftretens liegt im zentralen und im ungarischen Seewinkel, vereinzelte Meldungen reichen bis zu den Zitzmannsdorfer Wiesen, Hegykő und in den Hanság.

Ein Vogel, der zwischen 1856 und 1864 erlegt wurde[1], stellt den ersten überlieferten Nachweis für das Neusiedler See-Gebiet dar. Im November 1879 wurde eine weitere Ringelgans bei Hegykő geschossen[2]. Danach wurde die Art bis zur letzten Jahrtausendwende nur sehr unregelmäßig im Neusiedler See-Gebiet angetroffen. Erst seit 2005 gelingen nahezu alljährliche Feststellungen, lediglich 2011 gab es keinen Nachweis. Diesem Befund stehen aber Berichte von beachtlich großen Trupps vom März 1887 (zwei Trupps mit 19 und 21 Vögeln[3]) und November/Dezember 1930 (ca. 200 Vögel[4], bei Bauer & Glutz von Blotzheim[5] für das Jahr 1928 angegeben) gegenüber.

Ob es somit in früheren Zeiten gelegentlich zu ausgeprägten Einflügen gekommen ist oder ein eventuell doch regelmäßigeres Auftreten aufgrund der gegenüber den letzten wenigen Jahrzehnten deutlich geringeren Beobachtungsintensität übersehen wurde, muss wohl offenbleiben. Immerhin wurde noch im Jahr 1962 ein kleiner Trupp von fünf Vögeln festgestellt[5]. Die Zunahme der Nachweishäufigkeit seit 2005 ist aber jedenfalls im Vergleich zu den beiden davor liegenden Jahrzehnten real. Allerdings wurden seit 1975 immer nur Einzelvögel oder maximal zwei Vögel gleichzeitig im Gebiet angetroffen. In der deutlich überwiegenden Zahl der Fälle wurden Altvögel beobachtet, Vögel in ihrem ersten Winter hingegen nur sechsmal.

Prinzipiell handelt es sich bei den Ringelgänsen im Neusiedler See-Gebiet um Vögel der Nominatform *Branta b. bernicla*. Ein Altvogel allerdings, der sich von 21.–28.11.2009 im zentralen Seewinkel aufhielt, zeigte eine sehr helle Unterseite und ließ sich keiner Unterart eindeutig zuordnen[6].

Jahreszeitliches Auftreten

Ringelgänse treten im Gebiet am Durchzug und in den letzten Jahren zunehmend auch als Wintergast auf. Die jahreszeitlich früheste Herbstmeldung betrifft einen Vogel, der am 8.10.1975 bei Neusiedl am See erlegt wurde[7]. Ab der dritten Oktoberdekade setzen regelmäßige Nachweise ein, im November weist der Wegzug einen deutlichen Gipfel auf. Mit der Zunahme milder, schneearmer Winter kommt es häufiger zu durchgehenden Überwinterungen größerer Gänsescharen, was sich auch in der gestiegenen Zahl an Hochwinterbeobachtungen seltener Gänse, die sich den großen Trupps von Blässgänsen anschließen, niederschlägt. Dementsprechend liegen auch von der Ringelgans Nachweise aus allen Winterpentaden vor, bis sich in der letzten Februar- und ersten Märzdekade ein erneuter Gipfel während des Heimzugs andeutet. Spätere Nachweise können noch im April und ausnahmsweise auch noch im Mai gelingen.

Einzelne Vögel verweilten über mehrere Wochen im Gebiet, was bei der Interpretation der Grafik zu berücksichtigen ist. Das betrifft auch den am spätesten im Frühjahr nachgewiesenen Vogel, der sich von 17.5. bis 30.6.2008 auf der Podersdorfer Pferdekoppel aufhielt[8]. Die längsten durchgehenden Aufenthalte innerhalb der Gebietsgrenzen wurden von 22.12.2016–13.2.2017 am Südufer des Neusiedler Sees und bei Mekszikópuszta[9] sowie von 21.2.–22.4.2002 bei Mekszikópuszta[10] dokumentiert.

Quellen: [1] *Jukovits (1864/65),* [2] *Fászl (1883),* [3] *von Dombrowski (1889),* [4] *Reiser (1931),* [5] *Bauer & Glutz von Blotzheim (1968),* [6] *Ranner & Khil (2011),* [7] *J. Huber/ABÖ,* [8] *S. Zinko, E. Albegger, J. Bartas u. a. in Ranner & Khil (2011),* [9] *A. Pellinger, Zs. Balaskó, T. Hadarics u. a./www.birding.hu,* [10] *A. Pellinger, T. Hadarics u. a. in MME Nomenclator Bizottság (2006a),* [11] *Ranner et al. (1995),* [12] *Waliczky (1993),* [13] *Laber & Ranner (1997),* [14] *Magyar (1997),* [15] *MME Nomenclator Bizottság (1998),* [16] *MME Nomenclator Bizottság (2008b),* [17] *MME Nomenclator Bizottság (2010a),* [18] *Ranner & Khil (2009),* [19] *MME Nomenclator Bizottság (2010b),* [20] *www.birding.hu,* [21] *MME Nomenclator Bizottság (2011),* [22] *MME Nomenclator Bizottság (2016),* [23] *Albegger & Khil (2016),* [24] *Albegger & Brader (2018),* [25] *www.birdlife-afk.at,* [26] *www.ornitho.at*

Andreas Ranner & Attila Pellinger

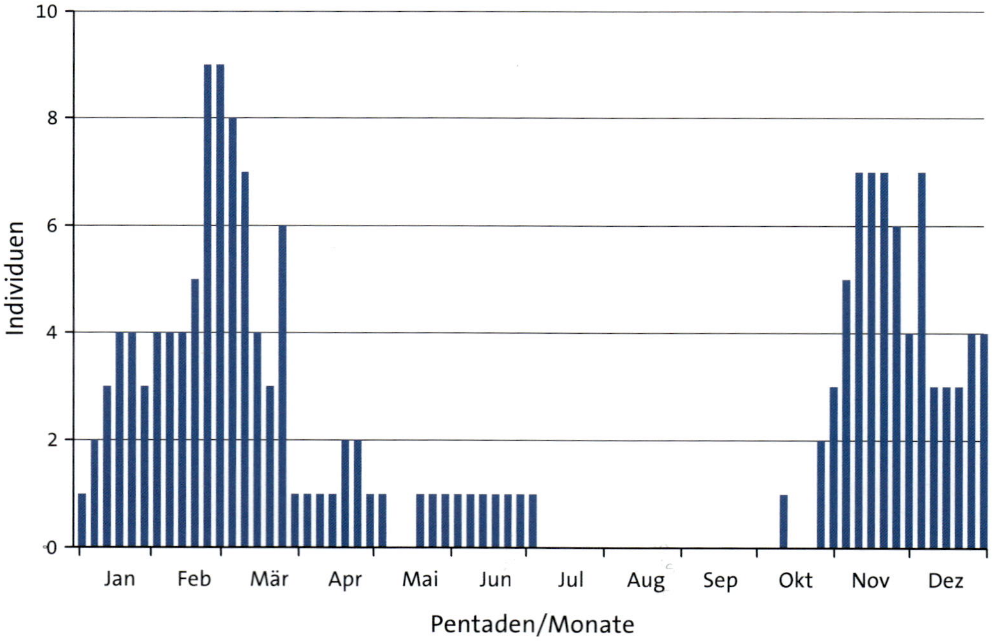

Jahreszeitliches Auftreten der Ringelgans (Pentadensummen gemeldeter Individuen) im Avifauna-Gebiet basierend auf Daten aus den Jahren 1975–2021 (n = 166)[7, 11–26].

Rothalsgans *Branta ruficollis* (Pallas, 1769)

Vörösnyakú lúd – Red-breasted Goose

Apetlon, 23.2.2011 (Wolfgang Trimmel)

Alljährlicher, seltener Durchzügler und Wintergast zwischen Ende Oktober und Ende März

Verbreitung und Lebensraum

Rothalsgänse halten sich zumeist unter Blässgänsen auf und sind daher ebenso wie diese vor allem auf Wintergetreidefeldern bzw. Hutweiden und Koppeln zu finden. Während landwirtschaftliches Grünland und Wintergetreide im Februar und März schon ein starkes Längenwachstum und einen zunehmenden Alterungsgrad und damit hohen Rohfasergehalt zeigen, beginnen in den Salzwiesen die Pflanzen zu sprießen, deren proteinreichen jungen Triebe einen besonders hohen Nährwert haben. Dementsprechend spielen Salzwiesen und Hutweiden vor allem im Frühjahr eine wichtige Rolle als Nahrungshabitate. Die Art nutzt dieselben Schlafplätze wie die Blässgans, auf österreichischer Seite somit vor allem das Lange Lacke-Gebiet [1, 2].

Bestand und Bestandsentwicklung

Die beiden ersten, durch Abschuss belegten Nachweise der Art gelangen am 24.1.1925 zwischen Balf und Fertőrákos [3] und am 13.2.1932 mit einem juvenilen Weibchen bei St. Andrä [4]. Danach wurden erst wieder aus den 1960er Jahren drei weitere Nachweise von Oktober 1961 [5], vom 18.10.1962 [6] und vom 23.10.1966 [7] bekannt. Auch aus den 1970er Jahren stammen nur wenige Meldungen mit drei Beobachtungen von der Langen Lacke (5 Ex. am 8.11.1976 [8], 2 Ex. am 7.3.1977 [9], 1 Ex. am 29.3.1977 [10]) und je einem Nachweis vom St. Andräer Zicksee (1 Ex. am 25.10.1978 [9]) und aus Mekszikópuszta (ein erlegtes Individuum von 10.11.1976 [11]). Auf österreichischer Seite war dann in den nächsten beiden Jahrzehnten eine leichte Zunahme zu verzeichnen mit bereits sieben Nachweisen in den 1980er Jahren [12] und danach, ab 1992 alljährlichen Beobachtungen jeweils mehrerer, überwiegend über längere Zeit im Gebiet rastender Rothalsgänse [13, 14].

Seit Beginn des intensiven Gänsemonitorings im Winter 2001/02 zeigen sowohl die Anzahl der Tage mit Nachweisen als auch die durchschnittliche Anzahl pro Tag eine weitere Zunahme. In den fünf Jahren 2001/02 bis 2005/06 waren es auf österreichischer Seite 49 Meldungen mit durchschnittlich 2,9 Individuen. In den darauffolgenden fünf Jahren erhöhte sich die Zahl der Nachweise auf 102 bei durchschnittlich 5,4 Vögeln [2, 15] und in den Jahren 2011/12 bis 2015/16 wurden an 105 Tagen Rothalsgänse festgestellt, bei im Schnitt 3,1 Individuen pro Tag [1]. Die Maximalwerte erreichten in mehreren Jahren 30–35 Exemplare. Das Auftreten in Österreich ist daher momentan als stabil anzusehen mit Schwankungen zwischen den Jahren.

Der ungarische Teil des Avifauna-Gebiets war bis zur politischen Wende 1989 größtenteils Sperrgebiet, daher wurde die Art hier erst danach regelmäßig gemeldet. Den Anfang machten vier Individuen auf der Wiese von Cikes am 6.2.1992 [16], seither wurde die Art in Ungarn jedes Jahr mindestens einmal nachgewiesen, mit insgesamt 636 Nachweisen bis 2019. Davon waren ein Drittel einzelne Individuen, umgekehrt aber wurden in 82 Fällen 10 oder mehr Rothalsgänse zusammen beobachtet. Während in der Großen Ungarischen Tiefebene noch Gruppen von mehreren Hundert Exemplaren auftreten [17], sind es in Transdanubien bereits sehr viel weniger. Die größte bislang hier beobachtete Gruppe von 36 Individuen wurde am 9.2.2012 bei Fertőhomok festgestellt [18]. Größere Einflüge gab es in den Wintern 1999/2000 (max. 22 Ind. am 13.3.2000 im Borsodi-dűlő), 2000/2001 (max. 21 Ind. am 14.1.2001 bei Hegykő), 2007/2008 (25 Ind. am 20.12.2007 bei Nyárliget), 2009/2010 (max. 21 Ind. am 12.11.2009 im Borsodi-dűlő), 2017/2018 (max. 35 Ind. am 5.11.2017 im Borsodi-dűlő) und 2018/2019 (max. 21 Ind. am 10.12.2018 im Nyéki-szállás) [19].

Jahreszeitliches Auftreten

Der herbstliche Einzug findet ab Ende Oktober/Anfang November statt. Der Bestand gipfelt erstmals Mitte bis Ende November, wobei gerade die letzten Jahre gezeigt haben, dass die Gänse den ganzen Winter im Gebiet verbringen. Ende März reißen die Beobachtungen dann mit dem Heimzug abrupt ab [1, 20, 21].

Zugverhalten und Ringfunde

Die Rothalsgans brütet in Nordwestsibirien, vor allem auf den Halbinseln Taimyr, Gydan und Yamal. Von dort kommen sie entlang des östlichen Zugwegs nach Europa. Dieser führt von den Brut- bzw.

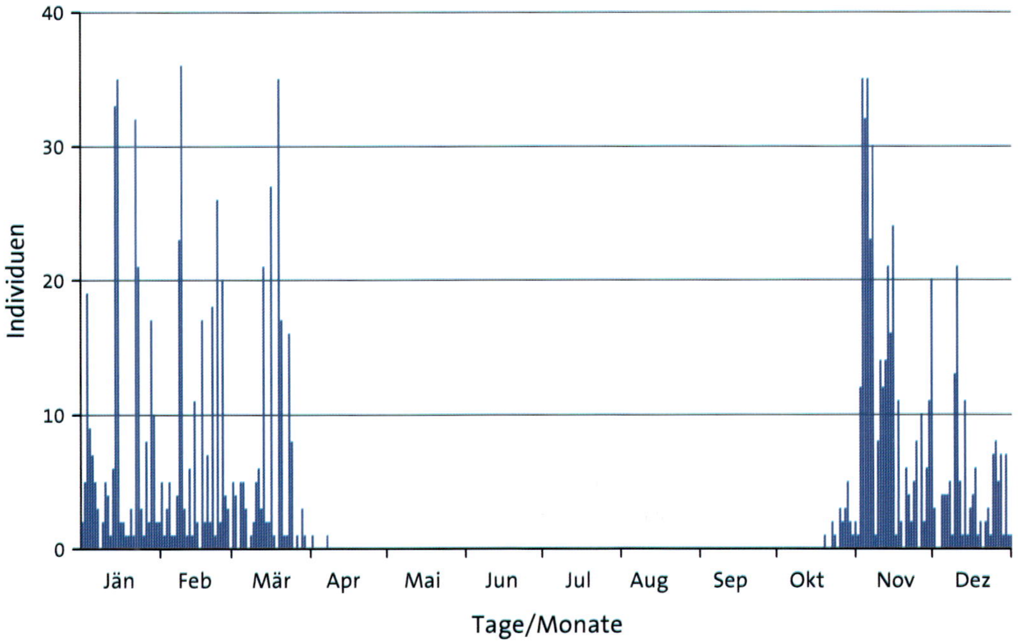

Jahreszeitliches Auftreten der Rothalsgans (Tagessummen) im Avifauna-Gebiet basierend auf Daten aus Österreich und Ungarn in den Jahren 2011–2018 (n = 1.146) [20, 21].

Mauserplätzen in der sibirischen Tundra entlang des Ob östlich des Ural über Kasachstan, nördlich des Kaspischen Meeres weiter entlang der nördlichen Schwarzmeerküste ins Hauptüberwinterungsgebiet südlich des Donaudeltas in Rumänien und Bulgarien. In besonders milden Wintern harrt ein guter Teil der Population bereits nördlich des Schwarzen Meeres in der Siwasch-Bucht aus[22]. Die Art hat in den letzten Jahrzehnten ihren Überwinterungsschwerpunkt nach Westen verlagert, vom Aralsee über das Kaspische Meer mittlerweile ans Schwarze Meer[22]. Das hat wohl dazu geführt, dass auch in Mitteleuropa und damit auch im Neusiedler See-Gebiet zunehmend Rothalsgänse beobachtet werden konnten.

Quellen: *[1] J. Laber & A. Pellinger, unpubl. Daten, [2] Laber & Pellinger (2008), [3] Breuer (1925/26), [4] Zimmermann (1943), [5] Steiner (1962), [6] F. Norden in Leisler (1969), [7] Leisler (1969), [8] B. Leisler/ABÖ, [9] R. Triebl/ABÖ, [10] G. Gangö/ABÖ, [11] Kárpáti (1983a), [12] Ranner et al. (1995), [13] Laber & Ranner (1997), [14] Ranner (1999), [15] Laber & Pellinger (2012), [16] Pellinger (1993), [17] Oláh et al. (2017), [18] A. Pellinger, unpubl. Daten, [19] Archiv MMW Sopron, [20] www.ornitho.at, [21] www.birding.hu, [22] Cranswick et al. (2012)*

Johannes Laber & Attila Pellinger

Kanadagans *Branta canadensis* (Linnaeus, 1758)

Kanadai lúd – Canada Goose

Südlich Podersdorf, 13.1.2013 (Michael Dvorak)

Unregelmäßiger Durchzügler und Wintergast, der zumeist zusammen mit Graugänsen auftritt

Vorkommen

Die ursprünglich in Nordamerika heimische Kanadagans wurde in Europa in Skandinavien bereits in den 1930er Jahren zu Jagdzwecken eingebürgert und hat sich von dort über weite Teile Nordeuropas ausgebreitet. Im Jahr 2010 zählte diese skandinavisch/nordwesteuropäische Brutpopulation ca. 58.000–64.000 Paare, die in Südschweden, Ostdänemark, Holland und Norddeutschland überwintern[1]. Seither wurde noch eine deutliche Zunahme registriert, allein in Frankreich, dem Vereinigten Königreich, Belgien und Finnland brüten aktuell mindestens 80.000 Paare[2]. Daher ist es überraschend, dass von dort nur unregelmäßig und meist mit Graugänsen vergesellschaftete Einzelvögel ins Neusiedler See-Gebiet gelangen.

Zwischen 1968 und 2015 wurden auf österreichischer Seite des Avifauna-Gebiets 23 Nachweise von je 1–2 Individuen gemeldet[3,4], seit 2015 aber nur noch einer am 28.1.2021 aus dem Neudegg[5]. Im ungarischen Teil des Neusiedler Sees wurden zwischen 1997 und 2015 jeweils zwischen November und Mai acht Nachweise von den renaturierten Feuchtgebieten bei Mekszikópuszta und deren Umgebung bekannt. Zumeist handelte es sich um einzelne Exemplare, die sich in den Wildganstrupps über mehrere Wochen oder gar Monate im Gebiet aufhielten. Seit 2015 gibt es aus Ungarn keine Nachweise mehr[6]. Ein erster publizierter Nachweis aus dem Jahr 1990[7] wurde nicht anerkannt – es hätte sich dabei um den ersten Nachweis in Ungarn gehandelt.

Darüber hinaus könnten auch Gefangenschaftsflüchtlinge aus Parks, Privathaltungen oder Tiergärten unter den Kanadagänsen des Neusiedler See-Gebiets sein. Je zwei Nachweise aus Österreich und Ungarn aus den Monaten Mai bis Juli beziehen sich wahrscheinlich auf solche aus der Gefangenschaft entkommene Exemplare[3,4,6]. Die Kanadagans ist in der aktuellen österreichischen Artenliste in den Kategorien C5 und E1 eingereiht[8].

Quellen: *[1] Kampe-Persson (2010), [2] Keller et al. (2020), [3] Archiv BirdLife Österreich, [4] www.ornitho.at, [5] A. Thaler/ornitho.at [6] Archiv MME Sopron, [7] Hadarics (1991), [8] Berg et al. (2021)*

Johannes Laber & Tibor Hadarics

Weißwangengans *Branta leucopsis* (Bechstein, 1803)

Apácalúd – Barnacle Goose

Sehr seltener Durchzügler und Wintergast, der zumeist zusammen mit Graugänsen auftritt

Verbreitung und Lebensraum

Weißwangengänse halten sich zumeist unter Blässgänsen, zuweilen aber auch unter Graugänsen auf und sind daher ebenso wie diese vor allem auf Wintergetreidefeldern, Maisstoppeln bzw. Hutweiden zu finden. Salzwiesen und Hutweiden spielen vor allem im Frühjahr eine Rolle für die Nahrungssuche. Die Art nutzt dieselben Schlafplätze wie Bläss- und Graugans, auf österreichischer Seite somit vor allem das Lange Lacke-Gebiet und den St. Andräer Zicksee[1,2].

Bestand und Bestandsentwicklung

Der erste Nachweis der Weißwangengans war ein im Spätherbst 1949 erlegter Altvogel[3], erst am 30.9.1961 wurde unter einigen hundert Saatgänsen an der Langen Lacke ein weiterer

St. Andräer Zicksee, 6.11.2021 (Klemens Wessely)

Vogel entdeckt[4]. Zwischen 1962 und 1968 gelangen dann sieben weitere Nachweise[5], in den nachfolgenden Jahren bis 1976 hingegen nur mehr ein einziger am 25.10.1971 an der Langen Lacke[6]. Etwas regelmäßiger wurden Weißwangengänse dann aber ab 1976 festgestellt, mit sieben Nachweisen von jeweils 1–2 Individuen (am 7.3.1977 sogar 5 Ex. an der Langen Lacke) zwischen November 1976 und Oktober 1979[7]. Dieser Trend setzte sich in den 1980ern fort mit 11 Nachweisen von 1–2 Exemplaren aus sieben Jahren[8] und ebenfalls 11 Nachweisen aus sechs Jahren von 1991–1998[9, 10].

Seit Beginn der intensiven Gänsezählungen im Winter 2001/02 schwankte auf österreichischer Seite sowohl die Anzahl der Tage mit Nachweisen als auch die durchschnittliche Anzahl pro Tag. In den fünf Jahren 2001/02 bis 2005/06 waren es 18 Nachweise mit durchschnittlich 1,8 Weißwangengänsen pro Tag. In den darauffolgenden fünf Jahren erhöhte sich die Zahl auf 61 Nachweise bei durchschnittlich 4,4 Weißwangengänsen pro Tag[2, 11]. Danach gingen diese Werte bei tendenziell steigender Beobachtungstätigkeit wieder eher zurück, in den Jahren 2011/12 bis 2015/16 wurden Weißwangengänse an 67 Tagen festgestellt, bei durchschnittlich nur 1,5 Individuen pro Tag[1]. Das Auftreten ist damit momentan als schwankend anzusehen. Die Maximalwerte erreichten in manchen Jahren 10–19 Exemplare. Die Weißwangengans ist somit in Österreich seltener im Gebiet anzutreffen als beispielsweise die Rothals- oder die Zwerggans.

Der erste Nachweis der Art im ungarischen Teil des Neusiedler Sees gelang erst am 6.3.1982, als zwei Individuen zwischen Saatgänsen auf den Weiden von Cikes beobachtet wurden[12]. Ebenfalls zwei Exemplare wurden auf der Mähwiese des Borsodi-dűlő am 14.3.1989 von S. Faragó et al. beobachtet[13]. Vom 28.10.1991 bis 9.2.1992 überwinterte ein Vogel mit schwedischer Markierung[14]. Zwischen 1991 und 2019 wurden aus dem ungarischen Teil des Neusiedler Sees 482 Nachweise gemeldet, die überwiegende Mehrheit aus den Überschwemmungsgebieten von Mekszikópuszta und deren Umgebung. 60 Prozent aller Nachweise betrafen einzelne Vögel, der Rest kleine Gruppen aus 2–6 Exemplaren[15]. Im Februar 2011 verweilte eine große Gruppe im südöstlichen Teil des Neusiedler Sees, maximal waren es am 19.2.2011 17 Individuen bei Lászlómajor[16]. Die nächstgrößte Gruppe waren 10 Individuen im Borsodi-dűlő am 3.11.2003[17].

Jahreszeitliches Auftreten

Der herbstliche Einzug beginnt Ende Oktober. Zumeist handelt es sich dabei nur um Einzelvögel oder kleine Gruppen. Trupps von mehreren Exemplaren halten sich nur ab Anfang Februar im Gebiet auf. In wenigen Fällen verblieben Einzelvögel oder kleine Trupps noch bis Mitte April im Gebiet.

Zugverhalten und Ringfunde

Die Weißwangengans brütet in drei Populationen in Ostgrönland, Svalbard und Nordrussland, von denen die letztere als mögliche „Quelle" der bei uns auftretenden Vögel von Bedeutung ist. Es wäre denkbar, dass einzelne Individuen in Vergesellschaftung mit sibirischen Blässgänsen auf ihrem Weg nach Norddeutschland und in die Niederlande in den Seewinkel kommen. Eine alternative Erklärung wäre, dass die Art vergesellschaftet mit nordeuropäischen/baltischen Graugänsen ins Neusiedler See-Gebiet gelangt. Schlussendlich ist auch nicht auszuschließen, dass einzelne Vögel aus halbwilden Populationen, z.B. aus jenen in Süddeutschland, in den Seewinkel kommen und sich dort den Bläss- und Graugänsen anschließen.

Quellen: *[1] J. Laber & A. Pellinger, unpubl. Daten, [2] Laber & Pellinger (2008), [3] Bauer et al. (1955), [4] Steiner (1962), [5] Leisler (1969), [6] F. Samwald/ABÖ, [7] R. Triebl/ABÖ, [8] Ranner et al. (1995), [9] Laber & Ranner (1997), [10] Ranner (1999), [11] Laber & Pellinger (2012), [12] L. Kárpáti & A. Ambrus in Molnár (1984), [13] Pellinger (1993), [14] Pellinger (1992a), [15] Archiv MME Sopron, [16] B. Kárász, unpubl. Daten, [17] A. Pellinger & S. Mogyorósi, unpubl. Daten, [18] www.ornitho.at, [19] www.birding.hu*

Johannes Laber & Attila Pellinger

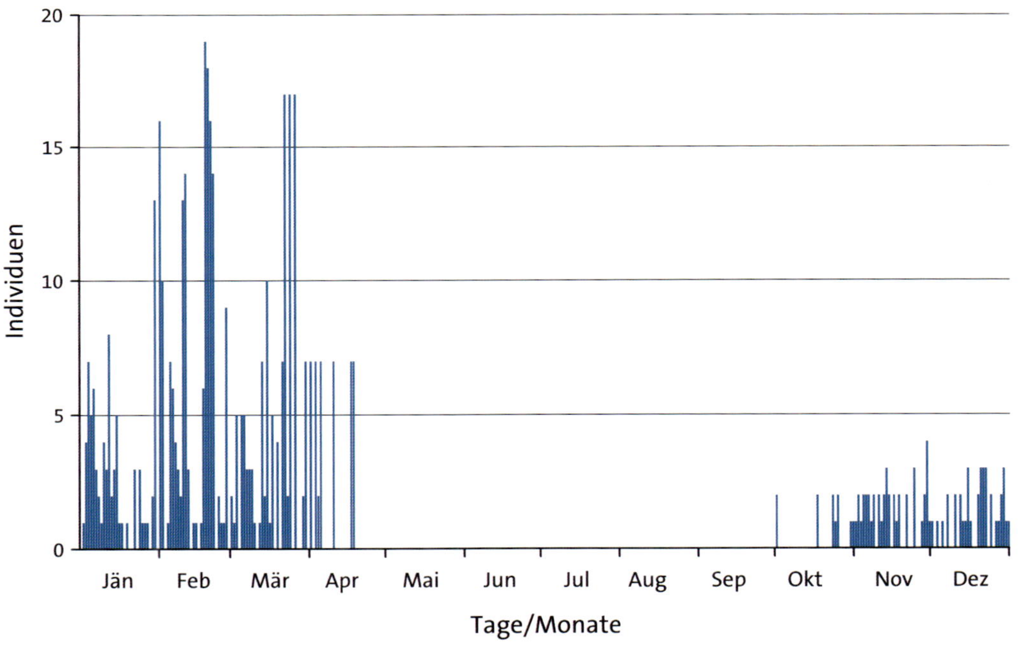

Jahreszeitliches Auftreten der Weißwangengans (Tagessummen) in Österreich und Ungarn basierend auf Daten aus den Jahren 2011–2018 (n = 509)[18, 19].

Streifengans *Anser indicus* (LATHAM, 1790)

Indiai lúd – Bar-headed Goose

Storchenwiese, Rust, 26.5.2011 (Michael Dvorak)

Unregelmäßiger Gast aus eingebürgerten europäischen Vorkommen oder Gefangenschaftsflüchtling

Vorkommen

Die in Zentralasien brütende Streifengans wird in Europa regelmäßig in Gefangenschaft gehalten. Aus solchen Zuchten entkommene Vögel brüten mittlerweile in Teilen West- und Mitteleuropas mit Schwerpunkt in den Niederlanden und kleineren Beständen in England, Frankreich und Deutschland[1]. Dieser europäische Brutbestand belief sich um 2010 auf etwa 200 Paare, die vor allem in den Niederlanden brüteten[2], seither hat der dortige Brutbestand u. a. auch durch Kontrollmaßnahmen stark abgenommen[1]. Aktuell brüten nur mehr 50–90 Paare und der Winterbestand liegt bei 250–400 Individuen[3]. Die in Österreich festgestellten Streifengänse sind daher entweder Abkömmlinge dieser etablierten europäischen Brutpopulation oder Gefangenschaftsflüchtlinge, also aus Haltungen der näheren oder weiteren Umgebung entkommene Vögel. In der aktuellen österreichischen Artenliste ist die Art in Kategorie E1 eingereiht[4].

Auf österreichischer Seite wurde die Art in den Jahren 1974 bis 2020 bisher 17-mal festgestellt, wobei sich die Beobachtungen über das ganze Jahr verteilen[4–6]. 2019 hielt sich ein Exemplar von Mitte November bis Ende Dezember im Seewinkel auf, 2020 ein (weiterer oder derselbe?) Vogel von Anfang Oktober bis Mitte November[5]. Aus Ungarn wurden zwischen 1997 und 2020 10 Nachweise von einzelnen Exemplaren gemeldet[7].

Ein mit einem vermutlich ungarischen Aluring (Budapest…) markiertes Exemplar hielt sich im September 1992 zusammen mit einem zweiten Vogel im Seebad Illmitz auf[9]. Ein Hybrid Streifen- x Graugans wurde zwischen 16.4.2013 und 10.12.2014 durchgehend von verschiedenen Stellen des Seewinkels gemeldet[6].

Quellen: *[1] Keller et al. (2020), [2] Kampe-Persson (2010), [3] Sovon Vogelonderzoek Nederland (2018), [4] Berg et al. (2021), [5] Archiv BirdLife Österreich, [6] www.ornitho.at, [7] Dick (1982), [8] Archiv MME Sopron, [9] J. Laber/ABÖ*

Johannes Laber & Tibor Hadarics

Schneegans *Anser caerulescens* (LINNAEUS, 1758)

Sarki lúd – Snow Goose

Ausnahmeerscheinung, entweder aus eingebürgerten europäischen Vorkommen oder aus Gefangenschaft

Vorkommen

Die Schneegans brütet in Nordamerika und Ostsibirien. In Europa gibt es kleine, auf aus Gefangenschaft entflogene oder eingebürgerte Vögel zurückgehende Brutvorkommen im Vereinigten Königreich, den Niederlanden, Deutschland, Dänemark und Finnland[1]. Der niederländische Winterbestand liegt bei 90–110 Exemplaren[2]. Die Art wurde bislang sechsmal im Neusiedler See-Gebiet festgestellt:

- Ende April bis Herbst 1963, Illmitzer Zicksee, 1 Ind. weiße Phase (M. Ganso u. a.)[3]
- Juni 1983 Seewinkel, 1 Ind. weiße Phase (R. Kroiss u. a.)[4]
- 18.3.1984 Kühbrunnlacke, 1 Ind. blaue Phase (M. Dvorak, P. Sackl)[4]
- 16.12.1984 Tadten/Hanság, 1 juv. Ex. weiße Phase (A. Ranner, H.-M. Berg)[5]
- 30.11. und 6.12.1991 Lange Lacke und Paulhofäcker, an beiden Tagen 1 Ind. weiße Phase morgens mit anderen Gänsen von der Langen Lacke ausfliegend, nachmittags in Gänsetrupp auf Paulhofäckern fressend (A. Ranner, R. Parz-Gollner)[5]
- 5.–14.1.1996 Mekszikópuszta, Cikes, Lászlómajor, Nyéki-szállás (Ungarn), 1 ad. weiße Morphe[6]

Die Schneegans ist in der aktuellen österreichischen Artenliste in Kategorie D eingereiht[7].

Quellen: *[1] Keller et al. (2020), [2] Sovon Vogelonderzoek Nederland (2018), [3] Steiner (1965), [4] Dvorak & Sackl (1985), [5] Archiv BirdLife Österreich, [6] Hadarics et al. (1998), [7] Berg et al. (2021)*

Johannes Laber & Tibor Hadarics

Tadten/Hanság, 16.12.1984 (nach einer Feldskizze von Hans-Martin Berg)

Graugans *Anser anser* (Linnaeus, 1758)

Nyári lúd – Greylag Goose

Frauenkirchen, 9.4.2021, Paar mit Gössel (Leander Khil)

Sehr häufiger Brutvogel im Schilfgürtel des Neusiedler Sees und vereinzelt der Lacken sowie sehr häufiger Durchzügler und Wintergast

Verbreitung und Lebensraum

Der allergrößte Teil der Brutpopulation nistet im Schilfgürtel des Neusiedler Sees, nur wenige Paare brüten auch in geeigneten Schilfflächen des Lackengebiets. Nach dem Schlupf der Jungvögel wandern die Familien zu geeigneten Aufzuchtsgebieten, die sich bevorzugt entlang der landseitigen Verlandungszone des Sees befinden. Auf österreichischer Seite werden neben den nahe am Ostufer des Sees gelegenen Lacken und Wiesengebieten zwischen Illmitz und der Hölle vor allem Weidegebiete wie die Podersdorfer Pferdekoppel, das Sandeck und die Graurinderkoppel genutzt. Graugansfamilien sind aber auch im Bereich der Lacken wie z.B. im Gebiet Lange Lacke/Wörthenlacken und in den letzten Jahren zunehmend auch am St. Andräer Zicksee in großer Zahl anzutreffen.

Im Herbst und Frühwinter konzentrieren sich die Graugänse vor allem auf die großen Ackerflächen nördlich des St. Andräer Zicksees, im Bereich zwischen Arbesthau und Zwikisch und im nördlichen Hanság, überall dort, wo größere Maisstoppeläcker neben Wintergetreidefeldern zu finden sind. Im Winter nutzen sie dann überwiegend Maisstoppelfelder, Winterraps, aber auch Wintergetreidefelder. Im Spätwinter fressen die Graugänse verstärkt in Rinder- und Pferdekoppeln in unmittelbarer Nähe zum Schilfgürtel. Salzwiesen und die seenahen Weiden spielen vor allem im Frühjahr eine Rolle. Als winterliches Schlafgewässer wird auf österreichischer Seite die Lange Lacke bevorzugt. Wenn diese ausgetrocknet ist oder zufriert, wird vor allem der St. Andräer Zicksee als Ausweich-Schlafplatz genutzt.

Auf ungarischer Seite nutzen die Graugänse im Winterhalbjahr typischerweise Ackerflächen in einer Entfernung von maximal 10 km vom Schlafplatz, die im Süden durch den großen Waldblock von Röjtök und im Osten durch die zusammenhängenden Pappelwälder des Hanság abgegrenzt werden. Hier wechseln die Vögel zwischen den zusammenhängenden Agrarflächen bei Nagycenk-Pereszteg, zwischen Sarród-Tőzeggyármajor und zwischen Süttör(Fertőd)-Agyagosszergény. In Jahren mit hohen Wasserständen konzentrieren sich die Nahrung suchenden Trupps im Bereich von Feldern mit Wasserbedeckung. Wie in Österreich werden Maisstoppelfelder bevorzugt, solange diese nicht umgepflügt werden. Die am Morgen vom Neusiedler See ausfliegenden Graugänse kehren in jedem Fall wieder hierher zurück, auch wenn die Überschwemmungsgebiete im Hanság näher liegen. Sofern ein Wechsel des Schlafplatzes geschieht, erfolgt dies in umgekehrter Richtung. Hauptschlafplätze auf ungarischer Seite sind die Vogelwarte-Bucht (Madárvártaöböl) und der Silbersee; mehrere Tausend Graugänse nächtigen bis zum Einbruch der Frostperiode auch in den Überschwemmungsflächen von Mekszikópuszta. Zusätzlich überwintern Graugänse (abseits des Avifauna-Gebiets) in zunehmender Zahl auch in den benachbarten, vom südlichen Teil des Neusiedler Sees ca. 25 km entfernten Überschwemmungsgebieten Osli-Hany und Nyirkai-Hany. Zwischen diesen beiden, voneinander nur ca. 6 km auseinander gelegenen Gebieten, können sich die Schlafplätze aber innerhalb einer Saison mehrmals verlagern.

Die Brutpopulation am Neusiedler See wurde früher der östlichen Unterart *Anser anser rubrirostris* zugeordnet[16], aktuell wird dieses Vorkommen jedoch zur Unterart *anser* gestellt[23]. Unser Gebiet liegt wohl im Grenzbereich der zwei Unterarten, was sich im Auftreten von rosa- und orangeschnäbeligen Individuen sowie Mischformen äußert.

Bestand und Bestandsentwicklung

Für die 1850er und 1860er Jahre wurde die Graugans nicht als Brutvogel des Seewinkels erwähnt[1]. Nach der Wiederbefüllung des davor über mehrere Jahre trocken liegenden Neusiedler Sees ab 1872 dürfte sich die Graugans in den danach rasch heranwachsenden Schilfbeständen (wieder?) als Brutvogel etabliert haben. Zu Beginn der 1880er Jahre wurde kursorisch erwähnt, dass ein Brüten *„nicht selten geschieht"* und die Gänse dann häufiger erlegt werden[2]. Im Südteil des Gebiets soll die Graugans 1882 wahrscheinlich gebrütet haben[3], derselbe Autor bezeichnete die Art dann später sogar als häufigen Brutvogel der Jahre 1882–1885[4]. Für die Jahre 1886 und 1887 wurde die Graugans als *„häufiger Brutvogel im Erlenwalde, in geringerer Zahl auch an verschiedenen Punkten des Hanysag"* bezeichnet, über ein Brutvorkommen im Seewinkel wurde hingegen nicht berichtet[5]. Bereits 1907 und 1909 war die Art aber *„Brutvogel in entsprechenden Rohrpartien des Südufers, jedoch in größter Anzahl in den Rohrwäldern des östlichen Ufers, besonders in der Gegend bei Mexiko"*[6]. Für das Jahr 1934 wurde festgehalten, dass die Graugans immer noch *„in schöner Zahl"* brütet[7], und in der zweiten Hälfte der 1930er Jahre war sie im Seewinkel nur vereinzelter, am Ostufer des Sees schon etwas häufigerer Brutvogel, *„aber viel zahlreicher am Westufer des Sees, besonders in den Rohrwildnissen bei Oggau, Donnerskirchen und Purbach"*[8]. Wenige Zeit später, in den frühen 1940er Jahren, war die Graugans *„ein recht häufiger Brutvogel des Gebiets"*[9] und zehn Jahre später konnte diese Aussage bestätigt werden, denn der *„Bestand scheint sich nicht verändert zu haben"* und die Graugans war Mitte der 1950er Jahre ein *„ziemlich häufiger Brutvogel"*[10].

Ende der 1960er Jahre wurde der Bestand nur für den Seewinkel und das Ostufer des Sees auf 120 bzw. 120–130 Paare geschätzt[11,12], während damals im gesamten Neusiedler See-Gebiet etwa 250–300 Paare vorgekommen sein sollen[13]. Im Verlauf der 1970er Jahre ist der Brutbestand dann augenscheinlich angestiegen: Für 1977 wurden etwa 300 Brutpaare angegeben (inklusive ca. 70 in Ungarn)[14] und Anfang der 1980er Jahre wurde der Bestand für das gesamte Neusiedler See-Gebiet bereits mit mehr als 400 Paaren, davon über 70 in Ungarn, angegeben[15]. Zu Beginn der 1990er Jahre wurde alleine der Brutbestand auf österreichischer Seite auf etwa 400 Paare geschätzt[16]. Im Jahr 2000 wurde hingegen auf Basis systematischer Erhebungen der Bestand im Seewinkel mit nur 300 Brutpaaren beziffert[17]. Innerhalb der nächsten 15 Jahre kam es neuerlich zu einer sehr starken Bestandszunahme: Seit 2012 wurde alljährlich der Brutbestand auf österreichischer Seite mittels Synchronzählungen erfasst. Demnach schwankte die Zahl Junge führender Paare stark, lag im Mittel zwischen 700 und 1.000, minimal wurden nur ca. 400, maximal jedoch um 1.600 gezählt; dazu kommen noch Brutpaare ohne Pulli, deren Abgrenzung jedoch schwierig ist, sodass die Werte mit Unsicherheiten behaftet sind[18,19]. Auf ungarischer Seite kommen alljährlich ca. 300–400 Paare hinzu[20], sodass der Gesamtbestand des Avifauna-Gebiets im bisher besten Jahr 2015 bei ca. 2.300 Paaren lag und in den übrigen Jahren bis 2018 im Mittel auf 1.400–2.000 Paare beziffert werden kann.

Da Graugänse erst nach mehreren Jahren zu brüten beginnen, halten sich zusätzlich zu den Brutpaaren auch noch größere Zahlen an Nichtbrütern im Brutgebiet auf. Ende der 1960er Jahre wurden 400–500 Individuen angegeben[12], Anfang der 1980er Jahre sollen es an die 500 gewesen sein[15] und im Jahr 2000 wurde deren Zahl mit 700–800 Exemplaren beziffert[17]. Letztere Angabe stellte sich als starke Unterschätzung heraus, denn darauf folgende systematische Erhebungen zwischen 2001 und 2004 ergaben mit 2.803–3.632 Individuen, ein Vielfaches dieser Zahl[21]. Seit 2011 wurden die Nichtbrüter in den meisten Jahren zumindest im österreichischen Seewinkel erfasst und lagen zwischen 3.900 und 6.700 Exemplaren[19]. Insgesamt umfasste die Graugans-Population auf österreichischer Seite damit in den Frühjahren der Jahre 2012–2019 zwischen 6.300 und 9.400 adulte Exemplare; im gesamten Avifauna-Gebiet sind es inklusive 2.400–3.000 Vögeln auf ungarischer Seite (2.420 bzw. 1.600 Nichtbrüter in den Jahren 2019/2020)[20] zwischen 8.000 und 12.500 Individuen.

Im ungarischen Teil des Neusiedler Sees nahm die in den 1980er Jahren erst um die 100 Paare zählende Brutpopulation bis 2010 auf ca. 400 Paare[20] zu, und das, obwohl zur selben Zeit auch eine Ausbreitung zuerst in den Nyirkai-Hany[22], und dann auch in den Osli-Hany und andere kleinere Feuchtgebiete in der Kleinen Ungarischen Tiefebene stattfand.

Im Herbst findet man im Neusiedler See-Gebiet etwa 10–20 % der zentraleuropäischen Population, womit das Gebiet als international bedeutend eingestuft werden kann[23]. Über die historische Entwicklung der Bestände am Durchzug und im Winter ist wenig bekannt. In der zweiten Hälfte des 19. Jahrhunderts wurden mehrfach *„große Scharen“* am Durchzug im Frühjahr und Herbst erwähnt, ohne weitere konkrete Angaben[1, 3]. Anfang der 1940er Jahre kam von Zimmermann[9] mit *„zieht auch im Herbst und Frühjahr in nicht minder großen Scharen durch“* eine ganz ähnliche Aussage, er ergänzte aber, dass die Art *„in Jahren milderen Wetters z. T. auf dem See auch überwintern dürfte“*. Anfang der 1950er Jahre wurde die Graugans als ziemlich häufiger Durchzügler, aber nur vereinzelter Überwinterer bezeichnet[10] und in den späten 1960er Jahren wurden die Spitzenwerte mit 3.000 bis 4.000 Exemplaren in den Monaten Oktober und November erreicht[12]. Anfang der 1980er Jahre wurde mit grenzüberschreitenden Gänsezählungen im Winterhalbjahr begonnen, die seitdem kontinuierlich fortgeführt wurden[24–26]. In den letzten vier Jahrzehnten bewegten sich die Graugans-Zahlen in den Monaten November und Jänner im Bereich zwischen 7.000 und 12.000 Exemplaren, wobei einzelne Jahre mit deutlich höheren oder niedrigeren Zahlen herausstechen; auffällig ist eine Phase höherer Zahlen (16.000–20.000) in den Jahren 1994–2001, aber auch einzelne Jahre mit deutlich geringeren Zahlen von nur jeweils ca. 5.000 Gänsen. Abgesehen von diesen Schwankungen ist es aber seit den frühen 1980er Jahren zu keinen wesentlichen Änderungen der Zahlen im Winterhalbjahr gekommen.

Jahreszeitliches Auftreten

Die Graugans tritt ganzjährig in großer Zahl im Avifauna-Gebiet auf, wobei der lokale Brutbestand in den Monaten Februar bis Juli anzutreffen ist. Der Brutbeginn kann in milden Spätwintern bereits auf Mitte Februar fallen, die ersten Pulli führenden Paare können dann bereits in der letzten Dekade des März beobachtet werden. Der Median der Jahre 2013–2021 ist dabei der 25.3., die frühesten Familien wurden 2020 (20.3.) sowie 2015 und 2018 (jeweils am 22.3.) registriert, die spätesten 2017 (4.4.) und 2013 (6.4.)[27]. Das Erscheinen der ersten Pulli lag damit in den letzten 20 Jahren deutlich früher als in den Jahren vor 2001: Aus den Jahren 1981–2000 liegt nicht eine einzige Meldung über Familien vor, die vor dem 1. April beobachtet wurden[28].

Im August verlässt ein großer Teil des Bestandes das Gebiet. Ab Anfang September beginnt der herbstliche Einzug und schon im Oktober wird in den meisten Jahren der Höchststand mit ca. 10.000 Exemplaren erreicht (Ø der Jahre 2001–2020: 10.160). Im November nehmen die Zahlen leicht ab (Ø 8.766), um im Dezember und Jänner in etwa stabil zu bleiben (Ø 6.822 bzw. 7.651), wobei aber gerade die Zahlen im Jänner witterungsbedingt sehr große Schwankungen aufweisen und zwischen ca. 3.000 und ca. 12.000 liegen können. Bereits im Februar ist vermutlich überwiegend der Brutbestand im Gebiet anwesend (Ø 5.844), die heimischen Brutvögel verstreuen sich zu dieser Zeit und die ersten besetzen bereits die Brutplätze im Schilfgürtel.

Eine Entwicklung, die im Jahr 2005 begonnen hat, ist das durchgehende Ausharren der Graugänse über den Hochwinter in ähnlicher Bestandshöhe wie im Herbst, daher ist nunmehr überhaupt keine herbstbetonte Phänologie mehr festzustellen. Noch in den 1980er Jahren überwinterte die Graugans überhaupt nicht im Neusiedler See-Gebiet, in den 1990er Jahren schwankten die Zahlen im Jänner bis 2004 zwischen 2.000 und 5.000, um erst danach sprunghaft anzusteigen.

Zugverhalten und Ringfunde

Die Brutvögel Finnlands, der baltischen Staaten, Polens, Tschechiens und Österreichs folgten ursprünglich einer zentraleuropäischen Zugroute über Italien nach Tunesien und Algerien[29]. Bis in die 1990er Jahre hinein überwinterten daher auch die Graugänse des Neusiedler See-Gebiets überwiegend in Feuchtgebieten in Tunesien und im östlichen Algerien[14, 30]. Heute kommt dies nur mehr ganz ausnahmsweise vor, letztmalig wurde im Winter 2017/18 ein Aufenthalt von zwei besenderten und vier mit Halsmanschetten markierten Exemplaren in Nordafrika registriert[31]. In den letzten Jahrzehnten kam es damit zu einer deutlichen Zugwegverkürzung[27]. Die Graugänse verlassen heute entweder Mitteleuropa gar nicht mehr oder sie ziehen maximal bis nach Mittel- und Norditalien. Die Trennung des zentraleuropäischen Zugsystems vom nord-/südwest-europäischen ist Ringfunden zufolge jedoch keinesfalls scharf. So überwintern manche Vögel in einem Winter in Westeuropa, um in einem anderen Winter am Neusiedler See aufzutauchen[32, 33].

Durch viele Ringablesungen im Neusiedler See-Gebiet zeigt sich, dass im Winterhalbjahr ein Zuzug von Brutvögeln aus Tschechien, Polen und Ostdeutschland stattfindet. Die in Ungarn brütenden Graugänse dürften in Ungarn überwintern bzw. auf die Balkanhalbinsel ausweichen. Die Beringungen und Besenderungen von Graugänsen ab dem Jahr 2013 haben viele neue Erkenntnisse gebracht[18, 20, 32, 33]: So ziehen Graugänse vom Neusiedler See-Gebiet nach Osten hin nach Ungarn zum Kis-Balaton, zum Dinnyési-Fertő und anderen nahe gelegenen Gewässern (Zámolyi-víztározó, Rétszilasi-halastavak und entlang des Südufers vom Balaton) und pendeln zwischen diesen. Die Donau wird Richtung Osten nur von einem kleinen Teil der Vögel überquert, die typischerweise nicht weiter als zu den Lacken und Fischteichen des Kiskunság fliegen, nur einzelne erreichen das Gebiet der Hortobágy in Ostungarn. In südlicher Richtung wurden markierte Vögel vom Neusiedler See in bedeutender Anzahl an den Stauseen der Drau sowie an slowenischen, kroatischen und serbischen (selten bosnischen) Fischteichen und Feuchtgebieten beobachtet. Umgekehrt gelangen aber die Vögel anderer ostpannonischer Brutpopulationen nicht oder nur in geringer Zahl ins Neusiedler See-Gebiet. Viel eher treffen Vögel dieser zwei Populationen in den Überwinterungsgebieten im nördlichen Balkan zusammen. Skandinavische (überwiegend finnische) und baltische Graugänse gelangen ebenfalls nur in sehr geringer Anzahl zum Neusiedler See, sie verbleiben typischerweise im Einzugsgebiet der Theiß. Markierte Vögel vom Neusiedler See gelangen in geringer Anzahl, aber regelmäßig, auch nach Nordost- und Nordwest-Italien sowie auf die Insel Sardinien, erreichen aber normalerweise die südlich von Rom gelegenen Teile Italiens nicht mehr. Ein weiterer Teil der westpannonischen Brutpopulation zieht nach der Brutzeit einerseits in nördliche und

Jahr	Paare mit Pulli	Paare ohne Pulli	Paare gesamt	Nichtbrüter	Individuen gesamt AT
2012	485	859	1.344	6.681	9.369
2013	?	?	?		
2014	993	293	1.286	4.626	7.198
2015	1.575	357	1.932		
2016	1.606	?	1.606	5.797	9.009
2017	693	401	1.094		
2018	825	152	977	4.387	6.341
2019	410	118	528	6.693	7.749
2020	460	?	?	5.254	
2021	851	?	?	3.939	

Brutbestand und Anzahl der Nichtbrüter der Graugans im österreichischen Teil des Neusiedler See-Gebiets in den Jahren 2012–2021[18, 19].

nordöstliche Richtung zu Fischteichkomplexen in Südböhmen (Umfeld von Ceské Budéjovice) und Südmähren (Brno und Umfeld), andererseits nach Südpolen (Umfeld von Wrocław), wo ebenfalls Fischteichgebiete genutzt werden. Über diese beiden Gebiete hinaus erstreckt sich das Einzugsgebiet der Neusiedler Graugänse aber auch in nördliche und nordwestliche Richtungen zu den Feuchtgebieten in Brandenburg (Umfeld von Berlin)[34, 35], einige Vögel erreichen aber auch Dänemark, Schweden und selbst Belgien[18, 33]. Umgekehrt nutzen auch die Brutvögel dieser Gebiete im nördlichen Mitteleuropa ab dem Spätsommer das Neusiedler See-Gebiet in bedeutender Zahl.

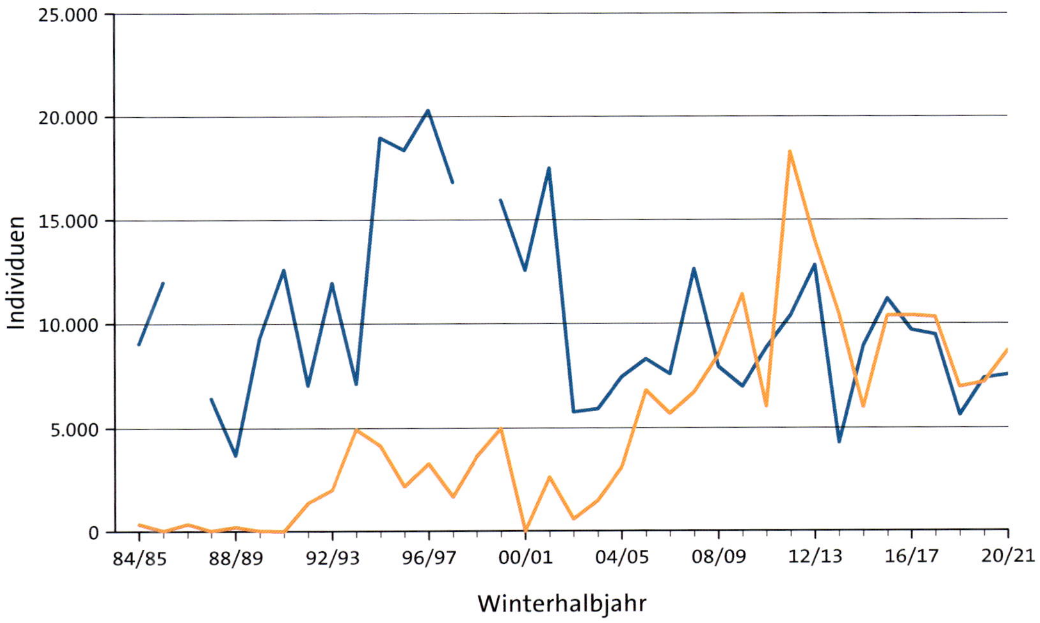

Die Entwicklung des Durchzugs- und Winterbestandes der Graugans in den Monaten November und Jänner in den Winterhalbjahren 1984/85–2020/21[24–26]. Blaue Linie: November; orange Linie: Jänner.

Quellen: [1] *Jukovits (1864/65),* [2] *Baron Fischer (1883),* [3] *Fászl (1883),* [4] *Fászl (1894) zit. in Zimmermann (1943),* [5] *von Dombrowski (1889),* [6] *Schenk (1917a),* [7] *Breuer (1934),* [8] *Seitz (1942),* [9] *Zimmermann (1943),* [10] *Bauer et al. (1955),* [11] *Festetics & Leisler (1968),* [12] *Leisler (1969),* [13] *Bauer & Glutz von Blotzheim (1968),* [14] *Triebl (1979),* [15] *Triebl (1984),* [16] *Dick (1994),* [17] *Steiner & Parz-Gollner (2003),* [18] *Wendelin (2020),* [19] *B. Wendelin & M. Dvorak; unpubl. Daten,* [20] *A. Pellinger, unpubl. Daten,* [21] *B. Wendelin, unpubl. Daten,* [22] *Pellinger & Ferenczi (2012),* [23] *Wetlands International (2018),* [24] *Laber & Pellinger (2008),* [25] *Laber & Pellinger (2012),* [26] *J. Laber & A. Pellinger, unpubl. Daten,* [27] *www.ornihto.at,* [28] *Archiv BirdLife Österreich,* [29] *Podhrazsky et al. (2017),* [30] *Dick et al. (1991),* [31] *Pellinger & Hadarics (2020d),* [32] *Vogelberingungszentrale BirdLife Ungarn, unpubl. Ringfunde,* [33] *Österreichische Vogelwarte, unpubl. Ringfunde,* [34] *Hudeč et al. (1986),* [35] *Grabenhofer & Knes (2020)*

Michael Dvorak, Johannes Laber & Attila Pellinger

Waldsaatgans *Anser fabalis* (Latham, 1787)

Vetési lúd – Taiga Bean Goose

Darscho, Apetlon, 5.11.2018 (Klemens Wessely)

Ausnahmeerscheinung mit 10 Nachweisen von jeweils 1–2 Exemplaren aus Österreich in den Jahren 2006–2018

Vorkommen

Die in der Taiga von Ostskandinavien bis ins westliche Sibirien brütende Waldsaatgans überwintert in Südschweden, Nordwest-Polen und Nordost-Deutschland[1]. Tundra- und Waldsaatgans wurden bis vor wenigen Jahren als eine Art klassifiziert, daher wurden bis vor kurzer Zeit, bei damals noch viel höherer Zahl an „Saatgänsen“, die damaligen zwei Unterarten in aller Regel nicht differenziert. Sicher ist jedoch, dass die Art auch in früheren Jahrzehnten nur in geringer Zahl im Neusiedler See-Gebiet auftrat und auch aktuell verfliegen sich nur unregelmäßig einzelne Tiere ins Neusiedler See-Gebiet. Während für den ungarischen Seeteil keine artspezifischen aktuellen Daten vorhanden sind, existieren aus dem österreichischen Seewinkel seit 2006 10 Nachweise von je 1–2 Individuen:

- 16.12.2006 Neudegg, 1 Ex. (J. Laber[2])
- 12.1.2008 Paulhofäcker, 2 Ex. (J. Laber; club300.at[3])
- 20.2.2008 Lange Lacke, 2 Ex. mit 20 Tundrasaatgänsen (A. Ranner[2])
- 3.1.2009 Äcker südlich Frauenkirchen, 1 Ex. (S. Zinko u. a.[3])
- 24.1.2009 Lange Lacke, 2 Ex. (G. Tebb, H. Salzgeber[3])
- 22.5.2009 Lange Lacke, 1 Ex. (J. Laber[2])
- 24.3.2010 Östliche Wörthenlacke, 1 Ex. (J. Frießer[3])
- 12.10.2012 Wallerner Äcker, 1 Ex. (J. Laber[3])
- 24. 10. & 27.10.2012 1 Ex. St. Andräer Zicksee (C. Roland, W. Trimmel[3])
- 3.11.–7.11.2018 Darscho, 1 ad. Ex. (W. Trimmel u. a.[3, 4])

Quellen: [1] *Wetlands International (2018),* [2] *Archiv BirdLife Österreich,* [3] *www.club300.at,* [4] *www.ornitho.at*

Johannes Laber & Attila Pellinger

Kurzschnabelgans *Anser brachyrhynchus* Baillon, 1834

Rövidcsőrű lúd – Pink-footed Goose

Hanság, Tadten, 16.12.2010 (Belegfoto Otto Samwald)

Unregelmäßiger Durchzügler und Wintergast

Vorkommen

16 Nachweise:

- 1.10.1966 Illmitzer Zicksee, 1 Ind. (C. Lunau [1, 2])
- 12.3.1967 Erdeihof südöstlich Frauenkirchen, 2 ad. (K. Bauer, F. Spitzenberger [1, 2])
- 27.10.1968 südlich Apetloner Hof, 1 Ind. (B. Leisler, A. Festetics [2])
- 9.11.1969 Wallern, 2 Ind. (G. Spitzer [3])
- 24.10.1971 St. Andräer Zicksee, 2 ad. (F. Samwald, H. Hammer [4])
- 1.–27.11.2006 Borsodi-dűlő (bis 12.11.) sowie (ab 5.11.) Neudegg und St. Andräer Zicksee, 1 ad. (Á. Tamás, Cs. László, J. Laber u.a. [5–7])
- 14.–19.4. und 3.5.2007 Östliche Wörthenlacke, 1 ad. (A. Ranner, W. Kautz, L. Khil u.a. [8])
- 17.–23.1.2008 Lászlómajor und Nyékiszállás, 2 ad. (T. Hadarics u.a. [9])
- 17.–26.12.2008 zentraler Seewinkel, 1–2 ad. (M. Dvorak, J. Laber, W. Stani [8])
- 21.10.–10.11.2009 zentraler Seewinkel, 1 ad. (A. Ranner, A. Grüll, J. Laber u.a. [8])
- 30.11.2009 Mekszikópuszta, Ürgedomb, 1 ad. (A. Pellinger, E. Szász [10])
- 9.–10.12.2011 Hanság bei Tadten, 1 ad. (J. Laber, O. Samwald, T. Hochebner u.a. [11])
- 22.–24.3.2012 Pap-rét sowie (nur am 23.3.) St. Andräer Zicksee, 1 ad. (K. Mühlböck, A. Pellinger, E. Albegger u.a. [12, 13])
- 8.12.2012 nördlich Illmitz, 1 ad. (C. Roland, F. Bittermann, J. Friesacher u.a. [13])
- 15.2.2014 Westliche Wörthenlacke, 1 ad. (J. Laber, C. Roland [13])
- 8.3.2018 Obere Halbjochlacke, 1 Ind. (J. Vratny, P. Mösinger [14])

Von dieser überwiegend an westeuropäischen Küsten und in Großbritannien überwinternden Art gelangen nur sehr selten einzelne Vögel in das mitteleuropäische Binnenland. Funde vor 1950 fehlen aus dem Gebiet völlig. Undokumentierte Meldungen aus dem Winter 1952/53 [15] wurden mit anderen alten österreichischen Nachweisen der Kurzschnabelgans wenig später pauschal wieder in Frage gestellt [16]. Somit erfolgte der Erstnachweis für das hier betrachtete Gebiet, und gleichzeitig für Österreich im Jahr 1966. Dieser Beobachtung folgten dann aber nahezu jährliche Funde bis in das Jahr 1971. Zwischen 1972 und Herbst 2006 konnten keine Kurzschnabelgänse mehr dokumentiert werden.

Seither ist die Art hingegen zwar sehr seltener, aber fast alljährlicher Gast mit 1–2 Individuen. Kurzschnabelgänse treten im Seewinkel in großen Trupps anderer Feldgänse auf und werden dementsprechend an deren bevorzugten Aufenthaltsorten gesehen. Beobachtungen gelingen daher überwiegend auf Äckern, v.a. auf abgeernteten Maisäckern und auf Wintersaat, auf Hutweiden in Lackennähe sowie an den Lacken selbst. Die Schwerpunkte des Auftretens liegen im zentralen Seewinkel zwischen dem Lange Lacke-Gebiet und dem Sankt Andräer Zicksee sowie auf den Renaturierungsflächen bei Mekszikópuszta im ungarischen Seevorgelände. Einzelne Feststellungen reichen von Illmitz bis an den Rand des Albrechtsfeldes und in den Hanság.

Jahreszeitliches Auftreten

Rund zwei Drittel der Nachweise (66,3 %) konzentrieren sich auf den Wegzug zwischen Oktober und Dezember. Deutlich spärlicher tritt die Art im Hochwinter und am Heimzug im Gebiet auf.

Quellen: [1] *Bauer & Glutz von Blotzheim (1968),* [2] *Leisler (1969b),* [3] *Archiv BirdLife Österreich,* [4] *Albegger & Brader (2018),* [5] *Hadarics (2008),* [6] *MME Nomenclator Bizottság (2010a),* [7] *Ranner & Khil (2009),* [8] *Ranner & Khil (2011),* [9] *MME Nomenclator Bizottság (2011a),* [10] *MME Nomenclator Bizottság (2011b),* [11] *Khil & Albegger (2014),* [12] *MME Nomenclator Bizottság (2016b),* [13] *Albegger & Khil (2016),* [14] *www.birdlife-afk.at,* [15] *Bauer & Rokitansky (1954),* [16] *Steinparz (1955)*

Andreas Ranner & Tibor Hadarics

Tundrasaatgans *Anser serrirostris* Gould, 1852

Tundralúd – Tundra Bean Goose

Noch vor 40 Jahren sehr häufiger Durchzügler, mittlerweile aber nur mehr seltener Durchzügler und Wintergast

Verbreitung und Lebensraum

Saatgänse bevorzugen im Herbst Felder mit Ernterückständen, v.a. Mais. Im Laufe des Winters, wenn die Maisäcker umgebrochen werden, wechseln sie zunehmend auf die Winterrapsfelder. Sie fliegen dabei von allen Arten am weitesten von den Schlafplätzen (mehr als 20 km) und zwar zumeist in südöstliche Richtung. Schon in den 1980er Jahren, als die Saatgans auch auf österreichischer Seite noch eine häufige Erscheinung war, fraßen diese bereits überwiegend in Ungarn auf den dort größeren und störungsärmeren Äckern [1]. Zu dieser Zeit strichen sie hier sogar zu mit 50–100 km viel weiter entfernt gelegenen Nahrungsplätzen, also sehr viel weiter als die am selben Schlafplatz verweilenden Graugänse und Blässgänse [2]. Der Strich dauerte nicht selten bis tief in die Nacht, gelegentlich übernachteten sie sogar am Nahrungsplatz. Besonders interessant ist die Verteilung der Saatgänse auf die Schlafplätze im Neusiedler See-Gebiet: Mittlerweile übernachten praktisch alle Saatgänse im Südteil des Neusiedler Sees und fliegen von dort nach Osten und Südosten zu ungarischen Nahrungsflächen. Auch die neuen Schlafplätze im ungarischen Hanság sind für die Saatgans bedeutender als die österreichischen Schlafplätze. Auf österreichischer Seite ist die Art mittlerweile sehr selten.

Seewinkel, 27.1.2013 (Wolfgang Trimmel)

Bestand und Bestandsentwicklung

Über die historische Entwicklung ist wenig bekannt, doch dürfte die Art Ende des 19. Jahrhunderts ausgesprochen häufig gewesen sein. So schrieb von Dombrowski[3] im Jahr 1889, dass die Saatgans von Ende September bis Ende März in unschätzbaren Mengen vorkomme. In den 1940er und 1950er Jahren wurde die Saatgans als häufig eingestuft, mit alljährlich 20.000 bis 35.000 Exemplaren in den Jahren 1948 bis 1958[4,5]. In den frühen 1960er Jahren kam es – wie bei der Blässgans – zu einem Rückgang auf 3.000–5.000 Individuen[6,7]. Erst 1966 wurde wiederum ein Maximum von 10.000–12.000 Exemplaren erreicht[8], im Jahr 1967 waren es dann maximal 7.000 Individuen[6]. In den 1980er Jahren wurden wiederum höhere Zahlen erfasst, mit maximal 25.000–40.000 auf österreichischer und ungarischer Seite[9,10,11], als Spitzenwert wurden im Jänner 1984 67.650 Exemplare gezählt[1].

In den 1990er Jahren fielen die Zahlen dann auf 10.000 bis 15.000 und ab der Jahrtausendwende beschleunigte sich der Rückgang, dann mit nur mehr 1.000 bis 10.000 Individuen in den Jahren bis 2010[12,13,14]. Mehr als 10.000 Individuen (12.607) wurden zuletzt im Februar 2006 und mehr als 1.000 (1.079) zuletzt im Jänner 2013 festgestellt. Seit Jänner 2019 liegt die Gesamtzahl auf ungarischer und österreichischer Seite bei weniger als 100 Individuen[15]. Die West- und Zentralsibirische Population der Tundra-Saatgans, die in Europa überwintert, wird aktuell auf 600.000 Individuen geschätzt[16]. Im Gegensatz zur Blässgans wird bei der Saatgans keine in Zentraleuropa überwinternde Population von der in Nordeuropa überwinternden abgetrennt. Nach aktuellen Mittwinterzählungen dürften in Mittel- und Südosteuropa mittlerweile jedoch nicht mehr als 12.000 Tundra-Saatgänse überwintern[17].

Jahreszeitliches Auftreten

Der herbstliche Einzug der Saatgänse findet ab Oktober statt, der Bestand gipfelt im Dezember/Jänner. Kleinere Gruppen können noch bis März beobachtet werden. In den 1980er und 1990er Jahren war die Art hingegen überwiegend ein Herbstdurchzügler mit Maximum Anfang November. Neben dem allgemeinen Rückgang der Art kam es damit auch zu einer Verschiebung im jahreszeitlichen Auftreten. Am ehesten sind größere Saatganstrupps mittlerweile im Hochwinter zu beobachten.

Zugverhalten und Ringfunde

Der drastische Rückgang der Saatganszahlen ist eine der auffälligsten Wandlungen der Avifauna des Gebiets. Der wesentliche Grund dafür liegt in einer Verlagerung der Überwinterungsgebiete vom Pannonikum in die Küstenflachländer Nordwesteuropas. Der bevorzugte Zugweg der betreffenden Population führt über die Erstlandeplätze im Nordosten Deutschlands in das Hauptüberwinterungsgebiet am Niederrhein in Deutschland, den Niederlanden und Belgien. Der Grund der Verlagerung ist wohl in der deutlichen Verbesserung der genannten Überwinterungsgebiete durch die Einrichtung großräumiger Jagdschutzgebiete und die Entstehung optimaler Nahrungsflächen zu suchen. Noch Anfang der 1990er Jahre wurde eine Verlagerung der Saatgänse auf den südmährischen Stausee Nové Mlýny als Ursache des Saatgansrückganges im Seewinkel vermutet, da in Südmähren z. B. im Jahr 1994 rund 60.000 Saatgänse gezählt wurden[10]. Dies war jedoch nur eine kurzfristige Erscheinung über wenige Jahre. Auch in diesem Gebiet ist die Blässgans mittlerweile die häufigste Art, während die Tundra-Saatgans in nur wenigen Tausend Individuen auftritt[18].

Dass der Zugweg der ehemals zahlreich durchziehenden Vögel über das Baltikum führte, wurde durch zahlreiche Beobachtungen von am Gülper See im Osten Deutschlands mit Halsmanschetten markierten Saatgänsen bestätigt. Ein am 3.8.2009 beim Fluss Neruta an der Küste der Barentssee am Mauserplatz markiertes adultes Weibchen kam nach Nachweisen im Baltikum und aus einem Fischteichgebiet bei Jamnik (Polen) über den Öreg-tó von Tata am 7.12.2011 ins Neusiedler See-Gebiet. Zwei adulte Weibchen, die in der Mauser auf der im nördlichen Eismeer südlich von Nowaja Semlja gelegenen Insel Waigatsch gefangen wurden, weisen auch auf die Herkunft der im Avifauna-Gebiet durchziehenden Population hin. 34 Individuen, die 2010 auf ungarischer Seite mit Halsmanschetten versehen wurden, zogen teilweise Richtung Nord in den westlichen Teil Polens, größtenteils aber in die Feuchtgebiete im Osten Deutschlands bzw. an die Elbe. Mindestens vier Vögel wurden auch an den Küsten Frieslands (Niederlande, Norddeutschland) beobachtet und zwei aus dem Norden des europäischen Russlands gemeldet: Eine Saatgans im Brutgebiet am Sede Yakha Fluss (3.691 km entfernt) und die zweite im Mausergebiet am Pinega Fluss (2.464 km). Zwei Ringfunde aus dem Süden Russlands, zwischen Samara und Saratov an der Wolga in ca. 2.300 km Entfernung, beziehen sich auf eine weitere Zugroute, die von Friesland nördlich der Karpaten in Richtung Südrussland verläuft.

Quellen: [1] *Dick (1994),* [2] *Faragó & Pellinger (2009),* [3] *von Dombrowski (1889),* [4] *Zimmermann (1943),* [5] *Bauer*

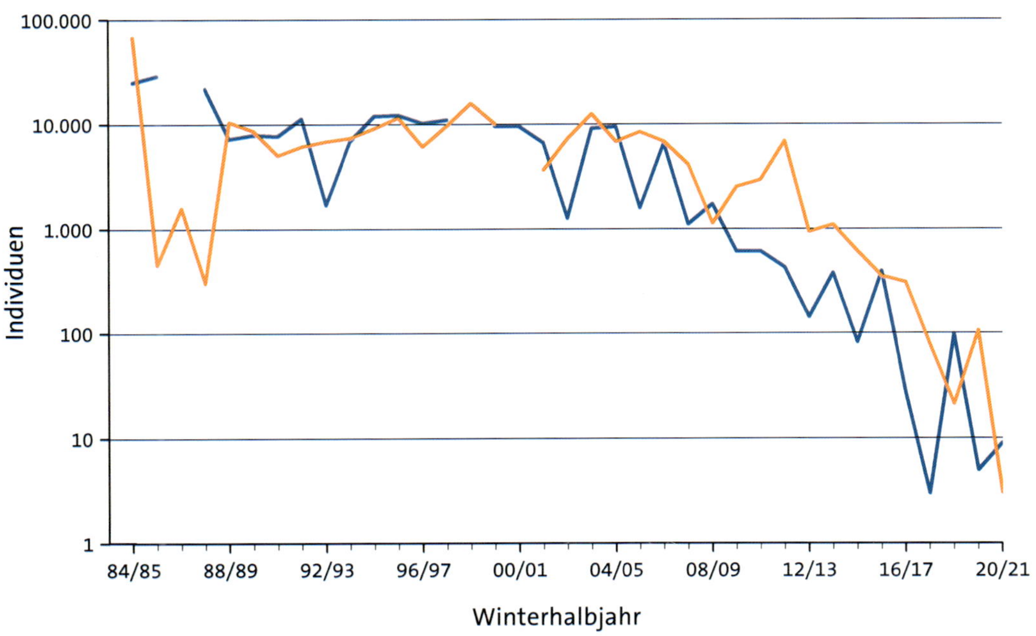

Die Entwicklung des Durchzugs- und Winterbestandes der Tundrasaatgans in den Monaten November und Jänner in den Winterhalbjahren 1984/85–2020/21[12,13,15]. Blaue Linie: November; orange Linie: Jänner. Logarithmische Skala auf der Y-Achse.

et al. (1955), [6] Leisler (1969), [7] Vauk (1962), [8] K. Bauer & H. Steiner in Glutz von Blotzheim & Bauer (1968), [9] Lebret (1982), [10] Dick (1987), [11] Faragó (1991), [12] Laber & Pellinger (2008), [13] Laber & Pellinger (2012), [14] Pellinger et al. (2021), [15] J. Laber & A. Pellinger, unpubl. Daten, [16] Wetlands International (2018), [17] Wetlands International, unpubl. Daten, [18] Czech Society for Ornithology, unpubl. Daten

Johannes Laber & Attila Pellinger

Blässgans *Anser albifrons* (Scopoli, 1769)

Nagy lilik – Greater White-fronted Goose

St. Andräer Zicksee, 8.1.2016 (Leander Khil)

Sehr häufiger Durchzügler und Wintergast, dessen Bestand seit Mitte der 1990er Jahre in starker Zunahme begriffen ist

Verbreitung und Lebensraum

Blässgänse bevorzugen eigentlich Grünland, im Neusiedler See-Gebiet nutzen sie jedoch, in Ermangelung ausgedehnter Wiesengebiete, überwiegend Wintergetreidefelder. Maisstoppelfelder werden von der Blässgans, verglichen mit Saat- und Graugans, weniger genutzt, dafür ist eine gewisse Bevorzugung von Winterraps zu erkennen. Salzwiesen und Hutweiden spielen vor allem im Frühjahr eine Rolle. Im Herbst und Frühwinter konzentrieren sich die Gänse überwiegend auf den großen Ackerflächen nördlich des St. Andräer Zicksees, im Bereich zwischen Arbesthau und Zwikisch und im nördlichen Hanság überall dort, wo größere Maisstoppelfelder neben Wintergetreidefeldern zu finden sind. Im Spätwinter verteilen sich die Gänse vermehrt auf verschiedene Gebiete und nutzen fast ausschließlich Wintergetreide und Hutweiden.
Als Schlafgewässer wird auf österreichischer Seite die Lange Lacke bevorzugt, wenn diese austrocknet, wird der St. Andräer Zicksee, soweit wasserführend, als Ausweich-Schlafplatz genutzt. Da der St. Andräer Zicksee auch später zufriert als die flachere Lange Lacke, wechseln die Gänse auch bei sehr tiefen Temperaturen auf den Zicksee. Von untergeordneter Rolle sind die kleineren Lacken des zentralen Seewinkels wie Ochsenbrunnlacke, Darscho und Fuchslochlacke, die nur ausnahmsweise als Schlafplatz genutzt werden. Von großer Bedeutung ist der Südteil des Neusiedler Sees mit dem Silbersee, der wie die Lange Lacke als Hauptschlafplatz genutzt wird. Der Nordteil des Sees wird nur unter hochwinterlichen Bedingungen als Ausweich-Schlafplatz genutzt, wenn alle übrigen Schlafgewässer zugefroren sind.

Bestand und Bestandsentwicklung

Über die historische Entwicklung ist wenig bekannt. Anfang der 1940er Jahre wurde die Blässgans als ursprünglich seltener Durchzügler bezeichnet, der jedoch in der Häufigkeit zunähme und allmählich an die Stelle der Saatgans träte [1]. In den frühen 1950er Jahren wurde die Art zwar als ursprünglich seltener Durchzügler eingestuft, war aber damals seit 20 Jahren die weitaus häufigste Wintergans [2]. In den Jahren 1948 bis 1958 schwankte das Maximum am Neusiedler See zwischen 20.000–25.000 und 70.000–80.000, einmal wurden sogar 100.000–120.000 Individuen erreicht. Als damaliger Mittelwert wurden etwa 40.000–45.000 Exemplare angegeben [3]. 10 Jahre später waren die Bestände weit unter diesen Werten mit Maxima zwischen 2.000 und 4.000 in den Jahren 1964–1966 und 8.000–10.000 im Jahr 1967 [4,5].

Seit Beginn der grenzüberschreitenden Gänsezählungen im Neusiedler See-Gebiet Anfang der 1980er Jahre kam es bei der Blässgans in den letzten Jahrzehnten wiederum zu einem deutlichen Anstieg der Rastbestände. Waren es zu Beginn der 1980er Jahren noch 3.000–10.000 Blässgänse [6], stiegen die Zahlen in den 1990er Jahren auf 10.000 bis 15.000 und in den Jahren 2000 bis 2010 noch weiter auf 20.000 bis 38.000 an [7,8]. Aktuell liegen die Wintermaxima zwischen rund 20.000 und maximal 52.000 Blässgänsen, die auf ungarischer und österreichischer Seite das Neusiedler See-Gebiet nutzen [9].

Jahreszeitliches Auftreten

Der herbstliche Einzug beginnt mit kleinen Trupps Anfang/Mitte Oktober. Ende Oktober treffen dann die ersten mehrhundertköpfigen Gruppen ein und im Laufe des Novembers kommt die Hauptmasse der Vögel. Der Bestand gipfelt im Dezember/Jänner, bereits im Laufe des Februars verlassen viele wieder das Gebiet. Kleinere Gruppen können noch den ganzen März über beobachtet werden. Vereinzelt bleiben auch angeschossene, flugunfähige Vögel den Sommer über in Gesellschaft von Graugänsen [9,10,11]. Einen nicht unbeträchtlichen Einfluss auf das Muster des Auftretens haben natürlich die Witterungsbedingungen, wie vor allem Temperatur und Schneedecke, da sie für die Eignung eines Gebiets als Rastplatz und Winterquartier eine wesentliche Rolle spielen, indem sie sowohl das Vereisen der Schlafgewässer als auch den Zugang zu Nahrung beeinflussen. Vor allem im Jänner entscheidet die Verfügbarkeit von nicht zugefrorenen Schlafgewässern und Nahrung darüber, ob ein Großteil der Gänse weiterziehen muss, oder im Gebiet überwintern kann. Eine geschlossene Schneedecke hat erst ab einer Höhe von ungefähr 10 cm einen Einfluss, da sie dann die Nahrungssuche verhindert und in Kombination mit tiefen Temperaturen zum völligen Abzug aller Gänse im Mittwinter führen kann, wie zuletzt im Jahr 2000 [7,8,9]. Geschlossene Schneedecken dieser Höhe kommen im Seewinkel allerdings relativ selten vor, da die Felder durch die häufigen starken Winde zumeist freigeweht sind.

Zugverhalten und Ringfunde

Bis in die 1990er Jahre wurde angenommen, dass die Blässgans, ähnlich wie andere Arten (z.B. der Kranich), am Herbstzug das Karpatenbecken aus nördlicher Richtung über das Baltikum erreicht [12]. Durch die Markierung mit Halsmanschetten und GPS-Sendern ist nunmehr ein viel detaillierteres – von den früheren Annahmen verschiedenes – Bild über die gegenwärtigen Zugrouten der Blässgans entstanden. Die Zahl der durchziehenden und überwinternden Blässgänse hat bis Anfang der 1990er Jahre ab- und ab Ende dieses Jahrzehnts dann stark zugenommen [13]. Daher kann man sich im Nachhinein auch weder sicher sein, dass eine Zugroute über die baltischen Staaten früher eine größere Bedeutung für die Blässgans hatte, noch dass ein kleiner Teil der Population diese Route bis heute nutzt. Der überwiegende Teil der Blässgänse erreicht nämlich heute die Pannonische Tiefebene ausgehend von der Taimyrhalbinsel über

Kasachstan und das Donaudelta. Ab der zweiten Novemberhälfte wird dann (mit eventuellem Halt im Kiskunság) das Neusiedler See-Gebiet erreicht[14]. Eine von vier im Februar 2020 in der bulgarischen Dobrudscha mit GPS-Sendern versehenen Blässgänsen brütete in Mittelsibirien nahe der Jenissei-Mündung, wohin sie über Kasachstan und danach entlang des Ural-Gebirges gelangte. Am Herbstzug nahm sie dieselbe Route und flog mit Stopps an mehreren Rastplätzen zum Neusiedler See. Im Frühjahr flog sie auf einer nördlicheren Route über Weißrussland und Kasachstan, um dann über die Route entlang des Urals ins Brutgebiet zu gelangen[15]. Derselbe Weg wurde sowohl von den 10 zwischen 2013 und 2017 im Kiskunság besenderten Individuen als auch vom bisher einzigen in Mekszikópuszta am 10.11.2010 besenderten adulten Männchen „Gyula" genommen.

In den Jahren 2010–2021 wurden im Neusiedler See-Gebiet (Borsodi-dűlő) außerdem 21 Blässgänse mit Halsmanschetten versehen: Eine am 21.10.2018 markierte juvenile Gans wurde im darauffolgenden Sommer (3.6.2019) an der Mündung des Ob erlegt. Eine weitere am 17.2.2017 gefangene adulte Blässgans wurde am 4.6.2018 am 4.351 km entfernten Unterlauf des Jenisseis bei Norilsk erlegt. Die Hälfte von 10 im Jahr 2010 markierten Vögeln erschien in späteren Jahren nicht mehr im Neusiedler See-Gebiet und wechselte wohl auf die baltische Route. Bei neun weiteren im Jahr 2017 mit Halsmanschetten versehenen Individuen wurde dieser Wechsel jedoch nur bei einem Vogel nachgewiesen. Das Vorhandensein einer Abzweigung der baltischen Route in Richtung Karpatenbecken kann durch Ablesungen von Manschetten nicht bestätigt werden. Auffällig ist auch, dass keine der in größerer Zahl auf der Insel Kolgujew (ca. 1.000 km westlich von Taimyr) markierten Gänsen, welche die baltische Route verwenden, jemals im Karpatenbecken und im Neusiedler See-Gebiet festgestellt wurden[16]. Es ist jedoch möglich, dass ein Teil der im Karpatenbecken überwinternden Blässgänse in manchen Jahren weiter bis zur friesischen Küste zieht.

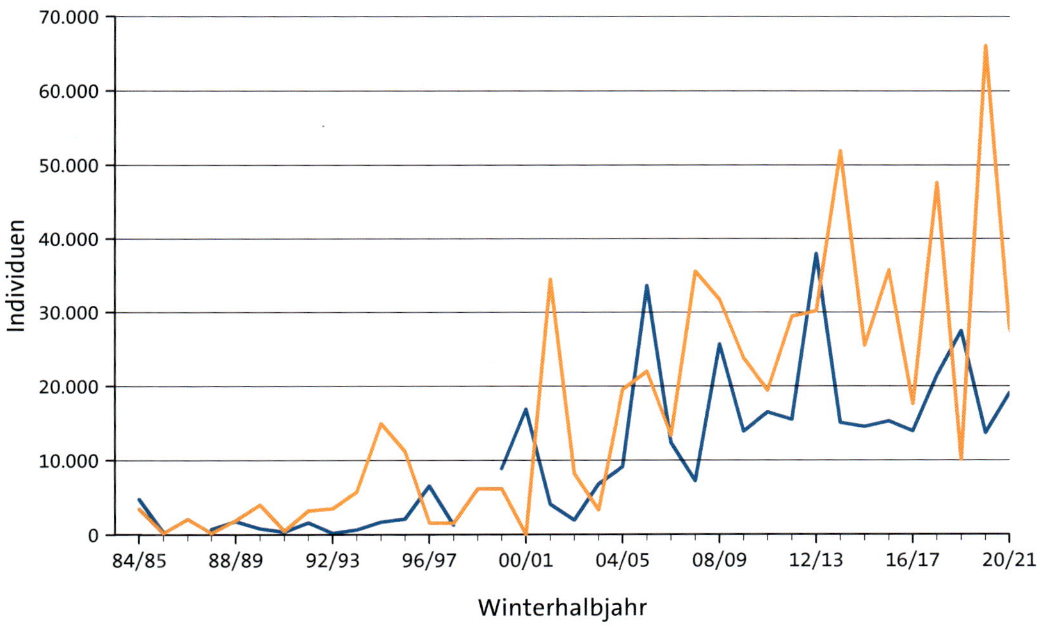

Die Entwicklung des Durchzugs- und Winterbestandes der Blässgans im Avifauna-Gebiet in den Winterhalbjahren 1984/85–2020/21[7–9]. Blaue Linie: November; orange Linie: Jänner.

Seltene Unterarten

Die auf Grönland brütende Unterart *A. a. flavirostris* überwintert in Großbritannien[17]. Lediglich ausnahmsweise verfliegen sich einzelne Tiere ins mitteleuropäische Binnenland. Für den österreichischen Seewinkel existieren vier Nachweise:

- 15.3.1987 St. Andräer Zicksee, 1 ad. (H.-M. Berg, E. Lederer, A. Ranner[18])
- 28.2.2004 Arbesthau Apetlon, 1 juv. (J. Laber[19])
- 3.12.2016 Stundlacke Apetlon, 2 ad. (J. Laber[20])
- 15.3.2020 Seeäcker bei St. Andrä am Zicksee, 1 ad. (J. Laber[21])

Quellen: *[1] Zimmermann (1943), [2] Bauer et al. (1955), [3] K. Bauer in Glutz von Blotzheim & Bauer (1968), [4] B. Leisler in Glutz von Blotzheim & Bauer (1968), [5] Leisler (1969), [6] Dick (1987), [7] Laber & Pellinger (2008), [8] Laber & Pellinger (2012), [9] J. Laber & A. Pellinger, unpubl. Daten, [10] Archiv BirdLife Österreich, [11] www.ornitho.at, [12] Faragó (1995), [13] Faragó (2010), [14] Kölzsch et al. (2019), [15] ww.blessgans.de, [16] Vogelberingungszentrale BirdLife Ungarn, unpubl. Daten, [17] Wetlands International (2019), [18] Ranner et al. (1995), [19] Ranner & Khil (2009), [20] Albegger & Brader (2018), [21] www-birdlife-afk.at*

Johannes Laber & Attila Pellinger

Zwerggans *Anser erythropus* (Linnaeus, 1758)

Kis lilik – Lesser White-fronted Goose

Sehr seltener, alljährlicher Durchzügler und Wintergast in 1–8, ausnahmsweise auch 9–17 Exemplaren

Verbreitung und Lebensraum

Zwerggänse halten sich stets unter Blässgänsen auf und sind daher ebenso wie diese vor allem auf Wintergetreidefeldern bzw. Hutweiden und Koppeln zu finden. Salzwiesen und Hutweiden mit proteinreichen jungen Trieben spielen vor allem im Frühjahr eine Rolle[1]. Wie bei den Blässgänsen ist auf österreichischer Seite das Lange Lacke-Gebiet der bevorzugte Schlafplatz[1].

Bestand und Bestandsentwicklung

Der erste Nachweis der Zwerggans im Avifauna-Gebiet waren zwei am 27.2.1949 bei Fertőboz abgeschossene Exemplare[2]. Ein am 5.11.1956 südlich von Weiden geschossenes junges Weibchen stellt den ersten Nachweis der Zwerggans auf österreichischer Seite dar[3], weitere Nachweise stammen vom 5.9.1963 (1 ad., Wörthenlacke) und vom 20.11.1966 (2 ad., Kühbrunnlacke)[4]. Aus den darauffolgenden vier Jahrzehnten liegen dann nur drei weitere Nachweise vor: ein im Dezember 1985 an der Götschlacke geschossener Jungvogel[5], vier Exemplare am 23.2.1991 in einer gemischten Wildgansschar, die vom Neusiedler See zu einer Agrarfläche zwischen Pinnye und Ebergőc flogen[6], und eine am 25.10.1995 an der Langen Lacke beobachtete adulte Zwerggans[7]. Ab dem Winter 2000/2001 – zeitgleich mit Beginn des intensiven Gänsemonitorings – wurden Zwerggänse auf österreichischer Seite alljährlich nachgewiesen: In den fünf Winterhalbjahren 2001/02 bis 2005/06 waren es 21 Datensätze mit durchschnittlich 2,3 Zwerggänsen pro Beobachtung, in den darauffolgenden fünf Jahren erhöhte sich die Zahl auf 56 Datensätze mit durchschnittlich 2,4 Zwerggänsen pro Nachweis[8, 9]. Danach steigerten sich diese Werte nochmals: In den Jahren 2011/12 bis 2015/16 wurden auf österreichischer Seite Zwerggänse an 96 Tagen festgestellt, mit bereits durchschnittlich 4,0 Vögeln pro Beobachtung[10]. Die Maximalwerte in Österreich erreichten in mehreren Jahren 10–17 Exemplare.

Auf der ungarischen Seite wurden die Nachweise mit der Einrichtung der Überflutungsflächen bei Mekszikópuszta häufiger. Ab Herbst 1992 bis Ende 2019 wurde die Art 346-mal im Avifauna-Gebiet oder in ausfliegenden Trupps gesehen. Die bislang höchste Individuenzahl stellten 13 Individuen (eine Familie mit 2 Jungvögeln und eine mit 3 Jungvögeln + 4 ad) dar, die am 6.12.1998 im Borsodi-dűlő entdeckt wurden. Das Auftreten der Zwerggans ist daher in den letzten Jahrzehnten als ansteigend zu bewerten. Das Ansteigen der Beobachtungen von seltenen Gänsen – neben der Zwerggans betrifft dies im Gebiet u. a. auch die Rothalsgans – dürfte jedoch nur zum Teil auf die deutlich gestiegene Beobachtungsintensität der Vogelbeobachter zurückzuführen sein, denn

Darscho, Apetlon, 5.12.2020, Paar (Klemens Wessely)

der Anstieg der durchschnittlich beobachteten Individuenzahl pro Einzelbeobachtung spricht auch für eine tatsächliche Zunahme des aktuellen Vorkommens.

Jahreszeitliches Auftreten

Der herbstliche Einzug der Zwerggänse findet ab Ende Oktober/Anfang November statt. Mitte November werden schon Tagessummen von bis zu 10 Individuen festgestellt, wobei gerade die letzten Jahre gezeigt haben, dass die Gänse den ganzen Winter im Gebiet verbringen. Ende März reißen die Beobachtungen dann abrupt ab, da die Zwerggänse im März den Heimzug antreten.

Zugverhalten und Ringfunde

Durch Beringungsprogramme und Satellitentelemetrie konnten in den letzten Jahren die komplexen Zugsysteme der Art erforscht werden. Demnach zieht das Gros der westsibirischen Population über Kasachstan ans Schwarze Meer bzw. über die Kaspische Region in den Mittleren Osten. Die Brutvögel des europäischen Teils Russlands ziehen nach der Mauser auf der Kanin-Halbinsel zwar zum größten Teil über Kasachstan weiter, ein kleiner Teil nimmt aber auch die europäische „Westroute“[12]. Vor allem über Letztere dürften die bei uns durchziehenden Zwerggänse nach Mitteleuropa gelangen.

Im westlichen Eurasien werden zwei Populationen unterschieden: die fennoskandische Population, die im nördlichen Skandinavien brütet und in Südosteuropa in Griechenland überwintert, mit aktuell 105–120 Exemplaren und die nordosteuropäische/westsibirische Population, die im europäischen Russland und von Yamal bis Taimyr brütet, mit geschätzt 28.500–40.100 Individuen[13]. Die fennoskandische Population ist Gegenstand intensiver Forschung und zeichnet sich durch einen hohen Anteil farbberingter Individuen aus[14, 15]. Obwohl die Vögel dieser Population im September/Oktober durch Ostungarn ziehen[16], wurde noch nie einer dieser beringten Vögel im Neusiedler See-Gebiet beobachtet. Die Vögel, die in unserem Gebiet überwintern, dürften der nordosteuropäischen/westsibirischen Population entstammen, wohl aus dem eher westlichen Teil des Verbreitungsgebiets. Wenn man sich vor Augen hält, dass die Brutpopulation in der Tundra des europäischen Russlands nur noch geschätzte 500–800 Vögel zählt[15], kann das Neusiedler See-Gebiet als zumindest regional bedeutend für die Art eingestuft werden.

Quellen: [1] *J. Laber, unpubl. Daten,* [2] *G. Breuer, unpubl. Tagebuchaufzeichnungen,* [3] *K. Bauer in Glutz von Blotzheim & Bauer (1968),* [4] *Leisler (1969b),* [5] *Ranner et al. (1995),* [6] *B. Molnár in Pellinger (1993),* [7] *E. Karner & A. Ranner in Laber & Ranner (1997),* [8] *Laber & Pellinger (2008),* [9] *Laber & Pellinger (2012),* [10] *J. Laber & A. Pellinger, unpubl. Daten,* [11] *Á. Tamás & E. Szász, unpubl. Daten,* [12] *Mooij (2014),* [13] *Wetlands International (2018),* [14] *Aarvak & Timonen (2004),* [15] *Krüger & Kruckenberg (2011),* [16] *Jones et al. (2008),* [17] *Szabó et al. (2017),* [18] *www.ornitho.at*

Johannes Laber & Attila Pellinger

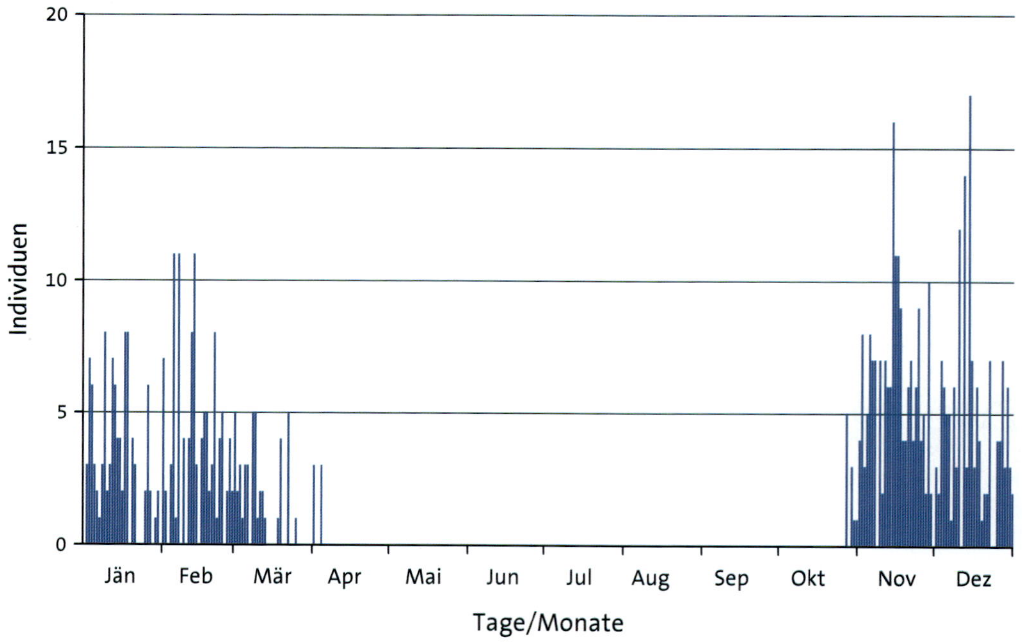

Jahreszeitliches Auftreten der Zwerggans (Tagessummen) in Österreich und Ungarn basierend auf Daten aus den Winterhalbjahren 2011–2018 (n = 592)[8, 9, 10, 18].

Trauerschwan *Cygnus atratus* (Latham, 1790)

Fekete hattyú – Black Swan

Ehemals Gast aus einer eingebürgerten Population, danach nur mehr einmal ein Gefangenschaftsflüchtling

Vorkommen

Der Trauerschwan stammt ursprünglich aus Australien und wurde in Europa als Ziervogel in mehreren Städten eingebürgert. In manchen Regionen entstanden so verwilderte, selbst erhaltende Populationen. So auch in Wien, wo die Art in den 1950er Jahren ausgesetzt wurde und in den 1980er Jahren ihr Bestandsmaximum erreichte, mit z. B. 120–140 Individuen im Jahr 1988[1]. Nach Bekämpfungsmaßnahmen und einem Ausbruch der Geflügelcholera erlosch dieses Vorkommen im Winter 1998/99[2, 3]. Zweifellos mit der Entwicklung in Wien in Zusammenhang stehend, wurden Trauerschwäne in der zweiten Hälfte des 20. Jahrhunderts mehrfach im Neusiedler See-Gebiet angetroffen. Meist handelte es sich um Einzelvögel, im Jahr 1981 gelangen drei Beobachtungen eines größeren Trupps. Dabei wurden die nachfolgend aufgelisteten zehn Nachweise erbracht. Nach Erlöschen des Wiener Vorkommens gelang dann nur mehr eine weitere Beobachtung, die aber einen Gefangenschaftsflüchtling betraf.

- 29.10.1968 Neusiedler See bei Fertőszéplak, 1 Ind. (J. Horváth[4])
- 19.8.1980 Illmitzer Zicksee, 1 Ind. (R. Berger[3])
- 30.6.1981 Unterer Stinkersee, 16 Ind. (J. Fleischhacker, J. Loos[3]); 6.7.1981 Mekszikópuszta, Vogelwarte-Bucht, 12 Ind.[5]
- 6.10.1981 Lange Lacke, 10 Ind. (G. Dick[3])
- 20.7.1984 Seebad Mörbisch, 1 Ind. (J. Ursprung[3])
- 3.11.1990 Hölle, 1 ad. mit Gänsen von deren Schlafplatz ausfliegend (A. Ranner, M. Riesing[3]), in den Folgetagen mit Gänsen im Seewinkel vergesellschaftet (H. Szinovatz[3])
- 20.–26.6.1992 Raum Illmitz, 1 Ind. (S. Gangl, A. Grüll[3])
- August 1992–15.11.1993 Seebad Rust, 1 ad. (R. Kollinger, R. Klein, A. Ranner[3]). Die erste Meldung datiert vom 5.10.1992 und betraf einen Vogel, der *„seit 2 Monaten* [...] *mit Brutgeschäft"* auf einem *„Nest (?)"* saß (R. Kollinger[3])
- 19.7.1995 Südlicher Seeteil in Ungarn, 3 Ind. (Cs. Nagy[6])
- 25.6.–22.8.1996 Lange Lacke und Illmitzer Zicksee, 1 ad. (B. Kohler, A. Grüll, E. Karner-Ranner u. a.[3])
- 14.–21.3.2002 Neusiedler See bei Fertőrákos 1 vj. (T. Hadarics, S. Mogyorósi, B. Molnár u. a.[7])

Das Vorkommen dieser exotischen Art im Neusiedler See-Gebiet fiel in den Zeitraum des Bestandsmaximums der Wiener Parkpopulation und bestand bis wenige Jahre vor deren endgültigem Erlöschen. In dieser Zeit traten Trauerschwäne generell vermehrt auch abseits von Wien auf, z. B. im Wiener Becken, an der March und der gesamten niederösterreichischen Donau[3]. Die Vögel hielten sich meist an größeren Lacken, die immer wieder Ansammlungen von Höckerschwänen beherbergen, oder im Bereich von Seebädern, die ebenfalls gerne von Höckerschwänen frequentiert werden, auf. In einem Fall war ein Trauerschwan mehrere Tage mit Gänsen vergesellschaftet. Dass im Herbst 1992 tatsächlich eine Brut in Rust stattgefunden hat, ist allerdings sehr unwahrscheinlich. Herbstbruten traten zwar auch regelmäßig in der Wiener Parkpopulation auf[1], doch wurde aus Rust nie ein zweiter Vogel gemeldet und die zweimonatige Anwesenheit am Nest überstieg die durchschnittliche Brutdauer der Art von rund 40 Tagen[1] deutlich. Sofern es sich tatsächlich um ein Nest handelte, könnte es sich eventuell um ein unbefruchtetes Gelege oder um einen Mischbrutversuch mit einem Höckerschwan gehandelt haben.

Quellen: *[1] Ogunsan-Brugger (1995), [2] Wichmann et al. (2009), [3] Archiv BirdLife Österreich, [4] Schmidt (1973), [5] Horváth & Kárpáti (1988), [6] Pellinger & Soproni (1999), [7] MME Nomenclator Bizottság (2006a)*

Andreas Ranner & Tibor Hadarics

Höckerschwan *Cygnus olor* (Gmelin, 1789)

Bütykös hattyú – Mute Swan

Darscho, Apetlon, 28.9.2013, Männchen (Michael Dvorak)

Verbreiteter Brutvogel im Schilfgürtel, vereinzelt im Seewinkel; Nichtbrüter vom Frühjahr bis in den Spätherbst an den Lacken

Verbreitung und Lebensraum

Der Höckerschwan kann im Neusiedler See-Gebiet überall dort auftreten, wo es offene Wasserflächen gibt. Als Brutvogel tritt die Art jedoch vorwiegend im Schilfgürtel des Neusiedler Sees auf. Nur in Jahren höherer Wasserstände brüten im Seewinkel einige Paare auch an den Lacken und im Bereich der Viehkoppeln des Seevorgeländes. Im Zeitraum 2001–2019 kam es hier in 12 von 19 Jahren zu erfolgreichen Bruten; die vier wichtigsten Brutplätze mit Vorkommen in jeweils sechs Jahren sind: Die Podersdorfer Pferdekoppel, die Warmblutkoppel, der Untere Stinkersee und die Westliche Wörthenlacke[1]. Die Lacken und das Seevorgelände im Seewinkel werden zusätzlich zu den Brutvögeln auch von einem jährlich schwankenden Bestand an Nichtbrütern frequentiert. Diese Nichtbrütertrupps bevorzugen Lacken mit relativ stabiler Wasserführung: Die Östliche Wörthenlacke (18,9 % aller Individuen in den Jahren 2011–2019) trocknete von 2011–2019 nur im Jahr 2019 aus, der Untere Stinkersee (18,4 %) fiel in diesem Zeitraum nie trocken. Regelmäßig genutzt werden auch Illmitzer Zicksee (8,9 %), Westliche Wörthenlacke (8,3 %) und Graurinderkoppel (8,1 %)[1]. Die Nutzung der Langen Lacke hängt stark von deren Wasserführung ab: Im Hochwasserjahr 2015 war sie das bevorzugte Gebiet (21,6 %), in trockenen Jahren wurde sie komplett gemieden. Ähnlich auch das Bild am Illmitzer Zicksee, an dem 2012, 2017 und 2019 im Rahmen der systematischen Zählungen nicht ein einziger Höckerschwan registriert wurde[1].

Bestand und Bestandsentwicklung

Die einzige Erwähnung der Art aus dem 19. Jahrhundert bezieht sich auf einen Jungvogel, den es im Dezember 1883 an den Neusiedler See verschlug, wo er, den Gepflogenheiten der damaligen Zeit entsprechend, nach längerer Nachstellung von einem Fischer erschlagen wurde[2]. 1941 und 1942 brütete jeweils ein Paar in Rust und Neusiedl am See, beide waren erfolgreich. Die Zahmheit der Vögel deutete darauf hin, dass es sich um entflogene Parkvögel handelte[3]. In den frühen 1950er Jahren wurden Höckerschwäne in Rust am Neusiedler See ausgesetzt[4] und Mitte der 1960er Jahre wurde das Vorkommen folgendermaßen zusammengefasst: *„Seit dem Jahre 1941 sind wiederholt 1 bis 2 Paare von den Gemeinden Neusiedl am See und Rust im Schilfgürtel des Sees ausgesetzt worden. Zwischendurch haben sich diese vermehrt, sind aber dann in ihrer Zahl von ‚Jägern' vermindert worden bzw. teilweise im Winter durch die kontinentalen Klimaeinwirkungen elend zugrunde gegangen"*[5]. Für 1977 wurde der Bestand im Bereich der Seebäder mit fünf Paaren beziffert[6]. An den Lacken des Seewinkels trat der Höckerschwan von 1966–1975 nur sehr selten und zumeist einzeln oder in Paaren auf. Ab Mitte der 1970er Jahre gab es erste Meldungen eines kleinen Nichtbrütertrupps im Seewinkel, kleine Gruppen von 12–28 Vögeln wurden 1976–1979 vor allem am St. Andräer Zicksee, an der Langen Lacke und am Illmitzer Zicksee festgestellt[7]. Ab 1980 nahm der Bestand zu, kleine Schwanentrupps wurden zu einem gewohnten Anblick. In den Jahren 1984–1987 konnten im österreichischen See-Teil zur Brutzeit zwischen 13 und 23 Paare erfasst werden, der Gesamtbestand wurde jedoch auf ca. 35 Paare geschätzt[8]. Die Brutpaare des Schilfgürtels in Österreich wurden allerdings in späteren Jahren nicht mehr systematisch erfasst. Am 4.5.2021 wurde erstmals seit den 1980er Jahren während einer Befliegung wieder speziell auf Bruten des Höckerschwans geachtet: von den insgesamt 44 Brutpaaren entfielen 31 auf das Westufer zwischen Mörbisch und Neusiedl am See, vier auf das Ostufer zwischen Weiden am See und Illmitz und neun auf den südlichen Seeteil in der Kernzone des Nationalparks[9].

Im ungarischen Teil des Neusiedler Sees brütete der Höckerschwan erstmals 1970 bei Fertőrákos. In den Jahren danach wurden zuerst eine, dann jeweils 2–3 Familien pro Jahr beobachtet[10]. Ende der 1980er Jahre führten 5–6 Paare Jungvögel, im Jahr 1990 wurden sogar 13 Familien festgestellt[11]. Anhand der späteren Zählungen aus dem Flugzeug ist aber davon auszugehen, dass die tatsächliche Zahl der Brutpaare und übersommernden Vögel vom Boden aus nicht vollständig erfasst werden kann. Daher wird der Brutbestand nach 2010 (dem Beginn der Befliegungen) auf 20 bis 30 Paare geschätzt. Da aber viele Bruten vermutlich durch Wildschweine verloren gehen, liegt die Zahl der jeweils pro Jahr erfolgreichen Paare niedriger, bei wahrscheinlich nur 10–20[12].

Im Seewinkel entfielen die besten Brutbestände auf die Jahre mit den höchsten Wasserständen: 2015 war diesbezüglich das Rekordjahr mit 21 Brutpaaren, gefolgt von 1997 mit 13, 2011 mit acht sowie 1983 und 2016 mit jeweils sieben[1]. Zwischen 1981 und 1992 hielten sich im Seewinkel von April bis Juni in Jahren mit höheren Wasserständen 60–100, in trockenen Jahren hingegen nur 10–30 nicht brütende Höckerschwäne auf[8,13]. Aus den Jahren 1993–2000 liegen bis auf das Jahr 1997 keine systematischen Erfassungen vor. In diesem Jahr wurden im gesamten Seewinkel am 4.5. 123, am 13.5. 171 und am 26./27.5. 112 Höckerschwäne gezählt[14]. Zwischen 2001 und 2019 zeigte sich im Mai zum einen eine starke Zunahme des Nichtbrüter-Bestandes, zum anderen eine naheliegende Abhängigkeit von den Wasserständen: Lag der Mittelwert der Mai-Zählungen in den Jahren 2001–2006 bei 34, stieg dieser von 2007–2012 auf 136 und lag von 2013–2018 bei 241. Der mit Abstand höchste Maibestand mit 626 Exemplaren wurde im Jahr 2015, dem Jahr mit den höchsten Wasserständen, ermittelt[1].

Auf den Überschwemmungsflächen von Mekszikópuszta erfolgte in den letzten 30 Jahren nur eine einzige Brut (2007), die Anzahl der im späten Frühjahr und frühen Sommer anwesenden Vögel stieg aber, wie in Österreich, stark an und liegt derzeit im Mittel bei 35–40, maximal bei ca. 120, Individuen. Ein weiterer wichtiger Rastplatz für übersommernde Höckerschwäne hat sich am Neusiedler See beim Grenzpunkt A79 etabliert, wo wegen der rapiden Ausbreitung der Strand-Teichsimse eine starke Verlandung stattfindet. Ab ca. 2010 nahm auch der früher in Ungarn unbekannte Anbau von Raps zu, fallweise finden sich kleinflächig Ansammlungen von bis zu 300 Individuen auf einem Raps-Acker, der dann über Wochen oder gar Monate beweidet werden kann[15].

Jahreszeitliches Auftreten

Der Bestand an Nichtbrütern im Seewinkel war in den Jahren 2011–2019 in den Frühjahrsmonaten März bis Mai am höchsten, mit Mittelwerten von 90–120 Individuen zwischen März und Anfang April bzw. 130–160 Individuen von Mitte April bis Ende Mai. Danach verlässt ein Teil der Nichtbrüter das Gebiet, von Anfang Juni bis Anfang August halten sich jedoch noch immer im Schnitt 80–100 Höckerschwäne im Seewinkel auf. Im August wandert der größere Teil der Vögel ab, im Spätsommer und in den Herbstmonaten bis Mitte November liegen die Zahlen unter 50 Exemplaren mit einem Minimum von ca. 25 im September. Die Herbstmittelwerte unterliegen jedoch starken jährlichen Schwankungen. Größere Zahlen in den Monaten Oktober und November gab es z. B. 2009–2010 sowie 2014–2015, in den übrigen Jahren lagen die Werte deutlich niedriger bzw. waren nur einzelne Höckerschwäne im Gebiet anwesend[1].

In den Wintermonaten Dezember bis Februar halten sich zumeist nur einzelne Höckerschwäne im Seewinkel auf, größere Ansammlungen sind die Ausnahme: Im milden Jänner 2016 waren durchgehend zwischen 40 und 80 Höckerschwäne am eisfreien St. Andräer Zicksee anwesend und auch im Jänner und März 2015 hielten sich 30–60 Vögel auf der Warmblutkoppel und am Illmitzer Zicksee auf[16]. Ein einmaliges Wintermaximum von 102 Höckerschwänen gab es am 8.1.2015 auf der Warmblutkoppel[17], in den Tagen davor und danach wurden nur jeweils 30–50 gemeldet[16].

Zugverhalten und Ringfunde

Im Seewinkel brütende und zur Brutzeit anwesende Höckerschwäne stehen in regem Austausch mit Populationen in den angrenzenden Ländern, wobei in den meisten Monaten Vögel tschechischer und polnischer Provenienz dominieren, in geringerem Ausmaß findet auch ein Austausch mit Ungarn, Kroatien und Italien statt[18,19]. Die Fund- und Beobachtungsorte von im ungarischen Neusiedler See-Gebiet überwiegend zur Brutzeit markierten Vögeln liegen mit wenigen Ausnahmen in südlichen bis östlichen Richtungen. Häufungen lassen sich an der ungarischen Donau, am Balaton, an der Mur in der Steiermark sowie an der Drau in Slowenien und Kroatien ausmachen. Ein völlig anderes Bild ergeben die Fundpunkte von Vögeln, die abseits des Neusiedler See-Gebiets markiert wurden: Hier streuen die Herkunftsorte vom Osten Deutschlands über Böhmen, Zentral- und Südpolen, Westungarn, Slowenien und die Drau im Norden Kroatiens. Vereinzelt wurden auch Vögel von den Küsten der Nordadria und der Ostsee im Gebiet entdeckt[18,19]. Die räumliche Nutzung des Gebiets im Winterhalbjahr kann individuell sehr unterschiedlich sein. Ergebnisse von 2013 begonnenen Halsmanschetten-Markierungen und GPS-Besenderungen zeigen, dass einige Schwäne sich permanent auf kleine Flächen (einige 10 Hektar) beschränken, während andere ihren Aufenthaltsort während der Überwinterung wechseln. Neben den Feuchtgebieten des Karpatenbeckens, hauptsächlich der Kleinen Ungarischen Tiefebene, haben die Stauseen der Drau und die ufernahen Gewässer an der nördlichen Adria (hauptsächlich die Umgebung der Po-Mündung) die größte Bedeutung. Parallel dazu nahm der früher ausgeprägte Individuen-Austausch zwischen den Populationen des Neusiedler Sees und des Balatons ab[20].

Quellen: *[1] M. Dvorak, J. Laber & B. Wendelin, unpubl. Daten, [2] Faszl (1883), [3] Zimmermann (1943), [4] Bauer et al. (1955), [5] Festetics & Leisler (1968), [6] Böck (1979), [7] Archiv BirdLife Österreich, unpubl. Daten, [8] Grüll (1987), [9] E. Nemeth, unpubl. Daten, [10] Horváth & Kárpáti (1988), [11] Molnár (1997), [12] A. Pellinger, unpubl. Daten, [13] Dvorak (1994), [14] M. Dvorak, unpubl. Daten, [15] Pellinger & Hadarics (2020c), [16] www.ornitho.at, [17] L. Khil/ornitho.at, [18] Schmidt et al. (2014), [19] Österreichische Vogelwarte/Vogelberingungszentrale BirdLife Ungarn, unpubl. Ringfunde, [20] Pellinger et al. (2017), [21] Archiv FHNP*

Michael Dvorak & Attila Pellinger

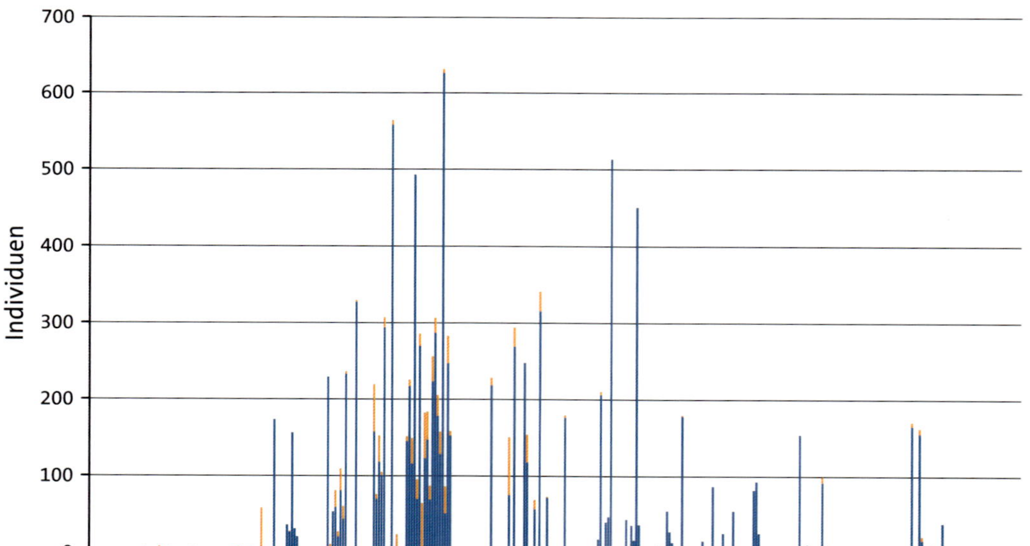

Jahreszeitliches Auftreten (Tagessummen) des Höckerschwans basierend auf Daten der Wasservogelzählungen in Österreich (blau, 2007–2021) und Ungarn (rot, 1999–2008, 2013–2020)[1,21]. Im Jänner und Februar sowie im Dezember fanden nur in Ungarn Zählungen statt.

Zwergschwan *Cygnus columbianus* (Ord, 1815)

Kis hattyú – Tundra Swan

Warmblutkoppel, Illmitz, 18.11.2010 (Michael Dvorak)

Ausnahmeerscheinung

Vorkommen

Sechs Nachweise:

- 14.12.1990–6.3.1991 zentraler Seewinkel, 2 ad. (E. Karner, R. Parz-Gollner, A. Ranner u. a.[1, 2])
- 15.1.1994 Lange Lacke, 2 ad., 1 juv. (M. Craig, E. Karner, A. Ranner[3])
- 10.–12.12.2009 Neusiedler See bei Podersdorf, 2 ad. (J. Steiner[4])
- 18.–29.11.2010 Warmblutkoppel, 3 ad. (S. Zinko, J. Laber, C. Schütz u. a.[5])
- 10.2.–23.3.2011 Warmblutkoppel, 3 ad. (C. Schulze, J. Laber, W. Stani u. a.[5])
- 27.11.2013 Sarród und Borsodi-dűlő, 3 ad., 1 vj. (A. Pellinger, M. Váczi, P. Kugler[6, 7]), dieselben Vögel am 9.12.2013 am St. Andräer Zicksee und von 26.–29.12.2013 auf der Warmblutkoppel (W. Türtscher, B. Forthuber, C. Roland u. a.[8, 9])

Nach einer unbelegten Meldung aus dem Jahr 1978, die auch keine Beschreibung des Vogels enthielt[10], erfolgte der erste ausreichend dokumentierte Nachweis dieser in Österreich nur im Rheindelta einigermaßen regelmäßig auftretenden Art im Jahr 1990. Dabei handelte es sich erst um die zweite gesicherte Feststellung in Österreich abseits des Bodensees. Bemerkenswert ist dann eine Serie von vier Nachweisen in den Jahren 2009–2013, wobei es sich bei den drei Altvögeln im November 2010 und im Spätwinter 2011, möglicherweise auch im November/Dezember 2013, wohl um die jeweils selben Individuen gehandelt haben dürfte. Die Nachweise des Zwergschwans verteilen sich ausschließlich auf das östliche Vorgelände des Neusiedler Sees sowie auf den zentralen Seewinkel, wo die Art sowohl auf den größeren Lacken als auch mit Gänsen auf Äckern nahrungssuchend angetroffen wurde.

Quellen: [1] *Ranner & Szinovatz (1992)*, [2] *Ranner et al. (1995)*, [3] *Laber & Ranner (1997)*, [4] *Ranner & Khil (2011)*, [5] *Khil & Albegger (2014)*, [6] *MME Nomenclator Bizottság (2016c)*, [7] *Hadarics (2017)*, [8] *Albegger & Khil (2016)*, [9] *www.ornitho.at*, [10] *Freithofer (1978)*

Andreas Ranner

Singschwan *Cygnus cygnus* (Linnaeus, 1758)

Énekes hattyú – Whooper Swan

Unterer Stinkersee, Illmitz, 14.11.2015 (Michael Dvorak)

Unregelmäßiger Durchzügler, trat aber in den Jahren 2012–2017 alljährlich im Gebiet auf

Vorkommen

Vom Singschwan existieren vier historische Angaben: Erstmals wurde die Art von Jukovits angeführt, der „*Vorkommen*" (wohl geschossene Exemplare) aus den Jahren 1860 und 1863 erwähnt, letzteren Vogel konnte er für seine Sammlung erwerben[1]. Fászl schreibt von mehrfachen Sichtungen am Frühjahrszug, wobei es nicht gelang, einen der Vögel zu erbeuten[2]. Am 7.4.1908 sollen noch vier Singschwäne bei Apetlon beobachtet worden sein[3] und ein weiterer Nachweis stammt aus dem Schilfgürtel bei Fertőboz (vom sogenannten Überfahrt-See), wo Krizanits am 20.11.1938 ein Exemplar erlegte, das sich vorher schon über drei Wochen hinweg an dieser Stelle aufhielt[4]. Nach einer fast 30-jährigen Pause wurde der Singschwan dann wieder am 23.10. und 13.11.1966 auf österreichischer Seite festgestellt, mit jeweils drei immaturen Exemplaren am Oberen Stinkersee[5,6]. Zwischen 1991 und 2011 konnte die Art dann in neun von 21 Jahren beobachtet werden, von 2012–2017 alljährlich, danach aber nur mehr einmal im Jahr 2021.

In der Regel tauchen nur einzelne Vögel oder kleine Gruppen im Gebiet auf: 22 von 45 Nachweisen betreffen ein Exemplar, sieben bzw. acht Beobachtungen Zweier- bzw. Dreier-Gruppen und vier Nachweise kleine Trupps von vier Vögeln[7,8]. Die vier größten Gruppen waren 1 ad. mit 4 dj. Exemplaren am St. Andräer Zicksee am 26.12.2016[9], 6 ad. (mit drei Zwergschwänen) am 15.1.1994 an der Langen Lacke[10], 6 vj. Exemplare von 26.6. bis 10.7.2013 am Unteren Stinkersee[11] sowie 8 ad., die am 13.2.2012 auf einem Acker südöstlich von Podersdorf entdeckt[12] und am 14.2.[13] und 18.2.[14] auch von der Östlichen Wörthenlacke gemeldet wurden.

Auf ungarischer Seite kam die Art in den Jahren 1999–2017 fünfmal vor, in derselben Periode tauchte sie aber auch an mehreren anderen Orten der angrenzenden Kleinen Ungarischen Tiefebene auf (max. 35 Ind. im Februar 2012 in Öttevény). Am 8.2.1999 wurde ein adultes Exemplar am Torfstichsee bei Hidegség beobachtet und am 7./8.4.2002 hielt sich ein weiterer adulter Singschwan in der Bucht von Fertőrákos auf. Vom 10.1. bis 17.2.2011 verweilte eine aus sieben adulten Vögeln bestehende Gruppe zwischen Mekszikópuszta und Fertőd, die vorwiegend Rapsfelder nutzte. Zwischen 19. und 29.5.2014 hielten sich dann noch zwei Adulte im Borsodi-dűlő auf, von wo auch noch zwei Exemplare am 14.11.2015 und einer am 3.7.2017 gemeldet wurden[15].

Jahreszeitliches Auftreten

Das Auftreten des Singschwans lässt zwar eine Häufung der Meldungen in den Wintermonaten Mitte Dezember bis Mitte Februar erkennen, ansonsten verteilen sich die Beobachtungen aber über den Jahresverlauf. Die wenigen Nachweise vor dem Jahr 2013 fallen jedoch ausschließlich in den Zeitraum Ende Oktober bis Anfang März, erst danach änderte sich das Muster: Kleine Singschwan-Trupps erreichen das Gebiet seither auch von Mai bis August, eine Entwicklung, die vermutlich mit der rezenten Expansion des Brutareals ins nördliche und östliche Mitteleuropa (Westpolen, Norddeutschland, Niederlande, Ungarn) zusammenhängt[16] und einzelne Nichtbrüter und Jungvögel dieser Randvorkommen vermehrt auch zur Brutzeit nach Österreich bringt.

Quellen: *[1] Jukovits (1864/65), [2] Fászl (1883), [3] Zimmermann (1943), [4] Leitner (1940), [5] G. Spitzer/ABÖ, [6] K. Bauer & G. Spitzenberger/ABÖ, [7] Archiv BirdLife Österreich, [8] www.ornitho.at, [9] B. Forthuber, A. Hombauer, C. Roland/ornitho.at, [10] A. Ranner/ABÖ, [11] H. Grabenhofer, G. Hafner, R. Katzinger, C. Roland et al. /ornitho.at, [12] A. Ranner/ornitho.at, [13] H. Grabenhofer/ornitho.at, [14] C. Wende/ornitho.at, [15] Archiv MME Sopron, [16] Wahl & Degen (2009)*

Michael Dvorak & Attila Pellinger

Nilgans *Alopochen aegyptiaca* (Linnaeus, 1766)

Nílusi lúd – Egyptian Goose

Sarród, 24.2.2020 (Tibor Hadarics)

Unregelmäßiger Gastvogel in 1–4 Exemplaren aus eingebürgerten Populationen oder aus Gefangenschaft

Verbreitung und Lebensraum

Diese in Afrika weit verbreitete Art hat heute in mehreren Ländern West- und Mitteleuropas gut etablierte Brutbestände aufgebaut, die auf verwilderte Parkvögel und auf Gefangenschaftsflüchtlinge zurückgehen. Im Neusiedler See-Gebiet ist sie gegenwärtig ein unregelmäßiger Gast in wenigen Individuen, Brutversuche wurden bisher noch keine bekannt. Nilgänse wurden entweder allein oder in Gesellschaft anderer Gänse, und zwar ganz überwiegend von Graugänsen, angetroffen. Beobachtungen der Nilgans wurden von den Koppeln entlang des Ostufers des Neusiedler Sees, den Lacken des Seewinkels, vom Südufer des Sees in Ungarn sowie aus dem Bereich Mörbisch bis Oggau am Westufer gemeldet. Daneben pendelten die Vögel regelmäßig zwischen dem Westufer und dem nur durch den Ruster Hügelzug davon getrennten Wulkabecken (Oslip, Trausdorf) außerhalb des Bearbeitungsgebiets hin und her[1].
Die Nilgans ist sehr anpassungsfähig. Seit August 2017 wird sie auf der Liste invasiver gebietsfremder Arten von unionsweiter Bedeutung (IAS – invasive alien species) gemäß der EU-Verordnung 1143/2014 geführt. Daher muss die weitere Entwicklung im Neusiedler See-Gebiet aufmerksam im Auge behalten werden, insbesondere wenn es zu Bruten oder Brutversuchen kommen sollte. Es wäre möglich, dass diese konkurrenzstarke Art heimische Wasservogelarten von ihren Brutgewässern verdrängt. Sollte das eintreten, wäre das Einleiten konkreter Gegenmaßnahmen zu überlegen.

Bestand und Bestandsentwicklung

Die Nilgans ist ein vergleichsweise junger Neuzugang in der Avifauna des Neusiedler See-Gebiets. Den ersten Nachweis stellte ein Individuum am 22.5.1994 an der Langen Lacke dar[2], wahrscheinlich derselbe Vogel wurde dann noch am 18.6.1994 am Darscho registriert[3]. Erst 2005 folgten zwei weitere Nachweise: am 16.3. ein Individuum am St. Andräer Zicksee[4] und eines von 5.–6.5. am Geiselsteller[5]. Die nächsten Meldungen stammten aus dem Jahr 2010, aber seitdem wurde die Art – mit Ausnahme des Jahres 2012 – jährlich im Gebiet festgestellt[1,6]. Die erste Feststellung auf ungarischer Seite erfolgte am 19.2.2010 bei Fertőhomok[7].

Unter den Meldungen sind insbesondere drei längere Beobachtungsserien bemerkenswert, die offenbar jeweils immer dieselben Vögel umfassten. Die erste begann im Jänner 2015 knapp außerhalb des Bearbeitungsgebiets im Wulkabecken bei Oslip und umfasste schließlich bis zu vier Nilgänse, die von Mitte April bis Anfang Juni an verschiedenen Stellen des Westufers und des Seewinkels festgestellt wurden, bis sie sich im Juli und August 2015 wieder in das Wulkabecken zurückzogen[1]. Die zweite Serie betraf zwei Jungvögel, die erstmals Ende August 2016 wiederum bei Oslip auftauchten und dann zwei Monate zwischen Oslip und dem Westufer bei Rust pendelten. Ihre Spur verlor sich im Frühjahr 2017 im Wulkabecken[1]. Und schließlich überwinterte ein Vogel durchgehend von 9.10.2017 bis 11.2.2018 im Raum Mekszikópuszta[8].
Aufgrund derartiger, zum Teil mehrere Monate anhaltender Beobachtungsserien sowie längerer Perioden, in denen nur hie und da einzelne Vögel oder kleine Trupps gesehen wurden, kann weder die Anzahl klar abgrenzbarer Nachweise noch die der beteiligten Individuen angegeben werden. Die Anzahl der Tage, an denen Nilgänse im Neusiedler See-Gebiet gemeldet wurden, ist aber seit

2015 deutlich angestiegen, wobei die Meldungen des in weiterer Folge überwinternden Vogels im Herbst 2017 diesen Wert stark beeinflussen.

Jahreszeitliches Auftreten

Die Nachweise verteilen sich auf alle Monate. Ein klar definiertes Muster des Auftretens gibt es nicht, allerdings kommt es im April und Anfang Mai zu einer Häufung von Nachweisen.

Zugverhalten und Ringfunde

Die Herkunft der im Neusiedler See-Gebiet festgestellten Nilgänse ist unklar. Das verstärkte Auftreten in den letzten Jahren scheint sich zwar sehr gut in das Bild expandierender verwilderter Bestände in Mitteleuropa einzufügen, doch deuten die genaueren Umstände des Auftretensmusters eher auf lokale Gefangenschaftsflüchtlinge hin[1]. Bisher liegen keine Beobachtungen markierter Vögel vor.

Quellen: *[1] Ranner (2017), [2] E. Karner, A. Ranner/ABÖ, [3] U. König/ABÖ, [4] R. Kautz, W. Kautz, E. Patak/ABÖ, [5] M. Dvorak, J. Laber/ABÖ, [6] www.birding.hu, [7] A. Pellinger, M. Ferenczi, Gy. Kraft in Hadarics (2017), [8] A. Pellinger, Z. Fellner, T. Hadarics u. a./birding.hu*

Andreas Ranner & Tibor Hadarics

Brandgans *Tadorna tadorna* (Linnaeus, 1758)

Bütykös ásólúd – Common Shelduck

Oberer Stinkersee, Illmitz, 26.5.2021, Männchen (Michael Dvorak)

Erster Brutnachweis Mitte der 1990er Jahre, heute häufiger Brutvogel im Seewinkel mit einem Brutzeitbestand von ca. 250 Exemplaren

Verbreitung und Lebensraum

Die Brandgans brütet ausschließlich im Seewinkel, hier vorwiegend an den Lacken und nur vereinzelt in den Weidegebieten der landseitigen Verlandungszone des Neusiedler Sees. Nachweise abseits des Seewinkels nehmen ab 2015 leicht zu, sind aber immer noch Ausnahmen: Am Westufer des Neusiedler Sees hielt sich je ein Paar im Mai und Juni 2017[1] und 2019[2] im Bereich einer landseitigen Pferdekoppel nördlich von Mörbisch auf, weitere Einzelbeobachtungen von Paaren stammen von der Ruster Storchenwiese (Mai 2015[3] sowie April[4] und Juni 2018[5]), aus Oggau (Mai 2017[6]), vom Seedamm Purbach (29.3.2015[7]) sowie vom Seedamm Winden (5.5.2018[8]). Im Hanság war 2013 ein Paar von Mitte April bis Mitte Juni präsent[9], ein weiteres Paar hielt sich hier von 10.–12.4.2015 nur kurzfristig auf[10]. Eine weitere Beobachtung gelang am 25.3.2016 mit >7 Ex.[11].

Im Lackengebiet zeigt sich eine starke Bevorzugung einzelner Gebiete: Bei 92 vollständigen Zählungen zwischen 2001–2019 in den Monaten April und Mai entfielen mehr als ein Drittel aller Individuen auf die Östliche Wörthenlacke (22,2 %) und die Lange Lacke (14,1 %), danach folgen weit abgeschlagen die Östliche Hutweidenlacke (6,2 %), die Westliche Wörthenlacke (4,5 %) und Oberer Stinkersee (3,9 %). Im Verlauf der letzten 20 Jahre hat sich allerdings im Zuge der Bestandszunahme auch die Zahl der regelmäßig genutzten Bereiche stark erhöht: Waren es in den beiden ersten Zähljahren (2001 und 2002) nur jeweils acht Gewässer, an denen Brandgänse zumindest einmal anzutreffen waren, lag dieser Wert für die Jahre 2003–2007 im Mittel bei 19, für 2008–2014 bei 35 und von 2015–2019 sogar bei 46. Damit ist die Brandgans der einzige brütende Schwimmvogel, der in den Jahren ab 2016 bei zuletzt sehr niedrigen Wasserständen sein räumliches Vorkommen stark ausweitete.

Die Brandgans ist nunmehr im Seewinkel der verbreitetste Vertreter dieser Artengruppe. Sie brütet in Erdhöhlen bzw. -röhren. Ob ein Gebiet für sie als Brutplatz nutzbar ist, hängt daher stark von der Beschaffenheit des Bodens und der lokalen Topografie ab. Im Seewinkel sind bislang keine Nestfunde gelungen, doch lässt die Präsenz von erfolgreichen Brutpaaren in Bereichen mit entsprechenden Strukturen darauf schließen, dass die Art bis vor kurzem überwiegend von Säugern (je nach Gebiet z. B. Fuchs, Kaninchen, Dachs) angelegte Bodenhöhlen nutzte. Besonders geeignet erscheint in dieser Hinsicht das von Säugetierbauten unterminierte Hügelgrab nordöstlich der Östlichen Wörthenlacke. Weitere mögliche Brutplätze sind künstliche Strukturen wie Strohtristen und Betonröhren, doch stehen sichere Nachweise auch für solche Standorte noch aus.

Bestand und Bestandsentwicklung

Aus dem 19. und der ersten Hälfte des 20. Jahrhunderts liegen keine Nachweise der Art vor[12,13]. Ein am 15.11.1953 bei Hegykő abgeschossenes adultes Exemplar stellt damit den Erstnachweis für das Neusiedler See-Gebiet dar[14], gefolgt von der Beobachtung eines Individuums am 18.6.1967 im Albrechtsfeld[15]. 1968 wurde die Brandgans als *„Irrgast"* bezeichnet, allerdings ohne konkrete Beobachtungen anzuführen[16]. In den Jahren 1968 bis 1979 war die Art dann auf österreichischer Seite ein unregelmäßiger Gast mit neun Meldungen in sieben von 12 Jahren, vor allem aus den Monaten September bis Dezember (6 von 9 Nachweise)[17]. In Ungarn wurde lediglich am 30.9.1979 ein junges Weibchen im Schilf beim Hidegségi-tó abgeschossen[18].

Zwischen 1980 und 1994 verdichteten sich auf österreichischer Seite die Nachweise, wobei es vereinzelt auch zu längeren, teils mehrwöchigen Aufenthalten im Frühjahr (April/Mai) kam; zumeist handelte es sich um adulte Vögel. Vereinzelt tauchten von August bis Oktober auch Jungvögel auf. In Ungarn gelangen auf den Überschwemmungsflächen bei Mekszikópuszta von 1990 bis 1996 48 Nachweise, der größte Trupp bestand aus sechs Exemplaren[19]. 1995 hielten sich von Ende März bis Ende Mai 1–3 Vögel durchgehend im Lange Lacken-Gebiet auf, am 7.5. zeigte ein Paar an der Langen Lacke Balzverhalten[20]. Mitte Juli und Anfang August wurde jeweils ein Weibchen festgestellt und am 6.9. wurde am Oberen Stinkersee erstmals ein Paar mit zwei großen Jungvögeln entdeckt[21], das ab 8.9. mit vier Jungvögeln unterwegs war und danach bis 29.9. durchgehend bestätigt wurde[22]. Ungewiss bleibt im Nachhinein, ob es sich dabei um den ersten Brutnachweis für das Neusiedler See-Gebiet handelte. Gerade der Obere Stinkersee ist eines der am häufigsten und besten kontrollierten Gewässer des Seewinkels, eine Brandgans-Brut an dieser Stelle sollte bereits früher im Jahr aufgefallen sein. Dass sich das Brutpaar bis zu seiner Entdeckung an einer nicht einsehbaren Stelle aufhielt, kann aber ebenso wenig ausgeschlossen werden wie eine Zuwanderung aus einem anderen Brutgebiet. Im Jahr 1996 wurde nach durchgehenden Beobachtungen von April bis Juni am 13.7. schließlich ein Weibchen mit Pulli auf der Östlichen Wörthenlacke festgestellt[23]. Ebenfalls 1996 zog auf ungarischer Seite ein Paar 11 Jungvögel an den Absetzbecken der knapp außerhalb des Avifauna-Gebiets gelegenen Zuckerfabrik Petőháza auf[24], dies war die erste nachgewiesene Brut der Art in Ungarn. 1997 wurde hier ein Paar mit einem Jungvogel gesichtet, diese Familie hielt sich später auch auf den Überschwemmungsflächen bei Mekszikópuszta auf[25].

Seither brütet die Brandgans regelmäßig im Seewinkel und der Bestand nimmt kontinuierlich zu. Waren es 1996–1999 jeweils 1–2[17] und 2000–2003 3–5 erfolgreiche Paare[26], kam es in den Jahren 2005–2008, sowohl was die Anzahl an erfolgreichen Bruten (von 4 auf 23) als auch die Maximalzahl der im Mai erfassten Exemplare betrifft, zu einer raschen Zunahme[26]. Bis zum Jahr 2012 stagnierte sowohl die Zahl der erfolgreichen Bruten als auch der Brutzeitbestand[17,26,27]. In den Jahren 2012 bis 2016 nahm der Brutzeitbestand dann deutlich zu und erreichte 2017 bis 2021 240–300 Individuen[27]. Als einzige brütende Schwimmvogelart hat die Brandgans seit 2013 beinahe alljährlich gute Bruterfolge, der bisherige Spitzenwert von 33 führenden Paaren wurde im trockenen Jahr 2018 erreicht[27].

Die Brandgans ist damit die einzige Art, bei der die aktuelle, seit 2017 andauernde, Trockenphase nicht mit einer drastischen Abnahme, sondern sogar mit einer Zunahme verbunden war. Sie hat damit in den letzten Jahren zur Brutzeit die Löffelente als Charakterart der Sodalacken des Seewinkels abgelöst. Seit 2005 brüten auf ungarischer Seite in Mekszikópuszta 0–7 Paare[28], durchschnittlich gibt es alle zwei Jahre erfolgreiche Bruten[19]. Die Zahl der hier insgesamt anwesenden Vögel stieg im Verlauf der Jahre beständig, im Dezember 2014 lag sie erstmals bei fast 100 Exemplaren. Das bisherige Maximum waren 236 Individuen am 1.6.2020[29].

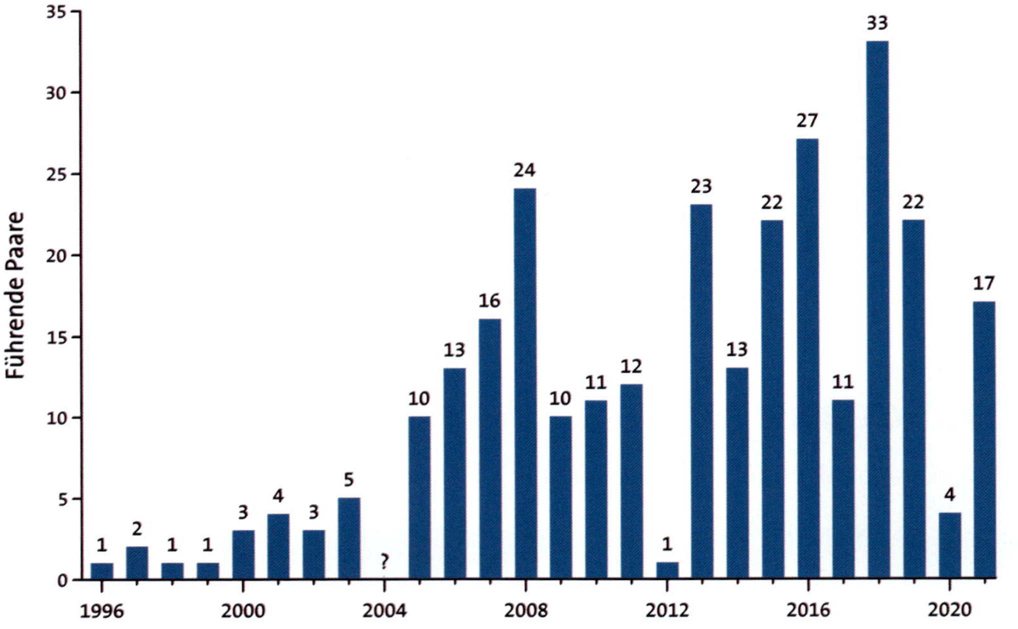

Mindestzahl erfolgreicher Bruten der Brandgans im österreichischen Seewinkel in den Jahren 1996–2021 (keine Daten aus dem Jahr 2004)[17,26,27].

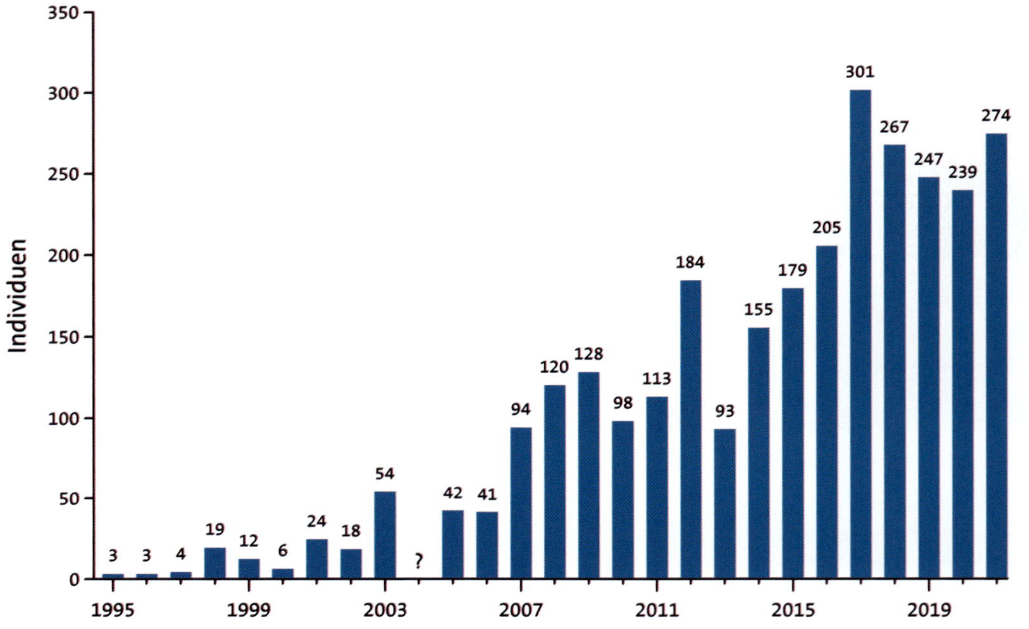

Entwicklung des Brutzeitbestandes der Brandgans im österreichischen Seewinkel (Maximalzahl jeweils dreier Zählungen im Mai) in den Jahren 1996–2021 (keine Daten aus dem Jahr 2004)[17,26,27].

Jahreszeitliches Auftreten

Der Brutzeitbestand ist Mitte März, zum Zeitpunkt der ersten Wasservogelzählung, weitgehend vollzählig im Gebiet eingetroffen und unter günstigen Witterungsbedingungen können sich bereits in der zweiten Aprilhälfte größere Trupps im Seewinkel aufhalten[30]. In den Sommermonaten Juli und August zieht ein Teil der nichtbrütenden Adulten bereits in die Mauserquartiere ab. Im Spätsommer verbleiben zumeist nur mehr die Altvögel (vorwiegend Weibchen) mit ihren Jungvögeln im Seewinkel. Während Brandgänse die Herbstmonate ab Ende September bis November nur in geringer, jährlich wechselnder Zahl im Gebiet verbringen, zeichnet sich seit 2015 in zunehmendem Maße eine Tendenz zur Überwinterung einzelner größerer Trupps ab. Länger verweilende Trupps von 30–40 Individuen wurden im Dezember 2016 gemeldet und eine Gruppe von 30–70 Vögeln hielt sich zwischen Dezember 2019 und Jänner 2020 durchgehend im Gebiet auf[30].

Zugverhalten und Ringfunde

Die in den letzten drei Jahrzehnten etablierte mitteleuropäische Population steht in weiträumigem Austausch mit anderen Vorkommen in Europa bzw. suchen die hiesigen Brutvögel traditionelle, weit entfernte Mauser- und Winterquartiere auf. Den Austausch mit dem Winterquartier an der Nordseeküste belegte erstmals ein im Jänner 2008 in Oost-Vlaanderen (Belgien) beringter Vogel, der am 19.6.2009 in krankem Zustand an der Langen Lacke wiedergefunden wurde[31]. Ein an der Mittelmeerküste bei Triest im April beringter Vogel wurde drei Jahre später am Fehér-tó bei Szeged wiedergefunden[26]. Noch bemerkenswerter ist der Wiederfund eines im November im Frankfurter Zoo gesund gepflegten Vogels drei Jahre später im September bei Balmazújváros in Ostungarn[32].

Der mit Ringfunden belegte Austausch mit Mauser- bzw. Winterquartieren an den europäischen Meeresküsten konnte ab 2018 auch durch die Besenderung von mehreren diesjährigen Weibchen bestätigt werden[33]: Während im August 2018 ein Vogel an den Stadtrand von Hamburg, in Richtung der Mauserquartiere an der deutschen Nordseeküste flog, wanderten zwei weitere Vögel erst nach einem Temperatursturz im Winter 2019 ab. Ein Individuum flog am 3.12. nach Osten und in einer weitläufigen Schleife bis an den Ostrand von Bratislava. Der zweite Vogel zog in der Nacht des 30.11. in einem Nonstop-Flug an die norditalienische Adriaküste, die eines der wichtigsten europäischen Winterquartiere mit stark zunehmender Bedeutung ist[34]. Dort überwinterte der Vogel in einem großen Bereich zwischen der Bucht von Venedig und Ravenna, wobei er die meiste Zeit im Po-Delta verbrachte. Auf ungarischer Seite wurden bisher in Mekszikópuszta 21 Jungvögel beringt, ohne dass Wiederfunde einlangten[29].

Quellen: *[1] M. Dvorak, C. Roland, K. Wiesinger/ornitho.at, [2] M. Dvorak/ornitho.at, [3] R. Brandstätter/ornitho.at, [4] M. Dvorak/ornitho.at, [5] R. Pöllinger/ornitho.at, [6] A. Hombauer/ornitho.at , [7] J. Schmitz/ornitho.at, [8] R. Suck/ornitho.at, [9] H.-M. Berg/ornitho.at, [10] H.-M.*

Berg, F. Gubi, J. Hohenegger/ornitho.at, [11] R. Hartwich / ornitho.at, [12] Zimmermann (1943), [13] Bauer et al. (1955), [14] Koronky (1955), [15] G. Spitzer/ABÖ, [16] Festetics & Leisler (1968), [17] Archiv BirdLife Österreich, [18] Kárpáti (1983), [19] Archiv MME Sopron, [20] J. Laber/ABÖ, [21] B. Kohler/ABÖ, [22] F. Samwald u. a./ABÖ, [23] M. Riesing, J. Laber, B. Kohler u. a./ABÖ, [24] Hadarics (1996), [25] Mogyorósi (1997), [26] M. Dvorak, unpubl. Daten, [27] M. Dvorak, J. Laber & B. Wendelin, unpubl. Daten, [28] Pellinger (2014), [29] A. Pellinger, unpubl. Daten, [30] www.ornitho.at, [31] Österreichische Vogelwarte, unpubl. Ringfund, [32] Csörgő et al. (2009), [33] L. Khil, unpubl. Daten, [34] Brichetti & Fracasso (2018)

Michael Dvorak & Attila Pellinger

Rostgans *Tadorna ferruginea* (Pallas, 1764)

Vörös ásólúd – Ruddy Shelduck

Mörbisch, 12.5.2015, Männchen (Michael Dvorak)

Sehr seltener Gast in einzelnen Individuen oder kleinen Trupps von 2–5 Exemplaren

Vorkommen

Am 18.3.1962 wurde in Österreich erstmals eine Rostgans am Unteren Stinkersee entdeckt[1], derselbe Vogel wurde in der Folge zwischen 29.3. und 2.4. noch mehrfach in der näheren Umgebung gesichtet[2, 3]. Der nächste Nachweis bezieht sich auf einen Vogel, der von 5.3. bis 9.4.1967 mehrfach mit Graugänsen im zentralen Seewinkel beobachtet wurde[4]. Im August 1973 wurde das Skelett eines beringten Vogels bei Jois gefunden[5], auch 1974, 1976 und 1977 hielten sich jeweils kurzzeitig 1–2 Rostgänse im Seewinkel auf[6]. Erst 17 Jahre später hielt sich dann am 9.3.1994 wieder ein Männchen östlich der Östlichen Wörthenlacke in einem Gänsetrupp auf[7]. Am 20.8. und 2.9.1995 wurde ein Exemplar im zentralen Seewinkel gesichtet[7] und von 24.6. bis 30.6.1997 waren vier adulte Exemplare kurzzeitig im selben Gebiet[8]. Im Jahr 2000 rasteten von 24.11. bis 2.12. wiederum vier Exemplare an den Lacken westlich von Illmitz[9] und 2001 wurde ein Männchen am 12.7. an der Langen Lacke festgestellt[10]. Ein Weibchen, das sich von 17.–19.6.2005 an der Östlichen Wörthenlacke aufhielt[11], blieb nur kurz. Ein Männchen, das am 16.9.2005 erstmals an der Östlichen Wörthenlacke gesehen wurde[7], könnte derjenige Vogel gewesen sein, der bis zum Jahr 2013 immer wieder längere Zeitabschnitte im Seewinkel verbrachte: April–Juni 2006, Oktober 2006 bis Oktober 2007, März bis Dezember 2008, Mai und Juni 2009, September 2009 bis April 2012 sowie zuletzt von Oktober 2012 mit Unterbrechungen bis Dezember 2013[6]. Während es sich in diesen neun Jahren fast immer nur um ein (und dasselbe?) Männchen handelte (von Jänner bis April 2012 war kurzfristig auch 1 ♀ präsent[5]), werden die Nachweise ab Juni 2014 viel seltener, die Aufenthaltsdauern sehr kurz (zumeist nur einen Tag) und die Vögel werden wechselnd als Weibchen, Männchen oder gar nicht geschlechtsbestimmt. Dies sind alles Hinweise darauf, dass es sich ab 2014 um unterschiedliche Individuen mit immer sehr kurzem Aufenthalt gehandelt hat[12].

Auf ungarischer Seite tritt die Rostgans seit 1994 fast alljährlich auf, die meisten Nachweise stammen aus den Monaten Oktober bis Mai. Die im Oktober und November anwesenden Rostgänse sind zumeist mit Wildgänsen vergesellschaftet. Sie kommen mit Blässgänsen an, was nahelegt, dass diese Rostgänse wilden Ursprungs sind und sich den durch Kasachstan ziehenden Blässgänsen anschließen, um mit ihnen das Karpatenbecken zu erreichen, wo sie bis März oder sogar April verweilen[13]. Der Ursprung der im Frühjahr (April bis Mai) ankommenden Vögel ist ungeklärt, sie kommen aber wahrscheinlich aus dem Mittelmeerraum[13]. Zwischen Juli und September gemeldete Rostgänse entstammen hingegen wahrscheinlich den eingebürgerten westeuropäischen Populationen (England, Deutschland, Schweiz). Darauf weist einerseits die übereinstimmende Sommerzugzeit der englischen Population hin[12], andererseits gesellen sich diese Vögel oft zu Graugänsen, die zu dieser Zeit aus Richtung Tschechien das Neusiedler See-Gebiet erreichen. Zumeist handelt es sich dabei nur um einzelne Exemplare, am 9.10.1995 wurden aber drei, von 26.–28.10.2000 sogar fünf juvenile Exemplare gemeinsam in den Überschwemmungsflächen von Mekszikópuszta gesehen[14].

Seit 2014 hat sich, trotz des überwiegend nur kurzen Verweilens, die Zahl der im Sommer im Gebiet auftretenden Rostgänse stark erhöht. Dies ist auch in Zusammenhang mit der starken Zunahme und Expansion der Art im westlichen Mitteleuropa zu sehen[15], obwohl eine Etablierung der Rostgans als Brutvogel im Gebiet derzeit nicht zu erwarten ist.

Jahreszeitliches Auftreten

Die Art zeigt jahreszeitlich kein verstärktes Auftreten in einem bestimmten Zeitraum. Der größte Teil der vorhandenen Nachweise entfällt auf die Periode Mitte Februar bis Mitte Dezember, verteilt sich also gleichmäßig über das Jahr. Meldungen aus dem Hochwinter (Ende Dezember bis Anfang Februar) liegen allerdings überwiegend aus Ungarn vor.

Zugverhalten und Ringfunde

Ein sehr ungewöhnlicher Ringfund: Ein am 1.4. 1973 südlich von Ferrera in der Poebene (Italien) beringtes Exemplar wurde ungefähr Mitte August 1973 bei Jois als Skelett entdeckt[5].

Quellen: [1] W. Ebert per K. Bauer/ABÖ, [2] Sauerzopf (1962), [3] Aumüller & Triebl (1962), [4] H. Winkler, B. Leisler, W. Scherzinger/ABÖ, [5] Ornithologischer Informationsdienst der Österr. Ges. für Vogelkunde, Folge 21 (Beringung 1972 und 1973), [6] Archiv BirdLife Österreich, [7] A. Ranner/ABÖ, [8] B. Kohler, E. Karner, A. Ranner, M. Dvorak/ABÖ, [9] A. Panrok, R. Triebl u. a./ABÖ, [10] B. Kohler/ABÖ, [11] C. Roland, H. Buchsbaum, H. Tiedemann/ABÖ, [12] www.ornitho.at, [13] Zalai et al. (2020), [14] A. Pellinger, unpubl. Daten, [15] Keller et al. (2020)

Michael Dvorak & Tibor Hadarics

Mandarinente *Aix galericulata* (Linnaeus, 1758)

Mandarinréce – Mandarin Duck

Dorfteich Apetlon, 18.4.2009, Männchen (Michael Dvorak)

> Gefangenschaftsflüchtling aus umliegenden Wasservogelhaltungen, 2015 eine Freilandbrut

Vorkommen

Ursprünglich als Brutvogel in Ostasien verbreitet, ist die Mandarinente heutzutage auch in verschiedenen Teilen Europas ein etablierter Brutvogel[1]. Auch in Österreich brütet die Art zumindest seit den 1970er Jahren[2], der Bestand wird aktuell auf 30–50 Paare geschätzt[3]. Im Neusiedler See-Gebiet gibt es kein regelmäßiges Brutvorkommen, der überwiegende Teil der vorliegenden Nachweise geht wohl auf Vögel zurück, die aus Wasservogelhaltungen entkommen sind. Mit Ausnahmen in den Jahren 1989 (1 Ex. 15.6. Apetlon/Finkengrube[4]) und 2003 (1 Paar am 15.5. am Weißsee[5]) wurde die Art erst ab 2006 einigermaßen regelmäßig gemeldet. Am Dorfteich in Apetlon hatten 1–2 Paare in den Jahren 2007–2013 immer wieder kurzzeitig „Ausgang", auch aus dem Seebad Rust kamen in den letzten Jahren (2008, 2013–2016) immer wieder Meldungen einzelner Vögel[6, 7]. Am 22.7.2014 wurden hier sogar zwei diesjährige Exemplare beobachtet[8]. Am Campingplatz Podersdorf brütete im Mai 2015 ein aus lokaler Haltung stammendes Weibchen in einem hohlen Baum, am 29.6. wurde das Weibchen mit drei Pulli beobachtet[9]. Ein möglicherweise nicht aus lokaler Haltung stammendes Männchen schwamm am 14.11.2015 zusammen mit zahlreichen anderen Wasservögeln auf der Langen Lacke[10]. Innerhalb der letzten Jahre wurde im Mai 2017 ein Männchen über mehrere Wochen aus Andau gemeldet[11], ein Jahr später schwamm ein Paar am 7.11.2018 am Dorfweiher in Andau[12], am 26.5.2021 hielt sich ein Männchen auf einem Schotterteich bei Mönchhof auf[13], am 24.8.2021 zeigten sich am Dorfteich in Andau sogar fünf Exemplare[14] und zuletzt wurde am 1.4.2022 ein Paar in Podersdorf beobachtet[15].

Aus dem ungarischen Teil ist kein einziger Nachweis bekannt. Am nahe gelegenen Teich Nagy-Tómalom bei Sopronkőhida wurde am 4.3.2017 ein Weibchen festgestellt[16].

Jahreszeitliches Auftreten

Das Auftreten zeigt kein Muster, allenfalls ist eine gewisse Häufung an Nachweisen in den Monaten April und Mai zu erkennen, was auf die in diesem Zeitraum verstärkte Präsenz von Vogelbeobachter*innen zurückgeführt werden kann.

Quellen: [1] *Keller et al. (2020),* [2] *Dvorak et al. (1993),* [3] *BirdLife Österreich, unpubl. Daten,* [4] *D. Franz & F. Haider/ABÖ,* [5] *M. Dvorak/ABÖ,* [6] *Archiv BirdLife Österreich,* [7] *www.ornitho.at,* [8] *M. Prinz/ornitho.at,* [9] *A. Grüll, M. Haider/ornitho.at,* [10] *M. Dvorak, S. Martinek/ornitho.at,* [11] *R. Jellinek et al./ornitho.at,* [12] *S. Kraus/ornitho.at,* [13] *M. Dvorak/ornitho.at,* [14] *S. Kraus, W. Kraus, J. Kraus/ornitho.at,* [15] *H. & F. Pfister/ornitho.at,* [16] *L. Nagy, unpubl. Daten*

Michael Dvorak & Tibor Hadarics

Knäkente *Spatula querquedula* Linnaeus, 1758

Böjti réce – Garganey

> Mäßig häufiger Brutvogel im Seewinkel, häufiger Durchzügler von Ende Februar bis Mitte April

Verbreitung und Lebensraum

Die Knäkente besiedelt nährstoffreiche und gut mit Ufervegetation bewachsene Stillgewässer. Sie stellt damit ähnliche Ansprüche wie die Schnatterente, kommt aber bereits mit kleineren Anteilen an offenen Wasserflächen aus, was es ihr ermöglicht auch Kleingewässer, Wassergräben und kleine offene Wasserflächen in größeren Schilfbeständen zu besiedeln[1]. Letztere werden im Neusiedler See allerdings nur an den landseitigen Rändern besiedelt, sofern angrenzend trockene oder wechselfeuchte Wiesenflächen oder Brachen vorhanden sind. Zur Nahrungssuche ist die Art – mehr als die Krickente – an seichtes Wasser mit submerser Vegetation gebunden, nutzt aber im Gegensatz zur Krickente keine Schlickflächen[1]. Daher ist sie zur Zugzeit nicht nur auf offenen Wasserflächen sondern häufig auch auf überschwemmten Wiesenflächen zu finden.

Die Neststandorte liegen, wie z.B. in den Zitzmannsdorfer Wiesen, teils mehrere hundert Meter von offenen Wasserflächen entfernt in trockenen, bültigen Wiesenflächen[2]. Im Seewinkel fand Seitz[3] in der zweiten Hälfte der 1930er Jahre Knäkenten-Nester mitten in der Hutweide im Schutz des Dornigen Hauhechels, eines Weideunkrauts. Festetics & Leisler[4] beschreiben die Lebensraumansprüche mit: *„Typische Entenart der kleinen Sodalacken, Wiesengräben, überschwemmten und auch trockenen Hutweiden und der Seggen- und Meerbinsen-Bestände. Brütet oft weit weg (maximal 500 bis 1.000 m) vom Wasser"*.

Im Neusiedler See-Gebiet gibt es durch die Verbindung von seichtem Wasser und reichhaltiger Ufer- und Unterwasservegetation in den Schwarzwasserlacken optimale Bedingungen für die Art. Durch die seit Ende der 1990er Jahre großflächig praktizierten Beweidung im Bereich des landseitigen Seevorgeländes zwischen Neudegg und Podersdorf sind hier zusätzlich ganz besonders geeignete Lebensräume zu finden. Ebenso wie Pfeif-, Krick- und Schnatterenten bevorzugt die Knäkente in sehr hohem Ausmaß Weideflächen, auf die 59,4 % aller von 2011–2019 im Rahmen der Wasservogelzählungen erfassten Exemplare entfallen[5]. Bevorzugt genutzt werden Flächen im Sandeck (23,9 %) und die Graurinderkoppel (18,6 %), darüber hinaus hat auch die Warmblutkoppel (6,8 %) einige Bedeutung. Unter den Lacken kommt einzig der Östlichen Wörthenlacke und eingeschränkt auch der Langen Lacke mit 7,3 % bzw. 5,1 % größere Bedeutung zu.

Bestand und Bestandsentwicklung

Die Knäkente war wie alle anderen Schwimmenten in den 1850er Jahren *„zahlreich und hat hier*

Haidlacke, Illmitz, 30.4.2015, Männchen (Michael Dvorak)

gebrütet"[6]. Auch 20–30 Jahre später wurde sie als häufiger Brutvogel angesehen[7, 8], lediglich Baron Fischer[9] war mit seiner Einschätzung etwas zurückhaltender und schrieb: *„Die Knäkente nistet auch am See"*. Das mag aber auch damit zusammenhängen, dass er am See zwar viele Männchen, aber nur ein Weibchen der Knäkente *„zur Komplettierung einer Sammlung"* erbeuten konnte. In den Frühjahren 1907 und 1909 war die Knäkente *„am Ostufer nur spärlich vertreten"*[10], wiederum ein Hinweis, dass schon damals die Brutbestände der Schwimmenten den Wasserständen folgende Schwankungen aufwiesen. Mitte der 1930er Jahre war die Knäkente bei niedrigen Wasserständen an den Lacken häufig, *„zahlenmäßig der Stockente scheinbar nicht nachstehend"*, in den darauf folgenden Jahren bis 1940 wurde sie dann offenbar in stark wechselnder Häufigkeit festgestellt[3]. 1940–1942 war die Knäkente *„in der Brutzeit überall häufig, insbesondere an den Lacken, an denen sie [...] wesentlich zahlreicher nistet als am See"*[11]. Zu Beginn der 1950er Jahre *„ist die Knäkente ein häufiger Brutvogel der Lacken"*[12]. Auch 15 Jahre später hatte sich an ihrer Häufigkeit als Brutvogel nichts geändert, Mitte der 1960er Jahre war sie im Seewinkel zweithäufigste Brutenten-Art mit über 150 Brutpaaren, wobei aber auch ihr Fehlen am See hervorgehoben wurde[4]. Zwischen 1985 und 1988 ergaben Bestandsaufnahmen zwischen 60 und 80 Paare[13], 1992 wurden 90–110[13] und 1997 80–100 Brutpaare gezählt[2]. Die trockenen Jahre 2001 bis 2005 brachten einen drastischen Einbruch auf nur mehr 15–35 Paare[2], den auch die darauffolgenden Jahre relativ guter Wasserstände bis 2011 nicht mehr ausgleichen konnten. Der Brutbestand pendelte in diesem Zeitraum um die 60 Paare, erreichte aber nicht mehr das Niveau der 1990er Jahre[2]. Seit 2012 wechselten sich sehr trockene (2012, 2017, 2019–2021), mit etwas feuchteren (2014, 2016, 2018) und zwei Jahren mit sehr hohen Wasserständen (2013, 2015) ab, dementsprechend schwankten auch die Brutbestände der Knäkente in weiten Grenzen mit Minima von rund 15 Paaren (2020 sogar nur mehr drei) und einem Höchststand im Jahr 2015 mit 90–120 Paaren[5].

Im ungarischen Teil des Neusiedler Sees ist die Knäkente ein seltener Brutvogel, Brutnachweise gelangen lediglich 2004 am Borsodi-dűlő und 2007 am Nyéki-szállás mit jeweils 1–2 Familien. Ein Nest mit neun Eiern wurde am 27.5.1989 am Westufer des Sees bei Fertőrákos gefunden[14]. Im Frühjahr ist die Knäkente im Seewinkel ein häufiger Durchzügler. 1981–1992 lag der Mittelwert aller Zählungen Mitte März bei 65 Individuen[15]. Im Vergleich dazu hatte sich der Bestand in den Jahren 2010–2019 auf durchschnittlich 331 Exemplare vergrößert[5], was grob einer Verfünffachung der Individuenzahl entspricht. In Ungarn gab Kárpáti[16] für den 5.3.1978 eine Anzahl von 800–900 Exemplaren für den südlichen Teil des Neusiedler Sees an, am 12.3.1978 führte er für den ganzen See sogar die außerordentliche Zahl von 5.000–6.000 Individuen an. Ab den 1980er Jahren haben die Bestände am Heimzug dann sicherlich deutlich abgenommen. In den Jahren 1998–2005 wurden im ungarischen See-Teil maximal 655 Individuen gezählt[17] und ab 1990 wurden die neu geschaffenen Überschwemmungsflächen von Mekszikópuszta zu einem bedeutenden Rastplatz[18]. Noch zur Jahrtausendwende lagen hier die Maxima bei 600 Exemplaren, heute liegen diese bei nur mehr der Hälfte[19]. Nur ausnahmsweise werden auch aktuell noch größere Trupps registriert, maximal waren es 1.330 am 5.8.2014[19].

Jahreszeitliches Auftreten

Der Heimzug setzt – später als bei den anderen Enten – erst in der zweiten Märzwoche voll ein und endet in der Regel zur Monatswende April/Mai. Die Mittelwerte der Wasservogelzählungen 2007–2018 zeigen nach einem zögerlichen Beginn Mitte März (Ø 204, 2–385) einen Zuggipfel zu Beginn des Monats April (Ø 435, 29–961) und noch einen recht starken Durchzug in der zweiten Monatshälfte (Ø 251, 45–868)[2, 5]. Ab Anfang Mai ist nur mehr der Brutbestand anwesend, die Mittelwerte der Zählungen im Mai und Juni liegen zwischen 45 und 62 Exemplaren[2, 5]. In Jahren höherer Wasserstände, wie 2011–2016, dürfte die Brutpopulation auch im Gebiet mausern, allerdings legen die Zahlen nahe, dass sich auch Vögel anderer Brutgebiete dazugesellen. Die Mittelwerte der Zählungen liegen im Juli bei 191 (15–699), Anfang August bei 294 (72–603) und Mitte/Ende August bei 272 (0–673)[2, 5]. Die letzten Knäkenten-Gruppen sind im September zu beobachten, im Schnitt werden Anfang des Monats noch 55 (8–145), Mitte des Monats nur mehr 29 (0–151) Knäkenten gezählt und im Oktober sind in der Regel nur mehr einzelne Vögel oder bestenfalls kleine Trupps anzutreffen (Ø 4, 0–41)[2, 5]. Die spätesten Nachweise waren 1–2 Individuen am 18. und 19.10.2016 an der Warmblutkoppel[20], vier am 19.10.2010 im Sandeck[2], eine Knäkente am 19.10.2014 an der Podersdorfer Pferdekoppel[21], eine am 24.10.2015 an der Ruster Storchenwiese[22] sowie eine am 27.10.2013 am St. Andräer Zicksee[23]. Die zwei einzigen Mittwinternachweise waren 1 ♀ am 1.1.2019 am Darscho[24] und 1 ♂ am 18.1.2015 an der Langen Lacke[25].

Zugverhalten und Ringfunde

Die Knäkente ist unter den im Gebiet vorkommenden Enten der ausgeprägteste Weitstreckenzieher. Der Großteil der in Europa brütenden

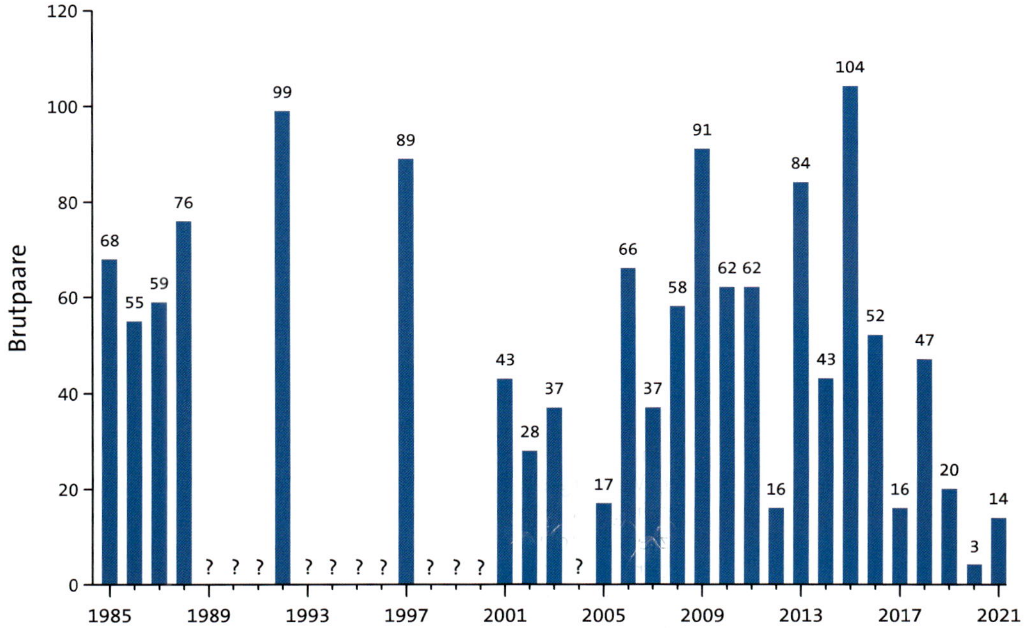

Entwicklung des Brutbestandes der Knäkente in Österreich in den Jahren 1985–2021 (Mittelwerte). Von 1989 bis 2000 wurden nur in zwei Jahren systematische Erhebungen durchgeführt[2, 5].

Vögel überwintert in Westafrika, vom Senegal bis in den Tschad, weiter westlich in Sibirien brütende Knäkenten erreichen Nordost- und Ostafrika. Europäische, in Westafrika überwinternde Brutvögel überfliegen in breiter Front West- und Mitteleuropa Richtung Süden[26]. Mehrere Ringfunde in Ungarn belegen diese Strategie und man kann davon ausgehen, dass die im Gebiet rastenden Vögel ähnliche räumliche Muster zeigen: Bei den Ringablesungen handelte es sich um Individuen weiter nördlich gelegener Brutgebiete wie England, Litauen, die Niederlande und Tschechien, zum anderen aber auch um Knäkenten aus viel weiter östlich brütenden Population mit zwei Funden von im Wolgadelta markierten Individuen. Einzelne Fernfunde in Afrika markierter Individuen stammen aus dem Senegal und Mali, und der Fund einer in Südfrankreich beringten Knäkente illustriert die allgemein vorherrschende Zugrichtung Südwest-Nordost. In Ungarn beringte Vögel wurden einerseits, den Erwartungen entsprechend, an der mittleren Adriaküste Italiens, andererseits aber auch in Libyen gefunden. Der letztgenannte Fund weist damit auf einen Konnex zu den Wintergebieten in Ostafrika hin[27].

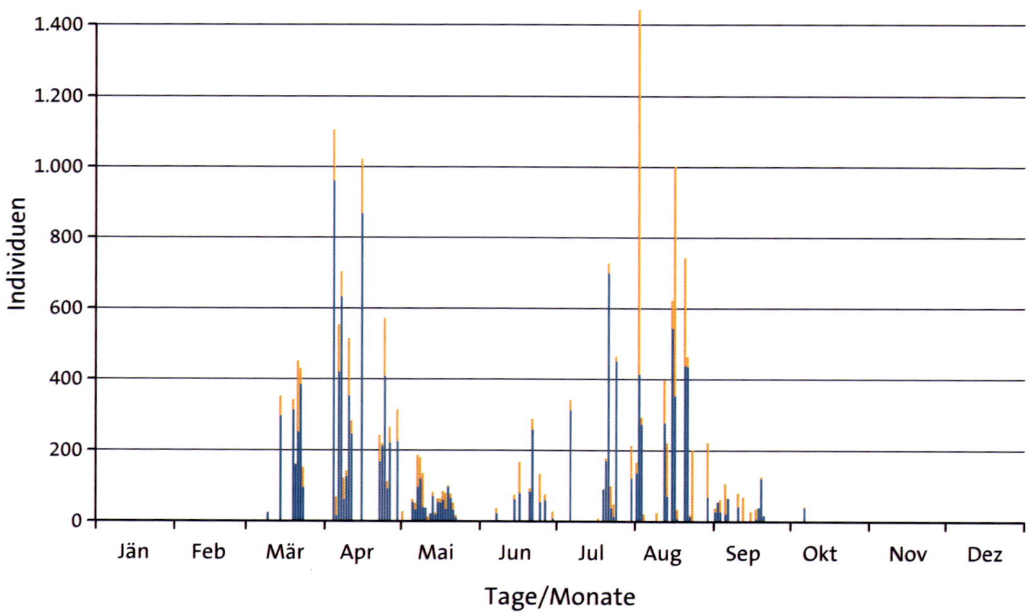

Jahreszeitliches Auftreten (Tagessummen) der Knäkente basierend auf Daten der Wasservogelzählungen in Österreich (blau, 2007–2021) und Ungarn (orange, 1999–2008, 2013–2020)[5, 32].

Die Funde von im Neusiedler See-Gebiet beringten oder dort wieder gefangenen Vögeln (1994–2020 212 Ex. am Borsodi-dűlő in Mekszikópuszta) passen in dieses Bild: Ein am 2.8.2019 markiertes Weibchen fiel dreieinhalb Monate später, am 15.11., im Westen der Insel Sizilien einem Jäger zum Opfer[28]. Ein am 12.8.2017 gefangenes Männchen wurde am 6.5.2018, vermutlich im Brutgebiet, in der südrussischen Steppe 250 km südöstlich von Ekaterinburg tot gefunden[28], ein weiteres Exemplar wurde im Winterquartier im Senegal gefunden (Saint-Luis, 4.633 km). Einen weiteren, durchaus überraschenden Fund brachte ein am 24.7.1965, wohl im Brutgebiet beringter Vogel aus Südengland, der zwei Jahre später am 18.8.1967 am Wegzug im Seewinkel geschossen wurde[29]. Zuletzt ist noch ein am 16.8.2000 bei Ostrava in Südmähren markierter Vogel zu erwähnen, dessen Ring fast genau ein Jahr später am 15.8. 2001 im Seewinkel gefunden wurde[29].

Von 2018–2019 wurden innerhalb des Projekts Vogelwarte Madárvárta 2 sechs Knäkenten mit GPS/GMS-Sendern versehen. Von den zwei im Frühjahr besenderten Vögeln flog ein am 28.3.2019 markiertes Männchen in ein Gebiet an der ukrainischen-weißrussischen Grenze, wo es vermutlich erschossen wurde. Ein weiterer am 29.3.2019 gefangener Vogel wanderte über die Slowakei, die Ukraine und Weißrussland in Richtung Norden nach Russland bis Kirow, wo er sich zur Brutzeit im Mai im Augebiet des Flusses Wjatka aufhielt. Danach startete er im Juni in Richtung Südost, machte einen kurzen Halt am Fluss Kama, umrundete dann südlich das Ural-Gebirge mit einem Aufenthalt in der Steppe des nordwestlichen Kasachstans und danach einer Rast am Rand des Wolgadeltas, wo der Kontakt verloren ging. Von den vier am Herbstzug besenderten Vögeln startete ein am 14.8.2019 markiertes adultes Weibchen ungewöhnlicherweise in Richtung Westen und flog über die Alpen an den Rand des Bodensees. Ein am 30.8.2018 mit Sender ausgestattetes adultes Weibchen verbrachte den September und den frühen Oktober im Neusiedler See-Gebiet, am 20. Oktober kamen die Signale aber aus Sizilien, wo der Vogel drei Tage später erschossen wurde. Das ein Jahr später am 2.10.2019 besenderte adulte Weibchen hat das Gebiet hingegen bereits Anfang August in nördlicher Richtung verlassen, verweilte dann bis Ende Oktober in Tschechien nahe der österreichischen Grenze, um dann seinen Zug nach Süden zu beginnen. Wie beim Vogel im Vorjahr endete die Reise in Sizilien, wo der Vogel ebenfalls erschossen wurde[30].

Quellen: [1] *Glutz von Blotzheim & Bauer (1968),* [2] *M. Dvorak, unpubl. Daten,* [3] *Seitz (1942),* [4] *Festetics & Leisler (1968),* [5] *M. Dvorak, J. Laber & B. Wendelin, unpubl. Daten,* [6] *Jukovits (1864/65),* [7] *Fászl (1883),* [8] *von Dombrowski (1889),* [9] *Baron Fischer (1883),* [10] *Schenk (1917),* [11] *Zimmermann (1943),* [12] *Bauer et al. (1955),* [13] *Dvorak (1994a),* [14] *Archiv MME Sopron,* [15] *Biologische Station Illmitz, unpubl. Daten,* [16] *Kárpáti (1983),* [17] *Mogyorósi (2006),* [18] *Pellinger (2000),* [19] *Pellinger & Hadarics (2020a),* [20] *O. Samwald/ornitho.at,* [21] *M. Breuss/ornitho.at,* [22] *B. Forthuber/ornitho.at,* [23] *C. Moning/ebird,* [24] *M. Suanjak/ornitho.at,* [25] *W. Kantner/ornitho.at,* [26] *Scott & Rose (1996),* [27] *Csörgő et al. (2009),* [28] *Vogelberingungszentrale BirdLife Ungarn, unpubl. Ringfunde,* [29] *Österreichische Vogelwarte, unpubl. Ringfunde,* [30] *Boros (2020),* [31] *www.ornitho.at,* [32] *Archiv FHNP*

Michael Dvorak & Attila Pellinger

Blauflügelente *Spatula discors* (Linnaeus, 1766)

Kékszárnyú réce – Blue-winged Teal

Ausnahmeerscheinung oder Gefangenschaftsflüchtling

Vorkommen

Es liegt ein Nachweis dieser nordamerikanischen Art vor, wobei eine Herkunft aus Gefangenschaft nicht mit hinreichender Sicherheit ausgeschlossen werden konnte (Kategorie D_A der ungarischen Artenliste).

- 10.4.–1.5.2006 Cikes, 2 ♂ von 10.–24.4. bzw. 1 ♂ am 1.5. (S. Mogyorósi, A. Pellinger u. a.[1, 2]).

Zusätzlich wurde am 24.5.2009, und offenbar noch an den Folgetagen, ein männlicher Hybrid einer Blauflügelente mit einer unbestimmten zweiten Elternart bei Podersdorf beobachtet (J. Laber, C. Wende)[3]. Bei einem weiteren männlichen Hybriden, der sich von 12.–13.5.2012 auf den Wörthenlacken aufhielt, wurde für einen Elternteil die Blauflügelente angenommen, der zweite wurde als Löffelente bestimmt (E. Albegger, M. Dvorak, S. Götsch u. a.)[4].

Quellen: [1] *Mogyorósi (2008a),* [2] *MME Nomenclator Bizottság (2010a),* [3] *Ranner & Khil (2011),* [4] *Albegger & Khil (2016)*

Andreas Ranner & Sándor Mogyorósi

Mekszikópuszta, 10.4.2006, Männchen (Belegfoto Sándor Mogyorósi)

Löffelente *Spatula clypeata* (Linnaeus, 1758)

Kanalas réce – Northern Shoveler

Apetlon, 12.5.2011, Männchen (Michael Dvorak)

Brutvogel mit sehr stark negativem Trend, sehr häufiger Durchzügler im Frühjahr und Herbst

Verbreitung und Lebensraum

Im Neusiedler See-Gebiet herrschen für die Art optimale Lebensraumbedingungen, daher ist bzw. war sie hier auch die häufigste brütende Entenart und nimmt auch zu den Zugzeiten nach der Krickente den zweiten Platz in der Häufigkeitsskala ein. Nahrungsreiches, eutrophes Seichtwasser in den Lacken und an den landseitigen Seerändern ist optimal für Löffelenten und die großflächige Beweidung im Bereich zwischen Neudegg und Podersdorf hat hier noch weitere hervorragend geeignete Lebensräume geschaffen. Auch am Westufer des Neusiedler Sees wurde die Art vor 25 Jahren noch regelmäßig zur Brutzeit nachgewiesen, hier ist sie heutzutage allerdings fast völlig verschwunden. Ein Grund dafür könnte das weitgehende Verschwinden geeigneter Nisthabitate in Form von wechselfeuchten, bültigen Wiesen in den landseitigen Bereichen sein[1]. Im Bereich der Zitzmannsdorfer Wiesen wurden wiederholt Nester in einigen hundert Metern Entfernung zu den nächsten offenen Wasserflächen in Feuchtwiesen gefunden[2].

Noch vor 30 Jahren, zu Zeiten des Bestandshöhepunkts, besiedelte die Löffelente sämtliche Lackentypen von vegetationsarmen Weißwasserlacken bis hin zu den typischen Schwarzwasserlacken[2]. Hier hat jedoch in den letzten 20 Jahren eine Verlagerung sowohl der Brut- als auch der Rastbestände weg von den Lacken hin zu den Beweidungsflächen an den landseitigen Seerändern stattgefunden. Vor allem die großen, ehemals dicht besiedelten Lacken wie der Illmitzer Zicksee und die Lange Lacke weisen heute nur mehr einzelne Brutpaare auf. Andere noch vor 15 Jahren gut besetzte Gebiete, wie z. B. der Kirchsee, wurden gänzlich aufgegeben[2]. Bei der Löffelente sind daher stark negative Einflüsse durch das „Lackensterben" augenscheinlich. Die Abhängigkeit der Art von den Beweidungsgebieten ist weit weniger ausgeprägt als bei Pfeif-, Knäk- und Schnatterente. Bei den Wasservogelzählungen der Jahre 2011–2019 entfiel mit 43,3 % der Gesamt-Individuenzahl ein weitaus geringerer Anteil auf die Weideflächen als bei den anderen Arten[3]. Das für die Löffelente wichtigste Gewässer mit 22,3 % ist mit der Langen Lacke eine Sodalacke, allerdings dicht gefolgt von der Graurinderkoppel mit 19,3 %. Höhere Anteile sind auch noch für die Östliche Wörthenlacke (6,3 %) und den Illmitzer Zicksee (6,2 %) zu verzeichnen. Als vornehmlich Plankton fressende Art findet die Löffelente an noch einigermaßen intakten Sodalacken sicherlich nach wie vor die besten Voraussetzungen für die Nahrungssuche[4].

Im ungarischen Seeteil nutzen Löffelenten im Herbst und Frühjahr die größeren offenen Wasserflächen im Schilf wie z. B. Herlakni-tó und Hidegségi-tó[5]. Zu den Zugzeiten ist die Art regelmäßig auch an den Rekonstruktionsflächen in Mekszikópuszta in größerer Zahl anzutreffen[6].

Bestand und Bestandsentwicklung

Die Angaben für die zweite Hälfte des 19. und den Beginn des 20. Jahrhunderts fallen unterschiedlich aus und reichen von *„zahlreich und hat hier gebrütet"*[7], *„häufiger Brutvogel des eigentlichen Sumpfgebietes"*[8], *„in großer Menge brütend"*[9] und *„brütet am See und ist im Herbste und Frühjahre häufig"*[10] bis zu *„kann nicht als häufig bezeichnet werden"*[11] und *„wahrscheinlicher Brutvogel"*[12]. Diese unterschiedlichen Einstufungen fassen teils nur die Eindrücke kürzerer Zeitperioden zusammen und mögen daher die sicherlich auch damals vorhandenen Bestandsschwankungen widerspiegeln. Mitte der 1930er Jahre war die Löffelente im Seewinkel *„ausgesprochen selten und hat in den folgenden Jahren scheinbar regelmäßig zugenommen"*[13]. Anfang der 1940er Jahre wurde sie bei viel höheren Wasserständen als *„regelmäßiger Brutvogel des Gebiets"* eingestuft, *„dessen Zahl aber großen Schwankungen unterworfen ist"*[14]. Beide Autoren betonen den Einfluss des Wasserstandes auf das Brutvorkommen. Ähnlich war dann die Situation zu Beginn der 1950er Jahre: *„1951 sehr häufig, 1952 schon spärlicher und 1953 fast selten. Dies dürfte wenigstens teilweise mit dem niedrigeren Wasserstand zusammenhängen"*[15]. Mitte der 1960er Jahre lag die Löffelente mit ca. 80 Brutpaaren an dritter Stelle unter den Schwimmenten im Seewinkel[16]. Mitte der 1980er Jahre ergaben die ersten systematischen Erfassungen des Brutbestandes 150–170 Paare. Im Seewinkel war die Art zu dieser Zeit die am häufigsten brütende Schwimmente und die Charakterart der Sodalacken schlechthin[17].

Unmittelbar danach kam es in zwei extremen Trockenjahren (1990/1991) zwar zu einem starken Einbruch, aber schon 1992 war bei sehr hohem Wasserstand wieder ein Rekordbestand von ca. 200 Paaren zu verzeichnen[17]. Während aus den Jahren 1993–1995 und dem Hochwasserjahr 1996 leider keine systematisch gesammelten Daten vorliegen, wurden im ebenfalls sehr feuchten Jahr 1997 wiederum ca. 200 Paare erfasst[2]. Die trockenen Jahre zwischen 2001 und 2005 brachten einen kontinuierlichen Rückgang von rund 100 Paaren (2001) auf nur mehr ca. 40 Paare (2005)[2]. 2006 verbesserte sich die Bestandsituation zwar wieder auf ca. 100 Paare und in den Jahren 2008–2011 sogar auf 120–135[2], dennoch gab es im gleich darauffolgenden sehr trockenen Jahr 2012 wiederum einen Einbruch auf nur ca. 30 Paare[3]. Im Jahr 2013, mit sehr guten Wasserständen, waren dann ca. 125 Paare vorhanden. Seither nahm der Brutbestand jedoch trotz des Hochwasserjahres 2015 stetig ab und erreichte im Jahr 2019 einen regelrechten Zusammenbruch auf lediglich 1–4 Paare. 2020 brütete die Art gar nicht mehr und 2021 zumindest wieder in 2–6 Paaren im Seewinkel[3]. Im ungarischen Teil des Avifauna-Gebiets ist nur von der Rekonstruktionsfläche Mekszikópuszta eine einzige dokumentierte Brut aus dem Jahr 1993 bekannt, seither wurde kein Jungvögel führendes Weibchen mehr gesichtet[6].

Im Frühjahr ist die Löffelente im Seewinkel ein sehr häufiger Durchzügler. In den Jahren 1981–1992 lag der Mittelwert Mitte März bei 152 Individuen[18]. Im Gegensatz dazu wurden in den Jahren 2010–2019 durchschnittlich 1.380 Exemplare gezählt[3], was grob einer Verzehnfachung des Bestandes entspricht. Der Herbstzug kann in Abhängigkeit von den Wasserständen wie bei den anderen Entenarten unterschiedlich stark ausfallen. In den Jahren 1981–1992 wurden Mitte November im Mittel 143 Löffelenten gezählt[16]. In den Jahren 2006–2019 waren es hingegen im September im Mittel 2.235, im Oktober 1.874 und im November 2.504[2, 3]. Seit den 1980er Jahren ist es also auch im Herbst zu einer Vervielfachung der Rastbestände gekommen. Im Südteil des Neusiedler Sees konnten in den 1980er Jahren in einigen Jahren noch hohe Zahlen an rastenden Vögeln festgestellt werden. Eine Zählung im November 1981 ergab 1.500 Exemplare, im Oktober 1986 waren es 700 und im Oktober 1987 sogar 2.300[18]. 2006 und 2013 konnten ähnliche Zahlen von 1.100–1.800 Löffelenten festgestellt werden, 2008 waren es allerdings nur 400[17]. Aktuell dürfte es am See allerdings zu einer Abnahme gekommen sein, denn 2016–2019 wurden im November nur 40–601 (Ø 225) Exemplare gezählt[19]. Auf ungarischer Seite können sich auf den Rekonstruktionsflächen bei Mekszikópuszta Trupps von mehreren Tausend Individuen aufhalten, maximal wurden 3.400 Exemplare am 1.4.2001 am Borsodi-dűlő gezählt[6].

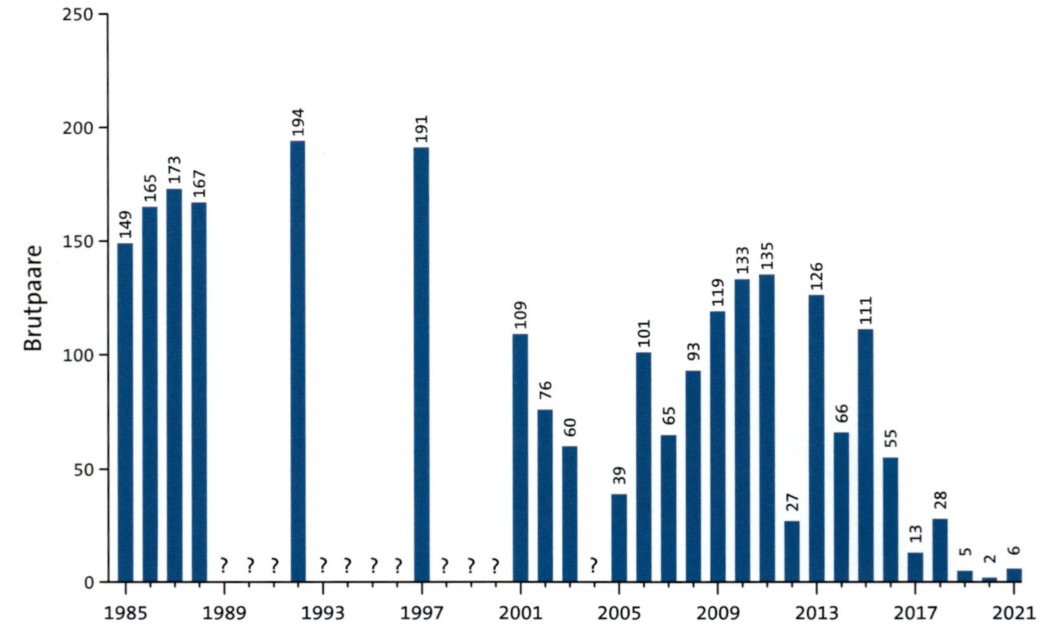

Entwicklung des Brutbestandes der Löffelente in Österreich in den Jahren 1985–2021 (Mittelwerte). Von 1989 bis 2000 wurden nur in zwei Jahren systematische Erhebungen durchgeführt[2, 3].

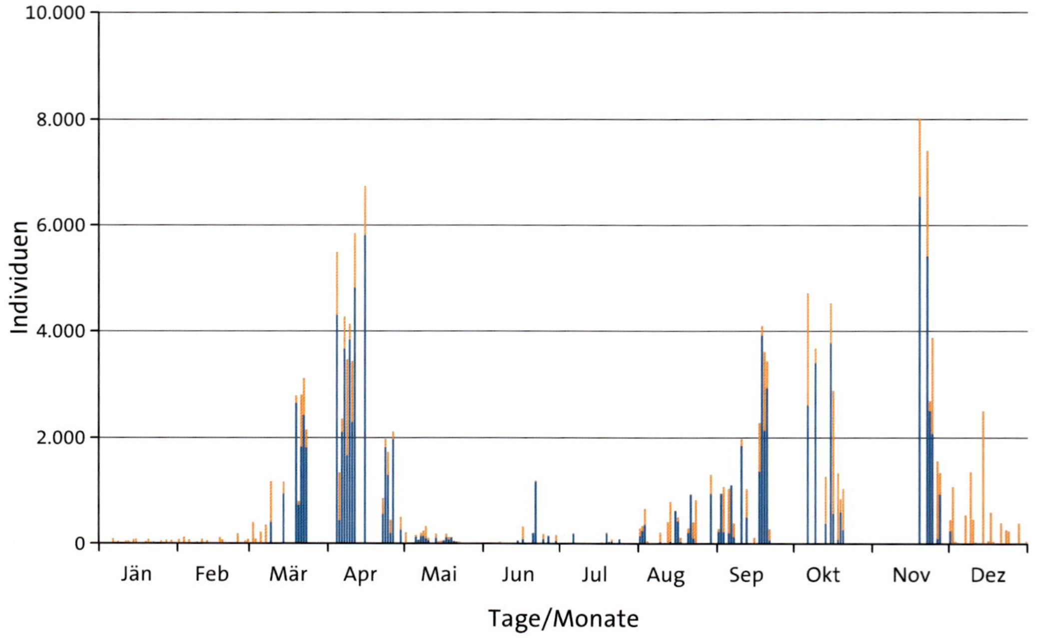

Jahreszeitliches Auftreten (Tagessummen) der Löffelente basierend auf Daten der Wasservogelzählungen in Österreich (blau, 2007–2021) und Ungarn (orange, 1999–2008, 2013–2020)[3, 25].

Jahreszeitliches Auftreten

Stärkerer Heimzug setzt erst relativ spät in der zweiten Märzwoche ein, obwohl eine erste Vorhut mit einzelnen Vögeln oder kleinen Trupps, sofern die Bedingungen günstig sind, bereits ab Mitte Februar eintreffen kann. Das Durchzugsmaximum wird Anfang April erreicht und ist damit später als bei den meisten anderen Entenarten, mit Ausnahme der Knäkente. Mitte März wurden in den Jahren 2007–2018 im Mittel 1.325 Exemplare gezählt (min. 195, max. 2.654), Anfang April waren es dann durchschnittlich beeindruckende 2.614 (min. 440, max. 4.818) und in der zweiten Aprilhälfte immer noch gemittelte 1.404 (min. 79, max. 5.808)[2, 3]. Der Zuggipfel liegt demnach in der Regel in der ersten Aprilwoche, kann aber, wie in den Jahren 2011 und 2015 (beide mit sehr hohen Wasserständen) auch erst auf Mitte April fallen. Der Massen-Durchzug endet dann ziemlich abrupt Ende April, bereits Anfang Mai ist außer einzelnen Zugtrupps nur mehr der Brutbestand vorhanden. Die Mittelwerte für die Zähltermine in den ersten drei Maiwochen liegen bei 141, 95 und 82[2, 3]. Im Juni steigt die Zahl der erfassten Vögel wieder an (Ø 201, 3–1.181)[2, 3]. Während Mitte Juli nur geringe Zahlen (< 100) erfasst werden, steigen diese im August wieder stark an (Ø Anfang August 281, Mitte/Ende 458), was auf eine gewisse Bedeutung als Mauserplatz hinweist[2, 3]. Im Laufe des Septembers nimmt der Bestand zu (Ø 888 Anfang, Ø 1.453 Mitte des Monats), sodass sich, außer in Jahren sehr niedriger Wasserstände, große Zahlen an Löffelenten den gesamten Herbst hindurch im Seewinkel aufhalten, im Schnitt 1.819 (314–5.014) Mitte Oktober und 2.671 (206–6.545) Mitte November[2, 3]. Aus den Wintermonaten liegen keine systematischen Wasservogelzählungen vor, jedoch zeigen Streudaten, dass zumindest bis Mitte Dezember noch einige hundert Löffelenten im Gebiet verweilen können, sofern die geeigneten Gewässer nicht vereist sind. Von Mitte Dezember bis Anfang Februar halten sich Löffelenten nur in sehr geringer Zahl und unregelmäßig im Gebiet auf, wobei es vereinzelt wie im Jahr 2015 auch zur Überwinterung kleiner Gruppen kommen kann[20].

Zugverhalten und Ringfunde

Im Norden ihres Verbreitungsgebiets ist die Löffelente ein Weitstreckenzieher und überwintert überwiegend im Mittelmeerraum und in schwankender Zahl auch in den großen west- und zentralafrikanischen Feuchtgebieten vom Senegal bis zum Tschad. Diskrete Populationen sind nicht abgrenzbar, anhand der Winterquartiere werden jedoch drei Flyway-Populationen definiert, wobei das Neusiedler See-Gebiet zur Schwarzmeer-Mediterran-Population gehört, deren Bestand mit 450.000 Individuen angegeben wird[21]. Einen allgemein von Nordosten nach Südwesten, über das östliche Mitteleuropa und damit auch das Neusiedler See-Gebiet verlaufenden Zugweg zeigen sechs in Ungarn in den Jahren 1951–2006 beringte oder wiedergefundene Vögel aus Lettland und Polen sowie aus Oberitalien, Südfrankreich und der spanischen Ostküste[22]. Zwei weitere Funde im Gebiet von im Frühjahr in den Niederlanden beringten Exemplaren zeigen jedoch, dass ein Teil der in Zentraleuropa rastenden Vögeln auch nach Nordwesteuropa zieht. In dieses Bild passt der Fund einer am 20. 6.1953 in Mittelfinnland beringten Löffelente, die am 15.11. desselben Jahres im Burgenland getötet wurde[23]. Ein in Ungarn bei Fertőrákos am 15.11.1990 geschossener Vogel wurde am 23.3.1989 an der norditalienischen Adriaküste am Heimzug beringt[24]. Zwei weitere, am Borsodi-dűlő im Herbst 2017 markierte Individuen wurden im Mai 2019 im russischen Brutgebiet westlich des Urals in der Republik Komi bzw. 400 km östlich des Urals in einem westsibirischen Steppengebiet erschossen[24].

Quellen: [1] *Dittberner & Dittberner (1987),* [2] *M. Dvorak, unpubl. Daten,* [3] *M. Dvorak, J. Laber & B. Wendelin, unpubl. Daten,* [4] *Glutz von Blotzheim & Bauer (1968),* [5] *Mogyorósi (2006),* [6] *Archiv MME Sopron,* [7] *Jukovits (1864/65),* [8] *von Dombrowski (1889),* [9] *Reiser in Zimmermann (1943),* [10] *Baron Fischer (1883a),* [11] *Fászl (1883),* [12] *Schenk (1917a),* [13] *Seitz (1942),* [14] *Zimmermann (1943),* [15] *Bauer et al. (1955),* [16] *Festetcis & Leisler (1968),* [17] *Dvorak (1994a),* [18] *Biologische Station Illmitz, unpubl. Daten,* [19] *M. Dvorak & B. Wendelin, unpubl. Daten,* [20] *www.ornitho.at,* [21] *Scott & Rose (1996),* [22] *Csörgő et al. (2009),* [23] *Österreichische Vogelwarte, unpubl. Ringfunde,* [24] *Vogelberingungszentrale BirdLife Ungarn, unpubl. Ringfunde,* [25] *Archiv FHNP*

Michael Dvorak & Sándor Mogyorósi

Schnatterente *Mareca strepera* Linnaeus, 1758

Kendermagos réce – Gadwall

St. Martins Therme, Frauenkirchen, 25.5.2020, Männchen (Leander Khil)

Mäßig häufiger Brutvogel im Seewinkel, bei Mekszikópuszta und im Schilfgürtel; häufiger Durchzügler

Verbreitung und Lebensraum

Die Schnatterente brütet im Neusiedler See-Gebiet einerseits an den Lacken des Seewinkels, andererseits in weitaus geringerer Zahl auch im Schilfgürtel des Neusiedler Sees. Schnatterenten bevorzugen vegetationsreiche, in offenen oder halboffenen Landschaften gelegene Stillgewässer mit größeren freien Wasserflächen und erreichen in Eurasien an Seen in Steppengebieten ihre größte Häufigkeit. Die Nester finden sich an möglichst trockenen und dicht bewachsenen Plätzen, wie z.B. in Brennnesselbeständen, in hohem Gras und Weiden-, Erlen- oder sonstigem Gebüsch[1,2]. Auf dem Zug nutzt die Schnatterente im Binnenland vor allem seichte, eutrophe Buchten von größeren Seen und Staustufen.

Im Neusiedler See-Gebiet herrschen daher durch die Kombination von Seichtwasser und reichhaltiger Ufer- und Unterwasservegetation an den Lacken und landseitigen Seerändern sowohl zur Brut- als auch zur Zugzeit optimale Bedingungen für die Art vor. Durch die um das Jahr 2000 (wieder) eingerichtete großflächige Beweidung im Bereich der landseitigen Zone des Sees zwischen Neudegg und Podersdorf sind hier großflächig hervorragend geeignete Lebensräume entstanden. Die Vieh- und Pferdekoppeln beherbergten daher in den Jahren 2011–2018 auch 58,9% aller bei den systematischen Wasservogelzählungen erfassten Individuen[3]. Die mit Abstand am häufigsten frequentierten Gebiete waren die nahe beieinanderliegenden Bereiche Graurinderkoppel (22,2%) und Sandeck (20%). Zusammen mit den dazwischenliegenden Wasserstätten beherbergte diese großflächige Weidelandschaft genau die Hälfte aller Schnatterenten, die sich im Seewinkel aufhalten. Mit großem Abstand folgt das Gebiet Lange Lacke-Wörthenlacken mit einem Anteil von immerhin 21,8% aller Individuen. Alle anderen Gebiete des Seewinkels werden mit Anteilen von <2% der nachgewiesenen Schnatterenten von der Art weitaus seltener genutzt.

Bestand und Bestandsentwicklung

Zur Häufigkeit der Schnatterente in der zweiten Hälfte des 19. und im ersten Jahrzehnt des 20. Jahrhunderts gibt es sehr unterschiedliche Angaben, die durchaus einen stark schwankenden Brutbestand andeuten könnten. In der zweiten Hälfte der 1850er und den beginnenden 1860er Jahre schrieb Anton Jukovits[4]: „Anas strepera *ist selten*“, betonte aber gleichzeitig die Häufigkeit der anderen sechs Schwimmenten. Stefan Fászl[5], dessen Einstufung sich vor allem auf die 1870er Jahre bezog, beschrieb die Schnatterente als *„selten, nur ein Vogel vom Mai 1882 in unserer Sammlung“*. Baron Fischer[6] stützte sich auf seine jagdlichen Erfahrungen im Jahr 1883 und meinte, dass die Schnatterente *„nicht zu den Brutvögeln des See-Gebiets gezählt werden kann“*, während von Dombrowski[7] 1886 die Art als *„spärlichen Brutvogel“* einstufte. Für dasselbe Jahr kommt Reiser[8] zum Schluss, dass *„sie ziemlich häufig sei“*, *„brüte aber nicht im Rohr, sondern auf Äckern und einsamen Kiesflächen“* – eine Aussage, die sich nicht mit den aktuell bekannten Lebensraumansprüchen der Art deckt. 1907 und 1909 wurde die Schnatterente ebenfalls als *„ziemlich häufiger Brutvogel“* eingestuft[9]. Mitte der 1930er Jahre war die Art als Brutvogel sehr selten, wenige Jahre später, bei höheren Wasserständen, dann aber sehr häufig[10]. Von 1940–1942 wurde die Schnatterente dann als häufiger Brutvogel des Lackengebiets beschrieben, mit dem Nachsatz *„nistet auch, allerdings spärlicher, am Ostufer des Sees“*[11]. Von kurzfristigen Schwankungen wird Anfang der 1950er Jahre berichtet, als die Art 1951 unter den Schwimmenten sicher die weitaus häufigste Art war, 1952 dann aber *„bereits wesentlich spärlicher“* vorkam und 1953 wiederum *„zu den häufigsten Arten“* gehörte[12]. 15 Jahre später wurde ein Bestand von ca. 50 Brutpaaren angegeben[13], womit die Schnatterente, nach Stock-, Knäk- und Löffelente, die damals vierthäufigste brütende Schwimmente war. Nach 20 Jahren ohne weitere systematische Bestandsaufnahmen wurde für die Jahre 1985–1988 ein Brutbestand von 30–40 Paaren ermittelt und ab 1992 stieg dieser dann sogar nochmals auf zuerst ca. 65 Paare[14] und im Hochwasserjahr 1997 auf 115 Brutpaare an[15]. Ab 2001 schwankte der Brutbestand zwischen 33 und 95 Paaren[15–17]. 2003, 2005 und 2012 zeichneten sich durch sehr niedrige Wasserstände aus, der Brutbestand erreichte nur jeweils 30–40 Paare. 2015 und 2016 wurde letztmalig ein höherer Bestand von ca. 70 Paaren erreicht. Seit 2017 ist bei immer größer werdender Trockenheit ein drastischer Rückgang des Brutbestandes auf nur mehr ca. 20 Paare zu beobachten[17].

Im ungarischen Teil des Avifauna-Gebiets ist die Schnatterente Brutvogel im Schilfgürtel und an dessen Rändern. Eine Erfassung der Brutpaare ist hier aufgrund der Unzugänglichkeit des Gebiets sehr schwierig, daher liegen lediglich Zahlenangaben zu den Junge führenden Weibchen auf den Überschwemmungsflächen von Mekszikópuszta vor. Maximal wurden hier im Jahr 1991 acht Familien erfasst, ansonsten waren es im Mittel 3–4 Familien. Wenn sich Möwenkolonien auf den Inseln des Nyéki-szállás oder Borsodi-dűlő formen, kann es aber zu weitaus höheren Konzentrationen kommen: Am 26.5.2009 wurden im Nyéki-szállás auf der 0,29 ha großen Insel 15 Nester der Schnatterente gefunden, dazu kamen noch weitere 20 (!) unbestimmte Entennester. Dies weist darauf hin, dass der Brutbestand durch die alleinige Zählung der Familien unterschätzt wird[18].

Die Bestände rastender Schnatterenten haben im Neusiedler See-Gebiet in den letzten Jahrzehnten sowohl im Frühjahr als auch im Herbst zugenommen. 1981–1992 lag der Mittelwert aller Mitte März durchgeführten Zählungen bei 87 Individuen[19]. Im Gegensatz dazu wurden zum selben Zeitpunkt in den Jahren 2010–2019 im Durchschnitt 751 Exemplare gezählt[17], was grob einer Verachtfachung des Bestandes entspricht. Der Herbstzug kann in Abhängigkeit von den Wasserständen wie bei den anderen Wasservögeln unterschiedlich stark ausfallen. In den Jahren 1981–1992 wurden im November im Durchschnitt 122 Schnatterenten gezählt[19]. In den Jahren 2006–2013 waren es hingegen den ganzen Herbst über recht konstant im September im Mittel 631, im Oktober 654 und im November 677 Individuen[15, 17]. Die Zahlen am Wegzug haben sich also zumindest verfünffacht. Eine hohe Bedeutung als Rastplatz im Herbst hat in manchen Jahren zusätzlich der Südteil des Neusiedler Sees. In den 1980er Jahren wurden hier z.B. am 16.11.1981 600 und am 15.11.1982 500 Schnatterenten gezählt. Im Jahr 1987 waren sogar noch größere Trupps am See versammelt mit 1.700 Individuen am 19.10. und 2.000 am 16.11. Im Gegensatz dazu waren in einigen Jahren gar keine Schnatterenten am Neusiedler See zu finden, so z.B. am 13.10.1986 und am 24.10.1990[19]. Auch in den Jahren 2007 bis 2013 ergaben die

Zählungen im Südteil des Sees sehr unterschiedliche Ergebnisse und schwankten zwischen 150 und 400 Schnatterenten, am 18.11.2009 wurden maximal 680 Exemplare gezählt[20].

In den Buchten und größeren Blänken im Schilfgürtel auf ungarischer Seite erfolgt der Frühjahrszug zwischen Februar und April, mit Maximum im März, wobei die Schnatterente zahlenmäßig nur drei Prozent der insgesamt durchziehenden Enten ausmacht. Zwischen Januar 1998 und Dezember 2005 lag das Frühlingsmaximum bei 129 Individuen, das Maximum am Herbstzug zwischen Mitte August und Mitte November betrug 555 Individuen[21]. Auf den Überschwemmungsflächen von Mekszikópuszta zeigt sich ein ähnlicher Unterschied zwischen Frühjahrs- und Herbstzug, die Individuenzahl ist jedoch höher und es kommt bereits unmittelbar nach Ende der Brutzeit zwischen Juni und September zu größeren Ansammlungen mausernder Vögel, die über 1.000 Exemplare erreichen können[22]. Das Maximum zwischen 1991–2020 betrug 1.530 Individuen am 1.7.2001[23].

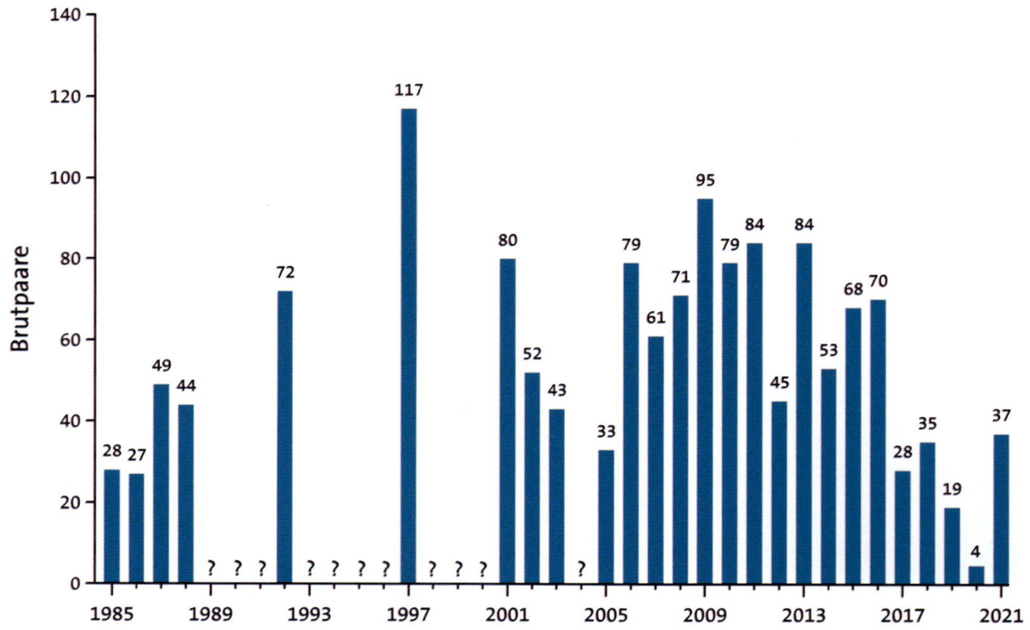

Entwicklung des Brutbestandes der Schnatterente in Österreich in den Jahren 1985–2021 (Mittelwerte). Von 1989 bis 2000 wurden nur in zwei Jahren systematische Erhebungen durchgeführt[15, 17].

Jahreszeitliches Auftreten

Der Frühjahrsdurchzug beginnt in Jahren mit milden Wintern bereits Mitte Februar. Ab Ende des Monats treffen die ersten größeren Trupps ein und danach erreicht der Bestand von Mitte März bis Anfang April sein Maximum, das zwischen den Jahren allerdings stark schwankt. Mitte März wurden von 2007–2018 durchschnittlich 834 Exemplare (337–1.806) gezählt, Anfang April gehen die Zahlen bereits etwas zurück (Ø 344, 158–1.235) und in der zweiten Aprilhälfte schwächt sich der Durchzug bereits ab, mit im Mittel nur mehr 343 Individuen (122–697)[15,17]. Während letzte kleine Gruppen an Durchzüglern bis Anfang Mai festzustellen sind, sind ab Mitte Mai nur mehr die Brutvögel anwesend. Für die Schnatterente charakteristisch ist aber überdies das alljährliche Vorkommen von größeren Gruppen an nichtbrütenden Männchen, die – wie die Kolbenente – hier ab Mitte Mai ihr Kleingefieder mausern. Solche kleinen Gruppen umfassen in der Regel 50–150 Exemplare, ausnahmsweise aber auch deutlich mehr mit Maximalzahlen im Mai und Juni von 356 am 9.6.2017 an der Östlichen Wörthenlacke[15] und von 550 am 21.6.2015 am Kirchsee[24] oder von 782 am 26.6.2016 am Illmitzer Zicksee[20].

Auch zur Großgefiedermauser, während der die Enten kurzzeitig flugunfähig werden, halten sich in den meisten Jahren einige hundert Schnatterenten im Gebiet auf, im Mittel wurden im Juli 367 (8–1.121), Anfang und Ende August 580 (55–1.489) bzw. 675 (0–2.324) Exemplare erfasst. Anfang September waren es immer noch 576 Individuen (29–1.887)[17]. Im Oktober sinken die Werte auf im Mittel 515 Individuen (0–2.932), um im November auf 624 (0–3.535) zuzunehmen[17]. Die von September bis November von Jahr zu Jahr sehr stark schwankenden Zahlen zeigen, dass im Seewinkel sehr unterschiedlich geeignete ökologische Bedingungen für die Schnatterente herrschen. Überwinterungen der Schnatterente sind selten und auf wenige Jahre beschränkt, zumeist halten sich nur kleine Gruppen von weniger als 10 oder einzelne Vögel im Gebiet auf[25].

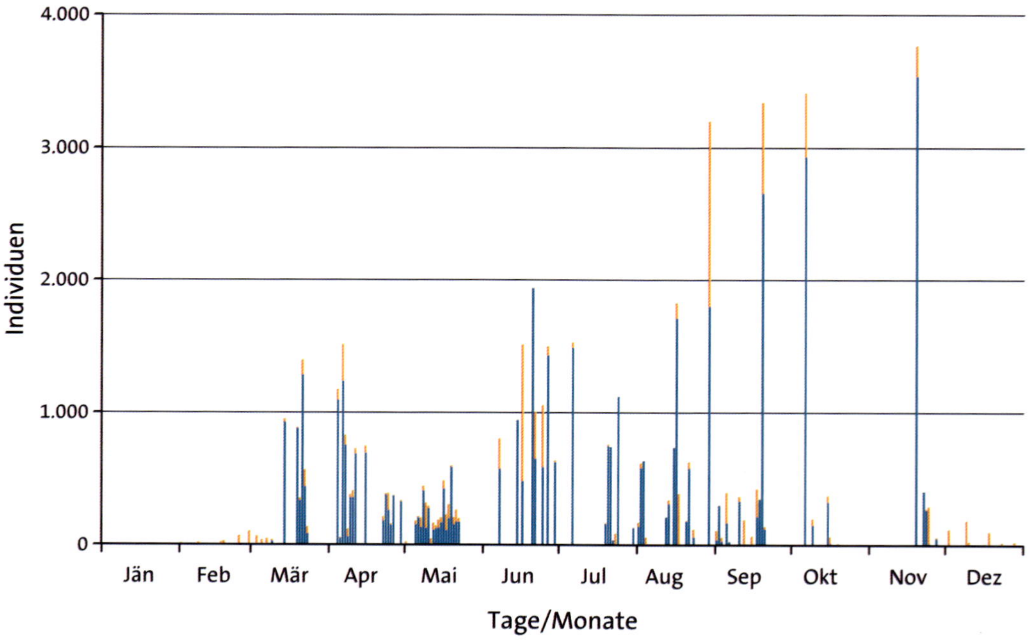

Jahreszeitliches Auftreten (Tagessummen) der Schnatterente basierend auf Daten der Wasservogelzählungen in Österreich (blau, 2007–2021) und Ungarn (orange, 2013–2020)[3, 30].

Zugverhalten und Ringfunde

Die Schnatterente wandert entweder nur über relativ kurze Distanzen oder ist, wie viele Populationen in Westeuropa, überhaupt mehr oder weniger sedentär. Die Vögel der zentraleuropäischen, Schwarzmeer- und mediterranen Population, zu der auch das Neusiedler See-Gebiet zählt, überwintern im Mittelmeergebiet, in Mitteleuropa und rund ums Schwarze Meer[26]. Der Bestand dieser Flyway-Population wird auf 75.000–150.000 Exemplare geschätzt[27]. Aus dem Neusiedler See-Gebiet liegt lediglich ein Ringfund vor: Ein am 21.8.1980 am Ismaninger Speichersee bei München (einem bekannten Mauserquartier) beringtes Männchen wurde mehr als ein Jahr später am 11.10.1981 am Wegzug im Seewinkel erschossen[28]. Eine nach Südwest über das östliche Mitteleuropa verlaufende Zugrichtung zeigen sieben in Ungarn in den Jahren 1951–2006 beringte oder wiedergefundene Vögel aus Nord- (4), Mittel- (1) und Süditalien (1), Albanien (1) und Südböhmen (1). Ein in Südwestengland markierter und in Ungarn wiedergefundener Vogel zeigt allerdings auch Verbindung nach Nordwesteuropa auf[29].

Quellen: [1] *Glutz von Blotzheim & Bauer (1968),* [2] *Hofer (1983),* [3] *M. Dvorak, J. Laber & B. Wendelin, unpubl. Daten,* [4] *Jukovits (1864/65),* [5] *Fászl (1883),* [6] *Baron Fischer (1883),* [7] *von Dombrowski (1889),* [8] *O. Reiser zit. in Zimmermann (1943),* [9] *Schenk (1917),* [10] *Seitz (1942),* [11] *Zimmermann (1943),* [12] *Bauer et al. (1955),* [13] *Festetics & Leisler (1968),* [14] *Dvorak (1994a),* [15] *M. Dvorak, unpubl. Daten,* [16] *Dvorak et al. (2016),* [17] *M. Dvorak, J. Laber & B. Wendelin, unpubl. Daten,* [18] *Pellinger (2015),* [19] *Biologische Station Illmitz, unpubl. Daten,* [20] *M. Dvorak & B. Wendelin, unpubl. Daten,* [21] *Mogyorósi (2006),* [22] *Pellinger & Hadarics (2020a),* [23] *S. Mogyorósi, unpubl. Daten,* [24] *J. Laber, unpubl. Daten,* [25] *www.ornitho.at,* [26] *Scott & Rose (1996),* [27] *Wetlands International (2012),* [28] *Österreichische Vogelwarte, unpubl. Ringfunde,* [29] *Csörgő et al. (2009),* [30] *Archiv FHNP*

Michael Dvorak & Attila Pellinger

Sichelente *Mareca falcata* (Georgi, 1775)

Sarlós réce – Falcated Duck

Ausnahmeerscheinung

Vorkommen

Dieser in Europa nur ausnahmsweise auftretende Gast aus Sibirien wurde bisher einmal im Gebiet festgestellt. Dabei handelt es sich gleichzeitig um den einzigen Nachweis für Österreich:

- 1839 Apetlon, 1 ♂ erlegt; Beleg im Naturhistorischen Museum Wien, Inv.-Nr. NMW 20.907 (N. Kopp[1,2])

Quellen: [1] *Pelzeln (1871),* [2] *Bauer & Glutz von Blotzheim (1968)*

Andreas Ranner

Apetlon, 1839, Männchen (Alice Schumacher/NHMW)

Pfeifente *Mareca penelope* Linnaeus, 1758

Fütyülő réce – Eurasian Wigeon

St. Andräer Zicksee, 23.1.2016, Männchen (Gerhard Loidolt)

Häufiger Durchzügler am Heim- wie auch am Wegzug, in den letzten Jahrzehnten auch vermehrt als Wintergast auftretend

Verbreitung und Lebensraum

Die Pfeifente überwintert vorwiegend an Meeresküsten und ist hier in seichten Gewässern zu finden, die an kurzgrasiges Grünland angrenzen, das von der Pflanzen fressenden Pfeifente „beweidet" wird. Die Kombination von Seichtwasser und angrenzenden Grünflächen war ursprünglich nur an Lacken mit angrenzenden ausgedehnten Salzrasen oder Hutweiden gegeben. Seit Einrichtung der großflächigen Beweidungsprojekte im Nationalpark haben sich auch am landseitigen Seerand gelegene Gebiete zu hervorragenden Lebensräumen für die Pfeifente entwickelt. Das Neusiedler See-Gebiet ist damit im binnenländischen Vergleich auch aus internationaler Sicht ein bedeutender Rastplatz für die Art. Insgesamt 62,1 % aller im Rahmen der Wasservogelzählungen festgestellten Individuen der Pfeifente hielten sich 2011–2018 in den Beweidungsgebieten auf[1,2]. Das mit Abstand meist genutzte Gebiet ist dabei die Warmblutkoppel beim Illmitzer Seedamm, auf sie entfielen fast ein Drittel (31,6 %) aller erfassten Exemplare, ebenso hielten sich hier die größten Trupps auf (Ø 98, n = 54). An zweiter Stelle lag die Graurinderkoppel mit 17,4 % aller Individuen, gefolgt von der Langen Lacke (8,4 %), Sandeck (8,1 %), dem St. Andräer Zicksee (5,9 %) und der Östlichen Wörthenlacke (5,6 %)[1,2].

Bestand und Bestandsentwicklung

In den Jahren 1940–1942 wurde die Pfeifente von Zimmermann[3] sowohl am Frühjahrs- als auch am Herbstzug beobachtet, bei letzterem jedoch spärlicher. Keine seiner Beobachtungen umfasst mehr als 20 Individuen. Auch 10 Jahre später wurde sie als die seltenste durchziehende Schwimmente des Gebiets bezeichnet, damals wurden maximal 10 Exemplare angeführt[4]. Wiederum eine Dekade später wurde der Herbstbestand auf weniger als 100 Exemplare beziffert, während für den Frühjahrszug 100–200 Individuen angegeben wurden[4]. In den letzten vier Jahrzehnten hingegen haben sowohl im Frühjahr als auch im Herbst die Bestände rastender Pfeifenten im Neusiedler See-Gebiet sehr stark zugenommen. Der Mittelwert der Mitte März durchgeführten Wasservogelzählungen in den Jahren 1981–1992 lag bei 23, das Maximum waren 94 Pfeifenten am 15.3.1992[5]. Im Vergleich dazu wurden bei 10 März-Zählungen in den Jahren 2010–2019 im Durchschnitt 475 gezählt[2], also 20-mal so viele. Die Maxima lagen noch um einiges höher mit 950 Exemplaren am 31.3.2009, 978 am 12.3.2011 und sogar 1.278 am 7.4.2013[2]. Der Herbstzug kann in Abhängigkeit von den Wasserständen unterschiedlich stark ausfallen. In den Jahren 1981–1992 wurden im November im Mittel nur 13 Individuen gezählt, bei einem Maximum von 57[5]. Von 2006–2018 lagen die Mittelwerte hingegen im September bei 130, im Oktober bei 609 und im November bei 1.043. Die Maxima erreichten 1.930 am 6.11.2011, 2.287 am 19.10.2010 und 2.771 am 18.11.2010[1,2]. Die Zunahme im Herbst übertraf also die positive Entwicklung während des Frühjahrszuges nochmals um ein Vielfaches.

Jahreszeitliches Auftreten

Die Pfeifente ist ganzjährig im Gebiet anzutreffen, wenngleich aus dem Zeitraum Mitte Juni bis Anfang August nur einzelne Beobachtungen vorliegen. Bis in die 1990er Jahre war die Art im Seewinkel im Winter nur ausnahmsweise zu finden[6], in den letzten 10–15 Jahren hat sie sich jedoch in milden Wintern ohne permanenter Eisbedeckung der Lacken als regelmäßiger Wintergast mit 50–350 Exemplaren von Ende Dezember bis Mitte Februar etabliert. Der Frühjahrszug setzte in den 1980er Jahren Ende Februar ein und erreichte im März sein Maximum[6]. Heute sind Überwinterung und Heimzug in den meisten Jahren nicht mehr zu trennen. Trupps von Durchzüglern sind den ganzen März hindurch bis Mitte April ständig anwesend. Mitte März wurden in den Jahren 2007–2017 im Mittel 510 (165–978), Anfang April 384 (75–1.278) und in der zweiten Aprilhälfte nur mehr 105 (67–259) Exemplare gezählt. Kleine Trupps von 5–20 Individuen sind Anfang Mai noch regelmäßig anzutreffen, ab Mitte des Monats können jedoch nur mehr einzelne Vögel festgestellt werden. Bis Mitte August gelingen nicht alljährlich Nachweise einzelner, vermutlich übersommernder Vögel. Der

Herbstzug beginnt Mitte August, Ende August wurden im Mittel der Jahre 2007–2018 sechs (1–23) Pfeifenten gezählt. In der ersten Septemberhälfte ist der Zug zuerst noch zögerlich mit durchschnittlich 45 (12–131) Vögeln, steigt dann rasch an mit im Schnitt 122 (45–408) Exemplaren in der zweiten Monatshälfte. Ein erster Gipfel wird Mitte Oktober erreicht (Ø 508, 138–825, ausnahmsweise 2.287) und der Höhepunkt Mitte November (Ø 808, 229–2.771). Bei milden Temperaturen und eisfreien Lacken verbleibt die Pfeifente noch in größerer Zahl im Seewinkel, so wurden z. B. am 13.12.2008 1.509 und am 13.1.2009 immerhin 956 Exemplare gezählt[1,2].

In Ungarn zog die Art in den Jahren von 1998–2005 in den Buchten und großen Blänken des Neusiedler Sees in geringer Zahl (max. 200 Ind.) durch[7]. In den Überschwemmungsgebieten bei Mekszikópuszta schwankt die Zahl der Durchzügler stark, Gruppen von mehreren Hundert Exemplaren treten aber regelmäßig auf. Ähnlich wie andere pflanzenfressende Schwimmenten beweidet sie Flächen mit seichtem Wasser oder Wiesen. Wie in Österreich treten am Herbstzug die weitaus größeren Zahlen auf mit maximal 1.100 Ind. am 31.10.1998 und 20.11.1999 am Borsodi-dűlő[8]. Wenn die Wasserflächen der Überschwemmungsgebiete nicht völlig zufrieren, können die Pfeifenten auch in großer Zahl überwintern[8]. In den 1970er Jahren, noch vor der Ansiedlung des gebietsfremden Graskarpfens, kamen bei dichterem Wasserpflanzenbestand auch im Winter größere Gruppen im ungarischen See-Teil vor, maximal 800 Individuen wurden am 6.12.1976 am Herlakni-See gezählt[9].

Zugverhalten und Ringfunde

Die im Nordwesten Eurasiens brütenden Populationen der Pfeifente überwintern vorwiegend in Westeuropa (Vögel aus Skandinavien und dem europäischen Russland) sowie rund ums Kaspische und Schwarze Meer und im Mittelmeergebiet (Vögel aus West- und Zentralsibirien). Es wird jedoch davon ausgegangen, dass sich die Vögel dieser beiden Überwinterungsräume großräumig mischen, vor allem in sehr kalten Wintern, in denen Pfeifenten aus weiter nördlich gelegenen Überwinterungsgebieten in den Mittelmeerraum fliegen[10]. Die beiden vorliegenden Ringfunde passen jedenfalls in dieses Bild: Ein am 11.8.1966 im Süden Finnlands beringter Vogel wurde drei Monate später am 14.11. im Seewinkel erschossen[11]. Eine am 4.11.2011 am Borsodi dűlő markierte Pfeifente wurde am 10.12. bei Grado in der nördlichen Adria zur Beute eines Jägers[12]. Ein vermutlich häufiges Schicksal, denn ein weiterer andernorts in Ungarn im September beringter Vogel wurde im Dezember desselben Jahres ebenfalls in Norditalien getötet, während ein im September in England beringter Vogel vier Jahre später im Oktober in Ungarn geschossen wurde[13].

Quellen: [1] *M. Dvorak, unpubl. Daten,* [2] *M. Dvorak, J. Laber & B. Wendelin, unpubl. Daten,* [3] *Zimmermann (1943),* [4] *Bauer et al. (1955),* [5] *Biologische Station Illmitz, unpubl. Daten,* [6] *Dvorak (1994a),* [7] *Mogyorósi (2006),* [8] *Pellinger & Hadarics (2020a),* [9] *Kárpáti L. (1983),* [10] *Scott & Rose (1996),* [11] *Österreichische Vogelwarte, unpubl. Ringfunde,* [12] *Vogelberingungszentrale BirdLife Ungarn, unpubl. Ringfunde,* [13] *Csörgő et al. (2009),* [14] *www.ornitho.at,* [15] *Archiv FHNP*

Michael Dvorak & Attila Pellinger

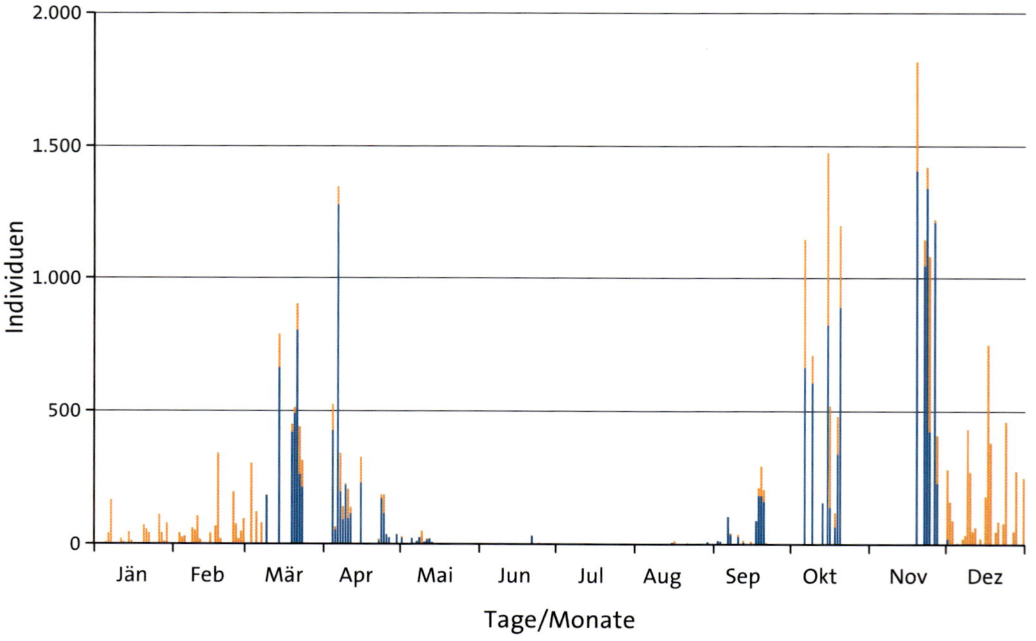

Jahreszeitliches Auftreten (Tagessummen) der Pfeifente basierend auf Daten der Wasservogelzählungen in Österreich (blau, 2007–2021)[2] und Ungarn (orange, 2013–2020)[15]. Im Jänner und Februar sowie im Dezember fanden nur in Ungarn Zählungen statt.

Stockente *Anas platyrhynchos* Linnaeus, 1758

Tőkés réce – Mallard

Verbreiteter, häufiger Brutvogel im Seewinkel und im Schilfgürtel des Sees, häufiger Durchzügler im Herbst und Wintergast

Verbreitung und Lebensraum

Stockenten sind bezüglich ihres Lebensraums nicht wählerisch, dementsprechend ist die Art im Gebiet nicht nur an Stillgewässern zu finden, sondern brütet auch im Bereich von Gräben, Fisch- und Schotterteichen. Am St. Andräer Zicksee und am Apetloner Dorfteich leben kleine Gruppen von zahmen Stockenten, die teilweise mit aus jagdlichen Motiven ausgesetzten Hochbrut-Flugenten vermischt sind. Die Brutvögel des Seewinkels bevorzugen gut mit Ufervegetation bewachsene Lacken vor Sodalacken („weiße Lacken") mit spärlicherem Uferbewuchs. Mehr als andere Schwimmenten halten sich die Durchzügler und Wintergäste im Seewinkel an den größeren Lacken auf und zeigen keine ausgesprochene Bevorzugung der Pferde- und Rinderkoppeln. In Summe entfallen 54 % aller in den Jahren 2011–2018 im Rahmen der Wasservogelzählungen erfassten Stockenten auf sechs größere Lacken: Lange Lacke, St. Andräer Zicksee, die beiden Wörthenlacken, Unterer Stinkersee sowie den Darscho[1]. Die für die meisten anderen Arten so wichtigen Weidegebiete bzw. die an diese angrenzenden freien Wasserflächen machen bei der Stockente hingegen nur 26,7 % der Gesamtsumme aus[1]. Im Schilfgürtel des Neusiedler Sees ist die Stockente die bei weitem am häufigsten brütende Ente. Sie kommt hier sowohl in der unmittelbaren Umgebung des Schilfgürtels und in den Seebädern vor als auch in abgelegenen Bereichen der Schilfbestände entlang von Kanälen und größeren freien Wasserflächen. In Ungarn brütet die Stockente auch weit abseits des Sees wie z. B. in der Silberreiherburg in Sarród.

Bestand und Bestandsentwicklung

Die Stockente wurde in der Literatur des 19. und der ersten Hälfte des 20. Jahrhunderts übereinstimmend als sehr zahlreich[2,3] oder als die häufigste Schwimmentenart bezeichnet[4,5]. Eine konkretere Einschätzung findet sich dann bei Schenk[6]: *„Die Stockente brütet am See, dann auf den kleinen Gewässern, respektive auf den Wiesen und anderen entsprechenden Stellen überall in großer Anzahl".* Manche Quellen bieten interessante Detailangaben: *„Sie brütet auf der Spitze von kegelförmig geschichtetem Stukkaturrohr („Rohrkegel"), in Rohr- und Strohtristen, oft in der Nähe der Dörfer"*[5], manchmal teilt sie aber das Schicksal anderer kommuner Vogelarten, nämlich, dass ihr nicht viel Beachtung geschenkt wurde: *„Es wäre zwecklos, die vorliegenden Daten auch nur auszugsweise wiederzugeben"*, schrieben etwa Bauer et al.[7]. Mehr Details lieferten Festetics & Leisler[8], die für den Seewinkel über 200 Brutpaare und *„im Schilfgürtel des West- und Nordufers um ein Vielfaches mehr"* angaben. Sie wiesen bereits auf

St. Andräer Zicksee, 12.12.2018, Paar (Leander Khil)

die Aussetzung von Hochbrut-Flugenten hin und lieferten Details über die Vielzahl der von der Art genutzten Brutplätze: *„Ihre Nester befinden sich im Gebiet auf Schwemmrohr, alten Bisamrattenburgen, an den Dämmen der Kanäle, in abgesoffenen Booten, in Weekend-Häusern, Strohtristen und Rohrdepots, Altrohrbeständen, Maisstengelhaufen, Raubvogelhorsten und neuerdings auch in den von Jägern ausgelegten Entenkörben am See"*.

Die Brut-Bestandserhebungen der 1980er Jahre erbrachten mit 120–140 Paaren erstmals genauere Zahlen für die Lacken des Seewinkels[9]. Die Zahl der Stockenten blieb damit deutlich hinter der Löffelente zurück, eine für Mitteleuropa sicherlich sehr seltene, wenn nicht einmalige Situation. Sporadische Erhebungen in den 1990er Jahren und die durchgehende Erfassung seit 2001 zeigen für die Lacken des Seewinkels einen langjährig stabilen, zwischen 70 und 130 Paaren schwankenden Brutbestand[1,10]. Zumindest in Jahren hoher Wasserstände wird nach wie vor das Bestandsniveau der 1980er und 1990er Jahre erreicht. Nur in ausgesprochen trockenen Jahren (2005, 2012 und 2019) fällt der Bestand auf unter 50 Brutpaare.

In den Feuchtgebietsrekonstruktionen von Mekszikópuszta brüten jedes Jahr 5–20 Paare, der Bestand ist in Jahren mit höherem Wasserstand größer, wenn auch Möwenkolonien entstehen[11]. Die im Zuge der Frühjahrszählungen im März im Gebiet erfassten Stockenten repräsentieren aller Wahrscheinlichkeit nach den Brutbestand, daher waren hier keine wesentlichen Bestandsveränderungen zu erwarten: Die in den Jahren 1981–1992 im Mittel erfassten 468 Exemplare[12] stehen durchschnittlich 593 aus den Jahren 2010–2019[1] gegenüber. Auch der Bestand der im Herbst durchziehenden Stockenten hat sich nicht verändert: In den Jahren 1981–1992 waren es Mitte November im Mittel 3.191 Vögel[11], in den Jahren 2006–2018 wurden im November durchschnittlich 2.751 Stockenten erfasst[1,10]. Größere Veränderungen betreffen hingegen die sommerlichen Mauserbestände: Mitte der 1960er Jahre war hier von *„einem Maximum von 15.000 bis 35.000 Stück im ganzen Seewinkel"* Mitte September die Rede, davon fanden sich *„zwischen 17.000 Stück und 25.000 Stück allein an der Langen Lacke"*[8]. Die aktuellen Zahlen der Jahre 2006–2018 für Mitte September liegen hingegen zwischen 622 und 6.903[1,10] und damit weit unter den Werten der 1960er Jahre. Noch in den 1970ern wurden aus zumindest fünf Jahren Zahlen von 10.000–20.000 Stockenten vom Spätsommer oder Herbst bekannt, ab Beginn der 1980er waren es hingegen durchgehend nur mehr 3.000–6.000[1]. Seither dürfte sich dieser Rückgang zwar verlangsamt, aber doch fortgesetzt haben.

Auch in Ungarn zieht die Stockente im Herbst und im Frühling in großer Zahl durch: In den Buchten und größeren Wasserflächen innerhalb des Schilfgürtels lag bei Zählungen in den Jahren 1998–2005 die maximale Zahl im Frühjahr sowie im Herbst bei ca. 1.000[13]. In den 1970er Jahren wurden an den gleichen Stellen noch 5.000–6.000 Exemplare erfasst[14]. Die Abnahme der Stockente im Schilfgürtel des ungarischen See-Teils hängt zeitlich mit der Einrichtung der für die Art sehr attraktiven Rekultivierungsgebiete bei Mekszikópuszta zusammen. Dort lag das Maximum rastender Stockenten in den Jahren 1999–2020 zwischen 800 und 8.500 Individuen[15], mit einem Höchstwert von um die Zehntausend am 21.11.2012 im Borsodi-dűlő[16]. Weiters ist in Bezug auf die Bestandsentwicklung zu berücksichtigen, dass den durch die Kleine Ungarische Tiefebene ziehenden Stockenten seit dem Jahr 2001 bzw. 2013 mit den neu überfluteten Rekultivierungsflächen Nyirkai-Hany[17] und Osli-Hany zusätzliche Rastplätze zur Verfügung stehen.

Jahreszeitliches Auftreten

Stockenten sind ganzjährig im Neusiedler See-Gebiet anwesend, in jahreszeitlich sehr unterschiedlicher Zahl. Ab Anfang April verbleibt lediglich der Brutbestand im Gebiet, im Mittel wurden 2007–2018 in den ersten Apriltagen im Seewinkel 121 Individuen (39–366) gezählt[1]. Von Mitte April bis Ende Mai wurden im Lackengebiet an vier Zählterminen im Schnitt 142–286 Stockenten gezählt[1]. In diesen Zahlen spiegelt sich der jährlich schwankende Brutbestand wider. Ab Ende Mai/Anfang Juni versammeln sich die Brutvögel der regionalen Brutpopulation im Seewinkel, vermutlich vor allem diejenigen des Schilfgürtels. Im Mittel halten sich hier dann 957 Individuen (98–2.976) auf[1]. In den Sommermonaten von Juli bis Ende September ist das Gebiet ein wichtiger Mauserplatz, die Mittelwerte der langjährigen Zählungen liegen zwischen 3.249 und 5.530, wobei der Bestand im Laufe des Sommers zunimmt. In der zweiten Septemberhälfte beginnen die Zahlen mit im Mittel nur mehr 2.688 Individuen abzunehmen und auch in den Monaten Oktober und November bleiben die Bestände auf demselben Niveau (Ø Oktober 2.374, Ø November 2.568)[1]. Als einzige Art überwintert die Stockente in größerer Zahl, von Dezember bis Februar halten sich regelmäßig um die tausend Stockenten im Seewinkel auf, ausnahmsweise auch mehr mit maximal 2.000–4.000 Vögeln. Voraussetzung für solche großen Ansammlungen ist, dass die Gewässer auch im Hochwinter eisfrei bleiben, was z. B. in den 1980er Jahren so gut wie nie, aber auch aktuell nur in einzelnen Jahren der Fall ist[18].

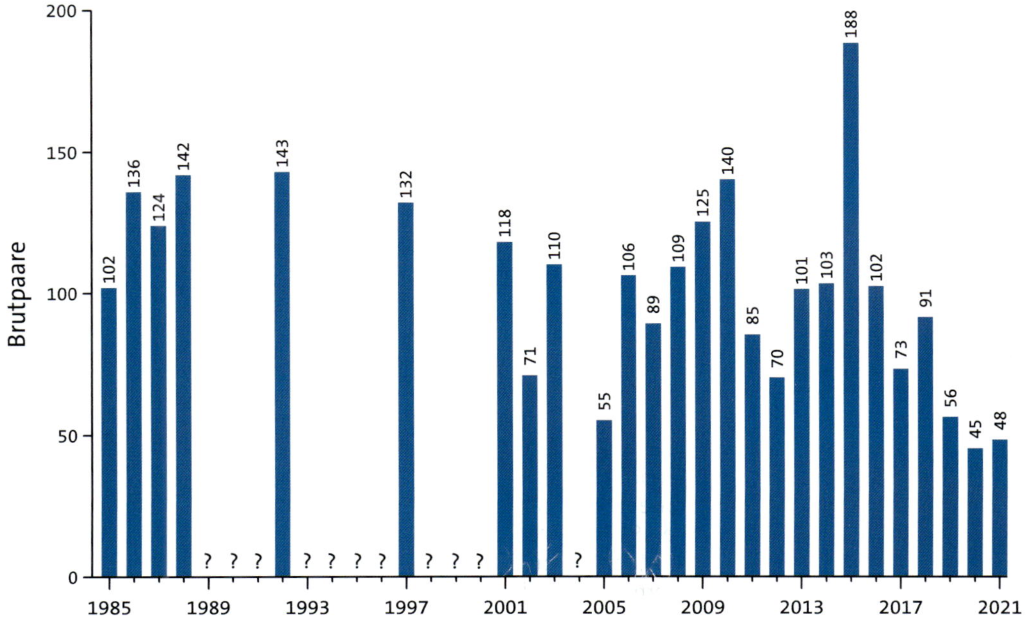

Entwicklung des Brutbestandes der Stockente in Österreich in den Jahren 1985–2021 (Mittelwerte). Von 1989 bis 2000 wurden nur in zwei Jahren systematische Erhebungen durchgeführt[1,10].

Zugverhalten und Ringfunde

Die Stockente ist ein Teilzieher: Vögel, die in nördlicher gelegenen Regionen brüten, überwintern weiter südlich, während Brutvögel der gemäßigten Zone oftmals Standvögel sind oder bestenfalls kleinräumige Ortsverlagerungen machen. Ein Teil der in Mitteleuropa ansässigen Stockenten verbleibt hier in den Wintermonaten, ein Teil wandert nach Süden und überwintert an den Küsten des nördlichen Mittelmeers[19]. Ringfunde aus Österreich ergeben generell eine südwestlich-nordöstlich ausgerichtete, quer durch Ost- und Mitteleuropa verlaufende Zugachse, wobei einzelne Funde aus Südengland, den Niederlanden und Südskandinavien auch Beziehungen zu anderen Regionen aufzeigen[20]. Ungarische Ringfunde bekräftigen den Austausch Richtung Nordwesten, weisen aber in größerer Zahl auch auf Überwinterungen am westlichen Balkan hin[21]. Aus dem Neusiedler See-Gebiet liegen 31 Ringfunde von hier markierten (Ö 13, H 2) und hier wiedergefundenen (Ö 12, H 4) Vögeln vor[22, 23]. Diese Funde bestätigen das oben gezeichnete Bild.

In den vergangenen Jahren wurden Stockenten in Mekszikópuszta auch mit Farbringen markiert, von denen sind jedoch nur lokale Funde bekannt geworden. Es scheint, dass diese Methode sich eher zur Untersuchung der Habitatnutzung und Verhalten von Individuen in urbaner Umgebung eignen wird. Von vier im Herbst 2017 von der Universität Sopron in Mekszikópuszta mit Sendern ausgestatteten Vögeln sind drei schon innerhalb von wenigen Monaten verstorben[24]. Einer wurde bei Apetlon im Seewinkel abgeschossen, einer im Komitat Vas in der Nähe von Sitke, und der dritte starb in der kroatischen Saveniederung (Lonjsko Polje). Der Sender des vierten Vogels funktionierte jedoch jahrelang bis zum 2019 erfolgten Ausfall im Donaudelta. Dieser Vogel wurde jedoch danach noch anhand des schwarzen Farbrings im Februar 2020 zweimal im Borsodi-dűlő identifiziert, diesmal ohne Sender[25]. Dieser Vogel zog zweimal in sein in Osteuropa gelegenes Brutgebiet: 2018 im Süden von Weißrussland und im darauffolgenden Jahr im Nordwesten der Ukraine[26].

Quellen: [1] *M. Dvorak, J. Laber & B. Wendelin, unpubl. Daten,* [2] *Baron Fischer (1883),* [3] *von Dombrowski (1889),* [4] *Fászl (1883)* [5] *Seitz (1942),* [6] *Schenk (1917a),* [7] *Bauer et al. (1955),* [8] *Festetics & Leisler (1968),* [9] *Dvorak (1994a),* [10] *M. Dvorak, unpubl. Daten,* [11] *Pellinger (2015),* [12] *Biologische Station Illmitz, unpubl. Daten,* [13] *Mogyorósi (2006),* [14] *Kárpáti (1983),* [15] *Pellinger & Hadarics (2020a),* [16] *P. Kugler, unpubl. Daten,* [17] *Pellinger (2007),* [18] *www.ornitho.at,* [19] *Scott & Rose (1996),* [20] *Schmidt et al. (2014),* [21] *Csörgő et al. (2009),* [22] *Österreichische Vogelwarte, unpubl. Ringfunde,* [23] *Vogelberingungszentrale BirdLife Ungarn, unpubl. Ringfunde,* [24] *Kovács & Faragó (2017),* [25] *Pellinger & Hadarics (2020d),* [26] *Gy. Kovács, unpubl. Daten,* [27] *Archiv FHNP*

Michael Dvorak, Attila Pellinger & Gyula Kovács

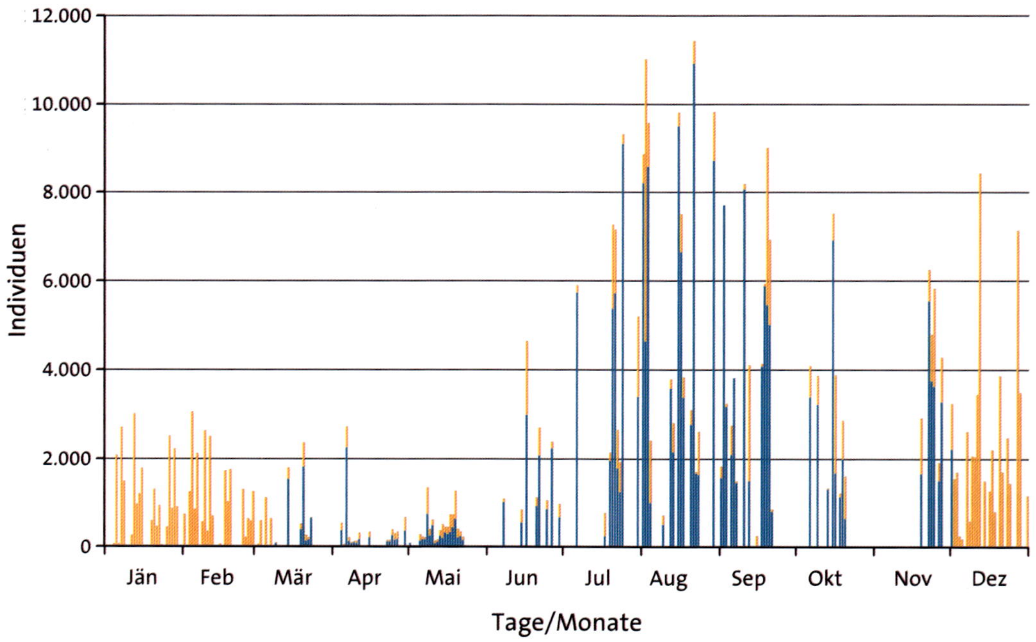

Jahreszeitliches Auftreten (Tagessummen) der Stockente basierend auf Daten der Wasservogelzählungen in Österreich (blau, 2007–2021) und Ungarn (orange, 2013–2020)[1, 27]*. Im Jänner und Februar sowie im Dezember fanden nur in Ungarn Zählungen statt.*

Spießente *Anas acuta* Linnaeus, 1758

Nyílfarkú réce – Northern Pintail

Sehr seltener Brutvogel, letzte nachgewiesene Brut 2015; im Frühjahr mäßig häufiger, im Herbst seltener Durchzügler

Verbreitung und Lebensraum

Die Spießente besiedelt offene Landschaften mit größeren Gewässern und brütet in grasiger Bodenvegetation auf zumeist trockenem, bisweilen aber auch feuchten Boden, manchmal nahe am Wasser, oft aber bis zu mehreren Kilometern weit davon entfernt[1, 2]. Im Seewinkel wird sie als Brutvogel der *„pontischen Grasfluren"* und der kurz begrasten Viehweiden angegeben, wo sie *„stets in größerer Entfernung vom Wasser als die anderen Schwimmentenarten brütet, abgesehen von der Stockente"*[3]. Im Seewinkel wurden die Lebensraumansprüche der Spießente bis vor kurzem im Gebiet der Langen Lacke und der beiden Wörthenlacken am besten erfüllt. Die weiträumigen, reichhaltig strukturierten und kleinräumig mit starkem Bodenrelief ausgestatteten Hutweiden boten sicherlich viele geeignete Neststandorte. In den Jahren 1976–2013 beherbergte dieses Gebiet 50% aller Brutpaare und hier gelangen neun von 15 Brutnachweisen[4]. Eine ähnliche Bedeutung erlangte nur mehr der Illmitzer Zicksee mit 20% aller Brutpaare und einem Brutnachweis. Alle anderen Gebiete beherbergten nur in wenigen oder einzelnen Jahren Brutpaare. Brutnachweise gelangen dabei an fünf weiteren Stellen[4].

Die aktuelle Gebietsnutzung rastender Spießenten unterscheidet sich etwas von der der Brutvögel. In den Jahren 2011–2019 ist zwar auch für sie der oben skizzierte Bereich Lange Lacke/Wörthenlacken mit 27,4% aller Individuen am bedeutendsten, jedoch haben auch die Weidegebiete im Seevorgelände seit ihrer Entstehung große Bedeutung und beherbergen in ihrer Gesamtheit 44,3% aller Spießenten, wobei der Graurinderkoppel als wichtigstes Teilgebiet mit 19,5% die größte Bedeutung beikommt[5]. Alle anderen Teilgebiete im Seewinkel stehen in ihrer Bedeutung weit unter den oben angeführten Gebieten.

Bestand und Bestandsentwicklung

Die Spießente wurde bereits für die zweite Hälfte des 19. Jahrhunderts als Brutvogel des Neusiedler See-Gebiets angegeben. Für die 1850er und frühen 1860er Jahre galt für sie – wie auch für die anderen fünf Schwimmentenarten – etwas diffus: „[...] *waren zahlreich vertreten und haben hier gebrütet"*[6], in den darauf folgenden zwei Jahrzehnten wurde sie als *„durchaus üblich, brütet hier"* eingestuft[7], und für das Jahr 1883 schrieb Baron Fischer[8]: *„Ist im Herbste und namentlich im Frühjahre nicht gerade selten und* [es] *brüten auch einzelne Paare am See"*. Ähnlich der Befund seitens von Dombrowski[9] ein paar Jahre später, der die Spießente als *„spärlichen Brutvogel"* einstufte. *„Am Frühjahrszug kommt sie massenhaft vor, so vom 18.–24. März am See bei Mexico zu Tausenden"*. Vom Anfang des 20. Jahrhunderts liegen nur wenige Hinweise auf das Vorkommen der Art vor. Bei Exkursionen in den Frühjahren 1907 und 1909 wurde die Spießente nur einmal festgestellt[10], allerdings finden sich im Naturhistorischen Museum Wien Gelege aus *„St. Andrae am Neusiedlersee"* aus den Jahren 1910 und 1911, die das Brutvorkommen auch zur damaligen Zeit belegen[4]. Nach zahlreichen Besuchen im Gebiet in den Jahren 1934–1940 kam Seitz[11] zum Schluss: *„Die Spießente ist im Seewinkel die*

Illmitz, 23.5.2006, Weibchen (Christoph Roland)

seltenste Schwimmentenart“. Es gelangen ihm aber zwei Nestfunde an der Langen Lacke (1935) und an der Wörthenlacke (1939) und auch Koenig[12] fand im Seewinkel wiederholt Gelege. In den Jahren 1940–1942 konnte die Art hingegen an immerhin neun Gewässern zur Brutzeit festgestellt werden[13], in den frühen 1950er Jahren kamen noch weitere hinzu. Der Status der Art lautete jedoch nach wie vor *„spärlicher Brutvogel“*[14]. Mitte der 1960er Jahre wurde der Brutbestand in einer Periode hoher Wasserstände auf maximal 15 Brutpaare geschätzt[15]. Von 1976 bis 2013 schwankte der Brutbestand zwischen null und 6–8 Paaren, wobei hohe Bestände von 5–8 Paaren nur bei hohen Wasserständen erreicht wurden. In Jahren sehr niedriger Wasserstände gab es nur einzelne oder gar keine Brutpaare[4]. Von 2014 bis 2017 konnten bei normalen bis sehr hohen Wasserständen noch 1–4 Brutpaare festgestellt werden[5], und am 23.7.2015 gelang an der Graurinderkoppel mit der Beobachtung eines Weibchens mit vier fast ausgewachsenen Jungvögeln der vorerst letzte Brutnachweis[16]. In den trockenen bis sehr trockenen Jahren 2018–2020 konnten keine Brutpaare der Spießente nachgewiesen werden[5]. Aus dem ungarischen Teil des Avifauna-Gebiets ist nur eine einzige, erfolglose Brut bekannt: 2007 wurde ein Gelege mit acht Eiern in der Möwenkolonie des Borsodi-dűlő (Mekszikópuszta) entdeckt[17].

In den 1960er Jahren wurde der Frühjahrsbestand mit maximal 200–500 Exemplaren beziffert, der Herbstdurchzug war schwächer[15]. Von 1981–1992 wurden Mitte März hingegen im Mittel nur 42 Exemplare (6–92) gezählt[18,19], die früheren Zahlen also bei weitem nicht mehr erreicht. Von 2010 bis 2019 wurde mit im Schnitt 127 Individuen (10–255) jedoch wieder das Niveau der 1960er Jahre erreicht[5]. Im Herbst schwanken die Zahlen noch stärker: 1981–1992 fehlte die Spießente im November in fünf von zehn Jahren, ansonsten wurden nur 1–5 Exemplare festgestellt[18,19]. Von 2006–2018 gab es zwar ebenfalls in vier Jahren Nullzählungen, bei den restlichen neun wurden jedoch 1–124 Vögel erfasst[5,20]. In Ungarn treten Durchzügler in den Buchten und Blänken im Schilfgürtel des Neusiedler Sees ausgesprochen selten und in geringer Zahl auf[21]. Dagegen ist die Spießente an den Überschwemmungsflächen bei Mekszikópuszta regelmäßiger Durchzügler im Frühjahr und Herbst sowie gelegentlicher Wintergast. Ihre Zahl kann 150 erreichen oder gelegentlich sogar überschreiten[22].

Jahreszeitliches Auftreten

Im Seewinkel ist die Art vor allem im Frühjahr ein mäßig häufiger Durchzügler an den Lacken. Während sich die Beobachtungen im Jänner und Anfang Februar auf Überwinterer beziehen, setzt der Heimzug in einzelnen Jahren bereits Mitte Februar ein, was sich in einem markanten Gipfel von bis zu 100–150 Exemplaren im Durchzugsdiagramm niederschlägt. Nach einem stark ausgeprägten, aber sehr kurzen Durchzugsmaximum von Mitte bis Ende März (Ø Mitte März 107) mit 150–300 Exemplaren in guten Jahren, sinken die Zahlen danach rasch (Ø Anfang April 39). Nach dem 20. April sind praktisch keine größeren Zugtrupps mehr anwesend, auch kleinere Gruppen (< 6) von ziehenden Spießenten werden selten. Ab dem 1. Mai sind mit Ausnahme von ganz vereinzelt durchziehenden Paaren nur mehr die Brutvögel im Gebiet anzutreffen. Beobachtungen nach dem 15. Mai bis Ende August betreffen mit großer Wahrscheinlichkeit Individuen der lokalen Brutpopulation.

Der weitaus schwächere Herbstzug bringt manchmal schon in den letzten Augusttagen erste kleine Zugtrupps ins Gebiet, setzt aber erst ab Mitte September verstärkt ein und erstreckt sich bis in den Dezember, wobei die Verteilung kein eindeutiges Maximum erkennen lässt. Jährliche Schwankungen im Herbstbestand spiegeln unterschiedliche Wasserstandsverhältnisse wider: Sind in trockenen Jahren bestenfalls kleine Trupps von weniger als 20 Vögeln zu sehen, können unter günstigen Bedingungen, vor allem im Oktober und November, durchaus auch Gruppen von 50 und mehr Spießenten im Seewinkel rasten. In den letzten Jahren überwintert die Spießente in zunehmendem Maß auch im Gebiet, Gruppen von 30–60 Individuen sind, im Gegensatz zu den 1980er und 1990er Jahren, heute keine Seltenheit mehr[5,23].

Zugverhalten und Ringfunde

Die Spießente überwintert als Langstreckenzieher von der gemäßigten Zone bis südlich des Äquators in Ostafrika. Der Großteil der in der Westpaläarktis und in Afrika überwinternden Vögel stammt aus russischen Brutgebieten, die sich von der Waldsteppe bis in die Tundra erstrecken. Sie ist eine extrem mobile Art, die von Jahr zu Jahr und selbst innerhalb eines Jahres z. B. aufgrund von Trockenphasen oder Kaltwettereinbrüchen zu großräumigen Ortsverlagerungen fähig ist[24]. Daher sind auch Herkunft und Überwinterungsgebiete der relativ wenigen, in Mitteleuropa durchziehenden Vögeln sehr unterschiedlich. Der bislang einzige Ringfund aus dem Neusiedler See-Gebiet betrifft einen Vogel, der am 15.1.1966 an der Südwestküste Englands beringt wurde und genau 10 Monate später, am

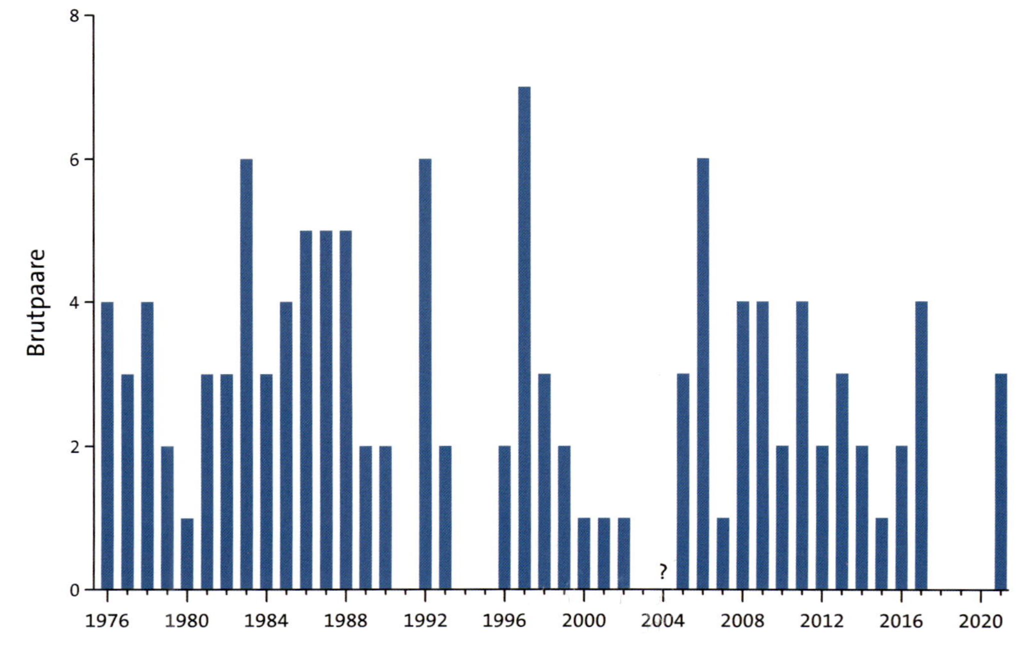

Entwicklung des Brutzeitbestandes der Spießente in Österreich in den Jahren 1976–2021 (Minimalwerte). Aus dem Jahr 2004 liegen keine Daten vor[5,20,23,27].

15.11.1966, im Seewinkel erschossen wurde[25]. Weitere Ringfunde aus Ungarn abseits des Neusiedler See-Gebiets (Zeitraum 1951–2006) betreffen drei Vögel, die im Überwinterungsgebiet an der Nordseeküste Frankreichs, der Niederlande und Dänemarks markiert wurden und jeweils am Wegzug ums Leben kamen bzw. auch vier Vögel, die während der Mauser im Wolgadelta am Kaspischen Meer beringt wurden und in Ungarn während des Heimzugs gefunden wurden[26].

Quellen: [1] *Glutz von Blotzheim & Bauer (1968),* [2] *Dittberner & Dittberner (1989),* [3] *Seitz (1942),* [4] *Dvorak (2013),* [5] *M. Dvorak, J. Laber & B. Wendelin, unpubl. Daten,* [6] *Jukovits (1864/65),* [7] *Fászl (1883),* [8] *Baron Fischer (1883),* [9] *von Dombrowski (1889),* [10] *Schenk (1917),* [11] *Seitz (1942),* [12] *Koenig (1939),* [13] *Zimmermann (1943),* [14] *Bauer et al. (1955),* [15] *Festetics & Leisler (1968),* [16] *A. Ranner/ornitho.at,* [17] *Pellinger (2007),* [18] *Dvorak (1994a),* [19] *Biologische Station Illmitz, unpubl. Daten,* [20] *M. Dvorak, unpubl. Daten,* [21] *Mogyorósi (2006),* [22] *Pellinger & Hadarics (2020a),* [23] *www.ornitho.at,* [24] *Scott & Rose (1996),* [25] *Österreichische Vogelwarte, unpubl. Ringfunde,* [26] *Csörgő et al. (2009),* [27] *Archiv BirdLife Österreich,* [28] *Archiv FHNP*

Michael Dvorak & Attila Pellinger

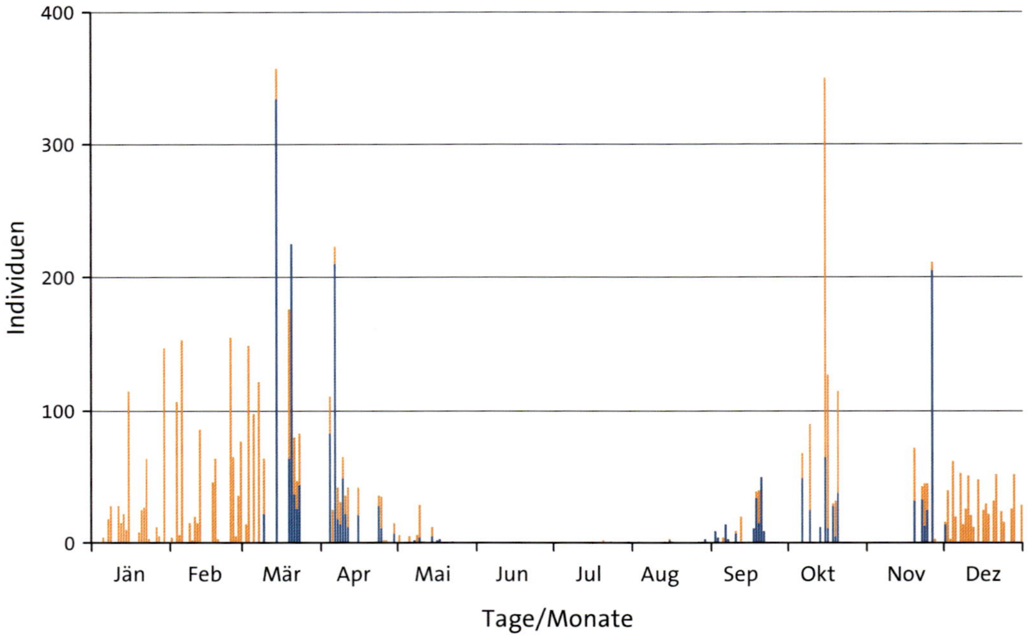

Jahreszeitliches Auftreten (Tagessummen) der Spießente basierend auf Daten der Wasservogelzählungen in Österreich (blau, 2007–2021) und Ungarn (orange, 2013–2020)[5, 28].

Krickente *Anas crecca* Linnaeus, 1758

Csörgő réce – Eurasian Teal

Warmblutkoppel, Illmitz, 1.4.2012, Männchen (Michael Dvorak)

Sehr häufiger Durchzügler sowohl im Frühjahr als auch im Herbst, sehr häufiger Mausergast im August und September

Verbreitung und Lebensraum

Obwohl in manchen Überwinterungsgebieten bis zu 20 km entfernt gelegene Nahrungsflächen angeflogen werden, dürften im Neusiedler See-Gebiet Nahrungs- und Ruhebiotope zumeist ident sein. Lediglich die in einigen Jahren im Südteil des Neusiedler Sees rastenden Vögel müssen wohl Nahrungsflüge unternehmen, da hier unmittelbar angrenzend keine geeigneten Nahrungsflächen vorhanden sind. Wie bei der Pfeifente wurden die Beweidungsflächen am landseitigen Rand des Neusiedler Sees zwischen Neudegg und Illmitz in den letzten Jahren zum bevorzugten Rast- und Nahrungsgebiet sowohl im Sommer als auch am Frühjahrs- und Herbstzug. Nicht weniger als 60,7 % aller bei Wasservogelzählungen in den Jahren 2011–2018 erfassten Vögel entfielen auf die Weidegebiete[1]. Für die Krickente kommt der Graurinderkoppel mit 23 % der Individuen die mit Abstand größte Bedeutung zu, gefolgt vom Sandeck (12,4 %) und der Warmblutkoppel (12,1 %). Unter den Sodalacken hat die Östliche Wörthenlacke mit 9,4 % die größte Bedeutung, gefolgt von der Langen Lacke mit 8,4 %. Der noch in den 1980er Jahren von den Krickenten bevorzugte Illmitzer Zicksee hat hingegen in den letzten Jahren sehr stark an Bedeutung verloren (2,5 %). Der Neusiedler See spielt dafür für die Krickente als Rastplatz nur eine untergeordnete Rolle: Bei Zählungen im November in den Jahren 2011–2019 konnten maximal 2.000 Exemplare festgestellt werden, zumeist jedoch nur einige Hundert[2] – ein Befund, der auch die Ergebnisse regelmäßiger Zählungen aus den 1980er Jahren bestätigt[3].

Bestand und Bestandsentwicklung

Baron Fischer[4], der den Neusiedler See in den Jahren um 1880 oft zur Jagd besuchte, schrieb von einem *„massenhaften Auftreten im Herbste"*. Auch im Frühjahr dürfte die Art damals häufig gewesen sein, denn er bemerkte *„im Frühjahre sie (en gros) ziemlich spät angezogen"*. Nach mehreren Exkursionen im Jahr 1887 schrieb von Dombrowski[5]: *„Am Frühjahrszuge dagegen weitaus die häufigste Ente und auch im Herbste zahlreich vertreten; viele bleiben, solange es offenes Wasser gibt"*. In den Jahren 1940–1942 traf Zimmermann[6] die Krickente *„oft in großen Flügen"* und beschreibt etliche Beobachtungen von jeweils einigen Hundert Exemplaren. Für die Jahre 1951–1953 hieß es: *„Der Großteil der in geringer Zahl von Ende August, in größerer erst ab Ende September im Gebiet erscheinenden Krickenten verläßt dieses schon bis Mitte Oktober wieder. Der Frühjahrsdurchzug konzentriert sich auf den April"*[7]. Eine Einschätzung, die sich wohl kaum mit der tatsächlichen Situation der damaligen Zeit deckt. In der zweiten Hälfte der 1960er Jahre wurde die Krickente dann *„als zweithäufigste En-*

tenart unter den Durchzüglern" bezeichnet, und ihr Auftreten beschrieben mit: „*Ab Mitte Juli erfolgt eine Bestandszunahme von 2.000 bis 5.000 Stück mit dem Maximum Anfang Oktober. Der Zug klingt im November aus und nur ein spärlicher Winterbestand (unter 50 Stück) verbleibt an den eisfreien Lacken im Winter zurück*" [8].

Diese Einschätzung traf durchaus auch noch für die Situation in den 1980er Jahren zu, seither hat der Bestand der Krickente jedoch sowohl im Frühjahr als auch im Sommer und Herbst sehr stark zugenommen: In den Jahren 1981–1992 lag der Mittelwert aller Zählungen im März (n = 11) bei 539 Individuen, das Maximum waren 1.115 Exemplare am 2.4.1987 [9]. Im Gegensatz dazu wurden in den Jahren 2010–2019 im März durchschnittlich 3.791 Krickenten erfasst [1,10]. Auch im Herbst haben sich die Zahlen deutlich erhöht: In den Jahren 1981–1992 wurden im November im Durchschnitt 901 Krickenten gezählt [9], in den Jahren 2006–2018 hingegen im Mittel 6.991 [1, 10]. Sowohl im Frühjahr als auch im Herbst haben sich die Rastbestände daher um das 6- bis 8-Fache erhöht. Die Bedeutung des Südteils des Neusiedler Sees hat hingegen im Vergleich zur Seerandzone abgenommen. Konnten in den 1980er Jahren im November noch mehrfach 3.000–7.000 Vögel gezählt werden [11,12], bewegten sich die Zahlen im Rahmen der Zählungen zwischen 2006 und 2018 immer zwischen 200 und 2.000 Individuen [2].

In Bezug auf ein Brutvorkommen hielten die Autoren des 19. und frühen 20. Jahrhunderts ein solches für gegeben oder zumindest möglich [4–7], aus deren Sicht auch naheliegend, angesichts des sehr langen Verweilens einzelner Paare im Mai und des frühen Eintreffens mausernder Männchen bereits im Juni. Dennoch dauerte es bis ins Jahr 1978, dass ein Bruthinweis in Form eines intensiv verleitenden Weibchens am 14.6. an einem Kanal im Hanság gelang [13]. Der bislang einzige sichere Brutnachweis auf österreichischer Seite gelang dann am 19.6.2011 an der Langen Lacke mit der Beobachtung eines Weibchens mit zwei Pulli [14]. Auch in Ungarn ist die Krickente nur ausnahmsweise Brutvogel an den Überschwemmungsflächen bei Mekszikópuszta. In 30 Jahren gelangen zweimal Nachweise von Junge führenden Weibchen: Am 16.7.2003 wurde ein Weibchen mit neun Jungvögeln im Nyéki-szállás entdeckt [15] und am 9.7.2013 dann ein Weibchen mit fünf Jungvögeln im Borsodi-dűlő [16]. Tatsächlich können Bruten aber sicherlich auch häufiger vorkommen, da die Weibchen ihre Jungvögel versteckt in dichter Ufervegetation führen.

Jahreszeitliches Auftreten

Auf österreichischer Seite beginnt der Frühjahrszug meistens Anfang März und dauert bis Ende April. In manchen Jahren können aber kleinere Trupps von Durchzüglern (< 200) schon Mitte Februar auftauchen, und ausnahmsweise wurden im Februar auch wesentlich größere Ansammlungen festgestellt: Darunter jeweils 500 am 20.2.2017 an der Langen Lacke [17] und am 26.2.2019 am Illmitzer Zicksee [18] und 950 am 18.2.2019 an der Langen Lacke [19]. Der Durchzugsgipfel schwankt und liegt zwischen Mitte März und Anfang April, wobei der Mittelwert für Mitte März mit 3.980 (1.671–8.425) etwas höher liegt als der Wert für Anfang April mit 3.091 (736–8.431) [1]. Schon in der zweiten Aprilhälfte ist der Zug weitgehend abgeklungen mit im Durchschnitt nur mehr 667 Exemplaren (25–2.729) [1]. Nach der ersten Maiwoche mit im Mittel 47 Individuen (0–215) haben bis Mitte Mai mit Ausnahme einzelner Vögel, die bisweilen den ganzen Mai hindurch verbleiben, fast alle Krickenten das Gebiet verlassen [1]. Bereits ab der zweiten Juniwoche erscheinen aber wiederum erste kleine Trupps mit einigen Zehn, bisweilen aber auch mehreren Hundert Vögeln, die den Seewinkel zur Klein- und Großgefiedermauser aufsuchen. Mitte Juni halten sich hier wieder durchschnittlich 810 Exemplare (5–2.137) auf [1].

Im Verlauf des Sommers steigen die Zahlen kontinuierlich an: Die Mittelwerte der Zählungen lagen Mitte Juli nur etwas höher als im Juni bei 832 (143–2.362), danach konnten aber Anfang August durchschnittlich 3.781 (1.533–8.189), Mitte/Ende August 4.474 (2.546–10.098) und Anfang September als Maximum 10.575 (1.903–22.150) gezählt werden [1]. Während die Zahlen Mitte September mit 6.839 (1.702–23.018) noch in etwa in derselben Höhe verbleiben, liegen die Bestände im Oktober mit 5.734 (1.975–15.455) und November mit 4.836 (684–18.402) niedriger, aber weiterhin auf hohem Niveau [1]. Mit dem Eintreten winterlicher Bedingungen, spätestens aber Anfang Dezember, verlassen die großen Krickenten-Schwärme den Seewinkel in Richtung ihrer Überwinterungsplätze am Mittelmeer. In einigen Jahren sind noch bis Ende Dezember bzw. Mitte Jänner (2014 und 2019) immer wieder Trupps von 200–500 Individuen anzutreffen. Kleinere Trupps (10–50) überwinternder Vögel harren im Jänner fast alljährlich an eisfreien Stellen aus [20].

Im ungarischen Teil ist die Krickente ganzjährig präsent, solange keine durchgehende Eisdecke vorhanden ist. Sie war bei den systematischen Erhebungen in den Jahren 1998–2005 die häufigste Entenart in den Buchten und Blänken im Schilfgürtel des Sees mit einer maximalen Anzahl von 962 Individuen im Frühjahr und 1.110 im Herbst [21]. Bei mittleren oder hohen Wasserständen könnten sich allerdings an unzugänglichen Stellen der Schilffläche noch weitere Vögel verbergen und damit deutlich höhere Zahlen erreicht werden. Eine systematische, aktuelle Erfassung gibt es in Form wöchentlicher Zählungen von den Rekonstruktionsflächen bei Mekszikópuszta: Hier halten sich im Herbst jahrweise schwankend maximal 4.000–17.000 Exemplare auf, im Frühjahr jedoch nur maximal die Hälfte davon [22].

Zugverhalten und Ringfunde

Krickenten wandern von ihren weiter nördlich und östlich gelegenen Brutplätzen in ihre Winterquartiere in der gemäßigten und mediterranen Zone. Eine Einteilung in gut abgrenzbare Flyway-Populationen ist bei der Art nicht möglich, es wurde jedoch eine zentraleuropäische, Schwarzmeer- und mediterrane Population definiert, zu der auch das Neusiedler See-Gebiet zählt [23]. Der Bestand dieser Population wurde zuletzt mit 750.000–1.380.000 Exemplaren angegeben [24]. In Ungarn werden seit ca. 20 Jahren vorwiegend am Borsodi dűlő Krickenten am Herbstzug mit Reusen gefangen und beringt (1991–2021 insgesamt 2.237 Ind.). Dies erbrachte bis 2019 69 Fern- und Kontrollfänge [25]. Aus Österreich stammen drei Ringfunde geschossener Vögel [26], ein Großteil der Ringfunde entfällt aber auf Überwinterungsgebiete in Oberitalien und der französischen Mittelmeerküste. Neun Funde gelangen an der Atlantikküste und im Binnenland Frankreichs, zwei in Süditalien. Räumlich abweichend liegen aber auch drei Ringfunde aus Überwinterungsgebieten im Norden des Vereinigten Königreichs und von der südspanischen Mittelmeerküste vor. Auf einen Wechsel der Zugroute zwischen den Jahren könnten Funde an der südbulgarischen Schwarzmeerküste und aus Mittelfinnland hindeuten. Zwei Funde liegen von möglichen Rastplätzen am Heimzug aus dem Westen des europäischen Russlands vor und ein weiterer aus einem möglichen Mauserplatz im nördlichen Kasachstan. Drei auf österreichischer Seite erschossene Krickenten stammen alle aus der französischen Camargue. Bei Mekszikópuszta wiedergefangene Krickenten stammen aus der Camargue in Frankreich (6) den Niederlanden (2), Mittelitalien (1) und Südmähren (1) [21].

Viel weniger wissen wir über die Herkunft der Durchzügler. Es gibt Ringfunde aus den folgenden Teilen Russlands: Republik Komi (2), Umfeld von Murmansk (1) und nahe Moskau (2) aus einer Entfernung von 1.900–3.200 km. Ein abgeschossener Vogel wurde aus Kasachstan, einer Entfernung von 3.167 km gemeldet [27]. Unmittelbar für unser Gebiet relevant sind auch 21 Krickenten, die in drei italienischen Überwinterungsgebieten mit GPS-Sendern

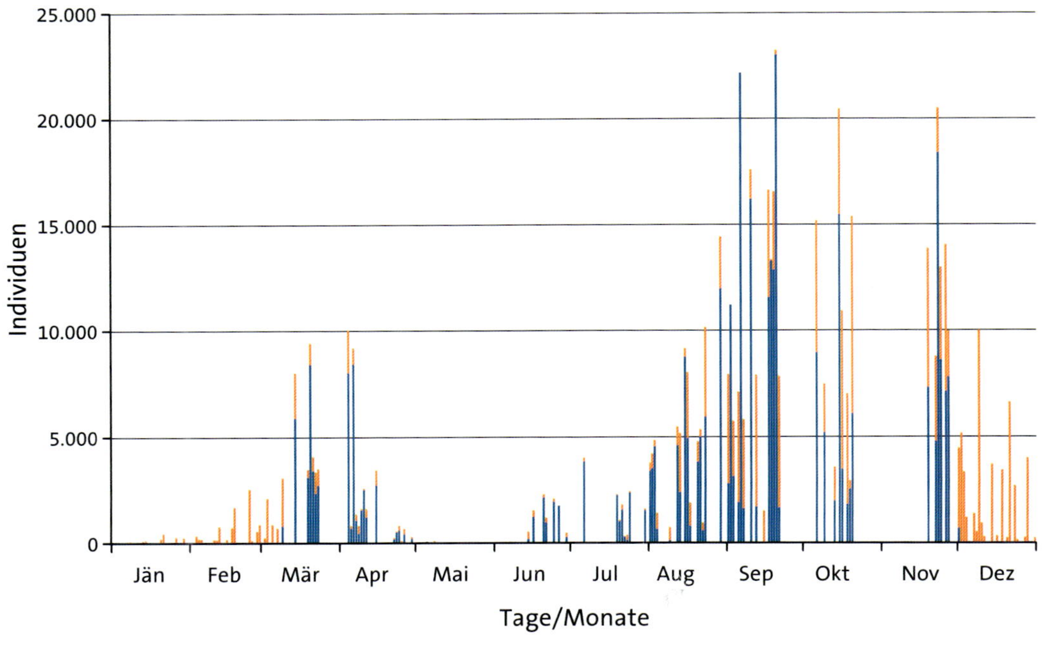

Jahreszeitliches Auftreten (Tagessummen) der Krickente basierend auf Daten der Wasservogelzählungen in Österreich (blau, 2007–2021) und Ungarn (orange, 2013–2020) [1, 29].

versehen wurden. Diese Vögel nutzten am Frühjahrszug beinahe ohne Ausnahme Feuchtgebiete des Karpatenbeckens, davon acht den Neusiedler See oder dessen unmittelbare Umgebung, um sich dann auf eine Fläche von Karelien bis zur Nordhälfte der Taimyr-Halbinsel zu verteilen, in Entfernungen von bis zu 3.500 km vom Neusiedler See.

Quellen: *[1] M. Dvorak, J. Laber & B. Wendelin, unpubl. Daten, [2] M. Dvorak & B. Wendelin, unpubl. Daten, [3] Biologische Station Illmitz, unpubl. Daten, [4] Baron Fischer (1883), [5] von Dombrowski (1889), [6] Zimmermann (1943), [7] Bauer et al. (1955), [8] Festetics & Leisler (1968), [9] Biologische Station Illmitz, unpubl. Daten, [10] M. Dvorak & B Wendelin, unpubl. Daten, [11] Dvorak (1987), [12] Grüll (1987), [13] Triebl (1979), [14] J. Laber, unpubl. Daten, [15] Pellinger (2005), [16] Pellinger (2018b), [17] A. Ranner, C. Schütz/ornitho.at, [18] E. Kopp/ornitho.at, [19] B. Zens/ornitho.at, [20] www.ornitho.at, [21] Mogyorósi (2006), [22] Pellinger & Hadarics, (2020a), [23] Scott & Rose (1996), [24] Wetlands International (2012), [25] Vogelberingungszentrale BirdLife Ungarn, unpubl. Ringfunde, [26] Österreichische Vogelwarte, unpubl. Ringfunde, [27] Pellinger & Hadarics (2020b), [28] Giunchi et al. (2018), [29] Archiv FHNP*

Michael Dvorak & Attila Pellinger

Amerikanische Krickente *Anas carolinensis* J. F. Gmelin, 1789

Zöldszárnyú réce – Green-winged Teal

Ausnahmeerscheinung

Vorkommen

Bisher ein Nachweis dieser nordamerikanischen Art:

- 30.11.1991 Lange Lacke, 1 ♂ (A. Ranner[1, 2])

Quellen: *[1] Laber & Ranner (1997), [2] Albegger & Laber (2016)*

Andreas Ranner

Kolbenente *Netta rufina* (Pallas, 1773)

Üstökösréce – Red-crested Pochard

Silbersee, Illmitz, 6.5.2016, Männchen (Michael Dvorak)

Häufiger Brutvogel im Schilfgürtel, nicht jährlich auch an den Lacken; von April bis Juni Mausergast in großer Zahl

Verbreitung und Lebensraum

Im Neusiedler See-Gebiet herrschen für die Kolbenente – als im Röhricht brütende Art – optimale Lebensraumbedingungen. Nach der Stockente ist sie die am zweithäufigsten brütende Entenart im Schilfgürtel. Im Seewinkel nutzt die Pflanzen fressende Art vor allem solche Gewässer, die sich durch einen besonders hohen Nährstoffreichtum und damit einem starken Algenwachstum auszeichnen. Für erfolgreiche Bruten ist zusätzlich ein größerer Schilfbestand erforderlich. Die drei mit Abstand wichtigsten Brutgebiete im Seewinkel sind der Untere Stinkersee sowie die Westliche und Östliche Wörthenlacke, die zusammen knapp mehr als die Hälfte aller in den Jahren 2001–2019 erfassten erfolgreichen Bruten beherbergten. Unter den übrigen Lacken kommt nur noch dem Illmitzer Zicksee in Jahren mit höheren Wasserständen größere Bedeutung zu[1, 2]. Darüber hinaus wurden noch 22 weitere Gebiete (Lacken, Weidegebiete, Fischteiche) für Bruten genutzt, keines davon beherbergte jedoch mehr als zwei führende Weibchen[1].

Die rastenden und mausernden Kolbenenten zeigten eine klare Präferenz für bestimmte Gebiete. Während die an die Beweidungsflächen am landseitigen Seerand angrenzenden Wasserflächen in ihrer Gesamtheit 2011–2019 mit 53,9 % aller Individuen deutlich bevorzugt wurden (insbesondere Warmblutkoppel, Sandeck und Graurinderkoppel mit Anteilen zwischen 11,5 und 13,4 %), stechen auch einige Lacken angesichts ihrer hohen Bedeutung als Rast- und Mauserplatz hervor, insbesondere die Östliche Wörthenlacke (9,3 %) und der Untere Stinkersee (8,8 %)[1]. Vom Neusiedler See sind weder aus dem Schilfgürtel noch auf der freien Wasserfläche jemals größere Ansammlungen bekannt geworden.

Bestand und Bestandsentwicklung

Die Kolbenente wurde in den frühen 1950er Jahren als „Ausnahmserscheinung" eingestuft[3] und fehlte im Neusiedler See-Gebiet bis in die späten 1970er Jahre als Brutvogel[4, 5]. Interessanterweise hieß es aber für die 1850er und frühen 1860er Jahre: *„Erschien jedes Frühjahr, aber nur auf kurze Zeit"*[6], und vier Bälge aus der ersten Hälfte des 19. Jahrhunderts im Naturhistorischen Museum Wien belegen ein zu dieser Zeit offenbar regelmäßigeres Auftreten[4]. Von Dombrowski[7] stellte bei seinen Exkursionen 1887 nur einmal ein Paar fest und schrieb: *„Jetzt zählt sie zu den seltensten Erscheinungen."* Baron Fischer[8] konnte die Art bei seinen Jagdausflügen in den frühen 1880er Jahren nicht finden. Danach wurde die Kolbenente 70 Jahre lang nicht mehr nachgewiesen, erst im Dezember 1951 wurde ein Erpel geschossen und im Oktober 1952 zwei Weibchen beobachtet[3]. Ab Mitte der 1960er Jahre übersommerten im Seewinkel einzelne Kolbenenten (*„unter 5 Paare"*), und am Frühjahrs- und Herbstdurchzug hielten sich weniger als 50 Individuen im Gebiet auf[4]. Zwischen 1968 und 1978 wurden aus dem Seewinkel dann regelmäßig einzelne Beobachtungen gemeldet, 1979 und 1980 kam es dann zu einer Häufung an Beobachtungen[9]. Im gleichen Jahr brüteten am Illmitzer Zicksee gleich 5–6 Weibchen – die ersten Brutnachweise im Neusiedler See-Gebiet[10, 11]. Gleichzeitig mit diesen ersten Bruten entwickelte sich ab 1980 der zwischen Mitte April und Anfang Juni im Gebiet anwesende Nichtbrüterbestand, dessen Größe bis 1992 von 30–50 auf 210 anstieg[9]. Der Brutbestand der Lacken stagnierte von 1981–1992 bei 2–5 Paaren, in den 1990er Jahren waren es dann aber bis zu 20 erfolgreiche Bruten, so z. B. im Jahr 1997 [2,9]. Seit 2001 hat sich die Zahl der Junge führenden Weibchen bei starken Schwankungen weiter vergrößert mit 30–43 erfolgreichen Bruten in den besten Jahren, aber nur 0–2 in den schlechten, d. h. sehr trockenen Jahren [1,2].

Der erste Brutnachweis auf ungarischer Seite gelang am 4.7.1986 in der Biegung des Damms (Körgátsarok) bei Hegykő [12], wahrscheinlich brütete die Art aber damals bereits auch an mehreren Stellen. In den vergangenen Jahrzehnten wurden Nester an diversen Standorten gefunden, so aus dem Inneren eines aus abgeerntetem Schilf bestehenden Kegels [13] sowie in gemischten Möwenkolonien in Nyéki-szállás und Nyirkai-Hany, wo sie gemeinsam mit anderen Entenarten brütet [14]. Gemischte Gelege sind keine Seltenheit, sogar unter verschiedenen Arten. Ausgehend von der Kernpopulation des Neusiedler Sees hat sich die Art auch an weiteren Stellen in der weiteren Umgebung angesiedelt, so brütet sie auch auf den ehemaligen Absetzteichen der Zuckerfabrik Petőháza [15] (2006), im Nyirkai-Hany [16], im Osli-Hany, im Schilfsaum des Einserkanals und auf einigen Kiesgrubenseen und Fischteichen [17].

Auf österreichischer Seite vergrößerte sich der Nichtbrüterbestand im Verlauf der 1990er Jahre und erreichte im Mai 1997 400–600 Exemplare [2]. Von 2001–2005 waren es im Mittel 700–800 Individuen, zwischen 2006 und 2010 wuchsen die Zahlen kontinuierlich und erreichten 2010 im Mittel 2.236, mit einem Maximum von 2.549 [2]. Seither ist ein weiterer Aufwärtstrend feststellbar, allerdings unterbrochen in Jahren mit niedrigen Wasserständen wie 2012. Nach dem Rekordjahr 2015 mit 3.060 Exemplaren nahm der Bestand ab 2016 mit einem besonders scharfen Abwärtsknick im Jahr 2019 wieder ab [1].

In den 1980er Jahren war die Art im ungarischen Teil des Neusiedler Sees bereits regelmäßig anzutreffen, die Zahl der Durchzügler stieg damals langsam aber stetig an. In den 1980er Jahren zählten die größten Gruppen noch kaum 100 Exemplare. Nach der Flutung der Rekultivierungsgebiete in Mekszikópuszta, aber insbesondere ab 2008 ist dann eine stärkere Zunahme zu verzeichnen, wobei aber zwischen den einzelnen Jahren bedeutende Schwankungen auftreten können. Die Maximalzahlen können in Mekszikópuszta bei 2.500 Individuen liegen [14]. In den Buchten des Neusiedler Sees zieht die Kolbenente in wesentlich geringerer Anzahl durch, ihre Zahl ist hier sowohl im Frühjahr als auch im Herbst ausgeglichener [18].

Jahreszeitliches Auftreten

Der Heimzug setzt auf österreichischer Seite in manchen Jahren bereits Mitte Februar mit ersten Trupps von mehr als 20 Exemplaren ein, in den anderen Jahren beginnt der „Einzug" erst relativ zaghaft in den letzten Tagen des Februars bis Anfang März. Mitte März wurden im Schnitt bereits 351 Kolbenenten gezählt (65–1.204), danach steigt der Bestand im Verlauf des Aprils an, von im Mittel 577 (74–1.044) zu Monatsbeginn auf 993 (401–2.028) Mitte/Ende des Monats. Das Maximum wird im Mai erreicht: In den ersten drei Maiwochen waren in den Jahren 2007–2018 im Mittel zwischen 1.155 (2007) und 2.385 (2015) Kolbenenten versammelt; zum größeren Teil handelt es sich dabei um Männchen, der Anteil der Weibchen lag im Mittel der Jahre 2001–2018 bei nur einem Fünftel (20,6 %). Schon zur Monatswende Mai/Juni beginnen die Vögel abzuwandern, Mitte Juni wurden im Schnitt nur mehr 946 (68–2.242) Kolbenenten festgestellt, Mitte Juli dann nur mehr 179 (3–382). In den Monaten August (81 bzw. 135) und September (151 bzw. 153) nehmen die Zahlen weiter ab. In den Herbstmonaten Oktober und November zeigen sich nur unregelmäßig kleinere Trupps im Seewinkel, von einem Herbstzug kann nicht gesprochen werden. Lediglich Mitte Oktober 2014 wurden einmalig 425 Kolbenenten gezählt [1]. Im Dezember und Jänner ist die Art nur ausnahmsweise in bestenfalls 1–5 Exemplaren präsent [19].

In Ungarn fällt der Zuggipfel in den Überschwemmungsflächen bei Mekszikópuszta zumeist auf Ende April oder die erste Hälfte des Mai, es gibt jedoch geringe Abweichungen in einzelnen Jahren, die oft mit dem Zeitpunkt der Austrocknung der Lacken des Seewinkels zusammenhängen.

Zugverhalten und Ringfunde

Bei der Kolbenente gibt es räumlich und genetisch klar getrennte Populationen [20], das Neusiedler See-Gebiet gehört zur zentraleuropäischen/westmediterranen Population. Die Bestandsdynamik der Kolbenente in Mitteleuropa unterlag in den letzten Jahrzehnten einem starken Wandel, mit großen Veränderungen hinsichtlich der Lage von Mauser- und Winterquartieren [21,22] sowie der großflächigen Neuetablierung von Brutgebieten [23,24]. Die Herkunft der im Frühjahr zur Kleingefiedermauser anwesenden Männchen sowie die Mauser- und Winterquartiere der Brutvögel sind derzeit nicht bekannt. Da der Abzug der Männchen-Trupps ab Anfang Juni zeitlich sehr gut mit dem Anwachsen des Mauserbestandes am Ismaninger Speichersee bei München zusammenpasst [25], ist mit einiger Wahrscheinlichkeit anzunehmen, dass auch von ihnen dieser, mit Abstand größte Mauserplatz

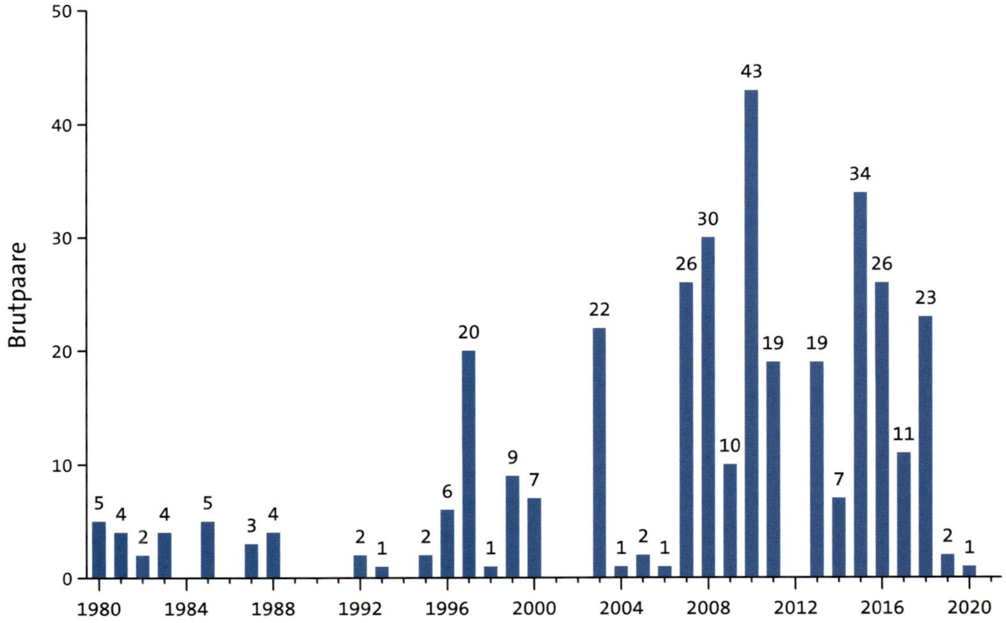

Entwicklung des Brutbestandes (Junge führende Weibchen) der Kolbenente im Seewinkel in den Jahren zwischen 1980–2021 [1,2,9,11].

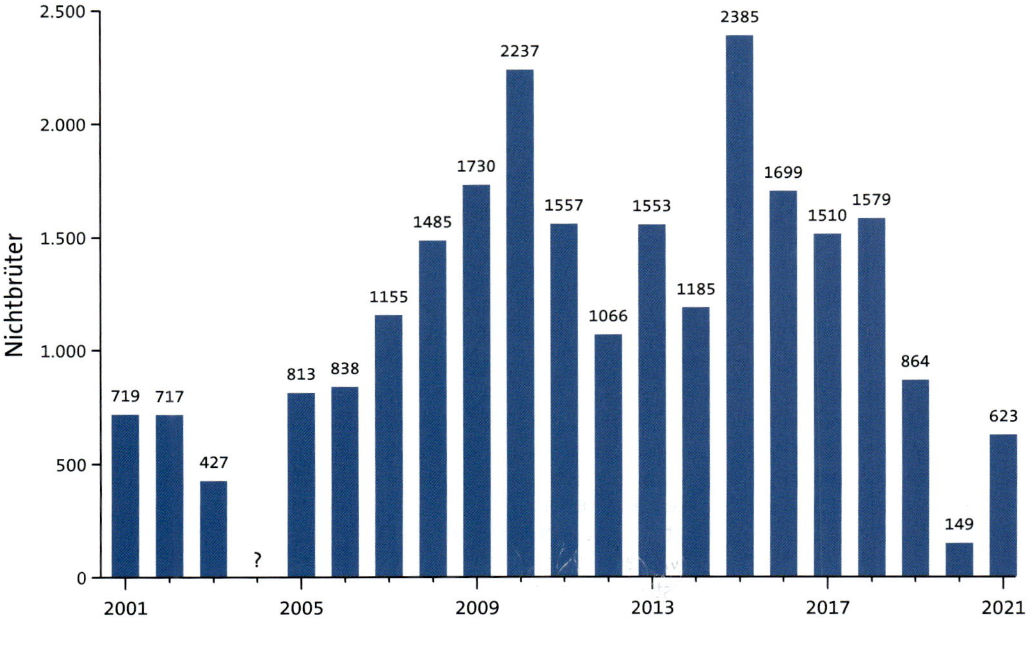

Entwicklung der Nichtbrüterbestände der Kolbenente (Mittelwert aus jeweils drei Zählungen pro Jahr im Mai) im Seewinkel in den Jahren 2001–2021 [1,2].

Mitteleuropas genutzt wird. Trotz der Häufigkeit der Art im Gebiet gibt es bislang erst einen einzigen Fernfund einer markierten Kolbenente: Ein in der Auvergne in Zentralfrankreich am 26.3.2009 mit einem Nasenschild ausgestatteter Erpel wurde knapp eineinhalb Monate später am 9.5. und 24.5. in Nyéki-szállás entdeckt und im darauf folgenden Winter am 23.1.2011 im Ostteil des Genfersees wieder beobachtet[26].

Quellen: [1] *M. Dvorak, J. Laber & B. Wendelin, unpubl. Daten,* [2] *M. Dvorak, unpubl. Daten,* [3] *Zimmermann (1943),* [4] *Festetics & Leisler (1968),* [5] *Bauer et al. (1955),* [6] *Jukovits (1864/65),* [7] *von Dombrowski (1889),* [8] *Baron Fischer (1883),* [9] *Dvorak (1994a),* [10] *P. Prokop, H.-M. Berg/ABÖ,* [11] *Triebl (1981),* [12] *Kárpáti (1987),* [13] *Mogyorósi & Pellinger (1992),* [14] *Pellinger & Mogyorósi (2016),* [15] *Pellinger (2006a),* [16] *Pellinger & Ferenczi (2012),* [17] *Archiv MME Sopron,* [18] *Mogyorósi (2006),* [19] *www.ornitho.at,* [20] *Gay et al. (2004),* [21] *Hiller & Moning (2008),* [22] *Keller (2014),* [23] *Poláková et al. (2018),* [24] *Keller (2000),* [25] *Köhler et al. (2009),* [26] *Vogelberingungszentrale BirdLife Ungarn, unpubl. Ringfunde,* [27] *Archiv FHNP*

Michael Dvorak & Attila Pellinger

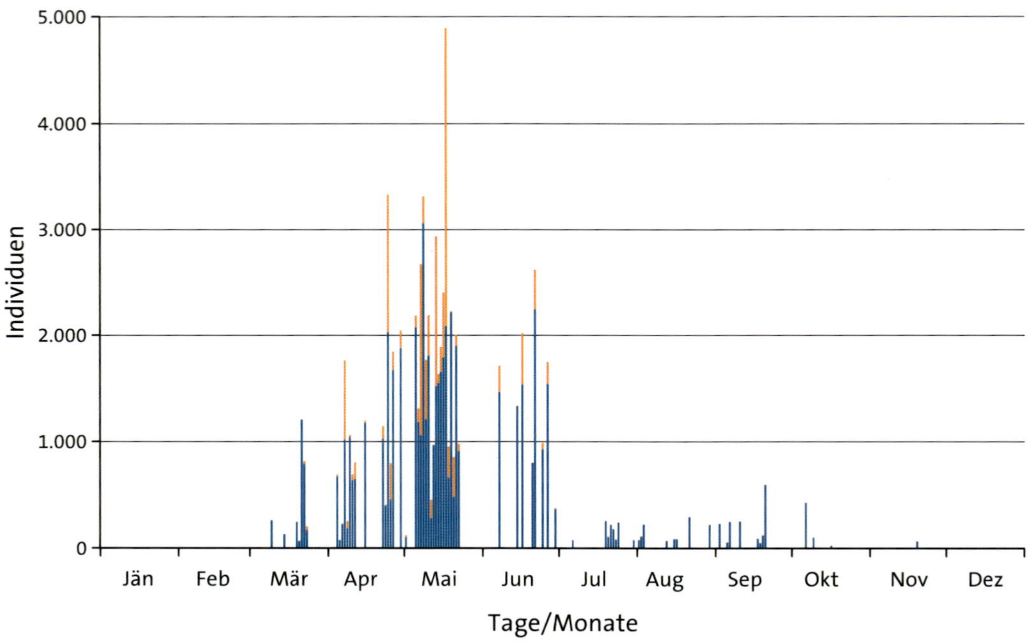

Jahreszeitliches Auftreten (Tagessummen) der Kolbenente basierend auf Daten der Wasservogelzählungen in Österreich (blau, 2007–2021) und Ungarn (orange, 2013–2020)[1, 27].

Tafelente *Aythya ferina* (Linnaeus, 1758)

Barátréce – Common Pochard

Mörbisch, 20.5.2014, Männchen (Michael Dvorak)

Seltener und mittlerweile unregelmäßiger Brutvogel der Lacken, vereinzelt auch im Schilfgürtel; Durchzügler in jährlich schwankender Zahl

Verbreitung und Lebensraum

Die Tafelente brütet im Seewinkel fast ausschließlich an Lacken mit tieferen Gewässerbecken, die in „Normaljahren" bis in die Sommermonate hinein Wasser führen und meist, zumindest in Teilbereichen, von einem Gürtel aus Schilfröhricht umgeben sind. Die meisten ihrer Brutgewässer entsprechen dem typischen Bild einer „Schwarzwasserlacke". In Jahren hoher bis sehr hoher Wasserstände brütet die Tafelente jedoch auch an einigen für sie eigentlich untypischen „Weißwasserlacken", sofern diese zumindest kleinräumig Schilfbestände ausgebildet haben. In den Jahren 2001–2019 konnten an 20 Gewässern des Seewinkels insgesamt 121-mal Junge führende Weibchen nachgewiesen werden[1,2]. Die beiden mit Abstand am häufigsten genutzten Gewässer sind die Östliche Wörthenlacke (38) und der Untere Stinkersee (16). Weitere, zumeist nur von einzelnen Weibchen in wenigen Jahren genutzte Gewässer, sind der Fischteich im Martenthau bei Apetlon (10) die Apetloner Meierhoflacke (9), der Herrensee (8) und die Westliche Wörthenlacke (7)[1, 2].

Im Vergleich zur Situation in den 1980er und 1990er Jahren ist eine deutliche Verschiebung festzustellen: Die damals wichtigsten Brutplätze waren mit Abstand der Illmitzer Zicksee, die Westliche Wörthenlacke und der Albersee, die zusammen 70 % aller erfolgreich brütenden Weibchen beherbergten[3, 4]. Keiner dieser Lacken kommt aktuell noch eine größere Bedeutung als Brutplatz zu, in erster Linie deshalb, weil sich die Wasserführung dieser Gewässer dramatisch verschlechtert hat. Auch die Zahl der Brutvorkommen im Schilfgürtel hat sich stark verringert: Wurden zwischen 1966 und 1999 noch Bruten von sechs Stellen gemeldet (Jois, Rust, Breitenbrunn, Mörbisch, Illmitz, Sandeck)[3], ist aktuell nur mehr ein einziges Vorkommen bei Mörbisch bekannt[1]. Rastende Tafelenten am Zug haben im Großen und Ganzen ähnliche Präferenzen wie die Brutvögel: Der Untere Stinkersee ist das mit Abstand am intensivsten genutzte Gewässer, er beherbergte 34,4 % aller zwischen 2011 und 2019 gezählten Tafelenten. Die Art konnte hier bei 85 % aller Besuche festgestellt werden. Mit großem Abstand folgt der als Brutgewässer nicht genutzte St. Andräer Zicksee (18 %). Auch die Lange Lacke (14,8 %) sowie die Östliche (5,6 %) und Westliche Wörthenlacke (5 %) haben für die Tafelente eine gewisse Bedeutung[2]. Im ungarischen Teil des Neusiedler See-Gebiets ist die Art ein regelmäßiger, aber seltener und im Bestand rückläufiger Brutvogel des Schilfgürtels und ehemals auch der Überschwemmungsflächen von Mekszikópuszta.

Bestand und Bestandsentwicklung

Die Tafelente wurde für die zweite Hälfte des 19. Jahrhunderts als Brutvogel angeführt. Baron

Fischer[5], der um 1880 recht viel Zeit mit der Jagd im Gebiet verbrachte, schrieb „*Im Spätherbste und besonders im Frühjahre häufig*", und weiter „*jährlich brüten Tafelenten im Seegebiete. Sie liebt tiefes Wasser*". Im Jahr 1887 war die Art ein „*spärlicher Brutvogel, am Herbstzuge oft massenhaft, im Frühjahre nur spärlich*"[6]. Im ersten Jahrzehnt des 20. Jahrhunderts war die Tafelente „*im Herbste 1906 am Süd- und Ostufer häufig. In den Frühjahren 1907 und 1909 am Ostufer des öfteren gesehen und* [...] *auch das Nisten hier* [...] *sicher anzunehmen*", wie Schenk[7] schrieb. Von Mitte der 1930er bis Mitte der 1950er Jahre wurde die Tafelente von den bekannten Autoren der damaligen Zeit übereinstimmend als möglicher Brutvogel bei hohen Wasserständen eingestuft[8–10], wobei ein Brutnachweis bis dahin nicht erbracht war. Das gelang erst im Jahr 1957 als Tafelenten-Eier in Nestern von Stock- und Moorenten gefunden wurden[11]. Bereits Mitte der 1960er Jahre wurde der Brutbestand im Seewinkel mit 30–40 Paaren angegeben, davon ca. die Hälfte am St. Andräer Zicksee[12]. Seit 1981 wurden in 25 Jahren erfolgreiche Bruten nachgewiesen, in fünf Jahren dürfte die Art nicht (erfolgreich) gebrütet haben. Die höchsten Bruterfolge fallen immer in Jahre mit hohen Wasserständen wie 1981 (24 Junge führende Weibchen), 1983 (31), 1992 (26), 1997 (26), 2003 (21), 2013 (13) und 2015 (28)[1,4,13]. Innerhalb der letzten Jahre hat der Brutzeitbestand jedoch dramatisch abgenommen: Der Mittelwert von sechs Zählungen zwischen Ende April und Mitte Juli lag 2013 noch bei 228 und 2015 noch bei 411 Exemplaren, fiel aber 2016 auf 118, 2017 auf 33, 2019 auf 12 und 2018 auf 18 Exemplare. Gab es 2016–2018 noch 1–6 führende Weibchen, wurden 2019–2021 keine erfolgreichen Bruten mehr gemeldet.

Die Zahl der Durchzügler im Frühjahr (Mitte März) wurde für die zweite Hälfte der 1960er Jahre mit 500–1.000 Exemplaren angegeben[12]. Die Wasservogelzählungen 1981–1992 ergaben hingegen im Mittel nur 132 Exemplare (5–366)[14]. Die aktuellen Zählungen erbrachten für den März mit durchschnittlich 451 Tafelenten[2] wiederum Werte, die mit den Zahlen in den 1960er Jahren vergleichbar sind. Für den Herbstzug in den 1960er Jahren wurden weniger als 500 Exemplare im September angegeben[12], damit vergleichbare Zahlen gibt es nur für die Jahre 2006–2018 mit im Mittel 251 Exemplaren (min. 27, max. 624)[1,2]. Der aktuelle Bestand ist daher in etwa auf dem Niveau wie vor 50 Jahren. In Ungarn wurden zuletzt 2007 noch zwei und 2008 noch eine Familie am Nyéki-szállás bei Mexikópuszta festgestellt, seitdem ist die Tafelente hier als Brutvogel verschwunden[15].

Jahreszeitliches Auftreten

Der Heimzug kann bereits Mitte, ausnahmsweise auch schon Anfang Februar einsetzen. Das Maximum wird gegen Mitte März mit im Mittel 499 Exemplaren erreicht, bei extrem stark schwankenden Zahlen: Während in durchschnittlichen Jahren nur 140–240 Tafelenten gezählt werden, liegen die zwei Spitzenwerte bei 992 (2015) bzw. 1.711 (2013) – beides Jahre mit ungewöhnlich hohen Wasserständen. Ähnlich die Situation Anfang April mit im Mittel 204 Exemplaren, jedoch mit 640 (2013) und 782 Exemplaren (2015) in den beiden Hochwasserjahren. Schon in der zweiten Aprilhälfte ist nur mehr der Brutbestand anwesend. Die Mittelwerte liegen bei 127 Exemplaren Ende April sowie 108, 113 und 93 Individuen in den ersten drei Maiwochen, allerdings jeweils mit Schwankungen von bis zum Hundertfachen, mit Minimalbeständen von wenigen Vögeln in Jahren sehr niedriger Wasserstände. In den Sommermonaten Juli bis Mitte September schwanken die Bestände jährlich sogar in noch höherem Ausmaß, wobei sich in Jahren mit sehr niedrigen Wasserständen wie 2012 und 2019 nur einzelne Tafelenten im Seewinkel aufhalten. In wasserreichen Jahren suchen hingegen gerade im Sommer große Trupps das Gebiet auf, um hier vermutlich auch ihr Großgefieder zu mausern, z.B. 551 Exemplare Mitte August 2009, 704 Mitte Juli 2010, 1.034 Anfang September 2013 und 624 Mitte September 2015. Im Oktober und November ist die Tafelente viel seltener anzutreffen, es ist kein merklicher Durchzug vorhanden bzw. dürften die wenigen größeren Trupps nur kurzzeitig im Gebiet verweilen. In den Monaten Dezember und Jänner halten sich nur wenige (1–7) Vögel im Gebiet auf, die ersten kleinen Trupps tauchen in den ersten Februartagen auf[1,2,16].

Im ungarischen Neusiedler See-Gebiet tritt die Art am Durchzug am See nur vereinzelt auf[17], die bevorzugten Rastgebiete sind hingegen die Rekonstruktionsflächen bei Mekszikópuszta. Der Frühjahrszug (Februar–März) hier ist bedeutender (1993 max. 1.000 Ind.), im Herbst bleibt das Maximum hingegen unter Tausend mit 800 Individuen im Oktober 1975 als größter Anzahl[18].

Zugverhalten und Ringfunde

Bei der Tafelente gibt es sowohl sedentäre als auch ziehende Populationen, wobei die Unterscheidung biogeographischer Populationen nur schlecht gelingt bzw. große Überlappungen bestehen[19]. Da sich die Fundorte von fast 2.500 in der Schweiz markierten oder gefangenen Tafelenten über das gesamte europäische und große Teile des zentralasiatischen Artareals verteilen, wird zehn Jahre später von der Abgrenzung diskreter Flyway-Populationen überhaupt abgera-

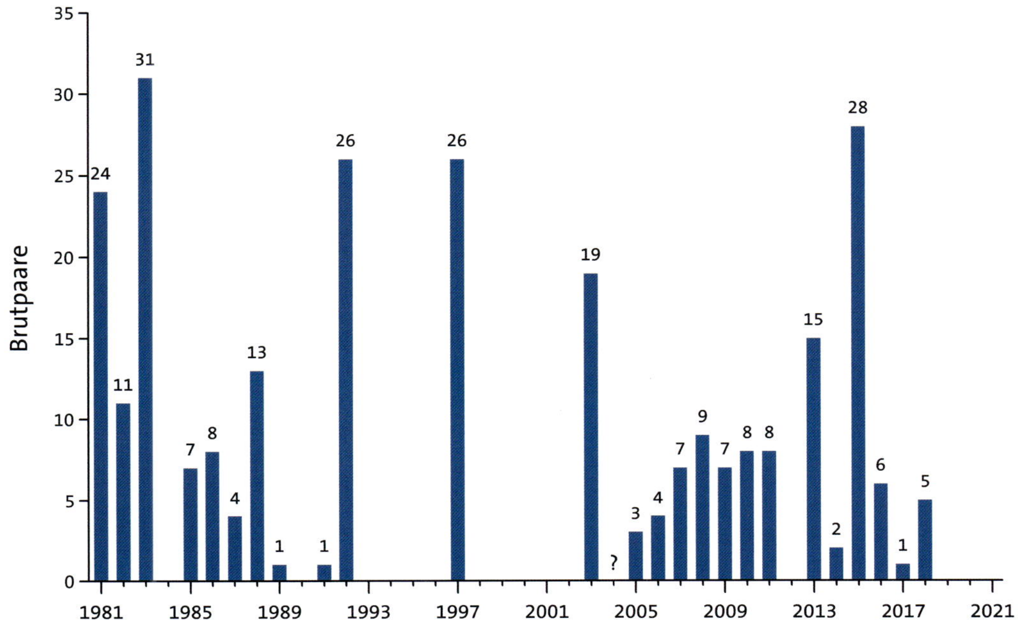

Entwicklung des Brutbestandes (Junge führende Weibchen) der Tafelente im Seewinkel in den Jahren 1981–2021[1–3].

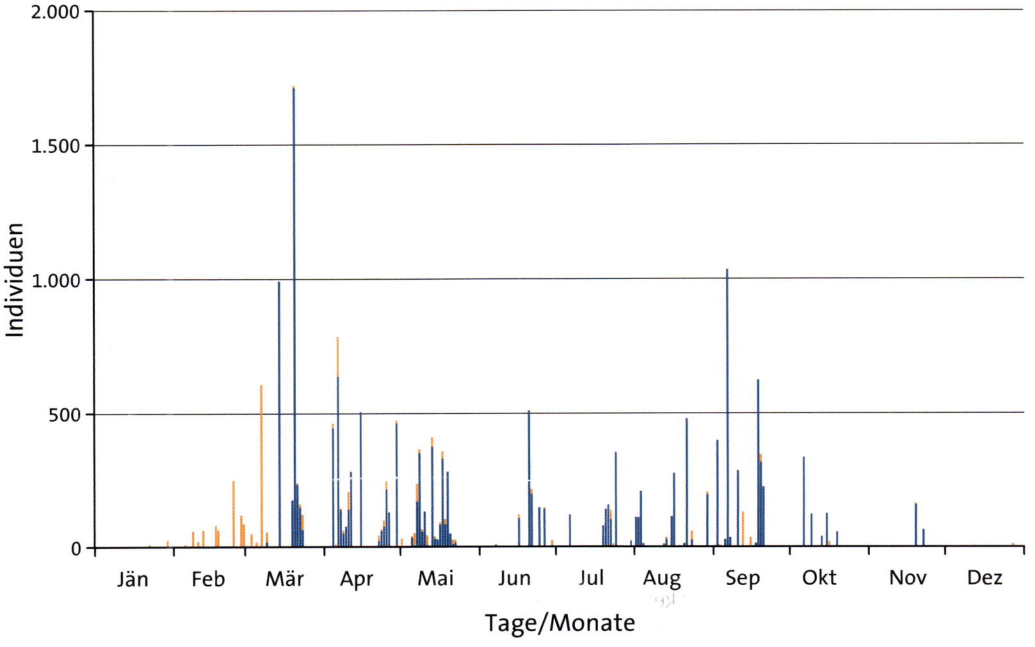

Jahreszeitliches Auftreten (Tagessummen) der Tafelente basierend auf Daten der Wasservogelzählungen in Österreich (blau, 2007–2021) und Ungarn (orange, 2013–2020)[2,23].

ten[20]. Der bisher einzige Fund eines markierten Vogels für das Gebiet betrifft ein am 31.12.2008 in den Dombes (Zentralfrankreich) mit einem Nasensattel versehenes Weibchen, das am 8.6.2010 am Unteren Stinkersee und vier Monate später am 27.10.2010 nochmals auf der Warmblutkoppel abgelesen werden konnte[21]. In Ungarn wurden in den Jahren 1951–2006 23 außerhalb Österreichs beringte Tafelenten gefunden, die Mehrheit davon aus der Schweiz (16), gefolgt von Frankreich (3), dem Vereinigten Königreich (2) und Tschechien (2). Von einem in Ungarn beringten Vogel liegt ein Wiederfund aus Südspanien vor[22].

Quellen: *[1] M. Dvorak, unpubl. Daten, [2] M. Dvorak, J. Laber & B. Wendelin, unpubl. Daten, [3] Archiv BirdLife Österreich, [4] Dvorak (1994a), [5] Baron Fischer (1883), [6] von Dombrowski (1889), [7] Schenk (1917), [8] Seitz (1942), [9] Zimmermann (1943), [10] Howorka (1959), [11] Bauer et al. (1955), [12] Festetics & Leisler (1968), [13] Dvorak et al. (2015), [14] Biologische Station Illmitz, unpubl. Daten, [15] A. Pellinger, unpubl. Daten, [16] www.ornitho.at, [17] Mogyorósi (2006), [18] Pellinger & Hadarics (2020), [19] Scott & Rose (1996), [20] Hofer et al. (2006), [21] Österreichische Vogelwarte, unpubl. Ringfunde, [22] Csörgő et al. (2009), [23] Archiv FHNP*

Michael Dvorak & Sándor Mogyorósi

Moorente *Aythya nyroca* (Güldenstädt, 1770)

Cigányréce – Ferruginous Duck

Seedamm Illmitz, 6.8.2016, 1. KJ (Michael Dvorak)

Brutvogel im Schilfgürtel in stark schwankender Häufigkeit; brütet bei hohen Wasserständen auch im Seewinkel

Verbreitung und Lebensraum

Die Moorente ist ein verbreiteter Brutvogel im Schilfgürtel des Neusiedler Sees, bewohnt aber auch die Röhrichte an den stärker verwachsenen Lacken des Seewinkels. In den letzten beiden Jahrzehnten ist die Art auch regelmäßig im Bereich der großen Viehkoppeln am landseitigen Rand des Schilfgürtels anzutreffen. Während in Bulgarien, Ungarn und Kroatien Fischteiche mit Abstand die wichtigsten Brutbiotope sind[1–3], brütet die Art im Neusiedler See-Gebiet ausschließlich in ihrem ursprünglichen Lebensraum, was dem Vorkommen aus Sicht des Naturschutzes einen besonderen Stellenwert verleiht. Innerhalb des Schilfgürtels bevorzugen die Vögel gut durchflutete Kanäle, die im Vergleich zu den größeren offenen Wasserflächen, den sogenannten Plänken, einen weitaus höheren Nahrungsreichtum wie beispielsweise Dipterenlarven aufweisen. Stellen, die zur Nahrungssuche genutzt werden, weisen im Mittel eine Wassertiefe von 54,7 cm auf[4].

Im Seewinkel nutzt die Art vorwiegend die am landseitigen Seerand gelegenen Pferde- und Rinderkoppeln: Von 391 im Rahmen von Wasservogelzählungen zwischen 2007 und 2018 festgestellten Moorenten wurden 215 (55 %) im Bereich der Weidegebiete nachgewiesen[5], wo sie die durch Betritt entstandenen offenen Seichtwasserflächen nutzen und in dem angrenzenden Schilfbereichen brüten. Das mit Abstand wichtigste Gebiet ist der Beweidungskomplex „Graurinderkoppel-Wasserstätten-Sandeck" auf den 40,7 % aller Nachweise entfallen. Die einzige bedeutende Lacke ist aktuell der Herrensee, der in neun von 12 Jahren von Brutpaaren genutzt wurde. Dieser Befund steht in starkem Kontrast zur Situation in den 1960er Jahren, als die Moorente die häufigste brütende Tauchente an den Lacken war und hier im Schilf oder in anderer dicht verwachsener Vegetation der Lackensäume brütete. An den Lacken sollen damals mehr Moorenten gebrütet haben als im Schilfgürtel des Neusiedler Sees[6]. Im ungarischen See-Teil sind Familien in den größeren Blänken innerhalb des Schilfgürtels (z. B. im Hidegségi-tó und im Oberlakni-tó) regelmäßig anzutreffen. Auch an den rekonstruierten Überschwemmungsflächen von Mekszikópuszta brüten jedes Jahr in der Regel 3–5 Paare, wenn sich dort eine Möwenkolonie etabliert, sind auch höhere Bestände möglich[7].

Bestand und Bestandsentwicklung

Die meisten Beobachter des 19. Jahrhunderts stuften die Moorente als häufigen Brutvogel ein. Jukovits[8] stufte sie für die Jahre 1852–1865 als *„gemein"* ein. Im September 1876 bezeichnete ein anderer Beobachter[9] die Moorente sogar als häufigste Ente. 1882 lernte Baron Fischer[10] sie als *„regelmäßigen, wenn auch nicht gemeinen Brutvogel"* kennen, im Herbst war die Art allerdings nicht so häufig wie im Frühjahr. Laut von Dombrowski[11], dessen Angaben sich vorwiegend auf die Jahre 1885–1887 beziehen, war die Moorente damals ein *„häufiger Brutvogel im eigentlichen Sumpfgebiet"*. Im Herbst 1906 war die Art am Süd- und Ostufer häufig, während in den Jahren 1907 und 1909 im Frühjahr (Ende April/Anfang Mai) keine Beobachtungen gelangen. Den wenigen, für diesen Zeitraum verfügbaren Quellen nach zu schließen, dürfte die Moorente in der zweiten Hälfte des 19. Jahrhunderts also regelmäßig im Neusiedler See-Gebiet gebrütet haben und durchaus zu den häufigeren Brutvögeln gezählt haben. 50 Jahre später kam Seitz[12] nach intensiven avifaunistischen Untersuchungen zwischen 1934 und 1940 zu dem Schluss, dass in diesen trockenen Jahren sowohl die Moorente als auch die anderen Tauchenten *„wohl schwerlich das ihnen zusagende Biotop im Seewinkel finden"*, räumt dann aber ein: *„Bei den jetzt herrschenden Hochwasserverhältnissen könnte dies aber sehr wohl zutreffen"*. Mehr Glück mit der Art hatte Zimmermann[13], der 1940–1942 zur Brutzeit durchgehend Beobachtungen im Seewinkel und in geringerem Umfang auch am See machte. Ihm gelang 1941 ein Brutnachweis an einem Kanal im Schilfgürtel am Sandeck. Er stellte allerdings auch fest: *„Für ein Brüten an den Lacken habe ich jedoch keinen Anhalt finden können; ich glaube auch nicht, daß sie an diesen regelmäßiger brütet, sondern als Brutvogel sich in erster Linie an den See bindet, der ihr auf den die Kanäle begleitenden Dämmen den von ihr bevorzugten Nistraum bietet"*. 10 Jahre später wurde die Moorente als *„recht häufiger Brutvogel"* eingestuft, mit einer beträchtlichen Zunahme des Bestandes seit den frühen 1940er Jahren. 1953 brütete die Art *„trotz sinkendem Wasserstand in gleicher oder noch größerer Häufigkeit"*. Brutverdächtige Moorenten fanden sich damals auch im Seewinkel, z. B. an der Langen Lacke, der Podersdorfer Lacke, der Golser Lacke und vor allem am Seeufer zwischen Neusiedl am See und dem Viehhüter sowie im Schilfgürtel am Westufer des Sees[14]. Mitte der 1960er Jahre wurde der Brutbestand der Moorente im Seewinkel sogar auf ca. 50 Brutpaare geschätzt und in einer *„wahrscheinlich geringeren Menge"* wird sie auch für den Schilfgürtel des Neusiedler Sees als Brutvogel angegeben[6]. In Zeiten hoher Wasserstände an den Lacken war sie damals die häufigste Tauchentenart und besiedelte vorwiegend – im Gegensatz zur Tafelente – die klaren, vegetationsreichen „Schwarzwasserlacken"[6]. Gestützt wird die damalige Einschätzung der Häufigkeit durch Archivdaten aus den Jahren 1966–1970: Machte die Moorente damals noch 5,9 % aller zur Brutzeit im Mai gemeldeten Schwimmvögel aus, waren es in den Jahren 1976–1980 hingegen nur mehr 1,7 %[15].

Danach gelangen zwischen 1981 und 1992 trotz höherer und gezielterer Beobachtungsaktivität nur 65 Brutzeitbeobachtungen, in den fünf Jahren zwischen 1976 und 1980 wurden hingegen 53 „Zufallsbeobachtungen" gemeldet[16]. In den 25 Jahren nach der Einschätzung von Festetics & Leisler[6] hat sich also zweifellos ein starker Bestandsrückgang ereignet: Nicht weiter überraschend ergaben systematische Erfassungen an den Lacken in den Jahren 1985–1988 sowie 1992 jeweils nur 1–2 Brutpaare[15]. An den Lacken des Seewinkels herrschten in den 1990er Jahren überwiegend hohe Wasserstände, eine weitere Erhebung an den Lacken ergab 1997 einen Bestand von 4–6 Paaren[17]. In den überwiegend trockenen Jahren 2001–2007 pendelte sich der Moorenten-Bestand mit 0–3 Paaren auf niedrigem Niveau ein, bei höheren Wasserständen ab 2008 waren allerdings mit 9–18 Paaren die höchsten Brutbestände seit den 1960er Jahren zu verzeichnen[18]. Ab 2017 ist die Art bei niedrigen Wasserständen als Brutvogel aus dem Seewinkel weitgehend verschwunden[5, 18].

Erste Versuche zur quantitativen Erfassung des Brutbestandes im Schilfgürtel des Neusiedler Sees wurden Mitte der 1990er Jahre unternommen: 1995 wurde eine 14,2 km² große Probefläche im Südteil des Sees untersucht, was eine Bestandsschätzung von 15–20 Paaren ergab[4]. 1996 wurden auf zwei Untersuchungsflächen am Westufer mit insgesamt 27 km² im Mai 42, im Juni 10 und im September 45 Individuen gezählt. Die mit diesen Ergebnissen ergänzte Bestandsschätzung für das Jahr 1996 kam auf 100–150 Brutpaare[17]. Weitere systematische Bestandserhebungen aus den Jahren seit 1996 liegen nicht vor, doch zeigten regelmäßige Beobachtungen an verschiedenen Stellen des Schilfgürtels, dass die Art hier bis zum Jahr 2015 nach wie vor weit verbreitet ist und in größerer Zahl brütet. Es ist anzunehmen, dass der Brutbestand wie bei anderen Schilf bewohnenden Vogelarten mit den Wasserständen schwankt. Daher ließen die seit 2018 fallenden Wasserstände am Neusiedler See erwarten, dass auch der Moorenten-Brutbestand rückläufig ist. Eine Auswertung von aus den Jahren 2018–2020 vorliegenden, systematisch erhobenen Zähldaten mit zufällig gesammelten Beobachtungsmeldungen[18] ergab bereits das weitgehende Fehlen der Art am Westufer des Sees mit einer stark verminderten Präsenz am Ost- und Südostufer in Österreich. Der Brutbestand wurde für diese drei Jahre auf nur mehr 20–30 Paare geschätzt[20]. Im ungarischen Teil des Schilfgürtels beträgt der Brutbestand ebenfalls nicht mehr als 10–15 Paare[21].

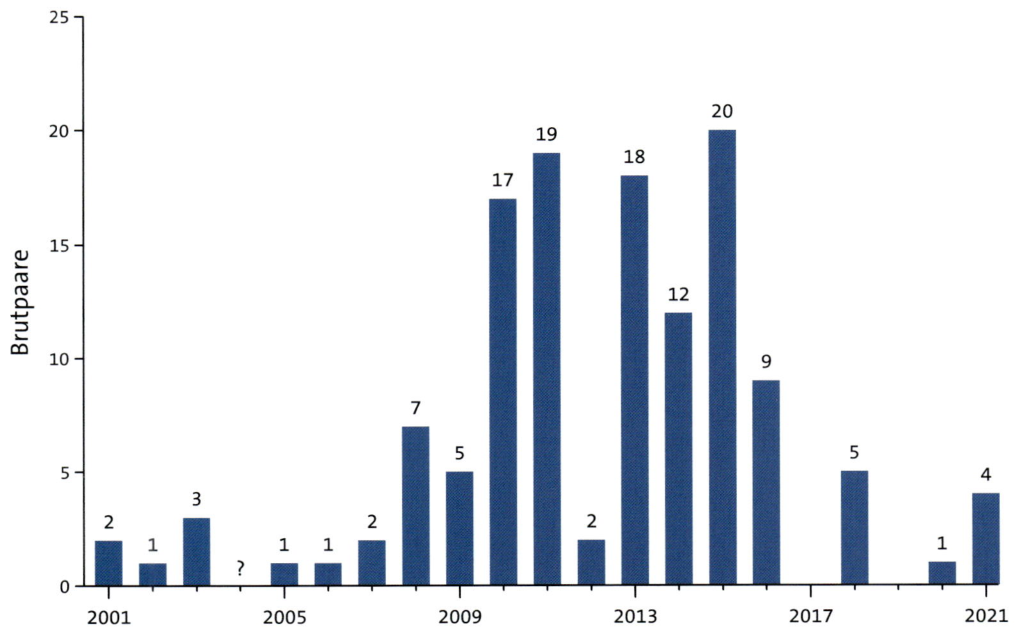

Entwicklung des Brutzeitbestandes der Moorente in Österreich in den Jahren 2001–2021 (Minimalwerte). 2004 wurden keine systematischen Erhebungen durchgeführt[5, 15–17, 19, 28].

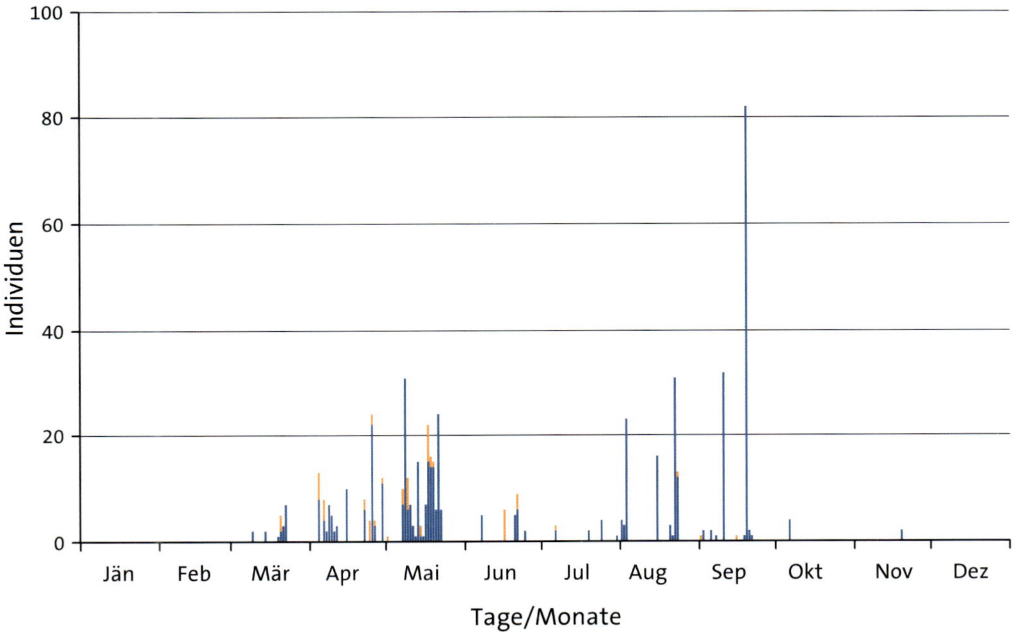

Jahreszeitliches Auftreten (Tagessummen) der Moorente basierend auf Daten der Wasservogelzählungen in Österreich (blau, 2007–2021) und Ungarn (orange, 2013–2020)[28, 29].

Jahreszeitliches Auftreten

In den Jahren 1966–2018 wurde die Moorente von Mitte Februar bis Mitte November in geringer Zahl im Gebiet nachgewiesen, mit einiger Wahrscheinlichkeit betrifft ein Großteil der Beobachtungen den Brutbestand[16, 19]. Während im Frühjahr kein augenscheinlicher Gipfel auf das Vorhandensein von Durchzüglern hindeutet, gibt es aus den Herbstmonaten derartige Hinweise, wenngleich es sich um seltene Ereignisse an wenigen Gewässern handelt: So wurden am 10.9.2016 32 Moorenten an einem Fischteich im Martenthau gezählt[22] und am 20.9.2014 hielten sich am Weißsee nicht weniger als 80 Exemplare auf[23]. Die größte Gruppe, die je im ungarischen See-Teil (Herlakni-tó) beobachtet wurde, zählte am 25.10.1975 sogar 140 Individuen. In den vergangenen Jahrzehnten sind jedoch auch Gruppen von 30–40 Exemplaren selten[24].

Zugverhalten und Ringfunde

Die Moorente ist ein Weitstreckenzieher. Die Populationen Nordafrikas und des westlichen Mittelmeergebiets überwintern in Westafrika. Die Populationen Osteuropas, der Schwarzmeerregion und des östlichen Mittelmeergebiets verbringen den Winter im östlichen Mittelmeerraum, in Ägypten und im Sudan[25]. Diese Populationen, zu denen sehr wahrscheinlich auch die Brutvögel des Neusiedler See-Gebiets gehören, werden derzeit auf 50.000 Individuen geschätzt[26]. Es liegen keine Funde markierter Vögel aus dem Neusiedler See-Gebiet vor, doch sind Beziehungen in südöstlich gelegene Gebiete möglich: Ein in Ungarn als Küken beringter Vogel wurde in der Vojvodina im Norden Serbiens wiedergefunden, ein im Südosten Rumäniens markierter Vogel wurde in Südungarn geschossen[27].

Quellen: [1] *Petkov (2006)*, [2] *Szabo & Végvári (2003)*, [3] *Radović et al. (1998)*, [4] *Dvorak et al. (1997)*, [5] *M. Dvorak, J. Laber & B. Wendelin, unpubl. Daten*, [6] *Festetics & Leisler (1968)*, [7] *Pellinger (2015)*, [8] *Jukovits (1864/65)*, [9] *Finger (1877)*, [10] *Baron Fischer (1883)*, [11] *von Dombrowski (1889)*, [12] *Seitz (1942)*, [13] *Zimmermann (1943)*, [14] *Bauer et al. (1955)*, [15] *Dvorak (1994a)*, [16] *Archiv BirdLife Österreich*, [17] *Dvorak & Tebbich (1998)*, [18] *M. Dvorak, un-*

publi. Daten, [19] www.ornitho.at, [20] Nemeth et al. (2022), [21] S. Mogyorósi, unpubl. Daten, [22] J. Laber, unpubl. Daten, [23] M. Dvorak & B. Wendelin, unpubl. Daten, [24] Archiv MME Sopron, [25] Scott & Rose (1996), [26] Wetlands International (2012), [27] Csörgő et al. (2009), [28] M. Dvorak, J. Laber & B. Wendelin, unpubl. Daten, [29] Archiv FHNP

Reiherente *Aythya fuligula* (Linnaeus, 1758)

Kontyos réce – Tufted Duck

St. Andräer Zicksee, 9.4.2015, Paar (Michael Dvorak)

Seltener Durchzügler und Wintergast, in Jahren sehr hoher Wasserstände auch vereinzelter Brutvogel

Verbreitung und Lebensraum

Die Reiherente tritt ganz überwiegend an den Lacken des Seewinkels auf, lokal hält sie sich auch auf größeren Blänken im Schilfgürtel auf, wo sie z. B. von der Seestraße Illmitz regelmäßig gemeldet wird. Vom Neusiedler See liegen nur Einzelbeobachtungen vor. Größere und tiefere Gewässer werden naturgemäß von dieser Tauchente bevorzugt genutzt. Allein auf die zwei beliebtesten Gewässer, den St. Andräer Zicksee und den Illmitzer Zicksee, entfallen in Summe 30,6 % aller Meldungen, regelmäßig genutzt werden auch die Lange Lacke (8,6 %), die Obere Halbjochlacke (6,6 %) sowie die Westliche (5,9 %) und Östliche Wörthenlacke (3,9 %) [1].

Bestand und Bestandsentwicklung

Die Art wurde in der älteren Literatur als Durchzügler und Wintergast in jährlich unterschiedlicher Häufigkeit bezeichnet [2]. Für die 1960er Jahre wurde die Reiherente aber bereits als regelmäßiger *„Übersommerer"* mit einem schwachen Herbst- und *„merkbaren"* Frühjahrsdurchzug *„mit unter 100 Stück"* bezeichnet [3]. Aktuell liegen die Zahlen etwas unter diesem Niveau [1]: Im März und April wurden im Rahmen der Wasservogelzählungen 2007–2018 im Mittel 30–37 Exemplare gezählt, im Herbst in den Monaten Oktober und November im Mittel nur fünf bzw. 16. Die Maximalzahlen am Heimzug wurden im Hochwasserjahr 2015 am 14.3. mit 98, am 4.4. mit 197 und am 17.4. mit 139 erreicht. Am 1.5. wurden immer noch 80 Reiherenten erfasst. Derartige Zahlen wurden in allen anderen Jahren nicht einmal annähernd erreicht. Am Wegzug bleiben auch die Maximalzahlen weit unter denen des Frühjahrs, lediglich am 9.11.2014 wurden 82 Exemplare gezählt, als sich bereits das Hochwasserjahr 2015 ankündigte. Langfristig hat der Durchzugsbestand sowohl im Frühjahr als auch im Herbst stark zugenommen [1,4]: Mitte März stiegen die Zahlen von im Mittel 12 (1981–1992) auf 37 (2007–2017) an, Mitte November von null auf durchschnittlich 16 Individuen.

Obwohl bereits vor 50 Jahren vermutet wurde, dass die Art *„demnächst im Gebiet brüten wird"* [3], bewahrheitete sich dies in den 1970er und 1980er Jahren nicht. Sehr überraschend wurde dann im Trockenjahr 1991 am 3.8. ein Weibchen mit zwei flüggen Jungen von der Östlichen Hutweidenlacke gemeldet [5] und sechs Jahr später wurde am 10.7.1997, einem Jahr mit sehr hohen Wasserständen, am selben Gewässer ein Weibchen mit acht kleinen Pulli entdeckt [6]. Danach vergehen wiederum 10 Jahre bis am 21.7.2006 am Darscho zuerst ein Weibchen mit neun Pulli [7] und danach am 6.8. ein Weibchen mit mehr als fünf Pulli festgestellt wurde [8]. Das Hochwasserjahr 2015 erbrachte dann, nach den hohen Zahlen im Frühjahr, zwischen 24.7. und 21.8. nicht weniger als sieben Bruten an sechs verschiedenen Lacken [1].

Im ungarischen Teil des Neusiedler Sees rastete die Reiherente in den 1970er Jahren noch in Trupps von 70–200 Exemplaren [9]. In den Jahren 1998–2005 war sie hingegen im selben Gebiet nicht mehr in größerer Zahl vorhanden [10]. In den Überschwemmungsgebieten von Mekszikópuszta tritt die Art zwar regelmäßig, aber nur in geringer Zahl auf [11], die größte gezählte Gruppe bestand aus 50 Individuen am 12.3.2003 [12]. Für den Rückgang der Zahl der Durchzügler könnte auch die Attraktivität des in den 1990er Jahren in Betrieb genommenen Stausees bei Gabcikovo (Slowakei) eine Rolle spielen [12].

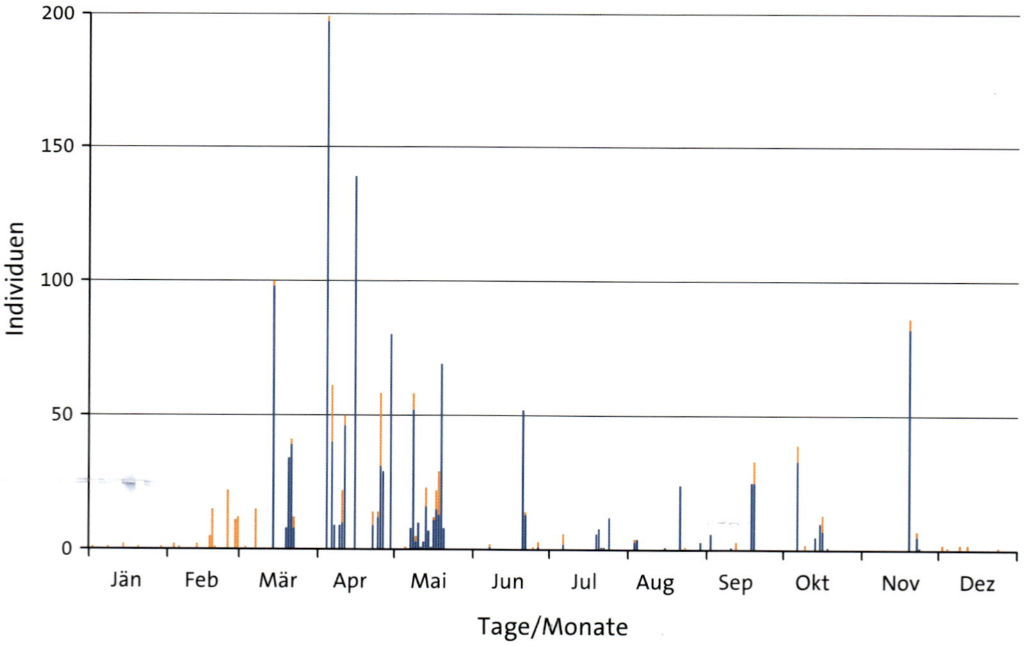

Jahreszeitliches Auftreten (Tagessummen) der Reiherente basierend auf Daten der Wasservogelzählungen in Österreich (blau, 2007–2021) und Ungarn (orange, 2013–2020) [1, 11].

Jahreszeitliches Auftreten

Die Reiherente ist ganzjährig im Gebiet anzutreffen. Das Zugdiagramm lässt einen gut ausgeprägten Heimzug sowie einen schwächeren Wegzug erkennen. In der Mehrzahl der Jahre (72 %) verbleiben jedoch auch einzelne Reiherenten in den Monaten Juni bis August im Gebiet. Im Gegensatz dazu ist das Verbleiben kleinerer Trupps im Jänner rezenter Natur: Während Reiherenten von 1966 bis 2013 im Jänner nur in acht Jahren im Seewinkel beobachtet wurden, tritt die Art seitdem alljährlich auf.

Quellen: [1] *M. Dvorak, J. Laber, B. Wendelin, unpubl. Daten,* [2] *Zimmermann (1943),* [3] *Festetics & Leisler (1968),* [4] *Biologische Station Illmitz, unpubl. Daten,* [5] *T. Rödl/ABÖ,* [6] *A. Ranner, E. Karner-Ranner/ABÖ,* [7] *A. Ranner/ABÖ,* [8] *J. Laber/ABÖ,* [8] *Kárpáti (1983),* [9] *Mogyorósi (2006),* [10] *Pellinger & Hadarics (2020a),* [11] *Archiv MME Sopron,* [12] *Baláž et al. (2020)*

Michael Dvorak & Attila Pellinger

Bergente *Aythya marila* (Linnaeus, 1761)

Hegyi réce – Greater Scaup

Fertőrákos, 27.12.2017, 1. KJ (Tibor Hadarics)

Unregelmäßiger Durchzügler zwischen Ende Februar und Anfang Mai sowie zwischen Anfang Oktober und Mitte Dezember

Vorkommen

Die als Brutvogel im Norden Eurasiens und Nordamerikas verbreitete Bergente überwintert in Europa vorwiegend an den Meeresküsten Nord- und Nordwesteuropas und nur in sehr geringer Anzahl auch im Binnenland Mitteleuropas und im Mittelmeer[1]. In der nördlichen Adria überwintern ungefähr 200 Exemplare[2], daher ist in Österreich prinzipiell mit Durchzüglern zu rechnen, wobei die Art im Neusiedler See-Gebiet aufgrund der wenig geeigneten Lebensraumbedingungen nur unregelmäßig auftritt. Zwischen 1966 und 2021 liegen aus dem österreichischen Teil des Avifauna-Gebiets aus 27 Jahren (51 %) Beobachtungen der Bergente vor[3, 4]. Die große Mehrheit, und zwar 50 der insgesamt 58 Nachweise (86 %), bezieht sich auf jeweils nur 1 – 2 Vögel, fünfmal wurden Trupps von 3 – 4 Exemplaren gemeldet und nur zweimal mehr als fünf: Im Frühjahr 1982 hielt sich von 24.4. bis 2.5. ein Trupp von zwei Männchen und vier Weibchen am Illmitzer Zicksee auf[5] und am 4.12.2014 wurde ein außerordentlich großer Trupp von mindestens 16 Exemplaren (4 ♂, 5 ♀, 7 juv.) ebenfalls am Illmitzer Zicksee entdeckt[6]. Nur eine einzige Meldung, die Beobachtung eines Weibchens am 12.4.1969 bei Breitenbrunn[7], stammt vom Neusiedler See. Alle übrigen Meldungen stammen aus dem Seewinkel, wobei der Illmitzer Zicksee (18 Nachweise), der St. Andräer Zicksee (14), die Lange Lacke (8) und die Östliche Wörthenlacke (7) neben sieben weiteren Gebieten am häufigsten genutzt wurden[3, 4].

Von der ungarischen Seite des Neusiedler Sees und dessen Umgebung gibt es 18 Nachweise aus dem Zeitraum 1990 bis 2018[8]. Bis 2018 wurden 12-mal 1 – 2, viermal 3 – 4 Individuen beobachtet, Gruppen größer als fünf Exemplare wurden dreimal gemeldet: Am 30.10.1999 in der Bucht von Fertőrákos 15 Weibchen/juv.[9], am 6.11.2007 am Nyéki-szállás bei Mekszikópuszta acht Weibchen/juv. und am 25.1.2022 in der Bucht von Fertőrákos sechs Exemplare[10]. Bis Jänner 2018 stammen vier Beobachtungen vom Neusiedler See selbst (zwei aus der Bucht von Fertőrákos, je eine aus der Bucht von Hegykő und dem Hidegségi-tó). Alle anderen 14 Nachweise bis 2018 stammen von den Überschwemmungsflächen bei Mekszikópuszta (Borsodi-dűlő und Nyéki-szállás).

Jahreszeitliches Auftreten

Die Bergente ist im Gebiet ein reiner Durchzügler, der Frühjahrszug erstreckt sich von Ende Februar bis Ende April, der Herbstzug von Mitte Oktober bis Ende November mit einzelnen Nachweisen auch abseits dieser Zeiträume, aber keinen Mittwinterbeobachtungen zwischen Anfang Jänner und Anfang Februar. Die Phänologie im Gebiet unterscheidet sich daher grundsätzlich vom Auftreten in der Steiermark und in Kärnten, wo die Bergente erst im Spätherbst bzw. Jänner eintrifft und ein typischer Wintergast mit längerem Aufenthalt bis ins zeitige Frühjahr ist[11, 12].

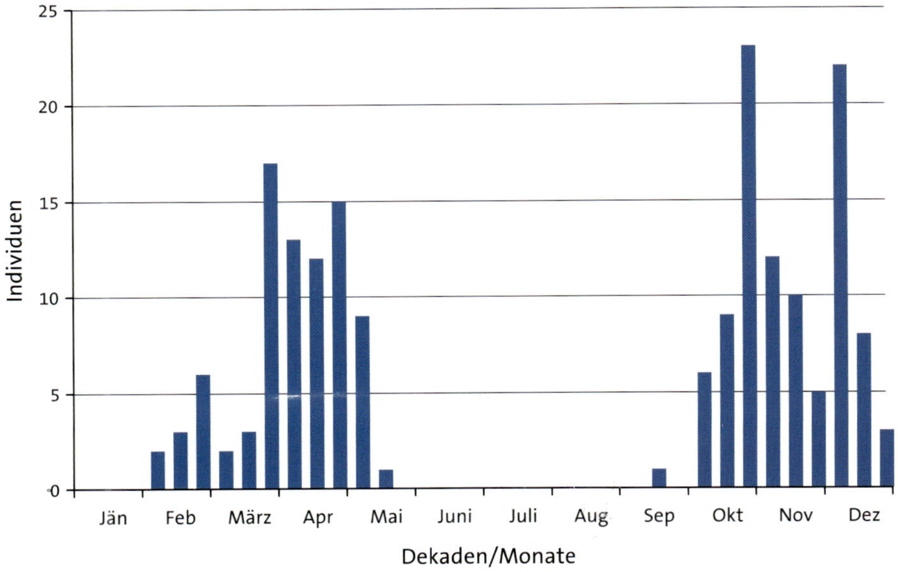

Jahreszeitliches Auftreten der Bergente (Dekadensummen gemeldeter Individuen) in Österreich und Ungarn, basierend auf Daten aus den Jahren 1966 – 2021 (n = 182)[3, 4, 8, 10].

Quellen: [1] *Scott & Rose (1996),* [2] *Spina & Volpini (2006),* [3] *Archiv BirdLife Österreich,* [4] *www.ornitho.at,* [5] *M. Dvorak, A. Grüll, F. Samwald/ABÖ,* [6] *F. Gubi, J. Hohenegger/ornitho.at,* [7] *G. Spitzer/ABÖ,* [8] *Archiv MME Sopron,* [9] *Bankovics et al. (2002),* [10] *www.birding.hu,* [11] *Albegger et al. (2015),* [12] *Feldner et al. (2008)*

Michael Dvorak & Tibor Hadarics

Eiderente *Somateria mollissima* (Linnaeus, 1758)

Pehelyréce – Common Eider

Ausnahmeerscheinung

Vorkommen

Sechs Nachweise mit sechs Individuen:

- November 1968 Neusiedler See bei Breitenbrunn, 1 ♀ aus einem Trupp von 5 Enten geschossen, Beleg bei Bürgermeister Ehrenreiter (G. Spitzer[1])
- 18.12.1969 Lange Lacke, 1 ♀ (J. Reid[1])
- 16.9.1971 St. Andräer Zicksee, 1 Ex. (E. Duda[1])
- 11.9.1984 St. Andräer Zicksee, 1 Ex. (E. Duda[1])

Bei den folgenden zwei Nachweisen handelt es sich mit sehr großer Wahrscheinlichkeit um dasselbe Individuum:

- 14.–15.9.1988 Kanal bei der Biologischen Station Illmitz, 1 ♀ (H.-M. Berg[1])
- 5.10.1988 südlich Podersdorf, 1 Ex., bei dem es sich aufgrund der sehr eng und ausgeprägt „gesperberten" Unterseite um 1 juv. ♀ gehandelt haben könnte, wurde im Bereich des Seeufers geschossen (H. Tschida[1])
- 11.–12.11.1988 Einserkanal bei Mekszikópuszta, 1 ♀, der Vogel wurde im geschwächten Zustand gefangen und verendete am Tag darauf (A. Lajber, T. Hadarics[2])

Quellen: [1] *Archiv BirdLife Österreich,* [2] *Rékási (1998)*

Michael Dvorak & Tibor Hadarics

Samtente *Melanitta fusca* (Linnaeus, 1758)

Füstös réce – Velvet Scoter

St. Andräer Zicksee, 11.4.2015, Paar (Michael Dvorak)

Ausnahmeerscheinung

Vorkommen

10 Nachweise mit 36 Individuen:

- 2.10.1888 Mekszikópuszta, 1 ad. ♀ (J. Steg[1])
- 27.4.1941 Albersee, 12 Ex. (R. Zimmermann[2])
- 16.11.1988 Neusiedler See bei Oggau, 1 ‚♀' (A. Ranner[3])
- 9.11.1990 Auerlacke, 7 Ex. überfliegend, größtenteils ♂ (M. Dvorak, E. Karner, A. Ranner[3])
- 26.4.2006 St. Andräer Zicksee, 1 ♂ (F. Florit[3])
- 3.11.2010 Warmblutkoppel Süd, 1 ♀ (G. Wichmann, G. Zeyringer[3])
- 11.2.2014 Neusiedler See bei Fertőrákos, 7 Ex. (S. Mogyorósi, F. Udvardy[4])
- 13.12.2014 Seebad Illmitz, 1 ‚♀' (E. Albegger, G. Hafner, C. Roland[5])
- 4.–24.4.2015 St. Andräer Zicksee, ein Paar (J. Laber, M. Dvorak u.a.[5])
- 1.4.2017 Darscho, 2 ♂, 1 ‚♀' (R. Hafner, J. Prost, C. Wende[5])

Quellen: [1] *Aumüller (1973),* [2] *Zimmermann (1943),* [3] *Archiv BirdLife Österreich,* [4] *Hadarics (2017a),* [5] *www.ornitho.at*

Michael Dvorak & Tibor Hadarics

Trauerente *Melanitta nigra* (Linnaeus, 1758)

Fekete réce – Common Scoter

Ausnahmeerscheinung

Vorkommen

13 Nachweise mit 22 Individuen:

- 20.4.1968 Neusiedler See bei Purbach, 1 ♀ (G. Spitzer[1])
- 15.10.1968 Neusiedler See/Seebad Illmitz, 3 ♂ (G. Spitzer[1])
- 11.11.1969 Neusiedler See/Podersdorfer Schoppen, 2 Ex. (G. Spitzer[1])
- 9.2.1972 Lange Lacke, ein Paar (G. Spitzer[1])

Fertőhomok, 19.10.2013, 1. KJ (Sándor Mogyorósi)

- 9.10.1977 Neusiedler See, Madárvárta Bucht 2 Ex. (P. Ubrankovics[2])
- 8.12.1979 St. Andräer Zicksee, 1 Ex. (E. Duda[1])
- 17.12.1979 St. Andräer Zicksee, 3 ♀ (A. Billek[1])
- 25.11.1991 Mekszikópuszta, Nyéki-szállás 1 ♀ (A. Pellinger[3])
- 7.5.1995 Lange Lacke, 1 ♂, 2 ♀ (J. Laber, M. Riesing[1])
- 9.–18.2.1997 Einserkanal bei Mekszikópuszta, 1 ad. ♂ (S. Mogyorósi, I. Antli, T. Hadarics[4]); 22.2.1997 Mekszikópuszta, Nyéki-szállás, 1 ad. ♂ (N. Neuwirth[4])
- 8.11.2006 St. Andräer Zicksee, 1. KJ. (F. Samwald, E. Albegger, A. Ranner u. a.[1, 5])
- 19.10.2013 Neusiedler See bei Fertőhomok, 1. KJ (S. Mogyorósi[6])
- 31.10.2017 Neusiedler See bei Illmitz, „vermutlich 1 juv." (B. Zens[7])

Neun der 13 Nachweise entfallen auf den Wegzug, vier auf den Heimzug. Darüber hinaus liegen unbelegte historische Erwähnungen von 1 ♀ aus dem August 1823[8] sowie von Jukovits[9] („selten") vor.

Quellen: *[1] Archiv BirdLife Österreich, [2] Kárpáti (1983), [3] Anonim (1992), [4] Bankovics et al. (2002), [5] www.club300.at, [6] Archiv MME Sopron, [7] www.ornitho.at, [8] Marschall & Pelzeln (1882), [9] Jukovits (1864/65)*

Michael Dvorak & Tibor Hadarics

Eisente *Clangula hyemalis* (Linnaeus, 1758)

Jegesréce – Long-tailed Duck

St. Andräer Zicksee, 14.12.2021, Männchen (Belegfoto Michael Dvorak)

Unregelmäßiger Durchzügler

Vorkommen

Seit 1968 16 Nachweise mit 23 Individuen:

- 17.11.1968 Neusiedler See bei Neusiedl am See, 1 ♂, 3 weibchenfarbige Ex. (G. Spitzer[1])
- 27.10. und 4.11.1979 St. Andräer Zicksee, 1 ♀ (P. Prokop, A. Billek[1])
- 10.11.1985 St. Andräer Zicksee, 1 ♀ (A. Ranner[1])
- 16.5.1996 Winden, seeseitige Bucht, 1 ♀ (M. Dvorak[1])
- 8.12.1997 St. Andräer Zicksee, 2 Ex. (E. Duda[1]), 17.12.1997 St. Andräer Zicksee, 1 ♀ (A. Billek[1])
- 1.12.2002 Mekszikópuszta, Nyéki-szállás, 1 juv. (M. Váczi[2]), 2.–8.12.2002 Mekszikópuszta, 2 juv. (A. Pellinger, S. Mogyorósi, T. Hadarics[2])
- 21.4.–11.5.2003 Mekszikópuszta, Nyéki-szállás, 1 ad. ♂ (B. Molnár, A. Pellinger, M. Ferenczi[2])
- 13.–29.10.2007 Mekszikópuszta, Nyéki-szállás, 1 juv. (A. Pellinger, Á. Tamás, E. Szász[3])
- 19.10.–11.11.2010 Östliche Wörthenlacke, 1 juv. (M. Dvorak, J. Laber, C. Roland u.a.[1])
- 15.10.–12.11.2011 Mekszikópuszta, Borsodi-dűlő, 1 juv. (P. Cseh, T. Hadarics u. a.[3])
- 3.12.2013 St. Andräer Zicksee, 2 juv. Ex. (F. Samwald, M. Wirtitsch, N. Stark[4, 5])
- 1.3.2015 Sechsmahdlacke, 1 vj ♂ (A. Hombauer[4, 5])
- 5.4.2015 Huldenlacke, 1 vj ♂ (J. Laber[4]), 9.4.2015 St. Andräer Zicksee, 1 vj ♂ (M. Dvorak[3])
- 9.11.–23.12.2015 Mekszikópuszta, Borsodi-dűlő, 1 ad. ♂, 1 ad. ♀ (D. Beck, A. Pellinger u. a.[3])
- 29.4.2017 Darscho, 1 ad. ♀ (N. Filek, R. Knapp, H. Rutschmann[4, 5])
- 14.12.2021 St. Andräer Zicksee, 1 ♀ (M. Dvorak[3])

Zumindest vier ältere, heute nicht mehr überprüfbare Belege wurden in der Ornis Vindobonensis[6] und von Jukovits[7] angeführt; Schenk[8] erwähnte ein im Februar 1904 bei Illmitz erlegtes Exemplar.

Quellen: *[1] Archiv BirdLife Österreich, [2] Hadarics (2006), [3] Archiv MME Sopron, [4] www.ornitho.at, [5] www.club300.at, [6] Marschall & Pelzeln (1882), [7] Jukovits (1864/65), [8] Schenk (1917a)*

Michael Dvorak & Tibor Hadarics

Schellente *Bucephala clangula* (Linnaeus, 1758)

Kercerécе – Common Goldeneye

Seebad Breitenbrunn, 26.2.2018, Männchen (Franz Eibl)

Seltener Durchzügler und Wintergast, der zumeist in kleinen Trupps von 1–10, selten auch in größerer Zahl auftritt

Verbreitung und Lebensraum

Die Schellente tritt fast ausschließlich an den Lacken des Seewinkels auf, sehr selten auch auf größeren Blänken im Schilfgürtel und nur ausnahmsweise auch am Neusiedler See selbst. Größere und tiefere Gewässer werden naturgemäß von dieser Tauchente bevorzugt. Der Großteil aller Nachweise (67,3 %) und 76 % aller Individuen entfallen auf nur fünf Gewässer: St. Andräer Zicksee (20,1 % aller Meldungen), Illmitzer Zicksee (18,1 %), Östliche Wörthenlacke (12,7 %), Lange Lacke (9,8 %) und Westliche Wörthenlacke (6,6 %). 70,6 % aller Nachweise betreffen kleine Trupps von 1–5 Individuen, 19,4 % Gruppen von 6–10 Exemplaren und nur 10 % beschreiben Gruppen von mehr als 10 Vögeln[1–3].

Bestand und Bestandsentwicklung

Anfang der 1940er Jahre schien die Schellente *„ein nicht seltener, regelmäßiger Durchzügler und Wintergast zu sein"*[4]. Ende der 1960er Jahre wurde ihr Auftreten dann folgendermaßen beschrieben: *„In den Monaten November bis Dezember ein Herbstdurchzug mit unter 50 Stück."* Und weiter: *„Der Frühjahrsdurchzug dauert von Februar bis April mit einem Maximum von 100 bis 200 Stück im März"*[5].

In den letzten 20 Jahren lagen die Zahlen hingegen sehr viel niedriger: Im März und April wurden im Rahmen der Wasservogelzählungen 2007–2018 im Mittel nur 19 bzw. acht Exemplare gezählt, im November im Mittel nur zwei[3, 6]. Auch die Maxima aller Zufallsbeobachtungen zeigen einen Rückgang in den letzten 20 Jahren: Während zwischen 1966–2000 21 Trupps von 25 und mehr Schellenten gemeldet wurden, waren es nach 2000 nur mehr drei[1, 2]. Besonders sticht dabei das Frühjahr 2000 hervor, in dem von Mitte Februar bis Mitte März an der Langen Lacke mehrfach 40–73 Exemplare gezählt und am 1.3.2000 mit 108 der bei weitem höchste Wert erreicht wurde[7]. Weitere größere Ansammlungen waren je ca. 60 Individuen am 8.3.1968 an der Götschlacke[8], am 10.3.1979 am Illmitzer Zicksee[9] und am 9.4.1998 an der Langen Lacke[10] sowie rund 70 Vögel am 19.2.1972 an der Langen Lacke[8]. Im Herbst bleiben die Maxima weit unter denen des Frühjahrs, nur vereinzelt werden Trupps von 10 und mehr Individuen gemeldet (12-mal von 1966–2012[1], nur zweimal ab 2013[2]). Die zwei Spitzenwerte stammen vom St. Andräer Zicksee mit 31 am 21.11.1980[11] sowie 40 am 9.12.2014[12].

Im ungarischen Teil wurde die Schellente sowohl am Neusiedler See als auch in den Lacken-Rekonstruktionsgebieten bei Mekszikópuszta in Trupps von 1–36 Exemplaren (n = 383, bis 2020) festgestellt[13]. Die zwei mit Abstand größten Gruppen wurden dabei am Herlakni-tó im Neusiedler See bei Balf entdeckt, und zwar mit 400 Exemplaren am 20.2.1977 und 200 am 5.3.1978[14].

Jahreszeitliches Auftreten

Der Heimzug der Schellente erstreckt sich von Anfang Februar bis Mitte April, der Wegzug von Mitte Oktober bis Ende Dezember. In milden Wintern mit wenig oder ohne Eisbedeckung ist die Art in kleiner Zahl auch von Anfang Jänner bis Anfang Februar im Gebiet anzutreffen. Vor 2008 passierte dies nur ganz ausnahmsweise, z. B. im Jahr 1983, seither gelangen solche Mittwinternachweise in allen Jahren bis auf 2009[1, 2]. Einzelne Vögel können noch bis Mitte Mai im Gebiet hängen bleiben, Nachweise aus den Sommermonaten Juni bis August sind aber Ausnahmen: Am 4.6.1985 hielt sich ein Männchen am Herrensee auf[15], am 30.6.2006 schwammen zwei Exemplare in der Langen Lacke[10], am 2.7.2013 ein Exemplar im Illmitzer Zicksee[16], am 11.7.1969 ein Männchen im Schotterteich östlich der Oberen Halbjochlacke[17], am 16.7.2018 ein Weibchen im Unteren Stinkersee[18], am 2.8.1982 ein Weibchen im Illmitzer Zicksee[19] und am 3.8.1996 ein Weibchen in der Oberen Halbjochlacke[20].

Quellen: [1]*Archiv BirdLife Österreich*, [2] *www.ornitho.at*, [3] *M. Dvorak, J. Laber & B. Wendelin, unpubl. Daten*, [4] *Zimmermann (1943)*, [5] *Festetics & Leisler (1968)*,

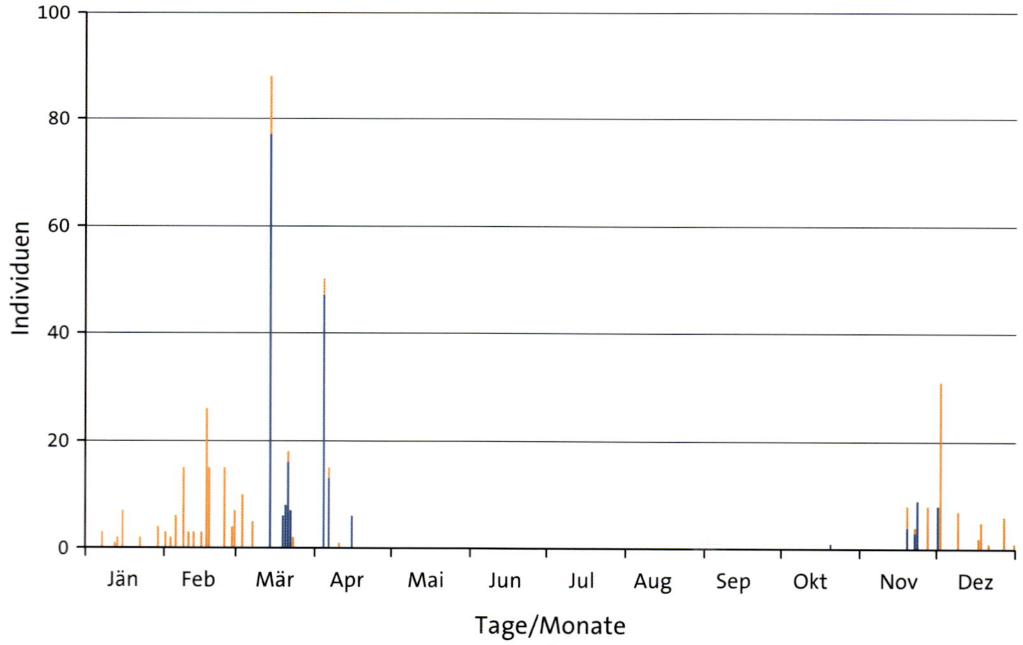

Jahreszeitliches Auftreten (Tagessummen) der Schellente basierend auf Daten der Wasservogelzählungen in Österreich (blau, 2007–2021) und Ungarn (orange, 2013–2020)[3, 21]. Im Jänner und Februar sowie im Dezember fanden nur in Ungarn Zählungen statt.

[6] M. Dvorak, unpubl. Daten, [7] A. Grüll/ABÖ, [8] G. Spitzer/ABÖ, [9] W. Pomezny/ABÖ, [10] J. Laber/ABÖ, [11] P. Prokop/ABÖ, [12] L. Khil/ornitho.at, [13] Archiv MME Sopron, [14] L. Kárpáti/AMS, [15] H.-M. Berg/ABÖ, [16] G. Hafner/ornitho.at, [17] M. Dangel/ABÖ, [18] P. Pakull/ornitho.at, [19] R. Krämer/ABÖ, [20] O. Samwald/ABÖ, [21] Archiv FHNP

Michael Dvorak & Sándor Mogyorósi

Zwergsäger *Mergellus albellus* Linnaeus, 1758

Kis bukó – Smew

St. Andräer Zicksee, 4.1.2016, Weibchen (Leander Khil)

Seltener Durchzügler und Wintergast, der einzeln oder in Trupps von 2–9 Exemplaren von Anfang November bis Ende März auftritt

Vorkommen

Der im Norden Eurasiens brütende Zwergsäger überwintert in Europa vorwiegend in der Ost- und Nordsee und stößt nur in geringerer Zahl auch ins mittel- und osteuropäische Binnenland[1]. In den Jahren 1966 bis 2018 wurde der Zwergsäger aber in 43 Jahren (81 %) nachgewiesen und kann daher als regelmäßiger Gast im Winterhalbjahr gelten. Von den 143 Nachweisen entfallen 49 auf einzelne Vögel und 74 auf kleine Trupps von 2–5 Individuen, 13-mal wurden 6–10 Vögel gemeldet und nur sieben Meldungen betreffen mehr als 10 Exemplare[2,3]: am 22.11.1975 12 auf der Westlichen Wörthenlacke[4], am 12.2.2000 drei Männchen, neun Weibchen auf der Langen Lacke[5], am 16.11.1990 16 Exemplare am St. Andräer Zicksee[4], am 8.3.1978 sieben Männchen, 12 Weibchen auf der Langen Lacke[6], am 18.3.2001 acht Männchen, 10 Weibchen am St. Andräer Zicksee[7], am 24.2.2001 19 Exemplare am St. Andräer Zicksee[8] sowie 20, z. T. bereits balzende Vögel am 27.2.2000 an der Langen Lacke[9]. Zwergsäger bevorzugen eindeutig die Gewässer des Seewinkels, nur sieben Meldungen stammen vom Neusiedler See. Im Seewinkel sind sie überwiegend an den großen und tieferen, teils künstlich dotierten Lacken anzutreffen, auf die zusammen 105 Meldungen entfallen (St. Andräer Zicksee 68, Lange Lacke 22, Darscho 15)[2,3].

Auf ungarischer Seite wurde der Zwergsäger von 1976 bis 2019 insgesamt 99-mal gemeldet. 39,4 % der Beobachtungen erfolgten am Neusiedler See, 31,3 % der Daten stammen aus den Rekonstruktionsflächen bei Mekszikópuszta. Darunter fallen 17 Nachweise auf den Nyéki-szállás, acht auf den Borsodi-dűlő, vier auf den Legény-tó und zwei auf Pap-rét[10]. Darüber hinaus kam die Art auch im Einserkanal 27-mal vor, hauptsächlich bei Frost[10]. Ein einzelner Nachweis gelang in Sarród, am Teich neben der Kócsagvár, mit zwei weibchenfärbigen Exemplaren am 18.11.2007[11]. Die größte Gruppe von 30 Individuen wurde am 29.1.2000 am Einserkanal beobachtet[12]. Am Neusiedler See kamen die größten Gruppen am Herlakni-tó vor, wo am 20.2.1977 25 und am 16. Dezember 1979 20 Exemplare gezählt wurden[11]. An den Überschwemmungsflächen bei Mekszikópuszta wurde die größte Gruppe in Nyéki-szállás beobachtet, mit neun Individuen am 1.3.1995[13].

Jahreszeitliches Auftreten

Deutliche Gipfel im Zugdiagramm sind am Wegzug Anfang/Mitte November und am Heimzug Ende Februar bis Mitte März zu erkennen. Da die Art aber weiter südlich, im nördlichen Mittelmeer und speziell in der Adria nicht auftritt, ist nicht von einem Durchzug auszugehen. Vielmehr dürften sich diese Vögel ab dem Zeitpunkt des Zufrierens der Gewässer im Seewinkel auf umliegende, nicht zufrierende Wasserflächen verlagern. Im Gegensatz dazu entspricht das Auftreten der Art in der Steiermark[14] und in Kärnten[15] der Phänologie eines Wintergastes. Ab Mitte März werden die Meldungen im Gebiet spärlich, im April und Mai werden Zwergsäger nur mehr vereinzelt beobachtet: Am 2.4.1987 schwammen zwei Weibchen am St. Andräer Zicksee[16], am 4.4.2012 hielt sich ein Weibchen auf der Langen Lacke auf[17] und im Jahr 2011 wurde je ein Weibchen am 18.4. am Darscho[18] und sechs Wochen später am 27.5. an der Langen Lacke[19] entdeckt. Auf der ungarischen Seite verteilt sich das Vorkommen der Art ungefähr gleichmäßig auf den Zeitraum November

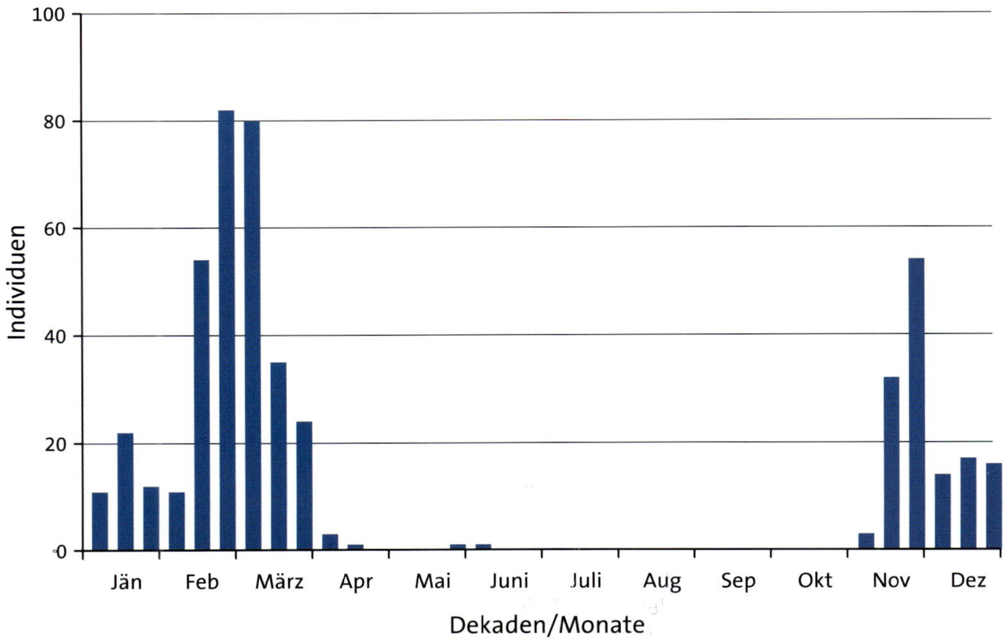

Jahreszeitliches Auftreten des Zwergsägers (Dekadensummen gemeldeter Individuen) in Österreich und Ungarn, basierend auf Daten aus den Jahren 1966–2021 (n = 473)[2–13, 16–23].

bis März. Außerhalb dieser Periode gelangen nur vier Nachweise, davon drei im April (Herlakni-tó, Balf, 11.4.1996 ein Paar[20]; Borsodi-dűlő, Sarród, 26.4.999, 1 ♀[21]; Nyéki-szállás, Sarród, 11.4.2009 1 ♀[22]). Eine Einzelbeobachtung gelang auch im Mai am 14.5.1996 mit einem Männchen am Borsodi-dűlő[23].

Quellen: *[1] Scott & Rose (1996), [2] Archiv BirdLife Österreich, [3] www.ornitho.at, [4] F. Samwald/ABÖ, [5] G. Tebb/ABÖ, [6] R. Triebl/ABÖ, [7] M. Dvorak/ABÖ, [8] J. Laber/ABÖ, [9] E. Karner, A. Ranner/ABÖ, [10] Archiv MME Sopron, [11] László Kárpáti/AMS, [12] Sándor Mogyorósi, Tibor Hadarics/AMS, [13] Attila Pellinger, Tibor Hadarics, Sándor Mogyorósi/AMS, [14] Albegger et al. (2015), [15] Feldner et al. (2008), [16] H.-M. Berg/ABÖ, [17] W. Ernst/ABÖ, [18] M. Dvorak, B. Wendelin/ABÖ, [19] L. Khil/ABÖ, [20] Sándor Mogyorósi/AMS, [21] D. Laczik/AMS, [22] E. Szász, B. Kárász/AMS, [23] R. Kroiss/AMS*

Michael Dvorak & Andor Pitó

Gänsesäger *Mergus merganser* Linnaeus, 1758

Nagy bukó – Common Merganser

St. Martins Therme, Frauenkirchen, 19.1.2021, Weibchen (2) und Männchen (Leander Khil)

Seltener Durchzügler und Wintergast, der überwiegend zwischen Anfang November und Ende März auftritt

Verbreitung und Lebensraum

Der Gänsesäger tritt vorwiegend an den Lacken des Seewinkels auf, nur 37 Beobachtungen (3,2 % aller Nachweise) stammen vom Neusiedler See. Im Lackengebiet werden die großen Gewässer mit permanenter Wasserführung und dementsprechendem Fischbestand bevorzugt: 59 % aller Meldungen stammen vom St. Andräer Zicksee (33 %) und vom Darscho (26 %), von ersterem liegen aus 48 von 53 Jahren seit 1967 Beobachtungen vor. Seit 2012 halten sich Gänsesäger alljährlich auch am Apetloner Badesee und am Badesee der St. Martins Therme auf. Die Lange Lacke zählte bis Ende der 1980er Jahre und kurzfristig auch Ende der 1990er Jahre zu den drei wichtigsten Gewässern für die Art, ist aber seither aufgrund der nur mehr unregelmäßigen Wasserführung von geringer Bedeutung[1, 2].

In Ungarn wurde der Gänsesäger in den Wintermonaten sowohl am Neusiedler See als auch auf den Überschwemmungsflächen von Mekszikópuszta festgestellt, in geringerer Zahl auch am Einserkanal. 51,4 % aller Daten beziehen sich auf die Überschwemmungsflächen, wahrscheinlich dank der wöchentlichen Zählungen. Der Großteil dieser Beobachtungen stammt von Borsodi-dűlő, bei geeignetem Wasserstand auch von Nyéki-szállás und Pap-rét[3].

Bestand und Bestandsentwicklung

In der älteren Literatur wird der Gänsesäger als Durchzügler und Wintergast bezeichnet und übereinstimmend als selten eingestuft[4]. Ende der 1960er Jahre heißt es bei Festetics & Leisler[5]: *„Übersommert ausnahmsweise und vereinzelt am Neusiedlersee und ist regelmäßiger Durchzügler mit maximal 100 Exemplaren im Herbst (November–Dezember) und Frühling (März–April). Der Großteil im Seewinkel am St. Andräer Zicksee (maximal 50 Stück)"*. Diese Einstufung entspricht auch der Situation ab den frühen 1970er Jahren: Während kleine Trupps von bis zu 10 Individuen überwiegen (69,1 % aller Nachweise), tritt der Gänsesäger fast alljährlich (in 46 von 53 Jahren seit 1967) auch in größeren Trupps von 11–40 Exemplaren auf (27,4 % aller Nachweise). Gruppen von mehr als 40 Exemplaren sind hingegen selten und machen nur 3,4 % aller Meldungen aus. Mit zwei Ausnahmen (60 Ex. am 17.3.1973 an der Langen Lacke[6], 66 Ind. am 21.2.1995[7] bzw. 78 Ind. am 9.3.1995[8] jeweils am St. Andräer Zicksee) traten die größten Trupps erst ab 2013 auf: 67 Individuen am 9.1.2013 am Darscho[9], ca. 100 Exemplare am 2.3.2013 am St. Andräer Zicksee[10] sowie 78 Gänsesäger am 11.12.2013 am Darscho[10]. Im Jahr 2016 wurden 60 bzw. 61 Individuen am 6.1. bzw. 11.1. am St. Martins Badesee beobachtet[10], 63 am 3.12.2016[11] und 65 am 27.12.2016[12] jeweils am St. Andräer Zicksee und zuletzt am 18.1.2019 bemerkenswerte 70 am Schotterteich im Zeiselfeld bei Podersdorf[13]. Die Jahresmaxima zeigen ab Mitte der 1960er Jahre keinen Trend, die hohen Werte der letzten zehn Jahre dürften sowohl den Bestandsanstieg in Österreich und der Schweiz[14], aber auch die seit 2010 stark angestiegene Zahl der Beobachter*innen in den

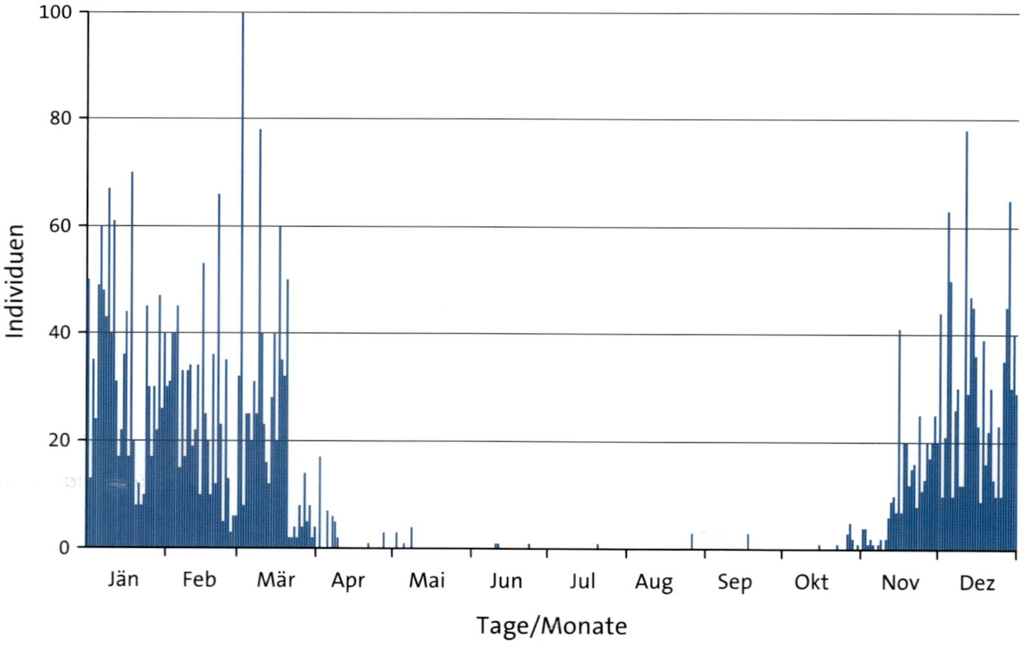

Jahreszeitliches Auftreten des Gänsesägers (Tagesmaxima gemeldeter Individuen) in Österreich basierend auf Daten aus den Jahren 1966–2018 (n = 3.876)[1, 2].

Wintermonaten widerspiegeln. In Ungarn tritt der Gänsesäger in kleineren Trupps auf: Die zwei größten Trupps mit neun Exemplaren bzw. 10 Männchen wurden am 9.2.2015 am Nyéki-szállás [15] und am 18.2.2016 am Neusiedler See in der Vogelwarte-Bucht festgestellt [16].

Jahreszeitliches Auftreten

Der Gänsesäger ist zwischen Anfang November und Ende März im Gebiet präsent, wobei das jährliche Auftreten sehr unterschiedlich ausfallen kann. Aus Ungarn liegen auch einige Sommerbeobachtungen vor: Am 8.6.2002 ein Weibchen am Nyéki-szállás [15], am 3.6.2011 ein immatures Männchen am Borsodi-dűlő [17], am 29.6.2018 vier Weibchen am Borsodi-dűlő [18] und schließlich am 29.8.2017 ein Weibchen am Borsodi-dűlő [19]. Während die Art in den letzten beiden Jahrzehnten gerade im Mittwinter (Jänner) ihre höchsten Zahlen erreicht, war die Situation in den 1960er bis 1980er Jahren eine andere: Von Mitte November bis Ende Dezember sowie ab Mitte Februar bis Ende März gab es klar abgegrenzte Weg- bzw. Heimzugperioden, nur in den wenigen milden Wintern tauchten mitunter bereits ab der dritten Woche im Jänner einzelne Trupps im Gebiet auf [1,2]. Die Art hat sich also innerhalb der letzten Jahrzehnte von einem Durchzügler zu einem überwiegenden Wintergast entwickelt – ein Trend, der ganz klar mit der aktuell sehr viel selteneren Eisbedeckung der Seewinkel-Gewässer in Zusammenhang steht.

Zugverhalten

Beim Gänsesäger wurde in Europa in den letzten beiden Jahrzehnten eine mit steigenden Wintertemperaturen zusammenhängende Verschiebung des Überwinterungsgebiets von Südwesten nach Nordosten nachgewiesen [20]. Entgegen dieser großräumigen Entwicklung nehmen jedoch die Winterbestände in der Schweiz und in Österreich derzeit zu, was in Zusammenhang mit den hier zunehmenden Brutbeständen stehen dürfte. Der Großteil dieser alpinen/westeuropäischen Brutpopulation überwintert nämlich in Mitteleuropa und erfährt nur teilweise auch Zuzug aus weiter nördlich gelegenen Gebieten [14, 21].

Quellen: *[1]Archiv BirdLife Österreich, [2] www.ornitho.at, [3]Archiv MME Sopron, [4] Zimmermann (1943), [5] Festetics & Leisler (1968), [6] P. Prokop/ABÖ, [7] J. Zechmann/ABÖ, [8] A. Ranner/ABÖ, [9] H. Grabenhofer/ornitho.at, [10] L. Khil/ornitho.at, [11] S. Zinko/ornitho.at, [12] B. Forthuber/ornitho.at, [13] J. Steiner/ornitho.at, [14] Teufelbauer et al. (2018), [15] A. Pellinger/AMS, [16] S. Mogyorósi/AMS, [17] A. Pellinger, A. Ambrus/AMS, [18] S. Csór/AME, [19] H. Spinler/AMS, [20] Lehikoinen et al. (2013), [21] Keller (2009)*

Michael Dvorak & Andor Pitó

Mittelsäger *Mergus serrator* Linnaeus, 1758

Örvös bukó – Red-breasted Merganser

Fertőrákos, 13.11.2015 (Sándor Mogyorósi)

Sehr seltener Durchzügler, einzeln oder in kleinen Trupps, von Mitte März bis Anfang Mai sowie Mitte Oktober bis Anfang Dezember

Vorkommen

Der als Brutvogel über weite Teile Eurasiens und Nordamerikas verbreitete Mittelsäger überwintert in Europa vorwiegend an den Küsten von Ost- und Nordsee sowie des Atlantiks [1] und nur in kleinerer Zahl auch im Mittelmeer, mit ca. 1.500 Vögeln entlang der Küsten Italiens [2]. Dementsprechend tritt die Art auch im Gebiet regelmäßig in kleiner Zahl auf: In den Jahren 1966 bis 2018 wurde der Mittelsäger in 36 Jahren (68 %) einzeln oder in kleinen Gruppen nachgewiesen [3,4]. Von 74 Nachweisen entfallen 38 auf Einzelvögel und 28 auf kleine Trupps von 2–5 Individuen, sechsmal wurden 6–10 Vögel gemeldet aber nur zweimal zeigten sich noch größere Gruppen: Am 27.10.1988 rasteten 15 Exemplare am St. Andräer Zicksee [5] und am 6.4.1997 schwammen sogar 33 Mittelsäger am Neusiedler See vor dem Seebad Neusiedl am See [6]. Wie auch der Zwergsäger wird der Mittelsäger öfter an den Gewässern des Seewinkels als am Neusiedler See (17 von 74 Meldungen) festgestellt. Das bei weitem bevorzugteste Gewässer ist der St. Andräer Zicksee, auf den 31 von 57 Nachweisen aus dem Seewinkel entfallen. Von 13 weiteren Gewässern liegen jeweils 1–5 Meldungen vor, zu nennen sind Lange Lacke und Darscho (jeweils fünf Beobachtungen) sowie der Schotterteich der St. Martins Therme bei Frauenkirchen (vier Beobachtungen) [3, 4].

Aus Ungarn sind aus den Jahren 1990–2018 22 Nachweise bekannt [7]: 10-mal wurde nur ein einzelner Vogel beobachtet, achtmal waren es 2–5, dreimal 6–10 Exemplare. Der größte Trupp waren 14 weibchenfarbige Vögel, die am 11.11.2002 in der Bucht von Fertőrákos entdeckt wurden [8]. Der Großteil der Nachweise stammt vom See selbst: in der Bucht von Fertőrákos wurde die Art zehnmal, in der Madárvárta Bucht zweimal, auf dem Herlakni-tó innerhalb des Schilfgürtels einmal festgestellt. Auf den Überschwemmungsflächen von Mekszikópuszta gelangen fünf, am Einserkanal bei Mekszikópuszta vier Beobachtungen.

Jahreszeitliches Auftreten

Der Herbstzug dauert von Mitte Oktober bis Anfang Dezember, am Heimzug ist ein ausgeprägter Gipfel Anfang bis Mitte April erkennbar. Damit ist das Auftreten des Mittelsägers ähnlich den Verhältnissen in der Steiermark, unterscheidet sich aber von der Phänologie in Kärnten, wo der Herbstzug erst Mitte November und damit deutlich später einsetzt [9, 10]. Es liegen nur zwei Mittwinterbeobachtungen jeweils einzelner Vögel vor: Am 19.1.1975 wurde ein Tier am St. Andräer Zicksee beobachtet [11] und am 10.1.2013 wurde ein Männchen am Darscho nachgewiesen [12]. Zwei Mittwinterbeobachtungen gelangen am 7. und 24.1.2007 in der Bucht von Fertőrákos (1 imm./♀) sowie am 26.1.2015 am Nyéki-szállás bei Mekszikópuszta (1♀) [13]. Das entspricht dem allgemeinen Bild des Auftretens in Österreich, da die Art hier nur ganz vereinzelt überwintert [14]. Der Frühjahrszug zieht sich bis Anfang Mai, die spätesten Meldungen stammen vom 8.5.2017 vom Neusiedler See, als ein Männchen vor dem Seebad Illmitz beobachtet wurde [15], vom 12.5.2017 vom Unteren Stinkersee, wo ein Weibchen gesichtet wurde [16] sowie eine zeitlich isolierte Meldung vom 19.6.2017, die ein vorjähriges Männchen am Neusiedler See beim Seebad Jois dokumentiert [17]. Der späteste Nachweis auf der ungarischen Seite fällt

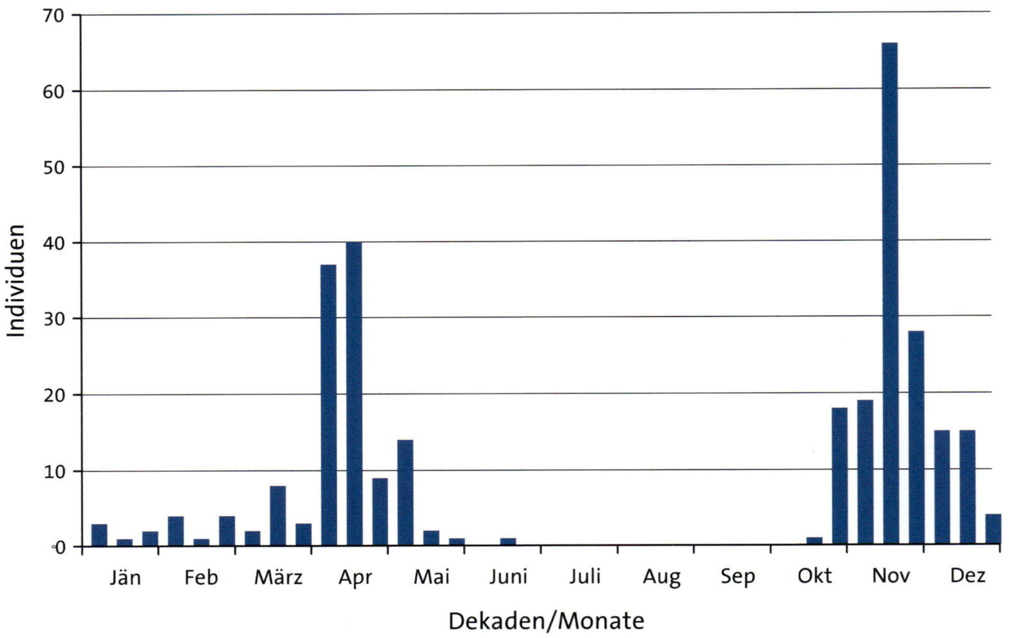

Jahreszeitliches Auftreten des Mittelsägers (Dekadensummen gemeldeter Individuen) in Österreich und Ungarn, basierend auf Daten aus den Jahren 1966–2021 (n = 298)[3,4,7].

auf den 16.6.1998 mit einem Weibchen am Nyéki-szállás bei Mekszikópuszta[13].

Quellen: [1] *Scott & Rose (1996),* [2] *Spina & Volpini (2006),* [3] *Archiv BirdLife Österreich,* [4] *www.ornitho.at,* [5] *L. Döll/ABÖ,* [6] *E. Karner, A. Ranner/ABÖ,* [7] *Archiv MME Sopron,* [8] *Bankovics et al. (2002),* [9] *Albegger et al. (2015),* [10] *Feldner et al. (2008),* [11] *M. Ganso/ABÖ,* [12] *L. Khil/ornitho.at,* [13] *Archiv FHNP,* [14] *Teufelbauer et al. (2018),* [15] *B. Zens/ornitho.at,* [16] *B. Porer/ornitho.at,* [17] *B. Tobler/ornitho.at*

Michael Dvorak & Tibor Hadarics

Schwarzkopf-Ruderente *Oxyura jamaicensis* (J. F. Gmelin, 1789)

Halcsontfarkú réce – Ruddy Duck

St. Andräer Zicksee, 16.3.2012 (Belegfoto Andreas Ranner)

Ausnahmeerscheinung

Vorkommen

Ein Nachweis:

- 10.–22.3.2012 St. Andräer Zicksee, 1 ♀ (A. Ranner, E. Karner-Ranner, F. Samwald u. a.[1])

Diese nordamerikanische Art wurde in Großbritannien erfolgreich eingebürgert und besiedelte allmählich auch andere Länder Westeuropas. Da sie als invasive gebietsfremde Art aber eine Bedrohung für die in Europa autochthone Weißkopf-Ruderente darstellte, wurde sie ab 2005 intensiv bekämpft, so dass nur mehr wenige frei brütende Vögel übrig geblieben sind. Die Beurteilung der Herkunft derartiger Einzelvögel ist daher ausgesprochen schwierig[2]. Der vorliegende Nachweis wurde als wahrscheinlich der eingebürgerten westeuropäischen Population zugehörig eingestuft. Ein Gefangenschaftsflüchtling kann aber wohl nicht ganz ausgeschlossen werden.

Quellen: [1] *Albegger & Khil (2016),* [2] *Albegger et al. (2012)*

Andreas Ranner

Weißkopf-Ruderente *Oxyura leucocephala* (Scopoli, 1769)

Kékcsőrű réce – White-headed Duck

Aktuell eine Ausnahmeerscheinung, ehemals offenbar regelmäßiger Gastvogel

Vorkommen

Diese Art war bis zur Mitte des 20. Jahrhunderts, teils noch bis in die 1960er Jahre Brutvogel im östlichen Ungarn, vereinzelt auch in den Landesteilen westlich der Donau[1,2]. Wohl von diesen Vorkommen ausgehend trat sie im 19. Jahrhundert offenbar mehrfach im Neusiedler See-Gebiet auf. J. Salamon von Petényi schrieb in der ersten Hälfte des 19. Jahrhunderts[3]: „*Sie*

Westliche Wörthenlacke, Apetlon, 14.3.2015 (Belegfoto Johannes Laber)

wird alljährlich auch am Fertő-See erlegt". 1847 sah er in der Sammlung von Kaysztral in Sopron ein männliches Exemplar, das wahrscheinlich vom Neusiedler See stammte[3]. Ähnlich äußerte sich Finger[4]: „*[...] wurde am Neusiedlersee, und zwar nicht selten in alten und jungen Exemplaren geschossen.*" Aufgrund eines Beleges vom Mai 1865 erachtete Schmidt[1] sogar ein Brutvorkommen als wahrscheinlich. Mindestens neun Vögel, die zwischen 1810 und 1879 offenbar im hier betrachteten Gebiet erlegt wurden, gelangten als Belege in das Naturhistorische Museum Wien, in das Rippl-Rónai Museum Kaposvár sowie in heute nicht mehr erhaltene Privatsammlungen. Bei einigen kann allerdings nicht mehr nachvollzogen werden, ob sie aus dem ungarischen oder heutigen burgenländischen Gebietsteil stammten.

Im 20. Jahrhundert wurde die Art weder am Neusiedler See noch im Seewinkel als Wildvogel festgestellt. Bei neun Weißkopf-Ruderenten, die am 5.10.1989 auf der Langen Lacke gesehen wurden[5], handelte es sich sehr wahrscheinlich um Vögel, die ab 1986 im Zuge eines 1982 begonnenen und 1992 erfolglos beendeten Wiederansiedlungsprojektes in Ungarn[6] freigelassen worden waren. In den letzten Jahren wurde die Art hingegen wieder dreimal als Ausnahmeerscheinung nachgewiesen, wobei es sich möglicherweise nur um 1–2 Individuen handelte:

- 22.11.–27.12.2014 Lange Lacke, 1 ♀-färbig, wahrscheinlich dj. (G. Wöss, E. Albegger, C. Roland u. a.[7])
- 14.–21.3.2015 Westliche Wörthenlacke, 1 ad. ♀ (J. Laber, A. Tiefenbach, B. Waringer u. a.[8])
- 5.–28.8.2015 Lange Lacke, 1 ad. ♀ (J. Laber, J. Hohenegger, L. Strobl u. a.[8])

Quellen: *[1] Schmidt (1967), [2] MME Nomenclator Bizottság (2008c), [3] Csörgey (1905), [4] Finger (1857b), [5] B. Kohler, G. Rauer in Ranner et al. (1995), [6] Bajomi (2003), [7] Albegger & Khil (2016), [8] Albegger & Brader (2018)*

Andreas Ranner & Tibor Hadarics

Blässgans Anser albifrons, *Trupp auf Wintergetreide, Sankt Andrä am Zicksee, 8.12.2008 (Michael Dvorak)*

Rebhuhn *Perdix perdix* (Linnaeus, 1758)

Fogoly – Grey Partridge

Apetloner Badesee, 7.3.2014, Männchen (Leander Khil)

Verbreiteter Brutvogel im offenen Kulturland mit starkem Bestandsrückgang innerhalb der letzten Jahrzehnte

Verbreitung und Lebensraum

Das Rebhuhn bevorzugt kleinflächig gegliederte Feld- und Ackerlandschaften, in denen Hecken, Büsche und naturnahe Feld- und Wegränder das ganze Jahr über das geforderte Maß an Nahrung und Deckung bieten[1]. Diese reich- und kleinstrukturierten Landschaftsteile sind jedoch zunehmend verloren gegangen und vielerorts der intensiven Landwirtschaft gewichen. Im Neusiedler See-Gebiet besiedelt das Rebhuhn sowohl die offene Agrarlandschaft in Form von intensiv landwirtschaftlich genutzten Flächen (inklusive Weingärten), als auch extensiv genutztes Grünland wie Wiesen, beweidete Flächen und Brachen. Im Seewinkel kommt das Rebhuhn nur im Lackengebiet weitgehend flächendeckend vor, in den übrigen Teilen ist die Besiedelung nur mehr sehr schütter. Westlich des Sees fehlt die Art vielerorts bereits. Wenige Brutpaare gibt es noch im Bereich der Oggauer Heide, bei Donnerskirchen sowie zwischen Breitenbrunn und Neusiedl am See.

Bestand und Bestandsentwicklung

Historische Berichte zum Vorkommen der Art sind äußerst spärlich, was jedoch durchaus als Hinweis auf die damalige Häufigkeit zu werten ist: Nach mehreren Jagdausflügen im Jahr 1887 schrieb Dombrowski[2] zum Rebhuhn: *„Die Felder [...] werden von* Starna cinerea *[...] in einer Menge bewohnt, die [...] aus dem Grunde in Erstaunen setzt, weil in der Gegend weder an eine planmässige Vertilgung des zahlreichen Raubzeuges, noch an Winterfütterung gedacht wird."* In den ersten Jahren des 20. Jahrhunderts war das Rebhuhn *„häufig auf den bebauten Feldern am Ostufer, ebenso am Südufer"*[3]. Seitz[4] stellte im Herbst 1939 zahlreiche Völker zwischen Podersdorf und Illmitz fest, fügte dann aber hinzu: *„Der sehr strenge Winter 1939/40 hat den Rebhuhnbestand schwer geschädigt."* Ähnlich äußerte sich Zimmermann[5]: *„Das Rebhuhn ist vor allem am Ost- und Südufer des Neusiedler Sees häufig, wo es in erster Linie die Feldbaugebiete, in geringerer Zahl auch die Trockensteppe bewohnt"*. Im Widerspruch dazu merkte er aber an: *„Nach dem strengen Winter 1939/40 hat sein Bestand sehr stark abgenommen, so daß ich nur selten einmal Rebhühner im Seewinkel zu sehen und zu hören bekam"*. Zehn Jahre später scheint sich die Situation wieder deutlich verbessert zu haben: *„Wenn auch nicht gerade sehr häufig, so hat das Rebhuhn seit 1942 doch wieder ganz erfreulich zugenommen"*. Sein Status wurde damals mit *„verbreiteter und ziemlich häufiger Brutvogel"* angegeben[6]. Schon 15 Jahre später dürfte ein Rückgang eingesetzt haben. Festetics & Leisler[7] schrieben im Jahr 1970: *„Der allgemeine Rückgang der Bestände in den letzten Jahrzehnten ist einerseits der übermäßigen und undisziplinierten Bejagung, andererseits aber den Insektiziden und Giftweizenaktionen zu-*

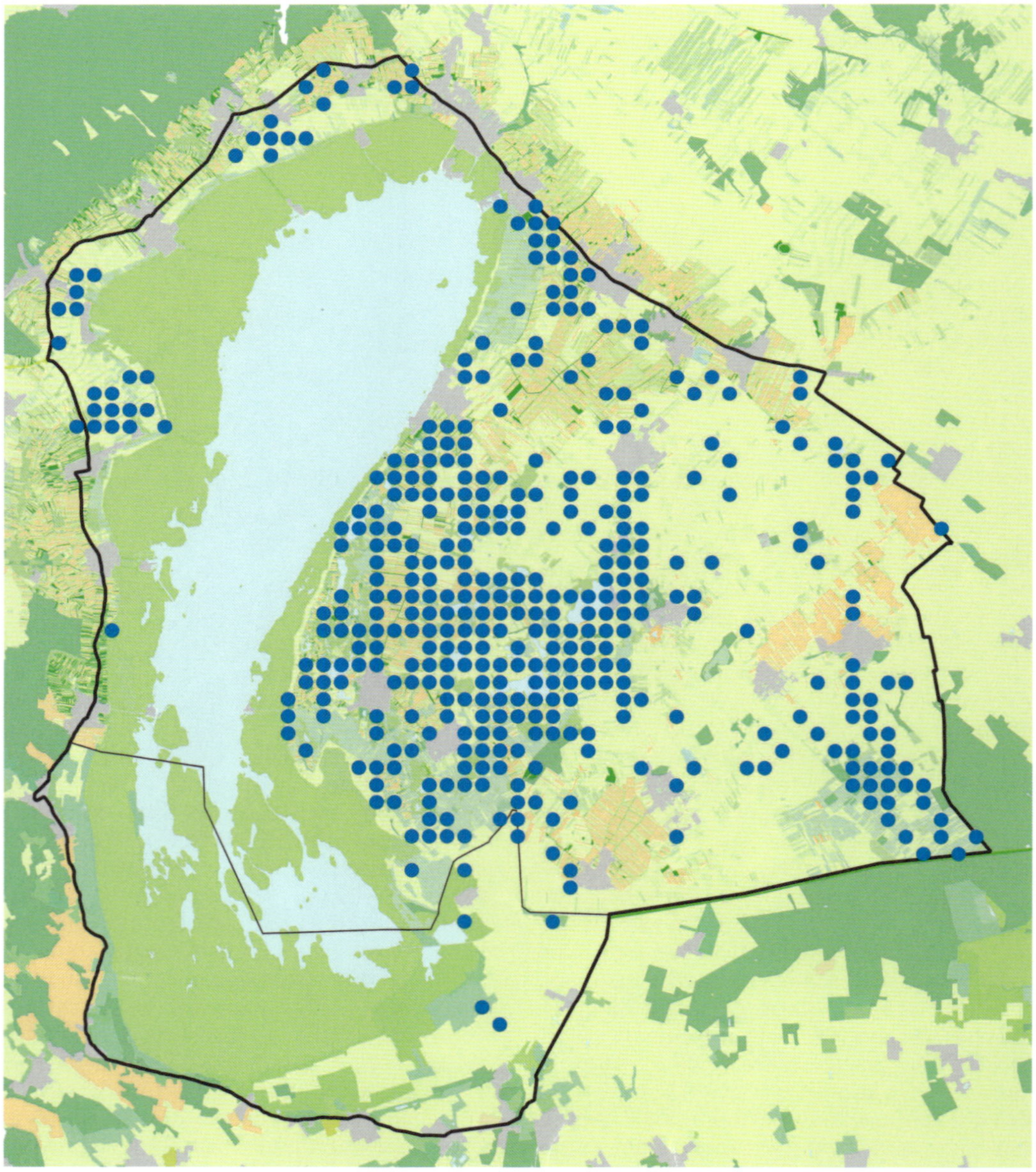

Verbreitung des Rebhuhns, basierend auf allen Beobachtungsmeldungen aus den Jahren 2011–2021[16–18].

zuschreiben". Ungeachtet dieses Rückgangs lag die Jagdstrecke alleine im Bezirk Neusiedl am See in den Jahren 1968 bis 1979 noch konstant zwischen 9.000 und 16.000 Exemplaren und fiel erst ab Anfang der 1990er Jahre auf ein niedrigeres Niveau von 4.000–5.000 Individuen; 2015–2019 wurden dann nur mehr 1.600–2.400 Rebhühner pro Jahr geschossen[8]. Im Bezirk Eisenstadt-Umgebung wurden in den 1970er Jahren im Mittel noch knapp über 4.000 Exemplare geschossen, in den 1980er Jahren nur mehr rund 1.450 und in den 1990ern ca. 470. Ab dem Jahr 2007 fiel der Abschuss auf unter 100 Exemplare, 2013–2019 waren es pro Jahr im Schnitt dann sogar nur mehr sechs Vögel[8].

Eine systematisch angelegte Linientaxierung zur Erhebung des Rebhuhn-Bestands im Jänner 1985 ergab für den Osten des Avifauna-Gebiets im Bereich um die Ortschaften Frauenkirchen, Halbturn, Andau, Pamhagen und Apetlon 26 Ketten mit insgesamt 246 Vögeln[9]. Im Folgejahr konnten am 16.2.1986 in einem etwas reduzierten Untersuchungsgebiet nur 70 Rebhühner beobachtet werden[10]. Auch bei Berücksichtigung des späteren Zähltermins und des kleineren Gebiets ging man davon aus, dass der Winterbestand 1985/86 viel kleiner gewesen sein dürfte als der im Winter 1984/85[10]. Im Zuge einer Studie zu den Brutvögeln in Weingärten im Neusiedler See-Gebiet konnten am Westufer auf zwei Probeflächen bereits 1991 keine Brutreviere nachgewiesen werden[11]. Im Seewinkel wurde die Art damals noch als relativ weit verbreiteter Brutvogel beschrieben, der auch regelmäßig in Weingärten zu beobachten ist. Die beiden untersuchten Weinbaugebiete westlich und nördlich von Illmitz wurden im Erhebungsjahr 1991 jeweils von zwei Paaren besiedelt[11]. Fast 20 Jahre später gelangen im Zuge der ornithologischen Bestandserhebungen zum Europaschutzgebiet Waasen-Hanság nur 2009 zwei Beobachtungen von Paaren[12]. Auf drei großen Probeflächen bei Jois, Gols und Pamhagen von zusammen 14,5 km² wurden bei Revierkartierungen in den Jahren 1997/98 noch 25 Paare erfasst, 2020 waren es bei einer Wiederholungskartierung nur mehr 13[13].

Bestandsverluste waren generell dort am stärksten, wo Mechanisierung und Großflächenwirtschaft am weitesten fortgeschritten sind und dort am geringsten, wo sich die Agrarstruktur mit der Zeit weniger stark verändert hat. Das Brutvogel-Monitoring von BirdLife Österreich dokumentierte von 1998 bis 2016 für Österreich einen Bestandsrückgang von 75 %[14], der, wie Zähldaten und Jagdstrecken zeigen, auch im Neusiedler See-Gebiet zu verzeichnen ist. Am Westufer des Neusiedler Sees spielte das Rebhuhn als jagdbare Art bereits ab 1995 keine Rolle mehr, die Art ist hier abseits der Oggauer Heide weitgehend verschwunden.

Die anhand der Jagdstrecke ersichtliche Verdopplung der Abschusszahlen von rund 800 auf knapp 1.600 im Avifauna-Gebiet in den Jahren 2000 bis 2008 passt nicht zum allgemeinen Trend in Österreich[14] und könnte auf Bestandsstützungen mit zugekauften Rebhühnern zurückgehen. Es gibt dazu jedoch keine offiziellen Zahlen. Erst im Jahr 2019 wurde ein offizielles Projekt gestartet, im Zuge dessen von den lokalen Jägerschaften östlich des Neusiedler Sees drei Jahre lang jährlich rund 3.000 Rebhühner ausgewildert werden, begleitet von lebensraumverbessernden Maßnahmen. Die je nach Revier und Jahr unterschiedlich mit Farbringen am Bein markierten Vögel unterliegen dabei einem Monitoring.

Auf ungarischer Seite kam es, wie in Österreich, zu einem drastischen Rückgang ab den 1970er Jahren, aber mit dem Unterschied, dass hier ein Jagdverbot galt. Als Folge der politischen Wende blieben zu Beginn der 1990er Jahre verhältnismäßig große Agrarflächen unbestellt, was auf die Art kurzfristig eine positive Auswirkung hatte. So wurden 1992 insgesamt 80 Nachweise größtenteils aus dem östlichen Teil gemeldet, aber bereits 1994 waren es nur mehr 15 und zwischen 2001 und 2012 gelang keine einzige Beobachtung des Rebhuhns, sodass das Vorkommen in Ungarn derzeit als erloschen gilt[15]. Seitens der Jagdwirtschaft wurden in dieser Periode mindestens zwei Wiederansiedlungsversuche unternommen, die aber letztendlich beide scheiterten.

Jahreszeitliches Auftreten

Das Rebhuhn ist ganzjährig im Gebiet anwesend. Die Beobachtungen konzentrieren sich auf die Monate März bis Juni. Die vorliegenden Daten lassen keine Aussage zur Brutphänologie im Gebiet zu. Die Beobachtungen flugunfähiger Jungtiere häufen sich Mitte Juni[16].

Zugverhalten und Ringfunde

Das Rebhuhn ist ein Standvogel oder in beschränktem Maße Strichvogel, für den kein ausgeprägtes Zugverhalten beschrieben ist[1]. Die Art war im Neusiedler See-Gebiet nie Gegenstand der wissenschaftlichen Vogelberingung, es liegen daher auch keine Ringfunde vor. Rebhühner, die im Zuge eines Auswilderungsprojektes 2019 farbmarkiert wurden, könnten zukünftig Informationen zur lokalen Habitatnutzung liefern. Diesbezüglich liegen jedoch noch keine Ergebnisse vor.

Quellen: [1] *Glutz von Blotzheim et al. (1973),* [2] *Dombrowski (1889),* [3] *Schenk (1917a),* [4] *Seitz (1942),* [5] *Zimmermann (1943),* [6] *Bauer et al. (1955),* [7] *Festetics & Leisler (1970),* [8] *Burgenländischer Landesjagdverband, unpubl. Daten,* [9] *Dvorak et al. (1986),* [10] *Dvorak et al. (1987),* [11] *Dvorak et al. (1992),* [12] *Dvorak et al. (2010),* [13] *BirdLife Österreich, unpubl. Daten,* [14] *Teufelbauer et al. (2017),* [15] *A. Pellinger, unpubl. Daten,* [16] *www.ornitho.at,* [17] *Archiv MME Sopron,* [18] *Archiv FHNP*

Gilbert Hafner & Attila Pellinger

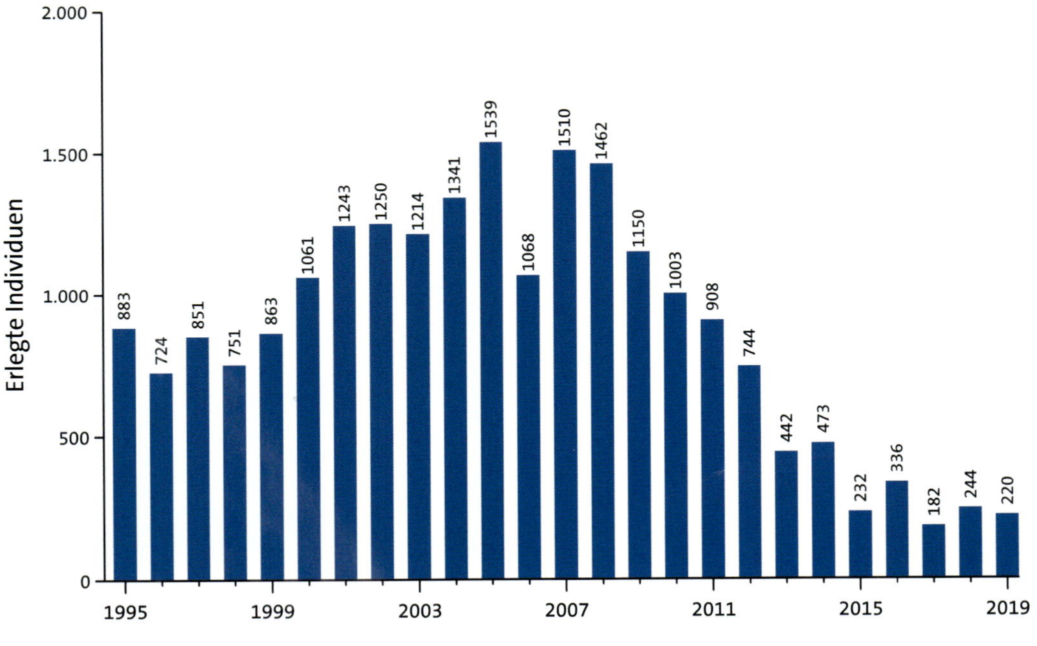

Jagdstrecke des Rebhuhns im Avifauna-Gebiet in den Jahren 1995 bis 2019[8].

Fasan *Phasianus colchicus* Linnaeus, 1758

Fácán – Common Pheasant

Häufiger, zu Jagdzwecken ausgesetzter, nicht autochthoner Brutvogel, der in der Agrarlandschaft flächendeckend vorkommt

Verbreitung und Lebensraum

Ursprünglich vor allem in Zentral- und Mittelasien vorkommend wurde der Fasan in Mitteleuropa als Jagdwild eingebürgert. Sein Lebensraum sollte sowohl offene Äsungsflächen und Balzplätze als auch sichere Deckung aufweisen. Insbesondere im Winter spielt Deckung als Schutz gegen Wind, Schnee, Boden- und Luftfeinde eine große Rolle[1]. Im Avifauna-Gebiet kommt der Fasan, mit Ausnahme der Siedlungen und der unter Wasser stehenden Teile des Schilfgürtels, sowohl in Österreich als auch in Ungarn praktisch überall vor: Äcker, Wein- und Obstkulturen sind ebenso besiedelt wie Wälder, Grasland, trockene Schilfbestände und an-

Apetlon, 9.4.2015, Männchen (Michael Dvorak)

dere landseitige Verlandungsbereiche. Lokale Verbreitungslücken zeigen sich nur im Bereich großflächiger, intensiv bewirtschafteter Wein- und Ackerbauflächen zwischen Gols, Mönchhof, Halbturn und Frauenkirchen sowie zwischen Pamhagen, Wallern und Tadten. Bei der Wahl des Neststandortes ist der Fasan im Neusiedler See-Gebiet recht anpassungsfähig, so findet man Bruten unter anderem im Schilf, in hochwüchsigen Wiesen und in Hecken. Auch Strohtristen wurden als Neststandort beschrieben [2]. Da die Art einer starken jagdlichen Nutzung unterliegt und weiterhin ausgewildert wird, ist schwer einzuschätzen, wie sich der Brutbestand im Gebiet unter weitgehend natürlichen Bedingungen entwickeln würde.

Bestand und Bestandsentwicklung

Im Jahr 1943 beschrieb Zimmermann [3] den Fasan noch als *„spärlichen Brutvogel in Gehölzen am Südufer des Sees und in kleinen Remisen am Ostufer“*, aber bereits Münch [4] berichtete 1952, dass der See und dessen Umgebung dicht vom Fasan bevölkert war. Im Jahr 1955 wurde der Status des Fasans als *„spärlicher Standvogel“* beschrieben, der *„ziemlich häufig im weidendurchsetzten Teil der Verlandungszone bei Neusiedl am See und Weiden, ebenso auch im Neusiedler Wald bei Jois“* vorkommt [5]. Erst für die 1960er Jahre wurde für die österreichische Seite von einer starken Bestandszunahme durch wiederholtes Aussetzen und intensive Hegemaßnahmen berichtet. In einer Fasanerie in Pamhagen wurde in dieser Zeit vom Aussetzen von rund 1.000 Fasanen innerhalb von fünf Jahren berichtet, darüber hinaus ist auch von *„unnatürlich dichten Beständen“* in Großjagdbetrieben die Rede [2]. Auch in Ungarn wurden gezüchtete Vögel für die Jagd ausgesetzt, deren Zahl hat aber in den vergangenen Jahrzehnten abgenommen. Die ungarische Regelung ermöglicht dabei eine Aussetzung unmittelbar vor der Jagd und im Gegensatz zu Österreich auch die Jagd auf Hennen.

Konkrete Bestandszahlen zum Fasan liefern großflächige Siedlungsdichteuntersuchungen, die in den Jahren 1998 und 2020 auf drei Probeflächen im Avifauna-Gebiet durchgeführt wurden. 1998 wurde dabei bei Pamhagen auf 3,75 km^2 mit 32 und 2020 mit 31 Revieren (8,3–8,5/km^2) nahezu dieselbe Zahl an Revieren erfasst. Zwischen Jois und Winden wurden 1997 auf 6,19 km^2 acht (1,3/km^2), 2020 hingegen 20,5 Reviere (3,3/km^2) gezählt und bei Gols auf 4,5 km^2 im 1998 30 (6,7/km^2) und 2020 23 Reviere (6,7/km^2) [6]. Im Bereich dieser Dichtewerte liegen auch Zahlen von den Zitzmannsdorfer Wiesen aus dem Jahr 1991 vor, als auf einer Fläche von 7,3 km^2 44–60 Reviere (6,0–8,2/km^2) festgestellt wurden [7]. Insgesamt wurde damit auf diesen genau untersuchten Flächen im offenen Kulturland (insgesamt 14,5 km^2) keine Bestandsveränderung innerhalb dieser zwei Jahrzehnte festgestellt. In Ungarn wurde in den 1990er Jahren entlang von Windschutzstreifen um Sarród beinahe 1 Ind./km erfasst [8].

Auch die Jagdstrecken der letzten 50 Jahre geben einen Einblick zur Häufigkeit des Fasans auf österreichischer Seite [9]. Im Bezirk Neusiedl am See lag der Abschuss in den 1970er und 1980er Jahren im Mittel bei 45.000 Exemplaren. Solche hohen Zahlen können vor allem durch zeitnahe Aussetzungen vor und während der Schusszeiten erzielt werden. Von 1990 bis 2009 fiel die durchschnittliche Zahl auf 27.000 Vögel. Zwischen 2010 und 2019 wurden dann durchschnittlich nur mehr 15.700 Fasane geschossen. Zumindest die Abschusszahlen deuten also beim Fasan auf einen langfristigen Rückgang hin, der durch Aussetzungen offenbar nicht gebremst werden konnte und vermutlich mit der Intensivierung der Landwirtschaft in Zusammenhang steht. Im Avifauna-Gebiet wurden 2013–2019

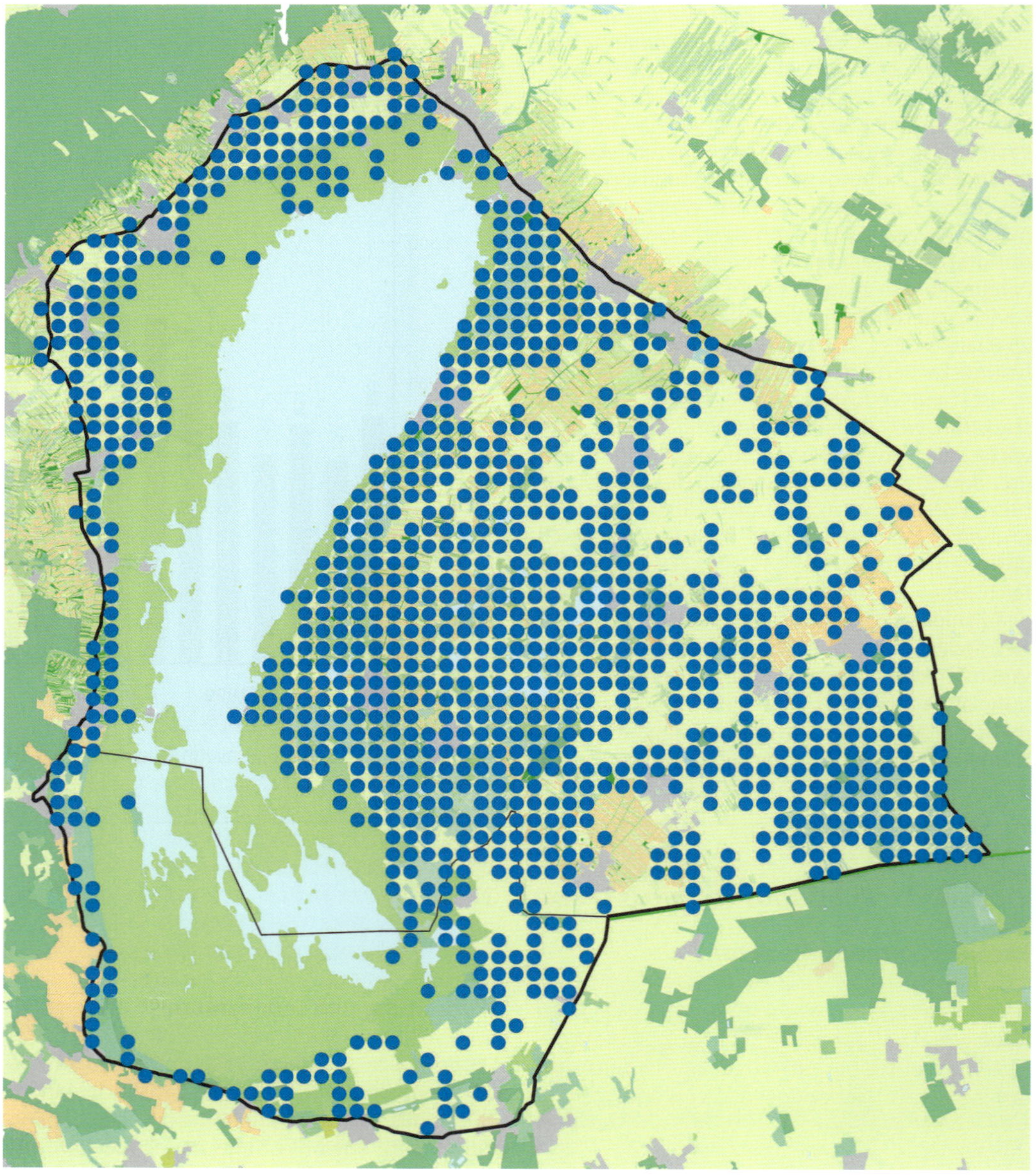

Verbreitung des Fasans, basierend auf allen Beobachtungsmeldungen aus den Jahren 2011–2021 [10–12].

zwischen 4.500 und 6.000 Fasane geschossen. Davon entfallen weniger als 200 auf das Westufer des Neusiedler Sees zwischen Jois und Mörbisch. Die Anzahl der jährlich ausgesetzten Vögel ist nicht bekannt, kann jedoch auf Basis der Jagdstrecken erahnt werden.

Jahreszeitliches Auftreten

Der Fasan ist ganzjährig im Neusiedler See-Gebiet anwesend. Die Meldungen häufen sich zwar in den Monaten April und Mai, es ist jedoch davon auszugehen, dass dies zum Teil an der allgemein erhöhten Beobachtungsintensität in diesen Monaten liegt.

Zugverhalten und Ringfunde

Der Fasan ist ein Standvogel. Es ist nicht zu erwarten, dass die Fasane im Neusiedler See-Gebiet erwähnenswerte Wanderungen unternehmen. Insbesondere für ausgewilderte Vögel ist dokumentiert, dass diese sich nicht weit vom Aussetzungsort fortbewegen[6]. Der Fasan war nie gezielter Gegenstand der wissenschaftlichen Vogelberingung im Neusiedler See-Gebiet.

Quellen: [1] *Glutz von Blotzheim et al. (1973)*, [2] *Festetics & Leisler (1970)*, [3] *Zimmermann (1943)*, [4] *Münch (1952)*, [5] *Bauer et al. (1955)*, [6] *BirdLife Österreich, unpubl. Daten*, [7] *Dvorak & Nemeth (1992)*, [8] *Jánoska (2001)*, [9] *Burgenländischer Landesjagdverband, unpubl. Daten*, [10] *www.ornitho.at*, [11] *Archiv MME Sopron*, [12] *Archiv FHNP*

Gilbert Hafner & Ferenc Jánoska

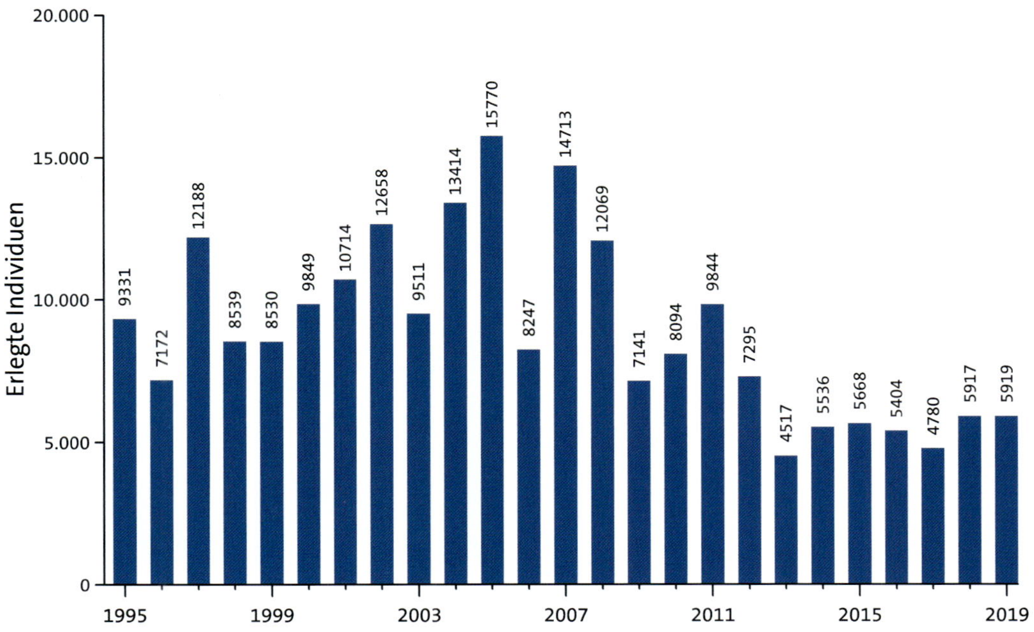

Jagdstrecke des Fasans im Avifauna-Gebiet in den Jahren 1995 bis 2019[9].

Wachtel *Coturnix coturnix* (Linnaeus, 1758)

Fürj – Common Quail

Hanság, Andau, 21.8.2022 (Hans-Martin Berg)

Verbreiteter, mäßig häufiger Brutvogel und Durchzügler im offenen Kulturland in Getreidefeldern, Brachen und Wiesen

Verbreitung und Lebensraum

Die Wachtel ist ein Brutvogel offener Landschaften, als Bodenvogel benötigt sie Stellen mit dichter und hoher Bodenvegetation. Sie besiedelt in Mitteleuropa offene Kulturlandschaften und ist einer der wenigen Brutvögel monotoner, baumarmer Ackerbaugebiete. Sie bevorzugt hier gut deckende Kulturen wie Wintergetreide, Klee- und Luzernefelder. Sehr gut geeignete Lebensräume sind auch Brachflächen, die nach oben hin gute Deckung bieten, am Boden jedoch genügend Lauffreiheit bieten. Aus demselben Grund sind viele Mähwiesen für die Wachtel ungeeignet, weil sie in Bodennähe zu dicht bewachsen sind. Im Grünland ist die Wachtel auf extensiv genutzte, magere Wiesen angewiesen, in Feuchtgebieten nutzt sie trockenere Pfeifengraswiesen[1,2]. Eine aktuelle Untersuchung in einem unmittelbar benachbarten Gebiet in Ungarn ergab eine ausreichende Vegetationsdeckung krautiger Pflanzen und vor allem hohe Dichten an Bodeninsekten als maßgebliche Habitatfaktoren[3], beides unterstreicht die Bedeutung von Brachflächen für die Art.

Im österreichischen Neusiedler See-Gebiet lassen sich aktuell fünf Verbreitungsschwerpunkte ausmachen: Der größere Teil der Population findet sich im Lackengebiet zwischen Podersdorf, St. Andrä, Pamhagen und Illmitz, wo es einerseits auf Nationalparkflächen einen hohen Anteil extensiver Wiesen und Wiesenbrachen gibt, andererseits auch die Ackerflächen besiedelt werden. Weiters ist der Hanság gut besiedelt und jeweils eine Konzentration an Meldungen gibt es auf den Zitzmannsdorfer Wiesen, auf der Oggauer Heide und am Westufer von Breitenbrunn bis Jois. Teilbereiche im nördlichen, östlichen und südlichen Seewinkel mit überwiegendem Weinbau sind kaum besiedelt, während aus den Ackerflächen dieser Gebiete zwar Meldungen vorliegen, diese aber womöglich wegen der schlechten Erfassung nicht die tatsächliche Häufigkeit der Art widerspiegeln. Im ungarischen Teil des Avifauna-Gebiets ist die Wachtel ein regelmäßiger Brutvogel in geringer Zahl, ihre Schwerpunkte liegen hier in den Wiesen und Ackern zwischen Mekszikópuszta und Hegykő.

Bestand und Bestandsentwicklung

Historische Berichte zum Vorkommen der Art sind von unterschiedlicher Qualität: Während die Einschätzung für die 1860er Jahre[4] („*ist ein gemeiner Stand-Vogel*") nicht allgemein zutreffen kann, bezeichnete Fászl[5] die Art als „*ziemlich häufig*", Dombrowski[6] bezeichnete die Wachtel für die Mitte der 1880er Jahre als „*Brutvogel in grosser Menge, doch nicht alle Jahre gleich häufig und stetig abnehmend*" und Schenk[7] schrieb für die Jahre um 1910 von einem „*ziemlich häufigen Brutvogel auf den Saatfeldern des Ostufers*". In den 1930er Jahren war die Wachtel „*überall auf den Feldern*" zu finden[8], differenzierter dann Seitz[9], der schrieb: „*Sie ist keineswegs ein häufiger Brutvogel, jedoch am Westufer zahlreicher als im Seewinkel anzutreffen.*" Anfang der 1940er lernte auch Zimmermann[10] die Art als häufigen Brutvogel kennen, meinte jedoch, dass ihr Bestand „*starken periodischen Schwankungen unterworfen zu sein scheint*". Allerdings hat die Art damals kleinräumig Dichten erreicht, wie z. B. am 1.7.1940 als er die Wachtel „*auf 0,5 qkm Fläche zwischen Illmitz und Sandeck in 8–10 schlagenden Vögeln*" antraf, die heutzutage nicht mehr vorkommen. Das war keineswegs eine einmalige Situation, denn für 1942 schrieb Zimmermann[10]: „*Am 27.VI notierte ich auf dem Wege von Illmitz über den Pfarrsee nach der Hallabernlacke mindestens 8–10 schlagende Wachteln.*" Der damalige Lebensraum war dem heutigen nicht unähnlich: „*Die Wachtel bevorzugt hier sichtlich Gebiete, wo üppigere Wiesen mit Brach- und Saatfeldern abwechseln.*" Anfang der 1950er Jahre war die Art nach wie vor ein „*häufiger und verbreiteter Brutvogel*"[11]. In den 1960er Jahren hatte dann die beginnende Intensivierung bereits erste Auswirkungen, denn die Wachtel war in diesen Jahren „*als Brutvogel wesentlich spärlicher verbreitet, als die anderen Hühnervögel*", am Westufer war sie nunmehr seltener als im Seewinkel, aber auch hier „*war sie nur noch lokal vorhanden*"[12]; der damalige Schwerpunkt lag „*in den nicht allzu feuchten Naturwiesen, wie etwa im Hanság*"[12].

Damit war auch der Wissensstand für die nächsten Jahrzehnte eingegrenzt, denn systematische quantitative Untersuchungen zum Vorkommen der Wachtel besitzen einerseits nach wie vor Seltenheitswert, andererseits besitzen kurzfristige Stichproben angesichts der starken jährlichen Fluktuationen nur eine sehr eingeschränkte Aussagekraft. Alle bisherigen Probeflächen-Zählungen fanden zwar bisweilen kleinere Rufergruppen, lokal sehr hohe Dichten – wie sie für die Mitte des 20. Jahrhunderts bekannt wurden – werden hingegen aktuell nicht (mehr) erreicht. Auf den Zitzmannsdorfer Wiesen wurden 1991 fünf[13], 2011 sechs Reviere[14] auf einer Fläche von 7,3 km² (0,7–0,8 Reviere/km²) erfasst, auf 6,2 km² zwischen Jois und Winden 1997 10 Reviere (1,6 Reviere/km²)[15] sowie bei Pamhagen (3,8 km²) und Gols (4,5 km²) jeweils zwei Reviere (0,4–0,5 Reviere/km²)[15]. In etwa gleicher Höhe lag 2009/10 die Dichte im Hanság mit 12–13 Revieren in einem Gebiet von 30,3 km² (0,4 Reviere/km²)[16]. Wie überall schwankt das Auftreten der Wachtel im Gebiet in weiten Grenzen: So wurden etwa 2017 nur 48 Beobachtungen gemeldet, im Vergleich dazu waren es 2019 nicht weniger als 373[17], wobei sich die Beobachtungsintensität zwischen den beiden Jahren nicht merklich unterschied. Damit besitzen auch Angaben zur Bestandsentwicklung, die auf Erhebungen in einzelnen Jahren beruhen, nur eingeschränkte Aussagekraft: Bei Pamhagen (3,8 km²) wurden 1998 zwei, 2020 4,5 Reviere erfasst, bei Jois (6,2 km²) im Jahr 1998 10, 2020 hingegen nur drei und bei Gols (4,5 km²) 1998 zwei und im Jahr 2020 3,5 Reviere[15]. Aus diesen Daten ergibt sich kein Trend in eine bestimmte Richtung. In Ungarn ist die Population in den vergangenen 20 Jahren zurückgegangen, dabei spielten wohl das graduelle Umpflügen der Wiesen und die Intensivierung des Ackerbaus eine bedeutende Rolle[17].

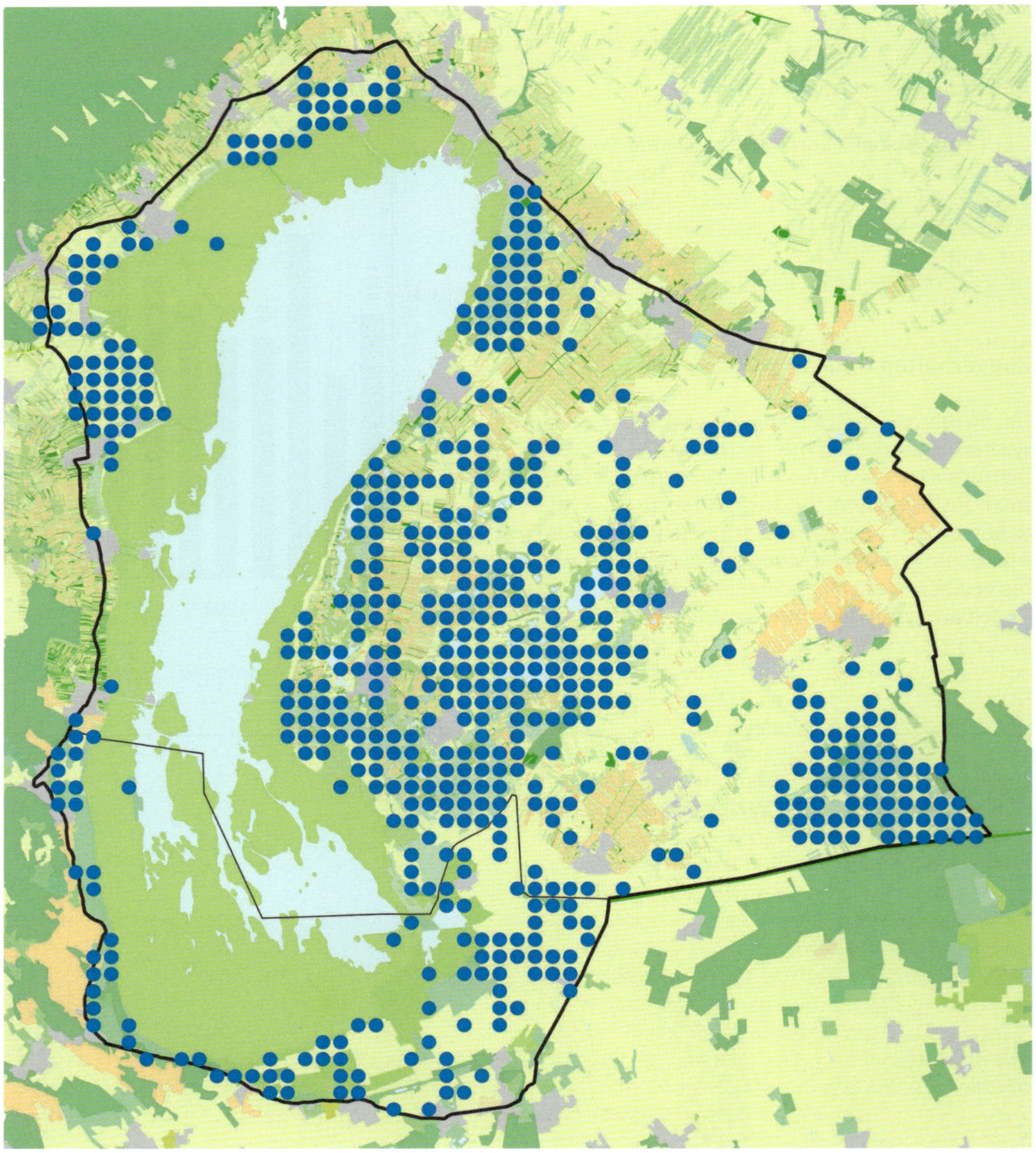

Brutzeitverbreitung der Wachtel, basierend auf Beobachtungen in den Monaten April bis August aus den Jahren 2011–2021[18, 22, 25].

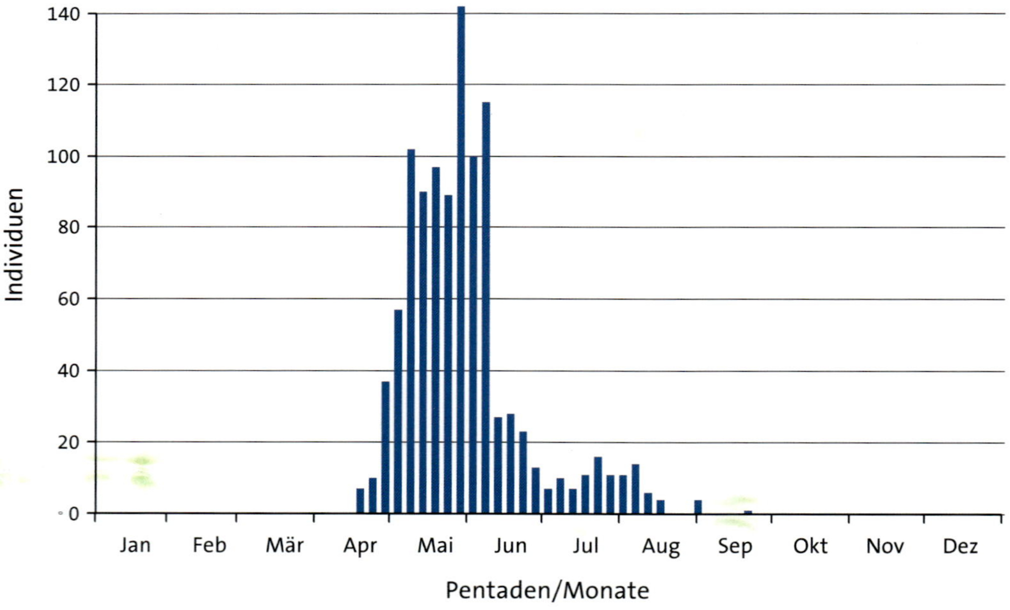

Jahreszeitliches Auftreten der Wachtel (Pentadensummen gemeldeter Individuen) basierend auf Daten aus Österreich in den Jahren 2011–2019 (n = 1.039)[18].

Jahreszeitliches Auftreten

Die Wachtel ist von Ende April bis Mitte August im Neusiedler See-Gebiet anzutreffen. Der Median der ersten Ankunft fällt in den Jahren 2013 bis 2019 auf den 20. April. Das früheste Ankunftsdatum war der 16. April im Jahr 2018, das späteste der 27. April im Jahr 2017, dem mit Abstand schwächsten „Wachteljahr"[18]. So gut wie alle Nachweise (874 von 883) beziehen sich auf rufende Wachteln[18], daher gibt das Phänologiediagramm die Rufaktivität der Vögel wieder. Diese erreicht in der zweiten Maipentade ihr Maximum, verbleibt dann bis ca. 10. Juni auf hohem Niveau und klingt dann langsam im Verlauf des Frühsommers bis Mitte August aus. Die spätesten Meldungen singender Männchen aus Österreich stammen aus der zweiten Augusthälfte: am 18.8.2016 nahe der Langen Lacke[19] sowie am 29.8.2016[20] und am 30.8.2018[21] jeweils im Hanság südlich Tadten. Im ungarischen Teil gelang der späteste Nachweis am 10.10.1997 in Mekszikópuszta, auf dem Schilfdach eines Stalls[22].

Zugverhalten und Ringfunde

Die Wachtel überwintert in kleiner Zahl zwar bereits im Mittelmeergebiet und wird in Nordafrika etwas häufiger, das Haupt-Überwinterungsgebiet liegt jedoch in der Sahelzone südlich der Sahara[1]. Aus Österreich liegt ein sehr interessanter Ringfund vor, der einen am 20.6.1961 bei Genua (offenbar im Brutgebiet) beringten Vogel betrifft, der weniger als zwei Monate später, am 10.8.1961, bei Jois wieder gefunden wurde[23] – ein Beispiel für die bei der Wachtel in manchen Jahren stattfindenden sommerlichen Einflüge nach Mittel- und Nordeuropa[1]. Die im ungarischen Teil beringten Wachteln erbrachten keine Ringfunde, aus der angrenzenden Kleinen Ungarischen Tiefebene sind aber Ringfunde von fünf 1949–1958 in der Nordhälfte Italiens beringten Wachteln bekannt[24].

Quellen: [1] *Glutz von Blotzheim et al. (1973),* [2] *George (1990),* [3] *Nemeth et al. (2019),* [4] *Jukovits (1864/65),* [5] *Fászl (1883),* [6] *Dombrowski (1889),* [7] *Schenk (1917a),* [8] *Koenig (1939),* [9] *Seitz (1942),* [10] *Zimmermann (1943),* [11] *Bauer et al. (1955),* [12] *Festetics & Leisler (1970),* [13] *Dvorak & Nemeth (1992),* [14] *Dvorak et al. (2011),* [15] *BirdLife Österreich, unpubl. Daten,* [16] *Dvorak et al. (2011),* [17] *Végvári in Szép et al. (2021),* [18] *www.ornitho.at,* [19] *M. Plasser, F. Samwald/ornitho.at,* [20] *T. & C. Pumberger/ornitho.at,* [21] *S. & W. Kraus/ornitho.at,* [22] *Archiv MME Sopron,* [23] *Österreichische Vogelwarte, unpubl. Ringfund,* [24] *Vogelberingungszentrale BirdLife Ungarn, unpubl. Ringfunde*

Michael Dvorak & Sándor Mogyorósi

Fasan, Phasianus colchicus, *Illmitz 5.4.2009, zwei kämpfende Männchen (Michael Dvorak)*

Ziegenmelker *Caprimulgus europaeus* LINNAEUS, 1758

Lappantyú – European Nightjar

Biologische Station Illmitz, 7.5.2016 (Peter Frießer)

Spärlicher, aber regelmäßiger Durchzügler und Nahrungsgast am Westufer des Sees

Verbreitung und Lebensraum

Aufgrund des Fehlens von größeren, lückigen Baumbeständen scheint das Neusiedler See-Gebiet für den Ziegenmelker als Bruthabitat nicht geeignet zu sein. Jedoch grenzt das Bearbeitungsgebiet an zwei bedeutende Brutvorkommen des östlichen Österreichs: Die Art dürfte im Leithagebirge sowie im Ruster Hügelland durchaus hohe Revierdichten erreichen[1,2]. Sichtungen von jagenden Individuen im Seevorgelände des Westufers, wie sie etwa im Mai und Juni 1987 zwischen Mörbisch und Rust beobachtet wurden, können wohl diesem Vorkommen zugeschrieben werden[1]. Im Seewinkel, wo die Art überwiegend zur Zugzeit nachgewiesen wurde, konzentrieren sich die Meldungen vor allem auf die seenahen Bereiche. Sie erstrecken sich von den Zitzmannsdorfer Wiesen, der Hölle, dem Albersee, dem Gebiet um das Illmitzer Seewäldchen südlich bis ins Neudegg. Weitere Meldungen kommen aus der Umgebung von St. Andrä und aus dem Hanság und sowie vereinzelt auch aus dem restlichen Avifauna-Gebiet. Vegetationsarme, sandige Böden und Wege, teilweise in der Nähe von lockeren Baumbeständen, sind für den Ziegenmelker besonders attraktiv. Der sich untertags erwärmende Untergrund gibt die Wärme beim Anbrechen der Dunkelheit an die darüber liegenden Luftschichten ab und schafft somit ideale Bedingungen für die Jagd des Ziegenmelkers auf Fluginsekten[3]. Auffällig ist, dass viele der beobachteten Ziegenmelker auf Wegen und Straßen aufgescheucht wurden. Das liegt sicherlich an der dort verbesserten Wahrnehmbarkeit dieser nachtaktiven Art, spiegelt aber wohl auch die Präferenz für offene, sich erwärmende Strukturen wider.

Der Ziegenmelker brütet zwar genauso wenig auf ungarischer Seite des Avifauna-Gebiets, im unmittelbar angrenzenden Szárhalmi-Wald gibt es jedoch eine stabile Population aus rund 8–10 Paaren und auch im Ödenburger Gebirge ist die Art regelmäßiger Brutvogel[4]. Diese Vögel wurden öfters in den Weingärten bei Balf sowie in den landseitigen Randzonen des Neusiedler Sees beobachtet und jagen wohl auch über dem Schilfgürtel.

Bestand und Bestandsentwicklung

Schon in der ersten Hälfte des 20. Jahrhunderts galt der Ziegenmelker als Durchzügler ohne gesicherten Brutnachweis im Gebiet[5,6]. Auch wenn immer wieder Brutverdacht geäußert wurde, wie etwa in den 1930er Jahren im Schilfgürtel am Westufer des Sees in der Nähe der Wulkamündung,[7] sowie in verschiedenen Wäldchen und Ortschaften des Seewinkels, konnte dieser jedoch nie bestätigt werden[1,5,6]. Es ist dennoch nicht auszuschließen, dass es in einzelnen Jahren zu Bruten auf österreichischer Seite kam, ein längerfristiges Brutvorkommen hat sich im Gebiet jedoch mit Sicherheit nicht etabliert. Schon Bauer et al.[5] gaben den Ziegenmelker für die frühen 1950er Jahre als spärlichen, aber regelmäßigen Zugvogel an, was auch aktuell noch Gültigkeit hat. Während einige Jahre ohne Nachweise blieben, wurden in den Jahren mit Meldungen zwischen 1969 und 2018 ein bis fünf Individuen gemeldet. 2016 war mit fünf Sichtungen das Jahr mit den meisten Beobachtungen[8,9].

Jahreszeitliches Auftreten

Die frühesten Beobachtungen auf österreichischer Seite fallen auf den 25.4.2021[10] sowie auf den 27.4. in den Jahren 1986[11], 2018[12] und 2019[13]. Mit 53 gemeldeten Individuen stammen 65 % der vorliegenden Meldungen zwischen 1969 und 2019 (n = 95) aus dem Monat Mai. 10 stammen von Ende April, sieben weitere wurden in der ersten Junidekade gemeldet[8,9]. Danach gibt es mit Ausnahme einer Meldung vom 7.7.1987[14] eine Lücke. Der zweite, wesentlich kleiner ausfallende Gipfel am Herbstzug startet mit einer Meldung vom 20.7. im Jahr 1977[15] und zieht sich bis in die zweite Septemberhälfte. Die Meldungen aus der zweiten Julihälfte gehen unter Umständen auf die Jungvogeldispersion zurück, während der eigentliche Zug Ende August beginnt und im September seinen Höhepunkt erreicht[3]. Zwei sehr späte Meldungen stammen vom 7.10.[16] und 3.11.2014[17]. Von der ungarischen Seite des Avifauna-Gebiets gibt es mit 17 Meldungen nur wenige Nachweise. Diese verteilen sich auf die Monate April (1), Mai (7), Juni (1), August (3), September (2), Oktober (2) und November (1). Die Mehrheit der Beobachtungen stammt vom Westufer (10), am Ostufer wurde der Ziegenmelker nur siebenmal gesichtet. Die

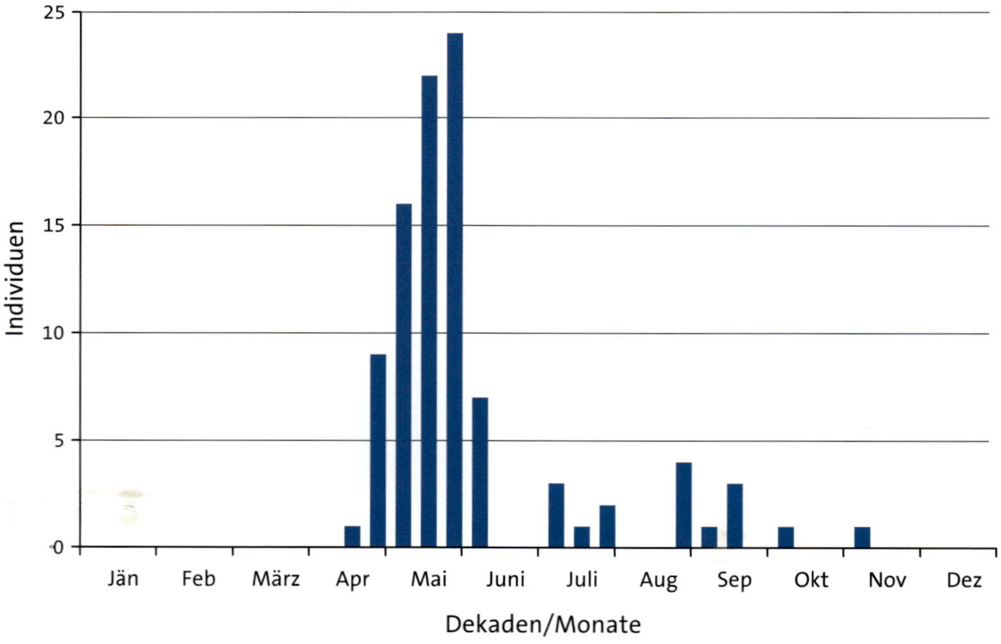

Jahreszeitliches Auftreten des Ziegenmelkers (Dekadensummen) in Österreich, basierend auf Daten aus den Jahren 1969–2021 (n = 95)[8,9].

früheste Beobachtung gelang am 25.4.2016 bei Fertőboz, die späteste am 11.11.1996 in Mekszikópuszta, wo ein Vogel von der Straße aufflog[18].

Quellen: [1] *Ranner (1990),* [2] *Reiter et al. (2009),* [3] *Glutz von Blotzheim & Bauer (1980),* [4] *Winkler (2008),* [5] *Bauer et al. (1955),* [6] *Zimmermann (1943),* [7] *Koenig (1939),* [8] *Archiv BirdLife Österreich,* [9] *www.ornitho.at,* [10] *E. Lind/ornitho.at,* [11] *A. Grüll/ABÖ,* [12] *M. Suanjak/ornitho.at,* [13] *H. Assil/ornitho.at,* [14] *M. Flade/ABÖ,* [15] *J. Andersen/ABÖ,* [16] *A. Ranner/ornitho.at,* [17] *W. Lindinger/ornitho.at,* [18] *Archiv MME Sopron*

Flora Bittermann, Előd Győrig & Dániel Winkler

Silberreiher, Ardea alba, im Abendlicht, Mörbisch, 1.7.2007 (Michael Dvorak)

Mauersegler *Apus apus* (Linnaeus, 1758)

Sarlósfecske – Common Swift

Sopron, 13.7.2013 (János Soproni)

Mäßig häufiger, sehr lokaler Brutvogel und häufiger Durchzügler; bei Wetterfluchten Trupps von mehreren Tausend

Verbreitung und Lebensraum

Ursprünglich Fels- und Baumbrüter ist der Mauersegler in Mitteleuropa fast ausschließlich Kulturfolger. Es werden verschiedenste Strukturen mit Hohlräumen an Gebäuden genutzt, die einen hindernisfreien Ein- und Ausflug ermöglichen[1]. Durch die Bindung an mehrgeschossige Gebäude ist die Art in Mitteleuropa sehr unterschiedlich verbreitet, konzentriert sich in erster Linie auf Städte und ist in intensiv landwirtschaftlich genutzten Gebieten wie dem Seewinkel nur spärlich vertreten[2]. Die Nahrungssuche erfolgt einerseits in Nistplatznähe im Umkreis von 400–500 m, andererseits kann sich der Aktionsradius aber je nach Witterung auch auf 40–50 km erweitern. Bei niedrigen Temperaturen wird bevorzugt über Gewässern gejagt. Während Schlechtwetterperioden weichen vor allem nichtbrütende Individuen großflächig über mehrere hundert Kilometer aus und bilden dann gelegentlich große Schwärme. Auch brütende Individuen können sich an diesen Wetterfluchten beteiligen. Nestlinge überdauern diese, manchmal mehrtägige Phase in einem Torporzustand[3].

Im behandelten Gebiet gibt es nur wenige mehrstöckige Gebäude mit geeigneten Hohlräumen, z.B. die Schule Pannoneum in Neusiedl am See[4], das Seehotel in Rust[5] oder das Bischofspalais (Püspöki kastély) in Fertőrákos[6]. Infolgedessen brütet der Mauersegler im Neusiedler See-Gebiet hauptsächlich an Kirchtürmen wie in Frauenkirchen[2, 7], Jois[4], Breitenbrunn[8] sowie Oggau[9] oder an den Silotürmen in St. Andrä[10, 11]. Als Sekundärhabitat für Felswände sind die knapp außerhalb des Gebiets liegenden Steinbrüche von St. Margarethen[2, 12] und Fertőrákos[13] sowie die Schottergrube am Silberberg bei Oslip[14] zu nennen. Erstere bilden auch die größten Kolonien in der Umgebung des Gebiets, letztere eine außergewöhnliche Brutkolonie, gemischt mit Bienenfressern.

Bestand und Bestandsentwicklung

Jukovits[15] beschrieb 1864 den Mauersegler als seltenen Vogel im Gebiet. In der näheren Umgebung des Bearbeitungsgebiets war er bereits im 19. Jahrhundert als Brutvogel bekannt. So erwähnte ihn Fászl[16] als Brutvogel mit wenigen Paaren am Feuerturm (Tűztorony) in Sopron und Dombrowski[17] als *„am Schlosse zu Eszterháza"* (Fertőd) brütend. Bei seinem Besuch des Steinbruchs in St. Margarethen am 16. Mai 1892 erwähnte Homeyer[18] zwar brütende Haus- und Feldsperlinge sowie verwilderte Haustauben und ehemals brütende Turmfalken, nicht jedoch den Mauersegler. Bauer[19] beschrieb den ersten Brutnachweis des Mauerseglers im Jahr 1952 im österreichischen Teil des Gebiets und weitere Brutnachweise an den Kirchtürmen von Breitenbrunn, Donnerskirchen und Rust[8]. Der Brutplatz am Kirchturm in Donnerskirchen wurde zuletzt 1983 gemeldet[20], die Kolonie am Ruster Kirchturm zuletzt 1984[20] und Ranner[21] erwähnte den Mauersegler 1991 nur mehr als Brutvogel der Umgebung.

Aufgrund seines heimlichen Brutverhaltens sind Brutnachweise, wie der Ein- oder Ausflug in bzw. aus Bruthöhlen, selten und oft zufällig, wodurch Bestandsschätzungen mit großer Unsicherheit behaftet sind[1, 22]. Im ungarischen Teil des Neusiedler See-Gebiets brütet der Mauersegler neben dem Bischofspalais auch im Steinbruch von Fertőrákos mit einem seit Jahrzehnten stabilen Bestand von 15–25 Paaren[23]. In den ufernahen Siedlungen Ungarns gibt es darüber hinaus nur wenige Gebäude, die für die Art geeignet wären. Die im nahegelegenen Sopron und Sopronkőhida brütenden Vögel fliegen zur Nahrungssuche regelmäßig in Gruppen über dem Schilfgürtel und den ufernahen Salzwiesen[24].

Jahreszeitliches Auftreten

Die ersten durchziehenden Mauerseglertrupps im Gebiet fallen in die letzte Aprildekade mit einzelnen Individuen schon ab Anfang April[25]. Die frühesten Jahresnachweise waren jeweils ein Exemplar am 7.4.2001 bei St. Andrä[20], am 8.4.2004 in der Hölle[12] und am 10.4.2019 am St. Andräer Zicksee[26]. Von Ende April bis Mitte Mai findet ein starker Durchzug mit einigen Trupps von über 100 Individuen statt[25]. Die Besiedelung der Kolonien erfolgt von Anfang bis Mitte Mai, das Schlüpfen der Jungvögel von Mitte bis Ende Juni.

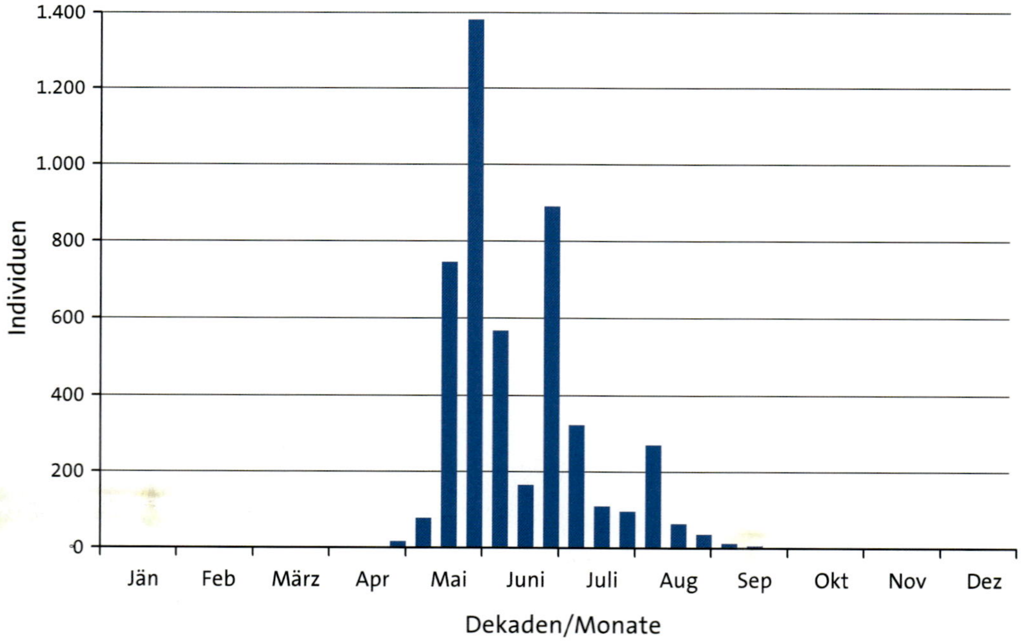

Jahreszeitliches Auftreten des Mauerseglers (Dekadensummen gemeldeter Individuen) basierend auf Daten aus Österreich aus den Jahren 2011–2018 (n = 4.765)[25].

Danach nimmt die Aktivität am Brutplatz durch immer kürzer werdende Fütterungsintervalle zu. Vor allem Nichtbrüter beteiligen sich von Juni bis Mitte Juli bei guter Witterung an sozialen, abendlichen Flugspielen mit lauten Rufen („screaming parties"). Während des Zugs und bei Wetterfluchten können große Trupps beobachtet werden, so wurden am 28.5.1970 über 1.000 Exemplare über der Langen Lacke[10] und am 16.6.2014 500 Exemplare aus dem Hanság[27] gemeldet. Von Mitte Juli bis Mitte August erfolgt der Abzug aus den Brutkolonien, vereinzelte Durchzügler können bis Ende September auftreten[1]. Die letzten Exemplare wurden am 22.9.1993 bei der Biologischen Station Illmitz[28] und am 26.9.2013 am Illmitzer Zicksee[29] beobachtet.

Quellen: [1] *Bauer et al. (2005),* [2] *Dvorak et al. (1993),* [3] *Glutz von Blotzheim & Bauer (1994),* [4] *M. Dvorak/ornitho.at,* [5] *M. Dvorak, W. Weissmair/ornitho.at,* [6] *T. Starkmann, unpubl. Daten,* [7] *A. Grüll/ABÖ,* [8] *Bauer et al. (1955),* [9] *A. Ranner/ornitho.at,* [10] *E. Duda/ABÖ,* [11] *T. Starkmann/ornitho.at,* [12] *A. Ranner/ABÖ,* [13] *Dvorak et al. (2020),* [14] *M. Dvorak/ABÖ,* [15] *Jukovits (1864/65),* [16] *Fászl (1883),* [17] *Dombrowski (1889),* [18] *Homeyer (1892a),* [19] *Bauer (1954a),* [20] *M. Ganso/ABÖ,* [21] *Ranner (1991),* [22] *Andretzke et al. (2005),* [23] *Pellinger (2006b),* [24] *A. Pellinger, unpubl Daten,* [25] *www.ornitho.at,* [26] *L. Khil/ornitho.at,* [27] *P. Erlemann, E. Erlemann/ornitho.at,* [28] *M. Hoffmann/ABÖ,* [29] *U. Lindinger, G. Wöss/ornitho.at*

Thomas Starkmann & Attila Pellinger

Gemischte Brutkolonie mit Silberreiher, Ardea alba, *Graureiher,* Ardea cinerea, *Löffler,* Platalea leucorodia *und Zwergscharbe,* Microcarbo pygmaeus; *Große Schilfinsel, 17.4.2007 (Erwin Nemeth)*

Großtrappe *Otis tarda* Linnaeus, 1758

Túzok – Great Bustard

Hanság, Andau, 30.3.2022, balzende Männchen (Michael Dvorak)

Lokaler, sehr seltener Brutvogel und unregelmäßiger Wintergast im Hanság

Verbreitung und Lebensraum

Großtrappen bewohnen weiträumige Landschaften in flachen Ebenen der Niederungen oder in leicht hügeligem Gelände. Wichtig ist, dass keine gröberen Sichthindernisse in Form von Wäldern, Feldgehölzen, Windschutzgürteln und anderen aufragenden Strukturen vorhanden sind. Zumindest zur Balz- und Brutzeit sollte auch niedrige Bodenvegetation vorhanden sein. Von Großtrappen in Mitteleuropa bewohnte Landstriche liegen fast immer in den Niederungen, haben wenig Niederschlag, hohe Sommertemperaturen und wenig Schnee. Während gut entwässerte Böden in der Regel bevorzugt werden, finden sich Trappenvorkommen aber auch in abgetorften Flachmooren. Das Brutvorkommen im österreichischen Teil des Hanság ist ein gutes Beispiel dafür. Die Trappen nutzen hier zur Brutzeit überwiegend die ungestörten, vom Nationalpark gepachteten, alten Niedermoor-Wiesenflächen der Kommassantenwiesen. Hier liegen sowohl der Balzplatz als auch die Mehrzahl der Neststandorte der Hennen. Seltener werden auch unmittelbar nördlich und südlich an die Kommassantenwiesen angrenzende Brachen zur Brut genutzt.

Insgesamt beschränkt sich der von Anfang Februar bis Mitte Oktober regelmäßig genutzte Aktionsraum der Hanság-Trappen weitgehend auf das Brutgebiet sowie weiter nördlich in Richtung Andau gelegene Brachen und Ackerflächen[1–3]. Der Bereich des Neuhofs im Gemeindegebiet von Tadten, der noch vor 10 Jahren regelmäßig genutzt wurde, wird in den letzten Jahren kaum mehr frequentiert. Sichtungen abseits des Hanság sind große Seltenheiten, sie betreffen fast immer einzelne Männchen. Aus den Jahren 2012–2020 liegen 12 solcher Nachweise vor, fast alle aus dem zentralen Seewinkel zwischen Frauenkirchen, Apetlon und Pamhagen[4]. Zwei aus diesem Rahmen fallende Meldungen waren eine Trappe, die am 12.4.2018 am Ortsrand von Neusiedl am See fotografiert wurde[5] sowie ein Exemplar, das am 1.5.2020 am Ortsrand von Weiden Richtung Süden flog[6].

Bestand und Bestandsentwicklung

Die Großtrappe war in der zweiten Hälfte des 19. und im beginnenden 20. Jahrhundert noch häufig. Um 1860 war die Großtrappe im Seewinkel *„immer in grossen Schaaren zu sehen“*[7]. 1887 schrieb Dombrowski[8]: *„[...] sehr häufiger Standvogel. Im Januar sah ich bis zu 300 Stück in einer Schaar.“* Und Fischer[9] merkte an: *„Sehe ich jedesmal im Herbste in Schaaren von mindestens 8 bis 10 Stück, oft aber viel mehr auf den Rapsfeldern und Hutweiden.“* Für das erste Jahrzehnt des 20. Jahrhunderts schrieb Schenk[10]: *„Auf den ausgedehnten Getreidefeldern am Ostufer noch in beträchtlicher Anzahl Brutvogel.“* Dazu passt, dass 20 Jahre später – Mitte April 1933 – ein damaliger „Birdwatcher“ auf einer Exkursion von Gols nach Illmitz nicht weniger als 24 Großtrappen begegnete[11]. Bereits Ende der 1930er Jahre war die Art aber nur mehr in der Umgebung von Frauenkirchen, Tadten, Andau und Wallern häufigerer Brutvogel, am Ostufer und im zentralen Seewinkel hingegen bereits selten[12]. Seitz[12] beschreibt weiters: *„Das ziemlich trockene und weitgehend kultivierte Torfmoor bei Tadten und Andau dürfte den größten Trappenbestand im Seewinkel aufweisen“*. Zimmermann[13] gelang dann in den Jahren 1940–1942 im zentralen Seewinkel und am Ostufer keine einzige Beobachtung mehr. Wieder 10 Jahre später schrieb Bauer[14]: *„Die Großtrappe ist früher zweifellos häufiger gewesen als heute. In dem [...] genannten Teil des Seewinkels [...] ist die Art auch heute noch recht verbreiteter Brutvogel.“* Der Bestand lag damals, nach Angaben des Andauer Revierjägers, noch bei 200 Exemplaren. Mitte der 1960er Jahre existierten im Gebiet dann noch zwei Brutvorkommen mit ca. 50 Individuen im östlichen Seewinkel und im Albrechtsfeld um die Ortschaften Frauenkirchen, St. Andrä und Andau sowie ein Vorkommen mit ca. 20 Vögeln im Hanság zwischen Pamhagen und Andau[15]. Zwischen 1969 und 1972 wurde für beide Gebiete zusammen nur noch mit 40–50 Trappen gerechnet[16]. Ende der 1970er Jahre konnten im Hanság im Winter ca. 100 Exemplare festgestellt werden[17].

Intensive Erhebungen in den Jahren von 1988–1993 ergaben im Hanság dann jeweils nur mehr 15–20 Individuen[18]. In den Jahren 1994–2000 nahm die Zahl der brütenden Hennen von ca. 12 auf 4–6 weiter ab. Die Zahl der adulten Hähne schwankte im selben Zeitraum zwischen fünf und 13 Exemplaren[1]. Ein einzelnes brütendes Weibchen fand sich zumindest in den Jahren 2000 und 2001 auch noch im Seewinkel nordöstlich von Frauenkirchen[1]. Im Hanság wechselten sich nach einem Tiefpunkt im Jahr 2001 gute und schlechte Jahre ab, wobei 2005–2013 ein recht hohes Niveau von 20–24 Exemplaren erreicht war, 2015–2019 lag der Bestand hingegen mit 18–21 Vögeln etwas tiefer[1–3]. Die Zahl der Hähne lag maximal bei 15–16 (einmalig im Jahr 2010 bei 20), minimal bei sechs, die der Weibchen maximal bei 13–14, minimal bei 5–6 Individuen[1]. Die Zahl der brütenden Weibchen hat sich in den Jahren 1994–2019 mit im Mittel fünf (3–9) nicht verändert. Der Bruterfolg lag in diesem Zeitraum im Mittel bei 1,7 Jungvögeln/Jahr, schwankte aber in weiten Grenzen und lag in den unterschiedlichen Fünfjahresperioden minimal bei 0,6 (1994–1998, 2009–2013) und maximal bei 3 (2004–2008)[1]. Aktuell (2014–2019) werden pro Jahr im Schnitt 2,7 Jungtrappen flügge[1,3,19]. Damit unterliegt der kleine Trappenbestand im Hanság in den letzten 30 Jahren, seit Beginn des fortlaufenden Monitorings, zwar Schwankungen, bleibt langfristig jedoch in gewissen Grenzen stabil. Die Zahl der Weibchen und auch der Bruterfolg zeigen seit 2014 einen positiven Trend. Der Winterbestand zeigt hingegen langfristig einen stark negativen Trend. Noch in den 1970er und 1980er Jahren hielten sich im Hochwinter regelmäßig 100 bis 200 Exemplare im Hanság auf[20], vorwiegend Weibchen (max. 206 im Jänner 1982[21]). In den Winterhalbjahren 1988/89–1990/91 waren es hingegen nur mehr 52–88 Exemplare[22], im Februar 1993 noch maximal 75[1]. Seither hat die Präsenz der Trappen im Hochwinter weiterhin abgenommen, größere Trupps waren nur mehr selten im Gebiet anzutreffen[23], so z. B. als Maximum 35 Individuen am 15.1.2012[24]. Zwischen 2013 und 2019 wurden in den Monaten Jänner und Februar nur mehr einzelne Beobachtungen bekannt[23], im Winter 2019/20 kam es hingegen erstmals seit längerer Zeit wieder zur durchgehenden Überwinterung von 20–25 Trappen[4].

Auf ungarischer Seite gab es bis Mitte der 1970er Jahre im südöstlichen Teil des Neusiedler See-Ufergebiets noch eine kleine Restpopulation von etwa fünf Individuen im Raum Fertőszéplak-Lászlómajor-Tőzeggyármajor, wo die Großtrappe bis 1977 regelmäßig brütete[25]. Der letzte Bruthinweis stammt aus dem Jahr

1982 vom Fésűs-sarok[26]. Am 20.1.1979 wurde ein Hahn auf dem Eis der Bucht von Fertőrákos beobachtet[27]. Anfang der 1980er Jahre kam die Art nur noch knapp außerhalb des Avifauna-Gebiets bei Tőzeggyármajor regelmäßig in kleiner Zahl vor, verschwand aber bis zum Ende des Jahrzehnts auch von hier[25]. Danach sind nur gelegentliche Beobachtungen bekannt geworden: 6.3.1986 bei Mekszikópuszta 1 Ex. überfliegend[28], 7–12.10.1996 ein juveniler Hahn am Borsodi-dűlő[29], 19.1.1997 Fertőszéplak drei überfliegende Exemplare[30], 21.10.1998 ein Vogel im Weidegebiet Fertőszéplak[31], 24.12.2001 drei Exemplare bei Mekszikópuszta nach Norden überfliegend[32], von 19.–25.11.2004 ein junger Hahn bei Mekszikópuszta, Fésűs-sarok[33], 19.2.2005 ein Individuum bei Mekszikópuszta überfliegend[32], 30.4.2005 15 Exemplare neben der Landstraße bei Tőzeggyármajor[33], 6.1.2007 bei Mekszikópuszta ein den Grenzwachturm überfliegendes Exemplar[35] und schließlich zuletzt am 9.1.2017 ein Exemplar im Weidegebiet bei Fertőszéplak in Richtung Neudegg überfliegend[36].

Jahreszeitliches Auftreten

Die Großtrappe ist von Anfang Februar bis Mitte September im Hanság anzutreffen[4]. Während die Rückkehr aus dem Wintergebiet bei Mosonszolnok/Ungarn in den Jahren 2011–2015 – mit Ausnahme einiger weniger Vorreiter – erst Anfang März stattfand, waren von 2016 bis 2019 jedes Jahr bereits ab Anfang Februar Trappen im Gebiet präsent. Die höchsten Zahlen mit 20 bis 30 Exemplaren werden von Mitte Februar bis Ende April erreicht, einem Zeitraum, in dem sowohl Hähne als auch Hennen noch vergleichsweise leicht zu registrieren sind. Von Anfang Mai bis Mitte Juni werden vorwiegend Männchen gemeldet, der größere Teil der Weibchen sitzt zu diesem Zeitpunkt bereits auf den Gelegen. Mitte/Ende Juni verlassen die Männchen in der Regel das Gebiet, was sich im Diagramm in einem Rückgang um die Monatswende Juni/Juli widerspiegelt. Danach halten sich nur noch Weibchen und Jungvögel im Hanság auf und verbleiben hier jedenfalls bis Anfang September, in einigen Jahren verbleibt ein Teil auch im September und ausnahmsweise bis in den Oktober hinein[1–4].

Zugverhalten und Ringfunde

Die Großtrappe ist in Mitteleuropa Standvogel oder wandert über kurze Strecken zu den Wintereinständen. In schneereichen Wintern kann es zu „Winterfluchten“ kommen, die Vögel können dann auf der Suche nach günstigeren Bedingungen mehrere hundert Kilometer vom Brutgebiet weg verstreichen. Die Großtrappen des Hanság sind Teil der sogenannten „Westpannonischen Population“ und stehen daher in laufendem Austausch mit den Vögeln anderer Teilpopulationen im Weinviertel, im Marchfeld, auf der Parndorfer Platte, auf dem Heideboden (Österreich und Ungarn) und in der Umgebung von Mosonszolnok/Ungarn[37]. Die Großtrappen des Hanság stehen in konstantem Austausch mit den um Mosonszolnok ansässigen Vögeln bzw. wechseln sie regelmäßig zwischen diesen, ca. 15 km voneinander entfernten Gebieten[23].

Quellen: *[1] E. Patak, unpubl. Daten, [2] Berg & Dvorak (2017), [3] Berg & Dvorak (2019), [4] www.ornitho.at, [5] unbekannter Melder per G. Hafner/ornitho.at, [6] F. Bacher/ornitho.at, [7] Jukovits (1864/65), [8] Dombrowski (1887), [9] Fischer (1883), [10] Schenk (1917a), [11] Steinfatt (1936), [12] Seitz (1942), [13] Zimmermann (1943), [14] Bauer et al. (1955), [15] Lukschanderl (1971), [16] Glutz von Blotzheim et al. (1973), [17] Festetics & Leisler (1970), [18] Reiter (1995), [19] H.-M. Berg, unpubl. Daten, [20] Archiv BirdLife Österreich, [21] Dvorak & Grüll (1985), [22] Reiter (1991), [23] Raab (2017), [24] L. Strobl/ornitho.at, [25] Faragó (2018), [26] A. Lajber, unpubl. Daten, [27] Kárpáti (1983), [28] A. Pellinger/AMS, [29] mehrere Beobachter/AMS, [30] S. Mogyorósi, B. Molnár/AMS, [31] L. Kárpáti/AMS, [32] M. Váczi/AMS, [33] L. Vámosi, A. Pellinger/AMS, [34] L. Kozma/AMS, [35] J. Soproni J., E. Szász/AMS, [36] P. Kugler, J. Koszta/AMS, [37] Raab et al. (2010), [38] M. Schneider, unpubl. Daten*

Michael Dvorak & Attila Pellinger

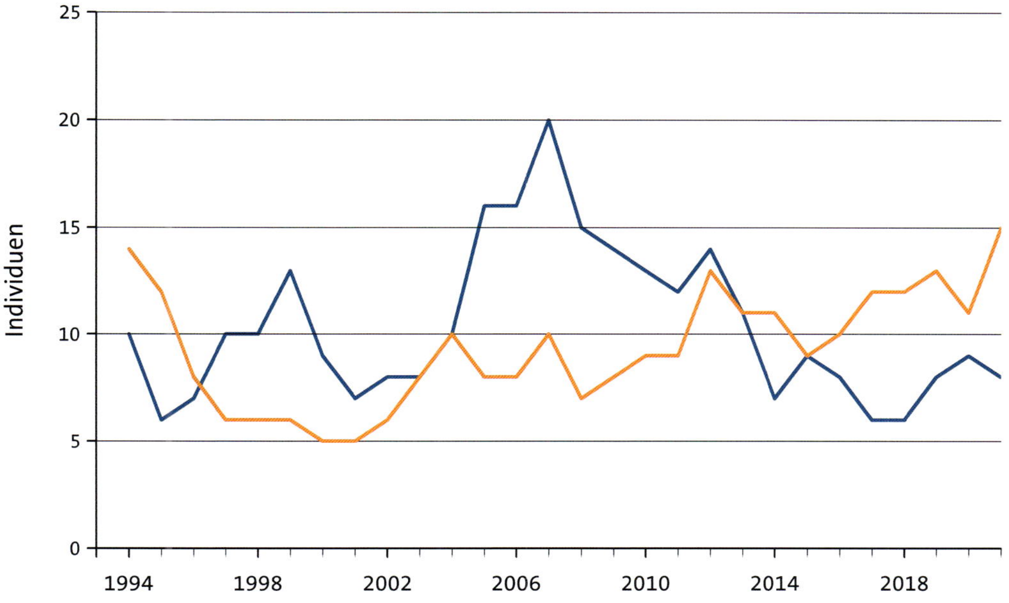

Bestandsentwicklung der Großtrappe im österreichischen Hanság in den Jahren 1994–2021[1, 38]. Blaue Linie: Männchen; orange Linie: Weibchen.

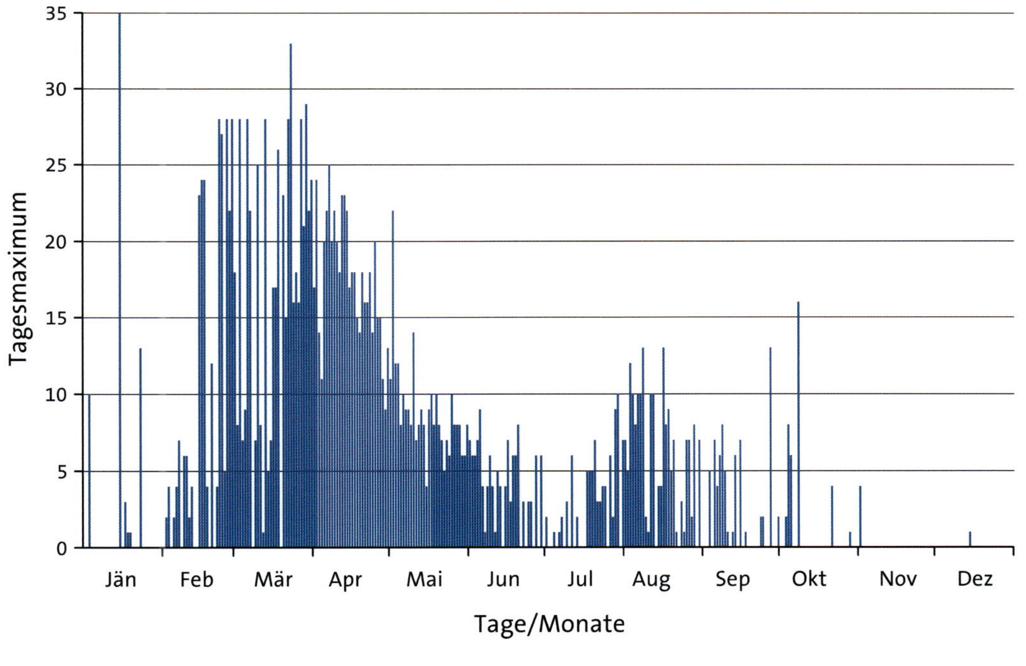

Jahreszeitliches Auftreten der Großtrappe (Tagesmaximum) im österreichischen Hanság basierend auf Daten aus den Jahren 2011–2019 (n = 2.168)[1–4].

Zwergtrappe *Tetrax tetrax* (Linnaeus, 1758)

Reznek – Little Bustard

Fuchslochlacke, Apetlon, 21.5.2022, Weibchen (Ernst Albegger)

Ausnahmeerscheinung

Vorkommen

Aus dem 19. und frühen 20. Jahrhundert wurden aus dem hier behandelten Gebiet die folgenden sechs Belegexemplare der Zwergtrappe bekannt[1–3]:

- Ohne Datum: Fertőrákos, 1 Ind. erlegt, nach Zimmermann[1] befand sich der Beleg im Naturhistorischen Museum Wien, dort ist er aber aktuell nicht verzeichnet
- vor 1864 vermutlich im Raum Apetlon, Erlegung von 1 ♂ und 1 ♀[4]
- 27.12.1891 Donnerskirchen, 1 ad. ♀ erlegt, der Beleg befand sich in der Sammlung Huszthy in der Burg Lockenhaus (A. Schultz[5])
- 29.8.1898 Eszterháza (heute Fertőd) 1 Ind. erlegt, der Beleg befand sich in der Sammlung Huszthy in der Burg Lockenhaus (M. Bauer[5])
- Erste Hälfte des 20. Jahrhunderts Weiden, 1 Ind. erlegt[6]

Seit Mitte des 20. Jahrhunderts erfolgten vier weitere Nachweise. Die Beobachtung eines offensichtlichen Familientrupps im August 1964 lässt sogar eine Brut möglich erscheinen:

- November 1961 Wallern, 3 Ind., davon 1 ♀ erlegt (J. Griemann[7, 8])
- 24.9.1963 Albrechtsfeld bei St. Andrä, 1 ♂ (U. Hammer[9])
- 6.–11.8.1964 Hanság, 1 ♂, 1 ♀, 2 juv. (J. S. Ash[2])
- 21.5.2022 zwischen Westlicher und Östlicher Fuchslochlacke, 1 ad ♀ (E. Albegger, B. Knes, E. Ludescher u. a.[10, 11])

Quellen: [1] *Zimmermann (1943),* [2] *Faragó (1982),* [3] *Bankovics et al. (2002),* [4] *Jukovits (1864/65),* [5] *Aumüller (1967),* [6] *Bauer et al. (1955),* [7] *Festetics (1962),* [8] *Triebl (1962a),* [9] *Hammer (1965),* [10] *www.ornitho.at,* [11] *www.club300.at*

Andreas Ranner

Großtrappe, Otis tarda, Hanság, Andau, Weibchen-Trupp, 18.2.2021 (Michael Dvorak)

Häherkuckuck *Clamator glandarius* (Linnaeus, 1758)

Pettyes kakukk – Great Spotted Cuckoo

Fuchslochlacke, Apetlon, 12.7.2015 (Klemens Wessely)

Ausnahmeerscheinung

Vorkommen

Zwei Nachweise:

- 23.–28.7.1974 Lange Lacke, 1 ad. (M. Behrndt [1])
- 10.–15.7.2015 Darscho und Umgebung der Oberen Halbjochlacke, 1 dj. (J. Geiger, J. Prost, L. Strobl u. a. [2])

Quellen:

[1] *Behrndt (1975),* [2] *Albegger & Brader (2018)*

Andreas Ranner

Kuckuck *Cuculus canorus* Linnaeus, 1758

Kakukk – Common Cuckoo

Hanság, Andau, 6.5.2021 (Michael Dvorak)

Häufiger, weit verbreiteter Brutvogel, von Anfang April bis Ende September im Gebiet

Verbreitung und Lebensraum

Der Kuckuck kommt als Lebensraum-Generalist und Brutparasit im reinen Schilfbestand genauso vor wie in der von Weiden bewachsenen Verlandungszone des Sees, dem von Baumreihen durchsetzen Kulturland und den Wäldchen [1, 2]. Entscheidend ist, dass ein ausreichendes Angebot an Wirten vorhanden ist, was im Neusiedler See-Gebiet vor allem für die Schilfbereiche zutrifft [3–5, 7]. Von Bäumen begleitete Dämme und Wege im Schilf werden dabei besonders gerne genutzt, weil sie Sitzwarten bieten, die wichtig für das Beobachten des Brutgeschehens der Wirte sind [2, 7, 8].

Der Wandel in der Landschaftsstruktur während der ersten Hälfte des 20. Jahrhunderts veränderte die Gebiete östlich des Sees. Große Weideflächen wurden in eine strukturierte Landschaft mit Windschutzstreifen, angepflanzten Laubwäldern und Obstbäumen umgewandelt [6, 9]. Diese Entwicklung hat sich auf das Vorkommen vieler Waldvogelarten positiv ausgewirkt, sodass sie im Laufe der Zeit Brutvorkommen etablieren konnten [3, 6, 9, 10]. Dank der entsprechenden Wirtsarten konnte auch der Kuckuck diese neuen Räume erschließen. Wirtsarten sind vor allem Kleinvögel mit hoher Siedlungsdichte wie Rohrsänger, Stelzen, Grasmücken und Rotkehlchen [2]. 1940 erkannte man in Neusiedl am See und Weiden bereits den Drosselrohrsänger als Wirtsvogel, nachdem ein Jäger und Fischer wiederholt Jungvögel in Drosselrohrsängernestern fand [10].

Die aktuelle Verbreitung des Kuckucks im Neusiedler See-Gebiet folgt den Brutvorkommen der verschiedenen Rohrsänger-Arten, seinen wichtigsten Wirtsvögel im Gebiet. Schwerpunkte liegen in den Randlagen des Schilfgürtels rund um den Neusiedler See, im Lackengebiet mit seinen zahlreichen verschilften Entwässerungsgräben und Röhrichtbeständen sowie im Hanság, wo drei Rohrsängerarten in hohen Dichten an den verschilften Kanälen vorkommen.

Bestand und Bestandsentwicklung

Nachweise früherer Zeiten betreffen vor allem den Seewinkel [5, 10]. Aus den Jahren 1907 und 1909 sind Beobachtungen vom Kuckuck bei Apetlon dokumentiert, er wurde damals als spärlicher Brutvogel der Weingärten eingestuft[11]. Mitte der 20. Jahrhunderts wurde das Auftreten der Art nach wie vor als spärlich beschrieben, viele Beobachtungen der damaligen Zeit wurden als Durchzügler eingestuft[5, 10]. Nachweise von singenden Männchen gibt es aus dem Jahr 1940 im Bereich der Weiden-Sümpfe bei Purbach und der Weidengalerien bei Neusiedl am See[10]. Im darauffolgenden Jahr 1941 konnte der Kuckuck an mehreren Tagen im Frühjahr im Illmitzer Wäldchen beobachtet werden. In den frühen 1950er Jahren wurde der Kuckuck dann als ziemlich häufiger Durchzügler eingestuft. Starker Zug konnte damals im Frühjahr bis in die letzte Maidekade und während des Herbstzugs ab Anfang August bemerkt werden. Das Brutvorkommen beschränkte sich zu dieser Zeit auf die mit Weiden bestandene Verlandungszone des Sees[5].

Mit Beginn der 1990er Jahre wurden im Bearbeitungsgebiet erste quantitative Erfassungen auf größeren Flächen durchgeführt, die auch für den Kuckuck Zahlen zur Siedlungsdichte lieferten. Die Zitzmannsdorfer Wiesen beherbergten im Jahr 1991 auf 7,4 km² 2–3 Reviere[12]. 20 Jahre später, im Jahr 2011, konnten dort 5–6 Reviere festgestellt werden[4]. Dieser Anstieg wurde mit der Zunahme des bevorzugten Wirts, des Schilfrohrsängers erklärt[4]. Im Hanság wurde 2009 die Zahl der Männchen auf 30 km² auf 8–12 geschätzt. Dieses Gebiet weist Gräben, Schilfflächen und verschilfte Feuchtwiesen mit einer hohen Dichte an Rohrsängern als potentiellen Wirtsvögeln auf[14]. Bei einer ornithologischen Erhebung von 19 Wäldchen des Seewinkels konnten 2016–2018 12 Reviere auf insgesamt 186 ha festgestellt werden[15]. Revierkartierungen auf größeren Probeflächen bei Jois, Gols und Pamhagen wurden 1997/98 durchgeführt und 2020 wiederholt. Dabei kam es in zwei Gebieten zu Zunahmen: bei Gols von einem auf 4–5 Reviere auf 4,5 km², bei Pamhagen von drei auf vier Reviere auf 3,75 km² und nur bei Jois wurden in beiden Jahren jeweils nur zwei Reviere auf 6,19 km² erfasst[13].

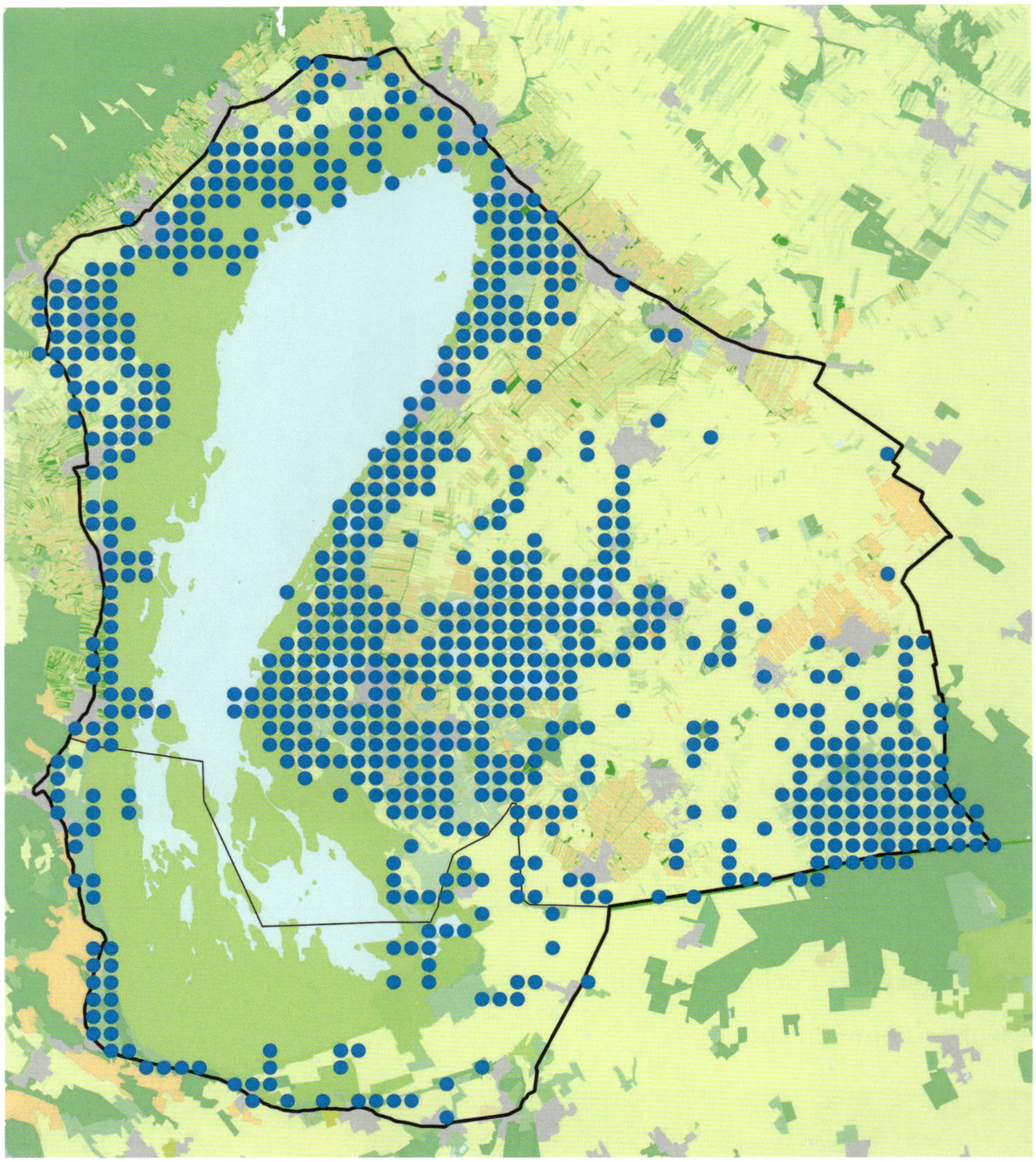

Brutzeitverbreitung des Kuckucks, basierend auf Beobachtungen in den Monaten April bis Juli aus den Jahren 2011–2021[7, 18, 19].

Jahreszeitliches Auftreten

Der Kuckuck ist ein Langstreckenzieher[2]. Er hält sich sechs Monate, von Anfang April bis Ende September im Gebiet auf[7]. Die früheste und einzige Märzbeobachtung stammt vom 14.3.2019[16]. Der Höhepunkt der Balzaktivität wird zwischen der letzten Aprildekade und Mitte Mai erreicht[7]. Bis Ende Juni können noch singende Kuckucke beobachtet werden. Danach führt der Vogel ein eher unscheinbares Leben. Ende Juli und Anfang August beginnt der Herbstzug und bis Ende September sind dann auch die letzten Jungtiere wieder nach Süden abgezogen[7]. Die späteste Beobachtung wurde vom 1.10.2010 gemeldet[17].

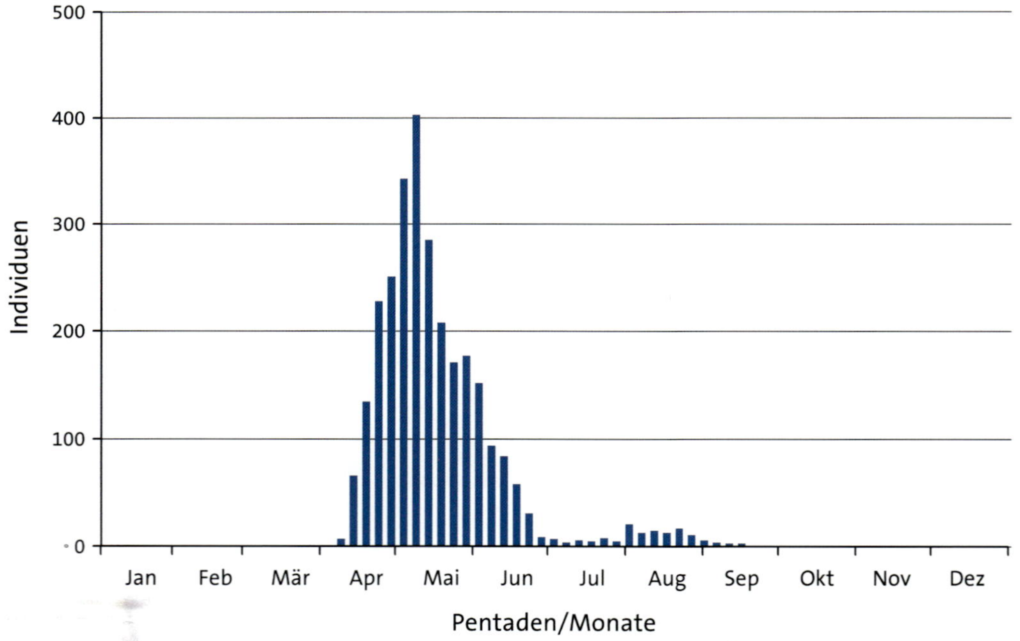

Jahreszeitliches Auftreten des Kuckucks (Pentadensummen) in Österreich basierend auf Daten aus den Jahren 2011–2018 (n = 2.845)[7].

Quellen: [1] *Albegger et al. (2015),* [2] *Bauer et al. (2012),* [3] *Dvorak et al. (2013),* [4] *Dvorak et al. (2011),* [5] *Bauer et al. (1955),* [6] *Kinzelbach (1962),* [7] *www.ornitho.at,* [8] *Mikulica et al. (2017),* [9] *Dick et al. (1994),* [10] *Zimmermann (1943),* [11] *Schenk (1917a),* [12] *Dvorak & Nemeth (1992),* [13] *BirdLife Österreich, unpubl. Daten,* [14] *Dvorak et al. (2010),* [15] *M. Dvorak, unpubl. Daten,* [16] *B. Waringer/ornitho.at,* [17] *A. Hombauer/ABÖ,* [18] *Archiv MME Sopron,* [19] *Archiv FHNP*

Daniel Leopoldsberger

Steppenflughuhn *Syrrhaptes paradoxus* (PALLAS, 1773)

Talpastyúk – Pallas's Sandgrouse

Ehemaliger Invasionsgast

Vorkommen

Das Steppenflughuhn ist eine Art, deren Wanderverhalten durch gelegentliche, ausgeprägte Invasionen gekennzeichnet ist. Besonders in der zweiten Hälfte des 19. Jahrhunderts und in der ersten Hälfte des 20. Jahrhunderts kam es zu mehreren beeindruckenden Einflügen bis nach Westeuropa, deren Ursachen bis heute unbekannt sind. Die größten dieser Invasionen fanden in den Jahren 1863, 1888 und 1908 statt[1].

Im Verlauf dieser Ereignisse gelangte das Steppenflughuhn auch mehrfach in das Neusiedler See-Gebiet. Das erstmalige Auftreten wurde im Zuge der Invasion 1863 durch die Erlegung eines Männchens am 23.5. dokumentiert. In diesem Jahr war die Art an den Salzlacken des Seewinkels zahlreich vertreten. Offenbar ist es auch zu Bruten in den die Lacken umgebenden Hutweiden gekommen[2, 3]. Allerdings ist davon auszugehen, dass diese Brutversuche – so wie alle anderen in West- und Mitteleuropa – erfolglos blieben[1]. Einzelne Vögel verweilten noch bis März 1864, dann waren sie wieder verschwunden[2]. Die nächsten Nachweise erfolgten dann im Zuge der Invasion 1888. In diesem Jahr wurde die Art mehrfach im heutigen Nordburgenland bzw. im heutigen Komitat Győr-Moson-Sopron angetroffen, aus dem eigentlichen Seegebiet sind jedoch nur wenige Nachweise aus dem Mai und Juni überliefert[3–5]: vier Belege aus Donnerskirchen, u.a. von der Seemühle sowie eine Beobachtung von fünf Vögeln am 12.5.1888 bei Fertőrákos (wahrscheinlich außerhalb des hier betrachteten Gebiets). Zu Bruten kam es in diesem Jahr nicht[4]. Die nächsten und gleichzeitig letzten Nachweise aus dem Gebiet stammen von der Invasion im Jahr 1908. Bei Apetlon hielten sich von 23.–27.5. 1–3 Vögel auf, am 9.6. und am 11.8. wurde hier je ein Vogel erlegt und am 27.8. wurde letztmalig einer gesehen (A. Weninger[6]). Vermutlich aufgrund dieser Daten bezeichnete Schenk[7, 8] die Art 1908 als *„ziemlich häufig"* in den *„Natrongebieten des Ostufers"*. Zu Bruten ist es offenbar wieder nicht gekommen[6].

Quellen: [1] *Glutz von Blotzheim et al. (1977)*, [2] *Jukovits (1864/65)*, [3] *Tschusi (1890)*, [4] *Chernel (1888)*, [5] *Aumüller (1967)*, [6] *M. O. K. (1908)*, [7] *Schenk (1909)*, [8] *Schenk (1917a)*

Andreas Ranner & Tibor Hadarics

Brutkolonie mit Löffler, Platela leucorodia *und Zwergscharbe,* Microcarbo pygmaeus, *Große Schilfinsel, 24.5.2017 (Erwin Nemeth)*

Straßentaube *Columba livia* forma *domestica* J. F. Gmelin, 1789

Parlagi galamb – Feral Pigeon

Mangalitza-Stall, Podersdorf, 29.10.2020 (Michael Dvorak)

Häufiger Jahresvogel auf Kirchen, Speichern und anderen hohen Gebäuden sowie in Ställen der freien Landschaft

Verbreitung und Lebensraum

„*Columba livia* forma *domestica*" bezieht sich einerseits auf die Haustaube, aber auch auf alle wildlebenden Tauben der Art *Columba livia* außer der Felsentaube als die ursprüngliche Stammform. Sie werden unter dem Begriff „Straßentaube" zusammengefasst[1,2]. Die Abgrenzung der einzelnen Stadien der Verwilderung ist in vielen Fällen schwierig. So treten um den Neusiedler See neben eindeutigen Haustauben zwei freilebende Typen in Erscheinung: (1) typische Straßentauben auf hohen Gebäuden wie Kirchen oder Getreidespeichern, deren Habitatwahl den Tauben in Großstädten entspricht, und (2) äußerlich sehr ähnliche Tauben, die aber schwerpunktmäßig Stallgebäude mit Viehhaltung und kleine Koppelunterstände außerhalb der Ortschaften bewohnen. Diesem Erscheinungsbild wurde in der letzten Artenliste für das Neusiedler See-Gebiet insofern Rechnung getragen, als zwischen Straßentauben, die „*v. a. an Kirchen und Silos brüten*", und „*verbreitet frei fliegenden Haustauben*" unterschieden wurde[3]. Für die Sammlung vogelkundlicher Streudaten auf ornitho.at steht hingegen für alle frei fliegenden Tauben der Art *Columba livia* nur die Kategorie „Straßentaube", nicht jedoch „Haustaube" zur Verfügung. Es ist daher zunächst zu klären, inwieweit diese zweite Gruppe der „Stalltauben" der Straßentaube zugeordnet werden kann. Dazu sollen drei Kriterien herangezogen werden: (1) die bewusste Förderung durch den Menschen, die zur Definition eines Haustieres gehört, (2) die Gefiederfärbung und (3) andere morphologische Merkmale. Zu Punkt 1 konnte in mehreren Fällen ermittelt werden, dass keine künstlichen Ansiedlungen, gezielten Fütterungen oder Bereitstellung von Nistplätzen erfolgen. Für einen Vergleich der Gefiederfärbung wurden 515 frei fliegende Exemplare den folgenden Färbungstypen zugeordnet (siehe Tabelle, ebenso Leiss & Haag-Wackernagel[4]): wildfärbig (grau mit schwarzen Binden), gehämmert (grau mit sparsamer schwarzer Musterung), dunkel gehämmert (grau mit ausgedehnter Musterung), schwarz, weiß gescheckt (graue/schwarze Grundfärbung mit weißer Scheckung oder ganz weiß), rot (alle Tauben mit roter, gelber oder brauner Färbung). Straßentauben auf Kirchen und Speichern zeigen hinsichtlich ihrer Gefiederfärbung eine sehr hohe Übereinstimmung mit den Wiener Stadttauben. Bei den Brutvögeln in Stallungen fallen entweder der höhere Anteil der Wildfärbung auf (41 %) oder das gehäufte Auftreten gehämmerter Exemplare (45 %; Graurinderstall). In beiden Fällen fehlen rote Tauben, im Graurinderstall kommen auch keine schwarzen und nur wenige gescheckte vor. Alle Farbzusammensetzungen liegen jedoch innerhalb der Variationsbreite europäischer Straßentaubenpopulationen[1,2,5]. Abgesehen von ganz vereinzelt auftretender Befiederung des Laufes sind auch keine anderen morphologischen Domestikationsmerkmale erkennbar. Züchterisch betreute Haustaubenbestände weisen hingegen in der Regel einen wesentlich höheren Anteil (rein)weißer Exemplare auf sowie morphologische Merkmale diverser Rassen wie Brief-, Kropf- oder Pfauentauben. Sie können aber auch ganz unauffällig wie freilebende Gruppen sein (z. B. Taubenschlag in der Cselley-Mühle/Oslip[5]). Auf Basis der oben angeführten Kriterien besteht kein Grund, den zweiten Typus der „Stalltauben" als Haustauben in menschlicher Obhut einzustufen, auch wenn die Grenze in manchen Fällen schwer zu ziehen ist. Sie werden daher hier ebenfalls als Straßentauben behandelt, die jedoch Färbungsunterschiede zur Teilpopulation auf hohen Gebäuden aufweisen.

Straßentauben brüten im gesamten Gebiet, wegen ihrer Bindung an bestimmte Gebäudetypen jedoch mit sehr unregelmäßiger und lückiger Verbreitung. Neben den Kirchen beherbergen die Getreidespeicher und Lagerhallen im Anschluss an die Bahnhöfe von St. Andrä bis Gols größere Kolonien. Der Bestand in den Stallgebäuden außerhalb der Ortschaften konzentriert sich auf Illmitz und Apetlon, wo auch in kleinen Pferdeställen Straßentauben brüten, die meisten – mit etwa 45 Individuen – in einem Koppelunterstand von nur 2 m Höhe[5]. Weitere Vorkommen in Viehställen befinden sich in Frauenkirchen (Althof), Podersdorf und auf der ungarischen Seite in Hegykő[6]. Die Tauben nutzen hier auch die Innenräume und brüten zum Teil auf den Tragbalken unter den Dächern. In den Wohngebieten der Dörfer fehlt die Straßentaube hingegen weitgehend. Gründe sind die fehlende Viehhaltung, der Mangel an Nistplätzen an den modernen Neubauten und nicht zuletzt die Taubenfeindlichkeit der Bewohner. Brutansiedlungen finden hier nur punktuell statt, z. B. an landwirtschaftlichen Gebäuden oder auf Werksgeländen. So konnten 2014 bei einer Punkttaxierung in 11 Dörfern des Seewinkels und am ungarischen Südufer des Sees nur 15 Individuen in zwei Ortschaften registriert werden[7]. Straßentauben fliegen von den Brutplätzen regelmäßig in Nahrungsgebiete, die zumindest bis 10 km weit entfernt sein können (z. B. Hanság). Vereinzelte Beobachtungen noch weiter reichender Flugbewegungen, wie z. B. im September 2019 – 2021 Trupps von maximal 20 Exemplaren im Hanság nach Süden ziehend[8], sind schwer zu interpretieren und könnten sich auch auf Brieftauben beziehen. Basierend auf den spärlichen Meldungen werden neben den bevorzugten Getreide- und Maisstoppelfeldern, auf denen sich mehr als 50 Tauben sammeln können, Äcker mit frischer Einsaat, aber auch offene Gewässerufer und schütter bewachsene Salzstandorte aufgesucht. In den Nahrungsgebieten rasten Straßentauben auch auf Stromleitungen.

Bestand und Bestandsentwicklung

In der älteren Literatur führt die Straßentaube ein Schattendasein, weil sie nicht als Wildvogel betrachtet wurde. Ein erster Hinweis findet sich bei Homeyer[9], der sie außerhalb des Bearbeitungsgebietes brütend in Felsspalten des Steinbruches bei St. Margarethen fand. Weitere Angaben zur historischen Bestandsentwicklung fehlen. Als extensiv gehaltene Haustaube war *Columba livia* forma *domestica* in der ersten Hälfte des 20. Jahrhunderts weit verbreitet. Dazu liegen mündliche Berichte von Paula Haider (Illmitz) und Johann Krumpeck (Donnerskirchen) vor, die diese Periode noch selbst miterlebt haben: Auf jedem Hof mit Viehhaltung befanden sich unter dem Dachvorsprung langgestreckte „Taubenkober", aus denen die Jungen knapp vor dem Ausfliegen als Speise für Wöchnerinnen und Kranke entnommen wurden. Die Tauben wurden nicht angesiedelt, sondern flogen selbst zu und ernährten sich gemeinsam mit anderem Geflügel an den Futterplätzen. Etwa 90 % waren wildfärbig („blaubindig"), der Rest war gehämmert oder weiß gescheckt. Rotfärbung kam nicht vor. Gelegentlich traten befiederte Läufe auf („Rauhaxln"). Mit diesen Merkmalen entsprachen sie den damals in Mitteleuropa

Häufige Färbungstypen der Straßentaube (Alfred Grüll nach Leiss & Haag-Wackernagel[4]).

Anteile (%) unterschiedlicher Färbungstypen bei *Columba livia* forma *domestica* im Neusiedler See-Gebiet 2018 im Vergleich zum Wiener Stadtgebiet 2019[5].

Färbungstyp	Stadtgebiet Wien (n = 430)	Kirchen Speicher (n = 327)	Ställe Unterstände (n = 83)	Stall Graurinder (n = 105)
wildfärbig	31	30	41	33
gehämmert	20	20	18	45
dunkel gehämmert	28	31	25	19
schwarz	7	4	5	0
weiß gescheckt	8	10	11	3
rot	6	6	0	0

weit verbreiteten „Feldtauben" oder „Feldflüchtern"[2]. In den 1960er Jahren ging diese Form der Haltung im Zuge der landwirtschaftlichen Umstellungen rasch zurück, die Feldtauben wurden heimatlos. Die ungewöhnliche Habitatwahl, der eine Prägung oder genetische Disposition zugrunde liegen könnte, aber auch der hohe Anteil wildfärbiger Exemplare und das Fehlen der roten Farbschläge sprechen dafür, dass die heutigen, in diversen Pferde- und Rinderställen brütenden Tauben auf diese Restbestände zurückzuführen sind („Verwilderungshypothese"[2]; siehe Tabelle). Zusätzlich gestützt wird diese Hypothese durch die stark abweichende Farbzusammensetzung im Bestand des Graurinderstalles, der fast ausschließlich auf etwa 10, vor 20 Jahren hier eingesetzte, graue Brieftauben zurück geht[10]. Bestandsangaben für das gesamte Gebiet sind auf Grund der lückenhaften Datenerfassung nicht möglich. Größere Kolonien wurden am Bahnhof St. Andrä (mind. 120 Ex.[11]), auf den Getreidespeichern von Halbturn und Gols (210 bzw. mehr als 50 Ex.[12]) sowie auf der Basilika von Frauenkirchen (80 Ex.[13]) ausgezählt. Mit Ausnahme von Winden (30 Ex.) sind die anderen Kirchen von jeweils nur etwa 10 Straßentauben besetzt. Den Graurinderstall südlich von Apetlon bewohnen mind. 110 Tauben und die Viehställe bei Hegykő etwa 50 Paare[6]. Für die weiteren Vorkommen in Stallgebäuden des Seewinkels können zumindest 200 Individuen angenommen werden[12]. Hochgerechnet auf das Bearbeitungsgebiet ergeben diese Werte 500 und bei Berücksichtigung der kaum erfassten Gebiete sicher mehr als 600 Brutpaare.

Jahreszeitliches Auftreten

Straßentauben halten das ganze Jahr über an ihren Brutplätzen fest, Hinweise auf jahreszeitliche, lokale Bestandsschwankungen liegen nicht vor. Eine brütende Taube konnte in einem Stallgebäude noch am 4. Oktober festgestellt werden[14], ansonsten liegen zur Brutphänologie keine Daten vor.

Zugverhalten und Ringfunde

Die Art ist Standvogel, Migrationsbewegungen, die über wenige Kilometer hinausführen, treten nur ausnahmsweise auf[1].

Quellen: *[1] Grüll (1980), [2] Haag-Wackernagel (1998), [3] Dvorak et al. (2014a), [4] Leiss & Haag-Wackernagel (1999), [5] A. Grüll, unpubl. Daten, [6] S. Mogyorósi, unpubl. Daten, [7] Dvorak et al. (2014b), [8] H.-M. Berg, unpubl. Daten, [9] Homeyer (1892), [10] W. Tschida, unpubl. Daten, [11] C. Roland/ornitho.at, [12] A. Grüll/ornitho.at, [13] R. Konecny/ornitho.at, [14] U. Lindinger/ornitho.at*

Alfred Grüll

Hohltaube *Columba oenas* Linnaeus, 1758

Kék galamb – Stock Dove

Häufiger Durchzügler und Wintergast von Oktober bis Anfang März; seltener Sommergast, wahrscheinlich auch brütend

Verbreitung und Lebensraum

Die Besiedlung durch die Hohltaube – eine Bewohnerin reifer, zumindest 100-jähriger Baumbestände – ist in hohem Maß von der Höhlenbautätigkeit des Schwarzspechtes abhängig[1] und vor allem im Seewinkel erst ansatzweise erfolgt. Da bis Anfang März und ab August stärkere Zug- bzw. Zwischenzugbewegungen stattfinden, werden als Hinweise auf Brutvorkommen nur die Daten aus den Monaten April bis Juli herangezogen. Das Bild ergibt eine sehr sporadische Verbreitung, wobei nur Balz, aber keine Bruten nachgewiesen wurden. Schwerpunkt am Westufer des Sees ist der alte Auwald vor der Wulkamündung bei Donnerskirchen mit der Oggauer Heide, wo zwischen 2006 und 2018 mehrfach bis zu 14 Hohltauben gezählt und einzelne Rufer verhört wurden. Weiter südlich gelangen nur die Nachweise eines ausgewachsenen Jungvogels bei Rust und eines Paares bei Mörbisch. Die Beobachtungen am Nordufer im Raum Winden – Breitenbrunn dürften sich hingegen eher auf Brutvögel aus dem Leithagebirge beziehen (z. B. 2 bzw. 9 Ex., die im Schilfgürtel landen[2]).

Im Seewinkel am besten dokumentiert ist ein Vorkommen in der Hölle südlich von Podersdorf, wo von April bis August 2006 und im Februar 2007 ein Tauber in alten Pappelbeständen aus Baumhöhlen sehr aktiv balzte und auch im Dezember/Jänner an seinem Revier festhielt[3]. Der nächste Brutzeitnachweis eines nicht rufenden Einzelvogels gelang hier erst wieder im Mai 2018. Weitere Nachweise rufender Männchen stammen vom Nordufer des St. Andräer Zicksees (2005[4]), vom Ostufer des Illmitzer Zicksees (2006[5]) und vom Illmitzer Seewäldchen (2016[6]). Im Hanság wurden 2012 einzelne Rufer im Bruchwald der Figuren und in den angrenzenden Windschutzstreifen verhört[7]. In den 1980er Jahren konnten hier im April sogar bis zu 20 Hohltauben beobachtet werden. Alle anderen Brutzeitbeobachtungen östlich des Sees von 2009 bis 2018 beziehen sich auf nicht rufende Einzelvögel oder Paare. Am ungarischen Südufer besteht seit 2003 ein wahrscheinliches Brutvorkommen mit ein bis zwei Paaren in einem alten Eichenwald östlich von Fertőboz. Im Herbst und Frühjahr treten Hohltauben in der gesamten Neusiedler See-Region auf, die Schwerpunkte liegen jedoch in den Ackerbaugebieten des zentralen Seewinkels zwischen Apetlon und Frauenkirchen sowie im Hanság. Meldungen überwinternder Tauben aus den Monaten Dezember und Jänner beschränken sich hingegen ausschließlich auf diese beiden Teilgebiete und das Albrechtsfeld, wo die Äcker von Windschutzstreifen, die als Rast- und Schlafplätze genutzt werden, durchsetzt sind. Oft werden aber auch Stromleitungen als Sitzwarten angenommen. Zur Nutzung größerer Gemeinschaftsschlafplätze liegen keine Angaben vor. Bevorzugte Nahrungsflächen sind Stoppelfelder von Getreide, Sonnenblumen und Mais[9], Hohltauben picken aber auch gemeinsam mit Ringel- und Türkentauben die Kerne aus den Sonnenblumenköpfen.

Bestand und Bestandsentwicklung

Bis Mitte des 20. Jahrhunderts wird die Hohltaube nur als regelmäßiger Durchzügler angeführt. Erst der Fund einer Rupfung am 2.5.1940 weist auf ein Brutzeitvorkommen in den Waldstreifen am Ostufer nördlich von Illmitz hin. Für das Westufer liegt aus dieser Zeit nur ein Brutverdacht bei Donnerskirchen vor, der sich auf den Auwald an der Wulka

Frauenkirchen, 27.3.2020 (Leander Khil)

beziehen könnte, während die Art für das angrenzende Leithagebirge als sicherer Brutvogel erwähnt wird[10, 11]. Auch in den 1950er Jahren halten Bauer et al.[12] Bruten nur am Westufer für möglich und listen für den Seewinkel lediglich zwei Aprilbeobachtungen auf. Spätestens nach 2000 kam es im Seewinkel, nach der Ansiedlung des Schwarzspechtes sowie am Südufer des Sees zu einer leichten Zunahme der Nachweise. Aktuell dürften aber pro Jahr im gesamten Bearbeitungsgebiet noch immer nur vereinzelte Reviere besetzt sein. Im Gegensatz dazu ermöglichen die schneearmen Winter eine regelmäßige Überwinterung größerer Verbände. Für den ostösterreichischen Winterbestand, an dem der Neusiedler See einen wesentlichen Anteil hat, lässt sich dabei eine signifikante Zunahme von 1974 bis 1992 nachweisen. Dieser Trend wurde auch in anderen Teilen des östlichen Mitteleuropas festgestellt und wird neben dem Klimawandel vor allem auf den verstärkten Anbau von Raps und Körnermais zurückgeführt[9, 13]. Zeitnahe Zählungen in verschiedenen Teilgebieten unter Ausschluss von Doppelzählungen ergeben für die gut dokumentierten Jahre 2015–2017 Dezemberbestände von mehr als 600 und Jännerbestände von mehr als 300 Hohltauben im österreichischen Teil des Bearbeitungsgebietes.

Jahreszeitliches Auftreten

Die phänologische Auswertung der Beobachtungsdaten ergibt ein sehr lückenhaftes und unklares Bild, das wahrscheinlich von den wenigen, zufällig verteilten Meldungen großer Trupps verzerrt wird. Erste nachbrutzeitliche Zugbewegungen, die sich wohl auf Zwischenzug beziehen[1], setzen in der zweiten Augusthälfte ein. Zimmermann[10] konnte hingegen in den 1940er Jahren einen Zwischenzug mit Trupps von mehr als 40 Tauben bereits Anfang Juli feststellen. Anfang Oktober beginnt der Einflug der Zug- und Wintergäste, der im Dezember sein spätes Maximum erreicht. Zuggipfel sind weder im Herbst noch im Frühjahr erkennbar und im Unterschied zur Ringeltaube liegen aus dem gesamten Beobachtungszeitraum seit 1975 nur zwei eindeutige Zugbeobachtungen vor (21 bzw. 330 Ex. Mitte Oktober entlang des Seeufers bei Illmitz nach Süden ziehend[14]). Der steile Abfall im Jänner ist sehr wahrscheinlich auf ein Datendefizit zurückzuführen und bereits Anfang März erfolgt der Abzug. Davon abweichend wurden für Mitteleuropa als Zugperioden vor allem die Monate September/Oktober und März ermittelt[1, 15–17]. Der kaum erkennbare Durchzug sowie die geringe Übereinstimmung mit der überregionalen Zugphänologie sprechen dafür, dass im Neusiedler See-Gebiet die stationären Wintergäste gegenüber den Durchzüglern zahlenmäßig stark überwiegen. Ab Mitte März folgen dann die wenigen Brutzeitmeldungen. Die früheste Beobachtung rufender Tauber stammt vom 13.2.2020[18] und stimmt zeitlich mit den Revierbesetzungen in den Kerngebieten Ostösterreichs überein[16]. Den jahreszeitlich unterschiedlichen Bestandsgrößen entsprechend betrug die durchschnittliche Truppgröße 2011–2018 im Dezember 88 und im Jänner 52 Individuen. Die größten Ansammlungen abseits von Schlafplätzen waren auf der österreichischen Seite ca. 400 Hohltauben am 29.12.1990 nördlich des St. Andräer Zicksees und in Ungarn 200 Individuen.

Zugverhalten und Ringfunde

Die Winterbestände in Ostösterreich dürften sich überwiegend aus nordeuropäischen (finnischen) Zuggästen und lokalen Brutvögeln der umliegenden Waldgebiete zusammensetzen[9,16]. Für das Neusiedler See-Gebiet konnte 2006/07 die Überwinterung eines Taubers in seinem Balzrevier bei Illmitz nachgewiesen werden[19].

Quellen: [1] *Möckel (1988)*, [2] *C. Wende, T. Zuna-Kratky/ornitho.at*, [3] *J. Steiner, A. Grüll/ABÖ*, [4] *A. Grüll/ABÖ*, [5] *M. Dvorak/ABÖ*, [6] *J. Wollmerstädt/ABÖ*, [7] *M. Pollheimer & H.-M. Berg, unpubl. Daten*, [8] *Mogyorósi (2014)*, [9] *Samwald et al. (1993)*, [10] *Zimmermann (1943)*, [11] *Koenig (1961)*, [12] *Bauer et al. (1955)*, [13] *Haupt (1992)*, [14] *A. Ranner, L. Khil/ornitho.at*, [15] *Scherner (1980a)*, [16] *Hochebner & Samwald (1996)*, [17] *Albegger et al. (2015)*, [18] *A. Grüll, unpubl. Daten*, [19] *J. Steiner/ABÖ*, [20] *www.ornitho.at*

Alfred Grüll & Sándor Mogyorósi

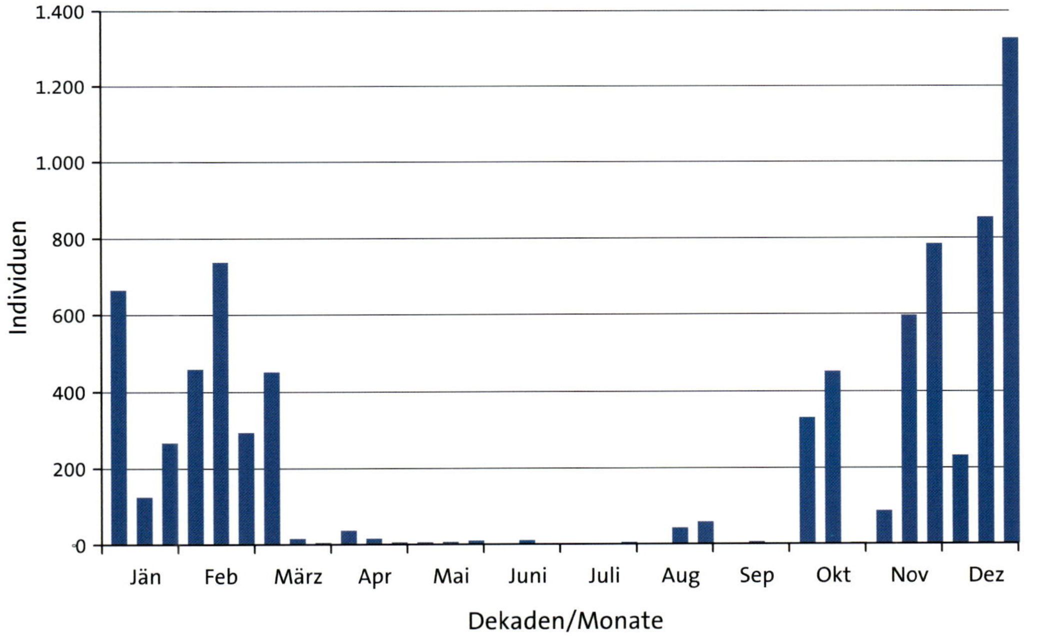

Jahreszeitliches Auftreten der Hohltaube (Dekadensummen gemeldeter Individuen) basierend auf Daten aus Österreich aus den Jahren 2011–2018 (n = 7.903)[20]*.*

Ringeltaube *Columba palumbus* Linnaeus, 1758

Örvös galamb – Common Wood Pigeon

St. Andrä am Zicksee, 22.4.2022 (Michael Dvorak)

Häufiger Brutvogel und Durchzügler von Februar bis Oktober sowie seltener Wintergast; brütet auch im Siedlungsraum

Verbreitung und Lebensraum

Als Baum- und Buschbrüter besiedelt diese anpassungsfähige Taube die unterschiedlichsten Gehölzformationen im gesamten Gebiet. Das Spektrum reicht von Wäldern aller Art bis zu isolierten Einzelbäumen in der offenen Agrarlandschaft oder parkartigen, unterholzfreien Baumbeständen auf Camping- und Parkplätzen. Häufig genutzte Nistplätze sind auch baumlose Buschbestände wie die Ölweidendickichte entlang des Ostufers oder Aschweidengebüsche in der Verlandungszone des Sees. Selbst Einzelbüsche von mehreren Metern Durchmesser und Höhe werden als Neststandorte genutzt, sofern sich im näheren Umkreis noch weitere Gehölze befinden.

Wie in vielen Teilen Europas ist auch am Neusiedler See das Vordringen in den Siedlungsraum weit fortgeschritten (vergl. Denner[1] für Niederösterreich). Während am Westufer nur die Stadt Rust einen urbanen Bestand aufweist und in den Dörfern die Ringeltaube vorläufig nur ganz vereinzelt vorkommt, sind alle Ortschaften östlich des Sees von Neusiedl am See, Weiden und Gols südwärts nahezu flächendeckend besiedelt. Die ungarischen Dörfer am Südufer mit jeweils mehreren Brutpaaren, aber deutlich geringerer Siedlungsdichte als im Seewinkel, nehmen eine Mittelstellung ein. Die Tauben balzen und füttern ihre ausgeflogenen Jungen auf den Hausdächern, dringen zum Nahrungserwerb auf Rasenflächen in Gärten und in enge Innenhöfe vor und lassen sich selbst auf stark frequentierten Liegewiesen der Seebäder wenige Meter neben den Badegästen nicht stören. Als Nistplatz genügen mitunter kleine Einzelbäume oder Gebäude auf stark frequentierten Plätzen und verkehrsreichen Straßen im Ortszentrum[2] oder über dem Wasser errichtete Freizeithütten in den Seebädern (z.B. Fertőrákos). Angaben zur Nutzung der Nahrungshabitate liegen kaum vor. Neben Getreide- und Stoppelfeldern, Brachen und Wiesenmähflächen spielen v.a. auch für durchziehende Schwärme Sonnenblumen eine wichtige Rolle, aus deren Köpfen die Kerne herausgepickt werden. Im Herbst wurden 52% der Zugtrupps, die im Seewinkel und im Hanság beobachtet wurden, vom Ostufer gemeldet (n = 29), sodass der See möglicherweise eine Leitlinie darstellt. Rastende Ringeltauben können dabei sogar die Dämme im Schilfgürtel aufsuchen.

Bestand und Bestandsentwicklung

In den 1940er Jahren war die Ringeltaube am Ostufer des Sees noch ein spärlicher Brutvogel in den damals viel kleineren Baumgruppen zwischen Illmitz und Podersdorf[3]. Im zentralen Seewinkel dürfte die Besiedlung zu dieser Zeit gerade erst begonnen haben (nur ein Nachweis eines rufenden Taubers in einem kleinen Föhrenwäldchen beim Paulhof[4]). Die Beobachtung einer balzenden Ringeltaube in einem baumreichen Garten in Neusiedl am See im Jahr 1941 lässt dabei auch frühere Ansätze zur Einwanderung in die Dörfer vermuten. Rastende Durchzügler im Herbst traten hingegen auch damals schon in Schwärmen von bis zu 100 Exemplaren auf[3]. 15 Jahre später war die Ringeltaube in den Seewinkel-Wäldchen noch immer ein vereinzelter und unregelmäßiger Brutvogel, besiedelte aber den Buschwald am Hackelsberg bei Jois bereits in höherer Dichte[5]. In den 1960er Jahren kam es dann zu einer zügigen Ausbreitung. Am West- und Südufer des Sees brütete sie bereits in allen Gehölzen der Verlandungszone[6] und ab Mitte des Jahrzehntes liegen auch Brutzeitmeldungen aus dem zentralen und östlichen Seewinkel vor, unter anderem aus einer „Kolonie" mit ca. 50 (!) Nestern in einem Pappelwäldchen des nördlichen Albrechtsfeldes[7]. Mit der Ausbreitung und Alterung der Gehölze kam es zu weiteren Bestandszunahmen. So hat sich z.B. die Anzahl der Reviere auf den Zitzmannsdorfer Wiesen zwischen 1991 und 2011 von 5–6 auf 12–13 mehr als verdoppelt[8]. Gleichzeitig setzte in den 1990er Jahren eine „Verstädterung" ein. Erste Anzeichen waren – wie im östlichen Tiefland Niederösterreichs[1] – bereits in den 1980er Jahren bemerkbar. So balzten Ringeltauben erstmals 1985 am Ortsrand von Apetlon und begannen 1987 am Boden zwischen den bewohnten Häusern nach Nahrung zu suchen[2]. 1994 beobachtete E. Sabathy[9] im Seebad Neusiedl am See mitten im Badebetrieb ein Paar beim Nestbau. Etwa um 2000 begann sie dann auch im dicht verbauten Siedlungsgebiet zu brüten, 2005 z.B. schon auf kleinen Bäumen entlang der Hauptstraße von Neusiedl am See[10].

Heute gehört die Ringeltaube zu den stetigen und typischen Brutvögeln der Seewinkel-Dörfer[11]. Im Rahmen von flächendeckenden Linientaxierungen im Ortsgebiet von Illmitz (171 ha) wurden 2018 mind. 20 revieranzeigende Männchen bzw. eine Siedlungsdichte von 1,2 Revieren/10 ha ermittelt, die sogar den jüngst erhobenen Maximalwert von 0,6–0,8 Revieren/10 ha für Dörfer im Weinviertel/Niederösterreich übersteigt[1]. Mit 2,4 Revieren/10 ha war dabei der alte, dicht verbaute Dorfkern mit altem Baumbestand am dichtesten besiedelt, während in den Neubauvierteln mit hohem Grünflächenanteil, aber jüngeren Baumpflanzungen nur vereinzelt Paare vorkamen[2]. Geschützte Nistplätze dürften demnach wichtiger sein als Nahrungsflächen, die hauptsächlich außerhalb der Ortschaften liegen. Auf die Fläche aller Seewinkeldörfer – ohne Gols, Mönchhof und Halbturn – hochgerechnet ergibt das einen Bestand von mind. 150 Revieren. In fünf Dörfern am Westufer konnten hingegen 2018 nur jeweils 1–2 Ringeltauben kartiert werden[12]. Eine Kartierung in 19 Wäldchen des Seewinkels von mehr als einem Hektar Größe (insgesamt 185,7 ha) ergab 2016–2018 Vorkommen in allen Gehölzen und insgesamt 88 Reviere. Auf die Gesamtfläche bezogen waren 4,7 Reviere/10 ha und maximal 11 Reviere/10 ha besetzt[13]. Revierkartierungen auf zwei Probeflächen bei Gols (4,5 km²) und Jois (6,2 km²) in den Jahren 1998 und 2020 ergaben für beide Gebiete beträchtliche Zunahmen von einem auf acht (Gols) bzw. einem auf sieben (Jois) Reviere innerhalb von zwei Jahrzehnten. In einem ebenfalls in denselben Jahren untersuchten, stärker mit Wäldchen und Windschutzstreifen bestockten Gebiet bei Pamhagen (3,75 km²) blieb der Bestand hingegen mit 10 bzw. acht Revieren in etwa gleich[14]. Eine Hochrechnung für die nicht kontrollierten Waldbestände auf der Grundlage dieser Daten ergibt zusammen mit den Dorfbeständen für das gesamte Gebiet östlich des Sees mehr als 500 Brutpaare.

Jahreszeitliches Auftreten

Der Einzug der Brutvögel beginnt im Februar und spätestens ab Mitte des Monats kündigen das „Rucksen" und die auffälligen Balzflüge der Tauber den Vorfrühling an. Offenbar als Ausnahme – und im Phänologie-Diagramm daher nicht enthalten – rastete schon am 18.2.2018 ein

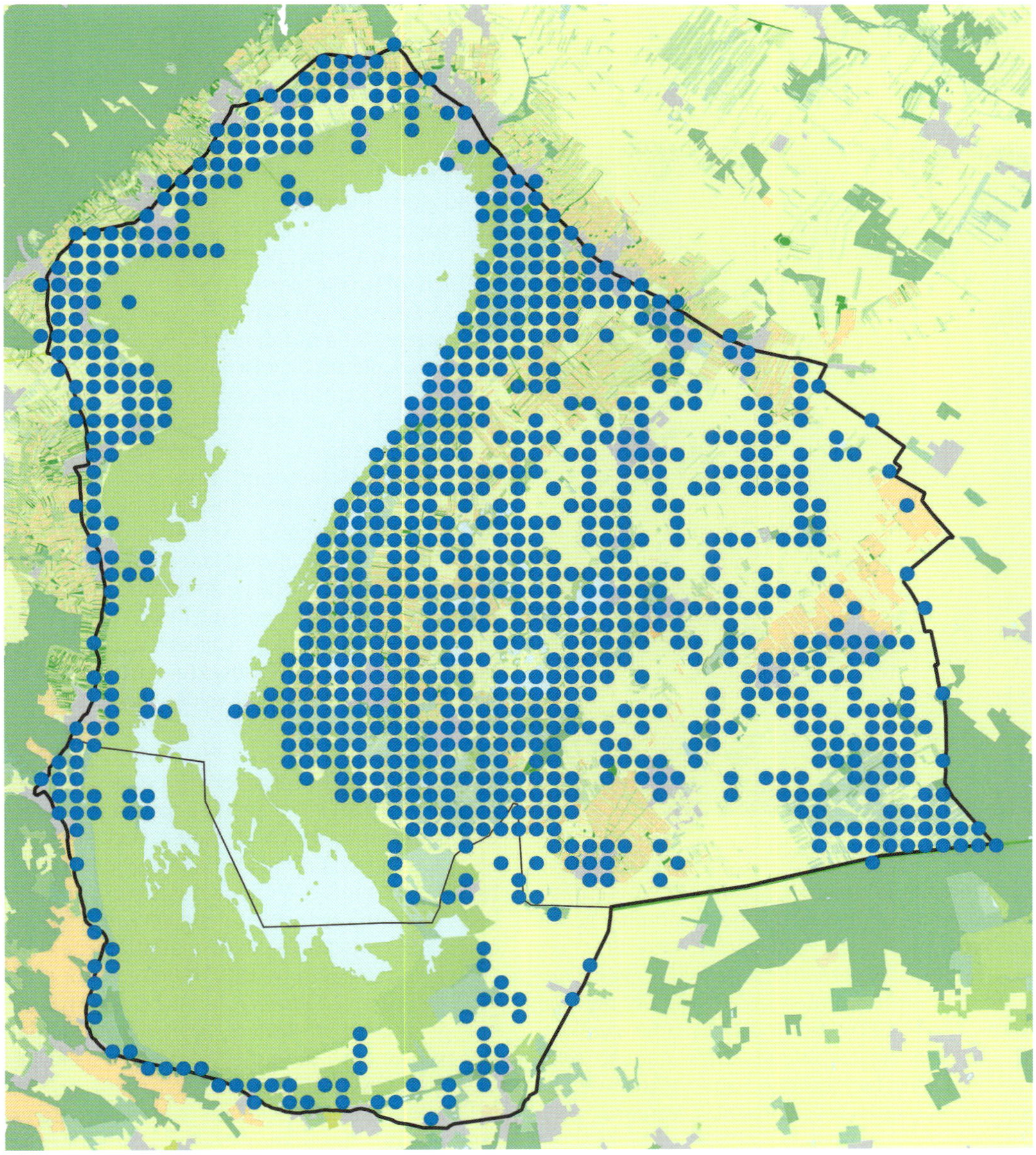

Brutzeitverbreitung der Ringeltaube, basierend auf Beobachtungen in den Monaten April bis August aus den Jahren 2011–2021[22–24].

durchziehender Schwarm von etwa 300 Ringeltauben am Westufer[15]. Ein steiler Anstieg der Beobachtungsmeldungen erfolgt nach Mitte März und beruht, abgesehen von der Zunahme der Beobachterdichte, auf der Intensivierung der Balzaktivitäten und dem Frühjahrszug: Trupps von 10–170 Tauben mit nördlichen Flugrichtungen traten vor allem in den zwei Wochen von 10. bis 25. März auf. Trupps von 20 bis > 200 Tauben auf den Nahrungsfeldern, die wohl überwiegend der lokalen Brutpopulation zuzurechnen sind, wurden aber auch noch bis Juni gemeldet, so z. B. 230 Ringeltauben am 9.6.2012 im Hanság[16]. Anfang der 1940er Jahre, als die Art im Seewinkel noch seltener Brutvogel war, konnten hingegen bis 10. Mai Zugbewegungen registriert werden[3]. Bis Mitte Mai bleibt die Beobachtungsrate rufender Vögel hoch, dann werden die Balzaktivitäten seltener, die größeren Trupps auf den Feldern bleiben aus und nach dem 20. Mai nimmt die Anzahl der Meldungen daher deutlich ab.

Eine Zunahme der Truppgrößen (bis 40 Ex.) durch erste Sammelbewegungen beginnt erst wieder ab dem 20. August. In der letzten Septemberdekade setzt der Herbstzug ein, der im Oktober kulminiert und danach schlagartig ausklingt. Wie auch in der Steiermark[17] tritt er mit höheren Individuenzahlen auffälliger in Erscheinung als der Frühjahrszug: 1981–2017 betrug die mittlere Größe der ziehenden Trupps im Seewinkel und im Hanság 93 Exemplare (20–410 Ex., 72 % der Meldungen jedoch weniger als 100 Ex; n = 29). Überwinterungen sind selten. Von wenigen Ausnahmen abgesehen, bei denen auch Verwechslungen mit Hohltauben nicht auszuschließen sind, liegen von November bis Mitte Februar aus dem österreichischen Teil nur vereinzelte Meldungen von jeweils ein bis zwei Individuen vor, während in Ungarn regelmäßig auch größere Trupps von bis zu 14 Tauben überwintern. Die Ringeltaube hat eine lange Brutzeit mit bis zu drei Bruten pro Jahr. Der Nistplatzbezug der Paare kann in den Ortschaften schon Mitte Februar beginnen[18], Nestbau wurde von 10. März bis 4. August beobachtet. Die Hauptbrutzeit liegt im europäischen Vergleich relativ früh[19], 82 % aller Funde aktiver Nester (n = 68) gelangen in den Monaten April und Mai. Am 24. August wurden noch flügge Jungvögel gefüttert und die spätesten Balzrufe am 5. September verhört.

Zugverhalten und Ringfunde

Die Zugvögel aus dem Karpatenbecken wandern nach Südwesten und überwintern vor allem vom Podelta südwärts in der östlichen Emilia Romagna, Toskana, auf Korsika und Sardinien; ein offenbar viel kleinerer Anteil zieht nach Südfrankreich und Süditalien[20]. Wieweit die Brutvögel vom Neusiedler See auch in den Mittelmeerraum ziehen oder nur als Stand- und Strichvögel in die benachbarten Regionen Wulkabecken, Wiener Becken oder Donauraum – mit einem Winterbestand von wahrscheinlich mehreren 100 Ringeltauben[21] – ausweichen, ist nicht bekannt.

Quellen: *[1] Denner (2017), [2] A. Grüll, unpubl. Daten, [3] Zimmermann (1943), [4] L. Machura in Seitz (1942), [5] Bauer et al. (1955), [6] Koenig (1961), [7] W. Scherzinger/ABÖ, [8] Dvorak et al. (2011), [9] E. Sabathy/ABÖ, [10] A. Grüll/ABÖ, [11] Dvorak et al. (2014b), [12] M. Dvorak, A. Grüll & A. Cimadom, unpubl. Daten, [13] M. Dvorak, unpubl. Daten, [14] BirdLife Österreich, unpubl. Daten, [15] M. Zacherl/ornitho.at, [16] H.-M. Berg, unpubl. Daten, [17] Albegger et al. (2015), [18] A. Grüll/ornitho.at, [19] Scherner (1980b), [20] Faragó in Csörgő et al. (2009), [21] Berg et al. (2017), [22] www.ornitho.at, [23] Archiv MME Sopron, [24] Archiv FHNP*

Alfred Grüll & Sándor Mogyorósi

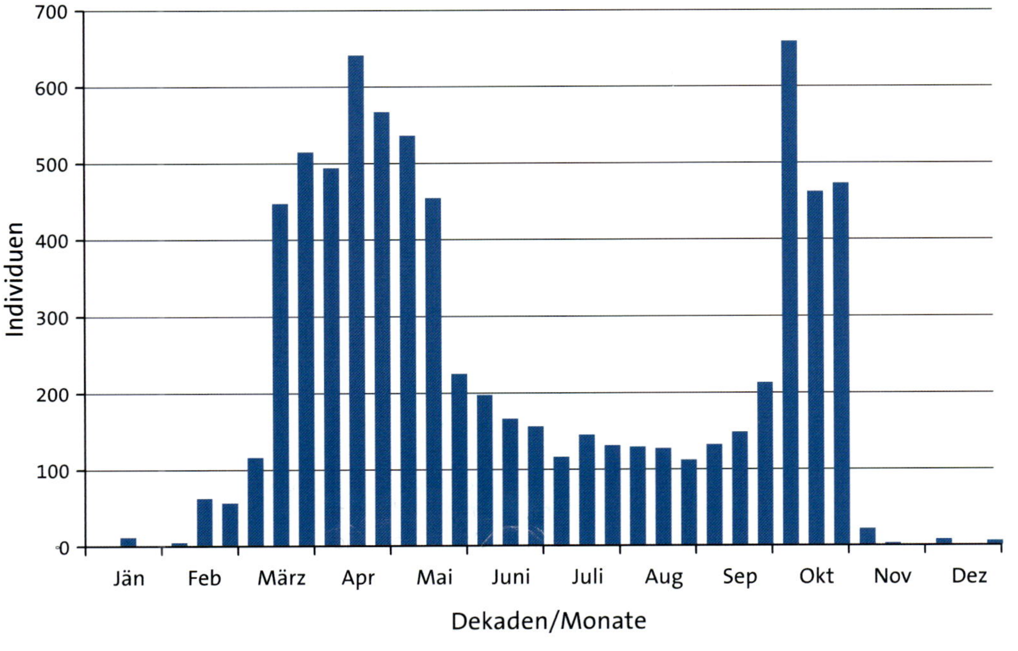

Jahreszeitliches Auftreten der Ringeltaube (Dekadensummen gemeldeter Individuen) basierend auf Daten aus Österreich aus den Jahren 2011–2018 (n = 7.539)[22].

Turteltaube *Streptopelia turtur* (Linnaeus, 1758)

Vadgerle – European Turtle Dove

Apetlon, 17.6.2011 (Michael Dvorak)

Häufiger Brutvogel sowie Durchzügler von Mitte April bis Ende September; seit 2010 Bestandsrückgang um mehr als 50 %

Verbreitung und Lebensraum

Die Turteltaube brütet in sehr unterschiedlichen Dichten im gesamten Gebiet. Am dichtesten besiedelt sind die Gehölzstreifen am Sandrücken entlang des Ostufers von Weiden südwärts bis Illmitz/Sandeck sowie die Windschutzgürtel und Gebüschzonen im Hanság. Im zentralen und südlichen Seewinkel lockert das Verbreitungsbild auf, die Vorkommen konzentrieren sich hier auf die zerstreuten Feldgehölze, verbuschten Schottergruben[1], Gutshöfe und naturnahen Gärten der Ortsränder. Im östlichen Seewinkel, im Bereich Albrechtsfeld, und vor allem im nördlichen Seewinkel werden meist nur einzelne Reviere besetzt, die inselartig zerstreut sind oder auf weiten Strecken ganz fehlen können. Auch am West- und Südufer des Sees ist das Verbreitungsbild lückig, die Vorkommen konzentrieren sich auf die Buschreihen, Grauweidenformationen und Waldparzellen im Seevorgelände. Inselartig vorgelagerte Kleinvorkommen bestehen weiters in den Seebädern. Turteltauben brüten im Wald und im Offenland in Gebüschen aller Art, sofern sie für die geschützte Nestanlage ausreichend dicht sind. Die dornentragenden Rosen und Ölweiden werden dabei mit fast 50 % der Neststandorte deutlich bevorzugt[2]. An die Ausdehnung dieser Habitate stellt die Turteltaube keine hohen Ansprüche. Oft genügen schon größere Einzelbüsche, schmale Buschreihen oder ein lockerer Verband niedriger Dornensträucher. Als Neststandort wird ausnahmsweise sogar ein Weinstock angenommen[3]. Die Brutvögel unternehmen bis mehr als 10 km weite Nahrungsflüge, die sogar über den See führen können[4, 5]. Im Gegensatz zur Türkentaube werden kaum Tierfütterungen aufgesucht, sondern hauptsächlich Wildkrautfluren mit reichlichem Samenangebot an Wegrändern, in Weingärten, auf Brachen, Hutweiden oder gemähten Wiesen[6, 7, 8]. Vor allem nach der Ernte werden zusätzlich Sonnenblumen-, Raps-, Getreide- und Maisfelder genutzt, so konnten beispielsweise Mitte August 1989 ca. 200 Exemplare auf den Samenständen eines Sonnenblumenfeldes beobachtet werden[2, 9].

Bestand und Bestandsentwicklung

Mit ihren geringen Ansprüchen an Ausdehnung und Alter der Gehölze brütete die Turteltaube schon Mitte des 19. Jahrhunderts im Seewinkel, als die Gehölzbestände noch weitgehend auf die Siedlungsränder beschränkt waren[10]. In den 1940er Jahren gehörte sie nach Zimmermann[11] bereits zu den häufigsten Landvögeln des Gebietes. Die höchsten Dichten erreichte sie damals in den ausgedehnten Obstkulturen und in mit Gehölzen durchsetzten Weingärten am Nord- und Westufer, wo Steinfatt[12] Mitte Mai 1932 zwischen Purbach und Rust 250 Turteltauben zählte. Am Ostufer und im zentralen Seewinkel besiedelte sie neben den noch kleinflächigen Kulturen die langsam aufkommenden Gehölze. Die Siedlungsdichte dürfte aber noch gering gewesen sein, da Zimmermann[11] z. B. für das Illmitzer Seewäldchen mit der nördlich anschließenden Baumreihe oder den Pappelbestand am Oberen Stinkersee nur je ein bis zwei Paare angibt. Die nachfolgenden Autoren führen die Turteltaube von 1955 bis 1993 als häufigen Brutvogel im gesamten Gebiet an, sodass für den Zeitraum bis Ende der 1980er Jahre von einer stabilen Bestandssituation auszugehen ist[5, 6, 13]. Auf einer Probefläche von 42 km² im südwestlichen Seewinkel (Apetlon/Illmitz) brüteten 1987–1989 etwa 80–90 Paare mit einer Siedlungsdichte von mindestens zwei Brutpaaren pro ha Gehölzfläche. 42 % von 627 begonnenen Bruten waren erfolgreich bei einer Reproduktionsrate von 1,82 Jungen pro erfolgreicher Brut. Die höchsten Reproduktionsraten sowie Dichten mit maximal 7,6 begonnenen Bruten/ha wurden dabei in Gehölzformationen mit gut ausgeprägter, undurchdringlicher Strauchschicht erreicht[2, 9]. Auch im Zeitraum 1991–2011 konnten Dvorak et al.[14] auf den Zitzmannsdorfer Wiesen eine Zunahme von 3–6 auf 21–25 Reviere bzw. eine Dichte von 17 Reviere/10 ha auf den kleinen Gehölzflächen feststellen, die auf die rasche Ausbreitung der Gebüsche zurückzuführen war.

Bestandsschätzungen für den Zeitraum von 2006–2009 ergaben für das Westufer 60–80, für den westlichen und zentralen Seewinkel 250–300 und für den Hanság 70–80 Brutpaare[15, 16]. Ein Rückgang um fast 50 % machte sich erstmals beim Nationalpark-Monitoring bemerkbar: Während 2001–2005 auf 10 je 1 km langen Probestrecken entlang des Ostufers noch maximal 29–31 Reviere kartiert wurden[17], gelangen auf denselben Transekten 2017 trotz weiterer Ausbreitung der Ölweiden-Gebüsche nur noch 15 Reviernachweise[18]. In einem Abstand von 22 Jahren (1998 und 2020) durchgeführte Revierkartierungen ergaben für eine 3,75 km² große Fläche bei Pamhagen 23 bzw. acht Reviere und damit einen noch stärkeren Rückgang von 66 %. Ein mit ursprünglich 12 Revieren besiedeltes, 6,2 km² großes Gebiet bei Jois wurde im selben Zeitraum sogar vollständig geräumt[19]. Auch eine Kartierung 2016–2018 in 19 Wäldchen des Seewinkels (insgesamt 185,7 ha) ergab nur noch in 15 Gehölzen 69 Reviere. Auf die Gesamtfläche bezogen waren 3,7 Reviere/10 ha besetzt und in keinem Gehölz wurde die Dichte von 13 Revieren/10 ha überschritten[20].

Einen weiteren Hinweis auf einen (überregionalen) Populationsrückgang gibt die rapide Abnahme der Truppgrößen und Zugbeobachtungen nach 2000 (siehe jahreszeitliches Auftreten sowie Albegger et al.[21] für die Steiermark). Auch bei Berücksichtigung aller Unsicherheiten bei einmaligen Kartierungen ist daher insgesamt ein Bestandsrückgang abzuleiten, der bis zu 70 % betragen könnte. Das würde bedeuten, dass im burgenländischen Teilgebiet von den etwa 500 Brutpaaren zu Beginn des Jahres 2000 derzeit nur noch 150–200 vorhanden sind. Auch auf der ungarischen Seite sind nach einem Rückgang um bis zu 50 % im letzten Jahrzehnt heute weniger als 50 Brutpaare vorhanden[22]. Dementsprechend ergibt der „Farmland Bird Index" in Österreich für die Turteltaube als eine der Indikatorarten für den Zeitraum 1998–2016 einen signifikanten Rückgang um 56 %, der sich auf Grund der Gesamtverbreitung vor allem auf den pannonischen Osten bezieht[23]. Eine der Hauptursachen im Brutgebiet ist der Diversitätsverlust im Nahrungsangebot (v. a. Verlust von Wildpflanzensamen) durch Herbizideinsatz im Zuge landwirtschaftlicher Intensivierung, was eine Reduktion der Fortpflanzungsrate zur Folge hat[7, 8, 24].

Jahreszeitliches Auftreten

Nach ersten Vorboten ab 10. April erfolgt der Einzug der Brutvögel ab Mitte April. Die Männchen beginnen sofort zu rufen und mit der Balzaktivität steigt auch die Beobachtungshäufigkeit steil an. Am Höhepunkt in der ers-

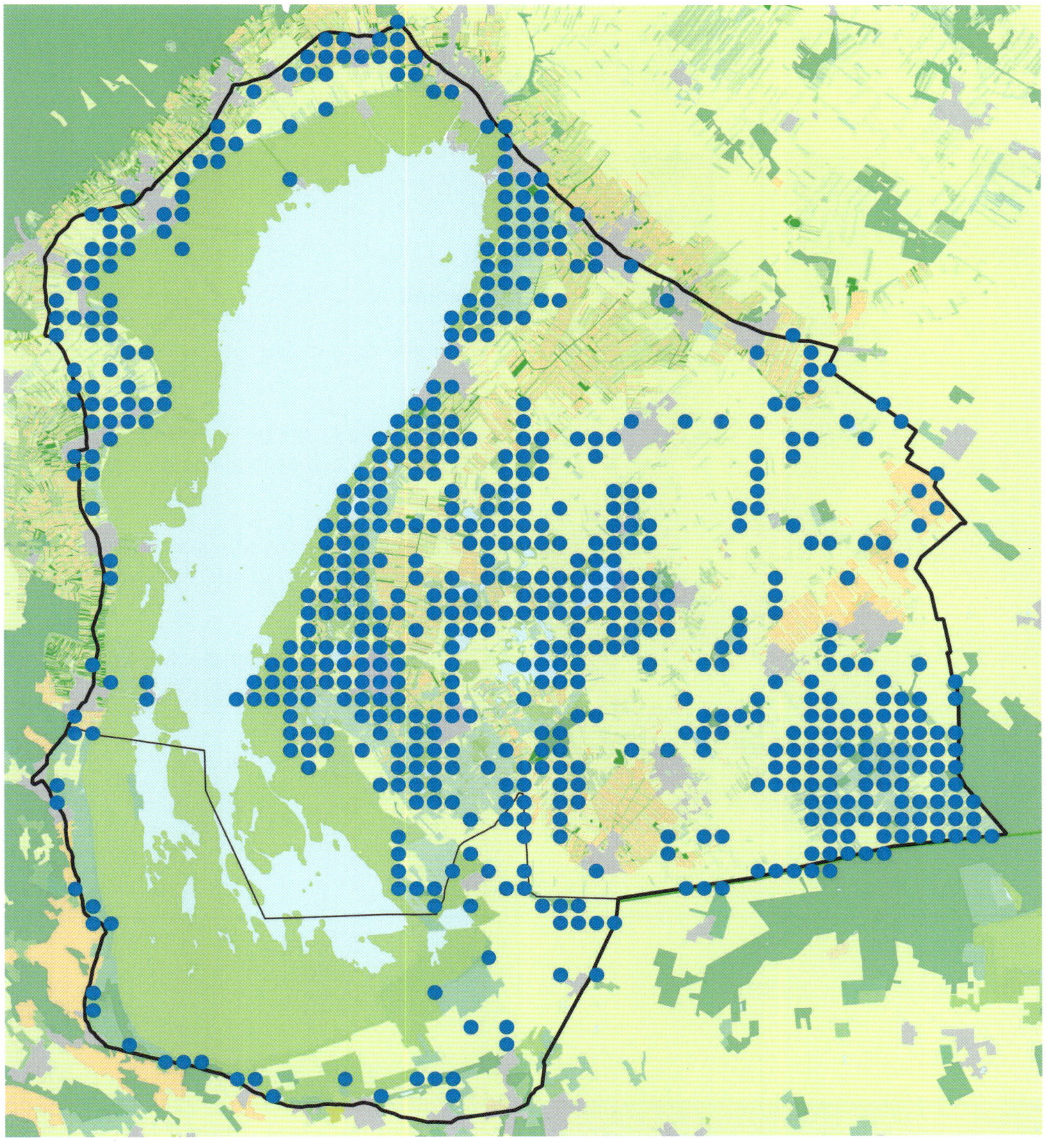

Brutzeitverbreitung der Turteltaube, basierend auf Beobachtungen in den Monaten April bis August (außer Brutcode „P") aus den Jahren 2011–2021[34–36]*.*

ten Maihälfte entfallen etwa 50 % der Meldungen auf gurrende Tauben. Nach Mitte Mai nehmen Rufaktivität und Balzflüge rasch ab und die überwiegend in Deckung lebenden Vögel werden unauffällig. Im Juli lassen nur noch etwa 20 % der beobachteten Tauben Revierrufe hören und Anfang September erlischt die Rufaktivität. Bis Ende September zieht der Großteil ab, die spätesten Beobachtungen datieren vom 5.[25], 7.[26] und 15.[27] Oktober. Weit aus dem Rahmen fallen hingegen zwei ältere Nachweise vom 18.11.1967(?)[28] und 11.11.1978[29]. Bis Ende der 1990er Jahre wurden im Mai und im August/September, oft auf Leitungsdrähten sitzend, regelmäßig Trupps von 10–200 Tauben und teilweise starker Zug registriert[2, 5, 11, 12, 30]. In den Daten seit 2001 scheinen hingegen Gruppen von mehr als fünf bis maximal 14 Tauben nur noch 13-mal auf und eindeutige Zugbeobachtungen fehlen. Nestbau wurde von 20. April bis Mitte August beobachtet. Die ersten Jungtauben fliegen Anfang Juni aus, die meisten aber erst ab Ende Juni zur Zeit der Raps- und Getreideernte und die letzten nach Mitte September. Die lange Brutperiode ermöglicht zwei Bruten[9].

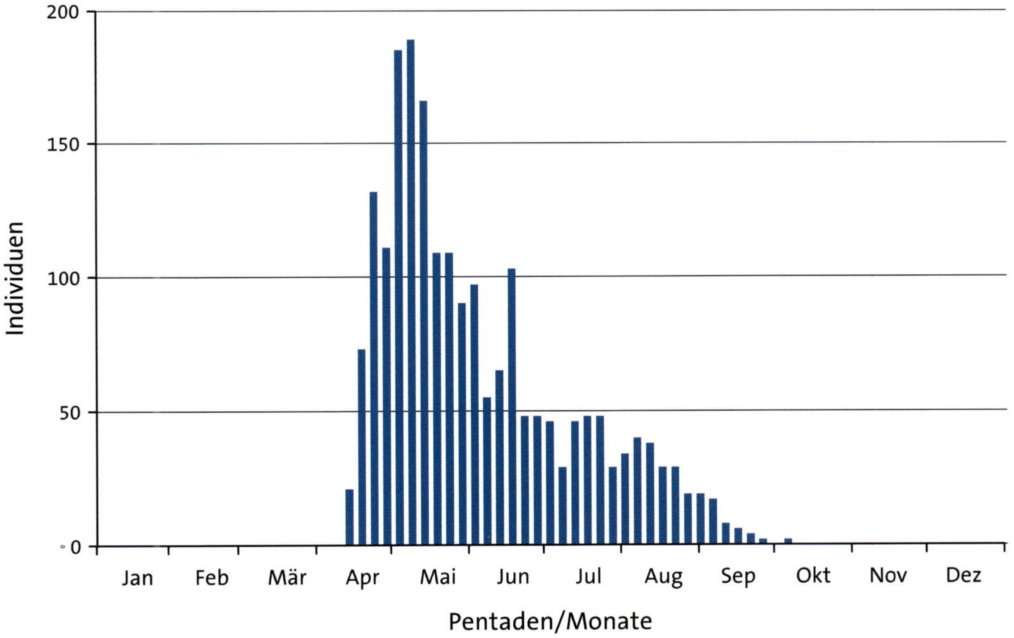

Jahreszeitliches Auftreten der Turteltaube (Pentadensummen gemeldeter Individuen) basierend auf Daten aus Österreich aus den Jahren 2011–2018 (n = 2.094)[34]*.*

Zugverhalten und Ringfunde

Die kleinste der fünf heimischen Tauben ist ein Langstreckenzieher, der im Savannengürtel südlich der Sahara überwintert. Die Zugwege der Brutvögel vom Neusiedler See liegen im Überschneidungsbereich zwischen der zentralen Route über Süditalien und Malta und der Balkanroute über Griechenland[31, 32]. Ein in Illmitz beringter Nestling wurde am 15. April auf den Ionischen Inseln/Griechenland erbeutet[33].

Quellen: [1] *Dvorak & Berg (1991),* [2] *Gaitzenauer (1991),* [3] *A. Grüll/ABÖ,* [4] *Koenig (1952),* [5] *Bauer et al. (1955),* [6] *Scherner (1980c),* [7] *Browne & Aebisher (2003),* [8] *Gutiérrez-Galán & Alonso (2016),* [9] *Gaitzenauer (1990),* [10] *Jukovits (1864/65),* [11] *Zimmermann (1943),* [12] *Steinfatt (1936),* [13] *Dvorak et al. (1993),* [14] *Dvorak et al. (2011),* [15] *Dvorak et al. (2008),* [16] *Dvorak et al. (2010),* [17] *Karner-Ranner et al. (2008),* [18] *Karner-Ranner & Bittermann (2017),* [19] *BirdLife Österreich, unpubl. Daten,* [20] *M. Dvorak, unpubl. Daten,* [21] *Albegger et al. (2015),* [22] *S. Mogyorósi, unpubl. Daten,* [23] *Teufelbauer et al. (2017),* [24] *Browne & Aebisher (2004),* [25] *U. Lindinger/ornitho.at,* [26] *I. Horváth/ornitho.at,* [27] *A. Pellinger, unpubl. Daten,* [28] *H. Winkler/ABÖ,* [29] *R. Triebl/ABÖ,* [30] *Goethe (1941),* [31] *Faragó in Csörgő et al. (2009),* [32] *Marx et al. (2016),* [33] *Österreichische Vogelwarte/Vogelberingungszentrale BirdLife Ungarn, unpubl. Ringfund,* [34] *www.ornitho.at,* [35] *Archiv MME Sopron,* [36] *Archiv FHNP*

Alfred Grüll & Sándor Mogyorósi

Orientturteltaube *Streptopelia orientalis* (Latham, 1790)

Keleti gerle – Oriental Turtle Dove

Fertőrákos, 17.1.2010 (Otto Samwald)

Ausnahmeerscheinung

Vorkommen

Ein Nachweis, der den ersten für Ungarn darstellt:

- 11.1.–23.2.2010 Fertőrákos, 1 vj. der Unterart *S. o. meena* (S. Mogyorósi u. a.[1–4])

Quellen: *[1] Mogyorósi (2010), [2] MME Nomenclator Bizottság (2013), [3] Mogyorósi (2016), [4] Mogyorósi (2018)*

Andreas Ranner & Tibor Hadarics

Türkentaube *Streptopelia decaocto* (Frivaldszky, 1838)

Balkáni gerle – Eurasian Collared Dove

Apetlon, 30.4.2012 (Michael Dvorak)

Sehr häufiger Jahresvogel im engen Umkreis von Gebäuden; die Besiedlung erfolgte erst ab Anfang der 1940er Jahre

Verbreitung und Lebensraum

Die Türkentaube brütet im Umkreis von Gebäuden im gesamten Gebiet. Alle Ortschaften sind nahezu flächendeckend besetzt[1, 2]. Brutvorkommen finden sich aber auch außerhalb der geschlossenen Siedlungen bei Gebäuden aller Art, bis hin zu den kleinen Pferdeunterständen auf den Koppeln. Voraussetzung sind dabei ein zumindest lockerer Baumbestand, z. B. Baumreihen auf Parkplätzen und Strandwiesen oder Alleen, und in vielen Fällen ein landwirtschaftlicher Betrieb oder eine Tierhaltung mit Getreideabfällen bzw. Futterstellen, wie z. B. bei Reitställen. Von diesen Zentren können die Reviervorkommen bis etwa 500 m weit in benachbarte Gehölze ausstrahlen. Umherstreifende Tauber rufen gelegentlich weit abseits von Gebäuden in der freien Landschaft, mitunter sogar in isolierten Einzelbäumen. Schon während der Brutzeit unternehmen Türkentauben v. a. zu Haustier- und Wildfütterungen mehr als 2 km weite Nahrungsflüge. Nach der Brutzeit kommt es zu einer Ausweitung des Aktionsraumes und zu einem markanten Habitatwechsel. Die Tauben fliegen dann in Schwärmen aus den Dörfern bis etwa 4 km weit zu ergiebigen Nahrungsquellen, wo sie viele Stunden lang verweilen. Neben den Tierhaltungen, wie Pferde- und Schweinekoppeln, bilden dabei die Ladeplätze bei den Getreidesilos an den Bahnhöfen, aber auch Sonnenblumen- und Stoppelfelder (v. a. Mais) Konzentrationspunkte. Bei diesen Futterplätzen können die Vögel auch übernachten, z. B. bis zu 200 im Dezember 2018 in einer Buschreihe bei einer Schafskoppel südlich von Podersdorf[3]. Aber auch innerhalb der Ortschaften sammeln sich Türkentauben im Winter in größeren Rastgemeinschaften, z. B. fanden sich im November 2018 mehr als 100 Tauben im nordöstlichen Dorfkern von Illmitz zusammen. Bevorzugte Gemeinschaftsschlafplätze sind hier v. a. Koniferen[4].

Bestand und Bestandsentwicklung

Mit dem ersten Auftreten eines rufenden Taubers in Hirm/Nordburgenland[5] begann die Art in Österreich erst 1938 einzuwandern. Am Neusiedler See tauchten vereinzelte Exemplare An-

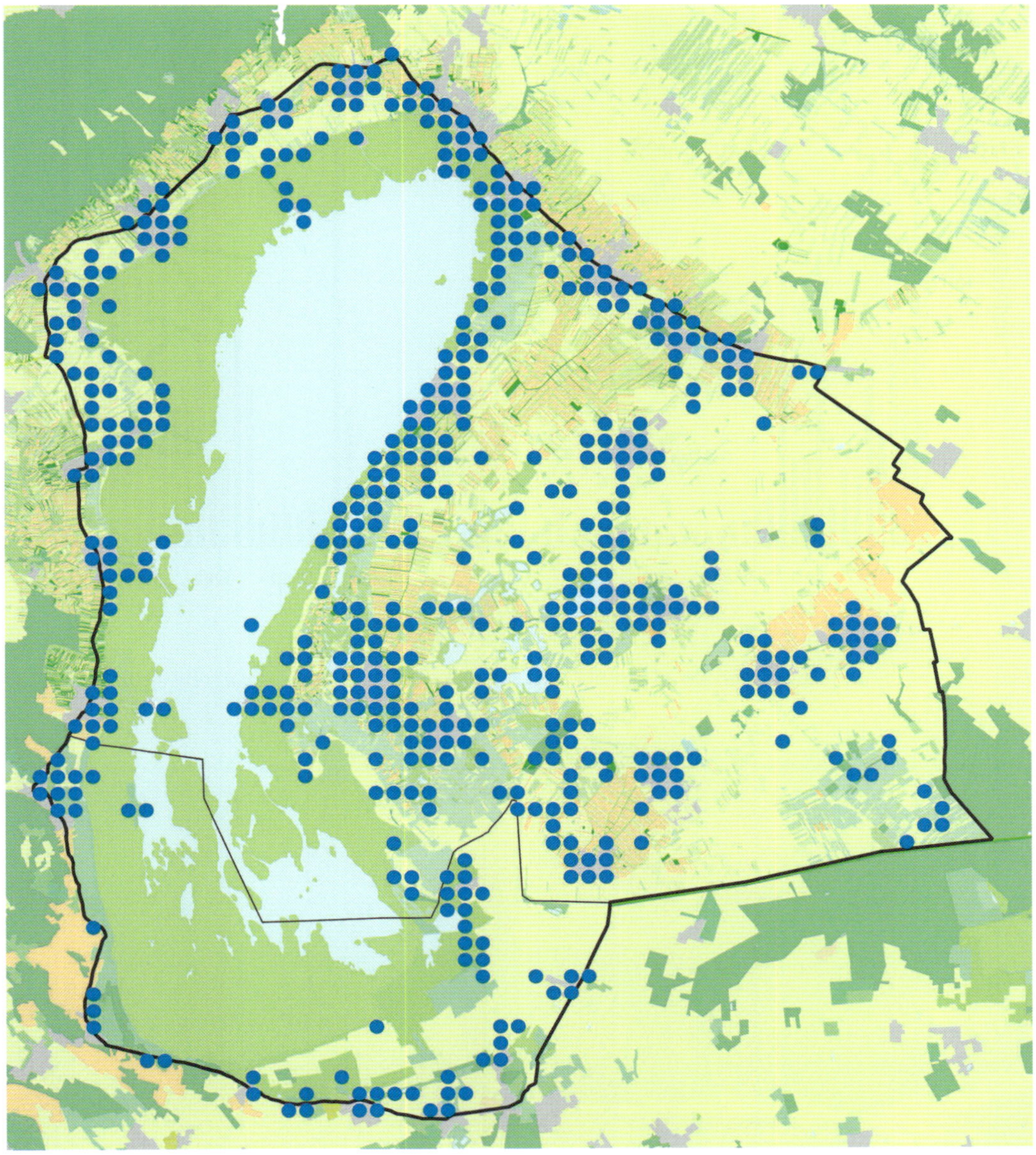

Brutzeitverbreitung der Türkentaube, basierend auf Beobachtungen in den Monaten April bis August (außer Brutcode „P") aus den Jahren 2011–2021[26, 28, 29].

fang der 1940er Jahre in Frauenkirchen auf[6]. Eine verstärkte Ausbreitung erfolgte im Zuge einer Populationszunahme im südöstlichen Niederösterreich ab 1947[7, 8]. Im Jahr 1948 brütete die neue Taube bereits sehr vertraut im Schulhof von Podersdorf, wo der Bestand in der gesamten Ortschaft 1949 auf 20 Paare geschätzt wurde. Weitere Paare besiedelten Neusiedl am See und Rust[9]. Nur wenige Jahre später bezeichneten sie Bauer et al.[10] nach *„ihrer stürmischen Ausbreitung"* als einen *„verbreiteten und in manchen Ortschaften außerordentlich häufigen Brutvogel"*. Zusätzlich besetzt waren zu dieser Zeit zumindest die Dörfer am Südrand der Parndorfer Platte, Andau sowie Jois. Die größten Bestände beherbergten Neusiedl am See mit 60–70 Brutpaaren und Rust, damals die einzigen Orte mit größeren Baumbeständen. 1959/60 kam die Türkentaube auch schon in den südlichen, baumarmen „Steppendörfern" Illmitz, Apetlon und St. Andrä vor[11]. Die Bestandszunahme setzte hier jedoch mit der Ausbreitung der Gehölze nur sehr langsam ein. So schätzte Kurth[12] die Anzahl der Brutpaare in Podersdorf 1969 bereits auf 70, während in Illmitz der erste Brutnachweis erst 1976 gemeldet wurde[13]. Am Hansághof südlich von Andau war die Türkentaube mit Wintertrupps von 40 Vögeln hingegen schon 1967 viel häufiger[14]. Hinweise im BirdLife-Archiv auf einen Bestandseinbruch nach 1970[15], der sich im angrenzenden Niederösterreich jedoch nicht abzeichnete[7], können nicht abgesichert werden. Mit Winterbeständen von mehreren 100 Tauben im Seewinkel ist jedenfalls für das Ende der 1980er Jahre ein hohes Bestandsniveau anzunehmen[16].

Heute ist die Türkentaube in den Ortschaften nach dem Haussperling der zweithäufigste Brutvogel. Eine Hochrechnung auf der Basis von Punkttaxierungen aus dem Jahr 2014 in den Seewinkeldörfern von Frauenkirchen südwärts ergab einen Gesamtbestand von 434–807 Revieren bei einer durchschnittlichen Siedlungsdichte von 5,9 Revieren/10 ha (4,3–8,0)[1]. Mit flächendeckenden Linientaxierungen in Illmitz (171 ha) wurden hingegen 2018 allein in dieser Ortschaft mind. 212 revieranzeigende Männchen und ein doppelt so hoher Dichtewert von 12,4 Revieren/10 ha ermittelt, der sogar den jüngst erhobenen Maximalwert von 9,4 Reviere/10 ha für Dörfer im Weinviertel/Niederösterreich[17] übersteigt. Mit 24 Revieren/10 ha am dichtesten besiedelt war dabei der alte, noch bäuerlich geprägte Dorfkern von Illmitz mit Streckhöfen und altem Baumbestand, während mit zunehmendem Anteil urban gestalteter Neubauviertel mit jungen Baumpflanzungen die Dichte auf Werte um 6 Reviere/10 ha abnahm. In vier ungarischen Dörfern östlich des Sees war die Dichte signifikant geringer als im Seewinkel (nur 46 % des österreichischen Wertes), was möglicherweise mit besser geschützten Nistplätzen durch dichtere Bepflanzung und höhere Anteile an Koniferen in den burgenländischen Gärten zusammenhängt[1]. Am Westufer konnten 2018 auf Teilflächen in Purbach (insgesamt 35 ha) 7,4 Reviere/10 ha kartiert werden. Hier war die Siedlungsdichte im dicht verbauten Ortskern mit geringem Gehölz- und Grünflächenanteil mit 4,7 Revieren/10 ha deutlich niedriger als in den peripheren Gartenvierteln (13,8 Reviere/10 ha)[18]. Auf die Fläche aller Seewinkeldörfer ohne Gols, Mönchhof und Halbturn hochgerechnet ergibt das einen Bestand von mind. 1.200 Revieren. Brutvorkommen außerhalb der Ortschaften bestehen meist aus weniger als fünf Paaren und nur ausnahmsweise, v. a. in großen Seebädern und Gutshöfen, aus maximal 10 Paaren[4]. Bei Berücksichtigung der stichprobenweise erhobenen Siedlungsdichten vom Westufer[2] sowie dem flächigen Ausmaß aller verbauter Flächen kann der Gesamtbestand im österreichischen Teil des Bearbeitungsgebietes grob auf 2.800 Reviere geschätzt werden.

Jahreszeitliches Auftreten

Die Türkentaube hält ganzjährig an ihrem Brutgebiet fest, wesentliche jahreszeitliche Populationsschwankungen sind nicht zu erkennen. Neben dem Brutgeschehen sind die Schwarmbildung und Ausweitung des Aktionsraumes im Winterhalbjahr die auffälligsten phänologischen Erscheinungen. Der zeitliche Verlauf dieser verschiedenen Phasen ist am besten mit der jeweiligen Anzahl der Vögel pro gemeldeter Beobachtung abzubilden. Von Anfang März bis Ende September sind die Tauben durch die lange Brutperiode an ihr Revier gebunden, es werden nur Einzelvögel oder kleine Gruppen beobachtet. Schon in der zweiten Augusthälfte können die ersten großen Schwärme auftreten, z.B. 255 Exemplare bei einer Futterstelle für Rinder[19]. Dabei dürfte es sich in erster Linie um diesjährige Jungtauben handeln[20]. Ab Anfang Oktober nehmen Häufigkeit und Größe der umherstreifenden Schwärme rasch zu, um im Dezember das Maximum zu erreichen. Im burgenländischen Teil wurden zu dieser Zeit pro Beobachtung bis zu 300 Tauben ausgezählt, während die Höchstwerte in Ungarn nur bei knapp über 100 Individuen lagen[21]. Die Truppgrößen umfassten in Österreich bei Tierhaltungen 60–130, auf Feldern im September und Oktober mehr als 200 und bei den Getreidesilos an den Bahnhöfen bis zu 250 Nahrungsgäste[22]. Durch die früh einsetzende Balzaktivität halten sich die Paare bereits im Jänner wieder mehr an den Brutplätzen auf und bis Ende Februar lösen sich die Winterverbände auf. Die Rufaktivität erreicht schon Mitte Februar hohe Werte und bleibt von März bis Juni auf maximaler Höhe, nimmt im Juli ab und erlischt Ende August fast vollständig. Von September bis Dezember können nur gelegentlich einzelne Rufer gehört werden. Nestbaubeginn ist Mitte Februar und Anfang April fliegen die ersten Jungen aus. Bis Mitte Oktober kann mit dem Nestbau begonnen werden und am 4. November wurden noch flügge Jungvögel gefüttert[4].

Zugverhalten und Ringfunde

Die Türkentaube ist weitgehend ein Standvogel. Von 1.533 ungarischen Ringvögeln wurden nur fünf aus einer Entfernung von mehr als 5 km (bis 204 km) zurückgemeldet[23]. Für andere Teilpopulationen ist hingegen belegt, dass bei einem Teil der Jungtauben, vor allem im Frühling nach dem Geburtsjahr, ungerichtete, eventuell dichteabhängige Dismigrationen über mehrere 100 km regelmäßig vorkommen[20, 24, 25].

Quellen: [1] *Dvorak et al. (2014b),* [2] *M. Dvorak & A. Grüll, unpubl. Daten,* [3] *J. Steiner, A. Grüll/ornitho.at,* [4] *A. Grüll/ornitho.at,* [5] *Krüzner (1938),* [6] *S. Ziniel in Adametz (1950),* [7] *Denner (2017a),* [8] *R. Lugitsch/ABÖ,* [9] *S. Ziniel & S. Aumüller in Adametz (1950),* [10] *Bauer et al. (1955),* [11] *Ganso (1960),* [12] *Kurth (1970),* [13] *U. Krieg/ABÖ,* [14] *G. Spitzer/ABÖ,* [15] *D. Kurth & H.R. Tesch, P. Prokop, M. Zucchi/ABÖ,* [16] *A. Grüll/ABÖ,* [17] *Denner (2017b),* [18] *A. Grüll, unpubl. Daten,* [19] *M. Dvorak, B. Wendelin/ornitho.at,* [20] *Nowak (2004),* [21] *S. Mogyorósi, unpubl. Daten,* [22] *A. Grüll, B. Kohler, A. Ranner, E. Sabathy u. a./ABÖ,* [23] *Faragó in Csörgő et al. (2009),* [24] *Hofstetter & Scherner (1980),* [25] *Kasparek (1996),* [26] *www.ornitho.at,* [27] *Archiv BirdLife Österreich,* [28] *Archiv MME Sopron,* [29] *Archiv FHNP*

Alfred Grüll

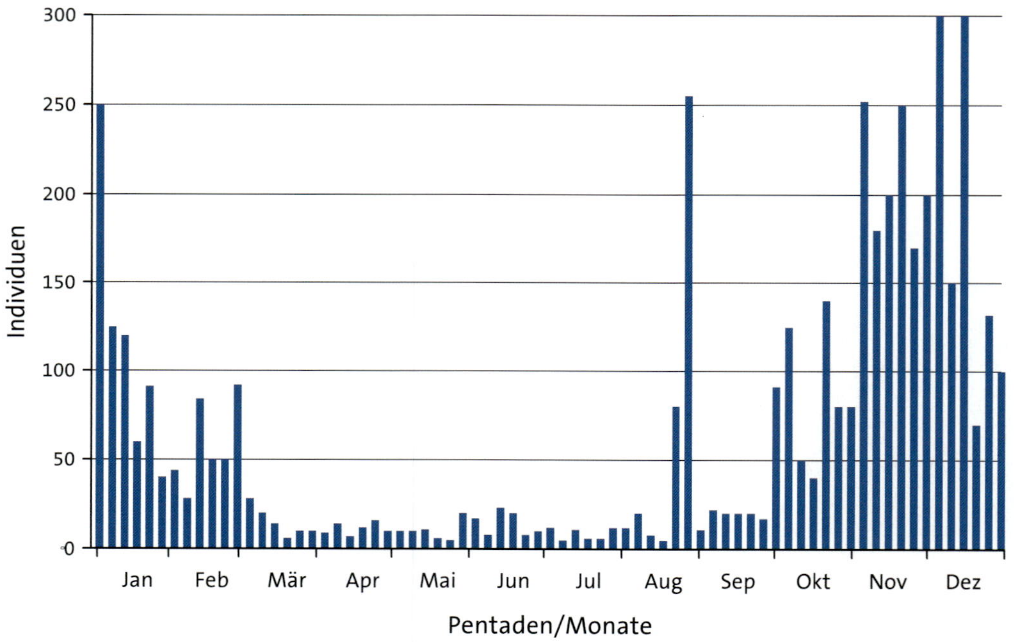

Maximale Anzahl an Türkentauben pro gemeldeter Beobachtung und Pentade basierend auf Daten aus den Jahren 1991–2018[26, 27].

Silberreiher, Ardea alba, *Futter suchende Gruppe, Warmblutkoppel Illmitz, 16.9.2009 (Michael Dvorak)*

Wasserralle *Rallus aquaticus* LINNAEUS, 1758

Guvat – Water Rail

Warmblutkoppel, Illmitz, 13.7.2019 (Gerlinde Taurer)

Verbreiteterer Brutvogel im Schilfgürtel, seltener auch in größeren Schilfbeständen im Seewinkel

Verbreitung und Lebensraum

Die Wasserralle ist ein verbreiteter Brutvogel des Schilfgürtels des Neusiedler Sees, brütet aber im Seewinkel nur an wenigen Stellen und nur vereinzelt auch im Hanság. Am Neusiedler See besiedelt sie in erster Linie dichte und zumindest flach überflutete Röhrichte. Tiefer unter Wasser stehende Gebiete sind nur dann besetzt, wenn entweder eine dichte Knickschichte aus niedergebrochenem Pflanzenmaterial oder auf der Wasserfläche eine tragende Schichte aus Algenmatten und untergetauchten Wasserpflanzen vorhanden ist. Bevorzugte Lebensräume der Wasserralle sind dichte, ältere Schilfbestände mit oder ohne Seggenunterwuchs. Sie kann daher im Schilfgürtel des Neusiedler Sees vom landseitigen Seerand bis zur seeseitigen Schilfkante alle Bereiche besiedeln, allerdings werden dabei frische und ein- bis zweijährige Schnittflächen weitgehend gemieden[1]. Bei hohen Wasserständen werden auch reine Großseggenbestände, Weiden-Erlen-Gebüsch und auch Pfeifengraswiesen besiedelt, was kleinflächig an den landseitigen Rändern des Schilfgürtels relevant ist. Die Größe der Brutbiotope scheint keine wesentliche Rolle zu spielen, es werden auch kleinste geeignete Schilfflächen von wenigen 100 m² Ausdehnung angenommen[2]. In einer aktuellen Studie am West- und Nordufer des Sees konnte gezeigt werden, dass die Häufigkeit der Wasserralle in den verschiedenen Altersklassen des Schilfs signifikant unterschiedlich ist: Die Art erreicht in 6–10-jährigem Schilf ihre höchsten Dichten und fehlt sowohl in sehr altem (älter als 15 Jahre) als auch sehr jungem Schilf (einjährig) weitgehend[3]. Ähnliche Befunde erbrachte bereits eine Untersuchung in den Jahren 1981–1983: Damals konnten in 3–6jährigen Schilfbeständen die höchsten Dichten festgestellt werden, während die über 10-jährigen Bestände nur in geringer Zahl besiedelt waren[1]. Im Seewinkel und Hanság ist die Wasserralle in wasserreichen Jahren in flächigen, überfluteten Schilfbeständen zu finden, lineare Schilfbestände entlang von Kanälen werden nicht besiedelt[4]. In Ungarn brütet sie verbreitet im Schilfgürtel und auch an den Rekonstruktionsflächen bei Mekszikópuszta[5].

Bestand und Bestandsentwicklung

Die früheste Erwähnung der Wasserralle stammt von Pfarrer Jukovits[6], der für die 1850er Jahre angab: „Rallus aquaticus *war ein Stand-Vogel.*“. Ähnlich äußerte sich Fászl[7], der die Wasserralle als *„einen gewöhnlichen und häufigen Brutvogel“* beschrieb und Dombrowski[8] bezeichnete sie als *„häufigen Brutvogel“*. Anfang der 1930er Jahre war die Wasserralle am Südufer des Sees *„anhand ihrer Rufe überall zu finden“*[9] und Otto Koenig, der damals beste Kenner der Schilfvögel am See, bezeichnete die Art 1939 als *„überall in den Rohrwäldern sehr zahlreich“*[10]. 1940–1942 stufte Zimmermann[11] die Wasserralle als häufigen Brutvogel ein, er fand sie *„überall“* und *„häufig“* in *„Seggen- und Wasserschwadensümpfen“*, in der Grauweidenzone sowie in *„Sauergraswiesen“* – Lebensräume, die heutzutage am See weitgehend verschwunden sind. Auch Koenig[12] betont das breite Spektrum besiedelter Lebensräume von „Carex-*Beständen und hochgrasigen Sumpfwiesen*“ bis hin *„zum tief überfluteten Rohrwald“*. Anfang der 1950er Jahre war die Wasserralle ein *„häufiger Brutvogel des Sees,* [ein] *spärlicher der Lacken“*[13].

Erste quantitative Angaben lieferten Untersuchungen zu Beginn der 1980er Jahre; je nach Lebensraum schwankte die Siedlungsdichte kleinflächig zwischen 0,5 und 3,5 Revieren/ha[1]. Eine großflächige Bestandserhebung mit Punkttaxierungen auf einer Fläche von 12,7 km² in der Kernzone des Nationalparks im Jahr 1995 ergab eine mittlere Dichte von 0,54 Revieren/ha. Eine darauf basierende, erste Extrapolation für den gesamten österreichischen Schilfgürtel des Sees kam auf 2.800–5.800 Brutpaare[14]. Eine erste großflächige Untersuchung des gesamten österreichischen Schilfgürtels in den Jahren 2005 und 2006 erbrachte hingegen in der Kernzone eine durchschnittliche Dichte von nur 0,2 Revieren/ha, am Nord- und Westufer waren es sogar nur 0,1 Reviere/ha[15]. Eine nachfolgende Untersuchung nur der Kernzone erbrachte 2012 wiederum einen viel höheren Bestand in der Größenordnung von 1995[16]. Im Jahr 2018 wurde in der Kernzone des Nationalparks und im ungarischen Teil des Schilfgürtels, 2019 in den übrigen Schilfbereichen auf österreichischer Seite die bislang intensivste Bestandserfassung durchgeführt[17]. Als mittlere Dichte für den gesamten Neusiedler See wurden 1,2 Reviere/ha errechnet, eine darauf basierende Hochrechnung für den gesamten Neusiedler See ergibt 14.500–24.500 Brutpaare, davon entfallen 9.500–16.000 auf Österreich und 5.000–8.500 auf Ungarn[16]. Diese Ergebnisse liegen weit über den bisherigen Schätzungen und zeigen, dass die Wasserralle einerseits von niedrigen Wasserständen im Schilfgürtel, andererseits auch von der Aufgabe der Schilfwirtschaft auf vielen Flächen profitiert hat. Es ist aber auch nicht auszuschließen, dass der Brutbestand bei den Erhebungen in den Jahren 2005/2006 unterschätzt wurde. Die Population weist damit starke Schwankungen auf, die teilweise womöglich auch von externen Faktoren bestimmt werden, hat aber insgesamt innerhalb der letzten 25 Jahre zweifellos zugenommen.

Jahreszeitliches Auftreten

Wasserrallen können ganzjährig im Gebiet auftreten. Winternachweise sind allerdings sehr selten, werden jedoch bereits in der historischen Literatur erwähnt. So wurde sie von Jukovits[6] als Standvogel eingestuft und Dombrowski[8] schrieb: „[...] *überwintert bisweilen in namhafter Zahl.*“ Koenig[17] berichtete von *„sehr vielen Wasserrallen in den Sümpfen an der Wulka“* im Dezember 1939. Aus dem Zeitraum 1981 bis 2019 liegen insgesamt nur 30 Meldungen aus den Monaten Dezember bis Februar vor[18, 19], im ungarischen Teil des Neusiedler Sees gelangen 1974–2019 im selben Zeitraum 20 Nachweise[20]. Nur in zwei Fällen gibt es Hinweise auf einen längeren Winteraufenthalt: Im Seebad Breitenbrunn wurden am 9.1. und 11.1.2017 zwei adulte Vögel bei einem offenen Wasserloch festgestellt[21], am 18. und 19.1.2017 wurde hier wiederum ein Exemplar beobachtet[22]. Im Hanság südlich von Tadten war am 4.12.2014 ein Vogel an einem Graben anwesend[23], ein Monat später, am 1.1.2015, wurden an derselben Stelle zwei Exemplare beobachtet[24] und am 10.1.2015 wurde am gleichen Platz wiederum ein Exemplar entdeckt[25]. Zusätzlich zu diesen Nachweisen längerer Aufenthalte gibt es noch sieben Einzelnachweise in den Monaten Jänner und Februar aus insgesamt sieben Jahren zwischen 1988 und 2019[18, 19]. Der Einzug der Brutpopulation setzt ziemlich abrupt Mitte März ein, bereits Anfang April dürfte der Großteil der Brutvögel in den Revieren sein. Danach halten sich

Wasserrallen bis Anfang Oktober in größerer Zahl im Gebiet auf, jedoch liegen weder dazu noch zu einem etwaigen Durchzug systematisch gesammelte Beobachtungen vor. Bis Anfang November dürften sich dann in den meisten Jahren noch einzelne Wasserrallen im Gebiet aufhalten[19].

Zugverhalten und Ringfunde

Die Wasserralle ist ein Kurzstreckenzieher, der Großteil der Brutpopulation zieht zur Überwinterung ins Mittelmeergebiet. Die 13 vorliegenden Ringfunde streuen über ein weites Gebiet im östlichen und westlichen Mittelmeerraum, von Katalonien (1) und Südfrankreich (Camargue, 3) im Westen über Oberitalien (1) und Süditalien (5) bis in den Osten nach Mittelgriechenland (1). Zwei Ringfunde an der Atlantikküste in Nordwestfrankreich belegen, dass ein Teil der Population auch nach Westen in die atlantische Klimaregion zieht.[26]

Quellen: [1] *Dvorak (1985),* [2] *Glutz von Blotzheim et al. (1973),* [3] *Nemeth & Dvorak (2019),* [4] *M. Dvorak, unpubl. Daten,* [5] *S. Mogyorósi, unpubl. Daten,* [6] *Jukovits (1864/65),* [7] *Fászl (1883),* [8] *Dombrowski (1889),* [9] *Breuer (1934),* [10] *Koenig (1939),* [11] *Zimmermann (1943),* [12] *Koenig (1952),* [13] *Bauer et al. (1955),* [14] *Dvorak et al. (1997),* [15] *Dvorak et al. (2008),* [16] *M. Dvorak & E. Nemeth, unpubl. Daten,* [17] *Koenig (1943),* [18] *Archiv BirdLife Österreich,* [19] *www.ornitho.at,* [20] *Archiv MME Sopron.* [21] *C. Roland, B. Tobler/ornitho.at,* [22] *F. Eibl/ornitho.at,* [23] *F. Gubi, J. Hohenegger/ornitho.at,* [24] *K. Wiesinger/ornitho.at,* [25] *M. Leinberger/ornitho.at,* [26] *Österreichische Vogelwarte, unpubl. Ringfunde*

Michael Dvorak & Sándor Mogyorósi

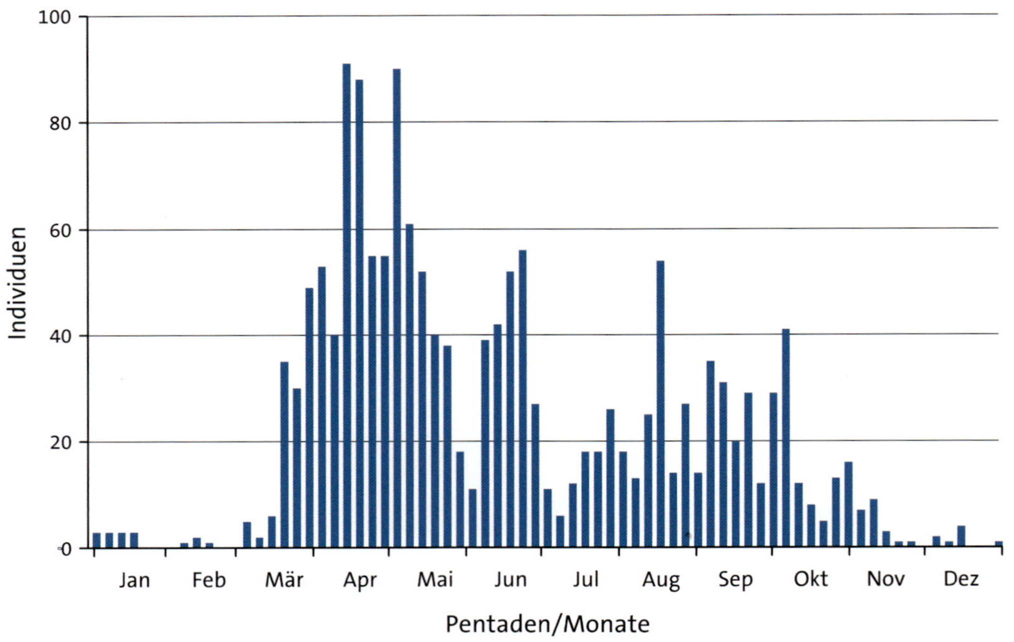

Jahreszeitliches Auftreten der Wasserralle (Pentadensummen gemeldeter Individuen) basierend auf Daten aus Österreich aus den Jahren 1966–2019 (n = 1.587)[18, 19].

Wachtelkönig *Crex crex* (Linnaeus, 1758)

Haris – Corn Crake

Hanság, 17.5.2007 (Johannes Laber)

Brutvogel im österreichischen Hanság in jährlich stark schwankender Zahl

Verbreitung und Lebensraum

Der Wachtelkönig bewohnt offene oder halboffene Landschaften und ist in Mitteleuropa ein Brutvogel von Wiesen. Anders als die übrigen bei uns vorkommenden kleinen Rallen ist er nicht an Feuchtgebiete gebunden, sondern besiedelt vorwiegend extensiv genutzte Mäh- und Streuwiesen, aber auch grasige Brachen und vereinzelt sogar Getreidefelder oder sehr extensiv genutzte Weiden. Für die Eignung eines Standorts als Wachtelkönig-Lebensraum ist dabei in erster Linie die Vegetationsstruktur entscheidend: Die Art braucht einerseits ausreichend Deckung von oben und andererseits eine nicht zu dichte Vegetationsdichte am Boden, damit sich der Vogel möglichst ungehindert fortbewegen kann.

Der Wachtelkönig ist im Avifauna-Gebiet nur im österreichischen Hanság Brutvogel. Die ursprünglichen Lebensräume in Mitteleuropa waren wohl die Verlandungsgesellschaften von Flusstälern sowie Seen- und Niedermoorlandschaften mit ausgedehnten Seggen-, Gras- und Hochstaudenbeständen[1,2]. Insofern kommt der Lebensraum im Hanság, obwohl überwiegend erst in den letzten Jahrzehnten entstanden, dem ursprünglichen Biotop nahe: Die seit langer Zeit nicht umgebrochenen Niedermoorwiesen im Hanság beschränken sich zwar auf einen nur kleinen Bereich auf den Kommassantenwiesen, sie werden aber dennoch regelmäßig vom Wachtelkönig genutzt. Der weitaus größte Teil der lokalen Population findet sich jedoch in Mähwiesen, die – nach kurzzeitiger Nutzung als (Mais-)Äcker in den 1970er und 1980er Jahren – ab den späten 1980er Jahren aufgrund von großflächigen, über EU-Fördermittel finanzierten Stilllegungen entstanden sind. Da diese Gebiete jedoch auch vor dem kurzzeitigen Umbruch von Niedermoorwiesen angenommen wurden, haben sich hier in kurzer Zeit für den Wachtelkönig sehr geeignete Lebensräume entwickelt. Abseits des Hanság gibt es im Avifauna-Gebiet auf österreichischer Seite aktuell, im Gegensatz zu früher, keine Wachtelkönig-Vorkommen.

Auf ungarischer Seite gibt es nur wenige Nachweise rufender Männchen, deren Brut aber nicht wahrscheinlich ist. Wie Untersuchungen an besenderten Männchen im ungarischen Hanság zeigen, versuchen diese innerhalb einer Saison an mehreren Stellen Reviere zu besetzen und können daher innerhalb der Brutzeit größere Ortswechsel durchführen[3]. Die kurzzeitig im Avifauna-Gebiet anwesenden Rufer könnten genau solche Vögel auf der Suche nach geeignetem Lebensraum sein.

Bestand und Bestandsentwicklung

Der Wachtelkönig war im 19. Jahrhundert ein häufiger Brutvogel: In den späten 1850er bzw. frühen 1860er Jahren war „Rallus crex *häufig vertreten*"[4], um 1880 war die Art *„überall auf den Wiesen zahlreich"*[5] und 1886 wurde die Art als *„nicht seltener Brutvogel"* bezeichnet[6]. Zu Beginn des 20. Jahrhunderts konnte Schenk[7] den Wachtelkönig 1907 und 1909 trotz Nachsuche nicht finden. Von den 1930er bis in die 1950er Jahre wurde der Wachtelkönig dann übereinstimmend als regelmäßig vorkommend bis häufig eingestuft: *„aus den Wiesen des Vorlandes hört man häufig sein lautes Schnarren"*[8], *„diese Art konnte ich alljährlich regelmäßig verhören"*[9] oder *„in den feuchten Wiesen des Vorgeländes am Westufer ist der Wachtelkönig ein nicht seltener Brutvogel"* und *„nur spärlich nistet er am Ostufer in den feuchteren Wiesen"*[10] sowie *„verbreiteter Brutvogel am Westufer"*[11] lauteten die Einstufungen der damaligen Zeit. In den 1960er Jahren dürfte der Wachtelkönig dann bereits weitaus seltener geworden sein. Die Art war zwar damals *„in den Feuchtwiesen, anschließend an die Verlandungszone des West- und Nordufers spärlicher, aber verbreiteter Brutvogel"*, fehlte aber im Seewinkel und fand sich nur in wenigen Paaren in den Niedermoorwiesen des Hanság[12]. Dies war gleichzeitig die letzte Erwähnung eines Vorkommens am Westufer, während für den Hanság wenig später eine konkrete Zahl von 8–10 Brutpaaren angegeben wurde[13]. Danach fehlen für ca. 35 Jahre konkrete Daten zu einem Wachtelkönig-Vorkommen, erst ab 1996 wurden wiederum in der Mehrzahl der Jahre 1–3 rufende Männchen gemeldet, ohne dass systematische Erhebungen stattfanden[14]. Erst 2009 begann im Europaschutzgebiet Waasen-Hanság ein regelmäßiges Monitoring-Programm, seither wird die Zahl der Rufer alljährlich erfasst. Es zeigte sich, dass sich Jahre starken (3) und sehr starken (4) Auftretens mit 10–25 (30) rufenden Männchen mit Jahren (fast) völliger Abwesenheit (4) abwechseln[15–17].

Auf ungarischer Seite tritt der Wachtelkönig nur unregelmäßig und in kleiner Zahl auf. Männchen, die längere Zeit am selben Ort riefen, gab es im Sommer 1996 zwischen Fertőrákos und Balf sowie 2004 in der Nähe von Hegykő, wo auch eine Schutzzone ausgewiesen wurde und die Mahd erst nach der Brutperiode erfolgte[18]. Kurzzeitig rufende Männchen wurden im Mai mehrfach bei Mekszikópuszta registriert: 1995 vier Männchen, 1999 zwei, 2004 drei und 2009 eines[19]. Im Juni 1995 riefen zwei Männchen in einem Getreidefeld bei Lászlómajor[20] und im Juni 1996 rief ein Männchen bei Fertőrákos aus einem Weingarten[21]. Regelmäßig besetzte Vorkommen des Wachtelkönigs in der Umgebung des Avifauna-Gebiets gibt es einerseits in Mähwiesen am Rande des Ödenburger Gebirges[22] und im ungarischen Hanság[3].

Jahreszeitliches Auftreten

Die Erstankünfte im Hanság streuen von 2. Mai bis 14. Mai, der Median fällt auf den 8. Mai[14–17, 23]. Rufende Wachtelkönige wurden 2009–2019 im Rahmen der systematischen Erhebungen von 4. Mai bis spätestens 11. Juli festgestellt, der Zeitraum der höchsten Rufaktivität lag zwischen 14. Mai und 26. Juni mit starken jährlichen Unterschieden[24]. Der einzige bekannte Brutnachweis betrifft ein Weibchen mit fünf Pulli, das am 10.8.1996 bei der Wiesenmahd im Hanság entdeckt wurde[25]. Die drei spätesten Nachweise in Österreich gelangen am 12.9.2012 im Hanság[26], am 23.9.2007 in der Hölle als ein Exemplar gegen eine Glastüre flog[27] und am 30.9.2014 als ein kurz rufendes Exemplar an der Graurinderkoppel registriert wurde[28]. Aus Ungarn gibt es vom Herbstzug einen Nachweis aus dem August und fünf aus dem September[29]. Die späteste Beobachtung gelang am 23.9.1993 in Fertőrákos auf dem Weg zum Seebad, wo ein überfahrenes Exemplar aufgefunden wurde[4].

Zugverhalten und Ringfunde

Der Wachtelkönig ist ein ausgeprägter Weitstreckenzieher. Die Überwinterungsgebiete liegen in Grasländern südlich der Sahara im tropischen Zentral-, Südost- und Südafrika. Der Zug verläuft über das östliche Mittelmeergebiet und den Nahen Osten, speziell über Ägypten. Aus dem Avifauna-Gebiet liegt ein einziger Ringfund vor: Ein Vogel, der am 28.4.1962 in Neusiedl am See am Heimzug markiert wurde, wurde ein Jahr später am 25.6.1963 im Brutgebiet südöstlich von Warschau/Polen wiedergefunden[30].

Quellen: [1] *Flade (1991),* [2] *Flade (1997),* [3] *Tatai (2020),* [4] *Jukovits (1864/65),* [5] *Fászl (1883),* [6] *Dombrowski (1889),* [7] *Schenk (1917a),* [8] *Koenig (1939),* [9] *Seitz (1943),* [10] *Zimmermann (1943),* [11] *Bauer et al. (1955),* [12] *Festetics & Leisler (1970),* [13] *Festetics (1971),* [14] *Archiv BirdLife Österreich,* [15] *Dvorak et al. (2010),* [16] *Berg & Dvorak (2017),* [17] *Berg & Dvorak (2019),* [18] *S. Mogyorósi, unpubl. Daten,* [19] *Archiv MME Sopron,* [20] *L. Kárpáti/AMS,* [21] *B. Molnár/AMS,* [22] *Mogyorósi (2021),*[23] *www.ornitho.at,* [24] *H.-M. Berg, unpubl. Daten,* [25] *E. Patak/ABÖ,* [26] *G. Hafner/ornitho.at,* [27] *J. Steiner/ABÖ,* [28] *R. Meinert/ornitho.at,* [29] *Archiv MME Sopron,* [30] *Österreichische Vogelwarte, unpubl. Ringfunde*

Michael Dvorak & Elıód Győrig

Tüpfelsumpfhuhn *Porzana porzana* (Linnaeus, 1766)

Pettyes vízicsibe – Spotted Crake

Unregelmäßiger und räumlich unsteter Brutvogel an den landseitigen Rändern des Neusiedler Sees und an stark verlandeten Lacken

Verbreitung und Lebensraum

Das Tüpfelsumpfhuhn ist im Neusiedler See-Gebiet ein sehr lokaler und unsteter Brutvogel, der nur bei höheren Wasserständen in einiger Zahl auftritt. Das Tüpfelsumpfhuhn brütet in Feuchtgebieten mit dichter, niedriger, oft in Bülten wachsender Vegetation und seichtem, 20 cm nicht überschreitenden, Wasserstand. Typische Brutbiotope sind offene, locker mit Schilf bewachsene Kleinseggenriede mit eingestreuten Bülten, Bestände des Schneid-Rieds und feuchte Wiesen aus diversen Seggen-, Binsen- und anderen Grasarten. Weiters werden stark aufgelockerte Schilf- und Rohrkolbenbestände, die eine dichte Unterschichte aus den oben genannten Arten aufweisen, besiedelt[1,2]. Günstige Verhältnisse für die Art finden, oder besser fanden sich im Neusiedler See-Gebiet vor allem in den landseitigen Bereichen des Schilfgürtels, wo es diejenigen Bereiche besiedelt, in denen nur mehr einzelne, dünne Schilfhalme stehen und im Unterwuchs dichte, bültige Grasvegetation vorhanden ist. Zudem findet sich das Tüpfelsumpfhuhn auch in ähnlichen Pflanzenbeständen am Rand der stärker oder auch vollständig verlandeten Lacken. Im Hanság konzentrieren sich die Vorkommen auf bültig verwachsene, von aufgelockerter Vegetation bestandene Bereiche. Solche Bereiche sind einerseits an wenigen Stellen in den Feuchtwiesen vorhanden, andererseits aber großflächig in den intensiv mit Rindern bestockten, feuchten Weideflächen. Der wichtigste Habitatfaktor ist in jedem Fall der Wasserstand, da das Tüpfelsumpfhuhn weder Gebiete mit zu hohem Wasserstand noch Gebiete ohne anstehendes Wasser besiedelt. Bei schneller Austrocknung werden Gelege verlassen. Andererseits können bei später jahreszeitlicher Überflutung auch noch im Juni neue Lebensräume besiedelt werden, was auch die bisherigen Beobachtungsdaten aus dem Seewinkel mit regelmäßigen späten Nachweisen rufender Vögel zeigen[2]. Da geeignete Wasserstände an einer bestimmten Stelle oft nur für kurze Zeit vorhanden sind, besiedelt die Art auf regelmäßiger Basis vorwiegend größere Feuchtgebiete, auf denen als Reaktion auf das Sinken oder Steigen des Wasserspiegels kleinräumige Verlagerungen möglich sind[3].

Bestand und Bestandsentwicklung

Wie auch andere Arten wurde das Tüpfelsumpfhuhn bei seiner ersten Erwähnung in der historischen Literatur aus den späten 1850er Jahren als *„Standvogel"* bezeichnet[4]. Dass die Art im späten 19. Jahrhundert am Neusiedler See ein sehr häufiger Brutvogel war, zeigen alle nachfolgenden Angaben: In den 1870er Jahren brütete das Tüpfelsumpfhuhn *„in beträchtlicher Anzahl in den Sumpfwiesen am See"*[5], 1883 war es *„ein häufiger Bewohner des Hanság"*[6] und 1887 ein *„gemeiner Brutvogel, namentlich längs der Ikva und an den Rändern des Sees sehr häufig"*[7]. Dombrowski fand im Mai 1885 innerhalb von zwei Tagen nicht weniger als fünf Nester, was die damalige Häufigkeit der Art illustriert[7]. Aus diesem Rahmen fällt hingegen der Bericht von Schenk[8] für das erste Jahrzehnt des 20. Jahrhunderts: *„Dürfte im See selbst kaum Brutvogel sein"*. In den frühen 1930er

Frauenkirchen, 15. 9.2019 (Leander Khil)

Jahren war die ökologische Situation für das Tüpfelsumpfhuhn am Neusiedler See bei sehr niedrigen Wasserständen besonders günstig, sodass größere Teile des Schilfgürtels für die Art damals besiedelbar waren. So schrieb Koenig[9] anschaulich: *„Als der Wasserstand des Sees in den Jahren 1934 und 1935 noch so niedrig war, daß* [sic] *der Schilfgürtel kilometerweit trocken lag, hausten unzählige dieser schönen Vögel in den stillen Rohrwäldern. Gebiet grenzte an Gebiet und wenn die Hühnchen abends im Schutz des Dämmerlichtes auf die freien Schlammflächen liefen, sah man 5–6 gleichzeitig. Aber schon 1936 waren sie infolge des steigenden Seespiegels seltener und 1937 konnte ich überhaupt keines mehr beobachten*". In den frühen 1940er Jahren fand die Art bei viel höheren Wasserständen in den feuchten Wiesen („*Carex*-Sümpfen") im Vorgelände des Sees am West- und Nordwestufer günstige Bedingungen, 1941 wurde es vereinzelt auch im Seewinkel verhört[10]. In den frühen 1950er Jahren war das Tüpfelsumpfhuhn ein ziemlich häufiger und verbreiteter Brutvogel des Sees, im Seewinkel aber spärlicher und nur an manchen Lacken zu finden[11]. In den 1960er Jahren wurde es als „verbreitete Erscheinung sowohl in den landseitigen Verlandungszonen des Sees als auch vieler Lacken" bezeichnet[12]. Ab 1981 wurden Brutzeitvorkommen am See in der landseitigen Schilf-Seggen-Zone, im Seewinkel in bültigen Feuchtwiesen sowohl in den Becken ehemaliger Lacken als auch angrenzend an noch bestehende Lacken und zuletzt im Hanság sowohl in den „alten" als auch in den wiederhergestellten Niedermoorwiesen beschrieben. Das jährliche Auftreten im Gebiet hängt ausschließlich vom Wasserstand ab: Bei hohen und sehr hohen Wasserständen und überschwemmten Feuchtwiesen werden deutlich mehr Nachweise rufender Männchen gemeldet, allerdings waren solche günstigen Bedingungen in den 55 Jahren seit 1966 nur in maximal 10–12 Jahren gegeben[13]. Da die Männchen nur vor der Verpaarung rufaktiv und damit auch entdeckbar sind[3], ist die Summe der pro Saison rufenden Männchen sehr wahrscheinlich eine deutliche Unterschätzung des tatsächlichen Brutbestandes. In Jahren mit guten Wasserständen lag der Brutbestand daher vermutlich bei deutlich über 100 Paaren.

Am Neusiedler See wurde das Tüpfelsumpfhuhn von 1981–2005 an 11 Stellen festgestellt, fast alle Meldungen beschreiben aber jeweils nur 1–2 rufende Vögel. Kleinere Rufergruppen wurden nur selten bei Purbach (10 Ex.), im Neudegg, bei Winden, Oggau und Breitenbrunn (jeweils 4–5) festgestellt[13]. Eine systematische Bestandsaufnahme der gesamten landseitigen Verlandungszone im Jahr 2006 ergab insgesamt 25 rufende Tüpfelsumpfhühner[14]. Seit 2013 liegen vom See allerdings nur mehr vereinzelte Nachweise vor, was wahrscheinlich mit der großflächigen Degradierung der Schilf-Seggen-Zone am Westufer des Sees in Zusammenhang steht. Im Seewinkel bestanden fast alle Vorkommen zwischen 1981 und 2010 aus nur 1–2 Rufern, kleinere Rufergruppen von 3–4 Vögel wurden nur ganz ausnahmsweise gemeldet, und betrafen immer bereits verlandete ehemalige Lacken, die sich in Jahren hoher Wasserstände wieder mit Wasser gefüllt hatten[13]. Die im Verlauf der 1990er Jahre wiederhergestellten Niedermoorwiesen des Hanság beherbergten in den sehr feuchten Jahren die besten Vorkommen des Tüpfelsumpfhuhns im Gebiet und wohl auch die mit Abstand größte bekannte Einzelpopulation Österreichs. Im Juni 1996 wurde die Zahl der Rufer auf 25 geschätzt[15], 2010 waren es 10 Rufer[16], im Jahr 2011 waren es 14, 2013 wurden 22–26 Rufer festgestellt und 2015 sechs[17]. Ab 2016 fehlte die Art im Hanság, bei jährlich zunehmender Austrocknung. Ausnahmen waren lediglich zwei Einzelbeobachtungen aus den Jahren 2017 und 2018[18, 19]. Seit 2016 wurden im Neusiedler See-Gebiet daher keine Rufergruppen mehr in geeigneten Lebensräumen festgestellt und die Art muss aktuell als verschollen eingestuft werden[18]. Auf ungarischer Seite gibt es weniger als 50 Beobachtungsdaten, die Art ist ein sehr seltener Brutvogel. Brutvorkommen im Cikes und um Pap-rét sind wahrscheinlich, die Population liegt aber sicherlich unter 10 Paaren[20].

Jahreszeitliches Auftreten

Die Ankunft der Brutvögel fällt auf die letzten März- bzw. ersten Apriltage. Der Median der Erstankunft für die Jahre 2011–2019 fällt auf den 5. April, der mit Abstand früheste Rufer wurde am 21.3.2015 im Hanság festgestellt[21]. Bis Anfang Mai ist die Zahl rufender Männchen auf durchgehend hohem Niveau, danach nimmt die Rufaktivität bereits stark ab, von Ende Mai bis Mitte Juni wurden nur einzelne Nachweise gemeldet. Bis Mitte/Ende Juni treten jedoch in wenigen Jahren noch einzelne Rufer und kleine Rufergruppen auf. Ab Juli setzen die Beobachtungen verstreichender und wohl auch schon ziehender Tüpfelsumpfhühner ein, die zu dieser Zeit bei günstigen Bedingungen an seicht unter Wasser stehenden Schilfrändern beobachtet werden können. Der Gipfel des Altvogelzugs liegt bereits in der ersten Augusthälfte, die Jungvögel folgen dann im Verlauf des Septembers. Die zwei letzten Nachweise aus dem Gebiet stammen aus dem Jahr 1966 mit jeweils einem Exemplar am 8.10. auf den Söllneräckern und am 24.10. am Xixsee[22], der späteste Nachweis aus neuerer Zeit war ein Exemplar am 28.9.2011 an der Warmblutkoppel[23]. Auf ungarischer Seite gelang die früheste Beobachtung am 16.3.1975, die späteste am 28.10.2011[20].

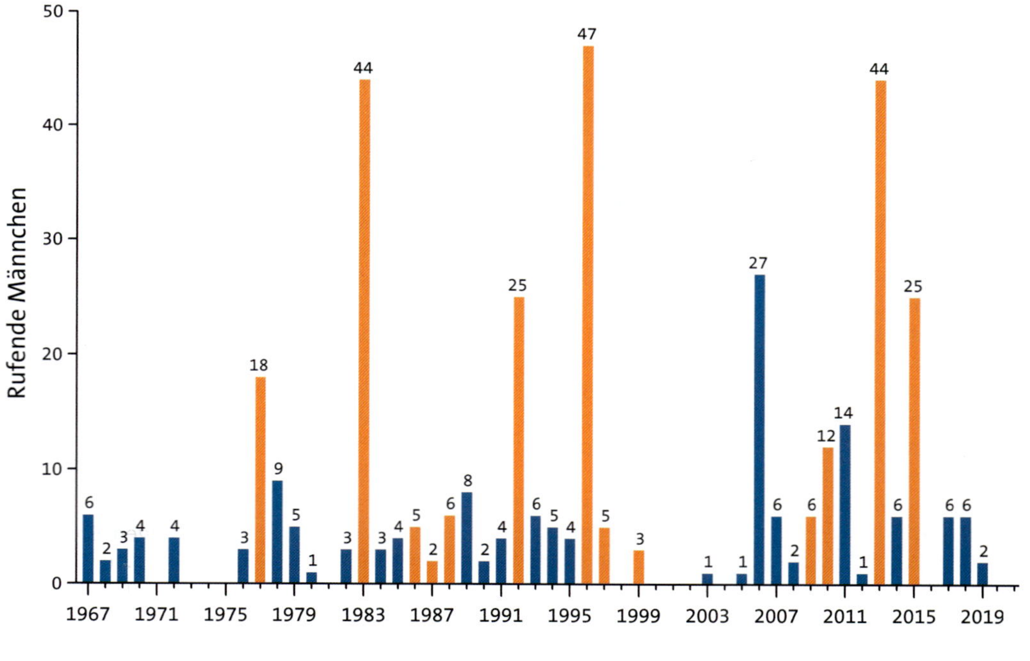

Summe der pro Jahr gemeldeten rufenden Männchen des Tüpfelsumpfhuhns basierend auf Daten aus den Jahren 1966–2020[13, 18]. Die orangen Säulen zeigen Jahre mit überdurchschnittlich hohen Wasserständen bzw. Hochwasser an den Lacken.

Zugverhalten und Ringfunde

Das Tüpfelsumpfhuhn ist ein Zugvogel. In geringer Zahl überwintert es in den gemäßigten Teilen Europas, etwas häufiger in Südeuropa, Israel und Nordafrika. Das eigentliche Überwinterungsgebiet liegt jedoch in West-, Ost- und Südostafrika sowie auf dem Indischen Subkontinent[1]. Aus dem Neusiedler See-Gebiet liegen sechs Ringfunde vor, die alle auf die Beringungstätigkeit der damaligen Biologischen Station in Neusiedl am See zurückgehen, in deren Rahmen 1954–1964 insgesamt 52 Tüpfelsumpfhühner gefangen wurden. Ein am 11.4.1959 beringter Vogel wurde knapp zwei Monate später in Litauen wieder gefangen, befand sich also am Zug ins Brutgebiet. Ein weiterer, am 24.4.1960 gefangener Vogel wurde sechseinhalb Jahre später am 11.10.1966 in Lettland tot gefunden. Die anderen vier Tüpfelsumpfhühner wurden jeweils im Frühjahr (3) bzw. Herbst (1) in Neusiedl am See markiert und im darauffolgenden Frühjahr (3) oder zweieinhalb Jahre später (1) in Italien (3) und Südfrankreich (1) zur Jagdbeute[24].

Quellen: [1] *Glutz von Blotzheim et al. (1973),* [2] *M. Dvorak, unpubl. Daten,* [3] *Schäffer (1998),* [4] *Jukovits (1864/65),* [5] *Fászl (1883),* [6] *Fischer (1883),* [7] *Dombrowski (1889),* [8] *Schenk (1917a),* [9] *Koenig (1943),* [10] *Zimmermann (1943),* [11] *Bauer et al. (1955),* [12] *Festetics & Leisler (1970),* [13] *Archiv BirdLife Österreich,* [14] *Dvorak et al. (2008),* [15] *J. Laber/ABÖ,* [16] *Dvorak et al. (2010),* [17] *Berg & Dvorak (2017),* [18] *www.ornitho.at,* [19] *Berg & Dvorak (2019),* [20] *Archiv MME Sopron,* [21] *H.-M. Berg/ornitho.at,* [22] *H. Winkler/ABÖ,* [23] *S. Zinko/ornitho.at,* [24] *Österreichische Vogelwarte, unpubl. Ringfunde*

Michael Dvorak & Sándor Mogyorósi

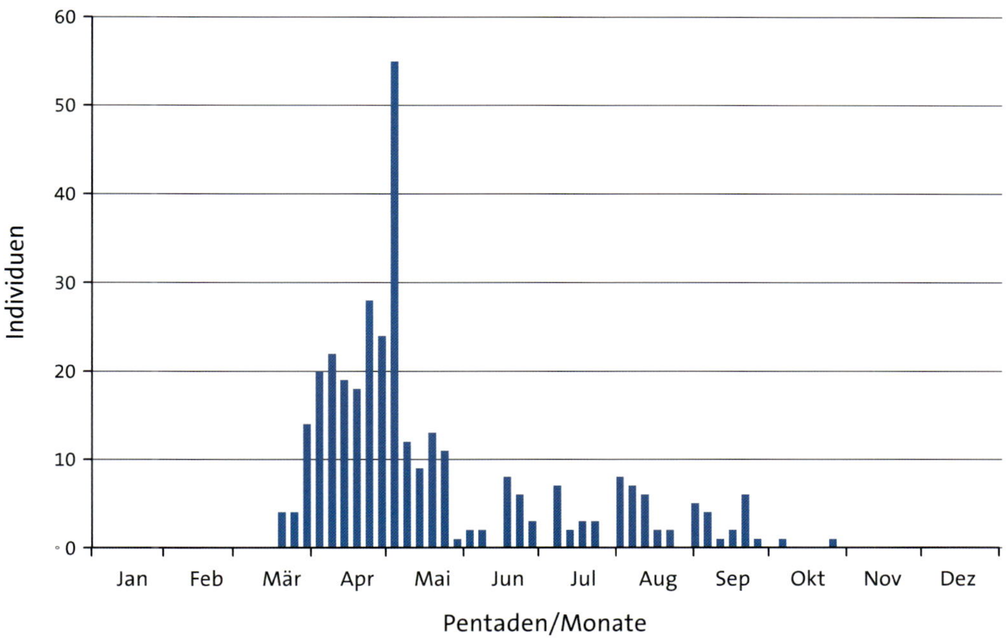

Jahreszeitliches Auftreten des Tüpfelsumpfhuhns (Pentadensummen gemeldeter Individuen) basierend auf Daten aus Österreich in den Jahren 1966–2019 (n = 336)[13, 18].

Teichhuhn *Gallinula chloropus* (Linnaeus, 1758)

Vízityúk – Common Moorhen

Frauenkirchen, 2.6.2021 (Leander Khil)

Lokaler Brutvogel am landseitigen Rand des Schilfgürtels des Neusiedler Sees sowie im Seewinkel und im Hanság

Verbreitung und Lebensraum

Das Teichhuhn zählt zu denjenigen Brutvögeln des Gebiets über dessen Verbreitung und Häufigkeit nur wenig bekannt ist. Das mag einerseits durch das tatsächlich seltene Vorkommen, andererseits durch fehlendes Interesse seitens der Beobachter und nicht zuletzt auch durch die versteckte Lebensweise bedingt sein. Das Hauptvorkommen liegt im Schilfgürtel des Sees, wo die Art zwar weit verbreitet ist, aber nur in geringer Dichte vorkommt. Ein Großteil der Nachweise stammt aus dem Bereich der Dämme und Seebäder bei Mörbisch, Rust, Breitenbrunn, Jois, Podersdorf und Illmitz[1] – die einzigen Gebiete, die hier für die Allgemeinheit während der Brutzeit zugänglich sind. Großflächige Bestandsaufnahmen in vielen Teilen des Schilfgürtels zeigen zwar eine weiträumigere Verbreitung auch abseits der Seedämme, es gibt jedoch auch viele Bereiche, in denen die Art nicht nachgewiesen werden konnte[2]. Im Seewinkel fehlt das Teichhuhn an den Lacken weitgehend bzw. kommt es hier nur ganz vereinzelt und unregelmäßig vor[3]. Vorkommen finden sich hier eher an Klein- und Kleinstgewässern wie stark verwachsenen Schottergruben, Klärteichen, Fischteichen oder Ausbaggerungen in komplett verlandeten, ehemaligen Lacken, wie z. B. an der Huldenlacke. Im Hanság kommt das Teichhuhn als Brutvogel vereinzelt an Kanälen, künstlich angelegten Teichen sowie am Einserkanal vor[2].

Bestand und Bestandsentwicklung

Aus dem 19. Jahrhundert gibt es nur wenige Angaben: Pfarrer Jukovits[4] bezeichnete das Teichhuhn als Standvogel, Fászl[5] nannte es einen *„gewöhnlichen Brutvogel"*, während Dombrowski[6] die Art nur einmal im Oktober 1886 beobachtet hat. Schenk[7] hat das Teichhuhn *„am Südufer im September 1906 öfter gesehen"*. Koenig[8] gelangen in den 1930er Jahren bei seinen wochenlangen Aufenthalten im Schilfgürtel nur ganze drei Beobachtungen, er meint aber: *„Die Brut des Vogels ist nicht ganz ausgeschlossen, jedenfalls* *kommt er aber nur selten im Seegebiet vor.*" Auch die Angaben von Seitz[9] und Zimmermann[10] lassen auf ein nur „spärliches" Vorkommen im Schilfgürtel und weitgehendes bis vollständiges Fehlen im Seewinkel schließen. 10 Jahre später muss sich die Situation für das Teichhuhn stark verbessert haben: „*War in den Jahren sehr niedrigen Wasserstandes, als der gesamte Schilfgürtel trocken lag, nur in den landseitigen Wulkasümpfen zu finden, hat sich aber seit dem Steigen des Sees wieder vermehrt und kommt heute häufiger vor*"[11]. Anfang der 1950er Jahre wurde das Vorkommen dann noch etwas günstiger beurteilt: „*derzeit häufiger Brutvogel*" und „*überwintert regelmäßig und anscheinend sogar in größerer Zahl im Schilfgürtel*"[12]. Auf eine sogar noch weitere Zunahme lässt die Beschreibung der Situation Mitte der 1960er Jahre schließen: „*eine […] häufige Art des Neusiedlersee-Gebiets und ebenso zunehmender Brutvogel des Seewinkels, fast alle Lacken mit größerem Schilfgürtel beherbergen diese Art*" und „*während des Wegzuges im September kann es unter Umständen zu größeren Ansammlungen (bis zu 60 Exemplaren) an besonders günstigen Stellen kommen*"[13]. Letzteres konnte dann bei allen späteren Untersuchungen im Seewinkel seit 1981 nicht mehr bestätigt werden, wenngleich die ersten Bestandsaufnahmen im Schilfgürtel noch eine recht positive Bestandssituation ergaben.

Bei Winden wurden Ende der 1980er Jahren bei Linientaxierungen noch bis zu 17 Reviere auf 84 ha gezählt, die Umlegung dieser Zahl auf den gesamten Schilfgürtel ergab damals eine Schätzung von 1.000 – 1.500 Brutpaaren für die österreichische Seite[14]. Hinweise auf einen seit den 1990er Jahren schwankenden Bestandstrend bei insgesamt sehr niedriger Bestandsdichte lieferten dann die seit 1995 viermal durchgeführten Schilfvogel-Zählungen in der Kernzone des Nationalparks: Im Jahr 1995 wurde das Teichhuhn hier noch an 21 % der Punkte festgestellt (13/61), 2005 bei sehr niedrigem Wasserstand dann nur mehr an 3 % (1/40), 2012 an 11 % (3/28) und 2018 wieder an 20 % (9/46)[2, 3]. Im Schilfgürtel des West- und Nordufers wurden 2006 an 15 % der Punkte (allerdings auf zwei Gebiete beschränkt) Teichhühner festgestellt (6/40)[3] und 2019 nur an 3 % (5/115)[2]. Einen Rückgang zeigen auch Linientaxierungen entlang des Seedamms Winden von 17 Revieren 1989 auf 1 – 10 in den Jahren 2007 – 2015[3]. Der Gesamtbestand des Neusiedler See-Gebiets dürfte aktuell daher bei nur mehr wenigen 100 Brutpaaren liegen, was einen massiven Rückgang im Vergleich zur Situation in den 1980er Jahren bedeutet. Im ungarischen Teil des Neusiedler Sees liegt der Brutbestand bei weniger als 100 Paaren. Nestfunde gelangen entlang des Einserkanals[15].

Jahreszeitliches Auftreten

Teichhühner halten sich ganzjährig im Gebiet auf. Das hohe Niveau an Registrierungen von April bis Juni ist wohl mehr auf die brutzeitliche Rufaktivität als auf eine tatsächlich höhere Präsenz der Art zurückzuführen. Beobachtungen im Herbst sind sehr spärlich, was sicherlich auf die so gut wie nicht vorhandene Präsenz von Beobachtern im Schilfgürtel zurückzuführen ist. Eine größere Zahl an Nachweisen aus den Monaten Dezember bis Februar belegt die regelmäßige Überwinterung sowohl im Schilfgürtel als auch am Einserkanal[1]. Über die Überwinterung des Teichhuhns am Neusiedler See wurde bereits in den 1940er bis 1960er Jahren berichtet[10–13].

Zugverhalten und Ringfunde

Es liegen keine Ringfunde des Teichhuhns aus dem Neusiedler See-Gebiet vor. 922 beringte Teichhühner in Ungarn ergaben keine Fernfunde, sondern lediglich 40 Rückmeldungen, von denen die meisten aus unmittelbarer Nähe des Markierungsorts stammen. Der am weitesten entfernte Fund stammt aus einer Distanz von nur 13 km[15]. Ob, wie die geringe Anzahl der Überwinterer nahelegt, ein Großteil der Teichhühner den Winter außerhalb des Gebiets verbringt und (wenn ja) wo die Art überwintert, muss derzeit offenbleiben.

Quellen: [1] *www.ornitho.at*, [2] *M. Dvorak & E. Nemeth, unpubl. Daten*, [3] *M. Dvorak, unpubl. Daten*, [4] *Jukovits (1864/65)*, [5] *Fászl (1883)*, [6] *Dombrowski (1889)*, [7] *Schenk (1917a)*, [8] *Koenig (1939)*, [9] *Seitz (1942)*, [10] *Zimmermann (1943)*, [11] *Koenig (1952)*, [12] *Bauer et al. (1955)*, [13] *Festetics & Leisler (1970)*, [14] *M. Dvorak in Dvorak et al. (1993)*, [15] *S. Mogyorósi, unpubl. Daten*, [16] *Csörgő et al. (2009)*

Michael Dvorak & Sándor Mogyorósi

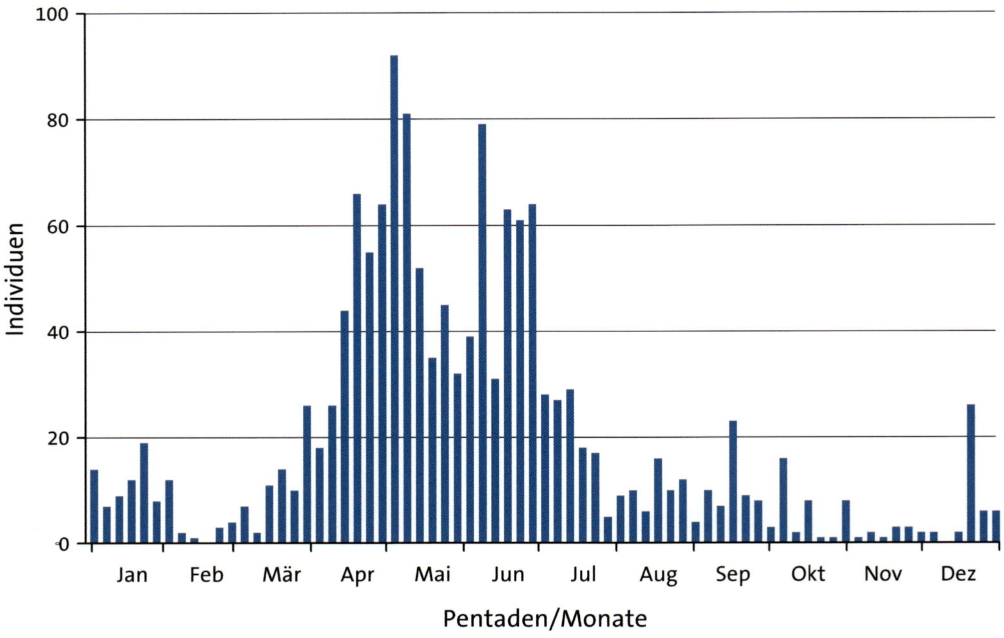

Jahreszeitliches Auftreten des Teichhuhns (Tagessummen gemeldeter Individuen) basierend auf Daten aus Österreich aus den Jahren 2011 – 2019[1].

Blässhuhn *Fulica atra* Linnaeus, 1758

Szárcsa – Eurasian Coot

> Weitverbreiteter, aber im Bestand sehr stark rückläufiger Brutvogel im Schilfgürtel des Neusiedler Sees und im Seewinkel

Verbreitung und Lebensraum

Das Blässhuhn brütet an stehenden und langsam fließenden Gewässern mit Flachufern und Ufervegetation[1]. Im Neusiedler See-Gebiet findet es daher großflächig geeignete Lebensräume vor. Der überwiegende Teil der Brutpopulation fand sich seit jeher im Schilfgürtel des Neusiedler Sees, wo eine sehr große Brutpopulation beheimatet war, die allerdings in den letzten Jahren einen augenscheinlich sehr starken Rückgang erfahren hat. Das Blässhuhn brütete auf österreichischer Seite in allen Teilen des Schilfgürtels von der landseitigen Schilf/Seggenzone bis zum seeseitigen Rand überall dort, wo offene Wasserflächen vorhanden sind. Im Seewinkel besiedelt die Art Lacken, unter Wasser stehende, halboffene Schilfflächen (zumeist verlandete Lacken) und größere Fischteiche, fehlt aber in Entwässerungsgräben und Kanälen. Voraussetzung ist immer ein zumindest kleinflächiger Gürtel aus Verlandungsvegetation, bevorzugt Schilf- und Rohrkolben; damit ist das Blässhuhn bevorzugt an den vegetationsreichen, sogenannten „schwarzen" Lacken zu finden oder, bei größeren Lacken, in den Teilen, die mit Vegetation bestanden sind. In Jahren sehr hoher Wasserstände (z. B. 2015) findet die Art in den Mulden ehemaliger Lacken hervorragende Verhältnisse.

Das mit Abstand bei Blässhühnern beliebteste Gewässer war der Untere Stinkersee, bei 72 % aller Zählungen wurde die Art hier angetroffen. Deutlich zurück liegt die Podersdorfer Pferdekoppel (52) und mit Respektabstand folgen Westliche (47) und Östliche (45) Wörthenlacke, Südlicher Stinkersee (43), Warmblutkoppel (43) sowie St. Andräer Zicksee, Lettengrube, Herrensee und Weißsee (36 – 40). Die Gewässergröße spielt für

Darscho, Apetlon, 6.5.2011 (Michael Dvorak)

die Habitateignung keine Rolle, einige große Lacken wie die Lange Lacke (19), der Illmitzer Zicksee (24) und der Obere Stinkersee (10) werden nur relativ selten genutzt[2]. Alle bevorzugt genutzten Gewässer weisen aber einen gut ausgeprägten Röhrichtgürtel und eine in den meisten Jahren durchgehende Wasserführung auf.

Bestand und Bestandsentwicklung

Mit Ausnahme der letzten Austrocknungsphase des Neusiedler Sees in den 1860er Jahren war das Blässhuhn in der zweiten Hälfte des 19. Jahrhunderts ein sehr häufiger Brutvogel. In diesem Zeitraum galt die Art als der *„gemeinste Stand-Vogel“*[3], in den 1870er Jahren war das Blässhuhn *„der gemeinste Vogel am Fertő“*[4] und 1882 war das *„Rohrhendl“* der gemeinste Bewohner des Sees und seiner Umgebung: *„Wenn man mit dem Kahne das Inundationsgebiet befährt, so sieht man es immer und überall“*[5]. Ähnlich fiel die Einschätzung für 1886 aus: *„Einer der gemeinsten Brutvögel, dessen Scharen im Herbste nach Tausenden zählen“*[6] und 25 Jahre später war das Blässhuhn *„überall häufiger Brutvogel im See und in den rohrbestandenen Seen und Lacken des Ostufers“*[7]. In den frühen 1930er Jahren war die Art dann bei niedrigen Wasserständen offenbar viel seltener. Im Jahr 1934 war es *„aufgrund des Wasserstandes in bemerkenswert geringer Zahl vorhanden“*[8], und Otto Koenig[9] schrieb: *„Durch den Rückgang des Seespiegels wurde dieser sonst so allgemein verbreitete Vogel am Neusiedler See verhältnismäßig selten.“* In der zweiten Hälfte der 1930er Jahre war das Blässhuhn dann aber schon wieder ein *„regelmäßiger, stellenweise häufiger Brutvogel an den Zicklacken und Süßwasserflächen des Seewinkels“*[10]. In den 1940er, 1950er und 1960er Jahren war die Art bei überwiegend hohen Wasserständen *„regelmäßiger und häufiger Brutvogel des See- und Lackengebietes“* und *„häufiger, im Bestand allerdings mit dem Wasserstand schwankender Brutvogel“* bzw. *„sehr häufiger Brutvogel“*[11–13].

In den 1980er Jahren wurde der Brutbestand des Sees mit über 1.000 Paaren beziffert, der Brutbestand im Seewinkel lag 1986–88 bei 150–200 Paaren[14]. Ab 2001 wurde der Blässhuhn-Brutbestand des Seewinkels durch das Nationalpark-Vogelmonitoring jährlich erhoben: Von 2001–2012 wurden bis zu ca. 80 Brutpaare erfasst, die Jahre 2013–2016 mit ihren hohen Wasserständen ergaben dann jeweils 400–800 Paare[15], wobei es in diesen Jahren kaum möglich war, Brutpaare von den zahlreichen Nichtbrütern zu trennen.

Der jeweils jährliche Brutzeitbestand Mitte Mai mag daher ein besseres Bild der Bestandsentwicklung vermitteln: Es zeigen sich zwischen 2008 und 2011 sowie 2015 und 2016 Höchststände von mehr als 1.000 Blässhühnern, während ab 2017 der Brutbestand an den Lacken des Seewinkels zusammengebrochen ist. Im Jahr 2019 waren nur noch höchstens 15 Brutpaare vorhanden, kein einziges davon schaffte es allerdings, an den Lacken erfolgreich Jungvögel aufzuziehen. Die Bestandsentwicklung im Schilfgürtel lässt sich durch Punkttaxierungen in der Kernzone des Nationalparks nachvollziehen: 1995 und 2005 wurden noch an 57 % bzw. 60 % aller Zählpunkte Blässhühner registriert, im Jahr 2012 hingegen nur mehr an einem von 28 Punkten[16]. Im Jahr 2018 war das Verhältnis in der Kernzone mit 11 von 46 Punkten (28 %) wieder etwas besser[16], im Vergleich zu 1995 und 2005 bleibt aber ein deutlicher Rückgang bestehen. Dass diese Entwicklung nicht nur den Nationalpark betraf, zeigten dann 2019 Zählungen an weiteren 115, über den gesamten Schilfgürtel verteilten Punkten abseits der Kernzone, bei denen nur an vier Punkten Blässhühner festgestellt wurden[16]. Ob für diesen katastrophalen Trend die niedrigen Wasserstände des Sees alleiniger Auslöser sind oder auch andere Faktoren eine Rolle spielen, wird sich zeigen, sobald der Seepegel wieder zu steigen beginnt.

Auf ungarischer Seite war das Blässhuhn in den aufgelichteten Teilen und größeren Blänken des Schilfgürtels bis zur Einführung des Graskarpfens (*Ctenopharyngodon idella*) im Mai 1975 ein sehr häufiger Brutvogel. Im Verlauf von bloß drei Jahren vernichteten diese pflanzenfressenden, gebietsfremden Fische den bis dahin großflächig vorhandenen, an den Rand des Schilfgürtels angrenzenden Schwimmpflanzengürtel fast vollständig, was drastische Abnahmen mehrerer Wasservogelarten bewirkte[17]. Nach der Jahrtausendwende wurde ein weiterer Rückgang festgestellt, der auf die tendenziell abnehmenden Wasserstände und die Prädation durch den rasant zunehmenden Wildschweinbestand im Schilfgürtel zurückgeführt wird[18]. Wie die Zählungen im Zeitraum 1992–2020 zeigen, sammeln sich im März die meisten Blässhühner in den Buchten und größeren Blänken des ungarischen Schilfgürtels (maximal 1.924 Individuen im Jahr 2018); im Herbst liegt die Zahl in Abhängigkeit von Wasserstand (kleinere Zahlen bei niedrigeren Pegelständen) und Wetter bei maximal 950 Individuen (Oktober 2000) mit einem Höhepunkt im Oktober oder November[19]. In den Überschwemmungsflächen bei Mekszikópuszta war das Blässhuhn in den 1990er Jahren ein häufiger Durchzügler mit Maxima zwischen 1.000 und 3.000 Individuen um Mitte März. Wie auf österreichischer Seite sind die Zahlen aktuell auf einen Bruchteil davon zurückgegangen (< 100), eine Brut wurde seit Jahren nicht mehr dokumentiert[20].

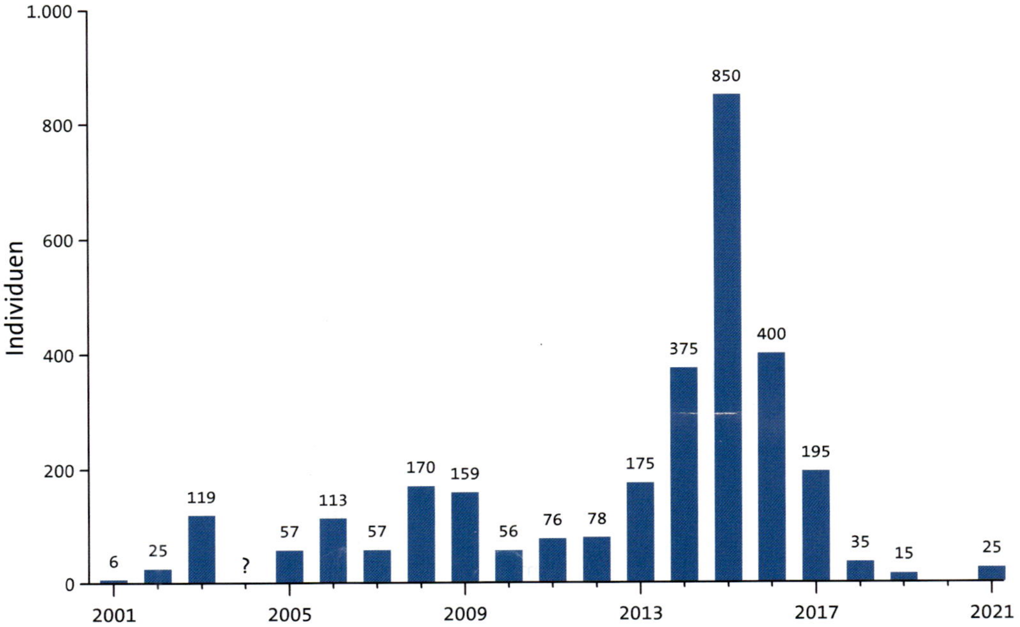

Entwicklung des Brutzeitbestands des Blässhuhns (Mittelwert Mitte Mai) an den Gewässern des Seewinkels in den Jahren 2001–2021[2].

Jahreszeitliches Auftreten

Blässhühner sind ganzjährig im Seewinkel anzutreffen, die jahreszeitliche und auch jährliche Häufigkeit variiert aber in weiten Grenzen[21], was eine Analyse des jahreszeitlichen Auftretens erschwert bzw. wenig relevant macht. In Jahren hoher Wasserstände ist der Brutbestand Ende März komplett anwesend und verbleibt bis Anfang/Mitte September im Seewinkel, jedoch zumeist in abnehmender Zahl[2]. In derartigen Jahren werden von Mitte Juni bis Ende August zudem Maximalzahlen erreicht, die nicht allein auf den Jungvögeln des jeweiligen Jahres beruhen können, sondern auf massiven Zuzug, wahrscheinlich aus dem Schilfgürtel, beruhen müssen. Außer in Jahren hoher Wasserstände (2009–2011, 2014–2015) bleiben die Zahlen ab Mitte September niedrig[2], ab Oktober bis Jänner/Februar sind dann keine oder nur einzelne Blässhühner im Seewinkel zu finden[21]. In Jahren höherer Wasserführung verweilen aber einige Hundert bis über 1.000 Vögel an den Lacken bis zum Zufrieren der Gewässer[21].

Zugverhalten und Ringfunde

Das Blässhuhn ist je nach Lage des Brutgebiets Stand-, Strich- oder Zugvogel[1]. Wie die Wasservogelzählungen zeigen, verlässt auch bei günstigen Wasserständen der größere Teil der Brutpopulation ab September das Gebiet. Wiederfunde von vier in Ungarn im November beringten Blässhühnern[22] an der Oberen Adria (2), an der Adriaküste Apuliens (1) sowie am Tyrrhenischen Meer nordwestlich von Rom (1) grenzen das Winterquartier der heimischen Population auf Italien ein. Unterstützt wird dieser Befund noch durch den Wiederfund eines am 28.1.1995 in Mittelitalien beringten Vogels, der am 22.7.2001 im Seewinkel gefunden wurde[23]. Der Fund eines am 28.1.1977 in Belgien beringten Blässhuhns zur Brutzeit im Seewinkel weist allerdings auch auf die Nutzung anderer Überwinterungsquartiere in Westeuropa hin[23]. Vier Funde im Seewinkel von in Nord- und Mitteldeutschland (3) und Tschechien (1) zur Brutzeit markierten Vögeln im September (1), Jänner (2) und März (1) zeigen, dass der Seewinkel am Zug und auch als Winterquartier von nördlicheren Populationen frequentiert wird[23].

Quellen: [1] *Glutz von Blotzheim et al. (1973)*, [2] *M. Dvorak, J. Laber & B. Wendelin, unpubl. Daten*, [3] *Jukovits (1864/65)*, [4] *Fászl (1883)*, [5] *Fischer (1883)*, [6] *Dombrowski (1889)*, [7] *Schenk (1917a)*, [8] *Breuer (1917)*, [9] *Koenig (1939)*, [10] *Seitz (1942)*, [11] *Zimmermann (1943)*, [12] *Bauer et al. (1955)*, [13] *Festetics & Leisler (1968)*, [14] *Dvorak (1994c)*, [15] *M. Dvorak, unpubl. Daten*, [16] *M. Dvorak & E. Nemeth, unpubl. Daten*, [17] *Kárpáti (1983c)*, [18] *A. Pellinger, unpubl. Daten*, [19] *S. Mogyorósi, unpubl. Daten*, [20] *Pellinger & Hadarics (2020a)*, [21] *www.ornitho.at*, [22] *Vogelberingungszentrale BirdLife Ungarn, unpubl. Ringfunde*, [23] *Österreichische Vogelwarte, unpubl. Ringfunde*, [24] *Archiv FHNP*

Michael Dvorak & Attila Pellinger

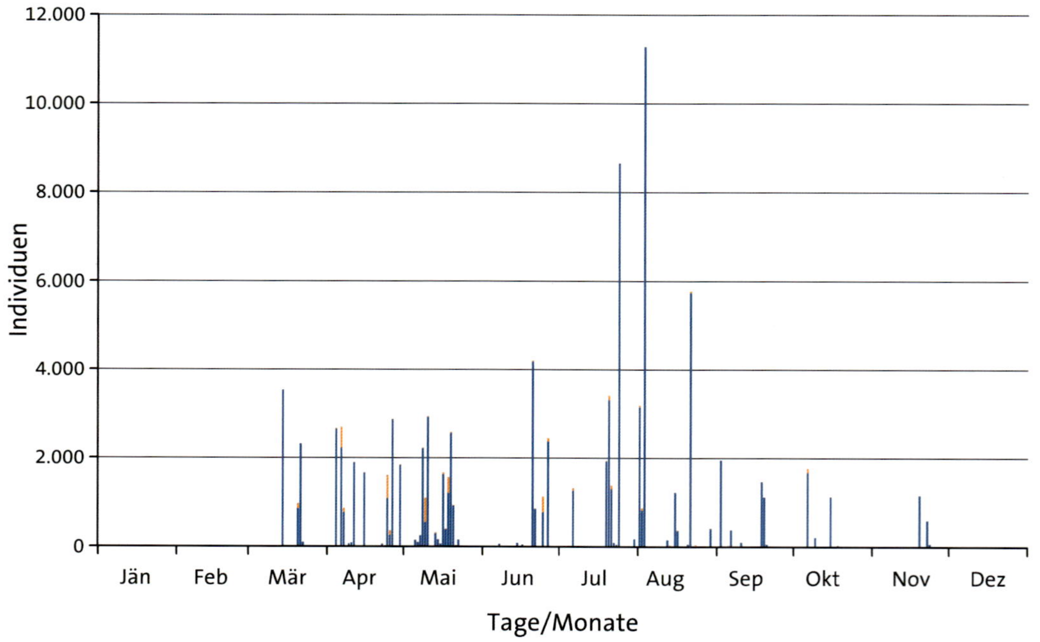

Jahreszeitliches Auftreten (Tagessummen) des Blässhuhns basierend auf Daten der Wasservogelzählungen in Österreich (blau: 2007–2021) und Ungarn (orange: 2013–2020)[2, 24].

Zwergsumpfhuhn *Zapornia pusilla* (Pallas, 1776)

Törpevízicsibe – Baillon's Crake

Unregelmäßiger Gast; vereinzelte Bruten bei geeigneten Wasserständen sind wahrscheinlich

Vorkommen

18 Nachweise:

- 2.8.1922 „in der Nähe von Apetlon", 1 Ex. im 1. KJ erbeutet[1]
- 20.7.1951 *„ein Zwergsumpfhuhn auf einem Haufen zusammengeschwemmten Schilfs zwischen den Fischerbooten im Neusiedler Kanal"* (K. Bauer u. a.[2])
- 22.8.1953 Neusiedler Kanal, *„längere Zeit ein Zwergsumpfhuhn beobachtet (B.), das später noch mehrfach und von verschiedenen Beobachtern [...] angetroffen wurde und sich dort bis 12. September aufhielt"* (K. Bauer u. a.[2])
- 26.8.1953 Neusiedler Kanal, *„zuerst zwei Zwergsumpfhühner gleichzeitig und dann noch ein drittes, nach Färbung und Zeichnung verschiedenes beobachtet"* (K. Bauer u. a.[2])
- 17.9.1955 Biologische Station Neusiedl am See, T. Samwald fing *„ein ganz junges Zwergsumpfhuhn, das ich genau untersuchen konnte. Das Tierchen (von dem Federn als Belege zurückbehalten wurden) war erst etwa zur Hälfte befiedert. Es hatte vor allem auch die Hand- und Armschwingen erst zu etwa einem Drittel entwickelt"* (T. Samwald, K. Bauer[3])
- 14.9.1963 Neusiedler See, 1 ad., Totfund, Rupfungsblatt im NHMW, Rupfung-Inv.-Nr. 106 (H. M. Steiner[4])
- 21.7.1966 Moschadolacke, „ein Exemplar, Sichtbeobachtung" (P. Becker & F.-D. Busch[5])
- 22.7.1966 *„1 ad. Exemplar in der Porzana-Lacke"* (P. Becker[5]) [entspricht der Krainerlacke, P. Becker, pers. Mitt.]
- 24.7.1966 „Salzlacke bei Apetlon", 1 ad. ♂ gefangen (P. Becker[6]); konkreter Ort des Nachweises Moschadolacke[5]
- 7.5. und 30.5.1982 Pfarrwiesen, eines bzw. 2 rufende ♂ (M. Dvorak & A. Grüll[7])
- Anfang Juli 1987 Arbesthau, 1 rufendes ♂ (M. Dvorak & P. Becker[8])
- 29.8.2004 Apetlon, 1 Ex. im 1. KJ (J. Laber[9])
- 10.5.–24.5. und 2.6.2008 Arbesthau, 1–3 rufende ♂ (E. Albegger, M. Dvorak, W. Kautz u. a.[10])
- 23.5.–4.6.2014 Mekszikópuszta, Pap-rét, 2–4 rufende ♂ (S .Mogyorósi, F. Udvardy, M. Váczi[11])
- 29.5.2015 Mekszikópuszta, Pap-rét, 2 rufende ♂ (S. Mogyorósi, F. Udvardy[11])
- 27.5.2016 Mekszikópuszta, Pap-rét, 2 rufende ♂ (S. Mogyorósi, F. Udvardy[11])
- 26.5.2021 Mekszikópuszta, Pap-rét, 1 rufendes ♂ (S. Mogyorósi[11])
- 22.5.–31.5.2021 Zitzmannsdorfer Wiesen, südlich Scheiblingsee, 1–4 rufende ♂ (R. Katzinger, J. Hohenegger, P. Mösinger u. v. a.[12])

Bei den nicht dokumentierten Sichtbeobachtungen der Jahre 1951, 1953 und 1966 waren ausgewiesene Kenner der Avifauna des Neusiedler Sees (K. Bauer) und der kleinen Rallenarten (P. Becker) beteiligt. Die zwischen 1982 und 2008 angeführten Nachweise aus Österreich wurden von der Avifaunistischen Kommission von BirdLife Österreich akzeptiert.

Die kleine Rufergruppe im Jahr 2021 auf den Zitzmannsdorfer Wiesen war über einen Zeitraum von zumindest zehn Tagen anwesend und wurde von zahlreichen Beobachter*innen bestätigt. Maximal wurden hier am 26.5. vier simultan rufende Männchen festgestellt[13]. In den darauffolgenden Wochen wurde mit Fotofallen versucht, die weitere Präsenz und eine eventuelle Brut der Vögel nachzuweisen. Dies blieb jedoch erfolglos, sodass davon auszugehen ist, dass die Vögel trotz temporär günstiger Lebensraumbedingungen unverpaart blieben und nach ihrem kurzzeitigen Verweilen weiter gezogen sind[14].

Quellen: [1] *Seilern (1934),* [2] *Bauer at al. (1955),* [3] *Bauer (1956),* [4] *Albegger (2015),* [5] *Barthel (1974),* [6] *Glutz von Blotzheim et al. (1973),* [7] *Archiv BirdLife Österreich,* [8] *M. Dvorak & P. Becker, unpubl. Daten,* [9] *Ranner & Khil (2009),* [10] *Ranner & Khil (2011),* [11] *Archiv MME Sopron,* [12] *www.ornitho.at,* [13] *M. Dvorak & B. Wendelin, unpubl. Daten,* [14] *M. Dvorak, M. Schneider & J. Lehner, unpubl. Daten*

Michael Dvorak & Sándor Mogyorósi

Kleines Sumpfhuhn *Zapornia parva* (Scopoli, 1769)

Kis vízicsibe – Little Crake

Warmblutkoppel, Illmitz, 18.6.2017, Männchen (Gerhard Loidolt)

Verbreiteter und bis 2019 noch sehr häufiger Brutvogel im Schilfgürtel, vereinzelt und unregelmäßig auch im Seewinkel

Verbreitung und Lebensraum

Das Kleine Sumpfhuhn besiedelt in Mitteleuropa vorwiegend Schilfbestände, darüber hinaus ist es auch in Mischbeständen mit Rohrkolben, Schneidried und Großseggen zu finden[1, 2]. Am Neusiedler See besiedelt die Art beinahe ausschließlich reine Schilfbestände, die obligat unter Wasser stehen müssen: Die durchschnittliche Wassertiefe in Revieren am Neusiedler See lag, basierend auf Untersuchungen in den 1980er Jahren, bei ca. 50 Zentimetern. Wichtig ist das Vorhandensein einer ausgeprägten Schichte aus alten, umgebrochenen Halmen, wie sie in der Regel nur in Beständen zu finden ist, die mehrere Jahre hindurch nicht gemäht oder abgebrannt wurden. Das Kleine Sumpfhuhn ist damit neben dem Mariskensänger der einzige obligate Altschilfbewohner am Neusiedler See. Die Reviere sind stets durch zahlreiche kleine offene Wasserflächen, Kanäle und aufgelockerte Schilfbestände gegliedert. Eine derartige strukturelle Kombination findet sich nur in älteren Schilfbeständen, die besten Habitate sind langjährig ungemähte oder nicht abgebrannte Schilfflächen[3–6]. Im Seewinkel fehlt das Kleine Sumpfhuhn als Brutvogel, wenngleich es in Jahren sehr hoher Wasserstände einzelne Nachweise balzender Männchen gibt. So wurden z. B. balzrufende Männchen 2001 an der Unteren Hölllacke[5], 2008 im Arbesthau[5], 2014 im Hanság[6] und 2015 an der Weißlacke[8] sowie am Weißsee[8] festgestellt.

Bestand und Bestandsentwicklung

Von den Autoren des 19. Jahrhunderts erwähnte nur Fászl[9] das Kleine Sumpfhuhn für die frühen 1880er Jahre, betonte aber, dass es viel seltener ist als das Tüpfelsumpfhuhn. Die nächsten konkreten Angaben stammen von Koenig[10], der als bester Rallen-Kenner der damaligen Zeit angab, dass sich das Brutvorkommen – nach vielen Jahren sehr niedriger Wasserstände – erst 1937 (wieder?) etabliert hat und schrieb: *„In den Gebieten, in denen es sich aufhält, steht das Wasser durchwegs mindestens 50 cm tief. [...] 1938 ist es schon beinahe so häufig wie die Wasserralle."* Über ein Jahrzehnt später hielt er fest: *„Sehr häufig überall wo Wasser ist. Einer der wenigen Vögel, die in den vom See direkt überspülten Rohrwäldern ganz in den Randzonen in Schwemmrohrhaufen brüten"*[11]. Seine Einstufung wurde Anfang der 1940er Jahre von Zimmermann[12] bestätigt und auch Bauer et al.[12] stuften das Kleine Sumpfhuhn als *„häufigen Brutvogel der Verlandungszone des Sees"* ein. Für die Jahrzehnte danach finden sich in der Literatur keine weiteren konkreten Angaben zum Vorkommen der Art.

In den Jahren 1982 und 1983 ergaben dann erste Untersuchungen zur Siedlungsdichte, dass die Art nach wie vor ein häufiger Brutvogel war[3]. Dabei zeigte sich eine deutliche Bevorzugung von Altschilfbeständen: Während die Art auf drei- bis sechsjährigen Flächen entlang des Seedammes bei Winden Dichten von 0,2 – 0,5 Revieren/ha erreichte, wurden in den älteren, damals zumindest zehnjährigen Schilfbeständen bei der Biologischen Station Illmitz bis zu 4,5 Reviere/ha festgestellt[3]. In den Jahren 1987 – 1989 wurden weitere Untersuchungen in verschiedenen Altschilfflächen am Westufer durchgeführt, dabei wurden Siedlungsdichten zwischen einem und 4,9 Revieren/ha ermittelt[5]. Eine weitere Untersuchung aus den Jahren 1990 – 1992 bestätigte die ausgesprochene Bindung des Kleinen Sumpfhuhns an Altschilfflächen. Von den 53 untersuchten Zählpunkten wurde es nur an 13 Punkten registriert, alle in Altschilfbeständen gelegen[14]. Im Jahr 1995 wurde im Rahmen eines Forschungsprojektes des Nationalparks eine großflächige systematische Untersuchung der Schilf bewohnenden Vogelarten mittels Punkttaxierungen in der heutigen Kernzone im Südosten des Sees durchgeführt. In den damals großflächig vorhandenen Altschilfbeständen war das Kleine Sumpfhuhn weit verbreitet und erreichte hohe Dichten: Insgesamt wurden an 52 von 61 Punkten Kleine Sumpfhühner festgestellt. Eine Bestandsschätzung mittels einer logistischen Regression ergab ca. 2.800 Reviere auf einer Fläche von 12,7 km², dies entsprach einer großflächigen Dichte von 2,2 Revieren/ha[4]. Eine damals durchgeführte Hochrechnung dieser Zahl auf den gesamten Schilfgürtel führte zu einer Bestandsschätzung von 12.300 – 22.000 Revieren[4]. Aus heutiger Sicht wurde für diese Hochrechnung die Fläche an geeigneten Lebensräumen am Westufer des Sees stark überschätzt und die Bestandsangabe war damit zu hoch angesetzt. In den Jahren 2005 und 2012 wurden weitere Untersuchungen in der Kernzone durchgeführt, mit dem Ergebnis eines 80 %-igen Bestandsrückgangs. 2006 wurden erstmals Punkttaxierungen in sechs ausgewählten Schilfbereichen am Nord- und Westufer durchgeführt und auch hier wurden Kleine Sumpfhühner nur lokal und in geringer Dichte festgestellt. Waren in der Kernzone 1995 noch 85 % der Zählpunkte besetzt, so lag dieser Wert 2005 bei nur mehr 28 %[15]. Am Nord- und Westufer des Sees war die Frequenz des Auftretens mit 18 % noch deutlich geringer, Kleine Sumpfhühner wurden nur in zwei von sechs Untersuchungsgebieten festgestellt[15]. Unter Berücksichtigung stark reduzierter großflächiger Dichten und eines Rückgangs an besiedelbaren Schilfflächen wurde der Brutbestand für 2006 auf nur mehr 1.000 – 2.000 Reviere geschätzt[15, 6].

In den Jahren 2018 und 2019 wurden die Bestände schilfbewohnender Kleinvögel erstmals im gesamten Schilfgürtel systematisch mittels Punkttaxierungen untersucht[17]. Kleine Sumpfhühner wurden dabei an nur 80 von 207 untersuchten Punkten festgestellt und eine großflächige Siedlungsdichte von 0,4 Revieren/ha ermittelt[17]. Im ungarischen See-Teil wurde in den Jahren 2007–2008 auf einer 13,2 ha großen Probefläche eine Bestandsdichte von 0,54 und 0,6 Revieren/ha ermittelt[18]. Der Brutbestand des gesamten Neusiedler Sees wird aktuell auf 4.200 bis 8.600 Reviere geschätzt, wobei der österreichische Anteil bei 2.700–5.500 liegt und auf Ungarn 1.500–3.100 Reviere entfallen[17]. Diese aktuellen Bestandszahlen liegen höher als 2006, aber sehr deutlich unter den Angaben für 1995. Wenngleich es sich bei den früheren Schätzungen wahrscheinlich um Über- (1995) bzw. Unterschätzungen (2006) handelte, ist mit Sicherheit davon auszugehen, dass sich der Brutbestand innerhalb der letzten 30 Jahre deutlich verkleinert hat. Diesen negativen Trend zeigen die bislang vier Untersuchungen der Kernzone ebenso wie langjährige Zählreihen entlang verschiedener Seedämme am Westufer[5].

Jahreszeitliches Auftreten

Kleine Sumpfhühner sind von Ende März bis Ende September im Gebiet anzutreffen[19]. Das Datum der Erstankunft streut, wie bei sonst kaum einer anderen Art, in weiten Grenzen: Während der Median in den Jahren 2011–2019 auf den 3. April fällt, wurde im Jahr 2019 bereits am 23. März das erste Sumpfhuhn festgestellt und – in starkem Gegensatz dazu – im Jahr 2013 der erste Vogel erst am 14.4. und 2015 sogar erst am 19.4. gemeldet. Derartig frühe Ankünfte wie im Jahr 2019 wurden bereits früher bekannt, so wurde im Jahr 1994 am 27.3. ein Vogel beim Sandeck festgestellt[20]. Danach zeigt das Phänologie-Diagramm von Anfang April bis Mitte Mai ein gleichbleibend hohes Niveau an Meldungen, das auf die hohe Gesangsaktivität neu ankommender Männchen zurückgeführt werden kann. Ab Mitte Mai bis Ende Juni sinkt die Anzahl der gemeldeten Vögel deutlich, betrifft aber weiterhin in hohem Maße unverpaarte, rufende Männchen. Die wenigen Nachweise von Anfang Juli bis Mitte September gehen auf die versteckte Lebensweise der Art zurück und auch auf die Tatsache, dass nur wenige Beobachter mit dem Rufrepertoire der Art vertraut sind. Wie gezielte Fänge zeigen, hält sich der Großteil der Brutpopulation bis Anfang September im Gebiet auf[5]. Die beiden letzten Feldbeobachtungen datieren vom 28.9.1982 vom Damm der Biologischen Station Illmitz[21] und vom 28.9.2014 von der Lettengrube[22]. Die letzte Beobachtung im ungarischen Seeteil gelang am 22.10.1976[23].

Zugverhalten und Ringfunde

Das Kleine Sumpfhuhn ist ein Weitstreckenzieher, wenngleich auch einzelne Winterbeobachtungen aus West- und Mitteleuropa existieren[24]. Die Lage der Winterquartiere ist bislang nur ungenügend bekannt, sie liegen in den Steppengebieten Ost- und Westafrikas, im Nahen Osten und reichen östlich bis Pakistan und Nordindien. In Nordafrika dürfte es bestenfalls in kleiner Zahl überwintern[22]. Die Winterquartiere der Brutpopulation des Neusiedler See-Gebiets sind nicht bekannt. Bislang liegen nur zwei Ringfunde vor. Ein am 23.9.1956 an der Station Neusiedl am See beringter Vogel fand sich sechs Jahre später am 22.7.1962 nur ca. 30 km entfernt, östlich von Mosonszolnok[23]. Ein am 22.4.1965 ebenfalls im Neusiedl am See markierter Vogel fiel am 18.3.1967 am Heimzug im nördlichen Podelta in Italien einem Jäger zum Opfer[25].

Quellen: [1] *Jedlikowski et al. (2014),* [2] *Stermin et al. (2019),* [3] *Dvorak (1985),* [4] *Dvorak et al. (1997),* [5] *M. Dvorak, unpubl. Daten,* [6] *Nemeth & Dvorak (2019),* [6] *H.-M. Berg, unpubl. Daten,* [7] *M. Dvorak & B. Wendelin, unpubl. Daten,* [9] *Fászl (1883),* [10] *Koenig (1939),* [11] *Koenig (1952),* [12] *Zimmermann (1943),* [13] *Bauer et al. (1955),* [14] *Dvorak et al. (1993),* [15] *Dvorak et al. (2008),* [16] *Nemeth et al. (2014),* [17] *M. Dvorak & E. Nemeth, unpubl. Daten,* [18] *S. Mogyorósi, unpubl. Daten,* [19] *www.ornitho.at,* [20] *M. Dvorak/ABÖ,* [21] *G. Dobler/ABÖ,* [22] *H. Schaffer, C. Zehetner/ornitho.at,* [23] *Archiv MME Sopron,* [24] *Taylor & Van Perlo (1998),* [25] *Österreichische Vogelwarte, unpubl. Ringfunde,* [26] *Archiv BirdLife Österreich*

Michael Dvorak & Sándor Mogyorósi

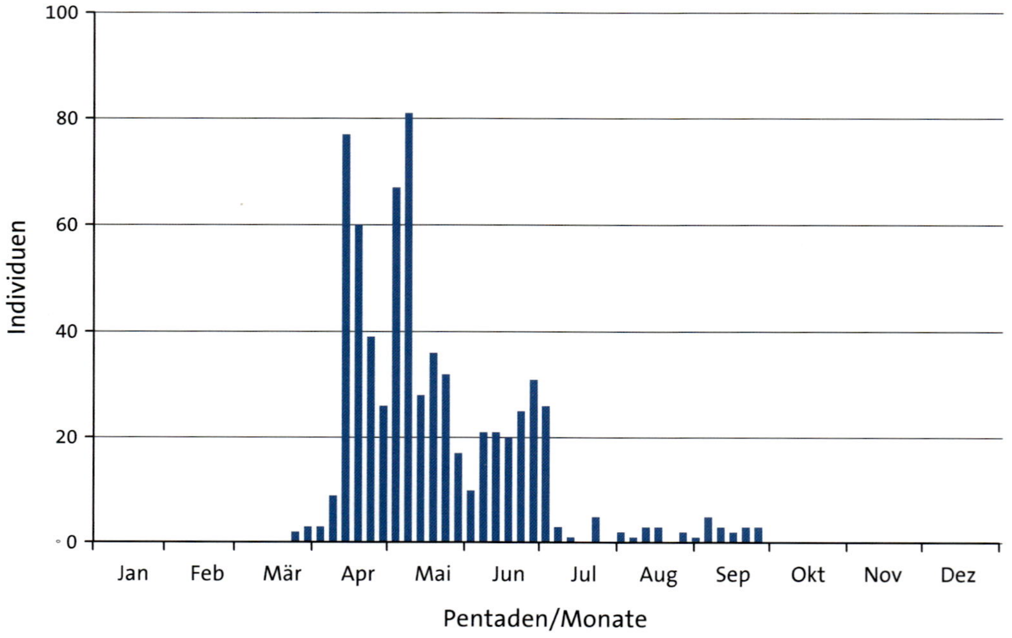

Jahreszeitliches Auftreten des Kleinen Sumpfhuhns (Tagessummen gemeldeter Individuen) basierend auf Daten aus Österreich aus den Jahren 1966-2019 (n = 671)[19, 26].

Jungfernkranich *Grus virgo* (Linnaeus, 1758)

Pártás daru – Demoiselle Crane

Arbesthau, Apetlon, 30.7.2020 (Wolfgang Trimmel)

Ausnahmeerscheinung

Vorkommen

Wohl ein und derselbe Vogel besuchte im Jahr 2020 gleich mehrfach das Neusiedler See-Gebiet und sorgte dabei auch für den ersten österreichischen und den fünften ungarischen Nachweis dieser Art:

- 24.–27.5.2020 Nyéki-szállás und Pap-rét, von 25.–27.5. jeweils in den Morgenstunden auch in der Arbesthau, 1 Ind. (M. Váczi, T. Hadarics, A. Cimadom, W. Trimmel u. a.[1–5])
- 28.–29.6. und 4.7.2020 Nyéki-szállás, 1 Ind. (Zs. Balaskó, I. Csíder, P. Gyüre[1,2])
- 29.–31.7.2020 Darscho und Äcker nordwestlich der Langen Lacke, 1 Ind. (C. Schütz, J. Frießer, P. Frießer u. a.[3–5])

Zwischendurch, und zwar von 28.5.–1.6.2020 hielt sich der Vogel auch im zentralen Ungarn bei Apaj und Bugyi im Komitat Pest auf[1,2]. Der Vogel dürfte sich mindestens im dritten Kalenderjahr befunden haben[4].

Quellen: *[1] Váczi & Hadarics (2020), [2] MME Nomenclator Bizottság (2022), [3] www.ornitho.at, [4] www.birdlife-afk.at, [5] Albegger (2022a)*

Andreas Ranner & Tibor Hadarics

Kranich *Grus grus* (Linnaeus, 1758)

Daru – Common Crane

Westliche Wörthenlacke, 30.11.2006, Familie (Michael Dvorak)

Seit 2008 häufiger und zunehmender Durchzügler im Oktober und November, selten in den anderen Monaten

Verbreitung und Lebensraum

Während des Durchzugs sind Kraniche in ihren Rastgebieten sowohl auf das Vorhandensein von geeigneten Nahrungsgebieten als auch auf störungsfreie Schlafplätze in Flachwasserzonen angewiesen, welche ihnen Schutz vor Fressfeinden bieten. An den seichten, durch Weidetiere vom Schilfbewuchs offen gehaltenen Wasserflächen im Seevorgelände des südöstlichen Neusiedler Sees finden sie somit ideale Bedingungen zum Übernachten vor. Im Bereich der Graurinderkoppel und der Seerandzonen bei Illmitz sammeln sich die Vögel bei Sonnenuntergang, nachdem sie tagsüber im Seewinkel bis ins Albrechtsfeld zu beobachten sind. Als Äsungsflächen suchen Kraniche bevorzugt weithin offene Flächen auf und stellen sich oft in größeren Trupps auf abgeernteten Feldern oder Wiesen ein[1]. Auf frisch umgebrochenen Schwarzackerflächen, abgeernteten Getreidefeldern, Kartoffeläckern oder Maisstoppelfeldern liefern liegen gebliebene Ernterreste eine wertvolle Nahrungsquelle.

Bestand und Bestandsentwicklung

Das einstige Brutvorkommen des Kranichs am Neusiedler See erstreckte sich vom Niedermoor des ungarischen Hanság bis ins Gemeindegebiet von Pamhagen[1]. Ebendort wurden Kraniche um 1880 noch als Hausvögel zur Gewinnung von Schmuckfedern gehalten[1], jedoch hielt von Fischer[2] bereits zu dieser Zeit fest, dass der Kranich früher wohl häufiger vorgekommen sei. So berichtete Jukovits[3] noch von *„großen Scharen“*, die Mitte des 19. Jahrhunderts zu beobachten waren. Von Dombrowski[4] bemerkte, dass der Kranich am Durchzug nicht selten sei und dass 1888 noch einige Paare im Kapuvárer Erlenwald brüteten. Mit der Jahrhundertwende wurden die Meldungen von Kranichen im Gebiet jedoch spärlich und bezogen sich ausschließlich auf den heute ungarischen Teil des Neusiedler See-Gebiets[5, 6]. Erst 1958 wurden erstmals wieder Kraniche auf österreichischer Seite festgestellt: Am 18.6.1958 wurden drei Exemplare südlich des Apetloner Meierhofs entdeckt, die sich hier nach Aussage des Revierjägers schon *„ein paar Wochen"* aufhielten[7]. 1959 meldete der Apetloner Jagdaufseher am 27.3. einen Trupp von 42 Individuen von der Götschlacke und von 17.5.–21.5. wurde ein Vogel mehrfach im Seewinkel und im Hanság beobachtet[7]. An anderer Stelle hieß es allgemein *„Von etwa 1957–1964 übersommerten jährlich 2–3 Kraniche, anscheinend ohne einen Brutversuch zu machen, wenige km W Pamhagen im Bereich des Apetloner Meierhofes"*[8].

Ab Mitte der 1960 Jahre wurde der Kranich beinahe alljährlich vereinzelt und in kleinen Trupps während der Zugzeiten beobachtet und ab Mitte der 1970er Jahre wurden auch während der Brutzeit einzelne Nachweise aus dem Hanság, dem Neudegg und von den Lacken des zentralen Seewinkels gemeldet[9]. Gruppen mit mehr als 10 Individuen waren jedoch noch bis in die 1990er Jahre die Ausnahme. Anfang November 1995 wurde erstmals ein Trupp mit ca. 100 Individuen auf einem Acker im Neudegg beobachtet[10]. In den drauffolgenden Jahren wurden zwar alljährlich mehrfach Kraniche gesichtet, die Zahl der gleichzeitig beobachteten Individuen blieb jedoch zumeist gering[9]. Erst 2002 wurden während des Herbstzugs, von Anfang November bis Mitte Dezember, mehrere größere Gruppen mit bis zu 266 Individuen beobachtet[11]. Auch in den Jahren 2004 und 2006 fiel der Durchzug vergleichsweise stark aus und wieder wurden verschiedene Trupps mit über 100 bis maximal 250 Individuen gezählt. Im Gegensatz dazu wurden in den dazwischen liegenden Jahren und auch 2007 zwar Kraniche im Gebiet beobachtet, ihre Zahl blieb jedoch mit 12–20 Exemplaren gering[9]. Diese jährlichen Schwankungen setzten sich in den nächsten Jahren fort, allerdings ist zugleich auch ein stetiger und steiler Anstieg der Nachweise und der Zahlen zu erkennen. Im Herbst 2008 wurden zum ersten Mal 1.000 Individuen in fünf aufeinander folgenden, Richtung Südsüdwest fliegenden Gruppen gezählt[12] und bereits Ende Oktober 2011 übernachteten als bis dahin stärkste Ansammlung 900 Kraniche im Seevorgelände der Graurinderkoppel[13]. Das Maximum der ebenfalls am Schlafplatz an der Graurinderkoppel gezählten Individuen lag 2013 bei 1.300 Vögeln[14] und stieg im Jahr 2016 bereits auf 6.500 Exemplare an[15]. 2018 erreichte der Herbstzug schließlich sein bisheriges Maximum mit 9.600 zugleich gezählten Individuen[16].

In den vergangenen Jahren kam es im Karpatenbecken an mehreren Stellen zur Brut einzelner Kranichpaare. 2015 wurde die erste Brut beim Fluss Marcal (einem Nebenfluss der Raab) registriert, 2021 beim Fluss Kerka im äußersten Südwesten Ungarns[17]. Die seit einigen Jahren anhaltenden Übersommerungen und Überwinterungen im Neusiedler See-Gebiet sind in Zusammenhang mit der Expansion des Kranichs in den Nachbarländern (Tschechien, Deutschland) zu sehen und weisen auf eine mögliche Ansiedlung der Art im Gebiet in naher Zukunft hin. Für Kraniche geeignete Brutplätze wären vor allem in den Seerandzonen sicherlich vorhanden[18, 19].

Jahreszeitliches Auftreten

Aufgrund milder werdender Winter zeigen Kraniche in Europa vermehrt die Tendenz, weiter nördlich zu überwintern oder sehr spät den winterlichen Bedingungen Richtung Süden auszuweichen[16]. So kommt es in jüngeren Jahren immer wieder vor, dass Kraniche auch während der Wintermonate im Neusiedler See-Gebiet beobachtet werden. Besonders bemerkenswert ist in diesem Zusammenhang die Sichtung von 64 Kranichen, welche am 12.1.2019 früh morgens vom bekannten Schlafplatz bei der Graurinderkoppel auffliegend Richtung Südosten zogen[20]. Die vorliegenden Daten deuten außerdem darauf hin, dass der Heimzug nach wärmeren Wintern bereits früher wieder angetreten wird. So häufen sich am Neusiedler See die Beobachtungen von kleineren Trupps im Februar, mit denen der Frühjahrszug allmählich einsetzt. Der Hauptdurchzug zieht sich zu dieser Jahreszeit über den März und April hin und hat seinen Schwerpunkt Anfang bis Mitte März. In dieser Periode werden rastende oder überfliegende Trupps von bis zu 50 Individuen gemeldet. Die Mehrzahl an Meldungen betrifft jedoch kleine Gruppen von weniger als fünf Kranichen. Der Herbstzug setzt in der Regel Mitte Oktober ein und erreicht Ende Oktober und in der ersten Novemberwoche seinen Höhepunkt. Die Meldungen zeigen, dass der Wegzug zumeist in mehreren Wellen vonstattengeht und die Kraniche bei günstiger Witterung oft rasch weiter fliegen. Manchmal hält sie Nebel oder schlechtes Wetter jedoch auch mehrere Tage lang am Boden. Schließlich klingt das Zuggeschehen Ende November langsam ab, doch werden noch bis Jahresende und darüber hinaus immer wieder Kraniche gemeldet.

Seit dem Jahr 2005 übersommern und überwintern Kraniche regelmäßig, speziell in den

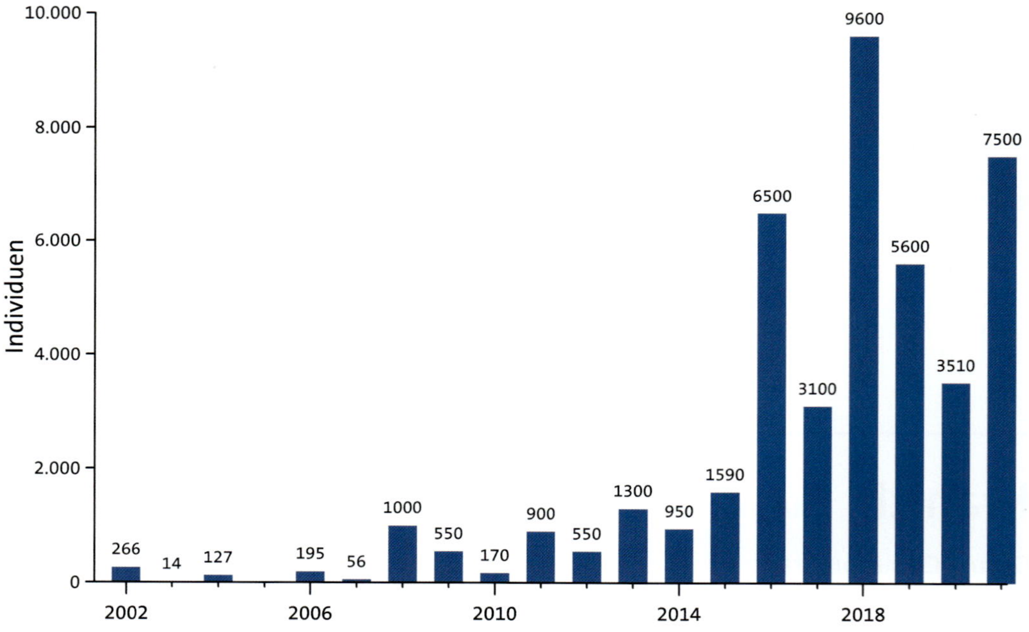

Jährliches Maximum (maximale Anzahl zugleich gezählter Individuen) des Kranichs auf österreichischer Seite in den Jahren 2002–2021 (n = 43.482)[9, 26].

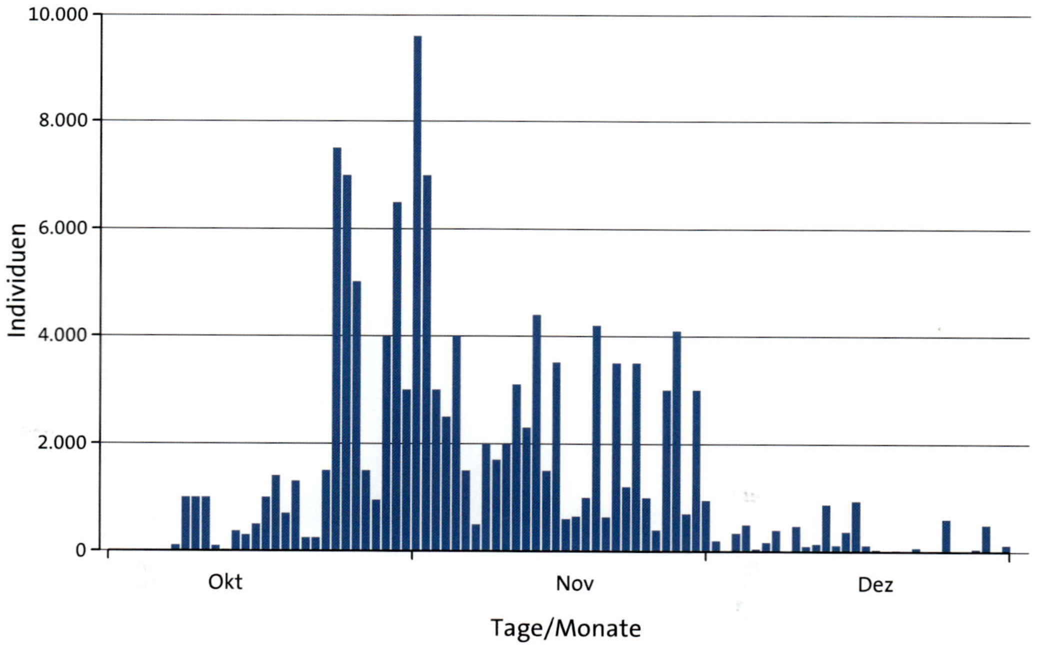

Phänologie des Kranichs am Herbstzug (Tagesmaxima gemeldeter Individuen von 1.10. bis 31.12.) basierend auf Daten von österreichischer Seite aus den Jahren 2011–2021[26].

Sodagebieten von Mekszikópuszta. Anfänglich waren es nur einzelne Vögel, aber gegenwärtig verbringen bereits kleinere Gruppen den Sommer und Winter im südöstlichen Teil des Neusiedler Sees [18].

Zugverhalten und Ringfunde

Die in Europa und dem westlichen Russland brütenden Kraniche nutzen mindestens vier bekannte Hauptzugwege, um ihre südlichen Winterquartiere zu erreichen [19]. Zwei davon sind für die während des Herbstzugs ins Neusiedler See-Gebiet kommenden Individuen von Bedeutung: (1) Brutvögel aus Skandinavien, Deutschland sowie aus Polen und dem westlichen Baltikum folgen dem Westeuropäischen Zugweg, um auf der Iberischen Halbinsel, in Frankreich oder Nordwestafrika zu überwintern [21]. (2) Kraniche, welche hingegen entlang des Baltisch-Ungarischen Zugwegs nach Süden fliegen, gehören den Nordosteuropäischen Brutpopulationen Schwedens, Finnlands, Weißrusslands und der Baltischen Staaten an [19]. Bis zu 140.000 Kraniche rasten alljährlich im Hortobágy Nationalpark [21]. Von dort folgen sie verschiedenen, sekundären Zugrouten. Auch für die im Herbst am Neusiedler See rastenden Kraniche gibt es eine Verbindung zum Rastgebiet in Hortobágy. Es wird angenommen, dass die am Neusiedler See rastenden Individuen zum Teil der norditalienischen Route folgen. Dieser Zugweg führt die Kraniche entlang der Poebene südlich des Alpenbogens nach Westen, wo sie sich Vögeln der westeuropäischen Route anschließen [21]. Ein Großteil dürfte hingegen mit der aus der Tschechischen Republik stammenden Brutpopulation nördlich des Alpenbogens entlang fliegen, um später ebenfalls dem Westeuropäischen Zugweg weiter zu folgen [19]. Diese kürzlich etablierten und von Ost nach West gerichteten Zugbewegungen, welche den baltisch-ungarischen Zugweg mit der westeuropäischen Route verbinden, sind verantwortlich für die zunehmende Bedeutung des Neusiedler See-Gebiets für Kraniche während des Wegzugs. Zudem hängen die steigende Zahl der am Neusiedler See durchziehenden Kraniche sowie die Entstehung neuer Zugwege vermutlich mit der Entwicklung der gesamteuropäischen Population zusammen. Diese wächst seit den letzten 50 Jahren wieder kontinuierlich an und ehemalige Brutgebiete werden neu besiedelt [22]. Im Frühjahr dürften die Kraniche der baltisch-ungarischen Route in einem Schleifenzug entlang des westeuropäischen Zugwegs wieder zurück in ihre Brutquartiere fliegen [19]. Dies erklärt den im Gebiet zahlenmäßig deutlich schwächer ausgeprägten Heimzug.

Bislang sind im Neusiedler See-Gebiet insgesamt fünf Vögel mit estländischen und 22 mit finnischen Farbringen beobachtet worden. Dazu kommt ein im November 2017 bei Szatymaz (im Süden der Großen Ungarischen Tiefebene) in Ungarn markierter Vogel, der beinahe auf den Tag genau ein Jahr später am Neusiedler See entdeckt wurde. 44 % dieser Daten (55 Nachweise aus 9 Jahren) betreffen Individuen, die bislang nur am Brutplatz und am Neusiedler See abgelesen wurden, bei weiteren 55 % gelangen aber auch in der Region Hortobágy in Ostungarn Ablesungen [23]. Dies stützt die Hypothese, dass am Neusiedler See südost-skandinavische und baltische Brutvögel durchziehen, deren Routen sich in Hortobágy vereinigen [24, 25].

Quellen: [1] *Glutz von Blotzheim et al. (1973)*, [2] *von Fischer (1883)*, [3] *Jukovits (1864/65)*, [4] *von Dombrowski (1889)*, [5] *Zimmermann (1943)*, [6] *Bauer et al. (1955)*, [7] *Gauckler & Lischka (1960)*, [8] *K. Bauer, R. Schoreditsch & B. Straschil in Glutz von Blotzheim et al. (1973)*, [9] *Archiv BirdLife Österreich*, [10] *K. Kirchberger/ABÖ*, [11] *A. Grüll/ABÖ*, [12] *J. Fuhrmann/ABÖ*, [13] *R. Katzinger/ornitho.at*, [14] *L. Khil/ornitho.at*, [15] *A. Ranner, B. Zens/ornitho.at*, [16] *S. Zinko/ornitho.at*, [17] *Végvári in Szép et al. (2021)*, [18] *Datenbank des FHNPI*, [19] *Végvári (2015)*, [20] *S. Wegleitner/ornitho.at*, [21] *Mingozzi et al. (2013)*, [22] *BirdLife International (2020)*, [23] *www.tringa.hu*, [24] *Pellinger (2018)*, [25] *Ojaste (2019)*, [26] *www.ornitho.at*

Barbara Kofler & Attila Pellinger

Kranich, Grus grus, *rastender Zugtrupp, Ochsenbrunnlacke, Apetlon, 13.11.2021 (Michael Dvorak)*

Zwergtaucher *Tachybaptus ruficollis* (Pallas, 1764)

Kis vöcsök – Little Grebe

Frauenkirchen, 16.5.2022 (Leander Khil)

Verbreiteter, aber seltener Brutvogel im Schilfgürtel, sehr lokal auch an den stärker verschilften Lacken

Verbreitung und Lebensraum

Der Zwergtaucher ist sowohl in Österreich wie auf ungarischer Seite ein verbreiteter Brutvogel im Schilfgürtel des Sees. Im Seewinkel kommt er in Jahren normaler und hoher Wasserstände an 5–20 Gewässern vor, fehlt aber in trockenen und sehr trockenen Jahren weitgehend. Im Schilfgürtel zeigt der Zwergtaucher keine Bevorzugung jüngerer Schilfbestände mit einem hohen Anteil an grünem Pflanzenmaterial, präferiert jedoch klar solche Bereiche, die stark mit kleineren und größeren Blänken durchsetzt sind. Flächen, die von Zwergtauchern besiedelt sind, weisen einen signifikant höheren Anteil an offenen Wasserflächen auf[1]. Im Seewinkel brütet der Zwergtaucher an den stärker verschilften Lacken sowie an Fischteichen. Schilfflächen ohne offene Wasserflächen werden nur in Jahren sehr hoher Wasserstände besiedelt.

Die Wasservogelzählungen aus Österreich der Jahre 2011–2019 (ohne die Daten des Ausnahmejahrs 2015) zeigen eine Bevorzugung bestimmter Lacken, an denen in der Mehrzahl der Jahre Brutzeitvorkommen festgestellt wurden: Westliche und Östliche Wörthenlacke (18,6 bzw. 12,3 % aller Individuen), Herrensee (9,9 %), Unterer Stinkersee (9,7 %), Apetloner Meierhoflacke (7,4 %), Lettengrube (5,1 %) und Neufeldlacke (3 %). Im Hochwasserjahr 2015 verlagerten sich die Bestände in völlig unvorhergesehener Weise und es gab hohe Zwergtaucher-Bestände an Lacken, die in fast allen übrigen Jahren unbesiedelt blieben: Lange Lacke (17,5 %), Obere Halbjochlacke (14,7 %) und Fuchslochlacke (9,4 %)[2].

Bestand und Bestandsentwicklung

Im 19. Jahrhundert wurde die Art von allen Autoren als häufiger Brutvogel angeführt. In den 1850er Jahren wurde der Zwergtaucher als *„gemein"*[3], in den 1870er Jahren als *„häufiger als der Haubentaucher"* bezeichnet[4], für das Jahr 1882 lautete die Einstufung *„Brutvogel, der überall im Rohre zu finden ist"*[5] und für 1886 ähnlich *„sehr gemeiner Brutvogel"*[6]. Mitte der 1930er Jahre war der Zwergtaucher *„im Seewinkel spärlicher Brutvogel"*, von dem vier Brutplätze im Lackengebiet bekannt waren[7]. Zu Beginn der 1940er Jahre meinte Zimmermann[8]: *„Der Zwergtaucher ist ein zwar nicht seltener Brutvogel, erreicht aber bei weitem nicht die Häufigkeit, die man vielleicht erwarten könnte* [...]. *Der Taucher scheint, wenigstens in den Jahren normalen und höheren Wasserstandes, den vegetationsreicheren Lacken offensichtlich den Vorzug vor dem See zu geben"*. Zu Beginn der 1950er Jahre wurde der Zwergtaucher dann nach wie vor als *„spärlicher Brutvogel des Sees und mancher Lacken"* bezeichnet[9]. Festetics & Leisler veranschlagten hingegen für Mitte der 1960er Jahre über 100 Paare für den Seewinkel und ebenso viele für den See[10]. Die sehr hohe Zahl für den Seewinkel überrascht, aber möglicherweise herrschten im Hochwasserjahr 1965 ähnliche Bedingungen wie im Jahr 2015 (siehe weiter unten). Im Vergleich dazu zählte Bandorf[11] 1966 im Seewinkel nur neun Brutpaare, was in etwa der heutigen Situation bei „normalen" Wasserständen entsprechen würde.

Für die Jahre 1981–1992 wurde der Brutbestand der Lacken auf 10–20 Paare geschätzt[12], also im Bereich von Bandorfs Angaben. Die Ergebnisse der Erhebungen in den Jahren 2001–2019 bestätigen schließlich die bisherigen Befunde: Ein niedriges Bestandsniveau in Zeit geringen Wasserstandes (1–12 Brutpaare 2001–2007), höhere Bestände in Jahren mit höheren Wasserständen (16–34 Brutpaare von 2008–2013, 2016), gefolgt von Einbrüchen in Trockenjahren (0–6 Brutpaare 2012, 2014, 2017–2019) sowie das Spitzenjahr 2015[2,13]. In diesem Jahr, mit den höchsten Wasserständen seit 1983 und 1996, besiedelte der Zwergtaucher nicht weniger als 32 Lacken mit einem Gesamtbestand von 91–95 Brutpaaren[2]. Viele bereits verlandete Lacken, die in den übrigen Jahren kein Wasser führen und die daher aufgrund ihres starken Bewuchses sehr gute Bedingungen boten, waren gleich von mehreren Paaren besetzt, wie z. B. die Haidlacke, die Huldenlacke und die Kleine Neubruchlacke. Andererseits brüteten Zwergtaucher auch auf vegetationsarmen „weißen" Lacken in größerer Zahl, wie Obere Halbjochlacke (13 Brutpaare) sowie Birnbaum-, Ochsenbrunn-, Sechsmahd- und Kühbrunnlacke. Diese Vögel hatten einen hervorragenden Bruterfolg. Im Spätsommer kam es im Seewinkel zu großen Ansammlungen auf einigen Lacken als Höhepunkt einer außergewöhnlichen Saison. So z. B. am 22.8.2015 293 Exemplare an der Langen Lacke, 264 an der Oberen Halbjochlacke und 176 an der Fuchslochlacke[2].

Wesentlich weniger gut informiert sind wir über den Brutbestand im Schilfgürtel des Sees: In den 1980er und frühen 1990er Jahren wurden auf österreichischer Seite einzelne Dichteuntersuchungen auf kleineren Flächen von 50–200 ha durchgeführt, die 0,2–0,5 Paare/10 ha (max. 2,3) ergaben[13]. Im Jahr 1995 wurden in der Kernzone des österreichischen Nationalparks auf 14,2 km² nicht weniger als 141 Zwergtaucher-Reviere gezählt[1], das ergab eine Dichte von 10 Revieren/ km² – ein Wert, der im Bereich der früheren, jedoch viel kleinräumigeren Untersuchungen lag. Damit konnte Mitte der 1990er Jahre der Brutbestand im Schilfgürtel Österreichs auf 500–1.000 Brutpaare geschätzt werden[14]. Untersuchungen in den Jahren 2005, 2006 und 2012 zeigten, dass der Zwergtaucher zwar nach wie vor verbreitet im Schilfgürtel brütete, aber nicht mehr die Dichten der 1980er und 1990er Jahre erreichte, mit einem Rückgang von deutlich mehr als 50 %[15]. Der Grund dafür liegt einerseits an niedrigen Wasserständen, die zeitweise zur Austrocknung weiter Teile des Schilfgürtels führten, andererseits kann eine Verknappung der Nahrungsbasis nicht ausgeschlossen werden. Der Brutbestand im österreichischen Schilfgürtel kann für die Jahre 2005–2012 auf 150–300 Paare geschätzt werden, was einem Rückgang von ca. 60 % entspricht[16]. Noch deutlicher verstärkt hat sich der Rückgang des Brutbestandes allerdings seit dem Jahr 2017: Bei einer erneuten Erhebung in der Kernzone des Nationalparks in Österreich im Jahr 2018 wurde die Art nur mehr an 11 von 46 Zählpunkten festgestellt[17], und 2019 ergab eine weitere Zählung an 115 Punkten im Schilfgürtel außerhalb des Nationalparks nur einen einzigen Nachweis[17]. Seither wurde die Art bis zum Jahr 2021 im Rahmen systematischer Untersuchungen nur mehr vereinzelt im Schilfgürtel festgestellt[13]. Aktuell liegt der Brutbestand am Neusiedler See auf österreichischer Seite sicherlich deutlich unter 50 Paaren[13].

In den Buchten und Kanälen des ungarischen Teils trat der Zwergtaucher ursprünglich meist einzeln oder paarweise auf. Die größte Gruppe von 10 Vögeln wurde am 22.6.1975 im Herlakni-tó, einer großen Blänke im Schilfgürtel bei Balf beobachtet[18]. Über die Größe des Brutbestands und Bestandstrends liegen aus Ungarn keine Informationen vor, es ist aber davon auszugehen, dass die Entwicklung ähnlich ungünstig wie auf österreichischer Seite verlaufen ist: So konnte im Jahr 2018 bei Zählungen im Schilfgürtel an 48 Punkten nicht ein einziger Zwergtaucher beobachtet werden[19].

Jahreszeitliches Auftreten

Der Zwergtaucher kann im Lackengebiet ganzjährig beobachtet werden, ist jedoch nur von Anfang April bis Mitte Oktober in größerer Zahl anwesend. Der Großteil des Brutbestands trifft in der ersten Aprildekade ein und verweilt bis Ende September im Gebiet. Von Mitte Oktober bis Ende März ist der Zwergtaucher im Gebiet nur vereinzelt oder in sehr kleinen Trupps anzutreffen. Fast alle Beobachtungen zwischen Mitte November und Ende Februar beziehen sich auf den Einserkanal, wo der Zwergtaucher in geringer Zahl auch überwintert. Nachweise aus dem Lackengebiet sind zu dieser Zeit Ausnahmen[20].

Zugverhalten und Ringfunde

Es liegen zwei ältere Ringfunde von Zwergtauchern vor, die in Fertőrákos markiert wurden[21]. Ein am 7.10.1928 beringter Vogel wurde zwei Monate später an der italienischen Adriaküste nördlich von Pescara gefunden und ein weiterer, am 12.9.1928 markierter Zwergtaucher, wurde am 18.1.1930 am Lago di Lesina in Apulien, wiederum an der Adriaküste, gefunden. Einen weiteren Fund erbrachte ein am 30.6.1928 bei Fertőrákos gefangener Vogel, der hier vier Jahre später am 26.8.1932 wiedergefunden wurde. Es ist also davon auszugehen, dass zumindest Teile der Zwergtaucher-Population weiter südlich im Mittelmeerraum überwintern.

Quellen: [1] *Dvorak et al. (1997),* [2] *M. Dvorak, J. Laber & B. Wendelin, unpubl. Daten,* [3] *Jukovits (1864/65),* [4] *Fászl (1883),* [5] *Fischer (1883),* [6] *Dombrowski (1889),* [7] *Seitz (1942),* [8] *Zimmermann (1943),* [9] *Bauer et al. (1955),* [10] *Festetics & Leisler (1968),* [11] *Bandorf (1970),* [12] *Dvorak (1994a),* [13] *M. Dvorak, unpubl. Daten,* [14] *Dvorak (2009a),* [15] *M. Dvorak, E. Nemeth u. a., unpubl. Daten,* [16] *M. Dvorak, unpubl. Daten,* [17] *BirdLife Österreich, unpubl. Daten,* [18] *Kárpáti (1983),* [19] *P. Villanyi, unpubl. Daten,* [20] *www.ornitho.at,* [21] *Vogelberingungszentrale BirdLife Ungarn, unpubl. Ringfunde*

Michael Dvorak & Attila Pellinger

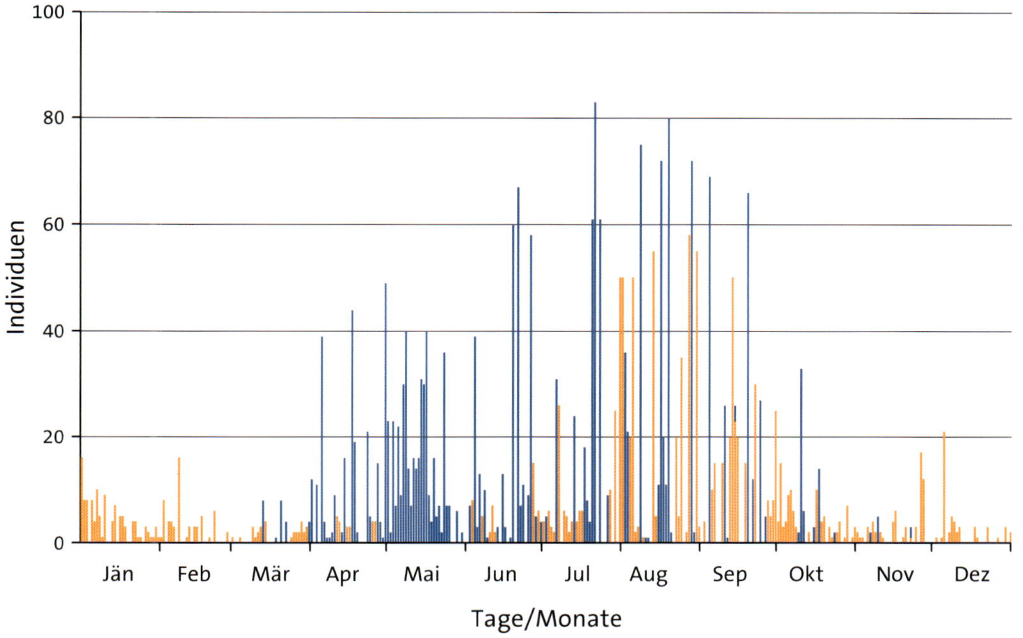

Jahreszeitliches Auftreten des Zwergtauchers in Österreich basierend auf Daten der Wasservogelzählungen aus den Jahren 2007–2019 (blaue Säulen)[2]. Zusätzlich sind Streudaten aus den Jahren 2013–2019 dargestellt (orange Säulen)[20].

Rothalstaucher *Podiceps grisegena* (Boddaert, 1783)

Vörösnyakú vöcsök – Red-necked Grebe

Haidlacke, Illmitz, 20.4.2015 (Gerhard Loidolt)

Sehr seltener Durchzügler, Sommergast und unregelmäßiger Brutvogel mit vier Brutnachweisen

Vorkommen

Historische Angaben zum Vorkommen des Rothalstauchers aus dem 19. Jahrhundert sind rar, betreffen aber neben zwei weiteren Exemplaren einen Jungvogel aus dem Juli 1823[1], der Schenk[2] zur Aussage *„Zu jener Zeit war der Rothalstaucher daher hier Brutvogel"* veranlasste. Des Weiteren schrieb er aber auch *„Derzeit brütet diese Art ganz bestimmt nicht, weder im Fertő, noch in den Seen am Ostufer"*. Für die 1860er Jahre erwähnte Jukovits[3] lediglich *„war selten zu haben"* und für die Zeit um 1880 schrieb Fischer[4], dessen Aussagen in aller Regel plausibel sind: *„Keineswegs selten, brütet am See und wird häufig in den Reuschen und Netzen der Fischer gefangen"*. Wenige Jahre später kam E. v. Dombrowski[5] zum selben Schluss: *„Ebenfalls brütend, aber seltener als der vorige* [der Haubentaucher]". Während diese Angaben ein regelmäßiges Brutvorkommen des Rothalstauchers im 19. Jahrhunderts zwar nicht belegen, aber durchaus möglich erscheinen lassen, fehlen aus der ersten Hälfte des 20. Jahrhunderts jegliche Nachweise[6,7]. Erst am 16.8.1952 wurde, als erster Nachweis aus dem 20. Jahrhundert, ein toter Jungvogel an der Biologischen Station Neusiedl am See abgegeben[8].

Seit 1966 wurde der Rothalstaucher dann in 36 Jahren im Neusiedler See-Gebiet beobachtet. Davon liegen aus 21 Jahren Nachweise kurz- oder langfristig zwischen April und August verweilender Vögel vor, die als Sommergäste oder Brutvögel eingestuft wurden. Es liegen bislang vier Brutnachweise vor: Am 6.6.1970 wurde ein Altvogel mit sechs Jungvögeln an der Haidlacke beobachtet[9], am 21.6.1983 wurde am Neusiedler See in der Ruster Bucht ein Paar mit zwei Jungvögeln entdeckt[10], wobei der Brutplatz vermutlich im benachbarten Schilfgürtel lag. Ein Paar mit drei bereits flüggen Jungvögeln wurde am 18.8.1996 im Neudegg festgestellt[11], die Lage des konkreten Brutplatzes musste in diesem Fall offenbleiben. Am 24.7.2004 wurde völlig überraschend ein Altvogel mit fünf mittelgroßen Pulli am seeseitigen Rand des Schilfgürtels beobachtet, der sofort wieder im Schilfbestand verschwand[12]. Brutverhalten (Balz, Nestbau) zeigte ein Paar am 10. und 11.5.1996 an der Langen Lacke[13]. Die Vögel waren danach zwar noch bis 28.5. durchgehend anwesend[14], es kam jedoch zu keiner Brut.

Im Hochwasserjahr 2015 wurden 1–2 adulte Rothalstaucher von 17.4. bis 29.5. durchgehend an der Haidlacke beobachtet[15], Transport von Nistmaterial und Nestbau wurden am 19.4. und 22.4. festgestellt[16]. Insgesamt gelangen im Lauf der Jahre an 15 Stellen im Seewinkel sowie an acht Plätzen am Neusiedler See Frühjahrs- und Sommerbeobachtungen von adulten Rothalstauchern in geeigneten Bruthabitaten[17, 18]. Da es auch bei allen vier Brutnachweisen keine vorangegangenen Beobachtungen gab, ist es durchaus möglich, dass es im Gebiet zu weiteren, unentdeckt gebliebenen Bruten oder Brutversuchen kam, insbesondere dann, wenn sie in größeren Schilfbeständen stattfanden. Fast immer wurden Einzelvögel oder Paare/zwei Vögel gemeldet (100 von 112 Nachweisen), Trupps von Durchzüglern treten nur ganz ausnahmsweise auf, die einzige diesbezügliche Beobachtung waren sechs Altvögel, die sich am 5.4.1997 auf der Langen Lacke aufhielten[19].

Als der Ringdamm (Körgát) im Neudegg im Jahr 1996 brach, standen im Grenzgebiet nördlich des Einserkanals große Teile des Gebiets unter Wasser und auf ungarischer Seite brüteten im Cikes zwei Paare des Rothalstauchers[20]. Beinahe die Hälfte der übrigen Nachweise aus Ungarn stammt von den offenen Wasserflächen und größeren Blänken des Neusiedler Sees, der Rest von den Überschwemmungsflächen bei Mekszikópuszta und vom Einserkanal. In den Jahren 1975–1979 wurden am Herlaknitó im Schilfgürtel bei Balf mindestens siebenmal 1–2 Rothalstaucher entdeckt[21]. Aus den 1990er Jahren stammen 46 Nachweise, aus den Jahren 2001–2010 weitere 64, zwischen 2011 und 2018 gelangen jedoch nur mehr 15. In den letzten Jahren hat die Zahl der Meldungen deutlich abgenommen[22]. Die späteste Beobachtung auf ungarischer Seite stammt vom 12.12.1997 aus der Madárvárta-öböl (Vogelwarte-Bucht), die größte Gruppe wurde am 14.11.1995 am Gémes-tó bei Fertőrákos beobachtet und umfasste sechs Exemplare[22].

Jahreszeitliches Auftreten

Die wenigen dem Heimzug zuzuordnenden Nachweise liegen im Zeitraum Ende März bis Ende April. Stärker ausgeprägt ist hingegen der Herbstzug mit Nachweisen erster (ziehender) Jungvögel ab Mitte August und durchgehenden Nachweisen bis in die dritte Novemberdekade. Die meiste Zugaktivität, wenn man überhaupt davon sprechen will, zeigt sich zwischen Anfang Oktober und Mitte November. Die spätesten Nachweise stammen alle vom St. Andräer Zicksee und betrafen einen Altvogel am 20.11.1966[23], einen Jungvogel am 20.11.1994[24] sowie einen weiteren Jungvogel am 25.11.2008[25].

Quellen: [1] *Marschall & Pelzeln (1883),* [2] *Schenk (1917a),* [3] *Jukovits (1864/65),* [4] *Fischer (1883),* [5] *Dombrowski (1889),* [6] *Zimmermann (1943),* [7] *Koenig (1952),* [8] *Bauer et al. (1955),* [9] *B. Höweling, E. Kreihe/ABÖ,* [10] *M. W. Andersen/ABÖ,* [11] *J. Laber/ABÖ,* [12] *E. Sabathy/ABÖ,* [13] *A. Ranner, F. Samwald u. a./ABÖ,* [14] *M. Riesing u. a./ABÖ,* [15] *L. Khil, M. Dvorak, J. Laber u. a./ornitho.at,* [16] *R. & R. Tengler, U. Lindinger/ornitho.at,* [17] *Archiv BirdLife Österreich,* [18] *www.ornitho.at,* [19] *F. Samwald/ABÖ,* [20] *Pellinger (2012),* [21] *Kárpáti (1983a),* [22] *Archiv MME Sopron.* [23] *K. Mazzucco/ABÖ,* [24] *A. Ranner/ABÖ,* [25] *M. Dvorak, B. Wendelin/ABÖ*

Michael Dvorak & Sándor Mogyorósi

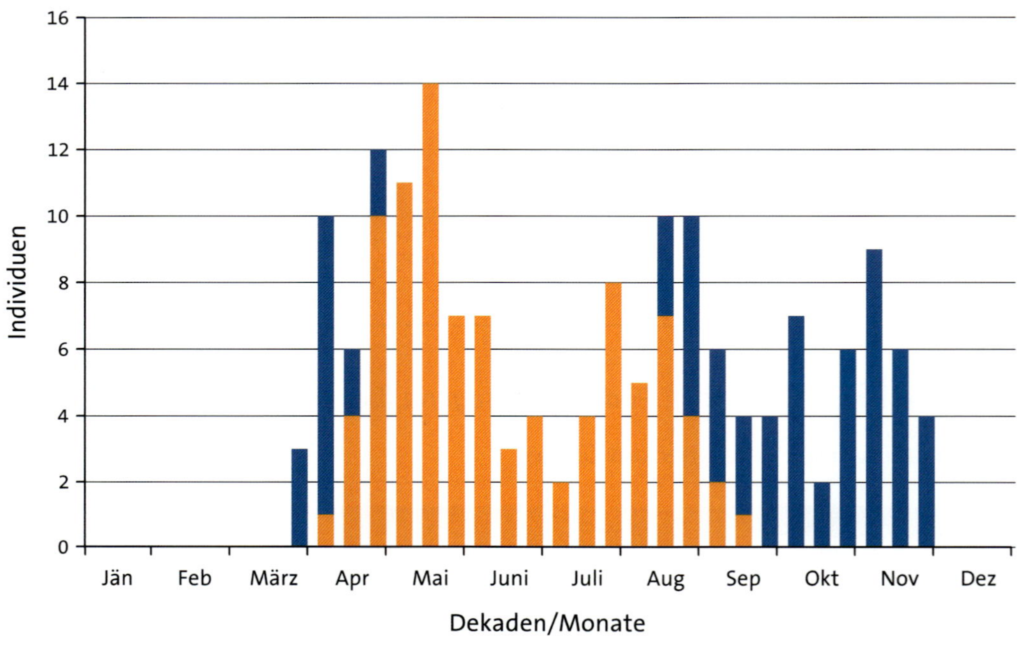

Jahreszeitliches Auftreten des Rothalstauchers (Dekadensummen gemeldeter Individuen) basierend auf Daten aus Österreich aus den Jahren 1966–2021 (n = 164)[17, 18]. Orange Säulen und Säulenabschnitte: Brutzeitbeobachtungen; blau: durchziehende Vögel.

Haubentaucher *Podiceps cristatus* (Linnaeus, 1758)

Búbos vöcsök – Great Crested Grebe

Seltener und sehr lokaler Brutvogel im Schilfgürtel des Neusiedler Sees sowie Brutvogel an einzelnen Lacken

Verbreitung und Lebensraum

Für den Haubentaucher zur Brut geeignete Seen und Teiche sollten ein Mindestmaß an Ufervegetation, eine konstante Wasserführung, einen Fischbestand und eine Wassertiefe von mindestens einem Meter aufweisen. Die Mindestgröße der Brutgewässer liegt in der Regel bei ca. 10 ha, kleinere Teiche werden nur selten besiedelt[1].

Diese Anforderungen erfüllen im Seewinkel nur wenige Gewässer. Im Rahmen der Wasservogelzählungen 2011–2019 bevorzugte der Haubentaucher einerseits die größeren Lacken, wie den St. Andräer Zicksee (23,3 % der insgesamt gezählten Individuen), den Unteren Stinkersee (4,8 %) und den Herrensee (2,3 %), andererseits war seine Präsenz an den Wasserflächen der Rinder- und Pferdekoppeln groß, wobei hier mit großem Abstand die Warmblutkoppel mit 25,8 % der Individuen und die Graurinderkoppel mit 21,4 % die ersten beiden Plätze einnehmen[2].

Der zweite Lebensraumtyp, der vom Haubentaucher im Avifauna-Gebiet besiedelt wird, sind die größeren freien Wasserflächen innerhalb des Schilfgürtels. Hier sind auf österreichischer Seite zwei Bereiche besonders wichtig, einerseits das Blänkensystem nördlich des Seedamms Mörbisch, wo alljährlich einige Paare brüten sowie andererseits die Blänken südlich des Illmitzer Seedamms, die ebenfalls regelmäßig einige Paare beherbergen[3]. Darüber hinaus brütete die Art in einzelnen Jahren im Bereich der Ruster Storchenwiese, die die gleichen Lebensraumbedingungen wie die am Seerand gelegenen Viehkoppeln des Seewinkels bietet[3]. Auf ungarischer Seite brü-

Seedamm Illmitz, 3.8.2011 (Michael Dvorak)

tet der Haubentaucher in den größeren Blänken und Buchten im Schilfgürtel, In manchen Jahren brüten 1–6 Paare auch auf den Überschwemmungsflächen von Mekszikópuszta[4].

Bestand und Bestandsentwicklung

Der Haubentaucher war im 19. Jahrhundert den meisten Autoren als Brutvogel des Neusiedler Sees bekannt. In den 1870er Jahren war die Art nach dem Blässhuhn *„der häufigste Bewohner des Sees"*[5], Fischer[6] kannte die Art als *„Brutvogel, der während des ganzen Jahres zu finden ist"*, er wusste die Vögel aber auch noch aus einem anderen Grund zu schätzen: *„Auch ist ihr Fleisch, wenn ausgezogen, recht schmackhaft, wie ich aus eigener Erfahrung weiss"*. Ihm verdanken wir auch Angaben zum Lebensraum: *„Er liebt das tiefe, reine Wasser, zieht daher den See und dessen nächste Umgebung den meisten der seichteren Landlacken vor"*. Im Jahr 1886 war die Art *„gemeiner Brutvogel, besonders auf den tiefen Landlacken, z.B. dem Lohlersee bei Pamhagen und dem Mittelsee bei Apetlon"*[7]. Nach Besuchen zur Brutzeit 1907 und 1909 konnte Schenk[8] dann recht konkret berichten: *„Überall Brutvogel in den Röhrichten des Sees, aber nirgends in größerer Anzahl. In den rohrbestandenen Seen des Ostufers, so im Darscho, in der Xix, Zick und Martenthau-Lacke brüten ebenfalls einige Paare"*. In der zweiten Hälfte der 1930er Jahre brütete der Haubentaucher *„in den trockenen Jahren mit geringen Wasserständen nur an der Zicklacke bei St. Andrä und an der Binsenlacke bei Frauenkirchen"* und Seitz[9] schrieb weiter über die Auswirkungen des damals extrem niedrigen Seepegels: *„Nach Angaben von Fischern war der Haubentaucher vor Eintritt der teilweisen Seeaustrocknung, die sich auf den Fischbestand verheerend auswirkte, sehr häufig"*. In den Jahren 1940–1942 war der Haubentaucher dann bei sehr hohen Wasserständen *„ein nicht seltener Brutvogel sowohl des Sees wie auch der größeren Lacken"*, und Zimmermann[10] zählte Brutzeitvorkommen von sieben Lacken auf. Zu Beginn der 1950er Jahre war die Art dann ein *„verbreiteter, aber nicht sehr häufiger Brutvogel des Sees"*, im Seewinkel wurde er jedoch an *„keiner der Lacken außer dem Zicksee bei St. Andrä und der Golser Lacke angetroffen"*[11]. Die nächsten Angaben über einen sehr guten Bestand für Mitte der 1960er Jahre spiegeln die damals hohen Wasserstände im Seewinkel wider[12]: *„Brutvogel der ausgedehnten und tieferen Gewässer mit ca. 20 Paaren im Seewinkel und einem etwas größeren Bestand (ca. 50 bis 100 Paare) im Seegebiet."*

In den Jahren 1985–1988 sowie 1992 dürfte der Brutbestand noch in ähnlicher Höhe bei 10–15 Paaren gelegen sein[13], und die systematischen Zählungen ab 2001 zeigten für das erste Jahrzehnt einen auf niedrigem Niveau schwankenden Brutbestand[14]. Ab 2011 zeigten sich dann in den Jahren guter bis sehr guter Wasserstände (2011, 2013, 2015–16) auch jeweils sehr hohe Brutbestände, die sich allerdings vorwiegend auf den Bereich der Rinder- und Pferdekoppeln (Warmblut- und Graurinderkoppel) konzentrierten[2]. Vor allem das Hochwasserjahr 2015 brachte einen bis dahin noch nicht dagewesenen Bruterfolg mit 15 erfolgreichen Paaren am St. Andräer Zicksee, je acht an Warmblut- und Graurinderkoppel sowie weiteren Brutpaaren am Unteren Stinkersee, am Herrensee und sogar an der Langen Lacke[2]. Die trockenen Jahre ab 2017 haben diesem positiven Trend allerdings ein Ende bereitet, im Seewinkel gab es seither bei rückläufigem Brutbestand keine Bruterfolge mehr[2]. Zählungen Mitte März zeigen im Vergleich der Perioden 1981–1992[13] und 2011–2019[2] einen leichten Anstieg von im Mittel acht auf 12 Exemplare. Im Mai wurden im Mittel der Jahre 2011–2019 25–30 Haubentaucher im Seewinkel erfasst, die Maxima in Jahren hoher Wasserstände erreichten im Jahr 2011 58 Individuen Anfang Mai, im Jahr 2013 61 Exemplare Mitte Mai, im Jahr 2015 95 Individuen Mitte August und 2016 62 Haubentaucher Mitte Mai[2].

Auf ungarischer Seite wird der Brutbestand gegenwärtig auf mehr als fünfzig Paare geschätzt[4]. Die größte Gruppe waren 37 Individuen am 13.11.2002 in der Rucás-Buchtl[4].

Jahreszeitliches Auftreten

In den Wintermonaten halten sich nur einzelne Haubentaucher im Gebiet auf und auch das nicht durchgehend und alljährlich. Die Ankunft der ersten Brutvögel fällt in die erste Märzdekade, ein ausgeprägter Frühjahrsdurchzug ist nicht erkennbar. Danach bleiben die Zahlen von Anfang April bis Mitte Mai in gleicher Höhe. Die Brutvögel haben in dieser Zeit überwiegend noch nicht mit der Brut begonnen und sind daher auffällig und leichter zu beobachten. Der Rückgang der Meldungen ab Mitte Mai bis Ende Juni markiert die Kulmination der meisten Bruten. Zu diesem Zeitpunkt sitzen viele Vögel versteckt auf ihren Nestern und sind daher weniger sichtbar. Die zwischen Ende Juni und Ende September stark schwankenden Zahlen spiegeln einerseits die von Jahr zu Jahr unterschiedlichen Brutbestände der Lacken, andererseits auch die jährliche Variation des Bruterfolgs wider. Von Ende September bis Ende November wird der Seewinkel vom Haubentaucher nur in vergleichsweise kleiner Zahl (5–20 Ex.) frequentiert, einen merklichen Durchzug dürfte es nicht geben. Ab Anfang Dezember halten sich nur einzelne bis

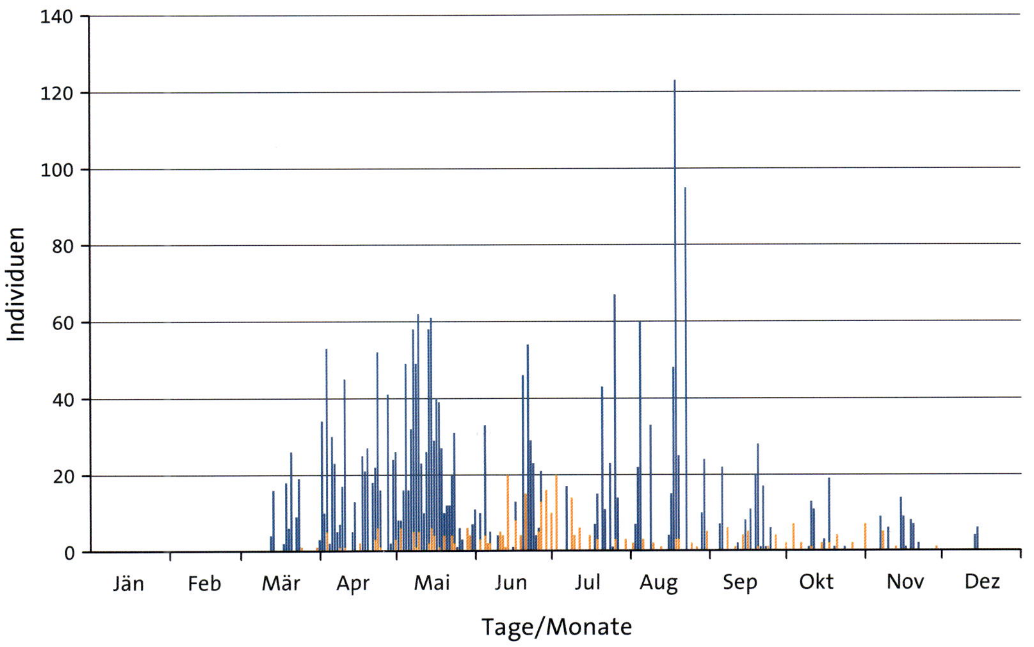

Jahreszeitliches Auftreten (Tagessummen) des Haubentauchers basierend auf Daten der Wasservogelzählungen in Österreich (blau: 2007–2021)[2] und Ungarn (orange: 2013–2020)[16].

wenige Vögel (1–6 Ex.) im Gebiet auf. Es gibt nur wenige Ausnahmen, die sich auf Ansammlungen beim Seebad Illmitz beziehen [3].

Zugverhalten und Ringfunde

Der einzige Ringfund aus dem Neusiedler See-Gebiet deutet weiträumigere Beziehungen der Population an: Ein am 11.10.1959 in Sachsen beringter Vogel wurde am 12.5.1960, also zur Brutzeit, im Gebiet tot aufgefunden [15].

Quellen: *[1] Bauer & Glutz von Blotzheim (1966), [2] M. Dvorak, J. Laber & B. Wendelin, unpubl. Daten, [3] www.ornitho.at, [4] S. Mogyorósi, unpubl. Daten, [5] Fászl (1883), [6] Fischer (1883), [7] Dombrowski (1889), [8] Reiser in Zimmermann (1943), [8] Schenk (1917a), [9] Seitz (1942), [10] Zimmermann (1943), [11] Bauer et al. (1955), [12] Festetics & Leisler (1968), [13] Dvorak (1994a), [14] M. Dvorak, unpubl. Daten, [15] Österreichische Vogelwarte, unpubl. Ringfunde*

Michael Dvorak & Sándor Mogyorósi

Ohrentaucher *Podiceps auritus* (Linnaeus, 1758)

Füles vöcsök – Horned Grebe

Fertőrákos, 9.12.2015 (Tibor Hadarics)

Unregelmäßiger Durchzügler in 1–6 Exemplaren zwischen Ende April und Ende Dezember

Vorkommen

Seit dem Jahr 1966 wurde der Ohrentaucher in 19 Jahren festgestellt und bis 2019 wurden 34 Beobachtungen mit insgesamt 62 Individuen gemeldet [1–3]. 21 Nachweise liegen vom Neusiedler See vor und 13 von den Gewässern des Seewinkels und den „Biotoprekonstruktionen" auf ungarischer Seite. 18 Beobachtungen beziehen sich auf ein Individuum, neun auf zwei Vögel, und vier Meldungen auf drei Exemplare. Am 11.11.1997 wurden vier Altvögel am Kládler-See (Fertőrákos) beobachtet [4], am 27.12.2014 schwammen vier Ohrentaucher zusammen mit zwei Sterntauchern am Neusiedler See vor dem Seebad Illmitz [5] und am 22.4.2000 konnte auf der Langen Lacke sogar ein Trupp von sechs Exemplaren im Prachtkleid entdeckt werden [6].

Jahreszeitliches Auftreten

26 Beobachtungen lassen sich dem Wegzug von Oktober bis Dezember zuordnen, Nachweise aus dem Winter und dem zeitigen Frühjahr fehlen hingegen. Bemerkenswert sind die regelmäßigen Beobachtungen zwischen Mitte April und Anfang September. Die insgesamt acht Nachweise in diesem Zeitraum betreffen überwiegend Vögel im Prachtkleid [1-3]. Eine ähnliche Häufung mit einzelnen Nachweisen aus dem Juni zeigt sich auch in der Steiermark [7] und am Bodensee [8].

Quellen: *[1] Archiv BirdLife Österreich, [2] www.ornitho.at, [3] Archiv MME Sopron, [4] S. Mogyorósi, T. Hadarics, B. Molnár/AMS, [5] A. Tiefenbach, G. Kaufmann/ornitho.at, [6] J. Laber/ABÖ, [7] Albegger et al. (2015), [8] Heine et al. (1998/1999)*

Michael Dvorak & Tibor Hadarics

Schwarzhalstaucher *Podiceps nigricollis* C. L. Brehm, 1831

Feketenyakú vöcsök – Black-necked Grebe

Lokaler, seltener Brutvogel an den Lacken, seit 2017 wurden jedoch keine Brutvorkommen mehr bekannt

Verbreitung und Lebensraum

Schwarzhalstaucher besiedeln flache, nährstoffreiche und stark mit submerser und Ufervegetation bewachsene Stillgewässer. Die oft betonte „Bindung" an Lachmöwenkolonien ist in vielen Gebieten, wie auch im Seewinkel, nur fakultativ [1, 2]. Im Seewinkel lässt sich aus den Daten der Wasservogelzählungen 2008–2019 aber eine Bevorzugung bestimmter Lacken herauslesen: Gemessen am Besetzungsgrad über die Jahre stammen die meisten Beobachtungen von der Westlichen (Nachweise aus 10 von 12 Jahren) und Östlichen Wörthenlacke (8/12), vom Herrensee (9/12), dem Illmitzer Zicksee (9/12), dem Unteren Stinkersee (7/12) und der Neufeldlacke (6/12) [3]. An der Langen Lacke gab es nur in sechs Jahren Nachweise der Art, hier wurde aber der höchste Anteil an der Gesamtindividuensumme erreicht (21 %), an den Wörthenlacken waren es 19,5 % (West) bzw. 7,5 % (Ost). Diese Verbreitungsschwerpunkte haben sich in den letzten 40 Jahren nicht verändert, es sind jedoch seit 1981 etliche Gebiete wie Hulden-, Bader- und Götschlacke sowie der Weißsee durch Degradierung als Brutplatz verloren gegangen. Die Vielfalt des Brutplatzangebots im Seewinkel hat damit langfristig sicher deutlich abgenommen.

Bestand und Bestandsentwicklung

Über das historische Vorkommen der Art ist kaum Konkretes bekannt: In den 1850er und frühen 1860er Jahren war der Schwarzhalstaucher im Gebiet *„gemein"* [4], in den 1870ern wurde er als nicht selten und hier brütend eingestuft [5], 1883 kam er auf bestimmten Landlacken regelmäßig vor [6] und 1886 wurde er als *„gemeiner Brutvogel"* bezeichnet [7]. *„Im Frühjahre 1907 sah ich einige Exemplare auf den rohrbestandenen Tei-*

Haidlacke, Illmitz, 11.5.2015 (Gerhard Loidolt)

chen des Ostufers. Wahrscheinlich brütete er damals hier", schrieb Schenk[8]. Sehr viel detaillierter wurde dann Seitz[9] und schrieb: „*Der Bestand hat nach dem dauernden Ansteigen des Wasserspiegels sprunghaft zugenommen. 1936 brütete der Schwarzhalstaucher noch in bescheidener Anzahl, später, insbesonders 1939 und 1940, aber in mehrfacher Stärke* [...]." Er erwähnte für 1939 und 1940 neun Lacken mit Brutvorkommen, darunter befand sich 1939 ein großes Vorkommen über das Goethe[10] berichtete: „*An einer binsenreichen Lacke bei Apetlon fand ich eine Kolonie von über 80 Paaren.*" Dabei soll es sich um die Götschlacke gehandelt haben[9]. Rechnet man weitere, von Zimmermann[11] für die Jahre 1940–1942 genannte Brutplätze hinzu, dürfte der Brutbestand des Seewinkels um 1940 zumindest 100 Paare umfasst haben – eine Zahl, die sich auch 10 Jahre später nicht verändert hatte[12].

Mitte der 1960er Jahre war der Schwarzhalstaucher „*im Seewinkel ein typischer Bewohner der Sodalacken mit 150 bis 200 Brutpaaren*". Am Illmitzer Zicksee sollen damals bis zu 70 Paare gebrütet haben[13]. Eine davon völlig unabhängig publizierte Zahl stammt von Bandorf[14], der für 1966 „*an den Lacken im Seewinkel*" 63 Brutpaare angab. Einige Jahre später betonte aber Barthel[15], dass diese Verhältnisse „*nicht mehr mit den nach 1968 gemachten Beobachtungen übereinstimmen*". Wichtigstes Brutgebiet war in den Jahren 1970–1973 die Fuchslochlacke mit bis zu 10 Paaren, an anderen Lacken fanden sich nur vereinzelte Vorkommen. Der Illmitzer Zicksee blieb in diesem Zeitraum unbesiedelt, was auf die „*ungünstigen Wasserverhältnisse*" zurückgeführt wurde[15].

In den 1980er Jahren schwankte der Bestand stark mit 34–36 Brutpaaren im Jahr 1981 und 26–28 Paaren im Jahr 1983 während in den Jahren 1984–1991 der Bestand nie mehr als sechs Brutpaare betrug. Erst 1992 war bei höheren Wasserständen mit 13–17 Paaren wieder ein größerer Brutbestand vorhanden[16]. Ab Mitte der 1990er Jahre herrschten durchwegs sehr hohe bis hohe Wasserstände, was sich entsprechend positiv auf den Brutbestand auswirkte: 1995 waren es 8–10 Brutpaare[17], 1996 mindestens 70 Paare[17,18] und 1997 sogar 86 Brutpaare und zumindest 35 erfolgreiche Bruten[4,17,18]. Im Jahr 1998 waren es noch 32 Brutpaare[4,18] und im Jahr 2000 sank der Bestand auf nur mehr 15 Paare[18]. In den Jahren 2001–2007 fehlte der Schwarzhalstaucher als Brutvogel im Seewinkel, 2008 bis 2010 trat die Art aber bei „normalen" Wasserständen wieder in kleiner Zahl mit 3–8 Paaren als Brutvogel im Seewinkel auf[4]. In den trockenen Brutsaisonen 2012 und 2014 blieben Bruten aus, während es in den drei Jahren mit hohen Wasserständen (2011, 2013, 2015) auch gute Brutbestände von 9–21 Brutpaaren gab[3]. Seit 2017 gab es kein Brutvorkommen mehr im Seewinkel[3]. Insgesamt sind die Brutbestandsmaxima in den letzten Jahrzehnten um 70–80 % zurückgegangen. Brutvorkommen im Schilfgürtel des Neusiedler Sees wurden in den letzten Jahrzehnten nur vereinzelt gemeldet und dürften seit 1981 nicht mehr bestehen[17].

Im ungarischen Teil des Neusiedler See-Gebiets ist der Schwarzhalstaucher gelegentlicher Brutvogel und tritt in geringer Zahl auch als Durchzügler auf. Kárpáti[19] erwähnte für die Jahre 1975–1978 bloß vier Beobachtungen mit je 1–2 Individuen vom Herlakni-tò im Schilfgürtel bei Balf. Die 1990 begonnenen, regelmäßigen Zählungen zeigten dann, dass die Art im Frühjahr und im Herbst in den größeren Blänken des Schilfgürtels und Buchten des Sees unregelmäßig und in geringer Zahl (1–4 Ex.) auftritt[20]. Seine Seltenheit kann mit dem Fehlen einer üppigen Wasserpflanzenvegetation in Zusammenhang stehen, denn die dichtere Vegetation der Überschwemmungsflächen im Hanság sind viel attraktiver für Schwarzhalstaucher, was sich auch in den deutlich höheren Zahlen (10–40 Ind.) in diesen Gebieten zeigt. In den Überschwemmungsgebieten bei Mekszikópuszta gelangen in 30 Jahren viermal Brutnachweise: Zwei Paare brüteten nach der ersten Flutung[21], das größte Brutvorkommen bestand jedoch im Hochwasserjahr 1996 im Borsodi-dűlő, als nach dem Durchbruch des Damms auf österreichischer Seite alle nördlich des Einserkanals gelegenen Wiesen unter Wasser standen. In einer gemeinsamen Kolonie mit Weißbart-Seeschwalben brüteten damals 15 Paare des Schwarzhalstauchers erfolgreich[22]. Weitere Brutvorkommen bleiben Ausnahmen: 2007 wurden im Nyéki-szállás vier Paare mit Jungvögeln beobachtet, 2014 im Borsodi-dűlő zwei Familien. Die Nester wurden am Rand der Möweninseln zwischen im Wasser stehenden Schilfhalmen gebaut[23].

Jahreszeitliches Auftreten

Die ersten Schwarzhalstaucher treffen in der dritten Märzdekade ein, mit Mitte April dürfte der Brutbestand vollzählig im Gebiet sein[3, 24]. Die sehr unterschiedlichen Tagesmaxima spiegeln die jährlich stark schwankenden Bestände wider, jedoch dürften die fast durchwegs kleineren Zahlen von Mitte Mai bis Mitte Juni auf Brutaktivitäten und die damit geringere „Sichtbarkeit" der Taucher zurückzuführen sein. Ab Mitte Juli bis Mitte November werden durchwegs höhere Zahlen gemeldet, wobei auch hier das jährliche Auftreten äußerst unterschiedlich ist[3, 24]. In vielen Jahren werden schon im August und September die letzten Vögel im Gebiet beobachtet, die zahlreichen Nachweise von Mitte Oktober bis Mitte Dezember gehen hingegen im Wesentlichen auf die zwei Jahre 2014 und 2015 zurück, in denen sich 1–2 kleine Trupps (von Durchzüg-

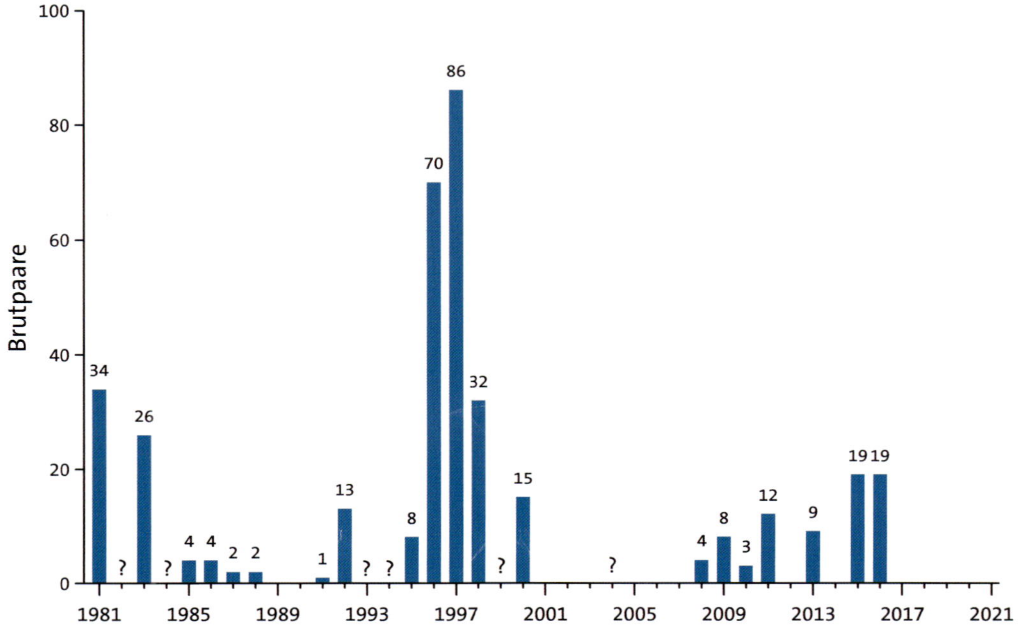

Brutbestand des Schwarzhalstauchers in Österreich in den Jahren 1981–2021 (Mindestbestand)[3, 16–18, 24].

lern?) durchgehend im Gebiet aufhielten[24]. Der Schwarzhalstaucher überwintert nicht im Neusiedler See-Gebiet.

Zugverhalten und Ringfunde

Es gibt keine Ringfunde aus dem Neusiedler See-Gebiet. Ein in Ungarn markierter Schwarzhalstaucher wurde an der Westküste der Türkei geschossen[25].

Quellen: [1] *Bauer & Glutz von Blotzheim (1966),* [2] *Prinzinger (1979),* [3] *M. Dvorak, J. Laber & B. Wendelin, unpubl. Daten,* [4] *Jukovits (1864/65),* [5] *Fászl (1883),* [6] *Fischer (1883),* [7] *Dombrowski (1889),* [8] *Schenk (1917a),* [9] *Seitz (1942),* [10] *Goethe (1941),* [11] *Zimmermann (1943),* [12] *Bauer et al. (1955),* [13] *Festetics & Leisler (1968),* [14] *Bandorf (1970),* [15] *Barthel (1974),* [16] *Dvorak (1994a),* [17] *Archiv BirdLife Österreich,* [18] *J. Laber/ABÖ,* [19] *Kárpáti (1983a),* [20] *Archiv MME Sopron,* [21] *Kárpáti (1989),* [22] *Pellinger (2012),* [23] *A. Pellinger, unpubl. Daten,* [24] *www.ornitho.at,* [25] *Csörgő et al. (2009),* [26] *Archiv FHNP*

Michael Dvorak & Attila Pellinger

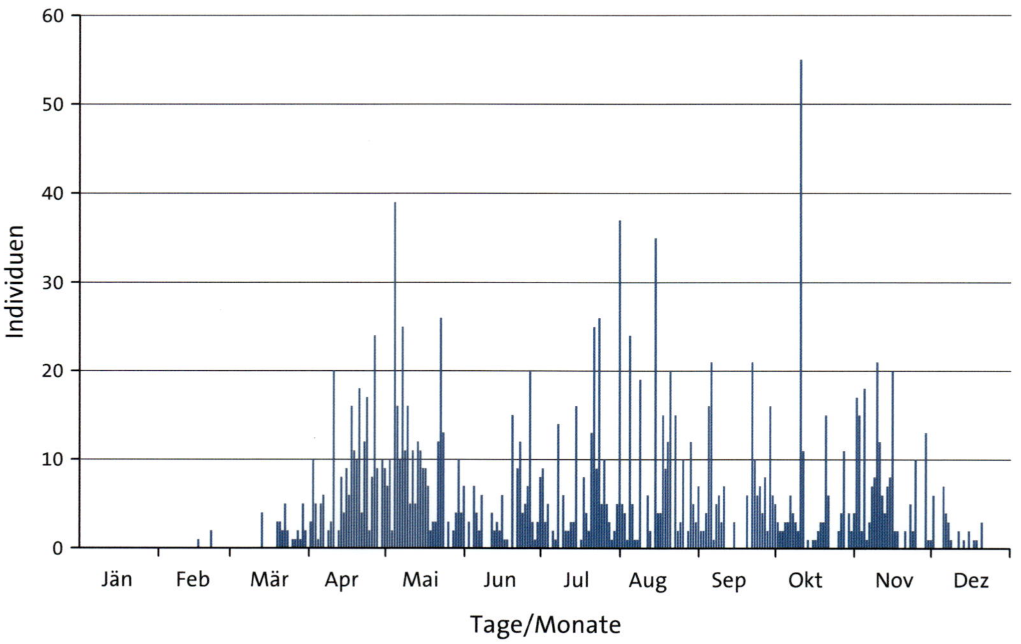

Jahreszeitliches Auftreten (Tagessummen) des Schwarzhalstauchers basierend auf Daten von Wasservogelzählungen und Streudaten aus Österreich aus den Jahren 2007–2021 (n = 1.670)[3, 17, 24].

Sehr hohe Wasserstände ermöglichten im Frühjahr 2015 ungewöhnlich große Brutbestände von Zwerg-, Schwarzhals- und Haubentauchern. Lange Lacke, 2.5.2015 (Michael Dvorak)

Rosaflamingo *Phoenicopterus roseus* Pallas, 1811

Rózsás flamingó – Greater Flamingo

Ausnahmeerscheinung

Vorkommen

Zwei Nachweise:

- 7.–13.9.1992 Darscho und Wörthenlacke, 1 immat. (R. Matz, S. Klawikowska, M. Riesing u. a.[1])
- 30.11.2006 St. Andräer Zicksee, 1 immat. (N. Teufelbauer, G. Tebb, M. Dvorak u. a.[2])

Eine Reihe von Beobachtungen im Seewinkel in den 1970er Jahren[3] blieb unbelegt, die betreffenden Vögel wurden damals als Gefangenschaftsflüchtlinge eingestuft. Es ist aber anzunehmen, dass es sich dabei mindestens zum größten Teil um Verwechslungen mit Chileflamingos (*Phoenicopterus chilensis*) handelte, die hier zwischen 1973 und 1983 nahezu alljährlich als Gefangenschaftsflüchtlinge auftraten[3,4]. Knapp außerhalb des Bearbeitungsgebietes wurde Anfang der 1970er Jahre ein Chileflamingo an der Ikva bei Fertőszentmiklós geschossen.

Quellen: [1] *Laber & Ranner (1997)*, [2] *Ranner & Khil (2009)*, [3] *Archiv BirdLife Österreich*, [4] *Kárpáti (1979)*

Andreas Ranner & Tibor Hadarics

Wiesenweihe, Circus pygargus, *Hansag, Wallern, 10.8.2019, 1. KJ (Michael Dvorak)*

Triel *Burhinus oedicnemus* (Linnaeus, 1758)

Ugartyúk – Eurasian Stone Curlew

Illmitzer Zicksee, 9.6.2003 (Belegfoto Michael Dvorak)

Ehemaliger Brutvogel des Seewinkels, aktuell aber nur mehr sehr seltener Durchzügler in einzelnen Exemplaren

Verbreitung und Lebensraum

Die wenigen rezenten Beobachtungen stammen von den großen Viehkoppeln im Seevorgelände[1,2] oder von Lackenufern im Seewinkel[3,4].

Bestand und Bestandsentwicklung

Vom 19. Jahrhundert bis in die 1960er Jahre wurde der Triel von allen Autoren als seltener Brutvogel des Seewinkels bezeichnet[5–7]. Allerdings muss berücksichtigt werden, dass die historischen Angaben im Wesentlichen auf zufälligen Beobachtungen untertags beruhten. Systematische Erhebungen während der abendlichen Rufphase wurden im Seewinkel offenbar nie durchgeführt. Daher muss davon ausgegangen werden, dass der Brutbestand ehemals deutlich größer war, als die vorhandenen Daten und Angaben erkennen lassen. Für die 1960er Jahre sind neun Brutplätze und fünf weitere Lokalitäten mit Brutzeitbeobachtungen dokumentiert, wobei allein für das Jahr 1962 acht Stellen mit sicheren oder möglichen Brutvorkommen belegt sind[8]. Angesichts der auch für das Untersuchungsgebiet belegten Revier- und Nistplatztreue des Triels[6] ist es sicher nicht zu hoch gegriffen, hinter den vorliegenden Daten einen Brutbestand von zumindest noch 10–15 Paaren zu vermuten.

Ab den 1970er Jahren gelangen nur mehr einzelne Beobachtungen, die Brutverdacht aufkommen ließen: 1988 in der ersten Hälfte Mai an der Götschlacke[8] und im Jahr 2003 mit einer Serie von fünf Beobachtungen jeweils eines einzelnen Triels zwischen 25.4. und 24.5. an der Oberen Halbjochlacke bzw. an der Fuchslochlacke[3]. Dies deckt jenen Zeitraum ab, in den im niederösterreichischen Steinfeld die Bebrütung der Nester fällt[9]. Auch die Mehrzahl der Gelegefunde aus dem Seewinkel stammt aus dem Zeitraum von Ende April bis Ende Mai[8]. Es ist daher nicht auszuschließen, dass die Beobachtungen den jeweils nicht brütenden Partner eines Paares betrafen, dessen Brutplatz nicht entdeckt wurde. Ebenso ist es möglich, dass sich tatsächlich nur ein Einzelvogel im Gebiet aufhielt.

Aus dem ungarischen Teil des Neusiedler See-Gebiets ist aus den letzten 40 Jahren nur ein einziger Nachweis bekannt geworden: Ein von 1.8. bis 5.10.2007 in Mekszikópuszta zusammen mit Großen Brachvögeln rastendes Exemplar wurde in diesem Zeitraum im Nyékiszállás sowie im Borsodi-dűlő elfmal beobachtet. Am 9.8. gelang es, ihn mit der Hilfe einer Limikolen-Reuse zu fangen und zu beringen, danach konnte er noch mehrmals am selben Ort festgestellt werden[10].

Jahreszeitliches Auftreten

Die wenigen aktuellen Beobachtungen liegen zwischen Mitte April (12.4.2018)[1] und Ende Juli (29.7.2018)[2]. Für den erloschenen Seewinkler Brutbestand reichen die Daten von Mitte März (19.3.1961) bis Anfang November (5.11.1966)[8]. Dies entspricht dem Zeitraum, aus dem auch in den aktuellen österreichischen Brutgebieten im Steinfeld und Marchfeld Triel-Beobachtungen vorliegen[11,12].

Zugverhalten

Zugbeobachtungen oder Ringfunde mit Bezug auf das Untersuchungsgebiet sind nicht vorhanden.

Quellen: *[1] G. Fanselow & D. Ehlert/ABÖ, [2] L. Khil & B. Zens/ABÖ, [3] U. Dummler, E. Klinger, R. Kroiss, O. Samwald, G. Tebb/ABÖ, [4] M. Dvorak, unpubl. Daten, [5] Kohler & Rauer (1994a), [6] Seitz (1942), [7] Zimmermann (1943), [8] Triebl (2008), [9] Bieringer (1997), [10] Archiv MME Sopron, [11] Bieringer & Raab (2010), [12] Raab et al. (2015)*

Georg Bieringer, Bernhard Kohler & Attila Pellinger

Austernfischer *Haematopus ostralegus* Linnaeus, 1758

Csigaforgató – Eurasian Oystercatcher

Nahezu alljährlicher Durchzügler beim Frühjahrs- und Herbstzug, vor allem im Mai und im August

Verbreitung und Lebensraum

Der Austernfischer bevorzugt als Rastplatz in Österreich die Podersdorfer Pferdekoppel. Der Großteil der rund 20 Nachweise seit 2011 stammt aus diesem Bereich. Auch sonst bevorzugt er die seenahen Lacken und ist nur ausnahmsweise an den zentralen Lacken zu finden[1]. Auf ungarischer Seite entfallen mit Ausnahme von vier Meldungen alle Nachweise auf die Überschwemmungsflächen bei Mekszikópuszta[2].

Bestand und Bestandsentwicklung

In der älteren Literatur aus der Mitte des 20. Jahrhunderts finden sich lediglich Angaben von wenigen Einzelnachweisen[3,4]. Mitte der 1960er Jahre wurde die Art zu beiden Zugzeiten als vereinzelt und unregelmäßig auftretender Durchzügler eingestuft[5], Ende der 1990er Jahre als *„sehr seltener, nicht alljährlicher Durchzügler vor allem am Frühjahrszug“*[6]. Die ab 2014 deutlich höhere und seit 2016 alljährliche Feststellung von ein bis zwei, einmal auch drei (21.5.2016, Podersdorfer Pferdekoppel[7]) Vögeln auf österreichischer Seite[1,8] ist wohl auch der deutlich gestiegenen Meldeaktivität seit der Einführung von www.ornitho.at geschuldet.

Vom ungarischen Teil des Neusiedler Sees liegen aus den Jahren 1977–2019 73 Meldungen vor, die auf 28 voneinander wahrscheinlich unabhän-

Darscho, Apetlon, 25.6.2018 (Samuel Schnierer)

gige Nachweise entfallen[2]. Die größte Gruppe wurde am 9.9.1977 in der Bucht von Fertőrákos beobachtet[9]. Bei 79 % der Nachweise handelte es sich um einzelne Individuen[2].

Jahreszeitliches Auftreten

Der Austernfischer tritt am Frühjahrszug vereinzelt schon Ende März und regelmäßiger erst von Ende April bis Ende Mai auf. Von Mitte Juni bis Ende August können dann erneut einzelne Individuen beobachtet werden, wobei gerade im Sommer manche Vögel länger im Gebiet verweilen. Im Frühjahr ist die Art jedenfalls regelmäßiger zu beobachten als am Wegzug[1, 8].

Zugverhalten und Ringfunde

Bei den im Neusiedler See-Gebiet auftretenden Austernfischern kommen zwei Populationen, die auch getrennte Unterarten betreffen, in Frage: einerseits die in Nordwesteuropa brütende Unterart *H. o. ostralegus*, die an den Küsten Westeuropas und Nordwestafrikas überwintert und andererseits die Unterart *H. o. longipes*, die in Westsibirien, am Schwarzen Meer und in Südosteuropa brütet und in Nordostafrika sowie auf der arabischen Halbinsel überwintert. Die Brutpopulation an der oberen Adria wird auf Basis von umfangreichen Messungen ebenfalls der Unterart *H. o. longipes* zugeordnet[10]. Der Neusiedler See liegt zwischen diesen Zugwegen, was auch erklärt, warum die Art so selten angetroffen wird. Dennoch dürfte der Großteil der Vögel der östlichen Unterart *longipes* zuzuordnen sein. Indirekt wird dies zumindest im Frühjahr durch die phänologische Verteilung der Beobachtungen bestätigt. Nordeuropäische Vögel der Unterart *ostralegus* ziehen im Frühjahr deutlich früher (März/April) als sibirische Vögel der Unterart *longipes* (Mai). Seit 2000 gelangen nur zwei Beobachtungen Ende März (wohl *ostralegus*), alle anderen Frühjahrsbeobachtungen sind von Ende April bis Anfang Juni (wohl *longipes*).

Am 24.6.2019 wurde am Borsodi-dűlő ein Exemplar mit einem polnischen Farbring abgelesen, das am 19.5.2018 bei der Weichsel (511 km) beringt wurde, wo eine isolierte Population der Unterart *longipes* brütet[11]. Ein in der Ukraine besenderter Austernfischer, der seit Jahren im mittleren Weichsel-Tal gebrütet hat (70 km weiter nördlich als der vorige) zog 2019 ebenfalls über den Neusiedler See, um dann über Slowenien, die Po-Ebene, die Toskana, das nördliche Mittelmeer bis nach Valencia, und schließlich über Gibraltar nach Afrika zu fliegen und in der Gegend von Casablanca zu überwintern. Im Frühjahr flog er über Sardinien und Albanien bis zum Donaudelta, von dort dann nach Norden ins Brutgebiet[12]. Ebenfalls 2019 legte ein an der Weichsel besendertes adultes Weibchen am 23.7. zwischen neun Uhr abends und sechs Uhr morgens den Weg bis zum Neusiedler See zurück, landete am Grenzpunkt B0 zwischen Fertőrákos und Mörbisch (wo es einen Tag verbrachte), um dann in Richtung Südwesten, nach einer längeren Rast an der nördlichen Adria und einem kurzen Aufenthalt in der Bucht von Tétouan (Nordmarokko), das Überwinterungsgebiet in der Lagune von Khenifiss in der Westsahara zu erreichen[12].

Quellen: [1] www.ornitho.at, [2] Archiv MME Sopron, [3] Zimmermann (1943), [4] Bauer et al. (1955), [5] Festetics & Leisler (1970), [6] Laber (2003), [7] E. Albegger, U. Lindinger/ornitho.at, [8] Archiv BirdLife Österreich, [9] Kárpáti (1983a), [10] Rusticali et al. (2002), [11] Pellinger & Hadarics (2020d), [12] Polish Oystercatcher, www.facebook.com, abgerufen am 2.12.2019

Johannes Laber & Attila Pellinger

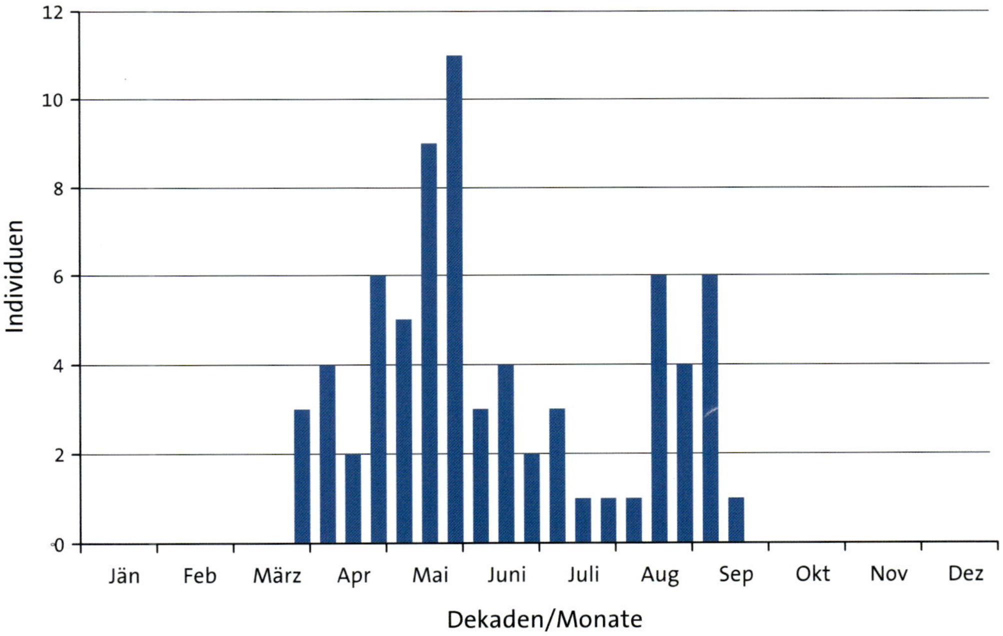

Jahreszeitliches Auftreten des Austernfischers (Dekadensummen gemeldeter Individuen) basierend auf Daten aus Österreich aus den Jahren 1966 – 2021[1, 6, 8].

Stelzenläufer *Himantopus himantopus* (Linnaeus, 1758)

Gólyatöcs – Black-winged Stilt

Häufiger Brutvogel im Seewinkel von März bis Oktober, vor allem auf seenahen Beweidungsflächen

Verbreitung und Lebensraum

Stelzenläufer bevorzugen eindeutig Schwarzwasserlacken, die durch geringe Alkalinität, klares Wasser, hohen Huminstoffgehalt, sandiges Substrat, Vegetationsreichtum und eine abwechslungsreiche Wirbellosenfauna charakterisiert sind[1,2]. An diesen Lacken werden gut struktu-

Silbersee, Illmitz, 17.8.2011, Weibchen (Michael Dvorak)

rierte Seichtwasserzonen mit reichem Angebot an Wasserinsekten genutzt. Die Gewässergröße spielt offensichtlich keine Rolle. Generell hat die seit Jahrzehnten zu beobachtende Umwandlung der Lacken von trüben Weißwasserlacken zu Schwarzwasserlacken den Stelzenläufer zu einem Gewinner dieses eigentlich nicht zu begrüßenden Prozesses gemacht. Die Nester werden auf kleinen Inseln, in Seggenbülten oder Bändern frisch geschnittenen oder einjährigen Schilfs angelegt. Bevorzugte Lebensräume finden sich an reinen Schwarzwasserlacken wie der Apetloner Meierhoflacke, dem Albersee, Xixsee, Neufeldlacke oder Lettengrube bzw. in den Schwarzwasserbereichen anderer Lacken wie dem Illmitzer Zicksee oder der Langen Lacke, vor allem aber am landseitigen Rand des Schilfgürtels des Neusiedler Sees in den beweideten Bereichen der Rinder- und Pferdekoppeln. In Jahren besonders geringen Wasserstandes, in denen die Lacken frühzeitig trocken fallen und auch die Koppeln weitgehend trocken sind, stellen lückige Bereiche innerhalb des landseitigen Schilfgürtels gewisse Ausweichmöglichkeiten dar. Die durch Beweidung offen gehaltenen Seerandzonen stellen jedenfalls das bevorzugte Bruthabitat dar, das in den meisten Jahren mehr als 50 % aller Bruten beherbergt. Einzelne Brutpaare nutzen auch entsprechende Flächen am Westufer des Neusiedler Sees bei Mörbisch und Rust.

Bestand und Bestandsentwicklung

Für das 19. Jahrhundert wurde der Stelzenläufer in Österreich als regelmäßiger Brutvogel des Neusiedler See-Gebiets und des Hanság bezeichnet, von den Salzlacken des Seewinkels gab es damals aber nur vereinzelte Brutnachweise[3,4]. Nach der weitgehenden Entwässerung des Gebiets und der Absenkung des Seespiegels war die Art zu Beginn des 20. Jahrhunderts allerdings auf österreichischer Seite nur noch unregelmäßiger Brutvogel[5,6]. In den 1950er Jahren gab es lediglich eine Brut bzw. Brutverdacht[7] und erst das Hochwasserjahr 1965 brachte wieder 20–25 Brutpaare ins Gebiet, die auf überschwemmten Getreidefeldern bzw. im Hanság brüteten. Dieser Einflug war allerdings, wie für die Art durchaus typisch, nur sehr kurz anhaltend, denn in den beiden Folgejahren waren lediglich 1–3 Brutpaare anwesend[8]. Danach war die Art wieder seltener Gast, erst 1981 brütete wieder ein Paar erfolgreich am Illmitzer Zicksee[9]. Von 1982 bis 1990 liegen 28 Beobachtungen vor, die sich auf 15–24 Einzelvögel beziehen[10].

Nach 11 Jahren ohne Brut kam es ab 1992 zur neuerlichen Wiederbesiedlung des Gebiets[11]. Seit 1992 kam es zu einem kontinuierlichen Anstieg des Brutbestands bis im Jahr 2009 mit 126 im österreichischen Seewinkel brütenden Paaren erstmals die Marke von 100 Paaren überschritten wurde[12]. Im Jahr 2016 wurde mit 210 Paaren auf österreichischer Seite dann der bis dahin höchste Brutbestand registriert. Wie sehr diese Entwicklung mit geeigneten Wasserständen zusammenhängt, zeigt der drastische Rückgang in den trockeneren Jahren 2018–2020 mit nur mehr 64, 91 und 59 Brutpaaren. Dass aber umgekehrt auch niedrige Wasserstände für den Stelzenläufer auch kurzfristig günstige Verhältnisse schaffen können, zeigt das Jahr 2021, das auf österreichischer Seite einen Rekordbestand von 216 brütenden Paaren brachte, von denen aber am 15.7. lediglich 17 Paare Junge führten[13].

Auf ungarischer Seite beschrieb Csörgey[14] den Stelzenläufer bei seinem ersten Besuch am Neusiedler See am 1.5.1892 als eine im Raum der Fischertscharda (zwischen Balf und Fertőrákos) seit Jahren brütende Art, merkte aber an, dass wegen des Vordringen des Schilfs die zur Brut geeigneten Flächen in wenigen Jahrzehnten verschwunden sein werden. Im Zuge von dreimonatigen „Planbeobachtungen" im südöstlichen Teil des Neusiedler Sees im Frühjahr 1890 zeichnete Gyula Madarász in einer Karte Brutvorkommen des Stelzenläufers bei Sarród und Pamhagen ein[15], allerdings ohne Angabe der Zahl der Brutpaare[16]. Schenk[17] konnte bei seinen gelegentlichen Besuchen am Südostufer in den Jahren 1907–1910 keine Brut feststellen, berichtete aber darüber, dass die Art noch 1890 am Seeufer bei Sarród und in der Gegend von Mekszikópuszta gebrütet hat, Breuer[18] erwähnte sie hingegen in seinen Studien aus den 1930er Jahren nicht.

Bis zum Anfang der 1990er Jahre galt der Stelzenläufer im ungarischen Teil des Neusiedler Sees, aber auch in ganz Transdanubien, als ausgesprochen seltene Art; der Brutbestand im Karpatenbecken war damals ein Bruchteil des gegenwärtigen[19]. Während auch in den späten 1970er Jahren kein Brutvorkommen bekannt war[20], gelang am 30.4.1984 der erste Nachweis am Gelände des Seebads von Fertőrákos[21]. Nach der erstmaligen Flutung der Feuchtgebietsrekonstruktion bei Mekszikópuszta trat der Stelzenläufer dort regelmäßig auf und begann zu brüten[16]. Seither brütet er hier nicht jedes Jahr, der Bestand schwankt zwischen einem und 37 Paaren mit Höchstständen in den Jahren 2013 (30 Paare) und 2021 (37). Wenn im Seewinkel die zur Brut geeigneten Lacken austrocknen, wechseln viele Paare nach Mekszikópuszta und es kommt hier zu Ersatzbruten[12,13,22,28]. 1993 baute ein Paar ein Nest auf einem im Wasser stehenden Heuballen in Pap-rét[23].

Bei den in den letzten Jahren, auch infolge des Klimawandels, vermehrt auftretenden niederen Wasserständen brüteten Stelzenläufer

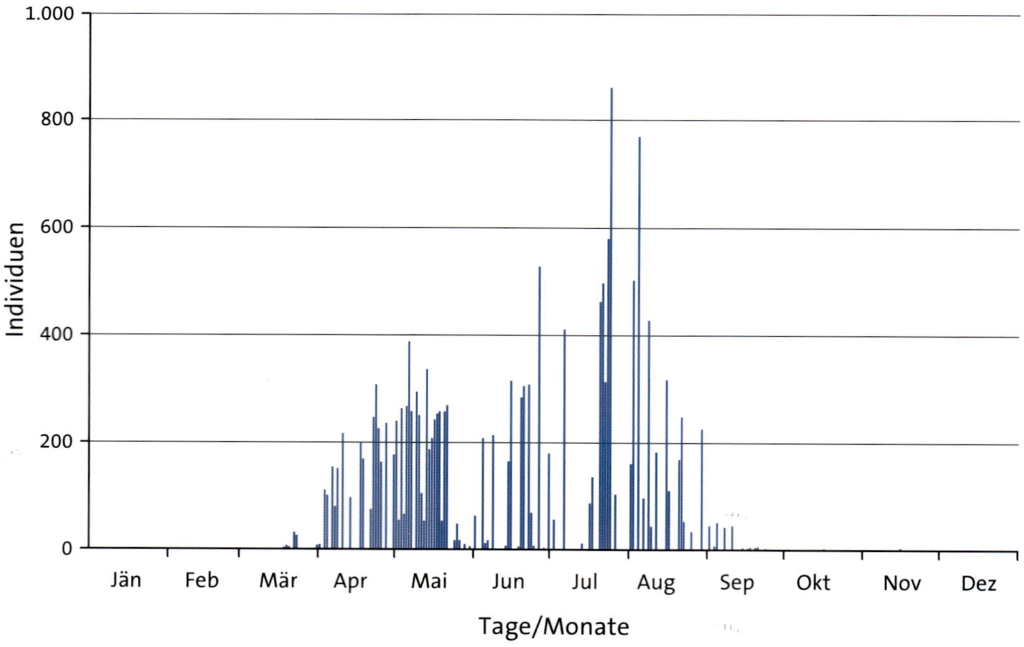

Jahreszeitliches Auftreten des Stelzenläufers (Tagessummen) basierend auf Daten der Wasservogelzählungen aus Österreich aus den Jahren 2011–2021 (n = 17.006)[32].

auch auf ungarischer Seite in lockeren Kolonien an bisweilen unzugänglichen Stellen im Schilfgürtel, solche Bruten können dann leicht unbemerkt bleiben: 2007 warnten beispielsweise einige Paare nahe der Fischertscharda bei Balf[24] und im selben Jahr wurden mindestens drei Paare am Ende des Körgát bei Hegykő in den Reifenspuren von Schilfterntemaschinen festgestellt[24]. Nach der Ertüchtigung (Ausbaggerung) des Hauptkanals Körcsatorna, der durch den Schilfgürtel verläuft und Südost- und Südwestufer verbindet, und anderer Kanäle im Jahr 2014[25] gab es an mehreren Stellen Bruten an den anfänglich nicht bewachsenen Dämmen, mit einer Höchstzahl von mindestens 10 Paaren im Jahr 2021 entlang des Csárda-Kanals[26]. Nach der Brutzeit kommt es an den Überschwemmungsflächen bei Mekszikópuszta zu Ansammlungen mit Höchstwerten von 60–140 Exemplaren, mit höheren Zahlen in Sommern, wenn die Seewinkel-Lacken wenig Wasser führen[27].

Jahreszeitliches Auftreten

Der Einzug der Brutvögel beginnt in der zweiten Märzhälfte, setzt aber erst mit Anfang April voll ein. Im Mai spiegeln die Zahlen den Brutbestand wider. Je nach Bruterfolg steigt die Zahl dann im Juni/Juli an. Die erfolglosen Altvögel bleiben zumeist im Gebiet. Zusätzlich kommt es in manchen Jahren offenbar zu einem Zuzug von Altvögeln aus anderen Gebieten (wohl erfolglose Brutvögel), denn im Sommer übersteigt die Zahl der anwesenden Vögel teilweise deutlich den Brutbestand inklusive Jungvögel. Über die Herkunft dieser Vögel kann allerdings nur spekuliert werden.

Zugverhalten und Ringfunde

In Anpassung an die Instabilität der Nistbiotope (seichte Temporärgewässer) ist der Stelzenläufer wenig ortstreu. Starke Bestandsschwankungen und räumliche Verschiebungen sind die Regel. Im Seewinkel wurden in den letzten Jahrzehnten farbberingte Stelzenläufer von der Küste der oberen Adria, aus dem norditalienischen Binnenland, von der Küste der Bretagne (Frankreich) und von der französischen Atlantikküste abgelesen[13,31,32]. Die Vögel aus Italien und Frankreich würden auf einen Zusammenhang mit der westeuropäischen Brutpopulation hindeuten. Dies stünde aber im Widerspruch zur international üblichen Zuordnung zur zentral- und südosteuropäischen Population.

Insgesamt wurden in den Jahren 2015–2021 in Ungarn 27 Jungvögel mit Farbringen markiert, zwei Altvögel zusätzlich auch mit GPS/GSM Sendern. Bisher stammen alle Ringfunde aus der Region oder aus dem Karpatenbecken, der entfernteste Vogel hielt sich auf einem Fischteich bei Pákozd in 138 km Entfernung auf[28–30].

Quellen: [1] *Dick et al. (1994)*, [2] *Wolfram et al. (2006)*, [3] *Fischer (1883)*, [4] *Fournes (1886)*, [5] *Seitz (1942)*, [6] *Zimmermann (1943)*, [7] *Glutz von Blotzheim et al. (1975)*, [8] *Festetics & Leisler (1970)*, [9] *Grüll (1982a)*, [10] *Kohler (1991)*, [11] *Dvorak (1992)*, [12] *Laber & Pellinger (2014)*, [13] *J. Laber, unpubl. Daten*, [14] *Csörgey (1954)*, [15] *Hermann (1895)*, [16] *Pellinger (1995a)*, [17] *Schenk (1917a)*, [18] *Breuer (1937)*, [19] *Oláh et al. (2003)*, [20] *Kárpáti (1983a)*, [21] *T. Hadarics, unpubl. Daten*, [22] *A. Pellinger, unpubl. Daten*, [23] *Pellinger & Mogyorósi (1994)*, [24] *A. Fersch, unpubl. Daten*, [25] *Kovács & Pellinger (2018)*, [26] *S. Mogyorósi, unpubl. Daten*, [27] *Pellinger & Hadarics (2020a)*, [28] *Archiv FHNP*, [29] *Pellinger & Hadarics (2020b)*, [30] *Vogelberingungszentrale BirdLife Ungarn, unpubl. Ringfunde*, [31] *Österreichische Vogelwarte, unpubl. Ringfunde*, [32] *M. Dvorak, J. Laber & B. Wendelin, unpubl. Daten*

Johannes Laber & Attila Pellinger

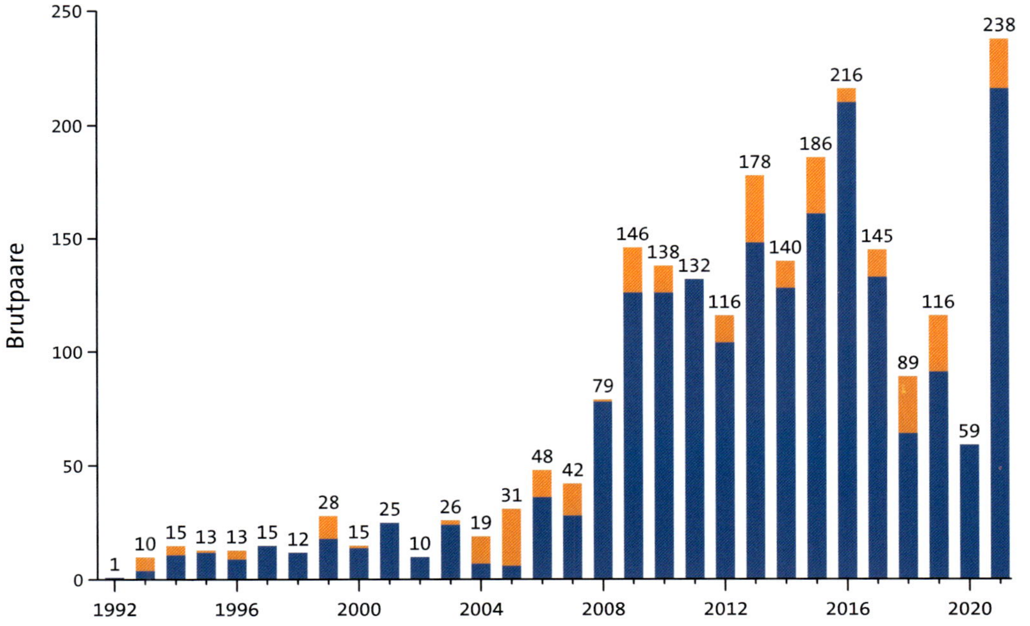

Brutbestände des Stelzenläufers in den Jahren 1992–2021 in Österreich (blau) und Ungarn (orange)[12,13,28].

Säbelschnäbler *Recurvirostra avosetta* (Linnaeus, 1758)

Gulipán – Pied Avocet

Häufiger Brutvogel des Seewinkels, starke Bestandsschwankungen in Abhängigkeit vom Wasserstand

Verbreitung und Lebensraum

Der bevorzugte Lebensraum des Säbelschnäblers im Neusiedler See-Gebiet sind die mehr oder weniger intakten Soda-Lacken des Seewinkels und die umgebenden Alkalisteppen und Salzsümpfe. Besiedelt werden zudem beweidete Salzstandorte im Vorgelände des Neusiedler Sees. In jüngster Zeit ist es bei sehr niedrigen Wasserständen auch zu Bruten auf ausgedehnten, halb trocken gefallenen Rohrlacken inmitten des Schilfgürtels des Sees gekommen. Allgemein werden große Gewässer mit reich strukturierter Uferlinie in weiträumig offener Landschaft bevorzugt, deren vegetationsarme Strände sowie insel- und halbinselartige Strukturen als Brutplätze dienen. Auf Inseln und Halbinseln nisten die Säbelschnäbler in dichten Kolonien. Auf weitläufigen Stränden und in kurzgrasigen Alkalisteppen werden die Nester hingegen einzeln oder in losen Gruppen über große Flächen verstreut angelegt. Die meist abseits der Brutplätze gelegenen Jungenaufzucht-Territorien befinden sich in seichten Lacken-Buchten, deren lockere Verlandungsvegetation den Küken Versteckmöglichkeiten bietet. Beim Wechsel zwischen Koloniestandorten und geeigneten Jungenaufzucht-Territorien können Säbelschnäbler-Familien mit ihren nicht-flüggen Küken erstaunliche Strecken zu Fuß zurücklegen, die sie unter Umständen über mehrere Kilometer trockenen Landes (Hutweiden, Äcker, Weingärten und sogar vielbefahrene Straßen) führen[1]. Nach Möglichkeit vollzieht sich der Wechsel aber nur innerhalb einer Lacke oder zwischen benachbarten Gewässern.

Auf den Überschwemmungsflächen im ungarischen Teil des Seewinkels nisten Säbelschnäbler auf den oft nur wenige Zentimeter aus dem Wasser ragenden, mit spärlicher Vegetation bewachsenen Resten von Dämmen. Die Bruten fallen hier leicht einem plötzlichen Wasserstands-Anstieg zum Opfer. Auch im österreichischen Gebietsteil wurden immer wieder künstliche Inselstrukturen (Traktorspuren und Anschüttungen im Lackenbecken, Grabenaushub) besiedelt, speziell in der Zeit vor der Errichtung des Nationalparks, als illegale Eingriffe in die Lacken noch häufig waren. Im Vergleich zu natürlichen Inselstrukturen verlieren diese künstlichen Brutplätze ihre Eignung meist binnen weniger Jahre, weil sie rasch zuwachsen. Zum Nahrungserwerb nutzen Säbelschnäbler Gewässerbereiche, deren Bodengrund aus weichem Sodaschlamm besteht[1]. Sie erbeuten dort vor allem benthische Organismen, wie Zuckmücken-Larven, indem sie ihren aufgeworfenen Schnabel in leicht geöffnetem Zustand durch die obersten Schlammschichten ziehen. In mäßig bis stark trüben Lacken werden auch freischwimmende Evertebraten gefangen, wie z.B. die Feenkrebse der Gattung *Branchinecta*. Weniger beliebt für die Nahrungssuche sind hingegen die klaren, durch Huminstoffe tief braun

St. Andräer Zicksee, 1.8.2019 (Michael Dvorak)

gefärbten Schwarzwasser-Zonen der degradierten Sodalacken und des landseitigen Randes des Neusiedler See-Schilfgürtels: hier werden freischwimmende Organismen auch nach Stelzenläufer-Art pickend erbeutet[1].

Der Verbreitungsschwerpunkt des Säbelschnäblers lag in den letzten 20 Jahren an den zentralen Lacken des Seewinkels, vor allem im Lange Lacken-Gebiet (Lange Lacke, Östliche und Westliche Wörthenlacke, Östliche Hutweidenlacke, Xixsee) sowie im Bereich von Oberer Halbjochlacke, Fuchslochlacke und Sechsmahdlacke. Gegenüber der Situation in den 1980er und 1990er Jahren[1] ist es damit zu einer starken Konzentration des Brutbestands auf wenige Lacken gekommen, unter denen die Lange Lacke und die Obere Halbjochlacke hervorstechen. Demgegenüber haben andere Lacken stark an Bedeutung verloren, wie zum Beispiel die Birnbaumlacke und der Illmitzer Zicksee, oder sind bereits gänzlich dem Lackensterben zum Opfer gefallen, wie der Kirchsee oder die Huldenlacke[2,3]. In allerjüngster Zeit hat sich ein problematischer Verbreitungsschwerpunkt am touristisch stark genutzten, völlig ungeschützten und in jeder Hinsicht denaturierten St. Andräer Zicksee entwickelt, weil dieses künstlich dotierte Gewässer in den extrem trockenen Jahren ab 2019 oft als einzige Lacke eine verlässliche Wasserführung geboten hat[4,5]. Säbelschnäbler-Brutvorkommen gibt es aber nicht nur an den Seewinkellacken, sondern auch im Vorgelände des Neusiedler Sees.

Auf ungarischer Seite wurden erste Bruten im Hochwasserjahr 1983 am Cikes bei Mekszikópuszta registriert, davor galt die Art im ungarischen Gebietsteil als Ausnahmeerscheinung[6]. 1987 und 1989 folgten Einzelbruten an den Absetzteichen der Zuckerfabrik in Petőháza (später hier maximal vier Paare im Jahr 2007). Ab 1990, nach Errichtung der „Biotoprekonstruktionen" bei Mekszikópuszta im südöstlichen Vorgelände des Neusiedler Sees (Borsodi-dűlő, Nyéki-szállás, Paprét und Cikes), wurde der Säbelschnäbler dann zum regelmäßigen Brutvogel und Durchzügler auch im ungarischen Teil des Nationalparks[7]. Im österreichischen Teil des See-Vorgeländes bildeten sich kleinere Siedlungsschwerpunkte im Zuge der flächendeckenden Wiedereinführung der Beweidung, besonders aber nach der Anhebung des Seepegels ab 2010. Vorkommen wurden im Bereich der Hölle, in manchen Jahren auch im Sandeck und auf der Graurinderkoppel registriert[2,3].

Eine neue Entwicklung sind Bruten im Schilfgürtel des Neusiedler Sees. Auf ungarischer Seite wurden einige Nester am Körcsatorna bei Hidegség auf salzigem, unbewachsenen Aushubmaterial gefunden[8], das nach Renaturierungsarbeiten entstanden war, bei denen kanalbegleitende Dämme zwecks besserer Durchströmung des Schilfgürtels entfernt, bzw. durchbrochen wurden[9]. In Österreich hat der sehr niedrige Wasserstand des Sees 2020 dazu geführt, dass Säbelschnäbler südlich der Illmitzer Seezufahrt auf ausgedehnten Rohrlacken im Schilfgürtel gebrütet haben[5]. Sollte sich die Niedrigwasserphase am See fortsetzen bzw. ausweiten, könnte die Bestanderfassung beiderseits der Grenze künftig vor besonderen Herausforderungen stehen: Wegen der Größe, schwierigen Zugänglichkeit und Unübersichtlichkeit des Schilfgürtels können hier Bruten leicht übersehen werden.

Bestand und Bestandsentwicklung

Das Vorkommen des Säbelschnäblers wurde erstmals bereits Mitte des 18. Jahrhunderts (*„reichlich um den Neusiedler See"*[10,11]) belegt. Aus dem Zeitraum zwischen 1934 und 1984 liegen aus immerhin 24 Jahren Bestandszahlen vor, sie weisen Brutbestände in der Größenordnung von ca. 40 Paaren aus[2,3]. Allerdings scheinen die wenigsten dieser Angaben auf systematischen und wiederholten Zählungen im gesamten Gebiet zu beruhen, sodass von einer Unterschätzung der tatsächlichen Bestandsgröße auszugehen ist.

Ab 1984 setzte die systematische Erfassung des Brutbestands ein, die – mit einer kurzen Unterbrechung von 1990 – 1993 – bis heute fortgeführt wurde. Demnach bewegen sich die Zahlen im österreichischen Teil zwischen 36 und 279 Brutpaaren, aktuell liegt der Durchschnitt bei rund 130 Paaren. Im ungarischen Teil brüten zwischen 0 und 45 Paare, gut besiedelt sind die Biotoprekonstruktionen bei Mekszikópuszta vor allem in trockenen Jahren, wenn viele Seewinkellacken ausfallen[7]. Ab der zweiten Hälfte der 1990er Jahre gab es im ganzen Karpatenbecken einen Anstieg der Säbelschnäbler-Brutpaare[12]. Im Seewinkel hat sich dies in einer markanten Bestandszunahme ab den frühen 2000er Jahren niedergeschlagen, mit einem Maximum von 279 Brutpaaren im Jahr 2009. Auffällig ist, dass sich diese Zunahme fast ausschließlich auf das Lange Lacken-Gebiet und die Obere Halbjochlacke beschränkt hat. Der Grund dafür liegt im vermehrten Angebot von attraktiven Insel-Brutplätzen, das bei niedrigen Wasserständen an der Langen Lacke und der Oberen Halbjochlacke entsteht. Wahrscheinlich stellt diese günstige Situation an der Lacken Lacke aber nur ein Übergangsstadium auf dem Weg zu einer weiteren Degradation dar. Sollte – wie aktuell zu befürchten – die Lange Lacke dem „Lackensterben" zum Opfer fallen, dann ist auch mit einem Einbruch der Säbelschnäbler-Bestände zu rechnen[2,3]. Im Jahr 2021 wurde mit 257 Brutpaaren der bislang zweitgrößte Bestand seit Beginn der Erhebungen erfasst, und wieder bildete die degradations- und trockenheitsbedingt nur mehr ganz seicht überflutete Lange Lacke einen Verbreitungsschwerpunkt, wobei zugleich zahlrei-

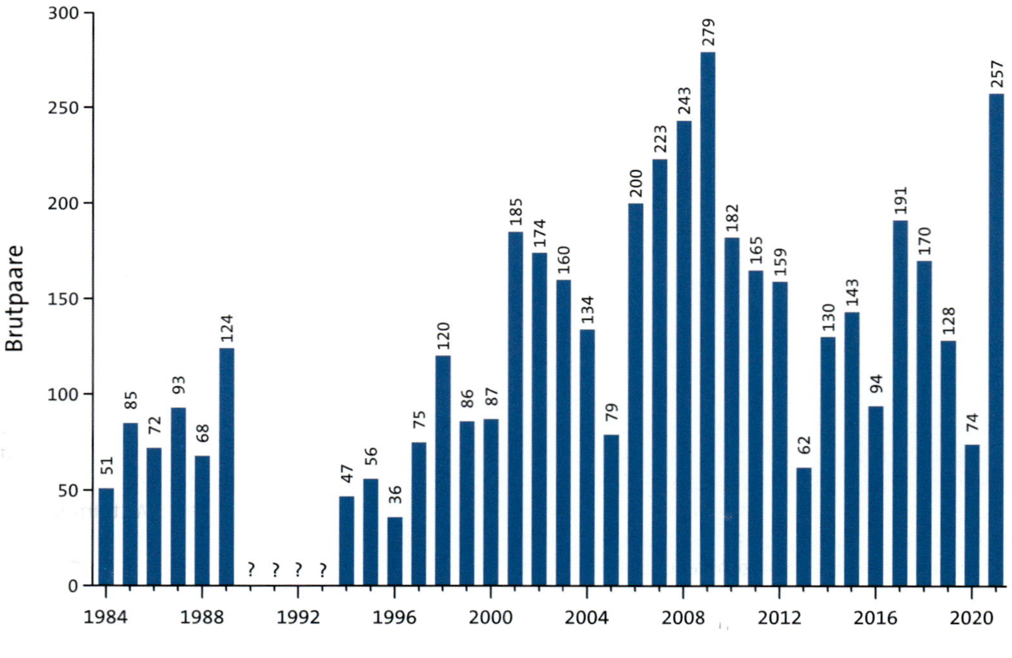

Brutbestände des Säbelschnäblers in den Jahren 1984 – 2021 im österreichischen Teil des Seewinkels[1–3, 28]. Aus den Jahren 1990 – 1993 liegen keine Zahlen vor.

che Brutpaare auf den stark denaturierten St. Andräer Zicksee ausgewichen sind. Trotz der erfreulich hohen Bestände handelt es sich um eine beunruhigende Entwicklung[5].

Für den Zeitraum 1984–2015 können auch Angaben zur Entwicklung des Bruterfolgs im gesamten Gebiet (Österreich und Ungarn kombiniert) gemacht werden. Die Reproduktionsrate ist in diesem Zeitraum von durchschnittlich 1,03 flüggen Jungvögeln/Brutpaar (1984–1989) auf zunächst 0,48 (1994–1999), dann 0,44 (2000–2005), 0,38 (2006–2011) auf nur mehr 0,13 flügge Jungvögel/Brutpaar (2012–2015) zurückgegangen[1, 2, 3, 13]. Über den gesamten Zeitraum lag die Reproduktionszahl mit durchschnittlich 0,5 gerade noch über dem zur Selbsterhaltung der Population erforderlichen Wert[14] von 0,4 flüggen Jungvögel/Brutpaar, während sie in der ersten Hälfte dieses Zeitraums mit 0,72 (1984–2000) noch deutlich darüber gelegen hatte, um dann in der Periode 2001–2015 mit 0,32 merklich unter den Schwellenwert zu fallen. Seit 2016 liegen keine Bruterfolgsschätzungen für das Gesamtgebiet mehr vor, auf österreichischem Gebiet blieb der Fortpflanzungserfolg aber 2016 und 2017 weiterhin bescheiden[15, 16]. Seit 2018 zeichnet sich eine überraschende Trendwende mit deutlich höheren Erfolgen ab, 2021 wurden sogar erstmals wieder Werte wie in den 1980er Jahren erreicht[4, 5, 17, 18]. Möglicherweise macht sich hier – trotz der angespannten Wasserstands-Situation – der Klimawandel bemerkbar, der den kälteempfindlichen Küken höhere Überlebenschancen sichert. Negative Einflussfaktoren auf den Bruterfolg sind neben heftigen Kälteeinbrüchen vor allem Starkregenereignisse, die zu einem plötzlichen Anstieg des Wasserstands führen sowie ein frühzeitiges Austrocknen der Lacken. Durch die massive anthropogene Absenkung des Grundwasserstandes im Seewinkel fallen neuerdings viele Lacken schon während der Brutzeit trocken. Zwar kommt der Säbelschnäbler, als typischer Bewohner von temporären, salzhaltigen Gewässern des eurasischen Steppen- und Halbwüstengürtels sowie der gezeitenbeeinflussten Meeresküsten mit der „bust-and-boom"-Dynamik solcher Lebensräume besser zurecht als andere Arten, dennoch bleibt er aber vom grundsätzlichen Fortbestand der Lacken und Alkalisteppen abhängig. Seine derzeit noch günstige Bestandssituation darf nicht über die potenziell starke Gefährdung hinwegtäuschen[2, 3].

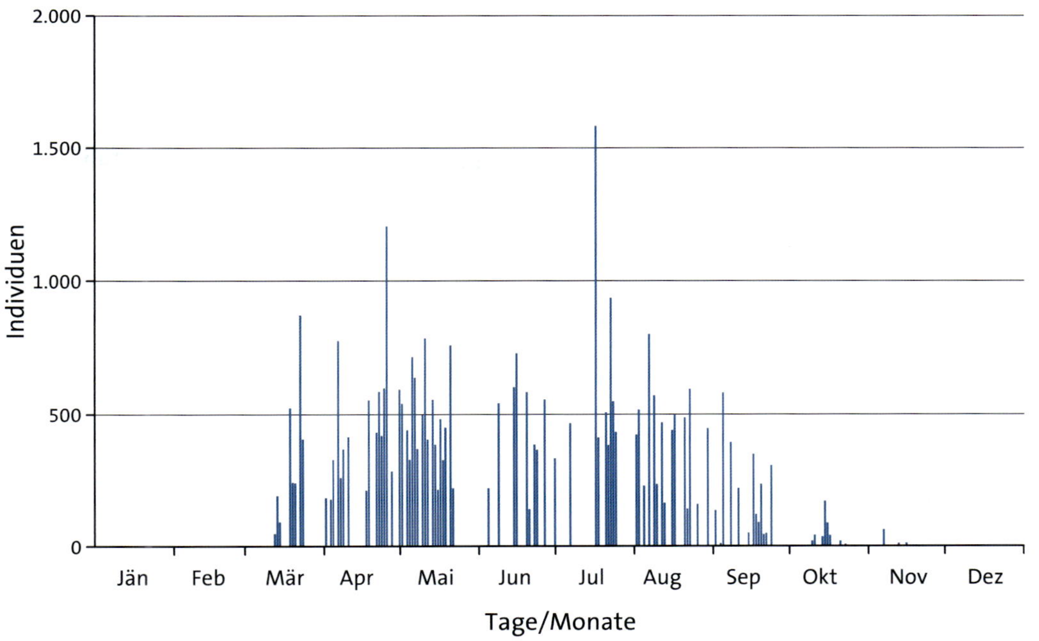

Jahreszeitliches Auftreten des Säbelschnäblers im Seewinkel im Zeitraum 2011–2021 (Tagessummen) basierend auf systematischen Zählungen im österreichischen Gebietsteil (n = 34.131)[20]; in den Monaten Jänner, Februar und Dezember fanden keine Zählungen statt.

Jahreszeitliches Auftreten

Säbelschnäbler sind von Anfang März bis Mitte Oktober im Gebiet anzutreffen, mit einzelnen Vorläufern im Februar und Nachzüglern im November[19]. Der Verlauf der Zahlen[1] wird einerseits vom Brutbestand und seinen Nachkommen, andererseits von Durchzüglern bzw. herumstreifenden Individuen geprägt, die das Gebiet speziell im Frühjahr auf seine Eignung als Brutplatz prüfen. Das Frühjahrsmaximum tritt im April auf, es setzt sich aus Brutvögeln ebenso zusammen wie aus Durchzüglern und Gästen. Die Maximalwerte haben sich in den letzten 20 Jahren zwischen rund 200 und 500 Individuen bewegt (Spitzenwert 1.205 Ex. im Jahr 2021[20]), wobei die höchsten Zahlen tendenziell in den Jahren auftraten, in denen auch die größten Brutbestände zu verzeichnen waren. Die Brutzeit beginnt im letzten Aprildrittel und erreicht ihren Höhepunkt normalerweise Mitte oder Ende Mai. Die Jungenaufzucht erstreckt sich über das letzte Maidrittel und einen Großteil des Juni, und verläuft wegen der hohen Kükensterblichkeit noch weniger synchronisiert als das Brutgeschehen. Die überlebenden Jungvögel sind jedoch meist bis Anfang/Mitte Juli flügge[21]. Zu diesem Zeitpunkt haben erfolglose Altvögel, z. T. aber auch Angehörige von erfolgreichen Paaren das Gebiet bereits verlassen. Spätestens in der ersten Julihälfte haben sich die Familienverbände ganz aufgelöst. Die verbliebenen lokalen Altvögel, die flüggen Jungvögel und hinzukommende Durchzügler bauen bedeutende Rast- und Mauserbestände auf, die im Juli der Jahre 2001–2019 mit Zahlen zwischen 400 und 600 Exemplaren kulminierten und vereinzelt auch Spitzenwerte von 936 (20.7.2018) und 1.583 Exemplaren (15.7.2021) erreichten[20]. Oft ist dabei ein Großteil der im Gebiet anwesenden Vögel gemeinsam auf eine einzige oder nur wenige Lacken konzentriert[1], mehrhundertköpfige Trupps sind dann kein ungewöhnlicher Anblick. Auch auf den ungarischen Biotoprekonstruktionen treten große Ansammlungen auf, der bisherige Spitzenwert wurde im Juli 2015 mit 569 Ex. registriert[22]. In den nachbrutzeitlichen Trupps scheinen zumindest die Jungvögel die Mauser ins Schlichtkleid durchzuführen. Schon im August beginnen die Zahlen wieder zu sinken, der Großteil der Säbelschnäbler ist bis Ende September aus dem Gebiet abgezogen.

Zugverhalten und Ringfunde

Im österreichischen Teil des Gebiets wurden Säbelschnäbler zwischen 1955 und 1982 beringt[23], bis 1991 gelangen in Summe 29 Wiederfunde, aus denen sich folgendes Bild ergibt: Ein Teil der im Gebiet erbrüteten Vögel zieht offenbar nach Südosten, in den östlichen Mittelmeerraum, bzw. an die Schwarzmeerküste (zwei Wiederfunde aus Serbien, einer aus Rumänien, drei aus Griechisch-Makedonien sowie je einer aus Thrakien, Bulgarien und der Ukraine). Die meisten Wiederfunde stammen aus dem zentralen Mittelmeerraum, v. a. aus Italien (sieben von der nordwestlichen Adriaküste bzw. aus der Po-Ebene sowie je einer aus der Emilia-Romagna, aus Apulien, aus Latium und aus Sardinien), aber auch aus Tunesien (drei Ringfunde). Ein dritter Schwerpunkt liegt offenbar im westlichen Mittelmeerraum, mit drei Funden entlang der spanischen Mittelmeerküste und einem Fund in Algerien. Gänzlich aus diesem Rahmen fällt ein Wiederfund eines österreichischen Vogels aus Schleswig-Holstein[24].

In jüngster Zeit hat sich dieses Bild durch Ablesungen farbberingter Vögel im ungarischen Teil des Gebiets allerdings weiter verändert[25, 26]. Zwischen 1997 und 2019 konnten insgesamt neun farbmarkierte Individuen, die anderswo beringt worden sind, auf den Biotoprekonstruktionen am Einserkanal beobachtet werden, meist als Durchzügler und Gäste im Hochsommer. Einige stammen aus dem Mittelmeerraum (zwei von der nordwestlichen Adriaküste Italiens bzw. aus der Po-Ebene, einer von der slowenischen Adriaküste, einer aus der Provence). Zwei Vögel stammen hingegen von der bretonischen Atlantikküste, wobei einer davon nicht nur das Neusiedler See-Gebiet besucht hat, sondern auch Wasserreservoirs am Nordwestrand der Großen Ungarischen Ebene. Der andere hat zudem Fischteiche westlich von Krakau in Polen frequentiert. Nicht minder exotisch mutet ein in Westpolen erbrüteter Vogel an, der außer im Seewinkel auch an einem Liman an der ukrainischen Schwarzmeerküste gesehen wurde. Schließlich wurden auch drei andernorts in Ungarn erbrütete Vögel auf den Biotoprekonstruktionen beobachtet, zwei stammen aus dem Sárvíz-völgy östlich des Balaton-Sees, der dritte aus dem Kiskunság Nationalpark.

Die sich hier andeutenden, engen Beziehungen zwischen dem Seewinkel und dem Donau-Theiß-Zwischenstromland wurden eindrucksvoll durch die Ergebnisse eines Farbberingungsprogramm belegt, das von 1998–2000 im Kiskunság Nationalpark gelaufen ist. Zwischen 1998 und 2010 konnten 14 in Zentralungarn als Küken farbmarkierte Säbelschnäbler im österreichischen Teil des Seewinkels beobachtet werden, bei drei weiteren gelang keine zweifelsfreie Bestimmung der individuellen Ringkombination[27]. Mindestens drei der aus dem Kiskunság stammenden Vögel haben in Österreich gebrütet. Die Seewinkler Brutpopulation erhält allerdings nicht nur Zuzug aus dem pannonischen Raum, sondern auch von der Adriaküste. Einer der in Norditalien geborenen, farbberingten Säbelschnäbler, der wiederholt auf den ungarischen Biotoprekonstruktionen gesehen wurde, hat mehrfach auch an der Langen Lacke gebrütet[28].

Quellen: [1] *Kohler (1997),* [2] *Kohler & Bieringer (2016),* [3] *Dvorak et al. (2016),* [4] *Kohler (2020),* [5] *Kohler (2021),* [6] *Kárpáti (1984),* [7] *Pellinger et al. (2010),* [8] *A. Pellinger unpubl.,* [9] *Kovács & Pellinger (2018),* [10] *Kramer (1756),* [11] *Feldner (2012),* [12] *Pigniczki & Lengyel in Szép et al. (2021),* [13] *Kohler (2005),* [14] *Freise et al. (2006),* [15] *Kohler (2016),*[16] *Kohler (2017),* [17] *Kohler (2019a),* [18] *Kohler (2019b),* [19] *Kohler & Rauer (1994),* [20] *M. Dvorak, J. Laber & B. Wendelin, unpubl. Daten,* [21] *Kohler (1999),* [22] *Pellinger & Hadarics (2020a),* [23] *R. Triebl, unpubl. Daten,* [24] *Österreichische Vogelwarte, unpubl. Ringfunde,* [25] *Vogelberingungszentrale BirdLife Ungarn, unpubl. Ringfunde,* [26] *Pellinger & Hadarics (2020b),* [27] *Sz. Lengyel, unpubl. Daten,* [28] *B. Kohler, unpubl. Daten*

Bernhard Kohler, Georg Bieringer & Attila Pellinger

Kiebitz *Vanellus vanellus* (Linnaeus, 1758)

Bíbic – Northern Lapwing

Darscho, Apetlon, 19.4.2014 (Michael Dvorak)

Häufiger Brutvogel und Durchzügler; Zughöhepunkte Anfang März bis Anfang April sowie Ende Juni bis Ende November

Verbreitung und Lebensraum

Der Schwerpunkt des Brutvorkommens liegt auf österreichischer Seite im Seewinkel und reicht von den Zitzmannsdorfer Wiesen bis in die Wiesengebiete südlich von Apetlon sowie vom Seevorgelände bis ins Lange Lacke-Gebiet. Von diesem relativ geschlossenen Brutgebiet etwas abgesetzt ist das Vorkommen im Hanság. Aktuelle Brutzeitbeobachtungen gibt es darüber hinaus zumindest vereinzelt aus allen Gemeinden des Avifauna-Gebietes[1]. Konkrete Brutnachweise außerhalb des Seewinkels liegen aus Mörbisch, Oggau, Purbach, Breitenbrunn und Neusiedl am See vor[1] und erstrecken sich damit über das gesamte West- und Nordufer des Neusiedler Sees[1].

Der Kiebitz besiedelt im Neusiedler See-Gebiet bevorzugt Hutweiden und große Koppeln sowie – in geringerer Dichte – Mähwiesen. Letztere haben insbesondere in trockenen Jahren heute eine deutlich geringere Bedeutung als in früheren Jahrzehnten[2]. Systematische Erhebungen in Äckern, die österreichweit betrachtet mittlerweile als Bruthabitat für den Kiebitz weitaus bedeutender sind als das Grünland, wurden im Avifauna-Gebiet bisher nicht durchgeführt. Die vorliegenden Zufallsdaten deuten jedoch nicht auf einen quantitativ bedeutenden Ackerbrüter-Bestand[1]. Am Frühjahrszug nutzt die Art bevorzugt frisch austreibende Getreidefelder und Schwarzbrachen und kommt nur zum Baden an die Lacken; am Herbstzug sind Kiebitze ab Ende Juni in größerer Zahl auch auf kurzrasigen Hutweiden anzutreffen[3].

Auch im ungarischen Teil des Neusiedler See-Gebiets ist der Kiebitz ein regelmäßiger Brutvogel, seine Bestandsgröße ist aber vom Wasserstand abhängig. Der größte Teil der Population besiedelt die Salzsteppen und Überschwemmungsflächen im Osten, in kleiner Zahl besiedelt der Kiebitz aber auch die Mähwiesen des Südwestufers und die Ränder des Schilfgürtels am Südufer des Neusiedler Sees. An mehreren Stellen brütet die Art auch auf den durch die Kanalausbaggerungen im Schilfgürtel entstandenen Schlammdeponien[4]. In Jahren mit viel Stauwasser auf den Feldern verteilen sich die Brutpaare stärker und besiedeln vermehrt auch Ackerflächen. Auch der Durchzug konzentriert sich dann nicht an den tief gelegenen Stellen am Seeufer, die dann permanent unter Wasser stehen.

Bestand und Bestandsentwicklung

Die historischen Angaben beschränkten sich für die 1930er bis 1950er Jahre im Wesentlichen auf die Feststellung, dass der Kiebitz ein häufiger Brutvogel bzw. einer der häufigsten Brutvögel des Seewinkels war[5–7]. Für die 1960er Jahre wurden *„weit über 500 Brutpaare“* (einschließlich der Parndorfer Platte, aber ohne das Westufer) geschätzt[8], was angesichts der aktuellen Ergebnisse sicher nicht zu hoch gegriffen war. Für die 1990er und 2000er Jahre gibt es konkrete Zähldaten aus dem Seewinkel (ohne Hanság), die dadurch, dass nur die warnenden Paare registriert wurden, den tatsächlichen Brutbestand systematisch unterschätzten. Allerdings zeigt der erfasste Bestand von 274 bis 550 warnenden Paaren die beträchtlichen Unterschiede zwischen trockenen und feuchten Jahren[2]. Darüber hinaus ist anhand des aktuellen Schlupferfolges zu vermuten, dass der Gesamtbestand in diesem Zeitraum im Bereich von zumindest 600 bis 900 Brutpaaren gelegen sein dürfte. Einschließlich der Brutvorkommen im Hanság, sowie am West- und Nordufer des Neusiedler Sees, wurden in guten Jahren wahrscheinlich 1.000 Brutpaare erreicht oder sogar überschritten.

Ab 2011 wurden nicht nur die warnenden Paare, sondern die insgesamt anwesenden adulten Individuen gezählt, allerdings nicht flächendeckend, sondern auf 18 Probeflächen im Seewinkel. Etwa zeitgleich setzte ein markanter Rückgang des Kiebitz-Brutbestandes ein. Aus den aktuellen Erhebungen ab 2011 resultieren Hochrechnungen von 102 bis 349 warnenden Paaren und von 217 bis 742 Brutpaaren für den Seewinkel[2, 9]. Da sich der Rückgang nicht in allen Bereichen des Nationalparks gleichermaßen manifestiert, ist davon auszugehen, dass Veränderungen in der Habitatqualität eine Rolle spielen[9]. Darüber hinaus ist es wahrscheinlich, dass überregionale Faktoren ebenfalls eine Rolle spielen, denn die Brutbestände des Kiebitzes gehen in weiten Teilen West- und Mitteleuropas dramatisch zurück. Die Ursachen liegen in der immer weiter fortschreitenden landwirtschaftlichen Intensivierung, die flächendeckend zu einem verringerten Fortpflanzungserfolg führt[10]. In Osteuropa kommt es ebenfalls zu Rückgängen, hier wirkt sich auch die Nutzungsaufgabe stark aus[11]. Der Fortpflanzungserfolg des Kiebitzes im Untersuchungsgebiet ist unzureichend erforscht. Bisher liegen nur zum Teilaspekt des Schlupferfolges Daten vor. Genaue Untersuchungen lieferten für drei Jahre Werte zwischen 40,9 % und 55,6 % (Mittelwert 49,5 %)[12]. Anhand des aktuellen Monitorings ab 2011 ergaben sich für sechs Jahre Schätzwerte für den Schlupferfolg von 36,7 % bis 60,7 % bei einem Mittelwert von 48,4 %[9]. Abhängig vom Aufzuchtserfolg bewegt sich die Reproduktionsrate der Kiebitz-Population des Gebiets daher wahrscheinlich an oder unter der Grenze für den langfristigen Bestandserhalt[11].

Für die ungarische Seite liegen keine Angaben zum Brutbestand vor. Die größte jemals zur Zugzeit festgestellte Ansammlung waren 5.000 Exemplare, die sich am 8.3.1998 am Nyéki-szállás und auf dem Pap-rét aufhielten[13]. Die Ergebnisse des seit 1999 laufenden Langzeitmonitorings in Mekszikópuszta zeigen für die Zahl der durchziehenden Kiebitze einen leicht positiven Trend[14].

Jahreszeitliches Auftreten

Für den Kiebitz wurden bisher vier Phänologiediagramme für verschiedene (teilweise überlappende) Zeiträume publiziert[3,15–17], die aber allesamt etwas unterschiedliche Muster zeigen. Erstens hängen die Ergebnisse davon ab, ob nur der Bestand an den Lacken erfasst wurde oder ob auch gezielt Wiesen und Hutweiden erfasst wurden[3,15]. Zweitens ist gerade die Situation im Sommer sicherlich von der aufgrund unterschiedlicher Wasserstände stark wechselnden Attraktivität des Gebiets abhängig. Ab Mitte bis Ende Februar sind regelmäßig Trupps von mehreren hundert Kiebitzen im Gebiet[1,3]. Das ausgeprägte Maximum des Frühjahrszugs im März und der starke Rückgang der Zahlen ab Anfang April sind allen bisherigen Untersuchungen gemeinsam. Der Frühwegzug im Juni/Juli ist in der Regel nur schwach ausgeprägt[3,15]. Im Juli und August können die Zahlen jenen zur Brutzeit entsprechen[3], so wie auch in der aktuellen Phase höher sein[16], oder sogar niedriger[16]. Das Herbstmaximum fällt zumeist in den Oktober[3,15], kann aber auch erst im November auftreten[17].

Zugverhalten und Ringfunde

Über die Zugrouten des lokalen Brutbestands stehen nur wenige Daten zur Verfügung, da hauptsächlich Jungvögel beringt wurden, deren Mortalität hoch ist. Die Brutvögel des Neusiedler See-Gebiets ziehen den Winter über vorwiegend nach Westen; mehr als die Hälfte der Ringfunde von im Seewinkel beringten Kiebitzen stammt aus Frankreich. Allerdings decken die Wiederfunde einen Sektor ab, der von Belgien über Frankreich, Portugal, Spanien und Marokko bis nach Italien reicht. So wurde z. B. ein in Mekszikópuszta als Jungvogel im Jahr 2015 markiertes Exemplar zwei Jahre später am 18.10.2017 in der Camargue (Südfrankreich) geschossen. Ein 1978 ebenfalls als Jungvogel in Mekszikópuszta beringter Vogel wurde am 29.3.1979 bei Ravenna geschossen (498 km entfernt, 29. März 1979). Dem steht ein Wiederfund in der Nordost-Ukraine gegenüber: Beringung und Wiederfund erfolgten jeweils im Mai aufeinanderfolgender Jahre, so dass eine Verlagerung des Brutgebiets wahrscheinlich ist. Hingegen liegen aus dem Neusiedler See-Gebiet, mit einer Ausnahme, keine Ringfunde oder Ringablesungen von außerhalb des Gebiets beringten Kiebitzen vor: Ein im Überwinterungsgebiet bei Rimini an der italienischen Adriaküste am 14.12.1979 markiertes Exemplar wurde am 15.10.1980 am Neusiedler See wiedergefunden. Daher sind keine sicheren Angaben dazu möglich, woher die Vögel stammen, die als Frühweg- oder Durchzügler im Neusiedler See-Gebiet auftreten[14,15].

Dank der heute verfügbaren, mit fünf Gramm sehr leichten, GPS-Sender wurde in Ungarn am 22.10.2019 am Borsodi-dűlő der weltweit erste Kiebitz mit einem solchen Sender ausgestattet. Der Vogel verließ das Gebiet am 29.11. und flog danach in einer Höhe von 3.750 m mit einer Geschwindigkeit von 70 km/h über die Adria nach Italien. Hier verweilte er auf einem mit Bergen umgebenen Plateau mit Äckern. Danach versuchte der Vogel mehrmals, seinen Zug fortzusetzen, musste aber wegen ungünstiger Luftströmungen vor der Überquerung der Apenninen umkehren[20].

Quellen: [1] *www.ornitho.at,* [2] *Dvorak et al. (2016),* [3] *Laber (2003),* [4] *Kovács & Pellinger (2018),* [5] *Seitz (1942),* [6] *Zimmermann (1943),* [7] *Bauer et al. (1955),* [8] *Festetics & Leisler (1970),* [9] *Georg Bieringer, Bernhard Kohler & Georg Rauer, unpubl. Daten,* [10] *Plard et al. (2019),* [11] *Shydlovskyy & Kuzyo (2016),* [12] *Khil (2015),* [13] *Archiv MME Sopron,* [14] *Pellinger & Hadarics (2020a),* [15] *Winkler & Herzig-Straschil (1981),* [16] *Kohler & Rauer (1990),* [17] *Kohler & Rauer (1994a),* [18] *Vogelberingungszentrale BirdLife Ungarn, unpubl. Ringfunde,* [19] *Österreichische Vogelwarte, unpubl. Ringfunde,* [20] *E. Boros, unpubl. Daten* [21] *M. Dvorak, J. Laber & B. Wendelin, unpubl. Daten*

Georg Bieringer, Bernhard Kohler & Előd Győrig

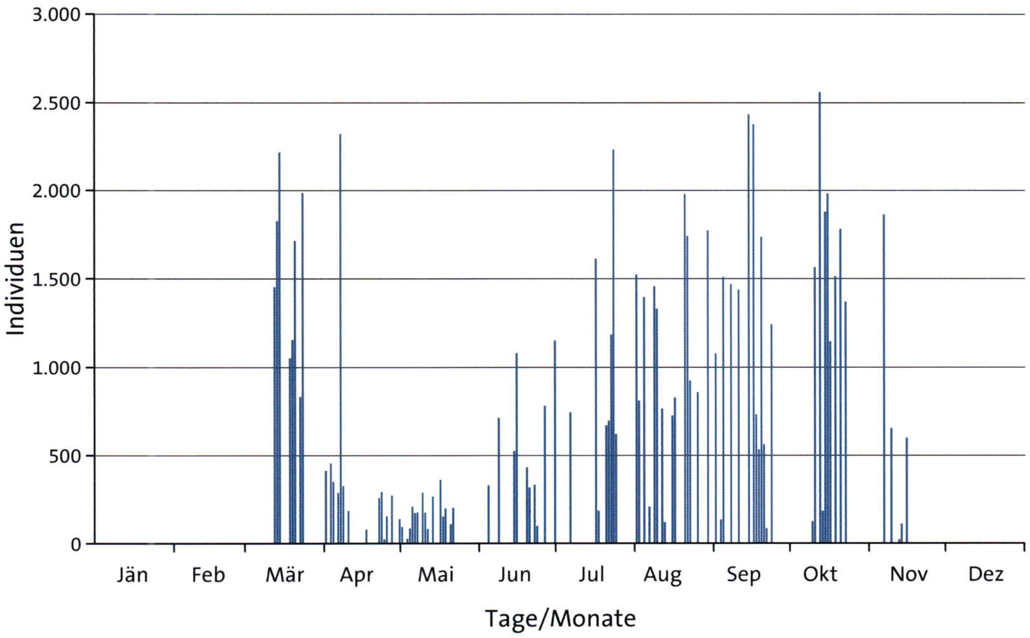

Jahreszeitliches Auftreten des Kiebitzes im Seewinkel im Zeitraum 2011–2019 (Tagessummen) basierend auf systematischen Zählungen im österreichischen Gebietsteil (n = 83.338)[21]; in den Monaten Jänner, Februar und Dezember fanden keine Zählungen statt.

Steppenkiebitz *Vanellus gregarius* (Pallas, 1771)

Lilebíbic – Sociable Lapwing

Graurinderkoppel, Illmitz, 6.9.2016, 1. KJ (Andreas Tiefenbach)

- 1.4.2001 Lange Lacke, 1 ad. (J. Laber[1])
- 1.–2.4.2002 Mekszikópuszta, Nyéki-szállás und 3.4.2002 Arbesthau, 1 ad. (B. Szigeti, T. Hadarics, J. Laber u. a.[1–3])
- 2.11.2004 Mekszikópuszta, Madárvárta-Bucht, 1 ad. (S. Mogyorósi, A. Pellinger, Cs. Dorogman[4])
- 20.9.2009 Lange Lacke, 1 dj. (J. Laber[5])
- 2.–8.9.2016 Graurinderkoppel und Zwikisch, 1 dj. (J. Kremer, J. Laber, R. Katzinger u. a.[6])
- 3.–11.11.2018 St. Andräer Zicksee, 1 dj. (R. Grassmugg, F. Samwald, C. Roland u. a.[7, 8])
- 11.–17.11.2019 St. Andräer Zicksee und Obere Halbjochlacke, 1 dj. (B. Zens, G. Fellner, L. Khil u. a.[7, 8])
- 12.3.2020 Lange Lacke, 1 ad ♀ (J. Laber[7])

Quellen: *[1] Ranner & Khil (2009), [2] Hadarics (2006), [3] MME Nomenclator Bizottság (2006a), [4] MME Nomenclator Bizottság (2006c), [5] Ranner & Khil (2011), [6] Albegger & Brader (2018), [7] www.birdlife-afk.at, [8] www.ornitho.at*

Andreas Ranner & Tibor Hadarics

Ausnahmeerscheinung

Vorkommen

Bislang gibt es acht Nachweise, alle erst aus diesem Jahrhundert:

Weißschwanzkiebitz *Vanellus leucurus* (M. H. K. Lichtenstein, 1823)

Fehérfarkú lilebíbic – White-tailed Lapwing

Ausnahmeerscheinung

Vorkommen

Zwei Nachweise:

- 9.3.–9.5.1975 Hölle im Bereich Stinkergraben, 1 ad. (J. Fleischhacker, R. Triebl, P. Prokop u. a.[1, 2])
- 20.7.2000 Borsodi-dűlő, 1 ad. (B. Molnár, S. Mogyorósi, A. Pellinger u. a.[3, 4])

Quellen: *[1] Triebl (1975a), [2] Archiv BirdLife Österreich, [3] MME Nomenclator Bizottság (2001), [4] Hadarics (2006)*

Andreas Ranner

Goldregenpfeifer *Pluvialis apricaria* (Linnaeus, 1758)

Aranylile – European Golden Plover

Sowohl am Frühjahrs- als auch am Herbstzug mäßig häufiger Durchzügler, vor allem im März und Oktober

Verbreitung und Lebensraum

Am Frühjahrszug bevorzugt die Art im Seewinkel frisch austreibende Getreidefelder, Schwarzäcker und gehäckselte Brachen. Zumeist werden alljährlich in etwa dieselben Flächen zur Nahrungssuche aufgesucht. Zwei derartige traditionelle Plätze sind die Paulhofäcker und die Äcker im Umfeld der Langen Lacke. Auch im Hanság können in manchen Jahren größere Trupps angetroffen werden. Goldregenpfeifer vergesellschaften sich gerne mit Kiebitzen und können auch gemeinsam mit diesen bei Trinkflügen zu den Lacken beobachtet werden. Am Herbstzug ist, im Gegensatz zum Frühjahr, eine stärkere Bevorzugung von kurzrasigen Hutweideflächen bzw. stark beweideten Koppeln zu bemerken, was auf ein zu dieser Zeit reichhaltiges Insektenangebot auf den Weiden zurückzuführen sein dürfte.

Bestand und Bestandsentwicklung

In der älteren Literatur des 20. Jahrhunderts finden sich widersprüchliche Angaben, einmal ist lediglich von Einzelvögeln die Rede, dann wieder von größeren Flügen. Zimmermann[1] beobachtete Anfang der 1940er Jahre maximal 20 Exemplare, Bauer et al.[2] gaben Anfang der 1950er Jahre maximal einen Trupp von 10–12 an. In den 1960er und frühen 1970er Jahren traten dann Trupps von bis zu 150 Goldregenpfeifer im Herbst auf und der Frühjahrszug war deutlich schwächer ausgeprägt mit Maximalwerten unter 50 Exemplaren[3,4]. Bei den systematischen Zählungen 1995–2001 wurden jedoch im Frühjahr maximal 250 und im Herbst maximal ca. 100 Individuen erfasst[5]. Die aktuell deutlich höheren Werte am Heimzug sind aber methodisch bedingt, denn 1995–2001 wurden im Frühjahr gezielt auch Ackergebiete aufgesucht, um die dort rastenden Kiebitze und Goldregenpfeifer zu erfassen. Die unterschiedliche Habitatwahl ist

Obere Halbjochlacke, Apetlon, 24.11.2015 (Ulrich Lindinger)

wohl auch dafür verantwortlich, dass von sämtlichen Autoren früherer Jahre der Herbstzug als deutlich ausgeprägter dargestellt wird. In der aktuellen Zählperiode ab 2011 bestätigte sich das Überwiegen des Heimzugs. Mit einem Tagesmaximalwert von 932 Exemplaren im März 2018 wurde ein neues Gebietsmaximum erreicht. Im Gegensatz dazu war der Wegzug mit maximal 50 deutlich schwächer als in früheren Jahren[6]. Da der Durchzug durch Ostösterreich auf breiter Front stattfindet, kann jedoch keine Aussage zu einem gebietsspezifischen Trend getroffen werden. Die Ergebnisse zweier europaweit synchronisierter Zählungen am Herbstzug im Oktober 2003 und 2008 ergaben jedenfalls keine stärkeren Bestandsveränderungen[7].

Jahreszeitliches Auftreten

Die ersten Goldregenpfeifer erreichen unser Gebiet je nach Witterung bereits Mitte Februar, der Durchzugshöhepunkt ist in der zweiten Märzhälfte. Der deutlich schwächere Herbstzug gipfelt in der zweiten Oktoberhälfte, Nachzügler können bis in den Dezember auftreten. Ein sehr geringer, aber alljährlich zu erkennender Herbstzug von Altvögeln streckt sich von Mitte August bis Anfang September, das Gros des Durchzugs wird jedoch von Jungvögeln gebildet, die ab Mitte September durch den Seewinkel ziehen[6, 8, 9]. Auf ungarischer Seite gab es in allen Monaten des Jahres Nachweise, mit dem geringsten Auftreten in den Monaten Februar und Dezember. Die größte Gruppe von 137 Exemplaren wurde am 20.10.2014 im Nyéki-szállás bei Mekszikópuszta beobachtet[12].

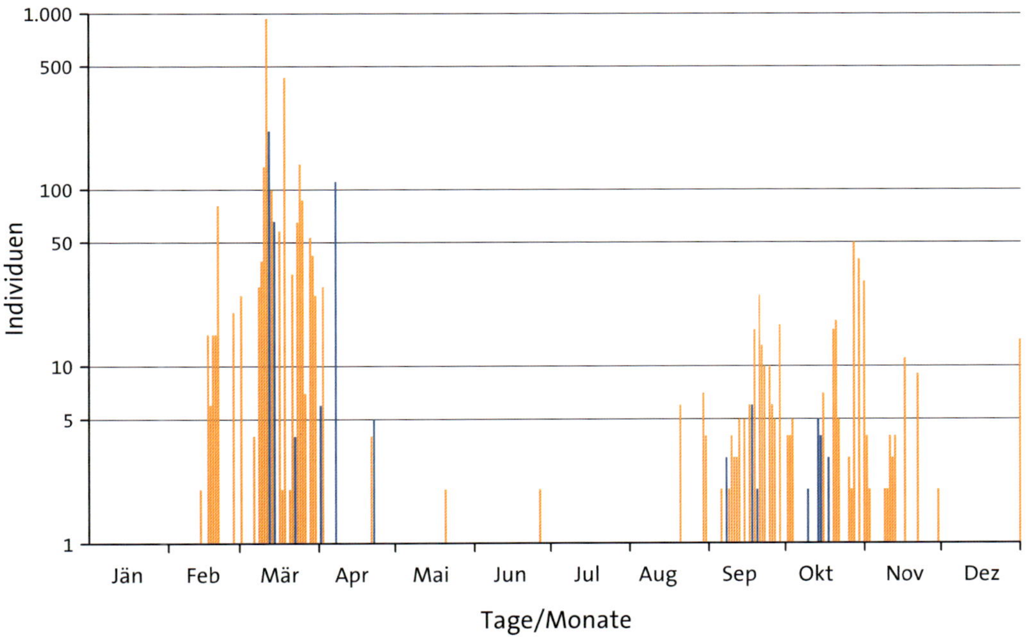

Jahreszeitliches Auftreten des Goldregenpfeifers (Tagessummen) basierend auf Daten der Wasservogelzählungen (blaue Säulen) sowie Streudaten (orange Säulen) aus Österreich aus den Jahren 2011–2018 (n = 3.256, logarithmische Skalierung der y-Achse)[6, 8, 9].

Zugverhalten und Ringfunde

Die Zugroute russischer Brutvögel führt über Europa ans östliche Mittelmeer und nach Nordwestafrika. Der Seewinkel wird dabei zu beiden Zugzeiten als Rastplatz genutzt. Vor allem für russische Brutvögel ist ein Schleifenzug anzunehmen, bei dem die Vögel im Herbst durch Westeuropa, im Frühjahr aber weiter östlich durch Italien und Zentraleuropa ziehen[11]. Das erklärt auch das im Neusiedler See-Gebiet deutlich häufigere Auftreten der Art im Frühjahr. Ein am 10.8.1995 im Nyéki-szállás bei Mekszikópuszta markierter Vogel wurde ein Jahr später, am 8.8.1996, in einer Entfernung von 1.140 km in Nordfrankreich nahe der Ortschaft Noyelles-sur-Mer geschossen[12].

Quellen: *[1] Zimmermann (1943), [2] Bauer et al. (1955), [3] Festetics & Leisler (1970), [4] Winkler & Herzig-Straschil (1981), [5] Laber (2003), [6] M. Dvorak, J. Laber & B. Wendelin, unpubl. Daten, [7] Gillings et al. (2012), [8] Archiv BirdLife Österreich, [9] www.ornitho.at, [10] Archiv MME Sopron, [11] Bairlein et al (2014), [12] Vogelberingungszentrale BirdLife Ungarn, unpubl. Ringfunde.*

Johannes Laber & Sándor Mogyorósi

Pazifischer Goldregenpfeifer *Pluvialis fulva* (J. F. Gmelin, 1789)

Ázsiai pettyeslile – Pacific Golden Plover

Mekszikópuszta, 18.8.2017 (Belegfoto Tibor Hadarics)

Ausnahmeerscheinung

Vorkommen

Sieben anerkannte Nachweise dieser nordsibirischen Art, darunter auch die jeweils ersten für Ungarn und für Österreich:

- 14.–15.5.2000 Mekszikópuszta, Borsodi-dűlő, 1 ad. ♂ (H. Spinler, S. Mogyorósi, A. Pellinger u. a.[1, 2])
- 12.9.2008 Lange Lacke, 1 ad. ♂ (J. Laber[3])
- 5.7.2012 Mekszikópuszta, Nyéki-szállás, 1 ad. (A. Pellinger, T. Hadarics, S. Mogyorósi u. a.[4])
- 20.5.2017 Graurinderkoppel, 1 ad. (E. Albegger, P. Kolleritsch, J. Laber u. a.[5, 6])
- 18.8.2017 Mekszikópuszta, Borsodi-dűlő, 1 ad. (H. Spinler, T. Hadarics[7])
- 7.–8.7.2018 Lange Lacke, 1 ad. (J. Laber, F. Samwald, R. Grasmugg u. a.[8])
- 16.9.2021 Sandeck, 1 diesj. (J. Laber[8])

Zusätzlich wurden am 12.7.2011 auf der Podersdorfer Pferdekoppel (M. Staufer, B. Strohmaier[9]) und von 12.–13.7.2019 auf der Graurinderkoppel (J. Frießer, P. Frießer, R. Kautz u. a.[8]) jeweils ein „Kleiner Goldregenpfeifer" (*Pluvialis fulva/dominica*) dokumentiert, die aber letztlich nicht auf Artniveau bestimmt werden konnten.

Quellen: [1] *Pellinger & Mogyorósi (2001),* [2] *MME Nomenclator Bizottság (2001),* [3] *Albegger & Laber (2016),* [4] *MME Nomenclator Bizottság (2016b),* [5] *Albegger 2019,* [6] *Albegger & Brader (2018),* [7] *MME Nomenclator Bizottság (2020)* [8] *www.birdlife-afk.at,* [9] *Khil & Albegger (2014)*

Andreas Ranner & Tibor Hadarics

Kiebitzregenpfeifer *Pluvialis squatarola* (Linnaeus, 1758)

Ezüstlile – Grey Plover

Lange Lacke, Apetlon, 6.8.2016 (Michael Dvorak)

Mäßig häufiger Durchzügler zu beiden Zugzeiten, vor allem im Mai bzw. von August bis November

Verbreitung und Lebensraum

Der Kiebitzregenpfeifer bevorzugt am Durchzug eindeutig größere Lacken und ausgedehnte, kurzrasige Überschwemmungsgebiete. Die beiden wichtigsten Gebiete sind die Lange Lacke (44 % aller beobachteten Individuen im Rahmen der Zählungen ab 2011) und die Graurinderkoppel (20 %). Die ausgedehnten Schlammflächen der Langen Lacke sind offenbar besonders attraktiv für die Ansammlungen juveniler Kiebitzregenpfeifer am Wegzug. Am Heimzug ist es vor allem die Graurinderkoppel, an der in Jahren mit Zugstau (Schlechtwettereinbrüche Mitte Mai) mehrere adulte Kiebitzregenpfeifer rasten. Eine gewisse Bedeutung hat auch noch die Obere Halbjochlacke mit immerhin 8 % der gezählten Individuen. Auf der ungarischen Seite des Sees kommt die Art beinahe ausschließlich im Umfeld von Mekszikópuszta vor, gelegentlich kam sie auch an Schlammbänken des Schilfgürtels vor[17].

Bestand und Bestandsentwicklung

Aus den 1940er bis 1960er Jahren des 20. Jahrhunderts gibt es lediglich Angaben zu Einzelvögeln, ausnahmsweise auch von Gruppen von maximal 20 Individuen[1, 2, 3]. Für die 1960er und frühen 1970er Jahre wurden Tagesmaxima von maximal 10 im Frühjahr und maximal 40 im Herbst ermittelt[4]. In der Zählperiode 1995–2001 konnte Laber[5] maximale Tageswerte von 70–80 am Wegzug feststellen, dies jedoch unter Einbeziehung des ungarischen Teils des Nationalparks. Im jüngsten Zählprogramm ab 2011 konnten allein auf österreichischer Seite am Wegzug bis zu 100 Individuen als Tagesmaximum festgestellt werden[6]. Es kann im Seewinkel somit von einem Anstieg gesprochen werden, der die überregionalen Verhältnisse widerspiegelt. Auf Populationsniveau ergab eine Trendanalyse zwar einen signifikant stark steigenden Trend in der gesamten betrachteten Periode 1976–2015, allerdings einen unsicheren Trend für die Periode 2006–2015[7]. Für das vergangene Jahrzehnt muss man eher von einer Stagnation oder überhaupt von einem Rückgang ausgehen.

Jahreszeitliches Auftreten

Der Frühjahrsdurchzug beginnt meist nicht vor Mai und gipfelt Mitte dieses Monats, Nachzügler können noch bis in den Juni beobachtet werden. Der Altvogeldurchzug im Herbst beginnt Ende Juli und dauert den ganzen August über an, wobei am Anfang Weibchen überwiegen und später Männchen. Dieser Geschlechtsunterschied beim Altvogelzug (Männchen bleiben länger im Brutgebiet) wurde auch schon bei anderen europäischen Rastplätzen beobachtet[8]. Die letzten Altvögel werden in der ersten Septemberhälfte gesehen. Ab dem 10. September beginnt der starke Jungvogelzug mit Gipfel Mitte Oktober. Nachzügler können bei uns ausnahmsweise bis Ende Dezember beobachtet werden. Die Größenordnung des Jungvogelzugs schwankt von Jahr zu Jahr erheblich. Der Zusammenhang zwischen Bruterfolg arktischer Brutvögel und der Dichte von Lemmingen wurde bereits in vielen Studien aufgezeigt[9]. Auf der ungarischen Seite des Sees wurde die Art in allen Monaten außer Januar beobachtet, die größte Gruppe bestand am 08.10.2007 aus 70 Individuen[17].

Zugverhalten und Ringfunde

Die Populationszugehörigkeit und Zugrouten des Kiebitzregenpfeifers sind als ausgesprochen interessant und viel diskutiert zu bezeichnen. Gemäß den Erkenntnissen von Engelmoer & Roselaar[10] sowie Rose & Scott[11] werden drei Unterarten unterschieden, wobei die Nominatform wiederum in drei Populationen eingeteilt werden kann. Die westlichste dieser Populationen brütet in der westsibirischen Tundra und überwintert hauptsächlich entlang der europäischen Atlantikküste sowie in Westafrika[12]. Ein Teil dieser Vögel folgt aber offensichtlich, wie Ringfunde belegen, nicht der europäischen Atlantikküste ins Wattenmeer, sondern fliegt von der Ostsee über Festlandeuropa ins östliche Mittelmeer[13]. In Tunesien wiederum können die dortigen Überwinterer zwei morphometrisch unterschiedlichen Populationen zugeordnet werden[14], wobei die weiter östlich brütenden Vögel wohl über das Schwarze Meer ziehen. Dementsprechend können die Kiebitzregenpfeifer auf zwei möglichen Zugwegen den Seewinkel erreichen, nämlich über die Ostsee und danach direkt nach Süden oder aber entlang des Black Sea/Mediterranean Flyways über das Binnenland Russlands. In Mekszikópuszta wurden bisher 16 Individuen beringt, die bislang keine Wiedefunde erbrachten.

Quellen: *[1] Zimmermann (1943), [2] Bauer et al. (1955), [3] Festetics & Leisler (1970), [4] Winkler & Herzig-Straschil (1981), [5] Laber (2003), [6] M. Dvorak, J. Laber & B. Wendelin, unpubl. Daten, [7] Wetlands International (2017), [8] Krupa (1997), [9] Summers & Underhill (1987), [10] Engelmoer & Roselaar (1998), [11] Rose & Scott (1997), [12] Bairlein et al. (2014), [13] Exo & Wahls (1996), [14] van Dijk et al. (1986), [15] Archiv BirdLife Österreich, [16] www.ornitho.at, [17] Archiv MME Sopron.*

Johannes Laber & Sándor Mogyorósi

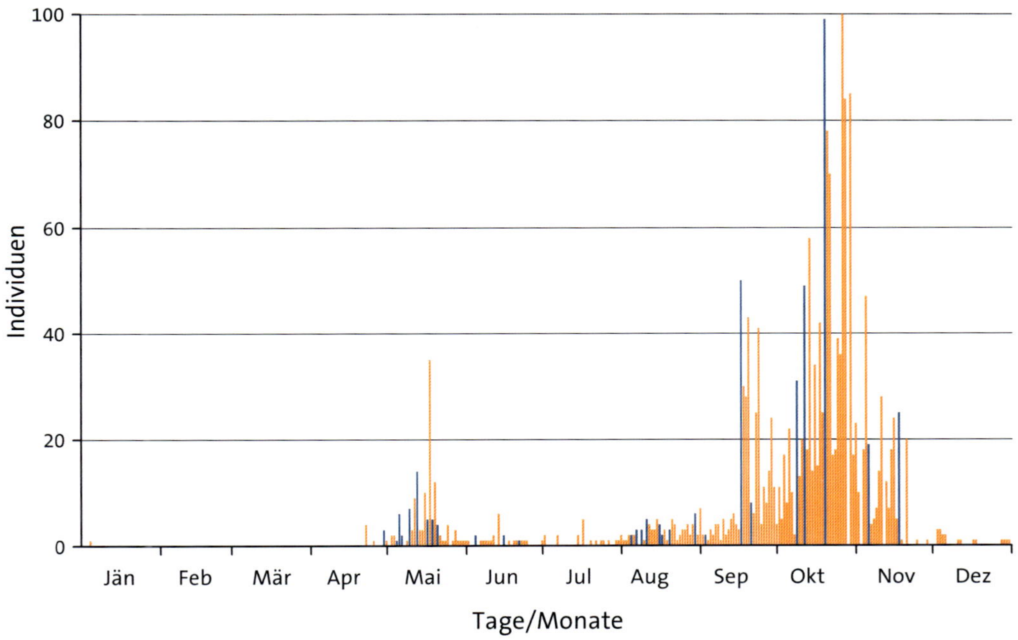

Jahreszeitliches Auftreten des Kiebitzregenpfeifers (Tagessummen) basierend auf Daten der Wasservogelzählungen (blaue Säulen) sowie Streudaten (orange Säulen) aus Österreich aus den Jahren 2011–2018 (n = 1.985)[6, 15, 16].

Sandregenpfeifer *Charadrius hiaticula* Linnaeus, 1758

Parti lile – Common Ringed Plover

Mäßig häufiger Durchzügler zu beiden Zugzeiten; vor allem im Mai sowie von August bis Oktober

Verbreitung und Lebensraum

Sandregenpfeifer bevorzugen in Österreich am Durchzug eindeutig größere Lacken und ausgedehnte, kurzrasige Überschwemmungsgebiete. Der bedeutendste Rastplatz, die Graurinderkoppel, beherbergte 25 % aller bei den Wasservogelzählungen ab 2011 beobachteten Individuen. Danach folgten der Illmitzer Zicksee mit 19 %, die Lange Lacke mit 11 % und der Obere Stinkersee mit 8 %. Alle anderen Teilgebiete liegen unter je 5 %. Am Heimzug ist es vor allem der Illmitzer Zicksee, an dem in Jahren mit Zugstau (Schlechtwettereinbrüche Mitte Mai) adulte Sandregenpfeifer rasten[1].

Auf der ungarischen Seite wurde die Art fast ausschließlich aus den Überschwemmungsgebieten bei Mekszikópuszta, in erster Reihe von Borsodidűlő und Nyéki-szállás gemeldet. In Ungarn nutzen Sandregenpfeifer aber wahrscheinlich auch regelmäßig Schlammbanken im Schilfgürtel, die durch die Ausdünnung des Schilfs oder durch Ertüchtigung der Kanäle entstanden sind. Diesbezügliche Nachweise gibt es jedoch (auch ob der Unzugänglichkeit des Gebiets) nur wenige[2].

Bestand und Bestandsentwicklung

Bis zu den 1930er Jahren liegen nur Einzelbeobachtungen vor, in den 1940er und 1950er Jahren wurde dann vom regelmäßigeren Auftreten von Trupps bis zu zehn, ausnahmsweise einmal sogar 32 Individuen berichtet[3, 4]. Festetics & Leisler[5] erkannten in den 1960er Jahren erstmals den zweigipfeligen Frühjahrszug im März und Mai und bezeichneten die Größenordnung des Durchzugbestands mit 50–100 Individuen, ohne jedoch diese Schätzung auf Zählungen basieren zu lassen. Die Periode 1963–1972 erbrachte Tagessummen von maximal 30–35 Exemplaren sowohl für Heim- als auch für Wegzug[6]. In der Zählperiode 1995–2001 konnten maximale Tageswerte von 50–90 zu beiden Zugzeiten festgestellt werden[7], dies jedoch unter Einbeziehung des ungarischen Teils des Nationalparks. Im jüngsten Zählprogramm ab 2011 konnten allein auf österreichischer Seite bis zu 120 Individuen als Tagesmaximum festgestellt werden[1]. Es kann im Seewinkel somit vorsichtig von einem Anstieg der Zahlen gesprochen werden. Ob dies allerdings die überregionalen Verhältnisse widerspiegelt, ist schwer zu beurteilen, weil es für die bei uns relevante Unterart *tundrae* keine gesicherten Daten zur Bestandsentwicklung gibt[8]. Das Frühjahrs-Maximum auf den Überschwemmungsgebieten bei Mekszikópuszta betrug im März – beim Durchzug der Unterart *hiaticula* – 20 Individuen am 21.3.1999, im Mai – beim Durch-

Oberer Stinkersee, Illmitz, 12.8.2015 (Leander Khil)

zug der Unterart *tundrae* – 66 am 23.5.2010. Am Herbstzug lag das Maximum bei 70 Exemplaren am 19.9.1996[9].

Jahreszeitliches Auftreten

Im Zugdiagramm ist deutlich der um zwei Monate auseinander liegende Frühjahrsdurchzug der beiden Unterarten zu erkennen, mit dem kleineren Märzgipfel von *C. h. hiaticula* und dem Maigipfel von *C. h. tundrae*. Im Herbst überlappen die Zugperioden der beiden Unterarten stärker, doch bei Berücksichtigung des Alt- und Jungvogelanteils beim Wegzug kann man auch hier einen Unterschied feststellen. Demnach zieht *hiaticula* bereits Ende Juli/Anfang August, wobei die Jungvögel etwa zehn Tage versetzt folgen. Sibirische *tundrae* ziehen hingegen erst Mitte August bis Mitte September (Altvögel) bzw. von September bis Mitte Oktober (Jungvögel).

Auch in Ungarn zeigt sich am Frühjahrszug eine zweigipfelige Verteilung, die mit dem unterschiedlichen Auftreten der beiden Unterarten korrespondiert. Der Zug von *hiaticula* verläuft im März, der früheste Frühjahrsnachweis stammt vom 5.3.1992, der Zuggipfel ist um den 20.–25. des Monats. Der Heimzug von *tundrae* dauert von der zweiten Aprilhälfte bis Anfang Juni, gelegentlich können aber einzelne Individuen noch bis Mitte Juni beobachtet werden. Der Zuggipfel fällt ungefähr auf Mitte Mai. Beim Herbstzug sind die Zugwellen der zwei Unterarten nicht so leicht auseinanderzuhalten, aber wahrscheinlich zieht auch zu dieser Zeit *hiaticula* früher durch (Mitte Juli–Mitte September) und *tundrae* später (Mitte September–Ende Oktober). Der Zuggipfel im Herbst fällt auf den Zeitraum 7.9.–26.9., die späteste Beobachtung gelang am 31.10.20142.[9].

Zugverhalten und Ringfunde

Sandregenpfeifer queren den europäischen Kontinent zu beiden Zugzeiten in breiter Front. Die im Seewinkel durchziehenden Vögel der Unterart *hiaticula* stammen aus Nordosteuropa, was auch durch einen Ringfund belegt ist: Ein am 22.7.2000 im Seewinkel abgelesener Altvogel wurde am 17.6.1997 als Brutvogel am Fluss Bug in Polen beringt. Beringte Vögel dieses Brutplatzes konnten auch schon in Italien und in der Schweiz abgelesen werden[10]. Auch von in Ostdeutschland beringten Vögeln gibt es Ablesungen aus Italien, die einen Zug eines geringen Teils der Population durch Mitteleuropa belegen[11]. Die am westlichen Mittelmeer bzw. in Südwesteuropa überwinternde Population von *hiaticula* umfasst 47.000–62.000 Individuen und wird als stabil bzw. leicht sinkend eingestuft[12]. Wo die im Seewinkel rastenden Durchzügler der Unterart *tundrae* brüten, ist zwar nicht durch Ringfunde belegt, doch deutet der späte Gipfel im Frühjahr um den 20. Mai und im Herbst um den 20. September auf eine westsibirische Herkunft hin, da nordeuropäische *tundrae* ihren Herbstzuggipfel bereits etwas früher (Anfang September) haben[13, 14]. Die in Ostafrika und im Mittleren Osten überwinternde Population von *C. h. tundrae* wird auf 250.000–700.000 Individuen geschätzt und wird als stabil eingestuft, wobei die diesbezügliche Datenlage dürftig ist[8].

An den Überschwemmungsflächen bei Mekszikópuszta wurden bisher 171 Sandregenpfeifer beringt, davon 55 auch mit Farbringen[9]. Davon gibt es zwei Fernfunde: Ein Vogel wurde am 28.8.2007 markiert und genau ein Jahr später an der Schwarzmeer-Küste im bulgarischen Teil der Dobrudscha wiedergefangen. Der andere wurde am 16.9.2018 am Borsodi-dűlő beringt und am 11.9.2021 in der Camargue (Südfrankreich) abgelesen. Ein am 1.6.2005 in Turov (Weißrussland) beringter Jungvogel wurde am 31.7.2006 im Überschwemmungsgebiet bei Mekszikópuszta wieder gefangen. Drei weitere Ringfunde liegen von Vögeln vor, die am Herbstzug an der Weichselmündung (Nordostpolen) beringt wurden: ein am 21.8.2009 gefangener Sandregenpfeifer wurde 10 Jahre später am 19. und 22.8.2019 gesehen, ein am 18.8.2014 beringter wurde am 31.8. und 1.9.2016 bei Mekszikópuszta abgelesen und ein am 8.9.2018 beringter wurde bereits sechs Tage später, am 14.9. am Borsodi-dűlő gesehen.

Quellen: [1] *M. Dvorak, J. Laber & B. Wendelin, unpubl. Daten*, [2] *Archiv MME Sopron*, [3] *Zimmermann (1943)*, [4] *Bauer et al. (1955)*, [5] *Festetics & Leisler (1970)*, [6] *Winkler & Herzig-Straschil (1981)*, [7] *Laber (2003)*, [8] *Wetlands International (2017)*, [9] *Archiv FHNP*, [10] *P. Chylarecki, unpubl. Daten*, [11] *Bairlein et al. (2014)*, [12] *Wetlands International (2019)*, [13] *Ludwig et al. (1990)*, [14] *Meltofte (1996)*

Johannes Laber & Tibor Hadarics

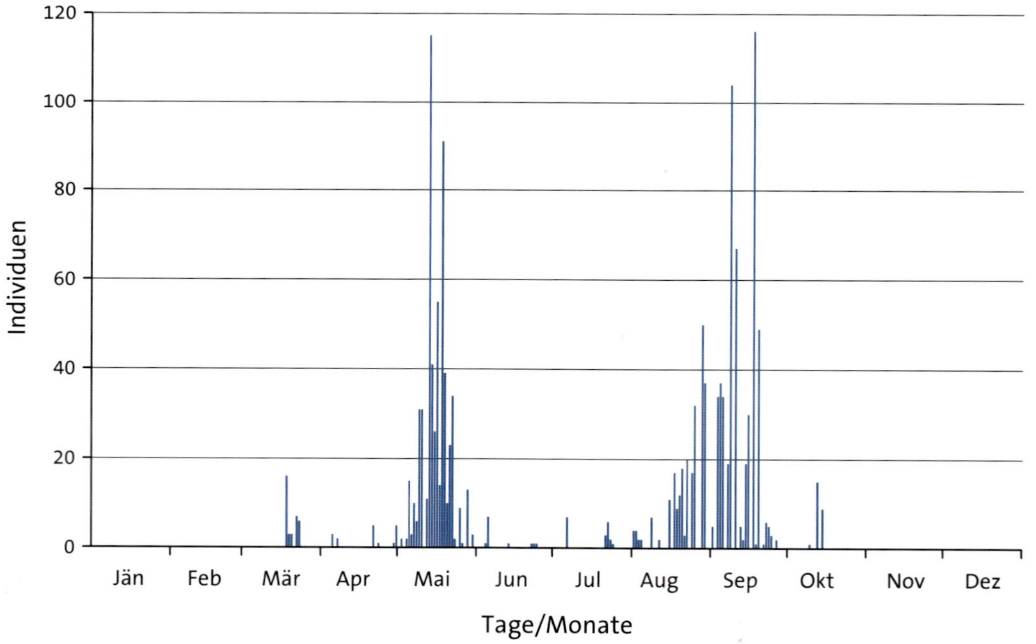

Jahreszeitliches Auftreten des Sandregenpfeifers (Tagessummen) basierend auf Daten der Wasservogelzählungen in Österreich aus den Jahren 2011–2018 (n = 1.481)[1].

Flussregenpfeifer *Charadrius dubius* (Scopoli, 1786)

Kis lile – Little Ringed Plover

Geiselsteller, Illmitz, 11.5.2011 (Michael Dvorak)

Mäßig häufiger Brutvogel an Lacken und Schottergruben sowie häufiger Durchzügler zu beiden Zugzeiten

Verbreitung und Lebensraum

Die Art kann auf österreichischer Seite an allen Lacken und beweideten Koppeln angetroffen werden. Besonders bevorzugt werden einerseits größere Lacken, wie der Illmitzer Zicksee, der Obere Stinkersee und die Lange Lacke und andererseits Gebiete mit schottrigem Ufer, wie die Podersdorfer Pferdekoppel, der Darscho oder die Obere Halbjochlacke, wo Flussregenpfeifer sowohl brütend als auch am Durchzug beobachtet werden können. Der Seewinkel gilt als eines der bedeutendsten Brutgebiete Österreichs, wo der Flussregenpfeifer, ursprünglich ein Brutvogel der Kies-, Schlamm- und Sandufer von Süßwasser-Binnengewässern und unverbauter Flüsse, großflächig geeignete Biotope vorfindet. Das Westufer des Neusiedler Sees hat eine weitaus geringere Bedeutung für die Art, dennoch kam es auch dort immer wieder zu erfolgreichen Bruten. Heutzutage nutzen Flussregenpfeifer zusätzlich zu den natürlichen Standorten auch eine Vielzahl weiterer Ersatzhabitate, wie Überschwemmungsflächen, Kies-, Sand- und Schottergruben, Steinbrüche, Brachflächen, Ruderalstätten oder unterschiedliche Schotterflächen, wie zum Beispiel Parkplätze in den Seebädern Mörbisch und Illmitz mit rezenten Brutvorkommen [1,2]. Diese Ersatzbiotope müssen sich jedoch stets in Wassernähe befinden. In Ungarn führt die Neigung der Art für menschgemachte Lebensräume [3] ebenfalls zur Besiedlung von Sonderstandorten wie z. B. auf dem Parkplatz des Strandbades von Fertőrákos, wo der Flussregenpfeifer in den 1980er Jahren regelmäßig brütete [4].

Bestand und Bestandsentwicklung

Brütende Flussregenpfeifer wurden im Neusiedler See-Gebiet bereits im 19. Jahrhundert von Jukovits [5], Fászl [6] und Reiser [7] erwähnt, jedoch ohne Bestandsangaben. Auch Anfang des 20. Jahrhunderts gab es mehrere Nachweise zum Vorkommen der Art ohne Bestandsangaben: So berichtete Schenk [8] von brütenden Flussregenpfeifern am Ostufer der Langen Lacke und der Hollabernlacke. Goethe [9] meldete ein Paar *„auf einer Grashalbinsel"* bei Apetlon. Seitz [10] belegte die Art an der Stund-, der Fuchsloch- und der Oberen Halbjochlacke sowie am Podersdorfer Strand und auf einer kleinen Insel inmitten des Neusiedler Sees. Zimmermann [11] bestätigte viele dieser Brutvorkommen, erwähnte auch den Illmitzer Zicksee als Brutgebiet, nannte die Art aber generell als spärlich vorkommend. Bauer et al. [12] betrachteten die Art ebenfalls als verbreiteten, doch nicht häufigen Brutvogel und gaben für die Lange Lacke mit sechs Brutpaaren erste Bestandszahlen an. Der Brutbestand wurde erstmals in den 1950er und 1960er Jahren von Walters [13] auf 27–28 und von Festetics & Leisler [14] auf 20–25 Paare geschätzt. Hinzu kamen neu dokumentierte Brutgebiete, wie die Gansel-, Grund-, Bader-, Hulden- und Pimetzlacke sowie die Podersdorfer Lacke und Runde Lacke. Nach wenigen konkreten Angaben aus den 1970er Jahren konnte in den 1980er Jahren ein Brutbestand von 25–69 Paaren an den Lacken erfasst werden [15,16]. Hinzu kamen 24–26 Paare in Schottergruben des Neusiedler See-Gebiets [17]. Anfang der 1990er Jahre ergaben zwei in aufeinanderfolgenden Jahren durchgeführte Erhebungen in Materialentnahmestellen im Bezirk Neusiedl am See 17–20 und 41–47 Brutpaare, wobei in diesen Zahlen auch Gruben außerhalb des Neusiedler See-Gebiets enthalten sind [18].

An den Lacken konnte Braun [19] 1991–1993 mindestens 41 Paare dokumentieren. Ende der 1990er und Anfang der 2000er Jahre erfolgte die letzte systematische Erhebung im Gebiet und es wurde weiterhin von einem Brutbestand von 40–60 Paaren ausgegangen, auch wenn in diese Zählung die Kiesgruben nicht mehr miteinflossen [20]. In den 2010er Jahren gab es keine gezielte Erfassung des Flussregenpfeifer-Bestands, womöglich verringerte sich der Brutbestand, ähnlich dem des Seeregenpfeifers. Derzeit ist von einem Bestand von nur 20–30 Paaren auszugehen [21].

Zu den Durchzugsbeständen finden sich in der älteren Literatur des 20. Jahrhunderts nur wenige Angaben, da man sich hauptsächlich auf das Brutvorkommen fokussierte [11,12]. Festetics & Leisler [14] bezifferten den Herbstzug mit maximal 25–50 Individuen und den schwächeren Frühjahrszug mit Maximaltrupps von 15–20 Exemplaren. Winkler & Herzig-Straschil [21] stellten beide Durchzugsperioden in der gleichen Größenordnung (Tagesmaxima jeweils 30–35 Ex.) dar. 1995–2001 wurden wesentlich größere Bestände erfasst. Im Frühjahr wurden Tagessummen von rund 100 und im Sommer/Herbst von maximal ca. 300 Individuen erfasst [20]. Ab 2011 blieb der Frühjahrsdurchzug hingegen unbedeutend mit maximal 50–60 Individuen, die wohl den Brutbestand darstellen [22]. Ende April ist der Brutbestand meist komplett. In „normalen" Jahren wurde, wie auch in der Zählperiode 1995–2001, festgestellt, dass ein darüber hinausgehender Frühjahrsdurchzug offensichtlich kaum stattfindet. Am 1.4.2012 kam es jedoch zu einem erstaunlichen Zugphänomen im Gebiet, als in Summe 298 Flussregenpfeifer, davon allein 160 auf den Wasserstätten, gezählt werden konnten. Bei der darauffolgenden Zählung am 21.4.2012 waren es dann nur mehr 22 Individuen [22]. Wodurch dieses einmalige Ereignis erklärt werden kann, muss offenbleiben. Es zeigt aber, dass das Gebiet sehr wohl auch am Heimzug als Durchzugsrastplatz genutzt wird. Der Herbstzug erreichte 2011–2018 Tagessummen von maximal 100–140 Individuen [22].

Um 1980 wurde der Flussregenpfeifer auf ungarischer Seite noch als gelegentlicher Brutvogel eingestuft [23]. Die gegenwärtige Bestandsgröße hängt in hohem Maße vom Wasserstand der Überschwemmungsgebiete und des Neusiedler Sees ab – bei niedrigem Wasserstand brütet er auch auf trocken gefallenen Schlammflächen innerhalb des Schilfgürtels. An Schotterteichen innerhalb des Avifauna-Gebiets brüten regelmäßig 1–2 Paare [24], weitere 5–10 Paare brüten auf den durch die Kanalausbaggerungen im Schilfgürtel entstandenen Schlammablagerungen [25,26]. Wenn die Überschwemmungsgebiete von Mekszikópuszta im Hochsommer austrocknen, sammeln sich Flussregenpfeifer in bedeutenden Zahlen auf dem dann noch nassen Schlick. Das bisherige Sommer-Maximum wurde am 13.7.2003 mit 223 Exemplaren am Nyéki-szállás erreicht. Wie die zweiwöchigen Zählungen zeigen, zogen im Zeitraum 1999–2008 noch durchschnittlich 400–500 Flussregenpfeifer durch, nach 2013 waren es hingegen nur mehr um die 100 [27,28]. Der Grund dafür ist nicht bekannt, es ist jedoch möglich, dass es sich um eine Folge des überregionalen Rückgangs handelt, der in Ungarn [29] und auch europaweit spürbar ist [30]. Ein weiterer möglicher Grund ist der rezent niedrige Wasserstand des Neusiedler Sees. Hierdurch entstehen große Schlickflächen im Schilfgürtel, die für die Art geeignete Nahrungsplätze darstellen. Daher ist anzunehmen, dass eine Vielzahl der durchziehenden Vögel nicht mehr die Überschwemmungsgebiete, sondern die entstandenen Schlickflächen nutzt.

Jahreszeitliches Auftreten

Der Einzug der Brutvögel beginnt in der ersten Märzhälfte, setzt aber erst im April richtig ein. Ende des Monats ist der Brutbestand meist komplett. In der Wegzugperiode kann ein deutlicher Durchzug festgestellt werden, v. a. Mitte bis Ende Juli. Da im Juli der Großteil aller Vögel adult ist, können nicht alle der lokalen Brutpopulation entstammen. Ob es sich bei den Zuzüglern hauptsächlich um Mausergäste, Brutabbrecher aus benachbarten Brutgebieten oder um Durchzügler aus nördlich/nordöstlich gelegenen Ländern handelt, kann nicht gesagt werden. Während jedoch an den meisten mitteleuropäischen Durchzugsplätzen die Zugmaxima auf das letzte Augustdrittel bzw. Anfang September fallen (Zeitpunkt des Jungvogelzugs), ist im Avifauna-Gebiet der frühere Altvogelzug im Juli dominant[22, 31], was ein Indiz für einen Mauserzug sein kann. Offensichtlich ist dieses Julimaximum eine Entwicklung der letzten Jahrzehnte, denn für die 1960er und 1970er Jahre werden als Maximalbestände lediglich 30–50 Individuen angegeben, und zwar Ende August/Anfang September, also zum Zeitpunkt des Jungvogelzugs[14, 21].

Zugverhalten und Ringfunde

Der europäische Brutbestand des Flussregenpfeifers wird einer Population zugeordnet, die in breiter Front über Spanien und Italien nach Westafrika zieht und dort südlich der Sahara überwintert. Die Populationsgröße inklusive der Brutvögel NW-Afrikas wird auf etwa 260.000–380.000 Individuen geschätzt und wird als stabil, bzw. jüngst als leicht zurückgehend eingestuft[32]. Die Brutvögel des Neusiedler See-Gebiets sind jedenfalls dieser Population zuzurechnen und dürften über Italien nach Afrika ziehen. Auch für deutsche Flussregenpfeifer ist eine überwiegend direkt nach Süden gerichtete Hauptzugrichtung mit einem Streuungsbereich von Südwest nach Südost belegt[33].

Auf der ungarischen Seite des Neusiedler Sees wurden bisher beinahe 900 Flussregenpfeifer beringt[34], wovon es auch einige Ringfunde gibt[35, 36]. Größtenteils wurden Jungvögel beringt, von denen viele Individuen wochenlang in der Gegend verweilten – entweder im Seewinkel oder auf den Überschwemmungsgebieten von Mekszikópuszta. Innerhalb einer Herbstzugperiode wurden im Gebiet Vögel mit tschechischen (3), deutschen (3) und polnischen (1) Ringen abgelesen. Von den hier beringten Vögeln wurde während des Herbstzugs einer im selben Jahr in Süditalien festgestellt, im Jahr darauf in der Nähe des griechischen Volos und in Italien bei Neapel. Vom Frühjahrszug gibt es nur einen Nachweis östlich des Neusiedler Sees aus der Nähe von Mórahalom in Ungarn. Weitere Ringfunde vom Frühjahrszug (März–April) gibt es aus den folgenden Ländern: Italien (2), Slowenien (1) und Ungarn (1). Aus der Brutperiode (Mai–Juni) gibt es Nachweise in den folgenden Ländern: Tschechien (1), Niederlande (1), Süd- (3) und Norddeutschland (1), Dänemark (2) und aus Österreich von der Donau (3) und aus Tirol (1). Lediglich drei Ringfunde beziehen sich auf adulte Vögel, die restlichen wurden als Jungvögel markiert. Von diesen drei stammt einer aus der Brutperiode (Tirol) und zwei aus der Zugzeit (Ungarn – Seewinkel und Rábapaty). Der älteste im Gebiet markierte Flussregenpfeifer wurde nach fast vier Jahren an der Donau in Niederösterreich wiedergefunden. Interessenterweise gibt es unter den beim Herbstzug beringten Vögeln nur einen Fall, wo der Ringfund später als ein Jahr nach der Markierung gelang: das war ein in Mekszikópuszta markierter Vogel, der nach zwei Jahren im Herbst in Fertőrákos abgelesen wurde. Unter den beim Frühjahrszug markierten Vögeln wurden hingegen vier nach zwei Jahren wiedergefunden, darunter drei im Seewinkel und einer in Mekszikópuszta. Der am weitesten entfernte und auch nördlichste Ringfund stammt aus Dänemark (Kjul Beach) in einer Entfernung von 1.193 km[37].

Quellen: [1] *Archiv BirdLife Österreich*, [2] *www.ornitho.at*, [3] *Baumann (2006)*, [4] *Archiv MME Sopron*, [5] *Jukovits (1864/65)*, [6] *Fászl (1883)*, [7] *Reiser (1888)*, [8] *Schenk (1917a)*, [9] *Goethe (1941)*, [10] *Seitz (1942)*, [11] *Zimmermann (1943)*, [12] *Bauer et al. (1955)*, [13] *Walters (1959)*, [14] *Festetics & Leisler (1970)*, [15] *Kohler (1988)*, [16] *Dick et al. (1994)*, [17] *Dvorak & Berg (1991)*, [18] *Wurm & Patak (1992)*, [19] *Braun (1996)*, [20] *Laber (2003)*, [21] *Winkler & Herzig-Straschil (1981)*, [22] *M. Dvorak, J. Laber & B. Wendelin, unpubl. Daten*, [23] *Kárpáti (1983a)*, [24] *Archiv MME Sopron*, [25] *S. Mogyorósi, unpubl. Daten*, [26] *Kovács & Pellinger (2018)*, [27] *Pellinger (2001)*, [28] *Pellinger & Hadarics (2020a)*, [29] *Hadarics in Szép et al. (2021)*, [30] *BirdLife International (2021)*, [31] *Mogyorósi & Pellinger in Csörgő et al. (2009)*. [32] *Wetlands International (2019)*, [33] *Bairlein et al. (2014)*, [34] *Archiv FHNP*, [35] *Pellinger & Hadarics (2020b)*, [36] *MME (2022)*, [37] *Vogelberingungszentrale BirdLife Ungarn, unpubl. Ringfunde*

Nikolaus Filek, Johannes Laber & Előd Győrig

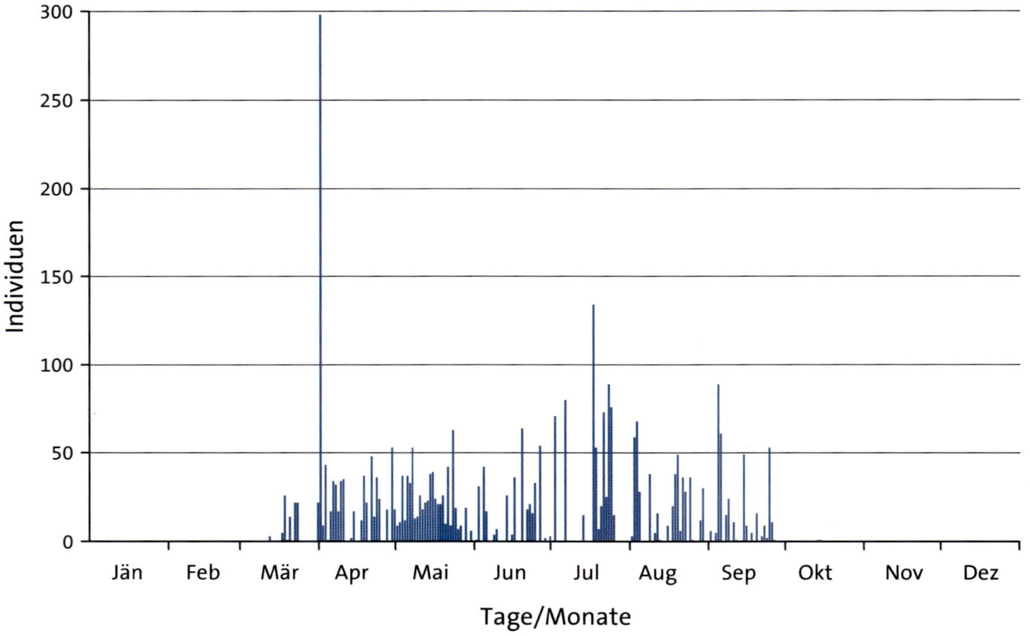

Jahreszeitliches Auftreten des Flussregenpfeifers (Tagessummen) basierend auf Daten der Wasservogelzählungen in Österreich in den Jahren 2011–2018 (n = 3.489)[22].

Seeregenpfeifer *Charadrius alexandrinus* Linnaeus, 1758

Széki lile – Kentish Plover

Sehr seltener Brutvogel mit stark negativer Bestandsentwicklung, dessen Bestand knapp vor dem Erlöschen steht

Verbreitung und Lebensraum

Die weitgehende Bindung der Art an saline Lebensräume ist auf deren geringe Vegetationsbedeckung durch kleinwüchsige Salzpflanzen sowie auf das Vorhandensein offener Böden (im Seewinkel Zickstellen) zurückzuführen. Seeregenpfeifer können speziell bei der Ankunft im Gebiet noch an verschiedenen Lacken und beweideten Koppeln angetroffen werden. Das Brutgeschehen selbst beschränkt sich jedoch in den letzten Jahren nur mehr auf größere Lacken, wie den Illmitzer Zicksee oder die Lange Lacke und auf beweidete Flächen mit Zickstellen, wie die Graurinderkoppel oder den Geiselsteller. Dieser geringen Anzahl an Brutgebieten stehen historische Angaben gegenüber, die Brutplätze belegen, welche mittlerweile völlig verschwunden oder im heutigen Zustand für Seeregenpfeifer ungeeignet sind. Unter anderem belegte Schenk[1] Brutplätze am Feldsee und der Hollabernlacke, die heute nur mehr als ausgedehnte Röhrichtbestände bestehen. In den 1950er Jahren waren an der Golser Lacke Bruten bekannt[2], doch diese wurde – ebenso wie die Laulacke bei Andau[3] – in den 1960er Jahren entwässert und umgeackert. Mehrere Paare schritten in den 1960er Jahren an der Grundlacke zur Brut, wo heute nur mehr ein Schotter-

Geiselsteller, Illmitz, 19.5.2014, Männchen (Michael Dvorak)

teich existiert[3,4]. Weitere wichtige Brutgebiete in den 1960er–1980er Jahren bei St. Andrä, namentlich Gansel-, Bader- und Huldenlacke sind im Zuge des Lackensterbens[5,6] völlig oder fast völlig verlandet[3,7]. Viele weitere ehemals besiedelte Lacken, wie z. B. die Podersdorfer Lacke, Birnbaumlacke, Unterer Stinkersee, Albersee, Kirchsee, Xixsee, Stundlacke und Meierhoflacke haben durch Sukzession und dem daraus resultierenden Zuwachsen der offenen Uferbereiche ihre Attraktivität für den Seeregenpfeifer einstweilen verloren.

Die bereits Mitte des 20. Jahrhunderts bekannten Hauptvorkommen der Seeregenpfeifer an der Langen Lacke und am Illmitzer Zicksee[8,9] haben sich hingegen bis heute erhalten. Hinzugekommen ist der Geiselsteller, der nach Wiederaufnahme des Hutweidebetriebs zu einem der wichtigsten Brutgebiete wurde, aber auch früher noch im Umkreis der ehemaligen Einsetzlacke als *„größerer Brutplatz"* beschrieben wurde[9]. Der positive Effekt der Beweidung der Seeufer zwischen Podersdorf und Apetlon zeigte sich auch in neu entstandenen Brutmöglichkeiten, die vor allem in der Graurinderkoppel zu tragen kommen. Ehemalige Brutgebiete am Ufer des Neusiedler Sees zwischen Illmitz und Podersdorf scheinen zwar als Brutgebiet für den Seeregenpfeifer geeignet, dennoch blieb hier eine Besiedelung in den vergangenen Jahren aus[10]. Dies gilt auch für die Ochsenbrunnlacke, die Obere Hölllacke, den Oberen Stinkersee, die Obere Halbjochlacke und die Fuchslochlacke, die augenscheinlich als Brutplatz in Frage kommen, doch in den letzten Jahren ohne Brutaktivität der Art blieben[10].

Bestand und Bestandsentwicklung

Um die Wende 18./19. Jahrhundert, als Vater und Sohn Natterer das Gebiet im Zuge einer ornithologischen Sammelreise besuchten, galt der Seeregenpfeifer als Seltenheit[1]. Erste detailliertere Angaben gehen auf Zimmermann[9] zurück, der dem Seeregenpfeifer besonderes Augenmerk zukommen ließ. Darüber hinaus listete er noch weitere Autoren auf, die Belege für Seeregenpfeifer-Vorkommen dokumentierten. So stellte Reiser[9] in der zweiten Hälfte des 19. Jahrhunderts bei Podersdorf etwa 10 Paare fest. Zu Beginn des 20. Jahrhunderts machte Schenk[1] Angaben zum Vorkommen an zumindest neun Lacken, die je 1–2 Paare beherbergten. In den 1930er Jahren wurden an allen Lacken des Ostufers 100 Exemplare gesehen[9], weiters konnte Mitte April 1936 ein Trupp von 50 Individuen beobachtet werden[8]. Zimmermann[9] nannte in den 1940er Jahren sieben Lacken als Brutplätze und erwähnte ein Brutvorkommen von *„wenigstens 10 Paaren"* am Ufer des Neusiedler Sees südlich von Podersdorf. In den 1940er bis 1960er Jahren wurde die Population auf mehr als 60–80 Brutpaare geschätzt[2,9], seither sind die Bestandszahlen aber rückläufig. Dieser Rückgang konnte bereits in den Jahren 1958–1965 festgestellt werden[4]. Erhebungen von Triebl[4] ergaben Bestandszahlen von 40–45 Brutpaaren, auch wenn er noch hinzufügte: *„Darüber hinaus brüten Seeregenpfeifer noch an zahlreichen anderen Lacken des Seewinkels!"*. In der zweiten Hälfte der 1960er Jahre wurde dann im Seewinkel von einem Rückgang auf ca. 35–40 Brutpaare und damit „fast auf die Hälfte" des Bestands von 1940 ausgegangen[3]. Es ist aber davon auszugehen, dass diese Bestandsannahmen auf unvollständigen Erhebungen beruhten, da im Vergleich zu den viel später publizierten Daten von Triebl[4] zumindest drei Brutplätze fehlten, die noch zu Beginn der 1960er Jahre mit insgesamt ca. 15–20 Brutpaaren besetzt waren. Der von Festetics & Leisler[3] zwischen 1950 und 1970 angenommene Rückgang auf die Hälfte des Brutbestands dürfte daher nicht stattgefunden haben. Durch systematische Erhebungen in den 1980er Jahren wurde ein zwischenzeitlich dramatischer Rückgang auf nur 12–19 erfolgreiche Brutpaare dokumentiert[11,12].

Im Rahmen der Diplomarbeit von Braun[13] und den damit einhergehenden intensiven Erhebungen in den Jahren 1991–1993 konnte dann ein doch etwas höherer Brutbestand von 27–30 Paaren erfasst werden. Diese Arbeit markierte auch den Beginn einer, mit Ausnahme einzelner Jahre in den 1990ern, durchgehenden Bestandsüberwachung über nahezu drei Jahrzehnte[10,13,14]. Diese zeigte bis 2009 einen konstanten, bis tendenziell ansteigenden Brutbestand (27–34 Brutpaare in den Jahren 1991–1996 und 33–47 in den Jahren 2005–2009)[15], danach stellte sich jedoch ein stark rückläufiger Trend auf nur mehr 10–24 Brutpaare in den Jahren 2015–2019[10] ein. Nochmals deutlich verschlechtert hat sich die Situation in den Jahren 2020 und 2021 mit nur mehr sechs bzw. acht Brutpaaren[10] – beides Zahlen, die das Erlöschen des lokalen Brutbestandes innerhalb der nächsten Jahre befürchten lassen.

Der ungarische Teil des Neusiedler Sees ist als Brutgebiet für den Seeregenpfeifer von marginaler Bedeutung. Der erste dokumentierte Brutnachweis gelang erst im Jahr 1983. Es ist aber anzunehmen, dass Bruten auch in früheren Jahrzehnten in diesem nach dem Zweiten Weltkrieg bis 1990 für die Öffentlichkeit gesperrten Gebiet stattgefunden haben. 1983 brüteten nach einem niederschlagsreichen Frühjahr sechs Paare auf der rasch trockenfallenden Weide von Cikes[16]. Weitere Brutnachweise liegen danach nur noch aus den 1990 angelegten Überschwemmungsflächen bei Mekszikópuszta vor[17]. Für das Jahr 1990 wurden gleich acht Brutpaare angegeben[18], eine Zahl, die aus heutiger Sicht eine Überschätzung darstellen dürfte. Der nächste Brutnachweis gelang erst wieder 1997, als drei Paare auf einer durch den Dammbruch im Jahr 1996 entstandenen, unbewachsenen Fläche günstige Verhältnisse vorfanden. Danach brütete die Art vor allem in Jahren, in denen das Gebiet vollständig oder teilweise trocken fiel: 1999 (ein Paar), 2003 (3), 2007 (5), 2008 (1), 2011 (1), 2013 (1) und 2015 (5)[20,22]. Die Nester lagen dabei ausnahmslos nördlich des Einserkanals, entweder im Borsodi-dűlő oder im Cikes. Bemerkenswert war ein Fund zweier Gelege in einem Maisacker 2015. Jedoch ist nicht bekannt, ob es hier zu einer erfolgreichen Brut kam[21].

Die größte Menge jemals in Mekszikópuszta gezählter Seeregenpfeifer waren 27 Individuen am 9.4.2008[20]. Insgesamt wurden in den 30 Jahren 32 Trupps mit 10 oder mehr Exemplaren entdeckt, insgesamt handelte es sich um 493 Individuen. Von 2018 an verschwand der Seeregenpfeifer beinahe vollständig aus Mekszikópuszta. In den drei Folgejahren wurde die Art lediglich sieben Mal festgestellt, mit maximal zwei Exemplaren[20,22].

Jahreszeitliches Auftreten

Der Einzug der Seeregenpfeifer beginnt im Allgemeinen in der ersten Märzhälfte, setzt aber erst mit April richtig ein[7,23]. Interessanterweise konnten 1995 und 2018 bereits im Februar (21.2.1995 und 17.2.2018) Seeregenpfeifer registriert werden[24,25], doch in den letzten 10 Jahren fielen die ersten Beobachtungen stets auf Anfang/Mitte März[23]. Mitte Mai ist der Brutbestand meist komplett. Die Brutperiode der Seeregenpfeifer im Seewinkel dauert für gewöhnlich von Mitte April bis Mitte Juli. Bereits während der Brutsaison können Gruppenbildungen von ersten flüggen Jungvögeln und Adulten, die keine Brut mehr tätigen, beobachtet werden. Der Abzug der Art beginnt gewöhnlich mit dem Flüggewerden der Jungen[26], kann aber auch schon früher einsetzen, wobei vorrangig die Weibchen das Gebiet verlassen, während die Männchen noch die Jungen führen[10]. Für gewöhnlich verlassen Seeregenpfeifer Mitte/Ende September das Gebiet. In den vergangenen fünf Jahren gelangen die letzten Beobachtungen stets Ende September/Anfang Oktober[23]. Abweichend davon konnten im Jahr

2017 bis in den Dezember hinein Seeregenpfeifer registriert werden[27].

Zugverhalten und Ringfunde

In Mitteleuropa gibt es nur mehr zwei verbliebene Binnenlandvorkommen, eines im Seewinkel und eines in der Großen Ungarischen Tiefebene. Möglicherweise ist das Binnenlandvorkommen des Seeregenpfeifers in Ungarn mit nur 0–4 Brutpaaren zwischen 2013 und 2018 aber bereits erloschen[28]. Beide Teilpopulationen werden einer südosteuropäischen Population zugerechnet, die im östlichen Mittelmeerraum sowie am Schwarzen Meer ihr Hauptvorkommen hat. Im Juli 1991 deutete eine Beobachtung an der Langen Lacke eines in Zentralungarn farbberingten Seeregenpfeifers zumindest auf einen gewissen Austausch innerhalb der pannonischen Populationen hin[29]. Als Überwinterungsgebiete gelten der zentrale und westliche Mittelmeerraum sowie die nordafrikanische Atlantikküste[4, 26, 30, 31]. Weiters bleibt abzuwarten, wie und ob sich das Zugverhalten der Seeregenpfeifer in den kommenden Jahren aufgrund des Klimawandels verändern wird. Interessanterweise konnte 2019, wie auch bereits 2018, als ein Jungvogel am Ostufer des Ossiacher Sees in Kärnten registriert wurde[32], ein Seeregenpfeifer außerhalb des burgenländischen Brutareals dokumentiert werden. Dies geschah während der Brutzeit, als ein Weibchen an den Saazer Teichen in der Südoststeiermark entdeckt wurde[33]. Diese Ausnahmeerscheinungen könnten ein erstes Indiz für klimabedingte Verlagerungstendenzen sein.

Quellen: [1] *Schenk (1917a),* [2] *Bauer et al. (1955),* [3] *Festetics & Leisler (1970),* [4] *Triebl (1983),* [5] *Krachler et al. (2000),* [6] *Krachler et al. (2012),* [7] *Archiv BirdLife Österreich,* [8] *Seitz (1942),* [9] *Zimmermann (1943),* [10] *N. Filek, unpubl. Daten,* [11] *Kohler (1988),* [12] *Rauer & Kohler (1990),* [13] *Braun (1996),* [14] *B. Braun, unpubl. Daten,* [15] *Dvorak et al. (2016),* [16] *Kárpáti (1984),* [17] *Pellinger (2013),* [18] *Kárpáti (1993),* [19] *Pellinger et al. (2010),* [20] *A. Pellinger, unpubl. Daten,* [21] *Pellinger (2017),* [22] *Datenbank des FHNPI,* [23] *www.ornitho.at,* [24] *J. Laber/ABÖ,* [25] *J. Laber/ornitho.at,* [26] *Glutz von Blotzheim et al. (1975),* [27] *J. Laber/ornitho.at,* [28] *Article 12 reporting national summaries Hungary,* [29] *Rauer & Kohler (1992),* [30] *Dvorak et al. (1993),* [31] *Dick et al. (1994),* [32] *R. Probst/ornitho.at,* [33] *E. Albegger, A. Tiefenbach/ornitho.at*

Nikolaus Filek & Attila Pellinger

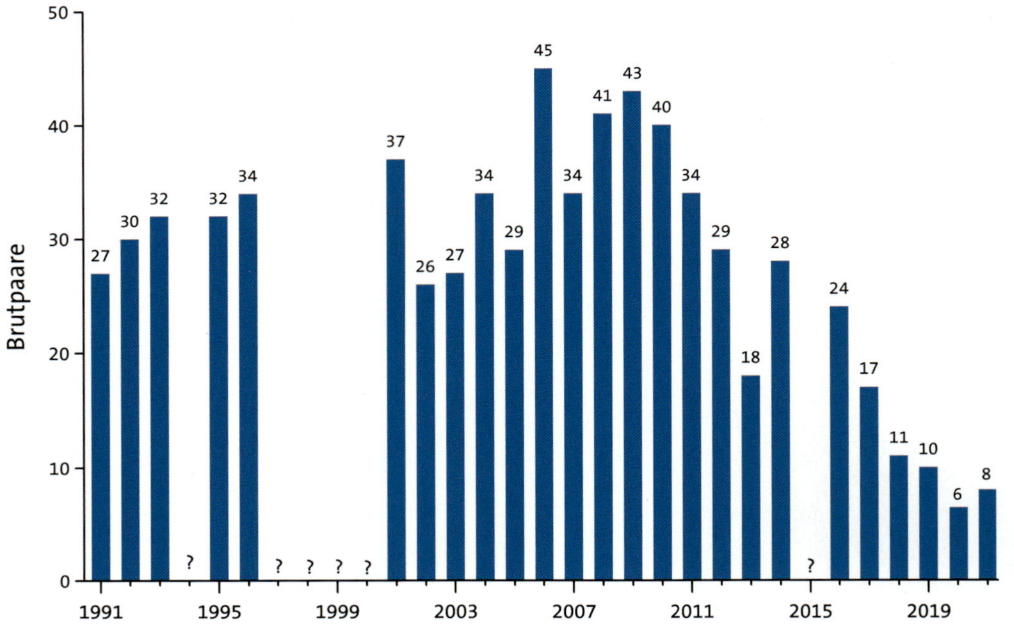

Entwicklung des Brutbestandes des Seeregenpfeifers in Österreich in den Jahren 1991–2021[10, 15].

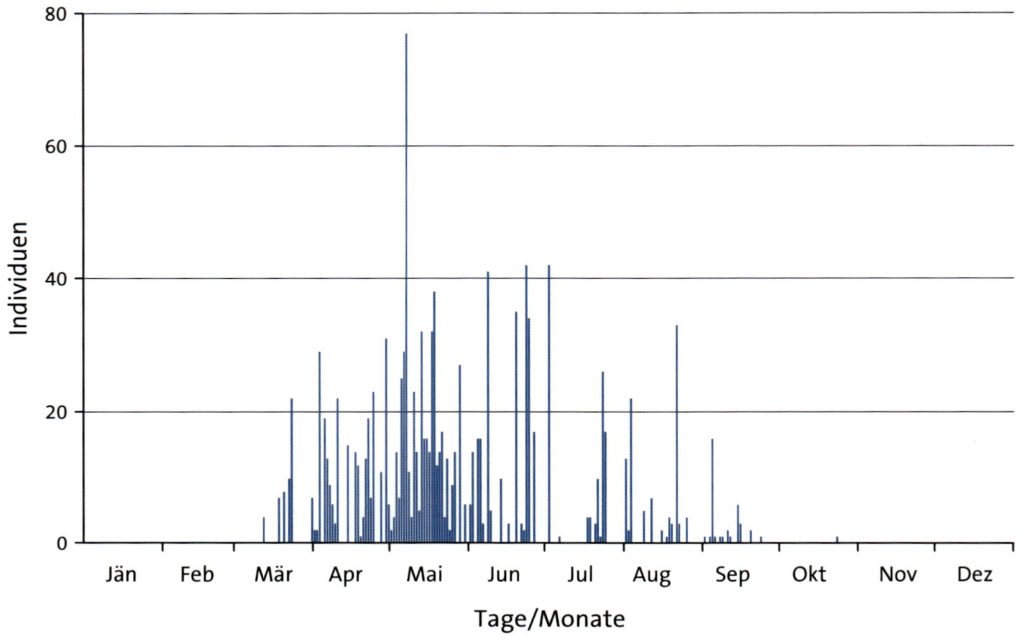

Jahreszeitliches Auftreten des Seeregenpfeifers (Tagessummen) basierend auf Daten der Wasservogelzählungen in Österreich in den Jahren 2011–2018 (n = 1.291)[22].

Wüstenregenpfeifer *Charadrius leschenaultii* R. Lesson, 1826

Sivatagi lile – Greater Sand Plover

Podersdorfer Pferdekoppel, 29.4.2016 (Gerhard Loidolt)

Ausnahmeerscheinung

Vorkommen

Vier Nachweise, wobei sich die beiden aus dem Jahr 2016 möglicherweise auf dasselbe Individuum beziehen:

- 13.6.1979 Ochsenbrunnlacke, 1 ad. ♂ (W. Frieß[1])
- 7.–14.7.1992 Mekszikópuszta, Pap-rét und Nyéki-szállás, 1 ad. ♂ (T. Hadarics, A. Pellinger, S. Mogyorósi u. a.[2, 3])
- 28.4.2016 Lettengrube und 29.–30.4.2016 Podersdorfer Pferdekoppel, 1 ad. ♂ mit Merkmalen der Unterart *C. l. columbinus* (M. Mitterbacher, E. Albegger, J. Laber u. a.[4, 5])
- 21.6.2016 Lettengrube und 26.–28.6.2016 Przewalskipferdekoppel, 1 ad. ♂ mit Merkmalen der Unterart *C. l. columbinus* (B. Forthuber, M. Dvorak, C. Schulze u. a.[5, 6])

Es handelt sich bei diesen Feststellungen um den ersten Nachweis für Ungarn sowie den zweiten bis vierten für Österreich.

Quellen: [1] *Grüll (1981),* [2] *Hadarics (1993),* [3] *Waliczky (1993),* [4] *Mitterbacher (2018),* [5] *Albegger & Brader (2018),* [6] *www.birdlife-afk.at*

Andreas Ranner & Tibor Hadarics

Mornellregenpfeifer *Charadrius morinellus* Linnaeus, 1758

Havasi lile – Eurasian Dotterel

Huldenäcker, St. Andrä am Zicksee, 5.4.2021 (Michael Dvorak)

Unregelmäßiger Durchzügler

Vorkommen

Der Mornellregenpfeifer wurde im 19. und frühen 20. Jahrhundert als selten bezeichnet[1, 2], doch sind aus dieser Zeit nur zwei Vögel konkret dokumentiert:

- 29.4.1813 Apetlon, 1 Ind.[3]; dieser Vogel war entgegen der Angabe von Zimmermann[2] nicht als Beleg im Naturhistorischen Museum Wien vorhanden.
- Ein Vogel gelangte aus der sogenannten Schoberschen Sammlung an das Königliche Ungarische Ornithologische Institut[4]. Diese Sammlung wurde um die Jahrhundertwende und im frühen 20. Jahrhundert von Franz Graf von Seilern-Aspang mit Vögeln aus der Umgebung von Apetlon angelegt[5].

Ansonsten liegen aus der Zeit vor 1950 nur zwei flüchtige Beobachtungen vom 12.9.1941 vor, die vom Beobachter selbst als nicht ganz zweifelsfrei eingestuft wurden[2].

Nach 1950 konnten die folgenden 27 Nachweise dokumentiert werden, wobei seit 2016 jährliche Beobachtungen gelangen:

- 15.9.1951 zwischen Illmitzer Zicksee und Kirchsee, 2 dj. auf Hutweide (R. Lugitsch, E. Freundl, H. Freundl[6, 7])
- 28.9.1968 Lange Lacke, 1 dj. (A. Billek[8])
- 18.5.1980 Lange Lacke, 1 ad. (M. Staudinger, H.-M. Berg[9])
- 28.9.1984 Darscho, 1 dj. (A. Billek[9])
- 26.–27.8.1990 Hanság südlich Tadten, 22 bzw. 13 Ind. (H. Krieger[10])

- 29.9.1992 Mekszikópuszta, Pap-rét, 4 Ind. (L. Kárpáti[11])
- 27.5.2000 Lange Lacke, 1 ad. (J. Laber[12,13])
- 12.9.2002 Mekszikópuszta, Nyéki-szállás, 1 ad. (A. Pellinger, S. Mogyorósi[11])
- 29.4.2008 Lange Lacke, 1 ad. (J. Laber[14])
- 5.10.2008 Lange Lacke, 1 dj. (J. Laber[14])
- 9.5.2009 Arbesthau, 4 ad. (S. Schuster, G. Oesterhelt[8, 14])
- 13.9.2010 Huldenäcker – Zwerestäcker St. Andrä, 1 ad. (A. Zinnecker, F. Zinnecker[9])
- 16.8.2016 Sandeck, 1 dj. (J. Laber, G. Brenner, T. Laber[10])
- 5.–10.9.2016 Graurinderkoppel, 1–2 dj. (A. Ranner, J. Laber, H. Schott u. a.[10])
- 13.4.2017 Mekszikópuszta, Nyéki-szállás, 2 ad. (T. Hadarics, A. Pellinger, E. Győrig u. a.[15])
- 22.4.2018 Graurinderkoppel, 1 ad. (E. Albegger, H. Gutmann, G. Pichler u. a.[16])
- 11.5.2018 Graurinderkoppel, 1 ad. (J. Vratny[16])
- 31.8.2018 Podersdorfer Pferdekoppel, 1 Ind. (R. Katzinger[16])
- 17.9.2018 Lange Lacke, 1 dj. (B. Zens[16])
- 5.2.2019 Fund eines Flügelrestes nahe der Langen Lacke, wohl von der vergangenen Herbstzugperiode stammend (T. Lechner[16])
- 18. und 21.4.2019 Lange Lacke, 2 bzw. 3 ad. (B. Waringer, F. Meyer, O. Beneš u. a.[16, 17])
- 11.9.2019 Graurinderkoppel, 1 dj. (D. Nayer[16])
- 22.4.2020 Graurinderkoppel, 4 ad. (J. Hohenegger, B. Zens[16])
- 23.–29.9.2020 Lange Lacke, 5 dj. bis 25.9., 2 dj. ab 26.9. (C. Pumberger, T. Pumberger, F. Essl u. a.[16])
- 2.3.2021 nordwestlich der Langen Lacke, 1 ad. (G. Kiszka, H. Kiszka[16])
- 4.–6.4.2021 südlich Huldenäcker St Andrä, 1 ad von 4.–5.4., 3 ad. am 6.4. (R. Schnierer, R. Schnierer, J. Laber u. a.[16, 17])
- 19.–20.9.2021 Oberer Stinkersee, 1 dj. (G. Taurer, S. Bayreder, A. Foki u. a.[16, 17])

In der Regel wurden Einzelindividuen beobachtet, vereinzelt auch kleine Trupps mit bis zu fünf Vögeln. Herausragend ist aber die Beobachtung eines Trupps von maximal 22 Exemplaren im August 1990 im Hanság.

Jahreszeitliches Auftreten

16 Nachweise (57 %) entfallen auf den Herbstzug, für den Beobachtungen von 16. August bis 5. Oktober vorliegen, wobei der Großteil der Meldungen aus dem September stammt. Von den genauer bestimmten Individuen waren zwei Altvögel und 16 diesjährige. Der mit 12 Nachweisen nur wenig schwächer ausgeprägte Frühjahrszug reicht von 4. April bis 27. Mai, mit einem sehr frühen Vogel schon am 2. März.

Quellen: [1] *Fászl (1883),* [2] *Zimmermann (1943),* [3] *J. Natterer in Pelzeln (1874),* [4] *Schenk (1917a),* [5] *R. Homberg in Bauer (1955a),* [6] *Lugitsch (1953a),* [7] *Lugitsch (1953b),* [8] *Archiv BirdLife Österreich,* [9] *Albegger & Khil (2016),* [10] *Albegger & Brader (2018),* [11] *Bankovics et al. (2002),* [12] *Laber (2003),* [13] *Ranner (2003),* [14] *Ranner & Khil (2011),* [15] *www.birding.hu,* [16] *www.ornitho.at,* [17] *www.club300.at*

Andreas Ranner & Tibor Hadarics

Regenbrachvogel *Numenius phaeopus* (Linnaeus, 1758)

Kis póling – Eurasian Whimbrel

Lettengrube, Illmitz, 4.4.2021 (Michael Dvorak)

> Seltener Durchzügler zu beiden Zugzeiten im April bzw. in den Monaten Juli und August

Verbreitung und Lebensraum

Aufgrund ihrer vorwiegend terrestrischen Nahrung suchen Regenbrachvögel die Lacken nur zum Schlafen, Baden und Trinken auf und werden somit durch Wasservogelzählungen nur unzureichend erfasst. Im Zuge von Schlafplatzzählungen vor Einbruch der Dunkelheit gelangen aber einige Erfassungen. Der bedeutendste Brachvogelschlafplatz auf österreichischer Seite befindet sich im Lange Lacke-Gebiet, wobei hier der genaue Standort je nach Wasserstand wechselt. Neben dem Lange Lacke-Gebiet können sich in manchen Jahren auch Schlafplätze auf anderen Lacken, wie z. B. der Fuchslochlacke oder Sechsmahdlacke etablieren. Zur Nahrungssuche werden neben Äckern vor allem auch Hutweiden und Mähwiesen genutzt. Vergleichsweise regelmäßig gelingen auch Beobachtungen in den Grünlandgebieten des österreichischen Hanság.

Bestand und Bestandsentwicklung

Zu Beginn der 1940er und in den frühen 1950er Jahren wurde der Regenbrachvogel als spärlicher Durchzügler eingestuft mit Maxima von bis zu 15 Individuen[1, 2]. In den 1960er und 1970er Jahren lagen die Durchzugsbestände im Frühjahr bei 15–20 Exemplaren (Maximum 64), der schwächere Herbstzug wurde mit Maximalwerten von 8–12 beziffert[3, 4]. In der Zählperiode 1995–2001 konnten maximale Tageswerte von 20–35 im Frühjahr und in der Regel weniger als 10 Individuen im Herbst festgestellt werden[5]. Im jüngsten Zählprogramm ab 2011 konnten allein auf österreichischer Seite im Frühjahr bis zu 60 und im Herbst bis zu 20 Individuen als Tagesmaximum festgestellt werden[6]. Aufgrund der in den letzten Jahrzehnten intensiveren Beobachtungstätigkeit auch abseits der Lacken, kann der Anstieg der Zahlen einen positiven Trend auch nur vortäuschen. In Ungarn kam es hingegen in den letzten 70 Jahren zu einem bemerkenswerten, bislang ursächlich nicht geklärten Zusammenbruch der Rastbestände. Wurden in Südostungarn in den 1950er Jahren noch bis zu 25.000 Regenbrachvögel gezählt, waren es Ende des 20. Jahrhunderts lediglich einige Hundert[7–9].

Aufgrund von Bestimmungsproblemen wurde der Regenbrachvogel auf ungarischer Seite erst im August 1982 zum ersten Mal nachgewiesen[10]. In den Jahren 1986–1990 wurden im Monat August im (damals für die Öffentlichkeit gesperrten) Erholungsdorf Fertőrákos während der Singvogelberingung 12 Nachweise von 1–3 überfliegenden Exemplaren anhand ihrer charakteristischen Stimme erbracht[11]. Ab 1990 entstanden in den Überschwemmungsflächen bei Mekszikópuszta günstige Lebensräume. Seither wird der Regenbrachvogel alljährlich beobachtet mit gegenwärtig insgesamt 509 Nachweisen, wovon 126 Trupps von mehr als 10 Exemplaren betreffen[11] Die mit 68 Exemplaren größte Gruppe wurde am 24.4.2008 im Borsodi-dűlő entdeckt[12].

Jahreszeitliches Auftreten

Der Heimzug ist, so wie an anderen südosteuropäischen Rastplätzen, stärker ausgeprägt als der Wegzug[13]. Auch an den für die Art bekannten Rastplätzen in Südostungarn, Kardoskút und Szeged, überwiegt der Heimzug deutlich[8, 9]. Im Gegensatz zu diesen beiden Gebieten gipfelt der Zug im Neusiedler See-Gebiet jedoch erst in der zweiten Aprilhälfte und nicht schon Anfang April, wobei den ungarischen Gebieten eine Bedeutung als Mauserplatz mit längerem Aufenthalt im Gebiet zugeschrieben wird. Im Seewinkel gibt es dafür aber keine Anzeichen. Der deutlich schwächere Herbstzug beginnt mit ersten Altvögeln bereits Ende Juni und dauert bis Mitte September. Nachzügler können noch bis Mitte Oktober beobachtet werden. Regenbrachvögel treten für gewöhnlich in artreinen Trupps auf[6, 14].

Zugverhalten und Ringfunde

Die Nominatform des Regenbrachvogels wird in zwei Zugpopulationen eingeteilt, eine brütet westlich des Urals und zieht entlang der Küste nach Westafrika, die anderer brütet östlich des Urals und zieht nach Ost- und Südafrika[15, 16]. Da keine Ringfunde von in Österreich beringten Regenbrachvögeln existieren und auch keine Fernfunde publiziert sind, kann über die Herkunft der Seewinkler Durchzügler nur spekuliert werden. Aufgrund der Lage des Gebiets in Bezug zu den Brutgebieten ist jedoch eine Herkunft aus Nordwestrussland wahrscheinlich und somit eine Zuordnung zur westlichen Population von *phaeopus*. Auch Bairlein et al.[17] vermuten, dass Vögel, die Mitteleuropa nach Süden überfliegen, in weiterer Folge über die Sahara in einem Direktflug die westafrikanische Küste erreichen. Die Population wird auf 273.000–450.000 Individuen geschätzt[18]. Die in Mauretanien überwinternden Vögel weisen einen positiven Trend auf, Angaben aus anderen Gebieten sind nicht verfügbar[18].

Seltene Unterarten

Bemerkenswert ist die Beobachtung eines Regenbrachvogels mit den Merkmalen der Unterart *N. p. alboaxillaris* am 22./23.4.2017 in der Hutweide östlich der Langen Lacke[19]. Die Weltpopulation dieser Unterart wird auf weniger als 100 Exemplare geschätzt. Als Brutvogel der südlichen Steppen Kasachstans zieht *N. p. alboaxillaris* über den Mittleren Osten nach Ostafrika[20].

Quellen: [1] Zimmermann (1943), [2] Bauer et al. (1955), [3] Festetics & Leisler (1970), [4] Winkler & Herzig-Straschil (1981), [5] Laber (2003), [6] M. Dvorak, J. Laber & B. Wendelin, unpubl. Daten, [7] Strebetz (1995), [8] Gorman (1996), [9] Magyar et al. (1998), [10] Kárpáti (1984), [11] Archiv MME Sopron, [12] T. Hadarics, unpubl. Daten, [13] Kube et al. (1998), [14] Pellinger & Hadarics (2020a), [15] Engelmoer & Roselaar (1998), [16] Wetlands International (2019), [17] Bairlein et al. (2014), [18] Wetlands International (2017), [19] Laber & Allport (2017), [20] Archiv BirdLife Österreich, [21] www.onitho.at

Johannes Laber & Attila Pellinger

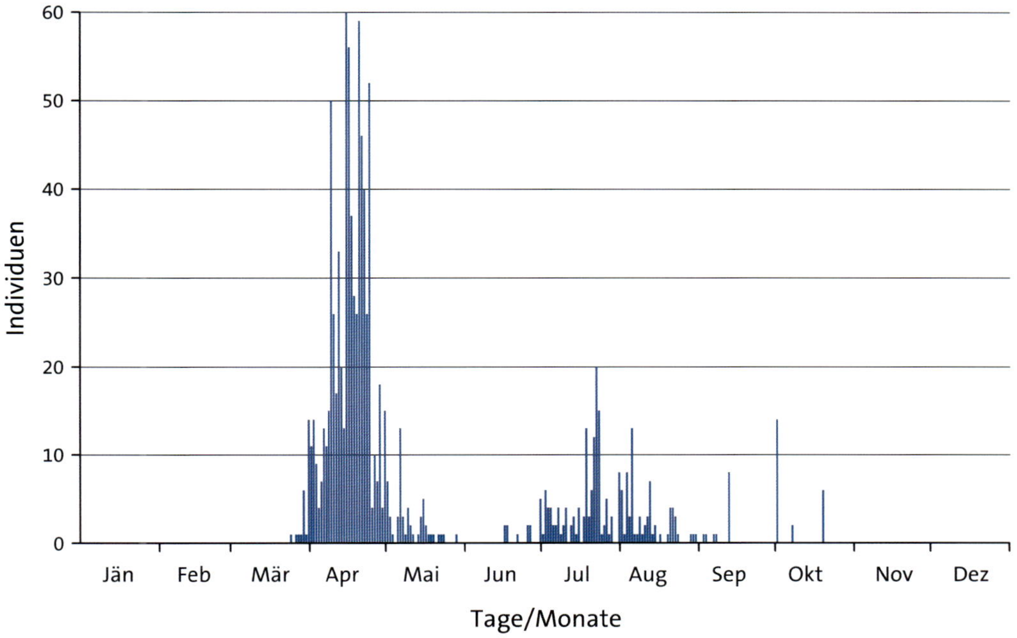

Jahreszeitliches Auftreten des Regenbrachvogels (Tagessummen) basierend auf Daten der Wasservogelzählungen sowie Streudaten aus Österreich aus den Jahren 2011–2018 (n = 1.061)[6, 20, 21].

Dünnschnabel-Brachvogel *Numenius tenuirostris* Vieillot, 1817

Vékonycsőrű póling – Slender-billed Curlew

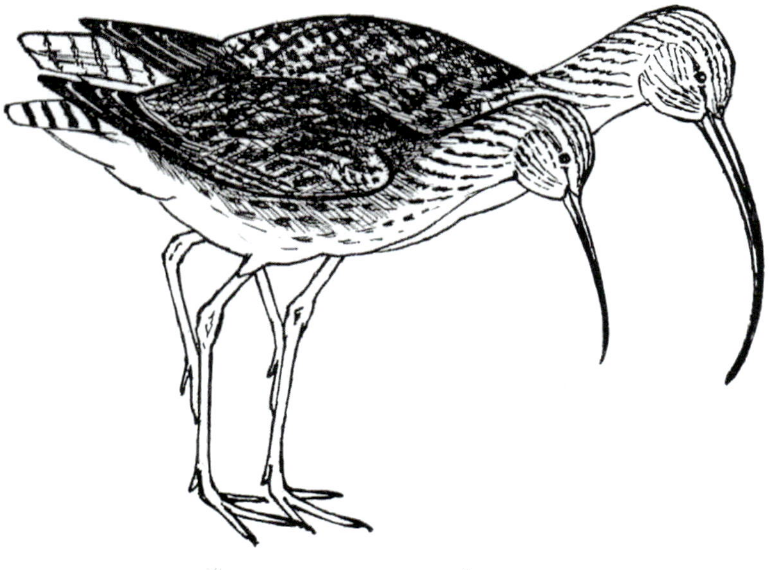

St. Andräer Zicksee, 22.12.1960 (Zeichnung aus Leisler 1962b)

Ausnahmeerscheinung

Vorkommen

Vier Nachweise dieser weltweit akut vom Aussterben bedrohten[1], möglicherweise aber bereits ausgestorbenen Vogelart:

- Vor 1876 Hanság, 1 Ind. erlegt, ein offenbar dem Naturhistorischen Museum Wien überlassener Beleg[2] ist dort nicht mehr vorhanden. Ob die Erlegung innerhalb oder außerhalb des Bearbeitungsgebiets erfolgte, kann nicht mehr eruiert werden.
- 1.11.1953 St. Andrä, 2 Ind. (K. Bauer, E. Freundl, H. Freundl[3])
- 22.12.1960 St. Andräer Zicksee, 1 Ind. (B. Leisler[4])
- 4.9.1967 Lange Lacke, 1 Ind. (B. Leisler, H. Winkler[5])

Zwei Beobachtungsmeldungen aus dem Frühjahr 1973 aus dem Seewinkel und dem Hanság[5] sowie eine vom November 1983 aus der Umgebung von Mekszikópuszta[6] enthalten keinerlei Beschreibung der erkannten Merkmale und können daher angesichts der auch schon damals extremen Seltenheit der Art nicht als Nachweise gelten.

Quellen: [1] BirdLife International (2020), [2] Pelzeln (1877), [3] Bauer & Freundl (1955a), [4] Leisler (1962b), [5] Glutz von Blotzheim et al. (1977), [6] Faragó & Sterbetz (1985)

Andreas Ranner & Tibor Hadarics

Großer Brachvogel *Numenius arquata* (LINNAEUS, 1758)

Nagy póling – Eurasian Curlew

Hanság, Andau, 1.8.2019 (Michael Dvorak)

Mäßig häufiger Brutvogel, Durchzügler und Wintergast

Verbreitung und Lebensraum

Der Große Brachvogel ist ein Brutvogel weiträumiger Niederungen, wo er zumeist in Gebieten mit staunassen oder – bei hohen Grundwasserständen – feuchten Böden als Brutvogel zu finden ist. Als Brutzeit-Lebensraum bevorzugt er extensiv als Streuwiesen bewirtschaftete Niedermoorflächen (vor allem Pfeifengraswiesen), Kleinseggenriede und trockengefallene Hochmoorflächen, daneben auch nicht zu intensiv genutzte Mähwiesen [1]. Im Neusiedler See-Gebiet brütet er in zwei dichter besiedelten Gebieten: Auf den Zitzmannsdorfer Wiesen siedelt er in extensiv genutzten Feuchtwiesen mit Niedermoorcharakter, in feuchten Mähwiesen und in seit ca. 25 Jahren stillgelegten, trockenen ehemaligen Äckern, die sich bis heute zu wiesenähnlichen Grasbrachen entwickelt haben. Im Hanság besiedelt ein Teil der Population ebenfalls extensive Niedermoorwiesen, der größere Teil jedoch wechselfeuchte Mähwiesen, Wiesenbrachen und Feuchtweiden auf Niedermoorböden, die in den 1970er und 1980er Jahren umgebrochen und in Maisäcker umgewandelt worden waren.

Daneben liegen verstreute Kleinvorkommen im Seewinkel in wechselfeuchten Mähwiesen (Herrenseegebiet, Arbesthau, Wiesen südlich Apetlon, Untere Wiesen, Lettengrube, Zwikisch) oder in beweideten Flächen (Wörthenlacken, Seevorgelände bei der Biologischen Station Illmitz, Albersee). Am Westufer des Neusiedler Sees sind strukturell geeignete Wiesenflächen nur sehr kleinräumig vorhanden, dennoch bestand hier in den letzten Jahrzehnten mehrfach Brutverdacht: Am 29.4.2012 wurde in den landseitigen Wiesen südlich des Seedamms Breitenbrunn ein warnendes Exemplar angetroffen [2], am 4.5.2011 warnte ein Exemplar in einem Wiesengelände südwestlich von Purbach [2]. Einzelne Brutzeitbeobachtungen, so z. B. am 28.5.2006 [3] und am 15.6.2014 [4], stammen auch aus dem Bereich der Oggauer Heide und am 7.6.2006 wurde ein balzrufender Brachvogel im Seevorgelände nordöstlich von Donnerskirchen festgestellt [5]. Im Herbst und im Winter nutzt der Große Brachvogel im Seewinkel Schlamm- und Kiesbänke an den Rändern der Lacken zur Übernachtung und als Tagesrastplatz. Zur Nahrungssuche nutzt er Grünland aller Art, wie Salz- und Mähwiesen, Brachen oder Weiden sowie Ackerflächen.

Bestand und Bestandsentwicklung

Ein Brutvorkommen des Großen Brachvogels im 19. und frühen 20. Jahrhundert darf für den Hanság als sicher angenommen werden. Die Angaben für die Umgebung des Sees und den Seewinkel sind hingegen eher unklar, weshalb in den 1940er Jahren ein historisches Brutvorkommen angezweifelt wurde. Um 1860 wurde die Art als *„Sommer-Stand-Vogel"* angeführt [6], um 1880 als *„häufig in den Sumpfwiesen um den Neusiedler See"* beschrieben [7] und von Dombrowski [8] bezeichnete den großen Brachvogel als häufigen und charakteristischen Brutvogel des Hanságs. Fischer [9] umschrieb seine Erfahrungen aus den frühen 1880er Jahren mit: *„Der 'Goiser' ist eine der häufigsten und auffallendsten Erscheinungen der Gegend"*, ohne jedoch näher auf die Art des Vorkommens einzugehen. In den Jahren 1907 und 1909 beobachtete dann Schenk [10] den Brachvogel im April und Mai, also zur Brutzeit, *„immer und bisweilen in größerer Zahl"*, bezeichnet dann aber ein Brutvorkommen zur damaligen Zeit als nicht wahrscheinlich. Alle historischen Autoren beschrieben jedoch übereinstimmend das vor allem im Herbst häufige Auftreten in mehrhundertköpfigen Scharen [8, 9]. Während aufgrund des Lebensraumangebots für die Zeit vor dem zweiten Weltkrieg von einem relativ häufigen Vorkommen im West-Hanság auszugehen ist (10–15 Paare [11]), war der Große Brachvogel im Seewinkel lediglich ein spärlicher Brutvogel für den bis Anfang der 1940er Jahre noch kein Brutnachweis vorlag [12, 13]. Als wahrscheinliche Brutgebiete wurden einerseits die Zitzmannsdorfer Wiesen (Neusiedler See-Wiesen), andererseits der Hanság mit den *„ausgedehnten Torfwiesen zwischen den Dörfern Tadten, Andau und dem Einser-Kanal"* angegeben [12], womit bereits damals die beiden auch heute noch wichtigsten Brutgebiete umrissen waren. Zu Beginn der 1950er Jahre wurde der Brachvogel als *„sehr selten brütend, in geringer Zahl übersommernd und häufig durchziehend"* bezeichnet [14]. In den nachfolgenden Jahrzehnten konkretisierte sich dann das Wissen zum Brutvorkommen des Großen Brachvogels im Neusiedler See-Gebiet. Die Zitzmannsdorfer Wiesen stellten sich dabei als das wichtigste Vorkommen heraus, gefolgt vom Hanság und seit den 1980er Jahren brütete die Art in zunehmender Zahl auch in den Mähwiesen des Seewinkels.

Auf den Zitzmannsdorfer Wiesen wurde erstmals 1944 ein Nest gefunden [13], Mitte/Ende der 1960er Jahre wurde er nur mehr als ehemaliger Brutvogel erwähnt [15], während es zu Anfang der 1970er Jahre wiederum zwei Brutpaare gab [16]. In den folgenden Jahrzehnten stieg der Brutbestand stark an: In den 1980ern waren es alljährlich vier bis fünf [17], 1991 wurden sechs Brutpaare festgestellt [18]. In den Jahren 1995 bis 2003 bewegte sich der Bestand zwischen sieben und 10 Paaren [17] und stieg dann ab 2004 bis 2011 auf 16–18 Brutpaare an [19, 20]. Danach kam es allerdings wieder zu einem starken Abfall auf nur mehr 6–9 Reviere in den Jahren 2017 und 2018 [21] bzw. neun Revieren im Jahr 2020 [21].

Erste Bestandsangaben für den österreichischen Teil des Hanság liegen aus den Jahren 1955/56 mit 5–6 [22], Mitte der 1960er mit sechs [15] und Mitte der 1970er Jahre mit fünf Brutpaaren vor [16]. Unsystematisch gesammelte Daten lassen auf drei bis vier Paare für die 1980er Jahre schließen, und bei intensiven Untersuchungen in den Jahren 1988–1993 waren es alljährlich drei bis sechs Brutpaare [23]. Von 1994–2007 liegen aus den meisten Jahren Bestandsangaben vor, die ohne erkennbaren Trend zwischen 4–5 und 9–10 Paaren schwanken [24]. Ab 2009 wurde der Brutbestand alljährlich erhoben: In den ersten beiden Untersuchungsjahren lag der Mindestbestand bei 10–11 Revieren [25], 2011–2016 waren jeweils mindestens 17–20 Reviere besetzt [26] und von 2017–2019 lag die Mindestzahl bei 15–18 Revieren [27].

Im Seewinkel brütete der Große Brachvogel Mitte der 1970er *„unregelmäßig in einzelnen Paaren"* [16], im Zeitraum 1998–2006 gab es 2–5 Paare im Wiesengebiet zwischen Kirchsee und Herrensee, auf den Unteren Wiesen (Illmitz) sowie in der Verlandungszone des Sees zwischen dem Illmitzer Seedamm und der Biologischen Station Illmitz [17]. Flächendeckende Erhebungen des Brachvogels im Seewinkel wurden erstmals 2017 und 2018 durchgeführt und dabei mindestens 17–28 bzw. 11–21 Reviere erfasst. Die Verbreitungsschwerpunkte lagen im Gebiet um den Herrensee (4–6), in den Wiesenflächen östlich der beiden Stinkerseen (5–6), im Wiesengebiet südöstlich von Apetlon (4) sowie in den Wiesen südlich von Illmitz (2–5) [21]. Der Gesamtbestand des Neusiedler See-Gebiets erreichte 2017 40–60 und 2018 35–53 Brutpaare und ist damit die bei weitem größte Brutpopulation Österreichs.

Neben dem Brutaspekt besitzt der Seewinkel auch überregionale Bedeutung als Mauser- und Rastplatz im Sommer und Herbst. Zimmermann[13] berichtet für die beginnenden 1940er Jahre von *„Scharen"* aus 200–300 Exemplaren, Mitte der 1960er Jahre war von 200 Individuen im Oktober und Tagesmaxima von 300–400 Stück die Rede[15], in den 1970ern lagen die Maxima bei 170–200[17], in den 1980ern und 1990ern bei 150–390[17] und von 2001–2019 wurden Maxima von 120–280 erreicht[17, 28]. Auch die Mittelwerte der Jahresmaxima für die letzten vier Jahrzehnte lassen mit Werten von 161–187 keinen Trend erkennen. Die nachbrutzeitlichen und herbstlichen Bestände des Großen Brachvogels waren daher in diesem Zeitraum stabil. Maxima am Schlafplatz seit 2011 waren 276 Individuen am 25.10.2013 an der Langen Lacke[29], 245 Große Brachvögel am 11.10.2014 an der Östlichen Hutweidenlacke[30] und 197 Individuen am 29.7.2018 an der Östlichen Wörthenlacke[31]. Deutlich höhere Zahlen mit über 300 Exemplaren wurden auch in früheren Jahrzehnten nur ausnahmsweise erreicht, so waren am 24.9.1989 376 Brachvögel an der Martinhoflacke versammelt[5] und am 2.11.1991 wurden 338 an der Langen Lacke beobachtet[32].

Obwohl die Art im Bereich des Hanság-Tóköz bis heute als vereinzelter Brutvogel gilt[33,34], gibt es aus dem ungarischen Teil des Neusiedler Sees keinen sicheren historischen Brutnachweis[35]. Anfang der 1990er Jahre sollen Jungvögel im Cikes bei Mekszikópuszta gefunden worden sein, für diese Angabe fehlt jedoch ein Beleg[36]. In den Jahren 1972–1982 konnte der Große Brachvogel nicht als Brutvogel nachgewiesen werden, obwohl öfters auch Beobachtungen größerer Trupps gelangen. Die größte damals beobachtete Gruppe bestand aus 100 Individuen am 4.7.1977[37]. Nach der ersten Flutung der Feuchtgebiets-Rekonstruktion von Mekszikópuszta bestand zwar Brutverdacht, dieser konnte jedoch weder damals noch später erhärtet werden[38]. Nach der Brutzeit in den Monaten August bis November bewegen sich die Maximalzahlen bei 100–270 Exemplaren[9]. Am 20.10.2001 wurden in Mekszikópuszta sogar insgesamt 412 Große Brachvögel gezählt, davon haben aber 250 Individuen das Gebiet nur überflogen ohne zu landen[40]. Tagsüber verteilen sich die Vögel dann in kleinen Gruppen auf den Wiesen entlang des Südufers. Wahrscheinlich suchen sie dabei auch weiter vom See entfernte Gebiete auf, so wurden z.B. am 25.8.2016 65 Brachvögel auf einer Wiese bei Himod-Gyóró gesehen, ca. 22 km abseits vom Neusiedler See[41]. Einige Individuen überwintern beinahe jedes Jahr, besonders bei milderem Wetter, hauptsächlich auf den größeren Wiesenflächen zwischen Mekszikópuszta und Hegykő[42]. Die Gruppen am Heimzug erreichen maximal 20–40 Exemplare und mischen sich gewöhnlich nicht mit den ebenfalls durchziehenden Regenbrachvögeln.

Jahreszeitliches Auftreten

Große Brachvögel sind ganzjährig im Gebiet anzutreffen[26, 43]. Der Frühjahrszug zeigt zwei Gipfel Mitte März und Mitte April, danach ist bis Ende Juni nur mehr die Brutpopulation im Gebiet anwesend. Ab Ende Juni ziehen Mausergäste zu, die vor allem im Juli/August den Großteil der anwesenden Vögel ausmachen. Der Herbstzug gipfelt im Oktober, größere Gruppen von 50–100 Vögeln sind noch, abhängig von der Wetterlage, bis Ende Dezember im Gebiet anzutreffen. Die Anzahl der überwinternden Vögel variiert von Jahr zu Jahr, starke Jahre waren die Winter 2013/14 mit 30–70 und 2016/17 mit 10–40 Exemplaren, in schwächeren Wintern wird eine Zahl von 20 kaum überschritten und in strengen Wintern, wie im Winter 2015/16, verbleiben nur einzelne Brachvögel im Gebiet[26].

Zugverhalten und Ringfunde

Der Große Brachvogel ist mit wenigen Ausnahmen in allen Teilen seines Areals ein Zugvogel. Die Vögel der Nominatform folgen einer südwestlichen Zugrichtung in die Winterquartiere in Südwesteuropa, am westlichen Mittelmeer und in Westafrika (Marokko, Mauretanien). Der Große Brachvogel nutzt aber auch in Mitteleuropa einige traditionelle Plätze zur Überwinterung, wie z.B. das Rheindelta am Bodensee und in milden Wintern in geringerem Ausmaß auch das Neusiedler See-Gebiet. Auf ungarischer Seite wurden bisher 16 Große Brachvögel beringt, davon zwei mit Farbringen. Ein Vogel mit Farbringen konnte zweimal lokal abgelesen werden[39].

Quellen: [1] *Glutz von Blotzheim et al. (1977),* [2] *B. Wendelin & M. Dvorak, unpubl. Daten,* [3] *K. Donnerbaum/ABÖ,* [4] *K. Wessely/ornitho.at,* [5] *T. Zuna-Kratky/ABÖ,* [6] *Jukovits (1864/65),* [7] *Fászl (1883),* [8] *Dombrowski (1889),* [9] *Fischer (1883),* [10] *Schenk (1917a),* [11] *Festetics (1971),* [12] *Seitz (1942),* [13] *Zimmermann (1943),* [14] *Bauer et al. (1955),* [15] *Festetics & Leisler (1970),* [16] *P. Prokop, Ch. & M. Staudinger in Glutz von Blotzheim et al. (1977),* [17] *Archiv BirdLife Österreich,* [18] *Dvorak & Nemeth (1992),* [19] *J. Lehner/ABÖ,* [20] *Dvorak et al. (2011),* [21] *B. Wendelin, unpubl. Daten,* [22] *Bauer (1956),* [23] *Reiter (1995),* [24] *E. Patak, unpubl. Daten,* [25] *Dvorak et al. (2010),* [26] *Berg & Dvorak (2017),* [27] *Berg & Dvorak (2019),* [28] *www.ornitho.at,* [29] *C. Roland/ornitho.at,* [30] *M. Dvorak, unpubl. Daten,* [31] *R. Welz/ornitho.at,* [32] *A. Ranner, J. Laber u.a./ABÖ,* [33]*, Laczik (2006),* [34] *Váczi (2008),* [35] *Breuer (1934),* [36] *A. Lajber, pers. Mitt.,* [37] *Kárpáti (1983),* [38] *Kárpáti (1993),* [39] *Archiv FHNP,* [40] *A. Pellinger, unpubl. Daten,* [41] *A. Ambrus, unpubl. Daten,* [42] *Pellinger & Hadarics (2020a),* [43] *M. Dvorak, J. Laber & B. Wendelin, unpubl. Daten*

Michael Dvorak & Attila Pellinger

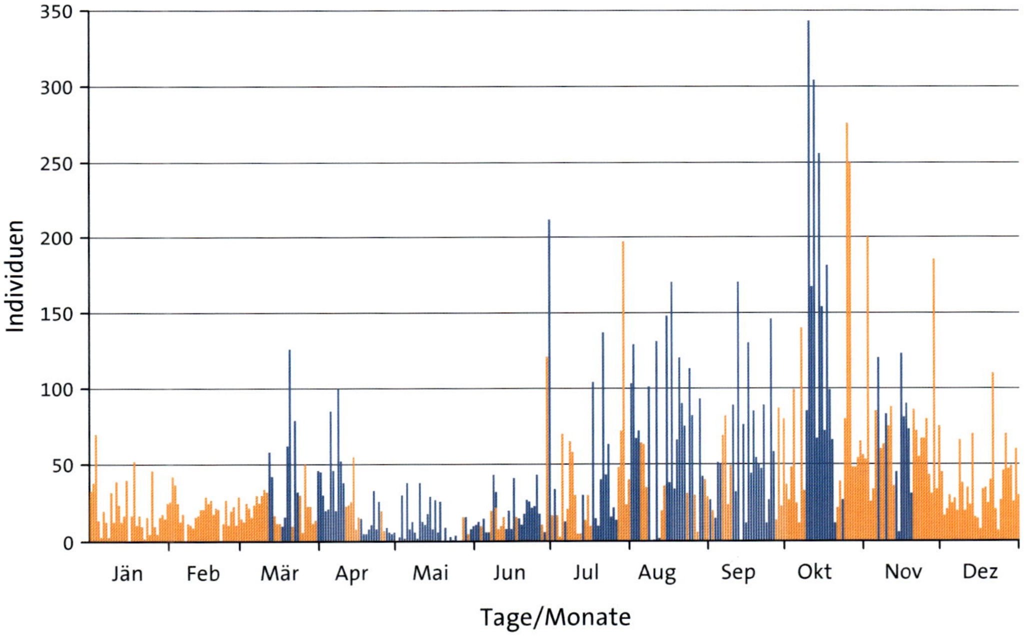

Jahreszeitliches Auftreten des Großen Brachvogels basierend auf Daten der Wasservogelzählungen aus den Jahren 2007–2018 (blaue Säulen) sowie auf Streudaten (orange Säulen) aus Österreich (n = 15.583)[28, 43].

Pfuhlschnepfe *Limosa lapponica* (Linnaeus, 1758)

Kis goda – Bar-tailed Godwit

Sehr seltener, aber alljährlicher Durchzügler, vor allem im Frühjahr deutlich spärlicher als im Herbst

Verbreitung und Lebensraum

Die Pfuhlschnepfe bevorzugt auf österreichischer Seite das Lange Lacke-Gebiet, die Stinkerseen, aber auch die Podersdorfer Pferdekoppel. Aus diesen Bereichen stammt der überwiegende Anteil der Beobachtungen der letzten drei Jahrzehnte. Aufgrund ihres Nahrungserwerbs ist die Art auch in tieferem Wasser, z.B. am Unteren Stinkersee, anzutreffen[1–3]. In Ungarn traten rastende Pfuhlschnepfen bisher ausschließlich an den Überschwemmungsflächen von Mekszikópuszta auf[4].

Bestand und Bestandsentwicklung

Zimmermann[5] führte einzelne historische Nachweise aus dem 19. Jahrhundert an, nannte aber

St. Andräer Zicksee, 16.9.2021, 1. KJ (Michael Dvorak)

keine eigenen Beobachtungen aus den frühen 1940er Jahren. Bauer et al.[6] konnten im September/Oktober 1952 ein verstärktes Auftreten mit bis zu 12 Exemplaren an der Langen Lacke feststellen. In den 1960er Jahren war die Pfuhlschnepfe ein unregelmäßiger Besucher mit maximal 10 Exemplaren im September/Oktober und Einzelvögeln im April[7]. In der Zählperiode 1995–2001 konnte die Art an 14 Zählterminen in ein bis vier Exemplaren festgestellt werden[8]. Im jüngsten Zählprogramm ab 2011 konnten bis zu 11 Exemplare gleichzeitig registriert werden[3]. Basierend auf diesen Daten hat sich der Status der Art im Gebiet in den letzten Jahrzehnten nicht geändert und es ist kein Trend erkennbar.

Die überwiegende Mehrheit der bis dato 238 Beobachtungen aus Ungarn erfolgte im Herbst zwischen Ende August und Ende Oktober und betraf hauptsächlich Jungvögel[4,9]. Die größten (in den Jahren 1991–2020 viermal festgestellten) Trupps umfassten vier Exemplare, einmal trat eine solche Gruppe sogar Ende April auf[4].

Jahreszeitliches Auftreten

Sämtliche Herbstnachweise, mit Gipfel in der ersten Septemberhälfte, betreffen Jungvögel, doch zeigen die Beobachtungen adulter Männchen am 18./19.8.1988[10] sowie am 10.9.1991[11], jeweils an der Langen Lacke, dass ausnahmsweise auch im Herbst Altvögel angetroffen werden können. Am Heimzug von Mitte April bis Anfang Juni rastet die Art noch seltener im Binnenland, sodass zu dieser Jahreszeit nicht alljährlich lediglich Einzelvögel angetroffen werden können[1–3].

Zugverhalten und Ringfunde

Die Brutvögel Westsibiriens (Jamal, Taimyr) können auf Basis morphometrischer Merkmale der Unterart *taymyrensis* zugeordnet werden[12] und weisen eine Populationsgröße von etwa 500.000 Individuen auf[13]. Diese Vögel ziehen von Taimyr über das Weiße Meer, die Ost- und Nordsee hauptsächlich an die Küsten Westafrikas. Als ausgesprochene Küstenzieher sind Pfuhlschnepfen nur sehr selten im mitteleuropäischen Binnenland anzutreffen. Trotzdem dürften regelmäßig vor allem Jungvögel von der Ostsee aus über das europäische Binnenland nach Südwesten ziehen und dann gelegentlich im Neusiedler See-Gebiet rasten. Im Vergleich zur Nominatform weist die westsibirische Population von *L. l. taimyrensis* einen deutlich sinkenden Trend auf[14,15]. Im Rahmen des langjährigen Wasservogel-Beringungsprogramms des ungarischen Nationalparks wurden in den Jahren 2009 und 2017 in Mekszikópuszta drei Exemplare beringt[16], die bisher keine Wiederfunde erbrachten.

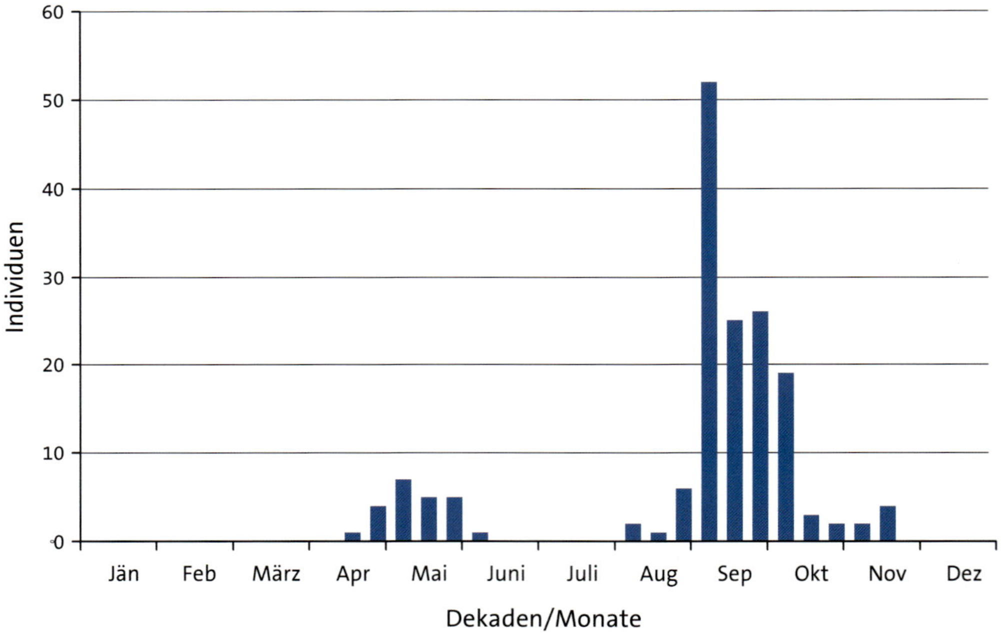

Jahreszeitliches Auftreten der Pfuhlschnepfe (Dekadensummen aller Nachweise) basierend auf Daten aus Österreich aus den Jahren 1985–2018 (n = 165)[1–3].

Quellen: [1] *Archiv BirdLife Österreich,* [2] *www.ornitho.at,* [3] *M. Dvorak, J. Laber & B. Wendelin, unpubl. Daten,* [4] *Archiv MME Sopron,* [5] *Zimmermann (1943),* [6] *Bauer et al. (1955),* [7] *Festetics & Leisler (1970),* [8] *Laber (2003),* [9] *Pellinger (2000),* [10] *A. Ranner, E. Lederer/ABÖ,* [11] *J. Laber/ABÖ,* [12] *Engelmoer & Roselaar (1998),* [13] *Wetlands International (2019),* [14] *van Roomen et al. (2015),* [15] *Wetlands International (2017),* [16] *Archiv FHNP*

Johannes Laber & Attila Pellinger

Uferschnepfe *Limosa limosa* (Linnaeus, 1758)

Nagy goda – Black-tailed Godwit

Mäßig häufiger Brutvogel, häufiger Mausergast und Durchzügler von Anfang Juni bis Anfang August

Verbreitung und Lebensraum

Brutvorkommen der Uferschnepfe bestehen nur (mehr) im Seewinkel. Vom Nord- und Westufer des Neusiedler Sees liegen aktuell keine Beobachtungen vor, die eine Brut möglich oder wahrscheinlich erscheinen lassen[1,2]. Um 1940 wurde die Art auf den Zitzmannsdorfer Wiesen, im nördlichen Lange Lacke-Gebiet mit den Wörthenlacken sowie in nicht genauer bezeichneten Gebieten bei Illmitz und Apetlon gefunden[3]. Anfang der 1990er Jahre bildeten die Zitzmannsdorfer Wiesen, das Lange Lacke-Gebiet und verschiedene Wiesengebiete südlich und östlich

Geiselsteller, Illmitz, 2.5.2015, Weibchen (Michael Dvorak)

von Apetlon immer noch die Kernvorkommen der über den gesamten Seewinkel bis in den Hanság verbreiteten Art[4]. Die Wiesengebiete südwestlich von Illmitz hatten ihre Bedeutung jedoch Ende der 1980er rasch und dauerhaft verloren[4,5]. In den 2000er Jahren konzentrierten sich die Vorkommen noch stärker auf die Zitzmannsdorfer Wiesen, das Lange Lacke-Gebiet und die Arbesthau[5]. Dieser Trend hat sich aktuell weiter verstärkt, so dass das Lange Lacke-Gebiet mittlerweile das bedeutendste Brutgebiet der Uferschnepfe im Seewinkel ist[6].

Wie die genannten Schwerpunktvorkommen zeigen, war die Uferschnepfe auch im Seewinkel ursprünglich vor allem eine Art der Mähwiesen, die aber auch kurzrasige Hutweiden besiedelte[7]. Bis in die 1990er Jahre erreichte sie in Mähwiesen höhere Dichten als in Hutweiden oder Brachen[4]. Seit den 2000er Jahren sind die Dichten jedoch in Hutweiden höher als in Mähwiesen, insbesondere in trockenen Jahren[5]. Insgesamt korreliert die, langfristig betrachtet, immer geringere Bedeutung der Wiesen offenbar mit einer Austrocknung der großen Wiesengebiete. Bereits für die 1960er Jahre wurden die Auswirkungen der großflächigen Entwässerung und des Umackerns von Feuchtwiesen auf die Uferschnepfe thematisiert[7]. Die Mauserbestände konzentrierten und konzentrieren sich stets an wenigen Lacken[4, 7, 8], was im Wesentlichen auf die Verteilung der Nahrung (Zuckmückenlarven und Knollen des Kammlaichkrauts) und der für die Nahrungssuche günstigen Wasserstände zurückzuführen ist[9]. In den letzten Jahren haben sich die Schwerpunkte gegenüber früheren Erhebungsphasen verlagert: Ehemals bedeutende Lacken, wie die Gansllacke, Fuchslochlacke, Kirchsee, Lange Lacke und Stundlacke[4, 7, 8] sind heute stark geschädigt oder zerstört und werden daher mittlerweile höchstens in einzelnen Jahren genutzt. Von herausragender Bedeutung ist (noch mehr als früher) der Illmitzer Zicksee. Neu ist hingegen die wesentliche Rolle der großen Koppeln im Seevorgelände[2, 10].

Bestand und Bestandsentwicklung

Die historischen Bestandsangaben für die Uferschnepfe sind schwer zu interpretieren. Die Ansichten reichen von kontinuierlichen Rückgängen zumindest für einen Teil dieses Zeitraums[7] bis zur Konstatierung eines eindeutigen Bestandsanstiegs in der zweiten Hälfte des 20. Jahrhundert[8]. Einige Autoren haben auf eine solche Interpretation gänzlich verzichtet[4] oder mehrere mögliche Entwicklungen diskutiert[5]. Fest steht, dass seit den 1880er Jahren immer wieder, sowohl über hohe (lokale) Bestände berichtet wurde, als auch über Phasen, in denen die Art im Gebiet selten war oder sogar gar nicht gebrütet hat[3–5, 11]. Bei aller gebotenen Vorsicht kann man den Wasserhaushalt als einen entscheidenden Parameter identifizieren: Hohe Bestände wurden fast durchwegs in Zeiten höherer Wasserstände beobachtet, während Angaben zu geringen Beständen oder zum Fehlen der Uferschnepfe zumeist in längere Trockenphasen fielen[4, 5]. Möglicherweise zeichnet sich also in den historischen Bestandsangaben weniger ein bestimmter (überregionaler) Trend ab als vielmehr ein Fluktuieren des Brutbestands in Abhängigkeit von der Attraktivität des Gebiets. Dabei überlagern sich verschiedene Entwicklungen: Entwässerung und Wiesenumbruch[6], landwirtschaftliche Grundwasserentnahmen und die damit zusammenhängende (weitere) Degradation der Salzstandorte[12] haben das Potenzial des Neusiedler See-Gebiets als Brutgebiet für die Uferschnepfe dramatisch verringert. Andererseits hat das seit der Gründung des Nationalparks verbesserte Grünland-Management Lebensräume für Wiesenlimikolen geschaffen oder verbessert. Während der Brutbestand in den 2000er Jahren durchwegs hohe Werte, ja bisweilen sogar historische Höchstwerte erreichte, setzte etwa um 2010 ein starker Rückgang ein[5]. Dieser ist nicht nur an der Zahl warnender (d. h. Junge führender) Paare zu erkennen, sondern auch an der Gesamtzahl der in den Hutweiden und Wiesen anwesenden Uferschnepfen[5, 6].

In den Jahren 2014–2019 wurden bei Zählungen nur mehr um die 50 führende Paare erfasst, weniger als die Hälfte des noch in den 2000er Jahren vorhandenen Bestands. In den letzten zwei Jahren (2020 und 2021) ist es sogar zu einer weiteren Abnahme auf nur mehr ca. 30 führende Paare gekommen[6]. Der gesamte Brutzeitbestand des Neusiedler See-Gebiets wurde für die Jahre 2014–2019 auf ca. 100 Paare geschätzt[6], dürfte aber aktuell (2020–2021) nur mehr bei 50–70 Paaren liegen, wie Zählungen Mitte April an den Lacken (vor der Besetzung der Brutplätze) zeigen[10]. Die Gründe für den Rückgang sind wahrscheinlich sowohl lokaler als auch überregionaler Natur. Lokal führt die fortgesetzte Entwässerung des Gebiets in Verbindung mit dem Klimawandel zum Ausbleiben von Überschwemmungen in Wiesengebieten bzw. zu deren verfrühter Austrocknung. Verstärkt wird dieser Trend noch durch die vermehrte landwirtschaftliche Grundwasserentnahme zwecks Beregnung von Feldern und Weingärten[12].

Überregional ist ein Zusammenbruch der Uferschnepfen-Bestände in Kontinentaleuropa zu verzeichnen[13], von dem insbesondere das Hauptbrutgebiet der Art, die Niederlande, betroffen ist: Hier hat der Bestand seit 1990 um 65 % abgenommen[13]. Auch in Deutschland ist der Rückgang massiv, die Art wird hier als vom Aussterben bedroht geführt[14]. Die Ursachen liegen in einer neuerlichen Intensivierungswelle der nordwesteuropäischen Landwirtschaft[15].

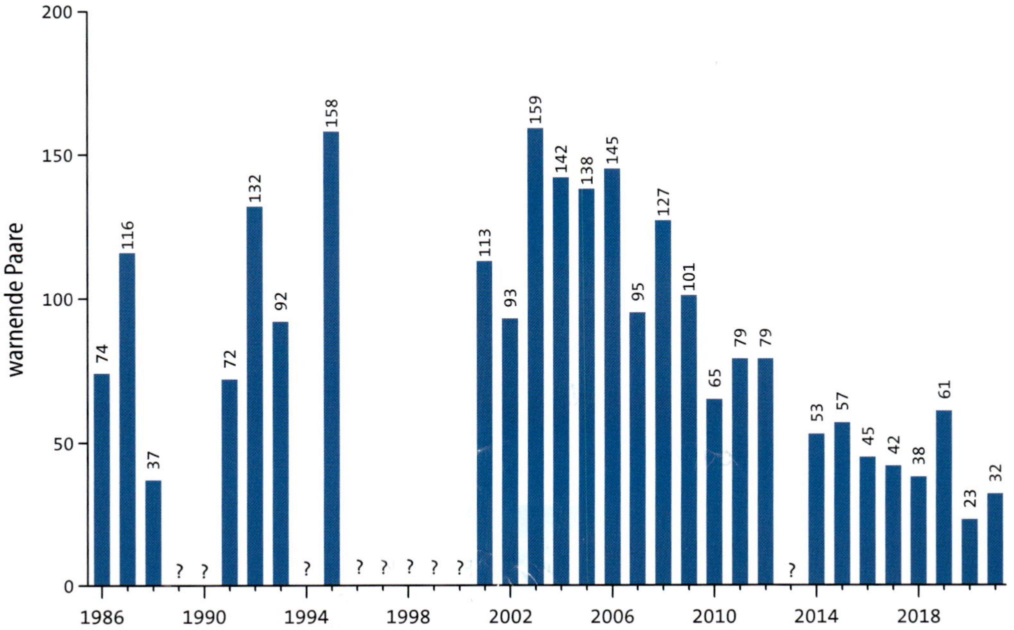

Der Brutbestand der Uferschnepfe in Österreich in den Jahren 1986–2021 (warnende Paare)[5, 6].

Auch in Osteuropa gehen die Bestände zurück, hier aber wegen der Nutzungseinstellung im Grünland[16]. Dadurch dürften wichtige Quellpopulationen für den Seewinkler Uferschnepfen-Bestand entfallen, die eine (zeitweise?) unzureichende lokale Reproduktion ausgleichen könnten. Von den untersuchten Wiesenlimikolen erreicht die Uferschnepfe im Gebiet die höchsten Schätzwerte für den Schlupferfolg. Aus acht Erhebungsjahren resultieren im Mittel 53,9 % Junge führende Paare, wobei in vier der acht Jahre Werte über 60 % erreicht wurden[6]. Der Aufzuchtserfolg und damit die Reproduktionsrate wurden bisher nicht untersucht.

Auf ungarischer Seite gibt es über ein Brutvorkommen der Uferschnepfe seit Beginn der 1980er Jahre nur einzelne Angaben aus den Hutweiden und Zickwiesen von Mekszikópuszta. In den 1970er Jahren wurde die Art nicht als Brutvogel eingestuft, die größte festgestellte Individuenzahl betrug damals lediglich 30 am 14.3.1979 auf einer Weide bei Fertőszéplak[17]. 1982 brütete ein Paar in einer Viehweide bei Mekszikópuszta, im heute überschwemmten Gebiet[18]. Nach einem niederschlagsreichen Herbst und Winter wurde am 8.4.1983 ein Trupp von 200 Vögeln im Cikes/Mekszikópuszta beobachtet[19] und eine Brut vermutet[20]. Nach der ersten Flutung des Biotop-Rekonstruktionsgebiets bei Mekszikópuszta im Frühjahr 1990 begann die Art dort zu brüten, wobei die veröffentlichte Zahl von 10 Paaren[21] eine Überschätzung darstellen dürfte. Danach haben die Vögel 4–5 Jahre lang an den Überschwemmungsflächen (Nyéki-szállás und im Cikes) gebrütet, der Bestand überschritt aber 4–5 Paare nicht[22]. Der Grund des Verschwindens als Brutvogel ist unbekannt, hängt aber wahrscheinlich mit der überregionalen Bestandsabnahme der Art zusammen, da sich die schrumpfende Population damals wohl an den (noch) günstigeren Brutstandorten auf österreichischer Seite konzentrierte.

Die Überschwemmungsgebiete bei Mekszikópuszta sind auch zu den Zugzeiten bedeutend, anderswo kann die Uferschnepfe jedoch nur gelegentlich festgestellt werden. Am Heimzug sind die Zahlen typischerweise geringer, nur in Jahren niedriger Wasserstände an den Lacken im Seewinkel sind sie höher: Maxima waren 580 Exemplare am 27.3.2012 und 416 am 23.3.2017 im Borsodi-dűlő. Auch nach der Brutperiode verweilen die Uferschnepfen über längere Zeit in den Überschwemmungsflächen, die größte dokumentierte Gruppe von 645 Individuen wurde am 17.6.2002 im Nyéki-szállás gezählt[23].

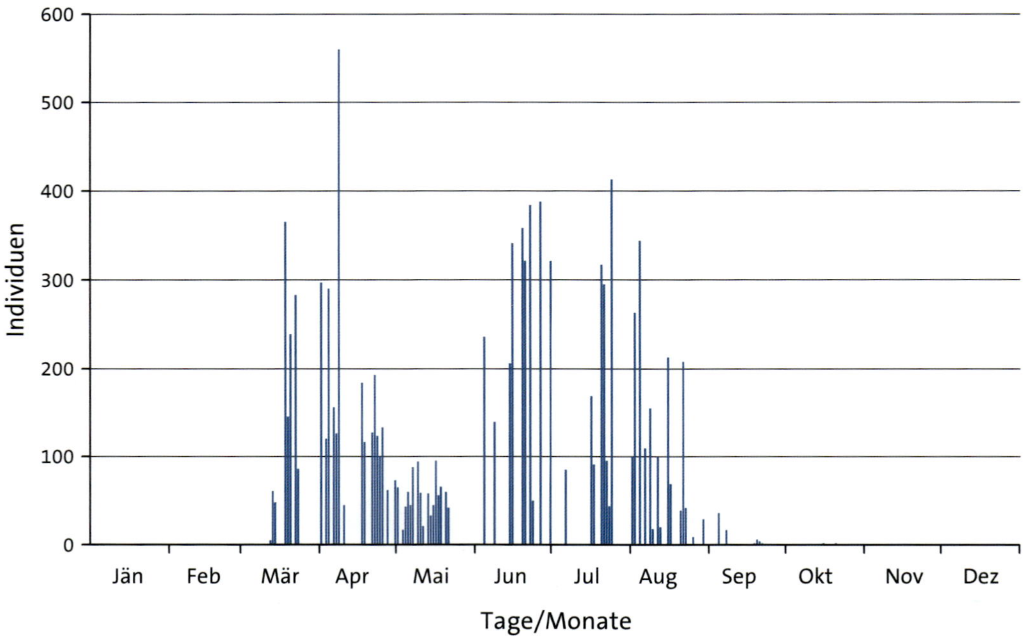

Jahreszeitliches Auftreten der Uferschnepfe im Seewinkel im Zeitraum 2011–2021 (Tagessummen) basierend auf den Wasservogelzählungen im österreichischen Gebietsteil (n = 10.929)[10].

Jahreszeitliches Auftreten

Die Phänologie der Uferschnepfe im Seewinkel ist seit vielen Jahrzehnten im Wesentlichen unverändert: Nach einem raschen Frühjahrsdurchzug mit einem Maximum im März oder Anfang April sinken die Zahlen für die Monate April und Mai auf Werte, die dem Brutbestand entsprechen. Mit der Ankunft der Mauservögel ab Juni steigen die Zahlen wieder und erreichen im Juni oder Juli ihr Maximum. Im September geht der Gebietsbestand rasch gegen null. Die Größe des Mauserbestandes im österreichischen Teil des Gebiets hat sich jedoch dramatisch verändert: Die Zahlen sind von bis zu 1.500 mausernden Uferschnepfen in den 1960er Jahren[7, 24] über 500–900 um die Jahrtausendwende[8] auf nur mehr 250–350 in den Jahren 2016–2019 und aktuell (2020–2021) nur mehr 100–150 Individuen gesunken[10]. Ob dies tatsächlich im Wesentlichen darauf zurückzuführen ist, dass die Brutbestände, aus denen die Seewinkler Mauservögel stammen, abnehmen[8], oder ob in den Zahlen (auch) die Degradation ehemals wichtiger Seewinkel-Lacken ihren Niederschlag findet, ist nicht geklärt. Die im ungarischen Teil festgestellten Maxima in trockenen Jahren weisen zumindest auf einen gewissen Beitrag lokaler Faktoren hin. Auffällig ist auch, dass die Frühjahrsbestände im selben Zeitraum zwar sehr stark geschwankt, aber nicht abgenommen haben[8, 10].

Zugverhalten und Ringfunde

Frühjahrsdurchzügler stammten aus Friesland/Niederlande bzw. aus dem Raum Oulu/Finnland (je ein Individuum), Mausergäste aus dem Raum Oulu/Finnland (zwei Individuen). Eine finnische Uferschnepfe wurde sowohl am Frühjahrszug als auch während der Mauserzeit beobachtet[25]. Der dokumentierte Zugweg des niederländischen Vogels ist bemerkenswert: Beringt am 15.5.2003 in Friesland, abgelesen am 28.7.2003 in NW-Frankreich, am 13.3.2005 in W-Frankreich, am 12.4.2005 in Mekszikópuszta/Ungarn und am 26.6.2005 im niederländischen Brutgebiet[25]. Es liegt nahe, das Auftreten im Seewinkel nicht auf einen üblichen Zugweg, sondern auf außergewöhnliche Umstände zurückzuführen. Die finnischen Brutvögel liefern hingegen eine – wenn auch anekdotische – Bestätigung für die Annahme, dass die im Seewinkel mausernden Uferschnepfen aus nordosteuropäischen Brutgebieten stammen.

Quellen: *[1] Archiv BirdLife Österreich, [2] www.ornihto.at, [3] Zimmermann (1943), [4] Kohler & Rauer (1994b), [5] Dvorak et al. (2016), [6] G. Bieringer, B. Kohler & G. Rauer unpubl. Daten, [7] Festetics & Leisler (1970), [8] Laber (2003), [9] Rauer (1986), [10] M. Dvorak, J. Laber & B. Wendelin, unpubl. Daten, [11] Glutz von Blotzheim et al. (1977), [12] Krachler et al. (2012), [13] AEWA (2020), [14] Grüneberg et al. (2015), [15] Roodbergen & Teunissen (2019), [16] Mischenko & Sukhanova (2016), [17] Kárpáti (1983a), [18] Traser (1982), [19] Kárpáti (1984a), [20] Kárpáti (1986), [21] Kárpáti (1993), [22] Pellinger & Hadarics (2020d), [23] Archiv FHNP, [24] Winkler & Herzig-Straschil (1981), [25] Vogelberingungszentrale BirdLife Ungarn, unpubl. Ringfunde*

Georg Bieringer, Bernhard Kohler & Attila Pellinger

Steinwälzer *Arenaria interpres* (Linnaeus, 1758)

Kőforgató – Ruddy Turnstone

Sehr seltener, alljährlicher Durchzügler vor allem im Mai sowie von August bis September

Verbreitung und Lebensraum

Noch stärker als der Sanderling zeigt der Steinwälzer im österreichischen Neusiedler See-Gebiet eine Bevorzugung von kiesigen Ufern, wie er sie z. B. am Darscho oder an der Podersdorfer Pferdekoppel findet. Dementsprechend stammen von hier je 7 % aller im Rahmen der Wasservogelzählungen 2011–2018 beobachteten Individuen. Auch an den größeren Lacken, wie Lange Lacke (32 %), Oberer Stinkersee (16 %) oder Illmitzer Zicksee (11 %) bevorzugt die Art diejenigen Uferabschnitte, die von Grundwassereintritten (bei hohem Grundwasserstand)

Darscho, Apetlon, 16.9.2016, 1. KJ (Michael Dvorak)

beeinflusst sind und somit weniger Schluffanteil aufweisen, wie z. B. das Ostufer der Langen Lacke. In den letzten Jahren wird auch verstärkt die Graurinderkoppel (16 %) genutzt [1]. In Ungarn entfällt ein Teil der Frühjahrsbeobachtungen auf überschwemmte Wiesen, wo die Vögel aber leicht zu übersehen sind [2].

Bestand und Bestandsentwicklung

In der älteren Literatur des 20. Jahrhunderts wurde die Art als spärlicher Durchzügler bezeichnet. Zimmermann [3] führte vier historische Nachweise aus Sammlungen sowie eine Beobachtung aus dem Jahr 1940 an. Bauer et al.[4] erwähnten einige Nachweise vom September 1952 sowie eine ältere Beobachtung aus dem Jahr 1941. In den 1960er Jahren wurde der Steinwälzer dann als regelmäßiger Besucher eingestuft, mit einem Tagesmaximalwert von acht Exemplaren; auch die Phänologie entsprach den heutigen Verhältnissen [5]. Beobachtungen aus den Jahren 1963–1972 ergaben einen ähnlichen Zugablauf mit allerdings vergleichsweise geringen Tagesmaxima, mit drei Individuen im Frühjahr und vier am Herbstzug [6]. In der Zählperiode 1995–2001 konnten maximale Tageswerte von sieben im Frühjahr (Mai) und sechs im Herbst (September) festgestellt werden. Lediglich Ende Mai 1995 kam es auf ungarischer Seite zu einem Einflug von maximal 23 adulten Steinwälzern [7]. Im jüngsten Zählprogramm ab 2011 konnten im Frühjahr bis zu acht und im Herbst bis zu 15 Exemplare als Tagesmaximum festgestellt werden [1].

Der erste bekannte Nachweis von ungarischer Seite stammt vom 9.8.1978 (1 Ind. in der Vogelwarte-Bucht) [8]. 20 Jahre später spazierte ein Jungvogel, der auch gefangen und beringt wurde, von 10.8.–16.8.1998 am Strand von Fertőrákos zwischen den Leuten herum. Am 26.8.2002 wurden wiederum in Fertőrákos drei Jungvögel entdeckt [2]. Abgesehen von diesen drei Nachweisen stammen alle weiteren 375 Meldungen von den Überschwemmungsflächen bei Mekszikópuszta. 57 % der Beobachtungen betrafen einzelne Vögel [2], die größte Gruppe (23 Ex.) wurde am 23.5.1995 im Pap-rét beobachtet [9]. Adulte Steinwälzer in Prachtkleid kommen im Mai ins Gebiet, zumeist sind es 1–2 Vögel, die nicht lange verweilen [10]. Ab August sind die Jungvögel gewöhnlich in kleineren Gruppen anwesend und diese rasten, wie Beobachtungen markierter Vögel zeigen, in der Regel nur kurz im Gebiet, obwohl manche Vögel auch über Wochen verweilen [13].

Jahreszeitliches Auftreten

Der Heimzug erfolgt recht konzentriert im Mai, nur ausnahmsweise können bereits Ende April die ersten Vögel beobachtet werden. Am Wegzug dominieren eindeutig die Jungvögel, deren Maximum Anfang September erreicht wird. Altvögel werden vereinzelt von Ende Juli bis Mitte August beobachtet [1, 11, 12].

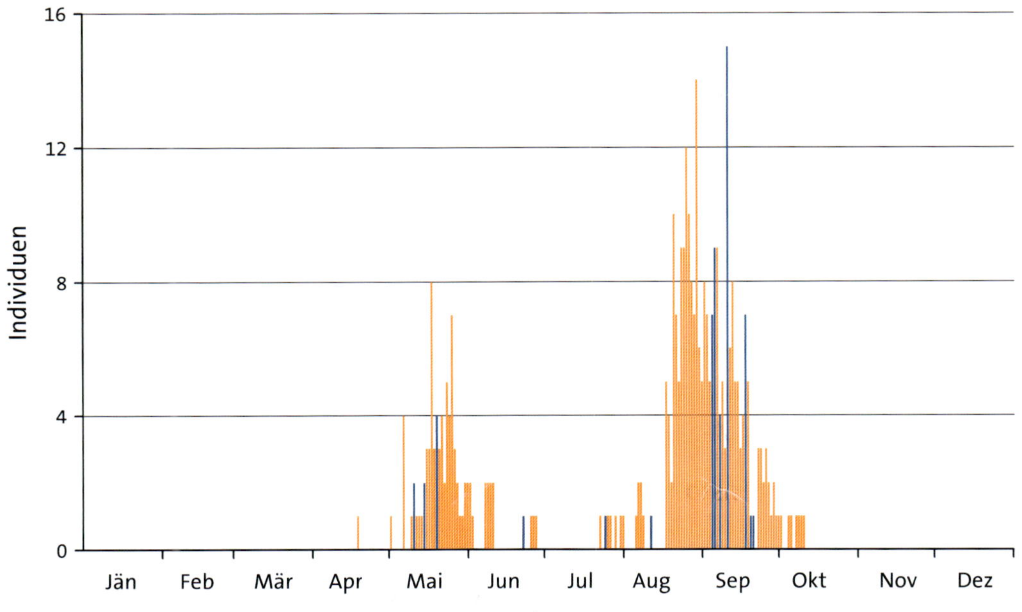

Jahreszeitliches Auftreten des Steinwälzers (Tagessummen) basierend auf Daten der Wasservogelzählungen (blaue Säulen) sowie Streudaten (orange Säulen) aus Österreich aus den Jahren 2011–2018 (n = 300) [1, 11, 12].

Zugverhalten und Ringfunde

Die Seewinkler Durchzügler könnten zur nordeuropäischen, nordwest-russischen Population gehören. Diese Population der Nominatform besteht aus 48.000 bis 111.000 Vögeln bei fluktuierendem, leicht sinkendem Trend [14]. Vögel dieser Population ziehen an die Küsten Westafrikas, wobei die meisten von ihnen nördlich des Golfes von Guinea bleiben [15]. Unter vielen in Finnland und Schweden beringten Vögeln gelangen alle europäischen Wiederfunde westlich von Italien, sodass für die Seewinkler Durchzügler angenommen werden muss, dass sie aus weiter nordöstlich gelegenen Brutgebieten stammen. Für eine ausgesprochen nordische, eventuell sibirische Herkunft spricht auch der späte Durchzugsgipfel um den 20. Mai. Die sibirische Population, die auf Taimyr und ostwärts brütet, überwintert am östlichen Mittelmeer, im arabischen Raum und in Ostafrika. Wo in Mitteleuropa die Grenze zwischen den beiden Zugpopulationen verläuft, ist derzeit nicht geklärt [15].

Bis zum Jahr 2021 wurden in Mekszikópuszta insgesamt 56 Jungvögel im Spätsommer und im Herbst beringt [13]. Der einzige Wiederfund betrifft einen am 4.9.2021 markierten Vogel, der am 13.9. im Südwesten des Gardasees (Italien) abgelesen wurde [16].

Quellen: *[1] M. Dvorak, J. Laber & B. Wendelin, unpubl. Daten, [2] Archiv MME Sopron, [3] Zimmermann (1943), [4] Bauer et al. (1955), [5] Festetics & Leisler (1970), [6] Winkler & Herzig-Straschil (1981), [7] Laber (2003), [8] Kárpáti (1983a), [9] T. Hadarics, unpubl. Daten, [10] Pellinger & Hadarics (2020e), [11] Archiv BirdLife Österreich, [12] www.ornitho.at, [13] Datenbank des FHNPI, [14] Wetlands International (2019), [15] Delany et al. (2009), [16] Vogelberingungszentrale BirdLife Ungarn, unpubl. Ringfund*

Johannes Laber & Attila Pellinger

Knutt *Calidris canutus* (Linnaeus, 1758)

Sarki partfutó – Red Knot

Darscho, Apetlon 24.8.2019, 1. KJ (Peter Frießer)

Seltener Durchzügler im September und Oktober (v. a. Jungvögel), sehr seltener Gast im Mai

Verbreitung und Lebensraum

Der Knutt bevorzugt im Seewinkel die größeren Lacken mit ihren ausgedehnten Schlamm- und Flachwasserbereichen. Die bedeutendsten Rastplätze sind die Lange Lacke, die Fuchslochlacke, der Illmitzer Zicksee und der Obere Stinkersee. Letzterer beherbergte erstaunliche 35 % aller Individuen, die im Rahmen der Wasservogel-Zählungen ab 2011 erfasst wurden. Je nach Wasserstand werden darüber hinaus die ausgedehnten, überschwemmten Koppeln genutzt, wobei auf die Graurinderkoppel 23 % aller gezählten Individuen entfallen. Knutts zeigen aber auch eine gewisse Vorliebe für sandiges, schottriges Substrat und können daher auch öfters am Darscho oder an der Podersdorfer Pferdekoppel beobachtet werden. Zumeist halten sich die Vögel in gemischten Strandläufertrupps, v. a. unter Alpenstrandläufern, auf. Sie können aber auch einzeln oder in loser Gesellschaft von Kampfläufern beobachtet werden [1].

Bestand und Bestandsentwicklung

In der älteren Literatur aus der Mitte des 20. Jahrhunderts wurde die Art als spärlicher Durchzügler bezeichnet. Zimmermann [2] führte vier Nachweise aus dem 19. Jahrhundert an, konnte die Art aber selbst nicht feststellen. Bauer et al. [3] nannten für die frühen 1950er Jahre zumindest 10 Nachweise, darunter lediglich einen Frühjahrsnachweis. Auch in den 1960ern und frühen 1970er Jahren trat die Art nur unregelmäßig in einzelnen Vögeln im September auf [4, 5]. In der Zählperiode 1995–2001 konnten am Wegzug maximal acht Jungvögel festgestellt werden [6]. Im jüngsten Zählprogramm ab 2011 konnten jedoch auf österreichischer Seite sogar bis zu 15 Jungvögel als Tagesmaximum festgestellt werden [1]. In Summe ist das Auftreten jedoch weitgehend ident mit den früheren Zählungen. Die Größenordnung des Jungvogelzugs schwankt von Jahr zu Jahr erheblich in Abhängigkeit vom Bruterfolg in der sibirischen Tundra. Da der Knutt in den letzten Jahrzehnten einem starken Rückgang unterlag [7], widerspricht das vermehrte Auftreten im Seewinkel ab den 1990er Jahre diesem Trend. Ob die erhöhte Beobachtungsintensität durch die langjährigen, systematischen Erhebungen ab 1995 der alleinige Grund für die starke Zunahme der Nachweise und den Anstieg der Truppgrößen ist, muss offenbleiben.

Aus dem ungarischen Teil des Neusiedler See-Gebiets gelang vor der Öffnung des Eisernen Vorhangs nur ein einziger Nachweis von zwei Exemplaren am 29.8.1976 in der Madárvárta-Bucht [8], wobei die Art auch damals sicherlich an weiteren, der Öffentlichkeit nicht zugänglichen Stellen vorkam. So konnten Knutts an den heute trocken gelegten Absetzteichen der Zuckerfabrik Petőháza (nur ca. 10 km von Mekszikópuszta entfernt) in den Jahren 1990, 1991 und 2003 beobachtet werden [9]. Der erste Nachweis von den Überschwemmungsgebieten bei Mekszikópuszta stammt aus dem Jahr 1993 [10], bis heute sind rund 250 Nachweise bekannt. Die meisten Beobachtungen betreffen Jungvögel im Spätsommer, im Frühherbst wurden sogar kleine Gruppen von maximal acht Individuen festgestellt [9].

Jahreszeitliches Auftreten

Das praktische Fehlen des Frühjahrszugs unterscheidet den Seewinkel deutlich von weiter westlich gelegenen Gebieten, wie jenen der Schweiz, wo der Frühjahrszug zwar auch etwas schwächer ist als der Herbstzug, aber bei weitem nicht so eklatant [10]. Im Seewinkel dominiert eindeutig der Herbstzug der Jungvögel, der Zug der Altvögel ist unbedeutend und betrifft lediglich Einzelvögel im Juli und Anfang August. Die unterschiedliche Zugstrategie von Alt- und Jungvögeln vieler arktischer Limikolen am Wegzug, nämlich die Neigung der Adulten zu längeren Nonstop-Flügen über das Binnenland, erklärt das starke Überwiegen von Jungvögeln im Seewinkel. Sollte der Seewinkel, wie unten ausgeführt, Teil des Zugwegs der im östlichen Mittelmeer überwinternden Knutts sein, so ist jedenfalls zu erwarten, dass diese im Frühjahr auf einem direkten (also weiter östlich gelegenen) Weg zurück nach Sibirien fliegen. Dies würde das weitgehende Fehlen der Art am Heimzug erklären.

Zugverhalten und Ringfunde

Die auf der Taimyr-Halbinsel in der russischen

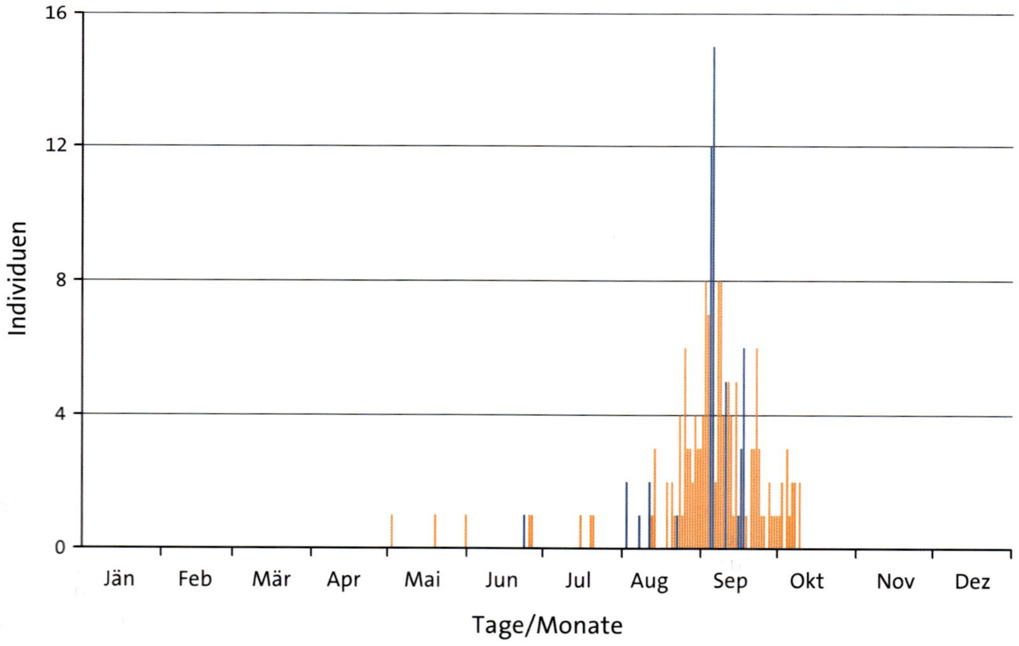

Jahreszeitliches Auftreten des Knutts (Tagessummen) basierend auf Daten der Wasservogelzählungen (blaue Säulen) sowie Streudaten (rote Säulen) aus Österreich aus den Jahren 2011–2018 (n = 187) [1, 16, 17].

Arktis brütenden Knutts ziehen entlang der Küste ins Wattenmeer und von dort entlang der Atlantikküste an die afrikanische Küste von Marokko bis zum Golf von Guinea und teils bis Südafrika [11]. Die gesamte Population von *C. c. canutus* wird aktuell auf etwa 250.000 Exemplare geschätzt und unterliegt einem starken Rückgang innerhalb der letzten Jahrzehnte [7]. Wurden an den afrikanischen Überwinterungsplätzen in den 1980er Jahren noch mehr als eine halbe Million gezählt, so sank die Zahl mittlerweile auf die Hälfte [12, 13]. Abseits dieses Hauptzugwegs überwintern alljährlich einige Vögel auch am östlichen Mittelmeer und am südlichen Schwarzen Meer. Ihre Zugwege sind dabei weitgehend unklar. Derzeit werden diese Vögel der Nominatform zugeschrieben, erst zukünftige Untersuchungen werden zeigen, ob es sich um eine eigene Population mit schlechtem Erhaltungszustand handelt [13]. Dementsprechend unklar ist auch die Zugehörigkeit der Seewinkler Durchzügler. Wurde früher davon ausgegangen, dass es sich bei diesen Vögeln um Individuen handelte, die von ihrem klassischen Küstenweg nach Westafrika abgekommen sind, so lässt die neue Erkenntnis betreffend einer kleinen Überwinterungspopulation im östlichen Mittelmeer auch den Schluss zu, dass die Vögel den Seewinkel regelmäßig auf ihrem Binnenlandzug entlang des Black Sea/Mediterranean Flyways aufsuchen. Die beiden Fernfunde von auf ungarischer Seite beringten Vögeln liefern diesbezüglich keine Erklärung.

In Mekszikópuszta wurden im Zeitraum 1993–2021 44 Individuen beringt [14] und die Beobachtungen markierter und unmarkierter Vögel zeigen, dass der Knutt in höherer Zahl durch das Gebiet zieht, als bislang durch die Wasservogelzählungen gezeigt werden konnte. Ein Vogel konnte am Heimzug in Nordnorwegen abgelesen werden, ein zweiter wurde am Wegzug, 10 Tage nachdem er am Neusiedler See beringt wurde, im Südosten Englands wiedergefunden, was sogar auf eine grönländische Herkunft deuten könnte. Weiters gibt es einen Ringfund aus Nordfrankreich in der Nähe von Calais vom 29.10.2003 aus einer Entfernung von 1.055 km [15].

Quellen: [1] *M. Dvorak, J. Laber & B. Wendelin, unpubl. Daten,* [2] *Zimmermann (1943),* [3] *Bauer et al. (1955),* [4] *Festetics & Leisler (1970),* [5] *Winkler & Herzig-Straschil (1981),* [6] *Laber (2003),* [7] *Wetlands International (2019),* [8] *Kárpáti (1983a),* [9] *Archiv MME Sopron,* [10] *Pellinger (2000),* [11] *van Roomen et al. (2015),* [12] *Wetlands International (2017),* [13] *Stroud et al. (2010),* [14] *Datenbank des FHNPI,* [15] *Vogelberingungszentrale BirdLife Ungarn, unpubl. Ringfunde,* [16] *Archiv BirdLife Österreich,* [17] *www.ornitho.at*

Johannes Laber & Attila Pellinger

Kampfläufer *Calidris pugnax* (Linnaeus, 1758)

Pajzsoscankó – Ruff

Frauenkirchen, 1.5.2019, Männchen (Leander Khil)

Sehr häufiger Durchzügler mit Maxima von 3.000–7.000 Exemplaren von Mitte März bis Mitte Mai sowie von Juli bis September

Verbreitung und Lebensraum

Kampfläufer sind auf österreichischer Seite sowohl an den Lacken als auch in Wiesengebieten anzutreffen. Überschwemmte Mähwiesen, z.B. im Arbesthau, werden vor allem von den im März und Anfang April durchziehenden Männchen bevorzugt. Zu dieser Zeit werden auch frisch bearbeitete Äcker zur Nahrungssuche angeflogen. Die seenahen Koppeln und Lacken sind ganzjährig beliebt. Im Rahmen der Wasservogelzählungen ab 2011 lagen die Schwerpunkte der Art vor allem an der Graurinderkoppel (15 % aller beobachteten Individuen), an der Lange Lacke (10 %) und an der Östlichen Wörthenlacke (8 %). Eine gewisse Bedeutung hatten auch noch das Sandeck und die Wasserstätten (7 % bzw. 6 %) [1].

Der überwiegende Teil der Nachweise in Ungarn stammt von den Salzwiesen südöstlich des Neusiedler Sees und den Überschwemmungsgebieten von Mekszikópuszta. Diese sind die bedeutendsten Rast- und Nächtigungsplätze des Kampfläufers, Nahrung suchende Trupps nutzen aber auch 5–10 km entfernte Wiesen im Hanság und im Herbst, in niederschlagsreichen Jahren, auch Äcker mit Stauwasser oder Mais-Stoppelfelder. Bei niedrigem Wasserstand nutzen sie, zusammen mit anderen Limikolen, regelmäßig auch die Schlammflächen im Schilfgürtel und die Ränder der Buchten [2]. Auch seicht überschwemmte Wiesen sind sehr anziehend für Kampfläufer. In Mekszikópuszta wurden um die Wende der 1970er und 1980er Jahre nach der Schneeschmelze Gruppen von 150–400 Individuen beobachtet [3].

Bestand und Bestandsentwicklung

Der Kampfläufer war bis Mitte des 20. Jahrhunderts Brutvogel im Seewinkel, wie groß und wie regelmäßig besetzt dieses Vorkommen war, ist jedoch unbekannt. Um 1880 soll er *„in bedeutender Zahl“* am Ostufer des Sees gebrütet haben [4], eine Aussage, die im Juni 1885 durch einen Nestfund von O. Reiser gestützt wurde [5]. Am 9.6.1940 gelang Zimmermann [5] am Illmitzer Zicksee ein weiterer Gelegefund und 1935 stellte O. Koenig eine Brut an der Langen Lacke fest [6], ein Nachweis dessen Aussagekraft jedoch von Seitz [7] bezweifelt wurde. Ein weiterer Brutnachweis durch den Fund kleiner Jungvögel gelang am 4.6.1955 in einer Sumpfwiese südlich von Gols [8]. Am Durchzug waren nach Angaben aus den 1940er und 1950er Jahren im Frühjahr maximal 150 bis 500 und im Herbst maximal 30 Exemplare anzutreffen [5, 9]. In den 1960er Jahren wurden hingegen für den Seewinkel Tagessummen von 5.000–10.000 Exemplaren im April und 1.000–2.000 Ende Juli/Anfang August angegeben, dies aber wurde – unter Bezug auf die ältere Literatur – als Entwicklung der letzten Jahre bezeichnet [10]. Ob diese Steigerung tatsächlich in diesem Ausmaß stattgefunden hat, ist aus heutiger Sicht nicht mehr zu beurteilen.

In den Jahren 1995–2001 konnten dann bei systematischen Zählungen deutlich höhere Zahlen festgestellt werden, mit bis zu 11.000 Exemplaren am Heimzug Anfang April und maximal 3.000–4.000 am Wegzug im Juli [11]. Im jüngsten Zählprogramm ab 2011 blieben die Tagessummen im Frühjahr unter diesen Werten mit maximal 7.000 Kampfläufern im April, dafür wurde aber am Wegzug im Juli mit maximal 6.000 Individuen ein neuer Maximalwert für das Gebiet erreicht [1]. Tendenziell zeigt sich damit, dass die Ansammlungen adulter Männchen Ende März/Anfang April rückläufig sind, dafür der Heimzug der Weibchen mit Gipfel in der letzten April- und ersten Maidekade zunimmt. Ebenso zeigt der Altvogelzug im Juli bzw. Anfang August einen klar steigenden Trend. Der auffällig starke Durchzug der Weibchen im Frühjahr ist jedenfalls ein Phänomen der letzten Jahre, das mit einer Zunahme der Vögel der östlichen Zugrouten, die zu den zentral- und ostsibirischen Brutplätzen führen, erklärt werden kann[12]. Die Art nimmt derzeit jedenfalls im westlichen Teil des Verbreitungsgebiets stark ab, was sich auch in einem starken Rückgang der durchziehenden Kampfläufer in Nordwesteuropa widerspiegelt[12]. Der starke Rückgang der im gemäßigten Klima brütenden Kampfläufer wird neben Lebensraumverlusten durch die Intensivierung der Grünlandbewirtschaftung auch dem Klimawandel und einer damit in Zusammenhang stehenden Verlagerung des Brutschwerpunktes nach Nordosten zugeschrieben[13].

In Ungarn weisen die Zahlen des Kampfläufers eine abnehmende Tendenz auf. Ende der 1980er Jahre wurden im Frühjahr Scharen von 8.000–10.000 Vögeln in Mekszikópuszta gezählt, nach der Jahrtausendwende wurden nur mehr sehr selten 3.000 erreicht[14].

Jahreszeitliches Auftreten

Der Frühjahrszug beginnt im Seewinkel bereits Ende Februar und gipfelt normalerweise Anfang April. Die Scharen Anfang April werden zu etwa 90 % von Männchen gebildet. Erst in der zweiten Aprilhälfte ist das Geschlechterverhältnis ausgeglichen bzw. überwiegen gegen Ende des Monats die Weibchen. Offensichtlich wird der Seewinkel von Männchen für die Mauser des Kleingefieders genutzt, was auch für andere „Erstlandeplätze" am Heimzug vermutet wird[11,12]. Bis Mitte Mai sinken die Zahlen dann rasch auf unter 1.000 Individuen. Der Wegzug der Altvögel erreicht bereits im Juli das Maximum. Der Jungvogelzug im September ist im Gebiet eher unauffällig mit maximal 500 Exemplaren. Einzelne Nachzügler können noch den ganzen November und ausnahmsweise bis Dezember beobachtet werden. Teilweise versuchen, zumeist verletzte, Vögel zu überwintern, was jedoch nur ausnahmsweise erfolgreich sein dürfte.

Zugverhalten und Ringfunde

Von ihren Brutplätzen ziehen die Kampfläufer über zwei Zugwege in die Winterquartiere nach Westafrika, davon verläuft der östliche über Weißrussland und das Pannonikum. Von den im Neusiedler See-Gebiet beringten und farbmarkierten Kampfläufern gibt es einige wenige Wiederfunde aus dem Ausland bzw. Ablesungen von in anderen Gebieten markierten Vögeln[11,16]. Die Überwinterungsgebiete liegen demnach in Westafrika südlich der Sahara, von wo aber bislang nur eine einzige Rückmeldung vom 16.1.2022 aus dem Diawling National Park im Senegal, 4.620 km entfernt, stammt. Am Zug gibt es Funde aus Tunesien, Italien und Deutschland. Ein bemerkenswerter Fernfund eines am Neusiedler See beringten Vogels gelang am 20.5.2010 in Nordwestsibirien am Mittellauf der Petschora, der die nordöstliche Herkunft zumindest mancher Kampfläufer unterstreicht. Am Weg nach Sibirien gelangen im April ebenfalls Fernfunde: Ein am 16.4.2015 markiertes adultes Männchen im weißrussischen Turov (919 km) und ein Exemplar, das in Svencele/Litauen (917 km) abgelesen wurde[16]. Letzteres wurde ein Jahr später auch am Ort der Beringung wieder gesehen[17]. Neben diesen Belegen für den östlichen Zugweg gibt es aber auch acht Funde von in den Niederlanden am Heimzug farbberingten Vögeln, die in einem der folgenden Jahre am Neusiedler See abgelesen wurden. Wiederfunde aus Frankreich und Schweden (nicht aus derselben Zugsaison)[16] dürften ebenfalls dem westlichen Zugweg zuzuordnen sein. Kampfläufer haben jedenfalls komplexe Zugsysteme, die jährlich stark variieren können. Die Verlagerung der Hauptzugwege von der westlichen Route auf die östliche ist jedenfalls ein Phänomen der letzten wenigen Jahrzehnte und verdient international auch zukünftig verstärkte Aufmerksamkeit[15].

Quellen: [1] *M. Dvorak, J. Laber & B. Wendelin, unpubl. Daten,* [2] *A. Pellinger, unpubl. Daten,* [3] *Kárpáti (1983a),* [4] *Fászl (1883),* [5] *Zimmermann (1943),* [6] *Koenig (1935),* [7] *Seitz (1943),* [8] *Gauckler & Kraus (1955),* [9] *Bauer et al. (1955),* [10] *Festetics & Leisler (1970),* [11] *Laber (2003),* [12] *Meltofte & Clausen (2016),* [13] *Zöckler (2002),* [14] *Pellinger & Hadarics (2020a),* [15] *Delany et al. (2009),* [16] *Vogelberingungszentrale BirdLife Ungarn, unpubl. Ringfunde,* [17] *Pellinger & Hadarics (2020e).*

Johannes Laber & Attila Pellinger

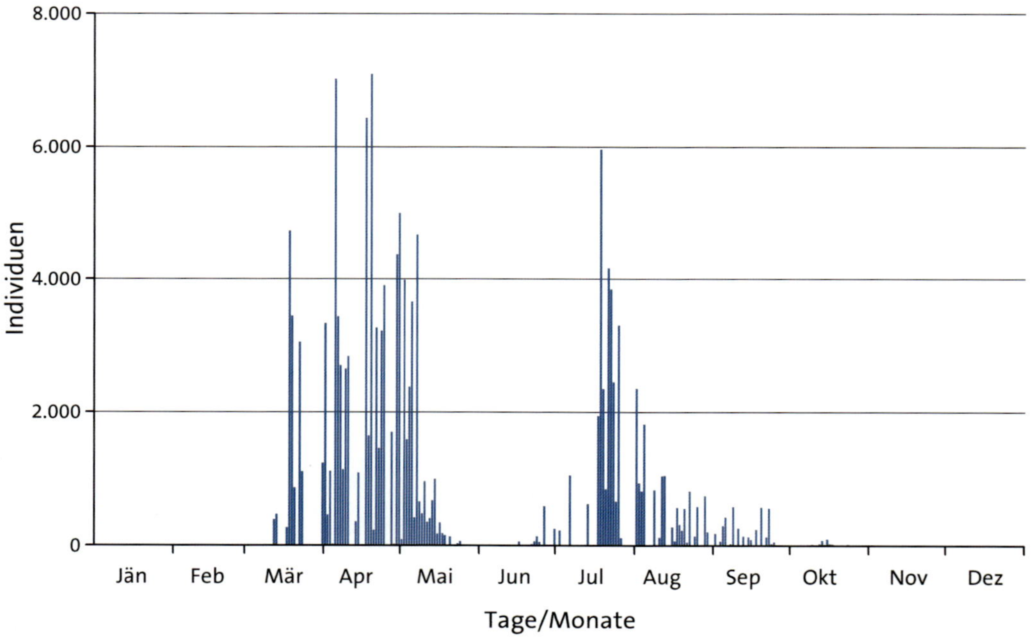

Jahreszeitliches Auftreten des Kampfläufers (Tagessummen) basierend auf Daten der Wasservogelzählungen in Österreich aus den Jahren 2011–2018 (n = 149.321)[1].

Sumpfläufer *Calidris falcinellus* (Pontoppidan, 1763)

Sárjáró – Broad-billed Sandpiper

Sehr seltener, regelmäßiger Durchzügler vor allem im Mai und August

Verbreitung und Lebensraum

Im Neusiedler See-Gebiet kann der Sumpfläufer sowohl auf ausgedehnten Schlammflächen der größeren Lacken bzw. Koppeln (vergesellschaftet z. B. mit Alpenstrandläufern), als auch einzeln an kleineren, leicht verkrauteten Lacken beobachtet werden. Im Rahmen des Wasservogel-Monitorings ab 2011 konnte die Art in Österreich vor allem an der Graurinderkoppel (46 % aller beobachteten Individuen), an der Langen Lacke (17 %) sowie an den Wasserstätten (13 %) festgestellt werden. Eine gewisse Bedeutung hatten auch noch der Illmitzer Zicksee und die Obere Halbjochlacke (8 % bzw. 6 %)[1]. Auf ungarischer Seite ist der Sumpfläufer im Feuchtgebiets-Renaturierungsgebiet von Mekszikópuszta ein regelmäßiger Durchzügler in geringer Zahl.

Bestand und Bestandsentwicklung

In der älteren Literatur wurde der Sumpfläufer für die Mitte des 20. Jahrhunderts als spärlicher Durchzügler bezeichnet. Zimmermann[2] führte drei Nachweise vom Beginn des 20. Jahrhunderts an und Anfang der 1950er Jahre konnten Bauer et al.[3] die Art *„trotz aller Aufmerksamkeit"* nicht feststellen. Zehn Jahre später wurde der Sumpfläufer als unregelmäßiger Besucher eingestuft[4], mit fast alljährlicher Feststellung einzelner Individuen. In den Jahren 1963–1972 gelang lediglich ein Frühjahrsnachweis, der Jungvogelzug im August zeigte mit maximal neun Exemplaren allerdings schon ein mit den heutigen Verhältnissen vergleichbares Bild[5]. Die systematischen Zählungen der Jahre 1995–2001 ergaben ein ähnliches Bild mit einem geringen Frühjahrszug (max. 3 Ex.), einem vernachlässigbarem Herbstzug von Altvögeln und einem ausgeprägten Jungvogelzug von bis zu acht Exemplaren im August[6]. Im jüngsten Zählprogramm ab 2011 konnte nun erstmals ein ausgeprägter Frühjahrszug festgestellt werden, mit bemerkenswerten Tagesmaxima von etwa 10, ausnahmsweise 22 Vögeln. Auch der Jungvogelzug im August war mit bis zu 12 Exemplaren gut ausgeprägt[1]. Insbesondere das verstärkte Auftreten am Heimzug dürfte kein der höheren

Beobachterdichte geschuldetes Artefakt sein. Diese positive Entwicklung steht allerdings im Widerspruch zum sinkenden Trend in den nordeuropäischen Brutgebieten mit einem jährlichen Rückgang um 5,6%[7].

In Ungarn gab es vor der Schaffung der Überschwemmungsflächen bei Mekszikópuszta keinen für die Art geeigneten Lebensraum, vor 1992 wurde daher nur ein Nachweis bekannt. In den 30 Jahren danach trat der Sumpfläufer hingegen fast jedes Jahr auf, nur 2000 und 2011 gab es keine Meldungen. Am Frühjahrszug wurde die Art nur in der Hälfte der Jahre festgestellt, am Herbstzug gelangen hingegen nur in fünf Jahren keine Beobachtungen[8]. Das Tagesmaximum am Frühjahrszug waren 12 Individuen am 22.5.2012 am Nyéki-szállás bei Mekszikópuszta[9], während im Herbst maximal sechs Sumpfläufer am 10.8.2013 am Borsodi-dűlő festgestellt wurden[9].

St. Andräer Zicksee, 1.6.2020 (Klemens Wessely)

Jahreszeitliches Auftreten

Der Seewinkel liegt an der äußersten Westgrenze des nach Südosten gerichteten Zugwegs und wird als einziger österreichischer Rastplatz regelmäßig genutzt. Der in einem sehr engen Zeitfenster ablaufende Frühjahrszug gipfelt Mitte Mai. Der Herbstzug der Jungvögel ist ebenfalls von Bedeutung, er kulminiert typischerweise um den 20. August. Der unbedeutende Wegzug der Altvögel findet Ende Juli statt und betrifft lediglich Einzelvögel. Ab Mitte August werden nur mehr Jungvögel beobachtet. Altvögel fliegen offensichtlich direkt von der Ostsee ans östliche Mittelmeer bzw. ans Schwarze Meer und landen dabei nur ausnahmsweise im dazwischen liegenden Binnenland.

Auf ungarischer Seite gelang der früheste Nachweis am Heimzug am 10.5.2007 am Borsodi-dűlő bei Mekszikópuszta. Der Zuggipfel fällt, wie im Seewinkel, auf Mitte Mai, gelegentlich erscheinen einzelne Exemplare aber auch noch in der ersten Junihälfte. Der Herbstzug beginnt auch auf ungarischer Seite mit dem Eintreffen der Altvögel Ende Juli. Der Herbstdurchzug gipfelt in Ungarn um den 10.8., wobei der Zug im mittleren Augustdrittel am intensivsten ist, aber bis zum Ende des Monats anhält. Einzelne Exemplare können noch in der ersten Septemberhälfte beobachtet werden. Der späteste Herbstnachweis stammt vom 26.9.1998 vom Nyéki-szállás bei Mekszikópuszta[8].

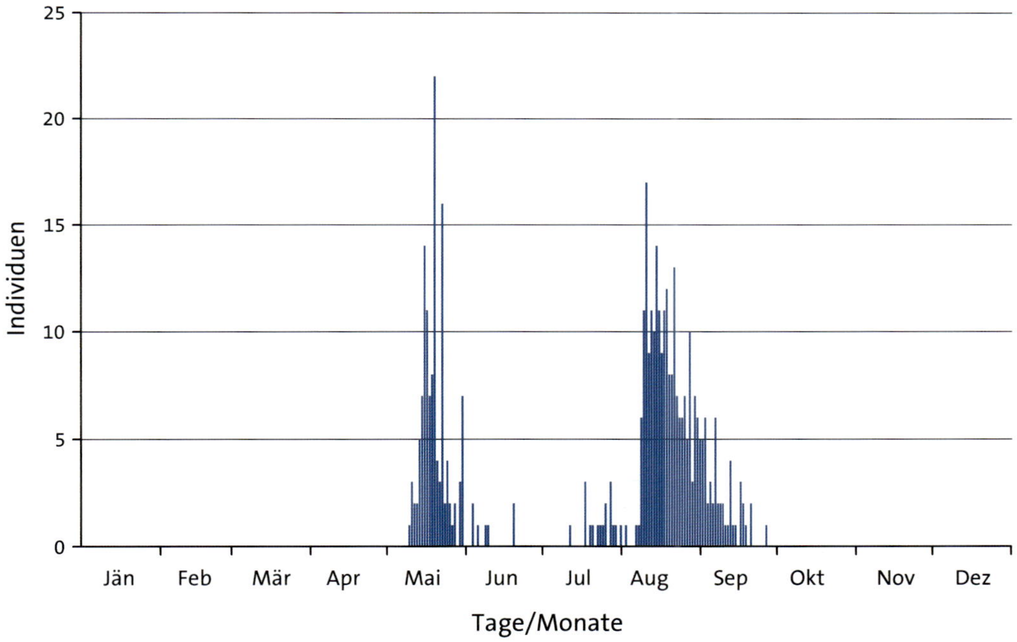

Jahreszeitliches Auftreten des Sumpfläufers (Tagessummen) basierend auf Daten der Wasservogelzählungen sowie Streudaten aus Österreich und Ungarn aus den Jahren 2011–2018 (n = 412)[1, 8, 13–15].

Zugverhalten und Ringfunde

Die Sumpfläufer der borealen/sub-arktischen Zone Nordeuropas ziehen in südlicher Richtung über Europa zu ihren wichtigsten Rastgebieten am Schwarzen Meer und von dort weiter in die von Nordostafrika bis Südwestindien reichenden Überwinterungsgebiete[10, 11]. Die Art unterscheidet sich durch ihren nach Süd bis Südost gerichteten Zug deutlich von den meisten anderen Limikolenarten, deren Hauptzugachse durch Europa nach Südwesten verläuft. In Mitteleuropa ist der Sumpfläufer überall ein eher sporadischer Durchzügler, dessen Tagesmaxima an den meisten Rastplätzen unter 10 Individuen bleiben, und nur an der Ostsee auch Werte von 20 bis 40 Exemplaren erreichen können[12]. Weiter westlich, z. B. am Bodensee oder in der Schweiz, ist die Art aber bereits eine Ausnahmeerscheinung. Die bedeutendsten Rastplätze liegen am Schwarzen Meer, wo am Frühjahrszug bis zu 4.000 Individuen gezählt werden können[12]. Auf ungarischer Seite wurden zwischen 1977 und 2021 34 Exemplare beringt[13]. Bislang gab es keine Ringfunde, auch nicht von auswärts gekennzeichneten Vögeln.

Quellen: [1] *M. Dvorak, J. Laber & B. Wendelin, unpubl. Daten,* [2] *Zimmermann (1943),* [3] *Bauer et al. (1955),* [4] *Festetics & Leisler (1970),* [5] *Winkler & Herzig-Straschil (1981),* [6] *Laber (2003),* [7] *Lindström et al. (2019),* [8] *Archiv MME Sopron,* [9] *www.birding.hu,* [10] *Dierschke (1997),* [11] *Delany et al. (2009),* [12] *Kube et al. (1998),* [13] *Archiv FHNP,* [14] *Archiv BirdLife Österreich,* [15] *www.ornitho.at*

Johannes Laber & Tibor Hadarics

Sichelstrandläufer *Calidris ferruginea* (Pontoppidan, 1763)

Sarlós partfutó – Curlew Sandpiper

St. Andräer Zicksee, 10.5.2022 (Leander Khil)

Mäßig häufiger Durchzügler zu beiden Zugzeiten, Ende August und im September vor allem Jungvögel

Verbreitung und Lebensraum

Der Sichelstrandläufer bevorzugt eindeutig die größeren Weißwasserlacken mit ihren ausgedehnten Schlamm- und Flachwasserbereichen. Die bedeutendsten Rastplätze sind die Lange Lacke (18 % aller im Rahmen der Zählungen ab 2011 beobachteten Individuen), die beiden Wörthenlacken (7 %) und der Illmitzer Zicksee (7 %). Je nach Wasserstand werden darüber hinaus die ausgedehnten, überschwemmten Weiden genutzt (Graurinderkoppel 28 %, Sandeck 8 %). Zumeist halten sich die Sichelstrandläufer in gemischten Strandläufertrupps auf (v. a. unter Alpenstrandläufern), sie können aber auch bauchtief watend gemeinsam mit Bruchwasserläufern beobachtet werden [1]. Im ungarischen Teil des Neusiedler See-Gebiets ist die Art auf seicht überfluteten Schlammflächen zu finden, wie sie in den Biotop-Rekonstruktionsflächen von Mekszikópuszta (Borsodi-dűlő, Nyéki-szállás, Pap-rét, Cikes) vorkommen. Darüber hinaus kommt der Sichelstrandläufer in Ungarn auch in schlammigen Blänken innerhalb des Schilfgürtels regelmäßig vor [2].

Bestand und Bestandsentwicklung

In der älteren Literatur wurde die Art Mitte des 20. Jahrhunderts als spärlicher Durchzügler bezeichnet, mit Tagessummen von maximal 10 Individuen [3, 4]. Für die 1960er und frühen 1970er Jahre wurden jedoch bereits Tagesmaxima von bis zu 55 Exemplaren im September angegeben [5, 6]. In der Zählperiode 1995–2001 konnten maximale Tageswerte von 60 Individuen am Heimzug und 110 am Wegzug festgestellt werden [7]. Im jüngsten Zählprogramm ab 2011 konnten auf österreichischer Seite am Heimzug maximal 20 und am Wegzug bis zu 65 Individuen festgestellt werden, was in etwa den Verhältnissen von vor 50 Jahren entspricht [1]. Es kann daher im Seewinkel – nach den Maximalzahlen um die Jahrtausendwende – eher von einem Rückgang gesprochen werden, was sehr gut den überregionalen Trend dieser Art widerspiegelt: Beim Sichelstrandläufer musste in den letzten Jahrzehnten ein leichter Bestandsrückgang festgestellt werden. Zwar lag dieser nicht so hoch wie beim Zwergstrandläufer, aber dennoch bei etwa 40 % seit 1980 [8].

Jahreszeitliches Auftreten

Der Heimzug beginnt Ende April und gipfelt Mitte Mai mit maximal 10–20 Exemplaren. Der Herbstzug verläuft in zwei Wellen, wobei der Altvogelzug Ende Juli und der Jungvogelzug Ende August/Anfang September gipfelt. Der Durchzug durch Europa erfolgt rasch, Ende September ist der Jungvogelzug großteils abgeschlossen, Nachzügler können jedoch noch bis etwa 20. Oktober beobachtet werden. Die Größenordnung des Jungvogelzugs schwankt erheblich von Jahr zu Jahr, in Abhängigkeit des Bruterfolgs in der sibirischen Tundra [1, 7]. Im ungarischen Teil des Neusiedler Sees und den Rekonstruktionsflächen tauchen die ersten Individuen bereits in den ersten Tagen des Aprils auf, der Hauptzug verläuft aber im Mai. Zu dieser Zeit sind sie oft vereinzelt zu sehen, die größte erfasste Gruppe bestand aber aus 35 Individuen. Im Juni kommen sie in geringer Zahl vor, wobei Herbstdurchzügler ab Juli bis zur dritten Oktoberwoche, wie in Österreich, in zwei Wellen (Alt- und Jungvögel) zu beobachten sind. Die größte Gruppe zählte 75 Individuen [2].

Zugverhalten und Ringfunde

Der Sichelstrandläufer hat sehr vielfältige Zugstrategien auf dem Weg zwischen den zentralsibirischen Brutplätzen und den afrikanischen Überwinterungsplätzen [9]. Die Brutvögel aus dem westlichen Teil des Areals ziehen schwerpunktmäßig auf einem küstengebundenen Weg über Ost- und Nordsee nach Westafrika. Die zentralsibirischen Brutvögel ziehen über das Schwarze Meer, das Kaspische Meer und den Mittleren Osten nach Südafrika. Zwischen diesen beiden Schwerpunkt-Zugwegen zieht die Art aber auch in einem breiten Fächer über Mittel- und Südosteuropa. Da das Bearbeitungsgebiet zwischen diesen beiden Hauptrouten liegt, ist die Art im Seewinkel deutlich seltener als z. B. am Schwarzen Meer, wo sie in den Siwasch-Lagunen nördlich der Krim mit 80.000–140.000 Individuen besonders stark auftritt [10].

Im Zuge der Farbringmarkierungen an den Rekonstruktionsflächen bei Mekszikópuszta wurden vier der 60 markierten Vögel abseits des Berin-

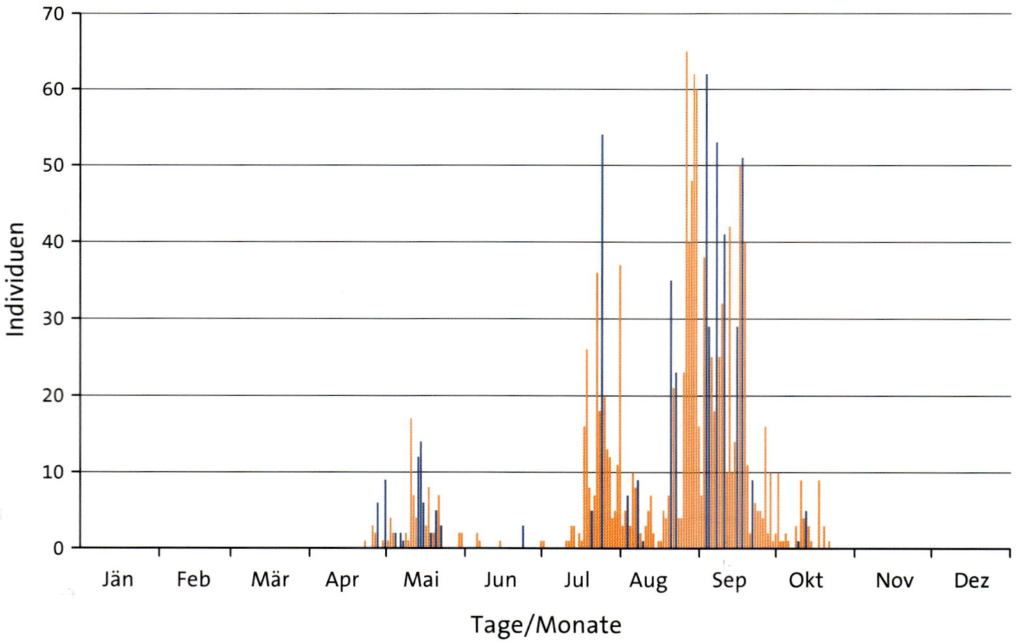

Jahreszeitliches Auftreten des Sichelstrandläufers (Tagessummen) basierend auf Daten der Wasservogelzählungen (blaue Säulen) sowie Streudaten (orange Säulen) aus den Jahren 2011–2018 (n = 1.610) [1, 14, 15].

gungsorts gemeldet. Ein am 26.8.2018 markierter Jungvogel wurde bis Ende des Monats mehrmals aus dem Seewinkel gemeldet. Ein am 25.8.2018 im Borsodi-dűlő markierter Jungvogel wurde am 19.9.2018, 25 Tage nach der Beringung, in der Nähe des südfranzösischen Domaine de la Palissade beobachtet, 1.051 km vom Neusiedler See entfernt. Ein weiterer, am 12.9.2019 markierter Jungvogel wurde 14 Tage später (26.9.) im Nordwesten von Spanien bei Vigo, 2.095 km vom Beringungsort gesichtet. Ein am 10.9.2018 am Borsodi-dűlő beringter Jungvogel wurde am 5.12.2018 in Mauretanien (Banc d'Arguin) wieder beobachtet, 4.302 km vom Beringungsort entfernt[11]. Diese Wiederfunde deuten darauf hin, dass die bei uns durchziehenden Sichelstrandläufer über Südwesteuropa (Camargue/Frankreich, Spanien) in die westafrikanischen Überwinterungsgebiete ziehen. Andererseits gelangen aber am Herbstzug späterer Jahre zwei Wiederfunde in der Ostukraine bzw. Krim, von wo die Vögel wohl Richtung Ost- bzw. Südafrika weiterflogen[12]. Verkompliziert wird dieses Bild überdies durch den ausgesprochenen Schleifenzug der Art, der die westafrikanischen Überwinterer am Heimzug über eine östliche, direktere Route über das östliche Mittelmeer sowie das Schwarze Meer führt[13].

Quellen: [1] *M. Dvorak, J. Laber & B. Wendelin, unpubl. Daten,* [2] *Archiv MME Sopron,* [3] *Zimmermann (1943),* [4] *Bauer et al. (1955),* [5] *Festetics & Leisler (1970),* [6] *Winkler & Herzig-Straschil (1981),* [7] *Laber (2003),* [8] *van Roomen et al. (2015),* [9] *Engelmoer & Roselaar (1998),* [10] *Kube et al. (1998),* [11] *Pellinger & Hadarics (2020b),* [12] *Vogelberingungszentrale BirdLife Ungarn, unpubl. Ringfunde,* [13] *Bairlein et al. (2014),* [14] *Archiv BirdLife Österreich,* [15] *www.ornitho.at*

Johannes Laber & Sándor Mogyorósi

Temminckstrandläufer *Calidris temmincki* (Leisler, 1812)

Temminck-partfutó – Temminck's Stint

Geiselsteller, Illmitz, 17.7.2017 (Michael Dvorak)

Mäßig häufiger Frühjahrsdurchzügler vor allem im Mai, schwächerer Wegzug in den Monaten Juli bis September

Verbreitung und Lebensraum

Der Temminckstrandläufer ist im Vergleich zu anderen Strandläuferarten weniger oft an den größeren Weißwasserlacken mit ausgedehnten Schlamm- und Flachwasserbereichen zu beobachten. Ähnlich wie der Bruchwasserläufer nutzt die Art an den Lacken bevorzugt verkrautete Ufersäume bzw. an den Koppeln leicht verkrautete überschwemmte Bereiche. Mit 31% aller Beobachtungen im Zeitraum 2011–2018 war der Illmitzer Zicksee das mit Abstand wichtigste Rastgewässer. Mit jeweils 10–11% folgen dann die Lange Lacke und der Obere Stinkersee, mit jeweils 5% haben auch die Fuchslochlacke und die Obere Halbjochlacke noch eine stärkere Bedeutung. Je nach Wasserstand werden darüber hinaus die ausgedehnten, überschwemmten Weiden genutzt, wie beispielsweise Graurinderkoppel, Wasserstätten und Podersdorfer Pferdekoppel mit jeweils 5–6% der Beobachtungen[1].

Zumeist halten sich die Temminckstrandläufer in kleinen, artreinen Gruppen abseits der gemischten Strandläufertrupps auf, sie können aber auch mit Zwergstrandläufern und Regenpfeifern lose Trupps bilden. Die Art versteckt sich gern in niedriger, spärlicher Vegetation und die Vögel fliegen bei menschlicher Annäherung erst aus wenigen Metern Entfernung auf. Es ist daher davon auszugehen, dass ihre Anzahl vor allem bei größerer Beobachtungsentfernung leicht unterschätzt werden kann.

Bestand und Bestandsentwicklung

In der älteren Literatur des frühen 20. Jahrhunderts wurde die Art als seltener Durchzügler bezeichnet. Zimmermann[2] begegnete der Art selbst nie, zitiert aber vier Nachweise aus dem 19. Jahrhundert, wobei einer zumindest aufgrund der Phänologie (11.4.) fragwürdig erscheint. Bauer et al.[3] bezeichneten die Art als spärlichen, aber regelmäßigen Durchzügler mit maximal sechs Individuen. Für die 1960er und Anfang der 1970er Jahre wurden Tagesmaxima von bis zu 30 Exemplaren angegeben, wobei Frühjahrs- und Herbstzug in etwa die gleiche Stärke hatten[4,5]. In der Zählperiode 1995–2001 konnten (inkl. max. 10 Ind. auf der ungarischen Seite) dann maximale Tageswerte von 110 am Heimzug und 40 am Wegzug festgestellt werden[6]. Im jüngsten Zählprogramm ab 2011 konnten auf österreichischer Seite am Heimzug maximal 75 und am Wegzug stets unter 20 Individuen als Tagesmaximum festgestellt werden[1]. Es muss somit anfangs von einer Zunahme, nach den Maximalzahlen um die Jahrtausendwende, jedoch vor allem am herbstlichen Wegzug von einer Abnahme gesprochen werden. Nachdem die Art aufgrund ihrer im Vergleich zu anderen Strandläufern versteckteren Lebensweise einerseits schwer zu erfassen ist und andererseits auch angesichts inadäquater Bestimmungsliteratur sowie schlechterer optischer Ausrüstung im vorigen Jahrhundert vergleichsweise schwer zu bestimmen war, muss die ursprünglich positive Entwicklung mit Vorsicht interpretiert werden. Der in den letzten 20 Jahren fallende Trend ist hingegen jedenfalls evident. In den fennoskandischen Brutgebieten gab es in den letzten 12 Jahren auch einen tendenziellen Rückgang, dieser war jedoch statistisch nicht signifikant[7].

Aus dem ungarischen Teil liegen Nachweise nur aus der Umgebung der Bucht von Fertőrákos und den Überschwemmungsgebieten bei Mekszikópuszta vor. Letztere sind der bei weitem bedeutendste Rastplatz in Ungarn. In 95% der Fälle wurden hier weniger als 10 Individuen festgestellt, in 37% der Fälle waren es lediglich einzelne Vögel. Die größte Gruppe umfasste aber immerhin 61 Exemplare am 8.5.20058.

Mit Konzentrationen von rund 70–100 Exemplaren am Frühjahrszug kann der Seewinkel mit den Maximalwerten der bekannten Limikolenrastplätze des Black Sea/Mediterranean Flyways, wie z. B. der Burgas-Bucht, Donaudelta, Siwasch oder Fehértó verglichen werden[9]. Das Neusiedler See-Gebiet hat jedenfalls eine überregionale Bedeutung für den Temminckstrandläufer.

Jahreszeitliches Auftreten

Beim Temminckstrandläufer überwiegt im Gebiet eindeutig der Frühjahrszug. Bemerkenswert ist in diesem Zusammenhang auch das enge Zeitfenster, da der Hauptzug in einer sehr kurzen Periode in der ersten Maihälfte stattfindet. Die besondere Stellung des Gebiets wird auch bei Betrachtung des Herbstzugs deutlich. Der Temminckstrandläufer ist die einzige *Calidris*-Art, bei der im Herbst der Altvogelzug den Jungvogelzug überwiegt. Die Fangdaten vom Wegzug aus Mekszikópuszta zeigen, dass die adulten Vögel von 25.7. bis 31.8., die Juvenilen von 5.8. bis 16.9. und damit im Schnitt um ca. zwei Wochen später durchziehen[10]. Anfänglich befinden sich die Altvögel noch im (abgetragenen) Prachtkleid, später bereits im Ruhekleid, da die Vögel im Laufe des Wegzugs ihr Kleingefieder mausern.

Zugverhalten und Ringfunde

Die europäische Population des Temminckstrandläufers zieht von ihren nordischen Brutplätzen in breiter Front durch Europa und über das Mittelmeer nach Afrika südlich der Sahara, wo vor allem die Binnengewässer Nigers, Nigerias und des Tschad-Beckens die Hauptüberwinterungsplätze darstellen[11]. Die Ablesung eines Vogels am Oberen Stinkersee, der 11 Tage zuvor am 16.8.2011 am Bottnischen Meerbusen Schwedens am Wegzug beringt wurde, unterstreicht die nordische Herkunft.

Obwohl auf ungarischer Seite Temminckstrandläufer in einiger Zahl markiert wurden, liegt bislang erst ein Ringfund eines am 16.8.2007 beringten Vogels vor, der am 8.5.2008 am Heimzug im Drebaer Teichgebiet in Deutschland wieder gefangen wurde[12]. Über die Zugroute gibt es von einem weiteren Exemplar Informationen. Der Brutvogel wurde in Südnorwegen (Finse, 1.590 km entfernt) mit einem Geolokator ausgerüstet. Die von ihm zurückgelegte Route führte ihn von seinem Brutplatz über Südschweden, das Baltikum und das Karpatenbecken bis nach Griechenland[13].

Quellen: [1] *M. Dvorak, J. Laber & B. Wendelin, unpubl. Daten,* [2] *Zimmermann (1943),* [3] *Bauer et al. (1955),* [4] *Festetics & Leisler (1970),* [5] *Winkler & Herzig-Straschil (1981),* [6] *Laber (2003),* [7] *Lindström et al. (2019),* [8] *Archiv MME Sopron,* [9] *Kube et al. (1998),* [10] *Datenbank des FHNPI,* [11] *Delany et al. (2009),* [12] *Vogelberingungszentrale BirdLife Ungarn, unpubl. Ringfunde,* [13] *Lislevand & Hahn (2015)*

Johannes Laber & Attila Pellinger

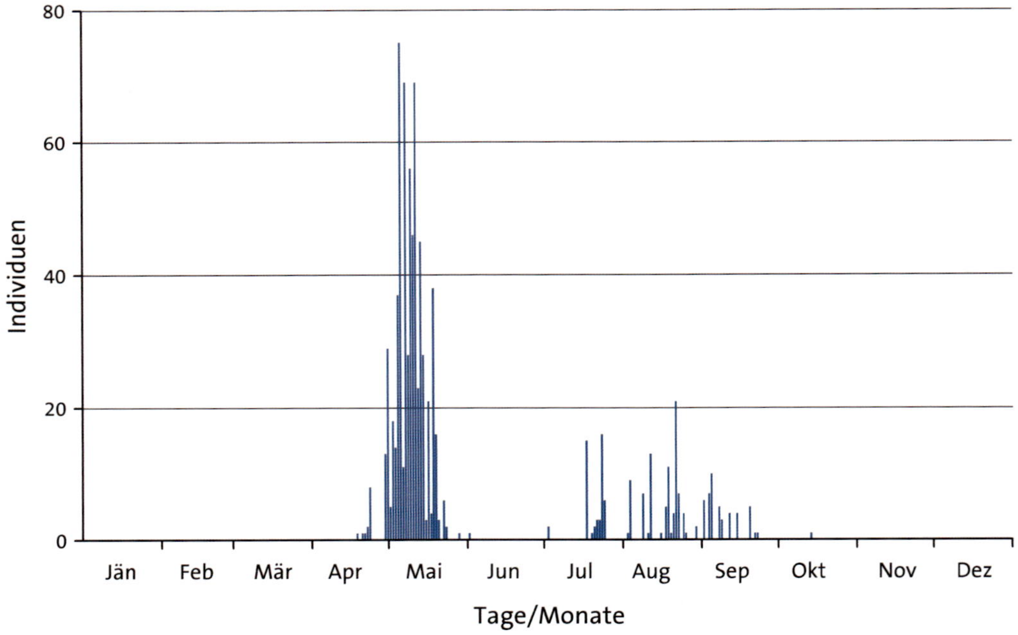

Jahreszeitliches Auftreten des Temminckstrandläufers (Tagessummen) in Österreich basierend auf Daten der Wasservogelzählungen aus den Jahren 2011–2018 (n = 857)[1].

Sanderling *Calidris alba* (Pallas, 1764)

Fenyérfutó – Sanderling

Darscho, Apetlon, 15.5.2012 (Michael Dvorak)

Seltener, aber alljährlicher Durchzügler zu beiden Zugzeiten, vor allem im Mai sowie im September

Verbreitung und Lebensraum

Im Gegensatz zu anderen *Calidris*-Arten sucht der Sanderling seine Nahrung bevorzugt an offenen Sandstränden im Bereich des direkten Wellenanschlags. In Ermangelung derartiger Strände im Neusiedler See-Gebiet findet man ihn jedoch auch gemeinsam mit anderen *Calidris*-Arten an schlammigen Lackenufern der größeren Lacken, wie z.B. am Illmitzer Zicksee mit 18 % aller 2011–2018 im Rahmen der Wasservogelzählungen beobachteten Individuen, am Oberen Stinkersee mit 15 % und am Unteren Stinkersee mit 10 % aller Individuen. Nichtsdestotrotz ist aber auch eine gewisse Häufung von Beobachtungen an Gewässern mit kiesigen Ufern festzustellen, wie z.B. am Darscho (5 %) oder am freien Seeufer der Podersdorfer Pferdekoppel (10 %). Darüber hinaus spielt auch die Graurinderkoppel (17 %) eine besondere Rolle[1]. Auf ungarischer Seite des Avifauna-Gebiets wurden Sanderlinge erst seit der Flutung der Überschwemmungsflächen bei Mekszikópuszta nachgewiesen und bis heute stammen fast alle Beobachtungen aus diesen Gebieten[2].

Bestand und Bestandsentwicklung

Mitte des 20. Jahrhunderts wurde die Art als spärlicher Durchzügler bezeichnet. Zimmermann[3] gelangen Anfang der 1940er Jahre bei seinen intensiven Forschungen über drei Jahre nur drei Nachweise. Bauer et al.[4] führten für die frühen 1950er Jahre sechs Nachweise an, darunter eine Frühjahrsbeobachtung. Festetics & Leisler[5] zählten die Art zu den regelmäßigen Besuchern, mit maximal 20 Exemplaren. Die Beschreibung der Phänologie entsprach in den 1960er und frühen 1970er bereits ganz den heutigen Verhältnissen[6]. Die Größenordnung des

Jungvogelzugs schwankt von Jahr zu Jahr erheblich, in Abhängigkeit des Bruterfolges in der sibirischen Tundra. In der Zählperiode 1995–2001 konnten auf österreichischer Seite am Wegzug maximale Tageswerte von 26 Jungvögeln festgestellt werden[7]. Im jüngsten Zählprogramm ab 2011 konnten bis zu 17 Jungvögel als Tagesmaximum festgestellt werden[1].

Die größten Zahlen auf ungarischer Seite waren jeweils 13 Exemplare am 9.9.1996 im Borsodi-dűlő und am 19.5.2001 in Nyéki-szállás. Abseits von Mekszikópuszta wurden bislang lediglich zwei Nachweise bekannt: zwei Jungvögel am 3.9.1997 bei Fertőrákos und drei Exemplare am 31.8.2001 auf einer Schlammbank in der Vogelwarte-Bucht.

Jahreszeitliches Auftreten

Wie bei den meisten anderen Strandläuferarten dominiert auch beim Sanderling im Seewinkel der Herbstzug der Jungvögel, doch kann die Art auch am Frühjahrszug regelmäßig beobachtet werden. Der Herbstzug der Jungvögel findet fast ausschließlich im September und in der ersten Oktoberdekade statt. Altvögel sind am Wegzug sehr selten, von Ende Juli bis etwa 20. August treten nicht alljährlich lediglich Einzelvögel auf. Der rasch verlaufende Frühjahrszug ist praktisch auf den Mai beschränkt, mit deutlicher Häufung um den 20. Mai. Wie bei allen arktischen Limikolen verläuft der Frühjahrszug meist auf direkterem Weg mit einem sehr genauen Timing hinsichtlich Ankunft in den Brutgebieten.

Zugverhalten und Ringfunde

Wie auch der Knutt brüten die im Bearbeitungsgebiet durchziehenden Sanderlinge auf der Taimyr-Halbinsel in der russischen Arktis. Das europäische Binnenland überfliegt der Sanderling allerdings häufiger in breiterer Front als der Knutt. Auch das Schwarze Meer passiert die Art deutlich häufiger am Zug als der Knutt[8]. Die Populationszugehörigkeit der Seewinkler Durchzügler ist beim Sanderling aber nicht leicht zu entscheiden. Entweder sind es Vögel der westlichen Population von *alba*, die von Grönland über Svalbard bis zur westlichen Taimyr-Halbinsel brütet und von der europäischen Atlantikküste, über das westliche Mittelmeer bis nach Westafrika überwintert, oder es sind Vögel der östlichen Population, welche von Taimyr ostwärts brütet und hauptsächlich in Ostafrika überwintert[9]. Erstere Population wird auf rund 200.000 Exemplare geschätzt, zweitere auf 150.000 Individuen. Die westliche Population ist zudem derzeit im Steigen begriffen mit ca. 4–6 % pro Jahr, wobei vor allem die Zahl der in Westeuropa überwinternden Vögel steigt[10, 11]. Die östliche Population von *alba* nimmt im Gegensatz dazu derzeit deutlich ab. Zwei Wiederfunde desselben auf ungarischer Seite am Wegzug beringten Vogels, der am Heimzug in Ostschweden und am Wegzug des Folgejahres im Südwesten Finnlands abgelesen wurde[12], lassen auch keine klare Zuordnung zu.

Quellen: [1] *M. Dvorak, J. Laber & B. Wendelin, unpubl. Daten,* [2] *Archiv FHNP,* [3] *Zimmermann (1943),* [4] *Bauer et al. (1955),* [5] *Festetics & Leisler (1970),* [6] *Winkler & Herzig-Straschil (1981),* [7] *Laber (2003),* [8] *Kube et al. (1998),* [9] *Wetlands International (2019),* [10] *van Roomen et al. (2015),* [11] *Wetlands International (2017),* [12] *Pellinger & Hadarics (2020d),* [13] *Archiv BirdLife Österreich,* [14] *www.ornitho.at*

Johannes Laber & Attila Pellinger

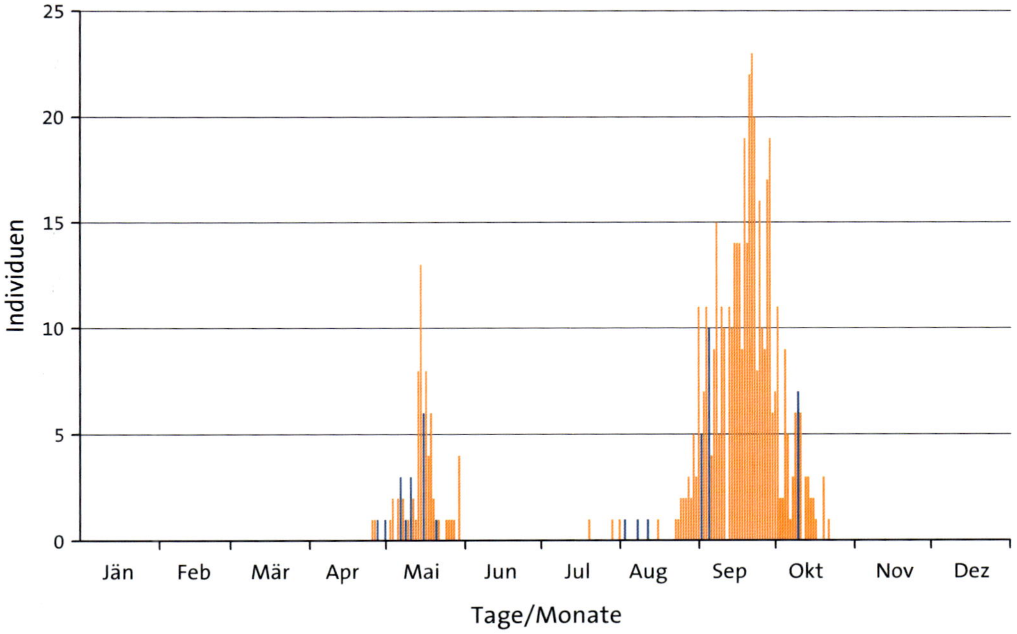

Jahreszeitliches Auftreten des Sanderlings (Tagessummen) basierend auf Daten der Wasservogelzählungen (blaue Säulen) sowie von Streudaten (orange Säulen) aus Österreich aus den Jahren 2011–2018 (n = 550)[1, 13, 14].

Alpenstrandläufer *Calidris alpina* (Linnaeus, 1758)

Havasi partfutó – Dunlin

Häufiger Durchzügler an den Lacken und Koppeln vor allem im April/Mai und von August bis Oktober

Verbreitung und Lebensraum

Im Seewinkel wird die Art überwiegend auf ausgedehnten Schlammflächen der größeren Lacken und Koppeln angetroffen. Im Rahmen der Wasservogelzählungen ab 2011 konnte die Art vor allem an der Graurinderkoppel (35 % aller beobachteten Individuen), an der Langen Lacke (20 %) sowie am Illmitzer Zicksee (13 %) beobachtet werden. Eine gewisse Bedeutung hatten auch noch die Wasserstätten mit 6 % aller beobachteten Individuen[1]. Auf ungarischer Seite wurde der Alpenstrandläufer in den 1970er Jahren in kleineren Gruppen nur auf den in kleineren Buchten liegenden Schlammbänken innerhalb oder am Rand des Schilfgürtels festgestellt[2]. Mit der erstmaligen Flutung der Feuchtgebietsrekonstruktion bei Mekszikópuszta im Jahr 1990 entstanden hier auf größeren Flächen geeignete, seicht überflutete Uferhabitate, wo die Art seither hervorragende Nahrungsplätze vorfindet[3].

Bestand und Bestandsentwicklung

In der älteren Literatur wurde die Art Mitte des 20. Jahrhunderts als regelmäßiger Durchzügler bezeichnet und Tagessummen von bis zu 250 Individuen im September 1942 bzw. 1952 genannt[4,5]. Der Herbstzug wurde als deutlich ausgeprägter dargestellt als der Frühjahrszug. Auch in den 1960er Jahren war der Herbstzug mit 450–500 Exemplaren mehr als doppelt so stark wie der Frühjahrszug[6]. Für die Jahre 1963–1972 wurde der Heimzug anhand von Zufallsdaten mit maximal 150 (ausnahmsweise 300) Exemplaren beziffert, am Wegzug wurden im September/Oktober 150–250 Exemplare als Tagessumme erreicht und erstmals die deutliche Ausprägung des Heimzugs im Gegensatz zu anderen mitteleuropäischen Rastplätzen betont[7]. In den Jahren 1995–2001 konnten mit 400–550 Exemplaren am Heimzug und rund 700–1.000 (ausnahmsweise 1.400) am Wegzug deutlich höhere Zahlen festgestellt werden, wobei diese Zahlen auch den ungarischen Teil beinhalten[8]. Im aktuellen Zählprogramm ab 2011 wurden diese Tagessummen erneut erreicht und im Frühjahr sogar deutlich übertroffen. Zu beiden Zugzeiten konnten Tagesmaxima von bis zu 1.000 Alpenstrandläufern festgestellt werden[1]. Dieser offensichtliche Anstieg steht nicht im Einklang mit dem allgemeinen Populationsrückgang, der bei uns wohl hauptsächlich durchziehenden Nominatform. Der entsprechende Trend ist für die Periode 1976–2016 moderat rückläufig und für den Kurzzeittrend 2008–2016 stabil[9]. Die weiter östlich, im nördlichen Zentralsibirien brütende Unterart *C. a. centralis* dürfte hingegen zunehmen[10]. Dies könnte ein Hinweis darauf sein, dass zumindest ein Teil der bei uns durchziehenden Vögel dieser Unterart zuzuschreiben ist.

Darscho, Apetlon, 14.5.2021 (Michael Dvorak)

Auf ungarischer Seite können sowohl im Frühjahr als auch beim Herbstzug größere Trupps von einigen Hundert Vögel rasten[11], wobei die Zahlen in Mekszikópuszta einerseits vom lokalen Wasserstand, andererseits auch von der Situation an den Lacken im Seewinkel auf österreichischer Seite abhängen. Das Maximum der vergangenen 30 Jahre betrug 600 Individuen in mehreren größeren Gruppen, die am 28.10.2007 gezählt wurden[12].

Jahreszeitliches Auftreten

Im Seewinkel setzt der Frühjahrszug mit Einzelexemplaren schon Anfang März ein, ist aber vor April kaum nennenswert. Danach folgen in fast allen Jahren zwei Zugwellen, die erste im April und die zweite in der zweiten Maihälfte. Die erste Welle erreicht Tagesmaxima von bis zu 500 Stück, der zweite stärkere Gipfel dann bis zu 1.000 Individuen[1,8]. Der späte Zeitpunkt des zweiten Gipfels um den 20. Mai lässt jedenfalls auf eine weit nordöstliche Herkunft der Vögel schließen. Dass nordeuropäische *alpina* am Frühjahrszug deutlich früher ziehen als westsibirische, wurde bereits für Durchzügler an der Ostsee festgestellt[13]. Der schwache herbstliche Altvogeldurchzug ist ab Mitte Juli und im August bemerkbar. Die vereinzelt noch bis in den Oktober durchziehenden Altvögel gehen jedoch in der Masse der Jungvögel ab September unter. Der Herbstzug der Jungvögel kulminiert Ende September oder überhaupt erst im Oktober[8,14]. Die Größenordnung des Jungvogelzugs schwankt von Jahr zu Jahr erheblich in Abhängigkeit vom Bruterfolg in der sibirischen Tundra[8]. Der Herbstzug klingt im Laufe des Novembers aus, doch können in Abhängigkeit von der Witterung (Vereisung der Gewässer) Einzelvögel unter Umständen den ganzen Dezember hindurch beobachtet werden.

Zugverhalten und Ringfunde

In der afrikanisch-eurasischen Region treten vier Unterarten auf, wovon die zwei Unterarten *alpina* (Nordeuropa bis Westsibirien) und *centralis* (aus dem Osten der Taimyr-Halbinsel) im Neusiedler See-Gebiet zu erwarten sind[15]. Dies ist zwar nicht durch Ringfunde direkt belegt, wird jedoch durch Schnabelmaße von Fänglingen gestützt[8]. Zusätzlich sprechen auch der späte zweite Durchzugsgipfel und die steigenden Bestandszahlen für eine starke Beteiligung zentralsibirischer Vögel. Während Vögel der Unterart *alpina* hauptsächlich über Ost- und Nordsee nach Westeuropa und teils weiter nach NW-Afrika ziehen, fliegt ein Teil auch direkt über Mittel- und Osteuropa ans Mittelmeer. *C. a. centralis* zieht über Russland und Osteuropa ans Schwarze Meer, Kaspische Meer, in den Mittleren Osten und ans östliche Mittelmeer[16]. In Mekszikópuszta wurden seit 2017 im Spätsommer und Herbst 1.719 Alpenstrandläufer farbmarkiert[12]. Die Ablesungen und Ringfunde dieser Vögel verteilen sich dementsprechend weitgehend gleichmäßig auf die Atlantik- und Ostseeküste, auf die Nord- und Westküste des Mittelmeers sowie auf die Westküste des Schwarzen und des Asowschen Meeres. Aufgrund der viel geringeren Beobachtungsdichte sind hingegen Wiederfunde von den nordafrikanischen und levantinischen Mittelmeerküsten sehr selten, mit Ausnahme einem aus Zypern (Karpaz, 1.979 km) und einem aus Algerien (Tuila, 1.826 km)[17]. Viele Wiederfunde im Gebiet gelangen von Vögeln, die in Polen in der Danziger Bucht beringt wurden. Dass einzelne Vögel ihren Zugweg im Laufe der Jahre auch wechseln können, zeigen zwei Wiederfunde aus Belgien und Dänemark, die in vorangegangenen Jahren am Neusiedler See beringt wurden[17].

Untersuchungen an markierten Exemplaren zeigten, dass die optimale Rastdauer (für eine maximale Zunahme an Körpergewicht) zehn Tage beträgt[18]. Mit diesen Fettreserven können die Vögel bis zu 1.500 km zurücklegen, müssten also beim Durchqueren Mitteleuropas keine binnenländischen Rastplätze aufsuchen[19]. Tatsächlich gibt es aber zahlreiche Nachweise aus dem europäischen, hauptsächlich westeuropäischen Binnenland, wie z. B. auch aus der Schweiz. Dabei zeichnen sich wahrscheinliche Zugkorridore mit den Ausgangs- und Endpunkten Danzig, Hamburg, Bordeaux, Venedig-Marseille und Mariupol ab[20]. Da es östlich Europas noch keine Wiederfunde aus Sibirien gibt, kann derzeit über die genaue Lage der Brutplätze der am Neusiedler See vorkommenden Vögel aber nur spekuliert werden.

Quellen: [1] *M. Dvorak, J. Laber & B. Wendelin, unpubl. Daten,* [2] *Kárpáti (1983a),* [3] *Pellinger (2001b).* [4] *Zimmermann (1943),* [5] *Bauer et al. (1955),* [6] *Festetics & Leisler (1970),* [7] *Winkler & Herzig-Straschil (1981),* [8] *Laber (2003),* [9] *van Roomen et al. (2018),* [10] *Wetlands International (2019),* [11] *Pellinger & Hadarics (2020a),* [12] *Archiv FHNP,* [13] *Dierschke & Helbig (1999),* [14] *Laczik & Pellinger (2008),* [15] *Delany et al. (2009),* [16] *Bairlein et al. (2014),* [17] *Vogelberingungszentrale BirdLife Ungarn, unpubl. Ringfunde,* [18] *Laczik (2012),* [19] *Mascher (1966),* [20] *Pellinger & Hadarics (2020b)*

Johannes Laber & Attila Pellinger

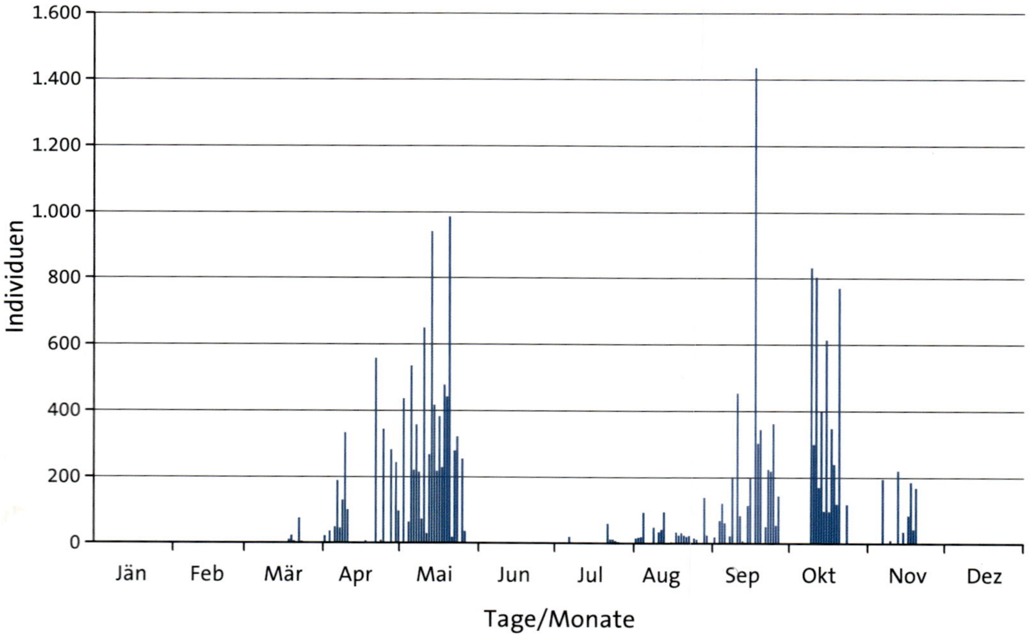

Jahreszeitliches Auftreten des Alpenstrandläufers (Tagessummen) basierend auf Daten der Wasservogelzählungen in Österreich aus den Jahren 2011–2018 (n = 21.640)[1].

Meerstrandläufer *Calidris maritima* (Brünnich, 1764)

Tengeri partfutó – Purple Sandpiper

St. Andräer Zicksee, 16.10.2021, 1. KJ (Leander Khil)

Ausnahmeerscheinung

Vorkommen

Zwei Nachweise:

- 1 dj. ♂ aus der Coll. Finger aus dem 19. Jahrhundert befindet sich im Naturhistorischen Museum Wien (Inv.-Nr. 21006). Das Belegexemplar verfügte ursprünglich über keine Herkunftsangabe, diese wurde offenbar erst nachträglich mit „Hansag Morast am Neusiedler See" ergänzt. Auch wenn die Herkunft somit nicht eindeutig dokumentiert ist, erscheint es plausibel, anzunehmen, dass es sich um den von A. Jukovits im Jahr 1857 erwähnten Vogel aus der Umgebung von Apetlon handelt[1–5].
- 15.–17.10.2021 St. Andräer Zicksee, 1dj. (B. Fahl, G. Fahl, H. Bähr u. a.[6, 7])

Die Bestimmung eines Vogels am 11.9.1953 auf der Langen Lacke[4] wurde als nicht ausreichend gesichert eingestuft[7]. Zwei weitere Meldungen aus dem Seewinkel (1972, 1974[5]) sind undokumentiert und können aufgrund der extremen Seltenheit der Art im mitteleuropäischen Binnenland ebenfalls nicht als Nachweise geführt werden[8].

Quellen: *[1] Pelzeln (1877), [2] H.-M. Berg, persönl. Mitteilung, [3] A. Jukovits in Kornhuber (1857), [4] Bauer (1954d), [5] Glutz von Blotzheim et al. (1975), [6] www.ornitho.at, [7] www.birdlife-afk.at, [8] Ranner & Khil (2009)*

Andreas Ranner

Bairdstrandläufer *Calidris bairdii* (Coues, 1861)

Baird-partfutó – Baird's Sandpiper

Mekszikópuszta, 15.2.2008 (Belegfoto Sándor Mogyorósi)

Ausnahmeerscheinung

Vorkommen

Sieben Nachweise:

- 24.10.1999 Illmitzer Zicksee, 1 dj. (J. Laber[1,2])
- 17.–18.9.2002 Oberer Stinkersee, 1 dj. (J. Frießer, J. Laber, A. Ranner u. a.[1, 3])
- 9.–16.2.2008 Mekszikópuszta, Nyéki-szállás, 1 ad. (Á. Tamás, E. Szász, A. Pellinger u. a.[4, 5])
- 23.–26.5.2009 Warmblutkoppel, 1 ad. (J. Laber, E. Albegger, K.-H. Pöllet u. a.[6, 7])
- 13.9.2009 Lange Lacke, 1 dj. (J. Laber, A. Ranner, E. Karner-Ranner u. a.[7])
- 4.–11.9.2015 Graurinderkoppel, 1 dj. (J. Laber[8])
- 28.8.2017 Mekszikópuszta, Borsodi-dűlő 1 dj. (T. Hadarics[9]); sehr wahrscheinlich derselbe Vogel am 3.9.2017 auf der Graurinderkoppel (J. Laber[8])

Quellen: *[1] Laber (2003), [2] Ranner (2003), [3] Ranner & Khil (2009), [4] MME Nomenclator Bizottság (2011), [5] Hadarics (2017), [6] Laber (2011), [7] Ranner & Khil (2011), [8] Albegger & Brader (2018), [9] MME Nomenclator Bizottság (2020)*

Andreas Ranner & Tibor Hadarics

Zwergstrandläufer *Calidris minuta* (Leisler, 1812)

Apró partfutó – Little Stint

St. Andräer Zicksee, 26.9.2019, 1. KJ (Michael Dvorak)

Mäßig häufiger Durchzügler zu beiden Zugzeiten, am Heimzug vorwiegend im Mai, am Wegzug überwiegend im September

Verbreitung und Lebensraum

Der Zwergstrandläufer wird im Gebiet, überwiegend mit Alpenstrandläufern vergesellschaftet, auf den ausgedehnten Schlammflächen der größeren Lacken bzw. Koppeln angetroffen. Teilweise bilden Zwergstrandläufer bei der Nahrungssuche aber auch lose Gemeinschaften mit Regenpfeifern. Im Rahmen der Wasservogelzählungen ab 2011 konnte die Art vor allem an der Graurinderkoppel (29 % aller beobachteten Individuen), am Oberen Stinkersee (12 %) sowie am Illmitzer Zicksee (13 %) beobachtet werden. Eine gewisse Bedeutung hatten auch noch die Lange Lacke sowie die Obere Halbjochlacke (7 % bzw. 5 %)[1].

Bestand und Bestandsentwicklung

In der älteren Literatur wurde der Zwergstrandläufer Mitte des 20. Jahrhunderts als regelmäßiger Durchzügler bezeichnet[2,3]. Festetics & Leisler[4] stuften die Art mit Tagessummen von 450–500 Exemplaren Mitte September als regelmäßigen Besucher im Seewinkel ein. Winkler & Herzig-Straschil[5] gaben für die Jahre 1963–1972 für den Heimzug Tagessummen von 20–40, für den Wegzug im September rund 200 (ausnahmsweise 435) Exemplare an. In den Jahren 1995–2001 konnten bei systematischen Erhebungen aber deutlich höhere Zahlen festgestellt werden, mit bis zu 200 Individuen am Heimzug und maximal 700–1.000 am Wegzug[6]. Im jüngsten Zählprogramm ab 2011 blieben die Tagessummen mit maximal 25 Individuen im Mai und 75 im September dann wieder deutlich unter diesen Werten[1]. Dieser sehr starke Rückgang steht im Einklang mit einem überregionalen Populationsrückgang. Der Populationstrend des East Atlantic Flyways war in der Periode 2008–2017 steil fallend mit einem Rückgang von mehr als 5 % pro Jahr[7]. Auch die sibirische Population des Zwergstrandläufers dürfte gemäß den Überwinterungszahlen in Namibia stark rückläufig sein[8].

Im ungarischen Teil ist der Zwergstrandläufer ein regelmäßiger, in stark unterschiedlichen Zahlen auftretender Durchzügler. In den 1970er Jahren wurden bei niedrigem Wasserstand auf den Schlammbänken der Buchten des Schilfgürtels Gruppen von 15–25 Individuen festgestellt[9]. Kleinere Trupps mit maximal 17 Individuen wurden auch Ende der 1980er Jahre in den knapp außerhalb des Avifauna-Gebiets gelegenen Absetzteichen der Zuckerfabrik Petőháza festgestellt[10]. Im Überschwemmungsgebiet von Mekszikópuszta ist der Zwergstrandläufer neben vereinzelten Nachweisen im Frühjahr vor allem im Spätsommer und Herbst ein regelmäßiger Durchzügler[11]. Die maximale Anzahl rastender Vögel variiert hier zwischen 10 und 100 Exemplaren, kann aber in manchen Jahren auch sehr viel höher sein: Am 18.9.1996 wurde mit 700 Individuen das bisherige Maximum erreicht[12].

Jahreszeitliches Auftreten

Der Frühjahrszug setzt im Seewinkel schon Ende März/Anfang April mit Einzelexemplaren ein, ist aber vor Mai kaum nennenswert. Der Gipfel fällt wie bei vielen anderen arktischen Arten auf die zweite bis vierte Maipentade. Der schwache herbstliche Altvogeldurchzug ist vor allem Ende Juli/Anfang August bemerkbar, die vereinzelt noch bis in den Oktober durchziehenden Altvögel gehen jedoch in der Masse der Jungvögel ab Ende August unter. Der Herbstzug der Jungvögel erreicht sein Maximum zwischen Ende August und Mitte September. Zahlenmäßig schwankt der Jungvogelzug von Jahr zu Jahr in Abhängigkeit vom Bruterfolg in der sibirischen Tundra erheblich.

Zugverhalten und Ringfunde

Die europäische Brutpopulation zieht in breiter Front über Europa, um am Mittelmeer und in Nord- bzw. Westafrika zu überwintern. Das Einzugsgebiet dieser etwa 300.000 Vögel umfassenden Population reicht im Nordosten wohl zumindest bis zur Jamal-Halbinsel. Die weiter östlich in Sibirien brütenden Vögel werden einer anderen Zugpopulation zugeordnet, die in SW-Asien und im östlichen und südlichen Afrika

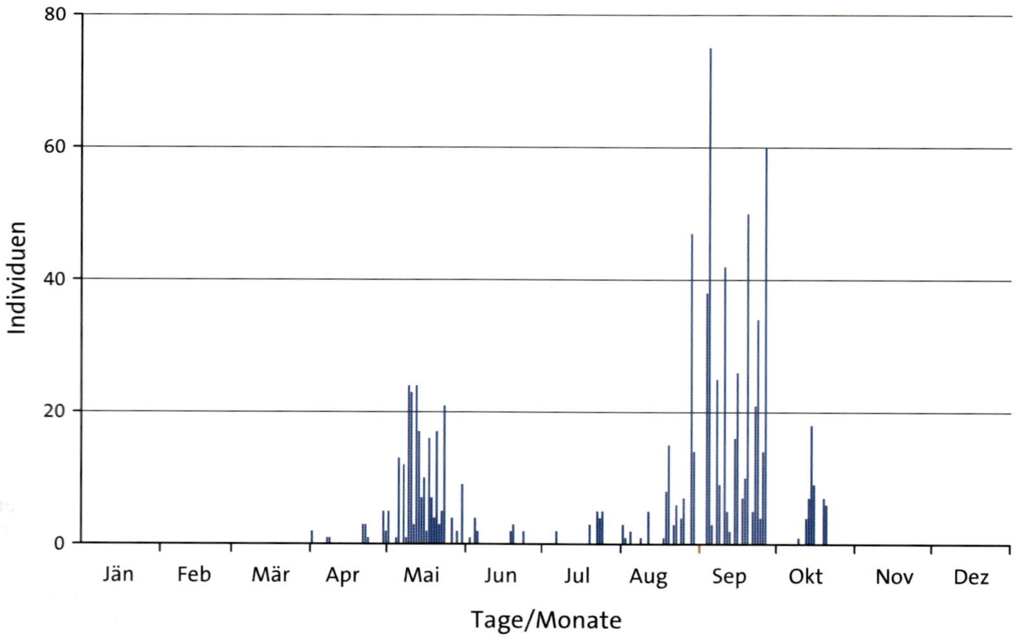

Jahreszeitliches Auftreten des Zwergstrandläufers (Tagessummen) basierend auf Daten der Wasservogelzählungen in Österreich aus den Jahren 2011–2018 (n = 896)[1].

überwintert[13,14]. Die Trennlinie zwischen den beiden Zugpopulationen ist jedenfalls nicht besonders scharf, was aufgrund der geringen Ortstreue auch nicht zu erwarten ist. Die Seewinkler Durchzügler dürften überwiegend von der Jamal-Halbinsel und dem europäischen Russland östlich der Petschora kommen[6]. Der Breitfrontzug über – vor allem das östliche – Europa macht den Zwergstrandläufer fast schon zu einer Charakterart des Black Sea/Mediterranean Flyways mit starken Zugkonzentrationen am Schwarzen Meer von bis zu 50.000 Individuen und am östlichen Mittelmeer[15]. Im Gegensatz zum Schwarzen Meer überwiegt jedoch im Seewinkel der Herbstzug, was durch den ausgeprägten Schleifenzug der Art erklärt werden kann. Dieser führt die Zwergstrandläufer im Herbst in breiter Front auch über Mittel- und Westeuropa, am Heimzug jedoch auf einem direkteren, östlicheren Weg über das Schwarze Meer[15]. Ein direkter Beleg für diesen Schleifenzug sowie für die weit östliche Herkunft der Seewinkler Durchzügler, ist ein Wiederfund eines Vogels, der auf ungarischer Seite am Wegzug beringt und am Heimzug Ende Mai auf der Halbinsel Krim abgelesen wurde. Zwergstrandläufer, die in Mekszikópuszta beringt wurden, konnten in der Po-Ebene in Oberitalien und im Umfeld von Marseille in Südfrankreich wiederbeobachtet werden[16, 17].

Quellen: *[1] M. Dvorak, J. Laber & B. Wendelin, unpubl. Daten, [2] Zimmermann (1943), [3] Bauer et al. (1955), [4] Festetics & Leisler (1970), [5] Winkler & Herzig-Straschil (1981), [6] Laber (2003), [7] van Roomen et al. (2017), [8] Kolberg (2016), [9] Kárpáti (1983a), [10] Archiv MME Sopron, [11] Pellinger (2000), [12] Hadarics in Csörgő et al. (2009), [13] Delany et al. (2009), [14] Wetlands International (2019), [15] Kube et al. (1998), [16] Vogelberingungszentrale BirdLife Ungarn, unpubl. Ringfunde, [17] Archiv FHNP*

Johannes Laber & Attila Pellinger

Weißbürzel-Strandläufer *Calidris fuscicollis* (Vieillot, 1819)

Bonaparte-partfutó – White-rumped Sandpiper

Podersdorfer Pferdekoppel, 14.8.2018 (Belegfoto Johannes Laber)

Ausnahmeerscheinung

Vorkommen

Acht Nachweise, je vier am Heim- und am Wegzug:

- 17.5.1959 Illmitz, 1 Ind. (P.J. Stead, B.J. Coates[1])
- 2.9.2000 Östliche Wörthenlacke, 1 ad. (J. Laber[2, 3])
- 24.4.2004 Illmitzer Zicksee, 1 ad. (A. Ranner, P. Kolleritsch, H. Frötscher u. a.[4])
- 9.–10.5.2004 Mekszikópuszta, Borsodi-dűlő, 1 vj. (H. Spinler, A. Pellinger, Cs. Dorogman[5, 6]), sehr wahrscheinlich dieser Vogel dann von 12.–13.5.2004 am Darscho (H. Spinler[7])
- 15.7.2007 Unterer Stinkersee, 1 ad. (J. Laber[8])
- 14.8.2018 Podersdorfer Pferdekoppel, 1 ad. (J. Laber[9])
- 18.–26.5.2019 Graurinderkoppel, 1 ad. (E. Albegger, M. Craig, R. Katzinger u a.[9, 10])
- 24.–28.10.2019 Mekszikópuszta, Borsodi-dűlő, 1 dj. (T. Hadarics, D. Balla, N. Riezing u. a.[11])

Quellen: *[1] Stead (1977), [2] Laber (2003), [3] Ranner (2003), [4] Ranner & Khil (2009), [5] MME Nomenclator Bizottság (2006c), [6] Hadarics (2008a), [7] Khil & Albegger (2014), [8] Ranner & Khil (2011), [9] www.birdlife-afk.at, [10] www.ornitho.at, [11] www.birding.hu*

Andreas Ranner & Tibor Hadarics

Grasläufer *Calidris subruficollis* (Vieillot, 1819)

Cankópartfutó – Buff-breasted Sandpiper

Ausnahmeerscheinung

Vorkommen

Neun Nachweise, davon sechs am Wegzug, wobei der erste Nachweis aus dem Jahr 2008 stammt:

- 13.–14. und 29.9.2008 Lange Lacke-Gebiet, 1 dj. (E. Albegger, A. Ranner, O. Samwald u. a.[1])
- 16.–20.8.2011 Mekszikópuszta, Nyékiszállás, 1 ad. (T. Hadarics, S. Mogyorósi, Zs. Balaskó u. a.[2, 3]), derselbe Vogel dann von 21.–25.8.2011 auf den Wasserstätten (U. Lindinger, D. Walter, J. Laber u. a.[4, 5])
- 22.–29.9.2011 Seewinkel, 1–2 dj., die sehr mobilen Vögel besuchten diverse Wasserflächen (F. Samwald, J. Laber, S. Zinko u. a.[5])
- 19.–20.4.2012 Podersdorfer Pferdekoppel, 1 ad. (T. Wurzinger, G. Hafner[6]), derselbe Vogel von 21.–22.4.2012 auf den Wasserstätten (E. Albegger, H. Pfeifhofer, A. Ranner u. a.[6])
- 6.5.2012 Wasserstätten, 1 ad. ♂ (J. Laber[6])
- 3.9.2016 Graurinderkoppel, 1 dj. (J. Laber[7])
- 19.–23.9.2020 Oberer Stinkersee, 1 dj. (J. Laber, A. Foki, W. Zimmermann u. a.[8–10])
- 27.9. und 4.10.2020 Lange Lacke, 2 dj. (B. Zens, J. Laber, D. Nayer u. a.[8])

Darscho, Apetlon, 25.9.2011, 1. KJ (Michael Dvorak)

- 19.4.2021 St. Andräer Zicksee, 1 ad. (B. Zens, L. Khil, G. Wöss[8])

Eine weitere publizierte Meldung aus dem Seewinkel vom 10.9.1970[11] ist unkonkret und ohne jegliche Dokumentation, sodass sie als Nachweis nicht in Frage kommt[12].

Quellen: *[1] Ranner & Khil (2011), [2] MME Nomenclator Bizottság (2016a), [3] Hadarics (2017), [4] Lindinger (2013), [5] Khil & Albegger (2014), [6] Albegger & Khil (2016), [7] Albegger & Brader (2018), [8] www.birdlife-afk.at, [9] www.ornitho.at, [10] www.club300.at, [11] Jarry & Nicolau-Guillaumet (1971), [12] Ranner & Khil (2009)*

Andreas Ranner & Tibor Hadarics

Graubruststrandläufer *Calidris melanotos* (Vieillot, 1819)

Vándorpartfutó – Pectoral Sandpiper

Oberer Stinkersee, Illmitz, 29.8.2015, 1. KJ (Peter Frießer)

Sehr seltener Durchzügler, im Frühjahr nur im Mai, am Wegzug von Ende Juli bis Ende Oktober

Verbreitung und Lebensraum

Der Graubruststrandläufer bevorzugt bei entsprechendem Angebot staunasse Wiesen oder leicht verkrautete Lacken zur Nahrungssuche. Die Art wird deshalb von amerikanischen Jägern auch „Grasschnepfe" genannt. Nur wenn derartige Biotope nicht zu Verfügung stehen (z. B. in trockenen Frühjahren und generell im Herbst), findet man die Art auch auf offenen Schlammflächen unter anderen Strandläufern. Dabei bevorzugt der Graubruststrandläufer im Seewinkel jedoch keine bestimmten Plätze, sondern verteilt sich breit im Gebiet: 46 verortete Nachweise ab 1989 entfallen auf nicht weniger als 24 unterschiedliche Lacken, Weidegebiete und sonstige Lokalitäten, die bezüglich der Lebensraumausstattung wenig gemeinsam haben. Am regelmäßigsten ist die Art naturgemäß in größeren Gebieten zu finden, so am Illmitzer Zicksee (5 Nachweise), an der Langen Lacke (4) sowie in der Graurinderkoppel inkl. Wasserstätten (7)[1–10]. Auf ungarischer Seite wurde der Graubrutstrandläufer bislang ausschließlich in den Überschwemmungsflächen bei Mekszikópuszta festgestellt, 10 von 14 Nachweisen entfallen dabei auf den Borsodi-dűlő, drei auf den Nyéki-szállás[11, 12].

Bestand und Bestandsentwicklung

Nach dem Erstnachweis im Jahr 1967[13], drei Nachweisen in den 1970er Jahren[14, 15] und einem 1989[1] kam es ab Mitte der 1990er Jahre zu einem regelmäßigen Auftreten der Art auf österreichischer Seite des Avifauna-Gebiets[5]: In den Jahren 1994–2021 wurde der Graubruststrandläufer hier nur in fünf von 27 Jahren nicht festgestellt[2–10]. In Ungarn wurde die Art erst 1996 das erste Mal festgestellt, mit einem Jungvogel vom 15.–22.9. am Borsodi-dűlő bei Mekszikópuszta, danach rasteten Graubrutstrandläufer hier bis 2021 in 10 von 25 Jahren[11, 12]. Im Herbst 1999 kam es zum bislang stärksten Einflug mit insgesamt sechs Nachweisen von sieben Jungvögeln[4]. 1999 war das Jahr, in dem es auch beim Alpenstrandläufer zu einem der stärksten je im Gebiet festgestellten Auftreten von Jungvögeln (wohl aus sibirischer Herkunft) kam, sodass angenommen werden kann, dass die beiden Arten in Westsibirien einen ausgesprochen guten Bruterfolg hatten[16]. Weitere starke Wegzugperioden mit mehreren Nachweisen juveniler Graubruststrandläufer waren 2008 (3 Nachweise mit 5 Vögeln[6]) und 2011 (3 Nachweise mit 4 Vögeln[7]), letzteres auch ein Jahr mit starkem Durchzug juveniler Alpenstrandläufer[17].

Jahreszeitliches Auftreten

Vom Frühjahreszug liegen, ausschließlich aus Österreich, insgesamt 13 Beobachtungen von Einzelvögeln vor, die sich Mitte Mai häufen. Der Wegzug erfolgt in gestaffelter Reihenfolge, mit einzelnen alten Männchen zu Beginn (Ende Juli), dann die alten Weibchen Anfang August und ab Ende August und vor allem dann im September schließlich die diesjährigen Jungvögel. In der Regel werden Einzelvögel beobachtet, aber immerhin liegen bereits acht Nachweise von zwei Vögeln vor.

Zugverhalten

Sibirische Graubruststrandläufer sind extreme Weitstreckenzieher, die Zugwege von bis zu 17.000 km zurücklegen. Sie wandern von Zentralsibirien zunächst nach Osten, um dann durchs amerikanische Binnenland nach Südamerika zu ziehen. Die Art überwintert von Peru südwärts bis Patagonien. Auf Taimyr war die Art als Brutvogel Mitte des 19. Jahrhunderts jedenfalls nicht bekannt und auch die starke Zunahme der Beobachtungen in Europa ab den 1950er Jahren deuten auf eine westwärts gerichtete Ausbreitung der Art in Sibirien. Mittlerweile zählt Taimyr (v. a. die südliche Tundra) zu den Brutgebieten der Art mit hohen Brutdichten und optimalen Brutbedingungen. Vereinzelte Brutnachweise liegen bereits von Jamal vor[18]. Obwohl der Großteil der sibirischen Population weiterhin nach Südamerika zieht, zeigt sich ganz klar, dass mittlerweile ein Teil der westsibirischen Vögel einen gänzlich neuen Zugweg nach Südwesten über Europa in Richtung Afrika etabliert hat[19]. Man kann daher davon ausgehen, dass die Durchzügler im Seewinkel keine verflogenen Irrgäste aus der Nearktis sind, die in Folge von Weststürmen über den Atlantik verdriftet wurden, sondern vielmehr reguläre Zugvögel aus Sibirien, die gemeinsam mit Alpenstrandläufern und Sichelstrandläufern in afrikanische Winterquartiere ziehen. In Ungarn wurden bislang insgesamt sechs Graubruststrandläufer gefangen und beringt (1999 zwei, 2007 drei, 2018 einer), die jedoch bislang keine Wiederfunde erbrachten[20].

Quellen: [1] *Ranner et al. 1995),* [2] *Laber & Ranner (1997),* [3] *Ranner (2002),* [4] *Ranner (2003),* [5] *Ranner & Khil (2008),* [6] *Ranner & Khil (2011),* [7] *Khil & Albegger (2014),* [8] *Albegger & Brader (2018),* [9] *www.birdlife-afk.at,* [10] *www.club300.at,* [11] *Hadarics (2006),* [12] *www.birding.hu,* [13] *Leisler & Winkler (1968),* [14] *Mohr & Spitzenberger (1974),* [15] *Albegger & Khil (2016),* [16] *Laber (2003),* [17] *M. Dvorak, J. Laber, B. Wendelin, unpubl. Daten,* [18] *Lappo (1998),* [19] *Lees & Gilroy (2004),* [20] *Archiv FHNP*

Johannes Laber & Tibor Hadarics

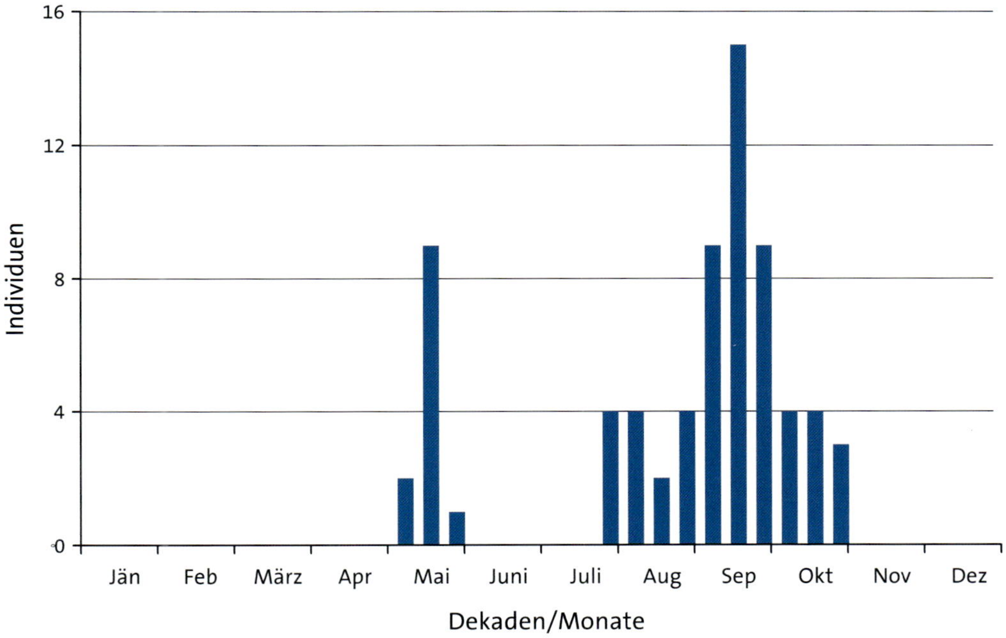

Jahreszeitliches Auftreten des Graubruststrandläufers (Dekadensummen gemeldeter Individuen) in Österreich und Ungarn basierend auf Daten aus den Jahren 1967–2021 (n = 71)[1–14].

Sandstrandläufer *Calidris pusilla* (Linnaeus, 1766)

Kis partfutó – Semipalmated Sandpiper

Beobachtungsort am Südufer des Illmitzer Zicksees, 16.5.2006 (Michael Dvorak)

Ausnahmeerscheinung

Vorkommen

Ein Nachweis, der auch den bisher einzigen für Österreich darstellt:

- 15.–17.9.2013 Illmitzer Zicksee, 1 dj. (J. Laber, C. Roland, G. Brenner u. a.[1, 2])

Quellen: [1] *Laber (2015),* [2] *Albegger & Khil (2016)*

Andreas Ranner

Illmitzer Zicksee, 15.9.2013 (Belegfoto Christoph Roland)

Waldschnepfe *Scolopax rusticola* LINNAEUS, 1758

Erdei szalonka – Eurasian Woodcock

Südlich St. Andräer Zicksee, 5.1.2020 (Belegfoto aus Fotofalle, Manfred Lauber)

Unregelmäßiger Durchzügler von Mitte März bis Anfang April und von Mitte Oktober bis Mitte November

Vorkommen

Die Waldschnepfe wurde in 22 von 55 Jahren seit 1966 aus dem Gebiet gemeldet. Aus den meisten Jahren liegt nur ein Nachweis vor, in drei Jahren wurden jeweils zwei Beobachtungen bekannt. Nicht weniger als 22 der 25 vorliegenden Meldungen stammen vom Ostufer des Sees zwischen dem Sandeck und Podersdorf, die meisten aus dem Raum Illmitz, nur viermal wurde die Art auch im zentralen Seewinkel entdeckt. Vom West- und Nordufer des Sees liegen keine Nachweise vor[1, 2]. Einige Autoren des 19. Jahrhunderts erwähnten Vorkommen der Waldschnepfe zu den Zugzeiten[7], doch wurde die Art seither weder in den 1940er und frühen 1950er Jahren noch davor festgestellt. Vermutlich aufgrund der alten Angaben wurde sie dennoch mit dem Status *„als Durchzügler im Seegebiet nur recht selten"* versehen[8]. 15 Jahre später ist der Kenntnisstand zum Vorkommen der Art nicht viel besser, denn die Waldschnepfe hatte damals im Neusiedler See-Gebiet *„als Durchzügler* [zu] *gelten, der sich aber der Beobachtung im Seewinkel entzieht"*[9]. Seither sind zwar diese Nachweise auch im Seewinkel gelungen, dennoch bleibt die Waldschnepfe auch aktuell nur ein unregelmäßiger Durchzügler mit Meldungen aus jedem zweiten Jahr (19 von 38) im Zeitraum 1981–2019[1, 2].

Jahreszeitliches Auftreten

Es liegen fast gleich viele Nachweise vom Heim- und Wegzug vor (13 bzw. 12). Im Frühjahr bleiben die Meldungen auf einen kurzen Zeitabschnitt von Mitte März bis Mitte April beschränkt (15. März bis 7. April), im Herbst konzentrieren sich die Sichtungen ebenfalls auf die kurze Periode Mitte Oktober bis Mitte November (11. Oktober bis 24. November)[1, 2]. Zwei Meldungen liegen jedoch außerhalb dieser Zeiträume: Am 18.6.2003 flog eine Waldschnepfe im Illmitzer Wäldchen auf[3] und am 16.12.2013 wurde im Schilfgürtel vor der Biologischen Station Illmitz eine frische Rupfung, wahrscheinlich vom Wanderfalken, entdeckt[4]. 20 der 25 Meldungen beziehen sich auf einzelne Vögel, viermal wurden zwei Waldschnepfen entdeckt und zweimal (5.4.1981[5], 30.3.2011[6]) konnten sogar drei Exemplare festgestellt werden, beide Male im Frühjahr im Illmitzer Wäldchen.

Auf ungarischer Seite ist die Waldschnepfe zwar ein regelmäßiger Durchzügler im Szárhalmi- und Dudlesz-Wald auf der nahegelegenen Neusiedler See-Hügelkette. Aus dem Avifauna-Gebiet gibt es allerdings lediglich sechs Nachweise, die mit einer Ausnahme von Jägern stammen[10]. Tatsächlich ist die Art sicher häufiger, wird aber nicht gezielt gesucht. Ein außergewöhnlicher Trupp von 14 Individuen wurde am 17.3.2017 entdeckt[11] und am 16.5.2003 flog eine Waldschnepfe aus einem für die Art ungewöhnlichen Lebensraum am Nyéki-szállás bei Mekszikópuszta aus seichtem Wasser auf[12].

Quellen: [1] *Archiv BirdLife Österreich,* [2] *www.ornitho.at,* [3] *R. Triebl/ABÖ,* [4] *R. Schalli/ornitho.at,* [5] *G. Pammer/ABÖ,* [6] *A. Grüll/ABÖ,* [7] *Zimmermann (1943),* [8] *Bauer et al. (1955),* [9] *Festetics & Leisler (1970),* [10] *Archiv MME Sopron,* [11] *R. Peszlen/AMS,* [12] *A. Pellinger /AMS*

Michael Dvorak & Attila Pellinger

Zwergschnepfe *Lymnocryptes minimus* (BRÜNNICH, 1764)

Kis sárszalonka – Jack Snipe

Seltener Durchzügler im Frühjahr, vor allem im April in staunassen Wiesen und Viehweiden

Verbreitung und Lebensraum

Am Durchzug bevorzugen Zwergschnepfen bei ausreichendem Wasserstand nasse Wiesen oder Verlandungszonen gegenüber Lacken, wie systematische Erfassungen in den Jahren 1995–2002 ergaben1. Im Gegensatz zur Bekassine sucht die Zwergschnepfe auch Bereiche mit etwas höherer Vegetation auf, wobei diese nicht zu dicht sein darf. Eine besondere Vorliebe zeigt die Art auch für Weideflächen, dort insbesondere für von Vieh zertretene Schlamminseln in höherer Vegetation. Beim Vorhandensein derartig optimaler Strukturen rasten Zwergschnepfen gerne in lockeren Gesellschaften von bis zu 10 Individuen auf nur 70–100 Quadratmetern[1]. Im Herbst gibt es ein derartiges Lebensraumangebot nur in Ausnahmefällen, da die Wiesen- und Weidegebiete zu dieser Jahreszeit in der Regel trocken sind. Im Gegensatz zur Bekassine weichen Zwergschnepfen dann aber nicht an die Lacken aus, weshalb davon auszugehen ist, dass die Art das Gebiet am Herbstzug nur wenig nutzt.

Bestand und Bestandsentwicklung

Frühere Publikationen aus dem Neusiedler See-Gebiet weisen die Art als spärlichen Durchzügler aus. Zahlen werden kaum genannt, wenn doch sind sie stets unter 10 Exemplaren[2, 3, 4, 5]. Auch die Wasservogelzählungen ab 2011, bei denen auf die gezielte Erhebung in den Wiesengebieten im Frühjahr verzichtet wurde, erbrachten nur fünf Beobachtungen von Einzelvögeln im Frühjahr. Die in den Jahren 1995–2002 auf österreichischer Seite mittels der „Flushingmethode" durchgeführten Spezialerfassungen der Wiesenflächen ergaben ein ganz anderes Bild[1]. Je nach Vernässung der Wiesengebiete schwankten die Zahlen Anfang April in weiten Grenzen. Mit einer Ausnahme waren es zwischen 15 und 38 Exemplare, im sehr feuchten Frühjahr 1997 sogar 114 – eine Zahl, die alle aus der Literatur bekannten Maximalzahlen von mitteleuropäischen Rastplätzen, wie z. B. den Rieselfeldern Münster mit 50 Exemplaren übertrifft[6, 7, 8]. Zwar ist bei den meisten Literaturangaben davon auszugehen, dass die Zahlen nicht wie im Seewinkel durch artspezifische Erfassungen zustande kamen, trotzdem kann das zahlenmäßige Auftreten der

Zwergschnepfe im Gebiet als bemerkenswert angesehen werden.
Auf ungarischer Seite wurden in den Jahren 1976–2020 30 Nachweise bekannt. Wie seit 2003 in Österreich wurden jedoch keine artspezifischen Erfassungen durchgeführt und es ist daher davon auszugehen, dass die Zwergschnepfe auch hier in deutlich höherer Zahl durch das Gebiet zieht. Beinahe alle Beobachtungen stammen aus den Überschwemmungsgebieten bei Mekszikópuszta, bzw. aus den Feuchtwiesen in deren Umgebung, darüber hinaus ist nur ein Nachweis (2 Ex.) aus dem Seebad Fertőrákos vom 23.4.1989 bekannt geworden. Größtenteils wurden einzelne Individuen festgestellt, zweimal wurden zwei und am 21.4.1989 bei Mekszikópuszta sogar drei Individuen festgestellt[9, 10]. Aufgrund der seit 2017 im Frühjahr durchgehend sehr niedrigen Wasserstände und der dadurch stark begrenzten Ausdehnung überschwemmter Wiesenflächen, ist sowohl in Ungarn wie auch in Österreich davon auszugehen, dass die Zahl der Durchzügler mangels günstiger Rastbiotope in den letzten Jahren stark abgenommen hat.

St. Martins Therme, Frauenkirchen, 25.9.2022 (Jakob Vratny)

Jahreszeitliches Auftreten

Über den Zugverlauf auf österreichischer Seite können keine detaillierten Aussagen gemacht werden, da die Art nur durch Spezialerhebungen erfasst werden kann, diese jedoch bisher nur zum Zeitpunkt des vermuteten Zugmaximums Anfang April durchgeführt wurden. Es kann jedoch angenommen werden, dass der Zug im Frühjahr, wie auch an anderen mitteleuropäischen Rastplätzen, je nach Witterung Ende Februar beginnt und Anfang Mai ausklingt, was auch die vorliegenden Streudaten aus Österreich bestätigen[11,12]. In Ungarn wurde die Zwergschnepfe im Frühjahr zwischen 27.3. und 9.5. nachgewiesen[9,10]. Vom Herbstzug liegen aus Österreich seit 2011 zwischen September und Anfang November lediglich eine Handvoll Nachweise von Einzelvögeln vor[12]. In Ungarn wurde die Art am Wegzug zwischen 18.9. und 8.11. gemeldet[9, 10]. Wie in anderen Gebieten Mitteleuropas kommt es auch im Avifauna-Gebiet in milden Wintern zumindest vereinzelt zu Überwinterungen. Aus der jüngeren Vergangenheit liegen aus Österreich zwei Winternachweise vom 9.1.2015 aus dem Hanság[13] und von 7.1.–11.1.2020 vom künstlichen Biotop der St. Martins Therme vor[14]. Aus Ungarn wurden drei Nachweise aus der ersten Dezemberhälfte und einer von Anfang Februar bekannt[9, 10].

Zugverhalten und Ringfunde

In den Überschwemmungsflächen von Mekszikópuszta wurden im Zeitraum 2002–2020 neun Exemplare am Herbstzug beringt, die allerdings bislang keine Wiederfunde lieferten[10].

Quellen: [1] *Laber (2003),* [2] *Zimmermann (1943),* [3] *Bauer et al. (1955),* [4] *Festetics & Leisler (1970),* [5] *Winkler & Herzig-Straschil (1981),* [6] *Glutz von Blotzheim et al. (1986),* [7] *OAG Münster (1997),* [8] *Anthes (2001),* [9] *Archiv MME Sopron,* [10] *Archiv FHNP,* [11] *Archiv BirdLife Österreich,* [12] *www.ornitho.at,* [13] *F. Samwald, R. Grasmugg/ornitho.at,* [14] *L. Khil/ornitho.at*

Johannes Laber & Tibor Hadarics

Doppelschnepfe *Gallinago media* (Latham, 1787)

Nagy sárszalonka – Great Snipe

Sehr seltener, aber alljährlicher Durchzügler im Frühjahr in staunassen Wiesen sowie Vieh- und Pferdekoppeln

Verbreitung und Lebensraum

Am Durchzug bevorzugen Doppelschnepfen bei ausreichendem Wasserstand nasse Wiesen gegenüber Lacken. Im Gegensatz zur Bekassine fehlt die Art jedoch in den feuchtesten Bereichen und ist auch noch auf Flächen anzutreffen, die nicht mehr quellnass, sondern nur leicht durchfeuchtet sind. Auf gänzlich trockenen Flächen ist sie jedoch nicht mehr anzutreffen. Im Herbst gibt es ein geeignetes Angebot an Lebensräumen nur in Ausnahmefällen, in der Regel sind die Wiesengebiete zu dieser Jahreszeit trocken. Im Gegensatz zur Bekassine weichen Doppelschnepfen im Herbst nicht an die Lackenränder aus. Es kann daher davon ausgegangen werden, dass die Art das Gebiet am Herbstzug nur ausgesprochen selten nutzt. Fast alle Nachweise von ungarischer Seite kommen aus den Feuchtwiesen, die die Biotop-Rekonstruktionsflächen von Mekszikópuszta umgeben. Nur ein Nachweis stammt dabei aus dem eigentlichen Überschwemmungsgebiet.

Bestand und Bestandsentwicklung

Ältere Publikationen aus der Mitte des 20. Jahrhunderts weisen die Art als ausgesprochen seltenen Durchzügler aus. Zimmermann[1] begegnete der Art lediglich einmal, Bauer et al.[2] erwähnten zwei Beobachtungen und Festetics & Leisler[3] führten die Art in der Kategorie *„unregelmäßige Besucher"*, ohne Einzelnachweise zu nennen. In den Jahren 1995–2002 wurden in der ersten Aprildekade alle ausreichend feuchten Wiesengebiete systematisch begangen und die Schnepfen gezählt, ebenso im Mai im Zuge der Erfassung der brütenden Wiesenlimikolen. Diese artspezifischen Erfassungen wiesen die Doppelschnepfe als regelmäßigen Durchzügler aus, der, je nach Vernässung der Wiesengebiete im April/Mai Maxima von 9–11 Exemplare erreicht, so z.B. im besonders feuchten Frühjahr 1996. In der Regel wurden dabei Einzelvögel angetroffen, ausnahmsweise rasten sie aber auch in lockerer Gesellschaft von zwei bis fünf Individuen[4]. Die aktuellen Wasservogelzählungen ab 2011, bei der auf diese gezielte „Flushingmethode" verzichtet wurde, erbrachten hingegen nur neun Zufallsbeobachtungen (8 × Einzelvögel, einmal 3 Ex.) im Frühjahr[4]. Auf ungarischer Seite des Neusiedler Sees wurden aus den Jahren 1992–2021 nur sechs Nachweise bekannt, ausschließlich vom Frühjahrszug.

Jahreszeitliches Auftreten

Seit den 1980er Jahren liegen nur Frühjahrsbeobachtungen vor. Zufallsbeobachtungen gelingen in nassen Frühjahren schon ab Ende März. Danach gipfelt der Heimzug je nach Rastplatz-

Geiselsteller, Illmitz, 17.4.2021 (Samuel Schnierer)

angebot Ende April/Anfang Mai in feuchten Jahren oder schon Anfang April in Jahren, in denen Anfang Mai die Wiesen bereits zu trocken sind. Die sechs ungarischen Nachweise stammen aus dem Zeitraum zwischen 11.4. und 26.5.[6]. Der Zug klingt Ende Mai/Anfang Juni aus und erstreckt sich somit, je nach Rastplatzangebot, auf gut zwei Monate[4, 7]. In der älteren Literatur findet sich lediglich ein Nachweis vom 27.10.1952 an der Golser Lacke[2] als einziger nachvollziehbarer Hinweis darauf, dass die Art ausnahmsweise auch im Herbst durchzieht. Bei zwei herbstlichen Wiesenbegehungen in den feuchten Jahren 1995 und 1996 konnten keine Doppelschnepfen festgestellt werden[4].

Zugverhalten und Ringfunde

Die starke nordosteuropäische/westsibirische Population zieht im Herbst vor allem über Ostafrika (Äthiopien) in die Überwinterungsgebiete, um im Frühjahr in breiter Front durch Zentralafrika und das Mittelmeer zurückzuziehen[8]. Dieser etwas weiter westliche Heimzugweg über Zentralafrika führt dann wohl direkt über Südosteuropa und könnte, neben dem besseren Rastplatzangebot im Frühjahr, eine Erklärung für den relativ starken Frühjahrszug der Art im Avifauna-Gebiet sein.

Quellen: [1] *Zimmermann (1943),* [2] *Bauer et al. (1955),* [3] *Festetics & Leisler (1970),* [4] *Laber (2003),* [5] *M. Dvorak, J. Laber & B. Wendelin, unpubl. Daten,* [6] *Archiv MME Sopron,* [7] *www.ornitho.at,* [8] *Massoli-Novelli (1988)*

Johannes Laber & Tibor Hadarics

Bekassine *Gallinago gallinago* (Linnaeus, 1758)

Sárszalonka – Common Snipe

Warmblutkoppel, Illmitz, 15.4.2012 (Michael Dvorak)

Häufiger Durchzügler im März und April bzw. von August bis Oktober; sehr seltener Brutvogel in Jahren höherer Wasserstände

Verbreitung und Lebensraum

Der Hanság ist das einzige, wenn auch nur unregelmäßig bei höheren Wasserständen besetzte Brutgebiet, ausnahmsweise waren in früheren Jahrzehnten einzelne Brutreviere auch andernorts kurzzeitig besetzt. Die meisten Brutreviere liegen in im Frühjahr überfluteten Feuchtbrachen und -weiden, sehr viel seltener werden auch unter Wasser stehende, bültige Moorwiesen besiedelt[1]. Durchziehende Bekassinen bevorzugen im Seewinkel im Frühjahr bei ausreichendem Wasserstand überflutete Senken in den Feuchtwiesenbereichen gegenüber den Lackenrändern. Im Spätsommer und Herbst gibt es ein derartiges Angebot an überflutetem Grünland hingegen nur in Ausnahmefällen. In der Regel sind die Wiesengebiete zu dieser Jahreszeit trocken und die Bekassinen rasten in verkrauteten Teilen der Lacken und in den Pferde- und Rinderweiden am landseitigen Rand des Neusiedler Sees[2].

Im ungarischen Teil des Neusiedler Sees kann die Bekassine, mit Ausnahme des geschlossenen Röhrichts und der offenen Wasserflächen, überall vorkommen. Niedere Wasserstände sind vorteilhaft für die Art, da sich dann großflächig Schlammbänke und schlammige Säume bilden. Wie Beobachtungen in den mit Kanälen erschlossenen Teilen des Schilfgürtels zeigen, könnten hier, vorsichtig geschätzt, tausende durchziehende Individuen rasten. Die größte bislang gezählte Gruppe umfasste 250 Individuen, die sich am 19.3.1977 in der Vogelwarte-Bucht aufhielten[3]. Wenn dann im Frühjahr nach Schneeschmelze und Niederschlägen die Salzsteppen überflutet sind, werden am Südufer diese Stellen von den Bekassinen bevorzugt. Da sie in diesen Lebensräumen praktisch „unsichtbar“ sind und nur bei Störung auffliegen, wird ihre Anzahl leicht unterschätzt. Obwohl sich auch am Herbstzug eine derartige Situation ergeben kann, verlagern sich die Rastplätze der Bekassinen zu dieser Zeit, wie auf österreichischer Seite, mit dem Austrocknen der Wiesenflächen auf Schlammflächen im Schilfgürtel und die Überschwemmungsgebiete bei Mekszikópuszta[4].

Bestand und Bestandsentwicklung

In den späten 1930er und frühen 1940er Jahren wurde die Art als regelmäßiger, wenngleich spärlicher Brutvogel bezeichnet[5,6]. Die Brutplätze lagen zur damaligen Zeit auf den Zitzmannsdorfer Wiesen, im Hanság, an den Wörthenlacken aber auch am Westufer bei Purbach. In den frühen 1950ern wurde das Vorkommen in den Zitzmannsdorfer Wiesen mit zwei Nestfunden im Jahr 1951 südlich von Weiden bestätigt[7]. In den 1960er Jahren wurden die Brutvorkommen zwischen Breitenbrunn und Purbach (2–3 Paare) sowie im Hanság (1–3 Paare) bestätigt und ein neues Vorkommen von zwei Paaren an der Pimetzlacke erwähnt, während das Brutvorkommen auf den Zitzmannsdorfer Wiesen als erloschen bezeichnet wurde[8]. Die Mitte des 20. Jahrhunderts angegebenen Frühjahrsrastbestände lagen allesamt unter 100 Individuen, die Herbstmaxima bei 200–300 Stück[6,7,9]. Lediglich Festetics & Leisler[8] schätzten den maximalen Herbstbestand Anfang September auf 700–1.000 Stück. Sie leiteten diese Schätzung jedoch nicht aus Erhebungen, sondern aus Einzelbefunden ab – beispielsweise von einer Konzentration von 200 Bekassinen am Xixsee im Jahr 1966.

Alle publizierten Daten zeigen jedenfalls, dass die Herbstdaten noch vergleichbar gut mit Zählergebnissen jüngerer Zeit übereinstimmen, die Frühjahrsbestände jedoch methodenbedingt erheblich unterschätzt wurden. So ergaben die speziellen Schnepfen-Zählungen in staunassen Wiesengebieten und Koppeln in den Jahren 1995–2001 Maximalwerte von 600–1.700 Bekassinen im ersten Aprildrittel. Diese Art der Erfassung wurde damals erstmals im Seewinkel durchgeführt und ergab völlig neue Größenordnungen der Frühjahrsrastbestände für das Gebiet[2]. Die Ergebnisse der Wasservogelzählungen ab 2011, bei denen auf diese artspezifischen Erfassungen in den Wiesengebieten im Frühjahr wieder verzichtet wurde, zeigt hingegen die „herbstlastige" Phänologie früherer Publikationen[10].

In sehr feuchten Jahren beherbergt der Hanság die vermutlich größte Brutpopulation Österreichs, mit ca. 30 balzenden Individuen im Jahr 2009 und acht Revieren im Jahr 2010[1]. In den Folgejahren waren es 2011 fünf, 2013[13] und 2015 sieben Reviere[11]. In den trockenen Jahren ab 2017 blieben Brutansiedlungen jedoch völlig aus[12]. Im Seewinkel ist die Bekassine hingegen nur in sehr feuchten Jahren ausnahmsweise Brutvogel, wie beispielsweise 1996 mit vier Revieren[2]. Im ungarischen Teil des Avifauna-Gebiets ist die Art ebenfalls seltener Brutvogel, es gibt aber keine Angaben zur Größe der Brutpopulation. In einem durchschnittlichen Jahr werden wahrscheinlich keine fünf Paare erreicht.

Jahreszeitliches Auftreten

Der Durchzug beginnt Mitte März und klingt Anfang Mai aus. Die Zählungen der Jahre 2011–2018, ohne Spezialerhebungen, zeigen im Vergleich zu den Jahren 1995–2001 deutlich geringere Maximalwerte von unter 100 Exemplaren. Der Herbstzug findet im Wesentlichen an den Lacken statt, wobei hier eindeutig verkrautete Lackenufer bevorzugt werden, ein nicht unerheblicher Teil rastet wohl unbemerkt in trockenfallenden Blänken des Schilfgürtels des Neusiedler Sees. Die Herbstwerte von 300–450 Vögeln im September[10] können daher als Minimum angesehen werden.

Zugverhalten und Ringfunde

Die europäischen Durchzügler überwintern in einem weiten Areal, das vom Nordwesten Frankreichs über Spanien bis nach Marokko und Algerien reicht. Auch von am Neusiedler See beringten Vögeln gibt es viele Wiederfunde aus Italien, Frankreich, Spanien und Portugal sowie je einen aus Marokko (Casablanca) bzw. Kroatien (Zadar)[13]. Auch zehn Fernfunde aus dem Winterhalbjahr von in Kärnten beringten Bekassinen stammen aus Italien, Frankreich und Spanien[14]. Die Herkunft der Durchzügler ist in Nordost-Europa und dem europäischen Teil Russlands zu vermuten, worauf auch ein Fernfund einer in Kärnten beringten Bekassine hindeutet, die im August in Taldom bei Moskau abgelesen wurde[14].

Die bei Mekszikópuszta am Herbstzug bis 2021 gefangenen und markierten 2.323 Individuen lieferten eine bedeutende Anzahl von Ringfunden sowohl von ziehenden als auch überwinternden Vögeln. Die typische Zugrichtung geht gegen Südwest. Die Vögel verteilen sich hier auf überwiegend an den Küsten gelegene Feuchtgebiete zwischen Zentral-Italien, Korsika, der Iberischen Halbinsel und Nordfrankreich[15]. Ringfunde stammen fast ausnahmslos von abgeschossenen Vögeln. Der am weitesten entfernte Wiederfund war der eines am 19.8.2003 in Mekszikópuszta beringten Vogels, der 89 Tage später in der Nähe von Casablanca (Marokko) 2.574 km entfernt gefunden wurde[16]. Der mittlere Breitengrad der Ringfunde im Oktober und November (44,7°) ist typischerweise südlicher als der von Ringfunden im August-September (47,2°) von Vögeln, die zwischen Juli und September beringt wurden. Zwischen den Breitengraden der Ringfunde Oktober–November und Dezember–Januar (44,7° und 43,1°) gibt es keinen größeren Unterschied mehr. Das bedeutet, dass die vom Karpatenbecken in Richtung Südwesten an die südeuropäischen Küsten ziehenden Vögel schon im Herbst in den Überwinterungsgebieten eintreffen[16]. Die Wanderungen des lokalen Brutbestands folgen mutmaßlich demselben Muster. Über den Ursprung der durchziehenden Vögel liegen mangels Ringfunden keine Informationen vor[15].

Quellen: [1] *Dvorak et al. (2010),* [2] *Laber (2003),* [3] *Kárpáti (1983),* [4] *Pellinger & Hadarics (2020a),* [5] *Seitz (1942),* [6] *Zimmermann (1943),* [7] *Bauer et al. (1955),* [8] *Festetics & Leisler (1970),* [9] *Winkler & Herzig-Straschil (1981),* [10] *M. Dvorak, J. Laber & B. Wendelin, unpubl. Daten,* [11] *Berg & Dvorak (2017),* [12] *Berg & Dvorak (2017),* [13] *Vogelberingungszentrale BirdLife Ungarn, unpubl. Ringfunde,* [14] *Kleewein & Woschitz (2014),* [15] *Pellinger & Hadarics (2020b),* [16] *Hadarics in Csörgő et al. (2009)*

Johannes Laber & Attila Pellinger

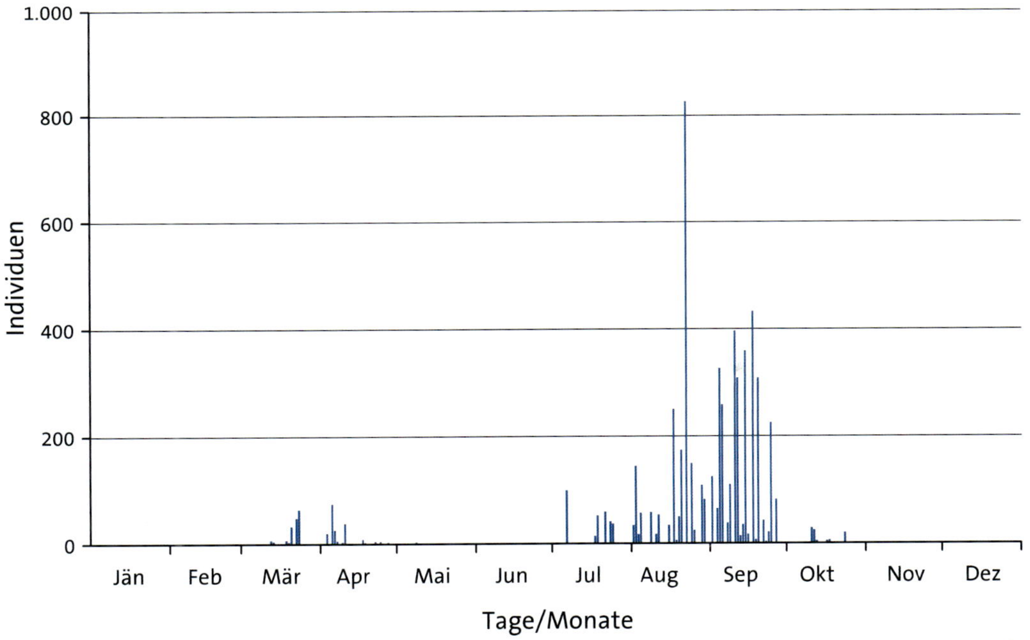

Jahreszeitliches Auftreten der Bekassine (Tagessummen) basierend auf Daten der Wasservogelzählungen aus Österreich aus den Jahren 2011–2018 (n = 6.042)[10].

Terekwasserläufer *Xenus cinereus* (Güldenstädt, 1775)

Terekcankó – Terek Sandpiper

Westliche Wörthenlacke, 25.9.2011 (Michael Dvorak)

Unregelmäßiger Durchzügler von Anfang Mai bis Anfang Juni sowie von Mitte Juli bis Ende September

Vorkommen

Terekwasserläufer werden vor allem auf den Seewinkellacken und den Habitatrekonstruktionsflächen im ungarischen Gebietsteil angetroffen. Vier Nachweise liegen auch von den Weidekoppeln im Vorgelände des Neusiedler Sees vor. Auch wenn die Nachweise fast ausschließlich von Salzlebensräumen und Überschwemmungsgebieten stammen, kann die Art auch auf offenen Schlammflächen im Schilfgürtel des Sees rasten, wie durch einen Nachweis aus einer Bucht bei Fertőrákos am 24.7.2002 dokumentiert wird[1]. Da diese Bereiche kaum zugänglich sind, bleiben derartige Vögel in aller Regel unentdeckt. Meist wurden nur Einzelvögel angetroffen, zweimal aber auch jeweils zwei Individuen. Die Aufenthaltsdauer betrug in der Regel zwischen einem und drei Tagen. Der längste bisher dokumentierte Aufenthalt eines Vogels dauerte 11 Tage, die dieser von 11.–21.8.2016 auf den Wasserstätten und im Sandeck verbrachte[2]. Der erste Nachweis des Terekwasserläufers gelang von 27.5.–4.6.1966 am Illmitzer Zicksee[3]. Von 1973 bis einschließlich 1993 wurden noch sechs weitere Feststellungen dokumentiert. Ab dem Jahr 1998 wurde die Art dann fast alljährlich im Gebiet entdeckt, bis einschließlich 2019 liegen nun insgesamt 28 Nachweise vor. Meist gelang nur ein Nachweis pro Jahr, in sechs Jahren waren es hingegen jeweils zwei (2000, 2007, 2010, 2011, 2017, 2019).

Jahreszeitliches Auftreten

Der Terekwasserläufer kann im Neusiedler See-Gebiet am ehesten am Frühjahrszug angetroffen werden, der sich v. a. auf die zweite Maihälfte konzentriert. Fast die Hälfte aller Nachweise (46 %) bzw. knapp zwei Drittel aller Frühjahrsnachweise (65 %) erfolgte zwischen 15. und 30. Mai. Die jahreszeitlich früheste Feststellung gelang am 8.5.2017 an der Langen Lacke[4]. In der ersten Junidekade endet der Frühjahrszug bereits wieder. Beobachtungen am Herbstzug sind deutlich spärlicher und beschränken sich weitgehend auf den August. Aus dem Juli gibt es bisher nur einen Nachweis, und zwar den oben erwähnten vom 24.7.2002 am Neusiedler See bei Fertőrákos[1]. Aus der zweiten Septemberhälfte sind es zwei Nachweise, wobei die jahreszeitlich bisher späteste Feststellung am 28.9.2011 auf der Langen Lacke erfolgte[5].

Zugverhalten und Ringfunde

Die Art ist Brutvogel der eurasischen Taiga. Die im Neusiedler See-Gebiet vereinzelt durchziehenden Vögel stammen wahrscheinlich aus dem Westteil des Brutareals (Südfinnland, Westrussland, Ostbaltikum, Weißrussland, nördliche Ukraine). Am 20.8.2007 wurde ein Jungvogel mit einem polnischen Ring am Nyéki-szállás bei Mekszikópuszta gefangen, der nur wenige Tage zuvor, am 18.8.2007, bei Jedlice im Südwesten Polens markiert worden war[6].

Quellen: [1] *B. Molnár, S. Mogyorósi in MME Nomenclator Bizottság (2006a),* [2] *L. Khil, E. Albegger, J. Laber u. a. in Albegger & Brader (2018),* [3] *Szijj (1970),* [4] *B. Zens u. a. in Albegger & Brader (2018),* [5] *A. Tiefenbach in Albegger & Khil (2016),* [6] *Österreichische Vogelwarte/Vogelberingungszentrale BirdLife Ungarn, unpubl. Ringfunde,* [7] *Glutz von Blotzheim et al. (1977),* [8] *Archiv BirdLife Österreich,* [9] *Ranner et al. (1995),* [10] *Magyar (1997),* [11] *Ranner (2002),* [12] *MME Nomenclator Bizottság (2000),* [13] *Tebb (2000),* [14] *Ranner (2003),* [15] *Laber (2003),* [16] *MME Nomenclator Bizottság (2008a),* [17] *MME Nomenclator Bizottság (2010b),* [18] *Ranner & Khil (2011),* [19] *MME Nomenclator Bizottság (2022),* [20] *Khil & Albegger (2014),* [21] *Albegger & Khil (2016),* [22] *Albegger & Brader (2018),* [23] *www.birdlife-afk.at,* [24] *www.ornitho.at*

Andreas Ranner & Tibor Hadarics

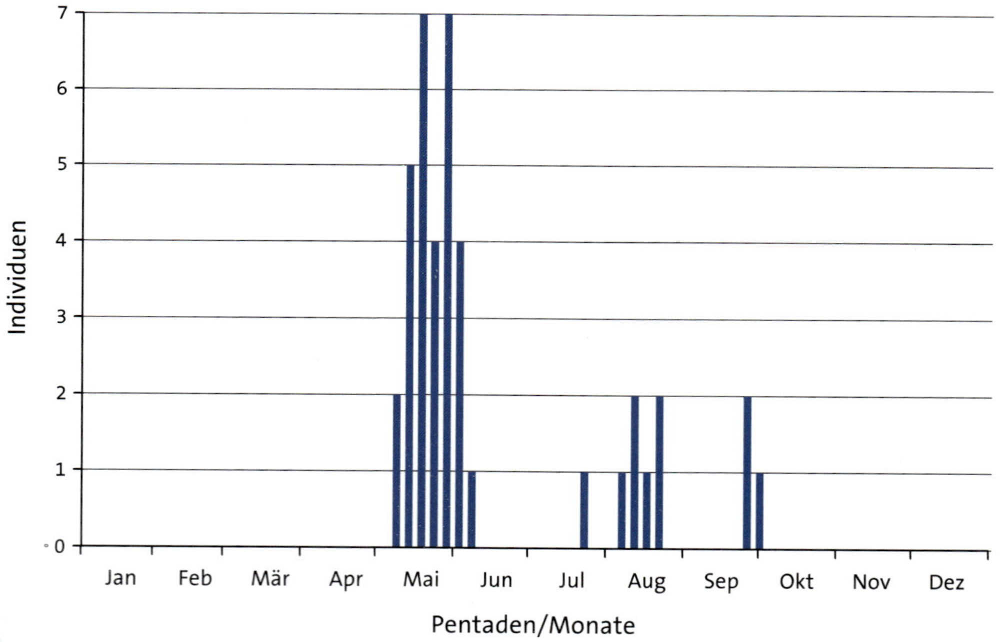

Jahreszeitliches Auftreten des Terekwasserläufers (Pentadensummen gemeldeter Individuen) in Österreich und Ungarn basierend auf Daten aus den Jahren 1966–2019 (n = 40)[1, 3, 7–24].

Odinshühnchen *Phalaropus lobatus* (Linnaeus, 1758)

Vékonycsőrű víztaposó – Red-necked Phalarope

Verbreitung und Lebensraum

Im Gegensatz zu anderen Limikolen sucht das Odinshühnchen auch schwimmend, in typischer Manier eines Wassertreters, nach Nahrung. Beobachtungen gelingen vor allem an den größeren Lacken bzw. an der Graurinderkoppel. In den Jahren 1985 bis 2010 wurden Beobachtungen vor allem vom Illmitzer Zicksee gemeldet (31 % aller Beobachtungen), gefolgt von den Wörthenlacken (14 %), der Langen Lacke (12 %) und dem Oberen Stinkersee (10 %). Im Rahmen der Wasservogelzählungen ab 2011 gelangen je 25 % der Beobachtungen an der Langen Lacke bzw. an der Graurinderkoppel.

St. Andräer Zicksee, 2.9.2021 (Klemens Wessely)

Bestand und Bestandsentwicklung

Bis Mitte des 20. Jahrhunderts liegen nur einzelne Nachweise vor: Zimmermann[1] führte einen Nachweis aus dem 19. Jahrhundert an und konnte die Art selbst auch nur einmal beobachten. Bauer et al.[2] führten die Art als sehr seltenen Durchzügler an, allerdings ohne konkrete Beobachtungen zu nennen. In den 1960er und frühen 1970er Jahren war das Auftreten der Art dann weitgehend ident mit der aktuellen Situation: regelmäßiger Durchzug im Herbst, meist zwei bis drei Exemplare (ausnahmsweise Trupps von 11 und 14), im Frühjahr unregelmäßig in Einzelexemplaren[3,4,13]. In der Zählperiode 1995–2001 lagen die maximalen Tageswerte bei 5–6 Exemplaren sowohl am Heim- als auch am Wegzug. Erstmals konnte somit auch ein regelmäßiger Frühjahrsdurchzug im Gebiet festgestellt werden[5]. Im jüngsten Zählprogramm ab 2011 konnten auf österreichischer Seite bis zu vier Jungvögel als Tagesmaximum festgestellt werden[6], insgesamt ist jedoch das Auftreten weitgehend ident mit früheren Zählungen, sodass man von keinem Trend im Gebiet sprechen kann.

Mit zwei Ausnahmen stammen alle Beobachtungen aus dem ungarischen Teil von den Überschwemmungsgebieten bei Mekszikópuszta. Drei diesjährige Exemplare schwammen am 20.8.1977 in der Vogelwarte-Bucht[7] und ein juveniles Exemplar wurde am 3.9.1997 neben dem Hauptkanal Fertőhomok in einem Schlammtümpel entdeckt[8]. In Mekszikópuszta rasten Jungvögel typischerweise einzeln oder in kleinen Trupps von 2–4 Exemplaren zwischen August und Oktober. Die größte bisher festgestellte Gruppe waren 12 Individuen am 14.–15.8.2002. Am 21.–22.8.2002 wurden dann zwei Jungvögel mit einem adulten Männchen beobachtet, dieses stellte zugleich den spätesten Nachweis eines Altvogels dar[9]. Da beim Odinshühnchen die Jungvögel von den Männchen geführt werden, können die Weibchen früher die Brutgebiete verlassen und treten am Durchzug daher im Gebiet öfter auf als Männchen im Prachtkleid[10]. Knapp abseits des Avifauna-Gebiets sind fünf weitere Nachweise von den Absetzteichen der ehemaligen Zuckerfabrik Petőháza bekannt sowie je einer im Bereich der Biotoprekonstruktion von Mekszikópuszta im Jahr vor der Flutung (1 juv. von 31.8.–1.9.1989) und aus dem Osli-Hany (4 juv. am 28.8.2015)[9].

Jahreszeitliches Auftreten

> Sehr seltener, aber alljährlicher Durchzügler im August/September (vor allem Jungvögel); im Frühjahr spärlicher

Im Neusiedler See-Gebiet ist die Art zwar alljährlicher Durchzügler zu beiden Zugzeiten, doch kommt es nie zu größeren Konzentrationen. Zwar wird die Art im Herbst durch das teils längere Verweilen der Jungvögel regelmäßiger gemeldet, doch findet im Gebiet ebenso ein zeitlich konzentrierter Frühjahrszug mit Gipfel Ende Mai statt. Der ausgesprochen späte Frühjahrsgipfel ist typisch für die Art, da sich die Ankunft in den Brutgebieten in der nordischen Tundra von Ende Mai bis Mitte Juni erstreckt. Ein Nachweis im Juli betrifft ein adultes Weibchen, die adulten Männchen folgen in der ersten Augusthälfte. Doch auch diese ziehen meist vor den Jungvögeln aus dem Brutgebiet ab, wodurch der eigentliche Jungvogelgipfel wiederum etwa zwei Wochen später Ende August/Anfang September zu liegen kommt.

Zugverhalten und Ringfunde

Odinshühnchen haben eine holarktische Brutverbreitung und überwintern auf hoher See im südlichen Pazifik und im nordwestlichen Indischen

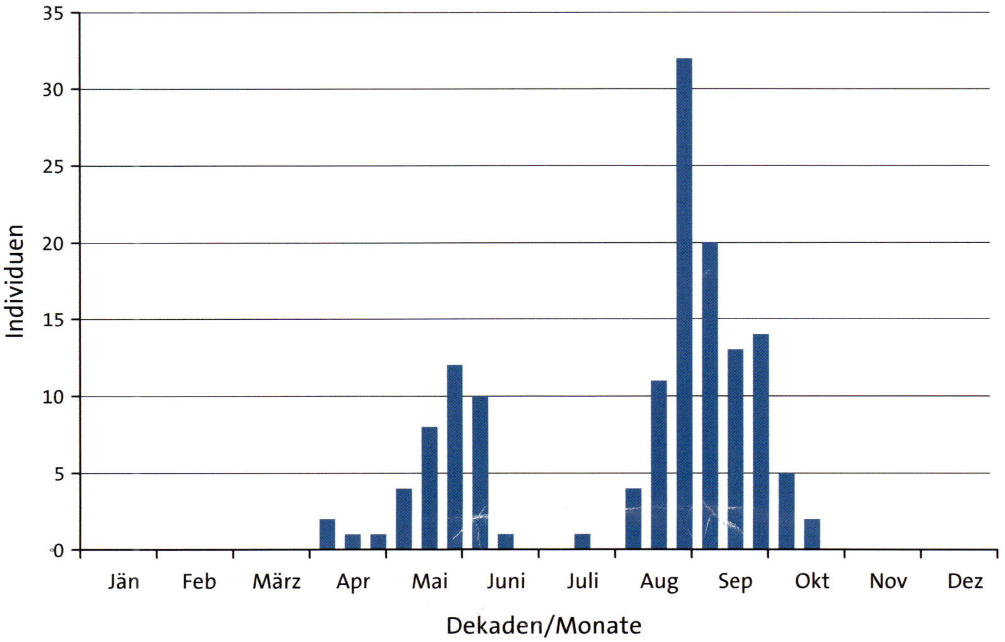

Jahreszeitliches Auftreten des Odinshühnchens (Dekadensummen aller Nachweise) in Österreich in den Jahren 1985–2021 (n = 141)[5,6,11,12].

Ozean (Arabisches Meer). Die nordeuropäischen Brutvögel ziehen nach Südosten, wobei die Vögel der westlichsten Brutvorkommen Ostösterreich und Ungarn überqueren können. Es liegen keine Ringfunde oder Nachweise markierter Vögel vor.

Quellen: [1] *Zimmermann (1943),* [2] *Bauer et al. (1955),* [3] *Festetics & Leisler (1970),* [4] *Winkler & Herzig-Straschil (1981),* [5] *Laber (2003),* [6] *M. Dvorak, J. Laber & B. Wendelin, unpubl. Daten,* [7] *Kárpáti (1983),* [8] *S. Mogyorósi, unpubl. Daten,* [9] *Archiv MME Sopron,* [10] *Pellinger (2004),* [11] *Archiv BirdLife Österreich,* [12] *www.ornitho.at,* [13] *Glutz von Blotzheim et al. (1977)*

Johannes Laber & Attila Pellinger

Thorshühnchen *Phalaropus fulicarius* (Linnaeus, 1758)

Laposcsőrű víztaposó – Red Phalarope

Darscho, Apetlon, 27.5.2006 (Belegfoto Michael Dvorak)

Unregelmäßiger Durchzügler mit Nachweisen zwischen Ende April und Anfang November

Vorkommen

Vom Thorshühnchen liegen bisher mindestens 22 Nachweise vor:

- 16.6.1981 Lange Lacke-Gebiet, 1 ad. (R. Triebl[1,2])
- 17.–18.10.1981 nicht näher bezeichnete Lacke bei Podersdorf, 1 Ind. (W. Grüner[2])
- 1.6.1985 Oberer Stinkersee, 1 ad. ♂ (P. Rass[3])
- 31.5.–3.6.1986 Oberer Stinkersee, 1 Ind. (K. Pöllet, A. Reinsch, D. Franz u. a.[4])
- 6.–7.8.1999 Lange Lacke, 1 ad. ♀ (J. Laber, M. Riesing[5,6])
- 24.8.1999 Illmitzer Zicksee, 1 dj. (H. Blömecke[5,6])
- 17.5.2002 Unterer Stinkersee, 1 ad. ♂ (G. Brenner[7])
- 4.–5.7.2002 Mekszikópuszta, Nyéki-szállás, 1 ad. ♂ (A. Pellinger, B. Molnár, N. Neuwirth u. a.[8,9])
- 15.9.2002 Neusiedler See bei Podersdorf, 1 dj. (J. Laber[3,5])
- 27.5.2006 Darscho, 1 ad. ♀ (M. Dvorak, G. Juen, H.-M. Berg u. a.[3])
- 28.–30.6.2009 Graurinderkoppel, 1 ad. ♀ (J. Laber, E. Albegger, J. Frießer u. a.[10])
- 15.–19.10.2010 Lange Lacke, 1 dj. (J. Laber, A. Ranner, M. Dvorak u. a.[7])
- 11.9.2011 Mekszikópuszta, Borsodi-dűlő, 1 dj. (B. Kókay, Zs. Berényi u. a.[11])
- 27.–30.10.2011 Mekszikópuszta, Borsodi-dűlő, 1 Ind. (P. Cseh, S. Mogyorósi u. a.[11])
- 23.–25.4.2012 Mekszikópuszta, Borsodi-dűlő, 1 ad. (T. Hadarics, S. Mogyorósi, A. Pellinger[12,13])
- 10.6.2012 Rust, 1 vj. (A. Hombauer[14])
- 17.7.–1.8.2012 Unterer Stinkersee und Graurinderkoppel, 1 vj. (S. Zinko, F. Drutkofsky, J. Laber u. a.[14]); möglicherweise derselbe Vogel wie im Juni 2012 in Rust
- 21.–24.5.2015 Seevorgelände Hölle, 1 vj. (A. Ranner, J. Laber, J. Frießer u. a.[15])
- 14.5.2017 Seebad Illmitz, 1 ad. (P. Frießer, J. Frießer, W. Trimmel[15])
- 21.5.2017 Neudegg, 1 ad. ♀ (E. Albegger, J. Laber, P. Kolleritsch[15])
- 2.11.2018 St. Andräer Zicksee, 1 Ind. (S. Zinko, J. Frießer, P. Frießer u. a.[16])
- 8.–9.8.2020 Mekszikópuszta, Borsodi-dűlő, 1 ad. (J. Tar, G. Bátky, T. Hadarics u. a.[17])

Darüber hinaus wird das Thorshühnchen bereits bei Festetics & Leisler[18] als Irrgast angeführt, konkrete Daten dazu liegen aber nicht vor.

Jahreszeitliches Auftreten

Das jahreszeitliche Auftreten weist einen relativ langen Zeitraum mit Beobachtungen während des Frühjahrszuges auf. Vom Herbstzug gibt es einerseits Meldungen im August und September, die möglicherweise auf einen Binnenlandzug sibirischer Brutvögel hindeuten. Andererseits liegen mehrere Spätherbstbeobachtungen vor, die eher in das für das westliche Mitteleuropa typischere Bild passen, in dem Vögel vom Atlantik her in das Binnenland gelangen, z. B. durch Windverdriftung[5].

Quellen: [1] *Triebl (1981),* [2] *Ranner et al. (1995),* [3] *Ranner & Khil (2009),* [4] *Laber & Ranner (1997),* [5] *Laber (2003),* [6] *Ranner (2003),* [7] *Khil & Albegger (2014),* [8] *Hadarics*

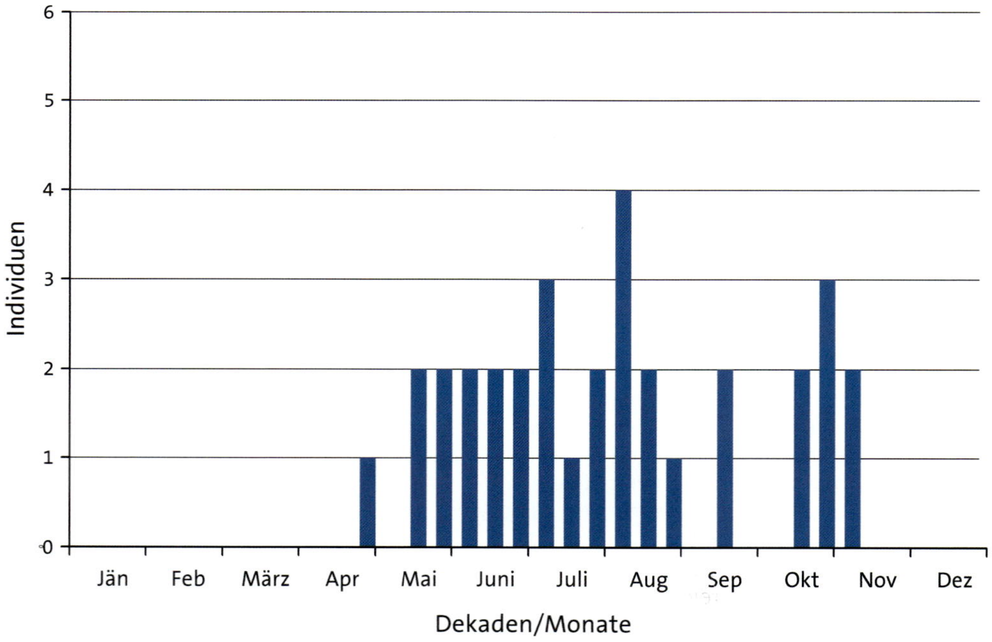

Jahreszeitliches Auftreten des Thorshühnchens (Dekadensummen gemeldeter Individuen) basierend auf Daten aus Österreich und Ungarn aus den Jahren 1981–2021 (n = 33)[1–17].

(2006),[9] MME Nomenclator Bizottság (2006a),[10] Ranner & Khil (2011),[11] MME Nomenclator Bizottság (2016a),[12] MME Nomenclator Bizottság (2021),[13] www.birding.hu,[14] Albegger & Khil (2016),[15] Albegger & Brader (2018),[16] www.birdlife-afk.at,[17] MME Nomenclator Bizottság (2022),[18] Festetics & Leisler (1970)

Andreas Ranner & Tibor Hadarics

Flussuferläufer *Actitis hypoleucos* (Linnaeus, 1758)

Billegetőcankó – Common Sandpiper

Geiselsteller, Illmitz, 6.8.2016 (Michael Dvorak)

Mäßig häufiger Durchzügler im April/Mai und von Juli bis September

Verbreitung und Lebensraum

Der Flussuferläufer bevorzugt Gewässer aller Art mit Schotterufern und ist am Durchzug auch an kleineren Gräben und Bächen zu finden. Er ist daher keine Art der offenen Schlammflächen. Ähnlich dem Waldwasserläufer werden im Binnenland auch kleinste Rastplätze genutzt, was dazu führt, dass größere Ansammlungen in einem Rastgebiet selten vorkommen. Auch im Neusiedler See-Gebiet ist die Bevorzugung von kiesigen Substraten klar zu erkennen. Im Rahmen der Wasservogelzählungen in Österreich konnte die Art in den Jahren 2011–2018 vor allem an der Podersdorfer Pferdekoppel (17 % aller beobachteten Individuen), an der Langen Lacke (12 %) sowie am St. Andräer Zicksee (11 %) beobachtet werden. Eine gewisse Bedeutung hatte auch noch der Darscho (8 %)[1]. Diese für Limikolen atypische Verteilung im Gebiet unterstreicht die abweichenden Lebensraumansprüche der Art. Nachdem Flussuferläufer aber auch Schottergruben, Holzstege am See und andere Sondersituationen zur Rast nutzen können, ist die Erfassung im Rahmen der standardisierten Zählungen als unvollständig anzusehen. Auch in Ungarn treten Flussuferläufer, wie in Österreich, bisweilen auch weitab kiesiger Uferhabitate auf. So wurden rastende Vögel auch auf Treibgut und auf im Wasser stehenden Anglerplattformen festgestellt[2]. Manchmal versammeln sich an solchen Stellen auch größere Trupps, so hielten sich z. B. am 3.8.2005 nicht weniger als 29 Flussuferläufer am Rand des Betonbeckens des Grenzpunktes A-79 südöstlich von Mörbisch auf[3].

Bestand und Bestandsentwicklung

Mitte des 20. Jahrhunderts wurde der Flussuferläufer als regelmäßiger, wenn auch nicht zahlreicher Durchzügler bezeichnet[4, 5]. Festetics & Leisler[6] ordneten die Art in den 1960er Jahren den regelmäßigen Besuchern zu, mit Tagessummen von 25–50 Exemplaren für den Seewinkel. Das phänologische Auftreten mit einem Überwiegen des Herbstzugs war in den 1950er und 1960er Jahre bereits weitgehend ident mit der heutigen Situation. Während eine Auswertung für die Jahre 1963–1972 Heim- und Wegzug mit Tagessummen von maximal 15–20 Exemplaren noch gleichstark einstufte[7], konnten von 1995–2001 deutlich höhere Zahlen von bis zu 30 Exemplaren am Heim- und maximal ca. 100 Individuen am Wegzug festgestellt werden[8]. Im jüngsten Zählprogramm ab 2011 bewegten sich die Tagessummen in einer ganz ähnlichen Größenordnung[1]. Diese (möglicherweise nur scheinbare) Zunahme der Rastbestände steht in Widerspruch zum eher sinkenden Trend der west- und zentraleuropäischen Brutpopulation[9]. Die Brutbestände in Fennoskandien, dem Herkunftsbereich der meisten bei uns durchziehenden Flussuferläufer, werden als stabil eingestuft[10, 11].

Obwohl sich 87 % der bis 2021 gemeldeten 900 Beobachtungen aus Ungarn auf Einzelindividuen oder kleinere Gruppen von maximal fünf Exemplaren beziehen, können von Zeit zu Zeit größere, locker zusammenhaltende Gruppen vorkommen. Die größte Ansammlung waren 50 Exemplare, die am 7.8.2013 am Borsodi-dűlő bei Mekszikópuszta gezählt wurden[12]. In den 1990er Jahren waren die knapp außerhalb des Avifauna-Gebiets gelegenen Absetzteiche der ehemaligen Zuckerfabrik Petőháza von herausragender Bedeutung für den Herbstzug der Flussuferläufer. In den Jahren 1987–2008 wurden hier 200

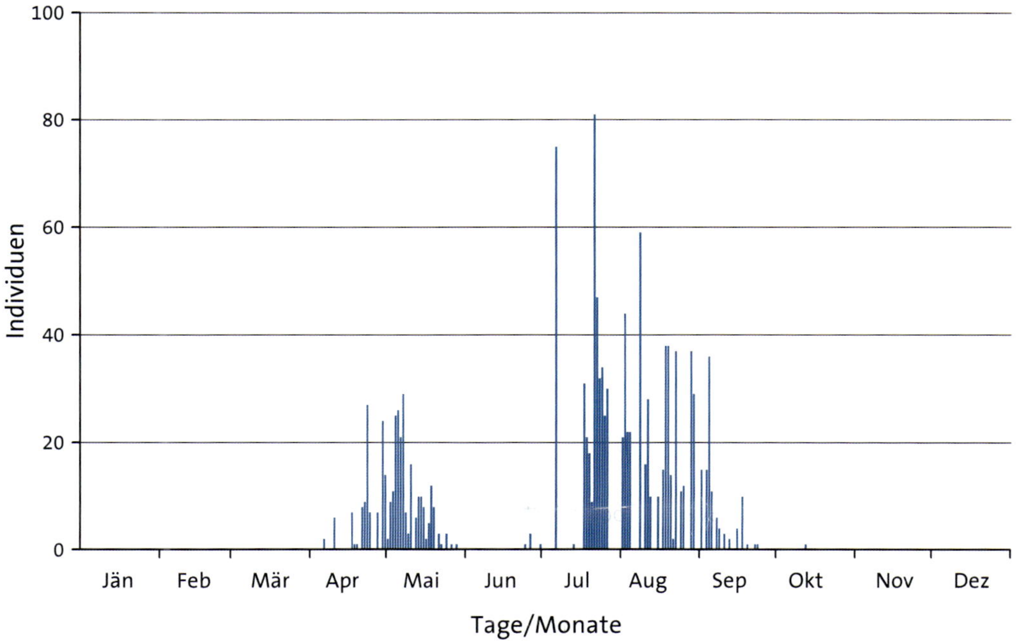

Jahreszeitliches Auftreten des Flussuferläufers (Tagessummen) basierend auf Daten der Wasservogelzählungen in Österreich aus den Jahren 2011–2018 (n = 1.316)[1].

Nachweise der Art gemeldet, die größte Gruppe bestand aus 37 Exemplaren [13].

Jahreszeitliches Auftreten

Der herbstliche Durchzug der Altvögel kulminiert Ende Juli, der Jungvogelzug gipfelt nur etwa zwei Wochen später in der ersten Augusthälfte. An nordpolnischen Rastplätzen liegen die entsprechenden Maxima zumeist etwas früher [14]. Dies entspricht ganz dem vergleichsweise langsamen Wegzug durch Europa mit vielen Zwischenstationen. Im Gegensatz dazu ist der Heimzug an allen europäischen Rastplätzen recht gut synchronisiert (erste Maihälfte), was für einen raschen, direkten Zugverlauf in die Brutgebiete spricht, der nur wenige Male unterbrochen wird. Der Frühjahrsdurchzug beginnt in Einzelexemplaren um den 20. März, ist aber vor Mitte April nicht nennenswert. Der Herbstzug klingt Ende September aus, Oktoberbeobachtungen sind bereits selten und Novemberbeobachtungen eine große Ausnahme (9.11.2016 [15], 23.11.2014 [16]). Vom 24.–29.1.2018 hielt sich zudem ein Vogel am St. Andräer Zicksee auf [17].

Zugverhalten und Ringfunde

Der Flussuferläufer ist ein ausgesprochener Breitfrontzieher, der keine Bindung an die Küste zeigt. In Europa werden zwei Zugpopulationen unterschieden, eine westliche zieht nach Südwest, um in Westafrika zu überwintern, die östliche hingegen in Winterquartiere in Ost- und Südafrika [18]. Im Bereich des östlichen Mittelmeeres sind Durchzügler beider Gruppen zu erwarten. Das Herkunftsgebiet unserer Durchzügler in Fennoskandien und im Baltikum wird durch einen litauischen Wiederfund eines Vogels gestützt, der am Heimzug auf ungarischer Seite beringt wurde [19]. In den Zugverlauf während des Wegzugs, entlang der südlich bzw. südwestlich laufenden Zugachse über Italien und das westliche Mittelmeer, passt ein Wiederfund im Dezember aus dem sardischen Überwinterungsgebiet [19].

Quellen: *[1] M. Dvorak, J. Laber & B. Wendelin, unpubl. Daten, [2] Pellinger & Hadarics (2020d), [3] S. Mogyorósi, unpubl. Daten, [4] Zimmermann (1943), [5] Bauer et al. (1955), [6] Festetics & Leisler (1970), [7] Winkler & Herzig-Straschil (1981), [8] Laber (2003), [9] Wetlands International (2019), [10] Lindström et al. (2019), [11] Bairlein et al. (2014), [12] Archiv FHNP, [13] Archiv MME Sopron, [14] Meissner (1996), [15] C. Wende/ornitho.at, [16] L. Strobel/ornitho.at, [17] A. Ranner, W. Zimmermann/ornitho. at, [18] Delany et al. (2009), [19] Vogelberingungszentrale BirdLife Ungarn, unpubl. Ringfunde*

Johannes Laber & Attila Pellinger

Waldwasserläufer *Tringa ochropus* Linnaeus, 1758

Erdei cankó – Green Sandpiper

Frauenkirchen, 3.6.2021 (Leander Khil)

Seltener, zumeist vereinzelter Durchzügler zu beiden Zugzeiten vor allem im März/April und von Juni bis August

Verbreitung und Lebensraum

Der Waldwasserläufer bevorzugt Süßwasser und meidet größere, offene Schlammflächen. Daher ist die Art im Seewinkel deutlich seltener als in kleinstrukturierteren und stärker verkrauteten Rastgebieten, wie z. B. den Absetzbecken Hohenau/Ringelsdorf oder den Rieselfeldern Münster [1,2]. Der Waldwasserläufer ist somit eine der wenigen Limikolen, für die der Seewinkel nicht der wichtigste Rastplatz Österreichs ist. Aufgrund der spezifischen Habitatansprüche ist der Erfassungsgrad im Avifauna-Gebiet eher schlecht, wenn man an die vielen Blänken im Schilfgürtel denkt, die von dieser Art auch genützt werden könnten. Waldwasserläufer nutzen vor allem kleinere, stark verlandete Lacken sowie vegetationsreiche Entwässerungsgräben und Teiche. Im Rahmen der Wasservogelzählungen in Österreich ab 2011 konnte die Art vor allem an der Graurinderkoppel (16 % aller beobachteten Individuen) sowie am Silbersee (13 %) beobachtet werden. Eine gewisse Bedeutung hatten auch noch die Apetloner Meierhoflacke (8 %), die Lange Lacke (6 %) und die Fischteiche in der Martenthau (5 %) [3]. Diese ausgesprochen ungewöhnliche Liste an bevorzugten Gewässern zeigt sehr eindrücklich, wie sehr die Habitatansprüche des Waldwasserläufers von anderen im Gebiet vorkommenden Limikolenarten abweichen.

Bestand und Bestandsentwicklung

In der älteren Literatur des 20. Jahrhunderts wird die Art für das Neusiedler See-Gebiet als spärlicher und in geringer Zahl auftretender Durchzügler bezeichnet [4,5,6]. In den Jahren 1995–2001 konnten Maximalzahlen von bis zu fünf am Heimzug und 10 am Wegzug festgestellt werden [7], was ganz den Verhältnissen in den 1960er und Anfang der 1970er Jahren entsprach [8]. Bei den aktuellen Wasservogelzählungen in Österreich ab 2011 wurden diese Tagessummen deutlich übertroffen mit maximal 16 Individuen Anfang April und 12 Individuen im August [3]. Ob dieser Anstieg in den Maximalzahlen einen positiven Bestandstrend widerspiegelt oder ein Artefakt ist, kann nicht beantwortet werden. Wetlands International weist jedenfalls für die bei uns durchziehende Population einen steigenden Trend aus [9].

Auf ungarischer Seite gibt es erst ab den 1980er Jahren durchgehende Nachweise des Waldwasserläufers, davor wurden lediglich von Kárpáti [10] drei Beobachtungen publiziert, darunter waren 15 Exemplare, die am 15.4.1975 auf der Weide von Fertőszéplak festgestellt wurden. Bei den wöchentlichen Zählungen in den Überschwemmungsflächen von Mekszikópuszta [11] kam die Art über 18 Jahre nur an 12 % der Zähltagen vor, in der Regel einzeln mit einer Höchstzahl von acht Individuen am 2.4.2015 [12]. Im Schilfgürtel tritt der Waldwasserläufer in 1–3 Exemplaren ab der Mitte des Sommers an den unbewachsenen Rändern der Kanäle und in seichten Flächen mit nur lichtem Schilfbewuchs auf. Er kommt dabei überall in diesem großen Gebiet vor, denn bei längeren Bootsfahrten können immer mehrere Dutzend Individuen aufgescheucht werden. Demnach könnten sich während der Zughöhepunkte durchaus weit verteilt mehrere Hundert Waldwasserläufer im größtenteils unwegsamen Schilfgürtel aufhalten. Obwohl Waldwasserläufer typischerweise einzeln auftreten, können sie in besonders günstigen Bereichen auch in größerer Zahl vorkommen. In besonders hoher Zahl sind die Vögel an den (knapp außerhalb des Avifauna-Gebiets liegenden) Absetzteichen der ehemaligen Zuckerfabrik von Petőháza durchgezogen. Farbmarkierte Individuen zeigten, dass es hier einen regelmäßigen Austausch mit dem Neusiedler See gab. 1987–2008 wurden hier insgesamt 267-mal Waldwasserläufer beobachtet, davon handelte es sich in 44 Fällen um 10 oder mehr Exemplare mit einem Maximum von 37 Individuen[13].

Jahreszeitliches Auftreten

Der Frühjahrszug setzt mit Einzelexemplaren schon um den 10.3. ein und gipfelt Anfang April. Der herbstliche Altvogeldurchzug ist bereits im Juni und Juli bemerkbar, die Jungvögel gipfeln Anfang August. Vereinzelte Nachzügler können noch bis Ende Oktober festgestellt werden. Der Waldwasserläufer zeichnet sich durch besondere „Winterhärte" aus, da er bereits südlich der 0 °C-Jänner-Isotherme überwintert; damit wären zukünftig, wie auch in anderen Teilen Österreichs, vermehrt Überwinterungen im Neusiedler See-Gebiet zu erwarten. Die ersten Hinweise darauf stellen zwei Beobachtungen von Einzelvögeln am 17.12.2017 im Seebad Illmitz[14] und am 22.1.2018 am St. Andräer Zicksee[15] dar.

Auch in Ungarn weisen Winternachweise auf eine regelmäßige Überwinterung oder winterliche Zugbewegungen hin. Diese Beobachtungen kommen von den Ufern von Gräben und Bächen (vor allem der Ikva) und Schottergruben. Es ist aber zu erwarten, dass Waldwasserläufer genauso an nie zufrierenden Kanalabschnitten im Schilfgürtel überwintern, die im Winter aber für den Menschen kaum erreichbar sind. Entsprechende Nachweise fehlen daher derzeit noch.

Zugverhalten und Ringfunde

Waldwasserläufer ziehen in breiter Front, ohne sichtbare Konzentrationen, Richtung Südwest durch Europa in ihre Winterquartiere, die vorwiegend in Afrika südlich der Sahara, teils aber auch im Mittelmeergebiet und vereinzelt in West- und Mitteleuropa liegen[16]. Ein Mitte August 1978 in Mekszikópuszta beringter Waldwasserläufer wurde im südöstlichen Teil von Polen (Kolbuszowa) im April 1980 wiedergefunden[17]. Die im Jahr 2020 in Mekszikópuszta begonnene Farbringmarkierung wird diesbezüglich vermutlich weitere Daten liefern.

Quellen: [1] *OAG Münster (1997),* [2] *Zuna-Kratky et al. (2000),* [3] *M. Dvorak, J. Laber & B. Wendelin, unpubl. Daten,* [4] *Zimmermann (1943),* [5] *Bauer et al. (1955),* [6] *Festetics & Leisler (1970),* [7] *Laber (2003),* [8] *Winkler & Herzig-Straschil (1981),* [9] *Wetlands International (2019),* [10] *Kárpáti (1983a),* [11] *Pellinger & Hadarics (2020a),* [12] *Archiv FHNP,* [13] *A. Pellinger, unpublizierte Daten,* [14] *H.-M. Berg/ornitho.at,* [15] *K. Wiesinger/ornitho.at,* [16] *Bairlein et al. (2014),* [17] *Hadarics in Csörgő et al. (2009)*

Johannes Laber & Attila Pellinger

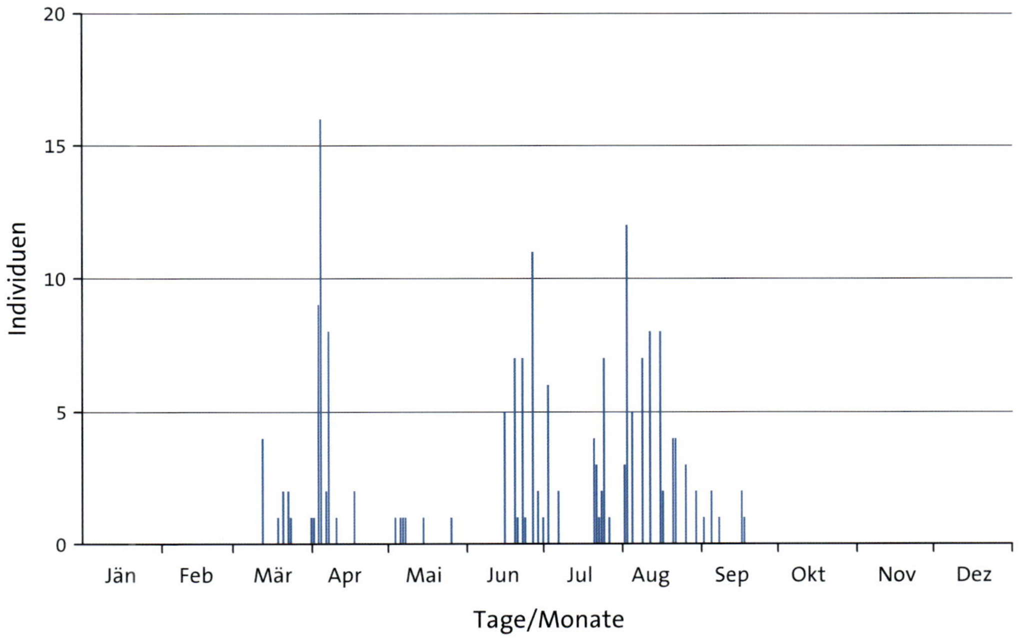

Jahreszeitliches Auftreten des Waldwasserläufers (Tagessummen) basierend auf Daten der Wasservogelzählungen in Österreich aus den Jahren 2011–2018 (n = 182)[3].

Kleiner Gelbschenkel *Tringa flavipes* (J. F. Gmelin, 1789)

Sárgalábú cankó – Lesser Yellowlegs

Podersdorf, 10.5.1997 (Belegfoto R. Morgen)

Ausnahmeerscheinung

Vorkommen

Ein ausreichend dokumentierter Nachweis, der den ersten für Österreich darstellt:

- 10.5.1997 Mangaliza-Schweinekoppel Podersdorf, 1 ad. (R. Morgen, C. Krüger, H. Krüger u. a.[1])

Zwei weitere publizierte Meldungen dieser Art aus dem Seewinkel[2, 3] sind unbelegt und nur unzureichend beschrieben, sie können daher nicht als Nachweise gelten.

Quellen: [1] *Ranner (2002),* [2] *Taylor (1975),* [3] *Magerl (1980)*

Andreas Ranner

Rotschenkel *Tringa totanus* (Linnaeus, 1758)

Piroslábú cankó – Common Redshank

Geiselsteller, Illmitz, 19.5.2014 (Michael Dvorak)

Häufiger Brutvogel auf Wiesen und Weiden, mäßig häufiger Durchzügler

Verbreitung und Lebensraum

Der Rotschenkel ist aktuell, so wie auch in früheren Jahrzehnten, nach dem Kiebitz die zweithäufigste brütende Limikole des Gebiets[1]. Das grobe Verbreitungsbild ist seit den 1980er Jahren mehr oder weniger dasselbe geblieben[2–4]: Der Schwerpunkt des Vorkommens liegt im Seewinkel, hier stechen das Lange Lacke-Gebiet, der Illmitzer Zicksee, das Arbesthau-Gebiet und – in etwas geringerem Maß (zumindest bis 2018) – die Zitzmannsdorfer Wiesen als Kerngebiete hervor[1]. Daneben gibt es nach wie vor kleinere Brutvorkommen auch am Westufer des Neusiedler Sees und im Hanság[3]. Allerdings hat der Rotschenkel im Seewinkel gegenüber früheren Jahrzehnten viel an Boden verloren: In den 1960er Jahren gehörten etwa die Pimetz-, Grund- und Legerilacke noch zu den bevorzugten Brutgebieten, ebenso der Schwarze See und die Götschlacke[5]. Zumindest bis Ende der 1980er Jahre hatten die Hulden-, Bader- und Moschadolacke noch eine gewisse Bedeutung[4]. Heute sind alle diese Lacken entweder zerstört oder stark degradiert[6]. Im Vergleich zu Kiebitz und Uferschnepfe ist der Rotschenkel gleichmäßiger über das Gebiet verteilt. Insbesondere bestehen in der Nutzung zwischen Wiesen, Weiden und Grünlandbrachen nur geringe Unterschiede[1,4]. Die Brutdichten sind auf Weiden etwas (in Trockenjahren jedoch deutlich) höher als auf Mähwiesen[1,4]. Dies bedeutet aber nicht, dass der Rotschenkel unspezifische Habitatansprüche hätte. Sowohl durch zu starke als auch durch zu geringe Beweidung können Flächen für den Rotschenkel ungeeignet werden[5]. Für die Nestanlage bevorzugt er Stellen mit höherer Vegetation[5] und während des Führens der Jungen ist er in stärkerem Maß auf überschwemmte Bereiche angewiesen als Kiebitz und Uferschnepfe[4]. In den Jahren seit 2018 besetzen Rotschenkel am Westufer zwischen Purbach und Jois in stark zunehmendem Maße auch Brutreviere in großflächig gemähten, schütteren Schilfbeständen. So waren im Mai 2021 bei Winden mindestens 10 Reviere besetzt[7] und am 27.5.2020 wurden südwestlich des Seedammes Breitenbrunn 11 warnende Paare gezählt[8]; in diesem Bereich gelang am 6.5.2020 auch ein Nestfund[8]. Da der Schilfgürtel jedoch nur stichprobenartig kontrolliert wird und geeignete Schnittflächen eine um ein Vielfaches größere Ausdehnung haben, ist aktuell hier mit einem sehr viel größeren Vorkommen zu rechnen. Dabei handelt es sich mit großer Wahrscheinlichkeit um Umsiedler aus den Feuchtwiesen und -weiden des Seewinkels, die in ihren angestammten Lebensräumen keine geeigneten Bedingungen mehr finden. Außerhalb der Brutzeit konzentrieren sich die Rotschenkel, abhängig von den jeweiligen Wasserständen, an den Lacken und an den landseitigen Rändern des Neusiedler Sees.

Auf ungarischer Seite brütete der Rotschenkel am Südwestufer des Neusiedler Sees bis zur Jahrtausendwende vielerorts auf den Wiesen zwischen Fertőrákos und Balf sowie in den Salzlebensräumen von Mekszikópuszta bis Fertőszéplak. Wegen der wiederholt niederschlagsarmen Winterhalbjahre blieben in den letzten Jahren im Frühjahr bereits zu Beginn der Brutzeit immer größere Wiesenflächen trocken, weshalb die Art aus diesen Bereichen verschwunden ist. Wie auf österreichischer Seite brütet der Rotschenkel bei geeignetem, niedrigem Wasserstand auch in den offenen, nur schütter bewachsenen Teilen des Schilfgürtels. Die Anzahl der hier vorkommenden Teil-Population kann aber, ebenso wie in Österreich, nicht geschätzt werden, da das Gebiet nicht flächig begangen werden kann.

Bestand und Bestandsentwicklung

Ähnlich wie bei Kiebitz und Uferschnepfe sind die Bestandsangaben verschiedener Autoren und Erhebungsphasen nur schwer vergleichbar, weil sich die Methodik der Bestandserfassung und die Abdeckung des Gebiets immer wieder wesentlich geändert haben. Betrachtet man die Zahlenangaben, ohne die Umstände der Erfassung zu berücksichtigen, ergibt sich eine beständige Zunahme seit den 1960er Jahren und ein starker Rückgang innerhalb des letzten Jahrzehnts[1,9]. In auffälligem Widerspruch dazu steht die Tatsache, dass bereits in früheren Jahrzehnten verschiedene Autoren für den für sie jeweils überblickbaren Zeitraum von Lebensraumverlusten berichteten[4,5]. Wie sich in den letzten Jahren herausgestellt hat, ist die Erfassung warnender (d.h. Junge führender) Paare gerade beim Rotschenkel ein schlechtes Maß für den Brut(zeit)bestand: Auffällige Nichtbrütertrupps in trockenen Jahren lassen darauf schließen, dass zwar der Großteil des traditionell im Seewinkel brütenden Bestandes im Gebiet bleibt, aber nur teilweise zur Brut schreitet. Außerdem schwankt beim Rotschenkel der Schlupferfolg stärker als bei Kiebitz oder Uferschnepfe. Der Bestand an grundsätzlich „brutwilligen" Altvögeln dürfte daher weitaus konstanter sein als der Bestand an führenden Paaren und sich aus letzterem schwer ableiten lassen[1]. In den Jahren 2011–2019 ergab die Hochrechnung für den gesamten Seewinkel zwischen 25 (im Trockenjahr 2012) und 189 warnender Paare und einen Brutzeitbestand von 184 bis 318 potenziellen Brutpaaren[1,9]. Während sich also der Bestand an warnenden Paaren zwischen dem schwächsten und dem besten Jahr um den Faktor 7,6 unterscheidet, liegt zwischen dem niedrigsten und dem höchsten Brutzeitbestand nur ein Faktor von 1,7. Der tatsächliche Unterschied ist wahrscheinlich noch geringer, da in den Probeflächen attraktive Sammelplätze für Nichtbrüter unterrepräsentiert sind. Einschließlich der Vorkommen am Westufer und im Hanság dürfte der Bestand des Gebiets daher bis einschließlich 2019 zwischen 200 und 350 Brutpaaren liegen. Im Jahr 2006 wurde mit 265 warnenden Paaren der bisher höchste Wert für den Schlupferfolg ermittelt[1]. Wie sich im Vergleich mit dem geschätzten Gesamtbestand für die hinsichtlich der Wasserstände viel ungünstigeren 2010er Jahre zeigt, war dies wahrscheinlich nicht auf einen tatsächlichen Höchststand, sondern nur auf einen besonders hohen Anteil brutaktiver Paare bzw. von Paaren mit Schlupferfolg zum Erhebungszeitpunkt zurückzuführen. Beim Rotschenkel schwankt der Schätzwert für den Schlupferfolg besonders stark, nämlich von nur 14,7 % im trockenen Jahr 2017 bis zu 67,5 % im Jahr 2011. Der Mittelwert für die acht Erhebungsjahre beträgt 36,8 %, und ist damit deutlich geringer als bei Kiebitz und Uferschnepfe.

Flächendeckende Erhebungen, anstelle von Stichprobenerfassungen, wurden im Seewinkel dann wiederum 2020 und 2021 durchgeführt: Jeweils in der ersten Maidekade wurden dabei 201 bzw. 282 Individuen gezählt, in der dritten Maidekade 295 bzw. 388[9]. Der aktuelle Brutbestand des Rotschenkels dürfte daher am unteren Rand der oben angeführten Zahl oder sogar schon etwas darunter liegen. Sollte sich das Verhältnis zwischen trockenen Jahren und Jahren mit wenigstens durchschnittlichen Wasserständen nicht rasch verbessern, ist zu befürchten, dass sich der Brutbestand des Rotschenkels nicht lang auf dem gegenwärtigen Niveau halten kann. Wie bei Uferschnepfe und Kiebitz könnten sich auch überregionale Bestandstrends negativ auf das Seewinkler Rotschenkel-Vorkommen auswirken. In europäischen Schwerpunktgebieten, wie den Niederlanden, ist es im Verlauf der letzten 30 Jahre zu starken Bestandseinbrüchen gekommen[10], sodass die Chancen auf eine „Abpufferung" der Seewinkler Population durch allfällige Zuwanderer geringer werden.

Auf ungarischer Seite hat sich der geschätzte Brutbestand halbiert. Noch größer ist die Abnahme der Durchzügler im Frühjahr und der sich versammelnden Gruppen nach Ende der Brutzeit. An den Überschwemmungsgebieten von Mekszikópuszta fielen die Maxima von 250–400 Individuen Anfang der 2000er Jahre auf aktuell (2020) weniger als 50[11].

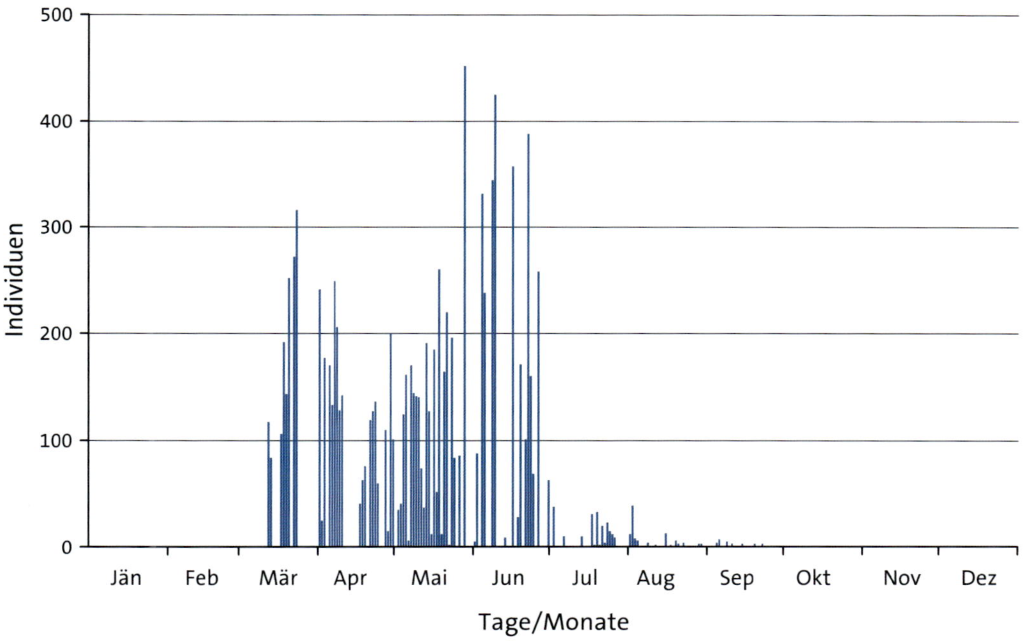

Jahreszeitliches Auftreten des Rotschenkels (Tagessummen) basierend auf Daten der Wasservogelzählungen in Österreich aus den Jahren 2011–2018 (n = 10.504)[14].

Jahreszeitliches Auftreten

Inwieweit sich in den Phänologie-Diagrammen des Rotschenkels aus dem Seewinkel ein nennenswerter Durchzug abbildet, wurde von verschiedenen Autoren unterschiedlich beurteilt[12,13]. Grundsätzlich reicht der Gebietsbestand aus, um auch die beiden Maxima im März und Juni zu erklären. Die gegenteilige Annahme[12] stützt sich auf den Bestand warnender Paare, der aber den Gesamtbestand gerade in Trockenjahren unterschätzt. Das Frühjahrsmaximum kann also entweder einen tatsächlichen Durchzugsgipfel zeigen oder aber jene Phase im Jahr, in der sich der Brutbestand noch überwiegend an den Lacken aufhält und daher bei den Wasservogelzählungen relativ gut erfasst werden kann. Die Zahlen im April und Mai gehen aktuell kaum über 200 Individuen hinaus und erfassen damit den in dieser Zeit über die Wiesen und Weiden des Gebiets verteilten Brutbestand nur unvollständig. Selbst die Juni-Maxima entsprechen mit etwa 350 bis 450 Individuen[14] nicht einmal dem gesamten Brutbestand. Ein Teil der Rotschenkel-Familien hält sich in diesem Zeitraum noch in den Wiesen und Weiden auf und ist dort entsprechend unauffällig. Außerdem beginnt der Abzug (wahrscheinlich insbesondere der Nichtbrüter) bereits im Juni[12], so dass sich zu keinem Zeitpunkt der gesamte Gebietsbestand an den Lacken sammelt. Schon im Juli sind die Zahlen sehr gering. Auch, wenn die Beobachtungen danach bis in den Oktober reichen, werden zu keinem Zeitpunkt mehr größere Zahlen erreicht.

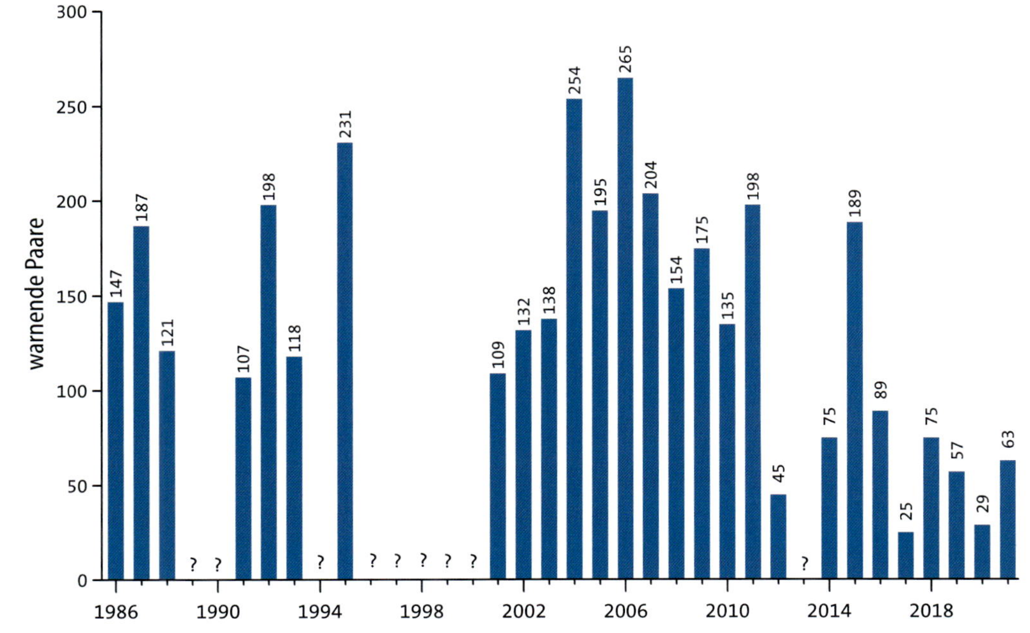

Der Brutbestand des Rotschenkels in Österreich in den Jahren 1986–2021 (warnende Paare)[1, 4, 9].

Zugverhalten und Ringfunde

Die vorliegenden Ringfunde bestätigen das bereits früher gezeichnete Bild[12]: Brutvögel des Neusiedler See-Gebiets sind von Ende Juni bis Ende September in Norditalien anzutreffen, wo sie wahrscheinlich mausern. Sie überwintern (wohl nicht nur) in Südfrankreich. Einzelne Durchzügler aus Finnland (wahrscheinlich im Brutgebiet beringt) bzw. aus Tschechien und Polen (jeweils während der Zugzeit beringt) bestätigen einen gewissen Durchzug fennoskandischer Rotschenkel sowohl im Frühling als auch im Sommer, ohne Aufschluss über die zahlenmäßige Bedeutung dieses Durchzuges zu geben[15,16]. In dieses Bild passen zwei aktuelle Funde von in Mekszikópuszta (ab 2016) farbberingten Rotschenkel aus Malta (Naxxar, 1.320 km) und aus Spanien (Huelva, 2.260 km)[17]. Ein am 7.9.2015 in den Salinen von Comacchio, Italien beringtes Männchen brütete in den Jahren 2019 bis 2021 an einer Vernässung südlich von Frauenkirchen[18].

Quellen: [1] *Dvorak et al. (2016)*, [2] *Archiv BirdLife Österreich*, [3] *www.ornitho.at*, [4] *Kohler & Rauer (1994)*, [5] *Festetics & Leisler (1970)*, [6] *Krachler et al. (2012)*, [7] *M. Dvorak, unpubl. Daten*, [8] *A. Cimadom/ornitho.at*, [9] *G. Bieringer, B. Kohler & G. Rauer unpubl. Daten*, [10] *Roodbergen & Teunissen (2019)*, [11] *Pellinger & Hadarics (2020a)*, [12] *Laber (2003)*, [13] *Winkler & Herzig-Straschil (1981)*, [14] *M. Dvorak, J. Laber & B. Wendelin, unpubl. Daten*, [15] *Vogelberingungszentrale BirdLife Ungarn, unpubl. Ringfunde*, [16] *Österreichische Vogelwarte, unpubl. Ringfunde*, [17] *Pellinger & Hadarics (2020b)*, [18] *L. Khil, unpubl. Daten*

Georg Bieringer, Bernhard Kohler & Attila Pellinger

Teichwasserläufer *Tringa stagnatilis* (Bechstein, 1803)

Tavi cankó – Marsh Sandpiper

Oberer Stinkersee, Illmitz, 3.5.2016 (Peter Frießer)

Seltener, aber alljährlicher Durchzügler zu beiden Zugzeiten, vor allem im April/Mai sowie von Juni bis September

Verbreitung und Lebensraum

Die Teichwasserläufer Europas brüten in der gemäßigten Zone und der Steppenzone, beginnend in Weißrussland und weiter östlich davon. Einzelne Paare brüten auch in Polen und Finnland, doch westlich von 20° Ost ist die Art sehr spärlich[1]. Obwohl in den letzten Jahrzehnten Brutvorstöße nach Westen erfolgten, ist auch in Ungarn seit 1940 kein Brutnachweis mehr gelungen[2] und daher in naher Zukunft auch nicht mit dem erneuten Brüten im Avifauna-Gebiet zu rechnen. Im Seewinkel, auf österreichischer Seite, kann die Art sowohl an den größeren Lacken bzw. Weiden als auch an kleineren, leicht verkrauteten Lacken beobachtet werden. Im Rahmen der Wasservogelzählungen ab 2011 konnte der Teichwasserläufer vor allem an den Wasserstätten (21 % aller beobachteten Individuen) sowie an der Graurinderkoppel (18 %) beobachtet werden. Eine größere Bedeutung hatten auch noch der Illmitzer Zicksee und das Sandeck (14 % bzw. 10 %)[3]. Alle bekannten Nachweise auf ungarischer Seite stammen aus den Überschwemmungsgebieten von Mekszikópuszta[4].

Bestand und Bestandsentwicklung

Am 25.5.1941 wurden an der heute nicht mehr existenten Grundlacke südöstlich von Podersdorf *„mehrere Paare"* des Teichwasserläufers beobachtet und ein Gelege gesammelt[5, 6]. Aufgrund einzelner Brutzeit-Beobachtungen in geeigneten Habitaten im Mai schloss Zimmermann[7] ein ausnahmsweises Brüten auch noch für den Anfang der 1940er Jahre nicht aus. Anfang der 1950er Jahre konnte die Art trotz intensiverer ornithologischer Durchforschung lediglich einmal festgestellt werden[8]. In den 1960er und frühen 1970er Jahren wurde der Teichwasserläufer als regelmäßiger Durchzügler im Frühjahr mit maximal 7–10 Exemplaren, aber als nur unregelmäßiger Herbstdurchzügler mit maximal fünf Exemplaren eingestuft[9, 10]. In der Zählperiode 1995–2001 ergab sich dann ein ganz anderes Bild mit einem weiterhin geringen Frühjahrszug mit maximalen Tagessummen von sieben Exemplaren, aber mit einem deutlich stärkeren Herbstzug von Juni bis Anfang September von bis zu 20 Individuen, die sowohl Alt- als auch Jungvögel einschließen[11]. Im jüngsten Zählprogramm ab 2011 konnte sowohl das Muster als auch die Größenordnung des Durchzugs bestätigt werden[3]. Das vermehrte Auftreten der Art am Herbstzug dürfte mit der in den letzten Jahrzehnten verstärkten Ausweitung des Brutareals nach Westen zusammenhängen[1]. Die größte Ansammlung in Österreich der letzten Jahre waren 14 Individuen (8 ad. und 6 juv.) am 27.7.2011 an den Wasserstätten bei Illmitz[12]. In Ungarn handelt es sich bei zwei Drittel der Nachweise um nur einen oder zwei Vögel. Der größte Trupp waren 15 Exemplare am 15.4.2012 am Borsodi-dűlő bei Mekszikópuszta. In den letzten Jahren wurde die Art deutlich regelmäßiger als früher nachgewiesen[13].

Jahreszeitliches Auftreten

Der Frühjahrszug setzt in Österreich in der ersten Aprildekade ein, verläuft gleichmäßig ohne ausgeprägte Gipfel und endet mit der ersten Maidekade. Im Sommer treffen die ersten Altvögel bereits um den 10. Juni ein, ihr Zug gipfelt im Juli, wobei zumindest ein Teil die Kleingefiedermauser im Neusiedler See-Gebiet durchführen dürfte. Mitte Juli tragen die Altvögel zumeist bereits das hellgraue Ruhekleid. Der Jungvogelzug beginnt Mitte Juli und gipfelt wenig später im Laufe des Augusts und endet Mitte September[3, 15, 16]. In Ungarn stammen die frühesten Nachweise am Heimzug vom 26.3.2007 (1 Ex., Cikes) und vom 26.3.2012 (3 Ex., Borsodi-dűlő)[4]. Der Frühjahrszug dauert von Ende März bis Anfang Mai, der Zuggipfel fällt auf Mitte April. Die in der zweiten Maihälfte und Anfang Juni beobachteten Altvögel sind möglicherweise Nichtbrüter bzw. Brutabbrecher, die den Herbstzug angetreten haben. Die ersten Jungvögel erscheinen gewöhnlich Mitte Juli, es ist jedoch auch ein Nachweis vom 1.7.1997 (Pap-rét) bekannt. Der Herbstzug hält bis Anfang September an, es gibt aber auch wie in Österreich Nachweise bis Mitte des Monats. Der späteste Herbstnachweis stammt sogar vom 30.9.1998 (1 Ex. am Borsodi-dűlő)[4].

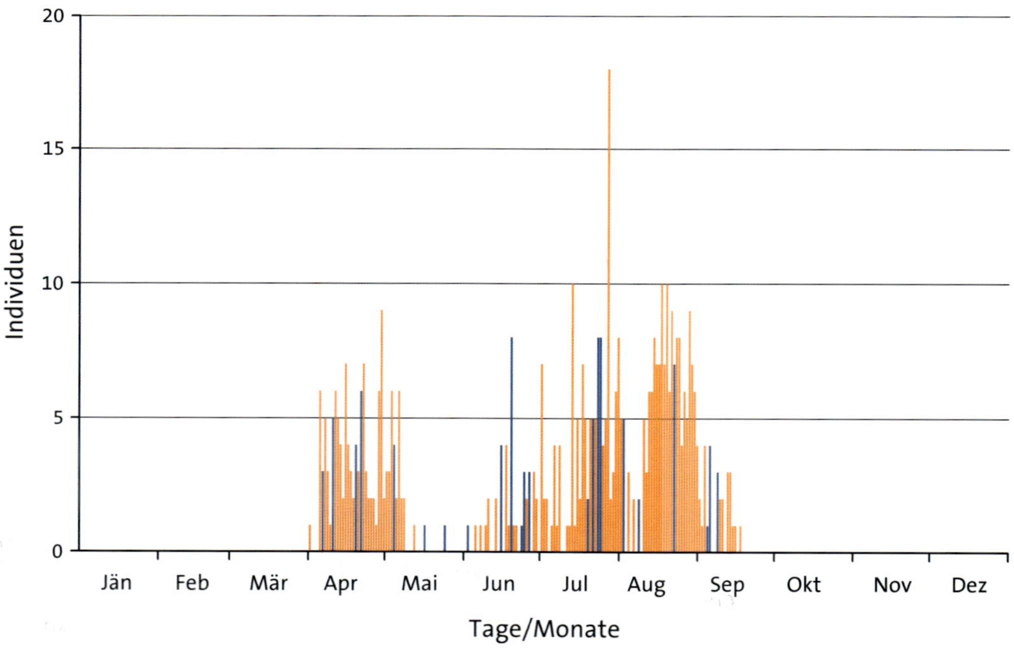

Jahreszeitliches Auftreten des Teichwasserläufers (Tagessummen) basierend auf Daten der Wasservogelzählungen (blaue Säulen) sowie von Streudaten (orange Säulen) aus Österreich aus den Jahren 2011–2018 (n = 137)[3].

Zugverhalten und Ringfunde

Die Brutvögel aus dem westlichen Russland ziehen über das Karpatenbecken, den Balkan und das Schwarze Meer an das östliche Mittelmeer, der Großteil dürfte von dort weiter in die Feuchtgebiete des westlichen und zentralen Afrikas ziehen[1]. Das regelmäßige Auftreten des Teichwasserläufers im Bearbeitungsgebiet im Gegensatz zu weiter westlich gelegenen Rastplätzen, wie z.B. dem Rheindelta in Vorarlberg, zeigt sehr deutlich die Zugehörigkeit des Gebiets zum Black Sea/Mediterranean Flyway. Die für den Seewinkel relevante Population Nordosteuropas wird auf 36.000–91.000 Individuen bei unbekannter Bestandsentwicklung geschätzt[14]. Zwischen 2001 und 2020 wurden in den Überschwemmungsgebieten bei Mekszikópuszta 13 Exemplare beringt, Wiederfunde gab es bisher aber noch keine.[13]

Quellen: [1] *Delany et al. (2009)*, [2] *Magyar et al. (1998)*, [3] *M. Dvorak, J. Laber & B. Wendelin, unpubl. Daten*, [4] *Archiv MME Sopron*, [5] *Schenk (1931/34)*, [6] *Greschik (1934)*, [7] *Zimmermann (1943)*, [8] *Bauer et al. (1955)*, [9] *Festetics & Leisler (1970)*, [10] *Winkler & Herzig-Straschil (1981)*, [11] *Laber (2003)*, [12] *A. Ranner/ABÖ*, [13] *Archiv FHNP*, [14] *Wetlands International (2019)*, [15] *Archiv BirdLife Österreich*, [16] *www.ornitho.at*

Johannes Laber & Tibor Hadarics

Bruchwasserläufer *Tringa glareola* Linnaeus, 1758

Réti cankó – Wood Sandpiper

Geiselsteller, Illmitz, 5.5.2011 (Michael Dvorak)

Häufiger Durchzügler zu beiden Zugzeiten im April/Mai und von Juli bis September

Verbreitung und Lebensraum

Der Bruchwasserläufer bevorzugt am Durchzug überschwemmte Beweidungsflächen und größere Lacken zur Nahrungssuche. Bei geeigneten Wasserständen sind daher auf österreichischer Seite größere Ansammlungen im Bereich der Weideflächen im Seevorgelände zu beobachten, wie z.B. an der Graurinderkoppel, an den Wasserstätten oder im Sandeck. In trockeneren Jahren vermag die Art vermehrt auf Lacken auszuweichen, wobei größere Lacken mit ausgedehnten Verlandungsbereichen gegenüber reinen Weißwasserlacken bevorzugt werden. Die fünf meistgenutzten Gebiete die Graurinderkoppel, der Illmitzer Zicksee, die Wasserstätten, das Sandeck und die Lange Lacke machen bereits 45 % aller 2011–2018 erfassten Individuen des Bruchwasserläufers aus[1]. In Summe beherbergten die Lacken in dieser Zählperiode die Hälfte aller Bruchwasserläufer, die Beweidungsflächen gut ein Drittel und die Mähwiesen die restlichen 16 %.

In Ungarn rastet der Bruchwasserläufer bei niedrigem Wasserstand im Frühjahr und Herbst in großer Zahl in den offeneren Teilen und entlang der Kanäle des Schilfgürtels. Sein hauptsächlich genutzter Lebensraum sind aber seicht überschwemmte Salzwiesen entlang des Schilfgürtels, die sich hauptsächlich in der weiteren Umgebung von Mekszikópuszta finden.

Bestand und Bestandsentwicklung

In den 1940er bis in die 1970er Jahre hinein finden sich lediglich Angaben zu Tagesmaxima von maximal 100 Individuen2–5. In der Zählperiode 1995–2001 konnten demgegenüber deutlich höhere Tageswerte von 400–550 Individuen festgestellt werden[6].

Da die historischen Angaben allerdings nicht auf vollständigen Zählungen basieren bzw. die Zählungen einen deutlichen Schwerpunkt im Lackengebiet hatten und Wiesengebiete nicht erfasst wurden, kann man die Zahlen nicht direkt vergleichen. Im jüngsten Zählprogramm ab 2011, das aufgrund ähnlicher Methodik einen Vergleich mit der Zählperiode 1995–2001 zulässt, konnten allerdings erneut deutlich höhere Werte im Gebiet festgestellt werden. So stieg das Frühjahrsmaximum von rund 550 auf 1.750 Exemplare, das Herbstmaximum der Altvögel im Juli von 420 auf 1.450 und das Augustmaximum, das sich überwiegend aus Jungvögeln zusammensetzt, von 430 auf rund 750 Individuen[1]. Es kann im Seewinkel somit von einem steigenden Trend gesprochen werden, der auf ein verbessertes Habitatangebot zurückzuführen sein dürfte. Diese Verbesserung ist sowohl auf die Beweidung der seenahen Verlandungszone als auch auf die vergleichsweise höheren Frühjahrswasserstände der Jahre 2013 bis 2016 zurückzuführen. Großräumig wird von einer stabilen Populationsentwicklung ausgegangen, wobei diese Einschätzung aufgrund der heterogenen, nicht konzentrierten Verteilung sowohl im Sommer als auch im Winter als unsicher zu bezeichnen ist[7]. In den Überschwemmungsgebieten von Mekszikópuszta schwanken die Maxima zum Zughöhepunkt im Juli und August jahrweise zwischen 50 und 620 Exemplaren in Abhängigkeit von den Wasserständen[8].

Jahreszeitliches Auftreten

Frühjahrs- und Herbstzug sind in etwa gleich stark ausgeprägt, wobei der Frühjahrszug ausgesprochen pointiert mit kurzem Gipfel Ende April/Anfang Mai verläuft. Ähnlich wie beim Temminckstrandläufer kann hier von einer nur kurzen Rast im Gebiet ausgegangen werden. Bereits Ende Juni setzt der Wegzug der Altvögel ein, der Mitte Juli kulminiert. Der Jungvogelzug gipfelt etwa drei Wochen später in der ersten Augusthälfte. Dieser Verlauf stimmt sehr gut mit Untersuchungen an anderen mittel- und nordeuropäischen Rastplätzen überein[9, 10, 11, 12]. In den meisten Jahren überwiegt der Wegzug der Altvögel gegenüber jenem der Jungvögel.

Zugverhalten und Ringfunde

Die in Nordeuropa (Fennoskandien, Baltikum) brütenden Vögel ziehen in breiter Front über Europa, um in Westafrika südlich der Sahara zu überwintern. Die umfangreichen Beringungen im Golf von Danzig (Polen) ergaben, so wie für Deutschland, eine vorherrschende Wegzugsrichtung nach Südwesten bzw. Süden[10, 13]. Die Beringung am Wegzug in Nordpolen bzw. Südschweden lieferte etliche Wiederfunde rund zwei Wochen später im Seewinkel. Die weitere Zugrichtung nach Südwesten untermauern Wiederfunde aus Tunesien (Sebkhet Sejoumi, 1.335 km), Spanien (Aiguamolls de l'Empordá, 1.238 km), Norditalien, Südfrankreich und sogar zwei aus Mauretanien (Nouakchott, 4.432 km)[15]. Die Beringungsdaten weisen mehrheitlich darauf hin, dass Afrika bei Gibraltar erreicht wird, es könnte aber auch eine alternative Zugroute geben, die über Italien und Tunesien nach Westafrika verläuft[16,17]. Die Ringfunde der in Mekszikópuszta mit Farbringen markierten Vögel zeigen, dass die Brutgebiete der hier durchziehenden Bruchwasserläufer in Skandinavien nördlich des 63. Breitengrades liegen und nördlich bis zum 70. Breitengrad in Norwegen (Kolvik 2.551 km) reichen[15].

Quellen: [1] *M. Dvorak, J. Laber & B. Wendelin, unpubl. Daten,* [2] *Zimmermann (1943),* [3] *Bauer et al. (1955),* [4] *Festetics & Leisler (1970),* [5] *Winkler & Herzig-Straschil (1981),* [6] *Laber (2003),* [7] *Wetlands International (2019),* [8] *Pellinger & Hadarics (2020b),* [9] *Leuzinger & Jenni (1993),* [10] *Meissner (1997),* [11] *Mitrus et al. (1998),* [12] *Iwajomo et al. (2013),* [13] *Bairlein et al. (2014),* [14] *Pellinger & Hadarics 2020a,* [15] *Vogelberingungszentrale BirdLife Ungarn, unpubl. Ringfunde,* [16] *Pellinger & Ferenczi (2008),* [17] *Pellinger & Ferenczi in Csörgő T. et al. (2009)*

Johannes Laber & Attila Pellinger

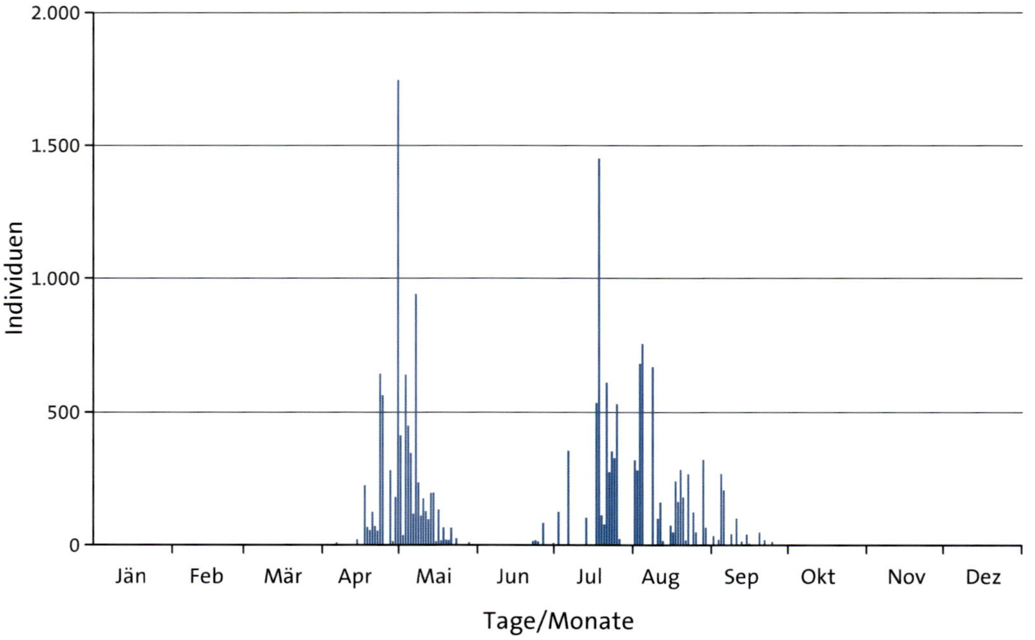

Jahreszeitliches Auftreten des Bruchwasserläufers (Tagessummen) basierend auf Daten der Wasservogelzählungen aus Österreich aus den Jahren 2011–2018 (n = 19.279)[1].

Dunkler Wasserläufer *Tringa erythropus* (Pallas, 1764)

Füstös cankó – Spotted Redshank

Georgshof, Podersdorf, 20.4.2014 (Michael Dvorak)

Häufiger Durchzügler, im April/Mai und am Wegzug von Juni bis Oktober

Verbreitung und Lebensraum

Dunkle Wasserläufer bevorzugen zur Nahrungssuche bauchtiefes Wasser auf der Jagd nach Wasserinsekten, Schnecken und kleinen Wirbeltieren. Sie sind aus nahrungsökologischen Gründen daher oft mit Säbelschnäblern und Uferschnepfen vergesellschaftet. Darüber hinaus ist gerade der Dunkle Wasserläufer öfter schwimmend oder sogar gründelnd zu beobachten. Durch diese große Flexibilität in Bezug auf die Techniken der Nahrungssuche kann die Art im Neusiedler See-Gebiet unterschiedlichste Bereiche nutzen. Neben den größeren Lacken werden daher auch die überschwemmten, seenahen Koppeln bevorzugt genutzt. Im Rahmen der Wasservogelzählungen in Österreich in den Jahren 2011–2018 konnte die Art vor allem an der Graurinderkoppel (31 % aller beobachteten Individuen) sowie am Illmitzer Zicksee (15 %) beobachtet werden. Eine gewisse Bedeutung hatten auch noch die Wasserstätten und das Sandeck mit jeweils 8 % aller beobachteten Individuen[1]. Im ungarischen Teil des Avifauna-Gebiets ist der Dunkle Wasserläufer ein im Schilfgürtel sporadisch, an den Überschwemmungsflächen bei Mekszikópuszta in hohen Zahlen vorkommender Durchzügler.

Bestand und Bestandsentwicklung

In älteren Publikationen wurde die Art für das Neusiedler See-Gebiet als regelmäßiger und ziemlich zahlreicher Durchzügler bezeichnet[2,3]. Bereits Zimmermann[2] beschreibt den Frühjahrsgipfel zur Monatswende April/Mai mit Flügen von bis zu 80 Exemplaren v.a. am Illmitzer Zicksee, schätzte den Herbstzug allerdings mit maximal 30 Individuen deutlich geringer ein. In den 1960er Jahren wurde der Dunkle Wasserläufer ebenfalls als regelmäßiger Besucher eingestuft, mit Tagessummen von bis zu 300 Exemplaren am Wegzug und etwa halb so vielen am Heimzug[4]. Für die Jahre 1963–1972 wurde der Heimzug in der Größenordnung von 50–75 Exemplaren angegeben, der Wegzug hingegen in mehreren Wellen mit rund 100–120 (ausnahmsweise 300) Exemplaren als Tagessumme[5]. Vom phänologischen Verlauf her zeichnen diese älteren Literaturangaben bereits ein sehr ähnliches Bild wie heute mit einem Frühjahrsgipfel Ende April/Anfang Mai und einem sehr „langgezogenen" Gipfel am Wegzug von Ende Juli bis Anfang September. Die Beobachtungen im Juni und Anfang Juli wurden historisch jedoch als nichtbrütende Übersommerer missinterpretiert. In der Zählperiode 1995–2001 lagen die Zahlen mit bis zu 250 Exemplaren am Heimzug und maximal 450 am Wegzug bereits deutlich höher[6]. Im jüngsten Zählprogramm ab 2011 steigerten sich die Werte am Wegzug nochmals auf maximal 700 Exemplare im August[2]. Es kann im Seewinkel somit von einer signifikanten Zunahme der Rastbestände, v.a. am Wegzug gesprochen werden. Dies steht in klarem Widerspruch zum allgemeinen Trend der betroffenen Population, der gemäß van Roomen et al.[7] in den letzten 20 Jahren als abnehmend bezeichnet wird. Auch Wetlands International geht von einem abnehmenden Trend aus[8]. Der Dunkle Wasserläufer ist daher eine der wenigen Arten, die entgegen der generellen negativen Populationsentwicklung, das Neusiedler See-Gebiet vermehrt nutzt. Dass dies jedoch stark vom Wasserstand abhängig ist, zeigen die jüngsten Zahlen der trockenen Jahre ab 2017, in denen der Bestand wieder auf rund 300 Exemplare zurückgegangen ist[1].

Auf ungarischer Seite waren die Beobachtungsmöglichkeiten entlang der Grenze bis 1989 stark eingeschränkt, daher liegen aus dieser Zeit nur einzelne Meldungen vor, beispielsweise von drei Exemplaren am 25.9.1976 in der Madárvárta-Bucht und 60 Vögeln am 15.4.1975 auf den Tümpeln der Weidegebiete bei Fertőszéplak[9]. In den 1980er Jahren konnten an der Vogelberingungsstation Fertőrákos im Spätsommer mehrmals einzelne Vögel oder kleinere Gruppen (max. 5 Ex.) über dem Schilf fliegend anhand ihrer typischen Rufe festgestellt werden[10]. Die Überschwemmungsgebiete von Mekszikópuszta bildeten dann ab 1990 ideale Rastplätze für Dunkle Wasserläufer, insbesondere in Zeiträumen, in denen die Lacken des Seewinkels überwiegend ausgetrocknet waren[11]. Wie auf österreichischer Seite stieg ab 1990 die Anzahl der Durchzügler an und am 4.7.1994 überstieg der Tageswert zum ersten Mal 100 Exemplare und ist seither – mit Rückgängen in trockeneren Jahren – weiter angestiegen[12]. Bis 2021 stieg das Tagesmaximum auf bis zu 550 Exemplare am 28.6.2012 im Pap-rét an[13]. Dieser Anstieg ist umso bemerkenswerter, als in der Zwischenzeit auch im Renaturierungsgebiet im Hanság neue Rastplätze entstanden sind, die ebenfalls regelmäßig von mehreren Hundert Durchzüglern genutzt werden[14].

Jahreszeitliches Auftreten

Der Frühjahrszug setzt mit Einzelexemplaren schon in der zweiten Märzhälfte ein, der Gipfel liegt jahrweise unterschiedlich im Zeitraum von Mitte April bis Anfang Mai. Ein Charakteristikum des Durchzugs der Art im Seewinkel ist die Bedeutung des Gebiets für Altvögel am Wegzug. Der erste Zuggipfel fällt auf Ende Juni/Anfang Juli und wird von ab Mitte Juni eintreffenden adulten Weibchen gebildet, die bereits kurz nach der Eiablage den Brutplatz verlassen und die Jungenaufzucht den Männchen überlassen. Der Zug von den Brutplätzen in den Seewinkel erfolgt offensichtlich sehr rasch, möglicherweise in einem Nonstop-Flug. Ab Ende Juli werden die Rastbestände durch die adulten Männchen verstärkt, die dann in der ersten Augusthälfte das Maximum bilden[6]. Die Altvögel harren länger im Gebiet aus und vollziehen hier zumindest einen Teil ihrer Mauser. Ab etwa Mitte August tragen praktisch alle Altvögel bereits das hellgraue Schlichtkleid. Im Gegensatz dazu ist der Jungvogelzug, der v. a. im September stattfindet, unbedeutend, nur ausnahmsweise können mehr als 50 Jungvögel gleichzeitig im Gebiet angetroffen werden. Dies steht im Gegensatz zu den meisten anderen mitteleuropäischen Rastplätzen, bei denen der Jungvogelzug Anfang September überwiegt[15, 16, 17]. Das Neusiedler See-Gebiet dürfte daher für Jungvögel von durchschnittlicher Bedeutung sein, aber von herausragender Bedeutung für (wohl mausernde) Altvögel. Der eigentliche Durchzug endet spätestens Mitte Oktober, Einzelvögel oder kleine Gruppen können jedoch bis Ende November beobachtet werden.

Zugverhalten und Ringfunde

Die Brutvögel Nordeuropas ziehen in breiter Front über Europa in südlicher bzw. südwestlicher Richtung, um vereinzelt bereits am Mittelmeer zu überwintern[18]. Größere Konzentrationen findet man im Winter an der Küste Westafrikas von Mauretanien südwärts bzw. im zentralen Afrika südlich der Sahara[19]. Aus dem Neusiedler See-Gebiet liegt nur ein einziger Ringfund vor, der einen am 25.8.2019 bei Danzig in Polen farbmarkierten und schon eine Woche später am 1.9.2019 am Borsodi dűlő abgelesenen Vogel betrifft[21]. Am Durchzug kommt es zu größeren Ansammlungen am Mittelmeer aber auch in Ungarn, wo früher im August/September bis zu 6.000 Individuen in Kardoskút rasteten, in den 1990er Jahren aber maximal Konzentrationen von 1.000 Vögel gezählt wurden[21]. Die bei uns durchziehende Population Nordeuropas wird auf gesamt 61.500–162.000 Individuen geschätzt[8]. Das 1%-Kriterium zur Einstufung eines Rastgebiets von internationaler Bedeutung beträgt 1.000 Exemplare, was im Avifauna-Gebiet in feuchten Jahren erreicht wird. Das Neusiedler See-Gebiet kann daher als überregional bedeutend eingestuft werden.

Quellen: *[1] M. Dvorak, J. Laber & B. Wendelin, unpubl. Daten, [2] Zimmermann (1943), [3] Bauer et al. (1955), [4] Festetics & Leisler (1970), [5] Winkler & Herzig-Straschil (1981), [6] Laber (2003), [7] van Roomen et al. (2018), [8] Wetlands International (2019), [9] Kárpáti (1983a), [10] Archiv MME Sopron, [11] Pellinger (2000), [12] Pellinger & Hadarics (2020a), [13] Archiv FHNP, [14] Tatai et al. (2020), [15] Blum (1997), [16] Winkler (1999), [17] Zuna-Kratky et al. (2000), [18] Bairlein et al. (2014), [19] Delany et al. (2009), [20] Vogelberingungszentrale BirdLife Ungarn, unpubl. Ringfunde, [21] Gorman (1996)*

Johannes Laber & Attila Pellinger

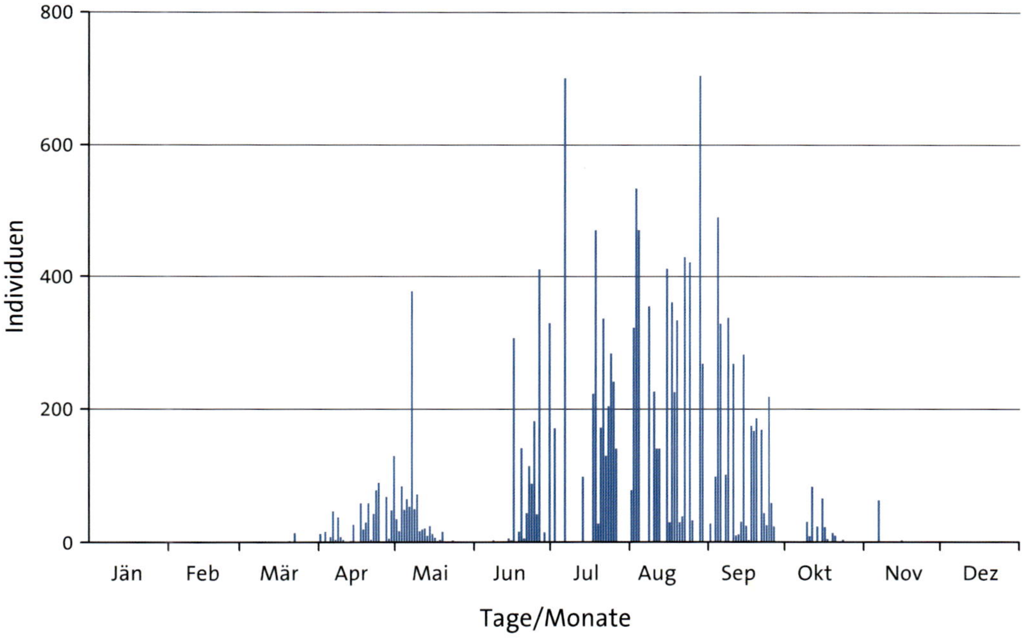

Jahreszeitliches Auftreten des Dunklen Wasserläufers (Tagessummen) basierend auf Daten der Wasservogelzählungen in Österreich aus den Jahren 2011–2018 (n = 15.639)[1].

Grünschenkel *Tringa nebularia* (Gunnerus, 1767)

Szürke cankó – Common Greenshank

Mäßig häufiger Durchzügler im April/Mai und von Juli bis September

Verbreitung und Lebensraum

Im mitteleuropäischen Binnenland sind größere Konzentrationen rastender Grünschenkel nicht zu erwarten, da die Art stets in kleinen bzw. mittelgroßen Trupps zieht und eine breite Palette von auch kleinen Gewässern zur Rast nutzt. Ähnlich sind die Verhältnisse im Seewinkel, es werden hier die verschiedensten Lebensräume genutzt, von Lackenufern über Pferde- und Rinderkoppeln, überschwemmten Mähwiesen bis hin zu Blänken im Schilfgürtel und selbst Entwässerungsgräben. Im Rahmen der systematischen Zählungen in Österreich ab 2011 konnte die Art vor allem an der Graurinderkoppel (13% aller beobachteten Individuen), an der Podersdorfer Pferdekoppel (10%) sowie an der Langen Lacke (10%) beobachtet werden. Die restlichen 67% aller erfassten Individuen

Darscho, Apetlon, 25.9.2011 (Michael Dvorak)

waren mehr oder weniger gleichmäßig über das Gebiet verteilt, was die Flexibilität der Art hinsichtlich ihrer Rastlebensräume unterstreicht[1].

Bestand und Bestandsentwicklung

Mitte des 20. Jahrhunderts wurde die Art für das Neusiedler See-Gebiet als regelmäßiger Durchzügler mit Truppgrößen von bis zu 20 Exemplaren bezeichnet[2, 3]. Festetics & Leisler[4] ordneten die Art ebenfalls den regelmäßigen Besuchern zu, mit geschätzten Tagessummen von 25–50 Exemplaren, was bereits ganz den heutigen Verhältnissen entspricht. In den Jahren 1963–1972 zeigten unsystematisch gesammelte Daten einen Ende April kulminierenden Heimzug in der Größenordnung von 10–20 Exemplaren und einen Wegzug im August/September mit 10–15 Exemplaren als maximale Tagessumme[5]. In der Zählperiode 1995–2001 konnten dann mit bis zu 41 Exemplaren am Heimzug und maximal 20 am Wegzug etwas höhere Zahlen festgestellt werden[6]. Im jüngsten Zählprogramm ab 2011 lagen die Tagessummen am oberen Rand der früheren Angaben mit maximal 41 Individuen Ende April und 50 Anfang August[1]. In Summe kann man damit von einem stabilen Durchzugsbestand in der Größenordnung von 20–50 Individuen als Tagesmaxima zu beiden Zugzeiten sprechen. Ausnahmsweise kommt es jedoch im Gebiet – wohl durch Zugstau – zu noch deutlich größeren Ansammlungen, z. B. 78 Exemplare am Oberen Stinkersee am 2.5.2009[7], rund 80 Exemplare am 6.8.2013 bei Illmitz[8] sowie ungewöhnliche 161 Exemplare bei einer Gesamtzählung im Seewinkel am 2.5.2009[9].

Im Zuge der nur gelegentlichen Beobachtungstätigkeit der 1970er Jahre[10] und in den sich damals zuerst auf die Umgebung der Bucht von Fertőrákos beschränkenden, danach aber regelmäßig vorgenommenen Befahrungen des Neusiedler Sees, wurden im Zeitraum Juli–September in der Regel 1–4 Exemplare festgestellt[11]. In den Überschwemmungsflächen der ab 1991 frei zugänglichen Renaturierungsgebiete von Mekszikópuszta wurden bis zur Jahrtausendwende nur selten Gruppen von über 10 Exemplaren registriert, das damalige Maximum waren 19 Vögel, die sich am 29.4.2000 am Borsodi-dűlő aufhielten[12]. An den Absetzteichen der ehemaligen Zuckerfabrik Petőháza (knapp außerhalb des Avifauna-Gebiets) wurde jedoch am 16.8.1990 ausnahmsweise auch ein Trupp von 40 Exemplaren entdeckt[13]. Ab 2001 wurden Grünschenkel im ungarischen Teil des Neusiedler Sees dann häufiger, mit ansteigenden Individuenzahlen[14] und einem bisherigen Maximum von 92 zugleich beobachteten Exemplaren in Nyéki-szállás am 26.4.2021[12].

Jahreszeitliches Auftreten

Im Seewinkel setzt der Frühjahrszug mit Einzelexemplaren schon Ende März ein und gipfelt Ende April/Anfang Mai. Der herbstliche Altvogeldurchzug ist vor allem Ende Juli/Anfang August bemerkbar. Die vereinzelt noch bis Ende September durchziehenden Altvögel gehen jedoch in der überwiegenden Menge der Jungvögel ab Mitte August unter. Der Herbstzug der Jungvögel kulminiert im September. Nachzügler sind noch bis Ende Oktober, ausnahmsweise Anfang November anzutreffen.

Zugverhalten und Ringfunde

Während Grünschenkel, die im europäischen Teil Russlands und in Westsibirien brüten, über Osteuropa nach Arabien, Ost- und Südafrika ziehen, wandern Vögel aus Fennoskandien in breiter Front über Mittel- und Westeuropa, um vor allem im westlichen Mittelmeerraum und in Westafrika in der Sahelzone östlich bis zum Tschad zu überwintern[15, 16]. Ob die Vögel, die im Neusiedler See-Gebiet durchziehen, Brutvögel aus Fennoskandien sind oder aus dem europäischen Teil Russlands kommen, muss aber in Ermangelung von Ringfunden offenbleiben.

Quellen: [1] *M. Dvorak, J. Laber & B. Wendelin, unpubl. Daten,* [2] *Zimmermann (1943),* [3] *Bauer et al. (1955),* [4] *Festetics & Leisler (1970),* [5] *Winkler & Herzig-Straschil (1981),* [6] *Laber (2003),* [7] *M. Dvorak, unpubl. Daten,* [8] *L. Khil/ornitho.at,* [9] *J. Laber, unpubl. Daten,* [10] *Kárpáti (1983),* [11] *Archiv MME Sopron,* [12] *Archiv FHNP,* [13] *T. Hadarics, unpubl. Daten,* [14] *Pellinger & Hadarics (2020a),* [15] *Bairlein et al. (2014),* [16] *Delany et al. (2009)*

Johannes Laber & Attila Pellinger

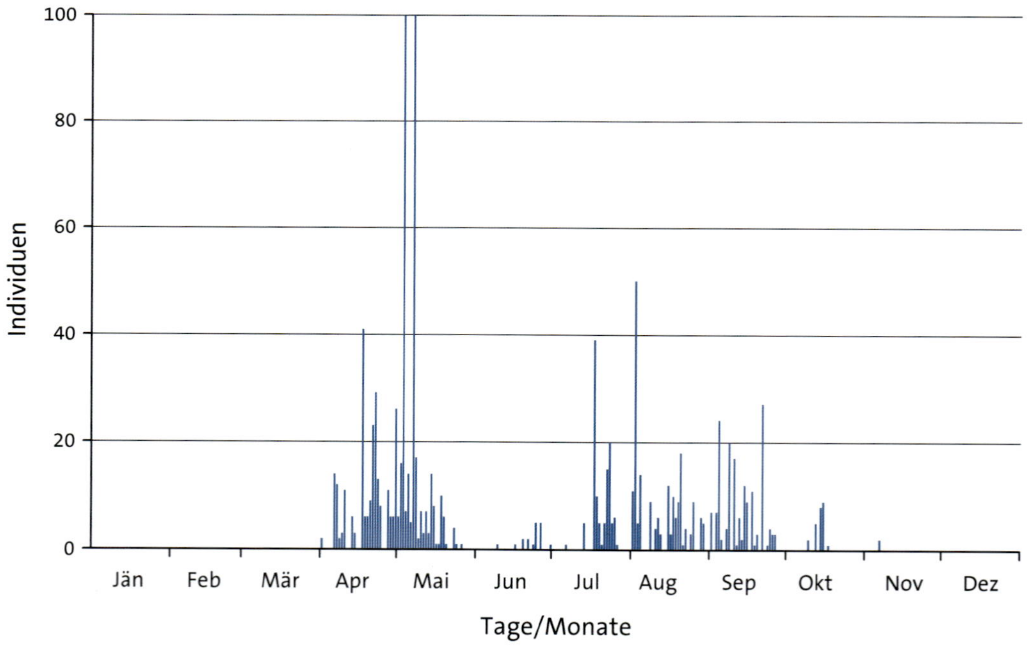

Jahreszeitliches Auftreten des Grünschenkels (Tagessummen) basierend auf Daten der Wasservogelzählungen in Österreich aus den Jahren 2011–2018 (n = 1.081)[1].

Rotflügel-Brachschwalbe *Glareola pratincola* (Linnaeus, 1766)

Székicsér – Collared Pratincole

Mekszikópuszta, 22.5.2019 (Tibor Hadarics)

Unregelmäßiger Durchzügler vor allem im Frühjahr von Mitte April bis Mitte Juni und vereinzelt am Wegzug

Vorkommen

Die Rotflügel-Brachschwalbe ist seit den frühen 1990er Jahren (wieder) fast alljährlicher Durchzügler im Neusiedler See-Gebiet. Im Zeitraum von 1990 bis 2021 gelangen in 21 Jahren Nachweise dieser attraktiven Vogelart. Die Beobachtungen konzentrieren sich auf den Frühjahrszug, der ganz überwiegend im Mai stattfindet. Die jahreszeitlich früheste Meldung stammt vom 19.4.2010 (1 Ind. am Nyéki-szállás bei Mekszikópuszta[1]). Der Herbstzug ist wesentlich schwächer ausgeprägt mit Schwerpunkt im August. Die jahreszeitlich späteste Sichtung einer Brachschwalbe gelang am 16.9.1996 am Borsodi-dűlő bei Mekszikópuszta[2]. In der Regel werden Einzelindividuen gesehen, selten sind zwei gemeinsam anzutreffen. Bemerkenswert ist daher die Beobachtung von vier Rotflügel-Brachschwalben (drei Altvögel und ein Jungvogel), die sich am 20.8.2007 am Nyéki-szállás einfanden[3]. Die Aufenthaltsdauer beträgt meist nur einen, selten bis zu fünf Tage. Ungewöhnlich lange, nämlich elf Tage, verblieb ein Vogel von 30.5.–9.6.2000 im Seewinkel[4].

Mitte des 18. Jahrhunderts wurde erstmals ein Vorkommen von (wissenschaftlich damals noch unbeschriebenen) Brachschwalben auf Wiesen im Neusiedler See-Gebiet erwähnt[5,6] und auch im frühen 19. Jahrhundert scheint die Rotflügel-Brachschwalbe dort noch einigermaßen regelmäßig aufgetreten zu sein[7]. In den 1860er Jahren wurde die Art hingegen als sehr selten eingestuft[8] und auch bis in die 1950er Jahre galt sie als seltener Irrgast[9]. Erst ab den 1960er Jahren wurde die Art regelmäßiger festgestellt: Den Anfang machten mindestens drei verschiedene Individuen, die sich im Juni 1962 im Seewinkel aufhielten[10–12]. Von 1967 bis 1980 wurde die Art dann in 10 Jahren im Gebiet nachgewiesen[2,13,14], wobei die meisten Beobachtungen auf die Monate Mai und Juni entfielen, einzelne auch auf den Zeitraum von Mitte Juli bis Anfang September. Im folgenden Jahrzehnt gelang dann aber nur mehr ein einziger Nachweis im September 1987[15]. Dieser abrupte Rückgang in der Zahl der Beobachtungen lässt sich sehr wahrscheinlich auf den praktisch zeitgleichen Bestandseinbruch in den Brutvorkommen der Großen Ungarischen Tiefebene zurückführen[16]. Ab 1992 begann dann aber wiederum eine Serie von nahezu alljährlichen Feststellungen, wobei diese Zunahme wohl mindestens zum Teil ein Ergebnis der deutlich angestiegenen Beobachterdichte ist. Deutlich weniger Juni-Nachweise und eine stärkere Fokussierung auf die Zugzeiten als in den 1960er und 1970er Jahren deuten aber auch darauf hin, dass es sich vermehrt um (überschießende) Durchzügler und weniger um Herumstreifer aus den verbliebenen Brutgebieten im Karpatenbecken handelt.

Beobachtungen der Rotflügel-Brachschwalbe erfolgten ganz überwiegend an den Seewinkellacken sowie auf den ungarischen Habitatrekonstruktionsflächen. Zweimal waren sie auf der Graurinderkoppel und einmal auch im österreichischen Hanság anzutreffen. Bemerkenswert ist, dass Brachschwalben im ungarischen Gebietsteil erst mit der Schaffung der Rekonstruktionsflächen zu regelmäßigen Gästen wurden. Aus den 1960er und 1970er Jahren, als die Art nahezu alljährlich im burgenländischen Seewinkel erschien, liegt nur eine einzige Meldung eines Vogels aus Ungarn vor, und zwar vom 5.5.1978 von der Madárvárta-Bucht bei Mekszikópuszta[17].

Quellen: [1] *Á. Tamás, G. Gyarmati, Cs. László u. a./birding.hu*, [2] *Bankovics et al. (2002)*, [3] *N. Neuwirth, Á. Tomor, E. Szász u. a./birding.hu*, [4] *F. Samwald, J. Laber, S. Schuster u. a. in Ranner (2003)*, [5] *Kramer (1756)*, [6] *Feldner (2012)*, [7] *Glutz von Blotzheim & Bauer (1977)*, [8] *Jukovits (1864/65)*, [9] *Bauer et al. (1955)*, [10] *J. Köck/ABÖ*, [11] *Triebl (1962b)*, [12] *Bergmann (1962)*, [13] *Archiv BirdLife Österreich*, [14] *Ranner et al. (1995)*, [15] *P. Rass, A. Ranner, J. Zmölnig u. a. in Ranner et al. (1995)*, [16] *MME Nomenclator Bizottság (2008c)*, [17] *Kárpáti (1983)*, [18] *Hadarics et al. (1992)*, [19] *Laber & Ranner (1997)*, [20] *Laber (2003)*, [21] *Archiv FHNP*, [22] *Ranner & Khil (2009)*, [23] *www.birding.hu*, [24] *Ranner & Khil (2011)*, [25] *Khil & Albegger (2014)*, [26] *Albegger & Khil (2016)*, [27] *Albegger & Brader (2018)*, [28] *www.birdlife-afk.at*, [29] *www.ornitho.at*

Andreas Ranner & Tibor Hadarics

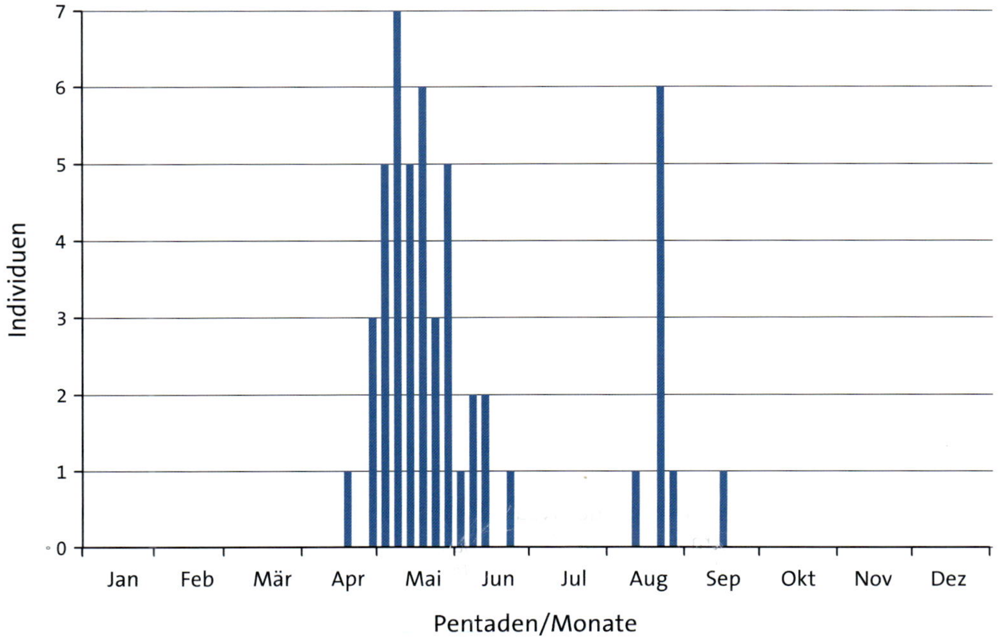

Jahreszeitliches Auftreten der Rotflügel-Brachschwalbe (Pentadensummen gemeldeter Individuen) basierend auf Daten aus Österreich und Ungarn aus den Jahren 1990–2021 (n = 50)[2,4,18–29].

Schwarzflügel-Brachschwalbe *Glareola nordmanni* Fischer von Waldheim, 1842

Feketeszárnyú székicsér – Black-winged Pratincole

Mekszikópuszta, 30.8.2022, 1. KJ (Tibor Hadarics)

Ausnahmeerscheinung

Vorkommen

Sieben Nachweise, davon fünf im Zeitraum Ende Juli bis Ende August:

- 3.7.1977 Lange Lacke, 1 Ind.; bei einer nicht auf Artniveau bestimmten Brachschwalbe am selben Ort am 25.6.1977 könnte es sich um denselben Vogel gehandelt haben (S. Rösler u. a.[1])
- 30.7.1982 Illmitzer Zicksee, 1 Ind. (A. Cleeve, J. P. Shaughnessy, P. Sterry u. a.[2])
- 29.5.1994 Apetlon, 1 ad. (M. Hoffmann, B. Auer[3])
- 8.8.1998 Lange Lacke, 2 ad. (J. Laber, M. Riesing[4])
- 22.–23.8.2011 Wasserstätten, 2 dj. (U. Lindinger, D. Walter, E. Albegger u. a.[5,6])
- 7.–8.8.2017 Graurinderkoppel, 1 Ind. (L. Khil, C. Roland, R. Grassmugg u. a.[7])
- 30.–31.8.2017 Graurinderkoppel und Wasserstätten, 1 Ind. (J. Schmitz, A. Ranner, G. Klassen u. a.[7])

Eine publizierte Beobachtung an der Langen Lacke am 5.9.1971[8] ist undokumentiert und kann daher nicht als Nachweis gelten[9].

Quellen: *[1] Archiv BirdLife Österreich, [2] Ranner et al. (1995), [3] Laber & Ranner (1997), [4] Ranner (2002), [5] Lindinger (2013), [6] Khil & Albegger (2014), [7] Albegger & Brader (2018), [8] Glutz von Blotzheim et al. (1977), [9] Ranner & Khil (2009)*

Andreas Ranner

Dreizehenmöwe *Rissa tridactyla* (Linnaeus, 1758)

Csüllő – Black-legged Kittiwake

Seebad Illmitz, 14.11.2019, 1. KJ (Belegfoto Richard Katzinger)

Unregelmäßiger Gast, vor allem während des herbstlichen Jungvogel-Dispersals

Vorkommen

Insgesamt liegen bisher 19 dokumentierte Feststellungen aus dem Gebiet vor, lediglich drei davon beziehen sich auf Altvögel:

- 20.12.1941 Neusiedler See bei Fertőrákos, 1 dj. bei schwerem Sturm aus einem Trupp von acht erlegt (Gy. Breuer[1])
- 1950 Neusiedler See bei Neusiedl am See, 1 dj. erlegt (E. Pieler), zum genauen Datum gibt es in der Literatur widersprüchliche Informationen: Während sich bei Lugitsch[2] die plausiblere Angabe „November" findet, wird bei Bauer et al.[3] der 5.9. genannt (ev. Verwechslung mit einer Beobachtung aus dem Jahr 1954).
- 29.8. und 5.9.1954 Lange Lacke, 1 bzw. 2 dj. (K. Bauer, A. Gauckler[4])
- 12.–13. und 18.–19.2.1955 Neusiedler See bei Neusiedl am See, 1 ad., am 19.2. geschwächt gegriffen und in Pflege verendet[4]
- 21.11.1961 Neusiedler See bei Podersdorf, 1 dj. (H. Freundl, G. Vauk[5]), ev. dasselbe Ind. „etwa um die gleiche Zeit" am See bei Neusiedl am See (T. Samwald[5])
- 6.11.1993 St. Andräer Zicksee, 1 ad. und 1 dj. (J. Laber, G. Bieringer, A. Ranner u. a.[6])
- 15.–16.11.1996 Einserkanal bei Mekszikópuszta, 1 dj. (A. Pellinger, Á. Németh[7])
- 3.11.1997 Mekszikópuszta, Madárvárta-Bucht, 1 dj. (Z. Ecsedi, S. Mogyorósi, B. Molnár u. a.[7])
- 5.4.1998 Mekszikópuszta, Nyéki-szállás, 1 vj. (T. Hadarics[8])
- 3.5.1998 Neusiedler See bei Illmitz, 1 ad. (R. Hafner, I. Knopf[9])

- 2.11.1998 Neusiedler See bei Illmitz, 1 dj. (F. Böck, J. Dittami [9])
- 9.–10.9.2001 Neusiedler See vor dem Seebad Illmitz, 1 dj. (J. Laber, M. Craig, G. Tebb [10])
- 11.11.2001 Neusiedler See bei Mörbisch, 1 dj. (A. Ranner [10])
- 5.10.2002 Neusiedler See zwischen Illmitz und Rust, 1 dj. (A. Ranner [10])
- 28.9.2012 St. Andräer Zicksee, 1 dj. (K. Šimeček, F. Kroupa [11])
- 28.10.2017 Seebad Fertőrákos, 1 dj. (Zs. Balaskó [12]), wohl derselbe Vogel am 30.10.2017 am Neusiedler See vor dem Seebad Illmitz (S. Zinko [13])
- 28.–30.10.2017 Mekszikópuszta, Borsodi-dűlő und Einserkanal, 1 dj. (T. Hadarics, A. Pitó, L. Fenyősi u. a. [12]), offenbar anderer Vogel als der vorgenannte
- 17.5.2019 Lange Lacke, 1 vj. (E. Albegger, R. Katzinger, K. Krasser u. a. [14])
- 10.–16.11.2019 Neusiedler See vor dem Seebad Illmitz, 1 dj. (H.-M. Berg, R. Katzinger, S. Wegleitner [14,15])

Nach dem Erstnachweis im Jahr 1941 erfolgten mehrere Feststellungen bis 1961, danach besteht allerdings eine größere Lücke von über 30 Jahren, in denen keine Beobachtung dokumentiert wurde. Umso bemerkenswerter ist daher die Angabe von Festetics & Leisler [16], die die Art zu den „*unregelmäßigen Besuchern*" rechnen, wobei sie „*am häufigsten* [...] *im Oktober*" mit bis zu 15 Individuen sowie „*neuerdings*" auch im Juli auftreten soll. Dies wird aber weder durch entsprechende Beobachtungsmeldungen noch durch den gesamthaften phänologischen Verlauf des Auftretens der Dreizehenmöwe am Neusiedler See gestützt. Als primär pelagische Möwenart tritt die Dreizehenmöwe vor allem am See selbst auf. Von den Lacken des Seewinkels und den ungarischen Habitatrekonstruktionsflächen liegen bisher nur sieben Meldungen vor.

Jahreszeitliches Auftreten

Die Dreizehenmöwe tritt im Neusiedler See-Gebiet primär im Herbst in Erscheinung. Hierbei handelt es sich wohl in erster Linie um Jungvögel, die während ihres Dispersal nach dem Ausfliegen weit in das Binnenland gelangen können [17]. Das kann sich bereits ab Ende August bemerkbar machen, der Höhepunkt dieses „Herbstzugs" wird dann aber Anfang November erreicht. Die spärlichen Meldungen aus dem Winter beziehen sich wohl auf von Stürmen verfrachtete Vögel. Im Frühjahr wurde diese Art bisher nur ganz vereinzelt zwischen Anfang April und Mitte Mai festgestellt.

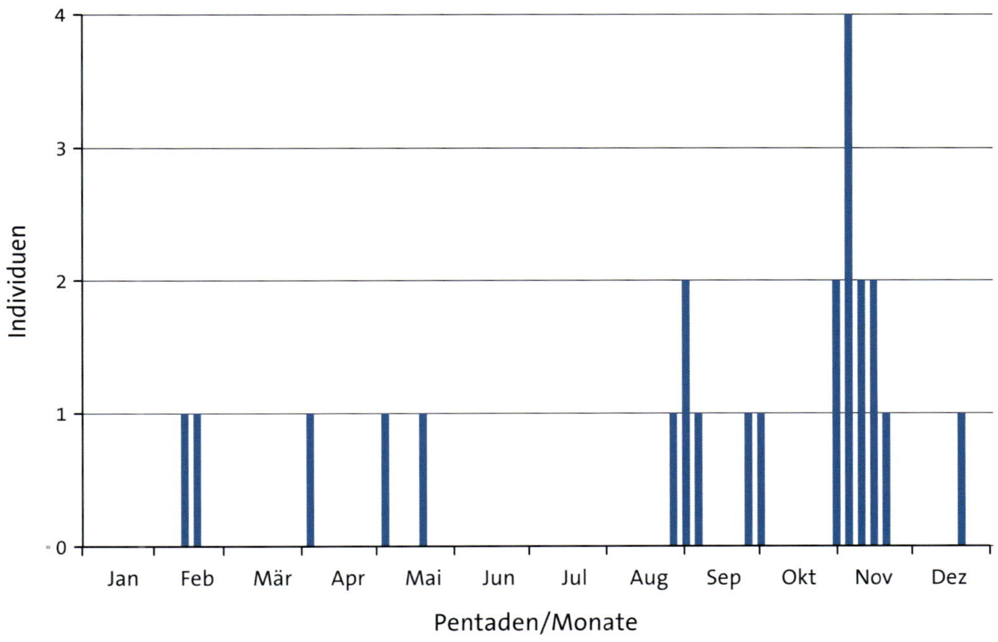

Jahreszeitliches Auftreten der Dreizehenmöwe (Pentadensummen gemeldeter Individuen) basierend auf Daten aus Österreich und Ungarn aus den Jahren 1941–2019 (n = 23) [1–15].

Quellen: [1] *Breuer (1950a)*, [2] *Lugitsch (1953c)*, [3] *Bauer et al. (1955)*, [4] *Bauer (1956b)*, [5] *Vauk (1962)*, [6] *Laber & Ranner (1997)*, [7] *MME Nomenclator Bizottság (1998)*, [8] *MME Nomenclator Bizottság (1999)*, [9] *Ranner (2002)*, [10] *Ranner & Khil (2009)*, [11] *Albegger & Khil (2016)*, [12] *MME Nomenclator Bizottság (2020)*, [13] *Albegger & Brader (2018)*, [14] *www.birdlife-afk.at*, [15] *www.ornitho.at*, [16] *Festetics & Leisler (1970)*, [17] *Glutz von Blotzheim & Bauer (1982)*

Andreas Ranner & Tibor Hadarics

Schwalbenmöwe *Xema sabini* (Sabine, 1819)

Fecskesirály – Sabine's Gull

Ausnahmeerscheinung

Mekszikópuszta, 29.8.2012 (Attila Pellinger)

Vorkommen

Zwei Nachweise:

- 24.8.2012 Seebad Illmitz, 1 ad. (A. Grüll, H.-M. Berg [1]), von 28.–30.8.2012 in der Madárvárta-Bucht an der Mündung des Einserkanals im ungarischen Südteil des Neusiedler Sees (S. Mogyorósi, T. Hadarics, A. Pellinger u. a. [2–4]), von dort gelangte der Vogel am 29.8. auch in den österreichischen Silbersee (S. Mogyorósi, J. Sopróni [1,5]) und am 30.8. zum Nyéki-szállás bei Mekszikópuszta (G. Horváth, G. Hraskó, Cs. Lendvai u. a. [3,4]), am 3.9.2012 noch eine Beobachtung in der Bucht von Hegykő (P. Kugler [3,4]).
- 29.8.2021 Oberer Stinkersee, 1 ad. (M. Craig, E. Neureiter, A. Petrus u. a. [6])

Quellen: [1] *Albegger & Khil (2016)*, [2] *MME Nomenclator Bizottság (2016b)*, [3] *www.birding.hu*, [4] *Hadarics (2017)*, [5] *www.club300.at*, [6] *www.birdlife-afk.at*

Andreas Ranner & Tibor Hadarics

Dünnschnabelmöwe *Chroicocephalus genei* Brème, 1839

Vékonycsőrű sirály – Slender-billed Gul

Sandeck, Illmitz, 27.5.2012, 2. KJ (Belegfoto Johannes Laber)

Ausnahmeerscheinung

Vorkommen

Acht Nachweise zwischen Anfang April und Mitte Juni:

- 12.5.1985 Mittlerer Stinkersee, 2 ad. (A. Müller, R. Schütt[1, 2])
- 9.4.1998 Lange Lacke, 1 ad. (J. Laber[3])
- 30.5.–4.6.1998 Mekszikópuszta, Nyékiszállás, 1 ad. (T. Hadarics, A. Pellinger, I. Antli u. a.[4, 5])
- 17.4.2004 Lange Lacke, 1 ad. (J. Laber[6])
- 29.5.2006 Lettengrube, 1 ad. (H. Spinler[7]), wohl derselbe Vogel am 30.5.2006 am Borsodi-dűlő bei Mekszikópuszta (A. Hachenberg, R. Morgan, M. Süsser u. a.[8])
- 17.–31.5. und 15.6.2012 Graurinderkoppel und Wasserstätten, 1 vj. (E. Albegger, R. Katzinger, C. Roland u. a.[9])
- 30.4.2019 Schilfgürtel beim Seebad Illmitz, 1 ad. (L. Sobotta[10])
- 13.4.2020 Mekszikópuszta, Borsodi-dűlő, 1 ad. (T. Hadarics, Zs. Balaskó[11, 12])

Quellen: *[1] Schütt & Müller (1986), [2] Ranner et al. (1995), [3] Ranner (2002), [4] Hadarics (1999a), [5] MME Nomenclator Bizottság (1999), [6] Ranner & Khil (2009), [7] Ranner & Khil (2011), [8] MME Nomenclator Bizottság (2010a), [9] Albegger & Khil (2016), [10] www.birdlife-afk.at, [11] MME Nomenclator Bizottság (2022), [12] www.birding.hu*

Andreas Ranner & Tibor Hadarics

Lachmöwe *Chroicocephalus ridibundus* Linnaeus, 1766

Dankasirály – Black-headed Gull

Darscho, Apetlon, 22.3.2012 (Michael Dvorak)

Sehr häufiger Brutvogel und Durchzügler sowie Wintergast in wechselnder, aber geringer Zahl

Verbreitung und Lebensraum

Lachmöwen sind unspezialisierte, optisch jagende Opportunisten offener Landschaften, wo wenig bewachsenes Land und Wasserflächen zur Nahrungssuche genutzt werden. Zur Brut benötigt die Art hingegen ausgedehntere, störungsarme Verlandungsgesellschaften und ist deshalb in dieser Zeit inselartig verbreitet[1]. Im Neusiedler See-Gebiet brütet die Lachmöwe vor allem an den Lacken des österreichischen Seewinkels. Hier nutzt sie Verlandungszonen, sowohl der intakten Lacken, als auch solcher, die aufgrund des „Lackensterbens" bereits verschwunden sind. Kolonie- und Neststandorte können in schütteren Schilfbeständen auf umgebrochenen Halmen liegen, in Mischbeständen aus Schilf und Meersimsen, auf gras- und krautbewachsenen oder auch leicht verschilften Halbinseln und Inseln, auf einzeln stehenden Grasbülten oder ausnahmsweise sogar auf Heuballen.

Größere Brutkolonien liegen zumeist in Schilfbeständen, wie beispielsweise an der Westlichen Wörthenlacke, am Unteren Stinkersee und am Xixsee. An der Langen Lacke brütet die Art auch auf der weitgehend schilffreien Halbinsel am Südufer. Natürliche Inseln beherbergen aufgrund ihrer zumeist nur geringen Flächenausdehnung immer nur kleine Kolonien, wie z. B. an der Oberen Halbjochlacke, am Südlichen Stinkersee oder an der Langen Lacke. Auch künstlich aufgeschüttete oder vergrößerte Inseln können Großkolonien beherbergen, wie z. B. im Nordteil des Illmitzer Zicksees und (ehemals) an der Bader- und Huldenlacke. Vor allem bei niedrigen Wasserständen können sich auch im Schilfgürtel des Neusiedler Sees Brutkolonien ansiedeln: Als Neststandorte kommen dann in erster Linie durch menschliches Einwirken entstandene Störstellen in Frage, wie (z.B. südlich vom Illmitzer Seedamm) die Stoppeln größerer abgestorbener oder auch frisch gemähter Schilfbestände. In kleinerer Zahl brüten Lachmöwen im Schilfgürtel aber auch auf Aufschüttungen, die bei der Ausbaggerung von Kanälen entstehen oder auf künstlichen Inseln, die seitens der Jagd laufend frisch angelegt werden. Insgesamt zeigt die Art im Gebiet daher eine große Flexibilität in der Wahl ihrer Brutstandorte. So wurden z.B. im Jahr 2013 auch überschwemmte Wiesenflächen im Hanság bzw. die aus den Wasserflächen herausragenden Feldwege besiedelt und im Jahr 2015 fanden sich, bei sehr hohem Wasserstand, ca. 70 Nester auf großen Rundheuballen im überschwemmten Bereich der Szerdahelyer Lacke. Insgesamt wurden in den Jahren 2001–2019 an 36 Standorten Brutvorkommen festgestellt. Die am kontinuierlichsten besetzten Brutplätze waren der Südliche Stinkersee (14 Jahre), die Lange Lacke (12), der Illmitzer Zicksee (10), Xixsee und Albersee (je 7) sowie die Neufeldlacke, der Untere Stinkersee und die Westliche Wörthenlacke (je 6). Alle anderen Gebiete waren in nur jeweils 1–2, maximal drei Jahren besetzt[2,3]. Brutvorkommen im Schilfgürtel wurden z. B. im Jahr 2012 in Mörbisch, Oggau und im Sandeck und im Jahr 2014 in Oggau bekannt[4].

Bestand und Bestandsentwicklung

In der zweiten Hälfte des 19. Jahrhunderts wurde die Lachmöwe als „Standvogel" sowie als häufiger bzw. auch seltener Brutvogel eingestuft[5–8], brütete also bereits damals regelmäßig in jahrweise unterschiedlicher Häufigkeit. In den Jahren 1907 und 1909 nistete die Art vermutlich nicht, 1913 existierte *„eine kleine Kolonie bei Illmic* [sic] *auf einer Sandinsel im See"*[9]. Mitte der 1930er Jahre brütete die Lachmöwe im Seewinkel abwechselnd an verschiedenen Lacken, regelmäßig jedoch nur an der Langen Lacke und an der (damals noch zusammenhängenden) Wörthenlacke. Der Brutbestand lag bei 200–250 Paaren[10]. 1940–1942 gab es zusätzlich ein Brutvorkommen auf einer Insel am Ostufer des Neusiedler Sees[11]. Auch in den frühen 1950er Jahren brütete die Lachmöwe in etwa 200 Paaren an der Langen Lacke und der Wörthenlacke[12]. In den darauffolgenden Jahrzehnten nahm der Bestand dann zu, Ende der 1960er Jahre waren es 700–800 Paare[13], für 1980 wurden sogar 3.000–3.500 Brutpaare angegeben[14] und die Erhebungen der 1980er und frühen 1990er Jahre zeigen einen Brutbestand in ähnlicher Höhe[15].

Von 2011–2015 gab es dann erstmals systematische Erhebungen: Im Jahr 2011 lag der Brutbestand bei ca. 3.800 Paaren mit großen Kolonien am Illmitzer Zicksee (ca. 2.700) und an der Langen Lacke (ca. 950) und kleineren Ansiedlungen am Südlichen Stinkersee und der Neufeldlacke. 2012 brüteten bei sehr niedrigen Wasserständen nur ca. 900 Paare, 2013 wurden bei hohen Wasserständen 1.790 bis 1.800 Brutpaare gezählt, der Großteil davon (1.500) im Nordteil des Illmitzer Zicksees sowie zusätzlich 400–600 Paare auf ungarischer Seite im Borsodi-dűlő. Im Jahr 2014 wurden maximal 2.580 Paare gezählt und 2015 maximal 2.125[3,4]. Ab 2016 wurden die Erhebungen nur mehr im Rahmen anderer Zählprogramme durchgeführt. 2016 gab es im Seewinkel weniger als 100 Brutpaare, 2017 waren es 400–600, 2019 neben einigen kleineren Ansiedlungen ca. 900 Brutpaare am Xixsee und 2019 ca. 100 Paare an der Oberen Halbjochlacke und der Langen Lacke[2]. Langfristig ist für die Lachmöwe daher ein stark positiver Bestandstrend bis 2015 belegt. Seither hat sich der Brutbestand auf österreichischer Seite bis 2019 allerdings auf wenige Hundert Paare reduziert. Schlafplatzzählungen zur Erfassung der Durch- bzw. Zuzügler außerhalb der Brutzeit wurden bisher erst wenige durchgeführt. Maximalzahlen liegen bei ca. 10–12.000 Exemplaren und damit im Bereich der für die 1960er Jahre angegebenen 5.000–10.000[13]. Die einzelnen bisher durchgeführten Frühjahrszählungen ergaben 9.000 Individuen am 22.3.2012 und am 1.4.2012 nur mehr 4.500 Individuen[16], während am 11.3.2017 sogar 11.500 Vögel erfasst wurden[17]. Zählungen im Spätsommer und Herbst kamen am 6.9.2014 auf 9.800 Exemplare und am 14.10.2014 auf 8.300[17]. Jahrweise starke Schwankungen sind dabei feststellbar. So wurden im Jahr 2018 an drei Abenden zwischen 22.9. und 2.10. nur 3.500–4.500 Lachmöwen gezählt[18]. Regelmäßige Erfassungen an den Möwenschlafplätzen zählen zu den größten Lücken in der avifaunistischen Bearbeitung des Gebiets.

Auf ungarischer Seite ist aus der Zeit des Eisernen Vorhangs und der damit verbundenen Zutrittsbeschränkungen im Grenzgebiet nur eine einzige Angabe bekannt: 1978 gab es im Schilfgürtel des Neusiedler Sees auf Stoppeln nach der Schilfmahd vier Kolonien, die größte auf der Püspök-Insel bei Fertőrákos mit ca. 1.000 Paaren[19].

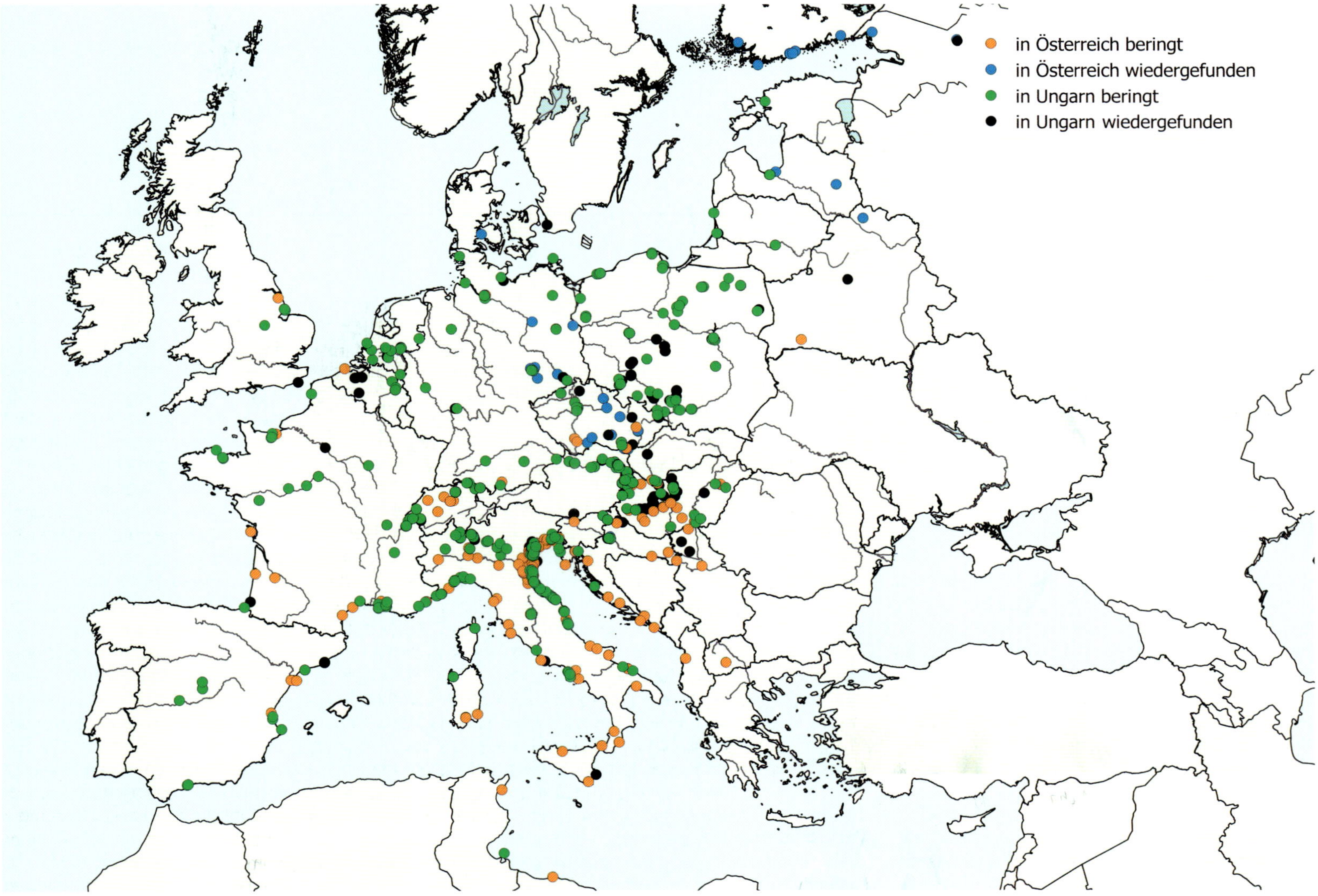

Räumliche Verteilung der Wiederfunde von im Neusiedler See-Gebiet beringten Lachmöwen bzw. Markierungsorte von im Neusiedler See-Gebiet abgelesenen Lachmöwen aus den Jahren 1912 bis 2019[28,29].

Seit 1990 brütete die Lachmöwe dann im ungarischen Teil des Schilfgürtels nur mehr unregelmäßig: Am sogenannten Bozi-víz (Raum des Grenzpunkts A-79), wo sich ab 2005 die jahrzehntelang stagnierende Strand-Teichsimse (*Schoenoplectus litoralis*) wieder auszubreiten begann, wurden 2010 rund 200 Nester in einem vorjährigen Bestand errichtet, aber letztendlich von Wind und Wellengang vernichtet, da die Pflanzenstängel die Nester nicht tragen konnten. 2011 wurden hier fünf, 2012 462 Nester gebaut, es wurden aber nur wenige Jungvögel flügge [20]. Darüber hinaus wurde nur am Kanal Virágosmajori-csatorna (in der Nähe der Staatsgrenze) an einer ausgetrampelten, teilweise gemähten Schilffläche am 11.5.2012 eine Kolonie aus ca. 400 Nestern gefunden; dieser Standort war aber äußerst schwer zu erreichen, sodass die weitere Entwicklung unbekannt blieb [21].

Abseits des Schilfgürtels siedelten sich im Jahr 1982, nach ungewöhnlich hohen Niederschlägen, im Cikes bei Mekszikópuszta kleinere Kolonien an [22]. Nach der Flutung der Biotoprekonstruktionsgebiete von Mekszikópuszta gab es hier fast jedes Jahr (mit Ausnahme von 1997, 1998, 2004, 2011, 2018 und 2020) Brutkolonien auf den Inseln des Nyéki-szállás oder des Borsodi-dűlő sowie kleinere Kolonien oder einzelne Brutpaare auch im Cikes und an den Dämmen der angrenzenden Kanäle. Die Anzahl der Brutpaare schwankte in weiten Grenzen zwischen 150 und 2.500, wobei eine auffällige Abnahme der Brutpaare ab 2015 auf den seither abfallenden Wasserspiegel zurückzuführen ist [23]. Die vorliegenden Beringungsdaten machen es wahrscheinlich, dass die Abnahme am Neusiedler Sees auch auf Umsiedlungen nach der Schaffung neuer Brutmöglichkeiten in der weiteren Umgebung zurückzuführen ist: In Ungarn war dies die Flutung des Nyirkai-Hany im Jahr 2001 und des Osli-Hany im Jahr 2013 sowie in der Slowakei die im Stauraum des Donaukraftwerks Gabčíkovo für Naturschutzzwecke künstlich errichtete Insel, wo z.B. 2018 nicht weniger als 3.936 und 2019 sogar 4.615 Paare gebrütet haben [24–26].

Jahreszeitliches Auftreten

Die Lachmöwe ist ganzjährig im Gebiet anzutreffen. Der Einzug des Brutbestands setzt abrupt Ende Februar/Anfang März ein. Die bisher vorliegenden Daten zeigen, dass es nach Mitte Oktober zu keinen größeren Ansammlungen mehr im Gebiet kommt [2]. Ob dies den tatsächlichen Verhältnissen entspricht sollten zukünftig systematische, ganzjährige Schlafplatzzählungen klären. In den Wintermonaten von Anfang Dezember bis Ende Februar halten sich ausschließlich kleinere Trupps von maximal 100–300 Vögeln im Gebiet auf [27].

Zugverhalten und Ringfunde

Es liegen insgesamt 1.693 Fundmeldungen aus den Jahren 1912–2019 vor, der Großteil davon (1.236) betrifft Ringablesungen [28,29]. Es zeigen sich starke Zusammenhänge zwischen der Brutpopulation des Gebiets vor allem mit dem zentralen Mittelmeerraum (mit dem Schwerpunkt in Oberitalien und vor allem im nördlichen Adriaraum), aber auch mit unmittelbar nördlich (Tschechien, Südpolen) und östlich (Westungarn) gelegenen Gebieten, die alle zur Überwinterung genutzt werden. Verbindungen zu weiter nordöstlich gelegenen Brutpopulationen (Süd- und Mittelfinnland, Baltikum) lassen sich nur für den Zeitraum von den 1930ern bis zu den 1950ern nachweisen, spätere Funde liegen nicht vor. Fast alle nach Nordwesten ausgerichteten Funde in Nordfrankreich, den Niederlanden, Belgien und England stammen von Vögeln, die erst innerhalb der letzten zehn Jahre markiert wurden. Dasselbe gilt, mit wenigen Ausnahmen, auch für die Überwinterungsgebiete auf der Iberischen Halbinsel und in Süd- und Westfrankreich. Es scheint, dass die Verbindungen in diese Gebiete überwiegend erst seit wenigen Jahrzehnten bestehen. Im Gegensatz dazu sind die Wiederfunde aus Nordafrika, Sizilien, Sardinien und Süditalien ganz überwiegend älteren Datums, zumeist aus den 1960ern. Diese Gebiete werden also heutzutage so gut wie nicht mehr im Winter genutzt, selbiges gilt für die Wiederfunde am südlichen Balkan. Sehr weit im Norden und sehr weit im Süden liegende Überwinterungsgebiete werden also in den letzten Jahrzehnten nicht mehr angeflogen.

In Mekszikópuszta und im Nyirkai-Hany wurden Lachmöwen als Jungvögel mit roten Farbringen markiert, darüber hinaus wurden auch erwachsene Vögel in kleinerer Zahl im Herbst mit Reusen sowie im Winter bei der Mülldeponie Sopron mit einem Klappnetz gefangen. Ein Teil der im Winter markierten Vögel wurde später in der Nähe der Brutkolonien abgelesen, sodass die lokale Überwinterung eines Teils der Brutvögel wahrscheinlich ist, oder dass diese Vögel zumindest in der zweiten Hälfte des Winters in die Nähe des Brutortes zurückkehren [30].

Quellen: [1] *Glutz von Blotzheim & Bauer (1982),* [2] *M. Dvorak, J. Laber & B. Wendelin, unpubl. Daten,* [3] *Dvorak et al. (2016),* [4] *B. Wendelin, unpubl. Daten,* [5] *Jukovits (1864/65),* [6] *Fászl (1883),* [7] *Dombrowski (1889),* [8] *Fischer (1883),* [9] *Schenk (1917a),* [10] *Seitz (1942),* [11] *Zimmermann (1943),* [12] *Bauer et al. (1955),* [13] *Festetics & Leisler (1970),* [14] *P. Prokop & M. Staudinger in Glutz von Blotzheim & Bauer (1982),* [15] *Dvorak (1994b),* [16] *J. Laber, unpubl. Daten,* [17] *M. Dvorak, unpubl. Daten,* [18] *B. Zens/ornitho.at,* [19] *Kárpáti (1983),* [20] *Mogyorósi & Udvardy (2014),* [21] *A. Pellinger & S. Mogyorósi, unpubl. Daten,* [22] *Kárpáti (1986),* [23] *A. Pellinger, unpubl. Daten,* [24] *Pellinger & Ferenczi (2012),* [25] *Ridzoň et al. (2019),* [26] *Lachmann & Ridzoň. (2019),* [27] *www.ornitho.at,* [28] *Vogelberingungszentrale BirdLife Ungarn, unpubl. Ringfunde,* [29] *Österreichische Vogelwarte, unpubl. Ringfunde,* [30] *A. Pellinger, unpubl. Daten*

Michael Dvorak & Attila Pellinger

Zwergmöwe *Hydrocoloeus minutus* (Pallas, 1776)

Kis sirály – Little Gull

Frühjahrsdurchzügler in jährlich schwankender Zahl von Mitte April bis Mitte Mai, Wegzug von Mitte August bis Mitte September

Verbreitung und Lebensraum

Die Zwergmöwe bevorzugt die Gewässer des Seewinkels und die landseitigen Wasserflächen im Bereich der Vieh- und Pferdekoppeln, nur 3,6% aller Meldungen stammen aus dem Schilfgürtel und von der freien Seefläche. Der Großteil der Nachweise (52,9%) kommt von nur vier Gewässern (Lange Lacke 16,6%, Illmitzer Zicksee 15,2%, St. Andräer Zicksee 11,3% und Oberer Stinkersee 9,9%). Auf fünf weitere Gewässer (Östliche Wörthenlacke, Obere Halbjochlacke, Darscho, Westliche Wörthenlacke, Graurinderkoppel) entfallen zusammen weitere 19,8%. Alle übrigen Gebiete kommen jeweils auf einen Anteil von 1,6% oder weniger und sind damit von geringer Bedeutung [1,2]. Die Verteilung der Zwergmöwe auf ungarischer Seite schwankt jahreszeitlich und jährlich sehr stark und hängt in erster Linie vom Wasserstand der Lacken im Seewinkel ab.

Bestand und Bestandsentwicklung

Mitte des 20. Jahrhunderts schrieb Zimmermann [3]: *„Die Zwergmöwe ist ein ziemlich regelmäßiger Durchzügler und übersommert auch im Gebiet"*. Seine Zusammenschau der Angaben lässt aber darauf schließen, dass die Art im 19. und frühen 20. Jahrhundert das Gebiet nur in viel geringerer Zahl als heute frequentierte. In den 1960er Jahren wurden am Heimzug Maxima von ca. 150–170 Individuen erreicht, am viel schwächeren Wegzug lag die Truppgröße zumeist unter 10 und maximal bei 20 Exemplaren [4]. Seit 1966 machen kleine Gruppen von 1–10 Vögeln zwar mit einem Anteil von 76,2% nach wie vor den Großteil aus, aber 18,5% aller Meldungen betreffen doch größere Trupps von 10–50 Exemplaren und immerhin 62-mal wurden auch sehr große Ansammlungen von mehr als 100 Individuen beobachtet [1]. Die größten Trupps betreffen Nachweise von ca. 500 Exemplaren am 1.5.1976 am St. Andräer Zicksee [5], von ca. 700 Individuen am 5.5.1979 an der Langen Lacke [6] und von 527 Vögeln am 7.5.2008 am Illmitzer Zicksee [7]. Herausragend war aber das Frühjahr 1997, in dem mehrfach zwischen 600 und 1.150 Zwergmöwen vom Illmitzer Zicksee gemeldet wurden [8].

Die längerfristige Bestandsentwicklung ist aufgrund der massiven jährlichen Schwankungen um das 10- bis 15-Fache schwer zu beurteilen. Die Entwicklung der Maxima zeigt einerseits, dass die Zwergmöwe im Vergleich zur Mitte des 20. Jahrhunderts ab den 1970er Jahren häufiger wurde, andererseits aber auch, dass ab dem Jahr 2011 – trotz vielfach gesteigerter Beobachtungsintensität – sehr große Trupps offenbar seltener geworden sind: Lag der Mittelwert der 10 größten Trupps 1991–2000 noch bei 367 fiel dieser Wert in der letzten Dekade 2011–2019 auf nur mehr 172. Die aktuellen Wasservogelzählungen zeigen hingegen keinen Rückgang sondern einen Wechsel von Perioden sehr geringer Zahlen (2003 und 2010 wurden gar keine Zwergmöwen erfasst) mit Jahren eines starken Auftretens wie 2008, 2009 und 2014 [9].

Aus den 1970er Jahren gibt es Angaben zu kleinen Trupps von je 1–15 Individuen, die vorwiegend im Herlakni-tó, einer großen Blänke

Wasserstätten, Ilmitz, 6.8.2016, 2. KJ (Michael Dvorak)

des Schilfgürtels, festgestellt wurden[10]. Aus den 1980er Jahren liegen auch Nachweise von 1–28 Exemplaren aus der Bucht von Fertőrákos vor, die in diesem Zeitraum zugänglich wurde. Durch die Flutung der Lebensraum-Rekonstruktionsflächen bei Mekszikópuszta im Jahr 1991 entstand hier ein neuer Rastplatz, wodurch die Anzahl der im ungarischen Teil des Avifauna-Gebiets durchziehenden Zwergmöwen um eine Größenordnung angestiegen ist[11]. Die zweithöchste Individuenzahl wurde hier bereits am 23.4.1992 mit 250 Vögeln am Nyéki-szállás erreicht. Danach wurde diese Zahl nur mehr übertroffen von 300 Individuen, die am 26.4.1999 gezählt wurden. Am Herbstzug bleibt die Anzahl hingegen meist unter 10 Exemplaren[12].

Jahreszeitliches Auftreten

Der Heimzug beginnt auf österreichischer Seite in manchen Jahren mit ersten Vorboten (nur 1–3 Ex.) in der letzten März- und ersten Aprildekade[1,2], die frühesten Nachweise waren ein Exemplar im 2. KJ am 20.3.2016 am Illmitzer Zicksee[13] sowie ein weiterer Vogel im 2. KJ am 23.3.2013 an der Graurinderkoppel[13]. Danach nimmt der Frühjahrszug in der zweiten Aprildekade Fahrt auf (Median/Mittelwert der Truppgröße 4 Ind./17,3 Ind.) und erreicht bereits in der letzten Aprildekade seinen Höhepunkt (8/29,7), um dann in den ersten beiden Maidekaden wiederum an Intensität stark einzubüßen (5/28,9 und 3/11,6). Von der zweiten Aprildekade bis zur ersten Maidekade ziehen überwiegend Altvögel durch, ihr Anteil liegt in diesem Zeitraum bei 79,9–93,6 %, ab der zweiten Maidekade überwiegen aber die immaturen Vögel im 2. KJ mit einem Anteil von 73,9 %. Der Zug immaturer Zwergmöwen (Anteil 93,4 %) setzt sich noch den gesamten Juni hindurch fort (Median 4, Mittelwert 9,9). Auch im Juli sind weiterhin kleinere Trupps (3/7,7) im Gebiet präsent, die ebenso überwiegend aus immaturen Individuen (86,8 %) bestehen. Im August setzt in der Monatsmitte der schwache, bis Anfang September dauernde Durchzug (2/5,2) adulter und juveniler Vögel ein, deren Anteil jetzt auf 33,3 bzw. 49 % steigt. Ab ca. 10. September schwächt sich das Auftreten dann deutlich ab (von 10. September bis 10. Oktober Median/Mittelwert 2/2,9). Danach können sich in wenigen Jahren noch einzelne Zwergmöwen im Gebiet aufhalten, ganz überwiegend (in 89 % der Fälle) handelt es sich dabei um nur 1–3 Exemplare und es treten zu etwa gleichen Teilen fast nur Alt- und Jungvögel auf[1,2]. Winterbeobachtungen stellen im Gebiet eine Ausnahme dar: Am 2.12.2013 hielt sich ein Exemplar am Darscho auf[13] und am 3.1.2016 wurde ein Exemplar im 2. KJ am Oberen Stinkersee entdeckt[13,14].

In Ungarn fällt der Zuggipfel im Frühjahr auf die Periode 20.4.–1.5. (mit >100 Ind./Tag). Wegen des milden Wetters im frühen Winterhalbjahr dauert der Zug in dieser Zeit immer länger an, einzelne Zwergmöwen können gar bis zur Mitte Dezember im Gebiet vorkommen. Seit der Jahrtausendwende wurden in Ungarn auch Übersommerungen häufiger.

Quellen: *[1] Archiv BirdLife Österreich, [2] www.ornitho.at, [3] Zimmermann (1943), [4] Festetics & Leisler (1970), [5] M. Ganso/ABÖ, [6] R. Triebl/ABÖ, [7] M. Dvorak/ABÖ, [8] M. Dvorak, J. Laber, M. Craig, F. Samwald/ABÖ, [9] M. Dvorak, J. Laber & B. Wendelin, unpubl. Daten, [10] Kárpáti (1983a), [11] Pellinger (2000), [12] Pellinger & Hadarics (2020a), [13] L. Khil/ornitho.at, [14] J. Steiner/ornitho.at*

Michael Dvorak & Attila Pellinger

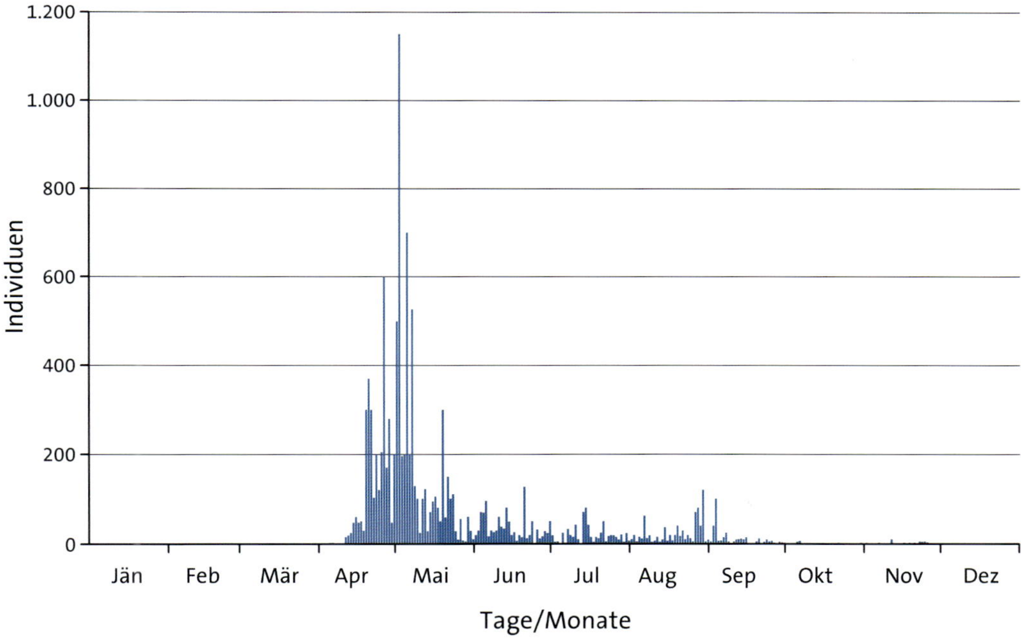

Jahreszeitliches Auftreten der Zwergmöwe (Tagesmaxima) basierend auf Daten aus Österreich aus den Jahren 1966–2019 (n = 11.459)[1,2,9].

Schwarzkopfmöwe *Ichthyaetus melanocephalus* Temminck, 1820

Szerecsensirály – Mediterranean Gull

Seit Ende der 1980er Jahre Brutvogel mit bis zu 90 Brutpaaren bei jahresweise stark schwankender Zahl

Verbreitung und Lebensraum

Schwarzkopfmöwen brüten an leicht erhöhten, flachen, trockenen Stellen mit niedriger oder mäßig hoher, spärlicher Vegetation. Dicht bewachsene Plätze werden gemieden, ebenso vegetationsfreie Sand- oder Salzflächen[1]. Im Neusiedler See-Gebiet brütete die Schwarzkopfmöwe bislang immer im Anschluss an Lachmöwenkolonien, jedoch nur ausnahmsweise in Schilfbeständen, sondern fast immer an Brutplätzen auf festem Grund. Auf österreichischer Seite brütete

Seeäcker, St. Andrä am Zicksee, 10.4.2014 (Leander Khil)

die Schwarzkopfmöwe seit 1988 vorwiegend an der Langen Lacke und nur in fünf Jahren auch am Illmitzer Zicksee[2]. Lediglich im Jahr 2002 brüteten 15 Paare erfolglos auch am St. Andräer Zicksee[3]. In Ungarn brüteten Schwarzkopfmöwen zwischen 1990 und 2009 am Nyéki-szállás bei Mekszikópuszta und dann nochmals im Jahr 2012. Zwischen 2003–2006 siedelte der größere Teil des Bestands in den Nyirkai-Hany im ungarischen Hanság (abseits des Gebiets) um[2]. Die meisten Brutplätze lagen auf künstlichen oder künstlich erweiterten Inseln (Nyéki-szállás, Nyirkai-Hany, Illmitzer Zicksee), lediglich der Brutplatz an der Langen Lacke lag auf einer schmalen Halbinsel am Südufer, die bei hohem Wasserstand de facto eine Insel ist, bei niedrigem Wasserstand jedoch eine Landverbindung besitzt.

Bestand und Bestandsentwicklung

Der einzige Nachweis aus dem 19. Jahrhundert bezieht sich auf einen 1892 bei Pamhagen erlegten Vogel[4]. Im 20. Jahrhundert wurde die Schwarzkopfmöwe erstmals 1955 (zwei vj. Ind.) und 1956 (ein Altvogel, 3–5 vj. Ind.) an der Langen Lacke und an der (damals noch zusammenhängenden) Wörthenlacke beobachtet[5]. In den nächsten Jahren wurde die Art dann bis 1966 fast alljährlich gesichtet, 1959 sowie 1962–1964 waren zur Brutzeit adulte Vögel in einer Lachmöwen-Kolonie auf der Langen Lacke anwesend[6,7]. In den Jahren 1966–1976 nahm die Zahl der Meldungen wieder ab[8], allerdings schloss sich auf diese Phase schwächeren Auftretens 1977 der erste Brutnachweis an der Huldenlacke an[9]. Im Jahr 1981 bestand starker Brutverdacht am Illmitzer Zicksee[10], gefolgt von einer weiteren Brut im Jahr 1983, wieder an der Huldenlacke[11]. Ab Ende der 1980er Jahre kann man die Schwarzkopfmöwe als regelmäßigen Brutvogel des Seewinkels bezeichnen. 1988 brüteten zwei Paare erfolglos an der Langen Lacke[12], 1989 war hier ein Paar erfolgreich[13], weitere brutverdächtige Paare gab es dann 1990, 1992 und 1993[8]. Ab 1995 kann dann von einem rasch wachsenden Brutbestand gesprochen werden: 1995 wurden bis zu fünf, 1996 bis zu drei Paare

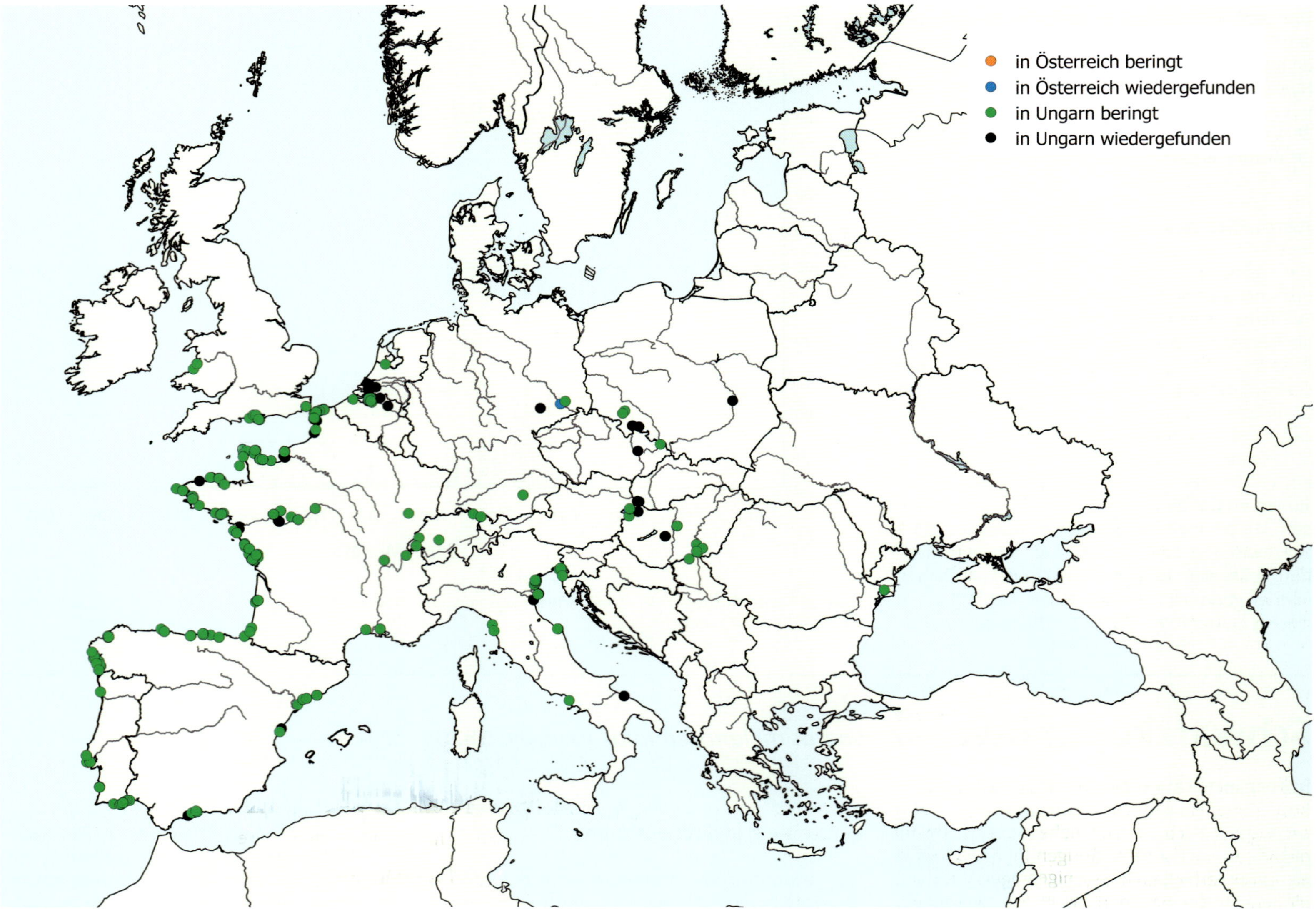

Räumliche Verteilung der Wiederfunde von im Neusiedler See-Gebiet beringten Schwarzkopfmöwen bzw. Markierungsorte von im Neusiedler See-Gebiet abgelesenen Schwarzkopfmöwen aus den Jahren 1990–2019[26].

gezählt. 1997 ergaben gezielte Erhebungen 11 Paare, 1998 sechs, 1999 stieg die Zahl auf 14 an und im Jahr 2000 wurde ein Maximum von 35 Paaren an der Langen Lacke und einem Paar am Illmitzer Zicksee erreicht[14]. Auch zwischen 2001 und 2017 brütete die Schwarzkopfmöwe alljährlich im Neusiedler See-Gebiet, eine detaillierte Schilderung des Brutgeschehens bis 2015 wurde bereits veröffentlicht[15].

Wie bereits in den 1990er Jahren wechselten die Brutplätze in diesem Zeitraum immer wieder zwischen Ungarn und Österreich. Im Zeitraum 2003–2006 brütete ein großer Teil des Bestands (10–50 Paare) im 2001 gefluteten Nyirkai-Hany im ungarischen Hanság, abseits des Neusiedler See-Gebiets[16, 17]. Seit 2005 wechseln sich nach einer längeren Phase kontinuierlichen Wachstums schließlich Jahre mit Beständen von zehn oder weniger Paaren (2005, 2009, 2014) und Jahre mit deutlich mehr als 30 Brutpaaren ab[2, 15]. Die Zahlen in beiden Ländern zusammen erreichten bis zu 91 Paare im Jahr 2009. In Ungarn brüteten 2007 erstaunliche 85 Paare am Nyéki-szállás, in Österreich 2013 80 Paare überwiegend am Illmitzer Zicksee. Die Bestandsschwankungen könnten auf einen Austausch mit einen an der slowakischen Donau im Stausee Gabčíkovo gelegenen Brutvorkommen auf künstlichen Inseln zurückgehen. So wurde 2009 ein Bestandstief im Neusiedler See-Gebiet von einem Maximum von 181 Paaren am Stausee begleitet[2]. Im Jahr 2016 brüteten an der Langen Lacke Anfang Mai noch bis zu 76 Paare, der Bruterfolg in diesem Jahr blieb allerdings gering und der Großteil der Brutpopulation wanderte bereits im Verlauf des Mai ab[18]. 2017 fanden sich Anfang Mai 18 Paare an der Langen Lacke ein, auch in diesem Jahr gab es jedoch kaum Bruterfolg[18]. Im Jahr 2018 hielten sich Schwarzkopfmöwen in größerer Zahl im Seewinkel auf (82 Altvögel am 7.4. an der Langen Lacke, 68 Altvögel am 22.4. an der Westlichen Wörthenlacke, 64 Altvögel am 13.5. an der Langen Lacke), es kam aber zu keinen Brutversuchen[18]. 2019 wurden nur mehr am 23.3. 15 Paare an der Langen Lacke festgestellt, später hielten sich nur mehr einzelne Paare im Gebiet auf, die keine Brutversuche unternahmen[18]. Während das Brutvorkommen im Neusiedler See-Gebiet also de facto seit 2019 nicht mehr besteht, hat sich an den Vogelinseln im Stausee Gabčíkovo eine florierende Kolonie entwickelt. Die Zahl der Brutpaare stieg von 173 im Jahr 2016 auf 369 Paare im Jahr 2019 an[19].

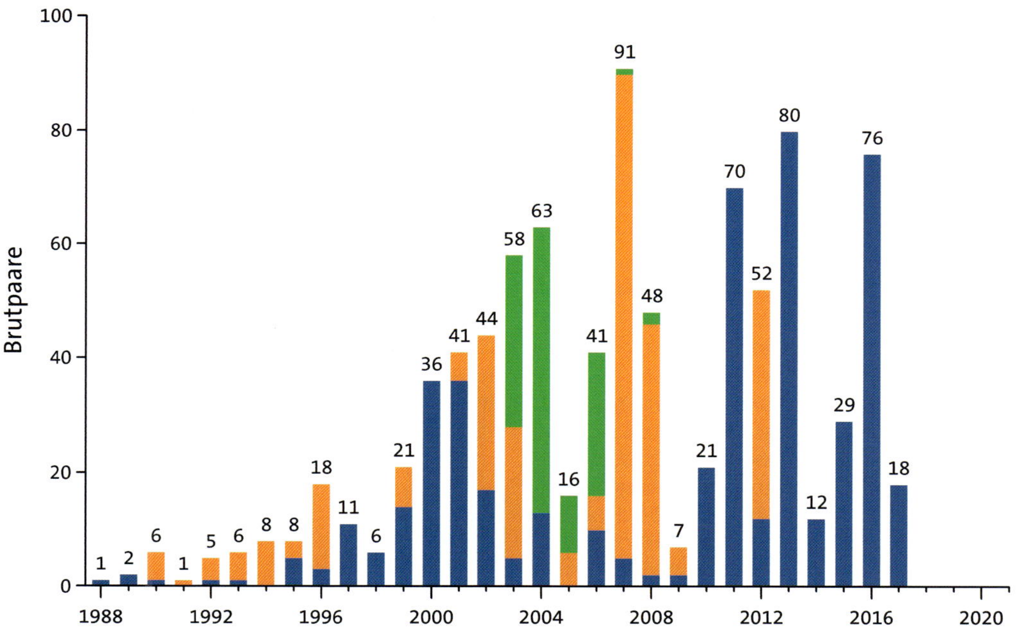

Brutbestand der Schwarzkopfmöwe in Österreich und Ungarn in den Jahren 1988–2021[2, 18]. Blau = Österreich, orange = Nyéki-szállás/HU, grün = Nyirkai-Hany/HU.

Jahreszeitliches Auftreten

Während sich erste Ankömmlinge bereits in den ersten Märztagen im Gebiet aufhalten können, beginnt rund um den 20. März der Einzug der Brutpopulation. Der Median der Erstankunft lag in den Jahren 2011–2019 am 10. März, die frühesten Beobachtungen waren jeweils ein Altvogel am 10.2.2008 an der Langen Lacke[20], am 22.2.2006 im Martenthau[20] sowie am 24.2.2001[21] und am 26.2.2014[22] am St. Andräer Zicksee. Nach dem Einzug der Brutpopulation bleibt die Präsenz der Art – mit den oben beschriebenen jährlichen Schwankungen – bis Anfang Juli hoch, danach ziehen jedoch sowohl die Alt- als auch die diesjährigen Jungvögel rasch ab und es verbleiben nur wenige Vögel im Gebiet, die jedoch durchgehend bis in die zweite Septemberhälfte anwesend sein können. Ab Anfang Oktober sind dann überwiegend einzelne oder ausnahmsweise auch 2–3 Vögel zu beobachten. Nur einmal wurde mit 20 Exemplaren an der Langen Lacke am 1.11.2011 auch ein größerer Trupp festgestellt[23]. Das Datum der Letztbeobachtung schwankt sehr stark mit einem Median am 14. November. Die beiden einzigen Nachweise im Dezember mit je einem Altvogel gelangen am 10.12.1966 am Neusiedler See bei Podersdorf[24] sowie am 21.12.2015 an der Langen Lacke[25].

Zugverhalten und Ringfunde

Über die Wanderungen der im Neusiedler See-Gebiet brütenden Vögel liegen seit der Farbmarkierung von 152 Exemplaren am Nyirkai-Hany und Nyéki-szállás in den Jahren 2003–2008 detaillierte Kenntnisse vor[2]. Von 2.237 Fundmeldungen zwischen 1990 und 2019 bezieht sich der allergrößte Teil (2.166) auf Ringablesungen[26]. Das Überwinterungsgebiet der Seewinkler Brutpopulation liegt an den Küsten des Ärmelkanals (1.309 Funde), in den Niederlanden und Belgien (154), an der französischen (229), spanischen (69) und portugiesischen (48) Atlantikküste sowie der spanischen Mittelmeerküste (115)[26]. Ablesungen wandernder Vögel liegen aus Oberitalien (62), der Schweiz und Ostfrankreich (14), Süddeutschland (1) und Zentralfrankreich (149) vor[26]. Vereinzelt gibt es auch Nachweise aus dem Osten Deutschlands, Südpolen und dem Nordosten Tschechiens. Die Farbmarkierungen zeigen überdies einen regelmäßigen Austausch mit anderen Brutvorkommen im Karpatenbecken und in den Niederlanden. Daneben hielten sich im Seewinkel auch schon Schwarzkopfmöwen von Vorkommen in Belgien und Holland auf und siedelten sich hier als Brutvögel an[26].

Quellen: [1] *Glutz von Blotzheim & Bauer (1982)*, [2] *Laber et al. (2016)*, [3] *M. Dvorak, unpubl. Daten*, [4] *Schenk (1916)*, [5] *Bauer (1956)*, [6] *Festetics (1959)*, [7] *Festetics & Leisler (1970)*, [8] *Archiv BirdLife Österreich*, [9] *M. Staudinger & H.-M. Berg/*

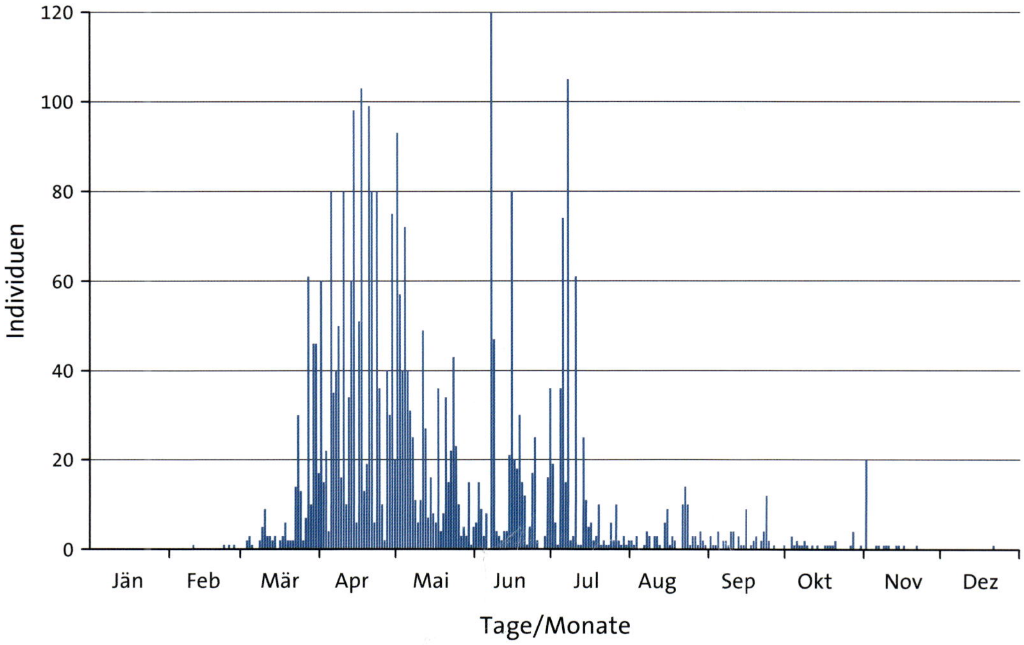

Jahreszeitliches Auftreten der Schwarzkopfmöwe (Tagesmaxima) basierend auf Daten aus Österreich aus den Jahren 2001–2019 (n = 3.454)[8, 27].

ABÖ, [10] I. Rösler/ABÖ, [11] H.-M. Berg/ABÖ, [12] H.-M. Berg, R. Triebl/ABÖ, [13] R. Triebl/ABÖ, [14] Laber (2000), [15] Dvorak et al. (2016), [16] Pellinger & Takács (2012), [17] Pellinger & Ferenczi (2012), [18] M. Dvorak, J. Laber & B. Wendelin, unpubl. Daten, [19] Lachmann & Ridzoň (2019), [20] F. Samwald/ABÖ, [21] J. Laber/ABÖ, [22] F. Samwald/ornitho.at, [23] A. Tenhola/ornitho.at, [24] B. Leisler/ABÖ, [25] J. Hohenegger, F. Gubi/ornitho.at, [26] Vogelberingungszentrale BirdLife Ungarn, unpubl. Ringfunde, [27] www.ornitho.at

Michael Dvorak & Attila Pellinger

Fischmöwe *Ichthyaetus ichthyaetus* (PALLAS, 1773)

Halászsirály – Pallas's Gull

Oberer Stinkersee, Illmitz, 2.4.2014 (Belegfoto Leander Khil)

Ausnahmeerscheinung

Vorkommen

Vier Nachweise, davon zwei im Herbst und zwei im Frühjahr:

- 2.–4.10.1999 Neusiedler See vor dem Seebad Illmitz, 1 dj. (A. Ranner, G. Tebb, M. Craig u. a. [1, 2])
- 12.9.2012 Warmblutkoppel, 1 dj. (O. Samwald, F. Samwald, H. Grabenhofer u. a. [3, 4])
- 1.–3.4.2014 Unterer und Oberer Stinkersee, 1 3. KJ (T. Schernhammer, H. Götz, L. Khil u. a. [3, 4])
- 10. und 27.4. sowie 8.–10.5.2017 Oberer Stinkersee und Podersdorfer Pferdekoppel, 1 vj. (C. Roland, W. Schumann, E. Albegger u. a. [5])

Quellen: [1] Ranner (2003), [2] Albegger & Laber (2016), [3] Albegger & Khil (2016), [4] www.ornitho.at, [5] Albegger & Brader (2018)

Andreas Ranner

Sturmmöwe *Larus canus* LINNAEUS, 1758

Viharsirály – Mew Gull

Seebad Illmitz, 21.11.2021 (Michael Dvorak)

Häufiger Wintergast und Durchzügler mit Schwerpunkt im Winter und zeitigen Frühjahr; zwei Brutversuche

Verbreitung und Lebensraum

Die Sturmmöwe hält sich in erster Linie am gesamten See bzw. in dessen Vorgelände, an den größeren Lacken sowie auf den ungarischen Habitatrekonstruktionsflächen auf. Einzelne nahrungssuchende Trupps können auch auf Äckern angetroffen werden, v. a. im Seewinkel, gelegentlich im Hanság oder im Albrechtsfeld. Zumindest auf ungarischer Seite verteilen sie sich zu etwa gleichen Teilen auf den See und dessen Umland. Die größten Zahlen werden naturgemäß an den Möwenschlafplätzen und deren Vorsammelplätzen registriert. Am See befinden sich große Schlafplätze in den Seebädern Breitenbrunn und Neusiedl am See und wohl auch in anderen, im Winter weniger von Beobachtern frequentierten Bade- und Hafenanlagen. An den Lacken des Seewinkels treten die größten Konzentrationen in erster Linie am Möwenschlafplatz auf der Langen Lacke, bei niedrigem Wasserstand am St. Andräer Zicksee sowie im März/April auch am Oberen Stinkersee auf. Größere Trupps ruhen auch auf den Koppeln im Seevorgelände und gelegentlich am Darscho.

Die Schlafplätze, an denen sich mehrere Hundert, gelegentlich auch über tausend Sturmmöwen einfinden können, haben ein weit über das Neusiedler See-Gebiet hinausreichendes Einzugsgebiet. Ein großer Teil dieser Vögel fliegt tagsüber zur Nahrungssuche zu Kompost- bzw. Mülldeponien, Äckern und Gewässern südlich des Sees [1], im Raum Sopron, im Wulkabecken, im südlichen Wiener Becken, in der Leithaniederung und teilweise wohl auch noch darüber hinaus bis in das Donautal [2].

Bestand und Bestandsentwicklung

Bis zur Mitte des 20. Jahrhunderts galt die Sturmmöwe als regelmäßiger Durchzügler in geringer Anzahl [3–5]. Wohl als Ergebnis einer ausgeprägten Bestandszunahme und Arealausweitung in Europa im 20. Jahrhundert, insbesondere ab den 1950er Jahren [6, 7] kam es auch im mitteleuropäischen Binnenland zu einem verstärkten Auftreten. In den 1960er Jahren wurde sie im Neusiedler See-Gebiet, vor allem am Frühjahrszug von Februar bis Anfang Mai, mit Schwerpunkt im April, mit *„unter 100"* Individuen, am Herbstzug hingegen spärlicher registriert, wobei es auch zu Übersommerungen einzelner Vögel kam [8]. In den 1970er Jahren wurden Sturmmöwen allmählich in größeren Zahlen erfasst, gleichzeitig entwickelte sich auch eine stärkere Tendenz zu Wintervorkommen. So wurden am 17.1.1976 in vier Seebädern sowie am St. Andräer Zicksee insgesamt 97 Individuen gezählt [9]. Am 30.4.1978 wurde mit rund 200 Vögeln am Oberen Stinkersee erstmals ein Trupp mit dreistelliger Individuenzahl gemeldet [10]. Im sehr kalten Winter 1978/79 kam es dann zu einem Rekordeinflug, der damals auch für gesamtösterreichische Verhältnisse einmalig war: Als die durch das rasche Vereisen der Langen Lacke verendeten Fische im Februar allmählich auftauten, fanden sich hier mindestens 2.000 Sturmmöwen ein. Am 1.3.1979 wurde ihre Zahl sogar auf 5.000 geschätzt, am 3.3.1979 hielten sich rund 1.000 am St. Andräer Zicksee auf und am 11.3.1979 waren immer noch rund 500 im Gebiet [11].

Die Zahlen überwinternder und durchziehender Sturmmöwen haben sich in den letzten Jahrzehnten weiter erhöht, auch wenn jene aus dem Spätwinter 1978/79 nicht mehr übertroffen wurden. Jeweils rund 1.000 Vögel wurden am 16.3.1986 am Darscho [12], am 23.1.1994 im Seebad Neusiedl am See [13], am 22.3.2004 im Seebad Breitenbrunn [14] sowie am 3.1.2012 auf der Langen Lacke [15] beobachtet. Noch größere Ansammlungen waren 1.000–1.200 von 14.1.–8.2.2018 auf der Langen Lacke [16], 1.600 am 11.3.2017 ebenfalls auf der Langen Lacke [17] sowie rund 3.000 am 21.2.1999 am Eis vor dem Seebad Neusiedl am See [13]. Diese Zahlen wurden allesamt an Schlafplätzen ermittelt. Auf ungarischer Seite wurden Trupps mit über 1.000 Individuen erst ab 2001 registriert. Hier wurden in den Wintern 2005/2006, 2012/2013 und 2014/2015 in einzelnen Teilgebieten Zahlen von jeweils über 2.000 Vögeln ermittelt. Herausragend, auch aus phänologischer Sicht, ist ein Trupp von rund 3.000 Individuen auf einem Acker bei Hegykő am 3.4.2006 [18]. Der größte Teil der Sturmmöwenmeldungen auf österreichischem Gebiet seit 2011 bezieht sich indes auf Einzelvögel (33,7 %) und kleine Trupps von 2–10 Vögeln (40,6 %). Trupps von 11–100 Individuen machen noch 22,7 % der Beobachtungen aus, Trupps von 101–500 hingegen nur mehr 2,3 %, noch größere belaufen sich auf 0,6 %.

Im Jahr 1985 brütete ein Paar erfolglos in der Lachmöwenkolonie am Illmitzer Zicksee [19] und 2006, eventuell auch im Folgejahr, kam es zu einem weiteren erfolglosen Brutversuch am Albersee [20].

Jahreszeitliches Auftreten

Der Schwerpunkt des Auftretens der Sturmmöwe liegt im Hoch- und Spätwinter sowie während des Frühjahrszugs. Die höchsten Zahlen werden zu Beginn des Heimzugs im Februar und März erreicht. Im Laufe des April nehmen die Zahlen kontinuierlich ab, im Mai werden nur mehr ausnahmsweise Trupps von knapp über 100 Vögel registriert. Zur Brutzeit halten sich alljährlich nur ganz vereinzelt Sturmmöwen im Seewinkel und am See auf. Ab Ende Juli nimmt die Beobachtungshäufigkeit allmählich wieder zu, ein merkbarer Herbstzug setzt aber erst ab Ende August ein, der dann im November und Dezember sein Maximum erreicht, das aber deutlich unter den Zahlen des Spätwinters und zeitigen Frühjahrs liegt. Im Jänner können sich dann deutlich mehr Sturmmöwen im Gebiet aufhalten, die Hochwinterzahlen schwanken je nach Witterung und Vereisung aber stark und werden in weiterer Folge vom Beginn des Frühjahrszugs im Februar überlagert. In kalten Wintern kommt es aufgrund von Kälteflucht zu verstärkten Einflügen der Sturmmöwe in das mitteleuropäische Binnenland weg von den Küstengebieten [7], was sich auch an den österreichischen Überwinterungsplätzen durch höhere Zahlen bemerkbar macht, z. B. in der Steiermark [21] oder im Wiener Donauraum [22]. Entsprechende witterungsbedingte Schwankungen der Winterbestände wären daher auch für das Neusiedler See-Gebiet zu erwarten, lassen sich aus den vorliegenden Daten aber nicht belegen. Dazu wären gezielte regelmäßige Schlafplatzzählungen erforderlich.

Zugverhalten und Ringfunde

Im mitteleuropäischen Binnenland überwinternde Sturmmöwen stammen v. a. aus Finnland und Russland [6]. Zur Herkunft von im Neusiedler See-Gebiet durchziehenden oder überwinternden Vögeln liegen nur sehr wenige Daten vor: Vier Sturmmöwen, die auf der zum Einzugsgebiet der Seeschlafplätze gehörenden Mülldeponie Sopron beringt oder abgelesen werden konnten, wurden zur Brutzeit in Polen, Estland und am Petschora-Fluss im Nordosten des europäischen Russlands festgestellt. Nur eine davon wurde als Küken, und zwar in Estland, beringt [23]. Die bisher vorliegenden 115 Wieder- und Kontrollfunde von Vögeln, die auf der Mülldeponie Sopron beringt wurden, dokumentieren, dass die im (weiteren) Neusiedler See-Gebiet erscheinenden Sturmmöwen in erster Linie einen Durchzugs- und Überwinterungsraum befliegen, der vom Baltikum und Polen bis nach Kroatien und Norditalien reicht. Fernfunde liegen aber auch von weiter westlich gelegenen Regionen vor, bis zum Bodensee (10), dem französischen Rhein (1) und Belgien (1). Ein Vogel, der im Jänner 2009 bei Antwerpen in Belgien markiert wurde, wurde fünf Jahre später ebenfalls auf der Mülldeponie Sopron gefangen [23]. Diese Fälle zeigen, dass auch ein Austausch mit westeuropäischen Überwinterungsgebieten stattfindet. Durch wiederholte Ablesungen konnte die Ortstreue einzelner Vögel über bis zu fünf Jahre hinweg dokumentiert werden. Die längste Zeitspanne zwischen erster und letzter Feststellung im Neusiedler See-Gebiet betrug 1.792 Tage, ermittelt an einer Sturmmöwe, die am 15.12.2013 auf der Mülldeponie Sopron beringt und am 11.11.2018 im Seebad Illmitz abgelesen wurde [23].

Quellen: [1] *Karpati (1983),* [2] *www.ornitho.at,* [3] *Dombrowski (1889),* [4] *Zimmermann (1943),* [5] *Bauer et al. (1955),* [6] *Glutz von Blotzheim & Bauer (1982),* [7] *Vauk & Prüter (1987),* [8] *Festetics & Leisler (1970),* [9] *P. Prokop/ABÖ,* [10] *F. Samwald/ABÖ,* [11] *H. Czikeli, M. Staudinger, R. Triebl/ABÖ,* [12] *A. Grüll/ABÖ,* [13] *J. Laber/ABÖ,* [14] *A. Ranner/ABÖ,* [15] *S. Zinko/ABÖ,* [16] *J. Laber, A. Ranner/*

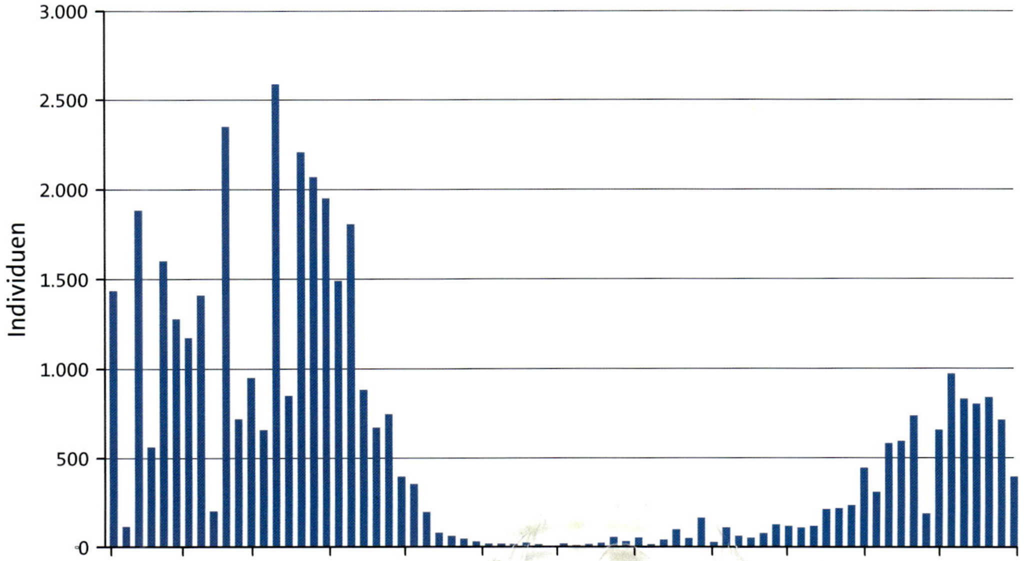

Jahreszeitliches Auftreten der Sturmmöwe in Österreich (Pentadensummen gemeldeter Individuen) basierend auf Daten aus den Jahren 2011–2019 (n = 40.975) [2, 24].

ornitho.at, [17] M. Dvorak/ornitho.at, [18] A. Pellinger, unpubl. Daten, [19] Berg & Ranner (1985), [20] M. Dvorak, P. Erlemann, A. Grüll u. a./ABÖ, [21] Albegger et al. (2015), [22] A. Ranner, unpubl. Daten, [23] Österreichische Vogelwarte/Vogelberingungszentrale BirdLife Ungarn, unpubl. Ringfunde, [24] Archiv BirdLife Österreich

Andreas Ranner & Andor Pitó

Mantelmöwe *Larus marinus* Linnaeus, 1758

Dolmányos sirály – Great Black-backed Gull

Seebad Illmitz, 13.9.2019 (Klemens Wessely)

Unregelmäßiger Durchzügler

Vorkommen

Von der Mantelmöwe liegen bisher 19 ausreichend dokumentierte Nachweise vor, wobei v. a. in den letzten Jahren deren Zahl deutlich zunahm. Mehr als die Hälfte davon stammt aus dem Zeitraum Oktober bis Dezember. Einzelne immature Vögel können auch im Frühjahr angetroffen werden.

- 4.10.1926 Purbach, 1 ad. ♂ erlegt [1,2]
- 1.8.1953 Neusiedler See bei Weiden, 1 immat. (K. Bauer [3])
- 26.10.1961 Neusiedl am See, 1 ad. (G. Vauk [4])
- 16.3.1994 Seebad Neusiedl am See, 1 1. Wi. (J. Laber [5])
- 21.–25.5.2009 Podersdorfer Pferdekoppel und Oberer Stinkersee, 1 2. So. (E. Albegger, J. Laber, A. Ranner u. a. [6])
- 14.11.2009 Lange Lacke, 1 ad. (J. Frießer, P. Frießer [6])
- 15.11.2012 Lange Lacke, 1 ad. (R. Katzinger, C. Schano, L. Strobl u. a. [7])
- 23.–24.11.2014 Lange Lacke, 1 ad. (C. Roland, J. Hohenegger, F. Gubi u. a. [7])
- 19.11.2016 Lange Lacke, 1 ad. (B. Zens [8])
- 11.11.2017 St. Andräer Zicksee, 1 1. Wi. (E. Albegger, J. Frießer [8])
- 17.11.2017 Seebad Breitenbrunn, 1 ad. (B. Tobler [8])
- 27.1. und 8.2.2018 Lange Lacke, 1 1. Wi. (J. Laber, A. Ranner [9])
- 21.4.2018–25.4.2020 sowie 4.9.2020–26.3.2021 Seewinkel, 1 ursprünglich im 2. Sommerkleid, zuletzt adult; dieser Vogel wurde während seines dreijährigen (!), weitgehend durchgehenden Aufenthaltes meist an der Warmblutkoppel angetroffen, daneben aber auch an den zentralen Lacken, am See, einmal am Borsodi-dűlő (7.9.2019, einziger Nachweis im ungarischen Gebietsteil) sowie mehrmals außerhalb des hier betrachteten Gebiets, z. B. am Neufelder See (A. Tiefenbach, Z. Ecsedi, C. Zehetner u. a. [9–11])
- 19.5.2018 Graurinderkoppel, 1 3. So. (E. Albegger, J. Frießer, P. Frießer [9])
- 15.11.2019 St. Andräer Zicksee, 1 1. Wi. (J. Laber [9])
- 8.–9.12.2019 Lange Lacke, 1 1. Wi. (J. Vratny, A. Wolfbeisser, B. Zens [10])
- 20.1. und 3.2.2020 Lange Lacke, 1 2.Wi. (B. Zens, J. Vratny [9])
- 25.10.2020 St. Andräer Zicksee sowie 1.–2. und 22.–28.11.2020 Lange Lacke, 1 1. Wi. (B. Zens, J. Laber, O. Samwald u. a. [9,10])
- 6.1.2021 Warmblutkoppel 1 1. Wi. (R. Schnierer, S. Schnierer, S. Schnierer; dieser Vogel hielt sich von 2.–12.1.2021 tagsüber westlich des Bearbeitungsgebietes am Neufelder See und auf einer Deponie bei Großhöflein auf, A. Ranner, R. Hafner, J. Vratny u. a.[10], innerhalb des Gebietes wurde er aber nur einmal dokumentiert)

Weitere Meldungen von Mantelmöwen aus dem Neusiedler See-Gebiet beziehen sich entweder auf nicht erhalten gebliebene Belege [12] oder sind nicht weiter dokumentiert [2, 10, 13], sodass sie angesichts der Schwierigkeit bei der Bestimmung unausgefärbter Großmöwen nicht in diese Zusammenstellung der Nachweise einfließen.

Die in den letzten Jahren am Schlafplatz an der Langen Lacke angetroffenen Vögel konnten tagsüber immer wieder außerhalb des Bearbeitungsgebietes beobachtet werden, und zwar am Neufelder See sowie auf Mülldeponien bei Großhöflein und Deutsch Haslau (R. Hafner, J. Vratny u. a.[9, 10]).

Quellen: [1] Amon (1931), [2] Archiv BirdLife Österreich, [3] Bauer (1954), [4] Vauk (1962), [5] Laber & Ranner (1997), [6] Ranner & Khil (2011), [7] Albegger & Khil (2016), [8] Albegger & Brader (2018), [9] www.birdlife-afk.at, [10] www.ornitho.at, [11] MME Nomenclator Bizottság (2021), [12] Jukovits (1864/65), [13] Festetics & Leisler (1970)

Andreas Ranner & Tibor Hadarics

Silbermöwe *Larus argentatus* Pontoppidan, 1763

Ezüstsirály – European Herring Gull

Seltener Durchzügler und Wintergast, vor allem von Ende Oktober bis Anfang März

Verbreitung und Lebensraum

Silbermöwen werden vor allem an den größeren Lacken und in den Seebädern angetroffen. Die meisten Beobachtungen stammen vom Möwenschlafplatz auf der Langen Lacke, in den letzten Jahren aber auch zunehmend vom St. Andräer Zicksee. Zu beachten ist, dass auch eine Reihe von Silbermöwen-Meldungen aus der weiteren Umgebung des Neusiedler See-Gebiets vorliegt, vor allem vom Neufelder See, dem Rückhaltebecken bei Oslip sowie von den Mülldeponien in Sopron, am Föllig bei Großhöflein und bei Deutsch Haslau. Die hier tagsüber anwesenden Großmöwen fliegen täglich vom Neusiedler See her ein, somit ist davon auszugehen, dass auch die an diesen Örtlichkeiten beobachteten Silbermöwen, zumindest überwiegend, aus dem hier betrachteten Gebiet stammten bzw. dort übernachtet haben.

Bestand und Bestandsentwicklung

Die im hier betrachteten Gebiet ungleich häufigeren Arten Mittelmeermöwe *Larus michahellis* und Steppenmöwe *Larus cachinnans* wurden im ornithologischen Schrifttum bis in die 1980er Jahre ganz überwiegend als Unterarten der Silbermöwe angesehen und deren schwieriger Unterscheidung sowohl im Freiland als auch in der Literatur kaum Beachtung geschenkt. Die in Österreich auftretenden „Silbermöwen" wurden bis in die 1960er Jahre sogar primär der Unterart *L. a. argentatus* zugeschrieben [1]. Das regelmäßige Auftreten des Taxons *michahellis* wurde zwar für den Neusiedler See angenommen, konnte aber erst allmählich dokumentiert werden [2, 3]. Nachdem Mittelmeer- und Steppenmöwe (zunächst als „Weißkopfmöwe") verbreitet Artrang zugesprochen wurde, war der Status der Silbermöwe in Mitteleuropa aber neu zu definieren.

In Österreich wurden Meldungen der Silbermöwe daher ab 1991 bis einschließlich 1998 von der Avifaunistischen Kommission von BirdLife Österreich behandelt. Nachdem in dieser Zeit ein erstes grobes Muster des Auftretens der Art in Österreich erkennbar wurde und die Feldmerkmale in Bestimmungsbüchern und bei den Beobachtern immer mehr Beachtung fanden, wurden Meldungen dieser Art ab 1999 nicht mehr von der Avifaunistischen Kommission von BirdLife Österreich behandelt. In Ungarn wurden Meldungen der Silbermöwe ab 1997 bis einschließlich 2011 von der nationalen Seltenheitenkommission MME Nomenclator Bizottság behandelt. Aus diesem Grund werden hier nur Nachweise vom österreichischen Gebietsteil ab 1991 und vom ungarischen ab 1997 dargestellt. Dass Silbermöwen auch schon vorher im Gebiet auftraten, wird durch einen nicht näher datierten Beleg eines Individuums im 1. Winter aus dem Zeitraum 1971–1978 aus Illmitz dokumentiert (Inv.-Nr. 76.688 im Naturhistorischen Museum Wien). Alle anderen „Silbermöwen"-Meldungen aus der Zeit vor 1991 bzw. 1997 müssen aber aus heutiger Sicht als unbestimmte Großmöwen, vermutlich zum Großteil Mittelmeermöwen, betrachtet werden.

Seebad Illmitz, 18.8.2021, 1. KJ (Leander Khil)

Jahreszeitliches Auftreten

Die Silbermöwe ist im Neusiedler See-Gebiet ein alljährlicher Durchzügler. Je nach Grad der Vereisung bzw. Wasserführung kam es in den letzten Jahren auch regelmäßig zu Winteraufenthalten. Der Herbstzug beginnt mit ganz vereinzelten Vögeln im August und September und erreicht sein Maximum in der zweiten Novemberhälfte und im Dezember. Überwinternde Vögel bleiben bis in den Februar, danach nimmt die Nachweishäufigkeit rasch ab, mit letzten Durchzüglern, praktisch nur mehr vorjährigen Vögeln, bis Ende März (einmal auch 1. April). Bemerkenswert sind drei Sommerfeststellungen von einzelnen Altvögeln. Vögel anderer Altersstufen wurden bisher nur in geringen Zahlen gemeldet, was zweifellos auch an deren schwierigerer Bestimmbarkeit liegt. Die größten Ansammlungen werden von November bis Jänner an den Großmöwenschlafplätzen, vor allem auf der Langen Lacke mit bis zu 12 Vögeln am 21.12.2020 [4], und in Seebädern mit bis zu 14 Individuen am 23.1.1994 im Seebad Neusiedl am See [5] registriert.

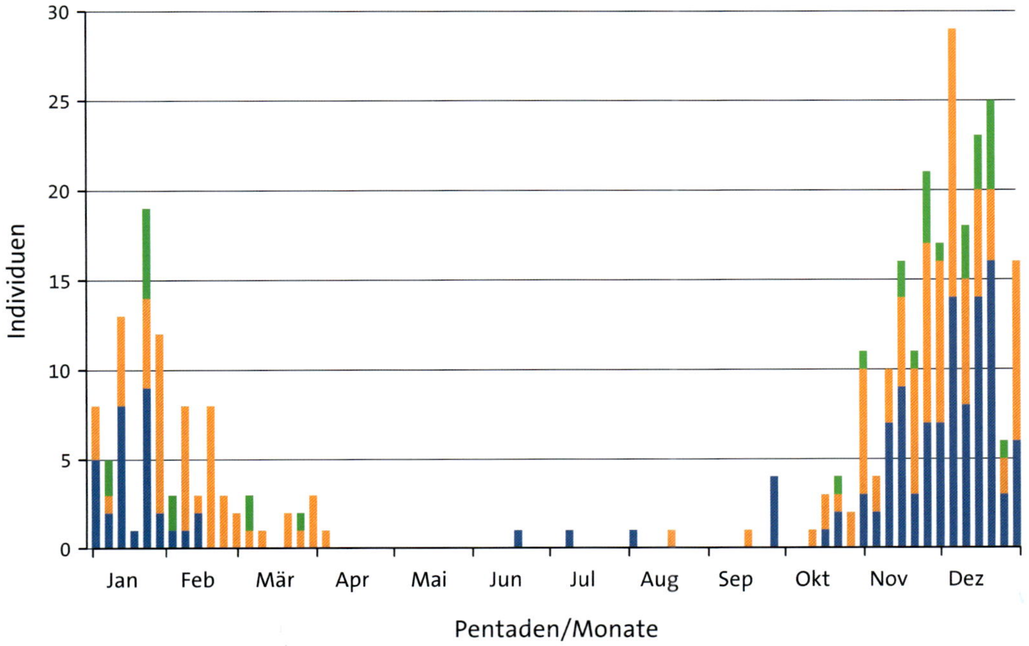

Jahreszeitliches Auftreten der Silbermöwe (Pentadensummen gemeldeter Individuen) basierend auf Daten aus den Jahren 1991–2021 (n = 323) [7–14]. Blaue Säulenabschnitte: adulte Vögel, orange: Vögel im 1. Winter; grüne: Immaturkleider ab dem 2. Winter.

Ringfunde

Aus dem eigentlichen Bearbeitungsgebiet liegen keine Ringfunde vor. Zwei beringte Vögel auf der Mülldeponie Sopron können aber, wie oben dargestellt, dem Neusiedler See-Gebiet zugerechnet werden. Eine am 16.12.2012 hier kontrollierte Silbermöwe wurde im vorangegangenen Februar auf der Mülldeponie von Zagreb/Kroatien beringt und im Jänner 2014 in Polen erneut abgelesen und ein Vogel, der am 20.1.2013 auf der Deponie Sopron kontrolliert wurde, ist im Juni 1999 an der Weichsel in Zentralpolen als Küken beringt worden [6].

Quellen: [1] *Rokitansky (1964),* [2] *Bauer (1953a),* [3] *Bauer (1954b),* [4] *J. Vratny/www.ornitho.at,* [5] *J. Laber, B. Laber/ABÖ,* [6] *Österreichische Vogelwarte/Vogelberingungszentrale BirdLife Ungarn, unpubl. Ringfunde,* [7] *Laber & Ranner (1997),* [8] *J. Laber, unpubl. Daten,* [9] *Ranner (2002),* [10] *Archiv BirdLife Österreich,* [11] *www.ornitho.at,* [12] *MME Nomenclator Bizottság (2000),* [13] *MME Nomenclator Bizottság (2016),* [14] *www.birding.hu*

Andreas Ranner & Tibor Hadarics

Steppenmöwe *Larus cachinnans* Pallas, 1811

Sztyeppi sirály – Caspian Gull

Frauenkirchen, 2.2.2021 (Leander Khil)

Häufiger Durchzügler und Wintergast, seltener Übersommerer

Verbreitung und Lebensraum

Die Steppenmöwe ist im Gebiet in erster Linie an den traditionellen Sammel- und Schlafplätzen von Großmöwen anzutreffen, im Hochwinter ist sie hier sogar die häufigste Art. Der zentrale Schlafplatz befindet sich auf der Langen Lacke. Ansonsten stammen die meisten Meldungen vom Neusiedler See selbst, wo sie die offene Seefläche zur Nahrungssuche und die Seebäder als Ruheplätze nutzt, von den Sammelplätzen im Seevorgelände, besonders von der Podersdorfer Pferdekoppel und der Warmblutkoppel sowie vom Oberen Stinkersee und vom St. Andräer Zicksee. Daneben ist sie, einzeln oder in kleinen Trupps, auch an anderen Lacken des zentralen und westlichen Seewinkels zu finden, sofern diese ausreichend Wasser führen. Im ungarischen Gebietsteil liegen Schlafplätze der Großmöwen in den Habitatrekonstruktionsflächen bei Mekszikópuszta (Borsodi-dűlő und Nyéki-szállás) sowie am See in der Madárvárta-Bucht und in der Bucht von Fertőrákos. Im Gegensatz zur Mittelmeermöwe liegen Beobachtungen nahrungssuchender Steppenmöwen auf Äckern nur vereinzelt vom Seewinkel, aus dem Hanság und von der Oggauer Heide vor. Dies könnte ein Hinweis auf eine im Vergleich zur Mittelmeermöwe unterschiedliche Wahl der Nahrungsgebiete sein, mit einer stärkeren Fokussierung auf den See, die Salzlacken und andere Wasserflächen sowie auf Deponien außerhalb des Gebiets. Ähnlich ist die Situation in Ungarn, wo die Steppenmöwe im Vergleich zur Mittelmeermöwe stärker auf Fischteiche konzentriert und seltener abseits von Wasser anzutreffen ist[1].

Wie auch bei der Mittelmeermöwe reicht das Einzugsgebiet der Schlafplätze weit über das Neusiedler See-Gebiet hinaus. Ein großer Teil der Steppenmöwen verlässt zur Nahrungssuche tagsüber das Gebiet und kann dann wie die meist mit ihnen vergesellschafteten Mittelmeermöwen auf Deponien, Gewässern aber auch vereinzelt auf Ackerflächen von Kapuvár über Fertőszentmiklós, Nagycenk, das nördliche Mittelburgenland, den Raum Sopron, das Wiener Becken, die Parndorfer Platte und Leithaniederung bis in den niederösterreichischen Donauraum angetroffen werden. Nachdem die Mülldeponie in Sopron für Möwen nicht mehr attraktiv ist, wird die über 30 km vom Neusiedler See entfernte Deponie bei Csér am Südrand des Komitats Győr-Moson-Sopron auch von Steppenmöwen genutzt, die ebenfalls sehr wahrscheinlich im Neusiedler See-Gebiet übernachten. Allfällige Unterschiede in der Wahl der aufgesuchten Gebiete, deren Entfernung vom Schlafplatz und damit zum Raum-Zeit-System der Mittelmeermöwe wären allerdings noch zu untersuchen. Bruthinweise liegen für die Steppenmöwe bisher nicht vor, wiewohl eine künftige Ansiedlung durchaus möglich erscheint.

Bestand und Bestandsentwicklung

Die Steppenmöwe wurde bis in die zweite Hälfte des 20. Jahrhunderts meist als Unterart der Silbermöwe betrachtet, erst ab den 1980er Jahren wurde sie von dieser abgespalten, aber vorerst noch mit der (heutigen) Mittelmeermöwe in einer Art, der Weißkopfmöwe *Larus cachinnans*, vereint[2]. Die Auftrennung der Weißkopfmöwe in die beiden heute als gültig akzeptierten Arten[3,4] setzte sich erst ab der Jahrtausendwende allmählich durch. In der österreichischen Artenliste wird die Steppenmöwe seit 2005 als eigene Art geführt[5].

Die historische Entwicklung des Auftretens dieser Art im Neusiedler See-Gebiet liegt daher weitgehend im Dunkeln, da erst aus den letzten 12 Jahren vermehrt Beobachtungsdaten vorliegen, die sich explizit auf dieses Taxon beziehen. Dazu kommt, dass die Unterscheidung der graurückigen Großmöwen in den unterschiedlichen Kleidern keineswegs trivial ist. Tatsächlich existierte bis in die frühen 1980er Jahre noch kein eindeutiger Nachweis dieses Taxons aus ganz Österreich[6,7]. Zum einen dürfte die Steppenmöwe zu dieser Zeit nur vereinzelt im südlichen Mitteleuropa aufgetreten sein, so liegen aus dem Hochwinter nur ausnahmsweise Meldungen von „Silbermöwen" aus dem Neusiedler See-Gebiet vor[8,9]. Zum anderen war die Bestimmung einer (zu dieser Zeit) Unterart, die als praktisch ununterscheidbar von *michahellis* galt, für Vogelbeobachter wohl schlichtweg nicht interessant genug.

Ab Ende des 20. Jahrhunderts breitete sich die Steppenmöwe von ihrem ursprünglichen Areal am Schwarzen Meer rasch entlang der großen Flusssysteme nach Westen und Nordwesten aus, sowohl nachbrutzeitlich als auch als Brutvogel[10,11]. Im Jahr 1996 fand die erste Brut in Ungarn statt, seit 2003 brütet sie regelmäßig im Osten des Landes[1]. Im Neusiedler See-Gebiet wurde die Steppenmöwe erstmals am 21.2.1998 bei Illmitz bestimmt[12], ab 1999 nahm die Zahl der Meldungen langsam zu. Am 2.6.2000 gelang mit der Ablesung eines als Küken an der ukrainischen Schwarzmeerküste beringten Altvogels am Oberen Stinkersee ein erster abgesicherter Nachweis[13,14]. Angesichts der Entwicklung im übrigen Mitteleuropa kann von einer Zunahme der Steppenmöwe im Neusiedler See-Gebiet ausgegangen werden, auch wenn die vorliegenden Daten nicht ausreichen, um dies eindeutig abzusichern. Offenbar treten auch jahresweise starke Schwankungen zumindest der Maximalzahlen auf. Die bisherigen (gerundeten!) Maxima am Schlafplatz Lange Lacke belaufen sich im Hochwinter auf 500 bzw. 600 von 24.–27.1.2018[15,16] und 1.500 am 3.1.2012[17], im Spätherbst auf 500 am 20.12.2014[18], 840 am 12.11.2020[16] und 1.000 am 18.11.2012[17]. Zu berücksichtigen ist allerdings, dass eine einigermaßen genaue Erfassung der Steppenmöwen an diesem Schlafplatz durch die Bedingungen vor Ort (große Beobachtungsdistanz, Einflug vieler Großmöwen erst bei schwindendem Licht sowie v. a. im Herbst eine starke Durchmischung mit Mittelmeermöwen) extrem erschwert ist. Derart hohe oder noch höhere Zahlen sollten daher einer kritischen Plausibilitätsprüfung unterzogen und idealerweise von Angaben zur Zähl-/Erfassungsmethode begleitet werden. Abseits der Langen Lacke wurden ansonsten bisher nur am St. Andräer Zicksee und am Darscho mehr als 100 Steppenmöwen beobachtet, maximal 275–300 von 2.–10.12.2011 am Darscho[17,19]. Abgesehen von Konzentrationen an den Schlaf- und Sammelplätzen auf einzelnen Lacken und im Seevorgelände werden Steppenmöwen im Neusiedler See-Gebiet meist in wesentlich geringeren Zahlen gemeldet. Von den 732 vorliegenden Beobachtungsdaten vom österreichischen Gebietsteil aus dem Zeitraum 2011–2019 beziehen sich 674 (92 %) auf Trupps von unter 30 Vögeln bzw. 422 (57,6 %) auf 1–2 Individuen. Auf ungarischer Seite werden bei den wöchentlichen Wasservogelzählungen Steppen- und Mittelmeermöwen nicht getrennt als „Großmöwen" erfasst.

Jahreszeitliches Auftreten

Die Steppenmöwe ist im Neusiedler See-Gebiet in erster Linie spätherbstlicher Durchzügler und Wintergast. Ansammlungen von mehr als 100 Individuen wurden bisher nur im Zeitraum von der zweiten November- bis zur zweiten Februardekade erreicht. Ab Mitte Februar erfolgt der Abzug der Vögel, der Anfang April weitgehend abgeschlossen ist. Über das Sommerhalbjahr hinweg können Steppenmöwen zwar durchgehend angetroffen werden, allerdings nur in sehr geringen Zahlen. Die Monatsmaxima liegen von April bis September zwischen 10 und 60 Individuen. Etwas höhere Zahlen von Mitte April bis Anfang Juni im Vergleich zu den Monaten danach könnten auf einen schwachen Frühjahrszug hindeuten, sind aber wohl mindestens zum Teil auch der zu dieser Jahreszeit höheren Beobachtungsintensität zuzuschreiben. Bei den im Sommer anwesenden Vögeln handelt es sich überwiegend um vorjährige, deren Unterscheidung von gleichaltrigen Mittelmeermöwen im ausgeblichenen und abgenutzten ersten Sommerkleid allerdings sehr schwierig ist, was die Feststellung ihrer genauen Anzahl erschwert. Ganz vereinzelt übersommern aber auch nichtbrütende Altvögel.

Bereits ab August kann es zu vereinzeltem Zuzug diesjähriger Vögel kommen. So wurde ein Individuum, das am 28.5.2013 in Nové Mlyny/Tschechien als Küken beringt worden war, bereits am 28.8.2013 auf der Deponie Sopron abgelesen[14]. Im Oktober nehmen die Zahlen dann allmählich zu. Ein Durchzugsgipfel zeichnet sich zwischen Mitte November und Mitte Dezember ab. Wie bei der Mittelmeermöwe übersteigt im Spätherbst und Winter die Anzahl der Altvögel die der jüngeren Immaturen deutlich.

Zugverhalten und Ringfunde

Die im Neusiedler See-Gebiet durchziehenden und überwinternden Steppenmöwen stammen überwiegend aus Nordosten und Norden, wie die 63 im Brutgebiet v.a. als Jungvögel beringten und überwiegend auf der Mülldeponie Sopron abgelesenen Vögel zeigen: Mehr als die Hälfte davon, nämlich 37, wurde in Polen beringt, vorwiegend im Süden des Landes und damit etwa 300 km vom Neusiedler See entfernt. Weitere 10 Individuen stammten aus Litauen, fünf aus der Slowakei, drei aus Brandenburg/Deutschland und einer aus Südmähren/Tschechien. Mit 1.992 km legte ein Vogel aus Russland (Bol'shoe, etwa 300 km östlich von Moskau) die längste Distanz zum Neusiedler See-Gebiet zurück. Auf eine östliche Herkunft weisen hingegen fünf ukrainische Steppenmöwen sowie eine von den Hortobágyi-Fischteichen/Ungarn hin[14].

Die für die im Bearbeitungsgebiet durchziehenden Steppenmöwen vorherrschende Nordost-Südwest-Zugrichtung wird durch weitere Ablesungen dieser Vögel gestützt, die im Südwesten über Slowenien, Italien und den Bodensee bis zur katalanischen Küste und im Norden und Nordosten bis in den südlichen Ostseeraum (nordwärts bis zur Provinz Blekinge in Südschweden) und das Baltikum reichen. Umgekehrt wurde ein im Winter in Zagreb beringter Vogel ebenfalls in Sopron kontrolliert[14]. Eine vorherrschende Ost-West-Zugrichtung, wie sie Ringfunde mit Bezug zu Deutschland offenbaren[20], bzw. eine Verbindung an die Nordsee konnte mit unseren Daten bislang nicht belegt werden.

Die Art zeigt, basierend auf den vorliegenden Daten, im Untersuchungsgebiet eine gering ausgeprägte Winterortstreue. Von den 64 abgelesenen Individuen wurden 52 lediglich in einem Winter und vier in zwei Wintersaisonen nachgewiesen. Auch innerhalb eines Winters gelang meist nur eine einzige Ablesung (67 %). Einige Möwen blieben aber auch länger im Gebiet: Bei Individuen mit mehr als einer Ablesung beträgt die Spanne zwischen der ersten und letzten Ablesung in einer Wintersaison zwischen 3 und 46 Tagen (Median 13 Tage). Derartige Ablesungen können eine durchgehende Anwesenheit aber auch nur vortäuschen, wie im Fall einer Steppenmöwe, die von 23.12.2011 bis 2.2.2012 sechsmal in Sopron, am 5.2.2012 während eines Kurzausflugs in Ptuj/Slowenien und am 22.2.2012 wieder in Sopron kontrolliert wurde[14]. Die wenigen Steppenmöwen, die sich während der Brutzeit im Gebiet aufhalten, können offenbar zuweilen sehr ortstreu sein. So wurde der 2011 als Nestling in der Hortobágy beringte Vogel zunächst Anfang November 2012 in Sopron kontrolliert und danach alljährlich von 2016–2021 jeweils im Sommerhalbjahr an der Warmblutkoppel abgelesen[14, 21].

Quellen: [1] *MME Nomenclator Bizottság (2008c),* [2] *J. Haffer in Glutz von Blotzheim & Bauer (1982),* [3] *Klein & Gruber (1997),* [4] *Helbig et al. (2004),* [5] *Ranner (2005),* [6] *Rokitansky (1964),* [7] *Glutz von Blotzheim & Bauer (1982),* [8] *Festetics & Leisler (1970),* [9] *Archiv BirdLife Österreich,* [10] *Vauk & Prüter (1987),* [11] *Olsen & Larsson (2004),* [12] *G. Wichmann, G. Wichmann, G. Zeyringer/ABÖ,* [13] *P. Pany/ABÖ,* [14] *Österreichische Vogelwarte/Vogelberingungszentrale BirdLife Ungarn, unpubl. Ringfunde,* [15] *J. Laber/ABÖ,* [16] *A. Ranner/ABÖ,* [17] *S. Zinko/ABÖ,* [18] *B. Zens/ABÖ,* [19] *O. Samwald/ABÖ,* [20] *Bairlein et al. (2014),* [21] *www.ornitho.at*

Andreas Ranner, Tibor Hadarics &
Eva Karner-Ranner

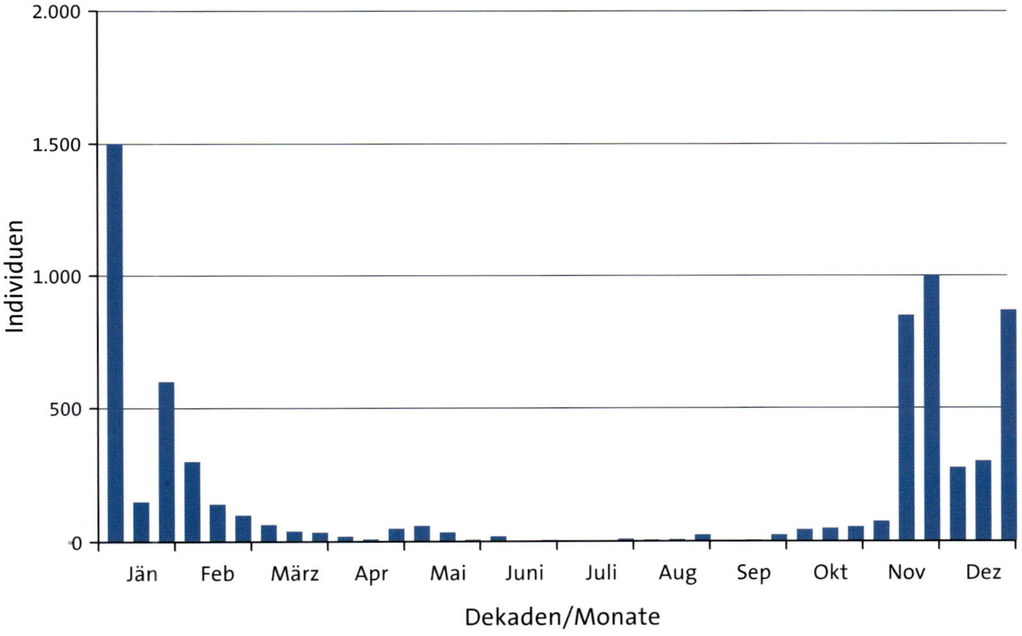

Jahreszeitliches Auftreten der Steppenmöwe (Dekadenmaxima gemeldeter Individuen) basierend auf Daten aus Österreich aus den Jahren 2011–2021 (n = 6.737)[9, 21].

Mittelmeermöwe *Larus michahellis* J. F. Naumann, 1840

Sárgalábú sirály – Yellow-legged Gull

Seltener Brutvogel und sehr häufiger Sommergast und Durchzügler

Verbreitung und Lebensraum

Die Mittelmeermöwe ist, mit Ausnahme des Hochwinters, die mit Abstand häufigste Großmöwe im Neusiedler See-Gebiet. Nahrungssuchende Vögel können am See, an den meisten größeren Lacken sowie im Sommer und Herbst auf Ackerflächen angetroffen werden. Der zentrale und zahlenmäßig bedeutendste Schlafplatz befindet sich auf der Langen Lacke. Während längerer Trockenperioden weichen die Möwen meist zum St. Andräer Zicksee aus. Weitere traditionelle Tagesrast- und teilweise auch Schlafplätze liegen im Seevorgelände (Podersdorfer Pferdekoppel, Warmblutkoppel, Sandeck) sowie am Oberen Stinkersee. Auch die Seebäder Breitenbrunn und Neusiedl am See werden zeitweise als Schlafplätze genutzt. Bei höheren Wasserständen können auch weitere Lacken größere Ansammlungen beherbergen, z.B. die Östliche Hutweidenlacke, die Östliche Wörthenlacke oder der Illmitzer Zicksee. Im ungarischen Gebietsteil liegen Schlafplätze in den Habitatrekonstruktionsflächen bei Mekszikópuszta (Borsodi-dűlő

Seebad Illmitz, 17.9.2012 (Michael Dvorak)

und Nyéki-szállás) sowie am See in der Madárvárta Bucht und in der Bucht von Fertőrákos.

Das Einzugsgebiet der Schlafplätze reicht weit über das Neusiedler See-Gebiet hinaus. Ein großer Teil der hier übernachtenden Mittelmeermöwen sucht tagsüber zur Nahrungssuche Deponien, Gewässer aber auch Ackerflächen von Kapuvár über Fertőszentmiklós, Nagycenk, das nördliche Mittelburgenland, den Raum Sopron, das Wiener Becken, die Parndorfer Platte und Leithaniederung bis in den niederösterreichischen Donauraum auf. Dementsprechend kann man morgens die Möwen in zahlreichen Trupps in verschiedene Richtungen, aber meist entlang konstanter Routen, aus dem Gebiet aus- und abends wieder einfliegen sehen. Nachdem die Mülldeponie in Sopron für Möwen nicht mehr attraktiv ist, wird die über 30 km vom Neusiedler See entfernte Deponie bei Csér, am Südrand des Komitats Győr-Moson-Sopron, von Mittelmeermöwen genutzt, die ebenfalls sehr wahrscheinlich im Neusiedler See-Gebiet übernachten.

Im Vergleich zum Auftreten nichtbrütender Gäste ist das Brutvorkommen der Mittelmeermöwe im Neusiedler See-Gebiet von deutlich geringerer Bedeutung. Die Art brütet hauptsächlich im Schilfgürtel des Neusiedler Sees sowie vereinzelt und unregelmäßig bei höheren Wasserständen auch an den Lacken. Von 1991–1996 nistete sie auch jährlich an den Habitatrekonstruktionsflächen bei Mekszikópuszta (Pap-rét)[1,2], seither gab es dort aber nur mehr vereinzelte Brutversuche. Im Schilfgürtel wurden Brutplätze von verschiedenen Lokalitäten gemeldet, überwiegend zwischen Hölle und Sandeck sowie seit 2001 praktisch alljährlich am Westufer bei Mörbisch[3]. Hier und auf ungarischer Seite wurden Nester auf trockenem Schlammaushub entlang von Kanälen gefunden. Dieser entstand durch Ablagerung im Zuge von Ausbaggerungen zur Ertüchtigung der Kanäle. Aufgrund der Schwierigkeit, in diesem Lebensraum konkrete Bruthinweise zu entdecken, kann wohl noch von weiteren Nistplätzen im Schilfgürtel ausgegangen werden, z. B. am Nordwestufer, bei Oggau oder im Neudegg, wo 1994 ein Brutnachweis gelang. Im Seewinkel wurden hingegen in den letzten 20 Jahren nur mehr ganz vereinzelt Brutnachweise vom Albersee und vom Illmitzer Zicksee bekannt[3,4].

Bestand und Bestandsentwicklung

Mittelmeer- und Steppenmöwe wurden bis in die zweite Hälfte des 20. Jahrhunderts meist als Unterarten der Silbermöwe betrachtet. Etwa ab den 1980er Jahren setzte sich die Abtrennung dieser Taxa als eine eigene Art mit der Bezeichnung Weißkopfmöwe *Larus cachinnans* durch[5]. Knapp vor der Jahrtausendwende wurde vorgeschlagen, die Weißkopfmöwe erneut in die heute als gültig akzeptierten Arten Mittelmeer- und Steppenmöwe aufzutrennen[6]. In der österreichischen Artenliste wurden Mittelmeer- und Steppenmöwe erstmals 2005 als eigene Arten geführt[7] und daraufhin Beobachtungsmeldungen getrennt gesammelt, wenn auch zunächst nur allmählich.

Angesichts der heutigen Häufigkeitsverhältnisse bei den graurückigen Großmöwen kann davon ausgegangen werden, dass die früheren Meldungen von „Silbermöwen" aus dem Neusiedler See-Gebiet – mit Ausnahme des Hochwinters – weitestgehend das damalige Auftreten der Mittelmeermöwe abbildeten. Den ersten tatsächlichen Beleg des Taxons *michahellis* aus dem Gebiet stellt ein Vogel aus der sogenannten Schoberschen Sammlung dar[8] (bei Zimmermann[9] als *cachinnans* angeführt). Diese Sammlung wurde zu Beginn des 20. Jahrhunderts von Franz Graf von Seilern-Aspang mit Vögeln aus der Umgebung von Apetlon angelegt[10]. Das zunehmend regelmäßigere Auftreten von „Silbermöwen" in den 1950er Jahren nährte dann die Annahme, dass es sich dabei in erster Linie um Vertreter dieses Taxons handelte, was dann bald durch einen weiteren Beleg sowie Feldbeobachtungen bestätigt werden konnte[11–14].

Die erste, sehr pauschale Erwähnung der „Silbermöwe" aus dem Neusiedler See-Gebiet stammt hingegen bereits von Jukovits[15]. Bis in die 1940er Jahre wurde sie aber nur vereinzelt nachgewiesen[9]. In den frühen 1950er Jahren nahmen die Zahl der Feststellungen und auch die Truppgrößen deutlich zu, so wurden am 15.9.1951 22 Vögel am Kirchsee[11] und am 5.10.1952 40 Individuen am Oberen Stinkersee[16] beobachtet. Bereits zu dieser Zeit flogen die Möwen von Schlafplätzen im Seewinkel Nahrungsgebiete außerhalb des Gebiets an[17–19]. Die Zahlen nahmen in den 1960er Jahren weiter zu[14] und erreichten 1969 bereits über 400 Individuen[20]. Zu dieser Zeit war sie bereits die häufigste nicht-brütende Möwenart im Gebiet. Nach einem zahlenmäßig sehr gering ausgeprägten Frühjahrszug bauten sich die Bestände über die Sommermonate bis zum Maximum um die Wende September/Oktober auf. Im Hochwinter räumten die Vögel das Gebiet wieder. Die Schlafplätze befanden sich offenbar am See, wo auch ein Teil der Vögel Nahrung suchte, aber auch der Obere und der Untere Stinkersee waren zu dieser Zeit bereits konstant genutzte Sammelplätze. Die Hauptmenge der Vögel flog zur Nahrungssuche bis zur niederösterreichischen Donau[20].

Als Ergebnis einer stark ausgeprägten Zunahme der mediterranen Brutbestände ab der zweiten Hälfte des 20. Jahrhunderts kam es auch im mitteleuropäischen Binnenland zu einem verstärkten nachbrutzeitlichen Auftreten, gleichzeitig begann die Art sich hier auch als Brutvogel auszubreiten[21–23]. Dementsprechend beliefen sich zwischen 1975 und 1992 die Maximalzahlen an den Sammel- und Schlafplätzen bereits auf 1.400–1.800 Vögel. Im Jahr 1987 kam es auch zu den ersten Bruten im Gebiet, mit je einem Paar am Illmitzer Zicksee und an der Langen Lacke[22,24].

Die Zahlen nicht brütender Gastvögel stiegen seither weiter an. Am Schlafplatz Lange Lacke wurden am 15.8.1994 3.600, am 26.7.2001 6.000 und am 12.9.2009 11.000 Vögel erfasst[25]. In den letzten 10 Jahren lagen die Schlafplatzmaxima bei starken jährlichen Schwankungen zwischen 4.000 und 13.000 Individuen. Der letztgenannte Wert wurde am 19.9.2014 und am 28.9.2016 erreicht[3,25]. Der Brutbestand veränderte sich hingegen nicht in gleichem Ausmaß. Im Schilfgürtel brüten bis zu drei Paare bei Mörbisch[3] sowie eine nicht bekannte Anzahl weniger weiterer Einzelpaare an anderen Lokalitäten. An den aktuell nur mehr sehr unregelmäßig zur Brut genutzten Lacken des Seewinkels wurden bisher nie mehr als zwei Paare erfasst.

Jahreszeitliches Auftreten

Die phänologischen Verhältnisse haben sich seit den 1960er Jahren nicht wesentlich verändert. In den Wintermonaten halten sich nur wenige Mittelmeermöwen im Gebiet auf, ein merkbarer Frühjahrseinzug beginnt ab April. Ab Mai bauen sich die Bestände hier übersommernder Nichtbrüter auf, die ganz überwiegend aus jüngeren Individuen bestehen. Bei Schlafplatzzählungen im Mai und Juni 2009 wurden unter den anwesenden Möwen 90 % vorjährige und 8 % zweijährige Vögel erfasst[3]. Ab Mitte Juli beginnt der Einzug v. a. der Altvögel und die Bestände bauen sich weiter auf, um im August und September ihr Maximum zu erreichen, mit einem Altvogelanteil von rund 70 %[22]. In Jahren mit besonders ausgeprägten Einflügen, wie zuletzt 2014 und 2016, übernachteten bis Mitte Oktober bis knapp unter 10.000 Vögel an der Langen Lacke. Im November beginnt der Abzug der Vögel, der bis Mitte Dezember abgeschlossen ist. Wie schnell die Vögel das Gebiet verlassen, wird stark von der Witterung beeinflusst. Im November und Dezember 2019, als die Temperaturen österreichweit mehr als 2 °C über dem klimatologischen Mittel 1981–2010 lagen[26], wurden in der letzten Novemberdekade immer noch 2.050 und in der ersten Dezemberhälfte bis zu 530 Individuen am Schlafplatz gezählt[27]. Auf ungarischer Seite werden bei den wöchentlichen Wasservogelzählungen Mittelmeer- und Steppenmöwen nicht getrennt als „Großmöwen“ erfasst, das jahreszeitliche Auftreten dürfte aber dem hier dargestellten Bild entsprechen.

Zugverhalten und Ringfunde

Aus dem Bezirk Neusiedl am See und dem Westteil des Komitats Győr-Moson-Sopron liegen Ablesungen von 107 Mittelmeermöwen vor (überwiegend von der Mülldeponie Sopron), bei denen davon auszugehen ist, dass sie das Neusiedler See-Gebiet zumindest als Schlafplatz genutzt haben. Davon wurden 101 Vögel in Kroatien und vier in Italien beringt, wobei der südlichste Beringungsort in 572 km Entfernung auf der Insel Mrkan südöstlich von Dubrovnik lag. Die meisten Vögel kamen von der oberen Adria aus einem relativ eng umgrenzten Gebiet zwischen Grado und Ravenna in Italien sowie Istrien und Zadar in Kroatien [28]. Mit nur etwa 350 km Zugstrecke in nordnordöstlicher Richtung ist das Neusiedler See-Gebiet ein relativ nahes Rastgebiet für die Brutvögel der Adria, die vor allem an die Nord- und Ostsee ziehen [29].

Die überwiegende Mehrzahl (90) der Vögel von der Adria wurde als Nestling bzw. am Brutplatz beringt. Davon erschienen 27 noch im gleichen Jahr ab Juli im Neusiedler See-Gebiet (22 von August bis November), im Rahmen der für die Brutvögel der oberen Adria seit den 1970er Jahren bekannten nachbrutzeitlichen nach Norden gerichteten Zugbewegung [29]. Eine am 5.6.2011 am Brutplatz auf Krk beringte Möwe wurde bereits am 19.7.2011 in Podersdorf kontrolliert. Während des Winters auf der Mülldeponie Zagreb beringte Vögel wurden vor allem im darauffolgenden Frühling abgelesen (9 von insgesamt 14) [28].

Neben diesen aus dem Adriaraum stammenden Vögeln wurden bisher lediglich je ein litauisches und ein polnisches Individuum, die beide als Nestling beringt worden waren, in ihrem zweiten Winter im Neusiedler See-Gebiet beobachtet [28]. Die älteste im Gebiet festgestellte Mittelmeermöwe war 14 Jahre alt, sie wurde am 26.5.1999 in Kroatien beringt und jeweils am 23.10.2012 und am 15.11.2013 in Sopron abgelesen [28].

Quellen: [1] *Hadarics et al. (1991),* [2] *Hadarics et al. (1993),* [3] *M. Dvorak/ABÖ,* [4] *B. Wendelin/ABÖ,* [5] *J. Haffer in Glutz von Blotzheim & Bauer (1982),* [6] *Klein & Gruber (1997),* [7] *Ranner (2005),* [8] *Schenk (1917a),* [9] *Zimmermann (1943),* [10] *R. Homberg in Bauer (1955a),* [11] *Bauer (1953a),* [12] *Bauer (1954b),* [13] *Bauer et al. (1955),* [14] *Blum (1967),* [15] *Jukovits (1864/65),* [16] *Buchebner (1954),* [17] *Buchebner (1955),* [18] *Anon. (1956),* [19] *Vauk (1962),* [20] *Festetics & Leisler (1970),* [21] *Vauk & Prüter (1987),* [22] *Dvorak (1991),* [23] *BirdLife International (2004),* [24] *Glutz von Blotzheim & Bauer (1982),* [25] *J. Laber/ABÖ,* [26] *ZAMG (2020),* [27] *M. Schiller, J. Vratny, B. Zens/ABÖ,* [28] *Österreichische Vogelwarte/Vogelberingungszentrale BirdLife Ungarn, unpubl. Ringfunde,* [29] *Kralj et al. (2014),* [30] *Archiv BirdLife Österreich,* [31] *www.ornitho.at*

Andreas Ranner, Tibor Hadarics & Eva Karner-Ranner

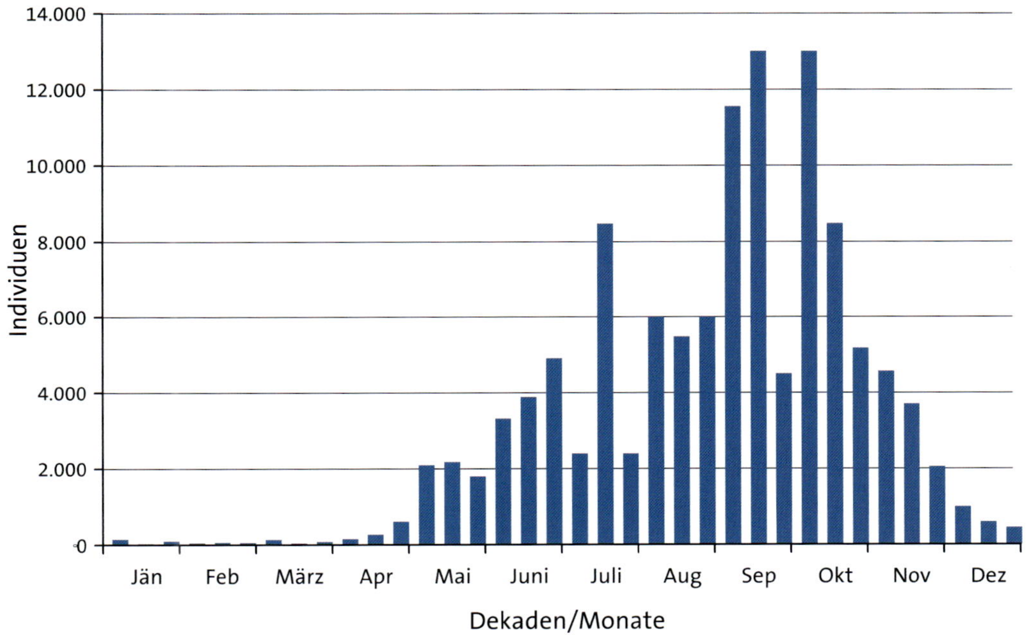

Jahreszeitliches Auftreten der Mittelmeermöwe (Dekadenmaxima gemeldeter Individuen) basierend auf Daten aus dem österreichischen Gebietsteil aus den Jahren 2011–2021 (n = 118.833) [30, 31].

Heringsmöwe *Larus fuscus* Linnaeus, 1758

Heringsirály – Lesser Black-backed Gull

Mäßig häufiger Gastvogel am Durchzug im Frühjahr und (schwächer) im Herbst, ansonsten nur vereinzelt

Verbreitung und Lebensraum

Heringsmöwen werden meist in Gesellschaft anderer Großmöwen angetroffen, in erster Linie an deren großen Sammel- und Schlafplätzen. Dementsprechend stammt die überwiegende Mehrheit der Meldungen vom See und dessen Vorgelände, hier v. a. von der Podersdorfer Pferdekoppel, der Warmblutkoppel und dem Sandeck sowie von den Schlaf- und Rastplätzen auf Langer Lacke, Oberem Stinkersee und St. Andräer Zicksee. Regelmäßige Beobachtungen gelingen auch auf den übrigen Lacken, v. a. im zentralen Seewinkel und entlang des Ostufers des Neusiedler Sees. Im ungarischen Gebietsteil stammen die meisten Nachweise von den Habitatrekonstruktionsflächen bei Mekszikópuszta sowie aus der Bucht von Fertőrákos am Neusiedler See, von wo sie auch die Mülldeponie Sopron anflogen, solange dort frisch abgelagerter Müll ein attraktives Nahrungsangebot geboten hat. Nach der Umstellung auf Müllsortierung ist das allerdings kaum mehr der Fall. Vereinzelt wurden Heringsmöwen auch auf Feldern im nördlichen Seewinkel sowie im Hanság oder an überschwemmten Acker- und Wiesensutten im Seewinkel und entlang des Westufers des Sees angetroffen.

Für die im zeitigen Frühjahr rasch nach Norden durchziehenden, meist artreinen Trupps der Nominatform („Baltische Heringsmöwe“, *L. f. fuscus*), die sich auf ihrem Zug durch das Binnenland oft an großen Gewässersystemen orientiert [1,2], fungiert der See als Leitlinie. Ziehende Trupps können um diese Jahreszeit, meist am Morgen und am frühen Vormittag, entlang des Schilfgürtels nach Norden fliegend beobachtet bzw. am Abend an den Schlafplätzen in den Seehäfen angetroffen werden.

Wie auch bei den anderen Großmöwen reicht das Einzugsgebiet der Schlafplätze weit über das Bearbeitungsgebiet hinaus, sodass Heringsmöwen, die am See oder im Seewinkel übernachten, tagsüber auf Deponien oder an Gewässern von Sopron über das Wulkabecken, den Neufelder See bis zur Leithaniederung bei der Nahrungssuche angetroffen werden können.

Bestand und Bestandsentwicklung

Die Heringsmöwe war schon seit dem 19. Jahrhundert als regelmäßiger, wenn auch seltener Durchzügler im Neusiedler See-Gebiet bekannt [3–5]. Für die zweite Hälfte der 1960er Jahre wurde ihr Auftreten allerdings von den aktuellen phänologischen Verhältnissen deutlich abweichend beschrieben: Demnach setzte der Frühjahrszug Mitte April ein und erreichte im Mai seinen Höhepunkt, der Herbstzug war etwa gleich stark ausgeprägt und hatte seinen Schwerpunkt im August [6]. Seit 1966 gelangen praktisch alljährliche Beobachtungen [7]. Die generelle Zunahme von Großmöwen im Gebiet, das gestiegene Interesse an deren Bestimmung sowie ganz allgemein die zunehmende Beobachterfrequenz haben in den letzten wenigen Jahrzehnten zu einem deutlichen Anstieg der Meldungen von Heringsmöwen geführt. Aktuell kann die Heringsmöwe als mäßig häufiger Gastvogel eingestuft werden.

Huldenäcker, St Andrä am Zicksee, 3.4.2021, Unterart fuscus *(Leander Khil)*

Eine starke Bestandszunahme und Arealausweitung der westlichen Unterarten der Heringsmöwe, v. a. von *L. f. graellsii*, ab der zweiten Hälfte des 20. Jahrhunderts [2, 8, 9] hat auch zu verstärktem Binnenlandauftreten dieser hellrückigen Taxa geführt. Die Nominatform hingegen verzeichnete zuletzt rückläufige Bestandstrends [2, 9]. Im Neusiedler See-Gebiet macht sich das durch einen mittlerweile recht hohen Anteil an Vögeln mit hellerer Mantelfärbung als *L. f. fuscus* bemerkbar. Diese sind wohl ganz überwiegend der Unterart *L. f. intermedius* zuzuordnen, eine eindeutige Bestimmung ist aber in vielen Fällen nicht möglich. Von *L. f. graellsii* gibt es lediglich zwei sichere Nachweise eines markierten Vogels, was aber wohl in erster Linie an der schwierigen Unterscheidung von der vorgenannten Unterart und weniger an einem derart seltenen Auftreten liegt. Von jenen Heringsmöwenmeldungen, die Angaben zur Unterart enthielten, bezogen sich im Zeitraum 1991–2000 nur rund 11 % auf hellrückige Vögel, somit in erster Linie auf *L. f. intermedius*, im Zeitraum 2011–2020 belief sich deren Anteil bereits auf rund 44 %.

Der überwiegende Teil der Heringsmöwen-Feststellungen bezieht sich dabei auf Einzelvögel (50,7 %) sowie zwei oder drei Vögel (32,8 %). Beobachtungen von 10 oder mehr Vögeln machen nur 2,1 % aller Beobachtungen aus. Die größten bisher im Neusiedler See-Gebiet gemeldeten Trupps waren 21 Individuen am 1.11.2020 am Schlafplatz auf der Langen Lacke [10], 22 Vögel, darunter 19 adulte, am 19.9.2017 am Borsodi-dűlő bei Mekszikópuszta [11] sowie beachtliche 63 der Unterart *L. f. fuscus* am 1.4.2001 im Seehafen Jois [12, 13].

Jahreszeitliches Auftreten

Der auffällige Frühjahrsdurchzug der Heringsmöwe beginnt im März und erreicht um die Monatswende März/April einen deutlichen Höhepunkt. Zu dieser Zeit ziehen überwiegend Vögel der Nominatform rasch durch. Sieben der 13 Beobachtungen von Trupps mit mindestens 10 Vögeln fallen in den Zeitraum von 26. März bis 13. April. Der Heimzug bleibt bis Ende Mai im Gebiet ausgeprägt, wenn auch in geringerem Ausmaß als zu Beginn der Durchzugsperiode. Im Mai nimmt auch der Anteil an hellrückigen Individuen leicht zu. In den Sommermonaten werden nur vereinzelte Nichtbrüter und unausgefärbte Vögel registriert.

Der Herbstdurchzug ist deutlich schwächer ausgeprägt als der Heimzug, was den Verhältnissen in anderen Gebieten im östlichen (Mittel-) Europa entspricht [1, 2]. Im August und September wird er zunächst von baltischen Vögeln bestimmt, die als ausgeprägte Langstreckenzieher relativ rasch durchziehen. Ab Ende September ist hingegen der Anteil von Vögeln der Unterart *L. f. intermedius* bzw. nicht näher als *L. f. intermedius/graellsii* bestimmten Individuen, deren Überwinterungsgebiete näher zu bzw. auch in Europa liegen, deutlich höher als der von *L. f. fuscus*. Letztere sind ab Dezember nur mehr ganz vereinzelt anzutreffen. Mit dem Jahreswechsel ist der Wegzug abgeschlossen, im Hoch- und Spätwinter werden nur mehr vereinzelte Heringsmöwen im Gebiet registriert.

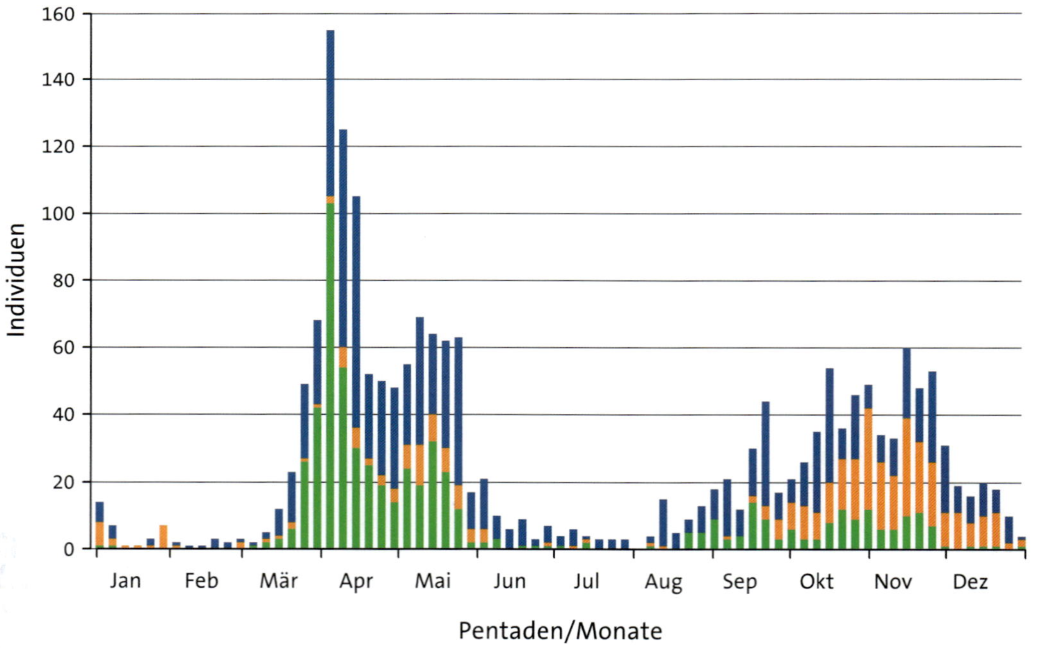

Jahreszeitliches Auftreten der Heringsmöwe (Pentadensummen gemeldeter Individuen) basierend auf Daten aus den Jahren 1966–2021 [7, 19–21]. Grüne Säulenabschnitte: Vögel der Nominatform L. f. fuscus, orange Säulenabschnitte: Vögel der Unterarten L. f. intermedius/graellsii, blaue Säulenabschnitte: nicht auf Unterartniveau bestimmte Heringsmöwen.

Zugverhalten und Ringfunde

Bisher wurden drei beringte Heringsmöwen im Neusiedler See-Gebiet bzw. auf der Mülldeponie Sopron kontrolliert und alle drei wiesen ein relativ hohes Alter auf. Auf der Deponie Sopron Nahrung suchende Vögel übernachten am Neusiedler See und können somit dem Bearbeitungsgebiet zugerechnet werden. Zwei waren im Juli in Finnland beringt worden, einer davon wurde im 17. KJ am 7.4.2013 auf der Deponie Sopron registriert und einer im 14. KJ am 1.10.2013 im Seebad Fertőrákos. Sie fügen sich gut in das Zugmuster der Unterart *L. f. fuscus* ein, der ältere der beiden Vögel wurde im Dezember 2004 allerdings auch in Catania auf Sizilien abgelesen [14]. Beim dritten Vogel handelte es sich um einen Vertreter der Unterart *L. f. graellsii*, der 2005 als Nestling in Norfolk/UK beringt und am 22. und 25.12.2019 sowie am 16. und 21.12.2020 an der Lange Lacke abgelesen wurde [15, 16] und sich somit im 15. bzw. 16. KJ befand.

Seltene Unterarten

Neben der Nominatform und den beiden westeuropäischen Unterarten gibt es bisher auch zwei Nachweise von Altvögeln mit Merkmalen des meist als Unterart der Heringsmöwe betrachteten Taxons *L. f. heuglini* Bree, 1876 („Tundramöwe"):

- 16.10.2000 Fertőhomok, Homoki-Bucht, 1 ad. (S. Mogyorósi, B. Molnár [17])
- 22.5.2004 Obere Hölllacke, 1 ad. (J. Laber [18])

Quellen: [1] *Glutz von Blotzheim & Bauer (1982),* [2] *Olsen & Larsson (2004),* [3] *Dombrowski (1889),* [4] *Zimmermann (1943),* [5] *Bauer et al. (1955),* [6] *Festetics & Leisler*

(1970), [7] Archiv BirdLife Österreich, [8] Vauk & Prüter (1987), [9] BirdLife International (2004), [10] J. Laber/www.ornitho.at, [11] T. Hadarics, A. Pellinger/www.birding.hu, [12] M. Craig, H. Pfeifenberger/ABÖ, [13] M. Craig, unpubl. Daten, [14] Österreichische Vogelwarte/Vogelberingungszentrale BirdLife Ungarn, unpubl. Ringfunde, [15] J. Vratny, J. Laber, C. Roland u.a./www.ornitho.at, [16] www.birdlife-afk.at, [17] Hadarics (2006), [18] Ranner & Khil (2011), [19] www.ornitho.at, [20] www.birding.hu, [21] Archiv FHNP

Andreas Ranner & Tibor Hadarics

Lachseeschwalbe *Gelochelidon nilotica* (J. F. Gmelin, 1789)

Kacagócsér – Gull-billed Tern

Podersdorfer Pferdekoppel, 8.5.2015 (Leander Khil)

Ehemaliger Brutvogel und alljährlicher Durchzügler und Sommergast mit zunehmender Tendenz

Verbreitung und Lebensraum

Die Lachseeschwalbe tritt gegenwärtig im Neusiedler See-Gebiet als alljährlicher Gastvogel in Erscheinung. Die ehemaligen Brutvorkommen waren auf vegetationsarme Salzlacken beschränkt, wobei die Nester offenbar bevorzugt auf Inseln oder Halbinseln angelegt wurden. Die Gründe für die Aufgabe dieses Brutvorkommens sind nicht genau bekannt. Doch dürften Wasserstandsschwankungen, verbunden mit fortschreitender Vegetationsentwicklung (Verschilfung) eine zentrale Rolle gespielt haben. Auch war der Bruterfolg offenbar gering, so wurde über Zerstörung von Gelegen durch Viehtrieb berichtet [1]. Zudem dürfte das Absammeln von Eiern durch Menschen [2] angesichts der geringen Bestände möglicherweise nicht ganz unerheblich gewesen sein. Der bald daraufhin einsetzende Totalverlust von Lacken bzw. die Degradierung der verbliebenen tat zweifellos ein Übriges. Durchzügler können heute ebenfalls in erster Linie an den Salzlacken des Seewinkels und den Habitatrekonstruktionsflächen bei Mekszikópuszta sowie auf den großen Koppeln im Seevorgelände angetroffen werden. Für Jagdflüge werden auch Wiesen, Hutweiden und Ackerflächen in der weiteren Umgebung der Salzlacken genutzt. Deutlich weniger Beobachtungen stammen vom See selbst.

Bestand und Bestandsentwicklung

Die Salzlacken des Seewinkels beherbergten bis in die erste Hälfte des 20. Jahrhunderts eines der am längsten überdauernden Brutvorkommen der Lachseeschwalbe im mitteleuropäischen Binnenland. Eine Zusammenfassung samt kritischer Beurteilung der verfügbaren Informationen zu diesem bemerkenswerten Vorkommen findet sich bei Zimmermann [3, 4]. Es wurde erstmals für das Jahr 1807 erwähnt [5] und konzentrierte sich auf die Lacken im zentralen Seewinkel sowie den Illmitzer Zicksee. Die Annahme, dass Ende des 19. Jahrhunderts auch Brutverdacht im ungarischen Südteil des Gebiets bestanden hätte [6, 7], beruht lediglich auf Beobachtungen von kleinen Trupps im „Sommer" 1889 bzw. Juli und August 1897 im südlichen Seeteil [8, 9] und nicht auf tatsächlichen Bruthinweisen. Mit konkreten Bestandszahlen versehene Angaben liegen erst – und auch da nur vereinzelt – ab dem späten 19. Jahrhundert vor und betreffen nur ein bis wenige Paare. Im Jahr 1885 wurden jedenfalls drei Gelege vom St. Andräer Zicksee bekannt [2, 10]. 1939 brüteten drei Paare auf der Hulden- oder Baderlacke und eines auf der Langen Lacke [1]. Die letzte nachgewiesene Brut betraf ein Paar im Jahr 1942 an der Langen Lacke, im selben Jahr wurde auch ein verlegtes Ei am Illmitzer Zicksee gefunden [4]. Im Jahr 1955 erschien nochmals ein Paar an der Langen Lacke, allerdings ohne zu brüten und 1956 wurde dort letztmalig ein stark brutverdächtiges Paar beobachtet [11]. Danach konnte die Art im Neusiedler See-Gebiet nur mehr vereinzelt zu den Zugzeiten festgestellt werden [12–14]. Erst in den 1990er Jahren nahm die Beobachtungshäufigkeit wieder zu und beginnend mit dem Jahr 1996 wurde sie wieder alljährlich festgestellt.

Lachseeschwalben werden im Neusiedler See-Gebiet meist einzeln oder zu zweit angetroffen. Bis zum Jahr 2020 betrug die Höchstzahl vier Vögel von 20.–21.6.2013 an der Langen Lacke [15,16]. Im Frühjahr 2021 kam es jedoch zu einem ungewöhnlich individuenstarken Auftreten, das sein Maximum mit zehn Vögeln am 7.5.2021 an

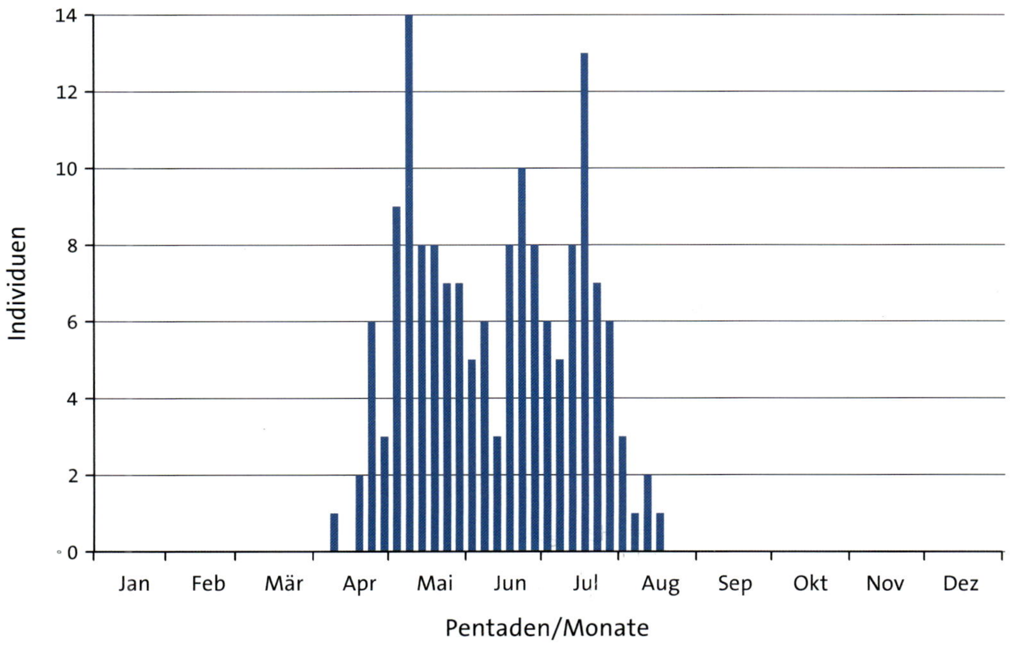

Jahreszeitliches Auftreten der Lachseeschwalbe (Pentadensummen gemeldeter Individuen) in Österreich und Ungarn basierend auf Daten aus den Jahren 1990–2021 (n = 157) [15–39].

der Langen Lacke erreichte[17], auf ungarischer Seite wurde die Höchstzahl mit vier Vögeln am 13.5.2021 bei Mekszikópuszta am Borsodi-dűlő ermittelt[18]. Auch wenn aufgrund der gelegentlichen längeren Aufenthaltsdauern einzelner Vögel die Zahl der Nachweise nicht immer klar abgrenzbar ist, ist eine Zunahme der Feststellungen in den letzten drei abgeschlossenen Jahrzehnten erkennbar: Während von 1990–1999 11 Nachweise gelangen, waren es von 2000–2009 bereits 17 und von 2010–2019 mindestens 23, wobei es pro Jahr jeweils ein bis vier Nachweise waren.

Jahreszeitliches Auftreten

Der Frühjahrszug setzt im April ein, mit der jahreszeitlich frühesten Beobachtung am 8.4.2017 an der Langen Lacke[19]. Ab Anfang Mai kommt es zu einer Häufung der Registrierungen, wobei es sich hierbei weniger um Durchzügler, sondern vielmehr um noch nicht brutreife Vögel, später im Sommer wohl auch um Brutabbrecher handelt. Dies wird durch z.T. sehr lange Aufenthaltsdauern unterstrichen. So hielt sich ein Vogel vom 24.5.–23.6.2019 im Gebiet auf, zeitweise in Gesellschaft eines zweiten Vogels. Von 27.5.–6.7.2014 waren ebenfalls 1–2 Vögel fast durchgehend im Seewinkel anzutreffen. Der Rekordeinflug im Frühjahr 2021 erstreckte sich von 2. bis 26. Mai, was sich im Diagramm aufgrund der hohen Individuenzahlen stark niederschlägt. Dadurch wird ein zweiter phänologischer Gipfel des Auftretens zwischen Mitte Juni und Mitte Juli etwas verdeckt. Danach ziehen diese Vögel rasch ab, der eigentliche Herbstzug spielt im Gebiet kaum eine Rolle. Die jahreszeitlich spätesten Meldungen stammen vom 10.8.2013 vom Borsodi-dűlő bei Mekszikópuszta[20] sowie vom 13. und 15.8.2016 von der Graurinderkoppel[21].

Quellen: *[1] Seitz (1942), [2] Fournes (1886), [3] Zimmermann (1940a), [4] Zimmermann (1943), [5] J. Natterer in Schenk (1917a), [6] Glutz von Blotzheim & Bauer (1982), [7] MME Nomenclator Bizottság (2008c), [8] Chernel (1899), [9] Csörgey (1954), [10] O. Reiser in Tschusi (1888), [11] Bauer (1956), [12] Festetics & Leisler (1970), [13] Bankovics et al. (2002), [14] Archiv BirdLife Österreich, [15] Albegger & Khil (2016),[16] M. Dvorak/www.ornitho.at, [17] J. Vratny/www.birdlife-afk.at, [18] T. Hadarics, A. Pellinger/www.birding.hu, [19] J. Laber in Albegger & Brader (2018), [20] J. Mészáros, G. Horváth, D. Laposa u. a./www.birding.hu, [21] J. Laber & L. Khil in Albegger & Brader (2018), [22] Laber & Ranner (1997), [23] Magyar & Hadarics (1995), [24] Ranner (2002), [25] MME Nomenclator Bizottság (1998c), [26] MME Nomenclator Bizottság (1999), [27] MME Nomenclator Bizottság (2000), [28] Ranner (2003), [29] MME Nomenclator Bizottság (2008a), [30] MME Nomenclator Bizottság (2006a), [31] Ranner & Khil (2009), [32] MME Nomenclator Bizottság (2006b), [33] MME Nomenclator Bizottság (2006c), [34] www.birding.hu, [35] Ranner & Khil (2011), [36] Khil & Albegger (2014), [37] www.ornitho.at, [38] Albegger & Brader (2018), [39] www.birdlife-afk.at*

Andreas Ranner & Tibor Hadarics

Raubseeschwalbe *Hydroprogne caspia* (Pallas, 1770)

Lócsér – Caspian Tern

Darscho, Apetlon, 2.7.2022 (Leander Khil)

Mäßig häufiger Durchzügler zwischen Ende März und Ende September; Heimzug im April am stärksten

Verbreitung und Lebensraum

Raubseeschwalben rasten vor allem auf den größeren Gewässern, fast immer in Gesellschaft von anderen Lariden, zumeist Lach-, Sturm- und Mittelmeermöwen. Fünf Gebiete werden dabei deutlich bevorzugt, auf sie entfallen 73,3 % aller Beobachtungen. Die größten Chancen auf eine Raubseeschwalben-Sichtung hat man an der Warmblutkoppel, auf die fast ein Viertel (23 %) aller Nachweise entfällt, dicht gefolgt vom Oberen Stinkersee mit 18,7 %. Schon etwas abgeschlagen folgen dann die Lange Lacke mit 14,3 %, die Podersdorfer Pferdekoppel mit 10,2 % und der Illmitzer Zicksee mit 9,2 %. Jeweils zwischen 1,5 und 2 % entfallen noch auf die Graurinderkoppel, die Obere Hölllacke, die Lettengrube und den Unteren Stinkersee. In allen anderen Gebieten ist die Art nur ausnahmsweise festzustellen. Fast alle Nachweise betreffen Individuen, die an unbewachsenen Lackenrändern zusammen mit einem Möwentrupp rasten[1,2]. Die meisten ungarischen Nachweise stammen aus den Überschwemmungsgebieten bei Mekszikópuszta, wobei zu berücksichtigen ist, dass dieses Gebiet hinsichtlich der Beobachter*innen-Präsenz im Vergleich zu anderen Gebieten des ungarischen Seeteils sicherlich überrepräsentiert ist.

Bestand und Bestandsentwicklung

Aus dem 19. und aus den ersten vier Jahrzehnten des 20. Jahrhunderts liegen keine Beobachtungen der Raubseeschwalbe vor. Der erste Nachweis gelang erst Anfang Juni 1939, als zwei Exemplare am St. Andräer Zicksee festgestellt wurden[3]. Von 1951–1953 wurden dann bereits vier Beobachtungen bekannt[4], 1954 eine weitere[5]. 15 Jahre später war die Raubseeschwalbe bereits ein regelmäßiger Durchzügler mit maximal 11 Exemplaren im Frühjahr und 15 am Wegzug[6]. Am Auftreten der Art hat sich in den letzten sechs Jahrzehnten wenig geändert, die Mittelwerte der Truppgrößen schwankten in Fünfjahres-Perioden der Jahre 1970 bis 2019 zwischen 1,3 und 1,7 ohne merklichen Trend. Die Mehrzahl der Nachweise bezieht sich auf einzelne (67,6 %) oder zwei (22,4 %) Vögel. Kleine Trupps von drei oder mehr Exemplaren sind rar, es liegen nur 60 Nachweise von drei, 27 von vier, neun von fünf und sieben von sechs Raubseeschwalben vor. Noch größere Trupps sind dann extrem selten: Sieben Exemplare waren am 18.9.1967 an der Langen Lacke[7], acht am 10.4.2010 an der Warmblutkoppel[8], neun am 11.9.1966 an der Langen Lacke[9], 10 Vögel am 4.9.2007 auf der Warmblutkoppel[10], 11[8] bzw. 12[11] Individuen am 9.4. und 13.4.2002 an der Langen Lacke und als größter bislang festgestellter Trupp wurden 15 Raubseeschwalben am 17.9.1967 an der Götschlacke beobachtet[12]. Auffällig ist dabei, dass große Gruppen von mehr als sechs Vögeln seit 2011 nicht mehr festgestellt wurden.

Im ungarischen See-Teil gab es bis zum 30.9.1991 keine Nachweise, an diesem Tag wurden aber zwei Raubseeschwalben bei Mekszikópuszta beobachtet[13]. Seitdem wurde die Art alljährlich festgestellt. Der größte Trupp waren 13 Exemplare am 21.9.2015 am Nyéki-szállás bei Mekszikópuszta[14]. Bei 54 % der insgesamt 235 Nachweise handelte es sich um Einzelvögel, andererseits wurden elfmal Trupps von fünf oder mehr Exemplaren festgestellt[15].

Jahreszeitliches Auftreten

Der Median der Erstbeobachtung für die Jahre 2011–2019 fällt auf den 1.4., die drei frühesten Beobachtungen waren ein Exemplar am 25.3.2018 in den Wasserstätten bei Illmitz [15] sowie jeweils ein Individuum in vier Gebieten am 28.3.2016 [16] und 2018 [16]. Der Frühjahrsgipfel liegt zwischen 11. und 23. April, danach nimmt die Frequenz der Beobachtungen im Verlauf des Mai langsam ab. Den ganzen Juni und Juli hindurch tauchen aber weiterhin einzelne Vögel im Gebiet auf, sodass keine klare Grenze zwischen Heim- und Wegzug zu erkennen ist. Zu einem Anstieg der Beobachtungen kommt es dann Anfang August mit hoher Intensität bis Mitte September und einem abrupten Einbruch um den 15. September. Danach erreichen nur mehr einzelne Raubseeschwalben das Gebiet, mit den spätesten Nachweisen am 7.10.2014 beim Seebad Illmitz (1) [18], am 9.10.2012 an der Warmblutkoppel (1)[10], am 9.10.2016 bei Mekszikópuszta (2) [19] und am 16.10.1966 an der Langen Lacke (2) [9]. In Ungarn wurde am 30.10.1998 ein noch deutlich späteres Exemplar bei Mekszikópuszta beobachtet [15].

Zugverhalten und Ringfunde

In Nordeuropa brütende Raubseeschwalben überwintern zu einem kleinen Teil am Mittelmeer, zum Großteil jedoch an den Küsten Westafrikas von Sierra Leone bis Gabun und in den im Binnenland gelegenen größeren Feuchtgebieten der Savannenzone West- und Zentralafrikas von Mali östlich bis zum Tschad [20]. Aus dem Neusiedler See-Gebiet liegen Ablesungen eines Individuums vor, das am 20.6.2016 im südlichen Schweden mit einem Ablesering markiert wurde und sich vier Monate später zumindest eine Woche am Borsodi-dűlő aufhielt und hier zwischen 8.10. und 15.10.2016 mehrfach abgelesen wurde [21]. Derselbe Vogel wurde dann fast ein Jahr später am 22.9.2017 wiederum vom Borsodi-dűlő gemeldet [21], ein bemerkenswerter Fall von Rastplatztreue.

Quellen: [1] *Archiv Birdlife Österreich,* [2] *www.ornitho.at,* [3] *Frommhold & Hermann in Zimmermann (1943),* [4] *Bauer et al. (1955),* [5] *Buchebner (1955),* [6] *Festetics & Leisler (1970),* [7] *W. Lehmann/ABÖ,* [8] *A. Ranner/ABÖ,* [9] *B. Leisler/ABÖ,* [10] *F. Samwald/ABÖ,* [11] *G. Tebb/ABÖ,* [12] *F. Böck/ABÖ,* [13] *A. Pellinger, unpubl. Daten,* [14] *A. Pellinger & V. Varga, unpubl. Daten,* [15] *Archiv MME Sopron,* [16] *C. Stundner/ornitho.at,* [16] *J. Wollmerstädt, G. Hafner, R. Grasmugg/ornitho.at,* [17] *L. Khil, B. Struck/ornitho.at,* [18] *A. Grüll/ornitho.at,* [19] *M. Bachmann/ornitho.at,* [20] *Glutz von Blotzheim & Bauer (1982),* [21] *Pellinger & Hadarics (2020b)*

Michael Dvorak & Attila Pellinger

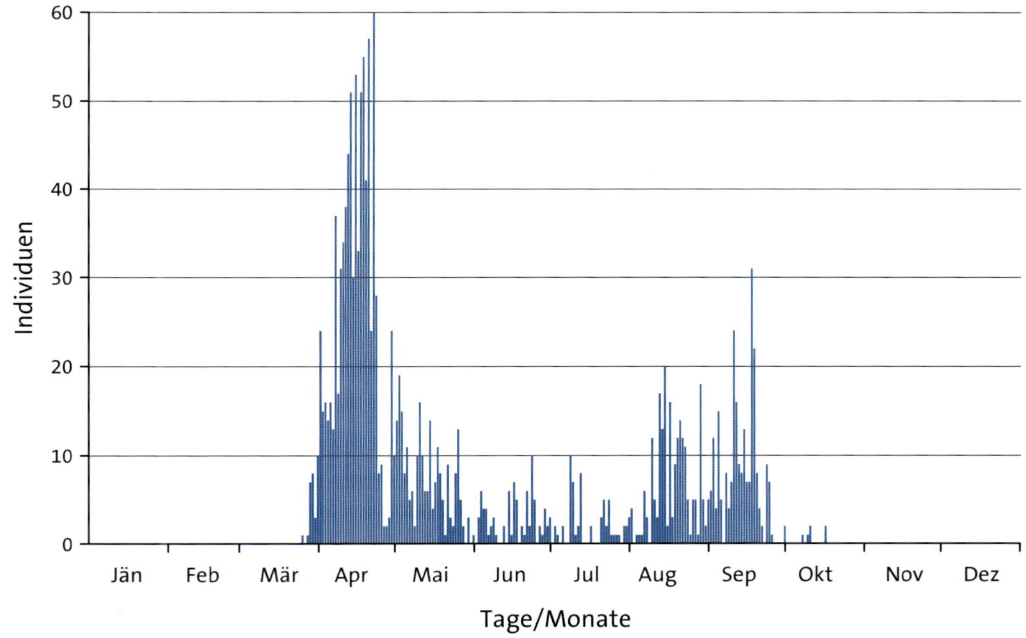

Jahreszeitliches Auftreten der Raubseeschwalbe (Tagessummen gemeldeter Individuen) basierend auf Daten aus Österreich aus den Jahren 1966–2019 (n = 1.687) [1, 2].

Brandseeschwalbe *Thalasseus sandvicensis* (Latham, 1787)

Kenti csér – Sandwich Tern

St. Andräer Zicksee, 6.8.2020, adult und 2. KJ (Peter Frießer)

Unregelmäßiger Durchzügler, in den letzten Jahren aber bereits alljährlich auftretend

Vorkommen

Als typische Seeschwalbenart der Meeresküsten zeigt die Brandseeschwalbe eine starke Bevorzugung des Neusiedler Sees selbst. So gelangen die meisten Beobachtungen von den Seebädern sowie auf den Lacken und Koppeln entlang des Ostufers bis zu den Habitatrekonstruktionsflächen in Ungarn. Aus dem zentralen Seewinkel liegen bisher hingegen lediglich fünf Nachweise vor. Während in der Regel 1–3, gelegentlich bis zu sechs Brandseeschwalben beobachtet wurden, konnten vor allem in den letzten Jahren auch Trupps mit 10 oder mehr Vögeln nachgewiesen werden. Herausragend war dabei das Jahr 2019, in dem von 23.–24.5. bis zu zehn, von 22.–29.6. bis zu 18 und am 11.7. bis zu 14 Brandseeschwalben gemeinsam registriert wurden [1–3]. Angesichts der vielen Beobachtungen von Einzelvögeln oder Kleingruppen während dieser Tage könnten es in Summe sogar noch mehr gewesen sein. Es erscheint auch möglich, dass zumindest ein Teil durchgehend übersommerte, sich aber am offenen See zwischendurch der Beobachtung entzog. Aus dem letztgenannten Grund sind auch die bisher festgestellten Aufenthaltsdauern von meist 1–2, gelegentlich bis zu acht Tagen mit einer gewissen Unsicherheit behaftet, da gerade in den Monaten mit größtem Bade- und Bootsbetrieb die Beobachtungsintensität am See geringer ist.

Das Auftreten der Brandseeschwalbe im Neusiedler See-Gebiet zeigt eine deutlich positive Entwicklung. Der erste Nachweis gelang erst am 23.5.1977 mit einem Vogel, der eine Schottergrube, wohl im Bereich der ehemaligen Pimetzlacke, überflog[4]. In den 1980er Jahren gelangen dann vier, in den 1990er Jahren sechs Beobachtungen, die von den jeweiligen Seltenheitenkommissionen der beiden Länder anerkannt worden sind. Ab 2005, lediglich mit Ausnahme des Jahres 2007, wurde diese Art dann alljährlich festgestellt. Die erste Beobachtung eines größeren Trupps betrifft 11 Vögel am 20.7.2014 am See bei Fertőrákos[5].

Jahreszeitliches Auftreten

Brandseeschwalben werden im Neusiedler See-Gebiet ab Anfang Mai registriert, die jahreszeitlich früheste Meldung stammt vom 6.5.2022 mit 1 ad. bei Fertőrákos[6]. Der Schwerpunkt ihres Auftretens liegt in den Monaten Juni und Juli. Diese phänologische Verteilung spricht dafür, dass es sich hierbei weniger um (späte) Durchzügler, sondern wohl zum großen Teil um noch nicht brutreife immature Vögel handelt. Da derartige jüngere Vögel im Freiland meist nicht leicht als solche erkennbar sind, werden sie oft vorschnell als Altvögel bestimmt. Ab Ende Juni bzw. im Juli sind im Gebiet aber zudem auch Brandseeschwalben zu erwarten, die nach Abschluss ihrer Brut auf einem ungerichteten Zwischenzug ins Binnenland gelangen. Der eigentliche Herbstzug ist vergleichsweise schwach ausgeprägt mit wenigen Augustbeobachtungen sowie ganz vereinzelten späteren Nachweisen. Die jahreszeitlich späteste Meldung betrifft einen Vogel an der Langen Lacke am 2.10.1997[7].

Quellen: [1] www.birdlife-afk.at, [2] www.ornitho.at, [3] www.birding.hu, [4] H. Schwarthoff, Frau Schwarthoff/ABÖ, [5] T. Hadarics, B. Molnár/birding.hu, [6] S. Mogyorósi/birding.hu, [7] E. Albegger in Ranner & Khil (2009), [8] Glutz von Blotzheim & Bauer (1982), [9] Ranner et al. (1995), [10] Pfeifer (1989), [11] Magyar (1997), [12] MME Nomenclator Bizottság (1998c), [13] Ranner & Khil (2009), [14] Ranner (2002), [15] Ranner (2003), [16] MME Nomenclator Bizottság (2000), [17] MME Nomenclator Bizottság (2010a), [18] Ranner & Khil (2011), [19] MME Nomenclator Bizottság (2011b), [20] MME Nomenclator Bizottság (2013), [21] Khil & Albegger (2014), [22] MME Nomenclator Bizottság (2016b), [23] Albegger & Khil (2016), [24] Albegger & Brader (2018)

Andreas Ranner & Tibor Hadarics

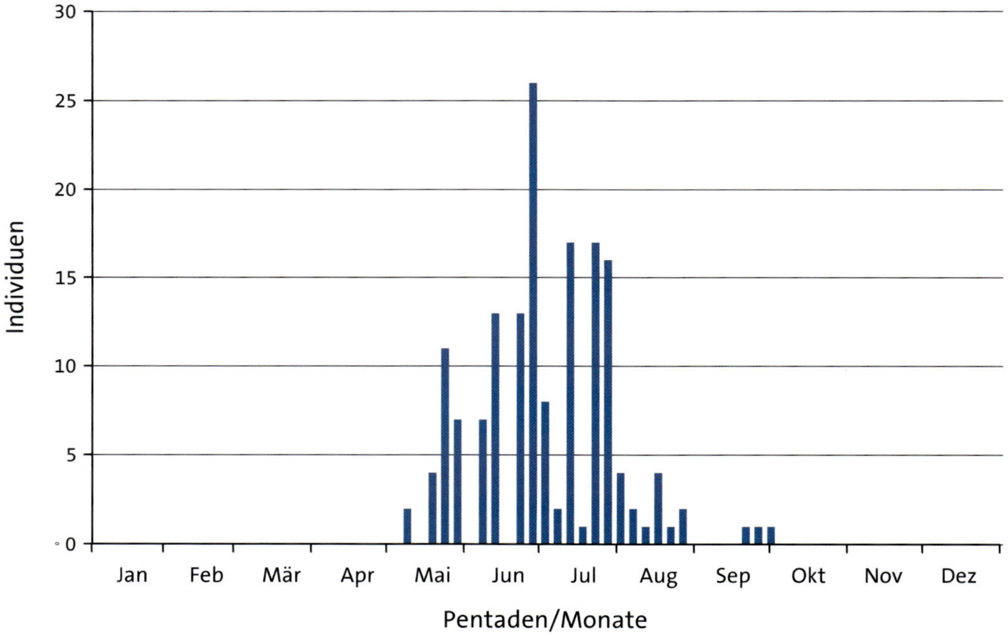

Jahreszeitliches Auftreten der Brandseeschwalbe (Pentadensummen gemeldeter Individuen) basierend auf Daten aus Österreich und Ungarn aus den Jahren 1977–2021 (n = 161)[1–5, 7–24].

Zwergseeschwalbe *Sternula albifrons* (Pallas, 1764)

Kis csér – Little Tern

Warmblutkoppel, Illmitz, 11.6.2017 (Peter Frießer)

Bis Anfang der 1960er Jahre Brutvogel, aktuell sehr seltener Durchzügler

Verbreitung und Lebensraum

Die Zwergseeschwalbe nutzt Still- und Fließgewässer mit klarem, seichtem Wasser zur Nahrungssuche sowie vegetationslose oder -arme Ufer oder Inseln zur Nistplatzanlage. Während die Hauptvorkommen an den Meeresküsten liegen, ist die Art im Binnenland vor allem an Flüssen verbreitet, da Stillgewässer in der Regel nicht die benötigten Habitatstrukturen aufweisen[1]. Insofern stellte das bis Mitte des 20. Jahrhunderts bestehende Brutvorkommen der Zwergseeschwalbe an den Kiesufern des Neusiedler Sees und einiger Lacken eine große Besonderheit dar. Während die damaligen Brutvögel einerseits am Seeufer südlich von Podersdorf, andererseits am Illmitzer Zicksee und an der Langen Lacke brüteten, zeigen die heutigen Durchzügler eine klare Bevorzugung bestimmter Gebiete, die sich räumlich mit diesen ehemaligen Brutgebieten decken: Warmblutkoppel (18,2 % aller Nachweise seit 1966), Podersdorfer Pferdekoppel (8,8 %), Oberer Stinkersee (14,7 %), Unterer Stinkersee (6,5 %) und Obere Hölllacke (4,7 %) am Ostufer des Sees sowie Illmitzer Zicksee (17,6 %) und Lange Lacke (8,5 %) im Lackengebiet. Aus 12 weiteren Gebieten liegen jeweils 1–8 Nachweise vor, sie machen zusammen aber nur 21 % aller Beobachtungen aus [2,3].

Aus Ungarn wurden zwischen 1992 und 2019 33 Nachweise bekannt, davon stammen 31 aus dem Renaturierungsgebiet Mekszikópuszta, das damit zusammen mit der Warmblutkoppel und dem Oberen Stinkersee das für die Art wichtigste Gebiet ist. Je eine Beobachtung gelang auf der offenen Wasserfläche des Sees (bei Fertőhomok und Fertőrákos).

Bestand und Bestandsentwicklung

Das Vorkommen der Zwergseeschwalbe wurde erstmals 1807 durch ein Präparat im Naturhistorischen Museum Wien belegt [4]. Die nächste Erwähnung stammt vom Juli 1882, als die Art *„am Westufer in größerer Zahl erschienen ist; meistens junge Vögel“* [5]. Im Jahr 1886 war sie *„sehr selten und wohl nur am Zuge“* anzutreffen [6] und für den 18.5.1890 wird eine Beobachtung am Südufer bei Hegykő angeführt [7]. Die Daten aus dem 19. Jahrhundert enthalten also in Bezug auf ein Brutvorkommen nichts Konkretes und auch zu Beginn des 20. Jahrhunderts konnte Schenk [8] bei seinen Besuchen am See die Zwergseeschwalbe nicht beobachten. Einen ersten Hinweis auf ein Brutzeitvorkommen gibt eine Meldung vom 3.7.1931 von 10 Vögeln an einer Zicklacke zwischen Illmitz und Podersdorf [9] und für das Jahr 1934 beschrieb Koenig [10] eine Brutkolonie am „Hoanzl-Riegel“, einer Schotterbank im Neusiedler See etwa in Höhe des Illmitzer Gemeindewäldchens. Aus den Jahren 1938–1942 liegen dann zahlreiche Angaben über das Vorkommen der Art vor [11–13]. Die Brutplätze der kleinen Population lagen am damals noch nicht verschilften Strand des Ostufers bei Podersdorf, an Sand- und Schotterflächen im Seevorgelände südlich der Hölle sowie am Illmitzer Zicksee und an der Langen Lacke [11–13].

Nach dem zweiten Weltkrieg wurden brutverdächtige Vögel 1948 und 1953 am Podersdorfer Strand und 1951 an der Langen Lacke angetroffen [14], 1954 wurde an der Langen Lacke sogar ein Nest gefunden [15]. Danach wurde das Vorkommen offenbar wieder unregelmäßig, 1956 wurde letztmals eine Brut am Seeufer südlich von Podersdorf nachgewiesen [1]. Im Juni 1962 gelang ein Brutnachweis am Oberen Stinkersee, als zwei Altvögel beim Füttern zweier Jungvögel beobachtet wurden [16] und 1969 erweckte ein Paar am Nordufer der Langen Lacke Brutverdacht [17]. Nach einer 40-jährigen Pause etablierte sich völlig überraschend im Mai 2001 nochmals ein Zwergseeschwalben-Paar am Südwestufer des Illmitzer Zicksees und erbrütete dort zwei Jungvögel, die jedoch nicht flügge wurden [18].

Von dieser Einzelbrut abgesehen ist die Zwergseeschwalbe seit den 1960er Jahren ein sehr seltener Durchzügler. Die Anzahl der Nachweise und auch die Beständigkeit des Auftretens haben sich seit 1966 aber wieder erhöht. Das ist zum Teil sicherlich auf die vor allem rezent ab 2013 erhöhte Meldefrequenz durch ornitho.at zurückzuführen, zum Teil aber auch auf Verbesserungen der Lebensraumbedingungen durch die Beweidung. Von 1966 bis 1990 wurden 27 Beobachtungen aus 17 Jahren gemeldet [2], 1991 bis 2011 waren es 88, alljährliche Nachweise [2]. Seit 2014 hat die Zahl der Meldungen stark zugenommen, was zum Teil jedoch auch auf Vögel zurückzuführen ist, die längere Zeit im Gebiet verweilten. Während 2013 keine Beobachtung gelang, waren es 2014–2019 insgesamt 573. Die, mit drei Ausnahmen, immer einzeln auftretenden Vögel verweilten öfter für einige Tage, seltener auch 1–2 Wochen. Besondere Erwähnung bedarf der mehrmonatige Aufenthalt einer, später sogar 2–3 Zwergseeschwalben im Jahr 2017 vom 17.5. bis 3.8. [3]. Bis auf einen Alt- und einen Jungvogel, die sich 2018 vom 24.7. bis 6.8. im Seewinkel aufhielten, wurden immer nur adulte Zwergseeschwalben festgestellt [3].

Auf ungarischer Seite gab es in den Jahren 1991–2011 26 Nachweise und mit einer Pause im Jahr 2013 kamen zwischen 2014 und 2019 nochmals sechs Beobachtungen hinzu [19,20].

Jahreszeitliches Auftreten

Das Auftreten der Zwergseeschwalbe entspricht nach wie vor eher dem eines Brutvogels als dem eines Durchzüglers. Die ersten Vögel können in Österreich bereits in der zweiten Hälfte des Aprils auftauchen, die frühesten Nachweise gelangen von 19. bis 23. April. Danach ist die Präsenz bis Ende August gleichbleibend, wobei das Auftreten jährlich in weiten Grenzen schwankt, vom völligen Ausbleiben in den Jahren 2012 und 2013 bis zur fast durchgehenden Anwesenheit im Jahr 2017. Die letzten Vögel verbleiben bis Ende August/Anfang September, mit den letzten Nachweisen in Österreich am 9. und 10.9. in den Jahren 1987, 2007 und 2017 [2,3] sowie noch etwas späteren Meldungen aus Ungarn vom 12.–16.9.2006 aus Mekszikópuszta (1 dj. am Borsodi-dűlő) bzw. vom 21.–23.9.2008 aus Mekszikópuszta (1 ad. am Nyéki-szállás) [20].

Quellen: [1] *Glutz von Blotzheim & Bauer (1982),* [2] *Archiv BirdLife Österreich,* [3] *www.ornitho.at,* [4] *J. Natterer in Marschall & von Pelzeln (1882),* [5] *Fászl (1883),* [6] *von Dombrowski (1889),* [7] *von Madaraz (1891) zit. in Zimmermann (1943),* [8] *Schenk (1917a),* [9] *Steinfatt (1936),* [10] *Koenig (1936) zit. in Zimmermann (1943),* [11] *Koenig (1939),* [12] *Seitz (1942),* [13] *Zimmermann (1943),* [14] *Bauer et al. (1955),* [15] *Buchebner (1955),* [16] *H. Schneider/ABÖ,* [17] *Festetics & Leisler (1970),* [18] *Laber (2001),* [19] *www.birding.hu,* [20] *Archiv FHNP*

Michael Dvorak & Tibor Hadarics

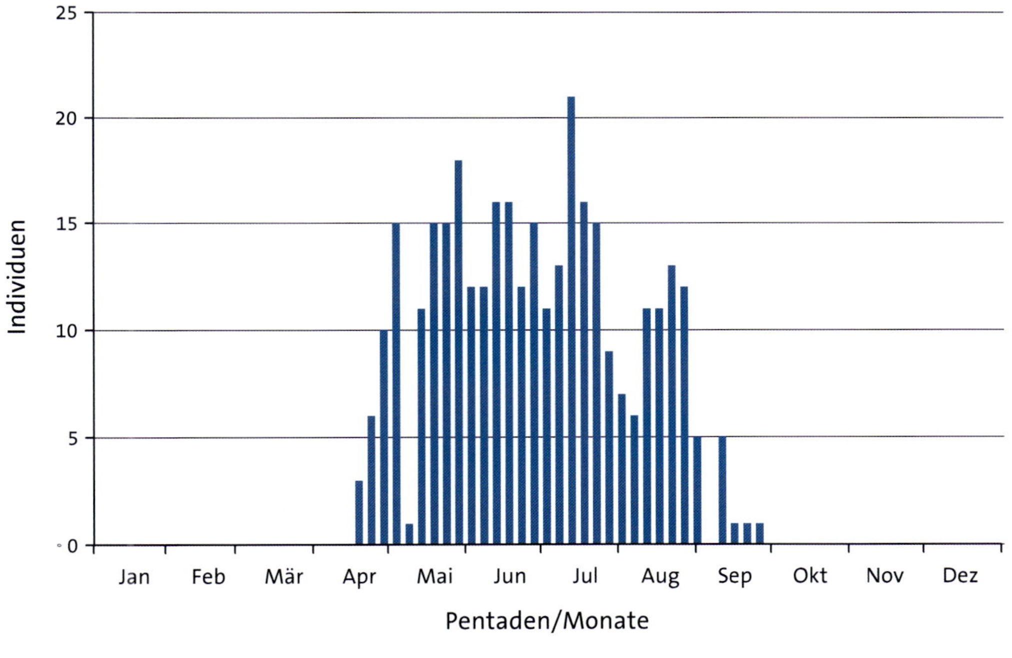

Jahreszeitliches Auftreten der Zwergseeschwalbe (Pentadensummen gemeldeter Individuen) in Österreich und Ungarn basierend auf Daten aus den Jahren 1966–2019 (n = 335) [2,3,19,20].

Rosenseeschwalbe *Sterna dougallii* Montagu, 1813

Rózsás csér – Roseate Tern

Ausnahmeerscheinung

Vorkommen

Ein Nachweis dieser im europäischen Binnenland extrem seltenen Seeschwalbenart:

- 9.–10.5.1954 Neusiedler See bei Podersdorf, 1 ad. (K. Bauer, E. Freundl, H. Freundl u. a.[1,2])

Quellen: [1] *Bauer & Freundl (1955b)*, [2] *Albegger & Laber (2016)*

Andreas Ranner

Flussseeschwalbe *Sterna hirundo* Linnaeus, 1758

Küszvágó csér – Common Tern

Darscho, Apetlon, 20.7.2014 (Michael Dvorak)

Häufiger Brutvogel der Lacken, unregelmäßig auch im Schilfgürtel des Neusiedler Sees; seltener Durchzügler

Verbreitung und Lebensraum

Die Flussseeschwalbe besiedelt im europäischen Binnenland größere Still- und Fließgewässer mit Kies- und Schotterinseln sowie vegetationsarmen oder -losen Ufern und Inseln. Das Neusiedler See-Gebiet, ist das einzige Brutgebiet in Österreich, in dem die Flussseeschwalbe noch fast ausschließlich auf natürlichen Brutplätzen vorkommt. Die stark schwankenden Wasserstände schaffen hier an den Lacken immer wieder geeignete Brutmöglichkeiten an den Ufern: bei hohen Wasserständen entstehen Inseln durch Überflutung von Uferpartien, bei niederen Wasserständen tauchen neue Inseln auf. Bei tiefem Wasserstand fallen die Brutinseln aber fast immer bereits früh in der Brutsaison wieder trocken, erfolgreiche Bruten sind an diesen Stellen eher selten. Ab 2002 kam es im Schilfgürtel zu Bruten auf Flächen, die durch unsachgemäße Mahd geschädigt wurden und wo abgestorbene Schilfhorste und abgelagerte Rhizome die Nestunterlage bildeten. An anderen Stellen gab es Bruten auf Hügeln aus Schlamm und Schilfrhizomen, die bei der Ertüchtigung von Schilfkanälen abgelagert wurden. Die Tatsache, dass die Flussseeschwalben in den Jahren ausgesprochener Trockenheit, wenn im Seewinkel geeignete Brutplätze Mangelware waren, in den Schilfgürtel auswichen und hier geeignete, sichere Brutplätze fanden, zeigt deutlich die Flexibilität der Art bei der Brutplatzwahl. Es zeigt sich auch, dass bei der derzeit hohen Wasserstandsdynamik im Neusiedler See-Gebiet kein Bedarf besteht, künstliche Nisthilfen anzulegen[1,2].

Bestand und Bestandsentwicklung

Die Flussseeschwalbe war den Autoren der zweiten Hälfte des 19. Jahrhundert als häufiger Brutvogel bekannt: So war sie in den 1860ern ein *„gemeiner Standvogel"*[3], Faszl[4] fasste sich für die 1880er kurz und schrieb *„ist sie immer noch"* und 1885 beschrieben Fournes und Reiser eine Brutkolonie auf einer Insel im St. Andräer Zicksee, die laut dem Revierjäger ungefähr 100 Nester mit Eiern umfasste[5]. Mitte der 1930er Jahre brütete die Flussseeschwalbe am „Hoanzl-Riegel", einer Schotterinsel im Neusiedler See, 1934 wurden hier 56 Gelege gezählt. Weitere Brutplätze lagen am, damals noch unverbauten und schilffreien, Podersdorfer Strand und an der Langen Lacke[6]. Anfang der 1940er Jahre gab es nur an der Langen Lacke und am Illmitzer Zicksee Brutkolonien, die Inseln im Neusiedler See waren aufgrund der hohen Wasserstände damals überflutet. An der Langen Lacke brüteten 1940 120–130 Paare, 1942 waren es im Seewinkel sogar mindestens 180 Brutpaare[7]. 1951 brütete der Großteil des Bestandes (120 Paare) am Illmitzer Zicksee, 1953 wurden an der Langen Lacke sogar 220 Paare gezählt[8]. Mitte der 1960er Jahren wurde der Brutbestand mit 150–180 Paaren angegeben, die vorwiegend an der Langen Lacke und am Illmitzer Zicksee brüteten[9]. Danach ist es im Verlauf der 1970er zu einem deutlichen Rückgang gekommen, für die Jahre 1978–1981 wurde der Bestand auf nur mehr ca. 60 Paare geschätzt, von 1982–1993 verblieb die Zahl der Brutpaare auf diesem niedrigen Niveau mit durchschnittlich 50–60 Paaren, in manchen Jahren nur 30–40[1,10,11].

Ab Mitte der 1990er Jahre war wieder ein zunehmender Trend zu verzeichnen mit im Mittel 70 Brutpaaren in den Jahren 1995–2000, 75 in den Jahren 2001–2005 und sogar 123 von 2006–2010[1]. Im folgenden Jahrzehnt drückten einige schlechtere Jahre (2013 mit 50, 2017 mit 35 Paaren) das Fünfjahres-Mittel wieder auf zweimal 108 Brutpaare, in diesen Zeitraum fallen aber andererseits auch die Maxima der letzten 50 Jahre mit 155 Paaren im Jahr 2011 und 167 im Jahr 2019[2], wobei in diesem Jahr erstmals der gesamte Flussseeschwalben-Brutbestand des Neusiedler See-Gebietes wieder im zentralen Seewinkel gebrütet hat.

In den Jahren mit niedrigem Wasserstand (als Maß für den Wasserstand wurden dabei die mittleren Pegelstände des Neusiedler Sees im Monat Juni gewertet, welche unter 115,50 m als „niedrig", über 115,50 m als „hoch" klassifiziert wurden) kam es ab 2002 wiederholt zu Bruten im Schilfgürtel[2]. Brutkolonien bestanden am Westufer nördlich des Mörbischer Seedamms, am Ostufer bei der Hölle und südlich des Illmitzer Seedamms. Eine Kolonie auf Höhe des Mittleren Stinkersees umfasste 2005 93 Brutpaare. Auch in den folgenden Jahren mit niedrigen

Wasserständen brüten die Flussseeschwalben mit wechselndem Bruterfolg vermehrt im Schilfgürtel. 2007 brüteten maximal 41 Brutpaare im Schilfgürtel bei Mörbisch, 2017 maximal 35 und 2018 maximal 53 auf Schlamminseln im Schilfgürtel bei Oggau. Nur ausnahmsweise brüten Flussseeschwalben auch in Jahren mit hohen Wasserständen im Schilf: auf durch Aushub künstlich entstandenen kleinen Inseln waren es 2008 maximal 43, 2014 maximal sieben und 2016 maximal 48 Brutpaare, leider meist ohne oder nur mit geringem Bruterfolg[2].

Im ungarischen Teil war die Flussseeschwalbe bis 1990 nicht als Brutvogel bekannt[13]. Die ersten Brutmöglichkeiten wurden durch das anhand der Erfahrungen des Jahres 1983 mit hohem Wasserstand[14] geplante Renaturierungsgebiet Mekszikópuszta geschaffen[15]. 1990 brüteten hier erstmals 27 Paare am Rand einer Lachmöwenkolonie. Seither brütete die Art nicht alljährlich, der maximale Brutbestand erreichte 70 Paare im Jahr 2014[16]. Es wurde versucht, das Brutvorkommen durch Mähen der Inseln im Winter oder durch Bereitstellen von künstlichen Brutinseln in Form von Heuballen zu fördern. 2015 brüteten bei Fertőboz im Neusiedler See zwei Paare auf Büschen der Strand-Teichbinse erfolgreich unter Lachmöwen[17]. 2016 wurden zwei Nester auf Dämmen neben ertüchtigten Kanälen bei Fertőrákos gefunden[17]. Solche vereinzelten Nester oder sogar Kolonien können in den unzugänglicheren Teilen des Schilfgürtels unbemerkt bleiben. In Jahren ohne Bruten werden zur Zugzeit selten mehr als einige zehn Individuen gezählt, die höchste Zahl betrug jedoch 151 Exemplare am 20.6.2013 im Borsodi-dűlő bei Mekszikópuszta[18].

Jahreszeitliches Auftreten

Die ersten Flussseeschwalben treffen in den ersten April-Tagen ein, der Median der Erstbeobachtungen im Zeitraum 2011–2019 ist der 3. April[19], die früheste Beobachtung gelang am 25.3.2019 im Seebad Breitenbrunn[20]. In der Regel werden die Kolonie-Standorte in der letzten Woche des Aprils bezogen. Je nach Verlauf (Anzahl der Ersatzbruten, Umsiedelungen) kann sich die Brutsaison von Anfang Mai bis in den August hinein erstrecken. Der Abzug erfolgt sehr rasch im Laufe des August, bereits im September gelingen nur mehr wenige Beobachtungen, überwiegend von einzelnen Vögeln oder kleineren Trupps[19]. Die späteste Beobachtung wurde am 25.9.2017 von der Warmblutkoppel Illmitz gemeldet[21].

Die zum Teil hohen Tagesmaxima im Juni und Juli sind, neben Zählungen in den Kolonien, meist auf größere nachbrutzeitliche Ansammlungen von adulten und flüggen Vögeln in der Nähe des jeweiligen Brutplatzes zurückzuführen, wenn sich oft über mehrere Tage hinweg der Gesamtbestand einer Kolonie versammelt. Die mit 323 Individuen (243 ad., 80 juv.) größte gemeldete Gruppe hielt sich am 22.6.2010 am Südlichen Stinkersee auf[22]. Solche Sammelplätze liegen meist auf Schlämmbänken, auf denen die teilweise auch noch nicht vollständig flüggen Jungvögel, vor Prädatoren geschützt, gefüttert werden: Traditionell genutzte Stellen liegen an der Langen Lacke, der Przewalski-Koppel, an der Illmitzer Warmblutkoppel, den Wasserstätten und der Graurinderkoppel und bei niedrigen Wasserständen auch im Bereich der Seebäder, bevorzugt in Illmitz, Breitenbrunn, Rust und Mörbisch.

Zugverhalten und Ringfunde

Flussseeschwalben sind Weitstreckenzieher, die an den Küsten Südamerikas und im östlichen und südöstlichen Afrika überwintern. Zwei Ringfunde junger, im Neusiedler See-Gebiet beringter Exemplare belegen deren Überwinterung an der ostafrikanischen Küste. Ein 1969 im Nest beringter Jungvogel wurde am 21.4.1970 in Tansania aufgefunden, ein weiterer 1979 beringter am 15.7.1980 in Kenia. Die meisten der anderen Wiederfunde von in den Jahren 1962 bis 1969 in Österreich beringten Jungvögeln stammen aus benachbarten Brutgebieten in Ungarn, nur wenige aus der Slowakei, Kroatien, Rumänien, Tschechien und Italien[23]. Am 16.4.2018 wurde ein drei Jahre zuvor in Israel (Altit. 2.255 km) am Herbstzug mit einem Farbring markierter, adulter Vogel im Borsodi-dűlő (Mekszikópuszta) abgelesen. Im Juli 2015 wurde ein zwei Jahre zuvor am selben Ort als Jungvogel markiertes Exemplar nahe zum Beringungsort identifiziert. Der Ring eines bei Mocsa (100 km) 2015 als Jungvogel gekennzeichneten Exemplars wurde am 8.8.2019 in Mekszikópuszta abgelesen[24].

Quellen: *[1] Wendelin (2010), [2] B. Wendelin, unpubl. Daten, [3] Jukovits (1864/65), [4] Fászl (1883), [5] Fournes (1886), [6] Seitz (1942), [7] Zimmermann (1943), [8] Bauer et al. (1955), [9] Festetics & Leisler (1970), [10] Triebl (1990), [11] Dvorak (1994), [12] Steiner (1995), [13] Kárpáti (1993), [14] Kárpáti (1988), [15] Pellinger (2001), [16] Archiv FHNP, [17] S. Mogyorósi, unpubl. Daten, [18] Pellinger & Hadarics (2020a), [19] www.ornitho.at, [20] A. Ranner/ornitho.at, [21] I. Horváth/ornitho.at, [22] M. Dvorak/ornitho.at, [23] Österreichische Vogelwarte, unpubl. Ringfunde, [24] Vogelberingungszentrale BirdLife Ungarn, unpubl. Ringfunde*

Beate Wendelin & Attila Pellinger

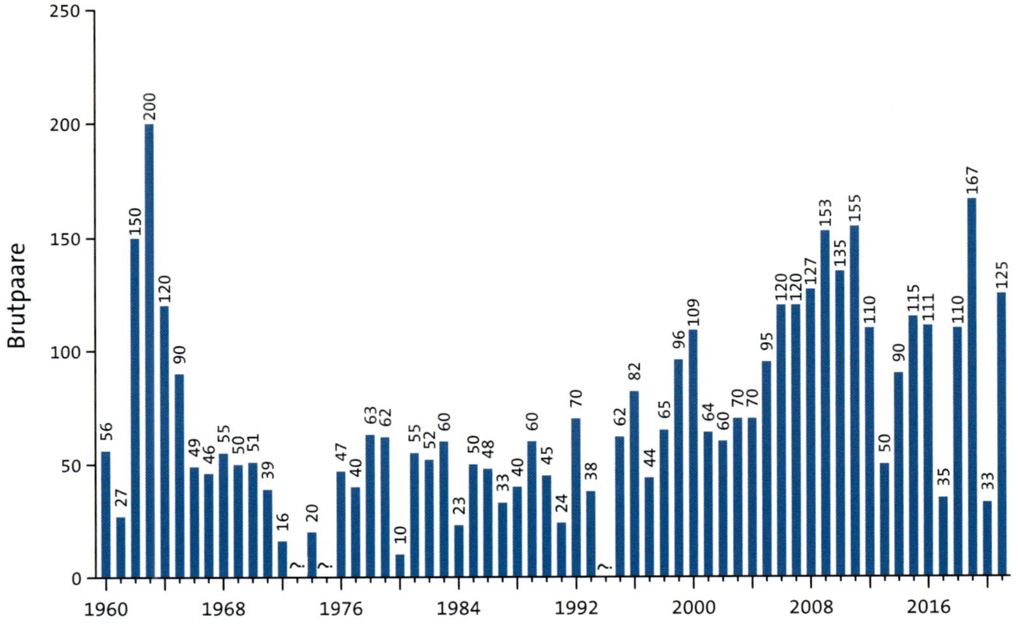

Bestandsentwicklung der Flussseeschwalbe in Österreich in den Jahren von 1960–2021[1,2].

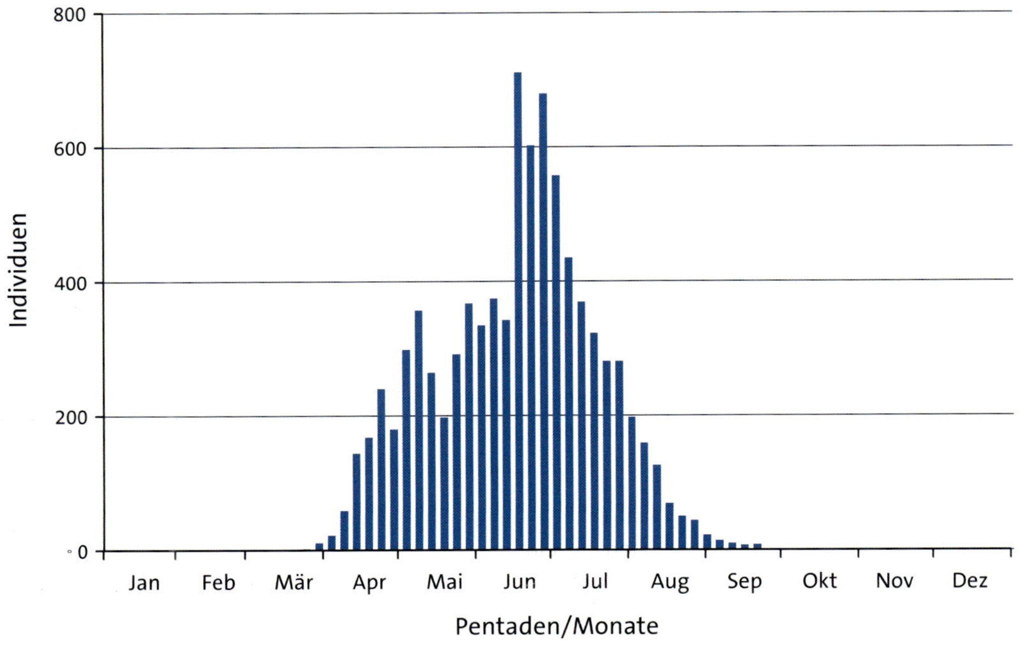

Jahreszeitliches Auftreten der Flussseeschwalbe (Summe der Pentadenmaxima) in Österreich in den Jahren von 2011–2020 (n = 8.593)[19].

Küstenseeschwalbe *Sterna paradisaea* Pontoppidan, 1763

Sarki csér – Arctic Tern

St. Andräer Zicksee, 24.10.2021 (Belegfoto Bernhard Zens)

Unregelmäßiger Durchzügler; überwiegend im Frühjahr zwischen Anfang April und Anfang Juni

Vorkommen

Bis Ende 2021 wurden 37 Nachweise der Küstenseeschwalbe im Neusiedler See-Gebiet erbracht. In der Regel wurden Küstenseeschwalben einzeln angetroffen, gelegentlich zwei gemeinsam. Am 1.5.2008 wurden drei Altvögel an der Lettengrube beobachtet[1]. Die Verweildauer betrug meist nur einen Tag, seltener zwei, ausnahmsweise auch vier. Deutlich länger, nämlich 10 Tage hielten sich 1–2 Küstenseeschwalben von 7.–16.5.2005 am Borsodi-dűlő bei Mekszikópuszta auf[2]. Ebenfalls 1–2 Vögel wurden von 18.–28.5.2021 über einen Zeitraum von 11 Tagen auf den Habitatrekonstruktionsflächen bei Mekszikópuszta beobachtet[3], wobei es sich bei einer Küstenseeschwalbe, die am 22.5. und von 27.–30.5.2021 am Oberen Stinkersee dokumentiert wurde[4], um einen dieser Vögel gehandelt haben könnte, was eine Gesamtaufenthaltsdauer von 13 Tagen ergeben würde.

Frühere Angaben zum Auftreten der Küstenseeschwalbe im Neusiedler See-Gebiet fehlen weitestgehend. Für das 19. Jahrhundert wurde beschrieben, dass die Küstenseeschwalbe in den Herbstmonaten mit Flussseeschwalben vergesellschaftet, aber selten aufgetreten sei[5] (in den beiden anderen bei Zimmermann[6] offenbar irrtümlich genannten Quellen ist die Art nicht erwähnt). Dies kann mangels Beleg und angesichts der schwierigen Unterscheidung der beiden Arten aber nicht als ausreichend gesichert gelten und entspricht auch nicht dem heute bekannten phänologischen Auftreten der Art mit einem deutlichen Schwerpunkt im Frühjahr. Tatsächlich dauerte es bis in das späte 20. Jahrhundert, dass der Zug der Küstenseeschwalbe durch das mitteleuropäische Binnenland ausreichend dokumentiert wurde[7, 8]. Dabei könnte es sich um Vögel handeln, die von den antarktischen Überwinterungsquartieren auf einer Route über den westlichen Indischen Ozean und weiter durch den Nahen Osten und Binnenland-Europa ihre arktischen Brutgebiete ansteuern (vgl. Bourne & Casement[9]).

Die ersten Nachweise für Österreich bzw. für Ungarn wurden erst in den Jahren 1979 (Saazer Teich/Steiermark[10]) bzw. 1991 (Szegedi-Fertő/Csongrád[11]) erbracht. Im Neusiedler See-Gebiet erfolgte die erste anerkannte Beobachtung dann am 29.7.1993, sie betraf einen Altvogel bei Mekszikópuszta[12]. Das war der Auftakt für weitere, fast alljährliche Beobachtungen. Aus dem Zeitraum 1993 bis 2021 liegen Nachweise aus insgesamt 17 Jahren vor. Küstenseeschwalben wurden vor allem auf den Lacken und Koppeln entlang des Ostufers des Neusiedler Sees, auf den ungarischen Habitatrekonstruktionsflächen sowie am See selbst angetroffen. Von den Lacken im zentralen Seewinkel liegen hingegen nur sieben Nachweise vor.

Jahreszeitliches Auftreten

Von den 37 dokumentierten Nachweisen entfallen 25 auf die Zeit des Frühjahrszugs zwischen erster April- und erster Junidekade. Die jahreszeitlich früheste Beobachtung betraf einen Vogel am 7.4.2000 am Neusiedler See vor dem Seebad Breitenbrunn[13]. Eine starke Häufung von Meldungen in den ersten Maitagen ist vermutlich teilweise durch die um diese Zeit erhöhte Beobachterdichte bedingt. Von Mitte Juni bis Ende Juli liegen vereinzelte Meldungen vor, die sich wohl mindestens zum Teil auf noch nicht brutreife Herumstreifer beziehen, wie etwa ein immaturer Vogel am 24.7.2017 am Borsodi-dűlő bei Mekszikópuszta[14] und ein vorjähriger Vogel am 26.7.2021 im Seebad Illmitz[15]. Anfang August schließt daran fast nahtlos der nur sehr schwach ausgeprägte, vermutlich aber auch teilweise übersehene Herbstzug an. Aus den Monaten August bis Oktober gibt es sechs Nachweise, wobei sechs der sieben darin involvierten Vögel diesjährig waren. Ein Jungvogel am 24.10.2021 am St. Andräer Zicksee[16] stellt den jahreszeitlich bisher spätesten Nachweis dar.

Quellen: [1] *T. Hochebner, M. Hochebner, M. Kriechbaum u. a. in Ranner & Khil (2011),* [2] *M. Riesing, T. Hadarics, D. Bogyó u. a. in MME Nomenclator Bizottság (2008b),* [3] *T. Hadarics, A. Pellinger, Zs. Fábiánné u. a./www.birding.hu,* [4] *W. Forstmeier, L. Jerabek, A. Foki u. a./www.birdlife-afk.at,* [5] *Fászl (1883),* [6] *Zimmermann (1943),*

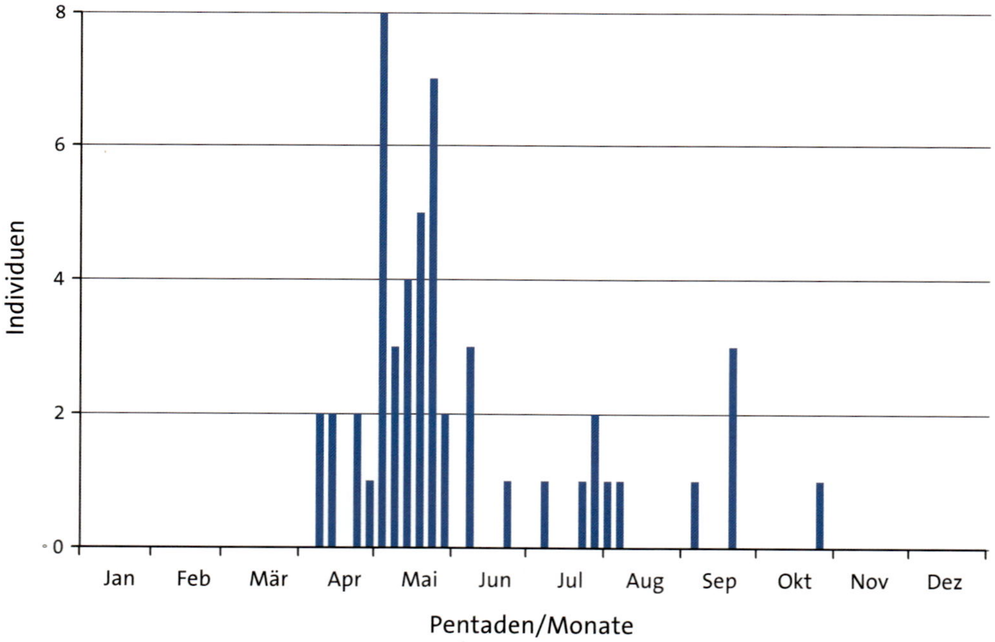

Jahreszeitliches Auftreten der Küstenseeschwalbe (Pentadensummen gemeldeter Individuen) in Österreich und Ungarn basierend auf Daten aus den Jahren 1993-2021 (n = 51)[1-4, 12-32].

[7] Barthel (1991), [8] tawicki & Stawarczyk (2011), [9] Bourne & Casement (1996), [10] Haar et al. (1983), [11] Nagy (1992), [12] Pellinger (1993b), [13] A. Ranner in Ranner (2003), [14] T. Hadarics, A. Pellinger in MME Nomenclator Bizottság (2020), [15] F. Reiter/www.birdlife-afk.at, [16] J. Hohenegger, B. Zens/www.birdlife-afk.at, [17] Magyar (1997), [18] Ranner (2002), [19] Ranner (2003), [20] MME Nomenclator Bizottság (2001), [21] Ranner & Khil (2009), [22] MME Nomenclator Bizottság (2006c), [23] Ranner & Khil (2011), [24] Khil & Albegger (2014), [25] MME Nomenclator Bizottság (2011b), [26] MME Nomenclator Bizottság (2013), [27] MME Nomenclator Bizottság (2016a), [28] Albegger & Khil (2016), [29] Albegger & Brader (2018), [30] MME Nomenclator Bizottság (2020), [31] www.birding.hu, [32] www.birdlife-afk.at

Andreas Ranner & Tibor Hadarics

Weißbart-Seeschwalbe *Chlidonias hybrida* (Pallas, 1811)

Fattyúszerkő – Whiskered Tern

Fuchslochlacke, Apetlon, 20.6.2015 (Michael Dvorak)

Unregelmäßiger Brutvogel bei hohen Wasserständen und regelmäßiger Durchzügler von Mitte April bis Mitte September

Verbreitung und Lebensraum

Die Weißbart-Seeschwalbe brütet an nährstoffreichen, stehenden Gewässern der Niederungen. Die Brutplätze liegen üblicherweise an Stellen mit tieferem Wasser und offenen Wasserflächen im Röhricht. Der Brutplatz selbst sollte bestenfalls schütter mit Halmen bestanden sein und entweder ausgedehnte Schwimmblattfluren, schwimmende Rasen oder untergetauchte Matten aus verschiedenen Wasserpflanzen aufweisen, auf denen die Nester gebaut werden. Brutplätze können jedoch auch dort angelegt werden, wo z.B. durch Viehtritt ausgerissene Blätter und Halme kreuz und quer übereinander liegen[1]. Im Seewinkel war die Neufeldlacke das erste und am häufigsten genutzte Brutgewässer, es wurde in fünf der sechs Jahre, in denen das Brutvorkommen bestand, besiedelt. Die Lacke grenzt an den Stall der Apetloner Viehherde, wurde daher immer wieder von Rinderherden durchquert und entsprach somit, mit Ausnahme der Wassertiefe – im Koloniebereich maximal 30 cm, öfters weniger – der oben skizzierten Situation[2]. Alle übrigen Brutstandorte wurden nur jeweils einmalig genutzt: Apetloner Meierhoflacke (2013), Martenthau (2014) und Xixsee (2016) sowie sechs weitere Kolonie-Standorte im Ausnahmejahr 2015: Götschlacke, Stundlacke, Hottergrube, Illmitzer Haidlacke, Lange Lacke Nord und Szerdahelyer Lacke[2]. Allen diesen Brutplätzen war gemeinsam, dass die Kolonien in sehr schütter bewachsenen Schilfbereichen mit beigemischter niedriger Verlandungsvegetation (*Juncus* sp., *Schoenoplectus* sp., *Bolboschoenus maritimus*) lagen, entweder am Rand eines geschlossenen Schilfbestands oder auf einer Freifläche innerhalb des Schilfbestands. Die Nester waren auf umgebrochene und herbeigetragene Pflanzenhalme und -blätter aufgesetzt, wobei an einigen Standorten Matten aus starkem Grünalgen-Bewuchs zusätzlich als Träger für die Nester dienten. Durchziehende Weißbart-Seeschwalben zeigen kaum eine Bevorzugung bestimmter Gewässer. Zur Nahrungssuche nutzen sie, anders als am Brutplatz, größere offene und nicht bewachsene Wasserflächen. Die 10 am häufigsten genutzten Gebiete decken insgesamt nur 56,2 % aller Meldungen ab. Die drei wichtigsten Gewässer sind die Warmblutkoppel (10,8 %), die Westliche Wörthenlacke (9,8 %) und der St. Andräer Zicksee (9,2 %), mit Abstand gefolgt von Darscho (5,8 %), Sandeck (4,5 %) und dem Seebad Illmitz (4,2 %)[3,4].

Bestand und Bestandsentwicklung

Für die Mitte der 1880er Jahre schrieb von Dombrowski[5] zum Vorkommen der Art: *„Einzelne Paare brüten in den grossen Colonien von H. nigra und St. Anglica“*. Dabei handelte es sich womöglich um eine etwas optimistische Annahme, die durch weitere diesbezügliche Nachweise und Angaben der anderen, im späten 19. Jahrhundert tätigen Vogelkundler nicht gestützt wurde. 20 Jahre später gelang Schenk[6] nur eine einzige Beobachtung. Wenn er schrieb, dass die Art *„hier früher Brutvogel war“*, bezog er sich vermutlich auf von Dombrowskis Aussage. Aus darauffolgenden Jahrzehnten wurden keine weiteren Beobachtungen bekannt, auch nicht aus den Perioden intensiverer ornithologischer Bearbeitung in den frühen 1940er[7] und 1950er Jahren[8]. Koenig[9] führte die Art dann, ohne weitere Angaben, als *„seltenen Gast“* an. Für Ende der 1960er Jahre wurde die Weißbart-Seeschwalbe als „regelmäßiger“ Durchzügler eingestuft, der jedoch nicht alljährlich zu beobachten sei. Im Mai 1968 weckten allerdings am Ostufer des Neusiedler Sees drei mit Nistmaterial fliegende Paare Brutverdacht[10]. Das unregelmäßige Auftreten bestätigen auch die im Archiv von BirdLife Österreich abgelegten Daten, denn von 1966 bis 1991 liegen keine alljährlichen Meldungen vor[3].

Bezeichnenderweise kam es im Hochwasserjahr 1977 zu einer Häufung an Meldungen im Mai, die in der Beobachtung von 12 Exemplaren am 20.5.1977 an der Langen Lacke gipfelte[11]. Ab 1986 war die Art dann mit Ausnahme ausgesprochener Trockenjahre (1990/91) alljährlicher Gast im Gebiet. Bei Mekszikópuszta brüteten 1990 sogar zwei Paare in den Biotoprekonstruktionen[12]. Bei durchgehend hohen Wasserständen, zwischen 1995 und 2000, nahm in der Folge auch die Zahl der Beobachtungen der Weißbart-Seeschwalbe stark zu[13]. Die Hochwasserjahre 1996 und 1997 erbrachten einen Einflug brutwilliger Paare. Im Jahr 1996 baute ein Paar ein Nest im Westteil der Langen Lacke, gab dieses jedoch wieder auf[14]. Als im selben Frühjahr der Ringdamm des Sees brach, gab es im südlichen Seewinkel im Neudegg und bei Mekszikópuszta großflächige Überschwemmungen. Am 25.5.1996 brüteten 19 Paare auf ungarischer Seite[13], am 1.6. wurden 75 Vögel bei Nestbau und Kopula auf österreichischer Seite entdeckt[15]. Nachdem dieser Brutplatz eine Woche später verlassen wurde, etablierte sich am nahe gelegenen Borsodi-dűlő eine Brutkolonie mit zuletzt 44 Paaren am 7.7. und mindestens 25 flüggen Jungvögeln Ende Juli[13]. Auch 1997 kam es Mitte Mai zu einem Ansiedlungsversuch von 4–6 Paaren an der Langen Lacke[16], der aber – wie schon im Vorjahr – erfolglos blieb[13]. Im Jahr 2009 gelang an der Neufeldlacke der erste Nachweis einer erfolgreichen Brut der Weißbart-Seeschwalbe in Österreich, 40–50 Brutpaare brachten mindestens 61 Pulli zum Ausfliegen[13]. Von 2011–2014 gab es, mit Ausnahme von 2012, ein alljährliches Brutvorkommen. Im Jahr 2011 waren es 50–60 Paare mit mehr als 12 Jungvögeln an der Neufeldlacke[2,13]. Im Jahr 2013 wurden 84–88 Nester an der Neufeldlacke und 35 an der Apetloner Meierhoflacke mit gutem Bruterfolg und insgesamt 109 flüggen Jungvögeln registriert[2,13]. Im trockenen Jahr 2014 machten mehr als 21 Paare einen Brutversuch in einer überschwemmten Seggenwiese im Bereich der Martenthaulacke bei Apetlon, ein Bruterfolg bleib jedoch aus [2,13].

Das Hochwasserjahr 2015 brachte hingegen einen Rekordbestand von erstaunlichen 301 Brutpaaren in sieben Brutkolonien und einem Mindestbruterfolg von 136 flüggen Jungvögeln [2,13]. Das Jahr 2016 begann vielversprechend, denn am 13.5. wurde mit 280 Exemplaren der größte, jemals im Gebiet registrierte Trupp auf einem Schlafplatz an der Langen Lacke entdeckt [17]. Tatsächlich brüteten dann allerdings nur 46 Paare an der Neufeldlacke und 20 am Xixsee, wobei nach der weitgehenden Zerstörung der Kolonie an der Neufeldlacke durch die Rinderherde der Bruterfolg mit drei Jungvögeln minimal blieb [2]. Seitdem tritt die Weißbart-Seeschwalbe zwar nach wie vor jedes Jahr, allerdings in abnehmender Zahl im Seewinkel auf, und es kam zu keinen weiteren Brutversuchen [2].

Die Anzahl der in Mekszikópuszta durchziehenden Weißbart-Seeschwalben schwankt stark von Jahr zu Jahr, in der ersten Hälfte der 1990er Jahre war die Art wie in Österreich noch ausgesprochen selten [18]. Nach den zwei Jahren mit Brutvorkommen (1996 und 1997) gab es einen Anstieg der Individuenzahl, die aber nach der Jahrtausendwende 70 Individuen nicht mehr überschritt [19]. In wesentlich größerer Zahl von bis zu 300 Exemplaren tritt die Weißbart-Seeschwalbe hingegen in den Biotoprekonstruktionen im Hanság (Osli-Hany und Nyirkai-Hany) auf, wo sie in mehreren Jahren auch gebrütet hat [13,20].

Jahreszeitliches Auftreten

Die Weißbart-Seeschwalbe ist in der Regel von Mitte April bis in den Spätsommer zwischen Ende August und Mitte September im Gebiet anzutreffen. Der Median der Erstankunft liegt in den Jahren 2011–2019 am 21. April. In Jahren ohne Brutvorkommen halten sich durchziehende Vögel bis ca. 20. Mai im Gebiet auf.

Zugverhalten und Ringfunde

Die in der Westpaläarktis brütenden Weißbart-Seeschwalben überwintern in Afrika südlich der Sahara in der Sahel- und Savannenzone, in den letzten Jahrzehnten zunehmend jedoch auch in an den Küsten des östlichen Mittelmeers gelegenen Feuchtgebieten [1]. Ein am 8.8.2016 in Südpolen mit einem Farbring markierter Vogel wurde drei Monate später am 9.11.2016 in Mekszikópuszta abgelesen [21].

Quellen: *[1] Glutz von Blotzheim & Bauer (1982), [2] B. Wendelin, unpubl. Daten, [3] Archiv BirdLife Österreich, [4] www.ornitho.at, [5] Dombrowski (1889), [6] Schenk (1917a), [7] Zimmermann (1943), [8] Bauer et al. (1955), [9] Koenig (1961), [10] Festetics & Leisler (1970), [11] R. Triebl/ABÖ, [12] Kárpáti (1991), [13] Dvorak et al. (2010), [14] A. Ranner, E. Karner-Ranner, M. Craig/ABÖ, [15] J. Laber/ABÖ, [16] A. Ranner, E. Karner-Ranner, M. Riesing/ABÖ, [17] M. Dvorak, unpubl. Daten, [18] Pellinger (1995b), [19] Pellinger & Hadarics (2020a), [20] S. Tatai, unpubl. Daten, [21] Vogelberingungszentrale BirdLife Ungarn, unpubl. Ringfunde*

Michael Dvorak & Attila Pellinger

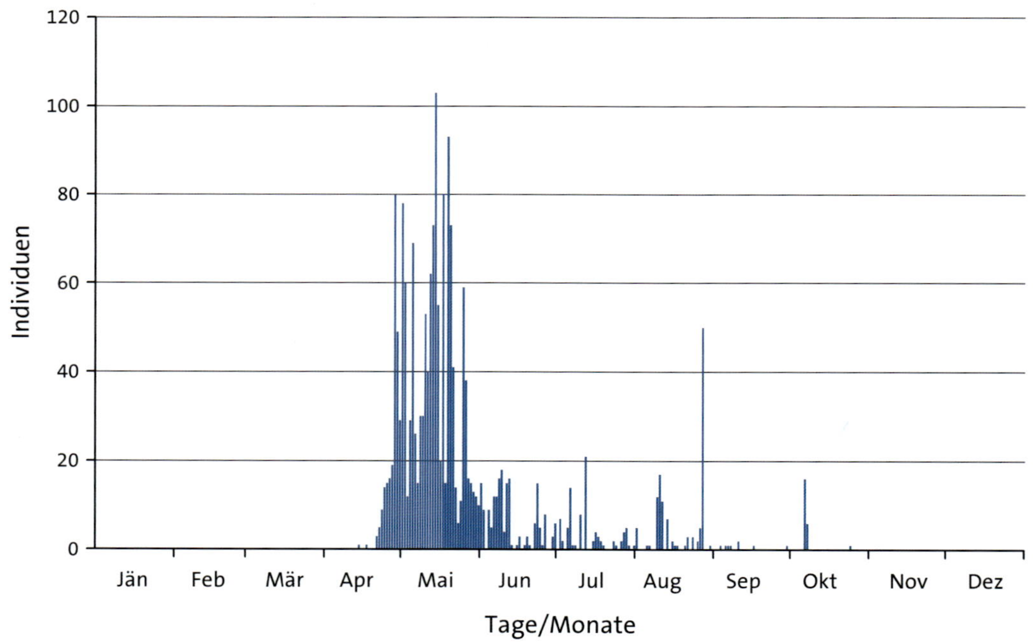

Jahreszeitliches Auftreten der Weißbart-Seeschwalbe (Tagessummen gemeldeter Individuen) basierend auf Daten aus Österreich aus den Jahren 1966–2019 (n = 1.918) [3,4]. Daten aus Jahren mit Brutvorkommen wurden nicht berücksichtigt.

Weißflügel-Seeschwalbe *Chlidonias leucopterus* (Temminck, 1815)

Fehérszárnyú szerkő – White-winged Tern

> Überwiegend Frühjahrsdurchzügler von Ende April bis Ende Mai und vereinzelt von Anfang Juni bis Anfang August

Verbreitung und Lebensraum

Langfristig gesehen stammen die meisten Nachweise der Weißflügel-Seeschwalbe von den drei größten Gewässern: der Langen Lacke (22 % aller Meldungen), dem Illmitzer Zicksee (16,8 %) und dem St. Andräer Zicksee (9,6 %). Diese drei Lacken werden auch am regelmäßigsten von der Art genutzt. Es gibt Nachweise aus 36 von 54 Jahren von der Langen Lacke, aus 32 Jahren vom Illmitzer Zicksee und aus 21 Jahren vom St. Andräer Zicksee. In den letzten Jahren wurde sie aber auch regelmäßig von der Graurinderkoppel gemeldet (58 Nachweise). Weißflügel-Seeschwalben werden fast ausschließlich im Lackengebiet und nur ausnahmsweise über dem Schilfgürtel und am See selbst beobachtet, auf die beiden letztgenannten Bereiche entfallen jeweils weniger als 1 % der Meldungen. Weißflügel-Seeschwalben sind fast immer mit Trauerseeschwalben vergesellschaftet. 87,8 % der Meldungen betreffen 1–5 Vögel, 8,3 % 6–10 Seeschwalben und nur 3,9 % aller Nachweise beziehen sich auf mehr als 10 Individuen [1,2].

Auf der ungarischen Seite erscheint die Art regelmäßig und in größerer Anzahl ausschließlich an den Überschwemmungsgebieten bei Mekszikópuszta. Zwischen 1992–2019 wurde sie hier 217-mal beobachtet, fast immer in gemischten Seeschwalbengruppen. Von den drei *Chlidonias*-Arten frequentiert sie das Gebiet am seltensten und in kleinster Anzahl. Obwohl sie dort noch nie festgestellt wurde, nutzt sie in Ungarn aller Wahrscheinlichkeit auch die größeren Blänken innerhalb des Schilfgürtels.

Bestand und Bestandsentwicklung

Die aus der zweiten Hälfte des 19. Jahrhunderts vorliegenden Angaben sind widersprüchlich. Jukovits [3] erwähnte die Art für die 1860er Jahre nicht, um 1880 wurde sie von Fászl [4] als große Seltenheit beschrieben, da er seiner Sammlung nur ein Exemplar einverleiben konnte. Daher überrascht es, dass laut von Dombrowski [5] *„einzelne Paare in den grossen Colonien von H. nigra und St. Anglica"* brüteten. Wahrscheinlicher erscheint diese Bemerkung durch einen Bericht aus zweiter Hand, nach dem die Weißflügel-Seeschwalbe *„1892 brütend am See beobachtet"* wurde [6]. 25 Jahre später meinte dann Schenk [7]: *„Ob die weißflügelige Seeschwalbe damals* [gemeint war 1907] *hier brütete, kann ich nicht angeben. Früher war sie hier Brutvogel"*. Heutzutage kann anhand dieser Angaben nicht mehr entschieden werden, ob die Art damals Brutvogel des Gebiets war. Geeignete Brutbiotope waren aber sicherlich großflächig vorhanden und ein vereinzeltes Brutvorkommen scheint durchaus möglich. Mitte des 20. Jahrhunderts beschrieb Zimmermann [8] die Art als im Frühjahr *„einzeln, aber anscheinend ziemlich regelmäßig unter den Trauerseeschwalben"* vorkommend, und räumte ein, dass *„die Möglichkeit ihres Brütens auch heute noch besteht"*. In den 1960er Jahren wurde die Weißflügel-Seeschwalbe als regelmäßiger Durch-

Haidlacke, Illmitz, 24.5.2015 (Peter Frießer)

zügler von Ende April bis Anfang Juni bezeichnet, mit Trupps von zumeist 20–30 und maximal bis zu 60–70 Vögeln; im Herbst trat sie vereinzelt in 1–4 Exemplaren von Ende August bis Mitte September auf[9]. Seither stechen zwei Jahre durch ein weit überdurchschnittliches Auftreten hervor: Im Jahr 1979 wurde ihre Zahl am 16.5. auf gut 100 Exemplare unter ca. 1.000 Trauerseeschwalben im Gebiet Lange Lacke/Wörthenlacken geschätzt[10] und 2009 kam es Ende April zu einem massiven Auftreten an der Langen Lacke mit maximal 112 Vögeln am 28.4. und 49–100 Individuen von 23.4. bis 29.4.[11]. Noch am 2.5. des gleichen Jahres wurden aus dem Seewinkel 55 Exemplare gemeldet[12]. Alle übrigen Maxima blieben deutlich hinter diesen Zahlen: 50 Individuen am 26.4.1968 an der Götschlacke[13], 40 Vögel am 5.5.1986 an der Langen Lacke[14] und 30 am 8.5.2015 an der Haidlacke[15].

Das unstete Auftreten der Art lässt keine gesicherte Einschätzung des Bestandstrends zu: Die durchschnittliche Truppgröße lag in den 1960er und 1970er Jahren bei 6,9 und fünf Individuen, fiel in den 1980er und 1990er Jahren auf 4,7 und 2,9 Vögel, erreichte aber von 2001–2010 ein Maximum von 7,2 Exemplaren[1]. In den Jahren ab 2011 erreichte der Wert dann ein Minimum von 2,8 Individuen[2], trotz sehr stark angestiegener Beobachtungsintensität. Auch die gemittelten 10 Maximalwerte pro Dekade zeigen keine gerichteten Veränderungen und schwanken zwischen 10,8 (1981–1990) und 22,8 (2001–2010). Aus neuerer Zeit wurde zweimal Brutverhalten gemeldet: Am 11.6.1996 wurde am Illmitzer Zicksee eine Balzfütterung beobachtet[16] und im Hochwasserjahr 2015 hielt sich Mitte Juni ein Vogel über mehrere Tage hinweg in einer Weißbart-Seeschwalben-Kolonie auf[17].

Aus dem ungarischen Gebietsteil gibt es überraschenderweise keine Meldungen vor dem Jahr 1992. Seither gibt es regelmäßige Beobachtungen, zumeist von kleineren Trupps aus den Überschwemmungsgebieten von Mekszikópuszta[18]. Lediglich 19-mal wurden 10 oder mehrere Vögel zur gleichen Zeit beobachtet, die größte Gruppe vom 29.4.1999 umfasste 70 Exemplare[19].

Jahreszeitliches Auftreten

Der Heimzug setzt in den meisten Jahren ziemlich abrupt in der letzten Aprilpentade um den 25. ein, erreicht gleich Anfang Mai den Zuggipfel, erstreckt sich danach bis in die fünfte Maipentade und klingt in den letzten Mai- und ersten Junitagen aus. Von Anfang Juni bis Anfang August tritt die Art nur sehr unregelmäßig in 1–2 Exemplaren auf, ganz vereinzelt, besonders auffällig beispielsweise im Jahr 2015, kommt es auch zu Übersommerungen. Während sich die vereinzelten Sommerbeobachtungen bis in die dritte Julidekade immer auf Altvögel beziehen, beginnt in der letzten Augustdekade ein sehr schwacher Durchzug von Jungvögeln und ganz vereinzelt auch von Altvögeln, der bis Mitte September anhält. Von 171 altersbestimmten Vögeln am Wegzug entfallen nur 17 auf adulte, aber 154 auf Jungvögel[1, 2]. Die drei spätesten Nachweise waren ein Jungvogel am 18.9.2015 im Nordteil der Warmblutkoppel[20], vier Jungvögel am 19.9.2014 beim Sandeck[21] und ein Jungvogel am 20.9.1989 an der Langen Lacke[22].

In Mekszikópuszta tritt die Weißflügel-Seeschwalbe zwischen 14.4. und 16.9. auf. Der Gipfel des Heimzugs fällt (in Bezug auf die Truppgröße) auf den 25–30. April, obgleich die meisten Nachweise aus dem Mai stammen.

Quellen: *[1] Archiv BirdLife Österreich, [2] www.ornitho.at, [3] Jukovits (1864/65), [4] Fászl (1883), [5] von Dombrowski (1889), [6] J. Schenk fide F. Cerva in Zimmermann (1943), [7] Schenk (1917a), [8] Zimmermann (1943), [9] Festetics & Leisler (1970), [10] A. Billek/ABÖ, [11] K. H. Pöllet/ABÖ, [12] J. Laber/ABÖ, [13] H. Winkler/ABÖ, [14] J. Wittenberg/ABÖ, [15] I. Horváth/ornitho.at, [16] K. Krasser, [17] B. Wendelin, unpubl. Daten, [18] Pellinger (1995b), [19] A. Pellinger, unpubl. Daten, [20] A. Grüll/ornitho.at, [21] J. Laber, unpubl. Daten, [22] T. Zuna-Kratky/ABÖ*

Michael Dvorak & Attila Pellinger

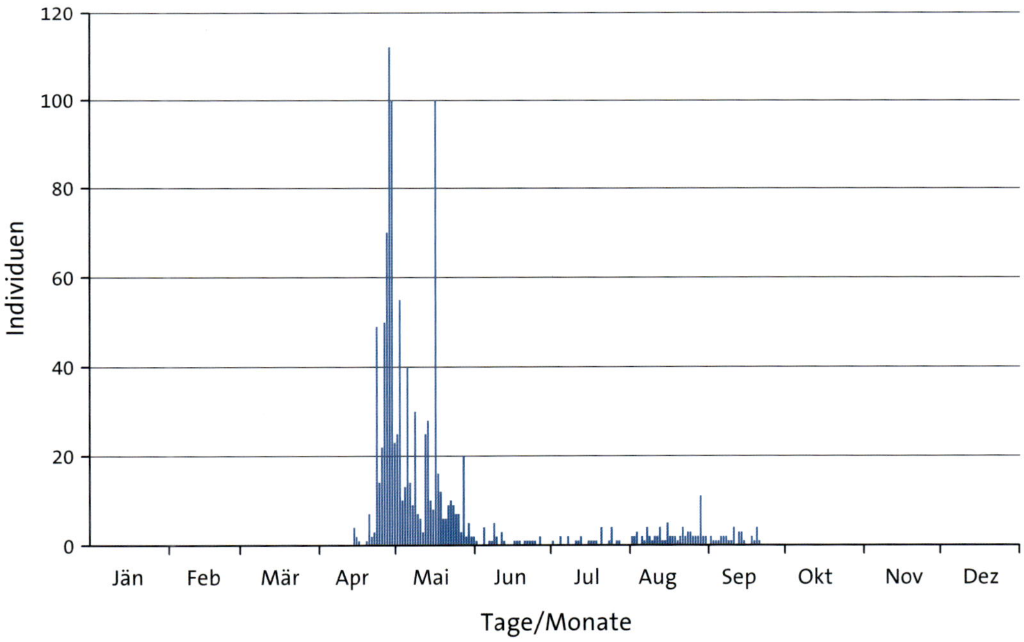

Jahreszeitliches Auftreten der Weißflügel-Seeschwalbe (Tagesmaxima) basierend auf Daten aus Österreich aus den Jahren 1966–2019 (n = 1.918)[1, 2].

Trauerseeschwalbe *Chlidonias niger* (Linnaeus, 1758)

Kormos szerkő – Black Tern

Rákosi-öböl, Neusiedler See, 19.8.2013, 1. KJ (Sándor Mogyorósi)

Ehemaliger Brutvogel und mäßig häufiger Durchzügler zwischen Mitte April und Ende September

Verbreitung und Lebensraum

Trauerseeschwalben nutzen praktisch alle Gewässer des Seewinkels, naturgemäß sind es aber die flächenmäßig größten Gebiete, auf die die meisten Beobachtungen entfallen und in denen die größten Trupps auftreten: Auf die drei größten entfallen zusammen 42,3 % aller Nachweise und 57,7 % aller Individuen (Illmitzer Zicksee 17 %/16,8 %; Lange Lacke 15,6 %/23,8 %; St. Andräer Zicksee 9,7 %/17 %)[1,2]. Die erst seit knapp eineinhalb Jahrzehnten als Lebensraum geeignete Graurinderkoppel weist derzeit mit 19,8 % den höchsten Anteil an Nachweisen pro Jahr auf und ist seit 2010 das am meisten frequentierte Gebiet. Auf den Schilfgürtel und die offene Seefläche entfallen nur 5,4 % aller Meldungen[1,2], sie spielen daher als Lebensraum für die Art am Durchzug nur eine untergeordnete Rolle.

Bestand und Bestandsentwicklung

In der zweiten Hälfte des 19. Jahrhunderts wurde die Trauerseeschwalbe übereinstimmend als häufiger Brutvogel des Schilfgürtels bezeichnet, belegt wird dies durch einige Gelege in der Sammlung des Naturhistorischen Museums Wien[3]. Aus den ersten drei Jahrzehnten des 20. Jahrhunderts fehlen Angaben zum Brüten der Art mit einer Ausnahme: Im Jahr 1926 sollen *„auf einer flachen, vegetationslosen Schlammbank in der Langen Lacke drei oder vier, mit 1–2 Eiern belegte Nester“* gefunden worden sein[4] und Seitz[5], der in den Jahren 1934–1940 zahlreiche Exkursionen an den Neusiedler See unternahm, meinte zur Trauerseeschwalbe: *„Durch ihr Auftreten im Mai und Juni könnte auf ein Brüten geschlossen werden; ich habe diesen Fällen besonders Aufmerksamkeit gewidmet, aber trotz aller Suche einen Brutplatz nicht entdeckt“*. Dass sich das in den folgenden Jahren änderte, könnte an dem damals stark angestiegenen Wasserstand liegen: Brutverdacht bestand am Ostufer des Sees bei Weiden (1941) und südlich von Podersdorf auf Höhe des Illmitzer Gemeindewaldes (1941 und 1942). An letzterer Stelle wurden Anfang Juni 1941 fünf Nester auf umgebrochenem Schilf gefunden, an gleicher Stelle auch fünf Nester der Flussseeschwalbe und ein Nest der Zwergseeschwalbe[6]; Ende Juni bis Anfang Juli 1942 wurden mehrfach Futter tragende Vögel an derselben Stelle beobachtet[1]. Im Jahr 1951 wurde am 20.6. eine Brutkolonie *„in der Verlandungszone des Sees südlich von Weiden entdeckt“*, sie bestand aus 21 Nestern. Das erfolgreiche Brüten belegen 10 Jungvögel, die hier am 12.7. beobachtet wurden. Brutverdacht bestand 1951 auch an der Podersdorfer Lacke und 1952 an der Golser Lacke. 1953 konnte keines dieser Brutvorkommen bestätigt werden[7]. Seit 1952 wurde vom Neusiedler See und aus dem Seewinkel kein weiterer Brutplatz bekannt, aus dem *„Überschwemmungsjahr 1965“* wird aber von einem leider nicht genauer dokumentierten Brutvorkommen von acht Paaren im Hanság berichtet[8,9]. Im Hochwasserjahr 2015 begann ein Paar am 21.6. in einer Kolonie von Weißbart-Seeschwalben mit dem Nestbau, konnte danach aber nicht mehr bestätigt werden[10].

Mitte der 1960er Jahre lagen die Maxima am Frühjahrszug bei *„ca. 400 Stück“*, der größte beobachtete Trupp soll 300–400 Exemplare umfasst haben. Der Wegzug war wesentlich schwächer mit dem *„größten beobachteten Trupp von 50 Stück zum Kulminationspunkt von Mitte August bis Anfang September“*[9]. An dieser Bestandssituation dürfte sich in den letzten fünf Jahrzehnten nichts verändert haben: Kleine Gruppen von 1–10 Vögeln machen 76,2 % der Meldungen aus, jedoch tritt die Trauerseeschwalbe regelmäßig auch in viel größeren Trupps auf. Immerhin 19,8 % der Beobachtungen beziehen sich auf 11–50 Individuen und 3,9 % auf noch größere Gruppen[1,2]. Mehr als 200 Trauerseeschwalben wurden immerhin 16-mal gemeldet, davon mit siebenmal am häufigsten von der Langen Lacke[1,2]. Die größten Trupps waren jeweils ca. 300 Exemplare am 30.4.1977 an der Langen Lacke[11], am 2.5.1996 am Unteren Stinkersee[12], am 3.5.1985 an der Langen Lacke[13] und am 9.5.1976 am Illmitzer Zicksee[11]. 324 Vögel wurden am 7.5.2008 am Illmitzer Zicksee[14] gezählt sowie ca. 400 am 15.5.1979 am St. Andräer Zicksee[15] und nur einen Tag später wurde der außergewöhnliche Nachweis von ca. 1.000 Trauerseeschwalben im Bereich Lange Lacke und Wörthenlacken erbracht[15]. Die letztgenannte Beobachtung ist allerdings nur als grobe Schätzung für einen größeren Raum zu verstehen und damit nicht vergleichbar mit den anderen Angaben, die sich auf einzelne Lacken beziehen. Die Wasservogelzählungen der Jahre 2001–2018 ergaben für die erste und zweite Maipentade im Mittel 64 bzw. 81 Individuen, die Maxima lagen Ende April bei 114, Anfang Mai bei 234, in der zweiten Maipentade bei 537 (am 7.5.2009) und Mitte Mai dann nur mehr bei 104 Exemplaren[16].

In Ungarn hat die Trauerseeschwalbe laut Chernel[17] im Jahr 1889 im Cikes von Mekszikópuszta zu Hunderten gebrütet. Dieses Vorkommen war aber wohl nicht regelmäßig besetzt, da es später überhaupt keine diesbezüglichen Nachweise gibt. Der einzige weitere Brutnachweis bezieht sich auf das Jahr der ersten Flutung der Überschwemmungsgebiete in Mekszikópuszta, als im Jahr 1990 sechs Brutpaare am Rand der Lachmöwenkolonie, unmittelbar am Wasser, entdeckt wurden[18]. Am Durchzug war sie in den 1970er Jahren regelmäßig in den Buchten und Blänken innerhalb des Schilfgürtels zu beobachten[19], und ab 1990 tritt sie regelmäßig in größerer Zahl in den Überschwemmungsgebieten von Mekszikópuszta auf[20]. Sie erreicht hier zur Zeit des Zuggipfels Ende April bis Mitte Mai Maxima von bis zu 250 Individuen (12.5.1996 und 4.5.2004[21]). Die langjährigen systematischen Zählungen in den Überschwemmungsflächen von Mekszikópuszta zeigen hier eine abnehmende Tendenz der Durchzügler[22].

Jahreszeitliches Auftreten

Der Heimzug setzt in den meisten Jahren ziemlich abrupt Mitte April ein, die früheste Beobachtung eines Exemplars stammt vom 5.4.1998 von der Langen Lacke[23]. Die ersten größeren Trupps von mehr als 10 Vögeln treten zwischen 15. und 20. April auf. Ein erster Zuggipfel mit bisweilen Trupps von 50–100 Individuen fällt in die letzte Aprilpentade. Danach hält der starke Zug in jährlich etwas unterschiedlicher zeitlicher Abfolge bis in die fünfte Maipentade an. Ab ca. 25. Mai nehmen sowohl die Zahl der Nachweise als auch die Truppgrößen deutlich ab, es halten sich in vielen Jahren jedoch auch den ganzen Juni bis Mitte Juli hindurch kleinere Gruppen von 10–35, vereinzelt auch bis zu 60 Vögeln im Gebiet auf. Ab Mitte Juli setzt ein kaum merklicher Wegzug ein, der in jährlich stark unterschiedlicher Intensität bis ca. 25. September andauert. Ab der zweiten Julidekade beginnt der Durchzug der Jungvögel: In der ersten und zweiten Julihälfte liegt deren Anteil bei 7,4 bzw. 32,6 %, steigt dann in der ersten Augusthälfte auf 69,5 %, in der zweiten auf 88,4 %. Im September sind dann 95,2 % aller altersbestimmten Individuen Jungvögel. Ab dem 30.9. werden Trauerseeschwalben nur mehr sehr selten im Gebiet und nie mehr als 1–2 Exemplare gesehen[1, 2]. Die späteste Meldung aus neuerer Zeit sind zwei Jungvögel, die am 6.10.2018 vom Seebad Illmitz aus gesehen wurden[24], darüber hinaus gibt es jedoch noch vier deutlich spätere Meldungen aus früheren Jahrzehnten: am 12.10.2003 ein Jungvogel am St. Andräer Zicksee[25], am 12.10.1990 ein Vogel an der Biologischen Station Illmitz[26], zwischen 22. und 30.10.1968 hielt sich eine Trauerseeschwalbe beim Seebad Neusiedl am See auf[27] und von 23. bis 26.10.1966 wurde ein Individuum an der Gansllacke beobachtet[28].

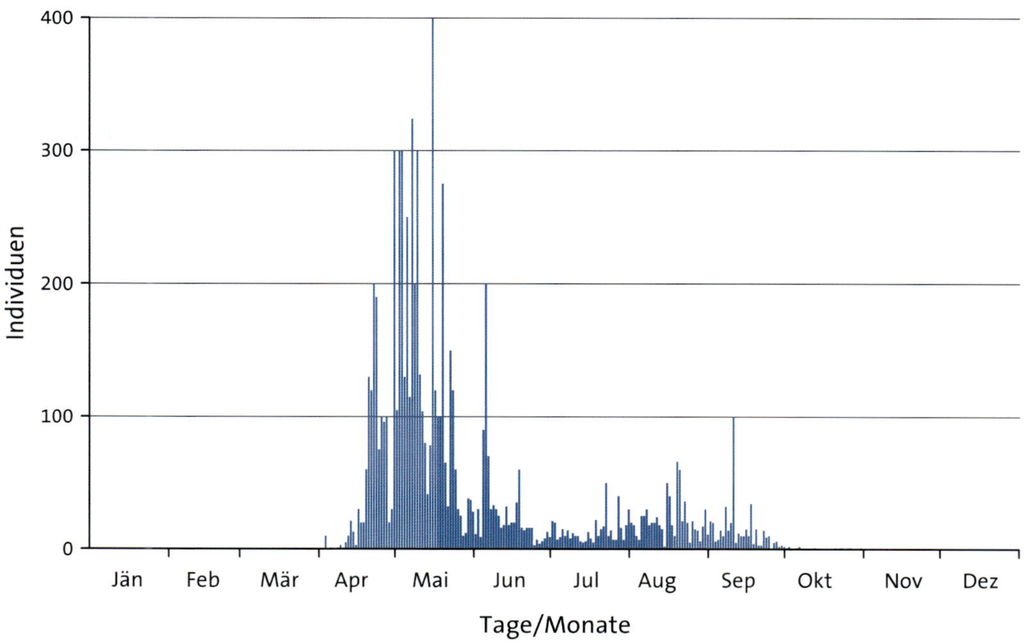

Jahreszeitliches Auftreten der Trauerseeschwalbe (Tagesmaxima) basierend auf Daten aus Österreich aus den Jahren 2013–2019 (n = 8.059)[1].

Zugverhalten und Ringfunde

Die Trauerseeschwalbe ist ein Weitstreckenzieher und überwintert an der Küste des tropischen Westafrikas[29]. Aus dem Neusiedler See-Gebiet liegen lediglich drei Ringfunde vor: Ein am 12.5.2001 an der Mittelmeerküste nördlich von Neapel beringter Vogel wurde fünf Jahre später am 15.5.2006 bei Mekszikópuszta gefunden und ein am 31.5.1960 an der norditalienischen Mittelmeerküste bei Pisa markiertes Exemplar wurde schon zwei Tage später bei Agyagosszergény, knapp außerhalb des Avifauna-Gebiets, gefunden[30]. Auf österreichischer Seite flog eine am 22.7.1965 bei Apetlon gefangene Trauerseeschwalbe in zwei Monaten bis in die Camargue, wo sie am 12.9.1965 einem Jäger zum Opfer fiel[31].

Quellen: *[1] www.ornitho.at, [2] Archiv BirdLife Österreich, [3] Zimmermann (1943), [4] K. Steinparz in Zimmermann (1943), [5] Seitz (1942), [6] H. Kahmann in Zimmermann (1943), [7] Bauer et al. (1955), [8] Festetics (1970), [9] Festetics & Leisler (1970), [10] M. Dvorak, B. Wendelin, unpubl. Daten, [11] R. Triebl/ABÖ, [12] L. Döll/ABÖ, [13] E. Duda/ABÖ, [14] M. Dvorak/ABÖ, [15] A. Billek/ABÖ, [16] M. Dvorak, J. Laber & B. Wendelin, unpubl. Daten, [17] Chernel (1889), [18] Kárpáti (1993), [19] Kárpáti (1983a), [20] Pellinger (1995b), [21] Archiv MME Sopron, [22] Archiv FHNPI, [23] A. Ranner & E. Karner-Ranner/ABÖ, [24] S. Zinko u. a./ornitho.at, [25] M. Ganso/ABÖ, [26] K.-H. Siebenrock/ABÖ, [27] G. Spitzer/ABÖ, [28] K. Mazzucco/ABÖ, [29] Glutz von Blotzheim & Bauer (1982), [30] Vogelberingungszentrale BirdLife Ungarn, unpubl. Ringfunde, [31] Österreichische Vogelwarte, unpubl. Ringfunde*

Michael Dvorak & Attila Pellinger

Skua *Stercorarius skua* (Brünnich, 1764)

Nagy halfarkas – Great Skua

St. Andräer Zicksee, 17.9.2013, 1. KJ (Doris Walter)

Ausnahmeerscheinung

Vorkommen

Fünf Nachweise im Zeitraum von 17. September bis 2. November:

- 19.9.1976 Lange Lacke, 1 ad. (M. Ganso[1])
- 2.11.1997 Neusiedler See Südteil in der Madárvárta-Bucht bzw. im österreichisch-ungarischen Grenzgebiet, 1 dj. (S. Mogyorósi, B. Molnár[2–4])
- 25.9.–11.10.1998 Neusiedler See vor dem Seebad Illmitz, 1 dj. (A. Ranner, P. Rass, E. Karner-Ranner u. a.[4])
- 17.9.2013 St. Andräer Zicksee, 1 dj. (D. Walter, A. Grüll[5])
- 13.–15.10.2017 Neusiedler See vor dem Seebad Illmitz und der Podersdorfer Pferdekoppel, 1 dj. (R. Katzinger, J. Laber, J. Frießer u. a.[6])

Quellen: *[1] Ranner (2016), [2] Mogyorósi & Molnár (1998), [3] MME Nomenclator Bizottság (1998), [4] Ranner (2002), [5] Albegger & Khil (2016), [6] Albegger & Brader (2018)*

Andreas Ranner

Spatelraubmöwe *Stercorarius pomarinus* (Temminck, 1815)

Szélesfarkú halfarkas – Pomarine Jaeger

Seebad Illmitz, 18.10.2014, 1. KJ (Johannes Laber)

Unregelmäßiger Durchzügler von September bis November, ausnahmsweise auch im Jänner

Vorkommen

Die Bestimmung unausgefärbter Raubmöwen gehört zweifellos zu den schwierigsten Aspekten der Feldornithologie in Europa. Dazu kommt, dass die bis in das späte 20. Jahrhundert gängigen Bestimmungsbücher die relevanten Merkmale nur unvollständig oder sogar falsch abbildeten, was eine korrekte Zuordnung noch weiter erschwerte. Dies schlägt sich auch in einer großen Zahl an Meldungen nicht auf Artniveau bestimmter Raubmöwen und sogar einzelnen falsch bestimmten Museumsbelegen aus dem Neusiedler See-Gebiet nieder[1]. In die folgende Zusammenstellung fließen daher nur jene 14 Nachweise ein, für die entweder ein überprüfbarer Beleg oder eine nachvollziehbare Dokumentation vorliegt:

- September 1926 Winden, 1 immat., Beleg in der Sammlung des Burgenländischen Landesmuseums[1,2]
- 15.11.1972 Seebad Illmitz, 1 dj. Totfund, Beleg im Naturhistorischen Museum Wien mit der Inv.-Nr. NMW 85.994 (Gangl via A. Grüll[1])
- September 1976 Mekszikópuszta, Madárvárta-Bucht, 1 dj., Beleg in der Direktion des Fertő-Hanság Nationalparks Sarród (I. Heiner, L. Kárpáti[3,4])
- 6.1.1983 Lange Lacke Apetlon, 1 vj. Totfund, Beleg in der Rupfungssammlung des Naturhistorischen Museums Wien mit der Inv.-Nr. NMW 3.866 (R. Triebl[5])
- 9.11.1997 Neusiedler See vor dem Seebad Illmitz, 1 dj. (A. Ranner, E. Karner[5])
- 17.10.1999 Neusiedler See vor dem Seebad Illmitz, 1 Ind. (A. Ranner, E. Karner-Ranner, G. Tebb u. a.[6])
- 12.9.2010 Neusiedler See vor dem Seebad Illmitz, 1 dj. (J. Laber[7])
- 17.–18.9.2010 Neusiedler See vor dem Seebad Illmitz und im österreichisch-ungarischen Grenzgebiet, 1 ad. helle Morphe (S. Götsch, E. Albegger, J. Laber u. a.[7,8])
- 3.–24.10.2010 Neusiedler See vor dem Seebad Illmitz und (am 14.10.) in der Madárvárta-Bucht bei Mekszikópuszta, 1 dj. (H.-M. Berg, S. Mogyorósi, A. Ranner u. a.[7,8])
- 24.–25.10.2010 Seebad Illmitz, 1 dj., am 25.10. geschwächt gegriffen und in Pflege genommen (J. Laber, J. Bartas, A. Ranner u. a.[7])
- 28.10.2011 Mekszikópuszta, Borsodi-dűlő, 1 dj. (T. Hadarics, P. Cseh[9])
- 14.1.2012 Lange Lacke sowie Neusiedler See vor dem Seebad Illmitz und im österreichisch-ungarischen Grenzgebiet, 1 vj. (E. Albegger, S. Götsch, N. Teufelbauer u. a.[10,11])
- 19.9.–5.10.2014 Neusiedler See vor Hegykő (nur am 19.9.) sowie vor Illmitz, Podersdorf und Breitenbrunn, bis zu mind. 3 dj. (F. Udvardy, S. Mogyorósi, J. Frießer u. a.[10,12])
- 18.–26.10.2014 Neusiedler See vor dem Seebad Illmitz, 1 dj., am 23.10. 3 zusätzliche dj. (J. Laber, M. Suanjak, A. Tiefenbach u. a.[10,13])

Ein Jungvogel aus der Sammlung des Benediktinergymnasiums Pannonhalma vom November 1893, der mittlerweile in das Rippl-Rónai Museum in Kaposvár gelangte, weist als Ortsangabe lediglich „Sopron" auf und könnte vom Neusiedler See stammen[14]. Für die folgenden in die Literatur eingegangenen Belege und Beobachtungen kann die Richtigkeit der Bestimmung heute nicht mehr nachvollzogen werden: ein nicht erhalten gebliebener Beleg aus dem Jahr 1859 ohne nähere Ortsangabe, vermutlich aus dem Raum Apetlon[15], unbelegte Beobachtungen mehrerer Jungvögel im September 1879 am Neusiedler See[16], je ein nicht erhalten gebliebener Beleg vom 14.10.1879 von Rákos[17] (heute Fertőrákos) und vom 27.9.1890 aus Mekszikópuszta[18] sowie ein Totfund am Illmitzer Zicksee im Oktober 1906[19,20]. Bei einem im Jahr 1829 am Neusiedler See erlegten Vogel, der im Folgejahr an das Naturhistorische Museum Wien gelangte und in der Literatur meist als Spatelraubmöwe geführt wurde[17, 21–23], handelt es sich um eine Schmarotzerraubmöwe[1].

Die vorliegenden Nachweise beschränken sich weitestgehend auf den Wegzug, der von der zweiten September- bis in die zweite Novemberdekade reicht. Ein deutlicher Schwerpunkt des Auftretens liegt zwischen Mitte September und Ende Oktober. Bemerkenswert sind zwei Feststellungen im Jänner, eine allerdings ein Totfund. Meist wurden Einzelvögel registriert, maximal waren vier Spatelraubmöwen gleichzeitig anwesend. Zu kleinen Einflügen kam es im Herbst 2010 mit vier Nachweisen von Einzelvögeln[24] sowie im Herbst 2014 mit zwei Nachweisen mit insgesamt sieben Individuen. Das Zuggeschehen wird ganz klar von diesjährigen Vögeln bestimmt: von 19 Individuen waren 15 im ersten Lebensjahr, eines adult, eines immatur und zwei unbestimmten Alters.

Quellen: [1] *Ranner (2016)*, [2] *Amon (1931)*, [3] *MME Nomenclator Bizottság (1998b)*, [4] *Kárpáti (1983)*, [5] *Ranner (2002)*, [6] *Ranner (2003)*, [7] *Khil & Albegger (2014)*, [8] *MME Nomenclator Bizottság (2013)*, [9] *www.birding.hu*, [10] *Albegger & Khil (2016)*, [11] *MME Nomenclator Bizottság (2016b)*, [12] *MME Nomenclator Bizottság (2017)*, [13] *Albegger & Brader (2018)*, [14] *Warga (1967)*, [15] *Jukovits (1864/85)*, [16] *Fászl (1883)*, [17] *Frivaldszky (1891)*, [18] *Aumüller (1967)*, [19] *Schenk (1906)*, [20] *Schenk (1917a)*, [21] *Pelzeln (1871)*, [22] *Marschall & Pelzeln (1882)*, [23] *Zimmermann (1943)*, [24] *Ranner (2012)*

Andreas Ranner & Tibor Hadarics

Schmarotzerraubmöwe *Stercorarius parasiticus* (Linnaeus, 1758)

Ékfarkú halfarkas – Parasitic Jaeger

Seebad Illmitz, 15.8.2021 (Samuel Schnierer)

Unregelmäßiger Durchzügler

Vorkommen

Die Schmarotzerraubmöwe ist die mit Abstand am häufigsten nachgewiesene Raubmöwen-Art im Neusiedler See-Gebiet. Doch auch sie wird nicht jedes Jahr festgestellt, obwohl mittlerweile jeden Herbst in den Seebädern von zahlreichen Beobachtern gezielt nach Raubmöwen Ausschau gehalten wird. Aufgrund der Schwierigkeit der Bestimmung unausgefärbter Raubmöwen umfasst die nachfolgende Darstellung des Vorkommens nur jene Nachweise, die seit 1980 von den jeweiligen Seltenheitenkommissionen Österreichs und Ungarns anerkannt worden sind oder von diesen noch nicht behandelte Meldungen, für die aussagekräftige Fotos vorliegen. Von 51 seit 1980 näher bestimmten Individuen waren 24 (47 %) diesjährige Vögel und 15 (29 %) Altvögel, 12 Vögel (24 %) wurden einem Immaturkleid (älter als diesjährig) zugeordnet. Bis auf ein Individuum gehörten alle bisher im Gebiet nachgewiesenen Altvögel der hellen Morphe an. Auf eine Auswertung der Morphenzugehörigkeit der jüngeren Vögel wird verzichtet, da eine klare Abgrenzung der einzelnen Färbungstypen (hell, intermediär, dunkel) nicht immer möglich ist. Im Übrigen determiniert die Färbung des Jugendkleides nicht notwendigerweise die Farbmorphe des Adultkleides [1]. In der Regel wurden Einzelvögel registriert, ausnahmsweise waren maximal vier Individuen gleichzeitig anwesend. Vor allem Jungvögel verweilen gelegentlich mehrere Tage im Gebiet, den längsten Aufenthalt verzeichnete eine diesjährige Schmarotzerraubmöwe von 1.9.–1.10.2017 am Neusiedler See vor dem Seebad Illmitz [2]. Zu einem kleinen Einflug kam es im Herbst 2010 mit sieben Nachweisen von Einzelvögeln zwischen 27.7. und 8.10. [3].

Die erste Meldung von Schmarotzerraubmöwen aus dem Neusiedler See-Gebiet betrifft zwei Vögel, die im Oktober 1810 am See geschossen wurden [4, 5], die Belege sind aber nicht erhalten geblieben. Die ältesten noch vorhandenen und somit überprüfbaren Belege sind ein junges Weibchen, das 1829 am Neusiedler See erlegt wurde (Beleg im Naturhistorischen Museum Wien mit der Inv.-Nr. NMW 20.811 [6, 7]), in der Literatur allerdings meist als Spatelraubmöwe geführt wurde [8] sowie ein Altvogel, der 1836 am Neusiedler See geschossen wurde (Beleg im Naturhistorischen Museum Wien mit der Inv.-Nr. NMW 20.808 [9]). Mehrere Autoren bezeichneten die Art im 19. und frühen 20. Jahrhundert als mehrfach nachgewiesene Erscheinung [10–12]. Von offenbar mehreren Belegexemplaren [5, 10, 12] konnten in neuerer Zeit nur mehr zwei Männchen aus der so genannten Schoberschen Sammlung bestätigt werden, die 1911 wohl bei Apetlon erlegt worden waren und später in die Sammlung des Ornithologischen Instituts in Budapest gelangten [13]. Auch wenn somit nur wenige überprüfbare Belege vorliegen, deuten all diese Angaben doch auf ein einigermaßen regelmäßiges Auftreten hin. Umso bemerkenswerter ist es, dass danach, bis über die Mitte des 20. Jahrhunderts hinaus, kaum konkrete Meldungen vorliegen. Die Informationen zu einer Beobachtung vom 12.7.1953 [14] sind sehr unkonkret und vermögen nicht zu überzeugen [8]. Ein publizierter Totfund aus dem Jahr 1960 [15] war nachweislich falsch bestimmt, es handelte sich um eine Falkenraubmöwe [8]. In weiterer Folge wurden in den 1960er und 1970er Jahren sechs Meldungen von Schmarotzerraubmöwen aus dem Neusiedler See-Gebiet bekannt [16], doch enthielten diese keine oder nur unzureichende Angaben, um aus heutiger Sicht eine Nachvollziehbarkeit der Bestimmung zu gewährleisten [8]. Ausreichend dokumentierte Nachweise dieser Art liegen daher erst wieder seit der Überprüfung entsprechender Meldungen durch die Avifaunistische Kommission von BirdLife Österreich ab den 1980er Jahren vor.

Beobachtungen der Schmarotzerraubmöwe gelingen ganz überwiegend auf der offenen Seefläche, wobei die meisten Meldungen aus dem Seebad Illmitz stammen, da sich dieses aufgrund seiner Lage am besten für gezieltes „seawatching“ eignet. Nur vereinzelt wurden Nachweise von den Koppeln im Seevorgelände, den Lacken des Seewinkels und den Habitatrekonstruktionsflächen im ungarischen Gebietsteil erbracht. Das ist insofern bemerkenswert, als die – mittlerweile als unbestimmte Raubmöwen eingestuften – Meldungen in den 1960er und 1970er Jahren überwiegend von den Seewinkellacken stammten.

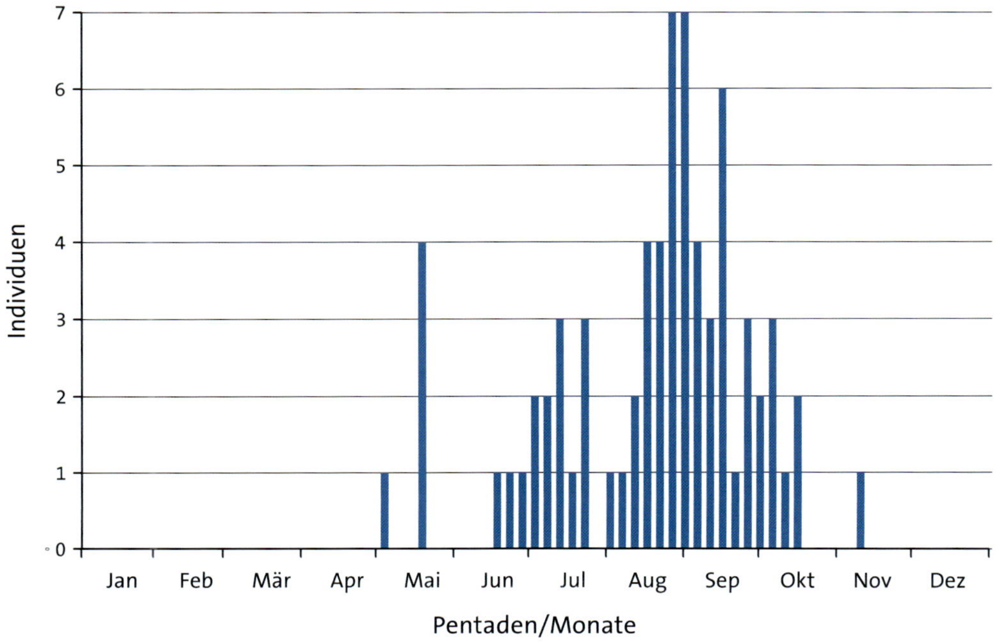

Jahreszeitliches Auftreten der Schmarotzerraubmöwe (Pentadensummen gemeldeter Individuen) basierend auf Daten aus Österreich und Ungarn aus dem Zeitraum 1980–2021 (n = 71) [8, 19, 20, 22–40].

Jahreszeitliches Auftreten

Das Auftreten der Schmarotzerraubmöwe konzentriert sich auf die Zeit des Wegzugs. Einzelne Vögel können bereits in der letzten Junidekade und im Juli angetroffen werden. Die jahreszeitlich früheste Meldung stammt vom 24.6.2012 (ein Altvogel an der Warmblutkoppel[17]). Es ist allerdings davon auszugehen, dass die Nachweise im Frühsommer gegenüber jenen im Herbst aufgrund weniger gezielter Nachsuchen während dieser Jahreszeit unterrepräsentiert sind[8]. Das Zuggeschehen zeigt dann jedenfalls von Mitte August bis Mitte/Ende September einen deutlichen Gipfel, im Oktober läuft der Herbstzug allmählich aus. Die späteste Beobachtung in diesem Monat gelang am 21.10.2009 (ein Altvogel an der Langen Lacke[18]). Mit deutlichem zeitlichem Abstand dazu erfolgte bisher ein einziger Nachweis im November, ein Jungvogel am 13.11.2002 am Neusiedler See bei Hegykő[19]. Vom Frühjahrszug liegen bisher nur zwei ausreichend dokumentierte Nachweise vor, ein Altvogel am 3.5.2003 am Nyéki-szállás bei Mekszikópuszta[20] und gleich vier Vögel (zwei adulte und zwei immature) von 18.–19.5.2014 am Neusiedler See vor dem Seebad Illmitz[21, 22].

Quellen: *[1] Olsen & Larsson (1997), [2] J. Frießer, H.-M. Berg, W. Zimmermann u. a. in Albegger & Brader (2018), [3] Ranner (2012), [4] Pelzeln (1874), [5] Frivaldszky (1891), [6] Marschall & Pelzeln (1882), [7] Lorenz von Liburnau (1892), [8] Ranner (2016), [9] J. Heckel in Marschall & Pelzeln (1882), [10] Jukovits (1864/65), [11] Fászl (1883), [12] Schenk (1917a), [13] Warga (1967), [14] Bauer et al. (1955), [15] Ganso (1960a), [16] Archiv BirdLife Österreich, [17] C. Roland, M. Dvorak in Albegger & Khil (2016), [18] A. Ranner, S. Selbach, C. Unger in Ranner & Khil (2011), [19] T. Hadarics, S. Mogyorósi in MME Nomenclator Bizottság (2006a), [20] A. Pellinger in MME Nomenclator Bizottság (2006b), [21] H. Schmidt, E. Albegger, G. Brenner u. a. in Albegger & Khil (2016), [22] www.ornitho.at, [23] Ranner et al. (1995), [24] Bankovics (1992), [25] Laber & Ranner (1997), [26] Magyar & Hadarics (1995), [27] Pellinger & Soproni (1995), [28] Pellinger & Soproni (1999), [29] Ranner (2002), [30] Ranner (2003), [31] Ranner & Khil (2009), [32] MME Nomenclator Bizottság (2006c), [33] Ranner & Khil (2011), [34] Khil & Albegger (2014), [35] www.club300.at, [36] Albegger & Khil (2016), [37] MME Nomenclator Bizottság (2016c), [38] Albegger & Brader (2018), [39] www.birdlife-afk.at, [40] www.birding.hu*

Andreas Ranner & Tibor Hadarics

Falkenraubmöwe *Stercorarius longicaudus* Vieillot, 1819

Nyílfarkú halfarkas – Long-tailed Jaeger

Seebad Illmitz, 29.8.2016, 3. KJ (Peter Frießer)

Ausnahmeerscheinung

Vorkommen

12 Nachweise:

- 4.9.1960 Podersdorf, 1 dj. Totfund (R. Abraham, H.H. Bergmann, E. Gerstner u.a.; Beleg im Naturhistorischen Museum Wien, Inv.-Nr. NMW 70.959). Dieser Vogel wurde ursprünglich als Schmarotzerraubmöwe bestimmt und publiziert[1, 2].
- 21.7.1962 Neusiedler See bei Illmitz, 1 ad. (R. Triebl[3, 4])
- 18.6.1985 Neusiedler See bei Podersdorf, 1 ad. (H. Schmid[5])
- 10.7.2004 Mekszikópuszta, Borsodi-dűlő, 1 ad. (S. Mogyorósi[6])
- 21.–22.8.2005 St. Andrä am Zicksee, 1 dj. auf Acker (H. Reinhardt, R. Janoschek, U. Flem[7])
- 11.9.2010 Lange Lacke, 1 dj. (O. Samwald, F. Samwald, H. Pfeifhofer u. a.[8])
- 25.9.2010 Neusiedler See bei Podersdorf, 1 dj. (J. Laber[8])
- 25.8.2011 Illmitz, 1 dj. Verkehrsopfer (K.-H. Pöllet[8])
- 2.9.2012 Seebad Illmitz, 1 dj. (H.-M. Berg, C. Gruber, U. Lindinger[9])
- 29.8.–2.9.2016 Seebad Illmitz, 1 3.KJ (R. Katzinger, J. Frießer, J. Laber u. a.[10])
- 14.5.2017 Graurinderkoppel, 1 ad. (E. Albegger, G. Brenner[10])
- 23.7.2017 Neusiedler See vor der Podersdorfer Pferdekoppel, 2 vj. (J. Laber[10])

Der überwiegende Teil der Nachweise erfolgte am Wegzug. Die Beobachtungen dazu verteilen sich auf den Zeitraum von Mitte Juni bis Ende September, der Schwerpunkt liegt in der dritten August- und ersten Septemberdekade. Zusätzlich gelang von dieser Art Mitte Mai 2017 auch einer der wenigen Frühjahrsnachweise einer Raubmöwe im Neusiedler See-Gebiet. In der Verteilung der Altersstufen stehen vier Altvögel acht diesjährigen und einem immaturen Vogel gegenüber.

Quellen: *[1] Ganso (1960a), [2] Ranner (2016), [3] Triebl (1962c), [4] Triebl (2007), [5] Ranner et al. (1995), [6] MME Nomenclator Bizottság (2013), [7] Ranner & Khil (2009), [8] Khil & Albegger (2014), [9] Albegger & Khil (2016), [10] Albegger & Brader (2018)*

Andreas Ranner & Tibor Hadarics

Trottellumme *Uria aalge* (Pontoppidan, 1763)

Lumma – Common Murre

Ausnahmeerscheinung

Vorkommen

Ein sehr ungewöhnlicher Nachweis dieser Alkenart:

- 1930er Jahre Neusiedler See zwischen Neusiedl am See und Podersdorf, 2 Ind. im Herbst aus einem kleinen Trupp heraus erlegt (A. C. Alexander[1, 2])

Die Belegexemplare befanden sich in der Hauptschule Neusiedl am See und wurden dort von K. Bauer kontrolliert und deren Artzugehörigkeit bestätigt. Mittlerweile wurden die Präparate aber entsorgt, sodass diese bemerkenswerten Belege leider nicht mehr erhalten sind[2].

Quellen: [1] *Bauer et al. (1955)*, [2] *Albegger & Khil (2016)*

Andreas Ranner

Papageitaucher *Fratercula arctica* (Linnaeus, 1758)

Lunda – Atlantic Puffin

St. Andräer Zicksee, 8.12.1961, Jungvogel (Zeichnung aus Leisler 1962a)

Ausnahmeerscheinung

Vorkommen

Neben der Trottellumme ein weiterer ungewöhnlicher Nachweis eines Alkenvogels:

- 8.12.1961 St. Andräer Zicksee, 1 Ind. (B. Leisler[1, 2])

Quellen: [1] *Leisler (1962a)*, [2] *Albegger & Laber (2016)*

Andreas Ranner

Schwarzkopfmöwe, Larus melanocephalus*, Brutkolonie an der Langen Lacke, 16.6.2011 (Michael Dvorak)*

Sterntaucher *Gavia stellata* (Pontoppidan, 1763)

Északi búvár – Red-throated Loon

Fertőrákos, 16.1.2018, 2. KJ (Tibor Hadarics)

Unregelmäßiger Durchzügler von Mitte Oktober bis Mitte Dezember, in den übrigen Monaten nur ausnahmsweise

Vorkommen

Der im Norden Eurasiens und Nordamerikas brütende Sterntaucher überwintert in Europa an den Meeresküsten Nord- und Nordwesteuropas und nur in geringer Anzahl auch im nördlichen Mittelmeer und in der Adria[1,2]. Dementsprechend ist die Art im Binnenland Mitteleuropas auch nur vereinzelt zu erwarten und tritt daher auch im Neusiedler See-Gebiet erwartungsgemäß nur unregelmäßig auf. In den 53 Jahren von 1966 bis 2018 wurde der Sterntaucher in 33 Jahren (62 %) festgestellt. 39 der insgesamt 52 Nachweise betrafen Einzelvögel, 11-mal waren es zwei und zweimal drei Exemplare. 32 der 52 Meldungen stammen vom Neusiedler See und nicht weniger als 16 der 20 Beobachtungen aus dem Seewinkel stammen vom St. Andräer Zicksee, der damit eindeutig das von der Art bevorzugteste Gewässer ist[3–5].

Jahreszeitliches Auftreten

43 Beobachtungen entfallen auf den Wegzug von Anfang Oktober bis Mitte Dezember, mit einem Maximum von Mitte November bis Anfang Dezember. Am Heimzug wurde der Sterntaucher bisher nur vereinzelt festgestellt mit sechs Nachweisen von Anfang März bis Mitte April[3–5]. Winterbeobachtungen gelangen am 27.12.2014 von zwei Exemplaren beim Seebad Illmitz[6], am 6.1.1999 am St. Andräer Zicksee[7], am Neusiedler See bei Breitenbrunn am 16.1.2012[8], am 28.1.2007 zwei Exemplare bei Fertőrákos[9] sowie zwei Exemplare von 13.1.–15.2.2018 ebenfalls bei Fertőrákos[10]. Das Auftreten ähnelt damit stark der Phänologie in der Steiermark, unterschiedet sich aber sehr von Kärnten, wo der Heimzug deutlich überwiegt[11,12]. Trotz des für Seetaucher wenig geeigneten Lebensraums wurden in den letzten Jahren mehrfach länger verweilende Sterntaucher festgestellt: Über eine Woche und länger im Gebiet waren Vögel am St. Andräer Zicksee von 2.–8.12.1981[3], von 30.10.–13.11.1999[13], von 14.–20.12.2006[14], von 29.3.–5.4.2007[15] und von 9.–25.11.2008[16]. Beim Seebad Illmitz verweilte ein Exemplar von 16.10.–11.11.2010[3], am Darscho ein Altvogel von 21.–25.11.2013[17], ein adultes Exemplar am Neusiedler See bei Fertőrákos von 14.–20.12.2004[18], ein Jungvogel auf dem Einserkanal von 13.–21.11.2008[19] sowie zwei vorjährige Vögel auf dem Neusiedler See bei Fertőrákos von 13.1.–15.2.2018[20]. Die Aufenthalte des Sterntauchers im Gebiet, obwohl seltene Ereignisse, dauern damit deutlich länger als beim Prachttaucher.

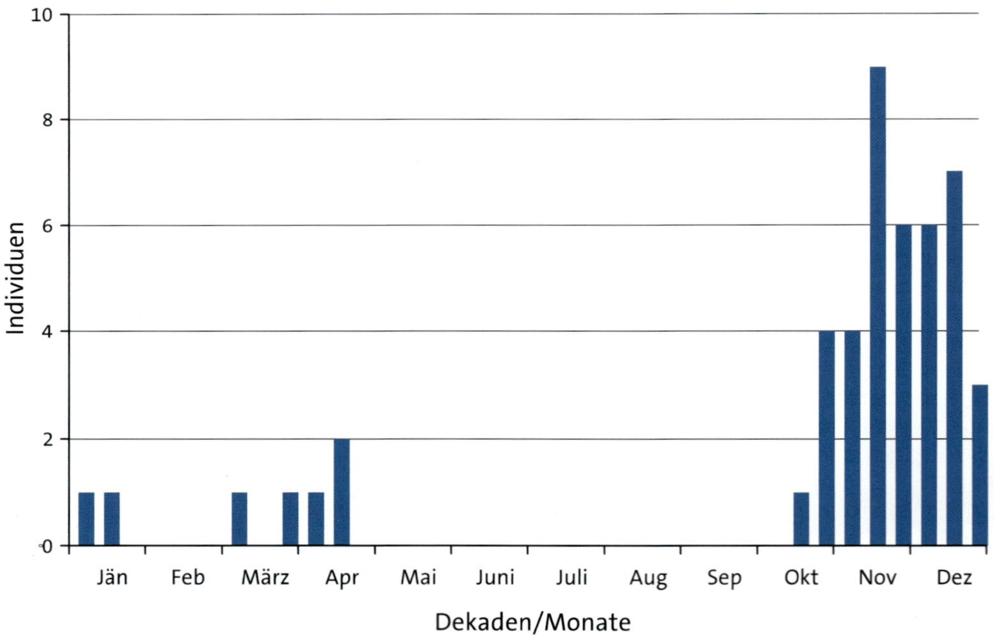

Jahreszeitliches Auftreten des Sterntauchers (Dekadensummen gemeldeter Individuen) basierend auf Daten aus Österreich und Ungarn aus den Jahren 1966–2019 (n = 47)[3–5].

Quellen: *[1] Spina & Volponi (2008), [2] de Juana & Garcia (2015), [3] Archiv BirdLife Österreich, [4] www.ornitho.at, [5] Archiv MME Sopron, [6] A. Tiefenbach/ornitho.at, [7] M. Riesing/ABÖ, [8] A. Ranner/ABÖ, [9] B. Kárász/AMS, [10] F. Udvardy, Zs. Balaskó u. a./AMS, [11] Albegger et al. (2015), [12] Feldner et al. (2008), [13] J. Laber, F. Samwald, A. Grüll/ABÖ, [14] A. Grüll, E. Albegger, A. Ranner/ABÖ, [15] F. Samwald, S. Martinek, C. Neger/ABÖ, [16] J. Laber, M. Dvorak u. a./ABÖ, [17] L. Khil, K. Wiesinger u. a./ornitho.at, [18] T. Hadarics /AMS, [19] T. Hadarics u. a./AMS, [20] F. Udvardy, Zs. Balaskó u. a./AMS*

Michael Dvorak & Tibor Hadarics

Prachttaucher *Gavia arctica* (Linnaeus, 1758)

Sarki búvár – Black-throated Loon

St. Martins Thermensee, Frauenkirchen, 15.5.2014 (Leander Khil)

Sehr seltener Durchzügler, der von Mitte Oktober bis Ende Dezember auftritt; in den übrigen Monaten nur ausnahmsweise

Vorkommen

Der in Europa im Norden Britanniens, in Skandinavien und in der nördlichen Hälfte Russlands brütende und an den europäischen Meeresküsten überwinternde Prachttaucher findet im Gebiet nur wenige geeignete Rastplätze vor, daher sind selbst kurze Aufenthalte von Vögeln, die auf ihrem Zug in Winterquartiere hier „notlanden", relativ selten. In den 53 Jahren von 1966 bis 2018 wurde die Art in 38 Jahren (72 %) festgestellt. Von 79 Nachweisen, die unterschiedlichen Vögeln zugeordnet wurden, betrafen 57 einzelne Exemplare, 13-mal waren es zwei Individuen und nur neunmal wurden mehr als zwei Prachttaucher beobachtet[1–3]: Am 22.10.1967 schwammen drei Exemplare am Neusiedler See bei Rust[4], am 5.12.1991 drei Vögel an der Herrenlacke im südwestlichen Schilfgürtel in Ungarn[5], am 26.10.1993 vier Alt- und drei Jungvögel wieder an der Herrenlacke[6], am 19.10.1995 wurden vier Jungvögel gemeinsam am St. Andräer Zicksee festgestellt[7], am 11.11.1996 fünf Vögel am Neusiedler See bei Fertőrákos[8], am 11.11.2001 hatten sich zumindest sieben Exemplare vor dem Seebad Illmitz versammelt[9], am 12.12.2014 drei Exemplare an der Herrenlacke im Schilfgürtel[10], am 30.12.2015 wurden fünf Individuen vom Seebad Neusiedl am See aus gezählt[11] und am 12. und 14.12.2018 wurden drei Vögel bei der St. Martins Therme entdeckt[25]. Aus diesem Rahmen fallen 138 nicht näher bestimmte Seetaucher, die am 13.12.1992 bei starkem Sturm aus Nordwest innerhalb einer Viertelstunde u.a. in mehreren größeren Trupps (77, 33, 19) über den See auf Höhe des Seebads Illmitz südwärts zogen[12]. Aus heutiger Sicht sollte es sich dabei um Prachttaucher gehandelt haben. 47 Meldungen stammen vom Neusiedler See. Von den 32 Beobachtungen aus dem Seewinkel gelangen 20 am St. Andräer Zicksee, der damit eindeutig die besten Chancen bietet, Prachttaucher im Gebiet zu beobachten. In den Jahren 2014, 2017 und 2018 rasteten jeweils 1–3 Prachttaucher am Schotterteich nördlich der St. Martins Therme[1–3].

Jahreszeitliches Auftreten

70 der 79 Beobachtungen entfallen auf die Monate Oktober bis Dezember, wobei ein schwach ausgeprägter Zuggipfel zwischen 21. Oktober und 10. Dezember erkennbar ist[1–3]. Damit weicht die Phänologie im Gebiet deutlich vom Auftreten in der Steiermark und in Kärnten ab, wo es auch einen ausgeprägten Heimzug gibt[13, 14]. Die einzigen Winternachweise stammen vom 6.1.1975, als ein Exemplar am St. Andräer Zicksee beobachtet wurde[5], vom 8.2.2014 mit der Beobachtung eines Exemplars am Schotterteich bei der St. Martins Therme[15] und vom 11.1.2018 von der Herrenlacke im südwestlichen Schilfgürtel[10]. Am Heimzug waren ein adulter Vogel am 15.3.2010 auf der Warmblutkoppel[16] sowie zwei Exemplare im 2. Kalenderjahr am 14.4.2014 am Neusiedler See bei Podersdorf[17] zu beobachten. Von 15.–17.5.2014 erfreute schließlich ein adulter Prachttaucher zahlreiche Beobachter am Schotterteich bei der St. Martins Therme[18] und gleichzeitig wurde am 17.5.2014 ein vorjähriger Prachttaucher vor dem Seebad Illmitz entdeckt[19]. Die späteste Beobachtung auf dem Heimzug stammt vom 28.5.1977[20], als ein Exemplar an der Oberen Halbjochlacke gesichtet wurde. Die fast ausschließlich nur sehr kurzen Verweildauern der Art im Gebiet sind mit Sicherheit auf die wenig geeignete Habitatausstattung im Gebiet zurückzuführen. Lediglich in sechs Fällen liegen Hinweise auf längere Aufenthalte vor: Von 9.–20.12.2008 wurde an vier Tagen jeweils ein diesjähriger Vogel am St. Andräer Zicksee festgestellt[21], von 7.–13.12.2009 zwei Exemplare am St. Andräer Zicksee beobachtet[22], von 20.11.–11.12.2011 ein Altvogel[23] sowie von 8.–30.12.2012 ein Exemplar am Neusiedler See bei Fertőrákos gesichtet[24]. Am Schotterteich bei der St. Martins Therme wurden zwei längere Aufenthalte von Prachttauchern registriert: Von 6.–27.12.2014 hielt sich hier ein Jungvogel auf[18] und von 29.11.–11.12. sowie am 15.12.2018 waren es 1–2[18], am 12.12. und 14.12. dann sogar drei Jungvögel[25].

Quellen: *[1] Archiv BirdLife Österreich, [2] www.ornitho.at, [3] Archiv MME Sopron, [4] G. Spitzer/ABÖ, [5] A. Pellinger, S. Mogyorósi, T. Hadarics/AMS, [6] S. Mogyorósi, B. Molnár/*

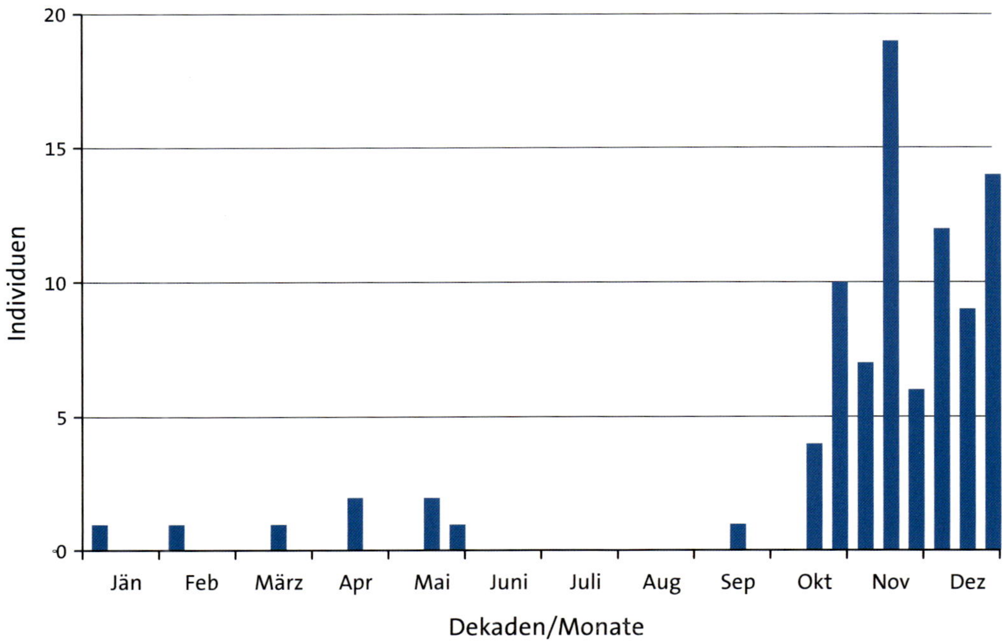

Jahreszeitliches Auftreten des Prachttauchers (Dekadensummen) basierend auf Daten aus Österreich und Ungarn aus den Jahren 1966–2019[1–3]. Die im Text erwähnte Beobachtung von 138 Exemplaren vom Dezember 1992 ist in der Grafik aus Gründen der Übersichtlichkeit nicht dargestellt.

AMS, [7] M. Ganso/ABÖ, [8] T. Hadarics/AMS, [9] A. Ranner/ABÖ, [10] S. Mogyorósi/AMS, [11] R. Katzinger/ornitho.at, [12] A. Ranner, J. Laber, G. Bieringer/ABÖ, [13] Albegger et al. (2015), [14] Feldner et al. (2008), [15] M. Haider/ornitho.at, [16] C. Fiedler/ornitho.at, [17] G. Juen/ornitho.at, [18] L. Khil, M. Suanjak u. a./ornitho.at, [19] E. Albegger/ornitho.at, [20] G. Schumann/ABÖ, [21] E. Albegger, W. Lindinger/ABÖ, [22] M. Dvorak, J. Laber, S. Zinko/ABÖ, [23] Zs. Balaskó, B. Kárász/AMS, [24] E. Szász, B. Kárász u. a./AMS, [25] L. Khil/ornitho.at

Michael Dvorak & Tibor Hadarics

Graugans, Anser anser, *mit Jungvögeln, Seebad Illmitz, 17.4.2017 (Hans-Martin Berg)*

Schwarzstorch *Ciconia nigra* (Linnaeus, 1758)

Fekete gólya – Black Stork

Kirchsee, Illmitz, 17.9.2012, 1. KJ (Michael Dvorak)

Seltener Durchzügler von Ende März bis in die zweite Maihälfte sowie von Ende Juli bis Mitte September

Verbreitung und Lebensraum

Als reiner Waldbewohner findet der Schwarzstorch im Avifauna-Gebiet mangels größerer zusammenhängender Baumbestände keine geeigneten Brutlebensräume. Durchziehende Vögel rasten vorwiegend im südlichen Teil des Gebiets, also in jenen Bereichen, die einen hohen Anteil an Grünland in Form von Mähwiesen und Weiden aufweisen. Der österreichische Hanság bildet dabei mit 40,8 % aller Nachweise auf weniger als 10 % der Gesamtfläche den eindeutigen Schwerpunkt. Auf den westlichen und zentralen Seewinkel entfallen zusammen 42,6 % aller Meldungen [1,2]. In Anbetracht des sehr geringen Flächenanteils wird auch der südliche Teil des Seewinkels vom Sandeck bis zum Neudegg (6,5 %) überdurchschnittlich häufig genutzt. In allen anderen Teilen des Gebiets tritt die Art nur unregelmäßig auf, so liegen vom Westufer des Sees nur insgesamt 27 Meldungen vor und am Neusiedler See selbst, inklusive des Schilfgürtels sowie im nördlichen Seewinkel wurden Schwarzstörche bislang nur vereinzelt beobachtet [1,2].

Auch auf ungarischer Seite gibt es im Avifauna-Gebiet kein zur Brut geeignetes Gebiet. In den Wäldern der südwestlich angrenzenden Hügelkette könnte er zwar brüten, der Störungsgrad ist dort aber durch die Nähe von Sopron zu hoch. Die nächstgelegenen Brutplätze befinden sich im Ödenburger Gebirge [3] sowie in den Wäldern des Süd-Hanság. In den vergangenen Jahren gab es aber hier wegen der immer stärkeren Trockenheit keine erfolgreichen Bruten und zuletzt auch keine Brutversuche mehr [4].

Bestand und Bestandsentwicklung

Für das 19. und die erste Hälfte des 20. Jahrhunderts schrieb Zimmermann [5]: *„Der Schwarzstorch gibt in unserem Gebiet nur seltene Gastrollen, wird von Frhr. von Fischer für die Achtzigerjahre des verflossenen Jahrhunderts jedoch als Brutvogel des Kapuvárer Erlenwaldes aufgeführt“*. Auch zu Beginn der 1950er Jahre wurde er nur als *„seltener Besucher“* eingestuft [6]. Noch in den 1960er und frühen 1970er Jahren war der Schwarzstorch im Gebiet ein sehr seltener, vielleicht sogar nur unregelmäßiger Durchzügler, von 1966 bis 1979 wurden nur 22 Beobachtungen aus neun von 14 Jahren gemeldet [2]. Im Zuge der in der zweiten Hälfte des 20. Jahrhunderts westwärts gerichteten Expansion in Mitteleuropa [7] und Österreich [8] nahmen dann auch Frequenz und Anzahl der Nachweise im Gebiet zu: Ab 1973 wurden Schwarzstörche alljährlich gemeldet, aus der Dekade 1980–1989 gibt es bereits 72 Meldungen, von 1990–1999 bei geringerer Beobachtungsintensität 48 [2]. Aktuell wurden mit der Einführung von ornitho.at in den Jahren 2013–2018 im Schnitt jährlich 24 (16–35) Schwarzstorch-Beobachtungen gemeldet [1]. Der Großteil aller Nachweise (73,8 %) betrifft einzelne Vögel, einigermaßen regelmäßig (75 Beobachtungen und damit 22,1 %) werden jedoch auch kleine Trupps von 2–4 Exemplaren beobachtet [1,2]. Regelrechte Zugtrupps, wie sie aus benachbarten Gebieten wie z. B. den Marchauen [1] bekannt sind, sind aber Ausnahmen: Fünf oder mehr Schwarzstörche wurden nur 14-mal entdeckt [1,2]. Die größten Gruppen waren 7–9 Exemplare von 23.–26.5.2013 im Hanság [9,10], acht am 3.8.1976 im Bereich der Hölle [11] und neun, die am 30.8.1996 beim Neudegg kreisten [12].

Auf ungarischer Seite gibt es vom weniger gut mit Beobachtern abgedeckten, südwestlichen und südlichen Teil des Neusiedler See-Beckens nur wenige Nachweise: von Fertőrákos bis Hidegség wurden in 30 Jahren insgesamt nur 16 Beobachtungen gemeldet [13]. Mit Ausnahme eines Trupps von sieben Jungvögeln, der am 16.9.1992 bei Hidegség entdeckt wurde [14] stammen alle Nachweise größerer Gruppen aus dem östlichen Teil: 13 Exemplare am 14.8.1994 im Pap-rét, Mekszikópuszta [14], ebenfalls 13 am 23.7.2000 am Borsodi-dűlő, Mekszikópuszta [14], 12 ad. am 3.7.2003 im Pap-rét, Mekszikópuszta [15], 10. Individuen am 10.8.2004 am Legény-tó, Mekszikópuszta [16] und zuletzt nochmals 10 Exemplare am 25.7.2015 im Cikes, Mekszikópuszta [17]. Im Frühjahr sind größere Zugtrupps hingegen die Ausnahme, lediglich am 16.5.1997 wurden bei Hídi-major, Mekszikópuszta, sieben Schwarzstörche zusammen festgestellt [18].

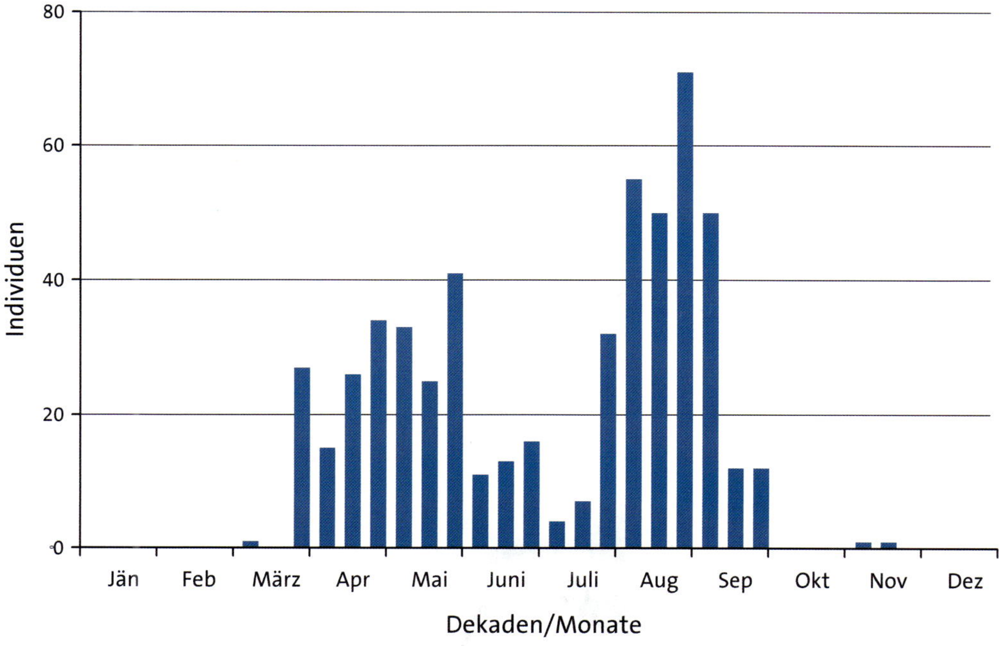

Jahreszeitliches Auftreten des Schwarzstorchs (Dekadensummen gemeldeter Individuen) basierend auf Daten aus Österreich aus den Jahren 1966–2019 (n = 537) [1,2].

Jahreszeitliches Auftreten

Ausnahmsweise tauchte auf österreichischer Seite bereits am 10.3.2003 ein Schwarzstorch bei der Biologischen Station Illmitz auf[19], ansonsten setzt der Frühjahrszug erst in der dritten Märzdekade ein und klingt in der dritten Maidekade aus. Die meisten Nachweise aus dem Zeitraum Anfang Juni bis Mitte Juli sind dann Brutvögeln aus der weiteren Umgebung zuzurechnen. Diese Beobachtungen stammen größtenteils aus dem österreichischen Hanság und dem südlichen Seewinkel, beides Gebiete, die an den ungarischen Hanság angrenzen. Der Wegzug setzt Ende Juli ein, erreicht Ende August seinen Höhepunkt und endet bereits Mitte September[1, 2]. Altvögel ziehen früher durch, leider liegen aber nur für relativ wenige Nachweise auch Altersangaben vor. Insgesamt überwiegen die Jungvögel deutlich (59 zu 15), im September wurden fast ausschließlich Jungvögel gemeldet[1, 2]. Ein Jungvogel, der sich am 29.10.2011 auf der Graurinderkoppel aufhielt[20], und ein weiterer Schwarzstorch, der am 15.11.1997 über die Stadt Rust flog[21], fallen jedoch zeitlich völlig aus dem Rahmen.

Der früheste Nachweis eines Schwarzstorchs auf ungarischer Seite gelang am 8.3.2013 in Ürge-domb, Mekszikópuszta[15], der späteste am 5.10.1992 in Mekszikópuszta[16].

Quellen: *[1] www.ornitho.at, [2] Archiv BirdLife Österreich, [3] Váczi (1993), [4] M. Váczi, unpubl. Daten, [5] Zimmermann (1943), [6] Bauer et al. (1955), [7] Sackl (1985a), [8] Sackl (1985b), [9] H.-M. Berg, unpubl. Daten, [10] T. Korschefsky/ornitho. at, [11] J. Loos/ABÖ, [12] R. Kroiss/ABÖ, [13] Archiv MME Sopron, [14] A. Pellinger/AMS, [15] A. Fersch/AMS, [16] M. Váczi/AMS, [17] S. Mogyorósi/AMS, [18] A. Pellinger & N. Neuwirth/AMS, [19] A. Grüll/ABÖ, [20] R. Katzinger/ABÖ, [21] J. Heissenberger/ABÖ*

Michael Dvorak & Előd Győrig

Weißstorch *Ciconia ciconia* (Linnaeus, 1758)

Fehér gólya – White Stork

Hottergrube, Apetlon, 1.8.2013 (Leander Khil)

Mäßig häufiger Brutvogel in den meisten Ortschaften, mäßig häufiger Durchzügler und vereinzelt auch überwinternd

Verbreitung und Lebensraum

Der Weißstorch nistet in allen Ortschaften auf österreichischer Seite des Neusiedler See-Gebiets mit Ausnahme von Halbturn und Mönchhof. Am ungarischen Südufer des Sees brütete die Art in den letzten 35 Jahren in allen Ortschaften zumindest vorübergehend. In der Regel ist ein besetztes Nest pro Ort vorhanden. Gemeinden mit mehreren Horsten konzentrieren sich sowohl östlich als auch westlich des Sees auf den Südteil: Am Westufer ist dies neben Mörbisch und Oggau allen voran Rust mit der größten Kolonie von maximal 19 Horstpaaren. Im Seewinkel beherbergen Apetlon und Illmitz aktuell maximal acht bzw. maximal sechs Horstpaare[1]. Als Horststandorte werden auf österreichischem Gebiet überwiegend Schornsteine auf Gebäuden genutzt. Unter den 59 zwischen 2011 und 2018 besetzten Nestern wurden nur drei auf Masten (in Pamhagen und Apetlon) errichtet, eines auf dem Friedhofs-Glockenturm von Podersdorf sowie eines auf einem abgeschnittenen Baum im Ortsgebiet von Apetlon. Der einzige in diesem Zeitraum abseits von Siedlungen angelegte Horst befand sich auf einem jagdlichen Hochstand im Hanság, war allerdings nur in einem Jahr von einem erfolglosen Paar besetzt[2].

Auf ungarischer Seite hingegen dominieren Horste auf Strommasten, was der gesamtungarischen Situation entspricht[3]. Seit 2006 ist in Westungarn der Anteil von Nestern auf Masten höher als jener von solchen auf Schornsteinen. Ein Baumhorst in Hidegség war von 1982 bis 1996 besetzt. Brütende Störche werden von Hausbesitzern und Anrainern mehrheitlich gern gesehen und dementsprechend werden zahlreiche Nisthilfen, meist in Form von Metallaufbauten auf Schornsteinen, bereitgestellt. In Ungarn werden vom Energieversorgungsunternehmen künstliche Plattformen auf besetzten Masten angeboten, um Stromschläge bzw. Beeinträchtigungen der Leitungsfunktion zu vermeiden. In den meisten Fällen liegen die Brutplätze in den Ortszentren, also dort, wo sich auch die höchsten Gebäude befinden. In Rust konzentriert sich die Kolonie auf die kleine Altstadt mit ihren hohen Bürgerhäusern, deren Bauweise ausschlaggebend für die Ansiedlung derart vieler Paare gewesen ist[4]. Aktuell finden sich hier nur zwei besetzte Horste abseits dieses sehr eng umgrenzten Bereiches.

Zur Nahrungssuche nutzen die Störche Flächen, die idealerweise in einem Umkreis von nicht mehr als 3 km vom Horst liegen, teilweise werden aber auch wesentlich größere Strecken bis 7,5 km zurückgelegt, wobei z. B. die Ruster und Mörbischer Störche bis in das südöstliche Wulkabecken fliegen oder den See überqueren[5,6]. Als Nahrungshabitate kommen (Feucht)Wiesen, Brachen, die Seewinkellacken, aber auch größere Blänken im Schilfgürtel des Sees und dessen landseitiger Rand sowie teilweise auch Straßenränder und Weingärten in Betracht. Ackerflächen werden im Sommer ab der Getreideernte gezielt aufgesucht[5]. Die vorliegenden Beobachtungsmeldungen auf österreichischer Seite abseits der Ortschaften spiegeln sicherlich in gewissem Maß die Beobachtertätigkeit wider. Dennoch kristallisieren sich einige wichtige Nahrungsgebiete, wie etwa die Seerandwiesen bei Rust, die Oggauer Heide, die Zitzmannsdorfer Wiesen, die Lacken und Wiesen des Seewinkels und der Hanság heraus. Keine oder nur vereinzelte Weißstorchmeldungen gibt es aus landwirtschaftlich intensiv genutzten Gebieten, wie etwa den Ackerflächen des Albrechtsfeldes oder dem weingartendominierten Gebiet zwischen Gols, Mönchhof und den nördlichen Seewinkellacken. Auch zwischen St. Andrä, Wallern und Tadten wurden kaum Störche gemeldet. Alle diese Lücken erscheinen plausibel. Andere jedoch, wie etwa jene im Neudegg, sind sicherlich durch die hier geringe Beobachtungsintensität bedingt.

Bestand und Bestandsentwicklung

Trotz seiner Bekanntheit und auffälligen Lebensweise ist wenig über die Anfänge der Besiedelung des Neusiedler See-Gebiets durch den Weißstorch bekannt. Anton Jukovits[7], vogelkundlich versierter Pfarrer in Apetlon, bezeichnete ihn für die Zeit zwischen 1856 und 1864 als *„hier immer vertreten"*, tatsächlich ist aber unklar, wann die erste Brut stattfand. Nach Informationen zum Alter der Horste, die im Zuge der ersten internationalen Storchenzählung 1934 gesammelt wurden, gab es einen Horst in St. Andrä *„seit Menschengedenken"*, einen in Frauenkirchen seit rund 50 Jahren und einen in Podersdorf seit

1900[4]. Am Westufer des Sees entstand der erste Horst in Rust je nach Quelle entweder 1905[8] oder 1910[9]. Eine kontinuierliche Besiedelung des Nordburgenlandes setzte etwa ab 1910 ein[4]. In den 1920er Jahren wurden in 14 Ortschaften des österreichischen Seegebiets besetzte Horste bekannt[4, 10, 11]. In Fertőrákos brütet der Weißstorch mindestens seit 1922[12], wobei bis heute immer derselbe Nistplatz benutzt wurde. Im Jahr 1934 wurden im Rahmen der ersten internationalen Weißstorchzählung im österreichischen Teil des Neusiedler See-Gebiets 39 besetzte Horste, davon 10 in Rust, erfasst, im Jahr 1939 waren es dann bereits 78, davon 22 in Rust[4, 13].

In den Kriegsjahren kam es wieder zu einem Rückgang, 1948 konnten nur mehr 34 besetzte Horste erhoben werden, davon neun in Rust[4]. Ab 1950 wurde der burgenländische Storchenbestand nahezu lückenlos jährlich erfasst, allerdings sind v.a. aus den ersten Jahrzehnten nur vereinzelt Daten auf Gemeindeebene erhalten geblieben. In den 1950er Jahren erholte sich der österreichische Storchenbestand und stieg wieder an. Die zweite internationale Storchenzählung 1958 ergab für das Neusiedler See-Gebiet 67 besetzte Horste, davon 31 in Rust[14]. Im Folgejahr 1959 wurde mit 37 die höchste jemals in Rust registrierte Zahl an besetzten Horsten ermittelt, allerdings waren davon nur neun Paare erfolgreich[15]. Der gesamtburgenländische Storchenbestand erreichte 1962 sein Maximum, leider ist für dieses Jahr der Bestand für das hier betrachtete Gebiet nicht mehr rekonstruierbar[16, 17]. Im Bezirk Neusiedl am See – und damit im Seewinkel – blieb der Bestand dann bis in die 1970er Jahre weitgehend konstant, während es am Westufer bereits zu einem leichten Rückgang kam[18]. Im Jahr 1972 waren es 88 besetzte Horste auf österreichischer Seite, davon 29 in Rust und 13 in Apetlon[18]. 1974 wurden 64 Horstpaare gezählt, davon je 13 in Illmitz und Rust sowie 10 in Apetlon, 1980 waren es 62 Horstpaare, davon 15 in Rust, 14 in Illmitz und neun in Apetlon[20]. Ab Mitte der 1980er Jahre war der Weißstorchbestand rund um den Neusiedler See starken Schwankungen unterworfen[1, 21]: Nach einem Rückgang von 54 Horstpaaren im Jahr 1986 auf 41 im Jahr 1991 folgte ein mehr oder weniger stetiger Anstieg bis auf 62 Paare im Jahr 2000. Danach stürzte der Bestand innerhalb von fünf Jahren auf einen Tiefststand von 38 Paaren ab, um sich danach langsam wieder dem Wert zur Jahrtausendwende zu nähern, der 2017 mit 61 Paaren auch fast wieder erreicht wurde.

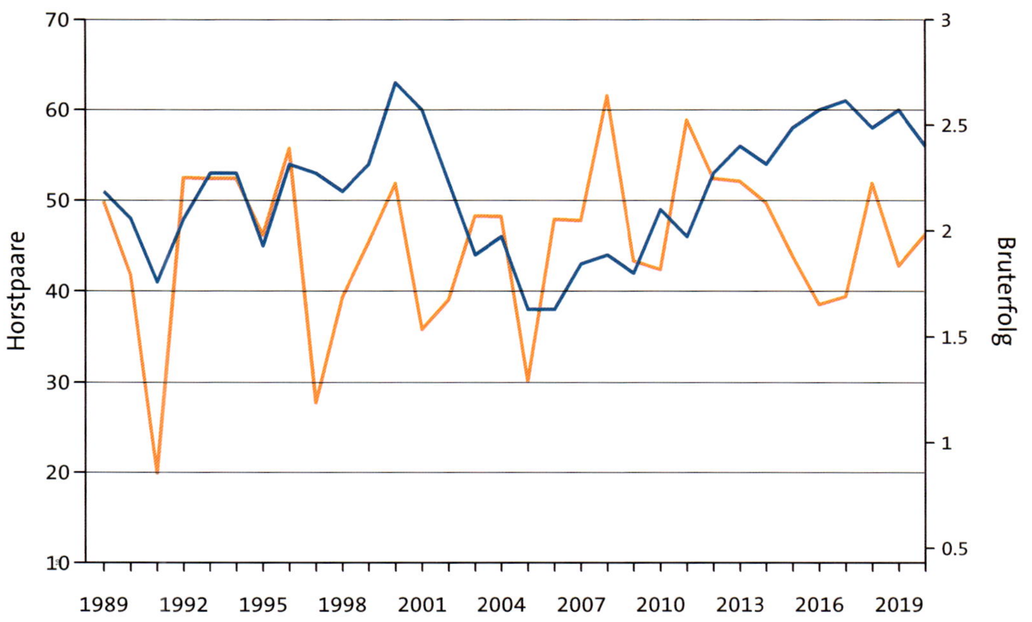

Anzahl der Horstpaare des Weißstorchs im gesamten Untersuchungsgebiet in den Jahren 1989–2020 (blaue Linie)[1, 21] und Bruterfolg (Junge pro Horstpaar) in Österreich (orange Linie)[1].

Im Jahr 2020 wurden im Neusiedler See-Gebiet 56 Horstpaare gezählt. 24 entfielen auf das österreichische Westufer, davon 18 allein in Rust, 24 auf den österreichischen Seewinkel und Hanság mit acht in Apetlon und fünf in Illmitz[1]. Im ungarischen Gebietsteil waren es acht Paare[21].

Auffällig sind die unterschiedlich verlaufenden Bestandskurven des Ost- und Westufers. Östlich des Sees wurde zur Jahrtausendwende der Wert von Mitte der 1980er Jahre nur um ein Paar übertroffen, während es westlich des Sees 2001 10 mehr waren. Der darauffolgende Rückgang war am Westufer nur von kurzer Dauer und der negative Trend kehrte sich bereits 2005 wieder um, während er am Ostufer um einiges massiver ausfiel und erst ab 2010 gestoppt wurde. Die Entwicklung am Westufer wird dabei klarerweise von jener in Rust getragen, während ein Gutteil des Seewinkler Bestandsrückganges ab den 2000er Jahren auf das Konto der Verluste in Illmitz geht. Die Ruster Kolonie hat zweifellos von der Umsetzung eines in den späten 1980er Jahren angelaufenen Schutzprojektes[22] profitiert. Durch Beweidung werden die besonders attraktiven Schilfrandwiesen in unmittelbarer Nähe zur Altstadt offengehalten. Dies trug sicher wesentlich dazu bei, dass sich der Bestand nach dem zwischenzeitlichen Einbruch Mitte der 2000er Jahre schnell wieder erholen und den hohen Wert des Jahres 2000 von 13 Horstpaaren sogar weit übertreffen konnte, während die Kolonien am Ostufer diesen Wert nie wieder erreichten. Für den Niedergang der Illmitzer Kolonie gab Suchentrunk[23] die Verbauung der Ortsränder und damit attraktiver ortsnaher Nahrungsgebiete als möglichen Grund an. Auch der Wasserstand des Illmitzer Zicksees wurde mit dem Bruterfolg in Zusammenhang gebracht, da die dortige Lachmöwenkolonie eine wichtige Nahrungsquelle darstellte. Als mögliche Rückgangsursachen erscheinen auch die Verschilfung und das Trockenfallen der ortsnahen Schrändlseen und des Kirchsees denkbar.

Im ungarischen Gebietsteil wurde das Maximum in den Jahren 1992 und 1993 mit zehn Paaren erreicht, das Minimum im Jahr 2006 mit fünf Paaren. In den meisten Jahren brüten hier acht Paare[21].

Der durchschnittliche Bruterfolg lag von 1986–2020 auf österreichischer Seite bei 1,98, auf ungarischer bei praktisch identen 1,96 ausgeflogenen Jungvögeln pro Horstpaar[1, 21]. Die Schwankungsbreite lag im österreichischen Teilgebiet zwischen 1,88 Jungvögeln im Jahr 1991 und 2,74 im Jahr 2008, im ungarischen zwischen 0,71 im Jahr 2005 und 3,25 im Jahr 1988. Für eine langfristig stabile Population ist ein durchschnittlicher Bruterfolg von 2,0 ausgeflogenen Jungvögeln notwendig[24], was ab den 2000er Jahren auf österreichischer Seite auch wieder knapp erreicht wurde (2,03 zwischen 2000 und 2018). Da sich Jungstörche oft in einem Umkreis von 10–50 km um den elterlichen Horst ansiedeln und mit etwa drei bis fünf Jahren geschlechtsreif werden[24], könnte man nach einigen Jahren mit

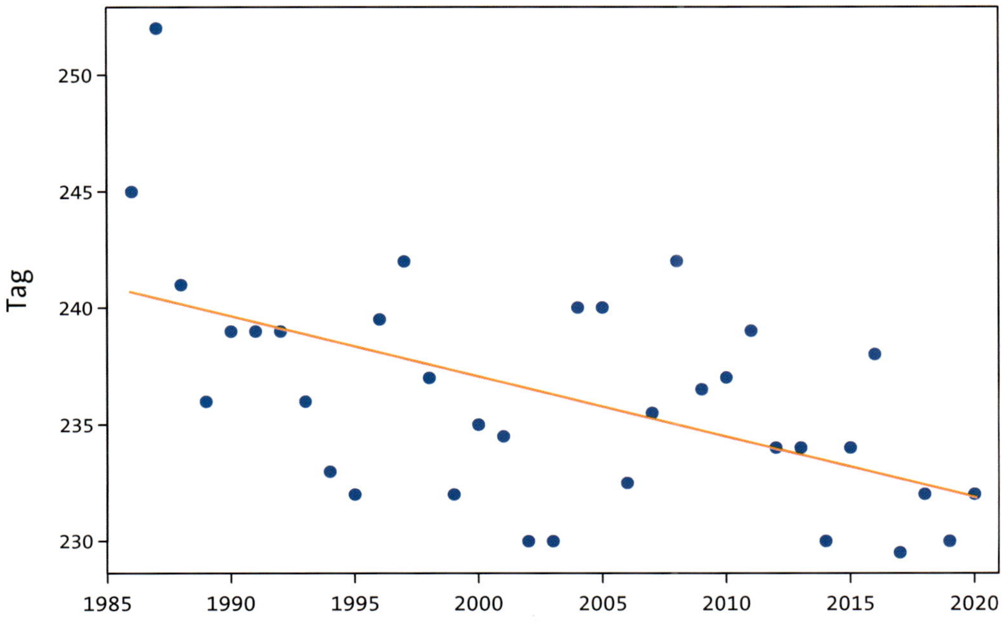

Medianwerte für den Abzug von den Horsten im ungarischen Gebietsteil in den Jahren 1986–2020. Die Y-Achse gibt die numerische Zahl des Datums im Jahresverlauf an[28].

gutem Bruterfolg einen Bestandsanstieg etwa drei bis fünf Jahre später erwarten. Tatsächlich deuten das auch Daten zu Bestandsentwicklung und Bruterfolg im österreichischen Neusiedler See-Gebiet an: Auf fünf Jahre mit einem durchschnittlichen Bruterfolg von 2,27 zwischen 1992 und 1996 folgte das Bestandshoch um die Jahrtausendwende. Auf die drei besonders guten Jahre 2006 bis 2008 mit durchschnittlich 2,34 und dem Rekordergebnis 2008 von 2,74 folgte ein Bestandsanstieg ab 2012. Wenn man das Ost- und Westufer getrennt betrachtet, wird dies vor allem am Ostufer deutlich, wo der 2012 beginnende Bestandsanstieg auf vier besonders erfolgreiche Jahre zwischen 2006 und 2009 folgte[1]. Auf ungarischer Seite blieb der Bestand, trotz starker Schwankungen im Bruterfolg, weitgehend stabil. So flogen hier zwischen 1986 und 1993 durchschnittlich 2,45 Junge pro Horst aus, in den Jahren 1994 bis 2007 hingegen nur 1,51, von 2008 bis 2020 dann wieder 2,1[21].

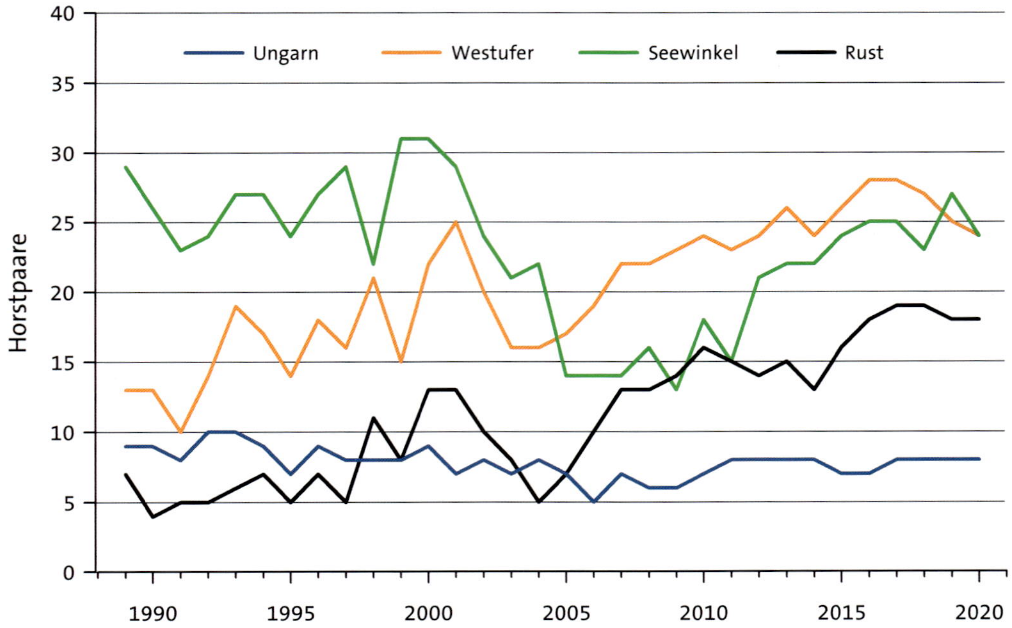

Bestandsentwicklung des Weißstorchs in Teilbereichen des Untersuchungsgebiets in den Jahren 1989–2020[1, 21].

Jahreszeitliches Auftreten

Die Brutvögel treffen im Neusiedler See-Gebiet meist ab Mitte März an ihren Horsten ein, nur ausnahmsweise gibt es frühere Beobachtungen. Die frühesten Ankünfte an einem Horst wurden am 2.3.1993 in Hegykő[21] und am 4.3.1990 in St. Andrä[25] dokumentiert. Ab dem letzten Märzdrittel steigen sowohl die im Rahmen der Weißstorchzählung von BirdLife Österreich dokumentierten Horstankünfte als auch die Meldungen abseits der Horste[26, 27] rasch an. Der Median der Ankünfte des ersten Storches war im österreichischen Teilgebiet in den 2000er und 2010er Jahren der 1. April, der des 2. Storches der 6. April, während es in den 1980er und 1990er Jahren noch der 4. April und der 7. April waren[1]. Auf ungarischer Seite ist das Bild ähnlich: Für die 1980er ab 1986 und 1990er Jahre liegt der Median der Erstankunft an den jeweiligen Horsten am 2. April, für die 2010er Jahre am 31. März. Für die Ankunft des zweiten Vogels am Horst fallen die entsprechenden Werte auf den 7. April bzw. den 5. April[28].

Noch ausgeprägter ist eine jahreszeitliche Vorverlegung beim Verlassen des Nestes nach der Brutsaison: Auf ungarischer Seite verließen die Störche ihr Nest im Jahr 1986 am 2. September, im Jahr 2020 bereits am 21. August, also 12 Tage früher[28]. Die spätesten Daten, an denen Störche am Horst angetroffen wurden, fallen auf den 25.9.1998 in Fertőhomok[28] und den 30.9.2008 in St. Andrä[1].

Die Gründe für die früheren Ankunfts- und Abzugsdaten können vielfältig sein. Eine frühere Ankunft begünstigt einen früheren Brutbeginn. Das wiederum hat ein früheres Ausfliegen der Jungen zur Folge. Ob dies zu einem früheren Abzug beiträgt, kann anhand der vorliegenden Daten allerdings nicht belegt werden. Ebenso könnten auch das zunehmend raschere sommerliche Trockenfallen der Feuchtflächen oder günstigere Thermikverhältnisse einen früheren Abzug begünstigen.

Die Anzahl der Beobachtungsmeldungen auf österreichischer Seite, überwiegend von Nahrung suchenden Störchen, steigt kontinuierlich bis Mitte Mai an und bleibt bis Ende Mai annähernd gleich. Der darauffolgende Rückgang zwischen 5. und 20. Juni dürfte ein Artefakt sein, bedingt durch die geringere Beobachtungstätigkeit im Juni im Vergleich zum Mai. Möglicherweise werden zu dieser Zeit auch weiter entfernte sowie weniger von Beobachtern frequentierte Nahrungsgebiete aufgesucht. Ab 20. Juni steigen die Zahlen von abseits der Horste beobachteten Störchen wieder an, gleichzeitig sinkt der Anteil an Meldungen von Einzelvögeln deutlich: Während dieser ab der Ankunft am Horst bis Mitte Juni durchgehend zwischen 55 und 70 % liegt, betreffen zwischen 20. Juni und 20. Juli nur 36 % der Meldungen einzelne Störche. Die Jungvögel schlüpfen zwischen 10. Mai und 10. Juni (Median von 106 Angaben im Rahmen der Weißstorchzählung von BirdLife Österreich: 27. Mai; Mittelwert: 28. Mai), und sind dann mit etwa 25 Tagen, also im Mittel um den 20. Juni, alt genug, dass sie am Horst alleine gelassen werden und beide Altvögel auf Nahrungssuche gehen können[24]. Die sich im Datenmaterial abzeichnenden hohen Individuensummen im Juli werden v. a. durch Meldungen der großen Jungen in den Horsten, die zu dieser Jahreszeit auch im Zuge der jährlichen Bestandserfassung kontrolliert werden, hervorgerufen. Ab der zweiten Augustpentade sammeln sich die ausgeflogenen Jungvögel in günstigen Nahrungsgebieten, was erneut zu einem starken Anstieg der Beobachtungen sowie der Truppgrößen führt, bevor Mitte August der rasch verlaufende Abzug merkbar wird. In der zweiten Septemberhälfte werden bereits nur noch ganz vereinzelt Störche im Gebiet beobachtet. Die spätesten Herbstmeldungen stammen vom Südrand der Zitzmannsdorfer Wiesen vom 18.10.2017[29] sowie aus Mekszikópuszta, von wo Beobachtungen aus dem Oktober der Jahre 2000 und 2006 sowie aus dem November der Jahre 1995 und 1996 vorliegen[30]. Ringfunde weisen zwar auf einen gewissen Durchzug im Gebiet hin, doch spiegelt sich das im vorliegenden Datenmaterial kaum wider. Die zahlreichen Trupps im August beinhalten zweifellos Durchzügler, betreffen aber wohl zu einem Gutteil auch die lokalen Brutvögel, die sich vor dem Abzug auf günstigen Nahrungsflächen sammeln. Lediglich sechs Mel-

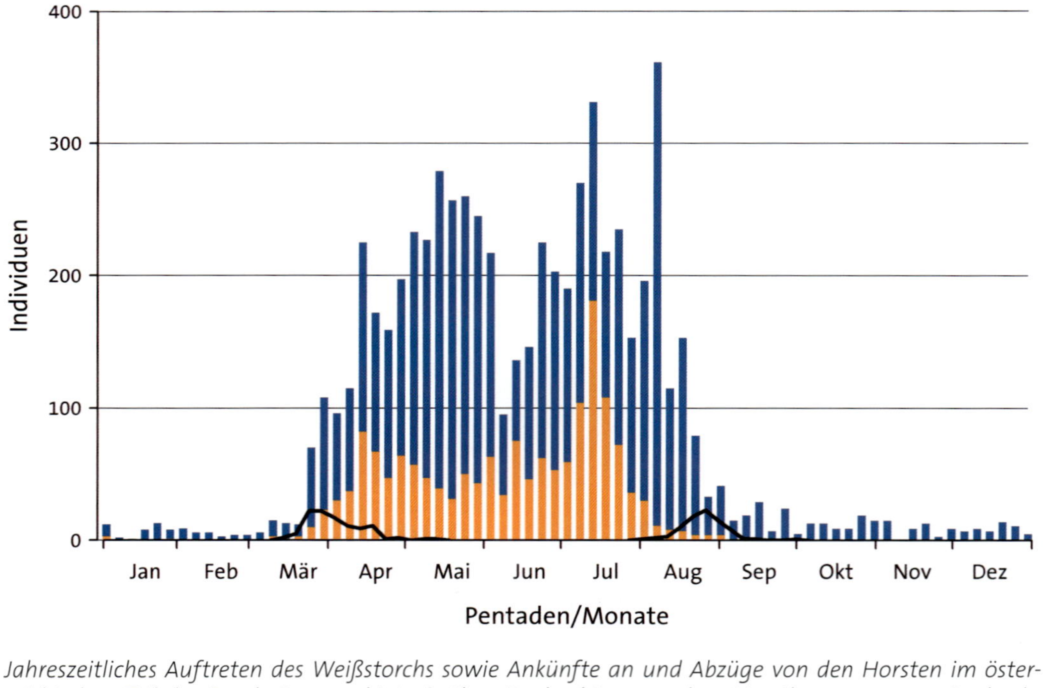

Jahreszeitliches Auftreten des Weißstorchs sowie Ankünfte an und Abzüge von den Horsten im österreichischen Teil des Bearbeitungsgebietes[1]. Blau: Beobachtungen ohne Horstbezug; orange: Beobachtungen mit Horstbezug; schwarze Linie: Zeitlicher Verlauf der Ankünfte an und Abzüge von den Horsten.

dungen auf österreichischem Gebiet sprechen ausdrücklich von Zugtrupps bzw. ziehenden Exemplaren, darunter 14 Vögel am 29.5.2013[31]. Auf ungarischer Seite ragt diesbezüglich ein am 18.8.2020 über dem Einserkanal nahe dem Grenzübergang Pamhagen nach Süden kreisender Trupp von 200 Störchen heraus[32].

In Rust können die in der Stadt verweilenden Pflegestörche den ganzen Winter hindurch beobachtet werden. Vereinzelt gibt es auch andernorts Winterbeobachtungen, z.B. aus Illmitz vom 2.12.2016[33], aus Oggau vom 21. und 24.12.2014[34], aus Mörbisch vom 22.12.2014[34], vom Weißsee am 27.12.2014[35], von Mekszikópuszta, wo sich bis zum 18.12.2014 zwei Vögel aufhielten, danach wurde am 22.2.2015 ein Vogel beobachtet[30] und von der Staatsgrenze bei Wallern am 12.1.2019[32].

Zugverhalten und Ringfunde

Die europäischen Weißstörche werden in Ost- und Westzieher unterteilt, die auf ihrem Zugweg das Mittelmeer im Osten bzw. im Westen umfliegen, um in Ost- bis Südafrika bzw. Westafrika (sowie in den letzten Jahrzehnten zunehmend in Westeuropa) zu überwintern[36,37,38]. Ein kleinerer Anteil zieht auch über die zentrale Mittelmeerroute[39]. Die Brutvögel Ostösterreichs und Ungarns können den Ostziehern zugerechnet werden, wenn auch einzelne Nachweise von in der Oststeiermark beringten Störchen in Westeuropa auf eine rezente Aufweichung dieser einst als sehr strikt angesehenen Zuordnung hindeuten[40,41]. Auch die Ringablesungen belegen die Zugehörigkeit zu den Ostziehern. Funde von im Bearbeitungsgebiet beringten Störchen (fast ausschließlich Jungvögel am Horst, in Österreich wurde von den 1930er Jahren bis 1977 beringt, in Ungarn in den 2010er Jahren) zeichnen den bekannten Zugweg über Ungarn, Rumänien, Bulgarien, die Türkei, Israel, Ägypten bis Sudan, Tansania, Simbabwe und Südafrika nach. Am westlichen Rand dieser Zugroute liegt ein Fund aus Lesbos (Griechenland). Bemerkenswert ist der Fund eines 1976 in Illmitz beringten Storches, der im darauffolgenden Sommer weit östlich dieses Zugweges in der Ukraine tot aufgefunden wurde[42]. Es liegen aber auch Rückmeldungen vom Herbstzug aus Kroatien vor (15.8.1983 und 15.9.1952), die einen Wegzug in südlicher Richtung andeuten sowie ein – allerdings hinsichtlich Datum und Ort sehr ungenau dokumentierter – Fund aus Libyen[42]. Offensichtliche Brutansiedlungen von im Neusiedler See-Gebiet beringten Störchen gibt es fast ausschließlich im oder sehr nahe dem Bearbeitungsgebiet (fünfmal unter 20 km, einmal 37 km, einmal 57 km). Nur ein Storch siedelte sich 126 km NNW vom Beringungsort in Tschechien an[42]. Wahrscheinliche oder sichere Brutansiedlungen im Bearbeitungsgebiet gab es dagegen auch von sehr weit entfernt im Horst beringten Vögeln: 12 von 17 kamen aus über 100 km Entfernung, fünf sogar aus über 400 km. 900 km lagen zwischen dem elterlichen Horst eines Storches in Ostfriesland (1972) und dem Bruthorst in Rust (1977)[42]. Die Herkunft von weiteren im Gebiet abgelesenen Störchen entspricht ebenfalls dem Einzugsgebiet der ostziehenden Störche: von Südschweden über Nord- und Nordostdeutschland, Polen, Slowakei, Ungarn bis Serbien. Beringte Vögel aus Südwestdeutschland (Baden-Württemberg und Schwaben) sowie aus der Schweiz sind hingegen eher den Weststörchen zuzuordnen. Und auch aus Kroatien (Lonjsko polje) siedelte sich ein Storch im Seewinkel, und zwar in Tadten, an[42]. Nur wenige Individuen belegen die bekannte Brutortstreue: Rekordhalter ist hier ein Storch, der 1998 in der Slowakei beringt wurde und dann von 2006 bis 2013 durchgehend am gleichen Horst in Fertőd brütete[42]. Bemerkenswert sind Beobachtungen von vier beringten Nichtbrütern unterschiedlichen Alters im ungarischen Teilgebiet im Jahr 2020: ein Vogel im 2. Jahr aus Polen, einer im 3. Jahr aus Tschechien, einer im 4. Jahr aus Slowenien und einer im 5. Jahr aus Polen. Zwei- und dreijährige Vögel verblieben früher zumeist im Überwinterungsgebiet, derartige Beobachtungen könnten auf eine Änderung des Zugverhaltens noch nicht brutreifer Vögel hindeuten[42].

Quellen: [1] *Weißstorchzählung BirdLife Österreich,* [2] *H.-M. Berg/Weißstorchzählung BirdLife Österreich,* [3] *Gyalus et al. (2018),* [4] *Aumüller (1949),* [5] *Ranner (1995),* [6] *Ranner (o. J.),* [7] *Jukovits (1864/65),* [8] *Seitz (1935),* [9] *Aumül-*

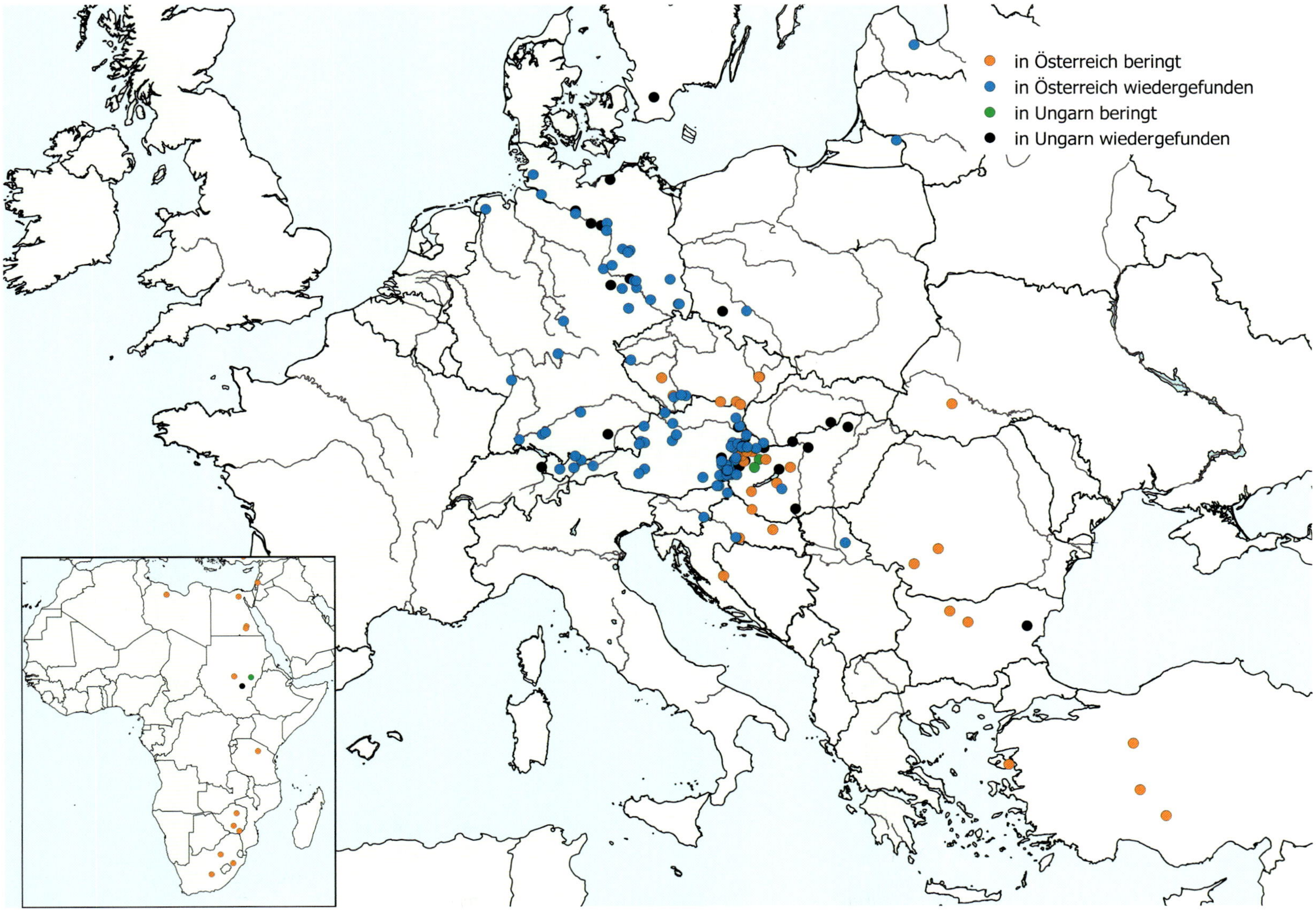

Wiederfunde beringter Weißstörche abseits des Neusiedler See-Gebiets sowie Beringungsorte im Bearbeitungsgebiet abgelesener oder wiedergefundener Weißstörche aus den Jahren 1923 bis 2019[42].

ler (1950), [10] Wettstein-Westersheim (1924), [11] Steinparz (1926), [12] Breuer (1929a), [13] Seitz (1940), [14] Aumüller & Kepka (1960), [15] Aumüller (1961), [16] Aumüller & Kepka (1965), [17] Ranner & Tiefenbach (1994), [18] Triebl & Frühstück (1979), [19] Aschenbrenner (1972), [20] H. Frühstück, unpubl. Daten, [21] MME Storchendatenbasis, [22] Ranner (1989), [23] Suchentrunk (2017), [24] Creutz (1985), [25] W. Tschida/Weißstorchzählung BirdLife Österreich, [26] Archiv BirdLife Österreich, [27] www.ornitho.at, [28] MME Lokalgruppe Kisalföld, unpubl. Daten, [29] K. & P. Schroll/ornitho.at, [30] Datenarchiv Nationalpark Fertő-Hanság, [31] L. Khil/ornitho.at, [32] E. Győrig unpubl. Daten, [33] G. Hafner/ornitho.at, [34] A. Hombauer/ornitho.at, [35] B. Brandner/ornitho.at, [36] Schulz (1988), [37] Archaux et al. (2004), [38] Tortosa et al. (1995), [39] Corso et al. (1999), [40] Haar (1989), [41] Schmidt et al. (2014), [42] Österreichische Vogelwarte/Vogelberingungszentrale BirdLife Ungarn, unpubl. Ringfunde

Eva Karner-Ranner, Andreas Ranner & Előd Győrig

Fünf Jungvögel in einem Horst des Weißstorchs, Ciconia ciconia, sind auch im Seewinkel eine absolute Ausnahme, Vila Vita, Pamhagen, 5.7.2011 (Michael Dvorak)

Zwergscharbe *Microcarbo pygmaeus* (Pallas, 1773)

Kis kárókatona – Pygmy Cormorant

Kläranlage Podersdorf, 21.1.2016 (Wolfgang Trimmel)

Seit dem Jahr 2007 Brutvogel im Schilfgürtel im österreichischen Teil des Neusiedler Sees, mäßig häufiger Überwinterer

Verbreitung und Lebensraum

Die Zwergscharbe brütet im Schilfgürtel des Neusiedler Sees, der bisher einzige Brutplatz befindet sich innerhalb der großen Brutkolonie von Reihern und Löfflern auf der Großen Schilfinsel im Süden des österreichischen Seeteils. Innerhalb der gemischten Reiherkolonie bilden die Zwergscharben kleine „Unterkolonien" und brüten hier meist dicht gedrängt auf kleinen, von umgebrochenen Schilfbülten gebildeten Plattformen[2]. Zur Nahrungssuche nutzt die Art größere offene Wasserstellen im Schilfgürtel, wie sie auf österreichischer Seite vor allem nördlich und südlich vom Sandeck und zwischen Rust und Mörbisch zu finden sind[1, 3].

In Ungarn halten sich überall im Schilfgürtel einzelne Exemplare oder kleinere Gruppen zur Nahrungssuche auf. Besonders beliebte Plätze sind die größeren Blänken und die durch die Ertüchtigung (Ausbaggerung) der Hauptkanäle entstandenen Dämme und Schlammablagerungen ohne Pflanzenbewuchs. An solchen Stellen können nicht selten Gruppen von mehr als 100 Vögel zusammenkommen. Ihre genaue Anzahl ist aber oft schwer festzustellen, da sie im Gegensatz zum Kormoran unmittelbar auf Höhe der Wasserfläche sitzen und nur selten über dem Schilf fliegen. Auch die Überschwemmungsgebiete bei Mekszikópuszta werden regelmäßig von einigen Zwergscharben genutzt, sie schwimmen hier aber eher versteckt auf den angrenzenden Kanälen. Im Winter treten am Einserkanal regelmäßig mehrere Dutzend, gelegentlich auch mehr als 100 Zwergscharben auf und machen hier zusammen mit Silber- und Graureihern Jagd auf Fischschwärme, vor allem der Laube (*Alburnus alburnus*).

Bestand und Bestandsentwicklung

Die Zwergscharbe war bis zum Jahr 2007 im Neusiedler See-Gebiet nur eine Ausnahmeerscheinung. Der älteste Nachweis aus dem Gebiet ist ein am Neusiedler See erlegtes, als juveniles Männchen bezeichnetes Exemplar, das am 16.11.1810 vom Neusiedler See an das Naturhistorische Museum in Wien[4] gebracht wurde. An anderer Stelle[5] wurde sogar über *„mehrfaches Auftreten der Zwergscharbe am Neusiedlersee in der ersten Hälfte des vorigen Jahrhunderts"* berichtet. Ob ein von Naumann erwähntes, von J. Natterer gesammeltes, Exemplar im Brutkleid mit dem oben erwähnten Vogel ident war, kann nicht mehr nachvollzogen werden, da der Beleg nicht mehr vorhanden ist[6]. Es dauerte dann etwas mehr als 140 Jahre bis zum nächsten Nachweis eines Jungvogels, der am 11.8.1951 von F. Wolf bei Weiden am Neusiedler See beobachtet wurde[7] und danach weitere 38 Jahre bis zum nächsten Vogel, der dann allerdings für dreieinhalb Monate vom 14.8. bis 3.11.1989 in der Umgebung des Seebads Illmitz verblieb[6] (eine andere Quelle[8] gibt allerdings den 14.9. als Datum der Entdeckung an). Auch in den folgenden 15 Jahren blieben die Nachweise spärlich: Am 19.8.1994 wurden vier Exemplare am Neusiedler See bei Rust entdeckt[9], am 27.11.2004 hielten sich vier Zwergscharben am St. Andräer Zicksee auf[10] und im Herbst 2005 wurde die Art etliche Male im Seebad Illmitz gemeldet, mit zwei Exemplaren am 26.10.[11] sowie am 9.11.[12] und 12.11.[13] mit jeweils vier.

Im Jahr 2007 konnte die Zwergscharbe im Südteil des Neusiedler Sees überraschend als neuer Brutvogel für Österreich nachgewiesen werden[1]. In diesem Jahr wurden 14 Nester entdeckt, seitdem schwankt die Population in weiten Grenzen: Nach einer Phase der Zunahme bis 2011[2] und einem sich offenbar auf einem Niveau von 120–190 Paaren stabilisierenden Bestand, wurde 2015 ein seither nie mehr erreichtes Maximum von 358 Brutpaaren erreicht. Seither kam es zu einer negativen Entwicklung, die im Jahr 2020 mit nur 42 Nestern einen vorläufigen Tiefpunkt erreichte[3]. Nach der Brutzeit kam es auf österreichischer Seite in den Jahren 2008–2014 in mehreren Jahren zu großen Ansammlungen im Sandeck und auf der Graurinderkoppel. 2008 wurden maximal 261 erreicht, 2009 waren es schon 450, 2011 bis zu 720 und 2014 bis zu 467[14].

Der erste Nachweis im ungarischen Teil des Neusiedler Sees stammt vom 1.9.1989 vom Runddamm bei Mekszikópuszta und betraf möglicherweise dasselbe Exemplar, das sich zur selben Zeit in Österreich aufhielt. In den darauffolgenden Jahren blieb es auch in Ungarn bei nur vereinzelten Nachweisen mit Beobachtungen aus den Jahren 2001, 2002 und 2006[15]. Ab 2007, mit der Brutansiedlung im Schilfgürtel, wurde die

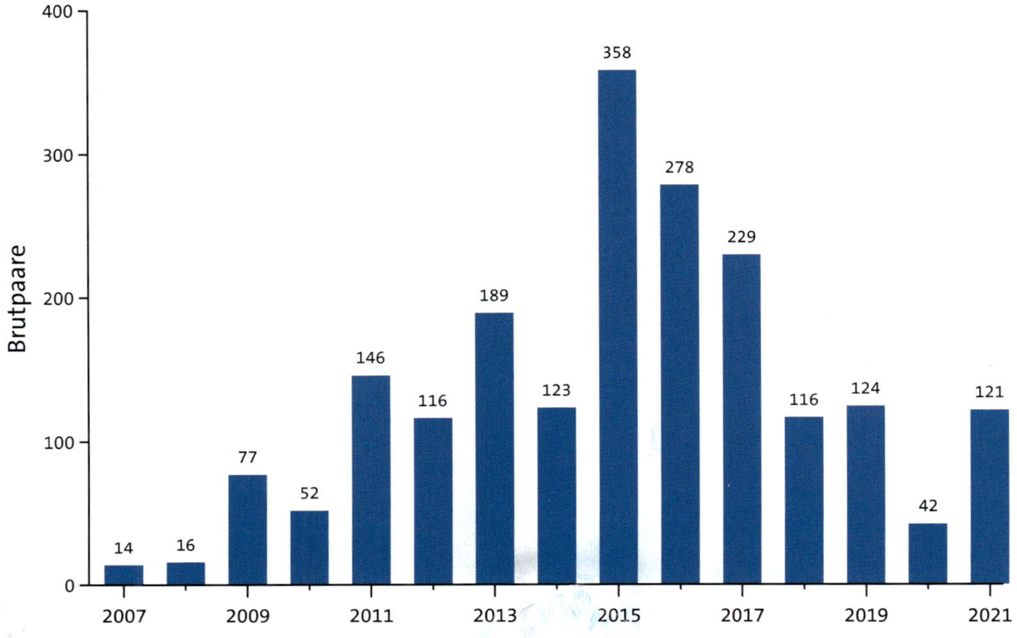

Bestandsentwicklung der Brutpopulation der Zwergscharbe im Schilfgürtel des Neusiedler Sees in den Jahren 2007–2021[1–3].

Art dann auch in Ungarn häufig gemeldet. Die größte Ansammlung waren 200 Exemplare, die am 26.7.2015 am Óberlakni-tó im Schilfgürtel bei Balf gezählt wurden[16].

Die Ansiedlung am Neusiedler See ist Teil einer rezenten Arealausbreitung in Süd- und Osteuropa, die teils auf den Klimawandel[17], teils auf verbesserte Lebensraumbedingungen und verminderten Jagddruck zurückgeführt wurde[18]. Im Karpatenbecken hat sich die Art in den letzten Jahrzehnten rasch ausgebreitet. Die erste Brut erfolgte im Jahr 1988 auf dem Tisza-tó und in Transdanubien brütet die Zwergscharbe seit 1999 am Kis-Balaton[19]. In der weiteren Umgebung des Avifauna-Gebiets brüteten 2009 vier Paare im Nyirkai-Hany[20] und ab 2013 maximal 90 Paare am Fövenyes-tó, der an Stelle einer alten Torfgrube nahe Osli entstanden ist. Ab 2019 brütet die Zwergscharbe im Osli-Hany in maximal 100 Paaren; Vögel dieser Kolonie wurden auch mit Farbringen markiert[21].

Jahreszeitliches Auftreten

Die Zwergscharbe ist ganzjährig im Gebiet anwesend, allerdings sind die Zahlen im Spätherbst und zwischen Ende November und Mitte März – abgesehen vom vereinzelten Auftreten größerer Trupps – gering. Der Einzug der Brutvögel beginnt zögerlich und jahrweise unterschiedlich stark ab Ende März. Ende April dürfte der Bestand komplett sein. Bis Mitte August bleiben die Zahlen konstant hoch und ab Mitte August, mit dem Ausfliegen der Jungvögel, kam es bis 2014 zu größeren Ansammlungen von bisweilen mehreren 100 Individuen, die bis Anfang Oktober im Gebiet verblieben. Ab Anfang Oktober zieht der Großteil der Brutpopulation rasch ab, im November verbleiben in jährlich unterschiedlicher Zahl kleinere und mittelgroße Trupps von bis zu 20 Exemplaren[22].

Zugverhalten und Ringfunde

Die nördlichen Populationen der Zwergscharbe überwintern von Südosteuropa bis in den Irak. Weder für die Brutvögel des Neusiedler See-Gebiets, noch für die bezüglich ihrer Zugstrategie vermutlich ähnlichen Brutvögel Ungarns liegen Ringfunde vor, die das Überwinterungsgebiet der in der Pannonischen Region brütenden Zwergscharben belegen würden[23]. Recht wahrscheinlich überwintert jedoch zumindest ein Teil dieser Vögel im Gebiet der Oberen Adria, wo der Winterbestand seit ca. 2005 im Zunehmen begriffen ist[24].

Quellen: [1] *Nemeth (2008)*, [2] *Nemeth & Dvorak (2012)*, [3] *E. Nemeth, unpubl. Daten*, [4] *J. Natterer in Marschall & Pelzeln (1882)*, [5] *Naumann (1903) zit in. Berg & Samwald (1989)*, [6] *Berg & Samwald (1989)*, [7] *Bauer et al. (1955)*, [8] *Ranner et al. (1995)*, [9] *M. Riesing in Laber & Ranner (1997)*, [10] *F. Samwald, O. Samwald, R. Riegerbauer/ABÖ*, [11] *L. Khil/ABÖ*, [12] *W. Lindinger/ABÖ*, [13] *M. Riesing/ABÖ*, [14] *M. Dvorak, B. Wendelin, J. Laber, unpubl. Daten*, [15] *Archiv MME Sopron*, [16] *F. Udvardy/AMS*, [17] *Belik (2006)*, [18] *Ławicki et al. (2012)*, [19] *Pigniczki in Szép et al. (2021)*, [20] *Pellinger & Ferenczi (2012)*, [21] *S. Tatai, unpubl. Daten*, [22] *www.ornitho.at*, [23] *Csörgő et al. (2009)*, [24] *Brichetti & Fracasso (2018)*

Michael Dvorak, Erwin Nemeth & Attila Pellinger

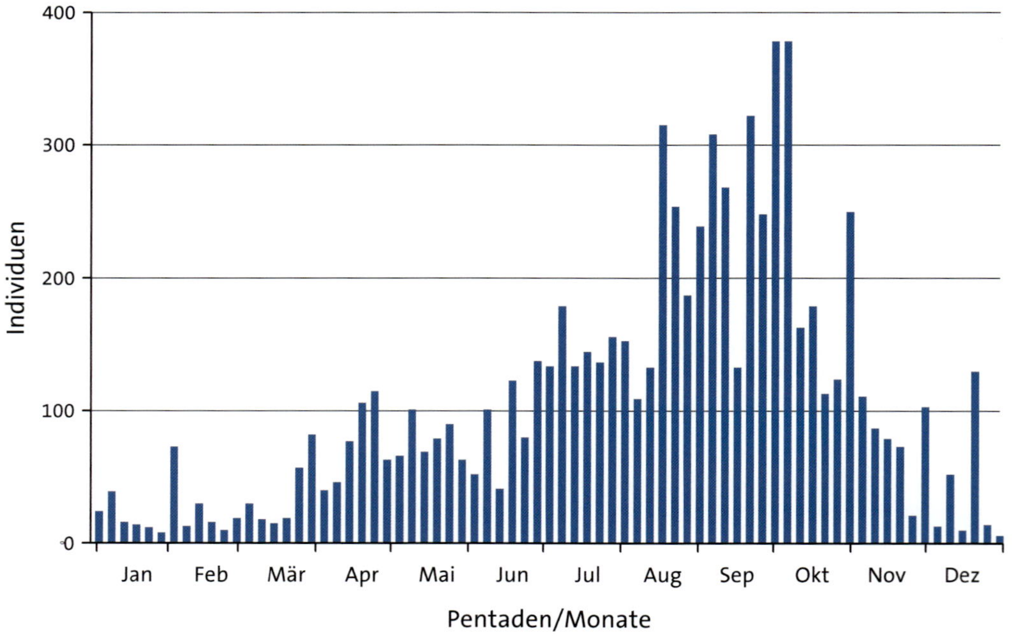

Jahreszeitliches Auftreten der Zwergscharbe (Summe der Pentadenmaxima) in Österreich in den Jahren 2011–2020 (n = 7.783)[22].

Kormoran *Phalacrocorax carbo* (Linnaeus, 1758)

Nagy kárókatona – Great Cormorant

Borsodi-dűlő, Mekszikópuszta, 24.8.2010 (Attila Pellinger)

Seit dem Jahr 2012 Brutvogel im Schilfgürtel des Neusiedler Sees, mäßig häufiger Durchzügler und Wintergast

Verbreitung und Lebensraum

Auf der freien Wasserfläche des Neusiedler Sees halten sich Kormorane zu den Zugzeiten im Frühjahr und im Herbst auf und verbleiben auch in den Wintermonaten, solange der See eisfrei ist. Charakteristischerweise sitzen die Vögel hier auf den Pflöcken der Stellnetze der Berufsfischer und an den gemauerten Grenzmarkierungspunkten, besonders am B0 südöstlich von Mörbisch und am A79 in der Seemitte. Das Brutvorkommen am Neusiedler See beschränkt sich auf die auf österreichischer Seite gelegenen Großen Schilfinsel, wo die Art erstmals 2012 und seitdem alljährlich inmitten der Brutkolonie der Reiher, Löffler und Zwergscharben in einer kleinen Unterkolonie im Schilf brütet[1, 2]. Im Seewinkel ist der Kormoran hingegen nur an den größeren Lacken mit eingesetztem Fischbestand zu finden. Seit 2011 wurde im Winterhalbjahr vor allem der St. Andräer Zicksee (Maxima 100–150 Ex.[3]) und in geringerem Ausmaß auch der Darscho (bis zu 50 Ex.[3]) von oft sehr großen Trupps genutzt. Kurzfristig können jedoch auch andere Lacken an Bedeutung gewinnen, wie die Lange Lacke im Herbst 2016 (durchgehend 50–250 Ind.[3]) oder der Illmitzer Zicksee in den Frühjahren 1997 und 1998 (bis zu 270 Ex.[4]). Im Seewinkel haben fallweise die großen Wasserflächen in den Rinder- und Pferdekoppeln (Graurinderkoppel, Warmblutkoppel und Podersdorfer Pferdekoppel) einige Bedeutung, im Hanság der Einserkanal, vor allem im Winter, wenn andere Gewässer der Umgebung vereisen. Auf ungarischer Seite brütet der Kormoran in der weiteren Umgebung des Avifauna-Gebiets im ungarischen Hanság in den Überschwemmungsgebieten Nyirkai-Hany und Osli-Hany. Weitere Brutkolonien gibt es im Szigetköz (Dunasziget) und am Kónyi-tó.

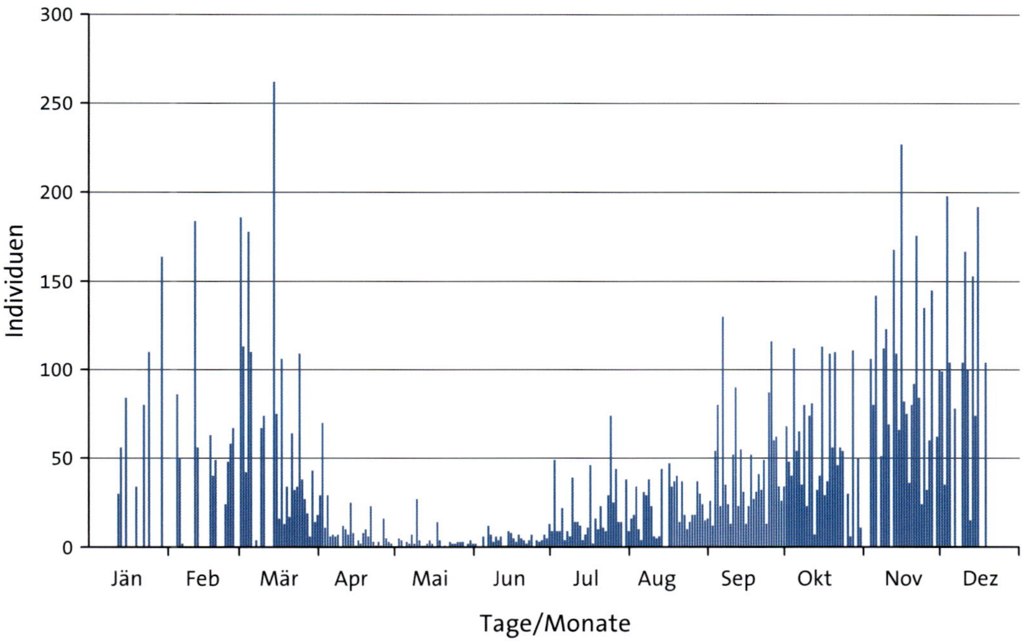

Jahreszeitliches Auftreten des Kormorans (Tagessummen) am Neusiedler See basierend auf Daten aus systematischen Zählungen in den Jahren 1981–2015 (n = 637 Zählungen und 11.585 Individuen)[14].

Bestand und Bestandsentwicklung

In den späten 1850er Jahren, bei rasch sinkendem Wasserstand im See, schrieb Pfarrer Jukovits[5]: „Carba cormoranus *erhielt ich einmal.*" Auch Fászl[6] vermerkte lapidar: „[…] *drei Exemplare gesammelt.*" Beide Angaben deuten darauf hin, dass die Art damals am Neusiedler See selten war. Im benachbarten Kapuvárer Erlenwald gab es hingegen eine größere Brutkolonie[7], von der die Vögel vor Beginn der Brutzeit „*in großen Zügen*" gegen den See strichen, wo sie durch „*Fischen großen Schaden verursachen*"[8]. Dem gegenüber steht die Aussage von Dombrowski, wonach man die Art „*selbst am See nur ausnahmsweise*" sieht[9]. Zudem schrieb er, dass die Kormorane aus dem Erlenwald „*regelmäßig nach dem Loblersee streichen, um zu fischen*". Jedenfalls war der Kormoran, nach diesen Berichten zu schließen, auch in der zweiten Hälfte des 19. Jahrhunderts am Neusiedler See selten. 1906 und 1907 konnte auch Schenk[10] die Art nur ein einziges Mal beobachten. Während bis dahin keine weiteren konkreten Nachweise bekannt wurden[11], wurde der Kormoran in den frühen 1950er Jahren als ein in geringer Zahl, aber regelmäßig auftretender Durchzügler zu beiden Zugzeiten eingestuft[12]. Mitte der 1960er Jahre wurde die Art als regelmäßiger Durchzügler von Februar bis April in wechselnder Zahl beschrieben[13]. In den 1970er und frühen 1980er Jahren besaßen Beobachtungen des Kormorans immer noch Seltenheitswert, fast immer handelte es sich um nur 1–2 Exemplare[4], lediglich am 12.2.1982 saßen 30 Vögel am See südlich des Seebads Illmitz[14]. Erst ab Herbst 1984 gewinnen die Nachweise an Regelmäßigkeit, und es gab Meldungen erster größerer Trupps, wie z. B. von 70 Individuen zwischen Rust und Mörbisch am 2.4.1987[14]. Ab 1988 war der Kormoran am Neusiedler See im Winterhalbjahr eine regelmäßige Erscheinung. Die Maximalzahlen pendeln seither zwischen 150 und 250 Vögeln mit starken jährlichen Unterschieden[3,4].

Nachdem die Art bis dahin nur im Nyirkai-Hany im ungarischen Hanság gebrütet hatte (2004-2009 100–134 Paare[15]), siedelten sich 2012 erstmals vier Paare am Neusiedler See auf der Großen Schilfinsel an[1]. Der Bestand wuchs hier zunächst rasch an, auf 32 Paare im Jahr 2015[2] und auf 47 Brutpaare im Jahr 2016[16], sank danach aber wieder leicht auf 20–38 Brutpaare in den Jahren 2017–2021[16].

Auf ungarischer Seite tritt der Kormoran nur selten und zumeist nur kurzzeitig in größerer Zahl auf. An der, die Staatsgrenze bis zur Jahrtausendwende markierenden, Säule konnten regelmäßig 5–20 Individuen beobachtet werden. Zeitweise wählten viele Vögel auch den Rand des Betonbeckens am Grenzpunkt B0 zwischen Fertőrákos und Mörbisch als Rastplatz. Ende März 1992 wurden in diesem Betonkranz 106 tote Kormorane entdeckt, darunter mehrere beringte Exemplare[17]. Der größte je auf ungarischer Seite festgestellte Trupp waren 250 Exemplare am 6.4.1997 am Nyéki-szállás bei Mekszikópuszta, ein Gebiet in dem die Art ansonsten nur gelegentlich auftritt[18].

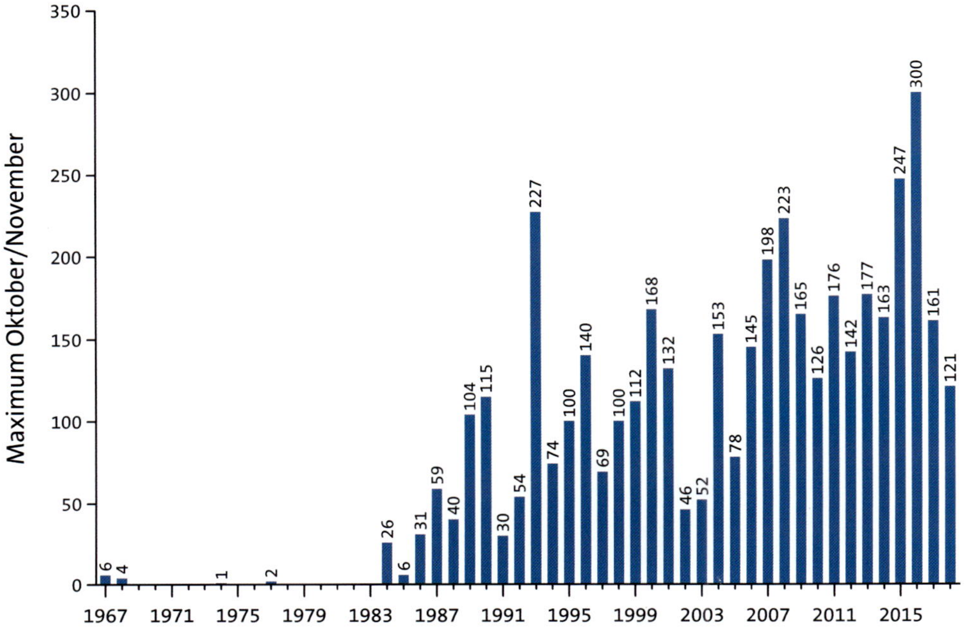

Bestandsentwicklung des Kormorans (jährliche Maxima der Monate Oktober bis Dezember) am Herbstzug im Neusiedler See-Gebiet in den Jahren 1966–2018[3,4].

Jahreszeitliches Auftreten

Der Kormoran hält sich ganzjährig im Gebiet auf, seine größte Häufigkeit erreicht er zwischen Anfang November und Mitte März. Von Anfang Februar bis Mitte März ist ein deutlicher Frühjahrszug zu verzeichnen, ab Anfang April bis Ende Juni halten sich jedoch nur mehr die Brutvögel des Sees sowie Nahrungsgäste aus der weiteren Umgebung im Gebiet auf. Bereits ab Ende Juni steigen die Zahlen wieder, beziehungsweise werden die Brutvögel auffälliger und leichter zu beobachten. Ab Anfang September werden am Neusiedler See regelmäßig 50–100 Exemplare gezählt und von Anfang November bis Mitte Dezember steigen die Zahlen nochmals deutlich auf regelmäßig 150–200 Individuen, die hier am Herbstzug rasten und günstige Gelegenheiten zur Nahrungssuche nutzen[3,4,14].

Zugverhalten und Ringfunde

Im Winter, bzw. im Frühjahr und Herbst, kommt es in Österreich zu einem Zu- bzw. Durchzug von Brutvögeln aus nördlicheren, an der Ostsee gelegenen Gebieten[19]. Alle neun aus dem Gebiet vorliegenden Funde außerhalb des Gebiets markierter Vögel entsprechen genau diesem Muster.

Die Funde gelangen allesamt im Winterhalbjahr (jeweils ein Fund im Oktober und Jänner, jeweils zwei Funde im Dezember und im Februar sowie drei Funde im März) und betreffen Vögel, die zur Brutzeit in Schweden (3), Finnland (5), und in Mecklenburg im Osten Deutschlands (2) beringt wurden [20, 21]. Nicht bekannt ist, wo die Brutvögel des Neusiedler Sees den Winter verbringen. Die Brutvögel Ungarns ziehen im Winterhalbjahr sowohl in weiter südlich gelegene Gebiete auf der Balkanhalbinsel und in Italien, als auch in weiter nördlich gelegene Gebiete nach Polen, Tschechien und in den Osten Deutschlands [22].

Außerhalb der Brutzeit kommen, wie Ringfunde zeigen, auch Individuen weiter nördlich brütender Populationen ins Neusiedler See-Gebiet. Die zwei am Grenzpunkt B0 im März 1992 verendeten estnischen Vögel wurden in den Jahren 1990 bzw. 1991 auf der Insel Tondirahu (1.306 km) markiert. Der dritte Vogel stammte von einer Insel der Ostsee in der Hanö-Bucht im Süden Schwedens (942 km). 2013 wurde ein farbberingter Kormoran aus Estland in der Bucht von Fertőrákos [23] abgelesen. Der vier Jahre alte Vogel wurde an einer winzigen Insel der Eru-Bucht (1.446 km) im Norden des Landes beringt. Ein am 22.5.2005 im Nyirkai-Hany als Jungvogel mit Metallring markiertes Exemplar wurde am 22.2.2017 nahe der Schleuse des Einserkanals beobachtet [24].

Quellen: [1] *Nemeth & Dvorak (2012)*, [2] *Dvorak et al. (2016)*, [3] *www.ornitho.at*, [4] *Archiv BirdLife Österreich*, [5] *Jukovits (1864/65)*, [6] *Fászl (1883)*, [7] *Fischer (1883a)*, [8] *Fischer (1883b)*, [9] *Dombrowski (1889)*, [10] *Schenk (1917a)*, [11] *Zimmermann (1943)*, [12] *Bauer et al. (1955)*, [13] *Festetics & Leisler (1970)*, [14] *R. Klein, R. Haider & R. Schalli/ABÖ*, [15] *Pellinger & Ferenczi (2012)*, [16] *E. Nemeth, unpubl. Daten*, [17] *Kárpáti & Mogyorósi (1992)*, [18] *Pellinger & Hadarics (2020e)*, [19] *Schmidt et al. (2014)*, [20] *Österreichische Vogelwarte, unpubl. Ringfunde*, [21] *Vogelberingungszentrale BirdLife Ungarn, unpubl. Ringfunde*, [22] *Csörgő et al. (2009)*, [23] *S. Mogyorósi, unpubl. Daten*, [24] *Archiv MME Sopron*

Michael Dvorak & Attila Pellinger

Ruhende Zwergscharben, Microcarbo pygmaeus, Einserkanal, Hanság, 12.2.2022 (Peter Frießer)

Heiliger Ibis *Threskiornis aethiopicus* (LATHAM, 1790)

Szent íbisz– African Sacred Ibis

Warmblutkoppel, 11.9.2010 (Johannes Laber)

Ausnahmeerscheinung oder Gefangenschaftsflüchtling

Vorkommen

Ein Nachweis dieser afrikanischen Art liegt vor, wobei offenbleiben muss, ob es sich um einen Gefangenschaftsflüchtling oder einen Abkömmling aus einer der verwilderten europäischen Brutpopulationen handelt[1] (Kat. D):

- 11.9.2010, 1 ad. an mehreren Stellen im Seewinkel und im Vorgelände des Neusiedler Sees (J. Laber, T. Schernhammer, O. Samwald u. a.[1, 2])

Quellen: *[1] Albegger & Brader (2012), [2] Khil & Albegger (2014)*

Andreas Ranner

Sichler *Plegadis falcinellus* (LINNAEUS, 1766)

Batla – Glossy Ibis

Storchenwiese, Rust, 7.5.2017 (Gerhard Loidolt)

Sehr seltener Durchzügler und Sommergast sowie ehemaliger Brutvogel des Bearbeitungsgebiets

Vorkommen

Der Sichler ist gegenwärtig ein nahezu alljährlicher Gastvogel, der v. a. zu den Zugzeiten aber auch im Sommer im Gebiet angetroffen werden kann. Meist handelt es sich um Einzelvögel, seltener um 2–7 Individuen gleichzeitig. Der größte Trupp in den letzten Jahrzehnten umfasste bis zu 16 Vögel von 26.–27.4.2019 bei Mekszikópuszta[1,2]. Sichler verbleiben oft mehrere Wochen im Gebiet. Gelegentlich kommt es dann auch zu längeren Unterbrechungen der Beobachtungsserien, in solchen Fällen ist es schwer zu beurteilen, ob sich der Vogel nur länger der Beobachtung entzogen hat oder ob doch mehrere Individuen involviert sind. Besonders lange Aufenthaltsdauern betrafen 1–7 Vögel, die sich von 24.9.–20.11.1966 im zentralen Seewinkel aufhielten, bis zu sieben Individuen, die von 2.5.–26.7.1983 im Raum Illmitz und Apetlon verweilten und dabei auch Brutverdacht erweckten (s. u.), bis zu zwei Sichler, die zwischen 6.4. und 28.7.1994 im südlichen Seewinkel und bei Mekszikópuszta beobachtet wurden sowie ein Vogel, der von 14.4.–23.5.2013 ebenfalls im südlichen Seewinkel verblieb.

Ein Vorkommen des Sichlers wurde bereits Mitte des 18. Jahrhunderts für das Neusiedler See-Gebiet genannt[3], er war aber zumindest Mitte des 19. Jahrhunderts sehr selten[4]. Möglicherweise noch vor der Jahrhundertwende bildete sich dann ein vorerst kleines Brutvorkommen[5]. Die bei Festetics[6] unter Berufung auf Leverkühn[7] erwähnten Brutkolonien aus dem Jahr 1891 im ungarischen Hanság, der an das gegenständliche Bearbeitungsgebiet angrenzt, lassen sich aus der von ihm zitierten Arbeit allerdings nicht herauslesen. Aber spätestens ab den 1920er Jahren dürfte sich der Sichler am Neusiedler See als Brutvogel (wieder-)angesiedelt haben[5,8,9]. Konkrete Bestandszahlen liegen nicht vor, immerhin wurden am 15.5.1932 bei Rust rund 150 Individuen beobachtet, die abends in Richtung ihrer nördlich gelegenen Kolonien flogen[8]. Mit dem starken Absinken des Wasserspiegels des Neusiedler Sees ab den beginnenden 1930er Jahren erlosch dieses Vorkommen jedoch wieder, wobei die Angaben über die letzten Bruten etwas widersprüchlich sind. Während die Art bei Rust schon 1933 nicht mehr gebrütet hat, dürften in diesem Jahr und eventuell auch noch 1934 einige Paare an der Wulkamündung gebrütet haben[10,11]. Neben dem Verlust an Lebensraum durch die fortschreitende Austrocknung könnte auch die infolge der leichteren Zugänglichkeit der Kolonien verstärkte Entnahme von Eiern durch die lokale Bevölkerung eine Rolle beim Verschwinden des Sichlers gespielt haben. Ein erfolgloser Brutversuch wurde noch 1938 an der Wulkamündung festgestellt[12,13]. Eher mysteriös ist der Fund eines Sichler-Eis unter ungeklärten Umständen 1958 bei Schützen am Gebirge, knapp außerhalb des hier behandelten Gebiets[14]. Ob dieses Ei vom Neusiedler See stammte, bleibt reine Spekulation.

Ansonsten wurde der Sichler aber bis zur Mitte des 20. Jahrhunderts zu einer ausgesprochen seltenen Erscheinung im Gebiet[5,15]. Koenig[13] hingegen bezeichnete ihn als alljährlichen Gastvogel, was aber durch die spärlichen verfügbaren Daten (z. B. Triebl[16]) zunächst nicht gestützt wird. Erst ab Mitte der 1960er Jahre wurden Sichler wieder regelmäßiger im Gebiet gemeldet, auch in kleinen Trupps von maximal zehn Vögeln. 1983 bestand im Rahmen eines kleinen Einflugs letztmalig Brutverdacht, als jeweils zwei Sichler mehrmals bei Störungen zur Brutzeit über der Reiher- und Löfflerkolonie im Südteil des Sees kreisten[14,17,18]. Wohl auch aufgrund der stark angestiegenen Beobachterdichte nahmen in den letzten Jahrzehnten Meldungen des Sichlers weiterhin zu. Seit 1976 wurde die Art nahezu alljährlich, ab 2006 dann bis auf 2020 alljährlich im Gebiet registriert.

Sichler halten sich bevorzugt im Seevorgelände sowie in seenahen Feuchtflächen auf. Knapp 34 % aller Beobachtungen seit den 1960er Jahren entfielen auf die Habitatrekonstruktionsflächen bei Mekszikópuszta. Fast 20 % der Meldungen stammten von verschiedenen Koppeln im Seevorgelände, insbesondere in Illmitz und Apetlon und 25 % von seenahen Lacken und Feuchtwiesen. Auf die Salzlacken des zentralen Seewinkels entfielen rund 21 % der Sichtungen. Zieht man nur die Beobachtungen ab dem Jahr 2000 heran, so lag der Anteil der Beobachtungen auf den Habitatrekonstruktionsflächen bei 42 % und auf den Seevorgelände-Koppeln bei 32 %, während rund 19 % der Meldungen auf seenahe Lacken und Wiesen entfielen. Nur mehr 6 % der Beobachtungen stammen hingegen von den Lacken des zentralen Seewinkels. Es scheint daher, dass die Managementmaßnahmen in den beiden Nationalparks einen nicht unerheblichen Anteil daran haben, dass der Sichler wieder zu einer regelmäßigen Erscheinung im weiteren Vorgelände des Neusiedler Sees geworden ist.

Jahreszeitliches Auftreten

Der jahreszeitlich früheste Vogel wurde am 6.4.1994 bei Mekszikópuszta entdeckt[19]. Der Schwerpunkt des Auftretens liegt zwischen Ende April und Ende Mai. Einzelne Vögel können noch bis in den Juli, gelegentlich auch im August angetroffen werden. Der Herbstzug ist weit schwächer ausgeprägt und reicht von Anfang September bis Mitte Oktober, mit einzelnen Nachzüglern im November. Die jahreszeitlich späteste Meldung betrifft einen Vogel, der von 11.–13.12.2015 im Gebiet um die Lange Lacke festgestellt wurde[20].

Zugverhalten und Ringfunde

Ein farbberingter Sichler, der sich in der Zeit von 14.4.–23.5.2013 im Gebiet aufhielt, war am 27.5.2010 als Nestling in der Camargue/Frankreich beringt worden[21,22].

Quellen: [1] *W. Schumann, M. Schumann/ornitho.at,* [2] *S. Csór, A. Pellinger, R. Szita/birding.hu,* [3] *Kramer (1756),* [4] *Jukovits (1864/65),* [5] *Zimmermann (1943),* [6] *Festetics (1971),* [7] *Leverkühn (1892),* [8] *Steinfatt (1936),* [9] *Seitz (1942),* [10] *Seitz (1935),* [11] *Seitz (1937),* [12] *Koenig (1952),* [13] *Koenig (1961),* [14] *Dvorak et al. (1993),* [15] *Bauer et al. (1955),* [16] *Triebl (2007),* [17] *R. Klein, C. Müller/ABÖ,* [18] *Dvorak & Grüll (1984),* [19] *Bankovics et al. (2002),* [20] *M. Böck, G. Frank, S. Raumauf/ornitho.at,* [21] *Albegger & Khil (2016),* [22] *Tour du Valat via C. Roland, unpubl. Daten,* [23] *Kurth & Kurth (1968),* [24] *Archiv BirdLife Österreich,* [25] *www.birding.hu,* [26] *Khil & Albegger (2014),* [27] *www.ornitho.at,* [28] *Albegger & Brader (2018),* [29] *www.birdlife-afk.at*

Andreas Ranner & Tibor Hadarics

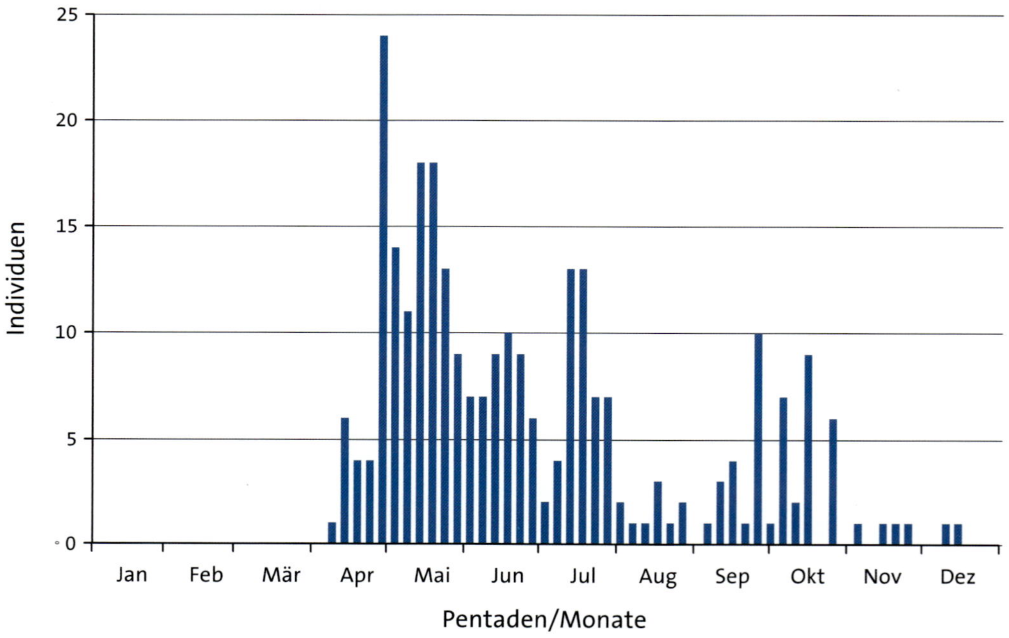

Jahreszeitliches Auftreten des Sichlers (Pentadensummen gemeldeter Individuen) in Österreich und Ungarn, basierend auf Daten aus den Jahren 1958–2019[1,16,21,23–29].

Löffler *Platalea leucorodia* Linnaeus, 1758

Kanalasgém – Eurasian Spoonbill

Mäßig häufiger Brutvogel im österreichischen Teil des Schilfgürtels am Neusiedler See

Verbreitung und Lebensraum

Der Löffler brütete in den letzten Jahrzehnten in schwankender Zahl fast ausschließlich auf der Großen Schilfinsel im Südteil des Neusiedler Sees. Wenige Paare brüteten jeweils 2002 auch im Schilfgürtel bei Illmitz und 2020 und 2021 zwischen Rust und Mörbisch[1,2]. Löffler bauen ihre Nester am Neusiedler See in nicht gemähten Altschilfbeständen und bevorzugen Bereiche am Rand von größeren Schilflacken[3]. Zur Nahrungssuche wurden in den frühen 1980er Jahren bis zu 20 km weit entfernte Gebiete aufgesucht[4]. Während jedoch damals regelmäßig die Lacken und Überschwemmungsflächen im Seewinkel und im Seevorgelände genutzt wurden, ist zumindest seit Ende der 1990er Jahre der Schilfgürtel das bevorzugte Nahrungshabitat[2,5]. Dies ist ein Umstand, der einerseits auf das Lackensterben bzw. andererseits auf die Auflockerung des Schilfgürtels durch absterbende Schilfbestände zurückzuführen sein dürfte. Im späten Frühjahr und Frühsommer findet man die geselligen Löffler oft zusammen mit Silberreihern, um durch Sauerstoffarmut in Bedrängnis geratene Jungfische zu erbeuten[2]. Voraussetzung dazu sind Wasserstände, die ein Herumwaten ermöglichen. Ist das Wasser in den Blänken zu tief, müssen die Löffler auf die Lacken ausweichen, ein Verhalten, das bereits in den 1940er Jahren von Zimmermann beschrieben wurde[6]. Über Brutvorkommen des Löfflers im ungarischen Schilfgürtel sind nur we-

Darscho, Illmitz, 18.5.2014 (Michael Dvorak)

nige Angaben bekannt. Vorübergehend haben sich in früheren Jahrzehnten kleine Brutvorkommen gebildet, diese Kolonien waren aber, bedingt durch Störungen durch großflächige Schilfmahd und -brand, wahrscheinlich nicht von dauerhafter Natur.

Bestand und Bestandsentwicklung

Der Löffler war im späten 19. und in der ersten Hälfte des 20. Jahrhunderts ein vermutlich regelmäßiger Brutvogel am Neusiedler See. Der Brutbestand dürfte damals, den Wasserständen folgend, aber stark geschwankt haben. Während Jukovits[7] den Löffler im Jahr 1857 unter den *„am Neusiedler-See häufiger vorkommenden Vogelarten“* anführte, dürfte sein Vorkommen am Neusiedler See in den Jahren der Austrocknung von 1865–1871 vermutlich erloschen sein, jedenfalls erwähnte Jukovits die Art in seiner späteren Zusammenstellung nicht (mehr)[8]. Die Entwicklung ab ca. 1875 fasste Zimmermann[6] prägnant zusammen: *„Eine allmähliche (Wieder-) Ansiedlung auch des Löfflers, der zum mindesten von den Achtzigerjahren (als das Wasser schon wieder einen Hochstand erreicht hatte) bis in die 1890er Jahre hinein noch eine Seltenheit blieb und es möglicherweise auch noch zur Zeit der Besuche Schenks im ersten Jahrzehnt unseres Jahrhunderts war. Erst seit den 1920er Jahren hören wir von einer größeren Häufigkeit unseres Vogels und dem Vorhandensein auch größerer Brutkolonien“*. Wie bei allen im unzugänglichen Schilf brütenden Schreitvögeln war es für die damaligen Vogelkundigen schwierig bis unmöglich, genauere Bestandszahlen für den Löffler zu ermitteln.

Erste Angaben zur Populationsgröße stammen von Bernatzik[9], der 1932 Foto- und Filmaufnahmen machte und dafür vorher den Schilfgürtel nach Reiherkolonien absuchte. Er beschrieb in der ersten Auflage seines Buchs „Vogelparadiese“, das in der Löfflerkolonie *„an die 300 Nester auf engstem Räume“* zusammen lagen. In der 1947 erschienen Neuauflage schrieb er hingegen an derselben Stelle des Texts *„An die hundertfünfzig Nester lagen hier auf engstem Raume beisammen“*. Im selben Gebiet, im Bereich der Wulkamündung, fand Seitz[10] im Jahr 1933 lediglich eine Kolonie von etwa 30 Brutpaaren, in der recht bald nach der Ablage die Eier „gestohlen“ wurden (d.h. von Menschen zu Speisezwecken eingesammelt, eine damals übliche Praxis), 1934 blieb die Art hier aus und 1935 brüteten sieben Paare in einer gemischten Stelzvogelkolonie bei Rust[11]. In der ersten Hälfe der 1930er Jahre gab es am Neusiedler See sehr niedrige Wasserstände, die erst ab 1937 wieder rasch zunahmen. Damit scheint zeitlich eine rasche Bestandszunahme des Löfflers einherzugehen: Nach Koenig[12] gab es bereits 1938 am Westufer mehrere Löffler-Kolonien mit zusammen ungefähr 100 Nestern und im Jahr darauf fand Goethe[13] an der Wulka *„viele kleinere Kolonien“*, deren größte allein 40 Nester umfasste. In den frühen 1940er Jahren war der Löffler im Neusiedler See-Gebiet laut Zimmermann[6] *„ziemlich häufig“*. Der damals sehr hohe Wasserstand ließ Besuche in den Kolonien aber nur beschränkt zu, weshalb er auch keine Brutpaarzahlen liefern konnte.

Nach dem 2. Weltkrieg konnte Koenig[14] 1947 wieder eine Kolonie mit bis zu 20 Horsten und 1948 sogar eine mit ca. 100 Horsten feststellen. Er berichtete auch von der „Plünderung“ einer großen Kolonie auf einer Schilfinsel vor Illmitz (vermutlich die heutige Große Schilfinsel, wo bereits Zimmermann[6] Brutkolonien festgestellt hatte) durch die Entnahme der Eier für Speisezwecke[15]. 1950 wurde nördlich von Oggau eine auf ca. 200–250 Brutpaare geschätzte Brutkolonie festgestellt, die aber ebenfalls durch Einheimische zerstört wurde, Nachbruten von zumindest 160 Paaren in der näheren Umgebung waren aber erfolgreich[16, 17]. Da der Löffler in den Jahren 1952 und 1953 in ähnlicher Zahl angetroffen wurde, wurde der Brutbestand für den Beginn der 1950er Jahre auf 200–250 Paare in zwei bis drei Kolonien geschätzt[17, 18]. 1960 fand eine erste Zählung aus der Luft per Hubschrauber statt, die einen Bestand von 179 Brutpaaren ergab[19]. In den Jahren 1970 bis 1976 wurden alljährliche Zählungen per Hubschrauber durchgeführt, die für 1971 und 1972 mit 245 bzw. 235 Brutpaaren noch ähnlich hohe Zahlen wie in den 1950er Jahren ergaben[20]. 1973 halbierte sich der Bestand jedoch und blieb auch in den folgenden Jahren auf diesem deutlich niedrigeren Niveau: 1975 wurden nur mehr 75, 1976 dann wieder 110 Brutpaare gezählt. Der drastische Einbruch in den frühen 1970er Jahren fällt zusammen mit der weitgehenden Aufgabe aller Brutkolonien am Westufer des Sees, hier wurden 1970 und 1971 noch 145 bzw. 135 Paare gezählt.
1982 begannen die bis heute alljährlich durchgeführten Zählungen aus dem Kleinflugzeug. Die ersten Jahre des Monitorings bis 1989 sahen einen weiteren Rückgang auf 30–34 Paare, und in den Jahren 1990 und 1991 konnten auf österreichischer Seite keine brütenden Löffler nachgewiesen werden. Erst mit steigendem Wasserspiegel ab 1992 wurde wieder ein kleiner Brutbestand von 10–25 Paaren festgestellt und 1998–2000 stieg der Bestand kurzfristig sogar wieder auf das Niveau der frühen 1980er Jahre, um danach bis 2007 wieder auf 38–47 Paare zu fallen[2, 5, 21]. Ab 2008 kam es bei steigenden See-Wasserständen wieder zu einer raschen und längerfristigen Zunahme auf bis zu 121 Paaren im Jahr 2015[1, 21], zuletzt aber bei wieder rapide sinkendem Wasserstand zu einem Rückgang auf 32 Nester 2020 und 47 im Jahr 2021[1].

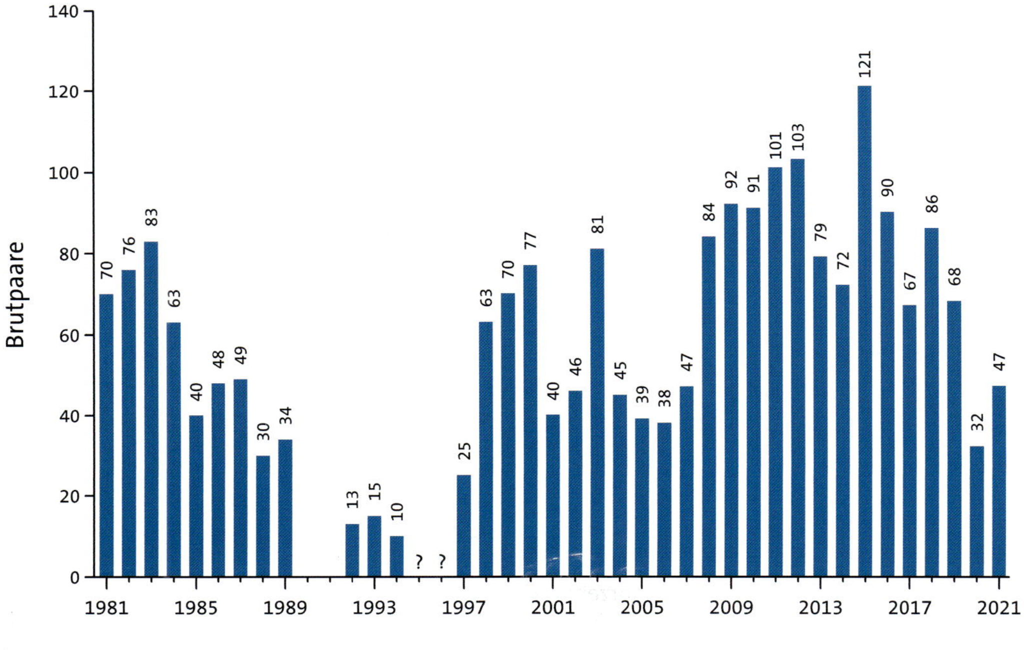

Bestandsentwicklung der Brutpopulation des Löfflers in Österreich in den Jahren 1981–2021[1, 2, 5, 21].

Auf ungarischer Seite gibt es vor dem zweiten Weltkrieg keine Berichte über ein Brutvorkommen des Löfflers. Erst in den Jahren 1956 und 1957 wurden 50 bzw. 23–23 Paare auf der Insel am Ende des Bozi-Hauptkanals gefunden [22]. 1968 wurde eine (seither leider verloren gegangene) Filmaufnahme in einer Kolonie beim Herceg-bokor angefertigt, und ab 1978 brüteten einige Jahre lang fünf Paare in Határ-bokor, einer in 1982 weggebaggerten Schilfinsel in der Nähe von Fertőrákos [23, 24]. Danach wurde lediglich 2009 ein Nest in einer Silberreiherkolonie gefunden, weitere Bruten sind aber aus dem ungarischen Seeteil nicht bekannt. Im ungarischen Hanság brüteten 2005–2009 2–11 Paare im Nyirkai-Hany [25] und 2020 siedelten sich Löffler im Osli-Hany an. Diese zeitweiligen Vorkommen im ungarischen Hanság gehen aber wohl auf Umsiedler aus der Brutkolonie des Neusiedler Sees zurück.

Nach der Brutzeit versammeln sich Löffler in großer Zahl an geeigneten Stellen. Auf österreichischer Seite kann es ab Ende Juni zu größeren nachbrutzeitlichen Ansammlungen kommen, meistens handelt es sich dabei um Trupps von 60–90 Exemplaren. Größere Gruppen von mehr als 100 Exemplaren treten nur in Jahren mit überdurchschnittlich hohen Brutbeständen auf, wie z. B. in den Jahren 2015–2018 [26]: Im Gebiet Graurinderkoppel – Wasserstätten wurden Ende Juli 2015 265 Löffler gezählt [27], und Anfang September 2016 waren dort 245–275 Vögel versammelt [28]. Auch an den Überschwemmungsflächen von Mekszikópuszta können sich in manchen Jahren bis zu 100–300 Löffler nach Ende der Brutzeit versammeln. Ablesungen von Farbringen zeigten jedoch, dass es sich dabei nicht nur um lokale Brutvögel handelt, sondern dass zu dieser Zeit bereits Löffler aus Mähren (von den Fischteichen um Ceské Budéjovice) einen Teil dieser Gruppen ausmachen können [29].

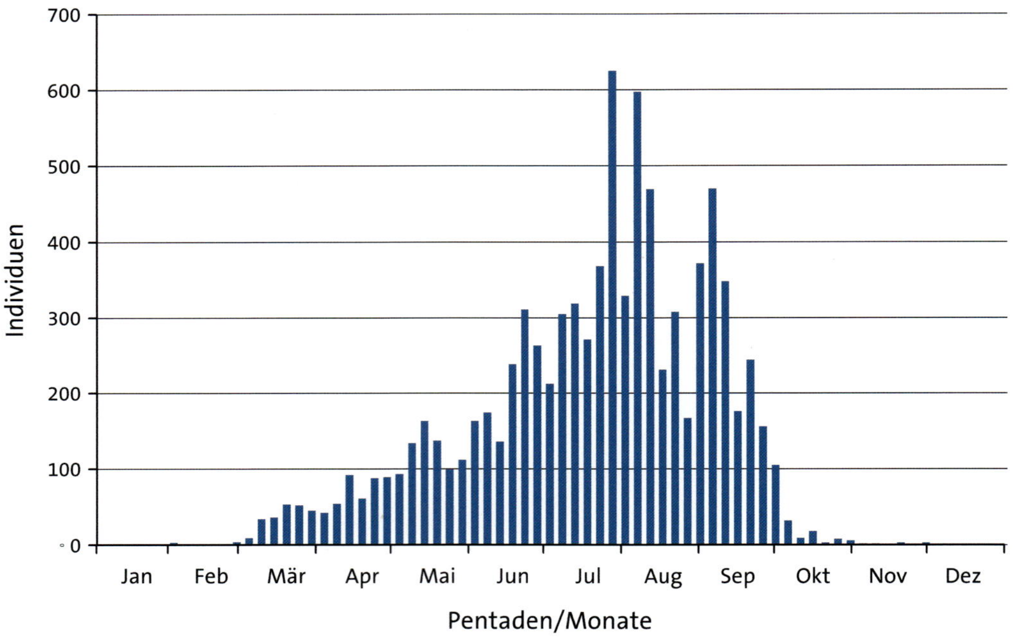

Jahreszeitliches Auftreten des Löfflers (Summen der Pentadenmaxima) in Österreich in den Jahren 2011–2020 (n = 8.845) [26]*.*

Jahreszeitliches Auftreten

Der Löffler ist von Anfang März bis Mitte Oktober im Gebiet anzutreffen, einzelne Nachzügler sind in manchen Jahren noch bis Anfang Dezember zu beobachten. Größere Trupps finden sich ab Ende Juni zusammen und besonders von Mitte Juli bis

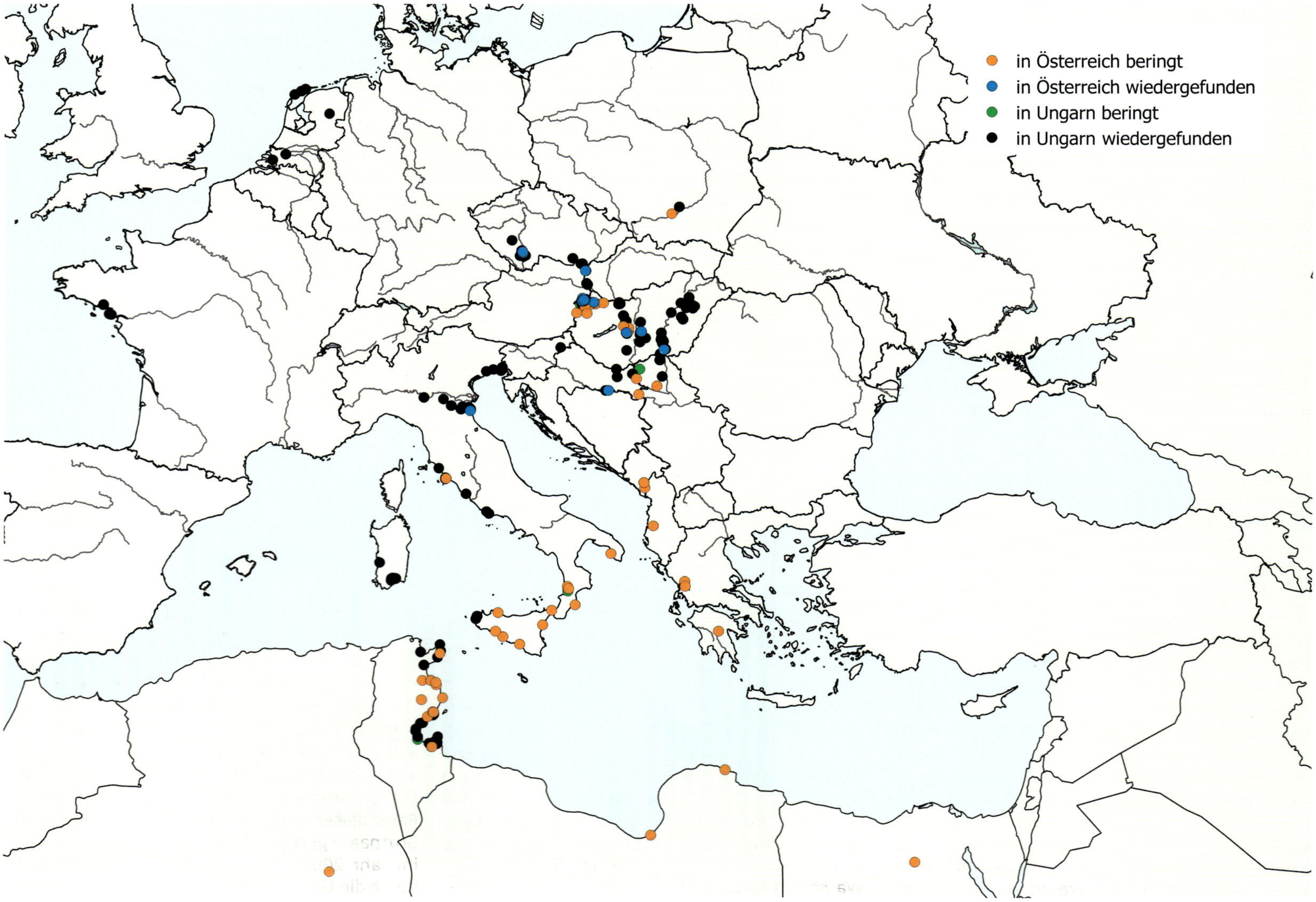

Wiederfunde von Löfflern aus dem Zeitraum 1950–2019, die im Avifauna-Gebiet oder auswärts beringt wurden [31, 32]*.*

Anfang September kann es in manchen Jahren zur Bildung größerer Gruppen von 100 und mehr Löfflern an bestimmten Stellen kommen. Dies geschah in den letzten fünf Jahren bevorzugt an den Wasserflächen der Viehweiden im Seevorgelände des Seewinkels auf beiden Seite der Grenze[26, 32].

Zugverhalten und Ringfunde

Mitteleuropäische Brutvögel ziehen über Italien nach Tunesien oder über Griechenland nach Ägypten ins Nildelta, ein Teil dieser Vögel zieht dem Nil folgend sogar bis in den Sudan[30]. Wie bei Silber- und Graureihern liegen vergleichsweise viele Ringfunde aus Italien (12) vor. Das (ehemals?) bevorzugte Winterquartier in Tunesien ist durch nicht weniger als 15 Ringfunde belegt, andere Funde aus Nordafrika gibt es aus Libyen (2), Algerien (1) und Ägypten (1). Weitere Funde aus dem östlichen Mittelmeerraum stammen aus Albanien (2), Montenegro (2) und Griechenland (3). Ringfunde aus Nigeria (1) und dem Sudan (1)[31, 32] belegen auch für die Löffler des Avifauna-Gebiets die Überwinterung in Afrika südlich der Sahara. Die Löffler des Neusiedler See-Gebiets stehen zudem in Verbindung zu anderen europäischen Brutpopulationen, hauptsächlich aus dem Karpatenbecken, aber auch aus Oberitalien und von den Küsten der Nordsee. Zur Brutzeit treten am Neusiedler See Vögel auf, die als Jungvögel in Hortobágy, in der südlichen Tiefebene und am Velencer See markiert wurden[29]. Ein Teil dieser Vögel siedelt sich dann wahrscheinlich auch als Brutvogel am Neusiedler See an. An den nachbrutzeitlichen Sammelplätzen des Neusiedler See-Gebiets können auch Individuen niederländischen Ursprungs auftreten[29].

Quellen: [1] *E. Nemeth, unpubl. Daten,* [2] *Nemeth et al. (2004),* [3] *Müller (1983),* [4] *Müller (1987),* [5] *Nemeth & Grubbauer (2005),* [6] *Zimmermann,* [7] *Jukovits (1857),* [8] *Jukovits (1864/65),* [9] *Bernatzik (1947),* [10] *Seitz (1935),* [11] *Seitz (1936),* [12] *Koenig (1939),* [13] *Goethe (1941),* [14] *König (1948),* [15] *O. Koenig in Bauer et al. (1955),* [16] *Aumüller (1950),* [17] *Koenig (1952),* [18] *Bauer et al. (1955),* [19] *König (1961),* [20] *Festetics & Leisler (1999),* [21] *Dvorak et al. (2016),* [22] *Győry & Gárdonyi (1958),* [23] *Kárpáti (1983),* [24] *Pellinger (2012),* [25] *Pellinger & Ferenczi (2012),* [26] *www.ornitho.at,* [27] *R. Katzinger, A. Ranner/ornitho.at,* [28] *H. Schott, K. Weber, R. Hafner, L. Khil/ornitho.at,* [29] *Archiv FHNP,* [30] *Müller (1984),* [31] *Österreichische Vogelwarte, unpubl. Ringfunde,* [32] *Vogelberingungszentrale BirdLife Ungarn (unpubl. Ringfunde)*

Erwin Nemeth, Michael Dvorak & Attila Pellinger

Rohrdommel *Botaurus stellaris* (Linnaeus, 1758)

Bölömbika – Eurasian Bittern

Arbesthau, 31.3.2009 (Michael Dvorak)

Verbreiteter Brutvogel im Schilfgürtel des Sees mit starken Bestandsschwankungen; im Seewinkel nur unregelmäßig brütend

Verbreitung und Lebensraum

Die Rohrdommel besiedelt den gesamten Schilfgürtel des Neusiedler Sees, besondere Konzentrationen oder ein Fehlen in bestimmten Teilbereichen konnten bei den bisherigen Untersuchungen nicht festgestellt werden. In der Kernzone des Nationalparks wurden bei Untersuchungen zur Habitatwahl in Bezug auf die Schilfstruktur keine Anhaltspunkte für eine Bevorzugung gewisser Bereiche gefunden. Als möglicherweise bestimmender Faktor für Dichte und Verteilung der Reviere wurde damals das Nahrungsangebot vermutet[1]. Eine Studie aus der Camargue (Südfrankreich) zeigte, dass der Frühjahrswasserstand das mit Abstand wichtigste Habitatmerkmal ist und Tiefen von 10–15 cm bevorzugt werden. Trocken gefallene Schilfflächen konnten dort von der Rohrdommel nicht besiedelt werden. Rufplätze ließen sich durch einheitlich wachsende Vegetation mit relativ geringer Vegetationsdichte in seichtem, klarem Wasser charakterisieren[2]. Auch am Neusiedler See kommt dem Wasserstand zweifellos eine zentrale Rolle zu. So sank die Brutpopulation zwischen 2011 und 2021 bei sehr niedrigen Wasserständen dramatisch. In solchen Jahren liegen schon im Frühjahr in einigen Bereichen des Westufers große Teile des Schilfgürtels abseits der Kanäle und der größeren freien Wasserflächen trocken. Dies dürfte das Nahrungsangebot oder die Erreichbarkeit der Beutetiere für die Rohrdommel stark negativ beeinflussen. Anders als der Silberreiher kann die Rohrdommel offenbar durch fallende Wasserstände kurzfristig entstandene Konzentrationen von Nahrungstieren nicht oder nur in viel geringerem Ausmaß nutzen.

Bestand und Bestandsentwicklung

Für die zweite Hälfte der 1850er Jahre hieß es zur Rohrdommel: „[...] *war einstens Stand-Vogel* [...]“[3]. Damit spielte Pfarrer Jukovits auf die, zum Zeitpunkt seines Berichts, fast vollständige Austrocknung des Neusiedler Sees an. Bereits in den späten 1870er Jahren war die Art am Fertő wieder ein „*gewöhnlicher Brutvogel*“[4] und Fischer[5] kannte die „*Mooskuh*“ offenbar sehr gut und schrieb: „*Ich kann versichern, dass eine frische, ausgezogene Rohrdommel in Speck gewickelt gebraten, ein sehr schmackhaftes Gericht gibt*“. Weniger aus kulinarischer Sicht beschrieb dann von Dombrowski[6] fünf Jahre später das Vorkommen mit „*sehr gemeiner Brut-, ja geradezu Charaktervogel an allen geeigneten Stellen des Gebietes*“. Für die Jahre um 1910 fasste Schenk[7] seine Beobachtungen so zusammen: „*Am Südufer während der ganzen Beobachtungszeit ziemlich häufig, ebenso am Ostufer. Überall, wenn auch nicht häufiger Brutvogel*“. Alle weiteren Angaben aus den nächsten Jahrzehnten berichten übereinstimmend von der Häufigkeit der Rohrdommel. In den 1930er Jahren etwa[8]: „*Ihr dumpfes Brüllen ist im Frühjahr überall in den dichten Rohrwäldern zu hören*“. In den frühen 1940ern[9] war sie „*ein häufiger Brutvogel sowohl des Sees wie auch – etwas spärlicher – der größeren vegetationsreichen Lacken*“ und zu Beginn der 1950er Jahre[10] ein „*ziemlich häufiger Brutvogel des Schilfgürtels*“, der auch „*an stärker verschilften Lacken brütet*“.

Aus den nächsten fünf Jahrzehnten fehlen weitere Einschätzungen und erst 1989 wurde eine erste Bestandserhebung am Nordostufer zwischen Breitenbrunn und Jois durchgeführt. Auf einer Fläche von 16 km² wurden damals 14 rufende Männchen gezählt (0,9 Reviere/km²)[11]. Fünf Jahre später wurde in der Kernzone des Nationalparks mit 14 Revieren auf 14,2 km² (1,0 Reviere/km²) ein fast identischer Wert ermittelt[1]. Der Gesamtbestand des Schilfgürtels wurde auf Basis dieser beiden Dichteangaben auf ca. 100 Brutpaare geschätzt[1]. Eine neuerliche Erhebung im Jahr 2006 ergab 17–19 Reviere, wobei die durch die Linientaxierung abgedeckte Fläche mit 13 km² angenommen wurde, woraus sich eine Siedlungsdichte von 1,3–1,5[12] Revieren/km² ergab. Die darauf basierende Bestandsschätzung kam daher auf 150–180[12] bzw. 80–120[13] Brutpaaren auch zu voneinander abweichenden Ergebnissen. Im Jahr 2008 wurde auch im ungarischen Teil des Schilfgürtels eine Erhebung durchgeführt, die 38 Reviere auf 63 km² erbrachte. Um eine als möglich erachtete Untererfassung auszugleichen, wurde der tatsächliche Bestand auf 50 Reviere geschätzt[14]. Im Jahr 2019 konnte bei einer neuerlichen Bestandserhebung mit einer Kombination von verschiedenen Methoden 78 % des Schilfgürtels auf Vorkommen der Rohrdommel untersucht werden[15]. Die dabei auf einem Gebiet von 78 km² erfassten 38 Rohrdommel-Reviere ergaben eine Siedlungsdichte von 0,5 Revieren/km² und liegen damit deutlich unter den bisher erhobenen Zahlen. Dieses Ergebnis kam allerdings angesichts der bekannten, vom Wasserstand stark abhängigen Bestandsschwankungen nicht unerwartet[16]. Die in den Jahren 2001–2021 im Rahmen des ornithologischen Monitoring-Programms des Nationalparks alljährlich durchgeführten Linientaxierungen in vier Untersuchungsgebieten zeigen deutlich die Abhängigkeit des Rohrdommel-Bestands von den Frühjahrswasserständen des Sees: Dem Bestandseinbruch in der Trockenphase 2002–2005 folgte mit steigenden Wasserständen auch eine Zunahme des Brutbestands bis zu einem Gipfel im Jahr 2010. Dann brachte das Jahr 2012 mit einem sehr niedrigen Seepegel auch eine Halbierung der Rohrdommel-Zahlen. Die darauffolgenden besonders hohen Wasserstände in den Jahren 2013–2015 reichten allerdings nicht mehr für eine vollständige Erholung, sondern nur für eine leichte Zunahme des Brutbestands. Seit 2016 ist die Population, in Übereinstimmung mit den sinkenden Wasserständen, wieder in starkem Rückgang begriffen.

Im Lichte dieser starken und kurzfristigen Schwankungen müssen auch die Unsicherheiten der bisherigen Populationsschätzungen gesehen werden. In Jahren mit niedrigen Wasserständen verringert sich der Brutbestand, nach bisherigem Wissensstand, auf maximal 50 Reviere, möglicherweise auch auf deutlich weniger: Im Jahr 2022, bei extrem niederen Wasserständen, wurde aus dem gesamten Schilfgürtel kein einziges besetztes Revier gemeldet[17]. In Jahren mit hohen Wasserständen wurden Mitte der 1990er und um 2010 auf österreichischer Seite bis zu 200 Reviere erreicht, für den gesamten Neusiedler See (inklusive des ungarischen Teils) kann in solchen Jahren mit bis zu 250 Paare gerechnet werden. Im Seewinkel ist die Rohrdommel Brutvogel größerer Röhrichtflächen an den stärker verschilften Lacken, der Bestand schwankt hier allerdings noch stärker mit den Wasserständen als am See. So ergab eine Erfassung 1997 das bisherige Maximum von 35 Revieren, im trockenen Jahr 2003 wurden hingegen nur vier gezählt[18]. Eine Bestandsschätzung für das Jahr 2006, einem Jahr mit „normalem" Wasserstand, ergab 20–30 Reviere[12].

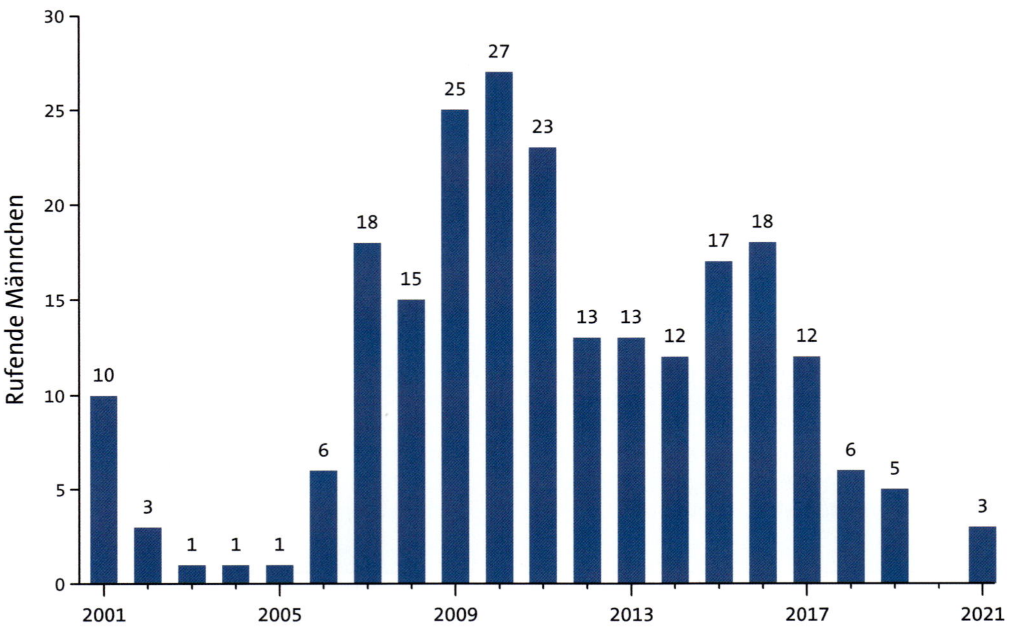

Bestandsentwicklung der Rohrdommel im Schilfgürtel des Neusiedler Sees basierend auf Linientaxierungen in vier in Österreich gelegenen Gebieten in den Jahren 2001–2021[16, 18].

Jahreszeitliches Auftreten

Die Rohrdommel ist ganzjährig im Gebiet zu beobachten, Winternachweise und Überwinterungen gibt es allerdings in jährlich unterschiedlicher Zahl: In Österreich wurde seit 2013 in drei Wintern (15. Dezember bis 15. Februar) nur je eine Beobachtung gemeldet, im Winter 2014/15 gelangen fünf einzelne Nachweise und im Winter 2015/16 sowie 2016/17 überwinterten Rohrdommeln an jeweils zwei Stellen (Darscho und Warmblutkoppel bzw. Seebad Illmitz und Breitenbrunn). Der Beginn der Rufaktivität schwankt jährlich in weiten Grenzen, der Median der ersten Meldung einer rufenden Rohrdommel ist der 24. März, mit der frühesten am 6. März und der spätesten am 3. April[17]. Der Einzug der Brutvögel ist demnach in manchen Jahren bereits Ende März in vollem Gange, in späten Jahren erst in der ersten Aprilhälfte. Das Maximum der Rufaktivität liegt im Zeitraum Mitte April bis Mitte Mai, danach nimmt das Niveau langsam bis Ende Mai ab, um nach Mitte Juni abrupt auf (fast) Null zu sinken. Das restliche Jahr haben Rohrdommel-Beobachtungen eher Seltenheitswert, ein Herbstdurchzug ist in den Daten nicht erkennbar[17].

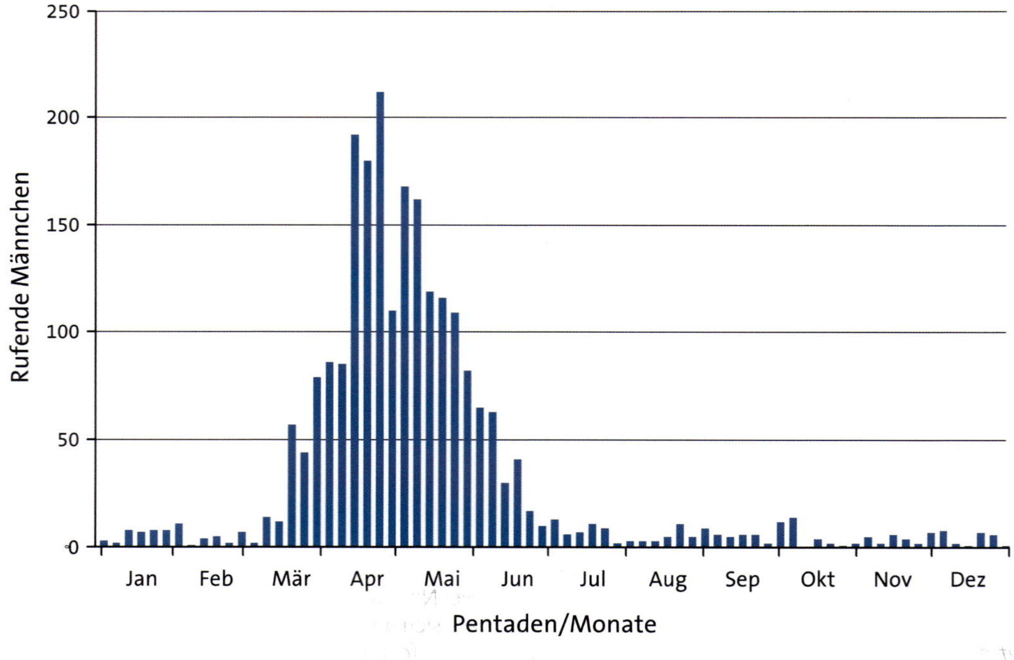

Jahreszeitliches Auftreten der Rohrdommel (Pentadensummen gemeldeter Individuen) basierend auf Daten aus Österreich aus den Jahren 2011–2019 (n = 2.319)[17].

Zugverhalten und Ringfunde

Bei der Rohrdommel gibt es je nach Lage im Brutareal sesshafte Populationen (v.a. in Süd- und Westeuropa) und solche, die über kürzere Strecken (einige 100 km) in südliche oder südwestliche Richtungen nach West- und Südeuropa sowie Nordafrika ziehen. Die Brutvögel des Neusiedler See-Gebiets sind überwiegend Kurzstreckenzieher und überwintern hier nur ausnahmsweise. Da bislang im Gebiet nur sehr wenige Vögel markiert wurden, liegen nur vier Ringfunde vor: Ein am 23.6.1930 in Mekszikópuszta beringter Vogel wurde zwei Monate später am 15.8. an der mittelitalienischen Adriaküste wieder gefunden[19], und drei am 16.2.1954 bei Mörbisch beringte Jungdommeln erbrachten drei Funde. Einer dieser Vögel wurde im selben Jahr am 11.7. östlich des Balaton gefunden, ein zweiter am 3.3.1956 in Bosnien und der dritte am 22.2.1956 aus dem Drau-Donau-Zusammenfluss auf kroatischer Seite[20].

Quellen: [1] *Dvorak et al. (1997)*, [2] *Poulin et al. (2005)*, [3] *Jukovits (1864/65)*, [4] *Fászl (1883)*, [5] *Fischer (1883)*,

[6] Dombrowski (1889), [7] Schenk (1917a), [8] Koenig (1939), [9] Zimmermann (1943), [10] Bauer et al. (1955), [11] M. Dvorak in Dvorak et al. (1993a), [12] Dvorak et al. (2008), [13] Nemeth et al. (2014), [14] Mogyorósi (2012), [15] Nemeth & Dvorak (2019), [16] Dvorak et al. (2016), [17] www.ornitho.at, [18] M. Dvorak & E. Nemeth, unpubl. Daten, [19] Vogelberingungszentrale BirdLife Ungarn, unpubl. Ringfund, [20] Österreichische Vogelwarte, unpubl. Ringfunde

Michael Dvorak

Zwergdommel *Ixobrychus minutus* (Linnaeus, 1766)

Törpegém – Little Bittern

Finkengrube, Apetlon, 15.6.2020, Männchen (Norbert Ramsauer)

Lokaler Brutvogel in geringer Dichte in Schilfbeständen; im Seewinkel aber nur unregelmäßig

Verbreitung und Lebensraum

Die Zwergdommel ist im Schilfgürtel des Neusiedler Sees ein verbreiteter, aber nur in geringer Dichte vorkommender Brutvogel und besiedelt ganz vereinzelt auch die stärker verschilften Lacken im Seewinkel. In der Kernzone des Nationalparks auf österreichischer Seite besiedelt die Art ausschließlich starkhalmige, höhere Schilfbestände, Altschilfbereiche werden hingegen gemieden[1]. Solche Bestände finden sich einerseits großflächig am seeseitigen Schilfrand, andererseits entlang von Kanälen und an den Rändern größerer Plänken. Damit ist für die Zwergdommel nur ein sehr kleiner Teil des Schilfgürtels des Neusiedler Sees besiedelbar. Diese Bevorzugung starkhalmiger, hoher und vitaler Bestände bestätigte sich auch bei den langjährig durchgeführten Linientaxierungen entlang der Seedämme von Winden und Mörbisch, wo der Großteil der Nachweise vom seeseitigen Schilfrand stammt[2]. Allgemein besiedelt die Zwergdommel vorzugsweise kleinere und größere Stillgewässer, die einen unter Wasser stehenden Röhrichtgürtel aus Schilf, Rohrkolben und ähnlicher Verlandungsvegetation aufweisen. Die Größe des Röhrichtbestands spielt offensichtlich nur eine untergeordnete Rolle, da die Art auch in schmalen Schilfstreifen entlang von Altwässern und Kanälen sowie an kleineren Fischteichen und Schottergruben brütet[3]. Auch im Seewinkel wurden demgemäß rufende Vögel bereits in sehr kleinen Schilfflächen, wie z. B. am Silbersee, am Weißsee oder an der Langen Lacke festgestellt[4, 5].

Bestand und Bestandsentwicklung

Dass die Art für die späten 1850er Jahre als Standvogel bezeichnet wurde[6], beruht wohl auf einer Fehleinschätzung, ist aber die erste Erwähnung der Zwergdommel im historischen Schrifttum. In den 1870er Jahren war sie *„überall am Fertő“* zu finden[7], 1882 war sie *„in den Rohrwäldern des Inundationsgebiets ein sehr gewöhnlicher Gast“*[8]. Im Jahr 1887 wurde die Art zwar als *„Brutvogel im Erlenwalde“* eingestuft, zugleich wurde aber vermerkt, dass *„ausserhalb dieses nur noch wenige Paare brüten“*[9]. 1906 wurde die Zwergdommel *„am Südufer ziemlich häufig beobachtet“*, am Ostufer war sie hingegen *„ein ziemlich sporadischer Brutvogel im See und in den rohrbestandenen Lacken“*[10]. In den 1930er Jahren war die Zwergdommel *„im gesamten Seegebiet sehr zahlreich anzutreffen“*[11] und konkret an der Wulkamündung und bei Neusiedl am See ein häufiger Brutvogel[12]. Wie häufig die Art damals im Schilfgürtel war, illustriert eindrücklich die Beschreibung von Goethe[13]: *„An manchen Stellen liegen die Nester kolonieartig dicht zusammen und man hörte, vor allem Ende Mai und Anfang Juni, den sonderbaren Paarungsruf, bzw. Revierruf der Männchen überall, manchmal 10–12 Ex. gleichzeitig.“* 1940–42 wurde die Zwergdommel als *„häufiger Brutvogel des Gebiets“* eingestuft[14] und auch Koenig[15] betonte nochmals ihre Häufigkeit und schrieb: *„Ich habe in landschaftlich günstigen Gebieten oft beinahe kolonieweises Auftreten der Zwergrohrdommel feststellen können. Die kleinen Horste standen in Entfernungen von 10 bis 15 Metern.“*

In den frühen 1950er Jahren muss der Bestand dann nochmals zugenommen haben[16], denn die Art galt als *„sehr häufiger Brutvogel des Schilfgürtels des Sees, spärlicherer Brutvogel der stärker verschilften Lacken“*. Zu Beginn der 1960er Jahre wurden allein im Bereich des Seebads Rust nicht weniger als 78 Nester gefunden[17]. Auf einer sehr kleinen Fläche von etwas über zwei Hektar brüteten damals fünf Paare[18]. Danach muss es offenbar zu einem drastischen Rückgang gekommen sein, denn weder die aus den 1970er Jahren im Archiv von BirdLife Österreich vorliegenden Beobachtungen, noch die in den 1980er Jahren im Schilfgürtel des Neusiedler Sees durchgeführten Untersuchungen lieferten Hinweise auf derartig hohe Dichten[2, 4]. So wurden 1983 an den Seedämmen von Winden und der Biologischen Station Illmitz Dichten von 3–4 Revieren/km² festgestellt, eine weitere Zählung in denselben Gebieten im Jahr 1989[2] ergab jedoch nur mehr 0,6–1,3 Reviere/km². 1994 wurde in der Kernzone des Nationalparks eine großflächige Bestandserfassung auf einer 14,2 km² großen Schilffläche durchgeführt, die nur neun Reviere erbrachte[1]. Eine Hochrechnung mit diesen Zahlen für den österreichischen Schilfgürtel kam damals auf nur 60 Reviere für den gesamten See. Im Jahr 2006 wurde die Zwergdommel bei Kartierungen im gesamten Schilfgürtel nur in drei von acht Untersuchungsgebieten festgestellt, bei Mörbisch und Purbach wurden jedoch drei Reviere auf 0,7 km² (4,2 Reviere/km²) bzw. vier Reviere auf 1,4 km² (2,8 Reviere/km²) gezählt[19].

Diese Daten und zahlreiche weitere, im Rahmen anderer Projekte gesammelte Beobachtungen zeigen, dass die Zwergdommel im Schilfgürtel stark geklumpt vorkommt, verursacht durch ein flächenmäßig sehr beschränktes und nur sehr lokales Angebot an geeigneten Lebensräumen, eventuell verstärkt durch gegenseitige soziale Attraktion der rufenden Männchen. Eine neuere Bestandsschätzung für 2006 kam unter Einbeziehung dieses Faktors auf nur 60–120 Brutpaare[19]. Seit 2006 wurden keine speziell auf die Zwergdommel ausgerichteten quantitativen Erfassungen durchgeführt, bei großflächigen Punkttaxierungen im gesamten österreichischen Schilfgürtel in den Jahren 2018 und 2019 wurde die Art nur an elf von insgesamt 207 bearbeiteten Zählpunkten festgestellt. Sie fehlte in der Kernzone des österreichischen Nationalparks komplett und auch auf ungarischer Seite gelangen lediglich zwei Nachweise[20]. Es ist demnach zu befürchten, dass sich der Rückgang der Art am Neusiedler See weiter fortgesetzt hat. Man muss davon ausgehen, dass eine, noch Mitte des 20. Jahrhunderts mehrere tausend Brutpaare zählende Population auf einen kleinen Restbestand von weit unter 100 Paaren zusammengebrochen ist.

Jahreszeitliches Auftreten

Die frühsten Vögel treffen normalerweise in der zweiten Aprilhälfte ein. Der Median der Erstankunft ist der 25.4., sehr spät dran waren die Zwergdommeln hingegen im Jahr 2014, als der erste Rufer erst am 9.5. registriert wurde[21]. Zwei isolierte, sehr frühe Nachweise gelangen am 12.4.2017 an der Warmblutkoppel[22] sowie am 21.3.2016, als sich ein rufendes Männchen mehr als einen Monat früher als sein nächster Artgenosse im Schilf beim Seebad Illmitz aufhielt[23]. Die Zahl der gemeldeten Nachweise bleibt dann von Anfang Mai bis Ende Juli gleichbleibend hoch, wobei die Meldungen im Mai und Anfang Juni überwiegend auf rufende Vögel zurückgehen, ab Mitte Juni dann aber fast nur mehr auf Sichtbeobachtungen. Die Rufaktivität endet bereits Ende Juni. Der Großteil der Brutpopulation ist bis Ende August abgezogen. Im September wird die Art nur noch ausnahmsweise gemeldet, mit insgesamt fünf Nachweisen von 2.–10. des Monats[21]. Eine zeitlich völlig isolierte Sichtbeobachtung gelang aber noch am 16.10.2013 bei Mörbisch[24]. Auf der ungarischen Seite des Sees gibt es für den September sieben Nachweise zwischen 3.9. und 17.9. sowie nur einen einzigen Nachweis vom Oktober am 3.10.2011 am Einserkanal[25].

Zugverhalten und Ringfunde

Die in Europa brütenden Zwergdommeln sind im Gegensatz zu den weiter südlich in Asien und Afrika brütenden Populationen ausgesprochene Weitstreckenzieher und überwintern vorwiegend im östlichen und südlichen Afrika, seltener in Westafrika. Die Lage des Winterquartiers der hiesigen Population ist nicht bekannt, denn es liegen bislang keine Ringfunde vor.

Quellen: [1] *Dvorak et al. (1997),* [2] *M. Dvorak, unpubl. Daten,* [3] *Sabathy (1998),* [4] *Archiv BirdLife Österreich,* [5] *www.ornitho.at,* [6] *Jukovits (1864/65),* [7] *Fászl (1883),* [8] *Fischer (1883),* [9] *Dombrowski (1889),* [10] *Schenk (1917a),* [11] *Koenig (1939),* [12] *Seitz (1943),* [13] *Goethe (1943),* [14] *Zimmermann (1943),* [15] *Koenig (1952),* [16] *Bauer et al. (1955),* [17] *Koenig (1961),* [18] *Graefe (1963),* [19] *Dvorak et al. (2008),* [20] *M. Dvorak & E. Nemeth, unpubl. Daten,* [21] *www.ornitho.at,* [22] *C. Kuhnert/ornitho.at,* [23] *D. Leopoldsberger/ornitho.at,* [24] *J. Frühauf/ornitho.at,*[25] *Archiv MME Sopron.*

Michael Dvorak & Sándor Mogyorósi

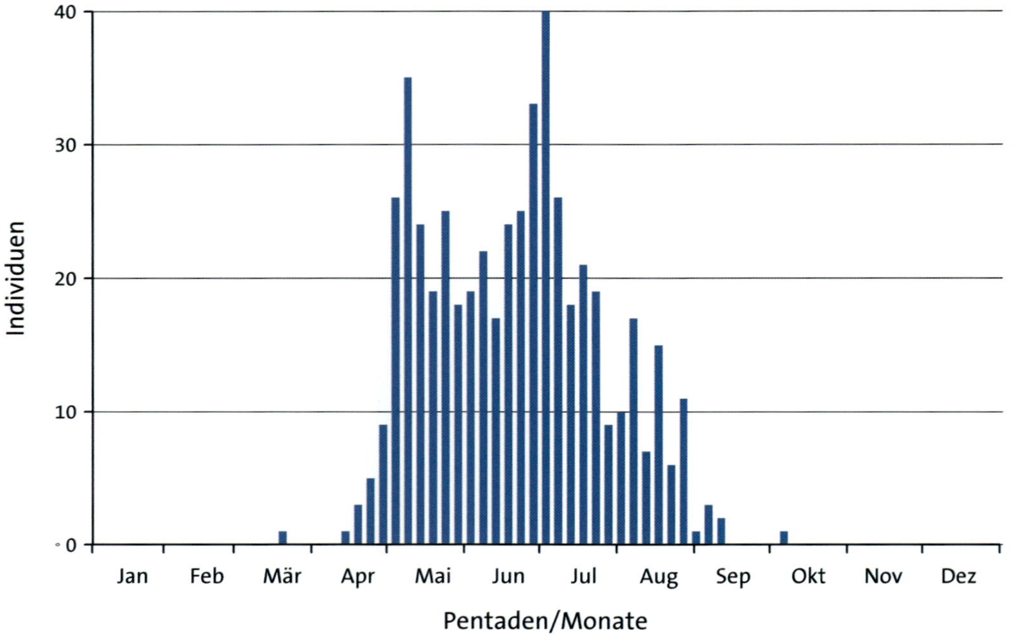

Jahreszeitliches Auftreten der Zwergdommel (Pentadensummen gemeldeter Individuen) basierend auf Daten aus Österreich aus den Jahren 2011–2019 (n = 512)[5].

Nachtreiher *Nycticorax nycticorax* (Linnaeus, 1758)

Bakcsó – Black-crowned Night Heron

Mekszikópuszta, 27.5.2019 (Tibor Hadarics)

Seltener Brutvogel im Schilfgürtel des Neusiedler Sees

Verbreitung und Lebensraum

Der Nachtreiher brütet in kleiner Zahl im Schilfgürtel im österreichischen Teil des Neusiedler Sees, in einzelnen Jahren wurden auch Brutplätze aus dem Seewinkel bekannt. Die einzige regelmäßig besetzte Brutkolonie liegt auf der Großen Schilfinsel im Südteil des Sees, mehr als zwei Kilometer vom landseitigen Schilfrand entfernt. Im Seewinkel brütet der Nachtreiher zwar nur unregelmäßig, dafür aber in eigentlich für die Art typischeren Lebensräumen, wie einem teilweise überfluteten Gebüschbestand und in, an kleine Teiche oder Kanäle angrenzenden, Baumbeständen. Die Nahrungsgebiete liegen an den Rändern von stehenden oder langsam fließenden natürlichen und künstlichen Gewässern, seltener auch auf flach überfluteten Flächen. Im Seewinkel werden in erster Linie dicht verwachsene Ufer von Teichen, Kanälen, Schottergruben und selten auch von Lacken als Nahrungshabitate genutzt[1,2].

Bestand und Bestandsentwicklung

Für ein Brutvorkommen im eigentlichen Avifauna-Gebiet im 19. Jahrhundert gibt es nur vage Hinweise. Jukovits[3] schrieb zum Nachtreiher in seiner Liste von 1865 *„hat hier gebrütet“*, eine

Aussage, die sich vermutlich auf die Jahre vor der damaligen Austrocknung des Sees bezog und keinerlei Ortsabgabe enthielt. Ansonsten erwähnte lediglich Fászl[4] die Art mit den Worten *„nicht selten“* und für etwa denselben Zeitraum wurde der Nachtreiher als *„Brutvogel in der Nähe und an den Rändern des Erlenwaldes“* bezeichnet[5] sowie als *„gemeiner Brutvogel“*[6]. Beide Angaben bezogen sich allerdings auf den Kapuvarer Erlenwald und den Hanság, lagen also außerhalb des Bearbeitungsgebiets. Erst aus dem Jahr 1903 stammt der nächste Hinweis auf ein mögliches Brutvorkommen, als J. Schenk im Juni am Westufer bei Fertőfehéregyháza (heute Donnerskirchen) mehrere Exemplare beobachtete und 1917[7] meinte *„es ist nicht unwahrscheinlich, daß sich in den hiesigen Rohrwäldern auch eine kleine Kolonie befand“*. Breuer stufte den Nachtreiher als gelegentlichen, aber recht häufigen Brutvogel ein[8].

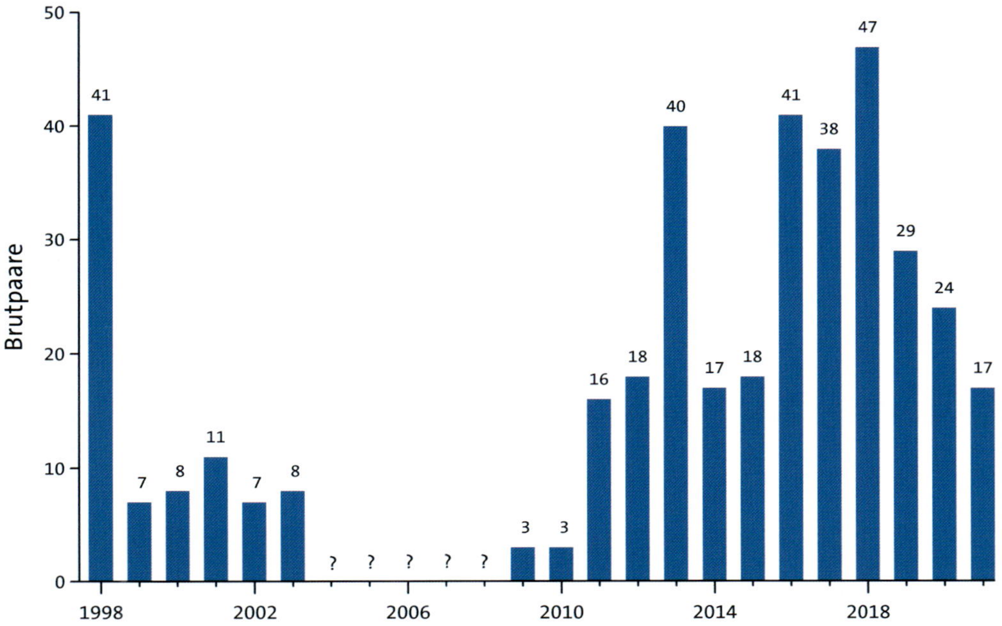

Bestandsentwicklung des Nachtreihers im Schilfgürtel des Neusiedler Sees in den Jahren 1998–2021[1,2]. 2004–2008 wurden keine Nester gefunden, es kann aber nicht ausgeschlossen werden, dass Bruten unentdeckt geblieben sind.

Erst in den frühen 1930er Jahren gelangen schließlich die ersten Nachweise von kleinen Brutkolonien im Schilfgürtel des Neusiedler Sees: In einem nicht näher benannten Jahr vor 1934 wurde eine Kolonie mit 20 Paaren entdeckt, in der Filmaufnahmen gemacht wurden[8]. 1932 wurden einige Nester in einer Silberreiherkolonie entdeckt[9] und 1933 10[10] bzw. 10–15 Horste[11] bei der Wulkamündung. Dieser Brutplatz war allerdings 1934 und 1935 wieder verwaist[11,12]. Um 1940 bis Mitte der 1950 Jahre wurden von diversen Autoren Nachtreiher zu Brutzeit beobachtet und immer wieder betont, dass ein Brutvorkommen möglich oder wahrscheinlich schien[13–16]. Koenig[17] summierte diese Befunde 1952 mit *„konnte aber trotz häufigen Vorkommens in den letzten Jahren nicht mehr brütend gefunden werden“* während Bauer et al.[18] etwas optimistischer konstatierten *„Nicht seltener Übersommerer; wohl sicher auch jetzt noch vereinzelt brütend“*. Danach fehlen aus den späten 1950er und frühen 1960er Jahren weitere Hinweise auf allfällige Brutvorkommen, erst für das Jahr 1966 wurde ohne nähere Angaben über eine Brutkolonie von 4–5 Paaren bei Illmitz berichtet[19], wobei sich die Autoren in diesem Jahr im August im Gebiet aufhielten und als Beleg für ihre Einschätzung lediglich die Beobachtung von 1 ad. und 12 juv. am 13.8. anführen. Im Frühjahr 1970 wurde eine kleine Brutkolonie mit sieben Paaren im nordöstlichen Seewinkel bei Halbturn entdeckt, die möglicherweise bereits in den Jahren davor besetzt war[20]. Diese Kolonie konnte in den darauffolgenden Jahren nicht mehr bestätigt werden und ebenso fehlt aus den nächsten Jahrzehnten trotz vieler Brutzeitbeobachtungen jeglicher Hinweis auf Brutvorkommen im Seewinkel oder im Schilfgürtel.

1996 wurde völlig überraschend eine nur in diesem Jahr besetzte Brutkolonie im damaligen Feriendorf Pannonia (heute Vila Vita) entdeckt[21]. Der Besuch einer Reiherkolonie im Rahmen eines Nationalpark-Forschungsprojektes führte 1998 zur Entdeckung einer Brutkolonie von 41 Paaren auf der Großen Schilfinsel im Südteil des Neusiedler Sees[22]. Die Zahl der Brutpaare sank dann allerdings in den Folgejahren und 2004 bis 2008 konnten keine Nester der Art gefunden werden. Die starken Schwankungen des Brutbestands zwischen 1999 und 2012 und das Fehlen von Bruten in einigen Jahren könnte auch auf Verlagerungen zu Standorten außerhalb des Schilfgürtels zurückzuführen sein. In diesen Jahren bestand nämlich im Seewinkel eine kleine Brutkolonie am Weißsee bei Apetlon, die 2008 15 Horste umfasste[23]. Seit 2009 ist der Nachtreiher im Schilfgürtel (wieder) alljährlicher Brutvogel mit 17 bis 47 Brutpaaren[1,2]. Ebenso brüteten im ungarischen Hanság im Gebiet des Nyirkai-Hany zwischen 2002 und 2009 bis zu 55 Paare des Nachtreihers[14].

Aus dem ungarischen Gebietsteil sind aus den 1970er Jahren Beobachtungen aus den Sommermonaten von den Rändern des Schilfgürtels bekannt[24]. In den 1980er Jahren wurden Nachtreiher regelmäßig in der damals bereits frei zugänglichen Bucht von Fertőrákos in geringer Zahl beobachtet[25]. Seit 1992 kommt die Art regelmäßig an den Überschwemmungsflächen von Mekszikópuszta in 1–5 Exemplaren vor[26]. 1996 kam es hier nach einem Dammbruch zu großflächigen Überschwemmungen, in deren Folge sich auch Nachtreiher in großer Zahl einfanden. Maximal waren es am 30.8. 110 Individuen[25]. Seit 2001 gibt es im ungarischen Hanság (Nyirkai-Hany) ein Brutvorkommen mit bis zu 55 Paaren in den Jahren 2002–2009[27]. Die aus dieser Brutkolonie stammenden Jungvögel sammeln sich in den Überschwemmungsflächen von Mekszikópuszta und erreichen im August Maxima von um die 50 Exemplaren[28].

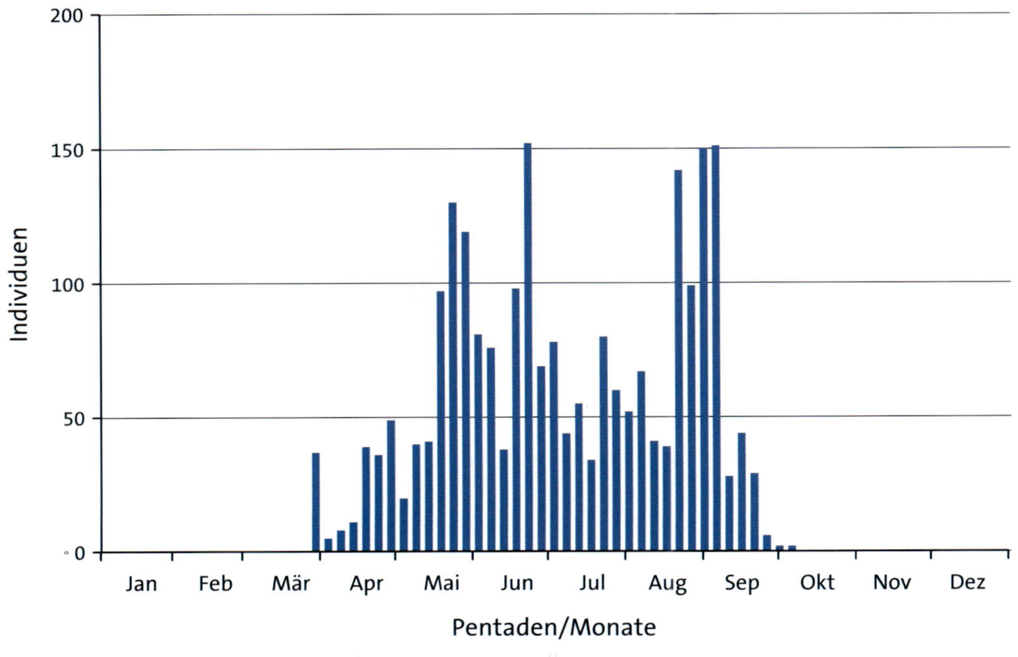

Jahreszeitliches Auftreten des Nachtreihers (Pentadensummen gemeldeter Individuen) anhand von Daten aus Österreich aus den Jahren 2011–2020 (n = 2.349)[29].

Jahreszeitliches Auftreten

Der Nachtreiher tritt im Neusiedler See-Gebiet zwischen Ende März und Ende September auf. Die meisten Exemplare werden im Mai gemeldet, dies dürfte aber auf die dann besonders hohe Beobachterpräsenz zurückzuführen sein. Die ersten Jungvögel treten in der ersten Juli-Dekade auf, die Maximalzahl an diesjährigen Exemplaren wird in den ersten drei Wochen des August erreicht.

Zugverhalten und Ringfunde

Der Nachtreiher ist ein Weitstreckenzieher. Das hauptsächliche Überwinterungsgebiet der Brutvögel der Westpaläarktis liegt im tropischen Afrika südlich der Sahara, wobei europäische

Brutvögel vornehmlich in West- und Zentralafrika überwintern dürften. Aus dem Neusiedler See-Gebiet gibt es keine Ringfunde, das Überwinterungsgebiet der hier brütenden Vögel ist daher nicht bekannt.

Quellen: [1] *Dvorak et al. (2016)*, [2] *E. Nemeth, unpubl. Daten*, [3] *Jukovits (1985)*, [4] *Fászl (1883)*, [5] *Dombrowski (1889)*, [6] *Fischer (1883a)*, [7] *Schenk (1917a)*, [8] *Breuer (1934)*, [9] *K. Ruhmann in Niethammer (1938)*, [9] *Bernatzik (1941)*, [10] *Seitz (1934)*, [11] *Seitz (1935)*, [12] *Seitz (1936)*, [13] *Goethe (1941)*, [14] *Zimmermann (1943)*, [15] *König (1939)*, [16] *König (1948)*, [17] *König (1948)*, [18] *Bauer et al. (1955)*, [19] *Kurth (1970)*, [20] *Festetics (1970)*, [21] *A. Grüll, A. Ranner in Dvorak (2009c)*, [22] *Nemeth et al. (2004)*, [23] *M. Dvorak & H.-M. Berg in Dvorak (2009c)*, [24] *Kárpáti (1983)*, [25] *Archiv MME Sopron*, [26] *Pellinger (2000)*, [27] *Pellinger & Ferenczi (2012)*, [28] *Pellinger & Hadarics (2020d)*, [29] *www.ornitho.at*

Erwin Nemeth, Michael Dvorak & Attila Pellinger

Rallenreiher *Ardeola ralloides* (Scopoli, 1769)

Üstökösgém – Squacco Heron

Mekszikópuszta, 30.4.2018 (Tibor Hadarics)

Seltener Durchzügler und Sommergast von Ende April bis Ende September

Verbreitung und Lebensraum

Die Meldungen des Rallenreihers konzentrieren sich in Österreich auf das Ostufer des Sees vom Sandeck bis Podersdorf (180 von 290 Nachweise, 62,1 %). Sehr viel seltener wurde die Art an den Lacken und Schilfflächen des zentralen (15,9 %) und südlichen (10,3 %) Seewinkels sowie am Westufer des Neusiedler Sees (8,6 %) beobachtet, und nur ganz unregelmäßig im Hanság (3,1 %)[1,2]. Die Vögel hielten sich dabei zumeist am Rand von, an offene Wasserflächen angrenzenden Schilfflächen auf. Der Großteil der Meldungen (57,6 %) stammt aus dem Schilfgürtel des Sees, insbesondere von den landseitigen Rändern im Bereich der Vieh- und Pferdekoppeln mit besonderen Schwerpunkten an der Podersdorfer Pferdekoppel und im letzten Jahrzehnt auch an der Graurinderkoppel[1,2]. Auf die Verlandungszonen von Lacken entfallen 38,3 % der Meldungen und nur 4,1 % der Beobachtungen kamen von Kanälen, Schottergruben und anderen künstlichen Kleingewässern[1,2], wobei derartigen, künstlich angelegten Gewässern von Seiten der Vogelbeobachter wenig Aufmerksamkeit geschenkt wird.

Auf ungarischer Seite wurde die Art vor 1990 nur ganz vereinzelt festgestellt. In der zweiten Hälfte der 1970er Jahre gelangen im Schilfgürtel zwei Nachweise im Mai und einer im August[3]. Im Schilfgürtel bei Fertőrákos wurde danach zwischen 17.8. und 9.9.1983 im Zuge von Beringungsarbeiten ein junger Rallenreiher festgestellt[4]. Ab 1990 wurde die Art dann mit der Flutung der Biotoprekonstruktionsgebiete regelmäßig in jeweils 1–3 Exemplaren in den Überschwemmungsflächen von Mekszikópuszta festgestellt[5].

Bestand und Bestandsentwicklung

Für das späte 19. und die erste Hälfte des 20. Jahrhunderts wurde der Rallenreiher übereinstimmend von allen Autoren als sehr seltene und unregelmäßig auftretende Art bezeichnet[6–12]. Zu Beginn der 1950er Jahre wurde er dann als *„seltener Besucher“* bezeichnet, des Weiteren wurde vereinzeltes Brüten als *„möglich, aber noch nicht bewiesen“* angesehen[13]. In den 1950ern und frühen 1960ern hieß es[14]: *„Am Neusiedler See, wo der bisher unbestätigte Verdacht gelegentlichen Brütens besteht, erscheint sie fast alljährlich“*. Seit 1966 zeigt das Vorkommen des Rallenreihers starke jährliche Unterschiede: Auf einzelne oder eine Reihe von Jahren mit verstärktem Auftreten folgen Perioden mit wenigen oder auch gar keinen Nachweisen. Seit 2013 verwischt dieses Muster allerdings etwas durch die vielfach verstärkte Meldeintensität über ornitho.at[1,2]. In den meisten Jahren sind nur 1–2 Individuen involviert, in einigen wenigen auch drei oder mehr, wobei dann auch mehrfach Meldungen über kleinere Trupps erfolgten[1,2]: Jahre mit vier oder mehr Exemplaren im Gebiet waren 1968, 1977, 2012 und 2015 mit Trupps von fünf Individuen am 19.5.1968 am Seedamm Breitenbrunn[15] sowie (im bei weitem besten Jahr 1977) mit Gruppen von fünf bzw. acht Vögeln am 14.5. und 15.5. im Seevorgelände nördlich der Hölle[16] und wiederum fünf Exemplaren am 18.6. auf der Podersdorfer Pferdekoppel[17]. Vereinzelt bestand in Jahren mit verstärktem Auftreten, aufgrund des frühen Erscheinens von Jungvögeln, Brutverdacht, insbesondere im Jahr 2009, als an der Graurinderkoppel bereits am 23.7. ein Altvogel mit einem Jungvogel[18] und am 25.7. sogar zwei Altvögel und ein Jungvogel[19] beobachtet wurden. Bei den jährlich mehrmals durchgeführten Zählflügen mit dem Kleinflugzeug konnten allerdings bisher keine Rallenreiher in den Reiherkolonien des Schilfgürtels festgestellt werden[20], wobei die Möglichkeit, dass (wie beim Nachtreiher) einzelne Paare auch abseits dieser Kolonien an unzugänglichen Stellen brüten, nicht ausgeschlossen werden kann.

Auf ungarischer Seite wird eine Brut zwar aktuell ausgeschlossen[3,21], da der Rallenreiher jedoch seit 2007 vereinzelt in den Überflutungsgebieten des nahen Hanság (Nyirkai-Hany, Osli-Hany) brütet[22], ist die Möglichkeit für ein zukünftiges Brutvorkommen am Neusiedler See sicherlich gegeben. Nachdem 1996 wegen eines Dammbruchs nördlich des Einserkanals eine mehrere 100 ha große Wasserfläche entstanden ist, hielten sich am 23.8. nicht weniger als 15 Rallenreiher am Borsodi-dűlő bei Mekszikópuszta auf. In den letzten 10 Jahren wuchs, wahrscheinlich aufgrund des Brutvorkommens im Hanság, die Zahl der Nachweise leicht an[23].

Jahreszeitliches Auftreten

Der Rallenreiher ist ein Frühjahrsdurchzügler und Sommergast. Die ersten Vögel treffen in der Regel zu Beginn der letzten Aprildekade ein[1,2], abgesehen von wenigen Frühankömmlingen: im Jahr 1968 am 5.4. und am 12.4. zwei und ein Exemplar bei der Neusiedler Vogelwarte und bei Jois[24], 2016 am 13.4. zwei Individuen am Sandeck[25] und am 16.4. ein Exemplar im Martenthau[26]. Ende April und Anfang Mai verstärkt sich die Präsenz und von Mitte Mai bis Anfang Juni langt der Großteil aller Meldungen ein, was teilweise auch mit der erhöhten Beobachtungsaktivität zu dieser Jahreszeit zusammenhängt. Mitte Juni nehmen die Meldungen schlagartig ab, bis Ende August sind Rallenreiher dann nur mehr sehr unregelmäßig im Gebiet anwesend[1, 2]. Nur in fünf Jahren verharrten einzelne Vögel bis in den September hinein, die drei spätesten Meldungen kamen am 11.9.2010[27] und 21.9.2014 von der Podersdorfer Pferdekoppel[28] sowie am 28.9.1968 aus dem Schilfgürtel bei den Neusiedler Teichen[29].

Zugverhalten und Ringfunde

Ein am 28.6.1925 am Kis-Balaton in Ungarn beringter Jungvogel wurde am 18.8. desselben Jahres bei Balf am Südwestufer des Neusiedler Sees gefunden[30].

Quellen: [1] *www.ornitho.at,* [2] *Archiv BirdLife Österreich,* [3] *Kárpáti (1983),* [4] *Archiv MME Sopron,* [5] *Pellinger (2000),* [6] *Jukovits (1864/65),* [7] *Fischer (1883),* [8] *Fászl (1883),* [9] *Dombrowski (1889),* [10] *Breuer (1934),* [11] *Koenig (1939),* [12] *Zimmermann (1943),* [13] *Bauer et al. (1955),* [14] *Bauer & Glutz von Blotzheim (1966),* [15] *H. Winkler/ABÖ,* [16] *Schade & Stolze/ABÖ,* [17] *R. Triebl/ABÖ,* [18] *A. Ranner, C. Unger/ABÖ,* [19] *M. Dvorak, B. Wendelin/ABÖ,* [20] *E. Nemeth, unpubl. Daten,* [21] *Pellinger (2012),* [22] *Pellinger & Ferenczi (2012),* [23] *Pellinger & Hadarics (2020a),* [24] *G. Spitzer/ABÖ,* [25] *M. Sumper/ornitho.at,* [26] *S. Wagner/ornitho.at,* [27] *J. Laber /ABÖ,* [28] *W. Lindinger/ornitho.at,* [29] *E. Duda/ABÖ,* [30] *Breuer (1930)*

Michael Dvorak & Attila Pellinger

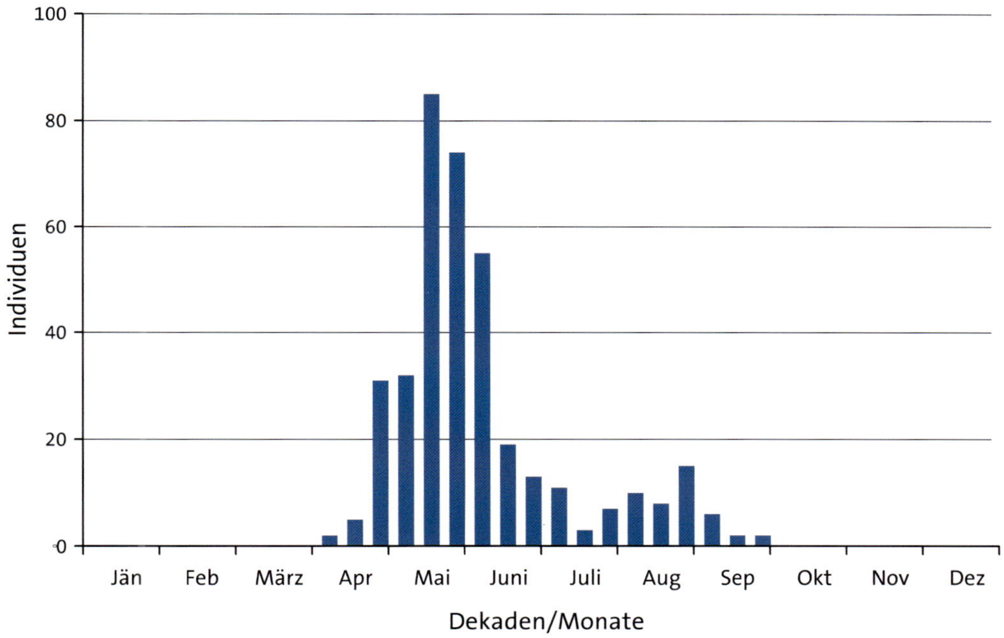

Jahreszeitliches Auftreten des Rallenreihers (Dekadensummen gemeldeter Individuen) basierend auf Daten aus Österreich aus den Jahren 1966–2019 (n = 380)[1, 2].

Kuhreiher *Bubulcus ibis* (Linnaeus, 1758)

Pásztorgém – Western Cattle Egret

Winden, 29.4.2012 (Michael Dvorak)

Unregelmäßiger Gast, einzeln oder in kleinen Trupps, von Mitte März bis Mitte August

Verbreitung und Lebensraum

Die Meldungen des Kuhreihers verteilen sich über das gesamte Gebiet, mit Ausnahme des ausschließlich ackerbaulich genutzten Nordteils des Seewinkels. Fast alle der genauer verorteten Nachweise stammen aus Wiesen- oder Weidegebieten.

Bestand und Bestandsentwicklung

In seinem 1961 erschienenen „Buch vom Neusiedlersee" schrieb Koenig[1] über den Kuhreiher: *„In letzter Zeit gelegentlich einzelne, von der Biologischen Station Wilhelminenberg entflogene Stücke beobachtet".* Die erste im Archiv von Birdlife Österreich vorliegende Meldung aus dem Gebiet betrifft einen adulten Vogel, der am 24.5.1968 am Xixsee entdeckt wurde und dessen Herkunft aus freier Wildbahn anhand der Umstände als sehr wahrscheinlich erachtet wurde[2]. In den nachfolgenden 10 Jahren blieb der Kuhreiher eine Ausnahmeerscheinung mit nur vier weiteren Meldungen: Am 18.5.1976 wurde ein Exemplar am Illmitzer Zicksee beobachtet[3], am 22. und 23.6.1977 wurde ein Altvogel südlich der Langen Lacke festgestellt und fotografiert[4], am 26.5.1978 flog ein Individuum am Ortsrand von Mörbisch nahe am Beobachter vorbei[5] und wahrscheinlich derselbe Vogel wurde am 27. und 28.5.1978 bei Fertőrákos festgestellt[6]. Von 29.8.–3.9.1978 hielt sich schließlich ein beringter Vogel an einem kleinen Kanal bei Neusiedl am See auf[7]. Die nächsten dokumentierten Nachweise ließen dann 20 Jahre auf sich warten: ein adultes Exemplar in Brutkleid wurde von 30.–31.5.1998 in den Rekonstruktionsflächen bei Mekszikópuszta (Nyéki-szállás und Borsodi-dűlő) gesehen[8] sowie zwei Altvögel am 27.3.1999 am Albersee[9]. Danach wird das Auftreten regelmäßiger, mit Nachweisen aus 12 von 15 Jahren im Zeitraum 2004 bis 2018. Die Avifaunistische Kommission von BirdLife Österreich fasste die 75 aus diesen Jahren vorliegenden Meldungen zu 22 Nachweisen zusammen[10–14]. Der Großteil davon betraf einzelne Vögel, jeweils zwei Exemplare wurden 1999 (siehe oben), 2013 von 11. bis 18.5. im Sandeck und auf der Graurinderkoppel[15] sowie am 10.7.2017 auf der Podersdorfer Pferdekoppel[15] festgestellt. Sogar drei Altvögel hielten sich am 18. und 19.4.2018 im Gebiet um den Herrensee und beim Sandeck auf[15] und dieselben Vögel wurden am 20.4.2018 am Borsodi-dűlő bei Mekszikópuszta gesehen[16]. Bisher allein steht allerdings ein kleiner Trupp von fünf adulten und zwei diesjährigen Kuhreihern, der am 10.7.2020 nahe der Fuchslochlacke entdeckt wurde[17].

Jahreszeitliches Auftreten

Die ersten Kuhreiher zeigen sich Mitte April. In zwei Jahren gab es auch frühere Nachweise mit zwei Exemplaren am 27.3.1999 am Albersee[9] und einem Individuum von 7. bis 10.4.2014 an der Illmitzer Warmblutkoppel[15]. Das Auftreten verstärkt sich dann bis Anfang Mai, aber bereits Ende des Monates lässt die Präsenz der Art wieder nach. Es scheint sich dabei um Zugverlängerung zu handeln, wobei die meisten Vögel das Gebiet aber recht rasch wieder verlassen. Aus dem Juni liegen nur wenige Nachweise vor, im Juli und August hat sich das Auftreten des Kuhreihers in den letzten 10 Jahren aber verstärkt: von 2009–2018 liegen aus sieben Jahren Nachweise vor[15,18]. Die Vögel verlassen das Gebiet Ende der zweiten Augustdekade: Die spätesten Beobachtungen gelangen am 19.8.2013 bei der Hölle/Illmitz[19], am 19.8.2017 bei Apetlon[20], am 23.8.2017 zwischen Nyárliget und dem Grenzübergang Pamhagen und (wahrscheinlich dasselbe Exemplar) von 24.–29.8. am Borsodi-dűlő bei Mekszikópuszta[21] sowie am 29.8.1977 bei Neusiedl am See[7].

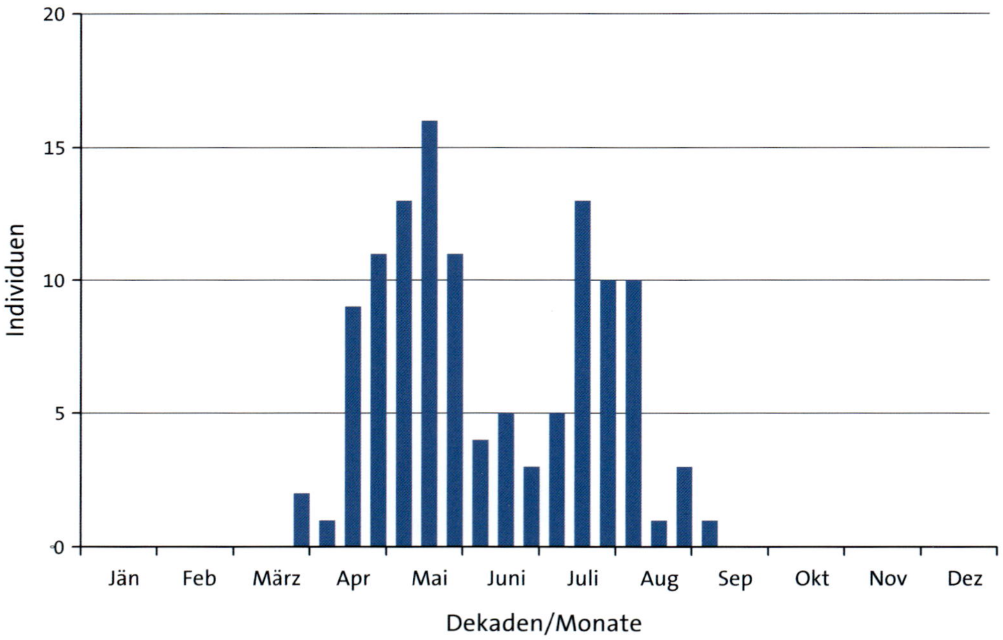

Jahreszeitliches Auftreten des Kuhreihers (Dekadensummen gemeldeter Individuen) basierend auf Daten aus Österreich und Ungarn aus den Jahren 1966–2021 (n = 118)[15, 18, 21].

Quellen: *[1] Koenig (1961), [2] Leisler (1968), [3] J. Loos, F. Haider/ABÖ, [4] W. Stani, R. Triebl/ABÖ, [5] E. Kratochvil/ABÖ, [6] Kárpáti (1983), [7] D. Taylor/ABÖ, [8] Hadarics (1999), [9] G. Tebb, M. Craig/ABÖ, [10] Ranner & Khil (2009), [11] Ranner & Khil (2011), [12] Khil & Albegger (2014), [13] Albegger & Khil (2016), [14] Albegger & Brader (2018), [15] www.ornitho.at, [16] www.birding.hu, [17] L. Khil/ornitho.at, [18] Archiv BirdLife Österreich, [19] C. Haschek, C. Zehetner/ornitho.at, [20] W. Kraus/ABÖ, [21] Archiv MME Sopron*

Michael Dvorak & Tibor Hadarics

Graureiher *Ardea cinerea* LINNAEUS, 1758

Szürke gém – Grey Heron

Darscho, Apetlon, 28.6.2011 (Michael Dvorak)

Mäßig häufiger Brutvogel im österreichischen Teil des Schilfgürtels des Neusiedler Sees

Verbreitung und Lebensraum

Während der Graureiher im übrigen Mitteleuropa überwiegend Baumbrüter ist, besiedelt er im Neusiedler See-Gebiet ausschließlich Schilfbestände, wo die Art in gemischten Brutkolonien zusammen mit Löffler, Kormoran, Zwergscharbe, Silber- und Purpurreiher brütet. Der bei weitem größte Brutplatz befand sich in den letzten Jahren auf der Großen Schilfinsel im südlichen Teil des Neusiedler Sees und eine deutlich kleinere Kolonie am Westufer des Sees bei Oggau. Einzelne bis wenige Paare brüteten jeweils an verschiedenen Stellen, immer zusammen mit Silber und/oder Purpurreihern am Ost- und Südostufer[2]. Zur Nahrungssuche nutzen die Graureiher vorwiegend die Kanäle, Rohrlacken und den seeseitigen Rand des Schilfs, in kleinerem Ausmaß auch Lacken und sonstige Gewässer im Seewinkel, die einen Fischbestand aufweisen. Auch Wiesen, Brachen, Ruderal- und Ackerflächen werden regelmäßig zur Nahrungssuche (vorwiegend nach Kleinsäugern) aufgesucht[1,2]. Auf der ungarischen Seite des Neusiedler Sees gibt es kein regelmäßiges Brutvorkommen, 2011 wurde allerdings in der Silberreiherkolonie von Hidegség ein Graureihergelege gefunden[3].

Bestand und Bestandsentwicklung

Der Graureiher wurde von den meisten älteren Autoren als Brutvogel angeführt. Aus der zweiten Hälfte des 19. Jahrhunderts liegen allerdings nur sehr spärliche und auch etwas widersprüchliche Angaben über das Vorkommen der Art vor: Um 1860 wurde die Art als Standvogel bezeichnet[4], in den 1870er Jahren war der Graureiher ein „*häufiger Brutvogel am Fertő*"[5] und Mitte der 1880er Jahre schrieb Dombrowski[6]: „*Im Erlenwalde stehen mehrere Colonien; einzelne Paare brüten auch mitten im Sumpfe am Boden*" – ob er allerdings mit „*im Sumpfe*" den Neusiedler See meinte, muss offen bleiben. Auch Fischer[7] erwähnte

„*Brutplätze im Erlenwalde*" und Reiser[8] wies für das Jahr 1884 auf ein Brutvorkommen bei Neusiedl hin, wo „*es viele Junge im Röhricht gab*".

Auch aus den ersten vier Jahrzehnten des 20. Jahrhunderts gibt es nur für wenige Jahre konkrete Angaben: 1930 wurden in einer gemischten Brutkolonie auf einer Insel nördlich der am Einserkanal gelegenen Esterhazy-Vogelwarte 23 Nester gefunden[9]. 1933 wurden für eine, an der Wulkamündung bei Donnerskirchen gelegene Brutkolonie etwa 50 Brutpaare angegeben, 1934 waren es dann im selben Gebiet 34 Nester in drei verschiedenen Kolonien[10] und 1935 wurden bei Rust 21 Horste in einer gemischten Kolonie gefunden. Weitere fünf Horste gab es auch in der Nähe des Einserkanals[11]. Außerdem erwähnte Seitz[10] für das Jahr 1936 in einer Fußnote noch das Vorkommen einiger Paare am St. Andräer Zicksee. Neben diesen wenigen konkreten Angaben für einzelne Kolonien führte Koenig[12] den Graureiher als „*häufigen Brutvogel im gesamten Seegebiet, auch an verschilften Lacken des Seewinkels*" an. In den Jahren 1940–1942 beschrieb Zimmermann[13] den Graureiher als die häufigste Reiherart des Neusiedler Sees, die Brutplätze vermutete er „*auf der Sandeck gegenüberliegenden Insel sowie möglicherweise auch südöstlich davon zwischen dieser Insel und Neudegg*". Dies dürfte dem Großen Schilfgürtel entsprechen, also der Lokalität, die auch heute noch die meisten Brutpaare des Graureihers beherbergt. Und weiter: „*Ebenso dürfte der Vogel auch am Westufer zwischen (Neusiedl-) Purbach und der Wulkamündung, hier vielleicht aber nur in einzelnen Paaren, gebrütet haben*". 1947/48 brüteten Graureiher in vier Kolonien am Westufer, wovon die Art in einer Kolonie dominierte, die drei anderen aber nur von jeweils 1–2 Paaren besetzt waren[14]. Für das Jahr 1951 existiert mit mindestens 180 Paaren erstmals eine Schätzung des Gesamtbestandes, 1952 und 1953 soll der Graureiher in ähnlicher Zahl gebrütet haben[15]. Der Großteil brütete im Gebiet zwischen Wulkamündung und Purbacher Kanal, also dort, wo schon in den 1930er Jahren die größten Reiherkolonien bekannt waren. Kleinere, reine Graureiher-Siedlungen bestanden im Schilfgürtel vor Donnerskirchen und Breitenbrunn und 1953 zusätzlich auch zwischen Jois und Neusiedl[15]. 1960 gab es erstmals eine Erfassung des österreichischen Schilfgürtels aus der Luft mit dem Hubschrauber, es konnten dabei aber nur mehr insgesamt 93 Brutpaare erfasst werden[16]. Weitere Zählungen vom Hubschrauber aus fanden zwischen 1970 und 1976 statt, und sie ergaben einen sehr stark gesunkenen Bestand von nur 10–22 Brutpaaren[17].

1981 begann das bis heute andauernde Monitoring der in Kolonien brütenden Stelzvögel mittels eines einmotorigen Kleinflugzeugs. Im ersten Jahrzehnt 1981–1992 lag der mittlere Bestand noch bei ca. 20–25 Paaren[18] und damit am Niveau der 1970er Jahre. Mitte der 1990er begann aber eine Zunahme auf zuerst 36–51 Brutpaare bis 1997[19] und ab 1998 bis 2013 auf 80–100, in einzelnen Jahren auch deutlich mehr

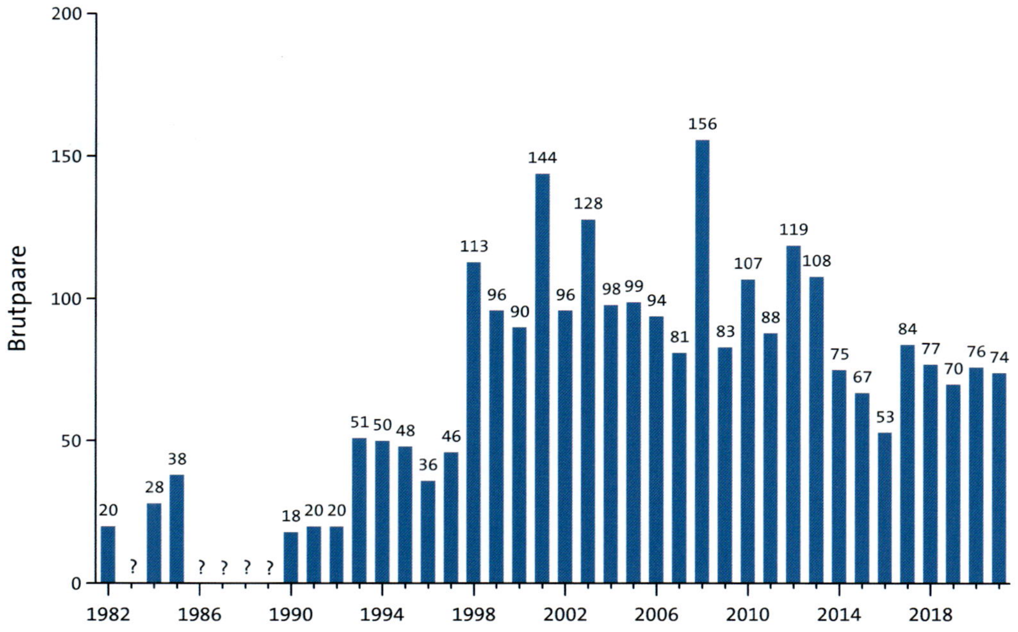

Bestandsentwicklung des Graureihers im österreichischen Teil des Schilfgürtels des Neusiedler Sees in den Jahren 1990–2021[2, 21].

mit maximal 156 im Jahr 2008[19–21]. In den Jahren 2013–2021 fiel der Brutbestand dann wieder auf im Mittel 65–75 Paare mit geringfügigen Schwankungen nach oben und unten[2, 21]. Der Brutbestand des Graureihers hat daher nach einer starken Zunahme im Zuge der 1990er Jahre und einem über 15 Jahre hinweg hohen Bestandsniveau in den letzten acht Jahren bis 2021 wieder abgenommen.

Seit dem Ende des zweiten Weltkriegs bis zum Fall des Eisernen Vorhangs 1989 war der ungarische Teil des Neusiedler Sees Forschern nur sehr beschränkt bis gar nicht zugänglich. Da zu dieser Zeit ein großer Teil des Schilfgürtels gemäht oder abgebrannt wurde, dürfte es aber so gut wie keine potenziellen Bruthabitate gegeben haben. Eine landesweite Erfassung von Reiherkolonien im Jahr 1951 ergab im westlichen Grenzgebiet (Neusiedler See, Hanság, nördliches Szigetköz) keinerlei Nachweise von Brutvorkommen[22]. Obwohl es auf ungarischer Seite bis heute kein Brutvorkommen gibt, ist der Graureiher mit Ausnahme der kältesten Winterzeiten, sowohl in den Feuchtgebieten, als auch auf landwirtschaftlichen Flächen regelmäßiger Nahrungsgast[23]. Das wichtigste Gebiet sind dabei die Überschwemmungsflächen von Mekszikópuszta, aber auch hier sind selten mehr als 30 Exemplare anzutreffen. Das Maximum wurde mit 82 Individuen am 20.8.2018 erreicht[24].

Jahreszeitliches Auftreten

Der Graureiher ist ganzjährig im Gebiet anwesend. Am geringsten sind die Zahlen im Winter von Mitte Dezember bis Ende Februar und ab Mitte März treffen die Brutvögel ein. Danach steigen die Zahlen ab Ende Juni stärker an. Dies ist auf das Auftreten der Jungvögel und auch von Altvögeln mit abgeschlossener oder aufgegebener Brut zurückzuführen, die ab diesem Zeitpunkt auffällig sind und damit öfter in größeren Trupps zusammenstehen und auch gemeldet werden[1].

Zugverhalten und Ringfunde

Die meisten Ringfunde von am Neusiedler See markierten Graureihern liegen aus Italien (15), Ungarn (9), der Slowakei (6), Slowenien (4) und Kroatien (2) vor. Funde aus Deutschland (4), Spanien (2), Frankreich (1), der Ukraine (1) und Polen (1) zeigen jedoch, dass manche Vögel auch nordöstliche bis nordwestliche Richtungen einschlagen oder den westlichen Mittelmeerraum anfliegen. Dass einige dieser Vögel auch fernere Gefilde ansteuern, belegen je ein Fund aus Tunesien und einer aus Mali in Westafrika[25, 26].

Quellen: [1] *www.ornitho.at*, [2] *E. Nemeth, unpubl. Daten*, [3] *Archiv FHNP*, [4] *Jukovits (1864/65)*, [5] *Fászl (1883)*, [6] *Dombrowski (1889)*, [7] *Fischer (1883)*, [8] *Reiser in Zimmermann (1943)*, [9] *Breuer (1930)*, [10] *Seitz (1935)*, [11] *Seitz (1936)*, [12] *Koenig (1939)*, [13] *Zimmermann (1943)*, [14] *Koenig (1948)*, [15] *Bauer et al. (1955)*, [16] *Koenig (1961)*, [17] *Festetics & Leisler (1999)*, [18] *Grüll (1994)*, [19] *Nemeth et al. (2004)*, [20] *Nemeth & Grubbauer (2005)*, [21] *Dvorak et al. (2016)*, [22] *Szíjj (1951)*, [23] *Pellinger (2000)*, [24] *Pellinger & Hadarics (2020d)*, [25] *Österreichische Vogelwarte (unpubl. Ringfunde)*, [26] *Vogelberingungszentrale BirdLife Ungarn (unpubl. Ringfunde)*

Erwin Nemeth, Michael Dvorak & Attila Pellinger

Purpurreiher *Ardea purpurea* Linnaeus, 1766

Vörös gém – Purple Heron

Balf, 22.7.2008 (Michael Dvorak)

Mäßig häufiger Brutvogel im Schilfgürtel des Neusiedler Sees, sowohl in Österreich als auch in Ungarn

Verbreitung und Lebensraum

Der Purpurreiher brütet im Schilfgürtel des Neusiedler Sees. Er ist nach dem Silberreiher die am weitesten verbreitete Art am See. Er brütet in artreinen Kolonien oder in gemischten Siedlungen mit Grau- und Silberreiher, sowohl im westlichen als auch im östlichen Teil des Sees, fehlt aber seit 2003 auffälliger Weise auf der Großen Schilfinsel, wo alle anderen Arten ihre zahlenmäßig größten Vorkommen haben [1]. Der Purpurreiher baut seine Nester, wie die anderen hier in Kolonien brütenden Schreitvögel, ausschließlich in Altschilfbeständen und bevorzugt Bereiche dichteren Schilfs. Die Wassertiefen in den Kolonien liegen grob bei 0,5 – 1 m [1–3].

Bestand und Bestandsentwicklung

Der Purpurreiher war im 19. Jahrhundert ein regelmäßiger Brutvogel des Neusiedler Sees, es existieren aber nur einzelne Angaben zu seiner Häufigkeit. Jukovits [4] nennt ihn für die 1850er und frühen 1860er Jahre einen *„Standvogel"*, was mit Sicherheit auch damals nicht zutreffend war. Fászl [5] beschreibt den Purpurreiher in seinem 1883 erschienenen Buch zur Vogelwelt Soprons als *„noch häufiger als der Graureiher"* und von Dombrowski [6] bezeichnet ihn als *„Ueberaus häufigen Brutvogel"*. Auch Reiser [7] sah die Art 1885 als *„die häufigste Reiherart des Sees"*, sodass aufgrund dieser Angaben wohl davon ausgegangen werden kann, dass der Purpurreiher, zumindest nach der Wiederfüllung des Neusiedler Sees Anfang der 1870er Jahre, in größerer Zahl als Brutvogel vorkam.

Erste zahlenmäßige Angaben zum Purpurreiher liegen erst ab Ende der 1920er Jahre vor. 1928 besuchte Breuer [8] eine im Schilfgürtel an der Gemeindegrenze zwischen Apetlon und Illmitz gelegene, gemischte Brutkolonie *„mit sehr vielen Purpurreiherhorsten"*. Im folgenden Jahr berichtete er über den Fund einer noch größeren, auf einer Insel vor Apetlon (wohl die heutige Große Schilfinsel) gelegenen Purpurreiher-Kolonie [8] und 1930 fand er bei Balf in Ungarn eine kleine Purpurreiher-Kolonie mit 14 Nestern und berichtete von einer gemischten Brutkolonie am Einserkanal mit 23 Purpurreiher-Nestern [9]. Im Juni 1931 begleitete O. Steinfatt die ungarischen Vogelkundler G. Breuer und I. Kiraly am Südende des Sees zu einer ungefähr 30 Horste umfassenden Purpurreiher-Kolonie [10]. 1932 besuchte Bernatzik [11] im Zuge seiner Foto- und Filmaufnahmen eine große, gemischte Reiherkolonie mit etwa 200 Nestern, in der Purpur- mit Silberreihern vergesellschaftet brüteten. 1933 und 1934 wurden an der Wulkamündung in gemischten Kolonien 4 – 8 bzw. vier Horste gefunden [12], 1935 waren es in einer Kolonie bei Rust sogar 35 Horste und ein geschätzter Bestand von 50 Paaren [13]. In einer Fußnote erwähnte Seitz [13] für das Jahr 1936 auch das Vorkommen einiger Paare am St. Andräer Zicksee. Wie auch bei den anderen im Schilf brütenden Schreitvögeln gibt es also aus den 1920er/1930er Jahren auch vom Purpurreiher nur für einzelne Kolonien konkrete Angaben und nicht für den Gesamtbestand.

In den frühen 1940er Jahren konnte Zimmermann [14] die Art kaum beobachten, sie dürfte damals weniger häufig als der Graureiher gewesen sein [6]. Nach dem 2. Weltkrieg suchte Koenig [15] als erster wieder nach Reiherkolonien im Schilfgürtel und beschrieb den Purpurreiher als häufigste Reiherart. In drei von vier von ihm 1947 gefundenen Kolonien am Westufer dominierte die Art, in einer davon waren es 100 Brutpaare. Ein paar Jahre später schätzte Koenig [16] dann den Gesamtbestand des Neusiedler Sees auf *„um die 250 Brutpaare"* und unabhängig davon kamen Bauer et al. [17] auf 250 Paare, mit dem Hinweis, dass *„der tatsächliche Bestand recht gut auch 300 Paare betragen kann"*. 1960 erfolgte dann die erste Zählung aus der Luft mit einem Hubschrauber und ergab einen Bestand von 273 Paaren, die sich auf sechs Brutkolonien verteilten [18, 19]. Danach dauerte es weitere zehn Jahre bis es in den Jahren 1970 – 1976 wiederum jährliche Erfassungen mit dem Hubschrauber gab. Deren Ergebnisse sind leider der ausführlichen Publikation nicht zu entnehmen; aus einer beigegebenen Grafik lassen sich jedoch 240 bis 340 Brutpaare ablesen [3].

1981 begann das bis heute andauernde Monitoring der in Kolonien brütenden Stelzvögel mittels eines einmotorigen Kleinflugzeugs, wobei in den ersten Jahren der Purpurreiher nicht

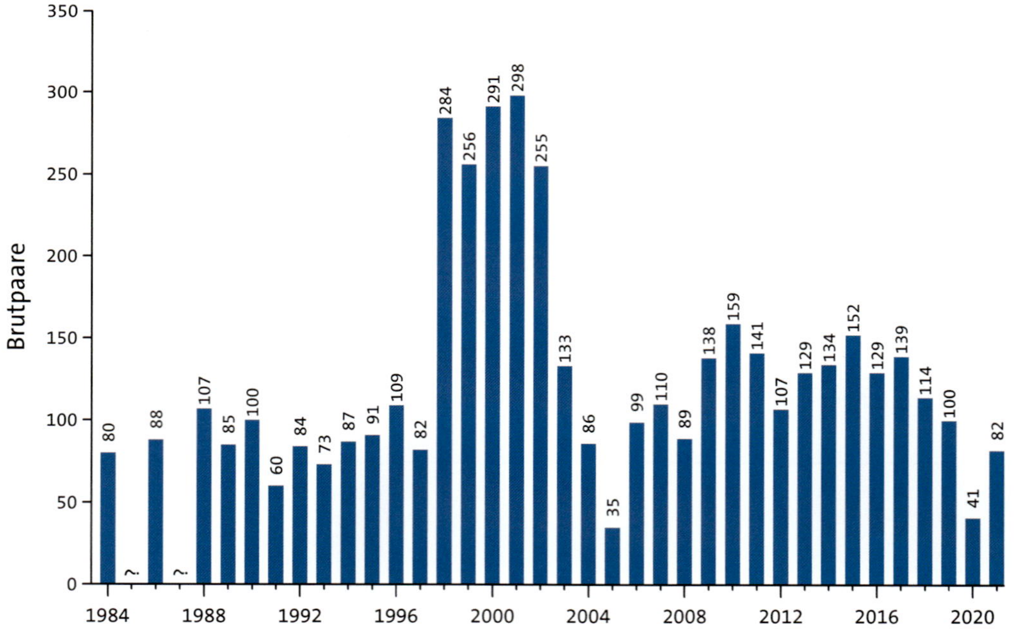

Bestandsentwicklung des Purpurreihers in Österreich in den Jahren 1984 – 2021. Auch bei fehlenden Werten (1985, 1987) ist anzunehmen, dass die Art gebrütet hat [1, 19, 20].

erfasst wurde. In den Jahren 1984–1997 wurde ein leicht schwankender Brutbestand von 60 bis 109 Paaren festgestellt[19,20]. Ab 1998 wurden die Erfassungen im Rahmen eines gezielten Forschungsprojektes intensiviert und erbrachten in den folgenden fünf Jahren bis 2002 sehr viel höhere Bestandszahlen von 255–298 Brutpaaren[21]. In den Jahren 2003–2005 wurde (trotz unveränderter Methodik) ein plötzlicher Einbruch auf nur noch 35 Paare festgestellt[22]. In den Jahren danach stieg der Bestand wieder und verbleib in den Jahren 2009–2019 auf einem stabilen Niveau von im Mittel 131 Paaren[1,20]. In den Jahren 2020 und 2021 war dann ein starker Einbruch feststellbar[1], der, ähnlich wie 2003/2004, mit besonders niedrigen Wasserständen zusammenfällt.

In Ungarn gab es in den Jahren 1978 und 1982 eine kleine Brutkolonie von 15–20 Paaren im sogenannten „Grenzbusch" in der Nähe zum Grenzpunkt B0[23]. Systematische Zählungen vom Flugzeug aus begannen in Ungarn erst im Jahr 1994. Obwohl Brutvorkommen in den 1980er und 1990er Jahren nicht auszuschließen sind, konnte erst 1999 wiederum eine Brutkolonie von 30–40 Paaren im Süden der Bucht von Fertőrákos festgestellt werden. In den folgenden zwei Jahrzehnten gab es zwei mehr oder weniger beständige Kolonien im Schilfgürtel bei Balf und Hidegség, die 2012 mit 225 Brutpaaren ihr Maximum erreichten. Seither kam es, mit dem Rückgang des Wasserstandes, ab 2016 auch zu einer Abnahme des Brutbestands[24]. Purpurreiher meiden in der Regel offene Flächen und finden sich zumeist einzeln am Rand von offenen Wasserflächen im Schilf oder an Kanälen. An den Überschwemmungsgebieten von Mekszikópuszta halten sich selten mehr als 1–3 Individuen auf[25], die größte bisher festgestellte Zahl waren 17 Exemplare am 6.9.1996[24]. In den 1980er Jahren wurden hingegen mehrmals 50–70 Purpurreiher gesichtet, die in losen Gruppen auf den Wiesen entlang des Schilfgürtels nach Beute suchten, wie z. B. am 6.8.1988 in der Nähe der Hydrometeorologischen Station bei Fertőrákos[26].

Jahreszeitliches Auftreten

Die ersten Vögel kommen Ende März/Anfang April im Gebiet an, der Einzug der Hauptmasse erfolgt in der zweiten und dritten Dekade im Monat April. Der Zwischenzug der Jungvögel beginnt Anfang/Mitte Juli und deutet sich in der zu diesem Zeitpunkt fallenden Beobachtungsfrequenz an. Der Wegzug der Altvögel beginnt Mitte/Ende August und erstreckt sich bis Ende September mit einzelnen Nachzüglern von Mitte Oktober bis Mitte November[27].

Zugverhalten und Ringfunde

Der Purpurreiher ist ein Weitstreckenzieher, die Brutvögel der Westpaläarktis überwintern in den Steppengebieten West-, Ost- und Südafrikas. Die vorliegenden Ringfunde aus Europa betreffen daher wohl überwiegend am Zug befindliche Vögel. Die meisten Funde von im Neusiedler See-Gebiet markierten Vögeln (12) liegen aus Italien vor, gefolgt von verschiedenen Ländern am Balkan: Kroatien (2), Slowenien (2), und Bosnien. Neben diesen Nachweisen am Weg ins Winterquartier wurden Vögel am Zwischenzug in Polen (2), Tschechien (6), der Slowakei (1) und Rumänien (1) gefunden. Die bisherigen Fernfunde von am Neusiedler See beringten Purpurreihern deuten auf ein Winterquartier in Westafrika hin: Sierra Leone (1), Nigeria (1), Mali (1), Guinea (1) und Algerien (1). Ein Fund liegt allerdings auch aus Zypern vor, was nahelegt, dass einige Vögel der lokalen Brutpopulation auch in Ostafrika oder dem Nahen Osten überwintern könnten[28,29].

Quellen: [1] *E. Nemeth, unpubl. Daten,* [2] *Müller (1983),* [3] *Festetics & Leisler (1999),* [4] *Jukovits (1864/65),* [5] *Fászl (1883),* [6] *Dombrowski (1889),* [7] *Reiser in Zimmermann (1943),* [8] *Breuer (1929b),* [9] *Breuer (1930),* [10] *Steinfatt (1936),* [11] *Bernatzik (1947),* [12] *Seitz (1935),* [13] *Seitz (1936),* [14] *Zimmermann (1943),* [15] *Koenig (1948),* [16] *Koenig (1952),* [17] *Bauer et al. (1955),* [18] *König 1961,* [19] *Biologische Station Illmitz, unpubl. Daten,* [20] *Dvorak et al. (2016),* [21] *Nemeth et al. (2004),* [22] *Nemeth & Grubbauer (2005),* [23] *Kárpáti (1983),* [24] *Archiv FHNP,* [25] *Pellinger & Hadarics (2020a),* [26] *Archiv MME Sopron,* [27] *www.ornitho.at,* [28] *Österreichische Vogelwarte (unpubl. Ringfunde),* [29] *Vogelberingungszentrale BirdLife Ungarn (unpubl. Ringfunde)*

Erwin Nemeth, Michael Dvorak & Attila Pellinger

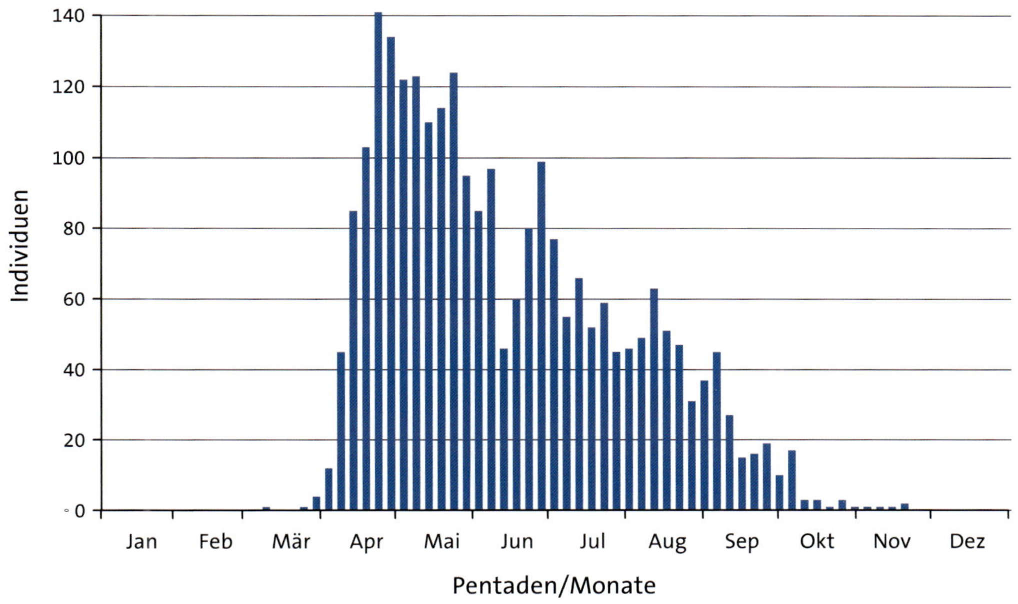

Jahreszeitliches Auftreten des Purpurreihers (Pentadensummen gemeldeter Individuen) basierend auf Daten aus Österreich aus den Jahren 2011–2020 (n = 2.524)[27].

Silberreiher *Ardea alba* (Linnaeus, 1758)

Nagy kócsag – Great Egret

Mäßig häufiger Brutvogel im Schilfgürtel des Neusiedler Sees, sowohl in Österreich als auch in Ungarn, mit aktuell sehr starkem Rückgang

Verbreitung und Lebensraum

Der Silberreiher ist ein häufiger Brutvogel im Schilfgürtel des Neusiedler Sees und brütete im Seewinkel zeitweise auch am St. Andräer Zicksee. Die größten Silberreiher-Kolonien liegen in Altschilfbeständen, meist an den seeseitigen Rändern des Schilfgürtels[1–3]. Der Großteil der Nahrung suchenden Silberreiher nutzt heute den Schilfgürtel zur Fischjagd, während noch in den 1960er und 1970er Jahren die Lacken des Seewinkels die bevorzugten Nahrungsgebiete waren[4]. Zu Beginn der 2000er Jahre nutzten fast alle im Schilfgürtel brütenden Silberreiher den Schilfgürtel auch als Nahrungsraum[5–7]. Äcker und Brachen im Seewinkel werden hingegen vorwiegend in den Monaten Dezember bis Mai aufgesucht, wobei die Zahl der auf Äckern jagenden Silberreiher in den 1990er Jahren gegenüber dem Zeitraum 1967–1988 deutlich zunahm[4].

Bestand und Bestandsentwicklung

Der Silberreiher war in der zweiten Hälfte des 19. Jahrhunderts bestenfalls ein nur vereinzelter Brutvogel des Neusiedler See-Gebiets. Jukovits[8] bezeichnete die Art in seiner Arbeit aus dem Jahr 1865 als seltener als Grau- und Purpurreiher. Fászl[9] nannte den Silberreiher sehr selten und hatte nur zwei Bälge in seiner Sammlung und von Dombrowski[10] schrieb: *„Seltener Brutvogel im sogenannten Cikes, nördlich des Piringer major, von wo aus er ziemlich regelmässig nach dem See und dem Sumpfe streift. Früher soll er sehr häufig gewesen, seit der theilweisen Canalisirung und Trockenlegung des Hanysag aber plötzlich bis auf die jetzt noch vorhandenen wenigen Paare verschwunden sein".*

In den ersten Jahrzehnten des 20. Jahrhunderts war der Silberreiher wohl ein regelmäßiger,

Biologische Station Illmitz, 17.5.2011 (Michael Dvorak)

aber in nur geringer Zahl vorkommender Brutvogel des Neusiedler Sees. Als recht spektakuläre Art hat der Silberreiher in diesem Zeitraum weitaus mehr Aufmerksamkeit als andere Vogelarten auf sich gezogen. Dies hatte auch zur Folge, dass sich diverse Autoren mit Vorkommen und Bestand der Art beschäftigt haben[11–14]. Eine detaillierte Zusammenstellung dieser und weiterer Berichte lieferte Zimmermann[15], weshalb an dieser Stelle nicht mehr im Detail auf einzelne Angaben eingegangen wird. Wie überall in Europa war die Art damals auch im Neusiedler See-Gebiet vor allem wegen seiner Schmuckfedern massiver Verfolgung ausgesetzt[16]. Überdies waren damals Nachweis und noch mehr die Erfassung der Größe der Reiherkolonien im Schilfgürtel äußerst schwierig, daher sind historische Angaben zur Bestandsgröße nur bedingt aussagekräftig. Während im ersten Jahrzehnt des 20. Jahrhunderts nur einzelne Paare am See gebrütet haben sollen, wurden für das Ende der 1920er Jahre von G. Breuer, dem damals besten Kenner der Avifauna des Neusiedler Sees insgesamt vier Brutplätze des Silberreihers bei Balf (5 Nester 1929), Fertőboz (1924[5] – 1927 sechs Horste), Apetlon (2 Horste 1928) und auf der großen Schilfinsel (9 Horste im Jahr 1929) beschrieben[14]. Ein paar Jahre später suchte und kontrollierte Seitz[17, 18] die Stelzvogelkolonien am Westufer und fand 1933 nur fünf Nester und 1934 nur einen besetzten Horst an der Wulkamündung. 1935 konnte er hingegen bei Rust elf besetzte Horste feststellen und schätzte die Gesamtzahl auf *„15, vielleicht sogar 20 Brutpaare“* und betonte, dass es *„die einzige Edelreiherkolonie dieses Jahres am See war“*. Einige Jahre später berichtete Koenig[19] von drei (1937) bzw. zehn Horsten (1938), die er in seinem Beobachtungsgebiet gefunden hatte und Goethe[20] schrieb für 1939 *„In diesem Jahr leider höchstens 3–4 Brutpaare am Westufer“*. Im Vergleich dazu mutet die Angabe von Bernatzik[20], der im Jahr 1932 in einer gemischten (Purpur- und Silberreiher) Reiherkolonie fotografierte, die nach seinen Angaben *„etwa zweihundert Reiherhorste“* umfasste, unrealistisch an. Bernatzik überflog allerdings bereits damals den Schilfgürtel mit einem Kleinflugzeug um Reiherkolonien zu lokalisieren. So fand, fotografierte und dokumentierte er aus der Luft auch eine seinen Angaben nach 150 Paare umfassende Löfflerkolonie[21] – diese war um ein Vielfaches größer als alle Brutkolonien die in den Jahren danach festgestellt wurden.

1947 stellte Koenig[22] am Westufer vier Reiherkolonien fest, und in einer davon fand er an die 40 Paare des Silberreihers, während die drei anderen jeweils einzelne Paare (4–5,[1, 2]) enthielten. 1949 schätzte Pátkay die Brutpopulation auf der ungarischen Seite auf 15–20 Paare[23]. In den Jahren 1950 bis 1953 fanden dann intensive Nachforschungen zum Brutbestand statt, die in einer Schätzung von 120–140 Brutpaaren mündeten[24], die in 4–6 Kolonien brüteten: Oggau (1950 40 Paare[25]), Winden (1951 20–30 Paare), Wulkamündung (1951 „Großteil der Silberreiher“), Rust (1953, *„sehr kleine Kolonie“*) und südlich Illmitz (1953 *„viele Reiher aller Arten“*). 1956/57 brüteten auf einer Schilfinsel nördlich des Grenzpunkts A79 (auf österreichischer Seite) 10–15 Paare[26]. Bei der ersten systematischen Befliegung des gesamten österreichischen Schilfgürtels durch Otto König im Jahr 1960 wurden 329, auf acht Kolonien verteilte, Brutpaare gezählt[27], was mehr als einer Verdoppelung des Bestandes entspricht. Zählungen mit dem Hubschrauber wurden auch in den Jahren 1970 bis 1976 durchgeführt und ergaben 180 bis 327 Brutpaare (1972 327 und 1973 326 Brutpaare)[2].

1982 begann schließlich das bis heute fortgeführte Zählprogramm („Reihermonitoring“) mit einem einmotorigen Flugzeug: In einer ersten Phase von 1982–1987 pendelte der Bestand zwischen 150 und 250 Paaren, und ab 1988 begann eine, fast ein Jahrzehnt andauernde, kontinuierliche Zunahme bis zum Jahr 1996[28]. Danach könnte man bis 2016 von den „goldenen“ Jahren für den Silberreiher sprechen, denn die Brutpopulation verblieb zwei Jahrzehnte lang auf einem sehr hohen, zwischen einem im Mittel von 650 bis 750 Paaren schwankenden Niveau, von kurzzeitigen Abnahmen in Phasen niedriger Wasserstände abgesehen[1, 5, 6, 28]. Diese „Hochphase“ verlief synchron zur Klimaerwärmung und zur Ausbreitung der Art nach West- und Nordeuropa[29]. 2016 kam es zu einem plötzlichen starken Rückgang, von dem sich der Bestand nach zwei besseren Jahren (2018/19) nicht mehr erholen konnte. 2021 wurden nur mehr 252 Brutpaare gezählt[1].

Auf ungarischer Seite begannen Erfassungen mittels Kleinflugzeug 1994, die erste Brutkolonie von 12 Paaren des Silberreihers wurde erst 2005 im südlichen Teil der Bucht von Fertőrákos entdeckt. Danach brütete die Art regelmäßig auch an zwei mehr oder weniger beständigen Kolonien bei Balf und Hidegség und an einigen kleineren gelegentlichen Brutstandorten. Der größte Bestand wurde 2019 mit 195 Brutpaaren erfasst. Seither nimmt die Brutpopulation auch in Ungarn deutlich ab[30].

In 14 Jahren zwischen 1998–2014 wurde im Zuge mehrerer Befliegungen in einer Saison und mittels Nestfotos auch der Bruterfolg in Österreich bestimmt. Er schwankte im Durchschnitt zwischen 0,44 und 2,04 flüggen Jungvögeln pro Nest. In Jahren, in denen es während des Frühjahrs zu einem stärkeren Rückgang des Wasserstandes kommt, fanden sich mehr Junge in den Nestern. Dieser Zusammenhang erklärt sich aus einer hydrologisch gesteuerten Nahrungsverfügbarkeit. Während der Aufzucht ihrer Jungen jagen Silberreiher und alle anderen fischfressenden

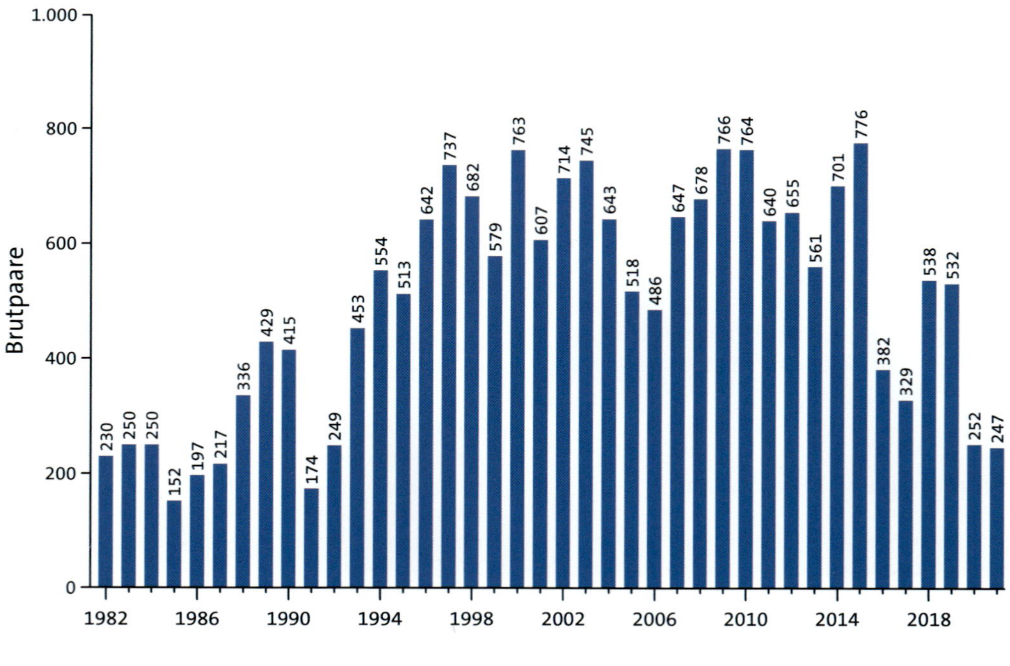

Bestandsentwicklung der Brutpopulation des Silberreihers in Österreich im Zeitraum 1982–2021[1, 3, 5, 6, 28].

Koloniebrüter vor allem kleine Fische in den Rohrlacken des Schilfgürtels [4–6]. Die Verfügbarkeit dieser Fische wird während des Frühjahrs und Frühsommers vor allem vom Wetter bestimmt. Bei warmer und trockener Witterung werden sie zur leichten Beute für Schreitvögel, weil sie, wie in Feuchtgebieten Floridas [31, 32], in seichten, isolierten Wasserkörpern eingeschlossen werden. Zusätzlich kommt es bei höheren Temperaturen zu anoxischen Bedingungen in den Schilflacken und die Fische sind vor allem morgens gezwungen in der dünnen, sauerstoffreicheren Schicht an der Wasseroberfläche zu atmen. Dadurch sind sie, wie in der Camargue [33], den Schreitvögeln fast schutzlos ausgeliefert und Silberreiher können so innerhalb von 20 Minuten den Nahrungsbedarf für einen Tag decken [4] und reichlich Futter für ihre Jungen finden.

Eine ganz außerordentliche Ansammlung von Silberreihern und anderer Reiherarten gab es nach dem Bruch des Ringdamms im Neudegg, als der gesamte Bereich von Mekszikópuszta und der Staatsgrenze bis zum Einserkanal unter Wasser geriet. Am 30.8.1996 wurden nicht weniger als 2.600 Exemplare gezählt [34].

Jahreszeitliches Auftreten

Der Silberreiher ist ganzjährig im Gebiet anwesend. Am geringsten sind die Zahlen im Winter von Mitte Dezember bis Ende Februar, ab Mitte März treffen die Brutvögel ein, was sich in einer deutlichen Erhöhung der Zahlen widerspiegelt. Am stärksten ist die Präsenz der Art von Mitte Juni bis Mitte August, wenn sich die diesjährigen Jungvögel und die Altvögel nach dem Ausfliegen an bestimmten, gut geeigneten Nahrungsplätzen versammeln [35].

Zugverhalten und Ringfunde

Noch vor 20 Jahren überwinterten die europäischen Brutpopulationen mehrheitlich im Mittelmeergebiet, heutzutage ist der Silberreiher aber auch in Mittel- und Westeuropa ein häufiger Wintergast mit vielen Tausend Exemplaren [29]. Das Überwinterungsgebiet der Vögel vom Neusiedler See umfasste in den 1960er Jahren die Adriaküsten, den mittleren Donauraum bis West-Rumänien und Tunesien, Ringfunde in Ungarn markierter Silberreiher lagen südöstlich bis zur Ägäis vor [36]. Es ist anzunehmen, dass sich auch die Überwinterungsgebiete der Neusiedler See-Population verlagert haben, mangels spezieller Untersuchungen ist dazu allerdings wenig bekannt. Die Mehrzahl der Ringfunde kommt aus Ungarn (29), Kroatien (10), Italien (8), der Slowakei (8), Bosnien (4) und der Tschechischen Republik (3). Nach Westen deuten Funde aus Deutschland (6) und Frankreich (6). Nur wenige Rückmeldungen liegen aus dem ursprünglichen Überwinterungsgebiet im östlichen Mittelmeerraum vor: Montenegro (2), Albanien (2), Griechenland (1) und Tunesien (1) [37, 38]. Während der Silberreiher noch in den 1950er und frühen 1960 Jahren das Neusiedler See-Gebiet bis spätestens Mitte Jänner verlassen hatte, kam es ab den späten 1960er Jahren vermehrt zu Überwinterungen auch in Ostösterreich, wo die Art heute ein regelmäßiger Wintergast ist [3].

Die Farbberingung junger Silberreiher in Ungarn brachte viele neue Kenntnisse hinsichtlich ihrer Zugstrategie. Während die Mehrzahl der früheren Ringfunde in südlicher und südöstlicher Richtung lag [36], zeigt sich aktuell eine starke Orientierung Richtung Westen, in Richtung Iberische Halbinsel, Frankreich und Deutschland. Abgesehen von wenigen slowenischen Nachweisen fehlen Beobachtungen farbberingter Vögel aus Italien und dem Balkan vollkommen [39]. Mit der Zunahme und Ausbreitung der europäischen Brutpopulation [29] ging also auch eine Verlagerung der Zugroute einher, was mit der Klimaveränderung und den effektiveren Schutzmaßnahmen in Westeuropa in Zusammenhang steht. Es zeigte sich überdies, dass sich die Überwinterungsstrategie einzelner Individuen stark unterscheidet. Nach dem Abzug der Jungvogel aus dem Neusiedler See-Gebiet sammeln sich die Silberreiher hauptsächlich an den Feuchtgebieten des Karpatenbeckens, oft 200–400 km von der Brutkolonie entfernt. Während später ein großer Teil mehrere Hundert oder gar mehrere Tausend Kilometern bis ins Überwinterungsgebiet zurücklegt, verweilen einige Vögel den ganzen Winter über im Umfeld des Brutplatzes [30].

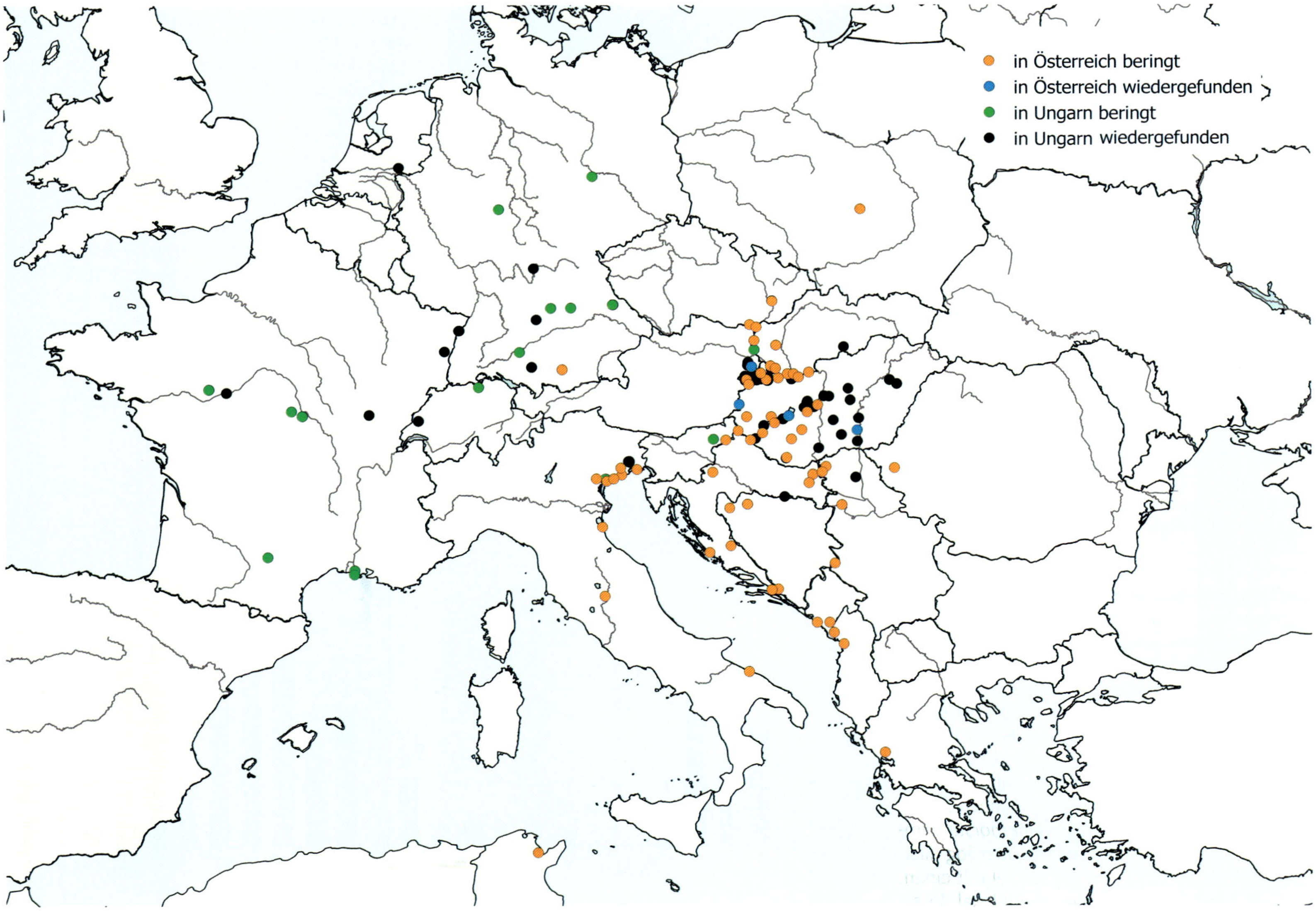

Wiederfunde von Silberreihern aus dem Zeitraum 1950–2019, die im Avifauna-Gebiet oder auswärts beringt wurden [37, 38].

Quellen: [1] E. Nemeth, unpubl. Daten, [2] Festetics & Leisler (1999), [3] Grüll & Ranner (1998), [4] Grüll (1998), [5] Nemeth et al. (2004), [6] Nemeth & Grubbauer (2005), [7] Nemeth & Schuster (2005), [8] Jukovits (1864/65), [9] Fászl (1883), [10] Dombrowski (1889), [11] Schenk (1918), [12] Chernel (1919), [13] Király (1923/24), [14] Breuer (1929), [15] Zimmermann (1943), [16] Schenk (1917a), [17] Seitz (1934), [18] Seitz (1936), [19] Koenig (1939), [20] Goethe (1941), [21] Bernatzik (1947), [23] Vasvári (1954), [24] Peschek (1950) zit. in Bauer et al. (1955), [25] Bauer et al. (1955), [26] Győry & Gárdonyi (1958), [27] König (1961), [28] Dvorak et al. (2016), [29] Ławicki (2014), [30] Archiv FHNP, [31] Kushlan (1976), [32] Smith et al. (1995), [33] Kersten et al. (1991), [34] Pellinger (2001), [35] www.ornitho.at, [36] Zink (1976), [37] Österreichische Vogelwarte (unpubl. Ringfunde), [38] Vogelberingungszentrale BirdLife Ungarn (unpubl. Ringfunde), [39] Archiv MME Sopron

Erwin Nemeth, Michael Dvorak & Attila Pellinger

Seidenreiher *Egretta garzetta* LINNAEUS, 1766

Kis kócsag – Little Egret

Warmblutkoppel, Illmitz, 3.8.2011 (Michael Dvorak)

Sehr seltener Brutvogel im österreichischen Teil des Schilfgürtels des Neusiedler Sees

Verbreitung und Lebensraum

Der Seidenreiher ist als Brutvogel auf ein kleines Vorkommen auf der Großen Schilfinsel im Südteil des Neusiedler Sees beschränkt. In Österreich werden die ausgedehnten Viehweiden in der landseitigen Verlandungszone am Ostufer vom Neudegg bis zur Podersdorfer Pferdekoppel sowie seicht überschwemmte, nieder bewachsene Verlandungszonen an den Lacken und in den Wiesengebieten bevorzugt zur Nahrungssuche genutzt[1–3].

Bestand und Bestandsentwicklung

Die vorliegenden Angaben zum Vorkommen des Seidenreihers im 19. Jahrhundert sind vage. Für die 1860er Jahre wurde nur vermerkt, dass die Art seltener als Grau- und Purpurreiher vorkam[4]. Im Juni 1880 wurde ein Seidenreiher bei Hegykő geschossen und im August 1882 *„wurden mehrere Exemplare am Ufer zwischen Balf und Rákos gesichtet“*[5]. Dombrowski[6] nennt den Seidenreiher *„einen seltenen Brutvogel im sogenannten Cikes“* und Fischer[7] *„einen seltenen Brutvogel des Gebiets“*. Im Jahr 1885 erlegte Fischer am 22.5. im Kapuvarer Erlenwald bei Csorna im Bereich gemischter Reiherkolonien gleich drei Seidenreiher[8]. Ein früheres Brutvorkommen, zumindest im näheren Umkreis des heutigen Avifauna-Gebiets, kann demnach als sehr wahrscheinlich gelten. Aus den ersten vier Jahrzehnten des 20. Jahrhunderts gibt es hingegen keine Angaben zum Vorkommen der Art, obwohl sich etliche Autoren besonders mit den koloniebrütenden Reihern im Schilfgürtel beschäftigt haben[9–12]. Lediglich Goethe[13] stellte Anfang Juni an drei Tagen 2–4 überfliegende Seidenreiher im Schilfgürtel am Westufer des Sees fest. Bemerkenswert ist daher die Aussage von Koenig[14] , der die Art einen *„regelmäßigen, aber nicht häufigen Gast aus Ungarn“* nannte und meinte *„Brutversuch in Silberreiherkolonien mitunter beobachtet, doch bisher verschwanden die Vögel noch vor der Eiablage wieder“*. Einige Jahre später schrieb er dann[15]: *„Alljährlich auch während der Brutzeit einige Vögel zu beobachten, die sich sogar in Silberreiherkolonien aufhalten, aber nicht brüten“*. In den Jahren 1951–53 wurde der Seidenreiher trotz intensiver avifaunistischer Tätigkeit nur zweimal beobachtet[16]. Aus den späten 1950 und frühen 1960er Jahren wurden keine weiteren Beobachtungen bekannt, erst 1964 wurde am 7.8. ein Seidenreiher am Seeufer bei Illmitz festgestellt[17]. Mit Beginn der systematischen Sammlung von Zufallsdaten 1966 zeigte sich bald, dass die Art im Neusiedler See-Gebiet ein alljährlicher Gast in 1–12 Exemplaren von April bis September mit einem Gipfel im Mai war[18].

So war es auch nicht ganz überraschend, dass der Seidenreiher im Juli 1998 erstmals als Brutvogel für den Neusiedler See und damit auch neu für Österreich nachgewiesen wurde[1]. Es ist aber möglich, dass es schon in den vorhergehenden Jahren Bruten gab, da bereits 1995 bis 1997 mehr Brutzeit-Beobachtungen als sonst vorlagen[1]. Die Nester sind, wie diejenigen des Nachtreihers, vom Flugzeug aus schwierig zu entdecken. Daher kann es sein, dass in manchen Jahren Nester bei den Zählungen übersehen wurden. Seit

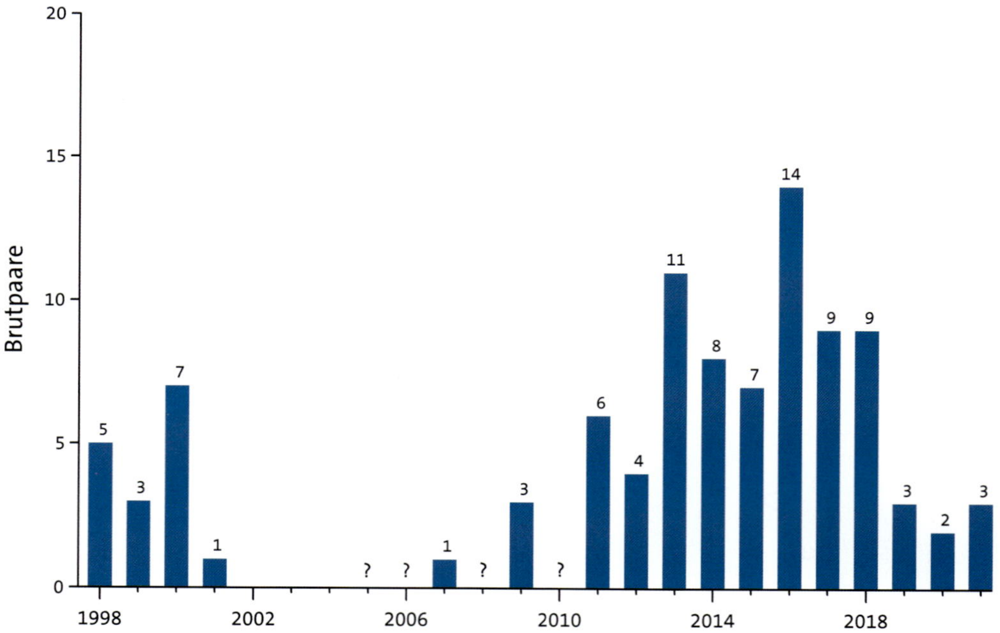

Bestandsentwicklung der Brutpopulation des Seidenreihers in den Jahren 1998–2021. Bei Jahren mit Fragezeichen ist unsicher, ob die Art gebrütet hat[2, 3].

2011 konnte der Seidenreiher aber jedes Jahr als Brutvogel nachgewiesen werden und der Bestand schwankte seither zwischen zwei und 14 Brutpaaren[2, 3]. Das derzeitige Vorkommen ist Teil einer Ausweitung des europäischen Brutareals nach Norden, die bereits in den 1980er Jahren begann und wie in Westeuropa vermutlich auf Klimaerwärmung und damit veränderte Zugwege zurückzuführen ist[19, 20].

Seidenreiher treten zumeist einzeln (54,1 % aller Nachweise 2011–2021, n = 4.604) oder in kleinen Gruppen von 2–5 Exemplaren (34,2 %) auf. Gruppen von mehr als 10 Vögeln machen nur 4,3 % aller Meldungen aus[21]. Die größten Trupps wurden, wenig überraschend, in den Jahren höherer Brutbestände (2011–2018) gemeldet: Die größten Ansammlungen wurden alle aus dem Bereich der Graurinderkoppel gemeldet: 110 Exemplare am 31.7.2013[22], 70 am 1.8.2013[23], 68 am 26.7.2015[24], 66 am 8.8.2016[22] und 65 am 23.7.2009[25].

Die ersten Nachweise auf ungarischer Seite gelangen in den 1970er Jahren in der Umgebung von Mekszikópuszta, der größte Trupp waren damals acht Exemplare am 13.7.1976 beim Ringdamm[26]. In der zweiten Hälfte der 1980er Jahre wurden wiederholt einzelne Vögel aus dem Bereich der Beringungsstation bei Fertőrákos gemeldet[27]. In den Überschwemmungsgebieten von Mekszikópuszta kommt die Art seit 1990 am Frühjahrszug und nach der Brutzeit in 1–20 Exemplaren vor[28]. Eine Ausnahme bildete das Jahr 1996, als durch den Dammbruch im Neudegg das Gebiet zwischen dem Weg nach Mekszikópuszta und der Staatsgrenze bis zum Einserkanal unter Wasser stand. Am 25.8.1996 wurden hier, neben ähnlich hohen Konzentrationen anderer Reiherarten, 50 Seidenreiher gezählt[29]. Seit 2006 brütet die Art wiederum im ungarischen Hanság[30], was auch zu einem Anstieg der Zahlen in Mekszikópuszta geführt hat[31].

Jahreszeitliches Auftreten

Erste Vorboten können ab Mitte März eintreffen, der Einzug des Brutbestandes beginnt aber in der Regel erst in der zweiten April-Dekade. Ab Mitte Juni steigen die Zahlen der beobachteten Seidenreiher deutlich, es handelt sich dabei aber nicht um Jungvögel, die sich erst ab Mitte Juli zeigen, sondern vermutlich einerseits um lokale Brutvögel, welche die Brut abgebrochen haben, andererseits wohl aber auch um Zuzug von außerhalb des Neusiedler See-Gebiets, da die Größe der von Juli bis September anwesenden Trupps die Zahl der bekannten Brutpaare deutlich übersteigt.

Zugverhalten und Ringfunde

Seidenreiher sind Zugvögel, im westlichen Mittelmeerraum ist aber in den letzten drei Jahrzehnten eine Tendenz zu verstärkter Überwinterung zu verzeichnen. Französische Vögel überwintern an den Küsten des südlichen Mittelmeerraumes oder überfliegen die Sahara, um in der nördlichen Sahelzone und auch noch weiter südlich zu überwintern. Weiter östlich brütende Seidenreiher wandern ebenfalls ins Mittelmeergebiet, ins tropische Afrika oder in den Mittleren Osten. Aus dem Neusiedler See-Gebiet gibt es keine Ringfunde, das Überwinterungsgebiet der hier brütenden Vögel ist daher nicht bekannt[32].

Quellen: *[1] Schuster et al. (1998), [2] E. Nemeth, unpubl. Daten, [3] Dvorak et al. (2016), [4] Jukovits (1865), [5] Fászl (1883), [6] Dombrowski (1889), [7] Fischer (1883a), [8] Fischer (1887),),[9] Bernatzik (1947), [10] Seitz (1935a), [11] Seitz (1936), [12] Breuer (1934), [13] Goethe (1941 [14] König (1952), [15] König (1961), [16] Bauer et al. (1955), [17] Herrlinger (1965), [18] Archiv BirdLife Österreich, [19] Lock & Cook (1998), [20] Keller et al. (2020), [21] www.ornitho.at, [22] M. Dvorak/ornitho.at, [23] C. Roland/ornitho.at, [24] B. Zens/ornitho.at, [25] M. Dvorak, unpubl. Daten, [26] Kárpáti (1983), [27] Archiv MME Sopron, [28] Pellinger (2000), [29] Pellinger (2001), [30] Pellinger & Ferenczi (2012), [31] Pellinger & Hadarics (2020a), [32] Hafner et al. (2002)*

Erwin Nemeth, Michael Dvorak & Attila Pellinger

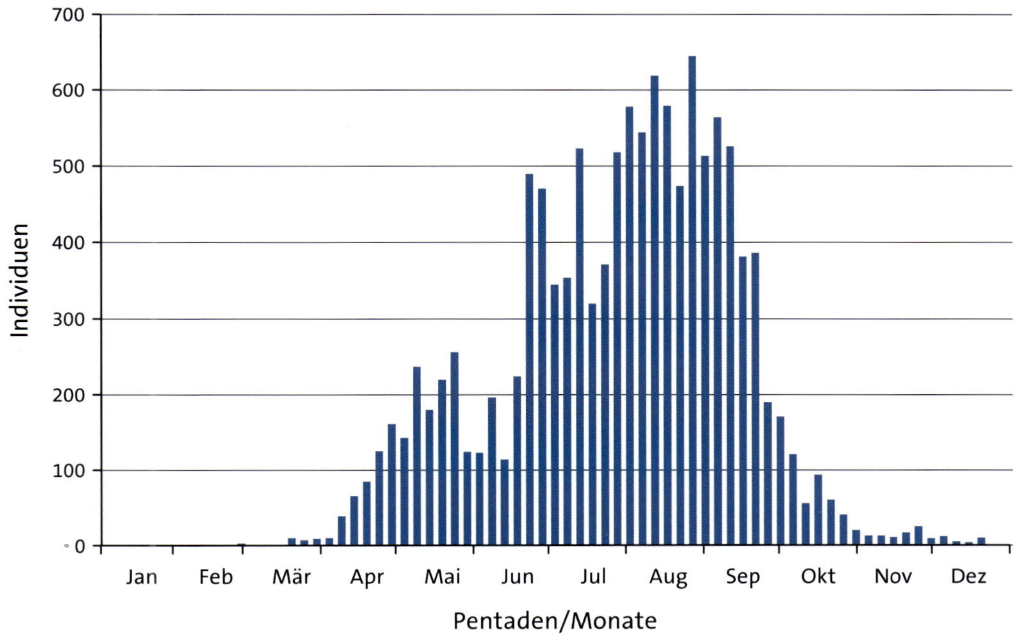

Jahreszeitliches Auftreten des Seidenreihers (Pentadensummen gemeldeter Individuen) anhand von Beobachtungen aus Österreich aus den Jahren 2011–2020 (n = 12.412)[10].

Rosapelikan *Pelecanus onocrotalus* Linnaeus, 1758

Rózsás gödény – Great White Pelican

Aktuell Ausnahmeerscheinung, ehemals aber regelmäßiger Gastvogel

Vorkommen

Der Rosapelikan war bis in das 19. Jahrhundert Brutvogel in Ungarn und im gesamten Karpatenbecken eine bekannte Erscheinung[1]. So war er offenbar auch am Neusiedler See bis zur Mitte des 19. Jahrhunderts regelmäßig anzutreffen. Nach Jukovits[2] war er jährlicher Gast im Frühjahr, solange der See ausreichend Wasser führte und genügend Fische aufwies. Fischer[3] bezeichnete ihn bereits als selten, doch *„den Jägern wohlbekannt"*. Danach blieben Nachweise dieser spektakulären Art aus, erst ab den 1990er Jahren trat der Rosapelikan wieder vereinzelt im hier betrachteten Gebiet auf:

- 29.4.–3.5.1991 Herrensee und Oberer Stinkersee, 1 ad. (A. Ranner, E. Karner, H. Szinovatz u. a.[4, 5])
- 21.4.–4.5.1995 Mekszikópuszta, Nyéki-szállás und Pap-rét, 1 immat. (A. Ingold, A. Pellinger u. a.[6, 7]), am 24.4.1995 auch im österreichischen Südteil des Neusiedler Sees (R. Klein[4])
- 11.–14.7.1997 Lászlómajor und Nyéki-szállás bei Mekszikópuszta, 1 subad./ad. (S. Mogyorósi, B. Molnár, A. Pellinger u. a.[8]), wohl derselbe Vogel am 20. und 22.7.1997 auf der Östlichen Hutweidenlacke und der Langen Lacke (A. Ranner, E. Karner, D. Stremke u. a.[9, 10])
- 11.–12.5.2001 1 subad./ad., der sich ab 3.5.2001 im Wiener Becken/NÖ aufgehalten hatte, flog am 11.5. über den südlichen Seewinkel zum Nyéki-szállás, wo er bis zum Folgetag beobachtet wurde (R. Kroiss, F. Udvardy, M. Váczi u. a.[11, 12])
- 15.5.2005 Zitzmannsdorfer Wiesen, Unterer Stinkersee und Sandeck, 1 ad. (J. Laber, I. Fiala, C. Roland u. a.[12, 13])
- 11.11.2007 Mekszikópuszta, Nyéki-szállás, 1 dj. (Á. Tamás, M. Váczi[14])
- 8.7.2009 Podersdorfer Pferdekoppel, 1 ad. (A. Ranner, M. Riesing, C. Unger u. a.[15, 16])
- 7.–8.5.2018 Mekszikópuszta, Borsodi-dűlő und Lászlómajor, 1 immat. (H. Spinler, Gy. Szabó[17, 18])
- 21.–25.6.2019 Mekszikópuszta, Nyéki-szállás und Graurinderkoppel, 1 immat. (T. Hadarics, E. Albegger, G. Loidolt u. a.[10, 17, 19]). Dieser Vogel war zuvor im November

Graurinderkoppel, Apetlon, 22.6.2019 (Gerhard Loidolt)

2018 im Hula-Tal (Israel) verletzt gefunden und nach Pflege wieder freigelassen worden. Vor seinem Besuch im Neusiedler See-Gebiet wurde er in Ungarn auch noch am 4.6.2019 bei Balatonlelle und am 18.6.2021 am Kis-Balaton beobachtet[17].

Quellen: [1] *Aumüller & Keve (1964),* [2] *Jukovits (1864/65),* [3] *Fischer (1883),* [4] *Laber & Ranner (1997),* [5] *Archiv BirdLife Österreich,* [6] *Hadarics (1999),* [7] *Magyar (1997),* [8] *MME Nomenclator Bizottság (1998c),* [9] *Ranner (2002),* [10] *www.birdlife-afk.at,* [11] *MME Nomenclator Bizottság (2008a),* [12] *Ranner & Khil (2009),* [13] *Roland (2007),* [14] *MME Nomenclator Bizottság (2010b),* [15] *Ranner & Khil (2011),* [16] *Ranner & Unger (2011),* [17] *MME Nomenclator Bizottság (2021),* [18] *www.birding.hu,* [19] *www.ornitho.at*

Andreas Ranner & Tibor Hadarics

Rötelpelikan *Pelecanus rufescens* J. F. Gmelin, 1789

Vörhenyes gödény – Pink-backed Pelican

Wahrscheinlicher Gefangenschaftsflüchtling

Vorkommen

Diese afrikanische Pelikanart wurde bisher einmal im Seewinkel beobachtet. Wahrscheinlich handelte es sich dabei um einen Gefangenschaftsflüchtling (Kategorie D), die Möglichkeit eines Wildvogels konnte aber nicht mit ausreichender Wahrscheinlichkeit ausgeschlossen werden:

- 17.–20.8.1989 Wörthenlacken, 1 immat. (E. Lederer, O. Meixner, F. Rischer u. a.[1])

Quellen: [1] *Ranner et al. (1995)*

Andreas Ranner

Krauskopfpelikan *Pelecanus crispus* Bruch, 1832

Borzas gödény – Dalmatian Pelican

Albersee, Illmitz, 5.5.2010 (Michael Dvorak)

Ausnahmeerscheinung

Vorkommen

Drei Nachweise, die gleichzeitig den dritten bis fünften für Österreich darstellen:

- 4.–9.5.2010 Seevorgelände und westlicher Seewinkel zwischen Graurinderkoppel und Unterem Stinkersee, 1 ad. (A. Ranner, K. Wiesinger, R. Wolmerstorfer u. a.[1])
- 22.8.–2.9.2010 Seevorgelände zwischen Warmblutkoppel und Graurinderkoppel, 2 ad. (W. Leditznig, T. Schernhammer, W. Kautz u. a.[1,2])
- 16. und 23.4.2011 Graurinderkoppel, 1 ad. (S. Zinko, E. Albegger, J. Dobšovič u. a.[1])

Von 2009 bis 2010 sorgten wahrscheinlich nicht mehr als zwei Individuen dieser in Mitteleuropa sehr seltenen Art für eine Reihe von Nachweisen zwischen der Schweiz und Ungarn. Somit handelte es sich bei den drei Seewinkler Feststellungen wohl nur um 2–3 Vögel[1].

Quellen: [1] *Khil & Albegger (2014),* [2] *www.birdlife-afk.at*

Andreas Ranner

Fischadler *Pandion haliaetus* (Linnaeus, 1758)

Halászsas – Western Osprey

Seedamm Illmitz, 8.4.2020 (Leander Khil)

Regelmäßiger Durchzügler zwischen Ende März und Ende Mai sowie von Ende August bis Ende Oktober

Verbreitung und Lebensraum

Die meisten Gewässer des Seewinkels bieten dem Fischadler heutzutage keine geeigneten Bedingungen, da sie keine Fische beherbergen. In früheren Jahrzehnten, bei damals noch kontinuierlicher Wasserführung, beherbergten neben Darscho und St. Andräer Zicksee auch die Lange Lacke und die beiden Wörthenlacken Fischbestände bzw. wurden sogar als Fischteiche genutzt. Dennoch entfallen nur 24,9 % aller Nachweise auf den zentralen und südlichen Seewinkel, aber nicht weniger als 64,8 % auf das Ostufer des Sees zwischen dem Sandeck und Weiden. Entlang des Ostufers stellt wiederum der Bereich nördlich des Seedamms Illmitz, der seit ca. 2005 als Pferdekoppel genutzt wird, mit fast der Hälfte aller Nachweise (29,7 % aller Beobachtungen) den Schwerpunkt dar. Relativ gering ist die Bedeutung des Hanság (4,9 %) und des gesamten Westufers des Sees von Mörbisch bis Neusiedl am See (6,3 %)[1]. Die Nachweise auf ungarischer Seite verteilen sich auf das gesamte Gebiet, mit einem deutlichen Schwerpunkt in Mekszikópuszta, wo zwei Drittel aller Beobachtungen gelangen, wobei aber zu berücksichtigen ist, dass hier auch die Beobachtungsintensität bei weitem am höchsten ist.

Bestand und Bestandsentwicklung

In der Literatur des 19. Jahrhunderts sowie im Schrifttum bis Ende der 1930er wurde der Fischadler nur ein einziges Mal erwähnt und Zimmermann[2] meinte dazu: *„Neuere Daten über den Fischadler sind mir aus dem Schrifttum nicht bekannt geworden; es ist kaum anzunehmen, daß der Vogel das Gebiet heute gänzlich meiden sollte"*. 10 Jahre später konnten Bauer et al.[3] die Art mehrmals beobachten, was zur Statusangabe *„spärlicher, aber regelmäßiger Durchzügler"* führte. Heutzutage, aber eigentlich bereits seit Beginn der 1980er Jahre, tritt der Fischadler sehr viel häufiger und regelmäßiger im Gebiet auf, was unzweifelhaft mit der generellen Zunahme der Art in Europa zusammenhängt[4]. Während Nachweise des Fischadlers ab 1960 fast alljährlich gemeldet wurden, lag der Mittelwert der Beobachtungen pro Jahr in den 1960er und 1970er Jahren bei 2,7 bzw. 2,2 Nachweisen, stieg in den 1980er und 1990er Jahren auf 3,8 bzw. 7,1 Beobachtungen an und stagnierte in den 2000ern bei 4,3 Meldungen[5]. Vornehmlich durch die Einrichtung von ornitho.at, vielleicht zusätzlich aber auch aufgrund einer tatsächlichen Bestandszunahme, steigerte sich die Beobachtungsrate von 2010–2019 auf erstaunliche 31,1 Meldungen pro Jahr. Zwischen 2014 und 2021 wurden dabei, bei ungefähr gleichbleibender Beobachtungsintensität, jährlich fast dieselbe Zahl an Nachweisen gemeldet (45–53 Nachweise, 2020 nur 33)[1]. Fast alle Meldungen (97,7 %) beziehen sich auf einzelne Fischadler, nur neun auf zwei Individuen und nur einmal wurden am 10.4.2016 drei Fischadler von der Warmblutkoppel[6] gemeldet.

Die aus dem ungarischen Teil des Avifauna-Gebiets aus den Jahren zwischen 1976 und 2021 bekannt gewordenen 67 Nachweise betrafen alle einzelne Individuen. Im Zeitraum 2001–2021 wurde nur in den Jahren 2002 und 2016 kein Fischadler registriert[7]. Abseits des Avifauna-Gebiets tritt die Art auffällig häufig an den Überschwemmungsflächen des Nyirkai-Hany auf, es wurden dort bis heute sogar dreimal zwei Individuen zugleich festgestellt[8].

Jahreszeitliches Auftreten

Der Fischadler tritt in zwei klar abgegrenzten Perioden im Gebiet auf: Der viel stärkere Heimzug beginnt schlagartig am Beginn der dritten Märzdekade und klingt im Verlauf des Mai langsam aus, mit den letzten Nachweisen in den letzten Maitagen. Davon zeitlich etwas abgesetzt zeigte sich am 10.6.1990 noch ein Nachzügler am Darscho[9]. Zwei einzelne Fischadler im Juli sind als Ausnahmen zu werten: Im Jahr 2012 ließ sich ein Exemplar am 13.7. beim Seebad Illmitz blicken[10], 2016 wurde vermutlich derselbe Vogel am 8.7. an der Warmblutkoppel[11] und am 13.7. erneut beim Seebad Illmitz entdeckt[12]. Der Wegzug setzt Mitte August zögerlich ein, erreicht dann in den ersten beiden Septemberdekaden seinen Höhepunkt und läuft in der letzten September- und

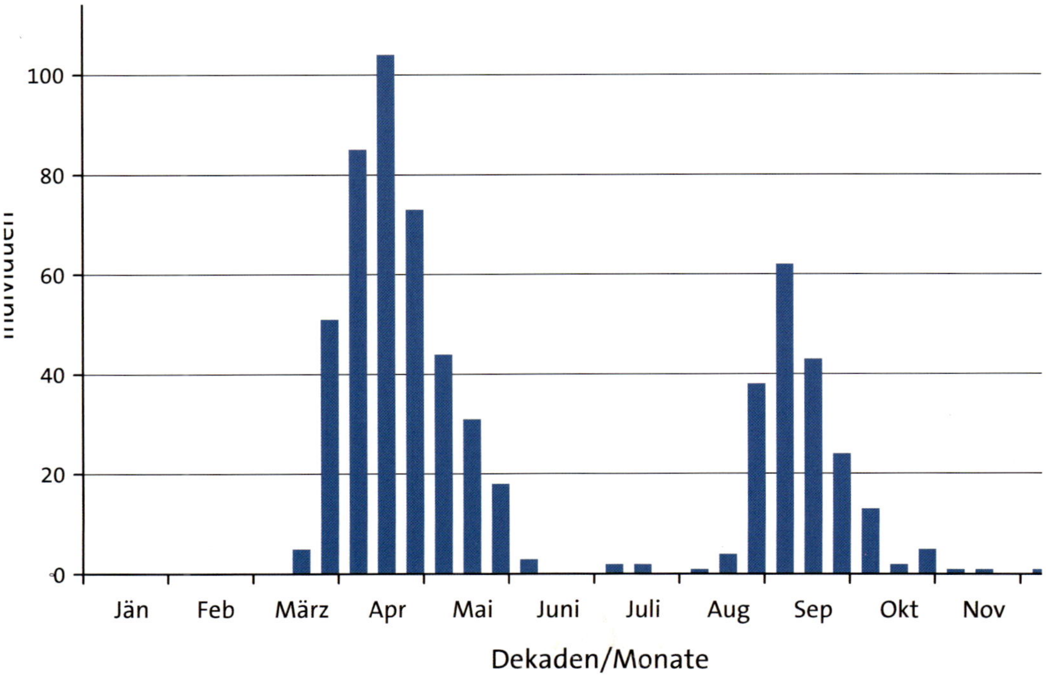

Jahreszeitliches Auftreten des Fischadlers (Dekadensummen gemeldeter Individuen) basierend auf Daten aus Österreich aus den Jahren 1966–2021 (n = 613)[1, 5].

ersten Oktoberdekade langsam aus[1, 5]. Einzelne Nachzügler tauchen dann noch in der zweiten Oktoberhälfte auf, mit den drei spätesten Nachweisen am 4.11.2015 westlich von Apetlon[13], am 7.11.2013 am St. Andräer Zicksee[14] und dann – zeitlich isoliert – am 30.11.2010 an der Graurinderkoppel[15]. Der Heimzug ist mit 363 Meldungen gegenüber dem Wegzug mit nur 160 Meldungen deutlich stärker ausgeprägt.

Zugverhalten und Ringfunde

Ein am 11.7.1989 in Uusimaa im Süden Finnlands beringter Nestling wurde am 29.5.1998 tot bei Mönchhof aufgefunden[16].

Quellen: [1] *www.ornitho.at,* [2] *Zimmermann (1943),* [3] *Bauer et al. (1955),* [4] *BirdLife International (2017),* [5] *Archiv BirdLife Österreich,* [6] *G. Brenner/ornitho.at,* [7] *Archiv FHNP,* [8] *Archiv MME Sopron,* [9] *F. Holzkämper/ABÖ,* [10] *O. Samwald/ornitho.at,* [11] *A. Ranner, S. Hörandl/ornitho.at,* [12] *L. Strobl/ornitho.at,* [13] *N. Filek/ornitho.at,* [14] *K. Wiesinger/ornitho.at,* [15] *M. Haider/ornitho.at ,* [16] *Ringing Center, University of Helsinki, unpubl. Daten*

Michael Dvorak & Attila Pellinger

Gleitaar *Elanus caeruleus* (Desfontaines, 1789)

Kuhi – Black-winged Kite

Zitzmannsdorfer Wiesen, 23.6.2019 (Belegfoto Bernd Tobler)

Ausnahmeerscheinung

Vorkommen

Ein Nachweis:

- 23.–29.6.2019 Zitzmannsdorfer Wiesen Südteil, 1 ad. (H. Schaffer, J. Frießer, J. Prost u.a.[1, 2]), zweifellos derselbe Vogel wurde bereits am 19.6.2019 nordöstlich von Weiden nach Süden fliegend gesehen (M. Plank[2])

Quellen: [1] *www.birdlife-afk.at,* [2] *www.ornitho.at*

Andreas Ranner

Schmutzgeier *Neophron percnopterus* (Linnaeus, 1758)

Dögkeselyű – Egyptian Vulture

Seewinkelhof, Apetlon, 23.5.2012 (Belegfoto Claudia Unger)

Ausnahmeerscheinung

Vorkommen

Drei Nachweise, darunter ein besenderter Vogel aus Gefangenschaft:

- 11.7.1995 Neudegg, 1 ad. (M. Rössler, C. Schauer[1])
- 23.5.2012 östlich Seewinkelhof, 1 ad. auf Acker (C. Unger[2])
- 14.7.2021 Hegykő, 1 4. KJ Dieser Vogel wurde 2018 in Gefangenschaft geboren und im Jahr 2019 mit einem Sender versehen und in Süditalien ausgesetzt. Im Frühjahr 2021 gelangte er aus seinem bisherigen Überwinterungsgebiet in Süditalien und Sizilien auf den westlichen Balkan und weiter über

Kroatien und Slowenien nach Westungarn. Am 14.7. erreichte er über Harka kommend bei Hegykő das Bearbeitungsgebiet, flog dann kurz entlang des Homok-Sarród-Kanals, bevor er wieder nach Südosten abdrehte. In weiterer Folge kehrte der Vogel auf den Balkan zurück und verbrachte den Winter im Tschad. Da es sich um eine Nachzucht aus Gefangenschaft handelte, wurde der Vogel von der ungarischen Seltenheitenkommission MME Nomenclator Bizottság in der Kategorie E (Vogel aus Gefangenschaft stammend) eingestuft.

Quellen: [1] *Laber & Ranner (1997),* [2] *Albegger & Khil (2016)*

Andreas Ranner & Tibor Hadarics

Wespenbussard *Pernis apivorus* (Linnaeus, 1758)

Darázsölyv – European Honey Buzzard

Sarród, 4.5.2021 (Tibor Hadarics)

Mäßig häufiger Durchzügler von Mai bis September, einzelne Nachzügler bis Mitte Oktober; Brutvogel in angrenzenden Gebieten

Verbreitung und Lebensraum

Als Bewohner ausgedehnter Waldgebiete findet der Wespenbussard im Neusiedler See-Gebiet kaum geeignete Brutlebensräume. Fast alle der vorliegenden Beobachtungen betreffen durchziehende Vögel, die am Himmel kreisend bzw. überfliegend oder durchziehend entdeckt wurden [1, 2].

Bestand und Bestandsentwicklung

Der Wespenbussard kommt im Bearbeitungsgebiet selbst nicht als Brutvogel vor, brütet aber in angrenzenden Gebieten, z. B. im Leithagebirge [2] und im ungarischen Hanság [3]. Von dort streifen manchmal revierhaltende Individuen in das Bearbeitungsgebiet: Beobachtungen von balzenden Wespenbussarden und flüggen Jungvögeln im österreichischen Hanság betreffen wohl stets Brutpaare des ungarischen Teils [1, 2]. Da die Art, vor allem während der Flugbalz, recht auffällig wird und auch sonst häufig den offenen Luftraum nutzt, ist trotz der im Übrigen eher heimlichen Lebensweise nicht davon auszugehen, dass regelmäßige Brutvorkommen, z. B. in den größeren Wäldchen des Seewinkels, übersehen werden. Durchzügler überqueren das Gebiet in der Regel einzeln oder in kleinen Trupps von bis zu fünf Exemplaren. Größere Gruppen sind die Ausnahme, wie beispielsweise neun Exemplare am 23.5.1995 über dem Unteren Stinkersee [4]. Bei einer Beobachtung von ca. 40 Exemplaren, die am 3.9.2010 über dem Hanság nach Südwesten zogen, ist nicht klar, ob es sich um einen geschlossenen Trupp oder über einen längeren Zeitraum durchziehende Vögel handelte [5].

Jahreszeitliches Auftreten

Der Durchzug dieses Langstreckenziehers konzentriert sich auf die Monate April und Mai sowie August und September. Die ersten Heimzügler erreichen das Gebiet ab Mitte April. Der Höhepunkt des Frühlingsdurchzugs wird Mitte Mai erreicht. Der Wegzug Richtung Afrika ist ab Ende Juli merkbar und gipfelt Ende August bis Mitte September und einzelnen Nachzüglern bis Mitte Oktober.

Zugverhalten und Ringfunde

Über die genaue Herkunft der durch das Bearbeitungsgebiet ziehenden Wespenbussarde ist nichts bekannt. Es liegen keine Ringfunde vor. Die Zugwege von satellitentelemetrierten Wespenbussarden zeigen zumindest, dass z. B. Brutvögel Südfinnlands [6] und Südschwedens [7] auch durch Ostösterreich und damit potenziell durch das Bearbeitungsgebiet ziehen.

Quellen: [1] *www.ornitho.at,* [2] *Archiv BirdLife Österreich,* [3] *Faragó (2012),* [4] *F. Samwald/ABÖ,* [5] *P. Barthel/ABÖ,* [6] *https://satelliitti.laji.fi,* [7] *Hake et al. (2003)*

Leander Khil

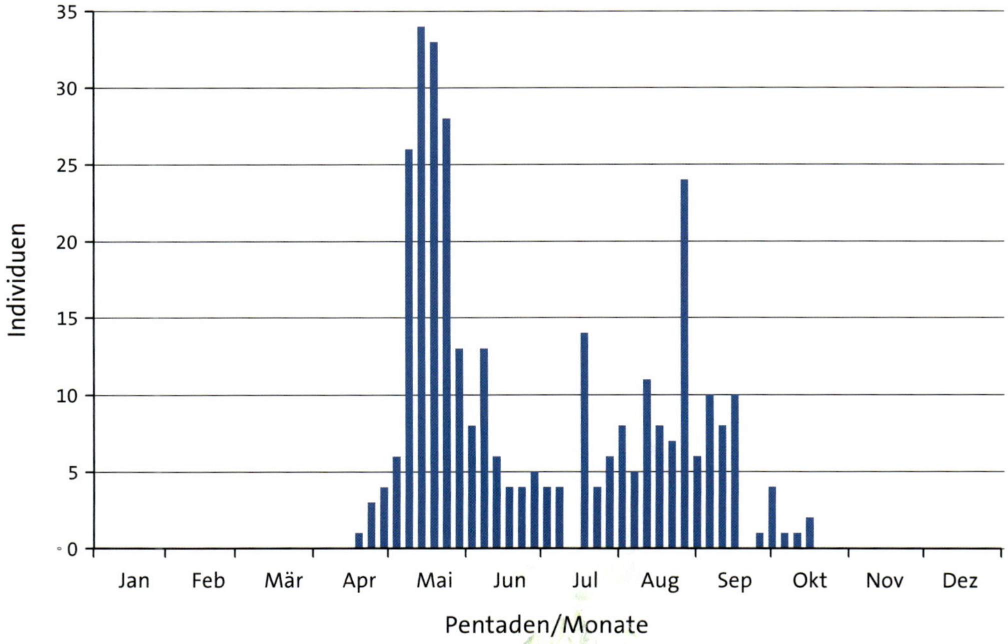

Jahreszeitliches Auftreten des Wespenbussards (Pentadensummen gemeldeter Individuen) basierend auf Daten aus Österreich aus den Jahren 2011–2021 (n = 326) [1].

Gänsegeier *Gyps fulvus* (Hablizl, 1783)

Fakó keselyű – Griffon Vulture

Ausnahmeerscheinung

Vorkommen

Sechs Nachweise:

- Zwischen 1856 und 1864 von Jukovits[1] einmal beobachtet
- Am 1.6.1948 wurde ein Gänsegeier bei Jois entkräftet gefangen und gelangte in den Tiergarten Schönbrunn in Wien[2,3].
- 30.9.1983 Apetlon, 1 ad. (H. Szalay[4])
- 26.8.1994 Fertőboz, 1 ad. (P. Becker[5])
- 18.8.2008 Sarród, 1 ad. (C. F. Rosmalen[6])
- 18.6.2017 Rust, 1 vj. mit weißem Farbring (G. Waiss[7]). Der Vogel stammte aus der wiedereingebürgerten, mittlerweile selbsterhaltenden Population in der Verdonschlucht/Frankreich. Er wurde am 22.3.2017 bei Florenz/Italien geschwächt gefunden und nach Pflege am 4.6.2017 im „Griffon Vulture Centre" im Forgaria nel Friuli freigelassen[7].

Quellen: [1] *Jukovits (1864/65),* [2] *Bauer et al. (1955),* [3] *Glutz von Blotzheim et al. (1971),* [4] *Ranner et al. (1995),* [5] *Hadarics (1999b),* [6] *MME Nomenclator Bizottság (2011),* [7] *Albegger & Brader (2018)*

Andreas Ranner & Tibor Hadarics

Schlangenadler *Circaetus gallicus* (J. F. Gmelin, 1788)

Kígyászölyv – Short-toed Snake Eagle

Huldenäcker, St. Andrä am Zicksee, 21.8.2016, 2. KJ (Peter Frießer)

Sehr seltener Durchzügler und Sommergast mit Schwerpunkt zwischen Ende Mai und Mitte September

Vorkommen

Schlangenadler können einzeln, selten auch zu zweit, praktisch alljährlich im Frühjahr und im Sommer angetroffen werden. Der erste Nachweis im Bearbeitungsgebiet erfolgte erst am 28.8.1953 zwischen Podersdorf und Illmitz[1]. In den folgenden Jahrzehnten war die Art ein sehr seltener Gast mit weiteren 10 Nachweisen bis zum Ende des 20. Jahrhunderts. Weitere Einzelmeldungen liegen aus dem angrenzenden ungarischen Hanság vor, u. a. zwei Vögel, die sich von 10.–17.4.1965 bei einem Gehöft aufhielten und von denen einer geschossen wurde[2] (wohl auf diese Begebenheit bezog sich einer der zwei bei Festetics[3] erwähnten „Brutversuche"). Nach der Jahrtausendwende nahm die Frequenz der Feststellungen zusehends zu, von 2000 bis 2009 liegen bereits neun Nachweise aus fünf Jahren vor. Seit 2011 wurde der Schlangenadler dann alljährlich im Neusiedler See-Gebiet dokumentiert.

Schlangenadler wurden an verschiedenen Stellen des Neusiedler See-Gebiets angetroffen, der Schwerpunkt des Auftretens lag im Bereich der Hutweiden und Lacken des zentralen Seewinkels. Mehrfache Meldungen liegen überdies von den Koppeln im Seevorgelände, dem ungarischen Südteil des Gebiets und dem österreichischen Hanság vor. Vom Westufer wurde die Art bisher nur einmal, und zwar aus Rust gemeldet (17.5.2000[4]).

Jahreszeitliches Auftreten

Die jahreszeitlich früheste Meldung stammte vom 31.3.2015 aus dem Hanság bei Andau[5]. Im Frühjahr zeichnet sich ein erster Schwerpunkt ab Ende Mai ab. Vor allem in den letzten Jahren kam es mehrfach zu wochen- bis monatelangen Sommeraufenthalten einzelner Vögel im Gebiet,

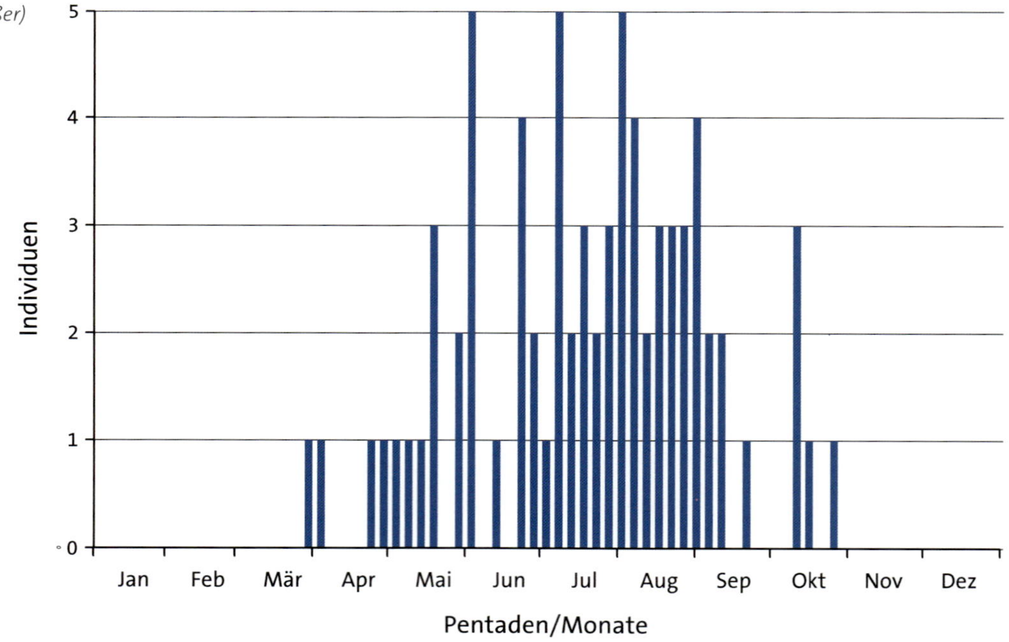

Jahreszeitliches Auftreten des Schlangenadlers (Pentadensummen gemeldeter Individuen) in Österreich und Ungarn basierend auf Daten aus den Jahren 1953–2021 (n = 74)[1,6–17].

z. B. von 4.6.–29.8.2016, von 24.6.–1.8.2017 sowie von 20.6.–19.8.2018. In diesen langen Zeitspannen wurden die Vögel allerdings nicht durchgehend gemeldet, möglicherweise verstrichen sie zwischendurch auch in andere Regionen des Nordburgenlandes oder Nordwest-Ungarns. Zumindest zum Teil dürfte es sich hierbei um jährlich wiederkehrende Vögel gehandelt haben. Die jahreszeitlich späteste Feststellung betraf einen Schlangenadler am 23.10.1966 bei der Kühbrunnlacke[6].

Quellen: [1] *Bräseke & Lachner in Bauer et. al. (1955),* [2] *Nagy (1967),* [3] *Festetics (1971),* [4] *M. Drüg in Ranner (2003),* [5] *H. Werth in Albegger & Brader (2018),* [6] *B. Leisler, H. Winkler/ABÖ,* [7] *Archiv BirdLife Österreich,* [8] *Albegger & Khil (2016),* [9] *Bankovics et al. (2002),* [10] *Laber & Ranner (1997),* [11] *Ranner & Khil (2009),* [12] *www.birding.hu,* [13] *Ranner & Khil (2011),* [14] *Khil & Albegger (2014),* [15] *Albegger & Brader (2018),* [16] *www.ornitho.at,* [17] *www.birdlife-afk.at*

Andreas Ranner & Tibor Hadarics

Schreiadler *Clanga pomarina* C. L. Brehm, 1831

Békászó sas – Lesser Spotted Eagle

Illmitz, 7.5.2016 (Belegfoto Michael Ortner)

Unregelmäßiger Durchzügler; ehemaliger Nahrungsgast aus nahegelegenen Brutgebieten

Vorkommen

Seit dem Erlöschen des grenznahen Brutvorkommens im Hanság Mitte der 1980er Jahre ist der Schreiadler nur mehr ein unregelmäßiger Gastvogel im Gebiet. Meldungen auf österreichischer Seite werden seit 1990 von der Avifaunistischen Kommission von BirdLife Österreich geprüft. Seither wurden folgende 12 Nachweise anerkannt:

- 16.7.1990 Lange Lacke, 1 immat. (R. Barth, A. Bräunlich[1])
- 17.9.1993 Illmitz, 1 ad. (M. Renner, J. Ohl[2])
- 10.5.1997 Hanság, 1 ad. (J. B. Bruun, G.-B. Nilsson[1])
- 13.5.2000 Hanság, 1 ad. (J. Laber[3])
- 13.5.2006 Hanság, 1 ad. (E. Albegger, M. Craig, J. Frießer u. a.[4])
- 6.5.2008 Hanság, 1 ad. (O. Samwald, R. Riegerbauer, F. Samwald[5])
- 6.9.2010 Illmitz, 1 immat. (N. Pühringer, M. Pühringer-Platzer[6])
- 27.5.2012 Biologische Station Illmitz, 1 immat. (J. Laber[7])
- 12.10.2013 Warmblutkoppel, 1 vj. (L. Khil, C. Schulze, T. Schernhammer), hierbei handelte es sich um einen Vogel, der 2012 in der Slowakei aus seinem Nest gestürzt und nach über einjähriger Pflege am 21.9.2013 in der Slowakei wieder freigelassen worden ist[7]. Sehr wahrscheinlich derselbe Vogel wurde am 21.10.2013 bei Lászlómajor beobachtet, am 27.10.2013 wurde er dann als Stromschlagopfer in der Nähe von Fertőszéplak gefunden[8].
- 7.5.2016 Illmitz, 1 3. KJ (L. Khil, M. Ortner[9])
- 30.5.2018 Obere Halbjochlacke, 2 immat. (Z. Escedi, A. Hibari[10])
- 14.5.2021 Lange Lacke, 1 3.KJ (S.Zinko, H. Pfeifhofer, F. Samwald u. a.[10])

Vom ungarischen Teil des hier behandelten Gebiets liegen bis auf 2013 keine neueren Nachweise vor. Allerdings kreiste am 3.6.2009 ein Schreiadler bei Fertőd nur knapp außerhalb der Gebietsgrenzen (M. Németh[11]).

Acht der 12 Nachweise stammen vom Frühjahrszug im Mai, drei vom Herbstzug aus den Monaten September und Oktober sowie eine von Mitte Juli. Von den 13 involvierten Individuen waren fünf Altvögel und acht unausgefärbte Individuen.

Der Schreiadler war schon seit dem 19. Jahrhundert als zumindest gelegentlicher Brutvogel der Erlenwälder des ungarischen Hanság bekannt. Von dort gelangten immer wieder Vögel in das Bearbeitungsgebiet[12–15]. In den 1950er Jahren gelangen überdies mehrere Feststellungen zur Brutzeit im Raum Neusiedl am See und entlang des Südabfalls der Parndorfer Platte, was Brutverdacht für nahegelegene Gebiete auf österreichischem Territorium, etwa in den Leithaauen, aufkommen ließ[16]. Ein Brutvorkommen konnte dort aber nie bestätigt werden. Dass Schreiadler, die im grenznahen Kapuvárer Erlenwald brüteten, im österreichischen Teil des Hanság regelmäßig auftraten, wurde erstmals konkret bei Bauer[17] erwähnt. Auch in den folgenden 30 Jahren bis 1985 war die Art hier regelmäßig zwischen Anfang April und Mitte September als Nahrungsgast und wohl auch als Durchzügler anzutreffen[18, 19], mit meist 1–3, maximal bis zu 9 Individuen gleichzeitig[18, 20], wobei die Bestimmung der hier gemeldeten Adler nicht immer als gesichert angenommen werden kann. Festetics[21] gab für den Erlenwald *„seit 1950"* 2–3 Brutpaare an. Das deckt sich ungefähr mit den Angaben von Horváth[22] für die gesamten Erlenwälder auf ungarischer Seite (nicht nur jenen von Kapuvár), wenn man berücksichtigt, dass die von ihm ausgenommenen Gelege, die er als die von Zwerg- und Schelladler bestimmt hatte, sicher bzw. sehr wahrscheinlich ebenfalls dem Schreiadler zuzuordnen sind[23]. Dieses Brutvorkommen ist dann aber Mitte der 1980er Jahre erloschen. Zuletzt wurde 1984 ein Brutpaar aus dem Kapuvárer Erlenwald gemeldet[24], seither ist er hier nur mehr eine Ausnahmeerscheinung. Die großflächige Umwandlung der ausgedehnten Niedermoor-Wiesen des österreichischen Hanság in Mais- und Getreidefelder dürfte dabei eine wesentliche Rolle gespielt haben. Ab 1986 wurden die Meldungen auf österreichischer Seite dementsprechend deutlich spärlicher, wobei neben den oben aufgelisteten Nachweisen aus dem Hanság bis zur Jahrtausendwende noch einzelne weitere undokumentierte Brutzeit-Meldungen vorliegen. Neben Durchzüglern haben offenbar auch noch einzelne Nichtbrüter das Gebiet gelegentlich besucht.

Der Schwerpunkt des Auftretens lag über Jahrzehnte hinweg im Bereich des österreichischen Hanság, wo die ehemals ausgedehnten Wiesenflächen zum Jagdgebiet der grenznahen Brutpaare gehörten. Weitere Beobachtungen gelangen entlang des Abfalls der Parndorfer Platte, im Seewinkel und vereinzelt auch im Bereich des Westufers. Die bevorzugte Nutzung des Hanság durch die weiterhin vereinzelt durchziehenden Vögel war noch bis vor etwa 10 Jahren augenfällig. In den letzten Jahren gelangen Beobachtungen hingegen überwiegend im südwestlichen Seewinkel.

Quellen: [1] *Ranner (2002),* [2] *Laber & Ranner (1997),* [3] *Ranner (2003),* [4] *Ranner & Khil (2009),* [5] *Ranner & Khil (2011),* [6] *Khil & Albegger (2014),* [7] *Albegger & Khil (2016),* [8] *M. Váczi, unpubl. Daten,* [9] *Albegger & Brader (2018),*

[10] www.birdlife-afk.at, [11] www.birding.hu, [12] Steinfatt (1936), [13] Zimmermann (1943), [14] Bauer (1954), [15] Bankovics et al. (2002), [16] Bauer et al. (1955), [17] Bauer (1956), [18] Archiv BirdLife Österreich, [19] Kurth & Kurth (1968), [20] Glutz von Blotzheim et al. (1971), [21] Festetics (1971), [22] Horváth (1983), [23] Haraszthy (2012), [24] T. Fülöp in Dvorak et al. (1986)

Andreas Ranner & Miklós Váczi

Schelladler *Clanga clanga* (Pallas, 1811)

Fekete sas – Greater Spotted Eagle

Hanság, Andau, 6.2.2016, 2. KJ (Klemens Wessely)

Unregelmäßiger Wintergast und Durchzügler von Anfang Oktober bis Mitte Jänner, vereinzelt bis März

Vorkommen

Der Schelladler ist knapp südöstlich des hier betrachteten Gebiets ein regelmäßiger Wintergast in ein, gelegentlich auch zwei Exemplaren im ungarischen Hanság. Es handelt sich dabei oft um über mehrere Jahre wiederkehrende Individuen. Sie halten sich überwiegend in den Feuchtgebieten bei Bősárkány, Csorna, Osli und Kapuvár auf, erreichen auf ihren Jagdflügen aber auch gelegentlich den österreichischen Hanság oder den südlichen Seewinkel bei Mekszikópuszta.

Seit 1980 wurden Meldungen dieser Art von der Avifaunistischen Kommission von BirdLife Österreich geprüft, und von 1992 bis 2016 auch von der ungarischen Seltenheitenkommission. Aus den Jahren 1980 bis 1991 liegt kein anerkannter Nachweis vor. Von 1992 bis 2021 gelangen 22 Nachweise und somit deutlich mehr als vom Schreiadler, der bis in die 1980er Jahre der weitaus regelmäßiger im Gebiet anzutreffende Vertreter der beiden „kleinen" Adlerarten war. Erstmals überwinterte ein Jungvogel von 25.10.1993 bis 6.1.1994 bei Mekszikópuszta[1]. Wohl immer derselbe Vogel kehrte jeden Winter bis November 2001 hierher zurück. In diesem Zeitraum wurde er auch mehrmals über dem Neudegg sowie einmal im österreichischen Hanság beobachtet[2]. Seit dem Winter 2004/05 überwinterten Schelladler aber weiter östlich mit Schwerpunkt im Raum Bősárkány[3]. Zwar beflogen sie in den meisten Wintern gelegentlich auch den österreichischen Hanság, waren im südlichen Seewinkel jedoch nur mehr ausnahmsweise zu sehen.

Für den Schelladler finden sich in der Literatur Angaben über ein früheres, gelegentliches Brutvorkommen in den Erlenwäldern des ungarischen Hanság, knapp außerhalb des hier betrachteten Gebiets. Belege liegen dafür allerdings nicht vor und aus heutiger Sicht sind diese Angaben mit großer Vorsicht zu betrachten[4]. Der Schelladler wird demgemäß auch nicht als ehemaliger ungarischer Brutvogel geführt[5]. Neben Berichten über derartige Bruten bereits zu Ende des 19. Jahrhunderts[4] wurden auch Angaben über jährliches Nisten von 1949–1951 im Boldogasszonyi-éger bei Kapuvár publiziert[6]. Die damals ausgenommenen Eier konnten jedoch nachträglich mit sehr hoher Wahrscheinlichkeit dem Schreiadler zugeordnet werden[7].

Im Bearbeitungsgebiet wurde die Art erstmals am 5.7.1927 bei Neusiedl am See angetroffen[8,9]. Die nächste Beobachtung erfolgte am 12.10.1952 südlich von Podersdorf, im Jahr darauf übersommerte ein Individuum zwischen Podersdorf und Illmitz[10,11]. In den Folgejahren bis 1979 wurden Schelladler immer wieder aus dem österreichischen Teil des Hanság aber auch von anderen Orten im Neusiedler See-Gebiet gemeldet. Dabei handelte es sich einerseits um Beobachtungen im Herbst und Winter (zwischen 1959 und 1979 11 Meldungen aus den Monaten Oktober bis Februar[12,13]), die dem aktuellen Auftreten gut entsprechen. Andererseits wurden auch mehr als 30 Sichtungen aus dem Frühjahr, der Brutzeit sowie den Monaten August und September ganz überwiegend aus dem Hanság gemeldet[12], wobei heute aber nicht mehr überprüfbar ist, ob in allen diesen Fällen eine Verwechslung mit den im Gebiet regelmäßiger auftretenden Schreiadlern oder Kaiseradlern sicher ausgeschlossen werden konnte. In manchen Fällen legt die vorhandene Beschreibung derartige Fehlbestimmungen sogar nahe. Dennoch führten diese Beobachtungen sogar zu vereinzelt geäußertem Brutverdacht für den Kapuvárer Erlenwald bis in die 1960er Jahre[12–14], wofür aber jegliche belastbare Grundlage fehlt. Zusammenfassend lässt sich aus heutiger Sicht nur mehr festhalten, dass der Schelladler im Zeitraum bis 1979 zwar mehrfach aus dem Neusiedler See-Gebiet gemeldet wurde, die genaue Anzahl der verlässlichen Nachweise aber nicht mehr abschließend geklärt werden kann.

Jahreszeitliches Auftreten

Die Vögel treffen in der Regel in der ersten Oktoberdekade in ihrem Winterquartier ein, wo sie dann bis Ende Dezember oder Mitte Jänner festgestellt werden. In einigen Jahren reichen die Beobachtungen bis in den März. Außerhalb dieses nun über einige Jahre etablierten räumlich-zeitlichen Musters des Auftretens gelangen seit 1980 nur fünf Feststellungen: am 5.10.1992 1 immat. bei Illmitz[15], am 6.3.2002 1 ad. über dem Neusiedler See bei Balf[16], am 21.3.2004 1 ad. über der Martenthau[17], am 4.4.2010 ein Individuum im Hanság südlich von Tadten[18] und – jahreszeitlich etwas aus dem Rahmen fallend – am 6.5.2016 ein Vogel im 2. KJ beim Illmitzer Zicksee[19].

Quellen: [1] *A. Pellinger in Magyar & Hadarics (1995a),* [2] *J. Laber u. a./ABÖ,* [3] *www.birding.hu,* [4] *Bankovics et al. (2002),* [5] *MME Nomenclator Bizottság (2008c),* [6] *Horváth (1965),* [7] *Haraszthy (2012),* [8] *Beckmann (1930),* [9] *Bauer (1955),* [10] *Bauer (1954),* [11] *Bauer et al. (1955),* [12] *Archiv BirdLife Österreich,* [13] *Festetics (1971),* [14] *Glutz von Blotzheim et al. (1971),* [15] *R. Barth, A. Grüll in Laber & Ranner (1997),* [16] *S. Mogyorósi in MME Nomenclator Bizottság (2008b),* [17] *J. Laber in Ranner & Khil (2009),* [18] *J. Laber, B. Laber in Khil & Albegger (2014),* [19] *A. Petrus, S. Marchart, E. Neureiter in Albegger & Brader (2018)*

Andreas Ranner & Tibor Hadarics

Zwergadler *Hieraaetus pennatus* (J. F. Gmelin, 1788)

Törpesas – Booted Eagle

Südlich Apetlon, 26.5.1983, helle Phase (Belegfoto Helge Reinhardt)

Ausnahmeerscheinung

Vorkommen

Die erste überlieferte Beobachtung eines Zwergadlers im Bearbeitungsgebiet stammt vom Juni 1881 aus Fertőboz[1]. Aus den folgenden Jahrzehnten liegen keine Nachweise vor. Berichte über Bruten im grenznahen Kapuvárer Erlenwald im Jahr 1949 und 1950–1951[2,3] beruhten auf Fehlbestimmungen, die damals ausgenommenen Gelege konnten nachträglich dem Schreiadler zugeordnet werden[4].

Zwischen 1953 und 1978 wurden mindestens 21 Beobachtungen von Zwergadlern aus dem Neusiedler See-Gebiet bzw. dessen Randlagen bekannt[5–7]. Ein großer Teil dieser Meldungen hält aktuellen Anforderungen an ausreichend dokumentierte Nachweise jedoch nicht stand. Zum Teil handelte es sich um Meldungen aus zweiter (oder sogar dritter) Hand, um als unsicher eingestufte Bestimmungen und in mehreren Fällen dürfte es sich auch tatsächlich um Verwechslungen, v. a. mit (dunklen) Rohrweihen, gehandelt haben. Für das angrenzende Leithagebirge wurde für das Jahr 1954 sogar Brutverdacht geäußert[7], doch existieren dazu nur sehr vage Angaben über Brutzeitbeobachtungen[8,9]. Letztlich erscheinen lediglich die folgenden drei Nachweise als ausreichend gesichert:

- 12.9.1953 Hölle, 1 Ind. dunkle Morphe (K. Bauer, E. Freundl, H. Freundl u. a.[10])
- 6.9.1968 Hanság, 2 ad. helle Morphe und 1 immat. (J. Reichholf[5,7])
- 5.9.1973 Hanság, 1 Ind. helle Morphe (K. Hubatsch[5])

Ab dem Jahr 1980 wurden Meldungen des Zwergadlers von der Avifaunistischen Kommission von BirdLife Österreich geprüft. Seither wurden nur mehr drei Nachweise anerkannt:

- 26.5.1983 südlich Apetlon, 1 ad. helle Morphe (H. Reinhardt[11,12])
- 28.4.2007 Hanság, 1 Ind. dunkle Morphe (M. Schindlauer, D. Dachs[13])
- 10.5.2018 Illmitz, 1 Ind. helle Morphe und 1 Ind. dunkle Morphe (P. Rass[14])

Aus dem ungarischen Teil des Gebiets liegen keine weiteren Beobachtungen vor.

Quellen: [1] *Fászl (1894) in Zimmermann (1943),* [2] *Horváth (1954),* [3] *Bankovics et al. (2002),* [4] *Haraszthy (2012),* [5] *Archiv BirdLife Österreich,* [6] *Drews (1961),* [7] *Glutz von Blotzheim et al. (1971),* [8] *Bauer (1955c),* [9] *Bauer (1956c),* [10] *Bauer (1954a),* [11] *Reinhardt (1985),* [12] *Ranner et al. (1995),* [13] *Ranner & Khil (2011),* [14] *www.birdlife-afk.at*

Andreas Ranner

Steppenadler *Aquila nipalensis* Hodgson, 1833

Pusztai sas – Steppe Eagle

Hanság, 28.4.2012, 2. KJ (Doris Walter)

Ausnahmeerscheinung

Vorkommen

Ein Nachweis, der auch den ersten für Österreich darstellte:

- 28.4.2012 Hanság bei Tadten, 1 2. KJ (D. Walter[1,2])

Quellen: [1] *Walter (2014),* [2] *Albegger & Khil (2016)*

Andreas Ranner

Kaiseradler *Aquila heliaca* Savigny, 1809

Parlagi sas – Eastern Imperial Eagle

Hanság, Wallern, 5.12.2020 (Hans-Martin Berg)

Brutvogel in Österreich (1–2 Paare) und Ungarn (1 Paar) sowie mäßig häufiger Durchzügler und Gast

Verbreitung und Lebensraum

Der Kaiseradler ist ein Bewohner offener Landschaften. Steppengebiete und andere ausgedehnte Grasländer mit reichhaltiger Kleinsäugerfauna waren sein ursprünglicher Lebensraum. Nach der weitgehenden Zerstörung solcher Lebensräume in Mittel- und Osteuropa, besiedelt die Art hier heutzutage offene Agrarlandschaften mit kleineren Baumbeständen, Windschutzstreifen und Wäldern. Während der Kaiseradler früher in Mitteleuropa auch in ausgedehnten Baumbeständen brütete und auf den vorgelagerten Offenlandflächen jagte, hat sich die Art in den letzten Jahrzehnten zunehmend auf das Brüten in kleinen Feldgehölzen, Windschutzgürteln oder sogar Einzelbäumen verlegt [1]. Brutvorkommen in größeren Wäldern sind aktuell eher die Ausnahme als die Regel, wie zum Beispiel im Osten der Slowakei, wo sich 2018 sämtliche Brutpaare im landwirtschaftlich genutzten Tiefland befanden, vor 30 Jahren aber die gesamte Population Wälder besiedelte [2]. Ähnlich die Situation in Ungarn, auch hier konzentrierte sich die vom Aussterben bedrohte Brutpopulation von damals nur 8–10 Paaren in den 1980er Jahren auf die höheren Lagen der Mittelgebirgswälder [3].

Im Neusiedler See-Gebiet trat der Kaiseradler bis zur Ansiedelung der ersten Brutpaare nur selten auf. Verbreitungsschwerpunkte sind naturgemäß die Brutgebiete (Hanság, zentraler und südlicher Seewinkel), auf die der Großteil aller Meldungen entfällt. Beobachtungen am Neusiedler See oder an dessen West- und Nordufer sind mit nur fünf Meldungen seit 2013 Ausnahmen. Genauso liegen seit 2013 auch nur 16 Nachweise aus dem nördlichen Seewinkel von Weiden bis Halbturn und Frauenkirchen sowie aus dem Albrechtsfeld vor.

Bestand und Bestandsentwicklung

Ab den späten 1940er Jahren trat der Kaiseradler – nach der Etablierung von Brutvorkommen in der weiteren Umgebung (v.a. Kleine Karpaten/Slowakei) – regelmäßig im nördlichen Burgenland auf, hier besonders im Hanság und in geringerem Ausmaß im Seewinkel [4]. 1951 wurde am Nordrand des Seewinkels bei Halbturn ein frisch ausgeflogener Jungvogel eingefangen und wieder in Freiheit entlassen sowie auch adulte Adler beobachtet und 1953 wurde bei Illmitz am 12.7. ein adulter Kaiseradler entdeckt [5]. Im Jahr 1955 wurden den Sommer über im Hanság 4–6 Exemplare, darunter zumindest drei Altvögel, festgestellt und im Nachhinein wurde auch ein hier gelegener, sehr wahrscheinlicher Horst des Kaiseradlers mit Eiern bekannt, der allerdings bei Forstarbeiten zerstört wurde [7]. Auch 1956 und 1962 übersommerten hier *„mehrere"* [6] bzw. 4–5 Kaiseradler [4]. Zwischen 1961 und 1974 liegen alljährlich Beobachtungen von adulten und immaturen Kaiseradlern im österreichischen Hanság vor [8]. Diese Periode vermehrter Nachweise korrespondiert mit der Etablierung eines Brutvorkommens auf ungarischer Seite, das 1969 sogar zwei Brutpaare umfasst haben soll [9]. Da diese Beobachtungen 1975 abrupt abrissen [8], ist mit einem Ende dieser Bruttradition ungefähr zu diesem Zeitpunkt zu rechnen [10]. Von 1975 bis 1989 gibt es aus dem Gebiet, mit Ausnahme der Beobachtung zweier Exemplare im Hanság am 9.6.1977 [11], keine Nachweise, obwohl aus anderen Bundesländern einzelne Beobachtungen in diesem Zeitraum bekannt wurden [12]. Ab dem Beginn der 1990er Jahre wurden dann wieder einzelne Nachweise aus Österreich dokumentiert [13], drei davon aus dem Neusiedler See-Gebiet: ein juveniler am 30.8.1991 [14] und ein immaturer Kaiseradler am 18.4.1992 [15] aus dem Hanság, und ein weiterer juveniler, der sich von 18.7.–4.8.1993 im zentralen Seewinkel aufhielt [16].

Ab Ende der 1990er Jahre etablierten sich erste Brutpaare im Zuge der großräumigen Ausweitung seines Brutareals auch wieder in Österreich (1998 March/Thaya-Auen, 1999 Parndorfer Platte [13]). Dementsprechend gelangen ab 2002 vermehrt und ab 2005 alljährlich Beobachtungen vor allem im Hanság, aber auch im Seewinkel [8]. In den Jahren ab 2005 festigte sich das Brutvorkommen im Nordburgenland weiter, mit einem Brutbestand von jährlich 3–5 Paaren auf der Parndorfer Platte [17]. Dieses Vorkommen – inklusive der Brutplätze im angrenzenden Ungarn – expandierte in der Folge und führte zur Ansiedlung weiterer Brutpaare im südlichen Seewinkel bei Mekszikópuszta, ab 2012 im österreichischen Teil des Hanság [18] und ab 2019 im zentralen Seewinkel. Im Jahr 2020 kam es im zentralen Seewinkel zwar zum Bau eines Horstes, aber nicht zu einer Brut. Das Revier im Hanság war zwischen 2012 und 2019 durchgehend besetzt, die Horststandorte änderten sich hier aber beinahe alljährlich [18, 19]. Ebenso änderten sich die Brutpaare: Das angestammte Brutpaar wechselte 2018 auf die ungarische Seite und es kam zur Ansiedlung eines neuen Paares im Hanság. Das Männchen dieses neuen Paares wurde 2015 als Nestling in den Donauauen besendert und stand daher im 4. KJ, das Weibchen war ein Adultvogel. Die bis dahin ansässigen Altvögel wurden 2018 vereinzelt und, insbesondere 2019, noch mehrfach auf österreichischer Seite nachgewiesen. Im Jahr 2020 wurde im Hanság erstmals seit 2012 keine Brut auf österreichischer Seite registriert, obwohl das Paar im Winterhalbjahr beim Horst anwesend war. Aktuell ist das Brutvorkommen im Neusiedler See-Gebiet in engem Zusammenhang mit dem grenznahen Vorkommen im ungarischen Hanság zu sehen, wo 2018 und 2019 jeweils 2–3 und 2021 bereits sechs Paare brüteten [20, 21]. Diese nutzen regelmäßig österreichisches Gebiet zur Nahrungssuche.

Die erste Beobachtung im ungarischen Teil des Avifauna-Gebiets gelang erst im Jahr 1999 [21]. Seither nahm die Zahl der Meldungen stetig zu, mit der ersten nachgewiesenen Brut im Jahr 2009 im ungarischen Hanság und innerhalb des Avifauna-Gebiets im Jahr 2010. Das Paar am Neusiedler See brütet seitdem alljährlich [22].

Jahreszeitliches Auftreten

Der Kaiseradler ist ganzjährig im Gebiet anzutreffen. Die Häufigkeit der Meldungen schwankt allerdings mit einem Maximum im April sowie in der ersten Maidekade und einem Minimum von Ende Juni bis Ende Juli. Ab Anfang August bauen sich die Zahlen wieder langsam auf und schwanken von November bis März auf höherem Niveau.

Zugverhalten und Ringfunde

Während adulte Kaiseradler das ganze Jahr hindurch im Brutgebiet und in dessen weiterer Umgebung verbleiben, streifen in Mitteleuropa erbrütete Jungvögel in den ersten 2–3 Lebensjahren weiträumig in Mittel-, Süd- und Osteuropa herum, einzelne Vögel überqueren sogar das

Mittelmeer, um in Afrika zu überwintern. Im Juni 2016 wurden zwei Jungadler des Horstes im Hanság mit GPS-Sendern ausgestattet: Während einer der beiden („Jolly“) nach kurzen Ausflügen nach Südmähren, ins Mittelburgenland und nach Westungarn bereits im Oktober seinen Sender verlor, konnte der zweite Jungadler („Jumper“) über zumindest fünf Jahre verfolgt werden. Das engere Streifgebiet dieses Adlers umfasste im ersten Jahr vornehmlich das östliche Niederösterreich und die südwestliche Slowakei, mit kurzen Ausflügen an den Plattensee in Ungarn und ins südliche Tschechien. In den beiden darauffolgenden Jahren hielt er sich vorwiegend in den Auen an Donau, March und Thaya auf, mit Ausflügen nach Böhmen und in die Südslowakei, um sich dann im Frühjahr 2019 in einem Brutrevier in den slowakischen Marchauen anzusiedeln, wo er seither verblieb[23]. Die Brutvögel des Horstes auf ungarischer Seite verbleiben das ganze Jahr über im Brutrevier[22].

Quellen: [1] *Bagyura et al. (2002)*, [2] *Danko & Mihók (2018)*, [3] *Bagyura et al. (2020)*, [4] *Glutz von Blotzheim et al. (1971)*, [5] *Bauer (1954)*, [6] *Bauer (1956a)*, [7] *Bauer (1956b)*, [8] *Archiv BirdLife Österreich*, [9] *Festetics (1971)*, [10] *Peter (2003)*, [11] *G. Schumann/ABÖ*, [12] *Berg & Lauermann (1987)*, [13] *Ranner (2006)*, [14] *A. Schuster/ABÖ*, [15] *H. Schielzeth & J. Schielzeth/ABÖ*, [16] *A. Ranner, S. Tautz, B. Braun u. a. in Laber & Ranner (1997)*, [17] *B. Wendelin, H.-M. Berg & M. Dvorak, unpubl. Daten*, [18] *Berg & Dvorak (2017)*, [19] *Berg & Dvorak (2019)*, [20] *Horváth et al. (2018)*, [21] *M. Váczi, unpubl. Daten*, [22] *Archiv FHNP*, [23] *Wendelin et al. (2020)*

Michael Dvorak, Miklós Váczi & Attila Pellinger

Steinadler *Aquila chrysaetos* (Linnaeus, 1758)

Szirti sas – Golden Eagle

Nördlich Wallern, 29.1.2013, 2. KJ (Belegfoto Christoph Roland)

Unregelmäßiger Gast

Vorkommen

Insgesamt 19 Nachweise (acht aus Österreich und elf aus Ungarn):

- 11.12.1987 Hanság, 1 immat. (A. Ranner, O. Samwald[1])
- 18.12.1988–15.1.1989 Hanság, 1 immat. (G. Geppel, O. Samwald, S. Zelz u. a.[1])
- 28.10.1991 Mekszikópuszta, 1 immat. (A. Pellinger[5])
- 19.1.–12.4.1992 Hanság, 1 immat. (E. Patak, B. Laber, J. Laber[2])
- 11.4.–20.5.1992 Mekszikópuszta, 1 immat. (A. Pellinger[5])
- 29.9.1992 Mekszikópuszta, 1 ad. (A. Pellinger & M. Váczi[5])
- 9. 9.1993 Mekszikópuszta, 1 ad. (A. Pellinger & K. Bittner[5])
- 10.10.1993 Mekszikópuszta, 1 immat. (M. Ressel[5])
- 3.11.1993 Fertőrákos, 2 ad. + 1 immat. (L. Kárpáti[5])
- 21.11.1995 Hanság, 1 immat. (T. Conzemius, J. Meyer[2])
- 19.4.2003 Sandeck, 1 immat. (J. Barker, S. Götsch[3])
- 12.5.2003 Lange Lacke, 1 immat. (E. Albegger, E. Albegger sen., F. Samwald[3])
- 2.4.2006. Mekszikópuszta, 1 ad. (M. Ferenczi & Á. Tomor[5])
- 11.–13.12.2012. Mekszikópuszta, 1 immat. (M. Váczi[5])
- 22.11.2013 St. Andrä-Wallern, 1 Ex. im 2. KJ, Foto (C. Roland, S. Wegleitner[4])
- 28.11.2016 Hanság/Andau, 1 Ex. im 1. KJ, Foto (E. Patak[5])
- 21.4.2019. Madárvárta-öböl fölött, 1 immat. (M. Váczi[5])
- 18.4.2021. Mekszikópuszta, 1 ad. (A. Pellinger[5])
- 8.10.2021. Mekszikópuszta, 1 ad. (A. Pellinger[5])

Quellen: [1] *Ranner et al. (1995)*, [2] *Laber & Ranner (1997)*, [3] *Ranner & Khil (2009)*, [4] *Albegger & Khil (2016)*, [5] *Albegger & Brader (2019)*, [6] *Archiv FHNP*

Michael Dvorak & Attila Pellinger

Kurzfangsperber *Accipiter brevipes* (Severtsov, 1850)

Kis héja – Levant Sparrowhawk

Ausnahmeerscheinung

Vorkommen

Ein Nachweis, der gleichzeitig der einzige in ganz Österreich ist:

- 11.5.1997 Apetloner Hof, 1 ♂ (J. B. Bruun, G.-B. Nilsson[1])

Quellen: [1] *Ranner (2002)*

Andreas Ranner

Apetloner Hof, 11.5.1997 (Belegfoto J. B. Bruun)

Sperber *Accipiter nisus* (Linnaeus, 1758)

Karvaly – Eurasian Sparrowhawk

Fuchslochlacke, Apetlon, 16.12.2016, 1. KJ (Leander Khil)

Mäßig häufiger Durchzügler und Wintergast von Anfang August bis April, ausnahmsweise auch Bruten

Verbreitung und Lebensraum

Als Waldbewohner findet der Sperber in der Region kaum geeignete Brutlebensräume. Bruthinweise aus Wäldchen im Seewinkel oder vom West- und Nordufer des Neusiedler Sees gelingen nur sehr selten. Die überwältigende Mehrzahl der Beobachtungen betrifft durchziehende und überwinternde Vögel, die meist einzeln z. B. an Gewässern, in der Nähe von Feldgehölzen, in Ortschaften oder in Weingärten, häufig Starenschwärme jagend, beobachtet werden[1, 2]. Im ungarischen Teil des Avifauna-Gebiets sind keine Brutvorkommen bekannt. Im Winter werden Sperber zumeist in, oder in der Umgebung von Siedlungen beobachtet. Sie jagen aber auch oft am Rand des Schilfgürtels. In den Sommermonaten ist die Art, wie auch auf österreichischer Seite, ausgesprochen selten.

Bestand und Bestandsentwicklung

Die Übersichten aus der zweiten Hälfte des 19. und der ersten Hälfte des 20. Jahrhunderts beschreiben den Sperber als spärlichen Durchzügler im Gebiet[3]. Lediglich Dombrowski[4] spricht im späten 19. Jahrhundert von Brutvorkommen *„bei fast jeder Ortschaft“*. Angesichts der damals noch viel geringeren Waldfläche ist eher von einer Verwechslung mit dem Turmfalken auszugehen, den der Autor als *„spärlichen Horstvogel in den Csapóder Eichenwäldern“* beschreibt. Die Zunahme von Gehölzen und die dadurch sich ergebende positive Lebensraumentwicklung für den Sperber, legt nahe, dass sich das Aufkommen der Art seither verstärkt hat. In der zweiten Hälfte des 20. Jahrhunderts reichen die Statusangaben von *„häufiger Jahresvogel“* [5] bis *„Gast zu allen Jahreszeiten“* [6]. Seit 1966 erscheint das Auftreten in etwa gleichbleibend. Ein leichter Anstieg seit 2011 ist wohl durch die erhöhte Meldeaktivität zu erklären. Die Mehrzahl der Beobachtungen betrifft Einzelvögel, mehr als zwei Individuen wurden sehr selten zeitgleich festgestellt[1, 2]. 1975 wurde ein erfolgloser Brutversuch im Illmitzer Gemeindewäldchen dokumentiert[7]. Seither liegt aus dem Seewinkel nur eine weitere brutverdächtige Beobachtung eines Paares am 5.5.2015 im Sandeck vor[8]. Hinweise auf besetzte Brutreviere oder Bruten lieferten außerdem ein Paar am 24.6.2006 südlich von Donnerskirchen[9] und ein Jungvogel am 4.7.2017 im Hanság[10] sowie weitere Sichtungen zur Brutzeit nördlich und westlich des Neusiedler Sees, allerdings außerhalb des Bearbeitungsgebiets[1, 2].

Jahreszeitliches Auftreten

Der Frühjahrsdurchzug setzt etwa ab März ein. Ab Anfang Mai nehmen die Meldungen stark ab, zur Brutzeit gelingen nur sehr wenige Beobachtungen. Ab Anfang August ist wieder ein merklicher Anstieg der Meldungen zu verzeichnen. Der herbstliche Hauptdurchzug erfolgt von Ende September bis Ende Oktober, ab Anfang November stabilisiert sich der Winterbestand.

Zugverhalten und Ringfunde

Sperber zeigen unterschiedliche Zugstrategien, mit einem im Norden und Osten ihres Brutareals zunehmenden Anteil an Zugvögeln[11]. Zu den lokalen Brutvögeln der weiteren Umgebung, die möglicherweise weitgehend sesshaft sind, kommen im Winterhalbjahr zahlreiche Sperber nördlicher und nordöstlicher Herkunft. Eine Zusammenstellung österreichischer Ringfunde zeigt, dass im Herbst ankommende bzw. durchziehende Sperber vor allem aus dem Baltikum und Finnland (bzw. wohl auch aus noch östlicheren Gebieten) stammen[12]. Ein diesjähriger, am 19.9.2002 in Mekszikópuszta /Ungarn beringter Sperber, der am 25.9.2009 in Apetlon tot aufgefunden wurde, deutet wohl die Brutortstreue hiesiger Vögel an[13].

Quellen: [1] *www.ornitho.at,* [2] *Archiv BirdLife Österreich,* [3] *Zimmermann (1943),* [4] *von Dombrowski (1889),* [5] *Bauer & Rokitansky (1951),* [6] *Bauer et al. (1955),* [7] *Triebl (1975b),* [8] *W. Schneidhofer/ornitho.at,* [9] *K. Donnerbaum/ABÖ,* [10] *H.-M. Berg/ABÖ,* [11] *Bauer et al. (2005),* [12] *Schmidt et al. (2014),* [13] *Österreichische Vogelwarte, unpubl. Ringfund*

Leander Khil & Miklós Váczi

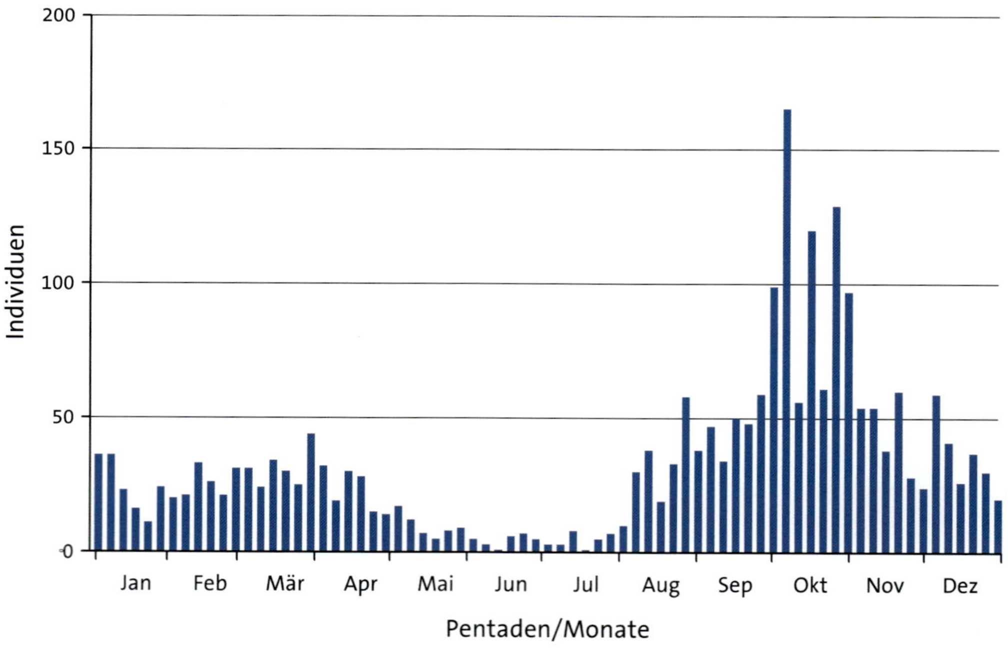

Jahreszeitliches Auftreten des Sperbers (Pentadensummen gemeldeter Individuen) basierend auf Daten aus Österreich aus den Jahren 2010–2021 (n = 2.398)[1].

Habicht *Accipiter gentilis* (Linnaeus, 1758)

Héja – Northern Goshawk

Hanság, Tadten, 19.8.2010 (Michael Dvorak)

Sehr seltener Gast, fast ausschließlich außerhalb der Brutsaison von Mitte Juli bis Mitte April

Verbreitung und Lebensraum

Der Habicht besiedelt überwiegend Wälder und große Baumbestände. Besonders im Winter sucht die Art zur Jagd aber auch Ansammlungen von Wasservögeln an den Lacken im Seewinkel auf. Rund die Hälfte der Beobachtungen im Gebiet stammt aus dem Hanság, die übrigen verteilen sich über weite Teile des Gebiets mit leichten Konzentrationen an großen Gewässern mit regelmäßigen Wasservogelansammlungen: Sechs Beobachtungen stammen vom St. Andräer Zicksee, je fünf aus dem Seevorgelände bei Illmitz bzw. dem Bereich Lange Lacke/Östliche Wörthenlacke und vier von der Oberen Halbjochlacke[1,2]. Im ungarischen Teil des Avifauna-Gebiets ist der Habicht selten zu sehen, und wenn, dann hauptsächlich außerhalb der Brutzeit. Ein Brutvorkommen ist im nahegelegenen Ödenburger Gebirge und im Süd-Hanság wahrscheinlich, es gibt es aber seit Jahren aus diesen beiden Gebieten keine Brutnachweise mehr.

Bestand und Bestandsentwicklung

Schon in der ersten Hälfte des 20. Jahrhunderts wurde die Situation bei von Dombrowski[3] und Zimmermann[4] ganz ähnlich umrissen. Beide beschrieben den Habicht als selten bzw. listen wenige Einzelbeobachtungen aus dem Gebiet auf. Bauer et al.[6] bezeichneten die Art im Winter als „*nicht allzu seltenen*“ Gast, insbesondere am Westufer des Neusiedler Sees. Diese Einstufung stützt sich aber scheinbar auf lediglich fünf Nachweise, von denen vier Belege im Landesmuseum Eisenstadt aufliegen, bis inklusive 1952. Während diese Quellen keine bedeutende Veränderung im Status des Habichts im Lauf der letzten Jahrzehnte nahelegen, überrascht die Beringungsstatistik von Samwald[5] in Neusiedl am See. Hier wurden von 1954–1964 im Schilfgürtel insgesamt drei Habichte gefangen, während im selben Zeitraum ebenso (nur) drei Sperber beringt wurden. Heute ist das Verhältnis zwischen dem häufigen Sperber und dem sehr seltenen Habicht alles andere als ausgeglichen. Erstaunlicherweise liegen ab den 1960er Jahren bis ins Jahr 2000 scheinbar keinerlei Beobachtungen des Habichts vor[1,6,7,8]. Alljährliche Beobachtungen gelingen erst seit 2009, was zumindest teilweise auf die gestiegene Beobachteraktivität zurückgeführt werden kann.

Jahreszeitliches Auftreten

Nachweise zur Brutzeit, aus den Monaten April bis Juni, stammen fast ausschließlich aus dem Hanság. Nur in diesem Gebiet gelang am 19.4.2009 auch die Beobachtung eines kreisenden Paares[9]. Ab Mitte Juli liegen Beobachtungen von herumstreifenden Jungvögeln und Altvögeln aus dem Hanság, dem Seewinkel und vom Westufer des Neusiedler Sees vor, auf solche Vögel ist wahrscheinlich auch die Häufung an Meldungen Ende August/Anfang September zurückzuführen. Einen tatsächlichen Durchzug deuten die Daten für den Zeitraum Mitte Oktober bis Anfang Dezember an. An weiter nördlich gelegenen Beobachtungsstationen (Deutschland, Finnland und Schweden) werden die Durchzugsmaxima im Oktober registriert[10], das etwas spätere Maximum im Neusiedler See-Gebiet fügt sich in dieses Bild ein. In Ungarn fielen 66 von 82 Nachweisen aus den Jahren 1976–2021 in den Zeitraum Oktober bis März[11].

Zugverhalten und Ringfunde

Zur Herkunft der im Gebiet auftretenden Habichte ist kaum etwas bekannt. Bauer et al.[3] vermuten das „*Verstreichen aus den westlich anschließenden Waldlandschaften*“ als Ursache für das Auftreten der Art im Gebiet[6]. Ein Fremdfund belegt aber auch den Zuzug aus weit entfernten Gebieten: Ein am 24.6.1994 im Nest beringter Jungvogel bei Yli-li im zentralen Finnland wurde im November desselben Jahres bei Kópháza/Ungarn getötet. Ein weiterer Ringfund betrifft einen am 14.6.1926 westlich von Sopron beringten Habicht, der am 20.4.1927 nur 16 km entfernt bei Nagycenk/Ungarn geschossen wurde[12].

Quellen: [1] *Archiv BirdLife Österreich,* [2] *www.ornitho.at,* [3] *von Dombrowski (1889),* [4] *Zimmermann (1943),*

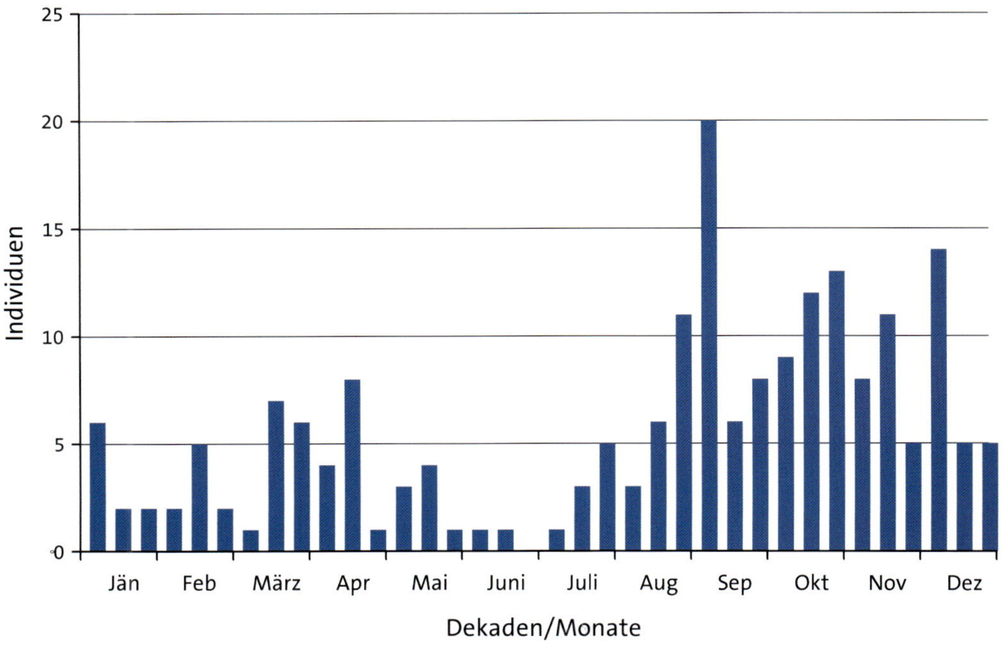

Jahreszeitliches Auftreten des Habichts (Dekadensummen gemeldeter Individuen) basierend auf Daten aus Österreich aus den Jahren 1978–2021 (n = 201)[1,2].

[5] Samwald (1965), [6] Bauer et al. (1955), [7] Dvorak et al. (1986), [8] Dvorak et al. (1987), [9] M. Dvorak, H.-M. Berg/ABÖ, [10] www.trektellen.nl, [11] Archiv FHNP, [12] Vogelberingungszentrale BirdLife Ungarn, unpubl. Ringfunde

Leander Khil & Miklós Váczi

Rohrweihe *Circus aeruginosus* (Linnaeus, 1758)

Barna rétihéja – Western Marsh Harrier

Mekszikópuszta, 1.5.2013, Männchen (Attila Pellinger)

Häufiger Brutvogel im Schilfgürtel, mäßig häufig im Hanság und selten im Seewinkel

Verbreitung und Lebensraum

Die Rohrweihe ist ein verbreiteter Brutvogel im Schilfgürtel des Neusiedler Sees und brütet in kleinerer Zahl auch in Röhrichtbeständen im angrenzenden Seewinkel und im Hanság. Sie brütet im Neusiedler See-Gebiet fast ausschließlich in Schilfflächen oder in von Schilf dominierten Röhrichten, wobei ganzjährig im Wasser stehende Bereiche, oder zumindest zur Brutzeit nasse Bereiche, den Ansprüchen der Art besonders entgegenkommen[1, 2]. Bruten in Äckern sind im Neusiedler See-Gebiet bislang nicht nachgewiesen worden[3, 4]. Die Jagdgebiete reichen weit über den Schilfgürtel hinaus und schließen offene Lebensräume von Verlandungsgesellschaften über Grünlandbereiche bis hin zu Weingärten, Acker- und Gemüseanbauflächen mit ein[3–5].

Bestand und Bestandsentwicklung

In der zweiten Hälfte des 19. Jahrhunderts wurde die Rohrweihe übereinstimmend als häufig eingestuft: In den späten 1850er Jahren wurde sie als Standvogel bezeichnet[6]. Fászl[7] nennt die Art den häufigsten Greifvogel des Fertő, und für Dombrowski[8] ist sie ebenfalls *„der gemeinste Raubvogel des Gebiets"*. Auch in den ersten vier Jahrzehnten des 20. Jahrhunderts lässt keiner der damaligen Autoren Zweifel darüber aufkommen, dass die Rohrweihe ein häufiger Brutvogel war[9–11], wobei Zimmermanns[12] Kommentar den damaligen Status der Art folgendermaßen beschreibt: *„Zusammen mit dem Turmfalken ist die Rohrweihe der häufigste Raubvogel des Gebiets; in einer ähnlichen Dichte, wie der erstere über dem Lande siedelt, bewohnt die Rohrweihe die ausgedehnten Röhrichte des Sees und spärlicher auch die vegetationsreicheren Lacken"* und Bauer et al.[13] sogar noch weiter gehen: *„Die Rohrweihe übertrifft wohl noch den Turmfalken an Häufigkeit und kann damit als der unstreitig häufigste Raubvogel des Gebietes gelten"*. Daher überraschte es etwas, dass erste Zahlenangaben für das Gebiet doch recht niedrig ausfielen: Ende der 1960er wurde ein Brutbestand von 25–27 Paaren im Schilfgürtel und 10 Paaren an den Lacken angegeben[14]. Das war entweder eine deutliche Unterschätzung oder es ist in den darauf folgenden 15 Jahren (nach Einstellung der legalen Bejagung) zu einem beträchtlichen Bestandsanstieg gekommen.

Anfang der 1980er Jahre ergab eine erste systematische und flächendeckende Bestandsaufnahme im österreichischen Teil des Neusiedler Sees dann ca. 130 Brutpaare[5,15]. Unter Heranziehung von Ergebnissen zweier Stichproben aus den 1990er Jahren[16,17] wurde der Brutbestand im österreichischen Teil des Schilfgürtels für die 1990er Jahre auf 100–150 Paare geschätzt[18]. Nach einer Pause von fast 25 Jahren wurde erst wieder 2019 auf österreichischer Seite eine neuerliche Bestandserfassung durchgeführt, die zu einer Schätzung von maximal 100 Brutpaaren führte[19] und damit einen leichten Rückgang andeutet. Zum Brutbestand der Lacken liegen wenige aktuelle Angaben vor: 2021 wurden im Bereich zwischen Geißelsteller und Deineglgrube vier erfolgreiche Brutpaare festgestellt, zusammen mit den vorhandenen Streudaten lässt das auf einen Brutbestand von bis zu 20 Paaren schließen[4, 19]. Ein dichteres Brutvorkommen existiert hingegen im österreichischen Hanság mit 8–10 Paaren im Jahr 2009[20] und ca. 15 Brutpaaren im Jahr 2022[21].

Im ungarischen Teil des Schilfgürtels ist die Rohrweihe, wie in Österreich, ein weit verbreiteter Brutvogel, und fehlt nur in den stark ausge-

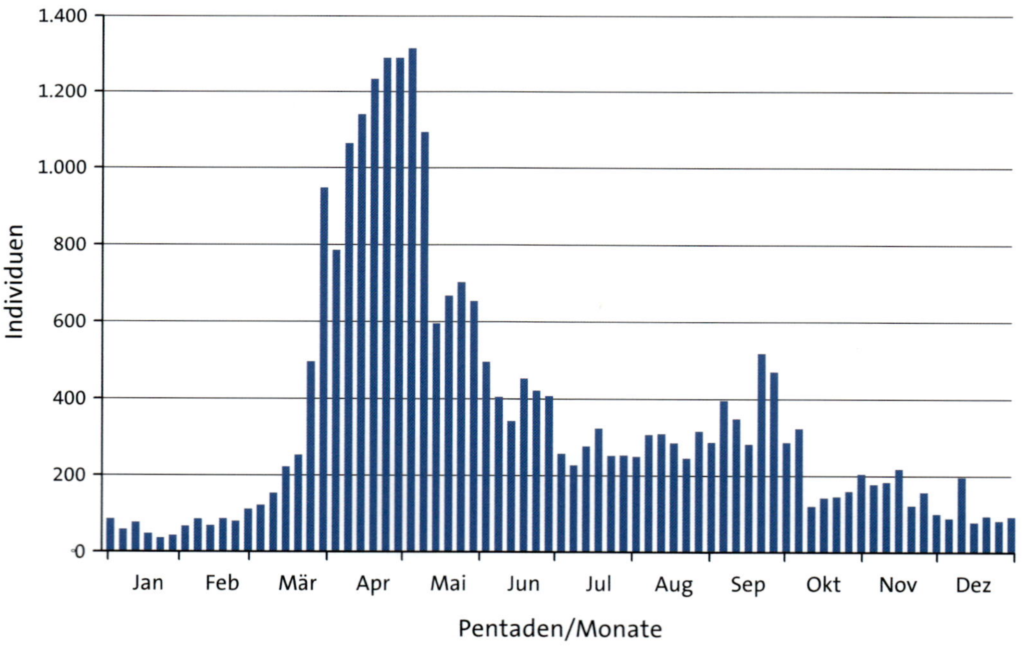

Jahreszeitliches Auftreten der Rohrweihe (Pentadensummen gemeldeter Individuen) nach Daten aus Österreich aus den Jahren 2011–2020 (n = 25.977)[4].

lichteten inneren, mehrere Kilometer vom Ufer entfernten Teilen. Váczi[22] schätzte den Brutbestand in diesem Gebiet auf 40–50 Paare, was einer ähnlichen Dichte wie im österreichischen Teil entspricht. Die Nahrungsgebiete erstrecken sich auf die Salzwiesen entlang des Schilfgürtels, die Überschwemmungsgebiete in Mekszikópuszta und die dahinter liegenden landwirtschaftlich genutzten Gebiete, wo die Rohrweihe oft sogar 5–10 km von ihren Brutplätzen entfernt anzutreffen ist.

Jahreszeitliches Auftreten

Die Brutpopulation trifft ab Mitte März im Gebiet ein, bis Anfang April ist der gesamte Bestand im Gebiet angekommen. Zwischen Ende März und Ende April deutet der ausgeprägte Gipfel einen stärkeren, durch das Gebiet führenden Frühjahrszug an. Ab Anfang Mai ist nur mehr der Brutbestand vorhanden, wobei die höhere Zahl an Meldungen bis Mitte Juni wohl auf die in diesem Zeitraum höhere Präsenz von BeobachterInnen zurückzuführen ist. Ein kleiner Gipfel, der auf Durchzügler zurückgehen könnte, deutet sich dann wiederum Ende September an, und ab Anfang Oktober sinkt die Zahl der Beobachtungen dann merklich und nimmt kontinuierlich bis in den Hochwinter Mitte Jänner ab. Solche Überwinterungen haben in den letzten zwei Jahrzehnten zwar deutlich zugenommen, es hält sich aber nach wie vor nur eine geringe Zahl an Vögeln (< 10) im Gebiet auf. Ab Mitte Februar beginnt dann die Frequenz der gemeldeten Nachweise wieder langsam zuzunehmen.

Zugverhalten und Ringfunde

Die Brutvögel des Neusiedler See-Gebiets sind überwiegend Zugvögel und verlassen das Gebiet im Spätsommer und Frühherbst[3,4]. Die Rohrweihe ist ein Langstreckenzieher, ihre Überwinterungsgebiete liegen südlich der Sahara in Westafrika. Fünf in den Jahren 2014–2020 im ungarischen Teil des Neusiedler Sees mit Satellitensendern ausgestattete Rohrweihen überwinterten in der Westsahara, im Süden Mauretaniens, in Mali, Niger, Burkina Faso und erreichten sogar den Norden Togos. Sie beflogen Gebiete zwischen dem 9. und 18. Breitengrad und westlich des 4. Längengrades[23]. Auf österreichischer Seite wurden im Juli 2021 drei nestjunge Rohrweihen im Schilfgürtel vor den Zitzmannsdorfer Wiesen mit Satellitensendern ausgestattet[19]. Alle drei Vögel verließen das Gebiet in der ersten Augusthälfte in östlicher bis südlicher Richtung, blieben aber innerhalb eines 60 km Radius vom Geburtsort. Der eigentliche Abzug in das Überwinterungsgebiet erfolgte dann zwischen 19.9. und 8.10. Der Zugweg folgte dem der ungarischen Vögel, wobei ein Individuum einen östlicheren Zugweg über Libyen nahm. Diese Rohrweihe wanderte im Lauf des Winters westwärts bis zum 9. Längengrad nach Zentral-Nigeria. Die Zugroute aller bisher im Neusiedler See-Gebiet besenderten Vögel führte in südlicher bis südwestlicher Richtung über die Apenninenhalbinsel, Sardinien, Sizilien, den Osten Algeriens, Tunesien und Libyen. Ein Vogel nahm auch einen mehr westlichen Weg über Marokko[23]. Offen ist derzeit die Frage nach den Herkunftsgebieten der (wenigen) Vögel, die den Winter im Neusiedler See-Gebiet verbringen.

Quellen: [1] *Glutz von Blotzheim et al. (1971)*, [2] *Lange (2000)*, [3] *Archiv BirdLife Österreich*, [4] *www.ornitho.at*, [5] *Sezemsky & Ripfel (1985)*, [6] *Jukovits (1864/65)*, [7] *Fászl (1883)*, [8] *von Dombrowski (1889)*, [9] *Schenk (1917a)*, [10] *Breuer (1934)*, [11] *Koenig (1939)*, [12] *Zimmermann (1943)*, [13] *Bauer et al. (1955)*, [14] *K. Bauer, B. Leisler & G. Spitzer in Glutz von Blotzheim et al. (1971)*, [15] *Sezemsky (1983)*, [16] *Gamauf & Preleuthner (1996)*, [17] *Dvorak et al. (1997)*, [18] *Dvorak (2009c)*, [18] *B. Wendelin in Nemeth & Dvorak (2019)*, [19] *M. Schmidt & M. Suanjak, unpubl. Daten*, [20] *Dvorak et al. (2010)*, [21] *H.-M. Berg, unpubl. Daten*, [22] *Váczi (2012)*, [23] *Váczi (2020)*

Michael Dvorak, Attila Pellinger & Miklós Váczi

Kornweihe *Circus cyaneus* (Linnaeus, 1766)

Kékes rétihéja – Hen Harrier

Hanság, Tadten, 8.12.2015, Männchen (Peter Frießer)

Mäßig häufiger Durchzügler und Wintergast von Anfang Oktober bis Mitte April

Verbreitung und Lebensraum

Die Kornweihe ist hinsichtlich ihrer Winter- und Durchzugslebensräume nicht sehr anspruchsvoll und findet daher in weiten Teilen des Avifauna-Gebiets geeignete Flächen zur Jagd auf Kleinsäuger und Vögel. Besonders Bereiche abseits der Weingärten, wo sich Stoppeläcker, Brachen, feuchte Wiesen, Weiden und Schilfgebiete abwechseln, sind reich an Wühlmäusen und werden teilweise von mehreren Kornweihen gleichzeitig bejagt. In Ackerlandschaften im östlichen Niederösterreich und im Nordburgenland konnte ein stark positiver Zusammenhang zwischen dem Brachenanteil und dem Auftreten der Kornweihe im Winter gezeigt werden: Die Wahrscheinlichkeit des Auftretens von Kornweihen war in Bereichen mit Brachen 14-mal höher als ohne Brachen[1]. Als Gemeinschaftsschlafplätze dienen Schilfgebiete sowie Wiesengebiete mit hochgewachsener Vegetation entlang des Seeufers und an großen Lacken.

Bestand und Bestandsentwicklung

In den frühen 1940er Jahren bezeichnete Zimmermann[2] die Kornweihe als regelmäßigen Überwinterer, führte aber auch eine ganze Reihe von Beobachtungen aus der Brutzeit an, die damals starken Brutverdacht aufkommen ließen. In den frühen 1950er Jahren wurde die Kornweihe als *„häufiger Wintergast"* bezeichnet, sie soll damals sogar *„der häufigste Raubvogel zur Winterszeit überhaupt"* gewesen sein[3]. Auch in den 1960ern wird sie als häufigster Greifvogel im Winter eingestuft[4], vereinzelte Brutvorkommen wurden z.B. im Hanság oder bei Neusiedl am See vermutet, aber nie belegt[5,6]. Bei großräumigen Bestandserhebungen im Seewinkel und im Hanság in den Wintern 1981–1989 wurden zwischen zwei und 30 Kornweihen gezählt, die kontrollierte Fläche war dabei allerdings unterschiedlich groß und schwankte erheblich zwischen 140 und 430 km². Die mit diesen Daten errechneten Siedlungsdichten bewegen sich zwischen 1,3 und 9,5 Exemplaren/100 km². Auf kleineren, von Kornweihen stark genutzten „Konzentrationsflächen" erreichten die Dichten jedoch ein Vielfaches davon[7]. Die jährlichen Schwankungen sind im Seewinkel in etwa gleich groß wie im Gebiet Parndorfer Platte/Heideboden in den Jahren 2001–2007, allerdings lagen die Dichten in letzterem Gebiet mit 5–58 Kornweihen/100 km² sehr viel höher[8]. An einzelnen Schlafplätzen auf österreichischer Seite wurden bis zu 26 übernachtende Kornweihen festgestellt[7]. Besonders intensiv genutzte Bereiche sind hier die Graurinderkoppel (Neudegg) und die Wiesengebiete um Apetlon, die Hutweiden um die Lange Lacke, die Zitzmannsdorfer Wiesen und der Hanság. Aus diesen Gebieten liegen mehrfach Beobachtungen von 10–30 Exemplaren vor[9, 10].

Auf der ungarischen Seite des Neusiedler Sees wurden in den Jahren 2018–2021 an den drei hauptsächlich genutzten Schlafplätzen im Schilfgürtel nördlich von Hegykő, Fertőhomok und Hidegség bei systematischen Zählungen 20–70 Individuen erfasst[11]. Ein großer Teil der tagsüber in den umliegenden Agrarflächen jagenden Vögel kommt am Abend aus östlicher und südlicher Richtung, ein kleinerer Teil aus West bis Nordwest. Bei den regelmäßig im Jänner im Avifauna-Gebiet durchgeführten Greifvogelzählungen wurden 5–8 Exemplare erfasst, die Anzahl der Männchen ist deutlich niedriger als die der Weibchen und Jungvögel.

Jahreszeitliches Auftreten

Die ersten Vögel treffen spätestens Mitte September ein, einzelne Vögel sind in manchen Jahren auch schon früher zu beobachten. Der Frühjahrsdurchzug und Abzug der Überwinterer zieht sich bis in den April hinein, sehr späte Beobachtungen gelingen vereinzelt noch in der ersten Maihälfte. Höhere Schneelagen führen zur Winterflucht, da sie den Zugang zu Kleinsäugern erschweren. Männchen weichen dann eher und früher in schneefreie Gebiete aus, als die größeren, robusteren Weibchen. Die Geschlechts- und Altersklassen zeigen unterschiedliche Zugmuster. Besonders auffällig ist der schwankende Anteil adulter Männchen im Verlauf des Winterhalbjahres: Im Herbst und Frühling wurde an Schlafplätzen im Seewinkel ein deutlich höherer Anteil adulter Männchen festgestellt (30–40 %), als im Mittwinter (ca. 15 %)[7].

Zugverhalten und Ringfunde

Kornweihen sind über große Teile ihrer nordeuropäischen und asiatischen Brutgebiete Zugvögel, während südliche Populationen Mittel- und Westeuropas mitunter als Stand- und Strichvögel beschrieben wurden[12]. Aus welchen Populationen die im Neusiedler See-Gebiet durchziehenden und überwinternden Kornweihen stammen, ist nicht bekannt. Es liegen keine Ringfunde vor.

Quellen: *[1] Frühauf & Bieringer (2003), [2] Zimmermann (1943), [3] Bauer et al. (1955), [4] Ganso (1960), [5] B. Leisler & G. Spitzer, unpubl. Daten, [6] Lugitsch (1964), [7] Laber (1995), [8] Dvorak & Wendelin (2008), [9] Archiv BirdLife Österreich, [10] www.ornitho.at, [11] Archiv FHNP, [12] Glutz von Blotzheim et al. (1973)*

Leander Khil & Miklós Váczi

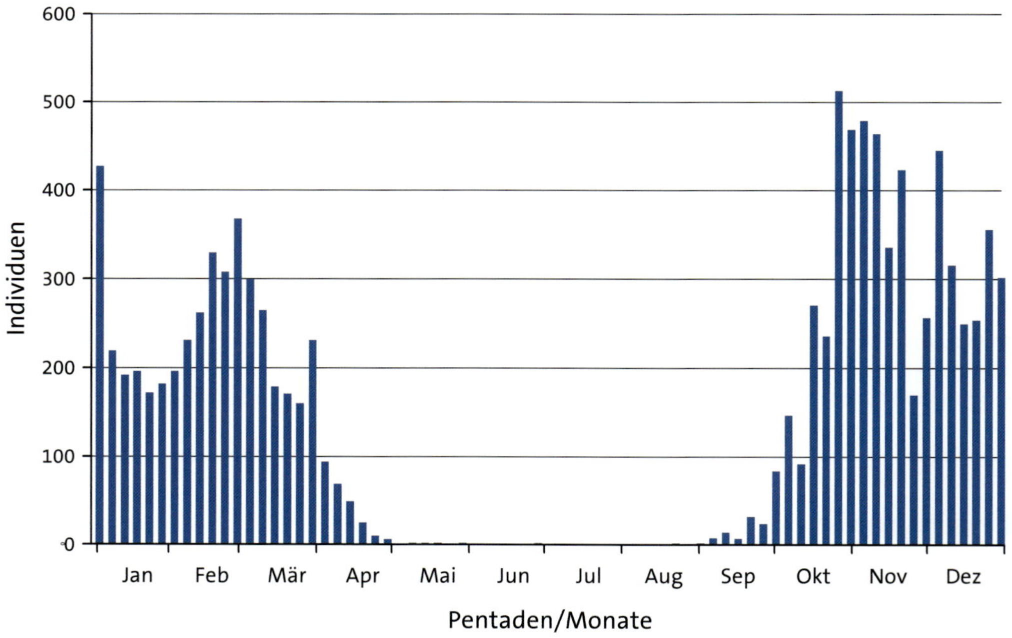

Jahreszeitliches Auftreten der Kornweihe (Pentadensummen gemeldeter Individuen) basierend auf Daten aus Österreich aus den Jahren 2010–2021 (n = 10.606)[10].

Steppenweihe *Circus macrourus* (S. G. Gmelin, 1770)

Fakó rétihéja – Pallid Harrier

Fuchslochlacke, Apetlon, 13.4.2022, Weibchen (Leander Khil)

Sehr seltener Durchzügler, vor allem von Ende März bis Anfang Mai sowie Ende August bis Mitte September

Vorkommen

Die Steppenweihe ist ein praktisch alljährlicher Durchzügler. Pro Jahr gelangen bis zu acht Nachweise von fast ausschließlich Einzelvögeln, lediglich am 20.9.2020 wurden zwei Männchen gemeinsam an der Langen Lacke angetroffen[1]. Rund 61 % der Meldungen entfielen auf adulte oder noch nicht ganz ausgefärbte Männchen, was zweifellos deren leichterer Bestimmbarkeit geschuldet ist. Die meisten Nachweise der Steppenweihe gelangen im Lackengebiet im Seewinkel, im Gebiet um Mekszikópuszta, im Seevorgelände und im Hanság. Das ist aber wahrscheinlich eher ein Resultat der Verteilung von Beobachtern im Gebiet und weniger ein Ausdruck einer tatsächlichen Bevorzugung dieser Teilgebiete.

Der erste Beleg einer Steppenweihe aus dem Neusiedler See-Gebiet stammt vom 6.9.1896, als ein Männchen bei Fertőd erlegt wurde[2]. Danach gelangen 10 Nachweise im 20. Jahrhundert. In der Literatur finden sich zusätzlich noch einzelne Meldungen, die entweder vom Beobachter selbst als vollkommen unsicher eingestuft wurden (1923[3]) oder bei denen es sich offenbar um eine Fehlbestimmung handelte (1953[4]). Nach der letzten Jahrtausendwende folgte zunächst eine Feststellung im Jahr 2002, seit 2005 wurde die Art dann aber bis auf das Jahr 2011 alljährlich im Gebiet nachgewiesen.

Jahreszeitliches Auftreten

Der um Mitte April gipfelnde Frühjahrszug ist mit 35 Meldungen etwas deutlicher ausgeprägt als der Herbstzug mit 27 Nachweisen bis 2021, was dem für diese Art bekannten Schleifenzug[5, 6] entsprechen würde. Die jahreszeitlich bisher früheste Meldung datiert vom 4.3.1983 mit einem Männchen bei Mekszikópuszta[2]. Weibchenfärbige und vorjährige Vögel werden überwiegend erst ab Mitte April registriert. Je ein Weibchen und ein Männchen, die im Juni und Juli 1925 bei Oggau erlegt wurden und in die Sammlung des Burgenländischen Landesmuseums gelangten[7], sind der bisher einzige Hinweis auf ein Sommervorkommen im Bereich des Neusiedler Sees. Diese Belege wurden von K. Bauer allerdings ohne nähere Begründung einmal als mögliche Fehlbestimmung[4] und einmal als Beweis für mögliche Sommervorkommen gedeutet[8]. Aktuell weist die Sammlung des Landesmuseums weder Steppenweihen auf, noch gibt es Angaben zu ihrem eventuellen Verbleib. Die Richtigkeit der Bestimmung dieser zwei Vögel muss daher offenbleiben, sie sind auch nicht in der Grafik zum jahreszeitlichen Auftreten enthalten. Im Jahr 1956 kam es dann jedenfalls tatsächlich zu einer Übersommerung mit Brutverdacht zwischen Parndorf und Neusiedl am See, knapp außerhalb des hier betrachteten Gebiets[8]. Der Herbstzug beginnt Mitte August und gipfelt in der ersten Septemberhälfte. Der jahreszeitlich späteste Nachweis gelang am 10.11.2014 bei Mekszikópuszta[9]. Winternachweise liegen bisher keine vor.

Quellen: *[1] H.-M. Berg/www.birdlife-afk.at, [2] Bankovics et al. (2002), [3] Reiser (1923/24), [4] Bauer et al. (1955), [5] Corso & Cardelli (2004), [6] Terraube et al. (2011), [7] Amon (1930), [8] Bauer (1956a), [9] A. Pellinger/birding.hu, [10] Zimmermann (1943), [11] Buchebner (1954), [12] Drews (1961), [13] Archiv BirdLife Österreich, [14] Ranner et al. (1995), [15] Ranner (2002), [16] Ranner (2003), [17] Hadarics (2006), [18] MME Nomenclator Bizottság (2006a), [19] Ranner & Khil (2009), [20] MME Nomenclator Bizottság (2008b), [21] Ranner & Khil (2011), [22] Khil & Albegger (2014), [23] MME Nomenclator Bizottság (2016a), [24] www.birding.hu, [25] Albegger & Khil (2016), [26] Albegger & Brader (2018), [27] www.birdlife-afk.at, [28] www.ornitho.at*

Andreas Ranner & Tibor Hadarics

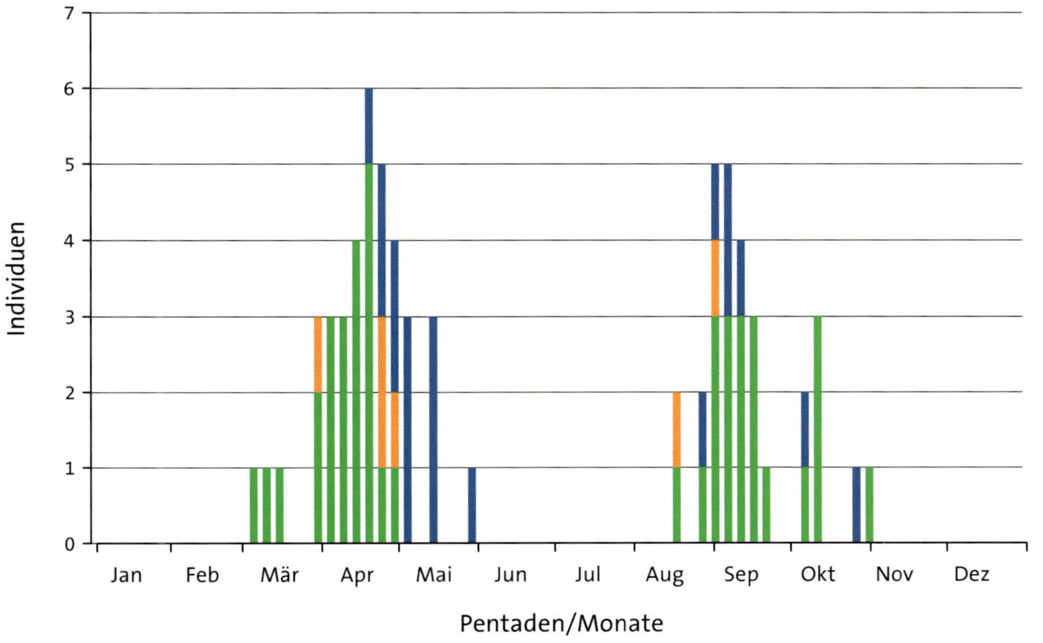

Jahreszeitliches Auftreten der Steppenweihe (Pentadensummen gemeldeter Individuen) basierend auf Daten aus den Jahren 1896–2021[1, 2, 9–28]. Grüne Säulenabschnitte: Männchen; orange Säulenabschnitte: Weibchen; blaue Säulenabschnitte: juvenile bzw. vorjährige Vögel.

Wiesenweihe *Circus pygargus* (Linnaeus, 1758)

Hamvas rétihéja – Montagu's Harrier

Hanság, Wallern, 9.8.2019, 1. KJ (Michael Dvorak)

Seltener Brutvogel im Hanság und mäßig häufiger Durchzügler von Mitte April bis Anfang September

Verbreitung und Lebensraum

Die Wiesenweihe ist ein Brutvogel offener Landschaften und besiedelt Steppengebiete, ausgedehnte Niedermoore und Verlandungszonen und in bestimmten Bereichen immer mehr zunehmend auch Agrarlandschaften[1]. In den letzten Jahrzehnten kam es in vielen Brutgebieten Mitteleuropas zu einem Wechsel des Bruthabitats weg vom natürlichen Grünland und hin zu Kulturland. Besonders Bruten in Getreidefeldern nahmen in manchen Teilen Österreichs deutlich zu[2]. Die aus dem Neusiedler See-Gebiet bekannten Brutplätze liegen jedoch alle im Grünland, bislang wurden hier keine Ackerbruten bekannt. Brutplätze fanden sich bislang in schütteren Röhrichten mit bültigem Unterwuchs, in hochwüchsigen Brachen, leicht verschilften Mähwiesen, Hochstaudenfluren und in der Verlandungsvegetation der Übergangszone am Rand des Neusiedler Sees. Letztere war bis in die 1960er Jahre abseits des Hanság der von der Wiesenweihe bevorzugte Teil des Gebiets. Heutzutage ist die Art aber als Brutvogel vom Nord- und Westufer des Sees weitgehend verschwunden. Im Hanság brütete die Wiesenweihe bis vor kurzem vorwiegend am Rand der Kommassantenwiesen, in den letzten Jahren hat sich der Schwerpunkt jedoch weiter westlich auf Bereiche außerhalb des Nationalpark-Gebiets verschoben[3]. Die Brutplätze auf den Zitzmannsdorfer Wiesen liegen sowohl in den kleinflächigen Röhrichtbeständen als auch in den hochwüchsigen Mähwiesen und in der angrenzenden Verlandungszone des Neusiedler Sees. Aus dem ungarischen Teil des Avifauna-Gebiets ist kein Brutvorkommen bekannt, obwohl es Nachweise aus der Brutzeit gibt[4].

Bestand und Bestandsentwicklung

Aus dem 19. Jahrhundert gibt es nur wenige Angaben: Um 1860 wurde die Wiesenweihe als *„Standvogel"* eingestuft[5], für die 1870er Jahre als Brutvogel der Wiesen am Fertő genannt[6], 1886 als *„häufiger Horstvogel"* bezeichnet und hinzugefügt, dass die Art *„gleichmässig während des ganzen Jahres"* vorkommt[7]. Später wurde dieser Bericht als *„nicht vollkommen einwandfrei"* eingestuft, gleichzeitig aber festgehalten, dass *„das Vorkommen der Wiesenweihe als Brutvogel in obigen Gebieten zu jener Zeit tatsächlich als sicher angenommen werden muss"*[8]. In den 1930er Jahren wurde für den Westteil des Hanság, der in das Bearbeitungsgebiet reicht, ein Brutbestand von 15–20 Paaren angegeben[9]. Von 1940 bis 1942 war die Wiesenweihe Brutvogel in den Verlandungswiesen des Westufers zwischen Donnerskirchen und Purbach, weitere Paare wurden im Herrensee-Gebiet und auf den Zitzmannsdorfer Wiesen festgestellt, einzelne Vögel auch an anderen Stellen des Seewinkels[10], sodass die Art damals in einiger Zahl im Gebiet gebrütet haben muss. In den frühen 1950er Jahren wurde die Wiesenweihe am Westufer als spärlicher, im Seewinkel als seltener Brutvogel eingestuft[11]. Ein sicherlich viel größeres Vorkommen bestand damals im West-Hanság, für den 20–25 Brutpaare angegeben wurden[12], von denen allein 8–10 auf den österreichischen Teil entfielen[13]. Während 1964 im Hanság aber nur mehr zwei[14] und Ende der 1960er Jahre nur mehr 1–2 Paare vorkamen[15], war die Situation im übrigen Gebiet etwas besser: Der Schwerpunkt lag damals am landseitigen Rand des Schilfgürtels mit insgesamt neun Paaren im Jahr 1964, davon zwei in Purbach, drei in Neusiedl am See und vier am Ostufer sowie einzelnen Paaren an den Lacken[15].

In den nächsten Jahrzehnten waren drei Brutgebiete zumindest zeitweise besetzt: Im Hanság war die Wiesenweihe 1970–2008 durchgehend Brutvogel in 1–3 Paaren[16–19]. Auf den Zitzmannsdorfer Wiesen brüteten 1981–2014 fast alljährlich 1–2, ausnahmsweise drei Paare[20, 21], zuletzt wurde 2018 und 2019 jeweils ein Brutpaar gemeldet[22]. Auf den Pfarrwiesen östlich von Illmitz bestand 1981–2000 ein kleines Brutvorkommen von zumeist zwei Paaren[18, 23]. Abseits dieser drei Gebiete wurde aus dem Seewinkel im Jahr 2014 eine Brut im Gebiet der Haidlacke bei Illmitz bekannt[24]. Das Brutvorkommen im Hanság wird seit 2009 gezielt erfasst: Während 2011–2018 alljährlich 2–3 Paare brüteten, mit gutem Bruterfolg in zumindest drei Jahren (2014, 2017, 2018)[3, 25], verdoppelten sich Bestand und Bruterfolg auf sechs Brutpaare und 14 Jungvögel im Jahr 2019[3]. 2020 brüteten 3–4 Paare und 2021 6–7 Paare. 2022 wurde von sechs Paaren mit 16 ausgeflogenen Jungvögeln der bisher beste Bruterfolg erzielt[41]. Eine erfreuliche Entwicklung, die auf die seit 2011 laufenden und seit 2016 noch intensivierten Schutzbemühungen zurückzuführen ist[3].

Im ungarischen Ost-Hanság, außerhalb des Avifauna-Gebiets, war die Wiesenweihe ehemals häufiger Brutvogel. Vasvári[26] analysierte den Mageninhalt von 69 Exemplaren, die hauptsächlich in der Nähe von Lébény zwischen 1931 und 1933 erlegt wurden. Außerdem wurden ihm Nahrungsreste von Studinka zur Verfügung gestellt, die im Jahr 1932 neben drei, 1933 neben 18 Nestern gesammelt wurden. Dies deutet darauf hin, dass die Art zwischen den beiden Weltkriegen einen bedeutenden Bestand im ungarischen Hanság hatte. Mit dem Verschwinden geeigneter Lebensräume ging die Zahl der Brutpaare stetig zurück und in den 1980er Jahren brüteten nur noch 5–6 Paare. In einem Jahr wurden drei Nester auf einem Hektar auf den Wiesen in der Nähe des Fehér-tó gefunden. Als regelmäßiger Brutvogel war die Wiesenweihe hier bis 1996 vorhanden, danach könnte sie noch sporadisch hauptsächlich im Úr-Hany, Pintér-Hany und Lébényi-Hany gebrütet haben[27].

Jahreszeitliches Auftreten

Der Median der Erstankunft fällt auf den 11. April. Die beiden frühesten Vögel waren ein Männchen am 2.4.2014 im Hanság[28] und ein Weibchen am 2.4.2018 auf den Zitzmannsdorfer Wiesen[29], gefolgt von je einem Männchen am 6.4.2019[30] und 7.4.2014 im Hanság[31] sowie am 7.4.2018 auf den Zitzmannsdorfer Wiesen[32]. Danach zeigt sich ein ausgeprägter Durchzugsgipfel von 22.4. bis 4.5. mit weiteren Durchzüglern bis zum 20. Mai. Ab dann sind überwiegend nur mehr die Brutvögel im Gebiet anwesend. Ein Durchzugsgipfel am Wegzug zeichnet sich hingegen nicht ab, auch die räumliche Verteilung der Beobachtungen im August und September, mit Beobachtungen ganz überwiegend aus den Brutgebieten, deutet auf einen sehr schwachen Zug hin. Die letzten Vögel verlassen das Gebiet normalerweise bereits in der ersten Septemberhälfte, vereinzelte Nachzügler gibt es noch bis Ende des Monats mit den drei letzten Beobachtungen von jeweils einem Weibchen am 26.9.2014 bei Apetlon[33], am 29.9.2019[34] und am 30.9.2014[35] im Hanság.

Zugverhalten und Ringfunde

Die Wiesenweihe ist ein typischer Langstreckenzieher. Europäische Brutvögel verbringen gut acht Monate des Jahres auf dem Zug bzw. in ihren afrikanischen Winterquartieren. Detaillierte Informationen zu Zugrouten, Rast- und Überwinterungsgebieten wurden in den letzten Jahren ab 2005 mittels Satellitentelemetrie an deutschen, niederländischen, dänischen und polnischen Brutvögeln erhoben[36]. Europäische Brutvögel überwintern in West- und Zentralafrika, bevorzugt in der Sahel-Zone. Ihr Überwinterungsgebiet erstreckt sich vom Senegal bis in den westlichen Tschad. Der Großteil von 20 in den Niederlanden, Deutschland und Dänemark markierten Wiesenweihen zog am Herbst- und Frühjahrszug über eine westliche Route, über Frankreich/Spanien, in die Winterquartiere bzw. Brutgebiete, der Rest nahm eine zentrale Route über Italien und Sardinien. Osteuropäische Brutvögel nutzen hingegen im Herbst und Frühjahr unterschiedliche Routen: Der Herbstzug von in Ostpolen und im angrenzenden Weißrussland markierten Wiesenweihen verlief über den Balkan und Kreta, die Heimzugrouten über Sardinien und Festland-Italien. Weitere Wiesenweihen, die zwischen der Donau und der Theiß besendert wurden, verbrachten den Winter ebenfalls in Westafrika (Mali, Burkina Faso, Ghana). Ihre Routen führten über Sizilien bzw. Griechenland, wobei sie sich Ende September für kurze Zeit südlich der Sahara (Mali, Niger) aufhielten. Die Rückkehr im Frühjahr erfolgte über Tunesien und Sizilien[37].

Das Überwinterungsquartier der Brutvögel des Neusiedler See-Gebiets ist nicht bekannt, es liegen nur zwei Ringfunde vor: Ein am 3.7.1963 südlich von Halle/Saale markierter Vogel wurde am 15.10.1966 gefunden[38] und ein am 30.6.1964 bei Purbach im Nest beringter Jungvogel wurde neun Jahre später (!) am 24.4.1973 in Ungarn im Komitat Győr gefunden[38, 39].

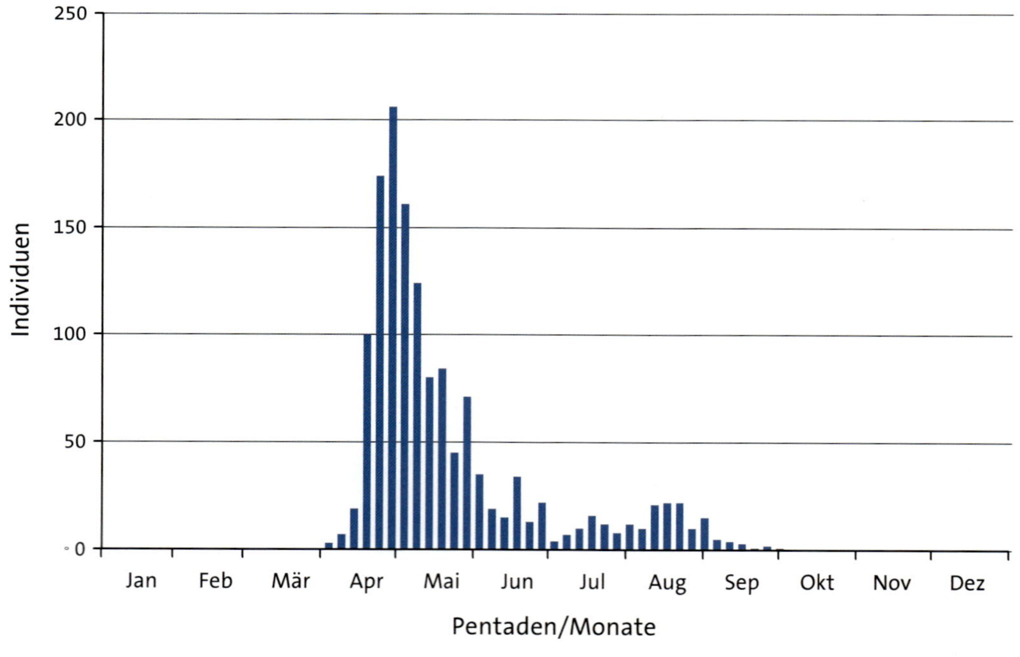

Jahreszeitliches Auftreten der Wiesenweihe (Pentadensummen gemeldeter Individuen) nach Daten aus Österreich aus den Jahren 2011–2019 (n = 1.397)[40].

Quellen: [1] *Glutz von Blotzheim et al. (1973),* [2] *Sachslehner (2017),* [3] *Berg & Dvorak (2019),* [4] *Váczi (2009),* [5] *Jukovits (1864/65),* [6] *Fászl (1894) zit. in Zimmermann (1943),* [7] *von Dombrowski (1889),* [8] *Schenk (1929/30),* [9] *Studinka (1942),* [10] *Zimmermann (1943),* [11] *Bauer et al. (1955),* [12] *Studinka (1957),* [13] *Bauer (1956a),* [14] *B. Leisler & G. Spitzer in Glutz von Blotzheim et al. (1973),* [15] *Festetics (1971),* [16] *Reiter (1997),* [17] *A. S. Reiter in Dvorak (2009a),* [18] *Archiv BirdLife Österreich,* [19] *Dvorak et al. (2010),* [20] *Dvorak et al. (2011),* [21] *J. Lehner/ABÖ,* [22] *B. Wendelin/ornitho.at,* [23] *R. Triebl, unpubl. Daten,* [24] *B. Watzl, H. Grabenhofer u. a./ornitho.at,* [25] *Berg & Dvorak (2017),* [26] *Vasvári (1934),* [27] *T. Fülöp, unpubl. Daten,* [28] *T. Schernhammer/ornitho.at,* [29] *H. Schaffer, J. Kleedorfer/ornitho.at,* [30] *L. Khil/ornitho.at,* [31] *G. Wöss, C. Winter/ornitho.at,* [32] *S. Nausner/ornitho.at,* [33] *R. Meinert/ornitho.at,* [34] *M. Stein/ornitho.at,* [35] *I. Horváth/ornitho.at,* [36] *Trierweiler et al. (2014),* [37] *www.satellitetracking.eu,* [38] *Österreichische Vogelwarte, unpubl. Ringfunde,* [39] *Vogelberingungszentrale BirdLife Ungarn, unpubl. Ringfunde,* [40] *www.ornitho.at,* [41] *H.-M. Berg, unpubl. Daten*

Michael Dvorak & Attila Pellinger

Rotmilan *Milvus milvus* (Linnaeus, 1758)

Vörös kánya – Red Kite

Mekszikópuszta, 20.5.2022 (Tibor Hadarics)

Seltener, aber regelmäßiger Gast in stark zunehmender Zahl, vor allem zwischen Mitte September und Ende Mai

Verbreitung und Lebensraum

Rotmilane nutzen das Gebiet überwiegend während des Durchzugs und verweilen in der Regel nur kurz, Aufenthalte über mehrere Tage sind selten. Beobachtungen liegen vor allem aus offenen Wiesen- und Ackerbereichen vor. Etwa die Hälfte der Nachweise stammt aus dem Hanság. Fast alle Meldungen betreffen einzelne Individuen, selten wurden zwei Exemplare gleichzeitig gesehen[1, 2]. Auch im ungarischen Teil des Avifauna-Gebiets ist aktuell kein Brutvorkommen bekannt[3]. In den letzten Jahrzehnten brütete der Rotmilan nur sporadisch in der Kleinen Ungarischen Tiefebene[4], im angrenzend gelegenen ungarischen Hanság gibt es aber ein Brutrevier[5]. Er jagt in landwirtschaftlichen Gebieten, auf Salzwiesen, taucht aber manchmal auch über dem Schilfgürtel des Sees auf.

Bestand und Bestandsentwicklung

Ende des 19. Jahrhunderts wurde der Rotmilan als im Gebiet seltener Gast ohne Brutvorkommen beschrieben. Lediglich für den ungarischen Teil des Hanság (Kapuvárer Erlenwald) wurden häufigere Sichtungen angegeben und ein Brutvorkommen vorsichtig vermutet[6, 7]. Die einzigen Brutnachweise aus dem Bearbeitungsgebiet betreffen einen Horst, der in den 1920ern im Seewinkel bestand. Nachdem er in Folge von Stürmen beschädigt wurde und ungenutzt blieb, wurde er *„von einem Berufsjäger hergerichtet und ausgebaut"* und es kam zu erneuten Bruten, wohl bis in die 1930er Jahre[8]. Bauer et al.[9] berichteten von mehreren Sichtungen bei Neusiedl am See im Jahr 1951 und vermuteten ein Brutvorkommen in den Leitha-Auen. Auch in den 1960ern blieb der Rotmilan ein seltener Durchzügler mit nur vereinzelten Feststellungen im Gebiet, die vor allem den Frühlingsdurchzug betrafen[10]. Die derzeit nächstgelegenen Brutvorkommen des Rotmilans liegen im östlichen Weinviertel, insbesondere in den March-Thaya-Auen. Gegenwärtig breitet sich die Art österreichweit aus. Die Beobachtungen im Avifauna-Gebiet nehmen seit 2011 stark zu, ein Trend, der sich in den Jahren 2019 bis 2021 noch deutlich verstärkt hat.

Jahreszeitliches Auftreten

Beobachtungen des Rotmilans liegen aus allen Jahreszeiten vor, wobei die meisten Sichtungen während des Frühlingsdurchzugs ab Ende März bis Ende Mai sowie im Spätsommer ab Mitte September gelingen[1, 2]. Die wenigsten Sichtungen stammen erwartungsgemäß aus der Brutzeit, da die Art derzeit (noch) nicht im Gebiet brütet.

Zugverhalten und Ringfunde

In Mitteleuropa brütende Rotmilane sind teilweise Standvögel bzw. Kurzstreckenzieher[11]. Ein Teil der

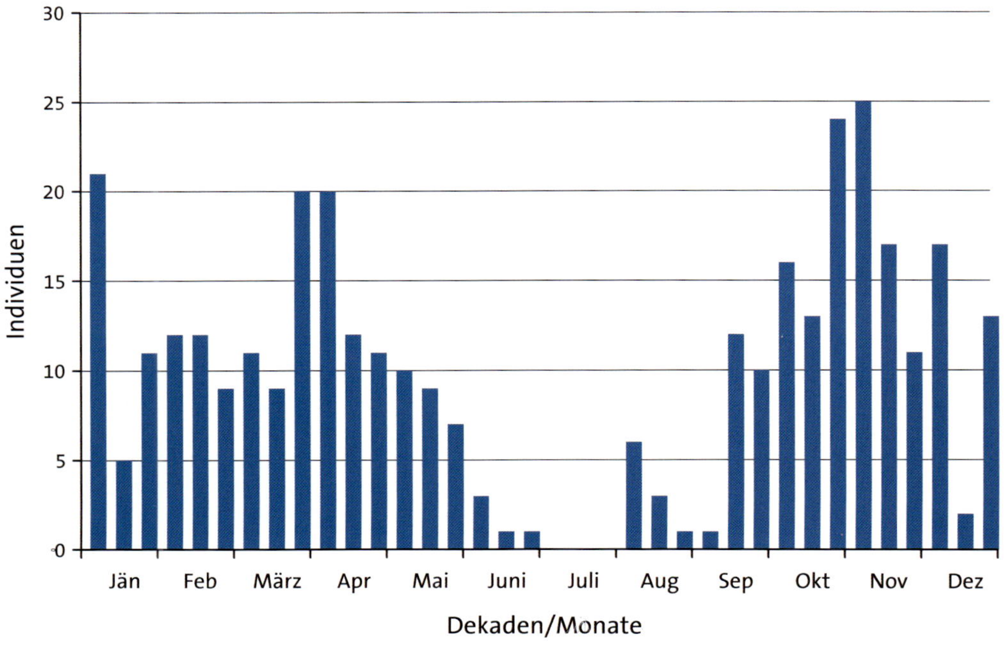

Jahreszeitliches Auftreten des Rotmilans (Dekadensummen gemeldeter Individuen) basierend auf Daten aus Österreich aus den Jahren 2010–2021 (n = 355)[2].

bisher ca. 100 im Raum der March-Thaya-Auen in Österreich, in der Slowakei und in Tschechien besenderten Rotmilane überwintert in Italien. Dabei fliegen Rotmilane immer wieder von Kroatien über das Mittelmeer nach Mittel- und Süditalien. Ein Großteil der Vögel, die in Südeuropa überwintern, überfliegt davor das Neusiedler See-Gebiet[12,13].

In Ungarn wurden bislang üblicherweise nur einzelne Individuen beobachtet, jeweils zwei Exemplare wurden am 10.11.2005 in Mekszikópuszta und am 24.10.2016 bei Fertőboz beobachtet, und am 6.1.2017 hielten sich sogar sechs Vögel auf den Wiesen von Fertőszéplak auf[14]. Für den Rotmilan sind Vergiftungen ein bedeutender Bedrohungsfaktor, im Avifauna-Gebiet wurde 2016 ein vergiftetes Exemplar an der Verwaltungsgrenze von Fertőd, an der ungarisch-österreichischen Grenze entdeckt[4].

Quellen: [1] *Archiv BirdLife Österreich,* [2] *www.ornitho.at,* [3] *Váczi (2006),* [4] *Kováts et al. (2016),* [5] *M. Váczi, unpubl. Daten,* [6] *von Dombrowski (1889),* [7] *Zimmermann (1943),* [8] *Uiberacker (1933),* [9] *Bauer et al. (1955),* [10] *B. Leisler & G. Spitzer, unpubl. Daten,* [11] *Raab et al. (2017),* [12] *R. Raab, unpubl. Daten,* [13] *Literák et al. (2019),* [14] *Archiv MME Sopron*

Leander Khil & Előd Győrig

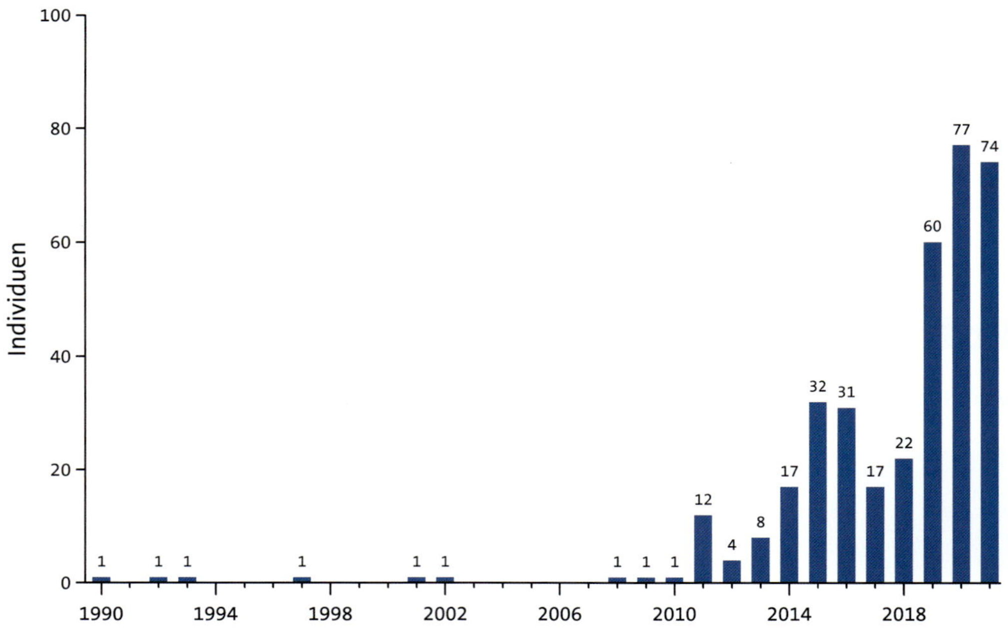

Beobachtungen des Rotmilans (Jahressummen) in Österreich in den Jahren 1990–2021 [1,2]*.*

Schwarzmilan *Milvus migrans* (Boddaert, 1783)

Barna kánya – Black Kite

Hackelsberg, Jois, 25.4.2015 (Belegfoto Leander Khil)

Seltener, aber alljährlicher Durchzügler zwischen Anfang März und Anfang Oktober, mit Schwerpunkt Ende März bis Anfang Mai

Verbreitung und Lebensraum

Wie der Rotmilan, nutzt der Schwarzmilan das Gebiet als Durchzügler und verweilt nur selten mehrere Tage im Gebiet. Beobachtungen liegen vor allem aus offenen Wiesen- und Ackerbereichen im ganzen Bearbeitungsgebiet vor. Anders als beim Rotmilan, stammt aber nur etwa ein Drittel der Nachweise aus dem Hanság. Fast alle Beobachtungen betreffen einzelne Individuen, selten wurden zwei und vereinzelt drei Exemplare gleichzeitig gesehen[1,2].

Bestand und Bestandsentwicklung

Im 19. Jahrhundert wurde der Schwarzmilan nur ausnahmsweise im Gebiet nachgewiesen. Jukovits[3] wurde nur eines Exemplars habhaft, drei Jahrzehnte später wurde die Art mehrfach im Frühjahr im Kapuvárer Erlenwald (außerhalb des Avifauna-Gebiets) beobachtet[4] und am 5.4.1890 bei Hegykő am Südufer des Sees festgestellt[5]. Auch in der ersten Hälfte des 20. Jahrhunderts muss der Schwarzmilan als Ausnahmeerscheinung gelten mit lediglich zwei Belegen vom Westufer des Sees aus dem Jahr 1926 und einer Sichtbeobachtung aus dem April 1936 bei Neusiedl am See[6]. In den 1950er Jahren trat der Schwarzmilan hingegen am Abhang der Parndorfer Platte bei Neusiedl am See regelmäßig auch während der Brutzeit auf, weshalb ein Brutvorkommen in den Leitha-Auen vermutet wurde. Im restlichen Gebiet war die Art aber auch damals nur seltener Durchzügler[6]. In den 1960er Jahren zeigte sich ein ähnliches Bild, der Schwarzmilan wurde im April und Mai aber schon als *„regelmäßiger Durchzügler"* bezeichnet[7]. Außerdem gelang 1965 (außerhalb des Bearbeitungsgebiets) ein Brutnachweis im Kapuvárer Erlenwald, wo bereits in den Vorjahren Brutverdacht bestand[7]. Wie beim Rotmilan nahm die Zahl der Meldungen seit Anfang der 2010er Jahre zu, wobei beim Schwarzmilan neben einer tatsächlichen Zunahme klar auch der Effekt der Einführung von ornitho.at ab 2013 zutage tritt und die Entwicklung der Meldungen nicht wie beim Rotmilan kontinuierlich positiv verläuft, sondern im Gegenteil aktuell sogar abnimmt. Die derzeit nächstgelegenen Brutvorkommen des Schwarzmilans liegen in den burgenländischen Leitha-Auen[8].

Auf ungarischer Seite des Avifauna-Gebiets und in dessen weiteren Umgebung ist kein regelmäßig besetztes Brutvorkommen bekannt[9]. Schwarzmilane kommen hier selten vor, können aber in allen Teilen des Gebiets auftreten, auch über dem Schilfgürtel des Neusiedler Sees. Bisher wurden nur einzelne Vögel gemeldet[10].

Jahreszeitliches Auftreten

Der Frühlingsdurchzug setzt Ende März ein und gipfelt Anfang Mai. Aus der Brutzeit liegen nur wenige Beobachtungen vor, darunter auch die eines futtertragenden Individuums, das am 1.6.2014 im Hanság Richtung Nordwesten abfliegend beobachtet wurde[8]. Der Abzug verläuft wesentlich unauffälliger und ist Ende September abgeschlossen, im Bearbeitungsgebiet aber kaum merkbar. Vereinzelte Beobachtungen liegen auch aus dem Herbst und Winter vor. Der bislang späteste Nachweis gelang am 30.12.2015 mit einem Jungvogel im Hanság[11].

Zugverhalten und Ringfunde

Aus der Umgebung des Bearbeitungsgebiets liegen zwei Funde von als Nestlingen beringten Schwarzmilanen mit nordwestlicher Herkunft vor. Ein am 15.6.1960 nordwestlich von Bautzen/Sachsen markierter Vogel wurde am 25.4.1963 südlich von Lutzmannsburg im Mittelburgenland als Verkehrsopfer registriert (455 km). Ein am 26.6.1961 bei Bieniowice im südwestlichen Polen beringtes Individuum wurde am 9.5.1962 unter unbekannten Umständen tot nahe Großhöflein bei Eisenstadt gefunden (380 km)[12]. Elf im Raum der March-Thaya-Auen und in Tschechien besenderte Schwarzmilane überwinterten überwiegend in Westafrika, südlich der Sahara. Zwei dieser Vögel überflogen das Neusiedler See-Gebiet[13].

Quellen: *[1] Archiv BirdLife Österreich, [2] www.ornitho.at, [3] Jukovits (1864/65), [4] von Fischer (1883), [5] Madarász in Zimmermann (1943), [6] Bauer et al. (1955), [7] B. Leisler & G. Spitzer, unpubl. Daten, [8] H.-M. Berg/ABÖ, [9] Váczi (2006), [10] Archiv MME Sopron, [11] J. Hohenegger, R. Katzinger, L. Strobl, F. Samwald, A. Tiefenbach/ornitho.at, [12] Österreichische Vogelwarte, unpubl. Ringfunde, [13] R. Raab, unpubl. Daten*

Leander Khil & Előd Győrig

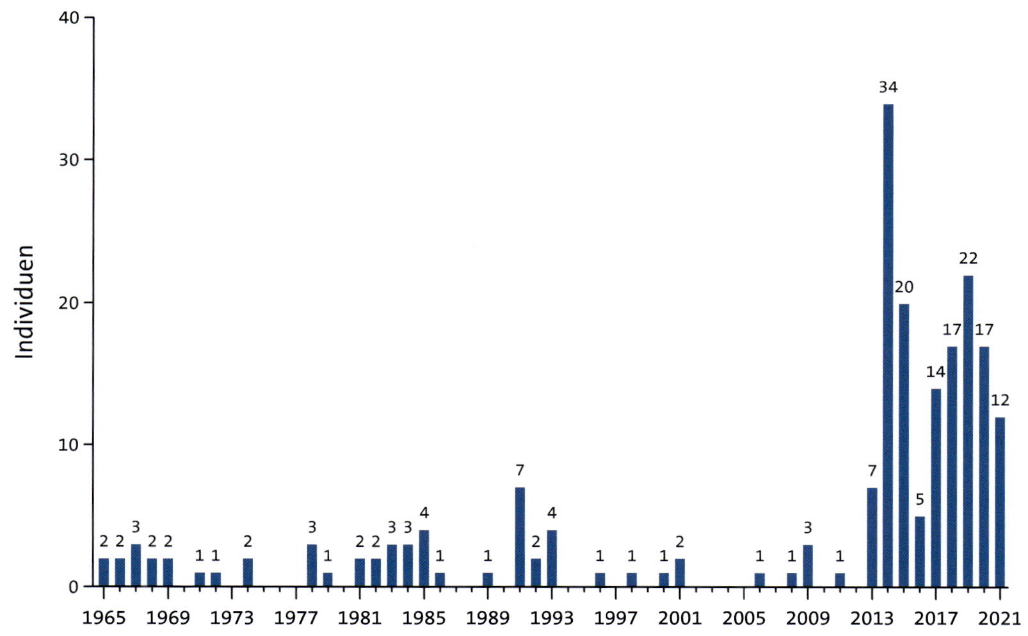

Beobachtungen des Schwarzmilans (Jahressummen) in Österreich in den Jahren 1965–2021[1,2].

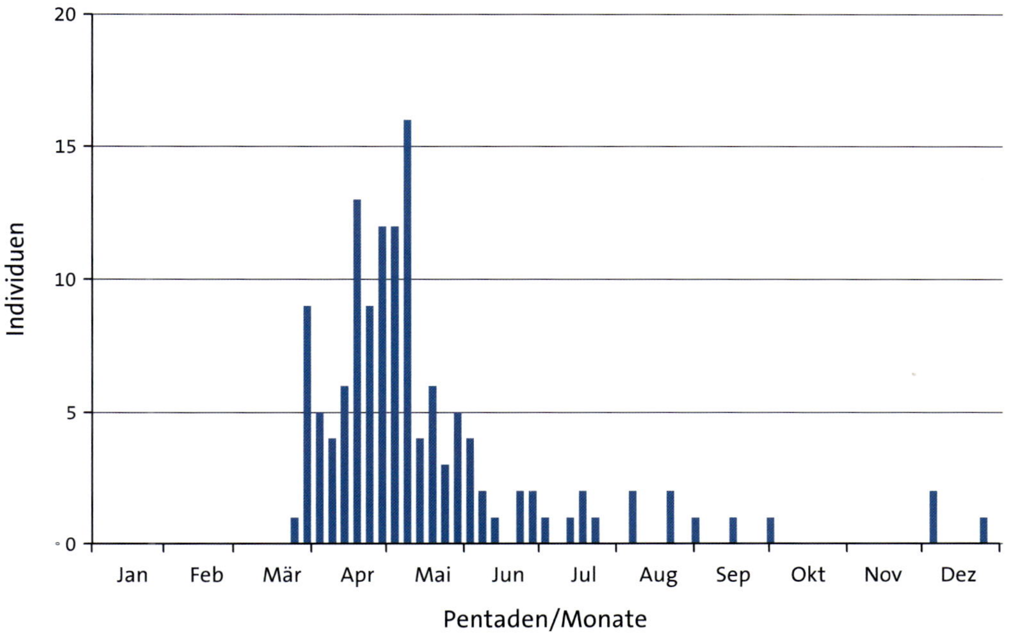

Jahreszeitliches Auftreten (Pentadensummen gemeldeter Individuen) des Schwarzmilans basierend auf Daten aus Österreich aus den Jahren 2010–2021 (n = 131)[2].

Seeadler *Haliaeetus albicilla* (Linnaeus, 1758)

Rétisas – White-tailed Eagle

Seltener Durchzügler und Wintergast sowie Brutvogel in Österreich mit einem Paar

Verbreitung und Lebensraum

Der Seeadler nutzt auf österreichischer Seite schwerpunktmäßig vier Teilbereiche: Mit Abstand am stärksten frequentiert wird der Großraum Hanság von Wallern bis Andau, fast ebenso stark genutzt wird der zentrale Seewinkel von der Fuchslochlacke im Norden, der Oberen Halbjochlacke im Westen bis zum St. Andräer Zicksee im Osten und dem Gebiet Lange Lacke-Wörthenlacken als Zentrum. Regelmäßiges Seeadler-Jagdgebiet ist auch die Graurinderkoppel vom Sandeck bis ins Zwikisch, das Ostufer des Sees vom Sandeck bis Podersdorf sowie die Umgebung von Illmitz. In allen anderen Bereichen des Gebiets ist der Seeadler nur ausnahmsweise anzutreffen[1,2]. Seeadler halten sich überwiegend an Stellen auf, die größere Wasservogelkonzentrationen beherbergen. Die andererseits sehr hohe Attraktivität des Hanság ist dementsprechend schwer zu erklären, Wasservögel spielen hier als Beute auf jeden Fall nur eine untergeordnete Rolle.

In Ungarn nutzen Seeadler bevorzugt das Umfeld der Madárvárta-Bucht und die Überschwemmungsgebiete in Mekszikópuszta. Sie folgen hier den ausfliegenden Scharen der Wildgänse und machen Jagd auf sie. Vor der Einrichtung der Jagdschutzzone stellten verwundete Gänse eine ihrer Hauptnahrungsquellen dar[3].

Bestand und Bestandsentwicklung

Zimmermann[4] fasste die Situation in der zweiten Hälfte des 19. Jahrhunderts wie folgt zusammen: *„Der Seeadler ist, trotzdem aus neuerer Zeit nur wenige Beobachtungen über ihn vorliegen, ein wohl regelmäßiger Gast im Gebiet."* Im 19. Jahrhundert soll der Seeadler im Kapuvárer Erlenwald gebrütet haben[4], wobei allerdings die beiden angeführten Quellen dazu nur vage Informationen aus zweiter Hand enthalten[5,6].

Darscho, Apetlon, 15.8.2022 (Leander Khil)

Von 1951–1953 genügten fünf Beobachtungen für den Statusvermerk *„regelmäßiger, nicht allzu seltener Wintergast“* [7]. Im Zuge der raschen Ausbreitung des Seeadlers in Mitteleuropa ab den 1990er Jahren brütete 2003 erstmals ein Paar auf österreichischer Seite im Neudegg. Dieser Brutplatz ist seitdem durchgehend besetzt. Im Zeitraum 2003 bis 2021 kam es in 12 von 19 Jahren zu erfolgreichen Bruten, aus denen insgesamt 23 Jungvögel ausflogen [8,9].

Die wichtigste Quellpopulation für das langsame Wachstum der Brutpopulation im Karpatenbecken war der Brutbestand der Balkanhalbinsel [10]. Die Expansion erreichte Ende der 1990er Jahre den Hanság und den Mosoni-sík, und schließlich auch das Neusiedler See-Gebiet [11]. Die Brutpopulation der Kleinen Ungarischen Tiefebene zählte 2018 bereits 17 Paare [12]. Im ungarischen Teil des Avifauna-Gebiets überwinterten von Anfang der 1990er Jahre bis zur Etablierung des ersten Brutpaares in der Nähe der Schlafplätze der Wildgansgruppen 2–7 Seeadler (max. 15 am 26.10.2003) [13].

Jahreszeitliches Auftreten

Der Seeadler ist ganzjährig im Gebiet anwesend, von Mitte Mai bis Mitte August liegt die Anzahl der Meldungen pro Dekade im Vergleich zum übrigen Jahr aber deutlich niedriger [1].

Zugverhalten und Ringfunde

Die Bewegungsmuster der in der Kleinen Ungarischen Tiefebene brütenden, mit GPS/GSM-Sendern ausgestatteten Exemplare deuten darauf hin, dass sie nach der Brutzeit Hunderte von Kilometern nach Norden und Süden streifen, von einer echten Wanderung kann man aber nicht reden. Adulte Exemplare können sich auch während der Brutzeit 10–20 km vom Horst entfernen [14].

Quellen: [1] *www.ornitho.at*, [2] *Archiv BirdLife Österreich*, [3] *Pellinger & Hadarics (1993)*, [4] *Zimmermann (1943)*, [5] *Fischer (1883)*, [6] *Dombrowski (1889)*, [7] *Bauer et al. (1955)*, [8] *R. Probst, unpubl. Daten*, [9] *V. Waba, unpubl. Daten*, [10] *Nemesházi (2017)*, [11] *Váczi (2006)*, [12] *Szelényi (2020)*, [13] *Archiv FHNP*, [14] *Váczi (2020)*

Michael Dvorak & Attila Pellinger

Raufußbussard *Buteo lagopus* (Pontoppidan, 1763)

Gatyás ölyv – Rough-legged Buzzard

Neudegg, Apetlon, 13.11.2015 (Michael Dvorak)

Sehr seltener, aber alljährlicher Durchzügler und Wintergast von Mitte Oktober bis Mitte April

Verbreitung und Lebensraum

Der in Europa vorwiegend in höheren Lagen Skandinaviens und im Norden Russlands brütende Raufußbussard überwintert in Mittel- und Osteuropa, wo er wie in seinen Brutgebieten offene, baumarme Landschaften zur Suche nach Kleinsäugern nutzt. Je nach Nahrungsangebot werden im Neusiedler See-Gebiet Wiesen, Ackerlandschaften und Hutweiden aufgesucht. Weingärten werden dabei, im Gegensatz zum Mäusebussard, gemieden. Rund 80 % der Beobachtungen stammen aus dem östlichen Teil des Bearbeitungsgebiets, wie z. B. aus dem Hanság oder vom Albrechtsfeld [1,2].

Bestand und Bestandsentwicklung

Angesichts der teils schwierigen Unterscheidung des Raufußbussards vom viel häufigeren Mäusebussard ist die Beurteilung vieler historischer Angaben schwierig. Ende des 19. Jahrhunderts gab Jukovits [3] ohne weitere Details an, dass sowohl Mäuse- als auch Raufußbussard *„häufig vorkommen“*. Von Dombrowski [4] erachtete die Art 20 Jahre später in den Monaten Jänner und März als *„nicht häufig“* bzw. *„nur vereinzelt anzutreffen“*. Zimmermann [5] relativierte 1943 diese Angaben, da ihm selbst nur zwei Belege bekannt waren – er selbst besuchte das Gebiet aber nur im Frühling und Sommer, konnte daher also keine eigenen Beobachtungen beitragen. Gleichzeitig zweifelte er aber nicht an der Richtigkeit der Angaben seiner Vorgänger. Bei Bauer et al. [6] wurde bekräftigt, dass es sich um einen *„nicht seltenen Wintergast"* handelt. Diese Einstufung wurde allerdings mit nur fünf Beobachtungen bzw. Belegen zwischen 1927 und 1953 untermauert. Zehn Jahre später bestätigte Lugitsch[7] diese Einstufung. Raufußbussarde treten im Bearbeitungsgebiet heute in geringer Zahl und meist einzeln auf.

Der Winterbestand und damit auch die Regelmäßigkeit des Auftretens hat sich in den letzten 2–3 Jahrzehnten sehr stark verringert: Die Jahressummen zeigten seit Mitte der 1960er Jahre starke Schwankungen mit stärkeren Einflügen in drei bis sechsjährigen Intervallen, die absoluten Zahlen zeigen aber in diesem Zeitraum keinen offensichtlichen Trend. Daraus kann jedoch auf eine starke Abnahme geschlossen werden, denn die Beobachtungs- und Meldeaktivität im Gebiet ist seit 2013 um ein Vielfaches angestiegen und hätte sich bei gleichbleibenden Zahlen in einer deutlichen Erhöhung der Jahressummen niederschlagen müssen. Dies wird gestützt durch Daten über Ansammlungen mehrerer Individuen: 90 % der Meldungen von mehr als zwei Exemplaren (n = 46) stammen aus dem Zeitraum 1966–2000. Aus dieser langen Periode stammen aber nur etwa 60 % aller Beobachtungen. Die größten gemeldeten Gruppen waren je mindestens acht Exemplare am 15.1.1972[8] und am 9.1.1977[9] im Hanság. Im ungarischen Teil des Avifauna-Gebiets ist der Raufußbussard eine der seltensten Greifvogelarten. Es gibt Jahre, aus denen es überhaupt keine Nachweise gibt. Gewöhnlich kommt er einzeln vor, nur ein einziges Mal wurden am 14.11.1977 drei Exemplare auf der Weide von Fertőszéplak beobachtet[10].

Jahreszeitliches Auftreten

Der Zuzug des Raufußbussards beginnt im Oktober, wobei ein starker Anstieg der Beobachtungen ab der zweiten Monatshälfte bemerkbar ist. Die insgesamt nur neun Meldungen aus August und September stammen überwiegend aus den Jahren 1969–2000. Nach einer Durchzugsspitze Ende Oktober bzw. Anfang November scheint sich der Winterbestand zu stabilisieren. Ein weiterer, leichter Anstieg der Beobachtungen erfolgt dann zum Heimzug Ende Februar bzw. Anfang März. Im Laufe des Frühlings nehmen die Beobachtungen ab, wobei einzelne Individuen bis in den April verweilen. Die spätesten Beobachtungen stammen aus den ersten Maitagen[1].

Zugverhalten und Ringfunde

Zur Herkunft der Raufußbussarde im Gebiet ist nichts bekannt. Es liegen keine Ringfunde vor. Ein im Februar 2017 in Oberösterreich besendertes Individuum, das im Frühling bis an den Jenisseigolf nach Nord-Sibirien zog[11], lässt aber erwarten, dass auch im Bearbeitungsgebiet zumindest manche Raufußbussarde aus weitaus östlicheren Gebieten stammen, als man vermuten möchte.

Quellen: *[1] Archiv BirdLife Österreich, [2] www.ornitho.at, [3] Jukovits (1864/65), [4] von Dombrowski (1889), [5] Zimmermann (1943), [6] Bauer et al. (1955), [7] Lugitsch (1964), [8] G. Spitzer/ABÖ, [9] A. Billek/ABÖ, [10] Kárpáti (1983a), [11] Leditznig & Langer (2018)*

Leander Khil & Attila Pellinger

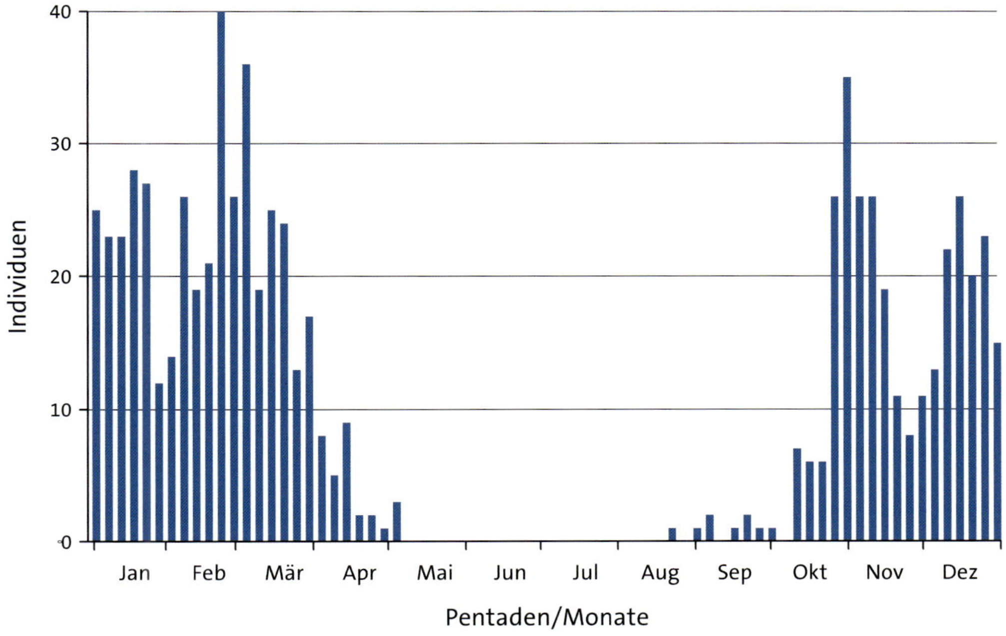

Jahreszeitliches Auftreten des Raufußbussards (Pentadensummen gemeldeter Individuen) basierend auf Daten aus den Jahren 1966–2021 (n = 757)[1,2].

Adlerbussard *Buteo rufinus* (Cretzschmar, 1829)

Pusztai ölyv – Long-legged Buzzard

Huldenäcker, St. Andrä am Zicksee, 27.12.2016, 1. KJ (Leander Khil)

Sehr seltener Gastvogel

Vorkommen

Der Adlerbussard ist ein mittlerweile alljährlicher Gast, der praktisch zu jeder Jahreszeit erwartet werden kann. In den allermeisten Fällen handelte es sich um Einzelvögel, zweimal wurden zwei Individuen gleichzeitig registriert, einmal, zwischen Ende April und Anfang Juni 2005, hielten sich bis zu vier Altvögel und zwei Vorjährige im zentralen Seewinkel auf[1]. Von 44 altersmäßig bestimmten Vögeln waren 19 (43,2 %) Altvögel und 25 (56,8 %) diesjährige oder 2. KJ Vögel. Die Nachweise stammen ganz überwiegend aus dem Seewinkel und dem Hanság, eine Reihe von Beobachtungen gelangen auch an der Graurinderkoppel. Daneben gab es mehrere Sichtungen im ungarischen Südteil des hier bearbeiteten Gebiets sowie einmal aus Neusiedl am See. Vom Westufer des Neusiedler Sees liegen bisher noch keine dokumentierten Meldungen vor.

Die ersten Nachweise des Adlerbussards im Neusiedler See-Gebiet betreffen zwei Vögel, die am 2.4.1856 bei Apetlon und am 11.8.1897 bei St. Andrä erlegt wurden[2–5]. Danach folgten erst in den 1970er Jahren weitere vier Feststellungen[6]. Parallel zu einem verstärkten Auftreten und ersten Bruten in Ungarn wurde der Adlerbussard ab den 1990er Jahren zu einem regelmäßigen Gast in den offenen Landschaften Ostösterreichs[7]. Das machte sich auch im Seewinkel bemerkbar, seit 1991 wurde die Art hier einigermaßen regelmäßig nachgewiesen, von 21.–22.4.1992 wurde sie erstmals auf der ungarischen Seite festgestellt[8] und seit 2005 ist der Adlerbussard im Neusiedler See-Gebiet alljährlich anzutreffen.

Jahreszeitliches Auftreten

Der Gipfel des Auftretens liegt im Frühjahr, insbesondere im Mai. Aber auch im Spätsommer und Herbst werden vermehrt Nachweise erbracht. Auffällig sind lange Aufenthaltsdauern einzelner Individuen, die sich gelegentlich über mehrere Monate erstrecken können. So hielt sich etwa ein Jungvogel im Raum Lange Lacke von 9.9.–5.11.2000 auf[9], ein vorjähriger Vogel im südlichen Seewinkel von 22.3.–22.5.2014[10] sowie ein Jungvogel bei St. Andrä von 16.12.2016–25.2.2017[11,12]. Bei Fertőszéplak kam es von 11.7.–7.8.2021 zur Übersommerung eines immaturen Individuums[13]. Daneben ist der Adlerbussard auch seltener Sommergast in östlich des Bearbeitungsgebietes gelegenen Teilen des Komitats Győr-Moson-Sopron. Sieht man von dem oben genannten, überwinternden Individuum bei St. Andrä ab, stammt die jahreszeitlich früheste Beobachtung vom 23.2.1991[14], die späteste vom 28.12.2011[15].

Quellen: [1] *J. Laber, A. Ranner in Ranner & Khil (2009),* [2] *Finger (1857a),* [3] *Finger (1857b),* [4] *Zimmermann (1943),* [5] *Aumüller (1967),* [6] *Archiv BirdLife Österreich,* [7] *Laber & Ranner (1997),* [8] *Bankovics et al. (2002),* [9] *J. Laber, F. Samwald, A. Ranner u. a. in Ranner (2003),* [10] *M. Dvorak, E. Albegger, J. Laber u. a. in Albegger & Khil (2016),* [11] *L. Khil, E. Albegger, A. Ranner u. a. in Albegger & Brader (2018),* [12] *www.ornitho.at,* [13] *M. Váczi, unpubl. Daten,* [14] *A. Ranner, B. Braun, E. Karner u.a. in Laber & Ranner (1997),* [15] *N. Teufelbauer in Khil & Albegger (2014),* [16] *Khil & Albegger (2014),* [17] *Ranner (2002),* [18] *Ranner (2003),* [19] *Ranner & Khil (2009),* [20] *Ranner & Khil (2011),* [21] *Khil & Albegger (2014),* [22] *Albegger & Khil (2016),* [23] *Albegger & Brader (2018),* [24] *www.birding.hu,* [25] *www.birdlife-afk.at*

Andreas Ranner & Miklós Váczi

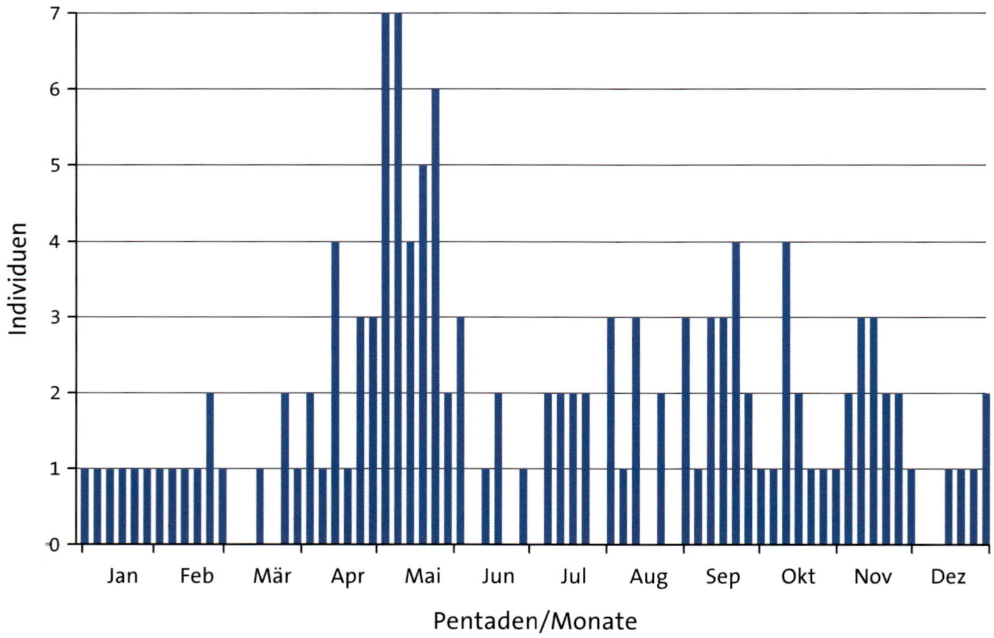

Jahreszeitliches Auftreten des Adlerbussards (Pentadensummen gemeldeter Individuen) in Österreich und Ungarn basierend auf Daten aus den Jahren 1856–2021 (n = 131)[2–5, 7, 8, 12, 13, 16–25].

Mäusebussard *Buteo buteo* (Linnaeus, 1758)

Egerészölyv – Common Buzzard

Ochsenbrunnlacke, Illmitz, 13.11.2016 (Michael Dvorak)

Mäßig häufiger Brutvogel sowie jahrweise unterschiedlich häufiger bis sehr häufiger Durchzügler und Wintergast

Verbreitung und Lebensraum

Mäusebussarde sind zur Brutzeit, im Gegensatz zum Wespenbussard, zwar nicht auf geschlossene Wälder angewiesen, benötigen zur Nestanlage aber zumindest kleine Feldgehölze mit mindestens einem höheren Baum. Da die Art größere Reviere verteidigt und nur eine begrenzte Zahl geeigneter Reviere verfügbar ist, ergibt sich im Gebiet eine geringe Brutdichte. Horste werden in größeren Wäldchen, aber auch in schmalen Windschutzstreifen oder kleinen Baumgruppen und -reihen, sehr selten auch in Einzelbäumen gebaut. Brutpaare sind locker, aber einigermaßen flächendeckend über das Gebiet verteilt. Nur in besonders intensiv landwirtschaftlich genutzten Bereichen, in denen Gehölzgruppen über größere Strecken völlig fehlen, brütet der Mäusebussard nicht. Außerhalb der Brutzeit ist die Art noch anspruchsloser und gibt sich mit Äckern, Wiesen und Weiden zufrieden, solange Kleinsäuger als Nahrung zu finden sind. Häufig werden Mäusebussarde auch auf Weingärtenpfosten sitzend gesehen. Diese Ansitzwarten dürften aber vor allem zur Jagd auf angrenzenden Wiesen und am Straßenrand genutzt werden. Die Art profitiert auch vom sehr hohen Aufkommen im Straßenverkehr getöteter Tiere.

Während in Ungarn weite Teile des Avifauna-Gebiets (offene Gewässer und Schilfgebiete) als Brutlebensraum für den Mäusebussard nicht geeignet sind, entstanden in den ursprünglich baumlosen bis baumarmen Bereichen ab der zweiten Hälfte der 1940er Jahre an verschiedenen Stellen künstlich angelegte Windschutzstreifen[1]. Dadurch entstanden Brutplätze für den Mäusebussard und bereits in den 1970er Jahren war die Art hier ein verbreiteter Brutvogel[2].

Bestand und Bestandsentwicklung

Mit der zunehmenden Gehölzentwicklung im 20. Jahrhundert hat sich auch der Brutbestand des Mäusebussards positiv entwickelt. Über den Bestand Ende des 19. bzw. in der ersten Hälfte des 20. Jahrhunderts lassen die gängigen Quellen keine genaueren Rückschlüsse zu. Mäusebussarde wurden für manche Bereiche als häufig, für andere als fehlend oder selten beschrieben, finden sich aber in vielen Zusammenstellungen zumindest mit einzelnen Beobachtungen[3–5]. Mitte der 1950er Jahre war der Mäusebussard als Brutvogel zwar am West- und Nordrand des Sees, aber noch nicht im Seewinkel etabliert. Bauer et al.[6] führten noch jede Brutzeitbeobachtung aus dem Neusiedler See-Gebiet einzeln an und stufen die Art zur Zugzeit als *„nicht gerade häufig, aber doch regelmäßig in geringer Zahl"* ein. Ein Horst südlich von Andau im Jahr 1955 wurde zum *„ersten im eigentlichen Seegebiet"* erklärt[7]. Erste quantitative Angaben sprechen am 14.3.1969 von ca. 15 Mäusebussarden entlang der Tadtener Dammstraße im Hanság (hier 17 Ex. am 15.1.1984[9]) und von 10–13 Exemplaren am 19.9.1969 im gesamten österreichischen Hanság[8]. Zählungen in großen Teilen des Bearbeitungsgebiets östlich des Neusiedler Sees im Winter 1984 ergaben eine starke Abnahme der Überwinterer zwischen Mitte Jänner (20 Ind./100 km²) und Mitte Februar (6,4 Ind./100 km²). Besonders hohe Konzentrationen wurden im Albrechtsfeld und im Hanság (hier 44 Ind./100 km² im Februar) festgestellt[9]. Lockere Ansammlungen von 10–20 Mäusebussarden wurden zwischen 2009 und 2018 ganz überwiegend aus den Monaten September bis März im Hanság, aber auch im Gebiet nördlich der Langen Lacke festgestellt[10,11]. Als Beispiel für ein sehr starkes Durchzugsereignis können 31 Exemplare gelten, die am 30.7.2017 innerhalb von fünf Minuten über Illmitz nach Nordwesten zogen[12]. In der Brutsaison 2020 ergab eine großflächige Erhebung auf 239 km² rund um den Neusiedler See und in großen Teilen des Seewinkels einen Bestand von 60–65 Revieren und damit eine großflächige mittlere Siedlungsdichte von 0,26 Revieren pro km² Fläche[13]. Im Seewinkel wurde in den Jahren 2016–2018 der Brutvogelbestand von 19 Wäldchen und kleinen Baumbeständen untersucht, der Mäusebussard wurde in sieben Gebieten als Brutvogel festgestellt[14].

Gegenwärtig brütet der Mäusebussard in Ungarn einerseits in einem schmalen Streifen am westlichen und südlichen Rand des Avifauna-Gebiets, andererseits in den Windschutzstreifen und Baumgruppen zwischen den Wiesen und Äckern im Südosten und Osten. Der Gesamtbestand liegt wahrscheinlich bei 15–30 Paaren[15]. Wie Untersuchungen mittels Farbringmarkierungen und Satellitensendern zeigen, messen die Aktionsräume der Paare hier nur wenige Quadratkilometer und sind damit verhältnismäßig klein[16], was auf eine hohe Lebensraumqualität hindeutet.

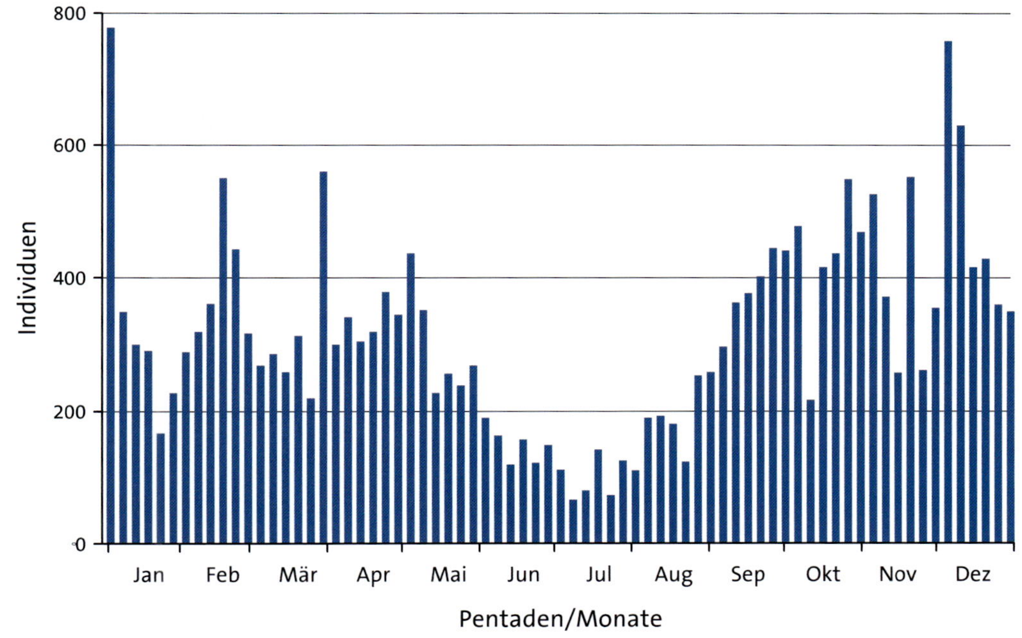

Jahreszeitliches Auftreten des Mäusebussards (Pentadensummen gemeldeter Individuen) basierend auf Daten aus Österreich in den Jahren 2010-2021 (n = 23.036)[11].

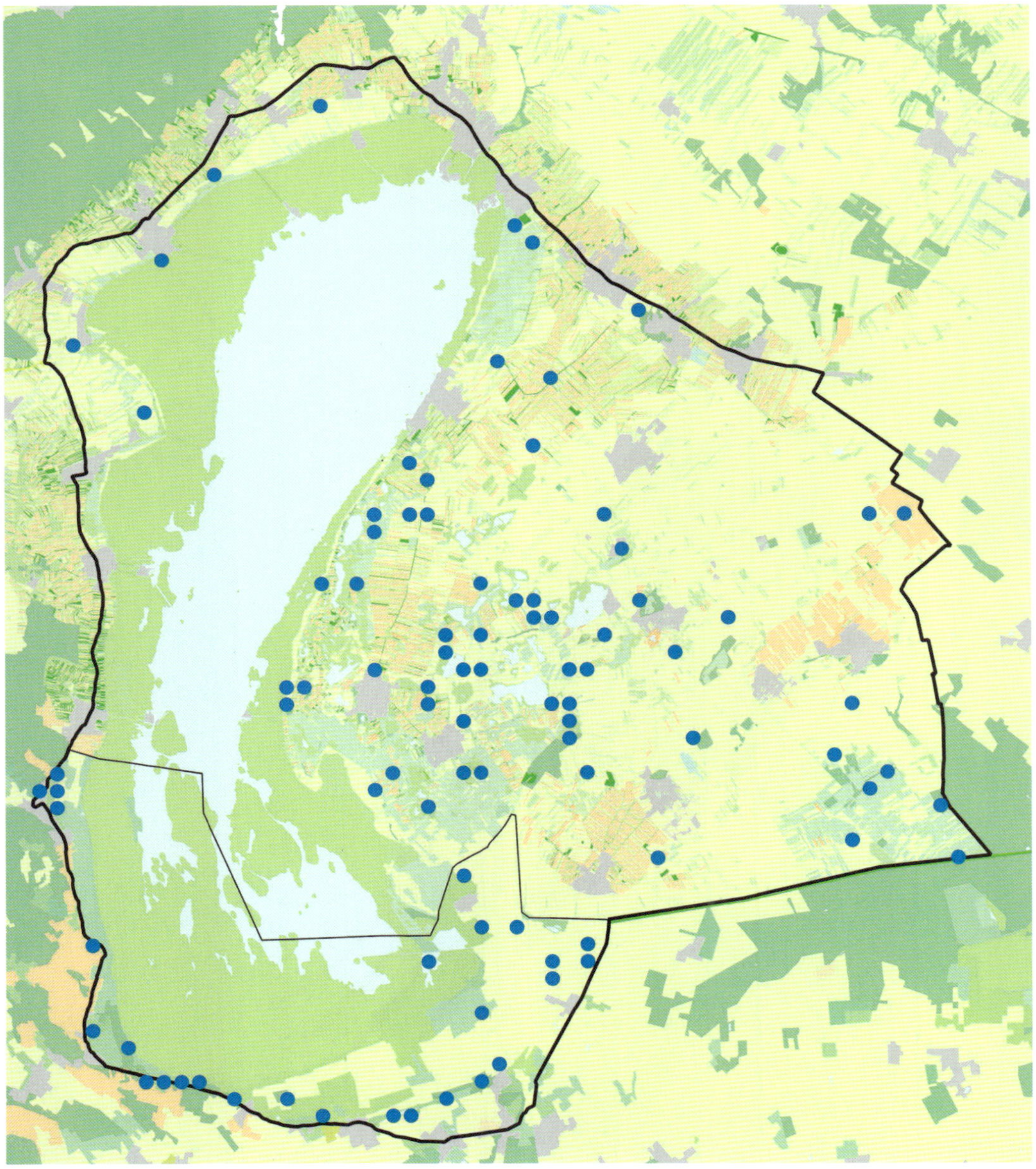

Brutplätze des Mäusebussards, basierend auf Daten aus den Jahren 2011–2021 (Brut nachgewiesen; Brutcode „N")[11,21,22].

Jahreszeitliches Auftreten

Mäusebussarde kommen ganzjährig im Gebiet vor, wobei es im Herbst, v.a. im Oktober, zu einem Zuzug und in der Folge zu einem deutlich höheren Aufkommen während des Winterhalbjahres kommt. Auch im Frühling, etwa zwischen März und Mai, ist starker Durchzug zu bemerken, der jedoch in den gemeldeten Pentadensummen – wohl aufgrund starker Beobachteraktivität – überproportional aufscheint, während Herbstdurchzügler und Wintergäste sicher unterrepräsentiert sind. In Perioden mit geschlossener Schneedecke verlassen viele Mäusebussarde, wie auch andere auf Kleinsäuger angewiesene Greifvögel, das Gebiet.

Zugverhalten und Ringfunde

In Mitteleuropa ist der Mäusebussard überwiegend Standvogel, nordische Populationen ziehen im Winter aber südwärts und erreichen das Bearbeitungsgebiet. Zahlreiche Ringfunde belegen die Herkunft von in Österreich durchziehenden und überwinternden Mäusebussarden aus nordöstlicher Richtung, insbesondere aus Tschechien, Polen und dem Baltikum[17]. Im Neusiedler See-Gebiet wurden beringte Nestlinge aus Südfinnland (beringt am 30.6.1996 bei Jaala, tot aufgefunden am 15.3.1997 bei Fertőboz; 1619 km[18]) und Tschechien (beringt am 18.5.1994 bei Miskovice, tot aufgefunden am 30.3.1997 bei Apetlon; 180 km[19]) festgestellt. Fünf zwischen 2009 und 2018 in Ungarn am Südufer des Neusiedler Sees beringte Individuen wurden hingegen allesamt im näheren Umkreis (max. 39 km entfernt) wiedergefunden[18].

Seltene Unterarten

Neben der europäischen Nominatform *B. b. buteo* tritt in Mitteleuropa viel seltener auch die östliche Unterart *B. b. vulpinus*, der sog. „Falkenbussard“ auf. Diese Unterart brütet von Nordosteuropa (Schweden, Finnland) ostwärts und zieht im Winter bis ins südöstliche Afrika. Durchzügler sind in geringer Zahl durchaus auch im Neusiedler See-Gebiet zu erwarten. Die Abgrenzung „reiner“ Falkenbussarde von Vögeln aus der Übergangszone in Nordeuropa ist jedoch häufig unmöglich und so gestalten sich Aussagen über das Auftreten schwierig[20]. Vier Meldungen von Vögeln mit Merkmalen der Unterart *B. b. vulpinus* liegen aus den Monaten September, November und April vor[10, 11].

Quellen: [1] *Jánoska (2001),* [2] *Kárpáti (1983),* [3] *Jukovits (1864/65),* [4] *Steinparz (1926),* [5] *Zimmermann (1943),* [6] *Bauer et al. (1955),* [7] *Bauer (1956a),* [8] *Kurth (1970),* [9] *Dvorak & Grüll (1985),* [10] *Archiv BirdLife Österreich,* [11] *www.ornitho.at,* [12] *J. Frießer/ornitho.at,* [13] *BirdLife Österreich, unpubl. Daten,* [14] *M. Dvorak, unpubl. Daten,* [15] *M. Váczi, unpubl. Daten,* [16] *Váczi et al. (2014),* [17] *Schmidt et al. (2014),* [18] *Vogelberingungszentrale BirdLife Ungarn, unpubl. Ringfunde,* [19] *Österreichische Vogelwarte, unpubl. Ringfunde,* [20] *Forsman (2016),* [21] *Archiv MME Sopron,* [22] *Archiv FHNP*

Leander Khil & Attila Pellinger

Kaiseradler, Aquila heliaca, *subadult, Hanság, Tadten, 3.7.2016 (Michael Dvorak)*

Schleiereule *Tyto alba* (Scopoli, 1769)

Gyöngybagoly – Western Barn Owl

Frauenkirchen, 11.7.2020 (Leander Khil)

Seltener Jahresvogel, der seit den 1980er Jahren hauptsächlich in Nistkästen brütet

Verbreitung und Lebensraum

Die reichhaltig gegliederte Kulturlandschaft des Neusiedler See-Gebietes ist als Lebensraum für die Schleiereule sehr gut geeignet. Bei der Wahl des Brutplatzes ist sie im gesamten Gebiet fast ausschließlich auf Gebäude bzw. Siedlungen angewiesen. Abseits von Gebäuden und anderen Bauwerken wurde 1955 auch eine Brut in der großen Lösswand in Weiden nachgewiesen[1]. Während rezente Einzelnachweise (v.a. rufende Vögel, Straßenverkehrsopfer) aus den Jahren 2011–2018 im österreichischen Teilgebiet, insbesondere östlich des Neusiedler Sees, weit verbreitet sind und bis in das Albrechtsfeld und den Hanság reichen[2–4], beschränken sich Brutnachweise im selben Zeitraum auf wenige Standorte: 14 befanden sich östlich des Neusiedler Sees mit Schwerpunkten in den Gemeinden Podersdorf, Illmitz und Apetlon und nur vier am Westufer in den Gemeinden Purbach, Donnerskirchen und Rust. Sieben dieser Brutplätze befanden sich innerhalb von Ortschaften bzw. an Ortsrändern und 11 in solitär stehenden Gebäuden mit landwirtschaftlicher Nutzung, in vielen Fällen Tierställen. Mit einer Ausnahme (Brut in einem ungenutzten Taubenkobel in Pamhagen[5]) fanden alle Bruten in Nistkästen statt[3, 4]. Auf der ungarischen Seite des Avifauna-Gebietes waren 1997–2022 fünf besetzte Nistkästen in Fertőrákos, Mekszikópuszta, Nyárliget, Fertőendréd und Agyagosszergény bekannt.

Bestand und Bestandsentwicklung

Die Schleiereule weist, aufgrund der starken Abhängigkeit von Mäusegradationen und eines daran angepassten Fortpflanzungssystems, starke Bestandsschwankungen auf[6]. Dies spiegelt sich auch im Neusiedler See-Gebiet wider, sowohl in historischen Anmerkungen als auch in den rezenten Nachweisen[1–4, 7, 8]. Es ist zu vermuten, dass die Art am Anfang des 20. Jahrhunderts in den meisten Ortschaften als regelmäßiger Brutvogel vorkam. Erste dokumentierte Nachweise beziehen sich auf Bruten in Kirchtürmen, so aus dem Jahr 1886 in der Klosterkirche Frauenkirchen[9]. Zimmermann[7] vermutete 1943, dass die Schleiereule ein *„zwar nicht häufiger, aber wohl regelmäßiger Brutvogel in den Dörfern östlich des Sees"* ist. Für das Westufer wurden ebenfalls Bruten angenommen[1, 7, 10, 11]. Aus den Jahren 1949–1952 liegen Hinweise auf Vorkommen in den Kirchtürmen der Ortschaften Weiden, Breitenbrunn, Rust, Neusiedl am See sowie Podersdorf vor[1]. Bauer et al.[1] beschreiben den Status 1955 mit *„ziemlich verbreiteter, aber vielfach übersehener Brutvogel des ganzen Seegebietes"*.

Aus der zweiten Hälfte des letzten Jahrhunderts liegen aus allen Ortschaften des österreichischen Teilgebietes Meldungen vor, sodass über die Jahrzehnte gesehen eine flächendeckende Verbreitung als belegt gelten kann. Auch Brutnachweise sind aus dieser Zeit über das gesamte Gebiet verteilt[2,3]. Durch Kirchensanierungen sowie die Modernisierung landwirtschaftlicher Bauten, kam es zu einer Reduktion geeigneter Brutplätze[6]. Neben den „traditionellen" Neststandorten in Nischen bzw. störungsarmen Plätzen in Dachböden, Ställen und Kirchtürmen stieg dabei in den letzten Jahrzehnten die Bedeutung von Nistkästen, die erstmals 1983 in Podersdorf zum Einsatz kamen[12]. Abgesehen vom Brutplatzmangel könnten auch überregionale Bestandsrückgänge das Neusiedler See-Gebiet betroffen haben. Viele Brutplätze, die in den letzten Jahrzehnten unter Beobachtung standen, waren über die Jahre hinweg nicht durchgehend besetzt[3,4]. So konnten z.B. in vier Nistkästen am Südufer und 22 im angrenzenden ungarischen Hanság im Zeitraum 1997–2013 pro Jahr durchschnittlich nur in 43 % (30–75 %) der Kästen Bruten nachgewiesen werden[13].

Bestandszahlen fehlen jedoch, da großflächige Erhebungsprogramme bisher nicht durchgeführt wurden. Dementsprechend können auch keine gesicherten Aussagen zur langfristigen Bestandsentwicklung getroffen werden. Einen Einblick für die letzten zwei Jahrzehnte liefern aber die jährlichen Kontrollen von 14 ausgewählten Nistkästen ab dem Jahr 2000 in den Gemeinden Podersdorf, Illmitz und Apetlon[4]. Diese zeigen Bestandseinbrüche mit jeweils nur 1–4 dokumentierten Bruten in den Jahren 2003/2004, 2009/2010, 2013 und 2018. In den dazwischen liegenden Perioden stieg die Anzahl der brütenden Paare 2000/2001 auf 5–6 und ab 2002 auf 8–11. Ein Vergleich der Nistkastenkontrollen mit den gemeldeten Zufallsbeobachtungen zeigt, dass ein großer Teil der Schleiereulenbruten unbemerkt stattfindet: Für die 14 betreuten Nistkästen liegen nur für zwei Standorte zusätzliche Daten von nicht in das Projekt involvierten Personen vor[3, 4]. Die Meldungen aus den Jahren 2011–2018, ergänzt durch die Ergebnisse der Nistkastenkontrollen, ergeben für das gesamte österreichische Neusiedler See-Gebiet durchschnittlich acht (4–10) gesicherte Brutnachweise pro Jahr[3, 4]. Unter der Annahme, dass in Gebieten mit geringer Beobachterdichte Bruten unbemerkt stattfinden, sind Bestandsschwankungen zwischen 10 und 20 Brutpaaren pro Jahr wahrscheinlich. Die Nistkastenkontrollen in Podersdorf, Illmitz und Apetlon ergeben für den Zeitraum 2000–2018 in 110 dokumentierten Fällen einen Bruterfolg von durchschnittlich 4,3 ausgeflogenen Jungvögeln pro Kasten und Jahr[4]. Aus den 26 Nistkästen am Südufer und im ungarischen Hanság sind 2015–2021 pro Jahr durchschnittlich fünf (1–7) Jungvögel ausgeflogen. Wie aus anderen Gebieten bekannt, belegen die Beringungsdaten eine hohe Sterblichkeitsrate der Jungvögel: Von 42 Totfunden im ungarischen Neusiedler See-Gebiet beringter Schleiereulen waren nur sieben Vögel älter als ein Jahr.

Jahreszeitliches Auftreten

Die Schleiereule kommt ganzjährig im Gebiet vor. Beobachtungen häufen sich in den Monaten April bis Juli[2, 3]. Dies dürfte jedoch an der allgemein höheren Beobachtungsintensität in dieser Zeit sowie dem gezielten Aufsuchen von allgemein bekannten Brutplätzen liegen. Von den vorhandenen 270 Beobachtungsdaten aus dem Zeitraum 1957–2018, von Doppelmeldungen bereinigt, entfallen weniger als 20 Meldungen auf die Monate Dezember und Jänner[2, 3]. Die Schleiereule kann, in Abhängigkeit vom Nahrungsangebot, in einem Jahr mehrere Bruten aufziehen, wodurch die reproduktive Phase bis in den Spätherbst reichen kann[6]. Die meisten Nachweise mit Nestlingen liegen aus Juni vor, die Brutnachweise streuen jedoch zwischen April und November. Der späteste Nestlingsfund mit drei Jungvögeln in Frauenkirchen ist mit 15.11.1989 datiert[2,3,8]. Die Nistkastenkontrollen in den Gemeinden Podersdorf, Illmitz und Apetlon in den Jahren 2000 bis 2018 ergaben in nur acht Fällen eine zweite Jahresbrut[4]. Systematische Kontrollen im Spätsommer bzw. Herbst gab es jedoch nicht, die Nistkästen wurden in dieser Zeit nur bei begründetem Verdacht inspiziert.

Zugverhalten und Ringfunde

Die Schleiereule ist überwiegend Standvogel mit zum Teil enger Bindung an den Brutplatz. Jungvögel können im Zuge der Jugenddispersion aber größere Strecken zurücklegen. Die Art kann bei hohen Beständen und gleichzeitiger Nahrungsknappheit mit rascher Abwanderung reagieren [6]. Fernfunde im Neusiedler See-Gebiet als Jungvögel beringter Schleiereulen reichen bis Ungarn, Kroatien, Serbien und in die Slowakei. Umgekehrt liegen Fernfunde von Schleiereulen im Neusiedler See-Gebiet vor, die in Deutschland, Ungarn und Tschechien beringt wurden. Es handelt sich in diesen Fällen ebenfalls überwiegend um Individuen, die als Jungvögel markiert wurden. Die größten dokumentierten Distanzen, die beringte Schleiereulen von Deutschland ins Neusiedler See-Gebiet zurückgelegt haben, liegen bei 462, 630 und 729 km. Schleiereulen aus dem ungarischen Neusiedler See-Gebiet wurden bis 118 km vom Beringungsort entfernt wiedergefunden [14].

Quellen: [1] *Bauer et al. (1955),* [2] *Archiv BirdLife Österreich,* [3] *www.ornitho.at,* [4] *V. Waba, unpubl. Daten,* [5] *G. Hafner/ornitho.at,* [6] *Glutz von Blotzheim & Bauer (1980),* [7] *Zimmermann (1943),* [8] *Berg & Ille (2002),* [9] *Fournes (1886),* [10] *Seitz (1943),* [11] *Dvorak et al. (1987),* [12] *Steiner (1988),* [13] *Váczi et al. (2013),* [14] *Österreichische Vogelwarte/Vogelberingungszentrale BirdLife Ungarn, unpubl. Ringfunde*

Gilbert Hafner & Sándor Tatai

Steinkauz *Athene noctua* (Scopoli, 1769)

Kuvik – Little Owl

Podersdorf, 8.5.2022 (Leander Khil)

Seltener Jahresvogel an Ortsrändern, auf Wirtschaftshöfen und im Kulturland; in Österreich Bruten vor allem in Nistkästen

Verbreitung und Lebensraum

Zu den natürlichen Habitaten des Steinkauzes zählen Steppen, Halbwüsten, Felsgebiete oder die Abbrüche steiniger Flussterrassen. Voraussetzung für eine Reviergründung sind ganzjährig kurzrasig oder spärlich bewachsene Nahrungsflächen, ein geeigneter Brutplatz, Tagesverstecke sowie Jagd- und Rufwarten. Die Vorkommen im Neusiedler See-Gebiet finden sich wie in vielen anderen Regionen entweder im offenen Kulturland oder im Bereich von Gebäuden, wo in erster Linie landwirtschaftlich geprägte Dorfränder („Hintaus"), Gutshöfe und einzelnstehende Viehställe besiedelt werden. Oft schließen an die Gebäude Grün- und Ruderalflächen, Gartenanlagen oder Viehkoppeln an. In vielen Fällen dienen sie auch als Brutplatz (v.a. Scheunen, Wirtschaftsgebäude, Lagerhallen, Stallungen). Brutmöglichkeiten abseits von Gebäuden waren ursprünglich vor allem die alten Alleen mit geräumigen Baumhöhlen (v.a. Kirsche, Walnuss oder Maulbeere) und knapp außerhalb des Bearbeitungsgebietes am Abbruch der Parndorfer Platte auch die Höhlen in Lösswänden, Sandgruben und Kaninchenbauten [1,2].

Die Habitatschwerpunkte und das Verbreitungsbild haben sich in den letzten 70 Jahren mehrfach geändert. Bei der ursprünglich weiten Verbreitung im 19. Jahrhundert kann zumindest für den Seewinkel angenommen werden, dass der Steinkauz hauptsächlich in den Dörfern und auf den Meierhöfen brütete. Erst ab den 1950er Jahren werden auch Vorkommen außerhalb der Ortschaften angeführt [1,3–5]. Aus den 1960er Jahren liegen vereinzelte Revier- und Brutnachweise im Bereich der Dörfer am Nord- und Westufer sowie am Nordrand des Seewinkels vor. In sehr geringer Dichte war der Steinkauz außerdem von Frauenkirchen südwärts bis in den nördlichen Hanság, Apetlon und Illmitz verbreitet. Von 1971 bis 1990 erfolgten erste Ansiedlungen am Ostufer des Sees sowie eine weitere Ausbreitung im südlichen Seewinkel. Ab 1980 bis Anfang des 21. Jahrhunderts spielten dabei vor allem um die Lange Lacke die Strohtristen eine Schlüsselrolle, in denen die Käuze zwischen den damals würfelförmigen Strohballen brüteten. Auf der ungarischen Seite waren zu dieser Zeit nur zwei Vorkommen auf dem Wirtschaftshof in Lászlómajor [6] und in Fertőrákos bekannt [7]. Ende der 1990er Jahre entstanden infolge von Nistkastenaktionen, die auch Bruten an vorher ungeeigneten Stellen ohne alternative Nistplätze ermöglichen, die Verbreitungszentren um Podersdorf und am Nordrand des Seewinkels von Weiden am See bis Halbturn, das sich außerhalb des Bearbeitungsgebietes an den Abbrüchen der Parndorfer Platte fortsetzt [8]. Die Reviere am Westufer sind hingegen, mit der Ausnahme von Oggau, seit 1997 nicht mehr bestätigt und zwischen 2002 und 2006 sind außer einem Restvorkommen bei St. Andrä am Zicksee fast alle Brutvorkommen im südlichen Seewinkel erloschen [8–13]. Im ungarischen Gebiet hat der Steinkauz im Zeitraum nach 1990 auf den Wirtschaftshöfen um Mekszikópuszta, Sarród und Hegykő gebrütet (Dália-major, Lászlómajor, Hídimajor, Gagarin-major, Nyáras-major) [14], Hinweise auf wahrscheinliche Bruten liegen auch für andere Dörfer am Südufer des Sees vor.

An den Brutplätzen im Kulturland variiert die Zusammensetzung der Bodenvegetation sehr stark und verteilte sich 1992–1994 auf acht Probeflächen von je 2 ha um das Zentrum besetzter Reviere im Seewinkel auf durchschnittlich 35 % Grünland, 34 % Ackerflächen und 11 % Weingärten, wobei in der Aufzuchtsperiode nur 13 % der Gesamtfläche mit einer Vegetationshöhe von 10–20 cm für den Beuteerwerb optimal waren (v.a. Feldmäuse und Insekten auf Hutweiden und Viehkoppeln). Als Jagdhabitat werden hauptsächlich Wiesen, Weiden und lückig bewachsene Brachen genutzt, seltener Weingärten und nur ausnahmsweise Äcker [10,15]. Dementsprechend bieten reine Ackerflächen nur wenige Ansiedlungsmöglichkeiten, während Weingärten mit offenen Bodenflächen, krautigen Bewuchsstreifen und alten Baumbeständen günstige Bruthabitate darstellen [16].

Bestand und Bestandsentwicklung

In den spärlichen Angaben aus dem ausgehenden 19. Jahrhundert wird der Steinkauz noch als sehr häufiger Brutvogel angeführt, der wegen seiner auffälligen Rufe als „Totenvogel" weithin bekannt war [17–19]. In Hinblick auf die damalige Siedlungsstruktur und landwirtschaftliche Nutzung kann angenommen werden, dass die Dörfer weitgehend flächendeckend besiedelt waren. Möglicherweise auf Grund dieser Häufigkeit wird die Art in der regionalfaunistischen Literatur des 20. Jahrhunderts bis 1942 nicht erwähnt[20]. Zimmermann[21] hingegen, der von 1940 bis 1942 jeweils von April bis Juli sowie im September/Oktober in Illmitz wohnte, gelang lediglich ein Herbstnachweis im Illmitzer Wäldchen. Es ist schwer vorstellbar, dass der Steinkauz in den Dörfern, die sich bis 1955 noch weitgehend im Zustand des 19. Jahrhunderts befanden, damals fehlte. Anfang der 1950er Jahre wird er als *„nicht allzu seltener Brutvogel im ganzen Gebiet"* eingestuft[1], erreichte aber offenbar noch immer nicht die Häufigkeit, die vom Habitatangebot her zu erwarten wäre. Eine mögliche Erklärung sind die extrem schneereichen Kältewinter 1939/40–1941/42 sowie 1953/54, die den Bestand dezimierten[22]. Entsprechende Befunde liegen auch für benachbarte Gebiete wie die Ortschaften entlang der niederösterreichischen March- und Donauauen vor, wo der Kauz bei systematischen Kontrollen 1961 nicht nachgewiesen werden konnte[23]. Im ungarischen Teilgebiet hatte sich die Siedlungsdichte bis zu diesem Zeitpunkt auch als Folge von Wiesenumbruch und landwirtschaftlicher Intensivierung mit Chemieeinsatz drastisch reduziert. 1960–1983 konnten auf der burgenländischen Seite durch Zufallsbeobachtungen an insgesamt 33 Brutplätzen pro Jahr zwischen zwei und sieben besetzte Reviere nachgewiesen werden. Nur noch 10 Revierstandorte entfielen auf Ortschaften. Nach 1970 erfolgte eine deutliche Zunahme der Reviere außerhalb der Dörfer, wo ab 1980 vor allem im zentralen Seewinkel Strohtristen eine zunehmend wichtige Rolle spielten[12]. 1984–1986 wurden entlang des Ostufers von Podersdorf bis Illmitz, um Apetlon und im Gebiet Lange Lacke auf etwa 60 km² Bestandserhebungen durchgeführt, die an insgesamt 14 Standorten jährlich neun Brutpaare und 1–2 zusätzliche Reviere ergaben (1,5 Brutpaare/10 km²)[9]. Als Folge von Brutplatzverlusten durch Verbauung und Modernisierung lagen nur noch drei Reviere an Siedlungsrändern und in zwei Revieren nahmen die Käuze künstliche Niströhren an[12, 24, 25]. Vogelkundliche Kartierungen in 23 Schottergruben im Seewinkel und Hanság 1988 ergaben keine Hinweise auf Steinkauz-Vorkommen[26]. Auf der ungarischen Seite waren zu dieser Zeit nur zwei besetzte Brutplätze bekannt[6, 7].

Auf der Basis der angeführten Daten ist bei vorsichtiger Schätzung für die 1980er Jahre von mind. 30 Brutpaaren im gesamten Neusiedler See-Gebiet auszugehen[12]. 1992 startete im burgenländischen Teil ein Populations-Monitoring für den Steinkauz, das im Zeitraum bis 2001 auf der Gesamtfläche pro Jahr durchschnittlich nur noch 8,9 (5–15) besetzte Reviere und bis 1994 einen Bruterfolg von 1,4 flüggen Jungen/Brutpaar ergab, der wahrscheinlich unter dem für die Populationserhaltung kritischen Wert liegt[15, 27, 28]. In der zweiten Monitoring-Phase 2007–2017 hatte der jährlich erfasste Bestand auf durchschnittlich 5,4 (3–7) besetzte Reviere weiter abgenommen[8, 11–13]. In der Erfassungsperiode der 1990er Jahre waren 28 Revierstandorte bekannt, fast ein Drittel aller Nachweise besetzter Reviere stammt aus dem Hutweidengebiet um die Lange Lacke im zentralen Seewinkel. Von den bekannten Nistplätzen entfielen 44 % auf Strohtristen, während Nistkästen mit 26 % noch eine untergeordnete Rolle spielten. 2007–2017 waren nur noch 17 Reviere besetzt, die Hälfte aller Reviernachweise konzentrierte sich jetzt in den Ortschaften am Nordrand des Seewinkels, wo in den 1990er Jahren Ansiedlungen nur sehr sporadisch erfolgten. Dafür waren die stabilen Vorkommen um die Lange Lacke erloschen, Strohtristen spielten mit 4 % der Nistplätze nur noch eine marginale Rolle. Ursachen waren die Umstellung von den „Würfelstrohtristen" auf große Rundballen, die keine Brutmöglichkeiten bieten, und möglicherweise die Zunahme der Vegetationshöhe und -dichte durch den Rückgang der Beweidungsintensität[29]. Zugenommen hat hingegen mit 57 % der Brutplätze die Bedeutung der Nistkästen, die wahrscheinlich auch für die Anhebung des Bruterfolges ausschlaggebend waren: Bei je 37 Brutversuchen nahm die mittlere Anzahl der ausgeflogenen Jungen zwischen den Zeiträumen 1992–1996 und 1997–2017 von 1,2 auf 2,0/Brutpaar zu[11] und in der zweiten Periode wurden in 35 erfolgreichen Bruten durchschnittlich 3,5 Jungvögel flügge[8]. Langfristig erwiesen sich die Brutvorkommen mit Anbindung an Ortschaften stabiler als die Ansiedlungen in der freien Landschaft. So waren die Randbereiche von Podersdorf mit bis zu vier Nistkastenbruten pro Jahr der einzige seit 1998 durchgängig besetzte Brutplatz[8]. Am Ende des Bearbeitungszeitraumes für die Avifauna dürften im burgenländischen Teilgebiet nur etwas mehr als 10 Paare gebrütet haben. Für die Wirtschaftshöfe und Siedlungen am ungarischen Südufer liegen keine Bestandsangaben vor, für die Periode nach 2000 können aber zumindest weitere 10 Brutpaare angenommen werden[14].

Für die Jahre 2018–2020 wird über eine sprunghafte Bestandszunahme auf 40 (!) Nistkastenbruten und 29 zusätzlich besetzte Reviere nach der Montage von 250 Nistkästen im gesamten Bezirk Neusiedl am See berichtet[30]. Da die Publikation keine Angaben zur räumlichen Verteilung der neuen Vorkommen enthält, ist unbekannt, in welchem Umfang das Bearbeitungsgebiet der Avifauna betroffen ist.

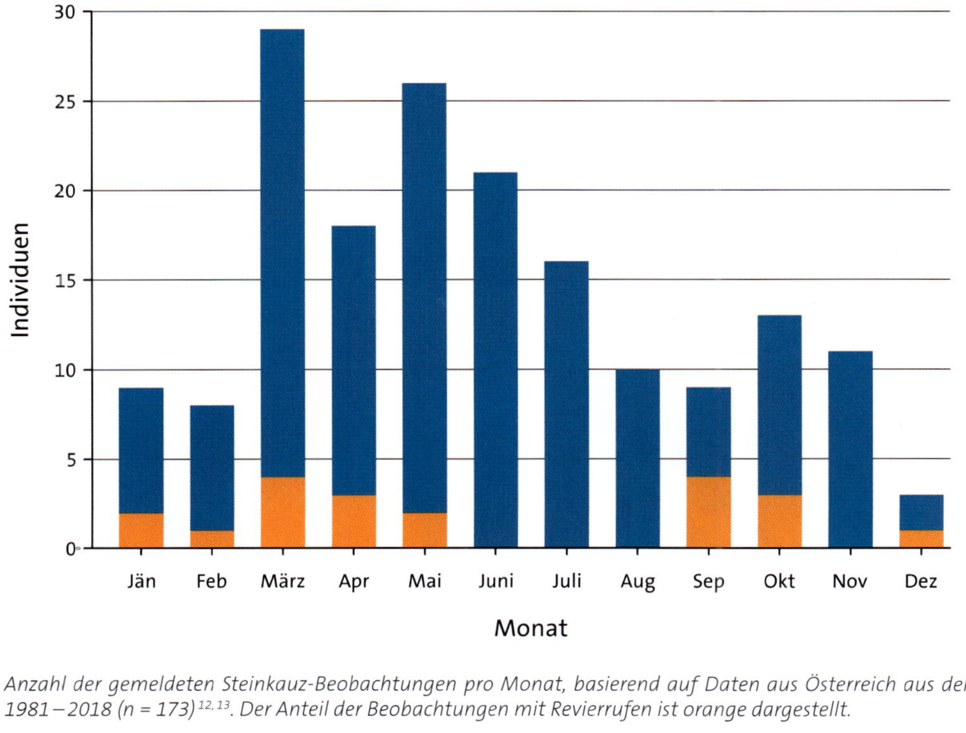

Anzahl der gemeldeten Steinkauz-Beobachtungen pro Monat, basierend auf Daten aus Österreich aus den Jahren 1981–2018 (n = 173)[12, 13]. Der Anteil der Beobachtungen mit Revierrufen ist orange dargestellt.

Jahreszeitliches Auftreten

Verpaarte Käuze bleiben in der Regel ganzjährig im Brutrevier oder verstreichen außerhalb der Brutzeit nur bis etwa 20 km weit[31, 32], sind aber von August bis Februar weniger auffällig als zur Brutzeit. Die Rufaktivität (Reviergesang) erreicht im März ihren Höhepunkt, flaut mit Beginn der Eiablage ab Anfang April ab[33] und lebt nach einer Unterbrechung in der Aufzuchtsperiode von Mitte Mai bis Ende August erst wieder während der Herbstbalz im September und Oktober auf. Nach einer Ruhephase im November sind ab Anfang Dezember den ganzen Winter über gelegentlich Revierrufe zu hören. Die Hauptlegezeit ist Anfang Mai abgeschlossen, Nachgelege werden zumindest bis Mitte Mai begonnen[8, 34]. Frisch flügge Jungvögel wurden hauptsächlich von Ende Mai bis Mitte Juli beobachtet (frühestens am 28.5.1994[33]), ein Zusammenhalt der Familien konnte vereinzelt bis Mitte September bestätigt werden[35]. Das Auftreten von Steinkäuzen abseits bekannter Brutplätze lässt auf ein Jungvogel-Dispersal bzw. Strichbewegungen von Mitte September bis Anfang Jänner schließen.

Zugverhalten und Ringfunde

Der Steinkauz ist ein Standvogel. Das Jungvogel-Dispersal führt in der Mehrzahl der Fälle nur weniger als 10 km weit, die nachgewiesene Maximaldistanz beträgt 600 km. Altvögel übersiedeln nur in einem sehr geringen Anteil, vor allem nach Partner- oder Brutverlust oder Ausbleiben einer Verpaarung, ausnahmsweise sogar bis mehre 100 km weit[27, 28, 32, 36–39]. Der einzige Fernfund im Neusiedler See-Gebiet beringter Vögel stammt von einem Weibchen, das 2006 in Podersdorf gebrütet hat und zwei Jahre später 112 km weiter nördlich in einem Nistkasten mit Jungen kontrolliert wurde[40].

Quellen: [1] *Bauer et al. (1955),* [2] *B. Wendelin, unpubl. Daten,* [3] *Münch (1952),* [4] *Koenig (1961),* [5] *Mächler (1965),* [6] *Kárpáti (1983),* [7] *Archiv MME Sopron,* [8] *V. Waba, unpubl. Daten,* [9] *Sageder (1990),* [10] *Ille (1995),* [11] *F. Grinschgl, R. Ille, unpubl. Daten,* [12] *Archiv BirdLife Österreich,* [13] *www.ornitho.at,* [14] *Váczi et al. (2013),* [15] *Ille (1996),* [16] *Stadler et al. (2017),* [17] *Fászl (1883),* [18] *Dombrowski (1889),* [19] *Chernel (1899),* [20] *Seitz (1942),* [21] *Zimmermann (1943),* [22] *Glutz von Blotzheim & Bauer (1980),* [23] *Warncke (1962),* [24] *G. Sageder, unpubl. Daten,* [25] *J. Steiner, unpubl. Daten,*

[26] Dvorak & Berg (1991), [27] Schönn et al. (1991), [28] Cimiotti & Bauschmann (2007), [29] Ille & Grinschgl (1999), [30] Wurm & Paar (2021), [31] Ullrich (1980), [32] Sunder et al. (2009), [33] R. Ille, unpubl. Daten, [34] G. Dick, unpubl. Daten, [35] K. Kirchberger, A. Grüll, unpubl. Daten, [36] Kämpfer & Lederer (1988), [37] Bankovics & Vadász in Csörgő et al. (2009), [38] Albegger et al. (2015), [39] Keil (2021), [40] Österreichische Vogelwarte, unpubl. Ringfund

Alfred Grüll & Attila Pellinger

Sperbereule *Surnia ulula* (Linnaeus, 1758)

Karvalybagoly – Northern Hawk-Owl

Lange Lacke, Apetlon, 24.11.1990 (E. Tiller)

Ausnahmeerscheinung

Vorkommen

Ein Nachweis:

- 24.11.1990 Lange Lacke, 1 Ind. (E. Tiller [1])

Ein Vogel, der im Februar 1940 am Neusiedler See beobachtet und als Sperbereule publiziert wurde [2], wurde von Bauer et al.[3] wohl zu Recht als Sumpfohreule eingestuft.

Quellen: [1] *Ranner et al. (1995),* [2] *Grögl (1949),* [3] *Bauer et al. (1955)*

Andreas Ranner

Sperlingskauz *Glaucidium passerinum* (Linnaeus, 1758)

Törpekuvik – Eurasian Pygmy Owl

Biologische Station Illmitz, 15.8.2012 (Hanja Brandl)

Ausnahmeerscheinung

Vorkommen

Ein Nachweis:

- 15.8.2012 Biologische Station Illmitz, ein Ex. in Japannetz gefangen [1]

Von Dombrowski [2] berichtete in seiner Arbeit aus dem Jahr 1887 über einen weiteren Nachweis ganz knapp außerhalb des Bearbeitungsgebiets: „Athene passerina. *L. Am 22. Januar fing ein Waldhüter im Eszterhazer Parke in einer knapp über dem Boden liegenden Baumhöhlung mit den Händen lebend eine Eule, die seiner Angabe nach nicht grösser als ein Gimpel war; er wollte sie mir lebend bringen, liess sie jedoch leider entkommen. Es kann keine andere Art als die Sperlingseule gewesen sein, da der Mann, als ich ihm einen am selben Tage geschossenen Steinkauz zeigte, erklärte, der von ihm gefangene Vogel sei kaum halb so gross gewesen.*“

Quellen: [1] *W. Vogl & H. Winkler, unpubl. Daten,* [2] *von Dombrowski (1887)*

Michael Dvorak

Zwergohreule *Otus scops* (Linnaeus, 1758)

Füleskuvik – Eurasian Scops Owl

Regelmäßiger Gast in zunehmender Zahl, Etablierung als Brutvogel im Gange

Vorkommen

Die Zwergohreule ist erst seit wenigen Jahren regelmäßig im Gebiet anzutreffen. Bis Ende des 20. Jahrhunderts trat sie hier nur als Ausnahmeerscheinung auf. Der erste Nachweis datiert vom 19.4.1890 und stammt aus Hegykő[1]. In den Jahren 1951 bis 1966 erfolgten weitere vier Feststellungen[2–5]. Die nächsten Beobachtungen gelangen dann erst nach der Jahrtausendwende in den Jahren 2002 und 2006[4]. Gleichzeitig entstand knapp außerhalb des Untersuchungsgebietes ein kleines Vorkommen in der weiteren Umgebung von Sopron[6–8]. Nach einem ersten Nachweis bei Ágfalva stieg die Zahl der Meldungen in dieser Region bis zum Jahr 2011 auf zehn Nachweise an, vor allem im Raum Sopronkőhida, wobei die Vögel ab 2007 auch innerhalb der Grenzen des Bearbeitungsgebietes am ungarischen Südwestufer des Sees (Balf, Fertőrákos) festgestellt wurden[9, 10].

Seit 2006 wird die Art im Neusiedler See-Gebiet regelmäßig angetroffen, ab 2015 sogar alljährlich. Nachweise gelangen meist an ein bis zwei Lokalitäten pro Jahr, wobei offenbar Revier haltende Vögel auch mehrere Tage oder wenige Wochen verweilten. Im Jahr 2021 kam es dann zu einer deutlichen Steigerung mit Feststellungen an acht Orten. In diesem Jahr wurden im Illmitzer Wäldchen 2–3 Rufer von 8.5. bis 17.7. registriert[11], was die bisher längste dokumentierte Aufenthaltsdauer im Gebiet darstellt. Ein Vogel, der von mindestens von 1.–15.6.2021 am Rand der Oggauer Heide rief[12], lieferte einen weiteren Hinweis auf ein länger besetztes Revier. Diese Entwicklung macht es sehr wahrscheinlich, dass die Art mittlerweile zumindest fallweise im Neusiedler See-Gebiet brütet. Konkrete Brutnachweise sind allerdings ohne geeignete Nistkästen schwer zu erbringen. Doch gibt es mittlerweile zwei Feststellungen flügger Jungvögel, von denen angenommen werden kann, dass sie im Untersuchungsgebiet oder nur knapp außerhalb erbrütet worden sind: Am 8.8.2014 wurde einer in Fertőszéplak lediglich 400 m außerhalb der Gebietsgrenzen entdeckt und am 30.8.2015 wurde ein mit einem Fahrzeug kollidierter bei Fertőszéplak gefunden[13, 14].

Über 81 % aller Nachweise entfallen auf den Südteil des Gebietes, und zwar das südliche Westufer und das Südufer des Sees, den südlichen Seewinkel und den Hanság. Nördlich einer gedachten Linie von Oggau bis Andau gelangen seit der Jahrtausendwende hingegen nur vier Nachweise: im Juni 2002 ein in Weiden für zwei Wochen rufender Vogel[15], von 6.–11.5.2017 erneut ein Rufer in Weiden[16], am 4. und 10.5.2019 ein rufendes Individuum in Purbach[17] und am 10.6.2021 ein Rufer auf den Zitzmannsdorfer Wiesen[18]. Die Vögel wurden meist in Gärten im Ortsgebiet sowie in kleinen Gehölzen, größeren Gebüschgruppen oder Baumreihen in Ortsrandlagen, in der siedlungsnahen Kulturlandschaft sowie in kleinen Wäldchen angetroffen.

Die aktuelle Zunahme von Nachweisen der Zwergohreule im Neusiedler See-Gebiet hängt einerseits sicherlich mit der gestiegenen Beobachtungsintensität im Gebiet zusammen, andererseits zeigt die Zwergohreule als potenzielle Profiteurin des Klimawandels am Nordrand ihres Brutareals einen leicht positiven Areal- und Bestandstrend[19]. Dem stehen allerdings zum Teil dramatische Rückgänge in den Kernvorkommen gegenüber, die in erster Linie auf die Intensivierung der landwirtschaftlichen Nutzung zurückgeführt werden können[20]. Dementsprechend ist auch nicht anzunehmen, dass das schon länger bestehende regelmäßige Brutvorkommen der Zwergohreule bei Forchtenstein im Bezirk Mattersburg, in einer Entfernung von nur rund 22 km Luftlinie zum Westrand des hier bearbeiteten Gebiets, angesichts des dortigen Rückgangs von Bestand und Bruterfolg[21, 22] als Quellpopulation in Frage kommt.

Jahreszeitliches Auftreten

Die ersten Zwergohreulen wurden ab Mitte April registriert. Der Großteil der Meldungen entfällt auf den Mai und die erste Junihälfte, was mit der um diese Jahreszeit höchsten Rufaktivität zusammenhängt. Danach werden die Beobachtungen deutlich spärlicher und reichen bis in die dritte Julidekade. Vom Herbst liegen nur drei Meldungen von Ende August sowie eine späte akustische Feststellung vom 2.10.2021 bei der Biologischen Station Illmitz[23] vor. Bei der knappen Erwähnung einer akustischen Beobachtung am 23. und 24.10.1961 bei Neusiedl am See[24] erscheint hingegen angesichts des späten Datums und der Seltenheit der Art im 20. Jahrhundert eine Verwechslung eher wahrscheinlich.

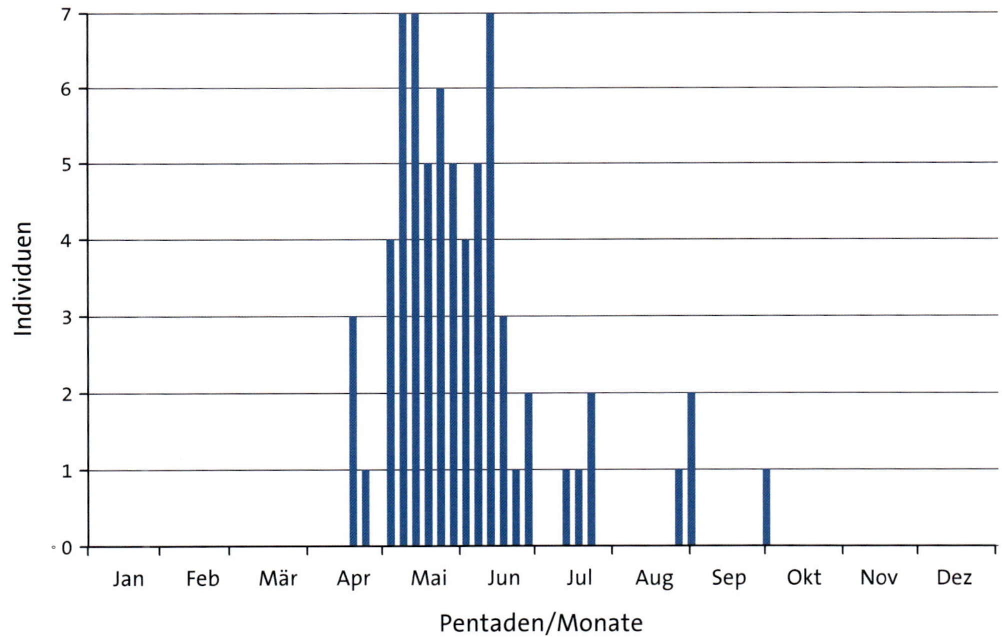

Jahreszeitliches Auftreten der Zwergohreule (Pentadensummen gemeldeter Individuen) in Österreich und Ungarn basierend auf Daten aus den Jahren 1890–2021 (n = 68)[1, 2, 4, 5, 9, 11–18, 23, 25, 26].

Quellen: [1] *Gy. Madarász in Herman (1895),* [2] *Bauer et al. (1955),* [3] *Sauerzopf (1955),* [4] *Archiv BirdLife Österreich,* [5] *Kurth & Kurth (1968),* [6] *Udvardy (2009),* [7] *Udvardy (2012),* [8] *Mogyorósi (2019),* [9] *www.birding.hu,* [10] *Váczi et al. (2013),* [11] *M. Richter, B. Knes, G. Taurer u. a./www.ornitho.at,* [12] *H. Kohler/www.ornitho.at,* [13] *Archiv FHNP,* [14] *A. Pellinger, unpubl. Daten,* [15] *M. Pollheimer, M. Dvorak, A. Grüll u. a./Archiv BirdLife Österreich,* [16] *R. Krachler, M. Dvorak, G. Wöss u. a./www.ornitho.at,* [17] *M. Dvorak, C. Nagl/www.ornitho.at,* [18] *J. Salcher/www.ornitho.at,* [19] *Malle & Probst (2015),* [20] *Treggiari et al. (2013),* [21] *Grafl (2019),* [22] *Muraoka (2020),* [23] *N. Meisenzahl, J. Hasenbichler/www.ornitho.at,* [24] *Vauk (1962),* [25] *Ranner & Khil (2011),* [26] *www.ornitho.at*

Andreas Ranner & Attila Pellinger

Waldohreule *Asio otus* (Linnaeus, 1758)

Erdei fülesbagoly – Long-eared Owl

Badeteich Apetlon, 23.5.2008 (Michael Dvorak)

Mäßig häufiger Jahresvogel und Wintergast; im Winter in den Tageseinständen Rastgemeinschaften mit bis zu 50 Individuen

Verbreitung und Lebensraum

Die Waldohreule ist im gesamten Gebiet die häufigste Eulenart. Die kleinen Wäldchen, Baumreihen und Feldgehölze der Kulturlandschaft bilden die Neststandorte und Tageseinstände[1–4]. Offenes und spärlich bewachsenes Gelände im Umkreis der Brutbäume stellen als Jagdhabitat einen wichtigen Teil des Lebensraumes dar[3,5]. Da die Waldohreule in alten Krähen- und Elsternnestern brütet, ist sie auf das Vorkommen der Nistplatzlieferanten angewiesen[4,6–8]. Die heutige Dichte der Vorkommen ist rund um den Neusiedler See unterschiedlich. Vor allem die beweideten Bereiche scheinen gut besiedelt zu sein, was sich mit der Jagdmethode dieser Eule erklären lässt[3]. Bruten sind im Zeitraum 2011–2018 vor allem bei der Ruster Storchenwiese, entlang des Seevorgeländes am Ostufer sowie in Feldgehölzen im zentralen Seewinkel nachgewiesen worden. Auch in den Ortschaften Mönchhof, Podersdorf und Tadten sowie an den Ortsrändern von Illmitz und Apetlon kam es immer wieder zu einzelnen Bruten[9]. Am ungarischen Südufer brütet die Waldohreule nur vereinzelt in den Baumbeständen im Anschluss an den Schilfgürtel[10]. In den Wintermonaten ändert sich das Sozialverhalten. Das Revierverhalten erlischt, die Vögel werden gesellig und sammeln sich an Gemeinschaftsschlafplätzen[3,11]. Diese Schlafplätze sind über das gesamte Gebiet verteilt und werden in der Regel über viele Jahre hinweg genutzt (siehe Bestand)[6,11,12].

Bestand und Bestandsentwicklung

Der erste gesicherte Brutnachweis für den Seewinkel stammt aus dem Jahr 1941. Das Gelege befand sich in einem alten Krähennest in einem kleinen Wäldchen zwischen den Wörthenlacken und dem St. Andräer Zicksee. Die vier Eier wurden entnommen und ins Naturhistorische Museum Wien geschickt[1,4]. In den frühen 1950er Jahren wurde die Waldohreule als spärlicher Brutvogel des Neusiedler See-Gebietes eingestuft[13], eine Brut in einem Krähennest bei den Neusiedler Teichen ist für 1953 dokumentiert[7]. Weitere Brutvorkommen wurden 1955 zwischen Neusiedl am See und Parndorf im Teichwäldchen und 1956 im Illmitzer Wäldchen festgestellt[14]. Zu dieser Zeit und auch noch in den 1960er Jahren brütete die Waldohreule weiterhin nur recht spärlich in den kleinen Wäldchen[5]. So gelangen 1969 Brutnachweise im Illmitzer Wäldchen, in einem Wäldchen bei Apetlon und in einer Kiesgrube auf der Strecke Illmitz-Podersdorf[2]. Im Jahr 1982 kam die Waldohreule dann bereits häufiger vor[12]. Eine erste Kartierung im zentralen und südlichen Seewinkel im Jahr 1984 ergab eine Siedlungsdichte von 0,17 Brutpaaren/km². Dabei konnten allein im Illmitzer Gemeindewald fünf singende Männchen gezählt werden[15].

Einen Einblick in die Populationsdynamik erlauben Untersuchungen in einem 4 km² großen Untersuchungsgebiet entlang des Ostufers von der Biologischen Station Illmitz bis zum Nordrand des Illmitzer Gemeindewaldes, in dem 2001–2005 jährlich im März zunächst alle intakten, für die Waldohreule nutzbaren Horste (v.a. von Nebelkrähe, Elster und vereinzelt Ringeltaube) kartiert und dann die Anzahl der brütenden Eulenpaare sowie der Bruterfolg ermittelt wurden. Auch in Jahren mit hoher Siedlungsdichte überstieg das Horstplatzangebot den Bedarf zumindest um das Vierfache und wirkte daher nicht limitierend. Die Anzahl der brütenden Eulenpaare sank zunächst von sechs auf null im Jahr 2003 und stieg dann wieder bis 2005 auf das Maximum von 10 Paaren. Das entspricht Dichteschwankungen von 0 bis 2,5 Brutpaaren/km². Die (wahrscheinlich nicht vollständig erfasste) Anzahl ausgeflogener Jungvögel pro Brutpaar bewegte sich unabhängig von der Dichte zwischen 0,5 und 2[16]. Auf den Zitzmannsdorfer Wiesen, die im nördlichen und nordöstlichen Teil mit Erlen und Weiden bestockt sind, wurde in den Jahren 1991, 2005 sowie 2010 hingegen nur ein Waldohreulen-Revier festgestellt, wobei 1991 auch ein Brutnachweis gelang. Im Jahr 2006 waren zwei Reviere besetzt[17]. Am 1.6.2009 konnten in einem Windschutzstreifen im Hanság bettelnde Jungvögel festgestellt werden. Dies blieb jedoch der einzige Brutnachweis der Jahre 2009 und 2010 für den Hanság[18]. Für das Jahr 2017 wurden auf der Basis der nicht systematisch gesammelten Beobachtungen auf der Meldeplattform ornitho.at für das österreichische Avifauna-Gebiet 14–16 Bruten ermittelt[9]. Auch am ungarischen Südufer konnte die Waldohreule erst in der zweiten Hälfte des 20. Jahrhunderts nach der Aufforstung von Windschutzstreifen und der Zunahme von Weide- und Ackerflächen Fuß fassen[19]. Nach Schätzungen brüten hier aktuell 5–10 Paare.

Kleinere Winterschlafplätze mit maximal 10 Eulen, z.B. bei der Biologischen Station Illmitz, bei der Kirche in Tadten, beim Apetloner Badesee, vor dem Seehotel Rust oder in der Nähe des Kreisverkehrs in Wallern, werden in der Literatur bereits für die 1970er Jahre angeführt[12]. Zwischen 1996 und 2010 waren im gesamten Gebiet mehrere Tageseinstände mit größeren Rastbeständen bekannt. Beispiele mit >50 Individuen sind der Schlosspark Halbturn und der Apetloner Friedhof (Maximum 2008 mit 65 Ex.), bis zu 30 Eulen konnten bei der Biologischen Station Illmitz, bei St. Andrä und in Andau gezählt werden[20]. Während auf der ungarischen Seite Schlafplatzgemeinschaften mit bis zu 50 Waldohreulen, z.B. bei der ehemaligen Grenzkaserne von Mekszikópuszta oder in Fertőd, auch heute noch vorkommen[21], lagen die erfassten Bestände an den österreichischen Winterrastplätzen nach 2010 deutlich unter diesem Wert. Zu den bekanntesten Tageseinständen mit bis zu 30 Individuen gehört aktuell der Apetloner Friedhof[22], der von den Vogelkundlern in den Wintermonaten gezielt aufgesucht wird und die Bestandszahlen regelmäßig gemeldet werden. So beziehen sich über 12% aller ornitho-Eingaben für die Waldohreule im österreichischen Avifauna-Gebiet aus den Jahren 2011–2018 auf diesen Platz. Die Anzahl der anwesenden Eulen schwankt dabei stark und ist von der Härte des Winters abhängig[3,11]. Zwei weitere, größere Schlafplätze mit bis zu 30 Waldohreulen liegen in der Anlage des Kurhauses Marienkron in Mönchhof und im Parkplatzbereich des Strandbades Podersdorf[23].

Jahreszeitliches Auftreten

Die hohen Säulen im Phänologie-Diagramm von Jahresbeginn bis Ende Februar und von der zweiten Oktoberhälfte bis Jahresende spiegeln die Anwesenheit auf den Winterschlafplätzen wider. Der Anstieg in der letzten März- und ersten Aprildekade ist auf das auffällige Balzverhalten der Waldohreule zurückzuführen[3]. Zu dieser Zeit sind bereits brütende Weibchen anzutreffen. Weiters markieren die hohen Werte bis Ende Mai die Nestlings- und Ästlingszeit, in der die Jungvögel lautstark betteln und die Eltern vermehrt jagen[3,24,25].

Zugverhalten und Ringfunde

Die Brutvögel des Karpatenbeckens sind hauptsächlich Standvögel, bei denen nur ein Teil der Jungeulen im ersten Herbst in südwestliche Richtungen wegzieht. Die Wintergäste stammen überwiegend aus nordöstlichen Gebieten von Tschechien ostwärts über Polen und Litauen bis in das westliche Russland[26, 27]. Der einzige Wiederfund im Umfeld des Neusiedler Sees bezieht sich auf einen wahrscheinlichen Wintergast, der Ende September 2009 im nördlichen Tschechien als Altvogel beringt und im darauffolgenden Februar in Eisenstadt verunglückt ist[28]. Für ungarische Jungvögel ist ein Dispersal bis Polen belegt[27] und ein 1972 in Illmitz beringter Pullus war im März des Folgejahres in Nordbaden/Baden-Württemberg, 623 km vom Geburtsort entfernt[28].

Quellen: [1] *Zimmermann (1943),* [2] *Kurth (1970),* [3] *Bauer et al. (2012),* [4] *Seitz (1942),* [5] *Rauer & Kohler (1990),* [6] *Dvorak et al. (2013),* [7] *Bauer (1955),* [8] *R. Katzinger, S. Zinko u.a./ornitho.at,* [9] *O. Samwald, S. Zinko u.a./ornitho.at,* [10] *Váczi et al. (2013),* [11] *E. Albegger, N. Pühringer u.a./ornitho.at,* [12] *Löffler (1982),* [13] *Bauer et al. (1955),* [14] *Bauer (1956),* [15] *Dvorak et al. (1986),* [16] *E. Karner-Ranner & A. Grüll, unpubl. Daten,* [17] *Dvorak et al. (2011),* [18] *Dvorak et al. (2010),* [19] *Jánoska (2001),* [20] *Archiv BirdLife Österreich,* [21] *Archiv FHNP,* [22] *T. Schernhammer, C. Neger u.a./ornitho.at,* [23] *T. Schernhammer/ornitho.at,* [24] *L. Khil, M. Schindlauer u.a./ornitho.at,* [25] *S. Zinko, R. Katzinger u. a./ornitho.at,* [26] *Glutz von Blotzheim & Bauer (1980),* [27] *Laczik & Sebe in Csörgő et al. (2009),* [28] *Österreichische Vogelwarte, unpubl. Ringfund,* [29] *www.ornitho.at*

Daniel Leopoldsberger & Attila Pellinger

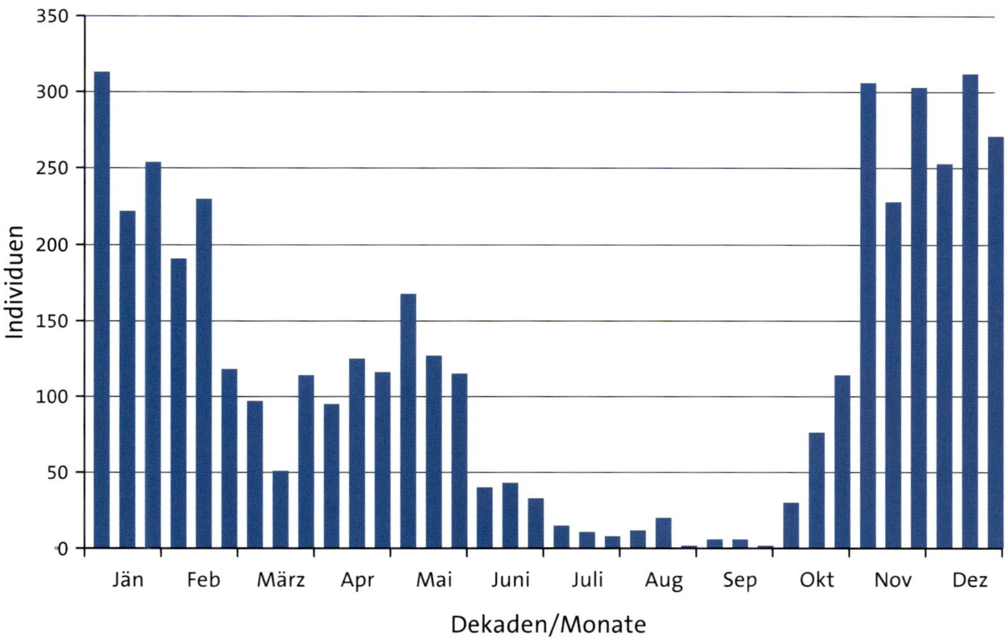

Jahreszeitliches Auftreten der Waldohreule (Dekadensummen gemeldeter Individuen) basierend auf Daten aus den Jahren 2011–2018 (n = 4.427)[29].

Sumpfohreule *Asio flammeus* (Pontoppidan, 1763)

Réti fülesbagoly – Short-eared Owl

Hanság, Andau, 17.6.2022, 1. KJ (Hans-Martin Berg)

Im Gebiet ganzjährig in stark wechselnder Zahl anzutreffen; Brutvorkommen weitgehend auf den Hanság beschränkt

Verbreitung und Lebensraum

Die Sumpfohreule ist in Mitteleuropa heute ein seltener Brutvogel, der offene, niedrig bewachsene, aber deckungsreiche (Feucht)Lebensräume besiedelt. In enger Abhängigkeit vom Beutetierangebot – vor allem Wühlmäuse – schwanken die Brutbestände sehr stark, vom jahrweise völligen Fehlen bis zu invasionsartigem Auftreten[1, 2]. Im Neusiedler See-Gebiet besiedelt die Sumpfohreule vor allem das Europaschutzgebiet „Waasen–Hanság", wo das einzige, regelmäßig besetzte Brutgebiet in Österreich liegt[3]. Ungeachtet dieses Schwerpunkts nimmt der Anteil der Beobachtungen im Hanság im Zeitraum 1960–2019 „nur" 54% aller abseits von Spezialerfassungen gemeldeten Beobachtungen (1.464) ein. Auf den Seewinkel, wo die Art sporadisch auftritt, entfallen 45%, weniger als 1% der Beobachtungen betreffen das Westufer des Neusiedler Sees und andere peripher gelegene Gebietsteile[4, 5]. Im ungarischen Hanság sind aus jüngerer Zeit zumindest regelmäßige Wintervorkommen bekannt[6], vereinzelt kommt es zu Bruten südlich und östlich des Bearbeitungsgebietes, wo 2019 5–10 Brutpaare festgestellt wurden[7, 8].

Im österreichischen Teil des Hanság besiedelt die Sumpfohreule in wechselnden Anteilen die offenen, ehemaligen Niedermoorwiesen, wechselfeuchte, wiesenartige Ackerstilllegungsflächen sowie Viehweiden. Mit der Intensivierung der Weideflächen seit 2015 verloren diese aber als Brutplatz an Bedeutung. Zur Nestanlage werden auch schilfdurchsetzte Hochstaudenfluren entlang von Gräben genutzt. Aufragende, vor allem auch kahle Bäume sowie in der späteren Jahreszeit Strohballen werden als Ansitzwarte zur Revierüberwachung angeflogen. Hochstauden und Sträucher dienen als Versteck und Ansitz für Jung- wie auch Altvögel. Außerhalb der Brutzeit werden niedrigwüchsige Brachen, verbliebene Ufervegetation an Kanälen sowie Weg- und Feldraine als Bodenversteck und Schlafplatz genutzt[3, 9, 10]. Im Seewinkel erfolgen die Beobachtungen im wiesenartigen Vorgelände des Neusiedler Sees bzw. auf Hutweiden im zentralen Lackengebiet, außerbrutzeitlich auch auf Äckern[5]. Ausnahmsweise wurden auch Bruten im Getreide bekannt wie im Juli 1981 südlich von Podersdorf[11]. Schlafplätze werden auch aus Weidengehölzen (*Salix* sp.) gemeldet[12]. Hier ist besonders auf eine Verwechslung mit der Waldohreule zu achten, da gemischte Schlafplatzgesellschaften auftreten können[13].

Bestand und Bestandsentwicklung

Die ältesten Angaben nennen die Sumpfohreule mehrheitlich als Herbst- und Wintergast. So schrieb Jukovits[14] für die Apetloner Gegend *„zur Winterzeit in den hohen Rohr-Stoppeln zahlreich vertreten"* und ähnlich wiederholend Fászl[15] *„im Winter im hohen Schilf"*. Beide Angaben decken sich aus heutiger Sicht nicht ganz mit den Lebensraumansprüchen der Art. Konkrete Einzeldaten nannten Madarász[16] 16.3.1890 bei Hegykő, und Aumüller[17], der zwei, heute verschollene Belege vom 3.3.1894 und 2.9.1896 in der Sammlung E. von Huszthy aus Esterháza (heute Fertőd) anführt. Einzelne Meldungen reichen auch in die Brutzeit, wie bei von Dombrowski[18], der eine Beobachtung seines Bruders vom 15.5.1886 von der Mittellacke (heute Mittersee) bei Apetlon angab. Noch konkreter wird Fournes[19], der eine Beobachtung zusammen mit O. Reiser vom Mai 1885 auf Sumpfwiesen zwischen Neudegg und Apetloner Meierhof nannte und seine Beobachtung mit einem für ihn glaubwürdigen Gelegefund des Revierjägers vom Mai 1884 aus demselben Gebiet ergänzte. Dies wäre der erste Brutnachweis für das engere Seegebiet. Für die erste Hälfte des 20. Jahrhunderts führte Breuer[20] die Sumpfohreule nur als Wintergast am Südufer an, Koenig[21] vermutete sie aber auch als Brutvogel, ebenso Seitz[22], der am 1.1.1939 auch einen großen Wintertrupp mit 20 Individuen beim Albersee beobachtete. Zimmermann[16] erhärtete die Einstufung als Brutvogel mit Beobachtungen aus der Umgebung von Illmitz und Apetlon. Bauer et al.[23] nannten später auch Brutnachweise für das Westufer aus den 1930er Jahren von H. Franke und führten für die 1950er Jahre eigene Beobachtungen vom Nord- und Ostufer im Bereich der Zitzmannsdorfer Wiesen an. Schließlich zitieren sie einen Nestfund von H. Buchebner[24] aus dem Sommer 1953 von der Langen Lacke (im Orig. Remislacke, Anm.: nach Seitz[22] im Schandlesgrund gelegen). Zusammenfassend dürfte die Sumpfohreule im späten 19./frühen 20. Jh. ein Durchzügler und Wintergast sowie ein sehr lokaler Brutvogel im Seevorgelände und im Seewinkel gewesen sein. Der später als Brutplatz bedeutsame Hanság wird nicht erwähnt, doch befinden sich in der Vogelsammlung des Naturhistorischen Museums Wien aus diesem Gebiet zwei, leider nur unvollständig erhaltene Gelege vom 25.4. und 10.6.1892, wobei unklar ist, ob sie aus dem österreichischen Teil stammen. Aus den 1960er Jahren liegt bereits umfangreiches Datenmaterial im Archiv von BirdLife Österreich vor, das nun vermehrt Brutzeitbeobachtungen aus dem Hanság aus sechs von zehn Jahren aber auch aus dem Seewinkel aus vier von zehn Jahren enthält. Aus dem Hanság wurde vor allem für 1964, 1968 und 1969 vermehrtes Auftreten angeführt, die auf jeweils 3–4 Paare schließen lassen[25]. Dafür liegen aus dem Seewinkel zahlreiche außerbrutzeitliche bzw. Winterbeobachtungen vor, so etwa vom Sandeck mit 17 Exemplaren am 31.12.1964[26] und 10 im Dezember 1961 bei Illmitz[27].

In den 1970er Jahren konzentrierte sich das Brutzeitvorkommen erneut auf den österreichischen Hanság: in fünf von 10 Jahren dürfte es zu Brutansiedlungen von 2–10 Paaren gekommen sein. Höhere Bestände gab es in den Jahren 1976 mit 4–5 Paaren und 1979 mit 2–3 Paaren, 1977 war sogar ein „Spitzenjahr" mit 7–10 Paaren[25]. Im Seewinkel blieben Brutzeitbeobachtungen weiterhin sehr selten und betrafen neben 1975 ausschließlich die drei Spitzenjahre im Hanság[4]. Außerbrutzeitliche Beobachtungen liegen aus beiden Gebieten aus sechs von 10 Jahren vor, größere Wintertrupps wurden mit einer Ausnahme mit 14 Individuen in der Hutweide bei Apetlon am 24.12.1977[11] nicht gemeldet. Im Gegensatz zu früheren Jahrzehnten hatte das Westufer, wie auch in den Folgejahren, keine Bedeutung mehr für die Sumpfohreule.

Zwischen 1980 und 2010 änderte sich der Status geringfügig zu einem etwas regelmäßigeren Brutvogel, die Meldungen nahmen deutlich zu[2,4]. Während der Hanság, wie in der Dekade zuvor, als Brutplatz bedeutend war, überwogen im Seewinkel die Winterbeobachtungen. Vom Hanság gibt es nur aus den Jahren 1994 und 2004 keine Beobachtungen, aus allen anderen Jahren liegen zumindest Brutzeitbeobachtungen, mehrheitlich aber Brutangaben für 1–2 Paare vor. Größere Bestände wurden aus 1981 und 2002 mit 4–5 Paaren gemeldet, als Spitzenjahre mit 9–10 Brutpaaren gelten 1992 und 2005[25]. Außerbrutzeitliche Beobachtungen aus dem Hanság sind rar und liegen nur aus elf von 30 Jahren vor, größere Wintertrupps wurden südlich von Tadten mit fünf Individuen am 31.12.1999[28] bzw. neun am 1.12.2010[29] gemeldet. Aus dem Seewinkel liegen aus 13 von 30 Jahren Meldungen mit 1–6 Bruthinweisen bzw. Bruten aus dem Raum Illmitz, vom Darscho und von der Langen Lacke vor. Die größte Bedeutung kommt aber den Zitzmannsdorfer Wiesen zu, hier wurden aus neun Jahren 1–5 Brutpaare gemeldet, wobei die höchsten Zahlen 1984 (4), 1992 (3–4) und 2000 (5) erreicht wurden[30]. Im Jahr 1984 war mit mindestens acht Brutrevieren ein außergewöhnliches Invasionsjahr im Seewinkel, während aus dem Hanság keine Brutmeldungen vorlagen[25]. Jeweils vier Brutreviere wurden im Gebiet der Langen Lacke und aus dem Raum Illmitz gemeldet[4]. 1992 wurde mit 7–9 Brutrevieren ein weiteres Spitzenjahr erreicht, mit 3–4 Revieren im Gebiet Lange Lacke, zwei Revieren in der Arbesthau, 1–2 Revieren westlich von Illmitz sowie einem Revier bei der Birnbaumlacke[4]. Außerbrutzeitliche Meldungen liegen aus 18 von 30 Jahren vor. Die größten Wintertrupps wurden vor allem aus dem Raum Lange Lacke-Obere Halbjochlacke-Sechsmahdlacke mit max. 28 Exemplaren am 19.10.2010 sowie von der Grundlacke südöstlich Podersdorf mit 20 Individuen im März 2000 gemeldet[31, 32].

Zwischen 2011 und 2019 ist das Beobachtungsmaterial enorm angestiegen, zumal auch seit 2009 im Hanság alljährlich systematische Beobachtungen der Art im Rahmen von Schutzbemühungen für Wiesenvögel durchgeführt wurden, die 50 % der Meldungen ausmachen[3, 9]. Im Hanság etablierte sich ein recht konstantes Vorkommen mit deutlich höheren Brutbeständen als in den Jahrzehnten davor, nur in den Jahren 2013 und 2018 gab es keine Besiedelung. In allen anderen Jahren pendelte die Zahl der Brutzeitreviere zwischen sechs und 22, im Mittel mit 11,6 Revieren in Jahren mit Brutnachweisen; Spitzenjahre waren 2014 mit 21–22 Revieren gefolgt von 2019 mit 17. Erfolgreiche Bruten (Fütterungen, Jungvögel) betrafen 3–17 Reviere, im Mittel 8,3 Reviere in Jahren mit Brutnachweisen. Außerbrutzeitlich kommt dem Hanság im Vergleich zum Seewinkel geringere Bedeutung zu, wenn auch Beobachtungen nur aus 2013 fehlen und die jüngsten Wintermeldungen aus 2021/22 höhere Zahlen erkennen lassen[10]. Winterbeobachtungen betreffen aber selten mehr als drei Individuen, z. B. fünf am 26.12.2018 südlich Tadten[34]. Brutzeitmeldungen aus dem Seewinkel liegen aus acht Jahren vor, wenngleich konkrete Bruten selten sind und sich weitgehend auf die Zitzmannsdorfer Wiesen (2011–2014, 2018–2019) mit 1–2 Paaren beschränken. Im Spitzenjahr 2014 gab es wahrscheinliche Bruten beim Darscho, der Langen Lacke und der Oberen Halbjochlacke sowie zumindest ein weiteres Brutrevier bei der Fuchslochlacke[5]. Im Jahr 2019 wurde ein Brutrevier bei der Götschlacke entdeckt[35] sowie am 4.5. ein balzendes Individuum nordöstlich der Wörthenlacken[36]. Vom Westufer liegt nur eine Meldung vom 4.5.2013 aus Mörbisch vor[37]. Im Seewinkel fehlen außerbrutzeitliche Beobachtungen nur in den Jahren 2011 und 2012, wenngleich lediglich die Jahre 2014, 2015 und 2019 mit häufigeren Meldungen herausragen. Insbesondere die Obere Halbjochlacke war nachbrutzeitlich von Ende Juli 2014 bis Ende Februar 2015 durchgehend besetzt[5]. Am 3.11.2014 wurden hier maximal 30 Individuen beobachtet[38], dies stellt auch die größte Ansammlung von Sumpfohreulen seit 1960 dar.

In Ungarn brütete die Sumpfohreule ausnahmsweise in Wiesen am Rand des Neusiedler Sees: 1992 wurden im Umfeld von Mekszikópuszta an zwei Stellen, auf dem Salzrasen bei Pap-rét und auf dem Deich des Einserkanals, Bruten mit drei bzw. einem Jungvogel entdeckt. Die Nester lagen ca. 2 km voneinander entfernt[39]. Im Winter 2004/2005 sind überwinternde Gruppen an mehreren Stellen entdeckt worden, z. B. bei Sarród, Fertőd und an anderen Standorten innerhalb des Komitats Győr-Moson-Sopron. In der darauf folgenden Brutsaison brüteten mind. zehn Paare in der Kleinen Ungarischen Tiefebene[7]. Gelegentlich wurden kleinere Wintergruppen mit max. 12 Exemplaren im Gebiet Mekszikópuszta[40] und einzelne Individuen am Neusiedler See-Ufer, auch in anderen Jahren beobachtet. Sumpfohreulen wurden in Ungarn vorwiegend in den Monaten Januar-April festgestellt, in beinahe der Hälfte der Fälle (69-mal) handelte es sich um einzelne Individuen. Zwischen 18.12.2007 und 31.1.2009 überwinterten max. 3 Exemplare zusammen mit Waldohreulen auf Thujen im Hof des ehemaligen Grenzwachpostens in Mekszikópuszta[41].

Jahreszeitliches Auftreten

Die Sumpfohreule kann je nach Intensität der Besiedlung ganzjährig im Gebiet angetroffen werden, Meldungen aus der Brutzeit von April bis Juli überwiegen aber bei weitem. In Invasionsjahren kann es bereits ab Mitte März zu Gelegen kommen, die Hauptlegezeit fällt aber breit gestreut zwischen Anfang April und Juni[42]. Im Gebiet datiert der früheste Gelegefund mit 8.5.1984 von den Zitzmannsdorfer Wiesen[4], der späteste Nestfund mit Jungvögeln liegt vom 12.7.2015 aus den Kommassantenwiesen im Hanság vor[10]. Erste flügge Jungvögel wurden vom 22.5.1992 aus der Arbesthau gemeldet[43], die spätesten am 27.7.2014 aus den Kommassantenwiesen[10]. Während Sumpfohreulen zur Brutzeit aufgrund der Tagaktivität und ihrer Balz-, Revier- und Verteidigungsflüge recht auffällig sind[1], können sie im Wintereinstandsgebiet sehr diskret sein, sofern nicht Schlafplätze entdeckt werden. Als günstig erwies es sich, die späte Dämmerung abzuwarten, da die Vögel dann eine kurze Rufphase zeigen und die Anwesenheit zumindest akustisch festgestellt werden kann[10].

Zugverhalten und Ringfunde

Sumpfohreulen gelten als nomadisch, ihre Ortswechsel, Wanderdistanzen und Aufenthalte sind stark vom Nahrungsangebot geprägt[1]. Aus dem Gebiet liegen keine Ringfunde vor, die wenigen anderenorts in Ungarn aufgefundenen Wintervögel weisen auf nordöstlich und östlich gelegene Herkunftsgebiete (Finnland, Lettland, Ukraine) hin[44].

Quellen: [1] *Scherzinger & Mebs (2020),* [2] *Peter (2006),* [3] *Berg & Dvorak (2016),* [4] *Archiv BirdLife Österreich,* [5] *www.ornitho.at,* [6] *Bankovics et al. (2002),* [7] *Váczi (2008b),* [8] *M. Váczi, unpubl. Daten,* [9] *Berg & Dvorak (2019),* [10] *H.-M. Berg unpubl. Daten,* [11] *R. Triebl/ABÖ,* [12] *L. Khil, R. Wolmerstorfer/ornitho.at,* [13] *Aistleitner et al. (2015),* [14] *Jukovits (1864/65),* [15] *Fászl (1883),* [16] *Zimmermann (1943),* [17] *Aumüller (1967),* [18] *Dombrowski (1889),* [19] *Fournes (1886),* [20] *Breuer (1934),* [21] *Koenig (1952),* [22] *Seitz (1942),* [23] *Bauer et al. (1955),* [24] *Buchebner (1954),* [25] *Dvorak et al. (2010),* [26] *G. Vauk/ABÖ,* [27] *M. Ganso/ABÖ,* [28] *G. Tebb/ABÖ,* [29] *F. Samwald/ABÖ,* [30] *J. Lehner u.a./ABÖ,* [31] *S. Zinko/ABÖ,* [32] *J. Schmidt/ABÖ,* [33] *T. Zuna-Kratky/ABÖ,* [34] *H.-M. Berg/ornitho.at,* [35] *S. Zelz, U. Lindinger/ornitho.at,* [36] *M. Suanjak/ornitho.at,* [37] *K. Wessely, A. Hombauer/ornitho.at,* [38] *H. Frind/ornitho.at,* [39] *Hadarics et al. (1993b),* [40] *L. Kárpáti/AME,* [41] *Archiv MME Sopron,* [42] *Krüger (2019),* [43] *E. Nemeth/ABÖ,* [44] *Csörgő et al. (2009)*

Hans-Martin Berg & Attila Pellinger

Uhu *Bubo bubo* (Linnaeus, 1758)

Uhu – Eurasian Eagle-Owl

Steinbruch Kópháza, 24.3.2006 (Belegfoto Sándor Mogyorósi)

> Sehr seltener Brutvogel und unregelmäßiger Gast; Migrationsnachweise hauptsächlich von September bis November

Verbreitung und Lebensraum

Innerhalb des Avifauna-Gebietes ist nur ein Brutplatz im österreichischen Hanság bekannt. Das einzige Paar brütete hier in einem hohlen Baumstamm in den „Figuren", einem 30 ha großen Auwäldchen an der ungarischen Grenze, mit reichem Nahrungsangebot in den angrenzenden Feuchtwiesen und Wäldern[1]. Knapp außerhalb bestehen aktuelle Brutvorkommen in Steinbrüchen und Sandgruben des Ruster Hügellandes zwischen Oggau und Fertőrákos sowie bei Kópháza, deren Nahrungsreviere wahrscheinlich bis in das Seevorgelände reichen. In den angrenzenden, ausgedehnten Waldgebieten des ungarischen Hanság sind 13 Reviere bekannt[2]. Bei der Konzentration der Nachweise umherstreifender Uhus entlang des Ostufers von Podersdorf bis Apetlon muss offenbleiben, wieweit es sich um einen Effekt der Beobachterdichte oder um einen Leitlinieneffekt entlang bevorzugter Habitate handelt. Auffällig ist jedenfalls, dass nach 1990 mehr als die Hälfte der Nachweise im Schilfgürtel oder Seevorgelände gelang, wo vor allem im Herbst Bisamratten, *Ondatra zibethicus*, Krähen- und Starenschlafplätze sowie diverse Schilf- und Wasservögel ein ergiebiges und leicht erreichbares Beuteangebot bilden (siehe z. B. Glutz von Blotzheim & Bauer[3], Piechocki[4], Görner[5]). Da (1) ansiedlungsbereite Uhus im Gebiet vorkommen, (2) auch andere ungestörte Waldbestände mit geeigneten Brutplätzen (z. B. Neudegg) sowie ein vielfältiges Angebot großer Schottergruben, die auf der Parndorfer Platte seit Jahren vom Uhu besiedelt werden, vorhanden sind[6,7] und (3) die naturnahen Flächen des Nationalparks eine vielseitige Nahrungsbasis bieten, ist das Fehlen weiterer Brutnachweise möglicherweise nur auf ein (v. a. nächtliches) Erfassungsdefizit zurückzuführen.

Bestand und Bestandsentwicklung

Bei der einzigen historischen Erwähnung aus dem Jahr 1881 fehlen Angaben zu Ort, Datum und Status des Vogels (1 Ex. *„am See erlegt"*[8]), sodass die Angabe nicht zugeordnet werden kann. Der erste konkrete Nachweis für das Avifauna-Gebiet gelang 1997 bei Fertőrákos, wo 2007 ein Paar zu brüten begann[2,9]. Nachdem im ungarischen Hanság bereits ab 2003 zumindest zwei Paare regelmäßig erfolgreich gebrütet hatten[10], wurden im November 2009 auch auf der österreichischen Seite Revierrufe verhört und im Jänner 2012 begann hier ein Paar mit einer Brut[1]. In den Folgejahren wurden zwar keine Horstkontrollen durchgeführt, Ruf- und Sichtnachweise lassen jedoch zumindest bis 2015 ein besetztes Revier vermuten. Bereits im Winter 2013/14 begannen am Brutplatz umfangreiche Schlägerungen, sodass der Horstbaum spätestens 2016 nicht mehr vorhanden war[11]. Erst nach einer dreijährigen Pause war im Dezember 2018 im Bereich des alten Brutplatzes wieder ein Revier besetzt[12], das im Mai 2019 bestätigt werden konnte[13]. Bemerkenswert ist weiters der Nachweis eines am 9.12.2018 rufenden Uhus südöstlich von Illmitz[14], der auf eine temporäre Ansiedlung eines Nichtbrüters (Floaters) schließen lässt. Zusätzlich gelangen die folgenden Beobachtungen nur kurzfristig anwesender Gäste in der Wanderphase (alle Vögel lebend beobachtet, keine Revierrufe):

- 20.–21.10.1979 Albrechtsfeld St. Andrä/Andau, 1 Ex.[16]
- 5.10.1993 Neudegg Apetlon, 1 Ex. im Seevorgelände seeseitig Waldstreifen[17]
- 24.4.2000 Seewäldchen Illmitz, 1 Ex.[18]
- 26.1.2003 Grundlacke Podersdorf, 1 Ex. in Windschutzstreifen bei Wildfütterung[19]
- 27.11.2003 Biologische Station Illmitz, ein Gewölle mit zahlreichen Knochen der Bisamratte unter Mast am seeseitigen Rand des Schilfgürtels in der Nähe eines Krähenschlafplatzes[20]
- 30.10.2014 nördlich Ortschaft Illmitz, 1 Ex. am Straßenrand[21]
- 24.9.2016 Sandeck Illmitz, 1 Ex. am landseitigen Schilfrand[22]
- 29.5. und 1.6.2019 abends Illmitzer Wäldchen am Rand des Schilfgürtels[22]

Die Vorkommen am Neusiedler See sind im Zusammenhang mit der Bestandsentwicklung in den umliegenden Brutgebieten zu sehen[7]: Bis in die 1970er Jahre waren keine Brutnachweise bekannt. Erst 1982 begann die Besiedlung des Leithagebirges und 1995 gelang der erste Brutnachweis im Soproner Gebirge[9]. Bis 1998 stieg der Bestand, inklusive Ruster Hügelland, auf mindestens 14 besetzte Reviere. Nach 2000 kam es zu weiteren Ansiedlungen in der Leithaniederung, auf der Parndorfer Platte und im ungarischen Hanság, sodass seit 2005 im unmittelbaren Nahbereich des Sees zumindest 20 Brutreviere besetzt sind, aus denen bei der ermittelten Reproduktionsrate von 1,6 Jungvögeln pro Brutpaar[7] jährlich rund 30 Junguhus abwandern. Auch die Häufung von Beobachtungen in den Monaten September bis November, die in die erste Phase des Jungvogeldispersals fallen, spricht in erster Linie für Migrationsbewegungen der Jungvögel aus angrenzenden Brutgebieten. Einzelne Nachweise könnten sich aber auch auf Nichtbrüter (Floater) beziehen[7, 15]. Der Anstieg der Uhu-Meldungen im Seewinkel ab 1990 ist wegen der gleichzeitig zunehmenden Beobachterdichte schwer zu interpretieren, stimmt aber zeitlich mit der Ausbreitung im Leithagebirge und Ruster Hügelland überein.

Quellen: *[1] H.-M. Berg, M. Váczi/ABÖ, [2] Váczi et al. (2013), [3] Glutz von Blotzheim & Bauer (1980), [4] Piechocki (1985), [5] Görner (2016), [6] Grüll et al. (2010), [7] Dvorak & Berg (1991), [8] Fischer (1883), [9] Kárpáti (1999), [10] Váczi (2008), [11] H.-M. Berg & E. Patak, unpubl. Daten, [12] H.-M. Berg/ornitho.at, [13] A. Weiss/ornitho.at, [14] U. Lindinger/ornitho.at, [15] Penteriani & Delgado (2019), [16] R. Hauser via R. Triebl/ABÖ, [17] K. Kirchberger/ABÖ, [18] E. Zdimal-Koller & L. Brauer/ABÖ, [19] J. Groß/ABÖ, [20] A. Grüll/ABÖ, [21] C. Nagl/ornitho.at, [22] A. Weiss/ornitho.at*

Alfred Grüll & Attila Pellinger

Waldkauz *Strix aluco* Linnaeus, 1758

Macskabagoly – Tawny Owl

Einserkanal, Hanság, 16.6.2016 (Günther Wöss)

Sehr seltener Brutvogel und unregelmäßiger Gast im Herbst, Brutvorkommen knapp außerhalb des Avifauna-Gebietes

Verbreitung und Lebensraum

Aufgrund des geringen Bewaldungsgrades und überwiegend jüngerer Baumbestände ist der Waldkauz als altholzbewohnender Höhlenbrüter im Gebiet nur unregelmäßig anzutreffen. Ungeachtet des geringen Spezialisierungsgrades[1] und angrenzender geeigneter Lebensräume im Leithagebirge, im St. Margarethener Gemeindewald, in den Schloßparks von Halbturn, Nagycenk und Fertőd sowie im ungarischen Hanság hat der Waldkauz das Avifauna-Gebiet noch nicht konstant besiedelt[2, 3]. Das lassen auch die im Gegensatz zu Waldohreule (*Asio otus*) und Schleiereule (*Tyto alba*) bisher fehlenden Verkehrsopfer erkennen, gilt doch der Waldkauz als exponiert gegenüber dem Straßenverkehr[2,4]. Damit bleibt der Seewinkel weiterhin eine der ganz wenigen waldkauzarmen Tieflandschaften Österreichs[5].

Beobachtungen in den letzten zwei Dezennien beschränken sich im Seevorgelände und Seewinkel auf ausnahmsweise Meldungen zur Brutzeit, beispielsweise ein Individuum am 1.6.2013[2] am Badesee Andau oder am 13.4.2019[6] ein singendes Individuum nördlich Illmitz. Vereinzelte Meldungen sind auf ab Herbst herumstreifende Vögel zurückzuführen, beispielsweise ein Nachweis bei der Biologischen Station Neusiedler See/Illmitz im Oktober 2001[7], aus der Umgebung der Rosaliakapelle/Apetlon am 7.10.2015[8] oder ein rufendes Individuum nordwestlich Illmitz am 9.12.2018[9]. Lediglich im österreichischen Hanság mit ausgedehnten Laubwäldern auf ungarischer Seite werden vor allem im Gebiet von Andau Waldkäuze festgestellt, die offensichtlich grenzüberschreitend revierhaltende Vögel betreffen, z.B. ein singendes Individuum am 26.3.2014[10] oder ein Individuum am 16.6.2016[11] bzw. am 26.5.2017[12]. Auch frisch flügge Jungvögel wurden auf österreichischer Seite festgestellt, an der Tadtner Dammstraße/Einserkanal am 9.5.2009[13] oder im Bereich Hottergraben/Andau am 1.6.2019[14]). Ein konkreter Brutplatz auf österreichischer Seite wurde in jüngerer Zeit bisher nur einmal in einem kleinen Altholz westlich der Andauer Brücke aufgefunden, mit drei nicht flüggen Jungvögeln am 5.6.2016[15]. In Ungarn bestehen regelmäßige Vorkommen im Steinbruch von Fertőrákos und bei der Kócsagvár in Sarród, wo ein Brutplatz unter dem Schilfdach vermutet wird.

Bestand und Bestandsentwicklung

In der älteren Literatur des späten 19. und 20. Jahrhunderts wurde der Waldkauz eher kursorisch als seltener oder fehlender Besucher des Gebiets angeführt, war aber auch damals in der Umgebung, wie z.B. im Ödenburger Gebirge, nicht selten[16]. Jukovits[17] schrieb 1865: *„auf dem Strich geschossen"*, Breuer[18] meldete zwei Vögel im Sommer 1934 vom Strandbad bei Balf (Wolfs). Zimmermann[19] nannte zu Beginn der 1940er Jahre gar keine eigenen Beobachtungen und nach Koenig[20] verflog sich der Waldkauz gelegentlich in das Seegebiet. Bauer et al.[21] bezeichneten in den 1950er Jahren den Waldkauz als *„ausnahmsweisen Brutvogel und sehr spärlichen Strichvogel"*. An dieser Einschätzung hat sich auch 70 Jahre später, überraschender Weise, nichts geändert. Konkrete Brutnachweise liegen aus dem 20. Jahrhundert vor: Koenig[20] fand 1946 ein Gelege in einem Weidenwäldchen im Seevorgelände an der Wulka, das bei Bauer et al.[21] als erster Brutnachweis aus dem eigentlichen Seegebiet genannt wurde. Koenig[22] führte dann generalisierend für die späten 1950er Jahre 1–2 Brutpaare ebenda an. In der Folge beschrieb Barthel[23] den Nachweis eines brütenden Waldkauzes vom 12.4.1973 am Ostufer des Neusiedler Sees im „Schneiderwäldchen" bei Illmitz. Im Zuge einer, vermutlich witterungsbedingten Waldkauzinvasion in der Ungarischen Tiefebene im Winter 1904/05 wurden auch aus Illmitz am 31.1.1905 „grosse Massen" gemeldet[24]. Kritisch hinterfragt, könnte es sich hier auch um überwinternde Sumpfohreulen gehandelt haben, für die ein derartiges Phänomen eher zu erwarten ist[1]. Es bleibt abzuwarten, ob sich der Waldkauz mit der Ausbreitung und dem Älterwerden der Gehölzbestände im Seewinkel etablieren wird. Nahrungsökologisch steht dem nichts im Weg[25]. Inwieweit dies nachteilige Effekte für das derzeit prosperierende Vorkommen des Steinkauzes hätte[26], kann noch nicht beurteilt werden.

Jahreszeitliches Auftreten, Zugverhalten

Waldkäuze sind ausgesprochene Standvögel, nur selbstständig gewordene Jungvögel verstreichen in alle Himmelsrichtungen über kürzere Entfernungen[1, 27].

Quellen: *[1] Scherzinger & Mebs (2020), [2] www.ornitho.at, [3] Pellinger (2012), [4] Straka (1995), [5] Dvorak et al. (1993), [6] P. Mösinger/ornitho.at, [7] D. Franz/ABÖ, [8] K. Weber, M. Bachmann/ornitho.at, [9] U. Lindinger/ornitho.at,*

[10] S. Klasan/ornitho.at, [11] G. Wöss/ornitho.at, [12] A. L. Capol/ornitho.at, [13] H.-M. Berg in Dvorak et al. (2010), [14] R. & S. Schnierer/ornitho.at, [15] Erich Patak, unpubl. Daten, [16] Fászl (1883), [17] Jukovits (1864/65), [18] Breuer (1934), [19] Zimmermann (1943), [20] Koenig (1952), [21] Bauer et al. (1955), [22] Koenig (1961), [23] E. Kellner in Barthel (1974), [24] L.E. v. Szalay in Schenk (1905), [25] Hoi-Leitner (1989), [26] Mikkola (1976), [27] Bairlein et al. (2014)

Hans-Martin Berg & Attila Pellinger

Habichtskauz *Strix uralensis* Pallas, 1771

Uráli bagoly – Ural Owl

Fertőboz, 4.12.2012, 1. KJ (Belegfoto Sándor Mogyorósi)

Ausnahmeerscheinung

Vorkommen

Bisher gab es nur zwei Totfunde im Gebiet:

- 4.12.2012 Fertőboz, 1 dj. als Verkehrsopfer an der Straße Fertőboz – Balf (B. Nagy, S. Mogyorósi, F. Udvardy [1])
- 2.3.2022 Fertőboz, 1 Ind. als Verkehrsopfer an der Straße Fertőboz – Hidegség (S. Mogyorósi, F. Udvardy [2])

Diese Funde sind nicht isoliert. So wurde ein weiteres Verkehrsopfer im November 2017 bei Fertőendréd, knapp außerhalb des hier behandelten Gebiets, gefunden (B. Nagy [2]). Darüber hinaus gibt es auch zwei belegte Verkehrsopfer im Raum Klingenbach aus den Jahren 1998 und 2001 [3] und eine Beobachtung im Februar 2022 nördlich von Sopron (L. Dobos [2]) sodass ein zumindest gelegentliches Vorkommen, z. B. in den Wäldern entlang der Staatsgrenze im Raum Sopron, vorstellbar erscheint. Allerdings muss im Gebiet auch mit dem gelegentlichen Auftreten von ausgesetzten Vögeln aus dem Wienerwald gerechnet werden, wie durch den Totfund eines aus einer Wiener Zuchtvoliere stammenden Vogels im April 2021 bei Donnerskirchen, nur knapp außerhalb des Bearbeitungsgebietes, dokumentiert wird (G. Nief [4]).

Quellen: [1] *Hadarics (2017a),* [2] *www.birding.hu,* [3] *Ranner & Khil (2009),* [4] *www.ornitho.at*

Andreas Ranner & Tibor Hadarics

Steinkauz, Athene noctua, Ungerberg, Weiden, Jungvögel, 22.6.2011 (Michael Dvorak)

Wiedehopf *Upupa epops* LINNAEUS, 1758

Búbosbanka – Eurasian Hoopoe

Arbesthau, Apetlon, 9.4.2012 (Michael Dvorak)

Mäßig häufiger Brutvogel und Durchzügler von Ende März bis September, vor allem auf den Sandböden am Ostufer des Sees

Verbreitung und Lebensraum

Im Zeitraum 2006–2018 umfasste das Brutgebiet das West-, Süd- und Ostufer des Neusiedler Sees, den zentralen und südlichen Seewinkel sowie den Hanság. Das Zentrum mit der maximalen Siedlungsdichte bildet das kleinräumig strukturierte Ostufer des Sees zwischen Illmitz und Podersdorf mit den beweideten Salzwiesen im Seevorgelände sowie den Sandtrockenrasen, offenen Sandböden und totholzreichen Wäldchen des Seedammes[1]. Das Mosaik aus Weingärten, Hutweiden und Viehkoppeln im zentralen und südlichen Seewinkel, das temporär vernässte Kulturland mit Feuchtwiesen im Anschluss an die Bruchwälder am Ostrand des Hanság, die Trockenrasen am Hackels- und Jungerberg sowie die Ränder der Verlandungswiesen am West- und Südufer des Sees sind hingegen nur zerstreut von einzelnen Paaren besiedelt. Einzelne, auch rufende Wiedehöpfe besuchen gelegentlich Freizeitsiedlungen oder Gärten an den Ortsrändern, kommen aber nur ausnahmsweise bis in die dichter verbauten Ortszentren. Die großen Verbreitungslücken im Nord- und Ostteil des Seewinkels und in weiten Bereichen des Hanság sind auf die intensive landwirtschaftliche Nutzung zurückzuführen. Der vom Eintreffen der Brutvögel kaum unterscheidbare Heimzug konzentriert sich fast ausschließlich auf die Brutgebiete, nur vereinzelte Aprilmeldungen beziehen sich auf intensiv genutzte Agrarflächen oder Ortsränder abseits der Brutvorkommen.

Bestand und Bestandsentwicklung

Die Verbreitungsgrenzen und Siedlungsdichten zeigen bei dieser thermophilen und ökologisch spezialisierten Art im Laufe der Jahrzehnte erhebliche Schwankungen. In der ersten Hälfte des 20. Jahrhunderts brütete der Wiedehopf am West- und Ostufer des Sees nur sehr sporadisch. So waren in den extrem nasskalten Jahren 1941–1942 zwischen Illmitz und Podersdorf etwa fünf Reviere besetzt[2]. Mitte der 1950er Jahre wurde er hingegen schon als häufiger und verbreiteter Brutvogel im gesamten Gebiet beschrieben[3]. Neben einer trockenwarmen Klimaperiode mit überregionalen Bestandszunahmen[4, 5] dürfte für diese Entwicklung die Ausbreitung und Reifung der Gehölze sowie die Anlage von Weingärten ab den 1940er Jahren entscheidend gewesen sein. In den Zeiten davor waren die Bruthabitate dieser Waldsteppenart in der weithin offenen Hutweidelandschaft hauptsächlich auf die Dorfrandstrukturen beschränkt. Auf der ungarischen Seite waren Brutvorkommen zumindest bis in die 1970er Jahre nur am Westufer im Anschluss an die Weinbaugebiete und im Bereich der Hutweiden östlich des Sees bekannt[6].

Das Bestandshoch hielt, mit ähnlicher Verbreitung wie heute, bis in die 1980er Jahre an. 1986 dürfte die Siedlungsdichte im Abschnitt Illmitz-Podersdorf mit 30 festgestellten Revieren sogar höher gewesen sein als in den 1950er Jahren[7–10]. Mit Schätzwerten für die anderen Teilgebiete auf Basis der bekannten Vorkommen ergibt sich für das österreichische Avifauna-Gebiet ein Gesamtbestand von damals etwa 50 besetzten Revieren. Bis 1993 liegen zumindest für das Verbreitungszentrum am Ostufer keine Hinweise auf Rückgänge vor[11]. Erst in den Jahren 1995–1997 kam es im Seewinkel zu einem Bestandseinbruch von mehr als 70 %, der überregional, z. B. auch in den March-Thaya-Auen, bemerkbar war[12] und der zu einer Reduktion des Brutvorkommens auf die zentralen Bereiche des Ostufers führte. Neben klimatischen Faktoren müssen dabei als Rückgangsursachen die fortschreitende Verkrautung offener Sandstellen und stillgelegter Weingärten, der Zusammenbruch von Großinsektenpopulationen durch den jahrzehntelangen Ausfall der Beweidung, eine Verdichtung der Bodenvegetation sowie Biozidbelastungen in Betracht gezogen werden[13]. Schon 1998 begann aber wieder eine langsame Ausbreitung und bis 2015 stieg der Brutbestand auf den Sandböden des Ostufers von weniger als 10 Paaren auf maximal 30 Paare. Gleichzeitig erreichte hier die durchschnittliche Siedlungsdichte mit bis zu einem Brutpaar/km² ihre Höchstwerte (maximal vier gleichzeitig brütende Paare mit Nestabständen von weniger als 100 m auf nur 1,3 km²), sodass wieder das Niveau der 1980er Jahre erreicht war. Der zentrale und südliche Seewinkel sowie der Hanság wurden hingegen nur noch sehr lückenhaft besiedelt.

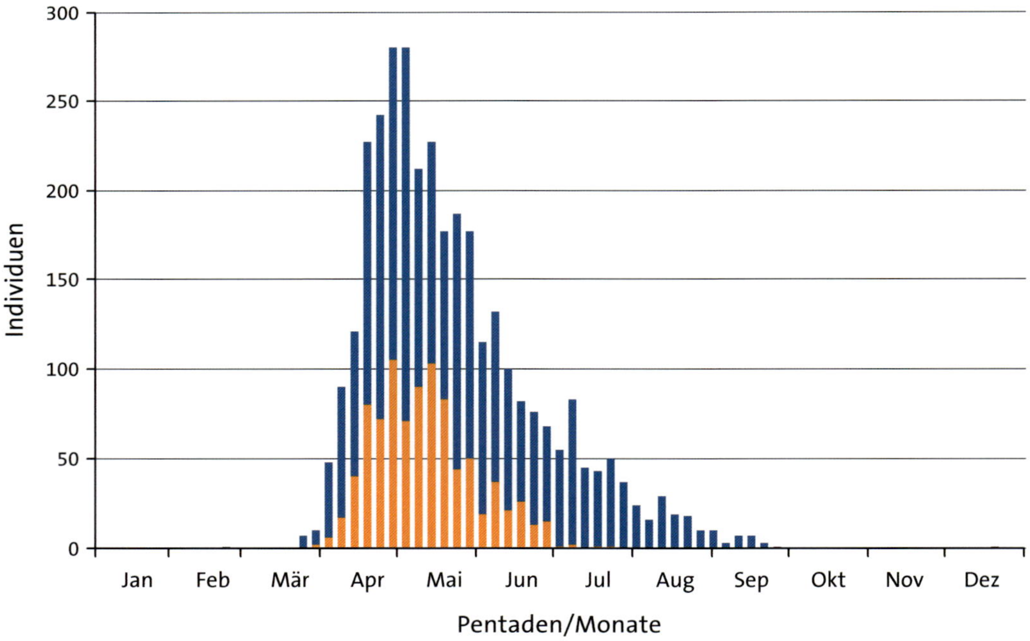

Jahreszeitliches Auftreten des Wiedehopfes (Pentadensummen gemeldeter Individuen) basierend auf Daten aus den Jahren 2011–2018 (n = 3.320)[38]. Orange Säulenabschnitte: rufende Männchen.

Simultanzählungen der singenden Männchen auf einer 32,5 km² großen Probefläche zwischen Podersdorf und Illmitz ab 2006 und einer zusätzlichen Erweiterungsfläche mit jährlich 0–3 Sängern zwischen Illmitz und Apetlon ab 2011 dokumentieren diesen Bestandsanstieg [14]: Von 16–19 Sängern stieg die Anzahl bis 2015 auf 24–25 gleichzeitig rufende Männchen, allerdings mit starken jährlichen Schwankungen. So konnten z. B. 2012 40–45 Männchen gezählt werden, die jedoch nur teilweise zur Brut schritten [14, 15]. Im extrem trockenen Frühjahr 2020 wurde mit 53–61 simultan gezählten Sängern (inklusive der Erweiterungsfläche) ein nie dagewesener Maximalwert erreicht. Dieses Jahr fiel auch sonst durch besonders viele Wiedehopf-Meldungen sowie eine sehr lange Gesangsperiode im gesamten Nordburgenland auf [11]. Insgesamt wurden im Zeitraum 2001–2018 auf der österreichischen Seite ca. 80 Reviere nachgewiesen, bei Berücksichtigung der jährlichen Simultanerfassungen können als aktueller Bestand etwa 60–70 Brutpaare angenommen werden. Auch am ungarischen Südufer ist der Brutbestand in dieser Periode auf 3–5 Paare angestiegen [16]. Sehr wahrscheinlich war diese jüngste Ausbreitungswelle von den trockenwarmen Frühsommern ab 2000 beeinflusst [1, 17]. Mit ausschlaggebend waren aber auch die zunehmende Aushagerung alter Weingartenbrachen auf den Sandböden sowie die Intensivierung der Beweidung durch den Nationalpark ab 2001.

Aus dem Gebiet liegen zwei Untersuchungen zur Populationsdynamik vor [1, 10]: Im Zeitraum zwischen 2003–2010 betrug die durchschnittliche Anzahl flügger Jungvögel pro Brutpaar und Jahr 3,99 ± 1,5, ein Wert, der für eine selbsterhaltende Population theoretisch ausreichend ist [10, 18, 19]. Pro Jahr schritten nach erfolgreicher Erstbrut durchschnittlich 24,9 % (7–50 %) aller Paare zu Zweitbruten. Die mittlere Größe erfolgreicher Bruten von 3,74 ± 0,72 Jungvögeln lag geringfügig über dem Wert der Jahre 1961–1991 (3,55 Jungvögel). Hauptfaktor für die Nestlingssterblichkeit waren mehrtägige Niederschläge bei Temperaturen von weniger als 20 ° C, die mind. 20 % der Totalverluste verursachten. Für hohe Bruterfolge spielte das reiche Angebot aquatischer Insektenlarven aus den Schlammflächen trockenfallender Salzlacken eine besondere Rolle [17].

Jahreszeitliches Auftreten

Der Wiedehopf trifft im Seewinkel ab dem 20. März ein, die Ankunft kann sich aber auch bis Ende März verzögern. 1991–2018 gelangen in 11 von 18 Jahren die ersten Beobachtungen bereits vor dem 25. März (mittleres Erstankunftsdatum 24. März). Ende März beginnen die Männchen zu rufen, die Beobachtungshäufigkeit nimmt sehr rasch zu und erreicht in der letzten Aprildekade ihren Höhepunkt. Der Durchzug ist kaum zu erfassen, da er sich räumlich auf die Brutgebiete konzentriert und zeitlich mit der sehr flugaktiven Phase der Revierbesetzung und Verpaarung überlagert [20], dürfte aber zumindest bis Ende April anhalten [17]. Gleichzeitig beginnt bereits in der letzten Aprildekade die Eiablage. Mit dem Fortschreiten der Brutsaison beschränkt sich die Rufaktivität spätestens ab Mitte Mai auf die unverpaarten Männchen bzw. den Beginn von Folgebruten und die Höpfe werden immer unauffälliger. Die spätesten, z. T. nur noch leisen Revierrufe wurden am 14. und 17. Juli gemeldet [21, 22] und als Ausnahme am 10. September [23]. Die ersten Jungen fliegen schon in den letzten Maitagen aus [24], die meisten aber erst von Ende Juni bis Mitte Juli. Die spätesten Nachweise frisch flügger Jungvögel aus späten Bruten fallen auf den 8., 10. und 14. August [25]. Der Abzug beginnt spätestens Mitte Juli [5, 26] und zieht sich mit Spätbruten bis Mitte September (mittleres Datum der Letztbeobachtung 9. September; n = 15). Ein am 5. Juni in Illmitz beringter Jungvogel war bereits am 15. August in Apulien [27]. Die letzten Herbstbeobachtungen einzelner Exemplare datieren bis 21. September [28, 29], mit einer Ausnahme am 15.10.2003 [30]. Ein Herbstdurchzug ist nicht erkennbar (siehe auch Albegger et al.[26] für die Steiermark). Die folgenden Meldungen beziehen sich auf mögliche Überwinterungen: Jänner bis März 1952 Seewinkelhof, Lange Lacke/Apetlon, ein Exemplar [3]; 8.12.1998 Hölle/Illmitz, ein Exemplar [31]; Jänner 2012 Neusiedl am See, ein Exemplar in Garten [32]; 19.2.2012 Graurinderkoppel/Apetlon, ein Exemplar [33]; 15.12.2017 Hölle-Albersee/Illmitz, ein Exemplar auf Sanddamm [29]. Wiedehöpfe treten zur Brutzeit einzeln oder paarweise auf und nur bei aggressiven Interaktionen oder bei der Balz in kleinen Gruppen. Nach der Brutzeit können sich Einzelvögel oder Familien mit flüggen Jungen auf günstigen Nahrungsflächen zu lockeren, sehr auffälligen Gemeinschaften zusammenschließen. Dazu liegt eine erstaunliche Meldung von mehr als 50 Wiedehöpfen am 10.7.2006 auf frisch gemähten Wiesen im Seevorgelände bei Donnerskirchen vor [34].

Zugverhalten und Ringfunde

Die Zugwege der Brutpopulationen im Karpatenbecken führen in westsüdwestliche bis südsüdöstliche Richtungen über Italien und die Balkanhalbinsel in die Überwinterungsgebiete südlich der Sahara [5, 35, 36]. In dieses Bild fügen sich vier Rückmeldungen im Seewinkel beringter Jung- und Altvögel in den nachfolgenden Zugperioden aus der Lombardei, Apulien, Sizilien und Epirus/Griechenland [27]. Die Wiederfunde von zwei im Seewinkel beringten Nestlingen in der Brutzeit des darauffolgenden Jahres in Bad Vöslau/Niederösterreich (47 km WNW) und der Ukraine (660 km ONO) bestätigen die geringe Geburtsortstreue der Art mit ausgeprägtem Jungvogeldispersal und Brutansiedlungen in weit entfernten Teilpopulationen [27, 37].

Quellen: [1] *Grüll et al. (2014)*, [2] *Zimmermann (1943)*, [3] *Bauer et al. (1955)*, [4] *Bauer (1952)*, [5] *Glutz von Blotzheim & Bauer (1980)*, [6] *Kárpáti (1983)*, [7] *Berg & Dvorak (1988)*, [8] *Dvorak (1988a)*, [9] *Dvorak et al. (1993)*, [10] *Steiner et al. (2003)*, [11] *E. Karner-Ranner, unpubl. Daten,*

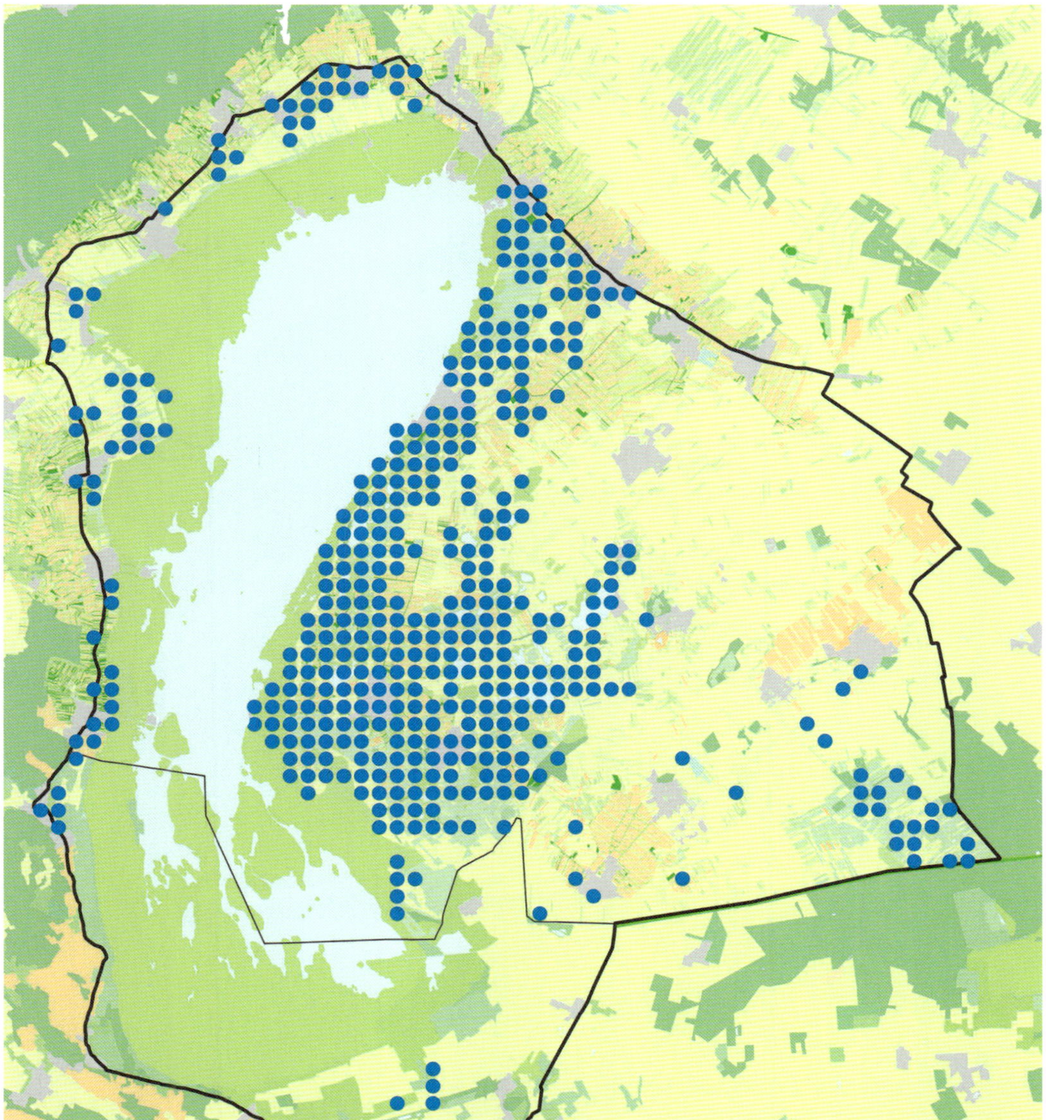

Brutzeitverbreitung des Wiedehopfs, basierend auf Beobachtungen in den Monaten April (ohne Brutcode „H") sowie Mai bis August aus den Jahren 2011–2021 [38–40].

[12] Zuna-Kratky et al. (2000), [13] W. Waitzbauer, unpubl. Daten, [14] Karner-Ranner (2018), [15] J. Groß, unpubl. Daten, [16] Jánoska (2012), [17] Grüll et al. (2008), [18] Martin-Vivaldi et al. (1999), [19] Martin-Vivaldi (2001), [20] Grüll et al. (2007), [21] B. Forthuber, C. Purtscher/ornitho.at, [22] A. Grüll/ABÖ, [23] H. Adam & R. Konecny/ABÖ, [24] A. Grüll/ABÖ, [25] A. Grüll, M. Hoffmann/ABÖ, [26] Albegger et al. (2015), [27] Österreichische Vogelwarte/Vogelberingungszentrale BirdLife Ungarn, unpubl. Ringfunde, [28] F. Samwald, J. Laber/ABÖ, [29] J. Steiner/ornitho.at, [30] J. Fleischhacker, unpubl. Daten, [31] J. Steiner/ABÖ, [32] N. Titz, unpubl. Daten, [33] NP Neusiedler See/ornitho.at, [34] J. Zankovitsch, unpubl. Daten, [35] Magyar in Csörgő et al. (2009), [36] Reichlin et al. (2009), [37] Oehlschlaeger & Ryslavy (2002), [38] www.ornitho.at, [39] Archiv MME Sopron, [40] Archiv FHNP

Alfred Grüll, Eva Karner-Ranner &
Sándor Mogyorósi

Wiedehopf, Upupa epops, *Apetlon, 26.4.2014 (Michael Dvorak)*

Blauracke *Coracias garrulus* Linnaeus, 1758

Szalakóta – European Roller

Mörbisch, 25.6.2020 (Belegfoto Peter Erlemann)

Unregelmäßiger Gast im Frühjahr und ehemaliger Brutvogel der näheren Umgebung

Vorkommen

Seit dem Erlöschen der letzten nahe gelegenen Brutvorkommen Ende der 1970er Jahre ist die Blauracke nur mehr ein sehr seltener und nicht alljährlicher Gast im Neusiedler See-Gebiet. Daher wurden ab 1990 alle Beobachtungsmeldungen auf österreichischer Seite von der Avifaunistischen Kommission von BirdLife Österreich geprüft. Seither gelangen im österreichischen und ungarischen Teilgebiet insgesamt 24 Nachweise zwischen 16. April und 18. Juli. Davon entfielen 15 (62,5 %) auf die zweite und dritte Maidekade. Die Nachweise seit 1990 im Einzelnen:

- 29.6.1995 Mekszikópuszta, Hídi-major, 1 Ind. (L. Kárpáti, K. Tolnay[1])
- 26.–27.5.1997 Apetlon, 1 ad. (N. Baranski, M. Baranski[2])
- 13.5.1998 Illmitz, 1 ad. (A. Schuster[2])
- 22.5.1999 Neudegg, 1 ad. (J. Laber[3])
- 25.5.2001 Mekszikópuszta, 1 Ind. (F. Winkler[4])
- 5.5.2002 Mekszikópuszta, 1 Ind. (H. Spinler)
- 24.5.2002 Fertőszéplak, Széplaki-legelő, 1 Ind. (S. Mogyorósi[4])
- 24.5.2009 Martenthau, 1 ad. (S. Zinko, D. Petutschnig, W. Petutschnig[5])
- 3.6.2012 Fertőszéplak, Széplaki-legelő, 1 Ind. (M. Váczi[6])
- 7.5.2013 Pamhagen, 1 ad. (G. Hafner[7])
- 19.5.2014 Sechsmahdlacke – Reihersiedlung Apetlon, 1 ad. (K. Wiesinger[7])
- 24.5.2014 Sarród, Lászlómajor und Mekszikópuszta, Borsodi-dűlő (S. Csór, R. Petersen[6]), wahrscheinlich derselbe Vogel am 25.5.2014 auf der Graurinderkoppel (J. Fritzsch, C. Witte[7])
- 28.5.2014 Mekszikópuszta, 1 ad. (F. Samwald[6])
- 8.6.2014 St. Andrä – Frauenkirchen, 1 ad. als Totfund (D. Leopoldsberger[7])
- 22.–23.5.2016 Sechsmahdlacke – Reihersiedlung Apetlon, 1 ad. (W. Bühler, H. Bihlmaier[8, 9])
- 18.7.2017 Hanság südlich Andau, 1 ad. (H. Frind, L. Frind, N. de Haan[8])
- 16.4.2018 Hanság südlich Andau, 1 ad. (E. Pum, H. Pum[9, 10])
- 10.–14.5.2020 Fertőszéplak, Széplaki-legelő, 1 Ind. (M. Váczi, P. Kugler, T. Hadarics)
- 17.–18.5.2020 östlich Lange Lacke, 1 ad. (S. Höfler, H. Schau, B. Zens[9, 10])
- 22.5. und 7.–11.6.2020 Straße Weiden – Podersdorf und angrenzende Zitzmannsdorfer Wiesen, 1 ad. (C. Schlosser, B. Pfandl-Albel, A. Petrus u. a.[9, 10])
- 6.6.2020 Oggauer Heide, 1 ad. (C. Roland[10])
- 16.5.2021 Illmitz, Untere Lüss, 1 Ind. (J. Vratny[10])
- 27.5.2021 östlich Ochsenbrunnlacke, 1 Ind. (J. Steiner[9])
- 6.6.2021 Oggauer Heide, 1 Ind. (A. Hombauer[10])

Dass Blauracken in Mitteleuropa abseits der Brutgebiete primär im Frühjahr angetroffen werden, wurde bereits mehrfach dokumentiert[11, 12]. Dies dürfte in erster Linie auf Zugprolongation zurückzuführen sein, wobei daran auch (z. T. vorjährige) Nichtbrüter beteiligt sein können, die in die Brutgebiete zurückkehren[13]. Beobachtungen der Blauracke gelangen in den letzten Jahren vor allem in grünlandreichem Kulturland des Seewinkels sowie im ungarischen Südteil des Gebiets, vereinzelt auch im österreichischen Teil des Hanság. Die Vögel werden meist auf exponierten Warten wie Einzelbäumen oder Leitungsdrähten angetroffen, oft auch entlang von Verkehrswegen.

Die Blauracke war bis in die zweite Hälfte des 20. Jahrhunderts Brutvogel in der (weiteren) Umgebung des Neusiedler Sees. Unmittelbar an der Grenze und wohl auch innerhalb des Bearbeitungsgebiets bestanden Brutvorkommen am Südufer des Sees bei Balf und Fertőboz sowie im Schlosspark von Fertőd. Im Jahr 1934 wurde bei Fertőboz noch eine merkbare Zunahme festgestellt[14]. Diese Vorkommen bestanden offenbar bis in die 1960er Jahre, im ungarischen Hanság sogar noch bis in die 1980er Jahre (Zusammenfassung bei Zimmermann[15], Bankovics et al.[4]). Weitere nahe gelegene Brutvorkommen wurden bis in die 1970er Jahre am Ostabhang des Leithagebirges, v. a. im Bereich des Schützener Tiergartens sowie auf der Parndorfer Platte und in der Leithaniederung dokumentiert (Zusammenfassung bei Glutz von Blotzheim & Bauer[11], Dvorak et al.[16]). Koenig[17] bezeichnete die Blauracke auch als Brutvogel in den „Wäldchen am Seeufer", konkrete Daten liegen dazu aber nicht vor, sieht man von der Beobachtung eines Vogels nahe der Wulkamündung am 21.5.1938 ab[18]. Der letzte Brutnachweis im Nordburgenland gelang im Jahr 1979 im Karlwald auf der Parndorfer Platte zwischen Halbturn und Nickelsdorf[19], im Folgejahr gelang noch eine Brutzeitbeobachtung beim nahe gelegenen Wittmannshof nordöstlich von Halbturn[20]. Wohl von diesen Brutplätzen ausgehend gelangten Blauracken immer wieder in das engere Seegebiet bzw. den Seewinkel und den österreichischen Hanság. Am 19.5.1977 flog ein Vogel im Hanság in eine Baumhöhle ein und erweckte so auch Brutverdacht[11, 21].

Quellen: *[1] Pellinger & Soproni (1999), [2] Ranner (2002), [3] Ranner (2003), [4] Bankovics et al. (2002), [5] Ranner & Khil (2011), [6] www.birding.hu, [7] Albegger & Khil (2016), [8] Albegger & Brader (2018), [9] www.ornitho.at, [10] www.birdlife-afk.at, [11] Glutz von Blotzheim & Bauer (1980), [12] Samwald & Samwald (1989), [13] M. Tiefenbach, unpubl. Daten, [14] Breuer (1934), [15] Zimmermann (1943), [16] Dvorak et al. (1993), [17] Koenig (1961), [18] Koenig (1939), [19] M. Deutsch in Dvorak et al. (1993), [20] R. Berger/ABÖ, [21] R. Stocker/ABÖ*

Andreas Ranner & Tibor Hadarics

Eisvogel *Alcedo atthis* (Linnaeus, 1758)

Jégmadár – Common Kingfisher

St. Martins Therme, Frauenkirchen, 12.9.2018 (Leander Khil)

Ganzjährig anzutreffen, vor allem von Mitte Juni bis Ende September häufig und weit verbreitet im Schilfgürtel des Neusiedler Sees

Verbreitung und Lebensraum

Als wassergebundene Art ist der Eisvogel an den unterschiedlichsten Gewässertypen im gesamten Avifauna-Gebiet weit verbreitet. Sowohl natürliche Gewässer wie der Neusiedler See oder die Salzlacken, als auch künstliche Gewässer wie Schotterteiche, Badeseen oder Kanäle werden als Lebensraum genutzt. Überhängende oder senkrechte Abbruchkanten an fischreichen Gewässern bzw. in unmittelbarer Gewässernähe fehlen im Neusiedler See-Gebiet aber weitgehend als natürliche Brutplätze, daher liegen bisher auch keine Brutnachweise vor. Auch in Schottergruben, die in seltenen Fällen als Brutplatz in Frage kommen[1], gibt es keine dokumentierten Bruten. Beobachtungen häufen sich im Bereich des Schilfgürtels des Neusiedler Sees, insbesondere in den zahlreichen Kanälen[2, 3]. Während die Freiwasserfläche des Sees aufgrund der starken Trübung des Wassers und den fehlenden Sitzwarten nur schlecht bzw. nicht als Nahrungshabitat für den Eisvogel geeignet ist, findet man im Schilfgürtel wegen des reduzierten Windeinflusses Bereiche mit guten Sichtverhältnissen und einem reichen Angebot an Jungfischen. Als Ansitzwarten werden starkhalmiges Schilf oder Gehölze auf Schüttkörpern, z.B. entlang von Dämmen, genutzt. Vergleichsweise häufig wird die Art auch aus dem Hanság gemeldet[2], vor allem entlang des Einserkanals, wo ebenfalls die Ufervegetation als Ansitz- bzw. Sitzwarte genutzt wird. In vielen Fällen beschränken sich die Beobachtungen an Kanälen auf vorbeiziehende Vögel, die sich im schnellen Tempo an der linearen Struktur orientieren.

Bestand und Bestandsentwicklung

Da es kein Erhebungsprogramm für den Eisvogel gibt, liegen auch keine Bestandszahlen vor. Sowohl frühe Arbeiten zur Vogelwelt des Neusiedler See-Gebiets[4, 5], als auch Archivdaten und rezente Daten[2, 3], beschreiben den Eisvogel als eine regelmäßig im Gebiet vorkommende Art. Da der Eisvogel zur Brutzeit überwiegend an Gewässer mit naturnahen Ufern gebunden ist, ist es überregional aufgrund von Entwässerungsmaßnahmen, Fließgewässerregulierungen sowie Uferverbauungen langfristig zu Bestandsrückgängen gekommen[1]. Es ist anzunehmen, dass dies auch das Neusiedler See-Gebiet, als Trittsteinbiotop für zahlreiche Jungvögel, indirekt betroffen hat.

Während reine Beobachtungsdaten für diese Art im Neusiedler See-Gebiet nur sehr bedingt eine Aussage über den Bestand zulassen[6], lassen die Fangzahlen der Vogelberingung an der Biologischen Station Illmitz eine Einschätzung der Häufigkeit des Eisvogels zu: Im Jahr 2008 wurden von Anfang Juli bis Ende Oktober 263 Individuen gefangen und markiert[7]. Den größten Fangerfolg brachte dabei ein Netz, das quer über einen Kanal gespannt wurde. Diese Zahlen zeigen, dass es sich bei Nachweisen im Gebiet nicht um wenige, lokal stationäre Vögel handelt, sondern ein fortwährender Austausch stattfindet. Die Beringung zeigte und bestätigte damit den starken nachbrutzeitlichen Durchzug von Jungvögeln im Neusiedler See-Gebiet. Bei 260 der 2008 gefangenen Vögel handelte es sich um diesjährige Jungvögel, nur drei waren adulte Tiere. Das Geschlechterverhältnis der beringten Eisvögel zeigte in diesem Jahr einen leichten Überhang zugunsten junger Weibchen. Unter 246 Vögeln, von denen das Geschlecht sicher bestimmt werden konnte, waren 132 Weibchen und 114 Männchen. Mit einer vergleichbarer Methode wurden im Jahr 2009 im selben Zeitraum 205 Eisvögel gefangen, im Jahr 2010 hingegen nur 92. Für den Eisvogel sind starke Bestandsschwankungen durch hohe Winterverluste bekannt[1], diese dürften sich auch in den Zahlen im Neusiedler See-Gebiet, als Durchzugsgebiet für migrierende Jungvögel, widerspiegeln. Genetische Untersuchungen ergaben einen Einzug von mehreren Subpopulationen[6], was die überregionale Bedeutung des Sees für diese Art belegt. Setzt man die Fangzahlen an der Biologischen Station Illmitz mit der Gesamtfläche des Neusiedler Sees in Bezug, ist davon auszugehen, dass der Eisvogel in den Sommermonaten eine häufig vorkommende Art ist.

Jahreszeitliches Auftreten

Die Beobachtungsdaten beschreiben den Eisvogel als eine ganzjährig im Gebiet vorkommende

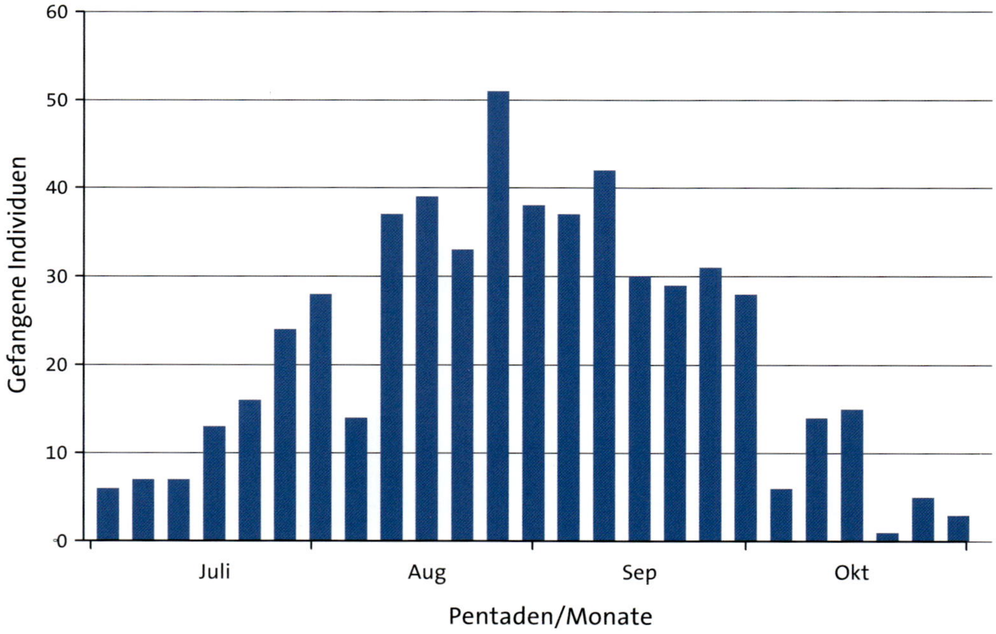

Summe der Erstfänge von Eisvögeln pro Pentade an der Biologischen Station Illmitz, basierend auf Daten aus den Jahren 2008 bis 2010 (n = 554)[6].

Art mit einem starken Maximum Ende August bis Anfang September[2,3]. Auf ungarischer Seite ist das jahreszeitliche Auftreten ähnlich gelagert; aus den Monaten Mai und Juni liegen die wenigsten Nachweise vor (6 von 564)[7]. Dieser Gipfel wird durch die Fangdaten an der Biologischen Station Illmitz[6] (Juli bis Oktober) vollständig abgedeckt. Der starke Anstieg ist, wie bereits beschrieben, auf durchziehende Jungvögel zurückzuführen, die – wie Wiederfänge zeigen – durchaus auch mehrere Tage bis Wochen im Gebiet verweilen können[8].

Zugverhalten und Ringfunde

Der Eisvogel ist in Österreich überwiegend Standvogel. Im Zuge der stark ausgeprägten Jugenddispersion werden größere Distanzen zurückgelegt. Fernfunde von Individuen, die in Illmitz beringt wurden, gibt es aus Tschechien, Ungarn, Kroatien und Italien[7]. Die am weitesten zurückgelegte Distanz beträgt dabei 580 km. Kontrollfänge in Illmitz von in anderen Ländern beringten Eisvögeln gibt es aus Polen, Tschechien, der Slowakei, Ungarn und Slowenien[7]. Der in Polen beringte Eisvogel legte dabei mit 654 km die weiteste Distanz zurück.

Quellen: [1] *Glutz von Blotzheim & Bauer (1980),* [2] *Archiv BirdLife Österreich,* [3] *www.ornitho.at,* [4] *Zimmermann (1943),* [5] *Bauer et al. (1955),* [6] *W. Vogl & H. Winkler, unpubl. Daten,* [7] *Archiv MME Sopron,* [7] *Österreichische Vogelwarte, unpubl. Ringfunde*

Gilbert Hafner & Sándor Mogyorósi

Blauwangenspint *Merops persicus* Pallas, 1773

Zöld gyurgyalag – Blue-cheeked Bee-eater

St. Andräer Zicksee, 21.5.2016 (Belegfoto Peter Frießer)

Ausnahmeerscheinung

Vorkommen

Ein Nachweis, der gleichzeitig der bisher einzige in Österreich ist:

- 21.–22.5.2016 St. Andräer Zicksee, 1 ad. (E. Albegger, H. Bihlmaier, W. Bühler u. a.[1,2])

Quellen: [1] *Albegger (2018),* [2] *Albegger & Brader (2018)*

Andreas Ranner

St. Andräer Zicksee, 22.5.2016 (Belegfoto Leander Khil)

Bienenfresser *Merops apiaster* (Linnaeus, 1758)

Gyurgyalag – European Bee-eater

Seit den 1990er Jahren lokaler Brutvogel in Materialentnahmestellen und lokal häufiger Durchzügler

Verbreitung und Lebensraum

Der Bienenfresser ist im österreichischen Teil des Avifauna-Gebiets ein seltener Brutvogel. Seit Beginn der Besiedlung sind insgesamt 17 verschiedene Brutplätze genutzt worden, 2021 bestanden zwei größere (mit 20 und 30 Brutpaaren) und acht kleinere Brutkolonien[1]. Im Norden, direkt an das Gebiet angrenzend, befindet sich jedoch entlang des Abfalls der Parndorfer Platte von Neusiedl am See im Westen bis Halbturn im Osten eines der größten österreichischen Vorkommen mit zahlreichen kleinen und einigen größeren Kolonien in den vielen Sand- und Lösswänden und -abbrüchen[1]. Die Brutvorkommen im Seewinkel liegen hingegen alle in Materialentnahmestellen und Deponien, hier überwiegend Schottergruben, wobei sowohl noch in Abbau befindliche, als auch schon längere Zeit aufgegebene Standorte genutzt werden. Die großen nachbrutzeitlichen Ansammlungen am Ostufer des Neusiedler Sees südlich von Podersdorf befinden sich in einer durch zahlreiche Brachen, Feuchtstellen, Hecken und Baumgruppen reich gegliederten Weingartenlandschaft. Die Kolonie am Ungerberg gehört zu den am längsten und stetigsten besetzten Standorten des Burgenlandes. Für die Brutvögel dieser Kolonie sind besonders die Zitzmannsdorfer Wiesen ein wichtiges Jagd- und Rastgebiet.

Auch auf ungarischer Seite nutzen die Bienenfresser verschiedene Arten von Abbrüchen und Abbaugebieten: Wie in Österreich werden aktive oder unlängst aufgegebene Sand- und Kiesgruben genutzt, wovon es aber nicht viele gibt. Aktuell ist innerhalb des Avifauna-Gebiets seit 2008 eine kleine Grube nördlich von Hegykő regelmäßig besetzt. Ein zweites, größeres Brutvorkommen findet sich im Gebiet zwischen Fertőszéplak und dem Renaturierungsgebiet Mekszikópuszta. Sandige Böden dominieren hier und die Bienenfresser brüten einerseits in den niedrigen Seitenwänden der Kanäle, aber zunehmend auch in durch den Betritt der Weidetiere geschaffenen vegetationsfreien Bodenbereichen mit geringem Höhenunterschied.

Bestand und Bestandsentwicklung

Alle Autoren des 19. Jahrhunderts begegneten dem Bienenfresser nur ausnahmsweise. Jukovits[2] bezeichnete die Art für die 1860er Jahre als *„sehr selten, ich erhielt ihn nur einmal"*. Fászl[3] traf nur einmal, am 9.5.1881, einen Trupp Bienenfresser und schoss zwei von neun Vögeln für seine Sammlung und E. v. Dombrowski[4] war etwas optimistischer, wenn er meinte: *„Erscheint alljährlich zu Ende Mai oder Anfangs Juni in kleinen Flügen, die aber meist nur ganz flüch-*

Graurinderkoppel, Apetlon, 11.8.2012, 1. KJ (Michael Dvorak)

tig durchziehen. Revierjäger Rosenstingl hat viele erlegt, wovon sich eine hübsche ausgestopfte Gruppe im Besitze des Herrn Ladislaus von Solymosy befindet“. Aus den nächsten Jahrzehnten sind keinerlei Nachrichten zu einem Vorkommen des Bienenfressers im Gebiet vorhanden, erst ab Mitte der 1940er Jahre entstanden etliche Brutkolonien im Nordburgenland, allerdings waren diese sämtlich knapp außerhalb des Avifauna-Gebiets bei Oslip, Neusiedl am See, Weiden am See und Gols gelegen[5]. In Ungarn bestand damals (ebenfalls außerhalb des Avifauna-Gebiets) ein Brutvorkommen in Fertőboz in einem nach Nagycenk führenden, tief in den Löss eingeschnittenen Hohlweg[6] (wo auch 1986 noch vier Paare gefunden wurden[7]) sowie in den Wänden von Tongruben zwischen Fertőboz und Balf, wo der Bienenfresser zumindest 1948 brütete[6]. Es wird angenommen, dass damals eine Arealerweiterung im westlichen Teil des Bienenfresser-Vorkommens begann[5,8], die bis heute anhält. Die Brutkolonien am Nordrand des Gebiets waren auch in den 1960ern und 1970er Jahren besetzt[8,9]. Der erste Brutnachweis innerhalb der Grenzen des Avifauna-Gebiets stammt aus dem Jahr 1998[1], als im nördlichen Gemeindegebiet von Illmitz in einer Materialentnahmestelle beim Georgskreuz eine Bruthöhle in einer, den Schotterhorizont überlagerten, schmalen Lössschicht angelegt worden war. Mit Ausnahme von 2002 war der Seewinkel in den folgenden Jahren fast durchgehend von einem bis maximal sechs Brutpaaren besetzt, wobei 1999 ein neuer Brutstandort östlich von Halbturn und 2004 ein weiterer bei Frauenkirchen entdeckt wurde. Bis 2009 waren (mit wechselnder Besetzung) insgesamt sieben Standorte, allesamt in Materialentnahmestellen, bekannt. Ab 2010 stieg die Zahl der Brutpaare erstmals auf über zehn und danach beinahe kontinuierlich auf maximal 30 im Jahr 2014. 2017 kam es zu einem weiteren Anstieg auf 50 Paare, die auf maximal sechs Gruben (darunter zwei größere Kolonien mit 25 Paaren in Frauenkirchen und 16 in Halbturn) im Seewinkel verteilt waren. Der bisher größte Brutbestand mit 67 Brutpaaren stammt aus dem Jahr 2019, die größte Anzahl von zehn simultan besetzten Brutstandorten gab es 2021[1]. Ebenfalls 2021 wurde in einer Deponie zwischen Purbach und Donnerskirchen der erste Brutstandort im Avifauna-Gebiet außerhalb des Seewinkels nachgewiesen.

Auf ungarischer Seite brüteten in der Kolonie bei Hegykő 2011 drei, 2012–2014 12–14, 2016 und 2019 jeweils 10, 2020 vier und 2021 nur mehr ein Paar[10]. Im Bereich zwischen Fertőszéplak und dem Renaturierungsgebiet Mekszikópuszta wird der derzeitige Brutbestand auf 30–40 Paare geschätzt, eine vollständige Bestandsaufnahme ist jedoch schwierig, da die Vögel einzeln oder in Kleinkolonien brüten und fast überall in diesem Gebiet geeignete Stellen zum Graben der Bruthöhle finden[11].

Weitere Brutvorkommen liegen knapp außerhalb des Avifauna-Gebiets: In Ungarn in den Wänden einer verlassenen Kiesgrube zwischen Fertőszéplak und Fertőszentmiklós brüteten 2003–2004 einige Paare[12], ebenso seit 1984 in Schotter- und Sandgruben zwischen Fertőrákos und Sopronkőhida[7], wo zuletzt noch Anfang der 2000er Jahre einige Brutpaare nachgewiesen wurden und einzelne Vögel auch in Baugruben von Wochenendhäusern brüteten[12]. Etwas weiter entfernt, neben Piuszpuszta, befindet sich direkt an der ungarisch-österreichischen Grenze, eine größere Sandgrube, wo Anfang der 2000er Jahre 14–33 Paare brüteten[12]. In Österreich brüteten in der großen Kolonie bei Gols/Weiden am See (250 m vom Avifauna-Gebiet entfernt) 2000–2021 im jährlichen Durchschnitt 40 Paare (2017 maximal 111), in der Kolonie in Oslip (1,5 km vom Avifauna-Gebiet entfernt) von 2000–2021 38 (2021 maximal 105)[1].

Jahreszeitliches Auftreten

Als ausgeprägter Zugvogel trifft der Bienenfresser ab Ende April im Gebiet ein, die Brutplätze werden in der Regel erst im Mai bezogen. Nachdem das Avifauna-Gebiet nur einen sehr kleinen Brutbestand beherbergt, spiegeln sich im Phänologie-Diagramm in erster Linie durchziehende Vögel wider und solche, von umliegenden Kolonien, die sich auf Nahrungssuche befinden. Im Juni und Juli werden daher nur sehr wenige Bienenfresser im Gebiet beobachtet. Erst Anfang August steigen die Zahlen sprunghaft an, mit einem ausgeprägten Gipfel von Mitte August bis Anfang September. In diesem Zeitraum können, in jahrweise unterschiedlicher Zahl, einige Hundert Vögel längere Zeit im Bereich der Hölle (Illmitz/Podersdorf am See) am Ostufer des Sees verweilen und dort das Nahrungsangebot nutzen. Im Zeitraum 1985 bis 2019 wurden abseits der Zitzmannsdorfer Wiesen (wo meist jagende Exemplare aus den umliegenden Kolonien beobachtet werden) insgesamt 416 Beobachtungen von Trupps (> 10 Ex.) durchziehender oder rastender Bienenfresser aus den Monaten April, August und September gemeldet. Davon betrafen 185 Meldungen Trupps von 11–20 Vögeln, 194 20–51 Individuen, 40 55–100 und immerhin 23 Trupps von mehr als 100 Bienenfressern[9,13]. Der überwiegende Teil stammt aus der Hölle, wo auch der größte Trupp mit 345 Exemplaren beobachtet wurde[13]. In der zweiten Pentade des Septembers verlassen die Vögel sehr rasch das Gebiet, bereits um den 20. des Monats halten sich in der Regel keine Bienenfresser mehr im Gebiet auf[13]. Während der Herbstzugzeit können auf der ungarischen Seite

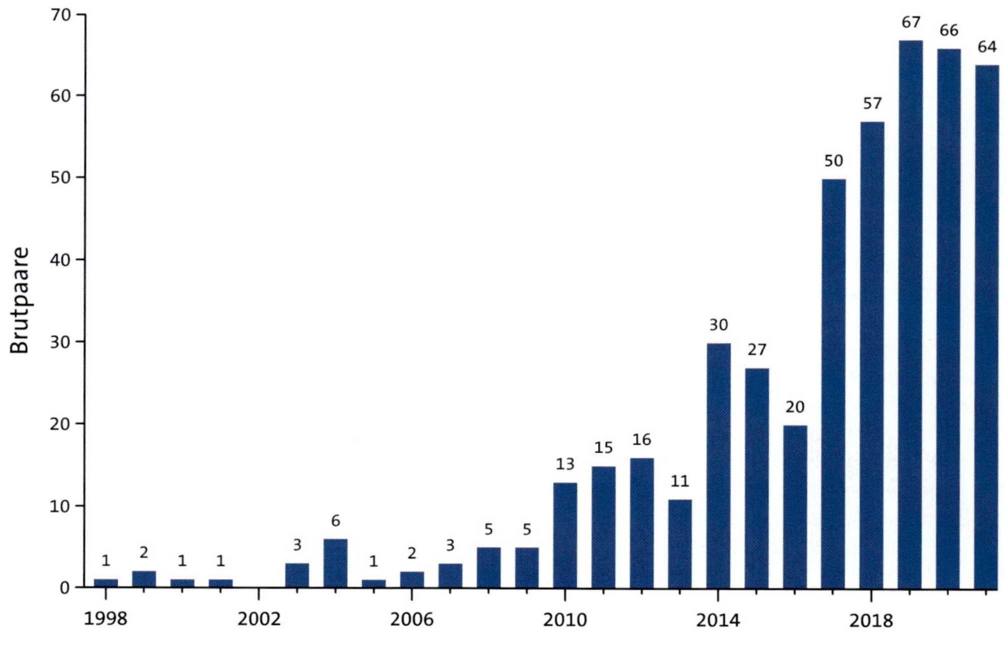

Bestandsentwicklung des Bienenfressers in Österreich in den Jahren 1998 bis 2021[1].

im August/September in großer Höhe ziehende Trupps von fallweise Hunderten Exemplaren beobachtet werden. Die spätesten Nachweise sind 20 Exemplare am 25.9.1996 bei Fertőrákos[14] und 35 Exemplare am 29.9.2001 über der Weide von Fertőszéplak[15].

Zugverhalten und Ringfunde

Der Bienenfresser ist ein Zugvogel, der in Afrika südlich der Sahara überwintert. Das Hauptüberwinterungsgebiet der mittel- und osteuropäischen Bienenfresser erstreckt sich von Ostafrika, unter weitgehender Meidung des Regenwaldblockes (der nur überflogen wird), bis Südafrika[8]. Aus dem Neusiedler See-Gebiet liegen jedoch bislang keine Funde markierter Bienenfresser vor.

Quellen: *[1] B. Wendelin, unpubl. Daten, [2] Jukovits (1864/65), [3] Fászl (1883), [4] v. Dombrowski (1889), [5] Bauer (1952c), [6] Breuer (1950b), [7] Kárpati (1989), [8] Glutz von Blotzheim & Bauer (1990), [9] Archiv BirdLife Österreich, [10] Archiv MME Sopron, [11] T. Hadarics, unpubl. Daten, [12] Ragats (2004), [13] www.ornitho.at, [14] B. Molnár, Archiv FHNP, [15] M. Váczi, Archiv FHNP*

Beate Wendelin & Tibor Hadarics

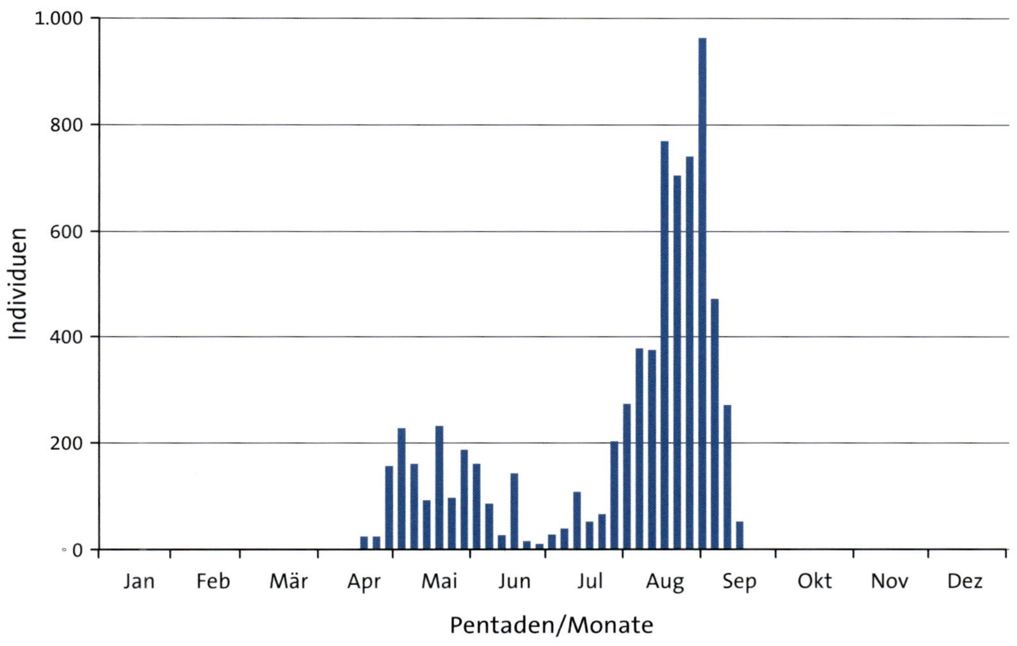

Jahreszeitliches Auftreten des Bienenfressers (Summen der Pentadenmaxima) in Österreich in den Jahren 2011–2020 (n = 7.148)[13].

Bienenfresser, Merops apiaster, *St Martins Therme, Frauenkirchen, 27.5.2023 (Leander Khil)*

Wendehals *Jynx torquilla* Linnaeus, 1758

Nyaktekercs – Eurasian Wryneck

Hanság, Tadten, 30.4.2021 (Michael Dvorak)

Lokaler Brutvogel am Westufer, im Seewinkel und im Hanság sowie regelmäßiger Durchzügler

Verbreitung und Lebensraum

Der Wendehals besiedelt als spezialisierter Ameisenjäger halboffene Landschaften mit gutem Wasserabfluss und Freiflächen mit grasigem, niedrigem Bodenbewuchs. Gleichzeitig ist ein ausreichendes Höhlenangebot erforderlich[1]. Geeignete Lebensräume findet er im Neusiedler See-Gebiet am West- und Nordufer des Sees in der mit vielen alten Obstbäumen bestandenen Weingartenlandschaft. Im Seewinkel ist er vor allem am Ostufer zu finden, wo die auf sandigen, schütter bewachsenen Böden stockenden Weingärten, viele Brachen mit offenem Boden sowie die zahlreichen Einzelbäume, kleinen Baumgruppen und Wäldchen günstige Bedingungen bieten. Im Hanság ist der Wendehals auf die trockenen Randbereiche entlang des Einserkanals sowie entlang der Wäldchen und Baumreihen beschränkt. Vorkommen im Randbereich von Siedlungen sind bisher nur aus Illmitz gemeldet worden. Durchziehende Wendehälse frequentieren zusätzlich die Seedämme, wo kurzwüchsige Grasstreifen offenbar günstige Nahrungshabitate bieten und wo die eher heimlich lebende Art auch vergleichsweise leicht zu entdecken ist. Dass durchziehende Vögel intensiv rufen können, erschwert die Beurteilung des Brutstatus vieler aus dem Gebiet gemeldeter Wendehälse. Es liegt jedoch über die Jahrzehnte verteilt eine größere Zahl an Brutnachweisen vor, die eine Einstufung als regelmäßigen Brutvogel erlauben[2,3]. Die aktuellen Verbreitungsschwerpunkte sind das Ostufer des Sees vom Sandeck im Süden bis nach Podersdorf im Norden, die Umgebung der Gemeinde Illmitz und der Hanság. Am West- und Nordufer des Sees bedingt die Abgrenzung des Avifauna-Gebiets, dass fast alle geeigneten Brutlebensräume knapp außerhalb liegen.

In den beiden bisherigen Übersichten zur Vogelwelt des ungarischen Neusiedler See-Gebiets wurde der Wendehals als verhältnismäßig häufiger Brutvogel und Durchzügler eingestuft[4,5], wobei zu bedenken ist, dass sich die Abgrenzung der in diesen Studien bearbeiteten Gebiete nur teilweise mit dem aktuellen Avifauna-Gebiet deckt. Die Art besiedelt auch in Ungarn bevorzugt offenes, baumbestandenes Gelände, wobei bereits wenige Bäume mit Höhlen als Brutplatz genügen. So sind Brutvorkommen des Wendehalses am Südwestufer zwischen Fertőrákos und Balf und am Südufer im Offenland zwischen Hidegség und Sarród bekannt. In diesem Gebiet brütet der Wendehals auch im Siedlungsbereich, so fütterte z.B. am 29.6.2015 ein Brutpaar seine Jungvögel im Hof der Arztpraxis in Hegykő[6].

Bestand und Bestandsentwicklung

Der Wendehals war schon in der zweiten Hälfte des 19. Jahrhunderts ein regelmäßiger Brutvogel des Bearbeitungsgebiets. Bereits um 1860 schrieb Jukovits[7]: „Yunx torquilla *kommt in Gärten vor.*" Fászl[8] ergänzte für die 1870er Jahre, dass die Art in mit Büschen bestandenen Gebieten und an Waldrändern vorkommt. Ende der 1880er Jahre war der Wendehals *„häufiger Brutvogel"*[9], um 1910 *„Brutvogel in den Weingärten am Ostufer"*[10], um 1940 *„Bewohner von Obst- und Weingärten am Nord- und Ostufer"*[11] und in den frühen 1950er Jahren wurde er als *„nicht sehr häufiger Brutvogel am West- und Nordufer und am Ostufer bisher nur als Durchzügler"* eingestuft[12]. Im letzten Jahrzehnt wurde der Wendehals alljährlich nur vom Bereich des Ostufers zwischen Podersdorf und Illmitz sowie aus dem Hanság gemeldet[2,3]. Anzahl und Verteilung der Meldungen lassen allerdings auf einen Brutbestand von 5–10 Revieren am Ostufer und eine etwas kleinere Zahl im Hanság schließen, wo in den Jahren 2009/10 3–4 Reviere festgestellt wurden[13]. Am West- und Nordufer sowie im restlichen Seewinkel sind im besten Fall nur einzelne Reviere zu erwarten, sodass von einem Gesamtbestand von höchstens 10–20 Revieren auszugehen ist. Zur langfristigen Bestandsentwicklung liegen keine Zahlenangaben vor, doch konzentrieren sich auch alle älteren Beobachtungsmeldungen seit 1966 primär auf die auch noch aktuell besiedelten Gebiete, sodass zumindest kein Arealverlust belegbar ist.

Die Größe des Brutbestands auf ungarischer Seite ist unbekannt, eine Schätzung wird durch den Umstand verkompliziert, dass ein Großteil der zu Frühlingsbeginn festgestellten Vögel weiterzieht, die tatsächlichen Brutvögel

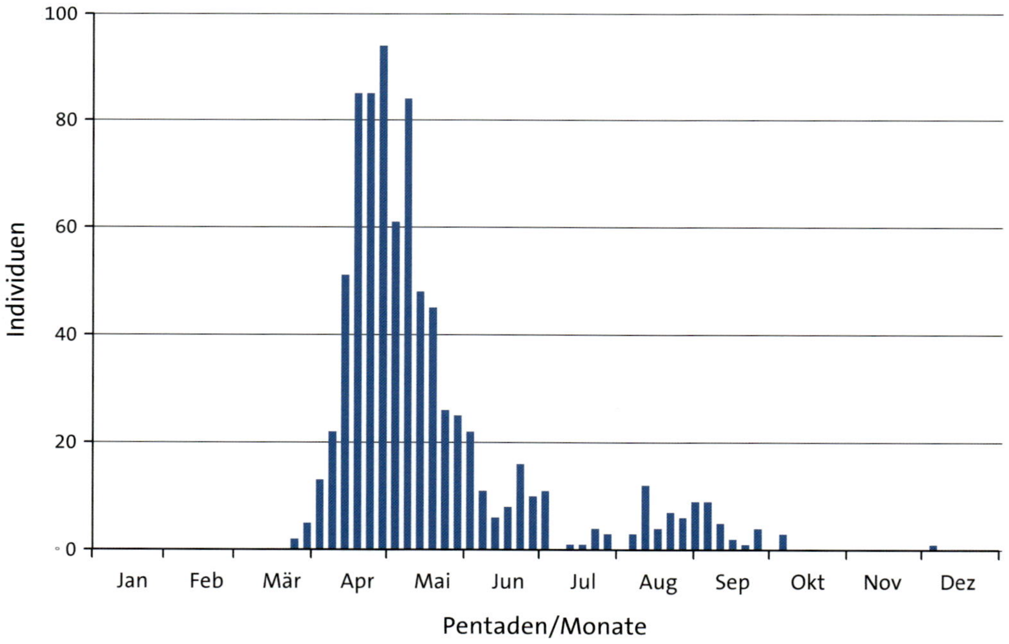

Jahreszeitliches Auftreten des Wendehalses (Pentadensummen gemeldeter Individuen) basierend auf Beobachtungsdaten aus Österreich aus den Jahren 1966–2019 (n = 805)[2,3].

aber mit Beginn der Brutphase sehr heimlich werden. Im westlichen Teil Transdanubiens ist in den letzten Jahren ein mäßiger Bestandszuwachs zu verzeichnen[14].

Jahreszeitliches Auftreten

Im Zeitraum 2013–2019 variiert die Ankunft der ersten Frühjahrsdurchzügler und Brutvögel von Jahr zu Jahr stark, mit der frühesten Ankunft am 23.3.2019 und der spätesten am 13.4.2013. Der Median der Erstankunft liegt am 2. April[3]. Die zwei frühesten Wendehälse wurden am 23.3.2014 im Seebad Illmitz[15] und am 26.3.1991 in Illmitz gesehen[16]. Stärkerer Durch- und Einzug kann schon ab dem 13. April einsetzen, der Zuggipfel liegt dann zwischen 20. und 30. April. Die maximale Rufaktivität ist ab Anfang Mai wesentlich höher als im April, was darauf hindeutet, dass sich ab diesem Zeitpunkt mehrheitlich Brutvögel im Gebiet aufhalten. Während sich in der zweiten Aprilhälfte erst 55 % der Meldungen auf rufende Wendehälse beziehen, steigt dieser Wert im Mai und Juni auf 75–79 % an. Anfang Juli bricht die Zahl der Meldungen plötzlich ein, was auf das Ende der rufaktiven Phase zurückzuführen ist. Die Fangzahlen an der Biologischen Station Illmitz zeigen, dass der Wegzug erst Mitte August einsetzt, sich über ca. 40 Tage zieht und in der letzten Septemberdekade endet[17–19]. Die Sichtbeobachtungen zeigen ein ähnliches Muster. Die letzte Sichtbeobachtung gelang am 4.10.2014 im Hanság[20], der letzte Vogel an der Biologischen Station Illmitz wurde am 5.10.1980 gefangen.

Zugverhalten und Ringfunde

Der Wendehals ist ein Weitstreckenzieher, der in den Savannen West- und Zentralafrikas überwintert[21]. Obwohl an der Biologischen Station Illmitz von 1974–2019 insgesamt 69 Wendehälse gefangen und markiert wurden[17–19] und die Art auch in Ungarn (Fertőrákos) beringt wurde, liegen bisher keine Funde außerhalb des Gebiets vor.

Quellen: [1] *Dvorak et al. (1993),* [2] *Archiv Birdlife Österreich,* [3] *www.ornitho.at,* [4] *Bankovics et al. (2002),* [5] *Kárpáti (1983),* [6] *A. Pellinger, unpubl. Daten,* [7] *Jukovits (1864/65),* [8] *Fászl (1883),* [9] *von Dombrowski (1889),* [10] *Schenk (1917a),* [11] *Zimmermann (1943),* [12] *Bauer et al. (1955),* [13] *Dvorak et al. (2010),* [14] *Gorman et al. in Szép et al (2021),* [15] *J. Frießer/ornitho.at,* [16] *E. Lederer & B. Braun/ABÖ,* [17] *Vogelwarte Radolfzell, heute Max-Planck-Institut für Verhaltensbiologie, unpubl. Daten,* [18] *W. Vogl & H. Winkler, unpubl. Daten,* [19] *Biologische Station Illmitz, unpubl. Daten,* [20] *I. Horváth/ornitho.at,* [21] *Glutz von Blotzheim & Bauer (1980)*

Michael Dvorak & Mariann Komlós

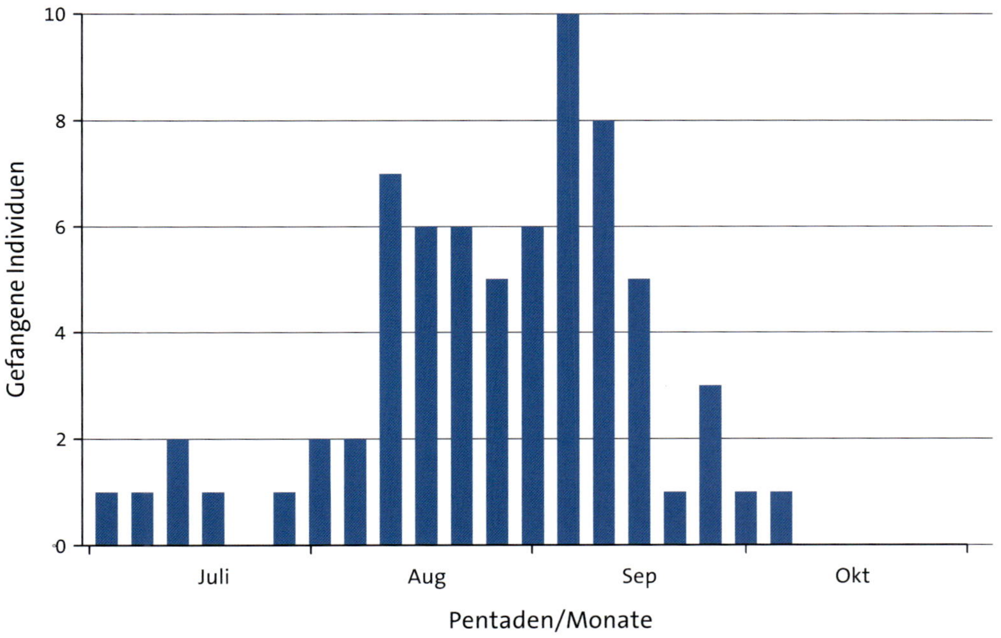

Phänologie des Wendehalses am Wegzug (Pentadensummen) an der Biologischen Station Illmitz basierend auf Netzfängen in 20 Jahren im Zeitraum 1974–2019 (n = 69)[17–19].

Mittelspecht *Dendrocoptes medius* (Linnaeus, 1758)

Közép fakopáncs – Middle Spotted Woodpecker

Hanság, Figuren-Wäldchen, 26.3.2021 (Michael Dvorak)

Vereinzelter Brutvogel im Hanság und sehr seltener Gast außerhalb der Brutzeit

Verbreitung und Lebensraum

Als Brutvogel größerer Waldflächen findet der Mittelspecht im Neusiedler See-Gebiet nur äußerst beschränkt geeigneten Lebensraum. Ein seit langem bekannter Brutplatz ist das Figuren-Wäldchen im Hanság, wo die Art ab Mitte der 2000er Jahre alljährlich bis zur Brutzeit 2021 nachgewiesen wurde[1–3]. In einem auwaldartigen, größeren Wäldchen nordöstlich von Wallern (Mitterried) wurde am 17.6.2018 ein rufender Mittelspecht festgestellt[3]; aufgrund des Lebensraums ist hier ein Brutvorkommen durchaus möglich. Alle anderen Nachweise beziehen sich auf offensichtlich herumstreichende Exemplare abseits von geeigneten Brutgebieten. 44 dieser Beobachtungen stammen vom Ostufer des Neusiedler Sees zwischen Podersdorf und dem Sandeck[1,2], einem Bereich, der auch vielen anderen Vogelarten als Leitlinie dient und der mit seinen

vielen kleinen Baumbeständen zahlreiche geeignete Rastplätze für einen primär waldbewohnenden Specht bietet.
Im ungarischen Teil des Neusiedler Sees ist der Mittelspecht eine regelmäßig vorkommende, aber seltene Art am Südufer, gelegentlich kam es zumindest bis 1983 auch zu Bruten[4]. Durch die ab der zweiten Hälfte der 1940er Jahre begonnene Anpflanzung von Windschutzstreifen und Baumbeständen sind heute in diesem Bereich geeignete Lebensräume vorhanden. In den Wäldern des Fertőmelléki-dombsor, der Hügelreihe im Süden des Sees und im Park des Esterházy-Schlosses Fertőd brütet der Mittelspecht regelmäßig in unmittelbarer Nachbarschaft des Avifauna-Gebiets.

Bestand und Bestandsentwicklung

Der Brutbestand im Hanság hat 1–2 Reviere nie überstiegen[5], und selbst nach großflächigen Schlägerungen im Figuren-Wäldchen in den Jahren 2017–2020 hat sich dieses Vorkommen zumindest 2021 halten können[3]. Ob im Wäldchen Mitteried ein regelmäßig besetztes Vorkommen besteht, wäre künftig nachzuprüfen. Als weiterer potenzieller Brutplatz kommt das Illmitzer Wäldchen in Frage, zumindest ein Exemplar wurde hier von Oktober 2017 bis Anfang März 2018 und danach wieder von Mitte Juli bis Anfang August 2018 regelmäßig nachgewiesen[2]. Mit einer Ausnahme waren bei allen Beobachtungen nur einzelne Exemplare involviert. Beobachtungen während der Brutzeit von Mitte März bis Ende Juni gelangen allerdings nicht. Zwischen 2013 und 2017 wurden in Österreich pro Jahr 2–5 Nachweise abseits von Brutgebieten gemeldet, 2018 waren es hingegen nicht weniger als 19, die allerdings vermutlich immer auf dieselben 1–2 Individuen zurückgehen[2]. Aus Ungarn liegt zumindest eine rezente Brutzeitbeobachtung vom 14.6.2017 aus einem Waldstreifen östlich von Hegykő vor[6].

Jahreszeitliches Auftreten

Die 46 Nachweise herumstreifender Mittelspechte verteilen sich auf die Monate Juli bis März, der Großteil (60 %) entfällt auf das Winterhalbjahr Oktober bis März mit einer Häufung der Meldungen im Februar (9 Beobachtungen) und 2–6 Meldungen aus den übrigen Monaten[1,2]. Die überwiegende Mehrheit der ungarischen Nachweise stammt aus der Periode Februar-April. Zusätzlich frequentieren aber bisweilen in den Sommermonaten einzelne Mittelspechte den Seewinkel mit vier Nachweisen im Juli, acht im August und drei im September[1,2]. Aus diesem zeitlichen Rahmen fallen jedoch die folgenden vier älteren Meldungen: 11.5.1991 Sandeck[7], 18.6.1987 Seebad Illmitz[8], 1.7.2004 Illmitzer Gemeindewald[9] und 4.7.1993 Biologische Station Illmitz[10].

Quellen: *[1] Archiv Birdlife Österreich, [2] www.ornitho.at, [3] M. Dvorak, unpubl. Daten, [4] Kárpáti (1983), [5] Dvorak et al. (2010), [6] T. Hadarics, unpubl. Daten, [7] K. Bauer/ABÖ, [8] M. Westerbjerg Andersen/ABÖ, [9] A. Grüll/ABÖ, [10] F. Buchkremer/ABÖ*

Michael Dvorak & Mariann Komlós

Kleinspecht *Dryobates minor* (Linnaeus, 1758)

Kis fakopáncs – Lesser Spotted Woodpecker

Wallern, Mitterried, 28.3.2021, Männchen (Michael Dvorak)

Sehr seltener Brutvogel im Hanság und im Seewinkel, seltener Gast außerhalb der Brutzeit

Verbreitung und Lebensraum

Der Kleinspecht findet im Neusiedler See-Gebiet, als in Mitteleuropa ausgesprochener Au- und Galeriewaldbewohner, wenig geeignete Lebensräume. Ein bereits seit den 1970er Jahren bekanntes Vorkommen liegt im Hanság, wo der Kleinspecht seither im Figuren-Wäldchen, in den nördlich und südlich angrenzenden Baumbeständen und entlang des Einserkanals regelmäßig zur Brutzeit nachgewiesen wurde[1–4]. Weitere Brutvorkommen gibt es im Wäldchen Mitterried nordöstlich von Wallern sowie im Waldbestand südlich der Feriensiedlung Vila Vita zwischen Wallern und Apetlon[4]. Mögliche Brutvorkommen liegen auch im Auwald an der Wulkamündung bei Donnerskirchen sowie im Wäldchen nahe dem Informationszentrum des Nationalparks bei Illmitz mit Brutzeitnachweisen aus drei Jahren[2]. Nachweise außerhalb der Brutzeit verteilen sich weiträumig über das Gebiet, konzentrieren sich jedoch – wie auch bei den anderen herumstreifenden Spechtarten – in den Baumgruppen und Wäldchen entlang des Ostufers zwischen Podersdorf und dem Sandeck[1,2].

Auf der ungarischen Seite wurde der Kleinspecht als regelmäßig vorkommende, aber seltene Art mit gelegentlichem Brutvorkommen eingestuft[5]. Im Gegensatz zu allen anderen Spechten wurde er in Ungarn auch öfters im Schilfgürtel festgestellt, wo er Schilfhalme auf der Suche nach Spinnen und Insekten aufhackt[6].

Bestand und Bestandsentwicklung

Im Hanság gibt es im Figuren-Wäldchen ein Revier, am Einserkanal in manchen Jahren ein weiteres[3,4]. In den beiden Brutgebieten Mitterried östlich von Wallern und Vila Vita nordöstlich von Pamhagen wurden 2018 zwei Reviere und 2019 ein Revier erfasst[4]. Selbst, wenn man den Bestand in den anderen möglichen Brutgebieten auf österreichischer Seite optimistisch einschätzt, beträgt die Gesamtzahl der Brutpaare nur 5–8. Abseits der nachgewiesenen und möglichen Brutgebiete liegen in Österreich 62 weitere Nachweise aus 20 Jahren vor, wobei seit 2011 jedes Jahr Kleinspechte gemeldet wurden. In den Jahren 1966–2010 wurde die Art hingegen nur in 11 Jahren festgestellt. Die Zahl der jährlichen Nachweise blieb jedoch gering und bewegte sich von 2013 bis 2018 zwischen drei und neun, im Mittel sechs Meldungen[1,2]. Auf ungarischer Seite liegen rezente Brutzeitbeobachtungen aus einem Waldstreifen östlich von Hegykő vor[7].

Jahreszeitliches Auftreten

Herumstreifende Kleinspechte werden zwar in jedem Monat festgestellt, eine mit 26 Nachweisen bemerkenswerte Konzentration ergibt sich jedoch für die Sommermonate Juli bis September, während auf das Winterhalbjahr von Oktober bis März mit 30 Beobachtungen nur geringfügig mehr entfallen[1,2]. Die ungarischen

Nachweise vom Südufer des Neusiedler Sees konzentrieren sich auf die Herbst- und Frühlingsmonate.

Quellen: [1] *Archiv Birdlife Österreich,* [2] *www.ornitho.at,* [3] *H.-M. Berg, unpubl. Daten,* [4] *M. Dvorak, unpubl. Daten,* [5] *Kárpáti (1983),* [6] *Pellinger (2018),* [7] *F. Udvardy/AMS*

Michael Dvorak & Mariann Komlós

Blutspecht *Dendrocopos syriacus* (Hemprich & Ehrenberg, 1883)

Balkáni fakopáncs – Syrian Woodpecker

Tadten, 20.5.2014, Männchen (Michael Dvorak)

Verbreiteter und häufiger Brutvogel in Ortschaften, seltener im baumbestandenen Agrarland

Verbreitung und Lebensraum

Der Blutspecht ist ein Brutvogel offener Lebensräume, daher ist er in Mitteleuropa ein Kulturfolger, der sowohl die baumbestandene, offene Agrarlandschaft, als auch menschliche Siedlungen mit Altbaumbeständen bewohnt. Im Neusiedler See-Gebiet finden sich Blutspechte im Offenland in den Weinbaugebieten, sofern diese ältere Obstbäume aufweisen, im Ackerbaugebiet entlang von Windschutzstreifen und kleinen Feldgehölzen sowie entlang von Straßen und Feldwegen, wenn diese begleitende Alleen aus älteren Bäumen aufweisen. Während allerdings das offene Kulturland nur lokal und in großflächig sehr geringen Dichten besiedelt ist, liegen die Schwerpunkte des Brutvorkommens innerhalb der Ortsgebiete. Hier ist der Blutspecht flächendeckend verbreitet und kommt in weitaus höheren Dichten vor als außerhalb von Siedlungen. Verbreitungslücken in Ortsbereichen sind eher auf Erfassungsmängel zurückzuführen als auf das tatsächliche Fehlen der Art. Am West- und Nordufer ist der Blutspecht weitgehend auf die Ortschaften beschränkt, kommt aber lokal, vor allem in Siedlungsnähe auch im offenen Kulturland vor. Gleiches gilt für weite Teile des Seewinkels, wo ebenfalls die Ortschaften und deren weitere Umgebung die Verbreitungsschwerpunkte bilden. Das Siedlungsferne, baumarme Kulturland im östlichen Seewinkel von Mönchhof und Halbturn im Norden bis Wallern und Pamhagen im Süden ist weitgehend unbesiedelt. Lediglich in den baum- und waldreichen Weingärten zwischen Podersdorf, Illmitz und Apetlon ist der Blutspecht auch im Offenland weiter verbreitet[1].

In Ungarn ist der Blutspecht am Südufer des Neusiedler Sees vor allem in Siedlungen ein regelmäßiger Brutvogel[2], wobei die Karte nur einen kleinen Teil der Brutplätze wiedergibt. Beliebte Brutplätze sind die Obstbaumreihen entlang der Ortsdurchfahrten (z.B. Sarród, Hegykő), es gab aber über mehrere Jahre auch ein Brutpaar in Sarród neben dem Eingang der Silberreiherburg. Die Vögel legen ihre Bruthöhlen öfters in morschen Stammabschnitten an, die an der Veredelungsstelle in kaum 1,5 m Höhe entstanden sind[3].

Bestand und Bestandsentwicklung

Das Vorkommen des Blutspechts wurde am 1.4.1951 in Podersdorf, beim Mittagessen vom Wirtshaustisch aus, erstmals für Österreich nachgewiesen[4]. In der Folge stellte sich heraus, dass die Art im Nordburgenland schon damals weiter verbreitet war, mit Nachweisen am Westufer des Sees bei Oggau und Rust bis Weiden am Nordufer. Allein für Neusiedl am See und Weiden wurde 1951 ein Bestand von sechs Paaren angegeben[4]. Im Jahr 1952 wurde der Blutspecht dann bereits in Illmitz und Halbturn nachgewiesen und brütete auch im nördlichen Wiener Becken[5]. Im Seewinkel wurden 1967 bei systematischen Untersuchungen 12 Bruthöhlen im Raum Podersdorf, Illmitz, Apetlon und Wallern gefunden[6]. Für die 1950er bis 1970er Jahre wurde für Weingarten- und Obstbaumflächen am Nordrand des Gebiets von Jois bis Halbturn eine Dichte von 0,5–1 Revieren/km² angegeben[7]. Danach fehlten über Jahrzehnte hinweg weitere Angaben zur Häufigkeit der Art.

Erst 2006 wurde erstmals eine großflächige ornithologische Erfassung auf einer Fläche von 52 km² durchgeführt und dabei 65–73 Reviere des Blutspechts kartiert. Daraus errechnete sich eine Siedlungsdichte von 0,26–0,3 Revieren/km². Unter Berücksichtigung nicht erfasster Bereiche in den Ortschaften wurde damals der Bestand für das Vogelschutzgebiet auf 100–150 Brutpaare geschätzt[8]. 1997 und 1998 wurden drei zwischen 3,7 und 6,2 km² große Probeflächen im Kulturland bei Jois, Gols und Pamhagen untersucht und Siedlungsdichten von 0,2–0,5 Revieren/km² ermittelt[9]. Eine neuerliche Untersuchung dieser drei Gebiete im Jahr 2020 ergab keine Hinweise auf eine Bestandsveränderung: Bei Jois waren es bei beiden Untersuchungen je drei Reviere, bei Gols 1998 eines und 2020 zwei und bei Pamhagen war es 1998 ein Revier, während 2020 dort keine Blutspechte festgestellt wurden[9]. Das Vorkommen in Ortschaften wurde im Jahr 2014 mittels Punkttaxierungen untersucht und anhand dieser Daten eine mittlere Dichte von fünf Revieren/km² im Siedlungsbereich geschätzt[10]. In der Gemeinde Illmitz wurden 2018 bei Linientaxierungen 13 Exemplare erfasst, davon vier mit Revierverhalten[11]. Eine auf diesen Werten basierende Populationsschätzung für die österreichische Seite ergibt für das Gebiet 150–200 Brutpaare in Siedlungen sowie weitere 25–50 für die offenen Kulturlandflächen und damit einen Gesamtbestand von 175–250 Brutpaaren. Für Ungarn sind keine konkreten Bestandszahlen verfügbar.

Jahreszeitliches Auftreten

Der Blutspecht ist als Standvogel ganzjährig im Gebiet anwesend. Die Brutzeit, vom Legebeginn bis zum Ausfliegen der letzten Jungen, dauert, basierend auf Daten aus den Jahren 1967 und 1968, von 17.4. bis 10.7., die Legeperiode ist von 17.4. bis 15.5. relativ kurz[6].

Zugverhalten und Ringfunde

Blutspechte sind sehr standorttreu und bleiben selbst im Winter in ihren Revieren. Einzig die Jungvögel können über weitere Strecken abwandern[12]. Es sind keine Ringfunde aus dem Gebiet bekannt.

Quellen: [1] www.ornitho.at, [2] Bankovics et al. (2002), [3] A. Pellinger, unpubl. Daten, [4] Bauer (1952), [5] Bauer (1953), [6] Ruge (1969), [7] P. Prokop & M. Staudinger in Glutz von Blotzheim & Bauer (1980), [8] Dvorak et al. (2008), [9] BirdLife Österreich, unpubl. Daten, [10] Dvorak et al. (2014), [11] A. Grüll, unpubl. Daten, [12] Glutz von Blotzheim & Bauer (1980), [14] Archiv MME Sopron, [15] Archiv FHNP

Michael Dvorak & Mariann Komlós

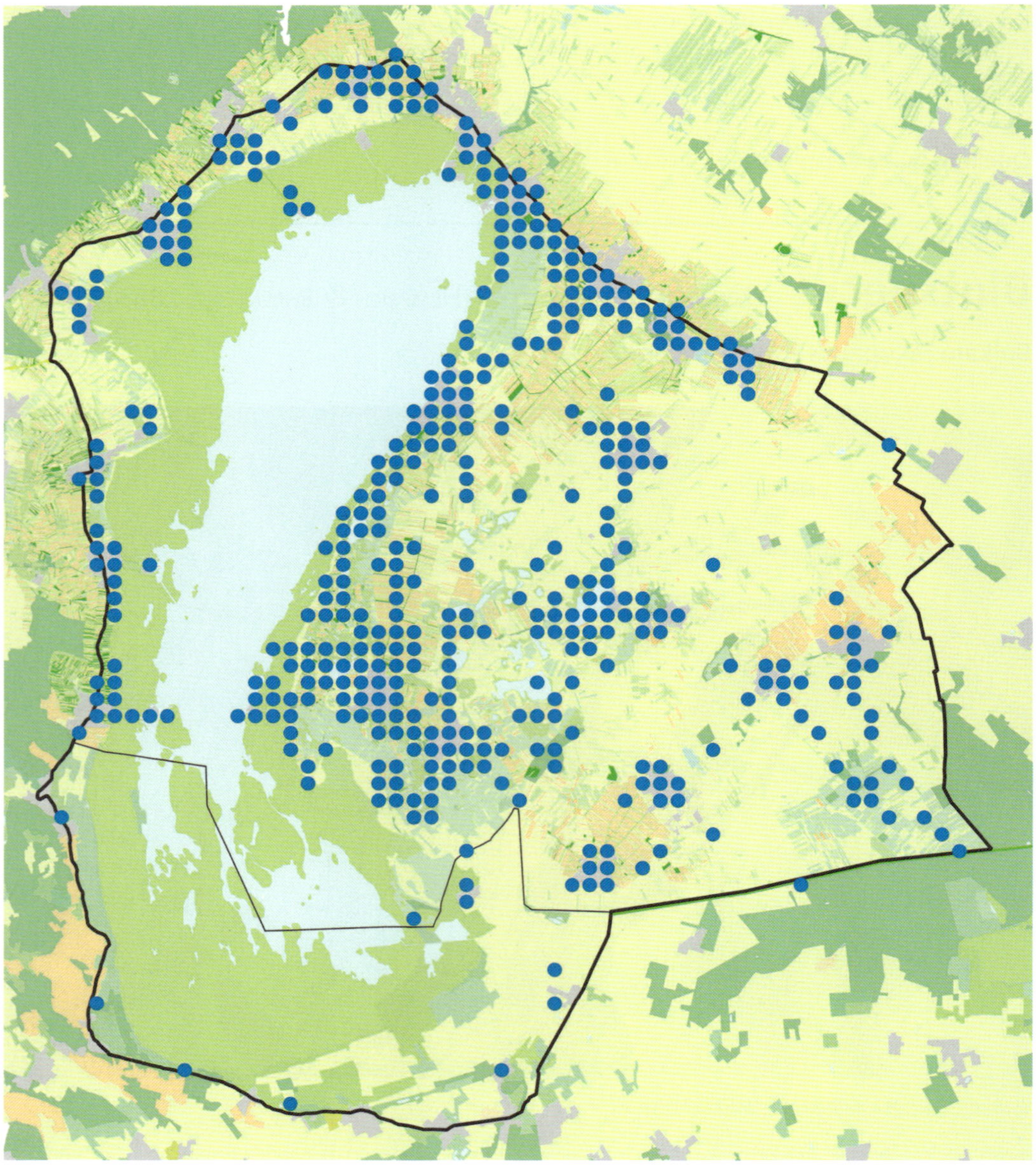

Verbreitung des Blutspechts, basierend auf allen vorliegenden Beobachtungsmeldungen aus den Jahren 2011–2021 [1, 14, 15].

Buntspecht *Dendrocopos major* (Linnaeus, 1758)

Nagy fakopáncs – Great Spotted Woodpecker

Hanság, Andau, 18.4.2022, Weibchen (Michael Dvorak)

Mäßig häufiger Brutvogel und Gast

Verbreitung und Lebensraum

Ein vom Buntspecht besiedeltes Gebiet muss zumindest kleinere, zusammenhängende Baumbestände aufweisen. Er kommt daher auch in offenen Agrarlandschaften mit Feldgehölzen, Windschutzstreifen, Baumgruppen und -reihen, Obstgärten sowie Siedlungen mit älteren Bäumen vor. Das Neusiedler See-Gebiet bietet der Art in den baumbestandenen Gebietsteilen viele geeignete Brutplätze: Der Buntspecht ist am Ostufer des Sees von Podersdorf bis zum Sandeck, im Hanság und in den Wäldchen und Baumgruppen am West- und Nordufer als Brutvogel verbreitet. Seltener ist er auch innerhalb der Ortschaften und in den kleinen und größeren Wäldchen des Gebiets zu finden. In den übrigen Teilen des Gebiets, wie im nördlichen, zentralen und südlichen Seewinkel sowie im Albrechtsfeld und den baumarmen Teilen des Hanság – also überall dort, wo offene Agrarlandschaften mit nur einzelnen Bäumen und nur kleineren oder sehr isolierten Feldgehölzen dominieren – fehlt die Art weitgehend als Brutvogel.

Der Buntspecht ist in Ungarn am Südufer des Neusiedler Sees bereits seit den 1980er[1] und 1990er Jahren[2] ein regelmäßiger und verhältnismäßig häufiger Brutvogel. Im Offenland wurde er in den Windschutzstreifen bei Sarród als Brutvogel nachgewiesen[3].

Bestand und Bestandsentwicklung

Der Buntspecht wurde im späten 19. und frühen 20. Jahrhundert von mehreren Autoren als Brutvogel der an das Gebiet angrenzenden Wälder genannt[4–6]. Anfang der 1940er Jahre wurden Buntspechte am Herbstzug beobachtet und sogar von Hinweisen auf vereinzeltes Brüten im Illmitzer Wäldchen berichtet[7]. Anfang der 1950er Jahre wurde die Art als „Brutvogel in den Wäldern am Rande des Seebeckens" bezeichnet, als konkreter Brutplatz aber nur der außerhalb des Bearbeitungsgebiets gelegene Schlosspark von Halbturn genannt[8]. Noch in den Jahren 1967 und 1968 war im Gebiet lediglich ein Brutplatz bei Andau bekannt, außerhalb der Brutzeit war er jedoch im gesamten Seewinkel zu finden[9].

In den darauffolgenden Jahrzehnten hat sich der Buntspecht dann in den heranwachsenden Wäldern und Baumgruppen als regelmäßiger Brutvogel etabliert. Eine Erhebung in 19 Wäldchen des Seewinkels in den Jahren 2016–2018 erbrachte in acht davon Brutvorkommen von einzelnen Paaren (fünfmal), drei Wäldchen (Mitterried bei Wallern, Wallerner Wäldchen und Vila Vita) beherbergten sogar jeweils drei Reviere, woraus sich Dichten von 0,8 bis 1,8 Revieren/10 ha errechnen[10]. Bei großflächigen Kartierungen fanden sich bei Jois im Jahr 1997 auf 6,2 km^2 vier Reviere (0,6/km^2) und bei Pamhagen auf 3,75 km^2 1998 zwei und 2020 drei (0,5 bzw. 0,8/km^2)[11]. Bei den 2014 durchgeführten Punkttaxierungen in 10 Dörfern wurde der Buntspecht in fünf zur Brutzeit nachgewiesen, seine relative Dichte betrug aber nur ein Viertel von der des Blutspechtes[12]. Bei flächendeckenden Linientaxierungen in Illmitz wurde der Buntspecht im April 2018 nicht festgestellt, eine Erhebung im Bereich der Zitzmannsdorfer Wiesen auf 7,4 km^2 ergab 2011 nur ein Brutpaar[13]. Eine Bestandsschätzung für das Gebiet auf Basis der bislang erhobenen Dichtewerte und den Brutzeitbeobachtungen aus den Jahren 2013–2019[11] ergibt 60–90 Reviere.

Jahreszeitliches Auftreten

Der Buntspecht ist ganzjährig im Gebiet anzutreffen, seine jahreszeitliche Präsenz ist sehr ausgeglichen[13]. Zwar entfällt der größere Teil der aus Österreich gemeldeten Beobachtungen (39,2 % von 1.565) auf die Brutzeit von März bis Juni, doch nehmen sowohl die Nachbrutzeit (Juli bis Oktober; 30,7 %) als auch die Spätherbst- und Wintermonate (November bis Februar; 30,0 %) fast gleich hohe Anteile ein. Das deutet auf ein häufigeres Auftreten auch außerhalb der Brutzeit hin, vor allem wenn man in Rechnung stellt, dass die Vögel zur Brutzeit weitaus auffälliger sind und auch die Beobachtungsaktivität im Gebiet höher ist.

Zugverhalten und Ringfunde

Der Buntspecht ist Stand- und Strichvogel. Ein am 9.7.1993 an der Biologischen Station Illmitz beringtes Exemplar wurde dreieinhalb Monate später am 27.10. östlich von Fertőszentmiklós in einer Entfernung von 22 Kilometern wieder gefunden[15].

Quellen: *[1] Bankovics et al. (2002), [2] Kárpáti (1983a), [3] Jánoska (2001), [4] Fászl (1883), [5] von Dombrowski (1887), [6] Schenk (1917a), [7] Zimmermann (1943), [8] Bauer et al. (1955), [9] Ruge (1969), [10] M. Dvorak, unpubl. Daten, [11] BirdLife Österreich, unpubl. Daten, [12] Dvorak et al. (2014), [13] Dvorak et al. (2011), [14] www.ornitho.at, [15] Österreichische Vogelwarte, unpubl. Ringfunde, [16] Archiv MME Sopron, [17] Archiv FHNP*

Michael Dvorak & Mariann Komlós

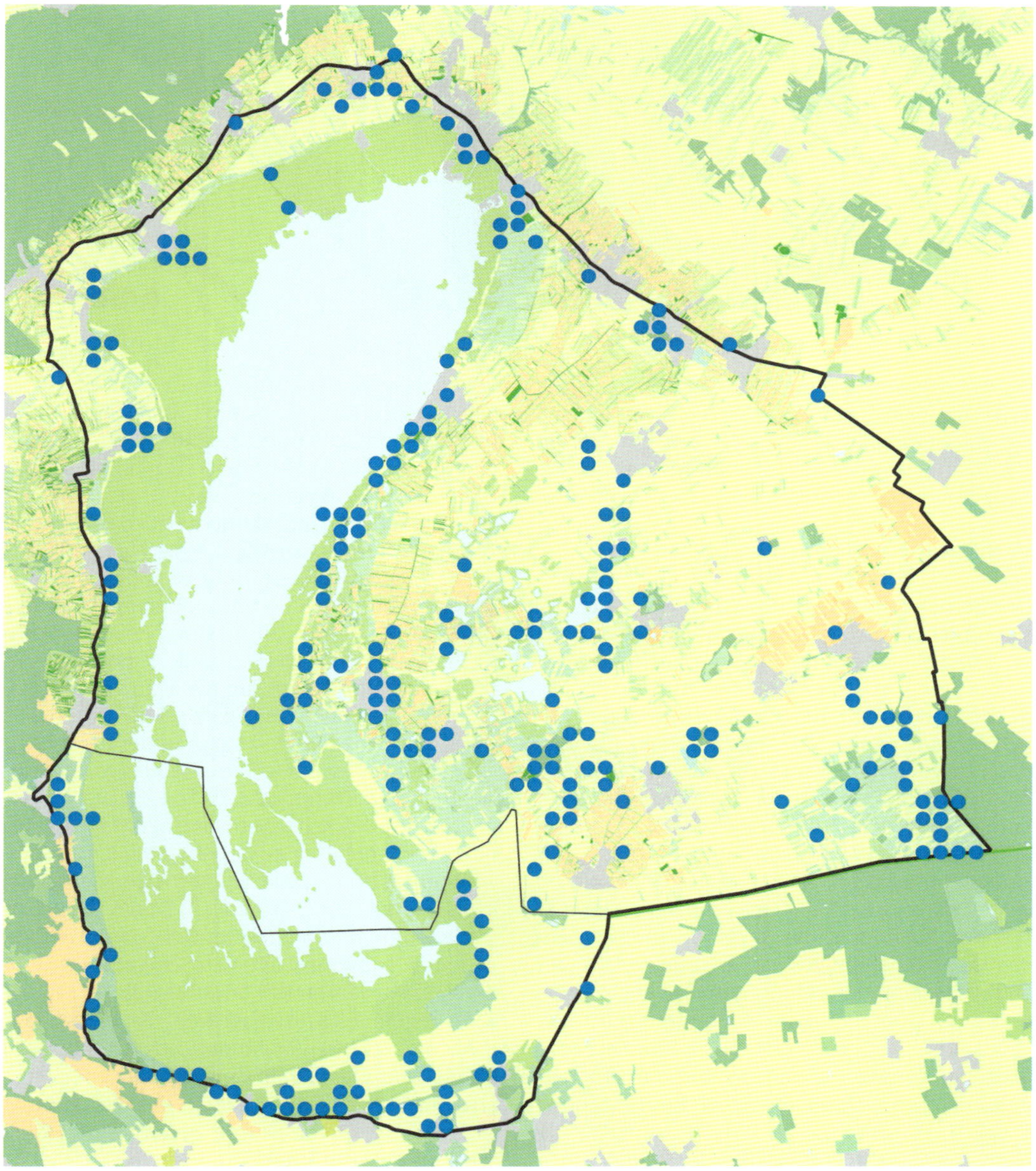

Brutzeitverbreitung des Buntspechts, basierend auf Beobachtungen zwischen 15.4. und 30.6. aus den Jahren 2011–2021[14, 16, 17].

Schwarzspecht *Dryocopus martius* (Linnaeus, 1758)

Fekete harkály – Black Woodpecker

Östlich Gols, 30.4.2021, Männchen (Michael Dvorak)

Seit 2010 sehr seltener Brutvogel mit steigender Tendenz

Verbreitung und Lebensraum

Der Schwarzspecht ist ein Waldbewohner, besiedelt aber als anpassungsfähige Art neben größeren Wäldern in geringerer Häufigkeit auch halboffene Landschaften, die zusammenhängende Feldgehölze, feuchte Auwälder oder Pappelbestände enthalten[1]. Dem entspricht auch das Brutvorkommen im Neusiedler See-Gebiet, wo der Schwarzspecht zur Brutzeit in all jenen Bereichen Reviere hält, in denen isolierte Waldstücke, kleinere Wäldchen und Baumreihen mit geeigneten älteren Horstbäumen vorhanden sind. Zudem ist er auch in kleineren Baumbeständen zu finden, die direkt an größere, zusammenhängende Wälder angrenzen. Da der Schwarzspecht zur Nahrungssuche auch große Distanzen von mehreren Kilometern zurücklegen kann[1], sind prinzipiell auch Brutzeitbeobachtungen in sehr isolierten und zur Brut augenscheinlich nicht geeigneten Baumbeständen möglich. Es liegen sogar zwei Meldungen von Schwarzspechten vor, die den Neusiedler See in Richtung Westufer überquerten: Am 2.9.2008 flog ein Vogel vom Illmitzer Wäldchen über den See Richtung Mörbisch[2] und am 24.9.2017 querte ein Exemplar den See auf Höhe des Seebads Illmitz Richtung Westen[3].

Die räumliche Verteilung der Brutzeitbeobachtungen (März bis Juni) zeigt auf österreichischer Seite deutliche Schwerpunkte: Zum einen der Hanság, der an ausgedehnte, in Ungarn gelegene Waldflächen angrenzt, dann die kleinen feuchten Wäldchen und Baumbestände entlang des Seeufers von Rust über Oggau, Donnerskirchen und Purbach im Westen, Neusiedl am See und Weiden im Norden und das Illmitzer Wäldchen am Ostufer sowie die kleinen Waldflächen von Mönchhof im Norden bis St. Andrä, Wallern, Pamhagen und das Neudegg im Süden. Regelmäßig sind in all diesen Gebieten trommelnde und balz-/revierrufende Schwarzspechte zu hören, allerdings lag bis 2019 für das Avifauna-Gebiet noch kein einziger Brutnachweis vor[4, 5]. Am 4.5.2020 gelang dann der erste Brutnachweis in Österreich im Neudegg[6], gefolgt von weiteren Bruten ab 2022[5].

Um 1980 war der Schwarzspecht in Ungarn noch unregelmäßig zu sehen, lediglich umherwandernde Individuen zeigten sich manchmal in kleineren Baumgruppen[7]. Durch die fortschreitende Verwaldung und die damit einhergehende Expansion ist der Schwarzspecht in den letzten Jahren am Südufer des Neusiedler Sees regelmäßig festzustellen. Er brütet seit mehr als 10 Jahren in Pappeln am Ortsrand von Sarród und wahrscheinlich auch im Erlenwald, aber auch neben der Terrasse des Restaurants Gránátos in Fertőd wurde bereits eine Höhle mit Jungvögeln entdeckt[8].

Bestand und Bestandsentwicklung

Von 1966 bis 2019 wurden aus Österreich insgesamt 418 Beobachtungen gemeldet, 158 davon entfallen auf die Brutzeit[4, 5]. Anfang der 1940er Jahre war der Schwarzspecht noch nicht ins Neusiedler See-Gebiet vorgedrungen, die „hier vorhandenen remisenartigen Schwarzkiefernwäldchen" erfüllten seine Ansprüche offenbar nicht[9]. Ein erster Nachweis gelang am 6.1.1954 am Seedamm Neusiedl am See[10]. Danach wurden bis in die 1970er Jahre, außer aus dem Hanság, keine weiteren Nachweise bekannt. Erst am 28.7.1974 wurde wieder ein Vogel in Apetlon[11] und am 14.12.1977 ein weiterer im Albrechtsfeld[12] entdeckt. Zwischen 1970 bis 1990 wurden Schwarzspechte nur ausnahmsweise gemeldet, aus sieben Jahren liegen nur neun Beobachtungen vor[4]. Von 1990–2005 nahm die Frequenz der Nachweise dann deutlich zu, Beobachtungen von 14 Vögeln wurden aus immerhin neun Jahren gemeldet[4]. Ab 2005 ging dann eine rasche Besiedelung des Neusiedler See-Gebiets vonstatten: 2006–2013 nahm die Zahl der Nachweise auf durchschnittlich 11 pro Jahr stark zu, ab 2009 wurde der Schwarzspecht auch jedes Jahr zur Brutzeit festgestellt. Zwischen 2014 und 2019 nahmen sowohl Brutzeitnachweise von 10 (2014) auf 39 (2019), als auch außerbrutzeitliche Beobachtungen von 18 (2014) auf 46 (2018) rasant zu. Revierkartierungen in den Wäldchen des Seewinkels 2016–2018 ergaben nur zwei Reviere[13] und legten nahe, dass manche Brutplätze, wie z. B. der Windschutzstreifen nördlich der Wörthenlacken, nicht jedes Jahr besetzt sind. Am Nord- und Westufer ist mit 4–6, im Hanság mit weiteren 1–2 Revieren zu rechnen, sodass der aktuelle Brut(zeit)bestand auf österreichischer Seite für das Jahr 2019 auf 7–10 Reviere geschätzt werden kann, Tendenz steigend.

Jahreszeitliches Auftreten

Der Schwarzspecht ist ganzjährig im Gebiet anzutreffen, die zahlenmäßigen Schwerpunkte der Nachweise liegen in Österreich (Daten bis 2019) von März bis Mai (145 von 418 Nachweisen) und von September bis November (163 Beobachtungen). In den übrigen Monaten wird er deutlich seltener beobachtet, mit insgesamt 13–27 Nachweisen[4, 5].

Quellen: [1] *Glutz von Blotzheim & Bauer (1980),* [2] *A. Ranner/ABÖ,* [3] *H.-M. Berg, B. Zens/ornitho.at,* [4] *Archiv Birdlife Österreich,* [5] *www.ornitho.at,* [6] *N. Filek/ornitho.at,* [7] *Kárpáti (1983a),* [8] *A. Pellinger, unpubl. Daten,* [9] *Zimmermann (1943),* [10] *Bauer et al. (1955),* [11] *H. Freundl/ABÖ,* [12] *R. Triebl/ABÖ,* [13] *M. Dvorak, unpubl. Daten*

Michael Dvorak & Mariann Komlós

Grünspecht *Picus viridis* LINNAEUS, 1758

Zöld küllő – European Green Woodpecker

Storchenwiese, Rust, 6.5.2022, Männchen (Michael Dvorak)

Lokaler Brutvogel im gesamten Gebiet sowie mäßig häufiger Gast, ganzjährig anwesend

Verbreitung und Lebensraum

Der Grünspecht ist ein Brutvogel halboffener Landschaften mit locker verteilten Baumgruppen und -reihen oder kleinen Wäldchen und kommt auch in lichten Wäldern vor. Sehr gut sagen ihm halboffene Agrarlandschaften zu, wo sich Wiesen, Äcker, Streuobst, Weingärten und an Altbäumen reiche Siedlungsgebiete abwechseln[1]. Das Neusiedler See-Gebiet hat sich in den letzten 150 Jahren von einer wald- und damit auch spechtfreien Zone zum Lebensraum für viele Vogelarten halboffener Waldlandschaften entwickelt, und der Grünspecht ist eine der Arten, die in den letzten Jahren, sowohl in Österreich als auch in Ungarn, besonders davon profitiert haben. Aktuell ist er im Avifauna-Gebiet überall dort zu finden, wo es ausgedehnte, höhere Baumbestände, zumeist aus Pappeln und Eschen, gibt[2]: In Österreich am Ostufer des Sees vom Illmitzer Wäldchen nordwärts über die Hölle bis nach Podersdorf, am Nordufer des Sees bei Weiden und Neusiedl am See sowie am Westufer bei Purbach. Daneben findet man die Art auch im Auwald der Wulkamündung, bei Oggau sowie nördlich und südlich von Rust. Im Seewinkel brütet der Grünspecht lokal in Gols, Mönchhof, beim St. Andräer Zicksee, am Apetloner Badesee, in Illmitz, Apetlon und im Wald bei der Feriensiedlung Vila Vita. Vom Hanság liegen vor allem aus dem grenznahen Bereich zahlreiche Brutzeitbeobachtungen vor. Im Gegensatz zum Schwarzspecht liegen für den Grünspecht bis zum Sommer 2019 auch 16 Brutnachweise von acht verschiedenen Lokalitäten aus Österreich vor, die ersten am 16.7.2013 bei Rust[3], am 7.6.2014 am St. Andräer Zicksee[4] und am 16.6.2014 in der Oggauer Heide[5].

Auf ungarischer Seite wurde der Grünspecht bereits um 1980 als regelmäßiger Brutvogel eingestuft[6]. Er legt seine Höhlen hauptsächlich in Weiden und Pappeln an. Seine Brutverbreitung reicht am Südwestufer von Fertőrákos bis Balf und am Südufer von Fertőboz bis Hidegség und weiter östlich über das halboffene, stärker baumbestandene Kulturland bis nach Sarród[7].

Bestand und Bestandsentwicklung

Um 1910 brütete der Grünspecht nur am damals bereits bewaldeten Südufer. *„Standvogel und genügend häufig"*, schrieb Fászl[8] und Schenk[9] hielt fest: *„Am Südufer des öfteren gesehen, am Ostufer nicht beobachtet."* Am 11.5.1938 überflog ein Grünspecht „die Rohrwälder, weit entfernt von jedem Baum"[10], 1940–42 wurde er jedoch von Zimmermann[11] weder am Ost- noch am Westufer festgestellt, obwohl *„man sich ihn an vielen Örtlichkeiten auch recht gut als Brutvogel vorstellen könnte"*. Zehn Jahre später deuten die damaligen Einstufungen bereits eine Ausbreitung im Gebiet an: *„Das Nordufer des See's, besonders die Umgebung von Neusiedl, besucht der Grünspecht verhältnismäßig oft"*[12]. Otto Koenig[13] beobachtete den Grünspecht *„an der Wulka an Bäumen hackend"*. Ab Mitte der 1960er Jahre bis 2005 liegen aus dem Gebiet 67 Nachweise aus 22 Jahren vor. Der Grünspecht war daher zu dieser Zeit nur ein sehr seltener und nicht alljährlicher Gast im Gebiet[14], brütete aber, wie bereits in den 1950er Jahren[12], im unmittelbar angrenzenden Schlosspark Halbturn[2]. Ab 2006 wurde die Art dann in Österreich jährlich nachgewiesen[14] und besonders seit 2013 auch in alljährlich sehr stark steigender Frequenz: 2013 wurden 47, 2014 95, 2015 bereits 136 und 2016–2019 im Mittel 200 Grünspecht-Beobachtungen gemeldet[2]. Der Anstieg ist einerseits sicherlich auf die Einführung des Meldesystems ornitho.at zurückzuführen, andererseits zeigte im gleichen Zeitraum (2013–2019) auch der Index des Monitorings der Brutvögel Österreichs einen deutlichen Bestandszuwachs, sodass von einer tatsächlichen Ausbreitung des Grünspechtes im angesprochenen Zeitraum auszugehen ist[15]. Der Brutbestand des österreichischen Avifauna-Gebiets kann für die Jahre 2016–2019 auf bereits 15–25 Reviere beziffert werden, wobei 5–10 auf das West- und Nordufer entfallen, 8–12 auf den Seewinkel und die restlichen 2–3 Reviere auf den Hanság. Der Brutbestand auf ungarischer Seite ist nicht bekannt, dürfte aber etwas geringer sein als in Österreich.

Jahreszeitliches Auftreten

Der Grünspecht ist das ganze Jahr über im Neusiedler See-Gebiet anzutreffen[2]. Ein erster Höhepunkt der Registrierungen von Mitte März bis Ende April hängt sicherlich mit der in diesem Zeitraum erhöhten Rufaktivität und der damit leichteren Feststellbarkeit der Vögel zusammen. Der zweite Anstieg von Mitte September bis Mitte November könnte hingegen auf einen Durchzug bzw. Zuzug auswärtiger Vögel hindeuten. Von Mitte Dezember bis Anfang Februar bleiben die Zahlen gering[2], offenbar überwintern nur wenige Vögel im Gebiet.

Quellen: [1] *Dvorak et al. (1993)*, [2] *www.ornitho.at*, [3] *P. Erlemann/ornitho.at*, [4] *L. Khil/ornitho.at*, [5] *A. Hombauer/ornitho.at*, [6] *Kárpáti (1983a)*, [7] *F. Udvardy, Zs. Balaskó, T. Hadarics, S. Mogyorósi/AMS*, [8] *Fászl (1883)*, [9] *Schenk (1917a)*, [10] *Koenig (1939)*, [11] *Zimmermann (1939)*, [12] *Bauer et al. (1955)*, [13] *Koenig (1952)*, [14] *Archiv Birdlife Österreich*, [15] *BirdLife Österreich, unpubl. Daten*

Michael Dvorak & Mariann Komlós

Grauspecht *Picus canus* J. F. Gmelin, 1788

Hamvas küllő – Grey-headed Woodpecker

Wallern, Mitterried, 28.3.2021 (Michael Dvorak)

Sehr seltener Gast und wahrscheinlicher Brutvogel; ein Revier im Jahr 2021

Verbreitung und Lebensraum

Der Grauspecht ist in Mitteleuropa viel stärker an größere Wälder gebunden als der Grünspecht, daher bietet ihm das Neusiedler See-Gebiet so gut wie keine geeigneten Brutlebensräume. Die meisten Beobachtungen (14 von 41) konzentrieren sich auf den Hanság, wo einzelne Brutvögel aus dem ungarischen Teil dann und wann in Österreich registriert werden oder auch nur zur Nahrungssuche hierher verstreichen. Abseits des Hanság stammen sieben Nachweise aus dem Illmitzer Wäldchen, drei aus dem Sandeck, drei von der Biologischen Station Illmitz, zwei vom St. Andräer Zicksee und jeweils einzelne Nachweise von zehn weiteren Lokalitäten[1, 2]. Im April 2021 wurde ein Revier haltendes Paar im Wäldchen Mitterried nordöstlich von Wallern festgestellt[3].

Im ungarischen Teil des Avifauna-Gebiets wurde der Grauspecht in den 1990er Jahren als gelegentlich vorkommend beschrieben[4]. Am Südufer des Neusiedler Sees wurden in den Jahren 1990 bis 2019 daher auch nur 10 Nachweise jeweils einzelner Vögel bekannt (vier davon im Februar), was angesichts der hohen Ansprüche dieses Waldbewohners und der Waldarmut des Gebiets auch nicht überrascht.

Bestand und Bestandsentwicklung

In der historischen Literatur liegen keine Nachweise aus dem Neusiedler See-Gebiet vor. Nach einer ersten Meldung aus dem Jahr 1977 vom 20.11. aus „Illmitz"[3] liegen insgesamt 51 Nachweise aus den Jahren 1977 bis 2021 vor, 51-mal von einzelnen Vögeln, nur einmal wurden zwei Exemplare zusammen gesehen[1, 2]. Von 1977 bis 2010 wurden 12 Beobachtungen aus acht Jahren gemeldet[1], ab 2010 hat sich dann die Zahl der Nachweise stark erhöht, was sich wohl überwiegend mit der in diesem Zeitraum stark gestiegenen Präsenz an Beobachtern erklären lässt. Von 2012 bis 2018 gab es jährlich 2–3 Beobachtungen, 2019–21 waren es mit acht, vier und sieben deutlich mehr[2].

Jahreszeitliches Auftreten

Der Großteil der Beobachtungen stammt aus den Frühlings- und Sommermonaten (März: 6, April: 6, Mai: 8, Juni: 3, Juli: 9, August: 4, September: 10), nur fünf aus den Herbstmonaten Oktober und November. Von Dezember bis Februar wurde der Grauspecht bislang nicht gemeldet[1, 2].

Quellen: [1] *Archiv Birdlife Österreich,* [2] *www.ornitho.at,* [3] *M. Dvorak, unpubl. Daten,* [4] *Bankovics et al. (2002),* [5] *E. Duda/ABÖ*

Michael Dvorak & Mariann Komlós

Rötelfalke *Falco naumanni* J. G. Fleischer, 1818

Fehérkarmú vércse – Lesser Kestrel

Apetlon, 14.5.2021, Männchen, 2. KJ (Roman Matz)

Ausnahmeerscheinung, ehemals unregelmäßiger Brutvogel

Vorkommen

Im 21. Jahrhundert gelangen bisher nur zwei Nachweise des Rötelfalken:

- 2.5.2019 Hanság südlich Tadten, 1 vj. ♂ (M. Ortner[1])
- 14.–18.5.2021 südwestlich Schandlesgrund Apetlon, 1 vj. ♂ (R. Matz, E. Albegger, H. Drescher u. a.[1, 2])

Den ältesten Hinweis auf ein Vorkommen im Gebiet sollte der Beleg eines Männchens aus Breitenbrunn vom 11.5.1926 in der Sammlung des Burgenländischen Landesmuseums darstellen[3]. Allerdings verfügt das Museum aktuell über keinen Rötelfalken-Beleg, es gibt auch keine Angaben zu dessen eventuellem Verbleib. Auch angesichts des Umstands, dass dieser als Jungvogel (nicht immatur) bezeichnet wurde[3], muss die Artdetermination als nicht verifizierbar eingestuft werden, zumal sich in der Sammlung ein vorjähriges, oberseits nur schwach geflecktes Turmfalkenmännchen ohne erhalten gebliebene Herkunftsangaben befindet.

Am 26.5.1940 wurde ein Rötelfalke bei Illmitz beobachtet[4], was in Verbindung mit nicht ganz überzeugend beschriebenen weiteren Beobachtungen in den Jahren 1940 und 1941 Brutverdacht erweckte[5]. Tatsächlich gelang im Jahr 1951, nach Feststellungen von zwei Männchen und einem nicht sicher bestimmten Weibchen im Raum Podersdorf, ein Brutnachweis am Ungerberg bei Weiden, nur knapp außerhalb des hier betrachteten Gebiets[6]. Im selben Jahr bestand überdies noch Brutverdacht in der Nähe des Kalvarienbergs bei Neusiedl am See. Eine weitere Brutzeitbeobachtung erfolgte am 17.6.1951 bei Illmitz[6]. Die Vermutung von Bernhauer[7], dass der Rötelfalke schon seit Ende des 19. Jahrhunderts im Nordburgenland gebrütet haben dürfte, jedoch nur übersehen wurde, bleibt aber aus heutiger Sicht spekulativ. Ab 1956 wurden dann mehrere Beobachtungen aus dem Seewinkel und dem Hanság gemeldet[8], für dieses Jahr wurde auch ein Brutnachweis von der Wulkamündung angegeben[9]. Mehrere Mai-Beobachtungen aus der Umgebung von Illmitz, besonders vom Illmitzer Wäldchen, wiesen auf zumindest gelegentliche Bruten hin[8, 10, 11]. Tatsächlich gelangen hier 1961 und 1963 auch Brutnachweise[8, 9], für 1965 wurden für den Seewinkel sogar mehrere Brutpaare, allerdings ohne nähere Ortsangabe, angegeben[12]. Im Mai 1971 wurde wiederum ein Paar im Illmitzer Wäldchen festgestellt und eine Brut angenommen[13] und schließlich wurde 1978 ein Männchen bei Illmitz am Nest angetroffen[14]. Ob es in diesen beiden Fällen tatsächlich zu (erfolgreichen) Bruten kam, ist aber nicht bekannt. Letzte Brutzeitbeobachtungen gelangen dann noch in den frühen 1980er Jahren:

- 30.6.1982 Hanság, 2 ad. ♂, 1 ad. ♀, 1 vj. ♂ (M. W. Andersen[15])
- 13.6.1984 Hölle bei Illmitz, 1 ad. ♂ (G. Glätzer, G. Löffler[15])
- 3.7.1984 Hanság, 1 ad. ♂ (M. W. Andersen[15])

Diese blieben gleichzeitig auch die letzten Nachweise im Gebiet bis zur Feststellung im Jahr 2019.

Quellen: *[1] www.birdlife-afk.at, [2] www.ornitho.at, [3] Amon (1931), [4] G. Niethammer in Zimmermann (1943), [5] Zimmermann (1943), [6] Bauer et al. (1955), [7] Bernhauer (1956), [8] Archiv BirdLife Österreich, [9] Glutz von Blotzheim et al. (1971), [10] K. H. Eriksen via M. W. Andersen, unpubl. Daten, [11] Drews (1961), [12] Kurth & Kurth (1968), [13] G. Strack, unpubl. Daten, [14] Wassmann (1986), [15] Ranner et al. (1995)*

Andreas Ranner

Turmfalke *Falco tinnunculus* Linnaeus, 1758

Vörös vércse – Common Kestrel

Häufiger Brutvogel in Österreich und in Ungarn, ganzjährig im Gebiet anwesend

Verbreitung und Lebensraum

Turmfalken kommen in sämtlichen offenen und halboffenen Lebensräumen gut zurecht. Sie sind zu allen Jahreszeiten im Ackerland und in Weingärten, auf Wiesen und Weiden, an Gehölzrändern und Gewässerufern zu beobachten. Im Neusiedler See-Gebiet brüten Turmfalken vor allem in alten Nestern von Rabenvögeln (insbesondere Elster, Aaskrähe und Saatkrähe) und Mäusebussarden, in Gebäudenischen in Ortschaften und Wirtschaftsgebäuden sowie in Nisthilfen. Diese Brutplätze stehen überwiegend in höheren Strukturen, v. a. in Wäldchen, Windschutzstreifen und Einzelbäumen, zunehmend aber auch an Masten von Hochspannungsleitungen, zur Verfügung. Derartige Strukturen sind in weiten Teilen des Gebiets spärlich vorhanden, weshalb sich an manchen Orten lockere Kolonien mit mehreren Brutpaaren auf engem Raum bilden. Unter solchen Bedingungen wurden sogar Bodenbruten festgestellt: In einem ca. ein Hektar großen Gehölz nahe der Oberen Halbjochlacke, das von vier Paaren besiedelt war, brütete ein Weibchen am Boden[1]. Am Apetloner Badesee brüteten fünf Paare auf einer fünf Hektar großen Fläche, davon eines am Kiesboden in einem Werkzeugschuppen[2].

Bestand und Bestandsentwicklung

Schon in den ältesten verfügbaren Quellen wird der Turmfalke fast durchwegs als häufiger Bewohner des Gebiets beschrieben, dessen Bestand auch die intensiv ausgeübte Praxis des Eiersammelns und der jagdlichen Verfolgung wenig anhaben konnte[3, 4]. Die ersten Angaben zur Siedlungsdichte finden sich bei Zimmer-

Oggau, 12.5.2015, Männchen (Michael Dvorak)

mann[5], der Anfang der 1940er auf der 10 km langen Strecke zwischen Sandeck und Oberem Stinkersee 5–6 Brutpaare (ca. 2 Reviere/km²) notierte. Seit damals dürfte sich der Bestand der Art erhöht haben. Die Hutweiden, z. B. in den Bereichen Lange Lacke, Obere Halbjochlacke oder auf der Graurinderkoppel, weisen durchwegs hohe Zahlen von Brutvögeln, Durchzüglern und Überwinterern auf. 58 % der Meldungen mit 10 oder mehr Individuen stammen aus diesen Gebieten. In der Brutzeit 1984 wurden auf 70 km² im Bereich Apetlon, Pamhagen und Wallern 19 Paare gezählt (0,27 Reviere/km²)[6]. Ähnliche Dichten (0,3–0,4 Reviere/km²) ergaben auch Revierkartierungen auf kleineren Flächen von ca. 4 km² im Jahr 1998 bei Pamhagen und Gols[7]. Dass die Wäldchen des Seewinkels kaum besiedelt sind, zeigte eine 2016–2018 durchgeführte Untersuchung, bei der die Art nur in einem von 19 erfassten Gebieten als Brutvogel festgestellt wurde[8]. Eine im Jahr 2020 durchgeführte, großflächige Revierkartierung rund um den Neusiedler See und im westlichen Teil des Seewinkels zeigte, dass die Kulturlandschaft am West- und Nordufer sowie die Zitzmannsdorfer Wiesen (im Vergleich zum Seewinkel) eine mehr als doppelt so hohe Siedlungsdichte aufweisen[7]. Der Bestand des Turmfalken ist in Jahren mit großer Feldmausdichte besonders hoch. Ab Juli, wenn die Jungvögel flügge sind, kommt es zu beachtlichen Ansammlungen in Wiesengebieten, besonders nach erfolgter Mahd. Am 19.9.1969 wurden im österreichischen Hanság mindestens 50 jagende Exemplare gezählt[9]. Im Winter beeinflusst nicht die Temperatur, sondern ebenfalls die Verfügbarkeit von Mäusen sowie der Niederschlag die Zahl der anwesenden Individuen, wobei insbesondere eine geschlossene Schneedecke zu Winterflucht führt[10]. Eine Zählung am 15.1.1984 ergab im Seewinkel 24 Exemplare, die sich vor allem auf die östlichen Teile des Gebiets konzentrierten[11].

Auf der ungarischen Seite des Neusiedler Sees-Gebiets brüteten in den Jahren 2017–2021 jährlich 5–10 Paare im Weidegebiet von Fertőszéplak, teils in natürlichen (hauptsächlich von Elstern gebauten), teils in künstlichen Nestern. Des Weiteren gab es auf einer insgesamt beinahe 10 km² großen Fläche bei Lászlómajor 1–3 Paare, die in Gebäuden oder an Pappeln zwischen Gebäuden brüten. Turmfalken kommen auch weiter westlich in Mähwiesen mit Windschutzstreifen bei Hegykő und Fertőhomok als Brutvögel vor, ihre genaue Zahl dort ist aber mangels Erhebungen unbekannt. Eine Kuriosität des Jahres 2010 war die erfolgreiche Brut eines Paares im ehemaligen Grenzwachturm beim Einserkanal, wobei drei Jungvögel aus dem Nest auf dem Boden des Bauwerks ausgeflogen sind[12].

Jahreszeitliches Auftreten

Turmfalken sind im Neusiedler See-Gebiet ganzjährig zu beobachten[13]. Da die Anzahl der anwesenden Vögel aber nicht nur durch regelmäßigen, saisonalen Zu- und Abzug, sondern sehr stark auch von Witterung und Nahrungsangebot bestimmt wird, sind die ablaufenden Zugmuster nur teilweise erkennbar. Im Sommer sind besonders viele Individuen im Gebiet zu sehen, was sich überwiegend auf die Präsenz vieler flügger Jungvögel zurückführen lässt. Zwei Drittel der Meldungen mit 10 oder mehr Exemplaren stammen aus den Monaten Juni bis September[13,14]. Die Darstellung des jahreszeitlichen Auftretens gibt den tatsächlichen Zugablauf daher nur teilweise wieder. Der große Anstieg der Meldungen im Frühling lässt sich wohl auf die dann auffälligen, balzenden Brutvögel zurückführen, die häufiger registriert werden. Der Anstieg um die Monatswende September/Oktober deutet den Herbstdurchzug an.

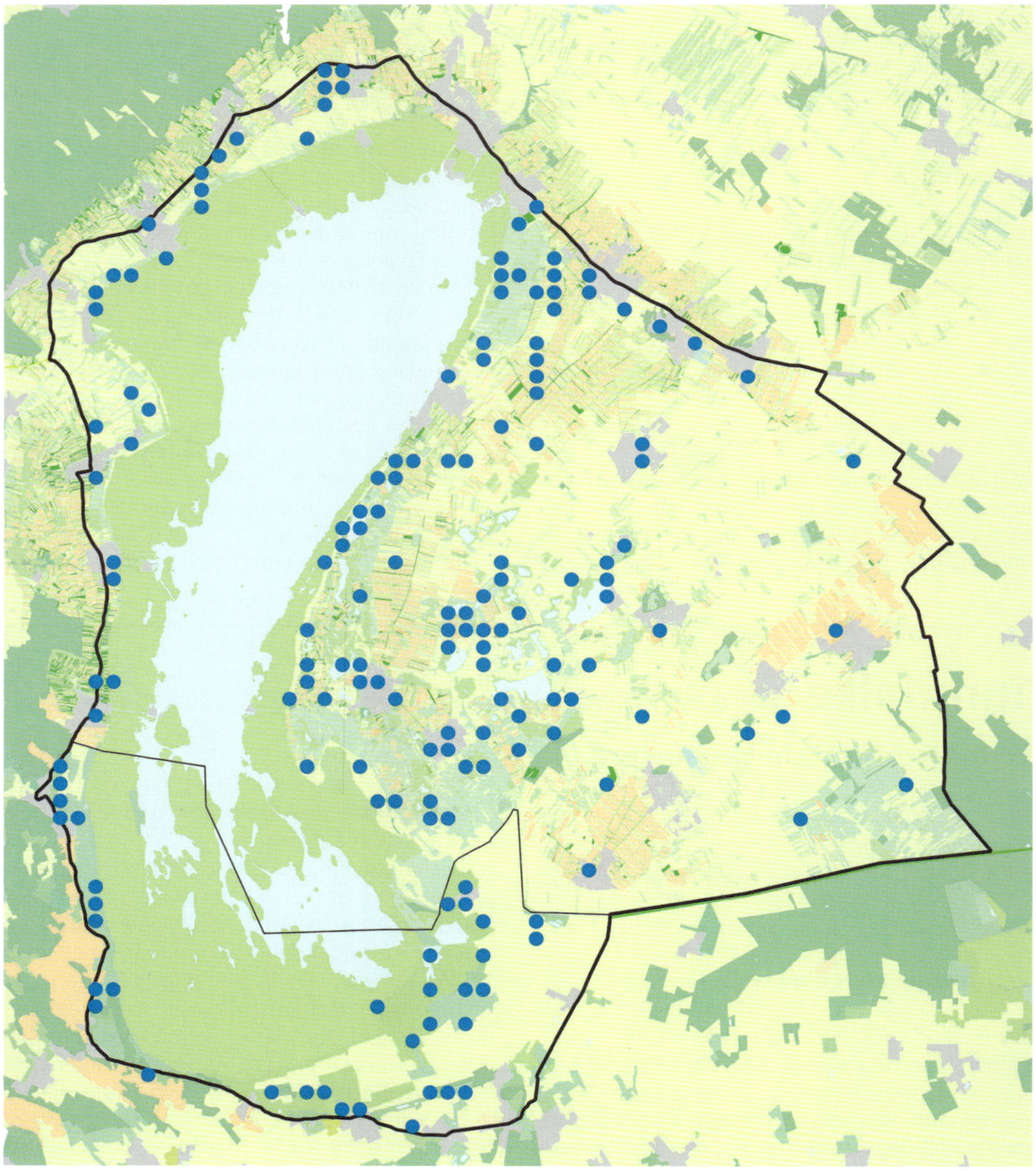

Brutplätze des Turmfalken, basierend auf Daten den Jahren 2011–2021 (Brut nachgewiesen, Brutcode „N“)[13,19,20].

Zugverhalten und Ringfunde

Turmfalken zeigen innerhalb Europas, bzw. innerhalb einzelner Populationen, verschiedene Zugstrategien. Während unter Brutvögeln unserer Breiten vor allem revierhaltende Altvögel häufig auch im Winter im Brutgebiet bleiben, ziehen manche Vögel im Herbst südwestwärts, zum Teil bis Nord- und Westafrika [15,16]. Folgende Fernfunde von im Neusiedler See-Gebiet beringten Nestlingen belegen dies: Ein am 10.7.1992 bei Mekszikópuszta beringter Vogel wurde am 15.2.1999 bei Puglianello in Süditalien tot aufgefunden (742 km). Bei Donja Kupčina/Kroatien wurde am 30.11.1968 ein Turmfalke geschossen, der am 12.7.1968 in Apetlon beringt wurde (259 km) [17,18]. Nördliche Populationen zeigen einen höheren Anteil an Zugvögeln, in Skandinavien ziehen im Herbst nahezu alle Vögel ab [15]. Im Ausland zur Brutzeit beringte und in Österreich wiedergefundene Turmfalken stammen ganz überwiegend aus Tschechien, den östlichen Teilen Deutschlands und dem südlichen Finnland [16]. Folgende Funde von außerhalb des Avifauna-Gebiets beringten Nestlingen zeigen diese Zugachse: Ein am 10.6.2002 in Bernartice/Tschechien beringter Vogel wurde am 30.12.2002 Opfer eines Scheibenanfluges in Hegykő/Ungarn (260 km) [17]. Laut Fundmeldung Opfer eines Abschusses wurde ein am 8.6.2010 bei Turku/Finnland beringter Vogel am 28.11.2010 bei Illmitz (1.514 km). Ein am 14.6.2014 im 4. Wiener Gemeindebezirk beringter Vogel wurde am 27.1.2017 in Fertőrákos/Ungarn tot gefunden (58 km) [18]. Weitere interessante Beispiele für Ringfunde aus dem Gebiet: Ein bereits als Altvogel am 5.7.1974 in Illmitz beringtes Männchen wurde mehr als acht Jahre später, am 22.2.1983, in Balf lebend kontrolliert (15 km). Ein am 12.6.1990 in der Hortobágy/Ungarn beringter Nestling zeigt die geringe Geburtsortstreue des Turmfalken. Er wurde als adultes Männchen zur Brutzeit in Mekszikópuszta am 14.5.1992 geschwächt gefunden (324 km) [17].

Quellen: [1] Wassmann (1993), [2] L. Khil, unpubl. Daten, [3] Steinparz (1926), [4] Seitz (1942), [5] Zimmermann (1943), [6] Dvorak et al. (1986), [7] BirdLife Österreich, unpubl. Daten, [8] M. Dvorak, unpubl. Daten, [9] Kurth (1970), [10] Gamauf (1987), [11] Dvorak & Grüll (1985), [12] M. Váczi, unpubl. Daten, [13] www.ornitho.at, [14] Archiv BirdLife Österreich, [15] Glutz von Blotzheim et al. (1971), [16] Schmidt et al. (2014), [17] Vogelberingungszentrale BirdLife Ungarn, (unpubl. Ringfunde, [18] Österreichische Vogelwarte, unpubl. Ringfunde, [19] Archiv MME Sopron, [20] Archiv FHNP

Leander Khil & Miklós Váczi

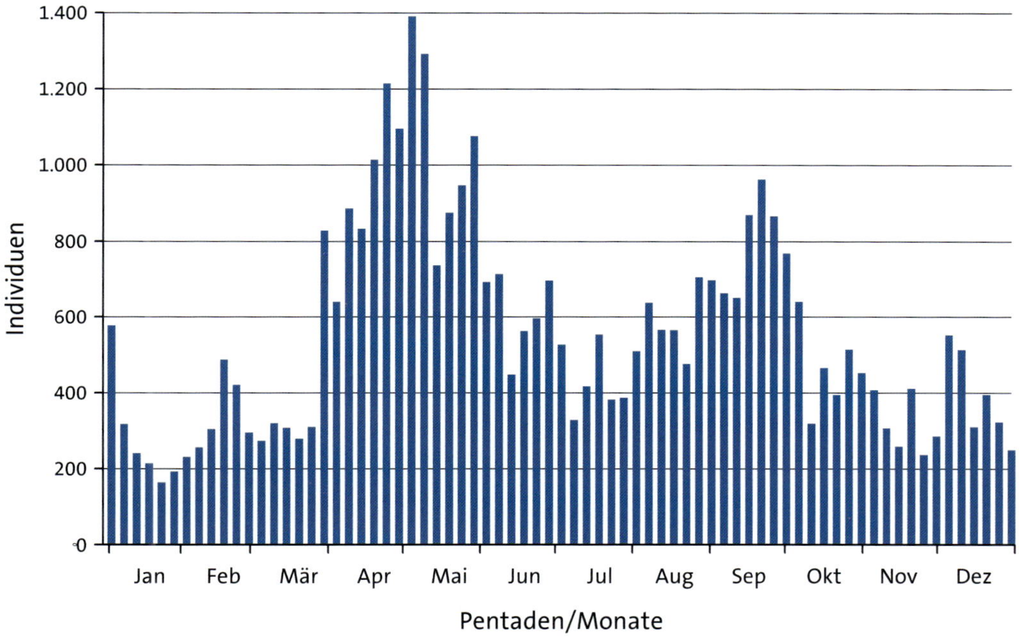

Jahreszeitliches Auftreten des Turmfalken (Dekadensummen gemeldeter Individuen) basierend auf Daten aus Österreich aus den Jahren 2010–2021 (n = 40.309) [13].

Rotfußfalke *Falco vespertinus* Linnaeus, 1766

Kék vércse – Red-footed Falcon

Lászlómajor, 23.9.2015, Weibchen (János Soproni)

Brutvogel mit wenigen Paaren, seltener Durchzügler und Nahrungsgast insbesondere im Mai

Verbreitung und Lebensraum

Das noch junge, regelmäßige Brutvorkommen des Rotfußfalken beschränkt sich aktuell auf ein altes pappeldominiertes Wäldchen am Ostufer des Neusiedler Sees bei Illmitz sowie ein weiteres jüngeres Feldgehölz bei Apetlon. Vereinzelt kam es auch im zentralen Seewinkel zu Bruten in Gehölzen nahe der Wörthenlacke (2020) und beim Apetloner Badeteich (2017). 2021 wurde ein weiterer Brutplatz in einem Windschutzgehölz südlich von Apetlon bekannt. Ausnahmsweise gab es 2019 Balzgeschehen an einem Horst im westlichen Hanság [1–3]. Im ungarischen Avifauna-Gebiet brütet der Rotfußfalke aktuell im unmittelbaren Vorgelände des Neusiedler Sees bei Lászlómajor [4]. Zusammen mit dem kleinen, aber wachsenden Vorkommen im Dreiländereck Österreich-Slowakei-Ungarn stellt die Ansiedlung im Avifauna-Gebiet den westlichsten Vorposten im eurasischen Verbreitungsgebiet des Rotfußfalken dar. 2021 umfasste diese isolierte Population wenigstens 32 Brutpaare, von denen 20 erfolgreich waren und 35 Jungvögel aufzogen [1,5]. Die nächsten regelmäßig besetzten Vorkommen in Ungarn liegen in etwa 250 km Entfernung [6]. Das im Seewinkel bis 1982 bestehende ehemalige Vorkommen umfasste Brutplätze, wie heute, um die Ortschaften Apetlon und Illmitz, aber auch Podersdorf und Sankt Andrä sowie den Hanság.

Der Rotfußfalke besiedelt als Steppen- und Waldsteppenbewohner im Seewinkel überwiegend offene Landschaften, die Feldgehölze, Al-

Entwicklung des Brutbestands des Rotfußfalken im Seewinkel 2015–20121[1, 3].

Jahr	2015	2016	2017	2018	2019	2020	2021
Anz. Brutpaare	1(?)	1(?)	2	1–2	2–3	6	7
Anz. Jungvögel	(?)	(?)	4	>3	5	11–13	>12

leen oder kleinere, aufgelockerte Gehölzgruppen aufweisen und im Nahbereich großflächiger Wiesen und Hutweiden mit gutem Angebot an Insekten liegen. Das können auch grünlandreiche Flächen im Seevorgelände oder die Schilfzone des Neusiedler Sees sein. Schwärmende Insekten (Maikäfer, Junikäfer, Ameisen) und individuenreiches Auftreten von Libellen in windgeschützter Lage (Waldrand) oder erhöhte Insektenverfügbarkeit auf frisch gemähten Flächen können vor allem in den Abendstunden zu kleinen Ansammlungen von Rotfußfalken führen, z. B., vier Individuen bei der Mahd nordöstlich der Langen Lacke am 4.6.2009[7], mindestens 4–6 Individuen im Sandeck am 6.5.2018[8] oder mindestens 16 Individuen im Gebiet Rohrung/Apetlon am 29.7.2021[9]. Die Bodenjagd auf Insekten wird auch auf trockenem Lackengrund, so etwa von einem Weibchen in der Darscholacke am 11.5.2020[10], und auf befestigten Wegen beschrieben, wie z. B. von einem Männchen, das tote Insekten am Güterweg Apetlon-Frauenkirchen am 1.8.2017 aufpickte[11]. Asphaltierte Straßen werden mehrfach als Rast- und Jagdplätze – vor allem bei Schlechtwetter – genannt[3]. Dies führt leider auch zu Verkehrsopfern[12]. In ackerbaulich dominierten Flächen wird ungleich der Situation auf der Parndorfer Platte der Rotfußfalke deutlich seltener beobachtet, z. B. jagen am 20.8.2021 mindestens acht Individuen im Zwikisch/Apetlon über einem Stoppelfeld[13]. Größere Waldflächen, die es im Avifauna-Gebiet ohnehin nicht gibt, werden zur Verringerung des Feindrucks gemieden[14]. Entgegen der Situation in Ostungarn liegen in Österreich nur zwei rezente Brutplätze in einer Saatkrähen (*Corvus frugilegus*)-Kolonie, die durch den frühen Brutbeginn der Krähen den spät brütenden Falken ein gutes Angebot an Nistplätzen und wohl auch Sicherheit vor Prädatoren bieten[15]. Zwei weitere Bruten fanden in Nestern von Aaskrähen (*Corvus corone/cornix*) statt. Aus dem ungarischen Avifauna-Gebiet werden Bruten in Nestern von Elstern (*Pica pica*) und in Nistkästen, die in den letzten Jahren ausgebrachten wurden, genannt[16]. Mehrere Hinweise auf Nistplatzkonkurrenz mit dem Turmfalken (*Falco tinnunculus*) liegen vor, z.B. streitet am 26.4.2019 ein Paar mit Turmfalken um einen Horst im Sandeck[17]. Ein Fall mit Nistplatzkonkurrenz mit der Waldohreule (*Asio otus*) ist aus dem Albrechtsfeld bekannt, wo ein Individuum am 21.5.1977 eine Waldohreule aus dem Nest verdrängte[18]. Ein mehrjährig besetzter, abendlicher Sammel- und vermutlicher Schlafplatz im Raum Apetlon befand sich in einem Windschutzstreifen in einer großen Esche mit lichter Krone bzw. absterbenden exponierten Ästen. Ganz ähnlich sind diese überwiegend nachbrutzeitlich besetzten Sammelstellen im Gebiet der Parndorfer Platte[1], deren Bildung für den Rotfußfalken typisch ist[15].

Bestand und Bestandsentwicklung

Beobachtungen und Belege aus der zweiten Hälfte des 19. sowie der ersten Hälfte des 20. Jahrhundert lassen den Rotfußfalken lediglich als vermutlich unregelmäßigen Durchzügler und vereinzelten Sommergast erkennen. Als frühester Beleg liegt aus der Sammlung J. Finger im NHM Wien (NMW 37.731) ein Weibchen vom 30.5.1853 aus Illmitz vor. Der Zusatz *„zu Hunderten in Verfolgung von Wanderheuschrecken"* zeigt, dass der Insektenfresser in nahrungsökologisch günstigen Jahren auch häufiger aufgetreten ist, wie dies vor allem im Frühjahr arttypisch ist[19]. Jukovits[20] nennt ihn, ohne nähere Details, seltener als den Turmfalken, Dombrowski[21] und Schenk[22] nennen ihn gar nicht. Zimmermann[23] verweist auf einen Beleg von J. v. Madarász aus 1890 aus Illmitz, Aumüller[24] listet ebenso für die 1890er Jahre zwei Belege in der Sammlung Huszthy (Lockenhaus) auf: Männchen und Weibchen, ad., 16.5.1895, Eszterháza. Aus den 1930er Jahren liegen zwei weitere Belege im NHM Wien vor: Weibchen vorj. 19.7.1934, Föhrenwald bei Illmitz und Männchen vorj., 9.8.1934, Herrensee bei Illmitz, beide Belege wurden von H. Wimmer gesammelt. Bei Seitz[25] fehlt der Rotfußfalke als Brutvogel, doch nennt Mintus[26] von Anfang Juni 1930 eine in die Brutzeit fallende Beobachtung bei Illmitz. In den 1940er Jahren mehren sich Nachweise im Mai[23,27] bis durch Rokitansky[28] endlich am 5.6.1949 ein von Rotfußfalken bezogenes Nest zwischen Illmitz und Podersdorf entdeckt wurde. Ein Brüten oder gar ein Bruterfolg wurde hier nicht bekannt. Buchebner[29] vermutet ein Brutpaar am 23.5.1953 beim Unteren Stinkersee. Erst bei Bauer[30] werden wieder konkrete Nestfunde zwischen Illmitz und Podersdorf für 1954 (2 Nester) und 1955 (mind. 1 Nest) angeführt. 1956 war das Auftreten verpaarter Rotfußfalken im Frühjahr im Seewinkel und am Westufer besonders auffällig, doch blieb ein Brutnachweis aus. Für 1957/58 wurden Bruten beim Apetloner Meierhof und im Hanság angeführt, die bis in die 1970er Jahre bestanden haben. Festetics[31] gibt vier Brutpaare für den Hanság an. In den 1970er Jahren sind aus sechs Jahren jeweils 1–4 konkrete Bruthinweise oder erfolgreiche Bruten von insgesamt neun Lokalitäten bekannt geworden, die im zentralen Seewinkel (Apetlon, Illmitz), im Seevorgelände (Sandeck, Neudegg), im Albrechtsfeld und im Hanság situiert waren[32–34]. 1980 wurden erfolgreiche Bruten vom Albersee, Sandeck und Illmitzer Wäldchen gemeldet[35], im Hanság konnten am 24.6.1980 zwei Paare bei der Insektenjagd beobachtet werden, ein Brutverdacht ließ sich ungeachtet des jahreszeitlich späten Auftretens nicht erhärten[36]. 1981 bestand erneut Brutverdacht im Illmitzer Wäldchen[32] und schließlich kam es 1982 zu vorläufig letzten Bruten im Neudegg/Apetlon und im Hanság[37]. Allerdings bestanden im ungarischen Hanság knapp außerhalb des Avifauna-Gebietes in den frühen 1980er Jahren unter anderem Kolonien mit 22–25 Paaren nördlich von Enese und mit 8–10 Paaren bei Jánossomorja[38, 39]. Im österreichischen Avifauna-Gebiet ist seitdem ein alljährliches Brutvorkommen erloschen gewesen, obwohl die Art am Durchzug weiterhin regelmäßig aufgetreten war. Im Mai 1997 wurde ohne konkreten Bruthinweis ein Paar nördlich des Kalvarienbergs/Neusiedl a. S. mehrwöchig beobachtet[40] und für 2000 werden für ein Paar bei Apetlon bzw. zwei Paare bei Illmitz, Bruten ohne nähere Details angeführt[41]. Dies führte jedoch nicht zu einer mehrjährigen Wiederansiedlung der Art. In den folgenden 2000er Jahren beschränken sich engere Brutzeitbeobachtungen im Juni und Juli auf fünf Jahre, z. B. 1 ad. Männchen am 7.6.2006 nordwestlich des Silbersees[42] oder ein Adultvogel am 29.6.2008 bei der Langen Lacke[43]. Bruten wurden nicht entdeckt. Das weitere Auftreten ab 2011 gibt die Graphik zur Phänologie wieder. Am 24.6.2015 wurde bei der Graurinderkoppel/Apetlon ein Jungvogel fotografiert[44], der wahrscheinlich lokal erbrütet worden war. Einen noch konkreteren Bruthinweis stellt die Beobachtung eines warnenden Paares an einem Horst am 8.6.2016 südwestlich der Zitzmannsdorfer Wiesen dar[45]. 2016 kam es auch zu einem ersten Brutversuch am Südufer des Neusiedler Sees in Ungarn. 2017 wurden hier erstmals wieder vier Jungvögel flügge[4]. Auch im Seewinkel kam es im selben Jahr zur Ansiedlung von jeweils einem Paar bei Illmitz (Sandeck) und Apetlon[1, 3]. In den Folgejahren 2018–2021 etablierte sich ein kleiner, aber wachsender Brutbestand von 1–7 Paaren (siehe Tabelle), die sich teils kleinkolonieartig insgesamt auf vier Plätze im Raum Illmitz-Apetlon konzentrierten. Der durchschnittliche jährliche Bruterfolg lag (bei sehr kleinem Datenumfang) pro erfolgreichem Paar zwischen 1,7 und 3 Jungvögeln[1, 3]. Auf der Parndorfer Platte lagen entsprechende Werte 2008–2010 ganz ähnlich zwischen 1,75 und 2,8 Jungvögeln[46]. Im ungarischen Anteil des Avifauna-Gebietes brüteten 2018–2020 1–6 Paare ohne Erfolg, erst 2021 wurde bei vier Paaren in der Nähe von Lászlómajor je 1 Jungvogel flügge[4]. 2021 brüteten im gesamten Avifauna-Gebiet 11 Paare, die mind. 16 Jungvögel zeitigten. Der lokale Bestandsanstieg mag mit der anwachsenden Population im Osten Ungarns und im Norden Italiens[15, 46] im Zusammenhang stehen, wie auch Ringablesungen (siehe Kapitel Zugverhalten und Ringfunde) unterstützen.

Jahreszeitliches Auftreten

Die frühesten Beobachtungen fallen nach einer isoliert stehenden Meldung vom 22.3.2000 mit einem Individuum bei Podersdorf[47] in geringer Anzahl (10) in die 2. Aprildekade, z. B. ein Individuum am 14.4.2007[48]. Die Hauptmasse trifft in der letzten April-Dekade und in den ersten beiden Wochen im Mai ein. Vergleichend betrachtet fallen im Karpatenbecken erste Beobachtungen in die letzten Märztage, der Hauptzug beginnt mit 25. April[15]. Die Zahlen bleiben im Avifauna-Gebiet den gesamten Monat Mai über hoch, mit einem Gipfel in der dritten Dekade, der einen stärkeren Durchzug in diesem Zeitraum anzeigt. Danach gehen die Zahlen mit dem Ausklingen des Heimzuges im Juni allmählich zurück. Trupps mit zehn und mehr Vögeln werden nur selten gemeldet, z. B. zehn Individuen am 17.5.1980 beim Illmitzer Wäldchen[49] oder 20 Individuen am 21.5.1979 im Hanság[50]. Aus nahrungsreichen Jahren liegen ausnahmsweise höhere Zahlen vor, wie eine Beobachtung von >45 Individuen am 1.5.1993 im Hanság[51] zeigt. Im „Maikäferjahr"

1998 blieben 20–30 Individuen auf den Zitzmannsdorfer Wiesen sogar bis in den Juni im Gebiet[52]. Damit liegen diese Frühjahrszahlen dennoch deutlich hinter den Zugtrupp-Maxima aus weiter westlich liegenden Regionen Österreichs, z.B. in Kärnten mit bis zu ca. 300 Individuen[53]. Im Juli verbleiben vermutlich nur mehr brutwillige Vögel oder die Brutpaare, zu denen sich Ende des Monats jedoch bereits die ersten diesjährigen Jungvögel gesellen können, z.B. ein Jungvogel am 22.7.2007 beim Oberen Stinkersee[54]. Ausnahmsweise wurden im Juli größere Trupps in der Dämmerung jagender Vögel gemeldet, wie etwa 12 Individuen am 17.7.2021 im Gebiet Rohrung/Apetlon[9]. Ihre Herkunft bleibt unklar, weist aber auf einen mitunter nicht brütenden Bestand oder frühzeitig zuziehende Individuen, selbst an Altvögeln, im Gebiet hin. Ein ausgeprägter Durchzugsgipfel im Spätsommer ist in den Daten nicht zu erkennen, doch zeigen einige Meldungen von kleinen Zugtrupps von etwa bis zu 15 Individuen am 6.9.1978 im Hanság südlich Andau[55] und ausnahmsweise 31 Individuen am 10.9.2016 im Zwikisch/Apetlon[56], dass das Wegzuggeschehen in der ersten Septemberdekade kulminiert und bis Ende September anhält und daher nicht nur auf regionale Vögel zurückgeht. Fast zeitgleich kulminiert auch das Auftreten an nachbrutzeitlichen Rastplätzen in Ungarn[57]. Aus dem ungarischen Anteil des Avifaunagebietes liegen aus dem April und September Meldungen von Trupps mit 1–25 Individuen vor[4, 58]. In dem im Frühjahr und Herbst quantitativ unterschiedlichen Auftreten dürfte sich der Schleifenzug des Rotfußfalken (siehe Zugverhalten) widerspiegeln. Ab der letzten Septemberdekade werden überwiegend nur mehr Einzelvögel registriert, wenngleich z.B. noch am 21.9.2013 fünf Jungvögel bei der Rosaliakapelle/Apetlon beobachtet wurden[3, 59]. Der Zug endet mit wenigen Meldungen in der ersten Oktoberdekade und reicht nur ganz ausnahemsweise darüber hinaus, z.B. mit einem Weibchen am 16.10.1972 im Hanság südlich Tadten[60]. Die Beobachtung eines erfahrenen Melders eines Männchens am 1.11.1970 beim St. Andräer Zicksee[61], steht etwas isoliert, wenngleich in Mitteleuropa Nachweise ausnahmsweise bis in den Dezember reichen können[62].

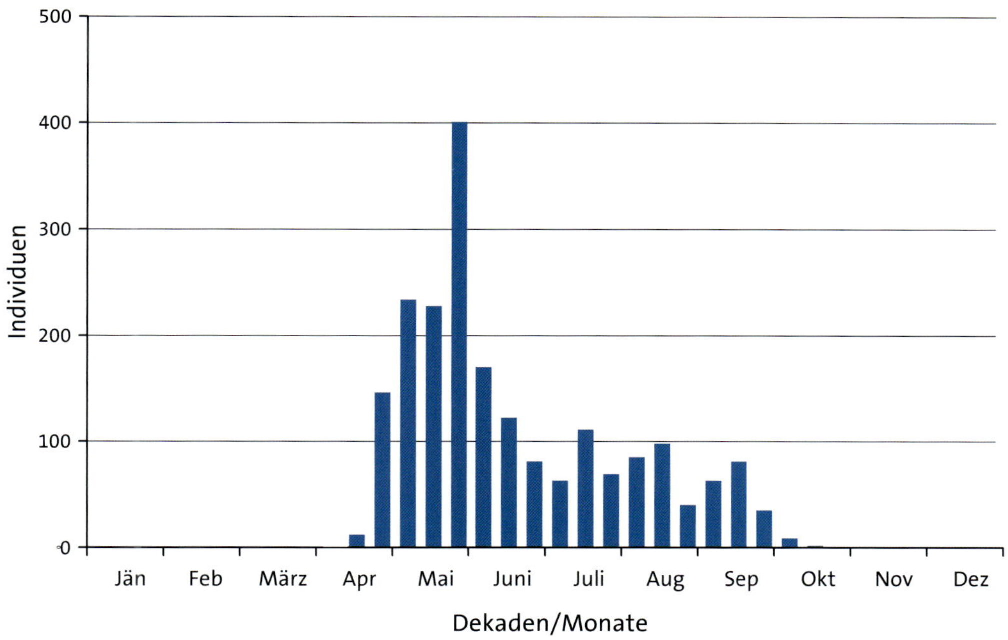

Jahreszeitliches Auftreten des Rotfußfalken (Dekadensummen) in den Jahren 2011–2020[3].

Zugverhalten und Ringfunde

Aufgrund des Überwiegens von Insekten in der Nahrung des Rotfußfalken ist die Art ein ausgesprochener Zugvogel, der im südlichen Afrika überwintert[63]. Die saisonalen Wanderungen verlaufen als Schleifenzug und führen im Frühjahr über Nordwestafrika, Italien (v.a. Sizilien[64]) bzw. den Balkan nach Nordosten in die Brutgebiete. Im Herbst fliegt der Rotfußfalke v.a. über den Balkan und das östliche Mittelmeer nach Süden[46]. Auch für satelliten-telemetrierte Vögel aus der pannonischen Region wurde dies festgestellt[15]. Aus dem Neusiedler See-Gebiet liegen keine Ringfunde vor. Die gelegentliche Ablesung von Farbringen weist in einem Fall (13.7.2021, Rohrung/Apetlon[65]) auf einen Vogel aus Ungarn hin, in einem anderen Fall wurde ein lokaler adulter Brutvogel mehrfach ab 4.5.2021 am Brutplatz (Sandeck/Illmitz) und am 17.7.2021 bei der abendlichen Gemeinschaftsjagd mit Artgenossen in der Rohrung/Apetlon abgelesen[66]. Der Vogel wurde als Pullus am 9.7.2016 unweit Parma/Italien beringt[44]. Im ungarischen Anteil des Avifauna-Gebietes wurde bei Fertőszéplak ein Vogel mit einem Farbring abgelesen, der auf eine Herkunft aus Nordost-Ungarn (Borsodi-Mezőség) hinweist.

Quellen: *[1] H.-M. Berg, unpubl. Daten, [2] Berg & Dvorak (2020), [3] www.ornitho.at, [4] A. Pellinger, M. Váczi, unpubl. Daten, [5] R. Slobodnik, unpubl. Daten, [6] Slobodnik et al. (2017), [7] R. Meinert/ornitho.at, [8] R. & R. Tengler/ABÖ, [9] H.-M. Berg/ornitho.at, [10] Ch. Klein/ornitho.at, [11] L. Khil/ornitho.at, [12] Berg (2017a), [13] A. Grüll/ornitho.at, [14] Fehérvári et al. (2009), [15] Palatitz et al. (2018), [16] Solt et al. (2019), [17] S. Paumann/ornitho.at, [18] R. Triebl/ABÖ, [19] Hanžel (2015), [20] Jukovits (1864/65), [21] Dombrowski (1889), [22] Schenk (1917a), [23] Zimmermann 1943, [24] Aumüller (1976), [25] Seitz (1942), [26] Mintus (1930), [27] Bauer et al. (1955), [28] Rokitansky (1952), [29] Buchebner (1954), [30] Bauer (1956a), [31] Festetics (1970), [32] Archiv BirdLife Österreich, [33] Archiv Biologische Station Illmitz, [34] R. Triebl unpubl. Daten, [35] P. Prokop, A. Gamauf, H. Haar, A. Remeeus/ABÖ, [36] H.-M. Berg, M. Rogers/ABÖ, [37] M. Dvorak, A. Westerbjerg/ABÖ, [38] Fülöp (1983), [39] Bankovics et al. (2002), [40] R. Haider/ABÖ, [41] Donnerbaum et al. (2000), [42] M. Dvorak unpubl. Daten, [43] F. Samwald/ABÖ, [44] L. Khil/ornitho.at, [45] N. Teufelbauer/ornitho.at, [46] Berg (2010), [46] Calabrese et al. (2020), [47] W. Kautz & R. Kautz/ABÖ, [48] F. Samwald, S. Zinko/ABÖ, [49] R. Berger/ABÖ, [50] H. Czikeli/ABÖ, [51] W. Zimmermann/ABÖ, [52] A. Grüll, J. Lehner/ABÖ, [53] Probst & Feldner in Feldner et al. (2008), [54] A. Grüll/ABÖ, [55] H. Schmid/ABÖ, [56] J. Laber/ornitho.at, [57] Palatitz et al. (2015), [58] Archiv MME Sopron, [59] Schweiger/ornitho.at, [60] D. Kurth/ABÖ, [61] M. Duda/ABÖ, [62] Glutz von Blotzheim et al. (1971), [63] Schmidt & Mebs (2006), [64] Corso (2001), [65] B. Zens/ornitho.at, [66] N. Pühringer, J. Vratny, H.-M. Berg/ornitho.at*

Hans-Martin Berg, Attila Pellinger & Miklós Váczi

Merlin *Falco columbarius* Linnaeus, 1758

Kis sólyom – Merlin

Regelmäßiger Durchzügler und Wintergast, mit Schwerpunkt von Anfang Oktober bis Ende März

Verbreitung und Lebensraum

Die Nachweise des Merlins konzentrieren sich auf österreichischer Seite einerseits auf den zentralen Seewinkel, andererseits auf den Hanság. Von 530 Nachweisen entfallen allein 340 (64,2 %) auf die Gemeinden Apetlon und Illmitz sowie 106 (20 %) auf den Hanság. Aus allen anderen, flächenmäßig viel größeren Teilen des Gebiets wurden lediglich 84 Beobachtungen gemeldet[1]. Wenngleich sich in diesem Verhältnis teilweise auch die unterschiedliche Beobachtungsintensität in den einzelnen Gebieten widerspiegelt, ist davon auszugehen, dass diese beiden Teilbereiche für den überwiegend Kleinvögel jagenden Merlin die bei weitem besten Bedingungen im Neusiedler See-Gebiet bieten. Der Merlin tritt auch auf ungarischer Seite regelmäßig auf, allerdings sind keinerlei Zahlenangaben verfügbar.

Bestand und Bestandsentwicklung

„Der Merlin ist Wintergast und scheint nach den vorliegenden Daten als solcher auch regelmäßiger vorzukommen", schrieb Zimmermann[2] für das 19. und die erste Hälfte des 20. Jahrhunderts. Auch Bauer et al.[3] bezeichneten die Art als *„regelmäßigen und nicht seltenen Wintergast und Durchzügler"*. An dieser Einstufung hat sich bis heute augenscheinlich nichts geändert, der Merlin ist im Winterhalbjahr ein regelmäßiger Gast im Avifauna-Gebiet. Merline werden fast immer einzeln angetroffen, nur 37 von 1.030

Frauenkirchen, 23.2.2013 (Johannes Laber)

Beobachtungen aus Österreich (3,6 %) beziehen sich auf zwei Exemplare; in 12 Fällen mit Geschlechtsangabe waren dies Paare, nur je zweimal wurden zwei Männchen bzw. zwei „Weibchen“ angegeben[1,4]. Quantitative Angaben zum Vorkommen sind sehr rar: Bei vier Greifvogelzählungen im Winterhabjahr 2009/10 konnte im Hanság an drei Terminen auf einer Strecke von 35 km nur jeweils ein Exemplar festgestellt werden[5]. Abseits des Hanság wurden in den Jahren 2013–2019 im nordöstlichen Seewinkel bei sieben Greifvogelzählungen auf insgesamt ca. 240 km Fahrstrecke nur zweimal Merline entdeckt[6]. Wenngleich die über ornitho.at in den Jahren 2013–2019 gesammelten Daten ein im Vergleich dazu häufigeres Vorkommen im zentralen Seewinkel vermuten lassen[1], dürfte der Winterbestand im gesamten Gebiet in der Regel 5–10 Individuen nicht übersteigen.

Jahreszeitliches Auftreten

Der Merlin tritt im Gebiet überwiegend im Winterhalbjahr auf. Im Frühjahr endet die Periode regelmäßiger Meldungen in den ersten Apriltagen, vereinzelt wird die Art aber noch bis zur Monatswende April/Mai beobachtet. Die spätesten Nachweise stammen aus dem Hanság (22.4.1985[7], 25.4.1984[8] und 1.5.1977[9]) sowie vom 12.5.1973 aus Breitenbrunn[7]. Die ersten Wegzügler wurden um die Monatswende August/September gemeldet: am 30.8.1970 bei Tadten[10], am 1.9.1962 von der Langen Lacke[11] und am 1.9.1963 von der „Wörthenlacke“[12]. Aus der ersten Septemberhälfte stammen nur einzelne Meldungen, aber ab 20.9. werden Merline dann regelmäßiger festgestellt. Zwischen Ende Oktober und Anfang November ist im Durchzugsdiagramm ein deutlicher, wohl auf Durchzügler zurückgehender Gipfel erkennbar, danach bleibt die Präsenz der Art von Dezember bis Februar auf gleichem Niveau und beginnt erst Anfang März abzunehmen[1,4]. Ein Frühjahrsdurchzug ist im Diagramm nicht erkennbar.

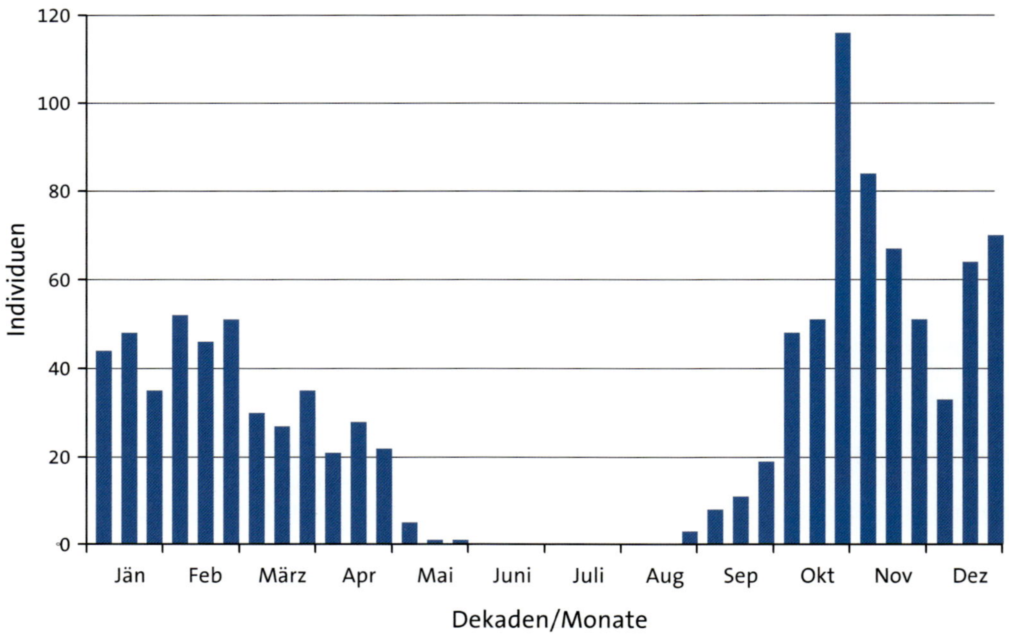

Jahreszeitliches Auftreten des Merlins (Dekadensummen gemeldeter Individuen) basierend auf Daten aus Österreich aus den Jahren 1966–2019 (n = 1.071)[1,4].

Quellen: *[1] www.ornitho.at, [2] Zimmermann (1943), [3] Bauer et al. (1955), [4] Archiv BirdLife Österreich, [5] H.-M. Berg, M. Dvorak & B. Wendelin, unpubl. Daten, [6] N. Teufelbauer, B. Wendelin, M. Dvorak u. a., unpubl. Daten, [7] E. Duda/ABÖ, [8] T. Grüner/ABÖ, [9] G. Pammer/ABÖ, [10] W. Lehmann/ABÖ, [11] M. Ganso/ABÖ, [12] B. Leisler/ABÖ*

Michael Dvorak

Baumfalke *Falco subbuteo* Linnaeus, 1758

Kabasólyom – Eurasian Hobby

Sehr seltener Brutvogel und regelmäßiger Durchzügler von Mitte April bis Anfang Oktober

Verbreitung und Lebensraum

Die Nachweise des Baumfalken konzentrieren sich stark in den Bereichen mit überwiegend, oder einem sehr hohen Anteil an Grünland. Besonders stark frequentiert werden in Österreich der Hanság, die Wiesen- und Weidegebiete südlich von Illmitz und Apetlon, das zentrale Lackengebiet mit Schwerpunkt um den Bereich Lange Lacke-Wörthenlacken sowie der Seedamm am Ostufer vom Illmitzer Wäldchen nördlich bis nach Podersdorf. Im generell viel schlechter erfassten Albrechtsfeld im Nordosten scheinen ebenfalls gute Voraussetzungen für ein Vorkommen gegeben. Am Westufer des Sees häufen sich die Nachweise im Bereich der Oggauer Heide[1]. In all diesen Gebieten finden sich größere Schilf-, Wiesen- und Weideflächen in unmittelbarer Nachbarschaft zu geeigneten Brutplätzen, wie kleineren Wäldchen und breiteren, waldartigen Baumreihen. Solche Lebensräume weisen einen größeren Reichtum sowohl an Großinsekten als auch an Kleinvögeln auf, welche die Nahrungsgrundlage des Baumfalken bilden. Im reinen, bis auf Einzelbäume weitgehend offenen Agrarland (sowohl Weinbau- als auch Ackerflächen) ist die Art hingegen kaum zu finden. Durchzügler werden regelmäßig von Dämmen im Schilfgürtel gemeldet, oft weitab der landseitigen Bereiche. Auf ungarischer Seite boten die ab der zweiten Hälfte der 1940er Jahren vielerorts gepflanzten Windschutzstreifen

Brutplätze für Rabenvögel, in deren Nester der Baumfalke brüten kann[2]. In den 1970er Jahren war die Art ein seltener Brutvogel, ein Brutvorkommen bei Hegykő war bekannt[3].

Darscho, Illmitz, 19.8.2017 (Klemens Wessely)

Bestand und Bestandsentwicklung

Einzelne Autoren des 19. Jahrhunderts bezeichneten den Baumfalken zwar als Brutvogel[4], dennoch muss man davon ausgehen, dass die Art damals und auch Mitte des 20. Jahrhunderts nur vereinzelt und vermutlich auch nicht jährlich im Gebiet brütete. In zwei intensiven Untersuchungsjahren wurde die Art 1940 zur Brutzeit gar nicht, 1941 hingegen mehrfach festgestellt[4]. Mitte der 1950er Jahre wurde die Art dann als *„sehr spärlicher Brutvogel und regelmäßiger Durchzügler"* eingestuft[5]. Seit den späten 1960er Jahren bis heute brütet der Baumfalke dann regelmäßig im Gebiet, von 1966–2018 liegen aus 49 von 53 Jahren Brutzeitbeobachtungen zwischen 20.5. und 31.7. vor[6, 7]. Bislang wurde keine systematische Erhebung der Art durchgeführt, der aktuelle Bestand kann daher nur anhand der in ornitho.at vorliegenden Zufallsbeobachtungen geschätzt werden. Das einzige, alljährlich besetzte Brutgebiet ist der Hanság, regelmäßig sind auch Brutreviere im zentralen und südlichen Seewinkel sowie am Ostufer besetzt. Nur unregelmäßig brütet die Art hingegen am Westufer des Sees im Bereich Rust/Mörbisch und Oggau/Donnerskirchen sowie im Jahr 2017 auch bei Winden/Jois. Konkrete Brutnachweise sind extrem selten: Im Hanság wurde am 15.7.1997 ein Nest mit einem Jungvogel entdeckt[8], im Sandeck wurde am 28.7.1986 ein mit Beute fliegender Altvogel festgestellt[9]. Am 24.8.2011 fütterten nördlich des Illmitzer Wäldchens zwei adulte Baumfalken zwei Jungvögel[10] und am 30.8.2018 wurden etliche Kilometer weiter nördlich beim Illmitzer Gemeindewäldchen ebenfalls zwei Jungvögel entdeckt, die von Altvögeln gefüttert wurden[11]. Der Brutbestand kann anhand dieser Daten mit nur 1–2 Revieren in den Jahren 2013–2014, hingegen mit 5–6 Revieren in den Jahren 2015–2018 beziffert werden.

Im ungarischen Avifauna-Gebiet brüten gegenwärtig jährlich 4–5 Paare in angepflanzten Pappelreihen an den folgenden Standorten: Lászlómajor, Kanal Homok-Sarródi-csatorna (Fertőszéplak), in den Baumreihen der Mähwiesen zwischen Hegykő und Fertőhomok, bei der Halászcsárda (Fischertscharda) in Balf und dem sog. "Lapos" bei Fertőrákos[12].

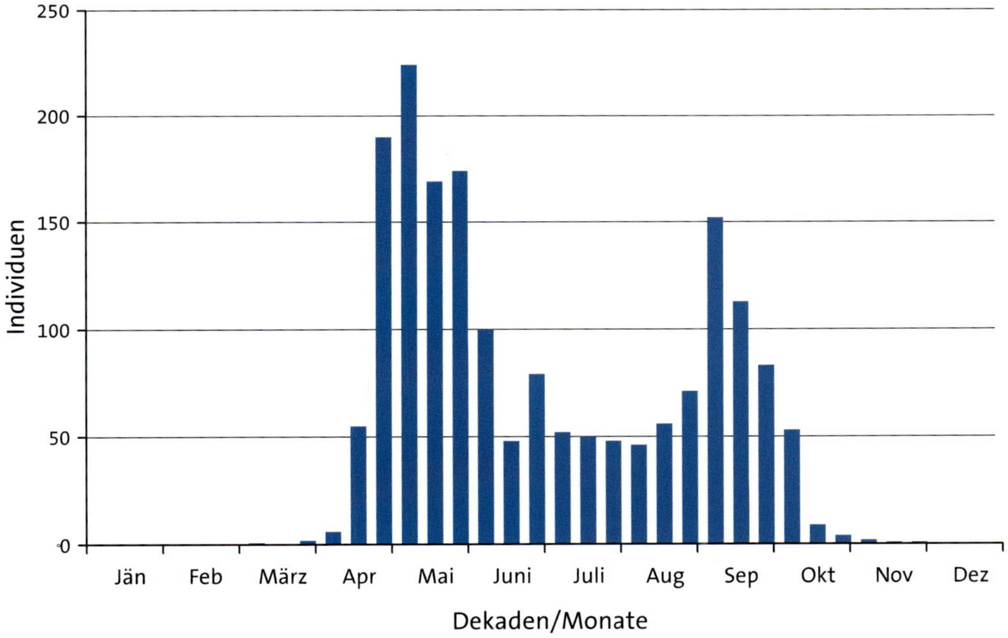

Jahreszeitliches Auftreten des Baumfalken (Dekadensummen gemeldeter Individuen) basierend auf Daten aus Österreich aus den Jahren 1966–2019 (n = 1.789)[6, 7].

Jahreszeitliches Auftreten

Baumfalken sind in der Regel von Anfang April bis Mitte Oktober im Gebiet zu finden. Im Frühjahr fallen zwei Nachweise vom 21.3.1974 von den Zitzmannsdorfer Wiesen[13] und vom 30.3.1971 von der „Wörthenlacke"[14] zeitlich aus dem Rahmen. Denn tägliche Nachweise beginnen erst um den 8.4., mit dem frühesten Nachweis vom 6.4.2014 westlich der St. Martins Therme[15]. Im Herbst liegen bis zum 8.10. tägliche Nachweise vor, danach werden die Beobachtungen spärlich, mit den letzten Meldungen am 24.10.1999 von der Podersdorfer Pferdekoppel[16] sowie – zeitlich isoliert – am 10.11.1995 vom Apetloner Hof[17] und am 12.11.1975 von der „Wörthenlacke"[18]. Der Heimzug dauert, wie das deutliche Plateau der Meldungen ab Ende April zeigt, bis zumindest Ende Mai, doch können einzelne Durchzügler durchaus noch bis in den Juni hinein auftreten, wie Nachweise abseits der bekannten Brutreviere zeigen.

Quellen: [1] *www.ornitho.at*, [2] *Jánoska (2001)*, [3] *Kárpáti (1983a)*, [4] *Zimmermann (1943)*, [5] *Bauer et al. (1955)*, [6] *Archiv BirdLife Österreich*, [7] *www.ornitho.at*, [8] *E. Patak/ABÖ*, [9] *A. Ranner/ABÖ*, [10] *A. Grüll/ABÖ*, [11] *R. Katzinger/ornitho.at*, [12] *Archiv FHNP*, [13] *P. Prokop/ABÖ*, [14] *E. Duda/ABÖ*, [15] *L. Khil/ornitho.at*, [16] *L. Laber/ABÖ*, [17] *R. Matz/ABÖ*, [18] *J. Reid/ABÖ*

Michael Dvorak & Miklós Váczi

Lannerfalke *Falco biarmicus* Temminck, 1825

Feldegg-sólyom – Lanner Falcon

Wahrscheinlicher Gefangenschaftsflüchtling

Vorkommen

Ein Nachweis eines Vogels, der als ein wahrscheinlicher Gefangenschaftsflüchtling eingestuft wurde (Kat. D):

- 12.11.2005 Pamhagen, 1 juv. (J. Laber[1])

Quellen: [1] *Ranner & Khil (2009)*

Andreas Ranner

Sakerfalke *Falco cherrug* J. E. Gray, 1834

Kerecsensólyom – Saker Falcon

Arbesthau, Apetlon, 22.8.2021 (Klemens Wessely)

Außerhalb der Brutzeit sehr seltener Nahrungsgast und Durchzügler, 2022 erster Brutnachweis im Seewinkel

Verbreitung und Lebensraum

Das nordburgenländische/westungarische Vorkommen des Sakerfalken liegt am Westrand des von Osteuropa bis China reichenden paläarktischen Brutareals[1]. Die Beobachtungen seit 2011 streuen über den gesamten Seewinkel, der knapp mehr als 90 % der Nachweise aufweist. Schwerpunkte stellen das östliche Seevorgelände sowie das zentrale Lackengebiet dar. Inwieweit dies mit einer Bevorzugung dieser Gebiete durch Beobachter zusammenhängt oder tatsächlich nahrungsökologische Aspekte widerspiegelt, ist schwer zu entscheiden. Ungeachtet naher Brutplätze auf ungarischem Gebiet[2] betreffen kaum 10 % der Nachweise den österreichischen Hanság. Nur ausnahmsweise liegen Beobachtungen vom Westufer vor, z. B. von je einem Individuum bei Oggau am 21.5.2020[3] und bei Schützen am Gebirge am 29.5.2016[4] oder vom Heideboden mit einem Individuum bei Halbturn am 2.1.2015[5]. Beobachtungen in den Sommermonaten gehen bisher wohl überwiegend auf Nahrungsgäste von Brutrevieren aus der Umgebung zurück[2, 6].

Außerhalb der Brutzeit ist die Herkunft der Vögel vielfältiger, da sowohl Jungvögel beim Dispersal, Vögel auf dem Zug sowie überwinternde Individuen aus unterschiedlichen Entfernungen involviert sein können[7]. Einzelbeobachtungen von Paaren zur frühen Brutzeit wie an der Östlichen Wörthenlacke am 28.3.2014[8], westlich des Viehstalls an der Wörthenlacke am 9.3.2018[9] oder im Bereich des Steppentierparks Pamhagen am 29.4.2019[10], haben in der Folge keinen Brutverdacht generiert. Im Jahr 2020 haben sich allerdings im Raum Frauenkirchen-St. Andrä-Tadten die Hinweise auf eine Brutansiedlung verdichtet. Schließlich kam es hier 2022 zum ersten Brutnachweis im Avifauna-Gebiet. Die Brut erfolgte in einem alten Kolkrabenhorst auf einem Leitungsmast[11]. Allein durch die stark angestiegene Population des Sakerfalken im Norden und Osten Ungarns, in der Westslowakei und in Österreich[12, 13], ist zukünftig ein stärkerer Populationsdruck auf das Avifauna-Gebiet mit weiteren Ansiedlungen zu erwarten. Die Einrichtung von künstlichen Nisthilfen (Plattformen und Boxen auf Leitungsmasten) haben in Ungarn, der Slowakei und Österreich wesentlichen Einfluss auf die jüngere positive Bestandsentwicklung[13–15].

Zur Nahrungsökologie der Sakerfalken im österreichischen Anteil des Avifauna-Gebiets liegen einige Angaben vor[16]: 67 % der Beobachtungen jagender Vögel wurden an Gewässerrändern wie etwa an Salzlacken oder an der Graurinderkoppel getätigt. Diese in der Regel sehr offenen Lebensräume entsprechen gut den Ansprüchen an das Nahrungshabitat von Sakerfalken[17]. Im ungarischen Anteil kommt auch Kolonien des Ziesels (*Spermophilus citellus*) eine hohe Bedeutung zu, deren Bestände im Bereich von Mekszikópuszta – Neudegg und Fertőszéplak als stabil gelten[18]. In den nahegelegenen Brutgebieten der Kleinen Ungarischen Tiefebene erbeutet der Sakerfalke auch andere Säugetiere, wie Feldhase (*Lepus europaeus*) und Feldmaus (*Microtus arvalis*) in bedeutender Zahl[19].

Bestand und Bestandsentwicklung

Historische Angaben zum Vorkommen im Gebiet sind rar und teils schwer überprüfbar. Während das Vorkommen im angrenzenden Niederösterreich seit dem frühen 19. Jahrhundert ausreichend dokumentiert ist[20, 21], liegt deutlich später aus dem Neusiedler See-Gebiet eine erste unbelegte Meldung für das Jahr 1857 vor[22]. Ein Vierteljahrhundert später betreffen die nächsten Angaben ein Vorkommen im Kapuvarer Erlenwald im ungarischen Hanság Chernel[23] und Fischer[24], der – heute seltsam anmutend – berichtet: „*Ein besonderes Vergnügen gewährte mir das Erlegen eines Würgfalken, des ersten, den ich überhaupt je beobachtete*". Fászl[25] kannte zur selben Zeit noch kein Vorkommen in seinem Arbeitsgebiet in der Umgebung von Sopron. Von Dombrowski[26] erwähnte in der Folge bereits ein Brüten im Kapuvarer Erlenwald, den er 1887 besucht hatte. Erste Belege für das österreichische Neusiedler See-Gebiet liegen aus den 1920er Jahren im Burgenländischen Landesmuseum vor und betreffen drei außerbrutzeitliche Nachweise: Breitenbrunn 17.1.1925 und 19.2.1925 sowie Oggau 21.8.1927[27]. Anfang der 1940er Jahre gelangen im zentralen Seewinkel drei Brutzeit- bzw. nachbrutzeitliche Beobachtungen[28]. In den frühen 1950er Jahren wurde der Sakerfalke als Brutvogel der weiteren Umgebung eingestuft, konkrete Angaben betrafen einen Jungvogel vom 12., 15. und 16.8.1953 im Panzergraben beim Kalvarienberg in Neusiedl am See und danach am 30.8.1953 ein Paar[29]. Im April 1954 wurde der Sakerfalke schließlich über dem Neusiedler Wald und in angrenzenden Bereichen mehrfach von Bauer[20] beobachtet.

In den Jahren 1955 bis 1980 stieg die Zahl der Meldungen – auch infolge der häufiger werdenden Beobachter – deutlich[30]. Aus 15 Jahren liegen 32 Beobachtungen aus allen Monaten außer Jänner und Juni vor. Meldungen aus dem Hanság (17) überwiegen zahlenmäßig geringfügig gegenüber Meldungen aus dem Seewinkel (15). Sieben der 10 Brutzeitbeobachtungen (1.3. bis 15.7.) aus acht Jahren fallen ebenso mehrheitlich in den Hanság.

Aus der Periode 1981 bis 2010 liegen bereits 90 Meldungen aus allen Monaten vor, die Zahl der Beobachtungen verschob sich aber auffallend zu Gunsten des Seewinkels (80) im Vergleich zum Hanság (7)[30]! Vom nördlichen bzw. westlichen Vorgelände des Neusiedler Sees liegt nur je eine Meldung vom 11.3.1995 bei Winden[31] bzw. 17.8.1990 bei Sopronpuszta/Ungarn[32] vor. Von 17 Brutzeitmeldungen aus dem Seewinkel lässt lediglich eine kleine Beobachtungsserie von 1–2 Vögeln vom 8.–18.4.2009 im Raum Neudegg-Arbesthau ein Brutrevier möglich erscheinen[33, 34]. Die erste Brut im Avifauna-Gebiet im Jahr 2022 war mit vier ausgeflogenen Jungvögeln erfolgreich[11]. Ungeachtet der positiven Bestandsentwicklung kommt es leider immer wieder zu Vergiftungsfällen mit Sakerfalken im weiteren Umfeld des Avifaunagebietes[35].

Jahreszeitliches Auftreten

Im Seewinkel stellen ca. 80 % außerbrutzeitliche Beobachtungen das Gros der Meldungen dar. Insgesamt betrachtet kulminieren diese im Spätherbst und Hochwinter, bleiben – mit Unterbrechung im Februar – bis April auf überraschend hohem Niveau, sinken dann aber über die Sommermonate deutlich ab, und steigen im August und September wieder an. Im ungarischen Anteil des Avifauna-Gebietes tauchen aber, besonders im Sommer, nahrungssuchende Vögel von den etwa 20 km entfernten Brutplätzen in der kleinen Ungarischen Tiefebene auf, wie besenderte Individuen zeigen[18].

Zugverhalten und Ringfunde

Das Zugverhalten mitteleuropäischer Sakerfalken ist in Abhängigkeit von Alter und Nahrungsverfügbarkeit recht divers. Während Altvögel im Winter eher im Brutgebiet verbleiben, verstreichen Jungvögel zwar prinzipiell in alle Richtungen, vor allem aber in östliche bis südwestliche Richtung. Die zentrale Mittelmeerregion stellt ein wichtiges Überwinterungsgebiet dar, einzelne Vögel fliegen aber bis in die Sahelzone[7, 36]. Die Populationen von Österreich, Tschechien, der Slowakei und Ungarns sind eng verknüpft, wie auch Ortungen telemetrierter Vögel aus den Nachbarländern zeigen[37].

Quellen: *[1] Glutz von Blotzheim et al (1989), [2] Váczi (2006a), [3] C. Roland/ornitho.at; [4] L. Khil/ornitho.at, [5] F. Gubi, J. Hohenegger/ornitho.at, [6] Hohenegger et al. (2019), [7] Prommer et al. (2012), [8] W. Zimmermann/ornitho.at, [9] W. Lindinger/ornitho.at, [10] W. Struck, M. Bachmann/ornitho.at, [11] H.-M. Berg, unpubl. Daten, [12] Berg (2017b), [13] Zink et al. (2015), [14] Bagyura et al. (2020), [15] Hohenegger et al. (2020), [16] www.ornitho.at, [17] Mebs & Schmidt (2006), [18] M. Váczi unpubl. Daten, [19] Váczi (2006c), [20] Bauer (1955d), [21] Belege Vogelsammlung/NHM Wien, [22] Jukovits (1857), [23] Chernel (1887), [24] Fischer (1883b), [25] Fászl (1883), [26] Dombrowski (1889), [27] Amon (1931), [28] Zimmermann (1943), [29] Bauer et al. (1955), [30] Archiv BirdLife Österreich, [31] A. Ranner/ABÖ, [32] L. Karpati/ABÖ, [33] K. Kirchberger/ABÖ, [34] V. Waba/ornitho.at, [35] Váczi (2009), [36] Gamauf & Dosedel (2012), [37] https://www.satellitetracking.eu (abgerufen am 24.8.2020)*

Hans-Martin Berg, Attila Pellinger & Miklós Váczi

Gerfalke *Falco rusticolus* Linnaeus, 1758

Északi sólyom – Gyrfalcon

Ausnahmeerscheinung

Vorkommen

Ein Nachweis:

- 29.10.1994 Lange Lacke, 1 juv. jagt am Nordufer (A. Ranner, E. Karner, J. Laber[1])

Quellen: *[1] Laber & Ranner (1997)*

Andreas Ranner

Wanderfalke *Falco peregrinus* Tunstall, 1771

Vándorsólyom – Peregrine Falcon

Seltener, aber regelmäßiger Durchzügler und Wintergast in kleiner Zahl

Verbreitung und Lebensraum

Der Wanderfalke brütet in Österreich im Berg- und Hügelland und nutzt das Neusiedler See-Gebiet ganz überwiegend nur außerhalb der Brutzeit[1]. Die gute Nahrungsverfügbarkeit aufgrund von individuenstarken Ansammlungen von kleinen und mittelgroßen Wasservögeln, wie beispielsweise Limikolen oder Krickenten, zieht regelmäßig jagende Einzelvögel an. Besondere Bedeutung kommt dem Seevorgelände sowie den Lacken und Hutweiden des östlichen Seewinkels zu, wo ruhende Vögel, z. B. auf kurzrasigen Stellen, in ausgetrockneten Lacken oder auf bodennahen Sitzplätzen, festgestellt werden. Als Rast- und Kröpfplätze dienen aber auch erhöhte Ansitzwarten, wie z. B. Masten im Seevorgelände[2].

Auf ungarischer Seite des Avifauna-Gebiets gibt es bis 1990 keine Nachweise der Art, damals galt der Wanderfalke aber auch in der weiteren Umgebung als selten[3]. Die Wasservogel-Konzentrationen nach der Flutung der Biotoprekonstruktionen von Mekszikópuszta üben eine starke Anziehung auf Greifvögel und Falken aus, so auch auf den Wanderfalken. 89 % der 1.038 Meldungen, die in der Periode 1989–2021 gesammelt wurden, stammen von hier, wobei das Gebiet in Bezug auf die Beobachtungsdichte allerdings bei weitem überrepräsentiert ist[4]. Aus den Nahrungsresten, die an den Rast- und Kröpfplätzen gesammelt wurden, lässt sich ableiten, dass in erster Linie Massenarten erbeutet werden wie Star, Lachmöwe, Kampfläufer, Haustauben sowie Krick- und Stockenten[5], ausnahmsweise kann der Wanderfalke auch wenige Tage alte Graugans-Gössel schlagen[6].

Bestand und Bestandsentwicklung

In sämtlichen älteren Quellen wurde der Wanderfalke als seltener Gast im Neusiedler See-Gebiet beschrieben. Eine Beobachtung von *„20 einzelnen Wanderfalken am Durchzuge“* vom 4.10.1887 im ungarischen Teil des Bearbeitungsgebiets[7] muss jedoch aus heutiger Sicht kritisch betrachtet werden. In den Übersichten des frühen 20. Jahrhunderts wurden noch einzelne Beobachtungen, vor allem aus dem Herbst, aufgelistet[8]. Festetics & Leisler[9] deuteten an, dass der Wanderfalke mit Ende der 1960er Jahre im Gebiet seltener geworden war und schrieben von *„1–2 Wanderfalken pro Jahr“*. Die Anzahl der Beobachtungen ist in den letzten 20 Jahren stark angestiegen. Auch heute tritt der Wanderfalke als Durchzügler und Wintergast aber in der Regel nur einzeln auf. Ausnahmsweise wurden in größeren Bereichen, z. B. an der Langen Lacke, höhere Zahlen festgestellt, so hielten sich am 21.2.1995 im Seewinkel insgesamt ein Altvogel und drei Jungvögel auf[10]. Auch im ungarischen Teil des Avifauna-Gebiets hielten sich maximal vier Exemplare zugleich auf. Das seit etwa 20 Jahren deutlich verstärkte Auftreten des Wanderfalken im Neusiedler See-Gebiet deckt sich zumindest teilweise mit der Erholung der mitteleuropäischen Brutbestände ab Mitte der 1980er Jahre[11]. Ab Mitte der 2000er nahm

Warmblutkoppel, Illmitz, 17.12.2019, 1. KJ, Unterart calidus *(Hans-Martin Berg)*

die Zahl der Meldungen im Gebiet dann rasant zu, sicher zusätzlich verstärkt durch eine gestiegene Beobachtungs- und Meldeaktivität [12].

Jahreszeitliches Auftreten

Bereits am Ende der Brutzeit steigt die Zahl der Beobachtungen im Gebiet. Dieser Zuzug dürfte mitteleuropäische Vögel aus der näheren Umgebung betreffen. Von den altersbestimmten, aus dem Juli und August gemeldeten Wanderfalken (n = 26) waren 77 % Jungvögel. Der Hauptdurchzug erfolgt ab Ende September, wenn wohl auch Vögel nördlicher Herkunft im Gebiet ankommen, bei denen auch Altvögel Zugverhalten zeigen [13]. Im September und Oktober (n = 77) liegt der Anteil der Jungvögel nur noch bei 42 %. Im Lauf des Novembers sinkt die Zahl der Meldungen wieder und bleibt über den Winter, wohl aufgrund einzelner, standorttreuer Überwinterer, relativ stabil. Der Frühjahrsdurchzug zeigt einen leichten Gipfel ab Ende März, der noch immer zahlreiche Altvögel umfasst. Mitteleuropäische Wanderfalken brüten zu dieser Jahreszeit bereits, was zumindest auf einen gewissen Anteil von Vögeln nordischer Herkunft hindeutet. Ab Ende Mai und im Juni gelingen nur ausnahmsweise Beobachtungen. Der räumlich nächstgelegene Brutverdacht stammt von einem Altvogel, der am 14.5.2020 futtertragend vom Neusiedler See kommend über dem Tiergarten nördlich von Schützen am Gebirge verschwand [14]. In Ungarn kommt der Wanderfalke abseits der Monate Mai und Juni das ganze Jahr über im Gebiet vor. Der Gipfel des Frühjahrszuges fällt auf März, der des Herbstzuges auf Oktober. Jungvögel kommen früher an, eine Überwinterung ist hingegen für Adulte typisch.

Zugverhalten und Ringfunde

Über die Herkunft der im Bearbeitungsgebiet auftretenden Wanderfalken ist noch wenig bekannt. Ein am 15.11.2004 bei Mekszikópuszta beringter Altvogel wurde am 16.10.2006 erneut dort gefangen. Dank einer teilweisen Markierung des Gefieders mit roter Farbe, konnte sein Aufenthalt im Gebiet bis in den April 2007 nachgewiesen werden [15, 16]. Ein im Februar 2018 bei Fertőszéplak mit einem GPS-Sender markiertes adultes Weibchen erlaubte einen ersten detaillierten Einblick in die Raumnutzung von Überwinterern. Der Vogel zeigte über den ganzen Winter hohe Standorttreue im Südteil des Neusiedler Sees, wobei es zur Einhaltung von Winterreviergrenzen gegenüber einem weiteren, unmarkierten und überwinternden Wanderfalken kam. Die Größe des Territoriums des besenderten Vogels betrug 50–60 km². Im April zog der Vogel in das vermutliche Brutgebiet in der Tundra Nordwestrusslands, nahe des Dorfes Shalakusha, 756 km nordnordöstlich von Moskau (Luftlinie zum Neusiedler See: 2.200 km). Im Oktober desselben Jahres kehrte der Vogel wieder zurück an den Neusiedler See [17]. Ein weiteres Weibchen wurde im ungarischen Teil des Bearbeitungsgebiets im März 2019 besendert, zog danach ebenso ins nordwestliche Russland und kehrte im September 2019 zurück an den Neusiedler See. Dieser Vogel fiel im März 2020 einer Vergiftung mit Carbofuran zum Opfer [16]. Der Fund eines am 9.6.2001 in Mecklenburg-Vorpommern beringten, juvenilen Weibchens zwei Monate später in Niederösterreich, belegt den Zuzug aus näherliegenden, nördlichen Gebieten nach Österreich [18]. Während Zuzug von nordöstlichen Vögeln erwiesen wurde, ist noch unklar inwieweit auch Wanderfalken des Alpenraums das Bearbeitungsgebiet besuchen.

Seltene Unterarten

Der Wanderfalke kommt in Europa in mehreren Unterarten vor [19]. Im Bearbeitungsgebiet tritt neben der Nominatform auch die in der Tundra Sibiriens brütende Unterart *F. p. calidus* auf. Diese hochnordischen Vögel sind Langstreckenzieher und überwintern vor allem in Asien und Afrika, erscheinen in kleiner Zahl aber auch in Mittel- und Westeuropa [19]. Juvenile und adulte Einzelvögel dieser Unterart wurden im Seewinkel ab den 2000ern zwischen Mitte Oktober und Anfang Mai gemeldet [1, 10]. Die Bestimmung mehrerer, gut fotografisch dokumentierter Individuen erscheint gesichert [1]. Da die Zuordnung dieser Unterart aber nicht immer einfach ist, auch Exemplare mit gemischten Merkmalen (eventuell aus der Übergangszone der Unterarten *F. p. peregrinus* und *F. p. calidus*) auftreten und bei weitem nicht alle Meldungen klar belegt sind, müssen genauere Aussagen über das Auftreten ausbleiben.

Quellen: [1] *www.ornitho.at*, [2] *Grüll et al. (2018)*, [3] *Prommer & Bagyura (2020)*, [4] *Archiv FHNP*, [5] *Pellinger & Váczi (1994)*, [6] *Váczi (2006b)*, [7] *Dombrowski (1889)*, [8] *Zimmermann (1943)*, [9] *Festetics & Leisler (1968)*, [10] *J. Laber/ABÖ*, [11] *Kramer (2000)*, [12] *Archiv BirdLife Österreich*, [13] *Bauer et al. (1955)*, [14] *L. Khil/ornitho.at*, [15] *Vogelberingungszentrale BirdLife Ungarn, unpubl. Ringfunde*, [16] *M. Váczi, unpubl. Daten*, [17] *Váczi & Prommer (2017)*, [18] *Österreichische Vogelwarte, unpubl. Ringfund*, [19] *Forsman (2016)*

Leander Khil & Miklós Váczi

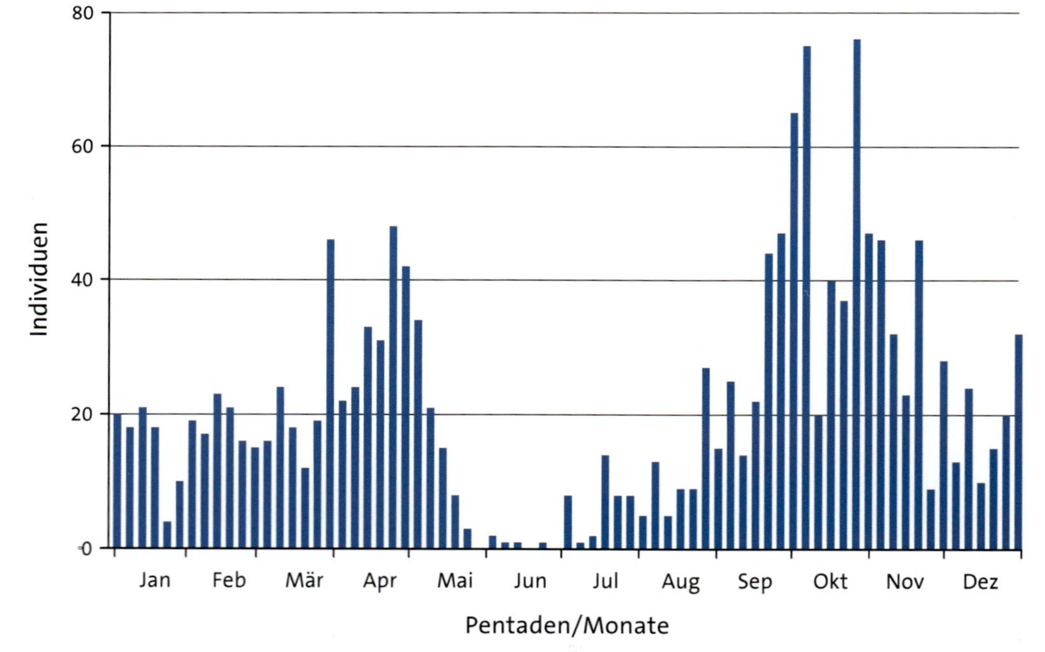

Jahreszeitliches Auftreten des Wanderfalken (Pentadensummen gemeldeter Individuen) basierend auf Daten aus Österreich aus den Jahren 2011–2021 (n = 1.575) [1].

Neuntöter *Lanius collurio* (Linnaeus, 1758)

Tövisszúró gébics – Red-backed Shrike

Hanság, Tadten, 6.5.2021, Männchen (Michael Dvorak)

Sehr häufiger Brutvogel im offenen Agrar- und Grünland von Ende April bis Ende September

Verbreitung und Lebensraum

Der Neuntöter ist im Avifauna-Gebiet ein weit verbreiteter und stellenweise häufiger bis sehr häufiger Brutvogel. Er brütet in Bereichen mit niedrigen und zumeist dornigen Einzelbüschen und Buschgruppen oder im Bereich von Heckenzügen. Büsche und niedrige Bäume werden als Jagdwarten und als Aussichtspunkte zur Revierverteidigung genutzt. Schüttere und niedrige Bodenvegetation ist für die Nahrungssuche erforderlich. Unter günstigen Bedingungen genügen dem Neuntöter zur Ansiedlung bereits einige wenige Büsche, eine einzige kleinere Gebüschgruppe oder eine kurze, weniger als zehn Meter lange Hecke.

Im Neusiedler See-Gebiet stellten sich vor allem ältere Weingartenbrachen, die bereits in einem Stadium fortschreitender Verbuschung sind, als sehr wichtiger, weil überall vorhandener Lebensraum des Neuntöters heraus. Solche Parzellen bilden in Weingartenbereichen zumeist den Mittelpunkt der Brutreviere. Weiters sind auch nicht bewirtschaftete oder nur wenig genutzte Randstrukturen wie Bahndämme, Böschungen, Bach- und Kanalränder, Straßen- und Wegränder, Deponien und Müllhalden wichtige Teile des Lebensraums. In intensiv bewirtschafteten Agrarflächen ist der Neuntöter sogar ausschließlich auf derartige Randbiotope angewiesen. Stark ausgeräumte Ackerbaugebiete bieten hingegen kaum Lebensmöglichkeiten, hier fehlt der Neuntöter unter Umständen großflächig. Dementsprechend sind auch alle diese Bereiche im östlichen und südlichen Teil des Avifauna-Gebiets (mit Ausnahme des Hanság) nur sehr dünn besiedelt[1]. Rund zwei Drittel des ungarischen Avifauna-Gebiets (offene Gewässer und Schilfgebiete) sind keine geeigneten Lebensräume für die Art, daher fehlt sie dort. Die ab der zweiten Hälfte der 1940er Jahre an mehreren Stellen gepflanzten Windschutzstreifen[2] schafften großflächig geeignete Nahrungs- und Brutplätze für den Neuntöter.

Bestand und Bestandsentwicklung

Alle Quellen des späten 19. Jahrhunderts, sowie diejenigen der ersten vier Jahrzehnte des 20. Jahrhunderts, führen den Neuntöter übereinstimmend als häufigen bis sehr häufigen, überall vorkommenden Brutvogel[3–5]. Anfang der 1940er Jahre schrieb Zimmermann[6]: *„Der Neuntöter ist ein zahlreicher Brutvogel und gehört als solcher zu den häufigsten Landvögeln des Gebiets überhaupt"*. Auch für die frühen 1950er-Jahre wurde die Art als sehr häufiger Brutvogel eingestuft[7]. In den Jahrzehnten danach sind in der Literatur keine speziellen Angaben zum Vorkommen der Art zu finden, erst für die frühen 1990er Jahre liegt eine allererste Bestandsschätzung von 130–150 Paaren für den Seewinkel vor[8].

2006 wurde im Neusiedler See-Gebiet für das Europaschutzgebiet auf 238,17 km² eine flächendeckende Kartierung des Neuntöters durchgeführt, die im Jahr 2020 wiederholt wurde[9, 10]. 2006 wurden dabei 1.246–1.333 Reviere erfasst, im Jahr 2020 waren es mit 1.294–1.379 nur geringfügig mehr, davon 850–880 im Avifauna-Gebiet. Man kann also davon ausgehen, dass sich der Neuntöter-Bestand in diesem Zeitraum nicht verändert hat. Die mittlere Siedlungsdichte lag bei 5,6 bzw. 5,8 Revieren/km². In nur drei von 19 Teilgebieten wurde dabei eine Abnahme festgestellt, in sieben hingegen eine Zunahme. Die Ergebnisse zeigen allerdings einen markanten Unterschied zwischen dem Westufer des Sees und dem Seewinkel. Während es im ersten Gebiet zu einer Abnahme des Bestandes um 16,2 % von 894 auf 749 kam, nahm die Zahl der Neuntöter-Reviere im Seewinkel um nicht weniger als 48,3 % von 396 auf 588 zu. Die Art hat also in den großflächig intensiv genutzten Agrarflächen am West- und Nordufer einen leichten Rückgang erfahren, während es im Seewinkel mit einem viel höheren Anteil an naturnahen Flächen zu einer starken Zunahme kam. Die Siedlungsdichten zeigen allerdings nach wie vor einen viel dichteren Bestand am Westufer (8,4 Reviere/km²) als im Seewinkel (4,1/km²). Das Untersuchungsgebiet dieser beiden Ehebungen deckt sich nur teilweise mit dem Avifauna-Gebiet, daher muss für eine Bestandsangabe in letzterem die Revierzahl in den übrigen Teilen des Bearbeitungsgebiets geschätzt werden. Für den nördlichen und östlichen See-

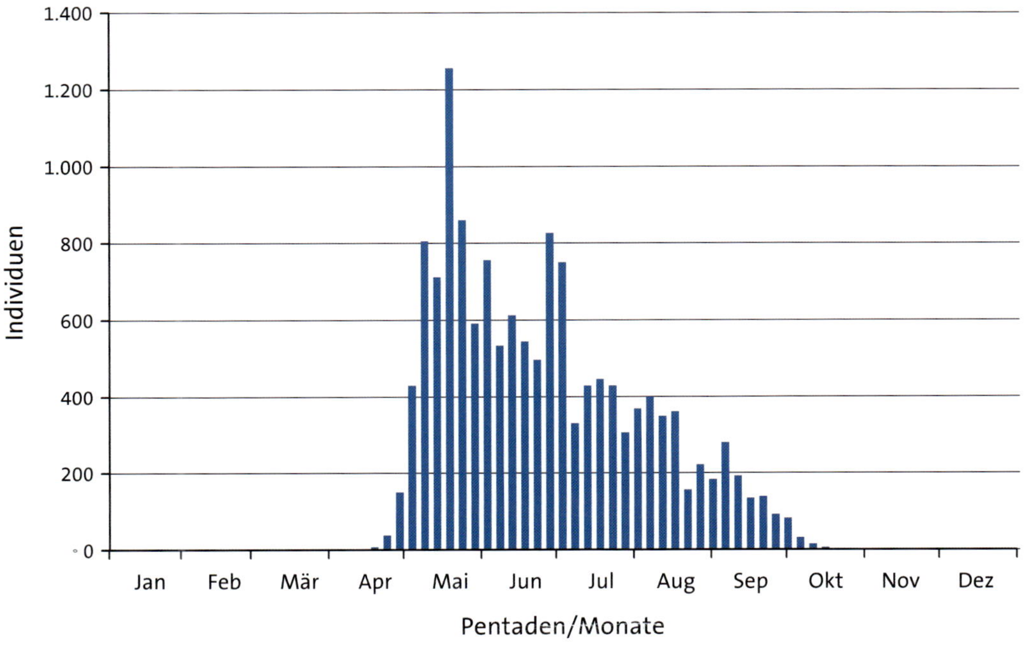

Jahreszeitliches Auftreten des Neuntöters (Pentadensummen gemeldeter Individuen) basierend auf Daten aus Österreich aus den Jahren 2011–2021 (n = 14.316)[1].

winkel sind weitere 100-150 Reviere anzunehmen[1, 12], für den südlichen Seewinkel 30–60[1, 12] und für den Hanság wurden 2009/10 90–100 Brutpaare geschätzt[13]. Der Gesamt-Brutbestand des österreichischen Teils des Avifauna-Gebiets liegt daher bei 1.070–1.290 Revieren.

Auch auf ungarischer Seite ist der Neuntöter in allen Offenlandbereichen abseits der Siedlungen und des Schilfgürtels weit verbreitet und häufig, allerdings sind keine Bestandsschätzungen verfügbar. Die Entfernung oder Reduzierung invasiver Baum- und Straucharten (Ölweide, Rot-Esche, Götterbaum), die zum Schutz von Graslandhabitaten begonnen wurde, dürfte mittelfristig zumindest lokal den Brutbestand der Art reduzieren.

Jahreszeitliches Auftreten

Die Erstankunft an den Brutplätzen fällt in die letzte April-Dekade. Der deutliche Gipfel von Anfang bis Mitte Mai zeigt, dass es in diesem Zeitraum zu einem starken Durchzug weiter nördlich brütender Vögel kommt. Im Verlauf des Sommers nimmt die Anzahl der Meldungen dann kontinuierlich ab und zeigt damit den allmählichen Abzug, zuerst der Altvögel, zwischen Mitte Juli und Mitte August an, während die Jungvögel länger in den Brutgebieten verbleiben und erst einige Wochen später im Jahr bis Ende September abziehen[1].

Zugverhalten und Ringfunde

Der Neuntöter ist ein ausgesprochener Weitstreckenzieher, sein Winterquartier liegt im östlichen und südlichen Afrika. Der Zugweg führt für alle Populationen der Art über den Vorderen Orient und das östliche Mittelmeergebiet. Wintergäste und Durchzügler erreichen Kenia ab Ende Oktober, Zimbabwe zwischen Ende Oktober und Mitte November und Namibia ab Anfang November[12]. In dieses Bild fügen sich die nur zwei Fernfunde aus dem Neusiedler See-Gebiet ein: Ein im August in Illmitz beringter Neuntöter wurde im April am Heimzug in der Türkei gefunden, ein weiterer ebenfalls im August in Illmitz markierter Vogel war Mitte April (offenbar ebenfalls am Heimzug) in Tanzania[13].

Quellen: [1] *www.ornitho.at,* [2] *Jánoska (2001),* [3] *Fászl (1883),* [4] *v. Dombrowski (1889),* [5] *Schenk (1917a),* [6] *Zimmermann (1943),* [7] *Bauer et al. (1955),* [8] *Dvorak & Zuna-Kratky (1993),* [9] *Dvorak et al. (2012),* [10] *BirdLife Österreich, unpubl. Daten,* [11] *M. Dvorak, unpubl. Daten,* [12] *Glutz von Blotzheim & Bauer (1993)* [13] *Österreichische Vogelwarte, unpubl. Ringfunde,* [14] *Archiv MME Sopron,* [15] *Archiv FHNP*

Michael Dvorak & Attila Pellinger

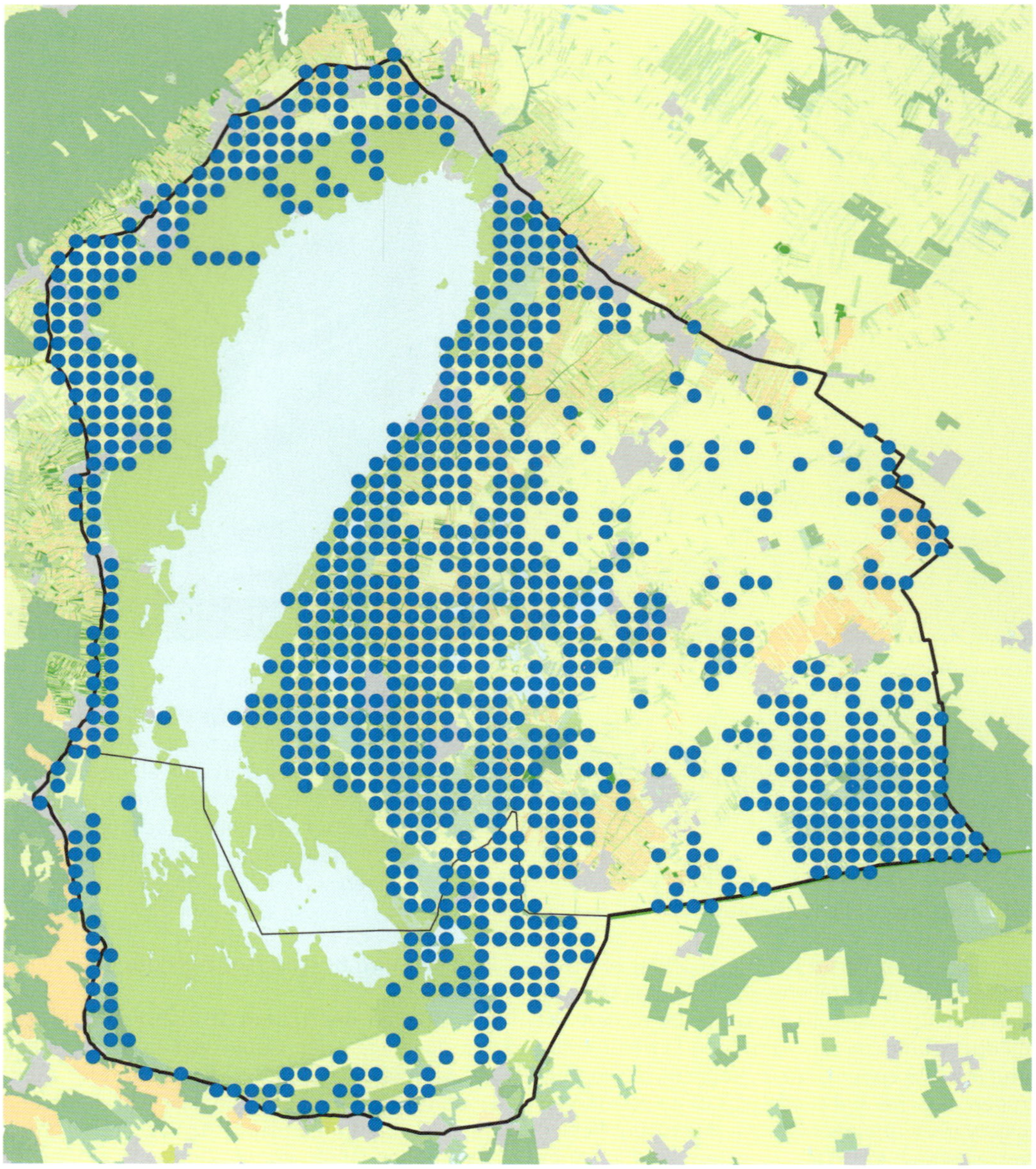

Brutzeitverbreitung des Neuntöters, basierend auf Beobachtungen in den Monaten Mai bis August aus den Jahren 2011–2021[1, 14, 15].

Schwarzstirnwürger *Lanius minor* Gmelin, 1788

Kis őrgébics – Lesser Grey Shrike

Brutvorkommen Ende der 1990er Jahre erloschen, seit 2012 wieder alljährlicher Brutvogel mit 1–2 Paaren

Verbreitung und Lebensraum

Der Schwarzstirnwürger ist ein Brutvogel baumbestandener Steppenlandschaften. Bevorzugte Brutbiotope in Mitteleuropa sind lockere, extensiv bewirtschaftete Obstbaumbestände, baumbestandene Weinbaugebiete, Agrarlandschaften, Weidegebiete und extensives Grünland mit freistehenden Baumgruppen, Einzelbäumen und Gehölzen. Zur Nahrungssuche nutzt der Schwarzstirnwürger Flächen mit nicht zu dichter, kurzer Bodenvegetation, im Agrarland sind daher Brachen, Wegränder aber auch Weingärten und Hackfruchtäcker wichtig[1, 2]. Im Seewinkel, dem letzten Brutvorkommen Österreichs, brütet er am Rand kleiner Wäldchen und Baumgruppen, die von Mähwiesen, Hutweiden und Weingärten umgeben sind. Anfang der 1980er Jahre brütete der Schwarzstirnwürger noch vereinzelt auch im zentralen Seewinkel, ab Mitte des gleichen Jahrzehnts waren seine Brutplätze jedoch auf einen vergleichsweise kleinen Bereich am Ostufer konzentriert, das sich vom Sandeck im Süden bis zum Illmitzer Gemeindewald und zum Mittleren Stinkersee im Norden und der Ortschaft Illmitz im Osten erstreckte[3]. Von 1988 bis 1993 hatte sich an der Verteilung nichts geändert, vereinzelt brüteten Schwarzstirnwürger in diesen Jahren auch im südlichen Seewinkel an der ungarischen Grenze (1992) und im Hutweidengebiet nordwestlich der Wörthenlacken (1990 und 1992)[4]. Bis 1995 erlosch das bis dahin wichtigste Brutvorkommen am Ostufer. Alle später besetzten Brutplätze lagen zuerst im südlichen Seewinkel, danach im zentralen Seewinkel und zuletzt in der Weinbaulandschaft zwischen Illmitz und Podersdorf[5].

Bestand und Bestandsentwicklung

Historische Literatur lässt darauf schließen, dass der Schwarzstirnwürger im späten 19. Jahrhundert häufig war. Für die Zeit um 1860 schrieb Jukovits[6]: *„War an den Feldrainen immer vertreten.“*

Apetlon, 15.6.2020 (Bernhard Zens)

Fászl[7] stufte die Art ähnlich ein: *„Er ist ein ziemlich verbreiteter Brutvogel in unserer Region."* Von Dombrowski[8] fasste sich nach seinen Besuchen im Jahr 1886 kurz und schrieb: *„Häufiger Brutvogel."* Im ersten Jahrzehnt des 20. Jahrhunderts fiel Jakob Schenk's[9] Urteil dann nicht so günstig aus: *„Ziemlich spärlicher Brutvogel am Ostufer."* In den 1930er Jahren gab Otto Koenig[10] den Schwarzstirnwürger sowohl für das Westufer als auch für den Seewinkel an und ergänzt: *„Brütet mit Vorliebe in Alleebäumen"*, wozu die Angabe von Steinfatt[11] passt, der im Mai 1932 bei einer Exkursion von Purbach bis Rust neun Schwarzstirnwürger feststellte. Mitte des 20. Jahrhunderts war die Art im ganzen Neusiedler See-Gebiet häufig. Für die Jahre 1940–1942 stufte ihn Zimmermann[12] als *„häufigen Brutvogel sowohl des West- wie auch des Ostufers"* ein und brachte sogar eine Bestandsangabe: *„1941 konnte ich bei Illmitz auf rund 9 km² Fläche mindestens neun Brutpaare feststellen."* Weiter schrieb er, dass Otto Koenig *„Ende der Dreißiger Jahre am Wege Apetlon-Lange Lacke (zirka 5 km Weglänge) fünf Brutpaare antraf"*. 10 Jahre später wurde die Art in den Jahren 1951–1953 nach wie vor als *„häufiger Brutvogel"* eingestuft[13], und noch 1961 wurde der Schwarzstirnwürger von Koenig[14] als *„sehr häufig"* angeführt. Aus den 1960er und 1970er Jahren liegen keine zusammenfassenden Auswertungen vor, doch kann anhand der vorliegenden Archivdaten die Entwicklung grob nachgezeichnet werden: Von 1966 bis 1975 dürfte die Art im Seewinkel noch ein lokal verbreiteter Brutvogel gewesen sein, allerdings stammen die letzten Brutzeitbeobachtungen vom Westufer aus der Mitte der 1970er Jahre[15]. Ende Mai 1977 lautet die Einschätzung eines Urlaubsgastes *„durchaus nicht sehr häufig"*[16], 1978 wurde im Seewinkel eine Bestandsaufnahme versucht, die sieben Brutpaare ergab[17]. Ab Anfang der 1980er Jahre sind dann beinahe durchgehend Bestandsangaben verfügbar: 1982 sechs Brutpaare[18], 1983 sieben[19], 1984 sechs[20], 1985 fünf[21], 1986 sechs[3] und 1987 bei systematischer Erfassung sogar neun[3]. Fünf Reviere des Jahres 1987 konzentrierten sich auf den Bereich Südlicher Stinkersee-Illmitzer Gemeindewäldchen, drei weitere lagen in der Umgebung des Illmitzer Wäldchens und ein Revier im Sandeck[3].

1990–1992 wurden bei guter Beobachtungstätigkeit jeweils 8–10 Brutpaare festgestellt, alle im selben Bereich wie 1987[4]. Im Jahr 1993 kam es dann zu einem Rückgang auf nur mehr 5–7 Paare[4], 1994 konnte nur ein einziges Brutpaar entdeckt werden[22]. 1995 bestanden dann wieder vier Reviere (eines in Illmitz, drei in Apetlon)[15], 1996 und 1997 jeweils zwei (beide in Apetlon)[23]. In den Jahren 1998[24] und 1999[25] gab es noch jeweils ein erfolgreiches Brutpaar bei Apetlon. Im Jahr 2000 hielt sich im seit 1996 besetzten Revier südwestlich von Apetlon zwar ein Paar auf[26], hatte jedoch keinen Bruterfolg. 2002 war im Juni kurzfristig ein Revier am Südrand der Zitzmannsdorfer Wiesen besetzt[27] und 2004 hielt sich kurze Zeit ein Paar zwischen Illmitzer Gemeindewald und Albersee auf[28]. Danach wurden bis 2012 nur mehr vier Einzelbeobachtungen aus den Jahren 2005 (nordöstlich Lange Lacke)[29], 2006 (südlich Podersdorf)[30], 2008 (Lange Lacke)[31] und 2009 (Sandeck)[32] gemeldet.

2012 kam es nach mehr als 10-jähriger Pause wieder zu einer erfolgreichen Brut auf der Apetloner Graurinderkoppel[33]. 2013 und 2014 blieb es bei einzelnen Sichtnachweisen, wobei ein Paar am 21.5.2014 nördlich der Westlichen Wörthenlacke an einem Nest baute[34], es wurde aber danach nicht mehr gesehen. 2015 und 2016 brütete jeweils ein Paar erfolgreich im zentralen Seewinkel. Nach einer Pause im Jahr 2017 waren dann 2018 sogar drei Reviere vorhanden. Eines dieser drei Reviere lag im zentralen Seewinkel und war nur kurz besetzt. In den beiden anderen Revieren zwischen Illmitz und Podersdorf kam es jeweils zu einer erfolgreichen Brut[5]. Im Jahr 2019 hielten zwei Paare Reviere, eines im Vorjahresrevier südlich von Podersdorf und eines in jenem Bereich, der auch 2015/16 besetzt war. In Letzterem flogen Jungvögel aus[5]. 2020 waren erneut zwei Reviere besetzt: Das aus den Vorjahren bekannte Revier südlich Podersdorf brachte Bruterfolg, ein weiteres Paar in der Nähe der Langen Lacke blieb erfolglos[5].

Wie auch aus den anderen Teilen der Kleinen Ungarischen Tiefebene (in den 1990er Jahren aus dem Hanság, und nach 2015 aus der Moson-Ebene) ist der Schwarzstirnwürger aus dem ungarischen Avifauna-Gebiet als Brutvogel verschwunden. Aus den letzten 50 Jahren ist nur 1991 ein Brutnachweis (erfolgreiche Brut mit zwei Jungvögeln) in einer Pappel an der Straße zwischen Lászlómajor und Sarród bekannt geworden. Aus der Familie wurde ein Jungvogel und das Männchen markiert[35]. 1981 brütete überdies ein Paar knapp außerhalb des Avifauna-Gebiets zwischen Szárhalom und Sopron[36]. Nach dem Jahr 2000 war die Art nur mehr ein unregelmäßiger Gast mit seither vier Nachweisen: 4.5.2004 Mekszikópuszta, Fésűs[36], 9.7.2005 Mekszikópuszta, Paprét[37], 25.5.2013 Mekszikópuszta, Fésűs[38] und 22.6.2021 Mekszikópuszta, Szúnyog-akol[38].

Jahreszeitliches Auftreten

Der Schwarzstirnwürger hält sich von Anfang/Mitte Mai bis Ende August im Gebiet auf und ist der am spätesten zurückkehrende Brutvogel. Zwischen 2014 und 2020 fällt der Median der An-

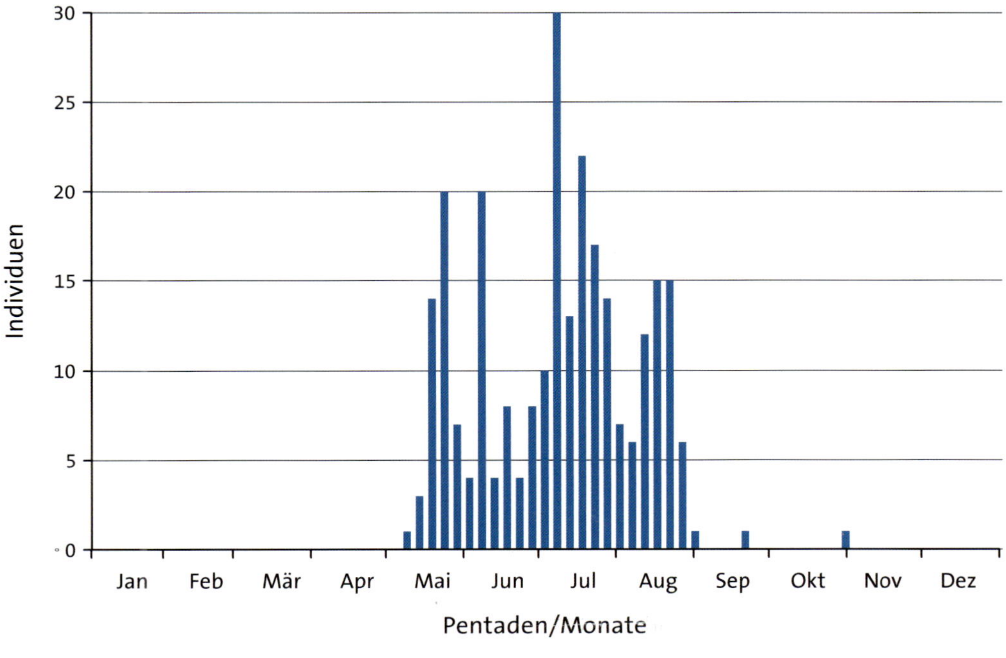

Jahreszeitliches Auftreten des Schwarzstirnwürgers (Pentadensummen gemeldeter Individuen) basierend auf Beobachtungsdaten aus Österreich aus den Jahren 1966–2019 (n = 263)[5, 15].

kunft auf den 15. Mai, der früheste Vogel wurde im Jahr 2014 am 7. Mai gemeldet, die spätesten Individuen in den Jahren 2014 und 2019 jeweils am 24. Mai[5]. Der früheste jemals gemeldete Schwarzstirnwürger wurde am 30.4.2000 beim Graurinderstall entdeckt[39], eine weitere sehr frühe Beobachtung gelang am 1.5.2003 im Seevorgelände nördlich der Hölle[40] und am 4.5.1991 wurde ein ebenfalls sehr früher Vogel bei Andau gesichtet[41]. Die spätesten Nachweise gelangen überwiegend in der ersten Septemberhälfte: Am 1.9.1998 im Hanság[24], am 2.9.1995 nordwestlich vom Paulhof[42], am 15.9.1989 bei der Biologischen Station Illmitz[43], am 16.9.1992 beim Krautingsee[40] und am 17.9.1986 beim Illmitzer Wäldchen[44]. Bei einigen späteren Meldungen ab Ende September ist eine Verwechslung mit dem Raubwürger wahrscheinlich.

Zugverhalten und Ringfunde

Der Schwarzstirnwürger ist ein Langstreckenzieher, dessen Winterquartier im südlichen Afrika liegt. Die Schwerpunkte liegen in Namibia und Botswana, in geringerer Zahl überwintert die Art auch in weiter südlich oder weiter nördlich gelegenen Gebieten[1]. Aus dem Neusiedler See-Gebiet liegen keine Ringfunde vor.

Quellen: [1] *Glutz von Blotzheim & Bauer (1993),* [2] *Dvorak et al. (1993),* [3] *Dvorak (1988b),* [4] *Dvorak & Zuna-Kratky (1993),* [5] *www.ornitho.at,* [6] *Jukovits (1864/65),* [7] *Fászl (1883),* [8] *Dombrowski (1889),* [9] *Schenk (1917a),* [10] *Koenig (1939),* [11] *Steinfatt (1936),* [12] *Zimmermann (1943),* [13] *Bauer et al. (1955),* [14] *Koenig (1961),* [15] *Archiv BirdLife Österreich,* [16] *H. Schwarthoff/ABÖ,* [17] *W. Kees, R. Triebl/ABÖ,* [18] *Dvorak & Grüll (1983),* [19] *Dvorak & Grüll (1984),* [20] *Dvorak et al. (1986),* [21] *Dvorak et al. (1987),* [22] *M. Hoffmann & B. Auer/ABÖ,* [23] *A. Grüll, K. Kirchberger, D. Franz/ABÖ,* [24] *E. Webendorfer & A. Schuster/ABÖ,* [25] *G. Tebb, J. Laber, A. Pamrok, J. Tschida/ABÖ,* [26] *G. Tebb, J. Laber, A. Schuster, M. Rössler/ABÖ,* [27] *J. Lehner/ABÖ,* [28] *J. Steiner, C. Roland/ABÖ,* [29] *K. Hubatsch/ABÖ,* [30] *B. Wendelin/ABÖ,* [31] *F. Samwald/ABÖ,* [32] *S. Zinko/ABÖ,* [33] *Laber & Dvorak (2012),* [34] *L. Khil/ornitho.at,* [35] *Hadarics (1992),* [36] *L. Kárpáti /AMS,* [37] *A. Pellinger, S. Mogyorósi/AMS,* [38] *A. Pellinger/ AMS,* [39] *E. Fischer & H. Schrammel/ABÖ,* [40] *L. Döll/ABÖ,* [41] *A. Schuster/ABÖ,* [42] *A. Ranner & E. Karner/ABÖ,* [43] *S. Baumung/ABÖ,* [44] *E. Duda/ABÖ*

Michael Dvorak & Előd Győrig

Raubwürger *Lanius excubitor* Linnaeus, 1758

Nagy őrgébics – Great Grey Shrike

Haidlacke, Illmitz, 15.11.2009 (Michael Dvorak)

Mäßig häufiger Durchzügler und Wintergast von Mitte September bis Anfang April; in einzelnen Fällen bestand Brutverdacht

Verbreitung und Lebensraum

Durchziehende und überwinternde Raubwürger kommen im gesamten Gebiet vor. Verbreitungsschwerpunkte im Mittwinter sind das Ostufer des Sees mit den anschließenden Lacken- und Wiesengebieten, das zentrale Lackengebiet, die beweideten Salzwiesen am ungarischen Südostufer sowie der Hanság. Die Nachweispunkte zu den Zugzeiten zeigen eine etwas stärkere Streuung in die ackerdominierten Flächen des nördlichen Seewinkels und am Westufer (siehe auch Ranner et al.[1]). Die Vorkommen konzentrieren sich auf Grün- und Brachland mit einem entsprechenden Angebot an dichten Büschen sowie Warten in Form von Gehölzen oder anthropogenen Strukturen wie Freileitungen und Viehzäune. Als Jagdreviere werden offene Lackenränder ebenso genutzt wie die feuchten Verlandungszonen des Sees oder Viehkoppeln und Hutweiden, wo als Nahrungsbasis die Feldgrille *Gryllus campestris* eine wichtige Rolle spielen kann[2]. Regelmäßig jagen Raubwürger auch auf den Dämmen im Schilfgürtel des Sees, u. a. Blaumeisen[2], und in den Seebädern. Strukturarme Äcker werden viel seltener, Wald- und Ortsränder sowie Weingärten nur ausnahmsweise aufgesucht.

Bestand und Bestandsentwicklung

Mitte des 20. Jahrhunderts wurde der Raubwürger als regelmäßiger, aber sehr spärlicher Wintergast eingestuft[3, 4]. Für das seltene Vorkommen dürfte der Mangel an Warten und Gebüschen in der damals noch gehölzarmen Landschaft ausschlaggebend gewesen sein[5]. Aus den Wintern 1966/67–1979/80 liegen im Archiv von BirdLife Österreich für Bestandsschätzungen noch zu wenige Daten vor, die räumliche Verteilung entsprach aber schon weitgehend dem Verbreitungsbild nach 1980[1]. Die weitere Entwicklung im Seewinkel und im Hanság in der Periode 1980–2007 ist in Ranner et al.[1] auf Basis von Streudaten und Linientaxierungen zusammengefasst. Ausgewertet wurden nur Beobachtungen von 16. November bis 15. Februar, die im Wesentlichen den Mittwinterbestand außerhalb der Zugperioden repräsentieren. Insgesamt konnten 43 Winterreviere lokalisiert werden, von denen allerdings pro Winter maximal 40 % (16) besetzt waren. Dabei sind extreme Schwankungen erkennbar, mit einem Bestandstief vor 1987/88 und einem Hoch 1988/89 und 1989/90: Im Zeitraum 1980/81–1986/87 wurden pro Winter höchstens vier Reviere gemeldet, bei vier Zählungen im östlichen Hanság war die Art überhaupt nicht feststellbar. Offen bleibt, wieweit diese Werte auch auf die damals noch geringe Anzahl an Streudaten zurückzuführen sind. Von 1987/88 bis 1989/90 stieg die Anzahl der registrierten Winterreviere auf 16 an, davon neun im Hanság. Danach wurden bis 2003, stark schwankend, jährlich 3–11 Reviere gemeldet. Aus dem Mittwinter 2003/04 liegt erstmals keine Beobachtung vor und bis 2006/07 wurden wieder nur maximal vier besetzte Reviere gemeldet. Dabei war der fast vollständige Ausfall von Wintermeldungen aus dem Hanság ab 2000 am auffälligsten.

Eine Schätzung des Gesamtbestandes unter Berücksichtigung der kaum kontrollierten Gebiete ergab für die Jahre 1980–2007 25–45 Reviere[1]. In den Wintern 2007/08–2012/13 ermittelten mehrere Beobachter durch gezielte Kontrollen östlich des Sees jeweils 10–12 und 2008/09 16 Reviere, davon aber nur zwei im Hanság[6]. Zusätzlich waren auch am Westufer zumindest in Neusiedl am See, Breitenbrunn, Purbach und Donnerskirchen Reviere besetzt. Einen weiteren Aufschwung der Datenerhebung brachte schließlich die Einführung von ornitho.at im Jahr 2013. In den Wintern 2013/14–2017/18 stieg die Anzahl der Einträge von 41 auf 182 an, mit einem herausragenden Maximum im Winter 2015/16 von 237 Meldungen (nur Beobachtungen nach dem 15. November). Eine Auswertung für diesen Winter ergibt einen Mindestbestand von 35 Revieren, davon 11 im Hanság[2].

Basierend auf einer Kartierung im Jänner 2020, überwintern im österreichischen Hanság auf ca. 3.000 ha sogar bis zu 5 Raubwürger/10 km^2 (15 Reviere)[7]. Bei Berücksichtigung der kaum erfassten Teilgebiete am Westufer und im Nordostteil des Seewinkels kann in Jahren mit hohen Beständen derzeit von mind. 50 Wintergästen im österreichischen Teilgebiet ausgegangen werden. Die für den Raubwürger typischen, periodischen Schwankungen der Winterbestände sind von unterschiedlichen Bruterfolgen und Mortalitätsraten, aber auch von der Schneelage und vom Angebot an Feldmäusen *Microtus arvalis* im Überwinterungsgebiet abhängig[5, 8, 9].

Zumindest aus den letzten 100 Jahren sind für das Bearbeitungsgebiet keine gesicherten Brutnachweise bekannt[5, 10]. Bis Juli im Gebiet verweilende Raubwürger lassen jedoch gelegentlich Brutverdacht aufkommen. Am besten belegt ist ein Reviervogel im Hanság mit brutverdächtigem Verhalten im Bereich der Kommassantenwiesen von 26.4. bis 10.5.2009[11]. Auch am 9.6. und 22.7.2017 wurde im Hanság auf der Andauer Seite jeweils ein Raubwürger gemeldet[12]. Eine Brut konnte jedoch auf Grund intensiver Kontrollen ausgeschlossen werden[13]. Ein älterer Brutzeitfund eines adulten (?) Männchens am Neusiedler See stammt vom 3.5.1960[14]. Wie die unerwartete Neubesiedlung der March-Thaya-Auen ab den 1980er Jahren sowie drei erfolgreiche Bruten bei Újkér südlich des Sees und Lébény im östlichen Hanság ab 2000 zeigen[15–17], sind auch am Neusiedler See Brutansiedlungen zukünftig nicht auszuschließen.

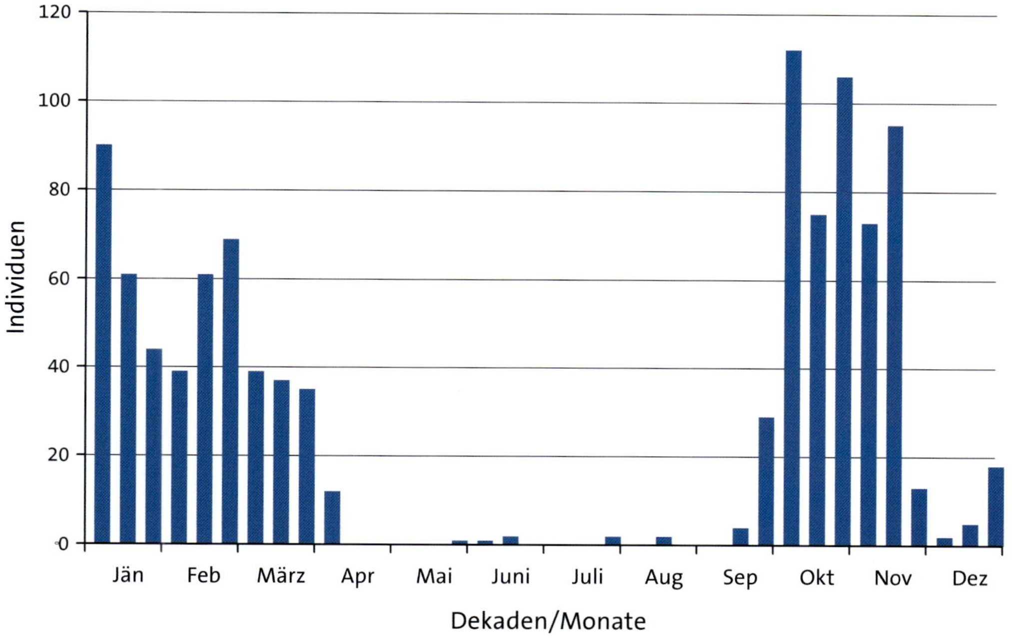

Jahreszeitliches Auftreten des Raubwürgers (Dekadensummen gemeldeter Individuen) basierend auf Daten aus Österreich aus den Jahren 2011–2018 (n = 1.350)[24].

Jahreszeitliches Auftreten

Die Ankunft der Zug- und Wintergäste beginnt Mitte September, die früheste Beobachtung stammt vom 10.9.2016[18]. Die Anzahl der Meldungen nimmt rasch zu und bereits Anfang Oktober ist das maximale Niveau erreicht, das dann bis Dezember anhält. Dabei ist nicht erkennbar, in welchem Ausmaß Durchzügler beteiligt sind. In den nördlich gelegenen March-Thaya-Auen zeichnet sich hingegen in der zweiten Oktoberhälfte ein deutlicher Zuggipfel ab[19]. Spätestens Mitte Dezember setzt eine Abnahme um mehr als 50 % ein, die bis Ende Jänner anhält und zeitlich mit einer signifikanten Zunahme in den ca. 90 km weiter südlich gelegenen Winterquartieren zusammenfällt. Sie könnte daher auf großräumige Verlagerungen zwischen den Überwinterungsgebieten zurückzuführen sein, wie sie für den Raubwürger vielfach beschrieben sind[1, 5, 9]. In der zweiten Februarhälfte tritt – wie in der Steiermark – ein schwach ausgeprägter Gipfel auf, der wahrscheinlich den Frühjahrsdurchzug wiedergibt[9]. In der letzten Märzdekade beginnt der Abzug, die spätesten Frühjahrsbeobachtungen fallen auf den 8.4.2013[20] und den 18.4.2009[21]. In den nachfolgenden Monaten werden bis zum Beginn des Herbstzuges vor allem aus dem Hanság immer wieder einzelne Raubwürger gemeldet, bei denen allerdings Verwechslungen mit diesjährigen Schwarzstirnwürgern nicht in allen Fällen auszuschließen sind (siehe auch Bestand). Zumindest die Augustbeobachtungen könnten sich auch auf Strichbewegungen (Dispersal) aus dem weiteren Umfeld beziehen (z. B. 28.8.2009[22]). Der kaum bekannte Gesang ist vor allem im Oktober und März zu hören. Fast alle Meldungen dieser streng territorialen Art beziehen sich auf Einzelvögel, gemeinsames Auftreten von 2–3 Individuen kommt vor allem bei aggressiven Interaktionen vor.

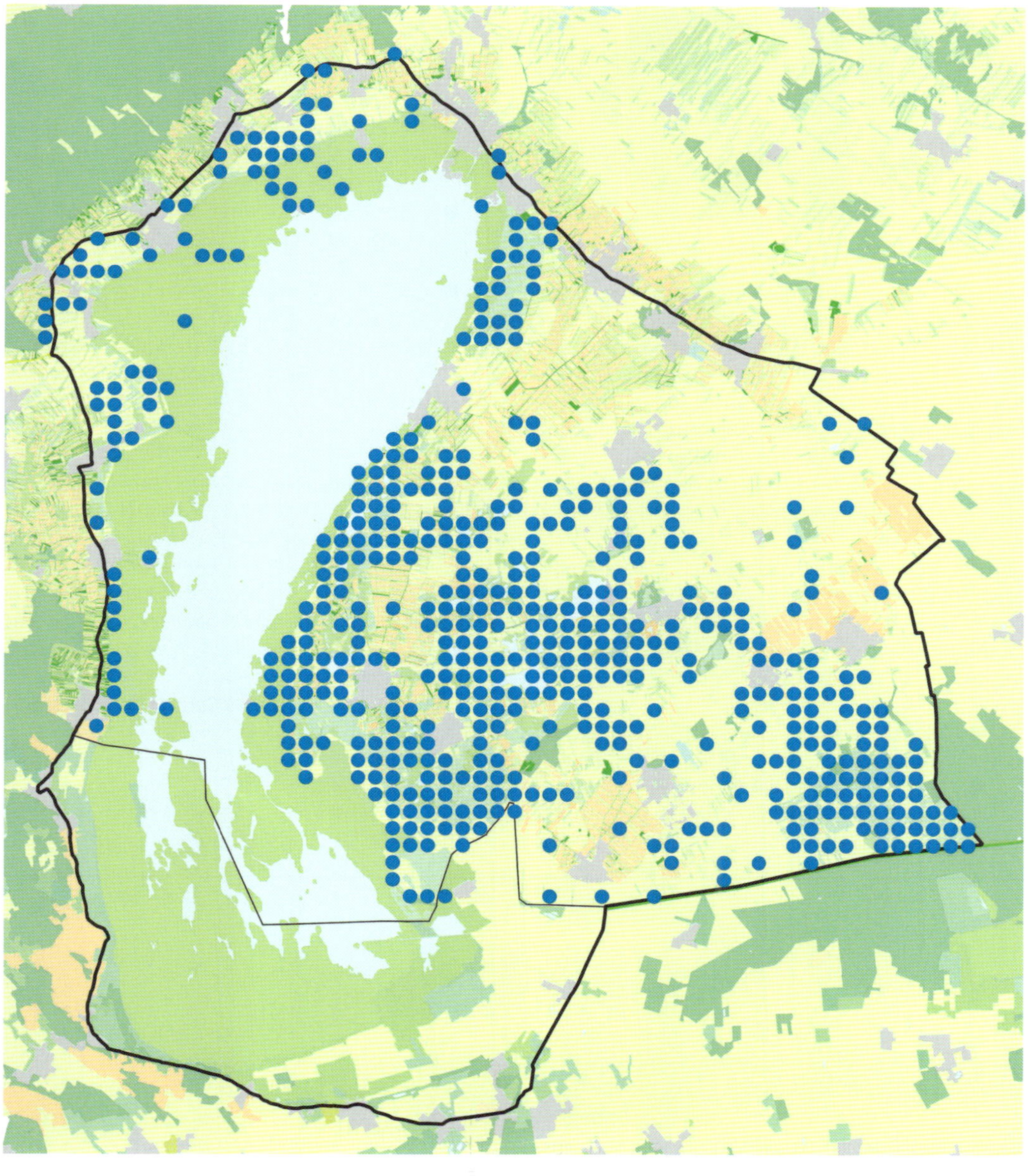

Verbreitung des Raubwürgers, basierend auf allen Beobachtungen aus den Jahren 2011–2021[24–26].

Zugverhalten und Ringfunde

Die Durchzügler und Wintergäste im Karpatenbecken ziehen aus dem Baltikum, Ostskandinavien, Polen, Russland und den Karpaten in südsüdwestlicher Richtung in ihre Überwinterungsgebiete[5, 23] (siehe auch Albegger et al.[9] für die in Zugrichtung gelegene Steiermark).

Quellen: [1] *Ranner et al. (2008),* [2] *A. Grüll, unpubl. Daten,* [3] *Zimmermann (1943),* [4] *Bauer et al. (1955),* [5] *Glutz von Blotzheim & Bauer (1993),* [6] *E. Albegger, A. Grüll, A. Ranner, W. Stani, S. Zinko/ABÖ,* [7] *H.-M. Berg, unpubl. Daten,* [8] *Sackl (2008),* [9] *Albegger et al. (2015),* [10] *Dvorak et al. (1993),* [11] *H.-M. Berg, M. Dvorak & B. Wendelin, unpubl. Daten,* [12] *H. Mühlöcker, T. Eriksröd/ornitho.at,* [13] *H.-M. Berg, unpubl. Daten,* [14] *T. Samwald in Bauernfeind & Berg (2008),* [15] *Probst (2008),* [16] *Hadarics (2008b),* [17] *T. Szommer, E. Győrig & Z. Jóna, unpubl. Daten,* [18] *J. Vratny /ornitho.at,* [19] *Zuna-Kratky et al. (2000),* [20] *A. Grüll/ABÖ,* [21] *M. Dvorak/ABÖ,* [22] *S. Mogyorósi, unpubl. Daten,* [23] *Török in Csörgő et al. (2009),* [24] *www.ornitho.at,* [25] *Archiv MME Sopron,* [26] *Archiv FHNP*

Alfred Grüll & Előd Győrig

Rotkopfwürger *Lanius senator* Linnaeus, 1758

Vörösfejű gébics – Woodchat Shrike

Tegeluferlacke, Apetlon, 13.8.2021, Weibchen, 2. KJ (Michael Dvorak)

Unregelmäßiger Durchzügler

Vorkommen

Der Rotkopfwürger ist im Neusiedler See-Gebiet nur ein ausgesprochen seltener Gast. Die bisherigen Nachweise fallen überwiegend in den Zeitraum des Frühjahrszugs zwischen letzter April- und erster Junidekade. Aus den Monaten August bis Oktober liegen hingegen nur zwei Meldungen vor. Zimmermann[1] wies auf das Fehlen von Nachweisen aus dem 19. und frühen 20. Jahrhundert hin, obwohl vor dem zweiten Weltkrieg ein kleines Brutvorkommen im Raum Sopron außerhalb des Bearbeitungsgebietes bestand[2]. Bereits 1896 erfolgte die erste Brutzeitbeobachtung in der Umgebung der Stadt (I. Fászl[3]). Neben weiteren Feststellungen in verschiedenen Jahren gelangen auch zwei Brutnachweise, und zwar im Jahr 1911 (ein Familienverband, L. Szabó[4]) und im Jahr 1934 (fünf Brutpaare, von denen mindestens eines erfolgreich war[3]). Wohl auch aufgrund dieses ehemaligen nahe gelegenen Vorkommens wurde aus der ersten Beobachtung im Bearbeitungsgebiet im Jahr 1952 Brutverdacht abgeleitet[5], was aber nicht weiter begründet war und sich auch nicht bestätigte.

Bis zum Jahr 2020 gelangen 13 Nachweise. Im Jahr 2021 wurden dann gleich fünf weitere erbracht, wobei sich ein Weibchen fast ein Monat lang südöstlich von Apetlon aufhielt. Die somit insgesamt 18 Nachweise im Detail:

- 26.5.1952 Rust, 1 Ind. (G. Mächler, M. Münch[5, 6])
- 13.5.1958 Straßenkreuzung zwischen Neusiedl am See und Jois, 1 Ind. (K. Bauer[7])
- 3.5.1970 St. Andrä, 1 ♂ (A. Billek, E. Billek[7])
- 22.4.1971 Güterweg Apetlon – Paulhof, 1 Ind. (J. C. Reid[7])
- 18.10.1973 Schandlesgrund, 2 Ind. (J. C. Reid[7])
- 6 – 8.6.1977 Darscho, 1 Ind. (G. Strack[8])
- 10.5.1984 Birnbaumlacke, 1 Ind. (M. Dvorak[7])
- 27.4.1985 Podersdorfer Pferdekoppel, 1 Ind. (G. Dick[7])
- 1.5.2003 Fertőszéplak, Széplaki-legelő 1 ad. ♂ (M. Váczi, A. Pellinger, S. Mogyorósi u. a.[9, 10])
- 23.5.2008 Oberer Stinkersee, 1 ♀ (J. Laber[11])
- 14. – 15.5.2010 Hanság südlich Tadten, 1 ♀ (U. Lindinger, W. Kautz, J. Frießer u. a.[12])
- 29.4.2015 Apetlon, 1 ♂ (G. Fiechter, G. Fiechter[13])
- 28.5.2018 Hanság südlich Tadten, 1 vj. ♂ (K. Köster, C. Grill, E. Lauber u. a.[14–16])
- 5.5.2021 Huldenlacke, 1 ♂ (N. Pühringer[14])
- 6.5. & 8.5.2021 Podersdorf, 1 vj. ♀ (N. Filek, R. Katzinger, J. Laber u. a.[15])
- 24. – 26.5.2021 Lange Luss Apetlon, 1 vj. ♂ (H. Bihlmaier, J. Hauenstein, J. Prost u. a.[14, 15])
- 30.5.2021 Untere Lüss Illmitz, 1 vj. ♂ (J. Prost[15])
- 8.8. – 1.9.2021 Tegeluferlacke Apetlon, 1 vj. ♀ (A. Petrus, J. Dobšovič, M. Dvorak u. a.[15, 16])

Quellen: [1] *Zimmermann (1943),* [2] *Mogyorósi (2019),* [3] *Tasch (1935),* [4] *Kir. M. O. K. (1912),* [5] *Bauer et al. (1955),* [6] *Münch (1952),* [7] *Archiv BirdLife Österreich,* [8] *G. Strack, unpubl. Daten,* [9] *MME Nomenclator Bizottság (2006b),* [10] *Hadarics (2006),* [11] *Ranner & Khil (2011),* [12] *Khil & Albegger (2014),* [13] *Albegger & Brader (2018),* [14] *www.ornitho.at,* [15] *www.birdlife-afk.at,* [16] *www.club300.at*

Andreas Ranner & Előd Győrig

Pirol *Oriolus oriolus* (Linnaeus, 1758)

Sárgarigó– Eurasian Golden Oriole

Illmitz, 5.8.2021, Männchen (Michael Dvorak)

Häufiger und verbreiteter Brutvogel und Durchzügler zwischen Ende April und Anfang September

Verbreitung und Lebensraum

Da der Gesang des Pirols auffällig und weithin bekannt ist, handelt es sich um eine gut dokumentierte Art. Durch seine Präferenz für klimabegünstigte, warme Lebensräume, bevorzugt in Gewässernähe[1], findet der auffällig gefärbte Vogel am Neusiedler See ideale Bedingungen vor und brütet überall dort, wo die Gehölzstruktur passend ist. Eine ausschlaggebende Rolle scheint dabei das Vorhandensein von höheren Bäumen zu spielen. Denn, auch wenn die Art in Österreich in der Regel lichte Wälder und kleinere Baumbestände besiedelt, ist sie im Neusiedler See-Gebiet auch in Windschutzstreifen und anderen Baumreihen anzutreffen[2]. Standorte mit hohen Pappeln werden anscheinend bevorzugt[2, 3], aber auch reine Robiniengehölze werden besiedelt[4] und es gibt sogar Nachweise aus reinen Föhrenbeständen[5]. Auch Bruten in großen Gärten mit hohen Bäumen an den Ortsrändern sind möglich[5]. Zimmermann[5] beschreibt den Pirol, neben der Turteltaube, als Charaktervogel von Obstgärten und obstbaumbestandenen Weingärten am Westufer des Neusiedler Sees. Dort, wo die Gehölzstrukturen passen, kann der Pirol in recht hohen Dichten brüten. Aus den Windschutzstreifen sind oft mehrere singende Männchen gleichzeitig zu vernehmen, denn die territorialen Vögel brüten gerne in Hörweite ihrer Nachbarn[3].

Bestand und Bestandsentwicklung

Der Pirol war, wie viele andere gehölzbewohnenden Arten, auf der Süd- und Westseite des Neusiedler Sees schon Ende des 19. und Anfang des 20. Jahrhunderts weit verbreitet[6, 7], wohingegen er in den damals gehölzarmen Steppengebieten des Ostufers zuerst als seltener Durchzügler[8] und später als spärlicher Brutvogel galt[9]. Doch mit dem Aufkommen der ersten größeren Baumbestände im Seewinkel dürfte die Art rasch auch diesen Gebietsteil großflächig besiedelt haben, denn Zimmermann[5] beschreibt ihn 1940–1942 bereits als häufigen Brutvogel. Dennoch scheint der Pirol auch in den letzten Jahrzehnten von der weiteren Ausbreitung und Alterung der Gehölzstrukturen zu profitieren.

Auf den Zitzmannsdorfer Wiesen konnte so etwa ein Anstieg von zwei Revieren im Jahr 1991 auf 4–5 Reviere im Jahr 2011 verzeichnet werden[2]. Der Bestand im Hanság wurde 2009 auf etwa 20–25 Brutpaare geschätzt[10]. Je nach Lebensraumausstattung können großflächig sehr unterschiedliche Revierdichten erreicht werden. Bei einer 1997–1998 im Kulturland von Seewinkel und Westufer durchgeführten Probeflächen-Erhebung wurden Dichten von 0,2–5 Revieren/km² ermittelt[11]. Dass die Dichten kleinflächig in geeigneten Lebensräumen wie Windschutzstreifen und Wäldchen jedoch deutlich höher liegen können, zeigen in den Jahren 2016–2018 durchgeführte Kartierungen in den Wäldchen des Seewinkels. Insgesamt wurden 19 Wäldchen mit jeweils einer Fläche von über 1 ha erfasst, wobei lediglich in einem einzigen keine Pirole festgestellt wurden. Auf dem insgesamt 186 ha großen Untersuchungsgebiet ergab sich eine durchschnittliche Dichte von 3,6 Revieren/10 ha, wobei das Maximum mit zwei Revieren und einer daraus resultierenden Dichte von 7,1 Revieren/10 ha im Bereich des Serbenfriedhofs, einer nur 2,8 ha großen Waldfläche bei Frauenkirchen, lag[12]. Die langfristige Bestandsentwicklung verlief in drei Untersuchungsflächen in den Jahren 1997/98 und 2020 recht unterschiedlich: Bei Pamhagen (3,75 km²) gab es einen Rückgang von 15 auf neun Reviere, bei Gols (4,5 km²) und Jois (6,2 km²) hingegen jeweils eine starke Zunahme von einem auf fünf bzw. von einem auf vier Reviere[11].

An der Südseite des Neusiedler Sees brütet der Pirol, wie auch anderswo in Ungarn[13, 14], in von Kanadapappeln und Robinien dominierten Windschutzstreifen, hier ist wahrscheinlich mit einem Bestand von 25–30 Paaren zu rechnen[15].

Jahreszeitliches Auftreten

Der Median der Erstbeobachtung fällt für die Jahre 2012–2020 auf den 19. April, das früheste Datum war der 13. April, die spätesten Ankünfte waren in den Jahren 2014 (26.4.) und 2017 (27.4.) zu verzeichnen[16]. Die drei frühesten Nachweise betrafen ein singendes Männchen am Seewinkelhof

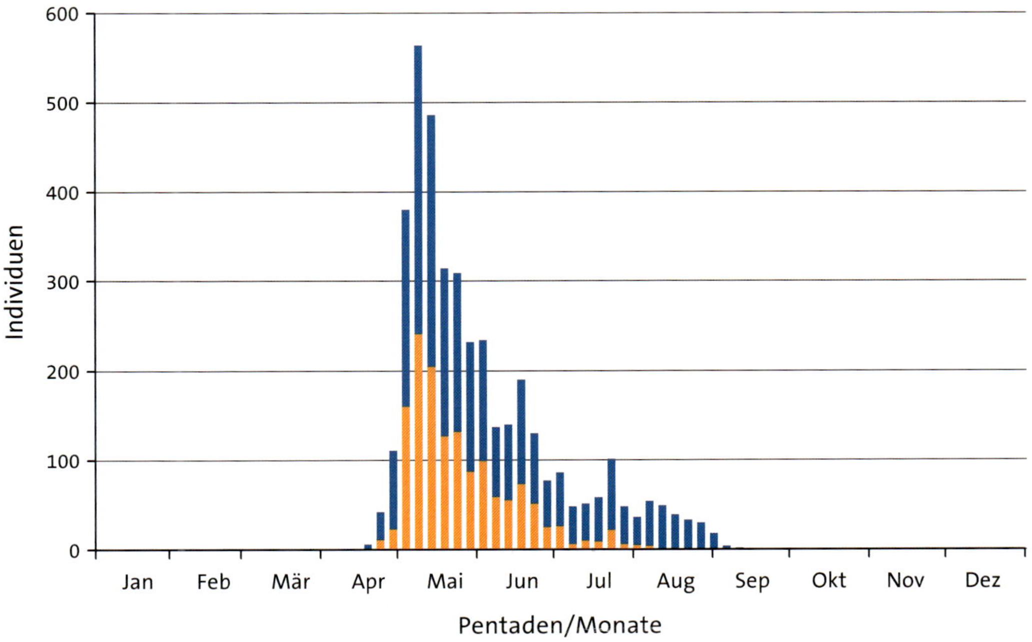

Jahreszeitliches Auftreten des Pirols (Pentadensummen gemeldeter Individuen) basierend auf Daten aus Österreich aus den Jahren 2011–2018 (n = 2.580)[16]. Orange Säulenabschnitte: Anteil singender Männchen.

südöstlich der Langen Lacke am 13.4.2019[17] und je ein Männchen am 15.4.2018 in Illmitz[18] und am 19.4.2019 in der Hölle[17]. Nach dem 20. April beginnt der eigentliche Heimzug und erreicht in der ersten Maipentade das Maximum. Da die Gesangsaktivität zwischen der Ankunft im Brutgebiet und der Paarbildung am höchsten ist[1], kann davon ausgegangen werden, dass ein Großteil der singenden Männchen als ansässige Brutvögel zu werten ist. Die Gesangsaktivität nimmt dann mit Fortschreiten der Brutpflege ab. Die ersten Meldungen von ausgeflogenen Jungvögeln gibt es Mitte Juni[19]. Zu diesem Zeitpunkt geht auch die Gesangsaktivität merkbar zurück, weshalb die Anzahl an Meldungen der nun eher unscheinbaren Vögel deutlich weniger wird[16]. Der Wegzug beginnt mit Ende Juli und verläuft sehr viel unbemerkter als der Heimzug, da weit weniger Lautäußerungen abgegeben werden und die Art trotz ihres leuchtend gelben Gefieders optisch nicht leicht wahrgenommen wird. Die Kurve flacht dann bis Anfang September ab, wobei die späteste Meldung vom 9.9.2002 stammt[19]. Eine Meldung vom einem am 1.2.2017 gemeldeten Pirol, der an mehreren Tagen hintereinander an einer Futterstelle in Weiden gesichtet wurde, ist die einzige dokumentierte Wintersichtung dieses obligatorischen Langstreckenziehers. Es besteht aber die Vermutung, dass es sich hierbei um einen Gefangenschaftsflüchtling handelte[20].

Quellen: *[1] Glutz von Blotzheim & Bauer (1993), [2] Dvorak et al. (2011), [3] Ranner (1991), [4] Dvorak et al. (1993), [5] Zimmermann (1943), [6] Fászl (1883), [7] Dombrowski (1889), [8] Jukovits (1864/65), [9] Schenk (1917a), [10] Dvorak et al. (2010), [11] BirdLife Österreich, unpubl. Daten, [12] M. Dvorak, unpubl. Daten, [13] Legány (1991), [14] Rékási (1992), [15] S. Mogyorósi, unpubl. Daten, [16] www.ornitho.at, [17] P. & E. Erlemann/ornitho.at, [18] N. Manikas/ornitho.at, [19] A. Kollenz/ABÖ, [20] A. Ranner/ornitho.at, [21] Archiv MME Sopron, [22] Archiv FHNP*

Flora Bittermann & Sándor Mogyorósi

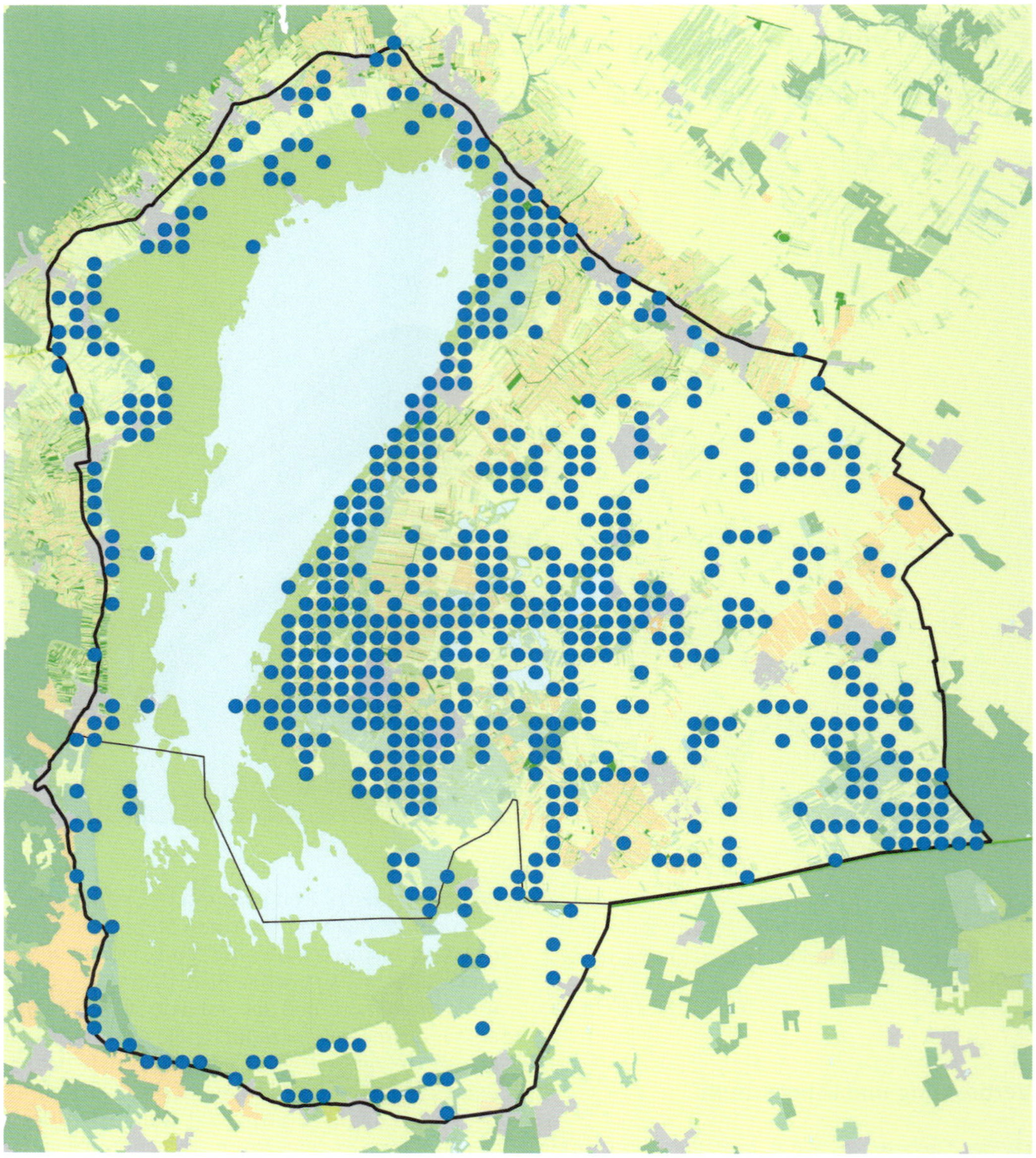

Brutzeitverbreitung des Pirols, basierend auf Beobachtungen in den Monaten Mai bis August aus den Jahren 2011–2021[16, 21, 22].

Eichelhäher *Garrulus glandarius* (Linnaeus, 1758)

Szajkó – Eurasian Jay

Sehr seltener Brutvogel und seltener Durchzügler von Ende März bis Anfang Mai sowie von Mitte September bis Mitte Oktober

Verbreitung und Lebensraum

Als Waldvogel nutzt der Eichelhäher im Seewinkel Baumbestände aller Art, daher tritt er auch überall dort auf, wo Wäldchen, kleinere Wälder und breitere Windschutzstreifen vorhanden sind. Besonders viele Nachweise kommen dabei aus dem Hanság sowie vom Ostufer des Neusiedler Sees zwischen Sandeck und Podersdorf.

Bestand und Bestandsentwicklung

Zimmermann[1] konnte im Oktober 1941 regelmäßig kleinere Zugtrupps am Ostufer feststellen, 1942 blieben solche hingegen völlig aus. Als Brutvogel kannte er den Eichelhäher nur aus den Wäldern außerhalb des Neusiedler See-Gebiets, von wo aus einzelne auch ins Gebiet verstrichen. In den Jahren 1951–1953 konnte die Art nicht im Seewinkel festgestellt werden[2]. An diesem unsteten Auftreten hat sich bis vor wenigen Jahren nur wenig geändert, obwohl es in den letzten Jahrzehnten ganz vereinzelte Brutzeitbeobachtungen und einen isolierten Brutnachweis gab: Am 15.5.1977 wurde im Neudegg eine Brut mit vier flüggen Jungvögeln festgestellt[3], am 2.6. desselben Jahres wurden dort zwei zusätzliche Eichelhäher ohne Altersangabe beobachtet[4]. Aus dem Seewinkel liegen aus den folgenden drei Jahrzehnten keine Hinweise auf weitere Brutvorkommen vor, am Westufer wurde der Eichelhäher hingegen im Jahr 2006 im Zuge einer systematischen Kartierung im Mai und Juni mehrfach im Auwald an der Wulka sowie in angrenzenden kleinen Wäldchen und in den Purbacher Bründln festgestellt[5]. Ein regelmäßiges, 3–5 Reviere zählendes Brutvorkommen, sowohl vor als auch nach 2006, ist in diesem Bereich wahrscheinlich, da diese Wälder ansonsten selten besucht werden.

Im Seewinkel ergab eine systematische Bestandsaufnahme der Wäldchen von 2016–2018 einzelne Brutreviere an zumindest vier Örtlichkeiten: im Illmitzer Wäldchen in den Jahren 2015–2017[6], im Wald südlich der Ferienanlage Vila Vita 2011[7] und 2017[8], im Wald am Nordrand von Wallern im Jahr 2016[8] sowie im Mitterried östlich von Wallern zwischen 2013 und 2019[8]. Einzelne Brutzeitbeobachtungen gelangen auch im Neudegg und südwestlich von Podersdorf[9]. Insgesamt ist davon auszugehen, dass im Seewinkel aktuell ein kleines, aus 5–8 Paaren bestehendes Brutvorkommen existiert. Im Hanság befindet sich seit 2010 ein Brutrevier im Figurenwäldchen[10]. Im ungarischen Teil des Neusiedler See-Gebiets ist der Eichelhäher ganzjährig zu beobachten. In den vergangenen zehn Jahren ist er im Frühjahr und besonders im Herbst auffällig häufiger anzutreffen. Früher traten nur gelegentlich einzelne Individuen auf, heutzutage kommt es vor, dass auch 2–5 Individuen auf einmal beobachtet werden, wenn auch nur äußerst selten[11]. Am Südufer kommt der Eichelhäher einerseits auf den heute verwaldeten früheren

Frauenkirchen, 29.9.2019 (Leander Khil)

Wiesen im Raum Balf und Fertőboz, andererseits in den vor allem in den 1950er Jahren angelegten Windschutzstreifen zwischen Hidegség und Lászlómajor vor[11]. Seine Brut ist an mehreren Stellen zu vermuten.

Jahreszeitliches Auftreten

Zwei deutliche Konzentrationen nachgewiesener Individuen im Phänologiediagramm deuten auf Zugbewegungen im Frühjahr von Ende März bis Anfang Mai sowie im Herbst von Ende September bis Anfang November hin. Dabei ist aber zu bedenken, dass das Auftreten der Art starken jährlichen Schwankungen unterliegt und ausgeprägte Zugbewegungen bisher nur aus vier Jahren gemeldet wurden, die jeweils zeitlich und örtlich sehr stark begrenzt waren: 1999 von 2.10. bis 7.10. mit maximal 40 Exemplaren beim Unteren Stinkersee[12], im Jahr 2004 zwischen 26.9. und 12.10. mit mindestens 70 Individuen in mehreren Trupps am 30.9. bei der Biologischen Station Illmitz[13] sowie ca. 30 Individuen in mehreren Trupps am 11.10. und 12.10. bei der Biologischen Station Illmitz und am Sandeck[13, 14]. Weitere 60 Eichelhäher in zwei Trupps am 11.10.2004 am Westufer bei Donnerskirchen[5] zeigen, dass diese Zugphänomene nicht auf das Ostufer beschränkt sind. Im Jahr 2011 zogen von 10.4. bis 17.4. etliche Trupps von 8–10 Individuen an mehreren Stellen des Seewinkels durch[13, 15] und 2014 wurden von 30.9. bis 8.10. am Ostufer von Illmitz bis Neusiedl am See und im Hanság etliche Zugtrupps von bis zu 48 Exemplaren registriert[16]. Einzelbeobachtungen größerer Zugtrupps aus weiteren Jahren waren ca. 50 Eichelhäher am 28.9.1979 auf den Zitzmannsdorfer Wiesen[17], 28 Individuen am 1.11.1981 bei der Biologischen Station Illmitz[18], 21 am 21.4.2000 in der Hölle[19] sowie 20 nach Norden fliegende am 3.5.2005 beim Illmitzer Gemeindewald[14]. Ab 2014 bleiben solche Einflüge gänzlich aus, das dennoch vergleichsweise hohe Niveau an jährlichen Meldungen geht überwiegend auf Vögel zurück, die in den Monaten Mai bis August wiederholt im Bereich möglicher Brutplätze gemeldet wurden.

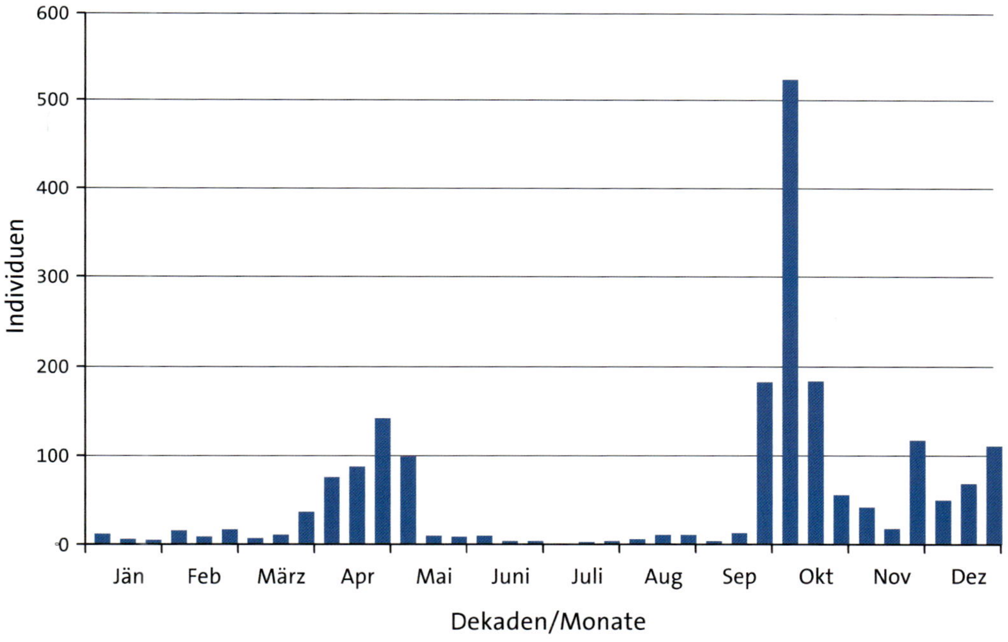

Jahreszeitliches Auftreten des Eichelhähers (Dekadensummen gemeldeter Individuen) basierend auf Daten aus Österreich aus den Jahren 1966–2018 (n = 1.969)[22, 23].

Zugverhalten und Ringfunde

In Mitteleuropa ist der Eichelhäher Teilzieher, einzelne Individuen nehmen in jährlich stark schwankender Zahl am Zug teil[20]. Von drei an der Biologischen Station Illmitz markierten Vögeln liegen Ringfunde vor[21]: Einen, am 1.10.1977 gefangenen Eichelhäher führte sein Weg 265 km nach Südwesten nach Slowenien, wo er am 28.1.1978 erschossen wurde. In dieselbe Richtung, aber mit 327 km noch etwas weiter, verschlug es einen Vogel, der am 29.8.1983 markiert wurde und am 6.11.1983 bei Udine/Italien geschossen wurde. Nur bis knapp außerhalb des Neusiedler See-Gebiets schaffte es ein dritter Vogel, der am 19.10.2017 markiert wurde und dessen Ring am 10.3.2018 nördlich von Sopron gefunden wurde.

Quellen: [1] *Zimmermann (1943),* [2] *Bauer et al. (1955),* [3] *R. Triebl/ABÖ,* [4] *G. Schumann/ABÖ,* [5] *T. Zuna-Kratky/ABÖ,* [6] *B. Kofler, A. Grüll u. a./ornitho.at,* [7] *R. & D. Yates/ABÖ,* [8] *M. Dvorak, unpubl. Daten,* [9] *M. Dvorak/ornitho.at,* [10] *H.-M. Berg & M. Dvorak, unpubl. Daten,* [11] *Archiv MME Sopron,* [12] *J. Haider/ABÖ,* [13] *A. Grüll/ABÖ,* [14] *G. Räuschl/ABÖ,* [15] *C. Neger, M. Haider/ornitho.at,* [16] *I. Horvath, A. Grüll, C. Lasserus/ornitho.at,* [17] *F. Fuhrmann/ABÖ,* [18] *K.-H. Pöllet/ABÖ,* [19] *G. Tebb/ABÖ,* [20] *Glutz von Blotzheim & Bauer (1982),* [21] *Österreichische Vogelwarte, unpubl. Ringfunde,* [22] *Archiv BirdLife Österreich,* [23] *www.ornitho.at*

Michael Dvorak & Attila Pellinger

Elster *Pica pica* (Linnaeus, 1758)

Szarka – Eurasian Magpie

Frauenkirchen, 22.1.2019 (Leander Khil)

Verbreiteter, mäßig häufiger, in geringer Dichte siedelnder Brutvogel, ganzjährig im Gebiet

Verbreitung und Lebensraum

Die Elster ist im gesamten Gebiet locker verbreitet und vor allem in den mit Gehölzen bestockten Bereichen anzutreffen, in geringerer Dichte werden jedoch auch andere geeignete Biotope besiedelt[1, 2]. Die Art errichtet ihr kugelförmiges Nest (den Elsternkobel) auf Bäumen und Büschen, vor allem in Gehölzgruppen. Diese befinden sich oft entlang von Straßen, Dämmen und Kanälen sowie in kleinen Wäldern[2–6]. In Obstgärten mit älteren Bäumen und selbst in niedrigen Hecken und Gehölzen findet die Elster ebenfalls geeignete Nistplätze[2, 6, 7]. So konnte 1992 zum Beispiel ein Kobel in einem Rosenstrauch nur zwei Meter über dem Boden dokumentiert werden[7]. Ölweiden (*Elaeagnus angustifolia*), Robinien (*Robinia pseudoacacia*) sowie Pappeln (*Populus* sp.) und Weiden (*Salix* sp.) werden besonders gerne als Nestbaum gewählt[4, 5, 8–10]. In den Wäldchen des Seewinkels ist die Elster nur sehr schütter verbreitet, so konnte sie in den Jahren 2016–2018 bei einer Untersuchung von 19 Baumbeständen und kleinen Wäldchen nur in vier mit jeweils einem Brutpaar festgestellt werden[11]. In der intensiv genutzten Weinbaulandschaft des Gebiets ist das Vorkommen der Art an das Vorhandensein von kleinen Baumbeständen gebunden[4]. Der Schilfgürtel wird von der Elster auch nicht gemieden und dort besiedelt, wo Bäume und Gebüsche entlang von Kanälen und Dämmen in das Schilf vordringen[2, 5]. In den Siedlungen ist die Elster jedoch kaum zu finden: Bei einer Erhebung der Vogelwelt in 11 Dörfern des Neusiedler See-Gebiets konnte die Elster lediglich an zwei von 120 Erhebungspunkten in Frauenkirchen festgestellt werden[12]. Elstern und andere Rabenvögel sind Nistplatzlieferanten für eine Reihe weiterer Vogelarten und nehmen damit einen wichtigen Platz im ökologischen Gefüge ein. Turmfalken und Waldohreulen sind vielfach brütend in alten Elsternkobeln nachgewiesen worden[8], auch der Rotfußfalke ist als Nachmieter bekannt. Gerade der Rotfußfalke zeigt, wie wichtig das Vorkommen von Elstern und anderen Rabenvögeln als Nistplatzlieferanten ist. So wird das Erlöschen des Brutvorkommens des Rotfußfalken im österreichischen Teilgebiet am Beginn der 1980er Jahre in Zusammenhang mit Nistplatzmangel gestellt[8, 13]. In Ungarn beginnt die Elster, sich in den Dörfern um den See anzusiedeln, wie z. B. erstmals in Hegykő im Jahr 2011[14].

Bestand und Bestandsentwicklung

Als Brutvogel, der nicht selten, aber in geringer Häufigkeit im gesamten Gebiet östlich des Neusiedler Sees vorkommt, wurde die Elster bereits 1943 eingestuft. Zu dieser Zeit konnten im Illmitzer Wäldchen drei Elstern-Paare gefunden werden[2]. In den 1940er Jahren ist der Bestand zurückgegangen, als Ursache dafür wurde die Ausbringung von Gifteiern gesehen. Zu Beginn der 1950er Jahre haben nur bei Neusiedl am See zwei Paare gebrütet, was als Tiefstand für diesen Bereich bezeichnet wurde. Der Bestand dürfte sich danach nur eher schleppend erholt haben. Im Gemeindegebiet von Neusiedl am See sind auch im Jahr 1955 nur 1–2 Paare festgestellt worden[15]. In den 1980er Jahren wurde noch immer berichtet, dass die Elster unter der Ausbringung von Gifteiern und Abschüssen zu leiden hat. Sie wurde auch zu dieser Zeit nur als mäßig häufig eingestuft[16]. Eine erste quantitative Erfassung fand 1984 statt, dabei konnten im Gebiet zwischen Apetlon, Pamhagen und Wallern fünf Brutpaare festgestellt werden[13]. Entlang des Seedammes in den Zitzmannsdorfer Wiesen waren im Jahr 1991 mindestens drei Brutpaare anwesend[3].

Aktuell erreicht die Elster großflächig zwar nach wie vor nur eine geringe Siedlungsdichte, doch dürfte der Bestand innerhalb der letzten zwei Jahrzehnte gebietsweise zugenommen haben: Auf drei größeren Probeflächen wurden 1997 und 1998 nur zweimal zwei Reviere festgestellt, auf einer Fläche fehlte die Art völlig. Ein anderes Bild bot sich 2020 bei der Wiederholung dieser Untersuchung. Bei Jois am Westufer wurden im Jahr 2020 vier Reviere (0,6 Reviere/km²) festgestellt, während es 1997 nur zwei waren. Bei Gols konnten im Jahr 2020 sogar fünf Reviere (1,1 Reviere/km²) festgestellt werden, während hier im Jahr 1998 kein Brutvorkommen registriert wurde. Lediglich bei Pamhagen waren die Verhältnisse umgekehrt, hier fanden

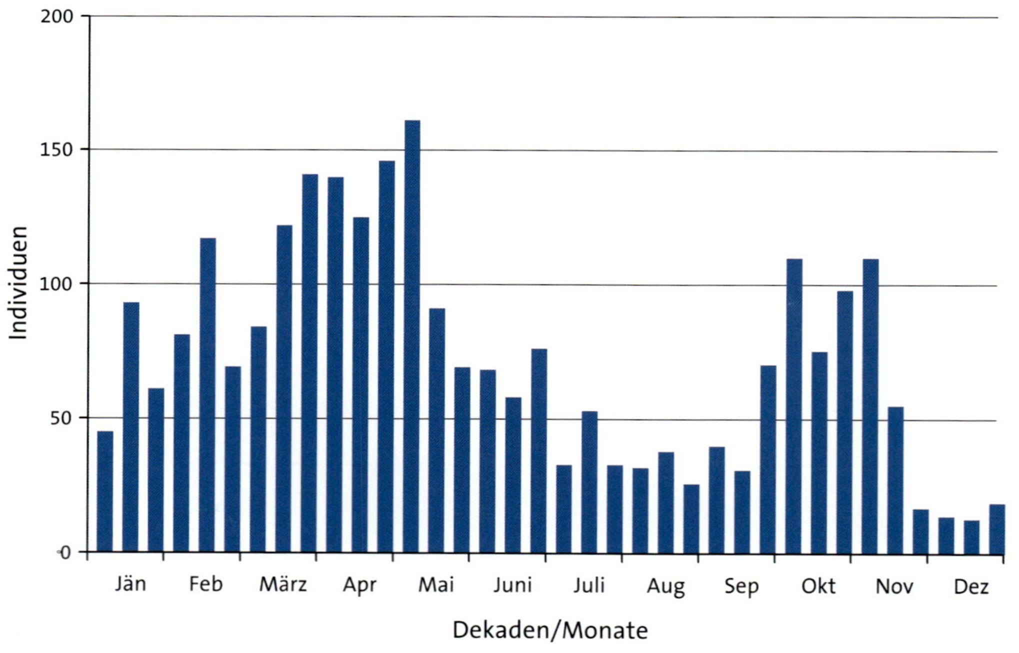

Jahreszeitliches Auftreten der Elster (Dekadensummen gemeldeter Individuen) basierend auf Daten aus Österreich aus den Jahren 2011–2018 (n = 2.898)[21].

sich 1998 auf 3,75 km² zwei Reviere, 2020 konnte die Elster hier nicht als Brutvogel festgestellt werden[17]. Auf der ungarischen Seite des Neusiedler Sees ist die Elster ein regelmäßiger Brutvogel und vor allem am Südostufer verbreitet. Dort baut sie ihre Nester ebenfalls gerne auf die Ölweide und auf Weiden wie z. B. im Erholungsdorf von Fertőrákos[14].

Jahreszeitliches Auftreten

Die Elster ist ganzjährig im Gebiet anwesend. Ab der letzten Märzdekade bis in den Mai hinein ist die Anzahl an Beobachtungen sehr hoch. Dies lässt sich einerseits dadurch erklären, dass die Elstern mit Legebeginn, der in dieses Zeitfenster fällt, das Revier am intensivsten verteidigen und damit auffälliger sind[18]. Andererseits steigt zu dieser Zeit die Besucherzahl im Seewinkel an und damit auch die Anzahl an Beobachtungsmeldungen. In den Wintermonaten sammeln sich Elstern oft auf Gemeinschaftsschlafplätzen. Ende Oktober 1961 konnten bei Neusiedl am See ein Schlafplatz mit 25 und ein weiterer mit über 30 Elstern festgestellt werden[19]. Im Jahr 2017 konnte, ebenfalls bei Neusiedl am See, die größte dokumentierte Schlafgemeinschaft mit etwa 40 Vögeln festgestellt werden[20]. Auf der ungarischen Seite des Neusiedler Sees bestand die größte Gruppe aus 18 Vögeln bei Fertőrákos in 2004[22].

Quellen: [1] *Bauer et al. (1995),* [2] *Zimmermann (1943),* [3] *Dvorak & Nemeth (1992),* [4] *Dvorak et al. (1992),* [5] *Seitz (1943),* [6] *Koenig (1952),* [7] *A. Grüll/ABÖ,* [8] *Dvorak et al. (2013),* [9] *Steinfatt (1936),* [10] *Festetics (1970),* [11] *M. Dvorak, unpubl. Daten,* [12] *Dvorak et al. (2014).* [13] *Dvorak (1986),* [14] *S. Mogyorósi, unpubl. Daten,* [15] *Corti (1956),* [16] *Löffler (1982),* [17] *BirdLife Österreich, unpubl. Daten,* [18] *Bauer et al. (2012),* [19] *Vauk (1962),* [20] *B. Wendelin/ornitho.at,* [21] *www.ornitho.at,* [22] *Archiv MME Sopron,* [22] *Archiv FHNP*

Daniel Leopoldsberger & Sándor Mogyorósi

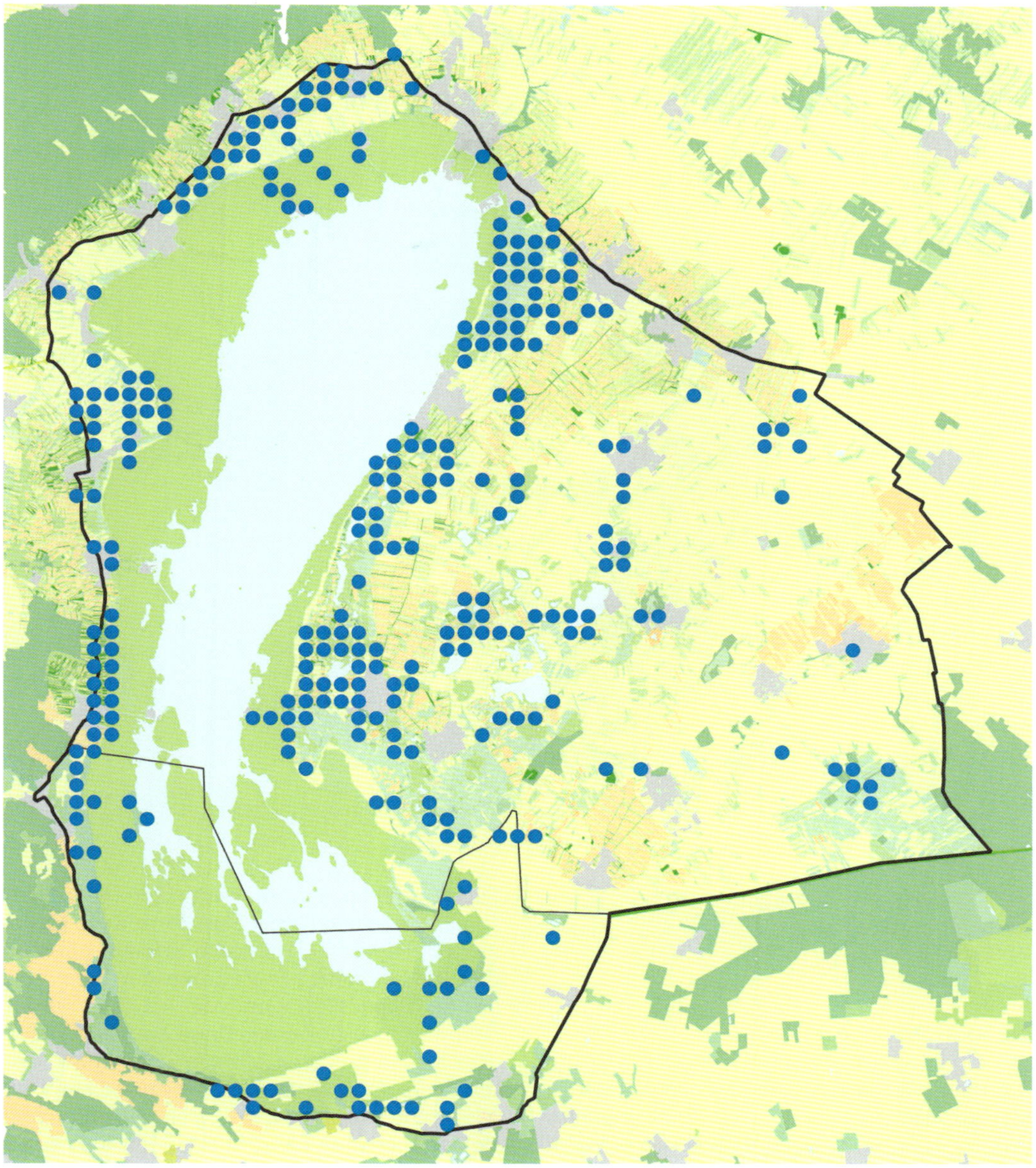

Brutzeitverbreitung der Elster, basierend auf Beobachtungen in den Monaten April bis Juli aus den Jahren 2011–2021[21–23].

Tannenhäher *Nucifraga caryocatactes* (Linnaeus, 1758)

Fenyőszajkó – Spotted Nutcracker

Seebad Illmitz, 12.9.2012 (Otto Samwald)

Ausnahmeerscheinung

Vorkommen

Die sibirische Unterart des Tannenhähers *N. c. macrorhynchos* C. L. Brehm, 1823, erreichte in früheren Zeiten im Zuge von überregionalen Einflügen gelegentlich das Neusiedler See-Gebiet, zumindest in den Jahren 1885 (Fertőd) und 1887 (Fertőd, Pamhagen)[1]. Danach erfolgte offenbar für rund 100 Jahre keine Feststellung mehr. Erst seit dem Jahr 1988 wurde die Art dann wieder neunmal nachgewiesen. Diese Beobachtungen verteilten sich auf den Zeitraum von Anfang September bis Ende November. Zwei davon betrafen wiederum Vögel mit Merkmalen der sibirischen Unterart, eine wurde der in Europa brütenden Nominatform *N. c. caryocatactes* (Linneaus, 1758) zugeschrieben, bei den restlichen unterblieb die im Freiland sehr schwierige Bestimmung der Unterart. Die rezenten Nachweise im Detail:

- 23.11.1988 Tadten, 1 Ind. mit Merkmalen der Unterart *N. c. macrorhynchos* im Ortsgebiet (R. Triebl[2])
- 29.10.1991 Biologische Station Illmitz, 1 Ind. (A. Grüll, F. Balat[2])
- 18.10.1998 Podersdorfer Pferdekoppel, 1 Ind. mit Merkmalen der Unterart *N. c. macrorhynchos* (E. Karner-Ranner, A. Ranner[3])
- 2.9.1999 Mekszikópuszta, 1 Ind. mit Merkmalen der Unterart *N. c. caryocatactes* (M. Hoffmann u. a.[4])
- 17.9.2007 Biologische Station Illmitz, 1 Ind. (A. Grüll[2])
- 10.11.2008 Frauenkirchen, 2 Ind. für mehrere Tage im Ortsgebiet (W. Kast[2])
- 12.9.2012 Seebad Illmitz, 1 Ind. (O. Samwald[5])
- 25.10.2015 Sandeck, 1 Ind. (B. Melcher[5])
- 19.11.2016 Wäldchen beim Albersee, 1 Ind. (H. Frind[5])

Quellen: *[1] Schenk (1917b), [2] Archiv BirdLife Österreich, [3] Pühringer & Ranner (2000), [4] Bankovics et al. (2002), [5] www.ornitho.at*

Andreas Ranner & Tibor Hadarics

Alpendohle *Pyrrhocorax graculus* (Linnaeus, 1766)

Havasi csóka – Alpine Chough

Ausnahmeerscheinung

Vorkommen

Ein Nachweis dieser hochalpinen Art:

- 26.11.1886 Purbach, 1 dj. ♂ erlegt (J. Visnyák[1]; dieser Nachweis liegt zweifellos auch der knappen Erwähnung bei Schenk[2] zugrunde. Bei Koenig[3] wurde er dann letztlich durch fehlerhaftes Tradieren zu einer angeblichen Sichtung 1917 bei Purbach).

Quellen: *[1] Aumüller (1967), [2] Schenk (1917b), [3] Koenig (1961a)*

Andreas Ranner

Dohle *Coloeus monedula* Linnaeus, 1766

Csóka – Western Jackdaw

Mäßig häufiger, sehr lokaler Brutvogel im österreichischen Teil, häufiger Durchzügler und Wintergast

Verbreitung und Lebensraum

Die Dohle ist ein weit verbreiteter Tiefland- und Mittelgebirgsbewohner der West- und Zentralpaläarktis[1]. Als Brutvogel und Nahrungsgast, auch aus umliegenden Kolonien, findet man die Dohle um den gesamten Neusiedler See, allerdings nur ausnahmsweise im Hanság. Es gibt Nachweise aus beinahe jeder Ortschaft, wobei die Hauptkonzentration der Meldungen (mittlerweile) im Seewinkel liegt. Brutstandorte des Kulturfolgers befinden sich hauptsächlich an Gebäuden, wo Kirchtürme und Schornsteine von den großteils höhlenbrütenden Rabenvögeln bevorzugt werden. Vor allem alte Häuser mit Kaminen eignen sich durch viele Spalten und Öffnungen hervorragend als Neststandort. Renovierungen oder Sanierungen versiegeln oft

Ungerberg, Weiden am See, 13.5.2013 (Leander Khil)

diese wertvollen Brutmöglichkeiten und haben schon in der Vergangenheit öfter zur Auflösung von Koloniestandorten geführt. Dohlen nehmen gerne Nistkästen, wie z.B. am Apetloner Hof und im Sandeck an, es gibt allerdings auch Nachweise von Baumhöhlenbruten in den Jahr 2018 aus Rust [2] und 2016 aus Illmitz [3]. Zur Nahrungssuche ist die Dohle auf offene Wiesenflächen, Äcker oder Brachflächen angewiesen [1] und dringt auch weit ins Seevorgelände ein. Im Winterhalbjahr sieht man Dohlen vermehrt mit Saatkrähentrupps nahrungssuchend durch das Gebiet streifen.

Bestand und Bestandsentwicklung

Vom Westufer des Neusiedler Sees gibt es bereits aus dem 19. Jahrhundert Hinweise auf ein Auftreten der Dohle, wenn auch nicht unbedingt als Brutvogel [4]. Insbesondere finden größere Trupps im Raum Donnerskirchen, wo nahe Brutvorkommen im Leithagebirge oder im Tiergarten Schützen vermutet wurden, Erwähnung [4]. Dass nahe Kolonien für den Einflug größerer Trupps in andere Ortschaften der Westseite verantwortlich sind, erkannten auch bereits Bauer et al. [5]. Im Verzeichnis der am Neusiedler See vorkommenden Vögel von Jukovits [6] fehlte die Dohle allerdings gänzlich. Münch [7] bezeichnete die Dohle dann 1952 aber bereits als *„gewöhnliche Art"* des Neusiedler Sees, ein Brutvorkommen wurde aber abseits des Steinbruchs von St. Margarethen ausgeschlossen [5]. Im Osten des Neusiedler Sees fehlen ebenfalls historisch dokumentierte Brutvorkommen, es wurden lediglich umherstreifende Trupps außerhalb der Brutzeit festgehalten [5, 8, 9].

Im Bericht von Peter [10] wird festgehalten, dass es zwischen 1965 und 1980 zu einem starken Einbruch der Brutzahlen gekommen sein könnte, gefolgt von einer stabilen Situation bis 1995. Bis zu den systematischen Zählungen in den Jahren 2004 und 2013 konnte dann eine Zunahme der Dohle verzeichnet werden [10]. Ob sich dieser Trend im gesamten Nordburgenland fortsetzt, ist aufgrund fehlender Vergleichserhebungen in den darauffolgenden Jahren schwer zu sagen. Für das Avifauna-Gebiet ergibt sich jedoch durch spätestens im Jahr 2013 neu entstandene Brutvorkommen im Seewinkel ein eindeutig positiver Trend. Dieser positive Trend spiegelt tatsächliche Ausbreitungstendenzen wider, auch wenn zeitgleich dank der neuen Meldeplattform ornitho.at, die Zahl der Beobachtungen merklich anstieg.

Die aktuellste systematische Erhebung der gesamten Dohlen-Population im Nordburgenland fand im Jahr 2013 statt und ergab einen Bestand von ca. 20 Brutpaaren für das Avifauna-Gebiet [10]. Anhand der verfügbaren Daten mit Stand 2019 kann von einer Zunahme auf zumindest 40 Brutpaare ausgegangen werden, mit steigender Tendenz. Aktuelle Brutnachweise aus den Jahren 2018 und 2019 von lockeren Kolonien oder Einzelpaaren existieren innerhalb des Bearbeitungsgebiets aus den meisten Gemeinden. Vorsichtige Schätzungen ergeben für das Jahr 2019 in der Gemeinde Rust 5–6 Brutpaare, in Oggau 3–4, in Purbach mehr als drei Paare, in Breitenbrunn mehr als 10, in Jois mehr als ein Brutpaar, in Illmitz mehr als fünf Paare und in Apetlon 5–10 Brutpaare. Im Jahr 2018 bestand außerdem Brutverdacht für ein Paar an einem Kamin in Wallern [11] und 2019 durch mindestens ein zusätzliches Paar in Apetlon [12]. Jeweils ein nicht dezidiert brutverdächtiges Paar wurde am 7.4.2017 in Tadten [13] und am 18.5.2013 im Gebiet der St. Martins Therme [14] gesehen. Vom Apetloner Graurinderstall ist ein Einzelbrutnachweis aus dem Jahr 2001 belegt [15], allerdings zeigen mittlerweile regelmäßig durchgeführte Nistkasten-Kontrollen jährliche Bruten im Graurinderstall. Im Ortszentrum von Frauenkirchen brütete 2021 ein Paar in einem Kamin [16].Die Saatkrähen-Kolonien im Sandeck und neben dem Graurinderstall beheimaten inzwischen ebenfalls mehrere Brutpaare. Im Jahr 2005 könnte es zu einer Brut in einer Baumhöhle im Tierpark Pamhagen gekommen sein [17]. In der Ortschaft Donnerskirchen scheiterte ein Ansiedlungsversuch im Jahr 2013 [10]. Aus Mörbisch gibt es nur eine Brutzeitbeobachtung aus dem Jahr 1982, jedoch fehlen dazu weitere Daten [18]. Bisher unentdeckte oder nicht gemeldete Nistplätze sind mehr als wahrscheinlich, weshalb die tatsächliche Anzahl der Brutpaare höher liegen dürfte.

Bekannte Kolonien wie am Ungerberg bei Weiden, in der Sandgrube bei Oslip und im Steinbruch St. Margarethen – einer der vormals wichtigsten Koloniestandorte der Dohle im Nordburgenland, jetzt allerdings vermutlich erloschen [19, 20] – liegen nur knapp außerhalb des Avifauna-Gebiets, daher sind dort brütende Vögel regelmäßig im Nahbereich des Neusiedler Sees anzutreffen. Die historische Kolonie im Halbturner Schlosspark, knapp außerhalb des Gebiets, erlosch eigentlich im Jahr 1994 [18], scheint 2019 aber wieder besetzt worden zu sein [21]. Nach der Aufgabe der Kolonie an der Seemühle nördlich von Oggau um 1994 [10, 19] scheinen sich auch dort wieder Dohlen zur Brutzeit blicken zu lassen [10]. Die Kolonie in der Rosaliakapelle Oggau weist jedoch nach einer Renovierung im Jahr 1996 bis heute keine Brutpaare mehr auf [10]. Die aktuell größte Kolonie des Bearbeitungsgebiets stellt mit zumindest 10 Brutpaaren das 2013 entstandene Vorkommen am Apetloner Hof dar. Dort wurden vom Nationalpark Neusiedler See–Seewinkel im Jahr 2016 mehrere Nistkästen angebracht, die wie auch die Schornsteine im Verwaltungsgebäude, jährlich genutzt werden. Generell scheint

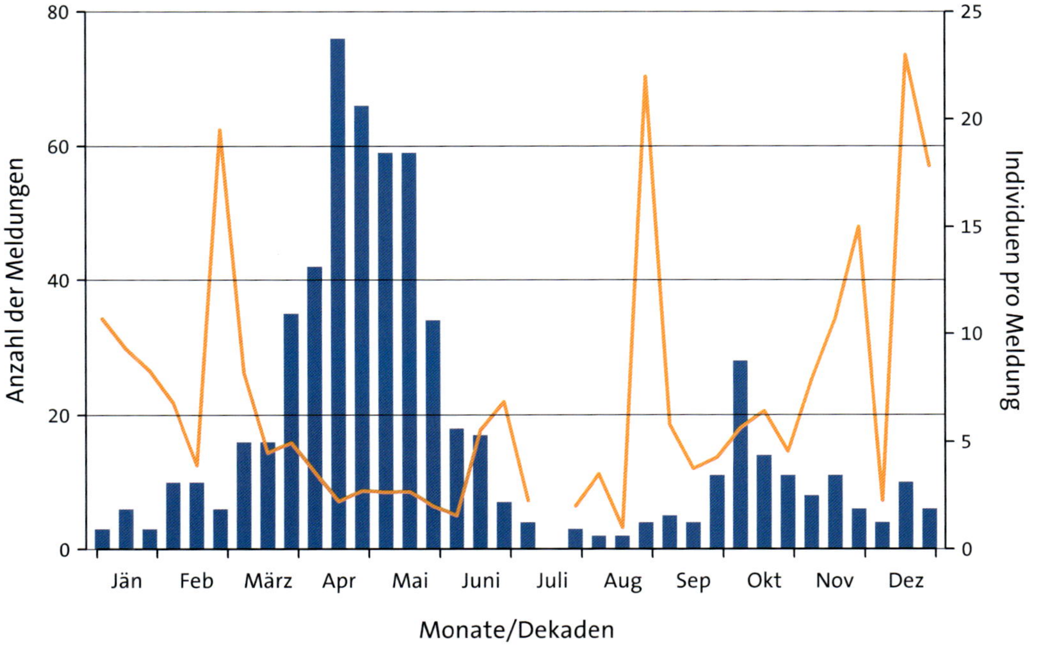

Jahreszeitliches Auftreten der Dohle (Dekadensummen der Meldungen, blaue Säulen) und mittlere Anzahl der Individuen pro Meldung (orange Linie) basierend auf Daten aus den Jahren 2011–2018 [27].

das Nistplatzangebot der limitierende Faktor für eine noch weitere Ausbreitung der Art im Neusiedler See-Gebiet zu sein.

Im ungarischen Teil des Avifauna-Gebietes ist die Dohle zwar derzeit nicht als Brutvogel bekannt, brütet aber vielerorts in unmittelbarer Umgebung, vor allem in Baudenkmälern und angrenzenden Parks. Mit sporadischen Ansiedelungen an potenziellen Standorten im ungarischen Avifauna-Gebiet, beispielsweise in der Umgebung von Sarród, Nyárliget und Mekszikópuszta sowie in Hegykő und Fertőrákos, ist zu rechnen [22]. Die nächstgelegenen Vorkommen finden sich im Schloss Esterházy und im damals von Joseph Haydn bewohnten Musikhaus (heute Bürgermeisteramt) in Fertőd. Weiter entfernte, bedeutende Brutgebiete sind in Sopron, Nagycenk, Pinynye und Kapuvár bekannt [22].

Jahreszeitliches Auftreten

Dohlen sind hauptsächlich Standvögel [1] und das ganze Jahr hindurch im Neusiedler See-Gebiet zu beobachten. Die Beobachtungsspitzen ergeben sich zur Hauptbrutzeit im April sowie in den frühen Wintermonaten. Die relativ wenigen Beobachtungen im Hochsommer (Juli, August) könnten auf ein geringeres Beobachteraufkommen im Gebiet zurückzuführen sein. Die Mehrzahl aller Meldungen umfasst Einzelindividuen oder Paare, größere Trupps werden nach der Brutzeit ab Juni, aber vor allem im Winter beobachtet. Bemerkenswert in diesem Zusammenhang, ist die Beobachtung von einem Schwarm am 15.10.1939 in Donnerskirchen, der ca. 1.000 Individuen umfasste [5]. Seither gelten als größte vermerkte Trupps 250 [23] und 200 Individuen [24] im Juni und Juli 1985 nahe Rust. Es handelte sich dabei um einen größeren Schlafplatz. Jeweils 100 Individuen konnten am 31.7.1982 [25] und am 11.12.2014 [26] am Illmitzer Zicksee festgestellt werden. Seit dem Jahr 2008 sind auch in Ungarn regelmäßig gemischte Dohlen-Trupps zusammen mit Saatkrähen auf Salzwiesen entlang des Seeufers zu allen Jahreszeiten zu beobachten [22]. Nicht auszuschließen ist auch ein winterlicher Einflug von im nördlichen Europa brütenden Dohlen im Neusiedler See-Gebiet. In den 1950ern, als die Dohle noch nicht als Brutvogel eingestuft war, wurden jedenfalls Durchzügler und Wintergäste in „beträchtlicher Anzahl" vermerkt [5]. Mittlerweile kann, basierend auf den aktuell verfügbaren Zahlen, ein nennenswert großer Einflug ausgeschlossen werden.

Quellen: [1] *Bauer et al. (2011),* [2] *C. Purtscher/ornitho.at,* [3] *S. Zinko/ornitho.at,* [4] *Homeyer (1892),* [5] *Bauer et al. (1955),* [6] *Jukovits (1864/65),* [7] *Münch (1952),* [8] *Zimmermann (1943),* [9] *Seitz (1943),* [10] *Peter (2013),* [11] *H.-M. Berg/ornitho.at,* [12] *A.Grüll, S. Zinko/ornitho.at,* [13] *R. Winkler, L. & K. Cerjak/ornitho.at,* [14] *L. Khil/ornitho.at,* [15] *K. Kirchberger/ABÖ,* [16] *L. Khil, unpubl. Daten,* [17] *A. Grüll/ABÖ,* [18] *M. Ganso/ABÖ,* [19] *Dvorak et al. (1996),* [20] *Sauerzopf (1953),* [21] *G. Hafner, P. Erlemann/ornitho.at,* [22] *A. Pellinger, unpubl. Daten,* [23] *A. Ranner/ABÖ,* [24] *H.-M. Berg/ABÖ,* [25] *R. Krämer/ornitho.at,* [26] *J. Hohenegger, F. Gubi/ornitho.at,* [27] *www.ornitho.at*

Benjamin Knes & Attila Pellinger

Saatkrähe *Corvus frugilegus* Linnaeus, 1758

Vetési varjú – Rook

Frauenkirchen, 30.9.2018 (Leander Khil)

Brutvogel und sehr häufiger Durchzügler sowie mäßig häufiger bis häufiger Wintergast

Verbreitung und Lebensraum

Das österreichische Brutvorkommen der Saatkrähe weist einen deutlichen Schwerpunkt im Nordburgenland auf [1]. Im hier betrachteten Gebiet konzentrieren sich die Nistplätze dieser koloniebrütenden Krähenart aktuell auf den südlichen Seewinkel und das südliche Albrechtsfeld zwischen Illmitz und Andau. Ein weiteres Brutvorkommen mit drei Kolonien im Ortsgebiet von Halbturn liegt gegenwärtig knapp außerhalb des Bearbeitungsgebiets. Bei Saatkrähen, die in den letzten Jahren zur Brutzeit auf den nördlichen Zitzmannsdorfer Wiesen nahrungssuchend angetroffen wurden, handelte es sich wohl um Brutvögel der zentralen Parndorfer Platte bzw. von einem in manchen Jahren besetzten Brutplatz am Ungerberg bei Weiden. Im ungarischen Teil des Bearbeitungsgebietes besteht nur eine einzige Kolonie bei Hegykő, mehrere weitere befinden sich knapp außerhalb, so etwa im Schlosspark von Nagycenk, mit 600–700 Paaren eine der größten Kolonien des Karpatenbeckens [2]. Die Seewinkler Kolonien befinden sich in Gehölzen am Rand (Illmitz) oder knapp außerhalb (Apetlon, Andau) von Ortschaften bzw. bei Einzelhöfen (Apetloner Hof). Zwei Kolonien befinden sich gegenwärtig in kleinen Wäldchen deutlich abseits von menschlichen Behausungen (Sandeck, Pfarrgraben beim Illmitzer Zicksee), eine im Gelände eines Tierparks bei Pamhagen. Im menschlichen Siedlungsgebiet kommt es durch die Lärmentwicklung in den Kolonien immer wieder zu Konflikten und in weiterer Folge zu, in aller Regel illegalen, Eingriffen bzw. Störungen. Das resultiert in wiederholten Umsiedlungen von Kolonien bzw. starken Schwankungen der Anzahl brütender Krähen. So entstanden nach Schlägerung der Horstbäume einer großen Kolonie am Illmitzer Feldsee im Winter 2017/18 vier neue Splitterkolonien zwischen Apetlon und dem Sandeck.

Die wichtigsten Nahrungsräume befinden sich in der Brutzeit im westlichen und zentralen Seewinkel sowie im Hanság. Habitatschwerpunkte sind einerseits Wiesen, Hutweiden und das Seevorgelände, andererseits Weingärten und Äcker mit Mais, Getreide oder Gemüse. Nach dem Verlassen der Kolonien konzentrieren sich die Schwärme auf gemähten Wiesen. Im August räumen die Saatkrähen das Lackengebiet weitgehend und halten sich bis Herbst in den östlichen Ackerbaugebieten mit den großen Maisanbauflächen zwischen Wallern und Frauenkirchen auf. Ab Mitte September erweitert sich der Aktionsraum zunächst wieder nach Westen und ab Oktober vor allem nach Norden in den Raum Frauenkirchen – Mönchhof sowie an den Nordrand des Hanság. Im Unterschied zu vielen, mehr urbanen Siedlungen in Niederösterreich werden dabei zwar die Dorfränder aufgesucht, die Ortszentren aber weitgehend gemieden [3]. Regelmäßig werden Saatkrähen im Frühjahr und Sommer in geringer Anzahl auch vom Nord- und Westufer südlich bis in den Raum Oggau gemeldet. Im Winter verteilen sich einige hundert Nahrungsgäste auf das gesamte Westufer. Gemeinschaftsschlafplätze befinden sich aktuell zumindest im Sommer und Herbst im Korridor Wallern – Frauenkirchen – Mönchhof und im Winter am Nordufer im Raum Neusiedl am See – Weiden sowie nordwestlich von Sopron. In den 1980er Jahren bestanden hingegen Winterschlafplätze westlich und südlich des Sees, die auch aus dem Seewinkel angeflogen wurden[4].

Bestand und Bestandsentwicklung

Bis zur Mitte des 20. Jahrhunderts waren keine Brutvorkommen der Saatkrähe innerhalb der Grenzen des hier betrachteten Gebiets bekannt[5–7], doch deuten einzelne Brutzeitbeobachtungen (Mai 1925 einige bei Fertőboz[8], Juni 1931 Alt- und Jungvögel zwischen Neusiedl am See und Purbach[9]) darauf hin, dass zumindest in unmittelbarer Nähe einzelne Kolonien bestanden haben dürften. Erst in den Jahren 1955 und 1956 existierte eine kleine Kolonie beim Darscho[10,11]. Diese stellte gleichzeitig den Wiederbeginn der Besiedelung Österreichs durch die Art dar, nachdem sie in den 1940er Jahren ausgerottet worden war. Wohl von grenznahen Kolonien in Ungarn ausstrahlend kam es dann ab den späten 1960er Jahren zu vereinzelten Ansiedlungen im Neudegg, in Apetlon, Illmitz, Podersdorf, Frauenkirchen und Pamhagen[12,13].

In Ungarn, wo die Anzahl der Kolonien und Brutpaare ab den 1940er Jahren zunächst deutlich angestiegen war, setzte in den 1980er Jahren infolge des unangemessenen Einsatzes eines speziell gegen Corviden entwickelten und über präparierte Hühnereier ausgebrachten, selektiven Giftes (3-Chlor-4-Methylanilinhydrochlorid) ein dramatischer Bestandsrückgang ein[14]. So ging der Bestand im Komitat Győr-Moson-Sopron von 7.586 Paaren im Jahr 1980 auf 1.091 im Jahr 2001 zurück[15,16]. Es blieben praktisch nur kleine Kolonien innerhalb von Siedlungen in der Kleinen Ungarischen Tiefebene übrig. Im Winter 1981/82 wurden die innerhalb des hier betrachteten Gebiets gelegenen Kolonien bei Sarród zerstört[17]. Vermutlich durch aus Ungarn vertriebene Krähen unterstützt, kam es gleichzeitig zu einer leichten Bestandszunahme in Ostösterreich. Allerdings nicht im Seewinkel, wo der Bestand in den 1980er Jahren aufgrund laufenden Beschusses und Zerstörung von Kolonien nicht über 20-60 Paare an insgesamt sechs Koloniestandorten hinausging. Von 1986 bis zum Jahr 2000 war nur mehr die Kolonie im Tierpark Pamhagen mit maximal etwa 70 Brutpaaren besetzt[13,18–21]. Nach der Jahrtausendwende führten verbesserte Schutzbestimmungen, sowohl in Ungarn als auch im Burgenland, zu einer Zunahme und anschließenden Stabilisierung der Bestände. Im Komitat Győr-Moson-Sopron wurden 2016 1.731 Paare ermittelt, fast ausschließlich im Siedlungsgebiet[2,22]. Die Kolonie in Hegykő ist die jüngste, sie entstand erst 2015 und wuchs seither kontinuierlich auf gegenwärtig knapp 200 Paare an. Es ist davon auszugehen, dass nahegelegene Kolonien miteinander eine zusammenhängende Population bilden.

Im österreichischen Teil des Neusiedler See-Gebietes wurden im Jahr 2005 201 Paare in drei Kolonien (zwei bei Pamhagen, eine in Weiden) gezählt[23], während es im Jahr 2010 bereits 344 Paare in fünf Kolonien waren[1]. Trotz weiter anhaltender Störungen und dadurch bedingter Verlagerungen der Koloniestandorte blieb der Bestand zunächst einigermaßen konstant und es kam zu einer weiteren Zunahme auf 463 Paare in fünf Kolonien im Jahr 2019, um 2020, nach Vertreibung einer großen Kolonie neben dem Nationalpark-Informationszentrum in Illmitz, wieder auf 423 Paare in sieben Kolonien abzusinken[24]. Als Durchzügler und Wintergast kam die Saatkrähe Mitte des 20. Jahrhunderts sowohl am West- als auch am Ostufer mäßig häufig vor[6,7]. Im Jänner 1966 und 1968 wurden Schwärme mit bis zu 500 Individuen im westlichen und zentralen Seewinkel[25] und 1.400 Saatkrähen im Hanság[26] gezählt. In den Wintern 1973/74–1975/76 umfassten die abendlichen Sammelgemeinschaften im zentralen Seewinkel mehrere tausend Individuen[3,27]. Dabei konnten im Dezember 1975 Anteile von Jungvögeln im ersten Winter von ca. 50 % und am 4.3.1974 (in bereits ziehenden Schwärmen?) von 85 % ermittelt werden[4]. Sieben weitgehend flächendeckende Linientaxierungen von Dezember bis Februar 1983/84–1988/89 im gesamten Seewinkel und Hanság ergaben hingegen untertags bei starken Schwankungen kaum mehr als 200 Saatkrähen. Entlang des Süd- und Südostufers war die Art früher ein ausgesprochen seltener Wintergast, ab 2008 können jedoch gemischte Saatkrähen- und Dohlentrupps mit bis zu 500 Individuen zu allen Jahreszeiten beobachtet werden. Für die österreichische Seite ergibt die Summierung der gemeldeten Maximalwerte in den einzelnen Teilgebieten von Mitte November bis Ende Februar 2013/14–2018/19 einen Gesamtbestand von 1.000–1.500 Individuen, der den Bestand der ansässigen Brutvögel bei Einbeziehung der Jungvögel nur geringfügig übersteigt. Die Bedeutung als Winterquartier dürfte demnach spätestens ab den 1980er Jahren nur noch auf den lokalen Brutbestand beschränkt gewesen sein. Aufgrund von regional erheblichen Schäden an landwirtschaftlichen Kulturen, v. a. an Bio-Mais und Gemüse, wurden im Raum Apetlon – St. Andrä–Andau seit 2012 jährlich zwischen 25 und 249 Saatkrähen zum Abschuss freigegeben, seit 2018 zusätzlich zwischen 62 und 95 Vögel im Raum Halbturn und Frauenkirchen.

Jahreszeitliches Auftreten

Der Nestbau beginnt Anfang März und Mitte des Monats können die ersten Weibchen bereits im Horst sitzen[28]. Frisch ausgeflogene Jungvögel wurden ausnahmsweise schon am 29. April[29], regelmäßig aber erst ab Mitte Mai beobachtet. Das ergibt einen berechneten Beginn der Hauptlegezeit um den 20. März. Bis 20. Juni sind die meisten Kolonien verlassen, werden aber nach einer Sommerpause im Herbst und Winter wieder regelmäßig besucht. Die Summen gemeldeter Individuen sowie die durchschnittlichen Truppgrößen pro Dekade spiegeln das Zug- und Brutgeschehen gut wider. Der Frühjahrsdurchzug beginnt mit

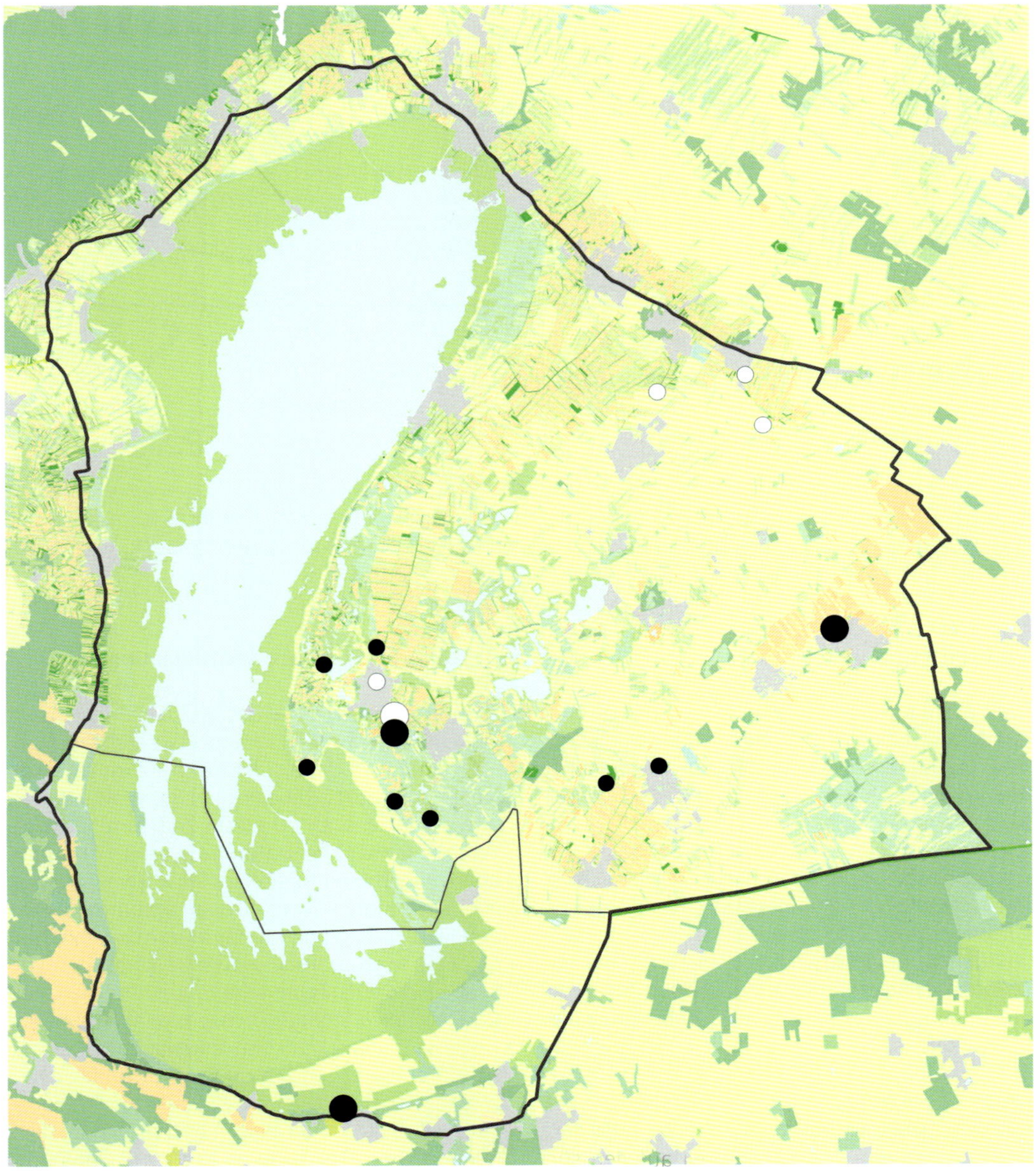

Kolonien der Saatkrähe, die zumindest einmal in den Jahren 2018–2021 besetzt waren (schwarze Punkte) sowie seit 2010 erloschene Kolonien (weiße Punkte). Große Symbole: Kolonien mit mehr als 100 Paaren. Kleine Symbole: Kolonien mit weniger als 100 Paaren[22,24,37].

dem Auftreten großer Schwärme von mehreren hundert Saatkrähen in vorher wenig genutzten Gebieten Anfang März. Nach Auflösung der Winterverbände nehmen die Melderaten und Truppgrößen auf den Nahrungsflächen ab Mitte März deutlich ab. Während die mittlere Truppgröße klein bleibt (maximal 80 gegenüber 300 Ex. im Februar), nimmt die Beobachtungshäufigkeit nahrungssuchender Saatkrähen mit dem Schlüpfen der Jungvögel ab Anfang/Mitte April wieder zu. Mit dem Verlassen der Kolonien ab Mitte Juni steigen die Truppgrößen steil an, Alt- und Jungvögel streifen nun wieder in großen Verbänden durch das Gebiet. Der Rückgang der Melderate ab Mitte Juli ist auf eine nachbrutzeitliche Verlagerung des Verbreitungsschwerpunktes in die kaum kontrollierten, östlichen Ackerbaugebiete zurückzuführen. Dort halten sich zu dieser Zeit hauptsächlich Altvögel auf, basierend auf Zählungen im August 2020 mind. 800 Exemplare [30]. Mit den ersten Zugbeobachtungen [31, 32] und der räumlichen Ausdehnung genutzter Nahrungsflächen steigt die Anzahl der gemeldeten Saatkrähen ab Ende September steil an (siehe auch Zuna-Kratky et al. [33]) und die Jungvogelanteile erreichen in einzelnen Trupps wieder Werte um 50 % [34]. Zugbewegungen kommen bis Mitte November vor [3].

Zugverhalten und Ringfunde

Zumindest ein Großteil der Brutvögel im Karpatenbecken sind Standvögel [35]. Jungvogelanteile von nur 4–9 % Ende August 2020 im Seewinkel [34] lassen ein nachbrutzeitliches Abwandern der Diesjährigen in unbekannte Sommerquartiere vermuten (vgl. z. B. Fankhauser [36]). Die Wintergäste und Durchzügler stammen aus einem nach Osten verlaufenden Korridor, der bis in die Ukraine und das südwestliche Russland reicht [35].

Quellen: [1] *Ranner et al. (2010)*, [2] *Pellinger & Mogyorósi (2012)*, [3] *Grüll (1991)*, [4] *A. Grüll/ABÖ*, [5] *Vertse (1943)*, [6] *Zimmermann (1943)*, [7] *Bauer et al. (1955)*, [8] *Steinparz (1926)*, [9] *Steinfatt (1936)*, [10] *Gauckler & Kraus (1955)*, [11] *Bauer (1956a)*, [12] *Prokop (1975)*, [13] *Archiv BirdLife Österreich*, [14] *Solt (2008)*, [15] *Faragó (2012)*, [16] *Faragó & Kovács (2008)*, [17] *L. Kárpáti in Dvorak & Grüll (1983)*, [18] *Grüll (1982b)*, [19] *Dvorak & Grüll (1984)*, [20] *Dvorak et al. (1986)*, [21] *Dvorak et al. (1987)*, [22] *A. Pellinger, unpubl. Daten*, [23] *Ranner & Riegler (2005)*, [24] *A. Grüll, G. Hafner, A. Ranner, unpubl. Daten*, [25] *J. C. Reid, K. Bauer u. a./ABÖ*, [26] *G. Spitzer, H. Winkler/ABÖ*, [27] *P. Prokop/ABÖ*, [28] *M. Dvorak/ornitho.at*, [29] *L. Khil/ornitho.at*, [30] *A. Grüll, L. Khil/ornitho.at*, [31] *A. Grüll, H. Faiman/ornitho.at*, [32] *M. Faas/ABÖ*, [33] *Zuna-Kratky et al. (2000)*, [34] *A. Grüll/ornitho.at*, [35] *Kalotás in Csörgő et al. (2009)*, [36] *Fankhauser (1994)*, [37] *www.ornitho.at*

Andreas Ranner, Alfred Grüll & Attila Pellinger

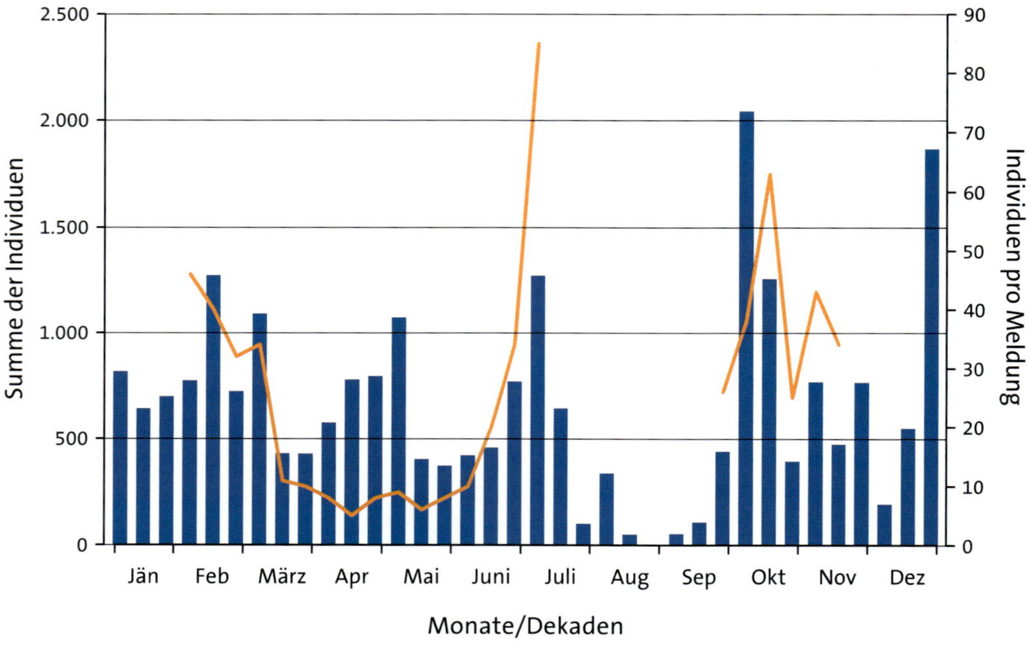

Jahreszeitliches Auftreten der Saatkrähe (Dekadensummen gemeldeter Individuen, blaue Säulen) sowie mittlere Anzahl der Individuen pro Meldung (orange Linie) basierend auf Daten aus den Jahren 2011–2018 aus dem österreichischen Gebietsteil (n = 23.879) [13, 37]. Beobachtungen in den Brutkolonien, auf den Sammelplätzen und bei den Schlafplatzflügen sind nicht berücksichtigt.

Rabenkrähe *Corvus corone* Linnaeus, 1758

Kormos varjú – Carrion Crow

Unregelmäßiger Brutvogel sowie mäßig häufiger Durchzügler und Wintergast

Verbreitung und Lebensraum

Die Verbreitungsgrenze zur Nebelkrähe verläuft durch den Osten Österreichs, wobei in den offenen Agrarlandschaften von Weinviertel, Marchfeld, Wiener Becken sowie Nord- und Mittelburgenland die Nebelkrähe stark dominiert und die Rabenkrähe in den westlich anschließenden, stärker bewaldeten Landschaften vorherrscht [1, 2]. Das Auftreten der Rabenkrähe im Bearbeitungsgebiet konzentriert sich auf die stärker baumbestandenen Teilgebiete: Schwerpunkte sind das Ostufer des Sees von Podersdorf bis zum Apetloner Graurinderstall sowie die Baumbestände des Seewinkels in den Gemeinden Illmitz, Apetlon und St. Andrä. Weit weniger stark frequentiert werden der Hanság und das Westufer des Sees. Aus allen sehr baumarmen Gebieten, wie dem zentralen Seewinkel zwischen Gols, Podersdorf und Frauenkirchen sowie dem östlichen und südlichen Seewinkel gibt es nahezu keine Nachweise. Zu einer besonders starken Konzentration an Beobachtungen kommt es im Bereich südlich von Podersdorf, von wo auch mehrfach Bruten unter Beteiligung zumindest einer Rabenkrähe gemeldet wurden [2].

Bestand und Bestandsentwicklung

Aus der zweiten Hälfte des 19. Jahrhunderts gibt es keine Angaben zu einem etwaigen Vorkommen der Rabenkrähe. Jukovits [3] beschrieb sowohl Nebel- als auch Rabenkrähe (nur) als Wintergäste. Da die, auch zu dieser Zeit zumindest als Wintergast häufige Saatkrähe in seiner Übersicht aber vollkommen fehlt, kann eine Verwechslung von Saat- und Rabenkrähe angenommen werden, wie auch schon von Zimmermann [4] vermutet. Eine Vermischung von Beobachtungen von Saat- und Rabenkrähe könnte auch in manchen Quellen der folgenden Jahrzehnte vorliegen. Im Gegensatz dazu und den damaligen Gegebenheiten entsprechend, schrieb von Dombrowski [4] 20 Jahre später, dass *„die Rabenkrähe scheinbar gänzlich fehle"*. In der ersten Hälfte des 20. Jahrhunderts kam der Art dann im Gebiet der Status eines Irrgasts zu, von dem jede Beobachtung genau datiert angeführt wurde. Der wahrscheinlich erste explizit in der Literatur erwähnte Nachweis betraf vier Individuen, die am 16.4.1933 am Ostufer des Neusiedler Sees notiert wurden [5] und 1935 berichtete Koenig [6] über die Brut einer Rabenkrähe in einem Wäldchen bei Apetlon, die aber im Nachhinein betrachtet auch dunkle Hybriden betroffen haben könnte [7]. Ende der 1940er Jahre ist in einer ersten Artenliste des Neusiedler See-Gebiets nur von *„unsicheren Beobachtungen"* die Rede [8]. Weder Zimmermann [7], in den frühen 1940ern, noch Bauer et al. [9] in den frühen 1950ern haben hingegen bei ihren jahrelangen, intensiven avifaunistischen Arbeiten im Gebiet jemals eine reine Rabenkrähe feststellen können. Beide berichteten jedoch von gelegentlichen Beobachtungen von dunklen Hybriden mit der Nebelkrähe. Gleich vier solcher Kreuzungen wurden im Mai 1955 beim Oberen Stinkersee festgestellt [10] und zwei am 16.5.1965 bei Winden [11]. Sechs reine Rabenkrähen wurden am 17.5.1965 bei Pamhagen beobachtet [11]. Koenig [12] schrieb Anfang der 1960er, dass er nach 1945 zwischen Weiden und Podersdorf Einzelhorste fand, die *„eindeutig von rein schwarzen Vögeln beflogen waren"* und hielt fest, dass auch an der Wulka wiederholt *„feldornithologisch nicht als Bastarde ansprechbare Rabenkrähen"* brüteten, insgesamt meint er aber, dass das Brutvorkommen der Art *„immer noch umstritten sei"*. Von

Podersdorf, 26.6.2022 (Leander Khil)

den späten 1950ern bis in die 2000er Jahre sind Meldungen reiner Rabenkrähen, sowohl in der Literatur als auch im Beobachtungsarchiv selten, mit nicht alljährlichen Nachweisen[13]. Eine diesbezüglich bemerkenswerte Serie an Nachweisen lieferte lediglich Kurth[14] im September 1969, mit je einem Trupp von sechs und sieben sowie einer Beobachtung von ca. 25 „reinschwarzen" Exemplaren am 19.9.1969 aus dem Hanság. Die Seltenheit von Nachweisen „schwarzer" Aaskrähen mag sicher auch darin begründet sein, dass damals als sehr häufig empfundene Vogelarten tendenziell kaum gemeldet wurden und daher „abweichend" gefärbten Aaskrähen nur wenig Aufmerksamkeit geschenkt wurde, wobei wir dem Problembewusstsein mancher Beobachter zumindest einzelne Meldungen verdanken. So wurden in den Jahren 1971–1997 nur 12 Nachweise von Rabenkrähen aus sieben Jahren gemeldet[15]. Auch in den Jahren nach 2000 blieben Meldungen von Rabenkrähen weiterhin selten, zwei Fälle von brutverdächtigen Mischpaaren beim Illmitzer Gemeindewäldchen wurden jedoch aus den Jahren 2001 und 2002 gemeldet[16].

Seit 2013 und der Einführung von ornitho.at haben sich die Meldungen der Rabenkrähe vervielfacht. Sie weisen die Art als regelmäßigen Gast zu allen Jahreszeiten und ausnahmsweisen Brutvogel (in Bezug auf reine Paare) bzw. unregelmäßigen Brutvogel (in Bezug auf Mischpaare mit der Nebelkrähe oder Hybriden) aus. Der Anteil der Rabenkrähe an der Zahl gemeldeter Individuen der „Aaskrähe" (Nebel-, Raben und Hybridkrähen) liegt im Mittel der Jahre 2013–2019 bei 5,8 % und schwankt zwischen 3,4 % im Jahr 2019 und 8,8 % im Jahr 2015[2]. Bruten und Nestbau reiner Rabenkrähenpaare wurden nur zweimal gemeldet: Am 9.4.2014 wurden zwei warnende Altvögel in Weingärten nördlich von Illmitz festgestellt[16] und am 11.4.2018 wurde ein Paar im Seebad Breitenbrunn an einem Nest gesehen, das von einem der Partner ausgebaut wurde[17]. Darüber hinaus liegen insgesamt 14 Fälle von Mischpaaren (Nebel- und Rabenkrähe oder Hybrid- mit Nebelkrähe) oder von Bruten vor[2], bei denen zumindest ein Partner eine Rabenkrähe oder ein Hybrid war, der andere Partner aber nicht festgestellt wurde. Zumeist werden Rabenkrähen einzeln (76,1 % der Nachweise) oder zu zweit (13,9 %) gesehen. 71-mal wurden Trupps von 3–6 Exemplaren gemeldet, 10 weitere Nachweise betreffen acht bis 50 Vögel, jedoch wurde nur bei einer Meldung aus Purbach (10 zusammen mit 25 Nebelkrähen[18]) auch auf die Bestimmung eingegangen. Bei drei Meldungen von 20, 30 und 50 Exemplaren könnte es sich auch um Verwechslungen mit der Saatkrähe handeln[2].

Auf ungarischer Seite sind regelmäßig einzelne Exemplare oder auch kleine Gruppen anzutreffen, meistens paarweise mit einer Nebelkrähe oder einem Hybriden. Die Brut eines reinen Rabenkrähen-Paars wurde noch nicht nachgewiesen. Das zahlenmäßige Verhältnis der beiden Arten zueinander veranschaulicht eine in der Nähe von Lászlómajor in Sarród betriebene Krähenfalle, die im Jahr 2021 neben 50 Nebelkrähen auch zwei Rabenkrähen gefangen hat[19]. Zwischen 2013 und 2019 liegen auf ungarischer Seite 73 Nachweise vor, davon handelte es sich in 58 Fällen um einzelne Individuen, in sieben Fällen um zwei, in fünf Fällen um 3–6 und in einem Fall um sieben Exemplare. Dazu kommen zwei noch größere Gruppen vom 7.1.2013 mit 25 Vögeln im Pap-rét und 20 im Cikes bei Mekszikópuszta[20, 21].

Jahreszeitliches Auftreten

Die höchste Präsenz im Gebiet fällt auf den Zeitraum Mitte März bis Mitte Juni sowie auf eine kurze Zeitspanne von Mitte September bis Anfang Oktober. In den Hochsommermonaten sowie im gesamten Winterhalbjahr von Mitte Oktober bis Mitte März besuchen vergleichsweise wenige Vögel das Neusiedler See-Gebiet[2].

Quellen: *[1] Dvorak et al. (1993), [2] www.ornitho.at, [3] Jukovits (1864/65), [4] Dombrowski (1889), [5] Steinfatt (1936), [6] Koenig (1939), [7] Zimmermann (1943), [8] Lugitsch (1948), [9] Bauer et al. (1955), [10] Corti (1956), [11] Kurth & Kurth (1968), [12] Koenig (1962), [13] Archiv BirdLife Österreich, [14] Kurth (1970), [15] A. Ranner, G. Wichmann u. a./ ABÖ, [16] L. Khil/ornitho.at, [17] A. Ranner/ornitho.at, [18] T. Zuna-Kratky/ornitho.at, [19] S. Tatai/Archiv FHNP, [20] Archiv FHNP, [21] Archiv MME Sopron*

Michael Dvorak, Leander Khil & Tibor Hadarics

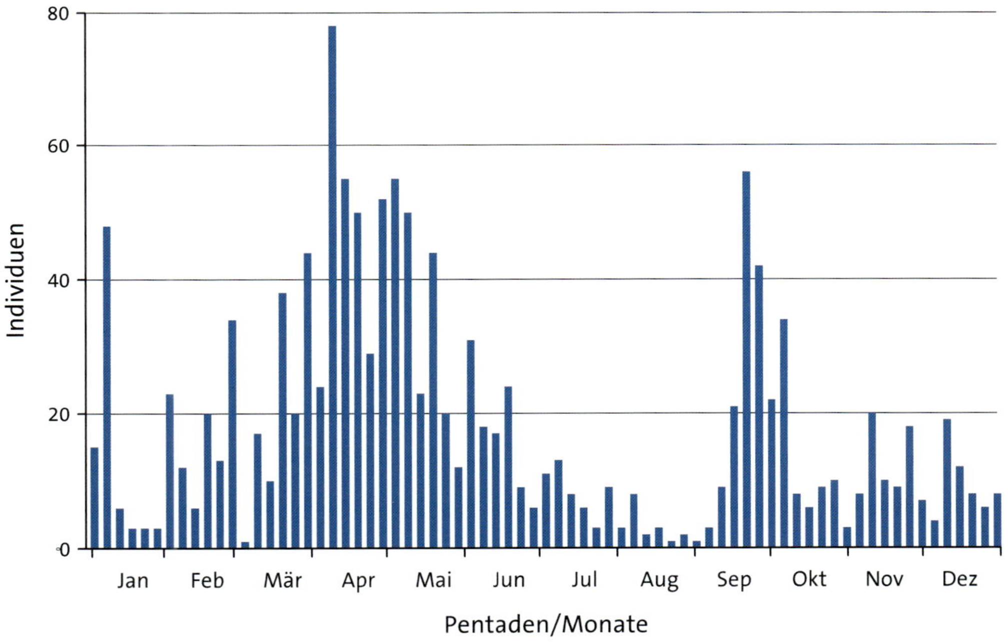

Jahreszeitliches Auftreten der Rabenkrähe (Pentadensummen gemeldeter Individuen) basierend auf Daten aus Österreich und Ungarn aus den Jahren 2013–2019 (n = 1.335)[2, 20, 21].

Nebelkrähe *Corvus cornix* LINNAEUS, 1758

Dolmányos varjú – Hooded Crow

Darscho, Apetlon, 26.11.2017 (Hans-Martin Berg)

Mäßig häufiger Jahresvogel sowie sehr häufiger Durchzügler und Wintergast; Schlafplätze vor allem im Schilfgürtel des Sees

Verbreitung und Lebensraum

Nebelkrähen besiedeln im Neusiedler See-Gebiet sämtliche offenen und halb offenen Lebensräume sowie vereinzelt die Ortschaften. In größeren, gehölzarmen Bereichen, in denen geeignete Nestbäume fehlen, sind Brutpaare hingegen selten. Diese Bereiche werden aber von Nichtbrütern bzw. außerhalb der Brutzeit zur Nahrungssuche genutzt. Auf baumlosen Flächen werden Nester, eventuell zunehmend, auf Hochspannungsmasten errichtet[1]. Die ungleichmäßige Verteilung der Art über die Region könnte auch mit jagdlicher Verfolgung durch Abschuss und den Einsatz von Krähenfallen zusammenhängen. Am Südufer bietet nur etwa ein Drittel des ungarischen Avifauna-Gebietes am äußeren Rand der Verlandungszone geeignete Bruthabitate, dafür wird, als Besonderheit des Neusiedler Sees, der hier bis zu vier Kilometer breite Schilfgürtel vor allem im Winter als Schlafplatz genutzt. Auch auf der österreichischen Seite können seit 1995 an zumindest fünf Stellen des Ostufers regelmäßig genutzte Schlafplätze im seeseitigen Bereich des Schilfgürtels festgestellt werden. Den Krähen stehen hier im bis zu 1 km breiten Röhricht keine Gehölze zur Verfügung, aber großflächig niedergebrochene Schilfhorste[2].

Bestand und Bestandsentwicklung

Der Bestand der Nebelkrähe hat sich im Neusiedler See-Gebiet seit den frühesten Aufzeichnungen aus dem 19. Jahrhundert erhöht. Besonders auffällig ist diese Entwicklung in den wenig, aber zunehmend bewaldeten Gebieten am Ostufer. In der zweiten Hälfte des 19. Jahrhunderts, als der Seewinkel nahezu vollständig entwaldet war, fehlte die Nebelkrähe zumindest an manchen Stellen als Brutvogel[3]. Dombrowski[4] berichtete nur etwa 20 Jahre später, aus dem Jahr 1887, dass die Nebelkrähe *„gemeiner Standvogel im ganzen Gebiete"* sei, die Rabenkrähe aber scheinbar gänzlich fehle. In den 1940er Jahren nimmt Zimmermann[5] den Mangel an Gehölzen als Hauptgrund für das spärliche Vorkommen der Nebelkrähe, besonders am Ostufer des Sees, an. Auf einer 9 km langen Strecke entlang des Seedammes zählte er in den Jahren 1940 – 1942 jeweils 6 – 8 Brutpaare, das entspricht nur etwa 50 % der heutigen Siedlungsdichte (siehe unten).

Die im Verlauf der zweiten Hälfte des 20. Jahrhunderts größer gewordene Fläche von Gehölzen und Wäldchen im Seewinkel begünstigte bzw. ermöglichte in den folgenden Jahrzehnten wohl auch das Anwachsen der Nebelkrähenbestände. Entsprechendes gilt für das ungarische Südufer, wo in Folge der Wasserstandsregulierung im See die extensive Beweidung, der Ackerbau sowie die Pflanzung von Windschutzstreifen neue Habitate entstehen ließen. Weitere Aufforstungen und

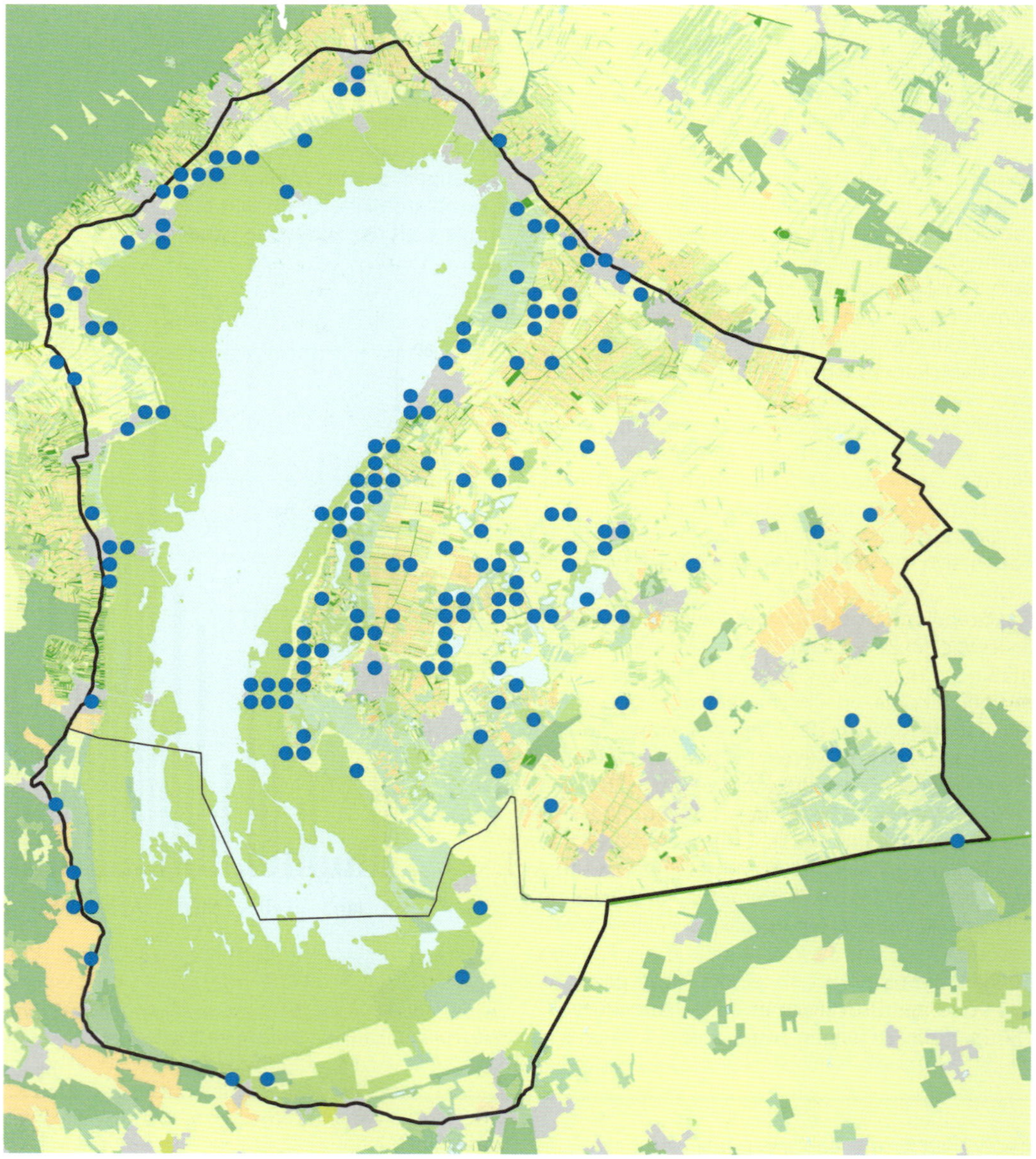

Brutverbreitung der Nebelkrähe, basierend auf Brutnachweisen und Beobachtungen mit dem Brutcode „N" aus den Jahren 2011 – 2021[13, 15, 16].

das Gehölzaufkommen nach dem Erlöschen der extensiven Viehwirtschaft haben die Brutmöglichkeiten bis Ende des 20. Jahrhunderts noch deutlich erweitert. Die Rodungen und Wiederaufnahme der Beweidung im Zuge des Nationalparkmanagements konnten diesen Trend zwar umkehren, führten aber zu keiner wesentlichen Bestandsreduktion.

Quantitative Angaben zur Häufigkeit der Art sind bis heute Mangelware. Auf den Zitzmannsdorfer Wiesen wurden im Jahr 1991 bei einer Revierkartierung 2–3 Brutpaare erfasst[6], 2011 ergab eine neuerliche Zählung *„mehr als drei Brutpaare"*[7]. Ebenfalls 1991 wurden im österreichischen Teil sechs Probeflächen mit insgesamt 390,4 ha Weingartengebiet kartiert und lediglich ein einziges Brutpaar erfasst[8]. Aus den Jahren 2001–2005 liegen für einen vier Kilometer langen Transsekt entlang des Ostufers von der Biologischen Station Illmitz bis zum Nordrand des Illmitzer Gemeindewaldes Daten zur Anzahl der Brutpaare sowie zum Bruterfolg vor. Nach einem Tief mit nur drei Brutpaaren 2001, das wahrscheinlich auf jagdliche Eingriffe zurückzuführen war, stieg der Bestand 2002–2005 von sieben auf neun Paare, die auf die Fläche umgerechnet eine Siedlungsdichte von 2,25 Brutpaaren/km^2 ergeben. Der durchschnittliche Bruterfolg schwankte zwischen einem und mind. 2,5 ausgeflogenen Jungvögeln pro Brutpaar[9].

Viel geringere Dichten erbrachten hingegen aktuelle Erhebungen auf der österreichischen Seite, die 2020 auf drei größeren Kulturlandflächen zwischen 3,75 und 6,2 km^2 Fläche durchgeführt wurden. Mit einmal zwei und zweimal drei Revieren kommt aktuell im Offenland des Avifauna-Gebiets nur ein Krähenpaar auf 1,5–3 km^2 Fläche vor[10]. In genauso geringer Anzahl ist die Nebelkrähe in den Wäldchen vertreten: Systematische Erhebungen in 19 Baumbeständen im Seewinkel in den Jahren 2016–2018 ergaben lediglich zwei Brutpaare für eine Waldfläche von 185,7 ha[11]. Diese wenigen Kartierungsergebnisse ergeben großflächig sehr geringe Dichten von ca. einem Brutpaar pro 3 km^2 Fläche. Nur in größeren Gehölzen (z. B. am Ostufer) treten lokale Konzentrationen auf. Die Nebelkrähe kann daher aktuell für das Avifauna-Gebiet nur als mäßig häufiger Brutvogel bezeichnet werden, mit einem Brutbestand von maximal 100–200 Paaren. Die winterlichen Schlafplatzgemeinschaften im ungarischen Teil des Schilfgürtels umfassen wahrscheinlich > 1.000 Individuen.

Jahreszeitliches Auftreten

Nebelkrähen kommen ganzjährig in kleineren Gruppen im Gebiet vor. Nur etwa 3 % der Beobachtungen betreffen Trupps mit mehr als 20 Individuen. Größere Gruppen von selten mehr als 100 Individuen und in Ausnahmefällen von bis zu 1.000 geschätzten Individuen werden vor allem ab Spätsommer, insbesondere aber im Winterhalbjahr beim Schlafplatzeinflug oder an Schlafplätzen selbst festgestellt[1, 12]. Die Schlafplätze im Schilfgürtel auf der österreichischen Seite waren mit einer Unterbrechung von Anfang April bis Anfang Juni ganzjährig von jeweils etwa 50–200 Krähen besetzt[2].

Zugverhalten und Ringfunde

Mitteleuropäische Nebelkrähen sind überwiegend Standvögel bzw. ziehen nur kurze Strecken[13]. Ein teilweiser Zuzug aus anderen Populationen im Herbst und Winter ist naheliegend, lässt sich aber nicht durch Ringfunde belegen. Es liegt nur ein Fremdfund vor: Eine am 23. Juni 1949 nestjung in Sopron beringte Nebelkrähe wurde am 22.12. desselben Jahres in Illmitz kontrolliert[14].

Quellen: [1] *www.ornitho.at,* [2] *A. Grüll, unpubl. Daten,* [3] *Jukovits (1864/65),* [4] *Dombrowski (1889),* [5] *Zimmermann (1943),* [6] *Dvorak & Nemeth (1992),* [7] *Dvorak et al. (2011),* [8] *Dvorak et al. (1992),* [9] *E. Karner-Ranner & A. Grüll, unpubl. Daten,* [10] *BirdLife Österreich, unpubl. Daten,* [11] *M. Dvorak, unpubl. Daten,* [12] *Archiv BirdLife Österreich,* [13] *Glutz von Blotzheim & Bauer (1993),* [14] *Österreichische Vogelwarte, unpubl. Ringfund,* [15] *Archiv MME Sopron,* [16] *Archiv FHNP*

Leander Khil & Attila Pellinger

Kolkrabe *Corvus corax* Linnaeus, 1758

Holló – Northern Raven

Frauenkirchen, 24.3.2022 (Leander Khil)

Sehr seltener Brutvogel in 1–3 Paaren und mäßig häufiger Gast in zunehmender Anzahl

Verbreitung und Lebensraum

Der Kolkrabe ist hinsichtlich seiner Lebensraumansprüche recht unspezifisch, er braucht einen sicheren Brutplatz und eine offene Landschaft mit ganzjährigem Nahrungsangebot. Die Bruten erfolgen überwiegend auf Bäumen, bei Wallern wurde jedoch im Jahr 2016 auch eine Brut auf einem Elektromasten nachgewiesen[1]. Kolkraben waren in Mitteleuropa aufgrund intensiver Verfolgung bis vor wenigen Jahrzehnten auf weitgehend ungestörte Rückzugsgebiete in ausgedehnten Wäldern und Felsgebieten beschränkt, haben seitdem aber selbst waldarme, intensiv genutzte Kulturlandschaften besiedelt[2]. Die „Rückkehr" ins Neusiedler See-Gebiet begann auf österreichischer Seite Ende der 1990er Jahre und beschleunigte sich ab 2005. Aktuell kristallisieren sich drei Verbreitungsschwerpunkte heraus: Am meisten genutzt werden der Hanság und angrenzende Bereiche, von wo auch die meisten der bisherigen Brutnachweise vorliegen, gefolgt vom zentralen Seewinkel zwischen St. Andrä, Wallern, Paulhof und Apetlon sowie vom südwestlichen Seewinkel im Bereich Arbesthau, Martenthau, Neudegg und Sandeck und von dort entlang des Ostufers nach Norden bis Podersdorf. Auch aus dem letztgenannten Bereich sind einzelne Bruten bekannt geworden. Aus allen anderen Teilen des Neusiedler See-Gebiets liegen nur ganz vereinzelte oder keine Beobachtungen vor.

Der erste Nachweis auf ungarischer Seite gelang am 27.2.1998 mit drei Exemplaren am Südostufer des Neusiedler Sees, zu einer Zeit, in der in den umliegenden Waldgebieten bereits Gruppen von 40–60 Individuen herumstreiften[3]. Heutzutage ist der Kolkrabe im Avifauna-Gebiet bereits weit verbreitet, kann hier laufend beobachtet werden und brütet wahrscheinlich an mehreren Stellen in den Randgebieten. Ein bekannter Brutplatz findet sich in Lászlómajor, knapp außerhalb des Bearbeitungsgebiets.

Bestand und Bestandsentwicklung

In den 1940er und 1950er Jahren waren aus Österreich keine Nachweise des Kolkraben bekannt[4,5]. Der erste, im Archiv von BirdLife Österreich abgelegte Nachweis beschreibt zwei kreisende Kolkraben im Hanság bei Wallern am 11.10.1972[6], die einzigen weiteren Meldungen aus den nächsten 20 Jahren waren zwei über die Lange Lacke fliegende Exemplare am 2.2.1974[7] sowie ein Vogel am 2.5.1986 über dem Jungerberg bei Jois[8]. Auch in den 1990er Jahren wurde die Art nur ausnahmsweise festgestellt: Ein Exemplar am 22.6.1996 und zwei am 10.1.1998 flogen über den Hanság bei Tadten[9] und ein Paar überflog am 14.4.2000 den Seewinkelhof nahe der Langen Lacke[9]. Ab 2002 nahm die Zahl der Meldungen im Seewinkel dann langsam auf 2–3 pro Jahr zu und am Westufer wurde die Art in diesen Jahren bereits regelmäßig beobachtet[10]. 2009 wurde erstmals eine erfolgreiche Brut im Figurenwäldchen (Hanság) nachgewiesen[11], auch im Neudegg brütete im selben Jahr ein Paar erfolgreich und wurde am 20.5. mit vier flüggen Jungvögeln beobachtet[12].

Von 2011–2019 wurden im Seewinkel und im Hanság jedes Jahr 1–3 Brutpaare festgestellt, davon entfielen 0–1 auf den Hanság von Wallern bis Andau, 1–3 auf das Gebiet zwischen Pamhagen, Wallern und St. Andrä sowie 0–1 auf den südwestlichen Seewinkel (Neudegg und Umgebung)[13]. Größere Trupps waren bis 2013 Ausnahmen, lediglich am 7.6.2006 wurden 13 Exemplare im Hanság entdeckt[14] und am 1.3.2010 20 Individuen an der Warmblutkoppel beobachtet[15]. Ab 2014 wurden Gruppen von 10–20 Kolkraben in zunehmender Zahl festgestellt und tauchen seither alljährlich auf, wobei solche Trupps nie länger als einen Tag am selben Ort festgestellt wurden[16]. Der bislang größte Trupp zählte 33 Vögel und wurde am 27.3.2017 südlich von Andau entdeckt[17].

Jahreszeitliches Auftreten

Der Kolkrabe tritt ganzjährig im Neusiedler See-Gebiet auf, die meisten Individuen werden dabei im Spätherbst und im Winter zwischen Ende November und Anfang März festgestellt. Von Mitte März bis Ende April häufen sich in den letzten Jahren die Nachweise größerer Trupps verstreichender Vögel. Dieses verstärkte Aufkommen läuft bis Anfang Mai aus und ab Mitte Mai bis Anfang August entfällt der überwiegende Teil der gemeldeten Beobachtungen auf die brut- und revierhaltenden Vögel. Von August bis Mitte November verdichten sich die Nachweise erneut, Meldungen größerer Trupps sind aber sehr viel seltener und die Gruppengrößen sind kleiner als im Frühjahr.

Zugverhalten und Ringfunde

Kolkraben sind Stand- und Strichvögel, die adulten Paare verbleiben in der Regel ganzjährig im Brutrevier oder in dessen weiterer Umgebung[2]. Auch die Jungvögel unternehmen in den Jahren vor ihrer Ansiedlung keine weiten Wanderungen, im nördlichen Mitteleuropa entfernten sich junge, bis vier Jahre alte Kolkraben nur ausnahmsweise weiter als 100 Kilometer von ihrem Geburtsort[2]. Bisher wurden keine Kolkraben im Gebiet markiert und auch keine markierten Vögel im Gebiet beobachtet. Die genaue Herkunft der Vögel, die das Gebiet außerhalb der Brutzeit frequentieren, ist daher unbekannt.

Quellen: *[1] Berg (2017b), [2] Glutz von Blotzheim & Bauer (1993), [3] Archiv MME Sopron, [4] Zimmermann (1943), [5] Bauer et al. (1955), [6] D. Kurth/ABÖ, [7] P. Prokop/ABÖ, [8] J. Wittenberg/ABÖ, [9] F. Samwald/ABÖ, [10] Archiv BirdLife Österreich, [11] Dvorak et al. (2010), [12] J. Laber/ABÖ, [13] H.-M. Berg, M. Dvorak u. a./ornitho.at, [14] A. Grüll/ABÖ, [15] C. Wende/ABÖ, [16] www.ornitho.at, [17] N. Filek, B. Kofler/ornitho.at*

Michael Dvorak & Attila Pellinger

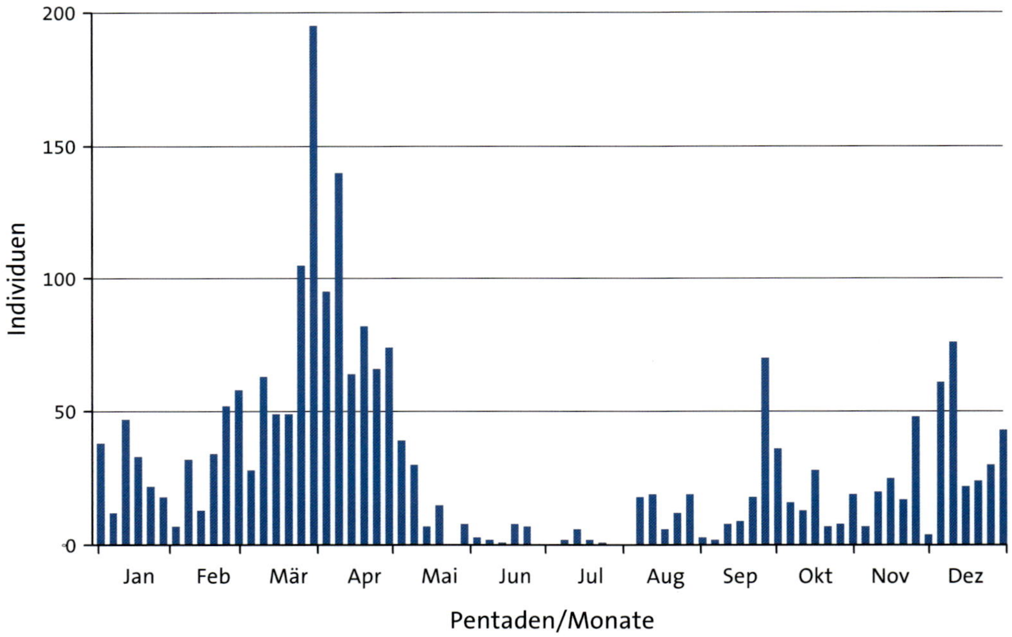

Jahreszeitliches Auftreten des Kolkraben (Pentadensummen gemeldeter Individuen) anhand von Daten aus Österreich aus den Jahren 2011 und 2019 (n = 2.195)[1, 16].

Seidenschwanz *Bombycilla garrulus* (Linnaeus, 1758)

Csonttollú – Bohemian Waxwing

Esterházy Madárvárta, Osli, 12.4.2009 (Leander Khil)

Sehr seltener Gast im Winterhalbjahr; seit den letzten Invasionen 2005 und 2006 nur mehr in drei Jahren nachgewiesen

Vorkommen

Trotz einiger starker Invasionen in den letzten Jahrzehnten[1, 2] liegen bis dato aus dem österreichischen Teil des Gebiets nur 23 Nachweise vor. Lediglich die Einflüge in den Wintern 1990/91 sowie 2004/05 brachten offenbar auch einzelne kleine Trupps ans Westufer und in den Seewinkel. 16 der 23 Nachweise stammen aus Siedlungsgebieten, die übrigen aus Bereichen mit Windschutzstreifen und kleineren Wäldchen[3,4]. Das mit Abstand beste Winterhalbjahr war 2004/05 mit mehreren Meldungen größerer Gruppen aus der Hölle (50 Ind. am 30.1.[13]), aus Illmitz (15 Ind. am 8.2.[14]) und vor allem aus Gols (70 und 92 Ind. am 19./20.2.[5]). In den übrigen Jahren wurden größere Trupps von mehr als 10 Vögeln nur dreimal gemeldet: Am 10.2.1967 waren es 45 in Neusiedl am See[10], am 17.1.1991 wurden 15 westlich von Illmitz beobachtet[11] und am 11.2.2006 konnten 30 im Neudegg beobachtet werden[12]. Im letzten Jahrzehnt wurde Österreich nicht von Einflügen erreicht, dementsprechend liegen seit 2013 nur drei einzelne Meldungen vor: Neben einem Einzelvogel vom Dezember 2011[14] waren es sieben am 27.1.2013 in Tadten[15] und 10 am 2.3.2013 in St. Andrä[16]. Auf ungarischer Seite wurde die Art zum ersten Mal von Kárpáti[17] erwähnt, der am 11.2.1973 in Balf sechs Exemplare gesehen hat. Ein Großteil der 37 Beobachtungen aus dem ungarischen Teil des Gebiets[6] stammt ebenfalls von den Siedlungen in Ufernähe. Es sind typischerweise überfliegende Trupps, es wurden aber auch Vögel beim Verzehr von Beeren an Bäumen gesichtet. Hauptsächlich wurde dabei die Eberesche genutzt, wiederholt wurden aber auch Eichenmisteln an Pappeln des Schilfrands gefressen. Im Zeitraum 1989–1992 wurde die Art sieben Mal in mehreren Siedlungen, ausschließlich in den Monaten Januar und Februar beobachtet[6]. Die größte Gruppe bestand aus 52 Individuen und wurde am 2.2.1990 in Balf entdeckt[19]. Zwischen 2001 und 2013 wurden aus acht Jahren weitere 28 Seidenschwanzbeobachtungen aus den Siedlungen des Süd- und Südwestufers bekannt[6]. Die größten Trupps wurden am 22.2.2005 (300 Ex. in Fertőszéplak[19]) und am 18.2.2006 (400 Ex. in Fertőboz[20]) gesichtet.

Jahreszeitliches Auftreten

Wenn überhaupt verfliegen sich in Österreich Seidenschwänze überwiegend in den späten Phasen der Einflüge ins Gebiet, denn nur vier Beobachtungen entfallen auf den Spätherbst: Am 27.11.2014 waren 25 Individuen in Gols[5], am 3.12.1996 drei Individuen in St. Andrä[8], am 4.12.1974 wurden drei Exemplare in Frauenkirchen beobachtet[7] und am 11.12.2012 wurde ein Seidenschwanz in Illmitz nachgewiesen[9]. Die Mehrzahl der Beobachtungen entfällt in Österreich auf die Periode Ende Jänner bis Mitte Februar[1, 2], in Ungarn fallen alle Nachweise von 2001-2013 in die Monate Dezember bis März[6]. Die zwei spätesten Meldungen waren ein bzw. sieben Seidenschwänze, die am 14.4.2005 in Gols[5] und am 16.4.2001 am Campingplatz St. Andrä[7] entdeckt wurden.

Quellen: [1] *Zuna-Kratky & Ranner (1990),* [2] *Teufelbauer & Khil (2005),* [3] *Archiv BirdLife Österreich,* [4] *www.ornitho.at,* [5] *M. Dvorak/ABÖ,* [6] *Archiv MME Sopron,* [7] *M. Ganso/ABÖ,* [8] *J. Reid/ABÖ,* [9] *U. Lindinger/ornitho.at,* [10] *B. Leisler/ABÖ,* [11] *H. Szinovatz/ABÖ,* [12] *J. Laber/ABÖ,* [13] *J. Steiner/ABÖ,* [14] *J. Fuhrmann/ABÖ,* [15] *V. Leeb/ornitho.at,* [16] *L. Timaeus/ornitho.at,* [17] *Kárpáti (1983),* [18] *T. Hadarics & A. Pellinger/AMS,* [19] *L. Kárpáti/AMS,* [20] *M. Henn/AMS*

Michael Dvorak & Attila Pellinger

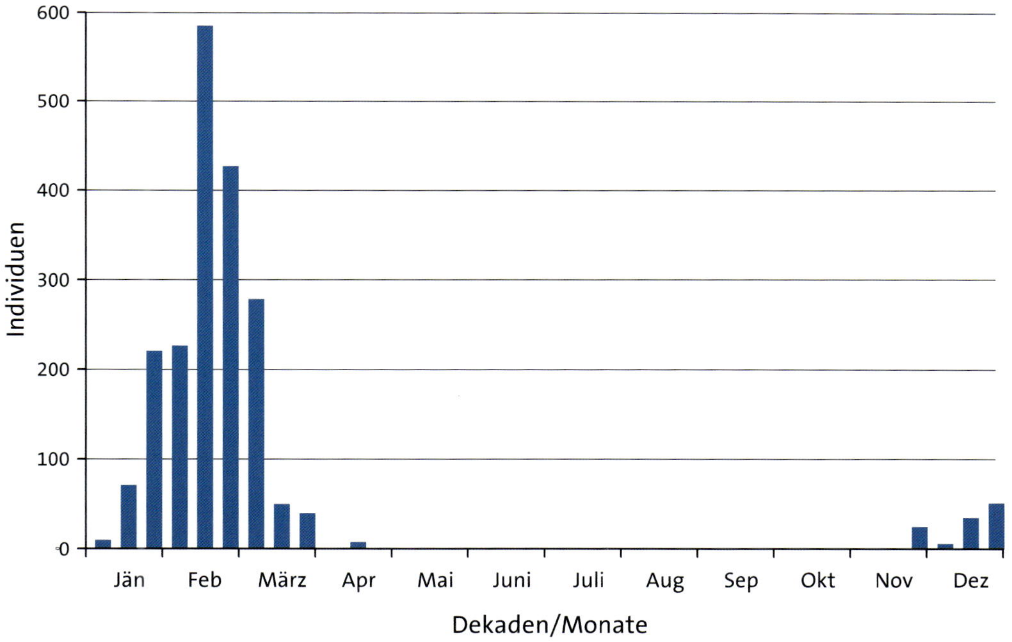

Jahreszeitliches Auftreen des Seidenschwanzes (Dekadensummen gemeldeter Individuen) basierend auf Daten aus Österreich und Ungarn aus den Jahren 1966–2019 (n = 2.035)[3, 4, 6].

Tannenmeise *Periparus ater* (Linnaeus, 1758)

Fenyvescinege – Coal Tit

Seebad Illmitz, 30.4.2021 (Bernhard Zens)

Seltener Durchzügler von Mitte März bis Anfang Mai und von Anfang September bis Anfang November

Verbreitung und Lebensraum

Tannenmeisen brüten im Nadel- und Mischwald, im Avifauna-Gebiet sind sie nur am Durchzug in Baumbeständen aller Art anzutreffen. Der Großteil der Meldungen aus Österreich stammt vom Ostufer des Sees vom Sandeck bis zur Hölle, aus der Umgebung von Illmitz und des St. Andräer Zicksees. Weitere Meldungen verteilen sich über den Seewinkel, den Hanság und das Westufer des Neusiedler Sees[1].

Bestand und Bestandsentwicklung

Zimmermann[2] war der erste, der 1940 und 1941 durchziehende Tannenmeisen im „*Illmitzer Wäldchen und Illmitzer Schwarzkiefernwäldchen*" entdeckte. Auch 10 Jahre später wurde sie als im Gebiet regelmäßig in geringer Zahl durchziehend bezeichnet[3]. Von 1966 bis 2019 trat die Art in Österreich fast jedes Jahr im Gebiet auf, mit Beobachtungen aus 40 von 54 Jahren und insgesamt 154 Meldungen[1,4]. Vor 2014 blieb die Zahl der jährlichen Nachweise allerdings gering und lag in fast allen Jahren nur zwischen einer und drei Beobachtungen (nur dreimal 4, 5 und 7 Nachweise)[4]. Mit der Einführung von ornitho.at im Jahr 2013 stieg auch die Zahl der Meldungen an, doch traten ausgeprägte jährliche Schwankungen zutage. In den Jahren 2013 und 2016 wurden z. B. nur einer bzw. vier Nachweise bekannt, während 2017 36 Meldungen, 2019 32 und 2014, 2015 und 2018 insgesamt 13–22 Meldungen erbracht wurden[1]. Diese jährlichen Schwankungen im Auftreten spiegeln auch die Fangzahlen an der Biologischen Station Illmitz wider[5–7]. Blieben neun von 20 Saisonen ohne Fänge von Tannenmeisen, gab es acht Jahre mit jeweils 1–8 Fänglingen und stark überdurchschnittliche Fangzahlen, wie im Jahr 1978 (18), 2017 (25) und 2019 (39). Tannenmeisen treten zumeist in kleiner Zahl und dann fast immer gemeinsam mit anderen Meisenarten auf. 66 % aller Beobachtungen bezogen sich auf 1–2 Exemplare, weitere 17 % auf jeweils 3–5[1,4]. Trupps von mehr als fünf Exemplaren sind sehr selten und solche von mehr als 10 sind Ausnahmen: Drei der vier größten Trupps wurden 2017, dem Jahr mit dem bisher stärksten registrierten Durchzug, entdeckt: 20 am 26.10. bei Podersdorf[8], 25 am 8.10. bei der Hölle[9] und sogar ca. 100 am 18.10. im Seebad Illmitz[10]. 65 Exemplare als zweitgrößter Trupp wurden am 10.10.2010 in der Hölle gezählt[11].

Der starke Durchzug des Jahres 2017 war auch auf ungarischer Seite spürbar. Der bislang größte Trupp umfasste 36 Exemplare, die am 10.4.2018 in Gradina-hegy bei Fertőboz entdeckt wurden[12].

Jahreszeitliches Auftreten

Der Durchzug der Tannenmeisen findet in zwei scharf abgrenzbaren Perioden statt[1,4]: Im Frühjahr von Mitte März bis Anfang Mai (früheste Beobachtung 20. März, späteste 9. Mai) und im Herbst von Anfang September bis Anfang November (früheste Beobachtung 30. August, späteste 4. November). Einzelne Vögel finden sich überdies in winterlichen Meisentrupps im Dezember und Jänner, aber auf sehr unregelmäßiger Basis. Auch vier Nachweise verstrichener Tannenmeisen im Juli und August fallen aus dem oben beschriebenen Muster.

Quellen: [1] *www.ornitho.at*, [2] *Zimmermann (1943)*, [3] *Bauer et al. (1955)*, [4] *Archiv BirdLife Österreich*, [5] *Vogelwarte Radolfzell, heute Max-Planck-Institut für Verhaltensbiologie, unpubl. Daten*, [6] *W. Vogl & H. Winkler, unpubl. Daten*, [7] *Biologische Station Illmitz, unpubl. Daten*, [8] *H.-M. Berg/ornitho.at*, [9] *O. Samwald/ornitho.at*, [10] *F. Samwald/ornitho.at*, [11] *S. Zinko/ABÖ*, [12] *S. Mogyorósi, unpubl. Daten*

Michael Dvorak & Tibor Hadarics

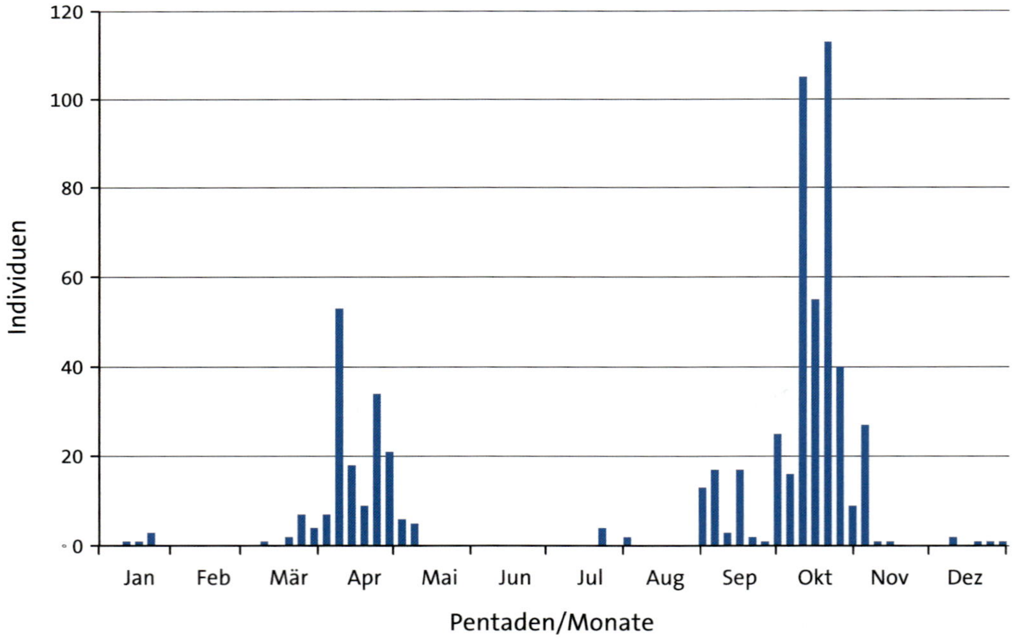

Jahreszeitliches Auftreten der Tannenmeise (Pentadensummen gemeldeter Individuen) basierend auf Daten aus Österreich aus den Jahren 1967–2019 (n = 628)[1,4].

Haubenmeise *Lophophanes cristatus* (Linnaeus, 1758)

Búbos cinege – Crested Tit

Szárhalmi-erdő, 17.3.2016 (Sándor Mogyorósi)

Ausnahmeerscheinung

Vorkommen

Die Haubenmeise ist eine Vogelart, die an Nadelwäldern gebunden ist und im nahegelegenen Ödenburger Gebirge und in den Nadelwäldern des Dudlesz nistet. Innerhalb der Grenzen des Avifauna-Gebiets gibt es zwar keine Nachweise, aber gleich zwei ganz knapp außerhalb der Grenze:

- 10.9.2011 zwischen Fertőrákos und Balf, Ostrand des Szárhalmi-erdő, 1 Ind. (G. Bodor u. a.[1, 2])
- 5.2.2013 Fertőrákos, Külső-Rákosi-erdő, 1 Ind. (S. Mogyorósi[1, 2])

Quellen: [1] *Hadarics (2017a)*, [2] *www.birding.hu*

Tibor Hadarics

Sumpfmeise *Poecile palustris* (Linnaeus, 1758)

Barátcinege – Marsh Tit

Breitenbrunn, 31.5.2022 (Bernd Tobler)

Vereinzelter Brutvogel im Hanság und am Westufer des Sees sowie unregelmäßiger Gast außerhalb der Brutzeit

Vorkommen

Sumpfmeisen sind Brutvögel älterer Laub- und Mischwälder, besiedeln aber auch halboffene Kulturlandschaften mit älteren Obstgärten, Streuobstwiesen oder Baumreihen sowie Feldgehölze mit älteren Bäumen[1]. Im österreichischen Neusiedler See-Gebiet findet die Art lediglich in den wenigen auwaldartigen Baumbeständen geeigneten Brutlebensraum. Von insgesamt 51 bis 2018 vorliegenden Nachweisen entfallen 28 auf den Hanság. Hier wurde die Sumpfmeise zur Brutzeit regelmäßig entlang des Einserkanals und vereinzelt im Figurenwäldchen nachgewiesen. Abseits des Hanság deuten am Westufer Brutzeitnachweise auf ein Vorkommen im Wulkawäldchen und im Wäldchen nördlich von Rust hin, allerdings werden diese zwei Gebiete nur ganz unregelmäßig ornithologisch untersucht[2, 3]. Außerhalb der Brutzeit konzentrieren sich die Nachweise ziehender Vögel fast ausschließlich auf die Baumbestände am Ostufer des Neusiedler Sees, mit vereinzelten Beobachtungen abseits davon. Lediglich drei der 51 Beobachtungen entfielen auf den Zeitraum vor 2010, während 42 Beobachtungen und damit ein Großteil der Meldungen aus den Jahren 2014–2018 stammen[2, 3].

Auch aus dem ungarischen Teil des Avifauna-Gebiets liegen nur wenige Nachweise der Sumpfmeise vor. In der bisher vorliegenden Literatur wird die Art als in den Laubwäldern um den Neusiedler See vorkommend beschrieben[4] bzw. als seltener Brutvogel in der Region Neusiedler See eingestuft[5]. Dabei ist unklar, wieweit diese Vorkommen noch innerhalb der Grenzen des Avifauna-Gebiets liegen. Im Süden des Neusiedler Sees wurde in den 1940er Jahren mit Aufforstungen und der Anlage von Windschutzstreifen begonnen, sodass lokal sicherlich geeignete Lebensräume vorhanden sind, aus denen auch vereinzelt Brutzeitbeobachtungen der Sumpfmeise vorliegen.

Jahreszeitliches Auftreten

Abseits der 24 Brutzeitbeobachtungen zwischen März und Juni beziehen sich 16 Nachweise im September und Oktober auf durchziehende Vögel und 11 Beobachtungen zwischen Dezember und Februar auf überwinternde Sumpfmeisen[2, 3].

Quellen: [1] *Dvorak et al. (1993),* [2] *Archiv Birdlife Österreich,* [3] *www.ornitho.at,* [4] *Kárpáti (1983a),* [5] *Bankovics et al. (2002)*

Michael Dvorak & Mariann Komlós

Blaumeise *Cyanistes caeruleus* (Linnaeus, 1758)

Kék cinege – Eurasian Blue Tit

Oberer Stinkersee, Illmitz, 6.11.2021 (Michael Dvorak)

Mäßig häufiger Brutvogel und ab Ende September auch im Schilfgürtel sehr häufiger Durchzügler und Wintergast

Verbreitung und Lebensraum

Blaumeisen brüten im Gebiet nur vereinzelt, vor allem in größeren, älteren Wäldchen und in Ortschaften. Zwischen 2013 und 2019 gelangen im österreichischen Teilgebiet lediglich 31 Brutnachweise, wobei Konzentrationen an häufig von Vogelbeobachtern aufgesuchten Orten erkennbar sind, wie z.B. Warmblutkoppel, Nationalpark-Infozentrum und Sandeck in Illmitz[1]. Etwas häufiger und regelmäßiger kommen Bruten am stärker mit Baumgruppen durchsetzten Südufer vor[2]. Da die Art außerhalb des Neusiedler See-Gebiets ein meist sehr häufiger Brutvogel ist, muss davon ausgegangen werden, dass manche Brutnachweise nicht gemeldet werden. Als Durchzügler und im Winter kommt die Blaumeise in einer Vielzahl von Lebensräumen, u.a. in verschiedensten Gehölzen wie Hecken, Windschutzstreifen, Wäldchen, Parks etc., aber auch in Schilfgebieten häufig vor. Der Schilfgürtel des Neusiedler Sees und andere verschilfte Bereiche werden, im Gegensatz zur Kohlmeise, von durchziehenden und überwinternden Blaumeisen-Trupps intensiv zur Nahrungssuche genutzt[3]. Eine Analyse zur Habitatnutzung anhand von Fänglingen an der Biologischen Station Illmitz ergab, dass Blaumeisen ab Ende September fast ausschließlich im Schilf anzutreffen sind (84,5 % der Fänge), während sie sich davor hauptsächlich in Wäldchen aufhalten (72,4 %)[4]. Blaumeisen sind in den Wintermonaten oft sogar die häufigsten Schilfvögel, da sie – im Unterschied zu den meisten anderen Arten – in der Lage sind, Schilfhalme aufzuhacken und darin lebende Insekten zu erbeuten[3, 5–8].

Bestand und Bestandsentwicklung

Bereits Zimmermann[9] beschreibt in seiner Zusammenfassung älterer Quellen zwischen 1887 und 1941 das heute geltende Muster im Auftreten der Blaumeise als häufiger Durchzügler (v.a. im Schilf) mit Höhepunkt gegen Ende Oktober. Eine Erwähnung als Brutvogel bzw. ganzjährig anwesender Standvogel bleibt in den meisten Übersichten aus. Mitte der 1950er Jahre schreiben Bauer et al.[10] für das österreichische Teilgebiet von randlichen Brutvorkommen im Leithagebirge bzw. in den Wäldchen nahe Jois und Halbturn, dass aber die Blaumeise im Neusiedler See-Gebiet *„sicher nicht"* brüte. Erst Ende der 1960er beurteilt Kurth[11] die Art als *„neuen Brutvogel"*, der zögernd einwandere. Auch auf der ungarischen Seite entstanden frühestens ab den 1950er Jahren in den Windschutzstreifen geeignete Bruthabitate und erst Anfang der 1980er Jahre wird die Art als regelmäßiger Brutvogel angeführt[12]. Eine Erfassung der Brutvögel der Wäldchen im Seewinkel in den Jahren 2016–2018 ergab eine Dichte von nur 8 Revieren/km² (15 Paare in 37 % der kartierten Feldgehölze). Davon wurden fünf Reviere im Mitterried nordöstlich von Wallern und je drei im Illmitzer Gemeindewald bzw. im Wallerner Wäldchen festgestellt. Mit 48 Revieren/km² erreichte die Kohlmeise auf denselben Flächen eine wesentlich höhere Dichte[13].

In den Siedlungen fehlt die Blaumeise weitgehend als Brutvogel, bei einer Untersuchung in 11 Dörfern im Jahr 2014 wurde sie nur in dreien festgestellt, in jeweils einzelnen Exemplaren[14]. Bei einer Bestandsaufnahme im April 2018 in

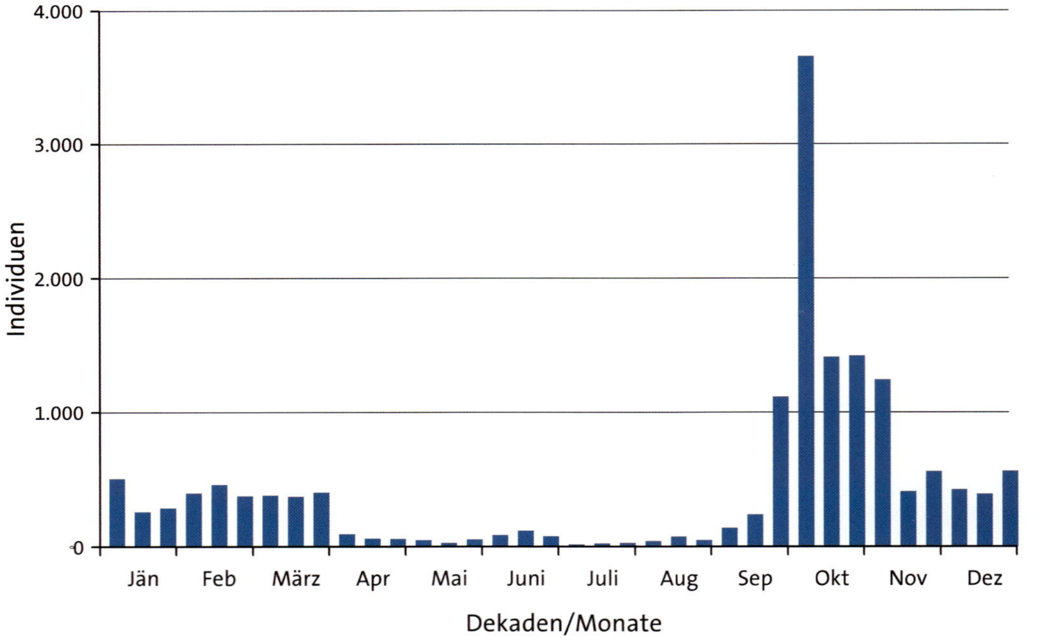

Jahreszeitliches Auftreten der Blaumeise (Dekadensummen gemeldeter Individuen) basierend auf Daten aus Österreich aus den Jahren 2011–2021 (n = 15.920)[1].

Illmitz fehlte sie völlig[15]. Dass die Blaumeise in ihrer Häufigkeit als Brutvogel so deutlich hinter der Kohlmeise zurückbleibt, könnte an der Knappheit geeigneter Brutmöglichkeiten, wie Baumhöhlen oder Nistkästen, liegen, die vorwiegend von den dominanten Arten Star, Feldsperling und Kohlmeise beansprucht werden. Das mengenmäßige Auftreten im Herbst kann zwischen den Jahren stark schwanken und hängt wohl stärker mit hohem Fortpflanzungserfolg als mit schlechter Nahrungsverfügbarkeit in den Quellgebieten zusammen[16]. Aus den Fangzahlen der Blaumeise in den Jahren 1974–1983 an der Biologischen Station Illmitz ergab sich für diesen Zeitraum ein insgesamt leicht positiver Trend[17]. Auf der ungarischen Seite konnten die höchsten Fangzahlen 2014 und 2017 erzielt werden und der Brutbestand zeigte im letzten Jahrzehnt einen leichten Aufwärtstrend.

Jahreszeitliches Auftreten

Der kleine Brutbestand wird ab Mitte September durch, in manchen Jahren massiven, Zuzug aus nördlicher und nordöstlicher Richtung (vgl. Ringfunde unten) ergänzt. Ab diesem Zeitpunkt wandelt sich die Blaumeise zu einem sehr häufigen Vogel im Gebiet. Der Höhepunkt des Herbstdurchzugs wird im letzten Oktoberdrittel erreicht[18], zahlreiche Vögel verweilen aber den ganzen Winter hinweg im Gebiet, wie Ringfunde aus Frauenkirchen zeigen[19]. Nahezu sämtliche Meldungen von 50 oder mehr Exemplaren stammen aus dem Zeitraum 29.9. bis 21.11. vom Seerand des Neusiedler Sees (z. B. Illmitz, Podersdorf, Breitenbrunn)[1,20]. Im östlichen Seevorgelände kann an guten Herbsttagen der Durchzug großer Gruppen an der Uferlinie entlang in Richtung Süden beobachtet werden. Viele der im September und vor allem im Oktober zuziehenden Individuen verbleiben den ganzen Winter. Der Frühjahrszug verläuft deutlich unauffälliger und tritt vor allem im März in Erscheinung. Ganzjährige Fänge an der St. Martins Therme bilden das jahreszeitliche Auftreten in der Region, inklusive dem deutlich schwächeren Heimzug, ab[19]. Zwei ziehende Trupps mit insgesamt 67 Exemplaren am 29.3.2016 bei Pamhagen seien stellvertretend für mehrere Heimzug-Beobachtungen aus dem Monat März mit Trupps zwischen 20–25 Individuen erwähnt[20].

Zugverhalten und Ringfunde

Die Blaumeise ist in Mitteleuropa überwiegend Standvogel und Teilzieher und zeigt ausgeprägte Dismigration. Innerhalb der Populationen kommen aber unterschiedliche Zugstrategien vor. Nördliche Brutpopulationen besitzen jedenfalls ein stärker ausgeprägtes Zugverhalten und neigen im Herbst zu unregelmäßigen Invasionen nach Südwesten[21]. Schmidt et al.[22] erachten es zwar als nicht ausreichend belegt, dass die großen Mengen durchziehender und überwinternder Blaumeisen in den Schilfgebieten auf Vögel aus nördlicheren Gebieten zurückgehen, zahlreiche Ringfunde zeigen diese Zugachse aber deutlich an. Interessanterweise fehlen Fremdfunde von nahegelegenen Beringungsorten mit hohen Fangzahlen an Blaumeisen, z. B. Wien oder Hohenau-Ringelsdorf. Die im Herbst dominierende Zugrichtung nach Südwesten ist durch 20 Wiederfunde innerhalb desselben Herbstes gut belegt, die vor allem an den Beringungsstationen in Mekszikópuszta, Fertőrákos, an der Biologische Station Illmitz und in Frauenkirchen im Zeitraum September bis Dezember der Jahre 1978–2017 erbracht wurden. Davon entfallen 10 Funde auf Vögel, die an einer der nördlichen Beringungsstationen in Österreich gefangen und innerhalb von maximal 18 Tagen an einer der ungarischen Stationen 7–17 km weiter südwestlich bzw. südlich kontrolliert wurden.

Funde aus größerer Distanz und ebenfalls nordöstlicher Herkunft innerhalb desselben Herbstes betreffen drei Vögel mit Beringungsorten im zentralen und südlichen Polen (Distanzen 482–550 km) und je einen aus der Westslowakei (119 km) bzw. Litauen (897 km). Außerdem wurden zwei aus östlicher Richtung aus Ungarn kommende Blaumeisen am Neusiedler See kontrolliert (108 bzw. 302 km). Ein am 25.9.1978 in Illmitz beringtes Exemplar wurde am 2.12. desselben Jahres in Slowenien (351 km) kontrolliert und ein am 26.10.2017 ebenfalls in Illmitz beringter Vogel wurde 15 Tage später in Norditalien (324 km) von einer Katze erbeutet. Dem gegenüber stehen nur drei Funde in südöstlicher Richtung innerhalb desselben Herbstes. Fänglinge aus Illmitz aus dem Oktober 2010 bzw. 2018 wurden 8–20 Tage später am Plattensee (121 und 123 km) bzw. in Zentralungarn (221 km) kontrolliert. Auch 12 Fernfunde aus Folgejahren (158–895 Tage nach der Beringung) liegen allesamt auf derselben Zugachse, bzw. östlich davon (viermal Slowakei, dreimal Ungarn und je einmal Litauen, Polen, Russland, Slowenien und Weißrussland). Drei davon stellen die weitesten Fernfunde von am Neusiedler See beringten Blaumeisen dar. Ein am 25.10.1992 in Illmitz beringter Vogel wurde am folgenden Herbstzug, am 5.10.1993, in Rybachi auf der Kurischen Nehrung kontrolliert (867 km). Eine am 28.10.2010 in Fertőrákos beringte Blaumeise weist wohl auf das Brutgebiet mancher Herbst-Zuzügler hin. Sie wurde am 16.5.2011 bei Kaunas, Litauen, kontrolliert. Einen Wechsel des Winterquartieres zeigt ein Vogel an, der am 26.10.2018 in Frauenkirchen beringt wurde. Er hielt sich im folgenden Winter, am 8.12.2019, nahe des Pahost-Stausees in Weißrussland, 837 km weiter nordöstlich, auf[23,24].

Quellen: [1] *www.ornitho.at,* [2] *Bankovics et al. (2002),* [3] *Löffler (1974),* [4] *Baierlein (1981),* [5] *Frömel (1979),* [6] *Mook (1967),* [7] *Török in Csörgő et al. (2009),* [8] *Gál in Szép et al. (2021),* [9] *Zimmermann (1943),* [10] *Bauer et al. (1955),* [11] *Kurth (1970),* [12] *Kárpáti (1983),* [13] *M. Dvorak, unpubl. Daten,* [14] *Dvorak et al. (2014),* [15] *A. Grüll, unpubl. Daten,* [16] *Berndt & Henß (1963),* [17] *Berthold et al. (1986),* [18] *Berthold et al. (1991),* [19] *L. Khil & M. Suanjak, unpubl. Daten,* [20] *A. Kraus, M. Faas/ornitho.at,* [21] *Glutz von Blotzheim & Bauer (1993),* [22] *Schmidt et al. (2014),* [23] *Österreichische Vogelwarte, unpubl. Ringfunde,* [24] *Vogelberingungszentrale BirdLife Ungarn, unpubl. Ringfunde,* [25] *Biologische Station Illmitz, unpubl. Daten*

Leander Khil & Mariann Komlós

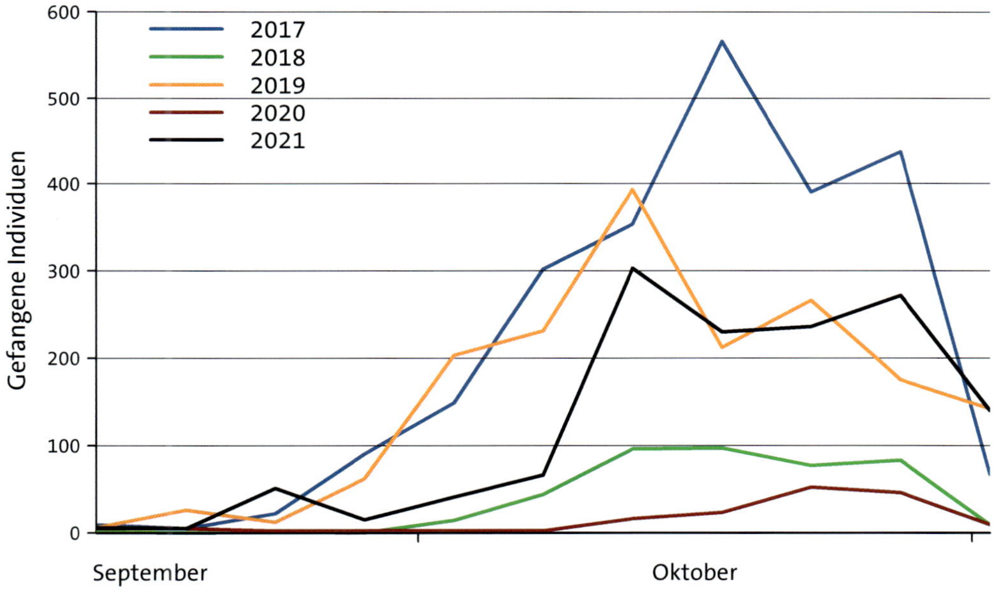

Unterschiedlich starker Herbstdurchzug der Blaumeise in verschiedenen Jahren basierend auf Fangzahlen an der Biologischen Station Illmitz (Dekadensummen) aus den Jahren 2017–2021[25].

Lasurmeise *Cyanistes cyanus* (Pallas, 1770)

Lazúrcinege – Azure Tit

Biologische Station Illmitz, 2.11.1989, Hybride Lasur- x Blaumeise (links) mit Blaumeise (aus Brensing & Barthel 1993)

Ausnahmeerscheinung

Vorkommen

Zwei Nachweise:

- Frühwinter 1928/29 Nordufer des Neusiedler Sees, 1 Ind. aus einem Trupp von drei Individuen erlegt (Lachnit via L. Sedlazek[1, 2])
- 26.11.1959 Neusiedl am See, ein Fängling in Gefangenschaft genommen (T. Samwald[2, 3]; entgegen der Ankündigung von Peters[3] gelangte dieser Vogel nicht in die Vogelsammlung des Naturhistorischen Museums Wien)

Ein weiterer Vogel wurde angeblich im Jahr 1925 ebenfalls von Lachnit am Nordufer des Sees erlegt, verblieb aber in dessen mittlerweile verschollener Sammlung[1]. Da die Bestimmung somit – im Gegensatz zu jener der beiden oben angeführten Vögel – nie überprüft werden konnte, kann diese Meldung nicht als Nachweis eingestuft werden.

Dass die Bestimmung von Lasurmeisen im mitteleuropäischen Kontext tatsächlich keineswegs trivial ist, zeigt das gelegentliche Auftreten von auch unter dem Namen „Pleskemeisen" bekannten Hybriden mit der Blaumeise. Während seit 1959 keine Lasurmeisen mehr im Neusiedler See-Gebiet nachgewiesen werden konnten, gelangen in diesem Zeitraum zwei Feststellungen derartiger Hybriden:

- 2.11.1989 Biologische Station Illmitz, 1 Fängling (D. Brensing, H. Biebach[4, 5])
- 6.12.2000 Biologische Station Illmitz, 1 Ind. (A. Grüll[6])

Quellen: *[1] Bauer & Rokitansky (1963), [2] Bauer (1971), [3] Peters (1960), [4] Brensing & Barthel (1993), [5] Ranner et al. (1995), [6] Ranner (2003)*

Andreas Ranner

Kohlmeise *Parus major* Linnaeus, 1758

Széncinege – Great Tit

Jungerberg, Jois, 27.3.2021 (Michael Dvorak)

Häufiger und verbreiteter Brutvogel sowie sehr häufiger Durchzügler und Wintergast

Verbreitung und Lebensraum

Die Kohlmeise ist im gesamten Gebiet verbreitet, die Brutvorkommen konzentrieren sich auf ältere, größere Baumbestände, wie Wäldchen oder Windschutzstreifen sowie besiedeltes Gebiet, und decken sich weitgehend mit der Verbreitung der deutlich selteneren Blaumeise, die im Vergleich höhere Ansprüche an die Artenzusammensetzung, das Alter und Höhlenangebot der Gehölze stellt[1, 2]. Zwischen 2013 und 2019 wurden im österreichischen Teilgebiet rund 110 Brutnachweise gemeldet (3,5-mal mehr als im selben Zeitraum von der Blaumeise)[3]. Außerhalb der Brutzeit nutzen Kohlmeisen vor allem auch kleinere, zur Brut ungeeignete Gehölze, wie z. B. Hecken. Schilfgebiete werden zwar auch genutzt, aber in sehr viel geringerem Ausmaß als von der Blaumeise[4].

Bestand und Bestandsentwicklung

Bis in die erste Hälfte des 20. Jahrhunderts war die Kohlmeise als Brutvogel viel seltener im Gebiet anzutreffen und im Seewinkel erfolgte die Besiedelung überhaupt erst in den letzten Jahrzehnten. Zwar berichtete bereits Zimmermann[5] von vereinzelten Brutvorkommen im Ortsgebiet von Neusiedl am See, für den Seewinkel wird die Art aber noch als fehlend beschrieben. Seine Beobachtungen zum auffälligen und von Jahr zu Jahr schwankenden Herbstdurchzug mit starkem Einsetzen ab Ende September decken sich jedoch mit dem heutigen Auftreten. 1951 fanden Bauer et al.[6] im Seewinkel ebenfalls keine und in Neusiedl am See 1952 lediglich eine Brut der Kohlmeise. Wie heute war die Kohlmeise im Schlosspark von Halbturn schon damals häufig und auch für das Westufer des Neusiedler Sees wird sie als *„verbreiteter und nicht seltener"* Brutvogel bezeichnet. Die Autoren beobachteten das Eintreffen erster Durchzügler Mitte August und einen verstärkten Durchzug ab der zweiten Septemberhälfte sowie Überwinterungen[6]. Für den Seewinkel findet sich bei Kurth[7] für das Jahr 1969 interessanterweise noch immer keine Erwähnung der Art, während die Blaumeise als Neubürger bereits angeführt wird. Am ungarischen Südufer war sie spätestens Ende der 1970er Jahre ein regelmäßiger Brutvogel[8]. Eine Erfassung in den Jahren 2016–2018 zeigt eine vollständige Besiedelung geeigneter

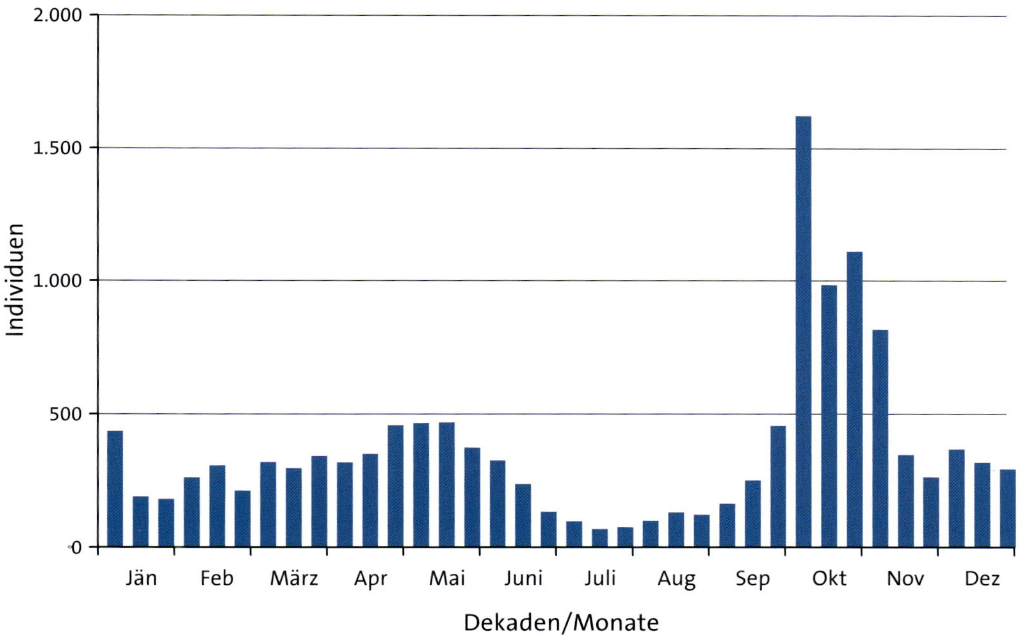

Jahreszeitliches Auftreten der Kohlmeise (Dekadensummen gemeldeter Individuen) basierend auf Daten aus Österreich aus den Jahren 2011–2021 (n = 13.287)[3].

Brutlebensräume: In den Wäldchen des Seewinkels siedelte die Kohlmeise mit einer Dichte von 48 Revieren/km² und war damit die sechsthäufigste Art (90 Paare in 89,5 % der kartierten Feldgehölze). Besonders häufig war sie, wie auch die Blaumeise, in den Flächen Mitterried (15 Reviere), im Illmitzer Gemeindewald bzw. im Wallerner Wäldchen (je 11 Reviere)[9]. In den Siedlungsgebieten ist die Kohlmeise hingegen wesentlich seltener, so wurde sie 2014 bei Punktzählungen in 11 Dörfern im Seewinkel und südöstlich des Neusiedler Sees nur an knapp 20 % aller 120 Zählpunkte festgestellt, die Siedlungsdichte lag mit ca. 15 Revieren/km² deutlich unter derjenigen in den Wäldchen[10]. Eine weitere Zählung im April 2018 in Illmitz ergab mit 41 singenden Männchen auf 171 ha (24 Reviere/km²) einen etwas höheren Wert, wobei die Erhebung früher im Jahr mit höherer Gesangsaktivität der Kohlmeisen stattfand[11].

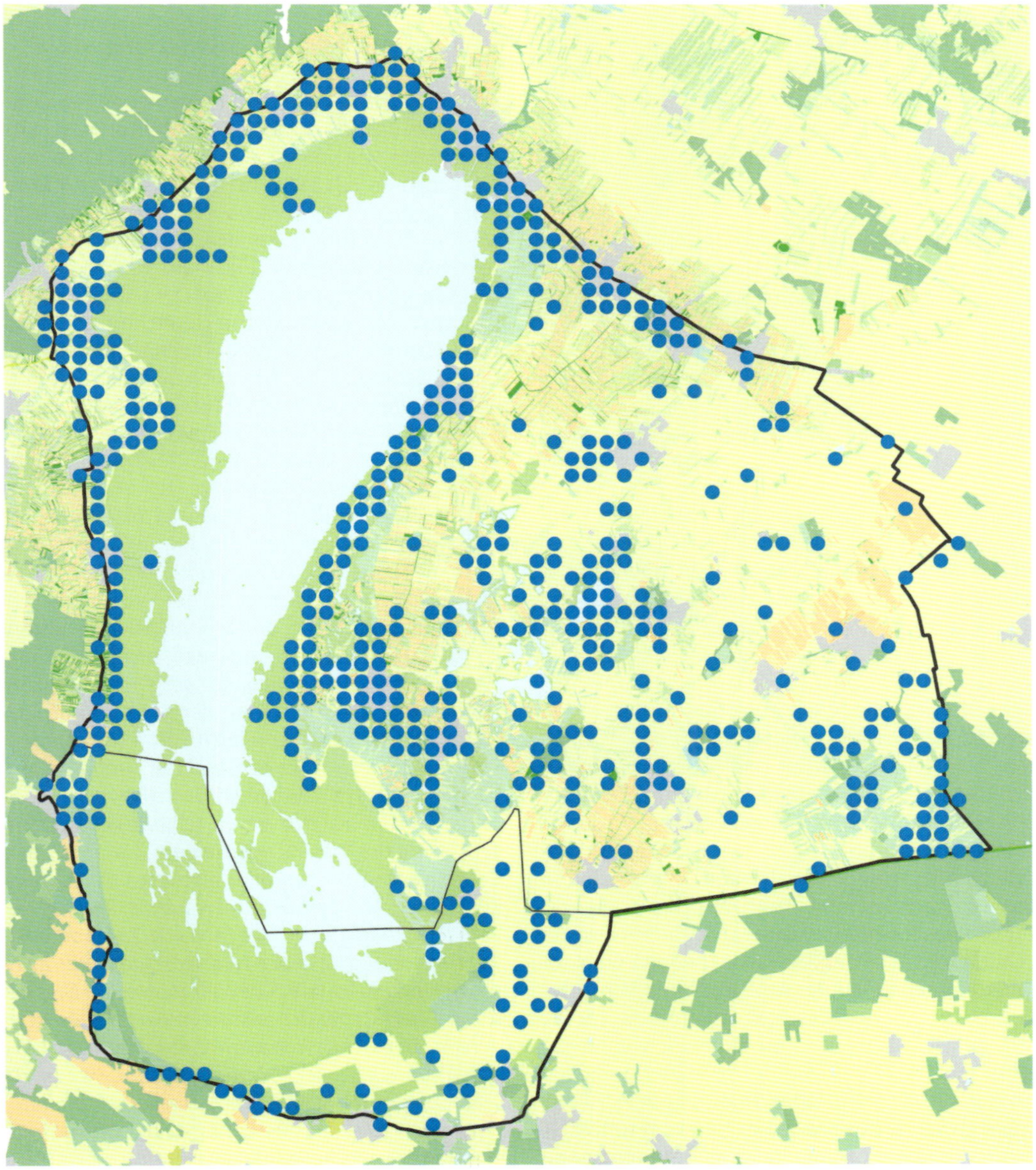

Brutzeitverbreitung der Kohlmeise, basierend auf Beobachtungen in den Monaten März bis August (ohne Trupps > 4) aus den Jahren 2011–2021[3, 19, 20].

Jahreszeitliches Auftreten

Kohlmeisen kommen im Neusiedler See-Gebiet das ganze Jahr über vor. Starker Durchzug ab dem Spätsommer und zahlreiche Überwinterer sorgen aber dafür, dass die Art außerhalb der Brutzeit wesentlich häufiger anzutreffen ist. Der Median des Herbst-Durchzugs liegt an der Biologischen Station Illmitz am 14. Oktober[4]. Dann treten im ganzen Gebiet, aber vor allem am Ostrand des Neusiedler Sees, nach Süden ziehende Trupps auf, die sich zum Teil mit Blaumeisen, Wintergoldhähnchen und anderen Kleinvögeln mischen. Im Invasionsherbst 2017 erfolgten beispielsweise folgende Beobachtungen von nach Süden ziehenden Trupps: am 8.10. 500 Individuen im Seevorgelände nahe Oberer Stinkersee[12] sowie am 18.10. 300 Individuen im Seebad Illmitz zwischen 9:20 und 10:45 Uhr[13]. Ringfunde in Frauenkirchen haben gezeigt, dass im Oktober zuziehende Vögel zu großen Teilen den ganzen Winter verweilen. Wiederkehrende Überwinterer wurden mehrfach, im Einzelfall über drei aufeinanderfolgende Winter, festgestellt. Der Frühjahrszug verläuft deutlich weniger auffällig als der Herbstzug[14].

Zugverhalten und Ringfunde

In Österreich ist die Kohlmeise Standvogel und Teilzieher. Bei schlechter Witterung, Nahrungsknappheit und bei hohem Populationsdruck vollzieht sie Evasionen. Im Herbst erfolgt starker Zuzug aus nordosteuropäischen Populationen. Während bereits im August die diesjährigen Jungvögel durch Dismigration in anderen Gebieten erscheinen, setzt ab September gerichteter Zug nach Südwesten ein. Von Oktober bis Dezember erreicht der manchmal invasionsartige Zuzug seinen Höhepunkt. Der Rückzug erfolgt im Februar und März[15]. Von der Kohlmeise liegen nicht annähernd so viele Fremd- und Fernfunde aus dem Gebiet vor wie von der Blaumeise. Die Zugachse von Nordost nach Südwest ist aus diesen Funden dennoch erkennbar. Die geringe Fundrate von beringten Kohlmeisen bzw. die hohe Fundrate beringter Blaumeisen mag mit der Habitatwahl der Blaumeise zusammenhängen, die sich – im Gegensatz zur Kohlmeise – im Winterhalbjahr vermehrt in den Schilfgebieten aufhält. Dort wird, aufgrund der niedrigen Vegetation, traditionell mehr beringt als in Gehölzen. Eine diesjährige, am 9.5.2007 bei Zvolen in der Slowakei beringte Kohlmeise wurde am 28.10.2007 in Illmitz kontrolliert (196 km). Folgende Fernfunde von am Herbstzug in Illmitz beringten Kohlmeisen liegen vor: beringt am 10.10.1975, erlegt am 2.11.1975 bei Conegliano, Nordost-Italien (396 km); beringt am 16.10.1975, von einem Greifvogel geschlagen am 2.5.1976 nordöstlich von Moskau (1.891 km); beringt am 5.10.1990, kontrolliert am 25.2.1991 in Ljubljana/Slowenien (254 km)[16, 17].

Quellen: [1] *Jánoska (2001),* [2] *Bankovics et al. (2002),* [3] *www.ornitho.at,* [4] *Bairlein (1981),* [5] *Zimmermann (1943),* [6] *Bauer et al. (1955),* [7] *Kurth (1970),* [8] *Kárpáti (1983),* [9] *M. Dvorak, unpubl. Daten,* [10] *Dvorak et al. (2014),* [11] *A. Grüll, unpubl. Daten,* [12] *O. Samwald/ornitho.at,* [13] *F. Samwald/ornitho.at,* [14] *L. Khil & M. Suanjak, unpubl. Daten,* [15] *Schmidt et al. (2014),* [16] *Österreichische Vogelwarte, unpubl. Ringfunde,* [17] *Vogelberingungszentrale BirdLife Ungarn, unpubl. Ringfunde,* [18] *Biologische Station Illmitz, unpubl. Daten,* [19] *Archiv MME Sopron,* [20] *Archiv FHNP*

Leander Khil & Mariann Komlós

Beutelmeise *Remiz pendulinus* (Linnaeus, 1758)

Függőcinege – Eurasian Penduline Tit

Biologische Station Illmitz, 22.3.2012 (Michael Dvorak)

Mäßig häufiger Brutvogel mit stark abnehmendem Brutbestand und häufiger Durchzügler

Verbreitung und Lebensraum

Die Beutelmeise brütet in Auwäldern, angepflanzten Weichholzbeständen, Bruchwäldern und in Bäumen am Rand von Schilf- und Rohrkolbenbeständen. Sie bevorzugt Bereiche, an denen Röhrichte, Büsche, Bäume und freie Wasserflächen ineinander übergehen[1]. Die Nester werden in der Regel in höher wüchsigen Baumbeständen angelegt, im Neusiedler See-Gebiet werden vorwiegend verschiedene Weiden-Arten und die Robinie als Brutbäume genutzt[2]. Vom Neusiedler See wurde in den 1930er und 1950er Jahren mehrfach über Nestfunde in reinen Schilfbeständen berichtet[3, 4], was sich aber in den darauffolgenden Jahrzehnten als Ausnahme herausstellte[2]. 80 % der 70 Nester, die auf der ungarischen Seite des Sees 1985–2003 gefunden wurden, befanden sich an Weide- und Pappelarten, es gab aber auch welche an Robinie, Holunder, Schmalblättriger Ölweide und Pflaume[25]. Außerhalb der Brutzeit nutzen Beutelmeisen fast ausschließlich größere Schilf- und Rohrkolbenbestände[2].

Die aktuelle Verbreitung der Beutelmeise konzentriert sich fast völlig auf das Ostufer des Sees, vom Sandeck bis zum Südrand der Ortschaft Podersdorf sowie vom Norden Podersdorfs bis Neusiedl am See. Mit Ausnahme einiger kleinflächiger Baumbestände bei Illmitz, südlich von Podersdorf und auf den Zitzmannsdorfer Wiesen, beschränken sich die Brutvorkommen am Ostufer des Sees auf den unmittelbaren landseitigen Seerand bzw. auf die wenigen, durch diesen Bereich des Schilfgürtels verlaufenden, mit Bäumen bewachsenen Dämme sowie das Seebad Illmitz. Am Nord- und Westufer konzentrieren sich die Brutvorkommen vor allem auf die baum- und buschbewachsenen Kanäle und Dämme sowie die Seebäder. Lediglich an der Wulka, am Südrand der Oggauer Heide, nördlich von Rust sowie zwischen Rust und Mörbisch sind auch uferbegleitende Baumbestände besiedelt. Im Seewinkel liegen die wenigen Brutplätze verstreut überall dort, wo es geeignete Baumbestände gibt, wie im Gemeindeschutzgebiet nördlich von Illmitz, im Bereich um den Wilhelmshof südlich von Frauenkirchen sowie an einigen Stellen rund um den St. Andräer Zicksee. Ein vom übrigen Gebiet isoliertes Vorkommen gibt es zudem entlang der Kanäle (Einserkanal, Torfkanal) und in den verbliebenen, auwaldartigen Baumbeständen im Hanság.

Bestand und Bestandsentwicklung

Aus dem 19. Jahrhundert liegen keine Berichte über ein Brutvorkommen der Beutelmeise am Neusiedler See vor. Fászl[5] beobachtete Jungvogeltrupps im Juli 1882, hielt aber fest: *„Ich fand trotz fleißiger Nachforschungen keine Spur ihrer Nester.“* 1886 führte von Dombrowski[6] die Beutelmeise als typischen und häufigen Brutvogel des Kapuvárer Erlenwalds an. Der Grund für das damalige Fehlen in weiten Bereichen des Sees war vermutlich die Seltenheit geeigneter Baum- und Buschbestände, wie auch Schenk[7] schrieb: *„Am Ostufer nicht beobachtet. Im Juni 1913 traf ich sie am Westufer in den Weidenbeständen, welche in das Röhricht hineinreichten, wo sie wahrscheinlich Brutvogel war. Auf dem Ostufer fehlten diese Weidenbestände und dürfte dies die Ursache des Fehlens sein“*. In den 1930er Jahren kam die Beutelmeise *„regelmäßig, aber nicht zahlreich vor“*, mit Bruten an der Wulka und bei Neusiedl am See[8]. In den frühen 1940er Jahren war die Beutelmeise *„ein zwar nicht häufiger, aber vielleicht auch nicht als selten zu bezeichnender Brutvogel des Sees, der sich hier infolge seines Brutvorkommens auch im geschlossenen Rohrwald nur leichter der direkten Beobachtung entziehen dürfte“*[9]. Im Seewinkel dürfte die Beutelmeise damals nur vereinzelt vorgekommen sein. Ende der 1940er wurde eine Zunahme der Beutelmeisen-Bestände registriert, so schrieb Koenig[10]: *„Auf den Dämmen ist die Besiedlung verhältnismäßig dicht. So fand ich 1949 auf der 1 km langen Strecke des Neusiedlerdammes zwischen Hafen und Bad 5 bewohnte Nester. Dies ist umso überraschender, als die Weiden alleeartig gereiht und stellenweise sogar mit größeren Zwischenräumen stehen.“* Anfang der 1950er Jahre war die Beutelmeise *„ein ausgesprochen häufiger Brutvogel des Sees“*, wobei bei dieser Einstufung davon ausgegangen wurde, dass *„die Art hier im allgemeinen Rohrbrüter ist“* und die Autoren meinten: *„Obwohl bisher nur wenige*

Rohrnester im Neusiedlersee-Gebiet gefunden wurden, muß dies nach der Häufigkeit der Art die gewöhnliche Bauweise sein" [11]. Diese Annahme sollte sich bei allen späteren Untersuchungen nicht bewahrheiten, und es bleibt auch fraglich, ob die Beutelmeise jemals ein derartig häufiger Brutvogel war, wie damals angenommen. Spätere Untersuchungen zeigten, dass die im Hochsommer ins Gebiet einfliegenden jungen Beutelmeisen zum Großteil aus auswärtigen Brutgebieten stammten [2]. Damit erklärt sich auch, warum die Art in den im Schilf aufgestellten Fanganlagen der damaligen Beringungsstation in Neusiedl am See zwischen 1955 und 1964 neben Teichrohrsänger und Bartmeise am häufigsten gefangen wurde (411–1.667 Ind.) [12].

In den Jahren 1986 und 1987 wurde eine intensive Populationsstudie im Raum Illmitz durchgeführt [13, 14]. Das erfasste Gebiet war mit dem auch heute noch bestehenden Kerngebiet des Vorkommens ident und umfasste ein Dreieck von der Hölle im Norden und Apetlon, Illmitz und dem Sandeck im Süden. In diesem rund 34 km² großen Gebiet wurden 1986 52 und 1987 47 Brutnester gefunden [15]. Wenige Jahre später wurden 1992 im unerheblich kleineren Gebiet nur 15 Brutnester entdeckt [16]. Aktuell sind maximal 5–8 Reviere besetzt [19], und für das gesamte West- und Nordufer ist für die Jahre 2016–2019 mit maximal 20–30 Revieren zu rechnen [19–21]. Untersuchungen zu den Brutbeständen der Zitzmannsdorfer Wiesen in den Jahren 1991 und 2011 ergaben vorerst mit fünf bzw. 6–7 Revieren rufender Männchen nahezu keine Bestandsveränderung [17, 18]. Bei einer aktuellen Untersuchung im Jahr 2020 wurde allerdings nur mehr ein einziges Revier entdeckt. Im Hanság wurden 2009 zehn Reviere erfasst [22], 2016–2019 waren es nur mehr maximal fünf [19, 21]. Dies stützt Hinweise, dass der Brutbestand der Beutelmeise im Gebiet in den letzten 10–15 Jahren, und besonders ab ca. 2015 stark abgenommen hat. Weitere Hinweise auf einen rezenten Rückgang des Brutbestandes liefern die Fangdaten der Biologischen Station Illmitz: In den Jahren 2009 und 2010 wurden hier im Juli noch 48 und 25 Beutelmeisen gefangen, 2017 nur mehr 38, 2018 14 und 2019 nur mehr fünf Individuen. In relativen Zahlen waren es in den Jahren 2009 und 2010 im Mittel der gesamten Fangsaison 47 Individuen/10 m Netz, in den Jahren 2017 bis 2019 hingegen nur mehr 13 Individuen [23, 24].

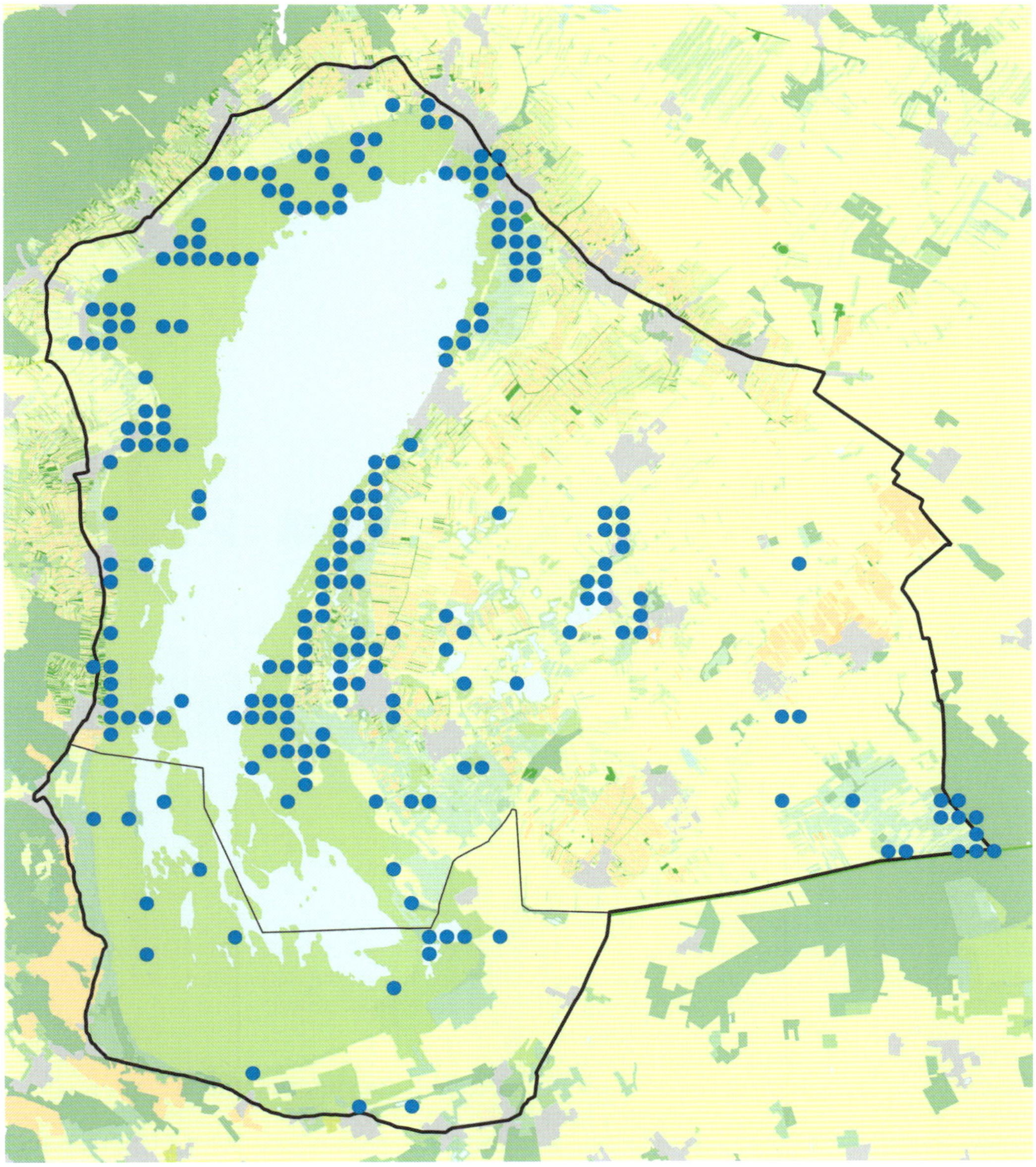

Brutzeitverbreitung der Beutelmeise, basierend auf Beobachtungen in den Monaten April bis Juli (ohne Trupps >4) aus den Jahren 2011–2021 [19, 35, 36].

Auf ungarischer Seeseite wurden in Juni/Juli 2000 entlang von Kanälen auf einer Länge von 39 km 13 Nester auf Schilfhalmen gefunden, wovon aus drei (wohl alle Zweitbruten) Jungvögel flügge wurden [25]. In den darauffolgenden Jahren wurden dann keine weiteren Nester auf Schilfhalmen mehr gefunden. Der Brutbestand im ungarischen Seeteil beträgt derzeit um die zehn Paare, wie auf der österreichischen Seite ist der Bestand im vergangenen Jahrzehnt stark (um ca. 50 %) zurückgegangen [26]. Ende der 1980er und Anfang der 1990er Jahre waren Trupps von mehreren Hundert Vögeln in den Weidenbüschen in Bereich des Seedamms Fertőrákos am Durchzug im März keine Seltenheit, so wurden hier z. B. am 11.3.1989 mind. 1.000 Individuen registriert. Wie beim Brutbestand ist allerdings auch die Zahl der Durchzügler in den letzten Jahrzehnten auf einen Bruchteil des früheren Bestandes gefallen [27].

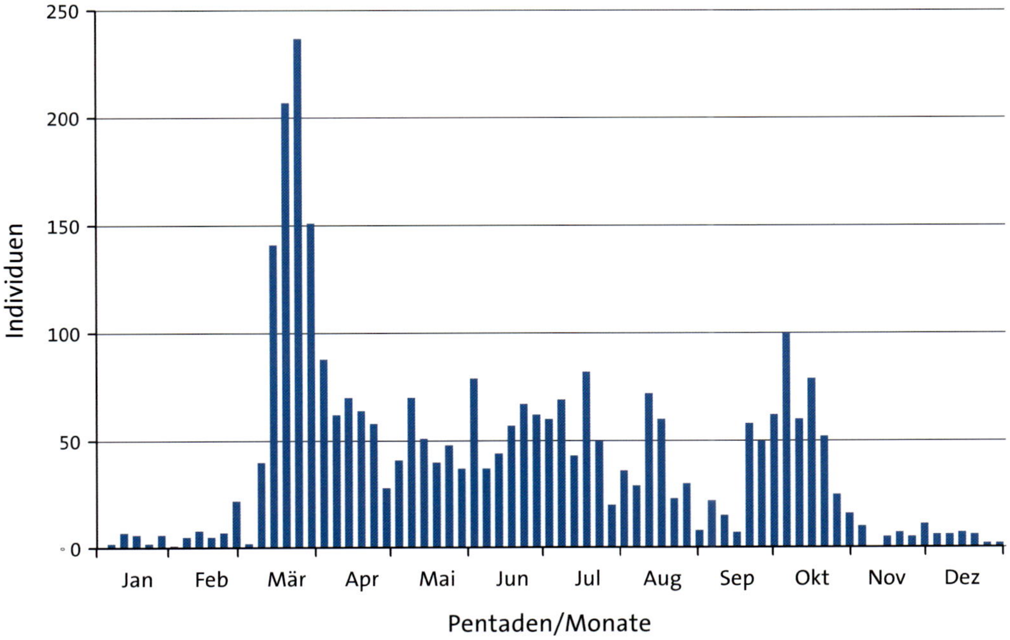

Jahreszeitliches Auftreten der Beutelmeise (Pentadensummen gemeldeter Individuen) basierend auf Beobachtungsdaten aus Österreich aus den Jahren 2011–2019 (n = 3.047) [19].

Jahreszeitliches Auftreten

In den späten 1950er und frühen 1960er Jahren lag der erste Zuggipfel Ende Februar, ein weiterer Gipfel fiel auf Ende März/Anfang April, danach dauerte der Heimzug noch bis Mitte Mai [27]. Die aktuellen Daten zeigen hingegen nur einen einzigen, sehr deutlichen Gipfel Mitte März und danach bis Mitte Juli ein in etwa gleichbleibendes, niedrigeres Niveau an Meldungen. Das aktuelle Auftreten der Beutelmeise hat sich also im Vergleich zu den 1950ern und auch 1980ern stark verändert. In den 1950er Jahren kam es erst ab der zweiten Julidekade zu einem stärkeren Einflug an Brutvögeln[28]. Auch in den 1980ern begann der Einzug der meisten Brutvögel sowie ein Großteil der Brutaktivität erst Mitte Juni[15]. Dieses späte Eintreffen spiegelt sich in den Beobachtungsdaten der Jahre 2011 bis 2019 nicht mehr wider, die Zahlen in den Monaten des damals starken Auftretens sind aktuell sogar besonders niedrig. Wie intensive Beringungen in den Jahren 1986/87 zeigten, dürften damals diese spät zuziehenden Vögel in den nördlich gelegenen Auwäldern an Donau und March eine erste Brut absolviert haben und erst danach ins Neusiedler See-Gebiet eingewandert sein[29]. Solche Verlagerungen innerhalb der Brutzeit wurden bei der Beutelmeise mehrfach in unterschiedlichen Gebieten nachgewiesen oder zumindest vermutet[2]. Aufgrund der aktuellen Bestandsabnahme, die auch die Auwälder an Donau und March betrifft[20], dürfte dieser Austausch zwischen den beiden Gebieten zum Erliegen gekommen sein. Eine besonders späte Brut wurde auf ungarischer Seite dokumentiert, noch am 5.9.1993 wurden Jungvögel im Nest in Fertőrákos von einem Vogel gefüttert[30].

Auch der in früheren Jahren stark ausgeprägte Herbstzug mit einem Maximum von Anfang September bis Ende Oktober lässt sich anhand der aktuellen Fang- und Beobachtungsdaten nur mehr in verminderter Form nachvollziehen. Beide Phänologiediagramme zeigen eine kleine Durchzugswelle zwischen Ende September und Mitte Oktober. Wie in den Fangdaten abzulesen ist, steigt in diesem Zeitraum auch der Anteil adulter Beutelmeisen, der von Mitte Juli bis Mitte September praktisch fehlt. Dieser Durchzug auswärtiger Vögel reißt Anfang November abrupt ab. In den Wintermonaten Dezember und Jänner wurden Beutelmeisen zwar alljährlich gemeldet, immer waren es aber vorwiegend Einzelvögel und nur ausnahmsweise auch 2–3 Exemplare. Kleinere Trupps durchziehender Vögel von zumeist 5–20, in vereinzelten Fällen auch 25–50 Individuen, zeigen sich dann erst ab Ende Februar bis maximal Anfang April. Noch bis ca. 2010 gelangen allerdings im Schilfgürtel, sowohl im Frühjahr als auch im Herbst, regelmäßige Beobachtungen von Trupps, die mehrere 100 Exemplare stark waren[31]. Die letzte derartige Meldung waren mehr als 300 Beutelmeisen beim Sandeck am 27.9.2009[32]. Aufgrund aktueller, überregional stattfindender Bestandsveränderungen verändern sich daher auch im Neusiedler See-Gebiet gerade völlig die Häufigkeit und das jahreszeitliche Auftreten dieser Art gegenüber der früheren Situation.

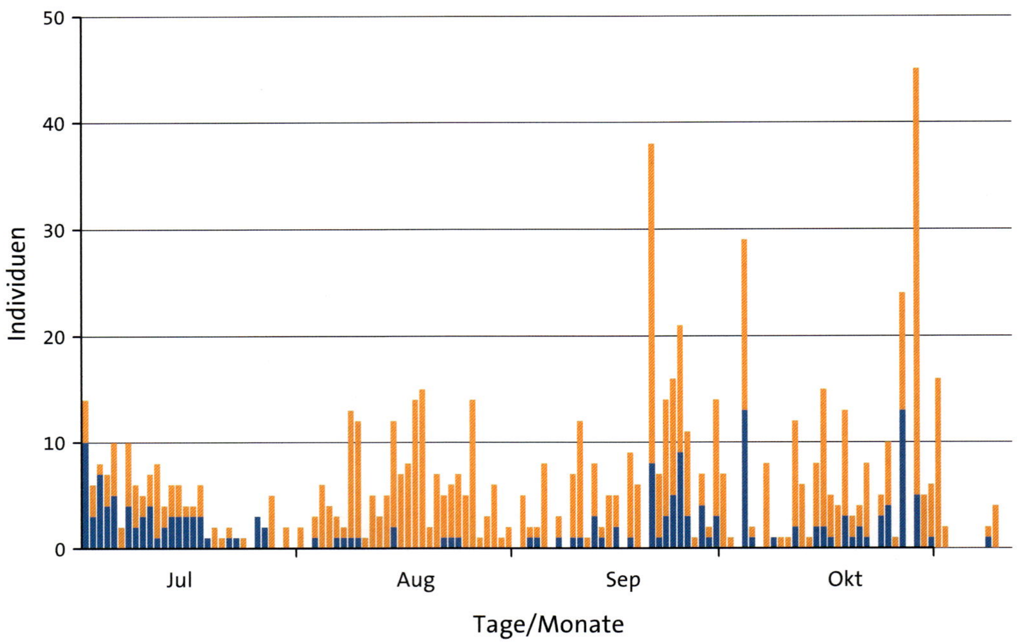

Zeitliche Verteilung der Fänge der Beutelmeise an der Biologischen Station Illmitz von Juli bis Oktober (Tagessummen) basierend auf Daten der Jahre 2009, 2010 sowie 2017 bis 2019 (n = 762)[23, 24]. Orange Balken: diesjährige Individuen, blaue Balken nicht diesjährige Individuen.

Zugverhalten und Ringfunde

Die Beutelmeise ist im Norden ihres Areals Zugvogel, im Süden hingegen Standvogel. Die dazwischen liegenden Populationen haben gemischte Zugstrategien. Die im Westen des Verbreitungsgebiets lebenden Vögel ziehen in südwestliche Richtungen nach Südwest- und Südeuropa, Populationen aus Osteuropa ziehen überwiegend nach Süden, in den nördlichen Teil des Mittelmeergebietes[2]. Aufgrund der intensiven Beringungstätigkeit liegen für die Art vergleichsweise viele Ringfunde vor[33, 34].

Quellen: [1] *Dvorak et al. (1993)*, [2] *M. Flade & D. Franz in Glutz von Blotzheim & Bauer (1993)*, [3] *Seitz (1943)*, [4] *Aumüller (1955)*, [5] *Fászl (1883)*, [6] *Dombrowski (1889)*, [7] *Schenk (1917a)*, [8] *Koenig (1939)*, [9] *Zimmermann (1943)*, [10] *Koenig (1952)*, [11] *Bauer et al. (1955)*, [12] *Samwald (1965)*, [13] *Franz (1988a)*, [14] *Franz (1991)*, [15] *Franz (1989)*, [16] *Schleicher (1993)*, [17] *Dvorak & Nemeth (1992)*, [18] *Dvorak et al. (2011)*, [19] *www.ornitho.at*, [20] *BirdLife Österreich, unpubl. Daten*, [21] *M. Dvorak, unpubl. Daten*, [22] *Dvorak et al. (2010)*, [23] *W. Vogl & H. Winkler, unpubl. Daten*, [24] *Biologische Station Illmitz, unpubl. Daten*, [25] *Mogyorósi (2008)*, [26] *S. Mogyorósi unpubl. Daten*, [27] *Archiv MME Sopron*, [28] *Bauer et al. (1961)*, [29] *Franz (1988b)*, [30] *Mogyorósi & Molnár (1994)*, [31] *Archiv BirdLife Österreich*, [32] *S. Zinko/ABÖ*, [33] *Österreichische Vogelwarte, unpubl. Ringfunde*, [34] *Vogelberingungszentrale BirdLife Ungarn, unpubl. Ringfunde*, [35] *Archiv MME Sopron*, [36] *Archiv FHNP*

Michael Dvorak & Sándor Mogyorósi

Bartmeise *Panurus biarmicus* (Linnaeus, 1758)

Barkóscinege – Bearded Reedling

Häufiger Brutvogel und mäßig häufiger Überwinterer im Schilfgürtel des Neusiedler Sees

Verbreitung und Lebensraum

Das Vorkommen der Bartmeise im Neusiedler See-Gebiet konzentriert sich fast ausschließlich auf den Schilfgürtel des Neusiedler Sees. Selten werden Bartmeisen auch aus den Schilfbeständen verschiedener Sodalacken, z.B. von den Stinkerseen, dem Darscho, dem St. Andräer Zicksee oder dem Lange Lacke-Gebiet gemeldet. Abseits des Schilfgürtels des Neusiedler Sees ist bislang nur ein Brutnachweis am St. Andräer Zicksee bekannt geworden: Am 26.5.1980 wurde ein Nest mit vier Jungvögeln gefunden[1] und am 4.6.1981 wurde ein Paar mit Futter beobachtet[2], sodass eine weitere Brut möglich ist. Aber auch innerhalb des Schilfgürtels war die Verbreitung in früheren Jahrzehnten nicht gleichmäßig. Nach langjährigen Beobachtungen kam Seitz[3] zum Schluss, dass die Bartmeise im Bereich der Wulkamündung sehr häufig ist, in den Schilfbeständen zwischen Donnerskirchen und Mörbisch aber zur Brutzeit selten anzutreffen ist und am Ostufer fast völlig fehlt. Bauer et al.[4] beschrieben die Bartmeise am ganzen West- und Nordufer als sehr häufig, dagegen nur als spärlich im Schilfgürtel zwischen Weiden und Illmitz. Diese ungleichmäßige Verteilung der Bartmeise im Schilfgürtel lässt sich wohl auf die Lebensraumansprüche dieser Art zurückführen. Bartmeisen bevorzugen Altschilfbestände, in denen umgebrochenes Altschilf über dem Wasser eine dichte Decke in Form einer sogenannten Knickschicht bildet[5]. Neueste detaillierte Untersuchungen zum Zusammenhang von Altersstruktur des Schilfgürtels mit der Verteilung von Schilfvögeln zeigen ebenfalls, dass Bartmeisen am häufigsten in 6–15 Jahre alten Schilfgebieten vorkommen, wobei die Anzahl in über 15 Jahre alten Schilfflächen wieder abnimmt. Junge Schilfbestände (1–5 Jahre) werden von Bartmeisen kaum genutzt. Zudem zeigte sich, dass Bartmeisen Schilfbestände in tieferem Wasser und mit geringerer

Biologische Station Illmitz, 30.8.2012, Männchen (Michael Dvorak)

Halmdichte bevorzugen[6, 7]. Hoi & Hoi[8] konnten in detaillierten Analysen zeigen, dass Bartmeisen an Brutplätze und Nahrungsgebiete unterschiedliche Ansprüche stellen. Im Vergleich zu den Nahrungsgebieten zeichnen sich Brutplätze durch tiefere Wasserstände, höhere Schilfdichte, Knickhöhe und Knickdichte aus[8]. Nahrungsflächen und Nistplätze können bis zu 1.000 m voneinander entfernt liegen[9]. Nach der Brutzeit verlassen Bartmeisen die Brutgebiete und halten sich vermehrt in heterogeneren, weniger dichten und produktiveren, eher landseitigen Schilfbeständen auf[8]. Jungvögel halten sich während der Brutzeit bevorzugt in bültig wachsenden Schilfbeständen mit ausgeprägter Knickschicht auf[8].

Bestand und Bestandsentwicklung

Der Schilfgürtel des Neusiedler Sees beherbergt eine der größten Bartmeisen-Populationen Europas und ist auch der einzige regelmäßig besetzte Brutplatz dieser Art in Österreich[10]. Die Bartmeise unterliegt aber zum Teil extremen Bestandsschwankungen; vom häufigsten Singvogel des Schilfgürtels bis zum völligen Ausbleiben der Art. So beschrieb Jukovits[11] das Vorkommen der Art mit *„einstens zahlreich im hohen Rohr zu finden"* und spielt damit auf ihr Verschwinden im Zuge der Austrocknung des Neusiedler Sees ab 1865 an. Schon 12 Jahre später wurde sie nach der Wiederbefüllung des Sees wieder als *„ziemlich häufig"* eingestuft[12]. In den 1880er und 1890er Jahren muss die Bartmeise sehr häufig gewesen sein, wie die Aussagen von Dombrowski[13] (*„Im Rohrgürtel des Sees ungemein häufiger Brutvogel"*) und Homeyer[14] (*„sehr häufig ist* Parus biarmicus") zeigen. Schenk[15] traf dann 1906 die Bartmeisen am Südufer nur mehr selten und 1913 am Westufer gar nicht mehr an und nach einem weiteren starken Rückgang der Population im Zuge des strengen Winters 1928/29 berichtete Koenig[16] von einer Zunahme der Bartmeise ab 1933, die bis 1938 anhielt. Ende der 1930er Jahre war die Bartmeise nach Rohrammer, Schilf- und Drosselrohrsänger der vierthäufigste Singvogel im Schilfgürtel[3] und Koenig[17] machte sie sogar zum *„häufigsten Kleinvogel des Seegebietes"*. Nach einem weiteren strengen Winter 1939/40 brach der Bestand der Bartmeise am Neusiedler See wiederum völlig zusammen. Zimmermann[18] konnte 1940 trotz intensiver Suche im gesamten Schilfgürtel keine einzige Bartmeise feststellen. In den darauffolgenden Jahren gelangen dann wieder einzelne Nachweise[18]. Anfang der 1950er Jahre wurde die Bartmeise als der häufigste Brutvogel des Schilfgürtels beschrieben[4]. Wenn auch weniger extrem, wurden Bestandsschwankungen auch in den Folgejahren beobachtet. Als Ursache werden häufig strenge Winter genannt, wobei nicht die Kälte per se, sondern den Nahrungserwerb erschwerende Bedingungen, wie über mehrere Tage Schnee- und Reifbedeckung der Schilfrispen (Hauptnahrungsquelle im Winter), kritisch sind[19]. Spitzenberger[20] fand es aber wahrscheinlicher, dass späte Winter bzw. Kälteeinbrüche im zeitigen Frühjahr für die Bestände der früh im Jahr brütenden Bartmeise relevanter sind als besonders strenge Winter.

Während für andere Schilfvogelarten bereits seit den frühen 1980er Jahren quantitative Erhebungen zur Verbreitung und Häufigkeit durchgeführt wurden, sind für die Bartmeise Daten zu Siedlungsdichte, Bestand und Bestandsschwankungen kaum vorhanden. Für diese nicht territoriale Art, die nur einen sehr leisen und unauffälligen Gesang besitzt[19], sind Bestandszahlen mit den üblichen Methoden der Bestandserfassung (z. B. Punkttaxierung) nicht zu ermitteln, sondern nur durch vergleichsweise aufwendige Erhebungen von Nestdichten[12]. Daher gibt es nur wenige Angaben zu Bestandsdichten einzelner Teilgebiete. Seitz[3] zählte im Jahr 1939 in einem besonders geeigneten Gebiet im Bereich des Wulkadeltas bis zu 15 Nester auf einer Fläche von nur zwei Hektar. In den 1980er Jahren brüteten in ungünstigen Gebieten weniger als ein Paar pro Hektar, in gut geeigneten Gebieten zwei bis fünf und in den besten Bereichen sogar bis zu 10 Paare pro Hektar (Mindest-Nestabstand 15 m)[9].

Intensive Beringungstätigkeiten im Schilfgürtel seit Mitte der 1950er Jahre erlauben ebenfalls einen, wenn auch beschränkten, Einblick in die Bestandsschwankungen der Bartmeise. Samwald[21] beringte von 1954–1966 ganzjährig, aber mit unterschiedlicher Intensität und Aufwand Vögel in der Umgebung der damaligen Biologischen Station/Vogelwarte im Bereich des Seebads Neusiedl am See. Summiert über den gesamten Zeitraum von 1954–1966 war die Bartmeise mit 46,2 % der Fänglinge die mit Abstand häufigste Singvogelart im Schilfgürtel[21]. Ab den 1970er Jahren fand dann die Vogelberingung (nicht jährlich) an der Biologischen Station Illmitz statt. Daten zu den Bartmeisen liegen aber erst ab 2009 vor. Ein Vergleich der Fangdaten über die Jahre ist damit nur eingeschränkt möglich, da sich der Aufwand (Anzahl Fangtage und Netzlänge) und das Untersuchungsgebiet änderten. Daher wird hier die Häufigkeit der Bartmeisen in Relation zur Gesamtsumme aller innerhalb des gleichen Zeitraums gefangenen Beutelmeisen, Rohrsänger (Teich-, Schilf-, Drosselrohrsänger und Mariskensänger), Rohrschwirle und Rohrammern gesetzt und über die Jahre verglichen. Aus dieser Analyse wird deutlich, dass

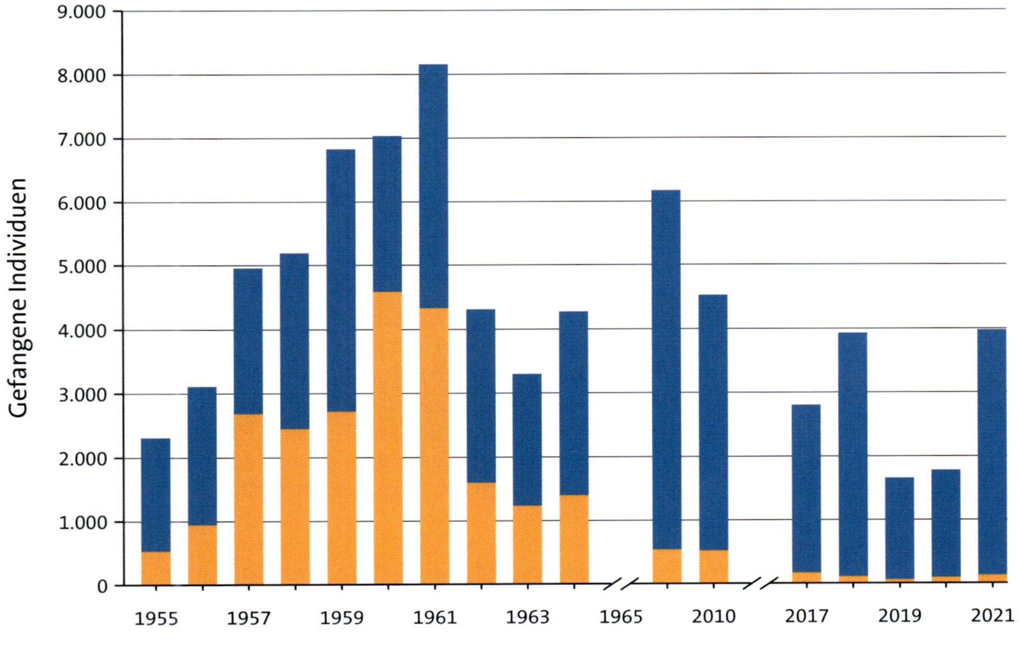

Anzahl gefangener schilfbewohnender Vögel (Netzfänge) pro Jahr im Schilfgürtel bei Neusiedl am See (1955–1964)[21] und Illmitz (2009–2010, 2017–2021)[22, 23]. Orange Säulen: Bartmeise; blaue Säulen: Summe der Fangzahlen von Beutelmeise, Teich-, Drossel- und Schilfrohrsänger, Mariskensänger, Rohrschwirl und Rohrammer.

die relative Häufigkeit der Bartmeise von 1955 bis 1960 stark zugenommen hat und ab 1961 bis 1964 wieder abnahm, der Anteil der Bartmeise aber immer noch bei über 30% lag. Hingegen liegt der Anteil der Bartmeise in den Jahren 2009 und 2010 bei ca. 10%[22] und 2017–2019 nur mehr zwischen drei und fünf Prozent[23] und ist damit deutlich geringer als in den 1950er und 1960er Jahren. Rückschlüsse auf tatsächliche Bestandsschwankungen sind aber auf Basis dieser Analyse aus mehreren Gründen nicht direkt möglich. Aufgrund der Berechnungsart ergibt sich eine Änderung der relativen Häufigkeit der Bartmeise entweder durch eine Änderung im Bestand der Bartmeise und/oder durch eine Änderung in den Beständen der anderen Schilfvogelarten. Auch der Vergleich zwischen den älteren Daten aus Neusiedl am See und den rezenteren Daten aus Illmitz ist nicht nur wegen der unterschiedlichen Standorte problematisch, sondern auch aufgrund der unterschiedlichen Fangperioden innerhalb der Jahre. So wurde in Neusiedl am See ganzjährig beringt, was automatisch, vor allem in den Wintermonaten, zu mehr Fängen der nicht ziehenden Bartmeisen im Vergleich zu den im Herbst abziehenden Rohrsängern führt und damit die Bartmeise begünstigt. Die Beringungstätigkeit an der Biologischen Station Illmitz erstreckt sich aber lediglich von Juli bis Oktober, und damit über Monate, in denen sich alle lokalen Schilfvögel noch im Gebiet aufhalten. Da der Durchzug bei der Bartmeise sicherlich geringer ausfällt als bei den anderen Schilfsingvögeln, ist davon auszugehen, dass der relative Anteil der Bartmeise in dieser Periode deutlich geringer ist als bei ganzjähriger Betrachtung. Für den österreichischen Teil des Schilfgürtels schätzten Glutz von Blotzheim & Bauer[19], basierend auf Daten aus den 1950er – 1960er und den 1980er Jahren, den Bestand der Bartmeise auf mehr als 10.000 und bis zu 30.000 Brutpaare. Um 1990 wurde der Bestand auf mindestens 10.000 Brutpaare geschätzt[10]. Wie aktuelle Punkttaxierungen aus den Jahren 2018 und 2019 zeigen, dürfte die Population derzeit deutlich kleiner sein und maximal 5.000 Brutpaare oder weniger umfassen[6].

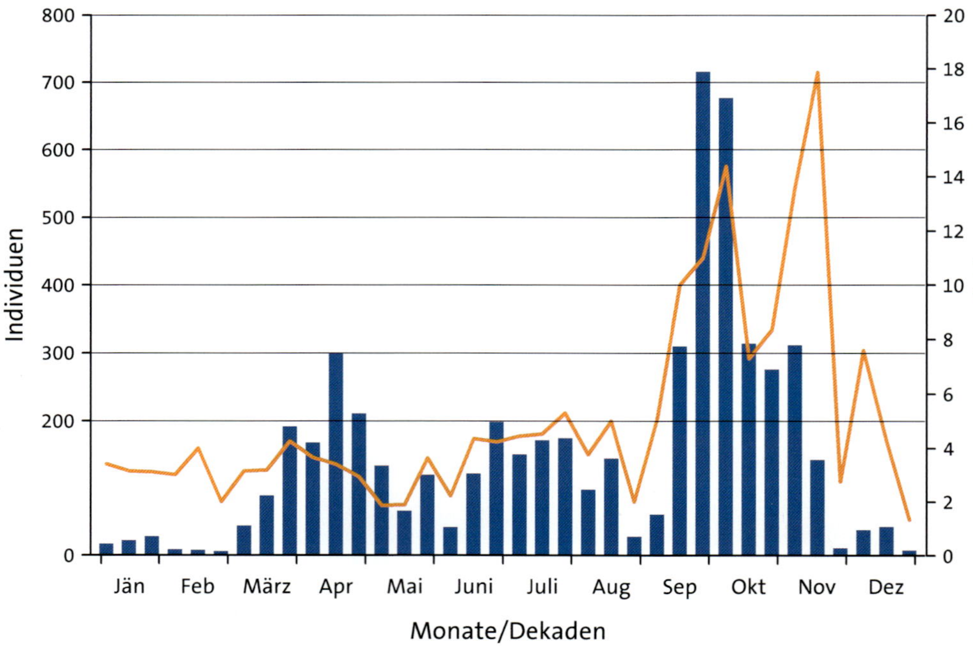

Jahreszeitliches Auftreten (Dekadensummen, blaue Balken) und mittlere Truppgröße pro Dekade (Individuen/Beobachtung, orange Linie) der Bartmeise, basierend auf Beobachtungsdaten aus den Jahren 2013–2018 (n = 5.455)[25].

Jahreszeitliches Auftreten

Die Bartmeise ist das ganze Jahr im Schilfgürtel des Neusiedler Sees anzutreffen. Bartmeisen sind Stand-/Strichvögel und fakultative Evasionsvögel, deren Wanderungen weitgehend von der populationsökologischen Situation und Witterungsbedingungen abhängen[19]. In den Wintermonaten, von November bis Ende Februar, sind sie regelmäßig zu beobachten, doch sind die Dekadensummen deutlich niedriger als in den übrigen Monaten. Der Anstieg ab März ist vermutlich sowohl auf eine gesteigerte Aktivität der Vögel aufgrund des Beginns des Brutgeschehens sowie möglicher Wanderbewegungen umliegender Populationen, als auch auf eine höhere Beobachtungsintensität zurückzuführen. Die Brutperiode der Bartmeise liegt in Mitteleuropa zwischen Mitte März bis Juli/August[19]. Da Bartmeisen versteckt im schwer zugänglichen und schwer einsehbaren Schilfgürtel des Neusiedler Sees brüten, sind Beobachtungen der frühen Brutphase (Nestbau, direkte Nestbeobachtungen) sehr selten und damit direkte Daten zum Beginn der Brutsaison kaum vorhanden. Der früheste Nachweis eines Nestbaus stammt vom 24.3.2018 aus Breitenbrunn[24]. Da aber erste Beobachtungen fütternder Altvögel und ausgeflogener Jungvögel von Anfang bis Mitte April vorliegen, ist bei einer Brutdauer von ca. vier Wochen[19] von einem Start der Brutsaison bereits Mitte März auszugehen. Bartmeisen brüten meist zwei- bis dreimal pro Saison[19]. Das Jahreszeitliche Auftreten weist von März bis August zwei Gipfel auf, was für eine Erstbrut ab Mitte März mit ersten ausfliegenden Jungvögel ab Anfang Mai und anschließenden Zweit- und Drittbruten, die sich von Mai bis Juli/August ziehen, spricht. Bereits selbständige Jungvögel schließen sich dann in Trupps zusammen. Die mittlere Schwarmgröße solcher Jugendschwärme liegt bei 6,6 Individuen[25] (Maximum 41 Ind. am 2.7.2015[26] beim Sandeck). Von Mitte September bis Mitte November gibt es einen weiteren, sehr auffälligen Gipfel, der wohl auf große, sehr auffällige Herbstschwärme zurückzuführen ist. In dieser Phase wurden durchschnittlich 11 Individuen/Beobachtung gemeldet (Maxima 9.10.2016 ca. 100 Ind. an der Seestraße Illmitz[26], 19.11.2016 mehr als 100 Ind. bei Wasserstätten[27], 7.10.2018 182 Ind. im Seebad Illmitz[28]), während im restlichen Jahr durchschnittlich 3,5 Individuen/Beobachtung registriert werden[25]. Es ist aber nicht auszuschließen, dass es im Herbst tatsächlich zu einem Anstieg der Population durch Zuzug von nordischen Bartmeisen kommt, wobei das Zugverhalten bei Bartmeisen wenig ausgeprägt ist und sie oft nur kleinräumig wandern[19]. Die relativ niedrigen Dekadensummen im Winter bis zur Brutzeit sind einerseits auf kleinere, unauffälligere Schwärme und andererseits auf die geringere Beobachtungsintensität zurückzuführen. Fernfunde deuten aber sehr wohl darauf hin, dass zumindest ein Teil der Bartmeisen-Population im Herbst das Neusiedler See-Gebiet verlässt und in südöstlich bis südwestlich gelegenen Schilfgebieten überwintert[8].

Zugverhalten und Ringfunde

Die Bartmeise ist ein Standvogel bis Teilzieher und, wie bereits oben erwähnt, auch fakultativer Evasionsvogel, dessen Wanderungen auch als Anpassung an die Besiedelung begrenzter, inselartig isolierter und sich teilweise rasch verändernder Lebensräume diskutiert werden[29]. Die am Neusiedler See beringten Bartmeisen erscheinen im Zuge ihrer Dispersion an allen bedeutenden Schilflebensräumen im Karpatenbecken (Kolon-tó, Ócsa, Dinnyési-Fertő, Tihany, Kis-Balaton, szegedi Fehér-tó, Sumony, Dávod), darüber hinaus streuen die bisher bekannten Fernfunde beinahe in alle Richtungen und deuten auch darauf hin, dass sowohl lokale Bartmeisen in andere Gebiete abwandern, als auch Bartmeisen von anderen Gebieten einwandern[30–32]. So sind Wiederfunde von im Bearbeitungsgebiet beringten Bartmeisen aus Ungarn abseits des Neusiedler Sees (58), Serbien (20), Tschechien (17), Italien (8), Slowakei (6), Slowenien (2) und Kroatien (1) dokumentiert. Umgekehrt wurden im Bearbeitungsgebiet Fernfunde aus Ungarn abseits des Neusiedler Sees (16), Tschechien (5), Serbien (1) und der Slowakei (2) registriert. Fernfunde aus dem Winterhalbjahr von zur Brutzeit oder herbstlichen Zugzeit im Neusiedler See-Gebiet nachgewiesenen Bartmeisen liegen aus Serbien (18), Ungarn abseits des Neusiedler Sees (10), Italien (6), der Slowakei (2), Slowenien (2), Kroatien (1) und Tschechien (1) vor. Bartmeisen wurden aber auch zur Brutzeit verschiedener Jahre sowohl im Neusiedler See-Gebiet als auch in Tschechien (11), Ungarn abseits des Neusiedler Sees (8) oder der Slowakei (3) registriert. Im Herbst am Neusiedler See festgestellte Bartmeisen wurden zur Brutzeit in Tschechien (8), Ungarn abseits Neusiedler Sees (5) und der Slowakei (1) erfasst. Aufgrund des sehr flexiblen Wanderverhaltens der Bartmeise ist es aus den Fernfunden nicht eindeutig ersichtlich, ob es sich um Zugbewegungen, sprich um Wanderungen in ein Überwinterungsgebiet mit Rückkehr in das Brutgebiet, oder um tatsächliche Abwanderung mit Brutansiedlung handelt. Die Kombination aus jahreszeitlicher und geographischer Verteilung und Herkunft der Fernfunde deutet aber darauf hin, dass Teile der Neusiedler Brutpopulation unter anderem Überwinterungsgebiete in Serbien, Slowenien und Italien aufsuchen und es zu Abwanderungen und Brutansiedlungen im weiteren Umkreis des Neusiedler Sees mit einem Schwerpunkt in Ungarn abseits des Neusiedler Sees, Tschechien und der Slowakei kommt. Zudem zeigen Ringfunde, dass der Neusiedler See ein wichtiger Rastplatz für aus Norden (Tschechien, Slowakei) kommende Individuen ist[30, 31].

Quellen: [1] H. Pammer/ABÖ, [2] H. & G. Pammer/ABÖ, [3] Seitz (1943), [4] Bauer et al. (1955), [5] Grüll (1983), [6] Nemeth & Dvorak (2019), [7] Nemeth & Dvorak (2022), [8] Hoi & Hoi (2001), [9] Hoi (1989), [10] Dvorak et al. (1993), [11] Jukovits (1864/65), [12] Finger (1877), [13] Dombrowski (1889), [14] Homeyer (1892), [15] Schenk (1917a), [16] Koenig (1952), [17] Koenig (1939), [18] Zimmermann (1943), [19] Glutz von Blotzheim & Bauer (1993), [20] Spitzenberger (1963), [21] Samwald (1965), [22] W. Vogl & H. Winkler, unpubl. Daten, [23] Biologische Station Illmitz, unpubl. Daten, [24] J. Homburg, K. Traxler /ornitho.at, [25] www.ornitho.at, [26] A. Ranner/ornitho.at, [27] H. Frind/ornitho.at, [28] J. Diebold, M. Jochum, H. Pfeifhofer, C. Zechner, S. Zinko/ornitho.at, [29] Bauer et. al (2005), [30] Österreichische Vogelwarte, unpubl. Ringfunde, [31] Vogelberingungszentrale BirdLife Ungarn, unpubl. Ringfunde, [32] Mogyorósi in Csörgő et al. (2009)

Arno Cimadom & Péter Villányi

Heidelerche *Lullula arborea* (Linnaeus, 1758)

Erdei pacsirta – Woodlark

Jungerberg, Jois, 27.3.2021 (Michael Dvorak)

Sehr lokaler Brutvogel am Westufer und vereinzelter Durchzügler im September und Oktober

Verbreitung und Lebensraum

Als Brutvogel kommt die Heidelerche im Bereich Hackelsberg und Jungerberg sowie vereinzelt in den Weingärten und Brachen entlang der Gebietsgrenze (Bundestraße B50) des Westufers des Neusiedler Sees vor. Im übrigen Gebiet (Seewinkel, Heideboden, Hanság) fehlt die Heidelerche als Brutvogel. Östlich des Neusiedler Sees gibt es lediglich vereinzelt Nachweise. Die Brutreviere der Heidelerche liegen vorrangig in reich strukturierten Weingärten, die mit Brachen, Heckenstreifen und Trockenrasenresten durchsetzt sind. Geeignete Lebensräume sind durch eine ausreichende Anzahl von Warten, wie Sträucher, Bäume, Pfähle und Leitungsdrähte gekennzeichnet[1]. Entlang der niederösterreichischen Thermenlinie bevorzugen Heidelerchen leichte Hanglagen bzw. abwechselnde Geländeformen, während flache Bereiche gemieden wurden[2, 3]. Dvorak et al.[4] weisen zudem darauf hin, dass die Heidelerche an den Abhängen des angrenzenden Leithagebirges und Ruster Hügellands ausschließlich in waldnahen Weingärten brütet. All diese Voraussetzungen fehlen östlich des Neusiedler Sees weitestgehend, was wohl das Fehlen der Heidelerche erklärt.

Bestand und Bestandsentwicklung

Da das hier betrachtete Gebiet ein großes, zusammenhängendes Brutgebiet der Heidelerche streift, wird im Folgenden eine kurze Betrachtung der Bestandsentwicklung des gesamten Vorkommens am Westufer des Neusiedler Sees (Leithagebirge und Ruster Hügelland) vorgenommen. Die ersten Hinweise zu Brutvorkommen der Heidelerche auf der Westseite des Neusiedler Sees stammen aus der zweiten Hälfte des 19. Jahrhunderts von den Hügeln bei Kroisbach/Fertőrákos[5]. Bauer et al.[6] berichten 1951 von einem Nestfund am Zeiserberg bei Jois und von einem singenden Männchen, das 1952 bei Oggau beobachtet wurde. Von 1960 bis in die 1990er Jahre gibt es immer wieder vereinzelte Beobachtungen – auch von singenden Männchen – sowohl westlich als auch östlich des Sees. Ab den 1990er Jahren kam es dann zu einer Zunahme des Bestands entlang des Ruster Hügellands und des Leithagebirges. Bei einer ersten flächendeckenden Erhebung am Westufer des Neusiedler Sees konnten 1998 bereits über 100 Reviere nachgewiesen werden[7]. Bei einer weiteren Kartierung 2006 wuchs der Brutbestand deutlich auf 220–250 Brutpaare, erreichte großflächig eine Siedlungsdichte von 3,1–3,6 Revieren/km² und stellt damit das größte Brutvorkommen der Heidelerche in Österreich dar[4]. Für das Avifauna-Gebiet ergibt sich sowohl aus den Erhebungen von Peter[7] als auch von Dvorak et al.[4] ein Brutbestand von ca. 5–7 Brutpaaren, der sich beinahe ausschließlich auf das Gebiet Jungerberg/Hackelsberg konzentriert. Auch aktuelle Brutzeitnachweise weisen auf einen stabilen Bestand von ca. fünf Brutpaaren im Bereich Jungerberg/Hackelsberg und vereinzelten Brutrevieren entlang der Bundesstraße B50 hin[8]. An der Südseite des Sees Raum Balf, Fertőboz und Nagycenk etablierte sich ab 2003 ein Brutvorkommen von 4–5 Paaren, der gegenwärtige Brutbestand innerhalb des Avifauna-Gebiets liegt aber bei nur 0–1 Paaren[9].

Jahreszeitliches Auftreten

Regelmäßige Nachweise der Heidelerche gibt es während der Brutzeit von März bis Juni. Die ersten singenden Männchen sind ab Mitte März anzutreffen, mit dem frühesten Nachweis am 4.3.1989 beim Seebad Illmitz[10]. Der Durchzug im Herbst findet hauptsächlich von Ende September bis Oktober statt. Dabei gelangen vereinzelt auch Sichtungen von über zehn Individuen, wie z. B. am 8.10.1978 15 Individuen bei Illmitz[10], am 22.10.1993 11 Individuen am Albersee[11] und am 8.10.2017 14 Individuen bei Illmitz[12]. Nachweise gelangen aber in jedem Monat, wobei im Jänner (6.1.2002 6 Ind. Sandeck[13]), Juli (28.7.1975 1 Ind. Lange Lacke[14]) und Dezember (2.12.2017 1 Ind. Apetlon[17]) nur je eine Meldung und im Februar (26.2.1995 1 Ind. Hackelsberg[10], 18.2.2017 1 Ind. Apetlon[17]) und August (9.8.1975 und 15.8.1975 1 Ind. Hölle[14]) nur je zwei Sichtungen seit den 1960er Jahren vorliegen. Der größte Trupp auf ungarischer Seite mit 17 Individuen wurde am 23.2.2018 in Sarród entdeckt[18].

Quellen: [1] Glutz von Blotzheim & Bauer (1985), [2] Ragger (2000), [3] Frühauf (2004), [4] Dvorak et al. (2009), [5] Zimmermann (1943), [6] Bauer et al. (1955), [7] Peter (1999), [8] www.ornitho.at, [9] S. Mogyorósi (in Druck), [10] anonym/ABÖ, [11] E. Duda/ABÖ, [12] M. Hoffmann/ABÖ, [13] O. Samwald/ornitho.at, [14] S. Brehme/ABÖ, [15] E. Titz/ABÖ, [16] H.-M. Berg/ornitho.at, [17] J. Laber/ornitho.at, [18] Archiv MME Sopron

Arno Cimadom & Sándor Mogyorósi

Feldlerche *Alauda arvensis* Linnaeus, 1758

Mezei pacsirta – Eurasian Skylark

Lange Lacke, Apetlon, 17.7.2011 (Michael Dvorak)

Häufiger, ganzjährig im Gebiet anzutreffender Brutvogel mit starkem Bestandsrückgang innerhalb der letzten 25 Jahre

Verbreitung und Lebensraum

Die Feldlerche brütet in offenen Landschaften in niedriger, trockener Bodenvegetation aus Gräsern und Kräutern. Flächen mit karger Vegetation und offenen Böden werden – wenn vorhanden – bevorzugt. Voraussetzung für das Vorkommen der Feldlerche ist auch ein von höherer (Baum-) Vegetation freier Horizont bzw. ein gewisser Mindestabstand dazu. In Mitteleuropa ist, bzw. war die Art der Charaktervogel der Agrarlandschaft überall dort, wo hohe Kulturenvielfalt auf kleinem Raum herrscht. Große, monotone Parzellen mit intensiver Bewirtschaftung verringern hingegen die Lebensraumeignung. Im Ackerland werden im saisonalen Verlauf zunächst Wintergetreide, später vor allem Sommergetreide und stärker verunkrautete Mais-, Hackfrucht- und Gemüsefelder zur Brut genutzt. Die am dichtesten besiedelten Lebensräume sind extensive, karge Wiesen und Weiden sowie großflächiges und karges Brachland und Ackerlandschaften, die einen hohen Anteil an wenig- bis ungenutzten Flächen haben[1–3]. Im Neusiedler See-Gebiet ist die Feldlerche in allen offenen Lebensräumen der häufigste Brutvogel. Sie besiedelt Äcker, Brachen, trockene Mähwiesen, Feuchtwiesen, extensive Weideflächen und auch Weingärten, sofern sie von Ackerparzellen und Brachen durchsetzt sind. Im Seewinkel sind die nur unregelmäßig genutzten Bereiche der Hutweiden um die Lange Lacke und die Wörthenlacken ganz besonders dicht besiedelt. Trotz deutlicher Bestandsrückgänge ist die Art im Bearbeitungsgebiet abseits des Sees und der Ortschaften immer noch weitgehend flächig verbreitet. Allerdings bestehen bereits erste Verbreitungslücken in Bereichen, die ausschließlich oder überwiegend mit monotonen, intensiv bewirtschafteten Weingärten bestanden sind: Im nördlichen Seewinkel ist das die Gegend zwischen Gols, Mönchhof, Halbturn und Frauenkirchen, im südlichen Seewinkel der Bereich zwischen Wallern und Pamhagen. Am Westufer des Sees fehlt die Feldlerche in den monotonen Ackerfluren von Purbach bis Neusiedl am See zwischen der Bahnstrecke und der Bundesstraße über weite Strecken.

Auf ungarischer Seite ist die Feldlerche in den Ackerfluren zwischen Fertőhomok und Sarród sowie östlich und südlich von Mekszikópuszta sowie in den Weide- und Wiesengebieten nördlich von Sarród ein verbreiteter Brutvogel. Zahlenmäßige Angaben sind jedoch nicht vorhanden.

Bestand und Bestandsentwicklung

Sämtliche Quellen des 19. und frühen 20. Jahrhunderts stuften die Feldlerche übereinstimmend als häufig ein: Mitte der 1860er Jahre war die Art ein *„gemeiner Stand-Vogel“*[4], um 1880 ein überall im Ackerland *anzutreffender Brutvogel*[5] und Mitte der 1880er Jahre ein „ue-

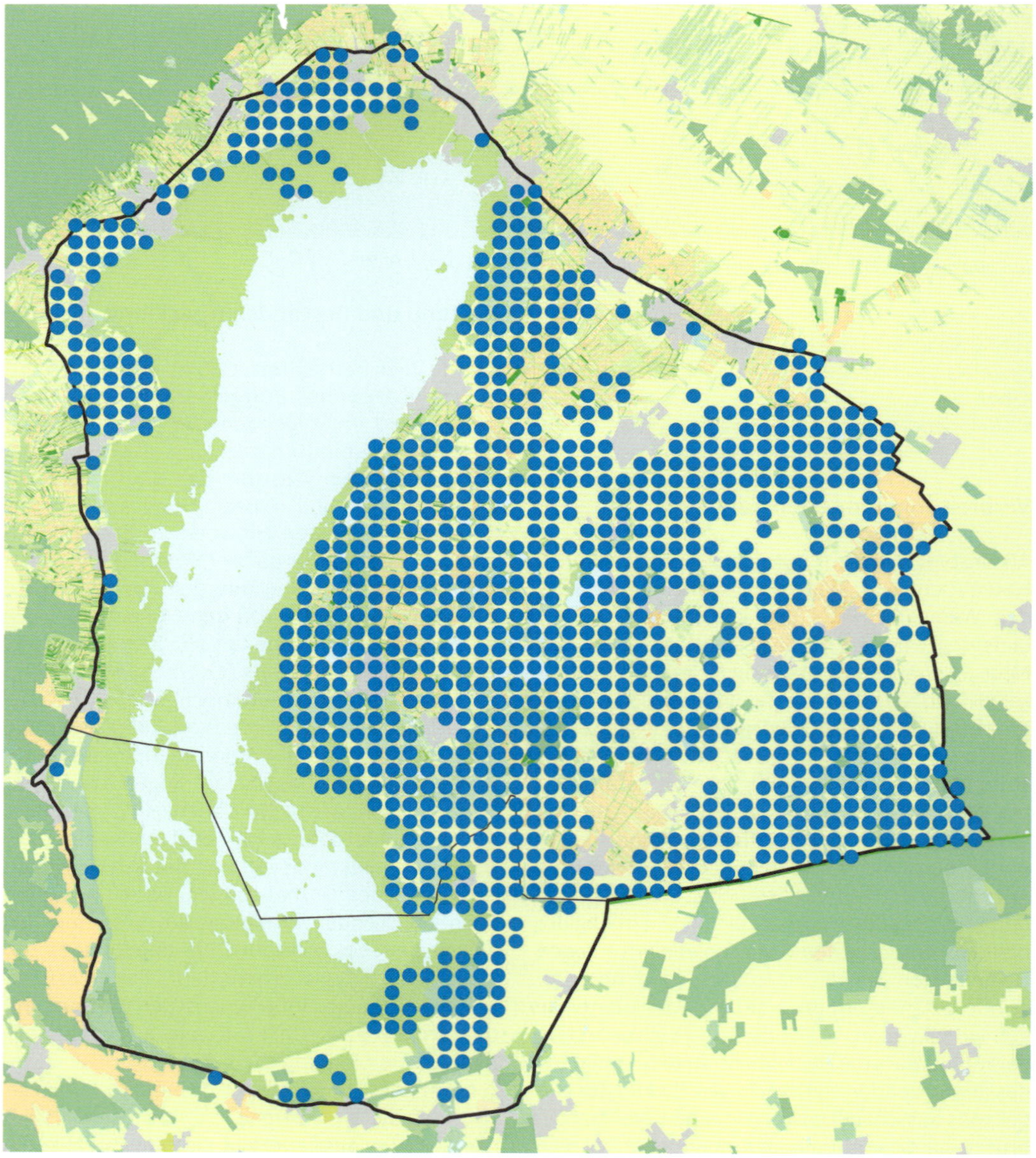

Brutzeitverbreitung der Feldlerche, basierend auf Beobachtungen in den Monaten März bis Juli aus den Jahren 2011–2021[21–23].

beraus *gemeiner Brutvogel*"[6]. Um 1910 war die Feldlerche dann *„auf den Saatfeldern, aber auch auf den trockenen Viehweiden überall häufig"*[7] und in den 1930er Jahren war sie *„im Seewinkel sehr häufig"*[8]. Etwas konkreter wurde dann Zimmermann[9] für seine drei Beobachtungsjahre 1940 bis 1942, wenn er schrieb: *„ ... ist ein [...] Brutvogel des Gebiets, der zahlreich, aber in örtlich schwankender Siedlungsdichte Äcker und Trockenwiesen einschließlich der Hutweiden bewohnt."* Aufschlussreich dann auch zehn Jahre später die Aussagen von Bauer et al.[10]: *„Gegenwärtig dürfte höchstens der Hänfling der Feldlerche den Rang als häufigster Landvogel streitig machen. Besonders in den feuchten Uferwiesen ist die Siedlungsdichte unwahrscheinlich groß"*. Die von ihnen erwähnten Uferwiesen sind, vor allem am Westufer des Sees, heute leider fast völlig verschwunden. Aus den folgenden Jahrzehnten bis in die 1980er Jahre fehlen Angaben zur Feldlerche. Es ist allerdings davon auszugehen, dass es durch die Flächenverluste im extensiven Grünland von den 1950er bis in die 1980er Jahre zu großen Bestandseinbußen bei der Feldlerche gekommen sein muss. Die weiträumigen Ackerfluren dürften aber auch damals dicht von der Feldlerche besiedelt worden sein. Aus den letzten drei Jahrzehnten liegen dann von verschiedenen Probeflächen in Österreich punktuelle Erhebungen vor, die Rückschlüsse auf Bestandsgrößen und Trends erlauben. Im Zuge von Revierkartierungen konnten im Jahr 1991 in nur zwei von sechs untersuchten 60–70 Hektar großen Weingartenflächen 7–10 Feldlerchenreviere/km² nachgewiesen werden[11]. Die vier unbesiedelten Flächen waren beinahe reine Weingarten-Monokulturen. Im Jahr 1997 konnten in einem 6,2 km² großen Gebiet aus Weinbau-, Ackerbau- und Magerrasenflächen am Westufer des Sees bei Jois 85 Reviere kartiert werden, woraus sich eine Siedlungsdichte von 13,7 Brutpaaren/km² ergab. Eine weitere quantitative Untersuchung liegt aus dem Jahr 1998 aus einem 3,8 km² großen Gebiet mit gemischter landwirtschaftlicher Nutzung aus Äckern, Weingärten, Windschutzstreifen und Wäldchen aus dem Seewinkel nordwestlich von Pamhagen vor. Die Dichte war hier mit 55 Revieren (14,5/km²) nahezu ident.

Langjährige Begehungen aller Teile des Agrarlands zeigten in den letzten 20 Jahren allerdings einen massiven Rückgang in vielen Bereichen bis hin zum lokalen Verschwinden der Art[12]. Erste quantitative Belege für einen solchen Rückgang, auch im Neusiedler See-Gebiet, lieferte eine neuerliche Kartierung der beiden erwähnten Probeflächen im Jahr 2020: Bei Jois kam es zu einem Rückgang von 85 auf 45 Reviere (−55 %) und bei Pamhagen von 55 auf 25 (ebenfalls −55 %)[13]. Besser ist die Situation in den Grünlandbereichen, wo die Feldlerche ihren Bestand offenbar halten konnte: Auf den Zitzmannsdorfer Wiesen (7,3 km²) wurden sowohl 1991 als auch 2011 und 2020 Bestandsaufnahmen mit gleicher Methodik durchgeführt. Im Jahr 1991 wurden 49–52 Reviere (7,1/km²) festgestellt[14], 2011 hingegen 78–79 (10,6/km²)[15]. Während 1991 noch knapp 40 % des Gebiets Ackerflächen waren, bestand es 2011 hingegen zu fast 95 % aus Wiesen und älteren Wiesenbrachen. 2020 wurden bei der bisher dritten Zählung 75 Reviere erfasst, der Bestand blieb also stabil. In den Jahren 2009 und 2010 wurden im österreichischen Teil des Hanságs auf einer Fläche von 30,3 km² Zählungen durchgeführt. Darauf aufbauend wurde der Bestand auf 350–400 Reviere geschätzt[16], was einer großflächigen Dichte von 12–14 Brutpaaren/km² entspricht. Wie dicht die Feldlerche im Optimalhabitat vorkommen kann, zeigt eine Begehung der Hutweide östlich der Wörthenlacke am 6.6.2020: Auf einer Fläche von 1,8 km² wurden hier 71 singende Männchen (39/km²) gezählt[12].

Jahreszeitliches Auftreten

Die Feldlerche ist ganzjährig im Gebiet anzutreffen. In den Wintermonaten Dezember und Jänner halten sich jedoch, abhängig von den Witterungsbedingungen, nur wenige Vögel im Gebiet auf. Zumeist sind es einzelne Individuen oder kleine Trupps von weniger als 10 Exemplaren, größere Gruppen von mehr als 20 Feldlerchen sind die Ausnahme und treten auch nicht jeden Winter auf: So wurde beim St. Andräer Zicksee am 29.1.2019 ein Trupp von 60, am 27.1.2019 sogar einer von 110 Vögeln entdeckt[17]. Am 12.1.2019 hielten sich 90 Individuen im Hanság südlich von Andau auf[18], am 2.12.2017 und 15.12.2018 wurden 70 bzw.103 an der Oberen Halbjochlacke gezählt[19] und am 19.12.2018 waren es südlich von Mönchhof sogar 150[20]. Die Gesangsaktivität setzt in der Regel zur Monatswende Februar/März ein, der Median der Erstmeldungen fällt auf den 6. März[21]. Die beiden frühesten Nachweise singender Feldlerchen gelangen am 16.2.2019 südlich vom St. Andräer Zicksee[19] und am 22.2.2019 im Arbesthau[19]. Während ab Mitte Februar und den ganzen März hindurch kleinere Zugtrupps gemeldet werden, beginnen in der ersten Märzhälfte die Brutvögel ihre Reviere zu beziehen[21]. Ab Anfang Juli bis in die zweite Septemberhälfte ist das Niveau der Meldungen sehr niedrig, was aber in erster Linie auf die geringere Auffälligkeit der Vögel zu dieser Jahreszeit zurückzuführen ist. Zugtrupps zwischen fünf und 50 Feldlerchen treten von Ende September bis Ende November/Anfang Dezember im Gebiet auf und grenzen die Periode des Herbstzugs ab[21].

Zugverhalten und Ringfunde

Europäische Feldlerchen sind überwiegend Zugvögel und überwintern in Südwesteuropa, im Mittelmeerraum, in Nordafrika sowie in Vorderasien[1]. Aus dem Neusiedler See-Gebiet liegen keine Ringfunde vor.

Quellen: [1] *Glutz von Blotzheim & Bauer (1985)*, [2] *Dvorak et al. (1993)*, [3] *Jenny (1990)*, [4] *Jukovits (1864/65)*, [5] *Fászl (1883)*, [6] *Dombrowski (1889)*, [7] *Schenk (1917a)*, [8] *Koenig (1939)*, [9] *Zimmermann (1943)*, [10] *Bauer et al. (1955)*, [11] *Dvorak et al. (1992)*, [12] *M. Dvorak, unpubl. Daten*, [13] *BirdLife Österreich, unpubl. Daten*, [14] *Dvorak & Nemeth (1992)*, [15] *Dvorak et al. (2011)*, [16] *Dvorak et al. (2010)*, [17] *L. Khil/ornitho.at*, [18] *S. Wegleitner/ornitho.at*, [19] *J. Laber/ornitho.at*, [20] *J. Prohaska-Hotze/ornitho.at*, [21] *www.ornitho.at*, [22] *Archiv MME Sopron*, [23] *Archiv FHNP*

Michael Dvorak

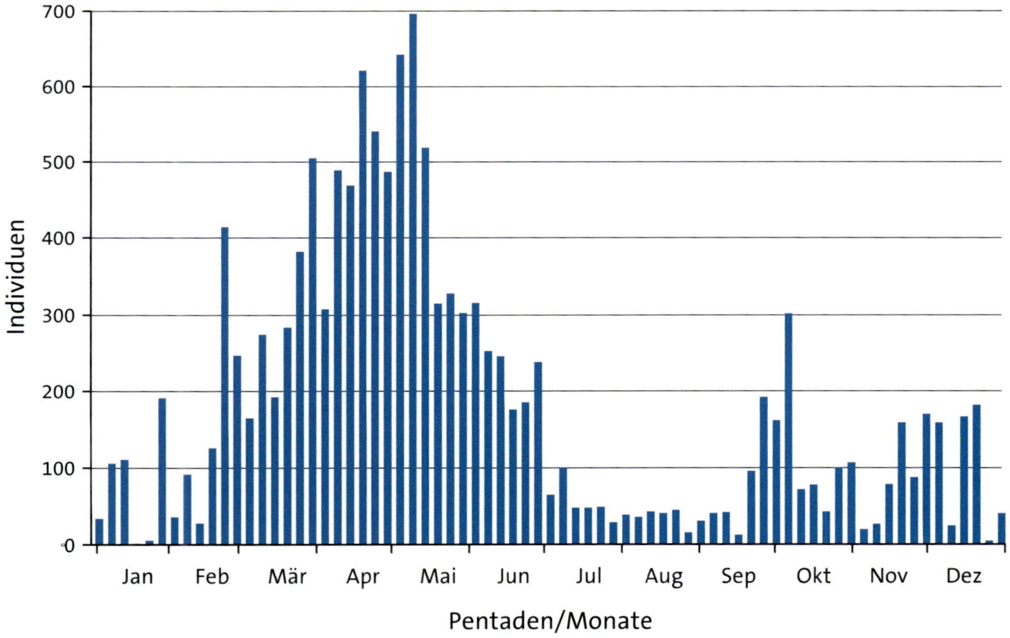

Jahreszeitliches Auftreten der Feldlerche (Pentadensummen gemeldeter Individuen) basierend auf Daten aus Österreich aus den Jahren 2011–2019 (n = 13.288)[21].

Haubenlerche *Galerida cristata* (Linnaeus, 1758)

Búbospacsirta – Crested Lark

Apetlon, 6.5.2011 (Michael Dvorak)

Mäßig häufiger Brutvogel mit Verbreitungsschwerpunkt in den Gewerbegebieten und auf Viehkoppeln

Verbreitung und Lebensraum

Ursprünglich eine Art trockenwarmer Halbwüsten, ist die Haubenlerche an offene, höchstens spärlich bewachsene Flächen gebunden, die für Deckung und Nahrung auch schüttere, meist ruderale Krautfluren geringer Wuchshöhe aufweisen müssen. Flächen mit zu hoher oder geschlossener Vegetation (z.B. Kulturrasen nach künstlicher Begrünung) werden gemieden[1]. Angrenzende, auch hohe und große Gebäude können Teil des Reviers sein. Diese Ansprüche erfüllen im Avifauna-Gebiet vier Typen von Sekundärhabitaten: (1) Durch unterschiedliche Maßnahmen und Nutzungen offen gehaltene Flächen im verbauten Gebiet; (2) Sand- und Schottergruben mit ausgedehnten Rohbodenflächen; (3) landwirtschaftlich genutzte Flächen, die ständig offenen Boden aufweisen; (4) Viehkoppeln und -triften, die durch die Trittwirkung vegetationsfrei gehalten werden.

Mit diesem Habitatschema brütet die Haubenlerche zwar in allen Gebietsteilen, aber sehr unregelmäßig verteilt um die Siedlungen und Gutshöfe konzentriert. In mehreren burgenländischen Ortschaften bilden die Betriebs- und Gewerbegebiete mit Einkaufszentren, Parkplätzen, Verkehrsflächen und Flachdächern einen Schwerpunkt. Zusätzlich werden locker verbaute, mit Freiflächen durchsetzte Ortsränder (Neubauviertel), Bahnhöfe mit ihren Lagerplätzen, Reithöfe, große Baustellen oder Deponien besiedelt. In den Schottergruben brüten hingegen nur wenige Paare im östlichen Seewinkel[2]. Reviere in der offenen Agrarlandschaft weisen neben lückig bewachsenen Brachen meist auch zusätzliche Strukturen wie Feldwege oder Straßen mit ruderalen Randstreifen auf. Sie kommen im Seewinkel und Hanság in geringer, von Nord nach Südost etwas zunehmender Dichte vor allem im Umfeld der Dörfer vor. Am häufigsten besiedelt sind dabei auf Grund der regelmäßigen Bodenbearbeitung („Grubbern") die Weingärten. Die Reviere auf Pferde- und Rinderkoppeln finden sich an den Ortsrändern sowie bei Gutshöfen und Viehställen in der freien Landschaft. Revierzentren sind die vegetationsfreien Ausläufe um die Stallungen und nicht die anschließenden Weideflächen. Im ungarischen Teil sind Viehkoppeln neben anderen landwirtschaftlichen Betriebsgebieten die hauptsächlich besiedelten Habitate, zumindest die größeren sind aber auch im Seewinkel fast ausnahmslos besetzt. Wintertrupps suchen vor allem bei geschlossener Schneedecke diverse Lagerplätze, Misthaufen, Betriebs- und Gewerbegebiete auf, aber auch schneefreie Straßenränder in der freien Landschaft.

Bestand und Bestandsentwicklung

Für die Haubenlerche ist eine hohe Populationsdynamik charakteristisch, mit raschen, mitunter nur kurzfristigen Ansiedlungen und dem Erlöschen größerer Bestände in Abhängigkeit vom Wandel der Habitatverhältnisse[3]. Gemeinsam mit den Schwalben, der Bachstelze, den beiden Sperlingsarten und dem Bluthänfling gehörte sie als *„sehr gemeiner Standvogel"* zu den wenigen Singvogelarten, die schon Mitte des 19. Jahrhunderts die Bauerndörfer besiedelten. Zu Beginn der 1940er Jahre infolge des extrem strengen Winters 1939/40 viel seltener als in den 1930er Jahren, war sie spätestens Anfang der 1950er Jahre wieder ein häufiger und typischer Dorfvogel. Sie brütete vor allem an den Ortsrändern („Hintaus") mit den noch unversiegelten Verkehrsflächen, Ruderalfluren und dem reichlichen Angebot an Pferdemist als Zusatznahrung, aber auch abseits der Siedlungen auf trockenen, extensiv bewirtschafteten Feldern, sandigen, kaum bewachsenen Brachen, in Schottergruben sowie in Weingärten[4,5]. In den Seewinkeldörfern war die Haubenlerche (damals „Kotmini") so allgegenwärtig, dass sie wie der Haussperling zu den beliebten Zielen der jugendlichen Steinschleuder-Schützen gehörte[6]. An diesem Status dürfte sich zumindest bis Mitte der 1960er Jahre nichts Wesentliches geändert haben[6–9]. Der erste konkrete Hinweis auf einen massiven Rückgang im österreichischen Teilgebiet stammt aus den Monaten Juni/Juli 1969, als bei flächendeckenden Kartierungen in Illmitz und Podersdorf die Art nicht mehr festgestellt werden konnte[10]. In den 1970er Jahren wurden nur noch für sechs Ortschaften je ein Revier und für zwei Orte 2–3 Reviere gemeldet. Auch außerhalb der Dörfer hatte

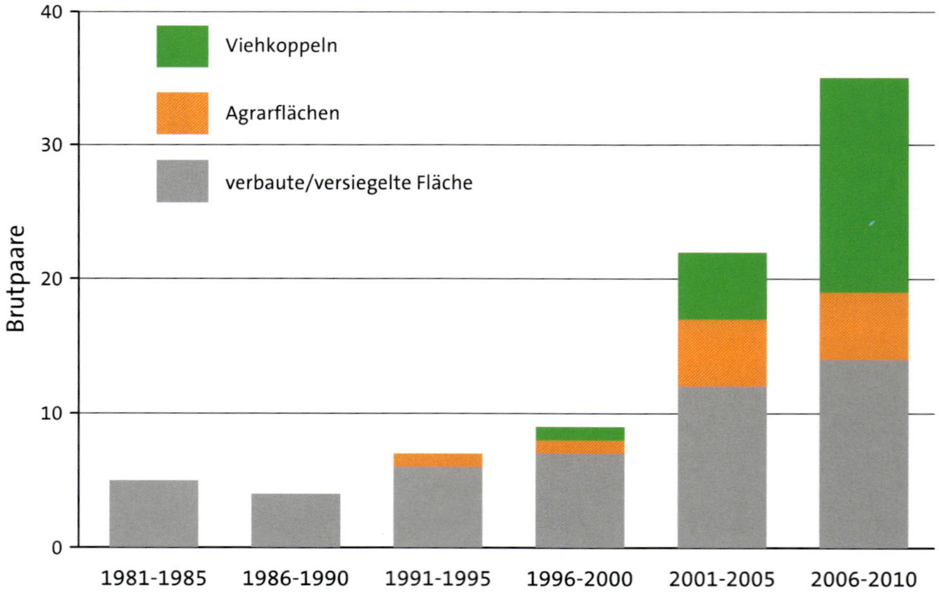

Bestandsentwicklung der Haubenlerche 1981–2010 getrennt nach unterschiedlichen Lebensraumtypen. Anzahl der in den jeweiligen Jahren gemeldeten Reviere[3,12]. Die wenigen und unregelmäßigen Nachweise in Sand- und Schottergruben sind nicht berücksichtigt.

der Bestand als Folge der landwirtschaftlichen Intensivierung zu dieser Zeit bereits stark abgenommen[11, 12]. Für den Rückgang in den bäuerlichen Siedlungen waren sicher mehrere Faktoren ausschlaggebend, von denen der Nahrungsmangel durch die Aufgabe der Viehwirtschaft und Pferdehaltung sowie die Versiegelung der Verkehrsflächen mit Beseitigung der Ruderalfluren eine entscheidende Rolle spielte. Der Tiefpunkt mit nur etwa fünf besetzten Ortschaften und insgesamt kaum mehr als 10 Brutpaaren war auf der österreichischen Seite Anfang der 1990er Jahre erreicht[13, 14].

Erst 1994 setzte mit der Ansiedlung von 1–2 Paaren im Gewerbegebiet von Neusiedl am See[15] eine neue Entwicklung ein, die vor allem nach 2000 zu einer raschen Wiederausbreitung führte. 1996 begann die Besiedlung des Gewerbegebietes von Frauenkirchen[16] und mit der Entstehung weiterer Betriebsgebiete in der Mehrzahl der Ortschaften nahmen die Bestände an den Siedlungsrändern wieder zu. Im Jahr 2000 gelang im burgenländischen Teil der erste Reviernachweis einer Pferdekoppel am Ortsrand von Apetlon[17]. Auch dieser Habitattyp wurde, gefördert vom Aufkommen zahlreicher privater Pferdehaltungen, in der Folge durchgehend besiedelt, sodass 2006–2010 bereits mehr Paare auf Koppeln als im Siedlungsbereich gemeldet wurden. In einem dritten Schritt breitete sich die Haubenlerche wahrscheinlich im Zusammenhang mit der Zunahme an Brachen und Viehkoppeln ab 2001 auch auf den Agrarflächen wieder aus. Am besten dokumentiert ist diese letzte Entwicklung in den mit Brachen und Viehweiden durchsetzten Weinkulturen auf den sandigen Böden südlich und westlich des Illmitzer Zicksees, wo sich ab 2003 innerhalb von vier Jahren sieben Paare ansiedelten und nach 2010 eine Siedlungsdichte von sechs Brutpaaren/km² erreicht wurde[18]. Vom 28.2.2005 liegen überdies Beobachtungen ungewöhnlich großer Wintertrupps von etwa 20 bzw. 45 Haubenlerchen in Tadten und an der Grenzstation Pamhagen vor[19], bei denen allerdings eine Beteiligung überregionaler Winterfluchtbewegungen[20] nicht auszuschließen ist. 2006–2010 wurden im österreichischen Teilgebiet insgesamt etwa 35 verschiedene Reviere gemeldet[12], die sehr wahrscheinlich nur einen Teil des damaligen Bestandes repräsentieren. Erst die Einführung von ornitho.at bewirkte ab 2013 einen sprunghaften Anstieg der Melderate, sodass heute eine realistischere Einschätzung des Gesamtbestandes möglich ist. Auf dieser Basis ist bei Berücksichtigung der Erfassungslücken derzeit bereits von mehr als 100 Brutpaaren auszugehen[21], von denen nur etwa 10 auf den ungarischen Anteil entfallen.

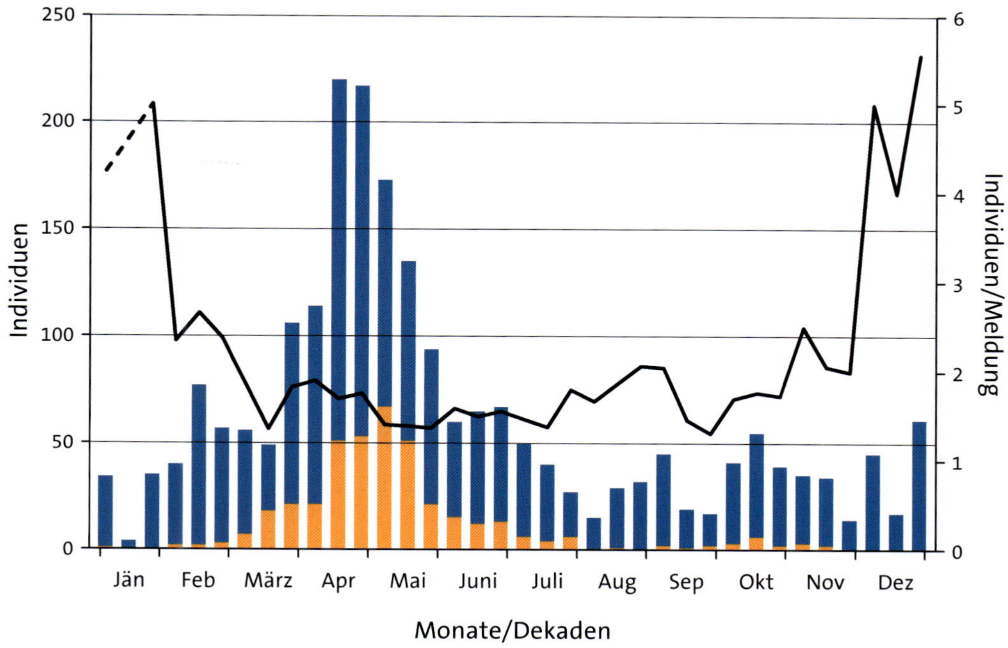

Anzahl der gemeldeten Haubenlerchen (n = 1.679; Säulen) sowie mittlere Anzahl beobachteter Vögel pro Meldung (Kurve) in den Monatsdekaden der Jahre 2011–2018[21]. Der Anteil singender Männchen ist orange dargestellt. Für Dekade 2 (Mitte Jänner) liegt kein Wert vor.

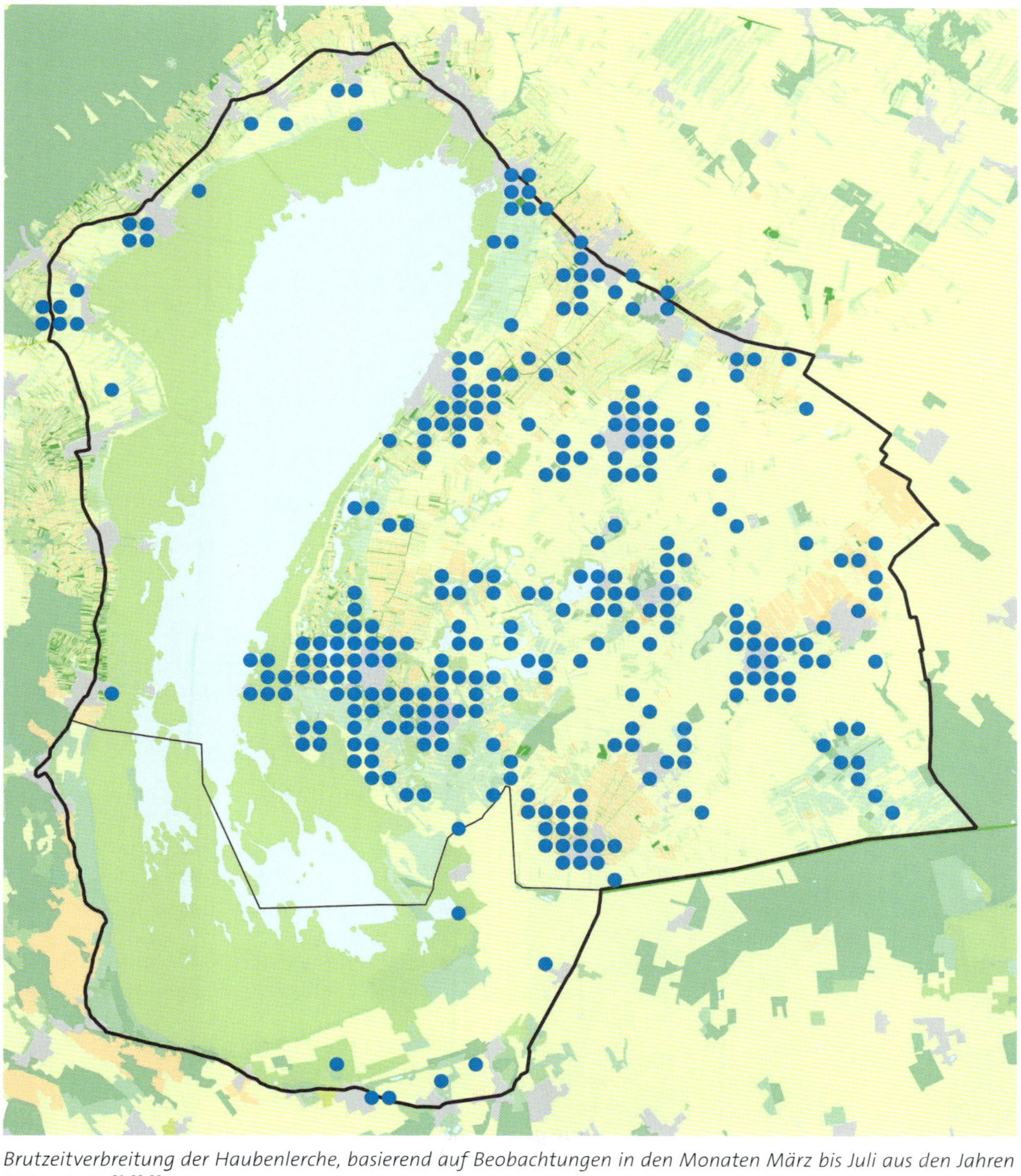

Brutzeitverbreitung der Haubenlerche, basierend auf Beobachtungen in den Monaten März bis Juli aus den Jahren 2011–2021[21, 28, 29].

Jahreszeitliches Auftreten

Die jahreszeitlichen Schwankungen in der Beobachtungshäufigkeit spiegeln in erster Linie Unterschiede in der Auffälligkeit der Art und Beobachterdichte wider, aber nicht migrationsbedingte Bestandsveränderungen. Sporadische Gesangsstrophen sind das ganze Jahr über zu hören[22]. Bereits Anfang Februar sind die meisten Paare in ihren Revieren und mit dem Anstieg der Gesangsaktivität ab Mitte Februar nimmt auch die Melderate zu. Am auffälligsten sind die Brutvögel von Mitte April bis Mitte Mai während der maximalen Gesangsintensität. Danach nimmt das Revierverhalten rasch ab und der gut getarnte Bodenvogel ist viel schwerer zu entdecken[18, 23]. In den Monatsdekaden während der Brutzeit und danach bis Ende Oktober wurden 2011–2018 pro Meldung im Durchschnitt zwischen ein und zwei Individuen angegeben, mehrere Paare oder Familien waren Ausnahmen. Ab November stiegen die Mittelwerte steil an, da die Lerchen vor allem bei Schneelage Wintertrupps bilden, die im Zeitraum 2005–2018 meist bis zu 12 Individuen umfassten. Ein Teil des Bestandes bleibt aber auch bei ungünstiger Witterung in den Brutrevieren. Die Trupps lösen sich bis Mitte März auf[22]. Hinweise auf einen Durchzug, wie er für die 1940er Jahre angenommen wurde[4], liegen zumindest seit den 1960er Jahren nicht vor. Die Haubenlerche brütet am Neusiedler See im Vergleich zu anderen mitteleuropäischen Populationen relativ früh[3,20,24]. In den Jahren seit 2011 setzten die Fütterungsaktivitäten sehr rasch und synchron bereits ab dem 10. April ein, zurückgerechnet ergibt dies einen Legebeginn in der letzten Märzdekade. Die Jungenaufzucht erstreckte sich bei 2–3 Jahresbruten[20, 24] zumindest bis Mitte August (Fütterung flügger Jungvögel noch am 10. und 16.8.[25]).

Zugverhalten und Ringfunde

Die Haubenlerche ist im Karpatenbecken Standvogel, Ortsveränderungen gehen nur selten über 20 km hinaus[24, 26]. Einziger Nachweis für ein weiterführendes Dispersal aus dem Neusiedler See-Gebiet ist ein als diesjährig in Illmitz beringter Vogel, der nach 12 Jahren 25 km entfernt in Ungarn während der Brutzeit wiedergefunden wurde[27].

Quellen: *[1] Buresch et al. (2017), [2] Scherner (1996), [3] B. Wendelin, unpubl. Daten, [4] Zimmermann (1943), [5] Bauer et al. (1955), [6] J. Haider, pers. Mitt., [7] Ganso (1960), [8] Koenig (1961), [9] Vauk (1962), [10] Kurth (1970), [11] Dvorak et al. (1993), [12] Archiv BirdLife Österreich, [13] Dvorak & Berg (1991), [14] Dvorak & Zuna-Kratky (1993), [15] M. Dvorak/ABÖ, [16] E. Lederer, B. Braun/ABÖ, [17] A. Schuster/ABÖ, [18] A. Grüll/ABÖ, [19] H. Lauermann/ABÖ, [20] Schifter (1985), [21] www.ornitho.at, [22] L. Khil/ornitho.at, [23] P. Prokop/ABÖ, [24] Pätzold (1986), [25] U. Lindinger/ornitho.at, [26] Orbán in Csörgő et al. (2009), [27] Österreichische Vogelwarte/Vogelberingungszentrale BirdLife Ungarn, unpubl. Ringfund, [28] Archiv MME Sopron, [29] Archiv FHNP*

Alfred Grüll, Beate Wendelin & Attila Pellinger

Ohrenlerche *Eremophila alpestris* (Linnaeus, 1758)

Havasi fülespacsirta – Horned Lark

Ausnahmeerscheinung

Vorkommen

Neun Nachweise:

- 15.–31.3.1958 nicht näher benannte Lacke nördlich St. Andrä, 100–120 Ind. (H. M. Steiner, F. Spitzenberger, H. Freundl u. a.[1])
- Ohne genaueres Datum im Zeitraum von 28.12.1959–5.1.1960, nicht näher benannte Lacke bei St. Andrä, 3 Ind. (M. Ganso[2])
- 4.1.1964 Lange Lacke, 12 Ind. (M. Ganso[3])
- 13.12.1964 Illmitz, 1 ♂ (R. Triebl[4, 5])
- 21.10.1967 zwischen Langer Lacke und Wörthenlacken, ca. 150 ziehende Ind. (W. Lehmann[6])
- 6.10.2000 Obere Halbjochlacke, 10–20 Ind. (H. Kettner[7])
- 11.10.2000 Neusiedler See bei Illmitz, 5 ziehende Ind. (A. Ranner[7])
- 23.11.2010 Legény-tó, Fertőszéplak, 1 Ind. (M. Lóránt, M. Ferenczi, Zs. Karcza[8, 9])
- 28.11.2015 Lange Lacke, 1 ad. (J. Laber[10])

Die Nachweise entfallen auf den Herbstzug sowie auf offensichtliche Überwinterer, wobei ein länger verweilender großer Trupp im März 1958 möglicherweise auch schon im Winter anwesend gewesen sein könnte. Neben Einzelvögeln und kleinen Trupps wurden zweimal Schwärme mit über 100 Individuen festgestellt. Anhand der genauer beschriebenen Vögel sowie des generellen Auftretensmusters in Österreich und Ungarn kann davon ausgegangen werden, dass es sich hier durchwegs um Vertreter der Nominatform *E. a. flava* J. F. Gmelin, 1789 handelte (vgl. Albegger et al.[11], MME Nomenclator Bizottság[12]).

Quellen: *[1] Steiner (1959), [2] Ganso (1960b), [3] Bauer & Ganso (1964), [4] Triebl (1977), [5] Ranner & Khil (2011), [6] Archiv BirdLife Österreich, [7] Ranner (2003), [8] MME Nomenclator Bizottság (2013), [9] Hadarics (2017), [10] Albegger & Brader (2018), [11] Albegger et al. (2011), [12] MME Nomenclator Bizottság (2008c)*

Andreas Ranner

Kurzzehenlerche *Calandrella brachydactyla* (Leisler, 1814)

Szikipacsirta – Greater Short-toed Lark

Neudegg, Apetlon, 14.5.2016 (Johannes Laber)

Ausnahmeerscheinung, aber im Jahr 1966 drei nachgewiesene Bruten

Vorkommen

Von der Kurzzehenlerche wurden bisher 13 Nachweise dokumentiert, die überwiegend in den Zeitraum von Mitte April bis Mitte Mai fallen:

- Frühjahr 1958 westlich der Langen Lacke, 3 Ind. (K. Bauer[1, 2])
- 26.4.1959 südlich der Straße Wallern – Tadten, 1 Ind. (W. Bauer[3])
- 10.8.1964 Hanság südlich Tadten, 1 Ind. (V. Blum[4])
- 10.6.1966 westlich des Unteren Stinkersees, 2 ad. mit 1 flüggem juv. (V. Blum, P. Willi[2])
- 22.7.1966 zwischen Illmitzer Zicksee und Neusiedler See, 2 ad. mit 4 flüggen juv. (K. O. Beckmann[2])
- 23.7.1966 Lange Lacke, 5–6 ad. und juv. (K. O. Beckmann[2])
- 9.5.1988 Götschlacke, 1 ad. (D. Taylor,

D. Tomlinson[5])
- 28.4.1996 Arbesthau, 1 ad. (M. Craig, A. Ranner[6])
- 14.5.2000 Mekszikópuszta, Ürge-domb, 1 singendes ♂ (J. Tar et al.[7,8])
- 30.4.2008 Graurinderkoppel, 1 ad. (J. Laber[9])
- 14.5.2016 Neudegg, 1 ad. (J. Laber[10])
- 8.7.2017 zwischen Darscho und Langer Lacke, 1 ad. (J. Laber[10])
- 19.4.2019 Östliche Wörthenlacke, 1 ♂ (H. Schaffer, H. Drescher[11])

Für die pauschalen Angaben bei Glutz von Blotzheim & Bauer[2], dass die Art *„mehrfach im Gebiet der Alkaliböden um die Lange Lacke und bei Illmitz angetroffen"* wurde und in *„manchen Jahren"* Brutverdacht bestanden hätte, liegen keine weiteren Daten als die oben aufgelisteten vor. Auch zu Beobachtungen Ende der 1950er Jahre im Hanság, von denen laut Bauer[3] Mitarbeiter der ehemaligen Biologischen Station in Neusiedl am See berichteten, gibt es keinerlei konkrete Informationen. Herausragend ist das Jahr 1966, in dem drei Brutnachweise – die bisher einzigen für Österreich – erbracht wurden. In allen drei Fällen wurden die flüggen Jungvögel noch von den Altvögeln gefüttert[2], es kann daher davon ausgegangen werden, dass sie tatsächlich hier erbrütet worden sind.

Die Nachweise aus den 1950er und 1960er Jahren wurden von Glutz von Blotzheim & Bauer[2] der im Karpatenbecken endemischen Unterart *C. b. hungarica* Horváth, 1956, zugeordnet, was jedenfalls für die Brutvögel nachvollziehbar ist. Bei den Beobachtungen von Einzelvögeln im Frühjahr erscheint es jedoch mindestens ebenso plausibel, von Vertretern der Nominatform *C. b. brachydacytla* (Leisler, 1814) auszugehen, die infolge von Zugprolongation über ihr mediterranes Brutgebiet „hinausschießen".

Quellen: *[1] Koenig (1961a), [2] Glutz von Blotzheim & Bauer (1985), [3] Bauer (1959), [4] Blum (1964), [5] Ranner et al. (1995), [6] Ranner (2002), [7] Hadarics (2006), [8] MME Nomenclator Bizottság (2008a), [9] Ranner & Khil (2011), [10] Albegger & Brader (2018), [11] www.birdlife-afk.at*

Andreas Ranner & Tibor Hadarics

Kalanderlerche *Melanocorypha calandra* (Linnaeus, 1766)

Kalandrapacsirta – Calandra Lark

Neufeldlacke, Apetlon, 26.3.2014 (Leander Khil)

Ausnahmeerscheinung

Vorkommen

Vier Nachweise:

- 15.4.1966 Seedamm zwischen Podersdorf und Hölle, 1 Ind. (H.-H. Müller[1,2])
- 10.6.1966 zwischen Podersdorf und Hölle, 1 Ind. (H.-H. Bergmann, K. O. Beckmann[2])
- 26.3.2014 Neufeldlacke, 1 ad. (L. Khil[3])
- 3.6.2014 Lange Lacke, 1 Ind. (L. Khil[3])

Die Zuordnung der Beobachter zu den beiden Meldungen aus dem Jahr 1966 ist bei Glutz von Blotzheim & Bauer[2] nicht eindeutig, zumal der Beobachter des ersten Nachweises dort gar nicht genannt wird.

Sehr bemerkenswert ist die Tatsache, dass sich die vier Nachweise auf zwei Jahre verteilen, in denen jeweils die erste Beobachtung im Frühjahr und die zweite im Juni in räumlicher Nähe gelang. Es erscheint daher recht wahrscheinlich, dass es sich hier nicht um vier verschiedene Vögel, sondern um zwei jeweils länger verweilende Individuen handelte.

Quellen: *[1] Archiv BirdLife Österreich, [2] Glutz von Blotzheim & Bauer (1985), [3] Albegger & Khil (2016)*

Andreas Ranner

Uferschwalbe *Riparia riparia* (Linnaeus, 1758)

Partifecske – Sand Martin

Häufiger Brutvogel in Schotter- und Sandgruben sowie Durchzügler von Anfang April bis Ende September

Verbreitung und Lebensraum

Aufgrund ihrer speziellen Ansprüche an die Nistplätze ist die Uferschwalbe nur sehr punktuell als Brutvogel zu finden. Ihre natürlichen Bruthabitate sind Sedimentabrisse an Fluss- und Seeufern sowie Meeresküsten[1,2]. Diese Gegebenheiten findet sie jedoch in Mitteleuropa so gut wie nicht mehr vor. Als Sekundärlebensräume werden hier Sedimentabbau- und Materialentnahmestellen aller Art genutzt. Bevorzugt werden dabei frisch angerissene, möglichst unpräparierte Steilwände[2]. Sobald geeignete Standorte entstehen, können sie innerhalb kürzester Zeit von Uferschwalben besiedelt werden. Umgekehrt kann es passieren, dass es aufgrund von Abbauarbeiten oder anderen Störungen zur Aufgabe, beziehungsweise zur Umsiedelung ganzer Kolonien kommt[3]. Das hat zur Folge, dass die Verteilung der Brutplätze im Gebiet stark schwankt. Geeignete Standorte für Brutkolonien bieten die Schottergruben um die Ortschaften Podersdorf, Wallern, Frauenkirchen, St. Andrä, Halbturn und Mönchhof. Am ungarischen Südufer konnte sich die Uferschwalbe hingegen nicht dauerhaft ansiedeln, da geeignete Steilwände fehlen. Vom Westufer sind keine Brutplätze bekannt. Knapp außerhalb des Avifauna-Gebietes befinden sich nordöstlich des Sees auf der Parndorfer Platte

St. Andräer Zicksee, 23.5.2021 (Peter Frießer)

bedeutende Brutvorkommen[1]. Der Nahrungserwerb erfolgt über freien Flächen wie Wiesen, Feldern und Gewässern sowie entlang von Strukturen wie Waldrändern oder Baumreihen. Außerhalb der Brutzeit und am Zug werden nahrungsreiche Feuchtgebiete bevorzugt[2], wo sich mitunter große Ansammlungen von Uferschwalben bilden können. Vor allem im Sommer und Herbst liegen auch die Übernachtungsplätze von oft mehreren Tausend Individuen im Schilfgürtel des Sees.

Bestand und Bestandsentwicklung

Mitte des 20. Jahrhunderts galt die Uferschwalbe, wie heute auch, als regelmäßiger Zugvogel, der im Herbst auch in großen Trupps auftritt. Die damals beschriebenen, teils großen Brutkolonien lagen jedoch alle knapp außerhalb des hier behandelten Gebiets am Rande der Parndorfer Platte[3, 4]. Im Jahr 1988 wurden sechs Kolonien in unterschiedlichen Schottergruben des Seewinkels erfasst[5]. Bei einer österreichweiten Zählung im Jahr 1999 wurden im Seewinkel 2.025 Bruthöhlen in neun Kolonien gezählt und der Bestand auf 756 Brutpaare geschätzt[1]. Bei weiteren Zählungen bis einschließlich des Jahres 2002 konnte jedoch ein Bestandsrückgang um 37 % festgestellt werden[6]. Als größter Brutplatz des Seewinkels galten lange Zeit zwei Schottergruben bei Wallern. Hier wurden beispielsweise am 12.6.1999 425 frische Röhren gezählt[1]. Nachdem 2011 dort nur noch rund 150, teilweise alte Röhren vorhanden waren, dürfte danach das dortige Brutvorkommen für einige Jahre erloschen sein[7]. Erst 2015 gab es erneut dokumentierte Bruthöhlen, wobei die einstige Größe der Kolonie bis jetzt bei weitem nicht wieder erreicht wurde (2015: 60 Röhren, 2019: 19 Röhren)[7]. Dafür entstand vor einigen Jahren eine neue Uferschwalbenkolonie in einer Schottergrube bei St. Andrä. Im Jahr 2016 wurden hier erstmals 100 Röhren gezählt, 2020 bereits 450[7], was nach der Formel von Kuhnen[8] auf einen Brutbestand von 155 Brutpaaren schließen lässt. Des Weiteren gab es in den letzten Jahren noch größere Brutvorkommen in zwei Schottergruben in der Nähe von Frauenkirchen, wo im Jahr 2016 250 Brutröhren und im Jahr 2019 163 Brutröhren gezählt wurden (berechneter Bestand von 94 bzw. 64 Brutpaaren)[7].

Am ungarischen Südufer entstehen nur gelegentlich kleinere Kolonien in kurzfristigen Erddeponien, die jedoch in der Regel bald wieder verlassen werden. So brüteten z. B. 1996 (außerhalb des Avifauna-Gebietes) in der Sandgrube von Sopronpuszta 30 Paare und in der Periode 2008 – 2014 8 – 30 Paare neben dem Fischteich bei Hegykő[9].

Jahreszeitliches Auftreten

Der früheste und einzige Nachweis aus dem März stammt vom 16. März[10]. Der eigentliche Frühjahrszug setzt dann allmählich ab Anfang April ein, erreicht in der letzten Maidekade seinen Höhepunkt und flacht bis Anfang Juni wieder ab. Mit Beginn der Brutzeit pendeln sich die Sichtungen auf einem niedrigen Niveau ein, um dann Ende Juli, zu Beginn des Herbstzugs, wieder anzusteigen. Der Höhepunkt wird zwischen der zweiten August- und der ersten Septemberdekade erreicht. Während der Hauptdurchzug Ende September vorbei ist, sind einzelne Nachzügler noch bis in den Oktober hinein unterwegs. Die spätesten Meldungen stammen vom 17.[11] und 18. Oktober[12]. Obwohl die Anzahl der Beobachtungen während des Frühjahrszugs ähnlich hoch ist wie die am Herbstzug, weist die Verteilung der Truppgrößen ein ganz anderes Bild auf. Sie liegt mit durchschnittlich 97 Individuen am Frühjahrszug deutlich unter der des Herbstzugs mit durchschnittlich 273 Individuen pro Sichtung. Auch wenn Trupps von mehreren Tausend Individuen mitunter auch im Frühjahr auftreten, wie etwa 4.000 Individuen am 8.5.1997[13] oder – vermutlich zugstaubedingt – sogar mehr als 10.000 Individuen am 24.4.1997[14], so ist die Zahl der mehrere Tausend Individuen umfassenden Schwärme im Herbst höher. Am 31.7.1992 wurden beispielsweise 5.000 Individuen geschätzt[15] und am 1.9.2015 über 10.000[16].

Zugverhalten und Ringfunde

Die drei außerhalb des Bearbeitungsgebiets beringten Uferschwalben, welche auf der Biologischen Station Illmitz erneut ins Netz gingen, deuten darauf hin, dass weiter nördlich und nordwestlich brütende Uferschwalben im Gebiet durchziehen: Am 1.9.1974 wurde ein am 5.7.1974 in Újezd u Chocně/Tschechien beringtes Individuum gefangen, am 5.8.1983 ein am 3.7.1983 in Tábor/Tschechien beringtes und am 15.8.2000 ein am 2.7.2000 in Sachsen-Anhalt/Deutschland beringtes Individuum[17, 18]. Ringfunde von in Mitteleuropa markierten Uferschwalben in Mali, Nigeria, Tschad und der Zentralafrikanischen Republik sind ein Hinweis darauf, dass das Überwinterungsgebiet vor allem im westlichen und zentralen Afrika zwischen nördlicher Sahelzone und dem Regenwaldblock liegt[2]. Der Zug erfolgt in breiter Front über das Mittelmeer. Das Meer und auch die Wüste stellen bei guten Witterungsbedingungen kein Hindernis für die eleganten Flieger dar, Flusstäler mit reichem

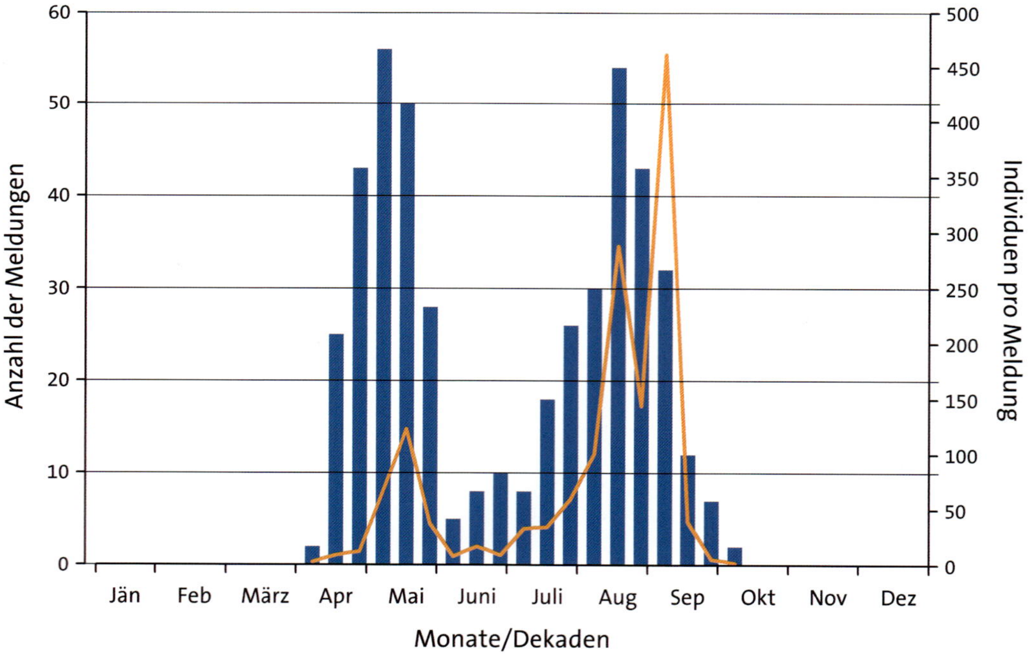

Jahreszeitliches Auftreten der Uferschwalbe (Dekadensummen der Meldungen, blaue Säulen) und mittlere Anzahl der Individuen pro Meldung (orange Linie) basierend auf Daten aus den Jahren 2011 – 2018 (n = 459 Nachweise)[19].

Nahrungsangebot dürften jedoch in der Regel als Leitlinie genutzt werden[2].

Quellen: [1] Dvorak (2000), [2] Glutz von Blotzheim & Bauer (1985), [3] Bauer et al. (1955), [4] Zimmermann (1943), [5] Dvorak & Berg (1991), [6] Dvorak (2002), [7] B. Wendelin, unpubl. Daten, [8] Kuhnen (1978), [9] Archiv FHNP, [10] A. Gamauf/ABÖ, [11] F. Samwald/ABÖ, [12] K. Siebenrock/ABÖ, [13] J. Laber/ABÖ, [14] W. Ernst/ABÖ, [15] T. Zuna-Kratky/ABÖ, [16] J. Hohenegger/ornitho.at, [17] Vogelwarte Radolfzell, heute Max-Planck-Institut für Verhaltensbiologie, unpubl. Daten, [18] Österreichische Vogelwarte, unpubl. Ringfunde, [19] www.ornitho.at

Flora Bittermann & Attila Pellinger

Rauchschwalbe *Hirundo rustica* Linnaeus, 1758

Füsti fecske – Barn Swallow

Andau, 12.5.2021 (Michael Dvorak)

Häufiger Brutvogel und Durchzügler von Ende März bis Mai und von August bis Oktober

Verbreitung und Lebensraum

Als Kulturfolger brütet die Rauchschwalbe vor allem in oder in der Nähe von Ställen (umgangssprachlich auch „Stallschwalbe" genannt). Daher befinden sich die Brutplätze vorwiegend im Siedlungsgebiet und nur vereinzelt treten siedlungsferne Bruten auf, vor allem an Brücken über Kanälen[1], Schleusen, Hochständen oder Stallungen und anderen Gebäuden in der freien Landschaft[2]. Eine besonders große Kolonie mit 100–200 Paaren befand sich bis zu ihrem Abriss 2020 unter der Hauptmole und den Pfahlbauten des Erholungsdorfes Fertőrákos[3]. Bei Schlechtwetter und bei den abendlichen Schlafplatzflügen nach der Brutzeit fliegen oft große Scharen über die offenen Wasserflächen und den Schilfgürtel des Neusiedler Sees. Die Jagd erfolgt hauptsächlich im Umkreis von 500 m um den Brutplatz, offene Grünflächen oder Wasserflächen in der Umgebung sind entscheidend[4].

Bestand und Bestandsentwicklung

Die Rauchschwalbe gilt seit den ersten Aufzeichnungen über die Vogelwelt des Gebiets als häufiger und gemeiner Brutvogel in allen Dörfern[5–8]. Der Bestand kann durch meist witterungsbedingte Einbrüche relativ stark schwanken, so wurde z. B. im Mai 1909 von einem größeren Ausfall aufgrund ungünstiger Witterung berichtet[6].

Bestandsangaben und -trends sind aufgrund methodischer Schwierigkeiten (Nester oft öffentlich nicht zugänglich, genaue Erfassung zeitaufwändig[9]) weder für einzelne Siedlungen noch für Teilbereiche verfügbar. In den letzten Jahrzehnten ist in Mitteleuropa und in Österreich eine Abnahme der Brutbestände zu verzeichnen[4, 10]. Aus dem Seewinkel sind lediglich grobe Bestandsschätzungen aus dem Jahr 1969 vorhanden, die für Podersdorf von 150 und für Illmitz von 300 Brutpaaren ausgehen[11]. Von solchen Dichten ist, basierend auf den vorliegenden, unsystematisch gesammelten Daten, bei weitem nicht mehr auszugehen[3]. Grund dafür sind die Intensivierung der Landwirtschaft sowie die großflächige Einstellung der Viehwirtschaft und die damit einhergehende Reduktion des Nahrungs- und Nistplatzangebotes[4]. Auch auf der ungarischen Seite setzte am Ende der 1980er Jahre ein starker Rückgang der Stallviehhaltung und des Viehbestandes ein. Die Größe des gegenwärtigen Brutbestandes ist auch hier unbekannt, aber allein die auffällige Abnahme in der Anzahl jagender Schwalben bei Schlechtwetter über der Verlandungszone des Sees lässt auch für das Südufer auf einen deutlichen Rückgang schließen.

Jahreszeitliches Auftreten

Im Vergleich zu anderen Langstreckenziehern bleiben Rauchschwalben lange im Brutgebiet.

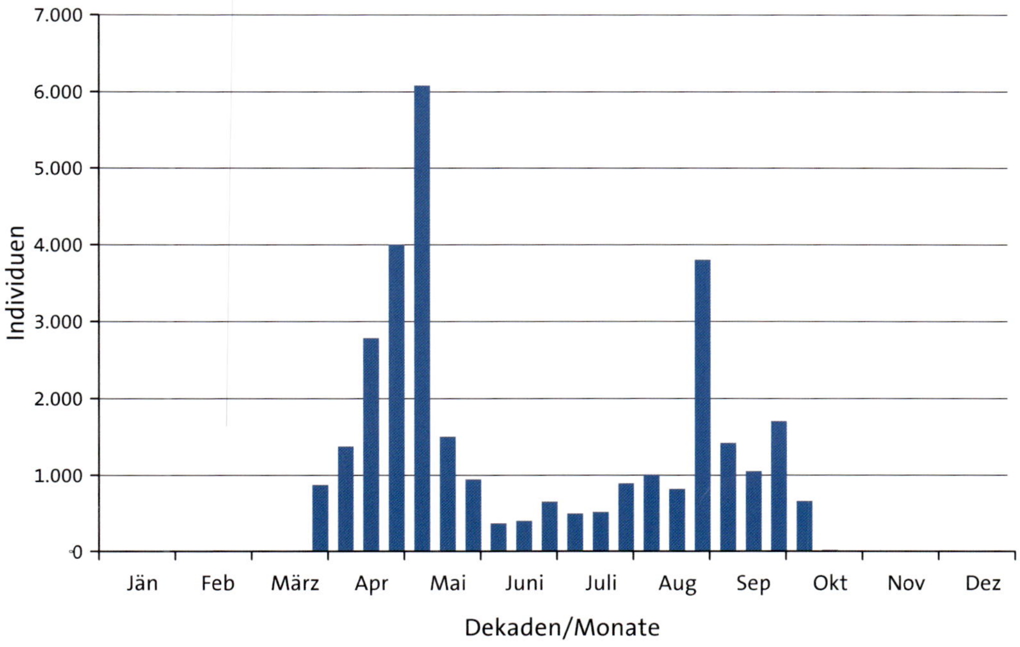

Jahreszeitliches Auftreten der Rauchschwalbe (Dekadensummen gemeldeter Individuen) basierend auf Daten aus Österreich aus den Jahren 2011–2018 (n = 31.434)[31]. Der im Text erwähnte Trupp von 10.000 Vögeln am 10.8.2018 ist nicht dargestellt.

Es sind zwei Jahresbruten üblich, selten kommt es auch zu Drittbruten[12]. Der Median der Erstankunft in den Jahren 2013–2020 liegt am 22. März, mit einer Streuung von 16.–24. März. In sechs von acht Jahren wurden die ersten Rauchschwalben zwischen 21. und 24. März gemeldet. Die Ankunft erfolgt daher, im Gegensatz zur Mehlschwalbe, innerhalb eines sehr engen Zeitfensters. Die zwei frühesten Meldungen betrafen jeweils ein Exemplar am 16.3.2018[13] und am 17.3.2018[14] im Seebad Breitenbrunn. Der Großteil der Brutvögel erreicht allerdings erst im Laufe des Aprils das Brutgebiet, der Gipfel des Heimzugs liegt in den ersten Maitagen. Die größten Trupps am Frühjahrszug umfassten 600 Individuen am 14.4.2010 bei der Biologischen Station Illmitz[15] und am 14.4.2017 ebenfalls 600 im Seebad Breitenbrunn[16]. Die Rauchschwalbe ist vor allem am Zug und im Winterquartier sehr gesellig, am Durchzug sind oft große Trupps bei der Jagd oder Rast auf Bäumen und Stromleitungen zu beobachten[4]. Zimmermann[7] beschreibt die Rauchschwalbe oft bei *„mehrtausendköpfigen Flügen“* über Hutweiden oder Lacken und deren Rohrsäumen. Sie übernachten am Durchzug in großen Trupps fast ausschließlich in Schilfbeständen[4,7]. Vereinzelt trifft man sehr große Trupps, oft gemeinsam mit Mehl- und Uferschwalben, am Herbstdurchzug an, so etwa am 10.8.2018 ein Schwarm mit rund 10.000 Individuen über Illmitz[17] und am 24.8.2016 rund 2.500 über Neusiedl am See[18]. Der Abzug aus dem Brutgebiet erfolgt zwischen Anfang August und Anfang Oktober. Die letzten Sichtungen im Gebiet gelingen regelmäßig bis Mitte Oktober, so etwa je ein Exemplar am 21.10.1906 in Apetlon[6] und am 21.10.2016 am Darscho[19] sowie 10 Exemplare bei der Warmblutkoppel[20]. Eine Beobachtung eines einzelnen Vogels im November datiert vom 2.11.2017 aus Illmitz[21].

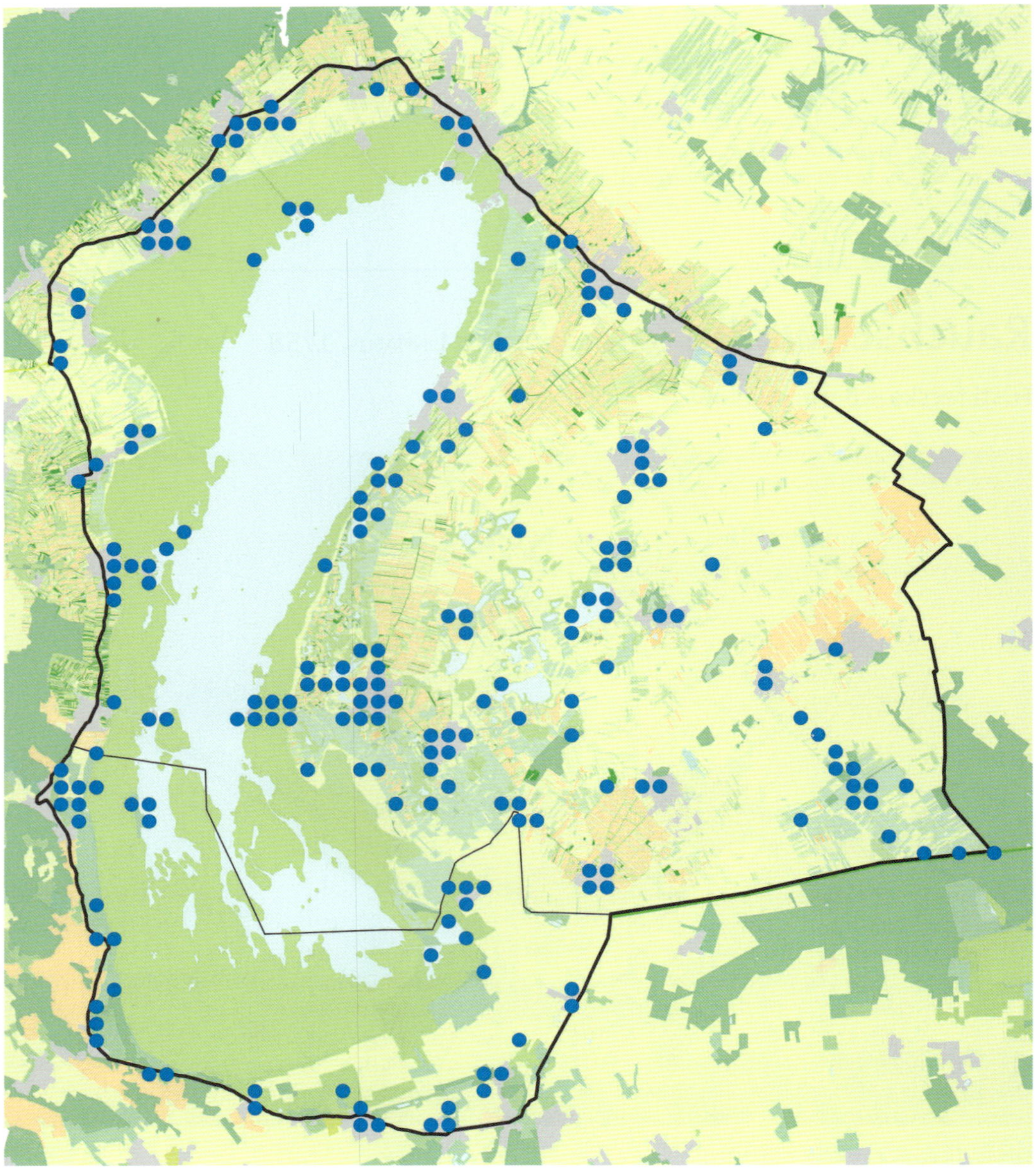

Brutzeitverbreitung der Rauchschwalbe, basierend auf Beobachtungen in den Monaten April bis Juli (alle Brutcodes außer „H“) aus den Jahren 2011–2021[31–33].

Zugverhalten und Ringfunde

Vor allem Jungvögel (und Nichtbrüter?) beginnen im Juli mit einem ungerichteten Verstreichen von bis zu 200 km in den Umkreis des Neststandortes, der eigentliche Wegzug erfolgt dann ab August[4]. Als Fluginsektenjäger ist die Rauchschwalbe nicht auf bestimmte Rastplätze zur Nahrungsaufnahme angewiesen. Individuen aus dem Karpatenbecken ziehen vorwiegend am Balkan Richtung Süden, genaue Daten betreffend Mittelmeer- und Saharaüberquerung fehlen jedoch[22]. Eine groß angelegte Studie über Wiederfunde von beringten Rauchschwalben legt eine bevorzugte Zugroute vom Karpatenbecken über den Nordbalkan und Italien nach Afrika nahe[23]. Der Rückzug im Frühjahr findet eher über das westliche Mittelmeergebiet statt. Individuen des östlichen Mitteleuropas überwintern vorwiegend im Kongobecken und bis ins westliche Ostafrika[4]. Ein am 18.9.1955 auf der Biologischen Station Neusiedl am See beringtes Exemplar wurde am 15.11.1956 in Yangambi in der DR Kongo[24] und ein am 12.8.1978 in Mekszikópuszta beringter Jungvogel am 7.4.1980 in Bungoma/West-Kenia wiedergefangen[25]. Viele Vögel benutzen auf dem Frühjahrszug nicht dieselbe Route wie am Herbstzug[26]. Eine am 16.6.1956 auf der Biologischen Station Neusiedl am See beringte Rauchschwalbe wurde am 5.6.1958 in Bouches-du-Rhône/Südfrankreich wiedergefangen[24]. Des Weiteren ging eine auf Korsika am 30.4.1987 beringte Rauchschwalbe zur Brutzeit 1987 in Hegykő ins Netz[27].

Seltene Unterarten

Die Rauchschwalbe ist ein holarktisches Faunenelement. Es sind mehrere Unterarten beschrieben, wobei in Europa nur die Nominatform vorkommt. Es gibt jedoch vereinzelt Sichtungen von Rauchschwalben mit rötlicher Unterseite, die den Unterarten *H. r. transitiva* (Hartert, 1910) und *H. r. savignii* (Stephens, 1817) aus dem Nahen Osten zugehören könnten: Ein Vogel mit *„deutlich rötlicher Unterseite“* vom 18.5.2014 aus dem Seebad Illmitz[28], ein Exemplar (*„dark red belly“*) vom 22.3.2015 von der Östlichen Wörthenlacke[29] und ein Individuum *„mit rotbrauner, dunkler Unterseite und braunroten Flügelbugen“* am 28.4.2015 bei Podersdorf[30].

Quellen: *[1] Dvorak et al. (2010), [2] Dvorak et al. (1993), [3] Archiv MME Sopron, [4] Bauer et al. (2005), [5] Dombrowski (1889), [6] Schenk (1917a), [7] Zimmermann (1943), [8] Bauer et al. (1955), [9] Andretzke et al. (2005), [10] Dvorak et al. (2017), [11] Kurth (1970), [12] Glutz von Blotzheim & Bauer (1985), [13] A. Ranner/ornitho.at, [14] A. Petrus, E. Neureiter/ornitho.at, [15] A. Grüll/ABÖ, [16] B. Zens/ornitho.at, [17] W. Petutschnig/ornitho.at, [18] A. Lobinger/ornitho.at, [9] U. Lindinger/ornitho.at, [20] L. Khil/ornitho.at, [21] J. Laber/ornitho.at, [22] Halmos et al. (2010), [23] Musitelli et al. (2019), [24] Österreichische Vogelwarte, unpubl. Ringfunde, [25] Vogelberingungszentrale BirdLife Ungarn, unpubl. Ringfund, [26] Bruderer (2017), [27] CRBPO – Centre de Recherches sur la Biologie des Populations d'Oiseaux, unpubl. Ringfund, [28] W. Starke/ornitho.at, [29] A. Tenhola/ornitho.at, [30] I. Horváth/ornitho.at, [31] www.ornitho.at, [32] Archiv MME Sopron, [33] Archiv FHNP*

Thomas Starkmann & Attila Pellinger

Mehlschwalbe *Delichon urbicum* (Linnaeus, 1758)

Molnárfecske – Common House Martin

Andau, 12.5.2021 (Michael Dvorak)

Häufiger Brutvogel und Durchzügler im April/Mai und August/September; nur noch wenige Kolonien mit > 50 Paaren

Verbreitung und Lebensraum

Als ehemaliger Felsbrüter ist die Mehlschwalbe heutzutage ein ausgeprägter Kulturfolger, deren Neststandorte im Gebiet eng an Gebäude oder andere Bauwerke gebunden sind[1]. Brutplätze in Gewässernähe werden bevorzugt (wie z. B. direkt über dem Wasser in einem geräumigen, an den Seiten offenen Bootshaus oder unter Pfahlbauten am Seeufer), kleinere Gruppen brüten aber auch an den niedrigen Gebäuden der schmalen Streckhöfe in den alten Dorfkernen. Kolonien bestehen im Mittel aus vier bis fünf Nestern, größere Kolonien mit mehr als 50 Nestern entstanden vor allem an den Fassaden hoher, oft historischer Gebäude, wie dem Schloss Fertőd oder dem Bischofspalast von Fertőrákos, knapp außerhalb des Avifauna-Gebietes[2], aber auch in unmittelbarer Seenähe[1], wie z. B. an der Biologischen Station Illmitz mit bis zu 80 Paaren oder in einigen Seebädern[3].

Bestand und Bestandsentwicklung

Dombrowski[4] konnte 1887 die Mehlschwalbe im Gebiet nicht beobachten, was wohl daran lag, dass er zwischen Anfang April und Mitte September nicht im Gebiet war. Er konnte daher zum damaligen Vorkommen keine verlässlichen Angaben machen. Im Mai 1909 setzten witterungsbedingte Bestandsrückgänge ein, Schenk[5] bezeichnete die Mehlschwalbe am Südufer trotzdem als sehr häufigen Brutvogel mit vielen größeren Kolonien an Häuserfronten und auch am Ostufer als ziemlich häufig. Zimmermann[6] beschrieb die Mehlschwalbe als häufigen Brutvogel in allen Ortschaften des österreichischen Gebietes, jedoch mit niedrigeren Beständen als jene der Rauchschwalbe. Bauer et al.[7] gaben den gesamten Brutbestand der Mehlschwalbe in Neusiedl am See im Jahr 1951 mit nur etwa fünf bis sechs Paaren an. 1952 hatte sich der Bestand jedoch wieder etwas erholt, sodass auf einen witterungsbedingten Einbruch geschlossen werden kann. In den Ortschaften des Seewinkels schätzten sie die Anzahl der Mehlschwalben nur etwa auf ein Viertel des Rauchschwalbenbestandes, bezeichneten sie aber als verbreiteten Brutvogel im ganzen Gebiet. Demgegenüber war die Mehlschwalbe im Juni 1969 in Podersdorf mit einigen hundert und in Illmitz mit 400 Paaren häufiger als die Rauchschwalbe[8]. Zehn Jahre später schätzte Haijtema[9] den Bestand des österreichischen Neusiedler See-Gebiets auf ca. 6.200 Brutpaare in einem Gebiet, das mit 856 km² größer war als das aktuelle Bearbeitungsgebiet. Im Durchschnitt ergibt der ermittelte Wert 220–280 Brutpaare pro Ortschaft, wobei nahe am See gelegene Dörfer höhere Brutplatzzahlen aufwiesen. Daraus kann auf etwa gleich hohe Bestände wie 1969 geschlossen werden.

Aktuelle systematische Erhebungen fehlen, doch deuten die vorhandenen, unsystematisch gesammelten Daten aus dem österreichischen Teilgebiet auf einen starken Bestandsrückgang hin: Größere Vorkommen von mehr als 20 Brutpaaren finden sich nur mehr selten, 2013–2019 wurden 12 solcher Kolonien gemeldet. Diese befinden sich am Seeverwaltungsgebäude im Seebad Breitenbrunn[10], in der Seezeile und beim Pfarrhaus in Rust[11], im Seebad Rust an mehreren Gebäuden[12,13], in der Seestraße und im Seebad Mörbisch[14,15], bei der Biologischen Station Illmitz[16], am Firmengelände der Firma Steiner nördlich von Illmitz[11], an der St. Martins Therme[17], an der Sonderkrankenanstalt Zicksee in St. Andrä[18] sowie in einer Wohnhausanlage in den Bühlgründen in Neusiedl am See[11]. In den Ortschaften Illmitz und Apetlon existieren keine Kolonien mit mehr als 10 Brutpaaren, der Gesamtbestand dieser Dörfer liegt sicherlich deutlich unter 100 Brutpaaren. Vor allem die Kleinkolonien von nur wenigen Paaren in den Höfen der alten Dorfkerne dürften in den letzten 20 Jahren größtenteils erloschen sein. Lokale Umsiedlungen durch Besiedlung von Neubauflächen sind möglich, so hat sich z. B. an der St. Martins Therme in den letzten Jahren eine Kolonie entwickelt[17], großflächig ist jedoch – wie in Illmitz und Apetlon – überall im Gebiet ein deutlicher Bestandsrückgang augenscheinlich[19]. Leider ist das Entfernen von Nestern, wie sie beispielsweise an einer ehemals großen Kolonie in der Seestraße in Mörbisch erfolgte[14], zumindest vereinzelt immer noch gängige Praxis.

Für das ungarische Gebiet wird in den letzten 30 Jahren ein möglicherweise noch stärkerer

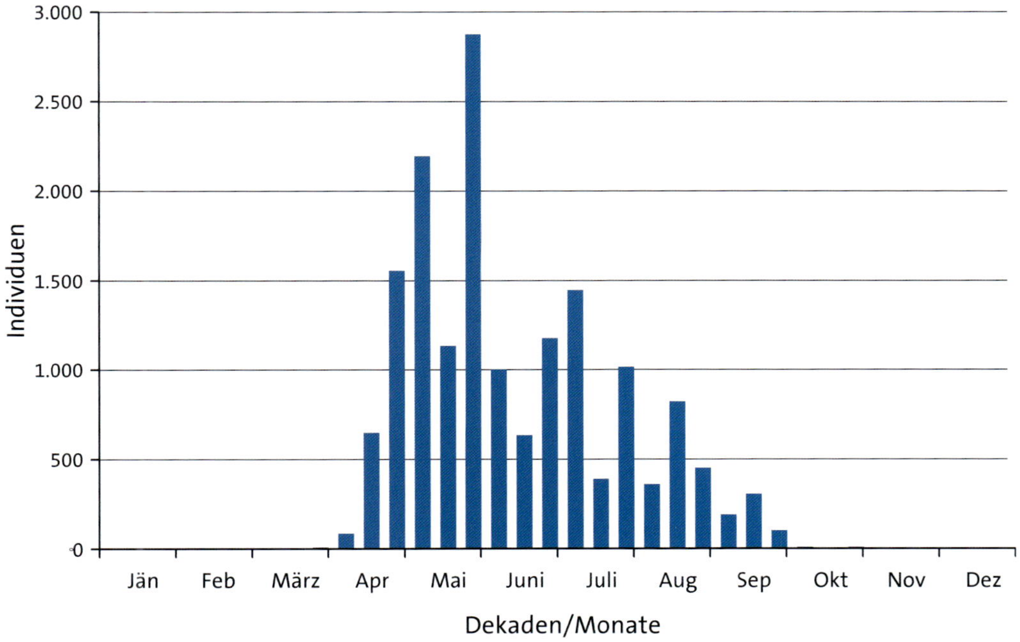

Jahreszeitliches Auftreten der Mehlschwalbe (Dekadensummen gemeldeter Individuen) basierend auf Daten aus Österreich aus den Jahren 2011–2018 (n = 16.424)[16].

Rückgang auf kleine Restbestände auf Grund von Klimawandel, der Intensivierung der Landwirtschaft und Habitatverluste im Winterquartier konstatiert[20,21]. Aber auch die fortschreitenden Verluste von Brutmöglichkeiten spielen eine Rolle, z. B. für ca. 130–200 Brutpaare am Presshaus von Balf, die der Sanierung des Gebäudes zum Opfer fielen[22]. Ein entsprechendes Angebot an Kunstnestern bildet als Ersatz für verlorene Brutplätze, sowohl in Österreich als auch in Ungarn, an vielen Stellen eine wichtige Maßnahme zur Bestandssicherung, z. B. am „Schwalbenhotel" bei der Biologischen Station Illmitz.

Jahreszeitliches Auftreten

Ähnlich wie die Rauchschwalbe hat die Mehlschwalbe für einen südlich der Sahara überwinternden Zugvogel eine verhältnismäßig lange Aufenthaltszeit im Brutgebiet. Die Ankunft erfolgt von Ende März bis Anfang Mai und somit etwas später als bei der Rauchschwalbe. Der Median der Erstankunft war in den Jahren 2013–2020 der 1. April, die frühesten Meldungen streuten zwischen 19. März und 11. April, also über drei Wochen[16]. Die beiden frühesten Meldungen mit jeweils einem Exemplar stammen vom 19.3.2016 aus Podersdorf[23] und vom 23.3.2008 vom Illmitzer Zicksee[24]. Der Zuggipfel des Frühjahrszugs fällt auf Anfang Mai. Am Frühjahrs- und Herbstzug sind große Ansammlungen möglich, so etwa am 7.5.2008 650 Exemplare in der Hölle[25] und am 27.5.2013 1.000 am Illmitzer Zicksee[26] sowie am 17.9.1971 ebenfalls 1.000 Individuen am St. Andräer Zicksee[27]. Der Abzug aus dem Brutgebiet erfolgt in mehreren Schüben, beginnend Mitte August mit Massenzugtagen vorwiegend Mitte bis Ende September und Nachzüglern bis Ende Oktober[1]. Die spätesten Nachweise im Gebiet, mit jeweils einem Individuum, stammen vom 25.10.2015 aus Pamhagen[28] und vom 27.10.1990 aus dem Seebad Weiden[29].

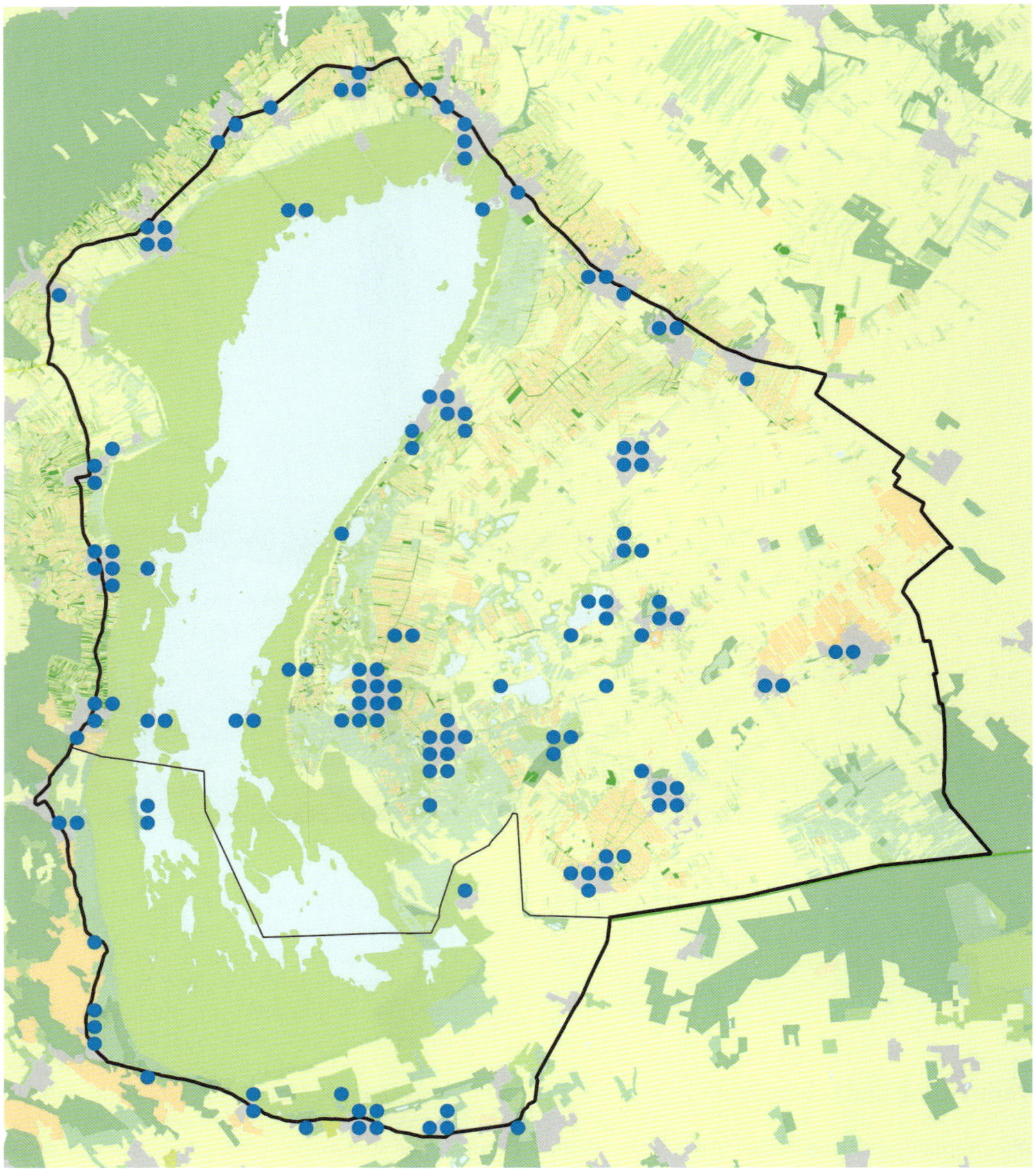

Brutzeitverbreitung der Mehlschwalbe, basierend auf Beobachtungen in den Monaten April bis Juli (alle Brutcodes außer „H") aus den Jahren 2011–2021[16, 32, 33].

Zugverhalten und Ringfunde

Die Mehlschwalbe zieht in breiter Front durch Europa, über das Mittelmeer sowie die Sahara ins Winterquartier. Die Alpen sind nur bei schlechten Witterungsbedingungen ein Hindernis, es gibt eine diffuse Zugscheide bei 12°40' E[1,30]. Brutvögel aus dem östlichen Deutschland, Polen, Tschechien und der Slowakei ziehen vorwiegend durch das Karpatenbecken weiter Richtung Italien und Balkan. Die Wiederfundrate bei der Mehlschwalbe ist gering[30,32], es gibt weder Fernfunde von außerhalb des Bearbeitungsgebietes beringten Vögeln noch von im Gebiet beringten Individuen.

Quellen: *[1] Bauer et al. (2005), [2] F. Bittermann & T. Starkmann, unpubl. Daten, [3] Dvorak et al. (1993), [4] Dombrowski (1889), [5] Schenk (1917a), [6] Zimmermann (1943), [7] Bauer et al. (1955), [8] Kurth (1970), [9] T. Haijtema in Glutz von Blotzheim & Bauer (1985), [10] B. Tobler/ornitho.at, [11] M. Dvorak/ornitho.at, [12] E. Sabathy/ornitho.at, [13] M. Prinz/ornitho.at, [14] P. Erlemann, E. Erlemann/ornitho.at, [15] C. Medicus/ornitho.at, [16] www.ornitho.at, [17] L. Khil/ornitho.at, [18] H. Frind /ornitho.at, [19] Dvorak et al. (2017), [20] Králl & Karcza in Csörgő et al. (2009), [21] Szép et al. (2021), [22] Archiv FHNP, [23] R. Hafner/ornitho.at, [24] J. Laber/ABÖ, [25] R. Janoschek/ABÖ, [26] T. Schernhammer/ornitho.at, [27] E. Duda/ABÖ, [28] D. Stanič/ornitho.at, [29] H.-M. Berg & S. Zelz/ABÖ, [30] Glutz von Blotzheim & Bauer (1985), [31] https://www.mme.hu/magyarorszagmadarai/madaradatbazis-delurb, [32] Archiv MME Sopron, [33] Archiv FHNP*

Thomas Starkmann & Attila Pellinger

Rötelschwalbe *Cecropis daurica* (Laxmann, 1769)

Vörhenyes fecske – Red-rumped Swallow

Ausnahmeerscheinung

Vorkommen

Fünf Frühjahrsnachweise:

- 30.5.2006 Podersdorfer Pferdekoppel, 2 Ind. (W. Lindinger[1])
- 20.5.2012 Podersdorfer Pferdekoppel, 1 Ind. (O. Samwald, F. Samwald[2])
- 13.4.2017 Seebad Breitenbrunn, 1 Ind. (A. Ranner[1])
- 19.4.2020 Seebad Illmitz, 1 Ind. (B. Zens[3,4])
- 2.5.2021 Darscho, 1 Ind. (J. Vratny[3])

Quellen: *[1] Albegger & Brader (2018), [2] Albegger & Khil (2016), [3] www.birdlife-afk.at, [4] Zens (2022)*

Andreas Ranner

Schwanzmeise *Aegithalos caudatus* (Linnaeus, 1758)

Őszapó – Long-tailed Tit

Hanság, Andau, 23.4.2016 (Hans-Martin Berg)

Seltener Brutvogel und Durchzügler in Baumbeständen, ganzjährig im Gebiet anzutreffen

Verbreitung und Lebensraum

Die Schwanzmeise brütet in lichten Wäldern mit reichlicher Strauchschicht und reich strukturierten Waldrändern und kommt hier besonders in Gewässernähe vor[1]. Im Neusiedler See-Gebiet erfüllen nur wenige Stellen diese Ansprüche: Die Art findet sich auf österreichischer Seite einerseits in den auwaldartigen, überwiegend künstlich angepflanzten Laubgehölzen am Rand des Neusiedler Sees, andererseits kommt die Schwanzmeise im Seewinkel in auf feuchtem Bodengrund (oft ehemaligen Lacken) stehenden Baumbeständen vor. Im Hanság ist sie im Figurenwald und entlang von Einser- und Torfkanal zu finden. Insgesamt wurden im österreichischen Neusiedler See-Gebiet seit 2011 von 17 Stellen Brutzeitbeobachtungen gemeldet. Davon dürften viele nicht regelmäßig besetzt sein, während einige, wie die kleinen Wäldchen am Ostufer zwischen Illmitzer Seedamm und Hölle, nämlich Illmitzer Wäldchen, Illmitzer Gemeindewald oder Oberstinkerwäldchen, über die Jahre hinweg bemerkenswert konstant besiedelt waren. Den von der Schwanzmeise im Seewinkel regelmäßig besetzten Wäldchen ist ein hoher Anteil an Pappeln und eine sehr gut ausgebildete Strauchschicht gemeinsam[2].

Die Schwanzmeise kann auf ungarischer Seite des Neusiedler See-Gebiets als vereinzelter Brutvogel und häufiger Gast im Herbst und im Winter angesehen werden. In den 1970er Jahren wurde sie als regelmäßiger Brutvogel in Buschwäldern bezeichnet, dabei aber betont, dass die Art nicht in den Schilfgürtel eindringt[3]. In den Windschutzstreifen südöstlich des Neusiedler Sees ist die Schwanzmeise als Brutvogel selten bei Sarród anzutreffen[4].

Bestand und Bestandsentwicklung

Aus dem 19. Jahrhundert liegen nur wenige Berichte vor. Die Schwanzmeise war historisch innerhalb des Avifauna-Gebiets nicht Brutvogel: Um 1860 soll sie im Seewinkel *„zur Winterzeit in Gärten"* vorgekommen sein[5], am Südufer des Sees war die Schwanzmeise um 1880 *„in den Wäldern häufig"*, *„besuchte aber zur Winterszeit auch Hausgärten"*[6] und 1886 war sie ein *„Standvogel"*. Konkret genannt wurde sie aber nur für Orte außerhalb des heutigen Neusiedler See-Gebiets[7]. Zimmermann[8] schrieb, dass er die Schwanzmeisen in seinen drei Jahren im Gebiet (1940–42) nie gesehen habe, und auch Anfang der 1950er Jahre wurde betont, dass die Art *„dem eigentlichen Seegebiet"* als Brutvogel fehlt, aber in angrenzenden Wäldchen vorkommt, zudem war sie damals ein *„spärlicher, aber regelmäßiger Wintergast"*[9]. Wann genau sich die Schwanzmeise erstmals als Brutvogel angesiedelt hat, bleibt unklar, die wenigen vorhandenen Archivdaten lassen aber vermuten, dass erste Brutpaare in den 1970er Jahren aufgetreten sind: Am 17.5.1973 wurde ein Exemplar im Illmitzer Wäldchen beobachtet[10], und mit zwei Nestfunden am 22.3. und 28.3.1975 im „Andauer Wäldchen" sowie im Wäldchen bei den „Figuren" gelangen die ersten Brutnachweise im Gebiet[11]. Für den Seewinkel folgte ein erster Nestfund am 2.4.1978 in „Illmitz"[12]. Im Jahr darauf, am 15.4.1979, wurde ein weiterer Nestfund aus dem Illmitzer Wäldchen gemeldet[13], was es wahrscheinlich macht, dass auch der Nachweis aus dem Vorjahr hier gelang. Seither dürfte die Schwanzmeise in kleiner Zahl Brutvogel des Seewinkels sein, wie unregelmäßig einlangende weitere Brut(zeit)nachweise bis 2010 zeigen[14]. Von 2016–2018 wurden die Brutvögel aller Wäldchen des Seewinkels untersucht und dabei an sechs von 17 Standorten jeweils einzelne Reviere festgestellt[2]. Neben den „traditionellen" drei Brutplätzen am Ostufer – darunter das Illmitzer Wäldchen – waren das Gemeindeschutzgebiet nördlich von Illmitz, ein Wäldchen südlich der Apetloner Reihersiedlung sowie das Wäldchen „Mitterried" nordöstlich von Wallern besetzt[2]. Für das gesamte Neusiedler See-Gebiet kann der Brutbestand auf 15–25 Reviere geschätzt werden, davon 7–12 Brutpaare im Seewinkel, 2–3 Brutpaare im Hanság und 6–10 am West- bzw. Nordufer.

Jahreszeitliches Auftreten

Schwanzmeisen sind ganzjährig im Gebiet anzutreffen, das Muster des jahreszeitlichen Auftretens entspricht dem eines Standvogels mit zeitlich beschränkten Einflügen von außerhalb. Die Fangzahlen der Biologischen Station Illmitz zeigen in manchen Jahren auch einen Durchzug weniger Vögel von Anfang bis Ende Oktober[15,16]. Sichtbeobachtungen durchziehender Schwanzmeisen liegen vermehrt von Mitte September bis Anfang November vor. Dabei handelt es sich überwiegend um kleine Trupps von fast immer höchstens 10–15 Exemplaren[17], die beiden größten gemeldeten Trupps waren 20 am 23.10.2016 bei der St. Martins Therme[18] und 22 am 5.11.2017 am Südrand von Podersdorf[19]. In den Wintermonaten Dezember und Jänner ist die Art dann alljährlich in kleiner Zahl in Trupps von 2–12 Exemplaren im Gebiet anzutreffen[17].

Zugverhalten und Ringfunde

In Mittel- und Westeuropa ist die Schwanzmeise vorwiegend Stand- und Strichvogel, in einzelnen Jahren treten aber gehäuft größere Trupps in gerichteter (Zug-)Bewegung auf. Dementsprechend liegen auch keine Fernfunde von im Neusiedler See-Gebiet markierten Schwanzmeisen vor. Bei Fertőrákos beringte Vögel wurden ausschließlich in derselben Fangstation wieder gefangen[20] und von den 341 zwischen 2009 und 2019 in der Biologischen Station Illmitz beringten Schwanzmeisen[15,16] liegt nur ein Wiederfund vor: Der Ring eines am 21.10.2019 markierten Vogels wurde fünf Tage später im 47 Kilometer südlich gelegenen ungarischen Tömörd abgelesen[21].

Quellen: [1] *Glutz von Blotzheim & Bauer (1993),* [2] *M. Dvorak, unpubl. Daten,* [3] *Kárpáti (1983),* [4] *Jánoska (2001),* [5] *Jukovits(1964/65),* [6] *Fászl (1883),* [7] *von Dombrowski (1889),* [8] *Zimmermann (1943),* [9] *Bauer et al. (1955),* [10] *W. Schindler/ABÖ,* [11] *P. Prokop & M. Staudinger/ ABÖ,* [12] *E. Duda/ABÖ,* [13] *M. Ganso/ABÖ,* [14] *Archiv BirdLife Österreich,* [15] *W. Vogl & H. Winkler, unpubl. Daten,* [16] *Biologische Station Illmitz, unpubl. Daten,* [17] *www.ornitho.at,* [18] *L. Khil/ornitho.at,* [19] *H.-M. Berg/ornitho.at,* [20] *Vogelberingungszentrale BirdLife Ungarn, unpubl. Ringfunde,* [21] *Österreichische Vogelwarte, unpubl. Ringfunde*

Michael Dvorak & Ferenc Jánoska

Waldlaubsänger *Phylloscopus sibilatrix* (Bechstein, 1793)

Sisegő füzike – Wood Warbler

Seebad Illmitz, 9.5.2014 (Michael Dvorak)

Häufiger Durchzügler im April/Mai und August, für den anspruchsvollen Waldvogel jedoch keine Brutmöglichkeiten

Verbreitung und Lebensraum

Durchzügler werden am West- und Südufer sowie in der Westhälfte des Seewinkels weitgehend flächendeckend registriert, während aus den Gebieten östlich der Linie Mönchhof – St. Andrä – Wallern wesentlich weniger Meldungen vorliegen. Die meisten Beobachtungen beziehen sich auf die Pappelreihen und Wäldchen am Ostufer von Podersdorf bis Illmitz, entlang derer sich Waldlaubsänger im August langsam in südliche Richtungen bewegen [1], auf das Ostufer des Illmitzer Zicksees und einige größere Gehölze im zentralen Seewinkel (z. B. St. Andräer Zicksee, Wallern) sowie mit 65 Meldungen auf die Windschutzstreifen und Waldparzellen am ungarischen Südufer des Sees und um Sarród [2]. Die Verteilung spiegelt zu einem wesentlichen Teil die Ausstattung der Landschaft mit Baumbeständen wider. Waldlaubsänger sind auch während des Zuges an Bäume gebunden und zeigen an den Fanganlagen bei der Biologischen Station Illmitz unter allen Zweigsängern die stärkste Präferenz für den Waldstandort (86 % aller Fänge) [3]. Die Durchzügler rasten in den Wäldchen, aber auch in schmalen Windschutzstreifen, im spärlichen Baumbestand der Ortschaften und Seebäder und in geringer Anzahl im Schilfgürtel, an der Beringungsstation in Fertőrákos z. B. auf verlandeten Flächen mit höherem Gehölzbewuchs (durchschnittlich ca. 10 Herbstfänge pro Jahr [2]). Sehr niedrige Gebüsche werden hingegen nur selten bzw. kurzfristig aufgesucht.

Ein Brutnachweis liegt nicht vor. Geeignete Bruthabitate wären Waldparzellen von mind. 10 ha mit Bodenfeuchtigkeit, einer ausgeprägten vertikalen Strukturierung unter dem geschlossenen Kronendach, die gleichzeitig lichte Freiräume bietet (tiefe Beastung oder Jungbäume) sowie einem geringen Deckungsgrad der Strauch- und Krautschicht. Bevorzugt werden außerdem Hanglagen über Tälchen oder zumindest Geländestufen [4–7]. Diese Voraussetzungen sind in den Wäldchen des Avifauna-Gebietes nicht erfüllt. Dennoch bestand in mehreren Fällen Brutverdacht. So konnte z. B. im relativ gut strukturierten Illmitzer Wäldchen im Zeitfenster vom 14.–24. Mai in den Jahren 1972, 1977 und 2011 sowie am 1.7.2005 jeweils ein singendes Männchen verhört werden [8]. Da die späten Sänger im Mai und Juni immer nur vereinzelt und oft in ungeeigneten Habitaten auftreten, dürfte es sich dabei um unverpaarte Männchen handeln, die in suboptimalen Habitaten bis zu zwei Monate lang Reviere besetzen können [7].

Bestand und Bestandsentwicklung

In den 1940er Jahren war der Waldlaubsänger als Durchzügler zumindest so häufig wie heute. Bei noch viel spärlicherer Gehölzausstattung des Seewinkels soll es dabei im Frühjahr (bei Zugstau?) in den wenigen Wäldchen am Ostufer zu Konzentrationen von „Hunderten von Vögeln" gekommen sein. Bemerkenswert ist der Hinweis, dass sich damals „der Durchzug v. a. im Herbst auch über die Weingärten erstreckte" [9]. Die großen Konzentrationen wurden ab den 1950er Jahren nicht mehr erwähnt, was möglicherweise mit dem großflächigen Zuwachs an Gehölzen zusammenhängt [10,11]. Der Status hat sich bis 2013 offensichtlich nicht wesentlich verändert, 1989 und 2014 wurde der Waldlaubsänger weiterhin als sehr häufig bzw. häufig eingestuft [12,13]. So zeigen die standardisierten Herbstfänge im Schilfgürtel bei der Biologischen Station Illmitz zwischen den Zeiträumen 1974–1983 (10 Jahre) und 2004–2019 (12 Jahre mit Fangprogramm) nur einen geringfügigen Rückgang von durchschnittlich 15 auf 11 Fänglinge pro Jahr [14,15]. Auch im Zeitraum 2013–2018, für den eine Abnahme des österreichischen Brutbestand um etwa 60 % ermittelt wurde [16], war im Zuggeschehen am Neusiedler See zumindest kein gravierender Rückgang zu verzeichnen: Die jährliche Anzahl der Frühjahrsmeldungen auf ornitho.at nahm in den sechs Jahren mit der Ausnahme von 2015 (88 Meldungen) von 33 auf 79 kontinuierlich zu, wobei allerdings zu berücksichtigen ist, dass nach Einführung der Meldeplattform 2013 die Meldebereitschaft ebenfalls von Jahr zu Jahr zugenommen hat.

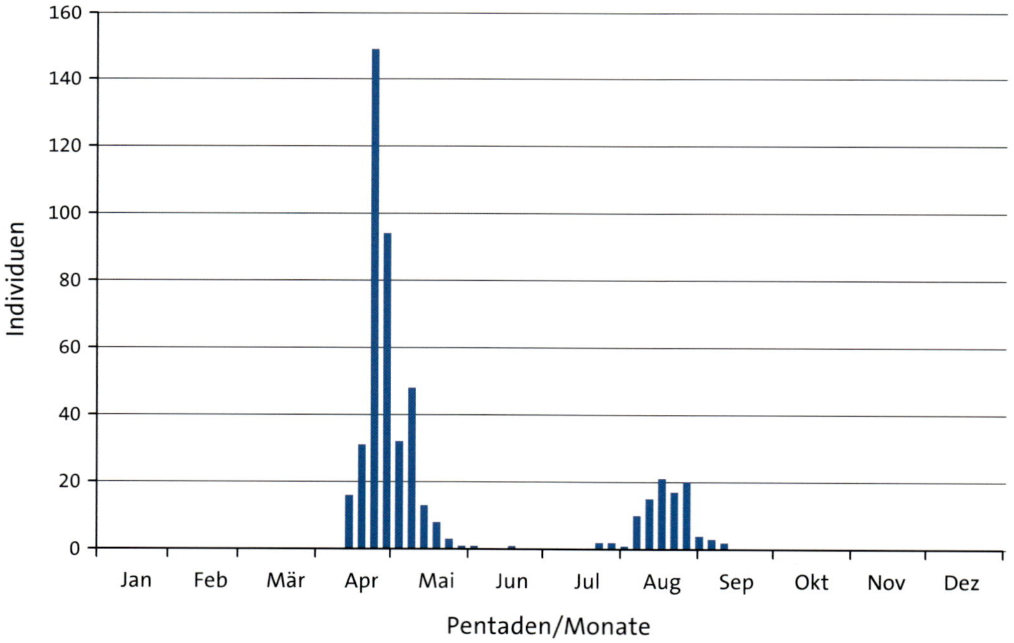

Jahreszeitliches Auftreten des Waldlaubsängers (Pentadensummen gemeldeter Individuen) basierend auf Daten aus Österreich aus den Jahren 2011–2018 (n = 494) [25].

Jahreszeitliches Auftreten

Der Frühjahrszug setzt ab 10. April ein, erreicht in der dritten Aprildekade seinen Höhepunkt und ist nach dem 10. Mai weitgehend abgeschlossen. Dieses Zugmuster entspricht den älteren Angaben um die Mitte des 20. Jahrhunderts [9,10]. Frühere Erstbeobachtungen, z. B. am 2. [17] und 5. April [18], sind Ausnahmen. Die Männchen beginnen sofort nach der Ankunft sehr aktiv zu singen, mehr als 50 % der Frühjahrsmeldungen betreffen schwirrende Waldlaubsänger. Einzelne Nachzügler oder brutbereite, oft noch intensiv singende Vögel treten bis Mitte Juni, ausnahmsweise sogar bis Anfang Juli auf [19]. Ab 5. Juli werden vereinzelt nachbrutzeitliche Strichbewegungen registriert, die dann Ende Juli langsam in den unauffälligen Wegzug mit Gipfel in der ersten Augusthälfte übergehen. Bereits Anfang September klingt der Durchzug rasch aus [14]. Die spätesten Daten sind der 21. [20] und 27. September [21]. Die viel geringere Melderate während des Herbstzuges stimmt mit Fangdaten in den nördlich gelegenen Marchauen überein [22], während sich in der weiter westlich gelegenen Steiermark Heim- und Wegzug die Waage halten [23]. Möglicherweise bestehen Zusammenhänge mit dem Schleifenzug (siehe Zugverhalten), andererseits sind Waldlaubsänger nach der Brutzeit sehr still und heimlich, sodass die unterschiedlichen Meldehäufigkeiten im Frühling und Herbst nicht die tatsächlichen Zugintensitäten wiedergeben. 2011 – 2018 wurden bei den meisten Meldungen Einzelvögel beobachtet, schon 2 – 3 Exemplare sind nur mit 13 % vertreten und 4 – 11 gleichzeitig beobachtete Waldlaubsänger sind nur bei 2 % der Daten angeführt (n = 389 Meldungen). Wahrscheinlich nur bei witterungsbedingtem Zugstau kann es in Einzelfällen zu Massenansammlungen kommen, so z. B. am 2.5.1979 mit „100 Waldlaubsängern“ im Bereich des Illmitzer Gemeindewäldchens [17].

Zugverhalten

Waldlaubsänger überwintern im tropischen Regenwaldgürtel und in den anschließenden Feuchtsavannen Afrikas. Der Herbstzug durch das Karpatenbecken führt in südsüdwestliche Richtung über das zentrale Mittelmeer (v. a. Italien – Tunesien), während der Heimzug als Schleifenzug weiter östlich verläuft. Auf unterschiedliche Zugwege im Frühjahr und Herbst weisen auch die Flügelmaße in Ungarn durchziehender Waldlaubsänger hin [5, 24].

Quellen: [1] *J. Laber/ABÖ,* [2] *Archiv MME Sopron,* [3] *Bairlein (1981),* [4] *Quelle & Lemke (1988),* [5] *Glutz von Blotzheim & Bauer (1991),* [6] *Hölzinger (1999),* [7] *Reinhardt & Bauer (2009),* [8] *W. Schindler, H. Schwarthoff, A. Ranner, A. Grüll/ABÖ,* [9] *Zimmermann (1943),* [10] *Bauer et al. (1955),* [11] *Koenig (1961),* [12] *H.-M. Berg, A. Ranner & V. Neußer, unpubl. Daten,* [13] *Dvorak et al. (2014a),* [14] *Berthold et al. (1991),* [15] *W. Vogl & H. Winkler, Biologische Station Illmitz, unpubl. Daten,* [16] *Teufelbauer & Seaman (2019),* [17] *E. Duda/ABÖ,* [18] *A. Ranner/ABÖ,* [19] *A. Grüll/ABÖ,* [20] *F. Samwald/ABÖ,* [21] *P. Prokop/ABÖ,* [22] *T. Zuna-Kratky (2000 und unpubl. Daten),* [23] *Albegger et al. (2015),* [24] *Gyurácz & Csörgő in Csörgő et al. (2009),* [25] *www.ornitho.at*

Alfred Grüll & Attila Pellinger

Berglaubsänger *Phylloscopus bonelli* (Vieillot, 1819)

Bonelli-füzike – Western Bonelli's Warbler

Unregelmäßiger Durchzügler, vorwiegend im Frühjahr zwischen Mitte April und Mitte Mai

Vorkommen

Es liegen 20 Nachweise aus neun Jahren vor, alle 18 Beobachtungen betreffen den Frühjahrszug, zwei Fänge an der Biologischen Station in Illmitz den Herbstzug.

- 8.5.1976 Windschutzstreifen Tadten, zwei singen (P. Prokop [1])
- 31.5.1979 Jois, ein Exemplar (C. Inskipp [1])
- 22. & 23.5.1986 Neubaugasse in Apetlon, ein singendes Männchen in Walnußbaum (H. Reinhardt [1])
- 25.4.1991 Hackelsberg, ein Exemplar (A. Ranner [1])
- 16.8.1991 Biologische Station Illmitz, ein Fängling (MRI-Programm [2])
- 28.4.1995 Hölle, mehrere singende Durchzügler, teilweise mit Waldlaubsängern vergesellschaftet (G. Räuschl [1])
- 27.4.2008 St. Andrä/Zicksee, ein singendes Männchen (W. Lindinger [1])
- 14.4.2015 Seebad Illmitz, ein Exemplar (M. Stein [3])
- 19.4.2015 Steppentierpark Pamhagen, ein singendes Männchen (U. Lindinger [3])
- 23.4.2015 Zitzmannsdorfer Wiesen, Seedamm, ein singendes Männchen (P. Rittmann [3])
- 25.4.2015 Hanság südlich Andau, ein Exemplar (B. Watzl [3])
- 5.5.2015 Hölle, zwei singen (C. Summer [3])
- 16.5.2015 Illmitz, ein Durchzügler morgens in der Breiten Gasse singend (M. Faas [3])
- 13.4.2016 Illmitzer Wäldchen, ein Exemplar (T. Bürki [3])
- 30.4.2016 Illmitzer Wäldchen, ein Exemplar (J. Feldner [3])
- 15.4.2016 Apetloner Wäldchen, ein singendes Männchen [4]
- 9.5.2018 Illmitzer Wäldchen, ein Exemplar (W. Jaschke [3])
- 2.5.2018 Mitterried/Wallern, ein singendes Männchen [4]
- 7.8.2018 Biologische Station Illmitz, ein Fängling [5]

Quellen: [1] *Archiv Birdlife Österreich,* [2] *Vogelwarte Radolfzell, heute Max-Planck-Institut für Verhaltensbiologie, unpubl. Daten,* [3] *www.ornitho.at,* [4] *M. Dvorak, unpubl. Daten,* [5] *Biologische Station Illmitz, unpubl. Daten*

Michael Dvorak

Gelbbrauen-Laubsänger *Phylloscopus inornatus* (Blyth, 1842)

Vándorfüzike – Yellow-browed Warbler

Hölle, Illmitz, 21.9.2020 (Belegfoto Johannes Hohenegger)

Ausnahmeerscheinung

Vorkommen

Sechs Nachweise im Herbst, davon drei im Zuge von Beringungsprogrammen:

- 27.10.1975 Illmitzer Wäldchen, 1 Fängling (W. Friedrich, W. Dornberger, R. Schlenker[1]; bei Glutz von Blotzheim & Bauer[2] fälschlich mit 29.10.1975 datiert)
- 26.9.2017 Biologische Station Illmitz, 1 Fängling (F. Bittermann[3])
- 2.10.2017 Biologische Station Illmitz, 1 dj. Fängling (B. Kofler, G. Hafner[3,4])
- 1.10.2019 Illmitzer Wäldchen, 1 Ind. (W. Bühler, U. Schiller, J. Schmitz[5])
- 21.9.2020 Oberer Stinkersee, 1 Ind. (J. Hohenegger, T. Pumberger, C. Zehetner u.a.[4,5])
- 4.10.2020 Hölle Illmitz, 1 Ind. (J. Laber[5])

Die Art wird in den letzten Jahren auch in Mitteleuropa vermehrt am Herbstzug festgestellt, dementsprechend entfallen fünf der sechs Nachweise auf die letzten fünf Jahre des Bearbeitungszeitraums. Mit weiteren Beobachtungen des Gelbbrauen-Laubsängers im Gebiet kann daher gerechnet werden.

Quellen: *[1] Schlenker (1977), [2] Glutz von Blotzheim & Bauer (1991), [3] Albegger & Brader (2018), [4] www.ornitho.at, [5] www.birdlife-afk.at*

Andreas Ranner

Dunkellaubsänger *Phylloscopus fuscatus* (Blyth, 1842)

Barna füzike – Dusky Warbler

Biologische Station Illmitz, 10.10.2017 (Flora Bittermann)

Ausnahmeerscheinung

Vorkommen

Zwei Nachweise, die innerhalb weniger Tage erfolgten:

- 10.10.2017 Biologische Station Illmitz, 1 Fängling (G. Hafner, F. Bittermann[1,2])
- 14.10.2017 Neudegg, 1 Ind. (J. Laber[1])

Quellen: *[1] Albegger & Brader (2018), [2] Bittermann (2019)*

Andreas Ranner

Fitis *Phylloscopus trochilus* (Linnaeus, 1758)

Fitiszfüzike – Willow Warbler

Südlich Podersdorf, 4.4.2021 (Michael Dvorak)

Seltener Brutvogel sowie mäßig häufiger Durchzügler von Ende März bis Ende Mai und von August bis Anfang Oktober

Verbreitung und Lebensraum

Ein Verbreitungsschwerpunkt der Brutzeitreviere liegt in der Verlandungszone des Westufers, wo im Jahr 2006 in den Bruchwaldbeständen vor Purbach 11, im Auwald an der Wulkamündung vier und in der Oggauer Heide drei Reviere kartiert wurden[1]. Für das Nord- und Ostufer sind 2006–2018 insgesamt neun Brutzeitreviere belegt und aus dem zentralen Seewinkel ist nur ein Vorkommen bei Wallern bekannt. Am Südufer brüten wahrscheinlich bis zu etwa 10 Paare bei Hegykő und Fertőboz. Zumindest 20 Reviere wurden im Hanság vor allem in den bruchwaldartigen Gehölzen entlang der Grenze zwischen dem Figuren-Wäldchen und Hansághof kartiert[2]. Aus dem Zeitraum ab 2006 liegen jedoch für das burgenländische Teilgebiet nur zwei Brutmeldungen vor: am 7.4.2014 ein Nistmaterial tragender Fitis im Seevorgelände nördlich Podersdorf[3] und am 10.7.2014 ein Altvogel mit Futter in der Verlandungszone vor Mörbisch[4].

Das Verbreitungsbild zu den Zugzeiten deckt sich weitgehend mit der Verteilung ziehender Zilpzalpe. Meldungen liegen aus fast allen Teilgebieten vor. Die Brutzeitreviere befinden sich im Vergleich zum Zilpzalp tendenziell in feuchteren Zonen im Randbereich des Sees, in stark aufgelockerten Waldbeständen mit üppiger Strauch- und Krautschicht, aber auch in höheren Buschgruppen ohne Baumbestand. In den Au- und Bruchwäldern werden daher vermehrt die offenen Randbereiche besiedelt, das Spektrum reicht dabei im Hanság bis zu verbuschten Feuchtbrachen. Neben Pappeln sind hier meist Weiden die dominierenden Gehölze. Einzelne Reviere werden aber auch entlang des Ostufers auf trockeneren, sandigen Böden in unterholzreichen Robiniengehölzen mit geringen Anteilen an Pappeln und Eschen oder an verbuschten Abschnitten des Sanddammes besetzt[5]. Durchzügler bevorzugen ebenfalls die feuchten Ränder der Verlandungszonen von See und Lacken, rasten aber auch in ganz kleinen Baumgruppen oder niedrigen Einzelbüschen der offenen Feldflur, im spärlichen Gehölzbestand der Ortskerne und Seebäder oder im Herbst in ruderalen Hochstaudenfluren[6]. Im Seebad Illmitz konnten dabei auch Ansammlungen von 15–30 Fitissen beobachtet werden. Weitere Konzentrationspunkte bilden die Schlammabsetzbecken und verbuschten Seedämme im Schilfgürtel des Sees. So gingen im Herbst an den Fanganlagen bei der Biologischen Station Illmitz 40 % aller Fänglinge im Schilfgürtel entlang des Dammes und nicht im benachbarten Wäldchen in die Netze[7]. Im gehölzfreien Schilfgürtel ist der Fitis hingegen, zumindest am Frühjahrszug, wesentlich seltener anzutreffen als der Zilpzalp[8].

Bestand und Bestandsentwicklung

Nach Zimmermann[6] sowie Bauer et al.[9] war der Fitis Mitte des 20. Jahrhunderts nur ein mäßig häufiger Durchzügler, während Koenig[10,11] für die Weidenbestände am Westufer an der Wulka, ohne nähere Angaben, auch gelegentliches Brüten anführte. Eine mehrwöchige Seewinkel-Exkursion 1969 erbrachte zwar Junibeobachtungen, aber ebenfalls keine Brutnachweise[12]. In den Jahren 1975 und 1979 wurden Anfang Mai als Folge eines Zugstaues entlang des Ostufers Ansammlungen von 30–100 Fitissen ausgezählt[13]. Generell trat die Art aber auch damals seltener auf als der Zilpzalp, der bei den Netzfängen an der Biologischen Station Illmitz 1974–1983 mit 1.436 beringten Vögeln mehr als doppelt so häufig war als der Fitis mit nur 656 Fänglingen[14]. Auch in der Kartierungsperiode für den österreichischen Brutvogelatlas 1981–1985 konnte der Brutstatus im gesamten Bearbeitungsgebiet nicht bestätigt werden[15]. In den Jahren 1990–2002 gelangen nur entlang des Ostufers, an der Huldenlacke bei St. Andrä und in einer Schottergrube im Albrechtsfeld insgesamt sechs Reviernachweise während der Brutzeit, wobei 1992 im Illmitzer Gemeindewäldchen intensives Warnverhalten erstmals eine Brut im Seewinkel vermuten ließ[16]. Für das Westufer und den Hanság liegen aus diesen Jahren keine Daten vor. Zwischen 2006 und 2018 konnten dann im gesamten Gebiet zumindest 55 verschiedene Brutzeitreviere lokalisiert werden, wobei nur 2014 zwei weitere Brutnachweise im Seewinkel hinzugekommen sind. Besonders bemerkenswert ist eine Bestandszunahme auf den Zitzmannsdorfer Wiesen zwischen 1991 und 2011 von 2–4 auf 23 Reviere, die auf die starke Ausbreitung von Gebüschen entlang des Seedammes am Ostufer zurückzuführen war. Als maximale Revierdichte wurden hier im Juni 17 singende Männchen/10 ha Gehölzfläche ermittelt[17]. Nach weiterer Sukzession mit Ausdünnung der Strauchschicht ist dieses Vorkommen in den Folgejahren wieder weitgehend erloschen[18]. Demnach waren das gehölzreiche Westufer und wahrscheinlich der Hanság schon in der ersten Hälfte des 20. Jahrhunderts besiedelt, während im Seewinkel Ansiedlungen erst in den 1960er Jahren und Bruten möglicherweise erst ab 1990 nach Ausbreitung der Gebüschzonen erfolgten. Für die geringe Anzahl an Brutnachweisen gilt dabei Ähnliches wie für den Zilpzalp (siehe auch dort): Vorläufig muss offenbleiben, wie hoch der Anteil unverpaarter, revierhaltender Männchen ist, die in suboptimalen Habitaten bei geringer Dichte am Arealrand den Hauptteil des Bestandes bilden können[19,20]. Zugkonzentrationen wurden mit vereinzelten Meldungen von 15 bis maximal 30 Fitissen auch nach 2000 registriert, allerdings nicht mehr im Ausmaß der 1970er Jahre. Dementsprechend zeigen die standardisierten Herbstfänge im Schilfgürtel bei der Biologischen Station Illmitz zwischen den Zeiträumen 1974–1983 (10 Jahre) und 2004–2019 (12 Jahre mit Fangprogramm) einen Rückgang von durchschnittlich 66 auf 35 Fänglinge pro Jahr[14,21].

Jahreszeitliches Auftreten

Der Frühjahrszug beginnt nach dem 20. März und damit etwa drei Wochen später als beim Zilpzalp, setzt aber erst in der letzten Märzpentade voll ein. Die frühesten Beobachtungen bereits zaghaft singender Männchen fallen auf den 22. März in den Jahren 1993[22] und 2014[23] sowie auf den 23. März im Jahr 2001[24]. Die Männchen beginnen sofort nach der Ankunft zu singen, erreichen aber erst nach dem Durchzug der Hauptmasse hohe Gesangsaktivitäten. Nach einem ausgeprägten Gipfel zwischen 10. und 25. April nimmt die Zugintensität zwar rasch ab, der Durchzug nordischer Populationen dauert aber noch bis Ende Mai. Die späten, schon intensiv singenden Zuggäste können dann leicht als Brutvögel fehlinterpretiert werden[19,25,26]. Von Juni bis Anfang Juli wurden nur wenige revierhaltende Männchen gemeldet, die den kleinen Brutzeitbestand bilden. Anfang August erlischt die brutzeitliche Gesangsaktivität. Bereits ab dem 10. Juli tauchen teilweise noch kurz singende Fitisse abseits der Brutreviere auf den Dämmen im Schilfgürtel und in den Ortschaften auf[27].

Die Strich- bzw. Zugbewegungen erreichen nach den Fangdaten an der Biologischen Station Illmitz Ende Juli/Anfang August einen ersten Gipfel. Davon etwas abgesetzt vollzieht sich dann der Hauptdurchzug von Ende August bis Anfang Oktober[14, 21]. Danach treten Fitisse nur noch vereinzelt auf, die spätesten Meldungen datieren vom 15.10.2017[28], 18.10.1973[29] und 28.10.1977[30]. Im Datenmaterial 2011–2018 auf ornitho.at sticht hingegen ein Maximum in den ersten Oktobertagen hervor, das teilweise auf systematische Zählungen in mehreren Teilgebieten zurückzuführen ist[31], die diesen Peak überhöhen. Andererseits liegen aus dieser Pentade auch andere Meldungen besonders hoher Dichten vor, wie beispielsweise am 5.10.2017 mind. 15, vor allem diesjährige Exemplare im Seebad Illmitz[32]. Ein ähnlich später, zweiter Gipfel Ende September, der hauptsächlich aus Jungvögeln gebildet wird, ist auch für die Marchauen sowie die Steiermark belegt[26, 33]. Von Anfang August bis Ende Oktober ist sehr sporadisch Herbstgesang zu hören. Da der Fitis, ebenso wie der Zilpzalp, während des Wegzuges sehr rufaktiv und daher gut zu registrieren ist[19, 25, 34], dürfte die geringe Melderate im Herbst einem zahlenmäßig schwächeren Durchzug als im Frühjahr entsprechen. Zwischen 2011 und 2018 beschreiben 84 % aller Meldungen (n = 760) die Beobachtung eines Exemplars, 15 % 2–5 und nur vier Nachweise im April lockere Gruppen von 7–10 Fitissen. Größere Ansammlungen von maximal 20 Durchzüglern wurden nur dreimal zu den Hauptzugzeiten notiert. Vom aufgezeigten Muster stark abweichend wurden 1975 und 1979 in der ersten Maidekade mehrmals mehr als 50 Fitisse gezählt[13], die für damals einen späteren Durchzug vermuten lassen.

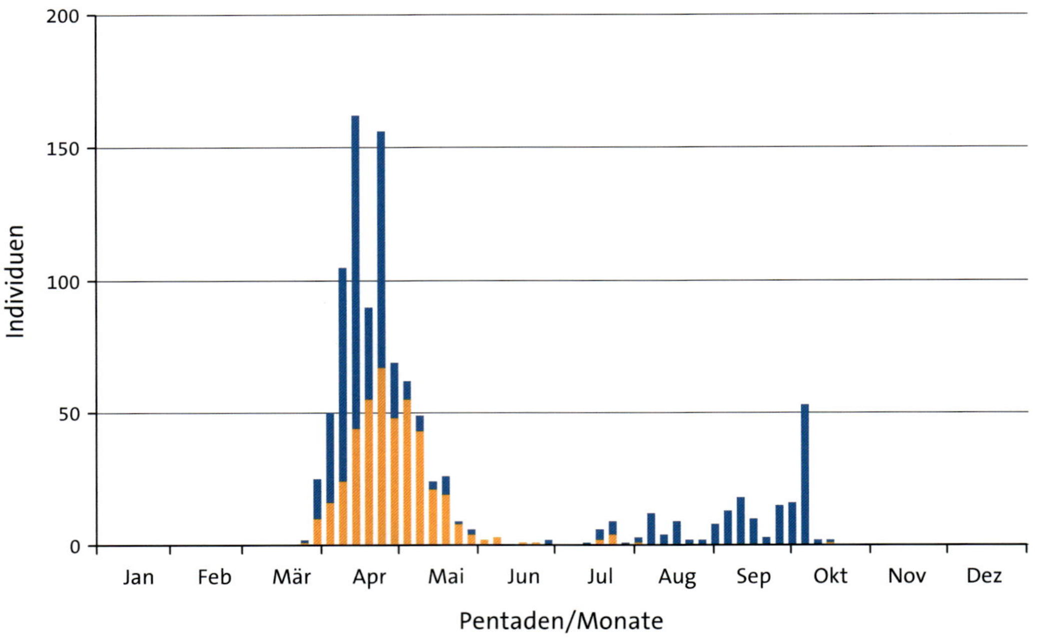

Jahreszeitliches Auftreten des Fitis (Pentadensummen gemeldeter Individuen) basierend auf Daten aus Österreich aus den Jahren 2011–2018 (n = 1.033)[37]. Orange Säulenabschnitte: singende Männchen.

Zugverhalten und Ringfunde

Der Zug durch das Karpatenbecken führt aus dem Baltikum in südwestliche bis südöstliche Richtungen über das gesamte Mittelmeer in die Überwinterungsgebiete südlich der Sahara. Der Winteraufenthalt der pannonischen Teilpopulation ist nicht bekannt[19, 35]. Ein Herbstdurchzügler am Neusiedler See war im Juni des nächsten Jahres auf den Alandinseln/Finnland[36].

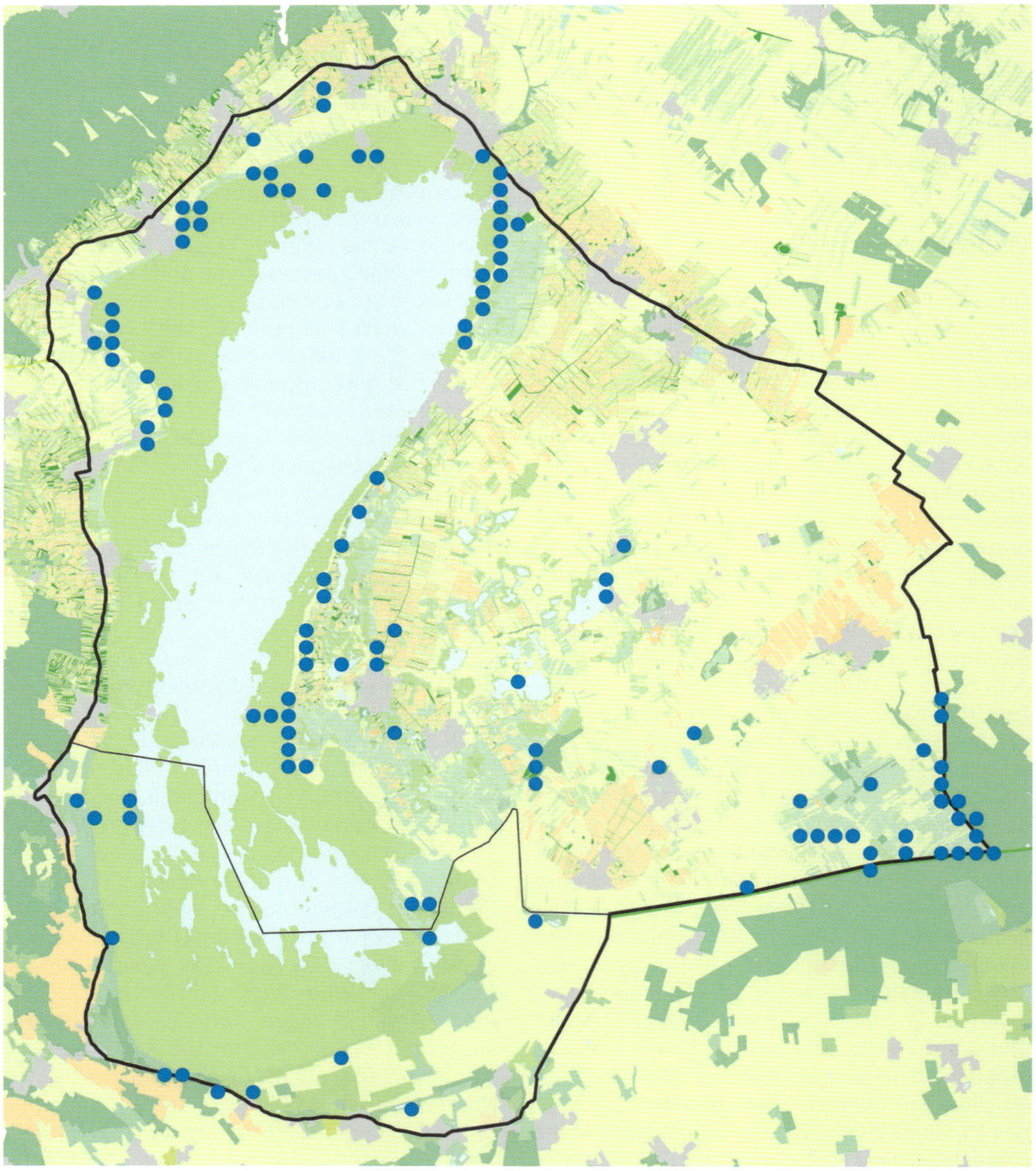

Brutzeitverbreitung des Fitis, basierend auf Beobachtungen im Zeitraum 15.5. bis 14.7. aus den Jahren 2011–2021[37–39].

Quellen: [1] *T. Zuna-Kratky & C. Roland, unpubl. Daten,* [2] *H.-M. Berg & M. Dvorak, unpubl. Daten,* [3] *U. Lindinger/ornitho.at,* [4] *R. Konecny/ornitho.at,* [5] *A. Grüll, E. Karner-Ranner, A. Ranner/ABÖ, 6 Zimmermann (1943),* [7] *Bairlein (1981),* [8] *Böck (1979),* [9] *Bauer et al. (1955),* [10] *Koenig (1952),* [11] *Koenig (1961),* [12] *Kurth (1970),* [13] *J. Wittenberg, E. Duda/ABÖ,* [14] *Berthold et al. (1991),* [15] *Dvorak et al. (1993),* [16] *A. Grüll/ABÖ,* [17] *Dvorak et al. (2011),* [18] *M. Dvorak, unpubl. Daten,* [19] *Tiainen (1991),* [20] *Lawn (1994),* [21] *W. Vogl & H. Winkler, Biologische Station Illmitz, unpubl. Daten,* [22] *A. Grüll/ABÖ,* [23] *J. Frießer/ornitho.at,* [24] *A. Ranner & E. Karner-Ranner/ABÖ,* [25] *Schönfeld (1982),* [26] *Albegger et al. (2015),* [27] *A. Hombauer, A. Grüll/ornitho.at,* [28] *H. Schaffer/ornitho.at,* [29] *J. Reid/ABÖ,* [30] *E. Duda/ABÖ,* [31] *I. Horváth/ornitho.at,* [32] *H.-M. Berg/ornitho.at,* [33] *Zuna-Kratky et al. (2000),* [34] *Helb (1973),* [35] *Gyurácz & Csörgő in Csörgő et al. (2009),* [36] *Österreichische Vogelwarte/Vogelberingungszentrale BirdLife Ungarn, unpubl. Ringfund,* [37] *www.ornitho.at,* [38] *Archiv MME Sopron,* [39] *Archiv FHNP*

Alfred Grüll & Sándor Mogyorósi

Zilpzalp *Phylloscopus collybita* (Vieillot, 1817)

Csilpcsalpfüzike – Common Chiffchaff

Hanság, Andau, 29.9.2019 (Hans-Martin Berg)

Mäßig häufiger Brutvogel und Sommergast sowie sehr häufiger Durchzügler von März bis Mai und im September/Oktober

Verbreitung und Lebensraum

Östlich des Sees verteilen sich die gemeldeten Brutzeitreviere (21.5.–19.7) im Zeitraum 2006–2018 auf die Gehölze westlich und südwestlich von Illmitz, den Hanság (5 bzw. 22 Reviere) sowie auf zerstreute Einzelvorkommen im zentralen Seewinkel bis zur Linie Podersdorf – Frauenkirchen – Wallern. Am Westufer ist die Verbreitung auf die Bruchwaldbestände vor Purbach und den Auwald an der Wulkamündung konzentriert. Kartierungen in 2006 ergaben hier 23 bzw. 12 singende Männchen, während die dazwischenliegenden Randzonen des Sees nur sehr sporadisch besiedelt sind[1]. Das Fehlen von Brutzeitmeldungen im nördlichen und östlichen Seewinkel sowie in weiten Bereichen des Westufers dürfte neben der geringeren Beobachterdichte auch auf das mangelnde Interesse an dieser Art zurückzuführen sein. Aus dem gesamten Zeitraum 2006–2018 liegen nur aus 2016 zwei Brutnachweise bei der St. Martins Therme/Frauenkirchen bzw. aus der Hölle/Illmitz vor, wobei jeweils frisch flügge Jungvögel beobachtet wurden. Durch den Fang eines Weibchens mit Brutfleck Mitte Juni im Rahmen eines Beringungsprogrammes im Illmitzer Seewäldchen gelang zudem noch ein Bruthinweis[2].

Die Reviere zur Brutzeit finden sich in älteren Wäldchen und größeren Baumgruppen unterschiedlicher Ausprägung, von den trockenen Sandstandorten am Ostufer bis hin zu Auwäldern und hochwüchsigen Aschweidenbeständen in der Verlandungszone des Sees. Immer ist unter aufgelockertem Kronendach eine Kraut- und dichte Strauchschicht, häufig aus Holunder, oder zumindest ein Gebüschmantel vorhanden. Für das gesamte ungarische Ufer wird der Zilpzalp als häufiger Brutvogel in den an den Schilfgürtel anschließenden Weiden- und Pappelbeständen angeführt[3]. Die höchsten Dichten erreicht er zwischen Balf und Hegykő. Durchzügler halten sich im gesamten Gebiet auch in isolierten, schmalen Busch- und Baumreihen, im spärlichen Gehölzbewuchs der Ortschaften und Seebäder oder im Herbst in ruderalen Hochstaudenfluren auf. Konzentrationspunkte bilden weiters die Seedämme im Schilfgürtel des Sees, wo durchziehende Zilpzalpe auch kilometerweit in den gehölzfreien Schilfwald vordringen[4]. Dementsprechend gingen an den Fanganlagen bei der Biologischen Station Illmitz 43 % aller Fänglinge im Schilfgürtel entlang des Dammes in die Netze[5]. Ortschaften und Schilfgebiete werden mitunter auch von überwinternden Zilpzalpen aufgesucht.

Bestand und Bestandsentwicklung

Während Zimmermann[6] noch vermutete, dass der Zilpzalp Mitte des 20. Jahrhunderts im Seewinkel nur ein spärlicher Zuggast und deutlich seltener als Fitis und Waldlaubsänger war, nannte ihn Koenig[7, 8] einen häufigen Durchzügler im Schilfgürtel des Sees, der am Westufer in den Weidenbeständen an der Wulka gelegentlich gebrütet hat. Auch Bauer et al.[9] stuften ihn als häufigen Durchzügler ein, betonten aber, dass ein Brutnachweis aus dem Seegebiet noch aussteht. Meldungen vom März 1968 bestätigen die hohe Dichte an Zuggästen (z. B. 30–35 Ex. in Neusiedl am See[10]), eine mehrwöchige Seewinkel-Exkursion im Juni/Juli 1969 erbrachte aber ebenfalls keine Bruthinweise[11]. 1970 wurden hingegen erstmals singende Männchen während der Brutzeit Ende Mai im Raum Illmitz gemeldet[12]. Die Kartierungsperiode für den Brutvogelatlas 1981–1985 erbrachte dann die ersten Brutnachweise in der Verlandungszone am Westufer sowie am Südrand des Hanság, während Nachweise im Seewinkel weiterhin fehlten[13]. Nach Gesangsfeststellungen bis Ende Juni ab 2008[14] gelangen hier die einzigen Brutnachweise erst 2016, sodass anzunehmen ist, dass die Besiedlung des Seewinkels nach Ausbreitung und Alterung der Gehölze sehr spät erfolgte. Die Entwicklung auf der ungarischen Seite ist nicht dokumentiert, Bruthabitate standen aber erst nach der Aufforstung von Windschutzstreifen frühestens ab den 1950er Jahren zur Verfügung.

Für den österreichischen Teil liegen aus den 13 Jahren ab 2006 Daten aus etwa 80 verschiedenen Revieren vor. Die maximale Siedlungsdichte wurde dabei 2006 mit 3,8 singenden Männchen/10 ha auf den Bruchwaldflächen in der Verlandungszone vor Purbach ermittelt[1]. Auch wenn man davon ausgeht, dass zumindest ein Großteil dieser Reviere jährlich besetzt ist und man die Erfassungslücken berücksichtigt, so dürfte der Bestand 100 Reviere wohl kaum übersteigen. Dazu kommt, dass aus demselben Zeitraum nur zwei

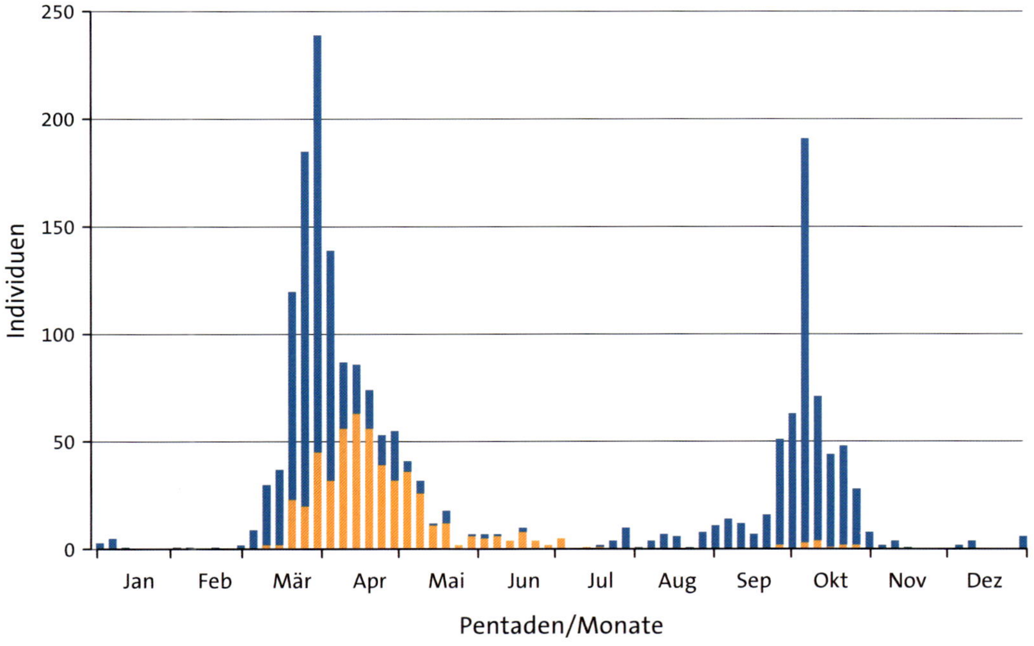

Jahreszeitliches Auftreten des Zilpzalps (Pentadensummen gemeldeter Individuen) basierend auf Daten aus Österreich aus den Jahren 2011–2018 (n = 1.906)[30]. Orange Säulenabschnitte: singende Männchen.

Brutnachweise vorliegen. Dabei ist zu berücksichtigen, dass (1) Brutnachweise bei Laubsängern auf Grund des wenig auffälligen Warnverhaltens generell schwer zu erbringen sind und (2) der Zilpzalp bei den Ornithologen im Gebiet sicher nicht im Fokus des Interesses steht. Dennoch muss vorläufig offenbleiben, wieweit es sich tatsächlich um Brutpaare handelt bzw. wie hoch der Anteil unverpaarter Nichtbrüter ist, die in suboptimalen Habitaten den Hauptteil des Bestandes bilden können[15]. Gezielte Erhebungen bzw. eine erhöhte Achtsamkeit wären zur Klärung dieser Fragen sehr erwünscht. Durchzügler treten auch im Zeitraum seit 2006 im Oktober und März immer wieder in größeren Ansammlungen von 20–30 Exemplaren auf, z. B. im Seebad Illmitz.

Jahreszeitliches Auftreten

Der Frühjahrszug beginnt Anfang März, erreicht Ende März seinen Höhepunkt, fällt Anfang April steil ab und dauert dann noch mit geringerer Intensität bis Mitte Mai an. Die frühesten Meldungen singender Zilpzalpe fallen auf den 2.3.1967[16], 20.2.1977[17] und 16.2.1998[18]. Während des Hauptdurchzuges ist noch wenig Gesang zu hören, erst ab der zweiten Aprilpentade singen die Durchzügler sehr aktiv. Im Zeitraum von 20. Mai bis 20. Juli wurden nur wenige, meist singende Reviermännchen gemeldet, die den Brutzeitbestand bilden. Mit dem Erlöschen der Gesangsaktivität setzen ab 20. Juli zunächst wenig intensive Strichbewegungen ein, die erst Mitte September in den Herbstzug übergehen. Nach einem Peak Ende September/Anfang Oktober ist der Zug Ende Oktober weitgehend abgeschlossen[19]. Während des Wegzuges tritt ab etwa 10. September mit sehr geringer Aktivität Herbstgesang auf. Da der Zilpzalp auch nach der Brutzeit sehr rufaktiv und daher leicht zu registrieren ist, dürfte die deutlich geringere Melderate im Herbst entweder auf einem zahlenmäßig schwächeren Durchzug als im Frühjahr oder auf einer geringeren Meldebereitschaft beruhen. In der Steiermark sind hingegen vor allem das Dispersal im Juli/August, aber auch der Herbstzug deutlich stärker ausgeprägt als der Heimzug[20]. Den ersten Nachweis einer Überwinterung im Seewinkel lieferte Maria Ganso[21] für die witterungsmäßig milde Jahreswende 1959/60. Zwischen 1974/75 und 2011/12 wurden in einem Drittel aller Winter 1–2 Zilpzalpe gemeldet, in vier Fällen im Zeitraum bis Februar und in den restlichen von Ende November bis Dezember. Seit der Einführung von ornitho.at im Jahr 2013 liegen allein für den Seewinkel – mit einer Ausnahme – aus allen Jahren Jänner- oder Februarbeobachtungen von 1–3 Wintergästen vor. 2011–2018 wurden bei 74 % aller Meldungen (n = 1.190) Einzelvögel und bei 26 % 2–10 Zilpzalpe beobachtet, die in ergiebigen Gehölzen auch kleine Trupps bilden können. Größere Ansammlungen von bis zu 30 Durchzüglern konnten nur in vier Fällen im März und Oktober festgestellt bzw. durch Beringung bestätigt werden[22].

Zugverhalten und Ringfunde

Der Zug durch das Karpatenbecken führt aus nordwestlich gelegenen Gebieten Europas hauptsächlich in südsüdöstliche Richtungen über die Balkanhalbinsel in die Hauptüberwinterungsgebiete um das östliche Mittelmeer[15, 23]. Herbstdurchzügler am Neusiedler See waren in je einem Fall im darauffolgenden April in Prag und im südlichen Norwegen, im Oktober im westlichen Slowenien und im Jänner auf Zypern[24].

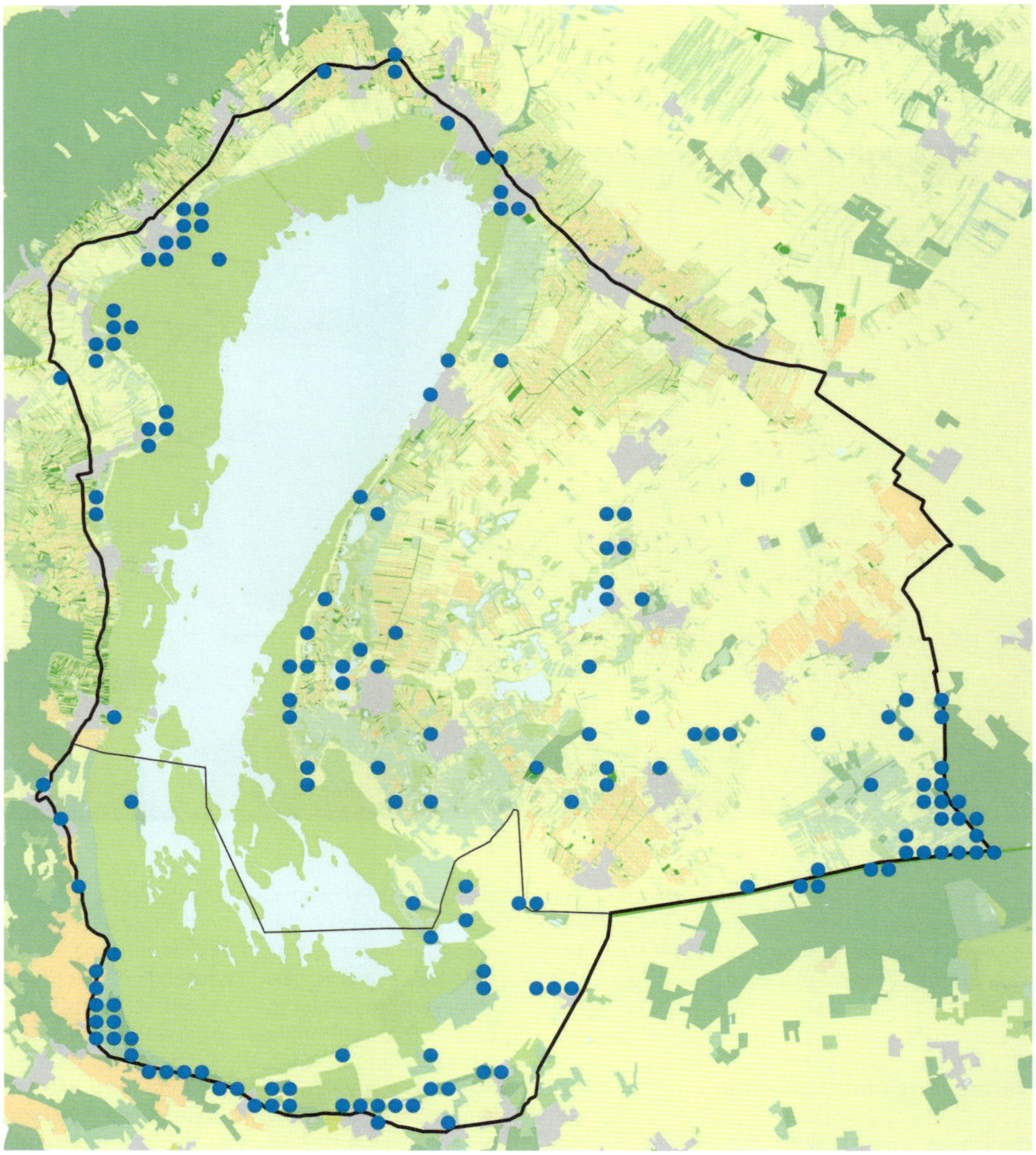

Brutzeitverbreitung des Zilpzalps, basierend auf Beobachtungen im Zeitraum 21.5. bis 19.7. aus den Jahren 2011–2021[30–32].

Seltene Unterarten

Neben der Nominatform *Ph. c. collybita* kommt als unregelmäßiger Zug- und Wintergast der sibirische, v. a. in Indien überwinternde Taigazilpzalp *Ph. c. tristis* Blyth, 1843 vor. Aus dem Zeitraum 2008–2020 liegen 13 Nachweise vor, die sich hauptsächlich auf den am intensivsten kontrollierten Raum Illmitz – Apetlon beziehen. Dabei konnte in einem Fall in Winden eine wahrscheinliche Überwinterung dokumentiert werden:

- 15.11.2008 Neudegg Apetlon, 1 Ind. (J. Laber[25])
- 8.11.2009 Warmblutkoppel Illmitz, 1 Ind. (L. Khil, B. Helbich, K. Mühlböck, A. Tiefenbach[25])
- 1.1.2010 Apetlon, 1 Ind. (W. Trimmel[26])
- 29.–30.1.2012 Friedhof Apetlon, mind. 1 Ind. (G. Hafner, C. Roland[27])
- 17.4.2016 Seebad Illmitz, 1 Ind. (L. Strobl[28])
- 2.11.2017 Seebad Illmitz, 1 Ind. (J. Laber[29])
- 7.4.2019 Seebad Illmitz, 1 Ind. (J. Frießer[29])
- 27.10.2019 Seebad Illmitz, 1 Ind. (G. Taurer, G. Tebb[29])
- 17.11.2019 St. Martins Therme Frauenkirchen, 1 Ind. (L. Khil, R. Schnierer, S. Schnierer, M. Suanjak, K. Traxler[29])
- 26.1.2020 Seedamm Winden, 1 Ind. (A. Ranner[29])
- 18.3.2020 Seedamm Winden, 1 Ind. (A. Ranner[29])
- 28.3.2020 Seebad Illmitz, 1 Ind. (S. Schnierer, R. Schnierer[29])
- 6.10.2020 Oberer Stinkersee, 1 Ind. (S. Schnierer[29])

Quellen: *[1] T. Zuna-Kratky, unpubl. Daten, [2] L. Khil, G. Taurer, G. Hafner/ornitho.at, [3] Gyurácz in Faragó (2012), [4] E. Nemeth & M. Rössler/ABÖ, [5] Bairlein (1981), [6] Zimmermann (1943), [7] Koenig (1952), [8] Koenig (1961), [9] Bauer et al. (1955), [10] A. Billek/ABÖ, [11] Kurth (1970), [12] E. Duda/ABÖ, [13] Dvorak et al. (1993), [14] A. Grüll/ABÖ, [15] Glutz von Blotzheim & Bauer (1991), [16] B. Leisler/ABÖ, [17] M. Staudinger/ABÖ, [18] A. Grüll/ABÖ, [19] Vogelwarte Radolfzell, W. Vogl & H. Winkler, unpubl. Daten, [20] Albegger et al. (2015), [21] Ganso (1960), [22] L. Khil/ornitho.at, [23] Gyurácz & Csörgő in Csörgő et al. (2009), [24] Österreichische Vogelwarte/Vogelberingungszentrale BirdLife Ungarn, [25] Ranner & Khil (2011), [26] Khil & Albegger (2014), [27] Albegger & Khil (2016), [28] Albegger & Brader (2018), [29] www.birdlife-afk.at, [30] www.ornitho.at, [31] Archiv MME Sopron, [32] Archiv FHNP*

Alfred Grüll & Sándor Kalmár

Grünlaubsänger *Phylloscopus trochiloides* (Sundevall, 1837)

Zöld füzike – Greenish Warbler

Oggauer Heide, 6.6.2020 (Belegfoto Christoph Roland)

Ausnahmeerscheinung

Vorkommen

Ein Nachweis im Frühjahr:

- 6.6.2020 Oggauer Heide, 1 singendes Ind. (C. Roland [1])

Eine publizierte Beobachtung vom November 1985 aus Rust [2] gilt mangels Beleg nicht als ausreichend dokumentierter Nachweis [3].

Quellen: [1] *www.birdlife-afk.at*, [2] *Ranner (1987)*, [3] *Ranner et al. (1995)*

Andreas Ranner

Drosselrohrsänger *Acrocephalus arundinaceus* (Linnaeus, 1758)

Nádirigó – Great Reed Warbler

Seedamm Illmitz, 10.5.2012 (Michael Dvorak)

Lokaler Brutvogel am Neusiedler See, im Seewinkel und im Hanság von Anfang April bis Ende September

Verbreitung und Lebensraum

Als Charaktervogel des Schilfröhrichts brütet der Drosselrohrsänger in relativ lichten, wenig verfilzten und in tiefem Wasser stehenden, reinen Schilfflächen. Seiner Körpergröße entsprechend benötigt er im Vergleich zu anderen Schilfsingvögeln dickere Halme, die nur in vitalen, wüchsigen Beständen zur Verfügung stehen. Der Drosselrohrsänger besiedelt bereits schmale Schilfsäume von wenigen Metern Breite, und ist daher im Seewinkel und vor allem im Hanság auch regelmäßig entlang von Kanälen zu finden. Optimale Reviere zeichnen sich durch eine möglichst lange Grenzlinie zu offenem Wasser aus [1–3]. Bei aktuellen Untersuchungen wurde eine signifikante Abnahme der Häufigkeit mit steigendem Schilfalter festgestellt, wobei 1–4jährige Bestände die beste Besiedelung aufweisen [4, 5]. Im Schilfgürtel des Sees konzentriert sich das Vorkommen des Drosselrohrsängers auf den seeseitigen Schilfrand mit seinen sehr vitalen, hochwüchsigen Schilfbeständen. In sehr viel geringerer Zahl ist die Art auch in den an die Seedämme angrenzenden Schilfbeständen sowie in höheren Schilfsäumen am Rand größerer Plänken und Schilfkanäle zu finden. Insgesamt ist die Art im Schilfgürtel daher nur sehr lokal verbreitet und fehlt in allen Bereichen, in denen Altschilf dominiert [1]. Mitunter können allerdings auch kleine „Inseln" starkhalmigen Schilfs vom Drosselrohrsänger besiedelt werden [6, 7]. Im Seewinkel besiedelt der Drosselrohrsänger nur sehr lokal geeignete Röhrichtbestände an einigen wenigen Lacken, ist aber im österreichischen Hanság verbreitet in linearen Schilfflächen entlang von Entwässerungskanälen zu finden.

Bestand und Bestandsentwicklung

In den 1850er Jahren war der Drosselrohrsänger *„zahlreich im Rohr zu finden"* [8], in den 1870er Jahren war er *„häufiger Brutvogel im Schilf"* [9] und im Jahr 1886 ein *„aeusserst gemeiner Brutvogel"* [10]. 1907 und 1909 war die „Rohrdrossel" am West- und Ostufer überall ein häufiger Brutvogel[11]. Demgemäß war der Drosselrohrsänger damals, wie auch Mitte des 20. Jahrhunderts, ein sehr häufiger Brutvogel. Auch Anfang der 1940er Jahre war er *„häufiger als der Teichrohrsänger“*[12] und zu Beginn der 1950er Jahre ein *„sehr häufiger Brutvogel“*[13]. Für die 1960er Jahre wurde anhand von Fangdaten vermutet, dass der Drosselrohrsänger-Bestand nur mehr 1/3 des Bestandes des Teichrohrsängers ausmacht, der damals auf 210.000 Paare geschätzt wurde[14]. Auch wenn alle diese Einschätzungen sicherlich nicht repräsentativ für den gesamten Schilfgürtel waren, so ist doch augenscheinlich, dass der Brutbestand des Drosselrohrsängers im Verlauf des 20. Jahrhunderts abgenommen haben muss: Verschiedene Untersuchungen in den 1980er und frühen 1990er Jahren zeigten, dass die Art zwar lokal, vor allem entlang von Seedämmen, hohe Dichten erreichen kann, dass sie aber andererseits an sehr vielen Stellen des Schilfgürtels auch völlig fehlt[15]. Ende der 1980er Jahre wurde der Brutbestand daher auf nur mehr 8.000 Reviere geschätzt[16]. Bestätigt wurde dieser Befund durch eine großflächige Untersuchung im Südosten des Schilfgürtels zwischen Sandeck und Neudegg im Jahr 1995[1]. Auf einer Fläche von 14,2 km² wurden hier 75 Reviere gezählt, die Siedlungsdichte lag bei nur 5,4 Revieren/km². Der Gesamtbestand des Neusiedler Sees wurde aufgrund dieser Daten auf nur 2.000 Brutpaare geschätzt[1]. Im Jahr 2005 wurde die Untersuchung im Bereich Sandeck-Neudegg wiederholt und die Art dabei an nur acht von 40 Punkten festgestellt. Am Westufer wurde der Drosselrohrsänger im Jahr 2006 an 12 von 40 Zählpunkten innerhalb des Schilfgürtels festgestellt und war entlang der Seedämme, in der Seerandzone und am landseitigen Seerand zwischen Mörbisch und Jois häufig[17]. Die aktuellsten und bislang vollständigsten Bestandsaufnahmen aus den Jahren 2018 und 2019 ergeben für den gesamten Neusiedler See eine Hochrechnung von 2.000–3.300 Revieren, davon entfallen 1.300–2.100 auf Österreich und 700–1.200 auf Ungarn[18]. In Ungarn wurde im Jahr 2008 eine Untersuchung zum Bestand des Drosselrohrsängers in unterschiedlich strukturierten Teilen des Schilfgürtels durchgeführt[19]. Wie auch auf österreichischer Seite zeigte sich eine sehr uneinheitliche Verbreitung. Hohe Dichten erreichte die Art in starkhalmigen, hohen Schilfbeständen, während sie in den anderen Schilftypen fast vollständig fehlte. Der Bestand in Ungarn wurde 2008 auf rund 700 Reviere geschätzt und lag damit in einer ähnlichen Größenordnung wie aktuell.

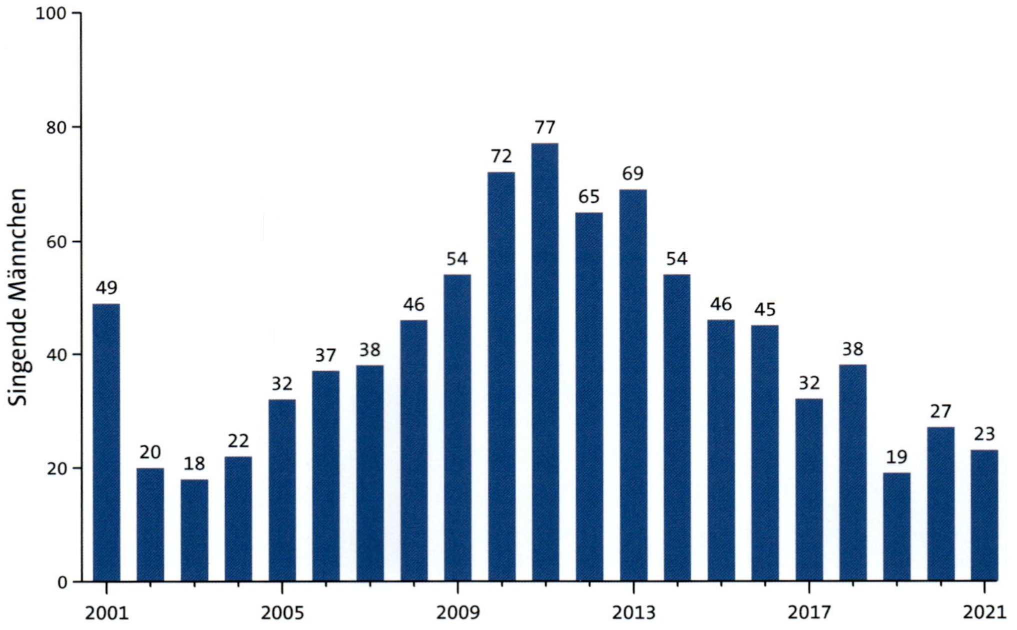

Der Brutbestand des Drosselrohrsängers entlang von drei Transekten im Schilfgürtel des Neusiedler Sees in den Jahren 2001–2021[18].

Die Bestandsentwicklung des Drosselrohrsängers wird seit 2001 im Rahmen des Nationalpark-Vogelmonitorings in drei repräsentativen Untersuchungsgebieten verfolgt. Es zeigt sich ein starker Einfluss der Wasserstände, mit einer starken Bestandszunahme in den Jahren 2002–2009 und konstant hohen Zahlen von 2010–2013. Danach scheint die Entwicklung aber nicht mehr nur dem Einfluss des Wasserstandes zu unterliegen. Auch in den Jahren 2013–2015 mit hohen Wasserständen zeigte sich nämlich ein Rückgang, der sich seither bei sinkendem Wasserstand kontinuierlich fortsetzt[19]. Weitere Hinweise auf einen sehr starken, langfristigen Rückgang geben die Fangzahlen (Monat Juli) der seit 1974 mit Unterbrechungen betriebenen Beringungsstation an der Biologischen Station Illmitz[20, 21, 22]. In den 45 Jahren sind die mittleren Fangzahlen um mehr als 90 % zurückgegangen, von durchschnittlich 69 Exemplaren/10 m Netzlänge (1974–78) auf 26 (1989–93), 17 (2009–10) und zuletzt nur mehr 6,3 Individuen in den Jahren 2017–19.

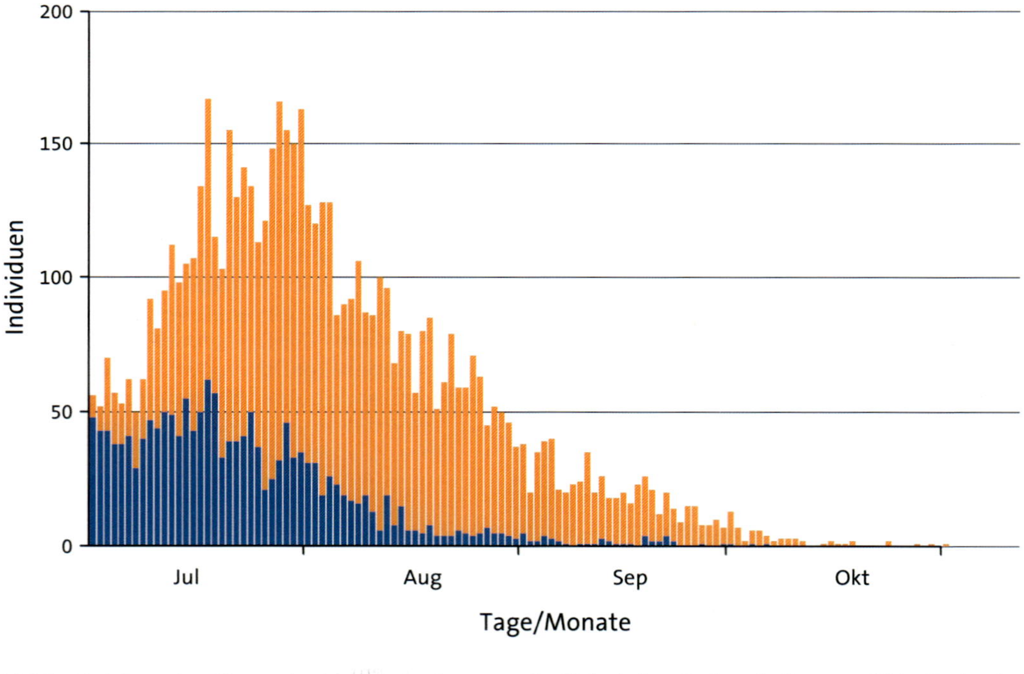

Zeitliche Verteilung von Fängen des Drosselrohrsängers an der Biologischen Station Illmitz von Juli bis Oktober (Tagessummen) basierend auf Daten aus 20 Fangsaisonen (1.7.–31.10.) in den Jahren 1974–2019 (n = 6.279)[20–22]. Orange dargestellt sind diesjährige Individuen, blau nicht diesjährige Individuen.

Jahreszeitliches Auftreten

Der Drosselrohrsänger ist im Neusiedler See-Gebiet von Mitte April bis Anfang Oktober anzutreffen. Der Median der Erstankunft in den Jahren 2013–2019 fällt auf den 12. April[23]. Die frühesten singenden Männchen wurden am 3.4.2000 beim Seebad Breitenbrunn[24], am 5.4.2011 bei Oggau[25] und jeweils am 7.4. bei Purbach (1982[26] und 2016[27]) gemeldet. Bereits um den 20.4. ist in durchschnittlichen Jahren die Hälfte der Brutpopulation zurückgekehrt, um den 1.5. ist der Bestand mit Ausnahme einzelner Nachzügler komplett eingetroffen. Die Zahlen gemeldeter Vögel bleiben danach bis Ende Mai hoch, sinken dann aber im Laufe des Juni rasch ab und spiegeln damit die sinkende Gesangsaktivität wider. Die Fangdaten der Biologischen Station Illmitz zeigen im Verlauf des Julis einen raschen Anstieg mit einem Gipfel gegen Monatsende und etwas geringeren Zahlen in den ersten drei Augustwochen[20, 21, 22]. Ab 22.8. beginnen die Fangzahlen kontinuierlich zu sinken, bis die Art in den letzten Septembertagen nicht mehr regelmäßig registriert wird. Danach gehen im Verlauf des Oktobers noch einzelne Vögel in die Netze, die drei letzten am 24., 26. und 28. Oktober. Die späteste Feldbeobachtung gelang am 21.10.2009 bei der Warmblutkoppel[28].

Zugverhalten und Ringfunde

Der Drosselrohrsänger ist ein Langstreckenzieher und überwintert in Afrika südlich der Sahara, wobei der Regenwaldgürtel gemieden wird. Westeuropäische Vögel überwintern im tropischen Westafrika, die in Osteuropa und Sibirien brütenden Drosselrohrsänger fliegen in Winterquartiere im südöstlichen Afrika[29]. Die im Neusiedler See-Gebiet brütenden Drosselrohrsänger steuern, den bisherigen Fernfunden nach zu schließen, wie ihre westeuropäischen Artgenossen Winterquartiere im tropischen Westafrika an. Bisher liegen immerhin fünf Fernfunde aus Ghana (2), Nigeria (2) und Benin (1) vor[30]. Am Zug befanden sich vier Drosselrohrsänger, die in Nordafrika in Algerien (2) und Tunesien (2) wiedergefunden wurden[30]. In den frühen oder späten Phasen ihres Zugwegs befanden sich 16 weitere Vögel, für die Wiederfunde aus Malta (1), Sizilien (2), Süditalien (9), Montenegro (1) und Dalmatien (3) vorliegen[30, 31]. Drosselrohrsänger aus weiter nördlicher gelegenen Gebieten, die im Neusiedler See-Gebiet beringt oder wieder gefangen wurden, stammen aus Tschechien (4) und Südpolen (4). Dazu kommen noch 16 Wiederfänge von im Gebiet markierten Drosselrohrsängern in West- und Südungarn und interessante Funde eines am 23.6.2005 zur Brutzeit im Hartberger Gmoos beringten und am 7.5.2006 in Mekszikópuszta wieder gefangenen sowie eines am 25.7.2017 bei Sumony in Südwest-Ungarn beringten und am 12.7.2018 südlich von Frauenkirchen kontrollierten Vogels[30, 31]. Von 38 zwischen 2017 und 2021 in einem sechs Meter breiten, verschilften Kanal bei Frauenkirchen beringten Drosselrohrsängern wurden acht Individuen im Folgejahr, drei zusätzlich auch im übernächsten Jahr und eines noch drei Jahre später in den Monaten Mai bis Juli im selben Netz wiedergefangen[32].

Quellen: [1] Dvorak et al. (1997), [2] Leisler (1981), [3] Glutz von Blotzheim & Bauer (1991), [4] Nemeth & Dvorak (2019), [5] Nemeth & Dvorak (2022), [6] Zwicker & Grüll (1985), [7] Koenig (1952), [8] Jukovits (1864/65), [9] Fászl (1883), [10] von Dombrowski (1889), [11] Schenk (1917a), [12] Zimmermann (1943), [13] Bauer et al. (1955), [14] Böck (1979), [15] Dvorak et al. (1993a), [16] Dvorak et al. (1993b), [17] Dvorak et al. (2008), [18] M. Dvorak & E. Nemeth, unpubl. Daten, [19] Vadász et al. (2011), [20] Vogelwarte Radolfzell, heute Max-Planck-Institut für Verhaltensbiologie, unpubl. Daten, [21] W. Vogl & H. Winkler, unpubl. Daten, [22] Biologische Station Illmitz, unpubl. Daten, [23] www.ornitho.at, [24] A. Ranner/ABÖ, [25] B. Wendelin, unpubl. Daten, [26] E. Duda/ABÖ, [27] R. Hafner/ornitho.at, [28] C. Unger/ABÖ, [29] Glutz von Blotzheim & Bauer (1991), [30] Österreichische Vogelwarte, unpubl. Ringfunde, [31] Vogelberingungszentrale BirdLife Ungarn, unpubl. Ringfunde, [32] L. Khil, unpubl. Daten

Michael Dvorak

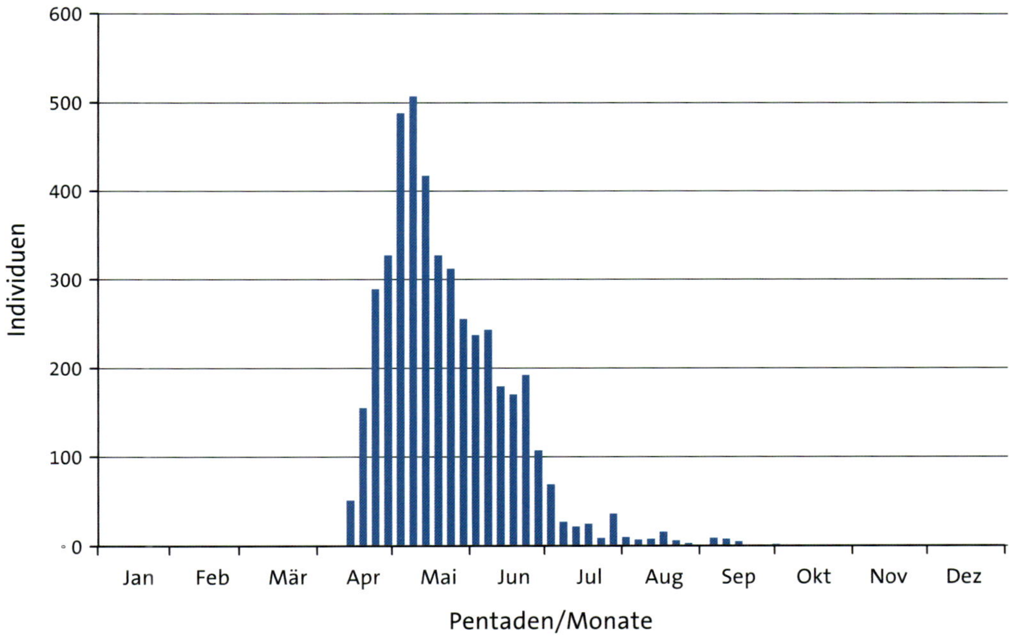

Jahreszeitliches Auftreten des Drosselrohrsängers (Pentadensummen gemeldeter Individuen) basierend auf Beobachtungsdaten aus Österreich aus den Jahren 2011–2019 (n = 4.522)[23]. Die Nachweise bis Mitte Juli beziehen sich fast ausschließlich auf singende Männchen.

Mariskenrohrsänger *Acrocephalus melanopogon* (Temminck, 1823)

Fülemülesitke – Moustached Warbler

Seestraße, Illmitz, 2.4.2020 (Leander Khil)

Verbreiteter Brutvogel in älteren Schilfbeständen des Neusiedler Sees, fehlt aber im Seewinkel

Verbreitung und Lebensraum

Der Mariskenrohrsänger brütet im Schilfgürtel des Neusiedler Sees in sehr unterschiedlicher lokaler Dichte. Während ältere Untersuchungen davon ausgingen, dass die Art in Rohrkolbenbeständen bzw. in Mischbeständen von Schilf und Rohrkolben vorkommt[1–3], zeigen die Untersuchungen der letzten Jahrzehnte, dass diese Bindung fakultativ ist und er darüber hinaus – oder sogar überwiegend – in reinen Schilfbeständen zu finden ist[4–6]. Ausschlaggebend für die Eignung einer Fläche sind in erster Linie strukturelle Merkmale, die vorwiegend vom Alter des Bestandes und in zweiter Linie auch von standörtlichen Gegebenheiten bestimmt werden. Habitate des Mariskenrohrsängers weisen eine Knickschicht aus alten Halmen auf, in die das Nest gebaut wird und in der sich die Art hüpfend fortbewegen kann. Zudem sind über die Knickschicht hinausragende Halme und Schilfblätter essenziell, die Deckung nach oben bieten. Derartige Strukturen sind nur in mehrjährigen Röhrichtbeständen zu finden. Von zentraler Bedeutung ist weiters eine reichhaltige Gliederung des Lebensraums durch kleine Wasserflächen und Kanäle sowie eine dauerhafte Überflutung. Das Vorhandensein und die leichte Zugänglichkeit von kleinen freien Wasserflächen hat für die Nahrungssuche große Bedeutung. Frische Schilfschnitt- oder Brandflächen aus dem der Brutzeit vorangegangenen Winterhalbjahr sowie Schnittflächen aus dem Vorjahr können vom Mariskenrohrsänger nicht bzw. kaum besiedelt werden[4–6]. Eine aktuelle Studie ergab einen hoch signifikanten Zusammenhang der Häufigkeit mit dem Schilfalter. Jüngere Schilfflächen mit einem Alter von bis zu vier Jahren wurden nicht bzw. nur in sehr geringer Zahl besiedelt, die Altersklasse von 5–9 Jahren wies eine gute und die Klasse von 10–14 Jahren die höchste Besiedelung auf. Neu war, dass sehr alte Bestände (> 15 Jahre) wieder eine geringere Häufigkeit, und zwar auf dem Niveau der fünf- bis neunjährigen Schilfflächen, aufwiesen[7].

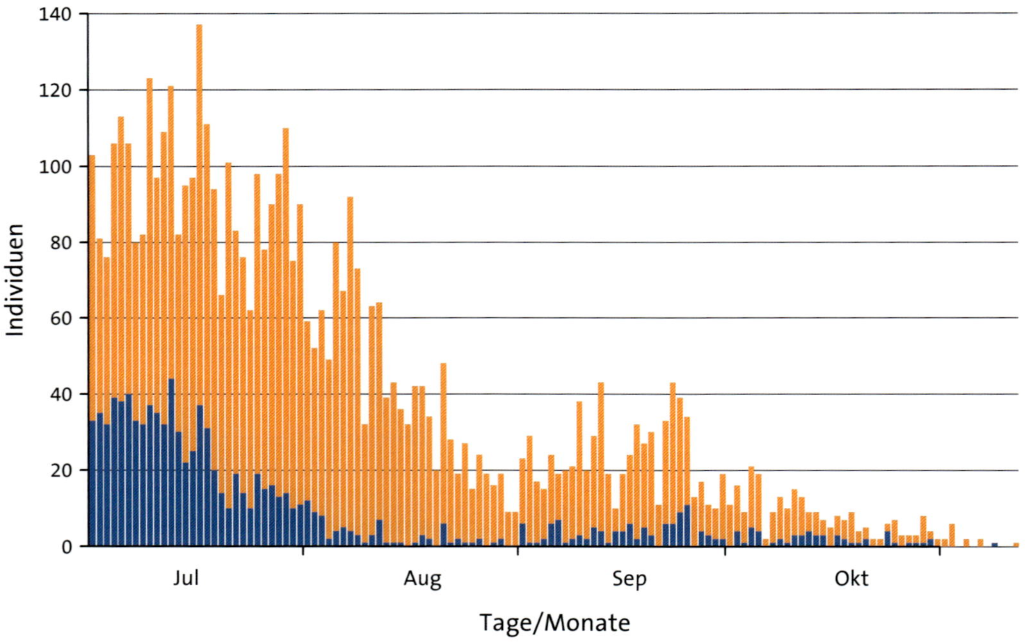

Zeitliche Verteilung von Fängen des Mariskenrohrsängers an der Biologischen Station Illmitz von Juli bis Oktober (Tagessummen) basierend auf Daten aus 20 Fangsaisonen (1.7.–31.10.) in den Jahren 1974-2019 (n = 4.998)[25–27]. Orange dargestellt sind diesjährige Individuen, blau nicht diesjährige Individuen.

Bestand und Bestandsentwicklung

Die erste Erwähnung des Mariskenrohrsängers stammt von Fászl[8], der am 4.10.1878 über „*viele im hohen Schilf an der Grenze zu Rákos*" schrieb, sie danach jedoch nicht mehr gesehen hat. Im Mai 1892 wurden einige Vögel im Schilfgürtel am Westufer sowie am Südufer bei der „*Pusta Mexico*", entdeckt und es gelang sogar ein erster Nestfund[9]. 1909 und 1913 wurden weitere Beobachtungen „*beim Mexiko Meierhofe*" sowie „*bei Fertőfehéregyháza*" beschrieben[10]. Weiters hieß es: „*Ich glaube aufgrund dieser beiden Daten annehmen zu können, daß der Tamarisken-Rohrsänger in allen entsprechenden Röhrichten des Fertő überall brütet*"[10]. In der zweiten Hälfte der 1930er Jahre bezeichnete Otto Koenig, als damals bei weitem bester Kenner der Schilfvögel des Sees, den „*Tamariskensänger*" als regelmäßigen Brutvogel und lieferte auch Angaben zur Brutbiologie[11], ergänzt durch Beobachtungen von Goethe[12]. Von 1940–1942 wurde die Art in drei Gebieten am West- und Nordufer sowie beim Sandeck als Brutvogel festgestellt[13] und zu Beginn der 1950er Jahre beschrieben Bauer et al.[14] ein nur „*ausnahmsweises*" Vorkommen des Mariskenrohrsängers für ihr Beobachtungsgebiet bei Neusiedl am See, schrieben aber dann für das Westufer: „[Hier] *ist die Art nach wie vor recht häufig; dort waren die Vögel manchmal in ziemlicher Anzahl zu hören, wenn wir mit dem Boot den Rand des Schilfgürtels entlang fuhren*". Mitte der 1960er Jahre war der Mariskenrohrsänger Gegenstand intensiver Untersuchungen im Rahmen einer Doktorarbeit[1].

In den 1980er und 1990er Jahren wurden weitere Studien zu Vorkommen und Lebensraum von Schilfvögeln am Neusiedler See durchgeführt. In geeigneten Schilfbeständen lag die Dichte damals bei 1–2 Revieren/ha, in kleineren Flächen wurden sogar zwei und vier Reviere auf 2 ha[15], zwei und 3,1 Reviere/ha[16], 16 Reviere auf 5 ha[5] und 12 Reviere auf 4,8 ha nachgewiesen[17]. Da die Reviergröße in optimalen Habitaten am Neusiedler See bei 350–550 m² liegt[18], wären theoretisch sogar noch weit höhere Dichten möglich. Auf diesen Zahlen basierende Schätzungen bewegten sich damals im Bereich von 7.000 bis 9.000 Brutpaaren[15, 19]. Im Jahr 1995 wurde in der heutigen Kernzone des Nationalparks erstmals eine großflächige Untersuchung mittels Punkttaxierungen durchgeführt. Mariskenrohrsänger wurden an 56 von 61 Punkten festgestellt, woraus sich eine großflächige Dichte von 1,5 Revieren/ha errechnete. Eine darauf basierende Hochrechnung ergab auf einer Fläche von 12,7 km² 1.955 Reviere[6]. In den Jahren 2005 und 2006 wurden die Untersuchungen im gesamten Schilfgürtel auf österreichischer Seite wiederholt, dabei ergab sich für die Kernzone des Nationalparks eine geringere mittlere Dichte von nur 0,9 Revieren/ha. Am Westufer waren es großflächig sogar nur 0,5/ha. Eine neue Hochrechnung mit 48,5 km² geeignetem Lebensraum ergab einen Brutbestand von nur 2.100–5.200 Revieren[20]. In Ungarn ergaben im Jahr 2008 mittels einer Linientaxierung durchgeführte Bestandserfassungen Dichten, die mit 1,6–2,4 Revieren/ha weit über den Werten auf österreichischer Seite lagen[21, 22]. Derartig hohe großflächige Siedlungsdichten wurden in Österreich bei keiner der früheren Untersuchungen auch nur annähernd erreicht. Es ist daher von einer durch die Erhebungs-Methodik verursachten, deutlichen Überschätzung und nicht von tatsächlichen Dichteunterschieden zwischen Österreich und Ungarn auszugehen.

Im Jahr 2018 wurden in der Kernzone des Nationalparks und im ungarischen Teil des Schilfgürtels, 2019 in den übrigen Schilfbereichen auf österreichischer Seite weitere Bestandserfassungen mit derselben Methodik durchgeführt. Die mittlere Dichte für den gesamten Neusiedler See lag dabei bei 0,6 Revieren/ha, eine darauf basierende Hochrechnung für den gesamten Neusiedler See ergab 7.800–12.100 Brutpaare; davon entfielen 5.000–7.700 auf Österreich und 2.800–4.400 auf Ungarn[22]. Für den österreichischen Schilfgürtel ergibt sich damit für die letzten 25 Jahre ein uneinheitliches Bild: In der Kernzone in Österreich wurden die 1995 ermittelten Werte bei Folgeerhebungen 2005, 2012 und 2018[22] nicht einmal annährend erreicht, von einem starken Rückgang in diesem Gebiet ist daher auszugehen. Am Nord- und Westufer zeigen die aktuellen Zahlen im Vergleich zu 2006 eine gleichbleibende Dichte. Für den gesamten österreichischen Schilfgürtel sind damit in der Kernzone des Nationalparks starke Verluste zu verzeichnen, während sich die Lebensraumsituation in den übrigen Teilen durch die Aufgabe der Schilfbewirtschaftung leicht verbessert hat. Insgesamt ist für die letzten zweieinhalb Jahrzehnte nicht von größeren Bestandsveränderungen auszugehen.

Bemerkenswert ist dabei, dass eine neuerliche, 2017–2019 ebenfalls mittels Linientaxierung durchgeführte Bestandserhebung in Ungarn zu einer im Vergleich zu 2008 (12.671 ± 3.793 Brutpaare) wesentlich geringeren Bestandsschätzung von 3.842 Revieren (± 1.352) führte[23], die sich exakt mit dem Ergebnis der 2018 in Ungarn durchgeführten Punkttaxierungen deckt[24].

Während sich aus den Punkttaxierungen kein klarer Trend für die letzten Jahrzehnte ableiten lässt, zeigen die Fangdaten an der Biologischen Station Illmitz eine starke langfristige Abnahme: 1974–78 und 1979–83 wurden im Mittel der gesamten Fangsaison noch 183 und 213 Mariskenrohrsänger/10 m Netzlänge gefangen, 1989–93 war hingegen bereits eine Abnahme auf im Durchschnitt 142 zu verzeichnen. 2009/10 und 2017–19 wurde schließlich mit 58 bzw. 60 Exemplaren nur mehr ein Drittel bzw. ein Viertel der Zahlen aus den 1970er Jahren erreicht[25–27]. Für einen Teil dieses Rückgangs könnten Lebensraumveränderungen im Bereich der Fanganlagen verantwortlich sein. Aufgrund einer derartig starken und über die Jahre konsistenten Abnahme der Fangzahlen, ist aber viel eher von einem starken Bestandsrückgang der Brutpopulation auszugehen, zumal im Gebiet kaum mit Durchzüglern zu rechnen ist.

Jahreszeitliches Auftreten

Der Mariskenrohrsänger ist von Mitte März bis Ende Oktober im Gebiet anzutreffen[28]. Der Median der Ankunft der Brutvögel fiel in den Jahren 2013–2019 auf den 12. März. In den sechs Jahren schwankte das Ankunftsdatum dabei nur um eine Woche, mit der frühesten Ankunft am 7.3. in den Jahren 2015 und 2016. Nur einmal, im Jahr 2013, wurde der erste Mariskenrohrsänger deutlich später, am 20.3., gemeldet. Unmittelbar nach der Erstankunft trifft der Brutbestand innerhalb der nächsten 8–10 Tage vollzählig ein, das Maximum der Meldungen singender Männchen fällt auf einen sehr engen Zeitraum zwischen 28. und 31. März. In den folgenden Wochen bleibt die Gesangsaktivität (gemessen als Tagessummen der Beobachtungen) bis Ende der ersten Maidekade hoch, danach verbleibt die Aktivität bis ca. 20.6. auf niedrigem Niveau, noch spätere Meldungen sind sehr selten. Die Fangdaten der Biologischen Station Illmitz zeigen gleichbleibend konstante Zahlen vom 1.7. bis Anfang August, danach eine Abnahme bis Monatsende[25–27]. Von Anfang bis Mitte September ist nochmals eine leichte Zunahme der Fangraten auszumachen. Ob dies auf einen schwachen Durchzug aus weiter östlich gelegenen Vorkommen oder auf eine durch vermehrte Ortswechsel bedingte erhöhte Aktivität der im Gebiet verbliebenen Vögel beruht, kann derzeit nicht beurteilt werden. Nach dem starken Abfall der Fangzahlen gegen Ende der zweiten Septemberdekade verbleiben bis Ende Oktober offenbar nur mehr wenige Vögel im Gebiet. Während Feldbeobachtungen im Oktober sehr rar sind (nur sechs in den Jahren 2013–2019[29]), wurden in den Jahren 1974–1993 und teils auch 2009/10 noch regelmäßig bis Mitte des Monats Mariskenrohrsänger gefangen. In den Jahren 2017–2019 wurden im Oktober keine Vögel mehr gefangen. Die Daten zeigen daher eine Tendenz zu einem früheren Abzug. In den ersten Novembertagen wurden bisher insgesamt neun Mariskenrohrsänger gefangen, der späteste am 7.11.2009.

Zugverhalten und Ringfunde

Der Mariskenrohrsänger verlässt nur im Nordteil seines Areals die Brutgebiete. Europäische Brutvögel überwintern vorwiegend im Mittelmeerraum von Südfrankreich, Oberitalien, der Balkanhalbinsel und den Küsten der Türkei bis nach Südspanien, zudem auf den großen Mittelmeerinseln, in Israel und selten in Nordafrika[29]. Die bislang am Neusiedler See markierten Mariskenrohrsänger brachten bisher insgesamt 110 Wiederfunde[30,31]. Das Winterquartier konzentriert sich demnach auf Ober- und Mittelitalien (44 Funde) sowie die östliche Adriaküste von Dalmatien (27) und Montenegro (4) südlich bis Albanien (5) und Westgriechenland (2). Der einzige Ringfund aus Korsika deutet auch eine Verbindung ins westliche Mittelmeergebiet an. Daneben gibt es Funde aus Ungarn (15), Slowenien (3) und dem Osten Kroatiens (1). Am überraschendsten sind jedoch Verbindungen zum einzigen schweizerischen Vorkommen am Neuenburger See: Ein am 7.10.1995 dort markierter Vogel wurde am 24.5.1996 bei Breitenbrunn wiedergefangen[31]. Zudem liegen auch zwei Wiederfunde aus der Schweiz vor: Ein am 15.8.1961 bei Neusiedl am See markierter Vogel wurde zwei Monate später am Thuner See wieder gefangen und ein weiterer, diesmal am 17.9.1982 in Illmitz beringter Mariskenrohrsänger, war zwei Monate später am Klingnauer Stausee in der Nordostschweiz[31].

Quellen: *[1] Leisler (1970), [2] Leisler (1981), [3] Koenig (1952), [4] Zwicker & Grüll (1985), [5] Dvorak et al. (1993b), [6] Dvorak et al. (1997), [7] Nemeth & Dvorak (2022), [8] Fászl (1883), [9] Homeyer (1892), [10] Schenk (1917a), [11] Koenig (1939), [12] Goethe (1939), [13] Zimmermann (1943), [14] Bauer et al. (1955), [15] Grüll & Zwicker (1993), [16] M. Dvorak, unpubl. Daten, [17] Laußmann & Leisler (2001), [18] Leisler (1985), [19] Dvorak et al. (1993a), [20] Dvorak et al. (2008), [21] Vádasz et al. (2011), [22] M. Dvorak & E. Nemeth, unpubl. Daten, [23] Villányi et al. (2021), [24] P. Villányi, unpubl. Daten, [25] Vogelwarte Radolfzell, heute Max-Planck-Institut für Verhaltensbiologie, unpubl. Daten, [26] W. Vogl & H. Winkler, unpubl. Daten, [27] Biologische Station Illmitz, unpubl. Daten, [28] www.ornitho.at, [29] Glutz von Blotzheim & Bauer (1991), [30] Vogelberingungszentrale BirdLife Ungarn, unpubl. Ringfunde, [31] Österreichische Vogelwarte, unpubl. Ringfunde*

Michael Dvorak, Péter Villányi
& Ákos Németh

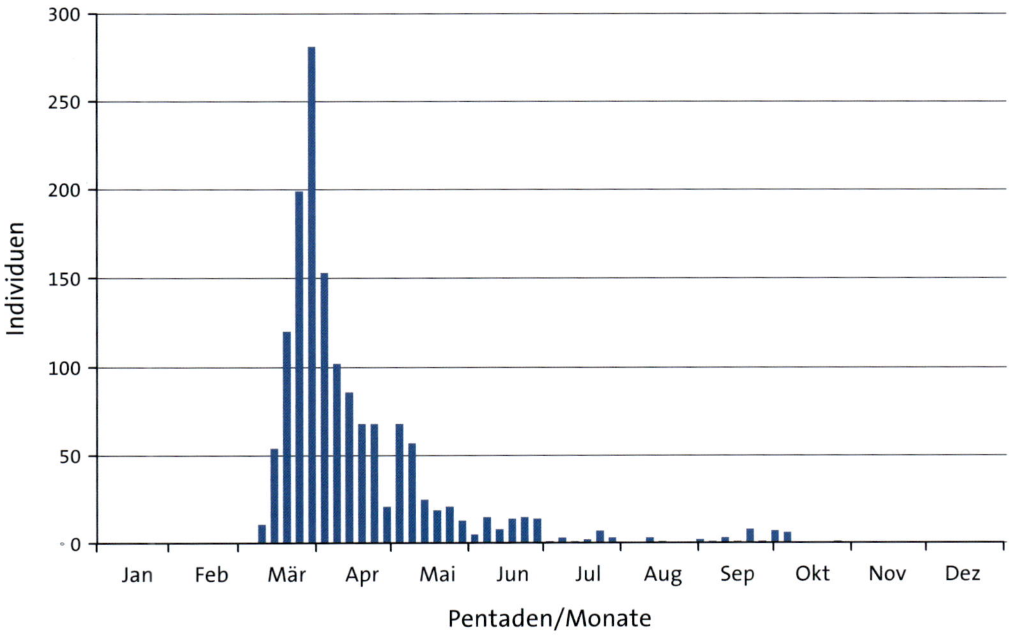

Jahreszeitliches Auftreten des Mariskenrohrsängers (Pentadensummen gemeldeter Individuen) basierend auf Beobachtungsdaten aus Österreich aus den Jahren 2011–2019 (n = 1.488)[28]. Die Nachweise beziehen sich bis Mitte Juli fast ausschließlich auf singende Männchen.

Seggenrohrsänger *Acrocephalus paludicola* (Vieillot, 1817)

Csíkosfejű nádiposzáta – Aquatic Warbler

Ausnahmeerscheinung, ehemals unregelmäßiger Brutvogel

Vorkommen

Nach dem Erlöschen des kleinen und wohl nur unregelmäßig besetzten Brutvorkommens wurde der Seggenrohrsänger nur mehr ganz vereinzelt im Neusiedler See-Gebiet festgestellt. Es ist allerdings davon auszugehen, dass er hier eher als unregelmäßiger Durchzügler auftritt. Aufgrund seiner versteckten Lebensweise wird er aber leicht übersehen und Beobachtungen gelingen daher nur ausnahmsweise. Seit 1960 liegen die folgenden 10 Meldungen vor, wobei es sich ab 1980 um von der Avifaunistischen Kommission von BirdLife Österreich bzw. dem ungarischen MME Nomenclator Bizottság anerkannte Nachweise handelt:

- 31.5.1971 Schrändlseen, mehrere Vögel in einem Seggenbestand, vom Beobachter selbst aber als unsicher eingestuft (W. Kees[1])
- 15.9.1972 Neusiedl am See, 1 Ind. (G. Spitzer[2])
- 19.5. und 2.6.1973 österreichisch-ungarische Grenze nahe Mekszikópuszta, 1 singendes ♂ am damaligen Grenzzaun (P. Prokop[2])
- 20.7.1977 Hanság, 1 Ind. (J. Andersen[2])
- 21.7.1978 Einserkanal im Hanság, 1 singendes ♂ (R. Eikhorst, W. Eikhorst, W. Klugkist[2])
- 30.7.1991 Illmitz, 1 ad. Fängling (D. Franz, U. Glätzer u. a.[3])
- 23.4.2005 Einserkanal bei Mekszikópuszta, 1 ad. Fängling (B. Molnár, F. Udvardy[4,5])
- 30.4.2005 Einserkanal bei Mekszikópuszta, 1 ad. Fängling (D. Laczik, K. Sebe, B. Bán u. a.[4,5])
- 16.–20.4.2011 Geiselsteller Illmitz, 1 singendes ♂ (J. Dobšovič, E. Albegger, F. Samwald u. a.[1,6])
- 24.4.2017 Lettengrube, 1 ad. (P. Erlemann, E. Erlemann[7])

Die bisherigen Nachweise in diesem Jahrhundert beschränken sich somit auf die zweite und dritte Aprildekade, während die Nachweise der Jahre 1977, 1978 und 1991 jeweils die letzte Julidekade betreffen. Immerhin deuten die vereinzelten Beobachtungen singender Männchen an, dass es auch noch zur kurzfristigen Bildung von Revieren

Geiselsteller, Illmitz, 18.4.2011 (Michael Dvorak)

kommen kann. Ein ausnahmsweises Brüten bei geeigneten Lebensraumvoraussetzungen, v.a. bei hohem Wasserstand in ausgedehnten Seggenbeständen, ist daher nicht ausgeschlossen [1].

Während ein Vorkommen des Seggenrohrsängers im Neusiedler See-Gebiet schon im 19. Jahrhundert bekannt war, blieben konkrete Belege für sein angenommenes Brüten ausgesprochen rar. Den frühesten überlieferten Nachweis stellt ein Vogel dar, der im Hanság nahe Apetlon wahrscheinlich zwischen 1853 und 1865 gesammelt worden ist und in die Sammlung des Naturhistorischen Museums Wien gelangte [1, 8]. Ein am 28.5.1880 von H. Fournes gesammeltes Gelege wurde von diesem dem Seggenrohrsänger zugeordnet, später aber als das eines Schilfrohrsängers bestimmt, es befindet sich ebenfalls im Naturhistorischen Museum Wien [1, 9]. Fászl [10] bezeichnete die Art in seinem Werk über die Vögel der Umgebung Soprons als in einigen Jahren häufig in der Uferzone des Sees. Laut Schenk [11] hat Fászl den Seggenrohrsänger selbst aber nur zweimal beobachtet, davon einmal erst nach Erscheinen seiner Publikation. Von Dombrowski [12] nannte die Art zwar bereits als Brutvogel, besuchte das Gebiet selbst aber nicht zur Brutzeit, weshalb seine Angabe von Zimmermann [9, 13] bezweifelt wurde. Im April und Mai 1907 wurden von Schenk [11] dann insgesamt drei Vögel bei Illmitz und Apetlon erlegt, er hielt ein Brutvorkommen für wahrscheinlich. Ein angeblich um 1910 am Neusiedler See gesammeltes Gelege soll sich im Naturalis Museum in Leiden (Niederlande) befinden, ist dort aber nicht auffindbar [1]. Ab den 1920er Jahren mehrten sich dann Meldungen des Seggenrohrsängers aus dem Neusiedler See-Gebiet. Am 23.5.1923 sammelte A. Fournes ein Gelege von vier Eiern, das nach zweimaliger Umbestimmung als das eines Seggenrohrsängers ebenfalls in der Sammlung des Naturhistorischen Museums Wien aufbewahrt wird [1,9]. In der Literatur wird mehrfach fälschlich 1928 als Sammeljahr angegeben [9,13,14]. Nachdem es sich dabei um den einzigen aktuell unangefochtenen Brutbeleg für das Neusiedler See-Gebiet bzw. für ganz Österreich handelt, erscheint eine Verifizierung der Bestimmung mit molekulargenetischen Methoden aber wünschenswert. Aus der ersten Maihälfte 1925 berichtete Steinparz [15] über Beobachtungen von Seggenrohrsängern im Schilfgürtel zwischen Neusiedl am See und Purbach sowie an der Grundlacke bei Podersdorf. Da er von den Rohrsängern sonst aber nur den Drosselrohrsänger erwähnte, scheint hier eine Fehlbestimmung möglich. Vom selben Beobachter liegen weitere Meldungen aus den Jahren 1926 (westlich von Neusiedl am See) und 1928 (zwischen Weiden und Podersdorf) vor [13]. Am 19.7.1925 wurde bei Apetlon ein Weibchen erlegt, in dessen Nähe sich ein singendes Männchen befand [16]. Eine offensichtliche Fehlbestimmung ist hingegen der Fall eines Eies, das Koenig [17] am 27.5.1938 aus einem Sechsergelege im Bereich der Wulkamündung entnommen hat und das sich gegenwärtig als Seggenrohrsänger-Ei in der Sammlung des Naturhistorischen Museums Wien befindet [1]. Diese Brut wurde von Koenig auch fotografisch dokumentiert. Die in seiner Publikation beigefügten Fotos zeigen aber – entgegen der Einschätzung von Dvorak & Berg [1] – eindeutig einen Schilfrohrsänger an seinem Nest (vgl. auch Szabo [18], es ist nicht die einzige Fehlbestimmung in Koenigs Buch). Am 20. und 21.4.1940 wurde der Seggenrohrsänger wiederum bei Neusiedl am See beobachtet [19] und am 28.5. desselben Jahres wurde ein Nest am landseitigen Röhrichtrand bei Purbach gefunden, das aber zerstört wurde, bevor es dokumentiert werden konnte [9]. Zimmermann [9,13] beobachtete den Seggenrohrsänger auch im Seevorgelände zwischen Illmitzer Wäldchen und Sandeck und stufte ihn als nicht seltenen, aber übersehenen Brutvogel ein. Seitz [20] beschrieb die Art als seltenen Brutvogel am stark durch Seggenbestände aufgelockerten, landseitigen Rand des Schilfgürtels bei Purbach, erwähnte aber sein Fehlen in der durch höheren Salzgehalt geprägten Verlandungszone des Ostufers. Gleichzeitig listete er die Art aber ohne nähere Angaben als Brutvogel des Seewinkels auf [21]. Für das Jahr 1949 führte Koenig [22] den Seggenrohrsänger erneut als Brutvogel an, diesmal in einem inselartigen Seggenbestand im sogenannten Reiherloch im Schilfgürtel zwischen Jois und Winden. Konkrete Belege dazu existieren aber nicht, sodass diese Angabe mit Vorbehalt betrachtet werden muss. In den Jahren 1951–1953 gelangen noch einzelne Brutzeitbeobachtungen in Großseggenbeständen bei Neusiedl am See sowie auf der Joiser Heide [14, 23, 24]. Eine Beobachtung im Mai 1955 bei Gols [25] erscheint wenig überzeugend, da während dieser mehrtägigen Exkursion im Neusiedler See-Gebiet kein einziger Schilfrohrsänger registriert wurde, der beschriebene Lebensraum (verschilfter Wassergraben) aber wesentlich besser auf letzteren hindeuten würde.

Zusammenfassend lässt sich festhalten, dass der Seggenrohrsänger wahrscheinlich nur ein unregelmäßiger, wenn auch wohl vielfach übersehener Brutvogel in Jahren höheren Wasserstandes war, wenn Seggen-Schilf-Mischbestände sowie Pfeifengras-Seggenwiesen am landseitigen Rand des Seeröhrichts während der Brutzeit unter Wasser standen. Die vorhandenen Unterlagen lassen es als hinreichend plausibel erscheinen, dass dieses Brutvorkommen bis in die 1940er Jahre bestanden hat, mit vereinzelten Brutzeitbeobachtungen bis in die frühen 1950er Jahre. Es dürfte sich auf das Seevorgelände bei Purbach und Neusiedl am See konzentriert haben. Zumindest in manchen Jahren scheint die Art aber auch östlich des Sees Reviere besetzt zu haben. Durch die starke Veränderung der Verlandungszonen v.a. am West- und Nordufer aufgrund von Entwässerungen und nachfolgender landwirtschaftlicher Intensivierung sowie durch die landseitige Ausbreitung des Schilfgürtels, die durch die Seespiegelstabilisierung mitbegünstigt wurde, fehlen heutzutage ausgedehnte, überflutete Seggenbestände. Vielmehr findet man hier nun einen weitgehend abrupten Übergang von Äckern zum geschlossenen Schilf. Weitere Bruthabitate fielen auch der fortscheitenden Verbauung, v.a. in Neusiedl am See, zum Opfer. Neben diesem erloschenen Brutvorkommen war vom Seggenrohrsänger schon seit dem 19. Jahrhundert auch das Auftreten als Durchzügler im Neusiedler See-Gebiet bekannt [13, 23, 26].

Quellen: [1] *Dvorak & Berg (2013),* [2] *Archiv BirdLife Österreich,* [3] *Laber & Ranner (1997),* [4] *MME Nomenclator Bizottság (2008b),* [5] *Hadarics (2008),* [6] *Khil & Albegger (2014),* [7] *Albegger & Brader (2018),* [8] *Marschall & Pelzeln (1882),* [9] *Zimmermann (1940b),* [10] *Fászl (1883),* [11] *Schenk (1917a),* [12] *Dombrowski (1889),* [13] *Zimmermann (1943),* [14] *Glutz von Blotzheim & Bauer (1991),* [15] *Steinparz (1926),* [16] *R. Homberg in Seilern (1934),* [17] *Koenig (1939),* [18] *Szabo (1973/74),* [19] *R. Lugitsch in Zimmermann (1943),* [20] *Seitz (1943),* [21] *Seitz (1942),* [22] *Koenig (1952),* [23] *Bauer et al. (1955),* [24] *Münch (1952),* [25] *Corti (1956),* [26] *Aumüller (1967)*

Andreas Ranner

Schilfrohrsänger *Acrocephalus schoenobaenus* (Linnaeus, 1758)

Foltos nádiposzáta – Sedge Warbler

Seedamm Illmitz, 10.5.2012 (Michael Dvorak)

Verbreiteter, aber im Bestand stark rückläufiger Brutvogel der landseitigen Bereiche des Schilfgürtels und der Lacken

Verbreitung und Lebensraum

Der Schilfrohrsänger ist ein verbreiteter Brutvogel des Neusiedler See-Gebiets. In höchster Dichte besiedelt er den Übergangsbereich von höherer zu niedrigerer Röhricht-Vegetation. Die Artzusammensetzung der Vegetation kann variieren, denn die Habitatwahl richtet sich vorwiegend nach Kriterien der Vegetationsstruktur. Wichtig ist ein dichter, wenigstens 30 cm hoher und gut deckender Unterwuchs aus krautigem, weichem Pflanzenmaterial wie Seggen, Schneidried oder hohen Gräsern, der von licht stehenden, höheren Vertikalelementen wie Schilf, Hochstauden, aber auch einzelnen Büschen und Bäumen überragt wird. Die Habitate des Schilfrohrsängers sind zumeist 10–20 cm überflutet, er kann aber auch kürzlich trocken gefallene Bereiche besiedeln [1–3].

Die Schwerpunkte seines Vorkommens liegen einerseits am Neusiedler See in den landseitigen Bereichen des Schilfgürtels, wo er noch vor zwei Jahrzehnten in hohen Dichten die mittlerweile fast überall verschwundene Schilf/Seggenzone bewohnte. Aktuell findet man nur noch am Nordufer bei Weiden sowie im Südosten zwischen Sandeck und Neudegg, und kleinräumig auch an wenigen anderen Stellen, größere, oft von *Cladium* dominierte Schilf/Seggen-Bestände, die dicht vom Schilfrohrsänger besiedelt sind. In allen anderen Teilen des Schilfgürtels fehlt die Art völlig bzw. gibt es nur einzelne Reviere an Stellen mit permanent geringen Wasserständen, wie z.B. im Bereich von Aufschüttungen in der Nähe von Dämmen. Abseits vom Neusiedler See besiedelt der Schilfrohrsänger auch die Schilfbestände im Seewinkel und die Entwässerungskanäle des Hanságs. In diesen beiden Gebieten ist er aktuell sogar die mit Abstand häufigste Rohrsänger-Art [4].

Bestand und Bestandsentwicklung

In den 1850er Jahren wurde der Schilfrohrsänger als seltener als der Drosselrohrsänger eingestuft [5], in den 1870ern dann als der häufigste unter den „Schilfmusikanten" bezeichnet [6] und für 1887 nennt ihn von Dombrowski [7] *„nächst dem Drosselrohrsänger den häufigsten seiner Familie"*. Zu Beginn des 20. Jahrhunderts war der Schilfrohrsänger *„nicht selten"*. Schenk [8] fand ihn *„in den Jahren 1907 und 1909 am Ostufer, im Jahre 1913 am Westufer brütend"*. In den 1930er Jahren war die Art, ebenso wie Teich- und Drosselrohrsänger, dann sehr häufig [9]. Zu Beginn der 1940er Jahre lautete die Einschätzung Zimmermanns [10]: *„Zusammen mit dem Drosselrohrsänger in unserem Gebiet ist der Schilfrohrsänger der häufigste seiner Sippe"* und er beschrieb auch den Lebensraum sehr treffend: *„Er bewohnt sowohl den See wie auch die vegetationsreichen Lacken und ist im ersteren Charaktervogel der locker von Rohr und Typha durchsetzten* Carex*-Sümpfe, von denen er, aber wohl nur spärlicher, auch in die* Phragmites*-Zone eindringt, in der er dann an jenen Stellen brütet, wo das stark aufgelockerte Schilfrohr reicher von* Carex*-Arten unterwachsen ist."* In den frühen 1950er Jahren wurde die Art dann lapidar als *„sehr häufiger Brutvogel"* bezeichnet [11]. Aus den 1960er und 1970er Jahren fehlen Angaben zur Häufigkeit des Schilfrohsängers und ab 1981 wurde er auch von den ersten Schilfvogel-Projekten kaum erfasst [12–14]. Kursorische Untersuchungen deuten darauf hin, dass damals große Teile am Westufer des Sees zwischen Neusiedl am See und Rust landseitig von einem bis zu 500 m breiten Streifen mit schütterem Schilf und Großseggen im Unterwuchs bewachsen waren. In diesem Bereich war der Schilfrohrsänger der mit Abstand häufigste Brutvogel. Im Seevorgelände bei Winden wurden in den 1980er Jahren mittlere Dichten von 3–7 Revieren/ha erreicht [15]. Eine weitere Untersuchung im Jahr 1989 ergab hier sogar 10,7 Reviere/ha auf einer Fläche von vier Hektar [16]. Die gesamte Fläche an geeignetem Schilfrohrsänger-Lebensraum wurde damals auf 20 km² geschätzt und der Brutbestand des Neusiedler Sees auf 6.000–12.000 Paare hochgerechnet [17]. In den darauf folgenden Jahrzehnten durchgeführte Kartierungen des gesamten Westufers zeigten, dass die Art in einigen Bereichen, in denen in den 1980er Jahren noch hohe Dichten festgestellt wurden, in den 2000er Jahren weitgehend verschwunden war [16].

Im Gebiet zwischen Jois, Winden und Breitenbrunn kam es in den letzten beiden Jahrzehn-

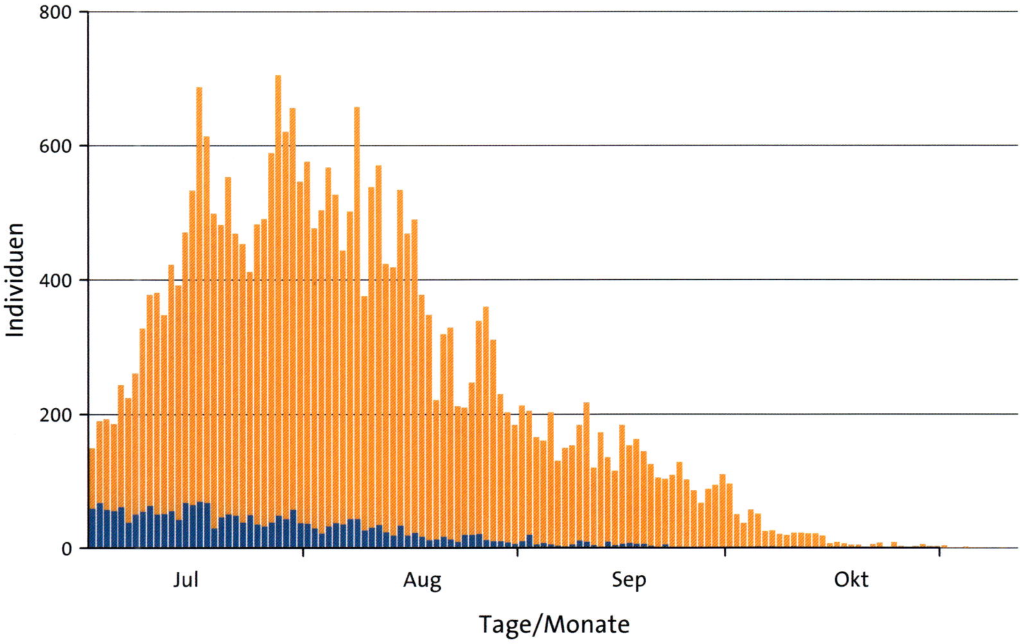

Zeitliche Verteilung von Fängen des Schilfrohrsängers an der Biologischen Station Illmitz von Juli bis Oktober (Tagessummen) basierend auf Daten aus 20 Fangsaisonen (1.7.–31.10.) in den Jahren 1974–2019 (n = 29.623) [21–23]. Orange dargestellt sind diesjährige Individuen, blau nicht diesjährige Individuen.

ten zu einer deutlichen Verdichtung der landseitigen Schilfbestände, was einerseits zu einem Rückgang oder zum völligen Verschwinden der Schilf/Seggenzone, andererseits auch zu einer verstärkten Schilfnutzung in diesen Bereichen führte. Beides führte zu einem sehr starken Rückgang an für den Schilfrohrsänger geeigneten Lebensräumen. Dementsprechend ist er aktuell aus früher optimalen Gebieten wie z. B. bei Winden fast völlig verschwunden. Insgesamt ist auf österreichischer Seite des Neusiedler Sees im Vergleich zu den 1980er Jahren von einer starken Abnahme des Schilfrohrsängers um mehr als 75 % auszugehen. Die aktuelle Bestandserfassung der Jahre 2018 und 2019 ergab für den gesamten Schilfgürtel, inklusive großflächig ungeeigneter Gebiete, eine mittlere Dichte von 0,2 Revieren/ha und einen Gesamtbestand von 2.600 – 5.400 Revieren [18]. Für den österreichischen Teil ergibt sich daraus ein hochgerechneter Brutbestand von 1.700 – 3.500 Revieren, für den ungarischen Seeteil sind es 900 – 1.900 Reviere.

Auch die 2008 durchgeführten Bestandserfassungen in Ungarn ergaben eine weitgehende Bindung des Schilfrohrsängers an Schilfbestände mit Seggenunterwuchs, wo Dichten zwischen 0,9 und 2,8 Revieren/ha festgestellt wurden [19]. In den reinen Schilfbeständen fehlt die Art auch auf ungarischer Seite weitgehend. Der Brutbestand wurde 2008 auf ca. 1.000 Reviere geschätzt [20], damit ist in Ungarn nicht von einer deutlichen Abnahme in diesem Zeitraum auszugehen. Ein starker Rückgang innerhalb der letzten vier Jahrzehnte wird hingegen auch durch die Fangzahlen an der Biologischen Station Illmitz untermauert: Lagen die Juli-Fänge 1974 – 83 und 1989 – 93 noch zwischen 94 und 298 Exemplaren pro 10 m Netzlänge (im Mittel 163 für 15 Untersuchungsjahre), waren es 2009 und 2010 im Schnitt nur 36 und 2017 – 19 im Mittel nur 53 Individuen [21–23]. Der zwischen 60 und 75 % liegende Rückgang der Fangzahlen liegt im Bereich des Rückgangs der Bestandsschätzungen und untermauert die Abnahme des Schilfrohrsängers innerhalb der letzten Jahrzehnte zumindest im österreichischen Teil des Neusiedler Sees.

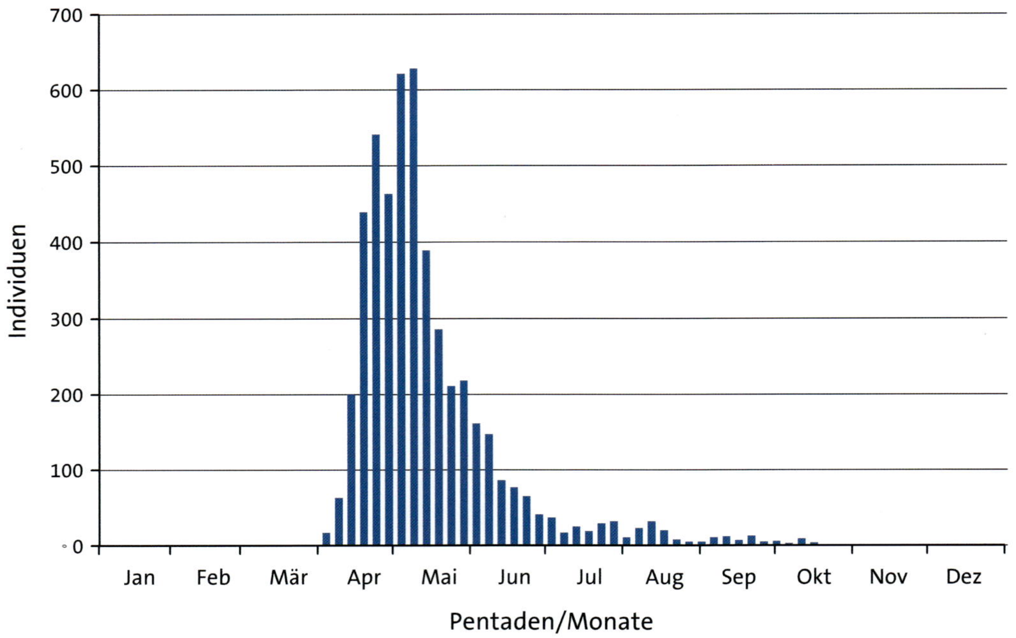

Jahreszeitliches Auftreten des Schilfrohrsängers (Pentadensummen gemeldeter Individuen) basierend auf Beobachtungsdaten aus Österreich aus den Jahren 2011 – 2019 (n = 4.988)[24]. Die Nachweise beziehen sich bis Mitte Juli fast ausschließlich auf singende Männchen.

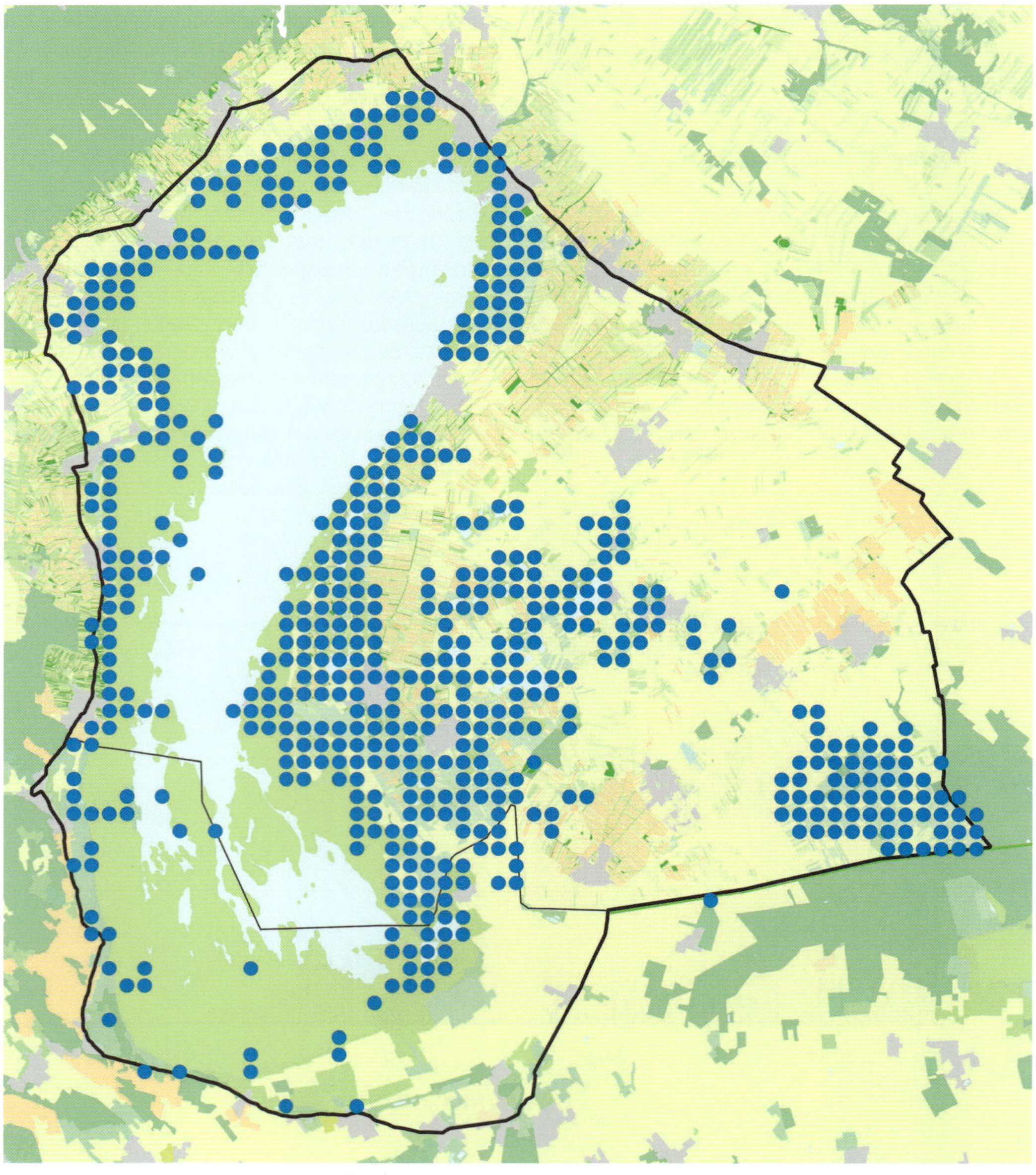

Brutzeitverbreitung des Schilfrohrsängers, basierend auf Beobachtungen in den Monaten April bis Juli aus den Jahren 2011 – 2021[24, 30, 31].

Jahreszeitliches Auftreten

Der Schilfrohrsänger hält sich von Anfang April bis Mitte Oktober im Gebiet auf. Der Median der Erstankunft war in den Jahren 2012 – 2019 der 5.4., die Extremwerte der 30.3. im Jahr 2019 und der 10.4. im Jahr 2013 [24]. Die zwei frühesten Nachweise singender Männchen gelangen am 29.3.2010 südlich vom Illmitzer Gemeindewald [25] und am 30.3.2019 bei der Warmblutkoppel [26]. Zwischen 12.4. und 15.4. beginnen die Vögel in großer Zahl anzukommen und bereits um den 1.5. ist der Brutbestand weitgehend vollzählig. Ab dem 12.5. beginnt die Gesangsaktivität bis Ende Juni kontinuierlich abzunehmen. Die Fangzahlen an der Biologischen Station Illmitz steigen in den ersten beiden Juliwochen steil an und bleiben dann bis Mitte August auf hohem Niveau. Danach nehmen sie bis Ende September stetig ab. In der ersten Oktoberhälfte werden noch einzelne Vögel gefangen, danach nur mehr ausnahmsweise. Die letzten fünf Vögel gingen zwischen 30.10. und 5.11. ins Netz [21–23]. Auffällig ist, dass im Oktober kaum mehr Feldbeobachtungen gemeldet werden (2013 – 2019 nur 10 Nachweise [24]), während an der Biologischen Station Illmitz noch regelmäßig Schilfrohrsänger gefangen werden (56 Nachweise in den Jahren 2017 – 2019 [23]).

Zugverhalten und Ringfunde

Der Schilfrohrsänger überwintert im subtropischen und tropischen Afrika, vom Senegal im

Westen bis Ostafrika und Äthiopien im Osten und bis nach Südafrika im Süden. Die Brutvögel aus Südskandinavien und Westeuropa dürften in Westafrika, alle anderen Populationen Europas in Zentral- und Ostafrika überwintern[3]. Die Fernfunde aus dem Neusiedler See-Gebiet zeigen grob eine Nord-Süd Ausrichtung[27, 28]. Im Norden zeigen Funde in Süd- und Mittelfinnland (5), Südschweden (1) und Polen (4) die Herkunft vieler der im Neusiedler See-Gebiet beringten, durchziehenden Vögel auf. Allein 50 Ablesungen von im Neusiedler See-Gebiet beringten Vögeln in Tschechien, vier in der Slowakei und 35 in West- und Südungarn zeigen enge Beziehungen zu den benachbarten Vorkommen auf. Eine südliche bis südöstliche Zugrichtung zeigen schließlich die acht bisher vorliegenden Funde vom Balkan und aus Südeuropa auf. Davon stammen zwei aus Slowenien und jeweils einer aus Kroatien, Serbien, Dalmatien, Montenegro, Nordgriechenland sowie Malta. Den einzigen Hinweis auf eine südwestliche Zugrichtung bildet ein Vogel, der in Spanien beringt und ein Jahr später in Ungarn kontrolliert wurde[29].

Quellen: [1] *Leisler (1981),* [2] *Thomas (1984),* [3] *P. Koskimies in Glutz von Blotzheim & Bauer (1991),* [4] *M. Dvorak, unpubl. Daten,* [5] *Jukovits (1864/65),* [6] *Fászl (1883),* [7] *Dombrowski (1889),* [8] *Schenk (1917a),* [9] *Koenig (1939),* [10] *Zimmermann (1943),* [11] *Bauer et al. (1955),* [12] *Zwicker & Grüll (1985),* [13] *Dvorak et al. (1993b),* [14] *Dvorak et al. (1997),* [15] *A. Grüll & M. Dvorak in Dvorak et al. (1993a),* [16] *M. Dvorak, unpubl. Daten,* [17] *M. Dvorak in Dvorak et al. (1993a),* [18] *E. Nemeth & M. Dvorak, unpubl. Daten,* [19] *Vadász et al. (2011),* [20] *Vadász (2008),* [21] *Vogelwarte Radolfzell, heute Max-Planck-Institut für Verhaltensbiologie, unpubl. Daten,* [22] *W. Vogl & H. Winkler, unpubl. Daten,* [23] *Biologische Station Illmitz, unpubl. Daten,* [24] *www.ornitho.at,* [25] *A. Grüll/ABÖ,* [26] *J. Frießer u. a./ornitho.at,* [27] *Vogelberingungszentrale BirdLife Ungarn, unpubl. Ringfunde,* [28] *Österreichische Vogelwarte, unpubl. Ringfunde,* [29] *Csörgő & Gyurácz in Csörgő (2009),* [30] *Archiv MME Sopron,* [31] *Archiv FHNP*

Michael Dvorak, Péter Villányi & Ákos Németh

Feldrohrsänger *Acrocephalus agricola* (Jerdon, 1845)

Rozsdás nádiposzáta – Paddyfield Warbler

Biologische Station Illmitz, 2.8.2018 (Florian Packmor)

Ausnahmeerscheinung

Vorkommen

Drei Nachweise im Zeitraum von Anfang August bis zur ersten Septemberdekade im Rahmen von Netzfängen zur Vogelberingung:

- 16.8.1992 Illmitz, 1 Fängling im Schilfgürtel bei der Biologischen Station Illmitz (F. Radon, J. Fäulner, K. Wolfrum u. a.[1])
- 7.9.1999 Mekszikópuszta, 1 dj. Fängling der Unterart *A. a. septima* am Einserkanal (Gy. Szimuly, S. Mogyorósi, T. Hadarics u. a.[2, 3])
- 2.8.2018 Illmitz, 1 dj. Fängling an der Biologischen Station Illmitz (W. Vogl, A. Grüll, G. Hafner u. a.[4, 5])

Quellen: [1] *Laber & Ranner (1997),* [2] *MME Nomenclator Bizottság (2000),* [3] *Szimuly & Mogyorósi (2000),* [4] *www.birdlife-afk.at,* [5] *www.club300.at*

Andreas Ranner

Teichrohrsänger *Acrocephalus scirpaceus* (Hermann, 1804)

Cserregő nádiposzáta – Eurasian Reed Warbler

Sehr häufiger Brutvogel am Neusiedler See von Anfang April bis Anfang Oktober, sehr selten im Seewinkel und Hanság

Verbreitung und Lebensraum

Der Teichrohrsänger besiedelt die Verlandungszonen stehender und langsam fließender Gewässer[1]. Im Schilfgürtel des Neusiedler Sees findet die Art in allen Bereichen mit einer Mindestanzahl an aufragenden Halmen und anstehendem Wasser großflächig sehr gut geeigneten Lebensraum[2, 3]. Im Vergleich zu den anderen schilfbrütenden Singvögeln besiedelt der Teichrohrsänger das bei weitem breiteste Spektrum unterschiedlicher Strukturen. Bei großräumigen Taxierungen an 207 Punkten auf österreichischer und ungarischer Seite wurde die Art an allen Punkten mit durchschnittlich drei singenden Männchen pro Punkt festgestellt[4] und war damit bezüglich ihrer Lebensraumansprüche die bei weitem unspezifischste Art. Frisch geschnittene oder gebrannte Schilfflächen werden zwar in der darauf folgenden Vegetationsperiode nur eingeschränkt und spät – nach Aufwuchs der Schilfhalme – besiedelt, aber bereits im ersten Jahr nach dem Schnitt bzw. Brand lässt sich ein Zusammenhang zwischen der Häufigkeit und dem Alter des Schilfbestandes nicht mehr statistisch nachweisen[5]. Bei kleinräumigen Untersuchungen im Jahr 1983, an nur zwei Standorten, konnte hingegen im einjährigen Schilf eine sehr viel geringere Dichte als in 3–6jährigen Beständen und in über 10-jährigem Schilf sogar die fünffache Dichte festgestellt werden[6]. An den Lacken des Seewinkels bleibt der Teichrohrsänger zahlenmäßig weit hinter dem dort dominierenden Schilfrohrsänger zurück. Die Art kommt hier nur in größeren, breiteren und überfluteten Schilfbeständen vor, wie sie an nur wenigen Lacken zu finden sind.

Bestand und Bestandsentwicklung

Der Teichrohrsänger ist die mit weitem Abstand häufigste Brutvogelart des Schilfgürtels. Die An-

Seebad Rust, 27.6.2015 (Michael Dvorak)

gaben zu seiner Häufigkeit im späten 19. und frühen 20. Jahrhundert sind allerdings uneinheitlich. Faszl[7] bezeichnete den Teichrohrsänger als *„häufig in den Schilfbeständen"*, 30 Jahre später konnte er hingegen zur Brutzeit nur am West- und nicht am damals noch kaum mit Schilf bewachsenen Ostufer festgestellt werden[8]. In den 1930er Jahren war die Art im Schilfgürtel *„sehr häufig"*[9]. Zu Beginn der 1940er Jahre stufte Zimmermann[10] den Teichrohrsänger dann zwar als *„Bewohner des Sees"* ein, schrieb dann aber: *„Bleibt an Zahl jedoch noch erheblich hinter dem Drossel- und dem Schilfrohrsänger zurück"*. Zehn Jahre später wurde die Situation ähnlich beurteilt, der Status des Teichrohrsängers wurde mit *„häufig"* angegeben, Drossel- und Schilfrohrsänger waren hingegen beide *„sehr häufige Brutvögel"*[11]. Die nächsten Einschätzungen sehen dann aber bereits den Teichrohrsänger als die häufigste Art. Böck[12] wagte als Erster eine Hochrechnung und kam dabei auf ca. 210.000 Brutpaare.

Die in den 1980er Jahren beginnenden quantitativen Untersuchungen zeigten dann, dass der Teichrohrsänger die bei weitem häufigste Singvogelart des Schilfgürtels ist: In Altschilfflächen wurden in den 1980er und frühen 1990er Jahren extrem hohe Dichten von 16,7[13], 17 und 28,5[6] Revieren/ha ermittelt, auf weniger optimalen, jüngeren Flächen fanden sich fünf, sechs[6], fünf bzw. 9,4 Reviere/ha[14] und in einem 19 ha großen Gebiet wurden immerhin noch 5,8 Reviere/ha erfasst[15]. Im Jahr 1995 wurde in einem 12,7 km² großen Schilfgebiet im Südteil des Sees, auf Basis einer Punkttaxierung, ein Bestand von ca. 5.000 Revieren ermittelt. Dies entsprach einer mittleren großflächigen Siedlungsdichte von 3,9 Revieren/ha[2]. Basierend auf diesen Daten ergab eine Hochrechnung einen Bestand von 20.500–42.000 Brutpaaren für den gesamten österreichischen Teil des Neusiedler Sees[2]. Weitere Erhebungen durch Punkttaxierungen ergaben 2005 und 2006 durchschnittliche Dichten von 6,7 Revieren/ha am Ostufer und 7,3 Revieren/ha am Nord- und Westufer[16]. Eine Hochrechnung mit den ermittelten Dichtewerten ergab – unter der Annahme, dass 25 km² Schnittfläche nicht besiedelt waren – eine Bestandsschätzung von 45.000–60.000 Brutpaaren für die Jahre 2005/06[16]. Die aktuellsten und bislang vollständigsten Zählungen wurden 2018 in der Kernzone des Nationalparks und im ungarischen Seeteil und 2019 in den übrigen Schilfbereichen auf österreichischer Seite durchgeführt[17]. Die mittlere Dichte für den gesamten Neusiedler See lag bei 8,1 Revieren/ha und brachte damit eine Zunahme gegenüber den früheren Erhebungen. Eine Hochrechnung für den gesamten Neusiedler See ergibt 120.000–140.000 Brutpaare, davon entfallen 80.000–90.000 auf Österreich und 40.000–50.000 auf Ungarn[17,18]. Für den österreichischen Schilfgürtel ergibt sich damit im Vergleich zu 2005/06 eine Zunahme um ca. 30 %. Diese dürfte in erster Linie auf die in den letzten Jahren erfolgte starke Abnahme der bewirtschafteten Schilfflächen von 30 % auf nur mehr 8,2 %[17] zurückzuführen sein. Damit sind einerseits 14 km² an nutzbarem Lebensraum neu hinzugekommen, andererseits hat die Dichte in den älter werdenden Flächen im Vergleich zu früheren Erhebungen ebenfalls zugenommen.

Auf ungarischer Seite wurden hingegen 2008 mittels Linientaxierung Dichten von nur 1,1 und 3,4 Revieren/ha erhoben, der Brutbestand wurde auf 12.961 Reviere (± 7.234) hochgerechnet[19]. Diese Erhebung wurde in den Jahren 2017–2019 mit derselben Methode wiederholt und ergab mit hochgerechneten 9.507 Revieren (± 2.408) sogar einen im Vergleich zu 2008 deutlich geringeren Brutbestand[20]. Die 2018 in Ungarn gleichzeitig durchgeführten Punkttaxierungen (siehe oben) sind für leise singende Arten wie den Teichrohrsänger allerdings die weitaus geeignetere Erhebungsmethode, weshalb davon auszugehen ist, dass die mittels Linientaxierung ermittelten Dichten den Brutbestand sehr deutlich unterschätzen und damit nicht für Bestandshochrechnungen des Teichrohrsängers geeignet sind.

Während die Daten der Punkttaxierungen für den Zeitraum 1995–2019 eine Zunahme zeigen, haben die über einen längeren Zeitraum ermittelten Fangdaten an der Biologischen Station Illmitz abgenommen. In den drei Fünfjahresabschnitten 1974–78, 1979–83 und 1989–93 wurden im Juli noch jeweils 235, 261 und 231 Exemplare pro 10 m Netz gefangen. In den Jahren 2009/10 und 2017–19 lagen die Werte mit 140 bzw. 157 Individuen deutlich darunter[21–23]. Dieser Unterschied könnte allerdings auch durch Lebensraumveränderungen wie durch die Anlage von Weiden auf unmittelbar angrenzenden Flächen im Bereich der Fanganlagen bedingt sein.

Jahreszeitliches Auftreten

Die ersten Teichrohrsänger treffen in der ersten Aprilwoche ein, ganz ausnahmsweise auch schon in den letzten Märztagen. Die drei frühesten Nachweise gelangen jeweils am 30.3. in den Jahren 2002 bei Donnerskirchen[24], 2010 bei der Biologischen Station Illmitz[25] und 2019 am Seedamm Illmitz[26]. Zwischen 2. und 6.4. werden zunächst nur einzelne Vögel gemeldet, von 7. bis 10.4. steigen die Zahlen an und ab 11.4. erscheinen in den meisten Jahren ankommende Vögel in größerer Zahl[27]. Das Ankunftsdatum schwankt allerdings stark zwischen den Jahren.

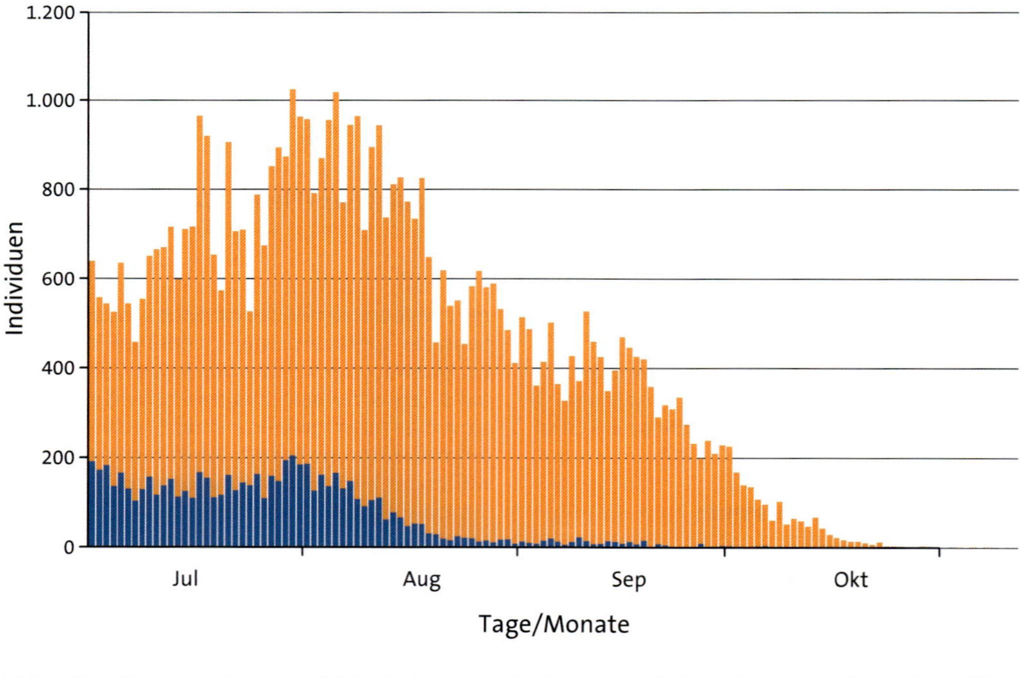

Zeitliche Verteilung von Fängen des Teichrohrsängers an der Biologischen Station Illmitz von Juli bis Oktober (Tagessummen) basierend auf Daten aus 20 Fangsaisonen (1.7.–31.10.) in den Jahren 1974–2019 (n = 55.034)[21–23]. Orange dargestellt sind diesjährige Individuen, blau nicht diesjährige Individuen.

2013–2019 lag der Median am 7.4., wobei 2015 der erste Teichrohrsänger am 13.4., 2013 sogar erst am 14.4. gemeldet wurde[27]. Die Zahl der (singenden) Vögel erreicht Anfang Mai ein Maximum, nimmt dann von der zweiten Maihälfte bis Mitte Juni (erste Brutphase) etwas ab und steigt Mitte/Ende Juni wieder an. Die Fangzahlen der Biologischen Station Illmitz zeigen konstant hohe Werte bis ca. 20. Juli. Danach ist für einen ganzen Monat bis Mitte August ein weiterer, deutlicher Anstieg zu erkennen, der vermutlich den Schwerpunkt des Durchzugs anderer Populationen markiert[21–23]. Ab Mitte August bis ca. 20.9. zeigt sich eine langsame, aber kontinuierliche Abnahme der Zahlen. Ab ca. 25.9. klingt der Durchzug dann rasch ab und es werden nur mehr einzelne Teichrohrsänger beobachtet bzw. gefangen. Die letzten gemeldeten Feldbeobachtungen stammen ab dem Jahr 2013 vom 13.–15. Oktober[28], an der Biologischen Station Illmitz wurden hingegen noch in den ersten Novembertagen einzelne Vögel gefangen. Sechs dieser Nachweise, der späteste am 5.11., gelangen zwischen 1974 und 1993[21]. Der einzige rezente Novemberfang stammt vom 2.11.2010[22].

Zugverhalten und Ringfunde

Der Teichrohrsänger ist ein Weitstreckenzieher, der vorwiegend im zentralen, östlichen und südöstlichen Afrika überwintert[1]. Im Gegensatz zum Schilfrohrsänger zeigen sich beim Teichrohrsänger anhand der 185 vorliegenden Fernfunde kaum Beziehungen zu weiter nördlich gelegenen Brutgebieten[29, 30]. Wiederfunde gibt es nur aus Tschechien (14) und der Slowakei (2). Die südwärts zeigenden Zugrichtungen streuen von Südwest über Süd bis Südost, was auf unterschiedliche Winterquartiere der heimischen Brutpopulation hinweist. Südwestliche Ausrichtungen zeigen drei Funde in Oberitalien, je einer in West- und Südfrankreich sowie zwei in Katalonien. Direkt nach Süden weisen fünf Funde aus Mittel- und Süditalien (3), Kroatien (1) und Montenegro (1). Im oder nahe am Winterquartier liegen zwei Ringfunde aus dem Norden Nigerias und Kameruns vor. Der Großteil der Neusiedler Brutpopulation schlägt am Weg ins Winterquartier jedoch eine südöstliche Richtung ein, mit 13 Funden vom Südbalkan, zwei aus der Südtürkei, einem aus Zypern, drei aus dem Libanon, vier aus Israel, nicht weniger als 16 aus Ägypten und zwei aus Libyen.

Quellen: [1] *K. Schulze-Hagen in Glutz von Blotzheim & Bauer (1991),* [2] *Dvorak et al. (1997),* [3] *Leisler (1981),* [4] *Nemeth & Dvorak (2019),* [5] *Nemeth & Dvorak (2022),* [6] *Zwicker & Grüll (1985),* [7] *Fászl (1883),* [8] *Schenk (1917a),* [9] *Koenig (1939),* [10] *Zimmermann (1943),* [11] *Bauer et al. (1955),* [12] *Böck (1979),* [13] *Laußmann & Leisler (2001),* [14] *Dvorak et al. (1993a),* [15] *M. Dvorak, unpubl. Daten,* [16] *Dvorak et al. (2008),* [17] *M. Dvorak & E. Nemeth, unpubl. Daten,* [18] *Nemeth & Dvorak (2019),* [19] *Vádaz et al. (2011),* [20] *Villányi et al. (2021),* [21] *Vogelwarte Radolfzell, heute Max-Planck-Institut für Verhaltensbiologie, unpubl. Daten,* [22] *W. Vogl & H. Winkler, unpubl. Daten,* [23] *Biologische Station Illmitz, unpubl. Daten,* [24] *T. Zuna-Kratky/ABÖ,* [25] *A. Grüll/ABÖ,* [26] *R. Schnierer, S. Schnierer, C. Zehetner/ornitho.at,* [27] *www.ornitho.at,* [28] *J. Laber, H.-M. Berg, A. Ranner/ornitho.at,* [29] *Vogelberingungszentrale BirdLife Ungarn, unpubl. Ringfunde,* [30] *Österreichische Vogelwarte, unpubl. Ringfunde*

Michael Dvorak, Péter Villányi
& Ákos Németh

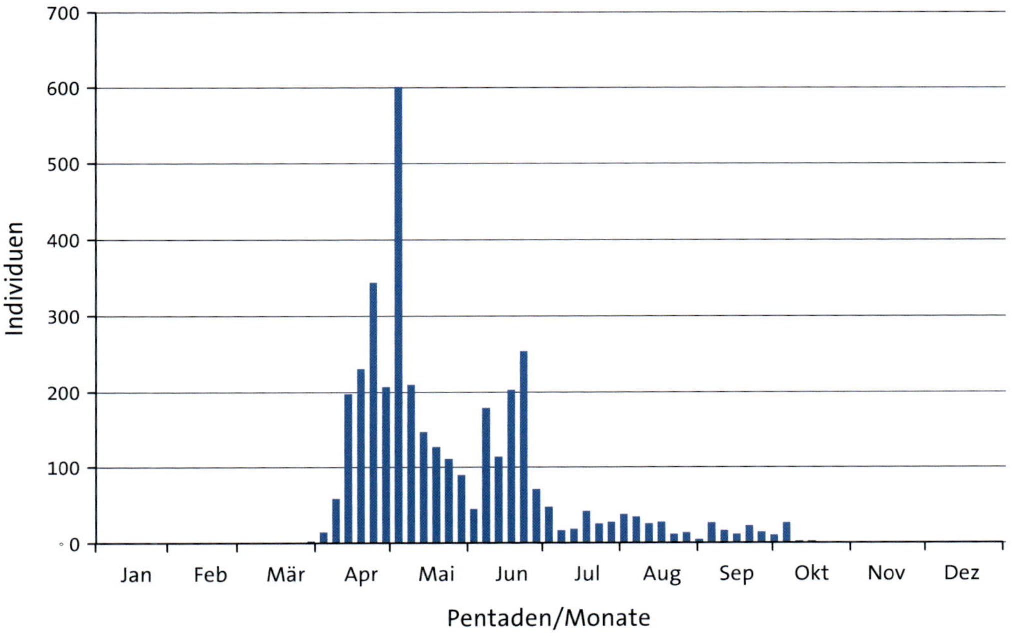

Jahreszeitliches Auftreten des Teichrohrsängers (Pentadensummen gemeldeter Individuen) basierend auf Beobachtungsdaten aus Österreich aus den Jahren 2011–2019 (n = 3.686)[27]. Die Nachweise beziehen sich bis Mitte Juli fast ausschließlich auf singende Männchen.

Sumpfrohrsänger *Acrocephalus palustris* (Bechstein, 1798)

Énekes nádiposzáta – Marsh Warbler

Lokaler Brutvogel im Schilfgürtel, im Seewinkel und im Hanság von Ende April bis Anfang September

Verbreitung und Lebensraum

Der Sumpfrohrsänger ist im Gebiet überall dort zu finden, wo Dämme oder Böschungen von Gräben und Kanälen Schilfbewuchs oder Mischvegetation von Schilf und anderen Hochstauden aufweisen. Entwässerungskanäle, trockene Schilfbestände im Bereich ehemaliger Lacken und ruderalisierte Mischvegetation mit Schilf an diversen anderen Standorten wie Schottergruben oder Fischteichen sind die im Gebiet bevorzugten Lebensräume. Einzelne Reviere finden sich auch in halbhohem Buschwerk, oft bestehend aus Asch- und Ölweide. Weiters brütet der Sumpfrohrsänger auch in verschilften Wiesen, verschilften Feuchtbrachen und im Hanság auch in Hochstaudenfluren. Im landseitigen Bereich der Verlandungszone des Neusiedler Sees und der noch vorhandenen Lacken fehlt der Sumpfrohrsänger hingegen weitgehend. Der Verbreitungsschwerpunkt im Avifauna-Gebiet liegt entlang der zahlreichen Entwässerungsgräben und ruderalen Schilf(-misch)beständen des Hanság[1]. Weitere Vorkommen liegen in den zahlreichen verlandeten kleinen Lacken nordwestlich von Illmitz, entlang des Golser Kanals, lokal im zentralen Seewinkel im Bereich verlandeter Lacken, wie Ganslacke, Huldenlacke, Feldsee oder Karmazicklacke sowie entlang der stärker verbuschten Kanäle der Zitzmannsdorfer Wiesen[2]. Am Nord- und Westufer des Sees ist der Sumpfrohrsänger nur sehr lokal verbreitet, verdichtet kommt die Art hier z. B. am Seedamm Winden, in der Oggauer Heide – in beiden Gebieten vorwiegend in verbuschten Schilfbereichen – sowie an ruderalen Schilfflecken und Kanälen zwischen Rust und Mörbisch vor[2, 3].

Im ungarischen Teil des Avifauna-Gebiets werden ähnliche Lebensräume wie in Österreich besiedelt: Die meisten Sumpfrohrsänger leben an den Rändern der Kanäle und Entwässerungsgräben, wo sich unter das Schilf auch Brennesseln und andere Ruderalpflanzen mischen. An größeren Wasserläufen sind der Einserkanal, der Kelemente-Bach und der Rákos-Kanal als wichtigste Vorkommen zu nennen. Vereinzelt brütet der Sumpfrohrsänger auch im ruderalen Streifen des ehemaligen Eisernen Vorhangs entlang des Schilfgürtels und in den mit Ruderalpflanzen bewachsenen ehemaligen Gruben.

Bestand und Bestandsentwicklung

Von Dombrowski[4] war der erste, der den Sumpfrohrsänger für das Jahr 1886 als Brutvogel an-

Frauenkirchen, 11.6.2020 (Leander Khil)

gab. Im Sommer 1913 traf J. Schenk die Art häufig bei Fertőfehéregyháza (Donnerskirchen) an[5]. Für die 1930er Jahre wurde der Sumpfrohrsänger dann als „*im eigentlichen Schilfgebiet selten*", jedoch „*in den dahinter gelegenen Sumpfwiesen des Übergangebiets sehr zahlreich*" angegeben[6]. Anfang der 1940er Jahre wurde er „*in den Weidenformationen bei Purbach und Bad Neusiedl*" festgestellt[7], ebenso zu Beginn der 1950er Jahre[8]. Zur selben Zeit schrieb Koenig[9]: „*Vertritt das Aktionsprinzip „Rohrsänger" in den landseitigen, von Weiden und Brennesseln bestandenen Gebieten*". Einige Jahre später muss der Sumpfrohrsänger hier jedoch weitgehend verschwunden sein, bzw. muss sich der Lebensraum grundlegend verändert haben, denn von 1954–1964 wurden an der „Vogelwarte Neusiedl" nur sechs Vögel gefangen, dafür aber z. B. 2.295 Schilfrohrsänger[10].

Aus den folgenden vier Jahrzehnten liegen nur wenige Bestandsangaben vor. Das größte Vorkommen beherbergt der Hanság, hier wurden 2009 im Bereich des Europaschutzgebietes 214 Reviere erfasst und der tatsächliche Bestand auf 300–350 geschätzt[1]. Ein größeres Vorkommen besteht auch auf den Zitzmannsdorfer Wiesen, hier wurden 1991 30 Reviere erfasst und 60–80 geschätzt[11]. Einen langfristigen Vergleich ermöglichen Revierkartierungen auf drei größeren Untersuchungsflächen, die 1997/98 durchgeführt und 2020 wiederholt wurden[12]: Auf 4,5 km² am Golser Kanal und im Ostteil der Zitzmannsdorfer Wiesen erbrachte die Zählung 1998 42 Reviere, 2020 ergab sich mit 50 Revieren ein sehr ähniches Ergebnis. Auf 3,75 km² nordwestlich von Pamhagen wurden hingegen 1998 16, 2020 nur mehr sieben Reviere kartiert. Auf einer weiteren, 6,2 km² große Probefläche zwischen Jois und Winden fanden sich 1997 noch 21 Reviere, 2020 jedoch nur mehr drei. In beiden Fällen dürfte der Verlust von Kleinstrukturen durch Sukzession die Rückgänge bedingt haben. Weitere Vorkommen, die 2020 kartiert wurden, umfassten 25–30 singende ♂ nordwestlich von Illmitz[2], 23 singende Männchen nördlich von Mörbisch[13] und nur jeweils kleinere Gruppen von 2–4 Männchen in anderen Bereichen[2].

Die Fangzahlen des Sumpfrohrsängers an der Biologischen Station sind gering, Aussagen zur langjährigen Entwicklung daher nur bedingt möglich. Während 1974–1978 im Mittel pro Jahr noch 104 Exemplare im Schilf gefangen wurden[14], fiel dieser Wert 1979–1983 und 1989–1993 auf 31 bzw. 36[14], 2009/10 auf 21[15] und 2017–2019 auf nur mehr 12[16]. Dieser Rückgang der Fangzahlen um knapp 90 % ist zwar nur teilweise auf den Brutbestand zu beziehen, jedoch ist auch bei den Fängen im Monat Juli (die wohl den Brutbestand repräsentieren) im Vergleich der Zeiträume 1974/79 und 2017/19 ein Rückgang von im Mittel 31 auf aktuell nur mehr sechs Individuen festzustellen. Zumindest langfristig hat der Brutbestand daher wahrscheinlich abgenommen, während sich innerhalb der letzten 20 Jahre nur lokale Schwankungen zeigen lassen. Der Gesamtbestand auf österreichischer Seite des Gebiets lässt sich aktuell auf 600–800 Brutpaare schätzen.

Jahreszeitliches Auftreten

Die ersten Sumpfrohrsänger treffen um die Monatswende April/Mai ein. Der Median der Ankunft in den Jahren 2013–2019 ist der 1. Mai, die frühesten Ankunftsdaten der 20. (2014)[17], 25. (2019)[18] und 27. April (2016)[19]. Die Zahlen steigen nach der Erstankunft rasch an und erreichen in der zweiten Maihälfte ihren Gipfel, um danach im Juni rasch wieder abzufallen. Die Fangzahlen der Biologischen Station Illmitz

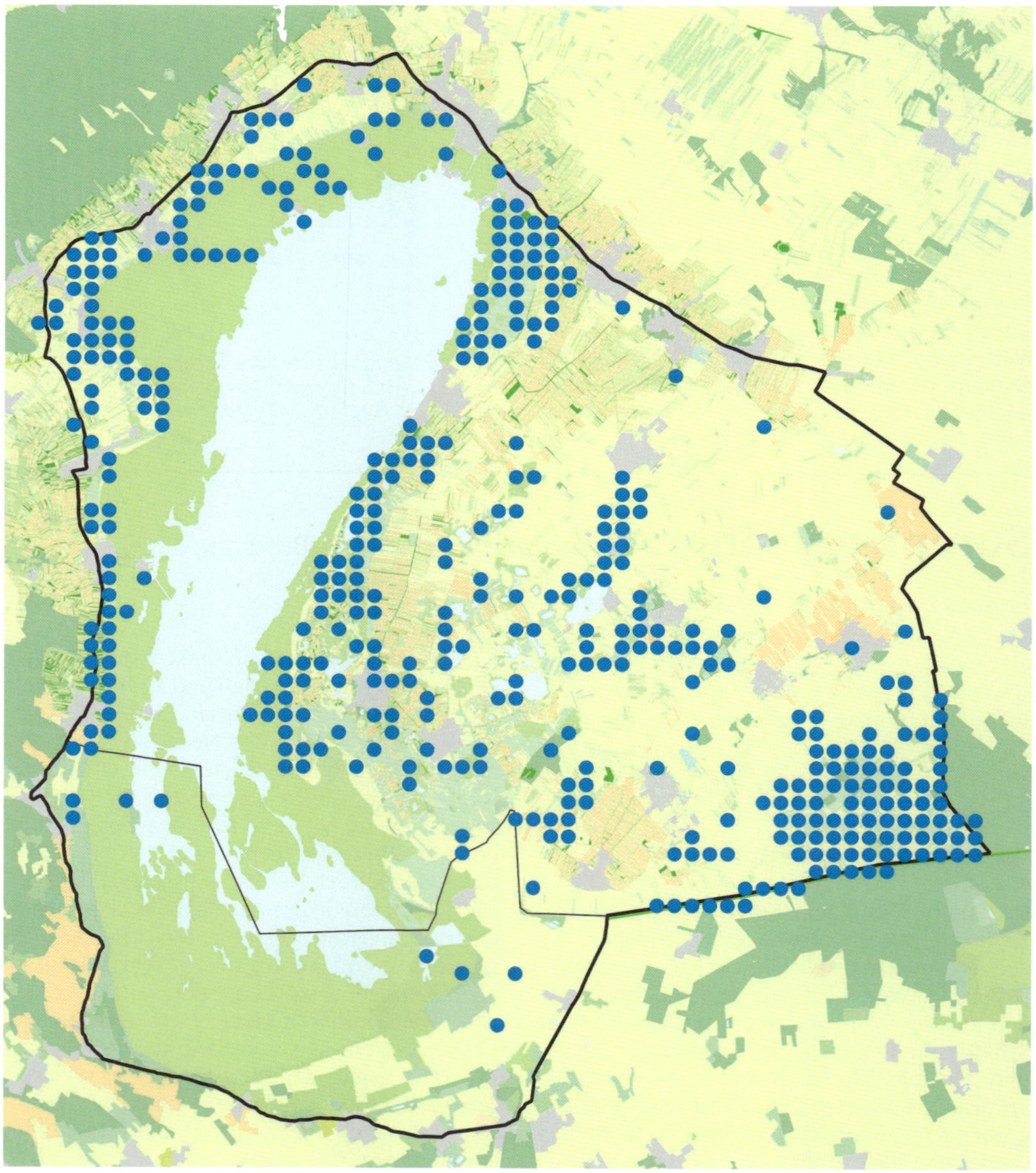

Brutzeitverbreitung des Sumpfrohrsängers, basierend auf Beobachtungen in den Monaten Mai bis Juli aus den Jahren 2011–2021[3, 22, 23].

zeigen, dass bis Mitte Juli nur einzelne Vögel gefangen werden, sich dann aber zwischen 25. Juli und 15. August sehr rasch ein überwiegend auf Jungvögeln basierender Zughöhepunkt ergibt[14–16]. In der zweiten Augusthälfte fallen die Zahlen auf ein deutlich niedrigeres Niveau, bereits Anfang September wurden bestenfalls einzelne Vögel gefangen und ab Mitte des Monats zählen Fänge des Sumpfrohrsängers zu den Ausnahmen. Fast alle Fänge nach dem 15. September, insgesamt 14, gelangen in den Jahren des MRI-Programms zwischen 1974 und 1993, nur drei in den Jahren 2009/10 und keiner 2017-2019, was auf eine Tendenz zum früheren Abzug hinweist, wobei aber zu beachten ist, dass die aktuellen Fangzahlen nur einen Bruchteil der früheren ausmachen. Die drei spätesten Vögel wurden im Jahr 1974 am 2. und 3. Oktober und 1978 am 7. Oktober beringt.

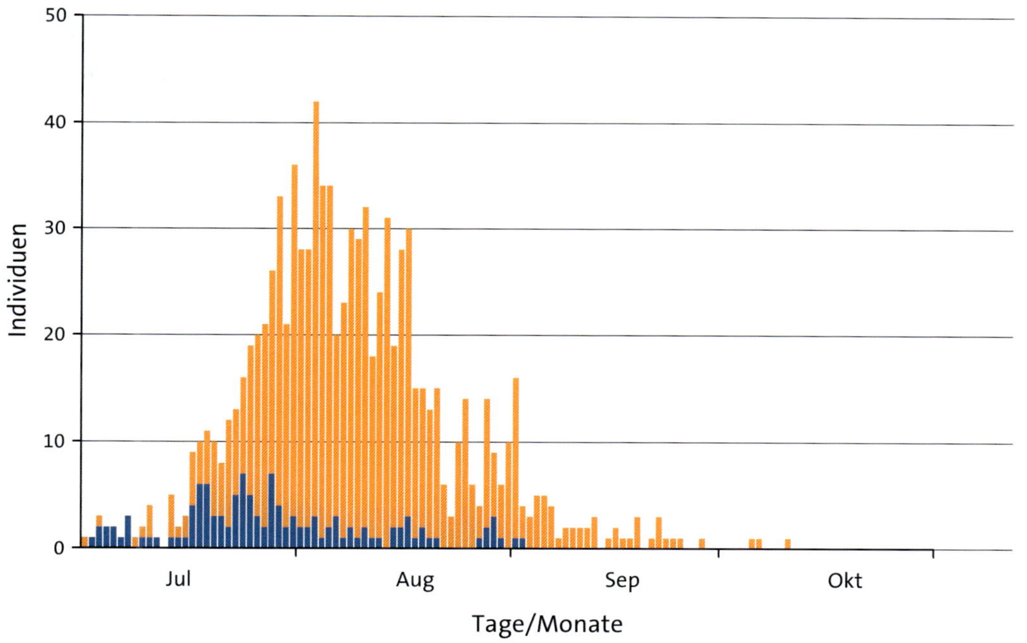

Zeitliche Verteilung von Fängen des Sumpfrohrsängers an der Biologischen Station Illmitz von Juli bis Oktober (Tagessummen) basierend auf Daten aus 20 Fangsaisonen (1.7.–31.10.) in den Jahren 1974–2019[14–16]. Orange dargestellt sind diesjährige Individuen, blau nicht diesjährige Individuen.

Zugverhalten und Ringfunde

Der Sumpfrohrsänger ist ein Weitstreckenzieher, europäische Brutvögel überwintern im östlichen und südöstlichen Afrika. Die bisherigen vier Fernfunde von beringten Vögeln aus dem Neusiedler See-Gebiet streuen nach Nord bis Nordwest und stammen aus Nordbayern, Böhmen, Mittel- und Norddeutschland[20, 21].

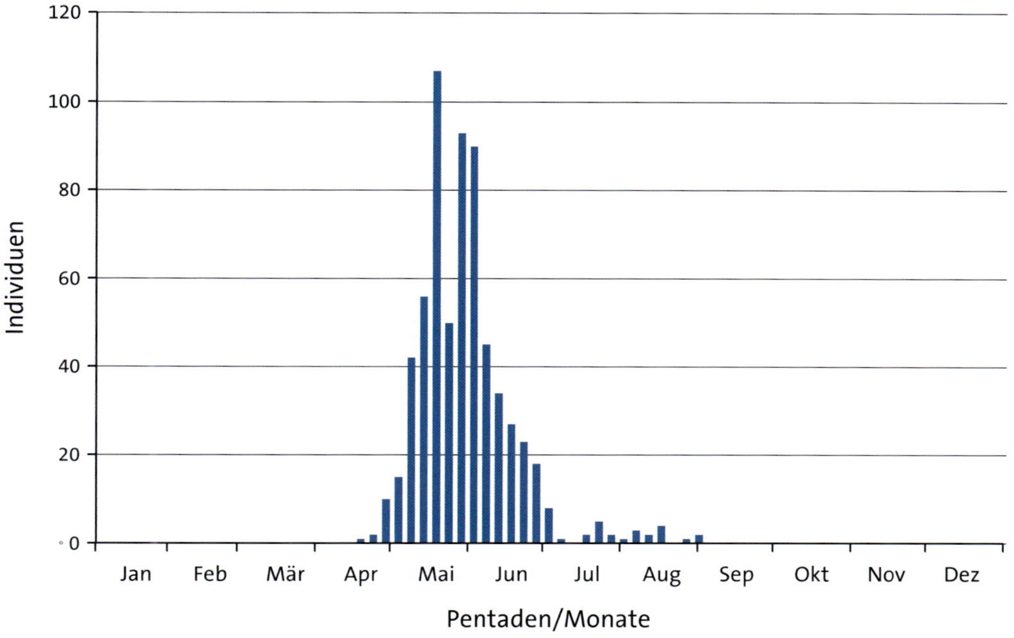

Jahreszeitliches Auftreten des Sumpfrohrsängers (Pentadensummen gemeldeter Individuen) basierend auf Beobachtungsdaten aus Österreich aus den Jahren 2011–2019 (n = 644)[3]. Die Nachweise beziehen sich bis Ende Juni fast ausschließlich auf singende Männchen.

Quellen: [1] Dvorak et al. (2010), [2] M. Dvorak, unpubl. Daten, [3] www.ornitho.at, [4] von Dombrowski (1887), [5] Schenk (1917a), [6] Koenig (1939), [7] Zimmermann (1943), [8] Bauer et al. (1955), [9] Koenig (1952), [10] Samwald (1965), [11] Dvorak & Nemeth (1992), [12] BirdLife Österreich, unpubl. Daten, [13] E. Nemeth, unpubl. Daten, [14] Vogelwarte Radolfzell, heute Max-Planck-Institut für Verhaltensbiologie, unpubl. Daten, [15] W. Vogl & H. Winkler, unpubl. Daten, [16] Biologische Station Illmitz, unpubl. Daten, [17] M. Faas/ornitho.at, [18] N. Ramsauer/ornitho.at, [19] U. Lindinger/ornitho.at, [20] Vogelberingungszentrale BirdLife Ungarn, unpubl. Ringfunde, [21] Österreichische Vogelwarte, unpubl. Ringfunde, [22] Archiv MME Sopron, [23] Archiv FHNP

Michael Dvorak & Attila Pellinger

Blassspötter *Iduna pallida* (Hemprich & Ehrenberg, 1833)

Halvány geze – Eastern Olivaceous Warbler

Ausnahmeerscheinung

Vorkommen

Zwei Nachweise:

- 9.5.1998 Hölle, 1 ad. (J. Laber[1])
- 9.9.2000 Seewinkelhof Apetlon, 1 dj. (J. Laber, A. Ranner, E. Karner-Ranner[2])

Eine publizierte Beobachtung vom 23.5.1962 bei Illmitz[3] ist unzureichend beschrieben und kann nicht als Nachweis gelten[2].

Quellen: *[1] Albegger & Laber (2016), [2] Ranner & Khil (2009), [3] Steiner (1967)*

Andreas Ranner

Seewinkelhof, Apetlon, 9.9.2000 (Belegfoto Johannes Laber)

Orpheusspötter *Hippolais polyglotta* (Vieillot, 1817)

Déli geze – Melodious Warbler

Ausnahmeerscheinung

Vorkommen

Ein Nachweis:

- 13.5.1995 Hölle südlich Podersdorf, 1 singendes ♂ (J. Laber[1])

Quellen: [1] Laber & Ranner (1997)

Andreas Ranner

Gelbspötter *Hippolais icterina* (Vieillot, 1817)

Kerti geze – Icterine Warbler

Hölle, Illmitz, 13.5.2020 (Leander Khil)

Häufiger Brutvogel sowie häufiger Durchzügler von Ende April bis Ende Mai und von August bis Mitte September

Verbreitung und Lebensraum

Der Gelbspötter ist im gesamten Gebiet weit verbreitet. Brutzeitreviere (26.5.–20.7.) finden sich in fast allen Gehölzformationen mit einer ausreichend dichten und hohen Strauchschicht (v.a. Holunder). Das Spektrum reicht von Au- und Bruchwäldern bis zu schmalen Gehölzreihen und Buschgruppen in der Verlandungszone des Sees oder offenen Kulturlandschaft, wobei z.B. auf sandigen Böden auch sehr trockene Standorte besiedelt werden. Nur vereinzelt kommen Gelbspötter auf Industriegelände, Campingplätzen oder in Siedlungen vor. Gemessen an der weiten Verbreitung liegen unter den Zufallsbeobachtungen nur relativ wenige Brutnachweise vor. Gezielte, stichprobenartige Begehungen 2018 ergaben hingegen z.B. im Illmitzer Gemeindewäldchen (11 ha) einen Bestand von vier Paaren mit Jungen und lassen vermuten, dass sich zumindest ein großer Teil der erfassten Brutzeitreviere auf Brutpaare bezieht[1]. Durchzügler nutzen ein noch weiteres Habitatspektrum, das auch isolierte Einzelbüsche und -bäume in Ortschaften oder Seebädern umfasst. Im Unterschied zu den Laubsängern wird der Schilfgürtel hingegen kaum frequentiert: An den Beringungsstationen in Neusiedl am See und Illmitz wurden Gelbspötter zu beiden Zugzeiten nur sehr selten im Schilf, sondern hauptsächlich in den Gehölzen gefangen[2, 3].

Bestand und Bestandsentwicklung

Der Gelbspötter besiedelte bereits im 19. Jahrhundert, bei noch spärlicher Gehölzausstattung des Seewinkels, in geringer Dichte die Haus- und Obstgärten in den Dörfern des Ostufers und sehr wahrscheinlich die Gehölze am Südufer des Sees[4, 5]. In den ausgedehnten Wein- und Obstkulturen des Westufers kam er damals schon deutlich häufiger vor. Als regelmäßiger Durchzügler war er Anfang Mai vor allem in den Weingärten anzutreffen[6]. Um 1950 war er am Westufer verbreitet, am Ostufer hingegen noch immer sehr spärlich vertreten, dürfte hier aber vereinzelt auch schon in den zunehmend höheren Gebüschen außerhalb der Ortschaften gebrütet haben (z.B. Hölle)[7, 8]. Eine mehrwöchige Seewinkel-Exkursion im Juni und Juli 1969 ergab innerhalb der Ortsgebiete von Illmitz und Podersdorf keinen einzigen Nachweis mehr[9]. Auch im Archiv von BirdLife Österreich finden sich aus den Jahren 1976–1980 nur Brutzeitmeldungen für acht Standorte außerhalb der Siedlungen oder an den Ortsrändern. In der Kartierungsperiode für den Brutvogelatlas 1981–1985 war der Gelbspötter zumindest im südlichen Seewinkel und Hanság schon flächig verbreitet[10]. Die ersten Brutnach-

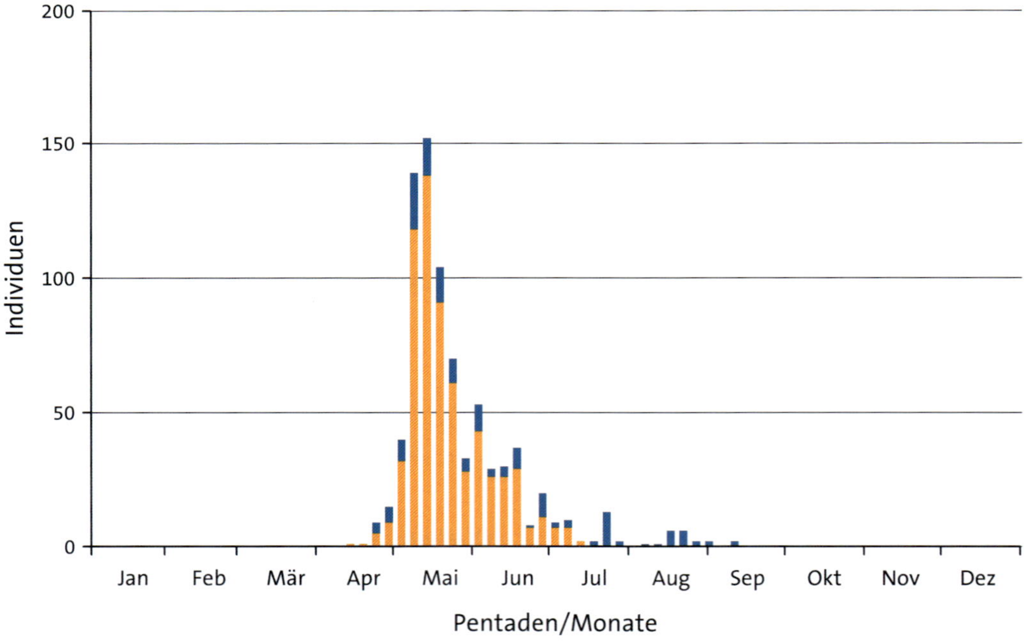

Jahreszeitliches Auftreten des Gelbspötters (Pentadensummen gemeldeter Individuen) basierend auf Daten aus Österreich aus den Jahren 2011–2018 (n = 799)[31]. Orange Säulenabschnitte: singende Männchen.

weise östlich des Sees gelangen 1982 bei Weiden und 1989 bei Illmitz[11].

Kartierungen 2006–2018 ergaben extreme Unterschiede in der Siedlungsdichte. Überraschenderweise waren v. a. die Au- und Bruchwälder sehr dünn besiedelt, während auf den trockenen Sandböden entlang des Ostufers sehr hohe Werte erreicht wurden: Auf ca. 30 ha Auwald an der Wulka und etwa 60 ha Bruchwald in der Verlandungszone vor Purbach waren es nur 0,7 bzw. 0,3 Reviere/10 ha[12] und im Auwäldchen der „Figuren“ im Hanság (ca. 40 ha) 1,5 Reviere/10 ha[13]. Ein Dichteschwerpunkt auf der ungarischen Seite ist das Seevorgelände bei Fertőrákos[14]. Zwischen 2016 und 2018 waren in 19 Seewinkelwäldchen von über 1 ha Größe (insgesamt 186 ha) durchschnittlich 7,8 Reviere/10 ha besetzt, die Maximalwerte am Ostufer lagen bei 15 singenden Männchen/10 ha[15]. Eine Hochrechnung für die nicht kontrollierten Waldbestände auf Grundlage dieser Daten ergibt für das gesamte Gebiet östlich des Sees zumindest 600 Reviere. Bei Brutbestandserhebungen 2014–2018 in fast allen Ortschaften des Bearbeitungsgebietes war der Gelbspötter hingegen innerhalb der Siedlungsgebiete nur ganz vereinzelt feststellbar[16,17]. Ein Beispiel dafür ist Illmitz, wo 2014–2017 im Juni auf ornitho.at maximal drei Sänger notiert wurden (0,2 Reviere/10 ha). Nach 1950 fand daher im Seewinkel, möglicherweise als Folge des Strukturwandels, ein Habitatwechsel von den Dorfgärten in die freie Landschaft statt, der von der Ausbreitung der Gebüschzonen begünstigt wurde. Der Gelbspötter zählt daher heute nicht mehr zu den typischen Gartenvögeln bzw. Siedlungsbrütern.

Jahreszeitliches Auftreten

Die frühesten Beobachtungen bereits singender Männchen gelangen am 15.4.2013[18] und 20.4.2014[19]. Nach dem 20. April beginnt der eigentliche Heimzug und erreicht in der dritten Maipentade das Maximum. Deutlicher Durchzug mit Auftreten außerhalb der Bruthabitate und größeren Konzentrationen hält noch bis 20. Mai an. Danach nimmt die Dichte rasch ab und dürfte etwa Ende Mai/Anfang Juni das Niveau des Brutbestandes erreichen. Während der gesamten Zug- und anschließenden Brutphase singen die Spötter mit sehr hoher Aktivität. Wie beim Fitis können dabei späte Zuggäste als Brutvögel fehlinterpretiert werden[20, 21]. Brutbeginn ist spätestens in der letzten Maidekade (23. Mai Altvogel auf Nest[22]). Mit dem Ausfliegen der Jungen ab etwa 20. Juni fällt die Gesangsaktivität steil ab und die Art wird viel unauffälliger. Fast alle Meldungen frisch flügger Jungvögel oder warnender Eltern fallen in die Periode 25. Juni bis 30. Juli (1981–2018; n = 16), die letzte stammt vom 19. August[23]. Mitte Juli erlischt der Gesang und ab 20. Juli tauchen umherstreifende Gelbspötter wieder abseits der Brutplätze, z. B. in den Seebädern oder an den Beringungsstationen auf (bis zu 9 Fänglinge/Tag[24]). Ein herbstlicher Durchzug ist in den Daten auf ornitho.at bestenfalls angedeutet, ein Befund, der durch die Fangergebnisse an der Biologischen Station Illmitz bestätigt wird (siehe auch Zuna-Kratky et al.[25] für die Marchauen). Ein schwacher Gipfel, der sich wohl eher auf das Dispersal bezieht, zeichnet sich dabei von Ende Juli bis Mitte August ab[26, 27]. Der Abzug erfolgt bis Mitte September (späteste Nachweise 12.9.2015[28] und 13.9.1980[29]). Gelbspötter werden hauptsächlich einzeln beobachtet, nur 10 % aller Meldungen (n = 708) bezogen sich auf 2–3 Vögel. Größere Gruppen waren Familienverbände.

Zugverhalten

Nach den wenigen Ringfunden zu urteilen, dürften die Durchzügler im Karpatenbecken in erster Linie aus dem Baltikum und Polen über den östlichen Mittelmeerraum ziehen. Die Winterquartiere der pannonischen Teilpopulation im südlichen Afrika sind nicht bekannt[20, 30].

Quellen: *[1] A. Grüll/ornitho.at, [2] Böck (1979), [3] Bairlein (1981), [4] Jukovits (1864/65), [5] Fászl (1883), [6] Zimmermann (1943), [7] Bauer et al. (1955), [8] Koenig (1961), [9] Kurth (1970), [10] Dvorak et al. (1993), [11] A. Grüll/ABÖ, [12] T. Zuna-Kratky, unpubl. Daten, [13] M. Dvorak & H.-M. Berg, unpubl. Daten, [14] Bankovics et al. (2002), [15] M. Dvorak, unpubl. Daten, [16] Dvorak et al. (2014b), [17] A. Grüll, M. Dvorak & A. Cimadom, unpubl. Daten, [18] W. Rom/ornitho.at, [19] M. Faas/ornitho.at, [20] Ferry & Faivre (1991), [21] Albegger et al. (2015), [22] H. Frind/ornitho.at, [23] A. Kraus/ornitho.at, [24] L. Khil/ornitho.at, [25] Zuna-Kratky et al. (2000), [26] Berthold et al. (1991), [27] W. Vogl & H. Winkler, unpubl. Daten, [28] L. Khil/ornitho.at, [29] E. Duda/ABÖ, [30] Csörgő & Gyurácz in Csörgő et al. (2009), [31] www.ornitho.at, [32] Archiv MME Sopron, [33] Archiv FHNP*

Alfred Grüll & Csilla Kiss

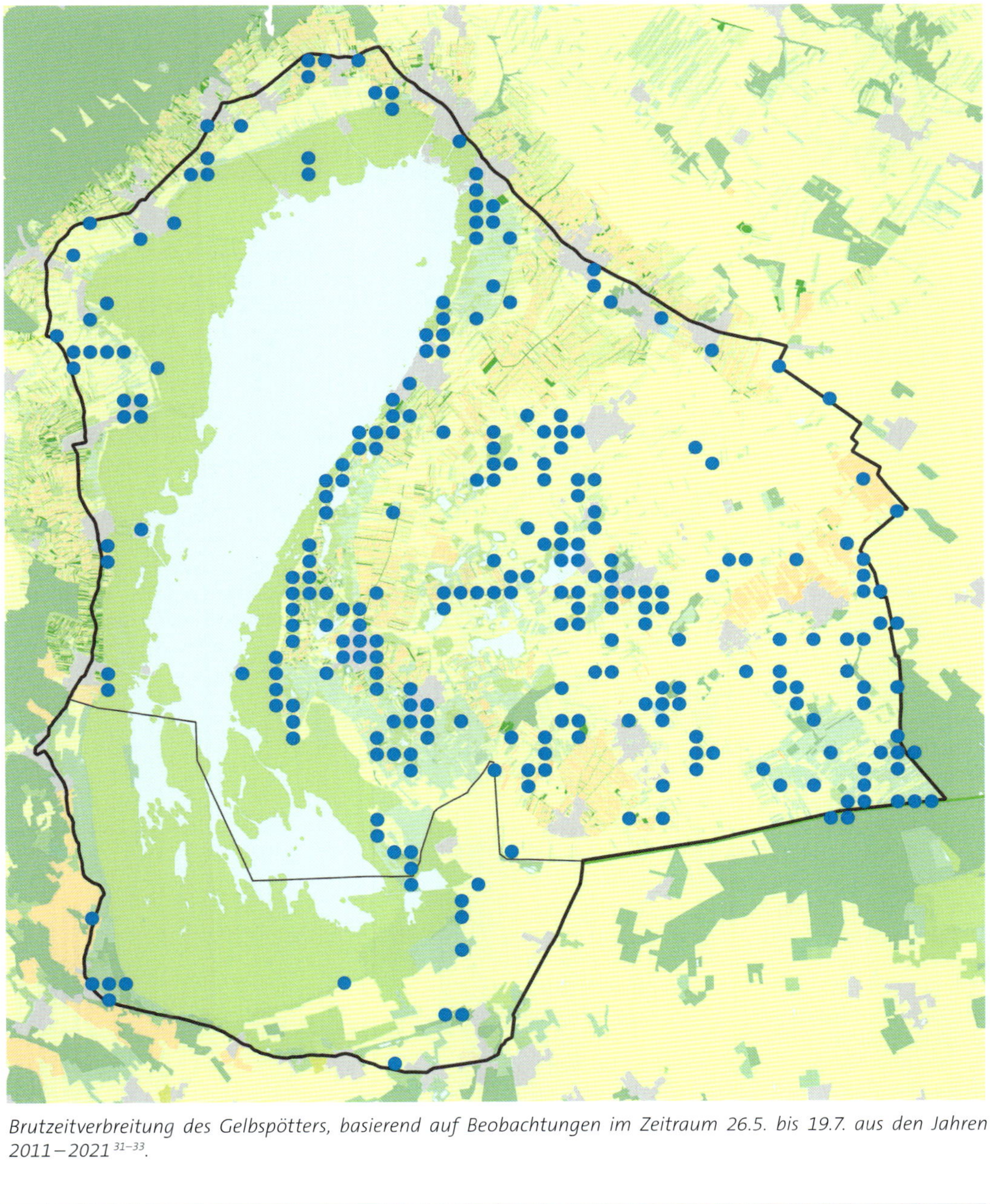

Brutzeitverbreitung des Gelbspötters, basierend auf Beobachtungen im Zeitraum 26.5. bis 19.7. aus den Jahren 2011–2021[31–33].

Schlagschwirl *Locustella fluviatilis* (Wolf, 1810)

Berki tücsökmadár – River Warbler

Hanság, Figuren, 20.5.2021 (Michael Dvorak)

> Vereinzelter Brutvogel im Hanság und am Westufer des Sees von Ende April bis Mitte September

Verbreitung und Lebensraum

Schlagschwirle brüten in Gebieten mit üppiger Krautschicht und eine diese überragende Schicht aus Sträuchern und Bäumen, die eine gute Deckung nach oben hin bietet[1]. Nahe dem Boden sollten Kraut- und Strauchschicht so locker sein, dass bei vollem Sichtschutz ein Herumlaufen und -hüpfen leicht möglich ist. Geeigneten Lebensraum findet der Schlagschwirl in dichtem Ufergebüsch, auf verkrauteten Kahlschlägen und Lichtungen und in hohen Kraut- und Hochstaudenbeständen am Rand oder an offenen Stellen in Au- und sonstigen feuchten Laubwäldern. Daneben findet man ihn auch an den Säumen von Weiden- und Erlenbruchwäldern sowie in sehr stark verbuschten (Feucht- und) Wiesengebieten[1]. Im Avifauna-Gebiet ist der Schlagschwirl nur im Hanság regelmäßig anzutreffen, wo er einerseits im Auwald des Figurenwäldchens und dessen Umgebung, andererseits entlang des Einserkanals vorkommt. Ein weiteres Vorkommen befindet sich im Auwald an der Wulkamündung, westlich von Donnerskirchen. In diesem bezüglich der Habitatausstattung optimalen, aber sehr isolierten Gebiet gelangen in einzelnen Jahren – zuletzt 2020 – Nachweise von jeweils 1–2 singenden Männchen. Angesichts des etwas problematischen Zugangs und der deswegen nur wenigen konkreten Nachweise ist hier dennoch mit der Existenz einer kleinen Brutpopulation zu rechnen. In einer Reihe weiterer bodennasser Baumbestände am Westufer bei Purbach, Donnerskirchen und nördlich von Rust, die als Lebensraum für die Art geeignet sind, gelangen einzelne Nachweise singender Männchen. Ob sich hier regelmäßig besetzte Brutgebiete befinden, könnte nur durch regelmäßigere Begehungen geklärt werden. Alle übrigen Beobachtungen betreffen augenscheinlich als Brutplatz nicht bis kaum geeignete Stellen im Seewinkel und beziehen sich daher wohl auf Durchzügler oder verstrichene Exemplare.

Im ungarischen Neusiedler See-Gebiet war der Schlagschwirl in der zweiten Hälfte des 20. Jahrhunderts ein regelmäßiger, aber nicht häufiger Brutvogel[2]. Aktuell ist die Art hier nur ein wahrscheinlicher Brutvogel. Außerhalb der Grenzen des Avifauna-Gebiets (z.B. im Balfivölgy) kommt der Schlagschwirl hingegen regelmäßig vor, und in den Pappel- und Erlenwäldern des nahe gelegenen ungarischen Hanságs ist er weit verbreitet.

Bestand und Bestandsentwicklung

Ein historisch gut besetztes Vorkommen wurde aus dem Kapuvárer Erlenwald beschrieben[3], dieses strahlte wohl sicherlich schon damals auch auf das Neusiedler See-Gebiet in seinen heutigen Grenzen aus. Über die Größe des kleinen Brutbestandes des österreichischen Hanságs sind keine älteren Angaben bekannt, doch liegen Meldungen vom Einserkanal und anderen Teilen des Hanságs schon ab den späten 1960er Jahren bis heute vor[4, 5]. Auch das Vorkommen im Auwald an der Wulkamündung dürfte schon lange bestehen, so liegt z.B. eine Meldung von fünf singenden Männchen vom 20.5.1981 vom Wulkawäldchen (3) und der Seemühle (2) vor[6]. Aus dem Wäldchen nördlich von Rust liegen Brutzeitbeobachtungen z.B. aus den Jahren 1990 und 1991 vor[7]. Im Hanság wurden 2009 und 2010 6–7 Reviere erfasst und der Bestand auf 10–15 Reviere geschätzt[8].

Auf ungarischer Seite sind im Frühjahr regelmäßig einige singende Männchen anzutreffen, in den meisten Fällen ziehen diese aber weiter[9]. Derzeit ist der Brutbestand auf ungarischer Seite auf 0–3 Brutpaare zu beziffern.

Jahreszeitliches Auftreten

Der Ankunftsmedian der Jahre 2013–2019 fällt auf den 4. Mai, die früheste Beobachtung gelang jedoch bereits am 16.4.2015 im Hanság[10]. Ein noch etwas früherer Nachweis gelang mit einem singenden Männchen im Schilfgürtel bei Podersdorf am 14.4.2003[11]. Alle übrigen Frühankünfte vor 2013 liegen in den letzten Apriltagen[4]. Danach werden singende Schlagschwirle den ganzen Mai über bis ca. zum 10. Juni in gleichbleibender Intensität gemeldet. Von Mitte Juni bis Anfang Juli werden dann noch vereinzelt Sänger festgestellt[5], spätere Nachweise ab Ende Juli beziehen sich ausschließlich auf Netz-

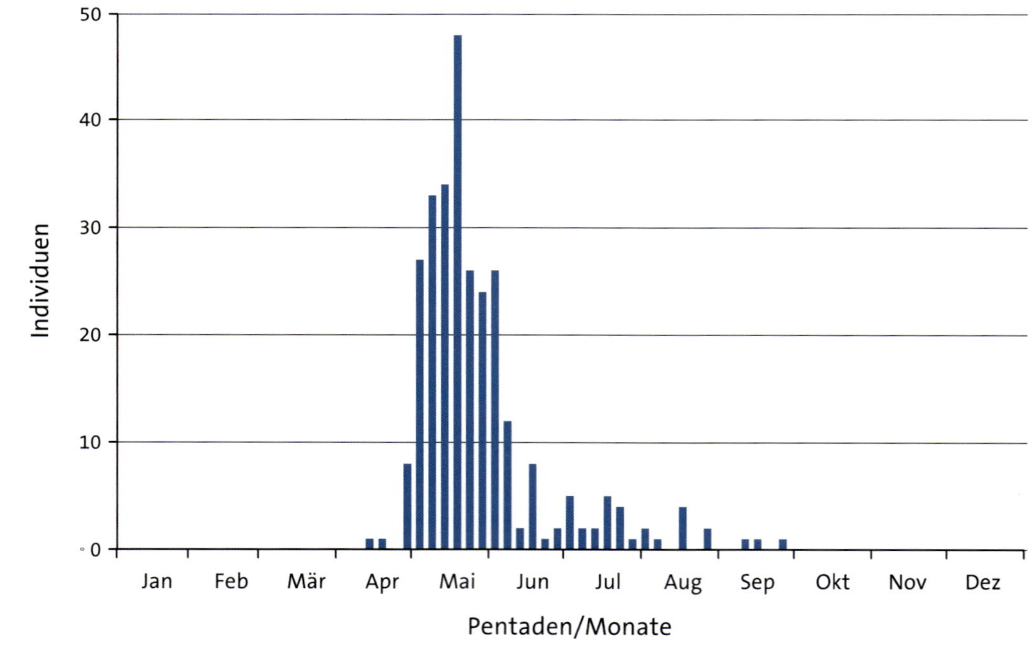

Jahreszeitliches Auftreten des Schlagschwirls (Pentadensummen) basierend auf Beobachtungsdaten aus den Jahren 1967–2019 (n = 265)[4, 5] sowie Fangdaten von der Biologischen Station Illmitz aus den Jahren 1974–2019 (n = 19)[12–14].

fänge. Interessant ist, dass sich von den 19 Fängen in 20 Untersuchungsjahren 11 auf die Jahre 2017–2019 und zwei auf 2009/10 beziehen[12, 13, 14]. Generell gehen Schlagschwirle an der Biologischen Station Illmitz jedoch nur ausnahmsweise ins Netz. Die jahreszeitlich spätesten Fänge datieren von 15.–18.8., 27. und 28.8. sowie zeitlich isoliert am 13. und 27.9., die beiden letzteren stammen aus dem Jahr 2019.

Zugverhalten und Ringfunde

Der Schlagschwirl ist ein Weitstreckenzieher, der in Südost- und Südafrika überwintert. Es liegen keine Ringfunde der Art aus dem Neusiedler See-Gebiet vor.

Quellen: [1] *Glutz von Blotzheim & Bauer (1991),* [2] *Kárpáti (1983a),* [3] *Zimmermann (1943),* [4] *Archiv BirdLife Österreich,* [5] *www.ornitho.at,* [6] *A. Grüll & E. Zwicker/ABÖ,* [7] *A. Ranner & E. Karner/ABÖ,* [8] *Dvorak et al. (2010),* [9] *S. Mogyorósi, unpubl. Daten,* [10] *M. Stein/ornitho.at,* [11] *A. Ranner/ABÖ,* [12] *Vogelwarte Radolfzell, heute Max-Planck-Institut für Verhaltensbiologie, unpubl. Daten,* [13] *W. Vogl & H. Winkler, unpubl. Daten,* [14] *Biologische Station Illmitz, unpubl. Daten*

Michael Dvorak & Előd Győrig

Rohrschwirl *Locustella luscinioides* (Savi, 1824)

Nádi tücsökmadár – Savi's Warbler

Seedamm Illmitz, 12.4.2016 (Michael Dvorak)

Sehr häufiger Brutvogel am Neusiedler See, lokal und selten im Seewinkel und Hanság von Ende März bis Ende September

Verbreitung und Lebensraum

Der Rohrschwirl ist ein verbreiteter Brutvogel des gesamten Schilfgürtels. Im Jahr 2018 wurde er bei einer Bestandserfassung in der Kernzone der beiden Nationalparks an allen 92 Zählpunkten festgestellt, 2019 auf österreichischer Seite an 112 von 115 Punkten[1]. Er fehlt lediglich in sehr offenen Gebieten mit nur sehr schütterem Schilfwuchs. Das Vorhandensein einzelner größerer Plänken wird hingegen durchaus toleriert, wenn nicht sogar leicht präferiert, da die Art offensichtlich hochwüchsiges Schilf entlang von Kanälen oder Rohrlacken als Singwarte bevorzugt. Auch in älteren, niedrigen Beständen singen Rohrschwirle vorwiegend in eingestreuten hochwüchsigen Schilfflächen. In hohen, starkhalmigen und vitalen Beständen in der äußeren Seerandzone werden ebenfalls hohe Dichten erreicht[2]. Eine Studie aus dem Jahr 2019 zeigte einen signifikanten, positiven Zusammenhang zwischen der Häufigkeit der Art und dem Schilfalter sowie einen stark signifikanten, positiven Zusammenhang mit der Ausbildung der Knickschichte. Der Rohrschwirl war auch die einzige Art, deren Auftreten positiv mit dem Vorhandensein von Bruchschilf (flächig umgebrochene Schilfbestände) reagiert. Erst wenn das Bruchschilf mehr als die Hälfte der Fläche des Reviers einnimmt, geht auch der Rohrschwirl in seiner Häufigkeit zurück[3, 4]. Das Vorhandensein einer dicken Knickschichte oder von Bruchschilf dürfte dieser vorwiegend am Boden Nahrung suchenden Art die Besiedelung von tiefer unter Wasser stehenden Schilfbeständen erst ermöglichen. Wenngleich der Schilfgürtel den überwiegenden Teil der Brutpopulation beherbergt, kommt der Rohrschwirl auch im Seewinkel und im Hanság in kleiner Zahl in geeigneten, höheren Schilfbeständen an den Lacken und vereinzelt auch entlang von Entwässerungskanälen vor.

Bestand und Bestandsentwicklung

Aus dem 19. Jahrhundert gibt es nur wenige Berichte über ein Brutvorkommen. Im Mai 1882 wurde die Art an allen geeigneten Stellen im Schilf zwischen Fertőrákos und Balf festgestellt[5]. Im Jahr 1887 wurde der Rohrschwirl als *„spärlicher Brutvogel"* eingestuft[6], hervorzuheben ist auch ein Bericht aus dem Mai 1891 über zumindest 28 singende Rohrschwirle bei Donnerskirchen und *„überall schwirrende"* Vögel bei Mekszikópuszta[7]. 1909 und 1913 stellte Schenk[8] die Art in denselben Gebieten fest und schloss daraus: *„Meiner Ansicht nach brütet der Nachtigallrohrsänger entlang des ganzen Seeufers überall an ihm zusagenden Stellen."* Von den 1930er bis in die 1950er Jahre wurde der Rohrschwirl übereinstimmend von allen damaligen Ornithologen als häufiger Brutvogel des Sees eingestuft[9–12].

In den 1980er Jahren wurden dann erstmals auch Bestandszahlen erhoben: 1982–1983 wurden bei Linientaxierungen entlang von Dämmen bei Winden und Illmitz 0,3 und 1,3 Reviere/ha erfasst[13, 14], 1989 wurden auf vier größeren Probeflächen am Westufer des Sees (12–92 ha) ähnliche Siedlungsdichten von 0,3–0,9 Reviere/ha ermittelt[15]. Im Jahr 1995 wurde in einem 12,7 km² großen Schilfgebiet im Südostteil des Sees erstmals mittels Punkttaxierung eine großflächige Erfassung durchgeführt und dabei eine mittlere Siedlungsdichte von 0,5 Revieren/ha ermittelt[2]. Eine Hochrechnung auf Basis dieser Daten ergab einen geschätzten Bestand von 3.000–5.000 Brutpaaren für den gesamten österreichischen Teil des Neusiedler Sees[2]. Bei ersten großflächigen Erhebungen im gesamten Schilfgürtel in den Jahren 2005 und 2006 wurde eine durchschnittliche Siedlungsdichte von 1,6 Revieren/ha ermittelt[16] und damit ein starker Anstieg im Vergleich zu 1995. Weitere Punkttaxierungen, die im Rahmen des Nationalpark-Vogelmonitorings in der Kernzone am Südostufer in den Jahren 2005 und 2012 durchgeführt wurden, zeigten, dass die relative Dichte (singende ♂/Punkt) in den beiden Jahren mit hohen Wasserständen (1995 und 2012) sehr ähnlich, im Jahr mit sehr viel niedrigerem Wasserstand (2005) jedoch deutlich höher waren[1, 16].

Zu dieser Tendenz höherer Siedlungsdichten bei niedrigeren Wasserständen passen die Erhebungen der Jahre 2018 und 2019, die für den Rohrschwirl für den gesamten Schilfgürtel des Neusiedler Sees eine mittlere Siedlungsdichte von 1,0 Revieren/ha erbrachten[1]. Die daraus resultierende Hochrechnung ergab einen aktuellen Brutbestand von 14.200–17.300 Revieren für den gesamten Schilfgürtel, davon entfallen auf die österreichische Seite 9.100–11.100 Reviere[1]. Im Vergleich dazu wurde der Bestand in Österreich in den Jahren 2005/06 auf 8.000–16.000 Reviere beziffert[15]. Auf ungarischer Seite wurden bei der Untersuchung im Jahr 2008 Siedlungsdichten zwischen 0,8 und 1,8 Revieren/ha erhoben. Der Brutbestand wurde, auf diesen Zahlen basierend, auf 4.983 Reviere (±5.242) hochgerechnet[17]; eine aktuelle Untersuchung auf ungarischer Seite mit gleicher Methodik ergab eine Bestandsschätzung von 6,225 Revieren

(± 2.211)[18] und deckt sich damit recht gut mit dem Ergebnis aus dem Jahr 2008.

Der Bestand des Rohrschwirls schwankt also mit den Wasserständen, wobei niedrige Wasserstände hohe Siedlungsdichten bedeuten. Zudem hat der Anteil der wirtschaftlich genutzten Flächen im Schilfgürtel in den letzten 15 Jahren um ca. 70 % abgenommen[3], daher hat auch die besiedelbare Schilffläche für den Rohrschwirl als Altschilfbewohner zugenommen.

Auf eine langfristig stabile, wenn auch mit den Wasserständen schwankende Population deuten auch die Fangzahlen der Biologischen Station Illmitz hin[19–21]: In den jeweils 5-jährigen Zeiträumen 1974–78, 1979–83 und 1989–93 wurden im Juli im Mittel jeweils 12–13 Rohrschwirle gefangen. Die Jahre 2017–2019 erbrachten mit im Mittel 16 (20, 17, 12) sogar einen etwas höheren Wert. Der Rohrschwirl ist damit der einzige schilfbewohnende Singvogel des Neusiedler Sees, dessen Brutbestand langfristig nicht abgenommen, sondern vermutlich sogar leicht zugenommen hat.

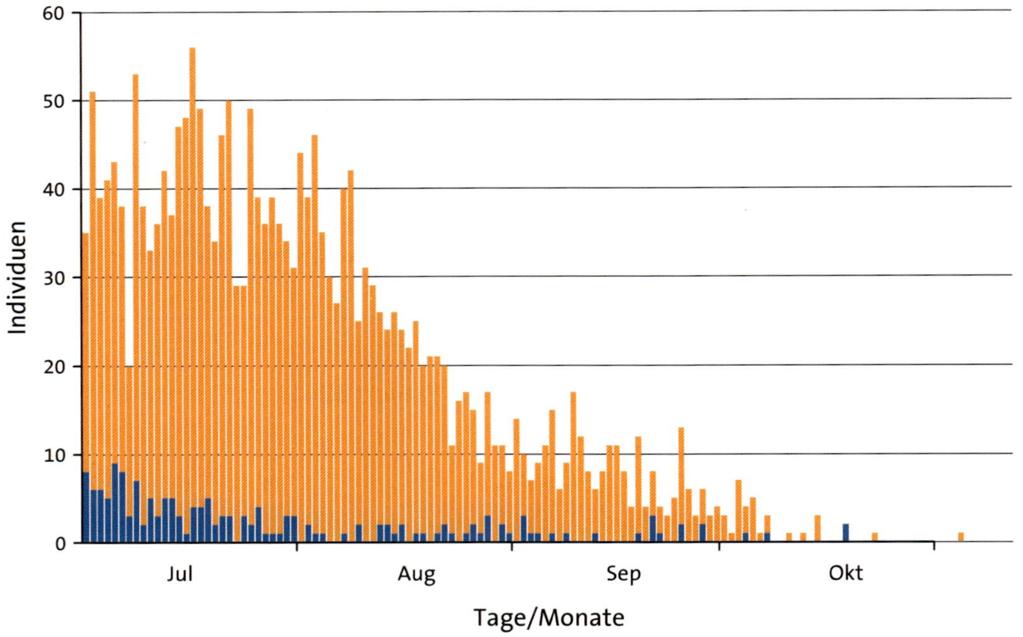

Zeitliche Verteilung von Fängen des Rohrschwirls an der Biologischen Station Illmitz von Juli bis Oktober (Tagessummen) basierend auf Daten aus 20 Fangsaisonen (1.7.–31.10.) in den Jahren 1974–2019 (n = 2.198)[19–21]. Orange dargestellt sind diesjährige Individuen, blau nicht diesjährige Individuen.

Jahreszeitliches Auftreten

Die Ankunft fällt in die letzte Märzwoche. Der Median der Jahre 2013–2019 fällt mit wenigen Tagen Variation auf den 28. März. In diesen Zeitraum fallen allerdings mit 2013 (13.4.) und 2015 (9.4.) auch zwei Jahre mit ausgesprochen späten Erstankunftsdaten[22]. Die frühesten Sänger wurden am 23.3.2016 an der Warmblutkoppel[23] sowie am 24.3.2015[24] und 24.3.2019[25] an der Biologischen Station Illmitz festgestellt. Die Zahl der gemeldeten singenden Männchen erreicht zwischen 14. und 24.4. ein Maximum, der Brutbestand dürfte zu dieser Zeit also bereits weitgehend komplett im Gebiet angekommen sein. Das Niveau an beobachteten Vögeln bleibt nur bis 10.5. hoch, danach gehen die Meldungen bis Mitte Juli kontinuierlich zurück[22]. Die Fangzahlen der Biologischen Station Illmitz liegen hingegen von 1.7. bis ca. 7.8. auf hohem Niveau, um dann einen langsamen, kontinuierlichen Rückgang bis in die ersten Oktobertage hinein zu zeigen[19–21]. Schon Mitte September werden Rohrschwirle nur mehr vereinzelt gefangen, Nachweise im Oktober sind Ausnahmen mit nur 32 Fänglingen in 20 Beringungssaisonen. Die drei spätesten Fänge gelangen am 15. und 19.10.2018 sowie am 31.10.2016. Mehr noch als bei anderen Schilfsingvögeln fällt beim Rohrschwirl auf, dass Feldbeobachtungen ab August fast völlig fehlen. So liegen aus dem Zeitraum 2013 bis 2019 nur sechs Meldungen aus dem August vor, spätere Meldungen fehlen gänzlich[22]. Im Gegensatz dazu zeigen die Beringungsarbeiten, dass die Art in kleiner Zahl noch zweieinhalb Monate länger im Gebiet verweilt.

Zugverhalten und Ringfunde

Der Rohrschwirl ist ein Langstreckenzieher, der in Afrika südlich der Sahara und nördlich des Regenwaldgürtels überwintert[26]. Bislang liegen keine Ringfunde vor, die Hinweise auf Zugrouten oder Winterquartiere geben könnten. Ein am 30.4.2015 in Mekszikópuszta beringter Rohrschwirl wurde dreieinhalb Monate später in Südböhmen wieder gefangen, befand sich also noch am Heimzug. Ein am 16.9.2007 ebenfalls in Mekszikópuszta markierter Vogel wurde zwei Jahre später zur Brutzeit im Juli im Osten Deutschlands gefangen. Ein am 29.7.1976 in Illmitz beringtes Exemplar wurde am 13.4.1977 in Zentralungarn, westlich von Kecskemét, wieder gefunden. Zwei weitere Ringfunde zeigen einen Austausch innerhalb derselben Brutsaison zwischen Fehértó und Illmitz sowie zwischen Illmitz und Mekszikópuszta. Ein am 7.7.2017 in Illmitz markierter Rohrschwirl wurde ein Jahr später zur Brutzeit am 18.6.2018 im Nyirkai-Hany wieder gefunden[27, 28].

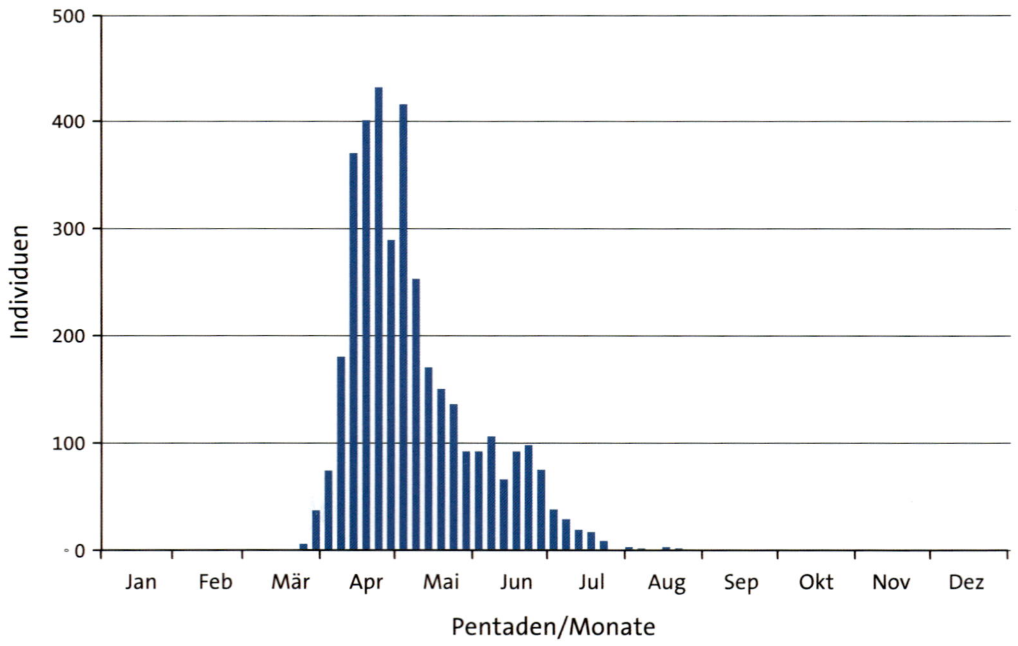

Jahreszeitliches Auftreten des Rohrschwirls (Pentadensummen gemeldeter Individuen) basierend auf Beobachtungsdaten aus Österreich aus den Jahren 2011–2019 (n = 3.660)[22]. Die Nachweise beziehen sich bis Mitte Juli fast ausschließlich auf singende Männchen.

Quellen: [1] *M. Dvorak & E. Nemeth, unpubl. Daten,* [2] *Dvorak et al. (1997),* [3] *Nemeth & Dvorak (2019),* [4] *Nemeth & Dvorak (2022),* [5] *Fászl (1883),* [6] *Dombrowski (1889),* [7] *Homeyer (1892),* [8] *Schenk (1917a),* [9] *Koenig (1939),* [10] *Zimmermann (1943),* [11] *Koenig (1952),* [12] *Bauer et al. (1955),* [13] *Zwicker & Grüll (1985),* [14] *Grüll & Zwicker (1993),* [15] *M. Dvorak, unpubl. Daten,* [16] *Dvorak et al. (2008),* [17] *Vadász et al. (2011),* [18] *Villányi et al. (2021),* [19] *Vogelwarte Radolfzell, heute Max-Planck-Institut für Verhaltensbiologie, unpubl. Daten,* [20] *W. Vogl & H. Winkler, unpubl. Daten,* [21] *Biologische Station Illmitz, unpubl. Daten,* [22] *www.ornitho.at,* [23] *G. Hafner/ornitho.at,* [24] *A. Grüll/ornitho.at,* [25] *A. Tenhola/ornitho.at,* [26] *Glutz von Blotzheim & Bauer (1991),* [27] *Vogelberingungszentrale BirdLife Ungarn, unpubl. Ringfunde,* [28] *Österreichische Vogelwarte, unpubl. Ringfunde*

Michael Dvorak & Péter Villányi

Feldschwirl *Locustella naevia* (Boddaert, 1783)

Réti tücsökmadár – Common Grasshopper Warbler

Hottergrube, Apetlon, 17.5.2011 (Michael Dvorak)

Lokaler Brutvogel an Gewässerrändern, in schütteren Röhrichten und Kanälen von Anfang April bis Anfang Oktober

Verbreitung und Lebensraum

Der Lebensraum des Feldschwirls besteht aus einer sehr dichten, von weich- und breitblättrigen Pflanzen gebildeten, hohen Krautschicht und einer darüber hinausragenden Oberschicht aus sperrig-holzigen Elementen wie Schilfstängeln, Hochstauden, Büschen oder jungen Bäumen[1]. Geeignete Biotope findet die Art vorwiegend in den frühen und mittleren Stadien der Sukzession am Rand von Feuchtgebieten. Hier besiedelt der Feldschwirl die Übergangszone zwischen dem (Schilf-)Röhricht und den nur mehr von einzelnen Schilfhalmen bestandenen Verlandungswiesen. Abseits des geschlossenen Röhrichts werden auch mit Schilf bestandene, oft auch verbuschte, extensiv genutzte Niedermoorwiesen, Hochstaudenfluren aller Art – sofern genug aufragende Elemente vorhanden sind – und gebietsweise auch schilfbestandene und/oder verbuschte Kanäle und Entwässerungsgräben besiedelt. Trockene Lebensräume werden im Gebiet nur sehr punktuell genutzt.

Der Verbreitungsschwerpunkt auf österreichischer Seite liegt im Hanság, wo der Feldschwirl verschilfte Feuchtwiesen, hochwüchsige Mähwiesen sowie Schilfstreifen und -bestände an Kanälen und flächige Schilfbestände abseits davon besiedelt. Vereinzelt ist er hier auch in Ackerbrachen, Hochstaudenfluren und Gebüschstreifen und -gruppen zu finden[2]. Weitere Vorkommen liegen in der landseitigen Verlandungszone am Ostufer des Sees, wo der Feldschwirl jedoch nur in bestimmten Abschnitten vorkommt, wie südlich des Illmitzer Seedamms und in der Hölle in Illmitz. Ein größeres Vorkommen gibt es auch im Bereich der Zitzmannsdorfer Wiesen nördlich bis Weiden. Am Westufer kommt die Art in der Oggauer Heide und zwischen Breitenbrunn und Purbach vor. Im Seewinkel stellen die verlandeten und in Verlandung begriffenen Lacken die bevorzugten Lebensräume dar. Hier ist der Feldschwirl jedoch nur sehr lokal verbreitet, die einzelnen Vorkommen umfassen selten mehr als 1–3 Reviere.

Der Feldschwirl ist auch auf ungarischer Seite ein regelmäßiger Brutvogel. Er bevorzugt hier Mähwiesen, Weidegebiete meidet er eher. Infolge des politischen Regimewechsels im Jahr 1989 fielen viele landwirtschaftliche Flächen brach, und die dort gedeihenden Hochstaudenfluren förderten kurzfristig das Vorkommen der Art. Durch die Intensivierung der Landwirtschaft sind diese Lebensräume jedoch wieder weitgehend verschwunden.

Bestand und Bestandsentwicklung

Aus dem 19. und frühen 20. Jahrhundert gibt es nur wenige Berichte zum Vorkommen des Feldschwirls. Ende der 1850er Jahre soll der Feldschwirl, damals als *Sylvia locustella* bezeichnet, seltener als der Drosselrohrsänger gewesen sein[3], Ende der 1870er wurde er regelmäßig in einem sumpfigen Wald bei Balf gefunden[4] und um 1886 wurde er als *„gemeiner Brutvogel"* eingestuft[5]. Schenk[6] konnte nicht *„feststellen"*, ob die von ihm im Mai 1907 und 1909 bei Apetlon beobachteten Vögel Durchzügler oder Brutvögel waren. Anfang der 1940er Jahre stellte Zimmermann[7] den Feldschwirl in der Grauweidenzone bei Neusiedl am See und Weiden sowie in angrenzenden Gärten fest, im Seewinkel gelangen ihm jedoch keine Beobachtungen. Zehn Jahre später wurde die Art im selben Gebiet in stark schwankender Häufigkeit festgestellt[8]. Auch Koenig[9] kannte den Feldschwirl am Westufer bei Donnerskirchen aus ähnlichen Lebensräumen: *„Vertritt* Locustella luscinioides *in den landseitigen dichten, niedrigen Gebüschzonen"*. 1954–1964 wurden an der „Vogelwarte Neusiedl" allerdings nur 11 Vögel gefangen, allein acht davon im Jahr 1958, während sieben Jahre gänzlich ohne Fänge waren[10].

Das mit Abstand größte Vorkommen im Avifauna-Gebiet findet sich im Hanság, hier wurden 2009 im Bereich des Europaschutzgebietes 87 Reviere erfasst und der tatsächliche Bestand auf 90–100 geschätzt[11]. Auf den Zitzmannsdorfer Wiesen wurden 1991 25 Reviere kartiert und der Bestand auf 30–40 geschätzt[12]. Eine Wiederholungskartierung im Jahr 2011 ergab dann nur mehr 12 Reviere[13]. 1997/98 und 2020 wurden

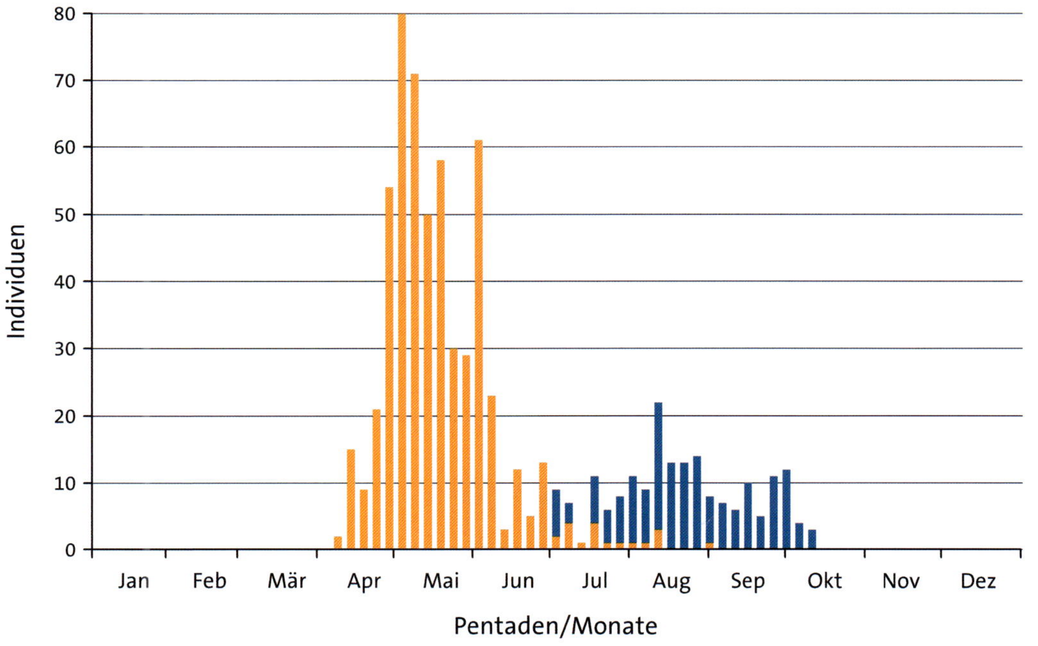

Jahreszeitliches Auftreten des Feldschwirls (Pentadensummen) basierend auf Beobachtungsdaten aus den Jahren 2011–2019 (orange)[20] und Fangdaten aus Österreich aus den Jahren 1974–2019 (blau) (n = 725)[16–18]. Die absoluten Zahlen der beiden Datenreihen sind nicht miteinander vergleichbar, da sie mit unterschiedlicher Methodik erhoben wurden.

Revierkartierungen auf drei größeren Untersuchungsflächen durchgeführt[14]: Auf 4,5 km² bei Gols wurden 1998 sechs Reviere erfasst, 2020 waren es nur zwei. Nordwestlich von Pamhagen (3,75 km²) fanden sich 1998 vier Reviere, 2020 jedoch keines mehr und auf 6,2 km² bei Jois fand sich 1997 ein Revier, 2020 fehlte der Feldschwirl hier. Vom Westufer liegt eine Untersuchung aus dem Seevorgelände bei Oggau vor, wo auf insgesamt 1,8 km² im Jahr 2018 eines und 2019 drei Reviere festgestellt wurden[15].

Die Fangzahlen der Biologischen Station Illmitz sind von 6–8 Individuen/pro Jahr[16,17] (17 Jahre von 1974–2010) auf durchschnittlich nur mehr vier Individuen im Zeitraum 2017–2019[18] zurückgegangen. Insgesamt hat auch die Zahl der Nachweise im Gebiet abseits des Hanság seit den 1980er Jahren sehr stark abgenommen. Von 1983–1987 wurden bei sehr unvollständigen Erfassungen ca. 100 Reviere kartiert, ein Brutbestand von mehreren hundert Paaren angenommen und der Feldschwirl als *„weitverbreiteter und häufiger Brutvogel“* eingestuft[19]. Aktuell zeigen alle vorliegenden Untersuchungen Abnahmen und lokales Verschwinden in systematisch untersuchten Flächen. Nicht standardisiert gesammelte Daten ergaben für die Jahre 2013–2019 im Mittel nur 27 Beobachtungen (17–47) pro Jahr für das gesamte Gebiet[20], obwohl die Dichte an BeobachterInnen im Vergleich zu den 1980er Jahren um ein Vielfaches zugenommen hat. Daher ist in den letzten Jahrzehnten zumindest abseits vom Hanság von einem starken Rückgang auszugehen. Die aktuelle Brutpopulation wird grob auf 100–200 Reviere veranschlagt.

Auch in Ungarn hat der Brutbestand des Feldschwirls in den letzten 30 Jahren abgenommen[21]. Größere Vorkommen fanden sich in den 1980er Jahren außerhalb des Avifauna-Gebiets in verkrauteten Kahlschlägen in den Wäldern der angrenzenden Hügellandschaft[22].

Jahreszeitliches Auftreten

Die Ankunft fällt in die erste Hälfte des Aprils: Der Median der Ankunftsdaten in den Jahren 2013–2019 fällt auf den 12. April[20], die frühesten Ankünfte fielen dreimal auf den 9. April[23] und zweimal auf den 11. April[24,25]. Die Zahlen an gemeldeten Feldschwirlen bleiben danach von Ende April bis Anfang Juni gleichbleibend hoch, um ab Mitte Juni stark abzunehmen[20]. Danach zeigen die Fangdaten von der Biologischen Station Illmitz von ca. 10. bis 31. August einen flachen Gipfel, gefolgt von einem leichten Anstieg von Mitte bis Ende September. Die letzten Feldschwirle werden Anfang Oktober gefangen, mit den letzten vier Nachweisen zwischen 7. und 9. des Monats[16,18]. Die aus den Fangdaten ersichtlichen Durchzugswellen spiegeln sich in den Beobachtungsmeldungen nicht wider: 2012–2019 wurden nur drei Sichtnachweise aus dem August und einer aus dem September gemeldet[20].

Zugverhalten und Ringfunde

Der Feldschwirl ist ein Langstreckenzieher, mittel- und westeuropäische Vögel überwintern in Westafrika südlich der Sahara[26]. Es liegen keine Ringfunde der Art aus dem Neusiedler See-Gebiet vor.

Quellen: [1] *Leisler (1975),* [2] *Dvorak et al. (2010),* [3] *Jukovits (1864/65),* [4] *Fászl (1883),* [5] *von Dombrowski (1889),* [6] *Schenk (1917a),* [7] *Zimmermann (1943),* [8] *Bauer et al. (1955),* [9] *Koenig (1952),* [10] *Samwald (1965),* [11] *Dvorak et al. (2010),* [12] *Dvorak & Nemeth (1992),* [13] *Dvorak et al. (2011),* [14] *BirdLife Österreich, unpubl. Daten,* [15] *T. Zuna-Kratky, unpubl. Daten,* [16] *Vogelwarte Radolfzell, heute Max-Planck-Institut für Verhaltensbiologie, unpubl. Daten,* [17] *W. Vogl & H. Winkler, unpubl. Daten,* [18] *Biologische Station Illmitz, unpubl. Daten,* [19] *Dvorak (1988),* [20] *www.ornitho.at,* [21] *S. Mogyorósi, unpubl. Daten,* [22] *Kárpáti (1984),* [23] *C. Schlosser/ornitho.at,* [24] *E. Kopp/ornitho.at,* [25] *H. Kurz/ornitho.at,* [26] *Glutz von Blotzheim & Bauer (1991),* [27] *Archiv MME Sopron,* [28] *Archiv FHNP*

Michael Dvorak & Előd Győrig

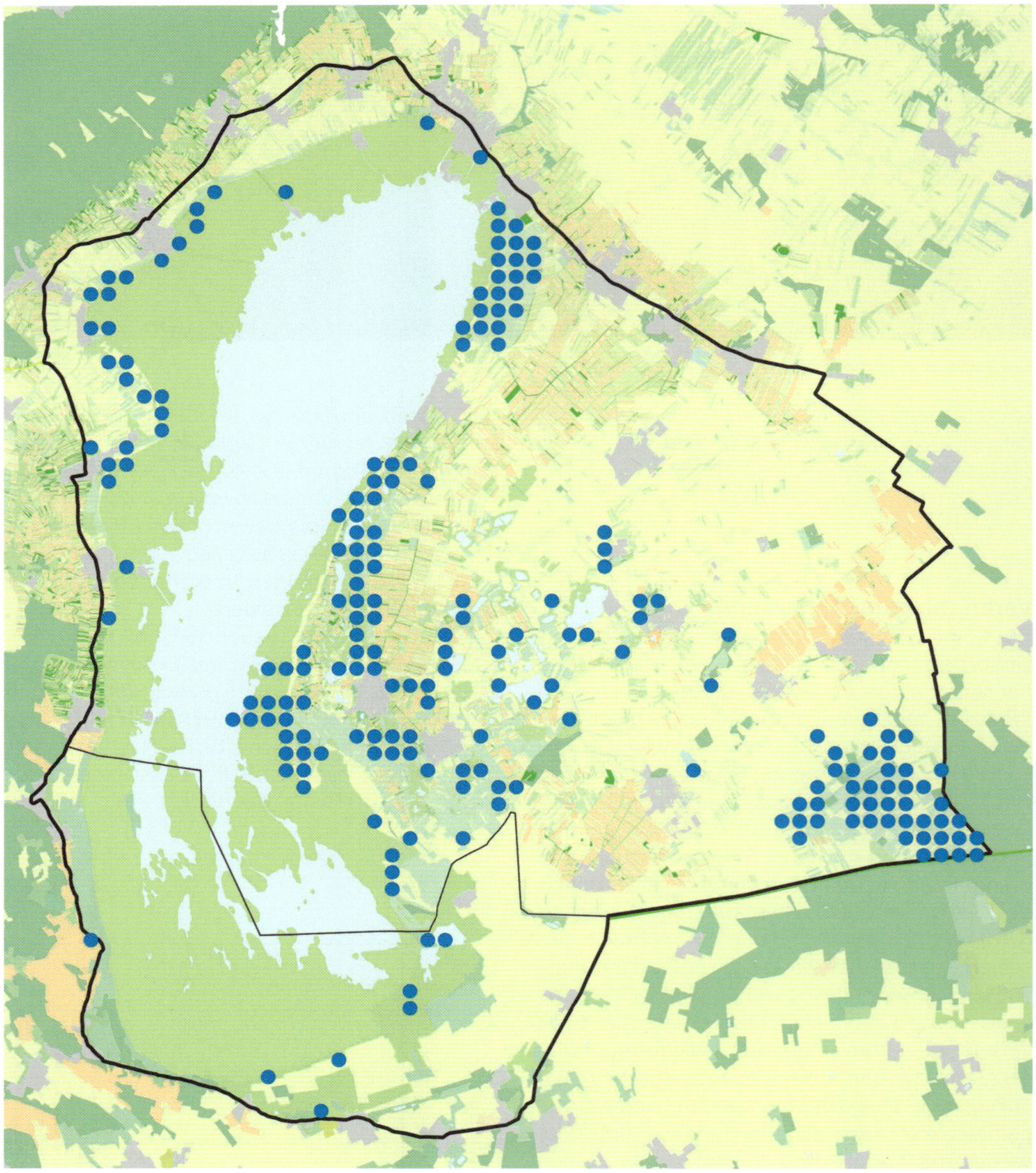

Brutzeitverbreitung des Feldschwirls, basierend auf Beobachtungen in den Monaten Mai bis Juli aus den Jahren 2011–2021[20,27,28].

Zistensänger *Cisticola juncidis* (Rafinesque, 1810)

Szuharbújó – Zitting Cisticola

Ausnahmeerscheinung

Vorkommen

Ein Nachweis:

- 2.8.1994 Sandeck, 1 singendes ♂ (D. Franz[1])

Quellen: [1] *Laber & Ranner (1997)*

Andreas Ranner

Mönchsgrasmücke *Sylvia atricapilla* (Linnaeus, 1758)

Barátposzáta – Eurasian Blackcap

Hölle, Illmitz, 19.5.2014, Männchen (Michael Dvorak)

Sehr häufiger Brutvogel und Durchzügler

Verbreitung und Lebensraum

Die Mönchsgrasmücke brütet als einzige heimische Grasmücke in geschlossenen Wäldern. Im Flachland bevorzugt sie unterholzreiche, schattige und kühle Laubwälder, sie ist aber auch häufig in Feldgehölzen, in dichteren, breiten Hecken oder in Windschutzstreifen mit gut ausgebildeter, dichter Strauchschicht zu finden. Daneben werden auch Hausgärten, Parkanlagen oder Friedhöfe von der Art besiedelt[1]. Im österreichischen Teil des Neusiedler See-Gebiets ist die Mönchsgrasmücke überall dort zu finden, wo dichte Sträucher in Hecken oder Buschgruppen sowie ausreichend Unterwuchs in Wäldchen und Baumgruppen das Deckungsbedürfnis der Art befriedigen. In Ungarn ist die Art in den Wäldchen, Hecken und Strauchbeständen sowie sonstigen Baumbeständen aller Art einer der häufigsten Brutvögel[2]. Größere Verbreitungslücken bestehen nur dort, wo großflächig monotone Weingärten und Agrarflächen ohne Gebüschbewuchs und Baumbeständen vorherrschen, wie beispielsweise im nördlichen Seewinkel, im Albrechtsfeld, im zentralen Seewinkel zwischen Apetlon, St. Andrä und Pamhagen sowie am West- und Nordufer in den großflächigen Ackerbaugebieten zwischen Donnerskirchen und Neusiedl am See. In den Ortschaften ist die Mönchsgrasmücke allerdings nur sehr punktuell verbreitet, nur wenige Gärten und Grünanlagen können hier genügend dichten und ausgedehnten Strauchbewuchs bieten.

Bestand und Bestandsentwicklung

Die Angaben zum historischen Vorkommen sind etwas widersprüchlich: In den 1860er Jahren wurde die Mönchsgrasmücke als *„in Gärten vorkommend"* erwähnt[3]. Fászl[4] nannte sie für sein Gebiet am Südwestufer des Sees häufig, ebenso bezeichnete sie von Dombrowski[5] Mitte der 1880er Jahre als *„gemeinen Brutvogel"*, wobei sein Betrachtungsgebiet z. B. auch den Kapuvarer Erlenwald umfasste. Diametral anders beurteilte Schenk[6] das Vorkommen, denn er hat die Art *„nur einmal auf dem Durchzuge gesehen am 9-ten Mai 1909 im Illmicer Wäldchen"*. Für die späten 1930er Jahre wurde die Mönchsgrasmücke dann ohne weiteren Kommentar als Brutvogel des Seewinkels angeführt[7], während Zimmermann[8] sie in den Jahren 1940–1942 im Seewinkel nur als Durchzügler antraf, am Westufer jedoch ein Brutvorkommen annahm. Schon wenige Jahre später brütete die Art aber, zumindest vereinzelt, auch am Ostufer des Sees in den dortigen Gehölzen[9]. Auf der ungarischen Seite ermöglichten erst die seit den späten 1940er Jahren erfolgten Anpflanzungen von Windschutzstreifen in den ehemals weitgehend baum- und buschlosen Gebieten eine Ansiedlung der Art[10]. Auch in den darauf folgenden Jahren blieb die Mönchsgrasmücke zumindest im Seewinkel nur ein sehr seltener Brutvogel: Im „Sammelbericht ornithologischer Beobachtungen 1969" führte Kurth[11] explizit nur zwei Beobachtungen singender Männchen im *„Akazienwäldchen Illmitz"* und im *„Stinkerwald"* an. Bei einer Bestandsaufnahme in Illmitz wurden nur zwei Vögel erfasst, während in Podersdorf die Art gänzlich fehlte. Aus den frühen 1970er Jahren liegen Meldungen von jeweils 1–2 singenden Männchen von einigen wenigen Stellen des Seewinkels vor. Ein Schwerpunkt war damals wohl das Illmitzer Wäldchen, wo die Mönchsgrasmücke aber bereits am 24.5.1974 *„zahlreich singend"* angetroffen wurde[12]. Von 19.5. bis 2.6.1977 wurde eine *„Reihe von Gesangsbeobachtungen an verschiedenen Stellen im Seewinkel"* und drei Nestfunde gemeldet[13]. Im Mai/Juni 1978 wurde die Art *„in allen kleinen Wäldchen"* angetroffen[14] und während eines Aufenthalts von 23.5.–3.6.1980 war sie *„allgemein im Neusiedlerseegebiet"* zu sehen[15]. In den Jahren 1982–1985 war die Mönchsgrasmücke bereits in allen geeigneten Wäldchen des Seewinkels ein häufiger Brutvogel, so wurden am 9.6.1983 in den Wäldchen zwischen Biologischer Station und Illmitzer Seedamm 22 singende Männchen gezählt[16]. Diese Angaben zeigen, dass sich der Bestand – nach einer zögerlichen, seit der Ansiedlung Mitte der 1940er Jahre fast 30 Jahre währenden Phase geringer Zahlen – erst ab Anfang/Mitte der 1970er Jahre sprunghaft vergrößert hat und dann innerhalb eines Jahrzehnts in einigen Gebieten des Seewinkels bereits das heutige Niveau erreichen konnte.

Aktuell ist die Art in den Baumbeständen des Seewinkels die mit Abstand häufigste Vogelart: Bei Revierkartierungen von 2016–2018 wurden auf

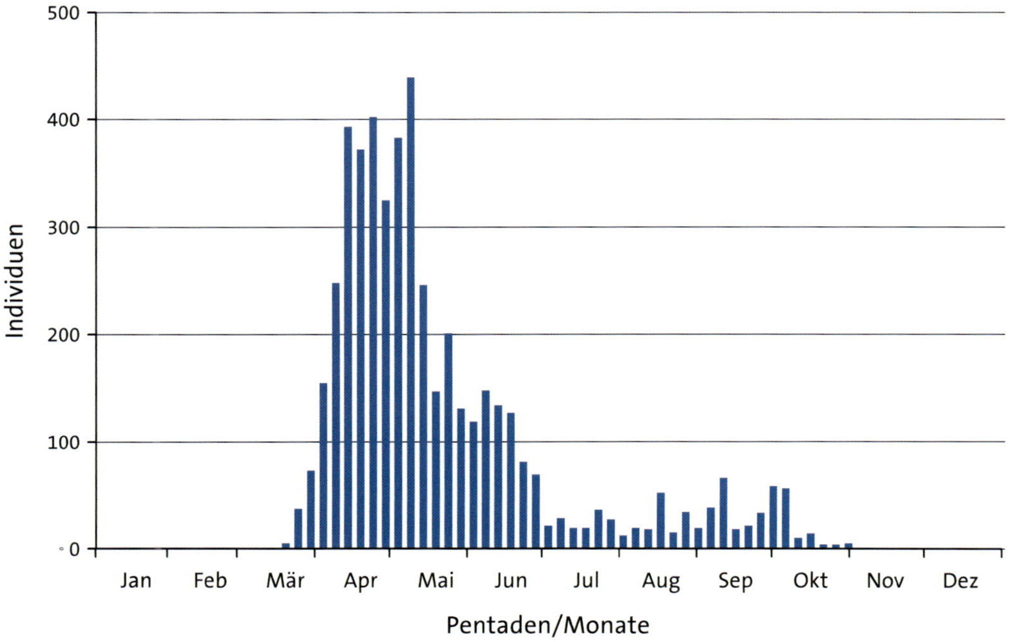

Jahreszeitliches Auftreten der Mönchsgrasmücke (Pentadensummen) basierend auf Daten aus Österreich aus den Jahren 2011–2019 (n = 4.887)[23].

19 Waldflächen mit insgesamt 1,86 km² 345 Reviere kartiert, was einer mittleren Dichte von 18,6 Revieren/10 ha entspricht[17]. Die Spitzenwerte lagen sogar deutlich höher mit 52 Revieren auf 16,7 ha (30,6/10 ha) im Wallerner Wäldchen, 19 Revieren auf 8 ha (23,8/10 ha) im Illmitzer Wäldchen und 22 Revieren auf 11 ha (20/10 ha) im Illmitzer Gemeindewald. Das Mitterried nordöstlich von Wallern beherbergte das mit 46 Revieren auf 30,3 ha (15,3/10 ha) zweitgrößte Einzelvorkommen[16]. Die Siedlungsdichten auf größeren Flächen sind naturgemäß niedriger mit 0,45 bzw. 0,67 Revieren/10 ha auf einer 6,2 km² großen Fläche bei Jois bzw. auf 3,75 km² bei Pamhagen[17]. Innerhalb der Ortschaften des Seewinkels sind hingegen die Siedlungsdichten mit im Mittel 1,9 Revieren/10 ha lediglich nur ein Zehntel so groß wie jene der Wäldchen[18]. In der Gemeinde Illmitz (171 ha) waren es im April 2018 bei flächendeckenden Linientaxierungen 30 Reviere[19]. Im Hanság wurden 2009 150 Reviere kartiert, wovon 24 auf Windschutzstreifen, 48 auf Hecken und Gebüschgruppen, 19 auf kleine Wäldchen, 30 auf die verbuschten Böschungen des Einserkanals und 29 auf das Figurenwäldchen entfielen[20]. Die Bestandsentwicklung verlief in verschiedenen Teilen des Gebiets unterschiedlich und folgt augenscheinlich der Sukzession, wie auf größeren Flächen der Vergleich von aktuellen Revierkartierungen mit älteren Daten zeigt. Nordwestlich von Pamhagen wurden auf 3,75 km² im Jahr 1998 25 und 2020 29 Reviere erfasst, auf 6,2 km² zwischen Winden und Jois waren es 1997 28 und 2020 21[17]. Eine gemischte Kulturlandfläche bestehend aus Grünland, Weingärten und Äckern westlich von Gols erreichte hingegen 1998 nur ein Revier. 2020 waren es im selben Gebiet aufgrund der rasch fortgeschrittenen Gebüschsukzession hingegen 40 Reviere[17]. Im Gebiet der Zitzmannsdorfer Wiesen wurden 1991 lediglich vier Reviere erfasst[21], 2011 bereits 40[22] und 2020 lag die Zahl der Reviere bei 38 und damit auf fast demselben Stand[17]. Sukzessionsbedingt ist es also zwischen 2011 und 2020, im Vergleich zu den 20 Jahren zuvor, zu keiner Zunahme mehr gekommen.

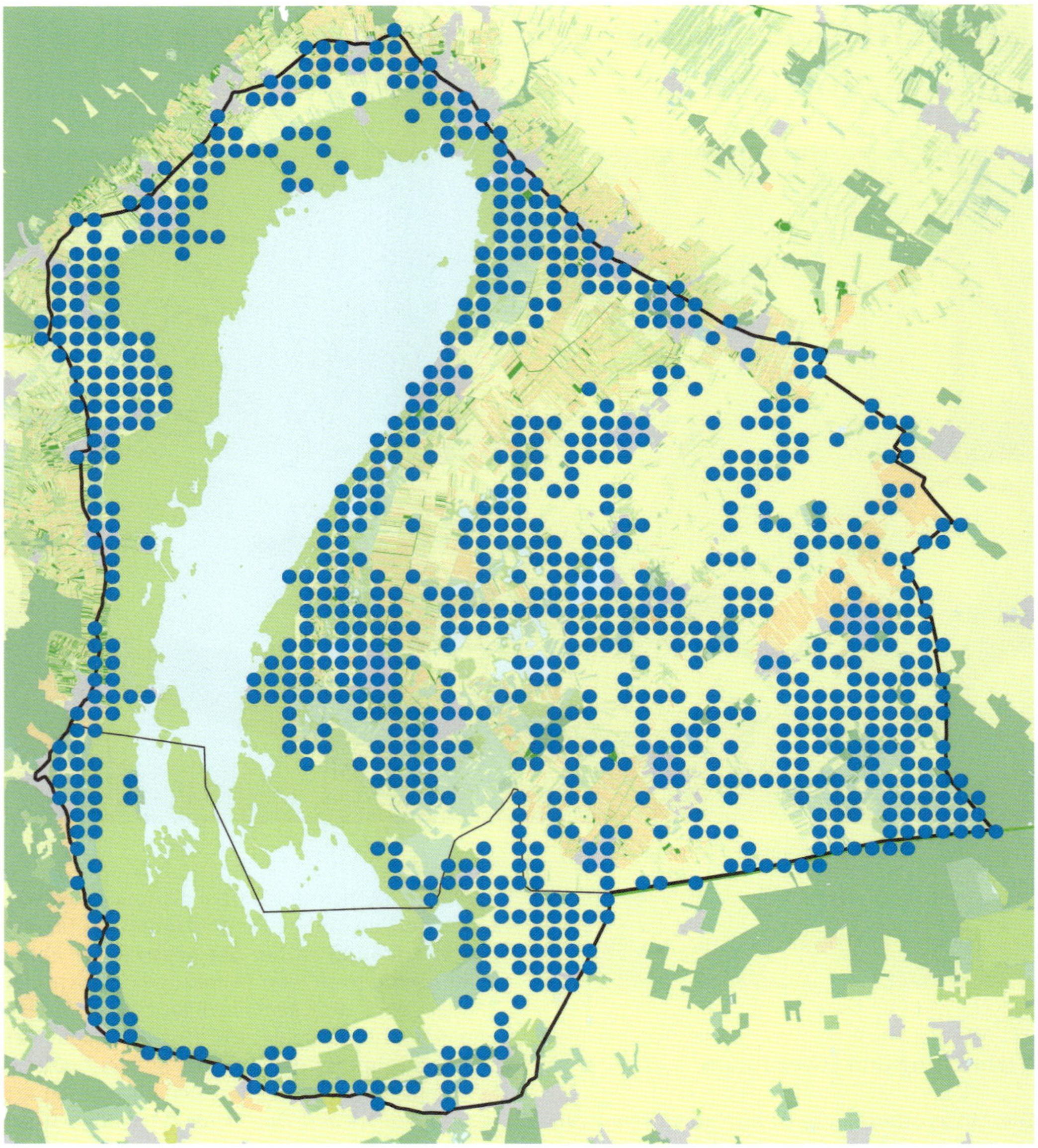

Brutzeitverbreitung der Mönchsgrasmücke, basierend auf Beobachtungen in den Monaten April bis Juli aus den Jahren 2011–2021[23, 36, 37].

Jahreszeitliches Auftreten

Die ersten Mönchsgrasmücken treffen üblicherweise in der letzten Märzwoche ein. Der Median der Erstankunft in den Jahren 2013–2019 fällt auf den 22. März und schwankt zwischen 19. und 30. März[23]. Im Jahr 2019 kam es wahrscheinlich zu einer Überwinterung. Im Wäldchen bei der Hölle in Illmitz wurde am 12. Jänner[24] und dann wieder am 8. März[25] jeweils ein Weibchen entdeckt. Bis Mitte April ist der Einzug der Brutpopulation abgeschlossen und bis Mitte Mai bleibt das Niveau der Registrierungen gleich hoch, um danach abrupt abzunehmen und bis Ende Juni auf niedrigerem, aber gleichbleibendem Niveau zu verbleiben. Mit Ende Juni und damit dem Ende der Gesangsaktivität sinkt die Zahl der Meldungen stark[23]. Die Fangzahlen der Biologischen Station Illmitz zeigen einen Anstieg ab ca. 20. August, der den Beginn des Herbstzugs einleitet. Danach steigt die Zahl der Durchzügler bis zum 10. September kontinuierlich an, bleibt bis Ende September auf gleicher Höhe, um dann bis Mitte Oktober weitgehend abzuklingen. Einzelne Vögeln werden bis zur Monatswende Oktober/November gefangen. Die spätesten fünf Fänge liegen zwischen 23. und 30. Oktober und gelangen alle in den letzten 10 Jahren[26–28]. Noch spätere Sichtbeobachtungen wurden am 1.11.2014 vom Hanság südlich von Tadten[29], am 27.11.2015 bei der Biologischen Station Illmitz[30] sowie am 18.12.[31] und 24.12.2015[25] bei der Hölle gemeldet. Die Überwinterung eines beringten Weibchens wurde bei Frauenkirchen von 13.12.2020 bis 10.1.2021 dokumentiert[32].

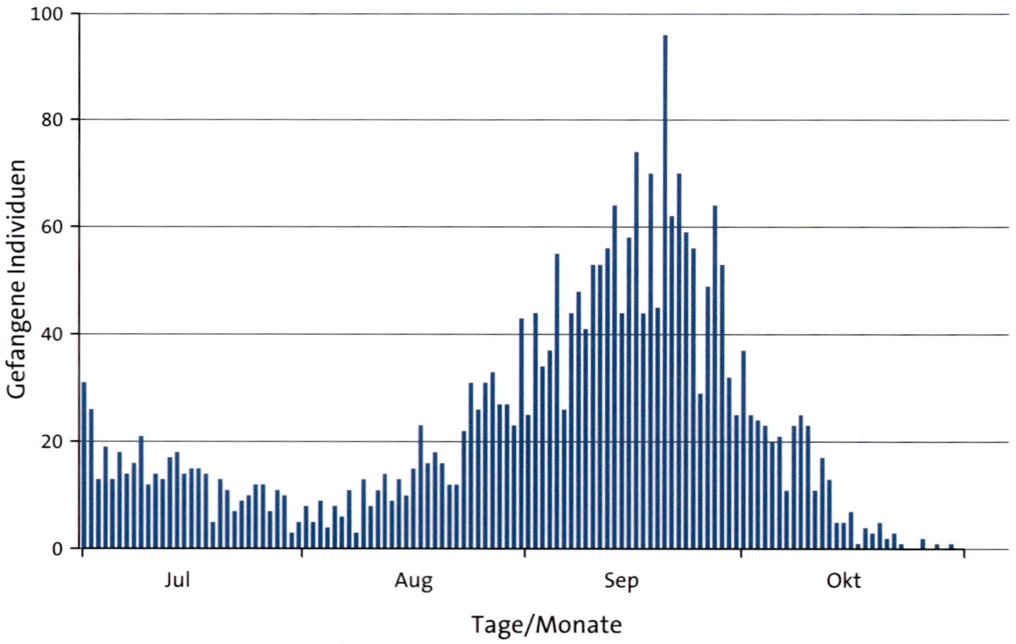

Zeitliches Auftreten (Tagessummen) der Mönchsgrasmücke an der Biologischen Station Illmitz in den Monaten Juli bis Oktober basierend auf Fangdaten aus 20 Fangsaisonen im Zeitraum 1974–2019 (n = 2.748)[26–28].

Zugverhalten und Ringfunde

Die Mönchsgrasmücke ist ein Kurzstreckenzieher, in Österreich brütende Vögel ziehen zur

Überwinterung ins Mittelmeergebiet[33]. Obwohl im Neusiedler See-Gebiet alleine an der Biologischen Station Illmitz zwischen 1974 und 2019 2.748 Mönchsgrasmücken gefangen und beringt wurden[26–28], liegen bisher nur einzelne Fernfunde vor, die allerdings nahelegen, dass die Winterquartiere der hiesigen Population teils im südöstlichen Mittelmeergebiet liegen: Drei am 28.8.1975, 8.9.1977 und 16.7.1982 markierte Vögel wurden jeweils in Syrien gefunden, einer im Herbst nach der Beringung, einer im darauf folgenden Frühjahr und der dritte sogar sechs Jahre später[34]. Ein weiterer Fernfund eines am 23.8.2010 beringten Vogels gelang drei Wochen später am 12.9. im nordöstlichen Slowenien und ein am 16.9.2018 markierter Fängling fand sich eine Woche später 47 Kilometer weiter südlich in Ungarn ein. Wiederum nach Südosten zog ein am 8.4.2000 in Südböhmen markierter Vogel, der am 1.4.2001 bei Podersdorf tot aufgefunden wurde. Aus dem Südwesten kam schließlich eine Mönchsgrasmücke, die am 18.9.2011 südlich von Ljubljana beringt und am 6.6.2012 bei Rust gefunden wurde[34].

Auf der ungarischen Seite wurde am 23.4.2021 bei Fertőrákos ein in Italien beringtes Exemplar am Brutplatz entdeckt[35]. Drei jeweils im September im Szárhalmi-Wald beringte Mönchsgrasmücken erbrachten Wiederfunde im Ausland, zwei davon in der Nähe des Vransko-Sees an der kroatischen Küste und eines in Slowenien (Ljubljansko barje). Interessanterweise wurde das 1993 markierte Exemplar fast auf den Tag genau sieben Jahre später in Slowenien wieder gefangen, während die am 19.9.2010 beringte Mönchsgrasmücke schon am nächsten Tag in der Nähe des Vransko-Sees wieder gefangen wurde. Der Vogel hatte also über Nacht eine Entfernung von 427 km zurückgelegt[35]!

Quellen: [1] *Dvorak et al. (1993),* [2] *Gyurácz in Faragó (2012),* [3] *Jukovits (1864/65),* [4] *Fászl (1883),* [5] *Dombrowski (1889),* [6] *Schenk (1917a),* [7] *Seitz (1942),* [8] *Zimmermann (1943),* [9] *Bauer et al. (1955),* [10] *Jánoska (2001),* [11] *Kurth (1970),* [12] *P. Prokop, M. Staudinger, E. Duda/ABÖ,* [13] *H. Schwarthoff/ABÖ,* [14] *G. Hoyer/ABÖ,* [15] *A. Remeeus/ABÖ,* [16] *M. Dvorak, unpubl. Daten,* [17] *BirdLife Österreich, unpubl. Daten,* [18] *Dvorak et al. (2014),* [19] *A. Grüll, unpubl. Daten,* [20] *Dvorak et al. (2010),* [21] *Dvorak & Nemeth (1992),* [22] *Dvorak et al. (2011),* [23] *www.ornitho.at,* [24] *T. Zuna-Kratky/ornitho.at,* [25] *J. Steiner/ornitho.at,* [26] *Vogelwarte Radolfzell, heute Max-Planck-Institut für Verhaltensbiologie, unpubl. Daten,* [27] *W. Vogl & H. Winkler, unpubl. Daten,* [28] *Biologische Station Illmitz, unpubl. Daten,* [29] *H. W. Pfeifhofer, S. Zinko/ornitho.at,* [30] *U. Lindinger/ornitho.at,* [31] *M. Dvorak/ornitho.at,* [32] *L. Khil, unpubl. Daten,* [33] *Schmidt et al. (2014),* [34] *Österreichische Vogelwarte, unpubl. Ringfunde,* [35] *Vogelberingungszentrale BirdLife Ungarn, unpubl. Daten,* [36] *Archiv MME Sopron,* [37] *Archiv FHNP*

Michael Dvorak & Sándor Kalmár

Gartengrasmücke *Sylvia borin* (Boddaert, 1783)

Kerti poszáta – Garden Warbler

Hanság, Figuren, 20.5.2021 (Michael Dvorak)

Sehr seltener Brutvogel und seltener Durchzügler von Mitte April bis Ende Mai sowie von Anfang August bis Anfang Oktober

Verbreitung und Lebensraum

Die Gartengrasmücke ist im Gebiet als Brutvogel nur an solchen Stellen zu finden, an denen nach fortgeschrittener Sukzession hochwüchsige Buschkomplexe an ausgedehntere Baumbestände angrenzen oder an denen Wälder und Wäldchen auf Freiflächen auftreten. Dabei ist die Art immer an frische oder feuchte Lebensräume, zumeist an tiefer gelegene, sumpfige Bereiche, gebunden. Typischerweise kommt sie entlang von Kanälen oder an den Rändern von Au- oder Galeriewäldern vor. Durchziehende und rastende Gartengrasmücken singen im Gebiet regelmäßig und oft intensiv. Solche Beobachtungen liegen in größerer Zahl von den letzten Apriltagen bis ca. zum 25. Mai vor allem vom Ostufer des Sees, vom Sandeck bis südlich und nördlich von Podersdorf, und aus dem Raum Illmitz vor[1]. Diese Vögel verweilen aber immer nur kurzzeitig und etablieren in Ermangelung von geeignetem Brutlebensraum auch keine Reviere. Dass der Gesang leicht mit jenem der sehr ähnlich singenden Sperbergrasmücke zu verwechseln ist, erklärt womöglich viele Meldungen singender Gartengrasmücken im typischen Lebensraum der Sperbergrasmücke. Als Brutvogel ist die Gartengrasmücke nur im Hanság und lokal am Westufer des Sees zu finden. Im Hanság besiedelt die Art hochwüchsige Bestände aus Grauweiden, Erlen und Pappeln entlang des Torf- und Einserkanals direkt an der ungarischen Grenze. Die westlichsten Vorkommen reichen dabei bis knapp auf Wallerner Gemeindegebiet sowie das Figurenwäldchen.

Bestand und Bestandsentwicklung

In der Literatur des späten 19. Jahrhunderts finden sich so gut wie keine schlüssigen Angaben über die Art und auch Zimmermann[2] bemerkte lapidar: „*Der Gartengrasmücke begegnete ich als Durchzügler vor allem im Illmitzer Wäldchen, in dem noch am 29.V.1940 ein Vogel lebhaft sang; meine Erwartung, in dem Sänger den einen Partner eines Brutpaares vor mir zu haben, stellte sich aber [...] als falsch heraus.*“ Zehn Jahre später wussten Bauer et al.[3] mehr über die Art zu berichten: „*Als Durchzügler tritt die Gartengrasmücke im Neusiedlersee-Gebiet in beträchtlicher Zahl auf. Besonders starker Zug fand am 16. Mai 1948 am Seedamm am Ostufer statt. In jedem der kleinen Stinkerwäldchen trieben sich mehrere Gartengrasmücken herum und fast in jedem Busch war eine zu sehen. [...] Brutvogel ist die Gartengrasmücke sicher im [...] Neusiedler Wald bei Jois, wo wir mehrere singende ♂ verhörten.*“ Diese Charakterisierung des Vorkommens der Art im Gebiet trifft auch noch heute zu. Der Brutbestand im Hanság beläuft sich aktuell auf 10 – 20 Reviere[4], wobei es in den letzten Jahren zum Verlust von Brutlebensraum durch Rodungen gekommen ist. Das zweite derzeit bekannte Brutgebiet liegt an der Mündung der Wulka in den Neusiedler See, wo die Art in 5 – 10 Revieren im kleinflächig ausgeprägten Auwald und in den angrenzenden Baumreihen und -gruppen vorkommt. Weitere Kleinvorkommen am Westufer sind möglich, vor allem bei Purbach ist im Bereich der „Bründl" weiträumig geeigneter Lebensraum vorhanden. Aus dem ungarischen Teil des Neusiedler See-Gebiets sind derzeit keine Brutvorkommen bekannt.

Jahreszeitliches Auftreten

Die ersten Heimzügler treffen zu Beginn der zweiten Aprildekade ein mit Erstbeobachtungen am 12.4. Um den 25.4. häufen sich die Nachweise, wobei sichere Durchzügler bis in die ersten Juni-Tage hinein gemeldet werden. Bei allen späteren Nachweisen singender Vögel, abseits von geeignetem Bruthabitat, liegt der Verdacht der Verwechslung mit Sperbergrasmücken nahe. Die wenigen Nachweise von Anfang Juni bis Mitte Juli stammen überwiegend aus Brutgebieten, ab Anfang August wird die Art dann wiederum vermehrt abseits der Brutgebiete nachgewiesen, wobei der Durchzugsgipfel um die Monatswende August/September erreicht wird. Danach nimmt die Zahl der Beobachtungen im Verlauf des Septembers kontinuierlich ab und der Herbstzug klingt in der ersten Oktoberwoche mit einigen wenigen Nachzüglern aus[1]. Die Beobachtungsdaten decken sich gut mit der Phänologie der an der Beringungsstation Illmitz gefangenen Gartengrasmücken[5–7]. Hier setzen die Fänge in den ersten Augusttagen ein, stärkerer Durchzug wird von der zweiten August- bis in die zweite Septemberdekade registriert, die letzten Vögel gehen Anfang Oktober ins Netz. Die Beringungsstation der St. Martins Therme verzeichnete hohe Tagessummen am 16.8.2015 (18 Exemplare), am 16.8.2016 (12) sowie am 27.8.2015 (12)[8].

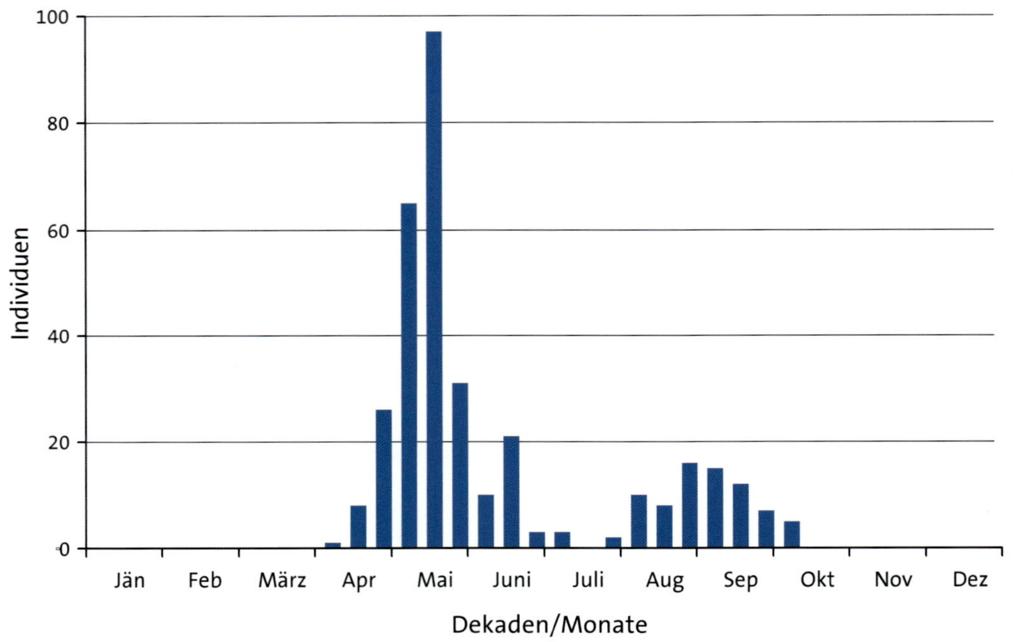

Jahreszeitliches Auftreten der Gartengrasmücke (Dekadensummen) basierend auf Daten aus Österreich aus den Jahren 1966–2018 (n = 341)[1].

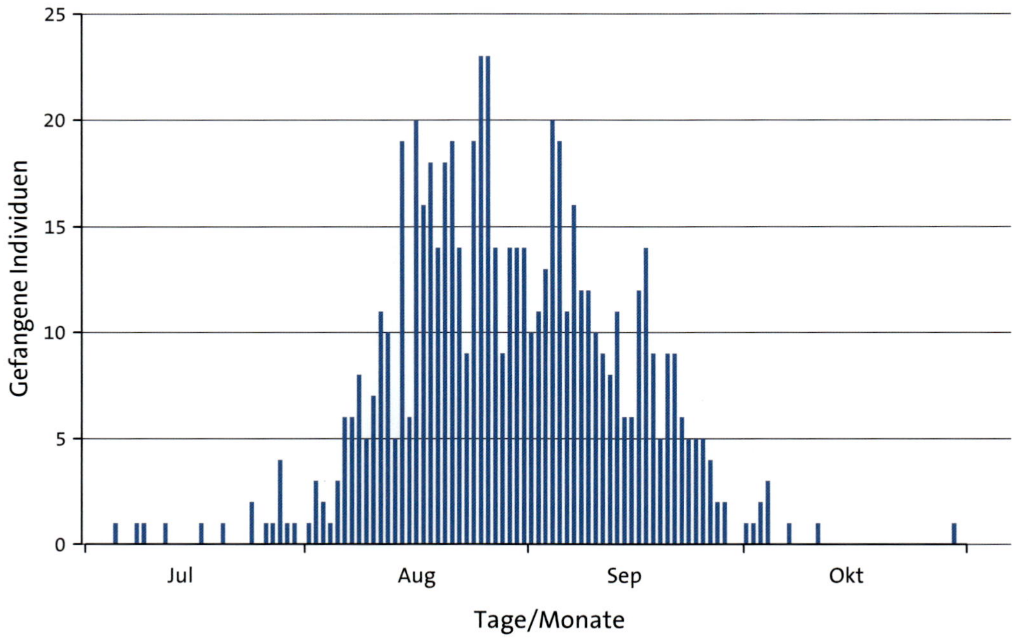

Zeitliches Auftreten (Tagesssummen) der Gartengrasmücke an der Biologischen Station Illmitz in den Monaten Juli bis Oktober basierend auf Fangdaten aus 20 Fangsaisonen im Zeitraum 1974–2019 (n = 638)[5–7].

Zugverhalten und Ringfunde

Die Gartengrasmücke ist ein Weitstreckenzieher und überwintert in Afrika südlich der Sahara. Populationen aus West- und Mitteleuropa überwintern in West- und Zentralafrika. Obwohl bisher allein an der Biologischen Station Illmitz 638 Vögel beringt wurden[5–7] und mehr als 100 Individuen an den beiden anderen Fangstationen (St. Martins Therme, Meksikópuszta), liegt bisher kein Ringfund von außerhalb des Neusiedler See-Gebiets vor.

Quellen: [1] *www.ornitho.at,* [2] *Zimmermann (1943),* [3] *Bauer et al. (1955),* [4] *H.-M. Berg & M. Dvorak, unpubl. Daten,* [5] *Vogelwarte Radolfzell, heute Max-Planck-Institut für Verhaltensbiologie, unpubl. Daten,* [6] *W. Vogl & H. Winkler, unpubl. Daten,* [7] *Biologische Station Illmitz, unpubl. Daten,* [8] *L. Khil, unpubl. Daten*

Michael Dvorak

Sperbergrasmücke *Curruca nisoria* (Bechstein, 1792)

Karvalyposzáta – Barred Warbler

Mäßig häufiger Brutvogel in ausgedehnten Buschbeständen und seltener Durchzügler

Verbreitung und Lebensraum

Die Sperbergrasmücke brütet in dichten Buschgruppen und Hecken. Geeignete Lebensräume müssen überdies eine gewisse flächige oder lineare Ausdehnung haben. Da die Vögel ein hohes Deckungsbedürfnis haben, ist ausreichender Sichtschutz erforderlich, weshalb zumindest die untere Schichte meist aus dichten Dornsträuchern besteht[1]. Im Neusiedler See-Gebiet ist die Sperbergrasmücke einerseits in Trocken- und Magerrasengebieten verbreitet, die mit ausgedehnten Buschbeständen durchsetzt und von langen Heckenzügen unterteilt werden, andererseits besiedelt sie aufgegebene oder still gelegte Agrar- (zumeist Weingarten-) flächen, die dicht mit Heckenrosen, Weißdorn oder Ölweiden bewachsen sind. Besonders flächig ausgebildete Ölweidenbestände sind mittlerweile im Seewinkel der am häufigsten genutzte Lebensraum. Viel seltener sind dichte, teils von Dornbüschen gebildete Hecken entlang von Wegen und Kanälen besiedelt, wobei sich hier fast immer nur 1–2 Reviere finden. Entsprechend der Verteilung dieser Lebensräume liegt der aktuelle Verbreitungsschwerpunkt am Ostufer des Sees zwischen Podersdorf, Illmitz und dem Sandeck, wo die Art in geeigneten Bereichen fast flächig verbreitet ist. Am Westufer ist die Sperbergrasmücke zwar an den, hier nicht eingeschlossenen, Abhängen des Ruster Hügelzugs häufig, innerhalb des Avifauna-Gebiets ist sie jedoch nur punktuell verbreitet, mit wenigen Kleinvorkommen am Golfplatz Donnerskirchen, am Hackels- und Jungerberg sowie in der Oggauer Heide. Etwas häufiger ist die Art dann nur noch im Hanság, wo sie primär in

Podersdorfer Pferdekoppel, 20.5.2014 (Michael Dvorak)

Heckenzügen vorkommt. In allen anderen Teilen auf österreichischer Seite sind die zumeist nur aus 1–2 Revieren bestehenden Vorkommen sehr zerstreut verteilt.

In Ungarn ist die Sperbergrasmücke ein regelmäßiger, aber eher spärlicher Brutvogel in den Randzonen des Neusiedler Sees, wo sie von den Wiesengebieten südlich von Fertőrákos, über das Gebiet um Csárdakapu, die offenen Bereiche zwischen Hidegség und Hegykő bis ins Gebiet von Körgát-Mekszikópuszta-Cikes verbreitet ist[2]. Wie auf österreichischer Seite brütet die Art hier in stärker mit Weißdorn und Heckenrose verbuschten, offenen Bereichen in Wiesengebieten und im Ackerland. In diesen früher fast baumlosen Landstrichen haben allerdings erst die seit der zweiten Hälfte der 1940er Jahre angelegten Anpflanzungen von Windschutzstreifen günstige Nistbedingungen geschaffen[3].

Bestand und Bestandsentwicklung

Zum Vorkommen der Sperbergrasmücke wurde historisch nur wenig berichtet. Um 1880 war sie am Südwestufer zwischen Fertőrákos und Balf ein *„regelmäßiger und häufiger Brutvogel in den dicht verbuschten Abschnitten“*[4]. Aus dem Seewinkel gibt es nur zwei Angaben: Im Mai 1892 war die Sperbergrasmücke im *„Pußta-Wald“* bei Frauenkirchen sehr häufig[5] und Schenk[6] stellte sie einmal im Mai 1907 bei Apetlon fest und schloss daraus, dass sie hier wahrscheinlich Brutvogel ist. Für die späten 1930er Jahre wurde von Seitz[7] für den Seewinkel ein Brutvorkommen angegeben und 1940–1942 schrieb Zimmermann[8]: *„Ich fand sie am gesamten von mir besuchten Westufer zwischen Rust und Neusiedl als nicht selten und traf sie auch an verschiedenen Stellen des Ostufers an.“*. Weiters ergänzte er: *„Südlich Podersdorf bewohnt sie den hier relativ ziemlich reich mit Bäumen (vorwiegend Pappeln) und dichtem Gebüsch bestandenen Seedamm.“* Die Sperbergrasmücke besiedelte daher damals wie heute schwerpunktmäßig dieselben Gebiete. In den frühen 1950er Jahren lautete die Einstufung dann *„häufiger und verbreiteter Brutvogel“*[9], danach fehlen bis in die 1980er Jahre weitere Angaben zu Vorkommen und Häufigkeit der Art. Eine erste Bestandsschätzung für den Seewinkel und den Hanság ergab 80–100 Reviere für 1983–1987[10]. Im Jahr 1991 wurden im Bereich Hackelsberg/Jungerberg auf 1,52 km² 6–8 Reviere erfasst[11], daraus errechnete sich ein erster Dichtewert von 4,6 Revieren/km². Erste Erhebungen auf Probeflächen wurden 1997/98 bei Jois/Winden (6,2 km²), nordwestlich von Pamhagen (3,75 km²) und westlich von Gols (4,5 km²) durchgeführt[12]. Diese ergaben für das erste Gebiet eine hohe Revierdichte von 3,9/km², aber viel geringere Werte für Pamhagen (1,1) und Gols (0,2). Die erste Brutbestandserhebung ausgewählter Singvögel im gesamten Neusiedler See-Gebiet fand 2006 statt. Innerhalb des Avifauna-Gebiets wurden damals 83 Reviere der Sperbergrasmücke erfasst, davon lagen 33 am West- und Nordufer, 35 im Seewinkel und 15 im Hanság[13]. Im Bereich der Zitzmannsdorfer Wiesen erbrachten zwei in den Jahren 1991 und 2011 durchgeführte Zählungen mit einem bzw. sieben Revieren auf 7,4 km² eine deutliche Zunahme, die auf den starken Anstieg der Verbuschung im Gebiet zurückzuführen ist[14,15]. Konkrete Daten zu kurzfristigen Bestandsschwankungen lieferte eine mehrjährige, im Rahmen des Vogelmonitoring-Programms des Nationalparks durchgeführte Zählreihe: Entlang von 10 jeweils ein Kilometer langen Strecken wurden 2001 acht, 2002 12, 2003 10–12, 2004 sechs und 2005 sogar 14 Brut-Reviere erfasst[16]. Für die Bestandsdynamik der Art sind daher kurzfristige Schwankungen von 100 % und mehr offenbar die Regel. Die Wiederholung dieser Erhebung in den Jahren 2017 und 2019 zeigte dann einen deutlichen

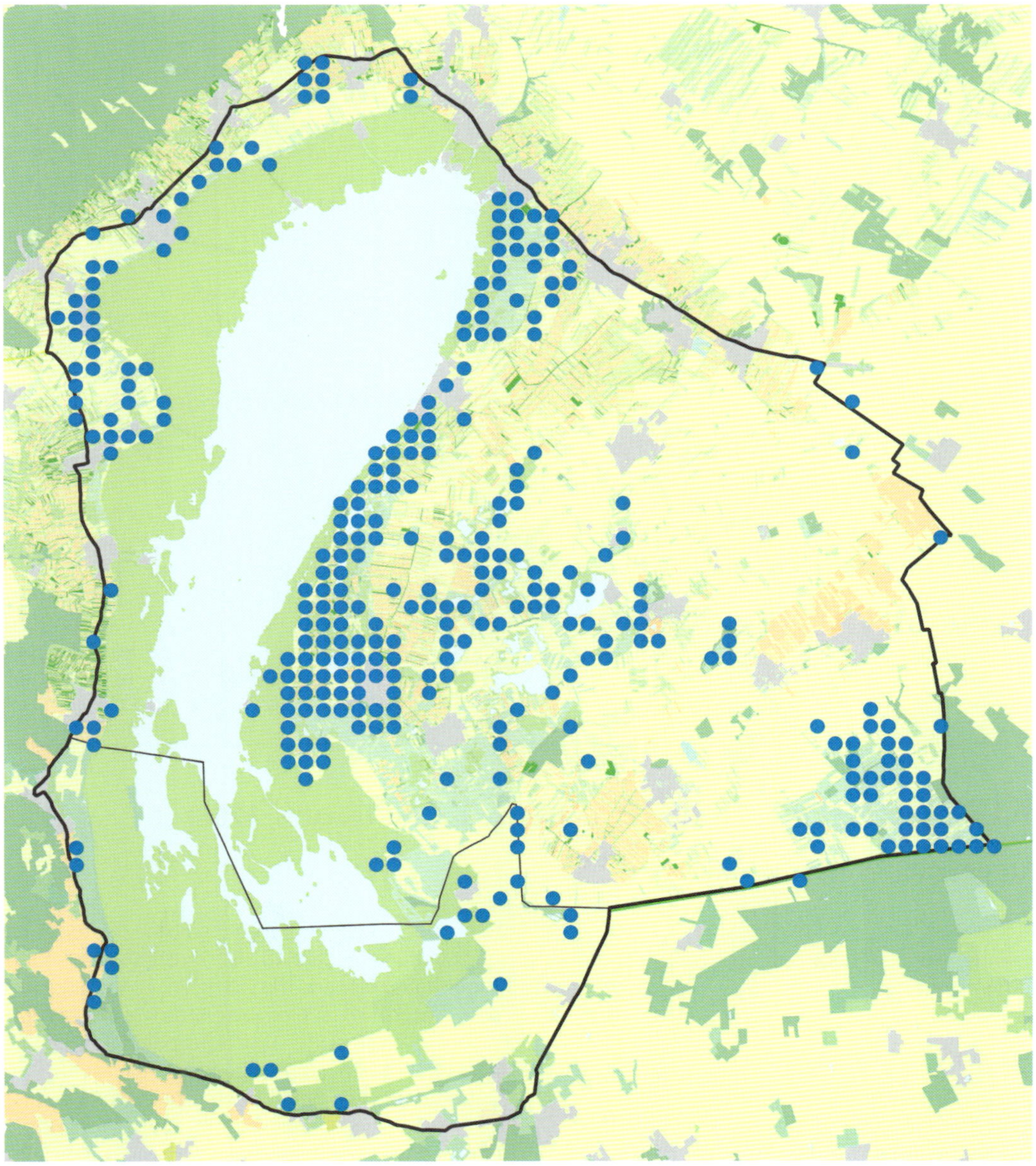

Brutzeitverbreitung der Sperbergrasmücke, basierend auf Beobachtungen in den Monaten Mai bis Juli aus den Jahren 2011–2021[19, 34, 35].

Bestandsanstieg von im Mittel 10 auf 15 bzw. 17 Reviere[17]. Im Jahr 2020 konnte überdies eine zweite Untersuchung der drei 1997/98 untersuchten Kulturlandschaftsflächen durchgeführt werden, die sehr unterschiedliche Entwicklungen aufzeigte[12]: Bei Gols nahm der Bestand aufgrund fortschreitender Gebüschsukzession von einem auf neun Reviere zu, bei Jois/Winden war hingegen eine starke Abnahme von 24 auf acht Reviere zu verzeichnen und auf der Fläche bei Pamhagen, auf der 1998 vier Reviere festgestellt wurden, konnte die Sperbergrasmücke nicht mehr als Brutvogel nachgewiesen werden. Eine im selben Jahr durchgeführte großflächige Erhebung im Europaschutzgebiet Neusiedler See – Seewinkel zeigte dann ebenfalls sehr unterschiedliche Entwicklungen auf: Am Ostufer des Sees kam es zwischen dem Sandeck und Podersdorf zu einer, bereits mit den Linientaxierungen aufgezeigten, sehr starken Zunahme[12]. Allein in diesem 18 km² großen Gebiet wurden nicht weniger als 80 Reviere erfasst. Das einzige zusätzlich stärker besiedelte Brutgebiet innerhalb des Avifauna-Gebiets ist der Golfplatz Donnerskirchen mit 15 Revieren. Der Schwerpunkt am Westufer, außerhalb unseres Gebiets gelegen, war wie 2006 das Ruster Hügelland mit einem Bestand von 75 Revieren. Insgesamt gesehen hat sich der Brutbestand des Vogelschutzgebiets für 2020 mit rund 250 Revieren gegenüber 2006 mit geschätzten 220–240 Brutpaaren[18] nicht verändert, es ist jedoch zu starken Verlagerungen und einer sehr starken Zunahme am Ostufer gekommen. Der aktuelle Brutbestand innerhalb der Grenzen des Avifauna-Gebiets kann auf 150–180 Reviere geschätzt werden.

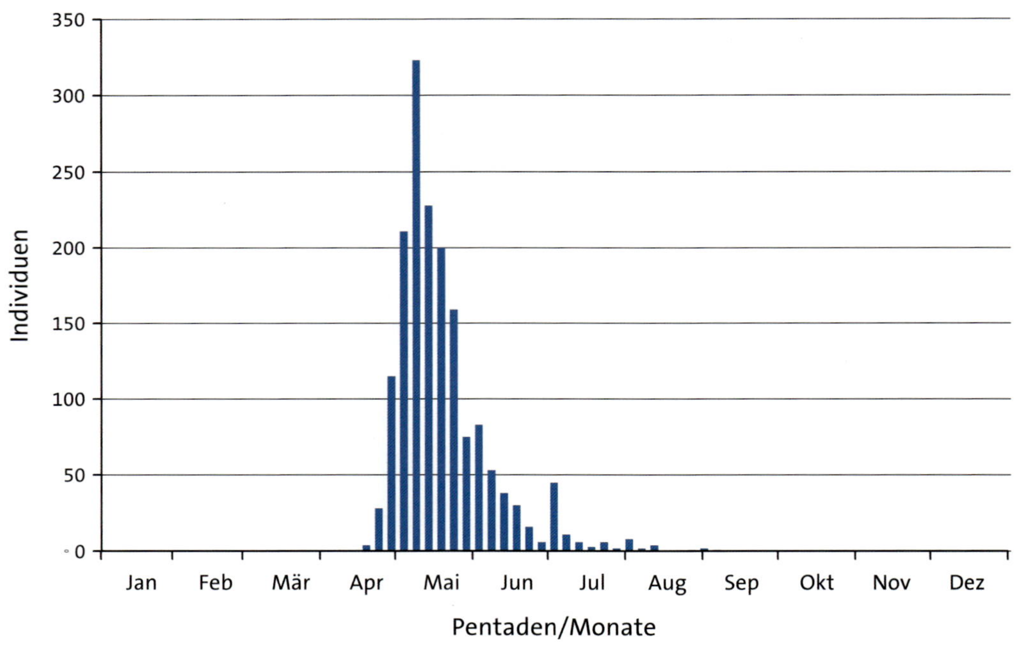

Jahreszeitliches Auftreten der Sperbergrasmücke (Pentadensummen) basierend auf Daten aus Österreich aus den Jahren 2011–2019[19].

Jahreszeitliches Auftreten

Die ersten Sperbergrasmücken kommen in der letzten Aprildekade im Gebiet an. Der Median der Erstankunft der Jahre 2013–2019 fällt auf den 25. April[19], mit einer starken jährlichen Schwankungsbreite mit frühen Ankünften am 16.4. im Jahr 2016 und 20.4. im Jahr 2014 sowie der spätesten Ankunft am 29.4. im Jahr 2013. Die frühesten Vögel überhaupt waren am 14.4.1986 im Hanság südlich von Tadten[20], am 16.4.2016 an der Podersdorfer Pferdekoppel[21] und am 20.4.2014 im Hanság südlich von Andau[22]. Der Brutbestand baut sich in den Tagen nach der Erstankunft rasch auf, eine Phase sehr hoher Gesangsaktivität zieht sich von den ersten Maitagen bis ca. zum 25. Mai, um danach rasch abzufallen. Bis Anfang Juli werden noch regelmäßig Sperbergrasmücken gemeldet, die meisten Nachweise zu dieser Zeit betreffen die auffälligen Warnrufe. Sowohl die Beobachtungs- als auch die Fangdaten zeigen, dass der Großteil des Bestandes bereits bis Ende Juli das Gebiet verlassen hat. Nachweise im August, seien es nun Beobachtungen oder Fänge, haben Seltenheitswert. Die letzten Sichtbeobachtungen gelangen am 25.8.2015 südlich der Langen Lacke[23], am 30.8.2013 im Hanság[24], am 2.9.2013 an der Poderdorfer Pferdekoppel[25] und am 5.9.2016 am Geiselsteller[26]. Ein zeitlich extrem isolierter Nachweis betrifft einen diesjährigen Vogel, der am 29.10.1989 östlich der Langen Lacke entdeckt wurde[27]. Die letzten Fänge an der Biologischen Station Illmitz datieren zwischen 12.8. und 17.8. sowie – zeitlich isoliert – vom 1.9.2011[28,29].

Zugverhalten und Ringfunde

Die Sperbergrasmücke ist ein Langstreckenzieher, der in Ostafrika in einem örtlich begrenzten Bereich vom Südsudan im Norden bis ins nördliche Tansania überwintert[30]. Im Neusiedler See-Gebiet wurden bisher erst wenige Sperbergrasmücken beringt: an der Biologischen Station Illmitz waren es nur 38 Exemplare in 20 Fangsaisonen[28, 29, 31], auf ungarischer Seite nur 24 Vögel in den Jahren 1956–2019[33]. Dementsprechend liegen bislang auch nur lokale Wiederfänge aber keine Ringfunde vor[32, 33].

Quellen: *[1] Dvorak et al. (1993), [2] Gyurácz in Faragó (2012), [3] Jánoska (2001), [4] Fászl (1883), [5] Homeyer (1892), [6] Schenk (1917a), [7] Seitz (1942), [8] Zimmermann (1943), [9] Bauer et al. (1955), [10] Dvorak (1988b), [11] Karner et al. (1992), [12] BirdLife Österreich, unpubl. Daten, [13] Dvorak et al. (2010), [14] Dvorak & Nemeth. (1992), [15] Dvorak et al. (2011), [16] Karner-Ranner et al. (2008), [17] E. Karner-Ranner & F. Bittermann, unpubl. Daten, [18] Dvorak et al. (2008), [19] www.ornitho.at, [20] M. Westerbjerg/ABÖ, [21] M. Adrion, J. Homburg, L. Forsthuber/ornitho.at, [22] M. Faas/ornitho.at, [23] A. Ranner/ornitho.at, [24] M. Schmid/ornitho.at, [25] I. Horvath/ornitho.at, [26] M. Püls/ornitho.at, [27] A. Ranner/ABÖ, [28] Vogelwarte Radolfzell, heute Max-Planck-Institut für Verhaltensbiologie, unpubl. Daten, [29] W. Vogl & H. Winkler, unpubl. Daten, [30] Glutz von Blotzheim & Bauer (1991), [31] Biologische Station Illmitz, unpubl. Daten, [32] Österreichische Vogelwarte, [33] Vogelberingungszentrale BirdLife Ungarn, unpubl. Daten, [34] Archiv MME Sopron, [35] Archiv FHNP*

Michael Dvorak & Sándor Kalmár

Klappergrasmücke *Curruca curruca* (Linnaeus, 1758)

Kis poszáta – Lesser Whitethroat

Lokaler Brutvogel und mäßig häufiger Durchzügler

Verbreitung und Lebensraum

Klappergrasmücken brüten in der Ebene und im Hügelland in Hecken oder zusammenhängenden Buschbeständen halboffener Landschaften. Besonders geeignete Lebensräume bieten sich im Siedlungsgebiet in Gartensiedlungen und Wohnhausanlagen mit dichten Gebüschgruppen, wesentlich ist eine jeweils dichte Vegetation in 1–3 Meter Höhe[1]. Im Neusiedler See-Gebiet besiedelt die Art, sowohl auf österreichischer wie auf ungarischer Seite, schwerpunktmäßig Ortschaften, wo sie einerseits in gepflegten Hausgärten mit dichten Zierbüschen wie Thujen und Buchsbaum oder in weniger intensiv gepflegten Naturgärten zusagende Bedingungen findet. Mehr als die Hälfte, und zwar 55,7 % der Meldungen singender Männchen stammen aus menschlichen Siedlungsgebieten[2]. Darüber hinaus sind Klappergrasmücken-Reviere in niedrigen, sehr dichten Hecken auch außerhalb von Ortschaften zu finden: Besonders beliebt sind dicht verwucherte Ölweidengruppen, niedere Heckenzüge aus Schlehe und Weißdorn oder auch dichte Buschgruppen, z. B. aus Aschweide am landseitigen Seerand. Die Lebensräume finden sich dabei in ganz offenem, stark verbuschten Gelände,

Biologische Station Illmitz, 6.9.2014 (Michael Dvorak)

aber auch in baumbestandenen Gebieten, wo die Klappergrasmücke auch in niedrigen Gebüschen vorkommt, die dem Waldrand oder Baumgruppen vorgelagert sind. Abseits der Ortschaften und des Seerands ist die Art im Gebiet nur sehr schütter verbreitet und fehlt auch über weite Bereiche, wie z.B. im Albrechtsfeld, in den monotonen Weinbaugebieten des nördlichen und zentralen Seewinkels und in den großen Ackerbaugebieten. In diesen Bereichen bieten lediglich eingestreute Feldgehölze, stark verbuschte Ruderalflächen sowie ehemalige Abbaugebiete und ähnliche Sonderstrukturen einzelnen Paaren geeignete Habitate.

Bestand und Bestandsentwicklung

Bereits im 19. Jahrhundert wurde die Klappergrasmücke am Südufer als Brutvogel in mit Sträuchern bewachsenen Gärten angegeben[3]. In den frühen 1940er Jahren fehlte sie im Seewinkel als Brutvogel[4]. 1952 gelang dann aber in Neusiedl am See der erste Brutnachweis für das Seegebiet: *„In einem verwilderten Garten unter dem Neusiedler Kalvarienberg ein Müllerchen am Nest“*[5]. Aktuell ist die Klappergrasmücke zwar als Brutvogel etabliert, es gibt jedoch nirgendwo größere Brutvorkommen, fast immer sind es Einzelreviere oder kleine Reviergruppen mit maximal 2–3 aneinander angrenzenden Territorien. Die großflächigen Siedlungsdichten fallen daher immer sehr gering aus: Auf 6,2 km² zwischen Winden und Jois wurden 1997 sechs, 2020 vier Reviere kartiert (1,0 bzw. 0,7/km²), auf 4,5 km² westlich von Gols wurde sowohl 1998 als auch 2020 nur ein Revier (0,2/km²) festgestellt und auf 3,75 km² nordwestlich von Pamhagen wurden 1998 kein Revier, 2020 drei Reviere (0,8/km²) erfasst[6]. Auch innerhalb der Siedlungen ist das Auftreten schwach, bei Zählungen an 106 Punkten in 10 Dörfern des Gebiets wurden lediglich in zwei Dörfern vier Klappergrasmücken festgestellt[7]. Die großflächige Dichte kann in diesem Fall mit großen Unsicherheiten auf lediglich 3–6 Reviere/km² Dorffläche geschätzt werden. Im Vergleich dazu wurden im April 2018 in Illmitz (171 ha) bei einer die ganze Ortschaft abdeckenden Linientaxierung 13 singende Männchen erfasst, wobei sich darunter auch noch Durchzügler befunden haben könnten[8]. Eine Kartierung von 19 Wäldchen im Seewinkel ergab 2017–2019 nur ein einziges Vorkommen der Art: Südlich der Reihersiedlung wurden drei Reviere auf 5,9 ha gezählt[9]. Bei der Interpretation von Zählungen singender Männchen ist bei der Klappergrasmücke zu berücksichtigen, dass durchziehende Vögel auch über mehrere Tage hinweg singen und so ein Revier vortäuschen können, dass die Gesangsaktivität während der Bebrütung und Jungenaufzucht stark reduziert wird und dass unverpaarte Männchen die gesamte Brutzeit hinweg intensiv singen[10]. Eine Schätzung des Brutbestands des Neusiedler See-Gebiets ist mit großen Unsicherheiten behaftet, es wird anhand der bisher vorliegenden Daten mit 150–250 Reviere in Siedlungen und 50–150 in den übrigen Gebieten gerechnet.

Jahreszeitliches Auftreten

Klappergrasmücken sind von Anfang April bis Ende September, vereinzelt auch noch in der ersten Oktoberhälfte, im Gebiet anzutreffen. Der Median der Erstankunft der Jahre 2013–2019 fällt auf den 9. April, die frühesten Beobachtungen gelangen zwischen 3. und 6. April[2]. Der Gipfel der Gesangsaktivität von Mitte bis Ende April dürfte teilweise durch singende Durchzügler überhöht sein und ab Anfang Mai fällt die Gesangsaktivität kontinuierlich ab, um von der zweiten Maihälfte bis Ende Juni auf niedrigem Niveau konstant zu bleiben. Die Fangdaten an

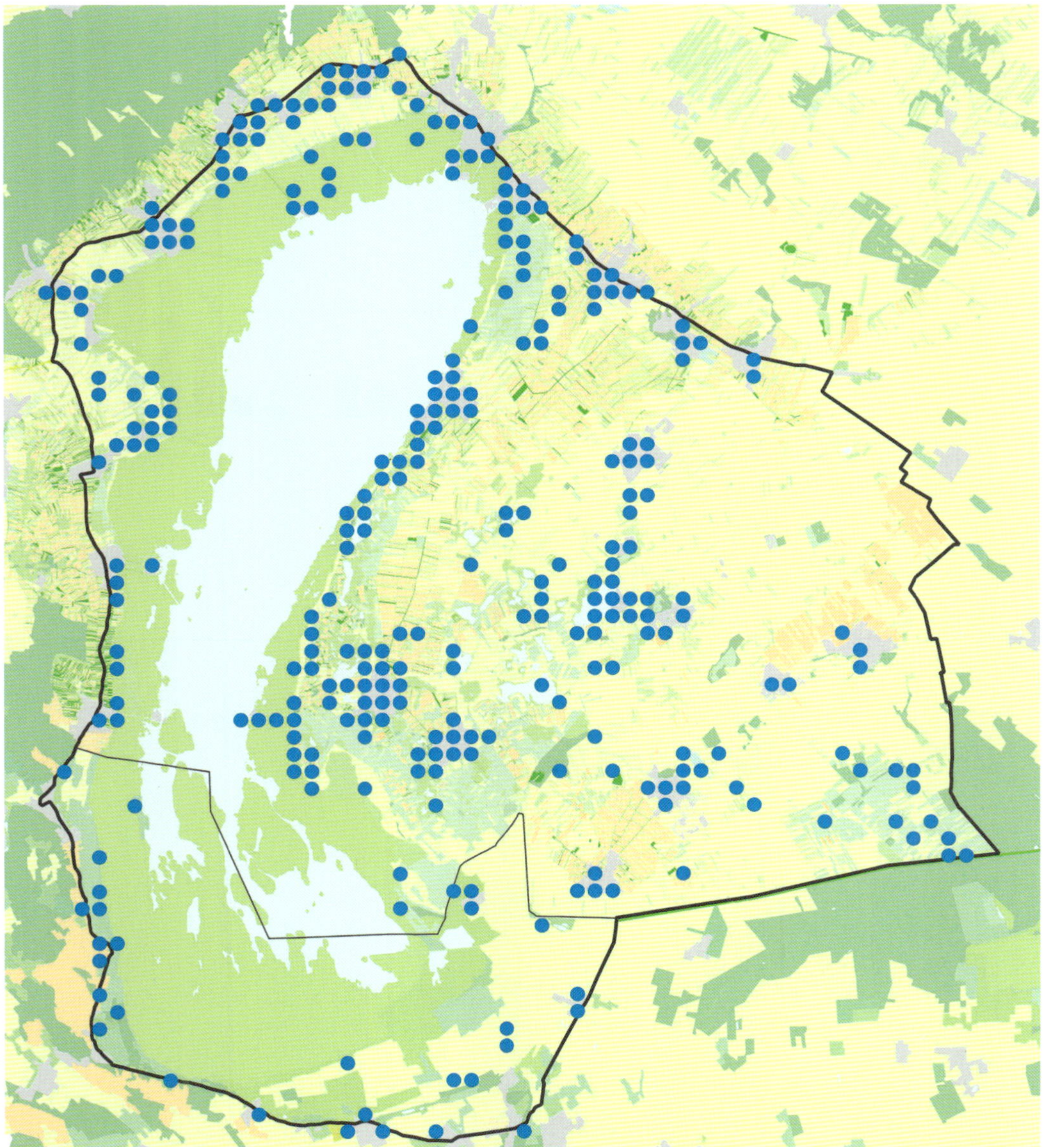

Brutzeitverbreitung der Klappergrasmücke, basierend auf Beobachtungen in den Monaten Mai bis Juli aus den Jahren 2011–2021[2, 16, 17]*.*

der Biologischen Station Illmitz zeigen, dass bis Mitte Juli kaum Bewegung vorhanden ist und nur einzelne Vögel gefangen werden, der Wegzug aber Anfang August rasch einsetzt und von Mitte August bis Mitte/Ende September auf gleichbleibend hohem Niveau bleibt[11–13]. Um die Monatswende gehen die Zahlen rasch zurück und bereits in der ersten Woche des Oktobers verfangen sich die letzten Vögel in den Netzen. Die drei letzten Nachzügler in Illmitz gingen am 11.10.2019, 17.10.1981 und 20.10.1989 in die Netze[11] und bei Frauenkirchen wurde als der bislang bei weitem späteste Nachweis noch am 23.11.2020 ein Individuum beringt[15].

Zugverhalten und Ringfunde

Die Klappergrasmücke ist ein Weitstreckenzieher und überwintert vorwiegend in Nordostafrika (Sudan, Äthiopien)[7]. Aus dem Gebiet liegen zwei Ringfunde vor: Ein am 29.7.1992 in Mecklenburg beringter Vogel wurde einen Monat später am 27. August an der Biologischen Station Illmitz gefangen, genau wie ein in Thüringen am 15.7.2002 gefangener Vogel, der 35 Tage später am 20. August an der Biologischen Station Illmitz ins Netz ging[14].

Quellen: [1] *Dvorak et al. (1993),* [2] *www.ornitho.at,* [3] *Fászl (1883),* [4] *Zimmermann (1943),* [5] *Bauer et al. (1955),* [6] *BirdLife Österreich, unpubl. Daten,* [7] *Dvorak et al. (2014),* [8] *A. Grüll, unpubl. Daten,* [9] *M. Dvorak, unpubl. Daten,* [10] *Glutz von Blotzheim & Bauer (1991),* [11] *Vogelwarte Radolfzell, heute Max-Planck-Institut für Verhaltensbiologie, unpubl. Daten,* [12] *W. Vogl & H. Winkler, unpubl. Daten,* [13] *Biologische Station Illmitz, unpubl. Daten,* [14] *Österreichische Vogelwarte, unpubl. Ringfunde,* [15] *L. Khil, M. Suanjak/ornitho.at,* [16] *Archiv MME Sopron,* [17] *Archiv FHNP*

Michael Dvorak

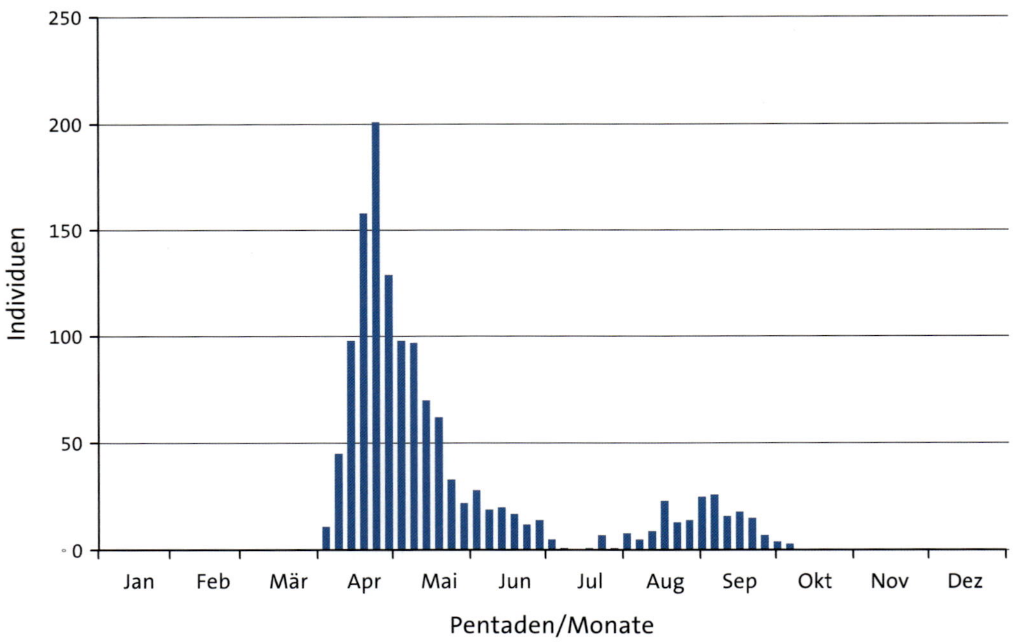

Jahreszeitliches Auftreten der Klappergrasmücke (Pentadensummen gemeldeter Individuen) basierend auf Daten aus Österreich aus den Jahren 2011–2019 (n = 1.335)[2].

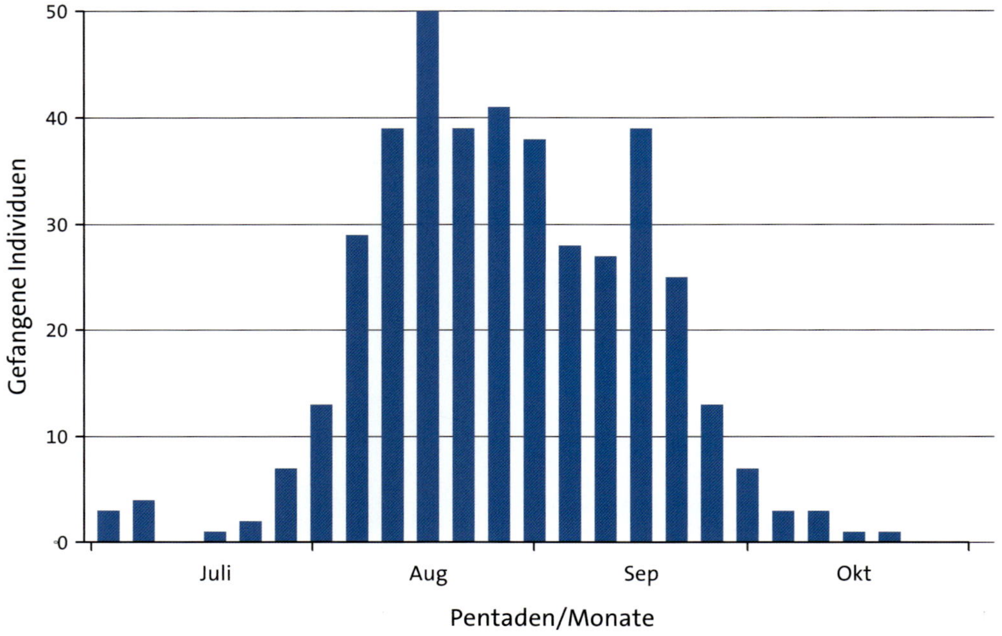

Zeitliches Auftreten (Pentadensummen) der Klappergrasmücke an der Biologischen Station Illmitz in den Monaten Juli bis Oktober basierend auf Fangdaten aus 20 Fangsaisonen im Zeitraum 1974–2019 (n = 411)[11–13].

Wüstengrasmücke *Curruca nana* Hemprich & Ehrenberg, 1833

Sivatagi poszáta – Asian Desert Warbler

Biologische Station Illmitz, 30.10.2020 (Flora Bittermann)

Ausnahmeerscheinung

Vorkommen

Ein Nachweis, der gleichzeitig den ersten für Österreich darstellt:

- 30.10.2020 Biologische Station Illmitz, 1 dj. am landseitigen Schilfrand gefangen und beringt, den Rest des Tages in der Nähe der Station verbleibend (J. Kronberger, F. Bittermann, A. Grogger u. a.[1,2])

Quellen: [1] *www.birdlife-afk.at,* [2] *Bittermann & Kronberger (2022)*

Andreas Ranner

Balkan-Bartgrasmücke *Curruca cantillans* (Pallas, 1764)

Bajszos poszáta – Eastern Subalpine Warbler

Sandeck, Illmitz, nicht auf Artniveau bestimmbare „Bartgrasmücke", 18.4.2013 (Jakob Reif)

Ausnahmeerscheinung

Vorkommen

Nachdem die bisher als polytypische Art betrachtete „Weißbart-Grasmücke" in drei Arten aufgespalten worden war, war der Status der „Bartgrasmücken"-Taxa in Österreich neu zu bewerten. Von den bisherigen zwei Nachweisen von „Weißbart-Grasmücken" im Bearbeitungsgebiet konnte im Zuge einer österreichweiten Revision einer der Balkan-Bartgrasmücke zugeordnet werden[1,2]:

- 29.5.1965 Neusiedl am See, 1 ♂ in der Nähe des Bahnhofes (B. Leisler, G. Domeyer, I. Keijzer u. a.[3])

Der zweite im Gebiet festgestellte Vertreter dieser Artengruppe kann hingegen nur als nicht weiter bestimmte Balkan-/Iberien-Bartgrasmücke (*Curruca cantillans/iberiae*) eingestuft werden[1,2]:

- 17.–19.4.2013 Sandeck, 1 ♂ (K. Krasser, J. Reif, A. Klausnitzer u. a.[4,5])

Quellen: [1] *www.birdlife-afk.at,* [2] *Albegger (2022),* [3] *Leisler (1965),* [4] *Albegger & Khil (2016),* [5] *www.ornitho.at*

Andreas Ranner

Dorngrasmücke *Curruca communis* Latham, 1787

Mezei poszáta – Common Whitethroat

Darscho, Apetlon, 6.5.2011 (Michael Dvorak)

Mäßig häufiger Brutvogel und Durchzügler von Mitte April bis Ende September

Verbreitung und Lebensraum

Die Dorngrasmücke brütet in der offenen Landschaft an Stellen, die mit Büschen oder Hecken bewachsen sind. Wichtig ist das Vorhandensein von Singwarten sowie eine gut ausgebildete Kraut- oder Hochstaudenschicht als Neststandort. Die Art ist oft an „unordentlichen" oder „verwilderten" Standorten zu finden, wie z. B. in Deponien aller Art, in alten, stark verkrauteten und dicht mit Büschen bestandenen Brachen und Ruderalflächen, an den Rändern von Schotter- und Sandgruben oder in Hochstaudenfluren, wie sie auf vor längerer Zeit aufgegebenen Ackerstandorten entstehen. Im Ackerland brütet sie in Hecken und Gebüschgruppen, in lockeren Feldgehölzen mit vorgelagerten Buschbeständen sowie in jüngeren, lückigen Windschutzstreifen. In Trocken- und Halbtrockenrasen ist die Art vor allem in denjenigen Bereichen zu finden, die bei Aufgabe der Nutzung der Verbrachung und Verbuschung anheimfallen. Besonders günstig für die Dorngrasmücke sind oft wenig oder nicht genutzte naturnahe Restflächen entlang von Wegböschungen, Bahndämmen oder Kanälen [1].

Im Neusiedler See-Gebiet ist das Vorkommen der Verteilung der oben skizzierten Lebensräume entsprechend, oft nur punktförmig mit jeweils 1–3 Revieren in engerer Nachbarschaft oder auch linear aufgereiht. Am Westufer entsprechen praktisch alle Vorkommen dem ersten Typ an kleinflächigen Sonderstandorten oder, wie zwischen Rust und Mörbisch, entlang von Gräben. Im Seewinkel findet die Dorngrasmücke überall dort geeigneten Lebensraum, wo seit längerer Zeit still gelegte oder aufgegebene landwirtschaftliche Flächen von Ölweiden bewachsen sind, wobei jüngere oder aufgelockerte Bestände bevorzugt werden. Verbreitungsschwerpunkt ist hier demgemäß das Ostufer sowie im zentralen Seewinkel die stark verbuschten Bereiche am Rand ehemaliger, oder noch bestehender, Lacken und ehemaliger Weideflächen. Im Hanság lagen von 34 im Jahr 2009 erfassten Revieren sechs in Hecken und Windschutzstreifen, neun an Kanälen, drei in leicht verbuschten, ruderalen Brachen, neun in üppigen Hochstaudenfluren und sieben an stark verbuschten Stellen am Dammfuß des Einserkanals [2]. Sehr dicht besiedelt ist im nördlichen Seewinkel der westlich der Ortschaft verlaufende Golser Kanal. Abseits der genannten Gebiete ist die Dorngrasmücke sehr selten und ihre Verbreitung schütter.

Auf ungarischer Seite ist die Dorngrasmücke ein häufiger Brutvogel in den Randlagen des Neusiedler Sees. Ihre großräumige Dichte ist jedoch, wie in Österreich, weit geringer als die der Mönchsgrasmücke [3]. Sie brütet in Busch- und Baumbeständen und lockeren Wäldchen und ist in den halboffenen Agrar- und Wiesenflächen sowie den Weinbergen, ein typischer Brutvogel.

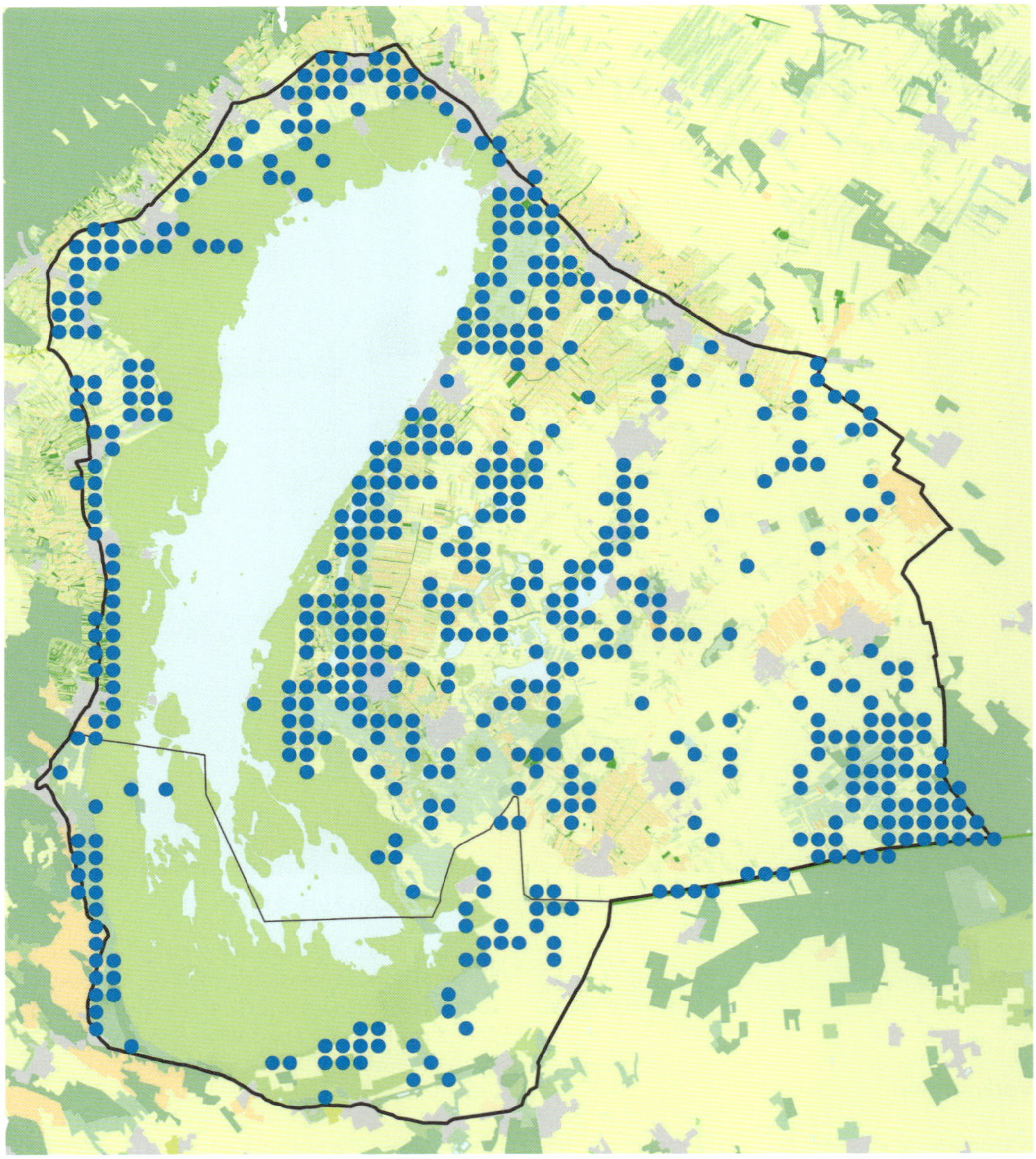

Brutzeitverbreitung der Dorngrasmücke, basierend auf Beobachtungen in den Monaten Mai bis Juli aus den Jahren 2011–2021 [23, 33, 34].

Dorngrasmücken sind vor allem in den bebuschten Grünlandbereichen südlich von Fertőrákos, in den sumpfigen Wiesen um Soproni-kapu und Csárdakapu, in den Strauch-Wald-Habitaten zwischen Hidegség und Hegykő, im Bereich von Fertőszéplak bis Fertőd und im Gebiet von Mekszikópuszta (einschließlich Lászlómajor und Cikes) verbreitet. Hier haben überall erst die in der zweiten Hälfte der 1940er Jahre begonnenen Anpflanzungen von Windschutzstreifen geeignete Lebensraumbedingungen in dem zuvor fast baumlosen Gebiet geschaffen [4].

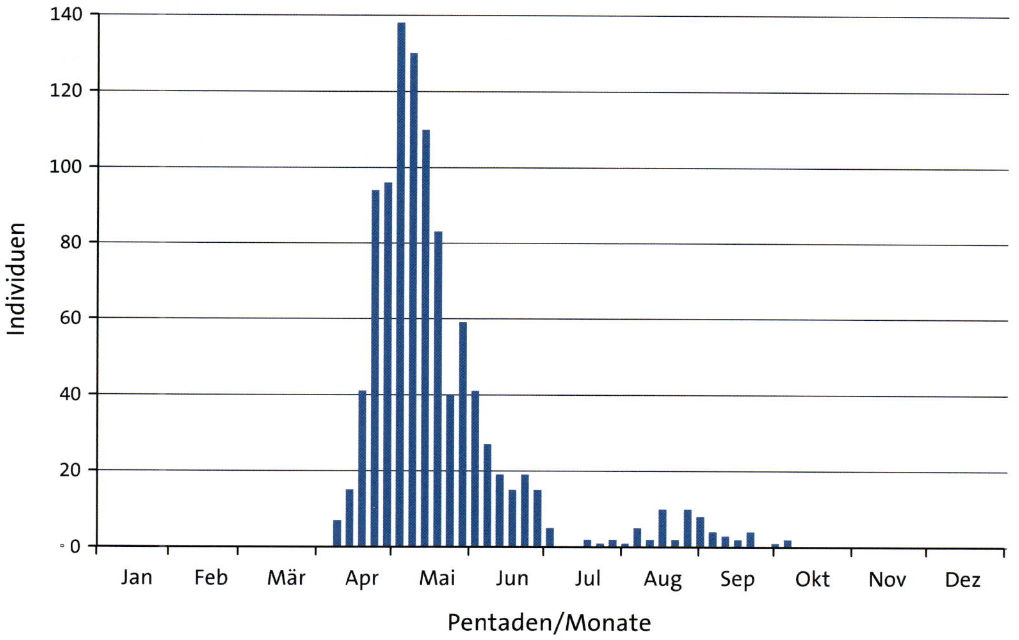

Jahreszeitliches Auftreten der Dorngrasmücke (Pentadensummen) basierend auf Beobachtungsdaten aus Österreich aus den Jahren 2011–2019 (n = 1.013) [23].

Bestand und Bestandsentwicklung

Die Angaben zum historischen Vorkommen der Art sind sehr spärlich: In den 1870er und frühen 1880er Jahre war die Dorngrasmücke im Süden und Südwesten des Sees ein verbreiteter Brutvogel [5], 1887 war die Art *„Brutvogel, namentlich auf der Strasse und in den Hecken zwischen Eszterhaza und Pamhagen häufig"* [6]. Im Mai 1907 vermutete Schenk [7] am Ostufer ein wahrscheinlich nur spärliches Brutvorkommen, während sie von Seitz [8] ohne weitere Angaben als Brutvogel des Seewinkels angeführt wurde. Sehr viel konkreter wurde dann Zimmermann [9] für die Jahre 1940–1942: *„Neben der Sperbergrasmücke ist die Dorngrasmücke die häufigste ihrer Sippe. Als Brutvogel über das ganze Gebiet verbreitet, ist sie jedoch am Ostufer erheblich spärlicher als am Westufer. Außer als Brutvogel kommt sie als regelmäßiger und häufiger Durchzügler während des Frühjahrs- und Herbstzuges vor."* Nur zehn Jahre später wurde dann die Dorngrasmücke als 2–3 Mal so häufig wie die Sperbergrasmücke eingestuft und als *„sehr häufiger Brutvogel"* bezeichnet [10]. Aus den frühen 1970er Jahren gibt es Meldungen über 1–6 singende Männchen von verschiedenen Gebieten des Seewinkels, die auf ein nach wie vor relativ häufiges, aber gleichzeitig auch lokales Vorkommen der Art schließen lassen [11]. Im Gegensatz zu anderen Singvögeln [12,13] wurde für die Dorngrasmücke in den 1980er und 1990er Jahren keine systematische Erhebung oder spezielle Auswertung durchgeführt. Daher lassen sich für diesen Zeitraum auch keine genaueren Schlüsse über die damalige großräumige Häufigkeit ziehen. Räumlich begrenzte, systematische Erhebungen wurden 1991 auf sechs 57,3–70,3 ha großen Weingartenflächen am West- und Nordufer sowie im Seewinkel durchgeführt und ergaben insgesamt nur 2–2,5 Reviere in zwei Gebieten [14]. Auf insgesamt 1,5 km² – mit teils geeignetem Lebensraum im Bereich von Hackels- und Jungerberg – wurde nur ein Revier festgestellt [15] und auf den Zitzmannsdorfer Wiesen wurde 1991 auf 7,3 km² ebenfalls nur ein singendes Männchen entdeckt [16]. Aus diesen Daten, und unter Einbeziehung der vorliegenden Zufallsbeobachtungen, ist davon auszugehen, dass die Dorngrasmücke in diesem Zeitraum nicht die Häufigkeit früherer Jahrzehnte erreichte, was die bereits in früheren Arbeiten aufgestellte These längerfristiger Bestandsschwankungen stützt [10].

Erste Bestandsaufnahmen auf größeren Agrarflächen (3,8–6,2 km²) wurden 1997/98 bei Jois/Winden, nordwestlich von Pamhagen und westlich von Gols – inkl. eines Teils der Zitzmannsdorfer Wiesen – durchgeführt und ergaben mit Revierdichten von 1,8–3,9/km² weitaus höhere Werte als die bis dahin vorliegenden Untersuchungen [17]. Eine weitere Erhebung im Hanság im Jahr 2009 auf 30,1 km² ergab 34 Reviere (1,1 km²) [18] und Zählungen auf den Zitzmannsdorfer Wiesen 4,5 Reviere auf 7,4 km² (0,6/km²) [19]. Viel höhere, kleinflächige Siedlungsdichten erbrachten 2017 durchgeführte Erhebungen in Robinien/Ölweidenbeständen bei der Vila Vita (Pamhagen) mit sechs Revieren auf 37 ha und westlich der Huldenlacke mit fünf Revieren auf 7,8 ha [20]. Aufschluss über kurzfristige Fluktuationen ergaben Linientaxierungen entlang von zehn jeweils einen Kilometer langen Strecken, die von 2001–2005 enorme Schwankungen zwischen null (2003) und sechs (2005) Revieren ergaben [21]. Diese Linientaxierungen konnten 2017 und 2019 wiederholt werden und ergaben für die gleichen Strecken mit drei bzw. 4,5 Revieren keine größere Veränderung [22]. 2020 konnten schließlich auch die Revierkartierungen aus den Jahren 1997/98 wiederholt werden und ergaben für Jois/Winden acht Reviere (11 bei der ersten Zählung), für Pamhagen acht (15) und für Gols 21 (9) [17], insgesamt also 37 gegenüber 35 Revieren mit sehr uneinheitlichen, wahrscheinlich der jeweils unterschiedlichen Vegetationsentwicklung geschuldeten Trends in den drei Gebieten. Der Gesamtbestand des österreichischen Neusiedler See-Gebiets in den Avifauna-Grenzen kann derzeit auf 250–350 Reviere geschätzt werden, für den ungarischen Teil sind keine Angaben möglich.

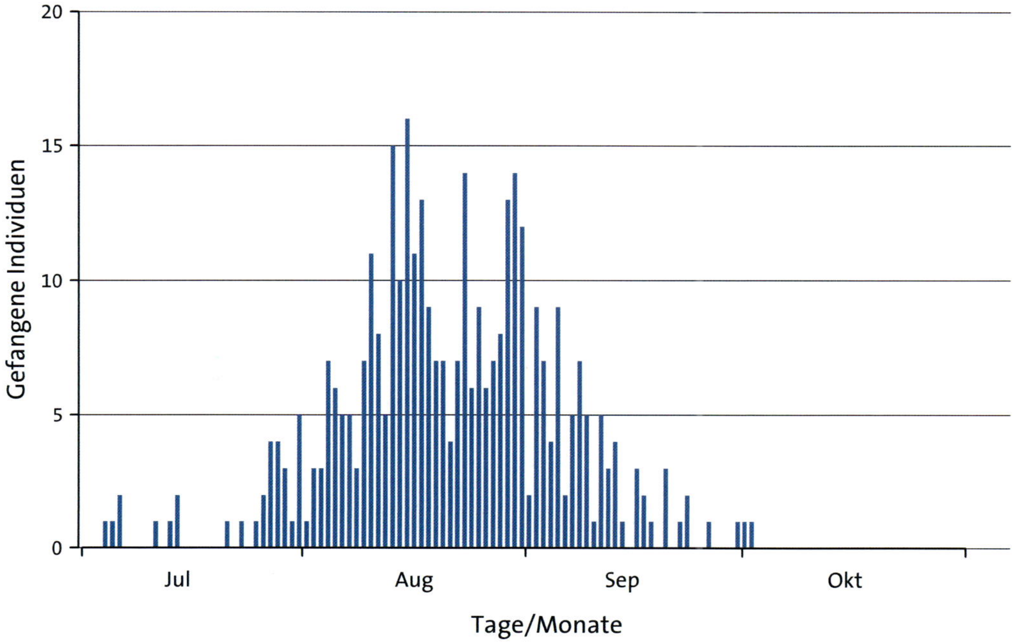

Zeitliches Auftreten (Tagessummen) der Dorngrasmücke an der Biologischen Station Illmitz in den Monaten Juli bis Oktober basierend auf Fangdaten aus 20 Fangsaisonen im Zeitraum 1974–2019 (n = 362) [24–26].

Jahreszeitliches Auftreten

Die Ankunft der Dorngrasmücke fällt im Neusiedler See-Gebiet auf die erste Aprilhälfte, der Median der Erstankünfte liegt für die Jahre 2013–2019 am 12. April, mit geringen Schwankungen. Die frühesten Meldungen fallen auf den 7.4. im Jahr 2019, bzw. den 9.4. im Jahr 2018, die spätesten auf den 16.4. im Jahr 2015, bzw. den 17.4. im Jahr 2013 [23]. Danach baut sich der Bestand rasch auf, mit einem Maximum der Gesangsaktivität von 20. April bis Mitte Mai, wobei in dieser Phase auch noch durchziehende Vögel das Gebiet frequentieren dürften. Bis Ende Juni werden singende Dorngrasmücken noch regelmäßig gemeldet, ab Anfang Juli reißen die Sichtbeobachtungen jedoch fast komplett ab. Genau dasselbe Muster spiegelt sich auch in den Fangdaten der Biologischen Station Illmitz wider[24–26]: Während bis ca. 25. Juli so gut wie keine Fänge gemacht werden, sind danach ein steiler Anstieg sowie zumindest zwei Durchzugswellen von Mitte bis Ende August, die sich beide ansatzweise auch bei den Sichtbeobachtungen widerspiegeln, zu erkennen. Bis Mitte September gibt es noch regelmäßig sowohl Fänglinge als auch Sichtungen, danach wird beides rar. In Illmitz werden Dorngrasmücken noch vereinzelt bis Ende September beringt, die beiden letzten Fänglinge gingen am 2.10. im Jahr 1980 und am 1.10. im Jahr 2017 ins Netz. Beobachtungsmeldungen gibt es ab Mitte September nur mehr vereinzelt bis zum 20. September[27], wobei von der Warmblutkoppel zwei sehr späte Meldungen vom 3.10. aus dem Jahr 2013[28] und vom 7.10. aus dem Jahr 2015[29] vorliegen.

Zugverhalten und Ringfunde

Die Dorngrasmücke ist ein Weitstreckenzieher, der in West- und Ostafrika sowie im südlichen Afrika überwintert[30]. Trotz der 362 Fänge in 20 Fangsaisonen an der Biologischen Station Illmitz liegen bislang keine Ringfunde außerhalb des Neusiedler See-Gebiets vor[24–26]. Im ungarischen Teil des Avifauna-Gebiets wurden zwischen 1976 und 2021 weitere 278 Dorngrasmücken beringt, auch diese ergaben lediglich lokale Wiederfänge[31]. Ringfunde aus anderen Gebieten Österreichs zeigen, dass im Osten des Landes Zugrichtungen von Südsüdwest bis Südsüdost vorkommen[32].

Quellen: *[1] Dvorak et al. (1993), [2] Dvorak et al. (2010), [3] Gyurácz in Faragó (2012), [4] Jánoska (2001), [5] Fászl (1883), [6] von Dombrowski (1889), [7] Schenk (1917a), [8] Seitz (1942), [9] Zimmermann (1943), [10] Bauer et al. (1955), [11] E. Duda, P. Prokop u. a./ABÖ, [12] Dvorak (1988), [13] Dvorak & Zuna-Kratky (1993), [14] Dvorak et al. (1992), [15] Karner et al. (1992), [16] Dvorak & Nemeth (1992), [17] BirdLife Österreich, unpubl. Daten, [18] Dvorak et al. (2010), [19] Dvorak et al. (2011), [20] M. Dvorak, unpubl. Daten, [21] Karner-Ranner et al. (2008), [22] E. Karner-Ranner & F. Bittermann, unpubl. Daten, [23] www.ornitho.at, [24] Vogelwarte Radolfzell, heute Max-Planck-Institut für Verhaltensbiologie, unpubl. Daten, [25] W. Vogl & H. Winkler, unpubl. Daten, [26] Biologische Station Illmitz, unpubl. Daten, [27] D. Nayer, C. Wende, M. Ortner/ornitho.at, [28] M. Bachmann/ornitho.at, [29] D. Wucherpfennig/ornitho.at, [30] Glutz von Blotzheim & Bauer (1991), [31] Vogelberingungszentrale BirdLife Ungarn, unpubl. Daten, [32] Schmidt et al. (2014), [33] Archiv MME Sopron, [34] Archiv FHNP*

Michael Dvorak & Sándor Kalmár

Sommergoldhähnchen *Regulus ignicapilla* (Temminck, 1820)

Tüzesfejű királyka – Common Firecrest

Tadten, 10.10.2022 (Jakob Hauzinger)

Sehr seltener Durchzügler von Mitte März bis Mitte Mai und von Anfang September bis Mitte November

Verbreitung und Lebensraum

Als charakteristischer Brutvogel ausgedehnter Nadel- und Mischwälder und seltener auch von koniferenreichen, größeren Siedlungsgebieten ist das Sommergoldhähnchen in der offenen Kulturlandlandschaft Ostösterreichs im Allgemeinen nicht als Brutvogel anzutreffen und daher auch im Neusiedler See-Gebiet nur Durchzügler. Die meisten Nachweise (67,6 %) auf österreichischer Seite stammen aus den kleinen Wäldchen und Baumgruppen entlang des Ostufers des Sees, was aber zum Teil auch der, im Vergleich zu anderen Gebieten, viel höheren Beobachterdichte geschuldet ist. Sehr viel seltener ist die Art in den übrigen Teilen des Seewinkels (19,8 %), im Hanság (4,5 %) und am West- und Nordufer des Sees (8,1 %) zu sehen[1,2]. In Ungarn wird das Sommergoldhähnchen regelmäßig in 1–2 Exemplaren in den Weidenbeständen des Erholungsgebiets Fertőrákos festgestellt, am Südufer tritt die Art hingegen unregelmäßig und nur vereinzelt auf.

Bestand und Bestandsentwicklung

Beschreibungen zum früheren Vorkommen der Art sind spärlich: *„Das Sommergoldhähnchen habe ich unter seinen durchziehenden Gattungsgenossen mit Sicherheit niemals ausmachen können; es dürfte aber wohl ebenso wie das Wintergoldhähnchen ein regelmäßiger, wenn wohl auch zahlenmäßig hinter dem letzteren zurückbleibender Durchzügler sein"*, schrieb Zimmermann[3]. Auf die Seltenheit der Art deutet auch die Aussage von Bauer et al.[4] hin: *„Wurde bisher nur einige wenige Male festgestellt. Die letzten Nachweise stammen noch aus dem vorigen Jahrhundert. Von uns nie beobachtet."* Die Art ist öfters mit Wintergoldhähnchen vergesellschaftet, aber deutlich seltener (im Summe 112 bzw. 363 Nachweise). Sommergoldhähnchen treten ganz überwiegend einzeln auf (84,7 %), sehr selten werden auch zwei (11,7 %) oder drei Vögel (3,6 %, nur vier Nachweise) entdeckt[1,2]. Sicherlich wird die Art in den geschäftigen, sich schnell bewegenden Kleinvogeltrupps im Herbst oft nicht wahrgenommen, zudem wird den ziehenden Kleinvogeltrupps im Frühjahr und Herbst nicht viel Aufmerksamkeit geschenkt. Daher ist davon auszugehen, dass die Art alljährlich im Gebiet auftritt, auch wenn nur aus 40 von 55 Jahren seit 1966 konkrete Nachweise gemeldet wurden. Bezeichnenderweise liegen seit der Einführung von ornitho.at im Jahr 2013 im Mittel 6,7 Nachweise pro Jahr vor, davor waren es nur 1,3. Dass sich darin die einem starken Bestandsrückgang in Mitteleuropa folgende Zunahme seit 2010[5] widerspiegelt, ist aber gleichermaßen möglich. Auf ungarischer Seite hat die Zahl der Nachweise im vergangenen Jahrzehnt hingegen abgenommen.

Jahreszeitliches Auftreten

Das Sommergoldhähnchen zieht im Gebiet im Frühjahr von Mitte März bis Ende April durch, wobei ein sehr deutliches Maximum Ende März erreicht wird. Im Herbst zieht die Art von Anfang September bis Ende Oktober durch, wobei das Maximum im Oktober erreicht wird. Der Durchzug findet jeweils in kurzen, klar abgegrenzten Perioden statt[1,2]. „Ausreißer" sind selten und betreffen im Spätwinter ein Exemplar am 26.2.2014 bei der Biologischen Station[6] und im Herbst am 30.11.2010 einen Vogel nördlich von Illmitz[7]. Es gab eine Beobachtung von Ende August, 25.08.1989 (MME Sopron) vor der Zugzeit September – Oktober. Im Frühjahr kam es öfter zum Vorschein als beim Herbstzug.

Quellen: [1] Archiv BirdLife Österreich, [2] www.ornitho.at, [3] Zimmermann (1943), [4] Bauer et al. (1955), [5] Teufelbauer et al. (2017), [6] F. Samwald/ABÖ, [7] N. Filek/ABÖ

Michael Dvorak & Sándor Mogyorósi

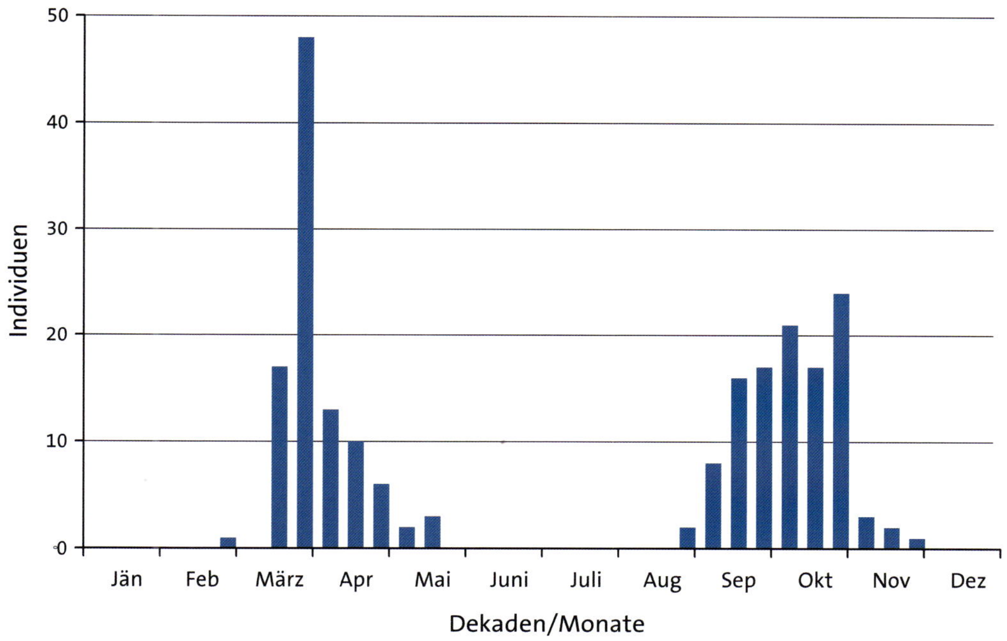

Jahreszeitliches Auftreten des Sommergoldhähnchens (Dekadensummen gemeldeter Individuen) basierend auf Daten aus Österreich aus den Jahren 1966–2021 (n = 211)[1,2].

Wintergoldhähnchen *Regulus regulus* (Linnaeus, 1758)

Sárgafejű királyka – Goldcrest

Seebad Illmitz, 11.11.2018 (Leander Khil)

Seltener Durchzügler von Mitte März bis Ende April sowie von Anfang Oktober bis Mitte November und sehr seltener Wintergast

Verbreitung und Lebensraum

Wie das Sommergoldhähnchen ist auch das Wintergoldhähnchen im Gebiet überwiegend in den kleinen Wäldchen und Baumgruppen entlang des Ostufers des Sees in den Gemeinden Illmitz und Podersdorf zu finden (59,5 % aller Nachweise). Sehr viel seltener ist die Art in den übrigen Teilen des Seewinkels (25,1 %), am West- und Nordufer des Sees (12,4 %) und nur ausnahmsweise auch im Hanság (3,4 %) zu beobachten[1,2].

Bestand und Bestandsentwicklung

„Das Wintergoldhähnchen ist Durchzügler und überwintert auch im Gebiet", schrieb Zimmermann[3] und fügte hinzu: *„Sein Durchzug fiel immer mit stärkerem Meisendurchzug zusammen, es bildete aber stets arteigene Gesellschaften und schien sich nie regellos unter die Meisenscharen zu mischen."*. In den 1950er Jahren war die Art nach Einschätzung von Bauer et al.[4] ein *„regelmäßiger, manchmal häufiger Durchzügler; nur recht seltener Wintergast"*. Wintergoldhähnchen kommen im Gebiet überwiegend (87,5 % aller Meldungen) einzeln oder in Gruppen von 2–4 Vögeln vor[1,2]. Schon viel seltener sind kleine Trupps von 5–10 Individuen (10,6 %) und Trupps von mehr als 10 Vögeln sind ein sehr rares Ereignis. Die drei größten waren 16 am 23.10.2016 nahe der St. Martins Therme[5], 35 am 10.10.2010 in der Hölle[6] sowie 40–50 am 21.10.2012 in einer Baumgruppe südlich des Darschos[7]. Regelmäßigkeit und Anzahl der Meldungen sind ab 2013 mit der Einführung von ornitho.at sprunghaft angestiegen: Zwischen 1966 und 2012 waren es 2,6 Meldungen/pro Jahr, wobei aus neun Jahren keine Beobachtungen vorliegen[1]. Seit 2013 wurden hingegen im Mittel 34 (10–59) Nachweise gemeldet[2].

Jahreszeitliches Auftreten

Im Frühjahr zieht das Wintergoldhähnchen von Mitte März bis Mitte/Ende April durch, wobei das Maximum Ende März erreicht wird. Im Herbst ziehen Wintergoldhähnchen von Anfang Oktober bis Mitte November durch, wobei erste Vögel schon im September festgestellt werden können und das Zugmaximum Ende Oktober erreicht wird. Der Zug findet in kurzen, klar abgegrenzten Perioden statt. Im Vergleich zum Sommergoldhähnchen sind die Zugperioden im Frühjahr identisch, im Herbst zieht das Wintergoldhähnchen jedoch 3–4 Wochen später durch. In den Wintermonaten Dezember bis Februar verbleiben in manchen Jahren – in den letzten Jahren verstärkt – wenige Vögel im Gebiet, im Dezember waren dies 1–3 Exemplare, im Jänner und Februar immer nur einzelne Individuen[1,2]. Vereinzelt liegen auch Nachweise außerhalb der beschriebenen Zeitfenster vor, so z. B. ein Exemplar am 11.8.2017 bei der Biologischen Station[8] und einige Mai-Beobachtungen einzelner Vögel aus den 1970er Jahren, z. B. vom 1.5.1970 beim Oberen Stinkersee und bei St. Andrä[9] sowie vom 15.5.1974 bei St. Andrä[9]. Ein Wintergoldhähnchen im Schlosspark Halbturn, der knapp außerhalb des Gebiets zu liegen kommt, könnte am 26.5.1980 in dem an Nadelbäumen reichen Park auch ein Revier gehalten haben[10]. Aus dem ungarischen Teil des Neusiedler See-Gebiets sind keine Brutzeitbeobachtungen bekannt geworden. Das früheste Auftreten am Wegzug fiel auf den 27.8.2007[11]. Im Herbst tritt die Art hier auch im Schilfgürtel auf, so z. B. am 31.10.1992 10 Individuen[12].

Quellen: *[1] Archiv BirdLife Österreich, [2] www.ornitho.at, [3] Zimmermann (1943), [4] Bauer et al. (1955), [5] L. Khil/ornitho.at, [6] S. Zinko/ABÖ, [7] N. Zierhofer/ornitho.at, [8] I. Maggini/ornitho.at, [9] E. Duda/ABÖ, [10] A. Remeeus/ABÖ, [11] Á. Tamás/AME, [12] A. Pellinger/AME*

Michael Dvorak

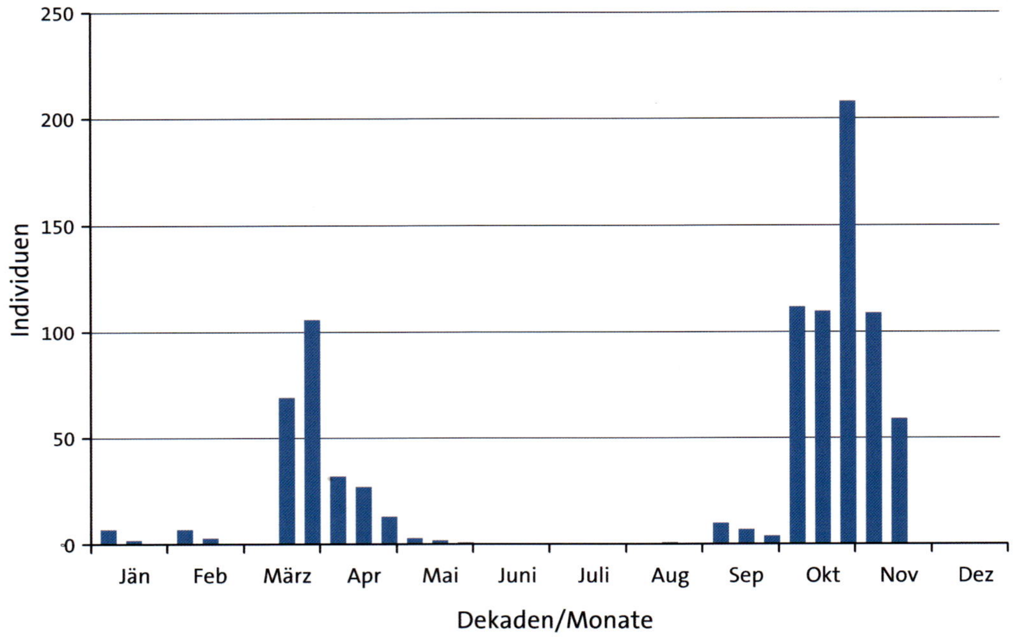

Jahreszeitliches Auftreten des Wintergoldhähnchens (Dekadensummen) basierend auf Daten aus Österreich aus den Jahren 1966–2019 (n = 892)[1, 2].

Zaunkönig *Troglodytes troglodytes* (Linnaeus, 1758)

Ökörszem – Eurasian Wren

Hegykő, 6.12.2008 (János Soproni)

Häufiger Durchzügler und Wintergast von Mitte September bis Anfang Mai, seltener Sommergast und möglicher Brutvogel

Verbreitung und Lebensraum

Im Zeitraum 2011–2018 gelangen während der Brutzeit zwischen Mai und Juli nur ganz vereinzelte Reviernachweise entlang des Ostufers, im zentralen Seewinkel und entlang der Staatsgrenze im Hanság. Ein Brutnachweis liegt jedoch nicht vor. Durchzügler und Wintergäste wurden, mit Ausnahme einiger kaum erfasster Teilflächen im Seewinkel, aus dem gesamten Gebiet gemeldet. Schwerpunkte sind die Dämme im Schilfgürtel des Sees, die landseitigen Seerandzonen sowie die größeren Gehölze. Zwischen der Verteilung der Zug- und Wintergäste sind keine Unterschiede erkennbar. Brutzeitreviere werden in älteren Baumbeständen besetzt, die bodennah dichtes Unterholz, Krautbestände und liegendes Totholz mit reichem Strukturangebot aufweisen. Das Spektrum reicht dabei von den trockenen Sandstandorten am Ostufer (Illmitzer Wäldchen) und dem Eschenwald bei Wallern bis zu den auwaldähnlichen Beständen im Hanság. Für Durchzügler und Wintergäste sind vor allem ältere Schilfflächen von besonderer Bedeutung, wo Zaunkönige im dichten Halmgewirr der Knickschicht im Winterhalbjahr ökologisch den Mariskenrohrsänger vertreten[1–3]. Einzelne Nachweise gelangen dabei auch weit abseits der Dämme an den Schilfkanälen. Dementsprechend gingen im Herbst an der Beringungsstation in Illmitz 80 % der Fänglinge im Schilfgürtel in die Netze[3]. Genutzt werden aber auch die unterschiedlichsten Kleinstrukturen in der offenen Landschaft, soweit sie ausreichend Deckung und Unterschlupfmöglichkeiten bieten, wie z. B. schmale Schilfstreifen, Hochstaudenfluren, undurchdringliche Hecken, Rebhaufen oder Strohtristen. Regelmäßig werden auch Bauwerke angenommen, selbst kleine Brücken über Entwässerungsgräben auf völlig gehölzfreien Flächen[4]. Einen Sonderfall stellt ein Wintergarten in den Innenräumen der Biologischen Station Illmitz dar, der wochenlang über kleinste Öffnungen aufgesucht und wieder verlassen wurde[5]. In verbaute Gebiete dringen Wintergäste meist nur an den Randbereichen ein, z. B. in Feriensiedlungen oder auf Friedhöfen. Ortszentren werden hingegen nur bei dichtem Bewuchs durch Kletterpflanzen oder immergrüne Gehölze, wie z. B. Bodendecker, aufgesucht.

Bestand und Bestandsentwicklung

Um die Mitte des 20. Jahrhunderts wurde der Zaunkönig nur als Durchzügler und Wintergast angeführt, der im Seewinkel noch spärlich vertreten war, im Schilfgürtel des Sees aber schon häufig vorkam. Bruten waren nicht bekannt[6,7]. Koenig[8] wies dabei erstmals auf die ökologische Stellung der Art als Schlüpfer in der dichten Unterschicht des Rohrwaldes hin. Auch aus dem Zeitraum bis Mitte der 1990er Jahre liegen keine Hinweise auf Bruten vor[2,9,10,11]. Im Jahr 1997 wurde erstmals ein möglicher Brutvogel am 31. Juli im Bereich Illmitzer Zicksee protokolliert[12]. Für

2011–2018 sind maximal sieben verschiedene Brutzeitreviere, aber ebenfalls keine Bruten belegt. Ein Grund für das Fehlen von Brutvorkommen könnte das durchwegs flache Relief ohne höhere Geländeanrisse, Gräben, Wurzelteller etc. sein – Strukturen, die bei der Wahl der Bruthabitate eine wichtige Rolle spielen[13]. Die höhere Bodenfeuchtigkeit lässt Bruten am ehesten in den randlichen Gehölzen des Hanság erwarten. Im Winter können vor allem im Schilfgürtel hohe Dichten erreicht werden. So wurden z.B. acht Exemplare entlang eines 900 m langen Dammes im Schilf am 1. März[14] oder fünf Exemplare an den Rändern des Seebades Illmitz am 1. November[15] festgestellt. Eine Bestandsschätzung ist jedoch unmöglich, da nur Linientaxierungen entlang der Dämme, aber keine flächigen Erhebungen im Schilf durchgeführt wurden.

Jahreszeitliches Auftreten

Der Heimzug beginnt sehr plötzlich mit einem steilen Anstieg der Melderate nach Mitte März und bereits Ende März dürfte der Hauptdurchzug vorüber sein. In wesentlich geringerer Dichte treten Zuggäste, z.B. im Schilfgürtel des Sees, noch bis 10. Mai auf[16]. Danach bleibt über den gesamten Sommer ein kleiner Bestand in möglichen Bruthabitaten im Gebiet. Bereits ab Ende August tauchen die ersten Zaunkönige wieder außerhalb der Bruthabitate im Schilfgürtel des Sees auf[17]. Nach Mitte September nimmt die Beobachtungshäufigkeit bis zum Durchzugsmaximum Ende Oktober/Anfang November rasch zu (siehe auch Berthold et al.[17] für die Netzfänge in Illmitz). In einem oststeirischen Feuchtgebiet setzt verstärkter Zug hingegen erst einen Monat später ein[18]. Diese Differenz könnte mit einer besonderen Bedeutung des riesigen Schilfgürtels am Neusiedler See als Zugrast- oder Mauserplatz zusammenhängen. Die hohe Melderate bis Ende November ist noch auf Durchzug zurückzuführen[19], danach dürften sich im Gebiet hauptsächlich Wintergäste aufhalten. Mitte Jänner fällt die Beobachtungshäufigkeit noch einmal auf ein etwas niedrigeres Niveau, das dann bis zum Zugbeginn weitgehend stabil bleibt. Diese winterliche Abnahme beruht möglicherweise ebenfalls auf Migration[13]. Gesang tritt in geringer Intensität zumindest von Mitte Jänner bis Mitte März und während des Herbstzuges von Mitte Oktober bis Ende November auf. Während des Heimzuges ab der zweiten Märzhälfte und zu Beginn der Brutperiode Anfang Mai steigt die Gesangsaktivität deutlich an. Zaunkönige sind auch im Winter territorial und treten daher fast immer einzeln auf. Bei den wenigen Meldungen von 3–6 Vögeln in größeren Gebieten ist nicht erkennbar, wieweit es sich um einen Zusammenschluss mehrerer Individuen handelt.

Zugverhalten und Ringfunde

Basierend auf Ringfunden in Ungarn stammen die Wintergäste im Karpatenbecken zumindest teilweise aus dem Baltikum und Südschweden. Zuggäste können bis Norditalien und wahrscheinlich bis an die Ostküste der Adria weiterziehen. Ein am Neusiedler See beringter Durchzügler verbrachte den Winter in Mailand. Die Brutvögel des pannonischen Tieflandes sind weitgehend Standvögel[13, 19, 20].

Quellen: [1] *Böck (1979),* [2] *Dvorak et al. (1993),* [3] *Bairlein (1981),* [4] *H.-M. Berg, unpubl. Daten,* [5] *A. Grüll, unpubl. Daten,* [6] *Zimmermann (1943),* [7] *Bauer et al. (1955),* [8] *Koenig (1952),* [9] *Koenig (1961),* [10] *Kurth (1970),* [11] *Berg et al. (1989),* [12] *M. Bachmann/ornitho.at,* [13] *Glutz von Blotzheim & Bauer (1985),* [14] *A. Grüll/ABÖ,* [15] *S. Zinko/ornitho.at,* [16] *A. Grüll, G. Spitzer, R. Zink/ABÖ,* [17] *Berthold et al. (1991),* [18] *Albegger et al. (2015),* [19] *Kováts in Csörgő et al. (2009),* [20] *Österreichische Vogelwarte/Vogelberingungszentrale BirdLife Ungarn, unpubl. Ringfund,* [21] *www.ornitho.at*

Alfred Grüll

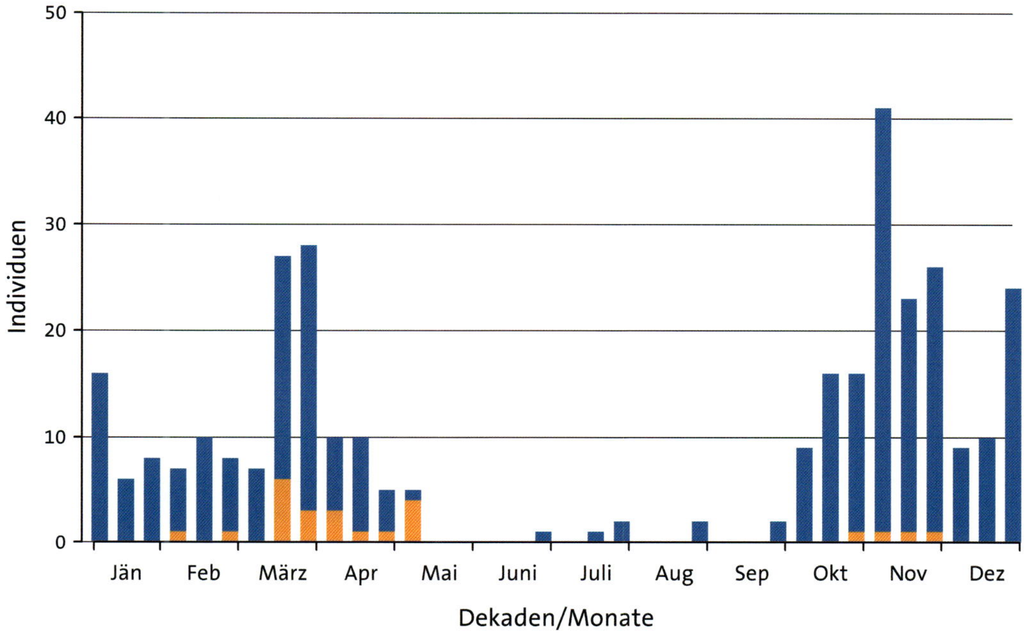

Jahreszeitliches Auftreten des Zaunkönigs (Dekadensummen gemeldeter Individuen) basierend auf Daten aus Österreich aus den Jahren 2011–2018 (n = 329)[21]. Orange Säulenabschnitte: singende Männchen.

Kleiber *Sitta europaea* Linnaeus, 1758

Csuszka – Eurasian Nuthatch

Mäßig häufiger Jahresvogel, der in größeren Beständen alter, rauborkiger Bäume brütet

Verbreitung und Lebensraum

Die Kleibervorkommen verteilen sich auf das Nord-, West- und Südufer, den südlichen Seewinkel ab der Linie Podersdorf – St. Andrä sowie den Hanság. Revierbesetzungen erfolgen in größeren Beständen alter, hochstämmiger und rauborkiger Bäume mit einem entsprechenden Höhlenangebot[1, 2]. Am Westufer sind vor allem die Au- und Bruchwälder in der Verlandungszone besiedelt (Wulkamündung, Purbach), aber auch die Pappel- und Erlenaufforstungen im Vorland (Rust). Am ungarischen Südufer brütet der Kleiber v.a. in den ausgedehnten Windschutzstreifen und anderen Pappelbeständen. Die Brutzeitvorkommen im Seewinkel finden sich in den alten Pappelreihen und Wäldchen entlang des Ostufers und nördlich von Illmitz, vereinzelt auch in den größeren Feldgehölzen und Eschenwäldchen des zentralen und südöstlichen Seewinkels bis Wallern und Pamhagen. Im Hanság brüten Kleiber in den Pappel- und Weidenbeständen entlang der ungarischen Grenze. Siedlungsvorkommen sind für Neusiedl am See und Podersdorf belegt. Nach der Brutzeit umherstreifende Jungvögel besuchen auch offene, nur spärlich mit jüngeren Bäumen bestandene Flächen, wie z.B. Parkanlagen oder Seebäder.

Bestand und Bestandsentwicklung

Als Brutvogel alter Baumbestände, der sich in isolierten Gehölzinseln der offenen Landschaft nur schwer ausbreitet[2], konnte der Kleiber das Neusieder See-Gebiet erst später besiedeln als die meisten anderen Waldvogelarten. Von 1940 bis Ende der 1970er Jahre war er im Seewinkel nur ein sehr seltener Gast in den Baumbeständen des Ostufers (einzelne Nachweise im April, September und Oktober[3–6]). Auch die Kartierungsperiode 1981–1985 für den Brutvogelatlas erbrachte noch keine Hinweise auf Bruten[7]. Am 5.4.1990 wurden im Illmitzer Seewäldchen erstmals zwei Kleiber gemeinsam beobachtet[8] und am 17.4.1993 hielt sich ein Vogel bei der Biologischen Station Illmitz auf[9]. Ein regelmäßigeres Auftreten im Bereich um Illmitz von Mai bis September war aber erst ab 2002 zu verzeichnen und am 11.6.2004 gelang bei der Biologischen Station Illmitz erstmals die Sichtung eines ausgewachsenen Jungvogels[8]. Mit dem Beginn systematischer Kartierungen in den Gehölzen folgten sichere Brutnachweise mit flüggen Jungen an der Wul-

Fertőd, 8.5.2022 (Leander Khil)

aus einem Umkreis von 5 km und die weiteste Rückmeldung aus einer Entfernung von 45 km (n = 821 Funde)[1, 2, 15].

Quellen: [1] Löhrl (1993), [2] Matthysen (1998), [3] Zimmermann (1943), [4] Bauer et al. (1955), [5] Koenig (1961), [6] D. Taylor/ABÖ, [7] Dvorak et al. (1993), [8] A. Grüll/ABÖ, [9] M. Ganso/ABÖ, [10] T. Zuna-Kratky, unpubl. Daten, [11] H.-M. Berg, unpubl. Daten, [12] M. Dvorak, unpubl. Daten, [13] Kárpáti (1983), [14] C. Purtscher, A. Grüll/ornitho.at, [15] Török in Csörgő et al. (2009), [16] www.ornitho.at, [17] Archiv MME Sopron, [18] Archiv FHNP

Alfred Grüll & Mariann Komlós

kamündung im Jahr 2006[10] und im Hanság im Jahr 2012[11] sowie erste Brutzeitbeobachtungen im zentralen Seewinkel[12]. Für die Waldbestände am ungarischen Südufer sind hingegen schon frühere Brutvorkommen beschrieben[13]. Die österreichischen Meldungen ab 2013, nach der Einführung von ornitho.at, ergeben das heutige Verbreitungsbild. Bei Berücksichtigung aller Brutzeitmeldungen in geeignet erscheinenden Bruthabitaten und der nicht kontrollierten Gebiete sowie der Reviergröße[1] ergibt eine vorsichtige Schätzung einen Mindestbestand von 60 Revieren auf der burgenländischen Seite.

Jahreszeitliches Auftreten

Im mitteleuropäischen Tiefland halten sich Kleiber in der Regel das ganze Jahr über in ihren Revieren auf, die geringen jahreszeitlichen Schwankungen in der Meldehäufigkeit von 2011 bis 2018 (n = 135 Exemplare) spiegeln daher in erster Linie Unterschiede in der Auffälligkeit der Art sowie der Beobachterdichte wider. So fällt das Maximum mit fast 15 % der Beobachtungen in der zweiten Märzhälfte mit der kurzen Phase der höchsten Gesangaktivität zusammen. Mit Ausnahme der Sommer- und Herbstperiode von Juli bis November wurden singende Kleiber aber auch in allen anderen Monaten gemeldet. Eine zweite, weniger deutliche Phase erhöhter Beobachtungshäufigkeit mit mehr als 25 % der Meldungen von Anfang September bis etwa 20. Oktober dürfte hingegen auf das sehr ausgeprägte Jungvogeldispersal zurückzuführen sein[1, 2]. Nestbau wurde am 9. und 23. April beobachtet[14]. Mit Legebeginn ab Mitte April können die Jungen ab Ende Mai ausfliegen[1]. Zwei Brutnachweise mit flüggen Jungvögeln gelangen Mitte Juni. Kleiber treten einzeln auf, nur 4,4 % der Beobachtungen beziehen sich auf zwei gleichzeitig anwesende Vögel.

Zugverhalten und Ringfunde

Kleiber sind Stand- und Strichvögel. Vor allem Jungvögel verstreichen auf der Suche nach Revieren in die nähere Umgebung ihres Geburtsortes, weiterführende Wanderbewegungen kommen aber nur vereinzelt vor. So stammen 98 % aller Wiederfunde in Ungarn beringter Kleiber

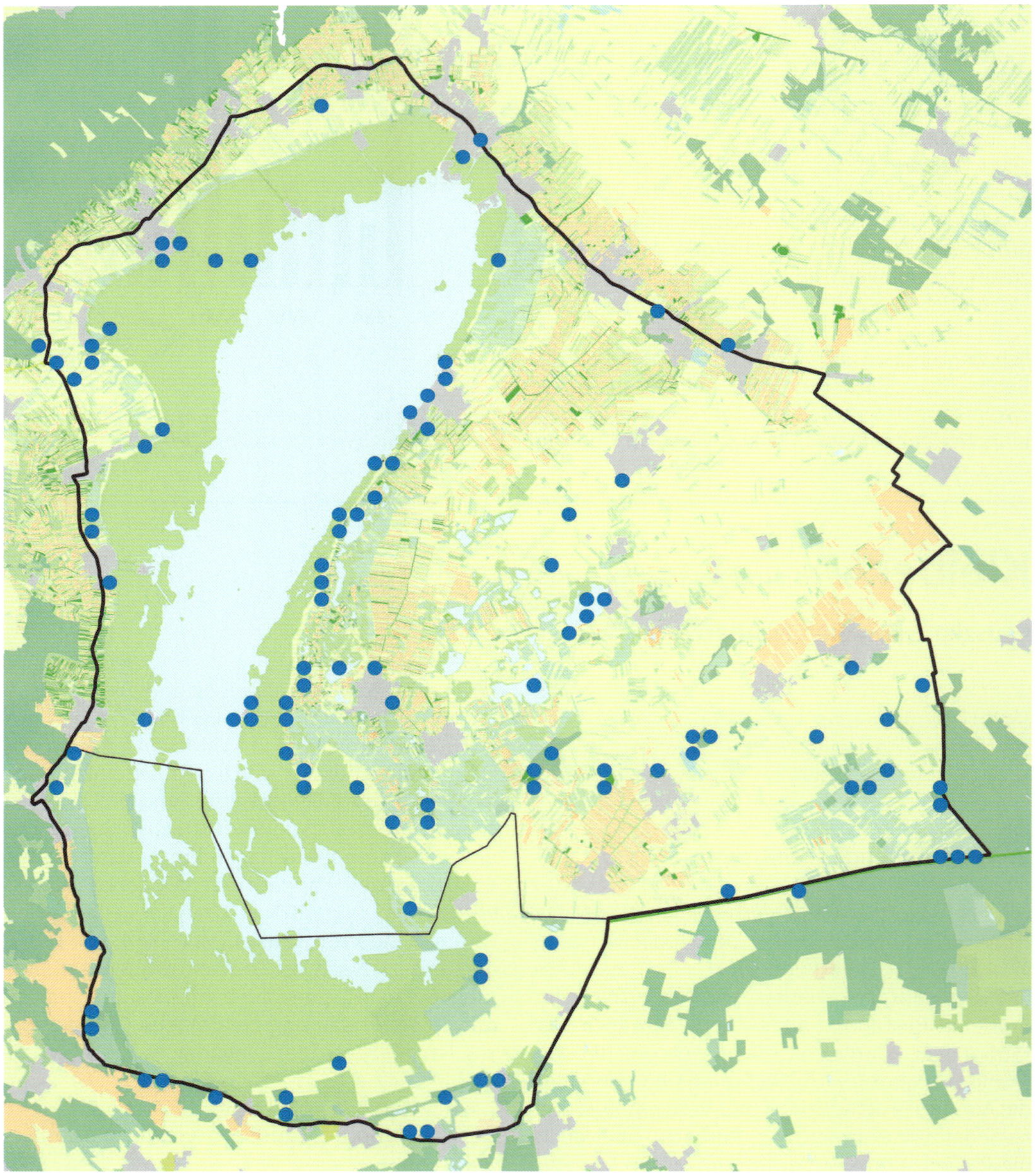

Brutzeitverbreitung des Kleibers, basierend auf Beobachtungen in den Monaten März bis August aus den Jahren 2011 – 2021[16–18].

Mauerläufer *Tichodroma muraria* (Linnaeus, 1766)

Hajnalmadár – Wallcreeper

Ausnahmeerscheinung

Vorkommen

Ein Nachweis:

- Ein Exemplar wurde am 2.11.1987 im Steinbruch von Fertőrákos beobachtet[1].

Quellen: [1] *Pellinger (1992b)*

Attila Pellinger

Waldbaumläufer *Certhia familiaris* Linnaeus, 1758

Hegyi fakusz – Eurasian Treecreeper

Hanság, Figuren, 28.4.2019 (Hans-Martin Berg)

Seltener Durchzügler und Wintergast von Oktober bis April, der in alten Baumbeständen ausnahmsweise auch brütet

Verbreitung und Lebensraum

Überwinternde Waldbaumläufer halten sich, basierend auf den spärlichen Meldungen, zumindest in den alten Pappelreihen am Einserkanal im Hanság, in den Gehölzen zwischen St. Andrä und Frauenkirchen, im Illmitzer Seewäldchen, in den Baumgruppen um die Biologische Station Illmitz sowie in Ungarn in den Gehölzen entlang des Südufers auf. Im Frühling erweitert sich das Areal mit vereinzelten Beobachtungen um Illmitz, Apetlon und Wallern. Während des Herbstzuges wurde die Art auch abseits geschlossener Baumbestände an Ortsrändern, mehrmals im Seebad Illmitz und in den Pappelreihen am Ostufer bis Podersdorf bestimmt. Das Fehlen von Nachweisen am Westufer ist auf die geringe Beobachterdichte zurückzuführen. Nach dem Ende des Bearbeitungszeitraumes gelang am 28.4.2019 in einem alten Auwaldbestand im Hanság (Figuren) der erste Brutnachweis für das Gebiet[1].

Bestand und Bestandsentwicklung

Der Waldbaumläufer hat im Zuge seiner Ausbreitung in das Tiefland den Neusiedler See, im Unterschied zu den Donau- und Marchauen, als Brutvogel sehr spät erreicht[2, 3]. Die Literaturangaben vor Mitte des 20. Jahrhunderts sind schwer zu interpretieren, da zwischen den beiden Baumläuferarten offenbar nicht immer unterschieden wurde[4, 5]. Es ist jedoch davon auszugehen, dass beide Arten, zumindest im baumarmen Seewinkel und am Südufer, damals nur ganz vereinzelt vorkamen. So entdeckte Zimmermann[6] 1940–1942 nur einmal im Herbst einen nicht sicher bestimmten Waldbaumläufer im Illmitzer Seewäldchen. Auch in den 1950er und 1960er Jahren war er nur ein seltener Durchzügler[7, 8]. Regelmäßigere Überwinterungen, z.B. im Illmitzer Seewäldchen, kommen zumindest seit 1970 vor[9]. Bemerkenswert sind zwei singende Männchen am 18.5.1975 im Gebiet der heutigen St. Martins Therme[10], die schon damals vereinzelte Bruten möglich erscheinen lassen. Der Brutnachweis 2019 könnte eine Arealexpansion in die offene Landschaft östlich des Sees einleiten. In den am besten dokumentierten Jahren 2014–2018 wurden Waldbaumläufer im österreichischen Teil im Winter zwar jährlich, aber immer nur von maximal acht Standorten gemeldet.

Jahreszeitliches Auftreten

Waldbaumläufer und Gartenbaumläufer wurden seit 2011 etwa gleich häufig gemeldet, aber in phänologisch sehr unterschiedlicher Verteilung. Während der Gartenbaumläufer mit regelmäßigem Brutzeitvorkommen und Maximum im April und Anfang Mai ganzjährig anwesend ist, zeigt der Waldbaumläufer Ende Oktober/Anfang November einen schwachen Zuggipfel mit anschließender Überwinterung einzelner Vögel bis Ende April. Von Mai bis September fehlt die Art fast vollständig. Vereinzelte Sänger im April dürften noch Wintergäste oder Durchzügler sein, möglicherweise aber auch brutbereite Vögel.

Zugverhalten und Ringfunde

Einzelne Nachweise von Waldbaumläufern mit Merkmalen der nordischen Unterart *C. f. familiaris*[11] sowie die Zugphänologie machen wahrscheinlich, dass zumindest ein Teil der Durchzügler und Wintergäste am Neusiedler See aus den teilziehenden, nordöstlichen (russischen?) Populationen stammt[12, 13].

Quellen: [1] *H.-M. Berg, unpubl. Daten,* [2] *Dvorak et al. (1993),* [3] *Zuna-Kratky et al. (2000),* [4] *Jukovits (1864/65),* [5] *Dombrowski (1889),* [6] *Zimmermann (1943),* [7] *Bauer et al. (1955),* [8] *Koenig (1961),* [9] *E. Duda, W. Lehmann/ABÖ,* [10] *E. Duda/ABÖ,* [11] *L. Khil/ornitho.at,* [12] *Glutz von Blotzheim & Bauer (1993),* [13] *Török in Csörgő et al. (2009),* [14] *www.ornitho.at*

Alfred Grüll & Mariann Komlós

Gartenbaumläufer *Certhia brachydactyla* C. L. Brehm, 1820

Rövidkarmú fakusz – Short-toed Treecreeper

Apetloner Hof, 4.3.2018 (Samuel Schnierer)

Sehr seltener Jahresvogel sowie seltener Durchzügler und Wintergast

Verbreitung und Lebensraum

Die spärlichen Meldungen stammen, mit Ausnahme der kaum kontrollierten Teilareale am Westufer und im nordöstlichen Seewinkel, aus fast allen Gebietsteilen. Jährlich und an mehreren Stellen in teilweise auwaldartigen Baumbeständen anhaltend singende Vögel zwischen Mitte April und Ende Mai lassen auf regelmäßige Brutvorkommen im Hanság (maximal 4 Reviere) sowie entlang des ungarischen Südufers schließen (Futter tragender Altvogel am 24.4.2022 nördlich Fertőhomok[1]). Einzelne Brutzeitbeobachtungen meist singender Gartenbaumläufer stammen auch aus Gehölzen im Sandeck, vom St. Andräer Zicksee, von der Huldenlacke und Langen Lacke, aus dem Illmitzer Seewäldchen und Gemeindewald sowie aus dem Auwald vor der Wulkamündung. Wahrscheinlich handelt es sich dabei jedoch nicht um regelmäßige Brutvorkommen, da eine systematische Kartierung in allen größeren Wäldchen des Seewinkels 2016 – 2018 keinen Hinweis auf besetzte Brutplätze ergab[2]. Die Standorte der Brutzeitvorkommen lassen sich als größere Baumbestände charakterisieren, in denen neben Lichtungen auch ältere Weiden, Pappeln, Robinien oder Ulmen mit rauer, grobrissiger Borke vorhanden sind. Die restlichen Meldungen verteilen sich auf die Monate August bis März und dürften sich zum Teil auf Durchzügler und Wintergäste beziehen, die sich auch in Ortschaften, Seebädern, Alleen oder Einzelbäumen aufhalten.

Bestand und Bestandsentwicklung

Mit seiner Bindung an größere, ältere Baumbestände gehört der Gartenbaumläufer zu den Waldarten, die den Seewinkel erst nach entsprechender Reifung der zerstreuten Wäldchen besiedeln konnten. Zimmermann entdeckte 1940 – 1942 nur einmal im Herbst einen nicht sicher bestimmten Baumläufer (Waldbaumläufer?) im Illmitzer Seewäldchen[3]. Auch in der Literatur der 1950er und 1960er Jahre wurde nur der Waldbaumläufer als seltener Durchzügler erwähnt[4, 5]. Die ersten konkreten Nachweise ziehender bzw. überwinternder Gartenbaumläufer im Seewinkel stammen vom 30.10.1971 aus Podersdorf[6] und vom 10.1.1986 aus dem Illmitzer Gemeindewald[7]. Erst seit 2000 kommen im Seewinkel regelmäßig singende Exemplare während der Brutzeit vor. Die Bestandsentwicklung im Hanság ist auf Grund der viel geringeren Beobachterdichte nicht mehr zu eruieren. Die Brutzeitnachweise stammen hier alle aus der Periode ab 2009, in der das Gebiet ornithologisch wesentlich intensiver kontrolliert wurde als davor[8]. Insgesamt dürfte der Brutzeitbestand kaum mehr als 20 territoriale Männchen bzw. Paare betragen.

Jahreszeitliches Auftreten

Die Meldungen aus dem Zeitraum 1967 – 2018 (n = 48) verteilen sich auf alle Monate, mit einem Maximum von März bis Anfang Mai, was wahrscheinlich eher auf die hohe Gesangsaktivität als auf Migrationsbewegungen zurückzuführen ist[9]. Auch für einen zahlenmäßig stärkeren Durchzug im September/Oktober liegen keine Hinweise vor. 14 Beobachtungen zwischen August und Ende März und außerhalb des beschriebenen Verbreitungsgebiets während der Brutzeit sprechen für nachbrutzeitliche Strichbewegungen[10] und vereinzelte Wintergäste. Gesang wurde ab Mitte Februar bis Mitte Juni vernommen.

Zugverhalten und Ringfunde

Auf Grund der geographischen Lage der Tieflandvorkommen am Neusiedler See ist von Standvögeln auszugehen[10]. So liegen auch für alle in Ungarn beringten Gartenbaumläufer ausschließlich Nahfunde um den Beringungsort vor[11].

Quellen: *[1] A. Grüll, unpubl. Daten, [2] M. Dvorak, unpubl. Daten, [3] Zimmermann (1943), [4] Bauer et al. (1955), [5] Koenig (1961), [6] K. Bauer/ABÖ, [7] A. Grüll/ABÖ, [8] H.-M. Berg & M. Dvorak, unpubl. Daten, [9] Glutz von Blotzheim & Bauer (1993), [10] Bauer & Kaiser (1991), [11] Török in Csörgő et al. (2009)*

Alfred Grüll & Sándor Mogyorósi

Rosenstar *Pastor roseus* (Linnaeus, 1758)

Pásztormadár – Rosy Starling

Unregelmäßiger Irruptionsgast vor allem zwischen Mitte Mai und Anfang Juni

Vorkommen

Der Rosenstar ist im östlichen Mitteleuropa ein unregelmäßiger Invasionsgast, wobei diese Einflüge in manchen Jahren beachtliche Ausmaße erreichen können. Daher ist es eigentlich überraschend, dass im gut bearbeiteten Neusiedler See-Gebiet die Nachweise dieser Art bis in das späte 20. Jahrhundert ausgesprochen spärlich blieben. In der zweiten Hälfte des 19. Jahrhunderts wurde er vereinzelt im Raum Sopron festgestellt, allerdings kann heute nicht mehr beurteilt werden, ob dies innerhalb des hier betrachteten Gebiets erfolgte (Zusammenfassung bei Zimmermann[1]). Der erste überlieferte Nachweis aus dem eigentlichen Seegebiet stammt vom 1.6.1934, als ein Individuum aus einem Trupp von 25 – 30 bei Fertőrákos erlegt wurde[2]. Möglicherweise aus demselben Jahr oder aus den Jahren 1936/37 stammt ein weiterer, bei Weiden aus einem Trupp heraus erlegter Vogel[3]. Die nächsten zwei Feststellungen gelangen erst wieder im Jahr 1971, danach dauerte es weitere 20 Jahre bis zu einem Nachweis im Herbst

Weiden, 23.5.2020 (Bernhard Zens)

1991[4,5]. Ab dann gelangen Beobachtungen des Rosenstars in deutlich höherer Frequenz (1995–2017 Nachweise in 9 von 23 Jahren[5–11]), wobei aber vorerst in keinem Jahr mehr als zwei Nachweise erbracht wurden, mit einem herausragenden Trupp von 16 Vögeln am 22.5.2001 bei Mekszikópuszta[12]. Im Frühjahr 2018 kam es dann zu einem sehr ausgeprägten Einflug des Rosenstars nach Ostösterreich[13], der sich in 13 Nachweisen mit insgesamt mindestens 52 Individuen im hier betrachteten Gebiet niederschlug. Und schließlich brachte ein Rekordeinflug im Jahr 2020 20 Nachweise von mindestens 95 Individuen im eigentlichen Seegebiet, wobei der größte Trupp mindestens 22 Vögel umfasste. Dabei lag das Hauptauftreten der Rosenstare in diesem Jahr knapp außerhalb des Avifauna-Gebiets am Ruster Hügelzug, wo der größte Trupp sogar 54 Vögel umfasste[14,15].

Die Ankunft der Rosenstare fällt mit der beginnenden Kirschenreife zusammen. Daher ist es nicht verwunderlich, dass nahezu die Hälfte der Frühjahrsnachweise (22 von 47 bzw. 46,8 %) in den reichlich mit Kirschbäumen bestandenen Weinbaugebieten des Westufers und des Nordufers bis Gols gelangen. Dazu kommen, wie oben bereits erwähnt, noch weitere Nachweise an den Hängen des Ruster Hügelzugs und des Leithagebirges, die aber knapp außerhalb des Bearbeitungsgebiets liegen. Die übrigen Funde verteilen sich auf den österreichischen und ungarischen Seewinkel (29,8 %), die Wiesengebiete und Weidekoppeln entlang des Ostufers (14,9 %) sowie den Hanság (8,5 %). Von den sechs Herbstnachweisen entfiel nur einer auf das Westufer des Sees, während hingegen fünf entlang des Ostufers erbracht wurden, wo das Insektenangebot in der Nähe der Weidetiere offenbar das um diese Jahreszeit attraktivste Nahrungsangebot darstellt und nicht die Trauben in den Weingärten. In den meisten Fällen sind Rosenstare mit größeren Starenschwärmen vergesellschaftet, gelegentlich wurden aber auch kleine artreine Trupps beobachtet.

Jahreszeitliches Auftreten

Die 47 Feststellungen des Rosenstars im Rahmen der Frühjahrseinflüge fallen fast alle in ein recht enges Zeitfenster von 20. Mai bis 8. Juni. Dem stehen lediglich sechs Herbstbeobachtungen von einem Altvogel und fünf diesjährigen Vögeln von 31. August bis 6. Oktober sowie ein nicht näher datierter Beleg gegenüber.

Quellen: [1] *Zimmermann (1943),* [2] *J. Dorfmeister in Breuer (1934),* [3] *Hareter in Bauer et al. (1955),* [4] *Archiv BirdLife Österreich,* [5] *Laber & Ranner (1997),* [6] *Ranner & Khil (2009),* [7] *www.birding.hu,* [8] *Khil & Albegger (2014),* [9] *Albegger & Khil (2016),* [10] *Albegger & Brader (2018),* [11] *www.club300.at,* [12] *Bankovics et al. (2002),* [13] *Vratny & Albegger (2020),* [14] *www.birdlife-afk.at,* [15] *Hohenegger & Albegger (2022)*

Andreas Ranner & Tibor Hadarics

Star *Sturnus vulgaris* Linnaeus, 1758

Seregély – Common Starling

Podersdorf, 6.5.2021 (Michael Dvorak)

Häufiger Brutvogel, sehr häufiger Durchzügler am Wegzug von Ende Juli bis Mitte Oktober und mäßig häufiger Wintergast

Verbreitung und Lebensraum

Der Star ist im Neusiedler See-Gebiet ein verbreiteter Brutvogel in Wäldchen, Windschutzstreifen und anderen Baumbeständen. Regelmäßig brütet er auch in älteren Einzelbäumen in Weingärten und Ackerflächen. In unterschiedlicher Häufigkeit sind auch alle Ortschaften besiedelt[1]. Während des Durchzugs im Frühjahr und Herbst sind Stare im gesamten Gebiet anzutreffen. Im Herbst sind Schwärme zehntausender Individuen regelmäßig vor allem im zentralen Seewinkel, im Seevorgelände östlich des Neusiedler Sees (hauptsächlich von Podersdorf bis Sandeck) und im Bereich der seenahen Lacken zu beobachten. Im österreichischen Hanság und entlang des Westufers des Neusiedler Sees, z. B. vom Seebad Breitenbrunn oder von der Ruster Storchenwiese, werden größere Schwärme seltener gemeldet. Die Schwärme sammeln sich am Abend im

Schilfgürtel des Neusiedler Sees an gemeinsamen Schlafplätzen, z.B. im Bereich vom Seebad Illmitz bis zum Sandeck.

Zur Nahrungssuche werden vorwiegend Weideflächen, Weingärten und frisch abgeerntete Äcker genutzt. Zu Ende des Sommers und im Herbst suchen die Stare, angezogen durch die hier erhöhte Verfügbarkeit von Insekten, mit Vorliebe die Nähe von Weidetieren. Im Spätherbst und Vorfrühling sind die Stare häufig mit Kiebitzen und Wacholderdrosseln vergesellschaftet und überwinternde Vögel nutzen die Früchte der invasiven Ölweide. Das Vorkommen großer Starenschwärme am Neusiedler See ist seit Jahrhunderten bekannt: Csatkay[2] beschrieb die Bemühungen der Stadt Sopron im 18. Jahrhundert zur Ver- und Bejagung der Stare mit Netzen und später zunehmend mit Feuerwaffen. Das Neusiedler See-Gebiet war historisch und ist noch bis heute ein besonders geeignetes Rastgebiet aufgrund der räumlichen Nähe großflächiger Nahrungsquellen (Wein- und Obstgärten, früher auch zahlreiche Weidetiere) und für Menschen unzugänglicher Schlafplätze im Schilfgürtel.

Bestand und Bestandsentwicklung

Laut Zimmermann[3] reichten die Brutgebiete des Stars in den 1940er Jahren bis an das West- und Südufer des Sees, im Osten fehlte er aber als Brutvogel. Auch in den 1950er Jahren war der Star am Ostufer des Sees noch kein Brutvogel[4]. Erste Brutpaare im österreichischen Hanság und im Seewinkel sind erst ab ca. 1975 bekannt[5]. In den 1980er und 1990er Jahren etablierte sich der Star schließlich als Brutvogel im gesamten Avifauna-Gebiet. Leider ist diese Entwicklung nicht systematisch und quantitativ dokumentiert. Im Rahmen einer Kartierung der Wäldchen östlich des Neusiedler Sees in den Jahren 2016–2018 wurden in 17 von 19 untersuchten Wäldchen Reviere des Stars registriert. Auf insgesamt 1,95 km² wurden 86 Reviere erfasst, die mittlere Siedlungsdichte lag bei 4,6 Revieren/10 ha, was den Star zur achthäufigsten Vogelart der Wäldchen machte[6]. Der Brutbestand des Stars in den Ortschaften rund um den Neusiedler See lässt sich mit der vorhandenen Datengrundlage nur grob abschätzen. Die Erhebung der Vögel ausgewählter Ortschaften östlich des Neusiedler Sees aus dem Jahr 2014 ließ aufgrund der zu späten Zähltermine für diese früh brütende Art keine Aussagen zum Brutbestand zu[1]. Die Brutnachweise (wahrscheinliche und sichere), die über ornitho.at von 2013-2018 gemeldet wurden, geben einen groben Überblick über die Brutbestände in den Siedlungen. In Illmitz und Podersdorf liegen mit je 10 Meldungen die meisten Brutnachweise vor. Sechs Brutnachweise gibt es für St. Andrä, fünf aus Gols und für alle anderen Ortschaften gibt es nur drei oder weniger Brutnachweise. In Oggau, Jois, Halbturn, Andau, Tadten und Wallern wurden im Zeitraum 2013–2018 keine Brutnachweise gemeldet[7]. Ein ähnliches Bild ergab auch eine Linientaxierung ausgewählter Ortschaften im Jahr 2018. In Illmitz wurden mit 42 singenden/balzenden Individuen die meisten Stare festgestellt, während in Mörbisch, Rust, Oggau, Donnerskirchen, Purbach und Weiden jeweils fünf oder weniger Individuen registriert wurden[8]. Der Star scheint folglich ein verbreiteter Brutvogel der Ortschaften zu sein, ist aber in den meisten Ortschaften mit nur sehr wenigen Brutpaaren vertreten und fehlt in manchen Jahren lokal auch als Brutvogel.

Als Durchzügler ist der Star im Gebiet des Neusiedler Sees schon lange bekannt. Zimmermann[3] berichtete von kleineren Schwärmen am Frühjahrszug, war aber vor allem von den riesigen, tausende Individuen umfassenden Schwärmen im Herbst beeindruckt. Bauer et al.[4] wagten schließlich im Herbst 1951 und 1952 erste Schätzungen und berichteten von Schwärmen mit mehreren Tausend Individuen bzw. Wolken zu Tausenden. Auch ab den 1970er Jahren bis heute liegen Schätzungen einzelner Starenschwärme vor. Diese reichen von wenigen Hundert über Tausende bis Zigtausende Individuen. Der größte Schwarm wurde am 26.9.2007 beim Schlafplatzflug im Bereich des Oberen Stinkersees auf 400.000 Individuen geschätzt[6]. Weitere bemerkenswert große Schwärme: jeweils ca. 100.000 Individuen am 3.10.2016 im Seebad Breitenbrunn[9], am 8.8.2017 im Sandeck[10], am 5.9.2018 im Seebad Breitenbrunn[11] und am 16.9.2018 am Illmitzer Zicksee[12]. Nach wie vor fehlen allerdings für die Massenansammlungen im Spätsommer und Herbst systematische, quantitative Erfassungen. Zufällig gesammelte Meldungen[7, 13] bilden das Vorkommen solcher sehr häufigen Arten nicht ab. So gibt es für die 1970er Jahre gar keine Meldungen für den Zeitraum des Auftretens der großen Schwärme von August bis Oktober und von 1980 bis 2012 sind nur in neun Jahren 1–7 Meldungen pro Jahr vorhanden. Aus dem Jahr 2013 gibt es dann plötzlich 242 Meldungen für August bis Oktober, die dann bis 2018 auf 616 Meldungen ansteigen. Die Anzahl der beobachteten Individuen wurde aber nur bei etwas mehr als der Hälfte der Meldungen geschätzt.

Jahreszeitliches Auftreten

Zimmermann[3] erwähnte, dass der Star im Gebiet auch überwintert, ohne aber konkrete Beobachtungen anzuführen. Zehn Jahre später berichteten Bauer et al.[4], bei zahlreichen Winterexkursionen Anfang der 1950er Jahre keine Stare gesehen zu haben. Erste Beobachtungen von Staren in den Wintermonaten Dezember, Jänner und Februar wurden erst Anfang der 2000er Jahre gemeldet[13]. Regelmäßige Nachweise im Hochwinter gibt es dann ab 2013[7]. Es ist möglich, dass Stare aufgrund milderer Winter in den letzten Jahren vermehrt im Gebiet überwintern (siehe aber auch Anmerkungen zur Datengrundlage oben). Der Frühjahrsdurchzug des Stars findet im März statt und ist verglichen mit den Zahlen im Spätsommer und Herbst deutlich schwächer. Erste nachbrutzeitliche Schwarmbildungen finden bereits ab Mitte Juni statt. Ab August treffen dann große Schwärme ein, die sich bis Ende Oktober im Gebiet aufhalten. Mit November verlassen schließlich die meisten Stare das Gebiet.

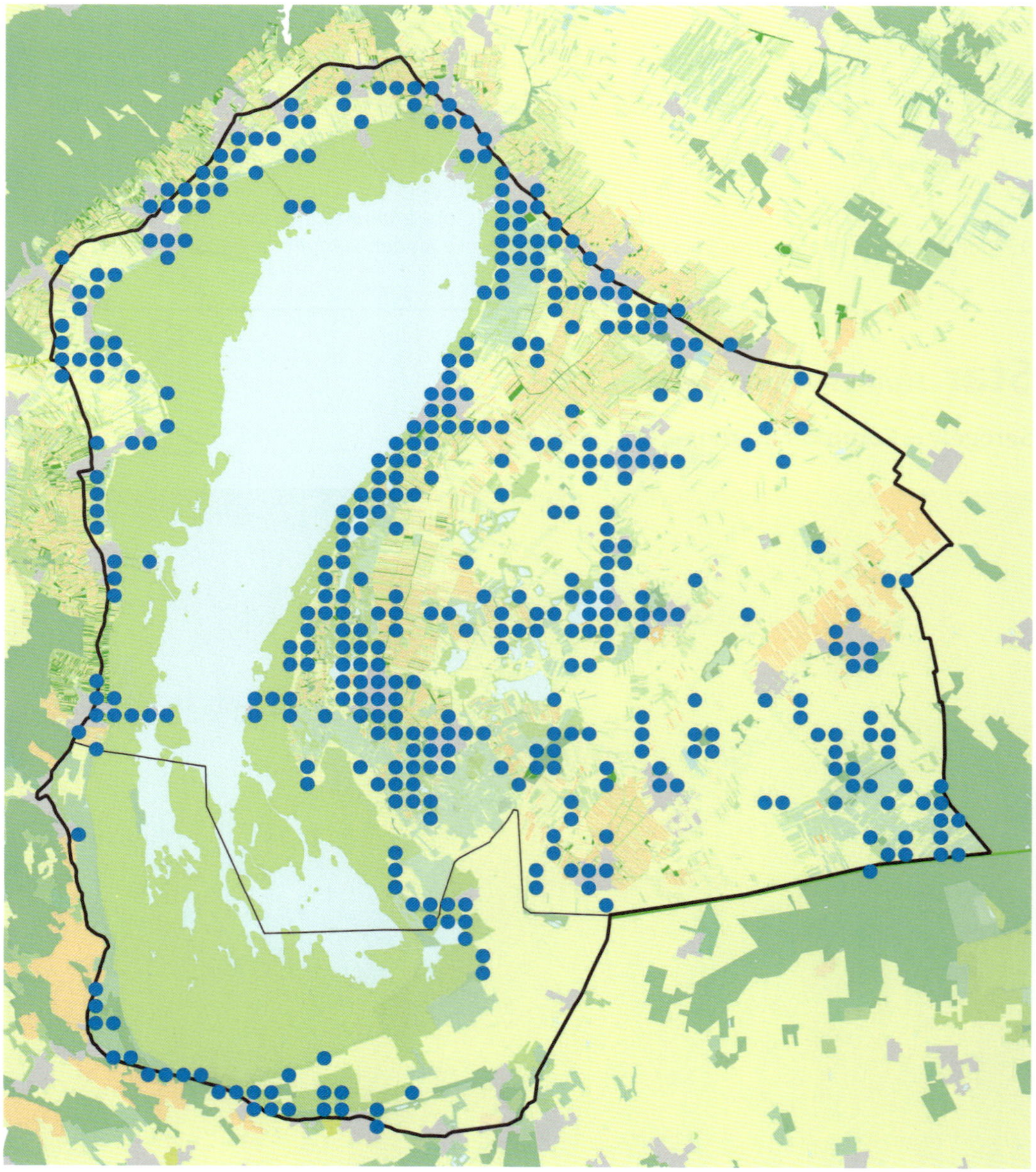

Brutzeitverbreitung des Stars, basierend auf Beobachtungen in den Monaten April bis Juli (ohne Trupps >4, ohne Brutcode „H") aus den Jahren 2011–2021[7, 17, 18].

Während der Wintermonate halten sich dann Schwärme mit mehreren Hundert Individuen im Bearbeitungsgebiet auf.

Zugverhalten und Ringfunde

Der Star ist in Europa sowohl Standvogel als auch Teil- und Kurzstreckenzieher. Hauptüberwinterungsgebiete umfassen neben den Brutgebieten in Süd- und Westeuropa auch den gesamten Mittelmeerraum [14]. Die wenigen bisher vorliegenden Fernfunde deuten alle darauf hin, dass die Durchzügler des Neusiedler See-Gebiets im Mittelmeergebiet (beringt oder wieder gefangen: drei Nachweise aus der Emilia-Romagna, je einer aus der Toskana und von Mallorca) überwintern [15, 16]. Ein östlich von Zagreb im Mai 1965 beringter Star wurde im Oktober desselben Jahres bei Rust tot aufgefunden [15]. Hier könnte es sich entweder um ein sehr spät aus dem Überwinterungsgebiet in Südost-Europa zurückkehrendes Individuum handeln oder um einen in Kroatien brütenden Star, der eine eher ungewöhnliche, nachbrutzeitliche Bewegung nach Norden zeigte.

Quellen: [1] *Dvorak et al. (2014),* [2] *Csatkay (1965),* [3] *Zimmermann (1943),* [4] *Bauer et al. (1955),* [5] *Glutz von Blotzheim & Bauer (1993),* [6] *M. Dvorak, unpubl. Daten,* [7] *www.ornitho.at,* [8] *A. Grüll, M. Dvorak, A. Cimadom, unpubl. Daten,* [9] *A. Ranner/ornitho.at,* [10] *U. Längle/ornitho.at,* [11] *B. Tobler/ornitho.at,* [12] *W. Zimmermann/ornitho.at,* [13] *Archiv BirdLife Österreich,* [14] *Bauer et. al (2005),* [15] *Österreichische Vogelwarte, unpubl. Ringfunde,* [16] *Vogelberingungszentrale BirdLife Ungarn, unpubl. Ringfunde,* [17] *Archiv MME Sopron,* [18] *Archiv FHNP*

Arno Cimadom & Attila Pellinger

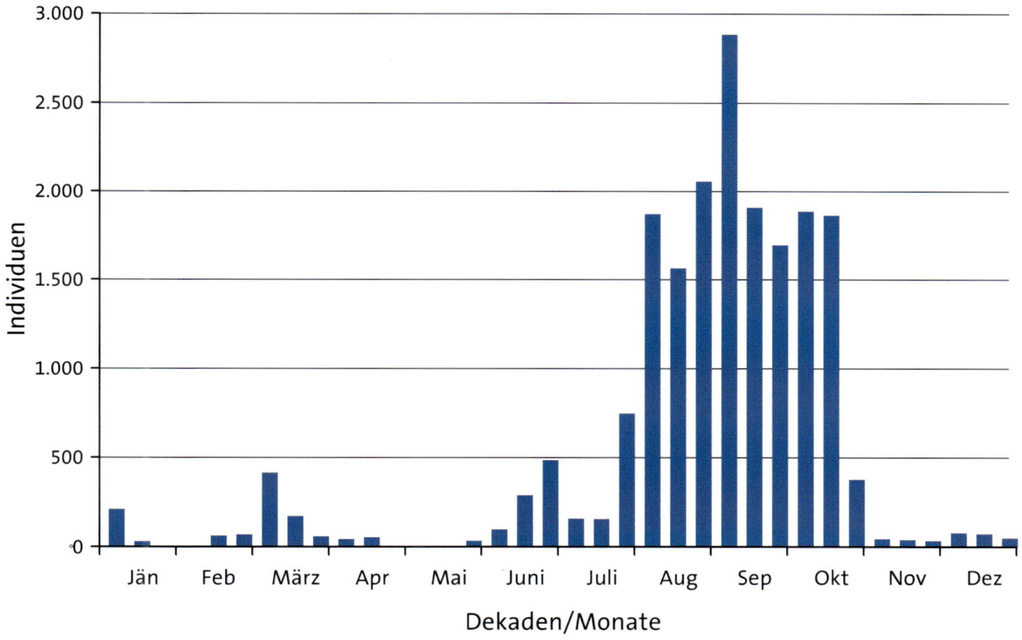

Jahreszeitliches Auftreten des Stars (Mittelwert der Individuen pro Meldung und Dekade) basierend auf Daten aus Österreich aus den Jahren 2013–2018 [7]. Meldungen ohne Angabe zur Anzahl der Individuen, bzw. solche von nur einem Individuum sind nicht berücksichtigt.

Singdrossel *Turdus philomelos* C. L. Brehm, 1831

Énekes rigó – Song Thrush

Sankt Andrä am Zicksee, 15.4.2012 (Michael Dvorak)

Häufiger Brutvogel und Durchzügler von Februar bis Anfang November, der im Seewinkel auch in den Siedlungen brütet

Verbreitung und Lebensraum

Da die Singdrossel während des Frühjahrszuges auf ihren Rastplätzen sehr aktiv singen kann, ist die Unterscheidung zwischen Brutvögeln und Durchzüglern zu Beginn der Brutsaison schwierig. Aus den phänologischen Daten lässt sich jedoch ableiten, dass im Mai und Juni die wenigsten Migrationsbewegungen stattfinden. Die Verbreitung zeigt in diesen Monaten eine enge Bindung an größere Baumbestände im gesamten Gebiet sowie an die Ortschaften östlich und südlich des Sees, während in den Siedlungen am Westufer Singdrosseln fehlen oder nur ganz vereinzelt vorkommen. Die Art stellt an ihren Brutplatz höhere Ansprüche als die Amsel. Neben Bäumen und einer dichten Strauchschicht spielt für das Nahrungsangebot, das v.a. durch Regenwürmer und Schnecken bestimmt wird, auch eine relativ hohe Bodenfeuchtigkeit, die über die Sommermonate anhält, eine Schlüsselrolle. Sie bevorzugt daher grundwassernahe Standorte in den Randzonen des Sees, in den tieferliegenden Bereichen des südlichen Seewinkels und im Hanság. In höherer Dichte werden ältere Au- und Bruchwälder besiedelt, wie z.B. an der Wulkamündung, aber auch unterschiedliche, oft von Eschen und Pappeln dominierte Baumbestände an den Rändern von Ortschaften und Freizeitanlagen, auf alten Gutshöfen, in breiten Windschutzstreifen oder aufgelassenen Schottergruben. Die Gehölze auf den trockenen Sandböden am Ostufer sowie die Robiniengehölze in der Agrarlandschaft des nördlichen und östlichen Seewinkels sind hingegen nur spärlich von einzelnen Paaren besetzt.

Die Nahrung wird nicht nur unter Gebüsch und am Waldboden gesucht, sondern auch auf angrenzenden Wegen, Ruderalstellen sowie gemähten Wiesen- und Rasenflächen. Im klimatisch trockenen Neusiedler See-Gebiet findet die Singdrossel daher auch in den urban gestalteten Grünflächen, Freizeitgärten und Innenhöfen der Dörfer mit Koniferengruppen, regelmäßigem Grasschnitt und Rasenbewässerung einen günstigen Lebensraum. Rastende Durchzügler nutzen ein wesentlich breiteres Habitatspektrum. Bei ergiebigem Nahrungsangebot spielen dabei auch völlig gehölzfreie Flächen eine wichtige Rolle. Vor allem bei Zugstau nach späten Wintereinbrüchen mit Schneefällen im März/April können sich Hunderte auf feuchten Wiesen oder in Weingärten konzentrieren. Zuggäste treten weiters regelmäßig in den Seebädern sowie auf Dämmen und Schlammabsetzbecken im Schilfgürtel auf. So gingen im MRI-Beringungsprogramm von Ende Juni bis Anfang November fast 12 % der Fänglinge auf einem Damm im Schilfgürtel in die Netze[1], wo nach klaren Zugnächten im Oktober bis zu 10 Singdrosseln nach Nahrung suchten[2].

Bestand und Bestandsentwicklung

Die Singdrossel gehört zu den Waldvogelarten, die den Seewinkel erst relativ spät besiedelten. Im Prinzip verlief die Ansiedlung ähnlich wie bei der Amsel, auf Grund höherer Ansprüche an das Sukzessionsstadium der Gehölze bzw. die Urbanisierung der dörflichen Siedlungen allerdings mindestens ein Jahrzehnt später. Im Seewinkel traten bis in die 1950er Jahre, bei noch spärlicher Gehölzausstattung, auch rastende Durchzügler viel weniger in Erscheinung als heute[3,4]. Aus dieser Zeit stammen die ersten Hinweise auf Brutvorkommen am Westufer im Buschwald am Hackelsberg bei Winden[4]. Auch am ungarischen Südufer standen nach der Aufforstung mit Windschutzstreifen frühestens ab den 1950er Jahren geeignete Bruthabitate zur Verfügung[5]. Während aus den Jahren 1977–1979 auch schon für Purbach und Donnerskirchen Brutnachweise vorliegen[6], blieb der Status im Seewinkel bis Mitte der 1980er Jahre unverändert. Erste Beobachtungen, die auf brutzeitliche Vorkommen nach Mitte Mai hinweisen, wurden bereits ab 1975 gemeldet. Der erste Nachweis einer Brut gelang aber erst 1985 in einem großen, verwilderten Garten mit Pappelbestand am Ortsrand von Apetlon[7]. Ab 1989 tauchten dann während der Brutzeit zunächst in den Wäldchen entlang des Ostufers, am Seewinkelhof/Lange Lacke (Brutnachweis 1990[8]) und ab 1994 im Ortsgebiet von Illmitz sowie in anderen Seewinkelgemeinden immer mehr Singdrosseln auf. Der auffällige und anhaltende Gesang wurde damals von vielen Ortsbewohnern als neue Vogelstimme wahrgenommen. Ein Beispiel für die weitere Ausbreitung waren die Zitzmannsdorfer Wiesen, wo in den zerstreuten Gehölzbeständen zwischen 1991 und 2011 neun neue Reviere besetzt und eine Siedlungsdichte von 6,7 Revieren/10 ha erreicht wurden[9]. Als Auslöser für die Besiedlung des Seewinkels sind in erster Linie die Reifung der Baumbestände mit zunehmender Beschattung, Humusbildung und somit Feuchtigkeit der Böden in Betracht zu ziehen, sekundär aber auch die oben beschriebene Urbanisierung der Dörfer.

Unklar bleibt die frühere Situation im Hanság, wo erst 1993 ein erster Brutnachweis in einem Windschutzstreifen gelang[10], in den Auwaldbeständen an der Grenze zu Ungarn aber viel ältere Brutvorkommen wahrscheinlich sind. In den Jahren 2009 und 2010 ergab hier eine Schätzung 45–50 Brutpaare[11]. In einer von Windschutzstreifen und Baumhecken durchzogenen, halboffenen Probefläche bei Pamhagen (3,75 km²) wurden 1998 erst zwei, 2020 aber bereits sechs Reviere erfasst[12]. Bei Kartierungen in 19 Wäldchen des Seewinkels von mehr als 1 ha Größe (insgesamt 185,7 ha) konnten 2016–2018 in fast allen Gehölzen Vorkommen und insgesamt 23 Reviere festgestellt werden. Maximal waren 3,8 Reviere/10 ha besetzt[12]. Eine Hochrechnung für die nicht kontrollierten Waldbestände auf der Grundlage dieser Daten ergibt für das gesamte Gebiet östlich des Sees mind. 80 Brutpaare. Auch in allen Dörfern des Seewinkels und am Südufer des Sees in Ungarn gehört die Singdrossel wie die Amsel mittlerweile zu den stetigen und typischen Brutvogelarten. Auf der Basis von Punkttaxierungen wurde für den Seewinkel eine mittlere Siedlungsdichte von 2,2 (1,5–3,2) Revieren/10 ha errechnet[14]. Auf die Fläche aller Ortschaften ohne Gols, Mönchhof und Halbturn hochgerechnet ergibt das einen Bestand von mind. 270 Revieren. In fünf Dörfern am Westufer konnte hingegen 2018 nur ein einziges Revier in Mörbisch kartiert werden[15]. Für den gesamten Seewinkel und Hanság kann demnach ein Mindestbestand von 400 Brutpaaren angenommen werden.

Jahreszeitliches Auftreten

Durchzug und Ankunft der Brutvögel beginnen zunächst zögerlich ab dem 10. Februar, setzen dann verstärkt ab Mitte März ein und erreichen offensichtlich schon wenige Tage später den Höhepunkt. Bei späten Wintereinbrüchen können dabei durch Zugstau extrem hohe Dichten auftreten. Herausragend war das Jahr 2013 mit vielen Hunderten Zuggästen nach Schneefällen am 25. März[16]. Basierend auf den Daten aus den Jahren 1967–1990, in denen die Singdrossel im Seewinkel noch nicht als Brutvogel vertreten war, klingt der Frühjahrszug nach dem 5. Mai ab. Wenige Tage nach der Ankunft beginnen die Brutvögel und Durchzügler zu singen, wobei die frühesten Daten vom 23.2.2016[17] und 24.2.2014[18] stammen. Die daran anschließenden Schwankungen in der Meldehäufigkeit mit einem zweiten Gipfel Anfang Mai dürften mit der unterschiedlichen Gesangsaktivität in den einzelnen Brutphasen zusammenhängen. Nach Mitte Juni beginnt der Gesang abzuflauen und erlischt nach Mitte Juli, was sich auch im steilen Abfall der Beobachtungshäufigkeit niederschlägt. Die spätesten Gesangsmeldungen datieren vom 22.7.[19] und 23.7.2018[20]. Die Singdrossel ist dann bis Herbst sehr heimlich und schwer zu entdecken.

Im Unterschied zum Heimzug verläuft der Wegzug wenig auffällig und fast ohne die Konzentrationen rastender Vögel. Basierend auf Netzfängen in Illmitz beginnt der Herbstzug, nach einzelnen umherstreifenden Vögeln im Juli und August, um den 10. September, erreicht in der ersten Oktoberdekade den Höhepunkt und klingt Anfang November aus[21, 22]. Dieses Zugmuster deckt sich auch weitgehend mit der Phänologie der Beobachtungshäufigkeit. Winterbeobachtungen einzelner Vögel kommen auch bei geschlossener Schneedecke und Dauerfrost mit Temperaturen bis –23°C regelmäßig vor. Die

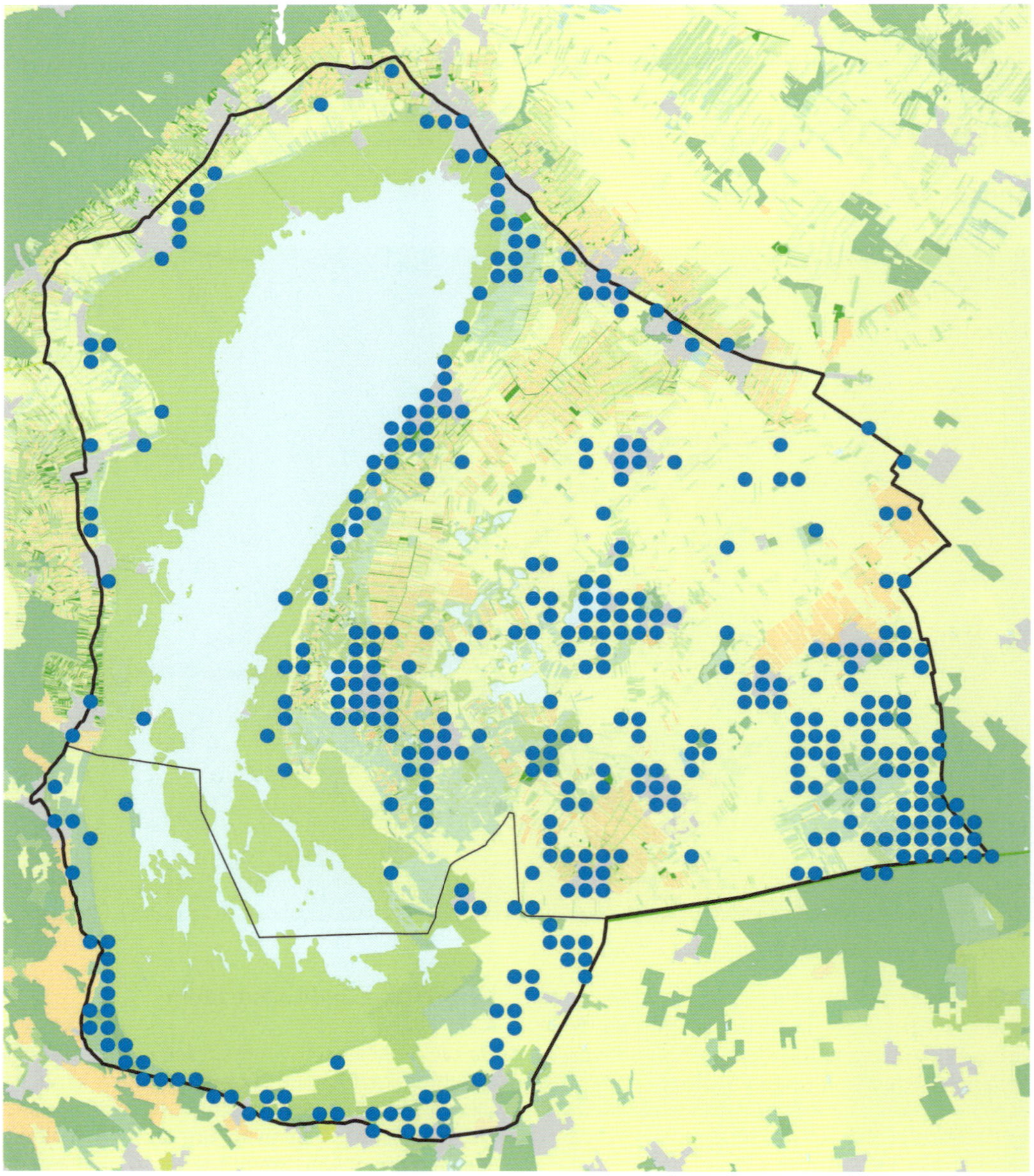

Brutzeitverbreitung der Singdrossel, basierend auf Beobachtungen in den Monaten Mai und Juni aus den Jahren 2011–2021[25–27].

Brutperiode ist mit zwei, gelegentlich drei Jahresbruten relativ lang. Brütende Drosseln wurden ab 13. April gemeldet. Der Anteil fütternder Altvögel (Nestlinge und flügge Jungvögel) an den Beobachtungen verteilt sich pro Monat wie folgt: April 9,6 %, Mai 38,5 %, Juni 38,5 %, Juli 13,5 % (n = 52). Ausgeflogene Jungvögel treten dabei ab dem 15. Mai auf. Aus diesen Daten ist ein Beginn der Hauptlegezeit um Mitte April abzuleiten. Spätester Nestbau konnte am 29. Juni und 10. Juli registriert werden, flügge Jungvögel können noch bis Ende Juli gefüttert werden. Ansammlungen von mehr als fünf Vögeln wurden nur in der Zeit von 15. März bis 25. April gemeldet, ansonsten tritt die Singdrossel überwiegend einzeln auf.

Zugverhalten und Ringfunde

Die Singdrosseln aus dem Karpatenbecken sind Zugvögel mit Hauptzugrichtung nach Südwest. Die Überwinterungsgebiete liegen überwiegend in Mittelitalien, Korsika und Sardinien, mit einzelnen Funden bis Süditalien und Tunesien[23]. 14 Wiederfunde (Oktober–Februar) im Herbst 1974–2011 am Neusiedler See beringter Singdrosseln fügen sich zum Teil gut in dieses Bild, belegen aber auch eine stärkere Streuung der Zugrichtungen: Neun Funde stammen aus einem breiten Sektor von Friaul-Julisch Venetien und Venetien bis Umbrien und in die Toskana, Korsika und Sardinien. Fünf Rückmeldungen aus der Provence, Mallorca und Andalusien verweisen hingegen auf eine weiter westlich verlaufende Zugroute. Eine weitere Drossel war schließlich im Mai des darauffolgenden Jahres in der Ukraine[24].

Quellen: [1] Bairlein (1981), [2] A. Grüll/ornitho.at, [3] Zimmermann (1943), [4] Bauer et al. (1955), [5] Jánoska (2001), [6] E. Duda, P. Prokop/ABÖ, [7] A. Grüll/ABÖ, [8] E. Lederer/ABÖ, [9] Dvorak et al. (2011), [10] J. Laber/ABÖ, [11] Dvorak et al. (2010), [12] BirdLife Österreich, unpubl. Daten, [13] M. Dvorak, unpubl. Daten, [14] Dvorak et al. (2014b), [15] M. Dvorak, A. Grüll & A. Cimadom, unpubl. Daten, [16] L. Khil, A. Ranner /ornitho.at, [17] A. Grüll/ornitho.at, [18] R. Matz/ornitho.at, [19] H. Ruhdorfer/ornitho.at, [20] A. Hombauer/ornitho.at, [21] Berthold et al. (1991), [22] W. Vogl & H. Winkler, unpubl. Daten, [23] Csörgő & Gyurácz in Csörgő et al. (2009), [24] Österreichische Vogelwarte/Vogelberingungszentrale BirdLife Ungarn, unpubl. Ringfunde, [25] www.ornitho.at, [26] Archiv MME Sopron, [27] Archiv FHNP

Alfred Grüll & Attila Pellinger

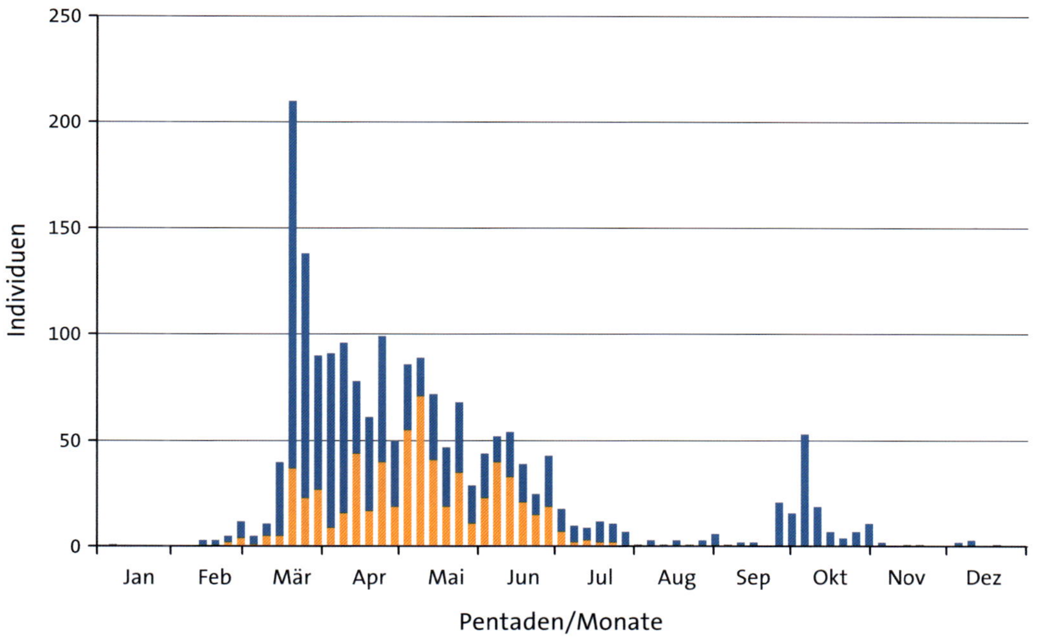

Jahreszeitliches Auftreten der Singdrossel (Pentadensummen gemeldeter Individuen) basierend auf Daten aus Österreich aus den Jahren 2011–2018 (n = 1.879)[25]. Orange Säulenabschnitte: singende Männchen.

Misteldrossel *Turdus viscivorus* Linnaeus, 1758

Léprigó – Mistle Thrush

Hanság, Andau, 27.1.2019 (Hans-Martin Berg)

Seltener Zug- und Wintergast von Ende September bis Anfang Mai, der wahrscheinlich in Einzelfällen auch brütet

Verbreitung und Lebensraum

Zug- und Wintergäste dieser Art treten im gesamten Gebiet auf. Die meisten Meldungen beziehen sich auf die alten Gehölze und hochwüchsigen Pappelreihen entlang des Ostufers südlich von Podersdorf sowie auf den Hanság, der von mistelreichen Wäldern auf der ungarischen Seite umgeben ist. Beide Gebiete zeichnen sich durch eine besondere Habitateignung aus und Reviierbesetzungen im Frühling lassen vermuten, dass sie auch als Bruthabitate in Frage kommen würden. Die geringe Datendichte am Westufer im Vorland der Eichenwälder des Leithagebirges und das Fehlen von Meldungen im nördlichen und östlichen Seewinkel dürften auf dem geringen Erfassungsgrad im Winterhalbjahr beruhen. Die einzigen Hinweise auf wahrscheinliche Bruten stammen aus dem Illmitzer Wäldchen, ein Mischbestand aus Robinien, Eschen und Pappeln sowie nördlich davon aus dem Gebiet der Hölle. Da bedeutende Mistelbestände im Seewinkel fehlen, werden zur Nahrungsaufnahme neben feuchten Wiesen und Viehweiden auch regelmäßig Weingärten sowie diverse Gehölze mit einem entsprechenden Angebot an Früchten, wie z. B. Ölweiden, aufgesucht. Ungewöhnlich und wohl auf Zug zurückzuführen sind etwa 20 Misteldrosseln am Seedamm im Schilfgürtel bei Neusiedl am See am 30.3.1967[1]. Beobachtungen innerhalb der Ortschaften sind Ausnahmen (z. B. 26.2.1995, Apetlon[2]).

Bestand und Bestandsentwicklung

Mitte des 20. Jahrhunderts wurde die Misteldrossel als spärlicher Durchzügler und Wintergast angeführt, der immer nur einzeln oder in wenigen Exemplaren zu beobachten war[3,4]. Dieser Status dürfte sich bis heute nicht wesentlich verändert haben. Mit der Bevorzugung waldnaher Habitate und der Spezialisierung auf Mistelbeeren als Winternahrung ist die Misteldrossel im Bearbeitungsgebiet nach wie vor ein seltener Gast. So ist die mittlere Truppgröße, ohne die wenigen Meldungen von mehr als fünf Vögeln, in den Zeiträumen 1960–2010 und 2011–2018 mit 1,5 Individuen gleichgeblieben (n = 65 bzw. 207 Meldungen). Möglicherweise im Zusammenhang mit einer Arealexpansion im Nordburgenland ab 1980, die bis in die Robinienbestände des Tieflandes reichte[5], liegen auch aus dem Seewinkel Bruthinweise vor: Im Illmitzer Wäldchen ließ am 15.7.2009 ein flügger, zumindest weitgehend ausgewachsener Jungvogel eine Bindung zu einem gleichzeitig anwesenden Altvogel erkennen[6]. Habitatmäßig stimmt der Standort gut mit den Brutplätzen westlich des Neusiedler Sees überein. Ein weiterer, zumindest fast ausgewachsener und daher möglichweise schon selbständiger Jungvogel konnte am 21.7.2016 in der Hölle gesichtet werden[7].

Jahreszeitliches Auftreten

Nach der Brutzeit mit nur vereinzelten Meldungen umherstreifender Misteldrosseln treffen ab Ende September die Zug- und Wintergäste ein, deren Bestand dann bis Anfang März in etwa stabil bleibt. Der Spitzenwert Anfang November ist auf die einzigen zwei größeren Trupps von 15 bzw. 14 Vögeln in den Jahren 2012 und 2014 zurückzuführen. Die anderen Schwankungen sind vermutlich zufallsbedingt, könnten aber auch mit späteren Einflügen, möglicherweise durch Wetterflucht ausgelöst, zusammenhängen. Der Abzug der Wintergäste dauert von Anfang März bis Anfang Mai. In dieser Phase ist in alten Baumbeständen vereinzelt Vollgesang zu hören, der auf eine Brutbereitschaft hinweisen könnte. Der in Brutgebieten regelmäßig vorgetragene Wintergesang scheint hingegen weitgehend zu fehlen. Entlang des Ostufers konnte von Ende September bis Ende Oktober regelmäßig Zug von jeweils 1–3 Individuen registriert werden, Zuggipfel sind jedoch schon auf Grund der geringen Gesamtzahlen nicht erkennbar. 65 % aller Meldungen beziehen sich auf Einzelvögel. Beobachtungen von mehr als fünf bis maximal 15 Misteldrosseln sind Ausnahmen und kommen im Datenmaterial 2011–2018 nur fünfmal vor.

Zugverhalten und Ringfunde

Die Hauptzugrichtung der herbstlichen Durchzügler ist Südsüdwest. Sie stammen wahrscheinlich überwiegend aus dem nordöstlichen Mitteleuropa, v. a. aus Polen[8].

Quellen: *[1] F. Böck/ABÖ, [2] E. Karner-Ranner & A. Ranner/ABÖ, [3] Zimmermann (1943), [4] Bauer et al. (1955), [5] Peter (1996), [6] S. Zinko, unpubl. Daten, [7] G. Taurer/ornitho.at, [8] Marti (1988a), [9] www.ornitho.at*

Alfred Grüll

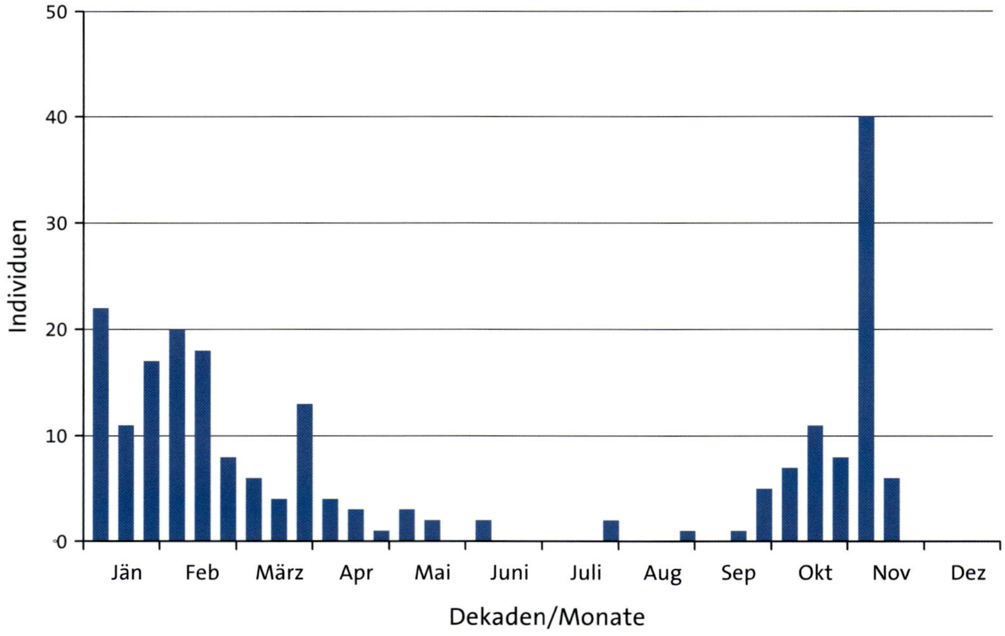

Jahreszeitliches Auftreten der Misteldrossel (Dekadensummen gemeldeter Individuen) basierend auf Daten aus Österreich aus den Jahren 2011–2018 (n = 278)[9].

Rotdrossel *Turdus iliacus* LINNAEUS, 1758

Szőlőrigó – Redwing

In Jahren mit Einflügen mäßig häufiger bis häufiger Durchzügler und seltener Wintergast von Mitte Oktober bis Ende April

Verbreitung und Lebensraum

Mit Ausnahme des kaum kontrollierten, nordöstlichen Seewinkels liegen Meldungen von Zug- und Wintergästen aus allen Gebietsteilen vor. Während die Beobachtungen von Jänner bis April relativ gleichmäßig verteilt sind und einzelne Rotdrosseln vor allem am Westufer des Sees auch in den Schilfgürtel bis in die Seebäder vordringen, konzentrieren sich die Meldungen im Herbst viel stärker auf das Ostufer von Podersdorf bis in die Hölle. Der Einfluss jahreszeitlich unterschiedlicher Beobachterdichten kann dabei allerdings nicht abgeschätzt werden. Die meisten Meldungen beziehen sich hier auf die hochwüchsigen Pappelreihen und Gebüsche entlang des Seedammes. Zur Nahrungssuche am Boden bevorzugt die Rotdrossel, meist im Verband mit der Wacholderdrossel, auch weit abseits von Gehölzen die Verlandungszonen des Sees und der Lacken sowie feuchte oder teilweise überschwemmte Wiesen und Viehweiden. Sie kann aber auch das offene Kulturland oder entlang verbuschter Dämme den Schilfgürtel aufsuchen. Eine besonders wichtige Nahrungsquelle sind beerentragende Sträucher, wobei von Ende Oktober bis Mitte Dezember die Früchte der Ölweide möglicherweise sogar die Hauptnahrung bilden[1]. Die großflächigen Ölweidengebüsche entlang des Ostufers könnten daher für die hohe Melderate in diesem Teilgebiet mit ausschlaggebend sein. Die wenigen Beobachtungen größerer Schwärme von 20–60 Individuen verteilen sich auf den westlichen und zentralen Seewinkel, Meldungen im Herbst untertags ziehender Rotdrosseln liegen aber hauptsächlich vom Ostufer des Sees vor. Ortschaften werden nur vereinzelt an den gehölzreicheren Rändern besucht.

Bestand und Bestandsentwicklung

Mitte des 20. Jahrhunderts war der Status der Rotdrossel im Gebiet noch unklar, ein Durchzug im damals gehölzarmen Seewinkel wurde nur vermutet[2,3]. Auch für die nördlich angrenzende Parndorfer Platte wurde die Art zu dieser Zeit nicht erwähnt[4]. Der erste publizierte Nachweis stammt vom 22.11.1961 (4 Ex. am Schilfrand bei Neusiedl am See[5]). Gleichzeitig wurde die Rotdrossel erstmals als sehr seltener Durchzügler eingestuft[6]. Wohl als Folge der raschen Ausbreitung von Baum- und Buschbeständen im Seewinkel, sind dann die Zuggäste bis Ende der 1960er Jahre zunehmend häufiger aufgetreten. In den folgenden Jahrzehnten war die Anzahl der pro Winterhalbjahr gemeldeten Vögel auf Grund des unregelmäßigen, von der Großwetterlage und dem Beerenangebot bestimmten Zuggeschehens mit häufigem Massenzug[7] extremen Schwankungen unterworfen. Da das Maximum der pro Meldung erfassten Individuen gut mit der Summe aller gemeldeten Rotdrosseln eines Winters korreliert, aber von der jeweiligen Beobachterdichte etwas unabhängiger ist, kann ersterer Wert als Maß für die Bestandsfluktuationen herangezogen werden. Dabei sind 1969–1971, 1990–1993 und 2017/18 drei Phasen stärkerer Einflüge mit maximal 40–60 gezählten Drosseln zu erkennen, die

Podersdorf, 17.11.2019 (Hans-Martin Berg)

mit den beiden größten Einflügen in den nördlich gelegenen Marchauen im März 1997 und 1999[8] zeitlich nicht korrelieren. Dazwischen liegen viele Winter, aus denen im BirdLife-Archiv keine oder nur vereinzelte Meldungen vorliegen, obwohl die Art im Seewinkel immer als Besonderheit wahrgenommen wurde. Insgesamt zeigen die ermittelten Zahlenwerte für den gesamten Zeitraum eine leicht abnehmende Tendenz, die sich möglicherweise auch in der Abnahme der gemeldeten Truppgrößen niederschlägt. Zusätzlich gestützt wird die Annahme eines Rückganges durch den fehlenden Anstieg der Melderate nach Einführung von ornitho.at im Jahr 2013, die bei vielen attraktiven Arten zu einer deutlichen Zunahme der Meldehäufigkeit geführt hat. Inwieweit ein Zusammenhang mit den zunehmend milden Wintern in den nordöstlichen Durchzugsgebieten besteht, ist vorläufig nicht bekannt.

Jahreszeitliches Auftreten

Im Vergleich zur Misteldrossel, die im Umfeld des Sees auch brütet, erfolgte der Einflug der Rotdrossel 2011–2018 erst einen Monat später und sehr plötzlich in der letzten Oktoberdekade (frühestes Datum 19.10.2013[9]). Im Zeitraum 1970-2010 wurde die Art hingegen regelmäßig bereits ab Mitte Oktober angetroffen, extrem frühe Daten waren 1978–1984 der 1. und 7. September sowie der 3. Oktober[10]. Nach einem Gipfel um die Monatswende Oktober/November nimmt die Zugintensität rasch ab, um erst vor Mitte Dezember (als Folge von Kälteflucht?) noch einmal anzusteigen. Im Jänner dürfte der Herbstzug weitgehend abgeschlossen sein, vereinzelte Zugbeobachtungen[11] zeigen aber, dass auch noch im Hochwinter nach Kälteeinbrüchen Migrationsbewegungen vorkommen[7]. Bis Anfang März hält sich zumindest in manchen Jahren ein kleiner Winterbestand im Gebiet auf.

Der Heimzug ab etwa Mitte März ist wie in weiten Teilen Europas zahlenmäßig wesentlich schwächer ausgeprägt als der Wegzug[7], die spätesten Beobachtungen fallen auf den 29.4.2012[12] und 30.4.2005[11]. Der Winter 2017/18 mit einem stärkeren Einflug zeigt bei relativ später Ankunft und wesentlich höheren Gesamtzahlen im Herbst grundsätzlich das gleiche Muster. Bei den Invasionen in den Wintern 1969/70 und 1991/92 wurden die Maxima hingegen erst Ende März bzw. Mitte April registriert[10]. Meldungen ziehender Rotdrosseln konzentrieren sich auf die Zeiten von Ende Oktober bis Anfang Dezember und um Mitte April. Ein auffälliger Tagzug in den Morgenstunden tritt vor allem während des herbstlichen Zuggipfels auf. 2011–2018 bezogen sich fast 60 % aller Meldungen aus dem österreichischen Teilgebiet (n = 97) auf Einzelvögel und nur 30 % auf 2–5 Vögel. 1967–2010 war das Verhältnis mit 45 % bzw. 43 % hingegen ausgeglichen (n = 155). Meldungen von > 20 bis maximal 60 Individuen kommen im gesamten Datenmaterial nur siebenmal vor und beziehen sich wohl immer auf ziehende Schwärme (z. B. 40 Ex. am 3.11.1990 über der Hölle nach Süden fliegend[13]). Rotdrosseln singen im Gebiet vereinzelt Anfang September[10] und dann schon voll von Mitte März bis Ende April (auch „Chorgesang") [11].

Zugverhalten und Ringfunde

Die Durchzügler im Karpatenbecken dürften zum überwiegenden Teil zur Population Russlands ostwärts bis Mittelsibirien gehören. Die Ringfunde im Winter verteilen sich schwerpunktmäßig über die gesamte italienische Halbinsel, streuen aber auch über weite Teile des Mittelmeerraumes von Südfrankreich bis Griechenland[7, 8, 14]. Der einzige Wiederfund einer im Herbst am Neusiedler See beringten Rotdrossel stammt aus Bergamo[15].

Quellen: [1] *H.-M. Berg/ornitho.at,* [2] *Zimmermann (1943),* [3] *Bauer et al. (1955),* [4] *Bauer (1955),* [5] *Vauk (1962),* [6] *Koenig (1961),* [7] *Fonstad & von Haartman (1988),* [8] *Zuna-Kratky et al. (2000),* [9] *O. Samwald/ornitho.at,* [10] *E. Duda/ABÖ,* [11] *A. Grüll/ABÖ,* [12] *D. Nayer/ornitho.at,* [13] *A. Ranner u. a./ABÖ,* [14] *Csörgő & Gyurácz in Csörgő et al. (2009),* [15] *Österreichische Vogelwarte, unpubl. Ringfund,* [16] *www.ornitho.at*

Alfred Grüll & Tibor Hadarics

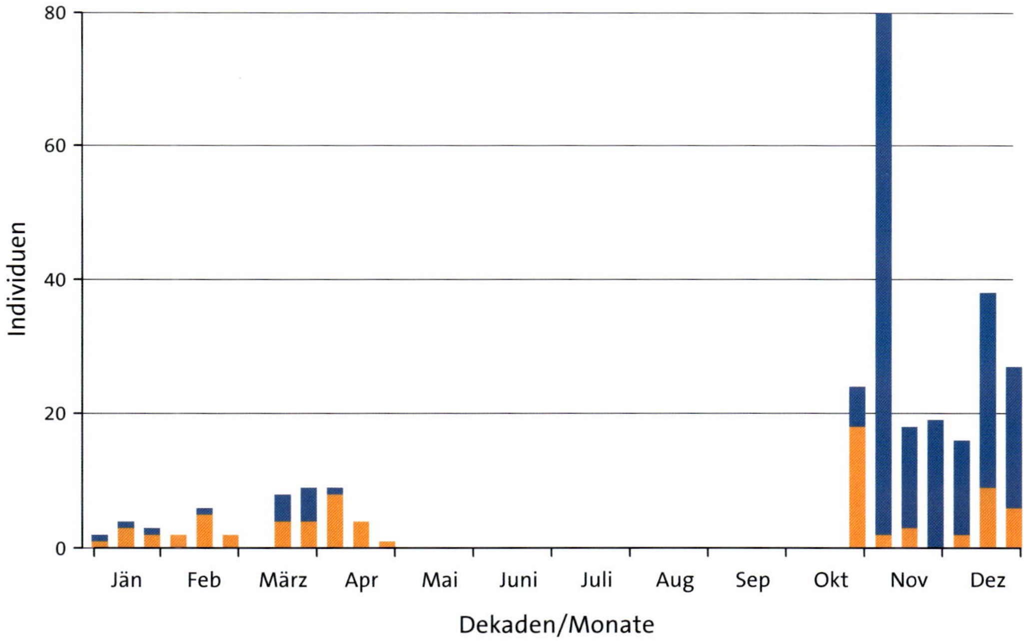

Jahreszeitliches Auftreten der Rotdrossel (Dekadensummen gemeldeter Individuen) basierend auf Daten aus Österreich aus den Jahren 2011–2018 (n = 272)[16]. Blauer Säulenteil: Meldungen aus dem Winterhalbjahr 2017/18.

Amsel *Turdus merula* Linnaeus, 1758

Fekete rigó – Common Blackbird

Sankt Andrä am Zicksee, 9.4.2015, Weibchen (Michael Dvorak)

Häufiger Jahresvogel, Durchzügler und Wintergast, der den Seewinkel erst in den 1970er Jahren besiedelte

Verbreitung und Lebensraum

Ursprünglich ein Waldvogel, ist die Amsel bei der Erschließung zusätzlicher Lebensräume extrem anpassungsfähig und stellt an die Bodenfeuchtigkeit sowie Größe der Gehölzbestände geringere Ansprüche als die Singdrossel. Sie besiedelt daher am Neusiedler See auch auf weitgehend trockenen Böden im gesamten Gebiet ein breiteres Habitatspektrum[1–3]. Wichtigste Voraussetzung sind dabei Gebüsche als Deckung. Alle Ortschaften sind nahezu flächendeckend besetzt[1, 4, 5]. In den dicht verbauten Ortskernen genügen oft einige Hecken oder ein kleines Gebüsch sowie unversiegelter Boden für ein Revier. Siedlungsschwerpunkte bilden jedoch die Neubauviertel mit den urban gestalteten Ziergärten, in denen die Nahrung, v.a. Regenwürmer, aus den gemähten und bewässerten Rasenflächen bezogen wird und immergrüne Gehölze geschützte Nistplätze bieten.

In meist geringerer Dichte finden sich Bruthabitate in verbauten Gebieten außerhalb der Ortschaften sowie in der freien Landschaft. Die Amsel besiedelt hier Baumbestände unterschiedlichster Ausprägung bis hin zu trockenen Robiniengehölzen, die zumindest eine gewisse Strauchschicht aufweisen, aber auch schmale Gebüschstreifen, die höchstens von einzelnen Bäumen überschattet sind. Entlang der Dämme dringt sie bis an den seeseitigen Rand des Schilfgürtels vor, wo sie bei minimaler Gehölzausstattung auf Schilflagerplätzen, in den Seebädern, Freizeitsiedlungen und vereinzelt sogar in gehölzfreien, knickschichtreichen Altschilfbeständen brütet[6]. Zuggäste rasten in noch kleineren, isolierten Gebüschinseln in der Agrarlandschaft und konzentrieren sich vor allem nach Zugnächten auf den Dämmen im Schilfgürtel[1, 7, 8]. Anfang des 20. Jahrhunderts waren Durchzügler in der sonst noch gehölzarmen Landschaft des Seewinkels hauptsächlich in Haus- und Weingärten anzutreffen, wo sie die reifenden Trauben konsumierten[9, 10]. Überwinternde Amseln halten sich im Dezember/Jänner größtenteils in den Brutrevieren auf, auch exponiert in den Seebädern[11], nutzen aber in höherer Dichte als zur Brutzeit den Schilfgürtel, wo sie wahrscheinlich auch übernachten[12].

Bestand und Bestandsentwicklung

Mit ihrem Anspruch an Deckung konnte die Amsel die offene Steppenlandschaft des Seewinkels erst nach dem Aufkommen von Unterholz und Gebüschzonen bzw. nach Umwandlung der früher fast gebüschfreien Bauerndörfer in städtisch geprägte Wohn- und Gartenviertel mit hohem Anteil an Hecken und Rasenflächen besiedeln[13,14]. Aufgrund ihrer hohen Anpassungsfähigkeit gelang ihr dieser Schritt um mindestens ein Jahrzehnt früher als der anspruchsvolleren

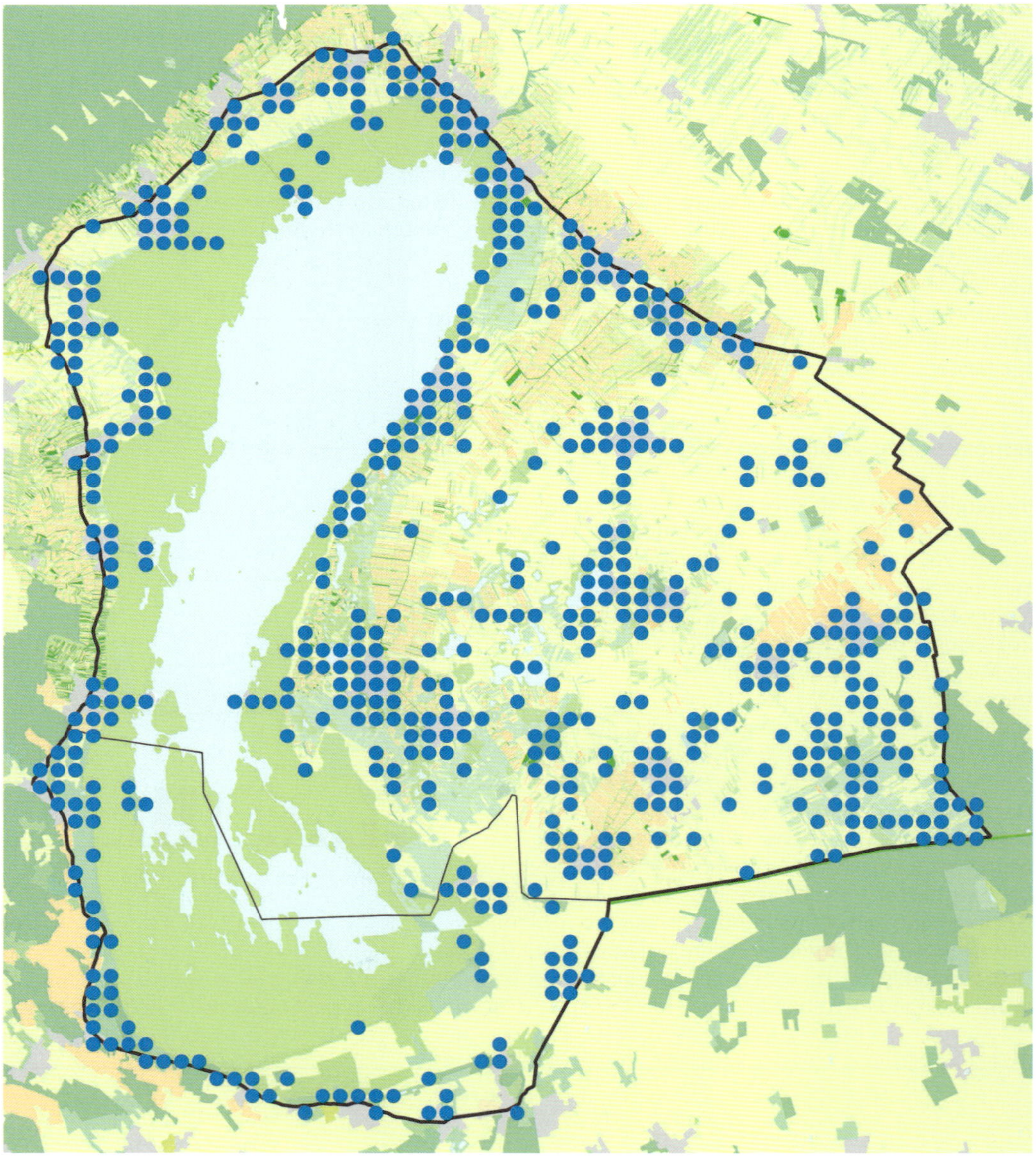

Brutzeitverbreitung der Amsel, basierend auf Beobachtungen mit Brutcode in den Monaten April bis Juli aus den Jahren 2011–2021[44–46].

Singdrossel. Die Besiedlung dürfte dabei gleichermaßen von den Gehölzen der freien Landschaft sowie den Ortschaften ausgegangen sein. Eine schrittweise „Verstädterung" war im Gebiet nicht erkennbar. Mitte des 20. Jahrhunderts war sie am Ostufer nur Durchzügler und seltener Wintergast [15]. Auch am Nordufer bei Neusiedl am See gelang der erste Brutnachweis erst 1954 [16]. Am viel gehölzreicheren Westufer des Sees war die Amsel hingegen damals schon ein häufiger Brutvogel [12]. Im Seewinkel waren zwei Amseln Anfang Mai 1955 in der Hölle bei Illmitz der erste Hinweis auf ein Brutvorkommen [17]. In den Dörfern am Ostufer kam sie aber noch in den 1960er Jahren nur in wenigen Revieren vor und in den Illmitzer Gärten bestand 1962–1969 nur Brutverdacht [13, 18, 19]. Ab 1967 wurden die ersten singenden Männchen in Gehölzen bei Andau [20] sowie in St. Andrä gemeldet, wo ebenfalls bereits eine Brut vermutet wurde [21, 22], und ab 1970 folgten weitere Revierbesetzungen außerhalb der Ortschaften am Ostufer und bei Wallern [23]. Der erste sichere Brutnachweis liegt aus Podersdorf vor, wo Anfang der 1970er Jahre am Ortsrand ein damals unbekannter Vogel am Nest entdeckt und nur vom Schuldirektor als Amsel bestimmt werden konnte [24]. Ein weiterer Nachweis stammt aus 1975 aus dem Gebiet der heutigen St. Martins Therme [22]. In den darauffolgenden Jahren breitete sich die Amsel am Südufer des Sees [1], im Hanság, in den Wäldchen des Ostufers sowie auf den Gutshöfen des Seewinkels weiter aus [25, 26] und 1977 gelangen die ersten Brutnachweise in den Hausgärten von Illmitz und Apetlon [27].

Danach dürfte sehr rasch das heutige, hohe Bestandsniveau erreicht worden sein. So konnten Dvorak et al. [28] auf den Zitzmannsdorfer Wiesen zwischen 1991 und 2011 keine Zunahme mehr feststellen. Obwohl in Eisenstadt ein Amselsterben durch den Usutu-Virus auftrat [29, 30], liegen aus dem Seegebiet keine Hinweise auf Bestandseinbrüche vor [31, 32]. Amselkartierungen untertags können bei dieser hauptsächlich zu den Dämmerungszeiten singenden Drosselart nur Mindestzahlen ergeben. Mit dieser Einschränkung war sie in sieben Seewinkeldörfern 2014 mit 3,3 Revieren/10 ha vertreten [4]. Auch mit flächendeckenden Linientaxierungen konnten 2018 in Illmitz durchschnittlich 3,5 Reviere/10 ha erfasst werden [33]. In Illmitz und Purbach wurden 2018 die höchsten Dichten mit bis zu 8 Revieren/10 ha in den Neubauvierteln mit hohem Gartenanteil erreicht, während in den alten, dicht verbauten und noch bäuerlich geprägten Dorfkernen maximal 3 Reviere/10 ha zu finden waren [33]. In den Waldbeständen werden ähnliche Werte erreicht: 2016–2018 waren in 19 Seewinkelwäldchen von mehr als 1 ha Größe (insgesamt 186 ha) durchschnittlich 2,3 Reviere/10 ha besetzt, die Maximalwerte lagen hier ebenfalls bei neun singenden Männchen/10 ha [34]. Eine von zahlreichen Windschutzstreifen durchzogene, 3,75 km² große Fläche bei Pamhagen beherbergte 1998 neun und 2020 sieben Reviere [35]. Auf Basis dieser Daten kann für die Seewinkeldörfer südlich der Linie Gols-Halbturn ein Mindestbestand von 500 und für die Waldbestände 55 Amselrevieren hochgerechnet werden. Größere Brutbestände weisen auch manche Seebäder auf, z.B. Breitenbrunn mit mindestens acht Revieren [36].

Jahreszeitliches Auftreten

Auf Grund des lauten Reviergesanges und der sonst eher versteckten Lebensweise spiegelt die Beobachtungshäufigkeit in erster Linie den Wechsel zwischen der Gesangsperiode und den territorial weniger aktiven Phasen wider. Die nach Beginn des Vollgesanges um Mitte Februar steil ansteigende Melderate ist daher zum großen Teil auf die Zunahme der singenden Männchen zurückzuführen, die vom wenig auffälligen Frühjahrszug nicht zu trennen ist. Die maximale Gesangsaktivität fällt auf Ende April/Anfang Mai. Nach Mitte Mai fällt sie deutlich ab, lebt aber in der zweiten Junipentade für den Beginn von Folgebruten noch einmal auf. Vollgesang ist vereinzelt bis Ende Juli und ausnahmsweise noch Anfang August zu hören [37]. Danach wird die Amsel während der Mauser extrem unauffällig. Erst während des Herbstzuges von September bis Anfang November nimmt die Beobachtungshäufigkeit wieder etwas zu, wobei der schwach ausgeprägte Gipfel im Oktober mit der höchsten Fangrate im MRI-Programm zusammenfällt [38]. Ein Teil der Dorfamseln dürfte auch im Winter – selbst bei mehrwöchigen Dauerfrösten und geschlossener Schneedecke – am Brutrevier festhalten [39]. Nach den spärlichen Angaben zum Geschlecht der gemeldeten Vögel im Dezember und Jänner trifft dies für Männchen häufiger zu als für Weibchen (Relation 2,3:1; n = 52). Der Anstieg ab Mitte Dezember ist auf den Zuzug nordischer Gäste nach Winterfluchtbewegungen und auf die Zunahme territorialer Aktivitäten zurückzuführen. Größere Gemeinschaftsschlafplätze mit auffälligen Schlafplatzflügen kommen zumindest im Seewinkel offenbar nicht vor. Der Nestbau beginnt vereinzelt schon in den ersten Märztagen und die ersten Jungen fliegen Anfang April aus [39]. Da die Amsel bis zu vier Bruten pro Jahr aufzieht [40], wurden frisch flügge Jungvögel regelmäßig bis Ende Juli und in zwei Fällen Ende August sowie Anfang September gemeldet [39, 41].

Zugverhalten und Ringfunde

Die Amsel ist ein ausgeprägter Teilzieher. In Ungarn wird der im Brutgebiet überwinternde Anteil mittlerweile auf 80 % geschätzt [42]. Im Herbst durch Ungarn ziehende Gäste stammen aus einem nordöstlichen Korridor, der bis Estland reicht. Wegziehende Brutvögel aus dem Karpatenbecken überwintern fast ausschließlich in Italien mit Schwerpunkt Poebene und Mittelitalien, auf Korsika, Sardinien und nur ganz vereinzelt in Südfrankreich und am Balkan [40, 42]. Drei, davon zwei diesjährige, zwischen 1974 und 2010 von Ende Juli bis Anfang Oktober in Illmitz beringte Amseln waren Mitte Oktober in Venetien und Ligurien und Anfang November in der nördlichen Toskana [43].

Quellen: [1] *Kárpáti (1983)*, [2] *Jánoska (2001)*, [3] *Bankovics et al. (2002)*, [4] *Dvorak et al. (2014b)*, [5] *A. Grüll & M. Dvorak, unpubl. Daten*, [6] *A. Grüll & M. Dvorak/ABÖ*, [7] *Bairlein (1981)*, [8] *A. Grüll & E. Zwicker/ABÖ*, [9] *Jukovits (1864/65)*, [10] *Schenk (1917a)*, [11] *A. Ranner/ornitho.at*, [12] *Bauer et al. (1955)*, [13] *Kinzelbach (1962)*, [14] *Landmann & Danzl (2017)*, [15] *Zimmermanns (1943)*, [16] *Bauer (1955)*, [17] *Corti (1956)*, [18] *Kurth (1968)*, [19] *Kurth (1970)*, [20] *H. Winkler/ABÖ*, [21] *J. Köck/ABÖ*, [22] *E. Duda/ABÖ*, [23] *M. Staudinger/ABÖ*, [24] *J. Steiner, unpubl. Daten*, [25] *P. Prokop/ABÖ*, [26] *H. Schwarthoff/ABÖ*, [27] *L. Szalay & R. Triebl/ABÖ*, [28] *Dvorak et al. (2011)*, [29] *Weissenböck (2003)*, [30] *H. Peter/ABÖ*, [31] *Teufelbauer et al. (2017)*, [32] *Loupal (2018)*, [33] *A. Grüll, unpubl. Daten*, [34] *M. Dvorak, unpubl. Daten*, [35] *BirdLife Österreich, unpubl. Daten*, [36] *A. Grüll/ornitho.at*, [37] *H.-M. Berg/ornitho.at*, [38] *Berthold et al. (1991)*, [39] *A. Grüll/ABÖ*, [40] *Glutz von Blotzheim & Bauer (1988)*, [41] *W. Kraus/ABÖ*, [42] *Csörgő & Gyurácz in Csörgő et al. (2009)*, [43] *Österreichische Vogelwarte/Vogelberingungszentrale BirdLife Ungarn, unpubl. Ringfunde*, [44] *www.ornitho.at*, [45] *Archiv MME Sopron*, [46] *Archiv FHNP*

Alfred Grüll & Ferenc Jánoska

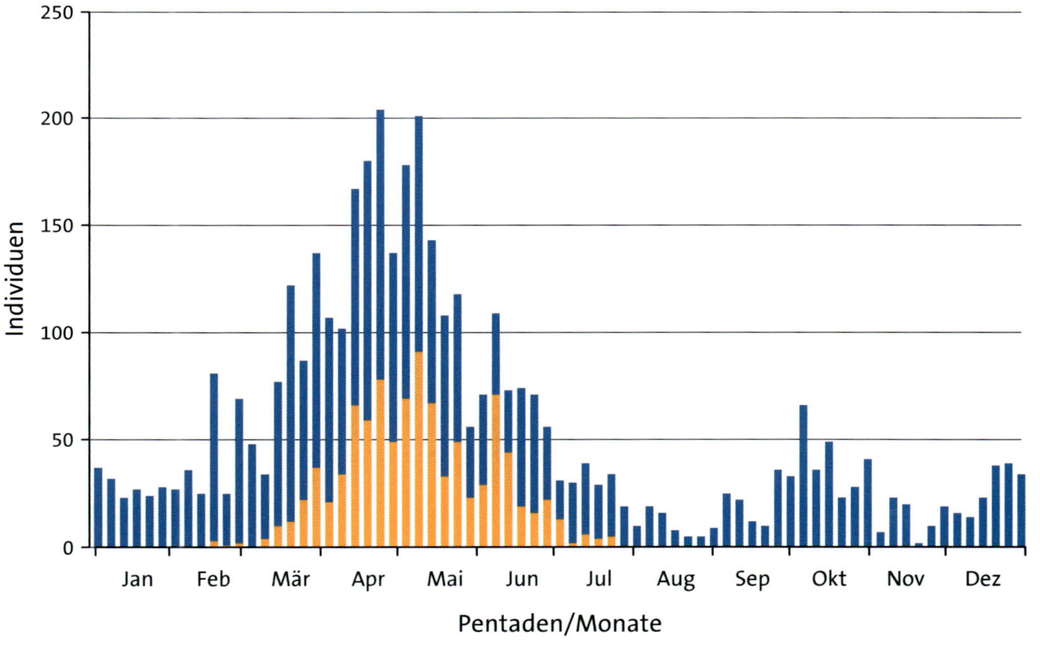

Jahreszeitliches Auftreten der Amsel (Pentadensummen gemeldeter Individuen) basierend auf Daten aus Österreich aus den Jahren 2011–2018 (n = 3.974)[44]. Orange Säulenabschnitte: singende Männchen.

Wacholderdrossel *Turdus pilaris* LINNAEUS, 1758

Fenyőrigó – Fieldfare

Hölle, Illmitz, 8.1.2022 (Michael Dvorak)

Sehr häufiger Durchzügler und Wintergast von Ende Oktober bis Anfang April; seit Ende der 1980er Jahre einzelne Bruten

Verbreitung und Lebensraum

Durchziehende und überwinternde Wacholderdrosseln kommen im gesamten Gebiet vor. Die Verteilung der Meldungen lässt wegen der sehr unterschiedlichen Beobachterdichte keine Rückschlüsse auf die reale Bestandsverteilung zu. In der ersten Winterhälfte liegt der Verbreitungsschwerpunkt mit Schwärmen von mehr als 1.000 Vögeln zunächst in den reich strukturierten Weinbaugebieten des westlichen und zentralen Seewinkels. Bis zur vollständigen Einnetzung der Prädikats- und Eisweine ab etwa 2000 bildeten dabei sofort nach der Ankunft Ende Oktober bis Anfang Jänner Weintrauben eine Nahrungsgrundlage. Die Nutzung dieser ergiebigen Energiequelle geht bis auf das 19. Jahrhundert zurück, als der Weinbau im Seewinkel noch sehr spärlich vertreten war. Im Unterschied zu späteren Epochen konsumierten aber die „Krammetsvögel" zu dieser Zeit die reifenden Trauben gemeinsam mit dem Star bereits ab Oktober[1].

Spätestens ab Ende November bis zum Abzug Anfang April spielen als zweite Ressource kurzrasige, bevorzugt nasse Wiesen und Viehweiden eine zunehmend wichtige Rolle. Von besonderer Bedeutung und oft in Trupps von mehreren Hundert Vögeln frequentiert sind dabei die ausgedehnten Rinder- und Pferdekoppeln im Seevorgelände sowie die Wiesengebiete im Hanság. Vor allem bei länger anhaltender Schneedecke werden zusätzlich Fallobst in den Apfelplantagen oder die Früchte der Ölweide und anderer Gehölze aufgenommen. Unter diesen Witterungsbedingungen dringen einzelne Wacholderdrosseln zumindest seit den 1980er Jahren auch in Gärten und Grünflächen innerhalb der Ortschaften vor.

Die Schlafplätze der großen Winterschwärme liegen, abgesehen von den Gehölzen, auch am seeseitigen Rand des Schilfgürtels, wo z. B. im November 1998 mehr als 1.000 Exemplare nördlich von Illmitz gezählt wurden[2]. Die wenigen Brutreviere befanden sich hauptsächlich im westlichen Seewinkel entlang der großen, bodenfeuchten Pferdekoppeln im Seevorgelände, im Bereich regelmäßig gemähter Rasenflächen in Freizeiteinrichtungen und Ortschaften sowie in einem Pappelwald am ungarischen Südostufer des Sees.

Bestand und Bestandsentwicklung

Die Wacholderdrossel war bereits im 19. Jahrhundert Zug- und Wintergast[1]. Bis zur großflächigen Ausbreitung des Weinbaues im Seewinkel ab den 1960er Jahren lag der Verbreitungsschwerpunkt mit Truppgrößen bis 100 Vögeln in den Weingärten des Nord- und Westufers. Kleinere Trupps kamen aber auch schon am Ostufer vor[3, 4]. Spätestens seit Mitte der 1970er Jahre treten auch im Seewinkel Schwärme von mehreren Tausend auf. Auf Grund des dynamischen Zugverhaltens können dabei die Bestände von Jahr zu Jahr sehr stark schwanken[5]. Da in den Jahren seit 2013 (Einführung der Meldeplattform ornitho.at) die maximale Größe der gemeldeten Trupps pro Winter (1) von der Anzahl der Meldungen unabhängig war und (2) mit der durchschnittlichen Größe aller ausgezählten Trupps korrelierte[6], wird dieser Wert als Maß für den Gesamtbestand eines Winters im österreichischen Teilgebiet herangezogen. Er zeigt, dass Schwärme mit mehr als 1.000 Exemplaren seit 1968/69 nur in neun Wintern festgestellt wurden, mit einem maximalen Intervall von 17 Jahren (1994/95 – 2010/11). Als absolutes Spitzenjahr sticht dabei 1978 hervor, als zwischen 17. und 19. Dezember nordöstlich von Podersdorf bis zu 7.000 Wacholderdrosseln in Weingärten einfielen[7]. Insgesamt betrug die mittlere Truppgröße 2001 – 2018 jedoch nur 22 Individuen, wobei 92 % der Verbände weniger als 100 Individuen umfassten (n = 1.452 Trupps).

Da die Schwärme weit umherstreifen, ist eine Schätzung der Gesamtbestände schwierig. Auf der Basis von zeitnahen Zählungen in verschiedenen Teilgebieten können für die Jahre mit stärkeren Einflügen zumindest 5.000 Vögel auf der österreichischen Seite angenommen werden. Im Zuge der in Österreich nach Osten gerichteten Ausbreitung[8–10] hielten sich bereits im Zeitraum 1960 – 1990 bis Ende April Trupps von maximal 30 Vögeln und auch in der Brut- und Nachbrutzeit einzelne Wacholderdrosseln im Gebiet auf. Spätestens ab 1989 kam es dann zu mehreren Brutansiedlungen und 2015 – 2017 brütete die Art bereits jährlich. Dazu liegen die folgenden Nachweise vor (futtertragende Altvögel, Nestlinge, ausgeflogene Jungvögel; wenn nicht anders angegeben jeweils 1 Brutpaar): 1989 in Apetlon/Wäldchen westlich Ortschaft[11]; 1992 – 1996 in Sarród/Lászlómajor (1 – 2 Brutpaare)[12–15]; 1995 in Oggau/Seekaserne[16]; 2009 in Illmitz/Seewäldchen sowie Schottergrube nördlich der Ortschaft[17]; 2012 in Pamhagen/Ortschaft[18]; 2014 in Fertőrákos/Virágosmajor; 2015 in Illmitz/Hölle[19] und in St. Andrä/Campingplatz Zicksee (2 Brutpaare)[20]; 2016 in Illmitz/Hölle (1 – 2 Brutpaare)[21] und in Apetlon/Badesee westlich Obere Halbjochlacke[20]; 2017 in Illmitz/Hölle[22], in Gols/westlich Ortschaft[23] und in Sarród/Lászlómajor[24].

Jahreszeitliches Auftreten

Ziehende Wacholderdrosseln erschienen in den Jahren nach 2000 erst in den letzten Oktobertagen am Neusiedler See. Ende des 19. Jahrhunderts hielten sich hingegen die größten Bestände bereits im Oktober im Gebiet auf[1]. Auch aus den 1970er und 1980er Jahren liegen Meldungen von 20 – 60 Drosseln aus der zweiten Oktoberhälfte vor, die noch auf eine frühere Ankunft hinweisen. Als Ursache dieser zeitlichen Verlagerung kommen neben den späteren Wintereinbrüchen im Norden Veränderungen im Weinbau am Neusiedler See in Frage: Während die Weinlese bis in die 1980er Jahre von Anfang Oktober bis Ende November stattfand, beginnt sie heute im Seewinkel bereits Ende August und ist, mit Ausnahme der mittlerweile eingenetzten Prädikats- und Eisweine, nach Mitte Oktober abgeschlossen, sodass in diesem Monat kaum mehr Trauben zur Verfügung stehen. Nach der Ankunft erfolgt eine rasche Zunahme und Mitte Dezember ist das Maximum erreicht.

Der reguläre Herbstzug ist kaum von den nachfolgenden Winterfluchtbewegungen abzugrenzen. Eindeutiger Zug von jeweils 10 – 100 Wacholderdrosseln nach Süd bis Südwest konnte vor allem entlang des Ostufers in der kurzen Ankunftsphase von 23. Oktober bis 5. November registriert werden. Die späteste Zugbeobachtung stammt vom 21.11.1989, als mehrere Hundert Wacholderdrosseln von Norden kommend auf Baumreihen im Schilfgürtel des Ostufers landeten und nach Süden weiterzogen[2]. Schon ab Ende November kann ein Teil der Vögel wieder abziehen. So haben z. B. zwischen dem 28.11. und 4.12.1990 auf der Strecke Neusiedl – Illmitz mind. 3.000 Vögel das Gebiet verlassen, nach dem eine Kaltfront mit Schneefällen und der Eisweinernte eintraf. Ein ähnlicher Massenabzug von vielen Hunderten Vögeln fand auf derselben Strecke nach einem Kälteeinbruch mit Temperaturen um −14 °C und geschlossener Schneedecke am 4./5.1.1985 von einem Tag auf den anderen statt[2]. In der zweiten Winterhälfte bis Anfang März sind die Bestände daher wieder deutlich niedriger als im Dezember. Bis Anfang April vollzieht sich der Abzug in die Brutgebiete, ein Zuggipfel ist dabei nicht erkennbar. Danach können Wacholderdrosseln bis Oktober in Truppgrößen von weniger als fünf (meist 1–2) Exemplaren regelmäßig angetroffen werden, die wohl überwiegend zum Brutbestand gehören oder brutbereite Vögel sind. Da ein auffälliger Gesang bei diesem Koloniebrüter fehlt, liegen kaum Angaben zu den Revierbesetzungen vor. Fütternde Altvögel konnten von 21. April bis 11. August und frisch ausgeflogene Jungvögel von 2. bis 26. Juni nachgewiesen werden, wobei sich die späten Termine in zwei Fällen wahrscheinlich auf Zweitbruten bezogen haben.

Zugverhalten und Ringfunde

Die Wacholderdrossel ist ein ausgeprägter Teilzieher, bei der die Anteile ziehender Vögel, die Länge der Zugstrecken und der Zugverlauf in Abhängigkeit von Bestand, Nahrungsangebot, Schneedecke und Frost sehr variabel sind und bis Februar umfangreiche, invasionsartige Winterfluchten vorkommen können[5, 25]. Die Beringungsorte in Ungarn wiedergefundener Wacholderdrosseln reichen bis Finnland. 21 Wiederfunde in Ungarn beringter Durchzügler verteilen sich über den gesamten Mittelmeerraum von Südfrankreich bis in die Türkei. Ein Wiederfund in Sibirien belegt aber auch, dass die Wintergäste im pannonischen Raum aus weit östlich gelegenen Brutgebieten stammen können[26]. Zwei südlich vom Neusiedler See in Zugrichtung gefundene Wintergäste im Südburgenland und in der Oststeiermark stammten aus Südschweden und Norwegen[10, 27].

Quellen: [1] *Zimmermann (1943),* [2] *A. Grüll/ABÖ,* [3] *Bauer et al. (1955),* [4] *Vauk (1962),* [5] *Glutz von Blotzheim & Bauer (1988),* [6] *A. Grüll, unpubl. Daten,* [7] *F. Blank, R. Triebl/ABÖ,* [8] *Dvorak et al. (1993),* [9] *Denner et al. (2008),* [10] *Albegger et al. (2015),* [11] *L. Döll/ABÖ,* [12] *Hadarics et al. (1993),* [13] *Pellinger et al. (1995),* [14] *Pellinger et al. (1999),* [15] *A. Pellinger, unpubl. Daten,* [16] *M. Dangel/ABÖ,* [17] *F. Samwald & S. Zinko /ABÖ,* [18] *F. Samwald/ABÖ,* [19] *W. Lindinger/ornitho.at,* [20] *L. Khil/ornitho.at,* [21] *A. Grüll, D. Leopoldsberger/ornitho.at,* [22] *F. Samwald/ornitho.at,* [23] *N. Teufelbauer/ornitho.at,* [24] *Katona et al. (2020),* [25] *Lübcke & Furrer (1985),* [26] *Csörgő & Gyurácz in Csörgő et al. (2009),* [27] *Österreichische Vogelwarte/Vogelberingungszentrale BirdLife Ungarn, unpubl. Ringfunde,* [28] *www.ornitho.at*

Alfred Grüll & Sándor Mogyorósi

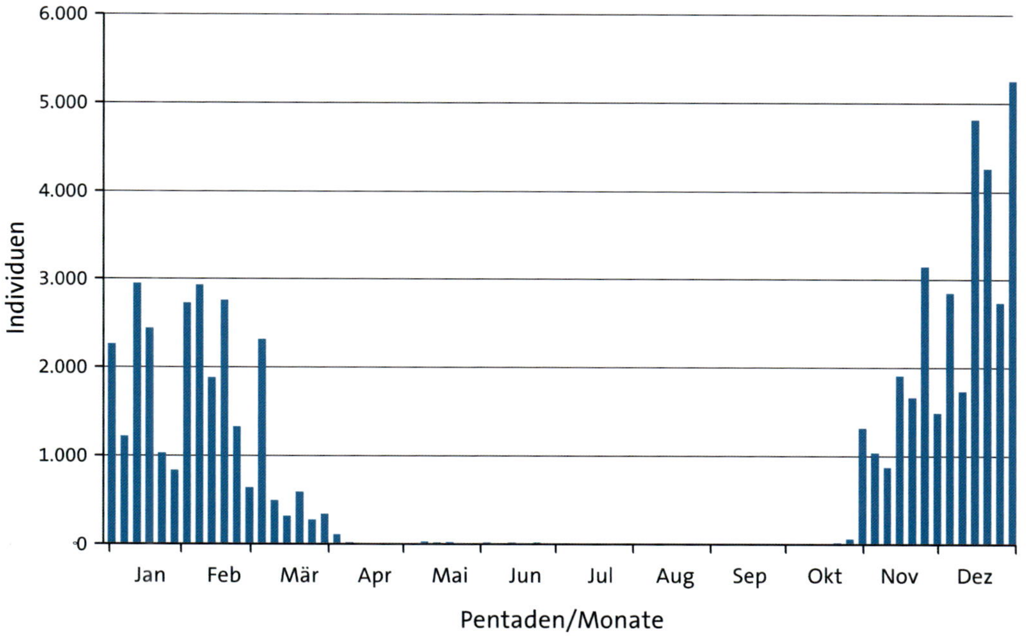

Jahreszeitliches Auftreten (Pentadensummen gemeldeter Individuen) der Wacholderdrossel basierend auf Daten aus den Jahren 2011–2018 (n = 60.845)[28].

Ringdrossel *Turdus torquatus* Linnaeus, 1758

Örvös rigó – Ring Ouzel

Seebad Illmitz, 7.4.2012, Männchen (Michael Dvorak)

Unregelmäßiger Durchzügler, überwiegend im Frühjahr im östlichen Vorgelände des Neusiedler Sees

Verbreitung und Lebensraum

Die Ringdrossel ist ein Brutvogel in durch Freiflächen aufgelockerten Bergwäldern, die in Mitteleuropa mit der Unterart *T. t. alpestris* die Alpen und einzelne Mittelgebirge besiedelt. Für die Nahrungssuche – vor allem nach Regenwürmern – sind kurzrasige Wiesen wichtig[1]. Im Tiefland und in Tälern tritt die Art nur auf dem Durchzug und bei Schneeflucht auf. Im Seewinkel ist die Ringdrossel daher eine unregelmäßig vorkommende „Randerscheinung", die seit 1962 in lediglich 25 von gesamt 58 Jahren nachgewiesen wurde[2, 3]. Die Jahre mit nur einem Nachweis (19 Jahre) überwiegen deutlich, lediglich in den Jahren 1972, 1976 und 1991 wurden zwei Beobachtungen und in den Jahren 1984, 2005 und 2015 drei Beobachtungen in einem Jahr getätigt. Räumlich stammen die meisten Beobachtungen (21 von 34) vom östlichen Vorgelände des Neusiedler Sees, konzentrieren sich aber hier mit allein 16 Beobachtungen auf den Raum Illmitz.

Es folgen jeweils fünf Meldungen vom Westufer bzw. aus dem Seewinkel. Vom Nordufer des Sees, aus dem österreichischen Hanság und vom Heideboden, liegt jeweils nur eine Meldung vor[2,3]. Aus dem angrenzenden Ungarn wird nur eine undatierte, neuere Beobachtung östlich von Hegykő genannt[4].

In der Regel werden nur Einzelvögel beobachtet, in zwei Fällen wurden jeweils zwei Individuen gemeldet: am 10.4.1962 im Illmitzer Wäldchen[5] und am 24.4.1987 im Seebad St. Andräe am Zicksee[6]. Wegen der eingeschränkt verlässlichen Bestimmbarkeit liegen Geschlechts- und Altersangaben nur kursorisch vor, fünf Meldungen von Männchen überwiegen gegenüber drei Beobachtungen von Weibchen, dreimal wurden Adultvögel genannt. Zweimal wurden Vergesellschaftungen mit anderen nahrungssuchenden Drosseln angeführt: einmal unter Amseln (*Turdus merula*), Misteldrosseln (*T. viscivorus*) und Singdrosseln (*T. philomelos*) am 27.3.1999 an der Seestraße in Podersdorf[7] sowie einmal ein Männchen mit Sing- und Rotdrosseln am 3.4.2013 im Seevorgelände bei Oggau[8]. Die Beobachtungen erfolgten zumeist in Lebensräumen mit Rasenflächen (Seebäder), in Uferwiesen (Seevorgelände) und Weideflächen (Reithöfe), die mit lückigen Baumbeständen verzahnt sind oder in kleinen Waldbeständen (Neudegg) und Windschutzstreifen (Albrechtsfeld). Hier wurden auch singende Individuen angetroffen, z. B. am 15.4.1972 im Illmitzer Wäldchen[9]. Beobachtungen im Seewinkel erfolgten auch (in Gehölzen?) an Lackenrändern, z. B. am 5.4.1981 an der Fuchslochlacke[10].

Bestand und Bestandsentwicklung

Die ältere faunistische Literatur nennt die Ringdrossel nur ausnahmsweise. Fászl[11] bezeichnete sie als „selten" für die Umgebung von Sopron, führte aber nur ein konkretes Datum, den 18.4.1879, an. Offensichtlich übersehen wurden die zwei nicht mehr vorhandenen Belege aus Eszterháza in der Sammlung E. von Huszthy[12]. Erst Bauer et al.[13] nannten den Fund einer Rupfung der Unterart *T. t. alpestris* vom 18.11.1953 bei Weiden am See. Koenig[14] bezog sich nur auf zwei bekannte Funde, ohne Details anzuführen. Wenn in der Folge die Nachweise im Gebiet seit 1962 deutlich zugenommen haben, ist dies wohl in erster Linie den gestiegenen vogelkundlichen Aktivitäten geschuldet.

Jahreszeitliches Auftreten

Mit 32 Meldungen überwiegt der Frühjahrszug markant gegenüber dem Herbstzug, mit lediglich zwei Meldungen, was der Situation im übrigen Mitteleuropa entspricht[1]. Die Ende März einsetzenden Beobachtungen kulminieren auffällig in den ersten beiden Aprildekaden, um dann rasch wieder abzusinken. Die zwei einzigen Herbstmeldungen betreffen ein typisch hart „tack-tack-tack" rufendes Individuum im Seebad Illmitz am 30.9.2018[15] und ein Exemplar im Illmitzer Wäldchen am 6.10.2015[16]. Das Zuggeschehen insgesamt deckt sich mit Befunden aus naheliegenden Gebieten (Westungarn, Steiermark) mit vergleichbarem Datenmaterial[17,18].

Seltene Unterarten

Sofern angeführt referenzieren alle Beobachtungen aus dem Gebiet bisher auf die alpine Unterart *alpestris* (C. L. Brehm, 1831). Wenn auch aus dem Gebiet noch kein Nachweis vorliegt, muss ebenso mit dem Auftreten der in Nord- und Nordwesteuropa vorkommenden Nominatform *T. t. torquatus* Linnaeus, 1758 gerechnet werden, zumal Nachweise von dieser Unterart aus weiter östlich liegenden Gebieten in Ungarn anerkannt wurden[19]. Bei der Unterscheidung der Unterarten im Feld ist aber besondere Sorgfalt notwendig[20].

Quellen: *[1] Glutz von Blotzheim & Bauer (1988), [2] Archiv BirdLife Österreich, [3] www.ornitho.at, [4] Bankovics et al. (2002), [5] M. Ganso/ABÖ, [6] L. Sachslehner/ABÖ, [7] S. Santa-Anna/ABÖ, [8] A. Ranner/ornitho.at, [9] A. Bilek, E. Duda, H. Buchsbaum/ABÖ, [10] H. Pammer/ABÖ, [11] Fászl (1883), [12] Aumüller (1967), [13] Bauer et al. (1955), [14] Koenig (1961), [15] H.-M. Berg/ornitho.at, [16] I. Horváth/ornitho.at, [17] Keve & Pátkai (1961), [18] Albegger et al. (2015), [19] MME Nomenclator Bizottság, [20] Stoddart (2015)*

Hans-Martin Berg & Tibor Hadarics

Grauschnäpper *Muscicapa striata* (Pallas, 1764)

Szürke légykapó – Spotted Flycatcher

Hölle, Illmitz, 19.5.2014 (Michael Dvorak)

Seltener bis mäßig häufiger Brutvogel sowie mäßig häufiger Durchzügler im April/Mai und August/September

Verbreitung und Lebensraum

Der Grauschnäpper nutzt am Durchzug im gesamten Gebiet alle Arten von Baumbeständen, wie Windschutzstreifen, Wäldchen und kleine Baumgruppen. Als Brutvogel kommt der Grauschnäpper nur lokal vor. Regelmäßige Brutnachweise gibt es von verschiedenen Wäldchen auf der Ostseite des Neusiedler Sees, z. B. aus dem Illmitzer Gemeindewäldchen, dem Illmitzer Wäldchen, dem Wäldchen beim Oberen Stinkersee sowie dem Wallerner Wäldchen. Der Grauschnäpper nutzt aber auch Alleen und Gärten der Ortschaften, wo er regelmäßig an Gebäuden brütet. Bei einer Untersuchung der Brutvögel der Ortschaften östlich des Neusiedler Sees konnte der Grauschnäpper in Illmitz, Apetlon, St. Andrä, Frauenkirchen, Tadten und Andau festgestellt wurden, nicht aber in Pamhagen[1]. Vom West- und Südufer des Neusiedler Sees sind nur wenige Nachweise aus der Brutzeit bekannt[2]. Gesicherte Brutnachweise liegen aus dem Seebad Breitenbrunn und dem Seevorgelände sowie aus den Seebädern von Mörbisch und Rust vor.

Bestand und Bestandsentwicklung

Die Einstufung als „häufiger Brutvogel" im ausgehenden 19. Jahrhundert[3] bezieht sich mit Sicherheit auf die Waldgebiete im Südosten des Neusiedler Sees. Sowohl Zimmermann[4] als auch Bauer et al.[5] beschrieben den Grauschnäpper als regelmäßigen Durchzügler, jedoch fehlte er bis in die 1950er Jahre als Brutvogel im Seewinkel und mögliche Brutvorkommen entlang des Westufers des Neusiedler Sees wurden nur vermutet. Erste Nachweise aus der Brutzeit sind aus den 1970er Jahren bekannt und der erste sichere gelang am 21.6.1975 in Halbturn[6]. Ab

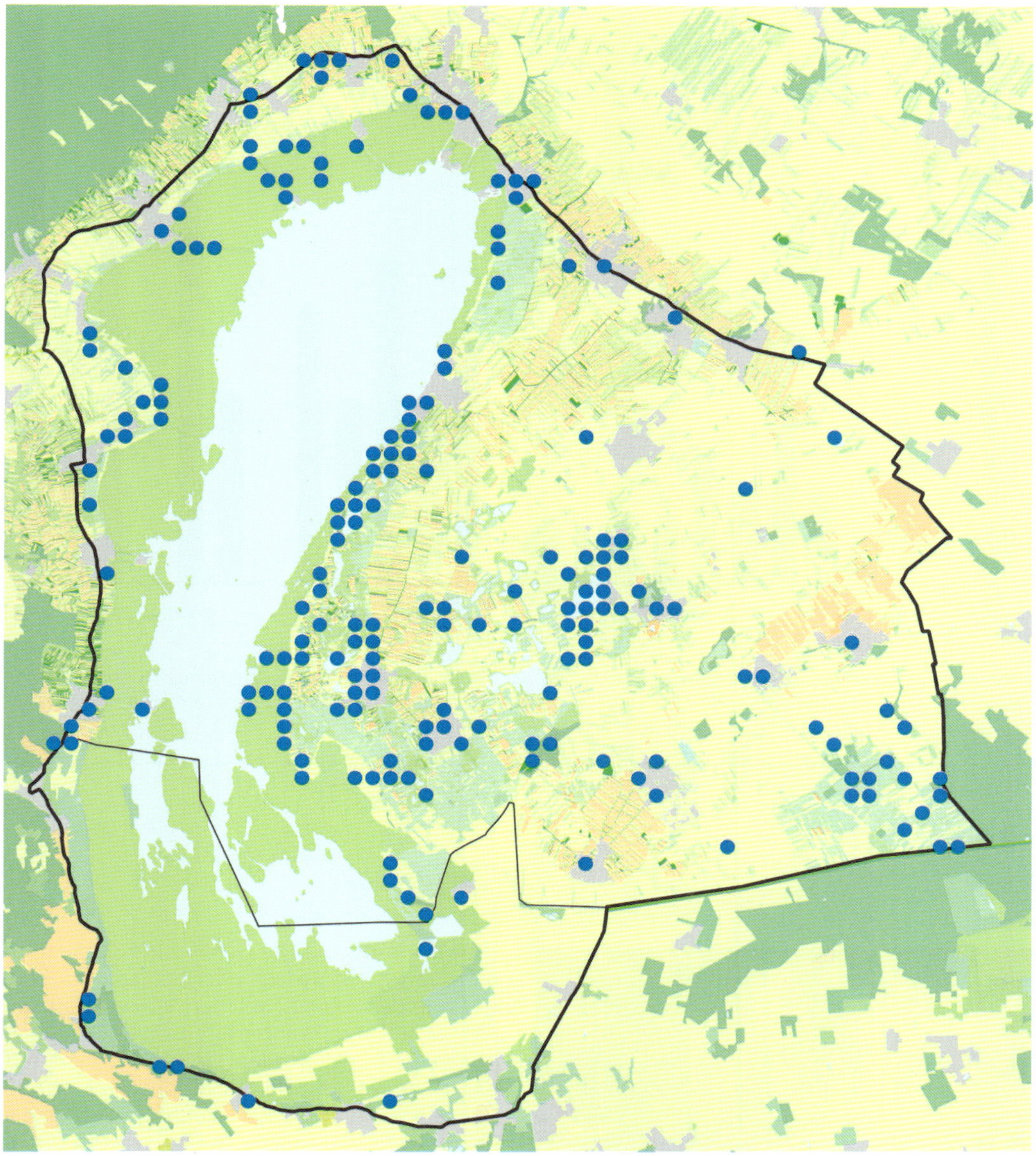

Brutzeitverbreitung des Grauschnäppers, basierend auf Beobachtungen von 15.5 bis 15.8. aus den Jahren 2011–2021 [16–18].

Netzlänge gefangen [11] und damit ca. fünfmal so viele wie noch in den 1970er und 1980er Jahren. Die Etablierung der Art als Brutvogel sowie die positive Bestandsentwicklung und die Zunahme der Herbstdurchzugszahlen ist vermutlich durch die Anlage kleiner Wäldchen und Windschutzstreifen sowie die Zunahme von Bäumen in den Ortschaften seit den 1950er Jahren zu erklären, da dadurch im gesamten Gebiet geeignete Lebensräume für den Grauschnäpper entstanden sind.

Jahreszeitliches Auftreten

Der Durchzug des Grauschnäppers findet im Frühjahr ab der zweiten Aprilhälfte bis in die zweite Maihälfte statt. Bei Beobachtungen von Juni bis in die erste Augusthälfte ist von lokalen Brutvögeln auszugehen. Ab der zweiten Augusthälfte beginnt dann der Herbstzug, der bis Anfang Oktober andauert. Bei Sichtungen des Grauschnäppers handelt es sich meist jeweils um wenige Individuen. In Ausnahmefällen wurden aber am Heimzug auch größere Ansammlungen gemeldet, so z.B. am 11.5.2019 15 Individuen im Wäldchen beim Oberen Stinkersee [12], am 24.4.2010 16 Vögel bei der Höllenschenke [13], am 11.5.1978 20 Individuen in Purbach [6] oder 30 Grauschnäpper am 20.5.1971 in St. Andrä [14].

Zugverhalten und Ringfunde

Die Wegzugrichtungen der pannonischen Population streuen zwischen Südsüdwest über Italien und Südost über Griechenland, der einzige Fernfund stammt aus Marokko. Die weiteren Zugwege und Winterquartiere in Afrika sind jedoch unbekannt [14, 15]. Herbstdurchzügler im Karpatenbecken kommen mit südwestlicher Zugrichtung aus Finnland, Litauen und Polen [15].

den 1980er Jahren war der Grauschnäpper dann auch als Brutvogel im Seewinkel, im österreichischen Hanság und lokal vom West- und Südufer des Neusiedler Sees bekannt [7]. Bei einer Erhebung der Brutvogelgemeinschaft in den Dörfern östlich des Neusiedler Sees aus dem Jahr 2014 konnte der Grauschnäpper in neun von elf untersuchten österreichischen und ungarischen Dörfern festgestellt werden [1]. In den meisten Siedlungen wurde die Art aber nur ein- bis zweimal festgestellt, nur in Andau wurden an acht von 14 Punkten Grauschnäpper gesehen. Zusammenfassend kam die Studie zu dem Schluss, dass der Grauschnäpper in den meisten Dörfern zwar anzutreffen ist, aber überall ein nur sehr lokaler Brutvogel ist.

Im Rahmen einer Brutvogelerhebung der Wäldchen des Seewinkels in den Jahren 2016–2018 wurde der Grauschnäpper in fünf von 19 untersuchten Wäldchen (maximale Anzahl je Wäldchen zwischen 1–4 Individuen) festgestellt [8]. Nach der Etablierung als Brutvogel im Gebiet seit den 1970er Jahren scheint der Grauschnäpper auch am Herbstzug seit den 1990er Jahren zugenommen zu haben. Wurden in den 1970er und 1980er Jahren an der Biologischen Station Illmitz zwischen 0,2–1,7 Individuen/10 m Netzlänge im Zeitraum von Juli bis Oktober gefangen [9], so steigerten sich die Fangzahlen von 1989 bis 2009 auf 1,7–2,5 Individuen/10 m Netzlänge [10]. In den Jahren 2017 und 2018 wurden schließlich fünf Individuen/10 m

Quellen: [1] *Dvorak et al. (2014),* [2] *Bankovics et al. (2002),* [3] *Dombrowski (1889),* [4] *Zimmermann (1943),* [5] *Bauer et al. (1955),* [6] *E. Duda/ABÖ,* [7] *Kárpáti (1983),* [8] *M. Dvorak, unpubl. Daten,* [9] *Vogelwarte Radolfzell, heute*

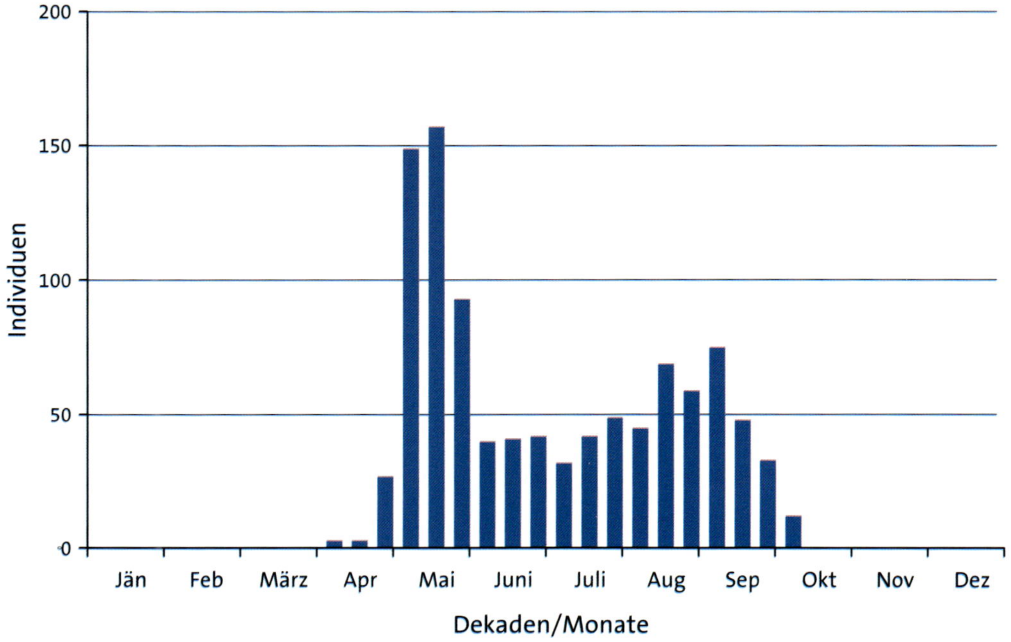

Jahreszeitliches Auftreten des Grauschnäppers (Dekadensummen gemeldeter Individuen) basierend auf Daten aus den Jahren 2011–2018 (n = 1.019) [16].

Max-Planck-Institut für Verhaltensbiologie, unpubl. Daten, [10] W. Vogl & H. Winkler, unpubl. Daten, [11] Biologische Station Illmitz, unpubl. Daten, [12] E. Albegger, J. Laber/ornitho.at, [13] S. Zinko/ABÖ, [14] Glutz von Blotzheim & Bauer (1993), [15] Török in Csörgő et al. (2009), [16] www.ornitho.at, [17] Archiv MME Sopron, [18] Archiv FHNP

Arno Cimadom & Mariann Komlós

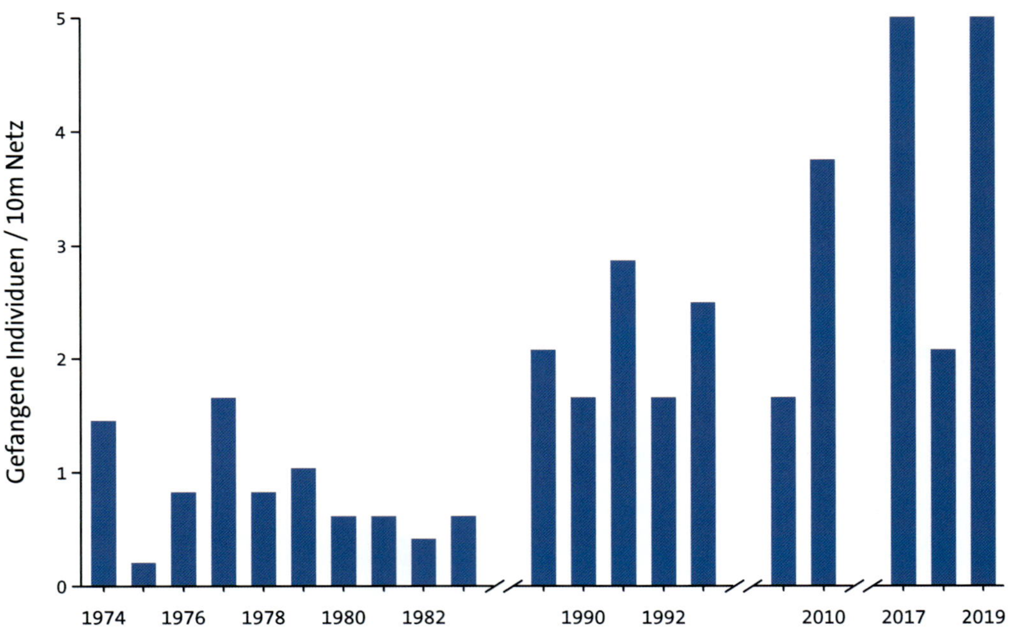

Entwicklung der Fangzahlen des Grauschnäppers (Individuen pro 10 m Netzlänge) am Herbstzug zwischen Juli und Oktober an der Biologischen Station Illmitz in den Jahren 1974 bis 2019 am Standort „Wäldchen“ [9–11].

Rotkehlchen *Erithacus rubecula* (Linnaeus, 1758)

Vörösbegy – European Robin

Seebad Illmitz, 4.4.2021 (Michael Dvorak)

Seltener Brutvogel, sehr häufiger Durchzügler im März/April und Oktober/November sowie mäßig häufiger Wintergast

Verbreitung und Lebensraum

Trotz des umfangreichen Datenmaterials aus den Jahren 2006–2018 liegen im österreichischen Teil für große Flächen nur ganz vereinzelte Meldungen von Rotkehlchen vor, die wegen ihrer allgemeinen Häufigkeit bei den seltenen Exkursionen in diesen Teilgebieten offensichtlich nicht protokolliert werden. Die Datendichte in den regelmäßig besuchten Gebieten sowie zahlreiche Nachweise im Albrechtsfeld aus dem Jahr 1975 [1] legen aber nahe, dass auch diese „weißen Flecken“ genauso wie das ungarische Südufer von Durchzüglern großflächig genutzt werden. Zwischen der Verbreitung während der Zugperioden und im Winter sind keine Unterschiede erkennbar. Durchziehende und überwinternde Rotkehlchen sind von Gehölzen weitgehend unabhängig. In den Waldparzellen halten sie sich hauptsächlich an die offenen Ränder und meiden die geschlossenen, inneren Bereiche. Im offenen Gelände jagen Rotkehlchen entlang von Gebüschen, auf Wegen, Dämmen, Viehkoppeln, an Schilf- und Lackenrändern sowie auf Rasen- oder Schlammflächen, wo ihnen einzelne Bäumchen, kleine Sträucher oder Schilf- und Krautstreifen als Deckung genügen. Sehr gut werden diese Ansprüche auf den Dämmen im Schilfgürtel des Sees erfüllt. Von hier aus dringt das Rotkehlchen auch in die Rohrwälder vor [2]. Auf der Beringungsstation im Schilfgürtel bei Neusiedl am See, etwa 500 m abseits des Festlandes, gehörte es daher – mit Ausnahme der Monate Juni bis August – zu den häufigen Fänglingen [3, 4]. Auch an den Fanganlagen bei der Biologischen Station Illmitz gingen im Herbst mehr als 40 % aller Fänglinge entlang des Dammes im Schilfgürtel in die Netze [5]. Verbautes Gebiet wird in den Seebädern, Feriensiedlungen oder an den Ortsrändern aufgesucht, aber selbst im Winter nur ganz vereinzelt innerhalb der Ortschaften, vor allem in alten Gärten mit Koniferen oder Efeubewuchs. Ausnahmen ergeben sich bei späten Schneefällen, wenn Durchzügler zu Häusern auf überdachte Flächen, in Hauseinfahrten oder Eingangsbereiche flüchten [6]. Besondere Bedeutung dürften bei solchen Wetterlagen auch feuchte Weidegebiete im Seevorgelände erlangen [7].

Die auf das gesamte Gebiet verteilten Brutzeitreviere in den Monaten Mai bis Juli finden sich in Baumbeständen mit Unterholz und offenen Bodenflächen von den Bruchwäldern im Seevorgelände und Hanság sowie den Windschutzstreifen auf den frischen Böden des Südufers [8] bis zu den Pappel-, Eschen- und Robiniengehölzen auf den trockenen Sandböden des Ostufers. Auf der viel intensiver kontrollierten österreichischen Seite fehlen jedoch gesicherte Brutnachweise. Da Rotkehlchen am Brutplatz von hoher Bodenfeuchtigkeit abhängig sind [9, 10], könnte der Grund dafür das trockenwarme Klima sein, das bereits im Frühsommer eine starke Austrocknung bewirkt (vergl. auch Jánoska [11]).

Bestand und Bestandsentwicklung

Um die Mitte des 20. Jahrhunderts war das Rotkehlchen wie heute im gesamten Gebiet ein häufiger Durchzügler, der in geringer Anzahl im Schilfgürtel überwinterte. Auch damals sangen einzelne Männchen bis Ende Mai in möglichen Bruthabitaten, ein Brutnachweis gelang jedoch nicht[2,12,13]. Auch aus dem Zeitraum bis Mitte der 1980er Jahre liegen keine Hinweise auf Bruten vor[14–16]. Zwischen 2006 und 2018 konnten zwar auf der österreichischen Seite etwa 20 verschiedene Brutzeitvorkommen lokalisiert werden, aus denen jedoch nur wenige Bruthinweise vorliegen (Paarverhalten, 1x Sammeln von Nistmaterial[17]). Ein deutlich größeres Brutzeitvorkommen mit etwa 8–10, über mehrere Wochen besetzten Revieren befand sich 2009 in einer 30 ha großen Auwaldparzelle im Hanság[18]. Auch auf der ungarischen Seite wird das Rotkehlchen nur als seltener Brutvogel eingestuft, z. B. im Umfeld von Sarród[8]. In den Zugperioden können vor allem bei Zugstau nach späten Wintereinbrüchen extrem hohe Dichten erreicht werden. Solche Zugkonzentrationen sind z. B. für das Frühjahr 2013, 2015 und 2016 belegt. Beispiele für Maximalwerte aus dem Zeitraum Mitte März bis Anfang April sind mehr als 100 Exemplare auf einem 2 km langen Damm im Schilfgürtel[19], 80 Exemplare im Seevorgelände bei Illmitz oder 30 Exemplare im Seebad Illmitz[6]. Nach einer klaren Zugnacht rasteten am 3. Oktober auf einem 1 km langen Damm im Schilfgürtel mind. 45 Rotkehlchen[20]. Bei Wintereinbrüchen während des Frühjahrszuges kann es auch zu Massensterben kommen, so z. B. nach einem *„furchtbaren Unwetter"* am 12.3.1887[21] oder 2006, als viele Rotkehlchen auf der Straße entlang des ungarischen Südufers dem Verkehr zum Opfer fielen[22].

Jahreszeitliches Auftreten

Nach einer leichten Zunahme des Winterbestandes ab Ende Februar beginnt der Hauptzug Mitte März und erreicht schon wenige Tage später das Maximum. In dieser Phase, bei späten Wintereinbrüchen aber auch noch bis Mitte April, können Zugstausituationen mit extrem hohen Dichten auftreten (siehe Bestand). Anfang April nimmt die Melderate rasch ab und Anfang Mai ist der Durchzug abgeschlossen. Aus dem nachfolgenden Zeitraum bis Mitte August liegen nur vereinzelte Nachweise teilweise singender Rotkehlchen vor, die sich auf die wenigen, im Gebiet verbleibenden Revier- bzw. potentiellen Brutvögel beziehen. Ab Ende August tauchen dann wieder regelmäßiger umherstreifende Vögel auf. Der Herbstzug setzt Anfang September ein, erfolgt dann hauptsächlich von Mitte September bis Mitte Oktober und mit geringerer Intensität bis Mitte November[21, 23], was auch dem Fangmuster bei Berthold et al. entspricht[24]. Da rastende Rotkehlchen auch im Herbst rufaktiv und daher auffällig sind, spricht die geringe Beobachtungshäufigkeit für einen zahlenmäßig schwächeren Durchzug als im Frühjahr. Der kleine Winterbestand zeigt vor allem ab Februar eine leichte Abnahmetendenz, die möglicherweise auf Winterfluchtbewegungen zurückzuführen ist[10]. Die notierte Gesangsaktivität bei Rotkehlchen-Beobachtungen während des Frühjahrszuges sowie im Oktober/November ergibt kein repräsentatives Bild, da Gesang bei dieser häufigen Art offensichtlich als nicht „meldewürdig" empfunden wird. Angedeutet ist nur ein Maximum gegen Ende der Zugperiode um Mitte April. Rotkehlchen tendieren auch an den Zugrastplätzen zu Territorialverhalten, sodass ein Zusammenschluss zu kleinen, losen Gruppen nur selten vorkommt[25].

Zugverhalten und Ringfunde

Die Durchzügler im Karpatenbecken stammen hauptsächlich aus der Slowakei, Polen und der Ukraine sowie aus dem südlichen Skandinavien, den baltischen Staaten und dem nordwestlichen Russland. Der Zug führt nach Südwest bis West in den Mittelmeerraum mit Schwerpunkt Norditalien[25–27]. Im Herbst am Neusiedler See beringte Durchzügler wurden vom Bodensee (1), aus der Provence (1), Sardinien, Nord- und Mittelitalien (4) sowie von der algerischen Küste (2) zurückgemeldet[28].

Quellen: [1] *H. Czikeli, P. Prokop & M. Staudinger/ABÖ,* [2] *Koenig (1952),* [3] *Samwald (1965),* [4] *Böck (1979),* [5] *Bairlein (1981),* [6] *L. Khil/ornitho.at,* [7] *G. Hafner, R. Hartwich/ornitho.at,* [8] *Jánoska (2001),* [9] *Glutz von Blotzheim & Bauer (1988),* [10] *Grajetzky (2000),* [11] *Jánoska (2012),* [12] *Zimmermann (1943),* [13] *Bauer et al. (1955),* [14] *Koenig (1961),* [15] *Kurth (1970),* [16] *Dvorak et al. (1993),* [17] *L. Khil, G. Szolderits/ornitho.at,* [18] *Dvorak et al. (2010),* [19] *J. Laber/ABÖ,* [20] *A. Grüll/ornitho.at,* [21] *Dombrowski (1889),* [22] *Traser & Winkler (2006),* [23] *W. Vogl & H. Winkler, unpubl. Daten,* [24] *Berthold et al. (1991),* [25] *Marti (1988b),* [26] *Gyurácz & Csörgő in Csörgő et al. (2009),* [27] *Albegger et al. (2015),* [28] *Österreichische Vogelwarte/Vogelberingungszentrale BirdLife Ungarn, unpubl. Ringfunde,* [29] *www.ornitho.at*

Alfred Grüll & Ferenc Jánoska

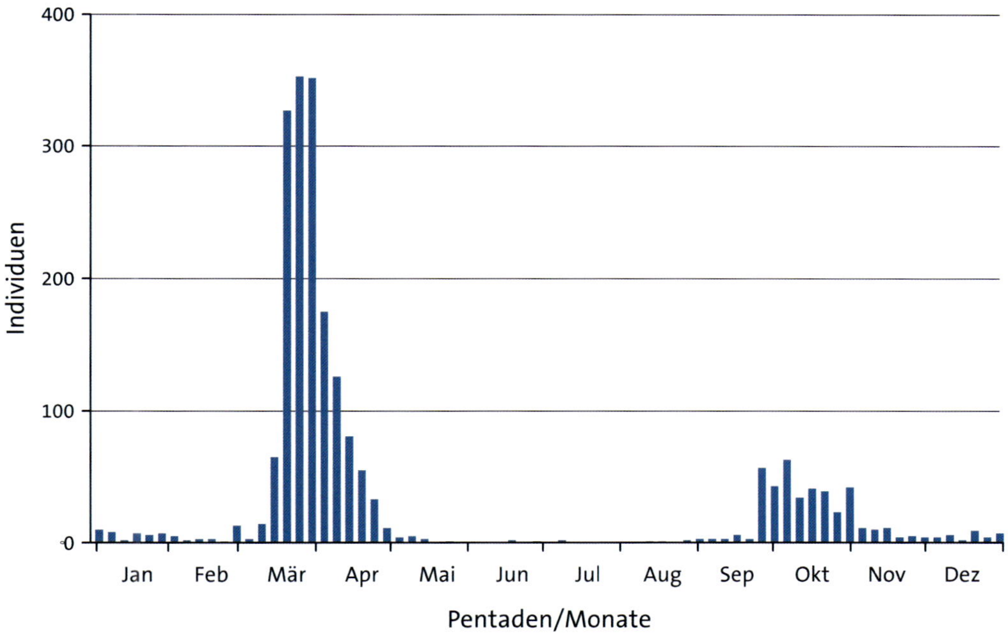

Jahreszeitliches Auftreten des Rotkehlchens (Pentadensummen gemeldeter Individuen) basierend auf Daten aus den Jahren 2011–2018 (n = 2.121)[29].

Blaukehlchen *Luscinia svecica* (Linnaeus, 1758)

Kékbegy – Bluethroat

Bei niedrigen Wasserständen häufiger Brutvogel im Schilfgürtel des Sees von Ende März bis Anfang Oktober

Verbreitung und Lebensraum

Die nachfolgenden Angaben beziehen sich auf das Weißsternige Blaukehlchen *L. s. cyanecula*, die am Neusiedler See hauptsächlich vorkommende Unterart. Zur Morphologie dieser Teilpopulation siehe Grüll[1]. Seit 2001 liegt der Verbreitungsschwerpunkt im Schilfgürtel des Sees. Kleine Vorkommen befinden sich im Hanság und an den Lacken entlang des Ostufers. Der gesamte zentrale und südliche Seewinkel ist hingegen heute – abgesehen von vereinzelten, kurzfristigen Revierbesetzungen – nicht mehr besiedelt. Ausschlaggebend für eine Ansiedlung ist stets die Kombination aus Deckung (im Gebiet v. a. Altschilf), Zugang zu Wasser oder stark vernässten Stellen sowie offenen oder schütter bewachsenen Bodenflächen als Nahrungsraum[2]. Im Schilfgürtel finden sich diese Habitate an anthropogenen Standorten wie Kanälen, Dämmen, Schilflagerplätzen oder an den Rändern von Freizeitanlagen, wo künstlich aufgeschüttetes Material offene Nahrungsflächen bietet. Nur bei extrem niedrigen Wasserständen finden sich geeignete Habitate auch entlang der landseitigen Randzone, wo offene Schlammflächen

Lettengrube, Illmitz, 15.4.2017, Männchen (Klemens Wessely)

den Schilfgürtel auflichten sowie in verlandenden, trockenfallenden Bereichen im Inneren des Schilfgürtels, die v.a. im südlichen Seeteil zu finden sind. Am Westufer, hier v.a. bei Mörbisch, dringt das Blaukehlchen entlang von verschilften Gräben, Ruderalstreifen und Aufschüttungen stellenweise in das grundwassernahe Kulturland vor. Auch an den Lacken liegen die Reviere in der Übergangszone zwischen Schilf und offenen Uferabschnitten bzw. den angrenzenden Wegen und Agrarflächen. Im Hanság erfolgen Ansiedelungen seit 2011 fast ausschließlich auf Schilfinseln in Feuchtwiesen am Rand beweideter Flächen, die offene Bodenstellen aufweisen [3].

Das Habitatangebot und Verbreitungsbild haben sich als Folge vielfältiger Eingriffe in den letzten 150 Jahren mehrfach grundlegend verändert: (1) Ursprünglich war das Blaukehlchen eine Charakterart der Verlandungszone des Sees. Im 19. Jahrhundert bis in die 1950er Jahre brütete es hier bei niedrigen Wasserständen hauptsächlich in den Aschweidengebüschen und an der Wulkamündung, wo periodische Überflutungen den Großseggenbewuchs zurückdrängten und immer wieder freie Schlammflächen zurückließen [4]. Die Wasserstandsstabilisierung nach der Jahrhundertwende hat diese natürliche Dynamik unterbunden, sodass die Großseggen in die Weidenbestände vordringen konnten und diese Primärhabitate ihre Bedeutung verloren [4–7]. (2) Ab 1950 entstanden im Seewinkel nach Einstellung der Beweidung und beginnender Verschilfung durch neue Nutzungsformen unterschiedliche Sekundärbiotope, die das Blaukehlchen rasch besiedelte. 1958 begann die Ausbreitung im mittlerweile meliorierten Hanság [8,9] und ab 1967 wurden zahlreiche Brutnachweise aus dem Seewinkel gemeldet. Die Verbreitung umfasste nach dieser Bestandsverlagerung die Lackenränder, Fischteiche, verschilften Entwässerungsgräben, Baggerungen und diverse Anschüttungen in Feuchtgebieten mit Altschilf und Rohbodenflächen und reichte vom grundwassernahen Ostufer und südwestlichen Seewinkel bis zur Linie Podersdorf-St. Andrä [2]. Im Schilfgürtel des Sees brütete das Blaukehlchen vor allem an anthropogenen Standorten. Am ungarischen Südufer wurden zu dieser Zeit riesige Schilfflächen gemäht und abgebrannt, sodass Brutplätze hauptsächlich entlang der Kanäle am seeseitigen Rand oder auf den landseitigen Schilflagerplätzen zu finden waren, wo die Blaukehlchen auch die „Schilfkegel" als Nistplatz nutzten. Nur noch bei sehr niedrigen Wasserständen fanden sich, zumindest auf der österreichischen Seite, auch innerhalb des Schilfgürtels geeignete Habitate. Umgekehrt waren viele Brutplätze im Seewinkel nur bei hohen Wasserständen nutzbar, was eine Besiedlungsdynamik mit Verlagerungen zwischen See und Lackengebiet bewirkte [10]. (3) Ab den 1980er Jahren setzte im Seewinkel ein von Nordost nach Südwest verlaufender Arealverlust ein, der auf die Verkrautung der Sekundärbiotope nach Nutzungseinstellung, den Rückgang der Landschaftseingriffe sowie das Lackensterben und die Grundwasserabsenkung zurückzuführen ist [2]. Seit 1994 finden im zentralen Seewinkel keine dauerhaften Ansiedelungen mehr statt und am Ostufer sind seit 1997 nur noch Restbestände vorhanden [11]. Im Hanság verteilten sich die Reviere in den 1980er Jahren hauptsächlich auf die verschilften Entwässerungsgräben mit angrenzenden Kulturflächen (v.a. Raps) [12]. (4) Zu einer neuerlichen Wende kam es ab 2002 bei extrem niedrigen Seewasserständen, die zum Trockenfallen vieler Teile des Schilfgürtels führten und eine neue Besiedlungswelle auslösten [13]. Da in Ungarn die Schilfernte weitgehend eingestellt wurde, entstand auch hier ein neues, großflächiges Habitatangebot im gesamten Schilfgürtel. Durchziehende Blaukehlchen halten sich, gemessen an der Häufigkeit der Fänge an den Beringungsstationen, ebenfalls hauptsächlich in den Schilfbeständen des Sees auf [14,15].

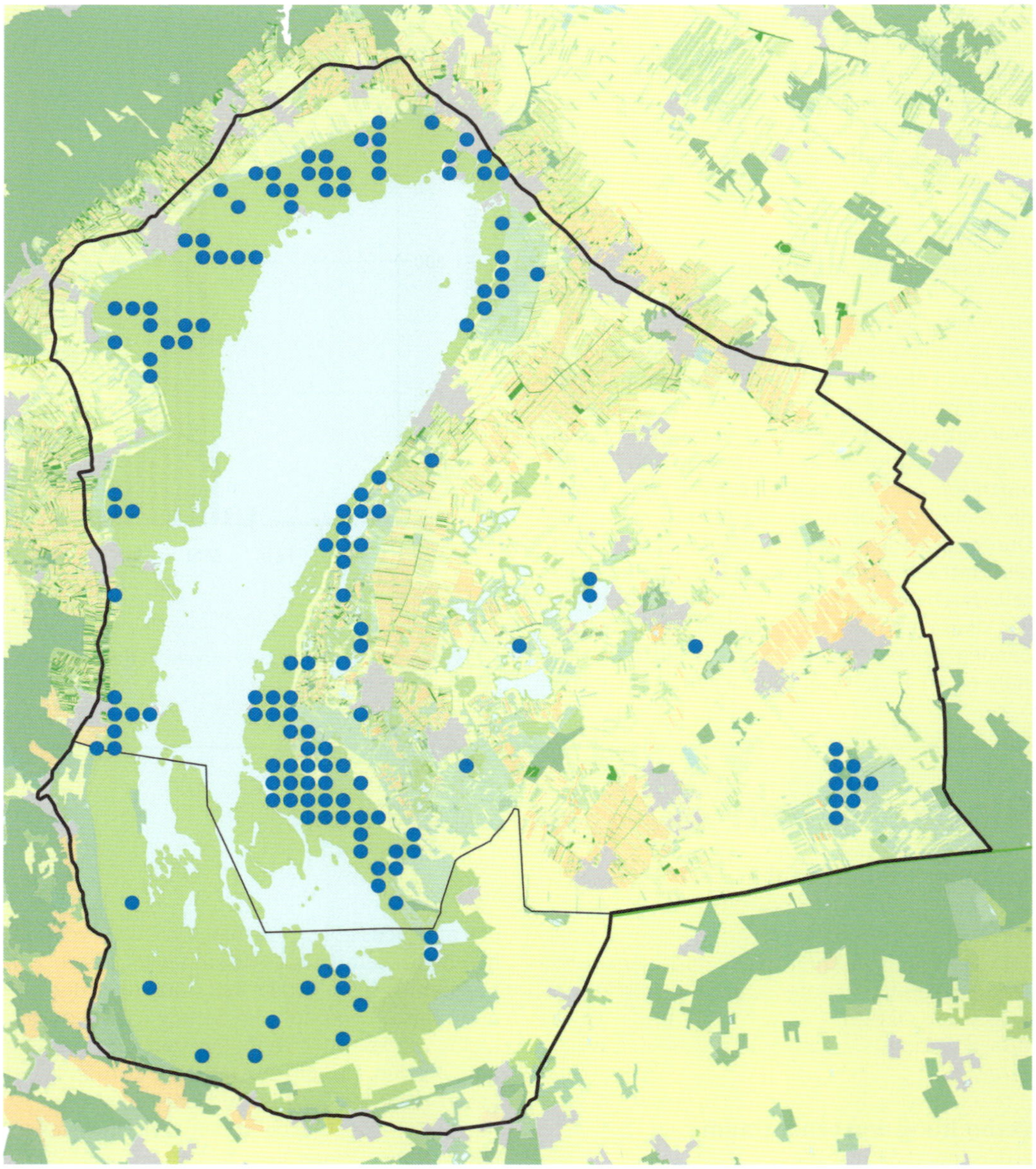

Brutzeitverbreitung des Blaukehlchens, basierend auf Beobachtungen in den Monaten März bis Juli aus den Jahren 2011–2021 [48–50].

Bestand und Bestandsentwicklung

In der ersten Hälfte des 20. Jahrhunderts war das Blaukehlchen in der landseitigen Randzone des Schilfgürtels ein häufiger Brutvogel. In den Aschweidengebüschen erreichte es Dichten von sechs singenden Männchen auf 0,5 ha [4, 6, 7, 16]. Für den Zeitraum nach der Bestandsverlagerung in den Seewinkel von 1950 bis 1980 sind zumindest 40 verschiedene Vorkommen im gesamten Lackengebiet sowie jährlich 1–3 Reviere im Hanság belegt [17]. Ein erster Höhepunkt der Ansiedlungswelle dürfte 1972 erreicht worden sein: *„Überall häufig singend, Konzentrationen von maximal 30 Männchen bei Illmitz bzw. im Hanság"* [18]. Mit dem Arealschwund ab 1980 kam es dann wieder zu einem kontinuierlichen Rückgang. Eine erste Bestandsschätzung 1986–1987 ergab für das gesamte österreichische Neusiedler See-Gebiet nur noch 150 Brutpaare, davon etwa 50 im Schilfgürtel des Sees [2]. Dazu kamen etwa 20–30 Paare im ungarischen Teil des Schilfgürtels. Als maximale Siedlungsdichten wurden dabei auf den Dämmen eines Fischteichgebietes mehr als 5 Reviere/10 ha festgestellt und entlang eines Dammes im Schilfgürtel fünf singende Männchen auf 500 m. Bis 1995 waren im zentralen Seewinkel alle Brutvorkommen erloschen und im südwestlichen Seewinkel schwankte die Anzahl der Reviere 1993–2000 nur noch zwischen sechs und 22 [19]. Nur im Hanság breitete sich das Blaukehlchen ab 1987 nach der Anlage von 300 ha Grünbrachen vorübergehend mit 20 Revieren aus [12, 20], der Bestand nahm aber auch hier nach 1990 wieder ab und blieb dann auf einem niedrigen Niveau von nur mehr wenigen Revieren [3]. Ende der 1990er Jahre dürften im gesamten österreichischen Gebiet kaum mehr als 60–70 revierbesetzende Männchen übriggeblieben sein. Als Rückgangsursache wurden neben den Habitatveränderungen auch zu geringe Bruterfolge vermutet: Auf anthropogen geprägten Probeflächen im Seewinkel sind pro Revier durchschnittlich nur 0,8 Jungvögel ausgeflogen. Diese Zahl liegt weit unter dem Mindestwert für eine stabile Kleinvogelpopulation. Die Hauptursache war in den stark fragmentierten Sekundärhabitaten Nestprädation [10, 11].

Zu einer Bestandserholung kam es erst nach Absinken des Seewasserspiegels und großflächigem Trockenfallen der landseitigen Schilfbereiche ab 2001. Bis 2005 nahm die Anzahl der Reviere zunächst entlang der Seedämme am Westufer und dann im Schilfgürtel zwischen Illmitz und Podersdorf deutlich zu. Im Jahr 2005 waren auf der österreichischen Seite auch die Röhrichte im südlichen Seeteil mit mind. 40 Revieren großflächig besiedelt [21, 22]. Weitere Kartierungen im Jahr 2006 ergaben mind. 70 singende Blaukehlchen im Schilfgürtel am Nord- und Westufer. Auf Basis dieser Kartierungen und unter Berücksichtigung der nicht untersuchten Schilfflächen wurde der Gesamtbestand im österreichischen Teil auf 230–320 Reviere geschätzt, wobei nur noch etwa 10 auf den Seewinkel entfielen [23]. Die plötzlich auftretenden, großen Bestände in Trockenjahren weisen auf vitale Quellpopulationen hin, deren Brutareale allerdings nicht bekannt sind. Bereits 2007 war nach einem Anstieg des Wasserstandes ein Teil dieser Brutplätze wieder verlassen. Im Schilfgürtel am ungarischen Südufer wurde der Bestand 2008 hingegen noch auf 120–150 Paare geschätzt [24]. Zwischen 2011 und 2015 sind am Westufer bis auf einzelne Reviere entlang der Seedämme fast alle Vorkommen erloschen [25]. Gleichzeitig kam es in Wiesengebieten am Ostufer wieder zu vorübergehenden Ansiedelungen, da durch Flutungen neue Habitate entstanden [26]. Zwischen 2016 und 2018 waren im Schilfgürtel des Sees bei höheren Wasserständen weiterhin nur wenige Reviere besetzt. Erst nach Ende der Bearbeitungsperiode begann der Seepegel ab 2019 wieder zu fallen, sodass sich zunächst am Nord- und Westufer und 2020 auch in den inneren Schilfbereichen eine neue Besiedlungswelle abzeichnete [27]. Die ehemaligen Vorkommen im Seewinkel sind hingegen nach 2015 fast vollständig und offensichtlich dauerhaft erloschen: Für die Jahre 2016–2018 finden sich nur noch zwei Meldungen singender Männchen an den Lacken entlang des Ostufers [28]. Die standardisierten Herbstfänge im Schilfgürtel bei der Biologischen Station Illmitz zeigen zwischen den Zeiträumen 1974–1983 (10 Jahre) und 2004–2019 (12 Jahre mit Fangprogramm) einen Rückgang von durchschnittlich 40 auf nur 10 Blaukehlchen pro Jahr, der wohl überwiegend auf das Erlöschen des stetigen Vorkommens im Gebiet zurückzuführen ist [29, 30].

Jahreszeitliches Auftreten

Die ersten Blaukehlchen-Männchen treffen regelmäßig Ende März ein [19]. Die frühesten Daten stammen vom 22. März [31] und 23. März (drei Meldungen, 1968 bereits 5–6 Männchen singend [32]). Die Gesangsaktivität erreicht meist Mitte April, in der Phase der Revierbesetzungen, den ersten Höhepunkt. In Abhängigkeit von den jeweiligen Wasserständen kann sich die Reviergründung aber auch bis Mai/Juni verzögern [10]. Ein Frühjahrsdurchzug ist zumindest seit den 1980er Jahren nicht mehr erkennbar, Nachweise abseits der Brutplätze sind kaum belegt, was auch für die nördlich gelegenen Marchauen beschrieben wird [33]. Aus den Jahren 1955–1965 liegen hingegen Fangzahlen aus dem Schilfgürtel bei Neusiedl am See vor, die auf Zug von Mitte März bis Mitte Mai schließen lassen, wobei 70% der Fänglinge bis Mitte April in die Netze gingen (n = 240) [34]. Die Gesangsaktivität bleibt während der gesamten Brutzeit bis Ende Juni relativ hoch, ein zweiter Gipfel fällt mit dem Ausfliegen der ersten Bruten in der Periode 6. bis 20. Mai zusammen. Nach den letzten Eiablagen erlischt die Gesangsaktivität bis Mitte Juli. Frisch ausgeflogene Jungvögel können bis zum 7. August beobachtet werden [35]. Auch im Hinblick auf die lange Gesangsperiode ist daher von regelmäßigen Zweitbruten auszugehen [36, 37]. Basierend auf den Fängen an der Biologischen Station Illmitz sind Strich- und/oder Zugbewegungen sowie ein ausgeprägtes Jungvogeldispersal bereits ab Anfang Juli feststellbar, der Hauptdurchzug erfolgt von Mitte August bis Mitte September und bis Ende September ist der Großteil abgezogen. Letzte Fänge gelangen bis 12. Oktober [10, 29, 30]. Eine Ausnahme stellt der Nachweis eines Blaukehlchens am 4.11.1973 dar [38].

Zugverhalten und Ringfunde

Abweichend von den zentraleuropäischen Brutvögeln, deren Zugrouten nördlich der Alpen über die Schweizer Mittelland-Seen führen, ziehen die Blaukehlchen aus dem Karpatenbecken nach Südwest über Italien und das Mittelmeer nach Spanien und überwintern in Westafrika südlich der Sahara, in größerer Anzahl aber auch schon auf der Iberischen Halbinsel [37, 39–41]. Die Annahme weitgehend getrennter Populationen mit unterschiedlichen Zugwegen wird auch durch morphologische Unterschiede, wie längere Flügel der pannonischen Population, die weitere Distanzen über das Meer zurücklegt, gestützt. In Anpassung an die dynamischen und unvorhersagbaren Habitatbedingungen kommen auch brutzeitliche Migrationen und Umsiedlungen über Distanzen von mehr als 100 km vor und nach der Brutzeit ein Mauserzug in günstige (feuchtere) Mauserquartiere [10, 11].

Seltene Unterarten

Neben dem Weißsternigen Blaukehlchen *L. s. cyanecula* (Meisner, 1804) kommt als Ausnahmeerscheinung auch das Rotsternige Blaukehlchen *L. s. svecica* (Linnaeus, 1758) vor. Aus den letzten 60 Jahren liegen folgende, undokumentierte

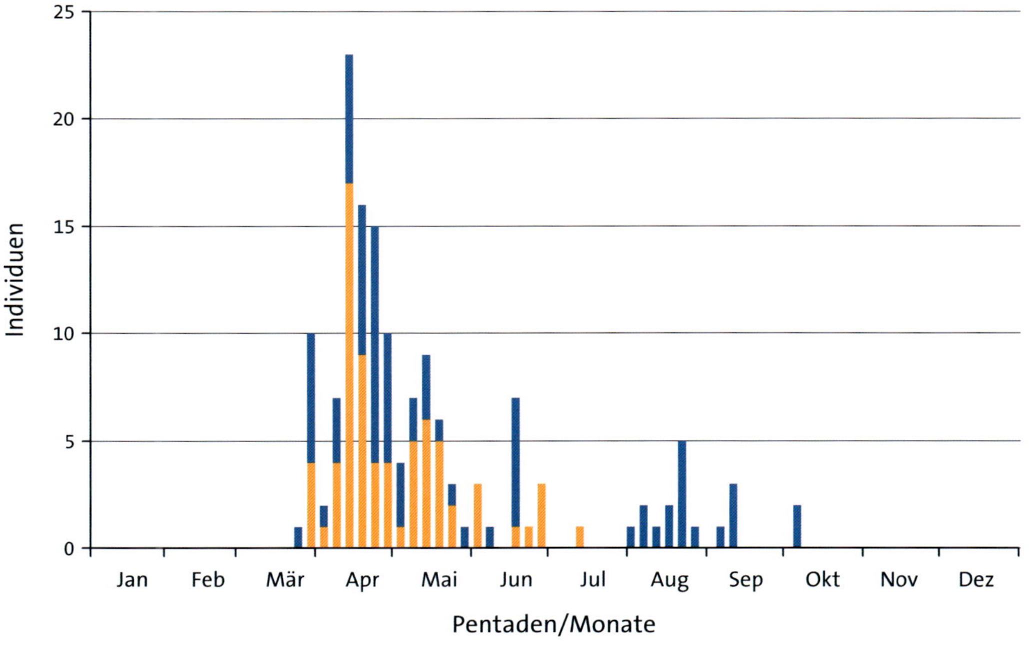

Jahreszeitliches Auftreten des Blaukehlchens (Pentadensummen gemeldeter Individuen) basierend auf Daten aus Österreich aus den Jahren 2011–2018 (n = 148) [48]*. Orange Säulenabschnitte: singende Männchen.*

Meldungen vor, die sich in den datierten Fällen auf Durchzügler beziehen lassen:

- 1957 Seebad Neusiedl am See, 1 Ex. im Schilfgürtel gefangen[14]
- 30.8.1973 Biologische Station Illmitz, 1 ♂ im Schilfgürtel gefangen[42]
- 25.5.1981 St. Andrä, 1 Ex.[43]
- 22.4.1989 Winden, 1 Ex.[38]
- 26.–27.5.1992 Mekszikópuszta, 1 ad ♂ gefangen[44]
- 2.4.2017 Mekszikópuszta, 1 ad ♂ gefangen[45]

Bei einem rotsternigen Exemplar am 9.5.1993[46] kann die Rassenzugehörigkeit nicht mit Sicherheit geklärt werden[47].

Quellen: [1] *Grüll (2001),* [2] *Grüll (1988a),* [3] *Berg & Dvorak (2017),* [4] *Koenig (1952),* [5] *Seitz (1943),* [6] *Zimmermann (1943),* [7] *Bauer et al. (1955),* [8] *H.M. Steiner, unpubl. Daten,* [9] *B. Leisler/ABÖ,* [10] *Grüll (1993),* [11] *Grüll (2001),* [12] *Reiter (1994),* [13] *Nemeth et al. (2014),* [14] *Samwald (1965),* [15] *Bairlein (1981),* [16] *Koenig (1939),* [17] *Dvorak et al. (2010),* [18] *W. Kees & R. Triebl/ABÖ,* [19] *A. Grüll, unpubl. Daten,* [20] *L. Döll/ABÖ,* [21] *Nemeth et al. (2014),* [22] *E. Nemeth, unpubl. Daten,* [23] *Dvorak et al. (2008),* [24] *Vadász et al. (2011),* [25] *Dvorak (2012),* [26] *Dvorak et al. (2011),* [27] *M. Dvorak u. a., unpubl. Daten,* [28] *M. Dvorak, N. Filek/ornitho.at,* [29] *Berthold et al. (1991),* [30] *W. Vogl & H. Winkler, Biologische Station Illmitz, unpubl. Daten,* [31] *A. Grüll/ABÖ,* [32] *A. Billek/ABÖ,* [33] *Zuna-Kratky et al. (2000),* [34] *T. Samwald in Schmidt (1988),* [35] *G. Brenner/ABÖ,* [36] *Franz (1998),* [37] *Glutz von Blotzheim & Bauer (1988),* [38] *E. Duda/ABÖ,* [39] *Scebba & Vitolo (1984),* [40] *Kováts in Csörgő et al. (2009),* [41] *Arizaga et al. (2016),* [42] *Vogelwarte Radolfzell/ABÖ,* [43] *H. Buchsbaum/ABÖ,* [44] *Hadarics et al. (1993),* [45] *Archiv FHNP,* [46] *Lipp (1993),* [47] *AFK, unpubl. Daten,* [48] *www.ornitho.at,* [49] *Archiv MME Sopron,* [50] *Archiv FHNP*

Alfred Grüll & Attila Pellinger

Sprosser *Luscinia luscinia* (Linnaeus, 1758)

Nagy fülemüle – Thrush Nightingale

St. Andrä am Zicksee, 12.5.2022 (Samuel Schnierer)

Unregelmäßiger Durchzügler von Ende April bis Ende Mai sowie von Ende Juli bis Mitte September mit Schwerpunkt im August

Vorkommen

Der Sprosser tritt zu beiden Zugzeiten im Neusiedler See-Gebiet auf. Generell ist davon auszugehen, dass die Art im Gebiet wesentlich zahlreicher und regelmäßiger auftritt, als es die bisher vorliegenden 38 Nachweise vermuten lassen. Ihre versteckte Lebensweise und die schwierige Unterscheidung v.a. nicht singender Vögel von der im Gebiet häufigen Nachtigall führen zweifellos dazu, dass die Art vielfach übersehen wird. Dementsprechend wird die Art von Bankovics et al.[1] als regelmäßiger Durchzügler, v.a. Ende August und Anfang September, eingestuft, auch wenn die vorliegenden Daten diese Einstufung (noch) nicht vollständig stützen mögen. Singende Vögel können im Frühjahr mehrere Tage verweilen und auch am Herbstzug sind durch Wiederfangdaten Aufenthaltsdauern von bis zu acht Tagen dokumentiert[2]. Hinweise auf Brutvorkommen gibt es allerdings keine. Bei einem Brutpaar, das von Schenk[3] für das Jahr 1907 aus der Umgebung von Apetlon erwähnt wurde, handelt es sich offensichtlich um die in dieser Arbeit ansonsten nicht erwähnte Nachtigall. Nachweise auf österreichischer Seite werden seit 1991 von der Avifaunistischen Kommission von BirdLife Österreich geprüft.

Die erste Erwähnung eines singenden Sprossers stammt vom Mai 1925 bei Fertőboz[4]. Von mehreren Beobachtungen, die bei Zimmermann[5] angeführt sind, kann offenbar nur eine am 17.5.1941 bei Podersdorf als ausreichend gesichert betrachtet werden. Bei den übrigen, die vom Autor teilweise ohnedies als unsicher eingestuft worden sind, scheinen nicht zuletzt auch aufgrund der deutlich in die Brutzeit fallenden Datumsangaben Verwechselungen mit der Nachtigall nicht ausreichend ausgeschlossen zu sein. Der nächste Nachweis erfolgte mit dem erstmaligen Fang eines Vogels am Herbstzug am 6.8.1975 an der Biologischen Station Illmitz[6]. Bis 1986 folgten dann noch drei Frühjahrsbeobachtungen singender Vögel im Raum Illmitz[6]. Ein

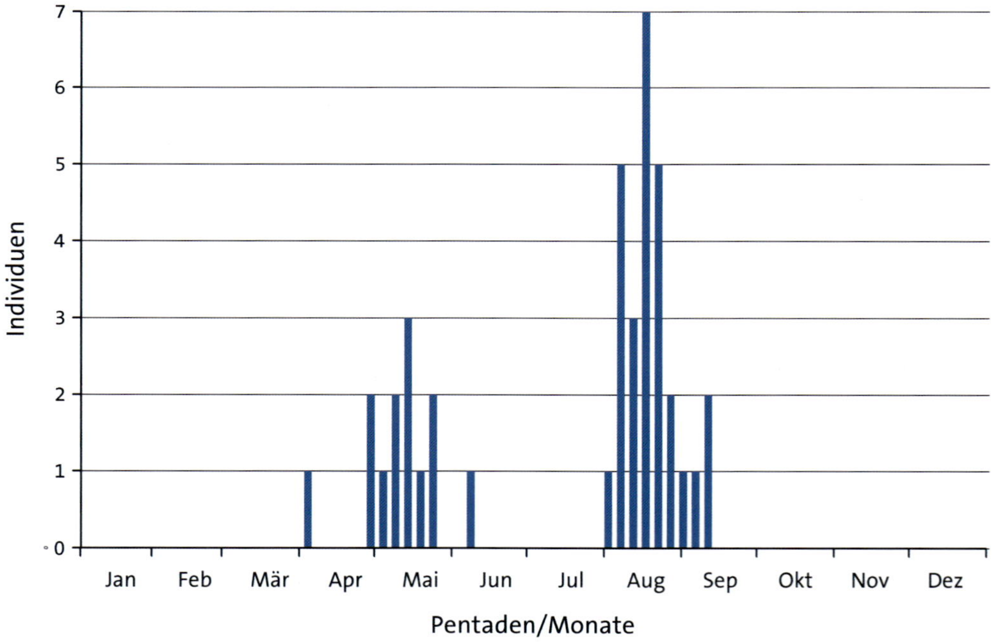

Jahreszeitliches Auftreten des Sprossers (Pentadensummen gemeldeter Individuen) in Österreich und Ungarn basierend auf Daten aus den Jahren 1941–2021 (n = 40)[2, 5–17]*.*

einigermaßen regelmäßiges nachbrutzeitliches Auftreten wurde erst ab den 1980er Jahren durch planmäßige Beringungen, zunächst im Beringungscamp bei Fertőrákos [2,7], bekannt. Seit 1990 gelangen im Bearbeitungsgebiet 25 Nachweise, davon waren 16 Fänglinge am Herbstzug (ohne Einrechnung von Wiederfängen in derselben Saison). Ab dem Jahr 2009 wurde die Art bis auf die Jahre 2016, 2018 und 2020 jährlich registriert.

Singende Sprosser wurden im Neusiedler See-Gebiet vor allem in Gebüschgruppen und kleinen Wäldchen angetroffen. Die Herbstdurchzügler werden vor allem am landseitigen Rand des Schilfgürtels in schilfdurchsetztem Weidengebüsch sowie in kleinen, an das Seevorgelände anschließenden Feldgehölzen gefangen.

Jahreszeitliches Auftreten

Der Frühjahrszug konzentriert sich auf den Zeitraum Ende April bis Ende Mai, mit einzelnen Extremdaten Anfang April und Anfang Juni. Zu dieser Zeit wurden, bis auf drei Ausnahmen, nur singende Männchen festgestellt. Nachweise am Herbstzug verteilen sich von Ende Juli bis Mitte September mit Schwerpunkt im August. Diese wurden fast ausschließlich durch Netzfänge im Zuge von Beringungsprogrammen erbracht, Feldbeobachtungen gelangen in diesem Zeitraum nur ausnahmsweise.

Quellen: [1] *Bankovics et al. (2002),* [2] *Vogelberingungszentrale BirdLife Ungarn, unpubl. Ringfunde,* [3] *Schenk (1917a),* [4] *Steinparz (1926),* [5] *Zimmermann (1943),* [6] *Archiv BirdLife Österreich,* [7] *Hadarics et al. (1989),* [8] *Laber & Ranner (1997),* [9] *Ranner (2002),* [10] *Ranner & Khil (2009),* [11] *Ranner & Khil (2011),* [12] *Albegger & Khil (2016),* [13] *Khil & Albegger (2014),* [14] *www.ornitho.at,* [15] *www.birding.hu,* [16] *Albegger & Brader (2018),* [17] *www.birdlife-afk.at*

Andreas Ranner & Ferenc Jánoska

Nachtigall *Luscinia megarhynchos* C. L. Brehm, 1831

Fülemüle – Common Nightingale

Hölle, Illmitz, 30.4.2015 (Michael Dvorak)

Häufiger Brutvogel von April bis September, der sich im Seewinkel ab den 1970er Jahren ausbreitete sowie Durchzügler

Verbreitung und Lebensraum

Mit ihrem markanten, weittragenden Gesang gehört die Nachtigall zu den auffälligsten Singvögeln, deren Verbreitung durch Beobachtungsmeldungen sehr gut dokumentiert ist. Mit ihrer Bindung an trockenwarmes Klima sind die Voraussetzungen im pannonisch geprägten Neusiedler See-Gebiet sehr günstig, sodass sie eine Vielzahl unterschiedlicher Gehölzformationen in hoher Dichte besiedeln kann. Entscheidend sind immer ein bis zum Boden dicht geschlossener Gebüschmantel mit darunterliegenden, vegetationsfreien Flächen für den Nahrungserwerb und daran anschließend ein hochwüchsiger Krautsaum für die Nestanlage (z. B. Brennnesseln). Ständige Vernässung wird gemieden, während Trockenheit keine Rolle spielt [1]. Brutreviere finden sich in älteren Buschbeständen aller Art an den unterschiedlichsten Standorten: von Auwäldern, aufgelassenen Schottergruben [2], Ufer- und Feldgehölzen, Bahndämmen über Robinienwäldchen mit Holunderunterwuchs, Schlehdorn- und Ölweidendickichten am Sandrücken entlang des Ostufers bis hin zu den trockenwarmen Flaumeichen-Buschwäldern an den Südosthängen von Hackels- und Jungerberg. Im Schilfgürtel brütet die Nachtigall auf Schilflagerplätzen und vereinzelt auf den Dämmen, besiedelt aber nur ausnahmsweise die Ränder der Seebäder. Ebenso werden in den Ortschaften vereinzelte Reviere vor allem in gebüschreichen, verwilderten Gärten an der Peripherie besetzt, aber kaum in den Ortskernen. Soweit aus den Meldungen im April/Mai und ab Ende Juni ersichtlich, werden auch nach der Brutzeit und von Durchzüglern dieselben Habitate genutzt. Auch an den Fanganlagen des MRI-Programmes war während des Herbstzuges eine deutliche Präferenz für den Waldstandort gegenüber dem Schilfgürtel erkennbar [3].

Bestand und Bestandsentwicklung

Die Nachtigall gehört zu den Gehölzbewohnern, die am Süd- und Westufer schon im 19. Jahrhundert häufig waren [4,5], in der Steppenlandschaft des Seewinkels aber erst nach Aufkommen entsprechender Gehölze etwa ab den 1970er Jahren Fuß fassen konnten. Für das von Homeyer [5] angeführte Vorkommen am 19.5.1892 bei Frauenkirchen und das *„brütende Paar"* bei Apetlon am 8.5.1907 bei Schenk [6] (dort als *Luscinia luscinia* bezeichnet, aber wahrscheinlich auf die Nachtigall zu beziehen) fehlen konkretere Angaben, sodass Durchzügler nicht sicher ausgeschlossen werden können. Am Status des 19. Jahrhunderts hat sich bis in die Zeit des Zweiten Weltkrieges offenbar nichts Wesentliches geändert. Zimmermann [7] gelang 1940–1942 nur ein Reviernachweis in einem Robinienwäldchen nördlich des Althofes bei Frauenkirchen. Anfang der 1950er Jahre gehörte sie am West- und Nordufer stellenweise zu den häufigsten Vogelarten [8] und drang in den Weidengebüschen entlang des Wulka-Dammes sogar in den Schilfgürtel vor. Für das Ostufer wird sie Anfang der 1960er Jahre als noch immer *„äußerst selten"* erwähnt [9]. Ende der 1960er Jahre bestand dann erstmals Brutverdacht am Bahndamm bei St. Andrä [10] und 1971 waren bereits einzelne Reviere im Hanság und bei Illmitz besetzt [11]. Im Jahrzehnt bis Anfang der 1980er Jahre erfolgten dann im gesamten Seewinkel und Hanság zahlreiche Ansiedlungen, Hinweise auf größere Bestände liegen aus dieser Periode jedoch noch nicht vor [12]. Vor allem die jüngeren Gehölze wurden erst nach 1980 besiedelt, z. B. an der Biologischen Station Illmitz [13], und erst Ende der 1980er Jahre war die Nachtigall auch östlich des Neusiedler Sees in allen geeigneten Habitaten ein häufiger Brutvogel [14]. Nach 1990 fanden weitere Zunahmen statt und die Siedlungsdichten erreichten sehr hohe Werte. Im südostexponierten Flaumeichen-Buschwald am Hackelsberg bei Winden (5 ha) waren umgerechnet 22 Reviere/10 ha besetzt [15]. Dvorak et al. [16] konnten im Zeitraum 1991–2011 auf den Zitzmannsdorfer Wiesen einen Bestandsanstieg von 8–11 auf 28 Reviere feststellen, der auf die rasche Ausbreitung und Alterung der Gehölze zurückzuführen war. Die Dichte stieg dabei in den kleinen Gehölzgruppen (13,4 ha) ebenfalls auf 21 Reviere/10 ha. Auch zwei großflächige, in den Jahren 1998 und 2020 durchgeführte Revier-

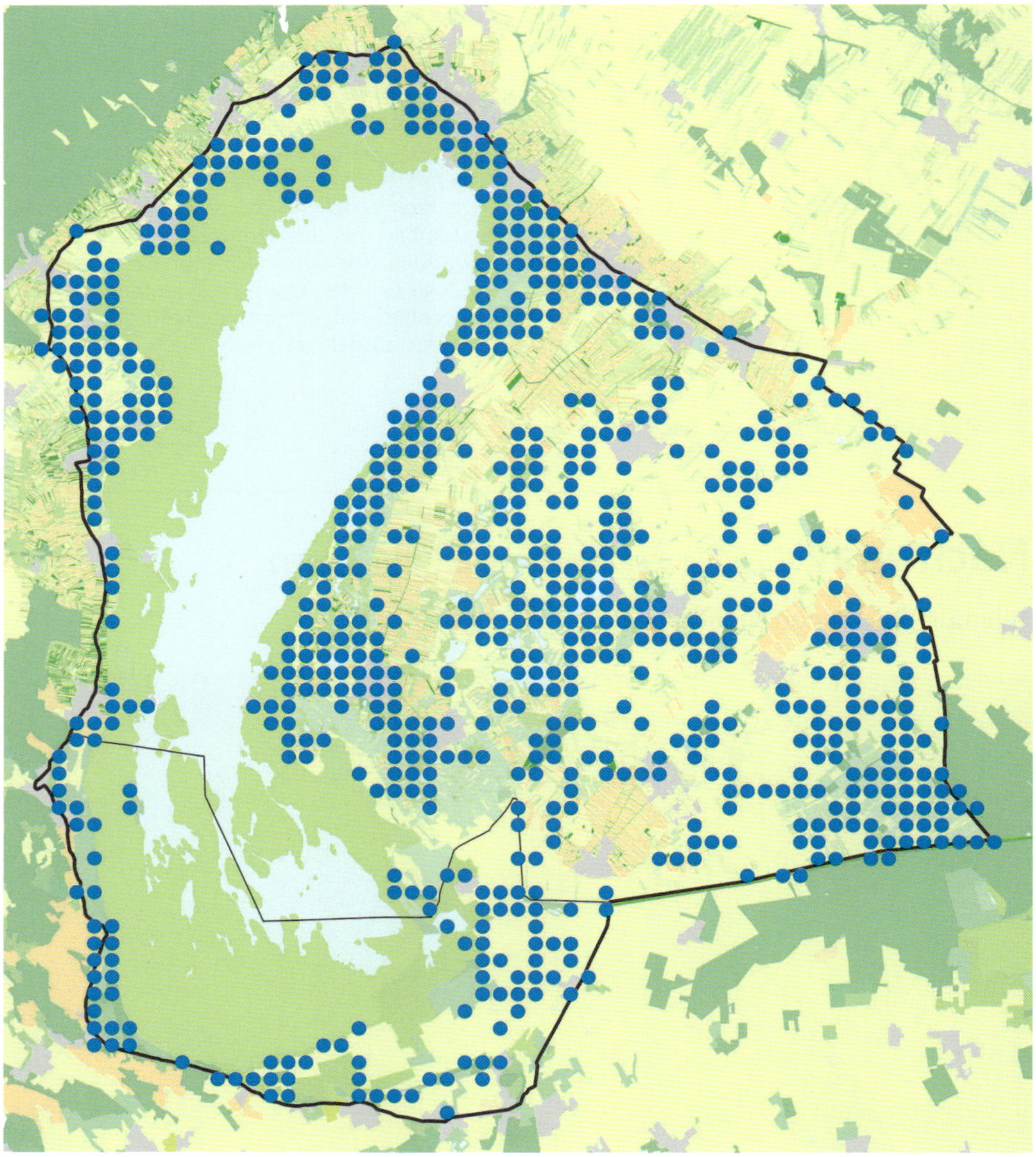

Brutzeitverbreitung der Nachtigall, basierend auf Beobachtungen in den Monaten April bis Juli aus den Jahren 2011–2021 [31–33].

kartierungen zeigen klar den Effekt der Gehölzzunahme: Bei Pamhagen stieg der Bestand auf einer von vielen Windschutzstreifen durchzogenen Fläche (3,75 km²) von 12 auf 22 Reviere. Bei Gols (4,5 km²) fehlte die Nachtigall bei der ersten Kartierung noch vollständig, 2020 wurden hingegen 26 Reviere kartiert, die sich überwiegend in neu aufgekommenen Buschreihen und -gruppen entlang der Entwässerungskanäle etabliert hatten [17]. Der Hanság beherbergte 2009 etwa 80–90 Brutpaare [18]. In 19 Seewinkelwäldchen von mehr als 1 ha Größe (insgesamt 186 ha) war die Nachtigall 2016–2018 mit insgesamt 158 Revieren der häufigste Brutvogel und besetzte durchschnittlich 8,5 Reviere/10 ha. Die Maximalwerte lagen hier bei mehr als 15 singenden Männchen/10 ha [19]. In alten Waldbeständen, die schon früh besiedelt wurden, blieb der Bestand über Jahrzehnte konstant (z. B. im Illmitzer Seewäldchen 4–5 Reviere 1976–2018).

Jahreszeitliches Auftreten

Nicht singende Nachtigallen sind schwer zu entdecken und Nachweise erfordern eine genaue Kenntnis des Rufinventars. Die phänologische Verteilung der Meldungen gibt daher im Wesentlichen die Kurve der Gesangsaktivität wieder. Die ersten Vorboten treffen Ende März ein, die frühesten Meldungen stammen vom 22.3.1981 [20] und 30.3.2011 [13], wobei in beiden Fällen schon einige Strophen gesungen wurden. Nach der ersten Aprildekade beginnen Durchzug und Revierbesetzungen. In den regelmäßig kontrollierten Gehölzen um die Biologische Station Illmitz schwankte das Datum der Erstbeobachtung (mit zwei Ausnahmen bereits singende Männchen) 1985–2013 in 20 Jahren zwischen 7. April und 3. Mai. Das mittlere Erstankunftsdatum fiel in den Perioden 1985–2001 und 2002–2013 (je 10 Jahre mit Nachweis) auf den 19. bzw. 18. April und blieb somit in den insgesamt 29 Jahren unverändert. Die Besetzung der maximal fünf Reviere konnte sich über mehr als einen Monat bis Mitte Mai hinziehen [14]. Ab dem 20. April setzt bei allen Männchen Vollgesang ein und erreicht in der zweiten Maiwoche den Höhepunkt. Auch Durchzügler singen im Frühjahr sehr aktiv, wählen im Bearbeitungsgebiet dieselben Habitate wie die Brutvögel und sind daher von diesen nicht zu unterscheiden. Da in einem klimatisch ähnlichen Untersuchungsgebiet an der March ohne nennenswerten Durchzug das Gesangsmaximum der Brutvögel etwa zwei Wochen früher – Ende April – erreicht wurde [1], könnte der spätere Gipfel am Neusiedler See auf späte Zuggäste zurückzuführen sein. In der südwestlich gelegenen Südoststeiermark hält der Frühjahrszug jedenfalls bis Anfang Juni an [21]. Ab Mitte Mai nimmt die Gesangaktivität mit der Intensivierung der Brutpflege bis Ende Juni ab und im Juli schlagen Nachtigallen nur noch ganz vereinzelt im Zusammenhang mit Spätbruten [1]. Die letzten Gesangsmeldungen stammen vom 17. [22] und 21. [13] August. Nachtgesang ist sofort nach Besetzung der ersten Reviere von Mitte April durchgehend bis Anfang/Mitte Juni zu hören. Nach Erlöschen der Gesangsaktivität werden kaum mehr Nachtigallen gemeldet. Neben der Unauffälligkeit (siehe oben) könnte dabei auch ein frühes Abwandern aus den Brutrevieren, z. B. aufgrund extremer Trockenheit, eine Rolle spielen [1, 23, 24].

Der Herbstzug ist anhand der Beobachtungsdaten nicht erkennbar, Letztbeobachtungen stammen vom 21. und 27. September [25]. Basierend auf den Fangdaten der Biologischen Station Illmitz setzen Strichbewegungen bzw. der Zug Anfang Juli ein, erreichen um die Monatswende Juli/August den Höhepunkt und klingen bereits in der ersten Septemberdekade aus [26, 27]. Die ersten Jungvögel fliegen Ende Mai aus, zurück gerechnet ergibt das einen Legebeginn in den letzten Apriltagen. Da viele Paare

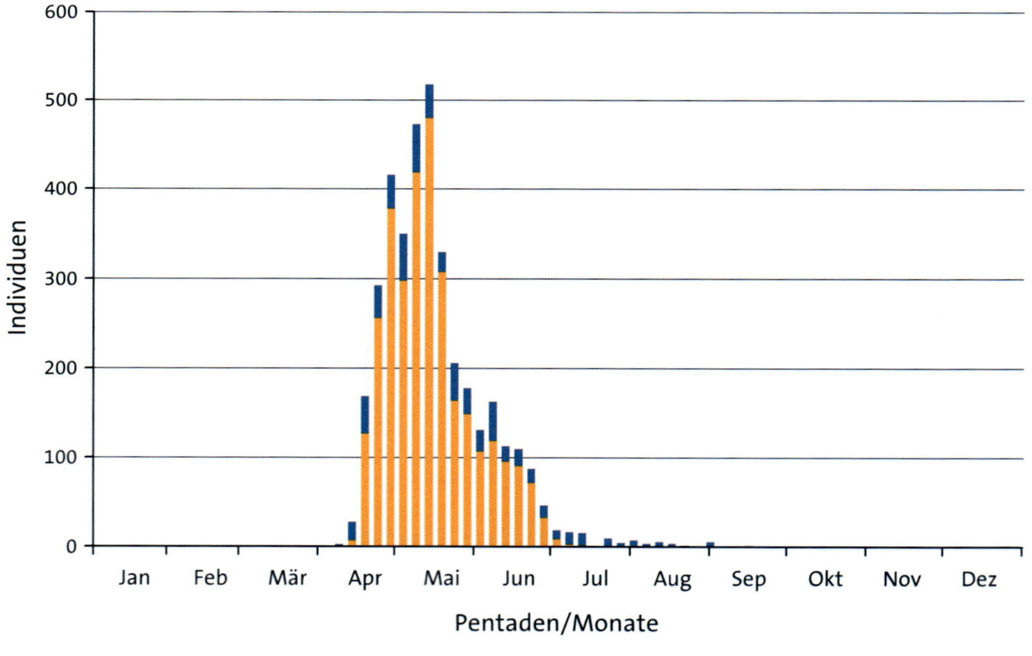

Jahreszeitliches Auftreten der Nachtigall (Pentadensummen gemeldeter Individuen) basierend auf Daten aus Österreich aus den Jahren 2011–2018 (n = 3.719) [31]. *Orange Säulenabschnitte: singende Männchen.*

bis etwa 25. Juli füttern und warnen, kommen auf Grund der Klimagunst – wie in Südeuropa – wahrscheinlich regelmäßig Zweitbruten vor[24]. Ein (frisch?) flügger Jungvogel wurde noch am 12. August festgestellt[28].

Zugverhalten und Ringfunde

Die Brutvögel aus dem Karpatenbecken ziehen in breiter Front hauptsächlich über einen südwestlichen (Italien) und südsüdöstlichen Zugweg (Balkanhalbinsel) in das tropische West- und Zentralafrika[24, 29,30].

Quellen: [1] *Grüll (1981),* [2] *Dvorak & Berg (1991),* [3] *Bairlein (1981),* [4] *Dombrowski (1889),* [5] *Homeyer (1892),* [6] *Schenk (1917a),* [7] *Zimmermann (1943),* [8] *Bauer et al. (1955),* [9] *Koenig (1952, 1961),* [10] *J. Köck, A. Billek/ABÖ,* [11] *E. Duda/ABÖ,* [12] *Dvorak et al. (1993),* [13] *A. Grüll/ABÖ,* [14] *A. Grüll, unpubl. Daten,* [15] *Karner et al. (1992),* [16] *Dvorak et al. (2011),* [17] *BirdLife Österreich, unpubl. Daten,* [18] *Dvorak et al. (2010),* [19] *M. Dvorak, unpubl. Daten,* [20] *W. Lehmann/ABÖ,* [21] *Albegger et al. (2015),* [22] *N. Filek/ornitho.at,* [23] *Horstkotte (1965),* [24] *Grüll (1988b),* [25] *M. Ganso/ABÖ,* [26] *Berthold et al. (1991),* [27] *W. Vogl & H. Winkler, unpubl. Daten,* [28] *R. Katzinger/ornitho.at,* [29] *Kováts & Csörgő in Csörgő et al. (2009),* [30] *Korner-Nievergelt (2012),* [31] *www.ornitho.at,* [32] *Archiv MME Sopron,* [33] *Archiv FHNP*

Alfred Grüll

Zwergschnäpper *Ficedula parva* (Bechstein, 1792)

Kis légykapó – Red-breasted Flycatcher

Sandeck, Illmitz, 30.8.2014, 1. KJ (Belegfoto Leander Khil)

Unregelmäßiger Durchzügler, hauptsächlich in den Monaten Mai, August und September

Verbreitung und Lebensraum

Der Großteil der wenigen Beobachtungen des Zwergschnäppers entfällt auf das Ostufer des Neusiedler Sees, die meisten Nachweise gelangen in den kleineren Wäldchen bei Illmitz (Biologische Station und Illmitzer Wäldchen). Aus Ungarn liegen auch Nachweise von Zuggästen an den Rändern von Schilfgebieten vor[1]. Von den 41 Nachweisen seit dem Jahr 1900 stammen nur neun vom Westufer des Neusiedler Sees, davon vier Fänge und eine Beobachtung im Bereich des Seebades von Fertőrákos, und keine vom ungarischen Südufer[2].

Bestand und Bestandsentwicklung

Bis Mitte der 1950er Jahre war lediglich die Sichtung von Schenk bekannt, der am 4.5.1907 einen Zwergschnäpper im Illmitzer Wäldchen beobachtete[3, 4]. Aus den Jahren 1969 bis 2019 liegen dann aber insgesamt 39 Nachweise vor.

Jahreszeitliches Auftreten

Die insgesamt 40 Beobachtungen konzentrieren sich auf die Monate Mai (18), August (7) und September (10). Dies entspricht genau den für Mitteleuropa arttypischen Frühjahrs- und Herbstzugzeiten[5]. Die weiteren Nachweise stammen aus den Monaten April (26.4.1969, 1 Ex. bei Illmitz[6]), Juni (9.6.1983 und 15.6.1984 jeweils 1 Ex. bei Donnerskirchen[7]), Juli (3.7.1990, 1 Ex. bei der Biologischen Station Illmitz[8]) und Oktober (17.10.2013, 1 Ex. bei Fertőrákos[2]).

Zugverhalten und Ringfunde

Der Wegzug des Zwergschnäppers führt in ostsüdöstlicher Richtung über das Schwarzmeergebiet und die Region des Kaspischen Meeres. Die Lage des asiatischen Winterquartiers der Brutvögel des Karpatenbeckens ist zurzeit noch unbekannt[9,10].

Quellen: [1] *Halmos, Csörgő & Nagy in Szép et al. (2021),* [2] *Archiv MME Sopron,* [3] *Zimmermann (1943),* [4] *Bauer et al. (1955),* [5] *Bauer et al. (2005),* [6] *W. Lehmann/ABÖ,* [7] *Archiv BirdLife Österreich,* [8] *R. Barth/ABÖ,* [9] *Glutz von Blotzheim & Bauer (1993),* [10] *Török in Csörgő et al. (2009)*

Arno Cimadom & Mariann Komlós

Trauerschnäpper *Ficedula hypoleuca* (Pallas, 1764)

Kormos légykapó – European Pied Flycatcher

Mäßig häufiger Durchzügler im April/Mai und August/September

Verbreitung und Lebensraum

Der Trauerschnäpper nutzt im Gebiet alle Arten von Baumbeständen, wie Wäldchen, Windschutzstreifen und kleine Baumgruppen. Ein Großteil der Nachweise entfällt auf das Ostufer des Neusiedler Sees von den Zitzmannsdorfer Wiesen bis zum Sandeck und auf Windschutzstreifen und Baumgruppen um Illmitz. Auf der Westseite des Neusiedler Sees gibt es immer wieder Sichtungen in den Seebädern und entlang der Kanäle im Schilfgürtel bei Purbach, Breitenbrunn, Winden und Jois.

Bestand und Bestandsentwicklung

Sowohl Zimmermann[1] als auch Bauer et al.[2] beschreiben den Trauerschnäpper als häufigen

Seebad Illmitz, 9.5.2014, Männchen (Michael Dvorak)

Durchzügler im Frühjahr und Herbst. Der einzige Bruthinweis aus dem Nahbereich des Avifauna-Gebietes stammt von Dombrowski [3], der ihn für 1887 als spärlichen Brutvogel des Parks von Eszterháza (heute Schlosspark Fertőd) nennt. Die für die Art typischen, oftmals starken Bestandsschwankungen in Abhängigkeit des Bruterfolgs und der Umweltbedingungen in den Rast- und Überwinterungsgebieten [4] treten teilweise auch im Gebiet in Erscheinung. So schwankten etwa die Fangzahlen an der Biologischen Station in Neusiedl am See (Außenstelle der damaligen österreichischen Vogelwarte) im Zeitraum von 1954–1964 zwischen null im Jahr 1954 und 20 Individuen im Jahr 1964 [5]. Auch bei den Beringungsprogrammen an der Biologischen Station Illmitz schwankten die Fangzahlen während des Herbstzugs zum Teil beträchtlich. Wurde in den Jahren 1974–1978 von Juli – Oktober im Durchschnitt nur ein Individuum pro 10 m Netzlänge gefangen, waren es in den Jahren 2009–2010 durchschnittlich acht pro 10 m Netzlänge [6]. Im Rahmen des seit 2017 jeweils von Juli bis Oktober laufenden Fangprogramms an der Biologischen Station Illmitz wurden bis 2019 im Mittel vier Individuen pro 10 m Netzlänge (absolute Werte: 2017 63, 2018 38 und 2019 54 Ex.) gefangen [6]. Auch in den ungarischen Beringungsprogrammen gehört der Trauerschnäpper zu den häufigeren Herbstfänglingen. So wurden im Zeitraum 1985–2013 in Fertőrákos 367, in Mekszikópuszta und Sarród insgesamt 46 Exemplare beringt. Aus den Jahren 1989–2020 liegen aus dem ungarischen Avifauna-Gebiet außerdem 80 Beobachtungsmeldungen vor [7].

Jahreszeitliches Auftreten

Der Durchzug des Trauerschnäppers findet im Frühjahr von Anfang April bis in die zweite Maihälfte mit einem Gipfel in der zweiten Aprilhälfte statt. Der Herbstzug beginnt Ende Juli, erreicht Mitte August bis Anfang September sein Maximum und klingt mit wenigen Nachweisen im Oktober aus. Die meisten Meldungen beschreiben jeweils nur wenige Individuen. Es gibt aber auch Sichtungen von 20–50 Individuen, z. B. am 3.9.1981 jeweils 20 Individuen in der Hölle [8] und im Illmitzer Wäldchen [9], am 30.4.2017 50 Vögel im Seebad Illmitz [10], am 11.5.2019 25 Exemplare in der Hölle [11], die jeweils auf Zugstauphänomene hinweisen.

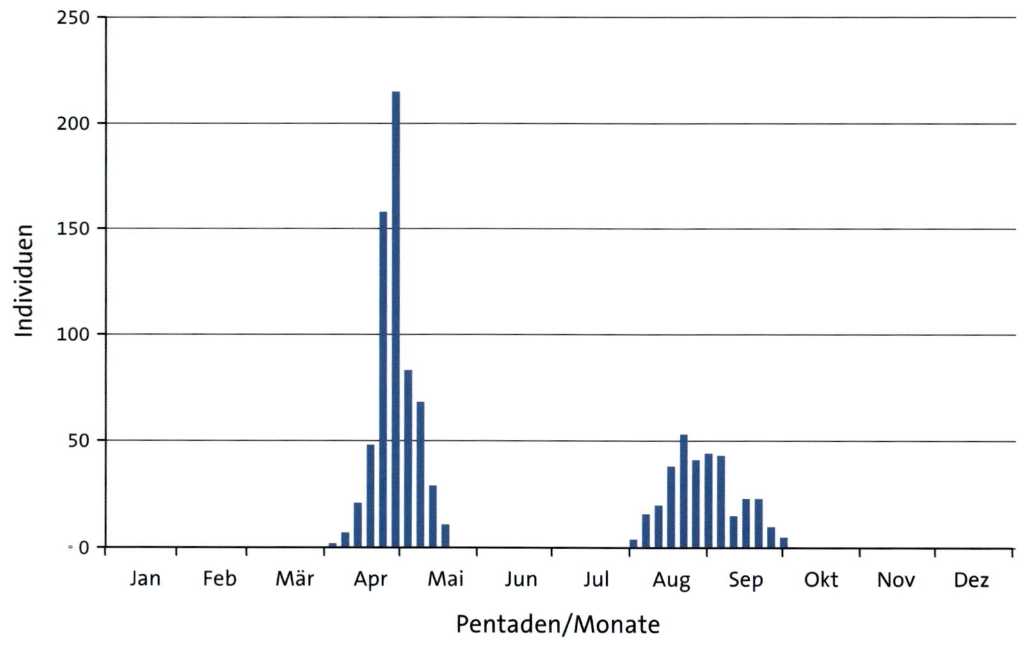

Jahreszeitliches Auftreten des Trauerschnäppers (Pentadensummen gemeldeter Individuen) basierend auf Daten aus Österreich aus den Jahren 2011–2018 (n = 977) [15].

Zugverhalten und Ringfunde

Der Herbstzug im Karpatenbecken ist stark nach Westsüdwest orientiert und führt zu einem großen Teil aus Polen, dem Baltikum, Belarus und dem westlichen Russland über Norditalien nach Südwesteuropa. Die weiteren Zugwege und Winterquartiere der pannonischen Population in Afrika sind unbekannt [12, 13]. Im Frühjahr sind bei ausgeprägtem Schleifenzug auch weiter westlich beheimatete Populationen zu erwarten [12]. Ein 1957 in Rjasan/südlich Moskau im Nest beringter Jungvogel war am 25.8.1962 in Podersdorf [14].

Quellen: *[1] Zimmermann (1943), [2] Bauer et al. (1955), [3] Dombrowski (1889), [4] Bauer et al. (2005), [5] Samwald (1965), [6] W. Vogl & H. Winkler, unpubl. Daten, [7] Archiv MME Sopron, [8] E. Duda/ABÖ, [9] R. Schütt/ABÖ, [10] J. Frießer /ornitho.at, [11] J. Laber/ornitho.at, [12] Winkel & Hudde (1993), [13] Török in Csörgő et al. (2009), [14] Österreichische Vogelwarte, unpubl. Ringfund, [15] www.ornitho.at*

Arno Cimadom & Mariann Komlós

Halsbandschnäpper *Ficedula albicollis* (Temminck, 1815)

Örvös légykapó – Collared Flycatcher

Hanság, Figuren, 28.4.2019, Männchen (Hans-Martin Berg)

Sehr seltener bis seltener Durchzügler im April/Mai und von Ende Juli bis September, wahrscheinlich vereinzelte Bruten

Verbreitung und Lebensraum

Als Bewohner lichter Laubmischwälder stammen die meisten Nachweise des Halsbandschnäppers von den Wäldchen und Baumbeständen entlang des Ostufers des Neusiedler Sees, z. B. vom Illmitzer Gemeindewäldchen, vom Illmitzer Wäldchen, vom Seebad Illmitz oder von der Biologischen Station Illmitz sowie vom Figuren-Wäldchen im österreichischen Hanság. Einzelne Nachweise gelangen auch am Westufer des Sees entlang der Dämme im Schilfgürtel bei Purbach und Breitenbrunn sowie im Bereich der Wulkamündung, der Oggauer Heide und der Ruster Storchenwiese.

Bestand und Bestandsentwicklung

Zimmermann[1] gelang nur ein Nachweis des Halsbandschnäppers am 25.4.1941 und Bauer et al.[2] beobachteten ein einziges Paar bei Podersdorf am 17.4.1951. Beide wiesen darauf hin, dass die spärlichen Nachweise des Halsbandschnäppers als Durchzügler im Gebiet um den Neusiedler See ungewöhnlich sind, zumal es häufige Brutvorkommen um Wien gab. Ab der zweiten Hälfte des 20. Jahrhunderts bis in die Gegenwart werden Halsbandschnäpper auf der österreichischen Seite fast jährlich gesichtet, bis vor zehn Jahren waren es aber jeweils nur ein bis fünf Nachweise pro Jahr. In den letzten zehn Jahren stieg die Zahl der Nachweise auf 6–14 pro Jahr an, was wohl auf die steigende Anzahl von Vogelbeobachtern und die Einführung der Meldeplattform ornitho.at zurückzuführen ist. Aus dem ungarischen Teilgebiet liegen nur neun Nachweise aus den Jahren 1989–2012 vor[3, 4]. Dombrowski[5] beschreibt den Halsbandschnäpper als spärlichen Brutvogel im Park von Eszterháza (heute Schlosspark Fertőd) im Jahr 1887. Historische Angaben zu Bruten im österreichischen Teil des Bearbeitungsgebiets sind keine bekannt. In den letzten 30 Jahren wurden vor allem aus dem Figuren-Wäldchen im Hanság immer wieder singende Männchen zur Brutzeit gemeldet[6], eine wahrscheinliche Brut mit einem balzenden Paar vor einer Baumhöhle konnte hier aber erst am 29.4.2019 bestätigt werden[7]. Die nächstgelegenen, sehr kleinen Brutvorkommen knapp außerhalb des Avifauna-Gebietes befinden sich bei Halbturn[8], in den Waldgebieten um Fertőboz[3] und wahrscheinlich im Schlosspark von Fertőd[9]. Größere Brutbestände kommen etwas weiter entfernt in den totholzreichen Eichenbeständen des Leithagebirges vor, z. B. im Tiergarten Schützen[10, 11].

Jahreszeitliches Auftreten

Der Durchzug des Halsbandschnäppers fällt im Frühjahr auf den Zeitraum von Anfang April bis Mitte Mai. Während des Herbstzugs gibt es sehr wenige und unregelmäßige Nachweise zwischen Ende Juli und September. Bei nachbrutzeitlichen Beringungsaktionen auf der ungarischen Seite wurden nur im August vier Exemplare gefangen[4]. Eine sehr späte Beobachtung stammt vom 3.10.2010 von 1–3 Individuen am Seeufer südlich von Podersdorf[11]. Bei den meisten Nachweisen wurden jeweils 1–3 Individuen beobachtet, mit zwei Ausnahmen: Am 30.8.1980 wurden sechs Exemplare im Schilfgürtel bei Breitenbrunn beobachtet[12] und am 16.8.1973 sogar 15 Exemplare im Waldstreifen nördlich der Wörthenlacken[13].

Zugverhalten und Ringfunde

Die Zugwege und afrikanischen Winterquartiere der Brutpopulation im Karpatenbecken sind nur ungenügend bekannt. Die wenigen Wiederfunde in Ungarn nestjung beringter Vögel deuten einerseits eine östliche Zugroute über Kroatien und Zypern in die Demokratische Republik Kongo an, andererseits (wie beim Trauerschnäpper) einen nach Westen gerichteten Wegzug über die Iberische Halbinsel. Zur Herkunft durchziehender Halsbandschnäpper liegen zwei Ringfundbelege für Schweden vor[14, 15].

Quellen: [1] *Zimmermann (1943),* [2] *Bauer et al. (1955),* [3] *Bankovics et al. (2002),* [4] *Archiv MME Sopron,* [5] *Dombrowski (1889),* [6] *M. Dvorak & H.-M. Berg, unpubl. Daten,* [7] *H.-M. Berg/ornitho.at,* [8] *anonym/ABÖ,* [9] *A. Grüll, unpubl. Daten,* [10] *Suske et al. (2015),* [11] *Reiter et al. (2009),* [12] *A. Billek/ABÖ,* [13] *J. Reid/ABÖ,* [14] *Löhrl (1993),* [15] *Török in Csörgő et al. (2009),* [16] *www.ornitho.at*

Arno Cimadom & Mariann Komlós

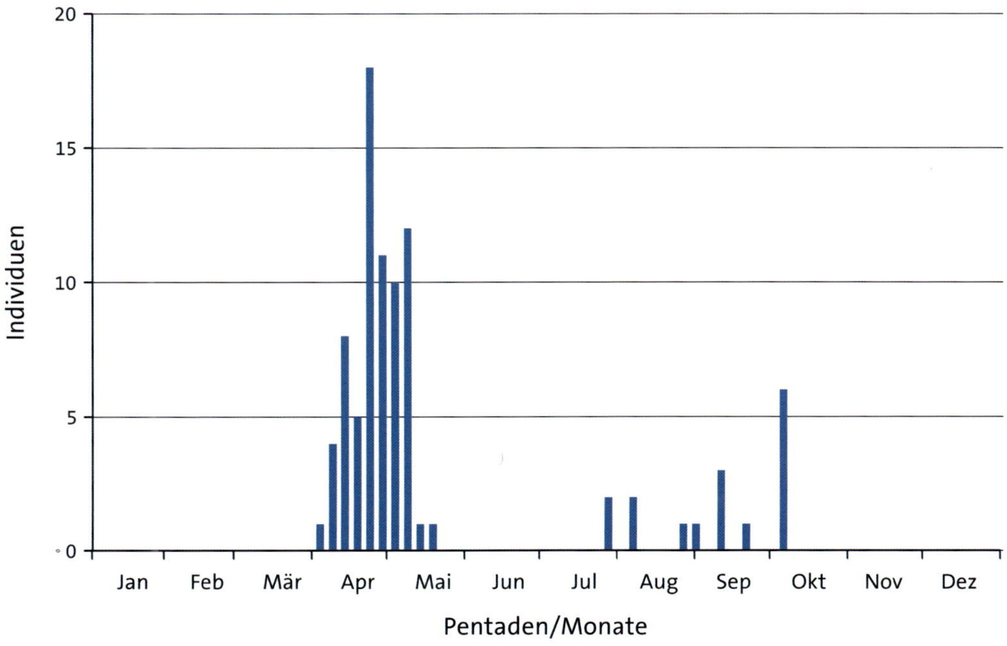

Jahreszeitliches Auftreten des Halsbandschnäppers (Pentadensummen gemeldeter Individuen) basierend auf Daten aus Österreich aus den Jahren 2011–2018 (n = 84)[16].

Hausrotschwanz *Phoenicurus ochruros* (S. G. Gmelin, 1774)

Házi rozsdafarkú – Black Redstart

Seebad Illmitz, 6.4.2021, Männchen (Michael Dvorak)

Häufiger Brutvogel, häufiger Durchzügler im März/April und Oktober sowie seltener Überwinterer

Verbreitung und Lebensraum

Ursprünglich ein Felsbewohner, ist der Hausrotschwanz an seinen Brutplätzen im Tiefland eng an Gebäude gebunden. Alle Ortschaften sind nahezu lückenlos besetzt[1,2]. Dichteschwerpunkte sind die alten, geschlossen verbauten und noch bäuerlich geprägten Ortskerne mit ihrer reich strukturierten Dachlandschaft, sofern offene, unversiegelte Nahrungsflächen mit spärlicher oder kurzrasiger Vegetation vorhanden sind. Die Neubauviertel mit dichtem Gehölzbewuchs, sterilen Gärten und modernen, strukturarmen Wohnhäusern bieten hingegen viel weniger Ansiedlungsmöglichkeit[3]. Außerhalb der Ortschaften brütet die Art in geringerer Dichte auf größeren Gebäuden aller Art. Einzelne Sänger finden sich im April und Mai auch weit abseits von Gebäuden auf Viehkoppeln oder an Gehölzrändern[4]. Ab Juni erfolgt ein auffälliger Habitatwechsel in die offene Landschaft[3,5]. Die Jungvögel und möglicherweise ein Teil der Altvögel sind nun nicht mehr an Gebäude gebunden. Sie verteilen sich – wie die Zuggäste – auf die nahrungsreichen Viehkoppeln im Seevorgelände, Hutweiden, Wiesengebiete, Lackenränder und Weingärten oder auf die Rasenflächen und Parkplätze der Seebäder. Besonders stark frequentiert wird dabei der Hanság. Überwinterer wählen abgesehen von den Ortschaften ähnliche Habitate, wobei Viehweiden und Wiesen mit Ställen, kleinen Unterständen oder Gehölzen bevorzugt werden. Innerhalb der Ortschaften suchen im Dezember/Jänner auch kleine Gruppen immergrüne Hecken sowie geschützte Balkone auf oder sammeln sich bei den Beeren des Wilden Weines[6].

Bestand und Bestandsentwicklung

Anfang der 1940er Jahre war der Hausrotschwanz am Ostufer ein seltener Durchzügler, der in den Dörfern wahrscheinlich auch schon vereinzelt brütete. In Neusiedl am See und am Westufer war er hingegen bereits ein *„spärlicher"* Brutvogel[7]. Auch 10 Jahre später wird er für das West- und Nordufer als mäßig häufiger, für das Ostufer aber weiterhin nur als *„sehr sporadischer"* Brutvogel angeführt. Der Bestand in Neusiedl am See wurde bereits auf 10–12 Paare geschätzt[8]. 1969 ergaben Zählungen zur Brutzeit in Podersdorf 20 Hausrotschwänze, in Illmitz nur drei Reviere und in Apetlon ein Revier[9,10]. 1975–1978 waren zusätzlich St. Andrä, Frauenkirchen, Pamhagen, Tadten sowie Gols besetzt[11] und in den 1980er Jahren dürfte das heutige Bestandsniveau erreicht worden sein[12]. Die Seltenheit dieses klassischen Dorfbewohners in der ersten Hälfte des 20. Jahrhunderts wirft Fragen auf, da alte Siedlungskerne, wie sie damals noch großflächig erhalten waren, zu den Optimalhabitaten zählen. Aufgrund der engen Bauweise der Streckhöfe und der intensiven bäuerlichen

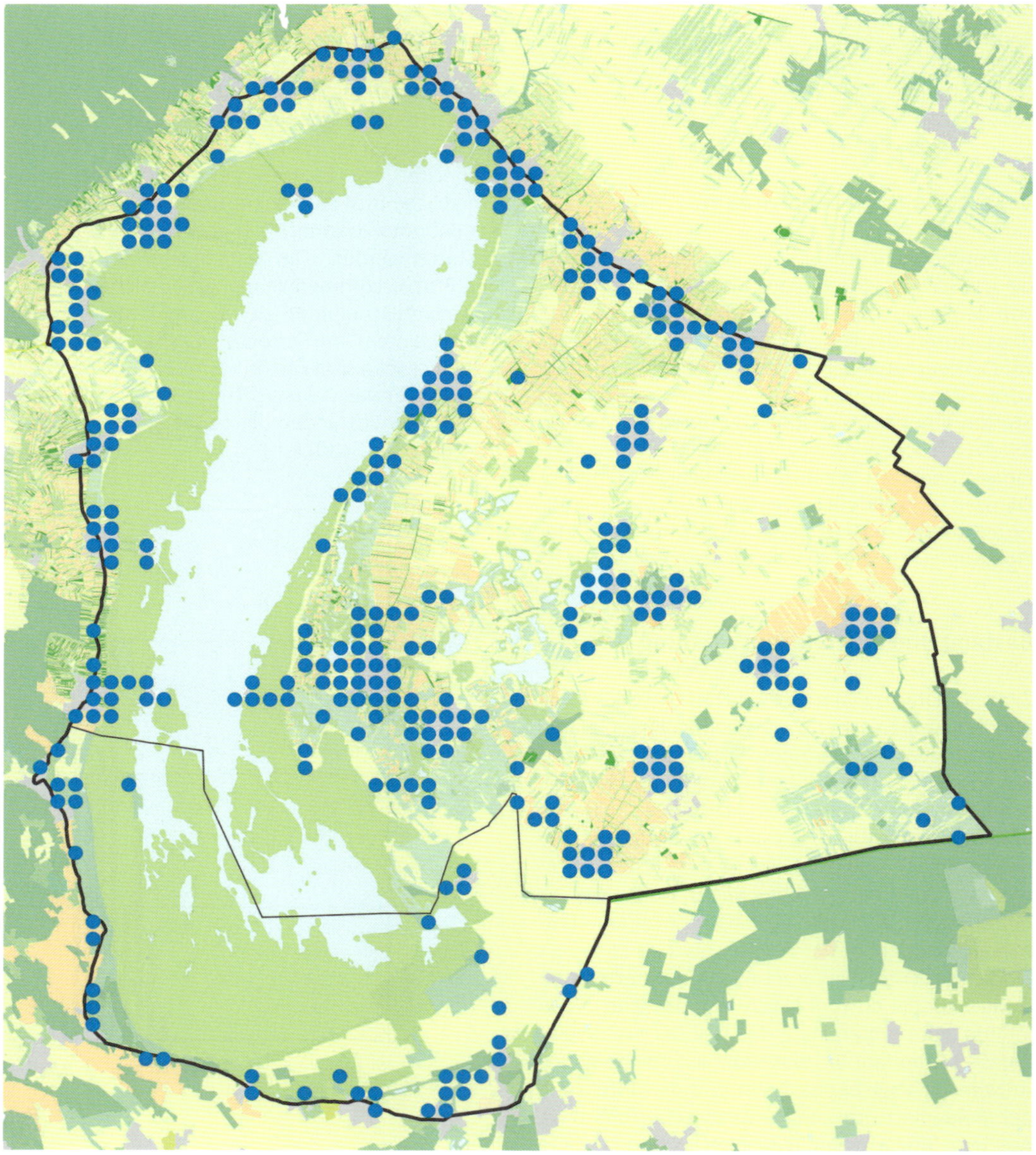

Brutzeitverbreitung des Hausrotschwanzes, basierend auf Beobachtungen in den Monaten April bis August (ohne Brutcode „H" im April, Juli und August) aus den Jahren 2011–2021[23–25].

Nutzung waren aber möglicherweise nur wenige Nahrungsflächen vorhanden. Erst nach Aufgabe der Viehwirtschaft in den 1960er Jahren und der Umgestaltung der Höfe konnten sich Vegetationsflächen entwickeln, die eine Bestandszunahme ermöglichten (siehe auch Landmann [3]). Unklar bleibt auch, inwieweit die großräumige Arealexpansion nach Norden bei der Besiedlung des Seewinkels eine Rolle spielte [3,5].

In sieben Seewinkeldörfern gehörte der Hausrotschwanz 2014 mit durchschnittlich 4,1 Revieren/10 ha zu den häufigsten Brutvögeln [1]. Auch flächendeckende Linientaxierungen in Illmitz 2018 ergaben 4,7 Reviere/10 ha. In Illmitz und Purbach werden die höchsten Dichten mit mehr als 7 bzw. 6 Revieren/10 ha in den alten, bäuerlich geprägten Dorfkernen erreicht, während die Siedlungsdichte in den modernen Neubauvierteln bis auf 3 Reviere/10 ha sinkt. Auf Basis dieser Daten kann für die Seewinkeldörfer südlich der Linie Gols – Halbturn ein Bestand von 600 Revieren hochgerechnet werden. Allein in Illmitz sangen im April 2018 mind. 80 Männchen [12].

Jahreszeitliches Auftreten

Der Frühjahrszug, bzw. die Ankunft der Brutvögel, beginnt nach dem 10. März. Die hohen Melderaten in der Periode von Mitte März bis Anfang April, in der noch wenig gesungen wird, sind zum Teil auf Durchzug zurückzuführen, bei dem es vor allem im letzten Monatsdrittel bei Schlechtwetter zu Zugstau mit lokalen Ansammlungen kommen kann. Das bisherige Maximum mit 25–30 Ex. wurde am 27.3.2005 im Seebad Illmitz erreicht [13]. Danach nimmt die Gesangsaktivität der Reviermännchen rasch zu, um zwischen 10. und 25. April den Höhepunkt zu erreichen. Einzelne Zuggäste können sich noch bis Ende April im Gebiet aufhalten. Nestbau beginnt sofort nach der Ankunft im März und Anfang April schlüpfen die ersten Jungen. Die meisten frisch ausgeflogenen Rotschwänze werden von 10. Mai bis 10. Juni gemeldet. Da bis zu drei Bruten pro Jahr aufgezogen werden können [5], fliegen die letzten Jungvögel Mitte August aus. Mit dem Heranwachsen der ersten Bruten erfolgt Ende April ein erster Einbruch der Gesangsaktivität und nach dem Ausfliegen im Mai eine weitere Abnahme. Anfang bis Mitte Juni leitet ein zweiter Peak in der Gesangshäufigkeit die Folgebruten ein [5] und noch vor Ende Juli erlischt die Gesangsaktivität.

Mit dem Verstreichen der Jungvögel und einem ausgeprägten Habitatwechsel (siehe oben) zu günstigen Nahrungsplätzen außerhalb der Ortschaften treten bereits ab Juni wieder lose Gruppen von maximal 20 Individuen auf, die sich auch in den Fangdaten des MRI-Programms widerspiegeln [14]. Der Herbstgesang beginnt mit geringer Aktivität gegen Ende August, ein schwach ausgeprägter Zuggipfel zeichnet sich im Oktober ab. Erste Winternachweise von Mitte November bis Ende Dezember liegen aus 1983 [15], 1985 und 1988 [16] sowie 1990 [17] vom Ost- und Westufer vor. Seither kommt es im gesamten Gebiet regelmäßig, auch bei anhaltender Schneedecke und Dauerfrösten, zu einzelnen Überwinterungen. So liegen z. B. aus dem ungarischen Teil aus den Jahren 2007–2020 für fünf Dörfer Jänner- und Februarnachweise vor. Lokal treten sogar bis zu acht Wintergäste in lockeren Trupps auf, wie z. B. am 1.1.2017 in Podersdorf [18]. Männchen dürften dabei deutlich überwiegen: Von 81 Meldungen aus den Monaten November bis Februar der Winter 2012/13 bis 2017/18 beziehen sich 58 % auf schwarze Männchen (adulte und Jungvögel im Fortschrittskleid) und 42 % auf Männchen der grauen Morphe bzw. Weibchen. Den gesamten Winter hindurch wird witterungsabhängig in wechselnder Intensität auch Gesang vorgetragen.

Zugverhalten und Ringfunde

Brutvögel der pannonischen Teilpopulation sind Kurz- bis Mittelstreckenzieher, die hauptsächlich im zentralen und östlichen Mittelmeerraum überwintern. Vor allem Männchen harren aber in zunehmender Anzahl auch im Brutgebiet aus [5,19]. Ein Jungvogel aus Rust war im Dezember auf Kreta [20].

Seltene Unterarten

Die am Neusiedler See vorkommenden Hausrotschwänze gehören zur Unterart *Ph. o. gibraltariensis* (J. F. Gmelin, 1789). In einem Fall gelang der Nachweis eines Vogels mit Merkmalen des Östlichen Hausrotschwanzes *Ph. o. phoenicuroides* (F. Moore, 1854) aus Zentralasien und dem westlichen Himalaya-Gebiet (gleichzeitig der Erstnachweis für Österreich):

- 27.11.2010 Hanság/Tadten, 1 ad. ♂ (V. Rolland, R. Wegmayr, S. Url [21, 22])

Quellen: *[1] Dvorak et al. (2014b), [2] A. Grüll & M. Dvorak, unpubl. Daten, [3] Landmann (1996), [4] M. Dvorak, unpubl. Daten, [5] Glutz von Blotzheim & Bauer (1988), [6] H.-M. Berg, B. Wendelin/ornitho.at, [7] Zimmermann (1943), [8] Bauer et al. (1955), [9] Kurth (1970), [10] A. Billek/ABÖ, [11] E. Duda, H. Schwarthoff, P. Prokop/ABÖ, [12] A. Grüll, unpubl. Daten, [13] G. Tebb/ABÖ, [14] Berthold et al. (1991), [15] A. Grüll/ABÖ, [16] E. Duda/ABÖ, [17] L. Döll/ABÖ, [18] H.-M. Berg/ornitho.at, [19] Magyar in Csörgő et al. (2009), [20] Österreichische Vogelwarte/Vogelberingungszentrale BirdLife Ungarn, unpubl. Ringfund, [21] www.club300.at, [22] Albegger & Khil (2016), [23] www.ornitho.at, [24] Archiv MME Sopron, [25] Archiv FHNP*

Alfred Grüll & Előd Győrig

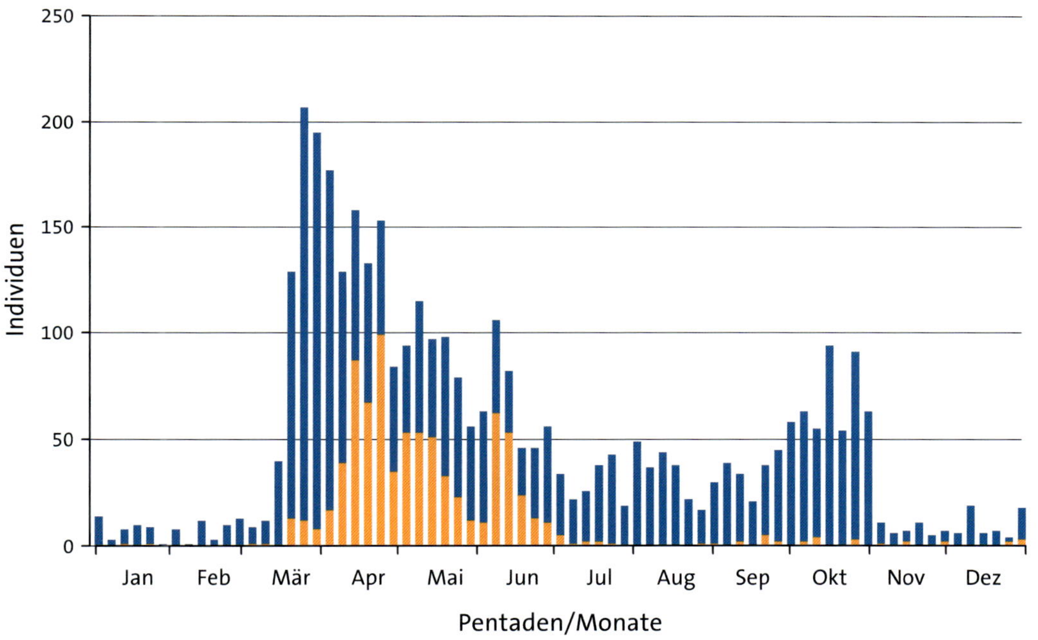

Jahreszeitliches Auftreten des Hausrotschwanzes (Pentadensummen gemeldeter Individuen) basierend auf Daten aus Österreich aus den Jahren 2011–2018 (n = 3.637) [23]. Orange Säulenabschnitte: singende Männchen.

Gartenrotschwanz *Phoenicurus phoenicurus* (Linnaeus, 1758)

Kerti rozsdafarkú – Common Redstart

Biologische Station Illmitz, 5.9.2014, Männchen (Michael Dvorak)

Mäßig häufiger Durchzügler im April und September/Oktober

Verbreitung und Lebensraum

Als Brutvogel alter, aufgelichteter Wälder sowie halboffener Park-, Garten- und Kulturlandschaften mit älteren Baumbeständen brütete der Gartenrotschwanz zumindest bis in die 1960er Jahre v.a. in Streuobstwiesen am West- und Nordufer[1,2], konnte sich aber in der Steppenlandschaft des Seewinkels, trotz Zunahme der Waldflächen, bis heute nicht dauerhaft ansiedeln. Auch von der ungarischen Seite des Sees liegt aus den letzten 40 Jahren kein Brutnachweis vor. Die Konzentrationen der Meldungen durchziehender Gartenrotschwänze entlang des Ostufers, in Illmitz und im Hanság sind auf die Gehölzausstattung dieser Gebiete, aber auch auf die hohe Beobachterdichte zurückzuführen, was v.a. auf die Ortschaft und das Seebad von Illmitz zutrifft. Rastplätze sind in erster Linie aufgelockerte Busch- und Baumbestände mit offenen Nahrungsflächen wie Wege, Dämme, Viehkoppeln, die Liegewiesen und Parkplätze der Seebäder oder die Rasenflächen in den Hausgärten. Dementsprechend war bei Beringungen im Rahmen des MRI-Programmes an der Biologischen Station Illmitz eine deutliche Präferenz der Fänglinge für das Wäldchen erkennbar, aber auch die Nutzung des Dammes im seeseitigen Teil des Schilfgürtels ist belegt. Zum Nahrungserwerb können auch große, gehölzfreie Flächen aufgesucht werden, wie z.B. Weingärten, Äcker oder die Graurinderkoppel im Seevorgelände. Im Inneren geschlossener Wäldchen, wie z.B. im Illmitzer Wäldchen, halten sich Gartenrotschwänze hingegen nur ausnahmsweise auf. Die ehemaligen Brutvorkommen am West- und Nordufer konzentrierten sich auf die damals ausgedehnten Obstbaumbestände[1].

Bestand und Bestandsentwicklung

In der ersten Hälfte des 20. Jahrhunderts war der Gartenrotschwanz ein mäßig häufiger Brutvogel des West- und Nordufers, kam aber im gesamten Neusiedler See-Gebiet als sehr häufiger Durchzügler vor[1, 2, 4, 5]. Nach massiven, europaweiten Rückgängen ab 1950[6] ist er heute ein regelmäßiger, aber in Relation zu vielen anderen Singvogelarten viel seltenerer Gast. So wurden im MRI-Programm 1974–1983 während des Herbstzuges insgesamt nur 142 Gartenrotschwänze (durchschnittlich 14/Jahr) gefangen, beim Rotkehlchen aber im selben Zeitraum 1.547 Fänge erzielt[7]. In der Fangperiode 2004–2019 wurde hingegen mit durchschnittlich 11 Fänglingen pro Jahr kein weiterer Rückgang festgestellt[8]. Die Anzahl der im Gebiet rastenden Vögel unterliegt allerdings starken Schwankungen. So wurden auf ornitho.at in den sechs Frühjahrsperioden 2013–2018, jeweils zwischen 20. März und 5. Juni, 25, 30, 48, 16, 86 bzw. 21 Beobachtungen pro Jahr eingegeben. Im Jahr 1979 bestand mit einem singenden Männchen am 5. Juni in Illmitz Brutverdacht[9]. In der Kartierungsperiode für den Brutvogelatlas 1981–1985 konnten am Nord- und Westufer keine Bruten mehr festgestellt werden[10], dafür wurde am 7.6.1984 ein futtertragender Altvogel am Ortsrand von Apetlon als Gartenrotschwanz bestimmt[11]. Seither liegen aus dem Avifauna-Gebiet keine abgesicherten Bruthinweise vor.

Jahreszeitliches Auftreten

Die ersten Gartenrotschwänze kommen ab Mitte März im Gebiet an, der früheste Nachweis stammt aus Fertőrákos vom 15.3.1994[12]. Stärkerer Durchzug setzt ab 10. April ein und erreicht Mitte bis Ende April den Höhepunkt. Nach dem 10. Mai treten bis Anfang Juni nur noch vereinzelte Nachzügler auf. Männchen und Weibchen werden bereits ab März während der gesamten Frühjahrsperiode in etwa gleichen Anteilen beobachtet. Nach einer Frühsommerpause streifen bzw. ziehen bereits ab Mitte Juli wieder einzelne, zum Teil diesjährige Gartenrotschwänze durch das Gebiet. Der Herbstzug wird Ende August langsam intensiver, kulminiert von Mitte bis Ende September und endet nach dem 20. Oktober (noch drei Meldungen am 26. Oktober). Dieses Muster der Beobachtungsfrequenz im Herbst entspricht den Fangzahlen des MRI-Programmes von 1974 bis 1983[7]. Zahlenmäßig bleibt die Melderate während des Wegzuges gegenüber dem Heimzug weit zurück. Ein Vergleich der räumlichen Verteilung zeigt dabei eine stärkere Konzentration der Meldungen auf die von Beobachtern stark frequentierten Feuchtgebiete entlang des Ostufers im Herbst als im Frühjahr. Unterschiedliche Vorzugsgebie-

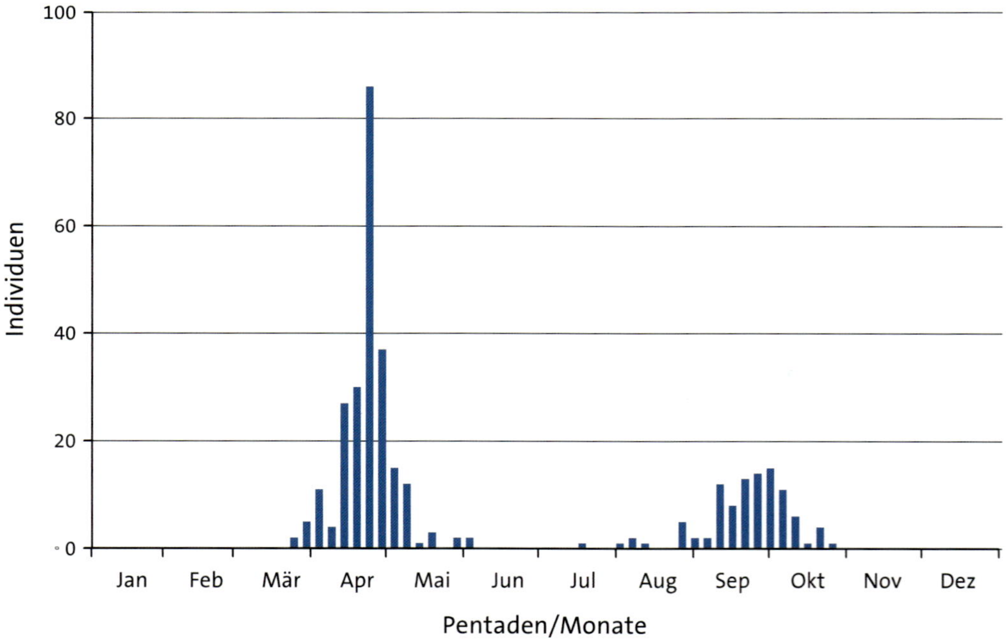

Jahreszeitliches Auftreten des Gartenrotschwanzes (Pentadensummen gemeldeter Individuen) basierend auf Daten aus Österreich aus den Jahren 2011–2018 (n = 336)[16].

te bzw. Interessen der Beobachter sowie die geringere Auffälligkeit der bereits ins Schlichtkleid vermauserten Rotschwänze im Herbst dürften für diese räumliche und jahreszeitliche Differenz mit ausschlaggebend sein. 88 % der Meldungen beziehen sich auf einzelne Vögel, sonst konnten meist bis zu vier Exemplare an einer Stelle beobachtet werden. Größere Ansammlungen wie z. B. 12 Gartenrotschwänze im Seebad Illmitz am 27.4.1997 [13] sind Ausnahmen. Der nur selten vorgetragene Gesang ist vor allem in den Baumbeständen am Ostufer von Anfang April bis Anfang Mai zu hören (1965–2018 nur 12 Meldungen).

Zugverhalten und Ringfunde

Die wenigen Ringfunde zeigen, dass die Brutvögel und Durchzügler aus dem Karpatenbecken in südwestlicher Richtung über Italien in die west- und zentralafrikanischen Winterquartiere südlich der Sahara ziehen [6, 14]. Zwei Ende September in Illmitz beringte Gartenrotschwänze waren im Oktober an der südfranzösischen Küste in der Provence bzw. in Algier/Algerien [15].

Quellen: *[1] Bauer et al. (1955), [2] Koenig (1961), [3] Bairlein (1981), [4] Schenk (1917a), [5] Zimmermann (1943), [6] Glutz von Blotzheim & Bauer (1988), [7] Berthold et al. (1991), [8] W. Vogl & H. Winkler, Biologische Station Illmitz, unpubl. Daten, [9] M. Rogers/ABÖ, [10] Dvorak et al. (1993), [11] M. Magula/ABÖ, [12] J. Wisztercill, unpubl. Daten, [13] M. Craig & J. Frießer/ABÖ, [14] Magyar in Csörgő et al. (2009), [15] Österreichische Vogelwarte/Vogelberingungszentrale BirdLife Ungarn, unpubl. Ringfunde, [16] www.ornitho.at*

Alfred Grüll & Andor Pitó

Steinrötel *Monticola saxatilis* (Linnaeus, 1766)

Kövirigó – Common Rock Thrush

Hanság, Tadten, 6.5.2020, Weibchen (Belegfoto Samuel Schnierer)

Ausnahmeerscheinung

Vorkommen

Zwei Nachweise:

- 23.4.2011 Apetloner Hof, 1 ♂ (J. Waskala[1])
- 6.5.2020 Hanság südlich Tadten, 1 ad. ♀ (R. Schnierer, R. Schnierer, S. Schnierer u. a.[2])

Quellen: *[1] Khil & Albegger (2014), [2] www.birdlife-afk.at*

Andreas Ranner

Braunkehlchen *Saxicola rubetra* (Linnaeus, 1758)

Rozsdás csuk – Whinchat

Mäßig häufiger Durchzügler von Mitte April bis Ende Mai sowie Mitte August bis Mitte Oktober; Brutvogel im Hanság

Verbreitung und Lebensraum

Das noch in den 1980er Jahren im westlichen und östlichen Seevorgelände, im Seewinkel und Hanság schütter aber weiter verbreite Braunkehlchen [1] ist aktuell nur mehr im österreichischen Hanság ein regelmäßiger Brutvogel. Zwar sind Vorkommen aus den drei Hanság-Gemeinden Wallern, Tadten und Andau bekannt, doch konzentriert sich die aktuelle Verbreitung auf zwei Bereiche nördlich bzw. südlich der Kommassantenwiesen in der Gemeinde Andau. Die wenigen, abseits dieser zwei Kerngebiete gelegenen Vorkommen wechseln alljährlich. Auch wenn der bis Ende Mai reichende Frühjahrsdurchzug [2] eine Beurteilung erschwert, lassen sich auch anderenorts im Gebiet mögliche Brutansiedlungen vermuten. Aus dem Zeitraum 2011–2019 liegen für alle Jahre, außer 2011 und 2012, Beobachtungen von singenden Männchen und Paaren ganz überwiegend von der letzten Aprildekade bis Ende Mai vor [3]. Die Meldungen konzentrieren sich am Westufer auf die Oggauer Heide, am Ostufer auf die Zitzmannsdorfer Wiesen, auf das Seevorgelände bei Illmitz und Apetlon, die Wiesengebiete südlich von Apetlon sowie vereinzelt auf das zentrale Lackengebiet. Aber nur in ganz wenigen Fällen lässt sich von den meist isoliert stehenden Beobachtungen eine konkrete Brutansiedlung ableiten: Der einzige Brutnachweis liegt von der Oggauer Heide mit zwei bettelnden Jungvögeln am 31.7.2015 vor [4].

Durchzugsmeldungen betreffen das gesamte Gebiet, allerdings ist wegen der geringen Beobachterhäufigkeit im Osten und Nordosten das tatsächliche Auftreten wahrscheinlich unterrepräsentiert. Die Lebensräume des Braunkehlchens im Hanság stellen gehölzarme und -freie, hochstaudenreiche Mähwiesen, mehrjährige Grünbrachen und Häckselflächen dar, die über ein reiches Wartenangebot verfügen [5–7]. Das dichteste Vorkommen befindet sich derzeit in von Flecken-Schierling (*Conium maculatum*) dominierten Häckselflächen [8]. Auch Flächen, welche an verschilfte Wiesen, Hochstaudenfluren und Ackerbrachen angrenzen, erwiesen sich als günstig. Unbefestigte Feldwege werden häufig zum Nahrungserwerb aufgesucht. Weideflächen bieten mit niedriger Vegetationsstruktur und langen Koppelzäunen geeignete Nahrungs- und Durchzugshabitate, ihre Bedeutung als Bruthabitat ist im Gegensatz zu früheren Befunden [9] angesichts eines intensiven Weidegangs und einer Weidepflege faktisch nicht mehr gegeben [7, 8].

Hanság, Wallern, 29.6.2017, Männchen (Michael Dvorak)

Wartenarme, wechselfeuchte Mähwiesen, reitgrasdominierte Häckselflächen und die im Hanság letzten Pfeifengrasrelikte in den Kommassantenwiesen werden kaum besiedelt. Auch eine Ausbringung von Bambusstöcken als Sitzwarten im Jahr 2020 in derartigen strukturarmen Bereichen erbrachte bislang keine zusätzlichen Ansiedlungen[8]. Im Seevorgelände und im Seewinkel wurden brutverdächtige Paare in wechselfeuchten, verschilften Wiesen registriert, die vereinzelt auch Büsche aufwiesen.

Im ungarischen Teil des Avifauna-Gebiets wurden mögliche Brutplätze durch zu starke Verbuschung von zuvor gemähten und beweideten Wiesen zwischen Hidegség und Fertőrákos eingeengt. Auf dem Durchzug werden teilweise völlig abweichende Habitate genutzt, wie etwa Raps- und Maisfelder, Weg- und Feldraine, verschilfte Gräben und windgeschützte Vegetation an Gehölzrändern bzw. die Gehölze selbst[5, 8]. In Ungarn nutzen ziehende Vögel häufig auch das Vorgelände des Schilfgürtels.

Bestand und Bestandsentwicklung

Die historische Literatur macht nur kursorische Angaben zum Braunkehlchen, aus denen sich über die frühere Häufigkeit der Art kein klares Bild abzeichnet. Jukovits[10] und von Dombrowski[11] bezeichneten das Braunkehlchen pauschal als Brutvogel, wobei der letztere Autor nie zur Brutzeit im Gebiet war. Fászl[12] und Schenk[13] nannten als konkrete Brutorte die Wiesen bei Kopháza knapp außerhalb des Gebiets sowie den Hanság, wo Schenk das Braunkehlchen sogar als Charakterart der mit Weidensträuchern bestandenen Wiesen bezeichnete. Später nannte Kiraly[14] hier auch trockene Wiesen als Bruthabitat für den *„Wiesenschmätzer“*. Übereinstimmend wurde das Braunkehlchen um die Mitte des 20. Jahrhunderts als spärlicher Brutvogel angeführt[15–17], konkrete Daten bezogen sich aber eher auf das Durchzugsgeschehen. Steinfatt[18] führte aber eine Brutzeitbeobachtung vom 13.6.1931 vom Nordwestufer zwischen Neusiedl am See und Purbach an, wo auch Seitz[19] das Braunkehlchen erwähnte und Bauer et al.[16] nannten die Zitzmannsdorfer Wiesen als Brutplatz von *„einigen Paaren“*. Damit war das Braunkehlchen, ungeachtet weitaus großflächiger vorhandener Bruthabitate im Seevorgelände, bis Mitte des 20. Jahrhunderts offensichtlich nur ein spärlicher Brutvogel. In der zweiten Hälfte des 20. Jahrhunderts erwähnte Bauer[20] erstmals wieder das Vorkommen im Hanság südlich Andau. Aus den späten 1960er bis in die 1980er Jahre liegen eine Vielzahl von (Brut)nachweisen aus dem Hanság vor, ein regelmäßiges Brüten ist anzunehmen[21]. Im Jahr 1991 wurden im Gebiet von Tadten 60 Reviere erfasst[22]. Diese Zahl wurde auch noch nach 2000 im gesamten Hanság knapp erreicht[23]. Aus dem Seewinkel und dem gesamten Seevorgelände liegen aus den 1960ern bis in die 1980er zahlreiche Meldungen aus der Brutzeit vor, so bemerkenswerte zehn singende Männchen am 5.5.1986 im Seevorgelände zwischen Purbach und Winden[24]. Andererseits erwähnte Müller[25] für die Jahre 1981, 1983 und 1985 keine Brutvorkommen im Seewinkel. Dvorak[1] rechnete hingegen im gesamten Gebiet mit 60 Paaren und führte neben dem Hanság Vorkommensschwerpunkte im nordwestlichen Seevorgelände zwischen Donnerskirchen und Winden sowie in den Zitzmannsdorfer Wiesen an. Aus heutiger Kenntnis mag der Bestand in den 1980er Jahren sogar noch deutlich höher gewesen sein. Mit Beginn der 1990er Jahre wurden Brutzeitmeldungen abseits des Hanság auffallend seltener, nur auf den Zitzmannsdorfer Wiesen konnten 1991 noch 11 Paare kartiert werden[26]. Auffallend ist, dass sich das Vorkommen am Westufer punktuell noch bis in die 2000er Jahre gehalten hat, wie fünf Reviere am 21.5.2002 im Seevorgelände bei Donnerskirchen zeigen[27].

Ungeachtet jüngster Schutzmaßnahmen im Hanság hat der Bestand im letzten Jahrzehnt deutlich abgenommen[6, 7, 23]. Konnten 2009 noch 54–57 Reviere erhoben werden, war 2018 mit 14–15 Revieren der bislang niedrigste Bestand erreicht. Wenn auch 2019 wiederum 26–27 Reviere festgestellt wurden, war 2020 die Brutpaarzahl erneut gesunken, was auf keine nachhaltige Bestandserholung hinweist. Allerdings lag der Bestand 2021 wiederum bei knapp 30 Revieren[8]. Die seit den späten 1980er Jahren begonnenen Ackerstillegungen, die Ausweisung des Hanság als Europaschutzgebiet 2008 sowie das 2013 begonnene „Gelegeschutzprogramm für Wiesenvögel“ haben vermutlich eine noch dramatischere Bestandsabnahme verhindert, doch haben gleichzeitig negative Entwicklungen, wie eine Intensivierung der Beweidung und Ausweitung strukturell ungünstiger Vegetation in den Bruthabitaten dem entgegengewirkt[7]. In diesem Zusammenhang fällt auf, dass die Braunkehlchen mehrfach ihre Verbreitungsschwerpunkte im Hanság verlegt haben: vom Nordwesten im Jahr 1992 zuerst Richtung Südosten ab 2009 und später ab 2015 bei zunehmender Ausdünnung bzw. Konzentration auf den Osten und Nordosten[6, 7, 23]. Die Siedlungsdichten variierten bei der Erhebung 2009/10 lokal zwischen einem auf den Kommassantenwiesen und 10 Revieren/km² auf den St. Andräer Wiesen. Dies dürfte mit dem Angebot an Warten zusammenhängen. Der Mindestanteil erfolgreich brütender Paare schwankte zwischen 2013 und 2019 zwischen neun und 57 % bzw. lag im Mittel bei 35 %[8]. Frühere Erhebungen der Brutpopulation

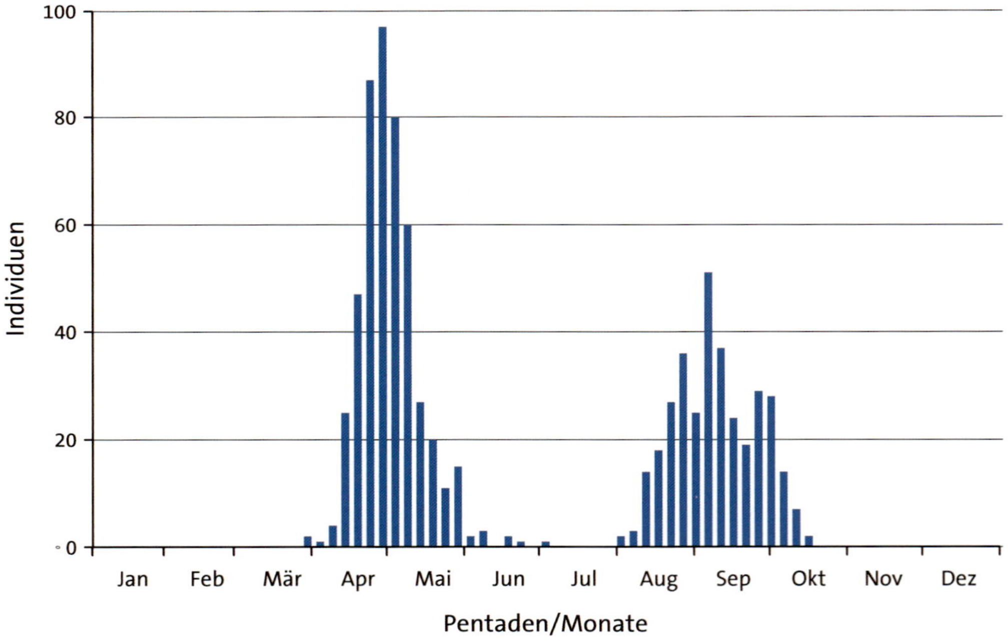

Jahreszeitliches Auftreten des Braunkehlchens (Pentadensummen gemeldeter Individuen) in Österreich, abseits vom Hanság, basierend auf Daten aus den Jahren 2011–2019 (n = 821)[3].

im ungarischen Teil des Avifauna-Gebiets fehlen, der Bestand dürfte aber, ähnlich wie auf österreichischer Seite, im letzten Jahrhundert größer gewesen sein[28, 29].

Jahreszeitliches Auftreten

Im Seewinkel überwiegt der Frühjahrszug deutlich gegenüber dem Herbstzug. Erste Vögel treffen ausnahmsweise Ende März ein, z. B. ein Vogel am 27.3.2016 am Geiselsteller/Illmitz[30]. Erst um Mitte April wird der Zug quantitativ bedeutend, in der letzten Aprilpentade erreicht er seinen Höhepunkt, bleibt aber noch bis Mitte Mai auffallend und endet in der Regel mit Ende Mai. Frühe Junimeldungen von Durchzüglern sind mitunter schwer von brutwilligen Vögeln zu trennen, so liegt eine Beobachtung ohne Folgemeldung von drei Exemplaren vom 7.6.2015 aus dem Wiesengelände südwestlich Apetlon vor[31]. Der Herbstzug beginnt zögerlich vor Mitte August und reicht bis Mitte Oktober mit einem Höhepunkt vor Mitte September. Eine jahreszeitlich letzte Meldung liegt von einem Individuum vom 17.10.2015 von der Oggauer Heide vor[4]. Die wenigen Fangdaten aus Beringungsprogrammen am Herbstzug zwischen 2004 und 2019 an der Biologischen Station in Illmitz bestätigen diese Zeitspanne und reichen von 24. August bis 20. Oktober[32, 33]. Unter Berücksichtigung älterer Beobachtungsdaten reichen Randdaten vom 18.3.1996 mit einem Individuum auf der Oggauer Heide[34] bis zum 1.11.1994 mit einem Individuum beim Oberen Stinkersee[35]. Größte Konzentrationen wurden mit acht Exemplaren am 18.4.2015 am Weißsee bei Apetlon[36] und mit 15 Individuen am 30.4.2017 auf der Warmblutkoppel bei Illmitz[37] gemeldet. Frisch flügge Jungvögel werden erstmalig am 3.6.2018 im Hanság/Andau gemeldet und derartig entsprechende Beobachtungen reichen bis über Mitte Juli hinaus, z. B. am 21.7.2013 ebenfalls im Hanság/Tadten[8].

Zugverhalten und Ringfunde

Das Braunkehlchen ist ein Transsaharazieher, der im Herbst Europa im Breitfrontenzug nach Südwest verlässt. Im Frühjahr werden die Brutgebiete von Süden direkter angeflogen[2]. Das Zuggeschehen im Neusiedler See-Gebiet passt in dieses Bild, das auch in der unweit gelegenen Steiermark ähnlich verläuft[38]. Der einzige Wiederfund eines beringten Vogels aus dem österreichischen Teil des Gebiets weist ebenfalls auf eine südwestlich verlaufende Zugrichtung im Herbst hin: So wurde ein Jungvogel am 3.8.1990 auf der Kurischen Nehrung beringt und am 16.8.1990 in Illmitz wieder gefangen[39].

Quellen: *[1] Dvorak (1988b), [2] Glutz von Blotzheim & Bauer (1988), [3] www.ornitho.at, [4] A. Hombauer/ornitho.at, [5] Schuster (1992), [6] Berg & Dvorak (2016), [7] Berg & Dvorak (2019), [8] H.-M. Berg, unpubl. Daten, [9] Schneider & Schulze (2015), [10] Jukovits (1864/65), [11] Dombrowski (1889), [12] Fászl (1883), [13] Schenk (1917a), [14] Kiraly (1933), [15] Zimmermann (1943), [16] Bauer et al. (1955), [17] Koenig (1961), [18] Steinfatt (1936), [19] Seitz (1943), [20] Bauer (1956), [21] Archiv BirdLife Österreich, [22] A. Schuster in Dvorak (2009a), [23] Dvorak et al. (2010), [24] M. Westerbjerg-Andersen/ABÖ, [25] Müller (1985), [26] Dvorak & Nemeth (1992), [27] T. Zuna-Kratky/ABÖ, [28] Bankovics et al. (2002), [29] Gyurácz in Faragó (2012), [30] T. Novak/ornitho.at, [31] J. Spreitzer/ornitho.at, [32] W. Vogl & H. Winkler, unpubl. Daten, [33] Biologische Station Illmitz, unpubl. Daten, [34] H. Buchsbaum/ABÖ, [35] G. Wichmann/ABÖ, [36] R. Schwab/ornitho.at, [37] K. Probst/ornitho.at, [38] Albegger et al. (2018), [39] Österreichische Vogelwarte, unpubl. Ringfund*

Hans-Martin Berg & Attila Pellinger

Europäisches Schwarzkehlchen *Saxicola rubicola* (Linnaeus, 1766)

Cigánycsuk – European Stonechat

Illmitz, 24.5.2010, Männchen (Michael Dvorak)

Mäßig häufiger Brutvogel und Durchzügler mit Durchzugsgipfeln im März und Oktober, unregelmäßiger Wintergast

Verbreitung und Lebensraum

Aktuell ist das Schwarzkehlchen im Neusiedler See-Gebiet nur mehr lückenhaft verbreitet. Schwerpunkte finden sich im westlichen Seewinkel zwischen Illmitz und Podersdorf, an den Rändern der Zitzmannsdorfer Wiesen und allen voran im österreichischen Teil des Hanság. Nur spärlich sind der zentrale und südliche Seewinkel besiedelt und weitgehend frei bleiben die intensiver landwirtschaftlich genutzten Gebiete abseits der Lacken von Pamhagen über Wallern, St. Andrä, das Albrechtsfeld und Frauenkirchen bis Gols. Am Westufer sind die Schwarzkehlchen-Vorkommen fast perlenschnurartig zwischen Seerand und Bundesstraße aufgefädelt. Allerdings bleiben die Ackerflächen der Joiser Seewiesen ausgespart, dafür beherbergen die dahinter gelegenen Hügel Kirchberg, Hackelsberg und Jungerberg mit ihren Trockenrasenresten einige Reviere. Entsprechend setzen sich die Westufer-Vorkommen in den an das Avifauna-Gebiet angrenzenden Hängen und Ausläufern des Ruster Hügelzugs und des Leithagebirges fort[1]. Im Neusiedler See-Gebiet werden hauptsächlich fünf Lebensraumtypen besiedelt, die sich alle durch eine starke vertikale Strukturierung auszeichnen und dadurch die besonders wichtigen Sing- und Ansitzwarten und Neststandorte bieten: 1. der Übergangsbereich vom Schilfgürtel des Sees ins umliegende Kulturland sowie entsprechende Schilfrandbereiche an den Seewinkellacken; 2. Raine bzw. Ruderalflächen an Bahnlinien, Gräben, Materiallagerplätzen, Schottergruben o. ä.; 3. Weingartengebiete mit eingestreuten Brachestreifen oder Trockenrasenresten; 4. Randbereiche oder durch Verbuschung/Verbrachung strukturierte Teilflächen von Grünland sowie 5. jüngere, reich strukturierte Ackerbrachen. In einer ersten Auswertung der Kartierung des SPA Neusiedler See – Seewinkel im Jahr 2020 wurden die etwa 150 vorläufigen Reviere auf Basis der Luftbildkarte wie folgt zugeordnet: Schilfrand: ca. 33 %, Raine/Ruderalflächen: ca. 30 %, Weingartengebiete: ca. 21 %, Grünland und dessen Randbereiche: ca. 11 %, Ackerbrachen: ca. 3 %[2]. Eine Sonderstellung nimmt der Hanság ein, wo Reviere in jüngeren bzw. durch Stauden reich strukturierten Ackerbrachen sowie in Rainen dominieren[3]. Im ungarischen Teil des Avifauna-Gebietes wird das Schwarzkehlchen als wahrscheinlicher Brutvogel hauptsächlich auf den vom Nationalpark verwalteten Wiesen und Weiden gefunden, vor allem südöstlich des Sees zwischen Hegykő, Fertőszéplak, Sarród und Mekszikópuszta. Auf dem Durchzug halten sich Schwarzkehlchen darüber hinaus auch an Plätzen auf, die für eine Brut nicht geeignet sind, wie z. B. in den Seebädern des Gebiets.

Bestand und Bestandsentwicklung

Erstmals erwähnte Fászl[4] im Jahr 1883 das Schwarzkehlchen für das Gebiet, und zwar besonders für die *„das Westufer begleitenden, mit Weinpflanzen bedeckten Hügel"*. Man kann also vermuten, dass es bereits Jungerberg und Hackelsberg bewohnte. Wie weit sich die die Vorkommen am Westufer ins Seevorgelände erstreckten, ist jedoch nicht nachvollziehbar. Der Seewinkel war jedenfalls zu dieser Zeit nicht besiedelt. Auch Schenk[5] beobachtete es 1906 am Südufer des Sees am Herbst-Durchzug, am Ostufer jedoch weder im Herbst noch im Frühling. In den frühen 1930er Jahren erwähnte Steinfatt[6] ein Brutvorkommen am Schilfrand am ungarischen Südufer des Sees 1931 sowie Brutzeitbeobachtungen zwischen Purbach und Rust 1932. Die erste Erwähnung für das Ostufer stammt von Koenig[7], der am 8.3.1936 eines bei Weiden am Straßenrand sah. Ansonsten bezeichnete er es als nicht seltenen Brutvogel bei Neusiedl am See (und Parndorf)[7]. Zimmermann[8] wies in der Zusammenfassung seiner Beobachtungen 1940–1942 explizit auf *„Rohrdiemen"* als Singwarten des Schwarzkehlchens hin und damit ebenfalls auf Nutzung des Schilfrandes bei Donnerskirchen und Purbach als Brutlebensraum. 1951 beobachteten Bauer et al.[9] das Schwarzkehlchen bereits häufig am West- und Nordufer, spärlicher am Ostufer und berichteten von vier Brutpaaren entlang von 2 km am Bahndamm zwischen Bad Neusiedl und Weiden, 5–6 Brutpaaren auf der 4 km langen Bahnstrecke zwischen Bad Neusiedl und Jois sowie von 11 Männchen zwischen Winden und Rust. Östlich des Sees beschränkten sich ihre Beobachtungen auf die Zitzmannsdorfer Wiesen und den davorliegenden Seedamm. Ab den späten 1960er Jahren dürfte das Schwarzkehlchen als regelmäßiger Brutvogel in den Seewinkel und den Hanság eingewandert sein[10–12].

Danach muss östlich des Sees eine deutliche Bestandszunahme stattgefunden haben, denn Dvorak[13] ging 1988 bereits von einem Bestand von 260–350 Brutpaaren im weiter gefassten Neusiedler See-Gebiet aus, wovon etwa 215–275 auf das Avifauna-Gebiet entfallen. Die größten Dichten fanden sich entlang des Seedamms zwischen Podersdorf und Illmitz, auf den Zitzmannsdorfer Wiesen und entlang der Bahnlinie zwischen Neusiedl am See und Purbach. Zwischen 2001 und 2005 führten Karner-Ranner et. al.[14] Linientaxierungen entlang von 10 Probestrecken im westlichen Seewinkel durch. Der Gesamtbestand allein für den Seewinkel wurde damals auf mindestens 220 Brutpaare geschätzt. Während der 5-Jahres-Periode wurde überdies eine deutliche Zunahme von 29–33 auf 45–50 Reviere entlang dieser insgesamt 10 km langen Strecken festgestellt, was mit der Zunahme an Brachflächen in den Weingärten in Zusammenhang gebracht wurde. Für 2006 schätzten Dvorak et al.[15] für das SPA Neusiedler See–Seewinkel 600–900 Brutpaare, wovon etwa 400–600 Brutpaare auf das Avifauna-Gebiet entfielen. Mit zusätzlichen etwa 100 im Hanság[16] kann man also für Ende der 2000er Jahre von 500–700 Revieren ausgehen. Dies dürfte das bisherige Bestandsmaximum gewesen sein. Bereits ab 2009 wurden österreichweit Rückgänge festgestellt[17]. Im Frühling 2013 fielen schließlich zahlreiche Schwarzkehlchen einem massiven Schlechtwettereinbruch mit längerer Schneelage im April zum Opfer, was sich in einem massiven österreichweiten Bestandseinbruch äußerte[16]. Bereits Lardelli[18] stellte 1986 im Tessin, wo die Art teilweise auch im Brutgebiet überwintert, einen starken negativen Zusammenhang zwischen winterlicher Schneedecke und Brutbestand im darauffolgenden Jahr fest. Weder im Seewinkel noch am Westufer konnten sich die Bestände davon wieder erholen: Die Wiederholung der Linientaxierungen im westlichen Seewinkel erbrachten 2017 11–12 Reviere auf allen 10 Strecken, 2019 gar nur mehr 5–6 Reviere, was einer Abnahme um 87–90 % entspricht[19].

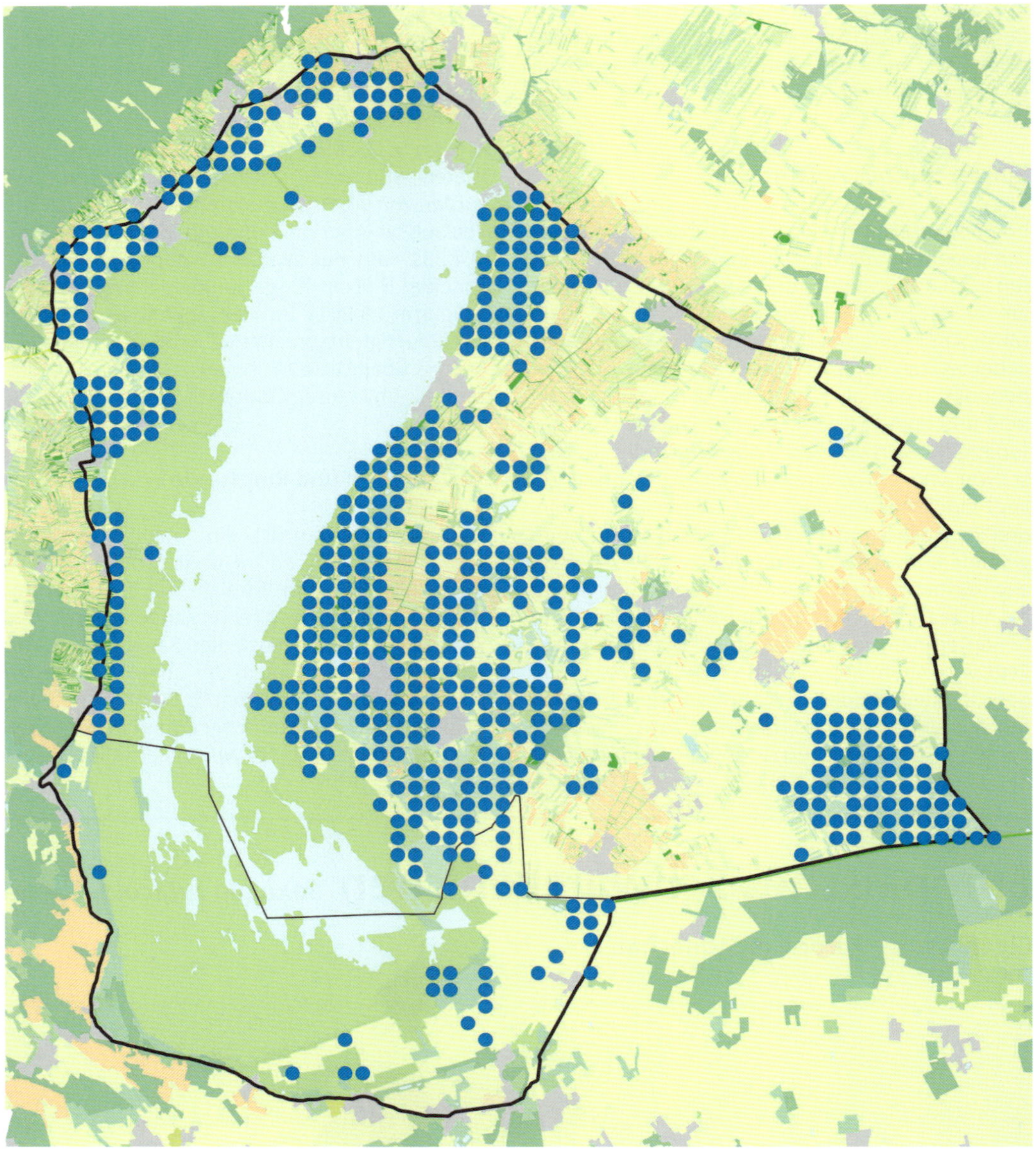

Brutzeitverbreitung des Europäischen Schwarzkehlchens, basierend auf Beobachtungen in den Monaten April bis August aus den Jahren 2011–2021[1, 30, 31].

Aktuell kann man auf österreichischer Seite von etwa 230–250 Brutpaaren ausgehen. Davon entfallen 140–170 auf den Seewinkel und das Westufer, was nur etwa 25–40% des Bestands von 2006 entspricht[2]. Im Hanság konnten 2020 wieder knapp 80 Brutpaare festgestellt werden[3], also 80% der Schätzung von 2010. Neben der Witterung müssen daher im Seewinkel und am Westufer im Gegensatz zum Hanság noch weitere Faktoren wirksam geworden sein, die einer Bestandserholung im Weg stehen, zumal der Bestand des Schwarzkehlchens in anderen Teilen Europas zunimmt[20,21]. Entlang der Strecken für die Linientaxierungen im westlichen Seewinkel fällt auf, dass sich viele Anfang der 2000er Jahre noch jungen, krautreichen Brachflächen 2017 bereits zu einförmigen, wiesenartigen, teilweise auch von Reitgras dominierten Flächen entwickelt haben, teils aber auch stark verbuschen und damit nicht mehr den Lebensraumansprüchen der Art entsprechen. Besonders auffällig ist dies für die Strecke zwischen Sandeck und Illmitzer Wäldchen, die mittlerweile fast völlig frei von Schwarzkehlchenrevieren ist. Auch im Seevorgelände ist die Vegetationsstruktur durch die Beweidung einheitlicher geworden[22].

Eine Erhebung der Brutpopulation im ungarischen Teil des Avifauna-Gebiets wurde bisher nicht durchgeführt, die Bestandsentwicklung ähnelt jedoch in mancher Hinsicht jener im österreichischen Teil. Insgesamt dürfte es im letzten Jahrhundert häufiger vorgekommen sein[23,24]. Am Südwestufer zwischen Hidegség und Fertőrákos gingen potentielle Brutplätze durch Verbuschung von zuvor gemähtem und beweidetem Grünland verloren. Nach dem politischen Regimewechsel nahm dagegen im Ackerland in der ersten Hälfte der 1990er Jahre der Anteil der zur Brut geeigneten Flächen mit den vorübergehend brach fallenden Feldern sogar zu. In den letzten 20 Jahren war wiederum das Gegenteil der Fall, als diese Flächen wegen der Agrarsubventionen wieder in Bewirtschaftung genommen wurden und damit als Lebensraum für das Schwarzkehlchen verloren gingen.

Jahreszeitliches Auftreten

In der ersten Märzwoche beginnt der Ein- und Durchzug vorerst noch zögerlich, um sich ab Mitte März markant zu steigern. Etwa eine Woche später singen die ersten Männchen und die

Beobachtungen von Paaren werden häufiger. Der ausgeprägte Frühjahrsdurchzug, feldornithologisch erkennbar am großen Anteil nicht revieranzeigender Individuen, ist Ende März weitgehend abgeschlossen. Die Gesangsaktivität bleibt bis Anfang Mai hoch, die frühesten flüggen Jungvögel wurden am 8.5.2015 beobachtet[25, 26]. Ab der zweiten Junipentade nimmt die Anzahl der Beobachtungen, sicherlich teilweise durch die verringerte Beobachtungstätigkeit bedingt, stark ab. Nach einem nochmaligen kleinen Gipfel Mitte Juni mit vermehrten Feststellungen flügger Jungvögel gelingen den ganzen Sommer über nur wenige Beobachtungen. Für das Schwarzkehlchen ist ein sommerliches Dispersal nachgewiesen. Laut Ringfundanalysen in Großbritannien, den Beneluxländern und Deutschland beringter Vögel betrifft das etwa 45 % der Jungvögel und ein Drittel der Adulten, führt aber meist nur wenige Kilometer weit[27]. Da Ringfunde fehlen, muss offenbleiben, ob auch im Bearbeitungsgebiet ein teilweiser Abzug stattfindet oder die Vögel nur sehr unauffällig sind und deswegen kaum gemeldet werden. Der Herbstdurchzug ist von Ende September bis Ende Oktober bemerkbar und zeigt einen ausgeprägten Gipfel in der ersten Oktoberwoche. Sehr vereinzelt ist das Schwarzkehlchen auch im Winter im Gebiet anzutreffen: Seit 2013 liegen jährlich Dezember- und Jännerbeobachtungen von maximal drei Individuen vor. In einzelnen Fällen gelingen wohl in milden Wintern durchgehende bzw. fast durchgehende Überwinterungen, etwa auf der Podersdorfer Pferdekoppel (2014/2015 sowie 2015/2016), bei Apetlon südlich der Langen Lacke (2015/1016) oder in der Hölle beim Oberen Stinkersee/Illmitz (2017/2018)[28].

Zugverhalten und Ringfunde

Zentral- und osteuropäische Schwarzkehlchen gelten als Kurzstreckenzieher, die in südwestliche Richtung ziehen und im westlichen Mittelmeerraum, vor allem in Spanien, Frankreich, Algerien und Marokko überwintern[27]. Der einzige vorliegende Ringfund betrifft einen Anfang Juli 1993 in Illmitz beringten Vogel, der Anfang November 1993 im Norden Algeriens abgelesen wurde und sich somit gut in dieses Bild einfügt[28]. Davon weicht jedoch der Fund eines in Ungarn außerhalb des Bearbeitungsgebiets beringten Nestlings ab, der im November in Griechenland gefunden wurde[29] und damit nach Südosten abzog.

Quellen: [1] *www.ornitho.at,* [2] *BirdLife Österreich, unpubl. Daten,* [3] *H.-M. Berg, unpubl. Daten,* [4] *Fászl (1883),* [5] *Schenk (1917a),* [6] *Steinfatt (1936),* [7] *Koenig (1939),* [8] *Zimmermann (1943),* [9] *Bauer et al. (1955),* [10] *E. Duda/ABÖ,* [11] *E. Billek/ABÖ,* [12] *F. & O. Samwald/ABÖ,* [13] *Dvorak (1988b),* [14] *Karner-Ranner et al. (2008),* [15] *Dvorak et al. (2008),* [16] *Dvorak et al. (2010),* [17] *Brutvogel-Monitoring, BirdLife Österreich,* [18] *Lardelli (1986),* [19] *Karner-Ranner & Bittermann (2019),* [20] *Anderson (2019),* [21] *Gerlach et al. (2019),* [22] *Karner-Ranner & Bittermann (2021),* [23] *Bankovics et al (2002),* [24] *Gyurácz in Faragó (2012),* [25] *N. Filek/ornitho.at,* [26] *D. Leopoldsberger/ornitho.at,* [27] *Helm et al. (2006),* [28] *Österreichische Vogelwarte, unpubl. Ringfund,* [29] *Csörgő et al. (2009),* [30] *Archiv MME Sopron,* [31] *Archiv FHNP*

Eva Karner-Ranner & Attila Pellinger

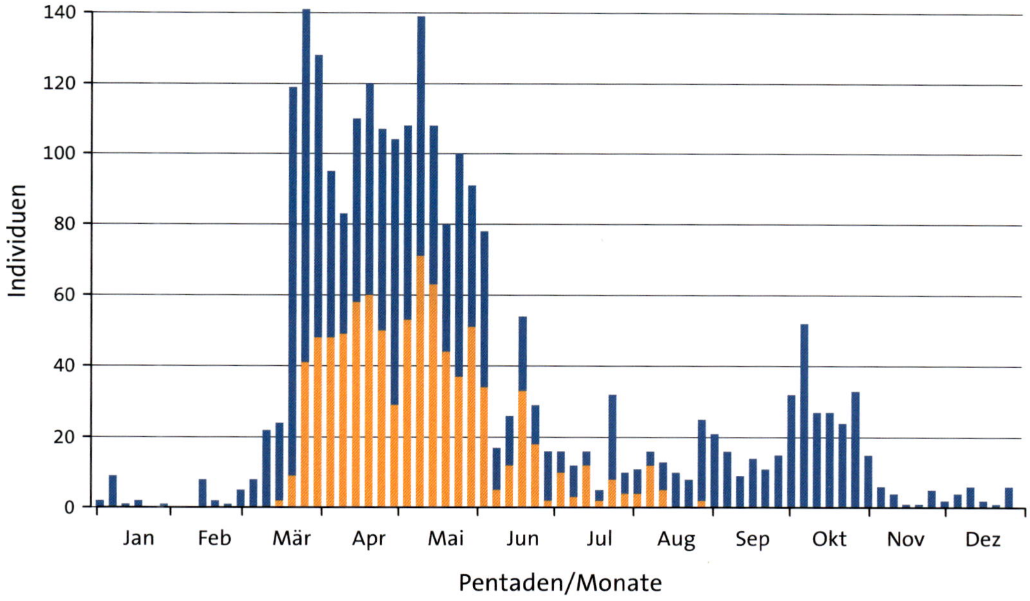

Jahreszeitliches Auftreten des Schwarzkehlchens (Pentadensummen gemeldeter Individuen) im österreichischen Teil des Untersuchungsgebietes basierend auf Daten aus den Jahren 2011 – 2018[1]. Blaue Säulen bzw. Säulenabschnitte: Brutcode „H" oder kein Brutcode vergeben; orange Säulenabschnitte: Brutcode „S" oder höherwertig.

Steinschmätzer *Oenanthe oenanthe* (LINNAEUS, 1758)

Hantmadár – Northern Wheatear

Hanság, Tadten, 9.4.2015, Männchen (Michael Dvorak)

Sehr seltener Brutvogel sowie mäßig häufiger Durchzügler von Ende März bis Ende Mai und Ende August bis Anfang Oktober

Verbreitung und Lebensraum

Die bevorzugten Brutplätze des Steinschmätzers im Osten Österreichs sind Materialentnahmestellen aller Art, und so findet sich ein großer Teil der wenigen Brutpaare in den Schotter- und Sandgruben des Gebiets, vor allem im Nordteil des Seewinkels. Darüber hinaus nutzt die Art aber auch ruderale „Störstellen" als Bruthabitat, konkret können das z. B. Geländeanrisse, Lagerplätze für Holz, Heu, Stroh, Weingartenpfähle oder auch Müllplätze und Bauschuttablagerungen sein. Viele solcher Brutmöglichkeiten bestehen oft nur kurzfristig, manche bieten aber auch über Jahrzehnte hinweg geeignete Strukturen: So ist z. B., zumindest seit Anfang der 1980er Jahre, ein ausgedehnter Holzlagerplatz am östlichen Ortsrand von Winden am See am Kirchberg vermutlich alljährlich von 1–3 Brutpaaren besetzt[1]. Durchziehende Steinschmätzer können praktisch überall im Offenland auftreten, überwiegend findet man sie aber einerseits in Weingärten, andererseits in erst wenig bewachsenen oder noch gänzlich kahlen Ackerflächen, wie frisch angebauten Mais- oder Sonnenblumenfeldern – also in Gebieten, die strukturell den Nahrungshabitaten ähneln. Selbst die Dämme im Schilfgürtel und die Seebäder können der Art als geeignete Rastplätze dienen.

Bestand und Bestandsentwicklung

In der Literatur des späten 19. Jahrhunderts wird die Art überwiegend als Durchzügler genannt, wenige Autoren nennen auch Brutvorkommen am Westufer[2–5], eine Situation die auch noch Anfang der 1950er Jahre Bestand hatte: *„Der Steinschmätzer ist sowohl Brutvogel wie auch Durchzügler, den ich in ersterer Eigenschaft jedoch nur am Westufer antraf, während ich ihn im Osten* [...] *nur als einen zwar nicht allzu häufigen, aber doch regelmäßigen Durchzügler während des Frühjahrs- und Herbstzuges kennenlernte."*[6]. Zehn Jahre später zeigte ein Beispiel am Abhang der Parndorfer Platte, dass Steinschmätzer rasch auf neu entstehende, optimale Lebensraumbedingungen reagieren können: Ein „kilometerlanger" Panzergraben lockte hier eine größere Anzahl an Brutpaaren an: *„Der Brutbestand an einem 1 km langen Stück dürfte 12 bis 13 Paare betragen haben"*[7]. Damit scheint sich die aktuelle Situation nicht viel von der damaligen zu unterscheiden. Der Brutbestand im Gebiet wurde bislang nicht systematisch erhoben, doch dürften in den Schottergruben der Gemeinden Mönchhof, Halbturn und Frauenkirchen insgesamt 5–10 Paare brüten[8], weitere 5–10 Paare sind für die übrigen „Kleinlebensräume" im Sinne des oben gesagten zu veranschlagen.

Jahreszeitliches Auftreten

Die ersten Heimzügler treffen am Beginn der letzten Märzpentade ein, einzelne Vorreiter können schon in den Tagen davor eintreffen, mit dem frühesten Vogel am 17.3.2017 östlich von Apetlon[9]. Danach steigen die Zahlen beständig an und gipfeln in der letzten April- und ersten Maidekade. Die Zahl der Durchzügler nimmt dann bis zur Monatswende Mai/Juni wieder rasch ab und der überwiegende Teil der Nachweise in den Monaten Juni und Juli bezieht sich auf Brutreviere. Schon Anfang August werden erste Wegzügler gemeldet, Mitte des Monats beginnen die Zahlen zu steigen und zwischen Ende August und Anfang Oktober ist der Herbstzug in vollem Gange, wie zahlreiche Meldungen in diesem Zeitraum zeigen. Ende der ersten Oktoberdekade reißen die Nachweise dann unvermittelt ab[10, 11], danach sind nur noch ausnahmsweise Steinschmätzer im Gebiet zu sehen, mit den spätesten Nachweisen am 18.10.2014 im Hanság bei Tadten[12], am 20.10.2018 an der Warmblutkoppel[13], am 24.10.2016 an der Westlichen Wörthenlacke[14] und am 24.10.2019 bei Mekszikópuszta, Ürge-domb[4].

Quellen: [1] *M. Dvorak, unpubl. Daten,* [2] *Jukovits (1864/65),* [3] *Fászl (1883),* [4] *Dombrowski (1889),* [5] *Schenk (1917a),* [6] *Zimmermann (1943),* [7] *Bauer et al. (1955),* [8] *B. Wendelin, unpubl. Daten,* [9] *F. Samwald/ornitho.at,* [10] *Archiv BirdLife Österreich,* [11] *www.ornitho.at,* [12] *C. Kaula/ornitho.at,* [13] *F. Hadacek/ornitho.at,* [14] *S. Birrer/ornitho.at,* [15] *T. Hadarics/AME*

Michael Dvorak

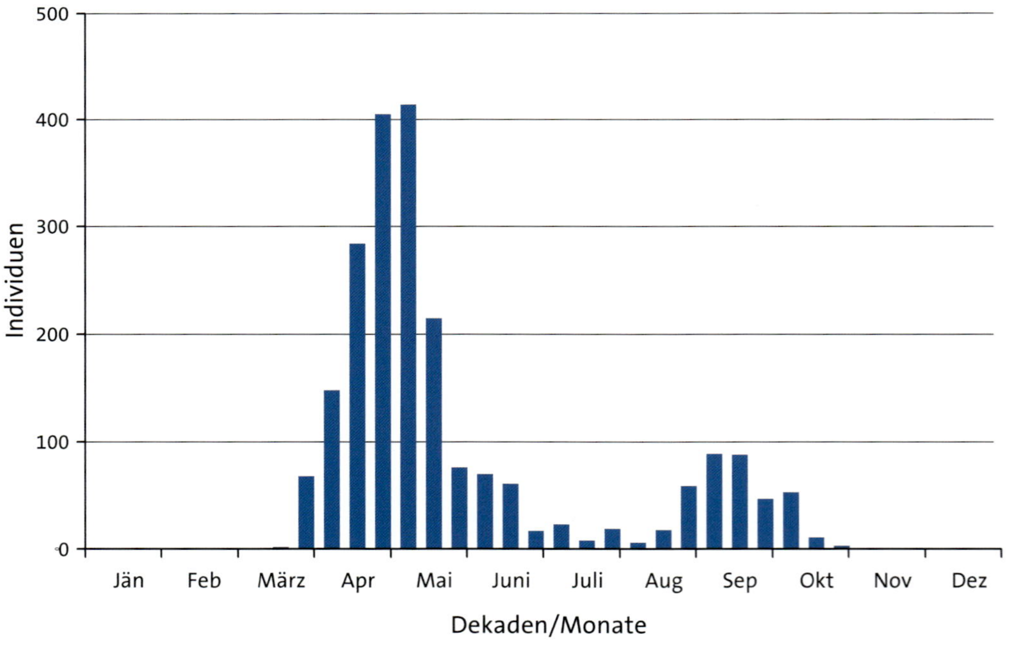

Jahreszeitliches Auftreten des Steinschmätzers (Dekadensummen) basierend auf Daten aus Österreich aus den Jahren 1966–2019 (n = 2.184)[10, 11].

Isabellsteinschmätzer *Oenanthe isabellina* (Temminck, 1829)

Pusztai hantmadár – Isabelline Wheatear

Graurinderkoppel, Apetlon, 6.5.2017, Weibchen (Klemens Wessely)

Ausnahmeerscheinung

Vorkommen

Zwei Nachweise im Frühjahr:

- 6.5.2017 Graurinderkoppel, 1 ad. ♀ auf der Weide und in angrenzenden Weingärten (E. Albegger, L. Khil, A. Ranner u. a.[1])
- 12.–15.4.2019 Weiden, 1 ♀ auf Acker am Ortsrand (E. Albegger, P. Kolleritsch, N. Filek u. a.[2, 3])

Quellen: [1] *Albegger & Brader (2018)*, [2] *www.birdlife-afk.at*, [3] *www.ornitho.at*

Andreas Ranner

„Mittelmeer-Steinschmätzer" *Oenanthe hispanica* (Linnaeus, 1758) / *Oe. melanoleuca* (Güldenstädt, 1775)

Déli hantmadár – Black-eared Wheatear

Ausnahmeerscheinung

Vorkommen

Nachdem die beiden ehemals als Unterarten betrachteten Taxa *Oenanthe* (*hispanica*) *hispanica* (Maurensteinschmätzer) und *Oe.* (*h.*) *melanoleuca* (Balkansteinschmätzer) mittlerweile als eigene Arten behandelt werden, sind die bisherigen Nachweise des „Mittelmeer-Steinschmätzers" in Österreich neu zu bewerten. Die zwei aus dem Neusiedler See-Gebiet vorliegenden Meldungen lassen sich allerdings im Nachinein nicht mehr genauer einer dieser Arten zuordnen und müssen daher als unbestimmte „Mittelmeer-Steinschmätzer" geführt werden. Beide Vögel wurden um die Monatswende April/Mai beobachtet:

- 1.5.1978 Apetlon, 1 schwarzkehliges ♂ am Weg vom Apetloner Hof zum Neudegg (H. Buchsbaum, E. Duda, E. Klaus[1])
- 21.4.1988 Hanság südöstlich Tadten, 1 schwarzkehliges ♂ (T. Wyatt[2, 3])

Quellen: [1] *Duda (1978)*, [2] *Glutz von Blotzheim et al. (1988)*, [3] *Ranner et al. (1995)*

Andreas Ranner

Nonnensteinschmätzer *Oenanthe pleschanka* (Lepechin, 1770)

Apácahantmadár – Pied Wheatear

Weiden am See, 12.5.2020, Männchen (Leander Khil)

Ausnahmeerscheinung

Vorkommen

Ein Nachweis, der gleichzeitig den zweiten für Österreich darstellt:

- 26.4.–18.5.2020 Weiden, 1 territoriales ♂, das sich im Gelände einer Baufirma am Ortsrand aufhielt, das ♀ eines lokalen Steinschmätzer-Paares anbalzte und mit diesem auch kopulierte. Am 17.5. wurde der Vogel zwar Futter tragend beobachtet, ein konkreter Hinweis auf eine Beteiligung an einer Brut liegt aber nicht vor (G. Taurer, G. Tebb, K. Janich u. a.[1–4])

Quellen: [1] *www.birdlife-afk.at*, [2] *www.ornitho.at*, [3] *www.club300.at*, [4] *Tebb & Taurer (2022)*

Andreas Ranner

Wasseramsel *Cinclus cinclus* (Linnaeus, 1758)

Vízirigó – White-throated Dipper

Biologische Station Illmitz, 14.10.2020 (Leander Khil)

Ausnahmeerscheinung

Vorkommen

Ein Nachweis dieser an Fließgewässer gebundenen Art:

- 14.10.2020 Biologische Station Illmitz, 1 dj., dunkelbäuchiges Individuum cf. Unterart *C. c. cinclus* (L. Khil[1])

Bei einem weiteren Nachweis lässt sich nicht mehr sicher feststellen, ob er inner- oder außerhalb der Grenzen des Bearbeitungsgebiet gelang: ca. 1930 Rákos-patak, Fertőrákos: *„vor Jahren habe ich ein Exemplar im Bach von Fertőrákos gesehen“*[2]. Knapp außerhalb des Avifauna-Gebiets wurde am 26.10.1881 ein Männchen bei Kis-Tómalom gesammelt[3].

Quellen: [1] *www.ornitho.at*, [2] *Breuer (1934)*, [3] *Fászl (1883)*

Leander Khil & Tibor Hadarics

Feldsperling *Passer montanus* (Linnaeus, 1758)

Mezei veréb – Eurasian Tree Sparrow

Apetlon, 19.4.2012 (Michael Dvorak)

Sehr häufiger Jahresvogel, der in den Ortskernen weitgehend vom Haussperling ersetzt wird

Verbreitung und Lebensraum

Im Unterschied zum Haussperling ist der Feldsperling nicht von Gebäuden abhängig, sondern brütet in einem wesentlich breiteren Habitatspektrum, mit deutlicher Bindung an Gehölze. An größeren Gebäuden in der freien Landschaft und in Ortschaften kommt er dabei gemeinsam mit dem Haussperling vor, allerdings in viel geringerer Dichte. In den Seewinkeldörfern werden durchschnittlich etwa 40 % und in den dichter verbauten Siedlungen am Westufer nur 20 % der Haussperlingsbestände erreicht. In den historisch gewachsenen, weitgehend baumfreien Ortskernen kann der Feldsperling auch ganz fehlen, wie beispielsweise Kartierungen im Jahr 2018 in Purbach gezeigt haben, bei denen gleichzeitig ca. 100 Haussperlingsreviere registriert wurden[1,2]. In den Siedlungsgebieten nutzen beide Arten die gleichen Nistplätze an den Gebäuden, der Feldsperling bezieht aber auch Baumhöhlen und Nistkästen. Außerhalb der verbauten Areale ist er im gesamten Gebiet ein Charaktervogel der offenen Kulturlandschaft mit Weingarten-, Acker- oder Grünlandnutzung. Brutvorkommen finden sich hauptsächlich in älteren Baumbeständen mit Höhlenangebot, die aber auch eine dichte Strauchschicht, eine angrenzende Hecke oder zumindest einzelne Büsche aufweisen müssen. Das können kleine, isolierte Feldgehölze sein, aber auch Baumreihen entlang von Verkehrswegen, Windschutzstreifen wie v. a. im Hanság und im Bereich Albrechtsfeld, alte Obstgärten oder Schottergruben, wo sie auch in den Höhlen der Uferschwalbe brüten[3]. Vor allem bei Mangel an natürlichen Nisthöhlen nisten einzelne Paare im Unterschied zum Haussperling auch in kleinsten, isolierten Hütten, Hochständen, Koppelunterständen, Strohtristen oder Schleusen- und Brückenbauwerken. In zwei Fällen brüteten mindestens sechs bzw. 15 Paare im Mauerwerk eines tiefen Brunnenschachtes[4] und stellenweise häufig sind erfolgreiche Bruten in den schräg eingeschlagenen Eisenrohren zum Spannen der Drähte in den Weingärten („Weingartensteher")[5,6]. Die generell seltenen Freibruten[7] kommen im Gebiet nur ganz vereinzelt vor, z. B. 2017 in einem freistehenden Kugelnest in einem Astquirl direkt unter einem besetzten Bussardhorst[8]. Entlang der Dämme dringt der Feldsperling bis an die Seeseite in den Schilfgürtel vor und nutzt hier auch noch einzelne Gehölze im Randbereich der Röhrichte, wo sich auch Winterschlafplätze befinden können[6]. Im Inneren geschlossener Wäldchen kommen Bruten hingegen nur vereinzelt vor.

Wegen der Nistplatzkonkurrenz mit dem größeren Haussperling und dem beschränkten Angebot an Baumhöhlen brütet der Feldsperling meist in Einzelpaaren oder kleinen Gruppen. Größere Kolonien kommen am ehesten außerhalb der Siedlungszentren des Haussperlings an Gebäuden der locker verbauten, gehölzreichen

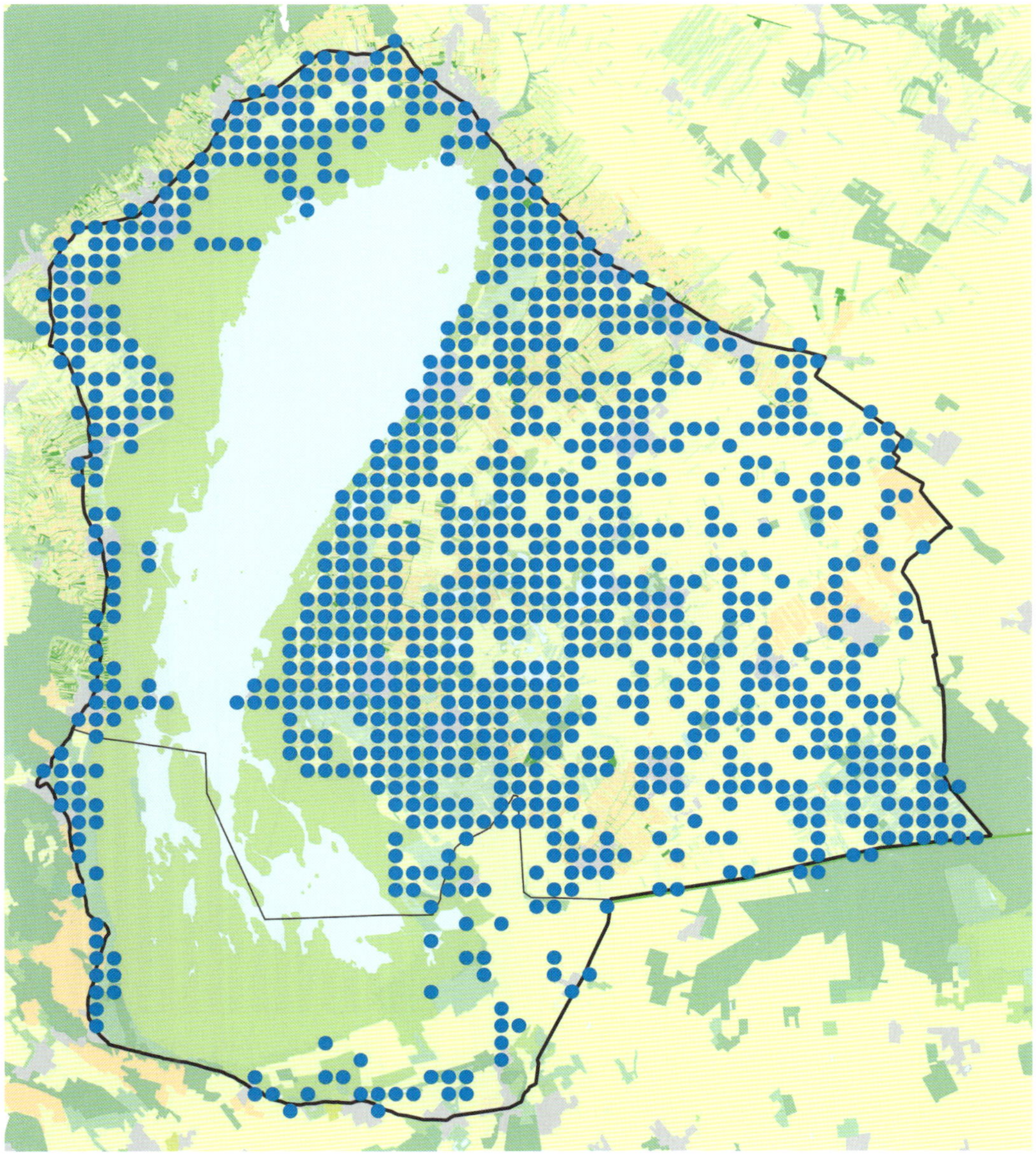

Brutzeitverbreitung des Feldsperlings, basierend auf Beobachtungen in den Monaten März bis August (ohne Trupps > 9) aus den Jahren 2011–2021[33–35].

Dorfränder vor[9]. Die Nahrungssuche erfolgt grundsätzlich in denselben Habitaten wie beim Haussperling. Dabei werden vor allem im Winter entlegene Wildfütterungen und Ackerflächen wie nicht abgeerntete Sonnenblumenfelder regelmäßiger aufgesucht, während die für den Haussperling so wichtigen Weidekoppeln im Seevorgelände offenbar eine geringere Rolle spielen. In Gaststätten, wie z. B. im Seebad Illmitz[8], können Altvögel gemeinsam mit flüggen Jungen unter den besetzten Tischen nach Bröseln suchen. Wie beim Haussperling sind räumlich exponierte Brutplätze wie das Seebad Breitenbrunn zum Teil auch im Mittwinter besetzt, können aber auch wie das Seebad Illmitz von Dezember bis Februar verlassen sein.

Bestand und Bestandsentwicklung

Der Feldsperling konnte als Gehölzbewohner die ehemals weithin offene Steppenlandschaft des Seewinkels erst nach Aufkommen von Baumbeständen im 20. Jahrhundert in größerer Anzahl besiedeln. Ende des 19. Jahrhunderts wurde er von Dombrowski[10] für das gesamte südöstliche Seegebiet noch als *„höchst sporadisch und unregelmäßig"* angeführt. Auch in der ersten Hälfte des 20. Jahrhunderts war er viel seltener als der Haussperling und brütete in den Wein- und Obstbaugebieten, Alleen und Baumgruppen um die Ortschaften und Meierhöfe, während Bruten in den Dörfern nur ganz vereinzelt vorkamen[11–13]. Nach einer offenbar stürmischen Besiedlungswelle um die Mitte des 20. Jahrhunderts bezeichnen Bauer et al.[14] den Feldsperling hingegen als *„kaum seltener als der Hausspatz"*. In Neusiedl am See, Weiden und Podersdorf ermittelten sie einen Anteil an der Sperlingspopulation von mehr als 40 %. Auch Gebäude außerhalb der Ortschaften waren schon besiedelt. Dieser Status dürfte sich bis in die 1960er Jahre gehalten haben[15, 16] und im Oktober 1967 wurde erstmals ein großer Trupp von ca. 200 Exemplaren im Hanság gemeldet[17]. Kurth[18] hingegen gibt an, dass zumindest in Podersdorf 1969 Feldsperlinge nur mehr an den Ortsrändern vorkommen. In der nachfolgenden Periode wurde er vom überlegenen Haussperling aus den alten Dorfkernen zunehmend verdrängt, sodass sich die Bestände heute in den locker verbauten und mit Bäumen durchsetzten Gartenvierteln konzentrieren, die vom Haussperling eher gemieden werden[19–21]. Zumindest im Seewinkel konnten vermutlich zunächst beide Arten das damals fast unbegrenzte Nistplatz- und Nahrungsangebot der alten Bauernhöfe nutzen. Nach Einstellung der Viehwirtschaft und mit der Modernisierung der Wohngebiete ab den 1960er Jahren gingen viele Brutmöglichkeiten verloren und der Konkurrenzdruck nahm sprunghaft zu.

Punkttaxierungen in sieben Seewinkeldörfern ergaben 2014 eine mittlere Dichte von 5,6 Reviermännchen/10 ha sowie extreme Unterschiede zwischen den Ortschaften[1]. So konnten z. B. bei flächendeckenden Linientaxierungen in Illmitz 2018 auf 171 ha durchschnittlich nur 3 schilpende Männchen/10 ha festgestellt werden. Schwerpunkt mit mehr als 7 Revieren/10 ha und der einzigen Kolonie war dabei ein aufgelockerter, baumreicher Randbereich, während im alten, geschlossen verbauten Dorfkern mit hoher Dichte an Haussperlingen nur etwa zwei rufende Männchen/10 ha zu finden waren[22]. Auf der Basis dieser Zählungen kann für die Seewinkeldörfer südlich der Linie Gols – Halbturn ein Bestand von etwa 700 Brutpaaren hochgerechnet werden[1]. In 19 Seewinkelwäldchen von mehr als 1 ha Größe (insgesamt 186 ha) balzten 2016 – 2018 durchschnittlich 5 Männchen/10 ha, wobei in Gehölzen von mehr als 5 ha Größe bis zu 20 Männchen/10 ha kartiert wurden[23]. Der Brutbestand im gesamten österreichischen Hanság (3.000 ha) wurde 2009 – 2010 auf 100 – 150 Paare geschätzt[24]. Auf zwei Probeflächen, auf denen 1998 und 2020 Revierkartierungen durchgeführt wurden, war die Bestandsentwicklung unterschiedlich: Bei Pamhagen (3,75 km²) hat die Anzahl der Reviere von 43 auf 23 (1,15 bzw. 0,63/10 ha) abgenommen, bei Gols (4,5 km²) hingegen von 16 auf 25 zugenommen (0,43 bzw. 0,66/10 ha)[25]. Ergänzt durch eine Hochrechnung für die nicht kontrollierten Waldbestände, ergeben diese Bestandsdaten für das gesamte österreichische Gebiet östlich des Sees mehr als 1.000 Brutpaare.

Im ungarischen Teilgebiet wurde der Feldsperling in > 90 % der 2,5 x 2,5 km großen UTM-Quadrate und in fast allen Fällen als Brutvogel nachgewiesen[26]. Wieweit hier die Intensivierung der Landwirtschaft, die Abnahme der Nutztierhaltung und die Fragmentierung der Lebensräume negative Auswirkungen auf die Bestände haben, ist nicht bekannt.

Jahreszeitliches Auftreten

Die Phänologie gleicht im Wesentlichen der Phänologie des Haussperlings, der Feldsperling brütet aber etwa zwei Wochen später: Nestbau findet hauptsächlich von Mitte März bis Anfang Juni statt, vereinzelt auch schon Anfang März[27] und kann bis Ende Juni[28] dauern. Ab 6. Mai wurden ausgeflogene Jungvögel gemeldet, die Eiablage dürfte daher Ende März beginnen. Bei 2 – 3 Jahresbruten können noch Mitte August Junge im Nest sitzen[29]. Auch die nachbrutzeitliche Schwarmbildung setzt etwas später ein als beim Haussperling. Trupps von maximal 50 Exemplaren treten regelmäßig auch während der Brutzeit auf und bis Mitte September steigen die maximalen Schwarmgrößen auf mehr als 500 Vögel an. Die Verbände beginnen sich erst mit der Besetzung der Brutplätze Ende Februar wieder aufzulösen. Hinweise auf einen Durchzug liegen nicht vor[30].

Zugverhalten und Ringfunde

Der Feldsperling ist im Karpatenbecken vorwiegend Standvogel, kleinräumige Verlagerungen von den Brutplätzen zu Wintereinständen sowie das Jungvogeldispersal reichen selten über wenige Kilometer hinaus und nur ein sehr geringer Teil der Population zeigt gerichtetes Zugverhalten. Von insgesamt 2.300 Wiederfunden in Ungarn beringter Feldsperlinge stammen nur 0,4 % aus Entfernungen von mehr als 5 km, mit einem Maximum von 269 km[31]. Beringungen in den Donau-March-Thaya-Auen belegen nachbrutzeitliche Strichbewegungen über Entfernungen von 65 km sowie den Wegzug eines Jungvogels in ein norditalienisches Winterquartier[32].

Quellen: [1] *Dvorak et al. (2014b),* [2] *A. Grüll & M. Dvorak, unpubl. Daten,* [3] *Dvorak & Berg (1991),* [4] *K. Brandt, R. Mohr/ABÖ,* [5] *M. Dvorak/ABÖ,* [6] *A. Grüll/ABÖ,* [7] *Hudde (1997a),* [8] *A. Grüll/ornitho.at,* [9] *A. Grüll, unpubl. Daten,* [10] *Dombrowski (1889),* [11] *Schenk (1917a),* [12] *Steinparz (1926),* [13] *Zimmermann (1943),* [14] *Bauer et al. (1955),* [15] *Ganso (1960),* [16] *Vauk (1962),* [17] *G. Spitzer/ABÖ,* [18] *Kurth (1970),* [19] *Dvorak et al. (1993),* [20] *Deckert (1968),* [21] *Landmann (1987),* [22] *A. Grüll, unpubl. Daten,* [23] *M. Dvorak, unpubl. Daten,* [24] *Dvorak et al. (2010),* [25] *BirdLife Österreich, unpubl. Daten,* [26] *Hadarics in Faragó (2012),* [27] *L. Khil/ornitho.at,* [28] *G. Hafner, D. Leopoldsberger/ornitho.at,* [29] *H.-M. Berg & A. Ranner/ABÖ,* [30] *Berthold et al. (1991),* [31] *Liker in Csörgő et al. (2009),* [32] *Zuna-Kratky et al. (2000),* [33] *www.ornitho.at,* [34] *Archiv MME Sopron,* [35] *Archiv FHNP*

Alfred Grüll & Attila Pellinger

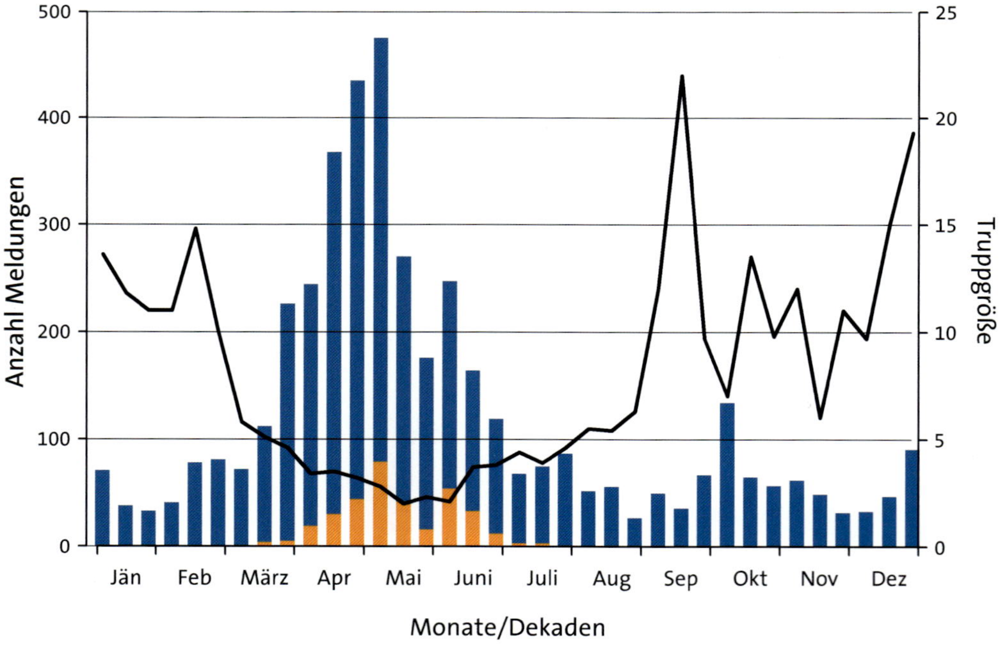

Anzahl der Feldsperlingsmeldungen (Säulen) sowie mittlere Anzahl beobachteter Vögel pro Meldung (Kurve) pro Monatsdekade basierend auf Daten aus den Jahren 2011 – 2018 (n = 4.336)[33]. Der Anteil singender Männchen ist in den Säulen orange dargestellt.

Haussperling *Passer domesticus* (Linnaeus, 1758)

Házi veréb – House Sparrow

Gols, 18.3.2014, Männchen (Michael Dvorak)

Sehr häufiger Jahresvogel mit Bestandsrückgang als Folge des dörflichen Strukturwandels ab den 1960er Jahren

Verbreitung und Lebensraum

Der Haussperling ist fast ausschließlich Gebäudebrüter, alle Ortschaften sind nahezu flächendeckend besetzt[1,2]. Brutkolonien mit teilweise mehr als 50 Paaren finden sich aber auch an Gebäuden außerhalb geschlossener Siedlungsgebiete, wie z. B. an Gutshöfen, Ställen, Lagerhallen, Gewerbeanlagen oder an den Gebäudekomplexen und Freizeitsiedlungen der Seebäder. Auf Gehölze abseits von Gebäuden entfielen hingegen bei Kartierungen am ungarischen Südufer nur 4,9 % der erfassten Brutplätze[3,4]. Innerhalb der besiedelten Gebiete sind die Brutpaare nicht gleichmäßig verteilt. Neben kleinen Gruppen und Einzelpaaren konzentrieren sich die Bestände an besonders günstigen Standorten in größeren Kolonien. So waren z. B. im Ortsgebiet von Illmitz 2018 auf 170 ha neben 140 zerstreuten Brutpaaren 10 Kolonien besetzt[5]. Als Koloniestandort wird ein gutes Nistplatzangebot, meist unter den Dachdeckungen, in Kombination mit dichten, undurchdringlichen Hecken bevorzugt. Dabei spielen Koniferen wie Thujen oder Zypressen oft eine wichtige Rolle. Die Nähe zu ergiebigem Nahrungsangebot, wie z. B. Tierhaltungen, Lagerplätze oder Ruderalflächen, ist günstig, aber nicht Voraussetzung. Im Winter gewinnt die Ausstattung mit dichten Schnitthecken als geschützter Rückzugsraum noch mehr an Bedeutung, die Dorfspatzen konzentrieren sich dann an wenigen günstigen Stellen vor allem an den Ortsrändern, im Bereich landwirtschaftlicher Betriebe oder bei Bahnhöfen mit Getreidespeichern[5] (vergl. auch Landmann[6]). Zumindest bis in die 1960er Jahre brüteten Haussperlinge, möglicherweise als Folge eines hohen Populationsdrucks, im gesamten Gebiet auch weit abseits von Gebäuden in freistehenden Kugelnestern auf Bäumen[7–10]. Späte Einzelfunde dieses Nesttyps gelangen noch 2001 auf einer Robinie im Ortsgebiet von Halbturn[11], 2013 zwischen den Leitungsdrähten an einem Telegraphenmast neben einem Gebäude in der Hölle/Illmitz[12] und 2020 zwischen einer Hauswand und Aufhängung einer Markise im Seebad Illmitz[13]. Die früher häufige Einmietung in alte, umfangreiche Storchenhorste[14] kommt hingegen heute auf der österreichischen Seite des Sees nur noch vereinzelt vor (z. B. Andau[15]), da die Horste zur Gewichtsreduktion regelmäßig abgetragen werden und so keine entsprechenden Lückenräume mehr bieten. In den Dörfern am ungarischen Südufer sind die höheren, mitunter fast turmartigen Horste auf den Telegraphenmasten hingegen regelmäßig besetzt. Spatzen auf der Nahrungssuche sind ganzjährig meist bis zu 2 km und nur ausnahmsweise, z. B. im Hanság, bis zu 5 km von größeren Gebäuden entfernt anzutreffen. Hingegen flogen noch in der ersten Hälfte des 20. Jahrhunderts, zu Zeiten extrem hoher Dichten, während der Getreidereife große Schwärme aus den Dörfern mehrere Kilometer weit auf die Fel-

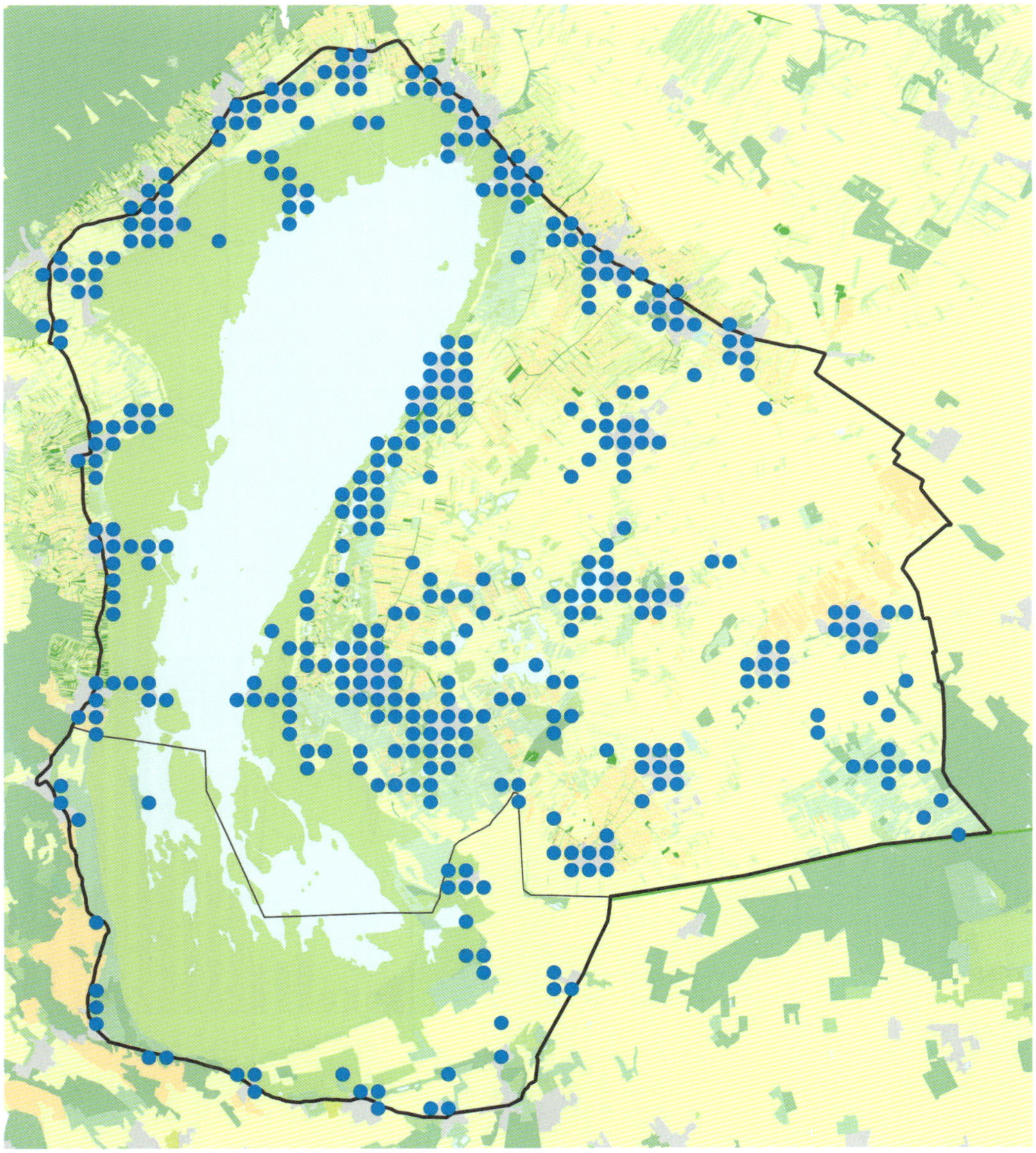

Brutzeitverbreitung des Haussperlings, basierend auf Beobachtungen in den Monaten März bis August (ohne Trupps > 9) aus den Jahren 2011 – 2021[25–27].

der, wo sie auch während der Brutzeit regelmäßig anzutreffen waren[7]. Im Herbst und Winter sammeln sich die Sperlinge häufig auf den großen, beweideten Koppeln entlang des West- und Ostufers, wo der Tisch bei Viehfütterungen zusätzlich reich gedeckt ist (z. B. Rust, Podersdorf). Räumlich isolierte Brutplätze (z. B. Seebad Breitenbrunn) bleiben zum Teil auch im Mittwinter besetzt, können aber wie das Seebad Illmitz auch vollständig geräumt werden[13].

Bestand und Bestandsentwicklung

Ursprünglich ein Steppenvogel, der bei entsprechendem Nistplatzangebot von Bäumen unabhängig ist, gehört der Haussperling gemeinsam mit der Haubenlerche und den Schwalben zu den wenigen Vogelarten, die schon im 19. Jahrhundert die damals eng verbauten und gehölzarmen Bauerndörfer im Seewinkel, aber auch alle Ortschaften des Westufers in sehr hoher Dichte besiedelten[7,16]. Die frühere Häufigkeit bezeugen auch die Schilderungen älterer Dorfbewohner (v. a. Johann Haider, Illmitz): In den Schilfdächern und großen Schilfscheunen der Steppendörfer steckte oft ein Nest neben dem anderen. Die Sperlinge waren begehrte Beute der mit Steinschleudern bewaffneten Dorfjugend, wobei zwischen den auffälligen „Rubi" (ausgefärbte Männchen) und „normalen Spatzen" unterschieden wurde. Obwohl sie sich hauptsächlich an Haustierfütterungen und von Getreide ernährten, wurden sie auf Grund der damals vorherrschenden Nutzungsformen Wein-/Obstbau und Viehzucht nicht als Schädlinge wahrgenommen. Die überaus großen Bestände dürften sich zumindest bis in die 1950er Jahre gehalten haben[8]. In erster Linie als Folge der schrittweisen Einstellung der Viehwirtschaft und Intensivierung der Landwirtschaft, aber auch mit dem Verschwinden der schilfgedeckten Häuser (in Illmitz bis 1955) und der Modernisierung der Wohngebiete setzte zumindest auf der österreichischen Seite etwa ab Mitte der 1960er Jahre ein rascher Rückgang ein[17]. In den ungarischen Dörfern erfolgte die Abnahme auf Grund der anderen landwirtschaftlichen Entwicklungen möglicherweise verzögert, nach den Daten der Monitoringzentrale des MME[18] aber spätestens ab der Jahrtausendwende zunächst langsam und erst im letzten Jahrzehnt beschleunigt.

Dennoch war der Haussperling bei den ersten großflächigen Zählungen in den Jahren 2014–2018 in den meisten Ortschaften östlich und westlich des Neusiedler Sees noch immer der häufigste Brutvogel. Allein in Illmitz schilpten im April 2018 mind. 220 Männchen[1,2]. Siedlungsdichteuntersuchungen in Dörfern sind methodisch schwierig, weil die Anzahl balzender Männchen in größeren Kolonien, z. B. in alten Stallgebäuden, von der Straße aus oft schwer zu schätzen ist. Die Angaben können daher nur als grobe Näherungswerte betrachtet werden. So wurden mit Punkttaxierungen in sieben Seewinkeldörfern 2014 durchschnittlich 9,7 Reviermännchen/10 ha erhoben[1]. Flächendeckende Linientaxierungen mit zusätzlichen Bestandsschätzungen für die größeren Kolonien ergaben 2018 in Illmitz mind. 13 singende Männchen/10 ha. In Illmitz und Purbach waren die Dichten 2018 mit 18 bzw. 26 Revieren/10 ha in den alten, dicht verbauten und noch bäuerlich geprägten Dorfkernen mit einem vielfältigen Nistplatzangebot am höchsten, während die Siedlungsdichte in den modernen, wesentlich lockerer verbauten und stärker mit Bäumen durchsetzten Neubauvierteln bis auf 7 Reviere/10 ha sinken kann. Dichteschwerpunkte können auch Bahnhofsviertel mit Lagerplätzen sein, z. B. in Purbach mit 27 revieranzeigenden Männchen/10 ha[5]. Auf Basis dieser Daten kann für die Seewinkeldörfer südlich der Linie Gols-Halbturn, je nach Einschätzung der Koloniegrößen, ein Bestand von 1.600–2.000 Brutpaaren hochgerechnet werden. Für das gesamte österreichische Teilgebiet ist bei Berücksichtigung aller geeigneter Siedlungsflächen und Einzelbauten als grobe Schätzung von mindestens 4.000 Brutpaaren auszugehen. Für die ungarischen Dörfer liegen keine Bestandsangaben vor.

Jahreszeitliches Auftreten

Die Verteilung der Meldungen zeigt einen ausgeprägten Gipfel in der Zeit von Mitte März bis 20. Juni, der im Wesentlichen mit dem Verlauf der Gesangsaktivität korreliert und auf das auffällige Verhalten am Brutplatz zurückzuführen ist. Pro Beobachtung wurden jedoch in diesen Dekaden, mit Ausnahme des Monats März, durchschnittlich nur 2–5 Sperlinge registriert, 40 % aller Meldungen beziehen sich überhaupt nur auf ein Exemplar. Dabei ist zu beachten, dass größere Brutgemeinschaften meist kaum erfasst werden können (siehe oben) und Kolonien daher im Zahlenmaterial unterrepräsentiert sind. Nestbau findet vor allem von März bis Mitte Mai statt, vereinzelt aber auch schon Ende Jänner[11] und bis 10. Juli[19]. Als frühester Legebeginn lässt sich anhand ausgeflogener Jungvögel etwa der 10. März errechnen[20], die meisten Weibchen dürften aber erst ab Anfang April zu legen beginnen. Der Großteil der Jungvögel fliegt bis 20. Juli aus. Bei 2–3 Jahresbruten können aber auch noch Anfang August Junge im Nest sitzen[21]. Nach Ausklingen der Gesangs- und Brutperiode bis Ende Juli verlassen die Alt- und Jungvögel zum Teil ihre Brutplätze und schließen sich zu nachbrutzeitlichen Verbänden zusammen. Die mittlere Truppgröße steigt an und erreicht im November/Dezember ihr Maximum. Die Bestände sind nun am stärksten konzentriert, sodass von September bis Februar regelmäßig Schwärme von 50 bis über 100 Spatzen gemeldet werden. Die starken Schwankungen sind dabei ein Artefakt der Datendichte, da die Art im Winter zu wenig systematisch erfasst wird. Bereits im Februar beginnen die Männchen wieder zu schilpen und verteilen sich ab März auf die Brutplätze, sodass die gemeldeten Truppgrößen wieder abnehmen.

Zugverhalten und Ringfunde

Der Haussperling ist ein ausgesprochener Standvogel. Im Tiefland finden nur kleinräumige Verlagerungen von den Brutplätzen zu deckungs- und nahrungsreichen Wintereinständen statt, die wie das Jungvogeldispersal selten über 5 km hinausreichen (in Ungarn nur 0,1 % von insgesamt 353 Wiederfunden)[6,22–24]. Der von Bauer et al.[8] vermutete Abzug aus dem Gebiet im Winter, bei damals noch weit verbreiteter Viehwirtschaft, ist daher sehr unwahrscheinlich und dürfte sich eher auf die nachbrutzeitlichen Konzentrationen an wenigen günstigen Stellen beziehen.

Quellen: [1] *Dvorak et al. (2014b)*, [2] *A. Grüll & M. Dvorak, unpubl. Daten)*, [3] *Jánoska (2001, 2012)*, [4] *Hadarics (2012)*, [5] *A. Grüll, unpubl. Daten*, [6] *Landmann (1987)*, [7] *Zimmermann (1943)*, [8] *Bauer et al. (1955)*, [9] *Corti (1956)*, [10] *Koenig (1961)*, [11] *A. Grüll/ABÖ*, [12] *W. Kantner & J. Steiner, unpubl. Daten*, [13] *A. Grüll/ornitho.at*, [14] *Steinparz (1926)*, [15] *H.-M. Berg, unpubl. Daten*, [16] *Steinfatt (1936)*, [17] *J. Haider, unpubl. Daten*, [18] *www.mme.hu*, [19] *R. Konecny/ABÖ*, [20] *H. Tratter/ABÖ*, [21] *M. Prinz/ABÖ*, [22] *Liker in Csörgő et al. (2009)*, [23] *Hudde (1997b)*, [24] *Oosterhuis (2013)*, [25] *www.ornitho.at*, [26] *Archiv MME Sopron*, [27] *Archiv FHNP*

Alfred Grüll & Ferenc Jánoska

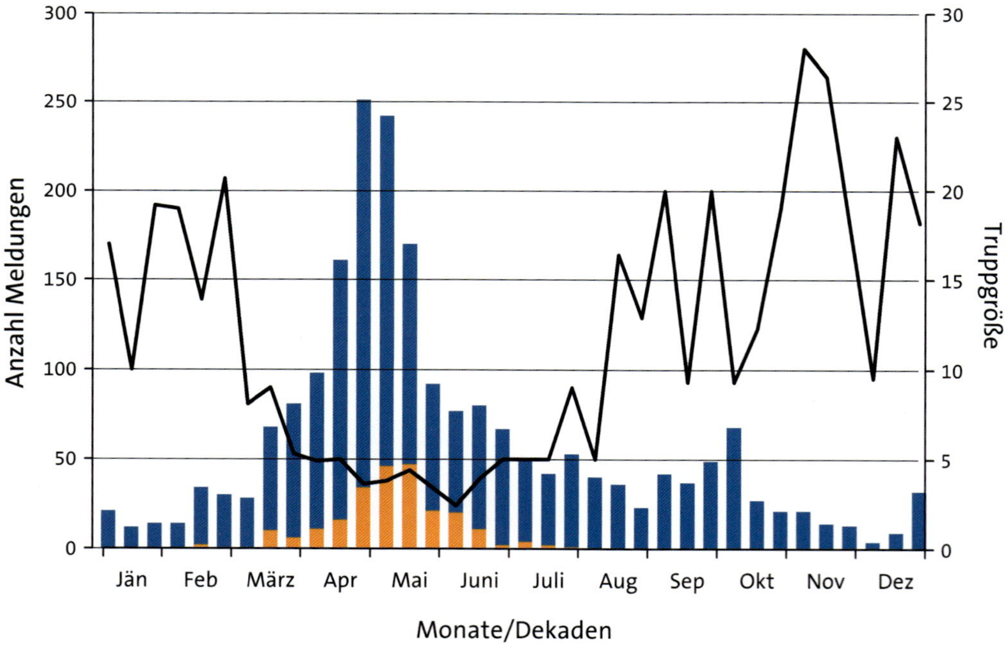

Anzahl der Haussperlingsmeldungen (Säulen) sowie mittlere Anzahl beobachteter Vögel pro Meldung (Kurve) pro Monatsdekade basierend auf Daten aus Österreich aus den Jahren 2011–2018 (n = 2.120)[25]. Der Anteil singender Männchen ist in den Säulen orange dargestellt.

Heckenbraunelle *Prunella modularis* (Linnaeus, 1758)

Erdei szürkebegy – Dunnock

Hanság, Figuren, 28.3.2021 (Michael Dvorak)

Mäßig häufiger Durchzügler von Mitte März bis Anfang April und Ende September bis Anfang November, seltener Wintergast

Verbreitung und Lebensraum

Die am Boden extrem heimliche Heckenbraunelle wird viel häufiger überfliegend durch die auffälligen Zugrufe entdeckt als in ihren Rasthabitaten. Da aber von den 112 Meldungen auf ornitho.at (2011–2018) nur 13% Angaben zum Verhalten (v.a. „ziehend") oder Habitat enthalten, ist in den allermeisten Fällen nicht zu entscheiden, ob die gemeldeten Vögel nur überfliegen oder aber rasten und damit Bezug zum Gebiet haben. Eine einigermaßen präzise Darstellung der Verbreitung ist daher nicht möglich. Zugdaten liegen aus allen Gebieten vor, die etwas häufiger von Ornithologen besucht werden, von einer weitgehend flächendeckenden Nutzung kann daher ausgegangen werden. Nach dem Frühjahrszug werden von Mitte April bis Mitte Mai vor allem im Bereich Illmitzer Zicksee und Illmitzer Wäldchen, im Hanság entlang der Staatsgrenze sowie am Nordwestufer des Sees regelmäßig noch einzelne, teilweise singende Heckenbraunellen registriert. Beim Illmitzer Wäldchen wurde am 24.4.2017 sogar das Tragen von Nistmaterial beobachtet[1]. Ein weiterer Brutverdacht bestand im Bruchwald vor Purbach, wo noch am 12.6.2006 eine Heckenbraunelle sang[2]. Ansonsten liegen keine Bruthinweise vor. Eine wahrscheinliche Erklärung ist das Fehlen von Überschwemmungsauen mit dichten Weidenbeständen, die im Tiefland Ostösterreichs die typischen Bruthabitate bilden[3, 4]. Durchzügler rasten, nach den wenigen Habitatangaben zu urteilen, in Gebüschen und ruderalen Hochstaudenfluren an den unterschiedlichsten Standorten wie Wäldchen, Windschutzstreifen, Dämme oder Seebäder, im März auch in den lockeren Haufen geschnittener Weinreben. Eine besondere Rolle spielt der Schilfgürtels des Sees, in dem bei der Nahrungssuche bis mehrere Kilometer vom Land entfernte Schlammflächen aufgesucht werden. So gingen an den Fanganlagen entlang des Dammes im Schilfgürtel bei der Biologischen Station Illmitz im Herbst mehr als 30% aller Fänglinge in die Netze[5]. Viel seltener halten sich Heckenbraunellen in dichten Hecken in Feriensiedlungen oder Dorfgärten auf. Die wenigen Wintermeldungen lassen in der Habitatwahl keine Unterschiede zu den Zugperioden erkennen.

Bestand und Bestandsentwicklung

Das Auftreten durchziehender Heckenbraunellen am Neusiedler See ist im Zusammenhang mit einer Arealexpansion in die pannonisch geprägten Auwälder Ostösterreichs zu sehen, die beispielsweise an der March erst Anfang der 1970er Jahre einsetzte[3]. Zimmermann[6] konnte die Art 1940–1942 im Seewinkel, v.a. am Ostufer, kein einziges Mal entdecken und führte nur die ältere Literatur an, nach der die Art vor 1900 als Durchzügler in den Dorfgärten vorkam und phasenweise im Gebiet sogar häufig brütete. Diese Brutvorkommen werden heute als Vorstöße interpretiert, die der Ausbreitungswelle im 20. Jahrhundert vorausgingen[3]. Erst Bauer et al.[7] gelangen im April 1951 ein Nachweis und ab 1954 wurden zu den Zugzeiten jährlich einzelne Heckenbraunellen im Schilfgürtel vor Neusiedl am See gefangen. Ab 1960 nahm hier die Anzahl der Fänglinge zunächst langsam und ab 1964 rasch zu[8, 9] und im März 1967 wurden erstmals am Bahndamm bei Neusiedl am See bis zu vier Exemplare dokumentiert[10]. Ab 1969 liegen im Archiv von BirdLife Österreich aus den Zugperioden kontinuierlich Meldungen aus vielen Teilen des Bearbeitungsgebietes vor, die Heckenbraunelle wurde jedoch bis Ende der 1980er Jahre nur als seltener Durchzügler eingestuft[11]. Auch die Atlasperiode 1981–1985 ergab nur einen Hinweis auf eine mögliche Brut im Hanság[12]. Ab 1970 sind auch vereinzelte Wintergäste belegt, wurden aber 2011–2018 auf ornitho.at nur in drei der acht Jahre gemeldet, sodass regelmäßige Überwinterungen in größerer Anzahl fraglich erscheinen.

Jahreszeitliches Auftreten

Der Heimzug beginnt mit einem steilen Anstieg der Melderate Mitte März und bereits Anfang April ist der Hauptdurchzug vorüber. Davon etwas abgesetzt tritt von Mitte April bis Mitte Mai ein zweiter, viel kleinerer Gipfel auf, der mit relativ hoher Gesangsaktivität zusammenfällt (siehe Verbreitung). Er ist am ehesten mit dem Verbleib einiger Revier- bzw. potenzieller Brutvögel zu in-

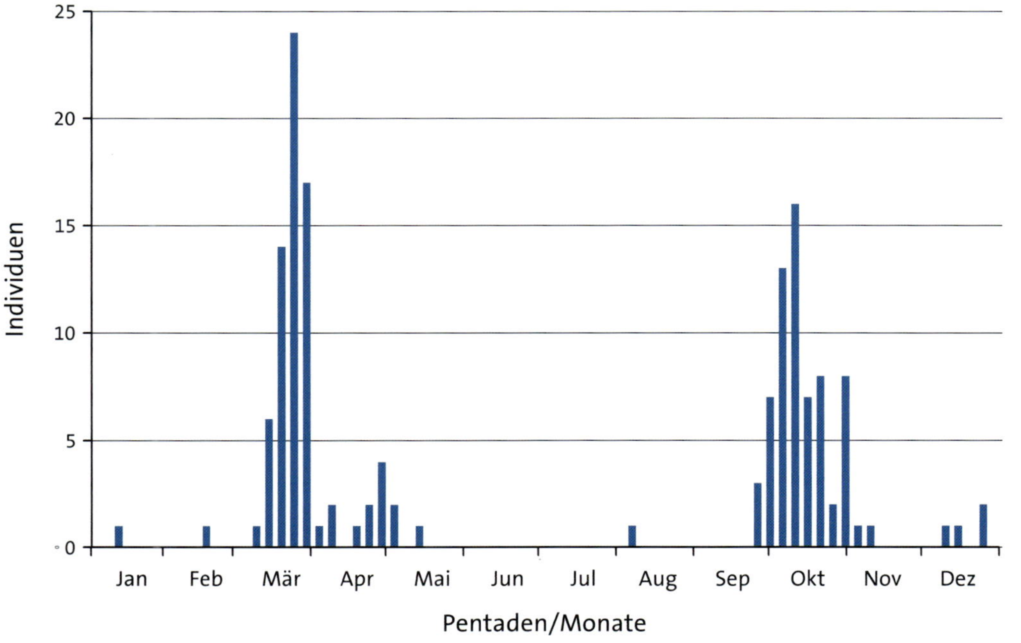

Jahreszeitliches Auftreten der Heckenbraunelle (Pentadensummen gemeldeter Individuen) basierend auf Daten aus den Jahren 2011–2018 (n = 148)[17].

terpretieren. Da aber aus den Sommermonaten seit 1967 insgesamt nur ein Juni- und ein Augustnachweis vorliegen, dürften Brutversuche absolute Ausnahmen darstellen. Der wenig bekannte Gesang wurde nur vereinzelt zwischen 20. März und 12. Juni protokolliert. Mitte September tauchen die ersten umherstreifenden oder bereits ziehenden Braunellen auf[13]. Der eigentliche Herbstzug setzt nach dem 20. September ein, kulminiert zwischen Ende September und Mitte Oktober und klingt in der ersten Novemberdekade aus (siehe auch Berthold et al.[13] für die Netzfänge in Illmitz). Danach sind bis zum Zugbeginn im Frühling nur ganz wenige Vögel im Gebiet. Im Zeitraum 1970–2018 fielen dabei 11 Nachweise in den Dezember, aber nur drei in den Jänner und vier in den Februar, sodass möglichweise noch späte Winterfluchtbewegungen stattfinden (z. B. 4.1.1989 1 Ex. überfliegt hoch und rufend[14]; siehe auch Zuna-Kratky et al.[4]). Heckenbraunellen können zu den Zugzeiten auch in lockeren Trupps auftreten. Die Meldungen von 3–10 Exemplaren können aber aus den oben angeführten Gründen nicht näher interpretiert werden.

Zugverhalten und Ringfunde

Die wenigen Ringfunde belegen, dass die Durchzügler im Karpatenbecken zumindest teilweise aus Skandinavien stammen und in südsüdwestlicher Richtung in den nördlichen und zentralen Mittelmeerraum ziehen[3, 15, 16].

Quellen: [1] *H. Frind/ornitho.at,* [2] *T. Zuna-Kratky, unpubl. Daten,* [3] *Glutz von Blotzheim & Bauer (1985),* [4] *Zuna-Kratky et al. (2000),* [5] *Bairlein (1981),* [6] *Zimmermann (1943),* [7] *Bauer et al. (1955),* [8] *Samwald (1965),* [9] *Böck (1979),* [10] *H. Winkler/ABÖ,* [11] *H.-M. Berg, A. Ranner & V. Neußer, unpubl. Daten,* [12] *Dvorak et al. (1993),* [13] *Berthold et al. (1991),* [14] *A. Grüll/ABÖ,* [15] *Csörgő & Kováts in Csörgő et al. (2009),* [16] *Albegger et al. (2015),* [17] *www.ornitho.at*

Alfred Grüll & Sándor Mogyorósi

Schafstelze *Motacilla flava* Linnaeus, 1758

Sárga billegető – Western Yellow Wagtail

Darscho, Apetlon, 10.5.2014, Männchen (Michael Dvorak)

Nominatform *flava* häufiger Brutvogel und Durchzügler von Ende März bis Ende September

Verbreitung und Lebensraum

Die Schafstelze ist ein Brutvogel der offenen Landschaft, wo sie ebenes, von niedriger Vegetation bewachsenes Gelände mit zumindest temporär feuchten Böden besiedelt. Als Singwarten nutzt sie niedere Büsche, hohe verholzte Krautstängel, Holzpfosten, Zäune und andere vom Menschen gefertigte Strukturen. Der ursprüngliche Lebensraum in Mitteleuropa waren wohl Pfeifengraswiesen und bültige Seggenriede in Niedermooren. In der modernen Agrarlandschaft ist die Schafstelze heutzutage zwar immer noch – sofern vorhanden – in extensiv bewirtschafteten Streu- und Mähwiesen zu finden, besiedelt jedoch häufig auch Ackerflächen, vor allem diverse Hackfrüchte. Ackerflächen, die von feuchten Senken, Ruderalstellen sowie grasbewachsenen Bachböschungen und Entwässerungsgräben durchzogen sind, werden dabei bevorzugt[1].

Im Seewinkel ist die Schafstelze ein verbreiteter Brutvogel in den Feuchtwiesen an den Rändern noch bestehender Lacken, vor allem aber auch in den bereits vollständig verlandeten Lacken, wie z. B. Huldenlacke, Pimetzlacke, Szerdahelyer Lacke, Xixsee, Götschlacke, Martenthaulacke und Pfarrsee, um nur eine Auswahl besonders dicht besiedelter Gebiete zu nennen. In Mähwiesen sowie Vieh- und Pferdeweiden ist sie hingegen zur Brutzeit viel seltener und oft nur lokal zu finden, obwohl solche Gebiete, genauso wie Lackenränder, von durchziehenden Vögeln oder nach der Brutzeit häufiger genutzt werden. Ackerflächen, vor allem Kartoffel, Zuckerrübe und Soja, aber auch verschiedene Gemüsekulturen ziehen im Seewinkel in den letzten Jahren vermehrt brütende Schafstelzen an, die hier in regelrechten Kolonien nisten. Im Hanság, wie auch auf den Zitzmannsdorfer Wiesen, ist die Schafstelze ein häufiger Brutvogel, die feuchten Brachen und die verbliebenen bzw. wieder hergestellten Niedermoorwiesen bieten hier großflächig geeignete Lebensräume. Am Westufer des Sees ist die Art als Brutvogel nur sehr lokal in den am landseitigen Rand gelegenen Wiesen und Brachen vertreten. Die Brutvögel des Neusiedler See-Gebiets gehören der Nominatform *flava* an. Weitere Unterarten und Mischformen sind am Durchzug anzutreffen, treten aber ausnahmsweise auch als Brutvögel auf.

Auf ungarischer Seite brütet die Schafstelze vorwiegend südöstlich vom Neusiedler See in der Nähe von Mekszikópuszta, auf den Wiesen und Weiden rund um die Renaturierungsflächen, in Randgebieten der landwirtschaftlichen Flächen mit Krautfluren sowie an den Rändern von Gräben und Kanälen zwischen den Äckern.

Bestand und Bestandsentwicklung

Im 19. Jahrhundert war die Schafstelze häufig: Um 1860 wurde von Jukovits[2] zwar die Gebirgs- („*Motacilla boarula*“) statt der Schafstelze als „*Sommer-Stand-Vogel*“ angegeben, er meinte aber wohl letztere. Fászl[3] war da schon viel konkreter: „*Sie ist sehr häufig in den sumpfigen Wiesen in der Nähe des Neusiedler Sees; sie mag es, unter Schafen Insekten zu fangen*“. Von Dombrowski[4], der die Art unter „*Budytes flavus*“ führte, äußerte sich ähnlich zu ihrem Vorkommen: „*Ueberaus gemeiner Brutvogel*“. Aus dem ersten Jahrzehnt des 20. Jahrhunderts kamen dann wieder etwas unklarere Angaben: „*Im Frühjahre ständig beobachtet, jedoch immer in geringer Anzahl, im Herbste 1906 am Süd- und Ostufer ziemlich häufig*“[5]. In den 1930er Jahren war die Schafstelze dann Brutvogel im Seewinkel[6], der „*meist auf Hutweiden*“ vorgekommen ist[7]. Für die Jahre 1940–42 schrieb dann Zimmermann[8], die Art wäre „*nicht nur ein häufiger Brutvogel des Gebiets, sondern zieht auch in großen Mengen durch.*“ Seine Angaben zur Biotopwahl sind jedoch andere: „*Brutgebiete bilden die an Lacken angrenzenden feuchten Wiesen und Brachäcker sowie die feuchten Wiesen der Seeufer*“. In den folgenden Jahren dürfte sich daran nichts geändert haben, die Schafstelze war Anfang der 1950er Jahre nach wie vor ein „*sehr häufiger Brutvogel und Durchzügler*“[9].

Aus den nächsten 30 Jahren bis Anfang der 1980er Jahre liegen keine quantitativen Angaben vor, erst Mitte der 1980er Jahre wurde wieder versucht, einen Überblick zur Bestandssituation zu bekommen. In den Jahren 1983–1987 besiedelte die Art ganz überwiegend die großen Feuchtwiesengebiete mit Schwerpunkten im Arbesthau, auf den Hutweiden im Lange Lacken-Gebiet und um einige andere Lacken sowie auf den Zitzmannsdorfer Wiesen. Der Bestand wurde mit 150–200 Brutpaaren beziffert[10]. In den Jahren 1992/93 wurde im Seewinkel erstmals eine systematische Bestandsaufnahme durchgeführt: Sie erbrachte 200–240 Brutpaare, die sich ganz überwiegend in den Wiesengebieten konzentrierten, mit nur einzelnen Paaren in Äckern. Mit 35–40 weiteren Paaren auf den Zitzmannsdorfer Wiesen[11] und 30–40 am West- und Nordufer ergab sich eine Schätzung von 265–320 Paaren für das gesamte Neusiedler See-Gebiet[12]. Stichprobenartige Erhebungen in verschiedenen Teilgebieten zeigten dann in den folgenden Jahren eine beträchtliche Zunahme. Im Hanság hat die Art von ca. fünf Paaren Mitte der 1980er Jahre[10] auf 290 (!) im Jahr 2009 zugenommen[13], hier hat sich aber in diesem Zeitraum auch die Fläche an geeigneten Lebensräumen durch die großflächige Stilllegung von Äckern mehr als verzehnfacht. Im Jahr 2006 wurden im Seewinkel abermals flächendeckende Kartierungen durchgeführt, die einen Bestand von 500–600 Brutpaaren ergaben[14]. Wie in den frühen 1990er Jahren lagen die Schwerpunkte in den großen Wiesengebieten, aber zunehmend auch in ehemaligen, nunmehr verlandeten Lacken. Auf den Zitzmannsdorfer Wiesen wurden 2006 ca. 40[14] und 2011 39–42 Reviere[15] erfasst. Die aktuellen Bestandserfassungen im Jahr 2020 lassen sowohl für den Seewinkel (aktuell 600–750 Reviere) als auch für die Zitzmannsdorfer Wiesen (40–50 Reviere) weitere Zunahmen erkennen[16]. Dieser positive Trend ist im Seewinkel vorwiegend auf die Besiedelung neuer Lebensräume wie Kartoffelfelder zurückzuführen, aber auch durch lokale Bestandsverdichtungen, vor allem in Gebieten verlandeter Lacken, zurückzuführen. Weniger günstig stellt sich die Situation in den ehemals dicht besiedelten Wiesengebieten westlich und südlich von Illmitz und Apetlon dar. Diese wurden in den letzten drei Jahrzehnten – ebenso wie nahezu alle Brutgebiete am West- und Nordufer des Neusiedler Sees – von der Schafstelze fast vollständig geräumt. Als Resultat einer seit vier Jahrzehnten vielerorts beständigen Zunahme kann der aktuelle Brutbestand der Art im Avifauna-Gebiet auf 800–1.000 Reviere geschätzt werden. Aus Ungarn liegen keine Bestandsangaben vor.

Jahreszeitliches Auftreten

Die Brutvögel treffen in der letzten Märzdekade ein, der Median der Erstankunft zwischen 2011 und 2019 fällt auf den 25.3., wobei die Ankunftsdaten eine sehr geringe jährliche Variation aufweisen (19. bis 29. März)[17]. Aus Ungarn wurden allerdings zwei deutlich frühere Nachweise bekannt: Am 4.3.1989 wurden zwei und am 9.3.1990 ein Exemplar jeweils bei Mekszikópuszta beobachtet[18]. Bis Mitte Mai halten sich neben den Brutvögeln auch Durchzügler in großen, bis zu 50–100 Exemplare zählenden Trupps im Gebiet auf. Noch größere Gruppen waren 150 am 17.4.2014 am St. Andräer Zicksee[19], 200 am 6.5.1989 im Seebad Fertőrákos[18] und sogar 280 („überwiegend *flava*") am 7.5.2015 beim Südlichen Stinkersee[20]. Ab Mitte Mai halten sich nur mehr die Brutvögel im Gebiet auf, ab Mitte August tauchen wieder Zugtrupps auf, die allerdings deutlich kleiner (10–40) und auch seltener als im Frühjahr sind. Der größte Trupp waren ca. 100 Schafstelzen am 16.9.2016 bei der Ochsenbrunnlacke[21]. Im Verlauf der zweiten Septemberhälfte klingt der Zug dann langsam aus, letzte Nachweise gelangen in der ersten Oktoberhälfte: am 7.10.2010 zwei Exemplare im Seebad Illmitz[22], am 8.10.2015 ein Vogel am Oberen Stinkersee[23], am 17.10.2015 am Nyéki-szállás/Mekszikópuszta[24], am 18.10.2015 zwei in der Podersdorfer Pferdekoppel[25], am 22.10.2015 eine Schafstelze an der Langen Lacke[26], am 25.10.1996 1 ♂ im Pap-rét/Mekszikópuszta[27] sowie – zeitlich sehr isoliert von den restlichen Beobachtungen – je ein Jungvogel am 7.12. und 8.12.2018 am St. Andräer Zicksee[28].

Zugverhalten und Ringfunde

In klimatisch günstigen Gebieten ist die Schafstelze Standvogel, die nördlichen und östlichen Populationen überwintern in geringer Zahl in Nordafrika, der Großteil in den Tropen Afrikas[1]. Schafstelzen wurden bisher nur in kleiner Zahl sowohl in Mekszikópuszta als auch in Illmitz (46 Ex. von 2005–2019[29, 30]) beringt. Es liegt ein Fernfund vor: Eine am 21.7.1962 in Neusiedl am See gefangene Schafstelze wurde am 21.9.1963 an der oberitalienischen Adriaküste bei Pesaro wieder gefunden[31]. Von den in Ungarn markierten Schafstelzen liegen drei Ring-Ablesungen vor: Eine am 14.8.2017 am Borsodi-dűlő beringte und am 3.5.2018 dort abgelesene Schafstelze, ein Vogel, der am 10.8.2003 ebenfalls am Borsodi-dűlő beringt wurde und dort sechs (!) Jahre später am 19.5.2009 und nochmals ein Jahr später am 3.4.2010 abgelesen wurde, sowie eine weitere Schafstelze, die als Jungvogel am 26.7.2018 im Borsodi-dűlő in Mekszikópuszta beringt und drei Jahre später am 2.4.2021 am selben Ort abgelesen wurde[32].

Seltene Unterarten

Die Schafstelze weist verschiedene Unterarten auf, die sich durch die Kopfzeichnung und (teils) auch durch Lautäußerungen im Feld unterscheiden lassen. Die in Mitteleuropa vorkommende Nominatform *flava* hat einen blaugrauen Kopf, eine gelbe Kehle und einen markanten, weißen Überaugenstreif. Sie stellt im Neusiedler See-Gebiet fast alle Brutvögel und auch den größten Teil der Durchzügler. Die in Nordeuropa brütende Nordische Schafstelze (*M. f. thunbergi*) hat einen dunkel- bis schwarzgrauen Kopf, die im westlichen Mittelmeergebiet vorkommende Aschköpfige Schafstelze (*M. f. cinereocapilla*) einen grauen Kopf mit weißer Kehle und die in Südosteuropa brütende Maskenstelze (*M. f. feldegg*) hat eine schwarze, bis in den Nacken reichende Kopfkappe. Neben eindeutig bestimmbaren Vögeln werden regelmäßig auch nicht eindeutig zuordenbare Individuen mit den Merkmalen verschiedener Unterarten beobachtet.

Nordische Schafstelze *Motacilla flava thunbergi* Billberg, 1828

Die Nordische Schafstelze ist ein regelmäßiger Frühjahrsdurchzügler in alljährlich recht unterschiedlicher Zahl. Das Fehlen von Nachweisen im Herbst ist nicht durch ein tatsächliches Ausbleiben bedingt, sondern Problemen bei der Bestimmung der Unterart zu dieser Jahreszeit geschuldet. Der Zuggipfel von *thunbergi* belegt ein zeitlich sehr enges Fenster von 26. April bis 17. Mai. In diesen drei Wochen wurden 92 % aller Individuen gemeldet. Die ersten dieser Unterart zugeordneten Vögel wurden am 4./5.4. gemeldet, wobei beim ersten Vogel Hybrideinfluss in Form eines angedeuteten Überaugenstreifs vermerkt wurde[33]. Bis Ende April wurden fast ausschließlich jeweils 1–3 Exemplare in *flava*-Trupps festgestellt, danach bestehen aber vor allem die größeren (> 10), zwischen 1.5. und 16.5. gemeldeten Trupps ausschließlich (oder weitgehend) aus Nordischen Schaftstelzen: Solche (fast) reinen *thunbergi*-Gruppen werden aber nicht jedes Jahr gemeldet und rasten daher offenbar nur ausnahmsweise im Gebiet. Von 2013–2020 wurden nur neun Trupps mit mehreren Vögeln entdeckt, alle am landseitigen Seerand vom Illmitzer Wäldchen bis zur Graurinderkoppel[33], sowie im Seebad Breitenbrunn[34] und in Ungarn zwischen Mekszikópuszta, Nyéki-szállás und Hídi-major (24 am 7.5.2008[35]). Die mit Abstand größte Ansammlung waren 120 Nordische Schafstelzen am 14.5.2016 in einem „unterartenreinen Trupp" östlich des Illmitzer Wäldchens[33]. Mitte Mai reißt der Durchzug schlagartig ab, von 19.5. bis 1. 6. liegen nur mehr einzelne Nachweise von jeweils nur 1–3 (einmal 10) Individuen vor[17].

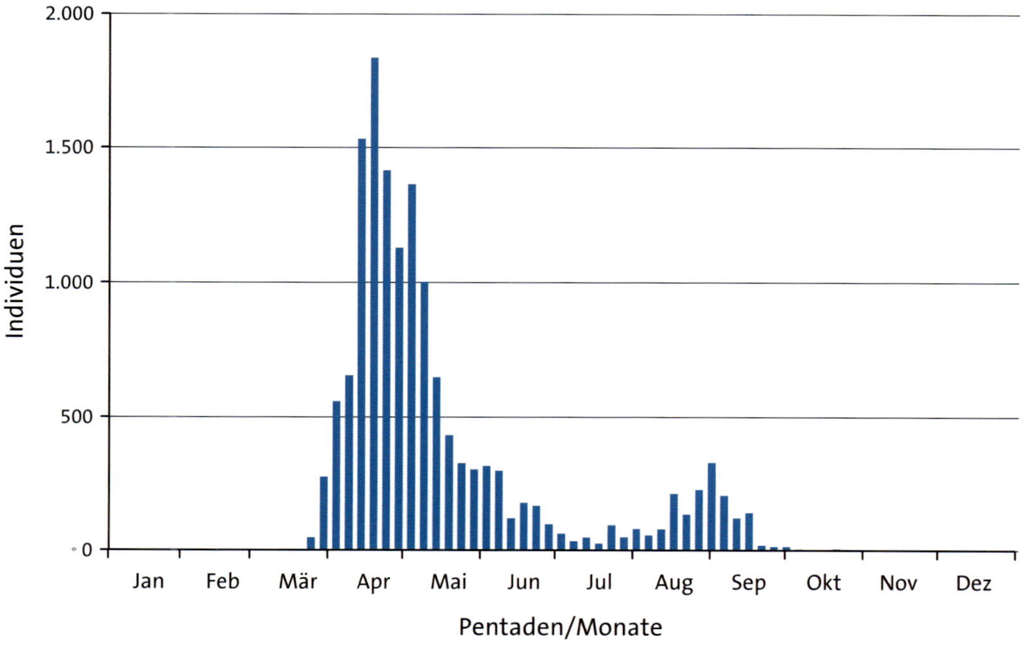

Jahreszeitliches Auftreten der Schafstelze (Pentadensummen) basierend auf Daten aus Österreich aus den Jahren 2011–2019 (n = 14.686)[17].

Nordische Schafstelze, Mörbisch, 5.5.2011, Männchen mit flava*-Einfluss (Michael Dvorak)*

Maskenstelze *Motacilla flava feldegg* Michahelles, 1830

Die Maskenstelze ist ein ausnahmsweiser Brutvogel und sehr seltener Gast. Von 1980 bis 2008 wurden Nachweise dieses Taxons von der Avifaunistischen Kommission von BirdLife Österreich bearbeitet, weshalb für Nachweise vor 1980 nur solche wiedergegeben werden, die entweder veröffentlicht wurden oder für die Meldungen über einen längeren Zeitraum von verschiedenen Beobachtern vorlagen. Die ersten publizierten Nachweise betrafen ein Exemplar unter Nordischen Schafstelzen am 3.5.1965 im Hanság[36] und ein Männchen am 8.5.1965 im Seebad Neusiedl am See[37]. 1968 kam es in Österreich zu einem Einflug[38], der auch zwei weitere Nachweise für das Gebiet brachte: Ein Männchen wurde Mitte April zwischen Neusiedl am See und Jois festgestellt[39], ein weiteres Männchen am 13.6. an der Grundlacke beobachtet[40]. 1974 brüteten dann, nach fünf Jahren ohne weitere Beobachtungen im Gebiet, völlig überraschend zwei Paare im Seebad Rust[41]. Auch 1976 kam es zu einer Brut, ein Paar konnte am 22.6. beim Füttern flügger Juv. beobachtet werden[42]. Noch bemerkenswerter ist die Ansiedelung eines Paars im Seebad Illmitz, das hier 1975 (27.7. ein Paar mit frisch flüggen Juv.[43]), 1976 (12.6. ein Paar füttert 2 Juv.[44]), 1977 (12.6. 1 ♂ nahe Nest[44], 19.7. ein Paar mit 2 Juv.[45]) und 1978 (19.6. 1 ♀ warnend[46]) brütete. 1979 gab es besetzte Reviere mit singenden Männchen und Paaren im Seebad Illmitz, an der Huldenlacke und am St. Andräer Zicksee[47]. In den Jahren 1980 bis 2007 nahmen Häufigkeit und Regelmäßigkeit der Nachweise ab, aus den 1980ern liegen neben drei nicht dokumentierten Beobachtungen lediglich aus den Jahren 1981[48] und 1989[49] drei Nachweise von jeweils einem Männchen aus der Umgebung von Apetlon vor. In den 1990ern gab es aus sechs von zehn Jahren Nachweise von Maskenstelzen-Männchen: je ein Nachweis 1992[50], 1994[51], 1996[52] und 1997[53] und je zwei Nachweise 1998[52] und 1999[52], davon drei im April, vier im Mai und einer im Juni. Zwischen 2000 und 2008 wurden lediglich drei Nachweise einzelner Männchen im März 2000[54], Juni 2004[55] und April 2006[56] bestätigt. 2009–2012 gab es dann sieben Nachweise aus vier Jahren[57] und 2013–2018 jährliche Meldungen von jeweils 1–8 Beobachtungen[17]. Acht Beobachtungen gelangen im Jahr 2015 und sechs im Jahr 2017, als erstmals seit vielen Jahren wieder ein Männchen über einige Wochen (17.4–2.5.) ein Revier hielt und hier auch Singflüge ausführte[58]. Ein Großteil der Nachweise, ohne die Brutvorkommen, entfiel auf den Zeitraum 4.4.–23.5., mit einer deutlichen Häufung zur Monatswende April/Mai. Der Vorstoß der Maskenstelze nach Mitteleuropa[59] hat sich im Neusiedler See-Gebiet, nach der raschen Ansiedlung einiger Brutpaare in den 1970ern, nicht wie erwartet fortgesetzt. Sie erscheint zwar aktuell jedes Jahr am Frühjahrsdurchzug, längere Aufenthalte sind jedoch Ausnahmen und die Brutvorkommen der 1970er Jahre blieben bislang Einzelfälle.

In Ungarn gelang bisher kein Brutnachweis für die Maskenstelze, aus den Jahren 1977–2021 liegen 16 Nachweise von einem (14 mal) oder zwei (2 mal) Exemplaren vor. Die früheste Beobachtung gelang am 29.3.2021, die späteste am 6.7.1985. Am häufigsten wurde die Maskenstelze in der Umgebung von Mekszikópuszta festgestellt (9 mal), viermal bei Fertőrákos, zweimal bei Fertőszéplak und nur einmal bei Fertőd[60, 61].

Aschköpfige Schafstelze *Motacilla flava cinereocapilla* Savi, 1831

Die Aschköpfige Schafstelze ist sehr seltener Gast, vereinzelt wurden in den letzten Jahren Revier haltende Vögel nachgewiesen. Diese ursprünglich in einem sehr begrenzten Gebiet an der Adriaküste vorkommende Unterart ist seit Jahrzehnten in langsamer Ausbreitung begriffen, im Zuge derer auch verschiedene „Außenposten" in Mitteleuropa entstanden sind[62]. Aus früheren Jahrzehnten wurden nur einzelne Nachweise gemeldet: Am 2.5.1971 ein Männchen vom Dorfteich Andau[63] und am 2.5.1997 wurden zwei Männchen an der Podersdorfer Pferdekoppel entdeckt[64]. Ab 2014 wurde die Aschköpfige Schafstelze dann alljährlich nachgewiesen: Den Beginn machte ein Männchen am 4.4.2014 am Oberen Stinkersee[65], am 1.5.2015 war ein Exemplar an der Graurinderkoppel[66], und sowohl am 18.6.2016[67] als auch am 30.4.2017[68] sang ein Männchen an der Huldenlacke. Im Hanság wurde nur einmal eine „reine" *cinereocapilla* am 10.7.2013 entdeckt, weitere Nachweise Revier haltender Vögel 2014 (1 ♂) und 2015 (2 ♂) betrafen Mischformen (*flava/cinereocapilla*)[69]. Im Jahr 2019 besetzte ein Männchen am bereits

Aschköpfige Schafstelze, Huldenlacke, St. Andrä am Zicksee, 27.4.2019, Männchen (Leander Khil)

Maskenstelze, Seebad Illmitz, 17.4.2017, Männchen (Hans-Martin Berg)

Gelbkopf-Schafstelze, Seebad Illmitz, 27.4.2019, Männchen (Samuel Schnierer)

bekannten Platz an der Huldenlacke von 19.4. bis 12.5. ein Revier[17] und 2020 gelangen drei Beobachtungen am 14.4. am St. Andräer Zicksee[70], am 20.4. in den Zitzmannsdorfer Wiesen[71] und am 3.5. im Hanság[72].

In Ungarn sang ein Männchen der Übergangsform *flava/cinereocapilla* im Mai und Juni 2022 am Borsodi-dűlő in Mekszikópuszta, in der Nähe des Aussichtsturms.

Englische Schafstelze *Motacilla flava flavissima* (Blyth, 1834) oder
Wolga-Schafstelze *Motacilla flava lutea* (S. G. Gmelin, 1774)

Die Avifaunistische Kommission von BirdLife Österreich folgt der derzeit vorherrschenden Fachmeinung, dass die Unterscheidung der beiden „gelbköpfigen" Unterarten *lutea* und *flavissima* im Freiland nicht möglich ist. Daher werden solche Vögel ohne weitere Konkretisierung diesen beiden Taxa zugeordnet[73]. Es liegen vier anerkannte Nachweise „gelbköpfiger" Schafstelzen vor:

- 26.3.2000 Wörthenlacke, ein Männchen[54]
- 22.4.2000 Lange Lacke, ein Männchen[74]
- 9.5.2001 südlich von Apetlon, ein Männchen in Weingarten[75]
- 30.4.2008 Arbesthau, ein Männchen[76]

Quellen: *[1] Glutz von Blotzheim & Bauer (1985), [2] Jukovits (1864/65), [3] Fászl (1883), [4] von Dombrowski (1889), [5] Schenk (1917a), [6] Seitz (1942), [7] Koenig (1939), [8] Zimmermann (1943), [9] Bauer et al. (1955), [10] Dvorak (1988b), [11] Dvorak & Nemeth (1992), [12] Dvorak & Zuna-Kratky (1993), [13] Dvorak et al. (2010), [14] Dvorak et al. (2008), [15] Dvorak et al. (2011), [16] BirdLife Österreich, unpub. Daten, [17] www.ornitho.at, [18] T. Hadarics/Archiv FHNP, [19] T. Schernhammer/ornitho.at, [20] J. Reif/ornitho.at, [21] S. Zinko/ornitho.at, [22] A. Ranner/ABÖ, [23] I. Horvath/ornitho.at, [24] Á. Tamás/Archiv FHNP, [25] B. Forthuber/ornitho.at, [26] D. Stanič/ornitho.at, [27] N. Neuwirth/Archiv FHNP. [28] T. Hochebner, O. Samwald/ornitho.at, [29] W. Vogl & H. Winkler, unpubl. Daten, [30] Biologische Station Illmitz, unpubl. Daten, [31] Österreichische Vogelwarte, unpubl. Ringfunde, [32] Vogelberingungszentrale BirdLife Ungarn, unpubl. Ringfunde, [33] E. Albegger u. a./ornitho.at, [34] A. Ranner, M. Dvorak/ornitho.at, [35] T. Hadarics/Birding.hu, [36] Coldewey et al. in Duda & Leisler (1968), [37] Homes (1966), [38] Leisler (1968), [39] Hollyer & Worsfold in Duda & Leisler (1968), [40] Duda & Leisler (1968), [41] Aschenbrenner (1975), [42] J. Köck/ABÖ, [43] B. Leisler/ABÖ, [44] W. Kees/ABÖ, [45] W. Beissmann/ornitho.at, [46] G.Hoyer/ABÖ, [47] H. Czikeli u. a./ABÖ, [48] A. Grüll in Laber & Ranner (1997), [49] E. Lederer, A. Ranner & E. Karner in Ranner et al. (1995), [50] A. Ranner & E. Karner in Laber & Ranner (1997), [51] M. Riesing in Laber & Ranner (1997), [52] J. Laber in Ranner (2002), [53] A. Ranner u. a. in Ranner (2002), [54] H. Pfeifenberger in Ranner (2003), [55] M. Ecker, E. Sutato in Ranner & Khil (2009), [56] Waitschacher in Ranner & Khil (2009), [57] Archiv BirdLife Österreich, [58] H.-M. Berg u. a./ornitho.at, [59] Ferlini (2016), [60] Archiv MME Sopron, [61] Archiv FHNP, [62] Ferlini (2015), [63] F. Samwald/ABÖ, [64] A. Ranner/ornitho.at, [65] W. Lindinger/ornitho.at, [66] W. Sprügel/ornitho.at, [67] A. Tiefenbach, G. Kaufmann/ornitho.at, [68] H.-M. Berg/ornitho.at, [69] H.-M. Berg, unpubl. Daten, [70] J. Vraty, A. Wolfbeisser, N. Filek/ornitho.at, [71] G. Taurer/ornitho.at, [72] F. Reiter/ornitho.at, [73] Albegger & Brader (2018), [74] J. Laber in Ranner (2003), [75] A. Ranner in Ranner & Khil (2008), [76] J. Laber in Ranner & Khil (2011), [77] Archiv MME Sopron, [78] Archiv FHNP*

Michael Dvorak & Tibor Hadarics

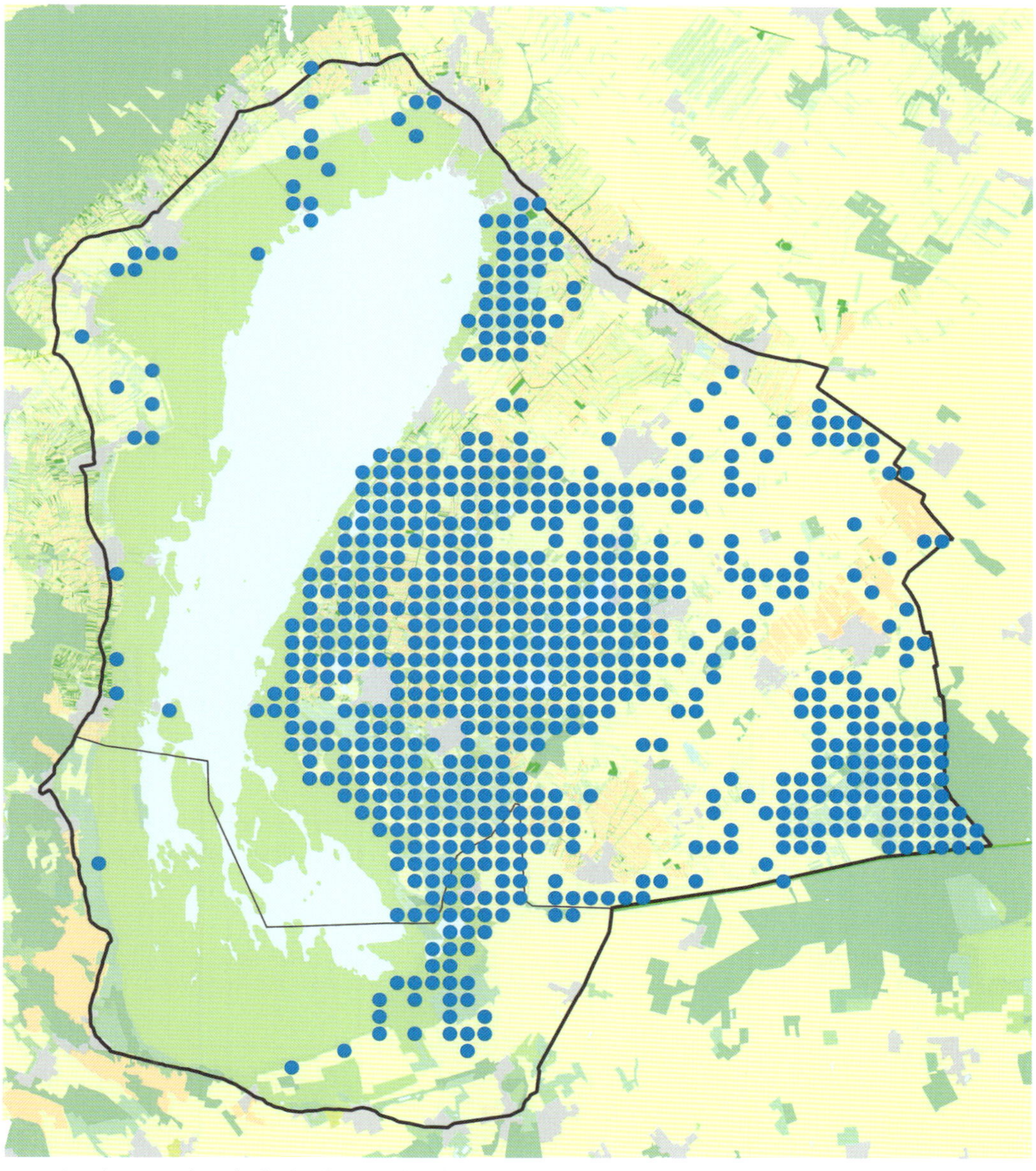

Brutzeitverbreitung der Schafstelze, basierend auf Beobachtungen in den Monaten Mai bis Juli (ohne Trupps > 4) aus den Jahren 2011–2021[17, 77, 78].

Zitronenstelze *Motacilla citreola* Pallas, 1776

Citrombillegető – Citrine Wagtail

Warmblutkoppel, Illmitz, 25.4.2010, Männchen (Leander Khil)

Unregelmäßiger Durchzügler, überwiegend von Mitte April bis Anfang Mai und nur vereinzelt am Wegzug

Vorkommen

Zitronenstelzen sind im Neusiedler See-Gebiet selten, aber in zunehmender Regelmäßigkeit als Durchzügler anzutreffen. Etwa Mitte des 20. Jahrhunderts begann diese Art ihr Brutareal nach Westen und Südwesten auszuweiten, was auch dazu führte, dass sie mit stark steigender Frequenz als Zuggast und vereinzelt auch als Brutvogel in Mittel- und Westeuropa nachgewiesen wurde[1, 2]. Der erste Nachweis im Neusiedler See-Gebiet erfolgte erst im Jahr 1983[3] und war gleichzeitig der dritte für Österreich. Die zweite Feststellung im Gebiet 1989 war dann der Erstnachweis für Ungarn[4]. Es folgten mehrere Beobachtungen in den 1990er Jahren, aber nur wenige Funde im ersten Jahrzehnt nach der Jahrtausendwende. Ab 2010 wurde die Zitronenstelze dann bis auf das Jahr 2014 alljährlich nachgewiesen.

Bis Ende 2021 lagen 29 Nachweise der Art aus dem Bearbeitungsgebiet vor. Der Großteil davon (17 bzw. 58,6 %) entfällt auf den österreichischen und ungarischen Seewinkel, acht Feststellungen gelangen auf den Wiesen und Weidekoppeln des Seevorgeländes, drei in Seebädern und eine im Hanság. In aller Regel wurden Zitronenstelzen einzeln angetroffen, lediglich am 24.4.2011 wurden zwei Männchen gemeinsam gesehen[5]. 21 der bisher nachgewiesenen 30 Individuen waren Männchen, wovon zehn als vorjährig bestimmt wurden, nur sechs waren Weibchen und drei diesjährige Individuen.

Jahreszeitliches Auftreten

Die Zitronenstelze ist vor allem im Frühjahr anzutreffen. 20 der bisher insgesamt 29 Nachweise wurden im Zeitraum von der zweiten April- bis zur ersten Maidekade erbracht, mit Schwerpunkt Ende April. Später im Jahr wird die Art nur mehr selten festgestellt. Bemerkenswert ist ein vorjähriges Männchen, das sich am 15.6. sowie von 1.7.–7.8.2012 an der Warmblutkoppel aufgehalten hat[6]. Der Herbstzug ist kaum dokumentiert, bisher gelangen nur vier Beobachtungen von einem adulten Weibchen und drei diesjährigen Vögeln im Zeitraum von 10. August bis 24. September.

Quellen: [1] *Glutz von Blotzheim & Bauer (1985),* [2] *del Hoyo et al. (2004),* [3] *Breek (1983),* [4] *Hadarics (1990),* [5] *R. Kugler u. a. in Khil & Albegger (2014),* [6] *C. Roland, W. Trimmel, J. Bartas u. a. in Albegger & Khil (2016),* [7] *Ranner et al. (1995),* [8] *Bankovics et al. (2002),* [9] *Hadarics & Pellinger (1993),* [10] *Waliczky (1993),* [11] *Pellinger & Soproni (1995),* [12] *Magyar & Hadarics (1995),* [13] *Ranner (2002),* [14] *Ranner (2003),* [15] *Ranner & Khil (2009),* [16] *Ranner & Khil (2011),* [17] *Khil & Albegger (2014),* [18] *www.ornitho.at,* [19] *Albegger & Khil (2016),* [20] *Albegger & Brader (2018),* [21] *MME Nomenclator Bizottság (2016b),* [22] *www.birdlife-afk.at,* [23] *www.birding.hu,* [24] *www.club300.at*

Andreas Ranner & Tibor Hadarics

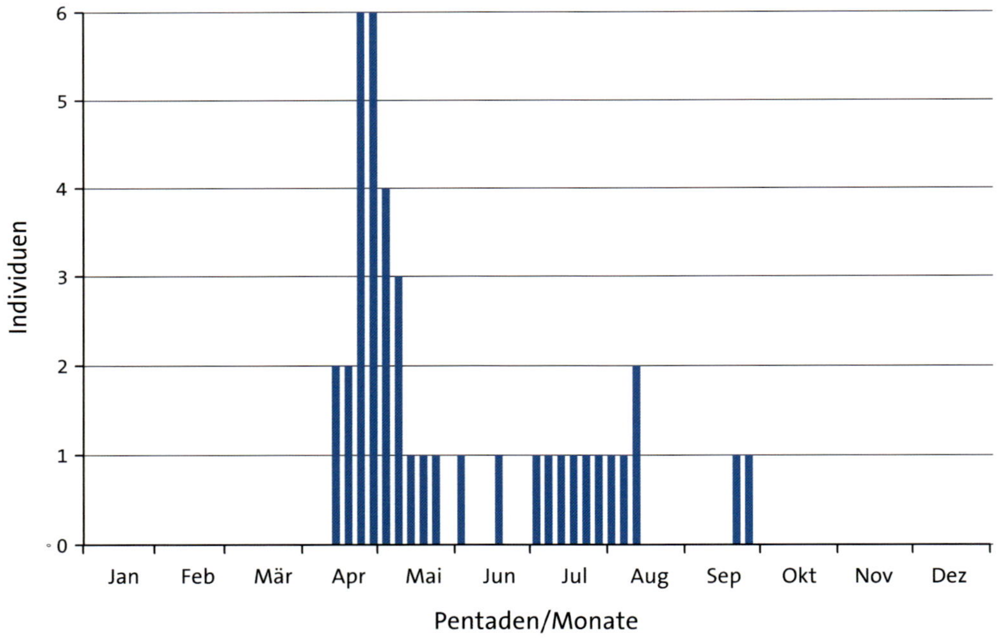

Jahreszeitliches Auftreten der Zitronenstelze (Pentadensummen gemeldeter Individuen) basierend auf Daten aus Österreich und Ungarn aus den Jahren 1983–2021 (n = 40)[3–24].

Gebirgsstelze *Motacilla cinerea* TUNSTALL, 1771

Hegyi billegető – Grey Wagtail

Seebad Illmitz, 8.10.2022 (Peter Frießer)

Sehr seltener Durchzügler, der ausnahmsweise im Gebiet brütet

Verbreitung und Lebensraum

Die Art brütet an bewaldeten Abschnitten von Bächen und kleinen Flüssen, die zumindest einzelne Steilwände, Geschiebe- und Schlamminseln oder größere Steinbrocken aufweisen. Regelmäßig besiedelt die Gebirgsstelze auch den menschlichen Siedlungsbereich[1] und an einer solchen Stelle, an einem verbauten Bach mitten im Ortsgebiet von Donnerskirchen, fand sich auch der einzige Brutplatz im Neusiedler See-Gebiet, an dem die Art zumindest 2013 und 2014 brütete[2]. Durchziehende Gebirgsstelzen nutzen gern Seebäder und Seedämme, ferner Pferde- und Viehkoppeln sowie die Ränder von Lacken und Teichen. Konzentrationen an bestimmten Stellen sind nicht vorhanden.

Bestand und Bestandsentwicklung

Insgesamt liegen 105 Nachweise aus den Jahren 1966–2019 vor. Beinahe alle Nachweise beziehen sich auf einzelne (90) oder zwei Exemplare (11). Davon entfallen 12 auf die Jahre 1966–1980 (0,8/Jahr), 25 auf 1981–2000 (1,3), 19 auf 2001–2012 (1,6) und 49 auf 2013–2019 (7,0)[3,4]. Die Daten zeigen zwar eine kontinuierliche Zunahme der Gebirgsstelzennachweise, diese bewegt sich jedoch in einer Größenordnung, die der steigenden Meldeaktivität nach Einführung der Plattform ornitho.at entsprechen dürfte. Es ist daher nicht von einer Zunahme der Gebirgsstelze im Gebiet auszugehen. Aus Ungarn liegen insgesamt 123 Nachweise aus den Jahren 1989–2016 vor. Beinahe alle Nachweise beziehen sich auf einzelne Exemplare (109), 11-mal waren es zwei, zweimal drei und einmal sogar ein Trupp mit sechs Exemplaren[5].

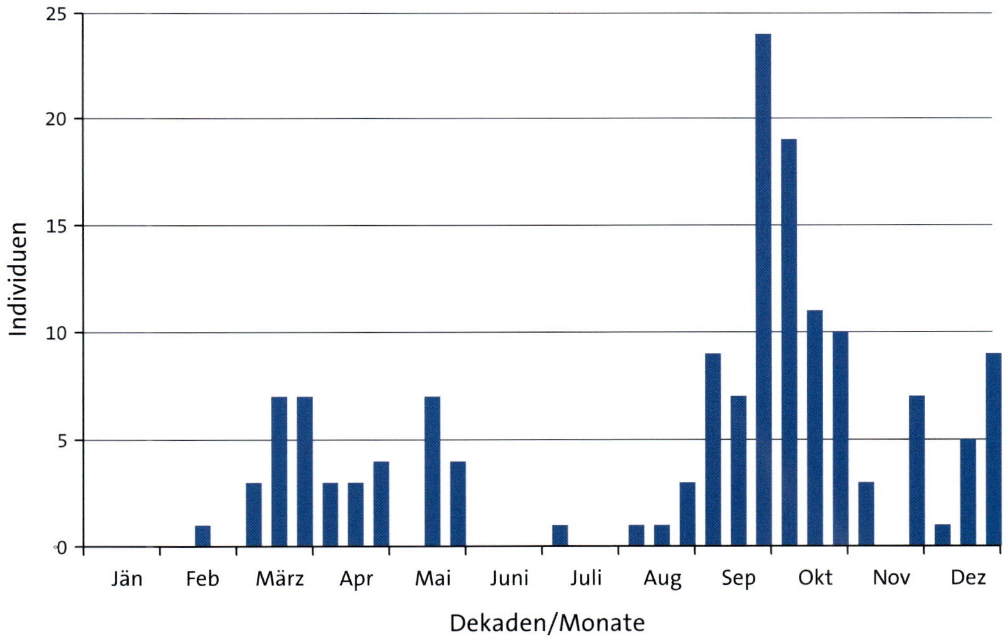

Jahreszeitliches Auftreten der Gebirgsstelze (Dekadensummen) in Österreich in den Jahren 1968–2019 (n = 129)[3].

Jahreszeitliches Auftreten

Der Heimzug der Art beginnt Anfang März und dauert bis Mitte April. Die Nachweise im Mai beziehen sich auf Brutvögel, diejenigen im Juli und August wahrscheinlich auf verstreichende Vögel umliegender Brutgebiete. Der Wegzug setzt Anfang September ein und zieht sich bis Anfang November, mit einem Höhepunkt Ende September/Anfang Oktober[3,4]; vereinzelt ist die Art auch im Dezember anzutreffen.

Quellen: *[1] Dvorak et al. (1993), [2] A. Cimadon/ornitho.at, [3] Archiv BirdLife Österreich, [4] www.ornitho.at, [5] Archiv MME Sopron*

Michael Dvorak & Sándor Mogyorósi

Bachstelze *Motacilla alba* LINNAEUS, 1758

Barázdabillegető – White Wagtail

Seebad Illmitz, 24.5.2012 (Michael Dvorak)

Häufiger Brutvogel und Durchzügler sowie seltener Wintergast

Verbreitung und Lebensraum

Die Bachstelze besiedelt offene Landschaften mit schütterer Vegetationsdecke. Ihr ursprünglicher Lebensraum waren Gewässerränder in den Niederungen. Diese sind zwar auch heute noch typische Brutbiotope, die Art besiedelt aber mittlerweile in der Kulturlandschaft auch reine Agrarlandschaften und hält sich hier an Wege, Feldraine oder Kanäle und Entwässerungsgräben. Verbreitet brütet sie auch in menschlichen Siedlungen, wo sie in so unterschiedlichen Bereichen wie Neubauvierteln mit Abstandsgrün, Gartensiedlungen und Industrieanlagen vorkommen kann. In kleineren Dörfern ist die Bachstelze bevorzugt an den Ortsrändern mit Tierhaltungen und angrenzenden Freiflächen wie Weiden oder Feldern zu finden. Sie brütet aber genauso auch an einzeln stehenden Häusern und Gehöften. Im Osten Österreichs bieten ihr Weingärten besonders günstige Bedingungen[1, 2]. Im Neusiedler See-Gebiet ist die Bachstelze überall verbreitet, ihre höchsten Dichten erreicht sie in den Weinbaubereichen und in den Siedlungen. Sie ist aber auch mitten in der Ackerlandschaft zu finden, sofern Sonderstrukturen wie z. B. Strohtristen, Holzhaufen, Müllablagerungen, Bewässerungsmaschinen oder Hütten, Brutmöglichkeiten bieten. Im Hanság ist die Art vorwiegend entlang der Entwässerungskanäle und Wege zu finden, ebenso am West- und Nordufer des Sees, wo ihr aber natürlich auch Siedlungen günstigen Lebensraum bieten. Am Neusiedler See ist die Bachstelze zudem auch entlang der Seedämme und in den Seebädern verbreitet, wo sie auf den ausgedehnten Parkplätzen sogar besonders geeignete Biotope findet.

Bestand und Bestandsentwicklung

In den 1860er Jahren war die Bachstelze ein „Sommer-Stand-Vogel" im Seewinkel[3], um 1880 ein „gemeiner Brutvogel"[4] und Mitte der 1880er Jahre sogar ein „sehr gemeiner Brutvogel"[5]. Völlig aus dem Rahmen fällt die Beurteilung von Schenk[6], der die Bachstelze im ersten Jahrzehnt des 20. Jahrhunderts nicht zur Brutzeit feststellte und daraus schloss, dass die Art *„hier gar nicht oder nur in sehr geringer Anzahl Brutvogel ist"*. Schon Koenig[7] sah das ganz anders und charakterisierte die Situation in den 1930er Jahren kurz mit *„brütet überall"*. Zimmermann[8] verdanken wir dann Anfang der 1940er Jahre eine eingehende ökologische Charakterisierung: *„Die Bachstelze ist ein häufiger, zum mindesten nicht seltener, über das ganze Gebiet verbreiteter Brutvogel."* Weiters führte er aus: *„Im östlichen Steppengebiet und dem aus ihm hervorgegangenen Kulturgelände findet man die Nester der Bachstelze [...] an den Rohrhütten, in den Hutweiden und Weingärten, in Rebreisighaufen, auf Rohr- und Strohdiemen, ferner an Ziehbrunnen usw ..."* Auf die Präsenz der Art in den Seebädern wurde dann zehn Jahre später hingewiesen: *„Die Bachstelze ist nicht nur in der Umgebung des Sees ein recht häufiger Brutvogel, sondern brütet auch am See selbst. [...] Fast jedes der Badehäuschen und Bootshäuser vor dem Schilfgürtel hat sein Bachstelzenpaar. Auch in einigen kilometerweit vom Seeufer im Schilfgürtel gelegenen schilfgebauten Fischerhütten finden sich Bachstelzenpaare ein"*[9].

Die Bachstelze war demnach im Gebiet im 19. und frühen 20. Jahrhundert ein häufiger und verbreiteter Brutvogel und ist es auch heute noch, wie die folgenden Angaben aus unterschiedlichen Lebensräumen zeigen: 1991 wurde sie bei Revierkartierungen in Weingärten auf drei von sechs untersuchten Flächen festgestellt, südlich der Biologischen Station Illmitz wurden als Maximum 7,5 Reviere auf 70,3 ha erfasst[10]. Auf einer im selben Jahr untersuchten 1,5 km² großen Probefläche um Hackels- und Jungerberg fanden sich zwei Reviere (0,75/km²)[11] und auf den Zitzmannsdorfer Wiesen und in den angrenzenden Weingärten wurden 1991 fünf Reviere auf 7,3 km² (0,7/km²) ermittelt[12]. Weitere Probeflächenerhebungen im Jahr 1997 auf einer 6,2 km² großen, gemischten Weingarten-, Acker- und Magerrasenflächen bei Jois erbrachten drei Reviere (0,5/km²) und eine Untersuchung nordwestlich von Pamhagen auf 3,8 km² neun Reviere (2,3 km²)[13]. Im Hanság fanden sich 2009 auf 30,3 km² maximal 30 Reviere, was einer Dichte von 1 Rev/km² entspricht[14]. Am Westufer bei Oggau wurden 2018/19 zwei 88,5 und 91,3 ha große Probeflächen untersucht, die Dichten von 3,3–5,6 Revieren/km² erbrachten[15]. Überraschend gering ist die Bestandsdichte in Siedlungen: In sieben von neun im Jahr 2014 auf ihren Vogelbestand hin

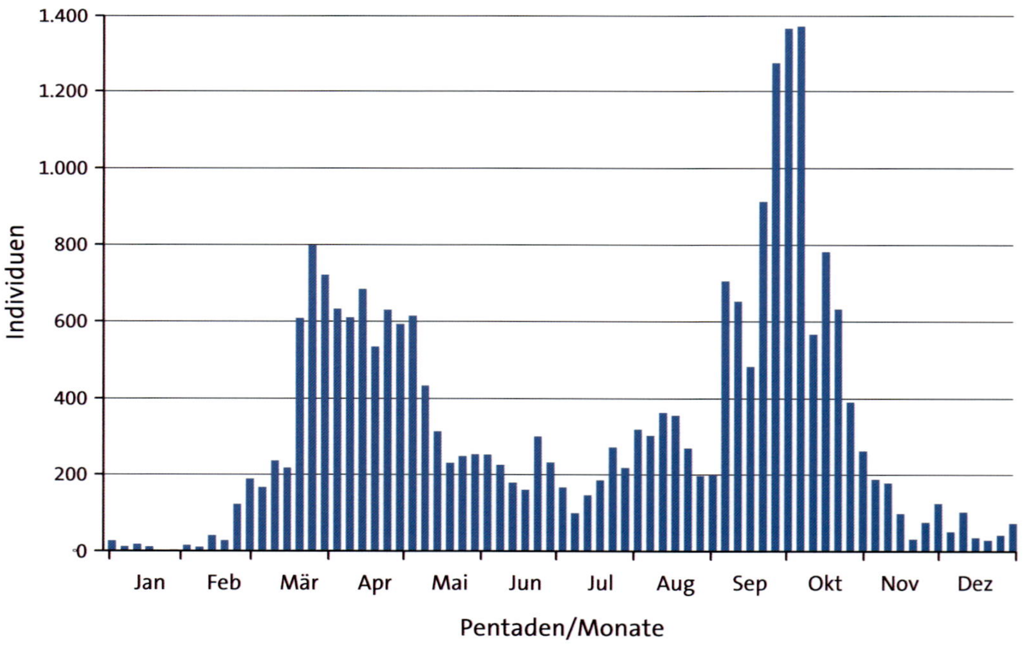

Jahreszeitliches Auftreten der Bachstelze (Pentadensummen) basierend auf Daten aus Österreich aus den Jahren 2011–2019 (n = 23.890)[19].

untersuchten Dörfern fanden sich an insgesamt 16 Punkten Bachstelzen, zu wenige, um damit eine Siedlungsdichte zu berechnen [16]. Auf geringe Zahlen in den Ortschaften weisen auch die Ergebnisse systematischer Erhebungen in Purbach hin, wo bei einer vierstündigen Kartierung im Jahr 2018 keine Bachstelze nachgewiesen wurde [17]. Auch in Mörbisch, Rust und Oggau wurden bei einer zwölfstündigen Kartierung lediglich 11 Sänger nachgewiesen [18]. Bei Linientaxierungen in Illmitz wurden 2018 auf 1,7 km² 12 Bachstelzen erfasst [17]. Zur längerfristigen Bestandsentwicklung liegen aktuelle Daten aus den in den Jahren 1997 und 1998 erhobenen Gebieten vor: Bei Jois wurden 2020 vier Reviere kartiert, während es 1997 drei Reviere waren und bei Pamhagen konnten 2020 12 Reviere abgegrenzt werden, während es im Jahr 1998 neun Reviere waren [13] – Zahlen die vorerst auf keine wesentlichen Veränderungen hindeuten.

Jahreszeitliches Auftreten

Die Bachstelze ist im Neusiedler See-Gebiet von Mitte/Ende Februar bis Mitte November regelmäßig anzutreffen. Bis auf 2015 langten in allen Jahren zwischen 2013 und 2019 Nachweise aus dem Jänner ein und belegen die Überwinterung einzelner (1–7) Bachstelzen. Der überwiegende Teil dieser Meldungen stammt vom St. Andräer Zicksee [19]. Von Mitte März bis Mitte April zeigt sich im Phänologiediagramm eine „Heimzugwelle". Trupps von 20–30 Exemplaren kommen in diesem Zeitraum regelmäßig vor, vereinzelt auch 40–60 [19] und ausnahmsweise auch mehr als 100 am 19.3.2017 nördlich von Apetlon [20], oder sogar mehr als 200 am 26.3.2016 bei der Baderlacke [21]. Von Anfang Mai bis Anfang September ist überwiegend noch der Brutbestand im Gebiet anwesend, danach setzt ein starker, um die Monatswende September/Oktober gipfelnder Wegzug ein. Wie im Frühjahr liegen die maximalen Truppgrößen bei 20–30, vereinzelt bei 50 Exemplaren, lediglich am 8.9.2019 wurden mehr als 100 Vögel an der Warmblutkoppel festgestellt [22]. Im ungarischen Seeteil wurde ein noch größerer Trupp von 250 Exemplaren am 14.10.1993 bei Fertőrákos entdeckt, es gibt aber beim Herbstzug wahrscheinlich bisweilen ähnlich große Gruppen bei Mekszikópuszta an den austrocknenden Überschwemmungsflächen [23].

Zugverhalten und Ringfunde

Die Bachstelze ist überwiegend Zugvogel und überwintert in Südwesteuropa, im Mittelmeergebiet und in weiten Teilen Nordafrikas bis in die Oasen der Sahara [1]. Aus dem Neusiedler See-Gebiet liegen, trotz der vergleichsweise hohen Fangzahlen mit 243 Fänglingen an der Station Illmitz zwischen 2007 und 2019 [24, 25], nur einzelne Fernfunde vor: Ein in Neusiedl am See am 15.8.1964 beringter Vogel wurde am 19.3.1965, vielleicht bereits am Heimzug befindlich, an der nördlichsten Spitze Tunesiens gefangen und eine am 13.8.1966 ebenfalls in Neusiedl am See markierte Bachstelze wurde am 24.10.1967, wohl noch auf dem Wegzug, im Süden Sardiniens erbeutet [26]. An den Überschwemmungsflächen bei Mekszikópuszta wurden beim Limikolenfang mit Limikolenreusen jedes Jahr Hunderte Exemplare gefangen und markiert, es gibt aber nur lokale Ringfunde. Der Wiederfund eines am 27.9.2002 in Mekszikópuszta beringten Vogels ist nicht wegen der Lokalität des Wiederfundes, sondern wegen seines Alters bemerkenswert: Er wurde am 15.5.2010, also siebeneinhalb Jahre später, bei Pamhagen tot gefunden [27].

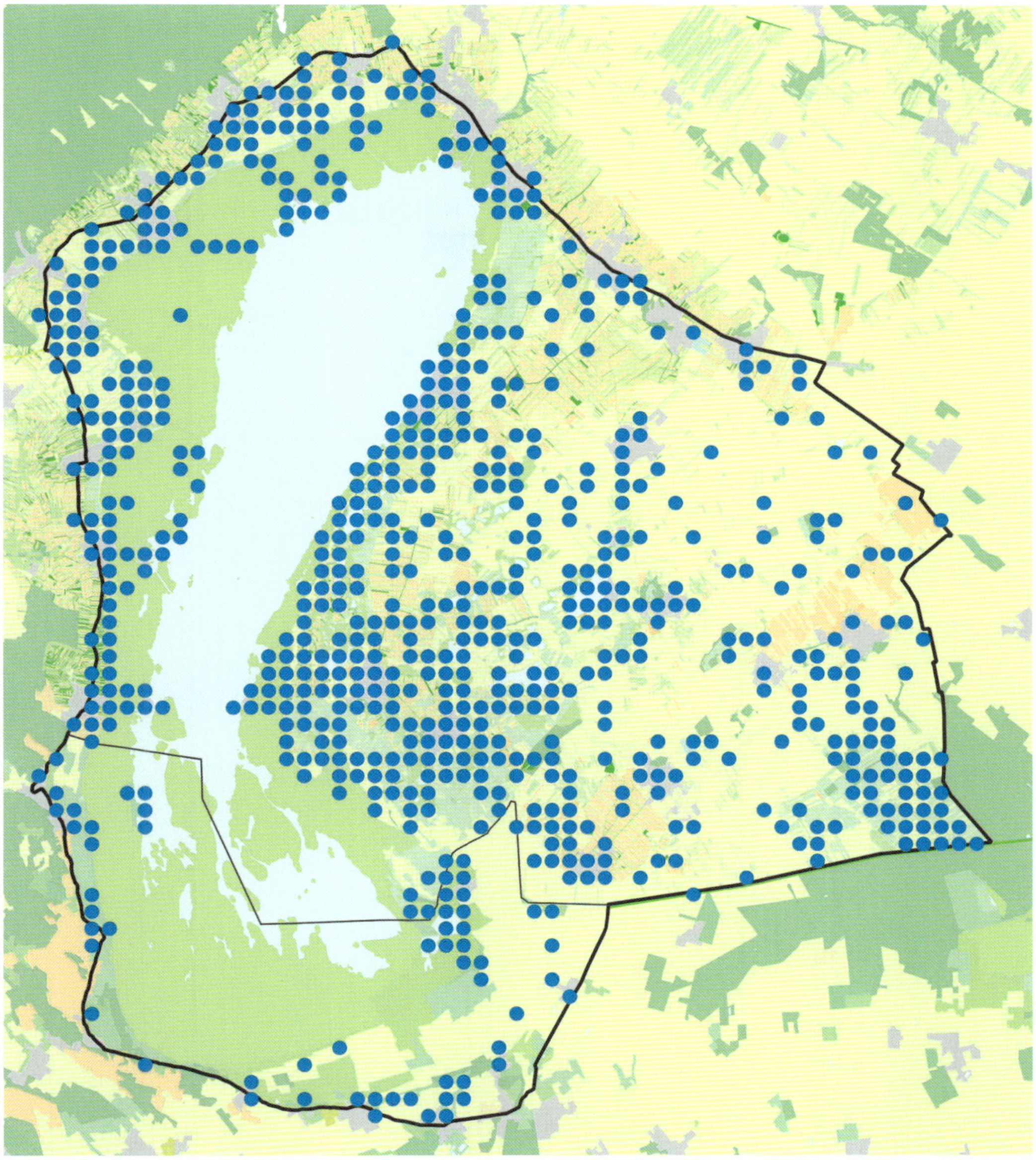

Brutzeitverbreitung der Bachstelze, basierend auf Beobachtungen in den Monaten April bis Juli (ohne Trupps > 4) aus den Jahren 2011–2021 [19, 33, 34].

Seltene Unterarten

Neben der in Europa weit verbreiteten Nominatform gibt es aus dem Neusiedler See-Gebiet auch ganz vereinzelte Funde der in Großbritannien und Irland und lokal an den gegenüberliegenden Küsten des Kontinents beheimateten Unterart *M. a yarrellii* („Trauerbachstelze"). Aufgrund der schwierigen Unterscheidung von dunkelrückigen *M. a. alba* wurden alle österreichischen Nachweise bis zum Jahr 2010 einer Revision unterzogen [28]. Demnach liegen aktuell aus dem burgenländischen Seewinkel vier anerkannte Meldungen vor, zwei weitere stammen aus dem ungarischen Gebietsteil:

- 14.3.1997 Podersdorf, 1 ad. ♂ (J. Laber [29])
- 24.3.2002 Oberer Stinkersee, 1 ad. ♂, 1 ad. ♀ (A. Ranner, B. Braun, E. Karner-Ranner u. a. [30])
- 10.4.2005 Darscho, 1 ad. ♂ (J. Laber [30])
- 18.–29.1.2008 Mekszikópuszta, 1 ad. ♀ (A. Fodor, T. Hadarics, Zs. Benei u. a. [31])
- 2.4.2010 Seebad Illmitz, 1 ad. ♂ (J. Laber [28])
- 19.3.2011 Borsodi-dűlő, 1 ad. ♂ (E. Szász, T. Hadarics [32])

Quellen: *[1] Glutz von Blotzheim & Bauer (1985), [2] Dvorak et al. (1993), [3] Jukovits (1864/65), [4] Fászl (1883), [5] von Dombrowski (1889), [6] Schenk (1917a), [7] Koenig (1939), [8] Zimmermann (1943), [9] Bauer et al. (1955), [10] Dvorak et al. (1992), [11] Karner et al. (1992), [12] Dvorak & Nemeth (1992), [13] BirdLife Österreich, unpubl. Daten, [14] Dvorak et al. (2010), [15] T. Zuna-Kratky, unpubl. Daten, [16] Dvorak et al. (2014), [17] A. Grüll, unpubl. Daten, [18] M. Dvorak, unpubl. Daten, [19] www.ornitho.at, [20] G. Taurer/ornitho.at, [21] R. Hartwich/ornitho.at, [22] C. Roland/ornitho.at, [23] Archiv MME Sopron, [24] W. Vogl & H. Winkler, unpubl. Daten, [25] Biologische Station Illmitz, unpubl. Daten, [26] Österreichische Vogelwarte, unpubl. Ringfunde, [27] Vogelberingungszentrale BirdLife Ungarn, unpubl. Ringfunde, [28] Khil & Albegger (2014), [29] Ranner (2002), [30] Ranner & Khil (2009), [31] MME Nomenclator Bizottság (2011a), [32] MME Nomenclator Bizottság (2016a), [33] Archiv MME Sopron, [34] Archiv FHNP*

Michael Dvorak, Andreas Ranner & Sándor Mogyorósi

Spornpieper *Anthus richardi* Vieillot, 1818

Sarkantyús pityer – Richard's Pipit

Ausnahmeerscheinung

Vorkommen

Drei Nachweise aus dem Herbst und eine jahreszeitlich frühe Meldung von Anfang April:

- 15.10.1995 Apetlon, 1 dj. (J. Laber, A. Kaminski[1])
- 2.11.1997 Arbesthau, 1 Ind. (M. Craig, J. Frießer[2])
- 5.4.2005 Podersdorfer Pferdekoppel, 1 Ind. (G. Tebb[3])
- 3.11.2021 Zitzmannsdorfer Wiesen, 1 Ind. (L. Khil, R. Katzinger, M. Schindlauer[4,5])

Quellen: [1] *Laber & Ranner (1997),* [2] *Ranner (2002),* [3] *Ranner & Khil (2009),* [4] *www.birdlife-afk.at,* [5] *www.ornitho.at*

Andreas Ranner

Brachpieper *Anthus campestris* (Linnaeus, 1758)

Parlagi pityer– Tawny Pipit

Hackelsberg, Winden, 13.6.2020 (Belegfoto Norbert Ramsauer)

Sehr seltener Sommergast im Gebiet, der auch zu beiden Zugzeiten auftritt; aktuell sind nur wenige Brutreviere bekannt

Verbreitung und Lebensraum

Der Brachpieper bevorzugt als Steppen- und Halbwüstenbewohner klimatisch begünstigte Lebensräume, die rasch abtrocknende, leicht erwärmbare Böden mit geringer Vegetationsbedeckung sowie Singwarten aufweisen. Im küstenfernen Mitteleuropa sind dies Trockenrasen, humusarme Ackerlandschaften, junge Aufforstungen, Abbauflächen und militärisches Übungsgelände auf sandigen oder schotterreichen Böden[1–3]. Im österreichischen Anteil des Avifauna-Gebiets ist die Art ein sehr seltener Durchzügler und Brutvogel. Im Zeitraum 2011 bis 2019 wurden in acht von neun Jahren nur zwischen einer und fünf Beobachtungen getätigt[4]. Meldungen liegen vor allem aus dem zentralen Seewinkel und vom Heideboden vor, unregelmäßig auch vom Westufer und aus dem Hanság. Nur ausnahmsweise wird mehr als ein Individuum beobachtet, etwa drei Individuen am 29.4.2015 bei den Wasserstätten/Illmitz[5]. Die Meldung von drei Brachpiepern am 28.6.2014 bei der Fuchslochlacke[6] kann als Hinweis auf eine erfolgreiche Brut interpretiert werden. Sicher ist die Art vereinzelt Brutvogel auf dem Heideboden südlich Halbturn, wie z.B. die Beobachtung eines singenden Individuums am 17.5. bzw. eine Folgebeobachtung am 31.5.2019 in der Neurisse südöstlich Halbturn[7] nahelegen, allerdings ist das Vorkommen kaum dokumentiert. Am 17.6.2012 wurde auch ein singendes Männchen in der Feldlandschaft im südwestlichen Hanság angetroffen[8]. Ein kleines Brutvorkommen von 1–3 Paaren wurde überdies erstmals 2020 im Bereich einer ehemaligen Mülldeponie zwischen Jois und Winden entdeckt[9]. Aus dem ungarischen Gebietsanteil liegen aus den letzten dreißig Jahren aus fünf Jahren weniger als zehn Nachweise vor[10]. Auf einer Weide bei Fertőszéplak bestand im Mai/Juli 1980 Brutverdacht. Am 21.7. wurden zuletzt 1 adultes und 3 juvenile Individuen angetroffen[11].

Zu den Beobachtungen liegen selten Lebensraumangaben vor. In wenigen dokumentierten Fällen lassen sich Wegraine und Straßenränder in der offenen Feldlandschaft, schotterreiche Ackerböden, vegetationsarme Sand- und Schottergruben, sowie Weingärten als Aufenthaltsorte eruieren. Nach Beobachtungen auf der Parndorfer Platte stellen kleine Gehölze und Solitärbäume wichtige Habitatelemente dar, da sie als Singwarte genutzt werden[8]. In der Vergangenheit wurde der Brachpieper gemeinsam mit dem Triel im Seewinkel als Bewohner der sandigen, vegetationsarmen Standorte der „Trockensteppe" im östlichen Seevorgelände genannt[12]. Die Nähe der Vorkommen zu Gehölzen und brachliegenden Weingärten wird ebenso erwähnt. Auch Bauer et al.[13] beobachteten die Art in Trockenrasen und Weingärten auf schotterreichen Flächen des östlichen Seevorgeländes, wie ebenso in Windschutzkulturen, bei Lößabbrüchen am Abfall der Parndorfer Platte, sowie in einem Schießplatzgelände bei Jois. Selten wurden Vögel auch an schottrigen Lackenrändern angetroffen[14].

Bestand und Bestandsentwicklung

Autoren des 19. Jahrhunderts erwähnten den Brachpieper nur kursorisch oder gar nicht. Allein von Dombrowski[15] bezeichnete ihn als *„spärlichen Brutvogel"*, was durch die Beobachtungen von Homeyer[16] gestützt wird. Er traf den Brachpieper zwischen Frauenkirchen und der Binsenlacke (= Pimetzlacke) am 19.5.1892 mehrfach entlang seines Weges in der Feldflur an und betonte das Anfliegen von Begleitbäumen. Schenk[17] gab nur einen Standort zwischen Seeufer und Illmitzer Wäldchen an, wo er am 12.5.1909 ein Individuum antraf. Steinfatt[18] führte erneut Brutzeitbeobachtungen für 1931 vom Illmitzer Wäldchen sowie vom Einserkanal östlich des Sees an. Dennoch bezweifelte Seitz[19] ein Brutvorkommen im Seewinkel, das aber zeitgleich durch eine konkrete Brutangabe von Zimmermann[12] am 15.6.1940 beim Illmitzer Schwarzkiefernwäldchen sowie durch Brutzeitmeldungen weiterer Vogelkundler bestätigt werden konnte. Bauer et al.[13] führten erneut zahlreiche Beobachtungen aus den 1940er Jahren vom östlichen Vorgelände des Neusiedler Sees zwischen Podersdorf und Illmitzer Hölle an und konstatierten zu Anfang der 1950er Jahre eine Bestandszunahme auf 6–7 Paare in diesem Bereich[20]. Weitere Brutzeitvorkommen gaben sie vom westlichen Seevorgelände bei Oggau und nördlichen Vorgelände bei Jois an sowie vom Abfall der Parndorfer Platte am Kalvarienberg bei Neusiedl am See. Daneben erwähnen sie auch Brutzeitvorkommen bei Weiden und Gols, sowie aus dem zentralen Seewinkel im

Gebiet der Langen Lacke. Wenn bei Glutz von Blotzheim & Bauer[1] in den 1950ern und 1960ern sogar von einem Bestandshoch mit 30–50 Brutpaaren im Gebiet ausgegangen wird, ist aus heutiger Sicht für diese Größenordnung die konkrete Datengrundlage aber ungenügend und der Bestand nach unten zu korrigieren. Beobachtungen aus den folgenden Jahrzehnten bestätigten immerhin das bekannte Brutgebiet, wobei in den 1970er und 1980er Jahren die Meldungen – wohl auch durch erhöhte Beobachtertätigkeit – sogar Zunahmen und neue Standorte westlich des Sees (Steinbruch bei St. Margarethen, Thenauriegel bei Breitenbrunn) am Wagram (Teichtal bei Neusiedl am See, Mönchhof), im zentralen Seewinkel (Ochsenbrunnlacke, Obere Halbjochlacke, Darscho, Feriensiedlung Pannonia) sowie im Hanság/Andau miteinschlossen[4, 21].

Im Zeitraum 1990–2010 gingen die Brutzeitmeldungen aber massiv zurück und beschränkten sich auf den Seedamm im Bereich der Zitzmannsdorfer Wiesen im Juni 1995, auf die Lehmgstätten bei Neusiedl am See am 15.5.1990 und eine eventuelle Durchzugsbeobachtung im Hanság/Andau vom 2.5.1991 sowie das Weingartengelände nördlich Apetlon (13.5.2002), daneben auch Beobachtungen an der Ochsenbrunnlacke am 18.5.2003 und auf dem Hackelsberg bei Winden am 2.7.2008[4]. Im laufenden Jahrzehnt hat sich das sehr sporadische Brutzeitauftreten fortgesetzt, allerdings wurden 2020 im Raum Jois und Neusiedl am See-Weiden erneut Brutzeitvorkommen mit 1–3 Revieren entdeckt[9, 22], die eine Trendumkehr der Bestandsentwicklung – eventuell begünstigt durch den Klimawandel – einleiten könnten. Darüber hinaus gilt es, die vielleicht nur übersehenen Brutvorkommen im südlichen Heideboden (Halbturn bis Andau) verstärkt zu kontrollieren. Der aktuelle Bestand könnte sich, unter Einschluss von knapp außerhalb gelegenen Brutzeitvorkommen, auf 5–10 Reviere belaufen.

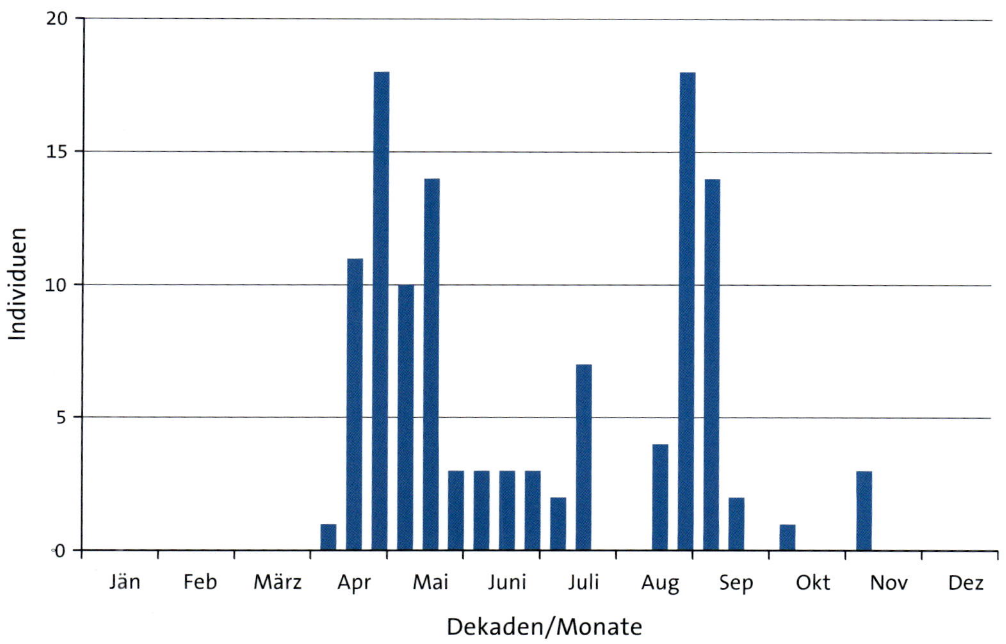

Jahreszeitliches Auftreten des Brachpiepers (Dekadensummen gemeldeter Inidividuen) basierend auf Daten aus Österreich und Ungarn aus den Jahren 1967–2019 (n = 117)[4, 34–36].

Jahreszeitliches Auftreten

Der Frühjahrszug beginnt um Mitte April und dauert ohne ausgeprägten Zuggipfel bis in die zweite Maidekade. Spätere Beobachtungen im Mai bis in die zweite Julidekade betreffen ganz überwiegend brütende oder brutverdächtige Vögel, doch gibt es bereits zu Anfang Mai Meldungen über singende Männchen, wie am 1.5.1983 im Hanság südwestlich Figuren/Andau[23] und am 2.5.1978 in einer Mülldeponie bei Neusiedl am See[24]. Singflüge können andererseits selbst noch Ende Juli gehört werden, wie z.B. am 26.7.2009 nordwestlich von Várbalog/Ungarn an der Grenze zu Österreich[25]. Eier können von Mitte Mai bis Anfang August (Zweitbruten!) gelegt werden[1]. Funde von Nestern bzw. Beobachtungen fütternder Altvögel oder frisch flügger Jungvögel wurden aus dem Gebiet aber kaum gemeldet. Zimmermann[11] erwähnte einen futtertragenden Altvogel am 15.6.1941 vom Seedamm nördlich Illmitz. Sehr spät wurden am 16.8.1973, bei der Mülldeponie Neusiedl am See, zwei Jungvögel gefüttert[26]. Der Herbstzug setzt Mitte August ein und erreicht um den Monatswechsel zum September seinen Höhepunkt und fällt nach Mitte September rasch ab. Spätere Beobachtungen sind selten, doch liegt sogar eine glaubwürdige Meldung von drei Exemplaren vom 5.11.1996 von der Langen Lacke vor[27].

Zugverhalten und Ringfunde

Der Brachpieper ist ein Langstreckenzieher, der auf breiter Front in südwestlicher Richtung abzieht und in der Sahelzone bzw. im südwestlichen Asien überwintert[1]. Der Durchzug verläuft eher unauffällig, doch kann es nachbrutzeitlich auf Sammelplätzen zum Auftreten größerer Trupps von bis zu 30 Individuen kommen, die von der Parndorfer Platte, aber nicht aus dem Avifauna-Gebiet beschrieben sind[12, 28, 29]. Vom Herbstzug liegen aus der Vergangenheit vereinzelt Meldungen zumindest kleiner Trupps vor, wie fünf Individuen am 3.9.1967 am Illmitzer Zicksee[30] und acht am 24.8.1974 südlich der Langen Lacke[31]. Brachpieper ziehen in artreinen Trupps[1], doch konnten im Gebiet zwei rastende Vögel am 14.4.1996 am Seedamm südlich Podersdorf unter Wiesenpiepern (*Anthus pratensis*) angetroffen werden[32]. Aus dem österreichischen Gebietsanteil liegen keine Ringfunde vor. Briedis et al.[33] konnten für eine gefährdete mitteleuropäische Population (Böhmen/CZ) die Überwinterung in der westlichen Sahelzone belegen, die nordwestlich der Alpen über Spanien erreicht wurde, doch zogen zwei Vögel auch östlich der Alpen und rücken damit in den Bereich des hier bearbeiteten Gebiets.

Quellen: *[1] Glutz von Blotzheim & Bauer (1985), [2] Berg & Dvorak (2010), [3] Martintschitsch (2015), [4] Archiv BirdLife Österreich, [5] L. Khil/ornitho.at, [6] B. Forthuber/ornitho.at, [7] R. Katzinger, A. Petrus, E. Neureiter/ornitho.at, [8] H.-M. Berg, unpubl., Daten, [9] N. Teufelbauer, C. Roland, A. Ranner, E. Karner-Ranner/ornitho.at, [10] T. Hadarics unpubl. Daten, [11] Kárpáti (1983), [12] Zimmermann (1943), [13] Bauer et al. 1955, [14] H.-M. Berg, A. Billek/ABÖ, [15] von Dombrowski (1889), [16] Homeyer (1892), [17] Schenk (1917a), [18] Steinfatt (1936), [19] Seitz (1943), [20] Bauer (1952a), [21] Dvorak & Berg (1991), [22] B. Wendelin/ornitho.at, [23] H.-M. Berg, H. Buchsbaum/ABÖ, [24] G. Hoyer/ABÖ, [25] M. Dvorak, B. Wendelin, H.-M. Berg/ABÖ, [26] J. C. Reid/ABÖ, [27] K. Edelbacher/ABÖ, [28] Bauer (1955), [29] Berg (2012) ,[30] B. Leisler/ABÖ, [31] P. Prokop/ABÖ, [32] H.-M. Berg, G. Geppel, S. Zelz/ABÖ, [33] Briedis et al. (2016), [34] www.ornitho.at, [35] Bankovics et al (2002), [36] Archiv FHNP*

Hans-Martin Berg & Tibor Hadarics

Wiesenpieper *Anthus pratensis* (Linnaeus, 1758)

Réti pityer – Meadow Pipit

Häufiger Durchzügler im März/April und Oktober/November sowie mäßig häufiger Wintergast

Verbreitung und Lebensraum

Der Wiesenpieper, der in Österreich an die südliche Grenze seines Brutgebietes stößt, tritt im Neusiedler See-Gebiet am Frühjahrs- und Herbstzug regelmäßig und häufig auf. Der Großteil aller Nachweise stammt vom Ostufer des Sees (94 % aller Meldungen)[1], was wahrscheinlich mit der hohen Beobachterdichte zu erklären ist. Als Schwerpunkte lassen sich bekannte Beobachtungsplätze wie Illmitz/Hölle, Geiselsteller, Lange Lacke, südliche Graurinderkoppel oder der Hanság ausmachen. Am Herbstzug werden vor allem die zentralen Sodalacken häufig frequentiert. Diese Gebiete stellen mit ihren vegetationsarmen Ufern und den angrenzenden

Südteil Unterer Stinkersee, Illmitz, 5.4.2021 (Michael Dvorak)

kurzrasigen (Feucht-)Wiesen und Weideflächen gute Rast- und Nahrungsplätze dar. Beobachtungen auf den Zitzmannsdorfer Wiesen scheinen hingegen etwas unterrepräsentiert zu sein, dieses Gebiet wird von der Art vermutlich stärker frequentiert als die vorliegenden Daten vermuten lassen. Vor allem in der zweiten Oktoberhälfte wird der zentrale Pieper-Schlafplatz westlich der Langen Lacke genutzt. Beobachtungen in den Wintermonaten Dezember, Jänner und Februar konzentrieren sich ebenfalls auf das zentrale Lackengebiet, das Ostufer und auf den Hanság. Hochwinter-Nachweise existieren zudem aus dem Seebad Breitenbrunn, der Ortschaft Rust und dem Seebad Illmitz. Auf der ungarischen Seite stammen die meisten Daten aus dem renaturierten Feuchtgebiet von Mekszikópuszta, wo im März und April Trupps von 100–120 Exemplaren gemeldet wurden[2]. Durchzügler rasten aber wahrscheinlich auch in den aufgelichteten Teilen des Schilfgürtels. Im Winter sind Wiesenpieper oft gemeinsam mit Bergpiepern an den Rändern von Eisflächen zu beobachten.

Bestand und Bestandsentwicklung

Bereits im 19. und frühen 20. Jahrhundert wurde der Wiesenpieper im gesamten Neusiedler See-Gebiet als regelmäßiger und häufiger Durchzügler in teilweise großen Trupps dokumentiert[3–6]. Umstritten sind jedoch mögliche Brutvorkommen[7, 8]. Bereits 1852 wurde ein mögliches Nest dokumentiert, aus dem zumindest ein Ei in das ungarische Nationalmuseum gebracht und beim II. Internationalen Ornithologischen Kongress in Budapest ausgestellt wurde[6, 9, 10]. Dieser Nachweis verschwand allerdings bald darauf, was vermutlich mit einem Verlust des Belegs zu Beginn des 20. Jahrhunderts zu erklären ist[6]. Auch im August 1932 bestand im Norden des Sees[7] und im Juni 1942 am Illmitzer Zicksee Brutverdacht, im letzteren Fall verlief eine Nachsuche allerdings erfolglos[7]. Intensive Erhebungen in den Brutsaisonen 1951–1953 ergaben ebenfalls keinen Hinweis auf ein Brutvorkommen[8]. Die damaligen Durchzugsspitzen Ende März und Mitte Oktober[7, 8, 11] sind mit den aktuellen Zahlen vergleichbar, die Jahresmaxima der durchziehenden Individuen variieren allerdings recht stark. In den 1980er Jahren waren Meldungen zum Auftreten des Wiesenpiepers sehr selten. Noch vor Einführung der Meldeplattform ornitho.at im Jahr 2013 sind deutliche Durchzugsspitzen in den Jahren 1975, 1995 und 2000 auffällig. Ab 2013 stieg dann die Anzahl der gemeldeten Individuen auf ornitho.at rasch an.

Jahreszeitliches Auftreten

Mit 60 % aller Meldungen von der österreichischen Seite des Neusiedler See-Gebietes scheint der Frühjahrszug dieses Kurz- und Mittelstreckenziehers etwas stärker ausgeprägt zu sein als der Herbstzug (40 % der Meldungen), was allerdings auch an der höheren Beobachterdichte im Frühjahr liegen könnte. Der Frühjahrszug fällt in den Zeitraum Anfang März bis Ende April, mit einem ausgeprägten Gipfel Ende März/Anfang April. Der Herbstzug, von dem fast nur Daten vom Ostufer vorliegen, erfolgt von Ende September bis Ende November. Zählungen deuten auf einen Höhepunkt Ende Oktober/Anfang November hin. Am 11., 16. und 21.10.2000 wurden insgesamt ca. 750 ziehende Vögel im Seebad Illmitz gezählt[12], die in der Summe der gemeldeten Wiesenpieper dieses Jahres ihren Niederschlag finden. Weitere Nachweise von Zugtrupps mit rund 150 Individuen liegen aus dem Seewinkel aus dem April 1975 und Oktober 1995 vor[13, 14]. Westlich des Sees wurde am 16.4.2011 ein Schwarm von 170 Wiesenpiepern auf einer frisch gemähten Fettwiese vermerkt[15] und am 16.4.2010 wurden mehrere hundert Durchzügler im Seevorgelände zwischen Purbach und Donnerskirchen registriert[16]. Große Trupps ab 20 Exemplaren machen im österreichischen Teil allerdings nur ca. 10 % aller gemeldeten Wiesenpieper aus, Sichtungen von Einzelindividuen bilden hingegen mit 42 % den größten Anteil. Vergesellschaftung mit anderen Pieperarten in gemischten Zugtrupps kommt regelmäßig vor. Wiesenpieper können auch den gesamten Winter hindurch im Gebiet angetroffen werden, was zumindest auf einzelne Überwinterungen schließen lässt. Für die im Gebiet nicht brütende Art sind die 20 Meldungen im Mai bemerkenswert. Hervorzuheben ist ein singendes Männchen am 17.5.2015 auf den Wulkawiesen in Donnerskirchen[17], ein weiterer singender Vogel am 6.5.2019 an der Langen Lacke[18] und ein Trupp von 15 Vögeln am 20.5.2013 bei der St. Martins Therme[19]. Aus der zweiten Maihälfte existieren Nachweise aus dem Hanság und dem Gemeindegebiet Illmitz[20–24]. Einzelne Vögel können auch im Hochsommer im Gebiet auftreten.

Zugverhalten und Ringfunde

Der Herbstzug des Kurz- bis Mittelstreckenziehers erfolgt hauptsächlich in südwestlicher bis westsüdwestlicher Richtung in den westlichen Mittelmeerraum. Herkunft und Winterquartiere der Durchzügler und Wintergäste im Karpatenbecken sind unbekannt[25, 26].

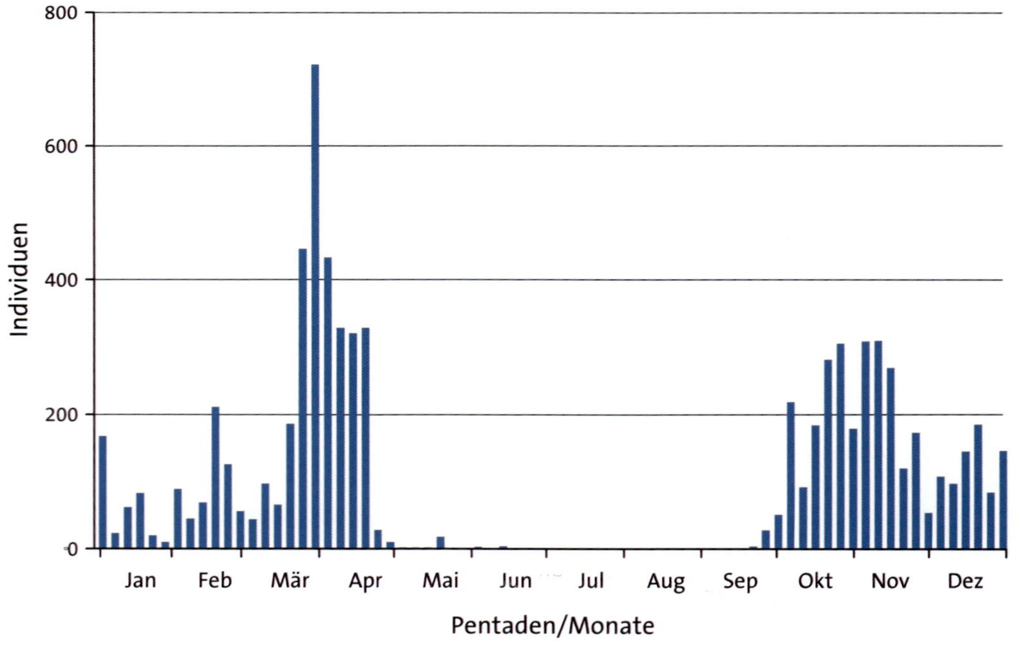

Jahreszeitliches Auftreten des Wiesenpiepers (Pentadensummen gemeldeter Individuen) basierend auf Daten aus Österreich aus den Jahren 2011–2018 (n = 7.346)[1].

Quellen: [1] www.ornitho.at, [2] Archiv FHNP, [3] Bauer et al. (2011), [4] Dombrowski (1889), [5] Jukovits (1864/65), [6] Schenk (1917a), [7] Zimmermann (1943), [8] Bauer et al. (1955), [9] Frivaldszky (1891), [10] Lovassy (1891), [11] Vauk (1962), [12] A. Ranner/ABÖ, [13] J. Reid/ABÖ, [14] J. Laber/ABÖ, [15] M. Dvorak/ABÖ, [16] T. Zuna-Kratky/ABÖ, [17] M. Faas/ornitho.at, [18] R. Spitzkowsky/ornitho.at, [19] L. Khil/ornitho.at, [20] A. Cimadom/ornitho.at, [21] W. Zimmermann/ornitho.at, [22] J. Prost/ornitho.at, [23] S. Zelz/ornitho.at, [24] R. Kilzer/ABÖ, [25] Glutz von Blotzheim & Bauer (1985), [26] Magyar in Csörgő et al. (2009)

Benjamin Knes & Tibor Hadarics

Baumpieper *Anthus trivialis* (Linnaeus, 1758)

Erdei pityer – Tree Pipit

Biologische Station Illmitz, 30.8.2012 (Michael Dvorak)

Seltener bis mäßig häufiger Brutvogel sowie häufiger Durchzügler im April und von August bis Mitte Oktober

Verbreitung und Lebensraum

Der Baumpieper ist im extensiv bewirtschafteten Tiefland eine Charakterart der Waldränder, Feldgehölze und Windschutzstreifen. Als Brutvogel tritt er im österreichischen Neusiedler See-Gebiet ausschließlich im Hanság in Erscheinung. Nur 5 % aller singenden Männchen wurden außerhalb dieses Bereichs beobachtet. Zahlenmäßig stark zurückgehend, findet man Baumpieperreviere hier zurzeit nur mehr in Waldrelikten und kleineren Gehölzen mit angrenzenden offenen, extensiv bewirtschafteten Wiesenflächen vor allem in der Nähe des Einserkanals[1, 2]. Auf der ungarischen Seite brütet er nur sporadisch in kleinen Waldparzellen und Windschutzstreifen südlich und südöstlich des Neusiedler Sees. Ein größeres Brutvorkommen befindet sich knapp außerhalb des Avifauna-Gebietes im westlich gelegenen Szárhalmi-Wald. Durchzügler treten vermehrt entlang von Gehölzen im zentralen Seewinkel, des Seevorgeländes, des Seedammes am Ostufer sowie am Westufer auf. Sie können sich mit Wiesenpiepern mischen, deren Durchzugsspitze im Herbst allerdings deutlich später im Jahr liegt. Strukturen wie Gebüsche oder Weingärten werden gerne als Rastplätze genutzt[3].

Bestand und Bestandsentwicklung

Am Westufer wurde der Baumpieper im 19. Jahrhundert als *„nicht seltener"* Brutvogel des Leithagebirges genannt[3], die einzigen rezenten, gebietsrelevanten Meldungen von singenden Männchen stammen vom 16.4.2006 aus dem Wulkawäldchen[4], vom 2.5.2006 aus der Gegend zwischen Purbach und Breitenbrunn[4], sowie vom 10.6.1982 aus dem Seevorgelände südlich von Jois[5]. Weiter östlich gelegene Gebiete, wie das gesamte Ostufer und der Seewinkel, wurden auch in der historischen Literatur nicht als Brutgebiete angeführt[3, 6]. Der Hanság hingegen gilt schon seit 1889 als etablierter Brutplatz[7]. Systematische Erhebungen im Jahr 2009 zeichnen ein durchaus positives Bild mit geschätzten 35–40 Brutpaaren und einer Siedlungsdichte von 5,6 Revieren/km² im Hanság[2]. Dies scheint rückblickend betrachtet allerdings etwas zu hoch eingeschätzt worden zu sein[1], was aber die Bedeutung dieses Brutgebiets für den Osten Österreichs nicht schmälert[2]. Aktuell ist der Brutbestand auf nur ca. 10 Reviere gefallen, was – wie auch in anderen Brutgebieten der Niederungen – den stetigen Rückgang dieser Art zeigt[1]. Gründe dafür liegen vermutlich in der intensiven Nutzung des Agrarlandes, die dazu geführt hat, dass sich Restvorkommen nur mehr in Gebieten mit einer extensiven Bewirtschaftung wie im Hanság halten konnten. Die Anzahl der außerhalb des Hanság gemeldeten Brutzeitbeobachtungen ist nicht unerheblich, es wurden aber keine Brutnachweise erbracht. In den 1980er und 1990er Jahren wurden singende Männchen noch aus mehreren Wäldchen und Gehölzstreifen im Seewinkel gemeldet[8–14], der Großteil dieser Vorkommen ist aber erloschen. Aktuellere Nachweise singender Männchen abseits des Hanság gelangen 2014 im Illmitzer Wäldchen[15], 2015 am Illmitzer Zicksee[16], ebenfalls 2015 süd-

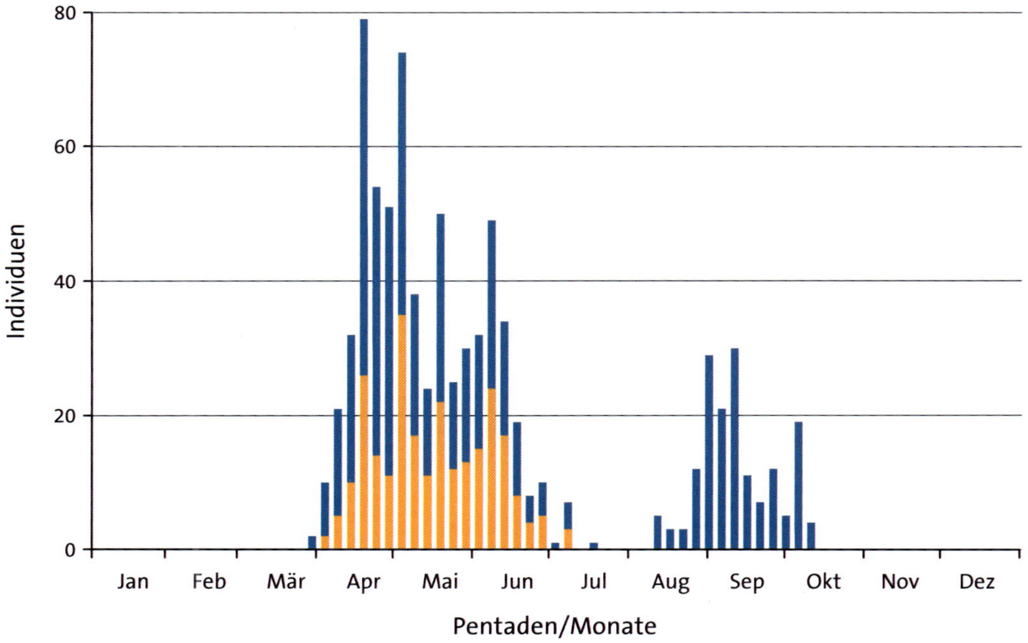

Jahreszeitliches Auftreten des Baumpiepers (Pentadensummen gemeldeter Individuen) basierend auf Daten aus Österreich aus den Jahren 2011–2018 /n = 782)[28]. Orange Säulenabschnitte: Anteil singender Männchen.

lich von Podersdorf[17] und 2017 nördlich der Birnbaumlacke[18]. Als regelmäßiger Durchzügler im Frühling und Herbst ist der Baumpieper schon seit Jahrzehnten bekannt[3, 6].

Jahreszeitliches Auftreten

Baumpieper gelten vorwiegend als Tagzieher, die im Herbst auch vermehrt nachts ziehen können. Das früheste Auftreten wurde am 28.3.2016 in Illmitz festgestellt[19]. Die spätesten Meldungen aus jüngerer Zeit stammen jeweils vom 8.10. der Jahre 2015[20] und 2016[21] aus Illmitz, werden aber von historischen Nachweisen am 14.10.1952 im Seewinkel (anscheinend sogar noch starkes Zuggeschehen)[6] und mehreren ziehenden Individuen am 24.10.1961 übertroffen[22]. Der Frühjahrsdurchzug gipfelt Mitte April und fällt stärker aus als der Herbstdurchzug, mit Spitzenwerten Ende August. Dieses Muster könnte mit einer erhöhten Besucherfrequenz zum Frühjahrszug zusammenhängen, denn laut Bauer et al.[6] schien der Herbstzug, zumindest in den frühen 1950er Jahren, wesentlich stärker ausgeprägt zu sein. Baumpieper sind Langstreckenzieher und am Durchzug generell in kleineren Trupps zu sehen als beispielsweise Wiesen- oder Bergpieper. Der bisher größte gemeldete Trupp wurde am 7.10.2010 im Seebad Illmitz beobachtet und umfasste 22 gezählte Exemplare[23]. Am Oberen Stinkersee wurden außerdem am 30.8.2015 in zwei Stunden insgesamt 14 ziehende Baumpieper gezählt[24]. Erste singende Männchen können schon in den ersten Apriltagen auftreten[25].

Zugverhalten und Ringfunde

Der Baumpieper ist im Unterschied zum Wiesenpieper ein Transsaharazieher, der aus dem Karpatenbecken in südsüdwestlicher Richtung über Italien und die Iberische Halbinsel wegzieht und überwiegend in Westafrika überwintert. Das Einzugsgebiet der Durchzügler reicht von Skandinavien ostwärts zumindest bis zum Längengrad von Moskau[26, 27].

Quellen: [1] *H.-M. Berg, unpubl. Daten,* [2] *Dvorak et al. (2010),* [3] *Zimmermann (1943),* [4] *T. Zuna-Kratky/ABÖ,* [5] *P. Prokop/ABÖ,* [6] *Bauer et al. (1955),* [7] *Dombrowski (1889),* [8] *H.-M. Berg/ABÖ,* [9] *E. Duda/ABÖ,* [10] *M. Dvorak/ABÖ,* [11] *A. Grüll & E. Lederer/ABÖ,* [12] *O. Gölles/ABÖ,* [13] *A. Billek/ABÖ,* [14] *B. Schleicher/ABÖ,* [15] *R. & R. Tengler/ornitho.at,* [16] *L. Khil/ornitho.at,* [17] *M. Dvorak/ornitho.at,* [18] *I. Fahne/ornitho.at,* [19] *A. Kraus, M. Faas/ornitho.at,* [20] *D. Wucherpfennig/ornitho.at,* [21] *A. Ranner/ornitho.at,* [22] *Vauk (1962),* [23] *A. Ranner/ABÖ,* [24] *S. Zinko, H. Kolland/ornitho.at,* [25] *H.-M. Berg/ornitho.at,* [26] *Loske (1985),* [27] *Sós in Csörgő et al. (2009),* [28] *www.ornitho.at*

Benjamin Knes & Tibor Hadarics

Rotkehlpieper *Anthus cervinus* (Pallas, 1811)

Rozsdástorkú pityer – Red-throated Pipit

Seewinkel, 20.4.2013 (Wolfgang Trimmel)

Mäßig häufiger Durchzügler im Mai und in der ersten Oktoberhälfte; an der Langen Lacke besteht ein bedeutender Schlafplatz

Verbreitung und Lebensraum

In Österreich tritt der in den arktischen und subarktischen Regionen Eurasiens brütende Rotkehlpieper auf dem Zug in allen Bundesländern mit Schwerpunkt in den Niederungsgebieten des östlichen Niederösterreichs und des Nordburgenlandes auf[1]. Im Seewinkel wird die Art – wohl bedingt durch die überdurchschnittlich hohe Beobachterdichte – am häufigsten registriert. Es besteht im jahreszeitlichen Verlauf ein auffallender räumlicher Unterschied, da Frühjahrsmeldungen weitgehend auf das östliche Seevorgelände zwischen Podersdorf und dem Arbesthau beschränkt sind, während Herbstmeldungen zwar das Ostufer miteinschließen, aber einen Schwerpunkt im nördlichen Lackengebiet mit Ausläufern nach Nordosten und in den Hanság haben. Die Konzentration an Meldungen im Gebiet Wörthenlacken/Lange Lacke hängt mit der Etablierung eines herbstlichen Schlafplatzes an der Langen Lacke zusammen, der 2011 entdeckt wurde[2], aber wohl schon lange vorher bestanden hat und seither kontinuierlich besetzt ist[3]. Offensichtlich im Zusammenhang mit fallenden Wasserständen hat sich der Hauptschlafplatz in den letzten Jahren aus der Umgebung des Xixsees ins Gebiet der Langen Lacke selbst verlagert, wo die Nächtigungsplätze aufgesplittet sind und ihre Lage je nach Wasserstand wechselt. Auffallend ist, dass vom westlichen und nördlichen Seevorgelände – auch historisch – keine Meldungen vorliegen. Die einzige Ausnahme stellt eine Beobachtung am 7.5.2019 im Seevorgelände bei Purbach dar[4]. Im ungarischen Avifauna-Gebiet wurden die meisten Beobachtungen im Bereich der renaturierten Feuchtflächen von Mekszikópuszta gemacht.

Auf dem Zug rastet der Rotkehlpieper auf Sumpfwiesen, Salzrasen, Schlammflächen, nassen Äckern oder in nassem Ödland im Offenland[5]. Im Neusiedler See-Gebiet werden Salzrasen, trockene bis nasse Hutweiden, Mähwiesen, niedrigwüchsige Überflutungsflächen, vereinzelt auch Ackerflächen und Weingärten im Seevorgelände und im Lackengebiet genutzt[3, 6]. Schlafplätze finden sich – soweit bekannt – auf nassem Hutweidegelände und in leicht verschilften Nassflächen an Lackenrändern[3].

Bestand und Bestandsentwicklung

Ältere Autoren nannten den Rotkehlpieper sehr sporadisch und immer nur Einzelvögel für das Neusiedler See-Gebiet, etwa Fászl[7] für das Südufer, wo am 18.5.1883 ein Individuum erlegt wurde. Chernel[8] führte weitere Nachweise für Eszterháza vom 17.5.1895 an sowie für das See-Vorgelände selbst vom 11.9.1900 und 20.9.1901. Für die Sammlung Huszthy (Lockenhaus) nannte Aumüller[9] einen weiteren Beleg aus Wallern vom 15.5.1895. Mit besserer Kenntnis mehrten sich erst gegen Mitte des 20. Jahrhunderts die Meldungen des Rotkehlpiepers aus dem Gebiet, wo er nach Niethammer[10] wohl bis dahin übersehen wurde. Er und Zimmermann[11] nannten von der Hutweide bei Illmitz drei Frühjahrsbeobachtungen jeweils aus dem Mai 1940 und 1941, sowie einen Herbstnachweis mit vier Individuen vom 17.9.1941. Im selben Gebiet konnte auch Lugitsch[12] am 17.5.1953 acht Individuen antreffen. Bauer et al.[13] bezeichneten den Rotkehlpieper dann als spärlichen, aber regelmäßigen Durchzügler und führen weitere Frühjahrs- wie Herbstbeobachtungen an, die phänologisch gut in das heutige Bild passen. Bis zur Jahrtausendwende liegen dann überraschend wenige Meldungen vor[6], was weiterhin der geringen Kenntnis über die Art geschuldet sein mag. Erst ab 2006 kommt es alljährlich zu einer zunehmenden Zahl an Beobachtungen, was sich mit Einrichtung der Meldeplattform ornitho.at ab 2013 noch einmal verstärkte. Insbesondere kam es 2011 zu einem auffallenden Herbstdurchzug, der abseits vom Schlafplatzgeschehen (siehe unten) Trupps mit bis zu >50 Exemplaren ins Gebiet brachte, z. B. am 29.9.2011 an der Westlichen Wörthenlacke/Apetlon[14]. Generell überwiegen aber Beobachtungen von Einzelvögeln. Am jährlichen Frühjahrszug werden in geringem Ausmaß auch Trupps mit maximal 16 Vögeln festgestellt, z. B. auf den Zitzmannsdorfer Wiesen am 5.5.2021[15]. Im Herbst sind Beobachtungen größerer Trupps häufiger, z. B. 21 Individuen am 3.10.2018 an der Östlichen Hutweidenlacke/Apetlon[16].

Jahreszeitliches Auftreten

Der Frühjahrszug beginnt Mitte April und endet nach einem Zuggipfel in der 1. Maidekade relativ rasch in der 2. Maidekade. Erste Beobachtungen liegen ab dem 15.4.2011 (Geiselsteller/Illmitz[17]) vor, die letzte Frühjahrsbeobachtung datiert mit dem 25.5.1983 aus dem Hanság[18]. Außergewöhnlich früh liegt ein Nachweis vom 15.3.2016 mit einem Exemplar bei Ürge-domb, Mekszikópuszta[19].

Im Vergleich zum Frühjahr überwiegen die Herbst-Beobachtungen deutlich und streuen wesentlich länger über zweieinhalb Monate zwischen Anfang September und der ersten Novemberdekade. Das trifft auch auf das Auftreten im ungarischen Teil des Avifauna-Gebiets zu. Ausnahmsweise liegen auch darüber hinaus Beobachtungen vor, wie vom 15.8.1994 am Illmitzer Zicksee[20] bzw. am 13.11.2011 von der Langen Lacke[21]. Beobachtungen aus dem August und aus dem November sind aber generell Ausnahmen und immer besonders zu überprüfen. Der Zuggipfel im Herbst liegt in der ersten Oktoberdekade, wie auch eine langjährige Schlafplatz-Erhebung zwischen 2011 und 2020 an der Lange Lacke aufzeigt[3]. In acht von 10 Jahren fallen hier die höchsten Zahlen in diesen Zeitabschnitt (bei großer Schwankungsbreite mit maximal >250 Individuen am 2.10.2011[2]). Doch wurden Maximalzahlen auch schon in der 3. Septemberdekade mit 110 Individuen am 28.9.2019 festgestellt[3]. Phänologisch verläuft das Zuggeschehen in der westlich des Bearbeitungsgebietes gelegenen Steiermark sehr ähnlich[22].

Zugverhalten und Ringfunde

Der Rotkehlpieper ist ein Langstreckenzieher, der von Ost nach West in abnehmender Zahl durch ganz Europa in sein Winterquartier fliegt. Populationen der Westpaläarktis überwintern überwiegend in Ostafrika, in geringeren Anteilen auch im Westen und Norden Afrikas bzw. am Persischen Golf[23, 24]. Auch wenn für das (westliche) Mitteleuropa ein Überwiegen des Heimzuges festgestellt wurde[24], trifft dies für die Neusiedler See-Region nicht zu. Ringfunde sind aus dem Gebiet nicht bekannt.

Quellen: [1] *www.ornitho.at,* [2] *H.-M. Berg, D. Walter, unpubl. Daten,* [3] *H.-M. Berg, unpubl. Daten,* [4] *A. Ranner/ornitho.at,* [5] *Bauer et al. (2005),* [6] *Archiv BirdLife Österreich,* [7] *Fászl (1883),* [8] *Chernel (1919),* [9] *Aumüller (1967),* [10] *Niethammer (1940),* [11] *Zimmermann (1943),* [12] *Lugitsch (1954),* [13] *Bauer et al. (1955),* [14] *L. Khil, Ch. Wende u.a./ornitho.at,* [15] *M. Dvorak/ornitho.at,* [16] *C. Schütz/ornitho.at,* [17] *S. Zinko/ABÖ,* [18] *F. Samwald/ABÖ,* [19] *A. Pellinger/Archiv FHNP),* [20] *J. Laber/ABÖ,* [21] *A. Tenhola, B. Ortner/ornitho.at,* [22] *M. Tiefenbach in Albegger et al. (2015),* [23] *Glutz von Blotzheim & Bauer (1985),* [24] *Dierschke & Dierschke (1991),* [25] *Archiv FHNP*

Hans-Martin Berg & Tibor Hadarics

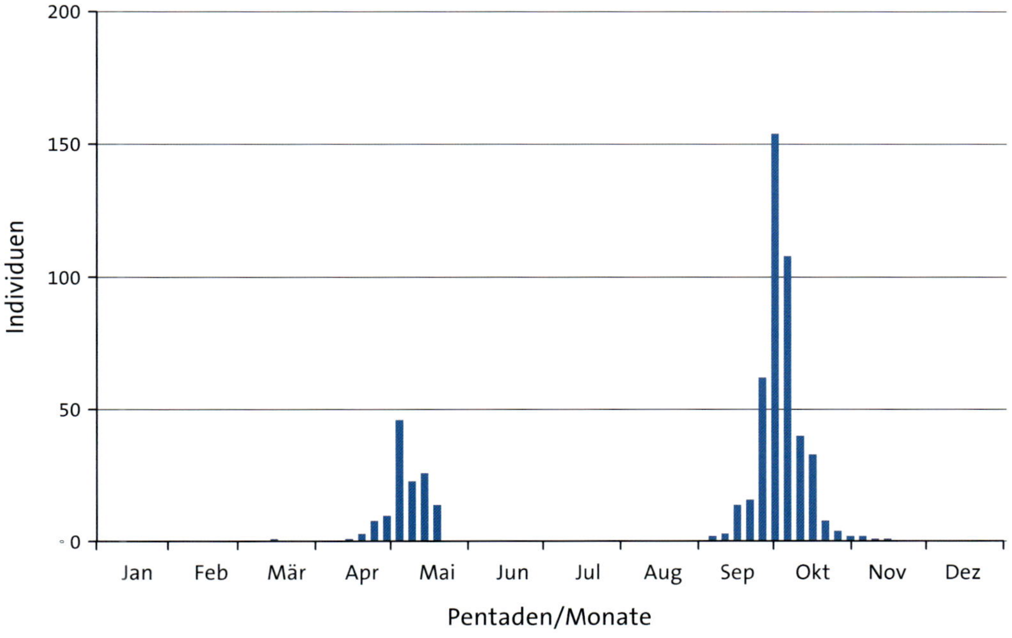

Jahreszeitliches Auftreten des Rotkehlpiepers (Pentadensummen) basierend auf Daten aus Österreich und Ungarn aus den Jahren 2011–2019 (n = 582)[1, 6, 25].

Bergpieper *Anthus spinoletta* (Pallas, 1811)

Havasi pityer – Water Pipit

Seltener bis mäßig häufiger Durchzügler und Wintergast, vor allem im Seevorgelände, an den Lackenrändern und auf feuchten Wiesen

Verbreitung und Lebensraum

Der Bergpieper ist eine im Alpenraum weit verbreitete Charakterart der Hochgebirge, wo er offene, aber gut strukturierte Graslandschaften bewohnt. Im Winter tritt er in Mitteleuropa in Tief- und Tallagen auf nassen Äckern und Wiesen sowie unterschiedlichen Schlamm- und Schlickflächen auf[1]. Im Avifauna-Gebiet wird der Bergpieper in gehölzarmen Abschnitten des westlichen, östlichen und südöstlichen Seevorgeländes, vor allem im Raum Illmitz/Apetlon, im Bereich der Mekszikópuszta (Borsodi-dűlő, Nyéki-szállás, Pap-rét), sowie im zentralen Lackengebiet des Seewinkels zwischen Langer Lacke, Darscho, Fuchslochlacke und St. Andräer Zicksee und im zentralen Hanság südöstlich Tadten angetroffen. Diese Verteilung spiegelt aber zu einem gewissen Grad auch die bevorzugt begangenen Gebietsteile wider, da aus anderen geeigneten Lebensräumen Nachweise selten sind, wie von den Zitzmannsdorfer Wiesen und dem Westufer oder Meldungen gänzlich fehlen, wie aus dem nördlichen Lackengebiet oder von den Schottergruben im Albrechtsfeld[2–4]. Der Bergpieper wird vor allem auf gehölzarmen, feuchten oder nassen Wiesen und Weiden im Seevorgelände, auf trockenfallenden, schlammigen Blänken, auf Salzwiesen, auf schottrigen Lackenrändern, an offenen Kanälen aber auch auf temporär vereisten Flächen beobachtet. Regelmäßig werden auch renaturierte Feuchtgebietsflächen (Ungarn) auf dem Zug und im Winter genutzt. Selten werden Äcker und Weingärten als Rastplätze genannt. Vermutlich werden auch trockenfallende Blänken im für regelmäßige Kontrollen schwer zugänglichen Schilfgürtel des Neusiedler Sees von der Art aufgesucht. Ziehende Vögel werden auch im baumbestandenen Seevorgelände, zumeist in Seebädern, beobachtet[2–4].

Bestand und Bestandsentwicklung

Frühe Erwähnungen aus dem 19. Jahrhundert finden sich bei Fászl[5] und Uhlig[6], die ein Auftreten im Hochwinter am Südufer des Neusiedler Sees anführten. In der Sammlung E. von Huszthy wird ein Beleg eines juvenilen Weibchens vom 30.5.1890 aus Sopron genannt[7]. Dieser Beleg erscheint aber allein schon von der Datierung her problematisch. Den weiteren Mangel an Meldungen bis in die 1940er Jahre begründete Zimmermann[8] mit dem weitgehenden Fehlen von

Frauenkirchen, 23.1.2019 (Leander Khil)

Begehungen des Gebietes im Winter. Erst Bauer et al.[9] führten mehrere Beobachtungen aus dem Seevorgelände bei Neusiedl am See an und stuften den *„Wasserpieper"* als *„spärlichen aber wohl regelmäßigen Wintergast"* ein. Die nachfolgende Zunahme an Beobachtungen geht mit der ansteigenden Beobachtertätigkeit auch im Winter einher[10,11] und spätestens mit Etablierung der Meldeplattform ornitho.at im Jahr 2013 erhöhten sich die Meldungen und fehlen seit 2007 in keinem Jahr mehr. Das zahlenmäßig sehr heterogene Auftreten über die Jahre ist dabei auffällig. Die „Spitzenjahre" (1976, 1995, 1996, 2013, 2015, 2017, 2018) sind mit der Beobachtung einzelner großer Trupps zu belegen, überraschend ist aber das mehrjährige, weitgehende Fehlen der Art in den Zeiträumen 1980–1988 und 2002–2006. Diese Abschnitte fallen aber zumindest zum Teil in Perioden mit ausgesprochenen „Kältewintern" in Österreich[12].

Jahreszeitliches Auftreten

Der Frühjahrsdurchzug verläuft im österreichischen Anteil des Avifauna-Gebietes zwischen Mitte März und Mitte April, kann sich aber bis in die erste Maidekade erstrecken, z. B. drei Individuen nach Norden ziehend am 3.5.1997 am Jungerberg[13] oder ein Individuum am 7.5.2017 am Krautingsee[14]. Am im Vergleich zum Frühjahr schwächer ausgeprägten Herbstzug wird die Art von Anfang Oktober bis Ende November beobachtet, ein Zuggipfel zeichnet sich Ende Oktober ab. Im ungarischen Anteil datiert die früheste Herbstbeobachtung vom 18.9.2007 mit einem diesjährigen Individuum bei Mekszikópuszta[15]. Ansonsten zeigt sich ein ähnliches, phänologisch verlaufendes Zuggeschehen wie in Österreich.

Winterbeobachtungen werden aus pragmatischen Gründen mit einem Zeitraum vom 1. Dezember bis 28. Februar abgegrenzt. Dafür spricht auch das Muster des Auftretens am häufigsten Beobachtungsort, der Warmblutkoppel bei Illmitz. Vereinzelt mag der Frühjahrszug aber bereits im Februar beginnen. Mehrwöchige oder gar durchgehende Überwinterungen lassen sich ohne Markierung der Vögel kaum beweisen, auch das zeitliche Muster der Winternachweise spricht nicht dafür. Allerdings liegen Beobachtungsreihen vor, die zumindest ein mehrtägiges bzw. über einwöchiges Verweilen im Gebiet im Winter und zur Zugzeit plausibel machen, z. B. von einem Individuum auf der Warmblutkoppel von 17.2. bis 26.2.2017 sowie ebenda bis zu 15 Exemplare zwischen 21.3. und 3.4.2015[3]. Mit 54 % aller Beobachtungen im Avifaunagebiet (1967–2019) wurden ganz überwiegend Einzelvögel gemeldet, 39 % betreffen Trupps von 2-10 Individuen, nur 7 % machen Beobachtungen mit mehr als 10 Individuen aus[2,3]. Ansammlungen mit mehr als 20 Individuen sind aber seltene Ereignisse (n = 9), z. B. 55 Individuen am 22.2.2013 im Wiesengelände südwestlich Apetlon[16], 70 Individuen am 27.3.1996 im Martenthau[17] und 78 am 2.12.2017 in der Hölle/Illmitz[18]. In Ungarn zeigen die Nachweise von 1992–2019 (n= 89 Nachweise) eine Tendenz zum Auftreten größerer Trupps: Mit 46 % dominieren Vorkommen mit 2–10 Exemplaren, während nur 36 % der Nachweise Einzelvögel betreffen. Bemerkenswerte 18 % der Meldungen betreffen Beobachtungen mit mehr als 10 Exemplaren[4]. Von diesen 16 Fällen stammen aber allein 11 aus dem Winter 2017/18, der auch in Österreich die gemeldete Höchstzahl aufweist (siehe oben). Gruppen von 20 oder mehr Individuen wurden 14-mal beobachtet, mit bemerkenswerten Höchstwerten von 92 Individuen am 5.3.2018 bei Pap-rét, 75 Individuen am 18.1.2021 bei Nyéki-szállás und 60 Individuen am 29.1.2009 im Gebiet der Mekszikópuszta[4]. Das Auftreten größerer Trupps lässt sich nicht schlüssig mit großräumigen Witterungsereignissen erklären.

Zugverhalten und Ringfunde

Bergpieper gelten als Zug- und Strichvögel, die mit Zugrichtungen nach Südwest und Südost einerseits im Mittelmeerraum bis in küstenferne Gebiete Nordwest-Afrikas überwintern und andererseits im Winter mit Zugrichtungen nach Nordwest bis Nordost in nördlich der Alpen gelegene Tieflagen Mitteleuropas bis zur Nord- und Ostsee fliegen. Ein in Luxemburg besenderter Wintergast flog in ein Brutgebiet im Salzkammergut an der Grenze Oberösterreich/Steiermark[19]. Aus dem Avifauna-Gebiet liegt lediglich ein Fang-/Wiederfang vor. Ein am 6.10.2016 im Borsodi-dűlő (Mekszikópuszta) beringter diesjähriger Vogel wurde an derselben Stelle zwei Jahre später, am 9.10.2018, wieder gefangen[4]. Die Herkunft der im Gebiet auftretenden Vögel ist aber unbekannt. Wahrscheinich ist ein Auftreten von Vögeln aus dem Brutgebiet der östlichen Randalpen und aus tschechischen Brutgebieten, deren Vögel u. a. in Süditalien und Griechenland überwintern[20].

Quellen: [1] *Glutz von Blotzheim & Bauer (1985),* [2] *Archiv BirdLife Österreich,* [3] *www.ornitho.at,* [4] *T. Hadarics, unpubl. Daten,* [5] *Fászl (1883),* [6] *Uhlig (1896),* [7] *Aumüller (1967),* [8] *Zimmermann (1943),* [9] *Bauer et al. (1955),* [10] *Ganso (1960),* [11] *Vauk (1961),* [12] *www.zamg.at.ac,* [13] *A. Ranner/ABÖ,* [14] *U. Lindinger/ornitho.at,* [15] *S. Mogyorósi u. a./birding.hu,* [16] *L. Khil/ornitho.at,* [17] *G. Wichmann/ABÖ,* [18] *H.-M. Berg/ornitho.at,* [19] *Klein (2019),* [20] *Cepák et al. (2008)*

Hans-Martin Berg, Benjamin Knes & Tibor Hadarics

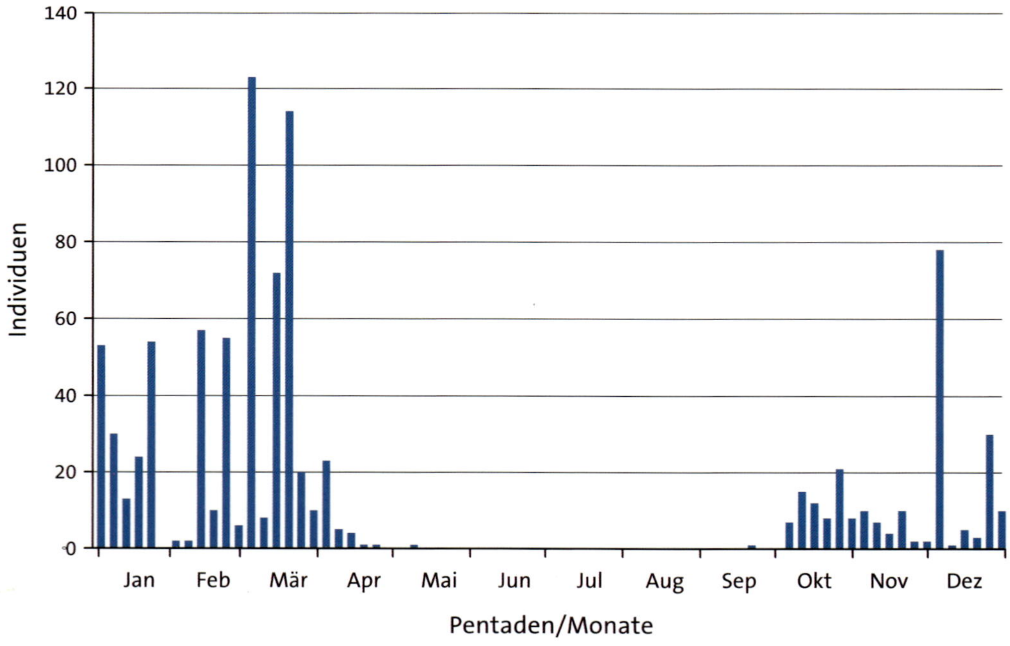

Jahreszeitliches Auftreten des Bergpiepers (Pentadensummen gemeldeter Individuen) basierend auf Daten aus Österreich und Ungarn aus den Jahren 2011–2018 (n = 922)[3,4].

Strandpieper *Anthus petrosus* (Montagu, 1798)

Parti pityer – Eurasian Rock Pipit

Borsodi-dűlő, Mekszikópuszta, 10.10.2016 (Tibor Hadarics)

Ausnahmeerscheinung

Vorkommen

Ein Nachweis bei Mekszikópuszta:

- 10.10.2016 Borsodi-dűlő, 1 dj. Fängling (T. Hadarics [1–3])

Quellen: *[1] Hadarics (2016), [2] Hadarics (2017b), [3] MME Nomenclator Bizottság (2019)*

Tibor Hadarics

Buchfink *Fringilla coelebs* Linnaeus, 1758

Erdei pinty – Common Chaffinch

Sankt Andrä am Zicksee, 24.5.2016, Männchen (Leander Khil)

Häufiger Brutvogel, Durchzügler und Wintergast; am Durchzug, vor allem im März und Oktober, in sehr großen Schwärmen

Verbreitung und Lebensraum

Als einer der in Mitteleuropa häufigsten Brutvögel baumbestandener Habitate und Wälder, bewohnt der Buchfink im Neusiedler See-Gebiet Gehölze aller Art, von Wäldern, Windschutzstreifen, Feldgehölzen, Hainen und Einzelbäumen angefangen, bis hin zu innerörtlichen Parkanlagen, Friedhöfen, Gärten und baumbestandenen Grünflächen. Wesentlich sind unterholzfreie, offene Bodenflächen unter den Bäumen oder an den Gehölzrändern für die Nahrungssuche. Am Süd- und Westufer des Neusiedler Sees kommt die Art in gehölzreichen Landwirtschaftsflächen, in angelegten Windschutzbeständen, in Baumreihen neben Verkehrs- und Güterwegen, sowie in Wäldchen und Auwaldresten vor [1, 2]. Am Ostufer sind Buchfinken in denselben Habitaten zu finden, unter anderem in den Wäldchen rund um die Ortschaften, in Altbaumbeständen der Gärten, Friedhöfe und Parkanlagen, in Obstgärten und anderen baumbestandenen Agrarflächen, in den Seebädern, den Au- und Bruchwäldern des Hanságs, sowie in angelegten, höheren Gehölzbeständen jeglicher Art.

Bestand und Bestandsentwicklung

Buchfinken haben, wie manch andere Singvogelarten, das Neusiedler See-Gebiet einem West-Ostgradienten folgend erschlossen: Auch wenn im 19. Jahrhundert der in Apetlon lebende Jukovits [3] die Art als häufige Erscheinung betrachtete, der in Sopron lebende Fászl [4] von Buchfinken in großer Zahl berichtete und diese auch als Wintergäste kannte und von Dombrowski [5] den Buchfinken im Park von Esterháza als gemeinen Standvogel beschrieb, gab es bis Ende des 19. Jahrhunderts auf der Ostseite und wohl auch am Südufer des Sees nur vereinzelte Sichtungen, während die Art vom Westufer, genauer von den Wäldern des Leithagebirges, als häufige Erscheinung und Brutvogel bekannt war. Vor allem war es für viele Autoren rätselhaft, dass die überall so häufigen Buchfinken östlich des Neusiedler Sees als Brutvögel fehlten. Anfang des 20. Jahrhunderts gab es lediglich einzelne Meldungen der Art, so berichtete Schenk [6] von Buchfinken am Südufer, die zur Zeit der Weintraubenreife zeitgleich mit den großen Starenschwärmen *„von den süßen Weintrauben schmausen"*. Steinparz[7] konnte bei einer Seeumrundung auf der Strecke von Fertőboz nach Illmitz in einem Robinienwäldchen einen Buchfink singen hören, Király[8] berichtete von einer Buchfinken-Sichtung in den Weiden im Hanság und Steinfatt[9] sah zwei Individuen am Nord- und Ostufer des Sees. Auch Zimmermann[10] konnte die Art *„so sehr er dieser auch nachging, am Ostufer brütend nirgends bestätigen und begegnete ihr auch am Westufer zur Brutzeit nur äußerst spärlich"*. Als Durchzügler war der Buchfink für Zimmermann[10] aber eine regelmäßige und häufige Erscheinung. Bauer et al.[11] bestätigten die Spärlichkeit von brütenden Buchfinken am Nord- und Ostufer, während sie die Art als häufigen Brutvogel des Westufers und regelmäßigen Durchzügler dokumentierten. Auch in den 1950er und 1960er Jahren wurden Buchfinken im Seewinkel nicht alljährlich gesichtet. Samwald[12] konnte mit seiner Beringungstätigkeit einige Individuen nachweisen, im Lackengebiet des Neusiedler Sees berichtete Ganso[13] von einer Sichtung kleinerer Trupps im Winter und Vauk[14] von zwei bis fünf Individuen im Spätherbst. In diesen Jahrzehnten fanden wahrscheinlich auch am ungarischen Südufer die ersten Ansiedlungen statt. Noch Anfang der 1970er Jahre berichtete Kurth[15], dass *„die Besiedlung des Seewinkels durch neue Singvögel zur Brutzeit, beispielsweise durch Buchfinken, bloß zögernd und diskontinuierlich erfolgt"*. Die wenigen vorliegenden Meldungen aus den 1970er und 1980er Jahren zeigten ein unverändertes Bild von unregelmäßigen Beobachtungen in schwankenden Zahlen, doch wiesen erste Meldungen singender Männchen östlich des Neusiedler Sees auf eine beginnende Besiedelung hin. Dass der Buchfink damals bestenfalls vereinzelt im Seewinkel brütete, zeigten zahlreiche Begehungen verschiedener Baumbestände und Wäldchen in den Gemeinden Illmitz und Apetlon aus den Jahren 1981–1985, die alle ohne Nachweise Revier haltender Buchfinken blieben[16]. Erst ab der zweiten Hälfte der 1980er Jahre dürfte mit dem Älterwerden vieler Baumbestände auch die flächige Besiedlung des Neusiedler See-Gebiets eingesetzt haben: 1998 und 2020 wurden beispielsweise bei Pamhagen auf einer stark baumbestandenen Fläche von 3,75 km² sechs bzw. 10 Reviere kartiert[17]. Am Westufer des Sees war die Art hingegen bereits damals häufig, auf 6,2 km² zwischen Jois und Winden wurden 1997 bei einer Revierkartierung nicht weniger als 23 Territorien erfasst, bei einer zweiten Kartierung 2020 waren es allerdings nur mehr neun[17].

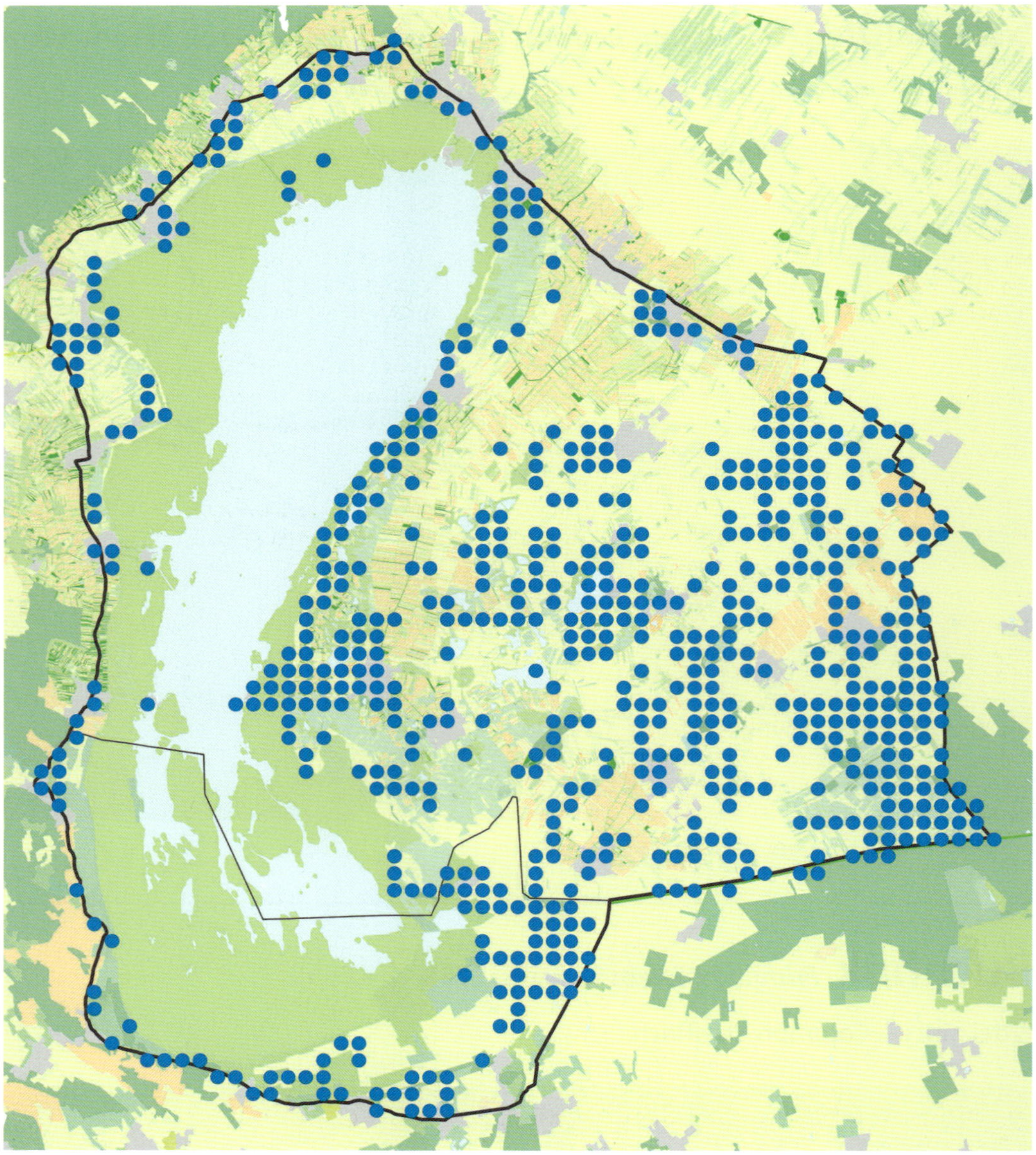

Brutzeitverbreitung des Buchfinken, basierend auf Beobachtungen in den Monaten April bis Juli (ohne Trupps > 4) aus den Jahren 2011–2021[24–26].

Heutzutage ist der Buchfink ein weit verbreiteter und häufiger Brutvogel überall dort, wo es Baumbestände gibt. In den Jahren 2016–2018 wurden in 19 Wäldchen und Baumbeständen des Seewinkels Erhebungen der Brutvögel durchgeführt und dabei insgesamt 160 Reviere auf 18 der 19 Probeflächen gezählt[16]. Der Buchfink war damit nach der Mönchsgrasmücke die zweithäufigste Vogelart der Probeflächen mit einer mittleren Siedlungsdichte von 8,6 Revieren/10 ha. Einige Wälder beherbergten dabei größere Bestände, wie z. B. das Wallerner Wäldchen (31 Reviere auf 16,7 ha) und das Mitterried (28 auf 30,3 ha). Deutlich seltener ist er in den Verlandungszonen des ungarischen Südufers, da hier bei einem geringeren Anteil landwirtschaftlicher Nutzflächen auf feuchten Böden mit geschlossener Vegetationsdecke weniger Habitate zur Verfügung stehen.

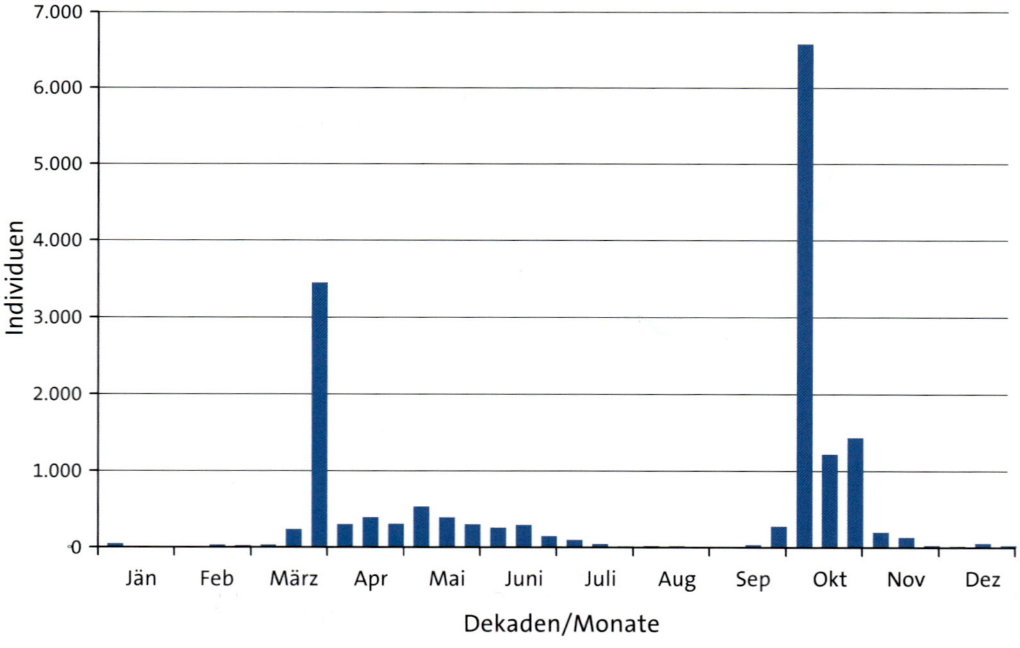

Jahreszeitliches Auftreten des Buchfinken (Dekadensummen gemeldeter Individuen) basierend auf Daten aus Österreich aus den Jahren 1990–2018 (n = 17.059)[23, 24].

Jahreszeitliches Auftreten

Die Verteilung der Nachweise zeigt ein vermehrtes Auftreten der Art während der Zugzeiten, mit einem im Mittel individuenreicheren Herbstdurchzug, obgleich das bisherige Maximum an gleichzeitig anwesenden Vögeln in der dritten

Märzdekade zu beobachten war. Buchfinken sind das ganze Jahr über im Gebiet präsent, mit mehrheitlichen Sichtungen von April bis Juni, was wohl auf das Balz- und Territorialverhalten und die damit verbundene Gesangsaktivität der Männchen zurückzuführen ist, wodurch die Art auffälliger und damit leichter beobachtbar wird. Eine Überlappung des Frühjahrszugs mit der beginnenden Brutaktivität im März und April ist nicht auszuschließen. Mit dem Flüggewerden der Jungvögel ab Mai sind Fütterungs- und Bettelverhalten für kontinuierliche bis steigende Beobachtungszahlen verantwortlich, die mit dem Ende dieser Phase und der beginnenden Mauserzeit im Juli wieder zurückgehen. Der Herbstdurchzug scheint im September einzusetzen und endet mit November. Zwar sind Buchfinken den Winter über im Neusiedler See-Gebiet beobachtbar, von einem erhöhten Aufkommen nördlicher Vögel ist jedoch nicht auszugehen.

Zugverhalten und Ringfunde

Der Buchfink gilt in Mitteleuropa in unterschiedlicher Ausprägung als Standvogel und Teilzieher, östliche und nördliche Vögel sind hingegen Zugvögel. Je nach Strenge des Winters können Buchfinken in klimatisch günstigere Gebiete abwandern, die Brutvögel des Karpatenbeckens in erster Linie nach Italien[18]. Nördliche Populationen ziehen ab September in ihre Winterquartiere, die Zugbewegung ist – wie bei den meisten Finkenarten – generell nach Südwest gerichtet. Am Zug vergesellschaften sich Buchfinken oftmals mit Grünlingen, Stieglitzen und Hänflingen und oft findet eine Trennung der Geschlechter statt[19]. Im Neusiedler See-Gebiet wurden in den 2010er Jahren große Schwärme zu den Zugspitzen beobachtet. So konnten im März 2011 3.000 Individuen im Hanság[20], im Oktober 2016 1.000 auf der Graurinderkoppel[21], sowie im Oktober 2018 2.000 Buchfinken im Illmitzer Seebad[22] dokumentiert werden.

Quellen: [1] *Haraszthy (2019),* [2] *Jánoska (2001),* [3] *Jukovits (1864/65),* [4] *Fászl (1883),* [5] *von Dombrowski (1889),* [6] *Schenk (1917a),* [7] *Steinparz (1926),* [8] *Király (1933),* [9] *Steinfatt (1936),* [10] *Zimmermann (1943),* [11] *Bauer et al. (1955),* [12] *Samwald (1965),* [13] *Ganso (1960),* [14] *Vauk (1962),* [15] *Kurth (1970),* [16] *M. Dvorak, unpubl. Daten,* [17] *BirdLife Österreich, unpubl. Daten,* [18] *Halmos in Csörgő et al. (2009),* [19] *Bochmann (1934),* [20] *W. Stani/ABÖ,* [21] *S. Birrer/ornitho.at,* [22] *S. Zinko, R. Grassmugg/ornitho.at,* [23] *Archiv BirdLife Österreich,* [24] *www.ornitho.at,* [25] *Archiv MME Sopron,* [26] *Archiv FHNP*

Nikolaus Filek & Csilla Kiss

Bergfink *Fringilla montifringilla* Linnaeus, 1758

Fenyőpinty – Brambling

Sankt Andrä am Zicksee, 19.3.2016 (Leander Khil)

Fast alljährlicher Durchzügler und Wintergast in schwankender Anzahl, unregelmäßig finden auch größere Einflüge statt

Verbreitung und Lebensraum

In Europa brütet der Bergfink in lichten Nadel- und Birkenwäldern des Nordens, wo er als einer der häufigsten Brutvögel gilt. Den Winter verbringen die Vögel in Wäldern, aber auch in landwirtschaftlich genutzten Gebieten Mittel-, Süd und Westeuropas. Rund um den Neusiedler See sind Beobachtungen in den unterschiedlichsten Lebensräumen möglich, wie etwa in Weingärten und sonstigen landwirtschaftlich genutzten Flächen der Seegemeinden, auf Hutweiden und anderen Wiesengebieten im zentralen Seewinkel, im Lange Lacken-Gebiet und im Hanság, sowie in Baum- und Gebüschbeständen jeglicher Art, wie z.B. in Windschutzstreifen, Wäldchen und Einzelbäumen rund um Illmitz und Podersdorf oder in den Seebädern. Im Agrarland des Albrechtsfelds, wo sich die Vögel von unterschiedlichen Sämereien ernähren, können immer wieder individuenreiche Bergfinkenschwärme beobachtet werden.

Bestand und Bestandsentwicklung

Noch vor Zimmermann[1] und Bauer et al.[2] berichtete von Dombrowski[3] im April 1887 von einer Sichtung *„großer Seltenheit von vier Bergfinken im Parke zu Esterháza"*. Zimmermann[1] meinte dazu, *„daß die Feststellungen des Vogels bei regelmäßigen Winterbeobachtungen sich wesentlich werden vermehren lassen"*. Er selbst sah zwei Individuen im April 1941 zwischen Illmitz und Apetlon und vermeldete nach einer mündlichen Mitteilung von Hinker zwei weitere Vögel im Jänner 1942. Ein Jahrzehnt später berichteten Bauer et al. von 7–8 Bergfinken im Dezember 1952 rund um die Badeanlage bei Neusiedl am See und stuften die Art als unregelmäßigen, aber nicht allzu seltenen Wintergast ein[2]. Diese Annahme bewahrheitete sich durch die Dokumentation verschiedener Ornithologen ab Mitte der 1960er Jahre, denn – mit wenigen Ausnahmen – war der Bergfink zu dieser Zeit ein alljährlich erscheinender Zugvogel und Wintergast. In den 1970er Jahren gab es die bis dahin größten dokumentierten Trupps von 100 Bergfinken 1977 im Hanság[4] und 1979 zwischen Halbturn und Andau[5]. Die 1980er und 1990er Jahre zeigten ein unverändertes Bild von alljährlichen Sichtungen von Durchzüglern und Wintergästen in schwankender Zahl, die größten Schwärme von 500 bzw. 300 Exemplaren wurden 1990 bei Fertőszéplak[6] und 1999 im Hanság[7] angetroffen. Nach einer mehrjährigen Abwesenheit konnten erst wieder im Winter 2005/2006 Truppgrößen bis zu 400 Exemplaren erfasst werden[8, 9]. Anfang der 2010er Jahre trat die Art weniger in Erscheinung und erst seit der zweiten Hälfte der 2010er Jahre, v.a. um den Jahreswechsel 2017/2018, begannen sich die Sichtungen wieder zu mehren. 2018 konnten im Jänner bei Apetlon 400 Bergfinken[10] und im März in Breitenbrunn der bisher größte Trupp im Neusiedler See-Gebiet mit 850 Bergfinken beobachtet werden[11].

Jahreszeitliches Auftreten

Die Beobachtungen der Art verteilen sich schwerpunktmäßig von Ende Oktober bis Anfang März. Erste Sichtungen sind ab Anfang Oktober möglich, bisherige Individuensummen gipfelten im Jänner und März, was wiederum auf den Winter 2017/2018 zurückgeführt werden kann, der auch zu einem vermehrten Einflug anderer nordischer Vögel führte. Für gewöhnlich sind Bergfinken bis April im Neusiedler See-Gebiet beobachtbar, in den 1970er und 2000er Jahren kamen jedoch vereinzelt auch noch Sichtungen im Mai vor[12, 13].

Zugverhalten und Ringfunde

Im Vergleich zu anderen Finkenarten zeigt der Bergfink ein sehr ausgeprägtes Zugverhalten. Die Vögel ziehen ab September in ihre Winterquartiere, die Zugbewegung ist generell nach Südwest gerichtet. Ein 1977 in der Biologischen Station Illmitz beringtes Individuum wurde fünf Jahre später in Vicenza/Italien wiedergefangen[14]. Die Brutgebiete im Norden werden vollständig verlassen und wie in vielen Gebieten Mittel- und Südeuropas können auch im Karpatenbecken in unregelmäßigen Abständen Masseneinflüge stattfinden[8]. Zwar werden im Winter unterschiedlichste Lebensraumtypen besiedelt, bevorzugte Winterhabitate sind allerdings ausgedehnte Buchenwälder, da Bucheckern eine wichtige Nahrungsquelle bilden. Die Winterquartiere werden gewöhnlich von Oktober bis April besetzt.

Quellen: [1] *Zimmermann (1943),* [2] *Bauer et al. (1955),* [3] *von Dombrowski (1889),* [4] *A. Billek/ABÖ,* [5] *W. Lehmann/ABÖ,* [6] *T. Hadarics, unpubl. Daten,* [7] *A. Nemetschek/ABÖ,* [8] *Halmos in Csörgő et al. (2009),* [9] *A. Pellinger, unpubl. Daten,* [10] *R. Grassmugg/ornitho.at,* [11] *B. Tobler/ornitho.at,* [12] *Archiv BirdLife Österreich,* [13] *www.ornitho.at,* [14] *Österreichische Vogelwarte, unpubl. Ringfund*

Nikolaus Filek & Csilla Kiss

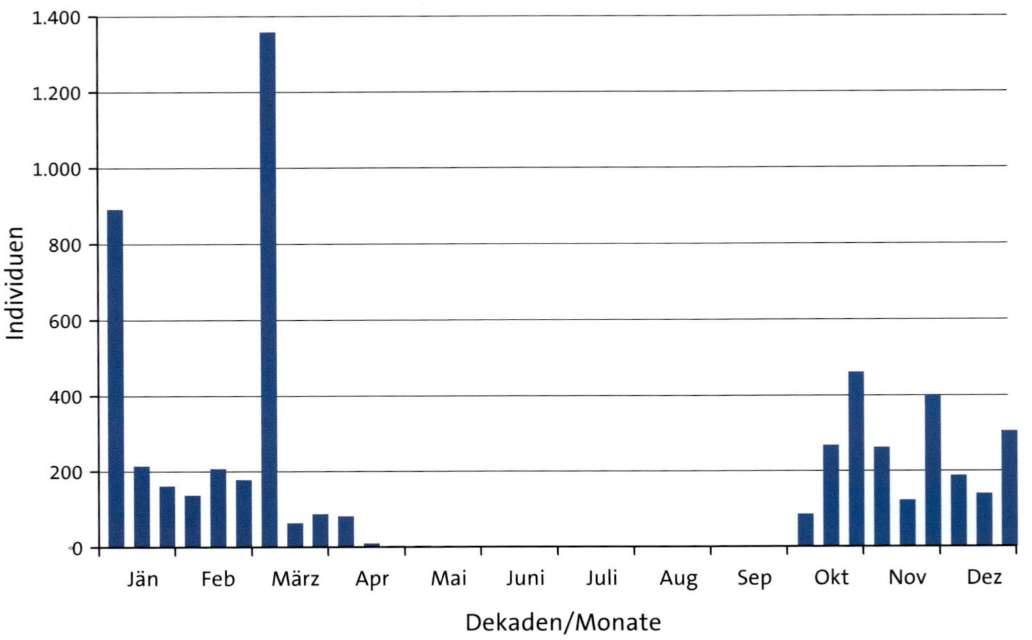

Jahreszeitliches Auftreten des Bergfinken (Dekadensummen gemeldeter Individuen) basierend auf Daten aus Österreich aus den Jahren 1967–2018 (n = 5.637)[12,13].

Kernbeißer *Coccothraustes coccothraustes* (Linnaeus, 1758)

Meggyvágó – Hawfinch

Hölle, Podersdorf, 9.1.2022 (Michael Dvorak)

Sehr seltener Brutvogel und von September bis April mäßig häufiger Durchzügler und Wintergast

Verbreitung und Lebensraum

In Europa brüten Kernbeißer beinahe überall, wo Laub- und Mischwälder vorhanden sind. Im Neusiedler See-Gebiet sind hochwüchsige Baum- und Gebüschbestände aller Art, wie Windschutzstreifen, Wäldchen, Parks, baumreiche Friedhöfe und große Gärten bevorzugte Habitate. Im Winter werden auch Nadelgehölze aufgesucht. Nachweise stammen überwiegend aus den Wäldchen um Illmitz und anderen Ortschaften, von größeren Windschutzstreifen wie bei der Biologischen Station Illmitz oder der Hölle südlich von Podersdorf, von den hochwüchsigen Baumbeständen um den St. Andräer Zicksee, sowie aus dem Hanság.

Bestand und Bestandsentwicklung

Auch wenn Zimmermann[1] der Kernbeißer noch nicht als Vogel des Seegebiets bekannt war, so stellte er dennoch Literaturangaben über die Art aus der umgebenden Region zusammen und berichtete, dass Fászl[2] den Kernbeißer *„als regelmäßigen und häufigen Brutvogel seines Wohnortes"* kannte und von Dombrowski[3] den Kernbeißer *„im Park von Esterháza als häufigen Brutvogel"* antraf. Er nahm weiters an, dass die Art im Gebiet des Süd-, West- und Nordufers als Brutvogel zu finden sei. Der erste gesicherte Nachweis einer Kernbeißerfamilie mit flüggen Jungen gelang Bauer et al.[4] im Juli 1951 zwischen Winden und dem Leithagebirge. Weiters wurde im November 1952 zwischen Neusiedl am See und Jois ein adultes Männchen festgestellt. Sie stuften die Art daher als wahrscheinlichen Brutvogel des Westufers entlang des Leithagebirges ein und als gelegentlichen Besucher des engeren Seegebiets; für den Neusiedler Friedhof wurde ausnahmsweise eine Brut nachgewiesen[5]. Die nächsten Nachweise des Kernbeißers im Seewinkel erfolgten erst wieder im Mai 1967[6]. Wahrscheinlich ohne die Kenntnis dieser beiden Beobachtungen postulierte Kurth[7] 1970, dass die Art mit Sicherheit nach wie vor als Brutvogel am Ostufer fehlt. Die weitere Entwicklung im Seewinkel lässt sich folgendermaßen zusammenfassen: In den 1970er Jahren kam es zu alljährlichen Sichtungen, vor allem in den Frühlings- und Herbstmonaten, aber auch zur eigentlichen Brutzeit. Im Februar 1980 wurde der bis dahin größte Trupp von 30 Individuen im Neudegg dokumentiert[8]. Generell zeigten die 1980er Jahre aber ein sehr unbeständiges Bild des Vorkommens mit Jahren, aus denen sogar gar keine Meldungen vorliegen[9].

In den 1990er Jahren erfolgten beinahe alljährliche, aber sehr seltene Sichtungen zur Zug- und Brutzeit. Die 2000er Jahre zeigten ein unregelmäßiges Auftreten der Art zu beiden Zugzeiten, sowie in den Wintermonaten, und die ersten Brutnachweise[10, 11] erfolgten in den Jahren 2005 und 2009. Seit den 2010er Jahren wurden die Sichtungen rasch häufiger, was mit einem vermehrten Beobachteraufkommen erklärt werden kann. Im September 2014 kam es im Hanság mit mindestens 103 Individuen zur bisher größten Ansammlung von im Neusiedler See-Gebiet beobachteten Kernbeißern, die in kleineren Gruppen südwestwärts zogen und auf einen invasionsartigen Einflug hinweisen[12]. Im Zuge einer systematischen Erfassung aller Wäldchen des Seewinkels in den Jahren 2016–2018 wurden im Wallerner Wäldchen zwei Reviere und im Illmitzer Wäldchen ein Revier des Kernbeißers nachgewiesen[13]. Die Besiedlung des ungarischen Südufers ist nicht dokumentiert, dürfte aber ebenfalls kaum vor den 1960er Jahren begonnen haben.

Jahreszeitliches Auftreten

Beobachtungen der Art im Bearbeitungsgebiet zeigen einen Schwerpunkt im Herbst, mit einer kontinuierlichen Präsenz der Art bis zum Sommerbeginn. Geht man von durchziehenden Individuen und Wintergästen aus, so sind erste Sichtungen ab September möglich. Die bisher größte Individuensumme wurde in der dritten Septemberdekade dokumentiert. Vermehrte Beobachtungen der Art in den Monaten November und Februar deuten ein verstärktes Durchzugsgeschehen in diesen Monaten an. Wintergäste sind in der Regel bis April im Neusiedler See-Gebiet zu beobachten. Ab dann sind Sichtungen der Art bis in den Juli dem sehr kleinen Brutvorkommen im Gebiet zuzuordnen.

Zugverhalten und Ringfunde

Der Kernbeißer ist in Mitteleuropa Stand- und Strichvogel, in nördlichen und östlichen Gebieten Teilzieher. Die Zugrichtung ist süd- und südwestwärts gerichtet, die Winterquartiere befinden sich in Mittel- und Westeuropa oder im Mittelmeergebiet. Die Durchzügler im Karpatenbecken gelangen überwiegend nach Italien[14]. Ein 1982 an der Biologischen Station Illmitz beringter Kernbeißer wurde drei Monate später in Gorizia bei Udine/Italien wiedergefangen[15] und bestätigt dieses Zugmuster. Häufig finden auch nahrungsbedingte Wanderungen statt, sowie gelegentliche Invasionsbewegungen. Größere Ansammlungen im Winter sind für das Neusiedler See-Gebiet nicht bekannt.

Quellen: *[1] Zimmermann (1943), [2] Fászl (1883), [3] von Dombrowski (1889), [4] Bauer et al. (1955), [5] Bauer (1956), [6] H. Winkler, B. Leisler/ABÖ, [7] Kurth (1970), [8] R. Triebl/ABÖ, [9] R. Triebl, A. Grüll, R. Schütt/ABÖ, [10] A. Grüll/ABÖ, [11] S. Zinko/ ABÖ, [12] R. Meinert/ornitho.at, [13] M. Dvorak, unpubl. Daten, [14] (Halmos in Csörgő et al. 2009), [15] Österreichische Vogelwarte, unpubl. Ringfund, [16] Archiv BirdLife Österreich, [17] www.ornitho.at*

Nikolaus Filek & Csilla Kiss

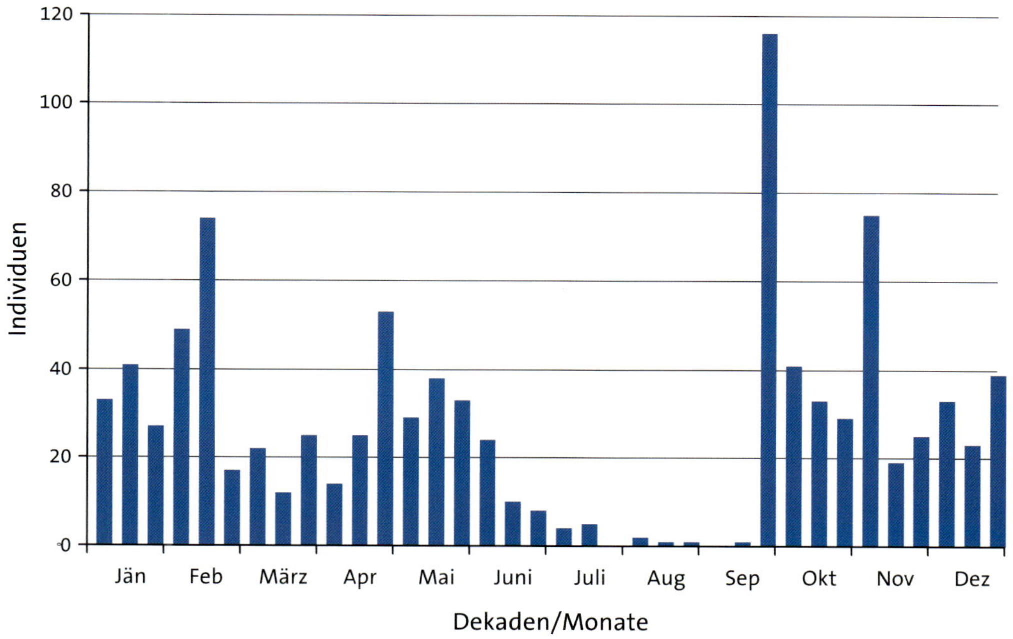

Jahreszeitliches Auftreten des Kernbeißers (Dekadensummen gemeldeter Individuen) basierend auf Daten aus Österreich aus den Jahren 1967–2018 (n = 981)[16, 17].

Gimpel *Pyrrhula pyrrhula* (Linnaeus, 1758)

Süvöltő – Eurasian Bullfinch

Frauenkirchen, 12.11.2021, Weibchen (Leander Khil)

Seltener bis mäßig häufiger Durchzügler und Wintergast von Anfang Oktober bis Ende März

Verbreitung und Lebensraum

Mit seiner Präferenz für Nadel- und Mischwälder der kollinen bis montanen Höhenstufen fehlt der Gimpel dem Neusiedler See-Gebiet als Brutvogel. Die Zug- und Wintergäste halten sich vor allem in Baum- und Gebüschbeständen auf, wie beispielsweise Wäldchen, kleinere Haine oder Windschutzstreifen, aber auch in siedlungsnahen Bereichen. Da Nadelbäume von der Art präferiert werden, konzentrieren sich Beobachtungen oft in nadelholzbestandenen Parkanlagen oder Friedhöfen der Ortschaften. Vermehrt sind Nachweise des Gimpels auch von der Biologischen Station Illmitz, dem Illmitzer Seewäldchen, der Illmitzer Hölle südlich von Podersdorf, dem St. Andräer Zicksee und dem Hanság bekannt, die jedoch auch durch ein vermehrtes Beobachteraufkommen in diesen Bereichen erklärt werden können.

Bestand und Bestandsentwicklung

Die historische Dokumentation der Art rund um das Neusiedler See-Gebiet begann mit Fászl[1], der von regelmäßigen Winterbeobachtungen des Gimpels im Ödenburger Gebiet berichtete. Dass Gimpel auch rund um den See zu finden wären, wurde zwar postuliert, war Zimmermann[2] aber nicht bekannt. Er selbst erwähnte bereits damals die noch zu klärende Frage der verschiedenen Unterarten des Gimpels im ungarischen Raum. Der erste gesicherte Nachweis gelang Bauer et al.[3] im November 1952, als sechs Individuen bei Jois beobachtet werden konnten. Weiters vermuteten die Autoren, dass die Art im Winter häufiger anzutreffen ist. Die Unterart konnte auch bei dieser Beobachtung nicht sicher festgestellt werden. Die nächsten Nachweise wurden 1954 und 1957 von Samwald[4] an der Außenstelle der österreichischen Vogelwarte in Neusiedl am See erbracht. Anfang der 1960er Jahre hörte Ganso[5] mehrere Gimpel nahe Frauenkirchen, Vauk[6] berichtete von drei Individuen *„am Schilfschneideplatz"* und T. Samwald konnte zwei weitere Exemplare an der Beringungsstation fangen[4]. Ab der zweiten Hälfte der 1960er Jahre konnte die Art mit wenigen Ausnahmen alljährlich, größtenteils in den Herbst- und Wintermonaten und zumeist in kleinen Trupps von maximal 10 Individuen, dokumentiert werden. Ende der 1980er Jahre gelang dann der Nachweis der bis dahin größten Ansammlung von 40 Gimpeln im Illmitzer Wäldchen[7]. Die 1990er Jahre zeigten interessanterweise ein sehr unbeständiges Bild hinsichtlich des Vorkommens der Art mit Sichtungen aus nur drei Jahren[8]. In den 2000er Jahren wurde die bis dahin maximale Anzahl gleichzeitig nachgewiesener Gimpel am 14.12.2004 noch einmal leicht auf 45 Individuen angehoben[9]. In den 2010er Jahren erfolgten die Sichtungen wieder in der gewohnten Häufigkeit, mit einzelnen Individuen oder höchstens kleineren Gruppen in den Herbst- und Wintermonaten. Die bisher höchsten Zahlenwerte mit zumindest 320 nach Süden ziehenden Gimpeln und *„Trompetergimpeln"* konnten während eines Massenzuges entlang des Ostufers von 29.10. bis 1.11.2021 erfasst werden[10].

Jahreszeitliches Auftreten

Die Beobachtungen der Art im Bearbeitungsgebiet verteilen sich schwerpunktmäßig von Ende Oktober bis Ende März. Erste Sichtungen sind in der Regel ab Anfang Oktober möglich, die Individuensummen gipfeln im November und Dezember. Gimpel halten sich bis März im Neusiedler See-Gebiet auf, unregelmäßig kommen jedoch auch noch Sichtungen im April vor. In den 1960er Jahren gab es die bisher einzige Sichtung zweier Individuen im Mai[11].

Zugverhalten und Ringfunde

Mitteleuropäische Populationen des Gimpels gelten als Stand- und Strichvögel. Bei Kälte und Schneeeinbrüchen kann es zu kleinräumigen Ausweichbewegungen kommen, im Zuge derer sie auch in tiefere Höhenlagen wechseln. Nord- und nordosteuropäische Populationen sind Teilzieher, die ab Anfang Oktober ihren Zug in süd- und südwestliche Richtung beginnen[12]. Die Zuggäste im Karpatenbecken können dabei bis Italien weiterziehen[13]. In unregelmäßigen Abständen, zuweilen in strengen Wintern, kommt es in Mitteleuropa zu Masseneinflügen nordischer Gimpel. Im März werden die Winterquartiere für gewöhnlich wieder verlassen.

Seltene Unterarten

Von Relevanz für das Neusiedler See-Gebiet ist die Unterart *P. p. pyrrhula* (Linnaeus, 1758), die im nördlichen Europa, sowie in den Karpaten brütet[14]. Dieser sogenannte „Trompetergimpel" mit seinem charakteristischen Ruf zieht in strengen Wintern regelmäßig zumindest bis nach Mitteleuropa und wurde bereits vielfach aus der Region gemeldet. Zudem wurde bereits Anfang des 20. Jahrhunderts aus dem ungarischen Raum von der kleineren Unterart *P. p. germanica* Brehm, 1831 berichtet, wie Zimmermann[2] feststellte. Auch andere Autoren wie Bauer et al.[3] gingen vom Vorkommen dieser Unterart im Neusiedler See-Gebiet aus. Bei dieser Unterart handelt es sich um eine intermediäre Population zwischen der nordöstlichen Unterart *P. p. pyrrhula* und der westeuropäischen Unterart *P. p. europaea* Vieillot, 1816[15], zu der wohl auch die Brutvögel Österreichs gehören[16].

Quellen: *[1] Fászl (1883), [2] Zimmermann (1943), [3] Bauer et al. (1955), [4] Samwald (1965), [5] Ganso (1960), [6] Vauk (1962), [7] M. Dvorak/ABÖ, [8] E. Karner-Ranner, A. Ranner, A. Grüll/ABÖ, [9] F. Samwald/ABÖ, [10] www.ornitho.at, [11] H. Winkler/ABÖ, [12] Bairlein (1979), [13] Halmos in Csörgő et al. (2009), [14] Kalbe (2005), [15] J. Haffer in Glutz von Blotzheim & Bauer (1997), [16] Pühringer & Stadler (2007), [17] Archiv BirdLife Österreich*

Nikolaus Filek & Csilla Kiss

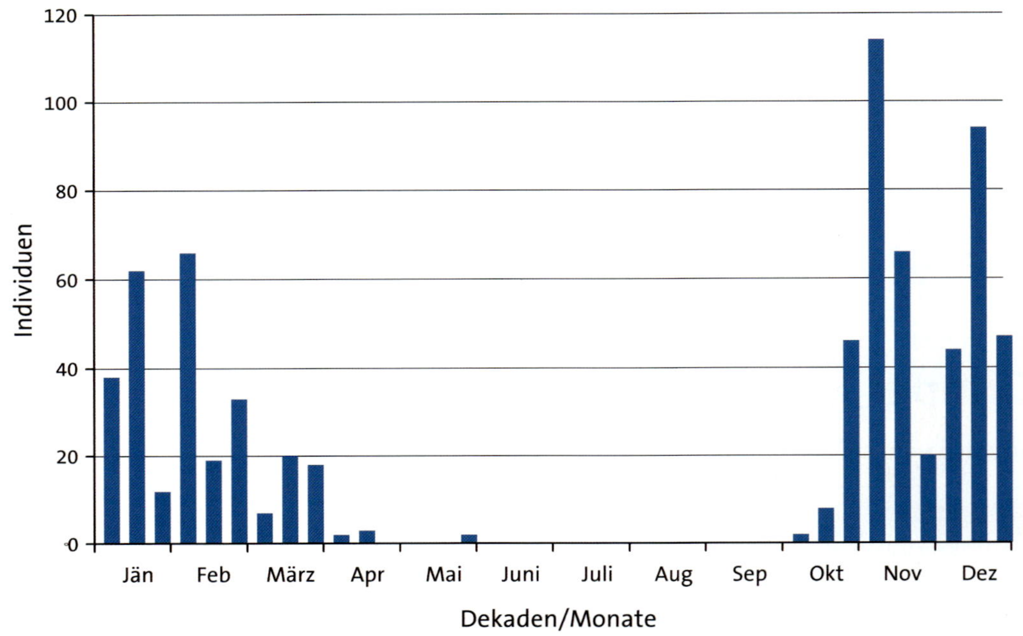

Jahreszeitliches Auftreten des Gimpels (Dekadensummen gemeldeter Individuen) basierend auf Daten aus Österreich aus den Jahren 1967–2018 (n = 723)[10,17].

Karmingimpel *Carpodacus erythrinus* (Pallas, 1770)

Karmazsinpirók – Common Rosefinch

Unregelmäßiger Gast

Dreizehn Nachweise, die mit einer Ausnahme alle vom Neusiedler See oder aus seiner unmittelbaren Umgebung stammen:

- 14.5.1989 Illmitz, Kläranlage, einer ruft und singt (M. Sy briefl. an A. Grüll[1])
- 24.7.1990 Fertőrákos, Weidenbestand 1 ad. Weibchen beringt A. (Pellinger et.al.[3])
- 25.5.1992 Illmitzer Wäldchen, ein singendes ♂ am Waldrand (W. J. Hooijmans[1])
- 26.5.1997 Fertőrákos Weidebestand ein singendes ♂ (S. Mogyorósi[3])
- 1.6.2008 Golfplatz Donnerskirchen, ein immatures ♂ singt in Gebüsch (T. Zuna-Kratky[1])
- 25.5.2009 Fertőrákos, Virágosmajor ein singendes ♂ (S. Mogyorósi[3])
- 22.5.2011 Gemeindeschutzgebiet Illmitz, ein immatures ♂ singend (H. Zencica, K. Oswald[1])
- 24.8.2011 Biologische Station Illmitz, ein Juv. gefangen (R. Stein, P. Eckhoff[1])
- 6.6.2014 Mekszikópuszta, Einserkanal ein singendes ♂ (S. Mogyorósi, F. Udvardy[3])
- 7.7.2014 Graurinderkoppel, ein singendes ♂ (K. Wyrich[2])
- 11.5.2017 Seebad Illmitz, ein Exemplar (R. Probst[2])

Fertőrákos, 27.5.2017, Männchen, 2. KJ (Belegfoto Sándor Mogyorósi)

- 26.–27.5.2017 Fertőrákos, Anfang des Seedamms, ein singendes 1 ♂ 2. KJ (S. Mogyorósi, F. Udvardy[3])
- 7.6.2020 Seedamm Mörbisch, ein immatures ♂ singt in Pappel (M. Dvorak[2])

Quellen: *[1] Archiv BirdLife Österreich, [2] www.ornitho.at, [3] MME Nomenclator Bizottság (2020)*

Michael Dvorak & Sándor Mogyorósi

Grünling *Chloris chloris* (Linnaeus, 1758)

Zöldike – European Greenfinch

Apetlon, 15.5.2012, Männchen (Michael Dvorak)

Häufiger und weit verbreiteter Jahresvogel der Siedlungen und der Kulturlandschaft; im Winter auch in größeren Gruppen

Verbreitung und Lebensraum

Als charakteristische Kulturfolger und in Mitteleuropa weit verbreitete Standvögel besiedeln Grünlinge abwechslungsreiche Habitate der Kulturlandschaft. Als ursprünglicher Bewohner lichter Baumbestände und vielgestaltiger Gehölzgruppen bewohnt die Art heute auch anthropogen geprägte Landschafts- und Siedlungsstrukturen aller Art, wie sie im gesamten Neusiedler See-Gebiet zu finden sind. Als typische Baum- und Gebüschbrüter sind Grünlinge rund um den See weit verbreitet und finden sich in Weingärten und anderen landwirtschaftlich geprägten Bereichen der Seegemeinden, in Baum- und Gebüschbeständen jeglicher Art, wie Hecken, Windschutzstreifen, Wäldchen, den Au- und Bruchwäldern oder auf mit Einzelbäumen bestandenem Grünland, sowie im Siedlungsgebiet mit seinen Parkanlagen, Friedhöfen, Hausgärten und anderen baum- und heckenreichen Grünzonen mit ganzjährigem Angebot an Sämereien.

Bestand und Bestandsentwicklung

Im 19. Jahrhundert beschrieb der in Apetlon lebende Jukovits[1] den Grünling als häufige Erscheinung, der in Sopron lebende Fászl[2] berichtete von der Art in Obstgärten und kannte sie auch als Wintergast. Von Dombrowski[3] kannte Grünlinge als häufige Brutvögel im Park von Esterháza. Vom Anfang des 20. Jahrhunderts gibt es nur wenige Belege aus dem Neusiedler See-Gebiet. So berichtete Schenk[4] von spärlich vertretenen Grünlingen am Süd- und Ostufer, Steinparz[5] von einem Vogel in Podersdorf und Steinfatt[6] sah Grünlinge auf einer Wanderung am Nord- und Ostufer des Sees. Auch Zimmermann[7] konnte die Art mehrere Male dokumentieren, wenngleich er die Angaben zur Häufigkeit der Art von einigen anderen Autoren nicht bestätigen konnte und Grünlinge, vor allem am Ostufer, als seltene Erscheinung betrachtete. Er führte weiters an, dass die Art auf der Ostseite des Sees stellenweise in Robinien- und anderen Baumbeständen brütet, er sie jedoch im Norden und Westen regelmäßiger angetroffen hatte. Auch auf dem Durchzug konnte Zimmermann[7] nur eine Beobachtung im Herbst von einem Trupp von 50–60 Individuen notieren. Auch Bauer et al.[8] bestätigten die Spärlichkeit von im Seewinkel brütenden Grünlingen und führten Belege von H. Kahmann an, der Anfang der 1940er Jahre ein Gelege nahe Illmitz und ein Nest aus Podersdorf sammelte, sowie einen Brutnachweis zwischen Weiden und Podersdorf erbrachte. Am Nord- und Westufer des Neusiedler Sees stuften sie den Grünling hingegen als verbreiteten und nicht seltenen Brutvogel ein. Spätestens zu dieser Zeit dürfte auch die flächige Besiedlung des ungarischen Südufers begonnen haben. Aus den 1950er und 1960er Jahren existieren nur wenige Angaben: So konnte Samwald[9, 10] im Rahmen seiner Beringungstätigkeit einige Individuen fangen. Von Ganso[11] wurde die Art im Winter

1959/60 im Lackengebiet sehr oft verhört und Kinzelbach[12] betrachtete Grünlinge in Illmitz als regelmäßige bis häufige Durchzügler. Kurth[13] gab Ende der 1960er Jahre, auf Basis einer quantitativen Bestandsaufnahme, für Illmitz 20–25 und für Podersdorf 15 Brutpaare an.

Seit den 1980er Jahren sind Grünlinge rund um den Neusiedler See eine durch zahlreiche Belege nachgewiesene Art mit vielen Meldungen zur Brutzeit[14]. Zahlreiche Brutzeitbeobachtungen aus den 2000er und 2010er Jahren weisen den Grünling als häufigen Brutvogel aus[14, 15], der in den letzten Jahren jedoch im Neusiedler See-Gebiet, wie auch in anderen Teilen Österreichs[16], stark im Bestand zurückgegangen ist. Eine wesentliche Ursache dürfte dabei die auch in Westungarn verbreitete Trichomoniasis sein[17]. Im Zuge einer 2016–2018 durchgeführten Revierkartierung im Seewinkel wurde der Grünling nur in 10 von 19 Wäldchen mit insgesamt 28 Revieren und einer mittleren Dichte von nur 1,5 Revieren/10 ha festgestellt[18]. Eine starke Bestandsabnahme ergaben Untersuchungen auf drei, 3,85–6,2 km² großen Probeflächen im Kulturland, die in den Jahren 1997/98 und 2020 durchgeführt wurden: Bei Pamhagen sank die Zahl der Reviere von 28 auf 16, auf den Zitzmannsdorfer Wiesen von drei auf zwei und bei Jois kam es zu einem regelrechten Bestandszusammenbruch von 30 auf nur zwei Reviere[19]. Die bislang größten Wintertrupps konnten im Dezember 2014 mit 250 Individuen im Sandeck[20] und mit 300 Individuen im Hanság[21] festgestellt werden.

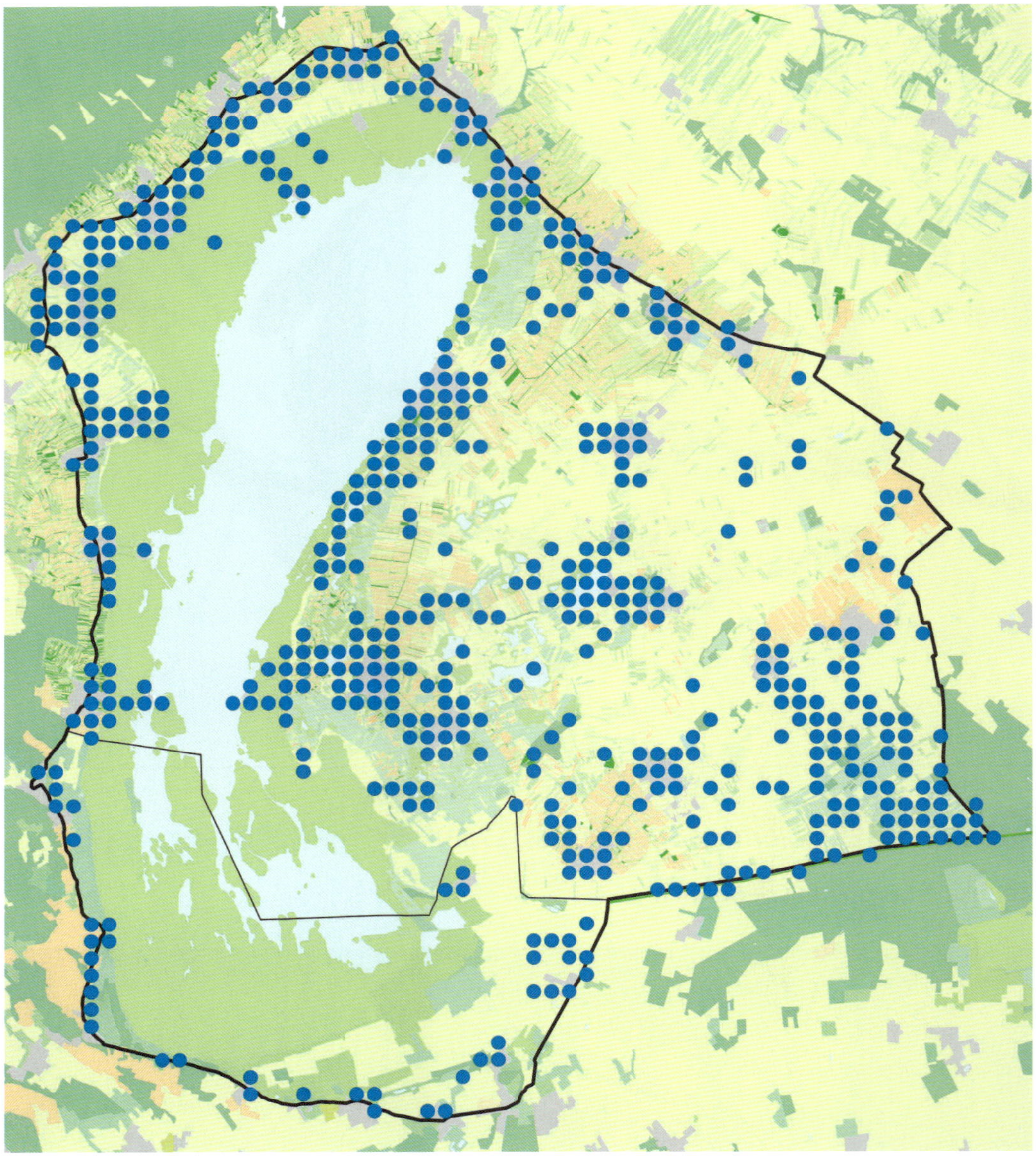

Brutzeitverbreitung des Grünlings, basierend auf Beobachtungen in den Monaten April bis Juli (ohne Trupps >4) aus den Jahren 2011–2021[15, 25, 26].

Jahreszeitliches Auftreten

Die Beobachtungen der Art im Bearbeitungsgebiet zeigen hinsichtlich der Zahl beobachteter Individuen ein Maximum in der zweiten und dritten Dezemberdekade[14, 15] – eine Zeit, in der sich die Art zu größeren Schwärmen zusammenfindet, aber auch ein möglicher Zuzug nördlicher Vögel stattfindet. Als Brut- und Standvögel sind Grünlinge das ganze Jahr über im Gebiet zu beobachten, der leichte Anstieg an Beobachtungen in den Monaten April und Mai dürfte auf die erhöhte Gesangsaktivität der Männchen zurückzuführen sein, die die Art auffälliger und damit leichter beobachtbar macht. Mit dem Flüggewerden der Jungvögel ab Mai können Fütterungs- und Bettelverhalten, sowie bereits erneutes Balz- bzw. Brutverhalten der Altvögel im Zuge einer zweiten, von bis zu drei möglichen, Jahresbruten für erhöhte Beobachtungszahlen sorgen. Mit dem Ende dieser Phase und der beginnenden Mauserzeit im Juli sinken die Beobachtungen kontinuierlich. Ein Herbstdurchzug scheint im September einzusetzen.

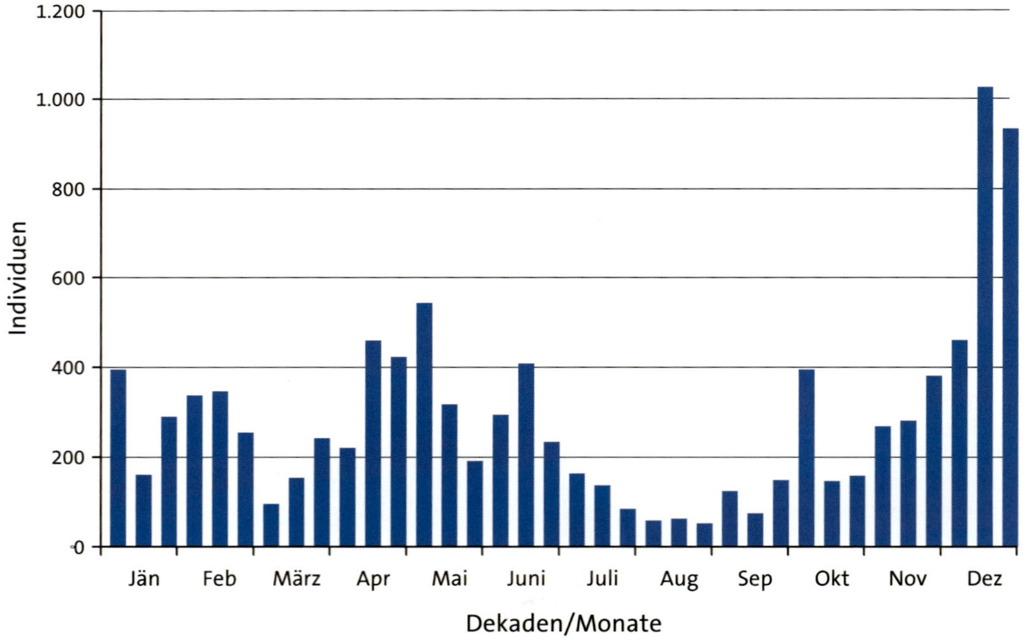

Jahreszeitliches Auftreten des Grünlings (Dekadensummen gemeldeter Individuen) basierend auf Daten aus Österreich aus den Jahren 1974–2018 (n = 10.338)[14, 15].

Zugverhalten und Ringfunde

Nördliche Populationen sind Zugvögel, deren Zugwege generell nach Südwest gerichtet sind. Mitteleuropäische Grünlinge sind überwiegend Standvögel, die nur bei Bedarf kurze Wanderungen unternehmen, und zu einem geringeren Anteil Teilzieher. Die Zuggäste im Karpatenbecken wandern hauptsächlich auf die Balkanhalbinsel weiter[22]. Dass ein Teil der ansässigen Grünlinge zieht, deutet der Fund eines am 27.1.2013 in Kroatien beringten Vogels an, der vier Monate später am 15.5. bei Nagycenk knapp außerhalb des Bearbeitungsgebiets abgelesen wurde[23]. Auf ihren Zugbewegungen vergesellschaften sie sich oftmals mit Buchfinken, Stieglitzen und Hänflingen[24].

Quellen: [1] *Jukovits (1864/65),* [2] *Fászl (1883),* [3] *Dombrowski (1889),* [4] *Schenk (1917a),* [5] *Steinparz (1926),* [6] *Steinfatt (1936),* [7] *Zimmermann (1943),* [8] *Bauer et al. (1955),* [9] *Samwald (1965),* [10] *Böck (1979),* [11] *Ganso (1960),*

[12] Kinzelbach (1962), [13] Kurth (1970), [14] Archiv BirdLife Österreich, [15] www.ornitho.at, [16] Teufelbauer et al. (2017), [17] Halmos in Szép et al. (2021), [18] M. Dvorak, unpubl. Daten, [19] BirdLife Österreich, unpubl. Daten, [20] M. Dvorak/ABÖ, [21] A. Ranner/ornitho.at, [22] Halmos in Csörgő et al. (2009), [23] Vogelberingungszentrale BirdLife Ungarn, unpubl. Ringfund, [24] Glutz von Blotzheim & Bauer (1997), [25] Archiv MME Sopron, [26] Archiv FHNP

Nikolaus Filek & Csilla Kiss

Berghänfling *Linaria flavirostris* (Linnaeus, 1758)

Sárgacsőrű kenderike – Twite

Lettengrube, Illmitz, 9.1.2022 (Michael Dvorak)

Mäßig häufiger Wintergast von Ende Oktober bis Ende März in jährlich stark schwankenden Beständen

Verbreitung und Lebensraum

Der hauptsächlich entlang der Nord- und Ostseeküste und nur zum geringen Teil im europäischen Binnenland überwinternde Berghänfling bevorzugt am Neusiedler See die Lackenränder mit den angrenzenden Weingärten, sowie die Hutweiden und Wiesen. Größere Schwärme finden sich vor allem im zentralen Lackengebiet des Seewinkels, in den seenahen Bereichen am Ostufer zwischen Illmitz und der Podersdorfer Pferdekoppel, sowie im Hanság. Auf der ungarischen Seite konzentrieren sich die Vorkommen auf das Umfeld der Feuchtgebiete von Mekszikópuszta. Vereinzelte Beobachtungen gelangen auch zwischen Fertőd und Pamhagen, sowie entlang des Südufers[1, 2].

Bestand und Bestandsentwicklung

Historische Berichte zum Vorkommen des Berghänflings im Neusiedler See-Gebiet im 19. und in der ersten Hälfte des 20. Jahrhunderts fehlen. Weder Zimmermann[3] noch Bauer et al.[4] erwähnten Beobachtungen der Art. Der erste Nachweis stammt aus dem Winter 1959/1960 und scheint in einem Reisebericht von Ganso[5] auf, die zwischen Kirchsee und Illmitzer Zicksee 15 Individuen beobachtete. Seither ist der Berghänfling im Seewinkel ein gut dokumentierter, mit wenigen Ausnahmen alljährlich erscheinender, aber in den Beständen stark schwankender Wintergast. Im Dezember 1973 konnte der bis dahin größte Trupp mit 250 Vögeln am Oberen Stinkersee nachgewiesen werden[6]. Auch aus dem Jahr 1974 liegen Beobachtungen von 58 Berghänflingen am Oberen Stinkersee und 45 am Illmitzer Zicksee vor[7]. Die maximale Anzahl von 250 Individuen wurde erneut 2005[8] und 2008[9] an der Oberen Halbjochlacke erreicht. Seit dem Winter 2011/2012 ist ein negativer Trend augenscheinlich. Noch in den 1990er und 2000er Jahren wurden in jeweils fünf von 10 Wintern mehr als 100 Exemplare festgestellt. In den letzten 11 Jahren wurde diese Marke hingegen nur noch einmal mit 120 Exemplaren knapp überschritten. Diese Entwicklung ist umso aussagekräftiger, als in diesem Zeitraum die Beobachtungsintensität um ein Vielfaches zugenommen hat.

Auf der ungarischen Seite des Neusiedler See-Gebietes tritt der Berghänfling ausgesprochen selten und zumeist in viel kleinerer Zahl als in Österreich auf. Von 1993 bis 2022 wurde er nur in sieben Wintern nachgewiesen. Die registrierten Rastbestände erreichten dabei in je drei Wintern nur 1–3 bzw. 14–35 und nur einmal am 13.11.2019 bei Hidegség 50 Exemplare[1, 2, 10].

Jahreszeitliches Auftreten

Die Beobachtungen des Berghänflings im Avifauna-Gebiet konzentrieren sich auf die Herbst- und Wintermonate. Der Einflug beginnt zumeist im Oktober und gipfelt im Dezember. In der Regel verbleiben die Vögel bis März im Gebiet. Oft sind die Schwärme über mehrere Tage oder Wochen sehr ortstreu, derselbe Trupp kann dann immer wieder am selben Ort, wie zum Beispiel an der Langen Lacke oder der Oberen Halbjochlacke, angetroffen werden.

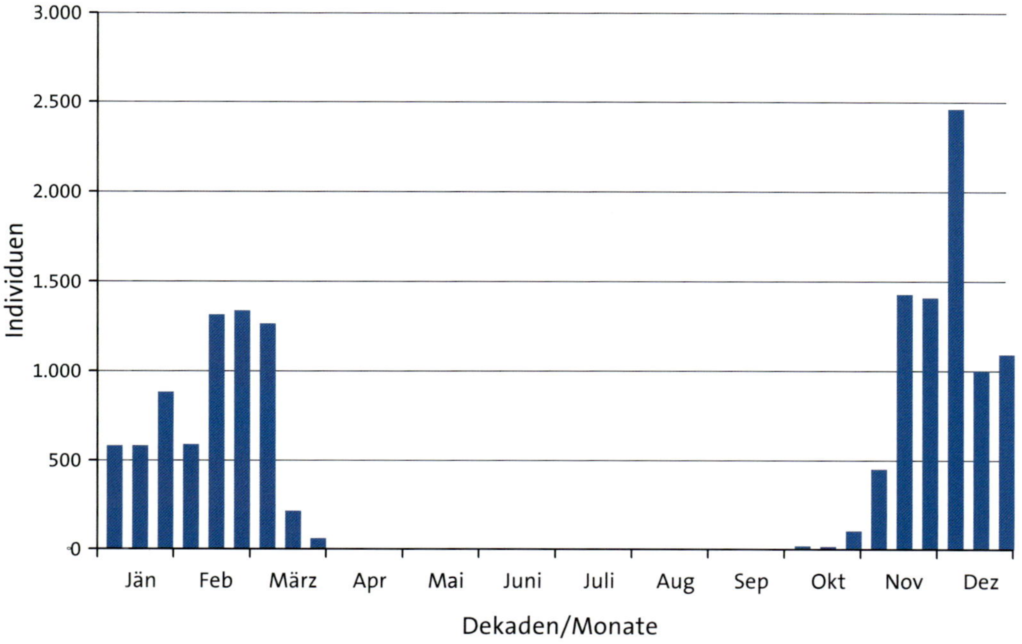

Jahreszeitliches Auftreten des Berghänflings (Dekadensummen gemeldeter Individuen) basierend auf Daten aus Österreich und Ungarn aus den Jahren 1966–2021 (n = 14.971)[1, 2, 10, 12, 13].

Zugverhalten und Ringfunde

Berghänflinge der Westpaläarktis fliegen zur Überwinterung mehrheitlich an die Nordseeküste. Im europäischen Binnenland sind sie viel seltener anzutreffen, allerdings kann es nach Kälteeinbrüchen und Schneefällen in Küstenregionen vermehrt zu Ausweichbewegungen ins Binnenland kommen. Die Zugbewegungen sind dabei südwärts gerichtet[11].

Quellen: [1] *www.birding.hu*, [2] *Archiv FHNP*, [3] *Zimmermann (1943)*, [4] *Bauer et al. (1955)*, [5] *Ganso (1960)*, [6] *P. Prokop/ABÖ*, [7] *Reichholf et al. (1974)*, [8] *L. Khil/ornitho.at*, [9] *A. Ranner/ABÖ*, [10] *Archiv MME Sopron*, [11] *Dunning et al. (2019)*, [12] *Archiv BirdLife Österreich*, [13] *www.ornitho.at*

Nikolaus Filek & Tibor Hadarics

Bluthänfling *Linaria cannabina* (Linnaeus, 1758)

Kenderike – Common Linnet

Seebad Illmitz, 19.4.2014, Männchen (Michael Dvorak)

Häufiger Brutvogel in Siedlungen und mäßig häufiger Brutvogel in der offenen Weinbaulandschaft

Verbreitung und Lebensraum

Der Bluthänfling ist ein Brutvogel der offenen Landschaft. Er besiedelt möglichst sonniges, mit Sträuchern, Hecken oder niedrigen Bäumen bestandenes Gelände, wobei kurzrasige oder schüttere Vegetation bevorzugt wird. Als Körnerfresser braucht er zudem samenreiche Krautfluren. In Bodennähe müssen dichte Sträucher, Stauden oder niedrige Bäume als Neststandort vorhanden sein, sowie Singwarten. Im Neusiedler See-Gebiet findet sich diese Lebensraumausstattung einerseits in Weingärten, wo der Bluthänfling die einzige Vogelart sein dürfte, die regelmäßig auch in Weinreben brütet. Andererseits kommt die Art im Siedlungsbereich vor, wo sie in nicht zu dicht bewachsenen Gärten, Parkanlagen und Friedhöfen, sowie in Neubaubereichen in den Siedlungsrandzonen zu finden ist. Zudem besiedelt der Bluthänfling auch mit Hecken, Gebüschen, Brachen und Ruderalflächen gut strukturiertes Ackerland[1,2]. Unter allen heimischen Finken ist er der einzige, der in niedrigen Büschen brütet, mit Nesthöhen, die zumeist um einen Meter liegen[3].

Im Neusiedler See-Gebiet war der Bluthänfling bis vor kurzem noch flächendeckend verbreitet. Er fehlte nur in den großen Ackerflächen im Nordosten und Süden, ebenso auf den monotonen Feldern am Westufer zwischen Jois und Donnerskirchen. Mittlerweile beginnt sein Areal, aufgrund des starken Rückgangs der letzten zwei Jahrzehnte, auch in den monotonen Weingärten im nördlichen und südlichen Seewinkel merklich auszudünnen. In diesen Bereichen kann man 1–2 Stunden unterwegs sein, ohne einem einzigen Bluthänfling zu begegnen. Wie beim Girlitz liegen die Verbreitungsschwerpunkte mittlerweile in den Ortschaften. Der Bluthänfling hat sich aber im Offenland besser gehalten als der Girlitz und ist hier, abseits von Weingärten, beispielsweise auch in Baumschulen, auf mit dichten Hecken bestandenen Rastplätzen, in isoliert gelegenen Kleingärten, Schottergruben und ähnlichen Sonderstandorten zu finden. In Ungarn ist der Bluthänfling als Brutvogel vor allem auf die Siedlungen beschränkt, nur an ganz wenigen Stellen, wie z. B. in der Umgebung von Mekszikópuszta, ist die Art auch im offenen Agrar- und Grünland zu finden. Darüber hinaus ist der Bluthänfling auch noch in den Weingärten des Westufers zwischen Fertőrákos und Balf zu finden, die aber überwiegend außerhalb des Avifauna-Gebiets liegen.

Bestand und Bestandsentwicklung

Alle Autoren des späten 19. und frühen 20. Jahrhunderts betonten die Häufigkeit des Bluthänflings zur damaligen Zeit[4–7]. Zu Beginn der 1940er Jahre war er *„neben dem Haussperling wohl der häufigste Finkenvogel des Gebiets“*[8]. Am West- und Nordufer war die Art damals in allen Teilen der Kulturlandschaft verbreitet und im Seewinkel wurde der Hänfling zum *„ausgesprochenen Steppenvogel“*, der – aufgrund mangelnder Nistgelegenheiten – in hohen Grashorsten, Rohrhütten, Stroh- und Rohrtristen, Reisigbüscheln und schließlich häufig in Weinreben brütete[8]. In der ersten Hälfte der 1950er Jahre schrieben dann Bauer et al.[9] über sein Vorkommen: *„Der Hänfling übertrifft nach unseren Beobachtungen noch den Haussperling an Häufigkeit; überhaupt, vielleicht mit Ausnahme der Feldlerche, der häufigste Vogel außerhalb des Schilfgürtels“*. Sehr häufigen Vogelarten wird seitens der Avifaunisten oft kaum Beachtung geschenkt, daher finden sich aus den nächsten 40 Jahren auch keine weiteren Angaben zur Häufigkeit. Eine 1991 durchgeführte Untersuchung in sechs repräsentativen Weingartenflächen am West- und Nordufer, sowie im Seewinkel, zeigte, dass der Bluthänfling zusammen mit dem Girlitz hier überall die häufigste Vogelart war[10]. Die mittlere, großflächige Dichte auf der insgesamt 3,9 km² umfassenden Probefläche lag bei 10,2 Revieren/km². Im selben Jahr ergab eine weitere Untersuchung einer aus Weingärten, Buschwäldern und verbuschten Trockenrasen bestehenden, 1,5 km² großen Fläche zwischen Jois und Winden mit 3,6 Revieren/km² eine deutlich geringere Dichte[11].

Großflächige Revierkartierungen (3,8–6,2 km²) bei Jois (6,2 km²) und Pamhagen (3,75 km²), in Gebieten mit dominierendem Weinbau, ergaben 1997 und 1998 Siedlungsdichten von 7,4 und 7,0 Revieren/km², bei Gols auf einer zur Hälfte von Weingärten eingenommenen Fläche ergaben sich mit 2,6 Revieren/km² hingegen deutlich geringere Dichten[12]. Im Jahr 2020 wurden diese Erhebungen wiederholt: Bei Jois wurden nur mehr 6–7 statt 46 Reviere erfasst, bei Gols vier statt 11 und bei Pamhagen konnte sich der Bestand mit 28 statt 43 zwar etwas besser halten, ging aber auch hier deutlich zurück[12]. Insgesamt beläuft sich der Rückgang in allen Gebieten auf 61 %, wobei die Fläche bei Jois mit 81 % am stärksten betroffen war. Die Ergebnisse einer großflächigen, 2020 im gesamten Europaschutzgebiet durchgeführten Erhebung zeigen, dass diese Rückgangsrate aller Wahrscheinlichkeit nach für das gesamte Gebiet Gültigkeit besitzt[12]. Lediglich in den Ortschaften ist die Situation noch etwas besser: In zwei ungarischen und acht österreichischen Dörfern, die 2014 mittels Punkttaxierung untersucht wurden, war der Bluthänfling mit einer Dichte von 20–30 Revieren/km² die zehnthäufigste Art[13]. Für die Dörfer auf österreichischer Seite wurde auf Basis dieser Daten ein Bestand von 300 Revieren hochgerechnet. Eine davon unabhängig durchgeführte Linientaxierung in Illmitz ergab 2018 insgesamt 51 singende Männchen auf 1,7 km² Siedlungsfläche und mit 30 Revieren/km² ein, mit den Untersuchungen aus dem Jahr 2014 übereinstimmendes Ergebnis[14]. Der Index des Langzeittrends (1998–2016) des Bluthänflings in Österreich zeigt einen Rückgang von 52 %[15]; der Rückgang im Neusiedler See-Gebiet liegt damit im bundesweiten Trend.

Jahreszeitliches Auftreten

Der Bluthänfling ist ganzjährig im Gebiet anwesend[16]. Im Spätsommer und frühen Herbst zieht zumindest ein Teil der Brutpopulation in südlicher gelegene Winterquartiere im Mittelmeerraum, um die Monatswende August/September zeichnet sich eine Durchzugswelle ab, die dann Mitte Oktober wieder abklingt. Mitte November beginnt dann der Einzug der Wintergäste, die das Gebiet in großen Trupps bis in den Februar hinein bevölkern. Bluthänflinge treten das ganze Jahr über in Gruppen auf[3], im jahreszeitlichen Verlauf sind diese Trupps jedoch sehr unterschiedlich groß: Von April bis August liegt die Zahl der im Mittel gemeldeten Vögel zwischen zwei und vier, im September und Oktober steigern sich die Truppgrößen auf 10 bzw. 13 Individuen, im November auf 21 und von Dezember bis Februar erreichen sie mit 53, 49 und 30 ihr Maximum. Bereits im März sinkt die mittlere Truppgröße wieder auf 13 Exemplare[16]. Sehr große Trupps von mehreren hundert Hänflingen werden fast ausschließlich im Dezember und Jänner festgestellt, sehr selten im November und Februar. Die vier größten waren je ca. 400 Exemplare am 16.1.2016 östlich vom Illmitzer Wädchen[17], am 7.1.2018 an der Lettengrube[18] und am 20.1.2019 nordöstlich von Weiden[19], sowie ca. 500 Individuen am 29.12.2013 bei der Kleinen Neubruchlacke[20]. In Ungarn bildeten 250 Exemplare am 12.2.1993 die größte Gruppe[21].

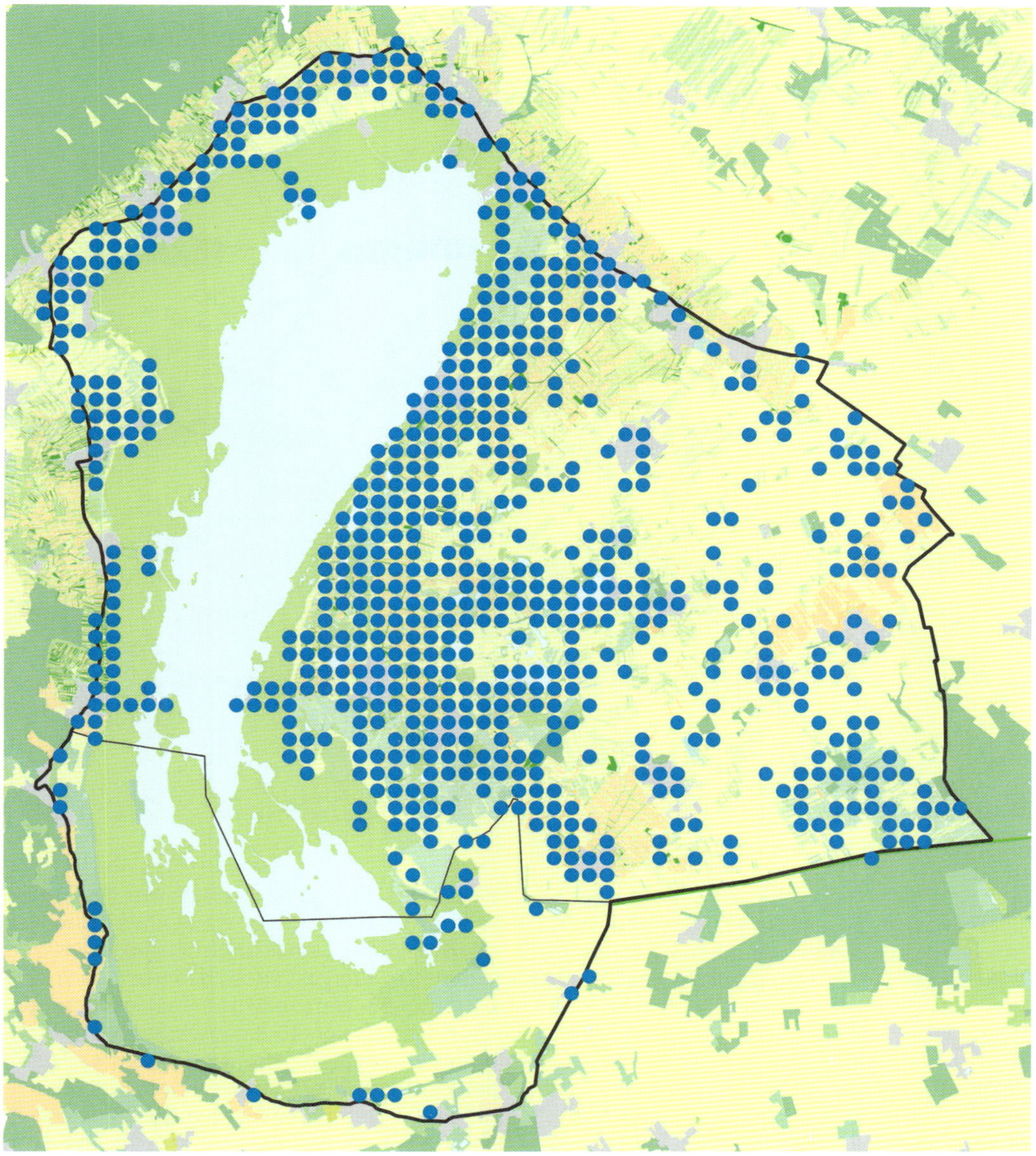

Brutzeitverbreitung des Bluthänflings, basierend auf Beobachtungen in den Monaten April bis Juli (ohne Trupps >4) aus den Jahren 2011–2021[16, 25, 26].

Zugverhalten und Ringfunde

Der Bluthänfling ist, je nach Vorkommensgebiet, Teilzieher oder Zugvogel[2]. Im Neusiedler See-Gebiet ist es wahrscheinlich, dass zumindest ein Teil des Brutbestands im Gebiet verbleibt. Dass aber andererseits auch ein Teil der Vögel ans Mittelmeer zieht, zeigen drei Ringfunde[21]: Ein am 3.7.1962 bei Apetlon beringtes Exemplar wurde am 14.3.1963 auf Malta gefangen und zwei an der mittelitalienischen Adriaküste markierte Vögel wurden im Burgenland wieder gefangen: Ein am 13.4.1963 beringter Vogel am 20.8.1964 und ein am 7.4.1988 beringter Vogel am 17.5. desselben Jahres. Ein am 14.8.2018 in Mekszikópuszta beringtes Exemplar wurde am 19.6.2019 ebenda wieder gefangen[22]. Die beiden Ringfunde aus Italien bestätigen Befunde an beringten Vögeln aus Ungarn, wonach sich während der letzten Eiszeit ein Refugium des Bluthänflings und anderer Finkenarten auf der Apenninhalbinsel befand und diese daher auch heute noch ein bevorzugtes Überwinterungsgebiet der Art ist[24].

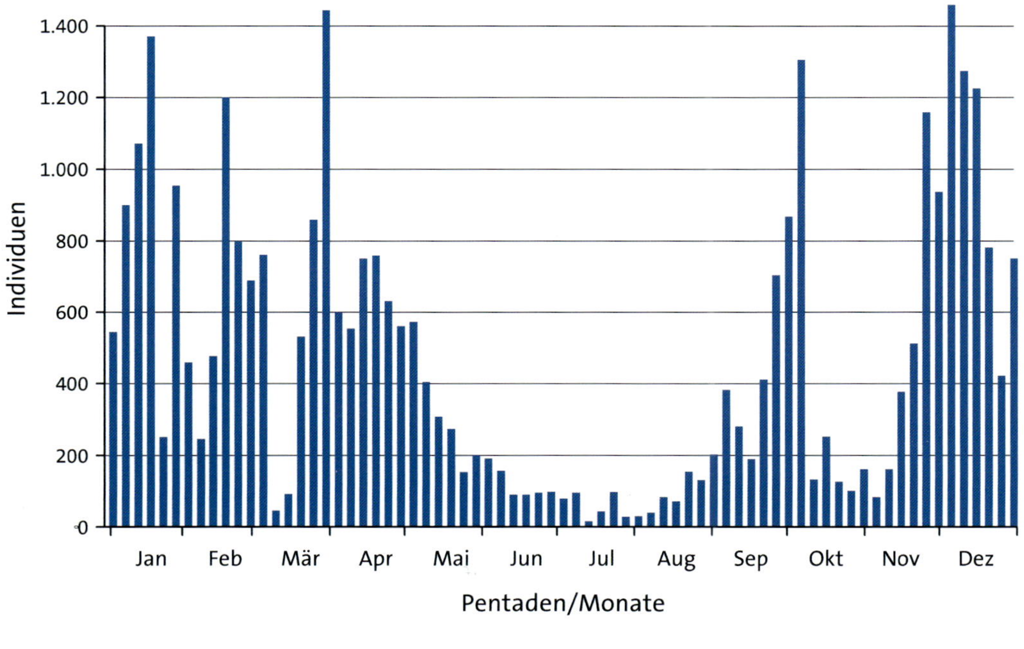

Jahreszeitliches Auftreten des Bluthänflings (Pentadensummen) basierend auf Daten aus Österreich aus den Jahren 2011–2019 (n = 34.337)[16].

Quellen: *[1] Dvorak et al. (1993), [2] Glutz von Blotzheim & Bauer (1997), [3] Glück (1983), [4] Jukovits (1864/65), [5] Fászl (1883), [6] von Dombrowski (1889), [7] Schenk (1917a), [8] Zimmermann (1943), [9] Bauer et al. (1955), [10] Dvorak et al. (1992), [11] Karner et al. (1992), [12] BirdLife Österreich, unpubl. Daten, [13] Dvorak et al. (2014), [14] A. Grüll, unpubl. Daten, [15] Teufelbauer et al. (2017), [16] www.ornitho.at, [17] E. Albegger, H. Kolland/ornitho.at, [18] C. Kaula/ornitho.at, [19] B. Knes/ornitho.at, [20] S. Zinko, H. W. Pfeifhofer, H. Kolland/ornitho.at, [21] S. Mogyorósi/AMS, [22] Österreichische Vogelwarte, unpubl. Ringfunde, [23] Vogelberingungszentrale BirdLife Ungarn, [24] Halmos & Csörgő (1999), [25] Archiv MME Sopron, [26] Archiv FHNP*

Michael Dvorak & Csilla Kiss

Taiga- / Alpenbirkenzeisig *Acanthis flammea* (Linnaeus, 1758) / *Acanthis cabaret* (Müller, 1776)

Zsezse – Common Redpoll / Barna zsezse – Lesser Redpoll

Taigabirkenzeisig, Hölle, Illmitz, 28.1.2018 (Klemens Wessely)

Unregelmäßiger Gast; bisher nur ein stärkerer Einflug des Taigabirkenzeisigs. Das Auftreten des Alpenbirkenzeisigs ist ungenügend bekannt

Verbreitung und Lebensraum

Taiga- *(Acanthis flammea)* und Alpenbirkenzeisig *(Acanthis cabaret)* werden erst in jüngerer Zeit als getrennte Arten betrachtet. Der Taigabirkenzeisig bewohnt die borealen Wälder im Norden Europas, der Alpenbirkenzeisig besiedelt Südskandinavien, die Britischen Inseln und die Gebirge Kontinentaleuropas.

Einer differenzierten Betrachtung des Auftretens der beiden Arten im Seewinkel wurde erst in jüngster Zeit Aufmerksamkeit geschenkt. Frühere Meldungen bedürfen noch einer kritischen Aufarbeitung und werden hier vorläufig unter „Birkenzeisig" geführt, wenngleich Bauer et al.[1] eine historische Meldung der ssp. *flammea* zuordnen. Beobachtungen sind in Baum- und Buschbeständen jeglicher Art möglich. Die bisherigen Sichtungen konzentrierten sich zumeist dort, wo Windschutzstreifen, Wäldchen, Einzelbäume sowie Weidengehölz oder Weingärten vorhanden waren.

Bestand und Bestandsentwicklung

Historische Funde dieser Arten vor 1950 fehlen aus dem Gebiet fast völlig. Zimmermann[2] zitiert eine Beobachtung von J. v. Madarász bei Hegykö vom 13.3.1890. Bauer et al.[1] nennen keine weiteren Meldungen und stufen den Birkenzeisig als seltenen Wintergast ein. Es dauerte jedoch über 80 Jahre, bis es zu einem ersten dokumentieren Nachweis von 10 Birkenzeisigen in Breitenbrunn im Jahr 1972 kam[3]. In der ersten Hälfte der 1980er Jahre erfolgten nur wenige Beobachtungen von jeweils ein bis zwei Exemplaren[4]. In den 1990er Jahren gab es einige Sichtungen von ziehenden Birkenzeisigen[5] mit maximal jeweils 15 Individuen am 6.10.1993 bei der Biologischen Station Illmitz[6] und am 25.9.1996 beim Herrensee[7]. Während der 2000er Jahre gab es wiederum nur vier Meldungen jeweils einzelner Individuen[8].

Nach einer mehrjährigen Unterbrechung in den Jahren 2006–2017 mit nur zwei einzelnen Nachweisen (2010, 2015) kam es im Winterhalbjahr 2017/2018 zu einem invasionsartigen Einfliegen von vermutlich ganz überwiegend Taigabirkenzeisigen in das österreichische Neusiedler See-Gebiet: Nach einem ersten, zeitlich noch isolierten Nachweis am 8.10.2017 im Seebad Illmitz (1 Ex. zusammen mit Erlenzeisigen[9]) erfolgten zwischen 8.11. und 22.11. gehäuft Meldungen von 1–6 Exemplaren, die an verschiedenen Stellen des Seewinkels und einmal auch im Hanság in Finkentrupps entdeckt wurden[10]. Ab 28.11. etablierte sich dann im Bereich Lettengrube/Oberer Stinkersee ein größerer Finkentrupp, der anfänglich einige wenige Birkenzeisige enthielt, deren Anzahl aber im Verlauf der nächsten zwei Monate kontinuierlich zunahm, bis sich ab Ende Dezember ein weitgehend artreiner Birkenzeisig-Trupp gebildet hatte, dessen Größe bis Mitte Jänner 2018 verschiedentlich mit 35–55 Exemplaren angegeben wurde[9]. In den letzten Jännertagen wuchs dieser Trupp dann plötzlich nochmals an: Am 24.1. wurden 120 Exemplare angegeben[11], am 27.1. dann 80[12] und tags darauf am 28.1. wieder 114[13]. Danach wurde der Trupp für zwei Wochen nicht mehr gesichtet, allerdings wurden am 17.2. nochmals 72 Birkenzeisige von derselben Stelle gemeldet[14]. Dies ist gleichzeitig die letzte Beobachtung des Winterhalbjahres und damit die letzte für die nächsten dreieinhalb Jahre. In Einzelfällen wurden im Einflugjahr 2017/18 Individuen der ssp. *cabaret* vermutet[10], doch liegt nur ein sicherer Bildbeleg vom 29.12.2017 aus der Hölle/Illmitz vor[15]. Erst am 5.12.2021 wurde wieder ein Birkenzeisig im Seewinkel entdeckt[16], bemerkenswerterweise an derselben Stelle wie der Trupp aus dem Winter 2017/2018. Ein bis zwei Birkenzeisige verbrachten dann an der Lettengrube die Wintermonate und wurden von 7.12.2021 bis 6.2.2022 von zahlreichen BeobachterInnen gemeldet[9]. Am 11.12.2021 wurden hier auch zwei Alpenbirkenzeisige durch Fotobelege bestätigt[17].

Auf ungarischer Seite sind Birkenzeisige, wie in Österreich, vereinzelt auftretende, unregelmäßige Gäste, von denen aus den Jahren 1989 bis 2017 12 Nachweise gelangen. 10 davon betrafen jeweils 1–2 Vögel, einmal wurden drei (17.11.2002 Seebad Fertőrákos) und einmal 25 Individuen (5.2.1989 zwischen Hegykő und Fertőszéplak) festgestellt[18, 19].

Jahreszeitliches Auftreten

Die Beobachtungen der Art im Bearbeitungsgebiet verteilen sich auf die Monate Oktober bis Februar. Nur zwei Nachweise liegen außerhalb dieses Zeitraums: Ein Männchen und ein Weibchen am 1.5.1982 beim Illmitzer Wäldchen[20], sowie ein Exemplar am 19.3.2006 unter Bluthänflingen und Stieglitzen in Weingärten bei der Langen Lacke[21].

Quellen: [1] *Bauer et al. (1955),* [2] *Zimmermann (1943),* [3] *E. Duda/ABÖ,* [4] *A. Grüll, O. Samwald, A. Ranner/ABÖ,* [5] *Archiv BirdLife Österreich,* [6] *K.-H. Siebenrock/ABÖ,* [7] *J. Laber/ABÖ,* [8] *A. Ranner, J. Laber, C. Wende/ABÖ,* [9] *F. Samwald/ornitho.at,* [10] *www.ornitho.ast,* [11] *A. Ranner, C. Schütz/ornitho.at,* [12] *B. Tobler, N. Friedenthal/ornitho.at,* [13] *H.-M. Berg, K. Wessely/ornitho.at,* [14] *A. Hombauer/ornitho.at,* [15] *J. Frießer/ABÖ,* [16] *J.Hauzinger/ornitho.at,* [17] *S. Schnierer/ABÖ,* [18] *Archiv MME Sopron,* [19] *Archiv FHNP,* [20] *O. Samwald/ABÖ,* [21] *C. Wende/ABÖ*

Nikolaus Filek, Tibor Hadarics & Hans-Martin Berg

Polarbirkenzeisig *Acanthis hornemanni* (Holböll, 1843)

Szürke zsezse – Arctic Redpoll

Lettengrube, Illmitz, 14.1.2018 (Belegfoto Andreas Ranner)

Ausnahmeerscheinung

Vorkommen

Ein Nachweis, der im Zuge eines Einfluges dieser Art nach Mitteleuropa erbracht wurde:

- 6.–24.1.2018 Lettengrube, 1 vj. ♂ (F. Samwald, A. Hombauer, A. Ranner u. a.[1])

Quellen: [1] *www.birdlife-afk.at*

Andreas Ranner

Fichtenkreuzschnabel *Loxia curvirostra* Linnaeus, 1758

Keresztcsőrű – Red Crossbill

Fertőújlak, 1.10.2017, Männchen (Tibor Hadarics)

Unregelmäßiger Gast in den Sommermonaten Juni bis August und im Herbst, vor allem im Oktober und November

Verbreitung und Lebensraum

Als Koniferenspezialist der gebirgigen Lagen ist der Fichtenkreuzschnabel im Seewinkel auf Baumbestände aller Art angewiesen. Daher sind die seltenen, bisherigen Beobachtungen auf Bereiche beschränkt, die Wäldchen, kleinere Haine oder Windschutzstreifen bieten. Der Fichtenkreuzschnabel ist eine sehr mobile Finkenart, einige Nachweise beschreiben daher überfliegende, rufende Individuen.

Bestand und Bestandsentwicklung

Historische Meldungen von Fichtenkreuzschnäbeln vor 1950 fehlen aus dem Gebiet fast völlig, so erwähnten Zimmermann[1] und Bauer et al.[2] als einzige ihnen bekannt gewordene Beobachtung *„16.3.1890 Hegykő, von Madarász“* und stuften den Fichtenkreuzschnabel als seltenen Wintergast ein. Der nächste Nachweis in Form eines gefangenen Exemplars wurde erst wieder 1955 von Samwald[3] an der damaligen Beringungsstation in Neusiedl am See erbracht. Es dauerte danach über 20 Jahre bis zur nächsten Beobachtung 1979[4] und erst Ende der 1980er, Anfang der 1990er Jahre folgten weitere Beobachtungen[5]. Nach einer mehrjährigen Unterbrechung gelangen Ende der 1990er, Anfang der 2000er Jahre abermals Sichtungen[6]. Bis heute hat sich nichts an dem Muster der immer wieder mehrjährigen Abwesenheit dieser Art im Bearbeitungsgebiet geändert, so gab es während der 2000er Jahre und bis zum Jahr 2013[7] auch nur vereinzelte Meldungen. Seit 2014 brachte die stark angestiegene Melde- und Beobachtungsaktivität auch einen Anstieg der Meldungen über Fichtenkreuzschnäbel. 2016–2021 langten von österreichischer Seite, mit Ausnahme von 2017, alljährlich 2–8 Meldungen ein[8], die zumeist nur 1–2 Exemplare betrafen, aber auch die folgenden größeren Trupps: je vier Vögel am 19.4.2018 bei der St. Martins Therme[9], am 1.11. 2020 in der Hölle/Illmitz[10] und am 31.12.2021 in Apetlon[11], sieben Exemplare am 24.6.2020 am Hackelsberg bei Winden[12] und acht am 13.10.2018 wiederum in der Hölle[10].

Im nahe gelegenen Ödenburger Gebirge hat die Art einen kleinen Brutbestand[13], damit erklärt sich die etwas höhere Präsenz im ungarischen Teil des Avifauna-Gebiets. Im Winter sind hier größere Gruppen zu sehen, die wahrscheinlich von dort stammen. Die Ausdehnung der Fichtenbestände, die Brutstätte und Nahrungsquelle bieten, nimmt wegen der Borkenkäferplage in Folge der Trockenperiode allerdings kontinuierlich ab und damit auch der Fichtenkreuzschnabel, weshalb zukünftig weniger Nachweise im Avifauna-Gebiet zu erwarten sind. Von 1992 bis 2019 wurde der Fichtenkreuzschnabel aus 16 von 28 Jahren gemeldet[14]. 2008 gab es eine Invasion, bei der auch im ungarischen Neusiedler See-Gebiet zwei ungewöhnlich große Trupps entdeckt wurden: 20 Individuen am Grenzwachposten bei Mekszikópuszta[15] und 40 bei Baross-telep/Fertőd[16]. Auch 2004 gab es vermehrte Nachweise der Art, die größte Gruppe waren damals 13 Individuen in Fertőrákos[17]. In den restlichen Jahren wurden immer Gruppen von weniger als 10 Exemplaren beobachtet, zumeist handelte es sich, wie in Österreich, nur um 1–2 Vögel[14].

Jahreszeitliches Auftreten

Die Beobachtungen des Fichtenkreuzschnabels im Avifauna-Gebiet konzentrieren sich schwerpunktmäßig auf die Sommermonate Juni bis August (25) und die Herbstmonate Oktober und November (21), wobei Juli und Oktober mit 18 bzw. 16 Meldungen den Großteil der insgesamt bis 2021 vorliegenden 59 Nachweise ausmachen[4–8,14]. Auf die Brutzeit mitteleuropäischer Fichtenkreuzschnäbel in den Monaten Dezember bis Mai entfallen hingegen nur 12 Nachweise, die überwiegend aus Ungarn stammen. Dieses Muster legt nahe, dass das Auftreten des Fichtenkreuzschnabels im Bearbeitungsgebiet auf nachbrutzeitliche Strichbewegungen dieser wanderfreudigen Finkenart zurückgeht.

Zugverhalten und Ringfunde

In Mitteleuropa gelten Beobachtungen des Fichtenkreuzschnabels, selbst in seinen Brutgebieten, als eher unbeständig. Dies hängt wohl mit starken Bestandsschwankungen aufgrund von unterschiedlichem Nahrungsangebot zusammen, was in Brutgebieten wiederum Ab- oder Zuwanderungen auslösen kann. Weiters sind Invasionsbewegungen bekannt, die diese Art auch in selten aufgesuchten Gebieten erscheinen lässt. Ziehende Individuen bewegen sich überwiegend nach Südwest[18].

Quellen: [1] *Zimmermann (1943),* [2] *Bauer et al. (1955),* [3] *Samwald (1965),* [4] *R. Triebl/ABÖ,* [5] *M. Flade, A. Grüll, T. Zuna-Kraty, E. Lederer, M. Hoffmann/ABÖ,* [6] *A. Grüll, J. Fruhmann, L. Sachslehner/ABÖ,* [7] *A. Ranner, A. Grüll, S. Zinko/ABÖ,* [8] *www.ornitho.at,* [9] *M. Suanjak/ornitho.at,* [10] *J. Laber/ornitho.at,* [11] *S. Nausner/ornitho.at,* [12] *N. Teufelbauer/ornitho.at,* [13] *Mogyorósi (2021),* [14] *Archiv MME Sopron,* [15] *A. Pellinger, unpubl. Daten,* [16] *I. Goda, unpubl. Daten,* [17] *S. Mogyorósi, unpubl. Daten,* [18] *Glutz von Blotzheim & Bauer (1997)*

Nikolaus Filek & Előd Győrig

Stieglitz *Carduelis carduelis* (Linnaeus, 1758)

Tengelic – European Goldfinch

Illmitz, 11.7.2011 (Michael Dvorak)

Häufiger Jahresvogel, Durchzügler und Wintergast im Kulturland und in den Siedlungsgebieten

Verbreitung und Lebensraum

Der in Mitteleuropa weit verbreitete Stieglitz bewohnte ursprünglich lichte Wälder und Waldrandgebiete. Heutzutage werden unterschiedliche, halboffene Kulturlandschaften und darin eingestreute Siedlungsgebiete besiedelt. So findet man die Art rund um den Neusiedler See überall dort, wo vielfältige, mosaikartige Biotope aufeinandertreffen. Diese reichen von landwirtschaftlich genutzten Flächen wie Weingärten und Obstbaumanlagen über mit Bäumen bestandenem Offenland, gebüschreiche Wiesen und Weiden, Wäldchen, Feldgehölze, Hecken, Windschutzstreifen oder Landschaften mit verkehrswegbegleitenden Allee- oder Einzelbäumen bis hin zu dörflichen Siedlungsgebieten mit Grün- und Parkanlagen, baumbestandenen Friedhöfen, Gärten und Sportanlagen, sowie gehölzreichen Brach- und Industrieflächen. Bedingt durch zunehmende Intensivierung der Landwirtschaft sind Stieglitze im Neusiedler See-Gebiet vielerorts im Siedlungsbereich deutlich häufiger anzutreffen als in der Agrarlandschaft.

Bestand und Bestandsentwicklung

Im 19. Jahrhundert beschrieben der in Apetlon lebende Pfarrer Jukovits[1] und der in Sopron lebende Lehrer Fászl[2] den Stieglitz in der Umgebung ihrer Wohnorte als häufig, weiters erwähnte ihn von Dombrowski[3] als häufige Erscheinung im Park von Esterháza. Anfang des 20. Jahrhunderts berichtete Schenk[4] von überall vertretenen, aber nur sporadisch gesichteten Stieglitzen am Süd- und Ostufer. Auch am Westufer sichtete Steinparz[5] einen Vogel in Purbach und Steinfatt[6] dokumentierte auf der westlichen Seite des Sees vier Stieglitze. Zimmermann[7] konnte in den 1940er Jahren, der damaligen Ost-Westverteilung von mehreren Singvogelarten entsprechend, brütende Stieglitze am Ostufer seltener beobachten als am Nord- und Westufer, wo er sie häufig als Brutvögel auffand. Zu jener Zeit war ihm bereits bekannt, dass die Art als Standvogel im Gebiet überwinterte und zudem auch als regelmäßiger und wohl auch häufiger Durchzügler anzutreffen war. Auf dem Durchzug konnte Zimmermann[7] noch im Mai Beobachtungen eines Trupps von 25–30 Individuen im Illmitzer Gemeindewäldchen, sowie von ziehenden Stieglitzen in Rust notieren. In den 1950er Jahren war der Stieglitz im Neusiedler See-Gebiet für Münch[8] eine gewöhnliche Art und auch Bauer et al.[9] bemerkten, dass die Art merklich zugenommen hatte, wenngleich sie weiterhin die Seltenheit von brütenden Stieglitzen am Ostufer, im Gegensatz zum Nord- und Westufer, registrierten. Zudem bezeichneten sie die Art als häufigen Durchzügler und Wintergast. Auch am ungarischen Südufer dürfte zu dieser Zeit die flächige Besiedlung begonnen haben, genauere Angaben liegen jedoch nicht vor. In den 1950er und 1960er Jahren konnten Fangzahlen von Samwald[10] die merkliche Bestandszunahme bekräftigen, da in 10 Jahren Beringungstätigkeit die Anzahl an Stieglitzen vom einstelligen über den zwei- bis in den dreistelligen Bereich anstieg. Im Winterhalbjahr 1959/60 konnte Ganso[11] im Lackengebiet des Neusiedler Sees die Art häufig an Kräutern und auf Bäumen feststellen und Kinzelbach[12] betrachtete Stieglitze in Illmitz als regelmäßige bis häufige Durchzügler. Vauk[13] gelang im Spätherbst die Beobachtung einer möglichen Zugbewegung von 25 Individuen bei Neusiedl am See und Kurth[14] gab Ende der 1960er Jahre, anhand quantitativer Bestandsaufnahmen, die Brutpopulationen in Illmitz mit 30 und in Podersdorf mit 25 Brutpaaren an. Die 1970er Jahre ergaben trotz weniger dokumentierter Sichtungen[15] ein unverändertes Bild von regelmäßigen, aber nicht alljährlichen Beobachtungen der Art.

Ab den 1980er Jahren kann der Stieglitz dann als eine rund um den Neusiedler See weit verbreitete Art eingestuft werden. Siedlungsdichteuntersuchungen auf drei großen Probeflächen (3,75-6,2 km²) in den Jahren 1997 und 1998 ergaben bei Pamhagen, in einem stärker baumbestandenen Gebiet, maximal 3,6 Reviere/km². Zwei baumärmere Bereiche bei Jois, in einer offenen, mit Magerrasen durchsetzten Weinbaulandschaft, und auf den Zitzmannsdorfer Wiesen ergaben hingegen Dichten von nur 0,3 bzw. 0,4 Revieren / km². Im Jahr 1998 wurden, beispielsweise bei Pamhagen, auf einer stark baumbestandenen Fläche von 3,75 km² immerhin sechs Reviere kartiert[16]. In den Jahren 2016–2018 wurde in 19 Wäldchen und Baumbeständen des Seewinkels eine Probeflächenkartierung durchgeführt, im Zuge derer der Stieglitz in 16 Gebieten festgestellt wurde und hinsichtlich seiner Häufigkeit an neunter Stelle lag, mit einer mittleren Dichte von 3,9 Revieren/10 ha und insgesamt 72 erfassten Revieren[17]. Einen positiven Bestandstrend der Art zeigen die 2020 erneut durchgeführten Kartierungen aus den Jahren 1997/98. Während der Bestand bei Pamhagen in etwa gleich blieb (14 Reviere 1997, 12 Reviere 2020), nahm die Art sowohl auf den Zitzmannsdorfer Wiesen von zwei auf fünf Reviere, als auch bei Jois von zwei auf sechs Reviere deutlich zu[16]. Diese positive Entwicklung ist in vielen Teilen des Bearbeitungsgebiets zu beobachten und wohl auf die fortschreitende, sukzessionsbedingte Vergrößerung der Baumbestände im Gebiet zurückzuführen. Auch die Anzahl an gesichteten größeren Trupps im Herbst und Winter stieg stark an, mit einem bisherigen Individuenmaximum im Herbst 2016 von mindestens 1.500 Stieglitzen im Lange Lacke Gebiet[18].

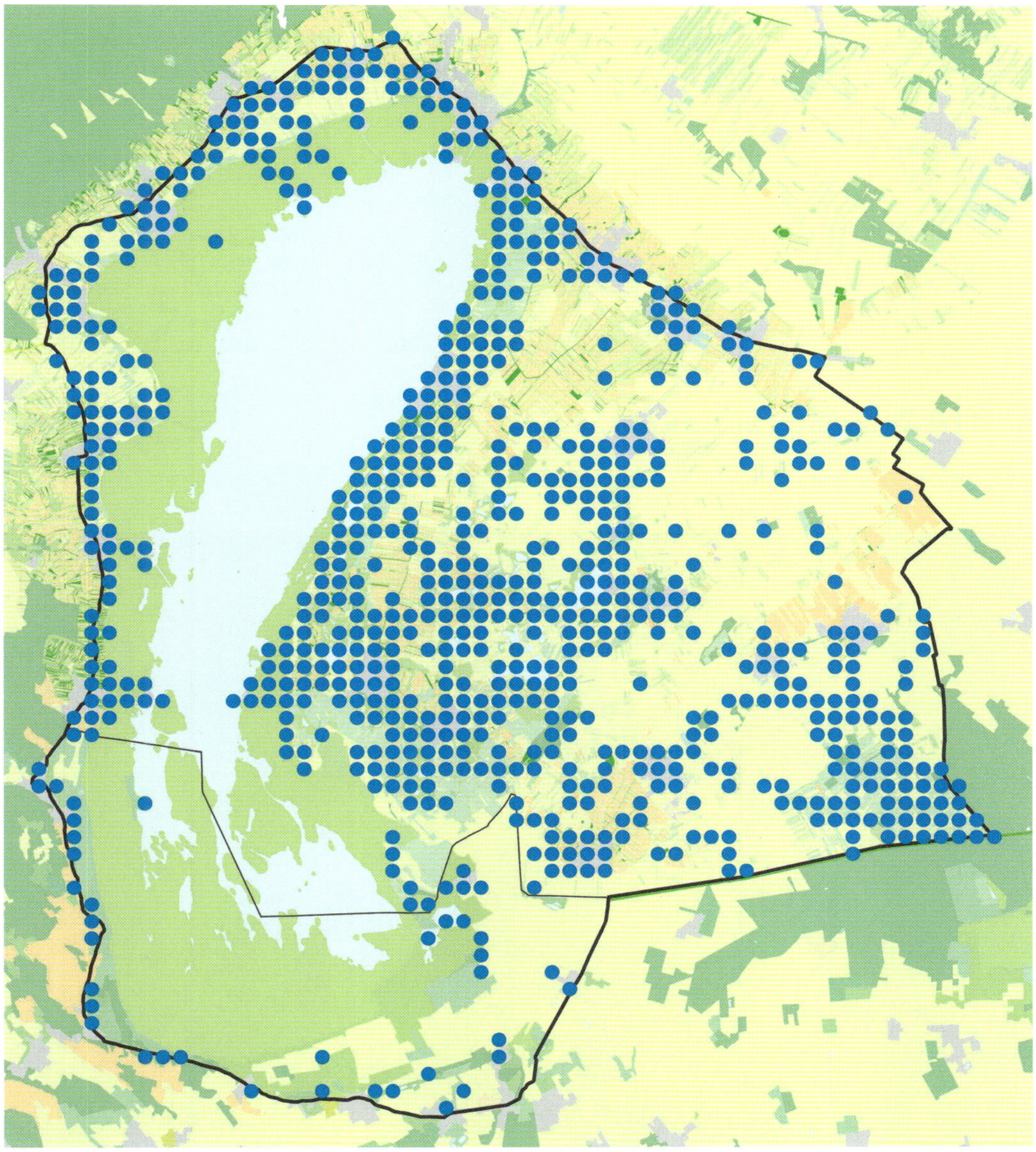

Verbreitung des Stieglitzes, basierend auf allen vorliegenden Brutzeitbeobachtungen (April – Juli) aus den Jahren 2013–2021[23–25].

Jahreszeitliches Auftreten

Die Beobachtungen der Art im Bearbeitungsgebiet zeigen ein Maximum der Individuensummen in der dritten Oktoberdekade. Zurückzuführen ist dieser Gipfel auf die Sichtung von mindestens 1.500 Stieglitzen Ende Oktober 2016. Ohne diese Beobachtung würde sich der Wert der dritten Oktoberdekade in den Herbstdurchschnitt einfügen. Weitere Anstiege sind im Winter und im Frühjahr zu verzeichnen, da sich die Art im Herbst zu größeren Schwärmen zusammenfindet, im Winter der Zuzug nördlicher und östlicher Populationen einsetzt und im Frühjahr das Balzverhalten mit erhöhter Gesangsaktivität der Männchen einhergeht – Faktoren, die die Art auffälliger und damit leichter beobachtbar machen. Zudem kann im Frühjahr eine Überlappung des Frühjahrszugs mit der beginnenden Brutaktivität nicht ausgeschlossen werden, was die Beobachtungszahlen zusätzlich ansteigen lassen kann. Das mit dem Flüggewerden der Jungvögel einhergehende Fütterungs- und Bettelverhalten ist für gewöhnlich ab Mai zu beobachten. Mit dem Ende dieser Phase und der beginnenden Mauserzeit im Juli sinken die Beobachtungen kontinuierlich, da die Vögel zu dieser Zeit wieder unauffälliger sind. Ein Herbstdurchzug scheint im September einzusetzen. Stieglitze überwintern im Neusiedler See-Gebiet und schließen sich mit anderen Finkenarten zu größeren Gruppen zusammen.

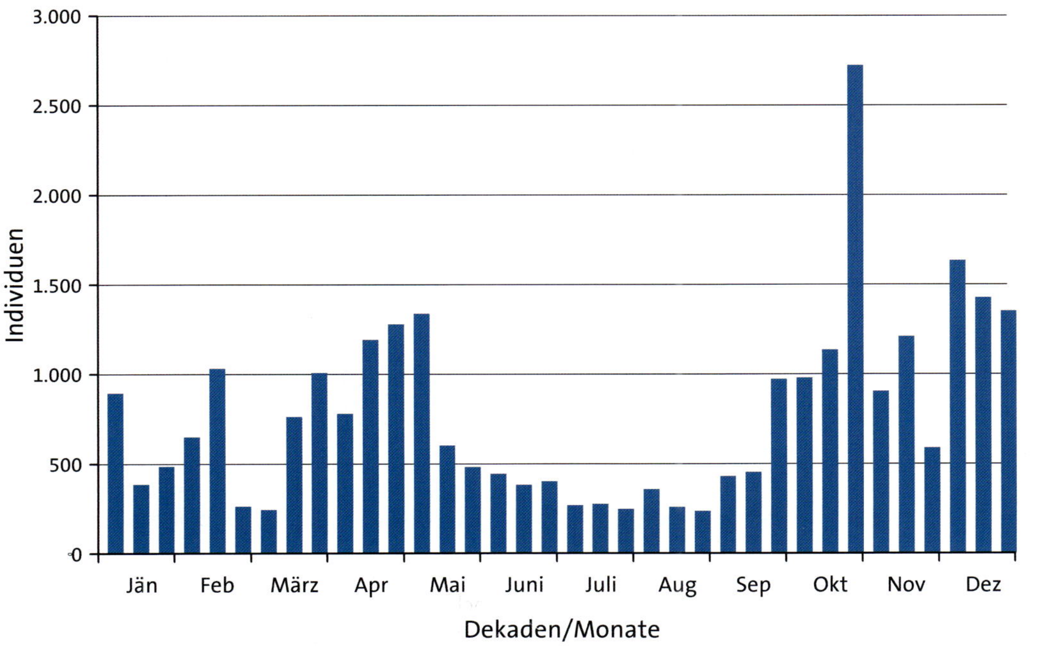

Jahreszeitliches Auftreten des Stieglitzes (Dekadensummen gemeldeter Individuen) basierend auf Daten aus Österreich aus den Jahren 1974–2018 (n = 28.087)[22, 23].

Zugverhalten und Ringfunde

In Mitteleuropa ist der Stieglitz mehrheitlich Standvogel. Östliche und nördliche Populationen sind Kurzstreckenzieher, die im Winter ins Mittelmeergebiet abziehen. Der Herbstzug im

Karpatenbecken führt hauptsächlich aus Tschechien, der Slowakei und Südpolen auf die Balkanhalbinsel[19]. Da die Zugbewegung nordöstlicher Populationen wie bei den meisten Finkenarten, generell nach Südwest gerichtet ist, sind Stieglitze auf dem Durchzug auch im Neusiedler See-Gebiet zu beobachten, zudem überwintern Vögel auch im Gebiet. Ein im April 1958 in der Biologischen Station Neusiedl am See beringter Stieglitz wurde zwei Jahre später im Februar auf den Ägäischen Inseln/Griechenland wiedergefangen[20]. Auf ihren Zugbewegungen vergesellschaften sich Stieglitze oftmals mit Grünlingen, Buchfinken und Hänflingen, weshalb v.a. zu den Spitzenzeiten des Zuges individuenstarke Schwärme zu beobachten sind[21].

Quellen: [1] *Jukovits (1864/65),* [2] *Fászl (1883),* [3] *Dombrowski (1889),* [4] *Schenk (1917a),* [5] *Steinparz (1926),* [6] *Steinfatt (1936),* [7] *Zimmermann (1943),* [8] *Münch (1952),* [9] *Bauer et al. (1955),* [10] *Samwald (1965),* [11] *Ganso (1960),* [12] *Kinzelbach (1962),* [13] *Vauk (1962),* [14] *Kurth (1970),* [15] *W. Beissmann/ornitho.at,* [16] *BirdLife Österreich, unpubl. Daten,* [17] *M. Dvorak, unpubl. Daten,* [18] *F. Samwald/ornitho.at,* [19] *Halmos in Csörgő et al. (2009),* [20] *Österreichische Vogelwarte, unpubl. Ringfund,* [21] *Glutz von Blotzheim & Bauer (1997),* [22] *Archiv BirdLife Österreich,* [23] *www.ornitho.at ,* [24] *Archiv MME Sopron,* [25] *Archiv FHNP*

Nikolaus Filek & Csilla Kiss

Girlitz *Serinus serinus* (Linnaeus, 1766)

Csicsörke – European Serin

Sankt Andrä am Zicksee, 9.5.2012, Männchen (Michael Dvorak)

Häufiger Brutvogel in Siedlungen und seltener Brutvogel in der offenen Kulturlandschaft

Verbreitung und Lebensraum

Der Girlitz besiedelt einerseits die offene, locker mit Feldgehölzen, Einzelbäumen und Hecken bestandene Kulturlandschaft in sonnigen und trockenen Lagen, andererseits ist die Art im menschlichen Siedlungsbereich weit verbreitet, wo reichhaltig mit Bäumen und dichtem Gebüsch ausgestattete Gartensiedlungen, Park- und Sportanlagen sowie Friedhöfe besonders günstige Bedingungen bieten. Auch im ungarischen Teil ist der Girlitz ein ausgesprochener Kulturfolger, er brütet hier fast ausschließlich innerhalb von Siedlungen und in Gewerbegebieten, in Bereichen mit vielen immergrünen Nadelgehölzen und Thujen. Zumindest in den ungarischen Dörfern ist allerdings ein Rückgang der Koniferen in den Gärten durch Trockenheit und eingeschleppte Schadinsekten festzustellen. Dies könnte langfristig negative Auswirkungen auf den Girlitz haben[1]. Weitaus seltener ist der Girlitz in seinen vermutlich ursprünglichen Lebensräumen an Waldsäumen und in lockeren Wäldern zu finden[2, 3].

Im Neusiedler See-Gebiet war der Girlitz bis vor ca. 20 Jahren die charakteristische Vogelart der Weingartenlandschaft. Noch im Jahr 1991 war die Art – nach dem Bluthänfling – die bei weitem häufigste Vogelart in der Weingartenlandschaft, sie fehlte lediglich in ganz monotonen Weingärten ohne Hecken und Einzelbäume[4]. Aktuell ist der Girlitz nach einem dramatischen Rückgang fast überall aus den Weinbauflächen verschwunden[5]. Im Rahmen einer großflächigen Kartierung im Jahr 2020 fehlte die Art in der offenen Agrarlandschaft des gesamten Gebiets, mit Ausnahme ortsnaher Lagen, praktisch vollständig[6]. Im gesamten Seewinkel konnte lediglich ein einziges größeres Vorkommen in Weingärten westlich von Illmitz bestätigt werden[7]. Gleichzeitig stellte sich bei gezielten Kartierungen heraus, dass der Girlitz nur noch innerhalb der Ortschaften in größerer Häufigkeit vorkommt[8, 9].

Bestand und Bestandsentwicklung

In der zweiten Hälfte des 19. Jahrhunderts war der Girlitz am Südufer des Sees ein Bewohner der Haus- und Obstgärten, Alleen und Parkanlagen[10, 11]. In den frühen 1940er Jahren war die Art Brutvogel der meisten Ortschaften, war aber nur am West- und Nordufer häufig und im Seewinkel nur vereinzelt und unregelmäßig anzutreffen[12]. Zehn Jahre später wurde der Girlitz dann als *„häufiger Brutvogel aller Ortschaften des Neusiedlersee-Gebietes“* eingestuft, er war *„nur im Seewinkel etwas spärlicher“* vertreten[13]. Bei Bestandsaufnahmen in Illmitz und Podersdorf im Jahr 1969 wurde der Girlitz hingegen nicht als Brutvogel angeführt[14]. 1991 wurden sechs repräsentative Weingartenflächen am West- und Nordufer, sowie im Seewinkel auf ihren Brutvogelbestand untersucht. Nach dem Bluthänfling war die Art damals die zweithäufigste, auf den insgesamt 3,9 km² wurde im Mittel eine Siedlungsdichte von 5,5 Reviere/km² ermittelt[15]. Ebenfalls 1991 wurde eine aus Weingärten, Buschwäldern und verbuschten Trockenrasen bestehende Fläche (1,5 km²) um den Hackels- und Jungerberg untersucht, hier wurde eine viel höhere Dichte von 12,2 Revieren/km² erreicht[16]. In den Jahren 1997 und 1998 wurden weitere Revierkartierungen auf drei 3,8–6,2 km² großen Flächen bei Jois, Pamhagen und Gols durchgeführt, die Dichten von 4,8, 5 bzw. 0,4 Reviere/km² ergaben[17].

Bei erneuten Kartierungen dieser Flächen im Jahr 2020 zeigten sich dramatische Bestandszusammenbrüche mit Dichtewerten von nur mehr 0,5 und 0,8 Revieren/km² und Rückgänge von 30 bzw. 40 auf jeweils drei Reviere bei Jois und Pamhagen und von zwei auf null bei Gols[17]. Damit ist im Mittel ein Rückgang von 90–95 % zu verzeichnen – eine Zahl, die sich auch in der drastischen Reduktion des Verbreitungsgebiets und damit dem weitgehenden Verschwinden der Art abseits von Siedlungen widerspiegelt. Dass die Situation innerhalb der Siedlungen eine völlig andere ist, zeigte die Untersuchung von zwei ungarischen und acht österreichischen Dörfern im Jahr 2014: Der Girlitz war hier die fünfthäufigste Art und erreichte mit 86 Revieren/km² sehr hohe mittlere Dichten[18]. Eine Hochrechnung für die Dörfer auf österreichischer Seite ergab einen Bestand von beachtlichen 960 Revieren. Eine im April 2018 in Illmitz durchgeführte Linientaxierung ergab hingegen nur 30 singende Männchen auf 1,7 km² Siedlungsfläche und mit nur 17,7 Revieren/km² eine viel geringere Dichte[8]. Ob dieses viel schlechtere Ergebnis methodische Gründe hat, wie beispielsweise einen zu frühen Zählzeitpunkt, oder auf einen tatsächlichen Bestandsrückgang zurückzuführen ist, muss vorläufig offen bleiben. Abseits der Ortschaften konnten sich Brutvorkommen nur mehr an wenigen Waldrändern halten. Bei einer 2017–2019 durchgeführten Untersuchung wurden insgesamt 10 Girlitzreviere in drei von 19 kartierten Wäldchen festgestellt[7]. Vieles deutet daher im

Neusiedler See-Gebiet – trotz der gegenläufigen Trends in Ortschaften und Offenland – auf einen insgesamt starken Bestandsrückgang hin. Der Trend-Index des Girlitzes in Österreich zeigt für 1998–2016 einen Rückgang von 81 %[20]; der Rückgang im Neusiedler See-Gebiet liegt damit im großräumigen Rahmen.

Jahreszeitliches Auftreten

Der Median der Erstankunft in den Jahren 2013–2019 war der 23. März. Er schwankte, wie bei einem Kurzstreckenzieher zu erwarten, nur sehr wenig zwischen 19. März in den Jahren 2016 und 2017 und dem 30. März im Jahr 2013[5]. Das Phänologiediagramm zeigt danach einen ausgeprägten Gipfel von 10. bis 25. April, der offenbar auf durchziehende Vögel zurückgeht. Von Ende April bis Mitte Mai bleibt die Gesangsaktivität auf einem etwas niedrigeren Niveau konstant, um danach kontinuierlich abzunehmen. Mitte Juli werden üblicherweise die letzten singenden Männchen gemeldet. Von Mitte August bis Mitte September ist eine Phase mit nur sehr wenigen Beobachtungen auffällig. Diese wird von Ende September bis Mitte Oktober von einer dreiwöchigen Periode höherer Meldefrequenz abgelöst, die wahrscheinlich einen schwachen, aber merklichen Herbstdurchzug anzeigt. Einzelne Vögel verbleiben jedes Jahr bis Ende Oktober[5]. Die drei spätesten Nachweise gelangen am 4.11.2017 im Seebad Illmitz[21], am 13.11.2015 im Hanság südlich von Tadten[22] und am 15.11.2018 im Seebad Breitenbrunn[23]. Girlitze treten fast immer einzeln oder paarweise auf, nach der Brutzeit bilden sich auch kleine Gruppen von bis zu fünf Individuen. Trupps von sechs oder mehr Vögeln sind nur zu den Zugzeiten Mitte April bzw. Mitte September bis Anfang Oktober zu beobachten, sie machen nur 1,5 % aller Meldungen aus[20].

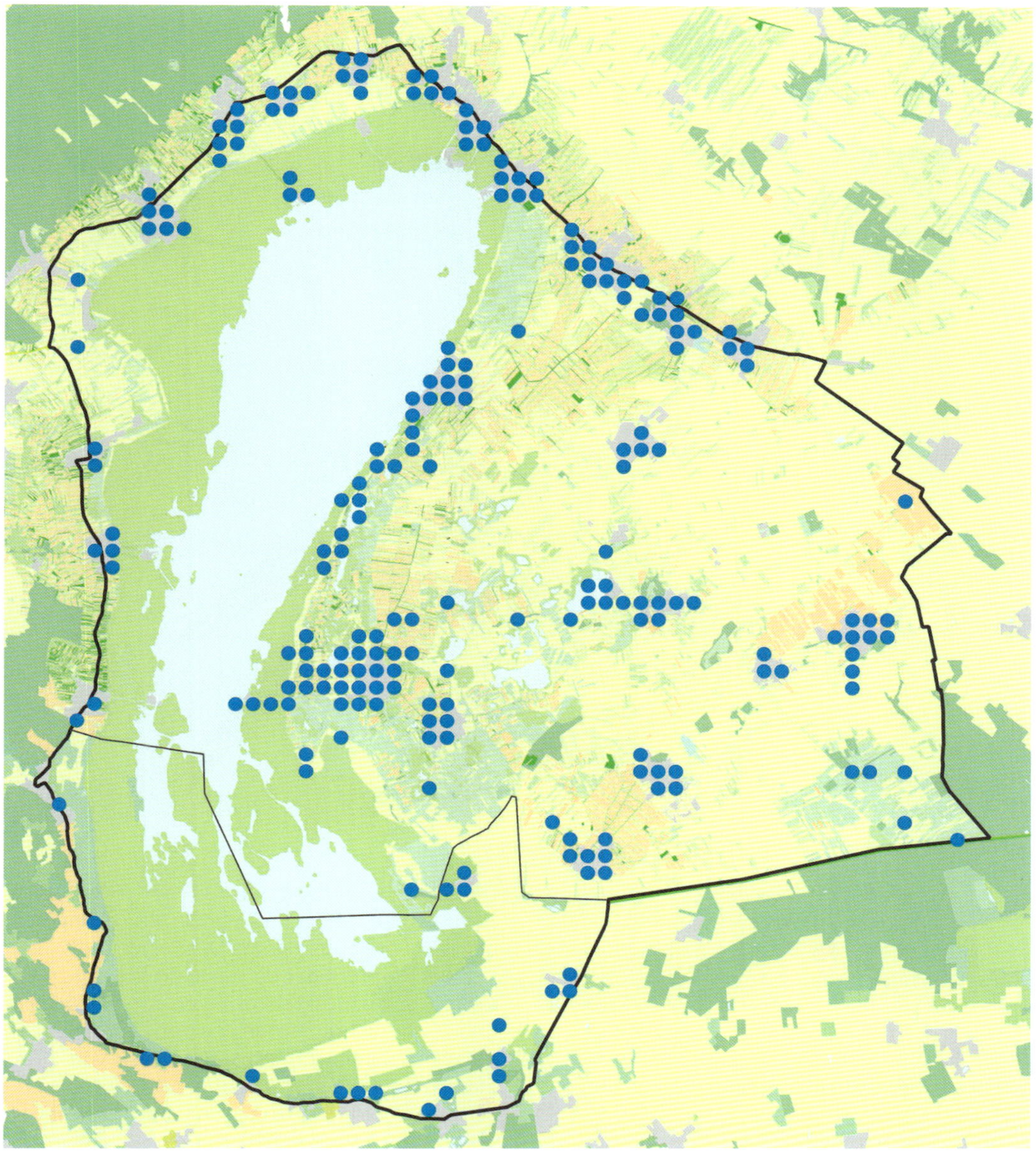

Verbreitung des Girlitzes, basierend auf allen vorliegenden Brutzeitbeobachtungen (April – Juli) aus den Jahren 2018–2021[5, 25, 26].

Zugverhalten und Ringfunde

Der Girlitz ist ein Kurzstreckenzieher, der im Mittelmeergebiet überwintert. Die Art wurde bislang im Neusiedler See-Gebiet kaum beringt, daher liegt auch nur ein Ringfund vor: Ein am 23.8.2004 in Sarród markierter Vogel wurde einen Monat später, am 23. September, 17 Kilometer weiter südlich bei Völcsej in Ungarn wieder gefangen[24].

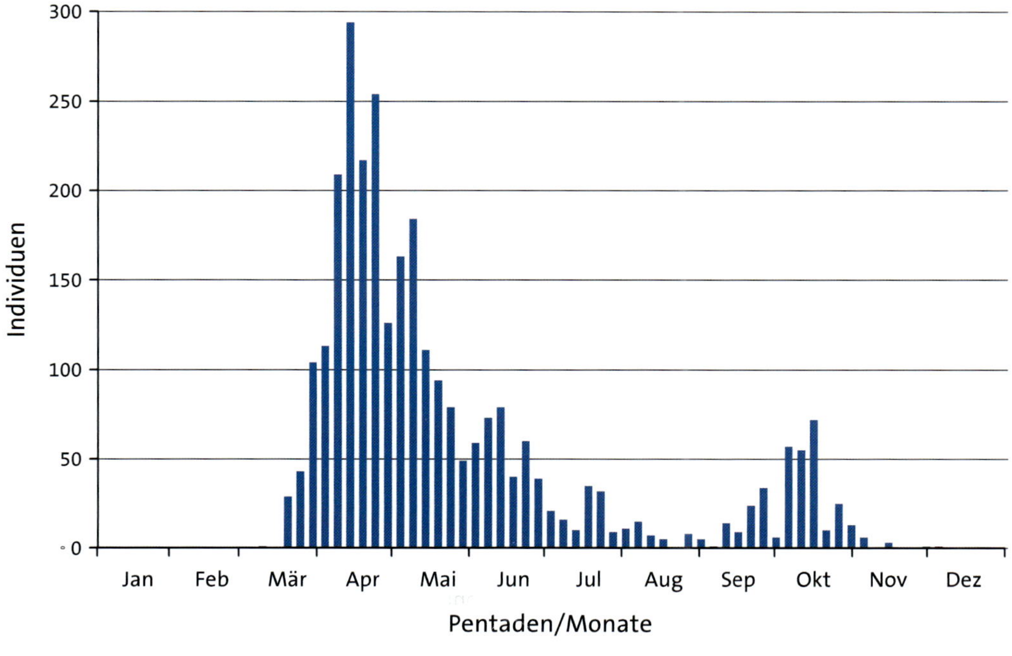

Jahreszeitliches Auftreten des Girlitzes (Pentadensummen) basierend auf Daten aus Österreich aus den Jahren 2011–2019 (n = 2.925)[5].

Quellen: *[1] Winkler (2012), [2] Dvorak et al. (1993), [3] Glutz von Blotzheim & Bauer (1997), [4] Dvorak et al. (1992), [5] www.ornitho.at, [6] BirdLife Österreich, unpubl. Daten, [7] M. Dvorak, unpubl. Daten, [8] A. Grüll, unpubl. Daten, [9] Dvorak et al. (2014), [10] Fászl (1883), [11] von Dombrowski (1889), [12] Zimmermann (1943), [13] Bauer et al. (1955), [14] Kurth (1970), [15] Dvorak et al. (1992), [16] Karner et al. (1992), [17] BirdLife Österreich, unpubl. Daten, [18] Dvorak et al. (2014), M. [20] Teufelbauer et al. (2017), [21] R. Grassmugg, F. Samwald/ornitho.at, [22] G. Kuknat, M. Leitner/ornitho.at, [23] A. Ranner/ornitho.at, [24] Vogelberingungszentrale BirdLife Ungarn, unpubl. Ringfunde, [25] Archiv MME Sopron, [26] Archiv FHNP*

Michael Dvorak & Attila Pellinger

Erlenzeisig *Spinus spinus* (Linnaeus, 1758)

Csíz – Eurasian Siskin

Sankt Andrä am Zicksee, 17.10.2015, Männchen (Leander Khil)

Unregelmäßiger, seltener bis mäßig häufiger Durchzügler und Wintergast, hauptsächlich von September bis November

Verbreitung und Lebensraum

In Mitteleuropa bevorzugen Erlenzeisige Nadel- und Mischwälder, da sie zumeist in Fichten brüten und sich unter anderem von Sämereien der Nadelbäume und Birken ernähren. Im Neusiedler See-Gebiet sind Beobachtungen des Erlenzeisigs während der Zugzeiten auf Baum- und Gebüschbeständen jeglicher Art möglich, speziell in den seenahen Bereichen, wie dem Illmitzer Seebad, der Illmitzer Hölle und der Podersdorfer Pferdekoppel. Viele der Sichtungen konzentrieren sich dort, wo Windschutzstreifen, Wäldchen, Einzelbäume, sowie Weidengehölz oder Weingärten vorhanden sind. Doch auch die Äcker, Felder und Wiesen im Gebiet bieten Erlenzeisigen am Zug Futter- und Rastmöglichkeiten. Im Herbst sind vor allem im Hanság, Albrechtsfeld oder rund um Frauenkirchen immer wieder individuenreiche Zeisigschwärme zu beobachten. Als Nahrungsquelle besonders attraktiv ist dabei die Schwarzerle.

Bestand und Bestandsentwicklung

Die Art war bereits Ende des 19. Jahrhunderts von mehreren Autoren als häufiger Wintergast beschrieben worden. Anfang des 20. Jahrhunderts gab es dennoch nur vereinzelte Berichte über Erlenzeisige, wie es Zimmermann[1] 1943 zusammenfasste, der selbst im Oktober 1942 einen Trupp von 25–50 Vögeln sichtete. Es dauerte nicht lange bis zum nächsten dokumentierten Nachweis von 20 Erlenzeisigen im Dezember 1952[2]. In den 1950er und 1960er Jahren zeigten Fangzahlen von Samwald[3,4] den alljährlichen Durchzug und Wintereinzug der Erlenzeisige. Dazu kamen unregelmäßige Einzelsichtungen in den 1960er Jahren[5,6]. Im Dezember 1974 hielt sich bei Halbturn der bis dahin größte dokumentierte Trupp von 50 Erlenzeisigen auf[7]. Die 1980er und 1990er Jahre zeigten gewohnt unregelmäßige, nicht alljährliche Sichtungszahlen von 1–33 Individuen, wobei im Oktober 1997 ein beachtlicher Einflug erfolgte. Die maximale Anzahl an gleichzeitig anwesenden Erlenzeisigen lag im österreichischen Teilgebiet bei 250[8]. In den 2000er und 2010er Jahren kam es zum gewohnt ungleich verteilten Aufkommen der Art während der beiden Zugzeiten mit einem Schwerpunkt auf dem Herbstdurchzug[9]. Im ungarischen Teil treten hauptsächlich Schwärme von einigen Dutzend Individuen auf. Ausnahmen sind bei stärkeren Einflügen Konzentrationen in Erlenbeständen, wo z. B. bei Fertőboz im Februar 2009 bis zu 300 Exemplare gezählt wurden[10].

Jahreszeitliches Auftreten

Die Beobachtungen aus dem Zeitraum von 1968–2018 verteilen sich schwerpunktmäßig auf die Herbstmonate. Im Gegensatz zur Zugzeit im Frühjahr, wo nur wenige Sichtungen der Art gemacht werden, gelangen am Herbstdurchzug, speziell in den Monaten September bis November und verstärkt in den letzten Jahren, Beobachtungen von Trupps mit großer Individuenzahl.

Zugverhalten und Ringfunde

Als Teilzieher bewegen sich nördliche europäische Populationen des Erlenzeisigs überwiegend nach Südwest gen Mittel-, Süd- und Westeuropa, wo die Art auch Standvogel ist. Ein im Oktober 1965 ziehendes, in der Biologischen Station Illmitz beringtes Individuum wurde zwei Monate später in Trento/Italien gefangen[11]. In sogenannten Mastjahren kann die Art auch in sonst selten aufgesuchten Gebieten erscheinen, um das Überangebot an Nahrungsressourcen zu nutzen. Dadurch kann es zu großen Massenwanderungen kommen.

Quellen: [1] *Zimmermann (1943)*, [2] *Bauer et al. (1955)*, [3] *Samwald (1965)*, [4] *Böck (1979)*, [5] *Kinzelbach (1962)*, [6] *Vauk (1962)*, [7] *E. Duda/ABÖ*, [8] *A. Ranner/ABÖ*, [9] *www.ornitho.at*, [10] *S. Mogyorósi/FHNP-Archiv*, [11] *Österreichische Vogelwarte, unpubl. Ringfund*, [12] *Archiv BirdLife Österreich*

Nikolaus Filek & Attila Pellinger

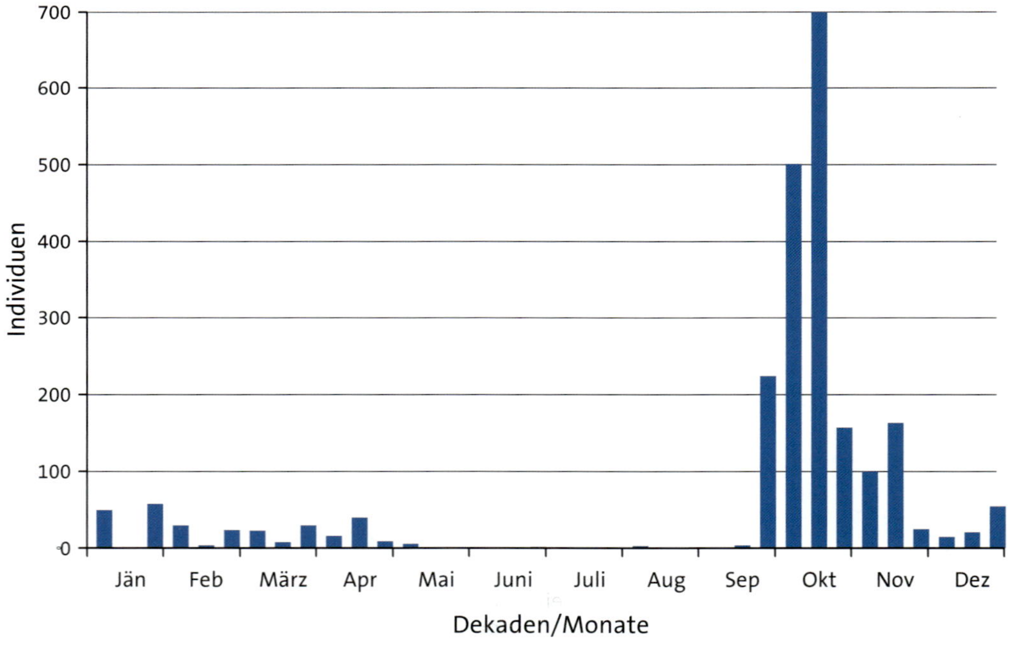

Jahreszeitliches Auftreten des Erlenzeisigs (Dekadensummen gemeldeter Individuen) basierend auf Daten aus Österreich aus den Jahren 1968–2018 (n = 2.270)[9,12].

Spornammer *Calcarius lapponicus* (Linnaeus, 1758)

Sarkantyús sármány – Lapland Longspur

Ausnahmeerscheinung

Vorkommen

Acht Nachweise:

- 1.1.1956 südlich Podersdorf, 1 Ind. in Weingarten (K. Bauer, E. Freundl, H. Freundl u. a.[1])
- 4.4.1965 Wörthenlacke, 1 ♂, 1 ♀-färbig (B. Leisler, H. Winkler[2])
- 2.2.1974 Hanság südlich Tadten, 1 Ind. (P. Prokop, M. Staudinger[3,4])
- 30.9.1993 Herrensee, 1 Ind. (J. Laber, A. Kaminski[5])
- 10.12.2006 Arbesthau, 1 dj. (G. Tebb[6])
- 11.12.2010 Hölllacke, 1 Ind. (E. Albegger, J. Laber[7])
- 27.11.2012 Seebad Illmitz, 1 Ind. (S. Zinko, H. Kolland, A. Tiefenbach u. a.[7])
- 23.9.2019 Seebad Illmitz, 1 Ind. (D. Nayer[7])

Für eine publizierte Beobachtung aus dem Dezember 1961[2] liegt im Gegensatz zu den oben angeführten Nachweisen keinerlei Beschreibung oder sonstige Dokumentation vor, so dass sie – auch aufgrund der nicht immer leichten Bestimmbarkeit – nicht als Nachweis geführt werden kann. Eine bisher als anerkannter Nachweis behandelte Beobachtung vom Oktober 1993 bei Illmitz[5] wurde von der Avifaunistischen Kommission im Zuge einer Revision als nicht ausreichend dokumentiert eingestuft[7].

Quellen: [1] *Steiner (1959),* [2] *Leisler & Winkler (1965),* [3] *Glutz von Blotzheim & Bauer (1997),* [4] *Archiv BirdLife Österreich,* [5] *Laber & Ranner (1997),* [6] *Ranner & Khil (2009),* [7] *www.birdlife-afk.at*

Andreas Ranner

Schneeammer *Plectrophenax nivalis* (Linnaeus, 1758)

Hósármány – Snow Bunting

Westliche Wörthenlacke, 11.10.2009, Weibchen (Michael Dvorak)

Unregelmäßiger Wintergast von Anfang November bis Ende Februar

Verbreitung und Lebensraum

Schneeammern bevorzugen im Seewinkel die Lackenufer und die die Lacken umgebenden Hutweiden, die hinsichtlich ihrer Struktur dem bevorzugten Winterlebensraum an den Meeresküsten Nord- und Westeuropas ähneln. Insgesamt entfallen 53 von 95 Nachweisen bis 2019 auf diese Bereiche, was 55,8 % aller Meldungen ausmacht. Der Darscho mit 17 und die Obere Halbjochlacke mit 16 Nachweisen sind die beiden am häufigsten genutzten Gebiete[1,2]. In Ungarn entfallen insgesamt neun der 13 Nachweise auf die Überschwemmungsgebiete bei Mekszikópuszta[3,4].

Bestand und Bestandsentwicklung

Aus dem späten 19. Jahrhundert liegen drei Einzelangaben zu Winterbeobachtungen vor. Am 24.9.1942 wurden 10 Schneeammern beim Sandeck festgestellt[5]. Anfang der 1950er Jahre wurde die Art von Bauer et al.[6] in drei Beobachtungsjahren nie gesehen, ihr Status aber dennoch mit *„spärlicher Durchzügler und allenfalls Wintergast"* beschrieben. Bestätigt wird das durch die Beobachtung von Trupps bestehend aus 60 und 20 Vögeln am 22.12.1952 im Gebiet der Langen Lacke und der Wörthenlacke[7]. Seit Mitte der 1960er Jahre bis 2012 bewegte sich die Anzahl der pro Jahr gemeldeten Nachweise von 0–7[1], ohne dass die jährliche Variation auf eine Zu- oder Abnahme hindeutet. Auch nach der Einführung der Meldeplattform ornitho.at lag die Zahl der jährlichen Nachweise bei 0–6, lediglich 2013 sticht mit 12 Meldungen hervor[2]. In den Jahren 2005–2014 wurden in fünf Jahren Maxima von mehr als 20 Exemplaren festgestellt, in den 40 Jahren davor gelang dies nur in zwei Jahren[1,2]. Auch in den Jahren 2015–2019 gingen die Beobachtungen der Art wieder zurück, mit durchschnittlich nur 2,7 Meldungen pro Jahr und mit zwei Jahren ohne Beobachtung[2]. Das Vorkommen der Schneeammer im Gebiet schwankt demnach alljährlich, ohne dass derzeit ein Trend erkennbar wäre. Die Schneeammer zeigt sich im Gebiet nicht alljährlich, es liegen Nachweise aus 34 von 56 Jahren vor[1,2]; da alle Beobachtungen der Art mit hoher Wahrscheinlichkeit auch in früheren Jahrzehnten gemeldet wurden, ist davon auszugehen, dass solche Lücken nicht auf geringe Beobachtungsintensität zurückgehen, sondern die Schneeammer tatsächlich nur unregelmäßig auftritt. Einzelne Vögel und kleine Trupps mit bis zu fünf Exemplaren sind die Regel und machen 62,8 % aller Beobachtungen aus. Weitere 26,6 % der Beobachtungen betreffen Gruppen von 6-20 Vögeln und nur 10 Meldungen aus sechs Jahren betreffen mehr als 20 Schneeammern: Am 15.2.2014 konnten 22 Individuen südlich von Halbturn beobachtet werden[8], am 23.1.2014 23 Individuen bei der Oberen Halbjochlacke[9], am 9.1.2005 25 bei der Stundlacke[10], am 3.12.2010 30 am Illmitzer Zicksee[11], am 14.2.2010 30 bei der Oberen Halbjochlacke[12], zwischen 8.12. und 15.12.2014 30–48 Individuen im Bereich Fuchslochlacke – Obere Halbjochlacke[13], am 17.11.1981 50 zwischen Wörthenlacken und Lange Lacke[14] und am 22.12.2007 60 am Illmitzer Zicksee[15].

Das Auftreten fiel jahrweise sehr unterschiedlich aus: In mehr als der Hälfte der Jahre mit Nachweisen (17 von 34) lag das Maximum bei fünf oder weniger Exemplaren, nur in neun Jahren wurden Maxima von 20 oder mehr Vögeln festgestellt. Solche großen Trupps hielten sich bis 2018 offensichtlich meist nur kurz im Gebiet auf, etwas länger verweilten 11–30 von 10.1. bis 14.2.2010[1] und 5-48 Exemplare von 23.11.2013 bis 25.1.2014[2] an der Oberen Halbjochlacke. Besonders erwähnenswert sind jedoch zwei aktuelle, durchgehende Überwinterungen von Trupps von jeweils ca. 15–35 Exemplaren an der Oberen Halbjochlacke in den Jahren 2020/21 (21.11.–14.2.) und 2021/22 (20.11.–17.2.)[2]. Auf ungarischer Seite wurde die Schneeammer seit

1967 nur 13mal nachgewiesen, achtmal waren es einzelne Vögel, fünfmal 2–6 Exemplare[3,4].

Jahreszeitliches Auftreten

Die Art ist im Gebiet ein klassischer Wintergast, alle Nachweise fallen ins Winterhalbjahr von Oktober bis März. Die zeitliche Verteilung der Dekadensummen ist im Detail stark von den Jahren mit zahlenmäßig starkem Auftreten beeinflusst, doch fallen mehr als 95 % aller Beobachtungen in den Zeitraum Mitte November bis Mitte Februar[1, 2]. Die beiden spätesten Nachweisen waren acht Exemplare am 27.2.2005 an der Oberen Halbjochlacke[16], sowie ein Exemplar (bemerkenswerterweise) am selben Tag bei Hegykő[3].

Quellen: [1] *Archiv BirdLife Österreich,* [2] *www.ornitho.at,* [3] *www,birding.hu,* [4] *Archiv FHNP,* [5] *Zimmermann (1943),* [6] *Bauer et al. (1955),* [7] *Buchebner (1955),* [8] *R. Katzinger/ornitho.at,* [9] *C. Schütz, C. Schulze/ornitho.at,* [10] *J. Laber/ABÖ,* [11] *O. Samwald/ABÖ,* [12] *M. Fiedler/ABÖ,* [13] *J. Frießer u. a./ornitho.at,* [14] *E. Duda/ABÖ,* [15] *J. Bartas/ABÖ,* [16] *L. Khil/ornitho.at*

Michael Dvorak & Tibor Hadarics

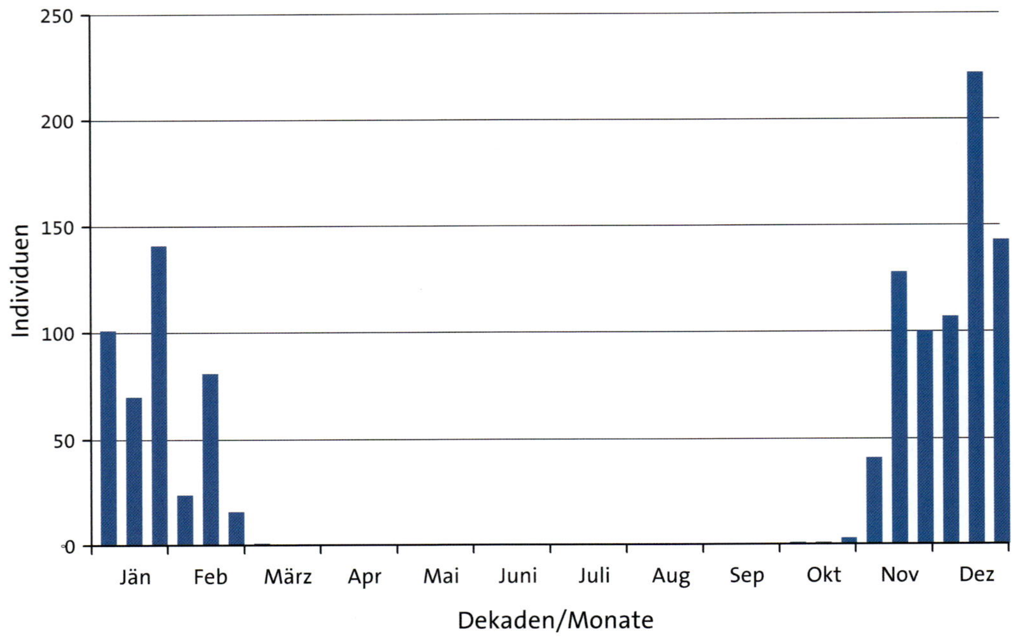

Jahreszeitliches Auftreten der Schneeammer (Dekadensummen gemeldeter Individuen) basierend auf Daten aus Österreich und Ungarn aus den Jahren 1967–2019 (n = 1.180)[1, 2].

Grauammer *Emberiza calandra* LINNAEUS, 1758

Sordély – Corn Bunting

Haidlacke, Illmitz, 7.5.2015 (Michael Dvorak)

Nach sehr starkem Rückgang innerhalb der letzten 15 Jahre ist die Grauammer nur mehr seltener Brutvogel

Verbreitung und Lebensraum

Die Grauammer besiedelt offene, baumarme oder baumlose Landschaften. In Mitteleuropa bieten offene Agrarlandschaften mit Äckern und extensivem Grünland die besten Bedingungen. Essenziell ist das Vorhandensein von Singwarten, wobei die Art dabei nicht sehr wählerisch ist und bereits mit hohen, verholzten Krautstängeln das Auslangen findet. Stellen mit einzelnen Büschen, Buschgruppen oder auch Leitungsdrähten werden jedoch bevorzugt. Förderlich sind in Ackergebieten auch möglichst viele Randstrukturen, die sowohl als Neststandort als auch zur Nahrungssuche genutzt werden. Ähnlich wie in anderen Gebieten Mitteleuropas, profitiert die Grauammer auch im Osten Österreichs von nicht landwirtschaftlich genutzten Flächen[1]. In Perioden mit höheren EU-weiten Stilllegungsquoten, die z. B. Ende der 1990er Jahre bei 10 % lagen, erreichte die Art sehr viel höhere Dichten als vor dem Beitritt Österreichs, als der Anteil an Brachflächen minimal war und die Agrarflächen Großteils intensiv genutzt wurden[2]. Für die Grauammer sind auch stärkere Bestandsschwankungen und -verlagerungen charakteristisch, wobei bestimmte Gebiete jährlich in hoher Dichte besiedelt sind, während andere – trotz ähnlicher Lebensraumausstattung – unbesetzt bleiben. Auch im Neusiedler See-Gebiet war die Grauammer um das Jahr 2005 noch weit verbreitet, fehlte aber in manchen Gebietsteilen weitgehend. Traditionell stark vertreten war die Art in den Ackerbaugebieten des Westufers von Oggau bis Jois, auf den Zitzmannsdorfer Wiesen, im eigentlichen Lackengebiet des Seewinkels und damit abseits der monoton agrarisch genutzten Teile, sowie im Hanság[3]. Im südöstlichen, östlichen und nördlichen Seewinkel, sowie im Albrechtsfeld, fehlte die Grauammer seit jeher hingegen weitgehend. Eine neue flächendeckende Erhebung im Jahr 2020 zeigte, dass aktuell, nach dem drastischen Zusammenbruch der Bestände in den letzten Jahren, nur mehr wenige Einzelvorkommen bestehen geblieben sind: Am Westufer findet man größere Grauammern-Vorkommen nur noch auf der Oggauer Heide und bei Donnerskirchen, am Ostufer im Bereich der Zitzmannsdorfer Wiesen, am Ostufer des Sees bei Illmitz, im zentralen Seewinkel, sowie im südwestlichen Seewinkel an der Grenze zu Ungarn[3]. Einzig das Brutvorkommen im Hanság besteht auch aktuell noch in früherer Stärke[4]. Auf der ungarischen Seite des Avifauna-Gebiets brütet die Grauammer derzeit nur mehr zwischen Fertőhomok und Mekszikópuszta, einige wenige Reviere finden sich auch am Südwestufer des Sees zwischen Fertőrákos und Balf.

Bestand und Bestandsentwicklung

Die Grauammer war im späten 19. und frühen 20. Jahrhundert häufig: Im Jahr 1860 war sie „*Stand-Vogel*“[5], um 1880 häufig und auch im Winter vorkommend[6], und 1886, damals unter dem Namen *„Miliaria europaea"*, schrieb von Dombrowski[7]: *„Überaus häufiger, zu den charakteristischen Typen des Gebietes zählender Brutvogel; überwintert nicht, zu Anfang November nur mehr sehr vereinzelt, Ende März noch nicht in voller Zahl"*. Um 1910 war die Grauammer *„Brutvogel am Süd- und Ostufer"*[8], in den 1930er Jahren am Westufer bei Donnerskirchen häufig[9] und im Mai 1932 wurden bei einer Exkursion zwischen Purbach und Rust 10 Vögel notiert[10]. Zu Beginn der 1940er Jahre traf Zimmermann[11] die Grauammer in jährlich unterschiedlicher Zahl an und meinte: *„1940 war die Art auffallend spärlich und erst in den beiden folgenden Jahren begegnete ich ihr etwas zahlreicher, ohne daß ich sie jedoch als häufig hätte bezeichnen können"*. Zehn Jahre später hatte sich die Situation dann wieder zugunsten der Art entwickelt: *„Der Bestand hat sich nach den ungünstigen Jahren 1940 bis 1942 völlig erholt und der Grauammer ist jetzt wieder ausgesprochen häufiger Brutvogel am West- und Nordufer; im Seewinkel brütet er nur spärlich"*[12]. Aus den 1960er und 1970er Jahren gibt es keine zusammenfassenden Darstellungen, die zahlreichen aus diesen Jahren vorliegenden Meldungen lassen aber darauf schließen, dass die Art damals häufig war[13]. Eine erste Auswertung für die 1980er Jahre ergab eine Schätzung von 15–25 Revieren im Seewinkel und ein dichtes Vorkommen am Nordwestufer zwischen Winden und Jois[14]. Die Vorkommen im Seewinkel konzentrierten sich damals auf die Mähwiesen und Hutweiden, ganz ähnlich der Situation in den 1950er Jahren[12]. Eine weitere Schätzung für den Beginn der 1990er Jahre, ergab im Seewinkel einen Zuwachs auf 35–40 Reviere[15], auch andere Gebiete, wie z. B. Hackels- und Jungerberg mit 5–6 singenden Männchen auf 1,5 km², wiesen damals gute Bestände auf[16]. Eine in den Jahren 1997 und 1998 durchgeführte Kartierung von 3,75–6,2 km² großen Ausschnitten der Agrarlandschaft des Gebiets ergab unerwartet hohe Zahlen: Zwischen Jois und Winden wurde eine Siedlungsdichte von 10,1 Revieren/km² erreicht und westlich von Gols waren es immerhin noch 4,6. Lediglich bei Pamhagen wurden in einem, auch hinsichtlich des Lebensraums weniger geeigneten Gebiet nur 1,9 Reviere/km² erfasst[3]. Nach wie vor sehr hohe Zahlen ergab dann eine

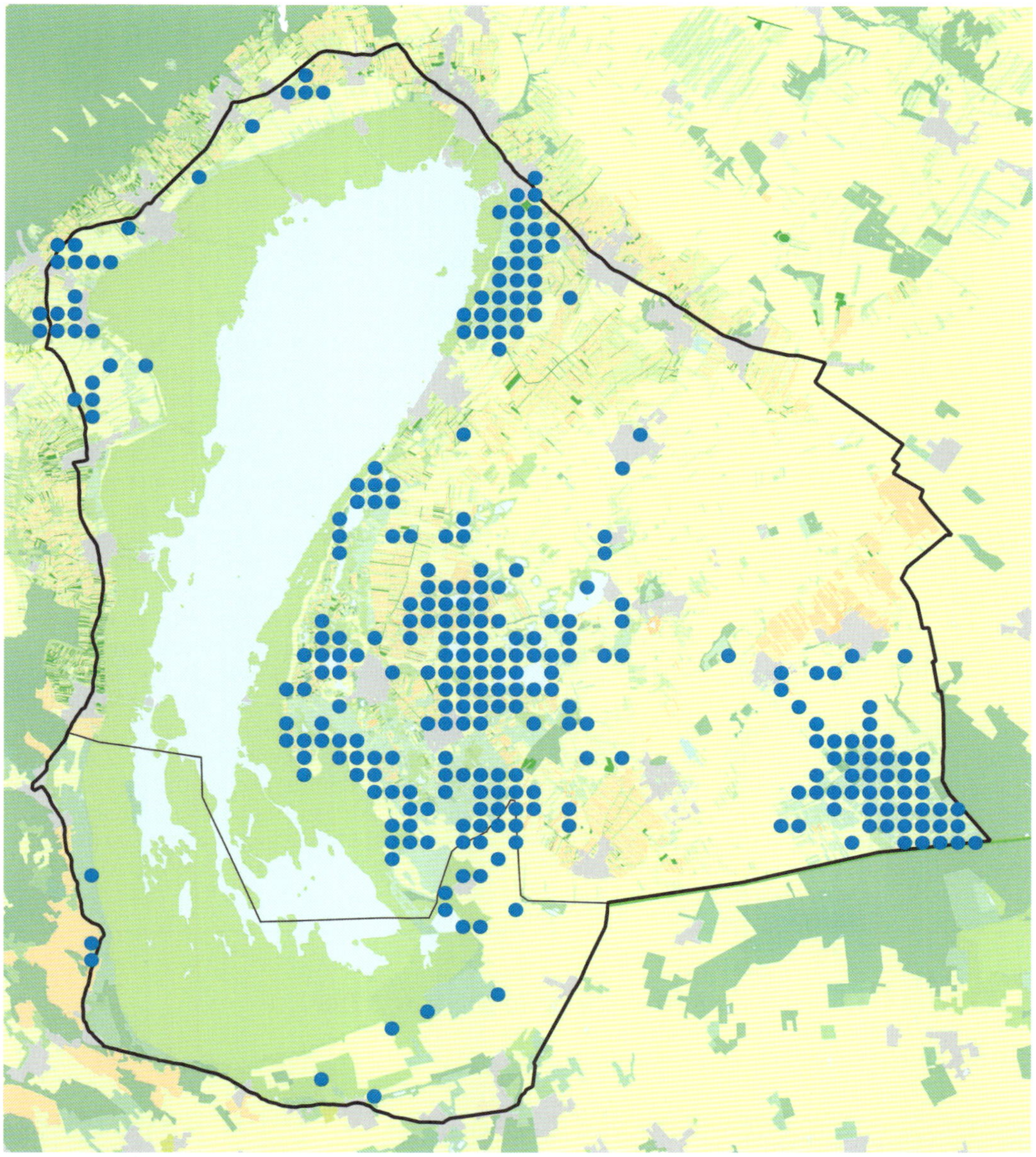

Brutzeitverbreitung der Grauammer, basierend auf Beobachtungen in den Monaten April bis Juli aus den Jahren 2011–2021[23, 32, 33].

flächendeckende Erhebung im SPA Neusiedler See–Seewinkel, mit großflächig 120 Revieren auf 62,8 km² am West- und Nordufer des Sees zwischen Oggau und Neusiedl am See[17]. Im Seewinkel waren es allerdings nur 30 Reviere[17], womit der Bestand im Vergleich zu den frühen 1990er Jahren gleichgeblieben war. Eine starke Zunahme konnte nach großflächigen Ackerstilllegungen auf den Zitzmannsdorfer Wiesen festgestellt werden, hier wurden 1991 2–3[18], 2011 jedoch 29–31 Reviere gezählt[19].

Während alle Befunde zwischen 1990 und 2010 auf eine relativ konstante und günstige Bestandssituation hindeuteten, hat sich die Lage seither dramatisch verschlechtert. 2001–2005 wurde auf fünf, je einen Kilometer langen Transekten Zählungen von Kulturlandvögeln durchgeführt. Die Grauammer wurde dabei auf acht Strecken in jährlich stark unterschiedlicher Zahl zwischen 5,5 und 22,5 Revieren festgestellt[20]. Eine Wiederholung dieser Erhebungen in den Jahren 2017 und 2019 zeigte, dass die Art nur mehr auf einer von zehn Strecken in 1–2 Revieren vorhanden war[21]. Einen dramatischen Bestandseinbruch zeigt auch die 2020 zum zweiten Mal durchgeführte Revierkartierung auf den 1997/98 untersuchten Flächen: Zwischen Jois und Winden war die Art 1998 mit 63 Revieren auf 6,2 km² extrem häufig, 2020 konnten hier keine Grauammern mehr festgestellt werden[3]. Bei Pamhagen gab es einen Rückgang von sieben auf drei Reviere, westlich von Gols von 21 auf 16. Bemerkenswert ist dabei, dass in der Probefläche bei Gols alle Reviere im Wiesengebiet der Zitzmannsdorfer Wiesen und in den angrenzenden

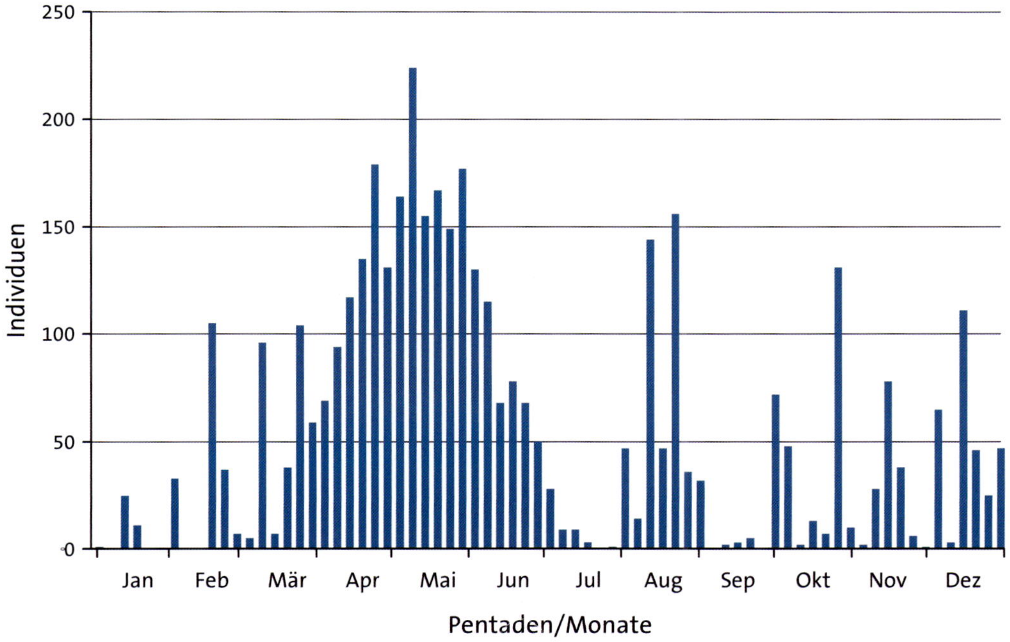

Jahreszeitliches Auftreten der Grauammer (Pentadensummen) basierend auf Daten aus Österreich aus den Jahren 2011–2019 (n = 4.067)[23].

Brachflächen lagen und damit optimale Habitate für die Grauammer darstellten. Das einzige Gebiet, das vom Rückgang ausgespart blieb, ist der Hanság. Hier wurden bei einer ersten Erhebung 2009 ca. 50 Reviere kartiert [22], 2020 waren es mit 48 fast gleich viele [4].

Auf ungarischer Seite wurde der Bestandsrückgang in den letzten 20 Jahren auf mindestens 50 % geschätzt, systematisch gesammelte Daten dazu liegen jedoch nicht vor. Mit eine Rolle für diese Entwicklung spielte das Auftreten österreichischer Landwirte in Ungarn nach der Wende, die zuerst auf ihren Flächen industrielle Bewirtschaftungsverfahren einführten, die dann ab 2004 mit dem Beitritt Ungarns zur EU auch großflächig wirksam wurden und zu denselben negativen Entwicklungen wie auf österreichischer Seite geführt haben. Der Gesamtbestand im Avifauna-Gebiet auf österreichischer Seite lag 2020 bei 130–160 Revieren, für den (sicher deutlich kleineren) ungarischen Bestand liegt keine aktuelle Schätzung vor.

Jahreszeitliches Auftreten

Obwohl fast jedes Jahr in den Wintermonaten Dezember bis Februar kleine Grauammern-Trupps gemeldet werden, liegen nur vereinzelt Hinweise auf durchgehende Überwinterungen einzelner oder weniger Vögel vor. Bei den kurzfristigen Beobachtungen größerer Trupps im November, Dezember und Februar dürfte es sich um von außerhalb verstreichende Vögel handeln, die für einen kurzen Aufenthalt im Gebiet bleiben. Solche Nachweise gelangen Mitte November 2014 mit 15–25 Grauammern an der Langen Lacke und beim Illmitzer Zicksee [23], am 15.12.2015 mit 40–65 Exemplaren bei der St. Martins Therme [24], 25-34 Individuen Mitte Februar 2017 südöstlich von Apetlon [23], 46–65 am 16.12. und 17.12.2017 nordwestlich von Pamhagen und südlich der St. Martins Therme [25], sowie 20 am 16.2.2018 beim Mittersee und 60 am 17.2.2018 an der ehemaligen Szerdahelyer Lacke [26]. Der Median des Gesangsbeginns war von 2013–2019 der 8. März, wobei dieses Datum stark streut, mit dem frühesten am 28. Februar und dem spätesten Beginn am 23. März [23]. Nach der Brutzeit bildet die Grauammer im August und September größere Trupps. Zu Zeiten des Bestandshochs in den 1990er Jahren kamen dabei noch regelmäßig mehrere 100 Vögel zusammen [13]: Maximalzahlen waren dabei 320 am 15.8.1994 und 31.8.1994 an der Langen Lacke [27], 400 am 20.8.1999 an der Westlichen Wörthenlacke [28], 500 am 23.8.1998 an der Langen Lacke [27] und als Spitzenwert 839 Individuen am 21.8.1995 südöstlich der Langen Lacke [29]. Aktuell werden diese nachbrutzeitlichen Zahlen bei weitem nicht mehr erreicht, 2013–2019 lag die jährliche maximale Truppgröße im August zwischen 17 und 52, maximal waren es 90 Exemplare am 28.8.2016 beim Darscho [30].

Zugverhalten und Ringfunde

Je nach Population ist die Grauammer Teil- oder Kurzstreckenzieher. Der Abzug aus den Brutgebieten erfolgt Ende September bis Ende Oktober in ein, im Süden und Westen nur wenig über das Brutareal hinaus reichendes Überwinterungsgebiet. Klimatisch ungünstige Gebiete werden weitgehend verlassen, begünstigte Landstriche erhalten Zuzug [31]. Aus dem Neusiedler See-Gebiet liegen keine Ringfunde der Grauammer vor.

Quellen: [1] *Kullmann et al. (1999),* [2] *M. Dvorak, unpubl. Daten,* [3] *BirdLife Österreich, unpubl. Daten,* [4] *H.-M. Berg, unpubl. Daten,* [5] *Jukovits (1864/65),* [6] *Fászl (1883),* [7] *von Dombrowski (1889),* [8] *Schenk (1917a),* [9] *Koenig (1939),* [10] *Steinfatt (1936),* [11] *Zimmermann (1943),* [12] *Bauer et al. (1955),* [13] *Archiv BirdLife Österreich,* [14] *Dvorak (1988b),* [15] *Dvorak & Zuna-Kratky (1993),* [16] *Karner et al. (1992),* [17] *Dvorak et al. (2008),* [18] *Dvorak & Nemeth (1992),* [19] *Dvorak et al. (2011),* [20] *Karner-Ranner et al. (2008),* [21] *E. Karner-Ranner & F. Bittermann, unpubl. Daten,* [22] *Dvorak et al. (2010),* [23] *www.ornitho.at,* [24] *M. Suanjak, S. Zinko/ornitho.at,* [25] *S. Wegleitner, M. Riesing/ornitho.at,* [26] *S. Wegleitner/ornitho.at,* [27] *J. Laber/ABÖ,* [28] *N. Pühringer & M. Brader/ABÖ,* [29] *G. H. Kraus/ABÖ,* [30] *M. Dvorak/ornitho.at,* [31] *Glutz von Blotzheim & Bauer (1997),* [32] *Archiv MME Sopron,* [33] *Archiv FHNP*

Michael Dvorak & Attila Pellinger

Goldammer *Emberiza citrinella* Linnaeus, 1758

Citromsármány – Yellowhammer

Hanság, Figuren, 28.3.2021, Männchen (Michael Dvorak)

Verbreiteter Brutvogel, fehlt jedoch im Lackengebiet; Durchzügler und Wintergast von September bis März

Verbreitung und Lebensraum

Die Goldammer besiedelt in Mitteleuropa – als typischer Bewohner von Säumen – abwechslungsreiche, mit hohen Gebüschen, Windschutzstreifen und Feldgehölzen gegliederte Kulturlandschaften. Daneben ist sie aber auch in einer Vielzahl anderer Lebensräume, wie z.B. in an Freiflächen angrenzenden Waldrändern, zu finden [1,2]. Im Neusiedler See-Gebiet sollte die Art daher in den reichhaltig mit Bäumen bestandenen Gebietsteilen überall verbreitet sein. Tatsächlich fehlt die Goldammer aber vielerorts als Brutvogel und besiedelt lediglich den Nordosten zwischen Halbturn und Andau. Weiters brütet sie im Hanság, sowie entlang des Einserkanals bis nach Pamhagen. Im eigentlichen Lackengebiet, aber auch auf den Zitzmannsdorfer Wiesen und in den Weingärten des nördlichen Seewinkels fehlt sie hingegen als Brutvogel völlig, ebenso am Nordufer. Im Gegensatz dazu ist die Goldammer am Westufer des Sees ein weit verbreiteter und häufiger Brutvogel an den mit Weingärten und zahlreichen Bäumen bestandenen Abhängen von Leithagebirge und Ruster Hügelzug. Diese Vorkommen reichen jedoch nur im Bereich Hackels- und Jungerberg zwischen Winden und Jois, sowie zwischen Donnerskirchen und der Wulkamündung in das Avifauna-Gebiet hinein.

Auch auf der ungarischen Seite ist die Goldammer ein weit verbreiteter, mäßig häufiger Brutvogel [3]. In den Windschutzstreifen der an das Avifauna-Gebiet angrenzenden Kleinen Ungarischen Tiefebene ist die Goldammer hingegen nur eine subdominante Art [4,5], ebenso wie in den Windschutzstreifen um Sarród [6].

Bestand und Bestandsentwicklung

Die Verbreitungslücke im Seewinkel bestand schon in den frühen 1940er Jahren: *„Die Goldammer ist ein auffallend spärlicher Brutvogel, dem ich nur am Nordwest- und Westufer etwas häufiger begegnet bin“*, schrieb Zimmermann [7] und ähnlich äußerten sich Bauer et al.[8], die die Art als *„ziemlich häufigen Brutvogel am ganzen Westufer"* bezeichneten, aber das Fehlen am Nordufer und im Seewinkel betonten. Schon in den frühen 1950er Jahren war das Brutvorkommen am Hackelsberg bekannt, und 1991 wurden hier bei einer Revierkartierung auf 1,5 km² 3–5 Reviere (2–3,3/km²) festgestellt[9]. Eine zweite Untersuchung im Jahr 1997 ergab auf einer deutlich größeren Fläche von 6,2 km² 14 Reviere (2,3/km²) und 2020 wurden im selben Gebiet nur mehr vier Reviere (0,6/km²) erfasst[10]. Im Hanság wurden 2009 26 Reviere kartiert und der Bestand auf 30–35 geschätzt, wobei sich die Verbreitung weitgehend auf die Ränder und Lichtungen des Figurenwäldchens, sowie den Einserkanal beschränkte[11]. Im nördlichen Albrechtsfeld ergaben stichprobenartige Kartierungen im Jahr 2017 auf einer Fläche von ca. 30 km² ca. 20 Reviere, die Goldammer dürfte auch hier ein seltener Brutvogel sein[12]. Der Gesamtbestand kann daher auf österreichischer Seite auf 80–130 Reviere geschätzt werden, wovon 40–60 auf den Hanság und den Einserkanal entfallen, 30-50 auf das nördliche Albrechtsfeld und 10–20 auf das Westufer des Neusiedler Sees.

Die zwischen 1992 und 1994 bei Sarród in Ungarn durchgeführten Erhebungen ergaben Siedlungsdichten von 1,2 bis 1,7 Brutpaaren/km², wobei die lückigeren Teile der Windschutzstreifen mit weniger Strauchschicht bevorzugt wurden. Zwischen 1989 und 2011 zeigte der Brutbestand in den Windschutzstreifen der Kleinen Ungarischen Tiefebene eine signifikante Zunahme und erreichte bzw. überschritt in den besten Jahren 1,5 Reviere/10 ha Waldfläche[13,14].

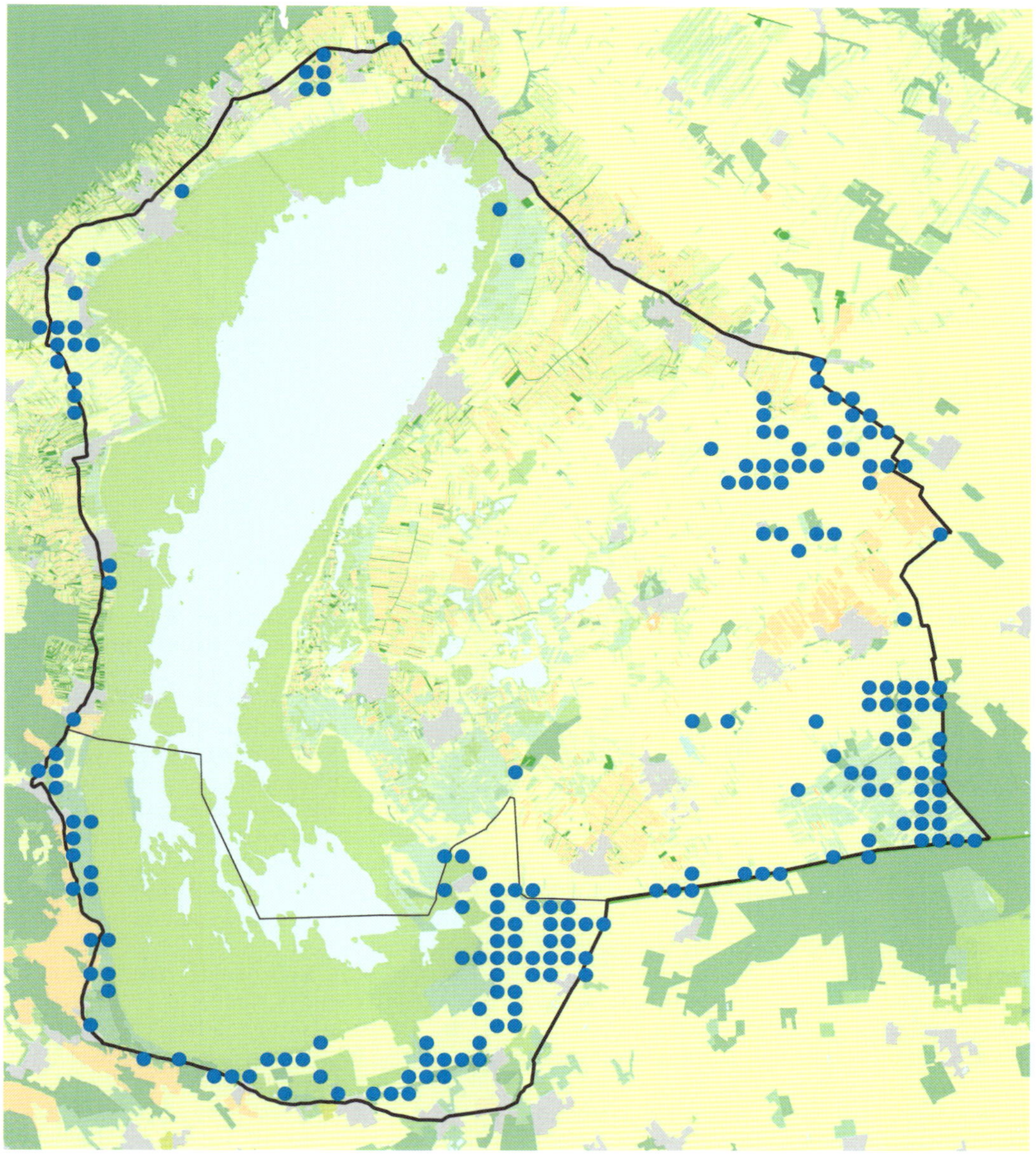

Verbreitung der Goldammer, basierend auf allen vorliegenden Brutzeitbeobachtungen (April-Juli, alle Brutcodes außer „H") aus den Jahren 2011–2021[16–18].

Jahreszeitliches Auftreten

Die Goldammer ist ganzjährig im Gebiet anzutreffen, ist jedoch im Winterhalbjahr, von Anfang November bis Ende Februar, um ein Vielfaches häufiger als zur Brutzeit von Mitte April bis Ende August. Große Wintertrupps von 80–400 Goldammern sind fast ausschließlich im Hanság anzutreffen (max. 450 am 6.12.2015[15]), Trupps von bis zu 60 Vögeln vereinzelt am Westufer und nur kleinere Trupps von weniger als 50 Exemplaren im Seewinkel[16].

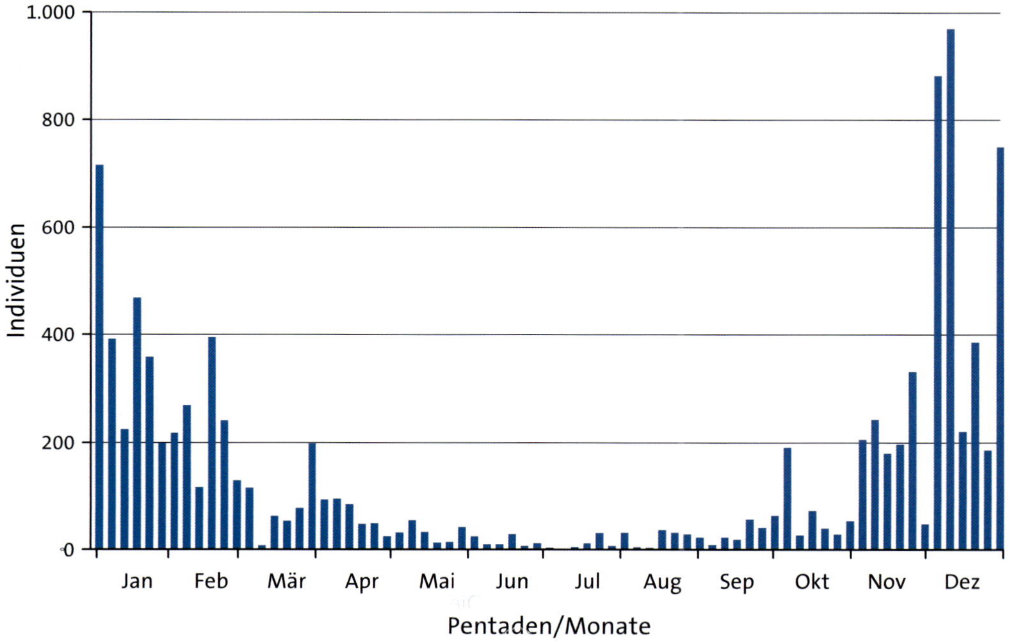

Jahreszeitliches Auftreten der Goldammer (Pentadensummen gemeldeter Individuen) basierend auf Daten aus Österreich aus den Jahren 2011–2019 (n = 10.377)[16].

Zugverhalten und Ringfunde

Die Goldammer ist Stand- und Strichvogel, sowie in den nördlichen Teilen des Verbreitungsareals Kurz- bis Mittelstreckenzieher. In schneereichen Gebieten wird das Brutgebiet verlassen und es bilden sich größere Ansammlungen im Bereich ergiebiger Nahrungsquellen, wie im Neusiedler See-Gebiet. Es liegen keine Ringfunde vor, sodass unbekannt ist, aus welchen Gebieten die Wintergäste stammen.

Quellen: [1] *Dvorak et al. (1993),* [2] *Glutz von Blotzheim & Bauer (1997),* [3] *Bankovics et al. (2002),* [4] *Faragó & Jánoska (1995),* [5] *Jánoska (1998),* [6] *Jánoska (2001),* [7] *Zimmermann (1943),* [8] *Bauer et al. (1955),* [9] *Karner et al. (1992),* [10] *BirdLife Österreich, unpubl. Daten,* [11] *Dvorak et al. (2010),* [12] *A. Grüll, M. Dvorak & B. Wendelin, unpubl. Daten,* [13] *Jánoska (2011),* [14] *Jánoska (2012),* [15] *H.-M. Berg/ornitho.at,* [16] *www.ornitho.at,* [17] *Archiv MME Sopron,* [18] *Archiv FHNP*

Michael Dvorak & Ferenc Jánoska

Zippammer *Emberiza cia* Linnaeus, 1766

Bajszos sármány – Rock Bunting

Ausnahmeerscheinung

Vorkommen

Ein Nachweis:

- 4.3.1991 Fertőrákos, Boglár Berg, 1 Exemplar (M. Váczi [1]).

Quellen: [1] *Bankovics et al. 2002*

Tibor Hadarics

Ortolan *Emberiza hortulana* Linnaeus, 1758

Kerti sármány – Ortolan Bunting

Ehemaliger Brutvogel, aktuell nur mehr unregelmäßiger Gast, zumeist im Mai und September

Vorkommen

Aus den Jahren 1967–2020 liegen insgesamt 21 Nachweise aus dem Avifauna-Gebiet vor:

- 30.4. & 13.5.1967 Jungerberg, jeweils zwei singende ♂ (H. Winkler [1])
- 16.4. & 28.5.1968 Jungerberg, ein bzw. zwei singende ♂ (H. Winkler [1])
- Mai 1973 Illmitz Kiesgrube, ein Exemplar (E. Richthofen [1])
- 1.9.1974 bei Illmitz, drei Exemplare, davon ein Männchen (D. Taylor [1])
- 6.5.1978 St. Andräer Zicksee, ein Exemplar (H. Zucchi [1])
- 26.4.1979 Seebad Illmitz, 1 Exemplar zwischen diversen Stelzen auf der Wiese (E. Duda [1])
- 18.6.1980 Schottergrube südlich Obere Halbjochlacke, ♂ & ♀ (A. Ranner [1])
- 12.5.1986 Illmitzer Gemeindewäldchen, ein singendes ♂ (M. Flade [1])
- 29.4.1988 Damm der Biologischen Station Illmitz, ein singendes ♂ (A. Grüll [1])
- 17.7.1990 Einser Kanal, 1 Exemplar bei Dammstraße Andau, nicht singend, zusammen mit vielen Feldsperlingen und Goldammern in Getreide und Hecke (R. Barth [1])
- 1.5.1992 Illmitz Ortsgebiet, ein singendes ♂ (M. Brader [1])
- 5.9.1993 Darscho, ♂ & ♀ trinken am Ufer (L. Hörl [1])
- 23.4.1998 Joiser Seewiesen, 1 ♂ neben einem Feldweg in der Nähe eines trockenen Grabens (A. Kollenz [1])
- 26.4.2005 Fertőrákos, Seebad, 2 ♂ (N. Neuwirth, T. Hadarics [2])
- 10.9.2015 Graurinderkoppel, zwei diesjährige Ortolane zusammen mit 10 Baumpiepern und 30 Schafstelzen (G. Juen [3])
- 17.5.2017 Hegykő, Széplak-Sarród-Kanal, 1 imm. ♂ (T. Hadarics [2])
- 27.4.2018 St. Andräer Zicksee, ein singendes ♂ in niedrigen Bäumen am Ufer (T. Neumair [3])
- 26.9.2018 Hölle/Illmitz, rufend nach Süden ziehend (A. Ranner [3])
- 3.9.2019 Hanság, Tadtener Dammstraße, in geringer Höhe rufend überfliegend (J. Vratny, A. Wolfbeisser [3])
- 4.9.2019 Przewalskipferde-Koppel, 1 Exemplar überfliegt rufend, auch gesehen (C. Bobzin [3])
- 1.5.2020 Hanság, Tadtener Dammstraße, 1 Exemplar auf Baum sitzend (R. & S. Schnierer, W. Petutschnig [3])

Der Ortolan war in den 1960er Jahren noch ein lokal verbreiteter Brutvogel am Nord- und Westufer des Neusiedler Sees, von Mörbisch im Süden bis Neusiedl am See im Norden [4]. Allerdings lagen die meisten der bekannt gewordenen Brutplätze wohl knapp außerhalb des Gebiets, das von der Avifauna abgedeckt wird. Das von Zimmermann am 21.6.1941 entdeckte Vorkommen von drei singenden Männchen zwischen dem Bahnhof Neusiedl am See und Jois [5] lag aber wohl überwiegend innerhalb des Bearbeitungsgebiets [6]. In den Jahren 1951 bis 1958 wurden hier alljährlich 4–5 Revier haltende Männchen festgestellt [6], spätere Daten dazu fehlen allerdings. Am Jungerberg bei Jois wurde die Art zumindest in den Jahren 1967 und 1968 zur Brutzeit gesichert innerhalb des Bearbeitungsgebiets festgestellt [7].

Das größte bekannte Vorkommen knapp abseits des Avifauna-Gebiets lag im Hanftal nordwestlich von Jois, wo in den Jahren 1957 und 1958 8–11 singende Männchen gezählt wurden [6]. Dieser Brutplatz war offensichtlich in zumindest gleicher Stärke bis in die frühen 1990er Jahre besetzt: 1986 und 1987 waren es 10–11 singende Männchen [8] und 1989 wurden sogar 14 erfasst. Schon 1991–1993 war der Bestand auf nur mehr 3–4 Männchen gefallen und die letzten Nachweise revierhaltender Ortolane (jeweils 1–2 ♂) im Hanftal und damit im gesamten Neusiedler See-Gebiet stammen aus den Jahren 1994–96 [1, 4].

Quellen: [1] *Archiv BirdLife Österreich,* [2] *www.birding.hu,* [3] *www.ornitho.at,* [4] *Nemeth (1994),* [5] *Zimmermann (1943),* [6] *K. Bauer, unpubl. Daten,* [7] *H. Winkler/ABÖ,* [8] *Dvorak (1988b),* [9] *Dvorak & Zuna-Kratky (1993)*

Michael Dvorak & Tibor Hadarics

Zaunammer *Emberiza cirlus* Linnaeus, 1766

Sövénysármány – Cirl Bunting

Ausnahmeerscheinung

Vorkommen

Ein Nachweis:

- 10.9.2009 Sandeck, 1 ad. ♂ (K. Krasser [1])

Eine Meldung aus dem Jahr 1994 [2] wurde von der Avifaunistischen Kommission von BirdLife Österreich nicht anerkannt und kann daher nicht als Nachweis gelten [3].

Angesichts der aktuellen Brutvorstöße in klimatisch begünstigte Lagen Niederösterreichs erscheint ein künftiges Auftreten an den Hängen des Leithagebirges und im daran anschließenden westlichen Vorgelände des Neusiedler Sees nicht unwahrscheinlich.

Quellen: [1] *Ranner & Khil (2011),* [2] *Glutz von Blotzheim & Bauer (1997),* [3] *Laber & Ranner (1997)*

Andreas Ranner

Zwergammer *Emberiza pusilla* Pallas, 1776

Törpesármány – Little Bunting

Seebad Illmitz, 11.5.1988 (Belegfoto David Tomlinson)

Ausnahmeerscheinung

Vorkommen

Zwei Nachweise, je einer im Frühjahr und im Herbst:

- 6.10.1952 Neusiedl am See, 1 ♂ (K. Bauer[1,2])
- 11.5.1988 Seebad Illmitz, 1 ♂ (L. Svensson, A. Ranner, D. Tomlinson u. a.[3])

Eine publizierte Beobachtung vom März 1970[4] wurde als nicht ausreichend dokumentiert eingestuft und von der Avifaunistischen Kommission von BirdLife Österreich nicht anerkannt[5].

Quellen: [1] *Bauer (1954c),* [2] *Bauer et al. (1955),* [3] *Ranner et al. (1995),* [4] *Glutz von Blotzheim & Bauer (1997),* [5] *Archiv BirdLife Österreich*

Andreas Ranner

Waldammer *Emberiza rustica* Pallas, 1776

Erdei sármány – Rustic Bunting

Hanság, Andau. 1.11.2012 (Belegfoto Wolfgang Trimmel)

Ausnahmeerscheinung

Vorkommen

Ein Nachweis:

- 1.11.2012 Hanság südlich Andau, 1 Ind. (W. Trimmel[1]), eine Beobachtung am Folgetag[2] wurde nicht dokumentiert.

Quellen: [1] *Albegger & Khil (2016),* [2] *www.club300.at*

Andreas Ranner

Kappenammer *Emberiza melanocephala* Scopoli, 1769

Kucsmás sármány – Black-headed Bunting

Illmitz, 19.5.1992 (Zeichnung Alfred Grüll)

Ausnahmeerscheinung

Vorkommen

Zwei Nachweise, jeweils im Mai:

- 19.5.1992 Illmitz, 1 ♂ (R. Kroiss, A. Grüll[1])
- 26.5.1997 Hackelsberg Winden, 1 ♂ (G. Schürle[2])

Quellen: [1] *Laber & Ranner (1997),* [2] *Ranner (2002)*

Andreas Ranner

Rohrammer *Emberiza schoeniclus* (Linnaeus, 1758)

Nádi sármány – Common Reed Bunting

Hanság, Figuren, 28.3.2021, Weibchen (Michael Dvorak)

Häufiger Brutvogel und von Mitte September bis Ende April Durchzügler und Wintergast in mehreren Unterarten

Verbreitung und Lebensraum

Die Rohrammer ist ein verbreiteter Brutvogel des Neusiedler See-Gebiets, wo im österreichischen Teil des Schilfgürtels die weitaus größte Einzelpopulation des Landes vorkommt[1]. In ihrer Lebensweise ist die Rohrammer kaum an überflutetes Gelände angepasst und ihr Nest legt sie in unmittelbarer Bodennähe an[2]. Daher besiedelt sie vorzugsweise die landseitige, niederwüchsige Schilf-Seggen-Zone, welche nur gelegentlich und wenn, dann seicht unter Wasser steht. Abhängig von den Wasserständen können Brutreviere jedoch auch im gesamten seeseitigen Bereich des Schilfgürtels besetzt werden, regelmäßig geschieht dies z. B. entlang von Dämmen und Kanälen[5]. Dabei ist das sonst untypische Eindringen der Rohrammer in geflutete Altschilfbestände auf das Vorhandensein trocken gefallener Bereiche zurückzuführen[3]. Zudem besteht ein deutlicher Zusammenhang zwischen der Häufigkeit von singenden Männchen und dem Schilfalter. So ist die Rohrammer vermehrt in jüngeren, bis fünf Jahre alten, Schilfbeständen zu finden, wobei vereinzelt auch höhere Dichten im mehr als fünfjährigen Röhricht vorkommen. Die meisten Individuen halten sich zur Brutzeit in diesjährigem Jungschilf auf. Zugleich bevorzugt die Rohrammer Standorte ohne offene Wasserflächen und mit nur geringer Wassertiefe[2, 3]. Außerhalb des Schilfgürtels des Neusiedler Sees kommt die Rohrammer an den salzärmeren Lacken mit landwärts in Feuchtwiesen übergehenden Schilfbeständen, sowie entlang der Entwässerungskanäle des Seewinkels und des Hanságs vor[4]. Während der Zugzeiten und im Winter nutzen Rohrammern ein breiteres Spektrum an Habitaten und sind häufig auch in Weingärten oder auf Maisfeldern anzutreffen[4]. In einer aktuellen Studie zeigten die im Gebiet überwinternden Rohrammern außerdem Unterschiede in ihrer Habitatwahl. Während die im Gebiet brütenden Rohrammern, welche die massivsten Schnäbel hatten, den Winter ausschließlich im Schilfgürtel verbrachten, wurden Zuzügler aus weiter nördlich gelegenen Brutgebieten auch außerhalb des Schilfs angetroffen[5]. Im Falle der dickschnäbeligen Unterarten ist bekannt, dass sie Schilfhalme knacken und sich von den darin überwinternden Insekten ernähren[1,6]. Dieses Verhalten wurde auch bei Vögeln der Unterart *E. s. stresemanni* am Neusiedler See beobachtet[1]. Unterarten mit dünneren Schnäbeln ernähren sich hingegen nur im Sommer von Insekten, während sie in der kalten Jahreszeit fast ausschließlich Samen fressen und somit ein breiteres Spektrum an Lebensräumen besiedeln können[6].

Bestand und Bestandsentwicklung

Ohne Zweifel war die Rohrammer im 19. und 20. Jahrhundert einer der häufigsten Singvögel am Neusiedler See. So hob Fászl[7] 1883 hervor, dass sie durchwegs häufig und auch im Winter anzutreffen sei. 1889 beschrieb von Dombrowski[8] die Rohrammer nebst der Bartmeise und dem Schilfrohrsänger als *„speziell typischen"* Bewohner des Schilfgürtels. Als *„sehr häufig"* wurde die Rohrammer auch 1892 bezeichnet[9] und 1907–1909 begegnete Schenk[10] der Art regelmäßig entlang von Kanälen im Schilf. Im Jahr 1942 nannte Seitz[11] Rohrammer und Schilfrohrsänger als die häufigsten Singvögel der Verlandungszone und Zimmermann[4] beschrieb die Rohrammer ein Jahr später nicht nur als häufigen Brutvogel am See und an den vegetationsreicheren Lacken, sondern auch als zahlreichen Durchzügler und Wintergast. Schließlich betonten auch Bauer et al.[12] in den frühen 1950er Jahren das ganzjährig häufige Vorkommen der Rohrammer im Gebiet. Aus den 1960er bis 1980er Jahren liegen keine Daten zur Häufigkeit vor und erst Anfang der 1990er Jahre lieferten Revierkartierungen erste Schätzungen der Dichte brütender Rohrammern. 1990 wurden auf einer Fläche bei Illmitz drei Reviere/ha festgestellt und 1991 konnten im selben Untersuchungsgebiet 4,7 Reviere/ha gezählt werden. Etwa im gleichen Zeitraum fielen hingegen die Dichten am Westufer mit 1,3 Revieren/ha bei Breitenbrunn und 0,5 Revieren/ha in Weiden etwas geringer aus[1]. In Winden wurden 1990 2,1–2,2 Reviere/ha erfasst und in Neusiedl am See ergaben Zählungen Werte von 0,8 Revieren/ha im Jahr 1990 und 0,5 Reviere/ha im Jahr 1991[13]. Einer in den Jahren 1994 und 1995 durchgeführten Studie zufolge, wies die Rohrammer einen international bedeutenden Bestand im Schilfgürtel des Neusiedler Sees auf und ihr Brutvorkommen wurde grob mit den Kategorien „häufig" bis „sehr häufig" (mehr als 500 bis mehr als 5.000 Brutpaare) quantifiziert[14]. Eine im Anschluss daran durchgeführte Bestandsschätzung ergab für das österreichische Teilgebiet 4.500–6.700 Paare[14]. 2008 wurde auch der Brutbestand im ungarischen Teil des Schilfgürtels erhoben und auf > 3.000 Reviere geschätzt[15]. Die aktuellsten Bestandsaufnahmen stammen aus den Jahren 2018 und 2019. Hochrechnungen ergaben für den gesamten Schilfgürtel eine Bestandsgröße von nur noch 2.283–3.751 Revieren. Davon liegen 1.460–2.399 Reviere auf österreichischer Seite und 823–1.352 Reviere im ungarischen Teil des Schilfgürtels[16].

Auch die Anzahlen der an der Biologischen Station Illmitz gefangenen Rohrammern zeigen einen drastischen Bestandsrückgang innerhalb der letzten vier Jahrzehnte[17–19]. Die Juli-Fangzahlen reduzierten sich um über 80 % von durchschnittlich 34 gefangenen Individuen pro 10 m Netzlänge in den Jahren 1974–1978 auf nur mehr sechs Rohrammern pro 10 m Netz in der Fangperiode 2017–2019. Die jeweils während der gesamten Beringungssaison (Juli – Oktober) erzielten Fangzahlen zeigen zudem, dass nicht nur die lokalen Brutvögel von diesem enormen Rückgang betroffen sind, sondern auch der Herbstzug deutlich schwächer ausgeprägt ist, was auf eine europaweite Bestandsabnahme zurückzuführen ist[20]. Während die Fangzahlen in der Fangperiode 1974–1978 (jeweils Juli – Oktober) noch im

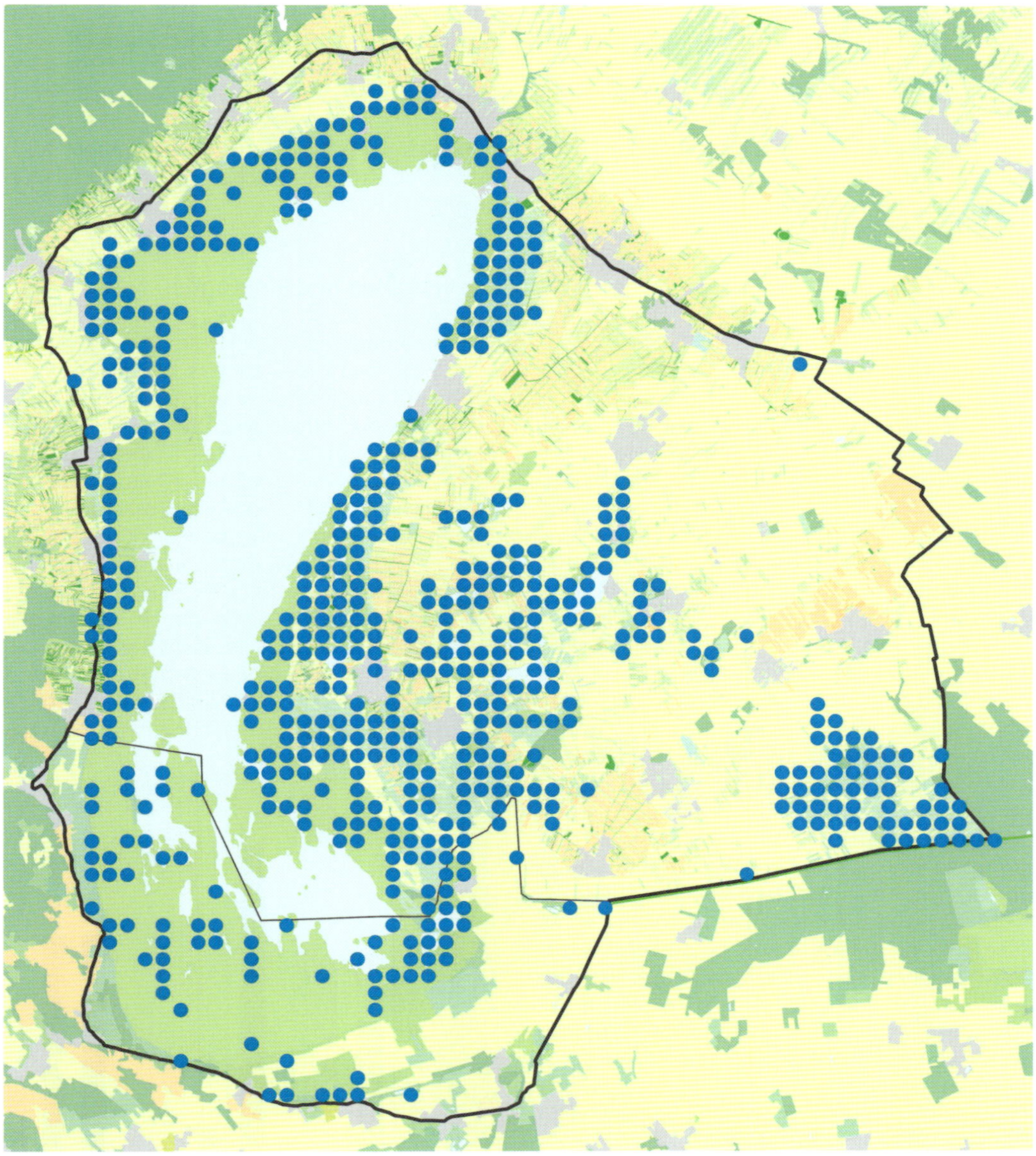

Brutzeitverbreitung der Rohrammer, basierend auf Beobachtungen in den Monaten Mai bis Juli aus den Jahren 2011–2021[22, 26, 27].

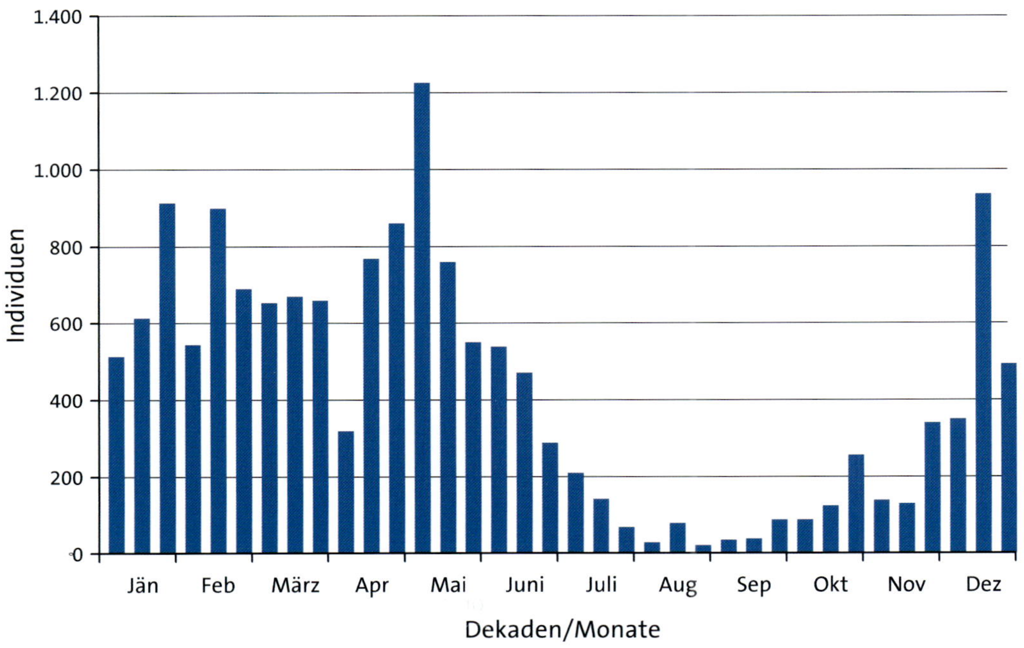

Jahreszeitliches Auftreten der Rohrammer (Dekadensummen gemeldeter Individuen) basierend auf Daten aus Österreich aus den Jahren 2013–2018 (n = 15.500)[22].

Schnitt bei 216 Individuen pro 10 m Netzlänge lagen, wurden während der beiden Perioden 1979–1983 und 1989–1993 durchschnittlich zwischen 110 und 130 Rohrammern pro 10 m Netz gefangen. In den Jahren 2009 und 2010 waren es im Schnitt nur noch 29 Individuen und schließlich zeigt der Durchschnitt von 20 gefangenen Rohrammern während der Jahre 2017-2019 eine Abnahme um ca. 90% innerhalb von 40 Jahren und damit die Fortsetzung dieses stark negativen Trends.

Jahreszeitliches Auftreten

Die Beschreibung der Phänologie der Rohrammer am Neusiedler See erweist sich durch das Auftreten von verschiedenen Unterarten im Jahresverlauf als sehr komplex. Die Brutpopulation des Gebiets wird der Unterart *E. s. stresemanni* zugeordnet[1,4,12]. Die Revierbesetzung erfolgt im Schilfgürtel des Neusiedler Sees, abhängig von den vorherrschenden Witterungsverhältnissen, im Februar und März und die Männchen erreichen das Brutgebiet in der Regel ein bis zwei Wochen vor den Weibchen[1]. Während der Frühjahrszug im Gebiet bis in den April hinein andauern kann[11], erfolgten die frühesten Nachweise singender Männchen am 16.2.2014 im Seevorgelände der Podersdorfer Pferdekoppel, sowie bei der Warmblutkoppel[21]. Die Gesangsaktivität nimmt in der zweiten Aprildekade deutlich zu und erreicht Ende April bis Mitte Mai ihr Maximum (Tagessummen der Beobachtungen[22]). Ab der ersten Junidekade nimmt die Zahl der singenden Männchen wieder erheblich ab und nur noch sehr wenige Meldungen erfolgen im Juli und einzelne ausnahmsweise im August. Das Dispersal der lokalen Brutvögel in Illmitz setzt vermutlich bereits in der zweiten Junihälfte ein[1]. Zu dieser Zeit werden die Wiederfänge an der Biologischen Station Illmitz selten und auch die Zahl gefangener Rohrammern sinkt[19]. Der teilweise Wegzug ist zeitlich nicht genau bestimmbar. Dem beobachteten Fangmuster an der Beringungsstation in Illmitz zufolge, werden jedoch die 51.[23] und 52. Pentade[1] als dessen Beginn angegeben. Es zeichnet sich ab, dass der Herbstzug am Neusiedler See in zwei Phasen abläuft[5,21]: Erst erreichen Vögel aus den benachbarten Populationen, sowie aus weniger weit entfernten nördlichen Brutgebieten, den Neusiedler See[5,24]. Der Rückgang der Fangzahlen Ende Oktober deutet darauf hin, dass es sich bei einem Großteil dieser Individuen um Durchzügler handelt[17–19]. Mit einer zweiten Zugwelle erreichen im letzten Novemberdrittel schließlich auch Zuzügler aus Nordeuropa das Gebiet. Diese gehören der Nominatform *E. s. schoeniclus*, sowie vermutlich der Unterart *E. s. ukrainae* an[5,12]. Außerdem überwintern auch Individuen der dalmatischen Unterart *E. s. intermedia* im Gebiet[1,4,12].

Zugverhalten und Ringfunde

Die Rohrammern des Neusiedler Sees verbleiben je nach der Härte des Winters in schwankender Zahl im Brutgebiet und nur ein Teil der Population zieht Richtung Südwesten, um in Küstengebieten der Nordadria und in Südfrankreich zu überwintern[1,5,25]. Der Großteil der Wiederfunde von zwischen Juli und November in Illmitz beringten Rohrammern stammt aus Italien[24]. Dabei ist anzunehmen, dass es sich nicht nur um Brutvögel des Neusiedler See-Gebietes handelt, sondern auch um Durchzügler. So werden in Illmitz regelmäßig Rohrammern aus der Tschechischen Republik gefangen[24], welche den Winter in Gebieten an den Küsten des nordwestlichen Mittelmeerraums verbringen[1]. Wiederfunde in Nordeuropa beringter Ammern gelingen hingegen sehr selten. So liegen nur wenige Wiederfänge finnischer Vögel, sowie der Fang einer Rohrammer aus Estland vor[24]. Dies hängt vermutlich damit zusammen, dass Rohrammern aus diesen Brutgebieten erst später, nach dem Ende der Fangperiode, am Neusiedler See eintreffen[1,5].

Quellen: [1] *Glutz von Blotzheim & Bauer (1997),* [2] *Nemeth & Dvorak (2019),* [3] *Grüll (1994),* [4] *Zimmermann (1943),* [5] *Kofler et al. (2021),* [6] *Neto et al. (2013),* [7] *Fászl (1883),* [8] *von Dombrowski (1889),* [9] *Homeyer (1892),* [10] *Schenk (1917a),* [11] *Seitz (1942),* [12] *Bauer et al. (1955),* [13] *Dvorak et al. (1993),* [14] *Dvorak et al. (1997),* [15] *Vadász et al. 2011,* [16] *E. Nemeth & M. Dvorak, unpubl. Daten,* [17] *Vogelwarte Radolfzell, heute Max-Planck-Institut für Verhaltensbiologie, unpubl. Daten,* [18] *W. Vogl & H. Winkler, unpubl. Daten,* [19] *Biologische Station Illmitz, unpubl. Daten,* [20] *BirdLife International 2021,* [21] *M. Schindlauer/ornitho.at,* [22] *www.ornitho.at,* [23] *Berthold et al. (1991),* [24] *Österreichische Vogelwarte, unpubl. Ringfunde,* [25] *Magyar in Csörgő et al. 2009,* [26] *Archiv MME Sopron,* [26] *Archiv FHNP*

Barbara Kofler & Péter Villányi

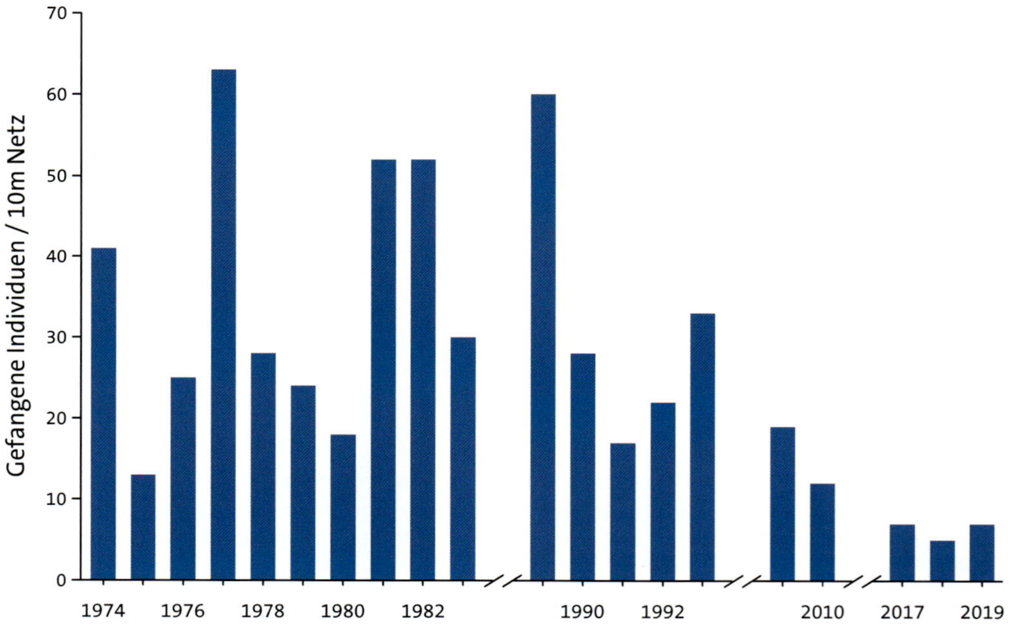

Relative Fangzahlen der Rohrammer (Individuen/10 m Netzlänge) im Monat Juli an der Biologischen Station Illmitz in den Jahren 1974–2019 (20 Fangsaisonen)[17–19].

Unzureichend dokumentierte Arten

von Andreas Ranner

Für die hier angeführten Arten wurden Feststellungen aus dem Neusiedler See-Gebiet veröffentlicht, doch reicht die verfügbare Dokumentation für die Anerkennung als Nachweis nicht aus oder es handelte sich sehr wahrscheinlich um Fehlbestimmungen. Da für sie ansonsten kein anerkannter Nachweis vorliegt, können sie nicht zur Artenliste des Untersuchungsgebietes gezählt werden.

Die folgende Übersicht enthält nur jene Arten, die in Publikationen über das Gebiet aufscheinen. Meldungen von ansonsten im Gebiet nicht nachgewiesenen Arten in nicht als Publikation geltenden Beobachtungsübersichten, auf online-Meldeplattformen, in Internetforen und ähnlichen nicht verifizierbaren Quellen sind hier hingegen nicht enthalten, da diesen ohne weitergehende Dokumentation keine Nachweisqualität zukommt.

Eistaucher

Gavia immer **(Brünnich, 1764)**
Jeges búvár – Common Loon

A. Jukovits [1] erwähnt diese Art als einzigen Seetaucher für das Gebiet und gibt ohne weitere Details an, dass er ihn einmal erhalten hätte. Im Naturhistorischen Museum Wien wird ein Seetaucher aufbewahrt, der als Eistaucher vom „Neusiedler See (Umgebung)" aus der „Mitte des 19. Jahrhunderts" beschriftet ist und Jukovits („Jukovitsch") zugeordnet wird (Inv.-Nr. 47069). Eine Überprüfung des Balges im Jänner 2020 ergab aber, dass es sich dabei um einen adulten Prachttaucher im Schlichtkleid handelt [2]. Weitere Nennungen in der älteren Literatur [3, 4] sind undokumentiert bzw. beruhen nur auf Beschreibungen durch Dritte und können daher ebenso wenig als gesicherte Nachweise angesehen werden. Die Sammlung Huszthy auf der Burg Lockenhaus soll ein juveniles Weibchen aus dem November 1889 vom Neusiedler See aufbewahrt haben [5]. Dieser Beleg blieb aber nicht erhalten und ist somit nicht mehr überprüfbar.

Rotkehlstrandläufer

Calidris ruficollis **(Pallas, 1776)**
Rozsdástorkú partfutó – Red-necked Stint

Eine Beobachtung im August 1984 am Kirchsee [6] wurde zwar anfangs von der Avifaunistischen Kommission von BirdLife Österreich anerkannt, entsprach aber nicht den Kriterien für einen nationalen Erstnachweis und war daher wieder von der österreichischen Artenliste zu streichen [7].

Drosseluferläufer

Actitis macularius **(Linnaeus, 1766)**
Pettyes billegetőcankó – Spotted Sandpiper

Diese Art wird von A. Jukovits [1] erwähnt und mit *„ist seltener"* (als die davor angeführten Teich-, Wald- und Bruchwasserläufer) eingestuft. Ein Beleg oder eine kritische Würdigung z. B. durch eine genauere Beschreibung liegen nicht vor. Daher ist hier wohl von einer Fehlbestimmung auszugehen [8].

Elfenbeinmöwe

Pagophila eburnea **(Phipps, 1744)**
Hósirály – Ivory Gull

Auch diese Art wird von A. Jukovits [1] genannt, und zwar in einem Atemzug mit Silber-, Mantel- und Heringsmöwe, wonach er diese Arten erhielt, *„als die Fische in unseren Wässern abstarben"*. Ein Beleg dieser hocharktischen Art liegt aber nicht vor. Auch in diesem Fall muss von einer Fehlbestimmung ausgegangen werden [8, 9].

Korallenmöwe

Ichthyaetus audouinii **(Payraudeau, 1826)**
Korallsirály – Audouin's Gull

Beobachtungen von bis zu drei Vögeln im Mai 1971 am Illmitzer Zicksee [10, 11] sind nicht ausreichend belegt und können daher nicht als Nachweis (es wäre der erste für Österreich gewesen) anerkannt werden [12].

Basrarohrsänger

Acrocephalus griseldis **(Hartlaub, 1891)**
Eufráteszi nádirigó – Basra Reed Warbler

Eine fotografisch belegte Beobachtung vom Juni 1988 aus Breitenbrunn [13] wurde nicht anerkannt, es handelte sich offenbar um eine Fehlbestimmung [14].

Orpheusgrasmücke

Sylvia hortensis **(Gmelin, J. F., 1789)**
Dalos poszáta – Western Orphean Warbler

Eine publizierte Beobachtung vom Mai 1955 aus Neusiedl am See [15] ist undokumentiert und kann daher nicht als Nachweis anerkannt werden [16].

Sibirisches Schwarzkehlchen

Saxicola maurus **(Pallas, 1773)**
Szibériai csuk – Siberian Stonechat

Zwei ursprünglich anerkannte Nachweise aus den Jahren 2004 und 2020 [16, 17] wurden nach einer Revision durch die Avifaunistische Kommission von BirdLife Österreich wieder aberkannt [17].

Quellen: *[1] Jukovits (1864/65), [2] H.-M. Berg & A. Ranner, unpubl., [3] Faszl (1883), [4] von Dombrowski (1889), [5] Aumüller (1967), [6] Berg (1987), [7] Ranner et al. (1995), [8] Zimmermann (1943), [9] Bauer et al. (1955), [10] Carnier & Schelper (1971), [11] G. Strack/ABÖ, [12] Glutz von Blotzheim & Bauer (1982), [13] Schmidt (1991), [14] Laber & Ranner (1997), [15] Corti (1956), [16] Ranner & Khil (2009), [17] www.birdlife-afk.at*

Liste der Gefangenschaftsflüchtlinge

von Andreas Ranner

Die folgende Aufstellung enthält jene Arten, die im Neusiedler See-Gebiet bisher ausschließlich als sichere oder sehr wahrscheinliche Gefangenschaftsflüchtlinge (entkommen oder absichtlich freigelassen) registriert worden sind (Kategorie E der nationalen Vogellisten). Auch wenn es unser Bestreben war, diese Liste so vollständig wie möglich zu machen, wird sie vermutlich diesem Anspruch nicht ganz gerecht werden können. Sie soll in erster Linie illustrieren, welche unerwarteten Arten Vogelbeobachter*innen und -beobachter im Neusiedler See-Gebiet noch zusätzlich vor das Fernglas geraten können.

- Schwanengans *Anser cygnoides* (Linnaeus, 1758) [1,2]
- Halsbandkasarka *Tadorna tadornoides* (Jardine & Selby, 1828) [2]
- Moschusente („Warzenente“) *Cairina moschata* f. *domestica* (Linnaeus, 1758) [2]
- Brautente *Aix sponsa* (Linnaeus, 1758) [1,2]
- Rotschulterente *Callonetta leucophrys* (Vieillot, 1816) [2]
- Bahamaente *Anas bahamensis* Linnaeus, 1758 [2,3]
- Kastanienente *Anas castanea* (Eyton, 1838) [2]
- Marmelente *Marmaronetta angustirostris* (Ménétries, 1832) [2]
- Kappensäger *Lophodytes cucullatus* (Linnaeus, 1758) [1]
- Helmperlhuhn *Numida meleagris* (Linnaeus, 1758) [1,2]
- Kalifornische Schopfwachtel *Callipepla californica* (Shaw, 1798) [1]
- Diamantfasan *Chrysolophus amherstiae* (Leadbeater, 1829) [2]
- Silberfasan *Lophura nycthemera* (Linnaeus, 1758) [1]
- Pfau *Pavo cristatus* Linnaeus, 1758 [2,4]
- Japanwachtel *Coturnix japonica* Temminck & Schlegel, 1849 [2,4]
- Lachtaube *Streptopelia roseogrisea* f. *domestica* (Sundevall, 1857) [1]
- Chileflamingo *Phoenicopterus chilensis* Molina, 1782 [1,2]
- Zwergflamingo *Phoeniconaias minor* (Geoffroy Saint-Hilaire, É., 1798) [1]
- Rosalöffler *Platalea ajaja* Linnaeus, 1758 [5]
- Wüstenfalke *Falco peregrinus pelegrinoides* Temminck, 1829 [1,2]
- Nymphensittich *Nymphicus hollandicus* (Kerr, 1792) [2]
- Weißhaubenkakadu *Cacatua alba* (Statius Müller, P. L., 1776) [1]
- Mönchssittich *Myiopsitta monachus* (Boddaert, 1783) [2]
- Spitzschwanzsittich *Thectocercus acuticaudatus* (Vieillot, 1818) [6]
- Alexandersittich *Psittacula eupatria* (Linnaeus, 1766) [1]
- Halsbandsittich *Psittacula krameri* (Scopoli, 1769) [1,2]
- Pennantsittich *Platycercus elegans* (Gmelin, J. F., 1788) [2]
- Wellensittich *Melopsittacus undulatus* (Shaw, 1805) [2]
- Pfirsichköpfchen *Agapornis fischeri* Reichenow, 1887 [2]
- Schwarzköpfchen *Agapornis personatus* Reichenow, 1887 [2]
- Feuerwida *Euplectes franciscanus* (Isert, 1789) [2]
- Kanarienvogel *Serinus canaria* f. *domestica* (Linnaeus, 1758) [2]

Quellen: *[1] Archiv BirdLife Österreich, [2] www.ornitho.at, [3] MME Nomenclator Bizottság (2011b), [4] A. Ranner, unpubl. Daten, [5] Festetics (1970b), [6] MME Nomenclator Bizottság (2008a)*

Mönchssittich, Hanság, Wallern, 22.8.2021 (Hans-Martin Berg)

Epilog

Quo vadis Neusiedler See-Gebiet?

von **Alfred Grüll & Michael Dvorak**

Die vorliegende Avifauna erscheint zu einem Zeitpunkt, in der das zukünftige Vorkommen vieler der hier beschriebenen Vogelarten und ihrer Lebensräume nicht mehr gesichert ist. Die ab 2017 andauernde Trockenphase im Neusiedler See-Gebiet und der seit 2016 kontinuierlich sinkende Wasserstand des Neusiedler Sees könnten im schlimmsten Fall das Ende aller oder des Großteils dieser seit mindestens 10.000 Jahren bestehenden Salzlebensräume ankündigen.

Die Ursachen dafür sind durchwegs auf menschliche Eingriffe zurückzuführen und reichen Jahrhunderte in die Vergangenheit zurück. Die weitaus gravierendste Auswirkung hatten dabei die hartnäckigen Bestrebungen, sämtliche Feuchtgebiete zu beseitigen. Die massiven Eingriffe in den Wasserhaushalt, die zuerst auf das ehemalige Flussdelta im ungarischen Hanság abzielten, führten im gesamten Seegebiet zu tiefgreifenden ökologischen Veränderungen. Nach dem Bau des Einserkanals, der enorme Wassermengen zur Donau ableitet, und der Anlage eines umfangreichen Entwässerungssystems im Seewinkel, das auch einen Großteil der Salzlacken miteinbezieht und eine dauerhafte Absenkung des Grundwasserspiegels bewirkte, waren am Ende des 20. Jahrhunderts nur noch geringfügige Reste der ehemals unermesslichen Feuchtgebiete vorhanden, denen die Voraussetzungen eines langfristigen Bestandes mit natürlicher Dynamik bereits weitgehend fehlten.

Die weitere Entwicklung war daher vorgezeichnet: Die umfangreichen oberflächlichen Entwässerungsmaßnahmen und der fehlende Kontakt mit dem Grundwasser, das durch die zunehmende Entnahme für die Landwirtschaft noch weiter abgesenkt wurde, führten in einem Großteil der Lacken zu einer Abnahme der Salzkonzentration, die für die Abdichtung des Lackenbodens mitverantwortlich ist und die Vegetationsentwicklung hemmt. Das „Lackensterben", dass sich auf den Lackenböden jeweils durch die Ausbreitung einer Vegetationsdecke mit Humusanreicherung manifestierte, war die Folge. Jede Trockenphase der letzten 60 Jahre hat einer jeweils immer steigenden Anzahl von Lacken den Garaus gemacht. Sie sind in kürzester Zeit verlandet, nachdem sie viele Jahrtausende unverändert Bestand hatten. Von den ehemals 140 Sodalacken sind daher heute nur noch etwa 30 erhalten, und davon sind nur noch einige wenige in einem ökologisch (halbwegs) guten Zustand – die meisten anderen sind „krank" und befinden sich in frühen oder auch fortgeschrittenen Stadien des Lackensterbens.

Im Neusiedler See unterbindet die Ableitung der Hochwasserspitzen über den Einserkanal die Frühjahrsüberschwemmungen im Vorgelände, den Wasserrückhalt für die Sommermonate und die natürliche Bestands- und Strukturdynamik im Schilfgürtel, sodass die Röhrichte überaltern und großflächig zusammenbrechen. Alle diese Faktoren und Entwicklungen sind seit Jahrzehnten bekannt und wurden von der Wissenschaft und dem Naturschutz beharrlich in Erinnerung gerufen. Den vielfachen Forderungen von Gegenmaßnahmen, die in erster Linie an der Wiederherstellung eines naturnahen Wasserhaushaltes ansetzen müssten, wurde jedoch in der Politik nur in wenigen Fällen Priorität eingeräumt. Als zusätzliche, auf lokaler Ebene nicht beeinflussbare Belastung der hydrologischen Verhältnisse kamen im letzten Jahrzehnt die zunehmenden Auswirkungen des Klimawandels hinzu, die im Gebiet zu einem starken Temperaturanstieg mit einer Erhöhung der Verdunstungsrate geführt haben. Dadurch wird die Austrocknung der Gewässer noch weiter beschleunigt, die nach den Lacken schon in wenigen Jahren auch den Neusiedler See betreffen könnte und naturschutzfachlich umstrittene Projekte einer künstlichen Wasserzuleitung aus der Donau auf den Plan gerufen hat. Die weitere Existenz des Sees wird daher von der zukünftigen Entwicklung der Niederschlagsverhältnisse abhängig sein, die wir derzeit nicht mit Sicherheit vorhersagen können. Für viele Lacken kämen hingegen auch bei einer Wende zu niederschlagsreichen Jahren alle Rettungsmaßnahmen schon jetzt zu spät: im Gegensatz zu früheren Perioden können sie auf Grund der massiven Salzverluste längere Trockenphasen nicht mehr überstehen, wachsen in rasantem Tempo zu und sind dann unwiederbringlich verloren.

Die dauerhafte Austrocknung bzw. Verlandung der Feuchtgebiete im Neusiedler See-Raum würde für alle wassergebundenen Vogelarten den Verlust des gesamten Lebensraumes bedeuten. Die zum Teil großen, überregional bedeutenden und gefährdeten Brutpopulationen würden dadurch massive Bestandsverluste erleiden. Ebenso gravierend wären die Auswirkungen für zigtausend Vögel durchziehender Populationen. Als international bedeutender Rastplatz spielt das Neusiedler See-Gebiet für sie ebenfalls eine entscheidende Rolle für das Überleben. Die Folgen hätten daher aus der Sicht des Vogelschutzes eine immense, zumindest europaweite Dimension.

Bei aller Dramatik der aktuellen Situation gibt es allerdings einen kleinen Lichtblick. Länger andauernde Trocken- und Regenphasen hat es im Neusiedler See-Gebiet immer gegeben. Klimamodelle sagen voraus, dass sowohl Trockenperioden als auch Regenperioden in Bezug auf Dauer und Intensität zunehmen werden. Zum Zeitpunkt an dem wir diesen „Epilog" schreiben (Dezember 2023) haben wir eine sechsjährige Phase unterdurchschnittlicher Niederschläge durchlaufen. Das Jahr 2023 könnte allerdings in Bezug auf die Niederschlagsmengen eine Trendwende einläuten: Mit Stand Anfang Dezember gab es heuer im Neusiedler See-Gebiet die dritthöchsten Niederschlagsmengen der letzten 25 Jahre: Mit aktuell 658 mm liegt die Regenmenge weit über dem mittleren Niederschlag von 525 mm. Ob dies der Beginn einer längeren regenreichen Phase ist, werden die nächsten 1-2 Jahre zeigen.

Davon abgesehen wissen wir nicht, in welche Richtung das Neusiedler See-Gebiet wirklich gehen wird. Nach alldem, was wir wissen, können wir aber nicht ausschließen, dass Vieles, was wir im vorliegenden Buch beschrieben haben, ein Nachruf sein wird.

Anhänge

Quellenverzeichnis

Bei ungarischen Literaturstellen wird (sofern sich in der Originalarbeit entsprechende Angaben finden) in eckigen Klammern eine Übersetzung ins Englische (in den meisten Fällen) oder ins Deutsche (vereinzelt) beigegeben. Bei ungarischen Literaturstellen, die im Original keine entsprechende Übersetzung enthalten, entfällt diese.

Aarvak, T. & S. Timionen (2004): Fennoscandian Lesser White-fronted Goose conservation project – Report 2001–2003. WWF Finland Report 20 & Norwegian Ornithological Society, NOF Rapportserie 1–2004.

Adametz, E. (1950): Die Einwanderung und Ausbreitung der Türkentaube in Österreich von 1943–1949. Orn. Ber. 2: 85–97.

African-Eurasian Migratory Waterbird Agreement (2020): International Working Group for the Black-tailed Godwit. Species Info. http://blacktailedgodwit.aewa.info/species_info (abgerufen am 7.4.2020).

Aistleitner, C., G. Puchberger & M. Brader (2015): Sumpfohreulen (*Asio flammeus*) als Vermehrungsgäste in Oberösterreich. Vogelkundliche Nachrichten aus OÖ. Naturschutz aktuell 23: 31–41.

Albegger, E. (2015): Das Auftreten des Zwergsumpfhuhns *Porzana pusilla* in Österreich unter kritischer Betrachtung. Elanus 8: 101–122.

Albegger, E. (2018): Erstnachweis des Blauwangenspints *Merops persicus* für Österreich. Elanus 11: 53–58.

Albegger, E. (2022a): Erste Nachweise des Jungfernkranichs *Grus virgo* für Österreich. Elanus 15: 51–60.

Albegger, E. (2022b): Status der „Weißbart"-Grasmücke in Österreich – Ergebnisse einer Revision durch die Avifaunistische Kommission von BirdLife Österreich. Elanus 15: 124–139.

Albegger, E. (2022c): Die seltenen Vogelarten Österreichs. Avifaunistische Kommission von BirdLife Österreich & Club 300 Österreich. Elanus-Sonderband, Graz.

Albegger, E. & M. Brader (2012): Der Heilige Ibis *Threskiornis aethiopicus* in Österreich. Elanus 5: 58–65.

Albegger, E. & M. Brader (2018): Nachweise seltener und bemerkenswerter Vogelarten in Österreich 2015–2017. Egretta 56: 76–108.

Albegger, E. & L. Khil (2016): Nachweise seltener und bemerkenswerter Vogelarten in Österreich 2012–2014. Egretta 54: 118–144.

Albegger, E. & J. Laber (2016): Undokumentierte Erstnachweise von Vogelarten in Österreich der Jahre 1950–2011 – Ergebnisse einer Überprüfung mit einheitlichen Kriterien. 8. Bericht der Avifaunistischen Kommission von BirdLife Österreich. Egretta 54: 105–109.

Albegger, E., O. Samwald, H. W. Pfeifhofer, S. Zinko, J. Ringert, P. Kolleritsch, M. Tiefenbach, C. Neger, J. Feldner, J. Brandner, F. Samwald & W. Stani (2015): Avifauna Steiermark. Die Vögel der Steiermark. BirdLife Österreich, Landesgruppe Steiermark.

Amon, R. (1930): Die zoologisch-botanische Sammlung des Landesmuseums Burgenland. Burgenland – Vierteljahreshefte für Landeskunde, Heimatschutz und Denkmalpflege 3: 140–142.

Amon, R. (1931): Die zoologisch-botanische Sammlung des Landesmuseums Burgenland. Burgenland – Vierteljahreshefte für Landeskunde, Heimatschutz und Denkmalpflege 4: 177–185.

Anderson, R. (2019): Populationsutveckling hos svarthakad buskskvätta *Saxicola rubicola* under expansionens inledningsskede i Västsverige [Population development of European Stonechat *Saxicola rubicola* during the initial phase of its expansion in Western Sweden]. Ornis Svecica 29: 26–36.

Andretzke, H., T. Schikore & K. Schröder (2005): Artsteckbriefe. Pp. 135–695 in P. H. Südbeck, H. Andretzke, S. Fischer, K. Gedeon, T. Schikore, K. Schröder & C. Sudfeldt (Hrsg.): Methodenstandards zur Erfassung der Brutvögel Deutschlands. Dachverband Deutscher Avifaunisten, Radolfzell.

Anonymus (1956): Silbermöwe auf frischgepflügtem Feld. Vogelkundl. Nachr. aus Österreich 7: 25–26.

Anonim (1992): Érdekesebb faunisztikai adatok a Fertőről 1991-ből. Szélkiáltó 1: 6.

Anthes, N. (2000): Vogelzuggeschehen 1999 – Entwicklung der Rastbestände im Spiegel der letzten 30 Jahre. Jahresbericht 1999 der Biologischen Station „Rieselfelder Münster" 3: 38–53.

Anthes, N. (2001): Jahreszeitliches Auftreten ausgewählter Vogelarten in den Rieselfeldern Münster 2000. Jahresbericht 2000 der Biologischen Station „Rieselfelder Münster" 4: 8–31.

Arcanum Adátbazis Kft (2022): Königreich Ungarn (1782–1785) – Josephinische Landesaufnahme. https://maps.arcanum.com/de/map/firstsurvey-hungary/?layers=147&bbox=1832841.8762215893%2C6051625.948268536%2C1915546.74082615%2C6080748.456045187 (abgerufen am 21.6.2022).

Archaux, F., G. Balança, P.-Y. Henry & G. Zapata (2004): Wintering of White Storks in Mediterranean France. Waterbirds 27: 441–445.

Arizaga, J., S. L. van Wilgenburg, D. Alonso, J. A. Cortés, M. Leconte, H. Rguibi, T. Valkenburg, P. Vera & K. Hobson (2016): Breeding origins and pattern of migration of Bluethroats *Luscinia svecica* from Iberia to Senegal as revealed by stable isotopes. Bird Study 63: 196–202.

Armstrong, W., J. Armstrong & W. H. van der Putten (1996): *Phragmites* die-back: Bud and root death, blockages within the aeration and vascular systems and the possible role of phytotoxins. New Phytologist 133: 399–414.

Aschenbrenner, L. (1972): Der Bestand des Weißstorches (*Ciconia ciconia* L.) in Österreich im Jahr 1972. Egretta 15: 1–20.

Aschenbrenner, L. (1975): Erstbrut der Maskenstelze (*Motacilla flava feldegg*) in Rust am Neusiedler See. Egretta 18: 22–23.

Attwenger, M. & A. Chlaupek (2006): Erstellung eines grenzüberschreitenden digitalen Geländemodells im Nationalpark Neusiedler See – Seewinkel/Fertö Hanság aus Laserscanner-Daten, pp. 16–23 in J. Strobl, T. Blaschke & G. Griesebner (eds.), Angewandte Geoinformatik 2006, Beiträge zum 18. AGIT-Symposium.

Aubrecht, P. (1998): Corine Landcover Österreich. Monografien Band 93, Umweltbundesamt, Wien.

Auer, I., R. Böhm, A. Jurkovic, W. Lipa, A. Orlik, R. Potzmann, W. Schöner, M. Ungersböck, C. Matulla, K. Briffa, P. D. Jones, D. Efthymiadis, M. Brunetti, T. Nanni, M. Maugeri, L. Mercalli, O. Mestre, J.-M. Moisselin, M. Begert, C. Müller-Westermeier, V. Kveton, O. Bochnicek, P. Stastny, M. Lapin, S. Szalai, T. Szentimrey, T. Cegnar, M. Dolinar, M. Gajic-Capka, K. Zaninovic, Z. Majstorovic & E. Nieplova (2007): HISTALP – Historical instrumental climatological surface time series of the greater Alpine region 1760–2003. International Journal of Climatology 27: 17–46.

Aumüller, S. (1949): Der Bestand des Weißen Storches im Burgenland in den Jahren 1934–1948. Burgenländ. Forschungen 6: 5–43.

Aumüller, S. (1950): Einige Mitteilungen über die Besiedelung des Burgenlandes durch den Weißstorch. Natur und Land 37: 20–24.

Aumüller, S. (1951): Ergebnisse der Storchbestandaufnahme 1950 im Burgenland. Burgenländ. Forschungen 1951: 73–85.

Aumüller, S. (1952): Der Bestand an Weiß- und Schwarzstörchen in Burgenland im Jahre 1951. Burgenländ. Heimatblätter 14: 79–91.

Aumüller, S. (1954): Der Bestand des Weißen Storches in den österreichischen Bundesländern Burgenland, Steiermark und Kärnten in den Jahren 1952–1953. Burgenländ. Heimatblätter 16: 115–135.

Aumüller, S. (1955): Beobachtungen beim Bau eines Beutelmeisennestes im Schilf. Burgenländ. Heimatblätter 17: 87–90.

Aumüller, S. (1961): Der burgenländische Storchbestand im Jahre 1959.

Österr. Arbeitskr. f. Wildtierforsch., Jubiläumsjahrbuch 1960/61: 92–98.
Aumüller, S. (1967): Die Vogelsammlung Huszthy Edmunds in der Burg Lockenhaus. Wiss. Arb. Burgenland 38: 5–75.
Aumüller, S. (1973): A lékai vár madárgyűjteménye (Második közlemény). Savaria 2: 43–75.
Aumüller, S. & O. Kepka (1960): Zur Statistik der Weißstorchpopulationen in Österreich. Mitt. naturwiss. Ver. Steiermark 90: 13–22.
Aumüller, S. & O. Kepka (1965): Der Bestand des Weißstorches (*Ciconia ciconia*) in Österreich in den Jahren 1961 und 1962. Egretta 8: 6–7.
Aumüller, S. & A. Keve (1964): Die einstige Verbreitung der Pelikane (*Pelecanus onocrotalus* und *crispus*) im Karpaten- und Wiener Becken. Wiss. Arb. Burgenland 31: 5–32.
Aumüller, S. & R. Triebl (1962): Rostgans am Neusiedlersee. Egretta 5: 64–65.
Austrian Panel on Climate Change (APCC) (2014): Österreichischer Sachstandsbericht Klimawandel 2014 (AAR14). Verlag der Österreichischen Akademie der Wissenschaften, Wien.
Bagyura, J., L. Fatér, T. Szitta & L. Haraszthy (2020): A parlagi sas (*Aquila heliaca*) síkvidéki megtelepedése, különös tekintettel az 1985 és 1995 közötti időszakra [Breeding of the eastern imperial eagle (*Aquila heliaca*) in lowlands with special regard to the period between 1985 and 2019]. Heliaca 16: 101–106.
Bagyura, J., M. Prommer & T. Szitta (2022): Kerecsensólyom. Pp. 465–503 in L. Haraszthy & J. Bagyura (Hrsg.): Magyarország ragadozó madarai és baglyai. 2. kötet. Sólyomalakúak és bagolyalakúak. MME Budapest.
Bagyura, J., T. Szitta, L. Haraszthy, G. Firmánszky, L. Viszló, A. Kovács, I. Demeter & M. Horváth (2002): Population increase of Imperial Eagle (*Aquila heliaca*) in Hungary between 1998 and 2000. Aquila 108: 133–144.
Baibagyssov, A., N. Thevs, S. Nurtazin, R. Waldhardt, V. Beckmann, Salmurzauly (2020): Biomass Resources of *Phragmites australis* in Kazakhstan: Historical Developments, Utilization and Prospects. Resource 9/74: 1–25.
Bairlein, F., J. Dierschke, V. Dierschke, V. Salewski, O. Geiter, K. Hüppop, U. Köppen & W. Fiedler (2014): Atlas des Vogelzugs – Ringfunde deutscher Brut- und Gastvögel. AULA-Verlag, Wiebelsheim.
Bairlein, F. (1981): Ökosystemanalyse der Rastplätze von Zugvögeln: Beschreibung und Deutung der Verteilungsmuster von ziehenden Kleinvögeln in verschiedenen Biotopen der Stationen des „Mettnau-Reit-Illmitz-Programmes“. Ökologie der Vögel 3: 7–137.
Bajomi, B. (2003): White-headed Duck breeding and reintroduction programme in Hungary, 1982–1992. WWT Threatened Waterfowl Specialist Group Newsletter 14: 73–76.
Baláž, M., J. Ridzoň, J. Topercer, D. Karaska, M. Repel & R. Jureček (2020): Správa zo zimného sčítania vodného vtáctva na Slovensku 2013/14–2016/17. SOS/BirdLife Slovensko, Bratislava.
Balsay, E. (2012): Zur Geschichte der Wälder im Hanság. Pp. 371–381 in J. Fally & L. Kárpáti (Hrsg.): Nationalpark Neusiedler See–Seewinkel/Fertő-Hanság Nemzeti Park. Monographische Studien über das Gebiet Neusiedler See und Hanság. Nationalparkverwaltung Fertő-Hanság, Szaktudás-Kiadó Ház AG, Budapest.
Bandorf, H. (1970): Der Zwergtaucher. Die Neue Brehm-Bücherei 430. A. Ziemsen Verlag, Wittenberg Lutherstadt.
Bankovics, A., T. Fülöp, T. Hadarics, S. Mogyorósi & A. Pellinger (2002): The birds of the Fertö-Hanság National Park and their importance in nature conservation aspect. Pp. 745–785 in S. Mahunka (Hrsg.): The fauna of the Fertő-Hanság National Park. Volume II. Hungarian Natural History Museum, Budapest.
Barthel, P. H. (1974): Neuere Beiträge zur Kenntnis der Vogelwelt (Non-Passeriformes) des Neusiedlersee-Gebietes, mit einer Einführung in die Eigenart des Raumes. Unveröff. Bericht, Hildesheim.
Barthel, P. H. (1991): Die Unterscheidung von Fluß- *Sterna hirundo* und Küstenseeschwalbe *S. paradisaea* mit Anmerkungen zur Forster- *S. forsteri* und Rosenseeschwalbe *S. dougallii*. Limicola 5: 1–33.
Bauer, H.-G., E. Bezzel & W. Fiedler (2005): Das Kompendium der Vögel Mitteleuropas. Band 1. AULA-Verlag, Wiebelsheim.
Bauer, H.-G. & A. Kaiser (1991): Herbstfangdaten, Verweildauer, Mauser und Biometrie teilziehender Gartenbaumläufer (*Certhia brachydactyla*) in einem südwestdeutschen Rastgebiet. Vogelwarte 36: 85–98.
Bauer, K. (1952a): Arealveränderungen und Bestandsschwankungen bei österreichischen Vögeln. Bonn. Zool. Beitr 3: 31–40.
Bauer, K. (1952b): Der Blutspecht Brutvogel in Österreich. J. Ornithol. 93: 104–111.
Bauer, K. (1952c): Der Bienenfresser (*Merops apiaster* L.) in Österreich. J. Ornithol. 93: 290–294.
Bauer, K. (1953a): Die Mittelmeer-Silbermöwe (*Larus argentatus michahellis* Naumann) in Österreich. Vogelkundl. Nachr. aus Österreich 3: 1–2.
Bauer, K. (1953b): Weitere Ausbreitung des Blutspechts (*Dendrocopos syriacus*) in Österreich. J. Ornithol. 94: 300–303.
Bauer, K. (1954a): Adler am Neusiedlersee. Ornithol. Mitt. 6: 69–72.
Bauer, K. (1954b): Mantel- und Mittelmeer-Silbermöwe am Neusiedlersee. Vogelkundl. Nachr. aus Österreich 4: 15–16.
Bauer, K. (1954c): Zwergammer (*Emberiza pusilla*) am Neusiedlersee beobachtet. Vogelkundl. Nachr. aus Österreich 4: 9.
Bauer, K. (1954d): Der Klippenstrandläufer, *Calidris maritima* (Brünn.), im Neusiedlerseegebiet. Orn. Mitt. 6: 3–4.
Bauer, K. (1955a): Die „Schobersche“ Sammlung. Vogelkundl. Nachr. aus Österreich 5: 12.
Bauer, K. (1955b): Zur Ornis der Parndorfer Heide (Burgenland). Vogelring 24: 1–16.
Bauer, K. (1955c): Der Zwergadler (*Hieraaetus pennatus*) Brutvogel in Kärnten. Orn. Mitt. 7: 106–107.
Bauer, K. (1955d): Der Würgfalke (*Falco cherrug* Gray) in Österreich. J. Ornithol. 96: 34–42.
Bauer, K. (1956a): Interessante Brut- und Sommervorkommen im Neusiedlersee-Gebiet. Vogelkundl. Nachr. aus Österreich 7: 1–7.
Bauer, K. (1956b): Neue Nachweise der Dreizehenmöwe in Österreich. Vogelkundl. Nachr. aus Österreich 7: 36–37.
Bauer, K. (1956c): Das gegenwärtige Vorkommen von Kaiseradler (*Aquila heliaca*) und Zwergadler (*Hieraaetus pennatus*) in Österreich. Österr. Arbeitskr. F. Wildtierforsch. Jahrbuch 1956: 15–18.
Bauer, K. (1960): Die Säugetiere des Neusiedlersee-Gebietes (Österreich). Bonner Zool. Beitr. 11: 141–344.
Bauer, K. (1965): Zur Nahrungsökologie einer binnenländischen Population der Flußseeschwalbe (*Sterna hirundo*). Egretta 8: 35–51.
Bauer, K. (1971): Die österreichischen Lasurmeisen-Nachweise. Egretta 14: 57–59.
Bauer, K. & H. Freundl (1955a): Dünnschnabelbrachvogel (*Numenius tenuirostris* Viell.) im Neusiedlersee-Gebiet. Vogelkundl. Nachr. aus Österreich 5: 6–7.
Bauer, K. & H. Freundl (1955b): Verschlagene Rosenseeschwalbe, *Sterna dougallii*, am Neusiedlersee. Vogelwelt 76: 13–15.
Bauer, K., H. Freundl & R. Lugitsch (1955): Weitere Beiträge zur Kenntnis der Vogelwelt des Neusiedlersee-Gebietes. Wiss. Arb. Burgenland 7: 1–123.
Bauer, K. & M. Ganso (1964): Bemerkenswerter Einflug nordischer Kleinvögel im Winter 1963/64. Natur und Land 50: 43–44.
Bauer, K. & U. N. Glutz von Blotzheim (1966): Handbuch der Vögel Mitteleuropas, Band 1: Gaviiformes – Phoenicopteriformes. Akademische Verlagsgesellschaft, Frankfurt/Main.
Bauer, K. & U. N. Glutz von Blotzheim (1968): Handbuch der Vögel Mitteleuropas. Band 2 Anseriformes (1. Teil). Akademische Verlagsgesellschaft, Frankfurt/Main.
Bauer, K., B. Hufnagel & T. Samwald (1961): Vom Zug der Beutelmeise (*Remiz pendulinus*). Die Vogelwarte 21: 122–128.
Bauer, K. & G. Rokitansky (1951): Verzeichnis der Vögel Österreichs. Burgenländ. Forschungen 14.
Bauer, K. & G. Rokitansky (1963): Ältere Feststellungen der Lasurmeise (*Parus cyanus*) am Neusiedlersee. Egretta 6: 42–43.
Bauer, W. (1959): Bemerkungen zur Avifauna des Neusiedlersee-Gebietes. Ornithol. Mitt. 11: 183–184.
Bauernfeind, E. & H.-M. Berg (2008): Das Raubwürger (*Lanius excubitor* L.) – Material am Naturhistorischen Museum Wien. Pp. 269–280 in Forschungsgemeinschaft Wilhelminenberg (Hrsg.): Der Raubwürger in Österreich. Eigenverlag, Stockerau.

Baumann, N. (2006): Ground-nesting birds on green roofs in Switzerland: Preliminary observations. Urban Habitats 4/1: 37–50.
Bechtle, W. (1976): Der Neusiedler See in Farbe. Ein Reiseführer für Naturfreunde. Franckh'sche Verlagsbuchhandlung, Stuttgart.
Beckmann, K. O. (1930): Ein Sommertag am Neusiedler See. Orn. Monatsschr. 55: 60–63.
Behrndt, M. (1975): Häherkuckuck (*Clamator glandarius*) im Seewinkel. Egretta 18: 22.
Békési, S. (2007): Verklärt und verachtet. Wahrnehmungsgeschichte einer Landschaft: Der Neusiedler See. Historisch-anthropologische Studien, Bd. 20. Verlag Peter Lang, Europäischer Verlag der Wissenschaften.
Belik, V. P. (2006): [On the expansion of the Pygmy Cormorant (*Phalacrocorax pygmeus*, Pelecaniformes) in southern Russia.]. Zoologichesky Zhurnal 85: 859–864. (in Russisch)
Berg, H.-M. (1987): Ein Rotkehlstrandläufer *Calidris ruficollis* in Österreich sowie Anmerkungen zu seinem Auftreten in Europa. Limicola 1: 37–44.
Berg, H.-M. (2010): Rotfußfalke. Pp. 76–85 in M. Dvorak & R. Probst: Aktionsplan zum Schutz der Greifvögel in Österreich. BirdLife Österreich, Wien.
Berg, H.-M. (2012): Nachbrutzeitliches Auftreten und Durchzug des Brachpiepers (*Anthus campestris*) auf dem Heideboden/ Nordburgenland. Vogelkundl. Nachr. Ostösterreich 23: 21–23.
Berg, H.-M. (2017a): Rotfußfalken im Seewinkel. Licht und viel Schatten! Geschnatter 4/Dezember 2017: 12.
Berg, H.-M. (2017b): Bruten von Mäusebussard (*Buteo buteo*) und Kolkrabe (*Corvus corax*) auf Leitungsmasten in Österreich. Vogelkundl. Nachr. Ostösterreich 28: 48–55.
Berg, H.-M. (2020): Dauerhafte Gäste? Rotfußfalken im Nationalpark Neusiedler See – Seewinkel. Geschnatter 3/Oktober 2020: 11.
Berg, H.-M. & M. Dvorak (2017): Monitoring der Schutzgüter des Europaschutzgebiets „Waasen-Hanság" in den Jahren 2011 bis 2016. Im Auftrag des Amtes der Bgld. Landesregierung, Abt. 4. BirdLife Österreich, Wien.
Berg, H.-M. & M. Dvorak (2019): Naturschutzfachliches Management Europaschutzgebiet „Waasen – Hanság" 2019–2021. Jahresbericht 2019. Im Auftrag des Amtes der Bgld. Landesregierung, Abt. 4. BirdLife Österreich, Wien.
Berg, H.-M. & M. Dvorak (2023): Naturschutzfachliches Management Europaschutzgebiet „Waasen – Hanság". Jahresbericht 2022. Im Auftrag des Amtes der Bgld. Landesregierung, Abt. 4. BirdLife Österreich, Wien.
Berg, H.-M. & R. Ille (2002): Zur Situation der Schleiereule (*Tyto alba* Scop.) in Ostösterreich. Egretta 45: 122–134.
Berg, H.-M., E. Karner-Ranner & N. Teufelbauer (2017): Ornitho.at News. Vogelschutz in Österreich 42: 22–23.
Berg, H.-M. & H. J. Lauermann (1987): Neue Nachweise des Kaiseradlers (*Aquila heliaca*) aus Österreich. Egretta 30: 81–85.
Berg, H.-M. & A. Ranner (1985): Die Sturmmöwe (*Larus canus*) – Brutvogel im Seewinkel. Egretta 28: 68–69.
Berg, H.-M., A. Ranner, M. Suanjak, E. Albegger, M. Brader, M. Dvorak, L. Khil, R. Probst, N. Teufelbauer, J. Ulmer, S. Weigl & S. Zinko (2021): Artenliste der Vögel Österreichs. Version Dezember 2021. Avifaunistische Kommssion Österreich, BirdLife Österreich, Wien.
Berg, H.-M. & O. Samwald (1989): Zum Auftreten der Zwergscharbe (*Phalacrocorax pygmaeus* Pallas 1773) in Österreich. Egretta 32: 79–83.
Berger, F. & F. Neuhuber (1979): The hydrochemical problem. Pp. 89–99 in H. Löffler (ed.): Neusiedlersee. The limnology of a shallow lake in Central Europe. Monogr. Biol. 37. Junk Publishers, The Hague.
Bergmann, H.-H. (1962): Brachschwalben im Seewinkel. Egretta 5: 65–66.
Bernatzik, H. A. (1947): Vogelparadies. Vogelwelt und Menschen in europäischen Rückzugsgebieten. Schlüsselverlag Ges. m. b. H., Innsbruck.
Berndt, R. & M. Henß (1963): Die Blaumeise, *Parus c. caeruleus* L., als Invasionsvogel. Die Vogelwarte 22: 37–44.
Bernhauer, W. (1956): Zur Verbreitung des Rötelfalken in Steiermark. Mitt. Abt. Zool. Landesmus. Joanneum 5: 397–437.
Berthold, P., W. Fiedler, R. Schlenker & U. Querner (1991): Wegzug, Rastverhalten, Biometrie und Mauser von Kleinvögeln in Mitteleuropa. Die Vogelwarte 36, Sonderheft.
Berthold, P., G. Fliege, U. Querner & H. Winkler (1986): Die Bestandsentwicklung von Kleinvögeln in Mitteleuropa: Analyse von Fangzahlen. J. Ornithol. 127: 397–437.
Bidló, A. (2012): Geologie, Klima und Bodenverhältnisse. Pp. 41–50 in J. Fally & L. Kárpáti (Hrsg.): Nationalpark Neusiedler See – Seewinkel/Fertő-Hanság Nemzeti Park. Monographische Studien über das Gebiet Neusiedler See und Hanság. Nationalparkverwaltung Fertő-Hanság, Szaktudás-Kiadó Ház AG, Budapest.
Bieringer, G. & R. Raab (2010): Umsetzungskonzept zur Erhaltung und zum Schutz des Triels in den beiden Vogelschutzgebieten „Sandboden und Praterterrasse" (AT1213V00) und „Steinfeld" (AT1210000). Unpublizierter Projektbericht im Auftrag des Amtes der NÖ Landesregierung, Abteilung Naturschutz.
Bieringer, G. (1997): Bestandslimitierende Faktoren in einer Reliktpopulation des Triels (*Burhinus oedicnemus*) im südöstlichen Niederösterreich. Dipl. Arb. Univ. Wien.
BirdLife International (2004): Birds in Europe: population estimates, trends and conservation status. BirdLife International Cambridge (BirdLife Conservation Series 12).
BirdLife International (2017): European birds of conservation concern: populations, trends and national responsibilities. BirdLife International, Cambridge, UK.
BirdLife International (2020): Species factsheet: *Numeniu tenuirostris*. http://www.birdlife.org (abgerufen am 13.1.2020).
BirdLife International (2021): *Charadrius dubius*. The IUCN Red List of Threatened Species 2021. e.T22693770A166264107. https://dx.doi.org/10.2305/IUCN.UK.2021-3.RLTS.T22693770A166264107.en (abgerufen am 20.1.2022).
Bittermann, F. & J. Kronberger (2022): Erstnachweis der Wüstengrasmücke *Curruca nana* in Österreich. Elanus 15: 93–07.
Bittermann, F. (2019): Ein neuer Nachweis des Dunkellaubsängers *Phylloscopus fuscatus* für Österreich. Elanus 12: 31–32.
Blaschke, A. P. & C. Gschöpf (2011): Grundwasserströmungsmodell Seewinkel. Unpubl. Studie des Instituts für Wasserbau und Ingenieurghydrologie, Technische Universität Wien. Im Auftrag der Burgenländischen Landesregierung, Abteilung 9: Wasser- und Abfallwirtschaft.
Blum, V. (1964): Beobachtung einer Kurzzehenlerche im Wasen (Hanság). Natur und Land 50: 136.
Blum, V. (1967): 80 Silbermöwen im Seewinkel. Egretta 10: 31–32.
Blum, V. (1997): 15 Jahre Limikolenzählung im Vorarlberger Rheindelta. Vorarlberger Naturschau 3: 176–183.
Bochmann, G. (1934): Über den Zug des Buchfinken (*Fr. coelebs coelebs* L.). Der Vogelzug 5: 439–474.
Böck, F. (1979): Birds of Neusiedlersee. Pp. 439–474 in H. Löffler (ed.): Neusiedlersee. The limnology of a shallow lake in Central Europe. Monogr. Biol. 37. Junk Publishers, The Hague.
Bojko, H. (1934): Die Vegetationsverhältnisse im Seewinkel. Bot. Centralblatt 51: 600–747.
Boros, E. (2020): A vízimadarak és a szikes tavak közötti kölcsönhatások felmérése. Kutatási jelentés. MTA Ökológiai Kutatóközpont.
Boros, E., Z. Ecsedi & J. Oláh (2013): Ecology and Management of Soda Pans in the Carpathian Basin. Hortobágy Environmental Association, Balmazújváros.
Bourne, W. R. P. & M. B. Casement (1996): The migrations of the Arctic Tern. Bull. Brit. Orn. Club 166: 117–123.
Braun, B. & E. Lederer (1997): Brutbestand, Schlupferfolg und Habitatwahl von See- und Flussregenpfeifer im Seewinkel – Nordburgenland, in den Brutsaisonen 1995 und 1996. Unpubl. Bericht an den Nationalpark Neusiedlersee – Seewinkel und die Biologische Station Illmitz. Graz.
Braun, B. (1996): Bestandsgröße, Habitatwahl und Bruterfolg des Seeregenpfeifers (*Charadrius alexandrinus*) im Seewinkel (nördl. Burgenland). Diplomarbeit Univ. Graz.
Breek, C. J. (1983): Citroenkwikstaart in Oostenrijk in april 1983. Dutch Birding 5: 76–78.
Brensing, D. & P. H. Barthel (1993): Ein

Hybride aus Lasur- *Parus cyanus* und Blaumeise *P. caeruleus* am Neusiedlersee. Limicola 7: 147–151.
Brettl, H. (2009): Von Albrechtsfeld bis Ziegelhof. Die Meierhöfe im Bezirk Neusiedl am See. Eigenverlag Brettl, Halbturn.
Breuer, G. (1925/26): Erstes Vorkommen von *Branta ruficollis* am Fertő-See. Aquila 32/33: 279.
Breuer, G. (1929a): Gólyaszaporodási adatok. Aquila 34/35: 385.
Breuer, G. (1929b): A kócsag ezidei fészkelőtelepei a Fertőn [Die diesjahrigen Brutkolonien des Edelreihers am Fertősee]. Kócsag 2: 134–138.
Breuer, G. (1930): A MOSZ Hg. Esterházy Pál madárvártájának 1930. évi madárjelölései [Vogelmarkierungen der Vogelwarten Herzog Paul Esterházy des Bundes Ung. Ornithologen]. Kócsag 3: 278–306.
Breuer, G. (1934): A MOSZ „Hg. Esterházy Pál madárvártájá"-nak 1934. évi megfigyeléseiből [Vogelbeobachtungen am Fertő-See 1934]. Kócsag 7: 52–56.
Breuer, G. (1937): A sopronmegyei madárvárták [Die Vogelwarten des Soproner Komitates]. Soproni Szemle.
Breuer, G. (1950a): Csüllő a Fertő mellett [Kittiwake *Rissa tridactyla tridactyla* L. at the Lake Fertő]. Aquila 51–54: 158, 181.
Breuer, G. (1950b): Gyurgyalagok sopronmegyei fészkelése. [Bee-eater (*Merops apiaster* L.) breeding in the county Sopron]. Aquila 51–54: 167, 190–191.
Brichetti, P. & G. Fracasso (2018): The Birds of Italy. 1. Anatidae – Alcidae. Edizioni Belvedere, Latina.
Briedis, M., V. Beran, S. Hahn & P. Adamík (2016): Annual cycle and migration strategies of a habitat specialist, the Tawny Pipit *Anthus campestris*, revealed by geolocators. J. Ornithol. 157: 619–626.
Browne, S. J. & N. J. Aebischer (2003): Habitat use, foraging ecology and diet of Turtle Doves *Streptopelia turtur* in Britain. Ibis 145: 572–582.
Browne, S. J. & N. J. Aebischer (2004): Temporal changes in the breeding ecology of European Turtle Doves *Streptopelia turtur* in Britain, and implications for conservation. Ibis 146: 125–137.
Bruderer, B. (2017): Vogelzug. Eine schweizerische Perspektive. Ornithol. Beob., Beiheft 12.
Buchebner, W. (1954): Vogelbeobachtungen am Neusiedlersee. Vogelkundl. Nachr. aus Österreich 4: 19–23.
Buchebner, W. (1955): Vogelbeobachtungen im Seewinkel. Vogelkundl. Nachr. aus Österreich 6: 6–7.
Bundesministerium für Land- und Forstwirtschaft, Umwelt und Wasserwirtschaft (2017): Nationaler Gewässerbewirtschaftungsplan 2015. Wien.
Bundesministerium für Landwirtschaft, Regionen und Tourismus (2022): Nationaler Gewässerbewirtschaftungsplan 2021. Wien.
Buresch, J. O., G. Wichmann, G. Frank & C. H. Schulze (2017): Auswirkungen räumlich-zeitlicher Veränderungen der Habitatverfügbarkeit auf den Bestand der Haubenlerche *Galerida cristata* (Linnaeus, 1758) in Wien. Egretta 55: 97–109.
Calabrese, L., A. Mucciolo, A. Zanichelli & M. Gustin (2020): Effects of nest boxes on the most important population of Red-footed Falcon *Falco vespertinus* in Italy. Conservation Evidence 20: 35–39.
Carnier, T. & W. Schelper (1971): Korallenmöwen (*Larus audouinii*) am Neusiedler See (Seewinkel). Orn. Mitt. 23: 171–172.
Cepák, J., P. Klvaňa, J. Škopek, L. Schröpfer, M. Jelínek, D. Hořák, J. Formánek & J. Zárybnický (2008): Bird Migration Atlas of the Czech Republic and Slovakia. Aventinum, Prag.
Chernel, S. (1889): Madártani kutatások a Fertő délkeleti részein és a „Hanyságban" [Ornithologische Forschung an der Neusiedlersee und im „Hanyság"]. Oedenburger Zeitung 22/150: 1–2.
Chernel, S. (1899): Magyarország madarai. FM-MOK, Budapest.
Chernel, S. (1919a): Der Rotkehlige Pieper (*Anthus cervinus* Pall.). Aquila 26: 132.
Chernel, S. (1919b): Der Bestand des Silberreihers (*Egretta alba* L.) am Fertö-See (Neusiedler-See). Aquila 26: 128.
Chernel, S. (1888): Zum heurigen Erscheinen der Steppenhühner (*Syrrhaptes paradoxus*, Pall.) in Ungarn. Mitt. Orn. Ver. Wien 12: 157–158.
Chlaupek, A. (2006): Die Erstellung eines digitalen Geländemodells des Nationalparks Neusiedler See – Seewinkel aus flugzeuggetragenen Laserscannerdaten zur Detektion natürlicher Senken. Diplomarbeit, Fakultät für Geowissenschaften, Geographie und Astronomie der Universität Wien.
Cimiotti, D. & G. Bauschmann (2007): Warum so erfolgreich? – Bestandsentwicklung und populationsökologische Aspekte des Steinkauzes *Athene noctua* in Hessen. Vogelwarte 45: 293–294.
Corner, R., G. van der Schrier, E. J. M. van den Besselaar & P. D. Jones (2018): An Ensemble Version of the E-OBS Temperature and Precipitation Datasets. J. Geophys. Res. Atmos 123: 9391–9409.
Corso, A. (2001): Raptor migration across the Strait of Messina, southern Italy. British Birds 94: 196–202.
Corso, A. & C. Cardelli (2004): The migration of Pallid Harrier across the central Mediterranean. British Birds 97: 238–246.
Corso, A., A. Giordano, D. Ricciardi, C. Cardelli, S. Celesti, L. Romano & R. Lentile (1999): La migrazione di Cicogna bianca *Ciconia ciconia* e Cicogna nera *Ciconia nigra* attraverso lo Stretto di Messina. Avocetta 23: 55.
Corti, U. A. (1956): Im Reiche der Großtrappen und Silberreiher. Die Tierwelt 18: 3–32.
Cranswick, P. A., L. Raducescu, G. M. Hilton & N. Petkov (2012): International Single Species Action Plan for the Conservation of the Red-breasted Goose (*Branta ruficollis*). AEWA Technical Series No. 46.
Creutz, G. (1985): Der Weiss-Storch *Ciconia ciconia*. Die Neue Brehm-Bücherei 375. A. Ziemsen Verlag, Wittenberg Lutherstadt.
Csaplovics, E. (1982): Interpretation von Farbinfrarotbildern – Kartierung von Vegetationsschäden in Brixlegg – Schilfkartierung Neusiedler See. Dissertation, TU Wien.
Csaplovics, E. (2019): Der Schilfgürtel des Neusiedler Sees. Österr. Wasser- und Abfallwirtschaft 71: 494–507.
Csaplovics, E., G. Király & I. Márkus (2014): Entwicklung des Schilfgürtels. Pp. 34–39 in G. Wolfram, L. Déri & S. Zech (Red.): Strategiestudie Neusiedler See – Phase 1. Studie im Auftrag der Österreichisch-Ungarischen Gewässerkommission. Wien – Szombathely.
Csaplovics, E. & J. Schmidt (2011): Schilfkartierung Neusiedler See. Ausdehnung und Struktur der Schilfbestände des Neusiedler Sees. Endbericht an den Naturschutzbund Österreich – Landesgruppe Burgenland. Technische Universität Dresden, Institut für Photogrammetrie und Fernerkundung.
Csatkay, E. (1965): Seregélyveszedelem a XVIII. században. Soproni Szemle 19/2: 164–166.
Csörgey, T. (1905): Ornithologische Fragmente aus den Handschriften von Johann Salamon von Petényi. Verlag Fr. Eugen Köhler, Gera-Untermhaus.
Csörgey, T. (1954): Széljegyzetek Rudolf Zimmermann, Beiträge zur Kenntniss der Vogelwelt des Neusiedler Seegebietes c. művéhez [Randbemerkungen zu den „Beiträgen zur Kenntnis der Vogelwelt des Neusiedler Seegebietes" von Rudolf Zimmermann]. Aquila 55–58: 159–167.
Csörgő, T., Z. Karcza, G. Halmos, G. Magyar, G. Gyurácz, Szép, T., Bankovics, A., Schmidt, A. & E. Schmidt (eds.) (2009): Magyar madárvonulási atlasz [Hungarian Bird Migration Atlas]. Kossuth Kiadó Zrt., Budapest.
Danko, S. & J. Mihók (2018): A parlagi sas (*Aquila heliaca*) kelet-szlovákiai állományának alakulása 1967 és 2018 között [The evolution of the Eastern Slovakian Eastern Imperial Eagle population between 1967 and 2018]. Heliaca 16: 7–11.
De Juana, E. & E. Garcia (2015): The Birds of the Iberian Peninsula. Christopher Helm, London.
Deák, E. (2006): Das Komitat Wieselburg/Moson im Spiegel der historischen Statistik. Burgenländ. Heimatblätter 68: 101–128.
Deckert, G. (1968): Der Feldsperling. Die Neue Brehm-Bücherei 398, A. Ziemsen, Wittenberg Lutherstadt.
del Hoyo, J., A. Elliott & A. Christie (2004): Handbook of the Birds of the World. Vol. 9. Cotingas to Pipits and Wagtails. Lynx Edicions, Barcelona.
Delany, S., D. Scott, T. Dodman & D. Stroud (eds.) (2009): An Atlas of Wader Populations in Africa and Western Eurasia. Wetlands International, Wageningen, The Netherlands.
Denner, M., H.-M. Berg & T. Zuna-Kratky (2008): Verlauf der Brutzeitansiedlungen der Wacholderdrossel (*Turdus pilaris* L.) im Weinviertel und Marchfeld in

den Jahren 1968–2007. Vogelkundl. Nachr. Ostösterreich 19: 12–16.
Denner, M. (2017): Zur Verstädterung der Ringeltaube *Columba palumbus* Linnaeus, 1758 im Weinviertel und Marchfeld (Niederösterreich). Egretta 55: 110–117.
Denner, M. (2017a): Historische und gegenwärtige Situation der Türkentaube *Streptopelia decaocto* in Wien und Niederösterreich (Beiträge zur Avifauna Niederösterreichs 2). Vogelkundl. Nachr. Ostösterreich 28: 1–7.
Denner, M. (2017b): Phänologie, Siedlungsdichte und Brutbestand der Türkentaube *Streptopelia decaocto* (Frivaldszky, 1838) im Weinviertel, Niederösterreich (Beiträge zur Avifauna Niederösterreichs 3). Vogelkundl. Nachr. Ostösterreich 28: 8–14.
Dick, G., M. Dvorak, A. Grüll, B. Kohler & G. Rauer (1994): Vogelparadies mit Zukunft? Ramsar-Bericht 3 Neusiedler See–Seewinkel. Umweltbundesamt, Wien.
Dick, G., M. Rehfisch, J. Skinner & M. Smart (1991): Wintering Greylag Geese *Anser anser* in North Africa. Ardea 79: 283–286.
Dick, G. (1982): Nonnengans (*Branta leucopsis*) und Streifengans (*Anser indicus*) im Seewinkel. Egretta 25: 47–48.
Dick, G. (1987): The significance of the Lake Neusiedl area of Austria for migrating geese. Wildfowl 38: 19–27.
Dick, G. (1994): Gänse. Pp. 75–90 in G. Dick, M., Dvorak, A. Grüll, B. Kohler & G. Rauer: Vogelparadies mit Zukunft? Ramsar-Bericht 3 Neusiedler See–Seewinkel. Umweltbundesamt, Wien.
Dierschke, V. & J. Dierschke (1991): Der Durchzug des Rotkehlpiepers *Anthus cervinus* in Mitteleuropa. Limicola 5: 281–298.
Dierschke, V. & A. J. Helbig (1999): Baltic Sea windflats as spring staging site for Dunlins *Calidris alpina*. Wader Study Group Bulletin 90: 42–46.
Dierschke, V. (1997): Das Vorkommen des Sumpfläufers *Limicola falcinellus* in Deutschland. Limicola 11: 217–230.
Dinka, M. & E. Ágoston-Szabó (2012): Die Ökologie des Schilfgürtels. Pp. 85–96 in J. Fally & L. Kárpáti (Hrsg.): Nationalpark Neusiedler See–Seewinkel/Fertő-Hanság Nemzeti Park. Monographische Studien über das Gebiet Neusiedler See und Hanság. Nationalparkverwaltung Fertő-Hanság. Szaktudás Kiadó Ház AG, Budapest.
Dittberner, H. & W. Dittberner (1989): Phänologie und Brutvorkommen der Spießente (*Anas acuta* L.) im unteren Odertal. Acta ornithoecologia 2: 87–94.
Dombrowski, E. v. (1889): Beiträge zur Kenntnis der Vogelwelt des Neusiedler Sees in Ungarn. Mitt. Orn. Ver. Wien 13: 3–6, 19–22, 39–44, 52–59.
Donabaum, K. & G. Wolfram (2004): Ökologische Machbarkeitsstudie „Dotation Neusiedler See". Gutachten im Auftrag des Bundesministeriums für Land- und Forstwirtschaft, Umwelt und Wasserwirtschaft und des Amtes der Burgenländischen Landesregierung, Abt. 9 Wasser- und Abfallwirtschaft.
Donnerbaum, K., T. Zuna-Kratky & O. Samwald (2000): Beobachtungen Brutzeit 2000. Vogelkundl. Nachr. Ostösterreich 11: 92–103.
Draganits, E., M. Weißl, A. Zámolyi & M. Doneus (2022): Lake Neusiedl Area: a particular lakescape at the boundary between Alps and Pannonian Basin. Pp. 207–222 in C. Embleton-Hamann (ed.): Landscapes and Landforms of Austria. World Geomorphological Landscapes. Springer Nature AG, Cham Switzerland.
Drews, M. (1961): Ornithologische Beobachtungen während der Zeit vom 17.4.–2.5.61 am Neusiedler See. Unpubl. Exkursionsbericht an das Burgenländische Landesmuseum, Hamburg.
Duda, E. & B. Leisler (1968): Weitere Feststellungen der Maskenstelze (*Motacilla flava feldegg*) im Neusiedler-See-Gebiet. Egretta 11: 4–5.
Duda, E. (1978): Mittelmeersteinschmätzer (*Oenanthe hispanica*) im Seewinkel. Egretta 21: 74–75.
Dudley, N. (ed.) (2008): Guidelines for applying Protected Area Management Categories. IUCN, Gland, Switzerland.
Dunning, J., T. Finch, A. Davison & K. L. Durrant (2020): Population-specific migratory strategies of Twite *Linaria flavirostris* in Western Europe. Ibis 162: 273–278.
Dvorak, M. (1985): Siedlungsdichte und Biotopwahl von Kleinem Sumpfhuhn (*Porzana parva*) und Wasserralle (*Rallus aquaticus*) im Schilfgürtel des Neusiedler Sees. Wiss. Arb. Burgenland 72: 446–454.
Dvorak, M. (1987): Ergebnisse der Schwimmvogelzählungen (1981–1986) im Seewinkel (Burgenland). Biol. Forschungsinst. Burgenland–Bericht 64: 5–22.
Dvorak, M. (1988a): Verbreitung und Bestand des Wiedehopfs (*Upupa epops*) im Neusiedler See-Gebiet. Biol. Forschungsinst. Burgenland–Bericht 66: 33–37.
Dvorak, M. (1988b): Zur Verbreitung einiger gefährdeter Singvogelarten im Neusiedlersee-Gebiet. Biol. Forschungsinst. Burgenland–Bericht 66: 39–55.
Dvorak, M. (1991): Die ersten Brutnachweise der Weißkopfmöwe (*Larus cachinnans michahellis*) in Österreich und ihre Brutverbreitung im Binnenland Mitteleuropas. Egretta 34: 1–15.
Dvorak, M. (1994a): Schwimmvögel. Pp. 90–131 in G. Dick, M. Dvorak, A. Grüll, B. Kohler & G. Rauer: Vogelparadies mit Zukunft? Ramsar-Bericht 3 Neusiedler See – Seewinkel. Umweltbundesamt, Wien.
Dvorak, M. (1994b): Möwen und Seeschwalben. Pp. 177–194 in G. Dick, M. Dvorak, A. Grüll, B. Kohler & G. Rauer: Vogelparadies mit Zukunft? Ramsar-Bericht 3 Neusiedler See – Seewinkel. Umweltbundesamt, Wien.
Dvorak, M. (1995): Neusiedler See. Pp. 53–60 in M. Dvorak & E. Karner (Hrsg.): Important Bird Areas in Österreich. Monographien Band 71, Umweltbundesamt, Wien.
Dvorak, M. (1996): Verbreitung und Bestand der Dohle (*Corvus monedula*) in Österreich in den Jahren 1993 und 1994. BirdLife Österreich Studienbericht 2, Wien.
Dvorak, M. (2000): Verbreitung und Bestand der Uferschwalbe in Ostösterreich im Jahr 1999. Vogelkundl. Nachr. Ostösterreich 11: 33–37.
Dvorak, M. (2002): Bestandserfassung der Uferschwalbe in Österreich. Bericht über die Brutsaison 2002. Unveröffentl. Bericht, BirdLife Österreich, Wien.
Dvorak, M. (2009a): Österreichischer Teil des Hanság. Pp. 24–31 in M. Dvorak & H.-M. Berg (Hrsg.): Important Bird Areas. Verlag Naturhistorisches Museum, Wien.
Dvorak, M. (2009b): Südlicher Seewinkel und Zitzmannsdorfer Wiesen. Pp. 48–65 in M. Dvorak & H.-M. Berg (Hrsg.): Important Bird Areas. Verlag Naturhistorisches Museum, Wien.
Dvorak, M. (2009c): Neusiedler See. Pp. 66–81 in M. Dvorak & H.-M. Berg (Hrsg.): Important Bird Areas. Verlag Naturhistorisches Museum, Wien.
Dvorak, M. (2012): Die Vogelwelt der Randzonen (Seewiesen) des Neusiedler Sees zwischen Weiden und Mörbisch. Im Auftrag des Naturschutzbundes Burgenland. BirdLife Österreich, Wien.
Dvorak, M. (2013): Das Brutvorkommen der Spießente (*Anas acuta*) im Nordburgenland. Vogelkundl. Nachr. Ostösterreich 24: 53–59.
Dvorak, M. (2021): Vogelsterben im Burgenland: Analyse und Schutzmaßnahmen. Ergebnisbericht zu den Vogelerhebungen. Studie von BirdLife Österreich im Auftrag des Amtes der Burgenländischen Landesregierung, Abteilung 4 – Ländliche Entwicklung, Agrarwesen und Naturschutz. BirdLife Österreich, Wien.
Dvorak, M. & H.-M. Berg (1991): Zur Bedeutung von Schottergruben für die Vogelwelt des Neusiedlersee-Gebietes. Vogelkundl. Nachr. Ostösterreich 2/1: 8–14.
Dvorak, M., H.-M. Berg & B. Wendelin (2010): Ornithologische Bestandserhebungen im Europaschutzgebiet „Waasen-Hanság" in den Jahren 2009 und 2010. Im Auftrag des Amtes der Bgld. Landesregierung, Abt. 5, BirdLife Österreich, Wien.
Dvorak, M., G. Bieringer, B. Braun, A. Grüll, E. Karner-Ranner, B. Kohler, I. Korner, J. Laber, E. Nemeth, G. Rauer, B. Wendelin (2016): Bestand, Verbreitung und Bestandsentwicklung gefährdeter und ökologisch bedeutender Vogelarten im Nationalpark Neusiedler See–Seewinkel: Ergebnisse aus den Jahren 2001 bis 2015. Egretta 54: 4–86.
Dvorak, M., A. Bodor, A. Cimadom, K. Fazekas, N. Filek, Grabenhofer, H., Hafner, G., Lauber, E., Leopoldsberger, D., Meszaros, K., Meszaros, O., Petö, Z., Reiter, D., Sipos, S., Tatai, S. (2014): Die Vogelwelt der Dörfer im österreichischen und ungarischen Teil des Neusiedler See-Gebiets. Vogelkundl. Nachr. Ostösterreich 25: 42–54.
Dvorak, M. & A. Grüll (1983): Avifaunistischer Bericht für das Neusiedlerseegebiet

1982. Biol. Forschungsinst. Burgenland – Bericht 48: 1 – 23.
Dvorak, M. & A. Grüll (1984): Brutbestände gefährdeter oder ökologisch wichtiger Vogelarten im Neusiedlerseegebiet 1983. Biol. Forschungsinst. Burgenland – Bericht 50: 1 – 12.
Dvorak, M. & A. Grüll (1985): Daten zu Nachbrutzeit, Zug und Überwinterung gefährdeter oder ökologisch wichtiger Vogelarten im Neusiedlerseegebiet 1981/82, 1982/83 und 1983/84. Biol. Forschungsinst. Burgenland – Bericht 52: 3 – 35.
Dvorak, M., A. Grüll & B. Kohler (1986): Verbreitung und Bestand gefährdeter oder ökologisch wichtiger Brutvögel im Neusiedlerseegebiet 1984. Biol. Forschungsinst. Burgenland – Bericht 59: 1 – 25.
Dvorak, M., A. Grüll & B. Kohler (1987): Verbreitung und Bestand gefährdeter oder ökologisch wichtiger Vogelarten im Neusiedlerseegebiet 1985. Biol. Forschungsinst. Burgenland – Bericht 60: 1 – 23.
Dvorak, M., E. Karner & A. Ranner (1992): Untersuchungen zum Brutvogelbestand von Weingärten im Neusiedler See-Gebiet/ Burgenland. Biol. Forschungsinst. Burgenland – Bericht 78: 65 – 73.
Dvorak, M., J. Laber, A. Ranner, A. Pellinger, S. Tatai & T. Hadarics (2020): Artenliste der Avifauna des Neusiedler See-Gebiets/A Fertő-táj madarai Fertő – Hanság Nemzeti Park. Nationalpark Neusiedler See – Seewinkel, Neusiedler See – Seewinkel Nemzeti Park & BirdLife Östereich, Apetlon, Sarród & Wien.
Dvorak, M., A. Landmann, N. Teufelbauer, G. Wichmann, H.-M. Berg & R. Probst (2017): Erhaltungszustand und Gefährdungssituation der Brutvögel Österreichs: Rote Liste (5. Fassung) und Liste für den Vogelschutz prioritärer Arten (1. Fassung). Egretta 55: 6 – 42.
Dvorak, M. & E. Nemeth (1992): Die Brutvögel der Zitzmannsdorfer Wiesen. Biol. Forschungsinst. Burgenland – Bericht 78: 47 – 64.
Dvorak, M., E. Nemeth & A. Ranner (1993): Projektgruppe Schilf. Arbeitsgruppe Ornithologie. Endbericht über die Projektjahre 1990 – 1992. Bericht an die Arbeitsgemeinschaft Neusiedler See, Wien.
Dvorak, M., E. Nemeth, S. Tebbich, M. Rössler & K. Busse (1997): Verbreitung, Bestand und Habitatwahl schilfbewohnender Vogelarten in der Naturzone des Nationalparks Neusiedler See – Seewinkel. Biol. Forschungsinst. Burgenland – Bericht 86: 1 – 69.
Dvorak, M., M. Pollheimer, T. Zuna-Kratky, M. Föger, J. Pollheimer, Berg (2009): Verbreitung und Bestand der Heidelerche (*Lullula arborea*) am Westufer des Neusiedler Sees im Jahr 2006. Vogelkundl. Nachr. Ostösterreich 20: 1 – 6.
Dvorak, M., M. Pollheimer, H.-M. Berg, K. Donnerbaum, J. Oberwalder, J. Pollheimer (2010): Verbreitung und Bestand der Sperbergrasmücke (*Sylvia nisoria*) in den Europaschutzgebieten des Nordburgenlandes in den Jahren 2005 – 2009. Vogelkundl. Nachr. Ostösterreich 21: 1 – 10.
Dvorak, M., M. Pollheimer, H.-M. Berg, K. Donnerbaum, J. Oberwalder, J. Pollheimer (2012): Verbreitung und Bestand des Neuntöters (*Lanius collurio*) in den Europaschutzgebieten des Nordburgenlandes in den Jahren 2005 – 2009. Vogelkundl. Nachr. Ostösterreich 23: 1 – 10.
Dvorak, M., A. Ranner & H.-M. Berg (1993): Atlas der Brutvögel Österreichs. Umweltbundesamt, Wien.
Dvorak, M. & P. Sackl (1985): Eine Schneegans (*Anser caerulescens*) der blauen Phase im Seewinkel. Egretta 28: 63 – 64.
Dvorak, M. & S. Tebbich (1998): Bestand, Bestandsentwicklung und Schutzsituation der Moorente (*Aythya nyroca*) im Neusiedler See-Gebiet. Ergebnisse von Bestandsaufnahmen in den Jahren 1996 und 1997. BirdLife Österreich, Wien.
Dvorak, M., B. Wendelin, M. Pollheimer & J. Pollheimer (2008): SPA Neusiedler See – Seewinkel. Kartierung von gemäß Richtlinie 79/409/EWG schützenswerten Vogelarten und Erarbeitung von Managementgrundlagen in den drei burgenländischen Natura 2000-Gebieten Neusiedler See – Seewinkel, Nordöstliches Leithagebirge und Mattersburger Hügelland. Im Auftrag des Amtes der Bgld. Landesregierung, Abt. 5. BirdLife Österreich, Wien.
Dvorak, M. & B. Wendelin (2008): Der Bestand von Greifvögeln auf der Parndorfer Platte und im Heideboden (Nordburgenland) in den Wintern 2001/2002 – 2006/2007. Vogelkundl. Nachr. Ostösterreich 19: 1 – 7.
Dvorak, M., B. Wendelin & A. Pellinger (2010): Die Weißbartseeschwalbe, *Chlidonias hybridus* (Pallas 1811) im österreichisch-ungarischen Neusiedler See-Gebiet – erster Brutnachweis für Österreich im Jahr 2009. Egretta 51: 51 – 59.
Dvorak, M., B. Wendelin & H. Lehner (2011): Die Brutvögel der Zitzmannsdorfer Wiesen in den Jahren 1991 bis 2011. Auswirkungen von Wiesenrückführungen und Managementmaßnahmen. Im Auftrag des Nationalpark Neusiedler See – Seewinkel. BirdLife Österreich, Wien.
Dvorak, M. & T. Zuna-Kratky (1993): Zur aktuellen Situation ausgewählter Kulturlandvögel im Neusiedlersee-Gebiet. Vogelkundl. Nachr. Ostösterreich 4: 124 – 138.
Egermann, J. (1974): Die Geschichte der Marktgemeinde Illmitz. Eisenstädter Graphische Ges.m.b.H., Eisenstadt.
Eiler, A., A. H. Farnleitner, T. C. Zechmeister, A. Herzig, C. Hurban, W. Wesner, R. Krachler, B. Velimirov & A. K. T. Kirschner (2003): Factors controlling extremely productive heterotrophic bacterial communities in shallow soda pools. Microb. Ecol. 46: 43 – 54.
Eitzinger, J., G. Kubu & H. Formayer (2005): Auswirkungen einer Klimaänderung auf den Wasserhaushalt des Neusiedler Sees. Unpubl. Bericht an das Amt der Burgenländischen Landesregierung, Abt. 9 – Wasser- und Abfallwirtschaft.
Eitzinger, J., G. Kubu, H. Formayer, P. Haas, T. Gerersdorfer & H. Kromp-Kolb (2009): Auswirkungen einer Klimaänderung auf den Wasserhaushalt des Neusiedler Sees. Endbericht im Auftrag des Amtes der Burgenländischen Landesregierung. Institut für Meteorologie (BOKU-Met) Department Wasser – Atmosphäre – Umwelt. Wien.
Engelmoer, M. & C. S. Roselaar (1998): Geographical variation in waders. Kluwer Academic Publishers, Dordrecht/Boston/London.
Engloner, A. I. (2009): Structure, growth dynamics and biomass of reed (*Phragmites australis*) – A review. Flora 204: 331 – 346.
Exo, K.-M. & S. Wahls (1996): Origin and movements of Grey Plovers *Pluvialis squatarola* ringed in Germany. Wader Study Group Bulletin 81: 42 – 45.
Fally, J., M. A. Fischer, J. Weinzettl, S. Weiss & C. Pachschwöll (2015): Die Landschaften des Burgenlandes mit besonderer Berücksichtigung der botanisch bemerkenswerten Stellen. In: M. A. Fischer et al., Burgenlandflora – Die Pflanzenwelt des Burgenlands Online. Eisenstadt: Naturschutzbund Burgenland. http://burgenlandflora.at/landschaften (abgerufen am 29.3.2021).
Fankhauser, T. (1994): Raumnutzung und Nahrungserwerb von sesshaften Saatkrähen *Corvus frugilegus* bei Bern im Winter. Ornithol. Beob. 91: 173 – 193.
Faragó, S. (1982): Die Zwergtrappe (*Otis tetrax orientalis*, Hartert, 1916) in Westungarn und im Neusiedlerseegebiet. Egretta 25: 37 – 46.
Faragó, S. (1991): Bestandsverhältnisse bei der Saatgans (*Anser fabalis*) und Dynamik ihres Zuges auf der ungarischen Seite des Neusiedler Sees. Biol. Forschungsinst. Burgenland – Bericht 77: 59 – 76.
Faragó, S. (1995): Geese in Hungary 1986 – 1991. Numbers, Migration and Hunting Bags. IWRB Publication 36. Slimbridge, UK.
Faragó, S. (2010): Numbers and distributions of geese in Hungary 1984 – 2009. Ornis Svecica 20: 144 – 154.
Faragó, S. (2012): Nyugat-magyarország Fészkelő madarainak elterjedési atlasza. Nyugat-magyarország Egyetem Kiadó, Sopron.
Faragó, S. (2018): A túzok a Kisalföldön. Soproni Egyetemi Kiadó. Sopron.
Faragó, S. & F. Jánoska (1995): A LAJTA-Project kutatási területén előfordult madárfajok jegyzéke [Verzeichnis der im Untersuchungsgebiet des Lajta-Projekts aufgetretenen Vogelarten]. Szélkiáltó 9: 3 – 15.
Faragó, S. & G. Kovács (2008): A vetési varjú (*Corvus frugilegus* L., 1758) fészkelö állománya 2001-ben Nyugat-Magyarországon. Hungarian Small

Game Bulletin 10: 43–64.
Faragó, S. & A. Pellinger (2009): Vetési lúd. Pp. 112–114 in: T. Csörgő et al. (szerk.): Magyar Madárvonulási Atlasz. Kossuth Kiadó, Budapest.
Faragó, S. & I. Sterbetz (1985): Vékonycsőrü póling (*Numenius tenuirostris*) a Fertő-tájon. Madártani Tájékoztató 1985 (január–március): 27.
Fászl, S. (1883): Sopron madarai. A pannonhalmi szt. Bendek-Rend soproni kath. főgymn. értesitője az 1882/83. Iskolaévről. Litfass Károly könyvnyomda, Sopron.
Fászl, S. (1894): Ornithologische Notizen aus der Umgebung von Sopron in den Jahren 1878–1894. Mskr. i. Bes. des Kgl. Ungar. Ornith. Instituts.
Fehérvári, P., A. Harnos, T. Neidert, Sz. Solt & P. Palatitz (2009): Modeling habitat selection of the red-footed falcon (*Falco vespertinus*): A possible Explanation of recent changes in breeding range within in Hungary. Appl. Ecol. Environm. Research 7: 59–69.
Feldner, J. (2012): Die Erforschung der ostösterreichischen Vogelwelt durch Wilhelm Heinrich Franz Xaver Krame. Ökol. Vögel 34: 141–180.
Feldner, J., W. Petutschnig, S. Wagner, R. Probst, G. Malle & K. Buschenreiter (2008): Avifauna Kärntens Band 2. Die Gastvögel. Naturwissenschaftlicher Verein für Kärnten, Klagenfurt.
Ferlini, F. (2015): Evoluzione dell'areale riproduttivo della Cutrettola "italiana" *Motacilla flava cinereocapilla*. Rivista Italiana di Ornitologia 85: 3–18.
Ferlini, F. (2016): Evolution of the breeding range of the Black-headed Yellow Wagtail (*Motacilla flava feldegg*). Rivista Italiana di Ornitologia 86: 29–64.
Ferry, C. & B. Faivre (1991): *Hippolais icterina* – Gelbspötter. Pp. 568–601 in U. N. Glutz von Blotzheim & K. M. Bauer: Handbuch der Vögel Mitteleuropas Band 12. Aula-Verlag, Wiesbaden.
Festetics, A. (1959): Erster Brutnachweis der Schwarzkopfmöwe vom Neusiedlersee und ihre Verbreitung im Karpathenbecken. Egretta 2: 67–74.
Festetics, A. (1962): Zwergtrappen im Neusiedlersee-Gebiet. Egretta 5: 66.
Festetics, A. (1970a): Die alten und ein neuer Brutplatz des Nachtreihers (*Nycticorax nycticorax*) in Österreich. Egretta 13: 36–43.
Festetics, A. (1970b): Rosalöffler (*Ajaja ajaja*) am Neusiedler See. Egretta 13: 55.
Festetics, A. (1971): Das Niedermoor „Hanság" – Vorschlag zu einem burgenländischen Adler- und Trappenreservat. Natur und Land 57: 125–135.
Festetics, A. & B. Leisler (1968): Ökologische Probleme der Vögel des Neusiedlersee-Gebietes, besonders des World-Wildlife-Fund-Reservates Seewinkel (I. Teil: Biogeographie des Gebietes, II. Teil: Schwimmvögel.). Wiss. Arb. Burgenland 40: 83–130.
Festetics, A. & B. Leisler (1970): Ökologische Probleme der Vögel des Neusiedlersee-Gebietes, besonders des World-Wildlife-Fund-Reservates Seewinkel (III. Teil: Möwen- und Watvögel, IV. Teil: Sumpf- und Feldvögel). Wiss. Arb. Burgenland 44: 301–386.
Festetics, A. & B. Leisler (1999): Die Brutkolonien der Reiher und Löffler am Neusiedler See – Bestandsentwicklung, Nistökologie, Naturschutz. Ökologie der Vögel 21: 269–329.
Finger, J. (1857a): Zwei neue Vögel Österreichs. Verh. zool.-bot. Ver. Wien, Sitzungsberichte 7: 157.
Finger, J. (1857b): Ornis austriaca. Verzeichniss der Vögel des österreichischen Kaiserstaates. Verh. zool.-bot. Ver. Wien, Abhandlungen 7: 555–566.
Finger, J. (1877): Vom Neusiedler See. Ornithol. Ver. In Wien, Mitteilungen des Ausschusses an die Mitglieder 5: 7–8.
Fischer, L. Baron v. (1882): Beobachtungen am Neusiedler-See. Mitt. Orn. Ver. Wien 6: 47–48.
Fischer, L. Baron v. (1883a): Ornithologische Beobachtungen vom Neusiedlel' See. Mitt. Orn. Ver. Wien 7: 141–145.
Fischer, L. Baron v. (1883b): Im Kápuvarer Erlenwalde. Mitt. Orn. Ver. Wien 7: 153–155.
Fischer, L. Baron v. (1885): Herbst- und Winterbeobachtungen am Neusiedlersee und im Hansag. Mitt. Orn. Ver. Wien 9: 32–33.
Fischer, L. Baron v. (1886): Jagdlicher Jahresbericht aus dem Hanság. Hugo's Jagd-Zeitung 29: 199–203.
Fischer, L. Baron v. (1887): Jagdlicher Jahresbericht aus dem Hanság. II. Frühling. B. Die Brutzeit. Hugo`s Jagd-Zeitung 30: 5–10.
Flade, M. (1991): Die Habitate des Wachtelkönigs während der Brutsaison in drei europäischen. Die Vogelwelt 112: 16–40.
Flade, M. (1997): Wo lebte der Wachtelkönig *Crex crex* in der Urlandschaft? Die Vogelwelt 118: 141–146.
Floiger, M. (2015): Die „Bauernbefreiung" (Grundentlastung). http://www.atlas-burgenland.at/index.php?option=com_content&view=article&id=180 (abgerufen am 30.8.2022).
Fonstad, T. & L. von Haartman (1988): *Turdus iliacus* – Rotdrossel, Weindrossel. Pp. 1100–1145 in U. N. Glutz von Blotzheim & K. M. Bauer: Handbuch der Vögel Mitteleuropas 11. Aula-Verlag Wiesbaden.
Forsman, D. (2016): Flight Identification of Raptors of Europe, North Africa and the Middle East. Christopher Helm, London.
Fournes, H. (1886): Vom Neusiedler See. Mitt. Orn. Ver. Wien 10: 157–162.
Franz, D. (1988a): Paarungssystem und Fortpflanzungsstrategie der Beutelmeise. Diss. Univ. Erlangen-Nürnberg.
Franz, D. (1988b): Wanderungen der Beutelmeise während der Brutperiode – Ausdehnung, Häufigkeit und ökologische Bedeutung. Die Vogelwelt 109: 188–206.
Franz, D. (1989): Brutbiologie und Bestandssituation der Beutelmeise im Raum Illmitz/Neusiedler See (*Remiz pendulinus pendulinus*. L.). Verein für Vogel- und Landschaftsschutz Illmitz.
Franz, D. (1991): Paarungssystem und Fortpflanzungsstrategie der Beutelmeise (*Remiz p. pendulinus*). J. Ornithol. 132: 241–266.
Franz, D. (1998): Das Blaukehlchen: von der Rarität zum Allerweltsvogel? Sammlung Vogelkunde, Aula-Verlag, Wiesbaden.
Freise, F., K.-M. Exo & B. Oltmanns (2006): Ist das NSG Leyhörn als Brutgebiet für Säbelschnäbler *Recurvirostra avosetta* geeignet? Vogelwelt 127: 175–186.
Freithofer, H. (1978): Zwergschwan (*Cygnus bewickii*) im Seewinkel. Natur und Umwelt im Burgenland 1: 69.
Frivaldszky, J. (1891): Aves Hungariae. Enumeratio systematica avium Hungariae cum notis brevibus biologicis, locis inventionis virorumque a quibus oriuntur. Verlag Franklin Társulat, Budapest.
Frömel, R. (1979): Die Verbreitung im Schilf überwinternder Arthropoden im westlichen Bodenseegebiet und ihre Bedeutung für Vögel. Diplomarbeit, Universität Stuttgart.
Frühauf, J. (2003): Der Einfluss von ÖPUL 2000 auf Habitatnutzung und Brutvorkommen der Heidelerche an der Thermenlinie. Im Auftrag des Bundesministeriums für Land- und Forstwirtschaft, Umwelt und Wasserwirtschaft. BirdLife Österreich, Wien.
Frühauf, J. & G. Bieringer (2003): Der Einfluss von ÖPUL 2000 auf die winterliche Raumnutzung von Greifvögeln und anderen Vogelarten in der Ackerbauregion Ostösterreichs. Im Auftrag des Bundesministeriums für Land- und Forstwirtschaft, Umwelt und Wasserwirtschaft, Wien.
Frühstück, H. (Hrsg.) (2021): Natur. Leben. Lebensqualität – 100 Jahre Naturschutz im Burgenland. Naturakademie Burgenland, Eisenstadt.
Fuchs, U. (1968): Die Entwicklung der landwirtschaftlichen Nutzfläche von Podersdorf. Burgenländ. Heimatblätter 30: 32–47.
Führer, E. (2010): Schnittpunkte der Schilfwirtschaft und des Naturschutzes am Neusiedler See. Dipl. Arb. Univ. Bodenkultur, Wien.
Fullajtár, I. (2012): Torfabbau im Hanság bei der Florasca GmbH für Umweltwirtschaft. Pp. 388–391 in J. Fally & L. Kárpáti (Hrsg.): Nationalpark Neusiedler See – Seewinkel/Fertő-Hanság Nemzeti Park. Monographische Studien über das Gebiet Neusiedler See und Hanság. Nationalparkverwaltung Fertő-Hanság. Szaktudás Kiadó Ház AG, Budapest.
Fülöp, T. (1983): A Hanságban és környékén fészkelő illetve előforduló fajokról. Madártani Tájékoztató 1983/2: 81–82.
Gaitzenauer, K. (1990): Die Bedeutung des Brutbiotopes der Turteltaube (*Streptopelia turtur*) im Seewinkel im Hinblick auf den Artenschutz. Biol. Forschungsinst. Burgenland – Bericht 74: 117–127.

Gaitzenauer, K. (1991): Die Bedeutung des Bruthabitates für Siedlungsdichte und Bruterfolg der Turteltaube (*Streptopelia turtur*). Diss. Univ. Wien.

Gamauf, A. (1987): Dreijährige Untersuchungen an einer Greifvogel-Winterpopulation im südlichen Burgenland. Egretta 30: 24–37.

Gamauf, A. & R. Dosedel (2012): Satellite telemetry of Saker falcons (*Falco cherrug*) in Austria: juvenile dispersal at the westernmost distribution limit of the species. Aquila 119: 65–78.

Gamauf, A. & M. Preleuthner (1996): Die Rohrweihe (*Circus aeruginosus*) im Nationalpark „Neusiedler See–Seewinkel": Eine Rote Liste Art im Konflikt mit Landwirtschaft und Fremdenverkehr? Biol. Forschungsinst. Burgenland–Bericht 84: 1–42.

Ganso, M. (1960a): Schmarotzerraubmöwen in Österreich. Egretta 3: 61.

Ganso, M. (1960b): Winterbeobachtungen aus dem Lackengebiet des Neusiedlersees. Egretta 3: 26–31.

Gauckler, A. & M. Kraus (1955a): Die Saatkrähe (*Corvus frugilegus*) als Brutvögel im Seewinkel (Bgld.). Vogelkundl. Nachr. aus Österreich 6: 10.

Gauckler, A. & M. Kraus (1955b): Ein neuer Brutnachweis des Kampfläufers (*Philomachus pugnax*) im Seewinkel. Vogelkundl. Nachr. aus Österreich 6: 11.

Gauckler, A. & W. Lischka (1960): Kraniche (*Grus grus* L.) im Seewinkel (Burgenland). Egretta 3: 58–60.

Gay, L., D. du Rau, J.-Y. Mondai-Monval & P.-A. Crochet (2004): Phylogeography of a game species: the red-crested pochard (*Netta rufina*) and consequences for its management. Molecular Ecology 13: 1035–1045.

George, K. (1990): Zu den Habitatansprüchen der Wachtel (*Coturnix coturnix*). Acta ornithoecologia 2: 133–142.

Gerabek, K. (1950): Die Gewässer des Burgenlandes. Burgenländische Forschungen 20.

Gill, F., D. Donsker & P. Rasmussen (2022): IOC World Bird List (v13.1). doi: 10.14344/IOC.ML.11.1.

Gillings, S., A. Avontins, O. Crowe, S. Dalakchieva, K. Devos, J. Elts, M. Green, T. G. Gunnarsson, R. Kleefstra, V. Kubelka, T. Lehtiniemi, W. Meissner, E. Pakstyte, L. Rasmussen, G. Szimuly & J. Wahl (2012): Results of a coordinated count of Eurasian Golden Plovers *Pluvialis apricaria* in Europe during October 2008. Wader Study Group Bulletin 119: 125–128.

Giunchi, D., N. E. Baldaccini, A. Lenzoni, P. Luschi, M. Sorrenti, G. Cerritelli & L. Vanni (2018): Spring migratory routes and stopover duration of satellite-tracked Eurasian Teals *Anas crecca* wintering in Italy. Ibis 161: 117–130.

Glaser, R. (2001): Klimageschichte Mitteleuropas. 1000 Jahre Wetter, Klima, Katastrophen. Verlag Primus in Wissenschaftliche Buchgesellschaft, Darmstadt.

Glück, E. (1983): Nistökologische Sonderung mitteleuropäischer Fringillidenarten im Biotop Streuobstwiese. J. Ornithol. 124: 369–392.

Glutz von Blotzheim, U. N. & K. M. Bauer (1968): Handbuch der Vögel Mitteleuropas. Band 2 Anseriformes (1. Teil). Akademische Verlagsgesellschaft, Frankfurt/Main.

Glutz von Blotzheim, U. N. & K. M. Bauer (1969): Handbuch der Vögel Mitteleuropas. Band 3, Anseriformes (2. Teil). Akademische Verlagsgesellschaft, Frankfurt/Main.

Glutz von Blotzheim, U. N., K. M. Bauer & E. Bezzel (1971): Handbuch der Vögel Mitteleuropas, Band 4: Falconiformes. Akademische Verlagsgesellschaft, Wiesbaden.

Glutz von Blotzheim, U. N., K. M. Bauer & E. Bezzel (1973): Handbuch der Vögel Mitteleuropas, Band 5: Galliformes und Gruiformes. Akademische Verlagsgesellschaft, Wiesbaden.

Glutz von Blotzheim, U. N., K. M. Bauer & E. Bezzel (1975): Handbuch der Vögel Mitteleuropas. Band 6, Charadriiformes (1. Teil). Akademische Verlagsgesellschaft, Wiesbaden.

Glutz von Blotzheim, U. N., K. M. Bauer & E. Bezzel (1977): Handbuch der Vögel Mitteleuropas. Band 7, Charadriiformes (2. Teil). Akademische Verlagsgesellschaft, Wiesbaden.

Glutz von Blotzheim, U. N. & K. M. Bauer (1980): Handbuch der Vögel Mitteleuropas, Band 8: Columbiformes – Piciformes. Akademische Verlagsgesellschaft, Wiesbaden.

Glutz von Blotzheim, U. N. & K. M. Bauer (1982): Handbuch der Vögel Mitteleuropas, Band 9: Charadriiformes (3. Teil). Aula-Verlag, Wiesbaden.

Glutz von Blotzheim, U. N. & K. M. Bauer (1985): Handbuch der Vögel Mitteleuropas, Band 10: Passeriformes (1. Teil). Aula-Verlag, Wiesbaden.

Glutz von Blotzheim, U. N. & K. M. Bauer (1988): Handbuch der Vögel Mitteleuropas, Band 11: Passeriformes (2. Teil). Aula-Verlag, Wiesbaden.

Glutz von Blotzheim, U. N. & K. M. Bauer (1991): Handbuch der Vögel Mitteleuropas, Band 12: Passeriformes (3. Teil). Aula-Verlag, Wiesbaden.

Glutz von Blotzheim, U. N. & K. M. Bauer (1993): Handbuch der Vögel Mitteleuropas, Band 13: Passeriformes (4. Teil). Aula-Verlag, Wiesbaden.

Glutz von Blotzheim, U. N. & K. M. Bauer (1997): Handbuch der Vögel Mitteleuropas, Band 14: Passeriformes (5. Teil). Aula-Verlag, Wiesbaden.

Gobiet, A., S. Kotlarski, M. Beniston, G. Heinrich, J. Rajczak & M. Stoffel (2014): 1st century climate change in the European Alps – A review. Science of The Total Environment 493: 1138–1151.

Goethe, F. (1939): Tamariskensänger *Lusciniola m. melanopogon* (Temminck) Brutvogel am Neusiedler See. Ornithol. Monatsber. 47: 139–141.

Goethe, F. (1941): Beobachtungen am Neusiedlersee und in dem Gebiet der Salzlacken. J. Ornithol. 89: 268–281.

Gorman, G. (1996): The birds of Hungary. Christopher Helm, London.

Görner, M. (2016): Zur Ökologie des Uhus (*Bubo bubo*) in Thüringen – Eine Langzeitstudie. Acta ornithoecologia 8: 149–320.

Gosney, D. (1994): Finding Birds in Eastern Austria. Easybirder.

Grabenhofer, H. & B. Knes (2020): GPS-Besenderung von Graugänsen (*Anser anser*) in Österreich. Rence 5: 211–223.

Graefe, I. B. (1963): Schaffung künstlicher Nistplätze für schilfbewohnende Vögel. Natur und Land 50: 1–3.

Grafl, K. (2019): Zwischenbericht 2019 zu den Aktivitäten im Zusammenhang mit der Zwergohreule/*Otus scops* im Bezirk Mattersburg im Zeitraum 1990 bis 2019. Projektbericht im Auftrag des Amtes der Burgenländischen Landesregierung. Verein BERTA und VBNO, Eisenstadt.

Grailich, A. (1820): Die Wieselburger Gespanschaft in Ungern I.–II. Erneuerte vaterländische Blätter für den österreichischen Kaiserstaat, in Fortsetzung in den Nr. 27–35, Wien.

Grajetzky, B. (2000): Das Rotkehlchen. Zeit- und Energiekonflikte – ein Kleinvogel findet Lösungen. Sammlung Vogelkunde, Aula-Verlag, Wiebelsheim.

Greschik, E. (1934): Ein Gelege des Teichwasserlaufers vom Fertő-See. Kócsag 7: 80–81.

Grillitsch, B. & H. Grillitsch (1984): Zur Verbreitung der Amphibien und Reptilien im Gebiet des Neusiedlersees (Burgenland, Österreich) unter besonderer Berücksichtigung des westlichen Schilfgürtels. Ann. Naturhist. Mus. Wien 86: 29–64.

Grögl, H. (1949): Die Sperbereule am Neusiedlersee. Natur u. Land 35: 176.

Grüll, A. (1980): *Columba livia* – Straßentaube. Pp. 13–42 in U. N. Glutz von Blotzheim & K. M. Bauer: Handbuch der Vögel Mitteleuropas Band 9. Akademische Verlagsgesellschaft, Wiesbaden.

Grüll, A. (1981): Erstnachweis des Wüstenregenpfeifers *Charadrius leschenaultii* für Österreich. Egretta 24: 81.

Grüll, A. (1981): Untersuchungen über das Revier der Nachtigall (*Luscinia megarhynchos*). J. Ornithol. 122: 259–284.

Grüll, A. (1982a): Ein neuer Brutnachweis und die früheren Vorkommen des Stelzenläufers (*Himantopus himantopus*) im Neusiedlerseegebiet. Egretta 25: 13–16.

Grüll, A. (1982b): Neuere Brutvorkommen der Saatkrähe im Burgenland. Egretta 25: 27.

Grüll, A. (1983): Schilfbestandsstrukturen und Verteilung von Singvögeln zur Brutzeit in überfluteten Röhrichten des Neusiedlersees. Biol. Forschungsinst. Burgenland–Bericht 47: 157–181.

Grüll, A. (1987): Zur Bedeutung des südlichen Neusiedlersee-Beckens für den Vogelschutz. Biol. Forschungsinst.

Burgenland – Bericht 67: 3 – 19.
Grüll, A. (1988a): Zu Verbreitung, Bestand und Habitatwahl des Weißsternigen Blaukehlchens (*Luscinia svecica cyanecula*) im Neusiedlerseegebiet. Biol. Forschungsinst. Burgenland – Bericht 66: 57 – 65.
Grüll, A. (1988b): *Luscinia megarhynchos* – Nachtigall. Pp. 137 – 195 in U. N. Glutz von Blotzheim & K. M. Bauer: Handbuch der Vögel Mitteleuropas Band 11. Aula-Verlag, Wiesbaden.
Grüll, A. (1991): Zur Verbreitung der Saatkrähe (*Corvus frugilegus*) in Ostösterreich in den Winterhalbjahren 1970/71 – 1990/91. Vogelkundl. Nachr. Ostösterreich 2/4: 4 – 11.
Grüll, A. (1993): Siedlungsökologische Untersuchungen am Weißsternigen Blaukehlchen (*Luscinia svecica cyanecula*) im Neusiedler See-Gebiet als Grundlage für den Artenschutz. Biol. Forschungsinst. Burgenland – Bericht 79: 91 – 104.
Grüll, A. (1994): Schilfvögel. Pp. 194 – 226 in G. Dick, M. Dvorak, A. Grüll, B. Kohler & G. Rauer: Vogelparadies mit Zukunft? Ramsar-Bericht 3 Neusiedler See – Seewinkel. Umweltbundesamt, Wien.
Grüll, A. (1998): Veränderungen in der Wahl der Nahrungshabitate beim Silberreiher (*Casmerodius albus*) am Neusiedler See. Egretta 41: 1 – 14.
Grüll, A. (2001): Populationsuntersuchungen am Weißsternigen Blaukehlchen (*Luscinia svecica cyanecula*) im Neusiedler See-Gebiet. Egretta 44: 1 – 44.
Grüll, A., J. Groß & J. Steiner (2007): Rufaktivität, Revierverhalten und Polygynie beim Wiedehopf *Upupa epops* im Neusiedler See-Gebiet, Österreich. Die Vogelwelt 128: 67 – 78.
Grüll, A., J. Groß & J. Steiner (2008): Verbreitung, Bestand und Bruterfolg des Wiedehopfes (*Upupa epops*) im Nationalpark Neusiedler See – Seewinkel. Egretta 49: 6 – 18.
Grüll, A., E. Karner-Ranner & J. Groß (2014): Verbreitung, Population und Bruthabitate des Wiedehopfes, *Upupa epops* (Linnaeus 1758) im Burgenland von 1981 bis 2010. Egretta 53: 42 – 63.
Grüll, A., H. Peter & H. Frey (2010): Der Uhu *Bubo bubo* (Linnaeus 1758) im Burgenland: Verlauf der Besiedlung von 1971 bis 2005. Egretta 51: 5 – 23.
Grüll, A. & A. Ranner (1998): Populations of the Great Egret and Purple Heron in relation to ecological factors in the reed belt of the Neusiedler See. Colonial Waterbirds 21: 328 – 334.
Grüll, A., R. Schalli & R. Haider (2018): Jagdaktivität und Nahrungszusammensetzung eines überwinternden Wanderfalken *Falco peregrinus* Tunstall, 1771 im Schilfgürtel des Neusiedler Sees. Egretta 56: 4 – 15.
Grüll, A. & E. Zwicker (1993): Zur Siedlungsdichte von Schilfsingvögeln (*Acrocephalus* und *Locustella*) am Neusiedlersee in Abhängigkeit vom Alter der Röhrichtbestände. Beih. Veröff. Naturschutz Landschaftspflege Bad.-Württ. 68: 159 – 171.
Grüneberg, C., H.-G. Bauer, H. Haupt, O. Hüppop, T. Ryslavy & P. Südbeck (2015): Rote Liste der Brutvögel Deutschlands. 5. Fassung, 30. November 2015. Ber. Vogelschutz 52: 19 – 67.
Gruppe Wasser (2021): Machbarkeitsstudie zur Erstellung eines Wasserbewirtschaftungsplans für das Projektgebiet Grenzraum Österreich (A) – Ungarn (H). Interner Bericht im Auftrag des Amtes der Burgenländischen Landesregierung, Abteilung 5 – Baudirektion, Hauptreferat Wasserwirtschaft, Eisenstadt.
Gutiérrez-Galán, A. & C. Alonso (2016): European Turtle Dove *Streptopelia turtur* diet composition in Southern Spain – the role of wild seeds in Mediterranean forest areas. Bird Study 63: 490 – 499.
Gyalus, A., Zs. Végvári & T. Csörgő (2018): Changes in the nest sites of White Stork (*Ciconia ciconia*) in Hungary. Ornis Hungarica 26: 65 – 88.
Győry, J. & Gy. Gárdonyi (1958): Adatok néhány madárfaj költéséhez [Data on the breeding of some bird species]. Aquila 65: 293 – 295.
Haag-Wackernagel, D. (1998): Die Taube. Vom heiligen Vogel der Liebesgöttin zur Straßentaube. Schwabe, Basel.
Haar, H., P. Sackl, F. Samwald & O. Samwald (1983): Erste gesicherte Nachweise der Küstenseeschwalbe (*Sterna paradisaea*) in Österreich. Egretta 26: 70 – 71.
Haar, H. (1989): Die Situation des Weißstorchs in der Steiermark. Vogelschutz in Österreich Nr.4: 20 – 25.
Haas, P., G. Haidinger, H. Mahler, J. Reitlinger & R. Schmalfuß (1992): Grundwasserhaushalt Seewinkel. Forschungsbericht 14, Technische Univ. Wien Inst. f. Hydraulik, Gewässerkunde und Wasserwirtschaft.
Hadarics, T. (1990): A citrombillegető (*Motacilla citreola* Pallas, 1776) első előfordulása Magyarországon [First occurrence of Citrine Wagtail (*Motacilla citreola* Pallas, 1776) in Hungary. Aquila 96/97: 151 – 153.
Hadarics, T. (1991): A kanadai lúd (*Branta canadensis*) első megfigyelése Magyarországon. Madártani Tájékoztató 1991 (július – december): 29.
Hadarics, T. (1993): A sivatagi lile (*Charadrius leschenaultii*) első megfigyelése Magyarországon [First observation of the Greater Sand Plover (*Charadrius leschenaultii*) in Hungary]. Aquila 100: 274 – 276.
Hadarics, T. (1993c): Kis őrgébics (*Lanius minor*) fészkelése a Fertő mellett. Szélkiáltó 2: 7.
Hadarics, T. (1996): Bütykös ásólúd (*Tadorna tadorna*) fészkelése Magyarországon [Breeding of Shelduck in Hungary]. Túzok 1 (3): 124 – 127.
Hadarics, T. (1999a): A vékonycsőrű sirály (*Larus genei*) újabb előfordulása Magyarországon [Recent occurence of Slender-billed Gull (*Larus genei*) in Hungary]. Túzok 4: 17 – 20.
Hadarics, T. (1999b): Új fajok a Fertő madárfaunájában 1994 – 95-ben [Neue Arten in der Vogelfauna des ungarischen Neusiedlersee-Gebietes in den Jahren 1994 – 95]. Szélkiáltó 11: 25 – 26.
Hadarics, T. (1999c): Pásztorgém (*Bubulcus ibis*) előfordulása a Fertő mellett [Cattle Egret (*Bubulcus ibis*) near Lake Fertő]. Túzok 4: 11 – 14.
Hadarics, T. (2006): Új fajok a Fertő madárfaunájában 1996 és 2003 között [New bird species in the bird fauna of Lake Fertő between 1996 and 2003]. Szélkiáltó 12: 23 – 27.
Hadarics, T. (2016): A parti pityer első előfordulása Magyarországon. Madártávlat 23: 26 – 27.
Hadarics, T. (2008a): Új fajok a Fertö madárfaunájában 2004 és 2007 között. [New bird species in the fauna of Lake Fertö between 2004 and 2007]. Szélkiáltó 13: 25 – 26.
Hadarics, T. (2008b): A nagy őrgébics (*Lanius excubitor*) első bizonyított fészkelése Magyarországon. [First confirmed breeding of Great Grey Shrike (*Lanius excubitor*) in Hungary]. Szélkiáltó 13: 18 – 20.
Hadarics, T. (2017a): Új fajok a Fertő madárfaunájában 2008 és 2016 között [New bird species in the fauna of Lake Fertő between 2008 and 2016]. Rence 2: 303 – 312.
Hadarics, T. (2017b): New species in the Hungarian avifauna in 2016. Ornis Hungarica 25: 104 – 108.
Hadarics, T., I. Antli & A. Pellinger (1998): Sarki lúd (*Anser caerulescens*) előfordulása a Fertő környéké [Snow Goose near the Lake Fertő]. Túzok 3/2: 60 – 63.
Hadarics, T., S. Mogyorósi & A. Pellinger (1989): II. Csörgey Titus Emléktábor, Fertőrákos, 1988. Magyar Madártani Tájékoztató 1987/3 – 4: 47.
Hadarics, T., S. Mogyorósi & A. Pellinger (1991): Az ezüstsirály (*Larus argentatus*) újabb fészkelése Magyarországon. Magyar Madártani Tájékoztató 1991/2: 30 – 31.
Hadarics, T., S. Mogyorósi & A. Pellinger (1993a): Vöröscsillagos kékbegy (*Luscinia svecica svecica*) elsö bizonyított elöfordulása Magyarországon. Magyar Madártani Tájékoztató 1993: 26 – 27.
Hadarics, T., S. Mogyorósi & A. Pellinger (1993b): Réti fülesbagoly (*Asio flammeus*) költése a Fertő-tó vidékén. Aquila 100: 277 – 278.
Hadarics, T., S. Mogyorósi & A. Pellinger (1993c): Fenyőrigó (*Turdus pilaris*) költése a Fertő-tájon. [Brut der Wacholdedrossel (*Turdus pilaris*) in den Neusiedler See Gebiet]. Magyar Madártani Tájékoztató 1993/1: 25.
Hadarics, T., S. Mogyorósi & A. Pellinger (1993d): A sárgalábú sirály (*Larus cachinnans*) újabb költése a Fertő tónál. Magyar Madártani Tájékoztató 1993/1: 24 – 25.
Hadarics, T. & A. Pellinger (1993): A citrombillegető (*Motacilla citreola*) újabb előfordulása [Recent occurrence of the Citrine Wagtail (*Motacilla citreola*) in Hungary]. Aquila 100: 279 – 282, 303 – 306.
Hafner, H., M. Fasola, C. Voisin & Y. Kayser (2002): *Egretta garzetta* Little Egret. BWP update 4: 1 – 19.
Hake, M, N. Kjellén & T. Alerstam (2003): Age-dependent migration strategy in honey buzzards *Pernis apivorus* tracked by satellite. Oikos 103: 385 – 396.

Halmos, G. & T. Csörgő (1999): Migration and wintering of Finches (Fringillidae) in the Charpathian Basin based on ringing recoveries. Ornis Hungarica 8/9: 1–12.
Halmos, G., Z. Karcza, Á Németh & T. Csörgő (2010): The migratory fattening of the Barn Swallow *Hirundo rustica* in Hungary. Acta Zoologica Academiae Scientiarum Hungaricae 56/1: 73–87.
Hammer, U. (1965): Eine weitere Zwergtrappe (*Otis tetrax*) im Seewinkel. Egretta 8: 14–15.
Hanžel, J. (2015): The influx of Red-footed Falcons *Falco vespertinus* in Slovenia in spring 2015. Acrocephalus 36: 179–183.
Haraszthy, L. (2012): Költött-e a fekete sas és a törpesas a Hanságban? [Have Greater Spotted Eagle and Booted Eagle bred in the Hanság area?]. Heliaca 8: 74–77.
Haraszthy, L. (2019): Magyarország fészkelő madarainak költésbiológiája. 1. kötet. Pro Vértes Nonprofit Zrt., Csákvár.
Haupt, H. (1992): Beachtliche Ansammlungen und zunehmender Winteraufenthalt der Hohltaube (*Columba oenas*) in Ost-Brandenburg. Ornithol. Mitt. 44: 120–122.
Hegedűs, A. (1971): Néprajz. In: A Fertő-tájjal kapcsolatos kutatásokat és feltárásokat áttekintő helyzetfelmérő tanulmányok III. kötet: A táj lakossága. VITUKI, Budapest.
Heine, G., H. Jacoby, H. Leuzinger & H. Stark (1999): Die Vögel des Bodenseegebietes. Orn. Jahreshefte für Baden-Württemberg 14/15: 1–847.
Helb, H.-W. (1973): Analyse der artisolierenden Parameter im Gesang des Fitis (*Phylloscopus t. trochilus*) mit Untersuchungen zur Objektivierung der analytischen Methode. J. Ornithol. 114: 145–206.
Helbig, A. J., D. Liebers & P. de Knijff (2004): Artbildung und Verwandtschaftsverhältnisse im Silber-Heringsmöwen-Komplex *Larus argentatus/fuscus*. Limicola 18: 233–258.
Helm, B., W. Fiedler & J. Callion (2006): Movements of European Stonechats *Saxicola torquata* according to ringing recoveries. Ardea 94: 33–44.
Hermann, O. (1895): A madárvonulás elemei Magyarországban 1891-ig. Budapest.
Herrlinger, E. (1965): Sommer- und Herbstbeobachtungen am Neusiedler See. Ornithol. Mitt. 17: 113–118.
Herzig, A. & M. Dokulil (2001): Neusiedlersee – ein Steppensee in Europa. Pp. 401–415 in M. Dokulil, A. Hamm & J.-G. Kohl (Hrsg.): Ökologie und Schutz von Seen. Facultas-Verlag, Wien.
Herzig, A. (1994): Monitoring of lake ecosystems. Pp. 1-28 in G. Aubrecht, G. Dick & C. Prentice (Hrsg.): Monitoring of Ecological Change in Wetlands of Middle Europe. Proc. International Workshop, Linz, Austria. Stapfia, Biozentrum Linz.
Herzig, A. (2014): Der Neusiedler See – Limnologie eines Steppensee. Denisia 33: 101–114.
Hiller, W. & C. Moning (2008): Eine farbenprächtige Invasion hält an – Die Ansiedlungs- und Ausbreitungsgeschichte der Kolbenente *Netta rufina* in Bayern. Orn. Anz. 47: 130–147.
Hochebner, T. & O. Samwald (1996): Untersuchungen zu Schlafplatzverhalten und Aktionsraum der Hohltaube (*Columba oenas*) in Wien. Egretta 39: 1–54.
Hofer, A. (1983): Brutbiologie und Strategien der Jungenaufzucht von Enten (Anatidae) im Ismaninger Teichgebiet. Anz. Orn. Ges. Bayern 22: 57–93.
Hofer, J., F. Korner-Nievergelt, P. Korner-Nievergelt, M. Kestenholz & L. Jenni (2006): Herkunft und Zugverhalten von in der Schweiz überwinternden oder durchziehenden Tafelenten *Aythya ferina*. Ornithol. Beob. 103: 65–86.
Hoffmann, F. & G. Deperis (1929): Wasserkraftwerk an der Donau und am Neusiedlersee. Die Wasserwirtschaft 35: 631–633.
Hofstetter, F. B. & E. R. Scherner (1980): *Streptopelia decaocto* – Türkentaube. Pp. 98–141 in U. N. Glutz von Blotzheim & K. M. Bauer: Handbuch der Vögel Mitteleuropas Band 11. Akademische Verlagsgesellschaft, Wiesbaden.
Hohenegger, J. & E: Albegger (2022): Einflug des Rosenstars *Pastor roseus* im Jahr 2020 in Österreich. Elanus 15: 115–123.
Hohenegger, J., R. Zink, H.-M. Berg & G. Wichmann (2020): Schutzprojekt für den Sakerfalken in Österreich. Bericht 2019. Österreichische Vogelwarte/ Konrad-Lorenz-Institut für Vergleichende Verhaltensforschung & BirdLife Österreich. Bericht in Kooperation mit der Austrian Power Grid AG, Wien.
Hohensinner, S. (2015): Historische Hochwässer der Wiener Donau und ihrer Zubringer. Materialien zur Umweltgeschichte Österreichs Nr. 1. Zentrum für Umweltgeschichte/Centre for Environmental History Institut für Soziale Ökologie, IFF – Fakultät für Interdisziplinäre Forschung und Fortbildung. Alpen-Adria-Universität, Klagenfurt.
Hoi, H. & C. Hoi (2001): Habitat selection and habitat use of the Bearded Tit (*Panurus biarmicus*). Pp. 73–85 in H. Hoi (Hrsg): The ecology of reed birds. Biosystematics and Ecology Series No. 18. Austrian Academy of Sciences, Wien.
Hoi, H. (1989): Ökologie und Paarungssystem der Bartmeise (*Panurus biarmicus*). Diss. Univ. Wien.
Hoi-Leitner, M. (1989): Zur Veränderung der Säugetierfauna des Neusiedlersee-Gebietes im Verlauf der letzten drei Jahrzehnte. Bonner Zool. Monographien 29: 1–104.
Homes, R. C. (1966): Eine Maskenstelze (*Motacilla flava feldegg*) am Neusiedler See. Egretta 9: 40.
Homeyer, A. v. (1892a): Nach Ungarn und Siebenbürgen. 3. Fertö oder Neusiedler See. Ornith. Monatsschr. 17: 429–441.
Homeyer, A. v. (1892b): Nach Ungarn und Siebenbürgen. 4. Hansag. Ornith. Monatsschr. 17: 462–468.
Horstkotte, E. (1965): Untersuchungen zur Brutbiologie und Ethologie der Nachtigall (*Luscinia megarhynchos BREHM*). Ber. Naturwiss. Ver. Bielefeld und Umgegend 17: 67–145.
Horváth, J. & L. Kárpáti (1988): A bütykös hattyú (*Cygnus olor*) magyarországi terjeszkedése. Puszta 3/12: 97–115.
Horváth, L. (1954): A törpesas fészkelése a Hanyságban. Hieraetus p. pennatus Gm [Booted Eagle – breeding in the "Hanyság"]. Aquila 55–58: 239.
Horváth, L. (1965): A hansági Égererdő ragadozómadarai [The raptorial birds of the alderwoods in the Hanság]. Vertebrata Hungarica 7/1–2: 29–36.
Horváth, L. (1983): Some ornithological data of the Hanság. Aquila 90: 61–72.
Horváth, M., I. Fatér, T. Juhász, G. Deák & A. Bereczky (2018): A parlagi sas (*Aquila heliaca*) fészkelőállományának alakulása Magyarországon 2017 és 2019 között [The nesting population of Eastern Imperial Eagles (*Aquila heliaca*) in Hungary between 2017 and 2019]. Heliaca 16: 42–45.
Howorka, A. (1959): Die Tafelente (*Aythya ferina*) als Brutparasit am Neusiedler See. Egretta 2: 14–15.
Hudde, H. (1997a): *Passer montanus* – Feldsperling. Pp. 163–219 in U. N. Glutz von Blotzheim & K. M. Bauer: Handbuch der Vögel Mitteleuropas Band 14. Aula-Verlag, Wiesbaden.
Hudde, H. (1997b): *Passer domesticus* – Haussperling. Pp. 46–125 in U. N. Glutz von Blotzheim & K. M. Bauer: Handbuch der Vögel Mitteleuropas Band 14. Aula-Verlag, Wiesbaden.
Hudeč, K., G. Dick & J. Pellantová (1986): Sommerliche Zwischenzugsbewegungen der Graugans (*Anser anser*) in Mitteleuropa 1984. Ann. Naturhist. Mus. Wien 88/89: 83–90.
Ille, R. (1995): Ergebnisse einer Bestandserhebung beim Steinkauz (*Athene noctua*) im Nordburgenland zwischen 1992–1994. Biol. Forschungsinst. Burgenland – Bericht 83: 23–29.
Ille, R. (1996): Zur Biologie und Ökologie zweier Steinkauzpopulationen in Ostösterreich. Abh. Zool.-Bot. Ges. Österreich 129: 17–31.
Ille, R. & F. Grinschgl (1999): Einfluss kulturlandschaftstypischer Faktoren auf die Bestandsentwicklung des Steinkauzes (*Athene noctua*) in Niederösterreich und dem Burgenland. Endbericht an das BM für Wissenschaft und Verkehr, Wien.
Iwajomo, S. B., M. Stervander, A. Heleseth & U. Ottoson (2013): Population trends and migration strategy of the Wood Sandpiper *Tringa glareola* at Ottenby, SE Sweden. Ringing & Migration 28: 6–15.
Jánoska, F. (1998): Fészkelő madárközösségek vizsgálata kisalföldi erdősávokban [Breeding bird communities of forest belts in the Kisalföld, Hungary]. Ornis Hungarica 8, Suppl. 1: 49–58.
Jánoska, F. (2001): Mezővédő erdősávok

fészkelő madárállományainak vizsgálata IV. Sarród [Breeding bird communities in windbreaks IV. Sarród]. Magyar Apróvad Közlemények/Hungarian Small Game Bulletin 2010: 217–238.
Jánoska, F. (2011): Fészkelő madárállományok monitoringja erdősávokban [Monitoring of breeding bird communities of windbreaks]. Ornis Hungarica 19: 125–132.
Jánoska, F. (2012): Az erdősávok fészkelő madárközösségei. Pp. 293–325 in: LAJTA-Project – Egy tartamos mezei vad és ökoszisztéma vizsgálat 20 éve. Nyugat-magyarországi Egyetem Kiadó, Sopron.
Jarry, G. & P. Nicolau-Guillaumet (1971): Abondance exceptionnelle en septembre 1970 de Limicoles et de Passereaux rarement observes en Bretagne. L'Oiseau 41: 184–186.
Jedlikowski, J., M. Brambilla & M. Suska-Malawska (2014): Fine-scale selection of nesting habitat in Little Crake *Porzana parva* and Water Rail *Rallus aquaticus* in small ponds. Bird Study 61: 171–181.
Jenny, M. (1990): Territorialität und Brutbiologie der Feldlerche *Alauda arvensis* in einer intensiv genutzten Agrarlandschaft. J. Ornithol. 131: 241–265.
Jones, L. P., S. T. Turvey, D. Massimino & S. K. Papworth (2020): Investigating the implications of shifting baseline syndrome on conservation. People and Nature 2020: 1–14.
Jones, T., K. Martin, B. Barov & S. Nagy (2008): International Single Species Action Plan for the Conservation of the Western Palearctic Population of the Lesser White-fronted Goose *Anser erythropus*. AEWA Technical Series No. 36, Bonn.
Jukovits, A. (1857): Verzeichniss der am Neusiedler-See häufiger vorkommenden Vogelarten. Verh. Ver. f. Naturkunde Preßburg 2: 26.
Jukovits, A. (1864/65): Verzeichnis der am Neusiedlersee vorkommenden Vögel. Verh. Ver. f. Naturkunde Preßburg 8: 49–54.
Kalbe, K. (2005): Zum Auftreten nordischer Gimpel (*Pyrrhula pyrrhula*) in Brandenburg. Otis 13: 71–74.
Kampe-Persson, H. (2010): Naturalised geese in Europe. Ornis Svecica 20: 155–173.
Kämpfer, A. & W. Lederer (1988): Dismigration des Steinkauzes *Athene noctua* in Mittelwestfalen. Vogelwelt 109: 155–164.
Karner, E., A. Ranner & M. Dvorak (1992): Quantitative Erfassung der Vogelwelt des Gebietes um Hackelsberg und Jungerberg. Biol. Forschungsinst. Burgenland – Bericht 78: 17–30.
Karner-Ranner, E. & F. Bittermann (2019): Linientaxierungen ausgewählter Kulturlandvögel im westlichen Seewinkel im Jahr 2019. Pp. 43–49 in Ornithologisches Monitoring im Nationalpark Neusiedler See – Seewinkel. Bericht für das Jahr 2019.
Karner-Ranner, E. & F. Bittermann (2021): Linientaxierungen ausgewählter Kulturlandvögel im westlichen Seewinkel im Jahr 2021. Pp. 43–57 in Ornithologisches Monitoring im Nationalpark Neusiedler See – Seewinkel. Bericht für das Jahr 2021.
Karner-Ranner, E., A. Grüll & A. Ranner (2008): Monitoring von Kulturlandvögeln im Nationalpark Neusiedler See – Seewinkel als Grundlage für Managementmaßnahmen. Egretta 49: 19–34.
Karner-Ranner, E. (2018): Monitoring des Wiedehopfes (Upupa epops) in den Bewahrungszonen Illmitz – Hölle und Sandeck – Neudegg im Jahr 2018. Pp. 41–47 in Ornithologisches Monitoring im Nationalpark Neusiedler See – Seewinkel. Bericht für das Jahr 2018.
Kárpáti, L. (1979): Madártani adatok Sopron környékéről – 1978. Madártani Tájékoztató 1979/1: 7–9.
Kárpáti, L. (1983a): A Fertő táj madárvilágának ökológiai vizsgálata. Erdészeti és Faipari Tudományos Közlemények 1982/1: 111–203.
Kárpáti, L. (1983b): Viharsirályok (*Larus canus*) szántóföldeken. Madártani Tájékoztató 1983: 116.
Kárpáti, L. (1983c): Egyes madárfajok élőhelyváltása és ennek természetvédelmi gondjai [Der Biotopwechsel einzelner Vogelarten und die daraus resultierenden Naturschutz-Probleme]. Az MME Tudományos Ülése I. Sopron. 120–127.
Kárpáti, L. (1984a): Madártani hirek Sopron környékéről – 1983. Madártani Tájékoztató 1984: 93–96.
Kárpáti, L. (1984b): Jelenségek. Madártani Tájékoztató 1984/1: 86–87.
Kárpáti, L. (1986): Egy kiemelkedően csapadékos időszak jelentősége a Fertő madárvilágában. Aquila 92: 297–298.
Kárpáti, L. (1987): Üstökösréce (*Netta rufina*) fészkelése a Fertő hazai oldalán. Madártani Tájékoztató 1987: 29–31.
Kárpáti, L. (1988): Salzsteppen-Rekonstruktion am Neusiedlersee in Ungarn. Biol. Forschungsinst. Burgenland – Bericht 68: 87–92.
Kárpáti, L. (1989): Gyurgyalagok (*Merops apiaster*) a Fertő mentén. Madártani Tájékoztató 1989: 82–83.
Kárpáti, L. (1991): Erste Ergebnisse der Lebensraumrekonstruktion bei Mekszikópuszta. Biol. Forschungsinst. Burgenland – Bericht 77: 85–91.
Kárpáti, L. (1993): Élőhely-rekonstrukció a Fertő-menti szikeseken. Madártani Tájékoztató 1993: 11–15.
Kárpáti, L. (1999): Az uhu (*Bubo bubo*) fészkelése a Soproni-hegységben [Die Brut des Uhus (*Bubo bubo*) im Soproner Gebirge]. Szélkiáltó 11: 3–5.
Kárpáti, L. (2012): Zur ungarischen Geschichte des Naturschutzes im Raum Neusiedler See und im Hanság. Pp. 22–32 in J. Fally & L. Kárpáti (Hrsg.): Nationalpark Neusiedler See – Seewinkel/Fertő-Hanság Nemzeti Park. Monographische Studien über das Gebiet Neusiedler See und Hanság. Nationalparkverwaltung Fertő-Hanság, Szaktudás-Kiadó Ház AG, Budapest.
Kárpáti, L. & S. Mogyorósi (1993): Kárókatonák (*Phalacrocorax carbo*) tömeges pusztulása a Fertőn. Madártani Tájékoztató 1993: 17.
Kárpáti, L. & J. Fally (Hrsg., 2012): Monografikus tanulmányok a Fertő és a Hanság vidékéről [Monographische Studien über das Gebiet Neusiedler See und Hanság]. Szaktudás Kiadó, Budapest.
Kasparek, M. (1996): Dismigration und Brutarealexpansion der Türkentaube *Streptopelia decaocto*. J. Ornithol. 137: 1–33.
Katona, G., P. Balázsi, Gy. Ölveczki & J. Fekete (2021): A fenyőrigó (*Turdus pilaris*) fészkelései a Bükk hegység körül és Magyarországon [Breeding of the Fieldfare (*Turdus pilaris*) around the Bükk Hills and Hungary]. Virgo 2: 203–221.
Keane, R. E., P. F. Hessburg, P. B. Landres & F. J. Swanson (2009): The use of historical range and variability (HRV) in landscape management. Forest Ecology and Management 258: 1025–1037.
Keil, H. (2021): Überlebensrate und Dispersion im ersten Lebensjahr von Steinkäuzen *Athene noctua* im Landkreis Ludwigsburg. Eulen-Rundblick 71: 94–100.
Keller, V., S. Herrando, P. Voříšek, M. Grach, M. Kipson, P. Milanesi, D. Marti, M. Anton, A. Klvaňová, M. V. Kalyakin, H.-G. Bauer & E. P. B. Foppen (2020): European Breeding Bird Atlas 2. Distribution, Abundance and Change. European Bird Census Council & Lynx Edicions, Barcelona.
Keller, V. (2000): Winter distribution and population change of Red-crested Pochard *Netta rufina* in southwestern and central Europe. Bird Study 47: 176–185.
Keller, V. (2009): The Goosander *Mergus merganser* population breeding in the Alps and its connection to the rest of Europe. Wildfowl Special Issue 2: 60–73.
Keller, V. (2014): Vom Wintergast zum regelmässigen Brutvogel: Brutbestand und Verbreitung der Kolbenente *Netta rufina* in der Schweiz. Ornithol. Beob. 111: 35–52.
Kerner von Marilaun, A. (1858): Über die Zsombék-Moore Ungarns. Verhandlungen des Zoologisch-Botanischen Vereins in Wien 8: 315–317.
Kersten, M., R. H. Britton, P. J. Dugan & H. Hafner (1991): Flock feeding and food intake in Little Egrets: The effects of prey distribution and behaviour. J. Anim. Ecol. 60: 241–252.
Keve, A. & I. Pátkai (1961): The Ring Ouzel in Hungary. Acta Zoologica Academiae Scientiarum Hungaricae 7: 185–190.
Khil, L. & E. Albegger (2014): Nachweise seltener und bemerkenswerter Vogelarten in Österreich 2010–2011. 7. Bericht der Avifaunistischen Kommission von BirdLife Österreich. Egretta 53: 10–28.
Khil, L. (2015): Important factors for predation of northern lapwing *Vanellus vanellus* nests in a central European lowland pasture system. Masterarbeit Univ. Wien.
Khil, L. (2016): Vögel beobachten im Seewinkel. Khil G.m.b.H., Graz.
Kinzelbach, R. (1962): Beiträge zur Avifauna des Neusiedler Sees.

Ornithol. Mitt. 14: 193–194.
Kir, M. O. K. (1912): *Lanius senator L.* Aquila 19: 464.
Király, G. & G. Takács (2020): A magyar Fertő edényes flórája [Flora des Neusiedler Sees in Ungarn]. Rence 3: 5–430.
Király, I. (1933): Ornitológia A Hanságban. Kócsag 6: 36–45.
Király, I. (1923/24): *Egretta alba* am Fertö-See. Aquila 30/31: 318.
Kirschner, A., R. Krachler, R. Krachler & I. Korner (2007): Renaturierung ausgewählter Lacken des burgenländischen Seewinkels. Endbericht zum Projekt LW 621 im Rahmen des „Österreichischen Programms für die Entwicklung des Ländlichen Raums – Sonstige Maßnahmen", im Auftrag des Naturschutzbundes Burgenland, Eisenstadt.
Kleewein, A. & M. Woschitz (2014): Beringungsdaten der Bekassine (*Gallinago gallinago*) aus der Sandgrube Pfaffendorf, Kärnten. Carinthia II 204/124: 467–474.
Klein, C. (2019): Auswertung der GPS Daten zur Bestimmung der Herkunft und Zugroute in Luxemburg überwinternder Bergpieper *Anthus spinoletta*. Regulus 34: 70–77.
Klein, R. & D: Gruber (1997): Die Bestimmung und taxonomische Stellung der in Mitteleuropa auftretenden Weißkopfmöwen (*Larus cachinnans*). Limicola 11: 49–75.
Knoll, T. (1986): Der Schilfschnitt am Neusiedler See. Analyse einer Landschaftsnutzung für Landschaftsplanung. Seminararbeit Univ. f. Bodenkultur, Wien.
Koenig, O. (1935): Bericht über ornithologische Beobachtungen am Neusiedlersee. Burgenländ. Heimatblätter 4: 122–124.
Koenig, O. (1939): Wunderland der wilden Vögel. Verlag Gottschammel und Hammer, Wien.
Koenig, O. (1943): Rallen und Bartmeisen. Beiträge zur Biologie und Psychologie auf Grund von Beobachtungen am Neusiedler See. Niederdonau/Natur und Kultur 25.
Koenig, O. (1948): Ornithologische Nachkriegsbeobachtungen am Neusiedlersee. Aquila 51/54: 96–98.
Koenig, O. (1952a): Ökologie und Verhalten der Vögel des Neusiedlersee-Schilfgürtels. J. Ornithol. 93: 207–289.
Koenig, O. (1952b): Das Aktionssystem der Bartmeise (*Panurus biarmicus* L.). 1. und 2. Teil. Österr. Zool. Zeitschr. 3: 1–38, 247–362.
Koenig, O. (1960): Neue Wege zur Erforschung der Reiherkolonien des Neusiedlersees. Burgenländ. Heimatblätter 22: 15–22.
Koenig, O. (1961a): Das Buch vom Neusiedler See. Wollzeilen Verlag, Wien.
Koenig, O. (1961b): Über Besiedlungsdichte und Nestfeinde in einem Zwergdommel-Brutgebiet. Die Pyramide 9: 23–24.
Koenig, O. (1961c): Reiherschutz. Die Pyramide 9: 170.
Kofler, B. & F. Bittermann (2020): Wissenschaftliche Vogelberingung im Nationalpark Neusiedler See – Seewinkel. Rence 5: 366–378.
Kofler, B., W. Wanek, C. C. Voigt & C. H. Schulze (2021): Evidence for seasonal changes in population structure of Reed Buntings (*Emberiza schoeniclus*) in the Lake Neusiedl Region: a stable-isotope approach. J. Ornithol. 162: 421–433.
Kohler, B. (1988): Die Brutbestände von Flußregenpfeifer (*Charadrius dubius*), Seeregenpfeifer (*Charadrius alexandrinus*), Uferschnepfe (*Limosa limosa*) und Rotschenkel (*Tringa totanus*) im Seewinkel in den Jahren 1986 und 1987. Biol. Forschungsinst. Burgenland – Bericht 66: 13–26.
Kohler, B. (1991): Zum Auftreten des Stelzenläufers (*Himantopus himantopus*) im Neusiedlerseegebiet 1982–1990. Vogelkundl. Nachr. Ostösterreich 2: 13–14.
Kohler, B. (1997): Habitatnutzung und Verteilungsmuster des Säbelschnäblers (*Recurvirostra avosetta,* L. 1758) an den Sodalacken des Seewinkels, Burgenland. Diss. Univ. Wien.
Kohler, B. (1999): Bestand und Bestandsdynamik der Seewinkler Säbelschnäbler (*Recurvirostra avosetta*) in den Jahren 1994–96 – Implikationen für künftige Managementetscheidungen des Nationalparks. Unpubl. Endbericht zum Forschungsprojekt: „Die Brutvögel extremer Sodalacken". Wien.
Kohler, B. (2005): Population dynamics of Avocets (*Recurvirostra avosetta*) in the Neusiedler See Region, Eastern Austria. Wader Study Group Bulletin 107: 108–112.
Kohler, B. (2016): Der Brutbestand des Säbelschnäblers (*Recurvirostra avosetta*) im Seewinkel im Jahr 2016. Pp. 62–65 in BirdLife Österreich: Ornithologisches Monitoring im Nationalpark Neusiedler See – Seewinkel, Bericht über das Jahr 2016.
Kohler, B. (2017): Der Brutbestand des Säbelschnäblers (*Recurvirostra avosetta*) im Seewinkel im Jahr 2017. Pp. 21–23 in BirdLife Österreich: Ornithologisches Monitoring im Nationalpark Neusiedler See – Seewinkel, Bericht über das Jahr 2016.
Kohler, B. (2019a): Der Brutbestand des Säbelschnäblers (*Recurvirostra avosetta*) im Seewinkel im Jahr 2018. Pp. 23–25 in BirdLife Österreich: Ornithologisches Monitoring im Nationalpark Neusiedler See – Seewinkel, Bericht über das Jahr 2018.
Kohler, B. (2019b): Der Brutbestand des Säbelschnäblers (*Recurvirostra avosetta*) im Seewinkel im Jahr 2019. Pp. 25–28 in BirdLife Österreich: Ornithologisches Monitoring im Nationalpark Neusiedler See – Seewinkel, Bericht über das Jahr 2019.
Kohler, B. (2020): Der Brutbestand des Säbelschnäblers (*Recurvirostra avosetta*) im Seewinkel im Jahr 2020. Pp. 21–25 in BirdLife Österreich: Ornithologisches Monitoring im Nationalpark Neusiedler See – Seewinkel, Bericht über das Jahr 2020.
Kohler, B. (2021): Der Brutbestand des Säbelschnäblers (*Recurvirostra avosetta*) im Seewinkel im Jahr 2021. Pp. 24–28 in BirdLife Österreich: Ornithologisches Monitoring im Nationalpark Neusiedler See – Seewinkel, Bericht über das Jahr 2021.
Kohler, B. & G. Bieringer (2016): Bestandsgröße und Bruterfolg des Säbelschnäblers *Recurvirostra avosetta Linnaeus*, 1758 im Nationalpark Neusiedler See – Seewinkel, in Abhängigkeit von Wasserstand, Witterung und Entwicklung der Habitatqualität. Egretta 54: 87–104.
Kohler, B. & J. Rauer (1990): Phänologie des Limikolendurchzuges 1985–1988. Biol. Forschungsinst. Burgenland – Bericht 72: 5–28.
Kohler, B. & J. Rauer (1994a): Limikolen. Pp. 132–177 in G. Dick, M. Dvorak, A. Grüll, B. Kohler & G. Rauer: Vogelparadies mit Zukunft? Ramsar-Bericht 3 Neusiedler See – Seewinkel. Umweltbundesamt, Wien.
Kohler, B. & J. Rauer (1994b): Wiesenvögel. Pp. 226–237 in G. Dick, M. Dvorak, A. Grüll, B. Kohler & G. Rauer: Vogelparadies mit Zukunft? Ramsar-Bericht 3 Neusiedler See – Seewinkel. Umweltbundesamt, Wien.
Kohler, B. & J. Rauer (2009): Bestandsgrößen und räumliche Verteilung durchziehender Limikolen im Nationalpark Neusiedler See – Seewinkel in den Jahren 1995–2001. Egretta 50: 14–50.
Kohler, B., J. Rauer & B. Wendelin (1994): Landschaftswandel. Pp. 21–39 in G. Dick, M. Dvorak, A. Grüll, B. Kohler & G. Rauer: Vogelparadies mit Zukunft? Ramsar-Bericht 3 Neusiedler See – Seewinkel. Umweltbundesamt, Wien.
Kohler, B. & F. Werba (2015): Einzigartige Lebensräume – die Salzlacken im Seewinkel. Informationsbroschüre zum Salzlebensraum-Renaturierungsprojekt Lange Lacke. WWF Österreich, Wien.
Köhler, P., U. Köhler, E. von Krosigk & B. Hense (2009): Mauserbestände von Kolbenenten *Netta rufina* aus Zentral- und Südwesteuropa am Ismaninger Speichersee: Entwicklung bis 2008 und saisonale Dynamik. Die Vogelwarte 47: 77–88.
Kolberg, H. (2016): Wetland bird counts in Namibia: a summary. Lanioturdus 49: 2–191.
Köllner, J. (1983): Vegetationsstudien im westlichen Seewinkel (Burgenland) – Zitzmannsdorfer Wiesen und Salzlackenränder. Diss. Univ. Salzburg.
Kölzsch, A., G. Müskens, P. Szinai, S. Moonen, P. Glazov, Kruckenberg, H., Wikelski, M. & Nolet, B. (2019): Flyway connectivity and exchange primarily driven by moult migration in geese. Movement Ecology 7:3: doi:10.1186/s40462-019-0148-6.
Kopf, E. (1966): Der Neusiedler See vor hundert Jahren. Burgenländ. Heimatblätter 28: 65–70.
Kopf, E. (1967): Die Rettung des Neusiedler Sees. Österreichische Wasserwirtschaft 19: 139–151.
Kopf, E. (1968): Der Schilffortschritt im Neusiedlersee. Technischer Bericht. Manuskript, Kartenbeilagen und Tabellen, Wien.

Korner, I. (2006): Die terrestrische Vegetation. Pp. 109–118 in I. Oberleitner, G. Wolfram & A. Achatz-Blab (Red.): Salzlebensräume in Österreich. Umweltbundesamt, Wien.

Korner, I., G. Bieringer, F. Werba & M. Strausz (2013): Fachbeitrag Vegetation und Zoologie zur UVE zur Errichtung eines Ferienzentrums. AVL ARGE Vegetationsökologie und Landschaftsplanung GmbH im Auftrag der Pannonia Grundstücks-Verwaltungsgesellschaft mbH, Wien.

Korner, I., A. Traxler & T. Wrbka (2000): Vegetationsökologisches Beweidungs-monitoring Nationalpark Neusiedler See–Seewinkel. Biol. Forschungsinst. Burgenland–Bericht 88: 1–82.

Korner-Nievergelt, F. (2012): Migratory connectivity derived from sparse ring reencounter data with unknown numbers of ringed birds. J. Ornithol. 153: 771–782.

Kornhuber, A. G. (1857): Versammlung am 14. December 1857. Verh. Ver. Naturkunde Preßburg 2, Sitzungsberichte: 25–30.

Kornhuber, A. G. (1886): Botanische Ausflüge in die Sumpfniederung des „Wasen" (magyar. „Hanság"). Verhandlungen des Zoologisch-Botanischen Vereins in Wien 35: 610–656.

Koronky, I. (1955): Rendkívüli téli vendégek Sopron vidékén [Rare winter visitors in the surroundings of Sopron]. Aquila 59–62: 378.

Kovács, Gy. & S. Faragó (2017): A tőkés réce (*Anas platyrhynchos*) őszi mozgásának Fertő-tavi GPS-telemtriás vizsgálatának előzetes eredményei. Pp. 50 in A. Bidló & F. Facskó (szerk.): Soproni Egyetem Erdőmérnöki Kar VI. Kari Tudományos Konferencia Absztraktkötet. Soproni Egyetem Kiadó Sopron.

Kovács, M. (2012): Geschichte der Wasserwirtschaft im Hanság. Pp. 59–71 in J. Fally & L. Kárpáti (Hrsg.): Nationalpark Neusiedler See–Seewinkel/Fertő-Hanság Nemzeti Park. Monographische Studien über das Gebiet Neusiedler See und Hanság. Nationalparkverwaltung Fertő-Hanság, Szaktudás-Kiadó Ház AG, Budapest.

Kovács, R. & A. Pellinger (2018): A Fertő nádasainak és a tómeder vízpótló csatornáinak rekonstrukciója [Restoration of the reedbedof Lake Fertő and the water-supplying channels of the lakebed]. Szélkiáltó 17: 48–52.

Kováts, L., L. Bank, A. Mórocz, A. Orbán, M. Váczi & L. Haraszthy (2016): A vörös kánya (*Milvus milvus*) magyarországi helyzete 2016-ban [The status of the red kite (*Milvus milvus*) in Hungary in 2016.] Heliaca 12: 16–19.

Krachler, R., J. Geiger & R. Krachler (2005): Wasserchemische Aspekte einer Dotierung des Neusiedlersees mit Donau-Uferfiltrat. Burgenländ. Heimatblätter 67: 105–116.

Krachler, R., I. Korner, M. Dvorak, N. Milasowszky, W. Rabitsch, Werba, F., Zulka, P. & A. Kirschner (2012): Die Salzlacken des Seewinkels. Erhebung des ökologischen Zustandes sowie Entwicklung individueller Erhaltungskonzepte für die Salzlacken des Seewinkels (2008–2011). Österreichischer Naturschutzbund, Eisenstadt.

Krachler, R., R. Krachler, E. Milleret & W. Wesner (2000): Limnochemische Untersuchungen zur aktuellen Situation der Salzlacken im burgenländischen Seewinkel. Burgenländ. Heimatblätter 62: 3–49.

Krachler, R., R. Krachler, F. Gülce, B. K. Keppler & G. Wallner (2018): Uranium concentrations in sediment pore waters of Lake Neusiedl, Austria. Science of the Total Environment 633: 981–988.

Krachler, R. (2006): Neusiedlersee–ökodynamische Rehabilitierung: Wasserchemische Aspekte. Endbericht, Wien.

Kralj, J., S. Barišić, D. Ćiković, V. Tutiš, N. D. van Swelm (2014): Extensive post-breeding movements of Adriatic Yellow-legged Gulls *Larus michahellis*. J. Ornithol. 155: 399–409.

Kramer, W. H. F. X. (1756): Elenchus vegetabilium et animalium per Austriam inferiorem observatum. Verlag Johann Thomas Trattner, Wien.

Kramer, S. (2000): Die Bestandesentwicklung des Wanderfalken (*Falco peregrinus*) in Bayern von 1991 bis 2000. Ber. ANL 24: 105–123.

Kramer, S. (2003): Zur Situation des Wanderfalken in der Bundesrepublik Deutschland. Greifvögel und Falknerei 2001/2002. www.wanderfalke-bayern.de/page1.html (abgerufen am 12.8.2020).

Kroiss, H. (2017): Zwischen den Lacken. Dorfgeschichten aus dem Herzen des Seewinkels. Bu & Bu Verlag e. U.

Kruckenberg, H. (2003): Muster der Raumnutzung markierter Blessgänse (*Anser albifrons albifrons*) in West- und Mitteleuropa unter Berücksichtigung sozialer Aspekte. Diss. Univ. Osnabrück.

Krüger, T. & H. Kruckenberg (2011): Die Zwerggans *Anser erythropus* als Gastvogel in Niedersachsen. Vogelkdl. Ber. Niedersachsen 42: 89–110.

Krüger, T. (2019): Sumpfohreulen *Asio flammeus* als Brutvögel in Mähwiesen: Gefährdung und Schutz. Die Vogelwelt 139: 183–201.

Krupa, R. (1997): Phenology and dynamics of autumn migration of Grey Plover (*Pluvialis squatarola*) through the Gulf of Gdansk in years 1984–1995. The Ring 19: 93–104.

Krüzner, A. (1938): *Streptopelia decaocto* bei Wiener Neustadt? Ornithol. Monatsber. 46: 120.

Kube, J., A. I. Korzyukov, D. N. Nankinov, OAG Münster & P. Weber (1998): The northern and western Black Sea region–the Wadden Sea of the Mediterranean Flyway for wader populations. Int. Wader Studies 10: 379–393.

Kubu, G., T. Kramer & J. Szilágy (2014): Hydrologie und Wasserwirtschaft. Pp. 8–22 in G. Wolfram, L. Déri & S. Zech (eds.) Strategiestudie Neusiedler See. Österreichisch-Ungarische Grenzgewässerkommisson, Wien–Szombathely.

Kubu, G. (2011): Grundlagen und Ergebnisse der Experten zur Neufassung der Wehrbetriebsordnung für die Wehranlage Mekszikópuszta am Rand des Neusiedler Sees–ENTWURF. Studie i.A. des Amts der Bgld. Landesregierung, Wien, Eisenstadt.

Kuhnen, K. (1978): Zur Methodik der Erfassung von Uferschwalben (*Riparia riparia*)–Populationen. Die Vogelwelt 99: 161–176.

Kullmann, K., R. Schneider & S. Fischer (1999): Untersuchungen zur Habitatpräferenz der Grauammer (*Emberiza calandra*) in der Uckermark. Otis 7: 154–160.

Kurth, D. (1970): Sammelbericht ornithologischer Beobachtungen 1969. Pp. 11–15 in Steppentiere am Neusiedler See. Tier und Umwelt Neue Folge 5.

Kurth, H. & D. Kurth (1968): Ornithologische Beobachtungen am Neusiedlersee. Ornithol. Mitt. 20: 13–14.

Kushlan, J. A. (1976): Wading bird predation in a seasonally fluctuating pond. Auk 93: 464–476.

Laber, J. (1995): Zum Wintervorkommen der Kornweihe (*Circus cyaneus*) im Seewinkel/Burgenland. Egretta 38: 13–21.

Laber, J. (2000): Die Brutbestandsentwicklung der Schwarzkopfmöwe (*Larus melanocephalus*) im Seewinkel. Egretta 43: 112–118.

Laber, J. (2001): Erste Brut der Zwergseeschwalbe (*Sterna albifrons*) im Seewinkel seit 45 Jahren. Egretta 44: 150–153.

Laber, J. (2003): Die Limikolen des österreichisch/ungarischen Seewinkels. Egretta 46: 1–91.

Laber, J. (2011): Erster Frühjahresnachweis des Bairdstrandläufers *Calidris bairdii* in Österreich. Elanus 4: 84–86.

Laber, J. (2015): Erstnachweis des Sandstrandläufers *Calidris pusilla* in Österreich. Elanus 8: 64–67.

Laber, J. & G. Allport (2017): A Whimbrel showing the characteristics of Steppe Whimbrel *Numenius phaeopus alboaxillaris* in the Seewinkel, Austria, April 2017. Retrieved from birdingfrontiers.com on 30 May 2017.

Laber, J. & M. Dvorak (2012): Brutvorkommen des Schwarzstirnwürgers (*Lanius minor*) im Nordburgenland in den Jahren 2012 und 2013. Vogelkundl. Nachr. Ostösterreich 23: 108–110.

Laber, J. & A. Pellinger (2008): Die durchziehenden und überwinternden Gänsebestände der Gattung *Anser* und *Branta* im Nationalpark Neusiedler See–Seewinkel. Egretta 49: 35–51.

Laber, J. & A. Pellinger (2012): Die durchziehenden und überwinternden Gänse im Nationalpark Neusiedler See–Seewinkel in den Winterhalbjahren 2006/07 bis 2010/11. Vogelkundl. Nachr. Ostösterreich 22: 1–8.

Laber, J. & A. Pellinger (2014): Der Stelzenläufer (*Himantopus himantopus*) im Nationalpark Neusiedler See–Seewinkel. Egretta 53: 2–9.

Laber, J., A. Pellinger, A. Széll & B. Wendelin (2016): Bestandsentwicklung in den Jahren 1990–2015 und Wanderungen der Schwarzkopfmöwe *Larus melanocephalus* Temminck, 1820 im Neusiedler See-Gebiet (Österreich) und in der Region Fertő-Hanság (Ungarn). Egretta 54: 110–117.

Laber, J. & A. Ranner (1997): Nachweise seltener und bemerkenswerter Vogelarten in Österreich 1991–1995. 2. Bericht

der Avifaunistischen Kommission von BirdLife Österreich. Egretta 40: 1–44.
Lachmann, L. & J. Ridzoň (2019): Erhöhung der Strukturvielfalt zum Schutz der Brutkolonien von Seeschwalben (Sternidae) und Schwarzkopfmöwe (*Larus melanocephalus*) auf Vogelinseln auf der Donau, Slowakei. Abschlussbericht (Mai 2016–Februar 2019). BirdLife Slovakia & Nabu, Bratislava & Berlin.
Laczik, D. (2006): Nagy póling (*Numenius arquata*) fészkelése a Mosoni-síkságon [Successful brood of Curlew (*Numenius arquata*) in North-West Hungary]. Szélkiáltó 12: 33.
Laczik, D. (2012): A Fertő tónál átvonuló havasi partfutók (*Calidris alpina*) testtömegváltozása az őszi vonulás során [Body mass changes of migrating Dunlins (*Calidris alpina*) at Lake Fertő during autumn migration]. Szélkiáltó 15: 3–5.
Laczik, D. & A. Pellinger (2008): Autumn migration of Dunlin (*Calidris alpina*) at Mekszikópuszta, Northwest Hungary. Ornis Hungarica 15/16: 103.
Landmann, A. (1987): Ökologie synanthroper Vogelgemeinschaften: Struktur, Raumnutzung und Jahresdynamik der Avizönosen, Biologie und Ökologie ausgewählter Arten. Diss. Univ. Innsbruck.
Landmann, A. (1996): Der Hausrotschwanz. Vom Fels zum Wolkenkratzer – Evolutionsbiologie eines Gebirgsvogels. Sammlung Vogelkunde, Aula-Verlag, Wiesbaden.
Landmann, A. & A. Danzl (2017): Dorfentwicklung in den Alpen: Dimensionen, Direktionen & Auswirkungen auf Vögel – exemplarische Befunde einer Langzeitstudie aus Tirol. Acta ZooBot. Austria 154: 107–129.
Lang, A. (2000): Seife aus den Lacken. Die Sodafabriken von Illmitz – Seesalz als Rohstoff. Geschnatter 30/4: 4.
Lang, E. (1998): Grundwasserregelung Seewinkel. Teil 1: Zusammenfassung, Lageplan Entwässerungen. Studie im Auftrag der Burgenländischen Interessensgemeinschaft zur Förderung und Erhaltung des Ländlichen Lebensraums, Neusiedl am See. Zivilingenieur-Büro Lang, Wiener Neustadt.
Lange, M. (2000): Bruthabitatwahl der Rohrweihe *Circus aeruginosus*. Pp. 283–298 in M. Stubbe & A. Stubbe (Hrsg.): Populationsökologie von Greifvogel- u. Eulenarten 4. Halle.
Lappo, L. G. (1998): Mapping breeding range structure of tundra waders in Russia. Int. Wader Studies 10: 145–151.
Lardelli, R. (1986): Verbreitung, Biotop und Populationsökologie des Schwarzkehlchens *Saxicola torquata* im Mendrisotto, Südtessin. Ornithol. Beob. 83: 81–93.
Laussmann, H. & B. Leisler (2001): The function of inter- and intraspecific territoriality in warblers of the genus *Acrocephalus*. Pp. 87–110 in H. Hoi (Hrsg): The ecology of reed birds. Biosystematics and Ecology Series No. 18. Austrian Academy of Sciences, Wien.
Ławicki, Ł. & T. Stawarczyk (2011): Inland migration of the Arctic Tern *Sterna paradisaea* in Poland. Ornis Polonica 52: 255–264.
Ławicki, Ł. (2014): The Great White Egret in Europe: population increase and range expansion since 1980. British Birds 107: 8–25.
Ławicki, Ł, L. Khil & P. P. de Vries (2012): Expansion of Pygmy Cormorant in central and western Europe and increase of breeding population in southern Europe. Dutch Birding 34: 273–288.
Lawn, M. R. (1994): Late territorial behaviour of Willow Warblers *Phylloscopus trochilus*. J. Avian Biol. 25: 303–307.
Lebret, T. (1982): Goose observations in the pannonic region in October–December 1980 and in March. Aquila 89: 187–191.
Leditznig, C. & G. Langer (2018): Telemetrie bringt unerwartete Ergebnisse! Informativ 89: 10.
Lees, A. C. & J. J. Gilroy (2004): Pectoral Sandpipers in Europe: vagrancy patterns and the influx of 2003. British Birds 97: 638–646.
Legány, A. (1991): A mezővédő erdősávok és fasorok madártani szerepe és természetvédelmi jelentősége. Aquila 98: 169–180.
Lehikoinen, A., K. Jaatinen, A. V. Vähätalo, P. Clausen, O. Crowe, B. Deceuninck, R. Hearn, C. A. Holt, M. Hornman, V. Keller, L. Nilsson, T. Langendoen, I. Tománková, J. Wahl & A. D. Fox (2013): Rapid climate driven shifts in wintering distributionsof three common waterbird species. Global Change Biology 19: 2071–2081.
Leisler, B. (1962a): Papageitaucher (*Fratercula arctica*) am Neusiedlersee. Egretta 5: 1–3.
Leisler, B. (1962b): Dünnschnabel-Brachvogel (*Numenius tenuirostris*) im Neusiedlersee-Gebiet. Egretta 5: 10–13.
Leisler, B. (1969a): Beiträge zur Kenntnis der Ökologie der Anatiden des Seewinkels (Burgenland). Teil I: GÄNSE. Egretta 12: 1–52.
Leisler, B. (1969b): Neuere Feststellungen seltener Feldgans- (*Anser*) und Meergans- (*Branta*) Arten im Neusiedler-See-Gebiet. Egretta 12: 53–58.
Leisler, B. (1965): Erstnachweis der Bartgrasmücke (*Sylvia cantillans Pallas*) für Österreich. Egretta 8: 1–3.
Leisler, B. (1968): Probleme der Maskenstelzen (*Motacilla flava feldegg*) – Ausbreitung nach Mitteleuropa. Egretta 11: 6–15.
Leisler, B. (1968): Kuhreiher (*Ardeola ibis*) am Neusiedler See. Egretta 11: 41–43.
Leisler, B. (1970): Vergleichende Untersuchungen zur ökologischen und systematischen Stellung des Mariskensängers, ausgeführt am Neusiedler See. Diss. Univ. Wien.
Leisler, B. (1975): Die Bedeutung der Fußmorphologie für die ökologische Sonderung mitteleuropäischer Rohrsänger (*Acrocephalus*) und Schwirle (*Locustella*). J. Ornithol. 116: 117–153.
Leisler, B. (1979): Neusiedler See. Kilda-Verlag, Greven.
Leisler, B. (1981): Die ökologische Einnischung der mitteleuropäischen Rohrsänger (*Acrocephalus, Sylviinae*). 1. Habitattrennung. Die Vogelwarte 31: 45–74.
Leisler, B. (1985): Öko-ethologische Voraussetzungen für die Entwicklung von Polygamie bei Rohrsängern (*Acrocephalus*). J. Ornithol. 126: 357–381.
Leisler, B. & H. Winkler (1965): Weitere Feststellungen des Spornammers (*Calcarius lapponicus*) am Neusiedler-See-Gebiet. Egretta 8: 29–30.
Leisler, B. & H. Winkler (1968): Ein Graubruststrandläufer (*Calidris melanotos*) am Neusiedler See. Egretta 11: 44–47.
Leiss, A. & D. Haag-Wackernagel (1999): Variabilität und Bestimmung der Gefiederfärbung bei der Straßentaube (*Columba livia*). Ökologie der Vögel 21: 331–361.
Leitner, J. (1940): Az énekes hattyú (*Cygnus musicus Bechst.*) újabb előfordulása a Fertőn [Über ein Vorkommen des Singschwans (*Cygnus musicus Bechst*) am Neusiedler See]. Soproni Szemle 4 (2/3): 13–17.
Leuzinger, H. & L. Jenni (1993): Durchzug des Bruchwasserläufers *Tringa glareola* am Ägelsee bei Frauenfeld. Ornithol. Beob. 90: 169–188.
Leverkühn, P. (1892): Bericht über eine Reise nach Ungarn im Frühjahre 1891. Comte-rendu II. Congr. Orn. Intern. Budapest 1891, Part. Sci.: 210–234.
Liebhart-Ulm, H. (2012): Die Kunstdenkmäler des politischen Bezirkes Neusiedl am See. In: Bundesdenkmalamt (ed.): Österreichische Kunsttopographie Band LIX, Horn.
Lindinger, U. (2013): Grasläufer *Tryngites subruficollis* und Schwarzflügel-Brachschwalben *Glareola nordmanni* im Seewinkel. Elanus 6: 70–73.
Lindström, A., M. Green, M. Husby, J. A. Kålås, A. Lehikoinen, M. Stjernman (2019): Population trends of waders on their boreal and arctic breeding grounds in northern Europe. Wader Study 126: 200–216.
Lipp, H.-P. (1993): Rotsterniges Blaukehlchen *Luscinia svecica* im Seewinkel. Luscinia 47: 354.
Lislevand, T. & S: Hahn (2015): Skipping-type migration in a small Arctic wader, the Temminck's stint *Calidris temminckii*. Journal of Avian Biology 46: 419–424.
Literák, I., R. Raab, M. Petretto, J. Škrábal, P. Spakovszky & J. Steindl (2019): Diverse natal dispersal in four sibling red kites originating from Austria, including wintering in Tunisia. Biologia 75: 1399–1407.
Lock, L. & K. Cook (1998): The Little Egret in Britain: A successful colonist. British Birds 91: 273–280.
Löffler, H. (1959): Zur Limnologie, Entomostraken und Rotatorienfauna des Seewinkelgebietes (Burgenland, Österreich). Sitzungsber. Österr, Akad. Wiss. Math.-Naturwiss. Klasse 168: 315–362.
Löffler, H. (1974): Der Neusiedler See. Molden, Wien, München, Zürich.
Löffler, H. (ed.) (1979): Neusiedlersee. The limnology of a shallow lake in Central Europe. Monogr. Biol. 37, Junk Publishers, The Hague.
Löffler, H. (1982): Der Seewinkel. Die

fast verlorene Landschaft. Verlag Niederösterreichisches Presshaus. St. Pölten.
Löffler, H. (1990): Paleolimnology of Neusiedlersee, Austria. Pp. 229–238 in J. P. Smith, P. G. Appleby, R. W. Battarbee, J. A. Dearing, R. Flower, E. Y. Haworth, F. Oldfield & P. E. O'Sullivan (eds.): Environmental history and palaeolimnology. Hydrobiologia 214.
Löffler, H. (2000): Anmerkungen zur Bezeichnung der Gewässer des Seewinkels (Burgenland). Mitt. Österr. Geogr. Ges. 142: 315–328.
Löhrl, H. (1993): *Sitta europaea* – Kleiber. Pp. 825–872 in U. N. Glutz von Blotzheim & K. M. Bauer, Handbuch der Vögel Mitteleuropas Band 13. Aula-Verlag, Wiesbaden.
Löhrl, H. (1993): *Ficedula albicollis* – Halsbandschnäpper. Pp. 118–164 in U. N. Glutz von Blotzheim & K. M. Bauer: Handbuch der Vögel Mitteleuropas Band 13/1. Aula-Verlag, Wiesbaden.
Lorenz, J. L., Ritter von Liburnau (1892): Die Ornis von Oesterreich-Ungarn und den Occupationsländern im k. k. naturhistorischen Hofmuseum zu Wien. Ann. Naturhistor. Mus. Wien 7: 306–372.
Loske, K.-H. (1985): *Anthus trivialis* – Baumpieper. Pp. 576–610 in U. N. Glutz von Blotzheim & K. M. Bauer: Handbuch der Vögel Mitteleuropas Band 10/2. Aula-Verlag, Wiesbaden.
Loupal, K. (2018): Rückkehr des Usutu Virus. Vogelschutz in Österreich 45: 27.
Lovassy, S. (1891): Az ornithologiai kiállítás magyarországi tojás – és fészekgyüjteményének katalogusa. Magyar Kir. Tud.-egyetemi Könyvnyomda, Budapest.
Lübcke, W. & R. Furrer (1985): Die Wacholderdrossel. Die Neue Brehm-Bücherei 569, A. Ziemsen, Wittenberg Lutherstadt.
Ludwig, J., H. Beltnig, A. J. Helbig & H. A. Bruns (1990): Die Vögel des Dümmer-Gebietes. Avifauna eines norddeutschen Flachsees und seiner Umgebung. Naturschutz Landschaftspfl. Niedersachsen.
Lugitsch, R. (1954): Rotkehlpieper und Stelzenläufer am Neusiedlersee. Vogelkundl. Nachr. aus Österreich 4: 12–13.
Lugitsch, R. (1953a): Interessantes aus dem südlichen Seewinkel. Vogelkundl. Nachr. aus Österreich 3: 8–10.
Lugitsch, R. (1953b): Der Mornellregenpfeifer und andere Durchzügler im Seewinkel. Natur und Land 39: 47–48.
Lugitsch, R. (1953c): Achtung auf seltene Möwen! Vogelkundl. Nachr. aus Österreich 3: 10–11.
Lugitsch, R. (1964): Großvögel des Neusiedlersees. Jb. Landeskunde Niederösterreich 36: 23–28.
Lukschanderl, L. (1971): Zur Verbreitung und Ökologie der Großtrappe (*Otis tarda L.*) in Österreich. J. Ornithol. 112: 70–93.
M. O. K. (1908): A *Syrrhaptes paradoxus* (Pall.) 1908. évi megjelenése Magyarországon [Das Erscheinen von *Syrrhaptes paradoxus* (Pall.) in Ungarn im Jahre 1908]. Aquila 15: 317–320.
Mächler, G. (1965): Eindrücke vom Neusiedlersee. Die Vögel der Heimat 35: 209–218.
Magerl, C. (1980): Gelbschenkel (*Tringa flavipes*) im Seewinkel. Egretta 23: 42.
Magyar, G., T. Hadarics, Z. Waliczky, A. Schmid, T. Nagy & A. Bankovics (1998): Nomenclator avium Hungariae. Winter Fair, Budapest – Szeged.
Magyar, G. & T. Hadarics (1995): Az MME Nomenclator Bizottság 1993. évi jelentése ritka madárfajok Magyarországi előfordulásáról [The 1993 Annual Report of the Hungarian Rarities Committee]. Aquila 102: 193–198.
Magyar, G. (1997): Az MME Nomenclator Bizottság 1995. évi jelentése a Magyarországon ritka madárfajok előfordulásáról Az MME Nomenclator Bizottság 1995. évi jelentése a Magyarországon ritka madárfajok előfordulásáról [The 1995 Annual Report of the Hungarian Rarities Committee]. Túzok 2: 1–10.
Magyar Madártani és Természetvédelmi Egyesület (MME) (2022): Magyarország madarai: Kis lile. http://www.mme.hu/magyarorszagmadarai/madaradatbazis-chadub; aufgerufen am 22.1.2022.
Malle, G. & R. Probst (2015): Die Zwergohreule (*Otus scops*) in Österreich. Bestand, Ökologie und Schutz in Zentraleuropa unter besonderer Berücksichtigung der Kärntner Artenschutzprojekte. Verlag des Naturwissenschaftlichen Vereins für Kärnten, 65. Sonderheft, Klagenfurt.
Márkus, I., M. Dinka, G. Király & A. Márkus (1999): A Fertő-tavi nádasok felmérése és minősítése. ÉDU-VIZIG. Kutatási Jelentés, Sopron.
Márkus, I. & G. Király (2012): Bewertung, Klassifizierung und Aufnahme der ungarischen Schilfflächen am Neusiedler See. Pp. 76–84 in J. Fally & L. Kárpáti (Hrsg.): Nationalpark Neusiedler See – Seewinkel/Fertő-Hanság Nemzeti Park. Monographische Studien über das Gebiet Neusiedler See und Hanság. Nationalparkverwaltung Fertő-Hanság. Szaktudás Kiadó Ház AG, Budapest.
Márkus, I. (1986): Die Fernerkundung mittels Photointerpretation im Dienste der Forschung im Neusiedler See-Biosphärenreservat. Biol. Forschungsinst. Burgenland – Bericht 61: 5–13.
Marschall, A. F. & A. Pelzeln (1882): Ornis Vindobonensis. Mit einem Anhang: Die Vögel des Neusiedlersees. Verlag von Georg Paul Faesy, Wien.
Marti, C. (1988a): *Turdus viscivorus* – Misteldrossel. Pp. 1154–1195 in U. N. Glutz von Blotzheim & K. M. Bauer: Handbuch der Vögel Mitteleuropas Band 11. Aula-Verlag, Wiesbaden.
Marti, C. (1988b): *Erithacus rubecula* – Rotkehlchen. Pp. 36–99 in U. N. Glutz von Blotzheim & K. M. Bauer: Handbuch der Vögel Mitteleuropas Band 11. Aula-Verlag, Wiesbaden.
Martintschitsch, B. (2015): Beschaffenheit der Durchzugs- und Brutreviere des Brachpiepers *Anthus campestris* in Schottergruben auf der Parndorfer Platte. Masterarbeit, Univ. Graz.
Martin-Vivaldi, M., J. J. Palomino, M. Soler & J. J. Soler (1999): Determinants of reproductive success in the Hoopoe *Upupa epops*, a hole-nesting non-passerine bird with asynchronous hatching. Bird Study 46: 205–216.
Martin-Vivaldi, M. (2001): El canto de la abubilla. Quercus 179: 12–19.
Marx, M., F. Korner-Nievergelt & P Quillfeldt (2016): Analysis of ring recoveries of European Turtle-doves *Streptopelia turtur* – flyways, migration timing and origin areas of hunted birds. Acta Ornithol. 51: 55–70.
Masch, N., I. Moser & W. Hecke (1866): Die Neusiedler Seemulde im Jahre 1865. Mittheilungen der kaiserlich-königlichen Geographischen Gesellschaft 1866: 338–344.
Mascher, J. W. (1966): Weight variations in resting dunlins (*Calidris a. alpina*) on autumn migration in Sweden. Bird Banding 37: 1–34.
Massoli-Novelli, R. (1988): Status and habitat of Great Snipe in Ethiopia and its movements in Africa. Pp. 12–15 in P. Havet & G. Hirons (eds.): Proceedings of the Third European Woodcock and Snipe Workshop, Paris, France, 1986. IWRB, Slimbridge, UK.
Matthysen, E. (1998): The Nuthatches. T. & A. D. Poyser, London.
Maumary, L., L. Vallotton & P. Knaus (2007): Die Vögel der Schweiz. Schweizer Vogelwarte Sempach & Nos Oiseaux Montmollin.
Mebs, R. & D. Schmidt (2006): Die Greifvögel Europas, Nordafrikas und Vorderasiens: Biologie, Kennzeichen, Bestände. Franckh-Kosmos Verlags GmbH & Co. KG, Stuttgart.
Meissner, W. (1996): Timing and phenology of autumn migration of Common Sandpiper (*Actitis hypoleucos*) at the Gulf of Gdansk. The Ring 18: 59–72.
Meissner, W. (1997): Autumn migration of Wood Sandpiper (*Tringa glareola*) in the region of the Gulf of Gdansk. The Ring 19: 75–91.
Meltofte, H. & P. Clausen (2016): Trends in staging waders on the Tipperne Reserve, western Denmark, 1929–2014, with a critical review of trends in flyway populations. Dansk Ornitologisk Forenings Tidsskrift 110: 1–78.
Meltofte, H. (1996): Are African wintering waders really forced south by competition from northerly wintering conspecifics? Benefits and constraints of northern versus southern wintering and breeding in waders. Ardea 84: 31–44.
Mikkola, H. (1976): Owls killing and killed by other owls and raptors in Europe. British Birds 69: 144–154.
Mikulica, O., T. Grim, K. Schulze-Hagen & B. G. Stokke (2017): Der Kuckuck. Gauner der Superlative. Franckh Kosmos Verlag, Stuttgart.
Mingozzi, T., P. Storino, G. Venuto, G. Alessandria, E. Arcamone, Urso, S., Ruggieri, L., Massetti, L. & A. Massolo (2013): Autumn migration of Common Cranes *Grus grus* through the Italian Peninsula: new vs. historical flyways and their meteorological correlates. Acta Ornithol. 48: 165–178.
Mischenko, A. L. & O. Sukhanova (2016):

Response of wader populations in the Vinogradovo Floodplain (Moscow Region, Russia) to changes in agricultural land use and spring flooding. Wader Study 123: 136–142.

Mitrus, C., R. Kuczborski & J Slupek (1998): The autumn passage of the Wood Sandpiper (*Tringa glareola*) in the Bug valley – dynamics and biometry. The Ring 20: 107–116.

Mitterbacher, M. (2018): Erster Nachweis des Wüstenregenpfeifers *Charadrius leschenaultii* in Österreich seit 1979. Elanus 11: 33–37.

MME Nomenclator Bizottság (1988): Az MME Nomenclator Bizottság jelentés a Magyarországon ritka madárfajok 1988 előtti előfordulásáiról. Aquila 103/104: 101–114.

MME Nomenclator Bizottság (1998): Az MME Nomenclator Bizottság 1997. évi jelentése a Magyarországon ritka madárfajok előfordulásáról [The 1997 Annual Report of the Hungarian Checklist and Rarities Committee]. Túzok 3: 137–154.

MME Nomenclator Bizottság (1999): Az MME Nomenclator Bizottság 1998. évi jelentése a Magyarországon ritka madárfajok előfordulásáró [The 1998 Annual Report of the Hungarian Checklist and Rarities Committee]. Túzok 4: 105–117.

MME Nomenclator Bizottság (2000): Az MME Nomenclator Bizottság 1999. évi jelentése a Magyarországon ritka madárfajok előfordulásáról [The 1999 Annual Report of the Hungarian Checklist and Rarities Committee]. Túzok 5: 1–16.

MME Nomenclator Bizottság (2001): Az MME Nomenclator Bizottság 2000. évi jelentése a Magyarországon ritka madárfajok előfordulásáról. Túzok 6 [The 2000 Annual Report of the Hungarian Checklist and Rarities Committee]: 105–119.

MME Nomenclator Bizottság (2006a): Az MME Nomenclator Bizottság 2002. évi jelentése a Magyarországon ritka madárfajok előfordulásáról [The 2002 report of the Hungarian Checklist and Rarities Committee on rare birds in Hungary]. Aquila 113: 73–89.

MME Nomenclator Bizottság (2006b): Az MME Nomenclator Bizottság 2003. évi jelentése a Magyarországon ritka madárfajok előfordulásáról [The 2003 report of the Hungarian Checklist and Rarities Committee on rare birds in Hungary]. Aquila 113: 91–105.

MME Nomenclator Bizottság (2006c): Az MME Nomenclator Bizottság 2004. évi jelentése a Magyarországon ritka madárfajok előfordulásáról [The 2004 report of the Hungarian Checklist and Rarities Committee on rare birds in Hungary]. Aquila 113: 107–122.

MME Nomenclator Bizottság (2008b): Az MME Nomenclator Bizottság 2005. évi jelentése a Magyarországon ritka madárfajok előfordulásáról [The 2005 report of the Hungarian Checklist and Rarities Committee on rare birds in Hungary]. Aquila 114/115: 137–152.

MME Nomenclator Bizottság (2010a): Az MME Nomenclator Bizottság 2006. évi jelentése a Magyarországon ritka madárfajok előfordulásáról [The 2006 report of the Hungarian Checklist and Rarities Committee on rare birds in Hungary]. Aquila 116/117: 99–114.

MME Nomenclator Bizottság (2010b): Az MME Nomenclator Bizottság 2007. évi jelentése a Magyarországon ritka madárfajok előfordulásáról [The 2007 report of the Hungarian Checklist and Rarities Committee on rare birds in Hungary]. Aquila 116/117: 115–128.

MME Nomenclator Bizottság (2011a): Az MME Nomenclator Bizottság 2008. évi jelentése a Magyarországon ritka madárfajok előfordulásáról [The 2008 annual report of the Hungarian Checklist and Rarities Committee]. Aquila 118: 143–154.

MME Nomenclator Bizottság (2011b): Az MME Nomenclator Bizottság 2009. évi jelentése a Magyarországon ritka madárfajok előfordulásáról [The 2009 annual report of the Hungarian Checklist and Rarities Committee]. Aquila 118: 155–164.

MME Nomenclator Bizottság (2013): Az MME Nomenclator Bizottság 2010. évi jelentése a Magyarországon ritka madárfajok előfordulásáról [The 2010 annual report of the Hungarian Checklist and Rarities Committee]. Aquila 120: 61–73.

MME Nomenclator Bizottság (2016a): Az MME Nomenclator Bizottság 2011. évi jelentése a Magyarországon ritka madárfajok előfordulásáról [The 2011 annual report of the Hungarian Checklist and Rarities Committee]. Aquila 122/123: 139–150.

MME Nomenclator Bizottság (2016b): Az MME Nomenclator Bizottság 2012. évi jelentése a Magyarországon ritka madárfajok előfordulásáról [The 2012 annual report of the Hungarian Checklist and Rarities Committee]. Aquila 122/123: 151–161.

MME Nomenclator Bizottság (2016c): Az MME Nomenclator Bizottság 2013. évi jelentése a Magyarországon ritka madárfajok előfordulásáról [The 2013 annual report of the Hungarian Checklist and Rarities Committee]. Aquila 122/123: 163–172.

MME Nomenclator Bizottság (2017): Az MME Nomenclator Bizottság 2014. évi jelentése a Magyarországon ritka madárfajok előfordulásáról [The 2014 annual report of the Hungarian Checklist and Rarities Committee]. Aquila 124: 115–125.

MME Nomenclator Bizottság (2019): Az MME Nomenclator Bizottság 2016. évi jelentése a Magyarországon ritka madárfajok előfordulásáról [The 2016 annual report of the Hungarian Checklist and Rarities Committee on the records of rare birds in Hungary]. Aquila 126: 121–138.

MME Nomenclator Bizottság (2020): Az MME Nomenclator Bizottság 2017. évi jelentése a Magyarországon ritka madárfajok előfordulásáró [The 2017 annual report of the Hungarian Checklist and Rarities Committee]. Aquila 127: 55–74.

MME Nomenclator Bizottság (2021): Az MME Nomenclator Bizottság 2018–2019. évi jelentése a Magyarországon ritka madárfajok előfordulásáiról [The 2018–2019 annual report of the Hungarian Checklist and Rarities Committee on the records of rare birds in Hungary]. Aquila 128: 115–139.

MME Nomenclator Bizottság (2022): Az MME Nomenclator Bizottság 2020. évi jelentése a Magyarországon ritka madárfajok előfordulásáról. http://www.birding.hu/doc/NB2020.pdf.

Möckel, R. (1988): Die Hohltaube. Die Neue Brehm-Bücherei 590, A. Ziemsen, Wittenberg Lutherstadt.

Mogyorósi, S. (1997): Bütykös ásólúd (*Tadorna tadorna*) újabb fészkelése Magyarországon [New breeding record of Common Shelduck in Hungary]. Túzok 2 (3): 112.

Mogyorósi, S. (2006): A Fertő tó öblözeteinek és belső tavainak szerepe egyes vízimadárfajok vonulásában. [The role of the inlets and closed open water bodies within the reed belt of the Fertő-lake in the migration of certain waterbirds]. Szakdolgozat, Debreceni Egyetem.

Mogyorósi, S. (2008a): A kékszárnyú réce (*Anas discors*) első előfordulása Magyarországon. Aquila 114: 43–45.

Mogyorósi, S. (2008b): Adatok a függőcinegék (*Remiz pendulinus*) fészkelőhelyválasztásához a Fertőn. [Nest-site selection of Penduline Tit (*Remiz pendulinus*) at Lake Fertő]. Szélkiáltó 13: 23.

Mogyorósi, S. (2010): Keleti gerle Fertőrákoson. Madártávlat 17 (1): 33.

Mogyorósi, S. (2012): A bölömbika (*Botaurus stellaris*) fészkelő állománya a Fertőn 2008-ban [Breeding population of the Eurasian Bittern (*Botaurus stellaris*) on Lake Fertő in 2008]. Szélkiáltó 15: 40–41.

Mogyorósi, S. (2014): Kék galamb (*Columba oenas*) mint új fészkelő madárfaj a Fertő-tájon [The Stock Dove (*Columba oenas*) as a new beeding species in the Lake Fertő region]. Szélkiáltó 16: 86.

Mogyorósi, S. (2016): A keleti gerle (*Streptopelia orientalis*) előfordulása a Fertő mentén. [Occurrence of an Oriental Turtle Dove (*Streptopelia orientalis*) near lake Neusiedl, Hungary]. Aquila 122–123: 73–76.

Mogyorósi, S. (2018): A keleti gerle (*Streptopelia orientalis*) előfordulása a Fertő mentén [The occurrence of the Oriental Turtledove (*Streptopelia orientalis*) around Lake Fertő]. Szélkiáltó 17: 71–72.

Mogyorósi, S. (2019): Avifauna (Vögel des Ödenburger Gebirges und der Randgebiete). Pp. 217–241 in L. Kárpáti (Hrsg.): Landschaftsschutzgebiet Sopron/Ödenburg. Monographische Studien über die Natur- und Kulturwerte des Soproner/Ödenburger Gebirges. Szaktudás Kiadó Ház, Budapest.

Mogyorósi, S. (2021): A Soproni-hegység és peremterületeinek madárvilága [Avifauna of the Sopron Mountains and its surroundings]. Rence 6: 46–227.

Mogyorósi, S. (im Druck): Az erdei pacsirta (*Lullula arborea*) helyzete Sopron környékén és a Fertő mentén. Szélkiáltó.

Mogyorósi, S. & B. Molnár (1994): Függőcinege (*Remiz pendulinus*) késői fészkelése

[Markierungslager für Beutelmeisen (*Remiz pendulinus*)]. Szélkiáltó 8: 17.
Mogyorósi, S. & B. Molnár (1998): A nagy halfarkas (*Stercorarius skua*) előfordulása a Fertőn [Great Skua at Lake Fertő]. Túzok 3: 89–91.
Mogyorósi, S. & A. Pellinger (1992): Üstökös réce (*Netta rufina*) fészke nádkévék közt. Madártani Tájékoztató 1992: 45.
Mogyorósi, S. & F. Udvardy (2014): Fertői dankasirályok (*Larus ridibundus*) sikertelen fészkelési kísérletei tengermelléki káka (*Schoenoplectus litoralis*) „gyűrűin" [Unsuccessful nesting trials of Black-headed Gulls (*Larus ridibundus*) of Lake Fertő upon „rings" of *Schoenoplectus litoralis*]. Szélkiáltó 16: 85–86.
Mohr, R. & F. Spitzenberger (1974): Ein weiterer burgenländischer Graubruststrandläufer-Nachweis. Egretta 17: 35–36.
Molnár, B. (1997): A bütykös hattyú (*Cygnus olor*) természetvédelmi- és vadgazdálkodási jelentősége a Fertő-tavon. Szakdolgozat. Soproni Egyetem, Vadgazdálkodási Tanszék.
Molnár, L. (1984): Adatok a Faunisztikai Szakosztály irattárából VIII. Madártani Tájékoztató 1984. január–március: 44–53.
Mooij, J. H. (2014): Historische und gegenwärtige Bestandsgröße und Verbreitung der Zwerggans *Anser erythropus*. Beiträge zur Jagd- und Wildforschung 39: 269–298.
Mook, J. H. (1967): Habitat selection by *Lipara lucens* Mg. (Diptera, Chloropidae) and its survival value. Arch. Neerlandaises de Zool. 4: 469–549.
Moser, I. (1866): Der abgetrocknete Boden des Neusiedlersees. Pp. 338–344 in Jahrbuch der k. u. k. geologischen Reichsanstalt, Wien 1866.
Müller, Ch. Y. (1983): Die Bedeutung von Altschilfbeständen für die Löffler und Reiher am Neusiedlersee. Egretta 26: 43–46.
Müller, Ch. Y. (1984): Bestandsentwicklung und Zugverhalten der Löffler (*Platalea leucorodia* L.) im österreichisch-ungarischen Raum. Egretta 27: 45–67.
Müller, Ch. Y. (1985a): Unterschiede in der Nestbauweise zwischen Silber-, Grau-, Purpurreiher und Löffler am Neusiedlersee. Biol. Forschungsinst. Burgenland–Bericht 54: 15–24.
Müller, Ch. Y. (1985b): Bestandserfassung einiger gefährdeter Vogelarten im Seewinkel. Biol. Forschungsinst. Burgenland–Bericht 54: 3–14.
Müller, Ch. Y. (1987): Nahrungs- und Ruhehabitate des Löfflers *Platalea leucorodia* am Neusiedlersee (Österreich). Ornithol. Beob. 84: 237–245.
Münch, M. (1952): Ornithologisches vom Neusiedlersee (Österreich). Vögel der Heimat 23: 15–17.
Muraoka, J. (2020): Artenschutzprojekt Zwergohreule im Bezirk Mattersburg 2015–2020 – Tätigkeitsbericht 2019. Projektbericht im Auftrag des Vereins der Burgenländischen Naturschutzorgane, Bezirksgruppe Mattersburg. Perchtoldsdorf.
Musitelli, F., F. Spina, A. P. Møller, D. Rubolini, F. Bairlein, S. R. Baillie, J. A. Clark, B. P. Nikolov, C. du Feu, R. A. Robinson, N. Saino & R. Ambrosini (2019): Representing migration routes from re-encounter data: a new method applied to ring recoveries of Barn Swallows (*Hirundo rustica*) in Europe. J. Ornithol. 160: 249–264.
Nagy, I. (1967): Short-toed Eagles in the Hanság. Aquila 73/74: 194.
Nagy, T. (1992): A sarki csér (*Sterna paradisaea*) megjelenése a szegedi Fertőn [Occurrence of Arctic Tern (*Sterna paradisaea*) in the Szeged-Fertő ponds (South-Hungary)]. Aquila 99: 173, 186.
Nemesházi, E. (2017): Phylogeography and population genetics of white-tailed eagles (*Haliaeetus albicilla*) in the Carpathian Basin. Ph.D. dissertation. University of Veterinary Medicine Doctoral School of Veterinary Science. Budapest.
Nemeth, E., M. Dvorak, K. Busse & M. Rössler (2001): Estimating distribution and density of reed birds by aerial infrared photography. Pp. 397–399 in R. Field, R. J. Warren, H. Okarma, P. R. Siewert (eds.): Wildlife, Land, and People: priorities for the 21st century. The Wildlife Society, Bethseda.
Nemeth, E. & M. Dvorak (2012): Bestandsentwicklung der Zwergscharbe (*Phalacrocorax pygmeus*) 2007–2011 und erster Brutnachweis des Kormorans (*Phalacrocorax carbo*) am Neusiedler See. Vogelkundl. Nachr. Ostösterreich 23: 14–16.
Nemeth, E., M. Dvorak, T. Knoll, B. Kohler, S. Mühlbacher, Werba (2014): Managementplan für den Neusiedler See als Teil des Europaschutzgebietes Neusiedler See – Nordöstliches Leithagebirge. Studie im Auftrag des Vereins BERTA, Eisenstadt.
Nemeth, E. & M. Dvorak (2019): Entwicklung nachhaltiger Schilferntetechniken und Monitoring Schilfgürtel Neusiedler See. Zwischenbericht 2019 Ornithologie. BirdLife Österreich, Wien.
Nemeth, E. & M. Dvorak (2022): Reed dieback and conservation of small reed birds at Lake Neusiedl, Austria. J. Ornithol. 163: 683–693.
Nemeth, E., M. Dvorak, F. Glaser, B. Kohler & M. Schwienbacher (2022): Entwicklung nachhaltiger Schilferntetechniken und Monitoring Schilfgürtel Neusiedler See. Projektendbericht an das Amt der Burgenländischen Landesregierung Abt. 4, Hauptreferat Naturschutz und Landschaftspflege.
Nemeth, E., P. Grubbauer, M. Rössler & A. Schuster (2004): Ökologische Untersuchungen an den Reihern und Löfflern des Neusiedler See-Gebietes. Habitatwahl. Nahrungsökologie, Bruterfolg, Populationsentwicklung und Schutz der in Kolonien brütenden Schreitvögel. Biol. Forschungsinst. Burgenland–Bericht 92: 1–22.
Nemeth, E. & P. Grubbauer (2005): Zur aktuellen Bestandssituation der Reiher und Löffler des Neusiedler See-Gebietes. Egretta 48: 1–18.
Nemeth, E., G. Wolfram, P. Grubbauer, M. Rössler, A. Schuster, E. Mikschi & A. Herzig (2003): Interaction between fish and colonial wading birds within reed beds of Lake Neusiedl, Austria. Pp. 139–150 in I. G. Cowx (ed.): Interaction between Fish and Birds: implications for management. Blackwell Science Ltd.
Nemeth, E. (1994): Der Ortolan im Burgenland. Pp. 95–98 in: 1. Ortolan-Symposium. Wien 1992.
Nemeth, E. (2008): Die Zwergscharbe *Phalacrocorax pygmaeus* (Pallas 1773) – ein neuer Brutvogel für Österreich. Egretta 49: 2–5.
Németh, T. M., P. Kelemen, A. Csiszár, G. Kovács, S. Faragó & D. Winkler (2019): Habitat selection of the Common Quail (*Coturnix coturnix*) in an intensively managed agricultural environment. Ornis Hungarica 27: 99–109.
Neto, J. M., L. Gordinho, E. J. Belda, M. Marín, J. S. Monrós, P. Fearon & R. Crates (2013): Phenotypic Divergence among West European Populations of Reed Bunting *Emberiza schoeniclus*: The Effects of Migratory and Foraging Behaviours. PLoS One 8(5): e63248.
Niethammer, G. (1938): Welche Brutvögel Österreichs sind neu für Deutschland? Ornithol. Monatsber. 46: 101–107.
Niethammer, G. (1940): Zum Vorkommen des Rotkehlpiepers in der Ostmark. Ornithol. Monatsber. 48: 89–90.
Nowak, E. (2004): Die Türkentaube. Die Neue Brehm-Bücherei 353 (2. Auflage), A. Ziemsen, Wittenberg Lutherstadt.
OAG Münster (1997): Jahresbericht 1997 der Biol. Station „Rieselfelder Münster". Münster.
Oehlschlaeger, S. & T. Ryslavy (2002): Brutbiologie des Wiedehopfes *Upupa epops* auf den ehemaligen Truppenübungsplätzen bei Jüterbog, Brandenburg. Die Vogelwelt 123: 171–188.
Ogunsan-Brugger, C. (1995): The significance of male incubation in Black Swans (*Cygnus atratus*). Dissertation, Universität Wien.
Ojaste, J. (2019): Breeding and migration ecology of common crane (*Grus grus*). Ph. D. thesis, Estonian University of Life Sciences, Tartu.
Oláh, J., Z. Ecsedi, A. Szilágyi, J. Tar & T. Zalai (2017): Increasing numbers of red-breasted geese (*Branta ruficollis*) in Hungary: trends, numbers, dynamics in the last 30 years. Virgo 1: 43–61.
Oláh, J., Cs. Pigniczki & T. Nagy (2003): Population changes of Black-winged stilts (*Himantopus himantopus*) in Hungary and their breeding influx in 2000. Aquila 109–110: 61–79.
Olsen, K. M. & H. Larsson (1997): Skuas and Jaegers. A Guide to the Skuas and Jaegers of the World. Pica Press, Sussex.
Olsen, K. M. & H. Larsson (2004): Gulls of Europe, Asia and North America. Christopher Helm, London.
Oosterhuis, R. (2013): Dispersion of House Sparrows in a suburban and a rural population. Limosa 86: 80–87.
Palatitz, P., P. Fehérvári, Sz. Solt & É. Horváth (2015): Breeding population trends and pre-migration roost-site survey

of the Red-footed Falcon in Hungary. Ornis Hungarica 23: 77–93.
Palatitz, P., S. Solt & P. Fehérvári (2018): The Blue Vesper. Ecology and Conservation of the Red-footed Falocn. MME, Budapest.
Pannonhalmi, M. & H. Rojacz (2012): Wasserwirtschaft im Grenzbereich Österreich-Ungarn. Pp. 51–59 in J. Fally & L. Kárpáti (Hrsg.): Nationalpark Neusiedler See–Seewinkel/Fertő-Hanság Nemzeti Park. Monographische Studien über das Gebiet Neusiedler See und Hanság. Nationalparkverwaltung Fertő-Hanság. Szaktudás Kiadó Ház AG, Budapest.
Pätzold, R. (1986): Heidelerche und Haubenlerche. Neue Brehm-Bücherei 440, A. Ziemsen, Wittenberg Lutherstadt.
Pellinger, A (1992a): Apácalúd (*Branta leucopsis*) áttelelése a Fertőn. Szélkiáltó 2: 2.
Pellinger, A (1992b): A hajnalmadár (*Tichodroma muraria* L.1766) hazai előfordulásairól [On the occurence of *Tichodroma muraria* in Hungary]. Erdészeti és Faipari Tudományos Közlemények 1991/1: 221–227.
Pellinger, A (1993a): A Fertő vadludairól [Über die Wildgänse des Fertő]. Szélkiáltó 7: 10–13.
Pellinger, A. (1993b): Sarki csér (*Sterna paradisea*) a Fertő-tavon [Occurence of the Arctic Tern [*Sterna paradisea* by the Lake Fertő]. Aquila 100: 277.
Pellinger, A (1995a): Gólyatöcsök (*Himantopus himantopus*) költése a Fertő magyarországi részén [Brut des Stelzenläufers (*Himantopus himantopus*) im ungarischen Teil des Neusiedler Sees]. Szélkiáltó 10: 5–9.
Pellinger, A. (1995b): Szerkők (*Chlidonias sp.*) vonulásdinamikája a Fertőn [Zugdynamik von Wasserschwalben (*Chlidonias sp.*) am Neusiedler See]. Szélkiáltó 10: 18–20.
Pellinger, A (2000): A mekszikópusztai élőhely-rekonstrukciók hatása a fészkelő és vonuló madárállományokra. In: Pellinger A. (szerk.): A Fertő-tó védett és fokozottan védett természetszerű élőhelyein végzett fenntartó kezelések és rekonstrukciók értékelését megalapozó monitoring. Kutatási jelentés. Fertő–Hanság Nemzeti Park Igazgatóság, Sarród.
Pellinger, A. (2001a): A mekszikópusztai élőhely-rekonstrukciók hatása a fészkelő és vonuló madár állományokra, 2001. Pp. 166–215 in A. Pellinger (ed.): A Fertő-tó védett és fokozottan védett természetszerű élőhelyein végzett fenntartó kezelések és rekonstrukciók értékelését megalapozó monitoring. Kutatási jelentés. Fertő–Hanság Nemzeti Park Igazgatóság, Sarród.
Pellinger, A. (2001b): Mekszikópusztai elárasztások [Habitat reconstruction area at Mekszikópuszta]. Túzok 6: 132–141.
Pellinger, A (2003): Nesting and migration of the Kentish Plover (*Charadrius alexandrinus*) at Mekszikópuszta in the Fertő/Neusiedler See region. Aquila 109–110: 81–85.
Pellinger, A (2004): A vékonycsőrű víztaposó (*Phalaropus lobatus*) vonulása Mekszikópusztán [Migration of the Red-necked Phalarope (*Phalaropus lobatus*) at Mekszikópuszta in the Fertő-Neusiedler See region.]. Aquila 111: 75–79.
Pellinger, A (2005): Common Teal (*Anas crecca*) breeding at Mekszikópuszta. Aquila 112: 229–230.
Pellinger, A.(2006a): Üstökösréce (*Netta rufina*) újabb költése a petőházi cukorgyár ülepítőtavain. Szélkiáltó 12: 34.
Pellinger, A. (2006b): A sarlósfecske (*Apus apus*) költésbiológiai vizsgálata Sopronban. Szélkiáltó 12: 3–15.
Pellinger, A (2007): Attempted breeding of Northern Pintail (*Anas acuta*) on the Fertő. Aquila 114/115: 174–175.
Pellinger, A (2007): Nyirkai-Hany. Pp. 46–51 in J. Tardy (ed.): A magyarországi vadvizek világa. Alexandra Kiadó, Budapest.
Pellinger, A. (2012): Die Vögel. Pp. 207–218 in J. Fally & L. Kárpáti (eds.): Nationalpark Neusiedler See–Seewinkel Fertő-Hanság Nemzeti Park. Monographische Studien über das Gebiet Neusiedler See und Hanság. Szaktudás Kiadó Ház AG, Budapest.
Pellinger, A. (2013): Habitat restoration near Fertő. Pp. 524–525 in E. Boros, Z. Ecsedi & J. Oláh (szerk.): Ecology and management of soda pans in the Carpathian Basin. Hortobágy Environmental Association, Balmazújváros.
Pellinger, A. (2014): A bütykös ásólúd (*Tadorna tadorna*) fészkelése és vonulása Magyarországon [Nesting and migration of the Common Shelduck (*Tadorna tadorna*) in Hungary]. Szélkiáltó 16: 20–22.
Pellinger, A. (2015): Kendermagos réce (*Anas strepera*) telepes fészkelése a Nyugat-Dunántúlon [Colonial nesting of gadwall (*Anas strepera*) in Western Transdanubia]. Vízivad Közlemények 26: 255–258.
Pellinger, A. (2017): Breeding of the Kentish plover (*Charadrius alexandrinus*) on ploughland of Mekszikópuszta. Rence 2: 299–302.
Pellinger, A. (2018): A daru (*Grus grus*) vonulása a Dunántúlon. Szélkiáltó 17: 66–70.
Pellinger, A. (2018a): Vízimadarak befogása varsával [Capture of waterbirds with walk-in trap]. Szélkiáltó 17: 3–6.
Pellinger, A. (2018b): Csörgő réce (*Anas crecca*) újabb költése Mekszikópusztán. [Recent breeding of Common Teal (*Anas crecca*) in Mekszikópuszta]. Szélkiáltó 17: 77.
Pellinger, A. & T. Hadarics (1993): "Táplálékkonkurrencia" réti sas (*Haliaëtus albicilla*) és róka (*Vulpes vulpes*) közt [Nahrungskonkurrenz zwischen Seeadler (*Haliaëtus albicilla*) und Fuchs (*Vulpes vulpes*)]. Szélkiáltó 7: 21.
Pellinger, A. & M. Váczi (1994): Adatok a vándorsólyom (*Falco peregrinus*) táplálkozásához őszi-tavaszi időszakban [Angaben zur Ernährung des Wanderfalken (*Falco peregrinus*) im Herbst und Frühling]. Szélkiáltó 8: 14–15.
Pellinger, A. (2018): Nádasban (*Phragmites australis*) táplálkozó kis fakopáncs (*Dryobates minor*) [Lesser Spotted Woodpecker (*Dryobates minor*) feeding amongst reed]. Szélkiáltó 17: 75.
Pellinger, A. & M. Ferenczi (2008): A réti cankó (*Tringa glareola*) vonulása Magyarországon [The migration of Wood Sandpiper (*Tringa glareola*) in Hunagary]. Ornis Hungarica 15/16: 117.
Pellinger, A. & M. Ferenczi (2012): Fészkelő madárállományok a Nyirkai-Hanyban [Breeding bird populations in the Nyirkai-Hany area (NW-Hungary)]. Szélkiáltó 15: 35–37.
Pellinger, A. & T. Hadarics (2020a): Vízimadár-számlálások a mekszikópusztai elárasztások területén 2017–2019 között [Waterbird monitoring on the habitat reconstruction area at Mekszikópuszta between 2017 and 2019]. Rence 5: 242–275.
Pellinger, A & T. Hadarics (2020b): Vízimadarak vonulásának kutatása egyedi jelölésekkel Mekszikópusztán [Research on the migration pattern of waterbirds, using individual banding, in Mekszikópuszta]. Rence 5: 379–404.
Pellinger, A. & T. Hadarics (2020c): Bütykös hattyúk (*Cygnus olor*) telelése mezőgazdasági területeken a Fertőnél 2017/2018 és 2019/2020 között [Wintering of mute swans (*Cygnus olor*) on agricultural areas at Lake Fertő between 2017/2018 and 2019/2020. Rence 5: 194–210.
Pellinger, A. & T. Hadarics (2020d): Madártani kutatások a Fertőn. Kutatási zárójelentés. Interreg V-A Ausztria-Magyarország, Vogelwarte Madárvárta 2.
Pellinger, A. & T. Hadarics (2020e): Vízimadárszámlálások a mekszikópusztai elárasztások területén. Pp. 126–180 in A. Pellinger (szerk.): Madártani kutatások a Fertőn. Kutatási jelentés. Sarród.
Pellinger, A. T. Hadarics & S. Tatai (2017): A bütykös hattyú (*Cygnus olor*) áttelelő állománya a Kisalföldön 2016/2017 telén [Wintering population size of Mute Swans (*Cygnus olor*) on the Small Hungarian Plain in the Winter of 2016/2017. Rence 2: 99–109.
Pellinger, A. J. Laber & B. Kohler (2010): Breeding populations of the Kentish Plover (*Charadrius alexandrinus*), Black-winged Stilt (*Himantopus himantopus*) and Avocet (*Recurvirostra avosetta*) at Lake Fertő. Acta Biol. Debr. Oecol. Hung. 22: 173–179.
Pellinger, A. & S. Mogyorósi (1994): Mesterséges szigetek küszvágó csérek (*Sterna hirundo*) számára [Artificial islets for Common Terns (*Sterna hirundo*)]. Aquila 101: 220–221, 243–245.
Pellinger, A. & S. Mogyorósi (2001): Az ázsiai pettyeslile (*Pluvialis fulva*) első magyarországi megfigyelése [The first observation of Pacific Golden Plover (Pluvialis fulva) in Hungary]. Túzok 6: 144–145.
Pellinger, A. & S. Mogyorósi (2012): A vetési verjú (*Corvus frugilegus*) kisalföldi telepei a 2009. évi állományfelmérés alapján [Colonies of the Rook (*Corvus frugilegus*) on the Small Hungarian Plain based upon the 2009 population assessment]. Szélkiáltó 15: 21–23.
Pellinger, A. & S. Mogyorósi (2016): Az üstökösréce (*Netta rufina*) vonulásdinamikája a Fertő magyarországi részén [Migration

dynamics of the red-crested pochard (*Netta rufina*) on the Hungarian part of Lake Fertő]. Vízivad Közlemények 28: 273–283.
Pellinger, A. L. Musicz, S. Tatai, J. Laber, G Bátky & Á. Bodor (2021): Átvonuló és telelő vadludak eloszlásának változásai a Dunántúl északi részén [Changes in the distribution of migrating and wintering wild geese in the northern part of Transdanubia]. Rence 6: 191–227.
Pellinger, A. & J. Soproni (1995): Adatok Sopron környéke és a Fertő madárvilágához az 1993-as évből. [Daten zur Kenntnis Der Vogelwelt des Neusiedler Sees und der Soproner Umgebung aus dem Jahre 1993]. Szélkiáltó 10: 25–26.
Pellinger, A. & J. Soproni (1999): Adatok a Fertő madárvilágának ismeretéhez az 1994 és 1995 évekből [Daten zur Kenntnis der Vogelwelt des Neusiedler Sees und der Soproner Umgebung aus den Jahren 1994 und 1995]. Szélkiáltó 11: 17–21.
Pellinger, A. & G. Takács (2012): Die Feuchtgebietsrekonstruktion Nyirkai-Hany. Pp. 268–271 in J. Fally & L. Kárpáti (Hrsg.): Nationalpark Neusiedler See–Seewinkel. Fertő-Hanság Nemzeti Park. Nationalparkverwaltung Fertő-Hanság & Szaktudás Kiadó Ház AG, Budapest.
Pelzeln, A. v. (1871): Ein Beitrag zur ornithologischen Fauna der österreichisch-ungarischen Monarchie. Verh. der k. k. Zool.-Bot. Gesellschaft Wien 21: 689–730.
Pelzeln, A. v. (1874): Zweiter Beitrag zur ornithologischen Fauna der österreichisch-ungarischen Monarchie. Verh. der k. k. Zool.-Bot. Gesellschaft Wien 24: 560–568.
Pelzeln, A. v. (1877): Verzeichniss der von Herrn Julius Finger dem kaiserlichen Museum als Geschenk übergebenen Sammlung einheimischer Vögel. Mit Angabe der Localitäten und Beobachtungen nach Mittheilungen des Herrn J. Finger. Verh. der k. k. Zool.-Bot. Gesellschaft Wien 26: 153–162.
Penteriani, V. & M. del Mar Delgado (2019): The Eagle Owl. T. & A. D. Poyser, London.
Peschek, E. (1951): Bericht über den Schutzdienst am Neusiedler See. Natur und Land 37: 30.
Peter, H. (1996): Zur Ausbreitung der Misteldrossel (*Turdus viscivorus*) im Nordburgenland. Burgenländ. Heimatblätter 58: 44–47.
Peter, H. (1999): Heidelerchenkartierungen im Leithagebirge. Burgenländ. Heimatblätter 4/99: 200–210.
Peter, H. (2003): Kaiseradler über dem Burgenland – ein Großgreif wandert ein. Burgenländ. Heimatblätter 65: 161–167.
Peter, H. (2006): Brutinvasionen und Bestandsentwicklung der Sumpfohreule (*Asio flammeus*) in Österreich 1959–2001. Pp. 183–186 in A. Gamauf & H.-M. Berg (Hrsg.): Greifvögel und Eulen in Österreich. Naturhistorisches Museum, Wien.
Peter, H. (2013): Entwicklung des Bestandes der Dohle (*Corvus monedula*) im Nordburgenland 1994–2013. Burgenländ. Heimatblätter 75: 265–272.
Peters, H. (1960): Lasurmeise (*Parus cyanus*) am Neusiedlersee gefangen. Egretta 3: 14.
Petkov, N. (2006): The importance of extensive fishponds for Ferruginous Duck *Aythya nyroca* conservation. Pp. 733–734 in G. C. Boere, C. A. Galbraith & D. A. Stroud (Hrsg.): Waterbirds around the world. The Stationery Office, Edinburgh, UK.
Pflagner, M. (1966): Nikolaus Lenau und das Burgenland. Burgenländ. Heimatblätter 28: 161–170.
Piechocki, R. (1985): Der Uhu. Die Neue Brehm-Bücherei 108, A. Ziemsen, Wittenberg Lutherstadt.
Pigniczki, Cs. & Sz. Lengyel (2021): Gulipán. In: T. Szép et al. (ed.): Magyarország madáratlasza. AM & MME, Budapest.
Pirger, Z. (2012): Die Schilfwirtschaft am Neusiedler See. Pp. 391–398 in J. Fally & L. Kárpáti (Hrsg.): Nationalpark Neusiedler See–Seewinkel/Fertő-Hanság Nemzeti Park. Monographische Studien über das Gebiet Neusiedler See und Hanság. Nationalparkverwaltung Fertő-Hanság. Szaktudás Kiadó Ház AG, Budapest.
Plard, F., H. A. Bruns, D. V. Cimiotti, A. Helmecke, H. Hötker, H. Jeromin, M. Roodbergen, H. Schekkerman, W. Teunissen, H. van der Jeugd & M. Schaub (2019): Low productivity and unsuitable management drive the decline of central European lapwing populations. Animal Conservation 23: 286–296.
Podhrazsky, M., P. Musil, Z. Musilová, J. Zouhar, M. Adam, J. Zavora & K. Hudec (2017): Central European Greylag Geese *Anser anser* show a shortening of migration distance and earlier spring arrival over 60 years. Ibis 159: 352–365.
Pokorny, A. (1860): Beitrag zur Flora des ungarischen Tieflands. Verhandlungen des Zoologisch-Botanischen Vereins in Wien 10: 283–290.
Pokorny, A. (1861): Untersuchungen über die Torfmoore Ungarns. Sitzungsberichte der Akademie der Wissenschaften, mathematisch-naturwissenschaftliche Klasse 43: 57–122.
Poláková, K., P. Musil, S. Musilová & J. Zouhar (2018): Density-dependent regulation of breeding success in the Red-crested Pochard *Netta rufina*. Bird Study 65: 92–97.
Poulin, B., G. Lefebre & R. Mathevet (2005): Habitat selection by booming Bitterns *Botaurus stellaris* in French Mediterranean reed-beds. Oryx 39: 265–274.
Prinzinger, R. (1979): Der Schwarzhalstaucher. Die Neue Brehm-Bücherei 521. A. Ziemsen Verlag, Wittenberg Lutherstadt.
Probst, R. (2008): Der Raubwürger (*Lanius excubitor*) im Weinviertel, Niederösterreich. Pp. 22–42 in Forschungsgemeinschaft Wilhelminenberg (Hrsg.): Der Raubwürger in Österreich. Eigenverlag, Stockerau.
Prokop, P. (1975): Zur derzeitigen Brutverbreitung der Saatkrähe (*Corvus frugilegus*) im östlichen Österreich. Egretta 18: 3–7.
Prommer, M. & J. Bagyura (2020): Vándorsólyom. Pp. 506–531 in: L. Haraszthy & J. Bagyura (eds.): Magyarország ragadozó madarai és baglyai. 2. kötet. MME, Budapest.
Pühringer, N. & A. Ranner (2000): Zwei neue Beobachtungen des Sibirischen Tannenhähers (*Nucifraga caryocatactes macrorhynchos*) in Österreich. Egretta 43: 69–72.
Pühringer, N. & S. Stadler (2007): Der Einflug nordöstlicher Gimpel (*Pyrrhula pyrrhula pyrrhula*) („Trompetergimpel") in Oberösterreich in den Wintern 2004/05, 2005/06 und 2006/07. Vogelkundl. Nachr. aus Oberösterreich 15/1: 1–16.
Quelle, M. & W. Lemke (1988): Strukturanalyse von Waldlaubsängerrevieren (*Phylloscopus sibilatrix*) in Westfalen. Charadrius 24: 196–213.
Raab, R., I. Literák, C. Schütz, P. Spakovszky, J. Steindl, N. Schönemann, S. Tarjányi, L. Peške, K. Makoň, J. Mráz, B. Maderič, V. Pečeňák, H. Matušík & C. Schulze (2017): GPS-basierte Telemetriestudien an mitteleuropäischen Rotmilanen *Milvus milvus* – methodische Schwierigkeiten und analytische Möglichkeiten basierend auf ersten Ergebnissen. Ornithol. Mitt. 69: 245–260.
Raab, R., J. Steindl, E. Julius & S: Raab (2015): Jahresbericht 2014, Projektgebiet Sandboden und Praterterrasse. Studie im Rahmen des LE Projekts „Umsetzung Schutzmaßnahmen Triel" (RU5-S-936/001-2011). Unpublizierter Projektbericht.
Raab, R., H. Winkler, S. Farago, P. Spakovszky, J. Chavko & B. Maderič (2010): Die Bestandsentwicklung der westpannonischen Population der Großtrappe, *Otis tarda* Linnaeus 1758, von 1900 bis zum Winter 2008/2009. Egretta 51: 74–99.
Raab, R. (2017): Cross-border protection of the Great Bustard in Central Europe (LIFE15 NAT/AT/000834). Midterm Report 2017/Monitoring Report Waasen–Hanság. TB Mag. Dr Rainer Raab, Deutsch-Wagram.
Radović, D., J. Kralj & V. Tutiš (1998): Ferruginous Ducks at Draganic Fish-Ponds, NW Croatia, and a population estimate for Croatia. Threatened Waterfowl Specialist Group Bulletin 11: 23–25.
Ragats, Zs. (2004): A gyurgyalag (*Merops apiaster* Linnaeus, 1758) Győr-Moson-Sopron megyei fészkelőállományának felmérése 2000–2003-ban [Szakdolgozat]. Debreceni Egyetem, Természettudományi Kar, Alkalmazott Ökológiai tanszék, Debrecen.
Ragger, M. (2000): Siedlungsdichte und Habitatnutzung der Heidelerche (*Lullula arborea*) an der Thermenlinie (Niederösterreich). Egretta 43: 89–111.
Ranner, A. (o. J.): Zur Bestandsentwicklung und Nahrungsökologie der Illmitzer Weißstörche. Verein für Vogel- und Landschaftsschutz, Illmitz.
Ranner, A. (1987): Grüner Laubsänger (*Phylloscopus trochiloides*) in Rust – Erstnachweis für Österreich. Egretta 30: 39–40.
Ranner, A. (1989): Schutzprogramm für

den Weißstorch (*Ciconia ciconia*) in Rust am Neusiedlersee (Österreich). Schriftenreihe Bayer. Landesamt f. Umweltschutz 92: 87–90.

Ranner, A. (1990): Ein Brutvorkommen des Ziegenmelkers (*Caprimulgus europaeus*) am Ruster Hügelzug (Burgenland). Vogelkundl. Nachr. Ostösterreich 1/2: 2–3.

Ranner, A. (1991): Die Vogelwelt der Freistadt Rust. Magistrat der Freistadt Rust, Rust.

Ranner, A. (1995): Das Raum-Zeit-System der Weißstörche (*Ciconia ciconia*) in Rust (Burgenland, Österreich): Der Einfluß des Nahrungsangebotes auf die Verteilung und die Bestandsentwicklung der Störche. Diss. Univ. Wien.

Ranner, A. (2002): Nachweise seltener und bemerkenswerter Vogelarten in Österreich 1996–1998. 3. Bericht der Avifaunistischen Kommission von BirdLife Österreich. Egretta 45: 1–37.

Ranner, A. (2003): Nachweise seltener und bemerkenswerter Vogelarten in Österreich 1999–2000. 4. Bericht der Avifaunistischen Kommission von BirdLife Österreich. Egretta 46: 109–135.

Ranner, A. (2005): Checkliste der Vögel Österreichs. Avifaunistische Kommission von BirdLife Österreich. www.birdlife-afk.at.

Ranner, A. (2006): Die aktuelle Situation des Kaiseradlers (*Aquila heliaca*) in Österreich. Pp. 27–35 in A. Gamauf & H.-M. Berg (Hrsg.): Greifvögel und Eulen in Österreich. Naturhistorisches Museum, Wien.

Ranner, A. (2012): Der Raubmöweneinflug im Neusiedler See-Gebiet im Herbst 2010. Elanus 5: 80–85.

Ranner, A. (2016): Auftreten und Phänologie von Raubmöwen im Neusiedler See-Gebiet. Elanus 9: 82–107.

Ranner, A. (2017): Der aktuelle Status der Nilgans (*Alopochen aegyptiaca*) im Burgenland. Vogelkundl. Nachr. Ostösterreich 28: 36–41.

Ranner, A., M. Dvorak, M. Gattermayr, O. Samwald & C. Schütz (2010): Brutbestandsentwicklung der Saatkrähe (*Corvus frugilegus*) im Burgenland von 2005 bis 2010. Vogelkundl. Nachr. Ostösterreich 21: 11–16.

Ranner, A. & L. Khil (2009): Nachweise seltener und bemerkenswerter Vogelarten in Österreich 2001–2006. Fünfter Bericht der Avifaunistischen Kommission von BirdLife Österreich. Egretta 50: 51–75.

Ranner, A. & L. Khil (2011): Nachweise seltener und bemerkenswerter Vogelarten in Österreich 2007–2009. 6. Bericht der Avifaunistischen Kommission von BirdLife Österreich. Egretta 52: 13–32.

Ranner, A., J. Laber & H.-M. Berg (1995): Nachweise seltener und bemerkenswerter Vogelarten in Österreich 1980–1990. 1. Bericht der Avifaunistischen Kommission von BirdLife Österreich. Egretta 38: 59–98.

Ranner, A. & R. Riegler (2005): Verbreitung und Bestand der Saatkrähe (*Corvus frugilegus*) im Burgenland im Jahr 2005. Egretta 48: 96–101.

Ranner, A., O. Samwald & A. Grüll (2008): Phänologie und Winterverbreitung des Raubwürgers (*Lanius excubitor*) im Burgenland. Pp. 253–268 in Forschungsgemeinschaft Wilhelminenberg (Hrsg.): Der Raubwürger in Österreich. Eigenverlag, Stockerau.

Ranner, A. & H. Szinovatz (1992): Überwinterung von Zwergschwänen (*Cygnus columbianus*) im Seewinkel/Burgenland. Egretta 35: 189–192.

Ranner, A. & M. Tiefenbach (1994): Der Weißstorch – Bestandsentwicklung, Gefährdungsursachen und Maßnahmenvorschläge. Reports 94-095 des Umweltbundesamtes, Wien.

Rauer, G. & B. Kohler (1990): Schutzgebietspflege durch Beweidung. Wiss. Arb. Burgenland Sonderband 82: 221–278.

Rauer, G. & B. Kohler (1992): Ein gefärbter Seeregenpfeifer an der Langen Lacke. Vogelkundl. Nachr. Ostösterreich 3/1: 27.

Rauer, G. (1986): Öko-ethologische Untersuchung der Nahrungsuche von Uferschnepfen (*Limosa limosa* L.) im Seewinkel (Burgenland, Neusiedlersee-Gebiet). Diss. Univ. Wien.

Rechnungshof Österreich (2020): Nationalpark Neusiedler See – Seewinkel. Bericht des Rechnungshofes. Reihe BUND 2020/29, Reihe BURGENLAND 2020/6. Wien.

Reichholf, J., K. Schmidtke & W. Wiesinger (1974): Berghänflinge (*Carduelis flavirostris*) im Seewinkel. Egretta 17: 37–38.

Reichlin, T. S., M. Schaub, M. H. M. Menz, M. Mermod, P. Portner, R. Arlettaz & L. Jenni (2009): Migration patterns of Hoopoe *Upupa epops* and Wryneck *Jynx torquilla*: an analysis of European ring recoveries. J. Ornithol. 150: 393–400.

Reinhardt, A. & H.-G. Bauer (2009): Analyse des starken Bestandsrückgangs beim Waldlaubsänger *Phylloscopus sibilatrix* im Bodenseegebiet. Die Vogelwarte 47: 23–29.

Reinhardt, H. (1985): Zwergadler (*Hieraaetus pennatus*) im Seewinkel/Österreich. Ornithol. Mitt. 37: 301.

Reiser, O. (1888): V. Jahresbericht des Comites für ornithologische Beobachtungsstationen in Österreich und Ungarn. Ornis 4, Supplem.-Heft.

Reiser, O. (1931): Ornithologische Mitteilungen. Verh. zool.-bot. Ges. Wien 80 (3/4): 90–92.

Reiser, O. (1923/24): Herbst-Beobachtungen vom Fertő-Neusiedler-See. Aquila 30/31: 314–317.

Reiter, A. S. (1991): Ergebnisse ökologischer Untersuchungen an den Großtrappen im österreichischen Teil des Hanság in den Jahren 1988–1991 sowie Vorschläge zu einem Großtrappenschutzgebiet. Endbericht für das AGN-Forschungsprojekt BC 7i „Großtrappenpopulation im Hanság".

Reiter, A. S. (1994): Bestand und Habitatwahl des Weißsternigen Blaukehlchens (*Luscinia svecica cyanecula*) im österreichischen Teil des Hanság in den Jahren 1988–1990 sowie Vorschläge zum Schutz der Art. Egretta 37: 45–59.

Reiter, A. S. (1995): Österreichsicher Teil des Hanság. Pp. 21–30 in M. Dvorak & E. Karner (Hrsg.): Important Bird Areas in Österreich. Monographien Band 71, Umweltbundesamt, Wien.

Reiter, A. S. (1997): Die Wiesenweihe als Getreidebrüter – Möglichkeiten einer Kooperation zwischen Naturschutz, Jagd- und Landwirtschaft sowie Empfehlungen zum Schutz der Jungvögel. Vogelkundl. Nachr. Ostösterreich 8: 108–112.

Reiter, A. S., H. Höttinger, U. Straka, A. Bruckner, E. Csarmann, K. Michalek & T. C. Zechmeister (2009): Erhebung ökologisch bedeutender Zielarten im Tiergarten Schützen. Studie im Auftrag der Esterházy Betriebe GmbH. Naturschutzbund Burgenland, Eisenstadt.

Rékási, J. (1992): Adatok a dél-alföldi akácosok madárvilágához. Aquila 99: 137–148.

Rékási, J. (1998): Data on the Mallophaga lice of birds. Aquila 103–104: 142–143.

Remekházy, K. (1886): Moson Megye: közigazgatási és kulturtérképe és statisztikája.

Ridzoň, J., Š Benko, A. Chudý & J. Svetlík (2019): Die Vogelinsel in der Donau – Veränderungen und Bedeutung. BirdLife Slovakia & Nabu, Bratislava & Berlin.

Rodewald-Rudescu, L. (1974): Das Schilfrohr *Phragmites communis Trinius*. Die Binnengewässer – Einzeldarstellungen aus der Limnologie und ihren Nachbargebieten Band 27, Schweizerbart'sche Verlagsbuchhandlung, Stuttgart.

Rokitansky, G. (1952): Zum Brüten des Rotfussfalken (*Falco vespertinus* L.) am Neusiedlersee. Vogelkundl. Nachr. aus Österreich 2: 4.

Rokitansky, G. (1964): Catalogus Faunae Austriae. Teil XXIb Aves. Österr. Akademie d. Wissenschaften, Wien.

Roland, C. (2007): Ein Rosapelikan im Seewinkel. Elanus 2, CD im Eigenverlag des Club 300 Österreich.

Roland, C. (2019): Birding Hotspots. 43 Routen rund um den Neusiedler See. Nationalpark Neusiedler See – Seewinkel, Apetlon.

Roodbergen, M. & W. Teunissen (2019): Meadow birds in The Netherlands. Wader Study 126: 7–18.

Roomen, M. v., S. Nagy, R. Foppen, T. Dodman, G. Citegetse & A. Ndiaye (2015): Status of coastal waterbird populations in the East Atlantic Flyway. With special attention to flyway populations making use of the Wadden Sea. Programme Rich Wadden Sea, Leeuwarden, Sovon, Nijmegen, Wetlands International, Wageningen, BirdLife International, Cambridge & Common Wadden Sea Secretariat, Wilhelmshaven.

Roomen, M. v., S. Nagy, G. Citegetse & S. Schekkerman (2017): East Atlantic Flyway Assessment 2017: the status of coastal waterbird populations and their sites. Wadden Sea Flyway Initiative p/a CWSS; Wetlands International, Wageningen & BirdLife International, Cambridge.

Rose, P. M. & D. A. Scott (1997): Waterfowl

population estimates. 2nd edition. Wetlands International Publication.
Ruge, K. (1969): Beobachtungen am Blutspecht *Dendrocopos syriacus* im Burgenland. Die Vogelwelt 90: 201–223.
Rumpler, H. (1997): Österreichische Geschichte, 1804–1914: Eine Chance für Mitteleuropa: Bürgerliche Emanzipation und Staatsverfall in der Habsburgermonarchie. Carl Ueberreuter Verlag, Wien.
Rusticali, R., F. Scarton & R. Valle (2002): Taxonomic status of the Oystercatcher *Haematopus ostralegus* breeding in Italy. Bird Study 49: 310–313.
Sabathy, E. (1998): Zum Vorkommen der Zwergrohrdommel (*Ixobrychus minutus*) in Wien unter Berücksichtigung methodischer Aspekte der Bestandserfassung. Egretta 41: 67–89.
Sachslehner, L. (2017): Wiesenweihen *Circus pygargus* in Österreich: Bestand, Lebensräume, Schutzmaßnahmen. Die Vogelwelt 137: 331–347.
Sackl, P. (2008): Die Bedeutung der Landnutzung, der Schneeverhältnisse und des Beuteangebotes für die Überwinterung des Raubwürgers (*Lanius excubitor* L.) im rand- und inneralpinen Agrarland Südost-Österreichs. Pp. 223–244 in Forschungsgemeinschaft Wilhelminenberg (Hrsg.): Der Raubwürger in Österreich. Eigenverlag, Stockerau.
Sackl, P. (1985a): Die Ausbreitung des Schwarzstorches (*Ciconia nigra*, AVES). Arealveränderungen in Osteuropa und Südost-Österreich. Mitt. naturwiss. Ver. Steiermark 115: 125–131.
Sackl, P. (1985b): Der Schwarzstorch (*Ciconia nigra*) in Österreich – Arealausweitung, Bestandsentwicklung und Verbreitung. Die Vogelwelt 106: 121–141.
Sageder, G. (1990): Nahrungsspektrum und Mechanismen der Entstehung der Beutewahl beim Steinkauz: Eine Vergleichende Freiland- und Laboruntersuchung. Diss. Univ. Wien.
Sailer, C. & K. Maracek (2019): Der Neusiedler See – ein Überblick. Österreichische Wasserwirtschaft 71: 483–493.
Samwald, O. (2014): Erster fotografisch dokumentierter Nachweis der Fischmöwe *Larus ichthyaetus* in Österreich. Elanus 7: 76–78.
Samwald, O. & F. Samwald (1989): Die Blauracke (*Coracias g. garrulus*) in der Steiermark – Bestandsentwicklung, Phänologie, Brutbiologie, Gefährdung. Egretta 32: 37–57.
Samwald, O., T. Hochebner & G. Geppel (1993): Die Winterverbreitung der Hohltaube (*Columba oenas*) in Ostösterreich. Egretta 36: 9–16.
Samwald, T. (1965): Beitrag zur Beringungstätigkeit an der österreichischen Vogelwarte in Neusiedl am See. Wiss. Arb. Burgenland 34: 241–254.
Sandgruber, R. (1995): Ökonomie und Politik: Österreichische Wirtschaftsgeschichte vom Mittelalter bis zur Gegenwart. In: H. Wolfram (Hrsg.): Österreichische Geschichte. Carl Ueberreuter Verlag, Wien.
Sauerzopf, F. (1953): *Coleus monedula turrium* (Brehm C. L. 1831) – zum Brutvorkommen im nördlichen Burgenland. Burgenländ. Heimatblätter 21: 86–87.
Sauerzopf, F. (1955): Zur Kenntnis des Brutvorkommens der Zwergohreule – *Otus scops* – im Burgenland. Burgenländ. Heimatblätter 17: 39–40.
Sauerzopf, F. (1962): Die Rostgans – *Casarca = Tadorna ferruginea* – im Neusiedlersee Gebiet. Wiss. Arb. Burgenland 29: 111–113.
Scebba, S. & A. Vitolo (1984): Segnalazione di Pettazzurri occidentali *Luscinia svecica cyanecula* alla foce del Volturno (Caserta). Uccelli d'Italia 8: 249–251.
Schaeff, E. (1892): Die Exkursion nach dem Hanság und dem Neusiedler See. Pp. 198–201 in Masodik Nemzetközi Madartani Congressus Budapest 1891: Föjolentes. II. Tud. resz. 1892, Budapest.
Schäffer, N. (1998): Habitatwahl und Partnerschaftssystem von Tüpfelralle *Porzana porzana* und Wachtelkönig *Crex crex*. Ökologie der Vögel 21: 1–267.
Schenk, J. (1905): Über einige Wintergäste Ungarns im Winter 1904/05. Aquila 12: 347–352.
Schenk, J. (1909): A pusztai talpastyuk 1908. évi megjelenése Magyarországon. Vadász-Lap 30 (5): 65–66.
Schenk, J. (1916): A szerecsensirály hajdani fészkelése Magyarországon. Aquila 23: 358–360.
Schenk, J. (1917a): Ornithologische Fragmente vom Fertö-See. Aquila 24: 66–106.
Schenk, J. (1917b): A magyar birodalom állatvilága. A Magyar Birodalomból eddig ismert állatok rendszeres lajtroma. Fauna Regni Hungariae. Animalium Hungariae hucusque cognitorum enumeratio systematica. Classis Aves. K. M. Természettudományi Társulat, Budapest.
Schenk, J. (1918): Die einstigen und gegenwärtigen Brutkolonien der Edelreiher in Ungarn. Beilage zu Aquila 25.
Schenk, J. (1929/30): Das Nisten der Wiesenweihe (*Circus pjgargus* L.) in Ungarn. Aquila 36/37: 72–76.
Schenk, J. (1931/34): Das Brüten der Teichwasserläufers am Fertosee. Aquila 38/41: 411–412.
Scherner, E. (1996): Die Bedeutung sozioökonomischer Verhältnisse für den Artenschutz am Beispiel der Haubenlerche (*Galerida cristata*) in Nordwestdeutschland. Ökol. Vögel 18: 1–44.
Scherner, E. R. (1980a): *Columba oenas* – Hohltaube. Pp. 42–64 in U. N. Glutz von Blotzheim & K. M. Bauer: Handbuch der Vögel Mitteleuropas Band 9. Akademische Verlagsgesellschaft, Wiesbaden.
Scherner, E. R. (1980b): *Columba palumbus* – Ringeltaube. Pp. 64–97 in U. N. Glutz von Blotzheim & K. M. Bauer: Handbuch der Vögel Mitteleuropas Band 9. Akademische Verlagsgesellschaft, Wiesbaden.
Scherner, E. R. (1980c): *Streptopelia turtur* – Turteltaube. Pp. 141–161 in U. N. Glutz von Blotzheim & K. M. Bauer: Handbuch der Vögel Mitteleuropas Band 10. Akademische Verlagsgesellschaft, Wiesbaden.
Scherzinger, W. & T. Mebs (2020): Die Eulen Europas: Biologie, Kennzeichen, Bestände. Franckh Kosmos Verlag, Stuttgart.
Schifter, H. (1985): *Galerida cristata* – Haubenlerche. Pp. 144–186 in U. N. Glutz von Blotzheim & K. M. Bauer: Handbuch der Vögel Mitteleuropas 10/1. Aula-Verlag Wiesbaden.
Schleicher, B. (1993): Fortpflanzungsstrategien der Beutelmeise (*Remiz pendulinus*). Dipl. Arb. Univ. Wien.
Schlenker, R. (1977): Ein Gelbbrauenlaubsänger (*Phylloscopus inornatus*) im Seewinkel. Egretta 20: 45.
Schmidl, A. (1838): Wiens Umgebungen auf zwanzig Stunden im Umkreis, Bd. II. Pp. 544–552. Gerold Verlag, Wien.
Schmidt, E. (1967): Die Ruderente (*Oxyura leucocephala*) im Karpatenbecken. Anz. Orn. Ges. Bayern 8: 123–128.
Schmidt, E. (1973): Faunisztikai jegyzetek 1. Aquila 76/77: 183–186.
Schmidt, E. (1988): Das Blaukehlchen. Die Neue Brehm-Bücherei 426, A. Ziemsen, Wittenberg Lutherstadt.
Schmidt, M., W. Vogl & H. Winkler (2014): Grundlagen zur Erforschung des Vogelzuggeschehens in Österreich. BirdLife Österreich, Wien.
Schmidt, R. (1991): Basrarohrsänger *Acrocephalus griseldis* (Hartl., 1891) am Neusiedlersee? Ornithol. Verh. 25: 75–76.
Schneider, M. & C. Schulze (2015): Habitatnutzung des Braunkehlchens (*Saxicola rubetra*) im Europaschutzgebiet Waasen-Hanság, Burgenlan. Acta ZooBot Austria 152: 57–72.
Schönfeld, M. (1982): Der Fitislaubsänger. Die Neue Brehm-Bücherei 539, A. Ziemsen, Wittenberg Lutherstadt.
Schönn, S., W. Scherzinger, K.-M. Exo & R. Ille (1991): Der Steinkauz. Neue Brehm-Bücherei 606, A. Ziemsen, Wittenberg Lutherstadt.
Schopp-Guth, A. (1999): Renaturierung von Moorlandschaften. Schriftenreihe für Landschaftspflege und Naturschutz 57. Bundesamt für Naturschutz, Bonn-Bad Godesberg.
Schulz, H. (1988): Weißstorchzug – Ökologie, Gefährdung und Schutz des Weißstorchs in Afrika und Nahost. Verlag Josef Margraf, Weikersheim.
Schuster, A., E. Nemeth, A. Grüll & M. Rössler (1998): Der Seidenreiher (*Egretta garzetta*) – ein neuer Brutvogel für Österreich. Egretta 41: 61–66.
Schuster, A. (1992): Vergleich der brut- und nachbrutzeitlichen Habitatwahl beim Neuntöter (*Lanius collurio*, L.), Schwarzkehlchen (*Saxicola torquata*, L.) und Braunkehlchen (*Saxicola rubetra*, L.) im Kulturland des Hanság (Burgenland). Diplomarbeit Universität Bodenkultur, Wien.

Schütt, R. & A: Müller (1985): Dünnschnabelmöwen *Larus genei* am Neusiedler See (Österreich). Anz. Orn. Ges. Bayern 25: 230–233.
Scott, D. A. & P. M. Rose (1996): Atlas of Anatidae Populations in Africa and Western Eurasia. Wetlands International Publication 41, Wageningen.
Seebohm, H. (1901): The Birds of Siberia: The Yenesei. Paperback Reprint published 1985 by Alan Sutton Publishing Ltd., London.
Seilern, J. (1934): Ornithologische Miszellen III. Zur Ornis des Neusiedler Sees. Ann. Naturhistor. Mus. Wien 47: 40–41.
Seitz, A. (1934): Von den Reiherkolonien am Neusiedlersee Frühling 1933. Beitr. Fortpfl.-biol. Vögel 10: 228–229.
Seitz, A. (1935a): Ornithologisches vom Neusiedler See. Kócsag 8: 29–33.
Seitz, A. (1935b): Einige Mitteilungen über den Hausstorch als Brutvogel in Österreich 1934. Beitr. Fortpfl.-biol. Vögel 11: 85–92.
Seitz, A. (1936): Beobachtungen in den Reiherkolonien des Neusiedlersees (Österreich) 1935. Beitr. Fortpfl.-biol. Vögel 13: 13–22.
Seitz, A. (1940): Der Hausstorchbestand im Burgenland (Gau Niederdonau) 1934–1939. Beitr. Fortpfl.-biol. Vögel 16: 87–92.
Seitz, A. (1942): Die Brutvögel des „Seewinkels" (der „Burgenländischen Salzsteppe" am Ostufer des Neusiedlersees, Gau Niederdonau). Niederdonau/Natur und Kultur 12.
Seitz, A. (1943): Ein Beitrag zur Singvogelwelt des Neusiedlersees: Die Brutvögel der Sumpflandschaft. Beitr. Fortpfl.-biol. Vögel 19: 1–9.
Sezemsky, R. & J. Ripfel (1985): Zur Siedlungsdichte der Rohrweihe im Schilfgürtel des Neusiedlersees. Wiss. Arb. Burgenland 72: 455–466.
Sezemsky, R. (1983): Zur Siedlungsdichte und Ökologie der Rohrweihe am Neusiedler See. Hausarbeit in Zoologie. Univ. Wien.
Shepherd, M. (1986): Let's Look at Eastern Austria: An „Ornitholidays" Guide. Ornitholidays.
Shydlovskyy, I. & H. Kuzyo (2016): Anthropogenic or ecological trap: what is causing the population decline of the Lapwing *Vanellus vanellus* in Western Ukraine. Ring 38: 43–55.
Slobodník, R., J. Chavko, J. Lengyel, M. Noga, B. Maderič & M. Baláž (2017): Trend in an isolated population of the red-footed falcon (*Falco vespertinus*) at the edge of its breeding range (south-western Slovakia). Slovak Raptor Journal 11: 83–89.
Smith, J. P. & M. W. Collopy (1995): Colony turnover, nest success and productivity, and causes of nest failure among wading birds (*Ciconiiformes*) at Lake Okeechobee, Florida (1989–1992). Arch. Hydrobiol. Spec. Issues Advanc. Limnol 45: 287–316.
Soja, A.-M., K. Kutics, K. Maracek, G. Molnár & G. Soja (2014): Changes in ice phenology characteristics of two Central European steppe lakes from 1926 to 2012 – influences of local weather and large scale oscillation patterns. Climatic Change 126: 119–133.
Soja, G., J. Züger, M. Knoflacher, P. Kinner & A.-M. Soja (2013): Climate impacts on water balance of a shallow steppe lake in Eastern Austria (Lake Neusiedl). J. Hydrology 480: 115–124.
Solt, Sz., P. Palatitz, P. Fehérvári & É. Horváth (2019): Kék vércse fajmegőrzési terv. Agrárminisztérium, Budapest.
Solt, Sz. (2008): Vetési varjú kofliktuskezelé-si terv. Bericht im Rahmen des Projekts LIFE05 NAT/H/000122. MME, Budapest.
Sovon Vogelonderzoek Nederland (2018): Vogelatlas van Nederland. Broedvogels, wintervogels en 40 jaar verandering. Tweede druk, Kosmos Uitgevers, Utrecht/Antwerpen.
Spina, F. & S. Volponi (2008): Atlante del-la Migrazione deglo Uccelli in Italia. 1. non-Passeriformi. Ministerio dellÀmbiente e della Tutela del Territorio e del Mare, Istituto Superiore per la Protezione e la Ricerca Ambientale.
Spitzenberger, F. (1963): Verbreitung und Bestandsschwankungen der Bartmeise (*Panurus biarmicus* L.) in Österreich. Egretta 6: 53–59.
Stadler, S., M. Kriechbaum & J. Pennerstorfer (2017): Habitatausstattung von Steinkauzrevieren *Athene noctua* (Scopoli, 1769) in der Weinbaulandschaft öst-lich von Krems (Niederösterreich). Egretta 55: 118–132.
Staudinger, M (1978): Erfolgreiche Brut der Schwarzkopfmöwe (*Larus melanocephalus*) im Burgenland, Österreich. Egretta 21: 8–11.
Stead, P. J. (1977): Weißbürzelstrandläufer (*Calidris fuscicollis*) im Seewinkel. Egretta 20: 59.
Steiner, H. M. (1959): Ohrenlerche (*Eremophila alpestris*) und Spornammer (*Calcarius lapponicus*) am Neusiedlersee. Die Vogelwelt 80: 120–122.
Steiner, H. M. (1962): Seltene Gänse im Neusiedlersee-Gebiet. Egretta 5: 22–23.
Steiner, H. M. (1965): Bemerkungen zu der 1963 im Seewinkel beobachte-ten Schneegans. Egretta 8: 13–14.
Steiner, H. M. (1967): Beobachtung eines Blaßspötters (*Hippolais pallida*) im Seewinkel im Jahr 1962. Egretta 10: 34.
Steiner, J., R. Triebl & A. Grüll (2003): Bruterfolg und Ansiedlungsentfernung beim Wiedehopf (*Upupa epops*) im Neusiedler See-Gebiet 1961–1991. Egretta 46: 136–146.
Steiner, J. (1988): Artenschutzmaßnahmen für Schleiereule und Steinkauz im Seewinkel. Vogelschutz in Österreich Nr.2: 56.
Steiner, R. (1995): Brutbestand und Verteilung der Bruten bei der Flußseeschwalbe (*Sterna hirundo*) in den Jahren 1992 und 1993 im Seewinkel. Biol. Forschungsinst. Burgenland–Bericht 83: 31–36.
Steiner, W. & R. Parz-Gollner (2003): Actual numbers and effects of recreational distur-bance on the distribution and behaviour of Greylag Geese (*Anser anser*) in the Neusiedler See–Seewinkel National Park Area. J. Nature Conserv. 11: 324–330.
Steinfatt, O. (1936): Vogelkundliche Wanderungen am Neusiedler See. Beitr. Fortpfl.-biol. Vögel 12: 190–194, 225–231.
Steinparz, K. (1926): Vogelleben und Naturschutz am Neusiedlersee. Bl. f. Naturkunde u. Naturschutz 13: 29–34.
Steinparz, K. (1955): *Anser fabalis brachyrhynchus* Baill.: Eine Richtigstellung zu: Die Vögel Österreichs 1951. (Mit einer Anmerkung von K. Bauer). Vogelkdl. Nachr. Österreich 5: 13.
Sterbetz, I. (1995): The conservation of Whimbrels (*Numenius phaeopus*) in South-east Hungary. Aquila 102: 29–40.
Stermin, A. N., A. David, D. Holte & A. Schmitz-Ornés (2019): Nesting habitat and nest features of Water Rails *Rallus aquaticus* and Little Crakes *Zapornia parva* on large wetlands. Bird Study 66: 398–406.
Stoddart, A. (2015): Extralimital races of the Ring Ouzel in Britain. British Birds 108: 97–103.
Straka, U. (1995): Zur Häufigkeit und Phänologie des Straßentodes von Waldohreule (*Asio otus*) und Waldkauz (*Strix aluco*). Egretta 38: 130–132.
Stroud, D. A., N. C. Davidson, R. West, D. Scott, L. Haanstra, O. Thorup, B. Ganter & S. Delany (2004): Status of mi-gratory wader populations in Africa and Western Eurasia in the 1990s. International Wader Studies 15: 1–250.
Studinka, L. (1942): The habits and plumages of Montagu`s Harrier. Aquila 46/49: 225–268.
Studinka, L. (1957): Faunistical observations from Hanság. Aquila 63/64: 359–360.
Suchentrunk, C. (2017): Bestandsentwicklung und Bruterfolg des Weißstorches (*Ciconia ciconia* L.) in Illmitz (Bgld.). Masterarbeit Univ. f. Bodenkultur, Wien.
Summers, R. W. & L. G. Underhill (1987): Factors related to breeding produc-tion of Brent Geese *Branta b. bernicla* and waders (*Charadrii*) on the Taimyr Peninsula. Bird Study 34: 161–171.
Sunder, P., K. Thorup, L. B. Jacobsen, M. H. Holsegard-Rasmussen, N. Ottessen, S. Svenné & C. Rahbek (2009): Spatial be-haviour of Little Owls (*Athene noctua*) in a declining low-density population in Denmark. J. Ornithol. 150: 537–548.
Supper, G. (1990): Der Landschaftswandel im Seewinkel. Dipl. Arb. Univ. f. Bodenkultur Wien.
Suske, W., G. Bieringer, T. Ellmauer, K. Horvath, H. Huber, Preisel (2015): Managementplan Europaschutzgebiet Neusiedler See – Nordöstliches Leithagebirge. Wien.
Szabo, B. & Z. Végvári (2003): Population trends, habitat selection and conservation sta-tus of the Ferruginous Duck in Hungary. Pp. 18–21 in N. Petkov, B. Hughes & U. Gallo-Orsi (Hrsg.): Ferruginous Duck: From Research to Conservation. Conservation Series No. 6. BirdLife International, Bulgarian Society for the Protection of Birds & IUCN-SSC/WI Threatened Waterfowl Specialists Group, Sofia.

Szabo, L. V. (1973/74): Das Brüten des Seggenrohrsängers (*Acrocephalus paludicola*) in der Hortobágy. Aquila 80/81: 41–53.
Szabó, Gy., J. Tar & D. Bogyó (2017): Migration of the Fennoscandian Lesser White-fronted goose in Hungary during years 2011–2017. Pp. 63–65 in M. Vouigioukalou, S. Kazantzidis. & T. Aarvak (eds.): Safeguarding the Lesser White-fronted Goose Fennoscandian population at key staging and wintering sites within the European flyway. Special publication. LIFE+10 NAT/GR/000638 Project.
Szelényi, B. (2020): A rétisas (*Haliaeetus albicilla*) magyarországi állományának alakulása 2017-ben és 2018-ban [Report on the breeding population of the White-tailed eagle (*Haliaeetus albicilla*) in Hungary in 2017 and 2018]. Heliaca 16: 32–34.
Szép, T., T. Csörgő, G. Halmos, P. Lovászi, K. Nagy & A. Schmidt (2021): Magyarország madáratlasza. Bird Atlas of Hungary. Agrárminisztérium, Magyar Madártani és Természetvédelmi Egyesület, Budapest.
Szijj, J. (1970): Der Terekwasserläufer (*Xenus cinereus* Guld.) in Österreich. Egretta 13: 1–2.
Szíjj, J. (1954): Gémtelepek Magyarországon 1951-ben [Heronries in the year 1951 in Hungary]. Aquila 55–58: 81–87.
Szimuly, G. & S. Mogyorósi (2000): Rozsdás nádiposzáta (*Acrocephalus agricola*) előfordulása a Fertő mellett [Occurance of Paddyfield Warbler (*Acrocephalus agricola*) near Lake Fertő]. Túzok 5: 62–63.
Tasch, P. (1935): Vörösfejű gébics Sopron környékén. Aquila 38–41: 354.
Tatai, S., A. Pellinger, Á. Bodor & E. Győrig (2020): A Hanság vizes élőhelyein átvonuló-, telelő- és átnyaraló vízimadár közösségek tér- és időbeli mintázatának vizsgálata [The survey of spatial and periodic pattern of waterfowl migrating through, wintering or spending the summer in the wetlands of the Hanság]. Rence 5: 338–365.
Tatai, S. (2020): A haris (*Crex crex*) hansági fészkelő állománynagyságának vizsgálata 2001–2020 között és a faj műholdtelemetriás vizsgálatának első hansági eredményei [Research of the breeding population size of the corncrake (*Crex crex*) in the Hanság 2001–2020 and the first results of its satellite tracking]. Rence 5: 316–337.
Taylor, B. & B. van Perlo (1998): Rails. A Guide to the Rails, Crakes, Gallinules and Coots of the World. Pica Press, Sussex.
Taylor, D. (1975): Gelbschenkel (*Tringa flavipes*) im Seewinkel – ein österreichischer Erstnachweis. Egretta 18: 32–33.
Tebb, G. & G. Taurer (2022): Ein vielbesuchter Nonnensteinschmätzer *Oenanthe pleschanka* im Nordburgenland. Elanus 15: 32–36.
Tebb, G. (2000): Ein außergewöhnlicher Einflug des Terekwasserläufers (*Xenus cinereus*) in Österreich im Frühjahr 2000. Egretta 43: 129–132.
Terraube, J., F. Mougeot, T. Cornulier, A. Verma, A. Gavrilov & B. Arroyo (2011): Broad wintering range and intercontinental migratory divide within a core population of the near-threatened pallid harrier. Diversity Distrib. 18: 401–409.
Teufelbauer, N., M. Adam & E. Nemeth (2018): Bestandstrends in Österreich überwinternder Wasservögel 1970–2014. Egretta 56: 36–75.
Teufelbauer, N. & L. Khil (2005): Der Einflug von Seidenschwänzen (*Bombycilla garrulus*) im Winter 2004/05 im östlichen Österreich. Egretta 48: 63–87.
Teufelbauer, N. & B. Seaman (2019): Monitoring der Brutvögel Österreichs. Bericht über die Saison 2018. BirdLife Österreich, Wien.
Teufelbauer, N., B. S. Seaman & M. Dvorak (2017): Bestandsentwicklungen häufiger österreichischer Brutvögel im Zeitraum 1998–2016 – Ergebnisse des Brutvogel-Monitoring. Egretta 55: 43–76.
Thomas, D. K. (1984): Aspects of habitat selection in the Sedge Warbler *Acrocephalus schoenobaenus*. Bird Study 31: 187–194.
Tiainen, J. (1991): *Phylloscopus trochilus* – Fitis. Pp. 1292–1357 in U. N. Glutz von Blotzheim & K. M. Bauer: Handbuch der Vögel Mitteleuropas Band 12. Aula-Verlag, Wiesbaden.
Tortosa, F., M. Máñez & N. Barcell (1995): Wintering White Storks in South East Spain in the Years 1991 and 1992. Die Vogelwarte 38: 41–45.
Tóth, V. R. (2016): Reed stands during different water level periods: physico-chemical properties of the sediment and growth of *Phragmites australis* of Lake Balaton. Hydrobiologia 778: 193–207.
Traser, Gy. (1982): Megfigyelés néhány madárfaj élőhely-(monotop)választásáról a Fertő-tó DK-i partján. Erdészeti és Faipari Tudományos Közlemények 1982/2: 191–207.
Traser, Gy. (1983): Egy félintenzíven legeltetett tehénlegelő madárvilága a Fertő DK-i partján [Avifauna of semi-intensive grazed cow pastures on the southern shore of Lake Fertő]. Erdészeti és Faipari Tudományos Közlemények 1983/2: 175–189.
Treggiari, A. A., M. Gagliardone, I. Pellegrino & M. Cucco (2013): Habitat selection in a changing environment: the relationship between habitat alteration and Scops Owl (Aves: Strigidae) territory occupancy. Italian Journal of Zoology 80: 574–585.
Triebl, R. (1962a): Zwergtrappen – *Otis tetrax orientalis* Hartert – im Seewinkel. Wiss. Arb. Burgenland 29: 116.
Triebl, R. (1962b): Brachschwalben im Seewinkel. Egretta 5: 65.
Triebl, R. (1962c): Kleine Raubmöwe am Neusiedlersee bei Illmitz. Wiss. Arb. Burgenland 29: 116.
Triebl, R. (1975a): Ein zweiter Nachweis für den Weißschwanzkiebitz (*Chettusia leucura* Licht.) in Österreich. Egretta 18: 1–2.
Triebl, R. (1975b): Brutversuch eines Sperbers (*Accipiter nisus*) im Seewinkel. Egretta 18: 18–19.
Triebl, R. (1977): Rund um den Neusiedlersee. 6. Teil: Wintergäste. Volk und Heimat 1976/77.
Triebl, R. (1979): Brutverdächtige Krickente im Hansag. Egretta 22: 83.
Triebl, R. (1979): Wanderungen und Zug der Graugans des Neusiedlersee-Gebietes aufgrund von Beringungsergebnissen. Natur u. Umwelt im Burgenland 2 (1): 11–16.
Triebl, R. (1981): Thorshühnchen *Phalaropus fulicarius* im Seewinkel. Egretta 24: 82–83.
Triebl, R. (1983): Über den Seeregenpfeifer (*Charadrius alexandrinus*) im Seewinkel, Burgenland/Österreich. Seevögel 4: 39–41.
Triebl, R. (1984): Die Graugans *Anser anser* im Neusiedler See-Gebiet, Österreich. Acta Sc. Nat. Brno 18: 25–30.
Triebl, R. (1990): Bestand und Brutverteilung der Flußseeschwalbe (*Sterna hirundo*) im Neusiedler See-Gebiet in den 80er Jahren. Biol. Forschungsinst. Burgenland – Bericht 73: 23–27.
Triebl, R. (2007): Seltene Gäste im Neusiedler See-Gebiet in den Jahren 1958–1963. Vogelkundl. Nachr. Ostösterreich 18: 7–9.
Triebl, R. (2008): Die letzten Jahre des Triels (*Burhinus oedicnemus* L.) als Brutvogel im Seewinkel (Burgenland). Vogelkundl. Nachr. Ostösterreich 19: 17–20.
Triebl, R. & H. Frühstück (1979): Erhebungen über den Weißstorch (*Ciconia ciconia*) im Burgenland von 1964–1973. Natur u. Umwelt im Burgenland Sonderheft 2: 1–31.
Triebl, R. & A. Wegleitner (2016): Die Lacken des burgenländischen Seewinkels (Lage – Namen – Etymologie). Burgenländ. Heimatblätter 78: 109–178.
Trierweiler, C., R. H. G. Klaassen, R. Drent, K.-M. Exo, J. Komdeur, F. Bairlein & B. J. Koks (2014): Migratory connectivity and population-specific migration routes in a long-distance migratory bird. Proc. R. Soc. B. 281: 2013–2897.
Tschida, H. (1967): Landwirtschaftlicher Aufschwung. Pp. 20–24 in Gemeinde Illmitz (ed.): Festschrift 750 Jahre Illmitz 1217–1967, Illmitz.
Tschusi zu Schmidhoffen, V. R. v. (1888): IV. Jahresbericht (1885) des Comité's für ornithologische Beobachtungs-Stationen in Oesterreich-Ungarn. Ornis 4: 1–146, 161–272, 321–368.
Tschusi zu Schmidhoffen, V. R. v. (1890): Das Steppenhuhn (*Syrrhaptes paradoxus* Pall.) in Österreich-Ungarn. Mitth. naturwiss. Ver. Steiermark 26: 29–128.
Udvardy, F. (2009): Adatok a bagolyfajok Sopron környéki előfordulásához 2000 és 2006 között. [Data on the distribution of Owl species in Sopron and its surroundings (NW Hungary) 2000–2006]. Szélkiáltó 14: 26.
Udvardy, F. (2012): Füleskuvik – *Otus scops* (Linnaeus, 1758). P. 123 In Faragó, S. (Hrsg.): Nyugat-Magyarország fészkelő madarainak elterjedési atlasza. Nyugat-magyarországi egyetem kiadó, Sopron.
Uhlig, T. (1896): Überwinternde Wachteln am Südufer des Neusiedler Sees. Aquila 5: 138–139.
Uiberacker, E. (1933): Künstliche Raubvogelhorste.

Bl. f. Naturkunde u. Naturschutz 20: 57.

Ullrich, B. (1980): Zur Populationsdynamik des Steinkauzes (*Athene noctua*). Vogelwarte 30: 179–198.

Váczi, M. (1993): Fekete gólya (*Ciconia nigra* L.) fészkelése a Soproni-hegységben. Szélkiáltó 5: 7.

Váczi, M. (2006a): Angaben zur Situation einzelner Greifvogelarten in NW-Ungarn, p. 9–19. In A. Gamauf & H.-M. Berg (Hrsg.): Greifvögel und Eulen in Österreich. Naturhistorisches Museum Wien, Wien.

Váczi, M. (2006b): Adatok a vándorsólyom teleléséhez a Kisalföldön [Some data on wintering Peregrine Falcons at the Kisalfold]. Heliaca 4: 90–92.

Váczi, M. (2006c): Adatok egyes ritka madárfajok helyzetéhez a Kisalföldön [Data on the population size of rare birds of the Kisalföld]. Szélkiáltó 12: 16–19.

Váczi, M. (2008a): Nagy póling (*Numenius arquata*) fészkelése a bősárkányi Öreg-Hanyban [Nesting of Eurasian Curlew (*Numenius arquata*) in the Öreg-Hany at Bősárkány]. Szélkiáltó 13: 15–17.

Váczi, M. (2008b): Réti fülesbagoly (*Asio flammeus*) 2004–2005 évi mozgalmai a Kisalföldön [Activities of Short-eared Owl (*Asio flammeus*) in 2004–2005 on the Kisalföld (Little Hungarian Plain)]. Szélkiáltó 13: 28.

Váczi, M. (2009): A ragadozómadár-védelem eredményei a Kisalföldön 2006-ban [Results of the active conservation of birds of prey on the Little Hungarian Plain in 2006]. Szélkiáltó 14: 22.

Váczi, M. (2012): Greifvögel und aktiver Greifvogel-Schutz. Pp. 236–238 in J. Fally & L. Kárpáti (eds.): Monographische Studien über das Gebiet Neusiedler See und Hanság. Nationalparkverwaltung Fertő-Hanság. Szaktudás Kiadó Ház AG, Budapest.

Váczi, M. (2020): Műholdas jeladó használatának kezdeti tapasztalatai a kisalföldi rétisasoknál (*Haliaeetus albicilla*) [Early experiences of using satellite transmitters on White-Tailed Eagles (*Haliaetus albicilla*) in the Little Hungarian Plain]. Heliaca 16: 18–22.

Váczi, M. (2020): Barna rétihéja (*Circus aeruginosus*) vonulásának, és területhasználatának vizsgálata műholdas jeladóval [Untersuchung des Zugverhaltens und der Habitatnutzung von der Rohrweihe mit Satellitensendern]. Rence 5: 224–241.

Váczi, M. & T. Hadarics (2020): A pártás daru ötödik előfordulása Magyarországon. Madártávlat 27 (3): 30–31.

Váczi, N. & M. Prommer (2017): Kiegészítő adatok a vándorsólyom (*Falco peregrinus*) kisalföldi teleléséhez [Supplemetary data to the wintering of the Peregrine Falcon (*Falco peregrinus*) in the Kisalfold]. Heliaca 15: 194–197.

Váczi, M., E. Tamás & B. Kalocsa (2014): Több faj jeladós vizsgálata egy területen [Satellite-tracking of several raptor species in the same study area]. Heliaca 12: 91–97.

Váczi, M., S. Tatai & F. Udvardy (2013): Adatok Győr-Moson-Sopron megye bagolyfaunájához (Strigiformes) [Additional data to the owl fauna of Győr-Moson-Sopron county]. Heliaca 11: 44–50.

Vádasz, C., S. Mogyorósi, A. Pellinger, R. Aleksza & C. Biró (2011): Results of the breeding passerine census carried ut at the Hungarian part of Lake Fertő in 2008. Ornis Hungarica 19: 11–20.

Vádasz, C. (2008): A Fertő-tavon fészkelő nádi énekesmadár fajok 2008. évi állományfelmérésének eredményei. Szakdolgozat. Nyugat-magyarországi Egyetem, Sopron.

Van Dijk, A. J., K. Van Dijk, L. J. Dijksen, T. M. Van Spanje & E. Wymenga (1986): Wintering waders and waterfowl in the Gulf of Gabes, Tunisia, January–March 1984. WIWO Report 11, Zeist.

Vasvári, M. (1934): A hamvas rétihéja táplálkozásáról [Über die Ernährung der Wiesenweihe]. Aquila 38–41: 306–329.

Vasvári, M. (1954): A szürkegém, a nagy- és kiskócsag táplálkozási ökológiája [Food-ecology of the common heron, the great white egret and the little-egret]. Aquila 55–58: 23–38.

Vauk, G. & J. Prüter (1987): Möwen. Arten – Bestände – Verbreitung – Probleme. Jordsand-Buch Nr. 6, Niederelbe-Verlag, Otterndorf/Niederelbe.

Vauk, G. (1962): Ornithologische Beobachtungen im Spätherbst 1961 am Neusiedlersee. Egretta 5: 13–21.

Végvári, Zs. (2015): Autumn crane migration and climate change in the Carpathian Basin. Orn. Hungarica 23: 31–38.

Vertse, A. (1943): Verbreitung und Ernährungsweise der Saatkrähe sowie deren landwirtschaftliche Bedeutung in Ungarn. Aquila 50: 208–248.

Villányi, P., Á Németh & Á Bodor (2020): Nádi madárfajok felmérése a Fertőn, különös tekintettel a fülemülesitkére [Survey of reed related birds in Lake Fertő with special focus on Moustached Warbler (*Acrocephalus melanopogon*)]. Rence 5: 304–315.

Vratny, J. & E. Albegger (2020): Einflug von Rosenstaren *Pastor roseus* im Frühjahr 2018 in Österreich. Elanus 13: 102–109.

Wahl, J. & A. Degen (2009): Rastbestand und Verbreitung von Singschwan *Cygnus cygnus* und Zwergschwan *C. bewickii* im Winter 2004/05 in Deutschland. Die Vogelwelt 130: 1–24.

Waliczky, Z. (1993): Az MME Nomenclatura Bizottságának jelentése az 1992 évről. Madártani Tájékoztató 1993: 49–56.

Walter, D. (2014): Steppenadler *Aquila nipalensis* 2012 im burgenländischen Hanság – ein österreichischer Erstnachweis! Elanus 7: 30–33.

Walters, J. (1959): Regenpfeifer-Notizen aus dein Seewinkel. Die Vogelwelt 80: 33–41.

Warga, K. (1967): A *Stercorarius*-fajok a magyar faunában és a szakirodalomban. A hazai gyűjteményekben levő *Stercorarius*-példányok felülvizsgálata. Aquila 73/74: 51–73.

Warncke, K. (1962): Beitrag zur Avifauna der March- und unteren Donauauen. Anz. Orn. Ges. Bayern 6: 234–268.

Wassmann, R. (1986): Rötelfalke (*Falco naumanni*) Brutvogel im Seewinkel/ Österreich. Ornithol. Mitt. 38: 255.

Wassmann, R. (1993): Turmfalke (*Falco tinnunculus*) als Bodenbrüter in einem Feldgehölz. Egretta 36: 41–42.

Webpage des Landes Burgenland (2022): Bezirke und Gemeinden. Bezirk Neusiedl am See, Daten zum Bezirk. https://www.burgenland.at/verwaltung/land-burgenland/bezirke-gemeinden/bezirk-neusiedl-am-see (abgerufen am 3.7.2022).

Weisner, S. E. B. & J. A. Strand (1996): Rhizome architecture in *Phragmites australis* in relation to water depth: Implications for within-plant oxygen transport distances. Folia Geobotanica 91: 91–97.

Weissenböck, H. (2003): Amselsterben 2003 – aktuelle Daten. Vogelschutz in Österreich 18: 11.

Weisser, P. (1970): Die Vegetationsverhältnisse des Neusiedlersees. Wiss. Arb. Burgenland 45: 1–83.

Weisser, P. (1977): Die Verschilfungsdynamik (*Phragmites communis* Trin.) des Neusiedlersees. Wiss. Arb. Burgenland 58: 101–114.

Wendelberger, G. (1967): Zwei bodenständige Laubwaldreste im Seewinkel. Wiss. Arb. Burgenland 38: 253–261.

Wendelin, B., H.-M Berg & M. Dvorak (2020): Aktionsplan Windparke Parndorfer Platte. Kaiseradler-Telemetrie & Evaluierung der Kaiseradler-Ausgleichsflächen 2018 und 2019. Bericht an die Energie Burgenland GmbH, BirdLife Österreich, Wien.

Wendelin, B. (2010): Bestandsentwicklung, Habitatwahl und Bruterfolg der Flussseeschwalbe, *Sterna hirundo* Linnaeus 1758, im Neusiedler See-Gebiet. Egretta 51: 60–73.

Wendelin, B. (2020): Projekt Vogelwarte Madárvárta 2, Angewandte ornithologische Forschung Teil 1 Graugans-Untersuchungen. Endbericht 2017–2019. BirdLife Österreich, Wien.

Wetlands International (2012): Waterbird Population Estimates, Fifth Edition. Wetlands International, Wageningen, The Netherlands.

Wetlands International (2017): Flyway trend analyses based on data from the African-Eurasian Waterbird Census from the period of 1967–2015. Wetlands International, Ede, The Netherlands.

Wetlands International (2019): Waterbird Population Estimates. http://wpe.wetlands.org (abgerufen am 18.3.2019).

Wettstein-Westersheim, O. (1924): Ornithologisches vom Neusiedlersee. Bl. f. Naturkunde u. Naturschutz 11: 29–36.

Wichmann, G., M. Dvorak, N. Teufelbauer & H.-M. Berg (2009): Die Vogelwelt Wiens – Atlas der Brutvögel. Verlag Naturhistorisches Museum Wien, Wien.

Winkel, W. & H. Hudde (1993): *Ficedula hypoleuca* – Trauerschnäpper. Pp. 165–263 in

U. N. Glutz von Blotzheim & K. M. Bauer: Handbuch der Vögel Mitteleuropas Band 13/1. Aula-Verlag, Wiesbaden.

Winkler, A. E. (1923): Die Zisterzienser am Neusiedlersee und Geschichte dieses Sees. Druck und Verlag der Missionsdruckerei St. Gabriel, Mödling bei Wien.

Winkler, D. (2008): A lappantyú (*Caprimulgus europaeus* L.) habitatválasztása és territóriumváltása a Soproni-hegységben [Habitat selection and territory change of European Nightjar (*Caprimulgus europaeus* L.) in the Sopron Mountains]. Szélkiáltó 13: 3–14.

Winkler, D. (2012): Csicsörke. In S. Faragó (ed.): Nyugat-Magyarország fészkelő madarainak elterjedési atlasza. NyME, Sopron.

Winkler, H. & B. Herzig-Straschil (1981): Die Phänologie der Limikolen im Seewinkel (Burgenland) in den Jahren 1963 bis 1972. Egretta 24: 47–69.

Winkler, R. (1999): Avifauna der Schweiz. Ornithol. Beob., Beiheft 10.

Wolfram, G., L. Déri & S. Zech (2014): Strategiestudie Neusiedler See – Phase 1. Studie im Auftrag der Österreichisch-Ungarischen Gewässerkommission. Wien–Szombathely.

Wolfram, G., K. Donabaum, M. Dokulil, H. Gassner, A. Kirschner, N. Kreuzinger, E. Mikschi, E. Nemeth, K. Pall, M. Richter & M. Salbrechter (2004): Ökologische Machbarkeitsstudie Dotation Neusiedler See. Gutachten i.A. des BMLFUW und des Amts der Bgld. Landesregierung, Wien.

Wolfram, G., K. Donabaum, M. Dokulil, A. Herzig, H. Horváth, V. Istvánovics, Gy. Kutrucz, M. Présing, P. Riedler & L. Vörös (2014): Physikalisch-chemische Parameter. Pp. 42–56 in G. Wolfram, L. Déri & S. Zech (Red.): Strategiestudie Neusiedler See – Phase 1. Studie im Auftrag der Österreichisch-Ungarischen Grenzgewässerkommission. Wien–Szombathely.

Wolfram, G. & A. Herzig (2013): Nährstoffbilanz Neusiedler See. Wiener Mitteilungen 228: 317–338.

Wolfram, G., K. P. Zulka, R. Albert, J. Danihelka, J. Eder, W. Fröhlich, T. Holzer, W. E. Holzinger, H.-J. Huber, I. Korner, A. Lang, K. Mazzucco, N. Milasowszky, I. Oberleitner, W. Rabitsch, N. Sauberer, M. Schagerl, B. C. Schlick-Steiner, F. M. Steiner & K.-H. Steiner (2006): Salzlebensräume in Österreich. Umweltbundesamt, Wien.

Wolkinger, F. (1978): Botanische Exkursionen rund um den Neusiedler See (1. Teil). Natur und Umwelt Burgenland 1/1: 9–32.

Wolkinger, F. (1979): Botanische Exkursionen rund um den Neusiedler See (2. Teil). Natur und Umwelt Burgenland 1/2: 25–38.

Wurm, H. & J. Paar (2021): Nisthilfen für den Steinkauz im Bezirk Neusiedl am See (Burgenland, Österreich) – ein erfolgreiches Artenschutzprojekt. Eulen-Rundblick 71: 51–54.

Wurm, H. & E. Patak (1992): Sand- und Schottergruben im Bezirk Neusiedl/See. Bestandserhebung gefährdeter Vogelarten. Unpubl. Bericht an das Amt der Bgld. Landesreg. Abt. IV, Naturschutz.

Zádor, A. (1975): A Fertő táj múltja és jövője. Soproni Szemle 29/4: 321–337.

Zalai, T., R. Kern, Z. Ecsedi & J. Tar (2020): A vörös ásólúd (*Tadorna ferruginea*) státusza Magyarországon [The status of Ruddy Shelduck (*Tadorna ferruginea*) in Hungary]. Virgo 2: 155–163.

Zens, B. (2022): Das Auftreten der Rötelschwalbe *Cecropis daurica* in Österreich und der bisher größte Einflug der Art im Frühjahr des Jahres 2020. Elanus 15: 107–114.

Zimmermann, R. (1943): Beiträge zur Kenntnis der Vogelwelt des Neusiedler Seegebiets. Ann. Naturhistor. Mus. Wien 54: 1–272.

Zimmermann, R. (1940a): Das Brutvorkommen der Flußseeschwalbe *Sterna h. hirundo* L. am Neusiedler See. Ber. Ver. Sächsischer Orn. 25: 1–10.

Zimmermann, R. (1940b): Zum Vorkommen des Seggenrohrsängers, *Acrocephalus paludicola* (Vieill.), am Neusiedler See. Ornithol. Monatsber. 48: 178–181.

Zink, G. (1976): Ringfundergebnisse bei den Silberreihern (*Casmerodius albus*) des mittleren Donauraums. Suppl. Ricerche Biol. Selvaggina 7: 823–825.

Zink, R., F. J. Kovacs, C. Sonvilla, J. Mihok & S. Aberle (2015): Der Sakerfalke in Mitteleuropa – Erfolgreicher Schutz am westlichen Rand der Verbreitung. Austrian Power Grid, Wien.

Zlinszky, A. (2013): Mapping and conservation of the reed wetlands on Lake Balaton. PhD. thesis, Eötvös Loránd University, Budapest.

Zöckler, C. (2002): Declining Ruff *Philomachus pugnax* populations: a response to global warming? Wader Study Group Bulletin 97: 19–29.

Zuna-Kratky, T., E. Kalivodová, A. Kürthy, D. Horal & P. Horák (2000): Die Vögel der March-Thaya-Auen im österreichisch-slowakisch-tschechischen Grenzraum. Distelverein, Deutsch Wagram.

Zuna-Kratky, T. & A. Ranner (1990): Der Einflug des Seidenschwanzes (*Bombycilla garrulus*) in Ostösterreich im Winter 1989/ 90. Vogelkundl. Nachr. Ostösterreich 1/3: 1–5.

Zwicker, E. & A. Grüll (1985): Über die Jahreszeitliche Verteilung, Brutphänologie und nachbrutzeitliche Wanderungen bei Schilfsingvögeln am Neusiedler See. Wiss. Arb. Burgenland 72: 413–445.

Autoren und Autorinnen

Hans-Martin Berg

Seit 1990 Sammlungsmanager an der Vogelsammlung im Naturhistorischen Museum Wien. Im Neusiedler See-Gebiet seit den 1980er Jahren faunistisch und naturschutzfachlich tätig, überwiegend in Zusammenarbeit mit BirdLife Österreich. Schwerpunkt der aktuellen Tätigkeit im Hanság und auf der Parndorfer Platte.

Georg Bieringer

Seit Abschluss des Studiums der Ökologie an der Universität Wien selbständig tätig, derzeit vor allem als Gerichtssachverständiger für Naturschutz. Mitwirkung an vogelkundlichen Monitoringprojekten im Seewinkel seit 1992.

Flora Bittermann

Nach dem Studium der Ökologie an der Universität Wien als selbstständige Biologin mit Schwerpunkt Ornithologie tätig. Seit 2015 Rangerin im Nationalpark Neusiedler See – Seewinkel und seit 2017 Leitung der Vogelberingung an der Biologischen Station Neusiedler See in Illmitz.

Arno Cimadom

Seit 2009 während des PhD-Studiums mit Schwerpunkt Ornithologie und Naturschutz im Nationalpark Neusiedler See – Seewinkel als Ranger tätig. Seit 2019 Mitarbeiter der Forschungsabteilung und u. a. mit der Planung, Durchführung und Koordination diverser Forschungs- und Monitoringprojekte betraut.

Michael Dvorak

Zoologe mit Schwerpunkt Vogelkunde; führt ab 1981 bis heute im Neusiedler See-Gebiet ornithologische Forschungs-, Kartierungs- und Monitoringprojekte zu zahlreichen Vogelarten, Artengemeinschaften und Lebensräumen durch. Seit 1997 hauptberuflich für BirdLife Österreich tätig.

Győrig Előd

Biologe, Naturschutzingenieur, Lehrer für Agrartechnik. Seit 2008 Mitglied von BirdLife Hungary, Vorstandsmitglied der Lokalgruppe Kisalföld, Präsident der Jugendabteilung und Mitglied des Nationalvorstands. Vogelberinger und Vogelbeobachter, Koordinator für Weißstörche im Komitat Győr-Moson-Sopron.

Antal Festetics

Univ.-Prof. Dr. phil., Dr. agr. h.c., war Naturschutzwart an der Langen Lacke 1958, studierte Zoologie in Wien, wurde 1971 zum Lehrstuhlinhaber für Wildbiologie an der Universität Göttingen berufen, war Gründer des WWF-Österreich und Initiator des Zweistaaten-Nationalparks Neusiedler See.

Nikolaus Filek

Studium der Ökologie an der Universität Wien, zurzeit freiberuflicher Ornithologe mit einem Arbeitsschwerpunkt im Neusiedler See-Gebiet. Mitarbeit bei verschiedensten ornithologischen Projekten (u. a. auf den Galápagos-Inseln), seit 2016 verantwortlich für das Monitoring-Programm zum Seeregenpfeifer.

Alfred Grüll

Nach dem Studium der Zoologie an der Universität Wien von 1981 bis 2016 als Amtssachverständiger für Naturschutz mit Schwerpunkt Ornithologie an der Biologischen Station Illmitz tätig. In dieser Funktion Konzeption und Durchführung vogelkundlicher Monitoring- und Forschungsprojekte.

Tibor Hadarics

Tierarzt und Zoologe. Bis 2016 Amtstierarzt in Sopron, dann Tierarzt des Nationalparks Fertő-Hanság (2016–2021). Führt seit 2016 ornithologische Untersuchungen, Zählungen und Vogelberingungen im Nationalpark durch. Seit 2011 ordentlicher Universitätsdozent an der Universität Sopron. Seit 1983 Mitglied von BirdLife Hungary. Mitglied der Ungarischen Seltenheitskommission (1990–2005 und seit 2020).

Gilbert Hafner

Nach dem Studium „Wildtierökologie und Wildtiermanagement" an der Universität für Bodenkultur ab 2016 als wissenschaftlicher Mitarbeiter an der Biologischen Station Neusiedler See. In dieser Funktion zuständig für naturkundliche Projekte im Bereich der Landesforschung und Datenmanagement.

Ferenc Jánoska

Forstingenieur und Naturschutzingenieur. Seit 1994 Mitarbeiter der Universität Sopron. Universitätsprofessor und Direktor des Instituts für Wildtiermanagement und Wildbiologie.

Sándor Kalmár

Biologe, Naturschutzexperte, Universitätsdozent. Seit 1988 Mitglied der BirdLife Hungary (Lokalgruppe Sopron), seit 1999 Mitarbeiter der Universität Westungarn (später: Universität Sopron), seit 2008 Dozent. Seit 2009 ständiger beauftragter Experte des Nationalparks Fertő-Hanság für Ornithologie und Säugetierforschung.

Eva Karner-Ranner

Studium der Zoologie an der Universität Wien; ab 1994 bei BirdLife Österreich tätig und dort u. a. für die Koordination des österreichweiten Weißstorch-Monitorings zuständig, daneben auch Mitarbeit am Ornithologischen Monitoring im Nationalpark Neusiedler See – Seewinkel (Wiedehopf, Kulturlandvögel).

Leander Khil

Naturschutzbiologe, Ornithologe, Autor („Vögel Österreichs"), Fotograf und Filmemacher. Beobachtet seit seiner Kindheit Vögel im Seewinkel, wo er heute u. a. die Beringungsstation der St. Martins Lodge und vogelkundliche Exkursionen leitet. Seit 2006 Mitglied der Avifaunistischen Kommission von BirdLife Österreich.

Csilla Kiss

Umweltforscherin, Doktorandin. Forschungsgebiet ist der Zusammenhang zwischen der Verhaltensökologie von Singvögeln und dem Klimawandel. Mitglied von BirdLife Hungary seit 2016, Sekretärin der Lokalgruppe Sopron.

Benjamin Knes

Nach seinem Abschluss in Wildtierökologie und -management von 2015–2019 Ranger im Nationalpark. Seit 2019 an der Abteilung Forschung, Monitoring und Citizen Science des Nationalparks Neusiedler See – Seewinkel tätig. Als freiberuflicher Ornithologe u. a. auch Leitung von Seminaren zum Thema Gefiederkunde.

Barbara Kofler

Studierte Biologie/Ökologie an der Universität Wien und forscht dort derzeit als Doktorandin am Department für Verhaltens- und Kognitionsbiologie an Darwinfinken. Langjährig als Rangerin im Nationalpark Neusiedler See – Seewinkel und von 2017–2019 als Beringerin an der Biologischen Station Illmitz tätig.

Bernhard Kohler

Studium der Zoologie an der Universität Wien, ab 1991 beim WWF Österreich, 1993–2006 inhaltliche Leitung der WWF-Bildungswerkstätte Seewinkelhof, 2006–2010 Leitung des Ostösterreich-Teams, 2010–2018 Leitung des Biodiversitätsteams Österreich. Ab 2018 Senior Conservation Advisor und Verantwortlicher für die Nationalpark- und Wildnispolitik des WWF.

Mariann Komlós

Naturschutzingenieurin. Arbeitet am Zentrum für ökologische Forschung in Vácrátót, beschäftigt sich mit Waldökologie und Waldvogelgemeinschaften und ist derzeit Doktorandin. Mitglied von BirdLife Hungary seit 2010, Sekretärin der Lokalgruppe Sopron.

Gyula Kovács

DI Forstwirtschaft, Vogelkundler, Wissenschaftler. Mitglied von BirdLife Hungary seit 1996, Obmann der Lokalgruppe Süd-Balaton seit 2001. Sein ornithologisches Forschungsgebiet umfasst die Wasservögel des Plattensees, der Fischteiche und Feuchtgebiete des Südufers.

Johannes Laber

Nach dem Doktoratsstudium der Wasserwirtschaft Universitätsassistent an der Universität für Bodenkultur und seit 2001 bei der Kommunalkredit Public Consulting als Abteilungsleiter tätig. Seit über 30 Jahren berufsbegleitend Durchführung und Publikation zahlreicher ornithologischer Projekte.

Alois Lang

Nach dem Studium an der TU Wien Wechsel ins Tourismusmarketing, zunächst für Illmitz, dann für die Region Neusiedler See. Im Nationalpark Neusiedler See – Seewinkel von 1993–2021 im Bereich Öffentlichkeitsarbeit tätig. Mitarbeit an Ökotourismusprojekten in mehreren Ländern, von 2005–2008 Koordinator für das Grüne Band Europa.

Daniel Leopoldsberger

Nationalpark-Ranger und selbstständiger Ornithologe seit 2012. Wissenschaftlicher Mitarbeiter bei BirdLife Österreich seit 2023. Tätigkeitsbereiche: Entwicklung und Umsetzung von Artenschutzprojekten und Wissensvermittlung. Zwergohreulen-Monitoring und Durchführung von Schutzmaßnahmen seit 2016.

Sándor Mogyorósi

Naturschutzingenieur. Vogelbeobachtung ist seit 1978 sein Hobby, seit 1985 vor allem am und um den Neusiedler See. Seit 1983 Vogelberinger., seit 31 Jahren Ranger im Nationalpark Fertő-Hanság.

Ákos Németh

Seit 1999 Leiter der Vogelwarte am Kolon-tó, seit 2001 Organisation von Forschungsexpeditionen in die Feuchtgebiete des Mittelmeers zur Untersuchung der im Karpatenbecken brütenden Schilfsingvögel. Mitglied von Birdlife Hungary (Vorstandsmitglied der Abteilung für Vogelberingung über mehrere Zyklen) und des Vogelschutzvereins Kiskunság.

Erwin Nemeth

Studium und Habilitation an der Universität Wien. Verschiedene Forschungsprojekte, u. a. in Venezuela, Kenia, Frankreich und immer wieder am Neusiedler See. 2008–2012 Mitarbeiter am Max-Plank-Institut Seewiesen, seit 2013 wissenschaftlicher Mitarbeiter bei BirdLife Österreich.

Attila Pellinger

Forstingenieur und Zoologe, ordentlicher Universitätsdozent. Seit 1991 Mitarbeiter des Nationalparks Fertő-Hanság, Leiter der Naturschutzabteilung. Mitglied von BirdLife Hungary seit 1981, Präsident der Lokalgruppe Sopron, Mitglied des Nationalvorstands.

Andor Pitó

Veterinärstudent. Mitglied von BirdLife Hungary seit 2013, stellvertretender Sekretär der Lokalgruppe Kisalföld seit 2020, Vorstandsmitglied der Fachabteilung für Wasservogelschutz seit 2021.

Andreas Ranner

Zoologe mit Schwerpunkt Ornithologie; ab 1981 Mitarbeit an verschiedenen Forschungs- und Monitoringprojekten im Neusiedler See-Gebiet; 1985–1990 Untersuchungen zu Nahrungsökologie und Schutz der Weißstörche in Rust. Gegenwärtig am Amt der Burgenländischen Landesregierung und als Lehrbeauftragter an der Universität Wien tätig.

Thomas Starkmann

Hat Naturschutz und Biodiversitätsmanagement sowie Geographie an der Universität Wien studiert. Neben seiner Tätigkeit im Nationalpark Neusiedler See – Seewinkel ist er selbständiger Biologe mit Schwerpunkt ornithologische Kartierungen.

Sándor Tatai

Ingenieur für Wildbewirtschaftung, Naturschutzingenieur. Seit 2005 beruflich als Naturschutzexperte tätig. Mitarbeiter des Nationalparks Fertő-Hanság, Leiter der Regionalabteilung Hanság. Mitglied von Birdlife Hungary seit 1995, Sekretär der Lokalgruppe Kisaföld, Vogelberinger seit 1996.

Miklós Vaczi

Forstingenieur, Mitarbeiter des Nationalparks Fertő-Hanság seit 2001, Ranger und Abteilungsleiter. Seit 1987 ist er Mitglied von BirdLife Hungary, Mitglied des Vorstands der Abteilung für Greifvogelschutz.

Péter Villányi

Naturschutzingenieur. Mitglied von Birdlife Hungary und dem Vogelschutzverein Kiskunság. Seit 2009 Singvogelberinger. Teilnahme an mehreren Vogelberingungsprojekten in Ungarn und im Ausland. Priorität ist das Zugverhalten des Mariskenrohrsängers am Kolon-tó und im Mittelmeerraum.

Wolfgang Vogl

Nach dem Studium der Zoologie an der Universität Wien von 1999 bis 2015 als wissenschaftlicher Mitarbeiter des Konrad-Lorenz-Institut für vergleichende Verhaltensforschung (KLIVV) am Wilhelminenberg (Wien) tätig. Ab 2015 Leiter der Beringungszentrale der am selben Institut ansässigen österreichischen Vogelwarte (AOC).

Beate Wendelin

Nach dem Studium der Landschaftsökologie an der Universität für Bodenkultur in Wien erfolgte die Gründung und Leitung des Technischen Büros DI Beate Wendelin, das seit 1994 naturschutzfachliche, schwerpunktmäßig ornithologische Monitoringprojekte im (Nord)Burgenland plant, leitet und durchführt.

Dániel Winkler

Forstingenieur. Seit 2002 Dozent und Forscher an der Universität Sopron, derzeit Professor am Institut für Wildtiermanagement und Wildbiologie.

Index

Wissenschaftliche Namen

S
Stc
Strà
Stra
Strei
Sturm
Sumpt
Sumpfı
Sumpfo